D1750138

Mathematik für Wirtschaftswissenschaftler

Mathematik für Wirtschaftswissenschaftler

Die Einführung mit vielen ökonomischen Beispielen

von

Prof. Dr. Michael Merz

und

Prof. Dr. Mario V. Wüthrich

Verlag Franz Vahlen München

VERLAG VAHLEN MÜNCHEN
www.vahlen.de

ISBN 978 3 8006 4482 7

© 2013 Verlag Franz Vahlen GmbH
Wilhelmstraße 9, 80801 München
Satz: EDV-Beratung Frank Herweg, Leutershausen
Druck und Bindung: Himmer AG
Steinerne Furt 95, 86167 Augsburg
Umschlaggestaltung: Ralph Zimmermann – Bureau Parapluie
Bildnachweis: © alphaspirit – fotolia.com

Gedruckt auf säurefreiem, alterungsbeständigem Papier
(hergestellt aus chlorfrei gebleichtem Zellstoff)

**Für
unsere Eltern,
Anja, Alessia und Luisa**

Vorwort

Vorwort

Zielsetzung

Das Werk *Mathematik für Wirtschaftswissenschaftler: Die Essentials* ist eine ausführliche, anschauliche, anwendungsorientierte und dennoch präzise Darstellung der mathematischen Grundlagen für ein erfolgreiches wirtschaftswissenschaftliches Bachelor- und Masterstudium. Es versteht sich als Lehrbuch, welches angehende Wirtschaftswissenschaftler im Studium und darüber hinaus auch in ihrem späteren Berufsleben begleitet. Insbesondere soll es den Studierenden einen Weg in die Gedankenwelt der Mathematik aufzeigen, welcher sie dazu befähigt, auftretende ökonomische Probleme mathematisch erfassen, analysieren und nach Möglichkeit auch lösen zu können.

Vermittlung mathematischer Grundlagen

Die Mathematik besitzt nicht nur für die Natur- und Ingenieurwissenschaften, sondern auch für die Wirtschaftswissenschaften eine große Bedeutung. Viele betriebs- und volkswirtschaftliche Problemstellungen werden in zunehmendem Maße im Rahmen mathematischer und statistischer Modelle und Konzepte untersucht. Ein großer Teil der modernen Wirtschaftswissenschaften basiert daher auf der soliden Beherrschung mathematischer Methoden und Denkweisen.

Für die ökonomische Theorie und weite Bereiche der angewandten Wirtschaftswissenschaften, wie z.B. Finanzwirtschaft, Spieltheorie, Marketing, Haushaltstheorie, Risikomanagement, Controlling, Arbeitsmarkttheorie oder Produktionsplanung, wird neben der linearen Algebra und der Differential- und Integralrechnung für Funktionen in einer und mehreren Variablen auch ein grundlegendes Verständnis multivariater Optimierungsprobleme mit oder ohne Nebenbedingungen benötigt. Aus diesem Grund ist die mathematische Grundlagenausbildung in den Lehrplänen wirtschaftswissenschaftlicher Studiengänge an Universitäten und Fachhochschulen fest verankert.

Das vorliegende Lehrbuch trägt dieser Situation in jeder Hinsicht Rechnung und deckt mit seinen 29 Kapiteln die in wirtschaftswissenschaftlichen Bachelor- und Masterstudiengängen benötigten mathematischen Grundlagen ab. Darüber hinaus haben wir eine Darstellung gewählt, die es ermöglicht, es auch als verlässliches Nachschlagewerk für Studium und Beruf zu nutzen.

Vermittlung des mathematischen Formalismus

Während fehlende Kenntnisse bezüglich der mathematischen Notation und Symbolik bei der Anwendung von wirtschaftswissenschaftlichen Theorien und Konzepten häufig nicht so sehr ins Gewicht fallen, erschweren sie oftmals die Aneignung neuen Wissens erheblich. Aus diesem Grund ist es eine weitere wichtige Zielsetzung dieses Lehrbuches, die Studierenden auch beim Erlernen des mathematischen Formalismus zu unterstützen, der für das Verständnis ökonomischer Literatur unerlässlich ist.

Besonderheiten

Das Lehrbuch *Mathematik für Wirtschaftswissenschaftler: Die Einführung mit vielen ökonomischen Beispielen* hebt sich in mehrerer Hinsicht von vielen anderen Lehrbüchern zur Mathematik für Wirtschaftswissenschaftler ab.

Brücke zwischen Schule und Hochschule

Die Erfahrungen in den letzten Jahren zeigen, dass viele Studierende mit unzureichenden mathematischen Grundkenntnissen ein wirtschaftswissenschafliches Studium aufnehmen. Die Gründe hierfür sind vielfältig. Neben den unterschiedlichen Lehrplänen in den einzelnen Bundesländern, den verschiedenen Schwerpunktsetzungen in den Schulen, der oftmals mehrere Jahre zurückliegenden Schulzeit sind hier natürlich vor allem auch die großen Unterschiede in der Leistungsfähigkeit der einzelnen Studierenden als Grund zu nennen.

Aber selbst Studierende mit guten Schulnoten im Fach Mathematik haben häufig erhebliche Schwierigkeiten, den hohen mathematischen Anforderungen speziell in den ersten beiden Studienjahren gerecht zu werden. Probleme ergeben sich auch durch den Wechsel der Unterrichtsform sowie durch den im Vergleich zum Schulunterricht größeren Schwierigkeitsgrad, das deutlich erhöhte Tempo und den stärkeren Formalismus.

Das vorliegende Lehrbuch trägt dieser Tatsache durch seinen ersten Teil *Mathematische Grundlagen* Rechnung, in dem wichtige Grundlagen und Themengebiete aus der Schulmathematik, wie z.B. *Aussagenlogik, mathematische Beweisführung, Mengenlehre, Zahlenbereiche, Gleichungen, Ungleichungen, Trigonometrie, Kombinatorik, Relationen* und

Abbildungen, in einem an das Hochschulniveau angepassten Formalismus wiederholt werden. Auf diese Weise wird eine tragfähige Verbindung („Brücke") zwischen Schule und Hochschule geschaffen, und auch Studierende mit zu Beginn ihres Studiums eher geringen mathematischen Vorkenntnissen erhalten die Chance, die darauf aufbauende mathematische Grundausbildung mit Erfolg zu absolvieren.

Alles so einfach wie möglich, aber nicht einfacher

Bekanntlich fällt vielen Studierenden in wirtschaftswissenschaftlichen Studiengängen das Fach Mathematik nicht leicht. Dies hat zur Folge, dass in vielen Lehrbüchern die mathematischen Aussagen und Methoden zwar didaktisch gut aufbereitet werden, aber die Voraussetzungen, unter denen die Aussagen gelten bzw. unter denen die Methoden zur Anwendung kommen können, zu Gunsten einer stark vereinfachten Darstellung nicht genau präzisiert werden. In der ökonomischen Theorie und in der wirtschaftswissenschaftlichen Praxis zeigt sich jedoch immer wieder, dass zur Vermeidung von Fehlentscheidungen die genaue Kenntnis der benötigten Voraussetzungen mindestens genauso wichtig ist wie das Verständnis der herangezogenen mathematischen Aussagen und Methoden. Aus diesem Grund haben wir uns in dem vorliegenden Lehrbuch ganz bewusst dafür entschieden, bei der Formulierung von mathematischen Sätzen und Methoden stets präzise anzugeben, welche Voraussetzungen ihnen zugrunde liegen.

Aufgrund unserer Lehrerfahrung sind wir auch der Überzeugung, dass eine ausschließlich intuitive Rechtfertigung von mathematischen Aussagen und ihre Veranschaulichung anhand von Beispielen nicht immer ausreichend und es für Studierende auf Dauer nicht sehr befriedigend ist, wenn sie nur Sachverhalte und Rezepte vermittelt bekommen. Daher sollte auch in mathematischen Lehrveranstaltungen für Wirtschaftswissenschaftler der eine oder andere Beweis geführt werden. Neben einem Mehr an Verständnis und Erfüllung führt dies bei den Studierenden auch zu einem gewissen Gespür für die inneren Zusammenhänge mathematischer Resultate und Methoden. Darüber hinaus können Beweise auch als willkommene Wiederholung und Lernkontrolle für bereits Gelerntes aufgefasst werden, in denen aus bekannten mathematischen Resultaten und neuen Definitionen weitere mathematische Aussagen abgeleitet werden. Wir haben daher versucht, für die einfacheren mathematischen Resultate möglichst gut nachvollziehbare Beweise und für die komplizierteren Aussagen zumindest geeignete Literaturhinweise anzugeben. Um jedoch den ergänzenden Charakter von Beweisen auszudrücken und auch um die Aufmerksamkeit der Studierenden nicht allzu stark zu beanspruchen, sind Beweise durch ein kleineres Schriftbild optisch vom Rest des Buches abgetrennt.

Ansprechende Gestaltung und klare Strukturierung

Zusammen mit dem Verlag Vahlen haben wir versucht, das Buch optisch und inhaltlich so zu gestalten, dass man gerne damit arbeitet. Neben einem ansprechenden Layout und vielen mehrfarbigen Abbildungen und Skizzen, dienen hierzu auch die verschiedenfarbigen Boxen für Definitionen (grün), mathematische Sätze (rot) und Beispiele (blau). Auf diese Weise lassen sich die klassischen Strukturelemente eines mathematischen Lehrbuches auf einen Blick unterscheiden, und sie werden vom restlichen Buchtext mit den Motivationen und Erläuterungen hervorgehoben. Zusammen mit der Kennzeichnung des Beweises eines mathematischen Satzes durch das Symbol ■ fördert dies die Übersichtlichkeit und unterstreicht die klare Strukturierung des Lehrstoffes in Definition, Satz, Beweis und Beispiel.

Ausführliche Motivation und viele (ökonomische) Beispiele

Bei der Einführung neuer Konzepte und Methoden wird stets zuerst die zugrunde liegende mathematische Problemstellung erläutert und – sofern angebracht – der Zusammenhang zu ökonomischen Fragestellungen hergestellt. Neben einer Vielzahl von reinen Rechenbeispielen, die vor allem zur Verdeutlichung der mathematischen Definitionen und Resultate sowie zur Erlangung gewisser Rechenfertigkeiten dienen, sind in diesem Lehrbuch auch viele interessante ökonomische Anwendungen zu finden, welche die hohe Praxisrelevanz der behandelten Themen belegen. Zum Beispiel sind in diesem Buch wirtschaftswissenschaftliche Anwendungen aus den Bereichen *Tauschwirtschaft, Portfoliomanagement, Hedging, Input-Output-Analyse, Produktionsrechnung, Markentreue, Wirtschaftsentwicklung, Rating von Unternehmen, Einkommensteuer, Entscheidungstheorie, Abschreibung, Statistik, komparativ-statische Analyse, Finanzmathematik, Risikomanagement, Haushaltstheorie, Lagerhaltung, Optimierung von Transport-, Verschnitt-* und *Mischproblemen* usw. zu finden.

Mathematik ist spannend und macht Spaß

Vor der Mathematik braucht man keine Angst zu haben! Die Mathematik ist auch keine graue Theorie, deren Erlernen ausschließlich langweilig und mühsam ist. Sie ist vielmehr eine lebendige Wissenschaft und die Beschäftigung mit ihr kann durchaus spannend und überraschend sein sowie eine Menge Spaß machen. Zum Beleg dieser – für manche vielleicht etwas gewagten – Behauptung sind neben einer Vielzahl von ökonomischen Beispielen auch viele historische Anmerkungen, kurze Anekdoten und überraschende Ergebnisse in diesem Buch zu finden. Hierzu zählen unter anderem das *Beispiel von den drei Freunden im Gefängnis*, das *Beispiel von Anna und Bernd*, das *Barbier-Paradoxon*, *Hilberts Hotel*, das *Geburtstagsparadoxon*, der *Satz vom Fußball*, der *$25.000.000.000 Eigenvektor von Google*, die *37%-Regel* und *das Paradoxon von Achilles und der Schildkröte*. Darüber hinaus wird der aufmerksame Leser zum Beispiel auch auf den *kürzesten Witz der Welt*, *die schönste Formel*, *die berühmteste Gleichung* sowie auf eine Auswahl der *bedeutendsten mathematischen Sätze* stoßen.

Unterstützung von Dozenten

Aus unserer langjährigen Erfahrung als Hochschullehrer wissen wir, wie dankbar Studierende speziell in Mathematik-Vorlesungen Abbildungen und Bilder aufnehmen. Daher stellen wir Dozenten gerne alle Abbildungen und Bilder unseres Buches zur Verfügung. Darüber hinaus unterstützen wir den Einsatz dieses Buches in der Lehre mit einem mittels LaTeX erzeugten PDF-Foliensatz. Für die Zusendung dieser Lehrmaterialien genügt eine kurze E-Mail an michael.merz@wiso.uni-hamburg.de unter Nennung der geplanten Vorlesung sowie der Lehreinrichtung.

Zusammen mit dem Verlag Vahlen haben wir in den letzten drei Jahren viel Zeit und Energie aufgewendet, um ein Lehrbuch zu erstellen, dass die Lehre bestmöglich unterstützt. Wir würden uns daher sehr freuen, wenn Sie unser Lehrbuch in Ihren Lehrveranstaltungen einsetzen und Ihren Studierenden empfehlen.

Behandelte Themen

Dieses Lehrbuch bietet eine umfassende Darstellung des Faches Mathematik, wie es in den ersten beiden Semestern an Hochschulen in wirtschaftswissenschaftlichen Studiengängen unterrichtet wird. Es ist dabei in zehn Teile untergliedert. Neben dem „Standardstoff" der mathematischen Grundausbildung werden auch eine Reihe von Themen behandelt, welche den Studierenden häufig erst in höheren Semestern oder in der beruflichen Praxis begegnen. Hierzu zählen zum Beispiel die Themengebiete *komplexe Zahlen, Mächtigkeit von Mengen, orthogonale Projektionen, Eigenwerttheorie, Quadratische Formen, Landau-Symbole, Fixpunktsätze, Potenzreihen, Riemann-Stieltjes-Integral, Taylor-Formel in einer oder mehreren Variablen, mehrfache Riemann-Integrale, Parameterintegrale, Einhüllendensätze, Optimierung unter Gleichheits- und Ungleichheitsnebenbedingungen, lineare Optimierung, numerische Lösung von Gleichungen, Polynominterpolation, Spline-Interpolation* und *numerische Integration*. Dieses Buch ist daher auch nach der mathematischen Grundausbildung ein verlässlicher Begleiter in Studium und Beruf.

Danksagungen

Unseren herzlichen Dank möchten wir allen Kollegen, Mitarbeitern und Studierenden aussprechen, die durch Anregungen und Hinweise zur Verbesserung dieses Lehrbuches beigetragen haben.

An erster Stelle sind hier unsere Mitarbeiterinnen und Mitarbeiter, Frau Dipl.-Kffr. Nataliya Chukhrova, Frau Dipl.-Übers. Angelika Ruiz, Frau Dipl.-Math. Anne Thomas, Herr Dipl.-Math. Sebastian Happ, Herr Dipl.-Kfm. Jochen Heberle und Herr Dipl.-Vw. Arne Johannssen zu nennen. Sie alle haben das Korrekturlesen unseres Manuskriptes stets mit viel Freude und Engagement übernommen. Zu großem Dank sind wir aber auch einer Reihe von motivierten Studierenden verpflichtet, die das Manuskript sehr genau gelesen und dabei eine Vielzahl von Verbesserungen und didaktischen Hinweisen in den Entstehungsprozess eingebracht haben. Beteiligt waren hierbei Frau Eva Elena Ernst, Frau Elisabeth Hufnagel, Frau Laura Prill, Herr Manuel Ernst, Herr Chris Huber, Herr Nicolas Iderhoff und Herr Sören Pannier. Unser besonderer Dank gilt auch Herrn Philipp Rohde, der neben seiner Tätigkeit als Korrekturleser die Erstellung eines guten Dutzend aufwendiger LaTeX-Grafiken übernommen hat, und Herrn Aidin Miri Lavasani, der für sein sorgfältiges Korrekturlesen selbst nach langem Zureden partout keine Entlohung für seine Arbeit entgegennehmen wollte. Nicht zu vergessen ist auch Herr Torsten Frese, der durch seine große Hilfsbereitschaft sowie viele kleinere und größere Freundschaftsdienste zum Gelingen dieses Buches beigetragen hat.

Schließlich gilt unser Dank Herrn Dennis Brunotte, der mit seiner beeindruckenden Sachkenntnis als Lektor dieses Buchprojekt während der kompletten Entstehungsphase begleitet hat sowie Dr. Jonathan Beck vom Verlag Vahlen für die Bereitschaft, ein mehrfarbiges Mathematikbuch zu verlegen.

Eine Bitte der Autoren

Für Hinweise und Anregungen – insbesondere aus dem Kreis der Studierenden – sind wir stets sehr dankbar. Sie sind eine wichtige Voraussetzung und wichtige Hilfe für die permanente Verbesserung dieses Lehrbuches.

Wir wünschen Ihnen nun in Ihrem Studium mit diesem Buch viel Freude und Erfolg!

Hamburg und Zürich, im Herbst 2012
Michael Merz, Mario V. Wüthrich

Inhaltsverzeichnis

Inhaltsverzeichnis

Teil I
Mathematische Grundlagen   1

1. **Aussagenlogik und mathematische Beweisführung**   3
   - 1.1 Was ist Mathematik?   4
   - 1.2 Axiom, Definition und mathematischer Satz   5
   - 1.3 Aussagenlogik   7
   - 1.4 Aussageformen und Quantoren   16
   - 1.5 Vermutung, Satz, Lemma, Folgerung und Beweis   20
   - 1.6 Mathematische Beweisführung   21
   - 1.7 Vollständige Induktion   25

2. **Mengenlehre**   31
   - 2.1 Mengen und Elemente   32
   - 2.2 Mengenoperationen   34
   - 2.3 Rechnen mit Mengenoperationen   37
   - 2.4 Mengenoperationen für beliebig viele Mengen und Partitionen   41
   - 2.5 Partitionen   42

3. **Zahlenbereiche und Rechengesetze**   43
   - 3.1 Aufbau des Zahlensystems   44
   - 3.2 Zahlenbereiche $\mathbb{N}$ und $\mathbb{N}_0$ 44
   - 3.3 Zahlenbereiche $\mathbb{R}$, $\mathbb{R}_+$ und $\overline{\mathbb{R}}$ 45
   - 3.4 Zahlenbereiche $\mathbb{Z}$, $\mathbb{Q}$ und $\mathbb{I}$ 49
   - 3.5 Dezimal- und Dualsystem   51
   - 3.6 Zahlenbereich $\mathbb{C}$ 52
   - 3.7 Mächtigkeit von Mengen   63

4. **Terme, Gleichungen und Ungleichungen**   69
   - 4.1 Konstanten, Parameter, Variablen und Terme   70
   - 4.2 Gleichungen   70
   - 4.3 Algebraische Gleichungen   73
   - 4.4 Quadratische Gleichungen   76
   - 4.5 Ungleichungen   80
   - 4.6 Indizierung, Summen und Produkte   83

5. **Trigonometrie und Kombinatorik**   87
   - 5.1 Trigonometrie   88
   - 5.2 Binomialkoeffizienten   92
   - 5.3 Binomischer Lehrsatz   94
   - 5.4 Kombinatorik   95

6. **Kartesische Produkte, Relationen und Abbildungen**   105
   - 6.1 Kartesische Produkte   106
   - 6.2 Relationen   107
   - 6.3 Äquivalenzrelationen   112
   - 6.4 Ordnungsrelationen   114
   - 6.5 Präferenzrelationen   116
   - 6.6 Abbildungen   117
   - 6.7 Injektivität, Surjektivität und Bijektivität   123
   - 6.8 Komposition von Abbildungen   124
   - 6.9 Umkehrabbildungen   127

Teil II
Lineare Algebra   133

7. **Euklidischer Raum $\mathbb{R}^n$ und Vektoren**   135
   - 7.1 Ursprung der linearen Algebra   136
   - 7.2 Lineare Algebra in den Wirtschaftswissenschaften   137
   - 7.3 Euklidischer Raum $\mathbb{R}^n$ 137
   - 7.4 Lineare Gleichungssysteme   141
   - 7.5 Euklidisches Skalarprodukt und euklidische Norm   143
   - 7.6 Orthogonalität und Winkel   146
   - 7.7 Linearkombinationen und konvexe Mengen   150
   - 7.8 Lineare Unterräume und Erzeugendensysteme   154
   - 7.9 Lineare Unabhängigkeit   155
   - 7.10 Basis und Dimension   161
   - 7.11 Orthonormalisierungsverfahren von Schmidt   165
   - 7.12 Orthogonale Komplemente und orthogonale Projektionen   166

8. **Lineare Abbildungen und Matrizen**   173
   - 8.1 Lineare Abbildungen   174
   - 8.2 Matrizen   178
   - 8.3 Spezielle Matrizen   182
   - 8.4 Zusammenhang zwischen linearen Abbildungen, Matrizen und linearen Gleichungssystemen   183

8.5	Matrizenalgebra	186
8.6	Rang	194
8.7	Inverse Matrizen	197
8.8	Symmetrische und orthogonale Matrizen	201
8.9	Spur	204
8.10	Determinanten	205

9. Lineare Gleichungssysteme und Gauß-Algorithmus — 221

9.1	Eigenschaften linearer Gleichungssysteme	222
9.2	Elementare Zeilenumformungen und Zeilenstufenform	224
9.3	Gauß-Algorithmus	227
9.4	Matrizengleichungen	230
9.5	Bestimmung der Inversen mittels Gauß-Algorithmus	232
9.6	Bestimmung des Rangs mittels Gauß-Algorithmus	233

10. Eigenwerttheorie und Quadratische Formen — 235

10.1	Eigenwerttheorie	236
10.2	Power-Methode	245
10.3	Ähnliche Matrizen	248
10.4	Diagonalisierbarkeit	249
10.5	Trigonalisierbarkeit	255
10.6	Quadratische Formen	256
10.7	Definitheitseigenschaften	259

Teil III
Folgen und Reihen — 265

11. Folgen — 267

11.1	Folgenbegriff	268
11.2	Arithmetische und geometrische Folgen	272
11.3	Beschränkte und monotone Folgen	273
11.4	Konvergente und divergente Folgen	277
11.5	Majoranten- und Monotoniekriterium	280
11.6	Häufungspunkte und Teilfolgen	281
11.7	Cauchy-Folgen	286
11.8	Rechenregeln für konvergente Folgen	287

12. Reihen — 297

12.1	Reihenbegriff	298
12.2	Konvergente und divergente Reihen	299
12.3	Arithmetische und geometrische Reihen	300
12.4	Konvergenzkriterien	305
12.5	Rechenregeln für konvergente Reihen	311
12.6	Absolute Konvergenz	313
12.7	Kriterien für absolute Konvergenz	315
12.8	Doppelreihen	320
12.9	Produkte von Reihen	321

Teil IV
Reelle Funktionen — 325

13. Eigenschaften reeller Funktionen — 327

13.1	Reelle Funktionen	328
13.2	Rechenoperationen für reelle Funktionen	328
13.3	Beschränktheit und Monotonie	330
13.4	Konvexität und Konkavität	333
13.5	Ungleichungen	340
13.6	Symmetrische und periodische Funktionen	341
13.7	Infimum und Supremum	345
13.8	Minimum und Maximum	347
13.9	c-Stellen und Nullstellen	350
13.10	Grenzwerte von reellen Funktionen	351
13.11	Landau-Symbole	365
13.12	Asymptoten und Näherungskurven	366

14. Spezielle reelle Funktionen — 369

14.1	Polynome	370
14.2	Rationale Funktionen	376
14.3	Algebraische und transzendente Funktionen	386
14.4	Potenzfunktionen	388
14.5	Exponential- und Logarithmusfunktion	390
14.6	Allgemeine Exponential- und Logarithmusfunktion	395
14.7	Trigonometrische Funktionen	398

15. Stetige Funktionen — 407

15.1	Stetigkeit	408
15.2	Einseitige Stetigkeit	412
15.3	Unstetigkeitsstellen und ihre Klassifikation	414
15.4	Stetig hebbare Definitionslücken	416

15.5	Eigenschaften stetiger Funktionen	419
15.6	Stetigkeit spezieller Funktionen	421
15.7	Satz vom Minimum und Maximum	425
15.8	Nullstellensatz und Zwischenwertsatz	427
15.9	Fixpunktsätze	430
15.10	Gleichmäßige Stetigkeit	433

Teil V
Differentialrechnung und Optimierung in $\mathbb{R}$ — 437

16. Differenzierbare Funktionen — 439

16.1	Tangentenproblem	440
16.2	Differenzierbarkeit	441
16.3	Weierstraßsche Zerlegungsformel	445
16.4	Eigenschaften differenzierbarer Funktionen	446
16.5	Differenzierbarkeit elementarer Funktionen	452
16.6	Ableitungen höherer Ordnung	458
16.7	Mittelwertsatz der Differentialrechnung	462
16.8	Regeln von L'Hôspital	472
16.9	Änderungsraten und Elastizitäten	479

17. Taylor-Formel und Potenzreihen — 487

17.1	Taylor-Polynom	488
17.2	Taylor-Formel	492
17.3	Taylor-Reihe	495
17.4	Potenzreihen und Konvergenzradius	500
17.5	Quotienten- und Wurzelkriterium für Potenzreihen	503
17.6	Rechenregeln für Potenzreihen	505
17.7	Stetigkeit und Differenzierbarkeit von Potenzreihen	508

18. Optimierung und Kurvendiskussion in $\mathbb{R}$ — 511

18.1	Optimierung und ökonomisches Prinzip	512
18.2	Notwendige Bedingung für Extrema	512
18.3	Hinreichende Bedingungen für Extrema	515
18.4	Notwendige Bedingung für Wendepunkte	522
18.5	Hinreichende Bedingungen für Wendepunkte	524
18.6	Kurvendiskussion	527

Teil VI
Integralrechnung in $\mathbb{R}$ — 533

19. Riemann-Integral — 535

19.1	Grundlagen	536
19.2	Riemann-Integrierbarkeit	536
19.3	Eigenschaften von Riemann-Integralen	547
19.4	Ungleichungen	550
19.5	Mittelwertsatz der Integralrechnung	552
19.6	Hauptsatz der Differential- und Integralrechnung	554
19.7	Berechnung von Riemann-Integralen	560
19.8	Integration spezieller Funktionsklassen	572
19.9	Flächeninhalt zwischen zwei Graphen	577
19.10	Uneigentliches Riemann-Integral	578
19.11	Integration von Potenzreihen	595

20. Riemann-Stieltjes-Integral — 597

20.1	Riemann-Stieltjes-Integrierbarkeit	598
20.2	Eigenschaften von Riemann-Stieltjes-Integralen	601
20.3	Reelle Funktionen von beschränkter Variation	603
20.4	Existenzresultate für Riemann-Stieltjes-Integrale	606
20.5	Berechnung von Riemann-Stieltjes-Integralen	610

Teil VII
Differential- und Integralrechnung im $\mathbb{R}^n$ — 617

21. Folgen, Reihen und reellwertige Funktionen im $\mathbb{R}^n$ — 619

21.1	Folgen und Reihen	620
21.2	Topologische Grundbegriffe	625
21.3	Reellwertige Funktionen in n Variablen	629
21.4	Spezielle reellwertige Funktionen in n Variablen	632
21.5	Eigenschaften von reellwertigen Funktionen in n Variablen	639
21.6	Grenzwerte von reellwertigen Funktionen in n Variablen	643
21.7	Stetige Funktionen	644

22. Differentialrechnung im $\mathbb{R}^n$ — 651
- 22.1 Partielle Differentiation 652
- 22.2 Höhere partielle Ableitungen 660
- 22.3 Totale Differenzierbarkeit 664
- 22.4 Richtungsableitung 673
- 22.5 Partielle Änderungsraten und partielle Elastizitäten 676
- 22.6 Implizite Funktionen 679
- 22.7 Taylor-Formel und Mittelwertsatz 684

23. Riemann-Integral im $\mathbb{R}^n$ — 691
- 23.1 Riemann-Integrierbarkeit im $\mathbb{R}^n$ 692
- 23.2 Eigenschaften von mehrfachen Riemann-Integralen 695
- 23.3 Satz von Fubini 697
- 23.4 Mehrfache Riemann-Integrale über Normalbereiche 701
- 23.5 Parameterintegrale 702

Teil VIII
Optimierung im $\mathbb{R}^n$ — 705

24. Nichtlineare Optimierung im $\mathbb{R}^n$ — 707
- 24.1 Grundlagen 708
- 24.2 Optimierung ohne Nebenbedingungen . . . 708
- 24.3 Optimierung unter Gleichheitsnebenbedingungen 724
- 24.4 Wertfunktionen und Einhüllendensatz . . . 740
- 24.5 Optimierung unter Ungleichheitsnebenbedingungen 745
- 24.6 Optimierung unter Gleichheits- und Ungleichheitsnebenbedingungen 753

25. Lineare Optimierung — 759
- 25.1 Grundlagen 760
- 25.2 Graphische Lösung linearer Optimierungsprobleme 762
- 25.3 Standardform eines linearen Optimierungsproblems 764
- 25.4 Simplex-Algorithmus 771
- 25.5 Sonderfälle bei der Anwendung des Simplex-Algorithmus 779
- 25.6 Phase I und Phase II des Simplex-Algorithmus 782
- 25.7 Dualität 785
- 25.8 Dualer Simplex-Algorithmus 792

Teil IX
Numerische Verfahren — 795

26. Intervallhalbierungs-, Regula-falsi- und Newton-Verfahren — 797
- 26.1 Numerische Lösung von Gleichungen . . . 798
- 26.2 Intervallhalbierungsverfahren 799
- 26.3 Regula-falsi-Verfahren 801
- 26.4 Newton-Verfahren 804
- 26.5 Sekantenverfahren und vereinfachtes Newton-Verfahren 808

27. Polynominterpolation — 813
- 27.1 Grundlagen 814
- 27.2 Lagrangesches Interpolationspolynom . . . 816
- 27.3 Newtonsches Interpolationspolynom 817
- 27.4 Interpolationsfehler 821
- 27.5 Tschebyscheff-Stützstellen 822

28. Spline-Interpolation — 825
- 28.1 Grundlagen 826
- 28.2 Lineare Splinefunktion 828
- 28.3 Quadratische Splinefunktion 829
- 28.4 Kubische Splinefunktion 831

29. Numerische Integration — 839
- 29.1 Grundlagen 840
- 29.2 Rechteckformeln 841
- 29.3 Tangentenformel 842
- 29.4 Newton-Cotes-Formeln 844
- 29.5 Zusammengesetzte Newton-Cotes-Formeln 849

Teil X
Anhang — 853

- **A. Mathematische Symbole** — 855
- **B. Griechisches Alphabet** — 861
- **C. Namensverzeichnis** — 863
- **D. Literaturverzeichnis** — 867

Sachverzeichnis — 871

Teil I

Mathematische Grundlagen

Kapitel 1

Aussagenlogik und mathematische Beweisführung

Kapitel 1 Aussagenlogik und mathematische Beweisführung

1.1 Was ist Mathematik?

Auf die Frage „Was ist ein Mathematiker?" gab der bedeutende ungarische Mathematiker *Paul Erdös* (1913–1996) die kurze Antwort:[1]

> „A mathematician is
> a machine for turning
> coffee into theorems."

P. Erdös

Die Frage „Was ist Mathematik?" lässt sich jedoch nicht so einfach und prägnant beantworten. Selbst unter Mathematikern existieren die verschiedensten Auffassungen darüber, wie diese Frage zu beantworten sei. Die Mathematik ist jedenfalls eine der ältesten Wissenschaften der Welt. Sie entstand aus der Untersuchung von geometrischen Formen und Figuren sowie dem Messen und dem Rechnen mit Zahlen. Die Geschichte der Mathematik reicht bis ca. 3000 Jahre v. Chr. zu den alten Ägyptern und Babyloniern zurück, wobei der Begriff „Mathematik" seinen Ursprung im griechischen Wort „mathema", der ursprünglichen Bezeichnung für Wissenschaft überhaupt, hat.

Aufgrund ihrer umfassenden Bedeutung und Anwendbarkeit gibt es bis heute keine allgemein anerkannte Definition dafür, was unter dem Begriff „Mathematik" genau zu verstehen ist. Selbst die Frage, ob die Mathematik zu der Wissenschaftskategorie der **Naturwissenschaften** oder doch eher zu den **Geisteswissenschaften** zu zählen ist, wird seit langer Zeit kontrovers diskutiert. Für einige überwiegt bei ihrer Einordnung vor allem der Aspekt, dass viele mathematische Fragestellungen und Begriffe durch natur- und ingenieurwissenschaftliche Problemstellungen motiviert sind, während sich andere bei ihrer Einordnung mehr von der Tatsache leiten lassen, dass die Mathematik starke methodische und inhaltliche Gemeinsamkeiten zur Philosophie aufweist. Wieder andere kategorisieren die Mathematik – neben weiteren Disziplinen wie z. B. der Informatik und der reinen Linguistik – als **Struktur-** bzw. **Formalwissenschaft**. Sie betonen damit den Aspekt, dass sich die Mathematik mit der Analyse von formalen Systemen beschäftigt und nicht mit der Untersuchung vorgefundener Gegebenheiten, wie es in der real- oder erfahrungswissenschaftlichen Forschung der Fall ist. Der US-amerikanische Mathematiker *Norbert Wiener* (1894–1964) war dagegen einer ganz anderen Auffassung und sagte:

> „Mathematics is an experimental science. It matters little that the mathematician experiments with pencil and paper while the chemist uses testtube and retort, or the biologist stains and the microscope. The only great point of divergence between mathematics and the other sciences lies in the circumstance that experience only whispers 'yes' or 'no' in reply to our questions, while logic shouts."

Unabhängig von dieser Kontroverse wird jedoch die Mathematik heute üblicherweise als eine Wissenschaft beschrieben, die abstrakte Strukturen und Objekte bezüglich ihrer Eigenschaften und Muster untersucht. Dabei wird oftmals auch zwischen **reiner** und **angewandter Mathematik**

N. Wiener

unterschieden, wobei die Grenze zwischen diesen beiden Teilgebieten durchaus fließend ist. Während die reine Mathematik durch abstrakte Konzepte ohne jeglichen Bezug zu außermathematischen Anwendungen geprägt ist, hat sich die angewandte Mathematik den Einsatz und die Entwicklung mathematischer Methoden zur Lösung von Problemen aus der Physik, Chemie, Biologie, Medizin, Wirtschaft, Informatik, Technik usw. zum Ziel gesetzt. Zur angewandten Mathematik zählen z. B. die Bereiche numerische Mathematik, Ingenieurmathematik, mathematische Physik, Technomathematik, mathematische Psychologie, Graphentheorie, Kryptologie usw.

Andere Bereiche der angewandten Mathematik, die einen sehr starken Anwendungsbezug speziell zu den Wirtschaftswissenschaften besitzen, sind z. B. Wahrscheinlichkeitstheorie, Statistik, Finanzmathematik, Versicherungsmathematik, Spiel- und Entscheidungstheorie, Ökonometrie, Optimierungstheorie oder Operations Research.

Das Ziel dieses Lehrbuches ist es, den Lesern die Grundlagen aus den mathematischen Teilgebieten **Algebra** (insbesondere lineare Algebra) und **Analysis** zu vermitteln, die für das Erlernen der Konzepte, Methoden und Modelle in diesen für die modernen Wirtschaftswissenschaften wichtigen Bereichen der angewandten Mathematik benötigt werden.

---

[1] Einige Quellen ordnen dieses Zitat auch dem ungarischen Mathematiker *Alfréd Rényi* (1921–1970) zu, der ein kaffeeabhängiger Kollege von *Erdös* war.

1.2 Axiom, Definition und mathematischer Satz

Wie in Abschnitt 1.1 bereits erläutert wurde, ist die Mathematik durch die Untersuchung von abstrakten Strukturen und Objekten bezüglich ihrer Eigenschaften und Muster geprägt. Um dabei zum einen Missverständnissen und Mehrdeutigkeiten in der Formulierung von Definitionen und mathematischen Resultaten vorzubeugen, und zum anderen die universelle Anwendbarkeit der mathematischen Konzepte und Methoden zu gewährleisten, bedient man sich in der Mathematik einer eigenen künstlichen Sprache.

Diese Kunstsprache wird als **formale Logik** bezeichnet. Das Wort „Logik" stammt aus dem Altgriechischen und bedeutet soviel wie „denkende Kunst" oder „Vorgehensweise". Die formale Logik hat ihre Ursprünge bereits in der Antike und wurde durch *Aristoteles* (384–322 v. Chr.) zu einem bis in die heutige Zeit gültigen Stand entwickelt.

Büste von Aristoteles

In der formalen Logik erfolgt die Analyse und Konstruktion von Aussagen und logischen Schlussfolgerungen nicht mit Hilfe einer natürlichen Sprache, sondern auf Basis einer formalen, künstlichen Sprache mit speziellen Symbolen und streng definierten Schlussregeln. Dabei stehen ausschließlich formale Aspekte im Vordergrund und die Analyse und Konstruktion von Aussagen erfolgt unabhängig von ihrem konkreten Inhalt. Kennzeichnend für die formale Logik ist auch, dass neue Erkenntnisse ausschließlich innerhalb logisch abgeschlossener und widerspruchsfreier Systeme gewonnen werden und dass ihr Wahrheitsgehalt nur von logisch korrekten Schlüssen abhängt.

Ein Beispiel für solch ein formales System ist die **Aussagenlogik**, die Gegenstand von Abschnitt 1.3 ist. Die Bedeutung der Logik für die gesamte Mathematik kommt sehr gut durch das Zitat

> *„Logic is the hygiene the mathematician practices to keep his ideas healthy and strong."*

H. Weyl

des deutschen Mathematikers *Hermann Weyl* (1885–1955) zum Ausdruck.

Axiomatische Theorien

Ein weiteres Charakteristikum für die mathematische Vorgehensweise ist, dass die Mathematik in Form von Theorien präsentiert wird, die aus bestimmten Grundbegriffen gewisse Grundsachverhalte formulieren. Diese Grundsachverhalte, die nicht bewiesen, sondern als wahr angesehen werden, heißen **Axiome**. Aus diesen Grundpostulaten (Axiomen) werden dann weitere wahre Aussagen, die sogenannten (**mathematischen**) **Sätze**, abgeleitet. Die Herleitung erfolgt dabei nach genau festgelegten Schlussregeln und wird als **Beweis** des Satzes bezeichnet (siehe hierzu die Abschnitte 1.5 und 1.6).

Axiome bilden somit die Grundlage für die Entwicklung einer mathematischen Theorie, die schließlich durch die **Definition** weiterer mathematischer Objekte und die logisch korrekt hergeleiteten Eigenschaften dieser Objekte – in Form von mathematischen Sätzen – entsteht. Aus diesem Grund werden mathematische Theorien auch als **axiomatische Theorien** bezeichnet. Die Wahl der Axiome, die einer mathematischen Theorie zugrunde gelegt werden sollen, wird jedoch häufig kontrovers diskutiert.

Ein Beispiel hierfür ist das 1904 von dem deutschen Mathematiker *Ernst Zermelo* (1871–1953) formulierte **Auswahlaxiom**. Vereinfacht besagt es, dass es zu jeder Menge von nichtleeren Mengen eine Funktion gibt, die jeder dieser Mengen ein Element derselben zuordnet, d. h. „auswählt". Während das Auswahlaxiom von der überwiegenden Mehrheit der

E. Zermelo

Mathematiker akzeptiert wird, da es in vielen Zweigen der Mathematik zu besonders bedeutenden und ästhetischen Ergebnissen führt, verzichten Anhänger der sogenannten **konstruktivistischen Mathematik** bewusst auf das Auswahlaxiom. Dieser Gruppe von Mathematikern steht eine ganze Reihe bedeutender mathematischer Sätze, zu deren Beweis das Auswahlaxiom benötigt wird, nicht zur Verfügung.

Auf der anderen Seite werden jedoch auf diese Weise einige eigentümlich erscheinende Konsequenzen vermieden, die sich ebenfalls mit Hilfe des Auswahlaxioms beweisen lassen. Das bekannteste Beispiel hierfür ist sicherlich das nach den beiden polnischen Mathematikern *Stefan Banach* (1892–1945) und *Alfred Tarski* (1901–1983) benannte **Banach-Tarski-Paradoxon**. Vereinfacht besagt es, dass eine Kugel in $n \geq 3$ Dimensionen stets derart zerlegt werden kann, dass sich ihre Teile wieder zu zwei vollständigen Kugeln zusammenfügen lassen, von denen jede denselben Radius besitzt wie die ursprüngliche Kugel.

S. Banach

Das heißt, das Volumen einer Kugel kann alleine durch Zerlegen der Kugel und anschließendes Wiederzusammenfügen der entstehenden Teile verdoppelt werden, ohne dass dabei erklärt werden kann, wie durch einen solchen Vorgang Volumen aus dem Nichts entstehen soll (vgl. Abbildung 1.1).

A. Tarski

Abb. 1.1: Veranschaulichung des Banach-Tarski-Paradoxons

Unstrittig ist jedoch unter allen Mathematikern, dass die einer mathematischen Theorie zugrunde gelegten Axiome sowohl **konsistent**, d. h. widerspruchsfrei, als auch **unabhängig**, d. h. nicht auseinander ableitbar, sein sollen.

Axiomensystem von Peano

Das Vorgehen bei der Entwicklung einer mathematischen auf Axiomen basierender Theorie lässt sich exemplarisch sehr gut anhand der Defnition der **Menge $\mathbb{N}$ der natürlichen Zahlen** nachvollziehen.

Im Folgenden wird deshalb das sogenannte **Axiomensystem von Peano** betrachtet, welches 1889

G. Peano

vom italienischen Mathematiker *Giuseppe Peano* (1858–1932) formuliert wurde und zur Definition der Menge $\mathbb{N}$ der natürlichen Zahlen dient. Es besteht aus fünf Axiomen und charakterisiert die Menge $\mathbb{N}$ der natürlichen Zahlen und ihre Eigenschaften anhand des Begriffs des „Nachfolgers":

> **Definition 1.1** (Axiomensystem von Peano)
>
> *(P1) 1 ist eine natürliche Zahl.*
>
> *(P2) Jede natürliche Zahl n hat eine natürliche Zahl m als Nachfolger.*
>
> *(P3) 1 ist kein Nachfolger einer natürlichen Zahl.*
>
> *(P4) Verschiedene natürliche Zahlen haben verschiedene Nachfolger.*
>
> *(P5) Enthält eine Menge A das Element* 1 *und mit jeder natürlichen Zahl n auch deren Nachfolger, dann ist die Menge der natürlichen Zahlen eine Teilmenge von* A.

Das Axiom (P1) stellt für sich allein genommen zunächst nur sicher, dass es eine mit dem Symbol 1 („Eins") bezeichnete natürliche Zahl gibt. Bezeichnet ferner $N(n)$ den Nachfolger einer natürlichen Zahl n, dann wird durch die Axiome (P2)–(P5) gewährleistet, dass man sukzessive und widerspruchsfrei durch die Definitionen

$$2 := N(1), \quad 3 := N(2), \quad 4 := N(3),$$
$$5 := N(4), \quad 6 := N(5), \quad \ldots$$

unendlich viele weitere natürliche Zahlen erhält, die mit den Symbolen $2, 3, \ldots$ bezeichnet werden. Die auf diese Weise resultierende Menge

$$\mathbb{N} := \{1, 2, 3, 4, 5, \ldots\} \qquad (1.1)$$

wird als **Menge der natürlichen Zahlen** bezeichnet. Das Axiom (P5) heißt **Induktionsaxiom**, da auf ihm das Beweisprinzip der vollständigen Induktion beruht (siehe hierzu Abschnitt 1.7).

Für die Menge der natürlichen Zahlen definiert man nun die **Addition** durch

$$n + 1 := N(n) \qquad \text{und} \qquad n + N(m) := N(n+m)$$

für alle n und m aus $\mathbb{N}$. Dies führt dann zu der Additionstabelle

$$1 + 1 = N(1) = 2$$
$$1 + 2 = 1 + N(1) = N(1+1) = N(2) = 3$$
$$1 + 3 = 1 + N(2) = N(1+2) = N(3) = 4$$
$$2 + 1 = N(2) = 3$$
$$2 + 2 = 2 + N(1) = N(2+1) = N(3) = 4$$
$$2 + 3 = 2 + N(2) = N(2+2) = N(4) = 5$$
$$3 + 1 = N(3) = 4$$
$$3 + 2 = 3 + N(1) = N(3+1) = N(4) = 5$$
$$\vdots$$

Aufbauend auf der Addition wird für die Menge der natürlichen Zahlen die **Multiplikation** definiert durch

$$n \cdot 1 := n \quad \text{und} \quad n \cdot N(m) := n + n \cdot m$$

für alle n und m aus $\mathbb{N}$. Aus der Definition $n \cdot 1 := n$ folgt, dass 1 ein **neutrales Element der Multiplikation** ist. Durch die Konvention, dass die Multiplikation stets vor der Addition ausgeführt wird, ergibt sich folgende Multiplikationstabelle

$$1 \cdot 1 = 1$$
$$1 \cdot 2 = 1 \cdot N(1) = 1 + 1 \cdot 1 = 1 + 1 = 2$$
$$1 \cdot 3 = 1 \cdot N(2) = 1 + 1 \cdot 2 = 1 + 2 = 3$$
$$2 \cdot 1 = 2$$
$$2 \cdot 2 = 2 \cdot N(1) = 2 + 2 \cdot 1 = 2 + 2 = 4$$
$$2 \cdot 3 = 2 \cdot N(2) = 2 + 2 \cdot 2 = 2 + 4 = 6$$
$$3 \cdot 1 = 3$$
$$3 \cdot 2 = 3 \cdot N(1) = 3 + 3 \cdot 1 = 3 + 3 = 6$$
$$\vdots$$

Anschließend lassen sich für die Addition und die Multiplikation mit Hilfe des Axioms (P5) und der Konvention, dass die Multiplikation stets vor der Addition ausgeführt wird, die folgenden grundlegenden **Rechengesetze** beweisen. Es gelten für beliebige natürliche Zahlen l, m, n:

a) **Assoziativgesetze:**
$$l + (m + n) = (l + m) + n \quad \text{und} \quad l \cdot (m \cdot n) = (l \cdot m) \cdot n$$

b) **Kommutativgesetze:**
$$m + n = n + m \quad \text{und} \quad m \cdot n = n \cdot m$$

c) **Distributivgesetz:**
$$l \cdot (m + n) = l \cdot m + l \cdot n$$

Aus den beiden Assoziativgesetzen lässt sich schließen, dass beliebige (mehrfache) Summen und Produkte stets ohne Klammern geschrieben werden können. Die Kommutativgesetze besagen darüber hinaus, dass es bei beliebigen (mehrfachen) Summen und Produkten grundsätzlich nicht auf die Reihenfolge der Summanden bzw. Faktoren ankommt.

An diesem Beispiel einer Einführung der Menge $\mathbb{N}$ der natürlichen Zahlen ist ersichtlich, wie in der Mathematik ausgehend von Axiomen und logischen Schlüssen neue mathematische Aussagen hergeleitet und durch die Definition zusätzlicher mathematischer Objekte und mit erneuten logischen Schlüssen weitere mathematische Aussagen gewonnen werden.

Diese grundsätzliche Vorgehensweise beim Aufbau mathematischer Theorien ist auch in diesem Lehrbuch immer wieder sichtbar. Denn ausgehend von Axiomen und/oder Definitionen für grundlegende mathematische Objekte werden immer wieder Aussagen über die wichtigsten Eigenschaften eines mathematischen Objekts in Form eines mathematischen Satzes formuliert. Anschließend erfolgt der Beweis des Satzes oder es wird ein Hinweis gegeben, wie der Beweis geführt werden kann. In manchen Fällen wird auch eine Literaturquelle angegeben, in welcher der Beweis zu finden ist. Ferner werden bei der Definition neuer mathematischer Objekte häufig die Symbole „:=" oder „:⇔" verwendet. Diese Symbole drücken aus, dass das mathematische Objekt auf der linken Seite durch den Ausdruck auf der rechten Seite definiert wird.

1.3 Aussagenlogik

Die Aussagenlogik ist der Bereich der formalen Logik, der sich mit Aussagen und deren Verknüpfung durch logische Operatoren, die sogenannten **Junktoren**, befasst. Ausgehend von sogenannten **Elementaraussagen**, denen einer der beiden Wahrheitswerte „wahr" oder „falsch" zugeordnet ist, werden mit Hilfe von Junktoren zusammengesetzte Aussagen gebildet und deren Wahrheitswert – ohne zusätzliche Informationen – aus den Wahrheitswerten der Elementaraussagen abgeleitet. Die Aussagenlogik bildet damit auch die Grundlage für die anderen Teilgebiete der formalen Logik und damit insbesondere auch die Basis für die mathematische Beweisführung, die Gegenstand von Abschnitt 1.6 ist.

Aussagen

Der Begriff der **Aussage** ist für die Aussagenlogik von zentraler Bedeutung:

> **Definition 1.2** (Aussage)
>
> *Eine Aussage A ist ein Satz, der entweder wahr (kurz: w) oder falsch (kurz: f) ist.*

Anstelle von w bzw. f wird für den Wahrheitswert einer Aussage oftmals auch 1 bzw. 0 geschrieben. Die Definition 1.2 beinhaltet die beiden folgenden wichtigen Aspekte:

1) Eine Aussage kann nur den Wahrheitswert w oder f besitzen. Für eine Aussage ist kein weiterer Wahrheitswert zugelassen (**Prinzip der Zweiwertigkeit**).

2) Eine Aussage kann nicht sowohl den Wahrheitswert w als auch den Wahrheitswert f haben (**Prinzip vom ausgeschlossenen Widerspruch**).

Eine Aussage ist somit formal ein grammatikalisch korrekter Satz, der entweder wahr oder falsch ist. Zum Beispiel ist der Satz „Die Zahl 13 ist eine Primzahl" eine wahre Aussage, während der Satz „Alle Zahlen sind ohne Rest durch 2 teilbar" offensichtlich eine falsche Aussage darstellt. Der Wahrheitswert der Aussage „Morgen ist Freitag" hängt dagegen davon ab, ob diese Feststellung an einem Donnerstag getroffen wurde oder nicht.

Bei einer Aussage ist es aber auch durchaus möglich, dass man zum gegenwärtigen Zeitpunkt noch nicht sagen kann, welchen Wahrheitswert sie besitzt. Dies ist z. B. bei ungelösten mathematischen Problemen der Fall. Die nach dem französischen Mathematiker *Adrien-Marie Legendre* (1752–1833) benannte **Legendresche Vermutung**

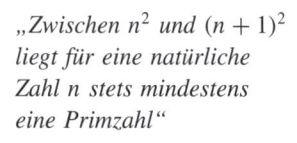

„Zwischen n^2 und $(n+1)^2$ liegt für eine natürliche Zahl n stets mindestens eine Primzahl"

Karikatur von A.-M. Legendre

ist ein bekanntes Beispiel für solch eine Aussage.

Zum Beispiel liegen zwischen 1 und 4 die Primzahlen 2 und 3, zwischen 4 und 9 die Primzahlen 5 und 7, usw. Einerseits hat noch kein Mensch eine natürliche Zahl n entdeckt, für die zwischen n^2 und $(n+1)^2$ keine Primzahl liegt; andererseits hat auch noch nie jemand beweisen können, dass die Aussage für alle natürlichen Zahlen n wahr ist.

Noch berühmter als die Legendresche Vermutung ist die nach dem deutschen Mathematiker und Diplomaten *Christian Goldbach* (1690–1764) benannte **Goldbachsche Vermutung**

„Jede gerade Zahl n größer als 2 kann als Summe zweier Primzahlen p und q geschrieben werden."

Goldbach formulierte diese Vermutung am 7. Juni 1742 in einem Brief an den schweizer Mathematiker *Leonhard Euler* (1707–1783). Mittlerweile gehört die Goldbachsche Vermutung zu den ältesten und bedeutendsten ungelösten mathematischen Problemen, und dies trotz der Tatsache, dass im Jahre 2000 ein

C. Goldbach

britischer Verlag ein Preisgeld von einer Million Dollar auf den Beweis dieser Vermutung aussetzte. Im November 2011 wurde ihre Gültigkeit für alle Zahlen bis $26 \cdot 10^{17}$ explizit nachgewiesen. Dies ist aber natürlich kein Beweis dafür, dass die Goldbachsche Vermutung für jede beliebig große gerade Zahl gültig ist.

Die beiden Feststellungen von *Legendre* und *Goldbach* haben somit gemeinsam, dass sie entweder wahr oder falsch sind, auch wenn die größten Mathematiker der letzten 250 Jahre nicht in der Lage waren, diese Vermutungen zu verifizieren oder zu widerlegen. Einer Person, der es gelingen sollte, eine dieser beiden Vermutungen zu beweisen oder zu widerlegen, wäre mit einem Schlag berühmt und würde sicherlich zahlreiche Angebote für Vorträge und Professuren an renommierten Universitäten erhalten.

Brief von Goldbach an Euler

Üblicherweise werden Aussagen mit lateinischen Großbuchstaben aus dem vorderen Teil des Alphabets, also A, B, C usw., bezeichnet. Für eine wahre Aussage A sagt man auch:

„A gilt", „A ist richtig" oder „A ist erfüllt"

Entsprechend sagt man für eine falsche Aussage A auch:

„A gilt nicht", „A ist nicht richtig" oder „A ist nicht erfüllt"

Durch Hinzufügen des Wortes „nicht" kann also eine Aussage stets **negiert**, d. h. verneint werden.

Aufgrund der Gültigkeit des Prinzips der Zweiwertigkeit spricht man auch von **zweiwertiger Logik**. Im Gegensatz hierzu kann in der **mehrwertigen Logik** und in der **Fuzzy-Logik** eine Aussage mehr als zwei Wahrheitswerte annehmen. Ein Blick in verschiedene Mathematikbücher zeigt, dass das Prinzip der Zweiwertigkeit oft mit dem auch innerhalb mehrwertiger Logiken gültigen **Prinzip des ausgeschlossenen Dritten** verwechselt wird. Das Prinzip des ausgeschlossenen Dritten besagt, dass für eine beliebige Aussage mindestens die Aussage selbst oder ihr Gegenteil gelten muss. Eine dritte Möglichkeit, die weder die Aussage ist, noch ihr Gegenteil, sondern eine Aussage irgendwo dazwischen, kann es nicht geben.

Beispiel 1.3 (Aussagen)

a) $A =$ „Alle Studierenden lieben das Fach Mathematik."
b) $B =$ „Die Zahl 9 ist ohne Rest durch 3 teilbar."
c) $C =$ „Der HSV wird nächster Deutscher Fußballmeister."
d) $D =$ „In Hamburg scheint jeden Tag die Sonne."
e) $E =$ „Der gegenwärtige König von Deutschland ist kahl."

Die Aussagen A und D sind (leider) falsch, während die Aussage B wahr ist. Ob jedoch die Aussage C wahr ist, kann derzeit nicht entschieden werden. Denn dies wird sich erst am Ende der laufenden Fußballsaison zeigen. Bei E handelt es sich hingegen um keine Aussage, da die Feststellung E gegen das Prinzip vom ausgeschlossenen Widerspruch verstößt (siehe hierzu Beispiel 1.5b)).

Durch Verknüpfung von Elementaraussagen durch logische Operatoren, die sogenannten **Junktoren** (von lat. iungere „verknüpfen", „verbinden"), können kompliziertere Aussagen gebildet werden. Dabei wird durch eine sogenannte **Wahrheitstafel** festgelegt, in welcher Weise der Wahrheitswert der zusammengesetzten Aussage durch die Wahrheitswerte der Elementaraussagen bestimmt ist (**Prinzip der Extensionalität**).

In der klassischen Aussagenlogik sind die fünf Junktoren **Negation**, **Konjunktion**, **Disjunktion**, **Implikation** und **Äquivalenz** am gebräuchlichsten.

Negationen

Die **Negation** einer Aussage bezieht sich im Gegensatz zu den anderen vier Junktoren nur auf eine einzelne Aussage. Dennoch wird auch die Negation als eine Verknüpfung von Aussagen bezeichnet.

Definition 1.4 (Negation)

Die Negation $\neg A$ der Aussage A (gelesen: „nicht A") ist die Verneinung dieser Aussage A. Das heißt, $\neg A$ ist wahr, wenn A falsch ist, und $\neg A$ ist falsch, wenn A wahr ist. Die Negation $\neg A$ ist festgelegt durch die Wahrheitstafel:

A	w	f
$\neg A$	f	w

Neben $\neg A$ ist auch $\overline{A}$ eine verbreitete Schreibweise für die Negation einer Aussage.

Beispiel 1.5 (Negierte Aussagen)

a) Die Aussage $A =$ „Die Zahl 8 ist ohne Rest durch 3 teilbar" besitzt die Negation $\neg A =$ „Die Zahl 8 ist nicht ohne Rest durch 3 teilbar" und entsprechend ist die Negation der Aussage $B =$ „Die Zahl 9 ist ohne Rest durch 3 teilbar" durch $\neg B =$ „Die Zahl 9 ist nicht ohne Rest durch 3 teilbar" gegeben.

b) Die Feststellung $E =$ „Der gegenwärtige König von Deutschland ist kahl" verstößt gegen das Prinzip vom ausgeschlossenen Widerspruch und ist damit keine Aussage. Denn die Feststellung E ist falsch, da es gegenwärtig keinen König von Deutschland gibt. Aus demselben Grund ist auch die Negation $\neg E =$ „Der gegenwärtige König von Deutschland ist nicht kahl" falsch. Aus der Definition 1.4 und dem **Gesetz der doppelten Verneinung** (siehe den weiter unten folgenden Satz 1.17b)) folgt, dass die Feststellung E auch richtig ist. Das heißt die Feststellung E besitzt im Gegensatz zu einer Aussage sowohl den Wahrheitswert w als auch den Wahrheitswert f.

c) Die Negation der Aussage $A = $ „Alle Studierenden mögen das Fach Mathematik" ist $\neg A = $ „Es gibt mindestens einen Studierenden, der das Fach Mathematik nicht mag." Hierbei ist zu beachten, dass die Aussage „Kein Studierender liebt das Fach Mathematik" nicht die Negation von A ist.

Konjunktionen

Die **Konjunktion** zweier Aussagen A und B entspricht dem umgangssprachlichen Wort „und" und ist wie folgt definiert:

Definition 1.6 (Konjunktion)

Die Konjunktion $A \wedge B$ der beiden Aussagen A und B (gelesen: „A und B") ist die aus den Aussagen A und B zusammengesetzte Aussage, die genau dann wahr ist, wenn sowohl die Aussage A als auch die Aussage B wahr ist. Ansonsten ist die Konjunktion $A \wedge B$ falsch. Die Konjunktion $A \wedge B$ ist festgelegt durch die Wahrheitstafel:

A	w	w	f	f
B	w	f	w	f
$A \wedge B$	w	f	f	f

Eine Konjunktion $A \wedge B$ mit dem Wahrheitswert w entspricht somit einem „Es ist sowohl A als auch B wahr". Eine Konjunktion ist falsch, wenn mindestens eine der beiden Aussagen A und B falsch ist.

Die Wahrheitstafeln der beiden Konjunktionen $A \wedge B$ und $B \wedge A$ sind offensichtlich identisch.

Beispiel 1.7 (Konjunktionen)

Gegeben seien die beiden Aussagen $A = $ „Die Bank 1 verkauft die Anleihe X" und $B = $ „Die Bank 1 verkauft die Anleihe Y". Dann gilt:

a) $A \wedge B = $ „Die Bank 1 verkauft die Anleihen X und Y."

b) $\neg A \wedge B = $ „Die Bank 1 verkauft nicht die Anleihe X, aber die Anleihe Y."

c) $\neg A \wedge \neg B = $ „Die Bank 1 verkauft weder die Anleihe X noch die Anleihe Y."

Dabei wurde in Beispiel 1.7b) und c) stillschweigend die Konvention verwendet, dass die Negation vor der Konjunktion ausgeführt wird.

Disjunktionen

Die **Disjunktion** zweier Aussagen A und B entspricht dem umgangssprachlichen Wort „oder" und ist wie folgt definiert:

Definition 1.8 (Disjunktion)

Die Disjunktion $A \vee B$ der beiden Aussagen A und B (gelesen: „A oder B") ist die aus den Aussagen A und B zusammengesetzte Aussage, die genau dann wahr ist, wenn mindestens eine der beiden Aussagen A oder B wahr ist. Ansonsten ist die Disjunktion $A \vee B$ falsch. Die Disjunktion $A \vee B$ ist festgelegt durch die Wahrheitstafel:

A	w	w	f	f
B	w	f	w	f
$A \vee B$	w	w	w	f

Eine Disjunktion $A \vee B$ mit dem Wahrheitswert w entspricht einem nicht ausschließenden „oder" im Sinne von „Es ist A und/oder B wahr". Eine Disjunktion ist somit nur dann falsch, wenn beide Aussagen A und B falsch sind. Das ausschließende „oder" im Sinne von „Es ist entweder A oder B wahr" wird durch die zusammengesetzte Aussage

$$(A \wedge \neg B) \vee (\neg A \wedge B)$$

ausgedrückt. Denn diese Aussage ist nur wahr, wenn A wahr und B falsch ist, oder wenn umgekehrt A falsch und B wahr ist. Dabei wurde stillschweigend die Konvention verwendet, dass die Negation vor der Konjunktion und der Disjunktion ausgeführt wird.

Die Symbole $\vee$ und $\wedge$ für Disjunktion bzw. Konjunktion können leicht dadurch unterschieden werden, dass das lateinische Wort „vel" für das nicht ausschließende „oder" mit dem Buchstaben „v" anfängt.

Die Wahrheitstafeln der beiden Disjunktionen $A \vee B$ und $B \vee A$ sind offensichtlich identisch.

Beispiel 1.9 (Disjunktionen)

Durch A und B seien wieder die beiden Aussagen aus Beispiel 1.7 gegeben. Dann gilt:

a) $A \vee B$ = „Die Bank 1 verkauft die Anleihe X und/oder die Anleihe Y."

b) $\neg A \vee \neg B$ = „Die Bank 1 verkauft höchstens eine der beiden Anleihen X und Y."

In Beispiel 1.9b) wurde stillschweigend die Konvention verwendet, dass die Negation vor der Disjunktion ausgeführt wird.

Implikationen

Die **Implikation** $A \Rightarrow B$ ist die am wenigsten intuitive logische Operation. Sie ist wie folgt definiert:

Definition 1.10 (Implikation)

Die Implikation $A \Rightarrow B$ (gelesen: „wenn A, dann B") ist die aus den beiden Aussagen A und B zusammengesetzte Aussage, die genau dann falsch ist, wenn A wahr und B falsch ist. Sonst ist $A \Rightarrow B$ wahr. Die Implikation ist festgelegt durch die Wahrheitstafel:

A	w	w	f	f
B	w	f	w	f
$A \Rightarrow B$	w	f	w	w

Die Aussage A wird dabei Voraussetzung oder Prämisse genannt und die Aussage B heißt Schlussfolgerung oder Konklusion.

Anstelle von Implikation spricht man bei $A \Rightarrow B$ auch von einer **logischen Folgerung**. Eine Implikation $A \Rightarrow B$ ist bis auf den Fall einer wahren Voraussetzung A in Verbindung mit einer falschen Schlussfolgerung B stets wahr. Das heißt insbesondere, dass eine Implikation $A \Rightarrow B$, deren Voraussetzung A falsch ist, unabhängig vom Wahrheitswert der Schlussfolgerung B stets wahr ist. Somit kann man aus etwas Falschem alles folgern. Es existiert folglich ein großer Unterschied zwischen einer Implikation und der gängigen Vorstellung von einer „logischen Folgerung", die man automatisch mit einer wahren Prämisse verbindet. Ist jedoch die Prämisse A wahr, dann hängt der Wahrheitsgehalt der Implikation $A \Rightarrow B$ ausschließlich vom Wahrheitsgehalt der Aussage B ab: Ist B wahr, dann auch $A \Rightarrow B$. Ist B falsch, so auch $A \Rightarrow B$.

Neben „wenn A, dann B" sind für $A \Rightarrow B$ auch die Sprechweisen „aus A folgt B", „A impliziert B", „A ist hinreichend für B" und „B ist notwendig für A" üblich. Für die Negation der Implikation $A \Rightarrow B$ schreibt man anstelle von $\neg(A \Rightarrow B)$ häufig auch $A \not\Rightarrow B$.

In Beispiel 1.14a) wird gezeigt, dass die Implikation $A \Rightarrow B$ genau der Aussage

$$\neg B \Rightarrow \neg A$$

entspricht. Dieser Zusammenhang bildet die Grundlage sogenannter **indirekter Beweise** (**Kontrapositionen**), die bei der mathematischen Beweisführung eine wichtige Rolle spielen (siehe Abschnitt 1.6).

Beispiel 1.11 (Implikationen)

a) Durch A und B seien wieder die beiden Aussagen aus Beispiel 1.7 gegeben. Dann gilt: $A \Rightarrow B$ = „Wenn die Bank 1 die Anleihe X verkauft, dann verkauft sie auch die Anleihe Y" und $A \Rightarrow \neg B$ = „Wenn die Bank 1 die Anleihe X verkauft, dann verkauft sie nicht die Anleihe Y".

b) Gegeben seien die beiden Aussagen A = „An meinem Standort regnet es in diesem Moment" und B = „An meinem Standort ist die Straße in diesem Moment nass". Dann ist die Aussage $A \Rightarrow B$ wahr.

c) Gegeben seien die beiden Aussagen A = „Die Zahl 3 teilt die Zahl n ohne Rest" und B = „Die Zahl 9 teilt die Zahl n ohne Rest". Dann ist die Aussage $B \Rightarrow A$ stets wahr. Denn der Fall, dass die Prämisse B wahr und die Schlussfolgerung A falsch ist, kann nicht eintreten, da es keine Zahl n gibt, die ohne Rest durch 9, aber nicht ohne Rest durch 3 teilbar ist.

d) Gegeben seien die Aussagen A = „Der Unternehmensgewinn ist gleich dem Umsatz abzüglich der Kosten", B = „Die Kosten wachsen", C = „Der Umsatz wächst" und D = „Der Gewinn wächst". Wird nun angenommen, dass A eine wahre Aussage ist, dann ist auch die Implikation $C \wedge (\neg B) \Rightarrow D$ = „Wenn der Umsatz wächst und die Kosten nicht steigen, dann wächst der Gewinn" eine wahre Aussage.

Dabei wurde in Beispiel 1.11a) stillschweigend die Konvention verwendet, dass die Negation vor der Implikation ausgeführt wird.

Äquivalenzen

Die **Äquivalenz** $A \Leftrightarrow B$ ist wie folgt definiert:

> **Definition 1.12** (Äquivalenz)
>
> *Die Äquivalenz $A \Leftrightarrow B$ (gelesen: „A ist äquivalent zu B") ist die aus den beiden Aussagen A und B zusammengesetzte Aussage, die genau dann wahr ist, wenn sowohl die Aussage A als auch die Aussage B wahr ist, oder aber, wenn sowohl Aussage A als auch Aussage B falsch ist. Sonst ist $A \Leftrightarrow B$ falsch. Die Äquivalenz $A \Leftrightarrow B$ ist festgelegt durch die Wahrheitstafel:*
>
> | A | w | w | f | f |
> |---|---|---|---|---|
> | B | w | f | w | f |
> | $A \Leftrightarrow B$ | w | f | f | w |

Eine Äquivalenz $A \Leftrightarrow B$ ist somit genau dann wahr, wenn die beiden Aussagen A und B den gleichen Wahrheitswert besitzen, und zwar unabhängig davon, ob dieser Wahrheitswert w oder f ist.

In Beispiel 1.14b) wird gezeigt, dass die Äquivalenz $A \Leftrightarrow B$ genau der Aussage $(A \Rightarrow B) \wedge (B \Rightarrow A)$ enspricht, d. h. die Äquivalenz

$$(A \Leftrightarrow B) \Longleftrightarrow \big((A \Rightarrow B) \wedge (B \Rightarrow A)\big) \qquad (1.2)$$

wahr ist. Dabei wird in (1.2) die Konvention verwendet, dass die beiden Aussagen in Klammern auf der rechten Seite von (1.2) vor der Konjunktion $\wedge$ ausgeführt werden. Somit ist bei einer wahren Äquivalenz $A \Leftrightarrow B$ die Aussage A eine hinreichende Bedingung für B und die Aussage B ist eine hinreichende Bedingung für A. Dieser Zusammenhang ist bei der mathematischen Beweisführung sehr hilfreich (siehe hierzu die Abschnitte 1.5 und 1.6).

Bei einer wahren Äquivalenz $A \Leftrightarrow B$ sagt man, dass die Aussagen A und B **logisch äquivalent** sind. Neben „A ist äquivalent zu B" sind für $A \Leftrightarrow B$ auch die Sprechweisen „A ist gleichwertig zu B", „A genau dann, wenn B", „A dann und nur dann, wenn B" und „A ist notwendig und hinreichend für B" gebräuchlich.

Für die Negation der Äquivalenz $A \Leftrightarrow B$ schreibt man anstelle von $\neg(A \Leftrightarrow B)$ häufig auch $A \not\Leftrightarrow B$.

> **Beispiel 1.13** (Äquivalenzen)
>
> a) Durch A und B seien wieder die beiden Aussagen aus Beispiel 1.7 gegeben. Dann gilt: $A \Leftrightarrow B =$ „Die Bank 1 verkauft die Anleihe X genau dann, wenn sie auch die Anleihe Y verkauft" und $A \Leftrightarrow \neg B =$ „Die Bank 1 verkauft die Anleihe X genau dann, wenn sie die Anleihe Y nicht verkauft".
>
> b) Gegeben seien die Aussagen $A =$ „Die Zahl n ist ohne Rest durch die Zahl 6 teilbar" und $B =$ „Die Zahl n ist ohne Rest durch die Zahlen 2 und 3 teilbar". Dann ist die Äquivalenz $A \Leftrightarrow B$ eine wahre Aussage.
>
> c) Gegeben seien die beiden Aussagen $A =$ „Heute ist Dienstag" und $B =$ „Morgen ist Mittwoch". Dann ist die Äquivalenz $A \Leftrightarrow B$ stets eine wahre Aussage, und zwar unabhängig davon, ob die Aussage A wahr oder falsch ist.
>
> d) Gegeben seien die beiden Aussagen $A =$ „Das Versicherungsunternehmen X hat einen Marktanteil von 20%" und $B =$ „Die Konkurrenz des Versicherungsunternehmens X hat zusammen einen Marktanteil von 80%". Dann ist $A \Leftrightarrow B$ stets eine wahre Aussage, und zwar unabhängig davon, ob die Aussage A wahr oder falsch ist.

In Beispiel 1.13a) wurde stillschweigend die Konvention verwendet, dass die Negation vor der Äquivalenz ausgeführt wird.

In diesem Abschnitt wurden mit der Negation, Konjunktion, Disjunktion, Implikation und der Äquivalenz die fünf gebräuchlichsten Junktoren eingeführt. Dabei ist festzuhalten, dass einige dieser Junktoren redundant sind. Denn man kann zeigen, dass bereits zwei Junktoren ausreichend sind, wobei einer davon die Negation sein muss. Die anderen drei Junktoren können dann durch diese beiden Junktoren ausgedrückt werden. Zusammengesetzte Aussagen werden dann jedoch schnell sehr unübersichtlich und kompliziert, weshalb sich die Verwendung aller fünf Junktoren durchgesetzt hat.

Das folgende Beispiel 1.14 zeigt, wie mit Hilfe dieser Junktoren problemlos auch mehr als zwei Aussagen zu neuen Aussagen verknüpft und deren Wahrheitswerte ermittelt werden können. Dabei ist die Reihenfolge, in welcher die einzelnen Teilaussagen ausgewertet werden, analog zur Arithmetik mit Hilfe von Klammern eindeutig festgelegt. Darüber hinaus werden zur Minimierung der dazu benötigten Anzahl von Klammern üblicherweise die in Tabelle 1.1 angegebenen Konventionen bzgl. der Priorität der verschiedenen Junktoren getroffen.

Priorität	Junktor
hoch	Negation
mittel	Konjunktion, Disjunktion
gering	Implikation, Äquivalenz

Tabelle 1.1: Konventionen bzgl. der Priorität der verschiedenen Junktoren (logische Operatoren)

Beispiel 1.14 (Äquivalenzen)

a) Die Aussagen $A \Rightarrow B$ und $\neg B \Rightarrow \neg A$ sind logisch äquivalent. Das heißt, es gilt

$$(A \Rightarrow B) \Longleftrightarrow (\neg B \Rightarrow \neg A). \quad (1.3)$$

Dies ist aus der folgenden Wahrheitstafel ersichtlich:

A	w	w	f	f
B	w	f	w	f
$A \Rightarrow B$	w	f	w	w
$\neg B$	f	w	f	w
$\neg A$	f	f	w	w
$\neg B \Rightarrow \neg A$	w	f	w	w

Es ist zu erkennen, dass die beiden Teilaussagen $A \Rightarrow B$ und $\neg B \Rightarrow \neg A$ unabhängig von den Wahrheitswerten der Elementaraussagen A und B stets denselben Wahrheitswert besitzen.

b) Die Aussagen $A \Leftrightarrow B$ und $(A \Rightarrow B) \wedge (B \Rightarrow A)$ sind ebenfalls logisch äquivalent. Das heißt, es gilt

$$(A \Leftrightarrow B) \Longleftrightarrow ((A \Rightarrow B) \wedge (B \Rightarrow A)). \quad (1.4)$$

Denn mit einer Wahrheitstafel erhält man:

A	w	w	f	f
B	w	f	w	f
$A \Leftrightarrow B$	w	f	f	w
$A \Rightarrow B$	w	f	w	w
$B \Rightarrow A$	w	w	f	w
$(A \Rightarrow B) \wedge (B \Rightarrow A)$	w	f	f	w

Das heißt, die beiden Teilaussagen $A \Leftrightarrow B$ und $(A \Rightarrow B) \wedge (B \Rightarrow A)$ besitzen unabhängig von den Wahrheitswerten der Elementaraussagen A und B stets denselben Wahrheitswert.

c) Die Aussagen $A \Rightarrow B$ und $(\neg A) \vee B$ sind logisch äquivalent. Das heißt, es gilt

$$(A \Rightarrow B) \Longleftrightarrow ((\neg A) \vee B). \quad (1.5)$$

Dies ist aus der folgenden Wahrheitstafel ersichtlich:

A	w	w	f	f
B	w	f	w	f
$A \Rightarrow B$	w	f	w	w
$\neg A$	f	f	w	w
$(\neg A) \vee B$	w	f	w	w

Auch hier gilt, dass die beiden Teilaussagen $A \Rightarrow B$ und $(\neg A) \vee B$ unabhängig von den Wahrheitswerten der Elementaraussagen A und B stets denselben Wahrheitswert besitzen.

d) Aus der folgenden Wahrheitstafel ist ersichtlich, dass auch die Aussagen $\neg(A \wedge B)$ und $(\neg A) \vee (\neg B)$ logisch äquivalent sind und somit

$$\bigl(\neg(A \wedge B)\bigr) \Longleftrightarrow \bigl((\neg A) \vee (\neg B)\bigr) \quad (1.6)$$

gilt. Dies zeigt die folgende Wahrheitstafel:

A	w	w	f	f
B	w	f	w	f
$A \wedge B$	w	f	f	f
$\neg(A \wedge B)$	f	w	w	w
$\neg A$	f	f	w	w
$\neg B$	f	w	f	w
$(\neg A) \vee (\neg B)$	f	w	w	w

e) Zu guter Letzt erhält man, dass auch die Aussagen $\neg(A \vee B)$ und $(\neg A) \wedge (\neg B)$ logisch äquivalent sind und damit

$$\bigl(\neg(A \vee B)\bigr) \Longleftrightarrow \bigl((\neg A) \wedge (\neg B)\bigr) \quad (1.7)$$

gilt. Denn man erhält die folgende Wahrheitstafel:

A	w	w	f	f
B	w	f	w	f
$A \vee B$	w	w	w	f
$\neg(A \vee B)$	f	f	f	w
$\neg A$	f	f	w	w
$\neg B$	f	w	f	w
$(\neg A) \wedge (\neg B)$	f	f	f	w

Tautologien und Kontradiktionen

Bei den zusammengesetzten Aussagen (1.3)–(1.7) handelt es sich somit um sogenannte **Tautologien**, d. h. Aussagen, die stets wahr sind. Ist das Gegenteil der Fall, d. h. ist eine Aussage stets falsch, dann spricht man von einer **Kontradiktion**:

> **Definition 1.15** (Tautologie, Kontradiktion und Kontingenz)
>
> *Eine (zusammengesetzte) Aussage heißt Tautologie oder Identität, wenn sie stets wahr ist. Im Gegensatz dazu wird eine Aussage als Kontradiktion oder Widerspruch bezeichnet, wenn sie stets falsch ist. Eine Aussage, die weder eine Tautologie, noch eine Kontradiktion ist, heißt Kontingenz oder Neutralität.*

Offensichtlich ist eine Aussage A genau dann eine Tautologie, wenn ihre Verneinung $\neg A$ eine Kontradiktion ist. Umgekehrt ist eine Aussage A genau dann eine Kontradiktion, wenn ihre Verneinung $\neg A$ eine Tautologie ist.

Eine aus Teilaussagen zusammengesetzte Aussage A ist eine Tautologie, wenn ihr Wahrheitswert unabhängig von den Wahrheitswerten der Teilaussagen stets w ist. Ist A dagegen eine Kontradiktion, dann ist der Wahrheitswert von A unabhängig von den Wahrheitswerten der Teilaussagen stets f. Der Wahrheitswert einer Kontingenz A ist dagegen abhängig von den Wahrheitswerten der Teilaussagen und kann w oder f sein.

Umgangssprachliche Tautologie

Zu beachten ist, dass umgangssprachlich Aussagen der Form „weißer Schimmel", „schwarzer Rappe", „unverheirateter Junggeselle", „tote Leiche" usw. ebenfalls als Tautologien bezeichnet werden.

Eine Aussage heißt **erfüllbar**, wenn sie wahr werden kann, d. h. wenn sie keine Kontradiktion ist. Eine Aussage ist damit genau dann eine Tautologie, wenn ihre Verneinung nicht erfüllbar ist.

> **Beispiel 1.16** (Tautologien und Kontradiktionen)

a) Die Aussage $A \vee (\neg A)$ ist eine Tautologie. Dies ist aus der folgenden Wahrheitstafel ersichtlich:

A	w	w	f	f
$\neg A$	f	f	w	w
$A \vee (\neg A)$	w	w	w	w

Es ist zu erkennen, dass die Aussage $A \vee (\neg A)$ unabhängig vom Wahrheitswert der Elementaraussage A stets den Wahrheitswert w besitzt.

b) Die Aussage $A \wedge (\neg A)$ ist eine Kontradiktion. Dies ist aus der folgenden Wahrheitstafel ersichtlich:

A	w	w	f	f
$\neg A$	f	f	w	w
$A \wedge (\neg A)$	f	f	f	f

Es ist zu erkennen, dass die Aussage $A \wedge (\neg A)$ unabhängig vom Wahrheitswert der Elementaraussage A stets den Wahrheitswert f besitzt.

c) Die Aussage $A \Leftrightarrow (\neg(\neg A))$ ist eine Tautologie. Dies ist aus der folgenden Wahrheitstafel ersichtlich:

A	w	w	f	f
$\neg A$	f	f	w	w
$(\neg(\neg A))$	w	w	f	f
$A \Leftrightarrow (\neg(\neg A))$	w	w	w	w

Es ist zu erkennen, dass die Aussage $A \Leftrightarrow (\neg(\neg A))$ unabhängig vom Wahrheitswert der Elementaraussage A stets den Wahrheitswert w besitzt.

d) Die Aussage $A \wedge B \Rightarrow A$ ist eine Tautologie. Dies ist aus der folgenden Wahrheitstafel ersichtlich:

A	w	w	f	f
B	w	f	w	f
$A \wedge B$	w	f	f	f
$A \wedge B \Rightarrow A$	w	w	w	w

Es ist zu erkennen, dass die Aussage $A \wedge B \Rightarrow A$ unabhängig von den Wahrheitswerten der Elementaraussagen A und B stets den Wahrheitswert w besitzt. Völlig analog erhält man, dass auch $A \Rightarrow A \vee B$ eine Tautologie ist.

e) Die Aussage $A \Leftrightarrow \neg A$ ist eine Kontradiktion. Dies ist aus der folgenden Wahrheitstafel ersichtlich:

A	w	w	f	f
$\neg A$	f	f	w	w
$A \Leftrightarrow \neg A$	f	f	f	f

Es ist zu erkennen, dass die Aussage $A \Leftrightarrow \neg A$ unabhängig vom Wahrheitswert der Elementaraussage A stets den Wahrheitswert f besitzt.

f) Die Aussage $B =$ „Der Umsatz eines Unternehmens steigt oder er steigt nicht" ist eine Tautologie. Dies folgt aus Teil a) dieses Beispiels. Denn die Aussage B ist von der Form $A \vee (\neg A)$ mit $A =$ „Der Umsatz eines Unternehmens steigt".

g) Die Aussage $C =$ „Eine natürliche Zahl n ist eine rationale Zahl" ist eine Tautologie. Dies folgt aus Teil d) dieses Beispiels. Denn die Aussage C ist von der Form $A \wedge B \Rightarrow A$ mit $A =$ „Die Zahl n ist eine natürliche Zahl" und $B =$ „Die Zahl n ist eine rationale Zahl".

h) Die Aussage $B =$ „Die Ungleichung $xy > 1$ ist genau dann erfüllt, wenn $xy \leq 1$ gilt." ist eine Kontradiktion. Dies folgt aus Teil e) dieses Beispiels, denn die Aussage B ist von der Form $A \Leftrightarrow \neg A$ mit $A =$ „Die Ungleichung $xy > 1$ ist erfüllt".

d) *Assoziativgesetze:*

$$A \wedge (B \wedge C) \iff (A \wedge B) \wedge C$$
$$A \vee (B \vee C) \iff (A \vee B) \vee C$$
$$(A \Leftrightarrow (B \Leftrightarrow C)) \iff ((A \Leftrightarrow B) \Leftrightarrow C)$$

e) *Distributivgesetze:*

$$A \wedge (B \vee C) \iff (A \wedge B) \vee (A \wedge C)$$
$$A \vee (B \wedge C) \iff (A \vee B) \wedge (A \vee C)$$

f) *Regeln von De Morgan:*

$$\neg(A \vee B) \iff \neg A \wedge \neg B$$
$$\neg(A \wedge B) \iff \neg A \vee \neg B$$

g) $(A \Rightarrow B) \iff (\neg B \Rightarrow \neg A)$ *(Kontraposition)*

Beweis: Zu a) und b): Siehe Beispiel 1.16a) und c).

Zu f) und g): Siehe Beispiel 1.14d) und e) bzw. Beispiel 1.14a).

c), d) und e): Können analog zu den anderen Tautologien in Beispiel 1.14 und Beispiel 1.16 mit Hilfe von Wahrheitstafeln nachgewiesen werden. ∎

Der folgende Satz fasst die wichtigsten Tautologien zusammen. Zum Teil wurden diese Identitäten schon in den vorhergehenden Beispielen nachgewiesen. Diese Tautologien bilden eine wichtige Grundlage für die Überlegungen zur mathematischen Beweisführung in Abschnitt 1.6 und damit auch für die Beweise aller mathematischen Aussagen in diesem Lehrbuch.

Satz 1.17 (Wichtige Tautologien)

Die folgenden Aussagen sind Tautologien:

a) $A \vee \neg A$ *(Gesetz vom ausgeschlossenen Dritten)*

b) $A \Leftrightarrow (\neg(\neg A))$ *(Gesetz der doppelten Verneinung)*

c) *Kommutativgesetze:*

$$A \wedge B \iff B \wedge A$$
$$A \vee B \iff B \vee A$$
$$(A \Leftrightarrow B) \iff (B \Leftrightarrow A)$$

Die beiden Tautologien in Satz 1.17f) sind nach dem englischen Mathematiker *Augustus De Morgan* (1806–1871) benannt. Sie besagen, dass die Verneinung einer Disjunktion logisch äquivalent zur Konjunktion der beiden verneinten Teilaussagen ist. Umgekehrt ist die Verneinung einer Konjunktion logisch äquivalent zur Disjunktion der beiden verneinten Teilaussagen.

A. De Morgan

Wie sich in Abschnitt 2.3 zeigen wird, sind die Regeln von De Morgan nicht nur für die Aussagenlogik, sondern auch für die Mengenlehre bedeutsam.

Das folgende etwas komplexere Beispiel demonstriert, wie sich durch Verknüpfung von Aussagen neue – auf den ersten Blick nicht offensichtliche – Erkenntnisse ergeben:

Beispiel 1.18 (Drei Freunde im Gefängnis)

In einem Gefängnis sitzen drei befreundete Häftlinge. Der erste sieht noch mit beiden Augen, der zweite sieht nur noch mit einem Auge und der dritte ist völlig blind. Der Gefängnisdirektor erklärt den drei Freunden, dass er fünf Hüte habe, von denen drei weiß und zwei schwarz seien.

Anschließend setzt er jedem der Häftlinge einen der fünf Hüte auf, so dass die Häftlinge zwar die Farbe der Hüte der anderen beiden Häftlinge sehen können, aber nicht die Farbe des eigenen Hutes. Die beiden verbleibenden Hüte verwahrt er. Der Gefängnisdirektor verspricht nun dem normal sehenden Häftling die Freiheit, wenn er die Farbe seines Hutes nennen kann. Der normal sehende Häftling erklärt jedoch, dass er dies nicht könne. Der Gefängnisdirektor macht daher dem einäugigen Häftling dasselbe Angebot, worauf dieser jedoch antwortet, dass er auch nicht in der Lage sei, die Farbe seines Hutes zu nennen. Den blinden Häftling hingegen möchte der Gefängnisdirektor gar nicht erst fragen. Der blinde Häftling bittet jedoch darum, dieselbe Chance wie seine beiden Freunde zu erhalten. Der Gefängnisdirektor fragt daher auch den blinden Häftling nach der Farbe seines Hutes. Der blinde Häftling gibt auf diese Frage die korrekte Antwort:

„Was ich von meinen Freunden weiß,
das lässt mich sehen ganz genau
auch ohne Augen: Mein Hut ist weiß!"

Anschließend erläutert der Blinde dem überraschten Gefängniswärter, dass sich mit Hilfe der drei Aussagen

$A = $ „Der Hut des normal sehenden Häftlings ist weiß",

$B = $ „Der Hut des einäugigen Häftlings ist weiß" und

$C = $ „Der Hut des blinden Häftlings ist weiß."

die Aussagen des Gefängniswärters und seiner beiden Freunde wie folgt darstellen lassen:

- Die Aussage des Gefängniswärters ist $A \vee B \vee C$. Denn es gibt nur zwei schwarze Hüte.
- Die Aussage des normal sehenden Freundes ist $B \vee C$. Denn würden der einäugige Freund und der Blinde einen schwarzen Hut tragen, dann müsste aufgrund der Aussage des Gefängnisdirektors der Hut des normal sehenden Freundes weiß sein.
- Die Aussage des einäugigen Freundes ist C. Denn würde der Blinde einen schwarzen Hut tragen, dann müsste aufgrund der Aussage des normal sehenden Freundes der Hut des einäugigen Freundes weiß sein.

Die Aussagen des Gefängniswärters, des normal sehenden Freundes und des einäugigen Freundes ergeben somit die zusammengesetzte Aussage

$$(A \vee B \vee C) \wedge (B \vee C) \wedge C.$$

Da jedoch die Implikation

$$(A \vee B \vee C) \wedge (B \vee C) \wedge C \Longrightarrow C$$

offensichtlich eine Tautologie ist, folgt für den Blinden, dass sein Hut weiß sein muss.

In Abschnitt 1.7 wird mit Hilfe der mathematischen Beweismethode der **vollständigen Induktion** ein ähnlich strukturiertes – aber komplizierteres – Problem gelöst (vgl. Beispiel 1.31).

1.4 Aussageformen und Quantoren

In der Mathematik wird man sehr oft mit Formulierungen wie z. B. „x ist eine gerade Zahl" konfrontiert. Bei dieser einfachen Feststellung handelt es sich jedoch um keine Aussage im Sinne der Definition 1.2. Denn aufgrund des „Platzhalters" x lässt sich nicht entscheiden, ob diese Feststellung überhaupt sinnvoll ist, und falls sie Sinn ergibt, ob sie wahr oder falsch ist. Denn je nach Belegung von x erhält man einen Ausdruck, der keinen Sinn ergibt, z. B. „$\sqrt{2}$ ist eine gerade Zahl" ist eine wahre Aussage, z. B. „2 ist eine gerade Zahl" oder eine falsche Aussage, z. B. „1 ist eine gerade Zahl."

Da jedoch die Formulierung „x ist eine gerade Zahl" sprachlich die Form einer Aussage aufweist und man in der Mathematik z. B. sehr oft mit Ausdrücken der Form

$$x^n + y^n = z^n \qquad (1.8)$$

konfrontiert wird, die von einem oder mehreren Platzhaltern abhängen, ist es sinnvoll, den Begriff der Aussage um diese Möglichkeit zu erweitern.

P. de Fermat

Zum Beispiel besagt eine vom französischen Mathematiker und Juristen *Pierre de Fermat* (ca. 1608–1665) vor ungefähr 400 Jahren aufgestellte Behauptung, dass die Gleichung (1.8) mit $x, y, z \in \mathbb{N}$ für keine natürliche Zahl $n > 2$ eine Lösung besitzt. Diese Behauptung ist unter der Bezeichnung der **große Fermatsche Satz**, **Fermatsche Vermutung** oder auch **Jahrhundertproblem** sehr berühmt geworden.

Die Fermatsche Vermutung wurde erst im Jahre 1993 (publiziert 1995) – nach zahlreichen vergeblichen Versuchen bekannter und weniger bekannter Mathematiker – vom britischen Mathematiker *Andrew Wiles* (*1953) bewiesen. Aus Angst davor, von seinen Mathematik-Kollegen für seine Anstrengungen belächelt zu werden, hielt *Wiles* seine intensive und über sieben Jahre andauernde Arbeit an einem Beweis der Fermatschen Vermutung streng geheim.

A. Wiles

Für seine außergewöhnlichen mathematischen Leistungen wurde *Wiles* mit zahlreichen Wissenschaftspreisen ausgezeichnet. Darüber hinaus wurde er 2000 sogar mit einer eigenen Briefmarkenausgabe geehrt und zum Ritter geschlagen.

Briefmarke zum Beweis der Fermatschen Vermutung durch A. Wiles

Aussageformen

Wird der Begriff der Aussage um die Möglichkeit der Existenz eines Platzhalters oder auch mehrerer Platzhalter erweitert, dann spricht man anstelle von Aussage von einer **Aussageform**:

Definition 1.19 (Aussageform)

Eine Aussageform $A(x)$ oder $A(x_1, \ldots, x_n)$ ist ein Ausdruck, der einen oder mehrere Platzhalter x bzw. $x_1, \ldots, x_n$ enthält und durch Belegung der Platzhalter durch Objekte aus einem Bereich $\mathbb{D}$ in eine wahre oder falsche Aussage übergeht.

Die Platzhalter x bzw. $x_1, \ldots, x_n$ werden dann als Variablen oder Veränderliche bezeichnet und der Bereich $\mathbb{D}$ heißt Definitionsbereich (Definitionsmenge) der Aussageform. Der Teilbereich $\mathbb{L}$ von $\mathbb{D}$, für den die Aussageform in eine wahre Aussage übergeht, wird als Lösungsbereich (Lösungsmenge) der Aussageform bezeichnet.

Analog zu Aussagen werden auch Aussageformen meistens mit lateinischen Großbuchstaben aus dem vorderen Teil des Alphabets, also A, B, C usw., bezeichnet. Zur Darstellung der Variablen benutzt man dagegen Kleinbuchstaben aus dem hinteren Teil des Alphabets, bspw. x, y, z oder $x_1, \ldots, x_n$. Falls die Variablen für natürliche oder ganze Zahlen stehen, sind zur Darstellung der Variablen auch die Kleinbuchstaben k und n gebräuchlich.

Der Definitionsbereich $\mathbb{D}$ einer Aussageform $A(x)$ ist in der Regel nicht eindeutig festgelegt. Oft verwendet man jedoch den größtmöglichen Bereich, für den die Aussageform in eine Aussage übergeht. Dabei ist zu beachten, dass der Lösungsbereich $\mathbb{L}$ in der Regel vom Definitionsbereich $\mathbb{D}$ abhängt.

G. Frege

Nach Definition 1.19 hat eine Aussageform $A(x)$ keinen bestimmbaren Wahrheitswert. Dieser resultiert erst nach Einsetzen eines Objekts aus dem Definitionsbereich $\mathbb{D}$. Eine Aussageform $A(x)$ kann daher als formale Vorschrift zur Gewinnung von Aussagen aufgefasst werden. Sie beschreibt eine Eigenschaft, die dem für die Variable x einzusetzendem Objekt gleichkommt. Das heißt, x erhält ein sogenanntes **Prädikat**. Aus diesem Grund wird die Theorie der Aussageformen als **Prädikatenlogik** oder **Quantorenlogik** bezeichnet.

Die Prädikatenlogik stellt eine bedeutende Erweiterung der Aussagenlogik dar und wurde – unabhängig voneinander – von dem deutschen Mathematiker und Philosophen *Gottlob Frege* (1848–1925) und dem US-amerikanischen Mathematiker und Logiker *Charles Sanders Peirce* (1839–1914) entwickelt. Sie erlaubt es, komplexe Argumente

C. S. Peirce

und Sachverhalte zu formalisieren und auf ihre Gültigkeit hin zu überprüfen. Die Prädikatenlogik besitzt daher für viele Wissenschaften eine große Bedeutung.

Werden die Variablen von Aussageformen durch konkrete Objekte aus dem jeweiligen Definitionsbereich ersetzt, dann resultieren Aussagen, die mit Hilfe der in Abschnitt 1.3 betrachteten Junktoren und Gesetze zu komplexeren Aussagen der Form

$$\neg A(x), \quad A(x) \wedge B(x), \quad A(x) \vee B(x),$$
$$A(x) \Rightarrow B(x), \quad A(x) \Leftrightarrow B(x)$$

usw. zusammengesetzt und ausgewertet werden können.

Häufig werden auch Aussageformen der Bauart $5x + 1 = b$ betrachtet, wobei b z. B. für eine beliebige reelle Zahl steht. Im Gegensatz zur Variablen x steht dann b stellvertretend für einen einmal ausgewählten und dann festgehaltenen Wert aus einem vorgegebenen Bereich, ohne dass man sich dabei auf einen speziellen Wert festlegt. Solche Größen werden als **Konstanten** oder **Parameter** bezeichnet. Für Parameter werden meistens lateinische Kleinbuchstaben aus dem vorderen Teil des Alphabets verwendet, wie z. B. a, b, c oder d.

Beispiel 1.20 (Aussageformen)

a) Die Aussageform $A(x) =$ „x ist kleiner als 10" besitze z. B. als Definitionsbereich $\mathbb{D}$ den Bereich der natürlichen Zahlen $\mathbb{N}$. Der Lösungsbereich ist dann gegeben durch $\mathbb{L} = \{1, 2, 3, 4, 5, 6, 7, 8, 9\}$. Dagegen besitzt $A(x)$ für den Definitionsbereich $\mathbb{D} = \{-3, -2, -1, 0, 1, 2, 3\}$ den Lösungsbereich $\mathbb{L} = \mathbb{D}$.

b) Die Aussageform $A(n) =$ „n ist eine Primzahl" besitzt als größtmöglichen Definitionsbereich $\mathbb{N}$. Denn eine **Primzahl** ist gemäß Definition eine natürliche Zahl n, die größer als 1 und neben 1 nur noch durch sich selbst teilbar ist. Die Eigenschaft, eine Primzahl zu sein, ist somit nur für natürliche Zahlen definiert. Für $\mathbb{D} = \mathbb{N}$ ist der Lösungsbereich gegeben durch

$$\mathbb{L} = \{2, 3, 5, 7, 11, 13, 17, 19, 23, 29, 31, 37, 41, 43, 47, 53, 59, 61, 67, 71, \ldots\}.$$

Das heißt, für $\mathbb{D} = \mathbb{N}$ ist der Lösungsbereich von $A(x)$ unbeschränkt, da es nach dem sogenannten **Satz von Euklid** (siehe Beispiel 1.27b)) unendlich viele Primzahlen gibt. Da jedoch bis heute kein Verfahren bekannt ist, mit dem auf effiziente Weise beliebig große

Primzahlen erzeugt werden können, existiert jeweils eine bis zum gegenwärtigen Zeitpunkt größte bekannte Primzahl. Am 23. August 2008 wurde an der University of California, Los Angeles mit

$$2^{43112609} - 1 \qquad (1.9)$$

die bis Ende 2011 größte bekannte Primzahl berechnet.

Porträt von Euklid

Dies ist eine Zahl mit 12978189 Dezimalstellen. Das heißt, geht man davon aus, dass auf eine Buchseite ungefähr 50 Zeilen zu je 100 Ziffern passen, dann benötigt man $12978189/5000 \approx 2596$ Buchseiten, um alle diese Dezimalstellen aufzuschreiben. Ein solches Werk wäre bei weitem umfangreicher als dieses Lehrbuch.

Bei der Primzahl (1.9) handelt es sich um die größte sogenannte **Mersenne-Zahl**, von der bekannt ist, dass sie eine Primzahl ist. Bei einer Mersenne-Zahl handelt es sich um eine Zahl von der speziellen

Poststempel mit der 1963 entdeckten 23. Mersenne-Primzahl

Form $2^n - 1$. Sie sind nach dem französischen Priester und Mathematiker *Marin Mersenne* (1588–1648) benannt und besitzen die schöne Eigenschaft, dass für sie ein Test existiert, mit dem auch für gewaltige Größenordnungen in überschaubarer Zeit überprüft werden kann, ob es sich um eine Primzahl handelt oder nicht.

Mersenne-Zahlen, die auch Primzahlen sind, werden oft als **Mersenne-Primzahlen** bezeichnet. Bei der Primzahl (1.9) handelt es sich z. B. um die 48. bekannte Mersenne-Primzahl.

Die ersten acht Mersenne-Primzahlen sind

$2^2 - 1 = 3, \; 2^3 - 1 = 7,$
$2^5 - 1 = 31,$
$2^7 - 1 = 127,$
$2^{13} - 1 = 8.191,$
$2^{17} - 1 = 131.071,$
$2^{19} - 1 = 524.287,$
$2^{31} - 1 = 2.147.483.647.$

Briefmarke mit der 2001 entdeckten 39. Mersenne-Primzahl

Auf der Internetseite www.mersenne.org kann u. a. der jeweils aktuelle Stand aller bereits gefundenen Mersenne-Primzahlen eingesehen werden.

Quantoren

Neben dem Einsetzen von Objekten aus dem Definitionsbereich $\mathbb{D}$ können Aussageformen $A(x)$ auch durch sogenannte **Quantifizierungen** in Aussagen überführt werden. Darunter versteht man den Einsatz von **Quantoren** wie „für alle x aus $\mathbb{D}$" und „es gibt ein x aus $\mathbb{D}$" zur Überführung einer Aussageform $A(x)$ in eine Aussage. Die beiden gebräuchlichsten Quantoren sind der **Allquantor** und der **Existenzquantor**:

Definition 1.21 (Quantoren)

Es sei $A(x)$ eine Aussageform mit Definitionsbereich $\mathbb{D}$.

a) *Ist $A(x)$ für alle x aus $\mathbb{D}$ eine wahre Aussage, dann sagt man „Für alle x gilt $A(x)$" oder auch „Für jedes x gilt $A(x)$" und schreibt dafür*

$$\forall x : A(x) \quad oder \quad \bigwedge_x A(x) \quad (Allquantor). \quad (1.10)$$

b) *Ist $A(x)$ für mindestens ein x aus $\mathbb{D}$ eine wahre Aussage, dann sagt man „Für (mindestens) ein x gilt $A(x)$" oder auch „Es gibt (mindestens) ein x mit $A(x)$" und schreibt dafür*

$$\exists x : A(x) \quad oder \quad \bigvee_x A(x) \quad (Existenzquantor).$$

$$(1.11)$$

c) *Ist $A(x)$ für genau ein x aus $\mathbb{D}$ eine wahre Aussage, dann sagt man „Für genau ein x gilt $A(x)$" oder auch „Es gibt genau ein x mit $A(x)$" und schreibt dafür*

$$\exists! x : A(x) \quad oder \quad \dot{\bigvee_x} A(x) \quad (Eindeutigkeitsquantor).$$

$$(1.12)$$

d) *Ist $A(x)$ für kein x aus $\mathbb{D}$ eine wahre Aussage, dann sagt man „Für kein x gilt $A(x)$" oder auch „Es gibt kein x mit $A(x)$" und schreibt dafür*

$$\nexists x : A(x) \quad oder \quad \neg \exists x : A(x). \quad (1.13)$$

Wenn explizit auf den Definitionsbereich $\mathbb{D}$ hingewiesen werden soll, dann werden auch die Schreibweisen $\forall x \in \mathbb{D}$ und $\exists x \in \mathbb{D}$ verwendet.

Bei der Quantifizierung einer Aussageform $A(x)$ durch einen der Quantoren $\forall$, $\exists$, $\exists!$ und $\nexists$ wird die ursprünglich freie Variable x gebunden. Das heißt, von außen betrachtet besitzen die Aussagen (1.10)–(1.13) keine freien Variablen mehr. Sie besitzen somit den Wahrheitswert w oder f und genügen folglich der Definition 1.2.

Der Allquantor (1.10) und der Existenzquantor (1.11) können als eine Verallgemeinerung der Konjunktion bzw. Disjunktion von zwei Aussagen auf beliebig viele Aussagen aufgefasst werden. Dies soll auch durch die Verwendung der Symbole $\bigwedge$ und $\bigvee$ zum Ausdruck kommen, die bis auf die Größe mit den Symbolen $\wedge$ und $\vee$ für die Konjunktion bzw. Disjunktion übereinstimmen. Die **Regeln von De Morgan** gelten auch für die Konjunktion bzw. Disjunktion von beliebig vielen Aussagen. Sie lauten dann (vgl. Satz 1.17f)):

$$\neg \left(\bigwedge_x A(x) \right) \iff \bigvee_x \neg A(x) \quad bzw.$$

$$\neg \left(\bigvee_x A(x) \right) \iff \bigwedge_x \neg A(x)$$

Die Aussagen (1.10) und (1.11) werden als **Allaussage** bzw. **Existenzaussage** bezeichnet. Die Allaussage (1.10) ist falsch, wenn es auch nur ein einziges x aus $\mathbb{D}$ gibt, für welches die Aussage $A(x)$ falsch ist. Die Negation von (1.10) ist somit

$$\exists x : \neg A(x) \quad bzw. \quad \bigvee_x \neg A(x).$$

Die Existenzaussage (1.11) ist dagegen falsch, wenn es kein (einziges) x aus $\mathbb{D}$ gibt, für welches die Aussage $A(x)$ wahr ist. Das heißt, wenn für alle x aus $\mathbb{D}$ die Aussage $\neg A(x)$ wahr ist. Die Negation von (1.11) ist somit

$$\forall x : \neg A(x) \quad bzw. \quad \bigwedge_x \neg A(x).$$

Es lässt sich somit zusammenfassen, dass eine Aussage, in der die Quantoren $\forall$ und $\exists$ auftreten, verneint wird, indem durchgängig die Quantoren vertauscht werden (d. h. $\forall \leftrightarrow \exists$) und jede Aussageform $A(x)$ negiert wird (d. h. $A(x) \leftrightarrow \neg A(x)$).

Beispiel 1.22 (Quantifizierung)

a) Gegeben sei die Aussageform $A(x) =$ „Der Studierende x besteht die Mathematik-Klausur" und der Definitionsbereich $\mathbb{D}$ bestehe aus allen Studierenden. Dann gilt:

$\forall x : A(x) =$ „Alle Studierenden bestehen die Mathematik-Klausur"

$\exists x : A(x) =$ „Mindestens ein Studierender besteht die Mathematik-Klausur"

$\exists ! x : A(x) =$ „Genau ein Studierender besteht die Mathematik-Klausur"

$\nexists x : A(x) =$ „Kein Studierender besteht die Mathematik-Klausur"

b) Gegeben sei die Aussageform $A(x) =$ „Der Kurs der Aktie x liegt über $100\,€$" und der Definitionsbereich $\mathbb{D}$ bestehe aus allen Aktien, die an der Wall Street gehandelt werden. Dann gilt:

$\forall x : A(x) =$ „Die Kurse aller Aktien liegen über $100\,€$"

$\forall x : \neg A(x) =$ „Der Kurs keiner Aktie liegt über $100\,€$"

$\neg(\forall x : A(x)) =$ „Es gibt Aktien mit einem Kurs nicht über $100\,€$"

$\neg(\forall x : \neg A(x)) =$ „Es gibt Aktien mit einem Kurs über $100\,€$"

$\exists x : A(x) =$ „Es gibt Aktien mit einem Kurs über $100\,€$"

$\exists x : \neg A(x) =$ „Es gibt Aktien mit einem Kurs nicht über $100\,€$"

$\neg(\exists x : A(x)) =$ „Es gibt keine Aktie mit einem Kurs über $100\,€$"

$\neg(\exists x : \neg A(x)) =$ „Es gibt keine Aktie mit einem Kurs nicht über $100\,€$"

c) Gegeben sei die Aussageform $A(x) =$ „$x + 4 = 15$" mit dem Definitionsbereich $\{1, 5, 8, 11\}$. Dann gilt:

$\forall x : A(x)$ ist eine falsche Aussage

$\exists x : A(x)$ ist eine wahre Aussage

$\exists ! x : A(x)$ ist eine wahre Aussage

$\nexists x : A(x)$ ist eine falsche Aussage

1.5 Vermutung, Satz, Lemma, Folgerung und Beweis

In Abschnitt 1.2 wurde bereits der grundsätzliche Unterschied zwischen Axiom, Definition und mathematischem Satz erläutert. Im Folgenden wird kurz auf die Unterscheidung zwischen Vermutung und mathematischem Satz eingegangen, sowie die übliche Differenzierung zwischen Satz, Lemma und Folgerung erläutert.

Vermutungen und Sätze

Im Gegensatz zu einer **Vermutung**, bei der es sich um eine Aussage handelt, von der (noch) nicht bekannt ist, ob sie wahr oder falsch ist (siehe hierzu z. B. die **Legendresche Vermutung** und **Goldbachsche Vermutung** in Abschnitt 1.3), handelt es sich bei einem mathematischen Satz stets um eine als wahr nachgewiesene mathematische Aussage.

Dabei bedient man sich beim Nachweis eines mathematischen Satzes eines sogenannten **Beweises**, der aus einer Folge von logischen und widerspruchsfreien Schlüssen besteht, die auf Axiomen und/oder bereits bekannten mathematischen Sätzen basieren. Das mathematische Teilgebiet, das sich speziell mit der Analyse von Beweisen beschäftigt, wird als **Beweistheorie** bezeichnet und wurde maßgeblich vom deutschen Mathematiker *David Hilbert* (1862–1943) geprägt.

D. Hilbert

Mathematische Sätze werden je nach ihrer Rolle und Bedeutung weiter differenziert. In der Literatur sind für mathematische Sätze folgende Bezeichnungen gebräuchlich:

a) Man spricht von **Hilfssatz** oder **Lemma**, falls die Aussage zur technischen Vorbereitung oder als Teilergebnis im Hinblick auf die Hauptaussage in einem darauf folgenden mathematischen Satz dient. Im Beweis dieses nachfolgenden Satzes wird dann die Aussage des Hilfssatzes (Lemmas) als mathematisches Hilfsmittel verwendet. Durch die Auslagerung von Teilen eines Beweises in Hilfssätze wird erreicht, dass kompliziertere Beweisschritte übersichtlicher werden und damit der gesamte Beweis letztendlich leichter verständlich ist. Ein Hilfssatz (Lemma) ist somit in der Regel ein vorbereitender mathematischer

Satz, der oftmals nicht einfach zu beweisen ist. Das Wort Lemma stammt aus dem Griechischen und bedeutet soviel wie „Stichwort" oder „Hauptgedanke". Der Plural von Lemma ist Lemmata. Für ein Beispiel eines Hilfssatzes siehe den Hilfssatz in Beispiel 1.31.

b) Die Bezeichnung **Folgerung** oder **Korollar** wird für einen mathematischen Satz verwendet, dessen Aussage sich aus einem vorhergehenden mathematischen Satz ohne großen Aufwand ergibt. Das Wort Korollar stammt von dem lateinischen Wort **corollarium** ab und bedeutet soviel wie „Kränzchen, das der Gastgeber dem Gast einfach so schenkt". Für ein Beispiel einer Folgerung siehe Folgerung 3.24.

c) **Proposition** ist das lateinische Wort für Satz und wird deshalb in der Mathematik als Synonym für Satz verwendet. Die Bezeichnung Proposition wird jedoch oftmals speziell für einen mathematischen Satz verwendet, der kein reiner Hilfssatz, aber auch kein bedeutender mathematischer Satz ist. In diesem Lehrbuch wird die Bezeichnung Proposition jedoch nicht verwendet.

d) Ein wichtiger mathematischer Satz wird **Theorem** genannt, wenn er in der Regel nicht den Stellenwert eines Hauptsatzes oder Fundamentalsatzes besitzt. Das Wort Theorem stammt von dem griechischen Wort **theorema** ab und bedeutet soviel wie „Angeschautes". Die Bezeichnung Theorem wird in diesem Lehrbuch ebenfalls nicht verwendet.

e) Die Bezeichnung **Hauptsatz** ist für besonders bedeutende mathematische Sätze reserviert. Da in ihnen häufig ganze mathematische Teilgebiete gipfeln, gibt es nur relativ wenige Hauptsätze. Ein bereits aus der Schule bekanntes Beispiel für einen Hauptsatz ist der **Hauptsatz der Differential- und Integralrechnung** (siehe Abschnitt 19.6).

f) Als **Fundamentalsatz** wird ein mathematischer Satz bezeichnet, dessen Aussage nicht nur für ein mathematisches Teilgebiet, sondern für die gesamte Mathematik von Bedeutung ist. Ein bekanntes Beispiel für einen Fundamentalsatz ist der **Fundamentalsatz der Algebra** (siehe Satz 4.2).

In diesem Lehrbuch werden – wie auch sonst in der mathematischen Literatur oftmals üblich – alle mathematischen Sätze, Definitionen und Beispiele durchnummeriert. Darüber hinaus werden auch wichtige Formeln und Zwischenergebnisse mit einer fortlaufenden Nummer am rechten Rand versehen. Auf diese Weise kann an anderen Stellen im Text gezielt auf diese Ergebnisse verwiesen werden.

1.6 Mathematische Beweisführung

In diesem Abschnitt werden wichtige **mathematische Schlüsse**, die zum Beweis oder zur Widerlegung einer mathematischen Aussage herangezogen werden können, vorgestellt und anhand von Beispielen erläutert.

Beweis für die globale Erderwärmung?

Die meisten Sätze werden aussagenlogisch als **Implikation**

$$A \Rightarrow B$$

oder als **Äquivalenz**

$$A \Leftrightarrow B$$

formuliert. Da jedoch die Aussage $A \Leftrightarrow B$ äquivalent ist zu der aus zwei Implikationen zusammengesetzten Aussage

$$(A \Rightarrow B) \land (B \Rightarrow A)$$

(siehe Beispiel 1.14b)), genügt es, sich mit dem Beweis von Implikationen der Form $A \Rightarrow B$ zu befassen. Die Aussage A wird dabei als **Voraussetzung** oder **Prämisse** bezeichnet und die Aussage B heißt – solange die Implikation $A \Rightarrow B$ noch nicht bewiesen wurde – **Behauptung**. Nach dem Beweis wird B **Schlussfolgerung** oder **Konklusion** des Satzes genannt. Ein als Implikation $A \Rightarrow B$ formulierter Satz gilt dann als bewiesen, wenn aus „A wahr" auch „B wahr" folgt (vgl. Definition 1.10). Ist jedoch „A" wahr und „B" falsch, dann ist die Negation $\neg(A \Rightarrow B)$ der Implikation $A \Rightarrow B$ wahr (vgl. Definition 1.4). In diesem Fall schreibt man dann

$$A \not\Rightarrow B \qquad (1.14)$$

und sagt „wenn A, dann nicht notwendigerweise B", „aus A folgt nicht allgemein B", „A impliziert nicht B" oder auch „A ist nicht hinreichend für B".

Beim Beweis eines Satzes ist stets akribisch darauf zu achten, dass der Nachweis der mathematischen Aussage in voller Allgemeinheit erfolgt. Andernfalls handelt es sich um keinen Beweis. Es ist auf keinen Fall ausreichend, die Gültigkeit eines Satzes nur anhand einiger Beispiele zu verifizieren. Der Beweis einer Aussage ist daher in den allermeisten Fällen nicht offensichtlich und oft genug ist eine vielversprechende Beweisidee nur mit großem Einfallsreichtum und einer gehörigen Portion Phantasie zu finden. Dieser Sachverhalt kommt auch sehr deutlich in dem folgenden Zitat des deutschen Mathematikers *David Hilbert* (1862–1943) zum Ausdruck, der auf die Frage nach dem Verbleib eines früheren Assistenten antwortete:

„Der ist Poet geworden. Für die Mathematik hatte er zu wenig Phantasie."

Konstruktive und nicht-konstruktive Beweise

Bei einem Beweis unterscheidet man ferner zwischen einem **konstruktiven** und einem **nicht-konstruktiven** Beweis. Bei einem konstruktiven Beweis einer mathematischen Aussage wird entweder die Lösung explizit angegeben oder ein Verfahren angegeben, mit dem die Lösung explizit ermittelt werden kann (d. h. es wird eine Lösung konstruiert). Dagegen spricht man von einem nicht-konstruktiven Beweis, wenn aus dem Beweis nur die Existenz einer Lösung hervorgeht, aber nicht, wie man zu dieser Lösung kommt.

Aus Gründen der besseren Übersicht ist es oftmals üblich, das Ende des Beweises eines mathematischen Satzes durch das Symbol ■ oder die Abkürzung „w.z.b.w." (für **„was zu beweisen war"**) bzw. deren lateinisches Pendant „q.e.d." (für „**quod erat demonstrandum**") zu kennzeichnen.

Beweise durch Nachrechnen

Ist eine mathematische Aussage in Form einer **Gleichung** oder einer **Ungleichung** gegeben, dann kann man die Aussage oftmals durch einfaches Nachrechnen verifizieren. Dabei sind natürlich die für Gleichungen oder Ungleichungen geltenden Rechenregeln einzuhalten (siehe die Abschnitte 4.2 und 4.3).

Beispiel 1.23 (Beweis durch Nachrechnen)

a) Die Gleichung
$$\frac{x-y}{u} + \frac{(y-2x)v}{uv} + \frac{x}{u} = 0$$

gilt für alle x aus $\mathbb{R}$ mit $u, v \neq 0$. Denn durch Umformung erhält man

$$\frac{x-y}{u} + \frac{(y-2x)v}{uv} + \frac{x}{u}$$
$$= \frac{xv-yv}{uv} + \frac{yv-2xv}{uv} + \frac{xv}{uv}$$
$$= \frac{(xv-yv)+(yv-2xv)+xv}{uv} = 0.$$

b) Die Ungleichung
$$x^6 + 3x^4 + 4x^2 - 40x + 95 \geq -5$$

gilt für alle x aus $\mathbb{R}$. Denn durch Umformung und Anwendung der binomischen Formel $(a-b)^2 = a^2 - 2ab + b^2$ (siehe Abschnitt 5.3) erhält man

$$x^6 + 3x^4 + 4x^2 - 40x + 95$$
$$= x^6 + 3x^4 + 4(x^2 - 10x + 25) - 5$$
$$= x^6 + 3x^4 + 4(x-5)^2 - 5 \geq -5.$$

Denn offensichtlich gilt $x^6 \geq 0$, $3x^4 \geq 0$ und $4(x-5)^2 \geq 0$.

Direkte Beweise

Bei einem **direkten Beweis** einer Implikation $A \Rightarrow B$ wird die Behauptung B unter der Voraussetzung A durch Anwendung von bereits bewiesenen Aussagen und durch logisches Schließen bewiesen. Ein direkter Beweis basiert auf der Tautologie

$$A \wedge (A \Rightarrow B) \Rightarrow B, \qquad (1.15)$$

der sogenannten **Abtrennungsregel**. Denn ist $A \wedge (A \Rightarrow B)$ eine wahre Aussage (andernfalls ist (1.15) nach Definition 1.4 ohnehin wahr), dann sind sowohl A als auch $A \Rightarrow B$ wahre Aussagen. Hieraus folgt, dass die Behauptung B wahr ist und damit insbesondere (1.15) eine Tautologie ist. In den meisten Fällen kann jedoch der Beweis einer Implikation $A \Rightarrow B$ nur in mehreren Schritten erfolgen. Der Beweis basiert dann auf der Tautologie

$$A \wedge (A \Rightarrow C_1) \wedge \left(\bigwedge_{k=1}^{n-1} (C_k \Rightarrow C_{k+1}) \right) \wedge (C_n \Rightarrow B) \Rightarrow B,$$
$$(1.16)$$

wobei die Aussagen $C_1, \ldots, C_n$ natürlich geeignet zu wählen sind. Die Tautologie (1.16) ist offensichtlich eine Verallgemeinerung der Abtrennungsregel und wird als **Kettenschluss** bezeichnet. Die Verwendung dieser Tautologie bietet sich immer dann an, wenn sich der Beweis der Implikation $A \Rightarrow B$ durch Zerlegung in mehrere (einfachere) Implikationen

$$A \Rightarrow C_1, \ C_1 \Rightarrow C_2, \ldots, C_{n-1} \Rightarrow C_n \quad \text{und} \quad C_n \Rightarrow B$$

stark vereinfachen lässt.

In den folgenden drei Beispielen 1.24b), 1.25 und 1.26 treten zum ersten Mal Aussagen über die Eigenschaften der Menge $\mathbb{R}$ der **reellen Zahlen** auf. Für die Definition von $\mathbb{R}$ siehe Abschnitt 3.3.

> **Beispiel 1.24** (Direkter Beweis von Implikationen)
>
> a) Die Aussage
>
> *„Das Quadrat n^2 einer ungeraden natürlichen Zahl n ist stets ungerade."*
>
> lässt sich wie folgt direkt beweisen:
>
> Es sei n eine ungerade natürliche Zahl. Das heißt, es gibt ein k aus $\mathbb{N}$, so dass $n = 2k - 1$ gilt. Mit der binomischen Formel $(a-b)^2 = a^2 - 2ab + b^2$ folgt daraus
>
> $$n^2 = (2k-1)^2 = 4k^2 - 4k + 1 = 2(2k^2 - 2k) + 1.$$
>
> Da $2(2k^2 - 2k)$ offensichtlich stets eine gerade natürliche Zahl ist, folgt aus dieser Darstellung, dass n^2 eine ungerade natürliche Zahl ist.
>
> b) Die Aussage
>
> *„Es gilt $a^2 + b^2 > 2ab$ für alle a, b aus $\mathbb{R}$ mit $a \neq b$."*
>
> lässt sich mit Hilfe der binomischen Formel $(a-b)^2 = a^2 - 2ab + b^2$ wie folgt in mehreren einfachen Schritten direkt beweisen:
>
> $A \Rightarrow C_1:$ $\quad \forall a, b : a \neq b \Rightarrow a - b \neq 0$
> $C_1 \Rightarrow C_2:$ $\quad a - b \neq 0 \Rightarrow (a-b)^2 > 0$
> $C_2 \Rightarrow C_3:$ $\quad (a-b)^2 > 0 \Rightarrow a^2 - 2ab + b^2 > 0$
> $C_3 \Rightarrow B:$ $\quad a^2 - 2ab + b^2 > 0 \Rightarrow a^2 + b^2 > 2ab.$
>
> Dieser Beweis basiert somit auf der Tautologie
>
> $$A \wedge (A \Rightarrow C_1)$$
> $$\wedge ((C_1 \Rightarrow C_2)$$
> $$\wedge (C_2 \Rightarrow C_3))$$
> $$\wedge (C_3 \Rightarrow B) \Rightarrow B.$$

In manchen Fällen ist es bei einem direkten Beweis zweckmäßig, eine sogenannte **Fallunterscheidung** vorzunehmen. Dies ist z. B. sehr häufig bei Ungleichungen der Fall, da sich bei der Multiplikation einer Ungleichung mit einer Zahl $x < 0$ das Ungleichheitszeichen umdreht. Das heißt, man hat im Falle der Multiplikation einer Ungleichung mit einer Variablen x die beiden Fälle $x > 0$ und $x < 0$ zu unterscheiden. Im ersten Fall bleibt das Ungleichheitszeichen erhalten, während es sich im zweiten Fall umdreht.

Allgemein zerlegt man eine Aussage A beim Beweis der Implikation $A \Rightarrow B$ mit Hilfe einer Fallunterscheidung in n restriktivere (einfachere) Aussagen $A_1, \ldots, A_n$, so dass

$$A = \bigvee_{k=1}^{n} A_k$$

gilt. Anschließend beweist man dann die n (hoffentlich einfacheren) Implikationen

$$A_1 \Rightarrow B, \ A_2 \Rightarrow B, \ldots, A_n \Rightarrow B.$$

Das heißt, der Beweis einer Implikation $A \Rightarrow B$ mit einer Fallunterscheidung basiert auf der Tautologie

$$A \wedge \left(A \Leftrightarrow \bigvee_{k=1}^{n} A_k\right) \wedge \left(\bigwedge_{k=1}^{n}(A_k \Rightarrow B)\right) \Rightarrow B.$$

> **Beispiel 1.25** (Direkter Beweis mittels Fallunterscheidung)
>
> Die Aussage
>
> *„Es gilt $x \leq x^2 + 1$ für alle x aus $\mathbb{R}$."*
>
> lässt sich mit Hilfe der Fallunterscheidung $x \leq 1$ und $x > 1$ direkt beweisen:
>
> $A_1 \Rightarrow B:$ $\quad x \leq 1 \Rightarrow x \leq x^2 + 1$
> $A_2 \Rightarrow B:$ $\quad x > 1 \Rightarrow x \cdot x > 1 \cdot x \Rightarrow x^2 + 1 \geq x.$
>
> Dieser Beweis basiert somit auf der Tautologie
>
> $$A \wedge \big(A \Leftrightarrow (A_1 \vee A_2)\big) \wedge \big((A_1 \Rightarrow B) \wedge (A_2 \Rightarrow B)\big) \Rightarrow B.$$

Widerlegen einer Aussage

Wenn dagegen eine Implikation $A \Rightarrow B$ widerlegt werden soll, so ist zu zeigen, dass $A \not\Rightarrow B$ gilt. Das heißt, es ist nachzuweisen, dass die Negation $\neg(A \Rightarrow B)$ wahr ist (vgl. (1.14)). Hierzu genügt es jedoch, ein Beispiel anzugeben, bei dem die Voraussetzung A erfüllt ist, aber die Behauptung B nicht wahr ist.

Beispiel 1.26 (Widerlegen einer Aussage)

Die Aussage

„*Es gilt $x + \frac{1}{x} > 2$ für alle x aus $\mathbb{R}$ mit $x > 0$.*"

lässt sich leicht widerlegen. Denn für $x = 1$ gilt z. B. $x + \frac{1}{x} = 2$. Die Aussage ist damit widerlegt.

Indirekte Beweise

Bei einem **indirekten Beweis**, **Widerspruchsbeweis** oder auch einer **Kontraposition** einer Implikation $A \Rightarrow B$ zeigt man, dass ein Widerspruch entstünde, wenn die zu beweisende Behauptung B falsch wäre. Dazu nimmt man an, dass die Behauptung B falsch ist, d. h. $\neg B$ wahr ist, und wendet dann die gleichen mathematischen Schlüsse wie beim direkten Beweis an. Wenn daraus ein Widerspruch entsteht, dann kann die Behauptung B nicht falsch sein, also muss sie richtig sein. Ein indirekter Beweis basiert somit auf der Tautologie

$$A \wedge (\neg B \Rightarrow \neg A) \Rightarrow B,$$

die sich unmittelbar aus Satz 1.17g) und der Tautologie (1.15) ergibt. Das heißt, ein indirekter Beweis ist ein direkter Beweis der Implikation $\neg B \Rightarrow \neg A$, der auf der Tautologie $(A \Rightarrow B) \Longleftrightarrow (\neg B \Rightarrow \neg A)$ basiert. Ein solcher indirekter Beweis bietet sich immer dann an, wenn es leichter erscheint, aus der Aussage $\neg B$ logische Schlüsse zu ziehen als aus der Aussage A.

Aufgrund der Tautologie

$$(A \Rightarrow B) \Longleftrightarrow \neg(A \wedge (\neg B)),$$

die sich leicht analog zu den anderen Tautologien in den beiden Beispielen 1.14 und 1.16 mit Hilfe einer Wahrheitstafel beweisen lässt, kann ein indirekter Beweis der Implikation $A \Rightarrow B$ auch dadurch erfolgen, dass die Aussage $\neg(A \wedge (\neg B))$ als wahr nachgewiesen wird. Diese Vorgehensweise liegt dann nahe, wenn sich weder die Aussage A noch die Aussage $\neg B$ allein eignen, um „leicht" von A auf B (für die Implikation $A \Rightarrow B$) bzw. von $\neg B$ auf $\neg A$ (für die Implikation $\neg B \Rightarrow \neg A$) zu schließen.

Darstellung von Euklid

Das folgende Beispiel demonstriert das Vorgehen bei indirekten Beweisen anhand dreier konkreter Beispiele. In Teil b) wird die Gültigkeit des berühmten **Satzes von Euklid** nachgewiesen und in Teil c) die Tatsache, dass $\sqrt{2}$ keine rationale Zahl ist, d. h. $\sqrt{2} \notin \mathbb{Q}$ gilt. Für die Definition der Menge $\mathbb{Q}$ der **rationalen Zahlen** siehe Abschnitt 3.4.

Sowohl der Satz von Euklid als auch die Irrationalität von $\sqrt{2}$ zählen zu den wichtigsten Sätzen der gesamten Mathematik.

Beispiel 1.27 (Indirekte Beweise)

a) Die Aussage

„*Ist n eine natürliche und n^2 eine gerade Zahl, dann ist auch n gerade.*"

lässt sich indirekt wie folgt beweisen:

Es sei angenommen, dass n keine gerade Zahl ist. Dann ist n eine ungerade natürliche Zahl und mit Beispiel 1.24a) folgt somit, dass auch n^2 ungerade ist. Dies ist jedoch ein Widerspruch zur Voraussetzung, dass n^2 eine gerade Zahl ist. Die Zahl n muss somit gerade sein.

b) Der berühmte **Satz von Euklid**

„*Es gibt unendlich viele Primzahlen.*"

lässt sich indirekt wie folgt beweisen (zur Definition von Primzahlen siehe Beispiel 1.20b)):

Angenommen, es gäbe nur endlich viele Primzahlen, die durch $p_1, p_2, \ldots, p_n$ gegeben seien. Dann wäre die Zahl

$$q = p_1 \cdot p_2 \cdot \ldots \cdot p_n + 1$$

durch keine der Primzahlen $p_1, \ldots, p_n$ ohne Rest teilbar. Das heißt, die Primfaktoren der Zahl q gehören nicht zu den Primzahlen $p_1, p_2, \ldots, p_n$. Dies ist jedoch ein Widerspruch zu der Annahme, dass durch $p_1, p_2, \ldots, p_n$ bereits alle existierenden Primzahlen gegeben sind.

Bei diesem Beweis wurde der **Fundamentalsatz der Arithmetik** verwendet. Dieser besagt, dass sich jede natürliche Zahl $n > 1$ (bis auf die Reihenfolge) eindeutig als Produkt von Primzahlen darstellen lässt. Die Primzahlen dieses Produkts werden als **Primfaktoren** bezeichnet. Der Satz von Euklid geht auf den griechischen Mathematiker *Euklid von Alexandria* (ca. 360–280 v. Chr.) zurück. In seinem berühmtesten Werk „**Die Elemente**" trug er das Wissen der griechischen Mathematik seiner Zeit zusammen. Dieses Werk diente mehr als 2000 Jahre lang als akademisches Lehrbuch und war noch bis in die zweite Hälfte des 19. Jahrhunderts nach der Bibel das meist verbreitete Werk der Weltliteratur.

c) Die Aussage

„$\sqrt{2}$ ist keine rationale Zahl."

lässt sich indirekt wie folgt beweisen:

Es sei angenommen, dass $\sqrt{2}$ eine rationale Zahl ist. Dies impliziert dann, dass natürliche Zahlen p und q existieren mit $q \neq 0$, so dass

$$\sqrt{2} = \frac{p}{q} \qquad (1.17)$$

gilt (siehe hierzu Abschnitt 3.4). Dabei kann weiter angenommen werden, dass p und q keinen gemeinsamen Teiler größer als 1 besitzen (ansonsten kann der Bruch $\frac{p}{q}$ einfach um diesen Faktor gekürzt werden, so dass diese Annahme erfüllt ist). Aus (1.17) folgt dann durch Multiplizieren mit q und Quadrieren beider Seiten

$$p^2 = 2q^2, \qquad (1.18)$$

weshalb 2 ein Teiler von p^2 ist. Damit ist aber neben p^2 auch p eine gerade Zahl (siehe Teil a) dieses Beispiels). Es gilt daher $p = 2r$ für eine geeignete natürliche Zahl r und damit insbesondere

$$p^2 = 4r^2.$$

Zusammen mit (1.18) impliziert dies

$$2q^2 = 4r^2 \quad \text{bzw.} \quad q^2 = 2r^2.$$

Das heißt, q^2 ist eine gerade Zahl und damit insbesondere auch q (folgt wieder mit Teil a) dieses Beispiels). Folglich ist 2 ein gemeinsamer Teiler von p und q. Dies ist jedoch ein Widerspruch zur Annahme, dass p und q keinen gemeinsamen Teiler größer als 1 besitzen. Das heißt, die Annahme, $\sqrt{2}$ sei eine rationale Zahl, ist falsch und es handelt sich somit bei $\sqrt{2}$ um eine irrationale Zahl.

Dieser Beweis für die Irrationalität der Zahl $\sqrt{2}$ ist bereits in *Euklid*s Werk „**Die Elemente**" überliefert. Die Irrationalität der Zahl $\sqrt{2}$ zählt zu den wichtigsten mathematischen Entdeckungen, da es zu einer grundlegenden Veränderung der Mathematik im damaligen Griechenland geführt hat. Auf einer Liste der 100 wichtigsten mathematischen Sätze, die im Juli 1999 während einer Mathematiker-Tagung von *Paul* und *Jack Abad* vorgestellt wurde, befindet sich dieses Ergebnis auf Platz 1. Die Kriterien, welche diesem Ranking zugrunde gelegt wurden, waren „the place the theorem holds in the literature, the quality of the proof, and the unexpectedness of the result."

1.7 Vollständige Induktion

Das **Prinzip der vollständigen Induktion** ist eine bedeutende und etablierte Beweismethode, auf die kein Zweig der Mathematik mehr verzichten kann. Sie wurde erstmals 1575 von dem bedeutenden griechischen Universalgelehrten *Franciscus Maurolicus* (1494–1575) eingesetzt, der mit ihrer Hilfe die Gültigkeit der Summenformel

$$1 + 3 + 5 + 7 + \ldots + (2n-1) = n^2$$

F. Maurolicus

für alle $n \in \mathbb{N}$ bewies. Da er jedoch dieses Beweisverfahren nicht weiter erläuterte, wird es in der Regel mit dem französischen Mathematiker *Blaise Pascal* (1623–1662) in Verbindung gebracht, der 1654 in seiner Schrift **Traité du triangle arithmétique** das Prinzip der vollständigen Induktion inklusive des sogenannten **Induktionsanfangs** und des **Induktionsschritts** thematisierte.

Das Prinzip der vollständigen Induktion ist zum Beweis von Allaussagen der Form

„Die Aussage $A(n)$ gilt für alle natürlichen Zahlen n."

bzw. formaler

$$\bigwedge_n A(n) \qquad (1.19)$$

geeignet.

Das Prinzip der vollständigen Induktion macht sich die Tautologie

$$\bigwedge_n A(n) \iff A(1) \wedge \left(\bigwedge_n \big(A(n) \Rightarrow A(n+1)\big)\right)$$

zu Nutze, die aus dem Peanoschen Axiom (P5) folgt (siehe Definition 1.1). Denn angewandt auf eine Allaussage der Form (1.19) besagt das Axiom (P5), dass, wenn $A(1)$ wahr ist und aus „$A(n)$ wahr" auch „$A(n+1)$ wahr" folgt, die Aussage $A(n)$ für alle n aus $\mathbb{N}$ gilt.

B. Pascal

Das Prinzip der vollständigen Induktion zum Beweis der Allaussage (1.19) verläuft daher in den folgenden zwei getrennten Schritten:

1) **Induktionsanfang:** Man weist nach, dass die Aussage $A(1)$ wahr ist.

2) **Induktionsschritt:** Man wählt ein beliebiges n aus $\mathbb{N}$ und schließt aus der sogenannten **Induktionsannahme** $A(n)$, dass auch $A(n+1)$ eine wahre Aussage ist. Auf diese Weise hat man dann gezeigt, dass

$$\bigwedge_n \big(A(n) \Rightarrow A(n+1)\big)$$

wahr ist.

Das Beweisprinzip der vollständigen Induktion kann gut mit dem **Dominoeffekt** verglichen werden: Wenn der erste Dominostein fällt (entspricht dem Induktionsanfang, d.h. der Verankerung der Argumentation) und die Dominosteine so aufgestellt sind, dass durch jeden fallenden Dominostein der nächste umgestoßen wird (entspricht dem Induktionsschritt), dann wird schließlich jeder Dominostein irgendwann umfallen.

Dominoeffekt

Offensichtlich kann das Beweisprinzip der vollständigen Induktion in völlig analoger Weise auch zum Beweis von Allaussagen der Form

„*Die Aussage $A(n)$ gilt für alle natürlichen Zahlen $n \geq k$.*"

bzw. formaler

$$\bigwedge_{n \geq k} A(n)$$

verwendet werden. Dabei kann k eine beliebige natürliche Zahl oder auch gleich 0 sein. In den meisten Fällen ist jedoch $k = 0$ oder $k = 1$ (siehe hierzu die nächsten Beispiele zur vollständigen Induktion). Bei der Durchführung des Beweisprinzips der vollständigen Induktion verändert sich dann lediglich der Induktionsanfang, indem nachgewiesen wird, dass die Aussage $A(k)$ wahr ist.

Die folgende Summenformel für die ersten n natürlichen Zahlen wird oftmals nach dem deutschen Mathematiker *Carl Friedrich Gauß* (1777–1855) als **Gaußsche Summenformel** oder auch als **kleiner Gauß** bezeichnet. Diese Summenformel war zwar bereits in der vorgriechischen Mathematik bekannt, sie wurde aber von dem 9-jährigen *Gauß* wiederentdeckt, als er von seinem Lehrer den Auftrag bekam, die ersten 100 natürlichen Zahlen aufzusummieren. *Gauß* löste diese Rechenaufgabe mit Hilfe seiner entdeckten Summenformel zum großen Erstaunen seines Lehrers innerhalb weniger Sekunden.

C. F. Gauß

Beispiel 1.28 (Gaußsche Summenformel)

Die Gaußsche Summenformel ist gegeben durch

$$\sum_{i=1}^{n} i = 1 + 2 + 3 + \ldots + n = \frac{n(n+1)}{2} \qquad (1.20)$$

für alle n aus $\mathbb{N}$.

Für den Beweis der Gaußschen Summenformel mit Hilfe vollständiger Induktion bezeichnet $A(n)$ im Folgenden die Aussage (1.20).

Induktionsanfang: Die Aussage $A(1)$ ist wahr. Denn durch Einsetzen von $n = 1$ in (1.20) erhält man $1 = \frac{1 \cdot 2}{2}$.

Induktionsschritt: Es wird angenommen, dass die Aussage $A(n)$ für ein beliebiges n aus $\mathbb{N}$ wahr ist. Für die Aussage $A(n+1)$ folgt dann mit der Induktionsannahme

$$\sum_{i=1}^{n+1} i = 1 + 2 + \ldots + n + (n+1)$$
$$= \frac{n(n+1)}{2} + (n+1) = \frac{(n+2)(n+1)}{2}.$$

Das heißt, die Aussage $A(n+1)$ ist wahr. Damit ist gezeigt, dass die Gaußsche Summenformel (1.20) für alle n aus $\mathbb{N}$ gilt.

Der Beweis der folgenden **Summenformel für 3er-Potenzen** ist sehr ähnlich:

> **Beispiel 1.29** (Summenformel für 3er-Potenzen)
>
> Es gilt
> $$\sum_{i=1}^{n} 3^i = 3 + 3^2 + 3^3 + \ldots + 3^n = \frac{1}{2}\left(3^{n+1} - 3\right) \quad (1.21)$$
> für alle n aus $\mathbb{N}$.
>
> Für den Beweis dieser Summenformel mit Hilfe vollständiger Induktion bezeichnet $A(n)$ im Folgenden die Aussage (1.21).
>
> **Induktionsanfang:** Die Aussage $A(1)$ ist wahr. Denn durch Einsetzen von $n = 1$ in (1.21) erhält man $3 = \frac{1}{2}(3^2 - 3)$.
>
> **Induktionsschritt:** Es wird angenommen, dass die Aussage $A(n)$ für ein beliebiges n aus $\mathbb{N}$ wahr ist. Für die Aussage $A(n+1)$ folgt dann mit der Induktionsannahme
> $$\sum_{i=1}^{n+1} 3^i = 3 + 3^2 + 3^3 + \ldots + 3^n + 3^{n+1}$$
> $$= \frac{1}{2}\left(3^{n+1} - 3\right) + 3^{n+1} = \frac{1}{2}\left(3^{n+2} - 3\right).$$
>
> Das heißt, die Aussage $A(n+1)$ ist wahr. Damit ist gezeigt, dass die Summenformel (1.21) für alle n aus $\mathbb{N}$ gilt.

Das nächste Beispiel zeigt, wie mit Hilfe von vollständiger Induktion auch wichtige Ungleichungen bewiesen werden können. Es handelt sich dabei um die nach dem schweizerischen Mathematiker *Jakob Bernoulli* (1655–1705) benannte **Ungleichung von Bernoulli**. Mit ihrer Hilfe lassen sich in vielen Anwendungen Potenzfunktionen auf sehr einfache Weise nach unten abschätzen.

J. Bernoulli

> **Beispiel 1.30** (Ungleichung von Bernoulli)
>
> Die Ungleichung von Bernoulli ist gegeben durch
> $$(1+x)^n \geq 1 + nx \quad (1.22)$$
> für alle n aus $\mathbb{N}$ und jede reelle Zahl $x > -1$.

Für den Beweis der Ungleichung von Bernoulli mit Hilfe vollständiger Induktion bezeichnet $A(n)$ im Folgenden die Aussage (1.22).

Induktionsanfang: Die Aussage $A(1)$ ist wahr. Denn durch Einsetzen von $n = 1$ in (1.22) erhält man $1 + x \geq 1 + x$.

Induktionsschritt: Es wird angenommen, dass die Aussage $A(n)$ für ein beliebiges n aus $\mathbb{N}$ wahr ist. Für die Aussage $A(n+1)$ folgt dann mit der Induktionsannahme und der Annahme $x + 1 > 0$

$$(1+x)^{n+1} = (1+x)(1+x)^n \geq (1+x)(1+nx)$$
$$= 1 + nx + x + nx^2 \geq 1 + (n+1)x.$$

Das heißt, die Aussage $A(n+1)$ ist wahr. Damit ist gezeigt, dass die Ungleichung von Bernoulli (1.22) für alle n aus $\mathbb{N}$ und $x > -1$ gilt.

Eventuell auftretende Schwierigkeiten bei der konkreten Durchführung eines Induktionsbeweises liegen in der Regel darin begründet, dass es für den Induktionsschritt kein allgemeingültiges Rezept gibt. Je nach konkreter Aufgabenstellung kommt es darauf an, die Induktionsannahme „$A(n)$ wahr" in intelligenter Weise zum Nachweis der Gültigkeit der Implikation $A(n) \Rightarrow A(n+1)$ für ein beliebiges n aus $\mathbb{N}$ auszunutzen. Darüber hinaus ist es bei Problemstellungen, die einem Beweis durch vollständige Induktion eigentlich grundsätzlich zugänglich sind, oftmals nicht offensichtlich, wie die Aussage $A(n)$ geeignet zu formulieren ist.

Das folgende Beispiel von „Anna und Bernd" verdeutlicht dies. Es war im Jahre 1994 eine Aufgabe im Rahmen des **Bundeswettbewerbs Mathematik** und hat damals bei vielen Teilnehmern und Lehrern für großes Erstaunen gesorgt. Denn diese Aufgabe erscheint auf den ersten – und wahrscheinlich auch auf den zweiten – Blick erst einmal unlösbar. Darüber hinaus ist dieses Beispiel auch eine sehr gute Übung für indirekte Beweise und es zeigt, dass sich das Beweisprinzip der vollständigen Induktion auch zum Beweis von Aussagen verwenden lässt, die eine ganz andere Struktur aufweisen als die beiden Summenformeln (1.20) und (1.21) oder die Ungleichung (1.22).

Beispiel 1.31 (Anna und Bernd)

Ein Mathematik-Lehrer bittet seine Schülerin Anna eine natürliche Zahl a und seinen Schüler Bernd eine natürliche Zahl b jeweils auf einen Zettel zu schreiben, so dass es der Andere nicht sieht. Anschließend geben die beiden ihre Zettel ihrem Lehrer und dieser schreibt die Summe $s = a + b$ der beiden Zahlen von Anna und Bernd sowie eine weitere natürliche Zahl x an die Tafel. Das heißt, an der Tafel stehen dann die beiden natürlichen Zahlen

$$s \quad \text{und} \quad x.$$

Der Lehrer fragt anschließend Anna, ob sie ihm sagen könne, welche Zahl Bernd aufgeschrieben hat. Falls Anna mit „Nein" antwortet, fragt er Bernd, ob er wisse, welche Zahl Anna aufgeschrieben hat. Falls auch Bernd mit „Nein" antwortet, fragt er wieder Anna usw. Es gilt nun die folgende Behauptung:

Behauptung:
Nach endlich vielen Nein-Nein-Runden weiß Anna oder Bernd, welche Zahl der Andere aufgeschrieben hat.

Zum Beweis dieser Behauptung wird zuerst mittels vollständiger Induktion der folgende Hilfssatz bewiesen:

Hilfssatz:
Anna und Bernd haben beide n-mal „Nein" gesagt. Dann gilt:
a) $x \geq a + n$ und
b) $b \geq n + 1$.

Beweis des Hilfssatzes: Für den Beweis des obigen Hilfssatzes mit Hilfe vollständiger Induktion bezeichne $A(n)$ die Aussage „Anna und Bernd haben beide n-mal 'Nein' gesagt."

Induktionsanfang: Die Aussage $A(1)$ ist wahr. Denn zum einen gilt $x \geq a + 1$ und somit a). Im Falle von $x \leq a$ hätte nämlich Anna gleich zu Beginn „Ja" gesagt. Zum anderen gilt $b \geq 2$ und somit b). Denn im Falle von $b = 1$ würde $s = a + 1$ und x mit $x \geq a + 1 = s$ an der Tafel stehen. Aufgrund von Annas „Nein" würde Bernd dann jedoch wissen, dass $x > s$ gelten muss. Das heißt, Bernd würde wissen, dass die kleinere der beiden Zahlen an der Tafel die Summe $s = a + 1$ ist. Somit muss bei zweimal „Nein" in der ersten Runde $x \geq a + 1$ und $b \geq 2$ gelten. Damit ist die Gültigkeit der Aussage $A(1)$ nachgewiesen.

Induktionsschritt: Es wird angenommen, dass $A(n)$ wahr ist für ein beliebiges n aus $\mathbb{N}$. Es ist nun zu zeigen, dass die Gültigkeit von $A(n)$ auch die Gültigkeit von $A(n+1)$ impliziert. Das heißt, es ist zu zeigen, dass bei $n+1$ Nein-Nein-Runden die beiden Ungleichungen a) $x \geq a + n + 1$ und b) $b \geq n + 2$ gelten.

Zu a): Es gilt $x \geq a + n + 1$. Denn im Falle von $x < a + n + 1$ würde aus dem ersten Teil der Induktionsannahme $x \geq a + n$ folgen, dass $x = a + n$ gilt. An der Tafel würden somit $x = a + n$ und $s = a + b$ stehen. Aus dem zweiten Teil der Induktionsannahme $b \geq n + 1$ folgt jedoch $s = a + b \geq a + n + 1$. Anna würde also in der $(n+1)$-ten Runde erkennen, dass die kleinere Zahl an der Tafel $x = a + n$ sein muss und daher mit „Ja" antworten.

Zu b): Es gilt $b \geq n + 2$. Denn im Falle von $b < n + 2$ würde aus dem zweiten Teil der Induktionsannahme $b \geq n + 1$ folgen, dass $b = n + 1$ gilt. Wegen a) würde daraus weiter $s = a + b = a + n + 1 \leq x$ folgen. Da Anna jedoch zuvor „Nein" gesagt hat, gilt sogar $s = a + b < x$. Bernd würde also in der $(n+1)$-ten Runde erkennen, dass die kleinere Zahl an der Tafel die Summe $s = a + b$ sein muss und daher mit „Ja" antworten. ∎

Mit Hilfe dieses Ergebnisses kann nun die Behauptung sehr einfach durch einen indirekten Beweis nachgewiesen werden:

Angenommen, weder Anna noch Bernd würden jemals herausfinden, welche Zahl der Andere aufgeschrieben hat. Dann würde es unendlich viele Nein-Nein-Runden geben. Gemäß der Aussage des Hilfssatzes würde dies aber auch bedeuten, dass

$$x \geq a + n \quad \text{und} \quad b \geq n + 1$$

für alle n aus $\mathbb{N}$ gilt, insbesondere auch für $n = b$. Das heißt, es würde fälschlicherweise $b \geq b + 1$ gelten. Die Annahme, dass es unendlich viele Nein-Nein-Runden gibt, muss somit falsch sein. Das heißt – ausreichend hohe Intelligenz bei Anna und Bernd vorausgesetzt – einer der beiden wird nach endlich vielen Runden „Ja" sagen.

Im Folgenden wird das Beispiel von Anna und Bernd anhand von zwei bewusst sehr einfach gewählten konkreten Zahlenbeispielen demonstriert:

1. Zahlenbeispiel: Anna, Bernd und der Lehrer schreiben die folgenden Zahlen auf:

Anna	Bernd	Lehrer
10	35	30

$\longrightarrow$ Tafel: 30 und 45

Dann sagt Anna in der ersten Runde „Nein", da beide Zahlen an der Tafel größer als ihre Zahl sind. Bernd weiß jedoch anschließend, dass nur die Zahl 45 die Summe der Zahlen von Anna und ihm sein kann. Denn nur die Zahl 45 ist größer als seine eigene Zahl. Bernd sagt deshalb bereits in der ersten Runde „Ja".

2. Zahlenbeispiel: Anna, Bernd und der Lehrer schreiben die folgenden Zahlen auf:

Anna	Bernd	Lehrer
10	20	45

$\longrightarrow$ Tafel: 30 und 45

Dann sagt Anna in der ersten Runde wieder „Nein", da beide Zahlen an der Tafel größer als ihre Zahl sind. Bernd sagt aber jetzt in der ersten Runde auch „Nein", da beide Zahlen an der Tafel größer als seine Zahl sind. Durch das „Nein" von Anna in der ersten Runde, erhält er zwar die Information, dass ihre Zahl kleiner als min$\{30, 45\}$ ist, doch diese Information hatte er schon vorher und sie besitzt somit keinen Wert für ihn. Durch das „Nein" von Bernd in der ersten Runde, kann Anna jedoch in der zweiten Runde folgern, dass er die Zahl 20 aufgeschrieben hat. Denn bei der Zahl 35 hätte Bernd in der ersten Runde wissen müssen, dass die Zahl 30 an der Tafel nicht die Summe der Zahlen von Anna und ihm sein kann. Anna sagt somit in der zweiten Runde „Ja".

Kapitel 2

Mengenlehre

2.1 Mengen und Elemente

Die **Mengenlehre** ist für die Mathematik von grundlegender Bedeutung. So gut wie jedes mathematische Teilgebiet lässt sich mengentheoretisch begründen. Hierzu zählen insbesondere die mathematischen Teilgebiete **Algebra**, **Analysis**, **Wahrscheinlichkeitstheorie**, **Statistik** und **Optimierungstheorie**, die für die Wirtschaftswissenschaften von zentraler Bedeutung sind. Die Begriffe und Symbole der Mengenlehre ermöglichen zusammen mit den Grundlagen der **Aussagenlogik** (siehe Abschnitt 1.3) und den Prinzipien der **mathematischen Beweisführung** (siehe Abschnitt 1.6) zum einen die exakte Formulierung mathematischer Definitionen und zum anderen den widerspruchsfreien Beweis mathematischer Aussagen.

G. Cantor

Mengen

Der Begründer der Mengenlehre, der deutsche Mathematiker *Georg Cantor* (1845–1918), definierte Ende des 19. Jahrhunderts den Begriff der **Menge** wie folgt:

> **Definition 2.1** (Menge)
>
> *Eine Menge M ist eine Zusammenfassung bestimmter, wohlunterschiedener Objekte unserer Anschauung oder unseres Denkens zu einem Ganzen. Die zu einer Menge zusammengefassten Objekte heißen Elemente der Menge und man schreibt*
>
> $m \in M$, *falls m ein Element der Menge M ist und*
>
> $m \notin M$, *falls m kein Element der Menge M ist.*

Bei Verwendung dieser Definition ist jedoch zu beachten, dass sie keine exakte Definition im engeren mathematischen Sinne darstellt, da die Begriffe „Zusammenfassung", „Objekte unserer Anschauung oder unseres Denkens" und „Ganzes" zu unbestimmt sind (siehe hierzu auch Seite 33). Aus diesem Grund wird die auf der Definition 2.1 basierende Mengentheorie als **naive Mengenlehre** bezeichnet.

Mengen werden in der Regel in **aufzählender** oder in **beschreibender** Form zwischen zwei geschweiften Klammern „{" und „}" angegeben. Zum Beispiel gilt für die Menge der möglichen Augenzahlen bei einem Würfelwurf

$M = \{1, 2, 3, 4, 5, 6\}$ aufzählende Angabe
$M = \{a : a$ ist eine natürliche   beschreibende Angabe
       Zahl mit $1 \leq a \leq 6\}$

Dabei ist bei der beschreibenden Angabe einer Menge die „Doppelpunkt-Notation"

$$M = \{x : x \text{ besitzt die Eigenschaft } E\}$$

wie folgt zu lesen: M ist die Menge aller x mit der Eigenschaft E.

Die aufzählende Angabe einer Menge M ist nur dann sinnvoll, wenn die Menge M nicht allzu viele Elemente enthält. In allen anderen Fällen erfolgt die Angabe einer Menge in beschreibender Form mit Hilfe einer Eigenschaft, welche die Elemente der Menge charakterisiert.

In der Regel werden Mengen mit Großbuchstaben $M, N, \ldots$ und die Elemente von Mengen mit Kleinbuchstaben $m, n, \ldots$ bezeichnet.

Eine wichtige Eigenschaft von Mengen ist, dass die Reihenfolge und ein eventuell mehrfaches Vorkommen einzelner Elemente keine Rolle spielt. Das heißt, eine Menge ist stets eine **ungeordnete** Zusammenfassung **wohlunterscheidbarer** Objekte und zwei Mengen M und N werden daher genau dann als **gleich** bezeichnet, in Zeichen $M = N$, wenn sie die gleichen Elemente enthalten. Das heißt, es gilt

$$M = N \iff (m \in M \Leftrightarrow m \in N).$$

Sind zwei Mengen M und N nicht gleich, dann heißen sie **ungleich**, in Zeichen $M \neq N$. Es gilt somit z. B.

$\{a, b, c\} = \{c, b, a\} = \{b, a, a, c, b\}$,   aber
$\{a, b, c\} \neq \{c, b, a, d\}$.

Endliche und unendliche Mengen

Eine Menge M kann **keine**, **endlich viele** oder auch **unendlich viele** Elemente enthalten:

2.1 Mengen und Elemente

Definition 2.2 (Leere Menge, endliche Menge und unendliche Menge)

Eine Menge M heißt

a) leere Menge (Nullmenge), falls sie keine Elemente enthält,

b) endliche Menge, wenn sie endlich viele verschiedene Elemente besitzt und

c) unendliche Menge, wenn sie unendlich viele verschiedene Elemente enthält.

Eine leere Menge wird mit {} oder ∅ bezeichnet. Ferner schreibt man für die Anzahl der Elemente einer endlichen Menge M mit n verschiedenen Elementen $|M| = n$ und für die Anzahl der Elemente einer Menge N mit unendlich vielen verschiedenen Elementen $|N| = \infty$.

Beispiel 2.3 (Mengen und die Anzahl ihrer Elemente)

a) $M = \{a, b, c\}$ ist die Menge der ersten drei lateinischen Kleinbuchstaben. Das heißt, es gilt $|M| = 3$ und z. B. $b \in M$, aber $d \notin M$.

b) $N = \{2, 4, 6, 8, 10, \ldots\}$ ist die Menge aller geraden Zahlen. Das heißt, es gilt $|N| = \infty$ und z. B. $1000 \in N$, aber $5 \notin N$.

c) $A = \{x : 0 < x < 9 \text{ und } x \text{ ist eine Primzahl}\}$ ist gleich der Menge $\{2, 3, 5, 7\}$. Das heißt, es gilt $|A| = 4$ und z. B. $7 \in A$, aber $23 \notin A$.

d) $B = \{a : a \text{ ist ein deutscher Erstliga-Fußballklub}\}$. Das heißt, es gilt $|B| = 18$ und z. B. FC Barcelona $\notin B$.

e) $C = \{x > 0 \text{ und } x < 0\}$ ist gleich der leeren Menge $\{\}$. Das heißt, es gilt $|C| = 0$.

f) $D = \{x : x \text{ ist eine reelle Zahl mit } x^2 = 1\}$ ist gleich der Menge $\{-1, 1\}$. Das heißt, es gilt $|D| = 2$.

g) $\mathbb{N}$ ist als Menge aller natürlichen Zahlen eine unendliche Menge. Es gilt z. B. $23 \in \mathbb{N}$, aber $-10 \notin \mathbb{N}$.

h) $\mathbb{P}$ sei die Menge aller Primzahlen. Gemäß Beispiel 1.27b) ist $\mathbb{P}$ eine unendliche Menge. Es gilt z. B. $2 \in \mathbb{P}$, aber $1 \notin \mathbb{P}$ (vgl. hierzu auch Beispiel 1.20b)).

Das Zeichen ∞ wird in der Mathematik in den verschiedensten Zusammenhängen als Symbol für **unendlich** oder **unbeschränkt** verwendet. Zum Beispiel wird es benutzt, wenn wie in Definition 2.2 ausgedrückt werden soll, dass eine Menge unerschöpflich oder unbeschränkt ist. Es wird aber auch verwendet, wenn ausgedrückt werden soll,

J. Wallis

dass ein mathematisches Objekt, wie z. B. eine **Folge** (siehe Abschnitt 11.1) oder eine **Funktion** (siehe Abschnitt 13.1), über alle Grenzen wächst. Es geht auf den englischen Mathematiker *John Wallis* (1616–1703) zurück. Ursprünglich wurde das Symbol ∞ im alten Rom als Zeichen für die Zahl 1000 verwendet.

Einer anderen verbreiteten Deutung zufolge entstand das Symbol ∞ aus dem letzten Buchstaben des klassischen griechischen Alphabets, d. h. dem Buchstaben ω, welcher ein gebräuchliches Synonym für das Wort „Ende" ist. Zum Beispiel bezeichnet sich

Historische Bilderbibel

Jesus Christus in der Offenbarung des Johannes (Bibel, Kap. 22,13) als

„das Alpha und das Omega, der Erste und der Letzte, der Anfang und das Ende."

Russellsche Antinomie

Die Definition 2.1 besitzt die große Schwäche, dass sie prinzipiell beliebige Mengenbildungen erlaubt und damit auch Raum für Widersprüche lässt. Eines der bekanntesten Beispiele hierfür ist die nach dem britischen Mathematiker, Philosophen und Nobelpreisträger für Literatur *Bertrand Russell* (1872–1970) benannte **Russellsche Antinomie**. Diese tritt auf, wenn man

B. Russell

die Menge M aller Mengen betrachtet, die sich nicht selbst als Element enthalten. Denn diese Mengenbetrachtung führt zum Widerspruch, dass sich die Menge M genau dann selbst enthält, wenn sie sich nicht selbst enthält. Das heißt, es gilt

$$M \in M \iff M \notin M.$$

Eine bekannte Variante dieses Paradoxons wurde 1918 von *Russell* angegeben und ist unter dem Namen **Barbier-Paradoxon** bekannt:

Beispiel 2.4 (Barbier-Paradoxon)

Das Barbier-Paradoxon lautet:

„Ein Barbier rasiert genau die Männer eines Dorfes, die sich nicht selbst rasieren."

Das heißt, gehört der Barbier nicht zu der Menge M aller männlichen Dorfbewohner, die sich selbst rasieren, dann wird er laut Definition von dem Barbier, also sich selbst, rasiert. Dies widerspricht jedoch der Annahme, dass Barbier $\notin M$ gilt. Gehört er dagegen zu der Menge M aller männlichen Dorfbewohner, die sich selbst rasieren, dann gehört er laut Definition zu den Personen, die nicht vom Barbier rasiert werden. Er rasiert sich somit nicht selbst. Dies widerspricht jedoch der Annahme, dass Barbier $\in M$ gilt. Man erhält somit insgesamt den Widerspruch, dass sich der Barbier genau dann selbst rasiert, wenn er sich nicht selbst rasiert:

$$\text{Barbier} \in M \iff \text{Barbier} \notin M.$$

Barbier

Glücklicherweise können im innerhalb der zu Beginn des 20. Jahrhunderts begründeten **axiomatischen Mengenlehre** solche Widersprüche vollständig ausgeschlossen werden. Zum Beispiel ist im Rahmen der nach dem deutschen Mathematiker *Ernst Zermelo* (1871–1953) sowie dem deutsch-israelischen Mathematiker *Abraham Fraenkel* (1891–1965) benannten **erweiterten Zermelo-Fraenkel-Mengenlehre** sichergestellt, dass keine Widersprüche entstehen. Die erweiterte Zermelo-Fraenkel-Mengenlehre dient deshalb heute als solides Fundament für die gesamte Mathematik.

E. Zermelo

Da jedoch eine Axiomatisierung der Mengenlehre den formalen Anspruch dieses Lehrbuches bei weitem sprengen würde, wird im weiteren Verlauf des Lehrbuches für Mengen die intuitive Definition 2.1 zugrunde gelegt. Dieser naive Standpunkt ist für alle wirtschaftswissenschaftlichen Fragestellungen ausreichend, da Widersprüche der obigen Bauart einfach dadurch vermieden werden können, dass

A. Fraenkel

bei der Bildung/Definition einer Menge M darauf geachtet wird, dass stets eindeutig entschieden werden kann, ob ein Objekt ein Element der Menge M ist oder nicht.

2.2 Mengenoperationen

Eigenschaften von Mengen und Beziehungen zwischen Mengen können mit Hilfe von sogenannten **Venn-Diagrammen**, benannt nach dem britischen Mathematiker *John Venn* (1834–1923), oftmals sehr gut veranschaulicht werden. Darunter versteht man Flächenstücke, die durch geschlossene Linien gekennzeichnet sind. Die dargestellte

J. Venn

Menge kann dabei sowohl aus allen Punkten des eingeschlossenen Flächenstücks bestehen oder auch nur aus isolierten Punkten des Flächenstücks (siehe Abbildung 2.1). Es ist jedoch zu beachten, dass Venn-Diagramme zwar sehr hilfreich zur Veranschaulichung von Mengenbeziehungen sind, sie aber keine Beweismittel im strengen mathematischen Sinne darstellen.

Inklusionen

Analog zu Zahlen kann man auch die Größe von Mengen miteinander vergleichen. Dies führt zu den Begriffen **(echte) Teilmenge** und **(echte) Obermenge**:

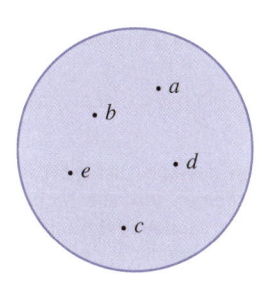

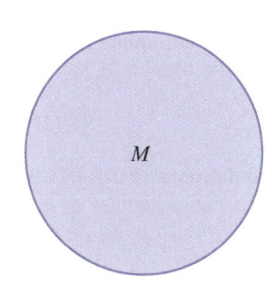

Abb. 2.1: Venn-Diagramme der Mengen {a, b, c, d, e} (links) und M (rechts)

> **Definition 2.5** (Inklusion)
>
> a) *Eine Menge M heißt Teilmenge einer Menge N, kurz: $M \subseteq N$ oder $N \supseteq M$, wenn jedes Element von M auch ein Element von N ist. Die Menge N wird dann als Obermenge von M und die Aussage $M \subseteq N$ bzw. $N \supseteq M$ als Inklusion bezeichnet. Es gilt*
>
> $$M \subseteq N \Leftrightarrow \big((m \in M) \Rightarrow (m \in N)\big).$$
>
> *Ist M keine Teilmenge von N, dann schreibt man $M \nsubseteq N$ bzw. $N \nsupseteq M$.*
>
> b) *Eine Menge M heißt echte Teilmenge einer Menge N, kurz: $M \subset N$ oder $N \supset M$, wenn jedes Element von M auch ein Element von N ist und es mindestens ein Element in N gibt, das kein Element von M ist. Die Menge N wird dann als echte Obermenge von M und die Aussage $M \subset N$ bzw. $N \supset M$ als echte Inklusion bezeichnet. Es gilt*
>
> $$M \subset N \Leftrightarrow \big((M \subseteq N) \wedge (M \neq N)\big).$$
>
> *Ist M keine echte Teilmenge von N, dann schreibt man $M \not\subset N$ bzw. $N \not\supset M$.*

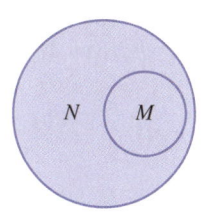

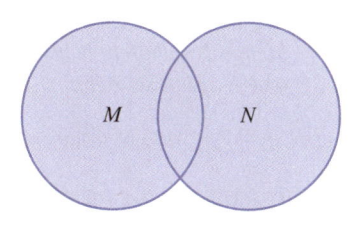

Abb. 2.2: Venn-Diagramme für die (echte) Inklusion $M \subset N$ (links) und die Mengenbeziehung $(M \nsubseteq N) \wedge (N \nsubseteq M)$ (rechts)

Offensichtlich gilt

$$M = N \Leftrightarrow (M \subseteq N) \wedge (N \subseteq M).$$

Die Gleichheit zweier Mengen M und N beweist man daher im Allgemeinen dadurch, dass man zeigt, dass sowohl $M \subseteq N$ als auch $N \subseteq M$ erfüllt ist.

Die leere Menge $\emptyset$ ist Teilmenge jeder Menge M und eine Menge M ist stets eine (nicht echte) Teilmenge von sich selbst. Das heißt, es gilt $\emptyset \subseteq M$ bzw. $M \subseteq M$ und $M \not\subset M$ für jede Menge M. Ferner folgt aus $M \subset N$ stets $M \subseteq N$.

Darüber hinaus gilt für zwei endliche Mengen M und N:

$$M = N \Rightarrow |M| = |N|$$
$$M \subseteq N \Rightarrow |M| \leq |N|$$
$$M \subset N \Rightarrow |M| < |N|$$

Dabei ist jedoch zu beachten, dass für unendliche Mengen M und N nur noch die ersten beiden Aussagen Gültigkeit besitzen (siehe hierzu Abschnitt 3.7).

> **Beispiel 2.6** (Teilmengenbeziehungen)
>
> a) Es sei $M = \{10, 11, 12\}$, $N = \{10, 12\}$, $O = \{11, 12, 10\}$ und $P = \{\{11\}\}$. Dann gilt $N \subseteq M \subseteq O$, $N \subset M$, $M \not\subset O$, $M = O$, $P \nsubseteq M$ und $P \notin M$.
>
> b) Es sei $A = \{x : x^2 = 4\}$, $\mathbb{N}$ die Menge der natürlichen Zahlen und $\mathbb{Z}$ die Menge der ganzen Zahlen (siehe Abschnitt 3.4). Dann gilt $A \nsubseteq \mathbb{N}$ und $A \subset \mathbb{Z}$.

Potenzmengen

Betrachtet man das System aller Mengen, die Teilmengen einer gegebenen Menge M sind, so ist dieses Mengensystem eine Zusammenfassung wohlunterschiedener Objekte und damit wieder eine Menge, welche als **Potenzmenge der Menge M** bezeichnet wird:

> **Definition 2.7** (Potenzmenge)
>
> *Die Menge aller Teilmengen A einer Menge M heißt Potenzmenge von M. Sie wird mit $\mathcal{P}(M)$ (oder auch 2^M) bezeichnet und es gilt*
>
> $$\mathcal{P}(M) = \{A : A \subseteq M\}.$$

Die Elemente A einer Potenzmenge $\mathcal{P}(M)$ sind also selbst wieder Mengen und es gilt

$$A \subseteq M \iff A \in \mathcal{P}(M).$$

Aus $M \subseteq M$ und $\emptyset \subseteq M$ für jede beliebige Menge M folgt, dass stets $M \in \mathcal{P}(M)$ und $\emptyset \in \mathcal{P}(M)$ gilt.

Beispiel 2.8 (Potenzmengen)

a) Es sei $M = \{1, 2\}$. Dann ist die Potenzmenge von M gegeben durch

$$\mathcal{P}(M) = \{\emptyset, \{1\}, \{2\}, M\}$$

und es gilt somit $|\mathcal{P}(M)| = 4 = 2^2$.

b) Es sei $N = \{1, 2, 3\}$. Dann ist die Potenzmenge von N gegeben durch

$$\mathcal{P}(N) = \{\emptyset, \{1\}, \{2\}, \{3\}, \{1, 2\}, \{1, 3\}, \{2, 3\}, N\}$$

und es gilt somit $|\mathcal{P}(N)| = 8 = 2^3$.

c) Die Potenzmenge der leeren Menge $\emptyset$ ist gegeben durch $\mathcal{P}(\emptyset) = \{\emptyset\}$, da $\emptyset \subseteq \emptyset$ gilt. Daraus folgt $|\mathcal{P}(\emptyset)| = 1 = 2^0$.

d) Es sei $O = \{\emptyset, a, \{a, b\}\}$. Dann ist die Potenzmenge von O gegeben durch

$$\mathcal{P}(O) = \big\{\emptyset, \{\emptyset\}, \{a\}, \{\{a, b\}\}, \{\emptyset, a\}, \{\emptyset, \{a, b\}\},$$
$$\{a, \{a, b\}\}, O\big\}$$

und es gilt somit $|\mathcal{P}(O)| = 8 = 2^3$.

Das Beispiel 2.8 legt die Vermutung nahe, dass die Anzahl der Elemente einer Potenzmenge $\mathcal{P}(M)$ durch 2^n gegeben ist, wenn n die Anzahl der Elemente von M bezeichnet. Der folgende Satz besagt, dass diese Vermutung für alle endlichen Mengen M richtig ist:

Satz 2.9 (Anzahl der Elemente von $\mathcal{P}(M)$)

Es sei M eine endliche Menge mit $|M| = n$. Dann gilt
$$|\mathcal{P}(M)| = 2^n. \qquad (2.1)$$

Beweis: Es sei M eine beliebige Menge mit $|M| = n$ und $A(n)$ bezeichne die Aussage

$$|\mathcal{P}(M)| = 2^n.$$

Es wird nun mit Hilfe vollständiger Induktion bewiesen, dass die Aussage $A(n)$ für alle $n \in \mathbb{N}_0$ wahr ist.

Induktionsanfang: Die Aussage $A(0)$ ist wahr. Denn für $n = 0$ ist die Menge M leer und es gilt somit

$$|\mathcal{P}(M)| = |\{\emptyset\}| = 1 = 2^0.$$

Induktionsschritt: Es wird angenommen, dass die Aussage $A(n)$ für ein beliebiges $n \in \mathbb{N}_0$ wahr ist. Ferner wird die Menge $M = \{x_1, \ldots, x_{n+1}\}$ mit $x_i \neq x_j$ für $i \neq j$ und die Teilmenge $A = \{x_1, \ldots, x_n\} \subset M$ betrachtet. Es gilt somit $|M| = n+1$ und $|A| = n$ und gemäß der Induktionsannahme besitzt A genau 2^n verschiedene Teilmengen. Durch Hinzufügen oder nicht Hinzufügen von x_{n+1} zu diesen 2^n Teilmengen, resultieren jeweils zwei verschiedene Teilmengen von M. Es gilt somit für die Anzahl von Teilmengen

$$|\mathcal{P}(M)| = 2 \cdot |\mathcal{P}(A)| = 2 \cdot 2^n = 2^{n+1}.$$

Damit ist gezeigt, dass (2.1) für alle $n \in \mathbb{N}_0$ gilt. ∎

Schnitt-, Vereinigungs-, Differenz- und Komplementärmenge

Durch die Mengenoperationen **Schnittmenge**, **Vereinigungsmenge**, **Differenzmenge** und **Komplementärmenge** können Mengen zu neuen Mengen verknüpft werden:

Definition 2.10 (Schnitt, Vereinigung, Differenz und Komplement)

Es seien M und N beliebige Mengen. Dann gilt:

a) Die Menge aller Elemente, die sowohl zur Menge M als auch zur Menge N gehören, heißt Schnittmenge von M und N. Man schreibt:

$$M \cap N = \{x : x \in M \wedge x \in N\}$$

Gilt $M \cap N = \emptyset$, d. h. besitzen M und N keine gemeinsamen Elemente, dann heißen die Mengen M und N disjunkt oder elementfremd.

b) Die Menge aller Elemente, die zur Menge M oder zur Menge N gehören, heißt Vereinigungsmenge von M und N. Man schreibt:

$$M \cup N = \{x : x \in M \vee x \in N\}$$

c) Die Menge aller Elemente, die zur Menge M, aber nicht zur Menge N gehören, heißt Differenzmenge oder Differenz von M und N. Man schreibt:

$$M \setminus N = \{x : x \in M \wedge x \notin N\}$$

d) Ist M eine Teilmenge von N, d. h. gilt $M \subseteq N$, dann heißt die Menge aller Elemente, die zur Menge N, aber nicht zur Menge M gehören, Komplementärmenge oder Komplement von M bzgl. N. Man schreibt:
$$\overline{M}_N = N \setminus M = \{x : x \in N \wedge x \notin M\}$$

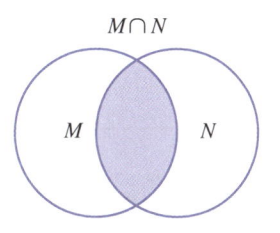

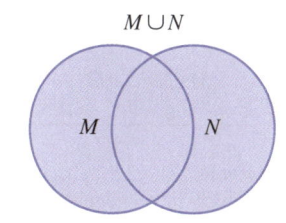

Abb. 2.3: Venn-Diagramme für die Schnittmenge $M \cap N$ (links) und die Vereinigungsmenge $M \cup N$ (rechts)

Aus der Definition 2.10d) ist ersichtlich, dass die Komplementärmenge $\overline{M}_N$ nur für $M \subseteq N$ definiert ist und in diesem Fall auch gleich der Differenzmenge $N \setminus M$ ist. Die Differenzmenge $N \setminus M$ ist dagegen auch für $M \nsubseteq N$ definiert. Das heißt, die Differenzmenge ist der allgemeinere Begriff.

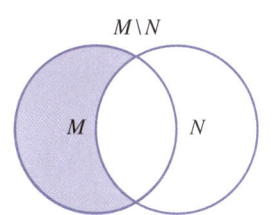

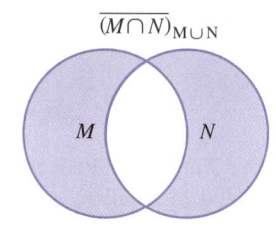

Abb. 2.4: Venn-Diagramm für die Differenzmenge $M \setminus N$ (links) und die Komplementärmenge $\overline{(M \cap N)}_{M \cup N}$ (rechts)

2.3 Rechnen mit Mengenoperationen

Das Rechnen mit Mengenoperationen wird auch als **Mengenalgebra** bezeichnet. Mit Hilfe von Venn-Diagrammen kann leicht die Gültigkeit einer ganzen Reihe von Rechenregeln und Rechengesetzen verifiziert werden. Zum Beispiel gilt für zwei beliebige Mengen M und N mit $M \subseteq N$:

$$M \cup \emptyset = M \quad \text{und} \quad M \cap \emptyset = \emptyset$$
$$M \cup N = N \quad \text{und} \quad M \cap N = M$$
$$M \cup \overline{M}_N = N \quad \text{und} \quad M \cap \overline{M}_N = \emptyset$$
$$\overline{(\overline{M}_N)}_N = M$$

Regeln von De Morgan

Die nach dem englischen Mathematiker *Augustus De Morgan* (1806–1871) benannten **Regeln von De Morgan** sind oftmals besonders hilfreich. Sie besagen, dass für drei beliebige Mengen L, M und N mit $L, M \subseteq N$ stets gilt:

$$\overline{(L \cup M)}_N = \overline{L}_N \cap \overline{M}_N$$
$$\overline{(L \cap M)}_N = \overline{L}_N \cup \overline{M}_N$$

A. De Morgan

Die Komplementärmenge einer Vereinigungsmenge zweier Mengen ist somit die Schnittmenge der beiden einzelnen Komplementärmengen. Umgekehrt stimmt die Komplementärmenge einer Schnittmenge zweier Mengen mit der Vereinigungsmenge der beiden Komplementärmengen überein.

Die Regeln von De Morgan sind auch für die Aussagenlogik von Bedeutung (vgl. Satz 1.17f).

Mengenalgebra

In Abschnitt 2.2 wurden mit den Definitionen 2.5 und 2.10 die wichtigsten Mengenoperationen eingeführt. Analog zur Arithmetik und Aussagenlogik (siehe Abschnitt 1.3) werden auch in der Mengenlehre **Klammern** eingesetzt, um die Reihenfolge bei der Durchführung mehrerer Mengenoperationen eindeutig festzulegen. Zur Minimierung der dazu benötigten Anzahl von Klammern werden insbesondere die in Tabelle 2.1 angegebenen Konventionen bzgl. der Priorität der verschiedenen Mengenoperationen getroffen (vgl. hierzu auch Abschnitt 1.3 zur Aussagenlogik).

Priorität	Junktor	Mengenoperation
hoch	Negation	Komplementär- und Differenzmenge
mittel	Konjunktion, Disjunktion	Schnitt- und Vereinigungsmenge
gering	Implikation, Äquivalenz	Inklusion und Gleichheit

Tabelle 2.1: Konventionen bzgl. der Priorität der verschiedenen Junktoren (logische Operatoren) und Mengenoperationen

Der folgende Satz besagt, dass analog zur Arithmetik auch für die Mengenoperationen Schnitt- und Vereinigungsmenge **Assoziativ-**, **Kommutativ-** und **Distributivgesetze** gelten:

Satz 2.11 (Rechengesetze für Mengenoperationen)

Es seien L, M und N drei beliebige Mengen. Dann gelten:

a) *Assoziativgesetze:*
$$(L \cup M) \cup N = L \cup (M \cup N)$$
$$(L \cap M) \cap N = L \cap (M \cap N) \qquad (2.2)$$

b) *Kommutativgesetze:*
$$L \cup M = M \cup L$$
$$M \cap L = L \cap M \qquad (2.3)$$

c) *Distributivgesetze:*
$$L \cap (M \cup N) = (L \cap M) \cup (L \cap N)$$
$$L \cup (M \cap N) = (L \cup M) \cap (L \cup N) \qquad (2.4)$$

Beweis: Die Gültigkeit dieser Aussagen ist leicht einzusehen und ihr Beweis wird deshalb dem Leser zur Übung überlassen. Ein mathematischer Beweis der einzelnen Aussagen kann z. B. dadurch erfolgen, dass man nachweist, dass jedes Element der links stehenden Menge auch ein Element der rechts stehenden Menge ist und umgekehrt. ∎

Beispiel 2.12 (Mengenalgebra)

a) Gegeben seien die Mengen $M = \{1, 2, 3, 4\}$ und $N = \{4, 5, 6\}$. Dann gilt $M \setminus N = \{1, 2, 3\}$, $N \setminus M = \{5, 6\}$, $M \cup N = \{1, 2, 3, 4, 5, 6\}$ und $M \cap N = \{4\}$.

b) Gegeben seien die Mengen $A = \{a, b, c, d, e, f, g, h\}$ und $B = \{e, f, g, h, i, j\}$. Dann gilt $A \cup B = \{a, b, c, d, e, f, g, h, i, j\}$, $A \cap B = \{e, f, g, h\}$, $A \setminus B = \{a, b, c, d\}$ und $B \setminus A = \{i, j\}$.

c) Gegeben seien die Mengen $M = \{A, B, C, D, E\}$, $N = \{B, D, F\}$ und $L = \{A, F\}$. Dann gilt $M \cap N = \{B, D\}$, $M \cap L = \{A\}$, $N \cap L = \{F\}$, $M \cap N \cap L = \emptyset$, $M \cup N = \{A, B, C, D, E, F\} = M \cup L = M \cup N \cup L$, $N \cup L = \{A, B, D, F\}$, $M \cup (N \cap L) = M \cup \{F\} = \{A, B, C, D, E, F\}$ und $M \cap (N \cup L) = M \cap \{A, B, D, F\} = \{A, B, D\}$.

Der folgende Satz enthält zwei nützliche Gleichungen zur Berechnung der Anzahl von Elementen bei der Bildung von Schnittmengen, Vereinigungsmengen und Differenzmengen endlicher Mengen:

Satz 2.13 (Rechenregeln für die Anzahl von Elementen)

Es seien M und N zwei endliche Mengen. Dann gilt:
$$|M \cup N| = |M| + |N| - |M \cap N| \qquad (2.5)$$
$$|M \setminus N| = |M| - |M \cap N| = |M \cup N| - |N| \qquad (2.6)$$

Beweis: Zu (2.5): Da die Elemente in $M \cap N$ sowohl in M als auch in N liegen werden bei der Addition $|M| + |N|$ die Elemente in $M \cap N$ doppelt gezählt. Folglich ist $|M \cup N|$ gegeben durch $|M| + |N| - |M \cap N|$.

Zu (2.6): Da die Elemente in $M \setminus N$ zwar in M, aber nicht in N liegen, muss zur Berechnung von $|M \setminus N|$ von der Anzahl $|M|$ noch die Anzahl der Elemente abgezogen werden, die sowohl in M als auch in N liegen. Folglich ist $|M \setminus N|$ gleich $|M| - |M \cap N|$. Analog folgert man, dass die Differenz $|M \cup N| - |N|$ die Anzahl der Elemente liefert, welche in M, aber nicht in N liegen. Folglich ist $|M \setminus N|$ auch gleich $|M \cup N| - |N|$. ∎

Sind M und N zwei endliche disjunkte Mengen, dann gilt $|M \cap N| = 0$ und (2.5) vereinfacht sich dann offensichtlich zu
$$|M \cup N| = |M| + |N|.$$

Der Nutzen der Rechenregeln (2.5) und (2.6) wird in Beispiel 2.15 deutlich.

Bei der Betrachtung konkreter mengentheoretischer Probleme ist es oft zweckmäßig, eine sogenannte **Grundmenge** oder **Allmenge** anzugeben, die definitionsgemäß alle in der jeweiligen Problemstellung vorkommenden Mengen als Teilmengen besitzt. Die Grundmenge wird dann in den meisten Fällen mit dem griechischen Buchstaben Ω bezeichnet. Ein typisches Beispiel für solch eine Grundmenge ist die Ergebnismenge bei einem Zufallsexperiment in der Statistik. Zum Beispiel ist bei einem einmaligen Wurf mit einem Würfel die Ergebnismenge $\Omega = \{1, 2, 3, 4, 5, 6\}$. Das Ereignis, eine ungerade Zahl zu werfen, ist dann durch die Teilmenge $\{1, 3, 5\} \subseteq \Omega$ gegeben.

Für die Komplementärmenge einer Menge M bzgl. einer gegebenen Grundmenge Ω schreibt man vereinfachend
$$\overline{M} \quad \text{anstelle von} \quad \overline{M}_\Omega.$$

Wie man leicht einsieht, gilt dann z. B.:

$$M \cup \overline{M} = \Omega \quad \text{und} \quad M \cap \overline{M} = \emptyset$$
$$\overline{\overline{M}} = M$$
$$\overline{\emptyset} = \Omega \quad \text{und} \quad \overline{\Omega} = \emptyset$$

In dieser Schreibweise lauten die Regeln von De Morgan für zwei Mengen M und N:

$$\overline{M \cup N} = \overline{M} \cap \overline{N} \quad \text{bzw.} \quad \overline{M \cap N} = \overline{M} \cup \overline{N}$$

Beispiel 2.14 (Mengenalgebra)

a) Für die drei Mengen $L = \{1, 2, 3, 4\}$, $M = \{1, 2\}$ und $N = \{2, 3, 4\}$ gilt:

$$L \setminus M = \overline{M}_L = \{3, 4\}$$
$$L \setminus N = \overline{N}_L = \{1\}$$
$$M \setminus L = N \setminus L = \emptyset$$
$$\overline{(M \cup N)}_L = \overline{M}_L \cap \overline{N}_L = \emptyset$$
$$\overline{(M \cap N)}_L = \overline{M}_L \cup \overline{N}_L = \{1, 3, 4\},$$
$$(M \cup N) \setminus (M \cap N) = (M \setminus N) \cup (N \setminus M) = \{1, 3, 4\}$$

b) Für die Grundmenge $\Omega = \{a, b, c, d, e, f, g, h, i\}$ und die Mengen $K = \{a, d, h\}$, $L = \{a, d, i\}$, $M = \{i\}$ und $N = \{b, c, e, f, g, i\}$ gilt:

$K \cap M = \emptyset$, aber $K \neq \overline{M} = \{a, b, c, d, e, f, g, h\}$

$K = \overline{N} = \{a, d, h\}$

$L \cap N = \{i\} = M$

Die Mengen K und M sind somit disjunkt, aber nicht komplementär; die Mengen K und N sind komplementär und damit auch disjunkt, und die Mengen L und N sind nicht disjunkt und somit auch nicht komplementär.

Das folgende etwas umfangreichere Beispiel ist eine gute Übung für den Umgang mit den verschiedenen Mengenoperationen und Rechenregeln:

Beispiel 2.15 (Anwendungsbeispiel zu Mengenoperationen)

Zum Zwecke einer Verbesserung der Studienorganisation wird an der Wirtschafts- und Sozialwissenschaftlichen Fakultät der Universität Hamburg unter 100 BWL- und VWL-Studierenden eine Erhebung bezüglich ihrer persönlichen Präferenzen bei verschiedenen angebotenen Lehrveranstaltungen durchgeführt. Dabei ergab sich das folgende Meinungsbild:

- 48 Studierende hören Vorlesungen über betriebliche Finanzwirtschaft.
- 26 Studierende hören Vorlesungen über Statistik.
- 8 Studierende hören Vorlesungen über betriebliche Finanzwirtschaft und Ökonometrie.
- 23 Studierende hören Vorlesungen über Statistik, aber nicht über Ökonometrie.
- 18 Studierende hören nur Vorlesungen über Statistik.
- 8 Studierende hören Vorlesungen über betriebliche Finanzwirtschaft und Statistik.
- 24 Studierende hören keine Vorlesungen in betrieblicher Finanzwirtschaft, Statistik und Ökonometrie.

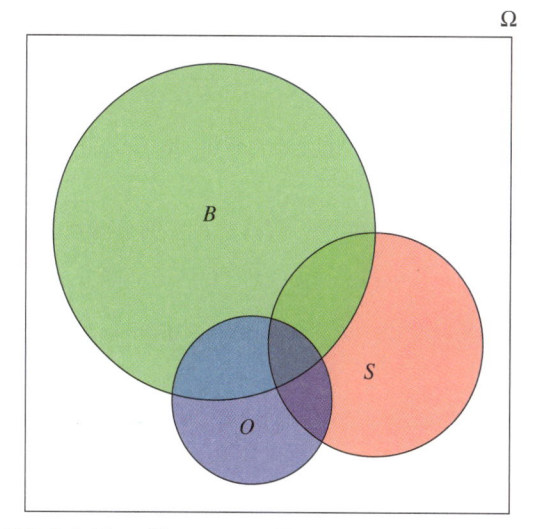

Abb. 2.5: Venn-Diagramm zu Beispiel 2.15 mit den Mengen Ω, S, B und O

Aufgrund der Planung der benötigten Anzahl von Seminaren stellen sich nun für die Mitarbeiter des Studienbüros die folgenden Fragen:

a) Wie viele Studierende hören Vorlesungen über Ökonometrie und Statistik, aber nicht über betriebliche Finanzwirtschaft?

b) Wie viele Studierende hören Vorlesungen über Ökonometrie?

c) Wie viele Studierende hören Vorlesungen über Statistik, aber auch über Ökonometrie oder betriebliche Finanzwirtschaft?

Zur Beantwortung dieser drei Fragen werden die folgenden vier Mengen betrachtet:

Ω: Grundmenge aller 100 befragten Studierenden

S: Menge aller Studierenden, die Statistik hören

B: Menge aller Studierenden, die betriebliche Finanzwirtschaft hören

O: Menge aller Studierenden, die Ökonometrie hören

(vgl. Abbildung 2.5). Aus dem bereits Bekannten erhält man dann

$|B| = 48$, $|S| = 26$, $|B \cap O| = 8$, $|S \cap \overline{O}| = 23$,
$|S \cap \overline{B} \cap \overline{O}| = 18$, $|S \cap B| = 8$, $\overline{S \cup B \cup O} = 24$.

Zur a): Gesucht ist die Anzahl der Elemente der Menge $O \cap S \cap \overline{B}$. Für diese Menge gilt

$$O \cap S \cap \overline{B} = S \setminus \left((S \cap \overline{B} \cap \overline{O}) \cup (S \cap B) \right).$$

Zusammen mit (2.6) folgt daraus für die Anzahl der Elemente

$$|O \cap S \cap \overline{B}| = |S| - \left|S \cap \left((S \cap \overline{B} \cap \overline{O}) \cup (S \cap B)\right)\right|$$
$$= |S| - \left|(S \cap \overline{B} \cap \overline{O}) \cup (S \cap B)\right|.$$

Da die Mengen $S \cap \overline{B} \cap \overline{O}$ und $S \cap B$ disjunkt sind, folgt mit (2.5)

$$|O \cap S \cap \overline{B}| = |S| - \left(|S \cap \overline{B} \cap \overline{O}| + |S \cap B|\right)$$
$$= 26 - (18 + 8) = 0.$$

Es gilt somit $O \cap S \cap \overline{B} = \emptyset$. Das heißt, keiner der 100 befragten Studierenden hört Vorlesungen über Statistik und Ökonometrie, aber nicht über betriebliche Finanzwirtschaft.

Zu b): Gesucht ist die Anzahl der Elemente der Menge O. Für diese Menge erhält man mit dem Ergebnis $O \cap S \cap \overline{B} = \emptyset$ aus Teil a)

$$O = \Omega \setminus \left(S \cup B \cup \overline{S \cup B \cup O}\right) \cup (O \cap B) \cup (O \cap S \cap \overline{B})$$
$$= \Omega \setminus \left(S \cup B \cup \overline{S \cup B \cup O}\right) \cup (O \cap B).$$

Da die Mengen $\Omega \setminus \left(S \cup B \cup \overline{S \cup B \cup O}\right)$ und $O \cap B$ disjunkt sind, folgt mit (2.5)

$$|O| = \left|\Omega \setminus \left(S \cup B \cup \overline{S \cup B \cup O}\right)\right| + |O \cap B|.$$

Weiter implizieren (2.6) und (2.5)

$$\left|\Omega \setminus \left(S \cup B \cup \overline{S \cup B \cup O}\right)\right|$$
$$= |\Omega| - \left|\Omega \cap \left(S \cup B \cup \overline{S \cup B \cup O}\right)\right|$$
$$= |\Omega| - \left|S \cup B \cup \overline{S \cup B \cup O}\right|$$
$$= |\Omega| - \left(|S \cup B| + \left|\overline{S \cup B \cup O}\right|\right)$$
$$= |\Omega| - \left(|S| + |B| - |S \cap B| + \left|\overline{S \cup B \cup O}\right|\right)$$
$$= 100 - 90 = 10.$$

Zusammen mit $|O \cap B| = 8$ folgt daraus:

$$|O| = \left|\Omega \setminus \left(S \cup B \cup \overline{S \cup B \cup O}\right)\right| + |O \cap B|$$
$$= 10 + 8 = 18.$$

Das heißt, 18 Studierende hören Vorlesungen über Ökonometrie.

Zu c): Gesucht ist die Anzahl der Elemente der Menge $S \cap (B \cup O)$. Mit den Distributivgesetzen (2.4) und (2.5) folgt

$$|S \cap (B \cup O)| = |(S \cap B) \cup (S \cap O)|$$
$$= |S \cap B| + |S \cap O| - |S \cap B \cap O|.$$

Eine erneute Anwendung der Distributivgesetze (2.4) liefert

$$S = S \cap \Omega = S \cap \left(O \cup \overline{O}\right) = (S \cap O) \cup \left(S \cap \overline{O}\right).$$

Da die Mengen $S \cap O$ und $S \cap \overline{O}$ disjunkt sind, impliziert dies zusammen mit (2.5)

$$|S \cap O| = |S| - \left|S \cap \overline{O}\right| = 26 - 23 = 3.$$

Nochmalige Anwendung der Distributivgesetze (2.4) liefert auch

$$S \cap O = (S \cap B \cap O) \cup \left(S \cap \overline{B} \cap O\right).$$

Aus der Disjunktheit der Mengen $S \cap B \cap O$ und $S \cap \overline{B} \cap O$ folgt mit (2.5)

$$|S \cap B \cap O| = |S \cap O| - \left|S \cap \overline{B} \cap O\right|.$$

Mit dem Ergebnis $|O \cap S \cap \overline{B}| = 0$ aus Teil a) und $|S \cap O| = 3$ erhält man weiter

$$|S \cap B \cap O| = 3 - 0 = 3.$$

Dies ergibt schließlich

$$|S \cap (B \cup O)| = |S \cap B| + |S \cap O| - |S \cap B \cap O|$$
$$= 8 + 3 - 3 = 8.$$

Das heißt, 8 Studierende hören Vorlesungen über Statistik und daneben auch Vorlesungen über Ökonometrie oder betriebliche Finanzwirtschaft.

Die Ergebnisse dieses Abschnitts zeigen, dass eine starke Analogie zwischen **Aussagenlogik** (siehe Abschnitt 1.3) und **Mengenalgebra**, d. h. dem Rechnen mit Mengenoperationen, besteht. Dies ist jedoch nicht überraschend, sondern eine direkte Konsequenz der Tatsache, dass die Mengenoperationen mit Hilfe der Aussagenlogik über die Verknüpfung von Aussagen mittels Junktoren definiert sind (vgl. hierzu die Definitionen 2.5 und 2.10). In Tabelle 2.2 sind die wichtigsten Analogien noch einmal zusammengefasst.

Aussagenlogik		Mengenalgebra	
Negation	$\neg A$	Komplementärmenge	$\overline{M}$
Konjunktion	$A \wedge B$	Schnittmenge	$M \cap N$
Disjunktion	$A \vee B$	Vereinigungsmenge	$M \cup N$
Implikation	$A \Rightarrow B$	Inklusion	$M \subseteq N$
Äquivalenz	$A \Leftrightarrow B$	Gleichheit	$M = N$
Tautologie		Grundmenge	Ω
Kontradiktion		Leere Menge	$\emptyset$

Tabelle 2.2: Analogien zwischen Aussagenlogik und Mengenalgebra

2.4 Mengenoperationen für beliebig viele Mengen und Partitionen

Wie bereits die Konjunktion und die Disjunktion von Aussagen lassen sich auch die beiden mengentheoretischen Gegenstücke Schnittmenge und Vereinigungsmenge von zwei Mengen M und N auf beliebig viele Mengen $(M_i)_{i \in I}$ verallgemeinern:

Definition 2.16 (Schnitt und Vereinigung beliebig vieler Mengen)

Es sei I eine beliebige Indexmenge, so dass für alle $i \in I$ eine Menge M_i existiert.

a) *Die Menge aller Elemente, die zu allen Mengen M_i gehören, heißt dann Schnittmenge der Mengen M_i mit $i \in I$. Man schreibt*

$$\bigcap_{i \in I} M_i := \left\{ x : \bigwedge_{i \in I} x \in M_i \right\}.$$

Gilt $M_i \cap M_j = \emptyset$ für alle $i, j \in I$ mit $i \neq j$, d. h. besitzen die Mengen M_i keine gemeinsamen Elemente, dann werden die Mengen $(M_i)_{i \in I}$ als disjunkt oder elementfremd bezeichnet.

b) *Die Menge aller Elemente, die mindestens zu einer Menge M_i mit $i \in I$ gehören, heißt dann Vereinigungsmenge der Mengen M_i mit $i \in I$. Man schreibt*

$$\bigcup_{i \in I} M_i := \left\{ x : \bigvee_{i \in I} x \in M_i \right\}.$$

Die Definition 2.16 ist sehr allgemein. Denn die Indexmenge I kann endlich oder unendlich sein. Im Falle einer **endlichen Indexmenge** $I = \{1, \ldots, n\}$ schreibt man auch

$$\bigcap_{i \in I} M_i = \bigcap_{i=1}^{n} M_i = M_1 \cap \ldots \cap M_n \quad \text{bzw.}$$

$$\bigcup_{i \in I} M_i = \bigcup_{i=1}^{n} M_i = M_1 \cup \ldots \cup M_n$$

und im Falle der **unendlichen Indexmenge** $I = \mathbb{N}$

$$\bigcap_{i=1}^{\infty} M_i = M_1 \cap M_2 \cap \ldots \quad \text{bzw.}$$

$$\bigcup_{i=1}^{\infty} M_i = M_1 \cup M_2 \cup \ldots.$$

Die Regeln von De Morgan lauten nun in ihrer allgemeinen Fassung

$$\overline{\bigcup_{i \in I} M_i} = \bigcap_{i \in I} \overline{M_i} \quad \text{bzw.} \quad \overline{\bigcap_{i \in I} M_i} = \bigcup_{i \in I} \overline{M_i}. \quad (2.7)$$

Beispiel 2.17 (Mengenalgebra)

a) Gegeben seien die endliche Indexmenge $I = \{1, 2, 3\}$ und die Mengen $M_1 = \{a, f\}$, $M_2 = \{b, d, f\}$ und $M_3 = \{a, b, c, d, e\}$. Dann gilt

$$\bigcap_{i \in I} M_i = M_1 \cap M_2 \cap M_3 = \emptyset \quad \text{bzw.}$$

$$\bigcup_{i \in I} M_i = M_1 \cup M_2 \cup M_3 = \{a, b, c, d, e, f\}.$$

b) Gegeben seien die unendliche Indexmenge $I = \mathbb{N}$ und die Mengen $M_i = \{1, \ldots, i\}$ für alle $i \in \mathbb{N}$. Dann gilt

$$\bigcap_{i \in \mathbb{N}} M_i = M_1 \cap M_2 \cap \ldots = \{1\} \quad \text{bzw.}$$

$$\bigcup_{i \in \mathbb{N}} M_i = M_1 \cup M_2 \cup \ldots = \mathbb{N}$$

(für die Definition der Menge $\mathbb{N}$ der natürlichen Zahlen siehe Abschnitt 3.2).

2.5 Partitionen

In vielen wirtschaftswissenschaftlichen Fragestellungen ist es notwendig, eine gegebene Menge M in einzelne Teilmengen A_i mit $i \in I$ zu zerlegen. Im Falle von paarweise **disjunkten** Teilmengen A_i, d.h. $A_i \cap A_j = \emptyset$ für alle $i, j \in I$ mit $i \neq j$, deren Vereinigungsmenge $\bigcup_{i=I} A_i$ wieder gleich der Menge M ist, spricht man bei der Menge

$$\mathfrak{P}(M) = \{A_i : A_i \subseteq M \text{ und } i \in I\}$$

von **Partition**, **Zerlegung** oder auch **Klasseneinteilung von M**. Bei einer Partition $\mathfrak{P}(M)$ liegt jedes Element der Menge M in genau einer Teilmenge A_i mit $i \in I$, d.h. in genau einem Element der Partition $\mathfrak{P}(M)$. Die Elemente von $\mathfrak{P}(M)$ werden deshalb auch als **Klassen von M** bezeichnet.

Die Partition $\mathfrak{P}(M)$ einer Menge M darf nicht mit der Potenzmenge $\mathcal{P}(M)$ verwechselt werden (vgl. Definition 2.7).

Beispiel 2.18 (Partitionen)

a) Die Menge $M = \{a, b, c\}$ besitzt die folgenden fünf möglichen Partitionen $\mathfrak{P}(M)$

$$\{\{a, b, c\}\}, \quad \{\{a, b\}, \{c\}\}, \quad \{\{a\}, \{b, c\}\},$$
$$\{\{a, c\}, \{b\}\}, \quad \{\{a\}, \{b\}, \{c\}\}.$$

b) Die Menge $\{\{A, B\}, \{B, C\}\}$ ist für keine Menge M eine Partition, da ihre Elemente $\{A, B\}$ und $\{B, C\}$ nicht disjunkt sind.

c) Die Menge $\{\{3, 7\}, \{4, 6, 8\}, \{10, 11\}\}$ ist zwar eine Partition der Menge $M = \{3, 4, 6, 7, 8, 10, 11\}$, aber keine Partition von $N = \{3, 4, 5, 6, 7, 8, 9, 10, 11\}$.

Kapitel 3

Zahlenbereiche und Rechengesetze

Kapitel 3 Zahlenbereiche und Rechengesetze

3.1 Aufbau des Zahlensystems

Das **Zahlensystem** stellt eine der wichtigsten Grundlagen der Mathematik dar. Nach dem deutschen Mathematiker *Richard Dedekind* (1831–1916) sind Zahlen nicht einfach „naturgegeben", sondern „freie Schöpfungen des menschlichen Geistes". In seinem 1887 erschienenen Werk **„Was sind und was sollen die Zahlen?"** schreibt er zur Entwicklung des Zahlenbegriffs

R. Dedekind

„Die Zahlen sind freie Schöpfungen des menschlichen Geistes, sie dienen als ein Mittel, um die Verschiedenheit der Dinge leichter und schärfer aufzufassen."

Dabei sind mit „freien Schöpfungen des menschlichen Geistes" gerade die mengentheoretischen Begriffsbildungen gemeint, wie sie in Kapitel 2 eingeführt worden sind. Eine etwas andere Auffassung zum Ursprung der Zahlen hatte dagegen der deutsche Mathematiker *Leopold Kronecker* (1823–1891). Von ihm ist der bekannte Ausspruch überliefert

„Die ganzen Zahlen hat der liebe Gott gemacht, alles andere ist Menschenwerk."

Aufgrund dieser Sichtweise war *Kronecker* der Meinung, dass der Zahlenbereich der **ganzen Zahlen**, d. h. die Menge

$$\mathbb{Z} := \{\ldots, -3, -2, -1, 0, 1, 2, 3, \ldots\},$$

den natürlichen Ausgangspunkt für die Entwicklung des Zahlensystems darstellt.

Seit Ende des 19. Jahrhunderts erfolgt der Aufbau des Zahlensystems gewöhnlich auf Grundlage der in Kapitel 2 eingeführten mengentheoretischen Begriffe.

Bei diesem klassischen Aufbau beginnt man mit der Menge $\mathbb{N}$ der **natürlichen Zahlen** und erweitert

L. Kronecker

dann diesen Zahlenbereich schrittweise zur Menge $\mathbb{Z}$ der **ganzen Zahlen**, zur Menge $\mathbb{Q}$ der **rationalen Zahlen**, zur Menge $\mathbb{R}$ der **reellen Zahlen** und schließlich zur Menge $\mathbb{C}$ der **komplexen Zahlen**. Diese Reihenfolge bietet sich an, da für die Zahlenbereiche $\mathbb{N}$, $\mathbb{Z}$, $\mathbb{Q}$, $\mathbb{R}$ und $\mathbb{C}$ die Inklusionen

$$\mathbb{N} \subset \mathbb{Z} \subset \mathbb{Q} \subset \mathbb{R} \subset \mathbb{C}$$

gelten (vgl. (3.13) und Abbildung 3.10) und somit bei diesem Vorgehen immer größere und damit mächtigere Zahlenbereiche resultieren.

Historisch betrachtet, erfolgte jedoch der Aufbau des Zahlensystems in einer etwas anderen Reihenfolge. Ausgehend von den natürlichen Zahlen wurde das Zahlensystem zuerst um die rationalen und irrationalen Zahlen erweitert, bevor dann die negativen und zum Schluss die komplexen Zahlen hinzukamen. Diese Erweiterungen des Zahlensystems waren dabei stets darauf ausgerichtet, algebraische oder geometrische Aufgaben lösen zu können, die zuvor nicht lösbar waren.

Bei dem folgenden Aufbau des Zahlensystems wird weder der klassische noch der historische Weg gewählt, sondern ein etwas pragmatischerer Zugang. Er beginnt mit einer Erweiterung der Menge $\mathbb{N}$ der natürlichen Zahlen um die Zahl 0 zur Menge $\mathbb{N}_0$ der **erweiterten natürlichen Zahlen**. Anschließend wird der Zahlenbereich $\mathbb{R}$ der reellen Zahlen eingeführt und die darauf geltenden Rechengesetze betrachtet. Die Zahlenbereiche der ganzen Zahlen $\mathbb{Z}$, der rationalen Zahlen $\mathbb{Q}$ und der irrationalen Zahlen $\mathbb{I}$ ergeben sich als Teilmengen der Menge $\mathbb{R}$ der reellen Zahlen. Zum Schluss wird dann der Zahlenbereich $\mathbb{C}$ der komplexen Zahlen eingeführt.

3.2 Zahlenbereiche $\mathbb{N}$ und $\mathbb{N}_0$

In Abschnitt 1.3 wurde bereits die Menge $\mathbb{N}$ der **natürlichen Zahlen** mit Hilfe des Axiomensystems von Peano (vgl. Definition 1.1) eingeführt und es wurden die wichtigsten Rechengesetze für die Addition und die Multiplikation formuliert. Die Menge $\mathbb{N}$ der natürlichen Zahlen lässt sich geometrisch durch äquidistante (d. h. gleich weit voneinander entfernte) Punkte auf dem positiven Teil des sogenannten **Zahlenstrahls** veranschaulichen (siehe Abbildung 3.1).

Abb. 3.1: Geometrische Veranschaulichung von $\mathbb{N}$ auf dem Zahlenstrahl

Mit Hilfe der Multiplikation lässt sich die ***m*-te Potenz** einer natürlichen Zahl n durch

$$n^1 := n \quad \text{und} \quad n^{N(m)} := n^m \cdot n$$

für alle $m \in \mathbb{N}$ definieren. Wie man leicht zeigen kann, gelten für den Umgang mit Potenzen die folgenden Rechengesetze

$$(m \cdot n)^l = m^l \cdot n^l, \quad n^{l+m} = n^l \cdot n^m \quad \text{und} \quad (n^l)^m = n^{l \cdot m}$$

für alle $l, m, n \in \mathbb{N}$. Erweitert man die Menge $\mathbb{N}$ der natürlichen Zahlen um die Zahl 0, dann erhält man die **Menge der erweiterten natürlichen Zahlen**

$$\mathbb{N}_0 := \mathbb{N} \cup \{0\} = \{0, 1, 2, 3, 4, 5, \ldots\}.$$

Die Addition und Multiplikation wird dann von $\mathbb{N}$ auf $\mathbb{N}_0$ wie folgt erweitert:

$$0 + n := n \quad \text{und} \quad n + 0 := n \quad (3.1)$$
$$0 \cdot n := 0 \quad \text{und} \quad n \cdot 0 := 0 \quad (3.2)$$

für alle $n \in \mathbb{N}$. Für die Menge $\mathbb{N}_0$ der erweiterten natürlichen Zahlen gelten analog zu $\mathbb{N}$ die Assoziativ- und Kommutativgesetze sowie das Distributivgesetz (vgl. Abschnitt 1.2). Darüber hinaus folgt aus den Definitionen (3.1) und (3.2), dass die Zahl 0 ein **neutrales Element der Addition** und die Zahl 1 ein **neutrales Element der Multiplikation** ist.

Die Zahl Null und das dafür verwendete Symbol „0" wurden ca. 500 n. Chr. in Indien bei der Entwicklung des heute üblicherweise verwendeten **Dezimalsystems (Zehnersystems, dekadischen Systems)** eingeführt (siehe auch Abschnitt 3.5). In Europa setzte sich jedoch die Verwendung der Zahl 0 erst ab dem 14. Jahrhundert durch.

Zur Menge $\mathbb{N}_0$ der erweiterten natürlichen Zahlen und den Rechengesetzen für die Addition und die Multiplikation gelangt man auch, wenn man in den Axiomen (P1) und (P5) des Axiomensystems von Peano (vgl. Definition 1.1) die Zahl 1 durch die Zahl 0 ersetzt.

3.3 Zahlenbereiche $\mathbb{R}$, $\mathbb{R}_+$ und $\overline{\mathbb{R}}$

Eine Möglichkeit, zum Zahlenbereich der **reellen Zahlen** zu gelangen, besteht darin, die reellen Zahlen analog zum Zahlenbereich der natürlichen Zahlen **axiomatisch** einzuführen (siehe z. B. *Forster* [17], Seiten 11–17).

Bei einem gänzlich anderen Ansatz wird, von der Mengenlehre ausgehend, über die natürlichen, die ganzen und die rationalen Zahlen die Menge der reellen Zahlen als Zahlbereichserweiterung der rationalen Zahlen konstruiert (siehe z. B. *Landau* [38]). Dieses Vorgehen war im 19. Jahrhundert ein wichtiger Schritt, um die Analysis auf ein solides mathematisches Fundament zu stellen, und geht auf den deutschen Mathematiker *Karl Weierstraß* (1815–1897) zurück.

Da sich jedoch diese beiden Möglichkeiten zur Einführung der reellen Zahlen deutlich aufwendiger gestalten als die axiomatische Begründung der natürlichen Zahlen in Abschnitt 1.2, wird im Folgenden auf eine rigorose Einführung des Zahlenbereichs der reellen Zahlen verzichtet. Stattdessen wird ein intuitiver und anschaulicher Standpunkt eingenommen,

K. Weierstraß

bei dem die Menge der reellen Zahlen, bezeichnet durch das Symbol

$$\mathbb{R},$$

als die Menge aller Zahlen auf dem Zahlenstrahl verstanden wird. Das heißt, eine reelle Zahl wird mit einem Punkt auf der Zahlengerade und umgekehrt jeder Punkt auf der Zahlengerade wird mit einer reellen Zahl identifiziert (siehe Abbildung 3.2).

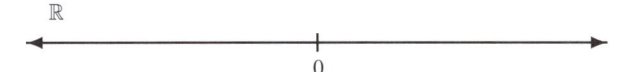

Abb. 3.2: Geometrische Veranschaulichung von $\mathbb{R}$ als Zahlenstrahl

Darüber hinaus wird angenommen, dass für zwei beliebige reelle Zahlen x und y klar ist, was unter der Summe $x + y$ und dem Produkt $x \cdot y$ zu verstehen ist. Auch werden die an verschiedenen Stellen bereits stillschweigend verwendeten mathematischen Symbole

$$=, \quad \neq, \quad <, \quad >, \quad \leq \quad \text{und} \quad \geq$$

weiterhin verwendet. Diese Symbole bedeuten bekanntlich:

$x = y$: x ist gleich y
$x \neq y$: x ist ungleich y
$x < y$: x ist kleiner als y
$x > y$: x ist größer als y
$x \leq y$: x ist kleiner oder gleich y
$x \geq y$: x ist größer oder gleich y

Durch die Ungleichungen $x \leq y$ und $x \geq y$ wird jeweils eine sogenannte **Relation** auf $\mathbb{R}$ definiert (zum Begriff der Relation siehe Abschnitt 6.2). Die Relation $x \leq y$ besitzt die Eigenschaften:

a) **Reflexivität:** Es gilt $x \leq x$ für alle $x \in \mathbb{R}$.
b) **Antisymmetrie:** Für alle $x, y \in \mathbb{R}$ mit $x \leq y$ und $y \leq x$ folgt $x = y$.
c) **Transitivität:** Für alle $x, y, z \in \mathbb{R}$ mit $x \leq y$ und $y \leq z$ folgt $x \leq z$.
d) **Vollständigkeit:** Für alle $x, y \in \mathbb{R}$ gilt entweder $x \leq y$ oder $y \leq x$.

Das heißt, die durch $x \leq y$ definierte Relation ist sowohl eine **Ordnungsrelation** als auch eine **Präferenzrelation**. Analoge Aussagen gelten auch für $x \geq y$ (zur Erläuterung der Begriffe „Relation", „Ordnungsrelation" und „Präferenzrelation" siehe Abschnitt 6.2). Für die Regeln, die für das Rechnen mit Gleichungen und Ungleichungen gelten, siehe die Abschnitte 4.2 und 4.5.

Eine reelle Zahl x heißt **positiv**, wenn $x > 0$ gilt, und **negativ**, falls $x < 0$ erfüllt ist. Für viele Fragestellungen ist auch die als **Menge der nichtnegativen reellen Zahlen** bezeichnete Teilmenge

$$\mathbb{R}_+ := \{x \in \mathbb{R} : 0 \leq x\} \subseteq \mathbb{R}$$

von Bedeutung. Diese Menge wird auch **positive Halbachse** genannt und entspricht dem positiven Teil des Zahlenstrahls inklusive der Zahl 0 (siehe Abbildung 3.3).

Abb. 3.3: Geometrische Veranschaulichung von $\mathbb{R}_+$ als (einseitiger) Zahlenstrahl

Endliche Intervalle

Wichtige spezielle Teilmengen von $\mathbb{R}$ sind durch die sogenannten **endlichen Intervalle** gegeben. Darunter werden zusammenhängende Teilmenge von $\mathbb{R}$ mit endlichen Grenzen verstanden:

Definition 3.1 (Endliche Intervalle)

Für $a, b \in \mathbb{R}$ mit $a \leq b$ unterscheidet man die folgenden Teilmengen von $\mathbb{R}$:
a) Abgeschlossenes Intervall:
$$[a, b] := \{x \in \mathbb{R} : a \leq x \leq b\}$$
b) Rechtsseitig offenes Intervall:
$$[a, b[:= [a, b) := \{x \in \mathbb{R} : a \leq x < b\}$$
c) Linksseitig offenes Intervall:
$$]a, b] := (a, b] := \{x \in \mathbb{R} : a < x \leq b\}$$
d) Offenes Intervall:
$$]a, b[:= (a, b) := \{x \in \mathbb{R} : a < x < b\}$$

Für $a = b$ gilt somit $[a, b) = (a, b] = (a, b) = \emptyset$ und $[a, b] = \{a\} = \{b\}$.

Addition

Auf der Menge $\mathbb{R}$ der reellen Zahlen ist eine **Addition** mit den folgenden Eigenschaften definiert:

a) **Assoziativgesetz:** $x + (y + z) = (x + y) + z$ für alle $x, y, z \in \mathbb{R}$.
b) **Kommutativgesetz:** $x + y = y + x$ für alle $x, y \in \mathbb{R}$.
c) **Existenz des Neutralelements:** $0 + x = x = x + 0$ für alle $x \in \mathbb{R}$.
d) **Existenz inverser Elemente:** $(-x) + x = 0 = x + (-x)$ für alle $x \in \mathbb{R}$.

Die **Subtraktion** zweier beliebiger reeller Zahlen x und y ist durch

$$x - y := x + (-y)$$

und somit als die Summe von x und der additiven Inversen $-y$ definiert.

Multiplikation

Auf der Menge $\mathbb{R}$ der reellen Zahlen ist ferner eine **Multiplikation** definiert, welche die folgenden Eigenschaften besitzt:

a) **Assoziativgesetz:** $x \cdot (y \cdot z) = (x \cdot y) \cdot z$ für alle $x, y, z \in \mathbb{R}$.
b) **Kommutativgesetz:** $x \cdot y = y \cdot x$ für alle $x, y \in \mathbb{R}$.
c) **Existenz des Neutralelements:** $1 \cdot x = x = x \cdot 1$ für alle $x \in \mathbb{R}$.
d) **Existenz inverser Elemente:** $x^{-1} \cdot x = 1 = x \cdot x^{-1}$ für alle $x \in \mathbb{R} \setminus \{0\}$.

Aus den Rechengesetzen für die Addition und die Multiplikation erhält man die folgenden Regeln für das Rechnen mit

Klammern:
$$-(x) = -x = (-x)$$
$$-(-x) = x$$
$$(x+y) = x+y$$
$$-(x+y) = -x-y$$
$$-(x-y) = -x+y$$
$$-(x \cdot y) = (-x) \cdot y = -x \cdot y$$
$$(-x) \cdot (-y) = x \cdot y$$

Die **Division** zweier reeller Zahlen $x \in \mathbb{R}$ und $y \in \mathbb{R} \setminus \{0\}$ ist durch

$$x : y := \frac{x}{y} := x \cdot y^{-1}, \tag{3.3}$$

d. h. als das Produkt von x und der multiplikativen Inversen y^{-1}, definiert. Dabei wird der Ausdruck (3.3) als Bruch von x und y, die reelle Zahl x als **Zähler** und die reelle Zahl y als **Nenner** des Bruchs bezeichnet. Unter der Voraussetzung, dass der Nenner der Brüche jeweils von 0 verschieden ist, gelten für das Rechnen mit Brüchen die folgenden Regeln:

$$\frac{x}{y} = \frac{x \cdot w}{y \cdot w}$$

$$\frac{x}{y} + \frac{w}{y} = \frac{x+w}{y} \quad \text{und} \quad \frac{x}{y} - \frac{w}{y} = \frac{x-w}{y}$$

$$\frac{x}{y} + \frac{v}{w} = \frac{x \cdot w}{y \cdot w} + \frac{y \cdot v}{y \cdot w} = \frac{x \cdot w + y \cdot v}{y \cdot w} \quad \text{und}$$

$$\frac{x}{y} - \frac{v}{w} = \frac{x \cdot w - y \cdot v}{y \cdot w}$$

$$\frac{x}{y} \cdot \frac{v}{w} = \frac{x \cdot v}{y \cdot w}$$

$$\frac{x}{y} : \frac{v}{w} = \frac{x}{y} \cdot \frac{w}{v} = \frac{x \cdot w}{y \cdot v}$$

Ferner gilt für zwei beliebige Elemente $x, y \in \mathbb{R}_+$ stets

$$x + y \in \mathbb{R}_+ \quad \text{und} \quad x \cdot y \in \mathbb{R}_+.$$

Das heißt, die Menge $\mathbb{R}_+$ der nichtnegativen reellen Zahlen ist analog zu $\mathbb{R}$ **abgeschlossen** bzgl. der Addition und der Multiplikation.

Betrag

Stellt man die reellen Zahlen auf der Zahlengeraden dar, dann haben die beiden reellen Zahlen x und $-x$ den gleichen Abstand zum Nullpunkt 0. Man sagt deshalb auch, dass die beiden Zahlen x und $-x$ den gleichen (**absoluten**) **Betrag** besitzen:

Definition 3.2 (Betrag einer reellen Zahl)

Der (absolute) Betrag $|x|$ einer reellen Zahl x ist definiert durch

$$|x| := \begin{cases} x & \text{für } x \geq 0 \\ -x & \text{für } x < 0 \end{cases}.$$

Der Übergang von einer reellen Zahl x zu ihrem Betrag $|x|$ kann so interpretiert werden, dass sie mit einem positiven Vorzeichen versehen wird. Es gilt daher offensichtlich stets $|x| \geq 0$. Auf dem Zahlenstrahl gibt der Betrag $|x|$ einer reellen Zahl x ihren **Abstand** zum Nullpunkt 0 an. Analog entspricht der Betrag $|x - y|$ der reellen Zahl $x - y$ dem Abstand der Zahlen x und y auf dem Zahlenstrahl (vgl. Abbildung 3.4).

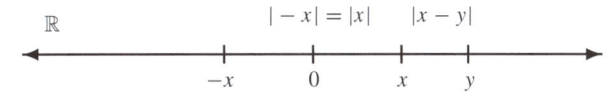

Abb. 3.4: Geometrische Veranschaulichung des Betrags einer reellen Zahl auf dem Zahlenstrahl.

Für den Betrag reeller Zahlen lassen sich leicht die folgenden **Rechenregeln** nachweisen:

a) $|-x| = |x|$

b) $|x| \geq x$ und $|x| \geq -x$

c) $|x \cdot y| = |x| \cdot |y|$

d) $\left|\dfrac{x}{y}\right| = \dfrac{|x|}{|y|}$

e) $|x| \leq b \Leftrightarrow -b \leq x \leq b$

Die wichtigsten Resultate im Umgang mit dem Betrag sind die beiden folgenden **Dreiecksungleichungen**. Sie gehören zu den wichtigsten Hilfsmitteln in der Analysis:

Satz 3.3 (Dreiecksungleichungen für reelle Zahlen)

Für reelle Zahlen x und y gelten die beiden Dreiecksungleichungen:

$$|x + y| \leq |x| + |y| \tag{3.4}$$

$$||x| - |y|| \leq |x - y| \tag{3.5}$$

Beweis: Zu (3.4): Es gilt $x \leq |x|$ und $y \leq |y|$ für alle $x, y \in \mathbb{R}$. Daraus folgt durch Addition

$$x + y \leq |x| + |y| \qquad (3.6)$$

für alle $x, y \in \mathbb{R}$. Völlig analog folgt aus $-x \leq |x|$ und $-y \leq |y|$ die Ungleichung

$$-(x + y) \leq |x| + |y|. \qquad (3.7)$$

Die beiden Ungleichungen (3.6) und (3.7) implizieren zusammen die Dreiecksungleichung (3.4).

Zu (3.5): Mit der Dreiecksungleichung (3.4) erhält man

$$|x| = |x - y + y| \leq |x - y| + |y|$$

und

$$|y| = |y - x + x| \leq |x - y| + |x|.$$

Subtrahiert man in diesen beiden Ungleichungen $|y|$ bzw. $|x|$, dann erhält man (3.5). ∎

Die beiden Dreiecksungleichungen (3.4) und (3.5) besagen, dass der Betrag einer Summe nicht größer als die Summe der Beträge der Summanden und nicht kleiner als der Betrag der Differenz dieser Beträge ist. Wie der Name nahelegt, kann die Dreiecksungleichung (3.4) sehr gut an einem Dreieck verdeutlicht werden (siehe Abbildung 3.5).

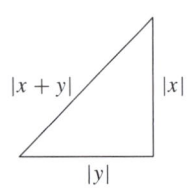

Abb. 3.5: Dreiecksungleichung $|x + y| \leq |x| + |y|$

Beispiel 3.4 (Rechnen mit dem Betrag)

a) $|7 \cdot (-3)| = |7| \cdot |-3| = 7 \cdot 3 = 21$

b) $\left|\dfrac{-2}{5}\right| = \dfrac{|-2|}{|5|} = \dfrac{2}{5}$

c) $|-6 + 5| = |-1| = 1$

d) $|-6 - 5| = |-11| = 11$

Zahlenbereich $\overline{\mathbb{R}}$

Die Menge $\mathbb{R}$ der reellen Zahlen kann um zwei Symbole $+\infty$ und $-\infty$ für eine **unendlich große** bzw. eine **unendlich kleine** Zahl erweitert werden. Die so entstehende Menge

$$\overline{\mathbb{R}} := \mathbb{R} \cup \{-\infty, +\infty\}$$

wird als Menge der **erweiterten reellen Zahlen** bezeichnet. Dabei gelte

$$-\infty \leq x \leq +\infty$$

für alle $x \in \overline{\mathbb{R}}$ und damit insbesondere

$$-\infty < x < +\infty$$

für alle $x \in \mathbb{R}$. Anstelle des Symbols $+\infty$ wird sehr häufig auch das Symbol ∞ verwendet.

Die Addition und Multiplikation reeller Zahlen wird durch die folgenden Definitionen (teilweise) auf die Menge $\overline{\mathbb{R}}$ der erweiterten reellen Zahlen übertragen. Dabei wird festgelegt, dass die Addition und die Multiplikation auch auf $\overline{\mathbb{R}}$ kommutativ ist:

$$x + (-\infty) := -\infty$$
$$x + (+\infty) := +\infty$$
$$(-\infty) + (-\infty) := -\infty$$
$$(+\infty) + (+\infty) := +\infty$$

für alle $x \in \mathbb{R}$ und

$$x \cdot (-\infty) := \begin{cases} +\infty & \text{für } x < 0 \\ -\infty & \text{für } x > 0 \end{cases}$$

$$x \cdot (+\infty) := \begin{cases} -\infty & \text{für } x < 0 \\ +\infty & \text{für } x > 0 \end{cases}$$

sowie

$$(-\infty) \cdot (-\infty) := +\infty$$
$$(-\infty) \cdot (+\infty) := -\infty$$
$$(+\infty) \cdot (+\infty) := +\infty$$
$$(-\infty)^{-1} := 0$$
$$(+\infty)^{-1} := 0$$

Es ist zu beachten, dass die folgenden Ausdrücke nicht definiert sind:

$$(-\infty) + (+\infty),\ 0 \cdot (+\infty),\ 0 \cdot (-\infty),\ +\infty \cdot (+\infty)^{-1},$$
$$+\infty \cdot (-\infty)^{-1}$$

Unbeschränkte Intervalle

In Analogie zur Definition (endlicher) Intervalle als Teilmengen von $\mathbb{R}$ (siehe Definition 3.1) können nun auch **unbeschränkte Intervalle** als Teilmengen von $\overline{\mathbb{R}}$ definiert werden:

Definition 3.5 (Unbeschränkte Intervalle)

Für $c \in \mathbb{R}$ unterscheidet man die folgenden Teilmengen von $\overline{\mathbb{R}}$:

a) Abgeschlossene (unbeschränkte) Intervalle:
$$(-\infty, c] := \{x \in \mathbb{R} : x \leq c\} \quad \text{und}$$
$$[c, +\infty) := \{x \in \mathbb{R} : c \leq x\}$$

b) Rechtsseitig offenes (unbeschränktes) Intervall:
$$(-\infty, c[:= (-\infty, c) := \{x \in \mathbb{R} : x < c\}$$

c) Linksseitig offenes (unbeschränktes) Intervall:
$$]c, +\infty) := (c, +\infty) := \{x \in \mathbb{R} : c < x\}$$

d) Offenes (unbeschränktes) Intervall:
$$]-\infty, +\infty[:= (-\infty, +\infty) := \mathbb{R}$$

3.4 Zahlenbereiche $\mathbb{Z}$, $\mathbb{Q}$ und $\mathbb{I}$

Die Menge $\mathbb{R}$ der reellen Zahlen enthält als wichtige Teilmengen den Zahlenbereich $\mathbb{Z}$ der **ganzen Zahlen**, den Zahlenbereich $\mathbb{Q}$ der **rationalen Zahlen** und den Zahlenbereich $\mathbb{I}$ der **irrationalen Zahlen**.

Zahlenbereich $\mathbb{Z}$

Die Menge der **ganzen Zahlen** ist gegeben durch

$$\mathbb{Z} := \{x : x \in \mathbb{N}_0 \text{ oder } -x \in \mathbb{N}_0\}$$
$$= \{\ldots, -3, -2, -1, 0, 1, 2, 3, \ldots\}$$

und lässt sich geometrisch durch äquidistante Punkte auf dem Zahlenstrahl veranschaulichen (siehe Abbildung 3.6). Es gilt offensichtlich

$$\mathbb{N} \subset \mathbb{N}_0 \subset \mathbb{Z} \subset \mathbb{R}.$$

Der Zahlenbereich $\mathbb{Z}$ ist bzgl. der Grundrechenarten Addition, Multiplikation und Subtraktion abgeschlossen. Das heißt, sind x und y zwei beliebige ganze Zahlen, dann sind auch $x+y$, $x-y$ und $x \cdot y$ wieder ganze Zahlen. Dies gilt jedoch im Allgemeinen nicht für die Division zweier ganzer Zahlen, wie z. B. $1 : 2 = \frac{1}{2} \notin \mathbb{Z}$ zeigt. Ist jedoch der Bruch $\frac{p}{q}$ zweier ganzer Zahlen p und q wieder ganzzahlig, dann sagt man, dass „p ohne Rest durch q teilbar ist". Der Nenner q wird dann als **Teiler** von p und p als **Vielfaches** von q bezeichnet.

Abb. 3.6: Geometrische Veranschaulichung von $\mathbb{Z}$ auf dem Zahlenstrahl.

Zahlenbereich $\mathbb{Q}$

Die Menge der **rationalen Zahlen** ist gegeben durch

$$\mathbb{Q} := \left\{x : x = \frac{p}{q} \text{ mit } p, q \in \mathbb{Z} \text{ und } q \neq 0\right\}.$$

Es gilt somit offensichtlich

$$\mathbb{N} \subset \mathbb{N}_0 \subset \mathbb{Z} \subset \mathbb{Q} \subset \mathbb{R}.$$

Im Vergleich zur Menge $\mathbb{Z}$ umfasst die Menge $\mathbb{Q}$ auch die nicht ganzzahligen Brüche $\frac{p}{q}$ für beliebige ganze Zahlen p und q mit $q \neq 0$. Der Zahlenbereich $\mathbb{Q}$ ist somit neben den Grundrechenarten Addition, Multiplikation und Subtraktion auch bzgl. der Grundrechenart Division abgeschlossen. Neben $x = \frac{p}{q}$ besitzt eine rationale Zahl auch eine Darstellung als **abbrechende** oder **nicht abbrechende, jedoch periodische Dezimalzahl** (vgl. Abschnitt 3.5).

Darüber hinaus lässt sich die Menge $\mathbb{Q}$ der rationalen Zahlen ebenfalls durch den Zahlenstrahl veranschaulichen. Allerdings sind die rationalen Zahlen auf dem Zahlenstrahl nicht mehr äquidistant verteilt, sondern liegen **dicht geordnet** auf dem Zahlenstrahl. Das heißt, zwischen zwei verschiedenen rationalen Zahlen x und y mit $x < y$ liegt stets eine weitere rationale Zahl. Eine solche Zahl ist z. B. durch $\frac{x+y}{2}$ gegeben. Durch Iteration dieser Schlussweise folgt unmittelbar, dass zwischen zwei beliebigen rationalen Zahlen x und y mit $x < y$ stets sogar unendlich viele weitere rationale Zahlen liegen (siehe Abbildung 3.7). Umso erstaunlicher ist es, dass die Menge $\mathbb{Q}$ der rationalen Zahlen trotzdem nicht „mächtiger" – d. h. im mathematischen Sinne nicht größer – als die Menge $\mathbb{N}$ der natürlichen Zahlen oder die Menge $\mathbb{Z}$ der ganzen Zahlen ist (siehe hierzu Abschnitt 3.7).

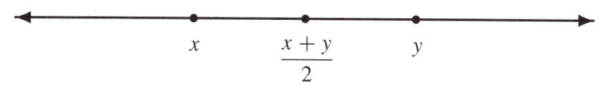

Abb. 3.7: Geometrische Veranschaulichung von $\mathbb{Q}$ auf dem Zahlenstrahl

Zahlenbereich $\mathbb{I}$

Obwohl die rationalen Zahlen beliebig dicht geordnet auf dem Zahlenstrahl liegen, entspricht nicht jedem Punkt auf dem Zahlenstrahl eine rationale Zahl. Es gibt z. B. keine rationale Zahl x, deren Quadrat gleich 2 ist. Zusammen mit dem **Satz des Pythagoras** (siehe Satz 5.3) impliziert dies geometrisch, dass die Länge $\sqrt{2}$ der Diagonalen eines Quadrats mit der Seitenlänge 1 auf dem Zahlenstrahl keiner rationalen Zahl entspricht.

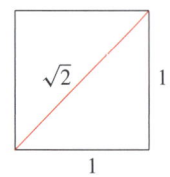

Abb. 3.8: Länge $\sqrt{2}$ der Diagonalen eines Quadrats mit der Seitenlänge 1

Ein Nachweis für die **Irrationalität** der Zahl $\sqrt{2}$ ist bereits in dem Werk „**Die Elemente**" des griechischen Mathematikers *Euklid von Alexandria* (ca. 360–280 v. Chr.) zu finden. Dieser Beweis ist auch in Beispiel 1.27c) angegeben.

Die Menge aller nicht rationalen Zahlen ist durch

$$\mathbb{I} := \mathbb{R} \setminus \mathbb{Q} = \left\{ x : x \neq \frac{p}{q} \text{ für alle } p, q \in \mathbb{Z} \text{ mit } q \neq 0 \right\}$$

gegeben und wird als Menge der **irrationalen Zahlen** bezeichnet.

Eine irrationale Zahl kann als **nicht abbrechende** und **nicht periodische Dezimalzahl** dargestellt werden. Neben der Zahl $\sqrt{2} = 1{,}41421\ldots$ sind auch die **Kreiszahl** und die **Eulersche Zahl**

$$\pi := 3{,}14159\ldots \quad \text{bzw.} \quad e := 2{,}71828\ldots$$

bekannte Beispiele für irrationale Zahlen.

Die Irrationalität der Kreiszahl π wurde 1761 vom schweizer Mathematiker *Johann Heinrich Lambert* (1728–1777) nachgewiesen, während dasselbe *Leonhard Euler* (1707–1783) bereits 1737 für die nach ihm benannte Eulersche Zahl e gelang.

J. H. Lambert

Weitere Beispiele für irrationale Zahlen sind der **Goldene Schnitt**

$$\phi := \frac{1 + \sqrt{5}}{2} = 1{,}618034\ldots$$

und die Wurzeln

$$\sqrt{\frac{n+1}{n}}$$

für beliebige $n \in \mathbb{N}$.

Die Tatsache, dass es in der Regel sehr schwierig ist, für eine reelle Zahl ihre vermeintliche Irrationalität nachzuweisen, zeigt sich vor allem darin, dass es eine ganze Reihe von „einfachen" Ausdrücken wie z. B.

$$\pi - e, \ \pi + e, \ \pi \cdot e, \ \frac{\pi}{e},$$
$$\pi^e, \ \pi^\pi, \ e^e$$

L. Euler

gibt, deren Irrationalität stark vermutet wird, aber bis heute nicht bewiesen ist.

In Abschnitt 3.7 wird gezeigt, dass es viel mehr irrationale Zahlen als rationale Zahlen gibt. Aus diesem Grund sind die rationalen Zahlen – trotz ihrer großen Dominanz bei den allermeisten praktischen Problemstellungen und im täglichen Leben – bezüglich der Häufigkeit ihrer Existenz eher als die Ausnahme und die irrationalen Zahlen eher als die Regel zu betrachten.

Aus den obigen Ausführungen erhält man (vgl. Abbildung 3.9)

$$\mathbb{N} \subset \mathbb{N}_0 \subset \mathbb{Z} \subset \mathbb{Q} \subset \mathbb{R} \subset \overline{\mathbb{R}}.$$

Natürliche Zahlen $\mathbb{N}$

Erweiterte natürliche Zahlen $\mathbb{N}_0$

Ganze Zahlen $\mathbb{Z}$

Rationale Zahlen $\mathbb{Q}$

Reelle Zahlen $\mathbb{R}$

Erweiterte reelle Zahlen $\overline{\mathbb{R}}$

Abb. 3.9: Hierarchischer Aufbau $\mathbb{N} \subset \mathbb{N}_0 \subset \mathbb{Z} \subset \mathbb{Q} \subset \mathbb{R} \subset \overline{\mathbb{R}}$ des Zahlensystems

3.5 Dezimal- und Dualsystem

Zur numerischen Berechnung werden reelle Zahlen in **Zahlensystemen** als Folge von **Ziffern** dargestellt. Da diese Ziffern von einer **Basis** b abgeleitet werden, spricht man oftmals von einem *b-adischen Zahlensystem*. Dabei kann prinzipiell jede ganze Zahl $b \geq 2$ als Basis verwendet werden, wobei dann für die Darstellung die Ziffern 0 bis $b-1$ benötigt werden. Die gängigsten Basen sind $b = 10$ (sogenanntes **Dezimalsystem**) und 2 (sogenanntes **Dual-** oder **Binärsystem**).

Dezimalsystem

Das Dezimalsystem (d. h. $b = 10$) wurde ca. 500 n. Chr. in der indischen Zahlschrift entwickelt und durch arabische Vermittlung an die europäischen Länder weitergegeben. Seit einigen hundert Jahren hat es sich weltweit als der internationale Standard durchgesetzt.

Im Dezimalsystem wird eine reelle Zahl x durch eine Folge der 10 Ziffern 0, 1, ..., 9 und eventuell ein Trennzeichen „ , " dargestellt:

$$x = \pm z_n z_{n-1} \ldots z_1 z_0, z_{-1} z_{-2} \ldots z_{-m} \quad (3.8)$$

mit $n \in \mathbb{N}$ und $m \in \mathbb{N} \cup \{\infty\}$ und $z_i \in \{0, 1, \ldots, 9\}$. Dies bedeutet, dass sich die Zahl x in der Form

$$\begin{aligned} x &= \pm \bigl(z_n \cdot 10^n + z_{n-1} \cdot 10^{n-1} + \ldots + z_1 \cdot 10^1 + z_0 \cdot 10^0 \\ &\quad + z_{-1} \cdot 10^{-1} + z_{-2} \cdot 10^{-2} + \ldots + z_{-m} \cdot 10^{-m} \bigr) \\ &= \pm \sum_{i=-m}^{n} z_i \cdot 10^i \end{aligned}$$

darstellen lässt. Diese Darstellung einer reellen Zahl x wird als **Dezimalbruchentwicklung** bezeichnet. Mit ihrer Hilfe kann jeder reellen Zahl x eine (eventuell unendliche) Folge (3.8) von Ziffern zugeordnet werden und jeder endliche Teil dieser Folge definiert einen Dezimalbruch, der eine Näherung für die reelle Zahl x ist. Man sagt, dass die Dezimalbruchentwicklung **abbricht**, wenn die Ziffernfolge ab einer Stelle nur noch aus Nullen besteht.

Man kann zeigen, dass eine reelle Zahl x genau dann eine abbrechende oder nicht abbrechende, aber periodische Dezimalbruchentwicklung besitzt, wenn x eine rationale Zahl ist. Das heißt umgekehrt, dass eine irrationale Zahl x stets eine nicht abbrechende und nicht periodische Dezimalbruchentwicklung besitzt. Für $m = 0$ resultiert offensichtlich eine ganze Zahl und das Trennzeichen „ , " wird dann weggelassen.

Beispiel 3.6 (Dezimalbruchentwicklung reeller Zahlen)

a) $\frac{2}{1} = 2$

b) $\frac{1}{3} = 0{,}3333\ldots = 0{,}\overline{3}$

c) $\frac{3}{8} = 0{,}375$

d) $-\frac{24}{7} = -3{,}428571428571\ldots = -3{,}\overline{428571}$

e) $2^{\sqrt{2}} = 2{,}665144143\ldots$

f) $e^{\pi} = 23{,}14069263\ldots$

Dabei ist der waagerechte Strich bei den beiden rationalen Zahlen $0{,}\overline{3}$ und $-3{,}\overline{428571}$ eine verbreitete Schreibweise dafür, dass sich die Ziffer 3 bzw. die Ziffernfolge 428571 unendlich oft wiederholt.

Dualsystem

Das **Dual-** oder **Binärsystem** (d. h. $b = 2$) wurde in Europa wahrscheinlich erstmals im Jahre 1670 durch den späteren spanischen Bischof *Juan Caramuel y Lobkowitz* (1606–1682) veröffentlicht. Aufgrund seiner großen Bedeutung in der Informatik und in der Digitaltechnik hat sich das Dual- neben dem Dezimalsystem zu dem wichtigsten Zahlensystem entwickelt.

Im Dualsystem wird eine reelle Zahl x durch eine Folge der beiden Ziffern 0 und 1 und eventuell ein Trennzeichen „ , " dargestellt:

$$x = \pm z_n z_{n-1} \ldots z_1 z_0, z_{-1} z_{-2} \ldots z_{-m} \quad (3.9)$$

J. C. y Lobkowitz

mit $n \in \mathbb{N}$ und $m \in \mathbb{N} \cup \{\infty\}$ und $z_i \in \{0, 1\}$. Dies bedeutet, dass sich die Zahl x in der Form

$$\begin{aligned} x &= \pm \bigl(z_n \cdot 2^n + z_{n-1} \cdot 2^{n-1} + \ldots + z_1 \cdot 2^1 + z_0 \cdot 2^0 \\ &\quad + z_{-1} \cdot 2^{-1} + z_{-2} \cdot 2^{-2} + \ldots + z_{-m} \cdot 2^{-m} \bigr) \\ &= \pm \sum_{i=-m}^{n} z_i \cdot 2^i \end{aligned}$$

darstellen lässt. Diese Darstellung einer reellen Zahl x wird als **Dualzahl-** oder **Binärzahlentwicklung** bezeichnet.

Mit den Dualzahlen können analog zu den Dezimalzahlen die Grundrechenarten Addition, Subtraktion, Multiplikation und Division durchgeführt werden. Tatsächlich ist es sogar so, dass die dazu benötigten Algorithmen einfacher werden und sich effizient mit logischen Schaltungen elektronisch realisieren lassen. Zum Beispiel besteht das „kleine Einmaleins" lediglich aus den vier Multiplikationen

$$0 \cdot 0 = 0, \ 0 \cdot 1 = 0, \ 1 \cdot 0 = 0 \ \text{ und } \ 1 \cdot 1 = 1.$$

Der Einsatz von Dualzahlen in der Informatik und Digitaltechnik brachte daher viele Vorteile mit sich. Die reellen Zahlen besitzen jedoch im Dualsystem eine sehr lange und unübersichtliche Darstellung. Zum Beispiel entspricht einer 12-stelligen Dezimalzahl eine 40-stellige Dualzahl, die nur aus „Nullen" und „Einsen" besteht. Während dieser Sachverhalt zwar in der Informatik und Digitaltechnik kaum Bedeutung besitzt, macht er die Verwendung von Dualzahlen im täglichen Leben sehr unpraktikabel.

Beispiel 3.7 (Dualdarstellung rationaler Zahlen)

a) Die Dualdarstellungen der Zahlen 6 und 7 sind gegeben durch $6 = 1 \cdot 2^2 + 1 \cdot 2^1 + 0 \cdot 2^0$ bzw. $7 = 1 \cdot 2^2 + 1 \cdot 2^1 + 1 \cdot 2^0$. Die folgende Tabelle enthält die Dualdarstellungen der Zahlen $0, 1, \ldots, 15$:

	2^3	2^2	2^1	2^0
0	0	0	0	0
1	0	0	0	1
2	0	0	1	0
3	0	0	1	1
4	0	1	0	0
5	0	1	0	1
6	0	1	1	0
7	0	1	1	1
8	1	0	0	0
9	1	0	0	1
10	1	0	1	0
11	1	0	1	1
12	1	1	0	0
13	1	1	0	1
14	1	1	1	0
15	1	1	1	1

b) Die rationale Zahl $\frac{1}{4}$ besitzt die Dualdarstellung $0,01$.

c) Die rationale Zahl $\frac{3}{8}$ besitzt die Dualdarstellung $0,011$.

d) Die rationale Zahl $\frac{3}{7}$ besitzt die Dualdarstellung $0,\overline{011}$.

e) Die rationale Zahl $\frac{7}{12}$ besitzt die Dualdarstellung $0,\overline{10010101}$.

Dabei ist der waagerechte Strich bei $0,\overline{011}$ und $0,\overline{10010101}$ wieder eine Schreibweise dafür, dass sich die Ziffernfolge 011 bzw. 10010101 unendlich oft wiederholt.

3.6 Zahlenbereich $\mathbb{C}$

Bei der Untersuchung von quadratischen Gleichungen ist früh entdeckt worden, dass bereits die einfache Gleichung

$$x^2 = -1 \qquad (3.10)$$

in der Menge $\mathbb{R}$ der reellen Zahlen keine Lösung besitzt. Allgemeiner kann keine quadratische Gleichung der Form

$$x^2 = -b^2 \qquad (3.11)$$

mit $b \neq 0$ durch reelle Zahlen x gelöst werden.

Mitte des 16. Jahrhunderts kam daher der italienische Arzt, Philosoph und Mathematiker *Gerolamo Cardano* (1501–1576) auf den Gedanken, dass man mit Wurzeln aus negativen Zahlen (d. h. negativen Radikanden), wie z. B. $\sqrt{-1}$, nach den üblichen Regeln rechnen sollte. Dies stellte eine erstaunliche Erkenntnis dar, denn bis zu diesem Zeitpunkt war die übliche Lehrmeinung unter Mathematikern, dass Radikanden nichtnegativ sein müssten. Eine der wenigen Ausnahmen war der griechische Mathematiker *Diophantos von Alexandria*, der einige Jahrhunderte zuvor, zwischen 100 v. Chr. und 350 n. Chr., lebte.

G. Cardano

Der französische Philosoph und Mathematiker *René Descartes* (1596–1650) verwendete ungefähr ein Jahrhundert später bei der Behandlung derartiger Größen den Namen

imaginäre Zahlen, was soviel wie „eingebildete" oder „unwirkliche" Zahlen – im Gegensatz zu den „wirklichen" reellen Zahlen – bedeutet. Diese Bezeichnung hat sich bis heute gehalten und spiegelt sich auch in dem 1777 vom schweizer Mathematiker *Leonhard Euler* (1707–1783) eingeführten Symbol i für die sogenannte **imaginäre Einheit** wieder. Die imaginäre Einheit i ist definiert durch

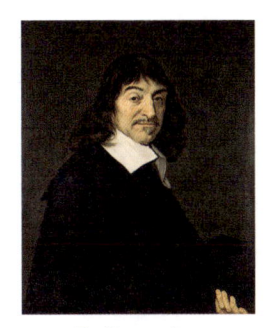

$$i^2 := -1 \quad (3.12)$$

und die Zahlen $x_1 = i$ sowie $x_2 = -i$ sind damit per Definition Lösungen der quadratischen Gleichung (3.10). Entsprechend sind die Zahlen $x_1 = i\,b$ und $x_2 = -i\,b$ Lösungen der quadratischen Gleichung (3.11).

Bei den Zahlen $x_1 = i\,b$ und $x_2 = -i\,b$ handelt es sich wie bei den Zahlen $i = i \cdot 1$ und $-i = -i \cdot 1$ um Elemente der Menge der sogenannten **komplexen Zahlen**. Deren theoretische Begründung und Veranschaulichung in der euklidischen Ebene (vgl. Abbildung 3.11) erfolgte – unabhängig voneinander – zuerst durch den französischen Mathematiker *Augustin Louis Cauchy* (1789–1857) und anschließend durch den deutschen Mathematiker *Carl Friedrich Gauß* (1777–1855).

Aufbauend auf diesen Ergebnissen haben die komplexen Zahlen in den Ingenieur- und Naturwissenschaften nach und nach die gleiche Bedeutung erlangt wie die reellen Zahlen. Mittlerweile treten sie aber auch bei zahlreichen wirtschaftswissenschaftlichen Fragestellungen auf, wie z. B. in der Zeitreihenanalyse oder bei der Bewertung von Optionen. Einer der Gründe für den großen Nutzen der komplexen Zahlen ist ihre **algebraische Abgeschlossenheit**. Dies bedeutet, dass jede Gleichung vom Grad größer gleich 1 über der Menge der komplexen Zahlen eine Nullstelle besitzt, was für die Menge der reellen Zahlen bekanntlich nicht gilt (siehe z. B. (3.10)). Diese Eigenschaft ist der Inhalt des bekannten **Fundamentalsatzes der Algebra** (siehe Satz 4.2). Zwei weitere Gründe für die Bedeutung komplexer Zahlen

R. Descartes

A. L. Cauchy

sind ihre Beziehung zur Exponentialfunktion und dass über sie ein Zusammenhang zwischen trigonometrischen Funktionen und der Exponentialfunktion hergestellt werden kann.

Definition 3.8 (Komplexe Zahlen)

Die Menge der komplexen Zahlen ist definiert durch

$$\mathbb{C} := \{z : z = a + i\,b \text{ mit } a, b \in \mathbb{R}\},$$

wobei $i^2 := -1$ gilt und i die imaginäre Einheit ist. Für eine komplexe Zahl $z = a + i\,b \in \mathbb{C}$ wird $\mathrm{Re}(z) := a$ als Realteil und $\mathrm{Im}(z) := b$ als Imaginärteil von z bezeichnet.

Ist $z = a + i\,b$ eine komplexe Zahl mit $\mathrm{Im}(z) = 0$, dann gilt $z = a$ und z ist somit eine reelle Zahl. Umgekehrt kann man jede reelle Zahl z als komplexe Zahl mit einem Imaginärteil $\mathrm{Im}(z) = 0$ auffassen, wenn man einfach $b = 0$ setzt. Die Menge $\mathbb{R}$ der reellen Zahlen ist somit in der Menge der komplexen Zahlen $\mathbb{C}$ enthalten, d. h. es gilt

$$\mathbb{R} \subset \mathbb{C}$$

und damit insgesamt

$$\mathbb{N} \subset \mathbb{N}_0 \subset \mathbb{Z} \subset \mathbb{Q} \subset \mathbb{R} \subset \mathbb{C}. \quad (3.13)$$

Ist dagegen $\mathrm{Re}(z) = 0$, dann gilt $z = i\,b$ und z wird als **rein imaginäre Zahl** bezeichnet. Analog zur Menge $\mathbb{R}$ der reellen Zahlen kann auch die Menge $\mathbb{C}$ der komplexen Zahlen veranschaulicht werden. Während dies bei den reellen Zahlen durch den Zahlenstrahl geschieht (vgl. Abbildung 3.2),

Abb. 3.10: Hierarchischer Aufbau $\mathbb{N} \subset \mathbb{N}_0 \subset \mathbb{Z} \subset \mathbb{Q} \subset \mathbb{R} \subset \mathbb{C}$ des Zahlensystems.

erfolgt die Darstellung der Menge $\mathbb{C}$ der komplexen Zahlen in Form von Punkten in der **Gaußschen Zahlenebene**, welche auch **komplexe Zahlenebene** genannt wird. Darin bildet die Teilmenge $\mathbb{R}$ der reellen Zahlen (d.h. $z \in \mathbb{C}$ mit $\operatorname{Im}(z) = 0$) die waagerechte Achse, welche als **reelle Achse** (kurz: Re) bezeichnet wird. Die Teilmenge der rein imaginären Zahlen (d.h. $z \in \mathbb{C}$ mit $\operatorname{Re}(z) = 0$) ist durch die senkrechte Achse gegeben und wird **imaginäre Achse** (kurz: Im) genannt. Auf diese Weise ist jeder komplexen Zahl $z = a + i\,b$ ein Punkt (a, b) der Gaußschen Zahlenebene mit der horizontalen Koordinate a und der vertikalen Koordinate b eindeutig zuzuordnen und umgekehrt (vgl. Abbildung 3.11).

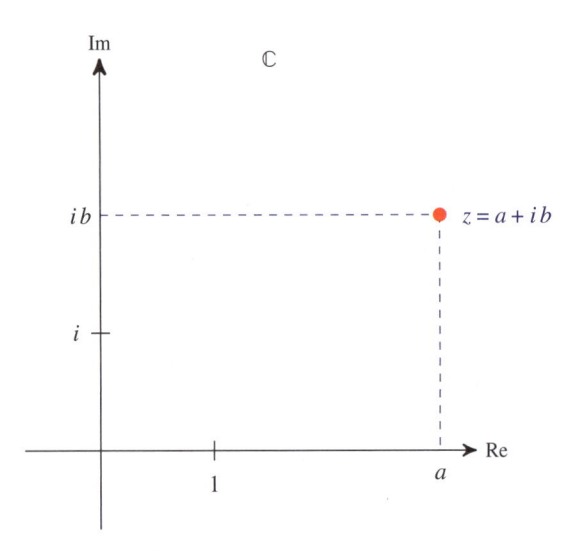

Abb. 3.11: Veranschaulichung der Menge $\mathbb{C}$ der komplexen Zahlen $z = a + ib$ in der Gaußschen Zahlenebene

Zwei komplexe Zahlen $z_1 = a + i\,b$ und $z_2 = c + i\,d$ sind offensichtlich genau dann **gleich**, wenn

$$\operatorname{Re}(z_1) = \operatorname{Re}(z_2) \quad \text{und} \quad \operatorname{Im}(z_1) = \operatorname{Im}(z_2)$$

gilt. Aus $z = 0$ folgt ferner $\operatorname{Re}(z) = \operatorname{Im}(z) = 0$.

Addition, Subtraktion, Multiplikation und Division

Die **Addition**, **Subtraktion**, **Multiplikation** und **Division** komplexer Zahlen werden formal wie gewohnt ausgeführt. Bei der Multiplikation und Division ist lediglich $i^2 = -1$ zu beachten. Für zwei beliebige komplexe Zahlen $z_1 = a + i\,b$ und $z_2 = c + i\,d$ sind die vier Grundrechenarten wie folgt definiert:

Addition:

$$z_1 + z_2 = (a + i\,b) + (c + i\,d) = \underbrace{(a + c)}_{\operatorname{Re}(z_1 + z_2)} + i\,\underbrace{(b + d)}_{\operatorname{Im}(z_1 + z_2)}$$

Subtraktion:

$$z_1 - z_2 = (a + i\,b) - (c + i\,d) = \underbrace{(a - c)}_{\operatorname{Re}(z_1 - z_2)} + i\,\underbrace{(b - d)}_{\operatorname{Im}(z_1 - z_2)}$$

Multiplikation:

$$z_1 z_2 = (a + i\,b)(c + i\,d) = \underbrace{(ac - bd)}_{\operatorname{Re}(z_1 z_2)} + i\,\underbrace{(ad + bc)}_{\operatorname{Im}(z_1 z_2)}$$

Division für $z_2 \neq 0$:

$$\frac{z_1}{z_2} = \frac{a + i\,b}{c + i\,d} = \frac{(a + i\,b)(c - i\,d)}{(c + i\,d)(c - i\,d)} = \underbrace{\frac{ac + bd}{c^2 + d^2}}_{\operatorname{Re}(z_1/z_2)} + i\,\underbrace{\frac{bc - ad}{c^2 + d^2}}_{\operatorname{Im}(z_1/z_2)}$$

Das heißt, Summen, Differenzen, Produkte und Quotienten komplexer Zahlen sind wieder komplexe Zahlen. Die Addition und Subtraktion lässt sich dabei leicht als Vektoraddition in der Gaußschen Zahlenebene verstehen (siehe Abbildung 3.12).

Die vier Grundrechenarten genügen auf der Menge $\mathbb{C}$ der komplexen Zahlen den gleichen **Rechengesetzen** wie auf der Menge $\mathbb{R}$ der reellen Zahlen. Denn sind z_1, z_2 und z_3 beliebige komplexe Zahlen, dann lässt sich leicht nachweisen, dass die folgenden Gesetze gelten:

a) **Assoziativgesetze:**

$$z_1 + (z_2 + z_3) = (z_1 + z_2) + z_3$$
$$z_1(z_2 z_3) = (z_1 z_2) z_3$$

b) **Kommutativgesetze:**

$$z_1 + z_2 = z_2 + z_1$$
$$z_1 z_2 = z_2 z_1$$

c) **Distributivgesetz:**

$$z_1(z_2 + z_3) = z_1 z_2 + z_1 z_3$$

d) **Existenz von Neutralelementen:**

$$0 + z_1 = z_1 = z_1 + 0$$
$$1 \cdot z_1 = z_1 = z_1 \cdot 1$$

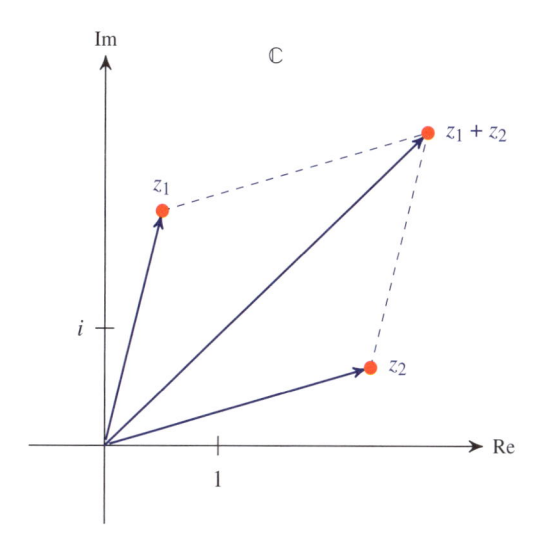

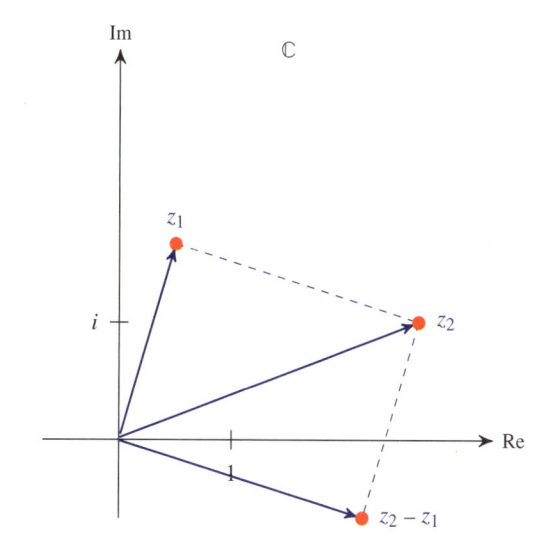

Abb. 3.12: Veranschaulichung der Addition (links) und Subtraktion (rechts) von komplexen Zahlen z_1 und z_2 in der Gaußschen Zahlenebene

e) **Existenz inverser Elemente** für $z_1 \neq 0$:
$$(-z_1) + z_1 = 0 = z_1 + (-z_1)$$
$$z_1^{-1} z_1 = 1 = z_1 z_1^{-1}$$

Das Potenzieren einer komplexen Zahl $z = a + i\,b$ mit einer natürlichen Zahl $k \in \mathbb{N}$ liefert

$$z^k = (a+i\,b)^k = \underbrace{(a+i\,b)(a+i\,b)\cdot\ldots\cdot(a+i\,b)}_{k\text{-mal}}$$

$$z^{-k} = (a+i\,b)^{-k} = \frac{1}{(a+i\,b)^k}, \quad \text{falls } z \neq 0$$

Auch beim Potenzieren gelten die gleichen Rechenregeln wie auf der Menge der reellen Zahlen. Zum Beispiel gilt für alle $z_1, z_2 \in \mathbb{C}$ und $k, l \in \mathbb{N}$:

$$z_1^k z_1^l = z_1^{k+l}$$

$$\frac{z_1^k}{z_1^l} = z_1^{k-l} \quad \text{für } z_1 \neq 0$$

$$\left(z_1^k\right)^l = z_1^{k \cdot l}$$

$$z_1^k z_2^k = (z_1 z_2)^k$$

$$\frac{z_1^k}{z_2^k} = \left(\frac{z_1}{z_2}\right)^k \quad \text{für } z_2 \neq 0$$

Darüber hinaus gelten auch die üblichen Bruchrechnungsregeln für komplexe Zahlen.

Beispiel 3.9 (Rechnen mit komplexen Zahlen)

Für die komplexen Zahlen $z_1 = 3 + 4i$, $z_2 = 1 - 2i$, $w_1 = 2 + 5i$ und $w_2 = 3 + 7i$ gilt:

a) $z_1 + z_2 = 4 + 2i$

b) $w_1 + w_2 = 5 + 12i$

c) $z_1 - z_2 = 2 + 6i$

d) $w_1 - w_2 = -1 - 2i$

e) $z_1 z_2 = (3 + 4i)(1 - 2i)$
$= (3 \cdot 1 + 4 \cdot 2) + (3 \cdot (-2) + 4 \cdot 1)i$
$= 11 - 2i$

f) $w_1 w_2 = (2+5i)(3+7i) = (2\cdot3 - 5\cdot7) + (2\cdot7 + 5\cdot3)i$
$= -29 + 29i$

g) $\dfrac{z_1}{z_2} = \dfrac{3+4i}{1-2i} = \dfrac{3+4i}{1-2i} \cdot \dfrac{1+2i}{1+2i} = \dfrac{3-8}{5} + \dfrac{6+4}{5}i$
$= -1 + 2i$

h) $\dfrac{w_1}{w_2} = \dfrac{2+5i}{3+7i} = \dfrac{2+5i}{3+7i} \cdot \dfrac{3-7i}{3-7i} = \dfrac{41}{58} + \dfrac{1}{58}i$

i) $z_1^2 = (3+4i)^2 = 9 + 24i - 16 = -7 + 24i$

Kapitel 3   Zahlenbereiche und Rechengesetze

Die obigen Ausführungen zeigen, dass auf der Menge $\mathbb{C}$ der komplexen Zahlen bezüglich der vier Grundrechenarten die gleichen Rechengesetze gelten wie auf der Menge $\mathbb{R}$ der reellen Zahlen.

Ein wesentlicher Unterschied zu $\mathbb{R}$ ist aber, dass auf $\mathbb{C}$ keine sogenannte **vollständige Ordnungsrelation (Totalordnung)** „$\leq$" definiert werden kann (zu den Begriffen Relation, Ordnungsrelation und Totalordnung siehe Abschnitt 6.2). Das heißt, bei Vorliegen von zwei verschiedenen komplexen Zahlen z_1 und z_2 kann im Allgemeinen nicht gesagt werden, welche von beiden die größere bzw. die kleinere Zahl ist. Zum Beispiel kann weder $i > 0$ noch $i < 0$ gelten. Denn angenommen, es gelte $i > 0$, dann würde dies wegen

$$i > 0 \iff i \cdot i > i \cdot 0 \iff i^2 > 0$$

die falsche Aussage $-1 > 0$ implizieren. Wird dagegen $i < 0$ angenommen, dann folgt

$$i < 0 \iff i \cdot i > i \cdot 0 \iff i^2 > 0$$

und damit ebenfalls die falsche Aussage $-1 > 0$. Dabei wurde im zweiten Schritt berücksichtigt, dass $i < 0$ angenommen wurde und ein Ungleichheitszeichen bei Multiplikation mit einer negativen Zahl stets umgedreht werden muss (siehe Abschnitt 4.5).

Konjugierte komplexe Zahl

Bei verschiedenen Problemstellungen treten sogenannte **konjugierte komplexe Zahlen** auf. Ein Beispiel hierfür ist das Lösen sogenannter **algebraischer Gleichungen** (siehe hierzu Satz 4.4 in Abschnitt 4.3). Die konjugierte komplexe Zahl zu einer komplexen Zahl z ist wie folgt definiert:

> **Definition 3.10** (Konjugierte komplexe Zahl)
>
> *Für eine komplexe Zahl $z = a + ib$ wird $\overline{z} := a - ib$ als die zu z konjugierte komplexe Zahl bezeichnet.*

Für eine reelle Zahl z gilt offensichtlich $z = \overline{z}$. Ferner liegen zwei zueinander konjugierte komplexe Zahlen z und $\overline{z}$ stets symmetrisch zu der reellen Achse Re (vgl. Abbildung 3.13).

Durch Nachrechnen lässt sich sehr einfach nachweisen, dass zwischen komplexen Zahlen und ihren konjugierten komplexen Zahlen die folgenden Zusammenhänge existieren:

$$\overline{z_1 + z_2} = \overline{z_1} + \overline{z_2}$$
$$\overline{z_1 - z_2} = \overline{z_1} - \overline{z_2}$$
$$\overline{-z_1} = -\overline{z_1}$$
$$\overline{z_1 z_2} = \overline{z_1} \cdot \overline{z_2}$$
$$\overline{z_1^n} = \overline{z_1}^n \quad \text{für } n \in \mathbb{N}_0$$
$$\overline{\left(\frac{z_1}{z_2}\right)} = \frac{\overline{z_1}}{\overline{z_2}} \quad \text{für } z_2 \neq 0 \quad (3.14)$$
$$\overline{\overline{z_1}} = z_1$$
$$\text{Re}(z_1) = \frac{1}{2}(z_1 + \overline{z_1})$$
$$\text{Im}(z_1) = \frac{1}{2i}(z_1 - \overline{z_1})$$

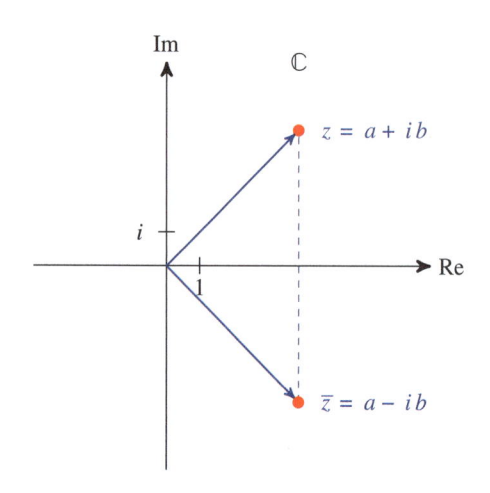

Abb. 3.13: Komplexe Zahl z und die zu z konjugierte komplexe Zahl $\overline{z}$

> **Beispiel 3.11** (Rechnen mit konjugierten komplexen Zahlen)
>
> Gegeben sei die komplexe Zahl $z = 1 + i$. Dann gilt:
> a) $\overline{z} = 1 - i$
> b) $z + \overline{z} = 1 + i + (1 - i) = 2 = 2\,\text{Re}(z)$
> c) $z - \overline{z} = 1 + i - (1 - i) = 2i = 2i\,\text{Im}(z)$
> d) $z\overline{z} = (1+i)(1-i) = 1 - i^2 = 2$
> e) $\dfrac{z}{\overline{z}} = \dfrac{1+i}{1-i} \cdot \dfrac{1+i}{1+i} = \dfrac{1 + 2i + i^2}{2} = i$

Absoluter Betrag

Analog zu reellen Zahlen kann auch für komplexe Zahlen z ein (**absoluter**) **Betrag** definiert werden:

> **Definition 3.12** (Betrag einer komplexen Zahl)
>
> Der (absolute) Betrag $|z|$ einer komplexen Zahl $z = a + ib$ ist definiert durch
> $$|z| := \sqrt{a^2 + b^2} \in \mathbb{R}. \tag{3.15}$$

Der Betrag einer komplexen Zahl z ist somit eine reelle Zahl und es gilt stets

$$|z|^2 = |\overline{z}|^2 = z\overline{z} = a^2 + b^2. \tag{3.16}$$

In der Gaußschen Zahlenebene entspricht der Betrag $|z|$ einer komplexen Zahl $z = a + ib$ ihrem Abstand zum Ursprung $(0,0)$ (vgl. Abbildung 3.14, links). Falls $z = a + ib$ eine reelle Zahl ist, also $b = 0$ gilt, dann stimmt der Betrag $|z| = \sqrt{a^2} = |a|$ mit dem für reelle Zahlen definierten (absoluten) Betrag überein. Entsprechend ist der Betrag von $z = ib$, d.h. für $a = 0$, durch $|z| = b$ gegeben (vgl. Definition 3.2).

Durch Nachrechnen kann man verifizieren, dass für den Betrag komplexer Zahlen die folgenden einfachen **Rechenregeln** gelten:

a) $|-z| = |z|$

b) $|z_1 \cdot z_2| = |z_1| \cdot |z_2|$

c) $\left|\dfrac{z_1}{z_2}\right| = \dfrac{|z_1|}{|z_2|}$

Für den Betrag komplexer Zahlen gelten die beiden gleichen **Dreiecksungleichungen** wie für reelle Zahlen (vgl. Abbildung 3.14, rechts):

> **Satz 3.13** (Dreiecksungleichungen für komplexe Zahlen)
>
> Für komplexe Zahlen z_1 und z_2 gelten die beiden Dreiecksungleichungen
> $$|z_1 + z_2| \leq |z_1| + |z_2| \tag{3.17}$$
> $$||z_1| - |z_2|| \leq |z_1 - z_2| \tag{3.18}$$

Beweis: Zu (3.17): Aus (3.15) folgt unmittelbar, dass $\operatorname{Re}(z) \leq |z|$ für jede komplexe Zahl z gilt. Damit folgt für die komplexe Zahl $z_1 \overline{z_2}$

$$\operatorname{Re}(z_1\overline{z_2}) \leq |z_1\overline{z_2}| = |z_1||\overline{z_2}| = |z_1||z_2|. \tag{3.19}$$

Weiter erhält man durch kurzes Nachrechnen, dass für zwei beliebige komplexe Zahlen z_1 und z_2

$$2\operatorname{Re}(z_1\overline{z_2}) = z_1\overline{z_2} + z_2\overline{z_1} \tag{3.20}$$

gilt. Mit (3.16), (3.20) und (3.19) erhält man somit

$$\begin{aligned}
|z_1 + z_2|^2 &= (z_1 + z_2)\overline{(z_1 + z_2)} \\
&= (z_1 + z_2)(\overline{z_1} + \overline{z_2}) \\
&= z_1\overline{z_1} + z_1\overline{z_2} + z_2\overline{z_1} + z_2\overline{z_2} \\
&= |z_1|^2 + 2\operatorname{Re}(z_1\overline{z_2}) + |z_2|^2 \\
&\leq |z_1|^2 + 2|z_1||z_2| + |z_2|^2 \\
&= (|z_1| + |z_2|)^2
\end{aligned}$$

und damit auch die Behauptung $|z_1 + z_2| \leq |z_1| + |z_2|$.

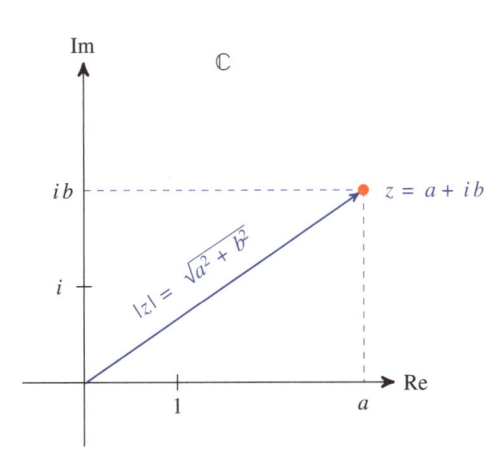

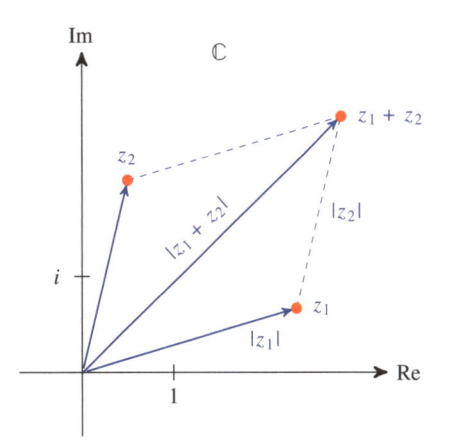

Abb. 3.14: Betrag einer komplexen Zahl $z = a + ib$ (links) und Veranschaulichung der Dreiecksungleichung (rechts)

Zu (3.18): Mit der Dreiecksungleichung (3.17) erhält man

$|z_1| = |z_1 - z_2 + z_2| \leq |z_1 - z_2| + |z_2|$ und
$|z_2| = |z_2 - z_1 + z_1| \leq |z_1 - z_2| + |z_1|$.

Subtrahiert man in diesen beiden Ungleichungen $|z_2|$ bzw. $|z_1|$, dann erhält man (3.18). ∎

Beispiel 3.14 (Rechnen mit dem Betrag komplexer Zahlen)

Für die komplexen Zahlen $z_1 = 3 + 4i$ und $z_2 = 1 - 2i$ gilt:
a) $|z_1| = \sqrt{3^2 + 4^2} = 5$ und
$|z_2| = \sqrt{1^2 + (-2)^2} = \sqrt{5}$
b) $|z_1 z_2| = \sqrt{11^2 + (-2)^2} = \sqrt{125} = 5\sqrt{5}$ (vgl. Beispiel 3.9e))
c) $\left|\dfrac{z_1}{z_2}\right| = \sqrt{(-1)^2 + 2^2} = \sqrt{5}$ (vgl. Beispiel 3.9g))

Polarkoordinaten

Neben der Angabe einer komplexen Zahl z mit Hilfe ihrer **kartesischen Koordinaten** (a, b) in der sogenannten algebraischen Form $z = a + ib$, kann eine komplexe Zahl z auch mit Hilfe ihrer **Polarkoordinaten** (r, x) in der sogenannten trigonometrischen Darstellung (Polarform) angegeben werden. Dabei ist die reelle Zahl

$$r = \sqrt{a^2 + b^2} \qquad (3.21)$$

der Betrag $|z|$ der komplexen Zahl $z = a + ib$ und die reelle Zahl x der (entgegen dem Uhrzeigersinn) gemessene **Winkel im Bogenmaß** in der Gaußschen Zahlenebene, der von der positiven reellen Achse Re und der Strecke vom Ursprung $(0, 0)$ zur komplexen Zahl z eingeschlossen wird. Bei x handelt es sich somit um die Länge des **Kreisbogens** auf dem **Einheitskreis** (d. h. dem Kreis mit Radius 1 um den Ursprung $(0, 0)$) zwischen reeller Achse Re und der Strecke vom Ursprung $(0, 0)$ zur komplexen Zahl z (vgl. Abbildung 3.15).

Da ein Kreis mit dem Radius 1 den Umfang 2π besitzt, gilt zwischen dem Winkel x im Bogenmaß und dem zugehörigen Winkel φ im Gradmaß die wichtige Beziehung

$$\varphi = \frac{x}{2\pi} 360° \qquad \text{bzw.} \qquad x = \frac{\varphi}{360°} 2\pi.$$

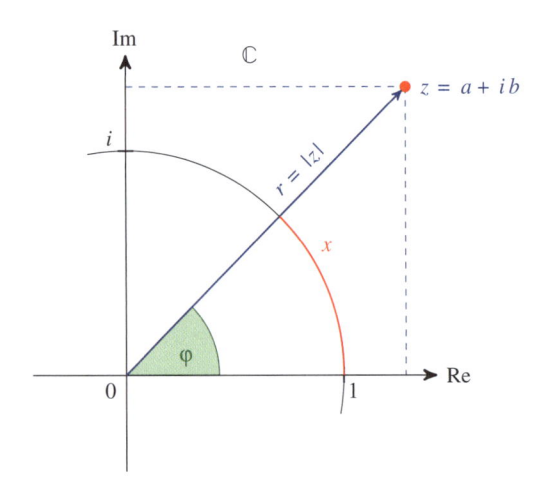

Abb. 3.15: Die komplexe Zahl $z = a + ib$ und ihre Polarkoordinaten r und x

Offensichtlich besteht zwischen den kartesischen Koordinaten (a, b) und den Polarkoordinaten (r, x) einer komplexen Zahl $z \neq 0$ der trigonometrische Zusammenhang

$$\cos(x) = \frac{a}{r} = \frac{a}{\sqrt{a^2 + b^2}} \qquad \text{und}$$
$$\sin(x) = \frac{b}{r} = \frac{b}{\sqrt{a^2 + b^2}} \qquad (3.22)$$

(für die Definition von Sinus und Kosinus siehe Abschnitt 5.1). Daraus erhält man unmittelbar für die komplexe Zahl $z = a + ib$ die **trigonometrische Darstellung** (**Polarform**)

$$z = r\cos(x) + ir\sin(x), \qquad (3.23)$$

wobei $z = 0$ wegen $r = |z| = 0$ ein beliebiger Winkel x zugeordnet wird.

Der Winkel x wird auch **Argument** oder **Phase** von z genannt und man schreibt

$$x = \arg(z).$$

Die Phase x ist jedoch nicht eindeutig festgelegt. Denn aufgrund von

$$\sin(x) = \sin(x + 2k\pi) \qquad \text{und}$$
$$\cos(x) = \cos(x + 2k\pi) \qquad (3.24)$$

für alle $k \in \mathbb{Z}$ wird x und $x + 2k\pi$ für alle $k \in \mathbb{Z}$ durch (3.23) die gleiche komplexe Zahl z zugeordnet. In der Regel wählt man daher die Phase x von z so, dass

$$-\pi < x \leq \pi$$

gilt. Der Wert x wird dann **Hauptargument** von z genannt und man schreibt $x = \text{Arg}(z)$. In der Regel wird bei der Angabe der Polarkoordinaten (r, x) einer komplexen Zahl $z = a + i\,b \neq 0$ für x das Hauptargument x gewählt. Das Argument x ist dann eindeutig bestimmt und gegeben durch

$$x = \text{Arg}(z) = \begin{cases} \arccos\left(\frac{a}{r}\right) & \text{für } b \geq 0 \\ -\arccos\left(\frac{a}{r}\right) & \text{für } b < 0 \end{cases}. \quad (3.25)$$

Umgekehrt lassen sich der Realteil a und der Imaginärteil b einer komplexen Zahl $z = a + i\,b$ mit (3.22) aus den Polarkoordinaten (r, x) berechnen:

$$a = r\cos(x) \quad \text{und} \quad b = r\sin(x)$$

Das heißt, zwischen den kartesischen Koordinaten (a, b) und den Polarkoordinaten (r, x) einer komplexen Zahl $z = a + i\,b = re^{ix}$ besteht die Beziehung

$$(a, b) = (r\cos(x), r\sin(x)),$$

wobei x das Hauptargument von z ist.

Eulersche Formel

Einer der Gründe für die große Bedeutung der Menge $\mathbb{C}$ der komplexen Zahlen liegt darin begründet, dass sie einen Zusammenhang zwischen Sinus und Kosinus

$$\sin(x) \quad \text{bzw.} \quad \cos(x)$$

(vgl. Abschnitt 5.1) auf der einen Seite und den Potenzen

$$e^x$$

der Eulerschen Zahl e (vgl. Abschnitt 11.44) auf der anderen Seite herstellt.

L. Euler

Dieser Zusammenhang wird durch die nach dem schweizer Mathematiker *Leonhard Euler* (1707–1783) benannte **Eulersche Formel** ausgedrückt:

Satz 3.15 (Eulersche Formel)

Für alle $x \in \mathbb{R}$ gilt

$$e^{ix} = \cos(x) + i\,\sin(x). \quad (3.26)$$

Beweis: Der Beweis ergibt sich durch eine Taylor-Reihenentwicklung der Funktionen e^x, $\sin(x)$ und $\cos(x)$ (siehe hierzu die Beispiele 17.10a) und 17.11). ∎

Bei e^{ix} handelt es sich somit um eine komplexe Zahl, welche die kartesischen Koordinaten $(\cos(x), \sin(x))$ besitzt. Sie liegt damit in der Gaußschen Zahlenebene auf der **Einheitskreislinie** (vgl. Abbildung 3.16).

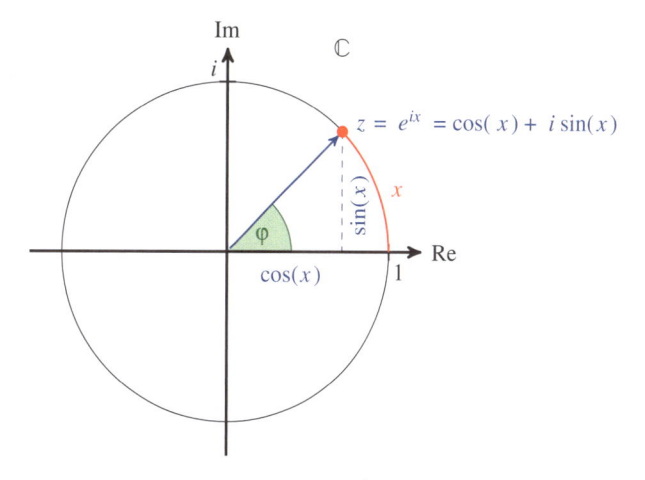

Abb. 3.16: Die komplexe Zahl $z = e^{ix}$ auf der Einheitskreislinie

Wegen $\cos(\pi) = -1$ und $\sin(\pi) = 0$ erhält man mit (3.26) für das Argument $x = \pi$ die bemerkenswerte Formel

$$e^{i\pi} + 1 = 0,$$

die als **Eulersche Identität** bekannt ist. Bei einer Umfrage der Zeitschrift **The Mathematical Intelligencer** im Jahre 1988 wurde diese Formel zur „schönsten Formel der Welt" gewählt (vgl. *Mathematical Intelligencer* [45]).

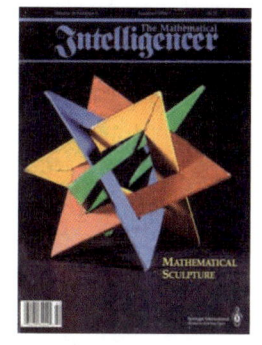

Mathematical Intelligencer

Sie stellt einen verblüffend eleganten Zusammenhang zwischen fünf der bedeutendsten Zahlen her: Der Eulerschen Zahl e, der imaginären Einheit i, der Kreiszahl π sowie den Zahlen 0 und 1.

Mit der Eulerschen Formel (3.26) und der Polarform (3.23) erhält man für eine komplexe Zahl z mit den Polarkoordinaten (r, x) die **exponentielle Darstellung**

$$z = re^{ix}. \quad (3.27)$$

Mit (3.24) folgt, dass die Periodizität

$$z = re^{ix} = re^{i(x+2k\pi)} \qquad (3.28)$$

für alle $k \in \mathbb{Z}$ gilt. Im Vergleich zu den Darstellungen $z = a + ib$ und (3.23) ist die exponentielle Darstellung (3.27) z. B. für die Ausführung von Multiplikation und Division von komplexen Zahlen besser geeignet. Denn wie man zeigen kann, gelten die von den reellen Zahlen bekannten Rechengesetze für Potenzen auch für die komplexen Zahlen e^{ix}. Damit erhält man

$$z_1 z_2 = r_1 e^{ix_1} \cdot r_2 e^{ix_2} = r_1 r_2 e^{i(x_1+x_2)},$$

$$\frac{z_1}{z_2} = \frac{r_1 e^{ix_1}}{r_2 e^{ix_2}} = \frac{r_1}{r_2} e^{i(x_1-x_2)} \quad \text{für } z_2 \neq 0,$$

$$z^n = \left(re^{ix}\right)^n = r^n e^{inx} \quad \text{für } n \in \mathbb{N}_0,$$

$$\overline{e^{ix}} = e^{-ix}.$$

Bei der Multiplikation zweier komplexer Zahlen $r_1 e^{ix_1}$ und $r_2 e^{ix_2}$ multiplizieren sich somit die Beträge r_1 und r_2 und addieren sich die Argumente x_1 und x_2. Anschaulich entspricht dies einer Drehstreckung in der Gaußschen Zahlenebene. Dagegen werden bei der Division zweier komplexer Zahlen die Beträge r_1 und r_2 dividiert und die Argumente x_1 und x_2 subtrahiert (vgl. Abbildung 3.17).

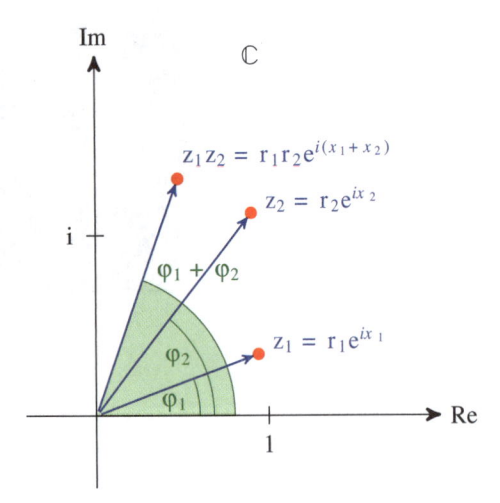

Abb. 3.17: Multiplikation komplexer Zahlen $z_1 = r_1 e^{ix_1}$ und $z_2 = r_2 e^{ix_2}$ durch Multiplikation der Beträge r_1 und r_2 und Addition der Argumente x_1 und x_2

Formeln von de Moivre

Mit $\left(re^{ix}\right)^n = r^n e^{inx}$ und der Eulerschen Formel (3.26) erhält man

$$(\cos(x) + i\sin(x))^n$$
$$= \left(e^{ix}\right)^n$$
$$= e^{inx}$$
$$= \cos(nx) + i\sin(nx)$$

für alle $x \in \mathbb{R}$ und $n \in \mathbb{N}_0$. Der Zusammenhang

$$(\cos(x) + i\sin(x))^n = \cos(nx) + i\sin(nx)$$

für alle $x \in \mathbb{R}$ und $n \in \mathbb{N}$ wird nach dem französischen Mathematiker *Abraham de Moivre* (1667–1754) als **Formel von de Moivre** bezeichnet.

A. de Moivre

Die Abbildung 3.18 zeigt für die kartesischen Koordinaten (a, b) einiger ausgewählter komplexer Zahlen $z = a + ib$ die Polarkoordinaten (r, x) der zugehörigen exponentiellen Darstellung $z = re^{ix}$ mit $r = 1$.

Beispiel 3.16 (Rechnen mit komplexen Zahlen)

a) Gegeben seien die beiden komplexen Zahlen $z_1 = 1 + i$ und $z_2 = 1 + \sqrt{3}i$. Für die Polarkoordinaten von z_1 und z_2 erhält man mit (3.21) und (3.25):

$$r_1 = \sqrt{1^2 + 1^2} = \sqrt{2} \quad \text{und}$$

$$x_1 = \arccos\left(\frac{1}{\sqrt{2}}\right) = \frac{\pi}{4}$$

bzw.

$$r_2 = \sqrt{1^2 + \left(\sqrt{3}\right)^2} = 2 \quad \text{und}$$

$$x_2 = \arccos\left(\frac{1}{2}\right) = \frac{\pi}{3}$$

Die exponentielle Darstellung von z_1 und z_2 lautet somit

$$z_1 = \sqrt{2} e^{i\frac{\pi}{4}} \qquad \text{bzw.} \qquad z_2 = 2 e^{i\frac{\pi}{3}}.$$

Damit erhält man z. B. für das Produkt $z_1^2 z_2^3$ die exponentielle Darstellung

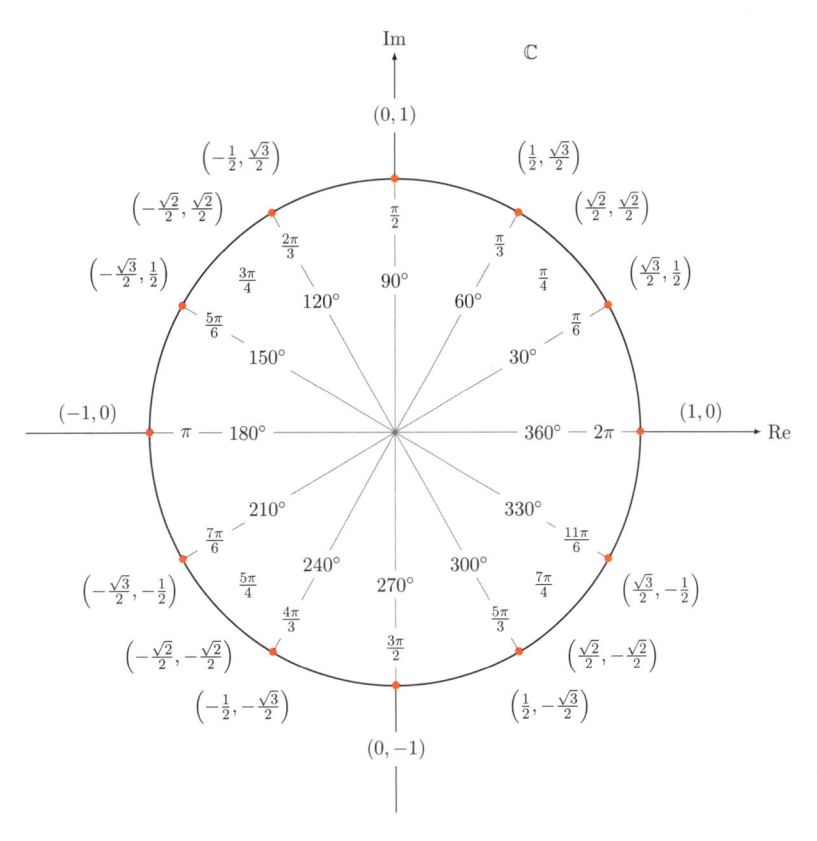

Abb. 3.18: Zusammenhang zwischen den kartesischen Koordinaten (a, b) und den entsprechenden Polarkoordinaten (r, x) einer komplexen Zahl $z = a + ib = re^{ix}$ mit $r = 1$

$$z_1^2 z_2^3 = \left(\sqrt{2}e^{i\frac{\pi}{4}}\right)^2 \left(2e^{i\frac{\pi}{3}}\right)^3 = 2^4 e^{i\left(\frac{1}{2}+1\right)\pi}$$
$$= 16 e^{i\frac{3\pi}{2}} = -16i.$$

b) Gegeben seien die beiden komplexen Zahlen $z_1 = -2\sqrt{3} - 2i$ und $z_2 = -1 + \sqrt{3}i$. Für die Polarkoordinaten von z_1 und z_2 erhält man mit (3.21) und (3.25):

$$r_1 = \sqrt{\left(-2\sqrt{3}\right)^2 + (-2)^2} = 4 \quad \text{und}$$
$$x_1 = -\arccos\left(-\frac{\sqrt{3}}{2}\right) = -\frac{5}{6}\pi$$

bzw.

$$r_2 = \sqrt{(-1)^2 + \left(\sqrt{3}\right)^2} = 2 \quad \text{und}$$
$$x_2 = \arccos\left(-\frac{1}{2}\right) = \frac{2}{3}\pi$$

Die exponentielle Darstellung von z_1 und z_2 lautet somit

$$z_1 = 4e^{-i\frac{5}{6}\pi} \qquad \text{bzw.} \qquad z_2 = 2e^{i\frac{2}{3}\pi}.$$

Damit erhält man z. B. für das Produkt $z_1 z_2$ und den Quotienten $\frac{z_1}{2z_2}$ die exponentielle Darstellung

$$z_1 z_2 = \left(4e^{-i\frac{5}{6}\pi}\right)\left(2e^{i\frac{2}{3}\pi}\right) = 8e^{-i\frac{\pi}{6}}$$
$$= 8\left(\cos\left(-\frac{\pi}{6}\right) + i\sin\left(-\frac{\pi}{6}\right)\right) = 4\sqrt{3} - 4i,$$
$$\frac{z_1}{2z_2} = \frac{4e^{-i\frac{5}{6}\pi}}{4e^{i\frac{2}{3}\pi}} = e^{-i\frac{3}{2}\pi} = e^{i\frac{\pi}{2}} = i.$$

c) Es sei $\frac{1+i}{1-i}$ zu berechnen. Mit (3.21) und (3.25) erhält man für den Zähler und den Nenner die exponentielle Darstellung

$$1+i = \sqrt{2}e^{i\frac{\pi}{4}} \quad \text{bzw.} \quad 1-i = \sqrt{2}e^{-i\frac{\pi}{4}}.$$

Das heißt, es gilt

$$\frac{1+i}{1-i} = \frac{\sqrt{2}e^{i\frac{\pi}{4}}}{\sqrt{2}e^{-i\frac{\pi}{4}}} = e^{i\frac{\pi}{2}} = i.$$

d) Es sei $(1+i)^5$ zu berechnen. Mit $1+i = \sqrt{2}e^{i\frac{\pi}{4}}$ (vgl. Beispiel c)) erhält man

$$\begin{aligned}(1+i)^5 &= \left(\sqrt{2}e^{i\frac{\pi}{4}}\right)^5 \\ &= \left(\sqrt{2}\right)^5 e^{i\frac{5}{4}\pi} \\ &= 4\sqrt{2}\left(\cos\left(\frac{5}{4}\pi\right) + i\sin\left(\frac{5}{4}\pi\right)\right) \\ &= 4\sqrt{2}\left(-\frac{\sqrt{2}}{2} - \frac{\sqrt{2}}{2}i\right) = -4(1+i).\end{aligned}$$

Komplexe Wurzeln

Es sei z eine beliebige komplexe Zahl. Dann heißt jede komplexe Zahl w mit der Eigenschaft

$$w^n = z \tag{3.29}$$

n-te Wurzel von z. Setzt man $z = re^{ix}$ und $w = Re^{iy}$, dann erhält man für die Gleichung (3.29) die Darstellung

$$R^n e^{iny} = re^{ix}.$$

Daraus folgt unmittelbar für den Betrag der n-ten Wurzel w

$$R = \sqrt[n]{r}.$$

Bei Berücksichtigung der Periodizität (3.28) erhält man, dass für das Argument y der n-ten Wurzel w

$$ny = x + 2k\pi \quad \text{bzw.} \quad y = \frac{x}{n} + k\frac{2\pi}{n}$$

mit $k \in \mathbb{Z}$ gelten muss. Aufgrund der Periodizität (3.28) gibt es somit genau n verschiedene n-te Wurzeln. Diese erhält man z. B. für $k = 0, 1, \ldots, n-1$ und sie sind gegeben durch

$$w_k := \sqrt[n]{r}\, e^{i\left(\frac{x}{n} + k\frac{2\pi}{n}\right)}. \tag{3.30}$$

Die für $k = 0$ resultierende Wurzel, d. h. $w_0 := \sqrt[n]{r}\, e^{i\frac{x}{n}}$, wird als **Hauptwert** bezeichnet.

Damit erhält man über der Menge $\mathbb{C}$ der komplexen Zahlen für die n-te Wurzel $\sqrt[n]{z}$ genau n verschiedene Werte. In der Gaußschen Zahlenebene liegen diese Werte auf einem Kreis um den Ursprung $(0, 0)$ mit dem Radius $\sqrt[n]{r}$ und bilden ein regelmäßiges n-Eck (vgl. auch Abbildung (3.19)). Diese Eigenschaft von $\mathbb{C}$ stellt einen großen Unterschied zu der Menge $\mathbb{R}$ der reellen Zahlen dar, da man über der Menge $\mathbb{R}$ für $\sqrt[n]{a}$ mit $a \geq 0$ nur einen Wert (n ungerade) oder zwei Werte (n gerade) erhält.

Beispiel 3.17 (Berechnung der n-ten Wurzel)

Zu berechnen sei die 5-te Wurzel der komplexen Zahl i. Da die komplexe Zahl i die exponentielle Darstellung

$$i = e^{i\frac{\pi}{2}}$$

besitzt (d. h. hier ist $r = 1$ und $x = \frac{\pi}{2}$), erhält man mit (3.30) für die 5-te Wurzel von i, d. h. für $\sqrt[5]{i}$, die fünf Lösungen

$$w_0 = e^{i\frac{\pi}{10}}, \; w_1 = e^{i\frac{5}{10}\pi}, \; w_2 = e^{i\frac{9}{10}\pi},$$
$$w_3 = e^{i\frac{13}{10}\pi}, \; w_4 = e^{i\frac{17}{10}\pi}.$$

Damit schließen die fünf 5-ten Wurzeln von i mit der reellen Achse die Winkel

$$18°, \quad 90°, \quad 162°, \quad 234° \quad \text{und} \quad 306°$$

ein (siehe auch Abbildung (3.19)).

Setzt man $z = 1$ in (3.29), dann erhält man die Gleichung

$$w^n = 1.$$

Die n Lösungen dieser Gleichung werden als die **n-ten Einheitswurzeln** bezeichnet und sind wegen $1 = e^{i0}$, d. h. $r = 1$ und $x = 0$, gegeben durch

$$w_k = e^{ik\frac{2\pi}{n}} \tag{3.31}$$

für $k = 0, 1, \ldots, n-1$ (vgl. (3.30)). Ist n eine gerade Zahl, dann sind für $k = 0$ und $k = \frac{n}{2}$ die reellen Zahlen 1 und -1 unter diesen Werten. Ist n ungerade, so ist für $k = 0$ die reelle Wurzel 1 wieder eine Lösung, aber -1 ist in diesem Fall keine n-te Einheitswurzel.

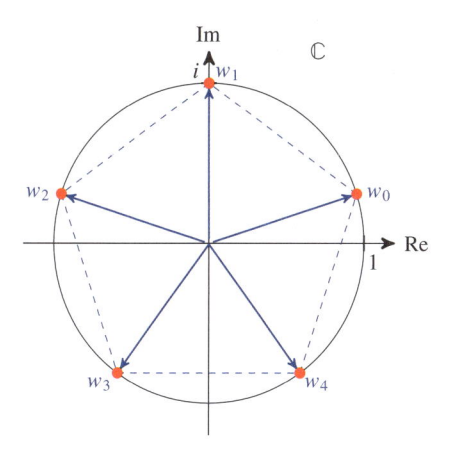

Abb. 3.19: Die fünf 5-ten Wurzeln $\sqrt[5]{i}$

Mit (3.30) erhält man die Zerlegung

$$w_k = \sqrt[n]{r}\, e^{i\left(\frac{x}{n} + k\frac{2\pi}{n}\right)} = \sqrt[n]{r}\, e^{i\frac{x}{n}} \cdot e^{ik\frac{2\pi}{n}} = w_0 \cdot e^{ik\frac{2\pi}{n}}$$

für $k = 0, 1, \ldots, n-1$. Zusammen mit (3.31) folgt daraus, dass man alle n-ten Wurzeln $w_0, \ldots, w_{n-1}$ einer komplexen Zahl z erhält, wenn man den Hauptwert w_0 nacheinander mit den n n-ten Einheitswurzeln multipliziert. Anschaulich bedeutet dies, dass die n-ten Wurzeln $w_1, \ldots, w_{n-1}$ in der Gaußschen Zahlenebene durch wiederholtes Drehen des Hauptwerts w_0 um den Ursprung $(0, 0)$ und Winkel $\frac{2\pi}{n}$ aus w_0 hervorgehen.

3.7 Mächtigkeit von Mengen

In Kapitel 2 wurden eine ganze Reihe von Mengen betrachtet, die endlich viele Elemente besitzen und deshalb als **endliche Mengen** bezeichnet werden. Dagegen handelt es sich bei den in den vorhergehenden Abschnitten dieses Kapitels betrachteten Zahlenbereichen $\mathbb{N}, \mathbb{N}_0, \mathbb{Z}, \mathbb{Q}, \mathbb{I}, \mathbb{R}, \mathbb{R}_+, \overline{\mathbb{R}}$ und $\mathbb{C}$ um Mengen, die nicht aus endlich vielen Elementen bestehen und deshalb als **unendliche Mengen** bezeichnet werden (vgl. Definition 2.2).

Die Größe zweier endlicher Mengen M und N kann leicht anhand der Anzahl ihrer Elemente $|M|$ bzw. $|N|$ verglichen werden. Zum Beispiel besagt die Ungleichung

$$|N| > |M|,$$

dass die Menge N in dem Sinne größer als die Menge M ist, dass sie mehr Elemente besitzt. Auch wurde in Satz 2.9 für die Potenzmenge $\mathcal{P}(M)$ einer endlichen Menge M mit $|M| = n$ Elementen nachgewiesen, dass

$$|\mathcal{P}(M)| = 2^n$$

gilt. Demnach gilt für eine endliche Menge stets

$$|\mathcal{P}(M)| > |M|.$$

Mit anderen Worten: Die Potenzmenge $\mathcal{P}(M)$ einer endlichen Menge M ist bezüglich der Anzahl der Elemente immer größer als die Menge M selbst.

Für den Vergleich der Größe zweier unendlicher Mengen ist jedoch die Anzahl der Elemente kein geeignetes Kriterium. Denn die Menge $\mathbb{N}$ ist z. B. eine echte Teilmenge von $\mathbb{R}$ und dennoch gilt

$$|\mathbb{N}| = |\mathbb{R}| = \infty.$$

Um jedoch auch unendliche Mengen vergleichen und damit klassifizieren zu können, wird das für endliche Mengen verwendete Zählen von Elementen auf unendliche Mengen verallgemeinert. Dies geschieht durch das Konzept der Gleichmächtigkeit von Mengen, das im Spezialfall einer endlichen Menge mit dem Zählen der Elemente einer Menge übereinstimmt.

Gleichmächtige Mengen

Das Konzept der **Gleichmächtigkeit zweier Mengen** ist wie folgt definiert:

> **Definition 3.18** (Mächtigkeit einer Menge)
>
> *Zwei Mengen M und N besitzen die gleiche Mächtigkeit bzw. heißen gleichmächtig, wenn jedem Element $m \in M$ genau ein Element $n \in N$ zugeordnet werden kann und umgekehrt. Man schreibt dann M glm N.*

Durch diese Definition entstehen Klassen von Mengen gleicher Mächtigkeit, die durch den Mächtigkeitstyp, die sogenannte **Kardinalzahl** (oder **Kardinalität**), charakterisiert sind.

Offensichtlich sind zwei endliche Mengen M und N genau dann gemäß Definition 3.18 gleichmächtig, wenn sie gleich viele Elemente besitzen, also

$$|M| = |N| = n$$

für ein $n \in \mathbb{N}$ gilt. Für eine endliche Menge ist daher die Mächtigkeit gleich der Anzahl ihrer Elemente (vgl. Abbildung 3.20). Zum Beispiel sind die drei Mengen

$$M_1 = \{\text{gelb, blau, rot}\},$$
$$M_2 = \{\sqrt{5}, \sqrt{6}, \sqrt{7}\},$$
$$M_3 = \{\{1\}, \{2\}, \emptyset\}$$

gleichmächtig und besitzen die Mächtigkeit 3. Das heißt, sie gehören zur Klasse der dreielementigen Mengen.

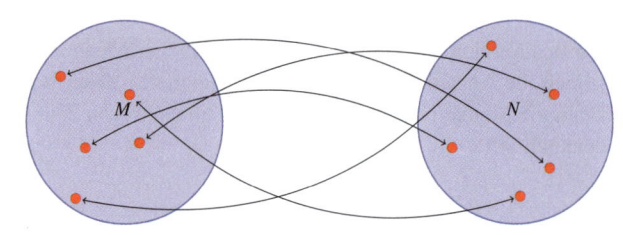

Abb. 3.20: Zwei gleichmächtige endliche Mengen M und N

Für zwei unendliche gleichmächtige Mengen M und N muss jedoch nicht gelten, dass sie gleich viele Elemente besitzen. Zum Beispiel sind die beiden unendlichen Mengen $\mathbb{N}$ und $\mathbb{N}_0 = \mathbb{N} \cup \{0\}$ gleichmächtig. Denn zwischen den Elementen von $\mathbb{N}$ und den Elementen von $\mathbb{N}_0$ existiert eine umkehrbar eindeutige Zuordnung (siehe Abbildung 3.21).

$\mathbb{N}_0$		$\mathbb{N}$
n	$\longleftrightarrow$	$n+1$
0	$\longleftrightarrow$	1
1	$\longleftrightarrow$	2
2	$\longleftrightarrow$	3
3	$\longleftrightarrow$	4
$\vdots$		$\vdots$

Abb. 3.21: Umkehrbar eindeutige Zuordnung zwischen den Elementen von $\mathbb{N}_0$ und den Elementen von $\mathbb{N}$

Wegen $0 \notin \mathbb{N}$ und $0 \in \mathbb{N}_0$, ist die Menge $\mathbb{N}$ aber auch eine echte Teilmenge von $\mathbb{N}_0$. Demnach gilt:

$$\mathbb{N} \subset \mathbb{N}_0$$

Abzählbar und überabzählbar unendliche Mengen

Bei unendlichen Mengen unterscheidet man zwischen **abzählbar unendlichen Mengen** und **überabzählbar unendlichen Mengen**:

Definition 3.19 (Abzählbar und überabzählbar unendliche Mengen)

Eine unendliche Menge M heißt abzählbar unendlich, falls M gleichmächtig zur Menge $\mathbb{N}$ der natürlichen Zahlen ist. Ist die unendliche Menge M nicht gleichmächtig zur Menge $\mathbb{N}$, dann heißt sie überabzählbar unendlich.

Eine abzählbar unendliche Menge M besitzt somit die Eigenschaft, dass jedem Element m aus M genau eine natürliche Zahl n zugeordnet werden kann und umgekehrt. Mit anderen Worten: Die Elemente von M lassen sich mit Hilfe der natürlichen Zahlen **durchnummerieren**. Damit lassen sich die Elemente einer abzählbar unendlichen Menge – natürlich unendlich viel Zeit vorausgesetzt – **abzählen**, oder äquivalent dazu, nacheinander aufschreiben ohne dabei auch nur ein Element auszulassen. Überabzählbar unendliche Mengen sind dagegen viel größer. Sie lassen sich nicht durchnummerieren, abzählen oder nacheinander aufschreiben, da bei einem solchen Vorgang unweigerlich immer Elemente der Menge ausgelassen werden.

Die Unterscheidung zwischen abzählbar unendlichen und überabzählbar unendlichen Mengen ist nicht nur von rein akademischer Bedeutung, wie es vielleicht auf den ersten Blick erscheinen mag. Sie ist auch in verschiedenen praxisnahen Bereichen von Relevanz. So wird man in der Optionspreistheorie, Statistik, Ökonometrie usw. immer wieder mit dieser wichtigen Unterscheidung konfrontiert. Darüber hinaus basiert die Notwendigkeit einer Abgrenzung zwischen diskreten und stetigen Zufallsvariablen in der Stochastik gerade auf diesem Unterschied.

Oft werden endliche und abzählbar unendliche Mengen unter dem Sammelbegriff **höchstens abzählbar unendliche** Mengen zusammengefasst.

Beispiel 3.20 (Abzählbar unendliche Mengen)

a) Die Menge $\mathbb{N}$ ist offensichtlich gleichmächtig zu sich selbst und damit nach Definition 3.19 abzählbar unendlich.

b) Die Menge $\mathbb{N}_0$ ist gleichmächtig zu $\mathbb{N}$ (siehe Abbildung 3.21) und damit abzählbar unendlich.

c) Die Menge $\mathbb{P} := \{2, 3, 5, 7, 11, 13, 17, 19, \ldots\}$ der Primzahlen ist ebenfalls abzählbar unendlich. Denn einerseits ist $\mathbb{P}$ eine Teilmenge der Menge $\mathbb{N}$ der natürlichen Zahlen und andererseits ist $\mathbb{P}$ nach dem **Satz von Euklid** unendlich (siehe Beispiel 1.27b)).

d) Die Menge $\mathbb{Z}$ der ganzen Zahlen ist gleichmächtig zu $\mathbb{N}$ und damit abzählbar unendlich. Denn zwischen den Elementen von $\mathbb{N}$ und den Elementen von $\mathbb{Z}$ existiert die folgende umkehrbar eindeutige Zuordnung:

$\mathbb{Z}$		$\mathbb{N}$
$-\frac{n-1}{2}$	$\longleftrightarrow$	n ungerade
$\frac{n}{2}$	$\longleftrightarrow$	n gerade
0	$\longleftrightarrow$	1
1	$\longleftrightarrow$	2
-1	$\longleftrightarrow$	3
2	$\longleftrightarrow$	4
-2	$\longleftrightarrow$	5
$\vdots$		$\vdots$

Die Beispiele 3.20b), c) und d) zeigen, dass sowohl echte Teilmengen einer unendlichen Menge als auch echte Obermengen einer unendlichen Menge dieselbe Mächtigkeit besitzen können wie die Ausgangsmenge. Dies ist ein starker Gegensatz zu endlichen Mengen. Bei endlichen Mengen besitzen echte Teilmengen immer eine kleinere und echte Obermengen immer eine größere Mächtigkeit (Kardinalzahl) als die Ausgangsmenge.

Aufgrund mangelnder Erfahrung im Umgang mit unendlichen Mengen widersprechen die Eigenschaften unendlicher Mengen oft der natürlichen Intuition und weisen teilweise einen verblüffenden, wenn nicht sogar paradoxen, Charakter auf. Dies wird z. B. durch das von dem deutschen Mathematiker *David Hilbert* (1862–1943) erdachte Gedankenexperiment, das unter dem Namen **Hilberts Hotel** bekannt ist, eindrucksvoll veranschaulicht.

Beispiel 3.21 (Hilberts Hotel)

In Hilberts Hotel gibt es abzählbar unendlich viele Zimmer, die bereits alle durch Gäste belegt sind. Dennoch ist es möglich durch Umbelegung der bereits vorhandenen Gäste noch für endlich viele, ja sogar für abzählbar unendlich viele Gäste Platz zu schaffen. Dazu wird der Gast von Zimmer 1 in das Zimmer 2, der Gast von Zimmer 2 in Zimmer 4, der Gast von Zimmer 3 in Zimmer 6 usw. verlegt. Auf diese Weise werden alle Zimmer mit einer ungeraden Nummer frei. Dies ist jedoch eine abzählbar unendliche Anzahl von Zimmern, da ja nach Beispiel 3.20c) bereits die Menge der Primzahlen abzählbar unendlich ist. Die abzählbar unendlich vielen neu hinzukommenden Gäste können somit problemlos in Hilberts Hotel untergebracht werden. Benötigt jedoch die Umlegung eines Gastes in ein anderes Zimmer auch nur eine Sekunde, dann würde dieser Vorgang unendlich lange dauern. Dies ist nur eine der vielen verblüffenden Schlussfolgerungen, die beim Umgang mit unendlichen Mengen entstehen können.

Abzählbarkeit von $\mathbb{Q}$

Der folgende verblüffende Satz wurde erstmals 1867 von dem deutschen Mathematiker *Georg Cantor* (1845–1918) mit Hilfe des nach ihm benannten **ersten Cantorschen Diagonalarguments** bewiesen. Der Satz besagt, dass auch die Menge $\mathbb{Q}$ der rationalen Zahlen gleichmächtig zur Menge $\mathbb{N}$ der natürlichen Zahlen und damit ebenfalls eine abzählbar unendliche Menge ist. Da dieses Ergebnis der menschlichen Intuition stark widerspricht und deshalb sehr überraschend ist, wurde es im Juli 1999 von den beiden Mathematikern *Paul* und *Jack Abad* auf Platz 3 der 100 wichtigsten mathematischen Sätze gewählt (vgl. auch Beispiel 1.27c)).

Satz 3.22 (Abzählbarkeit von $\mathbb{Q}$)

Die Menge $\mathbb{Q}$ der rationalen Zahlen ist abzählbar unendlich.

Beweis: Der Beweis erfolgt mit dem ersten Cantorschen Diagonalargument. Dabei werden die positiven rationalen Zahlen $\frac{p}{q}$ mit $p, q \in \mathbb{N}$ in einem zweidimensionalen Schema wie folgt angeordnet:

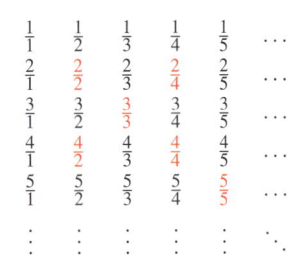

$$\begin{array}{ccccc}
\frac{1}{1} & \frac{1}{2} & \frac{1}{3} & \frac{1}{4} & \frac{1}{5} \cdots \\
\frac{2}{1} & \frac{2}{2} & \frac{2}{3} & \frac{2}{4} & \frac{2}{5} \cdots \\
\frac{3}{1} & \frac{3}{2} & \frac{3}{3} & \frac{3}{4} & \frac{3}{5} \cdots \\
\frac{4}{1} & \frac{4}{2} & \frac{4}{3} & \frac{4}{4} & \frac{4}{5} \cdots \\
\frac{5}{1} & \frac{5}{2} & \frac{5}{3} & \frac{5}{4} & \frac{5}{5} \cdots \\
\vdots & \vdots & \vdots & \vdots & \vdots \ddots
\end{array}$$

Dieses Schema wird diagonal durchlaufen (abgezählt), wobei die nicht gekürzten Brüche (in rot angegeben) übersprungen werden. Man erhält dann:

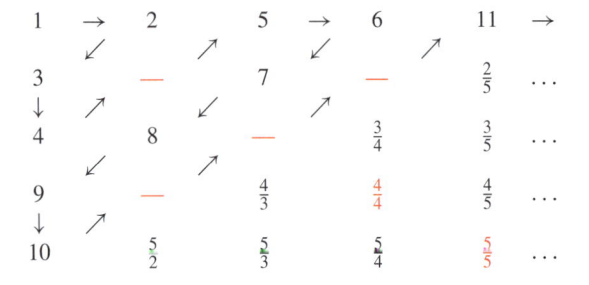

$$\begin{array}{ccccc}
1 \rightarrow & 2 & 5 \rightarrow & 6 & 11 \rightarrow \\
& \swarrow & \nearrow & \swarrow & \nearrow \\
3 & & 7 & & \frac{2}{5} \cdots \\
\downarrow & \nearrow & \swarrow & \nearrow & \\
4 & 8 & - & \frac{3}{4} & \frac{3}{5} \cdots \\
& \swarrow & \nearrow & & \\
9 & - & \frac{4}{3} & \frac{4}{4} & \frac{4}{5} \cdots \\
\downarrow & \nearrow & & & \\
10 & \frac{5}{2} & \frac{5}{3} & \frac{5}{4} & \frac{5}{5} \cdots
\end{array}$$

Auf diese Weise erhält man die folgende Abzählung der Menge der positiven rationalen Zahlen:

$$\begin{array}{ccccccccccccccccc}
1 & 2 & 3 & 4 & 5 & 6 & 7 & 8 & 9 & 10 & 11 & 12 & 13 & 14 & 15 & 16 & 17 \cdots \\
\downarrow & \downarrow & \downarrow & \downarrow & \downarrow & \downarrow & \downarrow & \downarrow & \downarrow & \downarrow & \downarrow & \downarrow & \downarrow & \downarrow & \downarrow & \downarrow & \downarrow \cdots \\
1 & \frac{1}{2} & 2 & 3 & \frac{1}{3} & \frac{1}{4} & \frac{2}{3} & \frac{3}{2} & 4 & 5 & \frac{1}{5} & \frac{1}{6} & \frac{2}{5} & \frac{3}{4} & \frac{4}{3} & \frac{5}{2} & 6 \cdots
\end{array}$$

Um die Gleichmächtigkeit von $\mathbb{Q}$ und $\mathbb{N}$ zu zeigen, erweitert man diese Abzählung der Menge der positiven rationalen Zahlen um die 0 und die negativen rationalen Zahlen. Man erhält dann:

$$\begin{array}{ccccccccccccccccc}
1 & 2 & 3 & 4 & 5 & 6 & 7 & 8 & 9 & 10 & 11 & 12 & 13 & 14 & 15 & 16 & 17 \cdots \\
\downarrow & \downarrow & \downarrow & \downarrow & \downarrow & \downarrow & \downarrow & \downarrow & \downarrow & \downarrow & \downarrow & \downarrow & \downarrow & \downarrow & \downarrow & \downarrow & \downarrow \cdots \\
0 & 1 & -1 & \frac{1}{2} & -\frac{1}{2} & 2 & -2 & 3 & -3 & \frac{1}{3} & -\frac{1}{3} & \frac{1}{4} & -\frac{1}{4} & \frac{2}{3} & -\frac{2}{3} & \frac{3}{2} & -\frac{3}{2} \cdots
\end{array}$$

Dies zeigt, dass die beiden Mengen $\mathbb{Q}$ und $\mathbb{N}$ gleichmächtig sind und somit die Menge $\mathbb{Q}$ der rationalen Zahlen abzählbar ist. ∎

Die Aussage von Satz 3.22 ist bereits mehr als verblüffend. Dennoch lässt sich dieses Resultat noch beträchtlich verstärken, da sogar jede Vereinigung höchstens abzählbar unendlich vieler Mengen, die selbst jeweils höchstens abzählbar unendlich sind, wieder höchstens abzählbar unendlich ist. Denn betrachtet man mit

$$M_1 := \{m_{11}, m_{12}, m_{13}, \ldots\},$$
$$M_2 := \{m_{21}, m_{22}, m_{23}, \ldots\},$$
$$M_3 := \{m_{31}, m_{32}, m_{33}, \ldots\}, \ldots$$

höchstens abzählbar unendlich viele Mengen, die jeweils höchstens abzählbar unendlich viele Elemente enthalten,

dann können die Elemente m_{ij} der Vereinigungsmenge

$$\bigcup_{i \geq 1} M_i$$

völlig analog zu den Elementen der Menge $\mathbb{Q}$ der rationalen Zahlen in einem solchen Schema

$$\begin{array}{ccccc}
m_{11} & m_{12} & m_{13} & m_{14} & \cdots \\
m_{21} & m_{22} & m_{23} & m_{24} & \cdots \\
m_{31} & m_{32} & m_{33} & m_{34} & \cdots \\
m_{41} & m_{42} & m_{43} & m_{44} & \cdots \\
\vdots & \vdots & \vdots & \vdots & \ddots
\end{array}$$

angeordnet und damit auch abgezählt werden (vgl. Beweis von Satz 3.22).

Diese Ergebnisse zeigen, dass eine Menge selbst dann abzählbar unendlich sein kann, wenn sich ihre Struktur sehr stark von der Menge $\mathbb{N}$ der natürlichen Zahlen unterscheidet. Diese Beobachtung könnte nun zur Vermutung verleiten, dass nicht nur alle endlichen Mengen, sondern auch alle unendlichen Mengen abgezählt werden können und es somit keine Abstufungen im Unendlichen gibt. Der folgende Satz 3.23 zeigt jedoch, dass eine solche Annahme falsch wäre.

Überabzählbarkeit von $\mathbb{R}$ und $\mathbb{I}$

Das folgende Resultat wurde 1877 von *Cantor* mit Hilfe des sogenannten **zweiten Cantorschen Diagonalarguments** bewiesen und zeigt, dass es im Unendlichen durchaus Abstufungen gibt. Denn es besagt, dass die Menge $(0, 1]$ – und damit insbesondere auch $\mathbb{R}$ – überabzählbar unendlich ist. Demnach gibt es Mengen, die nicht abgezählt werden können, weil sie zu viele Elemente enthalten. Diese bedeutende Erkenntnis belegt in der Liste der 100 wichtigsten mathematischen Sätze von *Paul* und *Jack Abad* immerhin einen respektablen 22. Platz.

Satz 3.23 (Überabzählbarkeit von $\mathbb{R}$)

Das Intervall $(0, 1]$ *und die Menge* $\mathbb{R}$ *der reellen Zahlen sind überabzählbar unendlich.*

Beweis: Der Beweis der Überabzählbarkeit von $(0, 1]$ erfolgt durch Widerspruch mit Hilfe des zweiten Cantorschen Diagonalarguments. Dabei werden die reellen Zahlen $x \in (0, 1]$ in ihrer Dezimalbruchentwicklung (vgl. Abschnitt 3.5) betrachtet und es wird angenommen, dass die Menge $(0, 1]$ abzählbar unendlich ist. Dann lassen sich alle Zahlen $x_1, x_2, x_3, \ldots$ aus $(0, 1]$

wie folgt untereinanderschreiben:

$$x_1 = 0,a_{11}a_{12}a_{13}a_{14}\ldots$$
$$x_2 = 0,a_{21}a_{22}a_{23}a_{24}\ldots$$
$$x_3 = 0,a_{31}a_{32}a_{33}a_{34}\ldots$$
$$x_4 = 0,a_{41}a_{42}a_{43}a_{44}\ldots \quad (3.32)$$
$$x_5 = \ldots$$
$$\vdots$$

Aus den Diagonalelementen a_{nn} wird nun durch

$$z_n := \begin{cases} 1 & \text{für } a_{nn} = 2 \\ 2 & \text{für } a_{nn} \neq 2 \end{cases}$$

für alle $n \in \mathbb{N}$ eine neue reelle Zahl

$$z = 0,z_1 z_2 z_3 \ldots$$

aus $(0, 1]$ konstruiert. Für die so konstruierte Zahl z gilt dann offensichtlich

$$z \neq x_n$$

für alle $n \in \mathbb{N}$. Damit unterscheidet sich die Zahl $z \in (0, 1]$ von allen Zahlen $x_1, x_2, x_3, \ldots$ in der Aufzählung (3.32) in mindestens einer Dezimalstelle. Dies stellt jedoch einen Widerspruch zu der Annahme dar, dass die Menge $(0, 1]$ abzählbar unendlich ist und die Aufzählung damit alle Zahlen $x_1, x_2, \ldots$ aus $(0, 1]$ enthält.

Da $(0, 1] \subset \mathbb{R}$ gilt, ist mit $(0, 1]$ auch die Menge $\mathbb{R}$ der reellen Zahlen überabzählbar unendlich. ∎

Eine Menge, die gleichmächtig zu der Menge $\mathbb{R}$ der reellen Zahlen ist, wird häufig als **Kontinuum** bezeichnet.

Mit Hilfe des Satzes 3.23 kann leicht gezeigt werden, dass für $a < b$ jedes offene Intervall (a, b), jedes rechts- oder linksseitig offene Intervall $(a, b]$ bzw. $[a, b)$ und auch jedes abgeschlossene Intervall $[a, b]$ überabzählbar unendlich ist. Ferner erhält man nun auch, dass die Menge $\mathbb{I}$ der irrationalen Zahlen überabzählbar unendlich und damit viel größer als die Menge $\mathbb{Q}$ der rationalen Zahlen ist:

> **Folgerung 3.24** (Überabzählbarkeit von $\mathbb{I}$)
>
> Die Menge $\mathbb{I}$ der irrationalen Zahlen ist überabzählbar unendlich.

Beweis: Angenommen die Menge $\mathbb{I}$ wäre höchstens abzählbar unendlich, dann wäre auch die Menge $\mathbb{R} = \mathbb{Q} \cup \mathbb{I}$ als Vereinigung zweier höchstens abzählbar unendlicher Mengen selbst wieder höchstens abzählbar unendlich (vgl. Ausführungen nach Satz 3.22). Dies wäre jedoch ein Widerspruch zur Aussage von Satz 3.23. Somit ist die Menge $\mathbb{I}$ der irrationalen Zahlen analog zu der Menge $\mathbb{R}$ der reellen Zahlen überabzählbar unendlich. ∎

In Satz 2.9 wurde gezeigt, dass die Potenzmenge $\mathcal{P}(M)$ einer endlichen Menge M mit n Elementen genau 2^n Elemente besitzt. Damit besitzt die Potenzmenge $\mathcal{P}(M)$ einer endlichen Menge M eine größere Mächtigkeit als die Menge M selbst.

Mit Hilfe einer Verallgemeinerung des zweiten Cantorschen Diagonalarguments kann gezeigt werden, dass dies auch für unendliche Mengen gilt. Die Potenzmenge $\mathcal{P}(M)$ einer beliebigen Menge M besitzt also stets eine größere Mächtigkeit als die Menge M. Dieses Ergebnis ist als **Satz von Cantor** bekannt und führt zur erstaunlichen Einsicht, dass – etwas journalistisch ausgedrückt – unendlich viele Abstufungen im Unendlichen, also unendlich viele verschieden große Unendlichkeiten existieren.

Nach der von *Cantor* formulierten **Kontinuumshypothese** gibt es jedoch keine überabzählbar unendliche Teilmenge der Menge $\mathbb{R}$ der reellen Zahlen, die in ihrer Mächtigkeit echt kleiner ist als die Menge der reellen Zahlen. Mit anderen Worten: Es gibt keine Menge, deren Mächtigkeit zwischen abzählbar unendlich (Mächtigkeit von $\mathbb{N}$) und überabzählbar unendlich (Mächtigkeit von $\mathbb{R}$) liegt.

In der berühmten **Liste von 23 ungelösten mathematischen Problemen**, die der bedeutende Mathematiker *David Hilbert* (1862–1943) am Internationalen Mathematikerkongress 1900 in Paris vortrug, steht die Frage, ob die Kontinuumshypothese wahr oder falsch ist, an erster Stelle. Mittlerweile ist dieses mathematische Problem jedoch gelöst worden, wenn auch in einem anderen Sinne als es *Hilbert* erwartet hatte. Denn zum einen hat der österreichisch-amerikanische Mathematiker *Kurt Gödel* (1906–1978) im Jahre 1938 bewiesen, dass die Kontinuumshypothese im Rahmen der üblichen Axiomensysteme der Mengenlehre nicht widerlegt werden kann, und auf der anderen Seite hat der US-amerikanische Mathematiker *Paul Cohen* (1934–2007) nachgewiesen, dass die Kontinuumshypothese im Rahmen der üblichen Axiomensysteme auch nicht zu beweisen ist.

D. Hilbert

Demnach kann der Kontinuumshypothese im Rahmen der Standardaxiome der Mengenlehre keiner der beiden Wahrheitswerte w oder f zugewiesen werden. Anders ausgedrückt: Sie kann – ebenso gut wie ihre Negation – als neues Axiom verwendet werden. Die Kontinuumshypothese ist damit das erste relevante Beispiel für den **Gödelschen Unvollständigkeitssatz**, welcher auf der Liste der 100 wichtigsten mathematischen Sätze von *Paul* und *Jack Abad* den 6. Platz belegt und im Wesentlichen besagt, dass es in jedem hinreichend mächtigen System (wie z. B. der Arithmetik oder der Mengenlehre) stets Aussagen gibt, die man weder beweisen noch widerlegen kann.

K. Gödel

Im Jahre 1966 erhielt *Cohen* für seine bemerkenswerte mathematische Leistung mit der **Fields-Medaille** die höchste Auszeichnung, die man als Mathematiker bekommen kann und die als gleichrangiger Ersatz für einen nicht existierenden **Nobelpreis** für Mathematik angesehen wird.

Einer historisch nicht belegten Anekdote zufolge, wurde der Stifter des Nobelpreises, der schwedische Chemiker und Erfinder *Alfred Nobel* (1833–1896), einst von seiner Verehrten zugunsten eines Mathematikprofessors zurückgewiesen, weshalb er in seiner Verbitterung darüber einen bereits geplanten Nobelpreis für Mathematik nachträglich aus seinem Testament gestrichen haben soll.

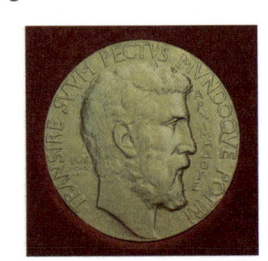

Fields-Medaille

Kapitel 4

Terme, Gleichungen und Ungleichungen

Kapitel 4 — Terme, Gleichungen und Ungleichungen

4.1 Konstanten, Parameter, Variablen und Terme

In den vorausgegangenen Kapiteln wurden bereits Symbole wie a, b, c usw. verwendet, die stellvertretend für eine beliebige, aber fest gewählte Zahl stehen. Solche Symbole werden als **Parameter** bezeichnet und unterscheiden sich von gewöhnlichen **Konstanten** wie z. B.

$$1, \pi, e, 17, \sqrt{2}, \ldots$$

dadurch, dass sie zwar auch konstante Größen sind, aber – im Rahmen gewisser Bedingungen – beliebig gewählt werden können.

Dienen dagegen Symbole, wie etwa $x, y, \ldots$ als Platzhalter für Rechengrößen wie z. B. reelle Zahlen, die nicht konstant, sondern variabel sind, dann spricht man von **Variablen** oder auch **Veränderlichen**. Genauer spricht man von einer **freien Variablen**, wenn der Wert der Variablen innerhalb eines **Definitionsbereichs** $\mathbb{D}$ frei gewählt werden kann, und von einer **abhängigen Variablen**, wenn der Wert der Variablen von den Werten einer oder mehrerer anderer Variablen abhängt. Die Menge der möglichen Werte einer abhängigen Variablen wird als **Wertebereich** $\mathbb{W}$ bezeichnet. Variablen sind bereits in den Arbeiten des bedeutenden indischen Mathematikers *Aryabhata I.* (ca. 476 – ca. 550 n. Chr.) zu finden.

Aryabhata I.

Werden Konstanten, Parameter und/oder Variablen durch algebraische Operationen, mathematische Verknüpfungen oder Klammern miteinander verbunden, wie z. B. in

$$\frac{x+y}{3y}, \quad \sqrt{x^2y+b}+\pi, \quad (a+b)^2 \quad \text{oder} \quad x^3+bx+1,$$

dann spricht man von einem (mathematischen) **Term** oder **Ausdruck**. Dabei ist bei Termen, in denen Parameter und/oder Variablen auftreten, wie z. B. a, b, x und y in den obigen Beispielen, zusätzlich anzugeben, aus welcher **Grundmenge** die Werte für die Parameter und Variablen zu wählen sind. In einem solchen Fall erhält der Term erst durch das Einsetzen von Elementen der Grundmenge einen konkreten Wert. Die Teilmenge der Grundmenge, für die der Term wohldefiniert ist, wird als **Definitionsbereich** $\mathbb{D}$ des Terms bezeichnet.

Ein Term ist somit keine Aussage, sondern ein Symbol für ein mathematisches Objekt und damit selbst weder wahr noch falsch. Ein Term kann jedoch zu einer Aussageform wie einer **Gleichung** oder **Ungleichung** zusammengefügt werden, die durch Einsetzen von Werten aus dem Definitionsbereich der auftretenden Variablen oder durch Quantifizierung in eine Aussage übergeht und damit insbesondere entweder wahr oder falsch ist (siehe hierzu auch Abschnitt 1.4).

4.2 Gleichungen

Gleichungen sind für die Mathematik von fundamentaler Bedeutung. Viele bedeutende Sätze in der Mathematik können dem Lösen oder der Gültigkeit bzw. Nichtgültigkeit von Gleichungen zugeordnet werden.

Die Bedeutung von Gleichungen ist aber auch außerhalb der Mathematik, vor allem in den Natur-, Ingenieur- und Wirtschaftswissenschaften, sehr groß. Von dem berühmten Physiker und Nobelpreisträger *Albert Einstein* (1879–1955) ist sogar das Zitat überliefert:

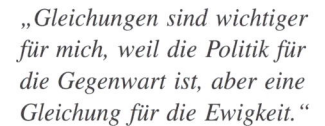

A. Einstein

„Gleichungen sind wichtiger für mich, weil die Politik für die Gegenwart ist, aber eine Gleichung für die Ewigkeit."

*Einstein*s sehr besondere Beziehung zu Gleichungen drückt sich auch darin aus, dass die wohl berühmteste Gleichung der Welt, nämlich

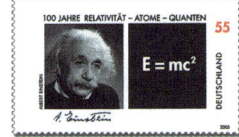

$$E = mc^2$$

A. Einstein auf einer deutschen Sonderbriefmarke

im Jahre 1905 von ihm selbst entdeckt wurde. Sie besagt, dass Energie E gleich Masse m mal Lichtgeschwindigkeit c zum Quadrat ist, und drückt damit insbesondere die Äquivalenz von Masse und Energie aus.

Allgemein entsteht eine Gleichung, wenn zwei Terme T_1 und T_2 durch ein Gleichheitszeichen „=" miteinander verbunden werden:

$$T_1 = T_2 \tag{4.1}$$

Bei der Gleichung (4.1) handelt es sich dann um eine Aussage, die entweder wahr oder falsch ist, wenn die beiden Terme T_1 und T_2 nicht von Variablen abhängen. Andernfalls handelt es sich bei (4.1) um eine Aussageform. Dies bedeutet, es ist dann von den konkret für die Variablen eingesetzten Werten oder der Quantifizierung durch einen Quantor abhängig, ob die dadurch resultierende Aussage den Wahrheitswert w oder f besitzt.

Ist eine Gleichung von einer Variablen x abhängig, dann werden die Werte der Variablen, die zum Definitionsbereich $\mathbb{D}$ der Variablen gehören und für welche die Gleichung wahr ist, als **Lösungen** der Gleichung bezeichnet. Die Menge aller Lösungen heißt entsprechend **Lösungsmenge** $\mathbb{L}$ der Gleichung. Gilt für die Lösungsmenge einer Gleichung $\mathbb{L} = \emptyset$, dann wird die Gleichung als **unerfüllbar** oder **unlösbar** über dem Definitionsbereich $\mathbb{D}$ bezeichnet. Besitzt z. B. die Variable x der Gleichung

$$x^2 = 2 \qquad (4.2)$$

den Definitionsbereich $\mathbb{D} = \mathbb{R}$, dann existieren zwei Lösungen. Die Lösungsmenge ist also zweielementig und durch

$$\mathbb{L} = \{-\sqrt{2}, \sqrt{2}\}$$

gegeben. Für den Definitionsbereich $\mathbb{D} = \mathbb{N}$ gilt hingegen $\mathbb{L} = \emptyset$. Demnach ist die Gleichung (4.2) über $\mathbb{D} = \mathbb{N}$ unlösbar.

Sind mehrere Gleichungen gegeben, dann spricht man auch von einem **Gleichungssystem**. Eine Lösung des Gleichungssystems muss alle Gleichungen simultan erfüllen. Zum Beispiel besitzt das (lineare) Gleichungssystem

$$\begin{aligned} x + y + z &= 6 \\ 2x - y - 3z &= -9 \\ -x - y + 2z &= 3 \end{aligned}$$

genau eine Lösung, nämlich $(1, 2, 3)$, weshalb die Lösungsmenge einelementig und durch

$$\mathbb{L} = \{(1, 2, 3)\}$$

gegeben ist.

Identitäts-, Bestimmungs- und Definitionsgleichung

Gleichungen können nach unterschiedlichen Gesichtspunkten klassifiziert werden. Eine häufig verwendete Einteilung erfolgt anhand des Gültigkeitsbereichs einer Gleichung. Man unterscheidet dann zwischen **Identitäts-**, **Bestimmungs-** und **Definitionsgleichung**:

a) Ist eine Gleichung über einer vorgegebenen Grundmenge **allgemeingültig**, wird sie als **Identitätsgleichung** oder **Identität** bezeichnet. Zum Beispiel ist
   - der **Satz von Pythagoras** $c^2 = a^2 + b^2$ für alle rechtwinkligen Dreiecke mit der Hypotenuse c und den Katheten a und b wahr (siehe Satz 5.3)
   - und die zweite **Binomische Formel** $(a-b)^2 = a^2 - 2ab + b^2$ für alle $a, b \in \mathbb{R}$ eine wahre Aussage (siehe (5.2)).

   Zur besseren Unterscheidung wird bei Identitätsgleichungen oftmals anstatt des Gleichheitszeichens „=" auch das **Kongruenzzeichen** „≡" verwendet.

b) Eine Gleichung, die nicht allgemeingültig ist, sondern nur für gewisse Werte aus einer vorgegebenen Grundmenge, wird als **Bestimmungsgleichung** bezeichnet. Über der Menge $\mathbb{R}$ der reellen Zahlen ist z. B.
   - die lineare Gleichung $ax = b$ mit $a, b \in \mathbb{R}$ und $a \neq 0$ nur für $x = \frac{b}{a}$ eine wahre Aussage und
   - die quadratische Gleichung $x^2 = 2$ nur für $x = \sqrt{2}$ und $x = -\sqrt{2}$ wahr.

c) Wird eine Gleichung zur Definition neuer Symbole verwendet, wird sie als **Definitionsgleichung** bezeichnet. Das zu definierende mathematische Objekt steht dann auf der linken Seite und wird durch den Ausdruck auf der rechten Seite definiert. Zur besseren Unterscheidung wird bei Definitionsgleichungen oftmals anstelle des Gleichheitszeichens „=" das Definitionszeichen „:=" verwendet oder „def" über das Gleichheitszeichen geschrieben. Zum Beispiel wird
   - durch $i^2 := -1$ die imaginäre Einheit i (vgl. (3.12)) und
   - durch $\mathbb{N} := \{1, 2, 3, 4, 5, \ldots\}$ das Symbol für die Menge der natürlichen Zahlen (vgl. Seite 6) definiert.

Analytische und numerische Lösung

Bei der Art und Weise, wie eine Bestimmungsgleichung gelöst werden kann, unterscheidet man zwischen **analytischer** und **numerischer Lösung**:

a) Man spricht von **analytischer Lösung** einer Bestimmungsgleichung, wenn die Lösungen exakt ermittelt werden können. Dabei wird versucht, mit Hilfe von **Äquivalenzumformungen** die Gleichung schrittweise in eine Gleichung mit derselben Lösungsmenge umzuformen, deren

Lösung einfach bestimmt werden kann. Zum Beispiel kann die quadratische Gleichung
$$ax^2 + bx + c = 0$$
für $a, b, c \in \mathbb{R}$ mit $a \neq 0$ stets mit Hilfe von Äquivalenzumformungen analytisch gelöst werden (siehe hierzu den Beweis von Satz 4.6).

b) In den meisten Fällen kann eine Bestimmungsgleichung nicht analytisch gelöst werden. Dies gilt z. B. für die Gleichung
$$x^7 + 2x^6 + 5x^4 + \sin(x) = \ln(x).$$
In solchen Fällen kommen dann Computer und Näherungsverfahren wie z. B. das **Regula-falsi-** oder das **Newton-Verfahren** zum Einsatz, um wenigstens näherungsweise eine **numerische Lösung** der Gleichung zu berechnen (siehe Kapitel 17).

Äquivalenzumformungen

Die Umformung einer Gleichung wird als **Äquivalenzumformung** bezeichnet, wenn sie die Lösungsmenge $\mathbb{L}$ der Gleichung nicht verändert. Äquivalenzumformungen stellen die wichtigste Methode zum analytischen Lösen von Gleichungen dar. Mit ihrer Hilfe wird versucht, eine Gleichung schrittweise in einfachere, aber **äquivalente Gleichungen** – d.h. Gleichungen mit derselben Lösungsmenge $\mathbb{L}$ – umzuformen. Das Ziel ist es dabei, eine äquivalente Gleichung zu erhalten, deren Lösungen einfacher bestimmt werden können.

Bei den folgenden Umformungen handelt es sich um Äquivalenzumformungen einer gegebenen Gleichung $T_1 = T_2$:

a) Vertauschen der Seiten:
$$T_2 = T_1$$

b) Addition und Subtraktion eines Terms A auf beiden Seiten:
$$T_1 + A = T_2 + A \quad \text{bzw.} \quad T_1 - A = T_2 - A$$

c) Multiplikation und Division mit einem Term $A \neq 0$ auf beiden Seiten:
$$T_1 \cdot A = T_2 \cdot A \quad \text{bzw.} \quad \frac{T_1}{A} = \frac{T_2}{A}$$

Die Multiplikation und Division beider Seiten einer Gleichung mit 0 stellt offensichtlich keine Äquivalenzumformung dar. Zum Beispiel besitzt die Gleichung
$$x^2 = -1$$
über der Menge $\mathbb{R}$ der reellen Zahlen die Lösungsmenge $\mathbb{L} = \emptyset$ und nach Multiplikation beider Seiten mit der Zahl 0 die Lösungsmenge $\mathbb{L} = \mathbb{R}$.

Oftmals ist es nicht so einfach zu erkennen, dass die Umformung einer Gleichung einer Multiplikation oder Division der Gleichung mit der Zahl 0 entspricht und somit keine Äquivalenzumformung darstellt. Häufig muss durch eine Fallunterscheidung sichergestellt werden, dass eine Multiplikation oder Division mit der Zahl 0 nicht stattfinden kann. Durch eine Probe am Ende der Umformungen – d. h. durch Einsetzen der resultierenden Lösungen – kann jedoch stets vermieden werden, dass Werte fälschlicherweise als Lösungen der Gleichung aufgefasst werden (siehe hierzu Beispiel 4.1).

Allgemein gilt, dass die Anwendung einer **injektiven Funktion** auf beiden Seiten einer Gleichung eine Äquivalenzumformung ist (zum Begriff der Injektivität siehe Abschnitt 6.7). Das heißt insbesondere, dass z. B.

$$\exp(T_1) = \exp(T_2)$$

sowie

$$\ln(T_1) = \ln(T_2) \qquad \text{für } T_1, T_2 > 0 \qquad \text{und}$$
$$\sqrt{T_1} = \sqrt{T_2} \qquad \text{für } T_1, T_2 \geq 0$$

Äquivalenzumformungen der Gleichung $T_1 = T_2$ darstellen.

Das Quadrieren der beiden Seiten einer Gleichung ist jedoch keine Äquivalenzumformung, da das Quadrieren über der Menge $\mathbb{R}$ der reellen Zahlen keine injektive Abbildung ist (siehe Beispiel 6.27c)). Zum Beispiel besitzt die Gleichung $x = 1$ eine reelle Lösung, die quadrierte Gleichung $x^2 = 1$ besitzt dagegen zwei reelle Lösungen: -1 und 1. Das heißt, durch das Quadrieren hat sich die Lösungsmenge verändert.

> **Beispiel 4.1** (Vorsicht bei Äquivalenzumformungen)
>
> Die Gleichung
> $$\frac{x}{x-1} = \frac{x+2}{x} + \frac{1}{x(x-1)}$$
> ist für $x = 0$ und $x = 1$ nicht definiert und besitzt daher den Definitionsbereich $\mathbb{D} = \mathbb{R} \setminus \{0, 1\}$. Multiplizieren der beiden Seiten der Gleichung mit $x(x-1)$ liefert
> $$x^2 = (x+2)(x-1) + 1$$

bzw. nach Ausmultiplizieren und Kürzen

$$x = 1.$$

Der Wert $x = 1$ ist jedoch nicht im Definitionsbereich $\mathbb{D}$ enthalten. Die Gleichung hat somit keine Lösung. Tatsächlich war die durchgeführte Umformung, nämlich die Multiplikation mit dem Term $x(x-1)$ keine Äquivalenzumformung. Denn das Produkt $x(x-1)$ ergibt für $x = 1$ den Wert 0 und die Multiplikation mit 0 ist keine Äquivalenzumformung.

4.3 Algebraische Gleichungen

Von besonders großer Bedeutung für viele Anwendungen sind sogenannte **algebraische Gleichungen**. Dabei handelt es sich um Gleichungen der Gestalt

$$a_n x^n + a_{n-1} x^{n-1} + \ldots + a_1 x + a_0 = 0 \qquad (4.3)$$

mit $a_n \neq 0$ und $n \in \mathbb{N}_0$, wobei die Parameter $a_0, a_1, \ldots, a_n$ als **Koeffizienten** und der höchste Exponent n als **Grad** der algebraischen Gleichung bezeichnet werden. Wenn die Koeffizienten nicht genauer spezifiziert sind, wird in der Regel davon ausgegangen, dass es sich bei ihnen um reelle Zahlen handelt. Algebraische Gleichungen können jedoch problemlos und völlig analog zum reellen Fall auch für komplexe Koeffizienten, d. h. Koeffizienten $a_0, a_1, \ldots, a_n \in \mathbb{C}$, betrachtet werden. Die Lösungen einer algebraischen Gleichung werden oft auch als **Wurzeln** (engl. „**roots**") der Gleichung bezeichnet.

Für $n = 1$ spricht man genauer auch von einer **linearen Gleichung** (z. B. $2x + 3 = 0$) und für $n \geq 2$ von einer **nichtlinearen Gleichung**. Wichtige Spezialfälle nichtlinearer Gleichungen ergeben sich für $n = 2$, $n = 3$ und $n = 4$. Man spricht dann von

a) **quadratischen Gleichungen**, z. B. $-3x^2 + \frac{5}{2}x - 1 = 0$,

b) **kubischen Gleichungen**, z. B. $\frac{1}{7}x^3 + x^2 + \frac{1}{3}x + \frac{1}{2} = 0$, bzw.

c) **quartischen Gleichungen**, z. B. $-5x^4 + x^3 - \frac{1}{6}x^2 + 4x + \frac{3}{7} = 0$.

Dividiert man Gleichung (4.3) durch den **Leitkoeffizienten** $a_n \neq 0$ und definiert man $b_i := \frac{a_i}{a_n}$ für $i = 0, 1, \ldots, n$, dann erhält man die sogenannte **Normalform**

$$x^n + b_{n-1} x^{n-1} + \ldots + b_1 x + b_0 = 0$$

der algebraischen Gleichung. Wird als Definitionsbereich $\mathbb{D}$ für die Variable x nur die Menge $\mathbb{R}$ der reellen Zahlen zugelassen, dann besitzt nicht jede algebraische Gleichung eine Lösung. Das einfachste Beispiel für diese Aussage ist die quadratische Gleichung

$$x^2 + 1 = 0.$$

Denn es gibt bekanntlich keine reelle Zahl x, die quadriert den Wert -1 ergibt. Dies gilt jedoch nicht für die Menge $\mathbb{C}$ der komplexen Zahlen, denn für die imaginäre Einheit $i \in \mathbb{C}$ gilt per Definition $i^2 = -1$ (vgl. (3.12)).

Weitet man daher die Suche nach den Lösungen einer algebraischen Gleichung vom Grad $n \geq 1$ auf den Zahlenbereich $\mathbb{C}$ der komplexen Zahlen aus, dann lässt sich der bedeutende **Fundamentalsatz der Algebra** beweisen. Er besagt, dass über der Menge $\mathbb{C}$ der komplexen Zahlen jede algebraische Gleichung vom Grad $n \geq 1$ genau n (nicht notwendigerweise verschiedene) Lösungen besitzt.

J. B. D'Alembert

Auf der Liste der 100 wichtigsten mathematischen Sätze von *Paul* und *Jack Abad* belegt dieses mathematische Resultat einen bemerkenswerten 2. Platz.

Der wohl erste Beweis für den Fundamentalsatz der Algebra wurde 1746 von dem französischen Mathematiker *Jean-Baptiste le Rond d'Alembert* (1717–1783) veröffentlicht. Dieser Beweis enthielt jedoch Lücken, die erst mit den Methoden der Analysis des 19. Jahrhunderts geschlossen werden konnten. Vollständig wurde der Fundamentalsatz der Algebra erstmals 1799 von dem deutschen Mathematiker *Carl Friedrich Gauß* (1777–1855) im Rahmen seiner Dissertation bewiesen. Aufgrund dieser und vieler weiterer herausragender mathematischer Leistungen wird *Gauß* von vielen als der bedeutendste Mathematiker aller Zeiten eingestuft. Dies zeigt sich z. B. darin, dass bereits im Jahre 1856 der

C. F. Gauß

König von Hannover Gedenkmünzen mit dem Bild von *Gauß* und der Inschrift „Mathematicorum Principi" (lat. für **„dem Fürsten der Mathematiker"**) prägen ließ.

> **Satz 4.2** (Fundamentalsatz der Algebra)
>
> *Über der Menge $\mathbb{C}$ der komplexen Zahlen besitzt jede algebraische Gleichung*
>
> $$a_n x^n + a_{n-1} x^{n-1} + \ldots + a_1 x + a_0 = 0$$
>
> *vom Grad $n \geq 1$ mit reellen oder komplexen Koeffizienten $a_0, a_1, \ldots, a_n$ genau n (nicht notwendigerweise verschiedene) Lösungen. Sind diese Lösungen und die zugehörigen Vielfachheiten durch $x_1, \ldots, x_r$ bzw. $k_1, \ldots, k_r$ gegeben, dann gilt $\sum_{i=1}^{r} k_i = n$ und die Gleichung besitzt die Produktdarstellung*
>
> $$a_n (x - x_1)^{k_1} (x - x_2)^{k_2} \cdot \ldots \cdot (x - x_r)^{k_r} = 0.$$

Beweis: Für einen rein analytischen Beweis dieses Satzes siehe z. B. *Storch-Wiebe* [65], Seite 260. ∎

> **Beispiel 4.3** (Fundamentalsatz der Algebra)
>
> a) Die quadratische Gleichung
>
> $$x^2 + 1 = 0 \quad (4.4)$$
>
> besitzt über der Menge $\mathbb{R}$ der reellen Zahlen keine Lösung. Dagegen existieren über der Menge $\mathbb{C}$ der komplexen Zahlen die beiden Lösungen $x_1 = i$ und $x_2 = -i$, wie sich durch Einsetzen dieser beiden Werte in die Gleichung (4.4) leicht nachweisen lässt. Gemäß dem Fundamentalsatz der Algebra gibt es keine weiteren Lösungen. Die quadratische Gleichung besitzt somit die Produktdarstellung
>
> $$(x - i)(x + i) = 0.$$
>
> b) Die quartische Gleichung
>
> $$x^4 + 1 = 0 \quad (4.5)$$
>
> besitzt über der Menge $\mathbb{R}$ der reellen Zahlen keine Lösung. Dagegen existieren über der Menge $\mathbb{C}$ der komplexen Zahlen die vier Lösungen $x_1 = \frac{1}{\sqrt{2}}(-1+i)$, $x_2 = \frac{1}{\sqrt{2}}(-1-i)$, $x_3 = \frac{1}{\sqrt{2}}(1+i)$ und $x_4 = \frac{1}{\sqrt{2}}(1-i)$,
>
> wie sich durch Einsetzen dieser Werte in die Gleichung (4.5) leicht nachweisen lässt. Mit dem Fundamentalsatz der Algebra folgt, dass darüber hinaus keine weiteren Lösungen existieren. Die quartische Gleichung besitzt somit die Produktdarstellung
>
> $$\left(x + \frac{1}{\sqrt{2}}(1-i)\right) \times \left(x + \frac{1}{\sqrt{2}}(1+i)\right) \times$$
> $$\left(x - \frac{1}{\sqrt{2}}(1+i)\right) \times \left(x - \frac{1}{\sqrt{2}}(1-i)\right) = 0.$$

Die beiden in Beispiel 4.3 betrachteten Polynome lassen vermuten, dass bei einer algebraischen Gleichung mit ausschließlich reellen Koeffizienten $a_0, a_1, \ldots, a_n$ und einer komplexen Lösung x_i auch die dazugehörige konjugierte komplexe Zahl $\overline{x}_i$ eine Lösung der Gleichung ist. Diese Vermutung wird durch den folgenden Satz bestätigt, dessen Beweis eine gute Übungsaufgabe für das Rechnen mit den Rechenregeln (3.14) für konjugierte komplexe Zahlen ist:

> **Satz 4.4** (Lösungen algebraischer Gleichungen als konjugierte Paare)
>
> *Eine komplexe Zahl x_i ist genau dann die Lösung einer algebraischen Gleichung*
>
> $$a_n x^n + a_{n-1} x^{n-1} + \ldots + a_1 x + a_0 = 0$$
>
> *mit reellen Koeffizienten $a_0, a_1, \ldots, a_n$, wenn auch $\overline{x}_i$ eine Lösung ist.*

Beweis: Nach Voraussetzung gilt $a_0, a_1, \ldots, a_n \in \mathbb{R}$. Dies impliziert $\overline{a}_j = a_j$ für $j = 0, \ldots, n$. Zusammen mit den Rechenregeln (3.14) folgt daraus

$$\begin{aligned} 0 &= \overline{a_n x_i^n + a_{n-1} x_i^{n-1} + \ldots + a_1 x_i + a_0} \\ &= \overline{a_n x_i^n} + \overline{a_{n-1} x_i^{n-1}} + \ldots + \overline{a_1 x_i} + \overline{a}_0 \\ &= a_n \overline{x}_i^n + a_{n-1} \overline{x}_i^{n-1} + \ldots + a_1 \overline{x}_i + a_0. \end{aligned}$$

Damit ist mit der komplexen Zahl x_i auch die dazugehörige konjugierte komplexe Zahl $\overline{x}_i$ eine Lösung der algebraischen Gleichung. ∎

Aus Satz 4.4 erhält man für algebraische Gleichungen mit ungeradem Grad $n \geq 1$ und reellen Koeffizienten $a_0, a_1, \ldots, a_n$ das folgende nützliche Resultat:

> **Folgerung 4.5** (Reelle Lösungen bei algebraischen Gleichungen)
>
> *Eine algebraische Gleichung mit reellen Koeffizienten $a_0, a_1, \ldots, a_n$ und ungeradem Grad $n \geq 1$ besitzt mindestens eine reelle Lösung.*

Beweis: Ist der Grad n der algebraischen Gleichung ungerade und größer gleich 1, dann existieren gemäß Satz 4.2 genau n und damit eine ungerade Anzahl von Lösungen. Da jedoch nach Satz 4.4 Lösungen nur als konjugierte komplexe Paare auftreten, muss es mindestens eine Lösung mit der Eigenschaft $x_i = \overline{x}_i$ geben, d. h. es gilt $x_i \in \mathbb{R}$. ∎

Der Fundamentalsatz der Algebra ist trotz seiner enormen Bedeutung für die gesamte Mathematik „nur" eine reine **Existenzaussage** für Lösungen algebraischer Gleichungen. Er macht also keinerlei Aussagen darüber, wie diese Lösungen ermittelt werden können. Es stellt sich somit die Frage, wie die Lösungen einer algebraischen Gleichung berechnet werden sollen.

Für algebraische Gleichungen ersten Grades, d. h. lineare Gleichungen der Form

$$ax + b = 0$$

mit $a \neq 0$, kann die einzige gemäß Satz 4.4 existierende Lösung durch

$$x = -\frac{b}{a} \qquad (4.6)$$

schnell berechnet werden. Für algebraische Gleichungen zweiten Grades, d. h. quadratische Gleichungen der Bauart

$$ax^2 + bx + c = 0$$

mit $a \neq 0$, gibt es mit der sogenannten ***a-b-c*-Formel** – häufig auch **Mitternachtsformel** genannt – ebenfalls eine sehr einfache Lösungsformel, die den meisten Studierenden aus ihrer Schulzeit wohlbekannt sein sollte. Aufgrund ihrer großen Bedeutung werden quadratische Gleichungen ausführlich in einem eigenen Abschnitt behandelt (siehe Abschnitt 4.4).

Weiter existieren noch für algebraische Gleichungen 3-ten und 4-ten Grades ähnlich aufgebaute, aber wesentlich kompliziertere Lösungsformeln. Die Formel für kubische Gleichungen wird nach ihrem Entdecker, dem italienischen Mathematiker *Gerolamo Cardano* (1501–1576), als **Cardano-Formel** bezeichnet. Wenig später gelang dann – unter seiner fachlichen Anleitung – seinem Ziehsohn, dem Mathematiker *Lodovico Ferrari* (1522–1565), die Herleitung einer Lösungsformel für algebraische Gleichungen 4-ten Grades. Diese Lösungsformeln sind jedoch so komplex, dass sie angesichts leistungsfähiger Computer heutzutage kaum noch Anwendung finden.

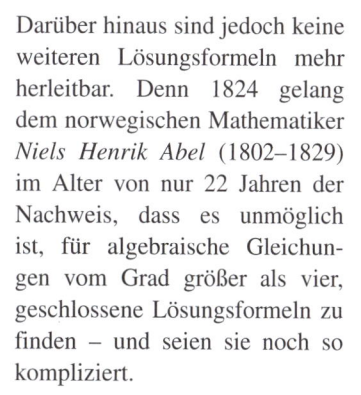

G. Cardano

Darüber hinaus sind jedoch keine weiteren Lösungsformeln mehr herleitbar. Denn 1824 gelang dem norwegischen Mathematiker *Niels Henrik Abel* (1802–1829) im Alter von nur 22 Jahren der Nachweis, dass es unmöglich ist, für algebraische Gleichungen vom Grad größer als vier, geschlossene Lösungsformeln zu finden – und seien sie noch so kompliziert.

N. H. Abel

Bedauerlicherweise war *Abel* nur ein sehr kurzes, von Krankheit und Armut geprägtes Leben vergönnt. Aus diesem Grund konnte sich trotz seiner einmaligen mathematischen Begabung der folgende Eintrag seines Mathematiklehrers *Bernt Michael Holmboe* (1795–1850) im Klassenbuch nicht vollständig bewahrheiten:

> „... dass er der größte Mathematiker der Welt werden kann, wenn er lange genug lebt ..."

Das Ergebnis von *Abel* ist auch als **Satz von Abel-Ruffini** bekannt, wobei *Paolo Ruffini* (1765–1822) ein italienischer Mathematiker war, der bereits 1799 für dasselbe Resultat einen – jedoch noch unvollständigen – Beweis angab. Auf der 1999 von *Paul* und *Jack Abad* veröffentlichten Liste der 100 wichtigsten mathematischen Sätze belegt dieses Ergebnis den 16. Platz.

Um diese mathematische Leistung und weitere herausragende Resultate von *Abel* angemessen würdigen zu können, wurde anlässlich seines 200. Geburtstages im Jahre 2002 durch die norwegische Regierung eine Stiftung zur Verleihung des sogenannten **Abelpreises** eingerichtet. Diese noch recht junge

Kapitel 4   Terme, Gleichungen und Ungleichungen

Auszeichnung gilt mittlerweile nach der Fields-Medaille (siehe Seite 68) als die bedeutendste mathematische Auszeichnung. Sie wird jährlich von der Norwegischen Akademie der Wissenschaften an Mathematiker verliehen, deren Lebenswerk einen besonders großen Einfluss auf die Entwicklung des Faches Mathematik hatte. Mit einem Preisgeld von ca. 750.000 € ist der Abelpreis darüber hinaus die höchstdotierte mathematische Auszeichnung und im Gegensatz zur Fields-Medaille gibt es keine Alterseinschränkung für die Preisträger. In dieser Hinsicht kommt der Abelpreis sogar dem Nobelpreis etwas näher als die Fields-Medaille.

P. Ruffini

Die Ergebnisse von *Abel* und *Ruffini* wurden etwas später von dem französischen Mathematiker *Évariste Galois* (1811–1832) noch einmal beträchtlich erweitert. *Galois* entdeckte, dass die Symmetrien von Lösungen algebraischer Gleichungen Aussagen über die Lösbarkeit der Gleichung erlauben. Mit seiner Entdeckung begründete *Galois* die heute nach ihm benannte **Galois-Theorie**.

É. Galois

Neben seiner großen mathematischen Begabung teilte *Galois* mit *Abel* auch das bedauernswerte Schicksal eines sehr frühen Todes. Während jedoch *Abel* wenigstens ein natürlicher Tod vergönnt war, erlag *Galois* einem Bauchschuss, den er sich im Zuge eines Pistolenduells um ein Mädchen zugezogen hatte.

Aufgrund der Komplexität der Lösungsformeln für algebraische Gleichungen 3-ten und 4-ten Grades und der Aussage des Satzes von Abel-Ruffini kommen bei der Berechnung der Lösungen algebraischer Gleichungen vom Grad größer als zwei in aller Regel **Näherungsverfahren**, wie z. B. das **Regula-falsi-** oder das **Newton-Verfahren**, zum Einsatz (siehe Kapitel 26). Mit Näherungsverfahren ist es möglich, die Lösungen algebraischer Gleichungen beliebig hohen Grades und von vielen anderen nichtlinearen Gleichungen mit hoher Genauigkeit zu approximieren.

4.4 Quadratische Gleichungen

Für viele Anwendungen sind algebraische Gleichungen vom Grad $n = 2$, d. h. **quadratische Gleichungen** der Form

$$ax^2 + bx + c = 0 \qquad (4.7)$$

mit $a \neq 0$, von besonders großer Bedeutung. Gilt $b = 0$, dann spricht man oft auch von einer **reinquadratischen Gleichung**.

Aus der Schule ist bereits wohlbekannt, dass die linke Seite der quadratischen Gleichung (4.7), d. h. $ax^2 + bx + c$, ein sogenanntes **Polynom 2. Grades** ist, dessen Schaubild als **Parabel** bezeichnet wird (zu Polynomen siehe Abschnitt 14.1). Weiter ist es Gegenstand des Schulunterrichts, dass sich die reellen Lösungen von (4.7) im **kartesischen Koordinatensystem** anschaulich als Schnittpunkte der quadratischen Parabel mit der x-Achse beschreiben lassen (vgl. Abbildung 4.1). Für den Begriff des kartesischen Koordinatensystems siehe auch Seite 119.

Wie bereits im letzten Abschnitt erwähnt, existiert zur Berechnung der Lösungen einer quadratischen Gleichung eine sehr einfache Lösungsformel. Diese Formel wird als **a-b-c-Formel** oder auch als **Mitternachtsformel** bezeichnet:

> **Satz 4.6** (a-b-c-Formel für quadratische Gleichungen)
>
> *Eine quadratische Gleichung*
> $$ax^2 + bx + c = 0$$
> *mit $a \neq 0$ und $b^2 - 4ac \geq 0$ besitzt die beiden (nicht notwendigerweise verschiedenen) reellen Lösungen*
> $$x_{1,2} = \frac{-b \pm \sqrt{b^2 - 4ac}}{2a}. \qquad (4.8)$$
> *Gilt $b^2 - 4ac < 0$, dann besitzt die quadratische Gleichung keine reellen Lösungen.*

Beweis: Mit quadratischer Ergänzung erhält man

$$0 = ax^2 + bx + c = a\left(x + \frac{b}{2a}\right)^2 - \frac{b^2}{4a} + c.$$

Daraus folgt durch Division mit $a \neq 0$

$$\left(x + \frac{b}{2a}\right)^2 = \frac{b^2}{4a^2} - \frac{c}{a} = \frac{b^2 - 4ac}{4a^2}.$$

4.4 Quadratische Gleichungen — Kapitel 4

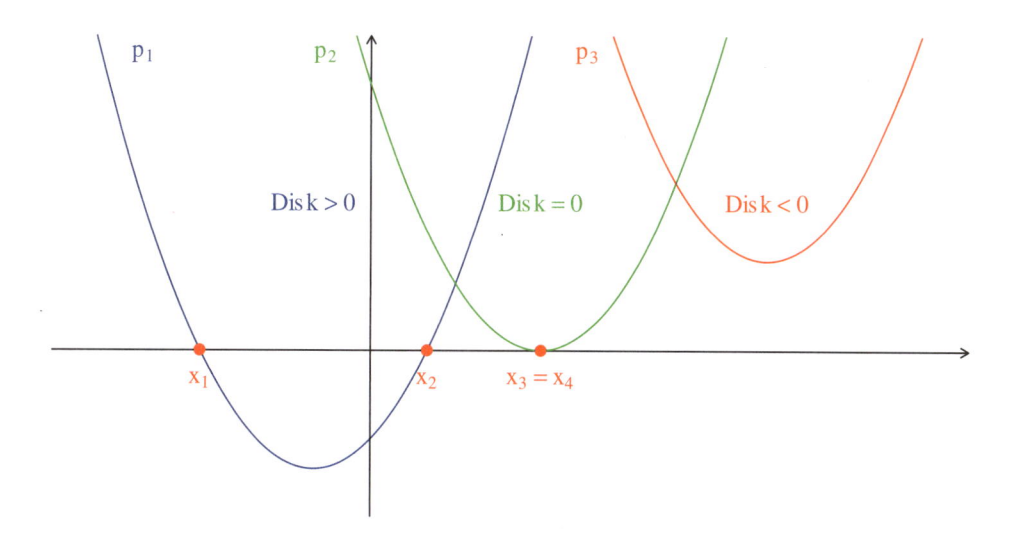

Abb. 4.1: Drei Parabeln p_1, p_2 und p_3 mit $\text{Disk}(p_1) > 0$, $\text{Disk}(p_2) = 0$ bzw. $\text{Disk}(p_3) < 0$

Dies impliziert für $b^2 - 4ac \geq 0$

$$x + \frac{b}{2a} = \pm\sqrt{\frac{b^2 - 4ac}{4a^2}} = \pm\frac{1}{2a}\sqrt{b^2 - 4ac} \quad \text{bzw.}$$

$$x_{1,2} = \frac{-b \pm \sqrt{b^2 - 4ac}}{2a}.$$

Für $b^2 - 4ac < 0$ besitzt die quadratische Gleichung offensichtlich keine reellen Lösungen. ∎

Gemäß dem obigen Satz 4.6 wird die Anzahl der reellen Lösungen durch das Vorzeichen der **Diskriminante**

$$\text{Disk} := b^2 - 4ac$$

bestimmt: Für $\text{Disk} < 0$ existiert keine reelle Lösung, für $\text{Disk} = 0$ gibt es eine (doppelte) reelle Lösung bei $x_{1,2} = -\frac{b}{2a}$ und für $\text{Disk} > 0$ existieren zwei verschiedene reelle Lösungen bei

$$x_1 = \frac{-b + \sqrt{b^2 - 4ac}}{2a} \quad \text{und} \quad x_2 = \frac{-b - \sqrt{b^2 - 4ac}}{2a}.$$

Diese drei Fälle sind in Abbildung 4.1 veranschaulicht.

Werden jedoch für eine quadratische Gleichung auch komplexe Lösungen zugelassen, dann besagt der Fundamentalsatz der Algebra (siehe Satz 4.2), dass stets genau zwei Lösungen existieren. Falls für die Diskriminante $\text{Disk} \geq 0$ gilt, lassen sich diese beiden Lösungen direkt mit der a-b-c-Formel (4.8) berechnen. Im Falle von $\text{Disk} < 0$ ist jedoch in (4.8) unter der Wurzel die Diskriminante $\text{Disk} < 0$ durch den Ausdruck $i^2\text{Disk} = -(b^2 - 4ac) > 0$ zu ersetzen. Damit sind die Lösungen gegeben durch

$$x_{1,2} = \begin{cases} \dfrac{-b \pm \sqrt{b^2 - 4ac}}{2a} & \text{für} \quad \text{Disk} \geq 0 \\ \dfrac{-b \pm i\sqrt{-(b^2 - 4ac)}}{2a} & \text{für} \quad \text{Disk} < 0 \end{cases}. \quad (4.9)$$

Ist die algebraische Gleichung in der **Normalform**

$$x^2 + px + q = 0 \quad (4.10)$$

gegeben (d. h. gilt $a = 1$, $b = p$ und $c = q$), dann erhält man für die Diskriminante den Ausdruck

$$\text{Disk} = p^2 - 4q$$

und die a-b-c-Formel (4.8) vereinfacht sich zu

$$x_{1,2} = -\frac{p}{2} \pm \frac{1}{2}\sqrt{p^2 - 4q} = -\frac{p}{2} \pm \sqrt{\left(\frac{p}{2}\right)^2 - q}. \quad (4.11)$$

Diese Formel ist als **p-q-Formel** bekannt und liefert die beiden Lösungen

$$x_{1,2} = \begin{cases} -\dfrac{p}{2} \pm \dfrac{1}{2}\sqrt{p^2 - 4q} & \text{für} \quad \text{Disk} \geq 0 \\ -\dfrac{p}{2} \pm \dfrac{i}{2}\sqrt{-(p^2 - 4q)} & \text{für} \quad \text{Disk} < 0 \end{cases}.$$

Eine beliebige quadratische Gleichung $ax^2 + bx + c = 0$ kann mit Hilfe ihrer beiden Lösungen x_1 und x_2 stets in ihre **Linearfaktoren** zerlegt werden. Man erhält dann

$$ax^2 + bx + c = a(x - x_1)(x - x_2)$$

und durch Ausmultiplizieren der rechten Seite dieser Gleichung und anschließende Multiplikation beider Seiten mit $\frac{1}{a}$ folgt daraus weiter

$$x^2 + \frac{b}{a}x + \frac{c}{a} = x^2 - (x_1 + x_2)x + x_1 x_2. \quad (4.12)$$

Ein Vergleich der Koeffizienten auf der rechten und linken Seite von (4.12) liefert den nach dem französischen Mathematiker *Franciscus Vieta* (1540–1603) benannten **Satz von Vieta**. Dieser Satz macht eine Aussage über den Zusammenhang zwischen den drei Koeffizienten einer quadratischen Gleichung und ihren beiden Lösungen. Der Satz von Vieta ist damit z. B. ein einfaches Hilfsmittel zur Kontrolle, ob zwei Werte tatsächlich die Lösungen einer quadratischen Gleichung sind oder nicht. Neben diesem Satz ist *Vieta* auch dafür bekannt, dass er als Erster konsequent Symbole für mathematische Operationen verwendete und die lateinischen Buchstaben als Variablen in die mathematische Notation einführte.

F. Vieta

Satz 4.7 (Satz von Vieta)

Sind x_1 und x_2 die beiden Lösungen der quadratischen Gleichung

$$ax^2 + bx + c = 0$$

mit $a \neq 0$, dann gilt:

$$x_1 + x_2 = -\frac{b}{a} \quad \text{und} \quad x_1 x_2 = \frac{c}{a}$$

Für eine quadratische Gleichung in Normalform vereinfacht sich dies zu

$$x_1 + x_2 = -p \quad \text{und} \quad x_1 x_2 = q.$$

Beweis: Folgt unmittelbar aus den Ausführungen vor dem Satz. ∎

Der Fundamentalsatz 4.2 besagt, dass sich eine algebraische Gleichung

$$a_n x^n + a_{n-1} x^{n-1} + \ldots + a_2 x^2 + a_1 x + a_0 = 0 \quad (4.13)$$

vom Grad $n \geq 1$ stets als Produkt von Linearfaktoren $x - x_1, \ldots, x - x_r$ darstellen lässt. Aus diesem Sachverhalt lässt sich die folgende sinnvolle Vorgehensweise für die Bestimmung der Lösungen einer algebraischen Gleichung ableiten: Ist x_1 eine bereits bekannte Lösung der Gleichung, dann kann mittels Polynomdivision (siehe Satz 14.5) eine „reduzierte" algebraische Gleichung berechnet werden, die nur noch vom Grad $n-1$ ist. Dadurch wird die Suche nach den anderen Lösungen der Ausgangsgleichung (4.13) vereinfacht, da eine Gleichung vom Grad $n-1$ in der Regel leichter zu lösen ist als eine Gleichung vom Grad n. Wenn es anschließend gelingt, eine Lösung x_2 der algebraischen Gleichung vom Grad $n-1$ zu ermitteln, dann kann durch erneute Polynomdivision eine „reduzierte" algebraische Gleichung vom Grad $n-2$ berechnet werden usw. (siehe Beispiel 4.8d)).

Beispiel 4.8 (Anwendung der *a-b-c-* und *p-q*-Formel)

a) Für die quadratische Gleichung $2x^2 + 10x + 12 = 0$ erhält man mit (4.8)

$$x_{1,2} = \frac{-10 \pm \sqrt{100 - 96}}{4} = -\frac{5}{2} \pm \frac{1}{2}.$$

Damit liegen die beiden Lösungen bei $x_1 = -2$ und $x_2 = -3$. Für die Anwendung der *p-q*-Formel (4.11) muss die Gleichung zuerst normiert werden. Dividieren beider Seiten der Gleichung durch zwei liefert $x^2 + 5x + 6 = 0$. Eine Anwendung der *p-q*-Formel liefert dann natürlich dasselbe Ergebnis:

$$x_{1,2} = -\frac{5}{2} \pm \frac{1}{2}\sqrt{25 - 24} = -\frac{5}{2} \pm \frac{1}{2}$$

Die Überprüfung der Ergebnisse mit dem Satz von Vieta ergibt $x_1 + x_2 = -5$ und $x_1 x_2 = 6$ (vgl. Abbildung 4.2, links).

b) Für die Diskriminante der quadratischen Gleichung $x^2 + 4x + 5 = 0$ gilt Disk $= 16 - 20 = -4 < 0$. Demnach besitzt die quadratische Gleichung keine reellen Lösungen. Mit der *a-b-c*-Formel (4.9) erhält man jedoch die komplexen Lösungen

$$x_{1,2} = \frac{-4 \pm i\sqrt{-(16 - 20)}}{2} = -2 \pm i.$$

Die Überprüfung der Ergebnisse mit dem Satz von Vieta ergibt $x_1 + x_2 = -4$ und $x_1 x_2 = 5$ (vgl. Abbildung 4.2, links).

c) Die quartische Gleichung $x^4 + 1 = 0$ besitzt die folgende Faktorisierung

$$(x^2 + \sqrt{2}x + 1)(x^2 - \sqrt{2}x + 1) = 0.$$

Durch Anwendung der *a-b-c*-Formel (4.9) auf die beiden Faktoren $(x^2 + \sqrt{2}x + 1)$ und $(x^2 - \sqrt{2}x + 1)$ erhält man die vier komplexen Lösungen

$$x_{1,2} = \frac{-\sqrt{2} \pm i\sqrt{2}}{2} = \frac{1}{\sqrt{2}}(-1 \pm i) \quad \text{und}$$

$$x_{3,4} = \frac{\sqrt{2} \pm i\sqrt{2})}{2} = \frac{1}{\sqrt{2}}(1 \pm i).$$

d) Die algebraische Gleichung 5-ten Grades $x^5 - 5x^4 + 17x^3 - 13x^2 = 0$ besitzt über der Menge $\mathbb{C}$ der komplexen Zahlen fünf Lösungen. Durch Ausklammern von x^2 erhält man

$$x^2(x^3 - 5x^2 + 17x - 13) = 0.$$

Daraus erhält man unmittelbar die ersten beiden Lösungen $x_1 = x_2 = 0$. Weiter liefert Probieren, dass $x_3 = 1$ eine Lösung der kubischen Gleichung $x^3 - 5x^2 + 17x - 13 = 0$ und damit insbesondere auch eine Lösung der Ausgangsgleichung ist. Eine anschließende Division von $x^3 - 5x^2 + 17x - 13$ durch den Linearfaktor $x - 1$ mittels Polynomdivision liefert

$$\begin{array}{l}
(x^3 - 5x^2 + 17x - 13) : (x - 1) = x^2 - 4x + 13 \\
\underline{-x^3 + x^2} \\
-4x^2 + 17x \\
\underline{4x^2 - 4x} \\
13x - 13 \\
\underline{-13x + 13} \\
0
\end{array}$$

Die beiden fehlenden Lösungen können somit durch Anwendung der *a-b-c*-Formel (4.9) auf die quadratische Gleichung $x^2 - 4x + 13 = 0$ berechnet werden. Man erhält dann

$$x_{4,5} = \frac{4 \pm i\sqrt{-(16 - 52)}}{2} = \frac{4 \pm 6i}{2} = 2 \pm 3i.$$

Die algebraische Gleichung besitzt somit die drei reellen Lösungen $x_1 = x_2 = 0$ und $x_3 = 1$ sowie die beiden komplexen Lösungen $x_4 = 2 + 3i$ und $x_5 = 2 - 3i$.

Es wurde bereits erwähnt, dass die linke Seite einer quadratischen Gleichung $ax^2 + bx + c = 0$ mit $a \neq 0$, d. h. $ax^2 + bx + c$, ein quadratisches Polynom ist, dessen Schaubild einer Parabel entspricht. Diese Parabel lässt sich besonders schnell in ein **kartesisches Koordinatensystem** einzeichnen, wenn ihr **Scheitel** (bzw. **Scheitelpunkt**) S bekannt ist (siehe Seite 119). Der Scheitel einer Parabel ist ihr Maximum (d. h. der höchste Punkt), falls sie nach unten geöffnet ist, was für $a < 0$ der Fall ist, bzw. ihr Minimum (d. h. der tiefste Punkt), wenn sie nach oben geöffnet ist, was für $a > 0$ der Fall ist (vgl. Abbildung 4.2, rechts).

Der Scheitel S des quadratischen Polynoms $ax^2 + bx + c$ mit $a \neq 0$ kann leicht aus der sogenannten **Scheitelpunktsform** abgelesen werden. Diese erhält man durch quadratische Ergänzung:

$$\begin{aligned}
ax^2 + bx + c &= a\left[x^2 + \frac{b}{a}x + \frac{c}{a}\right] \\
&= a\left[\left(x + \frac{b}{2a}\right)^2 - \frac{b^2}{4a^2} + \frac{c}{a}\right] \\
&= a\left(x + \frac{b}{2a}\right)^2 - \frac{b^2}{4a} + c \quad (4.14)
\end{aligned}$$

Da offensichtlich stets $\left(x + \frac{b}{2a}\right)^2 \geq 0$ gilt, ist aus der Scheitelpunktsform (4.14) ersichtlich, dass der höchste bzw. tiefste Punkt, d. h. der Scheitelpunkt S der Parabel, durch

$$S = \left(-\frac{b}{2a}, c - \frac{b^2}{4a}\right) \quad (4.15)$$

gegeben ist. Aus der Scheitelpunktsform (4.14) ist ferner ersichtlich, dass die zu $ax^2 + bx + c$ gehörige Parabel durch eine horizontale Parallelverschiebung um $-\frac{b}{2a}$ Längeneinheiten, eine vertikale Verschiebung um $c - \frac{b^2}{4a}$ Längeneinheiten und eine Streckung bzw. Spiegelung um den Faktor a aus der sogenannten **Normalparabel** des quadratischen Polynoms x^2 hervorgeht.

Für eine wirtschaftswissenschaftliche Anwendung von (4.15) siehe Beispiel 14.11.

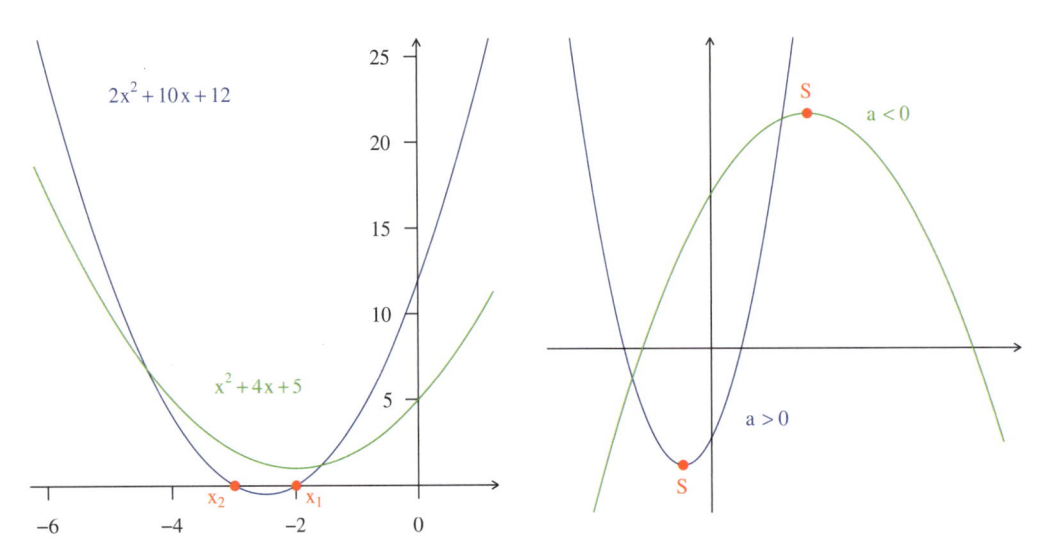

Abb. 4.2: Parabeln $2x^2 + 10x + 12$ und $x^2 + 4x + 5$ (links) und eine nach unten bzw. nach oben geöffnete Parabel mit ihrem jeweiligen Scheitelpunkt S (rechts)

4.5 Ungleichungen

Werden zwei Terme T_1 und T_2 durch ein Ungleichheitszeichen „$\neq, <, \leq, >$" oder „$\geq$" miteinander verbunden, dann erhält man eine **Ungleichung** der Form

$$T_1 \neq T_2, \quad T_1 < T_2, \quad T_1 \leq T_2, \quad T_1 > T_2 \quad \text{oder}$$
$$T_1 \geq T_2. \tag{4.16}$$

Diese Symbole bedeuten bekanntlich:

$T_1 \neq T_2$: T_1 ist ungleich T_2
$T_1 < T_2$: T_1 ist kleiner als T_2
$T_1 \leq T_2$: T_1 ist kleiner oder gleich T_2
$T_1 > T_2$: T_1 ist größer als T_2
$T_1 \geq T_2$: T_1 ist größer oder gleich T_2

Bei „$<$" und „$>$" spricht man von einer **strikten (strengen) Ungleichung** und bei „$\leq$" und „$\geq$" spricht man von einer **schwachen Ungleichung**. Zwei (sich nicht widersprechende) Ungleichungen werden oftmals zu einer **Doppelungleichung** zusammengefasst. Zum Beispiel gilt (vgl. auch Abschnitt 3.3):

$T_1 \leq T_2$ und $T_2 < T_3$ $\iff$ $T_1 \leq T_2 < T_3$

Analog zu einer Gleichung (4.1) handelt es sich auch bei einer Ungleichung um eine Aussage, die entweder wahr oder falsch ist, wenn die beiden Terme T_1 und T_2 nicht von Variablen abhängen. Andernfalls handelt es sich bei den Ungleichungen (4.16) um Aussageformen. Dies bedeutet, dass es dann von den konkret für die Variablen eingesetzten Werten oder der Quantifizierung durch einen Quantor abhängig ist, ob die dadurch resultierende Aussage den Wahrheitswert w oder f besitzt.

Ist eine Ungleichung von einer Variablen x abhängig, dann werden die Werte der Variablen, die zum Definitionsbereich $\mathbb{D}$ der Variablen gehören und für welche die Ungleichung wahr ist, als **Lösungen** der Ungleichung bezeichnet. Die Menge aller Lösungen heißt wiederum Lösungsmenge $\mathbb{L}$ der Ungleichung. Ist die Lösungsmenge $\mathbb{L}$ einer Ungleichung leer, d. h. gilt $\mathbb{L} = \emptyset$, dann wird die Ungleichung als **unerfüllbar** oder **unlösbar** über dem Definitionsbereich $\mathbb{D}$ bezeichnet.

Besitzt z. B. die Variable x in der Ungleichung

$$|x| < 1 \tag{4.17}$$

den Definitionsbereich $\mathbb{D} = \mathbb{R}$, dann existieren unendlich – genauer überabzählbar – viele Lösungen. Die Lösungsmenge ist dann gegeben durch das offene Intervall

$$\mathbb{L} = (-1, 1).$$

Für den Definitionsbereich $\mathbb{D} = \mathbb{N}$ gilt dagegen $\mathbb{L} = \emptyset$. Damit ist die Ungleichung (4.17) über $\mathbb{D} = \mathbb{N}$ unlösbar.

Sind mehrere Ungleichungen gegeben, dann spricht man auch von einem **Ungleichungssystem**, wobei eine Lösung des

Ungleichungssystems alle Ungleichungen simultan erfüllen muss. Zum Beispiel besitzt das einfache (lineare) Ungleichungssystem

$$1 - x \leq y$$
$$x \geq y$$
$$x \leq 1$$

unendlich viele Lösungen, nämlich alle Zahlenpaare (x, y) mit $\frac{1}{2} \leq x \leq 1$ und $1 - x \leq y \leq x$. Das heißt, die Lösungsmenge ist gegeben durch (vgl. Abbildung 4.3)

$$\mathbb{L} = \left\{ (x, y) : x \in \left[\frac{1}{2}, 1\right] \text{ und } y \in [1 - x, x] \right\}.$$

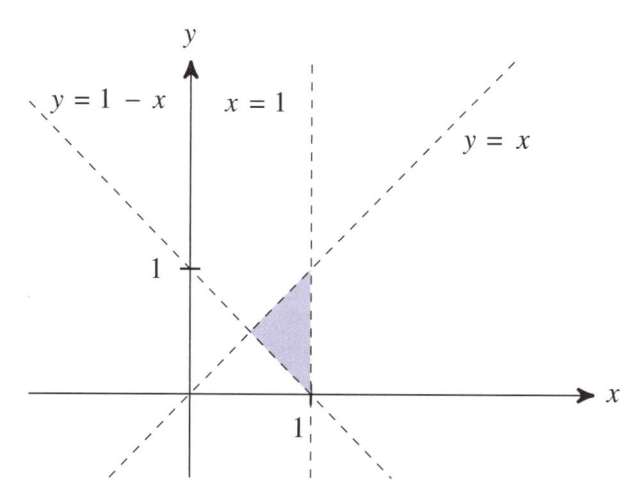

Abb. 4.3: Veranschaulichung der Lösungsmenge $\mathbb{L} = \{(x, y) : x \in [1/2, 1] \text{ und } y \in [1 - x, x]\}$

Ungleichungen und Ungleichungssysteme treten oftmals in Form von Definitionsbereichen oder als Nebenbedingungen bei der **Optimierung** von Zielfunktionen auf (vgl. z. B. Kapitel 25). Häufig werden Ungleichungen auch benutzt, um Größen, die nicht oder nur schwer exakt berechnet werden können, einzugrenzen.

Besonders bedeutende Ungleichungen sind z. B.:

- **Cauchy-Schwarzsche Ungleichung**

$$\left(\sum_{i=1}^{n} x_i y_i \right)^2 \leq \sum_{i=1}^{n} x_i^2 \sum_{i=1}^{n} y_i^2$$

für beliebige $x_1, \ldots, x_n$, $y_1, \ldots, y_n \in \mathbb{R}$ (siehe Satz 7.9).

H. A. Schwarz

- **Ungleichung von Bernoulli**

$$(1 + x)^n \geq 1 + nx$$

für alle $n \in \mathbb{N}$ und $x \geq -1$ (vgl. (1.22)).

- **Dreiecksungleichung**

$$\sqrt{\sum_{i=1}^{n}(x_i + y_i)^2} \leq \sqrt{\sum_{i=1}^{n} x_i^2} + \sqrt{\sum_{i=1}^{n} y_i^2}$$

für beliebige $x_1, \ldots, x_n$, $y_1, \ldots, y_n \in \mathbb{R}$ (siehe Satz 7.11d)).

Analytische und numerische Lösung

Analog zu Gleichungen unterscheidet man auch bei der Lösung von Ungleichungen zwischen analytischer und numerischer Lösung:

a) Man spricht von **analytischer Lösung** einer Ungleichung, wenn die Lösungen einer Ungleichung exakt ermittelt werden können. Dabei wird versucht, mit Hilfe von **Äquivalenzumformungen** die Ungleichung schrittweise in eine Ungleichung mit derselben Lösungsmenge umzuformen, deren Lösung einfach bestimmt werden kann. Bei der analytischen Lösung einer Ungleichung muss oftmals eine Fallunterscheidung durchgeführt werden. Die analytische Lösung einer Ungleichung ist daher oftmals schwieriger als die Lösung einer Gleichung. Zum Beispiel kann die Ungleichung

$$|x - 1| \leq |2x + 5|$$

mit Hilfe einer Fallunterscheidung und Äquivalenzumformungen analytisch gelöst werden (siehe Beispiel 4.9b)).

b) Häufig kann eine Ungleichung nicht analytisch gelöst werden. In solchen Fällen kommen dann Computer und Näherungsverfahren zum Einsatz, um wenigstens näherungsweise eine **numerische Lösung** der Ungleichung zu berechnen.

Äquivalenzumformungen

Analog zu Gleichungen ist es auch bei Ungleichungen möglich, diese in äquivalente Ungleichungen, d. h. Ungleichungen mit derselben Lösungsmenge $\mathbb{L}$, umzuformen. Solche **Äquivalenzumformungen** stellen die wichtigste Methode zum analytischen Lösen von Ungleichungen dar.

Bei den folgenden Umformungen handelt es sich offensichtlich um Äquivalenzumformungen einer gegebenen Ungleichung $T_1 < T_2$. Diese Regeln gelten analog auch für Ungleichungen der Form $T_1 > T_2$, $T_1 \leq T_2$, $T_1 \geq T_2$ und $T_1 \neq T_2$:

a) Simultanes Vertauschen der Seiten und des Ungleichungssymbols:
$$T_2 > T_1$$

b) Addition und Subtraktion eines Terms A auf beiden Seiten:
$$T_1 + A < T_2 + A \quad \text{bzw.} \quad T_1 - A < T_2 - A$$

c) Multiplikation und Division mit einem Term $A > 0$ auf beiden Seiten:
$$T_1 \cdot A < T_2 \cdot A \quad \text{bzw.} \quad \frac{T_1}{A} < \frac{T_2}{A}$$

d) Multiplikation und Division mit einem Term $A < 0$ auf beiden Seiten:
$$T_1 \cdot A > T_2 \cdot A \quad \text{bzw.} \quad \frac{T_1}{A} > \frac{T_2}{A}$$

Bei der Multiplikation und Division einer Ungleichung mit einem negativen Term muss demnach das Ungleichheitszeichen umgekehrt werden. Die Multiplikation beider Seiten einer Ungleichung mit 0 stellt offensichtlich keine Äquivalenzumformung dar. Zum Beispiel besitzt die Ungleichung
$$x > 0$$
über der Menge $\mathbb{R}$ der reellen Zahlen die Lösungsmenge $\mathbb{L} = (0, \infty)$. Nach Multiplikation beider Seiten mit der Zahl 0 erhält man jedoch die falsche Aussage $0 > 0$.

Allgemein gilt, dass die Anwendung einer **streng monoton wachsenden Funktion** auf beiden Seiten einer Ungleichung eine Äquivalenzumformung darstellt (zum Begriff der streng monoton wachsenden Funktion siehe Definition 13.7). Das heißt insbesondere, dass z. B.
$$\exp(T_1) < \exp(T_2)$$
sowie
$$\ln(T_1) < \ln(T_2) \quad \text{für } 0 < T_1 < T_2 \quad \text{und}$$
$$\sqrt{T_1} < \sqrt{T_2} \quad \text{für } 0 \leq T_1 < T_2$$
Äquivalenzumformungen der Ungleichung $T_1 < T_2$ sind. Dagegen muss bei der Anwendung einer **streng monoton fallenden Funktion** auf beiden Seiten einer Ungleichung das Ungleichheitszeichen umgekehrt werden. Damit gilt
$$\exp(-T_1) > \exp(-T_2).$$

Das folgende Beispiel zeigt, wie die Lösungsmenge einer Ungleichung durch eine **Fallunterscheidung** bestimmt werden kann. Taucht in einer Ungleichung der Betrag einer Variablen auf, wie in Beispiel 4.9b) und c), dann muss zur Bestimmung der Lösungsmenge der Betrag ebenfalls durch eine Fallunterscheidung aufgelöst werden:

Beispiel 4.9 (Äquivalenzumformungen bei Ungleichungen)

a) Gegeben sei die Ungleichung
$$\frac{9x+2}{2-3x} \geq -5. \quad (4.18)$$

Zur Bestimmung ihrer Lösungsmenge wird die Ungleichung (4.18) mit $2 - 3x$ multipliziert. Dabei sind zwei Fälle zu unterscheiden:

Fall 1: Es sei $2 - 3x > 0$ bzw. $x < \frac{2}{3}$. Dann folgt für die Ungleichung $9x + 2 \geq -5(2 - 3x)$ bzw. $x \leq 2$. Das heißt, die Ungleichung (4.18) ist für alle $x < \frac{2}{3}$ erfüllt.

Fall 2: Es sei $2 - 3x < 0$ bzw. $x > \frac{2}{3}$. Dann folgt für die Ungleichung $9x + 2 \leq -5(2 - 3x)$ bzw. $x \geq 2$. Das heißt, die Ungleichung (4.18) ist für alle $x \geq 2$ erfüllt.

Insgesamt ist die Lösungsmenge somit gegeben durch
$$\mathbb{L} = \left\{ x \in \mathbb{R} : x < \frac{2}{3} \text{ oder } x \geq 2 \right\}.$$

b) Gegeben sei die Ungleichung
$$|x - 1| \leq |2x + 5|. \quad (4.19)$$

Zur Bestimmung der Lösungsmenge dieser Ungleichung wird eine Fallunterscheidung durchgeführt:

Fall 1: Es sei $x \geq 1$. Dann gilt $x - 1 \leq 2x + 5$ bzw. $x \geq -6$. Das heißt, die Ungleichung (4.19) ist für alle $x \geq 1$ erfüllt.

Fall 2: Es sei $-\frac{5}{2} \leq x < 1$. Dann gilt $-(x - 1) \leq 2x + 5$ bzw. $x \geq -\frac{4}{3}$. Das heißt, die Ungleichung (4.19) ist für alle $-\frac{4}{3} \leq x < 1$ erfüllt.

Fall 3: Es sei $x < -\frac{5}{2}$. Dann gilt $-(x-1) \leq -(2x+5)$ bzw. $x \leq -6$. Das heißt, die Ungleichung (4.19) ist für alle $x \leq -6$ erfüllt.

Insgesamt ist die Lösungsmenge somit gegeben durch

$$\mathbb{L} = \left\{ x \in \mathbb{R} : x \leq -6 \text{ oder } x \geq -\frac{4}{3} \right\}.$$

c) Gegeben sei die Ungleichung

$$5|x - 3| + 2x - |2x + 4| < 16. \quad (4.20)$$

Zur Bestimmung der Lösungsmenge dieser Ungleichung wird eine Fallunterscheidung durchgeführt:

Fall 1: Es sei $x \geq 3$. Dann gilt $5(x - 3) + 2x - (2x + 4) < 16$ bzw. $x < 7$. Das heißt, die Ungleichung (4.20) ist für alle $3 \leq x < 7$ erfüllt.

Fall 2: Es sei $-2 \leq x < 3$. Dann gilt $-5(x - 3) + 2x - (2x + 4) < 16$ bzw. $x > -1$. Das heißt, die Ungleichung (4.20) ist für alle $-1 < x < 3$ erfüllt.

Fall 3: Es sei $x < -2$. Dann gilt $-5(x - 3) + 2x + (2x + 4) < 16$ bzw. $x > 3$. Das heißt, die Ungleichung (4.20) ist für $x < -2$ nie erfüllt.

Insgesamt ist die Lösungsmenge somit gegeben durch

$$\mathbb{L} = \{ x \in \mathbb{R} : -1 < x < 7 \}.$$

4.6 Indizierung, Summen und Produkte

Indizierung

In den Wirtschaftswissenschaften wird man häufig mit Problemstellungen konfrontiert, deren mathematische Beschreibung eine Vielzahl von Parametern und Variablen erfordert. Es kommt daher relativ oft vor, dass die lateinischen und/oder griechischen Buchstaben bei weitem nicht ausreichen, um alle vorkommenden Parameter und Variablen eindeutig zu bezeichnen. In einem solchen Fall verwendet man dann **indizierte Symbole**

$$a_1, a_2, a_3, \ldots, b_1, b_2, b_3, \ldots$$

Dabei wird die dem Symbol a_i bzw. b_i tiefer gestellte Zahl $i = 1, 2, 3, \ldots$ als **Index** und die Menge der möglichen Werte des Index i als **Indexmenge** bezeichnet. Häufig verwendet man für den Index anstelle des Buchstaben i auch die Buchstaben j, k, l, m und n. Wenn der Index mit dem Buchstaben i bezeichnet wird, muss darauf geachtet werden, dass er nicht mit der imaginären Einheit aus der Menge $\mathbb{C}$ der komplexen Zahlen verwechselt werden kann, die ebenfalls mit dem Buchstaben i bezeichnet wird (vgl. (3.12)).

Die Indexmenge kann endlich oder unendlich sein. Häufig verwendete Indexmengen sind z.B. $\{1, 2, \ldots, n\}$, $\{0, 1, 2, \ldots, n\}$, $\{-m, \ldots, -1, 0, 1, 2, \ldots, n\}$, $\mathbb{N}, \mathbb{N}_0$ und $\mathbb{Z}$. Ein Index dient zur eindeutigen Bezeichnung oder Nummerierung mathematischer Objekte wie Parameter, Variablen usw.

Je nach Fragestellung kann es auch zweckmäßig sein, **Doppelindizes** a_{ij}, **Dreifachindizes** a_{ijk} usw. zu verwenden. Bei der Verwendung von Doppelindizes ist es im Allgemeinen üblich, dass bei einer schematischen Darstellung der indizierten Objekte a_{ij} in einer Tabelle der erste Index die Zeile und der zweite Index die Spalte angibt, in welcher das Objekt in der Tabelle zu finden ist (vgl. hierzu das Beispiel 4.10).

Beispiel 4.10 (Doppelindizes in der Produktionsplanung)

Betrachtet wird ein Unternehmen, das n Produkte $P_1, P_2, \ldots, P_n$ mit Hilfe von m Produktionsfaktoren $F_1, F_2, \ldots, F_m$ produziert. Die Produktionskoeffizienten a_{ij} mit den Doppelindizes i und j in der untenstehenden Tabelle geben dann an, wieviel Einheiten vom Produktionsfaktor F_i zur Produktion einer Einheit des Produkts P_j benötigt werden:

	P_1	P_2	$\ldots$	P_n
F_1	a_{11}	a_{12}	$\ldots$	a_{1n}
F_2	a_{21}	a_{22}	$\ldots$	a_{2n}
$\vdots$	$\vdots$	$\vdots$	$\ddots$	$\vdots$
F_m	a_{m1}	a_{m2}	$\ldots$	a_{mn}

Summen

Zur vereinfachten Darstellung von Summen mit vielen Summanden wird das **Summenzeichen** $\sum$ (d.h. der griechische Großbuchstabe Sigma) verwendet. Man definiert

$$\sum_{i=m}^{n} a_i := \begin{cases} a_m + a_{m+1} + \ldots + a_{n-1} + a_n & \text{für } n \geq m \\ 0 & \text{für } n < m \end{cases}.$$

Das Summenzeichen $\sum$ ist somit ein Wiederholungszeichen für die fortgesetzte Addition. Dabei werden die folgenden Bezeichnungen verwendet:

obere Summationsgrenze

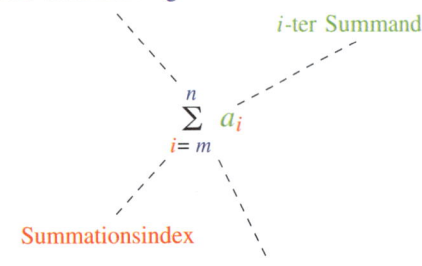

i-ter Summand

$$\sum_{i=m}^{n} a_i$$

Summationsindex

untere Summationsgrenze

Bei einer Summe $\sum_{i=m}^{n} a_i$ durchläuft der Summationsindex i eine Teilmenge der Menge $\mathbb{Z}$ der ganzen Zahlen. Wird für den Summationsindex ein anderer Buchstabe als i verwendet, wie z. B. j, k, l, m oder n, dann verändert sich dadurch der Wert der Summe nicht. Das heißt, es gilt

$$\sum_{i=m}^{n} a_i = \sum_{j=m}^{n} a_j = \sum_{k=m}^{n} a_k.$$

Wenn aus dem Zusammenhang klar hervorgeht, innerhalb welcher Summationsgrenzen und über welchen Index summiert werden soll, wird oftmals auf die Angabe der Summationsgrenzen und des Summationsindexes verzichtet:

$$\sum_{i=m}^{n} a_i = \sum_{i} a_i = \sum a_i$$

Die untere Summationsgrenze ist oftmals $m = 1$ oder $m = 0$. Gilt $m = -\infty$ und/oder $n = \infty$ dann besitzt die Summe $\sum_{i=m}^{n} a_i$ unendlich viele Summanden und man spricht dann nicht mehr von einer Summe, sondern von einer (**unendlichen**) **Reihe** (vgl. Definition 12.1).

Aus den Rechenregeln für die Addition und Subtraktion reeller Zahlen lassen sich leicht die folgenden **Rechenregeln** für das Rechnen mit Summen herleiten:

a) $\sum_{i=m}^{n} a = \underbrace{a + a + \ldots + a}_{(n-m+1)\text{-mal}} = (n - m + 1) \cdot a$

b) $\sum_{i=m}^{n} c a_i = c \cdot \sum_{i=m}^{n} a_i$

c) $\sum_{i=m}^{n} (a_i + b_i) = \sum_{i=m}^{n} a_i + \sum_{i=m}^{n} b_i$

d) $\sum_{i=m}^{n} (a_i - b_i) = \sum_{i=m}^{n} a_i - \sum_{i=m}^{n} b_i$

e) $\sum_{i=m}^{n} a_i = \sum_{i=m}^{r} a_i + \sum_{i=r+1}^{n} a_i$, falls $r \in \mathbb{Z}$ und $m \leq r \leq n$

f) $\sum_{i=m}^{n} a_i = \sum_{i=m+r}^{n+r} a_{i-r}$

Zu beachten ist jedoch, dass im Allgemeinen

$$\sum_{i=m}^{n} a_i b_i \neq \sum_{i=m}^{n} a_i \cdot \sum_{i=m}^{n} b_i$$

gilt, wie bereits das folgende einfache Beispiel zeigt:

$$\sum_{i=1}^{2} a_i \cdot \sum_{i=1}^{2} b_i = (a_1 + a_2) \cdot (b_1 + b_2)$$
$$= a_1 b_1 + a_1 b_2 + a_2 b_1 + a_2 b_2$$
$$\neq a_1 b_1 + a_2 b_2 = \sum_{i=1}^{2} a_i b_i$$

Beispiel 4.11 (Rechnen mit Summen)

a) $\sum_{i=7}^{10} u_i = u_7 + u_8 + u_9 + u_{10}$

b) $\sum_{k=6}^{4} a_k = 0$

c) $\sum_{j=6}^{10} a = a + a + a + a + a = 5a$

d) $\sum_{l=1}^{5} l^2 = \sum_{l=0}^{4} (l+1)^2 = 1^2 + 2^2 + 3^2 + 4^2 + 5^2 = 55$

e) $\sum_{i=0}^{n} 7x^i = 7 \sum_{i=0}^{n} x^i = 7(x^0 + x^1 + \ldots + x^n)$

f) $\sum_{i=1}^{4} \frac{(-1)^i a_i}{i} = -\frac{a_1}{1} + \frac{a_2}{2} - \frac{a_3}{3} + \frac{a_4}{4}$

4.6 Indizierung, Summen und Produkte — Kapitel 4

g) $\sum_{j=-2}^{3} j \sum_{j=-2}^{3} j = (-2 - 1 + 0 + 1 + 2 + 3)$
$\qquad\qquad\qquad (-2 - 1 + 0 + 1 + 2 + 3) = 9$

h) $\sum_{k=2}^{7}(2^{k-2} + 5k - 4) = \sum_{k=2}^{7} 2^{k-2} + \sum_{k=2}^{7} 5k - \sum_{k=2}^{7} 4$
$\qquad\qquad\qquad = \sum_{k=0}^{5} 2^{k} + 5\sum_{k=2}^{7} k - 24$

i) $\sum_{i=-1}^{4} 3i^2 + \sum_{j=2}^{10} 3(j+3)^2 = 3\sum_{i=-1}^{4} i^2 + 3\sum_{i=5}^{13} i^2$
$\qquad\qquad\qquad = 3\sum_{i=-1}^{13} i^2$

Für **doppelindizierte** Summanden a_{ij} mit $i = m, \ldots, n$, $j = k, \ldots, l$, $n \geq m$ und $l \geq k$ gilt entsprechend:

$$\sum_{i=m}^{n} a_{ij} = a_{mj} + \ldots + a_{nj} \qquad \text{für } j = k, \ldots, l$$

$$\sum_{j=k}^{l} a_{ij} = a_{ik} + \ldots + a_{il} \qquad \text{für } i = m, \ldots, n$$

Die Summe über zwei Indizes wird als **Doppelsumme** bezeichnet und ist definiert durch

$$\sum_{i=m}^{n} \sum_{j=k}^{l} a_{ij} :=$$

$$\begin{cases} a_{mk} + \ldots + a_{ml} + \ldots + a_{nk} + \ldots + a_{nl} & \text{für } n \geq m \text{ und } l \geq k \\ 0 & \text{für } n < m \text{ oder } l < k \end{cases}.$$

Da eine Umordnung der endlich vielen Summanden a_{ij} den Wert der Doppelsumme nicht verändert, gilt offensichtlich

$$\sum_{i=m}^{n} \sum_{j=k}^{l} a_{ij} = \sum_{j=k}^{l} \sum_{i=m}^{n} a_{ij}.$$

Die Reihenfolge der Summation ist somit vertauschbar. Das heißt, ob man zuerst über den Index i oder j und dann anschließend über den Index j bzw. i summiert, hat keine Auswirkung auf den Wert der Doppelsumme. Sind die Summationsgrenzen identisch, so schreibt man für eine Doppelsumme auch

$$\sum_{i,j=m}^{n} a_{ij} = \sum_{i=m}^{n} \sum_{j=m}^{n} a_{ij}.$$

Doppelsummen können häufig mit Hilfe der Rechenregeln für Summen vereinfacht, d. h. zusammengefasst, werden. Dabei wird der Index der äußeren Summe als konstant betrachtet und die innere Summe wird mit Hilfe der Rechenregeln für Summen vereinfacht (siehe Beispiel 4.12a)).

In Analogie zu Doppelsummen kann man auch **Mehrfachsummen** betrachten, wenn man Summanden über drei oder mehr Indizes aufsummiert.

Beispiel 4.12 (Rechnen mit Doppelsummen)

a) Für die Doppelsumme $\sum_{i=1}^{4} \sum_{j=3}^{6} (ji^2 - 4j + 2i)$ erhält man mit den Rechenregeln für Summen:

$$\sum_{i=1}^{4} \sum_{j=3}^{6} (ji^2 - 4j + 2i)$$

$$= \sum_{i=1}^{4} \left(\sum_{j=3}^{6} (j(i^2 - 4) + 2i) \right)$$

$$= \sum_{i=1}^{4} \left((i^2 - 4) \sum_{j=3}^{6} j + 2 \sum_{j=3}^{6} i \right)$$

$$= \sum_{i=1}^{4} \left((i^2 - 4)(3 + 4 + 5 + 6) + 2(i + i + i + i) \right)$$

$$= \sum_{i=1}^{4} \left(18(i^2 - 4) + 8i \right)$$

$$= 18 \sum_{i=1}^{4} (i^2 - 4) + 8 \sum_{i=1}^{4} i$$

$$= 18(-3 + 0 + 5 + 12) + 8(1 + 2 + 3 + 4)$$

$$= 332$$

b) Es wird die Situation aus Beispiel 4.10 betrachtet. Zusätzlich sei nun durch x_j für $j = 1, 2, \ldots, n$ die Anzahl der verkauften Einheiten von Produkt P_j und durch p_i für $i = 1, \ldots, m$ der Beschaffungspreis des i-ten Produktionsfaktors F_i gegeben. Die Gesamtproduktionskosten K betragen dann:

$$K = a_{11}x_1p_1 + a_{12}x_2p_1 + \ldots + a_{1n}x_np_1$$
$$ + a_{21}x_1p_2 + a_{22}x_2p_2 + \ldots + a_{2n}x_np_2$$
$$ \ddots$$
$$ + a_{m1}x_1p_m + a_{m2}x_2p_m + \ldots + a_{mn}x_np_m$$
$$= \sum_{i=1}^{m} (a_{i1}x_1p_i + a_{i2}x_2p_i + \ldots + a_{in}x_np_i)$$
$$= \sum_{i=1}^{m} \sum_{j=1}^{n} a_{ij}x_jp_i$$

Produkte

Analog zu Summen wird zur vereinfachten Darstellung von Produkten mit vielen Faktoren das **Produktzeichen** $\prod$ (d. h. der griechische Großbuchstabe Pi) verwendet. Man definiert

$$\prod_{i=m}^{n} a_i := \begin{cases} a_m \cdot a_{m+1} \cdot \ldots \cdot a_{n-1} \cdot a_n & \text{für } n \geq m \\ 1 & \text{für } n < m \end{cases}.$$

Das Produktzeichen $\prod$ ist ein Wiederholungszeichen für die fortgesetzte Multiplikation. Dabei werden die folgenden Bezeichnungen verwendet:

obere Multiplikationsgrenze

i-ter Faktor

$$\prod_{i=m}^{n} a_i$$

Multiplikationsindex

untere Multiplikationsgrenze

Die Aussagen bezüglich der Bezeichnung des Summationsindex, der Summationsgrenzen und der Umordnung von Summanden gelten in analoger Weise auch für Produkte.

Da das spezielle Produkt $\prod_{i=1}^{n} i$ für $n \in \mathbb{N}_0$ sehr häufig in der Kombinatorik benötigt wird, wurde hierfür ein eigenes Symbol

$$n! := \prod_{i=1}^{n} i = \begin{cases} 1 \cdot 2 \cdot \ldots \cdot n & \text{für } n \in \mathbb{N} \\ 1 & \text{für } n = 0 \end{cases} \qquad (4.21)$$

eingeführt, welches als ***n* Fakultät** bezeichnet wird (siehe Abschnitte 5.2 und 5.4). Offensichtlich gilt

$$(n+1)! = n!(n+1).$$

Aus den Rechenregeln für die Multiplikation reeller Zahlen lassen sich leicht die folgenden Rechenregeln für das Rechnen mit Produkten herleiten:

a) $\prod_{i=m}^{n} a = \underbrace{a \cdot a \cdot \ldots \cdot a}_{(n-m+1)\text{-mal}} = a^{n-m+1}$

b) $\prod_{i=m}^{n} c a_i = c^{n-m+1} \prod_{i=m}^{n} a_i$

c) $\prod_{i=m}^{n} (a_i b_i) = \left(\prod_{i=m}^{n} a_i\right)\left(\prod_{i=m}^{n} b_i\right)$

d) $\prod_{i=m}^{n} \frac{a_i}{b_i} = \left(\prod_{i=m}^{n} a_i\right) \Big/ \left(\prod_{i=m}^{n} b_i\right)$, falls $b_i \neq 0$ für $i = m, \ldots, n$

e) $\prod_{i=m}^{n} a_i = \prod_{i=m}^{r} a_i \prod_{i=r+1}^{n} a_i$, falls $r \in \mathbb{Z}$ und $m \leq r \leq n$

f) $\prod_{i=m}^{n} a_i = \prod_{i=m+r}^{n+r} a_{i-r}$

g) $\prod_{i=m}^{n} (a_i)^u = \left(\prod_{i=m}^{n} a_i\right)^u$ für $u \in \mathbb{R}$,

falls $a_i > 0$ für $i = m, \ldots, n$

Beispiel 4.13 (Rechnen mit Produkten)

a) $6! = 1 \cdot 2 \cdot 3 \cdot 4 \cdot 5 \cdot 6 = 720$

b) $\prod_{i=3}^{6} \frac{1}{i} = \frac{1}{3} \cdot \frac{1}{4} \cdot \frac{1}{5} \cdot \frac{1}{6} = \frac{1}{360}$

c) $\prod_{k=3}^{5} \left(1 + \frac{2}{k}\right) = \left(1 + \frac{2}{3}\right)\left(1 + \frac{2}{4}\right)\left(1 + \frac{2}{5}\right) = \frac{5}{3} \cdot \frac{3}{2} \cdot \frac{7}{5} = \frac{7}{2}$

d) $\prod_{j=1}^{5} (j-2) = \prod_{j=-1}^{3} j = -1 \cdot 0 \cdot 1 \cdot 2 \cdot 3 = 0$

e) $\prod_{k=-1}^{1} \frac{3 \cdot 2^k}{k-3} = 3^3 \cdot \frac{2^{-1}}{-4} \cdot \frac{2^0}{-3} \cdot \frac{2^1}{-2} = -\frac{9}{8}$

f) $\frac{1}{2^{10}} \prod_{i=3}^{12} \frac{2i}{i+2} = \frac{\prod_{i=3}^{12} 2 \cdot \prod_{i=3}^{12} i}{2^{10} \cdot \prod_{i=3}^{12}(i+2)} = \frac{2^{12-3+1}}{2^{10}} \cdot \frac{3 \cdot 4 \cdot \ldots \cdot 12}{5 \cdot 6 \cdot \ldots \cdot 14} = \frac{3 \cdot 4}{13 \cdot 14} = \frac{6}{91}$

Kapitel 5

Trigonometrie und Kombinatorik

Kapitel 5 — Trigonometrie und Kombinatorik

5.1 Trigonometrie

Es existieren verschiedene Möglichkeiten den Sinus, Kosinus, Tangens und Kotangens eines Winkels zu definieren. Im Folgenden wird die anschauliche geometrische Definition in einem **kartesischen Koordinatensystem** mit einem Kreis um den Ursprung $(0, 0)$ und dem Radius $r > 0$ bevorzugt (zum Begriff des kartesischen Koordinatensystems siehe Seite 119). Dazu sei φ der in Abbildung 5.1 eingezeichnete Winkel im **Gradmaß**, der seinen Scheitel im Ursprung $(0, 0)$ hat und von den beiden Strecken $\overline{(0,0)P}$ und $\overline{(0,0)A}$ eingeschlossen wird. Dabei wird – wie in der Mathematik üblich – als **positiver Drehsinn** die dem Uhrzeigersinn entgegengesetzte Drehrichtung verstanden. Der Winkel φ gehört somit zu einem rechtwinkligen Dreieck mit der **Ankathete** a, der **Gegenkathete** b und der **Hypotenuse** r.

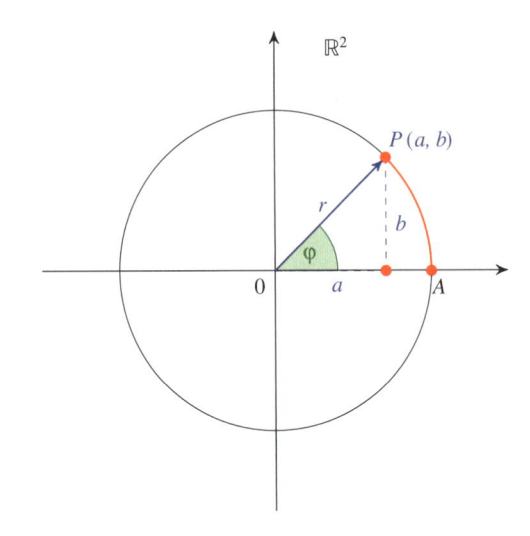

Abb. 5.1: Trigonometrie am Kreis

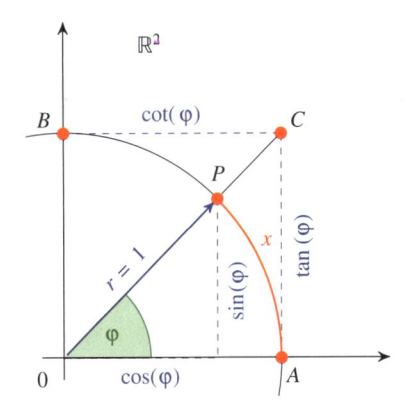

Definition von Sinus, Kosinus, Tangens und Kotangens

Sinus, **Kosinus**, **Tangens** und **Kotangens** des Winkels φ im Gradmaß sind durch die folgenden Quotienten definiert:

$$\sin(\varphi) := \frac{b}{r} \tag{5.1}$$

$$\cos(\varphi) := \frac{a}{r} \tag{5.2}$$

$$\tan(\varphi) := \frac{\sin(\varphi)}{\cos(\varphi)} = \frac{b}{a} \quad \text{für } a \neq 0 \tag{5.3}$$

$$\cot(\varphi) := \frac{\cos(\varphi)}{\sin(\varphi)} = \frac{a}{b} \quad \text{für } b \neq 0 \tag{5.4}$$

Noch anschaulicher können der Sinus, der Kosinus, der Tangens und der Kotangens des Winkels φ im **Einheitskreis** (d. h. im Kreis mit dem Radius 1 um den Ursprung $(0, 0)$) dargestellt werden. Die Koordinaten a und b des Punktes P entsprechen dann $\cos(\varphi)$ bzw. $\sin(\varphi)$ und mit Hilfe des Strahlensatzes erhält man für den Tangens und Kotangens die Werte

$$\tan(\varphi) = \frac{\sin(\varphi)}{\cos(\varphi)} = \frac{\overline{AC}}{1} = \overline{AC} \quad \text{bzw.}$$

$$\cot(\varphi) = \frac{\cos(\varphi)}{\sin(\varphi)} = \frac{\overline{BC}}{1} = \overline{BC}$$

(vgl. Abbildung 5.2). Offensichtlich resultieren für Winkel φ' im Gradmaß der Form

$$\varphi' = \varphi + k \cdot 360°$$

mit $k \in \mathbb{Z}$ dieselben Werte für den Sinus, Kosinus, Tangens und Kotangens wie für den Winkel φ.

Abb. 5.2: Sinus, Kosinus, Tangens und Kotangens am Einheitskreis

Während es im täglichen Leben üblich ist, einen Winkel φ mittels Gradmaß zu messen, ist es in der Mathematik oftmals praktikabler das **Bogenmaß** zu verwenden. Dabei misst man die Größe eines Winkels φ durch die Länge x des **Kreisbogens**, den der Winkel φ aus der Kreislinie des Einheitskreises schneidet (vgl. Abbildung 5.2). Jedem Winkel φ im Gradmaß ist auf diese Weise eindeutig ein Kreisbogen der Länge x zugeordnet, und umgekehrt jedem Kreisbogen der Länge x ein Winkel φ im Gradmaß. Insbesondere entspricht die komplette Kreislinie des Einheitskreises mit der Länge 2π dem Winkel $360°$ im Gradmaß. Folglich gilt für die Umrechnung von Grad- in Bogenmaß und umgekehrt die Formel

$$x = \frac{\varphi}{360°}2\pi \quad \text{bzw.} \quad \varphi = \frac{x}{2\pi}360°. \tag{5.5}$$

Man definiert daher

$$\sin(x) := \sin(\varphi), \quad \cos(x) := \cos(\varphi), \quad \tan(x) := \tan(\varphi)$$
$$\text{und} \quad \cot(x) := \cot(\varphi)$$

für alle $x = \frac{\varphi}{360°} 2\pi \in \mathbb{R}$. Analog zu Winkeln φ im Gradmaß resultieren für Winkel x' im Bogenmaß der Form

$$x' = x + 2k\pi$$

mit $k \in \mathbb{Z}$ für den Sinus, Kosinus, Tangens und Kotangens dieselben Werte wie für den Winkel x.

Eigenschaften von Sinus und Kosinus

Der folgende Satz fasst wichtige **elementare Eigenschaften** des Sinus und des Kosinus zusammen. Dabei wird der Winkel im Bogenmaß x angegeben. Mit Hilfe von (5.5) können jedoch diese Gleichungen leicht auch für Winkel φ im Gradmaß formuliert werden:

Satz 5.1 (Eigenschaften des Sinus und Kosinus)

Für alle $x \in \mathbb{R}$ gilt:

a) $\sin(x), \cos(x) \in [-1, 1]$
b) $\sin^2(x) + \cos^2(x) = 1$
c) $\sin(-x) = -\sin(x)$ und $\cos(-x) = \cos(x)$
d) $\sin(\pi - x) = \sin(x)$ und $\cos(\pi - x) = -\cos(x)$
e) $\sin\left(x \pm \frac{\pi}{2}\right) = \pm\cos(x)$ und $\cos\left(x \pm \frac{\pi}{2}\right) = \mp\sin(x)$
f) $\sin(x + 2k\pi) = \sin(x)$ und $\cos(x + 2k\pi) = \cos(x)$ für $k \in \mathbb{Z}$
g) $\sin(k\pi) = 0$ und $\cos\left(\frac{\pi}{2} + k\pi\right) = 0$ für $k \in \mathbb{Z}$
h) $\cos(k\pi) = (-1)^k$ und $\sin\left(\frac{\pi}{2} + k\pi\right) = (-1)^k$ für $k \in \mathbb{Z}$

Beweis: Die Aussagen a)-h) folgen unmittelbar aus der Definition von Sinus und Kosinus und lassen sich leicht aus den Abbildungen 5.1 und 5.2 ablesen. ∎

Der folgende Satz fasst wichtige **trigonometrische Identitäten** für den Sinus und Kosinus zusammen.

Satz 5.2 (Trigonometrische Identitäten für Sinus und Kosinus)

Für alle $x, y \in \mathbb{R}$ gilt:

a) $\sin(x + y) = \sin(x)\cos(y) + \cos(x)\sin(y)$
 (Additionstheorem für Sinus)
b) $\cos(x + y) = \cos(x)\cos(y) - \sin(x)\sin(y)$
 (Additionstheorem für Kosinus)
c) $\sin(x) + \sin(y) = 2\sin\left(\frac{x+y}{2}\right)\cos\left(\frac{x-y}{2}\right)$
d) $\sin(x) - \sin(y) = 2\cos\left(\frac{x+y}{2}\right)\sin\left(\frac{x-y}{2}\right)$
e) $\cos(x) + \cos(y) = 2\cos\left(\frac{x+y}{2}\right)\cos\left(\frac{x-y}{2}\right)$
f) $\cos(x) - \cos(y) = -2\sin\left(\frac{x+y}{2}\right)\sin\left(\frac{x-y}{2}\right)$

Beweis: Zu a) und b): Mit der Eulerschen Formel (3.26) in Satz 3.15 erhält man

$$\cos(x+y) + i\sin(x+y) = e^{i(x+y)} = e^{ix}e^{iy}$$
$$= (\cos(x) + i\sin(x))(\cos(y) + i\sin(y))$$
$$= \cos(x)\cos(y) - \sin(x)\sin(y)$$
$$\quad + i\big(\sin(x)\cos(y) + \cos(x)\sin(y)\big)$$

und somit insbesondere die Behauptungen a) und b).

Zu c) und d): Ersetzt man in a) x durch $\frac{x+y}{2}$ und y durch $\frac{x-y}{2}$, dann erhält man

$$\sin(x) = \sin\left(\frac{x+y}{2}\right)\cos\left(\frac{x-y}{2}\right)$$
$$\quad + \cos\left(\frac{x+y}{2}\right)\sin\left(\frac{x-y}{2}\right). \quad (5.6)$$

Gradmaß φ	0°	30°	45°	60°	90°	180°	270°	360°
Bogenmaß x	0	$\frac{\pi}{6}$	$\frac{\pi}{4}$	$\frac{\pi}{3}$	$\frac{\pi}{2}$	π	$\frac{3\pi}{2}$	2π
$\sin(\varphi) = \sin(x)$	0	$\frac{1}{2}$	$\frac{1}{2}\sqrt{2}$	$\frac{1}{2}\sqrt{3}$	1	0	-1	0
$\cos(\varphi) = \cos(x)$	1	$\frac{1}{2}\sqrt{3}$	$\frac{1}{2}\sqrt{2}$	$\frac{1}{2}$	0	-1	0	1
$\tan(\varphi) = \tan(x)$	0	$\frac{1}{3}\sqrt{3}$	1	$\sqrt{3}$	–	0	–	0
$\cot(\varphi) = \cot(x)$	–	$\sqrt{3}$	1	$\frac{1}{3}\sqrt{3}$	0	–	0	–

Tabelle 5.1: Sinus-, Kosinus-, Tangens- und Kotangenswerte für ausgewählte Grad- und Bogenmaße φ bzw. x

Kapitel 5 — Trigonometrie und Kombinatorik

Ersetzt man dagegen x durch $\frac{x+y}{2}$ und y durch $-\frac{x-y}{2}$, dann folgt

$$\sin(y) = \sin\left(\frac{x+y}{2}\right)\cos\left(-\frac{x-y}{2}\right)$$
$$+ \cos\left(\frac{x+y}{2}\right)\sin\left(-\frac{x-y}{2}\right). \quad (5.7)$$

Zusammen mit Satz 5.1c) erhält man durch Addition und Subtraktion von (5.6) und (5.7) die beiden Identitäten c) bzw. d).

Zu e) und f): Ausgehend von der Identität b) zeigt man dies analog zu c) und d). ∎

Der Satz 5.1b) ist ein Spezialfall des **Satz des Pythagoras**, einem der bekanntesten und fundamentalsten Sätze der gesamten Geometrie. Dieser besagt, dass in einem rechtwinkligen Dreieck die Summe der Flächeninhalte der beiden Kathetenquadrate gleich dem Flächeninhalt des Hypotenusenquadrates ist. Er ist nach dem griechischen Mathematiker und Philosophen *Pythagoras von Samos* (ca. 570–510 v. Chr.) benannt, der ihn wahrscheinlich als erster bewiesen hat. Für den Satz des Pythagoras existieren mehrere hundert verschiedene Beweise. Er ist damit vermutlich der meistbewiesene mathematische Satz. Auf der Liste der 100 wichtigsten mathematischen Sätze, die 1999 von den Mathematikern *Paul* und *Jack Abad* veröffentlicht wurde, befindet sich der Satz des Pythagoras auf einem bemerkenswerten 4. Platz. Im Folgenden wird ein rein geometrischer Beweis für den Satz des Pythagoras vorgestellt. Für eine Verallgemeinerung des Satz des Pythagoras auf beliebige sogenannte ***n*-dimensionale euklidische Räume** siehe Satz 7.5.

Büste von Pythagoras

Satz 5.3 (Satz des Pythagoras)

Für die drei Seiten a, b und c eines rechtwinkligen Dreiecks gilt

$$a^2 + b^2 = c^2.$$

Beweis: Die Abbildung 5.3 zeigt zwei gleichgroße Quadrate mit der Seitenlänge $a+b$. In diese Quadrate sind jeweils vier gleiche (kongruente) rechtwinklige Dreiecke mit den Seitenlängen a, b (Katheten) und c (Hypotenuse) eingelegt (gelb dargestellt). Während jedoch das linke Quadrat neben diesen vier gleichen rechtwinkligen Dreiecken noch aus einem Quadrat mit der Seitenlänge c besteht (rot), enthält das rechte Quadrat neben den vier gleichen rechtwinkligen Dreiecken noch zwei Quadrate mit der Seitenlänge a (grün) bzw. b (blau). Die Fläche c^2 des linken Quadrats ist somit gleich der Summe der Flächen a^2 und b^2 der beiden rechten Quadrate. Damit gilt $c^2 = a^2 + b^2$. ∎

Der **Sinus-** und der **Kosinussatz** sind weitere bedeutende Resultate der Geometrie. Der Sinussatz stellt in einem allgemeinen Dreieck eine Beziehung zwischen den drei Winkeln des Dreiecks und den gegenüberliegenden Seiten her. Er wurde vermutlich erstmals vom persischen Mathematiker und Astronomen *Abu Nasr Mansur* (ca. 960–1036 n. Chr.) bewiesen. Der Kosinussatz ist dagegen eine Verallgemeinerung des **Satzes des Pythagoras**, welcher nur für rechtwinklige Dreiecke gilt, auf allgemeine Dreiecke. Der Kosinussatz stellt einen Zusammenhang zwischen den drei Seiten eines Dreiecks und dem Kosinus der Winkel des Dreiecks her.

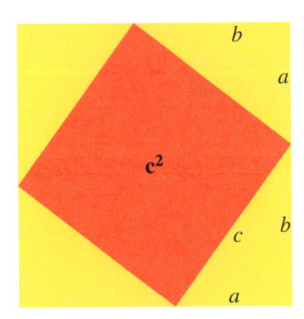

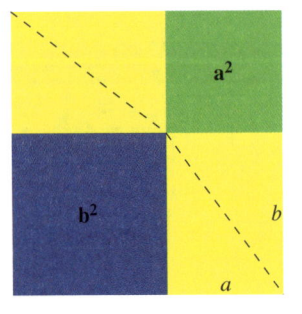

Abb. 5.3: Satz des Pythagoras geometrisch veranschaulicht

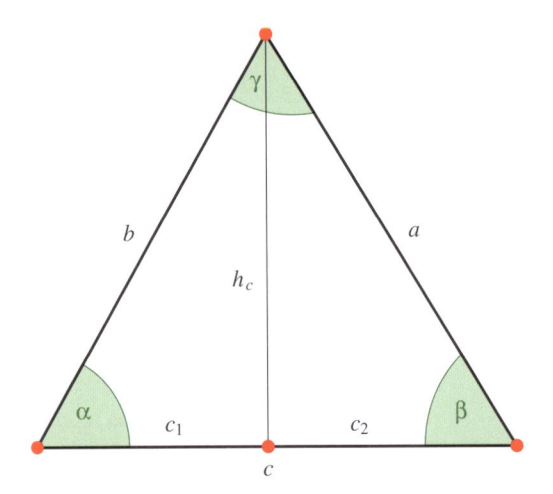

Abb. 5.4: Veranschaulichung des Sinus- und des Kosinussatzes

Satz 5.4 (Sinus- und Kosinussatz)

Für die drei Seiten a, b und c und die drei jeweils gegenüberliegenden Winkel α, β und γ in einem allgemeinen Dreieck gilt:

a) Sinussatz

$$\frac{\sin(\alpha)}{\sin(\beta)} = \frac{a}{b}, \quad \frac{\sin(\alpha)}{\sin(\gamma)} = \frac{a}{c}, \quad \frac{\sin(\beta)}{\sin(\gamma)} = \frac{b}{c}$$

und damit insbesondere $\sin(\alpha) : \sin(\beta) : \sin(\gamma) = a : b : c$.

b) Kosinussatz

$$a^2 = b^2 + c^2 - 2bc\cos(\alpha)$$
$$b^2 = a^2 + c^2 - 2ac\cos(\beta)$$
$$c^2 = a^2 + b^2 - 2ab\cos(\gamma)$$

Beweis: Zu a): Mit Abbildung 5.4 und der Definition (5.1) erhält man

$$\sin(\alpha) = \frac{h_c}{b} \quad \text{und} \quad \sin(\beta) = \frac{h_c}{a}.$$

Das heißt, es gilt $\frac{\sin(\alpha)}{\sin(\beta)} = \frac{a}{b}$. Auf dieselbe Weise erhält man $\frac{\sin(\alpha)}{\sin(\gamma)} = \frac{a}{c}$ und $\frac{\sin(\beta)}{\sin(\gamma)} = \frac{b}{c}$. Daraus folgt $\sin(\alpha) : \sin(\beta) : \sin(\gamma) = a : b : c$ und damit insgesamt auch die Behauptung.

Zu b): Mit dem Satz des Pythagoras (siehe Satz 5.3) und der Abbildung 5.4 erhält man $b^2 = h_c^2 + c_1^2$ und $h_c^2 = a^2 - c_2^2$. Ferner folgt mit der zweiten binomischen Formel $c_1^2 = (c - c_2)^2 = c^2 - 2cc_2 + c_2^2$. Es gilt somit

$$b^2 = h_c^2 + c_1^2 = a^2 - c_2^2 + c^2 - 2cc_2 + c_2^2 = a^2 + c^2 - 2cc_2.$$

Zusammen mit $\cos(\beta) = \frac{c_2}{a}$ und $c_2 = a\cos(\beta)$ (vgl. (5.2)) impliziert dies jedoch

$$b^2 = a^2 + c^2 - 2cc_2 = a^2 + c^2 - 2ac\cos(\beta).$$

Die beiden anderen Gleichungen zeigt man völlig analog. ∎

In einem rechtwinkligen Dreieck ist einer der drei Winkel α, β oder γ gleich 90° und somit gilt $\cos(\alpha) = 0$, $\cos(\beta) = 0$ oder $\cos(\gamma) = 0$. Das heißt, für rechtwinklige Dreiecke resultiert aus dem Kosinussatz der Satz des Pythagoras als Spezialfall.

Eigenschaften von Tangens und Kotangens

Der Tangens und der Kotangens sind im Gegensatz zum Sinus und Kosinus nicht für alle Winkel definiert. Aus den beiden Definitionen (5.3) und (5.4) folgt, dass der Tangens für die Winkel

$$\varphi = (2k + 1)90° \quad \text{bzw.} \quad x = (2k + 1)\frac{\pi}{2}$$

und der Kotangens für die Winkel

$$\varphi = k180° \quad \text{bzw.} \quad x = k\pi$$

mit $k \in \mathbb{Z}$ nicht definiert ist.

Der folgende Satz fasst wichtige **elementare Eigenschaften** des Tangens und des Kotangens zusammen. Dabei wird der Winkel wieder im Bogenmaß x angegeben. Mit Hilfe von (5.5) können jedoch auch diese Gleichungen leicht für Winkel φ im Gradmaß formuliert werden.

Satz 5.5 (Eigenschaften des Tangens und Kotangens)

Es gilt:

a) $\tan(x) = -\tan(-x)$ für alle $x \in \mathbb{R}$ mit $x \neq (2k+1)\frac{\pi}{2}$ und $k \in \mathbb{Z}$

b) $\cot(x) = -\cot(-x)$ für alle $x \in \mathbb{R}$ mit $x \neq k\pi$ und $k \in \mathbb{Z}$

c) $\tan(x) = \tan(x + k\pi)$ für alle $k \in \mathbb{Z}$ und $x \in \mathbb{R}$ mit $x \neq (2l+1)\frac{\pi}{2}$ und $l \in \mathbb{Z}$

d) $\cot(x) = \cot(x + k\pi)$ für alle $k \in \mathbb{Z}$ und $x \in \mathbb{R}$ mit $x \neq l\pi$ und $l \in \mathbb{Z}$

e) $\tan(x) = 0$ für alle $x \in \mathbb{R}$ mit $x = k\pi$ und $k \in \mathbb{Z}$

f) $\cot(x) = 0$ für alle $x \in \mathbb{R}$ mit $x = (2k+1)\frac{\pi}{2}$ und $k \in \mathbb{Z}$

Beweis: Zu a) und b): Dies folgt unmittelbar mit Satz 5.1c).

Zu c) und d): Mit Satz 5.2 a) und b) folgt $\sin(x + (2k+1)\pi) = -\sin(x)$ und $\sin(x + 2k\pi) = \sin(x)$ sowie $\cos(x + (2k+1)\pi) = -\cos(x)$ und $\cos(x + 2k\pi) = \cos(x)$ für alle $x \in \mathbb{R}$ und $k \in \mathbb{Z}$. Es gilt somit

$$\tan(x + k\pi) = \frac{\sin(x + k\pi)}{\cos(x + k\pi)} = \frac{\sin(x)}{\cos(x)} = \tan(x)$$

für alle $k \in \mathbb{Z}$ und $x \in \mathbb{R}$ mit $x \neq (2l+1)\frac{\pi}{2}$ für $l \in \mathbb{Z}$ und damit auch

$$\cot(x + k\pi) = \frac{1}{\tan(x + k\pi)} = \frac{1}{\tan(x)} = \cot(x)$$

für alle $k \in \mathbb{Z}$ und $x \in \mathbb{R}$ mit $x \neq l\pi$ für $l \in \mathbb{Z}$.

Zu e) und f): Dies folgt unmittelbar mit Satz 5.1g). ∎

Der folgende Satz fasst wichtige **trigonometrische Identitäten** für den Tangens und den Kotangens zusammen:

> **Satz 5.6** (Trigonometrische Identitäten für Tangens und Kotangens)
>
> *Es gilt:*
>
> *a)* $\tan(x+y) = \frac{\tan(x)+\tan(y)}{1-\tan(x)\tan(y)}$ *für alle* $x, y \in \mathbb{R}$ *mit* $x + y \neq (2k+1)\frac{\pi}{2}$ *und* $k \in \mathbb{Z}$ *(Additionstheorem für Tangens)*
>
> *b)* $\cot(x+y) = \frac{\cot(x)\cot(y)-1}{\cot(x)+\cot(y)}$ *für alle* $x, y \in \mathbb{R}$ *mit* $x + y \neq k\pi$ *und* $k \in \mathbb{Z}$ *(Additionstheorem für Kotangens)*
>
> *c)* $1+\tan^2(x) = \frac{1}{\cos^2(x)}$ *für alle* $x \in \mathbb{R}$ *mit* $x \neq (2k+1)\frac{\pi}{2}$ *und* $k \in \mathbb{Z}$
>
> *d)* $1 + \cot^2(x) = \frac{1}{\sin^2(x)}$ *für alle* $x \in \mathbb{R}$ *mit* $x \neq k\pi$ *und* $k \in \mathbb{Z}$

Beweis: Zu a): Mit Satz 5.2a) und b) folgt

$$\tan(x+y) = \frac{\sin(x+y)}{\cos(x+y)} = \frac{\sin(x)\cos(y) + \cos(x)\sin(y)}{\cos(x)\cos(y) - \sin(x)\sin(y)}$$

für alle $x, y \in \mathbb{R}$ mit $x + y \neq (2k+1)\frac{\pi}{2}$ und $k \in \mathbb{Z}$. Nach Division von Zähler und Nenner durch $\cos(x)\cos(y)$ folgt daraus die Behauptung

$$\tan(x+y) = \frac{\tan(x) + \tan(y)}{1 - \tan(x)\tan(y)}.$$

Zu b) Mit Aussage a) folgt

$$\cot(x+y) = \frac{1}{\tan(x+y)} = \frac{1 - \tan(x)\tan(y)}{\tan(x) + \tan(y)}$$

für alle $x, y \in \mathbb{R}$ mit $x + y \neq k\pi$ für $k \in \mathbb{Z}$. Nach Division von Zähler und Nenner durch $\tan(x)\tan(y)$ folgt daraus die Behauptung

$$\cot(x+y) = \frac{\cot(x)\cot(y) - 1}{\cot(x) + \cot(y)}.$$

Zu c) Mit Satz 5.1b) folgt

$$1 + \tan^2(x) = 1 + \frac{\sin^2(x)}{\cos^2(x)} = \frac{\cos^2(x) + \sin^2(x)}{\cos^2(x)} = \frac{1}{\cos^2(x)}$$

für alle $x \in \mathbb{R}$ mit $x \neq (2k+1)\frac{\pi}{2}$ für $k \in \mathbb{Z}$.

Zu d) Der Beweis verläuft analog zu Aussage c). ∎

5.2 Binomialkoeffizienten

Für die Kombinatorik und auch für viele andere Bereiche ist die Definition des **Binomialkoeffizienten** hilfreich:

> **Definition 5.7** (Binomialkoeffizient)
>
> *Für* $k, n \in \mathbb{N}_0$ *mit* $k \leq n$ *heißt*
>
> $$\binom{n}{k} := \frac{n!}{k!(n-k)!} \quad (5.8)$$
>
> *Binomialkoeffizient (sprich: „n über k"), wobei* $n! = n(n-1) \cdot \ldots \cdot 1$ *die Fakultät von n ist (vgl. (4.21)).*

Aus der Definition folgt unmittelbar

$$\binom{n}{0} = \binom{n}{n} = 1 \quad \text{und} \quad \binom{n}{1} = \binom{n}{n-1} = n.$$

Aus Definition 5.7 lässt sich ferner leicht die Formel

$$\binom{n}{k} = \prod_{i=0}^{k-1} \frac{n-i}{k-i} \quad (5.9)$$

herleiten. Sie ist zur Berechnung von Binomialkoeffizienten besser geeignet als Definition 5.7, da sie oftmals viele Multiplikationen weniger benötigt (vgl. Beispiel 5.9b)).

Die **Symmetrie-** und die **Additionsregel** sind im Umgang mit Binomialkoeffizienten die beiden wichtigsten Hilfsmittel:

> **Satz 5.8** (Symmetrieregel und Additionsregel)
>
> *Für* $k, n \in \mathbb{N}_0$ *mit* $k \leq n$ *gilt:*
>
> *a)* $\binom{n}{k} = \binom{n}{n-k}$ *(Symmetrieregel)*
>
> *b)* $\binom{n+1}{k+1} = \binom{n}{k} + \binom{n}{k+1}$ *(Additionsregel)*

Beweis: Zu a): Es gilt
$$\binom{n}{k} = \frac{n!}{k!(n-k)!} = \frac{n!}{(n-k)!(n-(n-k))!} = \binom{n}{n-k}.$$

Zu b): Es gilt
$$\binom{n}{k} + \binom{n}{k+1} = \frac{n!}{k!(n-k)!} + \frac{n!}{(k+1)!(n-(k+1))!}$$
$$= \frac{(k+1)n!}{(k+1)!(n-k)!}$$
$$\quad + \frac{((n+1)-(k+1))n!}{(k+1)!((n+1)-(k+1))!}$$
$$= \frac{(k+1)n!}{(k+1)!((n+1)-(k+1))!}$$
$$\quad + \frac{((n+1)-(k+1))n!}{(k+1)!((n+1)-(k+1))!}$$
$$= \frac{(n+1)n!}{(k+1)!((n+1)-(k+1))!} = \binom{n+1}{k+1}.$$
∎

Die Symmetrie- und die Additionsregel sind für die effiziente Berechnung von Binomialkoeffizienten von unmittelbarer praktischer Bedeutung. Sie können durch das nach dem französischen Mathematiker *Blaise Pascal* (1623–1662) benannte **Pascalsche Dreieck** veranschaulicht werden. Aufgrund der Additionsregel ist jeder Eintrag gleich der Summe der beiden unmittelbar über ihm links und rechts stehenden Einträge. Die Symmetrieregel bewirkt, dass das Pascalsche Dreieck achsensymmetrisch ist (siehe Abbildung 5.5). *Pascal* verwendete sein Dreieck um verschiedene Probleme in der Wahrscheinlichkeitstheorie zu lösen.

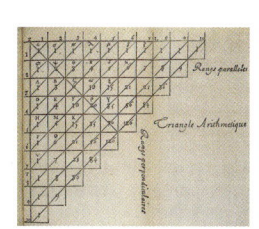

Ursprüngliche Version von B. Pascal

Beispiel 5.9

a) Für $\binom{4}{2}$, $\binom{4}{3}$ und $\binom{5}{3}$ erhält man
$$\binom{4}{2} = \frac{4!}{2! \cdot 2!} = \frac{24}{2 \cdot 2} = 6,$$
$$\binom{4}{3} = \frac{4!}{3! \cdot 1!} = \frac{24}{6 \cdot 1} = 4 \quad \text{und}$$
$$\binom{5}{3} = \frac{5!}{3! \cdot 2!} = \frac{120}{6 \cdot 2} = 10.$$

Das heißt, es gilt
$$\binom{5}{3} = \binom{4}{2} + \binom{4}{3}.$$

b) Für $\binom{12}{5}$ erhält man
$$\binom{12}{5} = \frac{12!}{5! \cdot 7!} = \frac{479001600}{120 \cdot 5040} = 792.$$

Das gleiche Ergebnis – aber mit weniger Multiplikationen – erhält man mit Formel (5.9)
$$\binom{12}{5} = \frac{12 \cdot 11 \cdot 10 \cdot 9 \cdot 8}{5 \cdot 4 \cdot 3 \cdot 2 \cdot 1} = 792.$$

c) Mit der Symmetrieregel (vgl. Satz 5.8a)) und der Formel (5.9) erhält man
$$\binom{20}{17} = \binom{20}{3} = \frac{20 \cdot 19 \cdot 18}{3 \cdot 2 \cdot 1} = 1140.$$

In der Definition 5.7 wird $k, n \in \mathbb{N}_0$ und $n \geq k$ vorausgesetzt. Die Definition des Binomialkoeffizienten kann jedoch wie folgt verallgemeinert werden:

Definition 5.10 (Verallgemeinerter Binomialkoeffizient)

Für $k \in \mathbb{Z}$ und $\alpha \in \mathbb{C}$ heißt
$$\binom{\alpha}{k} := \begin{cases} \dfrac{\alpha(\alpha-1) \cdot \ldots \cdot (\alpha-(k-1))}{k!} & \text{für } k > 0 \\ 1 & \text{für } k = 0 \\ 0 & \text{für } k < 0 \end{cases}$$
(5.10)

Binomialkoeffizient α über k.

Diese Verallgemeinerung stimmt für $k, \alpha \in \mathbb{N}_0$ und $\alpha \geq k$ mit der Definition 5.7 überein und wird vor allem in der Analysis benötigt.

Das folgende Beispiel zeigt, dass der verallgemeinerte Binomialkoeffizient analog zum gewöhnlichen Binomialkoeffizienten berechnet wird:

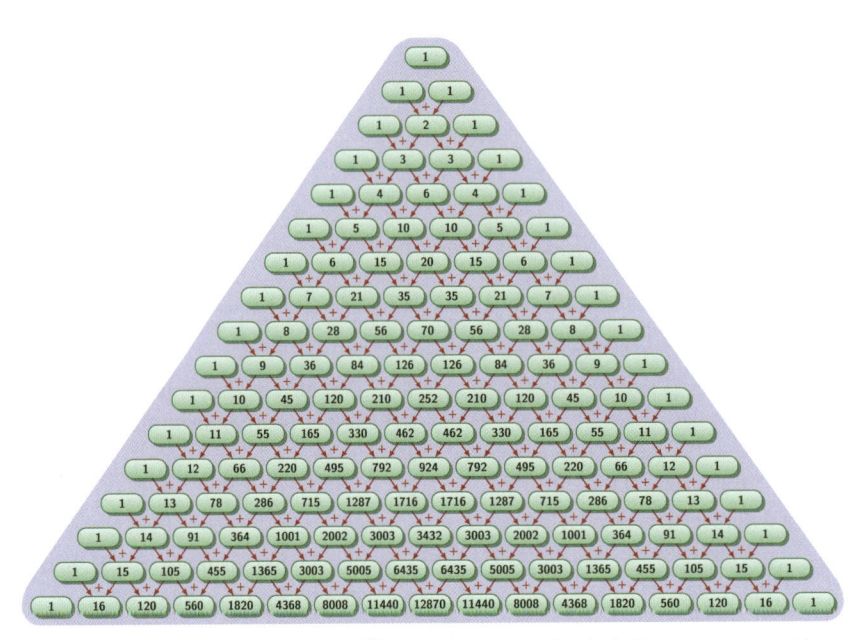

Abb. 5.5: Veranschaulichung der Binomialkoeffizienten $\binom{n}{k}$ im Pascalschen Dreieck für $n = 0, 1, \ldots, 16$

Beispiel 5.11 (Verallgemeinerter Binomialkoeffizient)

a) Der verallgemeinerte Binomialkoeffizient $\binom{3{,}5}{3}$ beträgt

$$\binom{3{,}5}{3} = \frac{3{,}5 \cdot 2{,}5 \cdot 1{,}5}{6} = 13{,}125.$$

b) Der verallgemeinerte Binomialkoeffizient $\binom{-2}{3}$ beträgt

$$\binom{-2}{3} = \frac{(-2) \cdot (-3) \cdot (-4)}{3!} = -4.$$

5.3 Binomischer Lehrsatz

Die Bezeichnung Binomialkoeffizient für $\binom{n}{k}$ tauchte bereits in den Arbeiten des deutschen Mathematikers und Dichters *Abraham Gotthelf Kästner* (1719–1800) auf. Sie hängt eng mit dem Auftauchen der Terme $\binom{n}{k}$ bei der Auflösung von **binomischen Ausdrücken** der Form $(a+b)^n$ zusammen. Denn es gilt:

A. G. Kästner

$$(a+b)^0 = 1 = \binom{0}{0}$$

$$(a+b)^1 = a + b = \binom{1}{0}a + \binom{1}{1}b$$

$$(a+b)^2 = a^2 + 2ab + b^2 = \binom{2}{0}a^2 + \binom{2}{1}ab + \binom{2}{2}b^2$$

$$(a+b)^3 = a^3 + 3a^2b + 3ab^2 + b^3$$
$$= \binom{3}{0}a^3 + \binom{3}{1}a^2b + \binom{3}{2}ab^2 + \binom{3}{3}b^3$$

$$\vdots$$

Diese Formeln sind Spezialfälle des folgenden Resultats, das als **Binomischer Lehrsatz** bekannt ist:

> **Satz 5.12** (Binomischer Lehrsatz)
>
> Für $a, b \in \mathbb{R}$ und $n \in \mathbb{N}_0$ gilt
>
> $(a+b)^n$
> $= a^n + na^{n-1}b + \binom{n}{2}a^{n-2}b^2 + \ldots + nab^{n-1} + b^n$
> $= \sum_{i=0}^{n} \binom{n}{i} a^{n-i} b^i.$ (5.11)

Beweis: Mit Hilfe von vollständiger Induktion wird bewiesen, dass (5.11) für alle $n \in \mathbb{N}_0$ gilt.

Induktionsanfang: Die Gleichung (5.11) ist für $n = 0$ richtig, denn in diesem Fall sind beide Seiten der Gleichung gleich 1.

Induktionsschritt: Es wird angenommen, dass die Gleichung (5.11) für ein beliebiges $n \in \mathbb{N}_0$ richtig ist. Dann gilt

$(a+b)^{n+1} = (a+b)^n (a+b)$
$= \left(\sum_{i=0}^{n} \binom{n}{i} a^{n-i} b^i \right) (a+b)$
$= \sum_{i=0}^{n} \binom{n}{i} a^{n-i+1} b^i + \sum_{i=0}^{n} \binom{n}{i} a^{n-i} b^{i+1}$
$= \sum_{i=0}^{n} \binom{n}{i} a^{(n+1)-i} b^i + \sum_{i=0}^{n} \binom{n}{i} a^{(n+1)-(i+1)} b^{i+1}$
$= \sum_{i=0}^{n} \binom{n}{i} a^{(n+1)-i} b^i + \sum_{i=1}^{n+1} \binom{n}{i-1} a^{(n+1)-i} b^i$
$= a^{n+1} + \sum_{i=1}^{n} \binom{n}{i} a^{(n+1)-i} b^i$
$\quad + \sum_{i=1}^{n} \binom{n}{i-1} a^{(n+1)-i} b^i + b^{n+1}.$

Daraus folgt mit der Additionsregel von Satz 5.8b)

$(a+b)^{n+1} = a^{n+1} + \sum_{i=1}^{n} \binom{n+1}{i} a^{(n+1)-i} b^i + b^{n+1}$
$= \sum_{i=0}^{n+1} \binom{n+1}{i} a^{(n+1)-i} b^i$

und damit die Behauptung. ∎

Für $a = b = 1$ erhält man aus (5.11) die nützliche Identität

$$\sum_{i=0}^{n} \binom{n}{i} = 2^n.$$

Die **erste** und **zweite binomische Formel**

$(a+b)^2 = a^2 + 2ab + b^2 \quad \text{bzw.}$
$(a-b)^2 = a^2 - 2ab + b^2$ (5.12)

sind Spezialfälle des Binomischen Lehrsatzes (5.11), die sich für $n = 2$ ergeben. Diese beiden Formeln lassen sich, wie auch die **dritte binomische Formel**

$(a+b)(a-b) = a^2 - b^2,$

sehr gut zum schnellen Kopfrechnen einsetzen.

> **Beispiel 5.13** (Kopfrechnen mit binomischen Formeln)
>
> Zum Beispiel erhält man mit Hilfe der binomischen Formeln:
>
> $54^2 = (50+4)^2 = 2500 + 2 \cdot 50 \cdot 4 + 16 = 2916$
> $89^2 = (100-11)^2 = 10000 - 2 \cdot 100 \cdot 11 + 121$
> $\quad = 7921$
> $55 \cdot 45 = (50-5)(50+5) = 2500 - 25 = 2475$

Der Binomische Lehrsatz spielt in der **Wahrscheinlichkeitsrechnung** bei der Untersuchung einer Serie von gleichartigen, unabhängigen und zufallsbehafteten Versuchen, die jeweils nur die beiden Ergebnisse „Erfolg" oder „Misserfolg" haben können, eine wichtige Rolle. Durch $a = p \in [0, 1]$ und $b = 1 - p$ ist dann die **Erfolgs-** bzw. die **Misserfolgswahrscheinlichkeit** gegeben.

5.4 Kombinatorik

Bei der Untersuchung vieler ökonomischer und wahrscheinlichkeitstheoretischer Fragestellungen wird man mit dem Problem konfrontiert, dass die Anzahl der verschiedenen Zusammenstellungen zu bestimmen ist, die aus einer gegebenen Auswahl $a_1 \, a_2 \, \ldots \, a_n$ von n Elementen gebildet werden können.

Kapitel 5 Trigonometrie und Kombinatorik

Das Teilgebiet der Mathematik, welches sich speziell mit dieser Art von Problemstellungen beschäftigt, wird als **Kombinatorik** bezeichnet. Zum Beispiel charakterisierte der bedeutende ungarische Kombinatoriker *George Pólya (1887–1985)* in seinem Lehrbuch „Notes on introductory combinatorics" die Kombinatorik als das mathematische Teilgebiet, das sich mit der Untersuchung des Abzählens sowie der Existenz und Konstruktion von Konfigurationen beschäftigt. Oft ist für die Kombinatorik auch die prägnante Umschreibung

„*Kombinatorik ist die Kunst des schnellen Zählens.*"

zu hören.

In der Kombinatorik lassen sich sechs Arten von Problemstellungen, die sogenannten **Grundaufgaben der Kombinatorik**, unterscheiden. Diese verschiedenen Problemstellungen resultieren je nachdem, ob bei einer zu bildenden Zusammenstellung von Elementen aus einer gegebenen Auswahl $a_1\, a_2\, \ldots\, a_n$ von n Elementen

a) alle n Elemente berücksichtigt werden sollen oder nicht,

b) die einzelnen Elemente wiederholt vorkommen dürfen oder nicht und

c) die Reihenfolge der Elemente beachtet werden soll oder nicht.

Zum Zwecke einer besseren Differenzierung zwischen diesen sechs verschiedenen Problemstellungen haben sich in der Kombinatorik die drei Begriffe **Permutation**, **Variation** und **Kombination** etabliert.

Permutationen

Man unterscheidet in der Kombinatorik zwischen **Permutation mit Wiederholung** und **Permutation ohne Wiederholung**:

> **Definition 5.14** (Permutation mit und ohne Wiederholungen)
>
> *Eine beliebige Zusammenstellung $a_{i_1}\, a_{i_2}\, \ldots\, a_{i_n}$ von n Elementen aus einer gegebenen Auswahl $a_1\, a_2\, \ldots\, a_n$ von n Elementen heißt Permutation, wenn jedes Element der Auswahl $a_1\, a_2\, \ldots\, a_n$ genau einmal in der Zusammenstellung $a_{i_1}\, a_{i_2}\, \ldots\, a_{i_n}$ vorkommt. Sind alle n Elemente verschieden, dann spricht man genauer von einer Permutation ohne Wiederholungen und die Anzahl dieser Permutationen wird mit $P(n)$ bezeichnet. Sind dagegen nicht alle n Elemente verschieden, sondern lassen sich die n Elemente der Auswahl in $k < n$ verschiedene Gruppen mit jeweils $n_1, \ldots, n_k$ gleichen Elementen einteilen, so dass die Elemente verschiedener Gruppen verschieden sind und $\sum_{j=1}^{k} n_j = n$ gilt, dann spricht man von einer Permutation mit Wiederholungen und die Anzahl dieser Permutationen wird mit $P_{n_1,\ldots,n_k}^{W}(n)$ bezeichnet.*

Die Berechnung der Anzahl $P(n)$ von Permutationen ohne Wiederholungen einer Auswahl $a_1\, a_2\, \ldots\, a_n$ von n verschiedenen Elementen wird als **erste Grundaufgabe der Kombinatorik** bezeichnet.

Zwei Permutationen

$$a_{i_1}\, a_{i_2}\, \ldots\, a_{i_n} \quad \text{und}$$
$$a_{j_1}\, a_{j_2}\, \ldots\, a_{j_n}$$

einer Auswahl

$$a_1\, a_2\, \ldots\, a_n$$

von n verschiedenen Elementen unterscheiden sich lediglich durch die Reihenfolge oder Anordnung ihrer n Elemente. Stimmt auch die Reihenfolge überein, dann sind die beiden Permutationen identisch. Zum Beispiel können für eine Auswahl

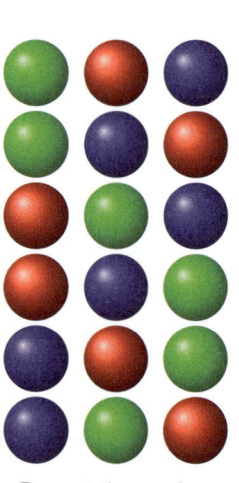

$$a_1\, a_2$$

zwei verschiedene Permutationen

$$a_1\, a_2 \quad \text{und} \quad a_2\, a_1 \qquad (5.13)$$

gebildet werden. Damit gilt $P(2) = 2 = 2!$. Kommt zu der zweielementigen Auswahl ein drittes Element a_3 hinzu, dann kann dies bei jeder der beiden Permutationen in (5.13) an die erste, zweite oder dritte Stelle treten.

Für eine Auswahl $a_1\, a_2\, a_3$ von drei Elementen a_1, a_2 und a_3 gibt es somit bereits die sechs verschiedenen Permutationen

$$a_3\, a_1\, a_2, \quad a_1\, a_3\, a_2, \quad a_1\, a_2\, a_3,$$
$$a_3\, a_2\, a_1, \quad a_2\, a_3\, a_1, \quad a_2\, a_1\, a_3. \qquad (5.14)$$

Demnach gilt $P(3) = 3!$. Diese Überlegungen legen die Vermutung nahe, dass die Antwort auf die erste Grundaufgabe der Kombinatorik wie folgt lautet:

> **Satz 5.15** (Anzahl $P(n)$ – erste Grundaufgabe der Kombinatorik)
>
> *Für eine gegebene Auswahl $a_1 \, a_2 \, \ldots \, a_n$ von n verschiedenen Elementen existieren*
> $$P(n) = n!$$
> *verschiedene Permutationen ohne Wiederholungen.*

Beweis: Im Folgenden wird mit Hilfe von vollständiger Induktion bewiesen, dass die Aussage $P(n) = n!$ für alle $n \in \mathbb{N}$ gilt.

Induktionsanfang: Die Aussage ist offensichtlich für $n = 1$ wahr, da dann nur eine Permutation existiert.

Induktionsschritt: Es wird angenommen, dass die Aussage $P(n) = n!$ für ein beliebiges $n \in \mathbb{N}$ wahr ist. Wird nun zu der Auswahl $a_1 \, a_2 \, \ldots \, a_n$ von n verschiedenen Elementen ein $(n+1)$-tes verschiedenes Element a_{n+1} hinzugenommen, dann kann dies bei jeder der $n!$ existierenden verschiedenen Permutationen der n Elemente an die erste, zweite, dritte, $\ldots$, $(n+1)$-te Stelle treten. Dies ergibt $n!(n+1) = (n+1)!$ verschiedene Permutationen. ∎

> **Beispiel 5.16** (Permutationen ohne Wiederholungen)
>
> a) Bei einem Schwimmwettbewerb mit 8 Bahnen und 8 Schwimmerinnen gibt es $P(8) = 8! = 40.320$ verschiedene Startanordnungen.
>
> b) Ein Vertreter, der an einem Tag sechs Kunden besuchen will, hat $P(6) = 6! = 720$ verschiedene Möglichkeiten die Reihenfolge festzulegen.

Wenn die n Elemente einer Auswahl $a_1 \, a_2 \, \ldots \, a_n$ nicht alle voneinander verschieden sind, dann handelt es sich bei den Permutationen um Permutationen mit Wiederholungen. Die Berechnung der Anzahl $P^W_{n_1,\ldots,n_k}(n)$ von Permutationen mit Wiederholungen einer Auswahl $a_1 \, a_2 \, \ldots \, a_n$ von n Elementen wird als **zweite Grundaufgabe der Kombinatorik** bezeichnet.

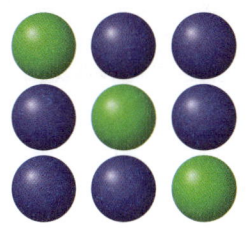

Permutationen mit Wiederholungen

Bei identischer Anzahl n von gegebenen Elementen ist die Anzahl $P^W_{n_1,\ldots,n_k}(n)$ der verschiedenen Permutationen mit Wiederholungen stets kleiner als die Anzahl $P(n)$ von verschiedenen Permutationen ohne Wiederholungen. Denn hat man eine Auswahl $a_1 \, a_2 \, \ldots \, a_n$ von n verschiedenen Elementen, dann existieren gemäß Satz 5.15 $P(n) = n!$ verschiedene Permutationen ohne Wiederholungen. Sind nun n_1 Elemente einander gleich, dann sind alle ursprünglichen Permutationen nicht mehr zu unterscheiden, bei denen nur diese n_1 Elemente die Plätze untereinander vertauschen. Dafür gibt es aber jeweils $n_1!$ Möglichkeiten. Das heißt, es gibt nur $\frac{n!}{n_1!}$ verschiedene Permutationen mit Wiederholungen. Entsprechend erhält man, dass nur $\frac{n!}{n_1! n_2!}$ verschiedene Permutationen mit Wiederholungen existieren, wenn es eine weitere Gruppe mit n_2 einander gleichen Elementen gibt, die sich von den Elementen der ersten Gruppe unterscheidet. Diese Überlegungen legen die Vermutung nahe, dass die Antwort auf die zweite Grundaufgabe der Kombinatorik wie folgt lautet:

> **Satz 5.17** (Anzahl $P^W_{n_1,\ldots,n_k}(n)$ – zweite Grundaufgabe der Kombinatorik)
>
> *Für eine gegebene Auswahl $a_1 \, a_2 \, \ldots \, a_n$ von n Elementen, die sich in k verschiedene Gruppen von jeweils $n_1, \ldots, n_k$ gleichen Elementen einteilen lassen, so dass die Elemente verschiedener Gruppen verschieden sind und $\sum_{j=1}^{k} n_j = n$ gilt, existieren*
> $$P^W_{n_1,\ldots,n_k}(n) = \frac{n!}{n_1! \, n_2! \, \cdots \, n_k!}$$
> *verschiedene Permutationen mit Wiederholungen.*

Beweis: Ein Beweis dieses Satzes kann ebenfalls mit Hilfe von vollständiger Induktion erfolgen. ∎

Der Satz 5.17 enthält den Satz 5.15 als Spezialfall. Denn bestehen die k verschiedenen Gruppen jeweils aus nur einem Element, dann gilt $n_1 = n_2 = \ldots = n_k = 1$ und mit Satz 5.17 folgt

$$P(n) = P^W_{1,\ldots,1}(n) = \frac{n!}{1! \, 1! \, \cdots \, 1!} = n!.$$

Einen weiteren wichtigen Spezialfall erhält man aus Satz 5.17, wenn nur zwei verschiedene Gruppen mit m bzw. $n-m$

nicht unterscheidbaren Elementen vorliegen. Dann gibt es

$$P_{m,n-m}^W(n) = \frac{n!}{m!\,(n-m)!} = \binom{n}{m}$$

verschiedene Permutationen mit Wiederholungen (vgl. Definition 5.7).

Beispiel 5.18 (Permutationen mit Wiederholungen)

a) Betrachtet werden die Buchstaben des Wortes

   MATHEMATIK.

Dann gilt $n = 10$, $n_A = 2$, $n_E = 1$, $n_H = 1$, $n_I = 1$, $n_K = 1$, $n_M = 2$ und $n_T = 2$. Aus den Buchstaben dieses Wortes können somit – ohne Beachtung des Wortsinns –

$$P_{2,1,1,1,1,2,2}^W(10) = \frac{10!}{2!\,1!\,1!\,1!\,1!\,2!\,2!} = 453.600$$

verschiedene Wörter gebildet werden.

b) Gegeben sei die Auswahl

   1 1 1 1 1 2 2 2 2 3 3 3 4 4 5.

Dann gilt $n = 15$, $n_1 = 5$, $n_2 = 4$, $n_3 = 3$, $n_4 = 2$ und $n_5 = 1$. Es gibt somit

$$P_{5,4,3,2,1}^W(15) = \frac{15!}{5!\,4!\,3!\,2!\,1!} = 37.837.800$$

Permutationen mit Wiederholungen.

c) Beim Skat werden 32 verschiedene Karten ausgegeben, wobei jeder der drei Spieler 10 Karten erhält und zwei Karten in den „Skat" wandern. Zur Beantwortung der Frage, wieviele verschiedene Kartenverteilungen beim Skat möglich sind, genügt es zu erkennen, dass es sich hierbei ebenfalls um einen Spezialfall der zweiten Grundaufgabe der Kombinatorik handelt. Es gilt $n = 32$ und es gibt vier Gruppen mit $n_1 = n_2 = n_3 = 10$ bzw. $n_4 = 2$ Elementen. Das heißt, es gibt

$$P_{10,10,10,2}^W(32) = \frac{32!}{10!\,10!\,10!\,2!}$$
$$= 2.753.294.408.504.640$$

Permutationen mit Wiederholungen bzw. verschiedene Kartenverteilungen beim Skat. In Beispiel 5.26a) wird diese Anzahl auf eine etwas andere Weise ermittelt.

Variationen

Analog zu Permutationen wird auch bei Variationen zwischen **Variation mit Wiederholungen** und **Variation ohne Wiederholungen** unterschieden:

Definition 5.19 (Variation mit und ohne Wiederholungen)

Eine beliebige Zusammenstellung $a_{i_1}\,a_{i_2}\,\ldots\,a_{i_l}$ von $l \leq n$ Elementen aus einer gegebenen Auswahl $a_1\,a_2\,\ldots\,a_n$ von n verschiedenen Elementen heißt Variation der Ordnung l, wenn die Reihenfolge bei den l Elementen der Zusammenstellung beachtet wird. Können dabei die n Elemente der gegebenen Auswahl $a_1\,a_2\,\ldots\,a_n$ jeweils maximal nur einmal in der Zusammenstellung $a_{i_1}\,a_{i_2}\,\ldots\,a_{i_l}$ vorkommen, dann spricht man genauer von einer Variation der Ordnung l ohne Wiederholungen und die Anzahl dieser Variationen wird mit $V^l(n)$ bezeichnet. Können dagegen die n Elemente der gegebenen Auswahl $a_1\,a_2\,\ldots\,a_n$ mehrfach in der Zusammenstellung $a_{i_1}\,a_{i_2}\,\ldots\,a_{i_l}$ vorkommen, dann spricht man von einer Variation der Ordnung l mit Wiederholungen und die Anzahl dieser Variationen wird mit $V_W^l(n)$ bezeichnet.

Anstelle von Variation mit oder ohne Wiederholungen wird in der Literatur auch die Bezeichnung **Kombination mit Berücksichtigung der Reihenfolge mit** bzw. **ohne Wiederholungen** verwendet.

Die Berechnung der Anzahl $V^l(n)$ von Variationen ohne Wiederholungen einer Auswahl $a_1\,a_2\,\ldots\,a_n$ von n verschiedenen Elementen wird als **dritte Grundaufgabe der Kombinatorik** bezeichnet. Für die Anzahl $V^l(n)$ gilt der folgende Satz:

Satz 5.20 (Anzahl $V^l(n)$ – dritte Grundaufgabe der Kombinatorik)

Für eine gegebene Auswahl $a_1\,a_2\,\ldots\,a_n$ von n verschiedenen Elementen existieren

$$V^l(n) = \frac{n!}{(n-l)!} \qquad (5.15)$$

verschiedene Variationen der Ordnung l ohne Wiederholungen.

Beweis: Im Folgenden wird mit Hilfe von vollständiger Induktion bewiesen, dass die Aussage $V^l(n) = \frac{n!}{(n-l)!}$ für alle $n \in \mathbb{N}$ und $1 \leq l \leq n$ gilt.

Induktionsanfang: Die Aussage ist offensichtlich für $l = 1$ wahr. Denn die Variationen der Ordnung 1 sind durch die n Elemente gegeben. Das heißt, es gilt $V^1(n) = \frac{n!}{(n-1)!} = n$.

Induktionsschritt: Es wird angenommen, dass die Aussage $V^l(n) = \frac{n!}{(n-l)!}$ für ein beliebiges $1 \leq l < n$ wahr ist. Für eine Variation der Ordnung $l+1$ ohne Wiederholungen gibt es dann noch $(n-l)$ weitere Elemente, die in der Variation der Ordnung l nicht auftreten. Wird je eines dieser $(n-l)$ Elemente an diese Variationen – ohne Einschränkung der Allgemeinheit – am Ende hinzugefügt, dann resultieren $(n-l)$ Variationen der Ordnung $l+1$. Wird dies nacheinander für alle $V^l(n)$ Variationen durchgeführt, dann erhält man alle Variationen der Ordnung $l+1$ ohne Wiederholungen genau einmal. Es gilt somit

$$V^{l+1}(n) = V^l(n) \cdot (n-l) = \frac{n!}{(n-l)!} \cdot (n-l) = \frac{n!}{(n-(l+1))!}$$

und damit die Behauptung. ∎

Bei einer Permutation ohne Wiederholungen handelt es sich offensichtlich um eine spezielle Variation der Ordnung l ohne Wiederholungen, die man für den Fall $l = n$ erhält.

Beispiel 5.21 (Variationen ohne Wiederholungen)

a) In einem Unternehmen ist die Stelle eines Abteilungsleiters, eines stellvertretenden Abteilungsleiters und eines Teamleiters zu besetzen, wobei für alle drei Stellen dieselben 20 Personen zur Auswahl stehen. Zur Besetzung dieser drei Stellen gibt es somit für die Unternehmensleitung

$$V^3(20) = \frac{20!}{(20-3)!} = \frac{20!}{17!} = 6840$$

Möglichkeiten.

b) Aus den zehn Ziffern 0, 1, 2, 3, 4, 5, 6, 7, 8, 9 sollen dreistellige Zahlen gebildet werden, wobei jede Ziffer nur einmal vorkommen darf und die Null nicht an erster Stelle stehen soll. Da es $V^3(10) = \frac{10!}{(10-3)!} = \frac{10!}{7!} = 720$ Möglichkeiten gibt, aus den zehn Ziffern eine dreistellige Zahl zu bilden und $V^2(9) = \frac{9!}{(9-2)!} = \frac{9!}{7!} = 72$ von diesen dreistelligen Zahlen mit der Null beginnen, existieren

$$V^3(10) - V^2(9) = 648$$

dreistellige Zahlen, die nicht mit einer Null beginnen.

c) Beim „Zahlenlotto 6 aus 49" werden aus einer Trommel mit 1 bis 49 durchnummerierten Kugeln nacheinander 6 Kugeln als Gewinnzahlen gezogen (wobei hier von der Zusatzzahl abgesehen wird).

Wird bei der Ziehung dieser 6 Kugeln die Ziehungsreihenfolge beachtet, dann gibt es

$$V^6(49) = \frac{49!}{(49-6)!}$$
$$= \frac{49!}{43!}$$
$$= 10.068.347.520$$

Möglichkeiten für den Ziehungsverlauf unter Beachtung der Ziehungsreihenfolge.

Die **vierte Grundaufgabe der Kombinatorik** besteht in der Berechnung der Anzahl $V_W^l(n)$ von Variationen mit Wiederholungen einer Auswahl $a_1\ a_2\ \ldots\ a_n$ von n verschiedenen Elementen. Für die Anzahl $V_W^l(n)$ gilt der folgende Satz:

Satz 5.22 (Anzahl $V_W^l(n)$ – vierte Grundaufgabe der Kombinatorik)

Für eine gegebene Auswahl $a_1\ a_2\ \ldots\ a_n$ von n verschiedenen Elementen existieren

$$V_W^l(n) = n^l \tag{5.16}$$

verschiedene Variationen der Ordnung l mit Wiederholungen.

Beweis: Ein Beweis dieses Satzes kann völlig analog zum Beweis von Satz 5.20 mit Hilfe von vollständiger Induktion nach l erfolgen. ∎

Beispiel 5.23 (Variationen mit Wiederholungen)

a) Bei der „13er Wette im Fußballtoto" kann an jedem Wochenende der Fußballsaison für 13 im Voraus bekannte Spielpaarungen ein Tipp abgegeben werden.

Dazu ist auf dem Tippschein für die 13 Spielpaarungen jeweils eine der drei Möglichkeiten „1" (für einen Sieg der Heimmannschaft), „0" (für ein Unentschieden) oder „2" (für eine Niederlage der Heimmannschaft) anzukreuzen. Es gibt somit

$$V_W^{13}(3) = 3^{13} = 1.594.323$$

verschiedene Tippreihen.

b) Aus den 26 Buchstaben des Alphabets lassen sich – ohne Berücksichtigung des Wortsinns – $V_W^l(26) = 26^l$ verschiedene Wörter mit genau l Buchstaben bilden. Zum Beispiel gibt es

$26^2 = 676$ Wörter aus zwei Buchstaben, z. B. xi,rz,bl,
$26^3 = 17.576$ Wörter aus drei Buchstaben, z. B. aaa, brz, lwi, und
$26^4 = 456.976$ Wörter aus vier Buchstaben, z. B. rwkl, jhiu, hekw.

c) Eine Urne enthält sechs verschiedenfarbige Kugeln. Es wird nacheinander zehnmal je eine Kugel entnommen, wobei die gezogene Kugel vor jeder neuen Ziehung wieder in die Urne zurückgelegt wird. Es existieren dann

$$V_W^{10}(6) = 6^{10} = 60.466.176$$

verschiedene Farbkombinationen, wenn sowohl die Vielfachheit, in der eine Farbe gezogen wird, als auch die Reihenfolge berücksichtigt werden.

Kombinationen

Die Begriffe **Kombination mit Wiederholungen** und **Kombination ohne Wiederholungen** sind wie folgt definiert:

> **Definition 5.24** (Kombination mit und ohne Wiederholungen)
>
> *Eine beliebige Zusammenstellung $a_{i_1} a_{i_2} \ldots a_{i_l}$ von $l \leq n$ Elementen aus einer gegebenen Auswahl $a_1 a_2 \ldots a_n$ von n verschiedenen Elementen heißt Kombination der Ordnung l, wenn die Reihenfolge bei den l Elementen der Zusammenstellung nicht beachtet wird. Können dabei die n Elemente der gegebenen Auswahl $a_1 a_2 \ldots a_n$ jeweils maximal nur einmal in der Zusammenstellung $a_{i_1} a_{i_2} \ldots a_{i_l}$ vorkommen, dann spricht man genauer von einer Kombination der Ordnung l ohne Wiederholungen und die Anzahl dieser Kombinationen wird mit $K^l(n)$ bezeichnet. Können dagegen die n Elemente der gegebenen Auswahl $a_1 a_2 \ldots a_n$ mehrfach in der Zusammenstellung $a_{i_1} a_{i_2} \ldots a_{i_l}$ vorkommen, dann spricht man von einer Kombination der Ordnung l mit Wiederholungen und die Anzahl dieser Kombinationen wird mit $K_W^l(n)$ bezeichnet.*

Die Berechnung der Anzahl $K^l(n)$ von Kombinationen ohne Wiederholungen einer Auswahl $a_1 a_2 \ldots a_n$ von n verschiedenen Elementen wird **fünfte Grundaufgabe der Kombinatorik** genannt. Für die Anzahl $K^l(n)$ erhält man den folgenden Satz:

> **Satz 5.25** (Anzahl $K^l(n)$ – fünfte Grundaufgabe der Kombinatorik)
>
> *Für eine gegebene Auswahl $a_1 a_2 \ldots a_n$ von n verschiedenen Elementen existieren*
>
> $$K^l(n) = \frac{n!}{(n-l)! \, l!} = \binom{n}{l} = P_{l,n-l}^W(n)$$
>
> *verschiedene Kombinationen der Ordnung l ohne Wiederholungen.*

Beweis: Im Folgenden wird von der Anzahl $V^l(n)$ von Variationen der Ordnung l ohne Wiederholungen bei Vorliegen einer Auswahl von n verschiedenen Elementen ausgegangen. Nach Satz 5.20 gilt für ihre Anzahl $V^l(n) = \frac{n!}{(n-l)!}$. Im Gegensatz zu einer Variation werden bei einer Kombination Zusammenstellungen, die die gleichen Elemente in verschiedenen Anordnungen enthalten, als gleich identifiziert. Da jedoch l verschiedene Elemente auf genau $l!$ verschiedene Weisen angeordnet werden können (siehe Satz 5.15) muss somit

$$K^l(n) \cdot l! = V^l(n) \quad \text{bzw.} \quad K^l(n) = \frac{V^l(n)}{l!} = \frac{n!}{(n-l)!\, l!}$$

gelten. Zusammen mit der Definition 5.7 folgt daraus die Behauptung. ∎

Der Satz 5.25 gibt somit insbesondere eine Antwort auf die Frage, wieviele verschiedene l-elementige Teilmengen sich aus einer Menge mit n verschiedenen Elementen bilden lassen.

Beispiel 5.26 (Kombinationen ohne Wiederholungen)

a) Beim Skat gibt es

$$K^{10}(32) = \binom{32}{10} = 64.512.240$$

verschiedene Möglichkeiten für die Verteilung von 10 Karten an den ersten Spieler. Für den zweiten und dritten Spieler existieren entsprechend noch

$$K^{10}(22) = \binom{22}{10} = 646.646 \quad \text{bzw.}$$

$$K^{10}(12) = \binom{12}{10} = 66$$

verschiedene Möglichkeiten. Für die beiden Karten, die in den „Skat" wandern, gibt es dann wegen $K^2(2) = \binom{2}{2} = 1$ nur noch eine Möglichkeit. Damit erhält man für die Anzahl der verschiedenen Kartenverteilungen, die beim Skat existieren,

$$K^{10}(32) \cdot K^{10}(22) \cdot K^{10}(12) \cdot K^2(2)$$
$$= \binom{32}{10}\binom{22}{10}\binom{12}{10}\binom{2}{2}$$
$$= 2.753.294.408.504.640.$$

In Beispiel 5.18c) wurde diese Anzahl bereits auf eine etwas andere Weise ermittelt.

b) In Beispiel 5.21c) wurde ermittelt, dass beim „Zahlenlotto 6 aus 49" – ohne Berücksichtigung der Zusatzzahl – genau $V^6(49) = 10.068.347.520$ verschiedene Ziehungsverläufe existieren. Da jedoch die Reihenfolge, in der die sechs Zahlen gezogen werden, keinen Einfluss auf die Anzahl richtig getippter Zahlen hat, gibt es „nur"

$$K^6(49) = \frac{V^6(49)}{6!} = \binom{49}{6} = 13.983.816$$

verschiedene Möglichkeiten. Demnach existieren immer noch fast 14 Millionen verschiedene Tippreihen. Die Chance, „6 Richtige" zu haben, ist damit verschwindend gering, wenn man davon ausgeht, dass alle 49 Zahlen mit der gleichen Wahrscheinlichkeit gezogen werden können.

c) Werden bei einer Stichprobe zur Qualitätskontrolle aus 100 hergestellten Produkten zufällig 5 herausgegriffen, dann beträgt die Anzahl der verschiedenen Auswahlmöglichkeiten (Stichproben)

$$K^5(100) = \binom{100}{5} = 75.287.520.$$

Die **sechste Grundaufgabe der Kombinatorik** ist schließlich gegeben durch die Berechnung der Anzahl $K^l_W(n)$ von Kombinationen mit Wiederholungen einer Auswahl $a_1\, a_2\, \ldots\, a_n$ von n verschiedenen Elementen. Für die Anzahl $K^l_W(n)$ gilt der folgende Satz:

Satz 5.27 (Anzahl $K^l_W(n)$ – sechste Grundaufgabe der Kombinatorik)

Für eine gegebene Auswahl $a_1\, a_2\, \ldots\, a_n$ von n verschiedenen Elementen existieren

$$K^l_W(n) = \binom{n+l-1}{l}$$

verschiedene Kombinationen der Ordnung l mit Wiederholungen.

Beweis: Ein Beweis dieses Satzes kann mit Hilfe von vollständiger Induktion nach l erfolgen. ∎

Beispiel 5.28 (Kombinationen mit Wiederholungen)

a) Ein Würfel wird dreimal geworfen, wobei die Reihenfolge der Würfe keine Rolle spielt. Dann gilt $n = 6$ und $l = 3$ und es gibt somit

$$K^3_W(6) = \binom{8}{3} = 56$$

verschiedene Möglichkeiten.

b) Ein Unternehmen plant für die kommende Woche an den sechs Wochentagen Montag bis Samstag jeweils eine Werbeaktion. Zur Auswahl stehen Radiodurchsagen, Verteilung von Handzetteln und Plakatwerbung. Es gilt somit $n = 3$ und $l = 6$ und es liegt eine Kombination mit Wiederholungen vor. Wenn die Reihenfolge der Werbeaktionen eine Rolle spielt, sind

$$V_W^6(3) = 3^6 = 729$$

verschiedene Möglichkeiten (Variationen) mit Wiederholungen zu unterscheiden. Ist dagegen die Reihenfolge der Werbeaktionen nicht bedeutsam und wird sie deshalb auch nicht berücksichtigt, dann ergeben sich nur

$$K_W^6(3) = \binom{8}{6} = 28$$

verschiedene Möglichkeiten (Kombinationen) mit Wiederholungen.

In der Tabelle 5.2 sind die Ergebnisse für die sechs Grundaufgaben der Kombinatorik zusammengefasst, wobei von n Elementen ausgegangen wird:

	verschiedene Elemente	gruppenweise identische Elemente
Permutationen	$P(n) = n!$	$P_{n_1,\ldots,n_k}^W(n) = \frac{n!}{n_1!\, n_2!\, \cdots\, n_k!}$
Variationen der Ordnung l	ohne Wiederholung $V^l(n) = \frac{n!}{(n-l)!}$	mit Wiederholung $V_W^l(n) = n^l$
Kombinationen der Ordnung l	ohne Wiederholung $K^l(n) = \binom{n}{l}$	mit Wiederholung $K_W^l(n) = \binom{n+l-1}{l}$

Tabelle 5.2: Zusammenstellung der sechs Grundaufgaben der Kombinatorik

Wahrscheinlichkeitsrechnung

Die Kombinatorik ist eine der wichtigsten Grundlagen der **klassischen Wahrscheinlichkeitstheorie**. Diese basiert auf der sogenannten klassischen Auffassung des Wahrscheinlichkeitsbegriffs, welche vom bedeutenden französischen Mathematiker und Physiker *Pierre-Simon Laplace* (1749–1827) formuliert wurde und deshalb oft auch als Laplacesche Auffassung bezeichnet wird. Diese Auffassung besteht darin, dass die **Wahrscheinlichkeit** dafür, dass ein bestimmtes Ereignis eintritt, durch das Verhältnis

$$\frac{\text{Anzahl der günstigen Fälle}}{\text{Anzahl der möglichen Fälle}} \qquad (5.17)$$

P.-S. Laplace

gegeben ist. Zur Bestimmung solcher Verhältnisse ist die Kombinatorik das wichtigste Hilfsmittel. Die große Bedeutung der Kombinatorik für die Wahrscheinlichkeitstheorie wird auch im folgenden Beispiel deutlich, das auch als **Geburtstagsparadoxon** oder **Geburtstagsproblem** bekannt ist. Es besagt:

Befinden sich in einem Raum mindestens 23 Personen, dann ist die Wahrscheinlichkeit dafür, dass mindestens zwei dieser Personen am selben Tag Geburtstag haben, größer als 50%.

Das Geburtstagsparadoxon ist eines der bekanntesten Beispiele dafür, dass bestimmte Wahrscheinlichkeiten von den meisten Menschen intuitiv falsch eingeschätzt und deshalb als paradox wahrgenommen werden. Denn häufig schätzen Menschen die Wahrscheinlichkeit dafür, dass von 23 Personen mindestens zwei Personen am selben Tag Geburtstag haben, mit 1% bis 5% um eine ganze Zehnerpotenz falsch ein.

Das Geburtstagsparadoxon wird oft dem österreichischen Mathematiker *Richard von Mises* (1883–1953) zugeschrieben. Gemäß dem US-amerikanischen emeritierten Informatikprofessor *Donald Ervin Knuth* (*1938), dem Entwickler des Textsatzsystems TeX, das auch zur An-

R. v. Mises

fertigung dieses Lehrbuches verwendet wurde, steht der genaue Ursprung des Geburtstagsparadoxons nicht sicher fest. *Richard von Mises* war der jüngere Bruder des bekannten österreichischen Ökonomen *Ludwig von Mises* (1881–1973).

Beispiel 5.29 (Geburtstagsparadoxon)

Zur Berechnung der Wahrscheinlichkeit, dass in einer Gruppe von l Personen mindestens zwei dieser Personen am selben Tag Geburtstag haben, ist laut Formel (5.17) die Anzahl der günstigen Fälle sowie die Anzahl der möglichen Fälle zu bestimmen.

Die Anzahl der möglichen Fälle ist gegeben durch die Anzahl der möglichen Geburtstagsvariationen bei l Personen. Mit (5.16) ergibt sich hierfür

$$\text{Anzahl der möglichen Fälle} = 365^l.$$

Mit (5.15) erhält man, dass von diesen möglichen Fällen lediglich

$$\frac{365!}{(365-l)!} = 365 \cdot 364 \cdots (365-l+1)$$

Geburtstagsvariationen aus ausschließlich unterschiedlichen Geburtstagen bestehen. Das heißt, bei

$$365^l - 365 \cdot 364 \cdots (365-l+1)$$

Geburtstagsvariationen haben mindestens zwei der l anwesenden Personen am selben Tag Geburtstag. Die Wahrscheinlichkeit, dass in einer Gruppe von l Personen mindestens zwei Personen am selben Tag Geburtstag haben, beträgt somit gemäß Formel (5.17)

$$\frac{365^l - 365 \cdot 364 \cdots (365-l+1)}{365^l}$$
$$= 1 - \frac{365 \cdot 364 \cdots (365-l+1)}{365^l}.$$

Zum Beispiel ergibt sich für $l = 23$ die Wahrscheinlichkeit

$$1 - \frac{365 \cdot 364 \cdots 343}{365^{23}} \approx 0{,}5073 > 0{,}5.$$

Bei $l = 50$ Personen ist die Wahrscheinlichkeit sogar bereits größer als 97%.

Für zwei weitere interessante wahrscheinlichkeitstheoretische Anwendungen der Kombinatorik siehe die sogenannte **37%-Regel** in Beispiel 11.47 und den Nachweis dafür, dass Wahrscheinlichkeiten im Allgemeinen nicht transitiv sind in Beispiel 6.10.

Urnenmodell

Die letzten vier Grundaufgaben der Kombinatorik, d. h. die Bestimmung der Anzahl von Variationen und Kombinationen mit und ohne Wiederholungen, lassen sich gut am Beispiel einer **Urne** mit n verschiedenen Kugeln verdeutlichen.

Bei dieser Veranschaulichung spricht man von einer **geordneten Stichprobe** vom Umfang l, wenn l Kugeln aus der Urne entnommen werden und dabei die Reihenfolge beachtet wird, und von einer **ungeordneten Stichprobe** vom Umfang l, wenn es bei der Ziehung nicht auf die Reihenfolge ankommt.

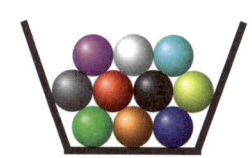

Urne mit verschiedenen Kugeln

Wird bei der Ziehung einer Kugel diese nach Notierung der Farbe oder Nummer wieder in die Urne zurückgelegt, dann ist von einer **Stichprobe mit Zurücklegen** die Rede. Werden dagegen gezogene Kugeln nicht in die Urne zurückgelegt, dann wird von einer **Stichprobe ohne Zurücklegen** gesprochen. Damit gelten insgesamt die folgenden Zusammenhänge:

geordnete Stichproben ohne Zurücklegen
 = Variationen ohne Wiederholungen
geordnete Stichproben mit Zurücklegen
 = Variationen mit Wiederholungen
ungeordnete Stichproben ohne Zurücklegen
 = Kombinationen ohne Wiederholungen
ungeordnete Stichproben mit Zurücklegen
 = Kombinationen mit Wiederholungen

Die Tabelle 5.3 fasst diese Zusammenhänge zusammen, wobei von n Kugeln bzw. Elementen ausgegangen wird:

Variation der Ordnung l ohne Wiederholungen = geordnete Stichprobe von l Kugeln ohne Zurücklegen Anzahl: $V^l(n) = \frac{n!}{(n-l)!}$	Kombination der Ordnung l ohne Wiederholungen = ungeordnete Stichprobe von l Kugeln ohne Zurücklegen Anzahl: $K^l(n) = \binom{n}{l}$
Variation der Ordnung l mit Wiederholungen = geordnete Stichprobe von l Kugeln mit Zurücklegen Anzahl: $V_W^l(n) = n^l$	Kombination der Ordnung l mit Wiederholungen = ungeordnete Stichprobe von l Kugeln mit Zurücklegen Anzahl: $K_W^l(n) = \binom{n+l-1}{l}$

Tabelle 5.3: Zusammenhang zwischen Stichproben, Variationen und Kombinationen mit und ohne Wiederholungen

Kapitel 6

Kartesische Produkte, Relationen und Abbildungen

Kapitel 6: Kartesische Produkte, Relationen und Abbildungen

6.1 Kartesische Produkte

Für die mathematische Definition einer **Relation** in Abschnitt 6.2 ist der Begriff des **kartesischen Produkts** – benannt nach dem französischen Philosophen und Mathematiker *René Descartes* (1596–1650) – eine unverzichtbare Grundlage. In Abschnitt 2.1 wurde bereits erläutert, dass Mengen ungeordnete Zusammenfassungen sind. Damit spielt die Reihenfolge der Elemente bei einer Menge keine Rolle und es gilt somit z. B.:

R. Descartes

$$\{a,b,c\} = \{a,c,b\} = \{b,a,c\} = \{b,c,a\} = \{c,a,b\}$$
$$= \{c,b,a\}$$

In vielen Bereichen oder Fragestellungen, wie z. B. in der Kombinatorik (siehe Abschnitt 5.4), ist auch die Reihenfolge, in der Elemente auftreten, von Bedeutung. In solchen Fällen ist man demnach an geordneten Zusammenfassungen und damit an sogenannten **kartesischen Produkten** und ***n*-Tupeln** interessiert:

> **Definition 6.1** (Kartesisches Produkt und *n*-Tupel)
>
> *Es seien $M_1, M_2, \ldots, M_n$ beliebige Mengen. Dann heißt die Menge*
>
> $$\underset{i=1}{\overset{n}{\times}} M_i := M_1 \times M_2 \times \ldots \times M_n$$
> $$= \{(x_1, x_2, \ldots, x_n) : x_i \in M_i \text{ für } i = 1, \ldots, n\}$$
>
> *n-faches kartesisches Produkt der Mengen $M_1, M_2, \ldots, M_n$. Die Elemente $(x_1, x_2, \ldots, x_n)$ von $\times_{i=1}^n M_i$ werden als (geordnete) n-Tupel und $x_i \in M_i$ wird als die i-te Koordinate von $(x_1, x_2, \ldots, x_n)$ bezeichnet.*

Ein *n*-Tupel $(x_1, x_2, \ldots, x_n)$ ist stets geordnet. Das heißt, es gilt

$$(x_1, \ldots, x_n) = (y_1, \ldots, y_n) \iff x_i = y_i$$
$$\text{für } i = 1, \ldots, n.$$

Ist eine der *n* Mengen $M_1, \ldots, M_n$ leer, d. h. gilt $M_i = \emptyset$ für mindestens ein $i = 1, \ldots, n$, dann vereinbart man

$$\underset{i=1}{\overset{n}{\times}} M_i = \emptyset.$$

Für $M_1 = \ldots = M_n = M$ schreibt man vereinfachend

$$M^n := \underset{i=1}{\overset{n}{\times}} M_i.$$

Durch M^n ist somit die Menge aller *n*-Tupel, deren *n* Koordinaten $x_1, x_2, \ldots, x_n$ Elemente von M sind, gegeben. Die bekanntesten Beispiele für *n*-fache kartesische Produkte der Form M^n sind:

- $\mathbb{R}^n$ Menge aller (geordneten) *n*-Tupel $(x_1, \ldots, x_n)$ reeller Zahlen
- $\mathbb{R}_+^n$ Menge aller (geordneten) *n*-Tupel $(x_1, \ldots, x_n)$ nichtnegativer reeller Zahlen
- $\mathbb{C}^n$ Menge aller (geordneten) *n*-Tupel $(x_1, \ldots, x_n)$ komplexer Zahlen
- $\mathbb{N}^n$ Menge aller (geordneten) *n*-Tupel $(x_1, \ldots, x_n)$ natürlicher Zahlen
- $\mathbb{Z}^n$ Menge aller (geordneten) *n*-Tupel $(x_1, \ldots, x_n)$ ganzer Zahlen

Versehen mit einer **Addition** und einer sogenannten **skalaren Multiplikation** wird das *n*-fache kartesische Produkt $\mathbb{R}^n$ auch als ***n*-dimensionaler euklidischer Raum** bezeichnet (siehe hierzu Abschnitt 7.3). Die wichtigsten Spezialfälle eines *n*-dimensionalen euklidischen Raums sind die (zweidimensionale) **euklidische Ebene** $\mathbb{R}^2$ und der **dreidimensionale euklidische Raum** (**Anschauungsraum**) $\mathbb{R}^3$.

Für $n = 2, 3, 4, 5$ spricht man anstelle von einem (geordneten) *n*-Tupel oft auch von einem (geordneten) **Paar** (x_1, x_2), **Tripel** (x_1, x_2, x_3), **Quadrupel** (x_1, x_2, x_3, x_4) bzw. **Quintupel** $(x_1, x_2, x_3, x_4, x_5)$. Von besonders großer Bedeutung ist der Fall $n = 2$ und damit zweifache kartesische Produkte $M \times N$ bestehend aus nur zwei Mengen M und N. Ein solches kartesisches Produkt wird gelesen als „M Kreuz N" und es gilt im Falle von $M, N \neq \emptyset$:

$$M \times N = N \times M \iff M = N$$

Das heißt, im Falle von nichtleeren Mengen M und N mit $M \neq N$ gilt $M \times N \neq N \times M$ (vgl. auch Beispiel 6.3a)).

Für die Anzahl der Elemente eines *n*-fachen kartesischen Produkts $\times_{i=1}^n M_i$ erhält man den folgenden Satz:

Satz 6.2 (Mächtigkeit eines kartesischen Produkts)

Es seien $M_1, \ldots, M_n$ endliche Mengen mit $|M_i| = m_i$ für alle $i = 1, \ldots, n$. Dann gilt:

a) $\left| \underset{i=1}{\overset{n}{\times}} M_i \right| = \prod_{i=1}^{n} m_i < \infty$

b) $\left| \underset{i=1}{\overset{n}{\times}} M_i \right| = 0$, *falls $M_i = \emptyset$ für ein $i = 1, \ldots, n$*

Beweis: Die Gültigkeit dieser Aussage ist offensichtlich und ein formaler Beweis kann leicht mittels vollständiger Induktion nach n geführt werden. ∎

Beispiel 6.3 (Kartesische Produkte)

a) Gegeben seien $M = \{a, b, c\}$ und $N = \{x, y\}$. Dann gilt:
$M \times N = \{(a, x), (a, y), (b, x), (b, y), (c, x), (c, y)\}$
$N \times M = \{(x, a), (x, b), (x, c), (y, a), (y, b), (y, c)\}$
Damit gilt $|M \times N| = |N \times M| = 6$, aber $M \times N \neq N \times M$ (vgl. Abbildung 6.1, links).

b) Es sei $M = \{0, 1\}$. Dann gilt
$M^3 = M \times M \times M$
$= \{(0, 0, 0), (0, 0, 1), (0, 1, 0), (0, 1, 1),$
$(1, 0, 0), (1, 0, 1), (1, 1, 0), (1, 1, 1)\}$

und $|M^3| = 8$. Die Elemente von M^3 sind die Eckpunkte des **Einheitswürfels** im $\mathbb{R}^3$.

c) Gegeben seien $M = [0, 1]$ und $N = [0, 1]$. Dann ist
$$M \times N = M^2 = [0, 1]^2 = \{(x, y) \colon 0 \leq x, y \leq 1\}$$
das **Einheitsquadrat** in der euklidischen Ebene $\mathbb{R}^2$ (vgl. Abbildung 6.1, rechts).

d) Gegeben seien $M = \{x_i \colon i\text{-ter Auftrag}\}$ und $N = \{y_j \colon j\text{-te Maschine}\}$. Dann enthält das kartesische Produkt
$$M \times N = \{(x_i, y_j) \colon x_i \in M \text{ und } y_j \in N\}$$
alle möglichen Zuordnungen der vorhandenen Aufträge x_i zu den verschiedenen Maschinen y_j.

6.2 Relationen

Viele Vorgänge und Tätigkeiten im täglichen Leben, oder speziell in den Wirtschaftswissenschaften, haben in der einen oder anderen Weise etwas mit Ordnen, Vergleichen oder Klassifizieren zu tun. So werden in der Investitionsrechnung verschiedene zur Auswahl stehende Investitionen oftmals anhand ihres erwarteten diskontierten Cashflows geordnet oder in Personalabteilungen erfolgt die Klassifikation und Auswahl von Bewerbungen auf eine offene Stelle nach verschiedenen Kriterien.

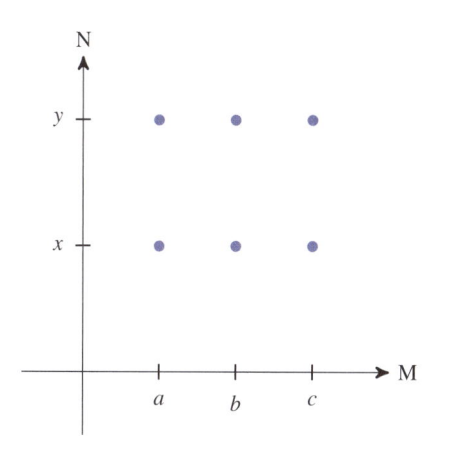

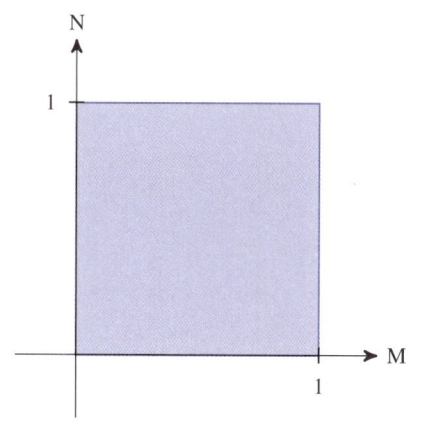

Abb. 6.1: Veranschaulichung der kartesischen Produkte $M \times N$ mit $M = \{a, b, c\}$ und $N = \{x, y\}$ (links) und $M \times N$ mit $M = N = [0, 1]$ (rechts)

Kapitel 6 Kartesische Produkte, Relationen und Abbildungen

Alle diese Vorgänge und Tätigkeiten haben offensichtlich gemeinsam, dass Elemente aus einer gegebenen Menge von Alternativen oder Objekten, wie zum Beispiel der Menge der zur Auswahl stehenden Investitionen oder der Menge der Bewerber und Bewerberinnen auf eine offene Stelle, anhand von objektiven oder subjektiven Kriterien in Beziehung, d. h. in Relation zueinander gesetzt werden.

Durch den mathematischen Begriff der **Relation** wird ein abstrakter Rahmen zur Analyse solcher Beziehungen zwischen gegebenen Objekten oder Alternativen bereitgestellt. Dabei handelt es sich um Teilmengen R von (geordneten) Paaren (x, y) eines kartesischen Produkts $M \times N$. Aufgrund ihrer Allgemeinheit gehört die Relation zu den wichtigsten mathematischen Begriffen. So wird sich u. a. zeigen, dass **Funktionen** (**Abbildungen**) nichts anderes als Relationen mit einer speziellen zusätzlichen Eigenschaft sind.

> **Definition 6.4** (Relation)
>
> *Gegeben seien zwei nichtleere Mengen M und N. Dann heißt eine Teilmenge R des kartesischen Produkts $M \times N$ Relation von der Menge M in die Menge N. Für die Elemente von R schreibt man $(x, y) \in R$ und sagt „x steht in Relation R zu y". Gilt $(x, y) \notin R$, dann sagt man „x steht nicht in Relation R zu y". Für $M = N$ wird $R \subseteq M \times M$ als Relation auf der Menge M bezeichnet und man schreibt dann auch $x\,R\,y$.*

Der mathematische Relationsbegriff ist offenbar so allgemein, dass auch so „exotische" Teilmengen wie die leere Menge $\emptyset$ und das kartesische Produkt $M \times N$ jeweils eine Relation R von der Menge M in die Menge N darstellen. Im ersten Fall existiert dann kein Paar (x, y) mit der Eigenschaft, dass $x \in M$ in Relation R zu $y \in N$ steht, während im zweiten Fall jedes $x \in M$ mit jedem $y \in N$ in Relation R steht. Diese beiden Extremfälle von Relationen sind jedoch meistens uninteressant.

Von Bedeutung sind vor allem Relationen R, die durch nichtleere echte Teilmengen eines zweifachen kartesischen Produkts $M \times N$ gegeben sind. Bei einem kartesischen Produkt $M \times N$ mit $|M \times N| = n$ Elementen können insgesamt 2^n verschiedene Relationen $R \subseteq M \times N$ gebildet werden. In diesem Fall besitzt nämlich die Potenzmenge $\mathcal{P}(M \times N)$ von $M \times N$ gemäß Satz 2.9 genau 2^n Elemente und es können somit 2^n verschiedene Teilmengen, d. h. Relationen $R \subseteq M \times N$, gebildet werden.

Bei einer Teilmenge $R \subseteq M \times N$ wird anstelle von Relation manchmal auch genauer von **binärer** Relation gesprochen. Dadurch wird dann ausgedrückt, dass in Definition 6.4 lediglich (geordnete) Paare (x, y) betrachtet werden. Völlig analog können aber auch **dreistellige Relationen** als Teilmengen eines dreifachen kartesischen Produkts $M_1 \times M_2 \times M_3$ oder allgemein **n-stellige Relationen** als Teilmengen eines n-fachen kartesischen Produkts $\times_{i=1}^{n} M_i$ definiert werden. Binäre Relationen, d. h. der Fall $n = 2$, stellen jedoch den weitaus bedeutendsten Fall dar. Aus diesem Grund werden

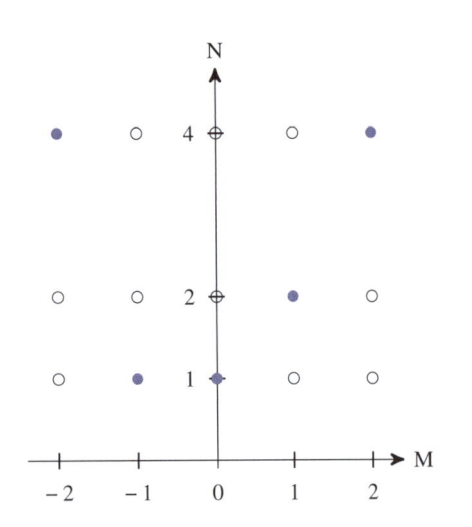

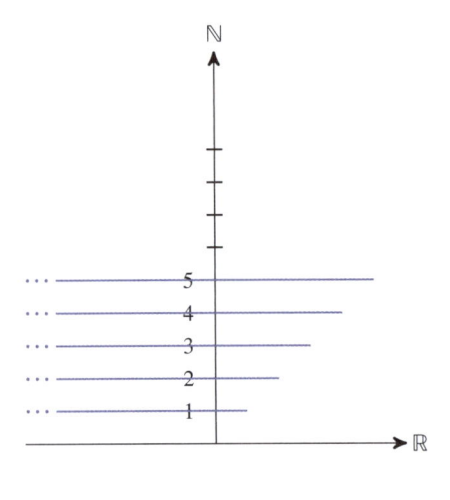

Abb. 6.2: Veranschaulichung der Relationen $R = \{(-2, 4), (-1, 1), (0, 1), (1, 2), (2, 4)\} \subseteq \{-2, -1, 0, 1, 2\} \times \{1, 2, 4\}$ (links) und $R = \{(x, y) \in \mathbb{R} \times \mathbb{N} : x \leq y\} \subseteq \mathbb{R} \times \mathbb{N}$ (rechts)

im weiteren Verlauf dieses Lehrbuchs ausschließlich binäre Relationen betrachtet und – wie allgemein üblich – kurz als Relationen bezeichnet.

Falls M und N Mengen von Zahlen sind, kann eine Relation $R \subseteq M \times N$ durch einen sogenannten **Relationsgraphen** veranschaulicht werden. Siehe hierzu das folgende Beispiel 6.5 und die Abbildungen 6.2 und 6.3.

Beispiel 6.5 (Relationen)

a) Betrachtet werden $M = \{-2, -1, 0, 1, 2\}$ und $N = \{1, 2, 4\}$. Dann ist
$$R = \{(-2, 4), (-1, 1), (0, 1), (1, 2), (2, 4)\} \subseteq M \times N$$
eine Relation von der Menge M in die Menge N (vgl. Abbildung 6.2, links).

b) Gegeben seien $M = \mathbb{R}$ und $N = \mathbb{N}$. Dann ist
$$R = \{(x, y) \in \mathbb{R} \times \mathbb{N} : x \leq y\} \subseteq \mathbb{R} \times \mathbb{N}$$
eine Relation von der Menge $\mathbb{R}$ in die Menge $\mathbb{N}$. Zwei Elemente $x \in \mathbb{R}$ und $y \in \mathbb{N}$ stehen somit genau dann in der Relation R zueinander, wenn $x \leq y$ gilt (vgl. Abbildung 6.2, rechts).

c) Es sei $M = N = \mathbb{R}$. Dann ist
$$R = \{(x, y) \in \mathbb{R}^2 : y = x^2\} \subseteq \mathbb{R}^2$$
eine Relation auf der Menge $\mathbb{R}$. Zwei Elemente $x, y \in \mathbb{R}$ stehen somit genau dann in der Relation R zueinander, also $x \, R \, y$, wenn $y = x^2$ gilt. Damit enthält die Menge R alle Zahlenpaare $(x, y) \in \mathbb{R}^2$, die auf der Normalparabel mit dem Scheitel im Nullpunkt $(0, 0)$ liegen (vgl. Abbildung 6.3, links).

d) Es seien M und N die nichtleeren Mengen der Studentinnen bzw. Studenten der Vorlesung „Mathematik für Wirtschaftswissenschaftler". Dann ist
$$R = \{(x, y) \in M \times N : \text{Studentin } x \text{ ist eine Verwandte von Student } y\}$$
eine Teilmenge von $M \times N$, also eine Relation von der Menge M in die Menge N.

e) Es sei M eine nichtleere Menge. Dann ist
$$R = \{(x, x) : x \in M\} \subseteq M^2$$
eine Relation auf der Menge M. Diese Relation heißt **Gleichheitsrelation** auf M. Zwei Elemente $x, y \in M$ stehen somit genau dann in der Relation R zueinander, also $x \, R \, y$, wenn $y = x$ gilt (vgl. Abbildung 6.3, rechts).

f) Es sei M die nichtleere Menge aller Schüler der Bismarckschule Elmshorn. Dann ist
$$R = \{(x, y) \in M \times M : \text{Schüler } x \text{ und Schüler } y \text{ gehen in dieselbe Klasse}\}$$
eine Teilmenge von M^2 und damit eine Relation auf der Menge M.

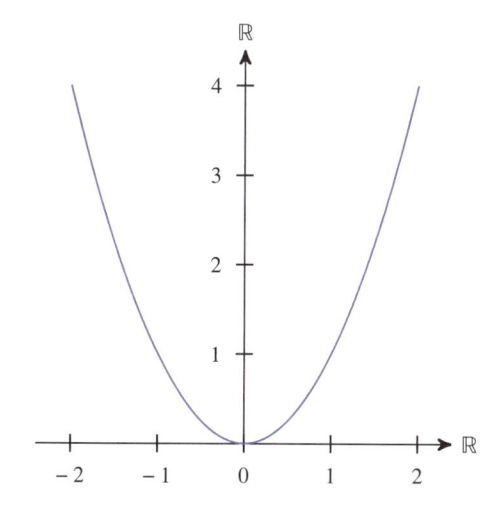

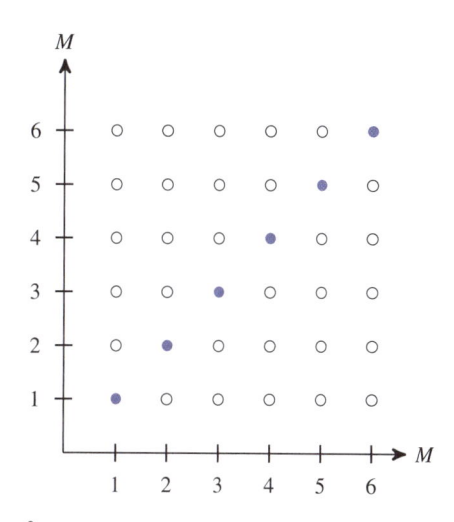

Abb. 6.3: Veranschaulichung der Relationen $R = \{(x, y) \in \mathbb{R}^2 : y = x^2\}$ (links) und $R = \{(x, x) : x \in M\}$ (rechts)

g) Es sei M eine nichtleere Menge von Mengen. Dann ist

$$R = \{(A, B) \in M \times M : \text{Menge } A \text{ ist gleichmächtig zur Menge } B\}$$

eine Teilmenge von M^2 und damit eine Relation auf der Menge M (zum Begriff der Gleichmächtigkeit von Mengen siehe Definition 3.18).

Umkehrrelationen

Zu jeder Relation $R \subseteq M \times N$ existiert eine sogenannte **Umkehrrelation** $R^{-1} \subseteq N \times M$. Durch sie wird die umgekehrte Relation zwischen den Elementen von M und N zum Ausdruck gebracht:

> **Definition 6.6** (Umkehrrelation)
>
> Ist $R \subseteq M \times N$ eine Relation von der Menge M in die Menge N, dann heißt
>
> $$R^{-1} := \{(y, x) : (x, y) \in R\} \subseteq N \times M$$
>
> *Umkehrrelation (inverse Relation) von R.*

Offensichtlich gilt stets $\left(R^{-1}\right)^{-1} = R$.

Im folgenden Beispiel werden die Umkehrrelationen der fünf Relationen aus Beispiel 6.5 explizit angegeben:

> **Beispiel 6.7** (Umkehrrelationen)
>
> a) Die Umkehrrelation R^{-1} der Relation $R = \{(-2, 4), (-1, 1), (0, 1), (1, 2), (2, 4)\}$ von Beispiel 6.5a) ist gegeben durch
>
> $$R^{-1} = \{(4, -2), (1, -1), (1, 0), (2, 1), (4, 2)\}.$$
>
> b) Die Umkehrrelation R^{-1} der Relation $R = \{(x, y) \in \mathbb{R} \times \mathbb{N} : x \leq y\}$ von Beispiel 6.5b) ist gegeben durch
>
> $$R^{-1} = \{(y, x) \in \mathbb{N} \times \mathbb{R} : y \geq x\}.$$
>
> Den Graphen der Umkehrrelation R^{-1} erhält man durch Spiegelung des Graphen von R an der Geraden $y = x$ und umgekehrt.
>
> c) Die Umkehrrelation R^{-1} der Relation $R = \{(x, y) \in \mathbb{R}^2 : y = x^2\}$ von Beispiel 6.5c) ist gegeben durch
>
> $$R^{-1} = \{(y, x) \in \mathbb{R}^2 : y = x^2\}.$$
>
> Den Graphen der Umkehrrelation R^{-1} erhält man wieder durch Spiegelung des Graphen von R an der Geraden $y = x$ und umgekehrt.
>
> d) Die Umkehrrelation R^{-1} der Relation R von Beispiel 6.5d) ist gegeben durch
>
> $$R^{-1} = \{(y, x) \in N \times M : \text{Student } y \text{ ist ein Verwandter von Studentin } x\}.$$
>
> e) Die Umkehrrelation R^{-1} der Relation $R = \{(x, x) : x \in M\}$ von Beispiel 6.5e) ist gegeben durch
>
> $$R^{-1} = \{(x, x) : x \in M\} = R.$$
>
> Das heißt, die Umkehrrelation R^{-1} der Gleichheitsrelation R auf einer Menge M stimmt mit der Gleichheitsrelation R überein.

Eigenschaften von Relationen

Von besonderem Interesse sind Relationen $R \subseteq M \times M$, d. h. Relationen auf einer Menge M, mit besonderen Eigenschaften. Zum Beispiel handelt es sich bei sogenannten **Äquivalenzrelationen** (siehe Abschnitt 6.3), **Ordnungsrelationen** (siehe Abschnitt 6.4) und **Präferenzrelationen** (siehe Abschnitt 6.5) stets um Relationen $R \subseteq M \times M$ mit speziellen zusätzlichen Eigenschaften.

Die folgende Definition fasst die wichtigsten Eigenschaften zusammen, die eine Relation $R \subseteq M \times M$ aufweisen kann:

> **Definition 6.8** (Eigenschaften von Relationen)
>
> *Eine Relation $R \subseteq M \times M$ heißt:*
> a) *reflexiv, falls $(x, x) \in R$ für alle $x \in M$*
> b) *transitiv, falls $(x, y) \in R \land (y, z) \in R \Longrightarrow (x, z) \in R$ für alle $x, y, z \in M$*
> c) *symmetrisch, falls $(x, y) \in R \Longrightarrow (y, x) \in R$ für alle $x, y \in M$*
> d) *antisymmetrisch, falls $(x, y) \in R \land (y, x) \in R \Longrightarrow x = y$ für alle $x, y \in M$*
> e) *vollständig, falls $(x, y) \in R \lor (y, x) \in R$ für alle $x, y \in M$*

Bei einer gegebenen Relation $R \subseteq M \times M$ können die Eigenschaften aus Definition 6.8 in der Regel direkt nachgeprüft werden. Für den sehr häufigen Fall, dass es sich bei M um eine Menge von reellen Zahlen handelt und somit die Relation R durch einen Relationsgraphen in der euklidischen Ebene $\mathbb{R}^2$ dargestellt werden kann, lässt sich hierzu sehr bequem der Relationsgraph von R verwenden:

Die Eigenschaft der Reflexivität von R bedeutet dann, dass alle Punkte (x, y) auf der Diagonalen $\{(x, x) : x \in M\}$ zur Relation R gehören. Symmetrie liegt bei einer Relation R vor, wenn mit jedem Punkt (x, y) auch der an der Diagonalen $\{(x, x) : x \in M\}$ gespiegelte Punkt (y, x) zur Relation R zählt. Dagegen besagt die Eigenschaft der Antisymmetrie, dass für einen nicht auf der Diagonalen $\{(x, x) : x \in M\}$ liegenden Punkt (x, y) aus R niemals auch der an der Diagonalen $\{(x, x) : x \in M\}$ gespiegelte Punkt (y, x) ein Element der Relation R ist. Eine Relation R ist schließlich vollständig, wenn von zwei zur Diagonalen $\{(x, x) : x \in M\}$ spiegelbildlich liegenden Punkten (x, y) und (y, x) stets mindestens einer zur Relation R gehört. Dies heißt insbesondere, dass bei einer vollständigen Relation R stets auch die Punkte auf der Diagonalen $\{(x, x) : x \in M\}$ zu R zählen. Damit ist jede vollständige Relation R auch reflexiv.

Die Eigenschaft der Transitivität von R lässt sich dagegen nicht so einfach aus dem Relationsgraphen ablesen. Eine Relation R ist transitiv, wenn für zwei Punkte (x, y) und (y, z) aus R stets auch der Punkt (x, z) zur Relation R gehört.

Im folgenden Beispiel werden die Relationen aus Beispiel 6.5c), e), f) und g) auf das Vorhandensein der verschiedenen Eigenschaften in Definition 6.8 untersucht:

Beispiel 6.9 (Eigenschaften von Relationen)

a) Die Relation $R = \{(x, y) \in \mathbb{R}^2 : y = x^2\}$ in Beispiel 6.5c) ist nicht reflexiv, nicht transitiv, nicht symmetrisch und nicht vollständig. Dies lässt sich leicht mit Hilfe von Abbildung 6.3, links verifizieren. Die Relation R ist jedoch antisymmetrisch. Denn gilt sowohl $(x, y) \in R$ als auch $(y, x) \in R$, dann bedeutet dies, dass $y = x^2$ und $x = y^2$ gilt. Dies impliziert jedoch die Gleichung $y = y^4$, welche nur für die reelle Zahl $y = 1$ erfüllt ist. Wegen $x = y^2$ folgt daraus aber auch $x = 1$ und somit $x = y$. Das heißt, die Relation R ist antisymmetrisch.

b) Die Relation $R = \{(x, x) : x \in M\}$ in Beispiel 6.5e) ist reflexiv, symmetrisch, transitiv und antisymmetrisch, wie sich leicht mit Hilfe von Abbildung 6.3, rechts verifizieren lässt. Sie ist jedoch nicht vollständig. Denn z. B. gilt weder $(1, 2) \in R$ noch $(2, 1) \in R$.

c) Die Relation R in Beispiel 6.5f) ist reflexiv, symmetrisch und transitiv.

Denn offensichtlich geht ein Schüler x stets in dieselbe Klasse wie er selbst (Reflexivität). Geht ein Schüler x in dieselbe Klasse wie ein Schüler y, dann geht auch der Schüler y in dieselbe Klasse wie Schüler x (Symmetrie). Gehen schließlich zwei Schüler x und y sowie zwei Schüler y und z jeweils in dieselbe Klasse, dann gehen auch x und z in dieselbe Klasse (Transitivität). Besitzt die Bismarckschule Elmshorn mindestens eine Klasse mit mindestens zwei Schülern, dann ist die Relation R nicht antisymmetrisch. Die Relation R ist im Allgemeinen auch nicht vollständig, wenn die Bismarckschule Elmshorn mindestens zwei Klassen besitzt.

d) Die Relation R in Beispiel 6.5g) ist reflexiv, symmetrisch und transitiv. Denn offensichtlich ist eine Menge A stets gleichmächtig zu sich selbst (Reflexivität). Ist eine Menge A gleichmächtig zu einer Menge B, dann ist die Menge B auch gleichmächtig zur Menge A (Symmetrie). Sind schließlich zwei Mengen A und B sowie zwei Mengen B und C gleichmächtig, dann sind auch A und C gleichmächtig (Transitivität). Im Allgemeinen ist die Relation R nicht antisymmetrisch und auch nicht vollständig.

Das folgende Beispiel aus der Wahrscheinlichkeitsrechnung demonstriert, dass im Allgemeinen Wahrscheinlichkeiten nicht transitiv sind. Dies mag vielen überraschend erscheinen:

Beispiel 6.10 (Wahrscheinlichkeiten sind nicht transitiv)

Betrachtet werden drei Würfel A, B und C, bei denen zwei gegenüberliegende Seiten jeweils dieselbe Zahl anzeigen. Es wird weiter angenommen, dass der Würfel A mit den Zahlen 3, 4, 8, der Würfel B mit den

Zahlen 2, 6, 7 und der Würfel C mit den Zahlen 1, 5, 9 beschriftet ist.

Zur Berechnung der Wahrscheinlichkeit des Ereignisses, dass bei einem Wurf von A und B der Würfel A eine größere Zahl als der Würfel B anzeigt, sind alle Paare (x, y) des kartesischen Produkts $\{3, 4, 8\} \times \{2, 6, 7\}$ zu bestimmen, für die $x > y$ gilt. Da dies genau für die fünf Paare $(3, 2), (4, 2), (8, 2), (8, 6)$ und $(8, 7)$ gilt, aber insgesamt $|\{3, 4, 8\} \times \{2, 6, 7\}| = 9$ verschiedene Paare (x, y) möglich sind (vgl. Satz 6.2a)), erhält man für die gesuchte Wahrscheinlichkeit den Wert $\frac{5}{9}$ (vgl. (5.17)). Analog erhält man, dass bei einem Wurf der beiden Würfel B und C der Würfel B sowie bei einem Wurf der beiden Würfel C und A der Würfel C jeweils mit der Wahrscheinlichkeit $\frac{5}{9}$ eine größere Zahl aufweist.

Die Relation R, die zwei Würfel genau dann in Beziehung zueinander setzt, wenn der erste Würfel eine höhere Gewinnchance besitzt als der zweite Würfel, ist somit nicht transitiv. Diese Nichttransitivität der Gewinnchancen kann leicht zur Konstruktion von unfairen Spielen eingesetzt werden. Zum Beispiel hat in einem Würfelspiel, bei dem der erste Spieler den Würfel auswählen darf, der zweite Spieler den Vorteil, dass er stets einen Würfel mit einer höheren Gewinnchance auswählen kann. Denn wählt der erste Spieler den Würfel A, dann ist für den zweiten Spieler der Würfel C vorteilhaft. Wählt der erste Spieler dagegen den Würfel B, dann wählt der zweite Spieler klugerweise den Würfel A und wählt der erste Spieler den Würfel C, dann ist der zweite Spieler mit dem Würfel B gut beraten.

In den folgenden drei Abschnitten 6.3, 6.4 und 6.5 werden mit den **Äquivalenzrelationen, Ordnungsrelationen** und **Präferenzrelationen** drei wichtige Klassen von Relationen betrachtet.

6.3 Äquivalenzrelationen

Für Anwendungen in den Wirtschaftswissenschaften ist die Klasse der **Äquivalenzrelationen** von besonders großer Bedeutung. Der Begriff der Äquivalenzrelation ist dabei folgt definiert:

Definition 6.11 (Äquivalenz- und Identitätsrelation)

Eine Relation $R \subseteq M \times M$ heißt Äquivalenzrelation auf M, wenn sie reflexiv, symmetrisch und transitiv ist. Für die Elemente (x, y) von R schreibt man dann oftmals $x \sim y$ und sagt, x ist äquivalent zu y. Ist eine Äquivalenzrelation R zusätzlich antisymmetrisch, dann wird sie als Identitätsrelation bezeichnet.

Ist R eine Äquivalenzrelation auf M, dann wird für ein $x \in M$ die Menge

$$[x] := \{y \in M : x \sim y\}$$

als die **Äquivalenzklasse zu x** bezeichnet. Sie enthält alle zu x äquivalenten Elemente aus M. Wegen der Reflexivität einer Äquivalenzrelation gilt stets $x \in [x]$, d. h. Äquivalenzklassen sind stets nichtleere Mengen. Die Elemente einer Äquivalenzklasse $[x]$ heißen **Vertreter** oder **Repräsentanten** dieser Äquivalenzklasse. Enthält eine Menge $B \subseteq M$ aus jeder Äquivalenzklasse $[x]$ genau ein Element, dann wird die Teilmenge B als **vollständiges Repräsentantensystem** für die Relation R bezeichnet.

Ist eine Äquivalenzrelation R auf M zusätzlich antisymmetrisch, dann folgt aus $(x, y) \in R$, dass $x = y$ gelten muss. Das heißt, bei einer Identitätsrelation sind die Äquivalenzklassen $[x]$ die einelementigen Teilmengen $\{x\}$ von M.

Beispiel 6.12 (Äquivalenz- und Identitätsrelationen)

a) Die Relation $R = \{(x, y) \in \mathbb{R}^2 : y = x^2\}$ in Beispiel 6.5c) ist keine Äquivalenzrelation (vgl. auch Beispiel 6.9a)).

b) Die Relation $R = \{(x, x) : x \in M\}$ in Beispiel 6.5e) ist eine Äquivalenzrelation. Da R auch antisymmetrisch ist, handelt es sich sogar um eine Identitätsrelation (vgl. auch Beispiel 6.9b)). Die Äquivalenzklassen $[x]$ dieser Äquivalenzrelation sind somit die einelementigen Teilmengen $\{x\}$ von M.

c) Die Relation R in Beispiel 6.5f) ist eine Äquivalenzrelation. Da R aber nicht antisymmetrisch ist, handelt es sich um keine Identitätsrelation (vgl. auch Beispiel 6.9c)). Die Äquivalenzklassen $[x]$ sind gegeben durch die Schulklassen des Bismarckschule Elmshorn.

d) Die Relation R in Beispiel 6.5g) ist eine Äquivalenzrelation. Da R aber nicht antisymmetrisch ist, handelt es sich wieder um keine Identitätsrelation (vgl. auch Beispiel 6.9d)). Eine Äquivalenzklasse $[x]$ von M besteht aus Mengen gleicher Mächtigkeit.

e) Die Relation auf $M = \{x_1, x_2, x_3, x_4, x_5, x_6\}$ sei gegeben durch die Abbildung 6.4, links. Es ist zu erkennen, dass es sich bei R um eine Äquivalenzrelation handelt. Wegen $x_1 \sim x_1$ und $x_1 \sim x_4$, aber $x_1 \not\sim x_2$, $x_1 \not\sim x_3$, $x_1 \not\sim x_5$ und $x_1 \not\sim x_6$ ist die Äquivalenzklasse von x_1 gegeben durch $[x_1] = \{x_1, x_4\}$. Analog erhält man
$$[x_1] = [x_4] = \{x_1, x_4\},$$
$$[x_2] = [x_3] = [x_5] = \{x_2, x_3, x_5\} \quad \text{und}$$
$$[x_6] = \{x_6\}.$$
Die Äquivalenzklassen sind nach Umsortierung leicht zu erkennen (Abbildung 6.4, rechts).

Bei näherer Betrachtung des Beispiels 6.12b)–d) fällt auf, dass die auftretenden Äquivalenzklassen paarweise disjunkt sind und ihre Vereinigung jeweils die Ausgangsmenge M ergibt. Das heißt, durch die Äquivalenzklassen wird die jeweilige Menge M in paarweise disjunkte Teilmengen „zerlegt". Die Äquivalenzklassen bilden somit eine Partition (Zerlegung) $\mathfrak{P}(M)$ der jeweiligen Menge M (zum Begriff der Partition siehe Abschnitt 2.5).

Das folgende Resultat zeigt, dass alle Äquivalenzrelationen diese Eigenschaft besitzen:

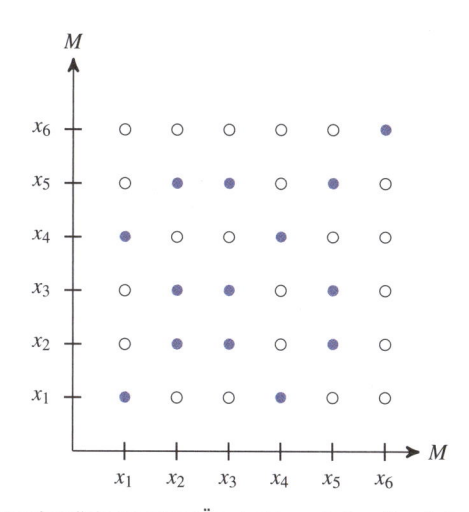

Satz 6.13 (Äquivalenzrelationen liefern Partitionen)

Es sei $\sim$ eine Äquivalenzrelation auf der Menge M. Dann gilt:
a) $x \sim y \iff [x] = [y]$ für alle $x, y \in M$
b) $[x] = [y]$ oder $[x] \cap [y] = \emptyset$ für alle $x, y \in M$
c) $M = \bigcup_{x \in M} [x]$
Demnach bilden die Äquivalenzklassen eine Partition $\mathfrak{P}(M)$ der Menge M.

Beweis: Zu a): Es gelte zunächst $[x] = [y]$. Dann folgt $y \in [y] = [x]$ und damit $y \sim x$, woraus $x \sim y$ folgt. Umgekehrt gelte nun $x \sim y$. Für ein beliebiges $a \in [x]$ gilt $a \sim x$. Zusammen mit der Transitivität einer Äquivalenzrelation impliziert dies $a \sim y$ und damit auch $a \in [y]$. Es gilt somit $[x] \subseteq [y]$. Völlig analog zeigt man $[y] \subseteq [x]$ und damit insbesondere $[x] = [y]$.

Zu b): Es sei angenommen, dass $[x] \cap [y] \neq \emptyset$ gilt. Dann existiert ein $a \in [x] \cap [y]$. Für dieses Element gilt $a \sim x$ und $a \sim y$ bzw. wegen der Symmetrie einer Äquivalenzrelation auch $x \sim a$ und $a \sim y$. Mit der Transitivität einer Äquivalenzrelation folgt daraus weiter $x \sim y$ bzw. mit Teil a) schließlich $[x] = [y]$.

Zu c) Die Aussage $M = \bigcup_{x \in M} [x]$ folgt unmittelbar aus $x \in [x]$ und $[x] \subseteq M$ für alle $x \in M$. ∎

Eine Äquivalenzrelation R auf einer Menge M liefert somit stets eine Partition $\mathfrak{P}(M)$ von M, d. h. eine Zerlegung von M in disjunkte Äquivalenzklassen. Der folgende Satz be-

Abb. 6.4: Veranschaulichung einer Äquivalenzrelation R auf einer Menge M (links) und ihre Umsortierung zum besseren Erkennen der Äquivalenzklassen (rechts)

sagt, dass auch die Umkehrung dieser Aussage gilt. Das heißt, durch eine Partition $\mathfrak{P}(M)$ von M wird stets auch eine Äquivalenzrelation R festgelegt.

> **Satz 6.14** (Partitionen liefern Äquivalenzrelationen)
>
> *Es sei* $\mathfrak{P}(M) = \{A_i : A_i \subseteq M \text{ und } i \in I\}$ *eine Partition der nichtleeren Menge* M. *Dann ist die Relation*
>
> $R = \{(x, y) \in M \times M : \text{es gibt ein } i \in I \text{ mit } x, y \in A_i\}$
>
> *eine Äquivalenzrelation auf* M *mit den Äquivalenzklassen* $(A_i)_{i \in I}$.

Beweis: Für den ersten Teil der Aussage ist zu zeigen, dass die Relation R reflexiv, symmetrisch und transitiv ist.

Reflexivität: Wegen $M = \bigcup_{i \in I} A_i$ gibt es zu jedem $x \in M$ einen Index $i \in I$ mit $x \in A_i$. Das heißt, es gilt $(x, x) \in R$.

Symmetrie: Gilt $(x, y) \in R$, dann ist auch $(y, x) \in R$ erfüllt. Dies folgt unmittelbar aus der Definition von R.

Transitivität: Es gelte $x, y, z \in M$ sowie $(x, y) \in R$ und $(y, z) \in R$. Dann gibt es ein $i \in I$ mit $x, y \in A_i$ und einen Index $j \in I$ mit $y, z \in A_j$. Somit gilt insbesondere $y \in A_i \cap A_j$. Wegen $A_i \cap A_j = \emptyset$ für $i \neq j$ muss aber $i = j$ gelten. Das heißt, es existiert ein $i \in I$ mit $x, y, z \in A_i$ und folglich gilt auch $(x, z) \in R$.

Bei R handelt es sich somit um eine Äquivalenzrelation.

Für den zweiten Teil der Aussage ist zu zeigen, dass die Äquivalenzrelation R die Äquivalenzklassen $(A_i)_{i \in I}$ besitzt. Hierzu sei $x \in M$ beliebig gewählt. Dann gibt es einen eindeutig bestimmten Index $i \in I$ mit der Eigenschaft $x \in A_i$ und für die Äquivalenzklasse von x gilt $[x] = \{y \in M : (x, y) \in R\} = A_i$. ∎

Bezüglich einer Äquivalenzrelation R werden Elemente derselben Äquivalenzklasse als gleichwertig (äquivalent) und Elemente verschiedener Äquivalenzklassen als nicht gleichwertig betrachtet. Das heißt, durch eine Äquivalenzrelation wird der kognitive Prozess einer Identifizierungsabstraktion (mathematisch) formalisiert.

Klasseneinteilungen – und damit nach Satz 6.14 auch Äquivalenzrelationen – spielen im täglichen Leben eine wichtige Rolle. Sie werden jedoch sehr häufig durchgeführt, ohne dass man sich ihrer so richtig bewusst ist. Zum Beispiel ist die Einteilung von Büchern einer Bibliothek nach Fachgruppen oder die Einteilung der Jahrestage nach Monaten eine Klasseneinteilung bzw. Äquivalenzrelation.

6.4 Ordnungsrelationen

Eine weitere bedeutende Klasse von Relationen sind die **Ordnungsrelationen**, die wie folgt definiert sind:

> **Definition 6.15** (Präordnungs- und Ordnungsrelation sowie Totalordnung)
>
> *Eine Relation* $R \subseteq M \times M$ *heißt Präordnungsrelation auf* M, *wenn sie reflexiv und transitiv ist. Ist eine Präordnungsrelation* R *auf* M *zusätzlich antisymmetrisch, dann heißt sie Ordnungsrelation auf* M *und für die Elemente* (x, y) *von* R *schreibt man dann oftmals* $x \leq y$ *und sagt, dass* x *kleiner gleich* y *ist. Eine Ordnungsrelation* R *auf* M *heißt vollständig oder Totalordnung, falls* R *zusätzlich vollständig ist.*

Im folgenden Beispiel sind einige Beispiele für diese Klasse von Relationen aufgeführt:

> **Beispiel 6.16** (Präordnungs- und Ordnungsrelationen sowie Totalordnungen)
>
> a) Auf der Menge $M = \mathbb{N}$ (oder $M = \mathbb{Z}, \mathbb{Q}, \mathbb{R}$) ist durch die Kleiner-Gleich-Relation $\leq$ zwischen zwei Zahlen x und y eine (natürliche) Ordnungsrelation bzw. sogar eine Totalordnung definiert.
>
> b) Es sei $\leq$ eine Ordnungsrelation auf der Menge M. Ferner bezeichne $x < y$ für $x, y \in M$ den Fall, dass sowohl $x \leq y$ als auch $x \neq y$ gilt. Dann wird durch
>
> $(x_1, x_2, \ldots, x_n) \leq (y_1, y_2, \ldots, y_n)$
>
> $:\Longleftrightarrow (x_1, x_2, \ldots, x_n) = (y_1, y_2, \ldots, y_n)$
>
> oder $(x_1 < y_1)$
>
> oder $(x_1 = y_1 \text{ und } x_2 < y_2)$
>
> oder $(x_1 = y_1 \text{ und } x_2 = y_2 \text{ und } x_3 < y_3)$
>
> $\vdots$ (6.1)
>
> oder $(x_1 = y_1, \ldots, x_{n-1} = y_{n-1} \text{ und } x_n < y_n)$
>
> eine Ordnungsrelation auf dem n-fachen kartesischen Produkt M^n definiert. Diese Ordnungsrelation wird

als **lexikographische Ordnung** auf M^n bezeichnet. Ist die Relation $x \leq y$ sogar eine Totalordnung auf M, dann ist auch die Relation (6.1) auf M^n eine Totalordnung. Die lexikographische Ordnung hat ihren Namen von der Anordnung der Wörter in einem Lexikon: Die Wörter werden zunächst nach ihren Anfangsbuchstaben geordnet, dann die Wörter mit gleichen Anfangsbuchstaben nach dem jeweils zweiten Buchstaben usw.

c) Die Relation auf $M = \{x_1, x_2, x_3, x_4, x_5, x_6\}$ sei gegeben durch die Abbildung 6.5, links. Es ist zu erkennen, dass es sich bei R um eine Ordnungsrelation handelt, aber nicht um eine Totalordnung.

d) Auf der Potenzmenge $M = \mathcal{P}(A)$ einer Menge A sei die Relation

$$R = \{(B, C) \in M \times M : B \subseteq C\}$$

definiert. Wegen $B \subseteq B$ für jede Menge $B \in M$ ist die Relation R reflexiv. Ferner gilt für drei beliebige Mengen $B, C, D \in M$ mit $B \subseteq C$ und $C \subseteq D$ stets $B \subseteq D$. Das heißt, die Relation R ist ebenfalls transitiv. Darüber hinaus ist sie auch antisymmetrisch. Denn für zwei beliebige Mengen $B, C \in M$ mit $B \subseteq C$ und $C \subseteq B$ folgt stets $B = C$. Bei R handelt es sich somit um eine Ordnungsrelation. Diese Ordnungsrelation ist jedoch im Allgemeinen nicht vollständig und damit insbesondere keine Totalordnung. Denn die Potenzmenge M kann Mengen B und C enthalten, für die weder $B \subseteq C$ noch $C \subseteq B$ gilt, wie es z. B. bei zwei disjunkten Mengen der Fall ist.

e) Auf der Potenzmenge $M = \mathcal{P}(A)$ einer Menge A sei nun die Relation

$$R = \{(B, C) \in M \times M : |B| \leq |C|\}$$

definiert. Wegen $|B| \subseteq |B|$ für alle $B \in M$ ist auch diese Relation R reflexiv. Sie ist aber auch transitiv, da für drei beliebige Mengen $B, C, D \in M$ mit $|B| \leq |C|$ und $|C| \leq |D|$ stets auch $|B| \leq |D|$ gilt. Darüber hinaus ist R auch vollständig. Denn für zwei Mengen $B, C \in M$ ist offensichtlich stets mindestens eine der beiden Ungleichungen $|B| \leq |C|$ oder $|C| \leq |B|$ erfüllt. Bei R handelt es sich somit um eine vollständige Präordnungsrelation. Diese Präordnungsrelation ist aber keine Ordnungsrelation, da sie im Allgemeinen nicht antisymmetrisch ist. Denn die Potenzmenge M kann Mengen B und C mit $B \neq C$ enthalten, für die $|B| = |C|$ und damit insbesondere auch $|B| \leq |C|$ und $|C| \leq |B|$ gilt.

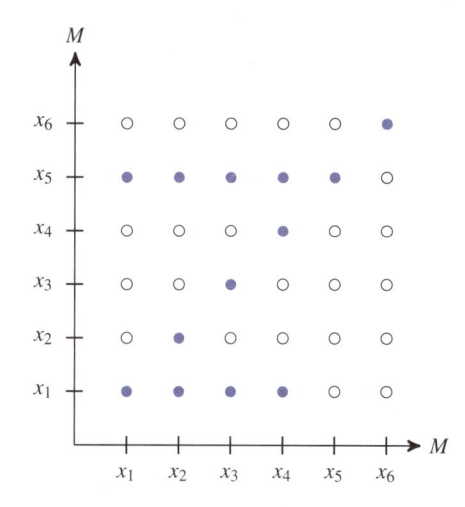

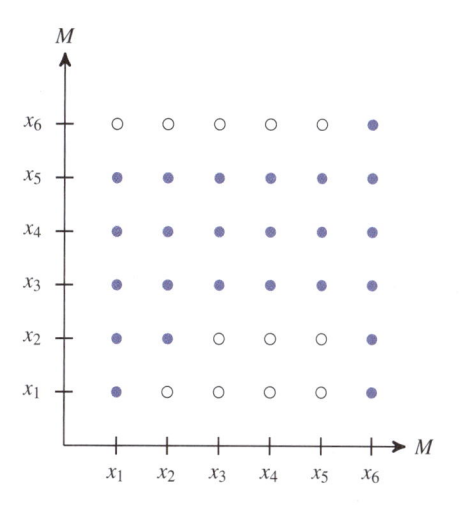

Abb. 6.5: Veranschaulichung einer Ordnungsrelation R auf einer Menge M (links) und einer Präferenzrelation R auf einer Menge M (rechts)

6.5 Präferenzrelationen

In den Wirtschaftswissenschaften werden zur Erklärung des Verhaltens von Verbrauchern oder Marktteilnehmern häufig sogenannte **Präferenzrelationen** betrachtet. Sie erlauben es z. B. verschiedene **Güterbündel**, d. h. festgelegte Zusammenfassungen von Gütern, bezüglich ihres Nutzens miteinander zu vergleichen.

Präferenzrelationen sind wie folgt definiert:

> **Definition 6.17** (Präferenzrelation)
>
> *Eine Relation $R \subseteq M \times M$ heißt Präferenzrelation auf M, wenn sie reflexiv, transitiv und vollständig ist. Für die Elemente (x, y) von R schreibt man dann oftmals $x \preceq y$ und sagt, dass x höchstens so gut wie y ist.*

Eine Präferenzrelation ist somit nichts anderes als eine vollständige Präordnungsrelation. Ist eine Präferenzrelation zusätzlich noch antisymmetrisch, dann handelt es sich sogar um eine Totalordnung.

Da eine vollständige Relation R stets reflexiv ist (siehe Seite 111), kann man in der Definition 6.17 auf die Forderung der Reflexivität auch verzichten.

Im folgenden Beispiel sind zwei exemplarische Präferenzrelationen angegeben:

> **Beispiel 6.18** (Präferenzrelationen)
>
> a) Die Relation auf $M = \{x_1, x_2, x_3, x_4, x_5, x_6\}$ sei gegeben durch die Abbildung 6.5, rechts. Es ist zu erkennen, dass es sich bei R um eine Präferenzrelation handelt, aber nicht um eine Totalordnung.
>
> b) Es sei M eine nichtleere Menge von Güterbündeln und durch die **Nutzenfunktion** $u: M \longrightarrow \mathbb{R}$ werde jedem Güterbündel $x \in M$ eine reelle Zahl $u(x)$ zugewiesen, die als „geldwerter" Nutzen des Güterbündels x interpretiert wird. Durch
>
> $$R = \{(x, y) \in M \times M : u(x) \leq u(y)\} \quad (6.2)$$
>
> ist dann eine Präferenzrelation auf M definiert. Das heißt, das Güterbündel x wird als höchstens so gut wie das Güterbündel y angesehen, wenn der Nutzen $u(x)$ von x kleiner oder gleich dem Nutzen $u(y)$ von y ist. Ist M z. B. durch das n-fache kartesische Produkt $M = [0, \infty) \times \ldots \times [0, \infty)$ und die Nutzenfunktion durch
>
> $$u: M \longrightarrow \mathbb{R}, \; x \mapsto u(x_1, \ldots, x_n) := \sum_{i=1}^{n} x_i$$
>
> gegeben, dann ist (6.2) für alle $n \in \mathbb{N}$ eine Präferenzrelation auf M. Für $n \geq 2$ handelt es sich jedoch bei (6.2) um keine Ordnungsrelation, da die Forderung der Antisymmetrie nicht erfüllt ist. Denn z. B. gilt $(2, 8) \in R$ und $(8, 2) \in R$, aber es ist $(2, 8) \neq (8, 2)$.

In Abbildung 6.6 ist der hierarchische Aufbau der verschiedenen betrachteten Relationen dargestellt. Vor allem Präferenzrelationen und Äquivalenzrelationen sind in den Wirtschaftswissenschaften im Rahmen der **Nutzen-** und **Entscheidungstheorie** von großer Bedeutung. Der wesentliche Unterschied zwischen diesen beiden Arten von Relationen besteht dar-

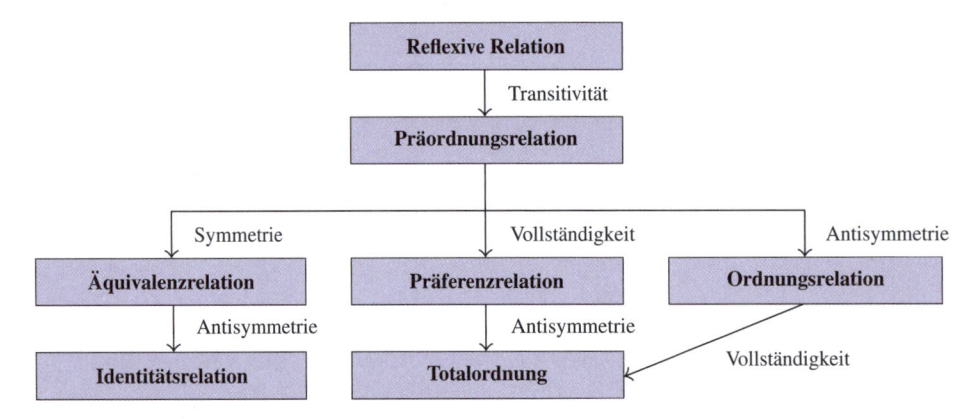

Abb. 6.6: Hierarchischer Aufbau der verschiedenen Relationen

in, dass man durch Äquivalenzrelationen lediglich Gleichheit innerhalb und Verschiedenheit zwischen den unterschiedlichen Klassen ausdrücken kann. Dagegen wird bei Präferenzrelationen eine Ordnungsrelation der Form „höchstens so gut wie" oder „kleiner oder gleich" ausgedrückt. Entsprechendes gilt für den Vergleich zwischen Identitätsrelation und Totalordnung.

6.6 Abbildungen

Das Konzept der **Abbildung** oder **Funktion** steht im Zentrum der gesamten Analysis und besitzt für die moderne Wirtschaftswissenschaft eine außerordentlich große Bedeutung. Der Begriff „Funktion" wurde im Jahre 1694 von dem bedeutenden deutschen Philosophen, Mathematiker und Diplomaten *Gottfried Wilhelm Leibniz* (1646–1716) eingeführt, der von vielen als letzter Universalgelehrter betrachtet wird. Eine Abbildung beschreibt eine Beziehung zwischen zwei Mengen, die jedem Element der einen Menge genau ein Element der anderen Menge zuordnet. Abbildungen (Funktionen) dienen somit ganz allgemein zur Beschreibung und Analyse von Abhängigkeiten zwischen verschiedenen Objekten.

G. W. Leibniz

Zum Beispiel ist die Menge eines Wirtschaftsguts, die von den Konsumenten in einer Zeitperiode nachgefragt wird, von Faktoren wie dem Einkommen, dem Preis des Gutes, der Jahreszeit, dem Vermögen, den Preisen anderer Güter usw. abhängig, während der Preis einer Option auf eine Aktie vom aktuellen Wert der Aktie, dem Marktzins, der Volatilität, dem Ausübungspreis und der Restlaufzeit der Option bestimmt wird. Darüber hinaus spielen in den Wirtschaftswissenschaften Abbildungen bei der Beschreibung und Lösung von Entscheidungs- und Optimierungsproblemen eine zentrale Rolle. Einige Beispiele für typische betriebs- oder volkswirtschaftliche Entscheidungs- und Optimierungsprobleme sind:

- Ermittlung der optimalen Produktionsmenge
- Bestimmung eines rentablen Wertpapierportfolios
- Auswahl von geeigneten Investitionen
- Bewertung des Nutzens eines ökonomischen Objekts
- Minimierung der Produktionskosten
- Berechnung optimaler Laufzeiten von Produktionsprozessen
- Bestimmung des optimalen Angebotspreises
- Ermittlung von risikogerechten Versicherungsprämien

Der Abbildungs- und Funktionsbegriff

In Abschnitt 6.2 wurde mit dem Begriff der Relation $R \subseteq M \times N$ auf einem kartesischen Produkt $M \times N$ eine sehr allgemeine Möglichkeit eingeführt, die Beziehung zwischen den Elementen x einer Menge M und den Elementen y einer Menge N auszudrücken. Dabei wurde bei der Definition einer Relation zugelassen, dass sowohl zu einem $x \in M$ mehrere $y \in N$ mit $(x, y) \in R$ existieren können als auch der Fall eintreten kann, dass für ein $x \in M$ kein $y \in N$ mit $(x, y) \in R$ existiert.

Im Folgenden werden nun Relationen $F \subseteq M \times N$ betrachtet, bei denen dies nicht vorkommen kann. Somit werden Relationen $F \subseteq M \times N$ untersucht, welche die Eigenschaft besitzen, dass es zu **jedem** $x \in M$ **genau** ein $y \in N$ mit $(x, y) \in F$ gibt. Eine solche spezielle Relation wird als **Abbildung** oder **Funktion** bezeichnet:

> **Definition 6.19** (Abbildung)
>
> *Es seien M und N nichtleere Mengen. Eine Abbildung (Funktion) von M nach N ist eine Vorschrift, die jedem $x \in M$ genau ein $y \in N$ zuordnet. Für diese Zuordnung schreibt man*
>
> $$f: M \longrightarrow N, \ x \mapsto y = f(x)$$
>
> *und bezeichnet die Menge M als Definitions- und die Menge N als Wertebereich der Abbildung (Funktion) f. Die Elemente x des Definitionsbereichs M werden Urbilder oder Argumente und die Elemente $y = f(x)$ des Wertebereichs N werden Bilder oder Funktionswerte von f genannt. Ferner heißt die Menge aller $y \in N$, die mindestens ein Urbild $x \in M$ besitzen, d. h. die Menge*
>
> $$f(M) := \{y \in N : \text{es gibt ein } x \in M \text{ mit } y = f(x)\} \subseteq N,$$
>
> *Bildbereich oder Bild von f.*

Die Bezeichnungen Abbildung und Funktion sind prinzipiell deckungsgleich. In der Analysis spricht man jedoch eher von

Kapitel 6   Kartesische Produkte, Relationen und Abbildungen

Funktionen und in der Algebra und Geometrie häufiger von Abbildungen.

Gelegentlich wird x auch als **unabhängige Variable** der Abbildung f bezeichnet. In diesem Fall heißt dann $y = f(x)$ **abhängige Variable** von f. Speziell in den Wirtschaftswissenschaften ist für x und y auch die Bezeichnung **exogene** bzw. **endogene** Variable verbreitet. In der Analysis ist die Wahl der Buchstaben x und y für die unabhängige bzw. abhängige Variable üblich. Man könnte jedoch genauso gut andere Buchstaben verwenden. Insbesondere ökonomische Größen werden oft nach dem ersten Buchstaben ihres Namens benannt. Zum Beispiel verwendet man k oder K für Kosten, c oder C für Konsum (engl. „consumption"), e oder E für Erlös, p oder P für Preis, u oder U für Umsatz, g oder G für Gewinn usw.

Auch die Bezeichnung einer Abbildung kann beliebig erfolgen. Allerdings wird der Name einer Abbildung oft so gewählt, dass er einen Bezug zum betrachteten Problem herstellt. Zum Beispiel verwendet man häufig N für eine Nachfragefunktion, G für eine Gewinnfunktion, K für eine Kostenfunktion, P für eine Produktionsfunktion, U für eine Nutzenfunktion (engl. „utility") usw. Bei der Bezeichnung einer Abbildung ist jedoch zu beachten, dass zwischen der Abbildung f und dem Wert $f(x)$ der Abbildung f an der Stelle x, d. h. dem Funktionswert, zu unterscheiden ist. Es ist aber auch durchaus verbreitet, eine Abbildung $f: M \longrightarrow N$, $x \mapsto f(x)$ kurz mit $f(x)$ zu bezeichnen, wenn keine Missverständnisse zu befürchten sind. So spricht man z. B. einfach von der Abbildung (Funktion) x^3.

Entsprechend der Definition 6.19 ist eine Abbildung $f: M \longrightarrow N$, $x \mapsto f(x)$ durch die Angabe 1) des Definitionsbereichs M, 2) des Wertebereichs N und 3) der **Zuordnungsvorschrift** f festgelegt. Zwei Abbildungen $f_1: M_1 \longrightarrow N_1$ und $f_2: M_2 \longrightarrow N_2$ stimmen somit genau dann überein, wenn

$$M_1 = M_2, \quad N_1 = N_2 \quad \text{und} \quad f_1(x) = f_2(x) \text{ für alle } x \in M_1$$

gilt. Durch die Abbildung $f: M \longrightarrow N$ wird stets die Relation

$$F = \{(x, f(x)): x \in M\} \subseteq M \times N$$

definiert. Sie wird als **Graph** von f bezeichnet und man schreibt für sie häufig auch $\mathrm{graph}(f)$.

Die durch eine Abbildung $f: M \longrightarrow N$ induzierte Relation $F = \mathrm{graph}(f)$ besitzt im Vergleich zu einer „gewöhnlichen" Relation $R \subseteq M \times N$ per Definition die beiden zusätzlichen Eigenschaften:

1) Für alle $x \in M$ gibt es ein $y \in N$ mit $(x, y) \in F$
2) Für alle $x \in M$ und $y, z \in N$ mit $(x, y) \in F$ und $(x, z) \in F$ gilt $y = z$

Eine Abbildung f ist somit eine spezielle Relation, bei der jedem $x \in M$ genau ein $y \in N$ zugeordnet wird. Es ist jedoch zu beachten, dass es bei einer Abbildung f im Allgemeinen durchaus vorkommen kann, dass a) nicht alle Elemente von N das Bild eines $x \in M$ sind oder b) ein $y \in N$ verschiedene Urbilder x_1 und x_2 aus M besitzt (siehe hierzu auch die Begriffe Injektivität, Surjektivität und Bijektivität in Abschnitt 6.7).

Umgekehrt lässt sich jede Relation $R \subseteq M \times N$ mit den beiden zusätzlichen Eigenschaften

1) für alle $x \in M$ gibt es ein $y \in N$ mit $(x, y) \in R$ und
2) für alle $x \in M$ und $y, z \in N$ mit $(x, y) \in R$ und $(x, z) \in R$ gilt $y = z$

als Graph $\mathrm{graph}(f)$ der Abbildung $f: M \longrightarrow N$ mit $f(x) := y$ für $(x, y) \in R$ auffassen.

Das folgende Beispiel 6.20 demonstriert, wie sich im Falle eines endlichen Definitionsbereichs M mit Hilfe einer **Wertetabelle** oder eines Graphen feststellen lässt, ob eine Zuordnungsvorschrift $f: M \longrightarrow N$ eine Abbildung ist oder nicht:

Beispiel 6.20 (Abbildungen)

a) Betrachtet werden eine Menge $M = \{x_1, x_2, x_3, x_4, x_5, x_6\}$ von Aufträgen und eine Menge $N = \{y_1, y_2, y_3, y_4\}$ mit den zur Verfügung stehenden Produktionsmaschinen. Durch die Wertetabelle

x_i	x_1	x_2	x_3	x_4	x_5	x_6
$f_1(x_i)$	y_2	y_1		y_3		y_4
$f_2(x_i)$	y_2	y_1	y_2	y_3, y_4	y_2	y_4
$f_3(x_i)$	y_3	y_3	y_3	y_3	y_3	y_3
$f_4(x_i)$	y_4	y_1	y_2	y_2	y_3	y_3

werden vier Zuordnungsvorschriften f_1, f_2, f_3 und f_4 beschrieben. Dabei ist festzustellen, dass f_1 keine Abbildung von M nach N ist, da die Elemente $x_3, x_5 \in M$ kein Bild besitzen. Durch f_2 ist ebenfalls keine Abbildung von M nach N gegeben, da das Element $x_4 \in M$ zwei Bilder y_3 und y_4 besitzt. Die Zuordnungsvorschrift f_3 ist dagegen eine Abbildung von M nach N, obwohl das Bild y_3 sechs verschiedene Urbilder besitzt. Genauso ist f_4 eine Abbildung von M nach N. Sie schöpft im Gegensatz zu f_3 den Wertebereich N voll aus. Das heißt, es gilt $f_4(M) = N$.

b) Gegeben seien $M = \{x_1, x_2, x_3, x_4\}$ und $N = \{y_1, y_2, y_3\}$. Dann handelt es sich bei der linken Zuordnung $f_1 \colon M \longrightarrow N$ in Abbildung 6.7 um keine Abbildung von M nach N, da das Element x_4 kein Bild besitzt. Ebenso ist auch die mittlere Zuordnung $f_2 \colon M \longrightarrow N$ in Abbildung 6.7 keine Abbildung von M nach N, denn das Element x_1 besitzt die zwei Bilder y_1 und y_2. Die rechte Zuordnung $f_3 \colon M \longrightarrow N$ in Abbildung 6.7 ist dagegen eine Abbildung von M nach N mit dem Bildbereich $f(M) = \{y_1, y_2\}$.

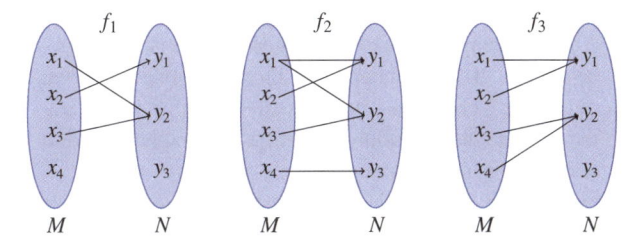

Abb. 6.7: Zuordnungsvorschriften $f_1 \colon M \longrightarrow N$ (links) und $f_2 \colon M \longrightarrow N$ (Mitte) sowie Abbildung $f_3 \colon M \longrightarrow N$ (rechts)

Die Einschränkung einer Abbildung $f \colon M \longrightarrow N$ auf eine Teilmenge $L \subseteq M$ wird **Restriktion** von f auf L genannt und mit
$$f_{|L} \colon L \longrightarrow N, \quad x \mapsto f_{|L}(x)$$
bezeichnet. Für die Restriktion gilt per Definition $f_{|L}(x) := f(x)$ für alle $x \in L$. Damit stimmen die beiden Abbildungen $f_{|L}$ und f auf der Menge L überein.

Darstellung von Abbildungen

Die Darstellung einer Abbildung $f \colon M \longrightarrow N$ kann im Wesentlichen erfolgen durch

a) eine **Wertetabelle** oder einen **Graphen**, falls der Definitionsbereich M endlich ist;

b) die **Funktionsgleichung** $y = f(x)$;

c) den **Graphen** $\operatorname{graph}(f) = \{(x, f(x)) \colon x \in M\}$ in der euklidischen Ebene $\mathbb{R}^2$, falls $M, N \subseteq \mathbb{R}$ gilt.

Sind sowohl der Definitionsbereich M als auch der Wertebereich N einer Abbildung $f \colon M \longrightarrow N$ Teilmengen von $\mathbb{R}$, dann gilt für den Graphen $\operatorname{graph}(f) \subseteq \mathbb{R}^2$ und die Darstellung von $\operatorname{graph}(f)$ erfolgt dann in der Regel in einem (rechtwinkligen) **kartesischen Koordinatensystem** im $\mathbb{R}^2$. Eine solche Darstellung des Graphen von f heißt **Schaubild** der Abbildung f.

R. Descartes

Kartesische Koordinatensysteme sind nach dem französischen Philosophen und Mathematiker *René Descartes* (1596-1650) benannt, da er dieses Konzept bekannt gemacht hat. Sie bestehen aus zwei senkrecht zueinander stehenden Zahlengeraden, so dass im **Schnittpunkt** beider Geraden $x = y = 0$ gilt. Dieser Schnittpunkt heißt **Nullpunkt** oder **Ursprung** des Koordinatensystems, die horizontale Achse wird als **Abszissenachse** (**Abzisse**, x**-Achse**) und die vertikale Achse als **Ordinatenachse** (**Ordinate**, y**-Achse**) bezeichnet.

Für einen Punkt (x, y) der euklidischen Ebene $\mathbb{R}^2$ erhält man dann durch senkrechte Projektion auf die beiden Achsen seine beiden Koordinaten x und y als Werte auf der Abszissen- bzw. Ordinatenachse (siehe Abbildung 6.8, links). Durch das kartesische Koordinatensystem wird die euklidische Ebene $\mathbb{R}^2$ in vier gleich große Bereiche zerlegt. Diese werden rechts oben beginnend und entgegen dem Uhrzeigersinn, d. h. im **mathematisch positiven Drehsinn**, der Reihe nach mit **1. Quadrant**, **2. Quadrant**, **3. Quadrant** und **4. Quadrant** bezeichnet (siehe Abbildung 6.8, rechts). Für das kartesische Koordinatensystem im n**-dimensionalen euklidischen Raum** $\mathbb{R}^n$ siehe Seite 7.10.

Im folgenden Beispiel wird der Abbildungsbegriff anhand einer einfachen wirtschaftswissenschaftlichen Anwendung verdeutlicht:

Beispiel 6.21 (Telefonkosten in Abhängigkeit der Uhrzeit)

Die untenstehende Tabelle zeigt drei verschiedene Telefontarife eines Mobilfunkanbieters. Die Telefontarife sind dabei in Sekunden s pro Telefoneinheit (12 Cent) angegeben:

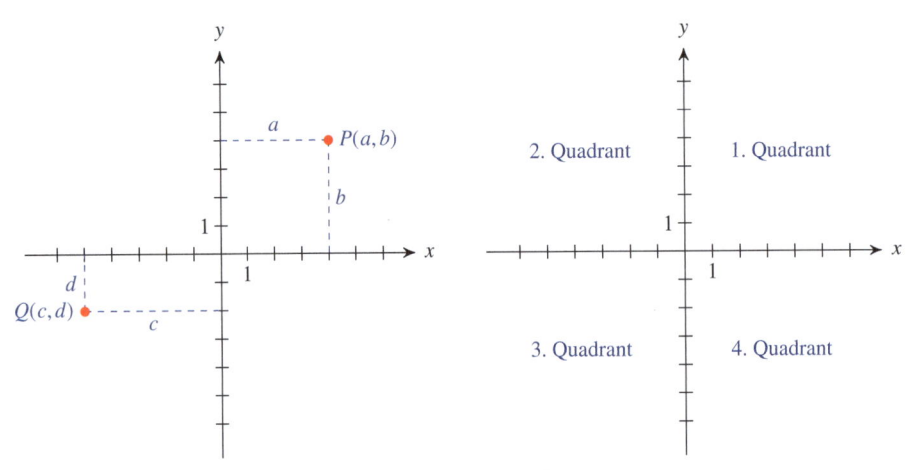

Kapitel 6 — Kartesische Produkte, Relationen und Abbildungen

Abb. 6.8: Kartesisches Koordinatensystem in der euklidischen Ebene $\mathbb{R}^2$

Uhrzeit t	Ortstarif	Tarif 1	Tarif 2
03.00 – 06.00	180s	60s	45s
06.00 – 09.00	120s	45s	20s
09.00 – 12.00	120s	30s	20s
12.00 – 18.00	90s	30s	20s
18.00 – 22.00	150s	60s	30s
22.00 – 24.00	240s	90s	30s
24.00 – 03.00	240s	120s	45s

Diese drei Telefontarife tragen der Tatsache Rechnung, dass zur Geschäftszeit zwischen 9.00 Uhr und 18.00 Uhr die Auslastung des Telefonnetzes höher ist als außerhalb. Zum Beispiel haben alle drei Tarife gemeinsam, dass zwischen 12.00 Uhr und 18.00 Uhr pro Telefoneinheit (12 Cent) nicht so lange telefoniert werden kann wie zwischen 24.00 Uhr und 3.00 Uhr. Die Telefonkosten Cent/Minute in Abhängigkeit von der Uhrzeit t lassen sich für die drei verschiedenen Tarife durch Abbildungen f_O, f_1 und f_2 beschreiben. Zum Beispiel betragen beim Ortstarif die Telefonkosten zwischen 18.00 Uhr und 22.00 Uhr

$$\frac{12 \text{ Cent}}{\frac{150}{60} \text{ Minute}} = 4{,}8 \text{ Cent/Minute}$$

und man erhält insgesamt für den Ortstarif die Abbildung

$$f_O : [0, 24] \to \mathbb{R}, \ t \mapsto f_O(t) := \begin{cases} 4 & \text{für } 3 \leq t < 6 \\ 6 & \text{für } 6 \leq t < 12 \\ 8 & \text{für } 12 \leq t < 18 \\ 4{,}8 & \text{für } 18 \leq t < 22 \\ 3 & \text{für } 22 \leq t < 3 \end{cases}.$$

Analog erhält man für die Tarife 1 und 2 die Abbildungen f_1 bzw. f_2, die die Telefonkosten in Cent/Minute in Abhängigkeit von der Uhrzeit t angeben. Mit Hilfe der drei Abbildungen f_O, f_1 und f_2 können automatische Aufgaben, wie z. B. das Senden eines Faxes, optimiert werden, indem die Versendung zu den kostengünstigsten Uhrzeiten erfolgt. Die Abbildung 6.9 zeigt die Graphen der drei verschiedenen Abbildungen f_O, f_1 und f_2.

Ist $f : M \longrightarrow N$ eine Abbildung, deren Definitionsbereich M eine Teilmenge der zweidimensionalen euklidischen Ebene $\mathbb{R}^2$ und deren Wertebereich N eine Teilmenge von $\mathbb{R}$ ist, dann gilt $\text{graph}(f) \subseteq \mathbb{R}^3$. Damit ist der Graph (Schaubild) von f eine Punktewolke im dreidimensionalen euklidischen Raum (Anschauungsraum) $\mathbb{R}^3$. Analog zum Fall $\text{graph}(f) \subseteq \mathbb{R}^2$ erfolgt dann die Darstellung des Graphen $\text{graph}(f)$ von f häufig in einem kartesischen Koordinatensystem im $\mathbb{R}^3$. Zur Abszissen- und Ordinatenachse kommt somit noch eine dritte räumliche Achse hinzu, welche senkrecht auf der Abszissen- und Ordinatenachse steht und als **Applikatenachse** (**Applikate**, **z-Achse**) bezeichnet wird. Meistens liegen die Abszissen- und Ordinatenachse in der Ebene, während die Applikate zur Höhenanzeige dient (vgl. Abbildung 6.10 und Abschnitt 21.3).

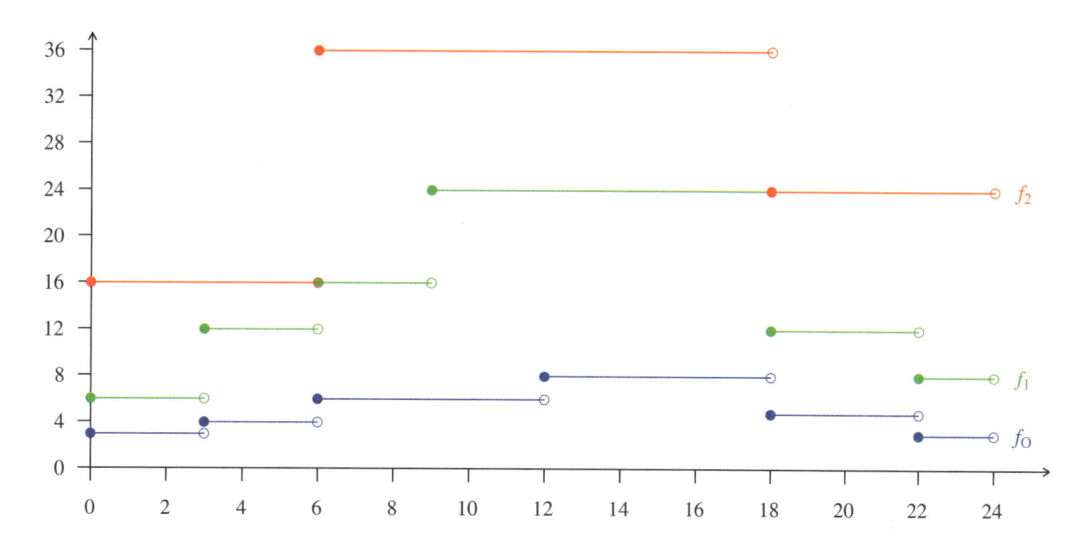

Abb. 6.9: Telefonkosten Cent/Minute in Abhängigkeit von der Uhrzeit t für den Ortstarif und die Tarife 1 und 2

Beispiel 6.22 (Abbildungen)

a) Betrachtet werden die drei Zuordnungsvorschriften:

$$f_1: \mathbb{R} \longrightarrow \mathbb{R}, \; x \mapsto \sqrt{x}$$
$$f_2: \mathbb{R} \longrightarrow \mathbb{R}, \; x \mapsto x^2 + 1$$
$$f_3: \{-3, -1, 0, 1, 2, 3\} \longrightarrow \mathbb{R}, \; x \mapsto x^2 + 1$$

Dann ist die Zuordnungsvorschrift f_1 keine Abbildung, da $f(x) = \sqrt{x}$ für $x < 0$ nicht definiert ist und somit die Werte $x < 0$ kein Bild besitzen. Die Restriktion von f_1 auf das Intervall $[0, \infty)$, d. h. die Zuordnungsvorschrift $f_{1|[0,\infty)}: [0, \infty) \longrightarrow \mathbb{R}$, $x \mapsto f_{1|[0,\infty)}(x)$, ist jedoch eine Abbildung von $[0, \infty)$ nach $\mathbb{R}$.

Die beiden anderen Zuordnungsvorschriften f_2 und f_3 sind dagegen auf dem gesamten Definitionsbereich $\mathbb{R}$ bzw. $\{-3, -1, 0, 1, 2, 3\}$ Abbildungen und besitzen die Bildbereiche $f_2(\mathbb{R}) = [1, \infty)$ bzw. $f_3(\{-3, -1, 0, 1, 2, 3\}) = \{1, 2, 5, 10\}$.

b) Betrachtet wird die Zuordnungsvorschrift $f: \mathbb{R}^2 \longrightarrow \mathbb{R}, \; (x, y) \mapsto x^2 + y^2$. Diese Zuordnungsvorschrift ordnet offensichtlich jedem Punkt $(x, y) \in \mathbb{R}^2$ genau eine reelle Zahl z zu und ist somit eine Abbildung. Wegen $x^2 + y^2 \geq 0$ für alle $(x, y) \in \mathbb{R}^2$ gilt für den Bildbereich dieser Abbildung $f(\mathbb{R}^2) = [0, \infty)$ (vgl. Abbildung 6.10).

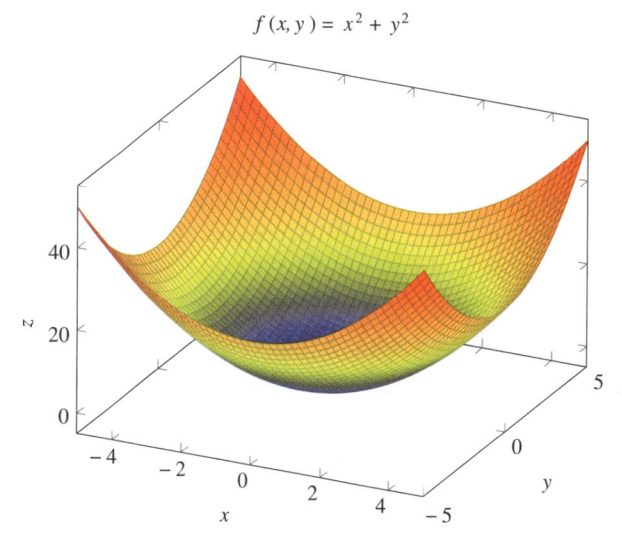

Abb. 6.10: Abbildung $f: \mathbb{R}^2 \longrightarrow \mathbb{R}, \; (x, y) \mapsto x^2 + y^2$

Das folgende Beispiel zeigt, dass nicht der Graph jeder Abbildung $f: M \longrightarrow N$ mit $M, N \subseteq \mathbb{R}$ in einem kartesischen Koordinatensystem dargestellt werden kann:

Beispiel 6.23 (Dirichletsche Sprungfunktion)

Die Abbildung

$$f: [0, 1] \longrightarrow \mathbb{R}, \; x \mapsto f(x) = \begin{cases} 1 & \text{für } x \text{ rational} \\ 0 & \text{für } x \text{ irrational} \end{cases}$$

heißt **Dirichlet-Funktion** oder **Dirichletsche Sprungfunktion** und ist nach dem deutschen Mathematiker *Peter Gustav Dirichlet* (1805–1859) bezeichnet. Da die Menge $\mathbb{Q}$ der rationalen Zahlen abzählbar unendlich ist (vgl. Satz 3.22), besitzt die Dirichlet-Funktion abzählbar unendlich viele „Sprungstellen". Aufgrund dieser großen Unregelmäßigkeit ist der Graph der Dirichlet-Funktion f so komplex, dass er nicht einmal ansatzweise skizziert werden kann. *Dirichlet* trat 1855 in Göttingen als Professor der höheren Mathematik die Nachfolge von *Carl Friedrich Gauß* (1777–1855) an und war mit einer Schwester des deutschen Komponisten *Felix Mendelssohn Bartholdy* (1809–1847) verheiratet.

P. G. Dirichlet

Bild und Urbild von Teilmengen

Für eine gegebene Abbildung $f : M \longrightarrow N$ ist man häufig daran interessiert, wie sich ganz spezielle Teilmengen A des Definitionsbereichs M und/oder gewisse Teilmengen B des Wertebereichs N unter der Abbildung f verhalten. Für solche Überlegungen wird die folgende Definition benötigt.

> **Definition 6.24** (Bild und Urbild einer Teilmenge)
>
> *Es sei $f : M \longrightarrow N$ eine Abbildung. Dann heißt für eine Teilmenge A des Definitionsbereichs M die Menge*
>
> $$f(A) := \{y \in N : \text{es gibt ein } x \in A \text{ mit } y = f(x)\}$$
>
> *das Bild von A unter der Abbildung f. Entsprechend wird für eine Teilmenge B des Wertebereichs N die Menge*
>
> $$f^{-1}(B) := \{x \in M : f(x) \in B\} \qquad (6.3)$$
>
> *als Urbild von B unter der Abbildung f bezeichnet.*

Die Elemente y der Bildmenge $f(A) \subseteq N$ sind jeweils das Bild mindestens eines Elements x aus der Menge $A \subseteq M$ und die Elemente x der Urbildmenge $f^{-1}(B) \subseteq M$ werden durch die Abbildung f auf ein Element der Menge $B \subseteq N$

abgebildet. Es gilt damit stets

$$A \subseteq f^{-1}(f(A)) \qquad \text{und} \qquad f(f^{-1}(B)) \subseteq B$$

für alle $A \subseteq M$ und $B \subseteq N$. Dieser Sachverhalt wird durch die Abbildung 6.11 und Beispiel 6.25a) verdeutlicht. Beachte, dass für eine nichtleere Menge $A \subseteq M$ stets $f(A) \neq \emptyset$ gilt, während jedoch $f^{-1}(B) = \emptyset$ durchaus auch für nichtleere Mengen $B \subseteq N$ möglich ist.

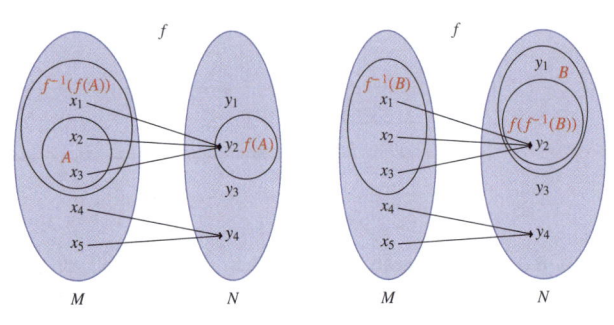

Abb. 6.11: Es gilt $A \subseteq f^{-1}(f(A))$ (links) und $f(f^{-1}(B)) \subseteq B$ (rechts)

Die nachfolgenden Beispiele dienen der Verdeutlichung der Begriffe Bild und Urbild einer Teilmenge:

> **Beispiel 6.25** (Bild und Urbild von Teilmengen)
>
> a) Für die Abbildung $f : \mathbb{Z} \longrightarrow \mathbb{Z}$, $n \mapsto n^2$ gilt z. B.
>
> $$f(\{1,2,3\}) = \{1,4,9\}$$
> $$f^{-1}(\{1,2,3,4,5,6,7,8,9,10\}) = \{-3,-2,-1,1,2,3\}$$
>
> und damit insbesondere
>
> $$\{1,2,3\} \subseteq \{-3,-2,-1,1,2,3\}$$
> $$= f^{-1}(\{1,4,9\}) = f^{-1}(f(\{1,2,3\}))$$
>
> bzw.
>
> $$f\left(f^{-1}(\{1,2,3,4,5,6,7,8,9,10\})\right)$$
> $$= f(\{-3,-2,-1,1,2,3\})$$
> $$= \{1,4,9\} \subseteq \{1,2,3,4,5,6,7,8,9,10\}.$$
>
> b) Gegeben seien $M = \{x_1, x_2, x_3, x_4, x_5\}$ und $N = \{y_1, y_2, y_3, y_4, y_5\}$. Dann gilt für die Abbildung $f_1 : M \longrightarrow N$ in Abbildung 6.12, links und die Ab-

bildung $f_2: M \longrightarrow N$ in Abbildung 6.12, rechts:

$$f_1(\{x_1\}) = f_1(\{x_1, x_2, x_3\}) = \{y_2\},$$
$$f_1(\{x_1, x_4\}) = \{y_2, y_4\},$$
$$f_1^{-1}(\{y_2\}) = f_1^{-1}(\{y_1, y_2\}) = \{x_1, x_2, x_3\},$$
$$f_1^{-1}(\{y_4\}) = \{x_4\}$$

bzw.

$$f_2(\{x_1, x_4\}) = \{y_1, y_3\},$$
$$f_2(\{x_4, x_5\}) = \{y_3, y_5\},$$
$$f_2^{-1}(\{y_1, y_2, y_3\}) = \{x_1, x_2, x_3, x_4\},$$
$$f_2^{-1}(\{y_2, y_3\}) = \{x_3, x_4\},$$
$$f_2^{-1}(\{y_1\}) = \{x_1, x_2\}$$

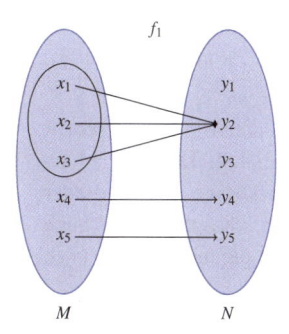

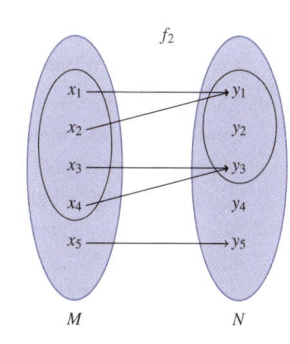

Abb. 6.12: Urbildmenge $f^{-1}(V)$ von V

6.7 Injektivität, Surjektivität und Bijektivität

Eine Abbildung $f: M \longrightarrow N$ ordnet gemäß Definition 6.19 jedem Element x aus dem Definitionsbereich M genau ein Element y aus dem Wertebereich N als Bild zu. Von „links nach rechts" betrachtet ist eine Abbildung f somit stets eine eindeutige Zuordnungsvorschrift.

Im Allgemeinen gilt für eine Abbildung $f: M \longrightarrow N$ jedoch nicht, dass auch jedes Element y aus dem Wertebereich N genau ein Element x aus dem Definitionsbereich M als Urbild besitzt. Eine solche vollständige und eindeutige Rückidentifizierung von „rechts nach links" ist nicht bei allen Abbildungen f möglich und stellt deshalb eine besondere Eigenschaft einer Abbildung dar.

Solche Betrachtungen führen zu den Begriffen **Injektivität**, **Surjektivität** und **Bijektivität**, die wie folgt definiert sind:

Definition 6.26 (Injektivität, Surjektivität und Bijektivität)

Es sei $f: M \longrightarrow N$ eine Abbildung (Funktion). Dann gilt:

a) *f heißt injektiv, falls $f(x_1) \neq f(x_2)$ für alle $x_1, x_2 \in M$ mit $x_1 \neq x_2$ gilt.*

b) *f heißt surjektiv, falls es zu jedem $y \in N$ mindestens ein $x \in M$ mit $y = f(x)$ gibt und damit $f(M) = N$ gilt.*

c) *f heißt bijektiv, wenn sie sowohl injektiv als auch surjektiv ist.*

Eine injektive Abbildung $f: M \longrightarrow N$ hat somit die Eigenschaft, dass ein Element y aus dem Wertebereich N maximal ein Urbild $x \in M$ besitzt. Das heißt, es ist auch eine Rückidentifizierung von „rechts nach links" möglich. Injektive Abbildungen werden deshalb oft als **eineindeutig** bezeichnet, was als Kurzform für eindeutig-eindeutig zu verstehen ist. Für eine surjektive Abbildung $f: M \longrightarrow N$ gilt hingegen, dass der Wertebereich N so klein ist, dass jedes Element y aus dem Wertebereich N mindestens ein Urbild $x \in M$ hat.

Eine bijektive Abbildung $f: M \longrightarrow N$ besitzt somit die Eigenschaft, dass nicht nur jedes Element x aus der Definitionsmenge M genau ein Bild $y \in N$ besitzt, sondern dass umgekehrt auch jedes Element y aus dem Wertebereich N genau ein Urbild $x \in M$ hat. Mit anderen Worten: Jedem Element $x \in M$ wird durch die Zuordnungsvorschrift $f(x) = y$ genau ein $y \in N$ zugeordnet und umgekehrt. Dies heißt insbesondere, dass bei einer bijektiven Abbildung $f: M \longrightarrow N$ die beiden Mengen M und N gleichmächtig sind (zum Begriff der Gleichmächtigkeit von Mengen siehe Definition 3.18).

Beispiel 6.27 (Injektivität, Surjektivität und Bijektivität)

a) Gegeben seien $M_1 = \{x_1, x_2, x_3, x_4\}$, $M_2 = \{x_1, x_2, x_3\}$, $N_1 = \{y_1, y_2, y_3, y_4\}$ und $N_2 = \{y_1, y_2, y_3\}$. Dann gilt:

1) Die Abbildung $f_1: M_1 \longrightarrow N_2$ in Abbildung 6.13, links oben ist surjektiv, da jedes Ele-

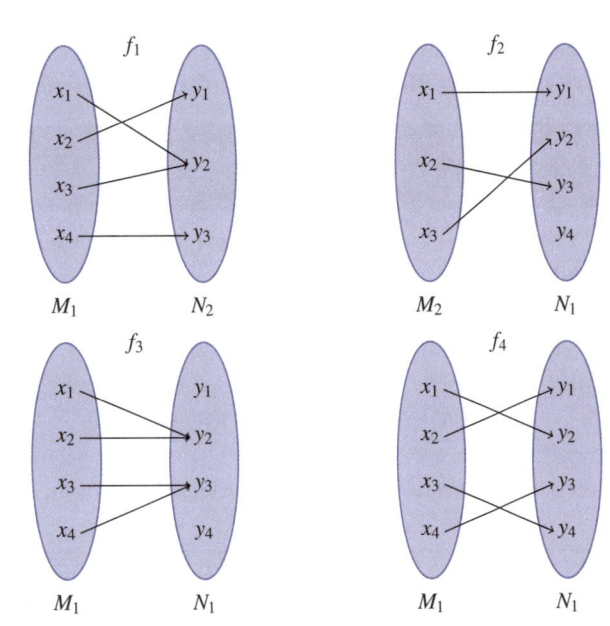

Abb. 6.13: Abbildungen $f_1: M_1 \longrightarrow N_2$ (links oben), $f_2: M_2 \longrightarrow N_1$ (rechts oben), $f_3: M_1 \longrightarrow N_1$ (links unten) und $f_4: M_1 \longrightarrow N_1$ (rechts unten)

ment des Wertebereichs N_2 ein Urbild besitzt. Sie ist aber nicht injektiv, denn das Element $y_2 \in N_2$ hat zwei Urbilder x_1 und x_3.

2) Die Abbildung $f_2: M_2 \longrightarrow N_1$ in Abbildung 6.13, rechts oben ist injektiv, da jedes Element des Wertebereichs N_1 maximal ein Urbild besitzt. Sie ist aber nicht surjektiv, denn das Element $y_4 \in N_1$ hat kein Urbild.

3) Die Abbildung $f_3: M_1 \longrightarrow N_1$ in Abbildung 6.13, links unten ist weder injektiv noch surjektiv, denn die Elemente $y_2, y_3 \in N_1$ besitzen zwei Urbilder und die Elemente $y_1, y_4 \in N_1$ haben keine Urbilder.

4) Die Abbildung $f_4: M_1 \longrightarrow N_1$ in Abbildung 6.13, rechts unten ist bijektiv, denn alle Elemente des Wertebereichs N_1 besitzen genau ein Urbild.

b) Betrachtet werden die drei Abbildungen:

$$f_1: \mathbb{N} \longrightarrow \mathbb{R}, \quad x \mapsto \frac{2x}{x+1}$$
$$f_2: \mathbb{R} \longrightarrow \mathbb{R}, \quad x \mapsto 3x - 1$$
$$f_3: \mathbb{N} \longrightarrow \mathbb{N}, \quad x \mapsto 3x - 1$$

Die Abbildung f_1 ist nicht surjektiv, da $f_1(\mathbb{N}) \subseteq [1,2]$ gilt und somit kein $x \in \mathbb{N}$ mit $f_1(x) > 2$ existiert. Sie ist jedoch injektiv, denn aus $f_1(x_1) = f_1(x_2)$ folgt

$$\frac{2x_1}{x_1 + 1} = \frac{2x_2}{x_2 + 1} \implies 2x_1x_2 + 2x_1 = 2x_1x_2 + 2x_2$$
$$\implies x_1 = x_2.$$

Die Abbildung f_2 ist surjektiv. Denn für alle $y \in \mathbb{R}$ existiert ein $x = \frac{y+1}{3} \in \mathbb{R}$ mit

$$f_2(x) = f_2\left(\frac{y+1}{3}\right) = 3\frac{y+1}{3} - 1 = y.$$

Die Abbildung f_2 ist auch injektiv und damit insgesamt bijektiv. Denn aus $x_1 \neq x_2$ folgt

$$f_2(x_1) = 3x_1 - 1 \neq 3x_2 - 1 = f_2(x_2).$$

Die Abbildung f_3 ist analog zur Abbildung f_2 injektiv, aber sie ist nicht surjektiv. Denn für $x \in \mathbb{N}$ resultieren nur die Werte 2, 5, 8, 11, ... als Bilder von f_3.

c) Die folgenden vier Abbildungen f_1, f_2, f_3 und f_4 genügen alle derselben Zuordnungsvorschrift $f_i(x) = x^2$ für $i = 1, 2, 3, 4$. Da sich jedoch die Abbildungen bzgl. ihres Definitions- und/oder Wertebereichs unterscheiden, besitzen sie auch unterschiedliche Zuordnungseigenschaften (vgl. auch Abbildung 6.14):

$f_1: \mathbb{R} \longrightarrow \mathbb{R}, \quad x \mapsto x^2 \quad$ ist weder injektiv noch surjektiv

$f_2: \mathbb{R} \longrightarrow \mathbb{R}_+, \quad x \mapsto x^2 \quad$ ist nicht injektiv, aber surjektiv

$f_3: \mathbb{R}_+ \longrightarrow \mathbb{R}, \quad x \mapsto x^2 \quad$ ist injektiv, aber nicht surjektiv

$f_4: \mathbb{R}_+ \longrightarrow \mathbb{R}_+, \quad x \mapsto x^2 \quad$ ist bijektiv

6.8 Komposition von Abbildungen

In wirtschaftswissenschaftlichen Anwendungen betrachtet man häufig ökonomische Größen z, die eine Funktion $z = f(y)$ einer anderen ökonomischen Größe y sind, die für sich selbst wieder in einer funktionalen Beziehung $y = g(x)$ zu einer weiteren ökonomischen Größe x steht.

6.8 Komposition von Abbildungen

Bei der Komposition $f \circ g$ von $f: M \longrightarrow N$ und $g: L \longrightarrow M$ wird jedem Urbild x aus der Menge L genau ein Bild $(f \circ g)(x)$ aus der Menge N zugeordnet. Dabei ist es wichtig zu beachten, dass zuerst g auf x und danach f auf $g(x)$ angewendet wird (siehe Abbildung 6.15). Die beiden Abbildungen f und g werden deshalb häufig als **äußere** bzw. **innere Abbildung** der Komposition $f \circ g$ bezeichnet.

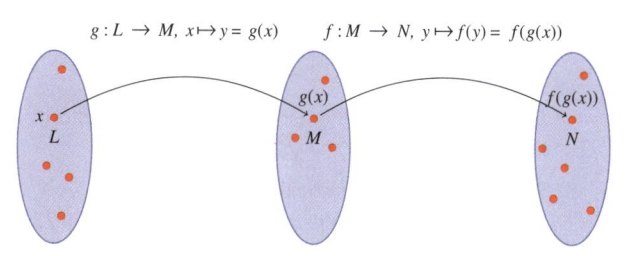

Abb. 6.15: Komposition der beiden Abbildungen $f: M \longrightarrow N$ und $g: L \longrightarrow M$

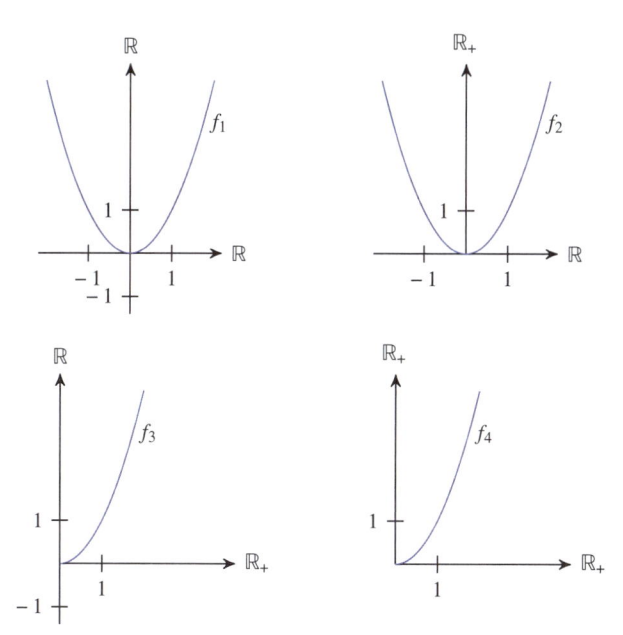

Abb. 6.14: Abbildungen $f_1: \mathbb{R} \to \mathbb{R}$, $x \mapsto x^2$ (links oben), $f_2: \mathbb{R} \to \mathbb{R}_+$, $x \mapsto x^2$ (rechts oben), $f_3: \mathbb{R}_+ \to \mathbb{R}$, $x \mapsto x^2$ (links unten) und $f_4: \mathbb{R}_+ \to \mathbb{R}_+$, $x \mapsto x^2$ (rechts unten)

Eigenschaften von Kompositionen

Bei der Hintereinanderausführung von zwei Abbildungen $f: M \longrightarrow N$ und $g: L \longrightarrow M$ ist zu beachten, dass die Existenz der Komposition $f \circ g$ nicht impliziert, dass auch die Komposition $g \circ f$ existiert (vgl. Beispiel 6.29a)). Für die Existenz von $g \circ f$ ist es nämlich notwendig, dass $f(M) \subseteq L$ gilt. Aber selbst im Falle der Existenz beider Hintereinanderausführungen $f \circ g$ und $g \circ f$ gilt im Allgemeinen nicht das **Kommutativgesetz** $f \circ g = g \circ f$ (vgl. Beispiel 6.29b)). Mit anderen Worten: Bei der Komposition von Abbildungen muss stets auf die Reihenfolge, in der die Komposition der Abbildungen erfolgen soll, geachtet werden.

Beschreibt z. B. $a = f(p)$ den Absatz a eines bestimmten Produkts in Abhängigkeit vom Produktpreis p und $p = g(t)$ den Produktpreis in Abhängigkeit von der Zeit t, dann ist es in einigen wirtschaftswissenschaftlichen Anwendungen von Interesse auch die Abhängigkeit des Absatzes a von der Zeit t zu untersuchen. Das heißt, man ist dann am funktionalen Zusammenhang zwischen dem Absatz a und der Zeit t interessiert:

$$a = f(g(t))$$

Solche und viele ähnliche Fragestellungen führen zur **Komposition** (**Hintereinanderausführung**) von mehreren Abbildungen, bei der eine neue Abbildung entsteht:

Die Komposition von Abbildungen $f: M \longrightarrow N$, $g: L \longrightarrow M$ und $h: K \longrightarrow L$ genügt jedoch dem **Assoziativgesetz** $f \circ (g \circ h) = (f \circ g) \circ h$, denn es gilt

$$(f \circ (g \circ h))(x) = f((g \circ h)(x)) = f(g(h(x)))$$
$$= (f \circ g)(h(x)) = ((f \circ g) \circ h)(x)$$

für alle $x \in K$. Das heißt, bei einer mehrfachen Komposition können die Klammern beliebig gesetzt und daher auch weggelassen werden.

Definition 6.28 (Komposition)

Es seien $f: M \longrightarrow N$ und $g: L \longrightarrow M$ zwei Abbildungen. Dann wird die Abbildung

$$f \circ g: L \longrightarrow N, \quad x \mapsto (f \circ g)(x) := f(g(x))$$

als Komposition oder Hintereinanderausführung von f und g bezeichnet (gelesen: „f nach g").

Durch die (mehrfache) Komposition können aus einfachen Abbildungen schnell komplexe Abbildungen entstehen.

Beispiel 6.29 (Komposition von Abbildungen)

a) Es werden die beiden Abbildungen $f\colon \mathbb{R} \longrightarrow \mathbb{R}$, $x \mapsto x^3$ und $g\colon [-\sqrt{2}, \sqrt{2}] \longrightarrow \mathbb{R}$, $x \mapsto \sqrt{2-x^2}$ betrachtet. Wegen $g([-\sqrt{2}, \sqrt{2}]) \subseteq \mathbb{R}$ existiert die Komposition $f \circ g$ und ist gegeben durch
$$f \circ g\colon [-\sqrt{2}, \sqrt{2}] \longrightarrow \mathbb{R}, \ x \mapsto (f \circ g)(x)$$
mit
$$(f \circ g)(x) = \left(\sqrt{2-x^2}\right)^3 = (2-x^2)^{\frac{3}{2}}.$$
Die Komposition $g \circ f$ ist dagegen nicht definiert. Denn es gilt $f(\mathbb{R}) \not\subseteq [-\sqrt{2}, \sqrt{2}]$.

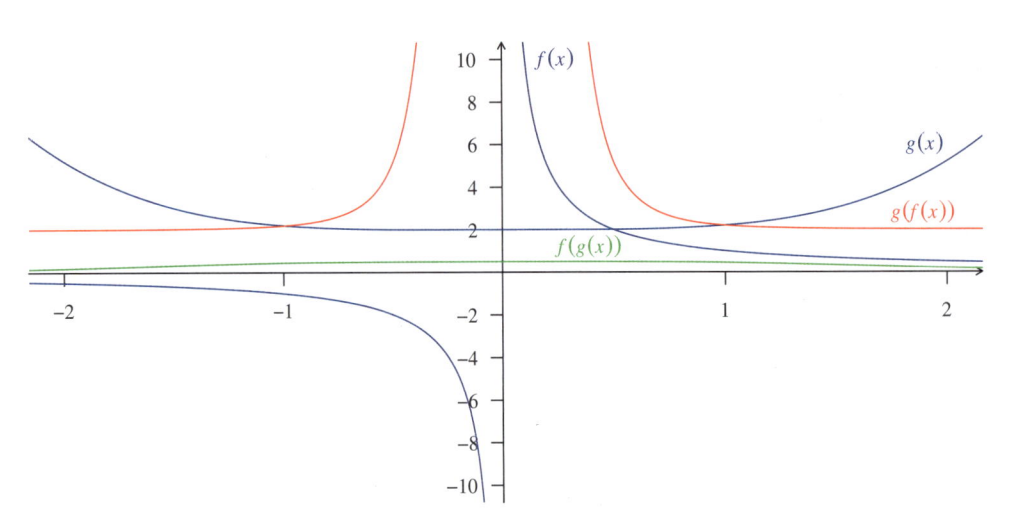

b) Betrachtet werden die beiden Abbildungen $f\colon \mathbb{R} \setminus \{0\} \longrightarrow \mathbb{R}$, $x \mapsto \frac{1}{x}$ und $g\colon \mathbb{R} \longrightarrow \mathbb{R}$, $x \mapsto \frac{x^4}{5} + 2$. Wegen $g(\mathbb{R}) \subseteq \mathbb{R} \setminus \{0\}$ und $f(\mathbb{R}\setminus\{0\}) \subseteq \mathbb{R}$ existieren beide Kompositionen $f \circ g$ und $g \circ f$. Diese sind gegeben durch
$$f \circ g\colon \mathbb{R} \longrightarrow \mathbb{R},$$
$$x \mapsto (f \circ g)(x) = \frac{1}{\frac{x^4}{5} + 2} = \frac{5}{x^4 + 10}$$
und
$$g \circ f\colon \mathbb{R} \setminus \{0\} \longrightarrow \mathbb{R},$$
$$x \mapsto (g \circ f)(x) = \frac{1}{5x^4} + 2 = \frac{1 + 10x^4}{5x^4}.$$
Das heißt, es gilt $f \circ g \neq g \circ f$ (vgl. Abbildung 6.16).

Der folgende Satz besagt, dass sich die Eigenschaften **Surjektivität**, **Injektivität** und **Bijektivität** zweier Abbildungen $f\colon M \longrightarrow N$ und $g\colon L \longrightarrow M$ auf deren Komposition $f \circ g$ vererben:

Satz 6.30 (Eigenschaften von Kompositionen)

Es seien $f\colon M \longrightarrow N$ und $g\colon L \longrightarrow M$ zwei Abbildungen. Dann gilt:

a) Sind f und g injektiv, dann ist auch $f \circ g$ injektiv.

b) Sind f und g surjektiv, dann ist auch $f \circ g$ surjektiv.

c) Sind f und g bijektiv, dann ist auch $f \circ g$ bijektiv.

Beweis: Zu a): Sind f und g injektiv und $x_1, x_2 \in L$ mit $x_1 \neq x_2$, dann gilt $g(x_1) \neq g(x_2)$ und daher auch $f(g(x_1)) \neq f(g(x_2))$. Die Abbildung $f \circ g$ ist somit injektiv.

Zu b): Sind f und g surjektiv, dann existiert zu jedem $y \in M$ ein $x \in L$ mit $g(x) = y$ und zu jedem $z \in N$ ein $y \in M$ mit $f(y) = z$. Das heißt, zu jedem $z \in N$ gibt es ein $x \in L$ mit $f(g(x)) = z$. Die Abbildung $f \circ g$ ist somit surjektiv.

Zu c): Sind f und g bijektiv, dann sind sie auch surjektiv und injektiv (vgl. Definition 6.26c)). Daraus folgt mit Teil a) und b), dass auch die Abbildung $f \circ g$ injektiv und surjektiv und damit insbesondere bijektiv ist. ∎

Abb. 6.16: Die beiden Abbildungen $f\colon \mathbb{R} \setminus \{0\} \longrightarrow \mathbb{R}$, $x \mapsto \frac{1}{x}$ und $g\colon \mathbb{R} \longrightarrow \mathbb{R}$, $x \mapsto \frac{x^4}{5} + 2$ sowie die beiden Kompositionen $f \circ g$ und $g \circ f$

n-fache Komposition und Identität

Ist $f: M \longrightarrow M$ eine Abbildung, bei welcher der Definitionsbereich mit dem Wertebereich übereinstimmt, dann kann die **n-fache Komposition** (**n-fache Hintereinanderausführung**) von f gebildet werden. Diese Komposition ist ebenfalls eine Abbildung von M nach M und wird für $n \in \mathbb{N}$ mit

$$f^n := \underbrace{f \circ f \circ \ldots \circ f}_{n\text{-mal}} \qquad (6.4)$$

bezeichnet. Die spezielle Abbildung

$$\mathrm{id}_M : M \longrightarrow M, \quad x \mapsto \mathrm{id}_M(x) := x \qquad (6.5)$$

heißt **Identität** auf M. Diese Abbildung bildet jedes Element x aus dem Definitionsbereich M auf sich selbst ab. Sie ist offensichtlich bijektiv und für die n-fache Komposition gilt

$$\mathrm{id}_M^n = \mathrm{id}_M.$$

Ist $f: M \longrightarrow N$ eine weitere Abbildung, dann gelten die Beziehungen

$$\mathrm{id}_N \circ f = f \quad \text{und} \quad f \circ \mathrm{id}_M = f.$$

Daraus folgt für den Spezialfall $M = N$, d.h. für eine Abbildung $f: M \longrightarrow M$,

$$\mathrm{id}_M \circ f = f \circ \mathrm{id}_M.$$

Beispiel 6.31 (Eigenschaften von Kompositionen)

a) Es gilt (vgl. auch Beispiel 6.27b) und c)):

$f_1 : \mathbb{R} \longrightarrow \mathbb{R}, \quad x \mapsto 3x - 1 \quad$ ist bijektiv
$f_2 : \mathbb{N} \longrightarrow \mathbb{N}, \quad x \mapsto 3x - 1 \quad$ ist injektiv
$f_3 : \mathbb{R} \longrightarrow \mathbb{R}_+, \quad x \mapsto x^2 \quad$ ist surjektiv
$f_4 : \mathbb{N} \longrightarrow \mathbb{N}, \quad x \mapsto x^2 \quad$ ist injektiv

Mit Satz 6.30a) folgt daher, dass auch die Komposition $f_3 \circ f_1 : \mathbb{R} \longrightarrow \mathbb{R}_+, \; x \mapsto (3x - 1)^2$ surjektiv ist. Ebenso erhält man mit Satz 6.30b), dass auch die beiden Kompositionen $f_4 \circ f_2 : \mathbb{N} \longrightarrow \mathbb{N}, \; x \mapsto (3x - 1)^2$ und $f_2 \circ f_4 : \mathbb{N} \longrightarrow \mathbb{N}, \; x \mapsto 3x^2 - 1$ injektiv sind.

b) Es sei $f : M \longrightarrow M$ eine Abbildung mit $M := \{x_1, x_2, x_3, x_4\}$ und

$$f(x_1) := x_4, \; f(x_2) := x_1, \; f(x_3) := x_2 \quad \text{und}$$
$$f(x_4) := x_3.$$

Die Abbildung f ist bijektiv. Mit Satz 6.30c) folgt, dass auch alle n-fachen Hintereinanderausführungen f^n bijektiv sind. Aus Abbildung 6.17 ist ersichtlich, dass gilt:

$$f^4 = \mathrm{id}_M, \; f^5 = f, \; f^6 = f^2, \; f^7 = f^3,$$
$$f^8 = f^4 = \mathrm{id}_M \quad \text{usw.}$$

6.9 Umkehrabbildungen

In vielen ökonomischen Fragestellungen wird man mit dem Problem konfrontiert, dass eine Gleichung der Form

$$f(x) = y$$

nach x aufzulösen ist. Zum Beispiel ist bei einer Brauerei die produzierte Menge y an Bier eine Funktion der verbrauchten Menge x an Hopfen. Bei einer bestimmten Nachfrage y an Bier stellt sich somit für die Brauerei unmittelbar die Frage, welche Menge x an Hopfen zur Produktion der Nachfrage-

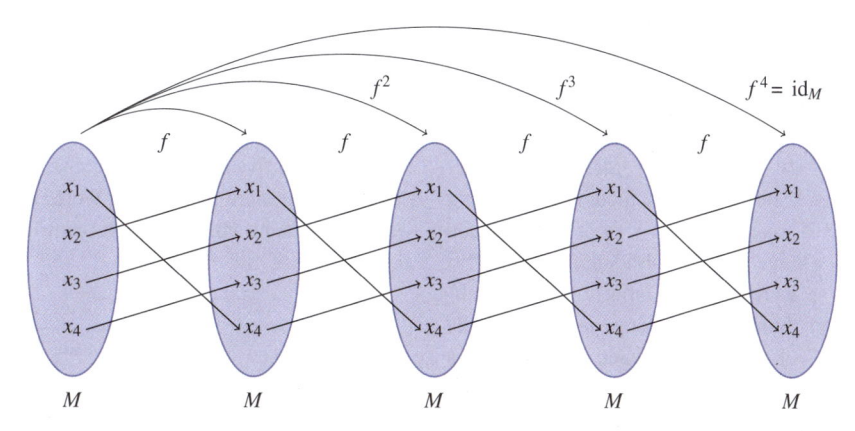

Abb. 6.17: Abbildung $f : M \longrightarrow M$ und ihre 4-fache Hintereinanderausführung $f^4 : M \longrightarrow M$

menge y benötigt wird. Das heißt, die Brauerei interessiert sich für den funktionalen Zusammenhang

$$g(y) = x.$$

Die Funktion g wird dabei als **Umkehrabbildung** von f bezeichnet und ist wie folgt definiert:

> **Definition 6.32** (Umkehrabbildung)
>
> *Es sei $f: M \longrightarrow N$ eine bijektive Abbildung. Dann heißt f umkehrbar und die Abbildung*
>
> $$f^{-1}: N \longrightarrow M, \ y \mapsto f^{-1}(y) := x,$$
>
> *die jedem Element y aus dem Wertebereich N von f das eindeutig bestimmte Urbild $x \in M$ zuordnet, wird als Umkehrabbildung, Umkehrfunktion oder Inverse von f bezeichnet.*

Für eine bijektive Abbildung $f: M \longrightarrow N$ gilt somit per Definition

$$y = f(x) \iff x = f^{-1}(y)$$

für alle $x \in M$. Die Umkehrabbildung einer bijektiven Abbildung $f: M \longrightarrow N$ darf aber nicht mit der **Urbildabbildung** (6.3) verwechselt werden. Denn die Urbildabbildung (6.3) existiert stets und ordnet gemäß der Vorschrift $f^{-1}(B) = \{x \in M : f(x) \in B\}$ jeder Teilmenge B von N die Teilmenge $f^{-1}(B)$ von M zu.

Die Existenz der Umkehrabbildung ist dagegen nur dann sichergestellt, wenn die Abbildung f auch bijektiv, also injektiv und surjektiv, ist. Nur unter dieser Voraussetzung ordnet die Umkehrabbildung $f^{-1}: N \longrightarrow M$ jedem Element y seines Definitionsbereichs N genau ein Element x aus M zu und ist damit eine Abbildung gemäß der Definition 6.19 (vgl. Abbildung 6.18). Genauer gilt:

Ist die Abbildung $f: M \longrightarrow N$ nicht injektiv, dann gibt es mindestens ein $y \in N$ mit zwei verschiedenen Urbildern $x_1, x_2 \in M$ und eine Umkehrung von f würde somit den Wert y sowohl auf x_1 als auch auf x_2 abbilden. Das heißt, bei der Umkehrung von f würde die in Definition 6.19 geforderte Eindeutigkeit der Zuordnung verloren gehen. Im Falle fehlender Surjektivität von f gibt es dagegen mindestens ein $y \in N$, welches kein Urbild $x \in M$ besitzt. Eine Umkehrung von f würde damit diesem Wert y kein Bild zuordnen und daher ebenfalls nicht der Definition 6.19 genügen.

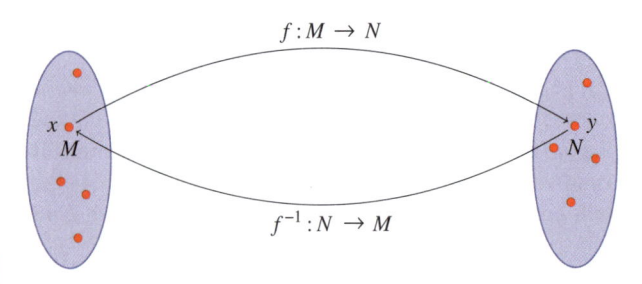

Abb. 6.18: Abbildung $f: M \longrightarrow N$ und ihre Umkehrabbildung $f^{-1}: N \longrightarrow M$

Bei einer bijektiven Abbildung $f: M \longrightarrow N$ besteht jedoch zwischen Urbild- und Umkehrabbildung der Zusammenhang

$$f^{-1}(\{y\}) = \{f^{-1}(y)\}. \quad (6.6)$$

Dabei steht das Symbol f^{-1} auf der linken Seite der Gleichung (6.6) für die Urbildabbildung und auf der rechten Seite von (6.6) für die Umkehrabbildung.

Ist $f: M \longrightarrow N$ eine bijektive Abbildung mit $M, N \subseteq \mathbb{R}$ und soll die Umkehrabbildung f^{-1} in dasselbe kartesische Koordinatensystem wie f eingezeichnet werden, dann ist es zweckmäßig bei der Zuordnungsvorschrift $f^{-1}(y) = x$ die beiden Variablenbezeichnungen x und y zu vertauschen. Die beiden Abbildungen f^{-1} und f besitzen dann die gleiche unabhängige und die gleiche abhängige Variable x bzw. y und können somit in dasselbe (x, y)-kartesische Koordinatensystem eingezeichnet werden. Darüber hinaus gilt, dass die Graphen von f und f^{-1} symmetrisch zur 45°-Achse $y = x$ liegen. Denn im kartesischen Koordinatensystem geht ein Punkt (a, b) durch Spiegelung an der Geraden $y = x$ in den Punkt (b, a) über. Das heißt, der Graph $\mathrm{graph}(f) = \{(x, f(x)) : x \in M\}$ der Abbildung f geht durch Spiegelung an der Geraden $y = x$ in die Punktemenge

$$\{(f(x), x) : x \in M\}$$

über, welche der Graph der Umkehrabbildung f^{-1} ist (vgl. Abbildung 6.19).

Für eine bijektive Abbildung $f: M \longrightarrow M$, bei welcher der Definitionsbereich mit dem Wertebereich übereinstimmt, wird die **n-fache Hintereinanderausführung** ihrer Umkehrabbildung f^{-1} für $n \in \mathbb{N}$ mit

$$f^{-n} := \underbrace{f^{-1} \circ f^{-1} \circ \ldots \circ f^{-1}}_{n\text{-mal}}$$

bezeichnet. Zusammen mit der Bezeichnung $f^0 := \mathrm{id}_M$ und (6.4) ist damit die „Potenz-Abbildung" einer bijektiven Abbildung $f: M \longrightarrow M$ für alle $n \in \mathbb{Z}$ definiert.

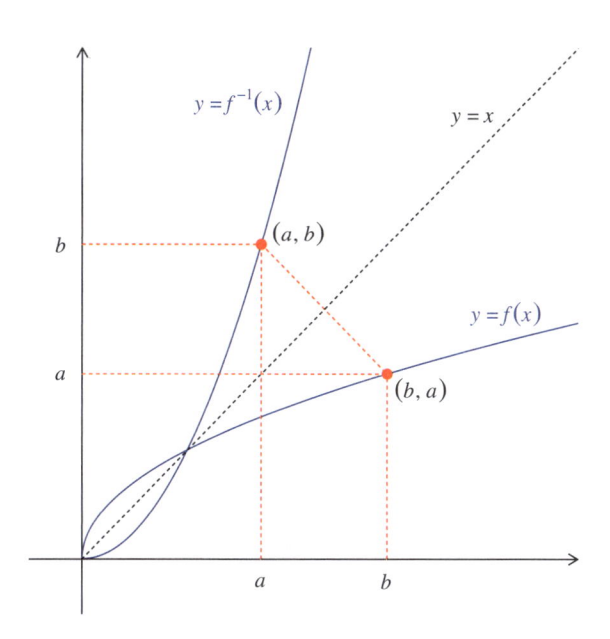

Abb. 6.19: Graph einer Abbildung $f: M \longrightarrow N$ und ihrer Umkehrabbildung $f^{-1}: N \longrightarrow M$

Der folgende Satz fasst einige wichtige Eigenschaften von umkehrbaren Abbildungen zusammen:

> **Satz 6.33** (Eigenschaften von umkehrbaren Abbildungen)
>
> *Es seien $f: M \longrightarrow N$ und $g: L \longrightarrow M$ zwei umkehrbare Abbildungen. Dann gilt:*
>
> *a) f^{-1} ist umkehrbar mit $\left(f^{-1}\right)^{-1} = f$.*
> *b) $f \circ g$ ist umkehrbar mit $(f \circ g)^{-1} = g^{-1} \circ f^{-1}$.*
> *c) $f^{-1} \circ f = \operatorname{id}_M$ und $f \circ f^{-1} = \operatorname{id}_N$.*

Beweis: Zu a): Dies folgt unmittelbar aus den Definitionen 6.26 und 6.32.

Zu b): Aus der Umkehrbarkeit (d. h. Bijektivität) von f und g folgt mit Satz 6.30c), dass auch $f \circ g$ umkehrbar (bijektiv) ist. Dabei gilt für die Umkehrabbildung $(f \circ g)^{-1}$:

$$\begin{aligned}
x = (f \circ g)^{-1}(z) &\iff (f \circ g)(x) = z \\
&\iff f(g(x)) = z \\
&\iff g(x) = f^{-1}(z) \\
&\iff x = g^{-1}\left(f^{-1}(z)\right) = \left(g^{-1} \circ f^{-1}\right)(z)
\end{aligned}$$

für alle $z \in N$. Das heißt, es gilt $(f \circ g)^{-1} = g^{-1} \circ f^{-1}$.

Zu c) Es gilt

$$z = \left(f^{-1} \circ f\right)(x) = f^{-1}(f(x)) \iff f(z) = f(x)$$

für alle $x \in M$. Da f bijektiv ist, impliziert dies $x = z$ und damit $\left(f^{-1} \circ f\right)(x) = x$ für alle $x \in M$. Das heißt, es gilt $f^{-1} \circ f = \operatorname{id}_M$.

Analog erhält man $\left(f \circ f^{-1}\right)(z) = z$ für alle $z \in N$ und damit $f \circ f^{-1} = \operatorname{id}_N$. ∎

Ist $f: M \longrightarrow N$, $x \mapsto y = f(x)$ eine bijektive Abbildung mit $M, N \subseteq \mathbb{R}$, dann erhält man für die Umkehrabbildung f^{-1} die Zuordnungsvorschrift $x = f^{-1}(y)$ durch Auflösung der Gleichung $y = f(x)$ nach x. Wie die folgende Beispiele 6.34b), c) und d) zeigen, ist dies in einfachen Fällen analytisch möglich:

> **Beispiel 6.34** (Umkehrabbildungen)
>
> a) Betrachtet wird die bijektive Abbildung $f: M \longrightarrow M$ aus Beispiel 6.31b). Für die Umkehrabbildung $f^{-1}: M \longrightarrow M$ gilt offensichtlich
>
> $f^{-1}(x_1) = x_2$, $f^{-1}(x_2) = x_3$, $f^{-1}(x_3) = x_4$ und $f^{-1}(x_4) = x_1$.
>
> Da diese Zuordnungsvorschrift mit derjenigen von f^3 übereinstimmt und $f^4 = \operatorname{id}_M$ gilt (vgl. Abbildung 6.17), erhält man:
>
> $$\begin{aligned}
> f^{-1} &= f^3 \\
> f^{-2} &= f^{-1} \circ f^{-1} = f^3 \circ f^{-1} = f^2 \\
> f^{-3} &= f^{-2} \circ f^{-1} = f^2 \circ f^{-1} = f \\
> f^{-4} &= f^{-3} \circ f^{-1} = f \circ f^{-1} = \operatorname{id}_M
> \end{aligned}$$
>
> b) Die Abbildung $f: \mathbb{R}_+ \longrightarrow \mathbb{R}_+$, $x \mapsto x^2$ ist bijektiv (vgl. Beispiel 6.27c)). Durch Auflösen der Gleichung $y = x^2$ nach x erhält man
>
> $$x = \sqrt{y} \quad \text{für alle } y \in \mathbb{R}_+.$$
>
> Vertauschen der Variablen x und y führt zu der Umkehrabbildung
>
> $$f^{-1}: \mathbb{R}_+ \longrightarrow \mathbb{R}_+, \; x \mapsto \sqrt{x}.$$

c) Die Abbildung $f: \mathbb{R} \longrightarrow \mathbb{R}$, $x \mapsto 4x - 3$ ist bijektiv. Durch Auflösen der Gleichung $y = 4x - 3$ nach x erhält man

$$x = \frac{1}{4}y + \frac{3}{4} \quad \text{für alle } y \in \mathbb{R}.$$

Vertauschen der Variablen x und y führt zu der Umkehrabbildung

$$f^{-1}: \mathbb{R} \longrightarrow \mathbb{R}, \quad x \mapsto \frac{1}{4}x + \frac{3}{4}.$$

d) Die Abbildung $f: [-1, \infty) \longrightarrow \mathbb{R}_+$, $x \mapsto \sqrt[5]{x+1}$ ist bijektiv. Durch Auflösen der Gleichung $y = \sqrt[5]{x+1}$ nach x erhält man

$$x = y^5 - 1 \quad \text{für alle } y \in \mathbb{R}_+.$$

Vertauschen der Variablen x und y führt zu der Umkehrabbildung

$$f^{-1}: \mathbb{R}_+ \longrightarrow [-1, \infty), \quad x \mapsto x^5 - 1$$

(vgl. Abbildung 6.20, links).

Das Konzept invertierbarer Abbildungen lässt sich schließlich noch wie folgt verallgemeinern:

Ist eine Abbildung $f: M \longrightarrow N$ injektiv, aber nicht surjektiv, dann erhält man durch Einschränkung des Wertebereichs N auf den Bildbereich $f(M)$ eine bijektive und damit umkehrbare Abbildung $\widetilde{f}: M \longrightarrow f(M)$, $x \mapsto \widetilde{f}(x) := f(x)$. Ihre Umkehrabbildung

$$\widetilde{f}^{-1}: f(M) \longrightarrow M$$

ist dann jedoch nur noch auf der Menge $f(M) \subseteq N$ definiert (vgl. Beispiel 6.35a)).

Ist eine Abbildung $f: M \longrightarrow N$ nicht injektiv, dann resultiert durch Einschränkung des Definitionsbereichs von f auf eine Teilmenge $A \subseteq M$ mit der Eigenschaft $f(x_1) \neq f(x_2)$ für alle $x_1, x_2 \in A$ mit $x_1 \neq x_2$ und Einschränkung des Wertebereichs N auf den Bildbereich $f(A)$ eine umkehrbare Abbildung $\widetilde{f}_{|A}: A \longrightarrow f(A)$ (vgl. Beispiel 6.35b)).

Beispiel 6.35 (Umkehrabbildungen von Restriktionen)

a) Die Abbildung $f: (-4, \infty) \longrightarrow \mathbb{R}$, $x \mapsto \frac{3x-1}{x+4}$ ist injektiv, aber nicht surjektiv. Wird jedoch der Wertebereich $\mathbb{R}$ auf den Bildbereich $f((-4, \infty)) = (-\infty, 3)$ eingeschränkt, dann erhält man die bijektive Abbildung $\widetilde{f}: (-4, \infty) \longrightarrow (-\infty, 3)$, $x \mapsto \frac{3x-1}{x+4}$.

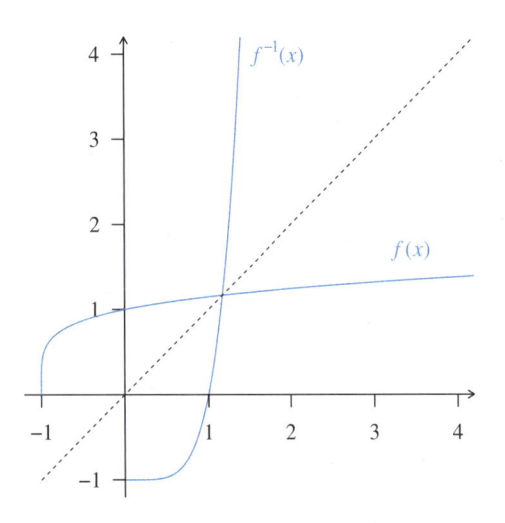

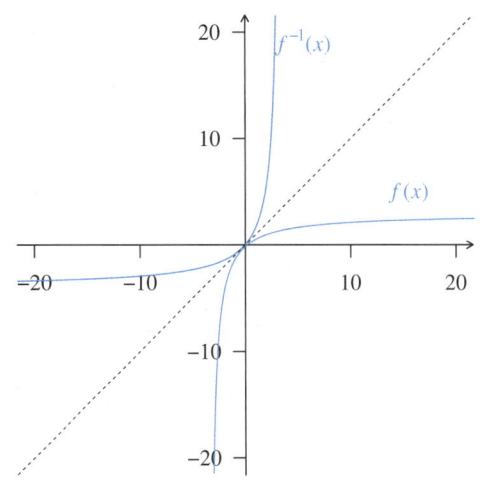

Abb. 6.20: Abbildungen $f: [-1, \infty) \longrightarrow \mathbb{R}_+$, $x \mapsto \sqrt[5]{x+1}$ (links) und $f: (-4, \infty) \longrightarrow \mathbb{R}$, $x \mapsto \frac{3x-1}{x+4}$ (rechts) und zugehörige Umkehrfunktionen

Auflösen der Gleichung $y = \frac{3x-1}{x+4}$ nach x liefert
$$x = \frac{4y+1}{3-y}$$
für alle $y \in (-\infty, 3)$ und anschließendes Vertauschen der Variablen x und y führt zu der Umkehrfunktion
$$\widetilde{f}^{-1} : (-\infty, 3) \longrightarrow (-4, \infty), \ x \mapsto \frac{4x+1}{3-x}$$
(vgl. Abbildung 6.20, rechts).

b) Die Abbildung $f : \mathbb{R} \longrightarrow \mathbb{R}, \ x \mapsto x^2$ ist nicht injektiv und nicht surjektiv (vgl. Beispiel 6.27c)). Wird jedoch der Definitions- und Wertebereich jeweils von $\mathbb{R}$ auf $\mathbb{R}_+$ eingeschränkt, dann resultiert die bijektive Abbildung $\widetilde{f}_{|\mathbb{R}_+} : \mathbb{R}_+ \longrightarrow \mathbb{R}_+$. Auflösen der Gleichung $y = x^2$ nach x liefert $x = \sqrt{y}$ für alle $y \in \mathbb{R}_+$ und anschließendes Vertauschen der Variablen x und y führt zu der Umkehrfunktion
$$\widetilde{f}_{|\mathbb{R}_+} : \mathbb{R}_+ \longrightarrow \mathbb{R}_+, \ x \mapsto \sqrt{x}.$$

Teil II

Lineare Algebra

Kapitel 7

Euklidischer Raum $\mathbb{R}^n$ und Vektoren

Kapitel 7   Euklidischer Raum $\mathbb{R}^n$ und Vektoren

7.1 Ursprung der linearen Algebra

Unter der Bezeichnung **lineare Algebra** wird im Allgemeinen das Teilgebiet der Mathematik verstanden, das sich mit sogenannten **Vektorräumen** und **linearen Abbildungen** (siehe Abschnitt 8.1) zwischen diesen beschäftigt. Die lineare Algebra schließt damit insbesondere die Betrachtung sogenannter **linearer Gleichungssysteme** (siehe Kapitel 9) und **Matrizen** (siehe Kapitel 8) mit ein. Viele Teilgebiete der Wirtschaftswissenschaften sind somit ohne Hilfsmittel aus der linearen Algebra kaum noch denkbar.

Ursprünglich ist die lineare Algebra aus der Untersuchung und Lösung linearer Gleichungssysteme und der rechnerischen Beschreibung geometrischer Objekte, der sogenannten **analytischen Geometrie**, entstanden. Die Geschichte der modernen linearen Algebra reicht zurück bis ins frühe 18. Jahrhundert. So veröffentlichte im Jahre 1750 der schweizer Mathematiker *Gabriel Cramer* (1704–1752) in seinem Buch „**Introduction à l'analyse des lignes courbes algébriques**"

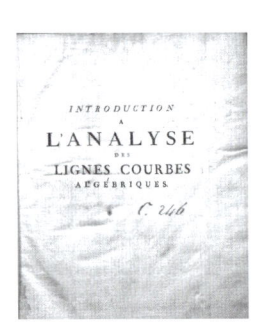

Titelblatt des Buchs Introduction à l'analyse des lignes courbes algébriques von G. Cramer

mit der mittlerweile nach ihm benannten **Cramerschen Regel** erstmals eine Lösungsformel für lineare Gleichungssysteme. Auch einige zahlentheoretische Untersuchungen des deutschen Mathematikers *Carl Friedrich Gauß* (1777–1855) lassen bereits vermuten, dass ihm der Begriff der Matrix vertraut war. Explizit erwähnt oder verwendet hat er Matrizen in seinen Arbeiten jedoch noch nicht.

Als der französische Mathematiker *Jean-Baptiste le Rond d'Alembert* (1717–1783) vorschlug, die Zeit als vierte Dimension einzuführen, und der italienische Mathematiker *Joseph-Louis de Lagrange* (1736–1813) mechanische Systeme mit allgemeinen Koordinaten beschrieb, war die Herausbildung des Begriffs des ***n*-dimensionalen euklidischen**

C. G. J. Jacobi

Raums nahezu vollendet. Aufbauend auf diesen Ideen und Konzepten berechnete z. B. der deutsche Mathematiker *Carl Gustav Jacob Jacobi* (1804–1851), einer der produktivsten und vielseitigsten Mathematiker der Geschichte, das Volumen einer ***n*-dimensionalen Kugel**.

Abstrakte Vektorräume wurden erstmals von dem deutschen Mathematiker und Sprachwissenschaftler *Hermann Graßmann* (1809–1877) in seinem 1844 erschienenen mathematischen Hauptwerk „**Ausdehnungslehre**" betrachtet. Da seine Arbeit jedoch sehr philosophisch gehalten und nur schwer verständlich war,

H. Graßmann

wurde sie von der mathematischen Fachwelt zum großen Bedauern von *Graßmann* lange Zeit so gut wie nicht beachtet. Dies änderte sich erst ca. 25 Jahre nach Erstveröffentlichung seines mathematischen Hauptwerks, als bedeutende Mathematiker wie z. B. *Hermann Hankel* (1839–1873), *Felix Klein* (1849–1925) und *Sophus Lie* (1842–1899) auf seine Arbeit aufmerksam wurden.

Der Begriff der ***n*-dimensionalen euklidischen Geometrie** wurde von dem englischen Mathematiker *Arthur Cayley* (1821–1895), dem Begründer der Matrizenrechnung, geprägt. In diesem Kapitel wird sich zeigen, dass im *n*-dimensionalen euklidischen Raum dieselben mathematischen Operationen und Begriffe wie in der zweidimensionalen Ebene und im dreidimensionalen Anschauungsraum definiert werden

A. Cayley

können. Dies ermöglicht, dass im *n*-dimensionalen euklidischen Raum die gleiche Geometrie betrieben werden kann wie in der Ebene und im Anschauungsraum. Der einzige Unterschied ist, dass der Mensch im *n*-dimensionalen euklidischen Raum mit $n > 3$ keine räumliche Vorstellung mehr besitzt. Da jedoch alle mathematischen Operationen und Begriffe lediglich die Verallgemeinerung der entsprechenden Begriffe in der zweidimensionalen Ebene und im dreidimensionalen Anschauungsraum sind, verwendet man für den *n*-dimensionalen euklidischen Raum dieselbe geometrische Interpretation und Sprechweise.

7.2 Lineare Algebra in den Wirtschaftswissenschaften

Die lineare Algebra erwies sich zuerst in der Physik – vor allem in der Relativitätstheorie und der Quantenmechanik – von großem Nutzen, bevor sie dann mit einiger Verzögerung auch in verschiedenen Bereichen der Wirtschaftswissenschaften zur Anwendung kam. Die lineare Algebra ist nur eines von vielen Teilgebieten der Mathematik, die in den letzten Jahrzehnten zahlreiche Anwendungen in unterschiedlichen Bereichen der Wirtschaftswissenschaften gefunden haben. Allerdings werden aus kaum einem anderen Gebiet der Mathematik derart häufig Kenntnisse in der Wirtschaftspraxis benötigt und kein anderer Bereich besitzt für das Verständnis von so vielen betriebs- und volkswirtschaftlichen Theorien eine dermaßen fundamentale Bedeutung wie die lineare Algebra. Zum Beispiel kommt die lineare Algebra in den folgenden wirtschaftswissenschaftlichen Bereichen zum Einsatz:

- Finanzwirtschaft (z. B. Portfolioanalyse)
- Ökonometrie (z. B. multivariate Regressionsanalyse)
- Controlling (z. B. Input-Output-Beziehungen)
- Wirtschaftstheorie (z. B. Analyse von Gleichgewichtsmodellen)
- Statistik (z. B. multivariate statistische Methoden)
- Marketing (z. B. Untersuchung der Markentreue)
- Lineare Planungsrechnung (z. B. Simplex-Algorithmus)
- Versicherungstechnik (z. B. Bonus-Malus-Systeme)
- Spieltheorie (z. B. Zweipersonen-Nullsummenspiele)
- usw.

7.3 Euklidischer Raum $\mathbb{R}^n$

In Abschnitt 6.1 wurde die Menge $\mathbb{R}^n$ als das n-fache kartesische Produkt der Menge $\mathbb{R}$ der reellen Zahlen eingeführt. Die Menge $\mathbb{R}^n$ besteht aus allen geordneten n-Tupeln $(x_1, x_2, \ldots, x_n)$ mit $x_i \in \mathbb{R}$ für $i = 1, \ldots, n$, wobei der Wert x_i die i-te **Koordinate** von $(x_1, x_2, \ldots, x_n)$ genannt wird.

W. R. Hamilton

Im Folgenden wird gezeigt, wie die Elemente der Menge $\mathbb{R}^n$ in natürlicher Weise – nämlich koordinatenweise – addiert und mit einer reellen Zahl (einem sogenannten **Skalar**) multipliziert werden können, so dass wieder ein Element aus $\mathbb{R}^n$ resultiert. Versehen mit einer solchen mathematischen Struktur wird die Menge $\mathbb{R}^n$ nach dem griechischen Mathematiker *Euklid von Alexandria* (ca. 360 v. Chr. bis ca. 280 v. Chr.) als ***n*-dimensionaler euklidischer Raum** bezeichnet und die Elemente von $\mathbb{R}^n$ heißen (***n*-dimensionale**) **Vektoren**. Die Bezeichnung Vektor geht, wie auch die Benennung **Skalar** für eine reelle Zahl, auf den irischen Mathematiker und Physiker *William Rowan Hamilton* (1805–1865) zurück. Der n-dimensionale euklidische Raum $\mathbb{R}^n$ ist der einfachste und für die meisten wirtschaftswissenschaftlichen Anwendungen auch wichtigste Spezialfall eines sogenannten **Vektorraums**, der für die moderne Mathematik von grundlegender Bedeutung ist.

In den Wirtschaftswissenschaften ist es durch den Begriff des Vektors möglich, mehrere ökonomische Größen gleichzeitig als ein Objekt mit verschiedenen Komponenten zu betrachten und nicht etwa als eine unstrukturierte Menge von einzelnen Objekten. Mit Hilfe von Vektoren lassen sich z. B. die Mengen oder Preise der in einem Güterbündel enthaltenen Güter übersichtlich darstellen oder auch vorgegebene Budgetrestriktionen auf einfache Weise ausdrücken.

> **Definition 7.1** (Euklidischer Raum $\mathbb{R}^n$)
>
> *Die Menge* $\mathbb{R}^n = \{(x_1, x_2, \ldots, x_n) : x_i \in \mathbb{R} \text{ für } i = 1, \ldots, n\}$ *aller geordneten n-Tupel reeller Zahlen versehen mit der koordinatenweisen Addition*
>
> $$(x_1, \ldots, x_n) + (y_1, \ldots, y_n) := (x_1 + y_1, \ldots, x_n + y_n) \tag{7.1}$$
>
> *und der skalaren Multiplikation*
>
> $$\lambda(x_1, \ldots, x_n) := (\lambda x_1, \ldots, \lambda x_n) \quad \text{für } \lambda \in \mathbb{R} \tag{7.2}$$
>
> *wird als n-dimensionaler euklidischer Raum bezeichnet. Die Elemente der Menge $\mathbb{R}^n$ werden als n-dimensionale (reelle) Vektoren oder einfach kurz als Vektoren bezeichnet.*

Die wichtigsten Spezialfälle eines n-dimensionalen euklidischen Raums $\mathbb{R}^n$ sind die (eindimensionale) **Menge der reellen Zahlen** $\mathbb{R}$, die (zweidimensionale) **euklidische Ebene** $\mathbb{R}^2$ und der (dreidimensionale) **euklidische Raum (Anschauungsraum)** $\mathbb{R}^3$.

Da es sich als zweckmäßig erwiesen hat, werden im Folgenden wie allgemein üblich n-dimensionale reelle Vektoren mit lateinischen Kleinbuchstaben in Fettdruck bezeichnet und – wenn nicht anders erwähnt – als **Spaltenvektoren** dargestellt:

$$\mathbf{x} := \begin{pmatrix} x_1 \\ x_2 \\ \vdots \\ x_n \end{pmatrix}$$

Falls in einer gegebenen Situation von dieser Konvention abgewichen und ein Vektor als **Zeilenvektor** dargestellt werden soll, wird dies durch die spezielle Bezeichnung

$$\mathbf{x}^T := (x_1, x_2, \ldots, x_n)$$

explizit angezeigt. Man nennt $\mathbf{x}^T$ den **zu x transponierten Vektor** oder die **Transposition von x**. Der Vektor

$$\mathbf{0} := \begin{pmatrix} 0 \\ 0 \\ \vdots \\ 0 \end{pmatrix} \in \mathbb{R}^n$$

wird als (**n-dimensionaler**) **Nullvektor** bezeichnet und entspricht anschaulich dem **Koordinatenursprung** im n-dimensionalen euklidischen Raum $\mathbb{R}^n$. Ebenfalls von besonderer Bedeutung sind die n **Einheitsvektoren** $\mathbf{e}_1, \ldots, \mathbf{e}_n$ des $\mathbb{R}^n$. Sie sind gegeben durch

$$\mathbf{e}_1 := \begin{pmatrix} 1 \\ 0 \\ \vdots \\ 0 \end{pmatrix}, \mathbf{e}_2 := \begin{pmatrix} 0 \\ 1 \\ \vdots \\ 0 \end{pmatrix}, \quad \ldots \quad, \mathbf{e}_n := \begin{pmatrix} 0 \\ 0 \\ \vdots \\ 1 \end{pmatrix}. \quad (7.3)$$

Das heißt, beim i-ten Einheitsvektor $\mathbf{e}_i$ ist die i-te Koordinate gleich Eins und die anderen $n-1$ Koordinaten von $\mathbf{e}_i$ sind gleich Null.

Addition und skalare Multiplikation von Vektoren

Die Addition von Vektoren ist im Spezialfall $n = 1$, d. h. in der Menge $\mathbb{R}$ der reellen Zahlen, nichts anderes als die Addition von reellen Zahlen. Stellt man eine reelle Zahl x auf dem Zahlenstrahl als einen von 0 ausgehenden Pfeil dar, so ergibt sich anschaulich die Summe zweier reeller Zahlen x und y, indem der von 0 nach y verlaufende Pfeil an das in x ankommende Pfeilende angehängt wird (siehe Abbildung 7.1, links).

Da die Addition von Vektoren koordinatenweise definiert ist (vgl. (7.1)), lässt sich diese geometrische Deutung völlig analog auf den Fall $n \geq 2$, d. h. den n-dimensionalen euklidischen Raum $\mathbb{R}^n$, übertragen. In Abbildung 7.1, rechts ist die Addition zweier Vektoren $\mathbf{x}$ und $\mathbf{y}$ für den Spezialfall $n = 2$, d. h. für die euklidische Ebene $\mathbb{R}^2$, veranschaulicht. Der Summenvektor $\mathbf{x} + \mathbf{y}$ ergibt sich nun geometrisch als Diagonale in einem Parallelogramm, dessen Seiten von den Vektoren $\mathbf{x}$ und $\mathbf{y}$ sowie den dazu parallel verlaufenden Pfeilen gebildet werden.

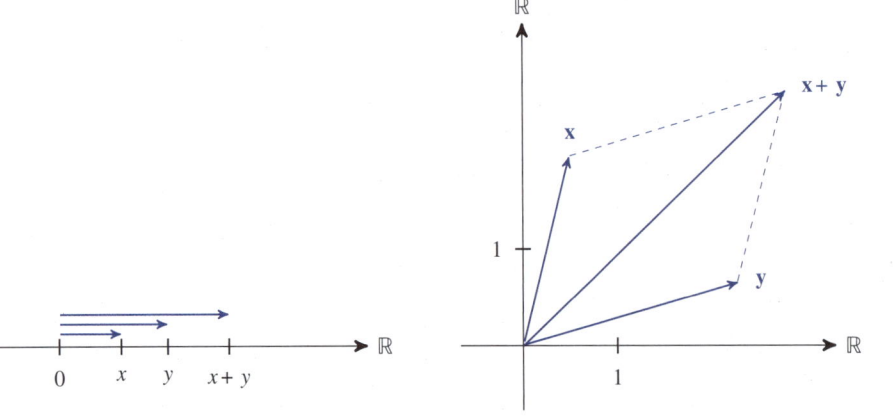

Abb. 7.1: Geometrische Veranschaulichung der Vektoraddition in der Menge $\mathbb{R}$ der reellen Zahlen (links) und in der euklidischen Ebene $\mathbb{R}^2$ (rechts)

7.3 Euklidischer Raum $\mathbb{R}^n$ — Kapitel 7

Die skalare Multiplikation $\lambda \mathbf{x}$ bedeutet dagegen geometrisch eine Streckung (für $|\lambda| > 1$) bzw. eine Stauchung (für $|\lambda| < 1$) des Vektors $\mathbf{x}$ um den Faktor $|\lambda|$ (vgl. Abbildung 7.2, links). Im Fall $\lambda < 0$ kehrt dabei der Vektor $\mathbf{x}$ zusätzlich seine Richtung um. Für $\mathbf{x} \in \mathbb{R}^n$ setzt man allgemein

$$-\mathbf{x} := (-1) \cdot \mathbf{x} = \begin{pmatrix} -x_1 \\ -x_2 \\ \vdots \\ -x_n \end{pmatrix}.$$

Der Vektor $-\mathbf{x}$ ergibt sich anschaulich aus $\mathbf{x}$ durch Spiegelung am Koordinatenursprung (vgl. Abbildung 7.2, rechts). Darauf aufbauend ist die **Differenz** zweier Vektoren $\mathbf{x}, \mathbf{y} \in \mathbb{R}^n$ definiert durch

$$\mathbf{x} - \mathbf{y} := \mathbf{x} + (-1) \cdot \mathbf{y} = \begin{pmatrix} x_1 - y_1 \\ x_2 - y_2 \\ \vdots \\ x_n - y_n \end{pmatrix}.$$

Beispiel 7.2 (Addition und skalare Multiplikation von Vektoren)

a) Gegeben seien die 2-dimensionalen Vektoren

$$\mathbf{x} = \begin{pmatrix} 4 \\ 1 \end{pmatrix} \quad \text{und} \quad \mathbf{y} = \begin{pmatrix} 1 \\ 2 \end{pmatrix}.$$

Dann gilt z. B.

$$\mathbf{x} + \mathbf{y} = \begin{pmatrix} 5 \\ 3 \end{pmatrix}, \quad \mathbf{x} - \mathbf{y} = \begin{pmatrix} 3 \\ -1 \end{pmatrix}, \quad -\mathbf{x} = \begin{pmatrix} -4 \\ -1 \end{pmatrix}$$

und $-\mathbf{y} = \begin{pmatrix} -1 \\ -2 \end{pmatrix}$

(siehe Abbildung 7.3).

b) Gegeben seien die 4-dimensionalen Vektoren

$$\mathbf{x} = \begin{pmatrix} 1 \\ 2 \\ -3 \\ -2 \end{pmatrix}, \quad \mathbf{y} = \begin{pmatrix} 0 \\ 1 \\ 2 \\ 4 \end{pmatrix} \quad \text{und} \quad \mathbf{z} = \begin{pmatrix} -2 \\ 1 \\ 2 \\ -5 \end{pmatrix}.$$

Dann gilt z. B.

$$-\frac{1}{4}\mathbf{x} = \begin{pmatrix} -\frac{1}{4} \\ -\frac{1}{2} \\ \frac{3}{4} \\ \frac{1}{2} \end{pmatrix}, \quad \mathbf{x} + 2\mathbf{y} = \begin{pmatrix} 1 \\ 4 \\ 1 \\ 6 \end{pmatrix} \quad \text{und}$$

$$\mathbf{x} + 2\mathbf{y} - \mathbf{z} = \begin{pmatrix} 3 \\ 3 \\ -1 \\ 11 \end{pmatrix}.$$

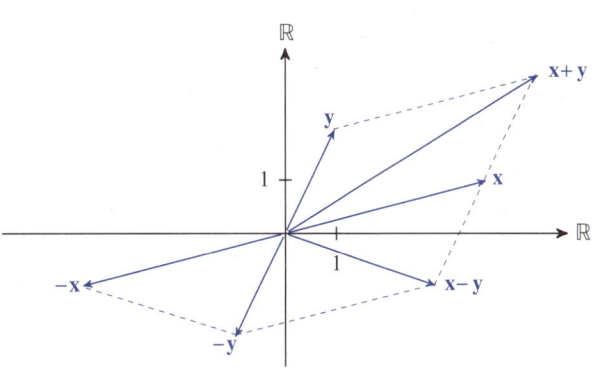

Abb. 7.3: Geometrische Veranschaulichung der Addition und skalaren Multiplikation zweier Vektoren $\mathbf{x} = (4, 1)^T$ und $\mathbf{y} = (1, 2)^T$ in der euklidischen Ebene $\mathbb{R}^2$

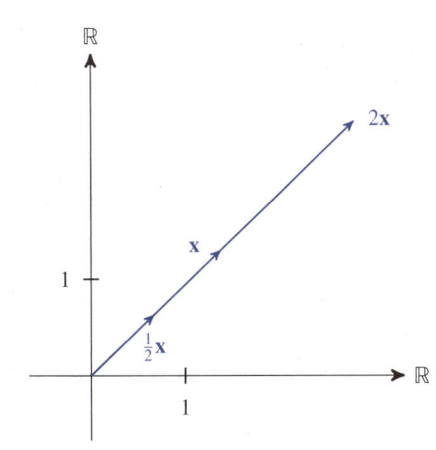

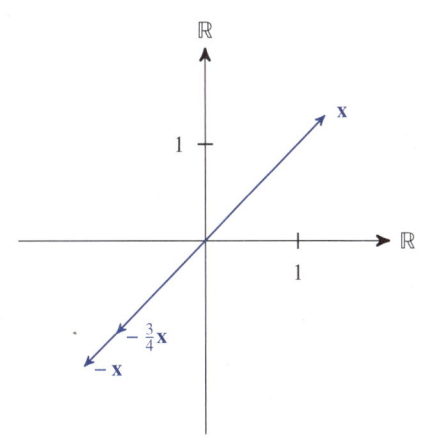

Abb. 7.2: Geometrische Veranschaulichung der skalaren Multiplikation in der euklidischen Ebene $\mathbb{R}^2$ für $\lambda = 2$ und $\lambda = \frac{1}{2}$ (links) sowie $\lambda = -1$ und $\lambda = -\frac{3}{4}$ (rechts)

Vektorraum-Eigenschaften des $\mathbb{R}^n$

Die Addition und skalare Multiplikation von Vektoren im n-dimensionalen euklidischen Raum $\mathbb{R}^n$ ist koordinatenweise definiert (vgl. (7.1)-(7.2)). Aus den Rechengesetzen für reelle Zahlen (vgl. Abschnitt 3.3) ergeben sich daher unmittelbar die im folgenden Satz zusammengefassten Eigenschaften des n-dimensionalen euklidischen Raums $\mathbb{R}^n$. Da diese Eigenschaften genau die Merkmale sind, durch die ein sogenannter **Vektorraum** charakterisiert ist, werden sie auch als **Vektorraum-Eigenschaften des $\mathbb{R}^n$** bezeichnet.

> **Satz 7.3** (Vektorraum-Eigenschaften des $\mathbb{R}^n$)
>
> *Für die Vektoren des n-dimensionalen euklidischen Raums $\mathbb{R}^n$ gilt:*
>
> a) *Der Nullvektor* $\mathbf{0}$ *ist das neutrale Element und* $-\mathbf{x}$ *ist das inverse Element des Vektors* $\mathbf{x} \in \mathbb{R}^n$ *bzgl. der Vektoraddition. Das heißt, es gilt für alle* $\mathbf{x} \in \mathbb{R}^n$
>
> $$\mathbf{x} + \mathbf{0} = \mathbf{0} + \mathbf{x} = \mathbf{x} \quad \text{und}$$
> $$\mathbf{x} + (-\mathbf{x}) = (-\mathbf{x}) + \mathbf{x} = \mathbf{0}.$$
>
> b) *Die Vektoraddition genügt dem Kommutativ- und Assoziativgesetz. Das heißt, es gilt für alle* $\mathbf{x}, \mathbf{y}, \mathbf{z} \in \mathbb{R}^n$
>
> $$\mathbf{x} + \mathbf{y} = \mathbf{y} + \mathbf{x} \quad \text{und}$$
> $$\mathbf{x} + (\mathbf{y} + \mathbf{z}) = (\mathbf{x} + \mathbf{y}) + \mathbf{z}.$$
>
> c) *Die skalare Multiplikation genügt dem Assoziativ- und Distributivgesetz. Das heißt, es gilt für alle* $\mathbf{x}, \mathbf{y} \in \mathbb{R}^n$ *und* $\lambda, \mu \in \mathbb{R}$
>
> $$(\lambda \mu) \mathbf{x} = \lambda(\mu \mathbf{x}) \quad \text{und} \quad \lambda(\mathbf{x} + \mathbf{y}) = \lambda \mathbf{x} + \lambda \mathbf{y}$$
> $$(\lambda + \mu) \mathbf{x} = \lambda \mathbf{x} + \mu \mathbf{x}.$$
>
> d) *Es gilt für alle* $\mathbf{x} \in \mathbb{R}^n$
>
> $$1 \cdot \mathbf{x} = \mathbf{x}.$$

Beweis: Siehe die Bemerkung vor Satz 7.3. ∎

Ordnungsrelation auf $\mathbb{R}^n$

Auf dem n-dimensionalen euklidischen Raum $\mathbb{R}^n$ kann eine **Ordnungsrelation** definiert werden. Denn schreibt man für zwei Vektoren $\mathbf{x}, \mathbf{y} \in \mathbb{R}^n$

$$\mathbf{x} \leq \mathbf{y}, \tag{7.4}$$

wenn $x_i \leq y_i$ für alle $i = 1, \ldots, n$ gilt, dann ist die Menge

$$R = \{(\mathbf{x}, \mathbf{y}) \in \mathbb{R}^n \times \mathbb{R}^n : \mathbf{x} \leq \mathbf{y}\}$$

eine Ordnungsrelation auf $\mathbb{R}^n$. Die Menge R ist jedoch keine **vollständige Ordnungsrelation** (**Totalordnung**). Zum Beispiel gilt für zwei Vektoren $\mathbf{x}, \mathbf{y} \in \mathbb{R}^n$ mit $x_1 < y_1$ und $y_n < x_n$ weder $\mathbf{x} \leq \mathbf{y}$ noch $\mathbf{y} \leq \mathbf{x}$. Das heißt, die Relation R ist nicht vollständig (zum Begriff der (vollständigen) Ordnungsrelation siehe Abschnitt 6.4).

Ein Vektor $\mathbf{x} \in \mathbb{R}^n$ mit $\mathbf{0} \leq \mathbf{x}$ heißt **nichtnegativ** und die Menge aller nichtnegativen Vektoren, d. h. die Menge

$$\mathbb{R}^n_+ := \{\mathbf{x} \in \mathbb{R}^n : \mathbf{0} \leq \mathbf{x}\},$$

wird als **nichtnegativer Kegel** des n-dimensionalen euklidischen Raums $\mathbb{R}^n$ bezeichnet. Ferner heißt für zwei Vektoren $\mathbf{a}, \mathbf{b} \in \mathbb{R}^n$ mit $\mathbf{a} \leq \mathbf{b}$ die Menge

$$[\mathbf{a}, \mathbf{b}] := \{\mathbf{x} \in \mathbb{R}^n : \mathbf{a} \leq \mathbf{x} \leq \mathbf{b}\} \tag{7.5}$$

abgeschlossenes Intervall des n-dimensionalen euklidischen Raums $\mathbb{R}^n$ (siehe Abbildung 7.4, links für den Spezialfall $n = 2$).

Analog zu (7.4) schreibt man für zwei Vektoren $\mathbf{x}, \mathbf{y} \in \mathbb{R}^n$

$$\mathbf{x} < \mathbf{y},$$

wenn $x_i < y_i$ für alle $i = 1, \ldots, n$ gilt und die Mengen

$$[\mathbf{a}, \mathbf{b}) := \{\mathbf{x} \in \mathbb{R}^n : \mathbf{a} \leq \mathbf{x} < \mathbf{b}\}, \tag{7.6}$$
$$(\mathbf{a}, \mathbf{b}] := \{\mathbf{x} \in \mathbb{R}^n : \mathbf{a} < \mathbf{x} \leq \mathbf{b}\} \quad \text{und} \tag{7.7}$$
$$(\mathbf{a}, \mathbf{b}) := \{\mathbf{x} \in \mathbb{R}^n : \mathbf{a} < \mathbf{x} < \mathbf{b}\} \tag{7.8}$$

heißen **rechtsseitig offenes Intervall**, **linksseitig offenes Intervall** bzw. **offenes Intervall** des n-dimensionalen euklidischen Raums $\mathbb{R}^n$.

> **Beispiel 7.4** (Tauschwirtschaft)
>
> Betrachtet wird eine **Tauschwirtschaft** bestehend aus zwei Haushalten 1 und 2 sowie n Gütern.
>
> Die Menge aller möglichen Güterbündel sei durch den nichtnegativen Kegel $\mathbb{R}^n_+$ des n-dimensionalen euklidischen Raums $\mathbb{R}^n$ gegeben. Es wird angenommen, dass die Ausstattung der Gesamtwirtschaft
>
> F. Y. Edgeworth

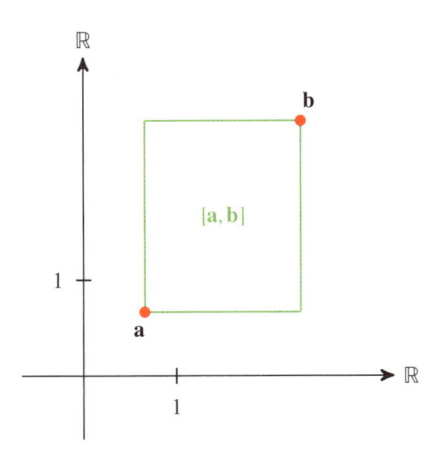

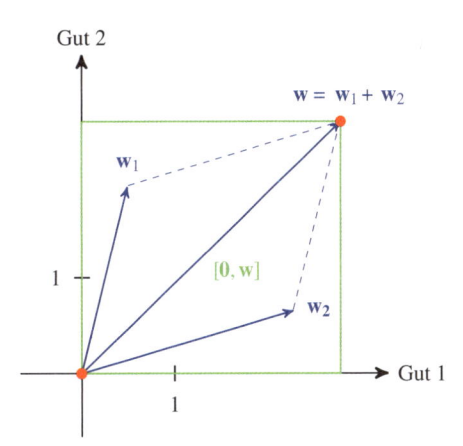

Abb. 7.4: Abgeschlossenes Intervall [**a**, **b**] (links) und Edgeworth-Box [**0**, **w**] für zwei Güter (rechts) in der euklidischen Ebene $\mathbb{R}^2$

durch den nichtnegativen Vektor $\mathbf{w} \in \mathbb{R}_+^n$ sowie die Anfangsausstattungen der beiden Haushalte 1 und 2 durch die nichtnegativen Vektoren $\mathbf{w}_1 \in \mathbb{R}_+^n$ bzw. $\mathbf{w}_2 \in \mathbb{R}_+^n$ gegeben sind. Ferner wird angenommen, dass die in der Gesamtwirtschaft vorhandenen Gütermengen vollständig auf die beiden Haushalte 1 und 2 aufgeteilt sind. Das heißt, es gelte $\mathbf{w}_1 + \mathbf{w}_2 = \mathbf{w}$. Durch Tausch lässt sich dann für den Haushalt 1 jede Ausstattung $\mathbf{x}_1 \in [\mathbf{0}, \mathbf{w}]$ und für den Haushalt 2 jede Ausstattung $\mathbf{x}_2 \in [\mathbf{0}, \mathbf{w}]$ mit $\mathbf{x}_1 + \mathbf{x}_2 = \mathbf{w}$ realisieren (siehe Abbildung 7.4, rechts für den Spezialfall von $n = 2$ Gütern).

Das abgeschlossene Intervall $[\mathbf{0}, \mathbf{w}]$ des n-dimensionalen euklidischen Raums $\mathbb{R}^n$ wird nach dem irischen Ökonomen *Francis Ysidro Edgeworth* (1845–1926) als **Edgeworth-Box** oder **Tauschbox** bezeichnet. Sie ist ein verbreitetes Werkzeug in der allgemeinen Gleichgewichtstheorie. Die Edgeworth-Box wird z. B. in der Haushaltstheorie zur Analyse der Allokation von verschiedenen Gütern zwischen Haushalten und in der Produktionstheorie zur Aufteilung von Produktionsfaktoren zwischen Unternehmen verwendet.

7.4 Lineare Gleichungssysteme

Lineare Gleichungssysteme besitzen für die Wirtschaftswissenschaften eine überragende Bedeutung. Denn viele ökonomische Modelle basieren auf der Annahme, dass sich die Zusammenhänge zwischen den verschiedenen ökonomischen Größen durch **lineare Gleichungen**, dies sind Gleichungen der Form

$$a_1 x_1 + a_2 x_2 + \ldots + a_n x_n = b \qquad (7.9)$$

mit $a_1, \ldots, a_n, b \in \mathbb{R}$ und Variablen $x_1, \ldots, x_n$, adäquat beschreiben lassen. Man spricht bei (7.9) auch genauer von einer linearen Gleichung in den n **Unbekannten** (**Variablen**) $x_1, \ldots, x_n$ mit den **Koeffizienten** $a_1, \ldots, a_n$ und der **rechten Seite** b. Genügt ein Vektor $\mathbf{x} := (x_1, \ldots, x_n)^T \in \mathbb{R}^n$ der linearen Gleichung (7.9), dann sagt man, dass $\mathbf{x}$ die lineare Gleichung (7.9) **erfüllt** oder **löst**.

Im Unterschied zu einer nichtlinearen Gleichung treten bei einer linearen Gleichung die einzelnen Variablen x_i lediglich in ihrer ersten Potenz als Faktor eines Produkts mit einem Koeffizienten a_i auf, wobei diese Produkte ausschließlich addiert werden. Eine lineare Gleichung enthält somit keine höheren Potenzen, wie z. B. x_3^4, und auch keine Produkte verschiedener Variablen, wie z. B. $x_3 x_4$. Darüber hinaus können bei einer linearen Gleichung die Variablen auch nicht als Argumente von reellen Funktionen, wie z. B. $\ln(x_2)$, $\cos(x_4)$ oder $\exp(x_1)$, auftreten.

In den meisten wirtschaftswissenschaftlichen Anwendungen treten gleichzeitig mehrere lineare Gleichungen auf. In diesem Fall spricht man von einem **linearen Gleichungssystem**:

Kapitel 7   Euklidischer Raum $\mathbb{R}^n$ und Vektoren

Definition 7.5 (Lineares Gleichungssystem)

Ein Gleichungssystem

$$
\begin{aligned}
a_{11}x_1 + a_{12}x_2 + \ldots + a_{1n}x_n &= b_1 \\
a_{21}x_1 + a_{22}x_2 + \ldots + a_{2n}x_n &= b_2 \\
\vdots \quad \vdots \quad \vdots \quad &= \vdots \quad\quad (7.10)\\
a_{m1}x_1 + a_{m2}x_2 + \ldots + a_{mn}x_n &= b_m
\end{aligned}
$$

mit $a_{ij}, b_i \in \mathbb{R}$ für $i = 1, \ldots, m$ und $j = 1, \ldots, n$ wird als lineares Gleichungssystem der Ordnung $m \times n$ in den n Unbekannten (Variablen) $x_1, \ldots, x_n$ mit den Koeffizienten a_{ij} und der rechten Seite $\mathbf{b} = (b_1, \ldots, b_m)^T$ bezeichnet. Gilt $b_1 = \ldots = b_m = 0$, dann wird auch genauer von einem homogenen und andernfalls von einem inhomogenen linearen Gleichungssystem gesprochen. Ein lineares Gleichungssystem mit $m = n$ heißt quadratisch.

Ein Vektor $\mathbf{x} = (x_1, \ldots, x_n)^T \in \mathbb{R}^n$, dessen Koordinaten alle m linearen Gleichungen erfüllen, wird Lösung des linearen Gleichungssystems genannt und die Menge $\mathbb{L}$ aller Lösungen $\mathbf{x} \in \mathbb{R}^n$ heißt Lösungsraum des linearen Gleichungssystems. Ein lineares Gleichungssystem mit $\mathbb{L} \neq \emptyset$, also das mindestens eine Lösung besitzt, wird als konsistent bezeichnet. Andernfalls heißt es inkonsistent.

In konkreten wirtschaftswissenschaftlichen Fragestellungen sind die Werte a_{ij} und b_i für $i = 1, \ldots, m$ und $j = 1, \ldots, n$ vorgegeben und die Lösungen des linearen Gleichungssystems sind zu bestimmen. Der benötigte Aufwand bei der Lösung eines linearen Gleichungssystems hängt dabei maßgeblich von der Ordnung $m \times n$, d. h. der Anzahl m der linearen Gleichungen und der Anzahl n der Variablen, sowie der Struktur des linearen Gleichungssystems ab.

Eine Möglichkeit, das lineare Gleichungssystem (7.10) kürzer aufzuschreiben, basiert auf der Verwendung des Summenzeichens $\sum$ und ist gegeben durch

$$\sum_{j=1}^n a_{ij}x_j = b_i \quad \text{für } i = 1, \ldots, m.$$

In Abschnitt 8.4 wird mit Hilfe von sogenannten **Matrizen** eine noch kürzere Schreibweise vorgestellt, die bei der Analyse von linearen Gleichungssystemen große Vorteile bietet.

Wie man durch Einsetzen leicht bestätigen kann, besitzt ein homogenes lineares Gleichungssystem – neben möglicherweise noch anderen Lösungen – stets den Nullvektor **0** als Lösung. Diese Lösung wird als **triviale Lösung** des homogenen linearen Gleichungssystems bezeichnet. Für homogene lineare Gleichungssysteme gilt somit $\mathbb{L} \neq \emptyset$, d. h. sie sind stets konsistent.

Das lineare Gleichungssystem (7.10) kann auch mit Hilfe der Vektoren

$$
\mathbf{a}_1 := \begin{pmatrix} a_{11} \\ a_{21} \\ \vdots \\ a_{m1} \end{pmatrix}, \;
\mathbf{a}_2 := \begin{pmatrix} a_{12} \\ a_{22} \\ \vdots \\ a_{m2} \end{pmatrix}, \ldots, \;
\mathbf{a}_n := \begin{pmatrix} a_{1n} \\ a_{2n} \\ \vdots \\ a_{mn} \end{pmatrix}
$$

dargestellt werden. Denn (7.10) ist offensichtlich äquivalent zu

$$
x_1 \begin{pmatrix} a_{11} \\ a_{21} \\ \vdots \\ a_{m1} \end{pmatrix} + x_2 \begin{pmatrix} a_{12} \\ a_{22} \\ \vdots \\ a_{m2} \end{pmatrix} + \ldots + x_n \begin{pmatrix} a_{1n} \\ a_{2n} \\ \vdots \\ a_{mn} \end{pmatrix} = \begin{pmatrix} b_1 \\ b_2 \\ \vdots \\ b_m \end{pmatrix}.
$$
(7.11)

In Abschnitt 8.10 wird mit der **Cramerschen Regel** eine geschlossene Formel zur Lösung quadratischer linearer Gleichungssysteme bereitgestellt, während in Abschnitt 9.1 allgemeine lineare Gleichungssysteme hinsichtlich der Existenz und Eindeutigkeit von Lösungen untersucht werden. Insbesondere wird in Abschnitt 9.3 mit dem **Gauß-Algorithmus** ein sehr leistungsfähiges Verfahren zur Lösung linearer Gleichungssysteme beliebig großer Ordnung vorgestellt.

Im folgenden Beispiel wird gezeigt, wie durch das sogenannte **Einsetzungsverfahren** lineare Gleichungssysteme kleinerer Ordnung problemlos gelöst werden können. Bei diesem Verfahren wird eine beliebige Gleichung nach einer Variablen aufgelöst und der resultierende Term in die anderen Gleichungen eingesetzt. Auf diese Weise wird eine Variable eliminiert. Dieses Vorgehen wiederholt man solange bis nur noch eine lineare Gleichung mit einer Variablen übrig ist, welche dann problemlos gelöst werden kann. Durch Einsetzen dieser Lösung in die anderen Gleichungen können dann sukzessive die Werte der anderen Variablen ermittelt werden.

Beispiel 7.6 (Lineare Gleichungssysteme)

a) Von einem Vater und seinem Sohn sei bekannt, dass sie zusammen 80 Jahre alt sind und dass der Vater vor 20 Jahren dreimal so alt war wie der Sohn.

Bezeichnen x_1 und x_2 das Alter des Vaters bzw. des Sohns, dann lassen sich diese Informationen durch das folgende lineare Gleichungssystem der Ordnung 2×2 darstellen:

$$x_1 + x_2 = 80$$
$$x_1 - 20 = 3(x_2 - 20)$$

Werden die Variablen x_1 und x_2 auf die linke und die reellen Zahlen auf die rechte Seite gebracht, resultiert ein äquivalentes lineares Gleichungssystem:

$$x_1 + x_2 = 80$$
$$x_1 - 3x_2 = -40$$

Auflösen der ersten linearen Gleichung nach x_2 und anschließendes Einsetzen in die zweite lineare Gleichung liefert

$x_1 - 3(80 - x_1) = -40 \Leftrightarrow 4x_1 = 200 \Leftrightarrow x_1 = 50$.

Einsetzen von $x_1 = 50$ in die erste Gleichung liefert $x_2 = 30$. Der Lösungsraum ist somit gegeben durch $\mathbb{L} = \{(50, 30)^T\}$. Das heißt, der Vater ist 50 und der Sohn ist 30 Jahre alt.

b) Für die Produktion von drei Produkten stehen einem Betrieb zwei Rohstoffe R_1 und R_2 in begrenzter Menge zur Verfügung.

Die folgende Tabelle gibt für die drei Produkte P_1, P_2 und P_3 die benötigten Rohstoffmengen für jede produzierte Einheit, d. h. die Produktionskoeffizienten PK, sowie die vorhandenen Rohstoffmengen an:

Rohstoffe	PK			Lagerbestand
	P_1	P_2	P_3	
R_1	2	1	2	240
R_2	3	0	2	230

Sind x_1, x_2, x_3 die gesuchten Produktionsmengen für die drei Produkte P_1, P_2 und P_3, dann lässt sich die obige Tabelle durch das folgende lineare Gleichungssystem der Ordnung 2×3 darstellen:

$$2x_1 + x_2 + 2x_3 = 240$$
$$3x_1 + 2x_3 = 230$$

Auflösen der zweiten linearen Gleichung nach x_3 und anschließendes Einsetzen in die erste lineare Gleichung liefert

$$2x_1 + x_2 + 2\left(115 - \frac{3}{2}x_1\right) = 240$$
$$\iff -x_1 + x_2 = 10 \iff x_2 = 10 + x_1.$$

Das heißt, der Wert der Variablen x_1 kann – theoretisch – jede beliebige reelle Zahl sein und das lineare Gleichungssystem besitzt somit unendlich viele Lösungen. Der (theoretische) Lösungsraum ist gegeben durch

$$\mathbb{L} = \Big\{(x_1, x_2, x_3)^T \in \mathbb{R}^3 : x_2 = 10 + x_1,$$
$$x_3 = 115 - \frac{3}{2}x_1 \text{ und } x_1 \in \mathbb{R}\Big\}.$$

Da jedoch Produktionsmengen nur nichtnegativ sein können, sind von diesen Lösungen nur diejenigen ökonomisch sinnvoll, für die $x_1, x_2, x_3 \geq 0$ gilt.

7.5 Euklidisches Skalarprodukt und euklidische Norm

Durch Einführung des sogenannten **euklidischen Skalarprodukts** wird der n-dimensionale euklidische Raum $\mathbb{R}^n$ mit zusätzlicher Struktur versehen. Diese zusätzliche Struktur ermöglicht es, die **Länge eines Vektors**, den **Abstand** und den **Winkel zwischen Vektoren** sowie die **Orthogonalität von Vektoren** zu definieren.

Euklidisches Skalarprodukt

Wie die folgende Definition zeigt, handelt es sich beim euklidischen Skalarprodukt um eine einfache Verknüpfung, die zwei n-dimensionalen Vektoren $\mathbf{x}$ und $\mathbf{y}$ eine reelle Zahl zuordnet:

Definition 7.7 (Euklidisches Skalarprodukt)

Für zwei Vektoren $\mathbf{x}, \mathbf{y} \in \mathbb{R}^n$ heißt die reelle Zahl

$$\langle \mathbf{x}, \mathbf{y} \rangle := \sum_{i=1}^{n} x_i y_i$$

euklidisches Skalarprodukt der Vektoren $\mathbf{x}$ und $\mathbf{y}$.

Im Fall $n = 1$ ist das euklidische Skalarprodukt offensichtlich identisch mit der gewöhnlichen Multiplikation zweier reeller Zahlen.

Das euklidische Skalarprodukt besitzt die im folgenden Satz zusammengefassten Eigenschaften:

> **Satz 7.8** (Eigenschaften des euklidischen Skalarprodukts)
>
> *Für alle* $\mathbf{x}, \mathbf{y}, \mathbf{z} \in \mathbb{R}^n$ *und* $\lambda \in \mathbb{R}$ *gilt:*
> a) $\langle \mathbf{x}, \mathbf{x} \rangle \geq 0$
> b) $\langle \mathbf{x}, \mathbf{x} \rangle = 0 \iff \mathbf{x} = \mathbf{0}$
> c) $\langle \mathbf{x}, \mathbf{y} \rangle = \langle \mathbf{y}, \mathbf{x} \rangle$
> d) $\langle \mathbf{x}, \mathbf{y} + \mathbf{z} \rangle = \langle \mathbf{x}, \mathbf{y} \rangle + \langle \mathbf{x}, \mathbf{z} \rangle$
> e) $\langle \mathbf{x}, \lambda \mathbf{y} \rangle = \langle \lambda \mathbf{x}, \mathbf{y} \rangle = \lambda \langle \mathbf{x}, \mathbf{y} \rangle$

Beweis: Die Aussagen a)-e) folgen unmittelbar aus der Definition 7.7 und den Rechengesetzen für reelle Zahlen. ∎

Für weitergehende Untersuchungen ist die folgende, nach dem französischen Mathematiker *Augustin Louis Cauchy* (1789–1857) und dem deutschen Mathematiker *Hermann Amandus Schwarz* (1843–1921) benannte, **Cauchy-Schwarzsche Ungleichung** sehr wichtig. Neben der linearen Algebra wird sie z. B. auch häufig in der Analysis und in der Wahrscheinlichkeitstheorie verwendet.

H. A. Schwarz

> **Satz 7.9** (Cauchy-Schwarzsche Ungleichung)
>
> *Für alle* $\mathbf{x}, \mathbf{y} \in \mathbb{R}^n$ *gilt*
> $$\langle \mathbf{x}, \mathbf{y} \rangle^2 \leq \langle \mathbf{x}, \mathbf{x} \rangle \cdot \langle \mathbf{y}, \mathbf{y} \rangle. \qquad (7.12)$$
> *Das Gleichheitszeichen tritt dabei genau dann ein, wenn ein Skalar* $\mu \in \mathbb{R}$ *mit* $\mathbf{x} = \mu \mathbf{y}$ *existiert.*

Beweis: Ist $\mathbf{y} = \mathbf{0}$, dann gilt sowohl $\langle \mathbf{x}, \mathbf{y} \rangle = 0$ als auch $\langle \mathbf{x}, \mathbf{x} \rangle \cdot \langle \mathbf{y}, \mathbf{y} \rangle = 0$ und somit in (7.12) sogar das Gleichheitszeichen. Es kann daher ohne Beschränkung der Allgemeinheit $\mathbf{y} \neq \mathbf{0}$ angenommen werden. Mit Satz 7.8 folgt für alle $\lambda \in \mathbb{R}$

$$0 \leq \langle \mathbf{x} + \lambda \mathbf{y}, \mathbf{x} + \lambda \mathbf{y} \rangle = \langle \mathbf{x}, \mathbf{x} \rangle + 2\lambda \langle \mathbf{x}, \mathbf{y} \rangle + \lambda^2 \langle \mathbf{y}, \mathbf{y} \rangle. \quad (7.13)$$

Mit der speziellen Wahl $\lambda := -\frac{\langle \mathbf{x}, \mathbf{y} \rangle}{\langle \mathbf{y}, \mathbf{y} \rangle}$ folgt daraus weiter

$$0 \leq \langle \mathbf{x}, \mathbf{x} \rangle - 2 \frac{\langle \mathbf{x}, \mathbf{y} \rangle^2}{\langle \mathbf{y}, \mathbf{y} \rangle} + \frac{\langle \mathbf{x}, \mathbf{y} \rangle^2}{\langle \mathbf{y}, \mathbf{y} \rangle} = \langle \mathbf{x}, \mathbf{x} \rangle - \frac{\langle \mathbf{x}, \mathbf{y} \rangle^2}{\langle \mathbf{y}, \mathbf{y} \rangle} \quad (7.14)$$

und damit nach einer kurzen Umformung auch die Behauptung (7.12). Ferner folgt mit Satz 7.8b), dass in (7.13) und (7.14) genau dann das Gleichheitszeichen gilt, wenn $\mathbf{x} + \lambda \mathbf{y} = \mathbf{0}$ bzw. $\mathbf{x} = -\lambda \mathbf{y}$ gilt. ∎

Euklidische Norm

Mit Hilfe des euklidischen Skalarprodukts kann nun mit der (**euklidischen**) **Norm** und dem (**euklidischen**) **Abstand** ein Längen- bzw. Abstandsbegriff auf dem euklidischen Raum $\mathbb{R}^n$ definiert werden:

> **Definition 7.10** (Euklidische Norm und euklidischer Abstand)
>
> *Für einen Vektor* $\mathbf{x} \in \mathbb{R}^n$ *heißt die nichtnegative, reelle Zahl*
> $$\|\mathbf{x}\| := \sqrt{\langle \mathbf{x}, \mathbf{x} \rangle} = \sqrt{\sum_{i=1}^n x_i^2} \qquad (7.15)$$
> (*euklidische*) *Norm oder Länge des Vektors* $\mathbf{x}$. *Für zwei Vektoren* $\mathbf{x}, \mathbf{y} \in \mathbb{R}^n$ *wird die nichtnegative reelle Zahl*
> $$\|\mathbf{x} - \mathbf{y}\| := \sqrt{\langle \mathbf{x} - \mathbf{y}, \mathbf{x} - \mathbf{y} \rangle} = \sqrt{\sum_{i=1}^n (x_i - y_i)^2}$$
> *als* (*euklidischer*) *Abstand der Vektoren* $\mathbf{x}$ *und* $\mathbf{y}$ *bezeichnet.*

Die Norm $\|\mathbf{x}\|$ eines Vektors (Punktes) $\mathbf{x}$ kann als sein Abstand vom Koordinatenursprung $\mathbf{0}$ aufgefasst werden.

Im Fall $n = 1$ ist die Norm offensichtlich identisch mit dem gewöhnlichen Betrag einer reellen Zahl und im Fall $n = 2$ erinnert die Norm an den Satz des Pythagoras (siehe Satz 5.3). Die Norm eines Vektors $\mathbf{x}$ und der Abstand zweier Vektoren $\mathbf{x}$ und $\mathbf{y}$ sind in Abbildung 7.5 für den Spezialfall $n = 2$, d. h. die euklidische Ebene $\mathbb{R}^2$, veranschaulicht.

Mit Hilfe der (euklidischen) Norm erhält man für die Cauchy-Schwarzsche Ungleichung (7.12) die äquivalente Formulierung

$$|\langle \mathbf{x}, \mathbf{y} \rangle| \leq \|\mathbf{x}\| \cdot \|\mathbf{y}\| \qquad (7.16)$$

7.5 Euklidisches Skalarprodukt und euklidische Norm

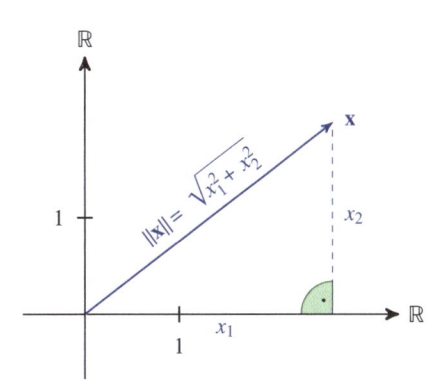

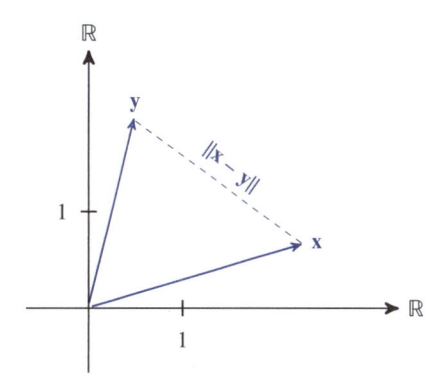

Abb. 7.5: Norm eines Vektors **x** (links) und der Abstand zweier Vektoren **x** und **y** in der euklidischen Ebene $\mathbb{R}^2$

für alle $\mathbf{x}, \mathbf{y} \in \mathbb{R}^n$. Darüber hinaus besitzt die (euklidische) Norm die im folgenden Satz zusammengefassten Eigenschaften, die bereits vom Betrag reeller Zahlen her bekannt sind (vgl. Seite 47).

Satz 7.11 (Eigenschaften der euklidischen Norm)

Für alle $\mathbf{x}, \mathbf{y} \in \mathbb{R}^n$ und $\lambda \in \mathbb{R}$ gilt:
a) $\|\mathbf{x}\| \geq 0$
b) $\|\mathbf{x}\| = 0 \iff \mathbf{x} = \mathbf{0}$
c) $\|\lambda \mathbf{x}\| = |\lambda| \cdot \|\mathbf{x}\|$ *(Homogenität)*
d) $\|\mathbf{x} + \mathbf{y}\| \leq \|\mathbf{x}\| + \|\mathbf{y}\|$ *(Dreiecksungleichung)*

Beweis: a)–c): Diese Aussagen folgen unmittelbar aus Satz 7.8a), b) und e).

d): Mit Satz 7.8c) und d) folgt für alle $\mathbf{x}, \mathbf{y} \in \mathbb{R}^n$

$$\|\mathbf{x} + \mathbf{y}\|^2 = \langle \mathbf{x} + \mathbf{y}, \mathbf{x} + \mathbf{y} \rangle = \langle \mathbf{x} + \mathbf{y}, \mathbf{x} \rangle + \langle \mathbf{x} + \mathbf{y}, \mathbf{y} \rangle$$
$$= \langle \mathbf{x}, \mathbf{x} \rangle + 2 \langle \mathbf{x}, \mathbf{y} \rangle + \langle \mathbf{y}, \mathbf{y} \rangle. \qquad (7.17)$$

Mit Satz 7.9 und der ersten Binomischen Formel folgt daraus weiter

$$\|\mathbf{x} + \mathbf{y}\|^2 \leq \|\mathbf{x}\|^2 + 2\sqrt{\langle \mathbf{x}, \mathbf{x} \rangle}\sqrt{\langle \mathbf{y}, \mathbf{y} \rangle} + \|\mathbf{y}\|^2$$
$$= \|\mathbf{x}\|^2 + 2 \|\mathbf{x}\| \|\mathbf{y}\| + \|\mathbf{y}\|^2$$
$$= (\|\mathbf{x}\| + \|\mathbf{y}\|)^2$$

und damit insbesondere die Behauptung $\|\mathbf{x} + \mathbf{y}\| \leq \|\mathbf{x}\| + \|\mathbf{y}\|$. ∎

Mit Satz 7.11b) erhält man:

$$\|\mathbf{x} - \mathbf{y}\| = 0 \iff \mathbf{x} = \mathbf{y}$$

Aus dem Beweis der Dreiecksungleichung ist ersichtlich, dass

$$\|\mathbf{x} + \mathbf{y}\| = \|\mathbf{x}\| + \|\mathbf{y}\|$$

genau dann gilt, wenn $\langle \mathbf{x}, \mathbf{y} \rangle = \sqrt{\langle \mathbf{x}, \mathbf{x} \rangle}\sqrt{\langle \mathbf{y}, \mathbf{y} \rangle}$ erfüllt ist. Mit Satz 7.9 folgt, dass dies genau dann der Fall ist, wenn mindestens einer der beiden Vektoren **x** und **y** der Nullvektor **0** ist oder ein Skalar $\mu > 0$ mit $\mathbf{x} = \mu \mathbf{y}$ existiert.

Die Dreiecksungleichung verallgemeinert die in der euklidischen Ebene $\mathbb{R}^2$ geometrisch offensichtliche Tatsache, dass die Länge einer Seite in einem Dreieck höchstens gleich der Summe der Längen der beiden anderen Seiten ist (vgl. Abbildung 7.6, links).

Ein Vektor $\mathbf{x} \in \mathbb{R}^n$ mit der Norm 1 heißt **Einheitsvektor** oder **normierter Vektor**. Durch Multiplikation mit dem Skalar $\frac{1}{\|\mathbf{x}\|}$ kann jeder Vektor $\mathbf{x} \in \mathbb{R}^n$ mit $\mathbf{x} \neq \mathbf{0}$ auf die Norm 1 gebracht, d. h. **normiert**, werden. Denn mit der Homogenitätseigenschaft der Norm folgt

$$\left\| \frac{1}{\|\mathbf{x}\|} \mathbf{x} \right\| = \frac{1}{\|\mathbf{x}\|} \cdot \|\mathbf{x}\| = 1.$$

Beispiel 7.12 (Euklidisches Skalarprodukt und Norm)

a) Gegeben seien die vierdimensionalen Vektoren

$$\mathbf{x} = \begin{pmatrix} -1 \\ 2 \\ 0 \\ 4 \end{pmatrix}, \quad \mathbf{y} = \begin{pmatrix} 3 \\ -2 \\ 4 \\ 7 \end{pmatrix} \quad \text{und} \quad \mathbf{z} = \begin{pmatrix} 0 \\ 1 \\ 0 \\ 1 \end{pmatrix}.$$

Dann gilt z. B.

$$\langle \mathbf{x}, \mathbf{y} \rangle = \langle \mathbf{y}, \mathbf{x} \rangle = (-1) \cdot 3 + 2 \cdot (-2) + 0 \cdot 4 + 4 \cdot 7$$
$$= 21$$

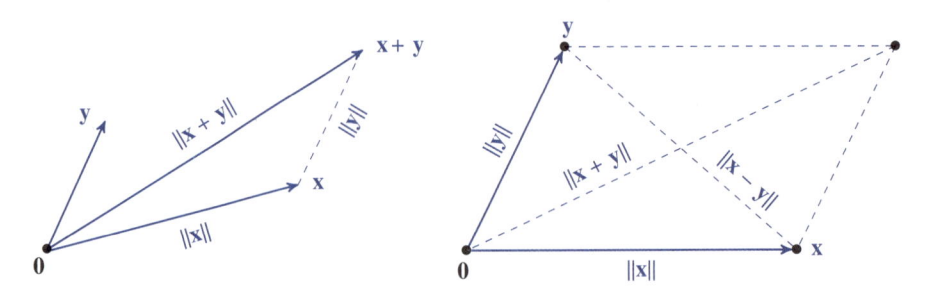

Kapitel 7 — Euklidischer Raum $\mathbb{R}^n$ und Vektoren

Abb. 7.6: Dreiecksungleichung (links) und Parallelogrammgleichung (rechts)

und
$$\langle \mathbf{x}, \mathbf{y} \rangle \, \mathbf{z} = 21 \cdot \begin{pmatrix} 0 \\ 1 \\ 0 \\ 1 \end{pmatrix} = \begin{pmatrix} 0 \\ 21 \\ 0 \\ 21 \end{pmatrix}.$$

b) Betrachtet werden die beiden dreidimensionalen Vektoren
$$\mathbf{x} = \begin{pmatrix} 1 \\ -2 \\ 3 \end{pmatrix} \quad \text{und} \quad \mathbf{y} = \begin{pmatrix} -3 \\ 2 \\ 5 \end{pmatrix}.$$

Hierbei gilt:
$$\|\mathbf{x}\| = \sqrt{1^2 + (-2)^2 + 3^2} = \sqrt{14}$$
$$\|\mathbf{y}\| = \sqrt{(-3)^2 + 2^2 + 5^2} = \sqrt{38}$$
$$\|\mathbf{x} + \mathbf{y}\| = \sqrt{(-2)^2 + 0^2 + 8^2}$$
$$= \sqrt{68} \leq \sqrt{14} + \sqrt{38} = \|\mathbf{x}\| + \|\mathbf{y}\|$$
$$|\langle \mathbf{x}, \mathbf{y} \rangle| = |1 \cdot (-3) + (-2) \cdot 2 + 3 \cdot 5|$$
$$= 8 \leq \sqrt{14} \cdot \sqrt{38} = \|\mathbf{x}\| \cdot \|\mathbf{y}\|$$

Das folgende Beispiel gibt einen ersten Einblick, wie mit Hilfe des euklidischen Skalarprodukts ökonomische Problemstellungen kompakt dargestellt werden können:

Beispiel 7.13 (Güterbündel)

Betrachtet wird ein Güterbündel bestehend aus sechs verschiedenen Gütern. Die Gütermengen $x_1, \ldots, x_6 \in \mathbb{R}$ und die Güterpreise $p_1, \ldots, p_6 \in \mathbb{R}_+$ (in 1000 €) dieser sechs Güter seien durch die Koordinaten der beiden Vektoren

$$\mathbf{x} = \begin{pmatrix} x_1 \\ x_2 \\ x_3 \\ x_4 \\ x_5 \\ x_6 \end{pmatrix} = \begin{pmatrix} 5 \\ 9 \\ 2 \\ 28 \\ 0 \\ 17 \end{pmatrix} \quad \text{bzw.} \quad \mathbf{p} = \begin{pmatrix} p_1 \\ p_2 \\ p_3 \\ p_4 \\ p_5 \\ p_6 \end{pmatrix} = \begin{pmatrix} 80 \\ 50 \\ 90 \\ 10 \\ 200 \\ 70 \end{pmatrix}$$

gegeben. Der Wert des gesamten Güterbündels berechnet sich dann als euklidisches Skalarprodukt der beiden Vektoren $\mathbf{p}$ und $\mathbf{x}$ und beträgt (in 1000 €)

$$\langle \mathbf{p}, \mathbf{x} \rangle = \sum_{i=1}^{6} x_i \, p_i = 2500.$$

7.6 Orthogonalität und Winkel

Mit Hilfe des euklidischen Skalarprodukts können auch die Begriffe **Orthogonalität** und **Winkel** für den n-dimensionalen euklidischen Raum $\mathbb{R}^n$ erklärt werden.

Orthogonalität

Der Begriff der **Orthogonalität** ist im n-dimensionalen euklidischen Raum $\mathbb{R}^n$ wie folgt definiert:

Definition 7.14 (Orthogonalität und Orthogonalsystem)

Zwei Vektoren $\mathbf{x}, \mathbf{y} \in \mathbb{R}^n$ heißen orthogonal (zueinander), wenn $\langle \mathbf{x}, \mathbf{y} \rangle = 0$ gilt. Man schreibt dann $\mathbf{x} \perp \mathbf{y}$. Gilt zusätzlich $\|\mathbf{x}\| = \|\mathbf{y}\| = 1$, dann werden sie auch als orthonormal bezeichnet.

7.6 Orthogonalität und Winkel

Eine Menge $M = \{\mathbf{a}_1, \mathbf{a}_2, \ldots, \mathbf{a}_m\}$ von m paarweise orthogonalen Vektoren des $\mathbb{R}^n$, d. h. mit $\langle \mathbf{a}_i, \mathbf{a}_j \rangle = 0$ für alle $i, j = 1, \ldots, m$ mit $i \neq j$, heißt Orthogonalsystem. Sind die Vektoren zusätzlich normiert, d. h. gilt $\|\mathbf{a}_i\| = 1$ für alle $i = 1, \ldots, m$, dann wird M auch als Orthonormalsystem bezeichnet.

Zu zwei orthogonalen Vektoren $\mathbf{x}, \mathbf{y} \in \mathbb{R}^n$ sagt man auch, dass sie **orthogonal (senkrecht, rechtwinklig)** zueinander stehen.

Der Nullvektor $\mathbf{0}$ ist der einzige Vektor des $\mathbb{R}^n$, der zu allen Vektoren des $\mathbb{R}^n$ orthogonal ist. Denn es gilt $\langle \mathbf{x}, \mathbf{0} \rangle = 0$ und damit $\mathbf{x} \perp \mathbf{0}$ für alle $\mathbf{x} \in \mathbb{R}^n$.

Der Sachverhalt, dass eine gegebene Menge $M = \{\mathbf{a}_1, \mathbf{a}_2, \ldots, \mathbf{a}_m\}$ von Vektoren des $\mathbb{R}^n$ ein Orthonormalsystem ist, wird häufig in der Kurzform

$$\langle \mathbf{a}_i, \mathbf{a}_j \rangle = \delta_{ij} := \begin{cases} 1 & \text{falls } i = j \\ 0 & \text{falls } i \neq j \end{cases} \quad (7.18)$$

ausgedrückt. Dabei ist δ_{ij} das nach dem deutschen Mathematiker *Leopold Kronecker* (1823–1891) benannte **Kroneckersymbol**.

L. Kronecker

Zum Beispiel gilt für die n Einheitsvektoren $\mathbf{e}_1, \ldots, \mathbf{e}_n$ des $\mathbb{R}^n$ offensichtlich

$$\langle \mathbf{e}_i, \mathbf{e}_j \rangle = \delta_{ij} \quad (7.19)$$

(vgl. (7.3)). Das heißt, jede Menge $M = \{\mathbf{e}_1, \ldots, \mathbf{e}_m\}$ von $m \leq n$ verschiedenen Einheitsvektoren des $\mathbb{R}^n$ ist ein Orthonormalsystem.

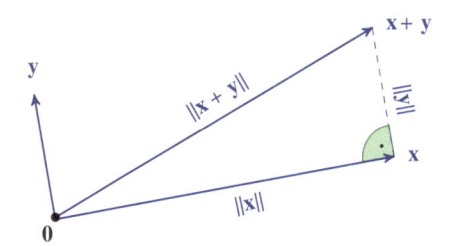

Zwei der bekanntesten Ergebnisse der elementaren Geometrie sind die **Parallelogrammgleichung** (siehe Abbildung 7.6, rechts) und der nach dem griechischen Mathematiker und Philosophen *Pythagoras von Samos* (ca. 570 bis 510 v. Chr.) benannte **Satz des Pythagoras** (siehe Abbildung 7.7, links).

Briefmarke mit Portrait von Pythagoras

Der folgende Satz besagt, dass diese beiden bedeutenden mathematischen Aussagen in jedem n-dimensionalen euklidischen Raum $\mathbb{R}^n$ Gültigkeit besitzen:

Satz 7.15 (Parallelogrammgleichung und Satz des Pythagoras)

Für zwei Vektoren $\mathbf{x}, \mathbf{y} \in \mathbb{R}^n$ gilt:

a) $\|\mathbf{x} + \mathbf{y}\|^2 + \|\mathbf{x} - \mathbf{y}\|^2 = 2\|\mathbf{x}\|^2 + 2\|\mathbf{y}\|^2$ (Parallelogrammgleichung)

b) $\|\mathbf{x} + \mathbf{y}\|^2 = \|\mathbf{x}\|^2 + \|\mathbf{y}\|^2$ gilt genau dann, wenn die beiden Vektoren $\mathbf{x}$ und $\mathbf{y}$ orthogonal zueinander sind (Satz des Pythagoras).

Beweis: Zu a): Für zwei beliebige Vektoren $\mathbf{x}, \mathbf{y} \in \mathbb{R}^n$ gilt

$$\|\mathbf{x} + \mathbf{y}\|^2 = \|\mathbf{x}\|^2 + 2\langle \mathbf{x}, \mathbf{y} \rangle + \|\mathbf{y}\|^2 \quad \text{und} \quad (7.20)$$

$$\|\mathbf{x} - \mathbf{y}\|^2 = \|\mathbf{x}\|^2 - 2\langle \mathbf{x}, \mathbf{y} \rangle + \|\mathbf{y}\|^2 \quad (7.21)$$

(vgl. (7.17)). Durch Addition dieser beiden Gleichungen folgt die Aussage a).

Zu b): Aus (7.20) folgt, dass $\|\mathbf{x} + \mathbf{y}\|^2 = \|\mathbf{x}\|^2 + \|\mathbf{y}\|^2$ genau dann gilt, wenn $\langle \mathbf{x}, \mathbf{y} \rangle = 0$ ist und somit die Vektoren $\mathbf{x}$ und $\mathbf{y}$ orthogonal sind. ∎

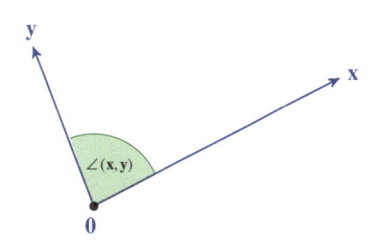

Abb. 7.7: Satz des Pythagoras (links) und Winkel zwischen zwei Vektoren $\mathbf{x}$ und $\mathbf{y}$ (rechts)

Winkel

Neben der Orthogonalität ermöglicht das euklidische Skalarprodukt auch die Definition eines **Winkelbegriffs**.

Die folgende Definition des Winkels zwischen zwei Vektoren $\mathbf{x}$ und $\mathbf{y}$ des $\mathbb{R}^n$ basiert maßgeblich auf der Tatsache, dass gemäß der Cauchy-Schwarzschen Ungleichung (7.12) stets $|\langle \mathbf{x}, \mathbf{y}\rangle| \leq \|\mathbf{x}\| \cdot \|\mathbf{y}\|$ gilt. Denn dies impliziert

$$-1 \leq \frac{\langle \mathbf{x}, \mathbf{y}\rangle}{\|\mathbf{x}\| \cdot \|\mathbf{y}\|} \leq 1$$

für alle Vektoren $\mathbf{x}, \mathbf{y} \in \mathbb{R}^n$ mit $\mathbf{x} \neq \mathbf{0}$ und $\mathbf{y} \neq \mathbf{0}$ und stellt damit insbesondere sicher, dass die folgende Definition für den Winkel im Bogenmaß eine wohldefinierte Zahl im Intervall $[0, \pi]$ liefert:

Definition 7.16 (Winkel)

Es seien $\mathbf{x}, \mathbf{y} \in \mathbb{R}^n$ zwei Vektoren mit $\mathbf{x} \neq \mathbf{0}$ und $\mathbf{y} \neq \mathbf{0}$. Dann ist der Winkel (im Bogenmaß) $\angle(\mathbf{x}, \mathbf{y})$ zwischen $\mathbf{x}$ und $\mathbf{y}$ definiert durch

$$\angle(\mathbf{x}, \mathbf{y}) := \arccos\left(\frac{\langle \mathbf{x}, \mathbf{y}\rangle}{\|\mathbf{x}\| \cdot \|\mathbf{y}\|}\right). \tag{7.22}$$

Diese Definition verallgemeinert den aus der (zweidimensionalen) euklidischen Ebene $\mathbb{R}^2$ und dem (dreidimensionalen) euklidischen Raum $\mathbb{R}^3$ bekannten Winkelbegriff auf beliebige n-dimensionale euklidische Räume $\mathbb{R}^n$ (vgl. Abbildung 7.7, rechts). Sind z. B. $\mathbf{x}, \mathbf{y} \in \mathbb{R}^n$ zwei Vektoren mit $\mathbf{x} \neq \mathbf{0}$ und $\mathbf{y} \neq \mathbf{0}$, dann folgt aus (7.22)

$$\langle \mathbf{x}, \mathbf{y}\rangle = 0 \quad \text{bzw.} \quad \mathbf{x} \perp \mathbf{y} \iff \angle(\mathbf{x}, \mathbf{y}) = \frac{\pi}{2}.$$

Das heißt, wie im $\mathbb{R}^2$ und $\mathbb{R}^3$ sind auch im $\mathbb{R}^n$ zwei Vektoren genau dann senkrecht zueinander, wenn sie den Winkel $\frac{\pi}{2}$ (Bogenmaß) bzw. 90° (Gradmaß) einschließen.

Ferner folgt mit (7.21) und (7.22)

$$\|\mathbf{x} - \mathbf{y}\|^2 = \|\mathbf{x}\|^2 + \|\mathbf{y}\|^2 - 2\langle \mathbf{x}, \mathbf{y}\rangle$$
$$= \|\mathbf{x}\|^2 + \|\mathbf{y}\|^2 - 2\|\mathbf{x}\|\|\mathbf{y}\|\cos(\angle(\mathbf{x}, \mathbf{y})).$$

Dieser Zusammenhang ist nichts anderes als die Verallgemeinerung des **Kosinussatzes** aus der elementaren Geometrie (vgl. Satz 5.4b)), nun jedoch für den Fall eines beliebigen n-dimensionalen euklidischen Raums $\mathbb{R}^n$.

Beispiel 7.17 (Winkel)

a) Durch $\mathbf{x}$ und $\mathbf{y}$ seien die beiden dreidimensionalen Vektoren aus Beispiel 7.12b) gegeben. Für den Winkel zwischen diesen beiden Vektoren im Bogenmaß gilt

$$\angle(\mathbf{x}, \mathbf{y}) = \arccos\left(\frac{8}{\sqrt{14} \cdot \sqrt{38}}\right) \approx 1{,}217.$$

Im Gradmaß beträgt der Winkel $\angle(\mathbf{x}, \mathbf{y}) \approx 69{,}71°$.

b) Die beiden zweidimensionalen Vektoren

$$\mathbf{x} = \begin{pmatrix} 2 \\ -2 \end{pmatrix} \quad \text{und} \quad \mathbf{y} = \begin{pmatrix} 4 \\ 4 \end{pmatrix}$$

sind orthogonal zueinander. Denn es gilt $\langle \mathbf{x}, \mathbf{y}\rangle = 2 \cdot 4 + (-2) \cdot 4 = 0$. Sie sind jedoch nicht normiert, da $\|\mathbf{x}\| = 2\sqrt{2} \neq 1$ bzw. $\|\mathbf{y}\| = 4\sqrt{2} \neq 1$ gilt. Die Vektoren $\mathbf{x}$ und $\mathbf{y}$ sind damit insbesondere nicht orthonormiert. Durch Normierung dieser zwei Vektoren erhält man jedoch die beiden orthonormierten Vektoren

$$\mathbf{u} := \frac{1}{2\sqrt{2}}\begin{pmatrix} 2 \\ -2 \end{pmatrix} = \begin{pmatrix} \frac{1}{\sqrt{2}} \\ -\frac{1}{\sqrt{2}} \end{pmatrix} \quad \text{und}$$

$$\mathbf{v} := \frac{1}{4\sqrt{2}}\begin{pmatrix} 4 \\ 4 \end{pmatrix} = \begin{pmatrix} \frac{1}{\sqrt{2}} \\ \frac{1}{\sqrt{2}} \end{pmatrix}.$$

Für diese zwei Vektoren gilt $\langle \mathbf{u}, \mathbf{v}\rangle = 0$ sowie $\|\mathbf{u}\| = 1$ und $\|\mathbf{v}\| = 1$. Insbesondere ist $\{\mathbf{u}, \mathbf{v}\}$ ein Orthonormalsystem (vgl. Abbildung 7.8, links).

Hyperebenen und Kugelflächen

Mit Hilfe des euklidischen Skalarprodukts kann der Begriff der **Hyperebene** definiert werden:

Definition 7.18 (Hyperebene)

Es seien $\mathbf{a} \in \mathbb{R}^n$ mit $\mathbf{a} \neq \mathbf{0}$ und $c \in \mathbb{R}$. Dann heißt die Menge

$$H(\mathbf{a}, c) := \left\{\mathbf{x} \in \mathbb{R}^n : \langle \mathbf{a}, \mathbf{x}\rangle = c\right\}$$
$$= \left\{\mathbf{x} \in \mathbb{R}^n : \sum_{i=1}^n a_i x_i = c\right\} \tag{7.23}$$

Hyperebene im $\mathbb{R}^n$ bezüglich $\mathbf{a}$ und c.

7.6 Orthogonalität und Winkel — Kapitel 7

Im Fall $n = 1$, d. h. in der Menge $\mathbb{R}$ der reellen Zahlen, sind Hyperebenen einelementige Teilmengen von $\mathbb{R}$. Für $n = 2$, d. h. im Falle der euklidischen Ebene $\mathbb{R}^2$, sind Hyperebenen durch Geraden im $\mathbb{R}^2$ gegeben und im Fall $n = 3$, d. h. im dreidimensionalen euklidischen Raum $\mathbb{R}^3$, entsprechen Hyperebenen Ebenen im Anschauungsraum.

Für die beiden Fälle $n = 3$ und $n = 2$ mit $\|\mathbf{a}\| = 1$ und $c \geq 0$ ist die Gleichung $\langle \mathbf{a}, \mathbf{x} \rangle = c$ in (7.23) bereits aus der Schulmathematik als **Hessesche-Normalform** bekannt. Die Hessesche-Normalform ist nach dem deutschen Mathematiker *Ludwig Otto Hesse* (1811–1874) benannt. Sie beschreibt eine Gerade g (im Fall $n = 2$) bzw. eine Ebene E (im Fall $n = 3$), wobei der Vektor $\mathbf{a}$ der sogenannte **normierte Normalenvektor** von g bzw. E ist, der vom Koordinatenursprung zur Gerade g bzw. Ebene E zeigt, und der Wert c der Abstand der Geraden g bzw. der Ebene E vom Ursprung des Koordinatensystems (vgl. Abbildung 7.8, rechts).

L. O. Hesse

Durch eine Hyperebene $H(\mathbf{a}, c)$ im $\mathbb{R}^n$ wird der $\mathbb{R}^n$ stets in zwei **Halbräume**

$$H_{\leq}(\mathbf{a}, c) := \{\mathbf{x} \in \mathbb{R}^n : \langle \mathbf{a}, \mathbf{x} \rangle \leq c\} \quad \text{und}$$
$$H_{\geq}(\mathbf{a}, c) := \{\mathbf{x} \in \mathbb{R}^n : \langle \mathbf{a}, \mathbf{x} \rangle \geq c\}$$

geteilt. Diese Teilungseigenschaft von Hyperebenen ist in der Optimierungstheorie von großem Nutzen.

Zum Beispiel entspricht die Hyperebene $H(\mathbf{a}, c)$ in der euklidischen Ebene $\mathbb{R}^2$ einer Geraden g mit der Funktionsgleichung $\langle \mathbf{a}, \mathbf{x} \rangle = a_1 x_1 + a_2 x_2 = c$, d. h. es gilt

$$x_2 = -\frac{a_1}{a_2} x_1 + \frac{c}{a_2} \quad \text{für } a_2 \neq 0 \quad \text{und}$$
$$x_1 = \frac{c}{a_1} \quad \text{für } a_2 = 0. \tag{7.24}$$

Die euklidische Ebene $\mathbb{R}^2$ wird durch diese Gerade g in zwei **Halbebenen** $H_{\leq}(\mathbf{a}, c)$ und $H_{\geq}(\mathbf{a}, c)$ geteilt (vgl. Abbildung 7.8, rechts).

Beispiel 7.19 (Güterbündel mit Budgetrestriktion)

Betrachtet wird das Güterbündel aus Beispiel 7.13 mit dem dort angegebenen Preisvektor $\mathbf{p}^T = (80, 50, 90, 10, 200, 70)$ (in $1000\,€$) für die sechs verschiedenen Güter des Güterbündels. Zusätzlich sei durch die Konstante $c \in \mathbb{R}_+$ die Budgetrestriktion eines Haushalts gegeben. Dann besteht die Hyperebene im $\mathbb{R}^6$

$$H(\mathbf{p}, c) = \{\mathbf{x} \in \mathbb{R}^6 : \langle \mathbf{p}, \mathbf{x} \rangle = c\}$$
$$= \{\mathbf{x} \in \mathbb{R}^6 : 80 x_1 + 50 x_2 + 90 x_3 + 10 x_4 + 200 x_5 + 70 x_6 = c\}$$

aus allen Güterbündeln $\mathbf{x} \in \mathbb{R}^6$, welche bei den gegebenen Preisen $\mathbf{p}$ die Budgetrestriktion c erfüllen und vollständig ausschöpfen. Die beiden Halbräume

$$H_{\leq}(\mathbf{p}, c) = \{\mathbf{x} \in \mathbb{R}^6 : \langle \mathbf{p}, \mathbf{x} \rangle \leq c\} \quad \text{und}$$
$$H_{\geq}(\mathbf{p}, c) = \{\mathbf{x} \in \mathbb{R}^6 : \langle \mathbf{p}, \mathbf{x} \rangle \geq c\}$$

bestehen dagegen aus denjenigen Güterbündeln $\mathbf{x} \in \mathbb{R}^6$, welche die Budgetrestriktion c erfüllen, aber nicht notwendigerweise vollständig ausschöpfen, bzw. aus denjenigen Güterbündeln $\mathbf{x} \in \mathbb{R}^6$, welche die Budgetrestriktion c vollständig ausschöpfen oder sogar übersteigen.

Analog zum Anschauungsraum $\mathbb{R}^3$ ist auch in seiner Verallgemeinerung in Form des n-dimensionalen euklidischen Raums $\mathbb{R}^n$ die **Kugelfläche** (**Sphäre**) als die Menge von Vektoren des $\mathbb{R}^n$ definiert, deren Abstand von einem festen Vektor $\mathbf{a} \in \mathbb{R}^n$ gleich einer gegebenen positiven reellen Zahl r ist:

Definition 7.20 (Kugelfläche)

Es seien $\mathbf{a} \in \mathbb{R}^n$ und $r > 0$. Dann heißt die Menge

$$K(\mathbf{a}, r) := \{\mathbf{x} \in \mathbb{R}^n : \|\mathbf{x} - \mathbf{a}\| = r\}$$

Kugelfläche oder Sphäre im $\mathbb{R}^n$ mit dem Mittelpunkt $\mathbf{a}$ und dem Radius r.

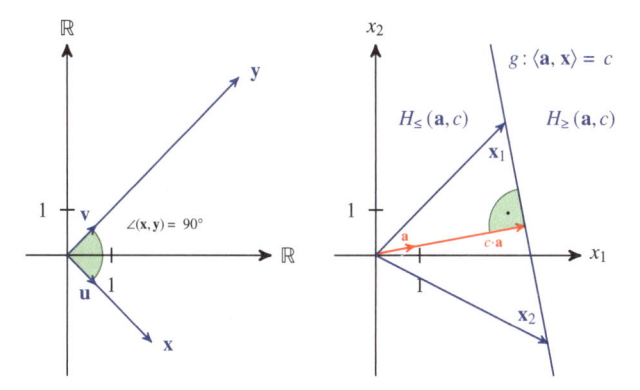

Abb. 7.8: Orthogonale Vektoren $\mathbf{x}$ und $\mathbf{y}$ sowie orthonormierte Vektoren $\mathbf{u}$ und $\mathbf{v}$ (links) und Darstellung des normierten Normalenvektors $\mathbf{a}$ mit $\|\mathbf{a}\| = 1$ und des Abstands $c \geq 0$ bei der Hesseschen Normalform $\langle \mathbf{a}, \mathbf{x} \rangle = c$ (rechts)

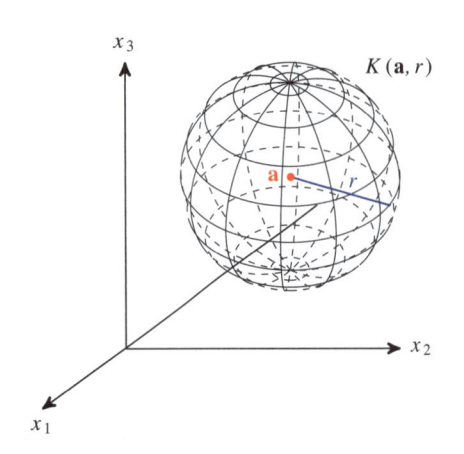

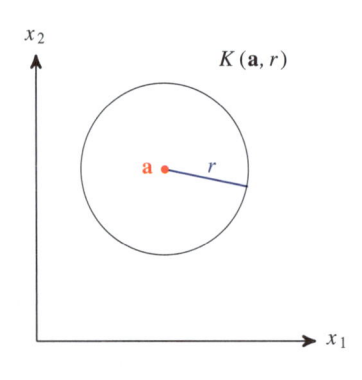

Abb. 7.9: Kugelfläche $K(\mathbf{a}, r)$ im $\mathbb{R}^3$ (links) und im $\mathbb{R}^2$ (rechts)

Im Fall $n = 1$, d. h. in der Menge $\mathbb{R}$ der reellen Zahlen, sind Kugelflächen zweielementige Teilmengen von $\mathbb{R}$. Für $n = 2$, d. h. im Falle der euklidischen Ebene $\mathbb{R}^2$, sind Kugelflächen durch Kreislinien gegeben und im Fall $n = 3$, d. h. im dreidimensionalen euklidischen Raum $\mathbb{R}^3$, entsprechen Kugelflächen den Oberflächen von dreidimensionalen Kugeln im Anschauungsraum (vgl. Abbildung 7.9).

Durch eine Kugelfläche $K(\mathbf{a}, r)$ mit $\mathbf{a} \in \mathbb{R}^n$ wird der n-dimensionale euklidische Raum $\mathbb{R}^n$ in die beiden Mengen

$$K_<(\mathbf{a}, r) := \{\mathbf{x} \in \mathbb{R}^n : \|\mathbf{x} - \mathbf{a}\| < r\} \quad \text{und}$$
$$K_>(\mathbf{a}, r) := \{\mathbf{x} \in \mathbb{R}^n : \|\mathbf{x} - \mathbf{a}\| > r\}$$

geteilt. Die Mengen $K_<(\mathbf{a}, r)$ und $K_>(\mathbf{a}, r)$ werden als **Kugelinneres** oder **offene Kugel** bzw. **Kugeläußeres** mit Mittelpunkt $\mathbf{a}$ und Radius r bezeichnet. Die Menge $K_<(\mathbf{a}, r)$ enthält alle Vektoren $\mathbf{x} \in \mathbb{R}^n$, deren Abstand zum Vektor $\mathbf{a}$ kleiner als r ist, während die Menge $K_>(\mathbf{a}, r)$ aus allen Vektoren $\mathbf{x} \in \mathbb{R}^n$ besteht, deren Abstand zum Vektor $\mathbf{a}$ größer als r ist.

Durch Vereinigung von Kugelfläche und Kugelinnerem erhält man die Menge

$$K_\leq(\mathbf{a}, r) := K(\mathbf{a}, r) \cup K_<(\mathbf{a}, r) = \{\mathbf{x} \in \mathbb{R}^n : \|\mathbf{x} - \mathbf{a}\| \leq r\},$$

die als **Kugelkörper** oder **abgeschlossene Kugel** mit Mittelpunkt $\mathbf{a}$ und Radius r bezeichnet wird.

Beispiel 7.21 (Hyperebenen und Kugelflächen)

Es seien

$$\mathbf{a}_1 = \begin{pmatrix} 1 \\ -1 \end{pmatrix} \quad \text{und} \quad \mathbf{a}_2 = \begin{pmatrix} 2 \\ 2 \end{pmatrix}$$

sowie $c = 1$ und $r = 1$. Dann sind die Hyperebene $H(\mathbf{a}_1, c)$ und die Kugelfläche $K(\mathbf{a}_2, r)$ im $\mathbb{R}^2$ gegeben durch

$$H(\mathbf{a}_1, c) = \{\mathbf{x} \in \mathbb{R}^2 : \langle \mathbf{a}_1, \mathbf{x} \rangle = c\}$$
$$= \{\mathbf{x} \in \mathbb{R}^2 : x_1 - x_2 = 1\} \quad \text{und}$$
$$K(\mathbf{a}_2, r) = \{\mathbf{x} \in \mathbb{R}^2 : \|\mathbf{x} - \mathbf{a}_2\| = r\}$$
$$= \{\mathbf{x} \in \mathbb{R}^2 : \sqrt{(x_1 - 2)^2 + (x_2 - 2)^2} = 1\}.$$

In Abbildung 7.10, links sind die Mengen

$H(\mathbf{a}_1, c)$, $H_\leq(\mathbf{a}_1, c)$, $H_\geq(\mathbf{a}_1, c)$, $K(\mathbf{a}_2, r)$, $K_<(\mathbf{a}_2, r)$
und $K_>(\mathbf{a}_2, r)$

dargestellt. Bei $H(\mathbf{a}_1, c)$ handelt es sich um eine Gerade, bei $H_\leq(\mathbf{a}_1, c)$ und $H_\geq(\mathbf{a}_1, c)$ um Halbebenen, bei $K(\mathbf{a}_2, r)$ um eine Kreislinie, bei $K_<(\mathbf{a}_2, r)$ um eine Kreisfläche ohne Rand und bei $K_>(\mathbf{a}_2, r)$ um den gesamten $\mathbb{R}^2$ ohne die Kreisfläche $K_\leq(\mathbf{a}_2, r)$.

7.7 Linearkombinationen und konvexe Mengen

Im Folgenden werden die Begriffe **Linearkombination**, **Konvexkombination** und **konvexe Menge** eingeführt. Diese Begriffe werden z. B. bei der Untersuchung der Eigenschaften von Matrizen, zur Analyse von linearen Gleichungssystemen und zur Optimierung von Funktionen benötigt.

Linear- und Konvexkombinationen

Unter einer **Linearkombination** von Vektoren versteht man einen Vektor, der sich durch gegebene Vektoren unter Verwendung der Vektoraddition und der skalaren Multiplikation ausdrücken lässt:

> **Definition 7.22** (Linearkombination)
>
> *Ein Vektor $\mathbf{y} \in \mathbb{R}^n$ heißt Linearkombination der Vektoren $\mathbf{a}_1, \ldots, \mathbf{a}_m \in \mathbb{R}^n$, wenn es Skalare $\lambda_1, \ldots, \lambda_m \in \mathbb{R}$ gibt mit der Eigenschaft*
>
> $$\mathbf{y} = \sum_{i=1}^{m} \lambda_i \mathbf{a}_i = \lambda_1 \mathbf{a}_1 + \ldots + \lambda_m \mathbf{a}_m.$$
>
> *Gilt für die Skalare zusätzlich $\lambda_i > 0$ für $i = 1, \ldots, m$, dann wird $\mathbf{y}$ auch positive Linearkombination genannt. Die Menge aller Linearkombinationen der Vektoren $\mathbf{a}_1, \ldots, \mathbf{a}_m \in \mathbb{R}^n$ heißt lineare Hülle von $\{\mathbf{a}_1, \ldots, \mathbf{a}_m\} \subseteq \mathbb{R}^n$ und wird mit $\text{Lin}\{\mathbf{a}_1, \ldots, \mathbf{a}_m\}$ bezeichnet.*

Eine besonders wichtige Klasse von Linearkombinationen erhält man, wenn man zusätzlich fordert, dass die Skalare $\lambda_1, \ldots, \lambda_m$ nichtnegativ sind und sich zu Eins aufaddieren. In einem solchen Fall spricht man dann von einer **Konvexkombination**:

> **Definition 7.23** (Konvexkombination)
>
> *Ein Vektor $\mathbf{y} \in \mathbb{R}^n$ heißt Konvexkombination oder konvexe Linearkombination der Vektoren $\mathbf{a}_1, \ldots, \mathbf{a}_m \in \mathbb{R}^n$, wenn es Skalare $\lambda_1, \ldots, \lambda_m \in \mathbb{R}_+$ gibt mit $\sum_{i=1}^{m} \lambda_i = 1$ und*
>
> $$\mathbf{y} = \sum_{i=1}^{m} \lambda_i \mathbf{a}_i = \lambda_1 \mathbf{a}_1 + \ldots + \lambda_m \mathbf{a}_m.$$
>
> *Gilt für die Skalare zusätzlich $\lambda_i > 0$ für $i = 1, \ldots, m$, dann wird $\mathbf{y}$ auch echte Konvexkombination genannt.*
>
> *Die Menge aller Konvexkombinationen der Vektoren $\mathbf{a}_1, \ldots, \mathbf{a}_m \in \mathbb{R}^n$ heißt konvexe Hülle oder abgeschlossenes konvexes Polyeder von $\{\mathbf{a}_1, \ldots, \mathbf{a}_m\} \subseteq \mathbb{R}^n$ und wird mit $\text{Konv}\{\mathbf{a}_1, \ldots, \mathbf{a}_m\}$ bezeichnet.*

Offensichtlich ist jede Konvexkombination der Vektoren $\mathbf{a}_1, \ldots, \mathbf{a}_m$ auch eine Linearkombination der Vektoren $\mathbf{a}_1, \ldots, \mathbf{a}_m$. Das heißt, es gilt stets

$$\text{Konv}\{\mathbf{a}_1, \ldots, \mathbf{a}_m\} \subseteq \text{Lin}\{\mathbf{a}_1, \ldots, \mathbf{a}_m\}.$$

Umgekehrt ist eine Linearkombination der Vektoren $\mathbf{a}_1, \ldots, \mathbf{a}_m$ jedoch im Allgemeinen keine Konvexkombination der Vektoren $\mathbf{a}_1, \ldots, \mathbf{a}_m$. Ist mindestens einer der Vektoren $\mathbf{a}_1, \ldots, \mathbf{a}_m \in \mathbb{R}^n$ vom Nullvektor $\mathbf{0}$ verschieden, dann gilt $\text{Konv}\{\mathbf{a}_1, \ldots, \mathbf{a}_m\} \neq \text{Lin}\{\mathbf{a}_1, \ldots, \mathbf{a}_m\}$.

Bezeichnen $\mathbf{e}_1, \ldots, \mathbf{e}_n \in \mathbb{R}^n$ die n Einheitsvektoren des $\mathbb{R}^n$ (vgl. (7.3)), dann folgt für einen beliebigen Vektor $\mathbf{x} \in \mathbb{R}^n$

$$\mathbf{x} = \begin{pmatrix} x_1 \\ x_2 \\ \vdots \\ x_n \end{pmatrix} = x_1 \begin{pmatrix} 1 \\ 0 \\ \vdots \\ 0 \end{pmatrix} + \ldots + x_n \begin{pmatrix} 0 \\ \vdots \\ 0 \\ 1 \end{pmatrix} = \sum_{i=1}^{n} x_i \mathbf{e}_i.$$

Das heißt, jeder Vektor $\mathbf{x} \in \mathbb{R}^n$ lässt sich als Linearkombination der n Einheitsvektoren darstellen. Es gilt somit

$$\mathbb{R}^n = \text{Lin}\{\mathbf{e}_1, \ldots, \mathbf{e}_n\}. \tag{7.25}$$

> **Beispiel 7.24** (Linear- und Konvexkombinationen)
>
> a) Betrachtet werden die beiden Vektoren
>
> $$\mathbf{a}_1 = \begin{pmatrix} 1 \\ 3 \\ -3 \end{pmatrix} \quad \text{und} \quad \mathbf{a}_2 = \begin{pmatrix} \frac{1}{4} \\ 0 \\ \frac{3}{4} \end{pmatrix}$$
>
> aus dem $\mathbb{R}^3$. Als Linearkombination der drei Einheitsvektoren $\mathbf{e}_1$, $\mathbf{e}_2$ und $\mathbf{e}_3$ besitzen diese beiden Vektoren die Darstellung
>
> $$\mathbf{a}_1 = \begin{pmatrix} 1 \\ 3 \\ -3 \end{pmatrix} = \mathbf{e}_1 + 3\mathbf{e}_2 - 3\mathbf{e}_3 \quad \text{bzw.}$$
>
> $$\mathbf{a}_2 = \begin{pmatrix} \frac{1}{4} \\ 0 \\ \frac{3}{4} \end{pmatrix} = \frac{1}{4}\mathbf{e}_1 + 0\mathbf{e}_1 + \frac{3}{4}\mathbf{e}_3.$$
>
> Die zweite Linearkombination ist eine Konvexkombination der drei Einheitsvektoren $\mathbf{e}_1, \mathbf{e}_2, \mathbf{e}_3$ und sogar eine echte Konvexkombination der beiden Einheitsvektoren $\mathbf{e}_1$ und $\mathbf{e}_3$.
>
> b) Zusätzlich zu den beiden Vektoren $\mathbf{a}_1$ und $\mathbf{a}_2$ aus Beispiel a) wird nun der Vektor
>
> $$\mathbf{y} = \begin{pmatrix} -\frac{1}{6} \\ 1 \\ -\frac{5}{2} \end{pmatrix} = -\frac{1}{6}\mathbf{e}_1 + \mathbf{e}_2 - \frac{5}{2}\mathbf{e}_3$$

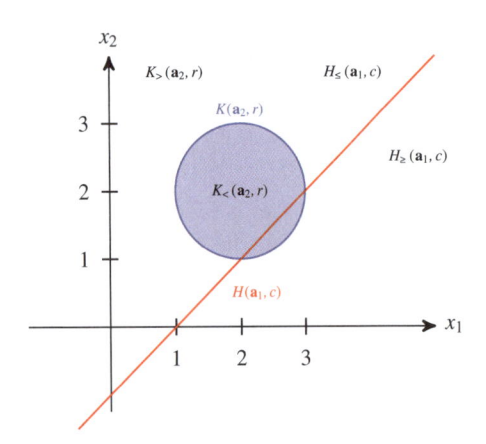

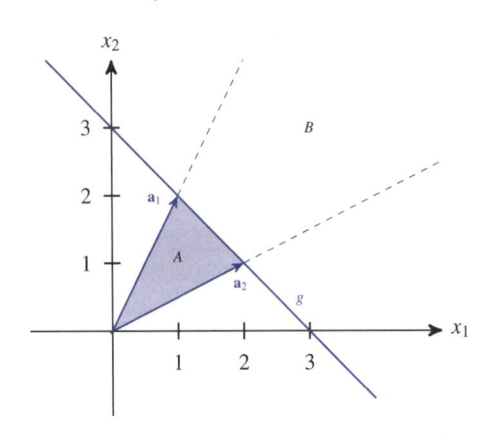

Abb. 7.10: Veranschaulichung der Mengen $H(\mathbf{a}_1, c)$, $H_{\leq}(\mathbf{a}_1, c)$, $H_{\geq}(\mathbf{a}_1, c)$, $K(\mathbf{a}_2, r)$, $K_{<}(\mathbf{a}_2, r)$ und $K_{>}(\mathbf{a}_2, r)$ (links) und Linearkombinationen der Vektoren $\mathbf{a}_1$ und $\mathbf{a}_2$ (rechts)

betrachtet. Dieser Vektor $\mathbf{y}$ lässt sich als Linearkombination der Vektoren $\mathbf{a}_1$ und $\mathbf{a}_2$ darstellen. Denn es gilt

$$\frac{1}{3}\mathbf{a}_1 - 2\mathbf{a}_2 = \begin{pmatrix} -\frac{1}{6} \\ 1 \\ -\frac{5}{2} \end{pmatrix} = \mathbf{y}.$$

Der Vektor $\mathbf{y}$ ist jedoch keine Konvexkombination der beiden Vektoren $\mathbf{a}_1$ und $\mathbf{a}_2$.

c) Betrachtet werden die zweidimensionalen Vektoren

$$\mathbf{a}_1 = \begin{pmatrix} 1 \\ 2 \end{pmatrix} \quad \text{und} \quad \mathbf{a}_2 = \begin{pmatrix} 2 \\ 1 \end{pmatrix}$$

und alle Linearkombinationen $\lambda_1 \mathbf{a}_1 + \lambda_2 \mathbf{a}_2$ dieser beiden Vektoren. Ferner wird die Gerade durch die beiden Punkte $\mathbf{a}_1^T = (1, 2)$ und $\mathbf{a}_2^T = (2, 1)$ mit g bezeichnet. Dann gilt (vgl. dazu auch Abbildung 7.10, rechts):

1) Für $\lambda_1 + \lambda_2 = 1$ mit $\lambda_1, \lambda_2 \geq 0$ resultiert die Strecke auf der Geraden g zwischen den beiden Punkten $\mathbf{a}_1^T = (1, 2)$ und $\mathbf{a}_2^T = (2, 1)$. Speziell für $(\lambda_1, \lambda_2) = (0, 1)$ und $(\lambda_1, \lambda_2) = (1, 0)$ erhält man $\mathbf{a}_2$ bzw. $\mathbf{a}_1$.
2) Für $\lambda_1 + \lambda_2 = 1$ mit $\lambda_1 > 0$ und $\lambda_2 < 0$ erhält man den Strahl auf der Geraden g links oberhalb von $\mathbf{a}_1^T = (1, 2)$.
3) Für $\lambda_1 + \lambda_2 = 1$ mit $\lambda_1 < 0$ und $\lambda_2 > 0$ resultiert der Strahl auf der Geraden g rechts unterhalb von $\mathbf{a}_2^T = (2, 1)$.
4) Für $\lambda_1 + \lambda_2 \leq 1$ erhält man die Halbebene unterhalb und auf der Geraden g. Gilt zusätzlich $\lambda_1, \lambda_2 \geq 0$, dann bekommt man die mit A bezeichnete Dreiecksfläche.
5) Für $\lambda_1 + \lambda_2 \geq 1$ resultiert die Halbebene oberhalb und auf der Geraden g. Gilt zusätzlich $\lambda_1, \lambda_2 \geq 0$, dann bekommt man die mit B bezeichnete Fläche.

Wegen $\text{Lin}\{\mathbf{a}_1, \mathbf{a}_2\} = \mathbb{R}^2$ kann insgesamt jeder Vektor der euklidischen Ebene $\mathbb{R}^2$ als Linearkombination von $\mathbf{a}_1$ und $\mathbf{a}_2$ dargestellt werden.

Konvexe Mengen

Die Theorie der konvexen Mengen wurde von dem deutschen Mathematiker und Physiker *Hermann Minkowski* (1864–1909) in seinem Hauptwerk „**Geometrie der Zahlen**" begründet, welches im Jahre 1910 erstmals vollständig veröffentlicht wurde. Konvexe Mengen werden vor allem in der Optimierungstheorie betrachtet, sie besitzen aber auch für viele andere mathematische Bereiche eine große Bedeutung.

H. Minkowski

Eine Teilmenge M des n-dimensionalen euklidischen Raums $\mathbb{R}^n$ wird als **konvex** bezeichnet, wenn für zwei beliebige Vektoren $\mathbf{a}_1, \mathbf{a}_2 \in M$ auch stets deren Verbindungsstrecke vollständig in M liegt:

> **Definition 7.25** (Konvexe Menge)
>
> *Eine Menge $M \subseteq \mathbb{R}^n$ heißt konvex, wenn für alle Vektoren $\mathbf{a}_1, \mathbf{a}_2 \in M$ und $\lambda \in [0, 1]$ auch jede Konvexkombination $\lambda \mathbf{a}_1 + (1 - \lambda)\mathbf{a}_2$ von $\mathbf{a}_1$ und $\mathbf{a}_2$ in M liegt, d. h. $\lambda \mathbf{a}_1 + (1 - \lambda)\mathbf{a}_2 \in M$ für alle $\lambda \in [0, 1]$ gilt.*

Durch die Menge

$$\operatorname{Konv}\{\mathbf{a}_1, \mathbf{a}_2\} = \{\lambda \mathbf{a}_1 + (1 - \lambda)\mathbf{a}_2 : \lambda \in [0, 1]\}$$

aller Konvexkombinationen (konvexe Hülle) der beiden Vektoren $\mathbf{a}_1, \mathbf{a}_2 \in M$ erhält man die **Verbindungsstrecke** zwischen $\mathbf{a}_1$ und $\mathbf{a}_2$. Konvexität einer Menge bedeutet somit, dass für zwei beliebige Vektoren $\mathbf{a}_1$ und $\mathbf{a}_2$ aus M stets sichergestellt ist, dass auch ihre Verbindungsstrecke in M liegt (vgl. Abbildung 7.11, links). Diese Eigenschaft bewirkt, dass konvexe Mengen bei verschiedenen Fragestellungen einfacher zu handhaben sind als nicht konvexe Mengen.

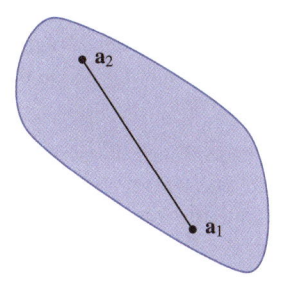

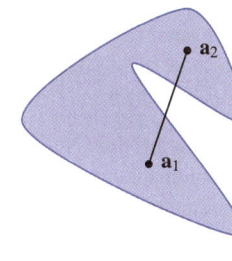

Abb. 7.11: Konvexe Menge M (links) und nicht konvexe Menge M (rechts) in der euklidischen Ebene $\mathbb{R}^2$

> **Beispiel 7.26** (Konvexe Mengen)
>
> a) Die leere Menge $\{\}$ und einelementige Mengen $\{\mathbf{x}\}$ mit $\mathbf{x} \in \mathbb{R}^n$ sind konvex.
>
> b) Konvexe Hüllen $\operatorname{Konv}\{\mathbf{a}_1, \ldots, \mathbf{a}_m\}$ und lineare Hüllen $\operatorname{Lin}\{\mathbf{a}_1, \ldots, \mathbf{a}_m\}$ sind konvex. Denn für zwei Vektoren $\mathbf{x}, \mathbf{y} \in \operatorname{Konv}\{\mathbf{a}_1, \ldots, \mathbf{a}_m\}$ gilt $\mathbf{x} = \sum_{i=1}^m \mu_i \mathbf{a}_i$ mit $\mu_1, \ldots, \mu_m \in \mathbb{R}_+$ und $\sum_{i=1}^m \mu_i = 1$ bzw. $\mathbf{y} = \sum_{i=1}^m \nu_i \mathbf{a}_i$ mit $\nu_1, \ldots, \nu_m \in \mathbb{R}_+$ und $\sum_{i=1}^m \nu_i = 1$. Daraus folgt für eine beliebige Konvexkombination $\lambda \mathbf{x} + (1 - \lambda)\mathbf{y}$:

$$\lambda \mathbf{x} + (1-\lambda)\mathbf{y} = \lambda \sum_{i=1}^m \mu_i \mathbf{a}_i + (1-\lambda) \sum_{i=1}^m \nu_i \mathbf{a}_i$$

$$= \sum_{i=1}^m (\lambda \mu_i \mathbf{a}_i + (1-\lambda)\nu_i \mathbf{a}_i)$$

mit $\lambda \mu_i + (1-\lambda)\nu_i \geq 0$ für alle $i = 1, \ldots, m$ und

$$\sum_{i=1}^m (\lambda \mu_i + (1-\lambda)\nu_i) = \lambda \sum_{i=1}^m \mu_i + (1-\lambda) \sum_{i=1}^m \nu_i$$

$$= \lambda + (1-\lambda) = 1.$$

Das heißt, es gilt $\lambda \mathbf{x} + (1-\lambda)\mathbf{y} \in \operatorname{Konv}\{\mathbf{a}_1, \ldots, \mathbf{a}_m\}$. Folglich ist $\operatorname{Konv}\{\mathbf{a}_1, \ldots, \mathbf{a}_m\}$ eine konvexe Menge. Analog zeigt man, dass auch die lineare Hülle $\operatorname{Lin}\{\mathbf{a}_1, \ldots, \mathbf{a}_m\}$ konvex ist.

c) Hyperebenen $H(\mathbf{a}, c)$ im $\mathbb{R}^n$ sind konvex. Denn für zwei Vektoren $\mathbf{x}, \mathbf{y} \in H(\mathbf{a}, c)$ gilt $\langle \mathbf{a}, \mathbf{x} \rangle = c$ und $\langle \mathbf{a}, \mathbf{y} \rangle = c$. Dies impliziert für eine beliebige Konvexkombination $\lambda \mathbf{x} + (1-\lambda)\mathbf{y}$:

$$\langle \mathbf{a}, \lambda \mathbf{x} + (1-\lambda)\mathbf{y} \rangle = \lambda \langle \mathbf{a}, \mathbf{x} \rangle + (1-\lambda) \langle \mathbf{a}, \mathbf{y} \rangle$$
$$= \lambda c + (1-\lambda) c = c$$

Es gilt somit $\lambda \mathbf{x} + (1-\lambda)\mathbf{y} \in H(\mathbf{a}, c)$. Daraus folgt, dass $H(\mathbf{a}, c)$ konvex ist.

d) Halbräume $H_\leq(\mathbf{a}, c)$ und $H_\geq(\mathbf{a}, c)$ im $\mathbb{R}^n$ sind konvex. Denn für zwei Vektoren $\mathbf{x}, \mathbf{y} \in H_\leq(\mathbf{a}, c)$ gilt $\langle \mathbf{a}, \mathbf{x} \rangle \leq c$ und $\langle \mathbf{a}, \mathbf{y} \rangle \leq c$. Dies impliziert für eine beliebige Konvexkombination $\lambda \mathbf{x} + (1-\lambda)\mathbf{y}$ von $\mathbf{x}$ und $\mathbf{y}$:

$$\langle \mathbf{a}, \lambda \mathbf{x} + (1-\lambda)\mathbf{y} \rangle = \lambda \langle \mathbf{a}, \mathbf{x} \rangle + (1-\lambda) \langle \mathbf{a}, \mathbf{y} \rangle$$
$$\leq \lambda c + (1-\lambda) c$$
$$= c$$

Es gilt somit $\lambda \mathbf{x} + (1-\lambda)\mathbf{y} \in H_\leq(\mathbf{a}, c)$. Daraus folgt, dass $H_\leq(\mathbf{a}, c)$ konvex ist. Analog zeigt man, dass auch der Halbraum $H_\geq(\mathbf{a}, c)$ konvex ist.

e) Kugelkörper $K_\leq(\mathbf{a}, r)$ und Kugelinneres $K_<(\mathbf{a}, r)$ im $\mathbb{R}^n$ sind konvex. Denn für zwei Vektoren $\mathbf{x}, \mathbf{y} \in K_\leq(\mathbf{a}, r)$ gilt $\|\mathbf{x} - \mathbf{a}\| \leq r$ und $\|\mathbf{y} - \mathbf{a}\| \leq r$. Zusammen mit der Dreiecksungleichung und der Homogenitätseigenschaft der euklidischen Norm (vgl. Satz 7.11c) und d)) impliziert dies für eine beliebige Konvexkombination $\lambda \mathbf{x} + (1-\lambda)\mathbf{y}$:

$$\|\lambda\mathbf{x} + (1-\lambda)\mathbf{y} - \mathbf{a}\|$$
$$= \|\lambda\mathbf{x} + (1-\lambda)\mathbf{y} - \lambda\mathbf{a} - (1-\lambda)\mathbf{a}\|$$
$$= \|\lambda(\mathbf{x} - \mathbf{a}) + (1-\lambda)(\mathbf{y} - \mathbf{a})\|$$
$$\leq \|\lambda(\mathbf{x} - \mathbf{a})\| + \|(1-\lambda)(\mathbf{y} - \mathbf{a})\|$$
$$= \lambda\|\mathbf{x} - \mathbf{a}\| + (1-\lambda)\|\mathbf{y} - \mathbf{a}\|$$
$$\leq \lambda r + (1-\lambda)r = r$$

Es gilt somit $\lambda\mathbf{x} + (1-\lambda)\mathbf{y} \in K_{\leq}(\mathbf{a}, r)$. Folglich ist $K_{\leq}(\mathbf{a}, r)$ konvex. Analog zeigt man, dass auch das Kugelinnere $K_{<}(\mathbf{a}, r)$ konvex ist.

Der folgende Satz ist bei der Untersuchung von Mengen auf Konvexität oftmals ein nützliches Hilfsmittel:

Satz 7.27 (Konvexität von Durchschnitten)

Sind $(M_i)_{i \in I}$ konvexe Mengen des $\mathbb{R}^n$, dann ist auch ihre Schnittmenge $\bigcap_{i \in I} M_i$ konvex.

Beweis: Aus $\mathbf{x}, \mathbf{y} \in \bigcap_{i \in I} M_i$ folgt $\mathbf{x}, \mathbf{y} \in M_i$ für alle $i \in I$. Ist nun $\lambda\mathbf{x} + (1-\lambda)\mathbf{y}$ eine beliebige Konvexkombination von $\mathbf{x}$ und $\mathbf{y}$, dann folgt aus der Konvexität der einzelnen Mengen M_i, dass $\lambda\mathbf{x} + (1-\lambda)\mathbf{y} \in M_i$ für alle $i \in I$ gilt. Dies impliziert jedoch $\lambda\mathbf{x} + (1-\lambda)\mathbf{y} \in \bigcap_{i \in I} M_i$. Das heißt, die Menge $\bigcap_{n \in I} M_n$ ist ebenfalls konvex. ∎

7.8 Lineare Unterräume und Erzeugendensysteme

Zur Analyse von linearen Gleichungssystemen werden die beiden Begriffe **linearer Unterraum** und **Erzeugendensystem** benötigt.

Lineare Unterräume

Häufig interessiert man sich nicht für den kompletten n-dimensionalen euklidischen Raum $\mathbb{R}^n$, sondern nur für gewisse Teilmengen $U \subseteq \mathbb{R}^n$ mit der Eigenschaft, dass sie bezüglich der Addition und der skalaren Multiplikation von Vektoren „abgeschlossen" sind. Solche Mengen werden als **lineare Unterräume** des $\mathbb{R}^n$ bezeichnet:

Definition 7.28 (Linearer Unterraum)

Eine nichtleere Teilmenge U des $\mathbb{R}^n$ mit den beiden Eigenschaften

a) $\mathbf{x} + \mathbf{y} \in U$ für alle $\mathbf{x}, \mathbf{y} \in U$ und

b) $\lambda\mathbf{x} \in U$ für alle $\mathbf{x} \in U$ und $\lambda \in \mathbb{R}$

heißt linearer Unterraum oder linearer Teilraum des $\mathbb{R}^n$.

Ein linearer Unterraum U des $\mathbb{R}^n$ ist somit eine nichtleere Teilmenge von n-dimensionalen Vektoren mit der zusätzlichen Eigenschaft, dass die Addition $\mathbf{x} + \mathbf{y}$ von zwei beliebigen Vektoren $\mathbf{x}, \mathbf{y} \in U$ und die skalare Multiplikation $\lambda\mathbf{x}$ eines beliebigen Vektors $\mathbf{x} \in U$ stets wieder einen Vektor aus U ergeben, d. h. nicht aus der Menge U hinausführt. Die beiden Eigenschaften a) und b) in Definition 7.28 lassen sich zusammenfassen zu

$$\lambda\mathbf{x} + \mu\mathbf{y} \in U$$

für alle $\mathbf{x}, \mathbf{y} \in U$ und $\lambda, \mu \in \mathbb{R}$. Lineare Unterräume sind damit insbesondere konvexe Mengen.

Lineare Unterräume enthalten stets den Nullvektor $\mathbf{0}$. Dies folgt unmittelbar aus der Eigenschaft b) mit dem Skalar $\lambda = 0$ und einem beliebigen Vektor $\mathbf{x} \in U$. Hyperebenen $H(\mathbf{a}, c)$ mit $c \neq 0$ sind daher z. B. keine linearen Unterräume, da in diesem Fall $\mathbf{0} \notin H(\mathbf{a}, c)$ gilt (vgl. (7.23)).

Die nur aus dem Nullvektor $\mathbf{0}$ bestehende Menge $\{\mathbf{0}\}$ ist somit der kleinste lineare Unterraum des $\mathbb{R}^n$ und wird als **Nullraum** bezeichnet. Der n-dimensionale euklidische Raum $\mathbb{R}^n$ ist dagegen der größte lineare Unterraum des $\mathbb{R}^n$.

Erzeugendensystem

Durch n-fache Anwendung der beiden Eigenschaften a) und b) folgt, dass für beliebige Vektoren $\mathbf{a}_1, \ldots, \mathbf{a}_m$ aus einem linearen Unterraum U auch alle ihre Linearkombinationen $\sum_{i=1}^{n} \lambda_i \mathbf{a}_i$ in U liegen, also stets

$$\text{Lin}\{\mathbf{a}_1, \ldots, \mathbf{a}_m\} \subseteq U \tag{7.26}$$

gilt. Aus der Definition 7.22 folgt ferner, dass die lineare Hülle $\text{Lin}\{\mathbf{a}_1, \ldots, \mathbf{a}_m\}$ der Vektoren $\mathbf{a}_1, \ldots, \mathbf{a}_m \in \mathbb{R}^n$ selbst ein linearer Unterraum des $\mathbb{R}^n$ ist, der die Vektoren $\mathbf{a}_1, \ldots, \mathbf{a}_m$ enthält. Zusammen mit (7.26) impliziert dies, dass die lineare Hülle $\text{Lin}\{\mathbf{a}_1, \ldots, \mathbf{a}_m\}$ der Vektoren $\mathbf{a}_1, \ldots, \mathbf{a}_m$ der kleinste lineare Unterraum des $\mathbb{R}^n$ ist, der die Vektoren $\mathbf{a}_1, \ldots, \mathbf{a}_m$ enthält.

Dies motiviert die folgende Definition:

> **Definition 7.29** (Erzeugendensystem)
>
> *Eine Menge* $\{a_1, \ldots, a_m\}$ *von Vektoren heißt Erzeugendensystem des linearen Unterraums* $U \subseteq \mathbb{R}^n$, *wenn* $\text{Lin}\{a_1, \ldots, a_m\} = U$ *gilt.*

Ein Erzeugendensystem $\{a_1, \ldots, a_m\}$ eines linearen Unterraums $U \subseteq \mathbb{R}^n$ besitzt somit die Eigenschaft, dass jeder Vektor aus U als Linearkombination der Vektoren $a_1, \ldots, a_m$ dargestellt, d. h. erzeugt, werden kann. Zum Beispiel folgt aus (7.25), dass die Menge $\{e_1, \ldots, e_n\}$ der n Einheitsvektoren des $\mathbb{R}^n$ ein Erzeugendensystem des $\mathbb{R}^n$ ist.

> **Beispiel 7.30** (Lineare Unterräume und Erzeugendensysteme)
>
> a) Es sei $x_0 \in \mathbb{R}^n$ ein beliebiger, vom Nullvektor $\mathbf{0}$ verschiedener Vektor. Dann ist die Menge $U := \{\lambda x_0 : \lambda \in \mathbb{R}\}$ aller skalaren Vielfachen von x_0 ein linearer Unterraum des $\mathbb{R}^n$. Alle Punkte von U liegen auf einer durch den Koordinatenursprung $\mathbf{0}$ und den Punkt x_0 gehenden Geraden. Jeder Vektor λx_0 mit $\lambda \neq 0$ ist ein Erzeugendensystem des linearen Unterraums U (vgl. Abbildung 7.12, links).
>
> b) Es seien $a_1 = (1, 1, 0, \ldots, 0)^T$ und $a_2 = (1, -1, 0, \ldots, 0)^T$ zwei Vektoren aus dem n-dimensionalen euklidischen Raum $\mathbb{R}^n$. Wegen
> $$\lambda_1 a_1 + \lambda_2 a_2 = \lambda_1(e_1 + e_2) + \lambda_2(e_1 - e_2)$$
> $$= (\lambda_1 + \lambda_2)e_1 + (\lambda_1 - \lambda_2)e_2$$
> für alle $\lambda_1, \lambda_2 \in \mathbb{R}$ gilt $\text{Lin}\{a_1, a_2\} = \text{Lin}\{e_1, e_2\}$. Das heißt, die beiden Mengen $\{a_1, a_2\}$ und $\{e_1, e_2\}$ sind ein Erzeugendensystem desselben linearen Unterraums $U := \{\lambda_1 e_1 + \lambda_2 e_2 : \lambda_1, \lambda_2 \in \mathbb{R}\}$, nämlich der x_1-x_2-Ebene im $\mathbb{R}^n$ (vgl. Abbildung 7.12, rechts).
>
> c) Die Menge $U := \{x \in \mathbb{R}^n : x_n = 0\}$ ist ein linearer Unterraum des $\mathbb{R}^n$. Denn für zwei Vektoren $x, y \in U$ und einen Skalar $\lambda \in \mathbb{R}$ gilt stets $\lambda x_n = 0$ und $x_n + y_n = 0$. Das heißt, es gilt $\lambda x \in U$ und $x + y \in U$. Die Menge U ist somit ein linearer Unterraum des $\mathbb{R}^n$ und ein Erzeugendensystem von U ist z. B. die Menge $\{e_1, \ldots, e_{n-1}\}$ der ersten $n - 1$ Einheitsvektoren des $\mathbb{R}^n$.

7.9 Lineare Unabhängigkeit

Einer der wichtigsten Begriffe der linearen Algebra ist die **lineare Unabhängigkeit** von Vektoren. Er wird beispielsweise zur Untersuchung der Eigenschaften von Matrizen (siehe Abschnitt 8.2) und von linearen Gleichungssystemen (siehe Kapitel 9) benötigt.

> **Definition 7.31** (Lineare Unabhängigkeit von Vektoren)
>
> *Eine Menge* $\{a_1, \ldots, a_m\} \subseteq \mathbb{R}^n$ *von Vektoren heißt linear unabhängig, wenn die Gleichung*
> $$\lambda_1 a_1 + \ldots + \lambda_m a_m = \mathbf{0} \quad (7.27)$$
> *nur für die reellen Zahlen* $\lambda_1 = \ldots = \lambda_m = 0$ *erfüllt ist. Andernfalls heißt die Menge der Vektoren linear abhängig.*

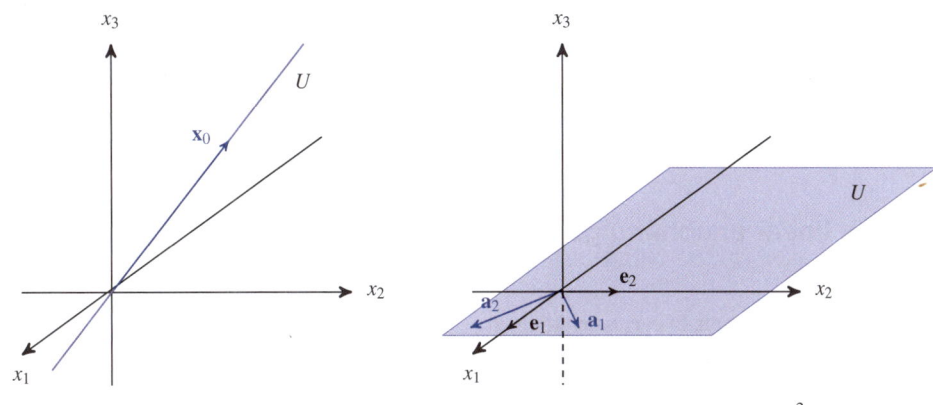

Abb. 7.12: Lineare Unterräume $U = \{\lambda x_0 : \lambda \in \mathbb{R}\}$ (links) und $U = \{\lambda_1 e_1 + \lambda_2 e_2 : \lambda_1, \lambda_2 \in \mathbb{R}\}$ im $\mathbb{R}^3$ (rechts)

Die Darstellung (7.27) mit $\lambda_1 = \ldots = \lambda_m = 0$ wird als **triviale Darstellung** des Nullvektors bezeichnet. In dieser Sprechweise ist eine Menge $\{\mathbf{a}_1, \ldots, \mathbf{a}_m\}$ von Vektoren somit genau dann linear abhängig, wenn auch nichttriviale Darstellungen des Nullvektors $\mathbf{0}$ existieren, d. h., wenn es Skalare $\lambda_1, \ldots, \lambda_m$ gibt, von denen mindestens einer ungleich 0 ist.

Aus der Definition 7.31 folgt unmittelbar, dass mit einer linear unabhängigen Menge $\{\mathbf{a}_1, \ldots, \mathbf{a}_m\}$ von Vektoren auch jede nichtleere Teilmenge M von $\{\mathbf{a}_1, \ldots, \mathbf{a}_m\}$ linear unabhängig ist. Ist umgekehrt die Menge $\{\mathbf{a}_1, \ldots, \mathbf{a}_m\}$ linear abhängig, dann ist offenbar auch jede Menge $M \subseteq \mathbb{R}^n$ mit $\{\mathbf{a}_1, \ldots, \mathbf{a}_m\} \subseteq M$ linear abhängig.

Die Definition 7.31 besagt weiter, dass eine Menge $\{\mathbf{a}\}$ bestehend aus nur einem Vektor $\mathbf{a}$ genau dann linear unabhängig ist, wenn $\lambda \mathbf{a} = \mathbf{0}$ nur für $\lambda = 0$ erfüllt ist. Dies ist jedoch äquivalent zu $\mathbf{a} \neq \mathbf{0}$. Eine Menge $\{\mathbf{a}\}$ bestehend aus nur einem Vektor $\mathbf{a}$ ist somit genau dann linear unabhängig, wenn es sich bei $\mathbf{a}$ nicht um den Nullvektor $\mathbf{0}$ handelt.

Allgemein gilt, dass jede Menge $\{\mathbf{a}_1, \ldots, \mathbf{a}_m\}$ von Vektoren, die den Nullvektor $\mathbf{0}$ enthält, linear abhängig ist. Denn ist z. B. der k-te Vektor $\mathbf{a}_k$ der Menge $\{\mathbf{a}_1, \ldots, \mathbf{a}_m\}$ gleich dem Nullvektor $\mathbf{0}$, dann gilt

$$0 \cdot \mathbf{a}_1 + \ldots + \lambda_k \mathbf{0} + \ldots + 0 \cdot \mathbf{a}_m = \mathbf{0} \quad (7.28)$$

für jedes $\lambda_k \in \mathbb{R}$. Das heißt, in diesem Fall existieren nichttriviale Darstellungen des Nullvektors $\mathbf{0}$ und die Menge $\{\mathbf{a}_1, \ldots, \mathbf{a}_m\}$ von Vektoren ist somit linear abhängig.

Kommt in einer Menge $\{\mathbf{a}_1, \ldots, \mathbf{a}_m\}$ von Vektoren ein Vektor mehrfach vor, dann ist die Menge ebenfalls linear abhängig. Denn gilt z. B. $\mathbf{a}_1 = \mathbf{a}_2$, dann ist

$$\lambda \mathbf{a}_1 - \lambda \mathbf{a}_2 + 0 \cdot \mathbf{a}_3 + \ldots + 0 \cdot \mathbf{a}_m = \mathbf{0}$$

für alle $\lambda \neq 0$ eine nichttriviale Darstellung des Nullvektors $\mathbf{0}$.

Rechenregeln für linear unabhängige Vektoren

Der folgende Satz ist im Umgang mit linear unabhängigen Vektoren sehr hilfreich. Er gibt verschiedene Operationen an, welche die lineare Unabhängigkeit einer Menge von Vektoren nicht aufheben:

Satz 7.32 (Rechenregeln für linear unabhängige Vektoren)

Eine linear unabhängige Menge von Vektoren $\{\mathbf{a}_1, \ldots, \mathbf{a}_m\} \subseteq \mathbb{R}^n$ bleibt unter den folgenden Operationen linear unabhängig:

a) *Multiplikation einer der m Vektoren mit einer Konstanten $\mu \neq 0$*

b) *Addition des μ-fachen einer der m Vektoren mit $\mu \in \mathbb{R}$ zu einem anderen Vektor*

c) *Multiplikation der i-ten Koordinate aller m Vektoren mit einer Konstanten $\mu \neq 0$*

d) *Addition des μ-fachen der i-ten Koordinate mit $\mu \in \mathbb{R}$ zur j-ten Koordinate bei allen m Vektoren*

Beweis: Zu a): Es ist zu zeigen, dass die Menge $\{\mathbf{a}_1, \ldots, \mu \mathbf{a}_i, \ldots, \mathbf{a}_m\}$ mit $\mu \neq 0$ linear unabhängig ist. Dazu wird angenommen, dass

$$\lambda_1 \mathbf{a}_1 + \lambda_2 \mathbf{a}_2 + \ldots + \lambda_i(\mu \mathbf{a}_i) + \ldots + \lambda_m \mathbf{a}_m = \mathbf{0} \quad (7.29)$$

für $\lambda_1, \ldots, \lambda_m \in \mathbb{R}$ erfüllt ist. Da $\lambda_i(\mu \mathbf{a}_i) = (\lambda_i \mu) \mathbf{a}_i$ gilt, folgt wegen der linearen Unabhängigkeit der Menge $\{\mathbf{a}_1, \ldots, \mathbf{a}_i, \ldots, \mathbf{a}_m\}$ aus (7.29) für die Koeffizienten $\lambda_1 = \lambda_2 = \ldots = \lambda_i \mu = \ldots = \lambda_m = 0$. Zusammen mit $\mu \neq 0$ impliziert dies jedoch $\lambda_1 = \ldots = \lambda_i = \ldots = \lambda_m = 0$. Das heißt, der Nullvektor $\mathbf{0}$ lässt sich nur auf triviale Weise als Linearkombination der Vektoren $\mathbf{a}_1, \ldots, \mu \mathbf{a}_i, \ldots, \mathbf{a}_m$ darstellen. Die Menge $\{\mathbf{a}_1, \ldots, \mu \mathbf{a}_i, \ldots, \mathbf{a}_m\}$ ist somit linear unabhängig.

Zu b): Es ist zu zeigen, dass die Menge $\{\mathbf{a}_1, \ldots, \mathbf{a}_i + \mu \mathbf{a}_j, \ldots, \mathbf{a}_m\}$ mit $\mu \in \mathbb{R}$ linear unabhängig ist. Dazu wird angenommen, dass

$$\lambda_1 \mathbf{a}_1 + \lambda_2 \mathbf{a}_2 + \ldots + \lambda_i(\mathbf{a}_i + \mu \mathbf{a}_j) + \ldots + \lambda_m \mathbf{a}_m = \mathbf{0} \quad (7.30)$$

für $\lambda_1, \ldots, \lambda_m \in \mathbb{R}$ erfüllt ist. Da

$$\lambda_i(\mathbf{a}_i + \mu \mathbf{a}_j) + \lambda_j \mathbf{a}_j = \lambda_i \mathbf{a}_i + (\lambda_j + \lambda_i \mu) \mathbf{a}_j$$

gilt, folgt wegen der linearen Unabhängigkeit der Menge $\{\mathbf{a}_1, \ldots, \mathbf{a}_i, \ldots, \mathbf{a}_m\}$ aus (7.30) für die Koeffizienten $\lambda_1 = \ldots = \lambda_i = \ldots = \lambda_j + \lambda_i \mu = \ldots = \lambda_m = 0$. Wegen $\lambda_i = 0$ impliziert dies $\lambda_j = 0$ und damit insgesamt $\lambda_1 = \ldots = \lambda_i = \ldots = \lambda_j = \ldots = \lambda_m = 0$. Die Menge $\{\mathbf{a}_1, \ldots, \mathbf{a}_i + \mu \mathbf{a}_j, \ldots, \mathbf{a}_m\}$ ist somit linear unabhängig.

Zu c): Es ist zu zeigen, dass die Vektoren

$$\begin{pmatrix} a_{11} \\ \vdots \\ \mu a_{i1} \\ \vdots \\ a_{n1} \end{pmatrix}, \ldots, \begin{pmatrix} a_{1m} \\ \vdots \\ \mu a_{im} \\ \vdots \\ a_{nm} \end{pmatrix} \quad (7.31)$$

für $\mu \neq 0$ linear unabhängig sind. Dazu sei angenommen, dass

$$\lambda_1 \begin{pmatrix} a_{11} \\ \vdots \\ a_{i1} \\ \vdots \\ a_{n1} \end{pmatrix} + \ldots + \lambda_m \begin{pmatrix} a_{1m} \\ \vdots \\ \mu a_{im} \\ \vdots \\ a_{nm} \end{pmatrix} = \begin{pmatrix} 0 \\ \vdots \\ 0 \\ \vdots \\ 0 \end{pmatrix}$$

für $\lambda_1, \ldots, \lambda_m \in \mathbb{R}$ gelte. Dies impliziert $\lambda_1 \mu a_{i1} + \ldots + \lambda_m \mu a_{im} = 0$ und damit wegen $\mu \neq 0$ auch $\lambda_1 a_{i1} + \ldots + \lambda_m a_{im} = 0$. Daraus folgt $\lambda_1 \mathbf{a}_1 + \lambda_2 \mathbf{a}_2 + \ldots + \lambda_m \mathbf{a}_m = \mathbf{0}$ und wegen der linearen Unabhängigkeit der Menge $\{\mathbf{a}_1, \ldots, \mathbf{a}_m\}$ folgt weiter $\lambda_1 = \ldots = \lambda_m = 0$. Das heißt, die Menge bestehend aus den Vektoren (7.31) ist linear unabhängig.

Zu d): Es ist zu zeigen, dass die Vektoren

$$\begin{pmatrix} a_{11} \\ \vdots \\ a_{j1} + \mu a_{i1} \\ \vdots \\ a_{n1} \end{pmatrix}, \ldots, \begin{pmatrix} a_{1m} \\ \vdots \\ a_{jm} + \mu a_{im} \\ \vdots \\ a_{nm} \end{pmatrix} \quad (7.32)$$

für $\mu \in \mathbb{R}$ linear unabhängig sind. Dazu sei angenommen, dass

$$\lambda_1 \begin{pmatrix} a_{11} \\ \vdots \\ a_{j1} + \mu a_{i1} \\ \vdots \\ a_{n1} \end{pmatrix} + \ldots + \lambda_m \begin{pmatrix} a_{1m} \\ \vdots \\ a_{jm} + \mu a_{im} \\ \vdots \\ a_{nm} \end{pmatrix} = \begin{pmatrix} 0 \\ \vdots \\ 0 \\ \vdots \\ 0 \end{pmatrix}$$

für $\lambda_1, \ldots, \lambda_m \in \mathbb{R}$ gelte. Dies impliziert

$$\lambda_1 (a_{j1} + \mu a_{i1}) + \ldots + \lambda_m (a_{jm} + \mu a_{im}) = 0$$
$$\lambda_1 a_{i1} + \ldots + \lambda_m a_{im} = 0.$$

Durch Subtraktion des μ-fachen der zweiten Gleichung von der ersten Gleichung erhält man die Gleichung

$$\lambda_1 a_{j1} + \ldots + \lambda_m a_{jm} = 0.$$

Daraus folgt $\lambda_1 \mathbf{a}_1 + \ldots + \lambda_m \mathbf{a}_m = \mathbf{0}$ und zusammen mit der linearen Unabhängigkeit der Menge $\{\mathbf{a}_1, \ldots, \mathbf{a}_m\}$ erhält man $\lambda_1 = \ldots = \lambda_m = 0$. Das heißt, die Menge bestehend aus den Vektoren (7.32) ist linear unabhängig. ∎

Fundamentallemma

Der folgende Satz ist als **Fundamentallemma** bekannt und besagt, dass eine Menge von mehr als n Vektoren im $\mathbb{R}^n$ stets linear abhängig ist:

Satz 7.33 (Fundamentallemma)

Eine Menge $\{\mathbf{a}_1, \ldots, \mathbf{a}_m\} \subseteq \mathbb{R}^n$ von Vektoren mit $m > n$ ist linear abhängig.

Beweis: Es genügt zu zeigen, dass Mengen $\{\mathbf{a}_1, \ldots, \mathbf{a}_m\} \subseteq \mathbb{R}^n$ mit $m = n + 1$ linear abhängig sind. Denn ist die Menge $\{\mathbf{a}_1, \ldots, \mathbf{a}_{n+1}\}$ linear abhängig, dann gilt dies auch für jede Menge $M \subseteq \mathbb{R}^n$ mit $\{\mathbf{a}_1, \ldots, \mathbf{a}_{n+1}\} \subseteq M$. Im Folgenden ist somit zu zeigen, dass die Gleichung

$$\lambda_1 \mathbf{a}_1 + \ldots + \lambda_{n+1} \mathbf{a}_{n+1} = \mathbf{0} \quad (7.33)$$

eine Lösung $(\lambda_1, \ldots, \lambda_{n+1}) \in \mathbb{R}^{n+1}$ mit der Eigenschaft $\lambda_i \neq 0$ für mindestens ein $i \in \{1, \ldots, n+1\}$ besitzt. Dabei kann $\mathbf{a}_i \neq \mathbf{0}$ für alle $i = 1, \ldots, n+1$ angenommen werden. Denn sonst würde sofort folgen, dass die Menge $\{\mathbf{a}_1, \ldots, \mathbf{a}_{n+1}\}$ linear abhängig ist (vgl. (7.28)). Mit $(a_{1i}, \ldots, a_{ni}) := \mathbf{a}_i^T$ für $i = 1, \ldots, n+1$ geht die Gleichung (7.33) in das lineare Gleichungssystem

$$\begin{aligned} a_{11}\lambda_1 + a_{12}\lambda_2 + \ldots + a_{1n+1}\lambda_{n+1} &= 0 \\ a_{21}\lambda_1 + a_{22}\lambda_2 + \ldots + a_{2n+1}\lambda_{n+1} &= 0 \\ &\vdots \\ a_{n1}\lambda_1 + a_{n2}\lambda_2 + \ldots + a_{nn+1}\lambda_{n+1} &= 0 \end{aligned} \quad (7.34)$$

über. Durch Anwendung des Gauß-Algorithmus (siehe Abschnitt 9.3) lässt sich dieses lineare Gleichungssystem auf Zeilenstufenform (vgl. Definition 9.6) bringen. Da die Anzahl n der Zeilen kleiner als die Anzahl $n + 1$ der Variablen ist, gibt es mindestens eine freie Variable λ_i. Nach Satz 9.8 besitzt das lineare Gleichungssystem (7.34) somit unendlich viele Lösungen. Damit gibt es insbesondere eine Lösung $(\lambda_1, \ldots, \lambda_{n+1})$, für welche $\lambda_i \neq 0$ für mindestens ein $i \in \{1, \ldots, n+1\}$ gilt. Das heißt, es existiert eine nichttriviale Darstellung des Nullvektors $\mathbf{0}$ und die Menge $\{\mathbf{a}_1, \ldots, \mathbf{a}_{n+1}\}$ ist somit linear abhängig. ∎

Das Fundamentallemma 7.33 besagt somit, dass es im $\mathbb{R}^n$ höchstens n linear unabhängige Vektoren geben kann. Die maximal mögliche Anzahl von n linear unabhängigen Vektoren im $\mathbb{R}^n$ kann aber tatsächlich erreicht werden, wie das Beispiel der Menge $\{\mathbf{e}_1, \ldots, \mathbf{e}_n\}$ der n Einheitsvektoren des $\mathbb{R}^n$ zeigt. Denn für diese gilt

$$\lambda_1 \mathbf{e}_1 + \ldots + \lambda_n \mathbf{e}_n = \mathbf{0} \iff \begin{pmatrix} \lambda_1 \\ \vdots \\ \lambda_n \end{pmatrix} = \begin{pmatrix} 0 \\ \vdots \\ 0 \end{pmatrix}.$$

Die Menge $\{\mathbf{e}_1, \ldots, \mathbf{e}_n\}$ der n Einheitsvektoren des $\mathbb{R}^n$ ist somit linear unabhängig.

Charakterisierung der linearen Abhängigkeit

Der folgende Satz liefert eine anschauliche Charakterisierung für den Begriff der linearen Abhängigkeit einer Menge $\{\mathbf{a}_1, \ldots, \mathbf{a}_m\}$ von Vektoren des $\mathbb{R}^n$:

> **Satz 7.34** (Charakterisierung der linearen Abhängigkeit)
>
> *Eine Menge $\{\mathbf{a}_1, \ldots, \mathbf{a}_m\} \subseteq \mathbb{R}^n$ von Vektoren ist genau dann linear abhängig, wenn sich mindestens einer der Vektoren als Linearkombination der anderen darstellen lässt.*

Beweis: Die Vektoren $\mathbf{a}_1, \ldots, \mathbf{a}_m$ seien linear abhängig. Dann folgt aus
$$\lambda_1 \mathbf{a}_1 + \ldots + \lambda_m \mathbf{a}_m = \mathbf{0},$$
dass $\lambda_i \neq 0$ für mindestens ein $i \in \{1, \ldots, m\}$ gilt. Daraus folgt
$$\lambda_i \mathbf{a}_i = -\sum_{\substack{j=1 \\ j \neq i}}^{m} \lambda_j \mathbf{a}_j \quad \text{bzw.} \quad \mathbf{a}_i = -\sum_{\substack{j=1 \\ j \neq i}}^{m} \frac{\lambda_j}{\lambda_i} \mathbf{a}_j.$$

Der Vektor $\mathbf{a}_i$ ist somit eine Linearkombination der $m-1$ Vektoren $\mathbf{a}_1, \ldots, \mathbf{a}_{i-1}, \mathbf{a}_{i+1}, \ldots, \mathbf{a}_m$.

Es sei nun umgekehrt $\mathbf{a}_i$ eine Linearkombination der anderen $m-1$ Vektoren $\mathbf{a}_1, \ldots, \mathbf{a}_{i-1}, \mathbf{a}_{i+1}, \ldots, \mathbf{a}_m$. Das heißt, es gelte
$$\mathbf{a}_i = \sum_{\substack{j=1 \\ j \neq i}}^{m} \lambda_j \mathbf{a}_j \quad \text{bzw.} \quad 1 \cdot \mathbf{a}_i - \sum_{\substack{j=1 \\ j \neq i}}^{m} \lambda_j \mathbf{a}_j = \mathbf{0}.$$

Es existiert somit eine nichttriviale Darstellung des Nullvektors $\mathbf{0}$ und die Menge $\{\mathbf{a}_1, \ldots, \mathbf{a}_m\}$ von Vektoren ist damit linear abhängig. ∎

Das folgende Beispiel zeigt, wie eine Menge von Vektoren auf lineare Unabhängigkeit untersucht werden kann:

> **Beispiel 7.35** (Lineare Unabhängigkeit von Vektoren)
>
> a) Betrachtet wird die Menge $\{\mathbf{a}_1, \mathbf{a}_2, \mathbf{a}_3\} \subseteq \mathbb{R}^2$ mit den Vektoren
> $$\mathbf{a}_1 = \begin{pmatrix} 1 \\ 2 \end{pmatrix}, \quad \mathbf{a}_2 = \begin{pmatrix} 3 \\ 1 \end{pmatrix} \quad \text{und} \quad \mathbf{a}_3 = \begin{pmatrix} 2 \\ 4 \end{pmatrix}.$$
>
> Aus dem Fundamentallemma 7.33 folgt, dass die Menge $\{\mathbf{a}_1, \mathbf{a}_2, \mathbf{a}_3\}$ linear abhängig ist. Zum Beispiel

gilt $\mathbf{a}_3 = 2\mathbf{a}_1$. Das heißt, der Vektor $\mathbf{a}_3$ ist ein skalares Vielfaches von $\mathbf{a}_1$ und umgekehrt. Durch Linearkombination der beiden Vektoren $\mathbf{a}_1$ und $\mathbf{a}_3$ können daher nicht alle Vektoren der euklidischen Ebene $\mathbb{R}^2$ dargestellt werden, sondern nur die des linearen Unterraums $U := \{\lambda \mathbf{a}_1 : \lambda \in \mathbb{R}\}$. Die Menge $\{\mathbf{a}_1, \mathbf{a}_2\}$ ist dagegen linear unabhängig. Denn aus der Gleichung
$$\lambda_1 \begin{pmatrix} 1 \\ 2 \end{pmatrix} + \lambda_2 \begin{pmatrix} 3 \\ 1 \end{pmatrix} = \begin{pmatrix} 0 \\ 0 \end{pmatrix}$$
erhält man das lineare Gleichungssystem:
$$\lambda_1 + 3\lambda_2 = 0$$
$$2\lambda_1 + \lambda_2 = 0$$

Aus der ersten Gleichung folgt $\lambda_1 = -3\lambda_2$. In die zweite Gleichung eingesetzt liefert dies $-5\lambda_2 = 0$. Das heißt, es gilt $\lambda_1 = \lambda_2 = 0$ und der Nullvektor $\mathbf{0}$ kann somit nur auf triviale Weise als Linearkombination der beiden Vektoren $\mathbf{a}_1$ und $\mathbf{a}_2$ dargestellt werden. Die Menge $\{\mathbf{a}_1, \mathbf{a}_2\}$ ist also linear unabhängig. Da jeder Vektor $\mathbf{x} \in \mathbb{R}^2$ als Linearkombination von $\mathbf{a}_1$ und $\mathbf{a}_2$ dargestellt werden kann, ist die Menge $\{\mathbf{a}_1, \mathbf{a}_2\}$ ein Erzeugendensystem des $\mathbb{R}^2$. Folglich gilt $\text{Lin}\{\mathbf{a}_1, \mathbf{a}_2\} = \mathbb{R}^2$ (vgl. Abbildung 7.13, links).

b) Betrachtet wird die Menge $\{\mathbf{a}_1, \mathbf{a}_2, \mathbf{a}_3\} \subseteq \mathbb{R}^3$ mit den Vektoren
$$\mathbf{a}_1 = \begin{pmatrix} 1 \\ 1 \\ 0 \end{pmatrix}, \quad \mathbf{a}_2 = \begin{pmatrix} 1 \\ 1 \\ 2 \end{pmatrix} \quad \text{und} \quad \mathbf{a}_3 = \begin{pmatrix} 1 \\ 0 \\ 0 \end{pmatrix}.$$

Zur Untersuchung, ob die Menge $\{\mathbf{a}_1, \mathbf{a}_2, \mathbf{a}_3\}$ linear unabhängig ist, wird wieder die Gleichung
$$\lambda_1 \begin{pmatrix} 1 \\ 1 \\ 0 \end{pmatrix} + \lambda_2 \begin{pmatrix} 1 \\ 1 \\ 2 \end{pmatrix} + \lambda_3 \begin{pmatrix} 1 \\ 0 \\ 0 \end{pmatrix} = \begin{pmatrix} 0 \\ 0 \\ 0 \end{pmatrix}$$

untersucht. Dies führt zu folgendem linearen Gleichungssystem:
$$\lambda_1 + \lambda_2 + \lambda_3 = 0$$
$$\lambda_1 + \lambda_2 = 0$$
$$2\lambda_2 = 0$$

Für die Koeffizienten λ_1, λ_2 und λ_3 muss somit $\lambda_2 = \lambda_1 = \lambda_3 = 0$ gelten. Das heißt, der Nullvektor $\mathbf{0}$

kann nur auf triviale Weise als Linearkombination der Vektoren $\mathbf{a}_1$, $\mathbf{a}_2$ und $\mathbf{a}_3$ dargestellt werden und die Menge $\{\mathbf{a}_1, \mathbf{a}_2, \mathbf{a}_3\}$ ist linear unabhängig. Da jeder Vektor $\mathbf{x} \in \mathbb{R}^3$ als Linearkombination von $\mathbf{a}_1$, $\mathbf{a}_2$ und $\mathbf{a}_3$ dargestellt werden kann, ist die Menge $\{\mathbf{a}_1, \mathbf{a}_2, \mathbf{a}_3\}$ ein Erzeugendensystem des $\mathbb{R}^3$, also Lin$\{\mathbf{a}_1, \mathbf{a}_2, \mathbf{a}_3\} = \mathbb{R}^3$ (vgl. Abbildung 7.13, rechts).

c) Betrachtet wird die Menge $\{\mathbf{x}_1, \mathbf{x}_2, \mathbf{x}_3\} \subseteq \mathbb{R}^3$ mit den Vektoren

$$\mathbf{x}_1 = \begin{pmatrix} 1 \\ 0 \\ 2 \end{pmatrix}, \mathbf{x}_2 = \begin{pmatrix} 2 \\ -1 \\ 2 \end{pmatrix} \text{ und } \mathbf{x}_3 = \begin{pmatrix} -3 \\ 2 \\ -2 \end{pmatrix}.$$

Die Gleichung

$$\lambda_1 \begin{pmatrix} 1 \\ 0 \\ 2 \end{pmatrix} + \lambda_2 \begin{pmatrix} 2 \\ -1 \\ 2 \end{pmatrix} + \lambda_3 \begin{pmatrix} -3 \\ 2 \\ -2 \end{pmatrix} = \begin{pmatrix} 0 \\ 0 \\ 0 \end{pmatrix}$$

führt zu folgendem linearen Gleichungssystem:

$$\lambda_1 + 2\lambda_2 - 3\lambda_3 = 0$$
$$-\lambda_2 + 2\lambda_3 = 0$$
$$2\lambda_1 + 2\lambda_2 - 2\lambda_3 = 0$$

Es besitzt z. B. die Lösung $\lambda_1 = 1$, $\lambda_2 = -2$ und $\lambda_3 = -1$ (für das Lösen von linearen Gleichungssystemen siehe Abschnitt 9.3). Das heißt, es existiert eine nicht-triviale Darstellung des Nullvektors $\mathbf{0}$ und die Menge $\{\mathbf{x}_1, \mathbf{x}_2, \mathbf{x}_3\}$ ist daher linear abhängig. Zum Beispiel gilt $\mathbf{x}_1 = 2\mathbf{x}_2 + \mathbf{x}_3$. Der Vektor $\mathbf{x}_1$ lässt sich somit als Linearkombination der beiden Vektoren $\mathbf{x}_2$ und $\mathbf{x}_3$ darstellen und die Menge $\{\mathbf{x}_1, \mathbf{x}_2, \mathbf{x}_3\}$ ist kein Erzeugendensystem des $\mathbb{R}^3$ (vgl. Abbildung 7.13, rechts).

Eindeutigkeit von Linearkombinationen unabhängiger Vektoren

Der nächste Satz besagt, dass die Darstellung von Vektoren als Linearkombination von linear unabhängigen Vektoren eindeutig ist. Diese Eigenschaft ist für die Untersuchung von linearen Gleichungssystemen bezüglich ihrer Lösbarkeit und der Eindeutigkeit der Lösung von entscheidender Bedeutung.

Satz 7.36 (Eindeutigkeit von Linearkombinationen unabhängiger Vektoren)

Die Menge $\{\mathbf{a}_1, \ldots, \mathbf{a}_m\} \subseteq \mathbb{R}^n$ sei linear unabhängig. Dann ist die Darstellung eines Vektors $\mathbf{y} \in \mathbb{R}^n$ als Linearkombination von Vektoren aus $\{\mathbf{a}_1, \ldots, \mathbf{a}_m\}$ eindeutig.

Beweis: Es seien $\mathbf{y} = \lambda_1 \mathbf{a}_1 + \ldots + \lambda_m \mathbf{a}_m$ und $\mathbf{y} = \mu_1 \mathbf{a}_1 + \ldots + \mu_m \mathbf{a}_m$ zwei Darstellungen des Vektors $\mathbf{y}$ als Linearkombination von Vektoren aus der linear unabhängigen Menge $\{\mathbf{a}_1, \ldots, \mathbf{a}_m\}$. Dann gilt

$$\mathbf{y} = \lambda_1 \mathbf{a}_1 + \ldots + \lambda_m \mathbf{a}_m = \mu_1 \mathbf{a}_1 + \ldots + \mu_m \mathbf{a}_m$$

und damit auch

$$(\lambda_1 - \mu_1)\mathbf{a}_1 + \ldots + (\lambda_m - \mu_m)\mathbf{a}_m = \mathbf{0}.$$

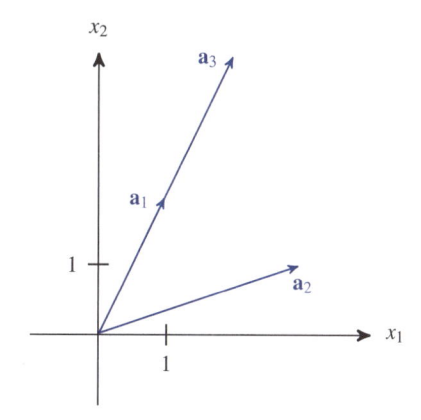

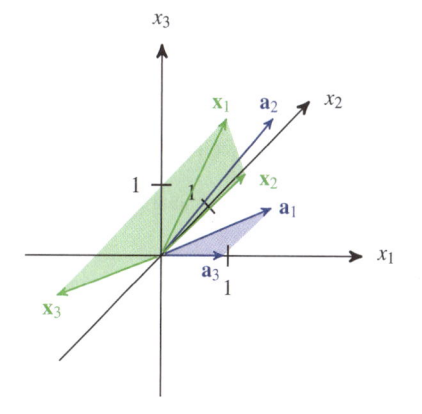

Abb. 7.13: Linear abhängige Menge $\{\mathbf{a}_1, \mathbf{a}_2, \mathbf{a}_3\}$ (links) sowie linear unabhängige Menge $\{\mathbf{a}_1, \mathbf{a}_2, \mathbf{a}_3\}$ und linear abhängige Menge $\{\mathbf{x}_1, \mathbf{x}_2, \mathbf{x}_3\}$ (rechts)

Aus der linearen Unabhängigkeit von $\{\mathbf{a}_1, \ldots, \mathbf{a}_m\}$ folgt unmittelbar $\lambda_i - \mu_i = 0$ bzw. $\lambda_i = \mu_i$ für alle $i = 1, \ldots, m$. Das heißt, die Darstellung von $\mathbf{y}$ als Linearkombination von $\mathbf{a}_1, \ldots, \mathbf{a}_m$ ist eindeutig. ∎

Zusammenhang zwischen linearer Unabhängigkeit und Orthogonalität

Aus der linearen Unabhängigkeit einer Menge $\{\mathbf{a}_1, \ldots, \mathbf{a}_m\}$ folgt im Allgemeinen nicht, dass die Vektoren paarweise orthogonal sind. Zum Beispiel wurde in Beispiel 7.35a) nachgewiesen, dass die Menge $\{\mathbf{a}_1, \mathbf{a}_2\}$ mit den beiden Vektoren $\mathbf{a}_1^T = (1, 2)$ und $\mathbf{a}_2^T = (3, 1)$ linear unabhängig ist. Die beiden Vektoren $\mathbf{a}_1$ und $\mathbf{a}_2$ sind aber nicht orthogonal, denn für ihr Skalarprodukt gilt $\langle \mathbf{a}_1, \mathbf{a}_2 \rangle = 5 \neq 0$.

Wie der folgende Satz jedoch zeigt, wird umgekehrt durch paarweise Orthogonalität stets lineare Unabhängigkeit impliziert:

Satz 7.37 (Orthogonalität impliziert lineare Unabhängigkeit)

Ein Orthogonalsystem $\{\mathbf{a}_1, \ldots, \mathbf{a}_m\} \subseteq \mathbb{R}^n$ ist linear unabhängig.

Beweis: Es gelte

$$\lambda_1 \mathbf{a}_1 + \ldots + \lambda_m \mathbf{a}_m = \mathbf{0}. \tag{7.35}$$

Durch Bildung des Skalarprodukts beider Seiten von (7.35) mit einem Vektor $\mathbf{a}_i \in \{\mathbf{a}_1, \ldots, \mathbf{a}_m\}$ erhält man aufgrund der paarweisen Orthogonalität der Vektoren $\mathbf{a}_1, \ldots, \mathbf{a}_m$

$$\lambda_i \langle \mathbf{a}_i, \mathbf{a}_i \rangle = \langle \mathbf{0}, \mathbf{a}_i \rangle = 0$$

für alle $i = 1, \ldots, m$. Wegen $\langle \mathbf{a}_i, \mathbf{a}_i \rangle = \|\mathbf{a}_i\| \neq 0$ für alle $i = 1, \ldots, m$ impliziert dies aber bereits $\lambda_1 = \ldots = \lambda_m = 0$. Es existiert folglich nur die triviale Darstellung des Nullvektors $\mathbf{0}$ als Linearkombination der Vektoren $\mathbf{a}_1, \ldots, \mathbf{a}_m$ und die Menge $\{\mathbf{a}_1, \ldots, \mathbf{a}_m\} \subseteq \mathbb{R}^n$ ist daher linear unabhängig. ∎

Mit Satz 7.37 und (7.19) folgt unmittelbar, dass jede Menge $\{\mathbf{e}_1, \ldots, \mathbf{e}_m\}$ von m verschiedenen Einheitsvektoren des $\mathbb{R}^n$ linear unabhängig ist.

Im nachfolgenden Beispiel wird deutlich, wie der Begriff der linearen Unabhängigkeit einer Menge von Vektoren auf natürliche Weise bei der Betrachtung von Portfolios auftritt.

Beispiel 7.38 (Portfolios und Hedging)

Betrachtet wird ein Markt mit drei verschiedenen Wertpapieren A, B und C, die alle zum gegenwärtigen Zeitpunkt zu einem Preis von $200 \, €$ gehandelt werden. Für das kommende Jahr sind für den Markt fünf verschiedene Entwicklungen denkbar und die Kurse der drei Wertpapiere in einem Jahr hängen von dieser Entwicklung ab. Das heißt, für die drei Wertpapiere sind nach Ablauf eines Jahres jeweils höchstens fünf verschiedene Kurswerte möglich, die durch die Koordinaten der Vektoren (in €)

$$\mathbf{v}_A := \begin{pmatrix} 300 \\ 100 \\ 200 \\ 150 \\ 250 \end{pmatrix}, \; \mathbf{v}_B := \begin{pmatrix} 250 \\ 150 \\ 200 \\ 100 \\ 300 \end{pmatrix} \text{ und } \mathbf{v}_C := \begin{pmatrix} 200 \\ 150 \\ 200 \\ 300 \\ 150 \end{pmatrix}$$

gegeben seien. Welches der drei Wertpapiere A, B und C in einem Jahr den höchsten Kurs aufweist, ist somit von der Entwicklung des Marktes abhängig. Realisiert sich z. B. die erste Entwicklungsmöglichkeit, dann ist das Wertpapier A am vorteilhaftesten. Tritt dagegen die vierte Entwicklungsmöglichkeit ein, dann ist das Wertpapier C vorzuziehen.

Die Menge $\{\mathbf{v}_A, \mathbf{v}_B\}$ ist linear unabhängig, denn keiner der beiden Vektoren ist offensichtlich ein skalares Vielfaches des anderen Vektors. Wird zusätzlich der Vektor

$$\mathbf{v}_P := \begin{pmatrix} 270 \\ 130 \\ 200 \\ 120 \\ 280 \end{pmatrix}$$

betrachtet, dann ist die Menge $\{\mathbf{v}_A, \mathbf{v}_B, \mathbf{v}_P\}$ linear abhängig. Denn es gilt

$$2\mathbf{v}_A + 3\mathbf{v}_B - 5\mathbf{v}_P = \mathbf{0}$$

und somit $\text{Lin}\{\mathbf{v}_A, \mathbf{v}_B, \mathbf{v}_P\} = \text{Lin}\{\mathbf{v}_A, \mathbf{v}_B\}$. Ferner folgt aus

$$\mathbf{v}_P = \frac{2}{5}\mathbf{v}_A + \frac{3}{5}\mathbf{v}_B,$$

dass $\mathbf{v}_P \in \text{Konv}\{\mathbf{v}_A, \mathbf{v}_B\}$ und damit insbesondere

$$\text{Konv}\{\mathbf{v}_A, \mathbf{v}_B, \mathbf{v}_P\} = \text{Konv}\{\mathbf{v}_A, \mathbf{v}_B\} \tag{7.36}$$

gilt. Eine Konvexkombination von mehreren Wertpapieren wird in der Finanzwirtschaft als **Portfolio** bezeichnet. Die Gleichung (7.36) bedeutet somit, dass zu jedem Portfolio aus Konv $\{v_A, v_B, v_P\}$ auch ein Portfolio aus Konv $\{v_A, v_B\}$ existiert, das in einem Jahr genau dieselben Ertragsmöglichkeiten eröffnet.

Die Menge $\{v_A, v_B, v_C\}$ ist dagegen linear unabhängig. In Konv $\{v_A, v_B, v_C\}$ existieren somit Portfolios v, die in einem Jahr Ertragsmöglichkeiten bieten, die durch kein Portfolio aus Konv $\{v_A, v_B\}$ erzielt werden können.

Unter **Hedging** im Zusammenhang mit Wertpapieren versteht man die Absicherung von Wertpapieren gegen Kursrisiken. Grundgedanke des Hedgings ist die Erzielung einer risikokompensatorischen Wirkung durch das Eingehen entgegengesetzter Risikopositionen. Das heißt, der Kursverlust in einem Wertpapier wird durch den Kurszuwachs eines anderen Wertpapiers (teilweise) ausgeglichen. Die sich dadurch ergebende Gesamtposition des Portfolios ist dann bezüglich des Risikos ganz oder teilweise ausgeglichen.

Wird z. B. das mit einem Portfolio $v \in$ Konv $\{v_A, v_B, v_C\}$ verbundene Risiko durch die Differenz zwischen dem größt- und dem kleinstmöglichen Ertrag, d. h. durch

$$\max\{v_1, \ldots, v_5\} - \min\{v_1, \ldots, v_5\},$$

gemessen, dann beträgt z. B. das mit dem Portfolio

$$v = \frac{1}{4}v_A + \frac{1}{4}v_B + \frac{1}{2}v_C = \begin{pmatrix} 237,5 \\ 137,5 \\ 200 \\ 212,5 \\ 212,5 \end{pmatrix}$$

verbundene Risiko 237,5 € − 137,5 € = 100 €. Dieses Risiko ist deutlich kleiner als das mit den einzelnen Wertpapieren A (200 €), B (200 €) und C (150 €) verbundene Risiko.

7.10 Basis und Dimension

In diesem Abschnitt werden mit der **Basis** und der **Dimension** eines linearen Unterraums $U \subseteq \mathbb{R}^n$ zwei weitere Begriffe eingeführt, die für die Untersuchung von linearen Gleichungssystemen und Matrizen benötigt werden.

Basis eines linearen Unterraums

Im Abschnitt 7.9 wurde bereits gezeigt, dass die Darstellung eines Vektors y aus einem linearen Unterraum $U \subseteq \mathbb{R}^n$ als Linearkombination

$$y = \lambda_1 a_1 + \ldots + \lambda_m a_m$$

von Vektoren einer linear unabhängigen Menge $\{a_1, \ldots, a_m\} \subseteq \mathbb{R}^n$ stets eindeutig ist. Durch die lineare Unabhängigkeit von $\{a_1, \ldots, a_m\}$ ist jedoch nicht gewährleistet, dass sich alle Vektoren y aus U als Linearkombination der Vektoren $a_1, \ldots, a_m$ darstellen lassen. Dazu ist es notwendig, dass die linear unabhängige Menge $\{a_1, \ldots, a_m\}$ zusätzlich ein Erzeugendensystem des linearen Unterraums U ist, also Lin $\{a_1, \ldots, a_m\} = U$ gilt. In einem solchen Fall wird $\{a_1, \ldots, a_m\}$ als **Basis** des linearen Unterraums U bezeichnet:

> **Definition 7.39** (Basis eines linearen Unterraums)
>
> *Eine linear unabhängige Menge $\{a_1, \ldots, a_m\} \subseteq \mathbb{R}^n$ von Vektoren, die ein Erzeugendensystem des linearen Unterraums $U \subseteq \mathbb{R}^n$ ist, wird als Basis von U bezeichnet. Die Vektoren $a_1, \ldots, a_m$ heißen Basisvektoren von U.*

Eine Basis $\{a_1, \ldots, a_m\}$ eines linearen Unterraums $U \subseteq \mathbb{R}^n$ besitzt somit die Eigenschaft, dass sich jeder Vektor $y \in U$ auf genau eine Weise als Linearkombination

$$y = \lambda_1 a_1 + \ldots + \lambda_m a_m$$

der Basisvektoren $a_1, \ldots, a_m$ darstellen lässt. Die Koeffizienten $\lambda_1, \ldots, \lambda_m$ dieser Darstellung werden als **Koordinaten** des Vektors y bezüglich der Basis $\{a_1, \ldots, a_m\}$ bezeichnet.

Der Nullraum $\{0\}$ besitzt offensichtlich nur die eine Basis $\{0\}$. Bei allen anderen Unterräumen U des $\mathbb{R}^n$ ist die Basis nicht eindeutig. Zum Beispiel ist jede linear unabhängige Menge $\{a_1, a_2\} \subseteq \mathbb{R}^2$ eine Basis der euklidischen Ebene $\mathbb{R}^2$ und jede linear unabhängige Menge $\{a_1, a_2, a_3\} \subseteq \mathbb{R}^3$ eine Basis des Anschauungsraums $\mathbb{R}^3$.

Der folgende **Austauschsatz von Steinitz** liefert eine Charakterisierung aller Basen eines linearen Unterraums $U \subseteq \mathbb{R}^n$. Er ist benannt nach dem deutschen Mathematiker *Ernst Steinitz* (1871–1928).

E. Steinitz

Satz 7.40 (Austauschsatz von Steinitz)

Es sei $\{\mathbf{a}_1, \ldots, \mathbf{a}_m\}$ eine Basis des linearen Unterraums $U \subseteq \mathbb{R}^n$. Dann gilt:

a) Ist $\mathbf{b} = \lambda_1 \mathbf{a}_1 + \ldots + \lambda_m \mathbf{a}_m$ eine Linearkombination der Basisvektoren mit $\lambda_i \neq 0$ für ein $i \in \{1, \ldots, m\}$, dann ist auch $\{\mathbf{a}_1, \ldots, \mathbf{a}_{i-1}, \mathbf{b}, \mathbf{a}_{i+1}, \ldots, \mathbf{a}_m\}$ eine Basis von U.

b) Ist $\{\mathbf{b}_1, \ldots, \mathbf{b}_k\} \subseteq U$ mit $k \leq m$ eine linear unabhängige Menge von Vektoren, dann können k geeignete Vektoren der Basis $\{\mathbf{a}_1, \ldots, \mathbf{a}_m\}$ ausgewählt und gegen $\mathbf{b}_1, \ldots, \mathbf{b}_k$ ausgetauscht werden, so dass die resultierende Menge wieder eine Basis von U ist.

Beweis: Zu a): Die Menge $\{\mathbf{a}_1, \ldots, \mathbf{a}_{i-1}, \mathbf{b}, \mathbf{a}_{i+1}, \ldots, \mathbf{a}_m\}$ ist linear unabhängig. Denn aus

$$\eta_1 \mathbf{a}_1 + \ldots + \eta_{i-1} \mathbf{a}_{i-1} + \eta_i \mathbf{b} + \eta_{i+1} \mathbf{a}_{i+1} + \ldots + \eta_m \mathbf{a}_m = \mathbf{0}$$

folgt durch Einsetzen von $\mathbf{b} = \lambda_1 \mathbf{a}_1 + \ldots + \lambda_m \mathbf{a}_m$

$$(\eta_1 + \eta_i \lambda_1) \mathbf{a}_1 + \ldots + (\eta_{i-1} + \eta_i \lambda_{i-1}) \mathbf{a}_{i-1} + \eta_i \lambda_i \mathbf{a}_i$$
$$+ (\eta_{i+1} + \eta_i \lambda_{i+1}) \mathbf{a}_{i+1} + \ldots + (\eta_m + \eta_i \lambda_m) \mathbf{a}_m = \mathbf{0}.$$

Da die Menge $\{\mathbf{a}_1, \ldots, \mathbf{a}_m\}$ nach Voraussetzung linear unabhängig ist, folgt daraus

$$\eta_j + \eta_i \lambda_j = 0 \quad \text{für } j = 1, \ldots, i-1, i+1, \ldots, m$$
$$\text{und} \quad \eta_i \lambda_i = 0. \tag{7.37}$$

Wegen $\lambda_i \neq 0$ impliziert die rechte Gleichung in (7.37) $\eta_i = 0$, woraus zusammen mit der linken Gleichung in (7.37) $\eta_j = 0$ für $j = 1, \ldots, i-1, i+1, \ldots, m$ folgt. Es existiert somit nur die triviale Darstellung des Nullvektors $\mathbf{0}$ als Linearkombination der Vektoren $\mathbf{a}_1, \ldots, \mathbf{a}_{i-1}, \mathbf{b}, \mathbf{a}_{i+1}, \ldots, \mathbf{a}_m$. Das heißt, die Menge $\{\mathbf{a}_1, \ldots, \mathbf{a}_{i-1}, \mathbf{b}, \mathbf{a}_{i+1}, \ldots, \mathbf{a}_m\}$ ist linear unabhängig.

Ferner gilt $\text{Lin}\{\mathbf{a}_1, \ldots, \mathbf{a}_{i-1}, \mathbf{b}, \mathbf{a}_{i+1}, \ldots, \mathbf{a}_m\} = U$. Denn mit

$$\mathbf{a}_i = \frac{1}{\lambda_i} \mathbf{b} - \frac{\lambda_1}{\lambda_i} \mathbf{a}_1 - \ldots - \frac{\lambda_{i-1}}{\lambda_i} \mathbf{a}_{i-1} - \frac{\lambda_{i+1}}{\lambda_i} \mathbf{a}_{i+1} - \ldots - \frac{\lambda_m}{\lambda_i} \mathbf{a}_m$$

erhält man für ein beliebiges $\mathbf{y} \in U$ die Darstellung

$$\mathbf{y} = \xi_1 \mathbf{a}_1 + \ldots + \xi_m \mathbf{a}_m$$
$$= \frac{\xi_i}{\lambda_i} \mathbf{b} + \left(\xi_1 - \frac{\lambda_1}{\lambda_i}\right) \mathbf{a}_1 + \ldots + \left(\xi_{i-1} - \frac{\lambda_{i-1}}{\lambda_i}\right) \mathbf{a}_{i-1}$$
$$+ \left(\xi_{i+1} - \frac{\lambda_{i+1}}{\lambda_i}\right) \mathbf{a}_{i+1} + \ldots + \left(\xi_m - \frac{\lambda_m}{\lambda_i}\right) \mathbf{a}_m.$$

Das heißt, der Vektor $\mathbf{y}$ lässt sich auch als Linearkombination der Vektoren $\mathbf{a}_1, \ldots, \mathbf{a}_{i-1}, \mathbf{b}, \mathbf{a}_{i+1}, \ldots, \mathbf{a}_m$ darstellen.

Zu b): Der Vektor $\mathbf{b}_1$ kann als Linearkombination

$$\mathbf{b}_1 = \lambda_1 \mathbf{a}_1 + \ldots + \lambda_m \mathbf{a}_m$$

der Basisvektoren $\mathbf{a}_1, \ldots, \mathbf{a}_m$ dargestellt werden, wobei $\lambda_i \neq 0$ für mindestens ein $i \in \{1, \ldots, m\}$ gilt. Dabei kann ohne Beschränkung der Allgemeinheit (eventuell nach geeigneter Umnummerierung) $\lambda_1 \neq 0$ angenommen werden. Gemäß Aussage a) ist dann $\{\mathbf{b}_1, \mathbf{a}_2, \ldots, \mathbf{a}_m\}$ eine Basis von U. Anschließend kann der Vektor $\mathbf{b}_2$ als Linearkombination bezüglich der neuen Basis $\{\mathbf{b}_1, \mathbf{a}_2, \ldots, \mathbf{a}_m\}$ ausgedrückt werden. Man erhält

$$\mathbf{b}_2 = \eta_1 \mathbf{b}_1 + \eta_2 \mathbf{a}_2 + \ldots + \eta_m \mathbf{a}_m,$$

wobei wiederum ohne Beschränkung der Allgemeinheit $\eta_2 \neq 0$ angenommen werden kann, da die Vektoren $\mathbf{b}_1$ und $\mathbf{b}_2$ gemäß Annahme linear unabhängig sind. Erneute Anwendung von Aussage a) liefert, dass $\{\mathbf{b}_1, \mathbf{b}_2, \mathbf{a}_3, \ldots, \mathbf{a}_m\}$ eine Basis von U ist. Wird dieses Vorgehen insgesamt k-fach wiederholt, ergibt sich schließlich mit $\{\mathbf{b}_1, \ldots, \mathbf{b}_k, \mathbf{a}_{k+1}, \ldots, \mathbf{a}_m\}$ eine Basis von U, in der die k Vektoren $\{\mathbf{b}_1, \ldots, \mathbf{b}_k\}$ enthalten sind. ∎

Orthonormalbasis eines linearen Unterraums

Aus Satz 7.40 folgt, dass für einen linearen Unterraum $U \subseteq \mathbb{R}^n$, der vom Nullraum verschieden ist, unendlich viele verschiedene Basen existieren. In wirtschaftswissenschaftlichen Anwendungen werden in der Regel Basen bevorzugt, deren Basisvektoren normiert und paarweise orthogonal sind, also ein Orthonormalsystem bilden (vgl. Definition 7.14). Solche Basen werden als **Orthonormalbasen** bezeichnet:

Definition 7.41 (Orthonormalbasis)

Ist eine Basis $\{\mathbf{a}_1, \ldots, \mathbf{a}_m\}$ eines linearen Unterraums $U \subseteq \mathbb{R}^n$ ein Orthonormalsystem, dann wird sie als Orthonormalbasis von U bezeichnet.

Ist $\{\mathbf{a}_1, \ldots, \mathbf{a}_m\}$ eine Orthonormalbasis des linearen Unterraums U, dann lassen sich die Koordinaten eines Vektors $\mathbf{x} \in U$ bezüglich dieser Basis besonders leicht berechnen. Denn aus der Darstellung

$$\mathbf{x} = \lambda_1 \mathbf{a}_1 + \ldots + \lambda_m \mathbf{a}_m \tag{7.38}$$

folgt durch Bildung des Skalarprodukts mit $\mathbf{a}_i$ auf beiden Seiten der Gleichung (7.38)

$$\langle \mathbf{x}, \mathbf{a}_i \rangle = \lambda_i \tag{7.39}$$

für alle $i = 1, \ldots, m$ (vgl. auch (7.18)) und damit

$$\mathbf{x} = \sum_{i=1}^{m} \langle \mathbf{x}, \mathbf{a}_i \rangle \mathbf{a}_i. \qquad (7.40)$$

Das heißt, die Skalarprodukte $\langle \mathbf{x}, \mathbf{a}_i \rangle$ sind die Koordinaten von $\mathbf{x}$ bezüglich der Orthonormalbasis $\{\mathbf{a}_1, \ldots, \mathbf{a}_m\}$.

Die in wirtschaftswissenschaftlichen Anwendungen am häufigsten verwendete Orthonormalbasis ist die **kanonische Basis** des $\mathbb{R}^n$:

> **Definition 7.42** (Kanonische Basis)
>
> *Die Menge $\{\mathbf{e}_1, \ldots, \mathbf{e}_n\}$ der n Einheitsvektoren des $\mathbb{R}^n$ heißt kanonische Basis des $\mathbb{R}^n$.*

Bezüglich der kanonischen Basis besitzt ein Vektor $\mathbf{x} \in \mathbb{R}^n$ die besonders einfache Darstellung

$$\mathbf{x} = \begin{pmatrix} x_1 \\ x_2 \\ \vdots \\ x_n \end{pmatrix}$$
$$= x_1 \mathbf{e}_1 + x_2 \mathbf{e}_2 + \ldots + x_n \mathbf{e}_n$$
$$= \sum_{i=1}^{n} x_i \mathbf{e}_i,$$

R. Descartes

welche als **kanonische Zerlegung** des Vektors $\mathbf{x}$ bezeichnet wird. Dies zeigt, dass bei Verwendung der kanonischen Basis die Koordinaten von $\mathbf{x}$ mit den Komponenten von $\mathbf{x}$ übereinstimmen. Die kanonische Basis des $\mathbb{R}^n$ führt zum (rechtwinkligen) **kartesischen Koordinatensystem** im $\mathbb{R}^n$. Die Koordinaten von $\mathbf{x}$ bezüglich der kanonischen Basis werden deshalb oft auch als **kartesische Koordinaten** bezeichnet.

Dimension eines linearen Unterraums

Eine Basis $\{\mathbf{a}_1, \ldots, \mathbf{a}_m\}$ eines linearen Unterraums U ist gemäß Definition 7.39 stets linear unabhängig. Dies bedeutet, dass keiner der Basisvektoren $\mathbf{a}_i$ als Linearkombination der anderen $m-1$ Basisvektoren geschrieben werden kann. Die Entfernung eines Basisvektors $\mathbf{a}_i$ aus der Basis hätte somit zur Folge, dass nicht mehr alle Vektoren aus U als Linearkombination dargestellt werden können. In diesem Sinne ist eine Basis ein **nicht verkürzbares** (**minimales**) **Erzeugendensystem**.

Eine Basis besitzt gemäß Definition 7.39 auch die Eigenschaft, dass jeder Vektor aus U als Linearkombination der Basisvektoren $\{\mathbf{a}_1, \ldots, \mathbf{a}_m\}$ dargestellt werden kann. Das heißt jedoch, dass $m+1$ Vektoren des linearen Unterraums U stets linear abhängig sind. In diesem Sinne ist eine Basis eine **nicht erweiterbare** (**maximale**) **linear unabhängige Menge**. Folglich besitzen alle Basen eines linearen Unterraums $U \subseteq \mathbb{R}^n$ dieselbe Anzahl von Basisvektoren. Dieser Sachverhalt ist die Grundlage für die folgende Definition des Begriffs **Dimension** eines linearen Unterraums:

> **Definition 7.43** (Dimension eines linearen Unterraums)
>
> *Die Anzahl der Vektoren einer Basis $\{\mathbf{a}_1, \ldots, \mathbf{a}_m\}$ eines linearen Unterraums $U \subseteq \mathbb{R}^n$ wird Dimension von U genannt und mit dim U bezeichnet. Der Nullraum besitzt die Dimension Null.*

Da die Menge der n Einheitsvektoren eine Basis des $\mathbb{R}^n$ ist, besitzt der $\mathbb{R}^n$ gemäß Definition 7.43 die Dimension n. Die Definition 7.43 steht damit im Einklang mit der für den $\mathbb{R}^n$ verwendeten Bezeichnung „n-dimensionaler" euklidischer Raum. Sie entspricht ferner auch der gewohnten Vorstellung, nach der ein eindimensionaler Raum durch eine Gerade, ein zweidimensionaler Raum durch eine Ebene und ein dreidimensionaler Raum durch unseren Anschauungsraum charakterisiert wird.

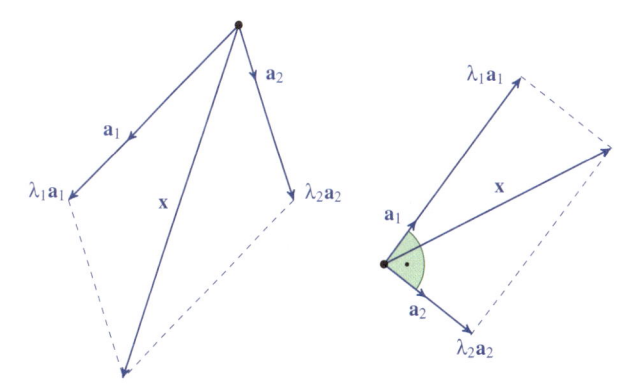

Abb. 7.14: Zerlegung eines Vektors $\mathbf{x} \in \mathbb{R}^2$ in einem schiefwinkligen Koordinatensystem (links) und Zerlegung eines Vektors $\mathbf{x} \in \mathbb{R}^2$ in einem rechtwinkligen Koordinatensystem (rechts)

Beispiel 7.44 (Basis und Dimension)

a) Die Menge $\{\mathbf{a}_1, \mathbf{a}_2\}$ mit

$$\mathbf{a}_1 = \begin{pmatrix} -2 \\ -2 \end{pmatrix} \quad \text{und} \quad \mathbf{a}_2 = \begin{pmatrix} \frac{1}{3} \\ -1 \end{pmatrix}$$

ist linear unabhängig und ein Erzeugendensystem des $\mathbb{R}^2$. Die Menge ist damit insbesondere eine Basis des $\mathbb{R}^2$. Um die Koordinaten eines gegebenen Vektors $\mathbf{x}^T = (x_1, x_2)$ bezüglich der Basis $\{\mathbf{a}_1, \mathbf{a}_2\}$ zu erhalten, muss die Gleichung

$$\lambda_1 \mathbf{a}_1 + \lambda_2 \mathbf{a}_2 = \mathbf{x}$$

bzw. das lineare Gleichungssystem

$$-2\lambda_1 + \frac{1}{3}\lambda_2 = x_1$$

$$-2\lambda_1 - \lambda_2 = x_2$$

nach λ_1 und λ_2 aufgelöst werden. Es ergeben sich

$$\lambda_1 = -\frac{3}{8}x_1 - \frac{1}{8}x_2 \quad \text{und} \quad \lambda_2 = \frac{3}{4}(x_1 - x_2).$$

Die Werte λ_1 und λ_2 sind die Koordinaten von $\mathbf{x}$ bezüglich der Basis $\{\mathbf{a}_1, \mathbf{a}_2\}$ und damit die Koordinaten von $\mathbf{x}$ in einem **schiefwinkligen Koordinatensystem** (vgl. Abbildung 7.14, links).

b) Die Menge $\{\mathbf{a}_1, \mathbf{a}_2\}$ mit

$$\mathbf{a}_1 = \begin{pmatrix} \frac{3}{5} \\ \frac{4}{5} \end{pmatrix} \quad \text{und} \quad \mathbf{a}_2 = \begin{pmatrix} \frac{4}{5} \\ -\frac{3}{5} \end{pmatrix}$$

ist eine Orthonormalbasis des $\mathbb{R}^2$. Denn es gilt

$$\langle \mathbf{a}_1, \mathbf{a}_2 \rangle = 0 \quad \text{und} \quad \langle \mathbf{a}_1, \mathbf{a}_1 \rangle = \langle \mathbf{a}_2, \mathbf{a}_2 \rangle = 1.$$

Das heißt, durch $\{\mathbf{a}_1, \mathbf{a}_2\}$ wird ein **rechtwinkliges Koordinatensystem** festgelegt. Die Koordinaten eines gegebenen Vektors $\mathbf{x}^T = (x_1, x_2)$ in diesem rechtwinkligen Koordinatensystem sind gegeben durch

$$\lambda_1 = \langle \mathbf{x}, \mathbf{a}_1 \rangle = \frac{3}{5}x_1 + \frac{4}{5}x_2 \quad \text{und}$$

$$\lambda_2 = \langle \mathbf{x}, \mathbf{a}_2 \rangle = \frac{4}{5}x_1 - \frac{3}{5}x_2$$

(vgl. (7.39) und Abbildung 7.14, rechts).

c) Die Menge

$$\left\{ \begin{pmatrix} -2 \\ -2 \end{pmatrix}, \begin{pmatrix} 1 \\ -1 \end{pmatrix}, \begin{pmatrix} 0 \\ 4 \end{pmatrix} \right\}$$

ist linear abhängig (vgl. Fundamentallemma 7.33) und damit keine Basis des $\mathbb{R}^2$. Sie ist aber ein Erzeugendensystem des $\mathbb{R}^2$.

d) Die Menge

$$\left\{ \begin{pmatrix} 1 \\ 2 \\ 3 \end{pmatrix}, \begin{pmatrix} -3 \\ -2 \\ -1 \end{pmatrix}, \begin{pmatrix} -2 \\ 0 \\ 2 \end{pmatrix} \right\}$$

ist linear abhängig (z. B. ergibt die Summe der ersten beiden Vektoren den dritten Vektor) und damit keine Basis des $\mathbb{R}^3$. Da jedoch die ersten beiden Vektoren linear unabhängig sind, erzeugt die Menge einen zweidimensionalen linearen Unterraum im $\mathbb{R}^3$.

e) Die Menge $\{\mathbf{a}_1, \mathbf{a}_2, \mathbf{a}_3\}$ mit

$$\mathbf{a}_1 = \begin{pmatrix} 4 \\ 5 \\ 0 \end{pmatrix}, \quad \mathbf{a}_2 = \begin{pmatrix} 4 \\ 5 \\ 4 \end{pmatrix} \quad \text{und} \quad \mathbf{a}_3 = \begin{pmatrix} 0 \\ 5 \\ 0 \end{pmatrix}$$

ist linear unabhängig. Denn die Gleichung

$$\lambda_1 \mathbf{a}_1 + \lambda_2 \mathbf{a}_2 + \lambda_3 \mathbf{a}_3 = \mathbf{0}$$

bzw. das zugehörige lineare Gleichungssystem

$$4\lambda_1 + 4\lambda_2 = 0$$

$$5\lambda_1 + 5\lambda_2 + 5\lambda_3 = 0$$

$$4\lambda_2 = 0$$

besitzen die Lösung $\lambda_2 = \lambda_1 = \lambda_3 = 0$. Das heißt, der Nullvektor lässt sich nur auf triviale Weise als Linearkombination der Vektoren $\mathbf{a}_1$, $\mathbf{a}_2$ und $\mathbf{a}_3$ darstellen. Die Menge $\{\mathbf{a}_1, \mathbf{a}_2, \mathbf{a}_3\}$ ist somit eine Basis des $\mathbb{R}^3$ (vgl. Abbildung 7.15).

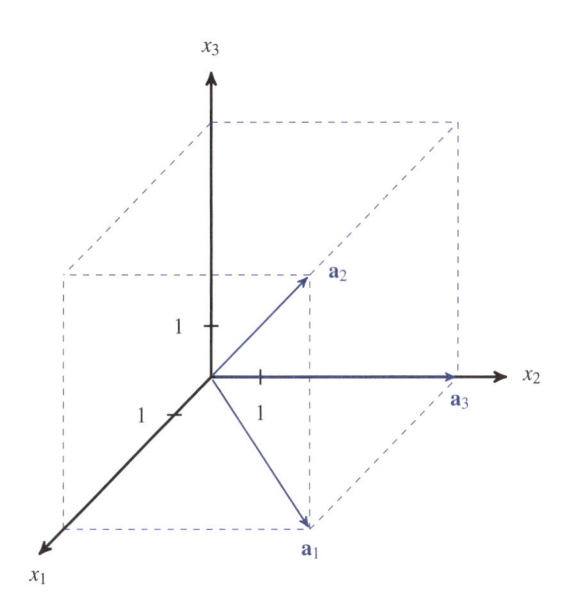

Abb. 7.15: Basis $\{\mathbf{a}_1, \mathbf{a}_2, \mathbf{a}_3\}$ des dreidimensionalen euklidischen Raums $\mathbb{R}^3$

7.11 Orthonormalisierungsverfahren von Schmidt

In diesem Abschnitt wird gezeigt, wie aus einer beliebigen Basis eines linearen Unterraums U des $\mathbb{R}^n$ stets eine Orthonormalbasis von U konstruiert werden kann. In Abschnitt 7.10 wurde bereits deutlich, dass sich die Koordinaten eines Vektors $\mathbf{x}$ aus einem linearen Unterraum U des $\mathbb{R}^n$ bezüglich einer vorhandenen Basis dann besonders leicht berechnen lassen, wenn es sich bei der Basis um eine Orthonormalbasis von U handelt. Es stellt sich daher unmittelbar die Frage, ob eine gegebene Basis eines linearen Unterraums $U \subseteq \mathbb{R}^n$ stets in eine Orthonormalbasis von U transformiert werden kann. Diese Frage wird durch das folgende, nach dem deutschen Mathematiker *Erhard Schmidt* (1876–1959) benannte **Orthonormalisierungsverfahren von Schmidt** positiv beantwortet. Darüber hinaus gibt dieses Verfahren an, wie eine solche Orthonormalbasis aus einer bereits vorhandenen Basis konstruiert werden kann:

E. Schmidt

Satz 7.45 (Orthonormalisierungsverfahren von Schmidt)

Es kann aus jeder Basis $\{\mathbf{a}_1, \ldots, \mathbf{a}_m\}$ eines m-dimensionalen linearen Unterraums $U \subseteq \mathbb{R}^n$ mit $U \neq \{\mathbf{0}\}$ durch

$$\mathbf{b}_1 := \frac{\mathbf{a}_1}{\|\mathbf{a}_1\|} \quad und \quad \mathbf{b}_k := \frac{\mathbf{c}_k}{\|\mathbf{c}_k\|} \quad mit$$

$$\mathbf{c}_k := \mathbf{a}_k - \sum_{i=1}^{k-1} \langle \mathbf{a}_k, \mathbf{b}_i \rangle \, \mathbf{b}_i$$

für $k = 2, \ldots, m$ eine Orthonormalbasis $\{\mathbf{b}_1, \ldots, \mathbf{b}_m\}$ von U konstruiert werden.

Beweis: Für alle $k = 2, \ldots, m$ ist sichergestellt, dass $\mathbf{c}_k \neq \mathbf{0}$ gilt und somit $\mathbf{b}_k$ definiert ist. Denn der Vektor $\mathbf{c}_k$ ist für alle $k = 2, \ldots, m$ eine Linearkombination der linear unabhängigen Vektoren $\{\mathbf{a}_1, \ldots, \mathbf{a}_k\}$, bei der nicht alle Koeffizienten gleich Null sind.

Es gilt offensichtlich $\|\mathbf{b}_i\| = 1$ für alle $i = 1, \ldots, m$. Das heißt, die Vektoren $\mathbf{b}_1, \ldots, \mathbf{b}_m$ sind normiert. Ferner erhält man mit vollständiger Induktion, dass $\{\mathbf{b}_1, \ldots, \mathbf{b}_k\}$ für alle $k = 1, \ldots, m$ ein Orthogonalsystem ist.

Induktionsanfang: Für $k = 1$ ist nichts zu zeigen und die Aussage ist wahr.

Induktionsschritt: Es wird angenommen, dass $\{\mathbf{b}_1, \ldots, \mathbf{b}_{k-1}\}$ für ein beliebiges aber festes $k \in \{2, \ldots, m\}$ ein Orthogonalsystem ist. Für einen beliebigen Vektor $\mathbf{b}_j \in \{\mathbf{b}_1, \ldots, \mathbf{b}_{k-1}\}$ und $\mathbf{b}_k$ erhält man dann

$$\langle \mathbf{b}_k, \mathbf{b}_j \rangle = \frac{1}{\|\mathbf{c}_k\|} \langle \mathbf{c}_k, \mathbf{b}_j \rangle = \frac{1}{\|\mathbf{c}_k\|} \left(\langle \mathbf{a}_k, \mathbf{b}_j \rangle - \sum_{i=1}^{k-1} \langle \mathbf{a}_k, \mathbf{b}_i \rangle \langle \mathbf{b}_i, \mathbf{b}_j \rangle \right)$$
$$= \frac{1}{\|\mathbf{c}_k\|} \left(\langle \mathbf{a}_k, \mathbf{b}_j \rangle - \langle \mathbf{a}_k, \mathbf{b}_j \rangle \right) = 0.$$

Folglich ist $\mathbf{b}_k$ paarweise orthogonal zu allen Vektoren aus $\{\mathbf{b}_1, \ldots, \mathbf{b}_{k-1}\}$ und somit $\{\mathbf{b}_1, \ldots, \mathbf{b}_k\}$ ein Orthgonalsystem. Damit ist insgesamt gezeigt, dass $\{\mathbf{b}_1, \ldots, \mathbf{b}_m\}$ eine Orthonormalbasis des linearen Unterraums U ist. ∎

Gemäß Satz 7.45 besitzt jeder lineare Unterraum $U \subseteq \mathbb{R}^n$ ungleich dem Nullraum $\{\mathbf{0}\}$ eine Orthonormalbasis. Für eine Veranschaulichung des Orthonormalisierungsverfahrens von Schmidt im $\mathbb{R}^3$ siehe Abbildung 7.16.

Das folgende Beispiel verdeutlicht das konkrete Vorgehen bei der Anwendung des Orthonormalisierungsverfahrens von Schmidt:

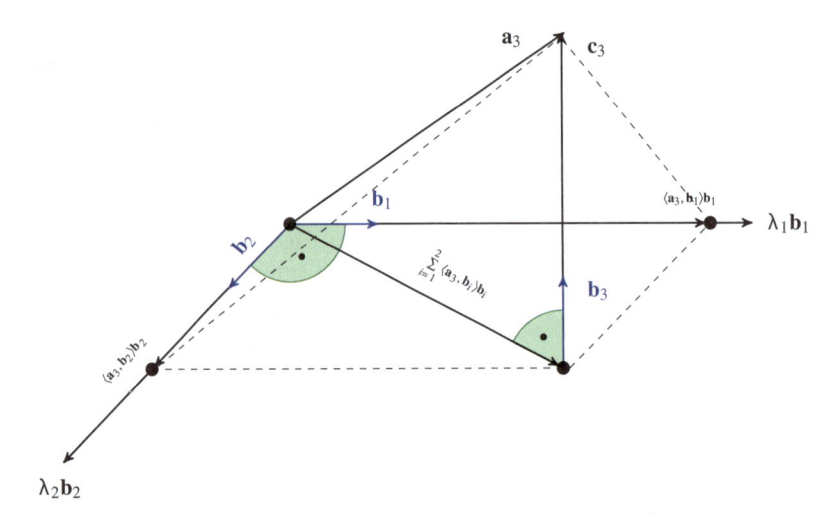

Abb. 7.16: Veranschaulichung des Orthonormalisierungsverfahrens von Schmidt im $\mathbb{R}^3$

Beispiel 7.46 (Orthonormalisierungsverfahren von Schmidt)

Durch $\{\mathbf{a}_1, \mathbf{a}_2, \mathbf{a}_3\}$ mit

$$\mathbf{a}_1 = \begin{pmatrix} 1 \\ 0 \\ 1 \end{pmatrix}, \quad \mathbf{a}_2 = \begin{pmatrix} 2 \\ 0 \\ 0 \end{pmatrix} \quad \text{und} \quad \mathbf{a}_3 = \begin{pmatrix} 0 \\ 2 \\ 1 \end{pmatrix}$$

ist eine Basis des $\mathbb{R}^3$ gegeben. Mit dem Orthonormalisierungsverfahren von Schmidt erhält man die folgenden drei orthonormierten Vektoren $\mathbf{b}_1, \mathbf{b}_2, \mathbf{b}_3$:

$$\mathbf{b}_1 = \frac{\mathbf{a}_1}{\|\mathbf{a}_1\|} = \begin{pmatrix} \frac{1}{\sqrt{2}} \\ 0 \\ \frac{1}{\sqrt{2}} \end{pmatrix}$$

$$\mathbf{c}_2 = \mathbf{a}_2 - \langle \mathbf{a}_2, \mathbf{b}_1 \rangle \mathbf{b}_1 = \begin{pmatrix} 2 \\ 0 \\ 0 \end{pmatrix} - \sqrt{2} \begin{pmatrix} \frac{1}{\sqrt{2}} \\ 0 \\ \frac{1}{\sqrt{2}} \end{pmatrix} = \begin{pmatrix} 1 \\ 0 \\ -1 \end{pmatrix}$$

$$\mathbf{b}_2 = \frac{\mathbf{c}_2}{\|\mathbf{c}_2\|} = \begin{pmatrix} \frac{1}{\sqrt{2}} \\ 0 \\ -\frac{1}{\sqrt{2}} \end{pmatrix}$$

$$\mathbf{c}_3 = \mathbf{a}_3 - \langle \mathbf{a}_3, \mathbf{b}_1 \rangle \mathbf{b}_1 - \langle \mathbf{a}_3, \mathbf{b}_2 \rangle \mathbf{b}_2$$

$$= \begin{pmatrix} 0 \\ 2 \\ 1 \end{pmatrix} - \frac{1}{\sqrt{2}} \begin{pmatrix} \frac{1}{\sqrt{2}} \\ 0 \\ \frac{1}{\sqrt{2}} \end{pmatrix} + \frac{1}{\sqrt{2}} \begin{pmatrix} \frac{1}{\sqrt{2}} \\ 0 \\ -\frac{1}{\sqrt{2}} \end{pmatrix} = \begin{pmatrix} 0 \\ 2 \\ 0 \end{pmatrix}$$

$$\mathbf{b}_3 = \frac{\mathbf{c}_3}{\|\mathbf{c}_3\|} = \begin{pmatrix} 0 \\ 1 \\ 0 \end{pmatrix}$$

Die Menge $\{\mathbf{b}_1, \mathbf{b}_2, \mathbf{b}_3\}$ ist somit eine Orthonormalbasis des $\mathbb{R}^3$.

7.12 Orthogonale Komplemente und orthogonale Projektionen

Zwei weitere wichtige Begriffe im Zusammenhang mit dem Orthogonalitätsbegriff sind das **orthogonale Komplement** einer Menge M und die **orthogonale Projektion** auf einen linearen Unterraum U.

Orthogonale Komplemente

Aufbauend auf dem Orthogonalitätsbegriff für einzelne Vektoren (vgl. Definition 7.14) wird das **orthogonale Komplement** einer Menge $M \subseteq \mathbb{R}^n$ wie folgt definiert:

Definition 7.47 (Orthogonales Komplement)

Zwei Teilmengen $M, N \subseteq \mathbb{R}^n$ heißen orthogonal (zueinander), wenn $\langle \mathbf{x}, \mathbf{y} \rangle = 0$ für alle $\mathbf{x} \in M$ und $\mathbf{y} \in N$ gilt. Man schreibt dann $M \perp N$. Ferner wird die Teilmenge

$$M^\perp := \{\mathbf{x} \in \mathbb{R}^n : \langle \mathbf{x}, \mathbf{y} \rangle = 0 \text{ für alle } \mathbf{y} \in M\}$$

als orthogonales Komplement von $M \subseteq \mathbb{R}^n$ bezeichnet. Gilt $\langle \mathbf{z}, \mathbf{x} \rangle = 0$ für alle $\mathbf{x} \in M$, dann schreibt man $\mathbf{z} \perp M$.

Aus den Eigenschaften des Skalarprodukts folgt, dass das orthogonale Komplement $M^\perp$ für jede Menge $M \subseteq \mathbb{R}^n$ ein linearer Unterraum des $\mathbb{R}^n$ ist. Denn für zwei beliebige Vek-

7.12 Orthogonale Komplemente und orthogonale Projektionen

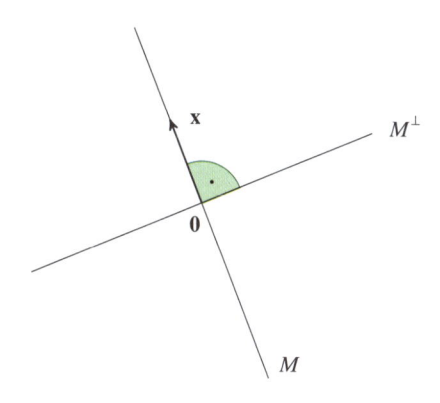

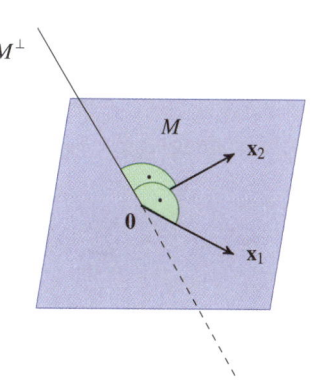

Abb. 7.17: Veranschaulichung des orthogonalen Komplements $M^\perp$ eines eindimensionalen linearen Unterraums M im $\mathbb{R}^2$ (links) und eines zweidimensionalen linearen Unterraums M im $\mathbb{R}^3$ (rechts)

toren $\mathbf{x}_1, \mathbf{x}_2 \in M^\perp$ gilt

$$\langle \mathbf{x}_1 + \mathbf{x}_2, \mathbf{y} \rangle = \langle \mathbf{x}_1, \mathbf{y} \rangle + \langle \mathbf{x}_2, \mathbf{y} \rangle = 0 \quad \text{und}$$
$$\langle \lambda \mathbf{x}_1, \mathbf{y} \rangle = \lambda \langle \mathbf{x}_1, \mathbf{y} \rangle = 0$$

für alle $\mathbf{y} \in M$ und $\lambda \in \mathbb{R}$ (vgl. Definition 7.28).

Die Abbildung 7.17, links, zeigt den von einem Vektor $\mathbf{x} \in \mathbb{R}^2$ aufgespannten eindimensionalen linearen Unterraum $M = \text{Lin}\{\mathbf{x}\}$ im $\mathbb{R}^2$ als Gerade durch den Ursprung $\mathbf{0}$. Das zugehörige orthogonale Komplement $M^\perp$ besteht aus allen durch den Ursprung $\mathbf{0}$ verlaufenden Vektoren, die orthogonal zu dieser Geraden sind. In Abbildung 7.17, rechts ist der von den beiden Vektoren $\mathbf{x}_1, \mathbf{x}_2 \in \mathbb{R}^3$ aufgespannte zweidimensionale lineare Unterraum $M = \text{Lin}\{\mathbf{x}_1, \mathbf{x}_2\}$ im $\mathbb{R}^3$ als Ebene durch den Ursprung $\mathbf{0}$ dargestellt. Das zugehörige orthogonale Komplement $M^\perp$ wird von allen durch den Ursprung $\mathbf{0}$ verlaufenden Vektoren gebildet, die orthogonal zu dieser Ebene sind. Ferner ist das orthogonale Komplement des Nullraums

$$\{\mathbf{0}\} \subseteq \mathbb{R}^n \tag{7.41}$$

durch $\{\mathbf{0}\}^\perp = \mathbb{R}^n$ gegeben. Denn es gilt $\langle \mathbf{0}, \mathbf{x} \rangle = 0$ für alle $\mathbf{x} \in \mathbb{R}^n$. Umgekehrt ist

$$(\mathbb{R}^n)^\perp = \{\mathbf{0}\} \tag{7.42}$$

das orthogonale Komplement des n-dimensionalen euklidischen Raums. Denn ein Vektor $\mathbf{x}$ aus $(\mathbb{R}^n)^\perp$ muss zu allen Vektoren aus $\mathbb{R}^n$ orthogonal sein, also insbesondere auch zu sich selbst. Das heißt, es muss $0 = \langle \mathbf{x}, \mathbf{x} \rangle = \|\mathbf{x}\|^2$ gelten. Dies impliziert jedoch $\mathbf{x} = \mathbf{0}$.

Sind M und N zwei beliebige orthogonale Teilmengen des $\mathbb{R}^n$, dann folgt aus den Eigenschaften des Skalarprodukts, dass jede Linearkombination von Vektoren aus M zu jeder Linearkombination von Vektoren aus N orthogonal ist, d. h. es gilt

$$\text{Lin}(M) \perp \text{Lin}(N).$$

Der folgende Satz fasst weitere wichtige Eigenschaften des orthogonalen Komplements zusammen:

Satz 7.48 (Eigenschaften des orthogonalen Komplements)

Es sei U ein linearer Unterraum des $\mathbb{R}^n$. Dann gilt:

a) $\dim(U) + \dim(U^\perp) = n$

b) $(U^\perp)^\perp = U$

c) *Jeder Vektor $\mathbf{x} \in \mathbb{R}^n$ lässt sich eindeutig als Summe $\mathbf{x} = \mathbf{u} + \mathbf{v}$ mit $\mathbf{u} \in U$ und $\mathbf{v} \in U^\perp$ darstellen.*

Beweis: Zu a): Es sei $m := \dim(U)$. Dabei kann ohne Beschränkung der Allgemeinheit $1 \leq m \leq n - 1$ angenommen werden, da in den beiden Fällen $m = 0$ und $m = n$ die Aussage a) offensichtlich wahr ist (vgl. dazu (7.41) und (7.42)). Gemäß Satz 7.45 gibt es eine Orthonormalbasis $\{\mathbf{a}_1, \ldots, \mathbf{a}_m\}$ von U, die zu einer Orthonormalbasis $\{\mathbf{a}_1, \ldots, \mathbf{a}_m, \mathbf{a}_{m+1}, \ldots, \mathbf{a}_n\}$ des $\mathbb{R}^n$ erweitert werden kann. Es gilt dann offensichtlich $\text{Lin}\{\mathbf{a}_{m+1}, \ldots, \mathbf{a}_n\} \subseteq U^\perp$. Ist umgekehrt

$$\mathbf{x} = \sum_{i=1}^{n} \lambda_i \mathbf{a}_i \in U^\perp, \tag{7.43}$$

dann erhält man durch Bildung der Skalarprodukte mit $\mathbf{a}_1, \ldots, \mathbf{a}_m \in U$ auf beiden Seiten der Gleichung (7.43) die Beziehungen $\lambda_1 = \ldots = \lambda_m = 0$. Folglich gilt $\mathbf{x} \in \text{Lin}\{\mathbf{a}_{m+1}, \ldots, \mathbf{a}_n\}$ bzw. $U^\perp \subseteq \text{Lin}\{\mathbf{a}_{m+1}, \ldots, \mathbf{a}_n\}$ und damit insgesamt $U^\perp = \text{Lin}\{\mathbf{a}_{m+1}, \ldots, \mathbf{a}_n\}$.

Zu b): Mit $\mathbb{R}^n = \text{Lin}\{\mathbf{a}_1, \ldots, \mathbf{a}_n\}$ und $U^\perp = \text{Lin}\{\mathbf{a}_{m+1}, \ldots, \mathbf{a}_n\}$ aus dem Beweis der Aussage a) folgt $(U^\perp)^\perp = \text{Lin}\{\mathbf{a}_1, \ldots, \mathbf{a}_m\} = U$.

Zu c): Es sei $\mathbf{x} = \sum_{i=1}^n \lambda_i \mathbf{a}_i$ ein beliebiger Vektor des $\mathbb{R}^n$. Für

$$\mathbf{u} := \sum_{i=1}^m \lambda_i \mathbf{a}_i \quad \text{und} \quad \mathbf{v} := \sum_{i=m+1}^n \lambda_i \mathbf{a}_i \quad (7.44)$$

gilt dann $\mathbf{u} \in U$, $\mathbf{v} \in U^\perp$ und $\mathbf{x} = \mathbf{u} + \mathbf{v}$. Da die Vektoren $\{\mathbf{a}_1, \ldots, \mathbf{a}_n\}$ linear unabhängig sind, ist diese Darstellung eindeutig (vgl. Satz 7.36). ∎

Orthogonale Projektionen

Aufbauend auf Satz 7.48c) kann nun der Begriff der **orthogonalen Projektion** auf einen linearen Unterraum $U \subseteq \mathbb{R}^n$ wie folgt definiert werden:

Definition 7.49 (Orthogonale Projektion)

Es sei U ein linearer Unterraum des $\mathbb{R}^n$. Dann heißt die Abbildung

$$P_U : \mathbb{R}^n \longrightarrow U, \quad \mathbf{x} \mapsto P_U(\mathbf{x})$$

mit $\mathbf{x} - P_U(\mathbf{x}) \perp U$ für alle $\mathbf{x} \in \mathbb{R}^n$ orthogonale Projektion auf U.

Für die orthogonale Projektion auf den linearen Unterraum gilt somit $\mathbf{x} - P_U(\mathbf{x}) \in U^\perp$ für alle $\mathbf{x} \in \mathbb{R}^n$ und mit Satz 7.48c) folgt, dass die orthogonale Projektion P_U auf einen linearen Unterraum U eindeutig ist. Ferner gilt

$$\mathbf{x} - (\mathbf{x} - P_U(\mathbf{x})) = P_U(\mathbf{x}) \perp U^\perp$$

für alle $\mathbf{x} \in \mathbb{R}^n$. Folglich ist die orthogonale Projektion $P_{U^\perp}$ auf das orthogonale Komplement $U^\perp$ gegeben durch

$$P_{U^\perp}(\mathbf{x}) = \mathbf{x} - P_U(\mathbf{x}) \quad \text{bzw.} \quad P_U(\mathbf{x}) + P_{U^\perp}(\mathbf{x}) = \mathbf{x}$$

für alle $\mathbf{x} \in \mathbb{R}^n$ (vgl. Abbildung 7.18, links).

Der folgende Satz gibt an, wie die orthogonale Projektion auf den linearen Unterraum U auf einfache Weise berechnet werden kann:

Satz 7.50 (Berechnung der orthogonalen Projektion)

Es sei U ein linearer Unterraum des $\mathbb{R}^n$ mit der Orthonormalbasis $\{\mathbf{a}_1, \ldots, \mathbf{a}_m\}$. Dann ist die orthogonale Projektion auf den linearen Unterraum U gegeben durch

$$P_U(\mathbf{x}) = \sum_{i=1}^m \langle \mathbf{x}, \mathbf{a}_i \rangle \mathbf{a}_i. \quad (7.45)$$

Beweis: Mit (7.39) und (7.44) erhält man $P_U(\mathbf{x}) = \sum_{i=1}^m \langle \mathbf{x}, \mathbf{a}_i \rangle \mathbf{a}_i$ und damit die Behauptung. ∎

Aus diesem Satz folgt, dass die orthogonale Projektion P_U auf einen linearen Unterraum U eine surjektive, aber nur im Falle $U = \mathbb{R}^n$ auch eine injektive Abbildung ist.

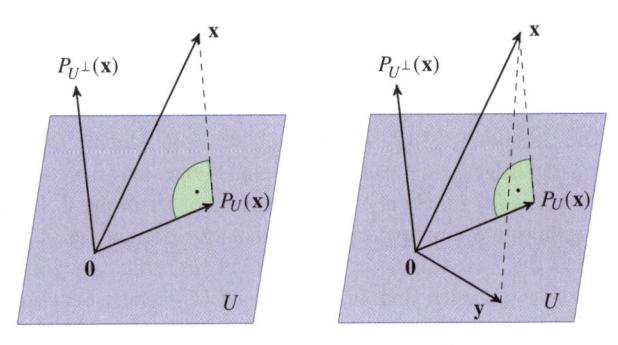

Abb. 7.18: Orthogonale Projektion von $\mathbf{x} \in \mathbb{R}^3$ auf den linearen Unterraum U (links) und $P_U(\mathbf{x})$ als beste **Approximation** von $\mathbf{x} \in \mathbb{R}^3$ durch einen Vektor aus U (rechts)

Der Nutzen von Satz 7.50 wird im folgenden Beispiel deutlich:

Beispiel 7.51 (Orthogonales Komplement und orthogonale Projektion)

a) Gegeben sei der eindimensionale lineare Unterraum $U = \{\mathbf{x} \in \mathbb{R}^2 : x_1 = x_2\}$. Er besitzt das orthogonale Komplement $U^\perp = \{\mathbf{y} \in \mathbb{R}^2 : y_1 = -y_2\}$. Denn es gilt

$$\langle \mathbf{x}, \mathbf{y} \rangle = x_1 y_1 + x_2 y_2 = x_1 y_1 + x_1(-y_1) = 0$$

für alle $\mathbf{x} \in U$ und $\mathbf{y} \in U^\perp$. Ferner seien

$$\mathbf{a}_1 := \begin{pmatrix} \frac{1}{\sqrt{2}} \\ \frac{1}{\sqrt{2}} \end{pmatrix} \quad \text{und} \quad \mathbf{a}_2 := \begin{pmatrix} -\frac{1}{\sqrt{2}} \\ \frac{1}{\sqrt{2}} \end{pmatrix}.$$

7.12 Orthogonale Komplemente und orthogonale Projektionen

Dann sind $\{\mathbf{a}_1\}$ und $\{\mathbf{a}_2\}$ Orthonormalbasen von U bzw. $U^\perp$ und die orthogonalen Projektionen eines Vektors $\mathbf{x} \in \mathbb{R}^2$ auf die beiden Unterräume U und $U^\perp$ sind gegeben durch

$$P_U(\mathbf{x}) = \langle \mathbf{x}, \mathbf{a}_1 \rangle \, \mathbf{a}_1$$
$$= \left(\frac{1}{\sqrt{2}} x_1 + \frac{1}{\sqrt{2}} x_2 \right) \mathbf{a}_1 = \begin{pmatrix} \frac{1}{2}(x_1 + x_2) \\ \frac{1}{2}(x_1 + x_2) \end{pmatrix}$$

bzw.

$$P_{U^\perp}(\mathbf{x}) = \langle \mathbf{x}, \mathbf{a}_2 \rangle \, \mathbf{a}_2$$
$$= \left(-\frac{1}{\sqrt{2}} x_1 + \frac{1}{\sqrt{2}} x_2 \right) \mathbf{a}_2 = \begin{pmatrix} \frac{1}{2}(x_1 - x_2) \\ \frac{1}{2}(x_2 - x_1) \end{pmatrix}$$

(vgl. Abbildung 7.19).

b) Betrachtet wird der von dem Orthonormalsystem $\{\mathbf{b}_1, \mathbf{b}_2\}$ mit

$$\mathbf{b}_1 = \begin{pmatrix} \frac{1}{\sqrt{2}} \\ 0 \\ \frac{1}{\sqrt{2}} \end{pmatrix} \quad \text{und} \quad \mathbf{b}_2 = \begin{pmatrix} \frac{1}{\sqrt{2}} \\ 0 \\ -\frac{1}{\sqrt{2}} \end{pmatrix}$$

erzeugte, zweidimensionale lineare Unterraum U des $\mathbb{R}^3$ (vgl. Beispiel 7.46). Die orthogonale Projektion des Vektors $\mathbf{x} = (1, 1, 2)^T$ auf den linearen Unterraum U ist gegeben durch

$$P_U(\mathbf{x}) = \langle \mathbf{x}, \mathbf{b}_1 \rangle \, \mathbf{b}_1 + \langle \mathbf{x}, \mathbf{b}_2 \rangle \, \mathbf{b}_2$$
$$= \left(\frac{1}{\sqrt{2}} + 0 + \sqrt{2} \right) \mathbf{b}_1 + \left(\frac{1}{\sqrt{2}} + 0 - \sqrt{2} \right) \mathbf{b}_2$$
$$= \begin{pmatrix} \frac{3}{2} \\ 0 \\ \frac{3}{2} \end{pmatrix} + \begin{pmatrix} -\frac{1}{2} \\ 0 \\ \frac{1}{2} \end{pmatrix} = \begin{pmatrix} 1 \\ 0 \\ 2 \end{pmatrix}.$$

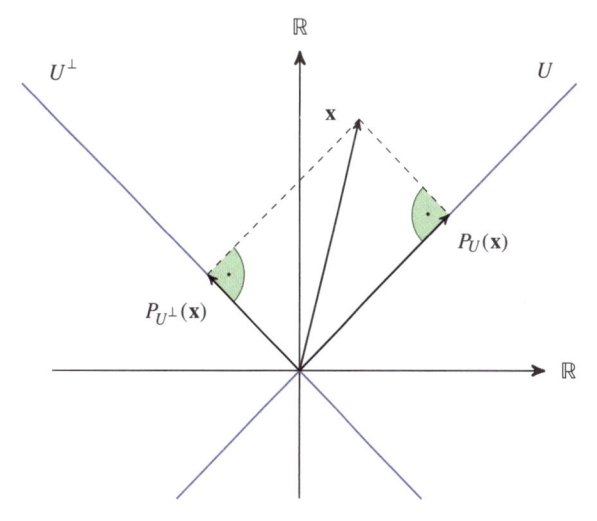

Abb. 7.19: Orthogonale Projektion von $\mathbf{x} \in \mathbb{R}^2$ auf einen eindimensionalen linearen Unterraum U und sein orthogonales Komplement $U^\perp$

Beweis: Für jedes $\mathbf{y} \in U$ und $\mathbf{x} \in \mathbb{R}^n$ gilt $\mathbf{x} - P_U(\mathbf{x}) \in U^\perp$ sowie $P_U(\mathbf{x}) - \mathbf{y} \in U$, woraus $\mathbf{x} - P_U(\mathbf{x}) \perp P_U(\mathbf{x}) - \mathbf{y}$ folgt. Zusammen mit dem Satz des Pythagoras (vgl. Satz 7.15b)) folgt daraus

$$\|\mathbf{x} - \mathbf{y}\|^2 = \|(\mathbf{x} - P_U(\mathbf{x})) + (P_U(\mathbf{x}) - \mathbf{y})\|^2$$
$$= \|\mathbf{x} - P_U(\mathbf{x})\|^2 + \|P_U(\mathbf{x}) - \mathbf{y}\|^2 \geq \|\mathbf{x} - P_U(\mathbf{x})\|^2$$

und somit die Behauptung. ∎

Im folgenden Beispiel wird der große Nutzen orthogonaler Projektionen für die Wirtschaftswissenschaften anhand einer Anwendung aus der Statistik und Ökonometrie demonstriert:

Die große Bedeutung der orthogonalen Projektion $P_U(\mathbf{x})$ ist vor allem in dem folgenden Satz begründet. Er besagt, dass $P_U(\mathbf{x})$ die beste Approximation des Vektors $\mathbf{x}$ durch einen Vektor $\mathbf{y}$ aus dem linearen Unterraum U ist (vgl. auch Abbildung 7.18, rechts):

Satz 7.52 (Optimalitätseigenschaft der orthogonalen Projektion)

Es sei U ein linearer Unterraum des $\mathbb{R}^n$. Dann gilt
$$\|\mathbf{x} - P_U(\mathbf{x})\| = \min_{\mathbf{y} \in U} \|\mathbf{x} - \mathbf{y}\| \qquad (7.46)$$
für alle $\mathbf{x} \in \mathbb{R}^n$.

Beispiel 7.53 (Kleinste-Quadrate-Schätzer)

Die Optimalitätseigenschaft (7.46) orthogonaler Projektionen P_U kann auch zur Ermittlung des sogenannten **Kleinste-Quadrate-Schätzers** im **linearen Regressionsmodell** verwendet werden. Als Begründer der „**Regressionsanalyse**" gilt der britische Naturforscher *Francis Galton* (1822–1911), der ein Cousin des britischen Naturforschers *Charles Robert*

F. Galton

Darwin (1809–1882) war, dem Vater der modernen Evolutionstheorie. *Galton* beschäftigte sich u. a. mit Fragen zur Vererbung und untersuchte dabei insbesondere, wie die Körpergröße (erwachsener) Kinder mit der durchschnittlichen Körpergröße beider Elternteile zusammenhängt.

Mit Hilfe der linearen Regressionsanalyse kann der lineare Zusammenhang zwischen einer **Zielvariablen** y und einer **erklärenden Variablen** x untersucht werden. Dabei wird unterstellt, dass dieser Zusammenhang nicht exakt gilt, sondern von zufälligen und latenten Einflüssen und Störungen überlagert wird, die sich im Mittel jedoch aufheben. Zum Beispiel wird im einfachen linearen Regressionsmodell

$$y = \beta_0 + \beta_1 x + \varepsilon \quad (7.47)$$

angenommen, dass die Zielvariable y bis auf eine **Störvariable** ε eine affin-lineare Funktion der erklärenden Variablen x ist. Durch $\beta_0 + \beta_1 x$ wird somit der systematische Einfluss der erklärenden Variablen x auf die Zielvariable y beschrieben und durch die Störvariable ε werden die zufälligen Einflüsse und Störungen erfasst.

Sind durch $y_1, \ldots, y_n$ und $x_1, \ldots, x_n$ jeweils n Beobachtungen für die Zielvariable y bzw. die erklärende Variable x gegeben, dann werden in der Regressionsanalyse die Parameter β_0 und β_1 im Modell (7.47) durch $\widehat{\beta}_0$ und $\widehat{\beta}_1$ so geschätzt, dass die **Summe der quadrierten Abweichungen**

$$\sum_{i=1}^{n} (y_i - \widehat{\beta}_0 - \widehat{\beta}_1 x_i)^2$$

minimal ist, d. h.

$$\sum_{i=1}^{n} (y_i - \widehat{\beta}_0 - \widehat{\beta}_1 x_i)^2 = \min_{\beta_0, \beta_1 \in \mathbb{R}} \sum_{i=1}^{n} (y_i - \beta_0 - \beta_1 x_i)^2 \quad (7.48)$$

gilt. Mit den Vektoren

$$\mathbf{y} := \begin{pmatrix} y_1 \\ \vdots \\ y_n \end{pmatrix}, \quad \mathbf{x} := \begin{pmatrix} x_1 \\ \vdots \\ x_n \end{pmatrix} \quad \text{und} \quad \mathbf{1} := \begin{pmatrix} 1 \\ \vdots \\ 1 \end{pmatrix}$$

sowie dem zweidimensionalen linearen Unterraum

$$U := \{\mathbf{u} \in \mathbb{R}^n : \mathbf{u} = \beta_0 \mathbf{1} + \beta_1 \mathbf{x} \text{ für } \beta_0, \beta_1 \in \mathbb{R}\}$$

lässt sich das Optimierungsproblem (7.48) auch in der Form

$$\|\mathbf{y} - \widehat{\beta}_0 \mathbf{1} - \widehat{\beta}_1 \mathbf{x}\| = \min_{\mathbf{u} \in U} \|\mathbf{y} - \mathbf{u}\|$$

schreiben. Mit Satz 7.52 folgt daher, dass $P_U(\mathbf{y}) = \widehat{\beta}_0 \mathbf{1} + \widehat{\beta}_1 \mathbf{x}$ gilt. Aus $\mathbf{y} - P_U(\mathbf{y}) \perp U$ (vgl. Definition 7.49) ergeben sich für $\widehat{\beta}_0 \mathbf{1} + \widehat{\beta}_1 \mathbf{x}$ die beiden folgenden Orthogonalitätsbedingungen:

1) $\mathbf{y} - (\widehat{\beta}_0 \mathbf{1} + \widehat{\beta}_1 \mathbf{x}) \perp \mathbf{1}$, also

$$0 = \langle \mathbf{y} - \widehat{\beta}_0 \mathbf{1} - \widehat{\beta}_1 \mathbf{x}, \mathbf{1} \rangle$$
$$= \sum_{i=1}^{n} (y_i - \widehat{\beta}_0 - \widehat{\beta}_1 x_i) \quad (7.49)$$

und damit

$$\widehat{\beta}_0 = \overline{y} - \widehat{\beta}_1 \overline{x} \quad \text{mit} \quad \overline{y} := \frac{1}{n} \sum_{i=1}^{n} y_i \quad (7.50)$$

und $\quad \overline{x} := \frac{1}{n} \sum_{i=1}^{n} x_i.$

2) $\mathbf{y} - (\widehat{\beta}_0 \mathbf{1} + \widehat{\beta}_1 \mathbf{x}) \perp \mathbf{x}$, also

$$0 = \langle \mathbf{y} - \widehat{\beta}_0 \mathbf{1} - \widehat{\beta}_1 \mathbf{x}, \mathbf{x} \rangle$$
$$= \sum_{i=1}^{n} (y_i - \widehat{\beta}_0 - \widehat{\beta}_1 x_i) x_i$$
$$= \sum_{i=1}^{n} (y_i - \widehat{\beta}_0 - \widehat{\beta}_1 x_i)(x_i - \overline{x})$$
$$= \sum_{i=1}^{n} ((y_i - \overline{y}) - \widehat{\beta}_1 (x_i - \overline{x}))(x_i - \overline{x}),$$

wobei die 2. Gleichung aus (7.49) folgt und sich die 4. Gleichung mit (7.50) ergibt. Durch eine einfache Umformung erhält man schließlich

$$\widehat{\beta}_1 = \frac{\sum_{i=1}^{n} (x_i - \overline{x})(y_i - \overline{y})}{\sum_{i=1}^{n} (x_i - \overline{x})^2}. \quad (7.51)$$

Die Werte $\widehat{\beta}_0$ und $\widehat{\beta}_1$ werden als **Kleinste-Quadrate-Schätzungen** der Parameter β_0 und β_1 bezeichnet und die Gerade $y = \widehat{\beta}_0 + \widehat{\beta}_1 x$ heißt **Regressionsgerade**.

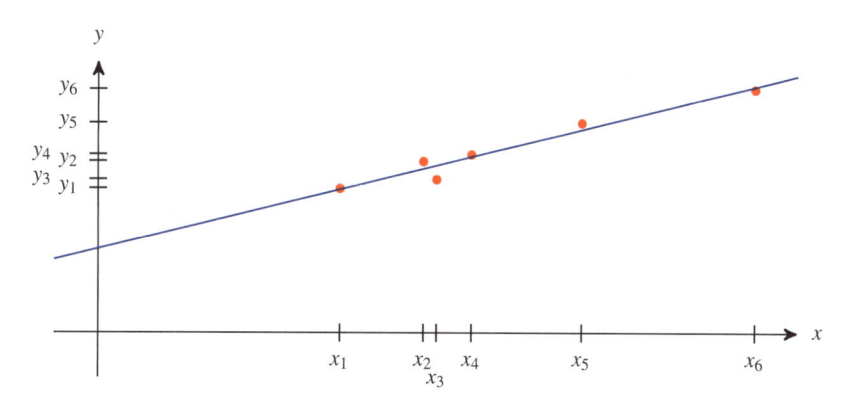

7.12 Orthogonale Komplemente und orthogonale Projektionen

Abb. 7.20: Regressionsgerade $y = 3{,}732 + 0{,}048x$ zu den Beobachtungen (x_i, y_i) für $i = 1, \ldots, 6$

Wurden z. B. für die Zielvariable y und die erklärende Variable x die Werte in der Tabelle

	1	2	3	4	5	6
y_i	6,4	7,6	6,8	7,9	9,3	10,8
x_i	55	74	77	85	110	150

beobachtet, dann erhält man mit (7.50)–(7.51) die Kleinste-Quadrate-Schätzungen $\widehat{\beta}_0 = 3{,}732$ und $\widehat{\beta}_1 = 0{,}048$ für die Parameter β_0 bzw. β_1 (vgl. Abbildung 7.20).

Kapitel 8

Lineare Abbildungen und Matrizen

8.1 Lineare Abbildungen

In diesem Abschnitt werden der Begriff der **linearen Abbildung** eingeführt und die Eigenschaften linearer Abbildungen untersucht. Bei linearen Abbildungen handelt es sich um höherdimensionale Abbildungen von $\mathbb{R}^n$ nach $\mathbb{R}^m$, die sich durch eine besonders einfache Abbildungsvorschrift auszeichnen und sehr eng mit **Matrizen** zusammenhängen (siehe Abschnitt 8.4). Lineare Abbildungen sind wie folgt definiert:

> **Definition 8.1** (Lineare Abbildung)
>
> Es seien $U \subseteq \mathbb{R}^n$ und $V \subseteq \mathbb{R}^m$ zwei lineare Unterräume. Eine Abbildung $f : U \longrightarrow V$ heißt linear, falls sie die beiden folgenden Eigenschaften besitzt:
>
> a) f ist additiv, d.h. es gilt für alle $\mathbf{x}, \mathbf{y} \in U$
> $$f(\mathbf{x} + \mathbf{y}) = f(\mathbf{x}) + f(\mathbf{y}). \qquad (8.1)$$
>
> b) f ist homogen, d.h. es gilt für alle $\mathbf{x} \in U$ und $\lambda \in \mathbb{R}$
> $$f(\lambda \mathbf{x}) = \lambda f(\mathbf{x}). \qquad (8.2)$$

Eine lineare Abbildung $f : U \longrightarrow V$ besitzt somit die Eigenschaft, dass sie die auf den beiden linearen Unterräumen U und V jeweils definierte Vektoraddition „+" und skalare Multiplikation „·" respektiert: Das Bild $f(\mathbf{x} + \mathbf{y})$ der Summe zweier Vektoren $\mathbf{x}$ und $\mathbf{y}$ aus U ist gleich der Summe $f(\mathbf{x}) + f(\mathbf{y})$ der Bilder der beiden einzelnen Vektoren $\mathbf{x}$ und $\mathbf{y}$. Analog stimmt das Bild $f(\lambda \mathbf{x})$ des skalaren Vielfachen eines Vektors $\mathbf{x}$ aus U mit dem skalaren Vielfachen $\lambda f(\mathbf{x})$ des Bildes des Vektors $\mathbf{x}$ überein. In diesem Sinne erhalten lineare Abbildungen $f : U \longrightarrow V$ die strukturellen Eigenschaften der linearen Unterräume U und V.

Im eindimensionalen Fall $m = n = 1$, d.h. von der Menge $\mathbb{R}$ der reellen Zahlen wieder nach $\mathbb{R}$, sind lineare Abbildungen bereits aus der Schule wohlbekannt. Denn dies sind gerade die reellen Funktionen der Form $f : \mathbb{R} \longrightarrow \mathbb{R}$, $x \mapsto a \cdot x$ mit $a \in \mathbb{R}$, also Funktionen, deren Graph eine Gerade ist, welche durch den Ursprung $(0, 0)$ verläuft. Dagegen sind reelle Funktionen der Bauart $f : \mathbb{R} \longrightarrow \mathbb{R}$, $x \mapsto a \cdot x + b$ mit $b \neq 0$, also Funktionen, deren Graph eine Gerade ist, die nicht durch den Ursprung $(0, 0)$ verläuft, keine linearen Abbildungen. Sie werden deshalb als **affin-linear** bezeichnet.

Die beiden Gleichungen (8.1)–(8.2) lassen sich zu der Gleichung
$$f(\lambda \mathbf{x} + \mu \mathbf{y}) = \lambda f(\mathbf{x}) + \mu f(\mathbf{y})$$
zusammenfassen, wobei $\mathbf{x}, \mathbf{y} \in U$ und $\lambda, \mu \in \mathbb{R}$ gilt. Durch vollständige Induktion kann man leicht zeigen, dass sich diese Eigenschaft zu
$$f\left(\sum_{i=1}^{k} \lambda_i \mathbf{x}_i\right) = \sum_{i=1}^{k} \lambda_i f(\mathbf{x}_i)$$
für alle $\mathbf{x}_1, \ldots, \mathbf{x}_k \in U$ und $\lambda_1, \ldots, \lambda_k \in \mathbb{R}$ verallgemeinern lässt. Eine weitere elementare Eigenschaft einer linearen Abbildung $f : U \longrightarrow V$ ist, dass der Nullvektor aus U stets auf den Nullvektor in V abgebildet wird, d.h.
$$f(\mathbf{0}) = \mathbf{0} \qquad (8.3)$$
gilt. Dies folgt aus (8.2) durch Einsetzen von $\lambda = 0$. Dabei wird, wie allgemein üblich, für den Nullvektor in $\mathbb{R}^n$ und den Nullvektor in $\mathbb{R}^m$ dieselbe Bezeichnung gewählt.

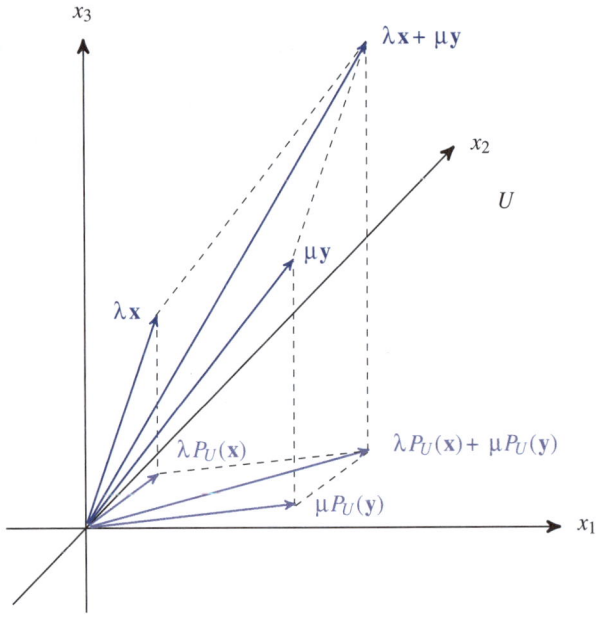

Abb. 8.1: Linearität der orthogonalen Projektion $P_U : \mathbb{R}^3 \longrightarrow U$

> **Beispiel 8.2** (Lineare Abbildungen)
>
> a) Es sei $\mathbf{x} \in \mathbb{R}^m$ ein beliebiger Vektor. Dann ist die Abbildung
> $$f : \mathbb{R} \longrightarrow \mathbb{R}^m, \ r \mapsto r\mathbf{x}$$
> linear. Denn es gilt für alle $r, s \in \mathbb{R}$ und $\lambda, \mu \in \mathbb{R}$
> $$f(\lambda r + \mu s) = (\lambda r + \mu s)\mathbf{x}$$
> $$= \lambda r \mathbf{x} + \mu s \mathbf{x} = \lambda f(r) + \mu f(s).$$

Im Fall $m = 1$ erhält man Funktionen, deren Graph in der zweidimensionalen euklidischen Ebene $\mathbb{R}^2$ eine Gerade durch den Ursprung $(0, 0)$ ist. Im Allgemeinen beschreibt die Funktion f eine Gerade durch den Ursprung im n-dimensionalen euklidischen Raum.

b) Die Summenbildung
$$f: \mathbb{R}^n \longrightarrow \mathbb{R}, \quad \mathbf{x} \mapsto \sum_{i=1}^{n} x_i$$
ist eine lineare Abbildung. Denn es gilt
$$f(\lambda \mathbf{x} + \mu \mathbf{y}) = \sum_{i=1}^{n}(\lambda x_i + \mu y_i) = \lambda \sum_{i=1}^{n} x_i + \mu \sum_{i=1}^{n} y_i$$
$$= \lambda f(\mathbf{x}) + \mu f(\mathbf{y})$$
für alle $\mathbf{x}, \mathbf{y} \in \mathbb{R}^n$ und $\lambda, \mu \in \mathbb{R}$.

c) Die Abbildung
$$f: \mathbb{R}^2 \longrightarrow \mathbb{R}^3, \quad \mathbf{x} \mapsto \begin{pmatrix} ax_1 + bx_2 \\ cx_1 + dx_2 \\ ex_1 + fx_2 \end{pmatrix}$$
ist für beliebige $a, b, c, d, e, f \in \mathbb{R}$ eine lineare Abbildung. Denn es gilt für alle $\mathbf{x}, \mathbf{y} \in \mathbb{R}^2$ und $\lambda, \mu \in \mathbb{R}$
$$f(\lambda \mathbf{x} + \mu \mathbf{y}) = \begin{pmatrix} a(\lambda x_1 + \mu y_1) + b(\lambda x_2 + \mu y_2) \\ c(\lambda x_1 + \mu y_1) + d(\lambda x_2 + \mu y_2) \\ e(\lambda x_1 + \mu y_1) + f(\lambda x_2 + \mu y_2) \end{pmatrix}$$
$$= \lambda \begin{pmatrix} ax_1 + bx_2 \\ cx_1 + dx_2 \\ ex_1 + fx_2 \end{pmatrix} + \mu \begin{pmatrix} ay_1 + by_2 \\ cy_1 + dy_2 \\ ey_1 + fy_2 \end{pmatrix}$$
$$= \lambda f(\mathbf{x}) + \mu f(\mathbf{y}).$$

d) Die orthogonale Projektion
$$P_U : \mathbb{R}^n \longrightarrow U, \quad \mathbf{x} \mapsto P_U(\mathbf{x})$$
auf den linearen Unterraum $U \subseteq \mathbb{R}^n$ ist eine lineare Abbildung. Denn ist $\{\mathbf{a}_1, \ldots, \mathbf{a}_m\}$ eine Orthonormalbasis von U, dann folgt mit Satz 7.50 und den Eigenschaften des euklidischen Skalarprodukts (vgl. Satz 7.8 d) und e))
$$P_U(\lambda \mathbf{x} + \mu \mathbf{y}) = \sum_{i=1}^{m} \langle \lambda \mathbf{x} + \mu \mathbf{y}, \mathbf{a}_i \rangle \mathbf{a}_i$$
$$= \lambda \sum_{i=1}^{m} \langle \mathbf{x}, \mathbf{a}_i \rangle \mathbf{a}_i + \mu \sum_{i=1}^{m} \langle \mathbf{y}, \mathbf{a}_i \rangle \mathbf{a}_i$$
$$= \lambda P_U(\mathbf{x}) + \mu P_U(\mathbf{y})$$
für alle $\mathbf{x}, \mathbf{y} \in \mathbb{R}^n$ und $\lambda, \mu \in \mathbb{R}$ (vgl. Abbildung 8.1).

e) Analog zu a)-d) zeigt man, dass auch die beiden Abbildungen
$$f_1 : \mathbb{R}^2 \longrightarrow \mathbb{R}^2, \quad \mathbf{x} \mapsto (x_2, x_1)^T \quad \text{und}$$
$$f_2 : \mathbb{R}^2 \longrightarrow \mathbb{R}^2, \quad \mathbf{x} \mapsto (-x_2, x_1)^T$$
linear sind. Geometrisch veranschaulicht ordnet die lineare Abbildung f_1 jedem Vektor $\mathbf{x} = (x_1, x_2)^T$ sein Spiegelbild an der Winkelhalbierenden $x_2 = x_1$ zu, während die Abbildung f_2 jeden Vektor $\mathbf{x}$ um den Winkel $90°$ gegen den Uhrzeigersinn dreht (vgl. Abbildung 8.2).

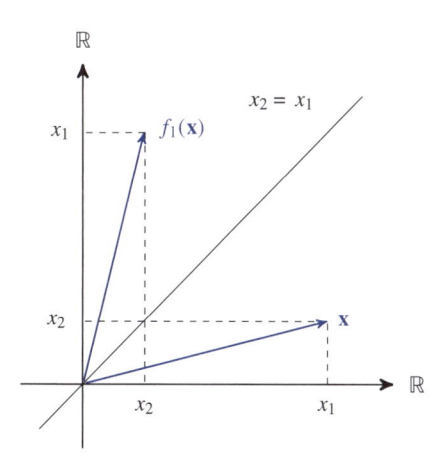

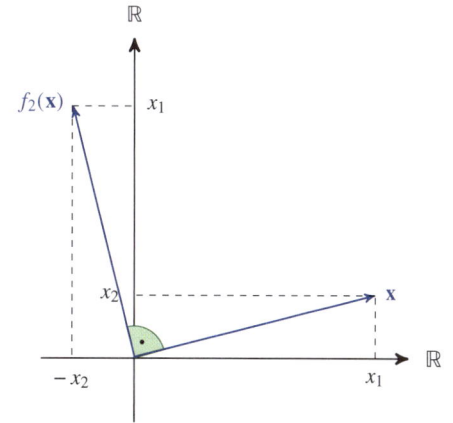

Abb. 8.2: Spiegelung an der Winkelhalbierenden (links) und Drehung um $90°$ (rechts) als lineare Abbildungen

Kern und Bild einer linearen Abbildung

Von zentraler Bedeutung für die Untersuchung der Eigenschaften einer linearen Abbildung $f: U \longrightarrow V$ sind die Menge der Elemente von U, die von f auf den Nullvektor $\mathbf{0} \in V$ abgebildet werden, und die Teilmenge von V, die aus allen Bildern von f besteht.

Dies motiviert die folgenden Bezeichnungen und Schreibweisen:

> **Definition 8.3** (Kern und Bild einer linearen Abbildung)
>
> *Es sei $f: U \longrightarrow V$ eine lineare Abbildung. Dann gilt:*
> a) *Die Menge* $\mathrm{Kern}(f) := \{\mathbf{x} \in U : f(\mathbf{x}) = \mathbf{0}\}$ *heißt Kern von f.*
> b) *Die Menge* $\mathrm{Bild}(f) := \{\mathbf{y} \in V : \text{es gibt ein } \mathbf{x} \text{ mit } \mathbf{y} = f(\mathbf{x})\}$ *heißt Bild von f.*

In der Notation von Definition 6.24 bedeutet dies

$$\mathrm{Kern}(f) = f^{-1}(\{\mathbf{0}\}) \quad \text{und} \quad \mathrm{Bild}(f) = f(U).$$

Aus (8.3) folgt, dass stets $\mathbf{0} \in \mathrm{Kern}(f)$, also

$$\mathrm{Kern}(f) \neq \emptyset \tag{8.4}$$

gilt. Die Linearität einer Abbildung $f: U \longrightarrow V$ zwischen zwei linearen Unterräumen U und V hat zur Folge, dass auch der Kern und das Bild von f lineare Unterräume sind:

> **Satz 8.4** (Kern und Bild sind lineare Unterräume)
>
> *Es sei $f: U \longrightarrow V$ eine lineare Abbildung. Dann ist $\mathrm{Kern}(f)$ ein linearer Unterraum von $U \subseteq \mathbb{R}^n$ und $\mathrm{Bild}(f)$ ist ein linearer Unterraum von $V \subseteq \mathbb{R}^m$.*

Beweis: Zu $\mathrm{Kern}(f)$: Es seien $\mathbf{x}, \mathbf{y} \in \mathrm{Kern}(f)$ und $\lambda, \mu \in \mathbb{R}$ beliebig gewählt. Dann folgt mit der Linearität von f

$$f(\lambda \mathbf{x} + \mu \mathbf{y}) = \lambda f(\mathbf{x}) + \mu f(\mathbf{y}) = \mathbf{0}.$$

Das heißt, es gilt $\lambda \mathbf{x} + \mu \mathbf{y} \in \mathrm{Kern}(f)$ und der Kern von f ist somit ein linearer Unterraum von $U \subseteq \mathbb{R}^n$.

Zu $\mathrm{Bild}(f)$: Es seien $\mathbf{y}_1, \mathbf{y}_2 \in \mathrm{Bild}(f)$ und $\lambda, \mu \in \mathbb{R}$ beliebig gewählt. Dann gibt es zwei Vektoren $\mathbf{x}_1, \mathbf{x}_2 \in U$ mit $f(\mathbf{x}_1) = \mathbf{y}_1$ bzw. $f(\mathbf{x}_2) = \mathbf{y}_2$ und mit der Linearität von f folgt

$$\lambda \mathbf{y}_1 + \mu \mathbf{y}_2 = \lambda f(\mathbf{x}_1) + \mu f(\mathbf{x}_2) = f(\lambda \mathbf{x}_1 + \mu \mathbf{x}_2).$$

Es gilt somit $\lambda \mathbf{y}_1 + \mu \mathbf{y}_2 \in \mathrm{Bild}(f)$ und das Bild von f ist daher ein linearer Unterraum von $V \subseteq \mathbb{R}^m$. ∎

Aus Satz 8.4 erhält man für die Injektivität und den Kern einer linearen Abbildung den folgenden Zusammenhang:

> **Folgerung 8.5** (Injektivität und Kern)
>
> *Eine lineare Abbildung $f: U \longrightarrow V$ ist genau dann injektiv, wenn $\mathrm{Kern}(f) = \{\mathbf{0}\}$ gilt.*

Beweis: Ist die lineare Abbildung f injektiv, dann ist $\mathbf{x} = \mathbf{0}$ das einzige Element aus U mit $f(\mathbf{x}) = \mathbf{0}$. Das heißt, es gilt $\mathrm{Kern}(f) = \{\mathbf{0}\}$.

Gilt umgekehrt $\mathrm{Kern}(f) = \{\mathbf{0}\}$ und sind $\mathbf{x}, \mathbf{y} \in U$ zwei Vektoren mit $f(\mathbf{x}) = f(\mathbf{y})$, dann folgt $f(\mathbf{x} - \mathbf{y}) = \mathbf{0}$, also $\mathbf{x} - \mathbf{y} = \mathbf{0}$ bzw. $\mathbf{x} = \mathbf{y}$. Die lineare Abbildung f ist somit injektiv. ∎

Gemäß der Folgerung 8.5 genügt es bei der Untersuchung auf Injektivität einer linearen Abbildung $f: U \longrightarrow V$ zu überprüfen, ob ausschließlich der Nullvektor $\mathbf{0} \in U$ auf den Nullvektor $\mathbf{0} \in V$ abgebildet wird.

> **Beispiel 8.6** (Kern und Bild einer linearen Abbildung)
>
> a) Für die lineare Abbildung $f: \mathbb{R} \longrightarrow \mathbb{R}^m$, $r \mapsto r\mathbf{x}$ mit $\mathbf{x} \in \mathbb{R}^m$ (vgl. Beispiel 8.2a)) gilt
>
> $$\mathrm{Kern}(f) = \begin{cases} \{0\} & \text{falls } \mathbf{x} \neq \mathbf{0} \\ \mathbb{R} & \text{falls } \mathbf{x} = \mathbf{0} \end{cases}.$$
>
> Die Abbildung f ist somit genau dann injektiv, d. h. $\mathrm{Kern}(f) = \{0\}$, wenn $\mathbf{x} \neq \mathbf{0}$ gilt.
>
> b) Es sei U ein linearer Unterraum von $\mathbb{R}^n$ mit der Orthonormalbasis $\{\mathbf{a}_1, \ldots, \mathbf{a}_m\}$ und $P_U: \mathbb{R}^n \longrightarrow U$, $\mathbf{x} \mapsto P_U(\mathbf{x})$ sei die orthogonale Projektion auf U. Für die lineare Abbildung P_U (vgl. Beispiel 8.2d)) erhält man mit (7.45)
>
> $$P_U(\mathbf{x}) = \mathbf{0} \iff \langle \mathbf{x}, \mathbf{a}_i \rangle = 0 \quad \text{für alle } i = 1, \ldots, m.$$
>
> Das heißt, es gilt $P_U(\mathbf{x}) = \mathbf{0}$ genau dann, wenn $\mathbf{x} \in U^\perp$ erfüllt ist. Folglich ist $\mathrm{Kern}(P_U) = U^\perp$ und das Bild von P_U ist gegeben durch $\mathrm{Bild}(P_U) = U$. Die orthogonale Projektion P_U ist genau dann sowohl injektiv als auch surjektiv, kurz bijektiv, wenn $U = \mathbb{R}^n$ gilt.
>
> c) Für die beiden linearen Abbildungen $f_1: \mathbb{R}^2 \longrightarrow \mathbb{R}^2$, $\mathbf{x} \mapsto (x_2, x_1)^T$ und $f_2: \mathbb{R}^2 \longrightarrow \mathbb{R}^2$, $\mathbf{x} \mapsto (-x_2, x_1)^T$

aus Beispiel 8.2c) gilt offensichtlich Kern(f_1) = Kern(f_2) = {**0**} und Bild(f_1) = Bild(f_2) = $\mathbb{R}^2$. Sie sind somit sowohl injektiv als auch surjektiv, also bijektiv.

Dimensionsformel

Der folgende Satz ist eines der wichtigsten Resultate im Zusammenhang mit linearen Abbildungen. Er besagt, dass eine lineare Abbildung $f: U \longrightarrow V$ den linearen Unterraum stets derart aufteilt, dass die Dimension des Kerns von f plus der Dimension des Bildes von f gleich der Dimension des linearen Unterraums U ist.

Satz 8.7 (Dimensionsformel)

Für den Kern und das Bild einer linearen Abbildung $f: U \longrightarrow V$ gilt

$$\dim(\text{Kern}(f)) + \dim(\text{Bild}(f)) = \dim(U). \quad (8.5)$$

Beweis: Es sei $p := \dim(\text{Kern}(f))$ und $q := \dim(\text{Bild}(f))$.

Fall $q = 0$: Dann gilt Bild(f) = {**0**}, woraus Kern(f) = U und damit insbesondere die Behauptung (8.5) folgt.

Fall $q \geq 1$: Die Vektoren $\mathbf{a}_1, \ldots, \mathbf{a}_q \in U$ seien so gewählt, dass $\{f(\mathbf{a}_1), \ldots, f(\mathbf{a}_q)\} \subseteq V$ eine Basis von Bild(f) ist. Für $p \geq 1$ sei $B := \{\mathbf{b}_1, \ldots, \mathbf{b}_p\} \subseteq U$ eine Basis von Kern(f) und im Falle von $p = 0$ gelte $B := \emptyset$. Es wird nun gezeigt, dass die Menge $M := \{\mathbf{a}_1, \ldots, \mathbf{a}_q\} \cup B$ eine Basis von U ist. Damit ist dann $p + q = \dim(U)$, also die Behauptung (8.5), nachgewiesen.

M ist linear unabhängig: Es seien $\lambda_1, \ldots, \lambda_q, \mu_1, \ldots, \mu_p$ reelle Zahlen mit der Eigenschaft

$$\sum_{i=1}^{q} \lambda_i \mathbf{a}_i + \sum_{j=1}^{p} \mu_j \mathbf{b}_j = \mathbf{0}. \quad (8.6)$$

Wegen $f(\mathbf{b}_j) = \mathbf{0}$ für $j = 1, \ldots, p$ folgt durch Anwendung von f auf beiden Seiten der Gleichung (8.6)

$$\sum_{i=1}^{q} \lambda_i f(\mathbf{a}_i) = \mathbf{0}. \quad (8.7)$$

Da jedoch die Menge $\{f(\mathbf{a}_1), \ldots, f(\mathbf{a}_q)\}$ nach Voraussetzung linear unabhängig ist, folgt aus (8.7) $\lambda_1 = \ldots = \lambda_q = 0$. Eingesetzt in (8.6) liefert dies

$$\sum_{j=1}^{p} \mu_j \mathbf{b}_j = \mathbf{0}$$

und zusammen mit der linearen Unabhängigkeit von $\{\mathbf{b}_1, \ldots, \mathbf{b}_p\}$ folgt daraus $\mu_1 = \ldots = \mu_p = 0$. Das heißt, der Nullvektor lässt sich nur auf triviale Weise als Linearkombination von Vektoren aus M darstellen. Die Menge M ist folglich linear unabhängig.

M ist ein Erzeugendensystem von U: Es sei $\mathbf{x} \in U$ beliebig gewählt. Da $\{f(\mathbf{a}_1), \ldots, f(\mathbf{a}_q)\}$ nach Voraussetzung eine Basis von Bild(f) ist, gibt es reelle Zahlen $\alpha_1, \ldots, \alpha_q$ mit der Eigenschaft

$$f(\mathbf{x}) = \sum_{i=1}^{q} \alpha_i f(\mathbf{a}_i) \quad \text{bzw.} \quad f\left(\mathbf{x} - \sum_{i=1}^{q} \alpha_i \mathbf{a}_i\right) = \mathbf{0}.$$

Folglich gilt

$$\mathbf{x} - \sum_{i=1}^{q} \alpha_i \mathbf{a}_i \in \text{Kern}(f)$$

und es gibt somit reelle Zahlen $\beta_1, \ldots, \beta_p$ mit

$$\mathbf{x} - \sum_{i=1}^{q} \alpha_i \mathbf{a}_i = \sum_{j=1}^{p} \beta_j \mathbf{b}_j \quad \text{bzw.} \quad \mathbf{x} = \sum_{i=1}^{q} \alpha_i \mathbf{a}_i + \sum_{j=1}^{p} \beta_j \mathbf{b}_j.$$

Daraus folgt $\mathbf{x} \in \text{Lin}(M)$. Die Menge M ist somit ein linear unabhängiges Erzeugendensystem und damit insbesondere eine Basis von U. ∎

Mit Satz 8.7 erhält man, dass bei einer linearen Abbildung $f: U \longrightarrow V$ die Dimension des Bildes von f nicht die Dimension der linearen Unterräume U und V übersteigt. Das heißt, es gilt stets

$$\dim(\text{Bild}(f)) \leq \min\{\dim(U), \dim(V)\}. \quad (8.8)$$

Denn aus 8.5 folgt $\dim(\text{Bild}(f)) \leq \dim(U)$ und Bild(f) $\subseteq V$ (vgl. Definition 8.3b) impliziert $\dim(\text{Bild}(f)) \leq \dim(V)$. Insgesamt gilt somit (8.8).

Mit Hilfe der Folgerung 8.5 und dem Satz 8.7 lässt sich auch leicht die Gültigkeit des nächsten Resultats nachweisen. Es besagt u. a., dass eine lineare Abbildung $f: U \longrightarrow V$, bei welcher der Definitionsbereich U und der Bildbereich V dieselbe Dimension besitzen, genau dann injektiv ist, wenn sie surjektiv ist.

Folgerung 8.8 (Injektivität und Surjektivität bei einer linearen Abbildung)

Es sei $f : U \longrightarrow V$ eine lineare Abbildung. Dann gilt:

a) *f ist genau dann injektiv, wenn $\dim(\mathrm{Kern}(f)) = 0$.*

b) *f ist genau dann surjektiv, wenn $\dim(\mathrm{Bild}(f)) = \dim(V)$.*

c) *Im Falle von $\dim(U) = \dim(V)$ ist f genau dann injektiv, wenn f surjektiv ist.*

Beweis: Zu a): Folgt unmittelbar aus Folgerung 8.5.

Zu b): Die lineare Abbildung f ist genau dann surjektiv, wenn $\mathrm{Bild}(f) = V$ gilt. Da gemäß Definition 8.3b) $\mathrm{Bild}(f) \subseteq V$ gilt, ist dies genau dann der Fall, wenn $\dim(\mathrm{Bild}(f)) = \dim(V)$ gilt.

Zu c): Gemäß Aussage a) ist die Injektivität von f äquivalent zu $\dim(\mathrm{Kern}(f)) = 0$. Zusammen mit Satz 8.7 und der Voraussetzung $\dim(U) = \dim(V)$ impliziert dies $\dim(\mathrm{Bild}(f)) = \dim(V)$. Wegen $\mathrm{Bild}(f) \subseteq V$ folgt daraus $\mathrm{Bild}(f) = V$, d. h. die Surjektivität von f. ∎

8.2 Matrizen

Die Bezeichnung **Matrix** wurde 1850 von dem englischen Mathematiker *James Joseph Sylvester* (1814–1897) eingeführt. Bei Matrizen handelt es sich um ein fundamentales Hilfsmittel der linearen Algebra. In Abschnitt 8.4 wird sich zeigen, dass zwischen Matrizen, linearen Abbildungen und linearen Gleichungssystemen eine sehr enge Beziehung besteht. Dieser Zusammenhang ermöglicht es zum einen mit linearen Abbildungen auf einfache und elegante Weise zu „rechnen" und zum anderen lineare Gleichungssysteme mit Hilfe von Matrizen in einer übersichtlichen Form darzustellen und zu lösen.

J. J. Sylvester

Wie die folgende Definition zeigt, ist eine **Matrix** im Wesentlichen nichts anderes als eine rechteckige Anordnung von reellen Zahlen:

Definition 8.9 (Matrix)

Eine zweidimensionale, rechteckige Anordnung reeller Zahlen $a_{ij} \in \mathbb{R}$ mit $i = 1, \ldots, m$ und $j = 1, \ldots, n$ bestehend aus m Zeilen und n Spalten der Form

$$\mathbf{A} := \begin{pmatrix} a_{11} & a_{12} & \cdots & a_{1j} & \cdots & a_{1n} \\ a_{21} & a_{22} & \cdots & a_{2j} & \cdots & a_{2n} \\ \vdots & \vdots & & \vdots & & \vdots \\ a_{i1} & a_{i2} & \cdots & a_{ij} & \cdots & a_{in} \\ \vdots & \vdots & & \vdots & & \vdots \\ a_{m1} & a_{m2} & \cdots & a_{mj} & \cdots & a_{mn} \end{pmatrix} \quad (8.9)$$

heißt (reelle) $m \times n$-Matrix, Matrix der Ordnung $m \times n$ oder auch Matrix der Dimension $m \times n$. Die $m \cdot n$ Zahlen a_{ij} werden als Einträge, Elemente oder auch Komponenten der Matrix $\mathbf{A}$ bezeichnet. Genauer ist durch a_{ij} der Eintrag in der i-ten Zeile und j-ten Spalte von $\mathbf{A}$ gegeben, wobei die Werte i und j Zeilen- bzw. Spaltenindex von $\mathbf{A}$ genannt werden. Besitzt die Matrix $\mathbf{A}$ genauso viele Zeilen wie Spalten, d. h. gilt $m = n$, dann heißt $\mathbf{A}$ quadratisch. Anstelle von (8.9) wird für eine $m \times n$-Matrix oft auch die Kurzschreibweise $\mathbf{A} = (a_{ij})_{m,n}$ verwendet. Die Menge aller $m \times n$-Matrizen wird mit $M(m, n)$ bezeichnet.

In dieser Definition wird gefordert, dass die Einträge a_{ij} einer Matrix reelle Zahlen sind. Sie trägt damit der Tatsache Rechnung, dass Matrizen in den meisten wirtschaftswissenschaftlichen Anwendungen ausschließlich reelle Einträge besitzen. Für Matrizen können jedoch problemlos und ohne Änderungen auch komplexe Einträge zugelassen werden.

Matrizen werden üblicherweise mit lateinischen Großbuchstaben bezeichnet. Häufig erfolgt die Angabe der lateinischen Großbuchstaben – wie in diesem Lehrbuch – in Fettdruck. In manchen Fällen werden in (8.9) anstelle von runden Klammern auch eckige Klammern verwendet. Die m Zeilen

$$(a_{i1}, a_{i2}, \ldots, a_{in}) := \begin{pmatrix} a_{i1} & a_{i2} & \ldots & a_{in} \end{pmatrix}$$

für $i = 1, \ldots, m$ heißen (n-dimensionale) **Zeilenvektoren** der Matrix $\mathbf{A}$ und die n Spalten

$$\begin{pmatrix} a_{1j} \\ a_{2j} \\ \vdots \\ a_{mj} \end{pmatrix}$$

für $j = 1,\ldots,n$ werden als (m-dimensionale) **Spaltenvektoren** von **A** bezeichnet. Die Menge $M(m, 1)$ besteht aus allen m-dimensionalen Spaltenvektoren und die Menge $M(1, n)$ aus allen n-dimensionalen Zeilenvektoren. Es gilt also $M(m, 1) = \mathbb{R}^m$. Insbesondere entspricht der Spezialfall $m = 1$, d. h. die Menge $M(1, 1)$, der Menge $\mathbb{R}$ der reellen Zahlen. Eine 1×1 Matrix $\mathbf{A} = (a)$ korrespondiert somit mit der reellen Zahl a, weshalb im Falle der Betrachtung von 1×1-Matrizen auf die beiden Matrixklammern verzichtet wird.

Für einige Betrachtungen sind bei einer $m \times n$-Matrix $\mathbf{A} = (a_{ij})_{m,n}$ die speziellen Einträge a_{ii} mit $i = 1,\ldots,\min\{m, n\}$ von Interesse. Zusammen bilden sie die sogenannte **Hauptdiagonale** der Matrix **A**:

$$\mathbf{A} = (a_{ij})_{m,n} = \begin{pmatrix} a_{11} & a_{12} & \cdots & a_{1m} & \cdots & a_{1n} \\ a_{21} & a_{22} & \cdots & a_{2m} & \cdots & a_{2n} \\ \vdots & \vdots & \ddots & \vdots & & \vdots \\ a_{m1} & a_{m2} & \cdots & a_{mm} & \cdots & a_{mn} \end{pmatrix}$$

Matrizen treten in den verschiedensten wirtschaftswissenschaftlichen Anwendungen auf:

Beispiel 8.10 (Matrizen in den Wirtschaftswissenschaften)

a) Betrachtet wird eine Unternehmung, die mit Hilfe von m Produktionsfaktoren $F_1,\ldots,F_m$ die n verschiedenen Produkte $P_1,\ldots,P_n$ herstellt.

Zur Herstellung einer Mengeneinheit des Produktes P_j werden a_{ij} Mengeneinheiten des Produktionsfaktors F_i benötigt:

| Produktions- | Produkte | | | |
faktoren	P_1	P_2	$\ldots$	P_n
F_1	a_{11}	a_{12}	$\ldots$	a_{1n}
F_2	a_{21}	a_{22}	$\ldots$	a_{2n}
$\vdots$	$\vdots$	$\vdots$	$\ddots$	$\vdots$
F_m	a_{m1}	a_{m2}	$\ldots$	a_{mn}

Werden die Produktionskoeffizienten a_{ij} für $i = 1,\ldots,m$ und $j = 1,\ldots,n$ zu einer $m \times n$-Matrix zusammengefasst, dann erhält man die **Direktbedarfsmatrix**

$$\mathbf{A} = (a_{ij})_{m,n} = \begin{pmatrix} a_{11} & a_{12} & \cdots & a_{1n} \\ a_{21} & a_{22} & \cdots & a_{2n} \\ \vdots & \vdots & \ddots & \vdots \\ a_{m1} & a_{m2} & \cdots & a_{mn} \end{pmatrix}.$$

Zum Beispiel gehört die 3×2-Direktbedarfsmatrix

$$\mathbf{A} = (a_{ij})_{3,2} = \begin{pmatrix} 2 & 1 \\ 0 & 3 \\ 5 & 4 \end{pmatrix}$$

zu einem Unternehmen, das aus drei Produktionsfaktoren F_1, F_2 und F_3 zwei Produkte P_1 und P_2 herstellt. Hierbei werden für die Produktion des ersten Produkts 2 Einheiten von F_1, 0 Einheiten von F_2 und 5 Einheiten von F_3 benötigt.

b) Wird eine Volkswirtschaft in n verschiedene Sektoren $S_1,\ldots,S_n$, wie z. B. Handel, Bau, Holzverarbeitung, Maschinenbau, Geldwirtschaft usw., eingeteilt, dann kann mit x_{ij} der Gesamtwert aller Lieferungen des Sektors S_i in den Sektor S_j innerhalb einer vorgegebenen Bilanzperiode beschrieben werden. Die für den Endverbrauch vorgesehene Produktion des Sektors S_i sei mit e_i für $i = 1,\ldots,n$ bezeichnet. Der Endverbrauch kann als $(n+1)$-ter Sektor EV aufgefasst werden, der jedoch im Gegensatz zu den anderen n Sektoren nur Lieferungen empfängt und keine Lieferungen tätigt:

| Gesamtwert | Sektoren | | | | |
Lieferungen	S_1	S_2	$\ldots$	S_n	EV
S_1	x_{11}	x_{12}	$\ldots$	x_{1n}	e_1
S_2	x_{21}	x_{22}	$\ldots$	x_{2n}	e_2
$\vdots$	$\vdots$	$\vdots$	$\ddots$	$\vdots$	$\vdots$
S_n	x_{n1}	x_{n2}	$\ldots$	x_{nn}	e_n

Die Koeffizienten $v_{ij} := \frac{x_{ij}}{x_i}$ mit $x_i := \sum_{j=1}^{n} x_{ij} + e_i$ für $i, j = 1,\ldots,n$ heißen **Input-Output-Koeffizienten** und geben den Anteil an, der von Sektor S_i an den Sektor S_j geliefert wird, damit S_j eine Einheit produzieren kann. Die Input-Output-Koeffizienten werden oft zu einer (quadratischen) $n \times n$-Matrix

$$\mathbf{V} = (v_{ij})_{n,n} = \begin{pmatrix} v_{11} & v_{12} & \cdots & v_{1n} \\ v_{21} & v_{22} & \cdots & v_{2n} \\ \vdots & \vdots & \ddots & \vdots \\ v_{n1} & v_{n2} & \cdots & v_{nn} \end{pmatrix}$$

zusammengefasst, die als **Verflechtungsmatrix** bezeichnet wird. In analoger Weise kann man auch die Außenwirtschaftsbeziehungen zwischen n Ländern in einer $n \times n$-Matrix darstellen.

Die Verflechtungsmatrix wird z. B. für sogenannte **Input-Output-Analysen** benötigt, die im Wesentlichen von dem russischen Wirtschaftswissenschaftler und Wirtschaftsnobelpreisträger *Wassily Leontief* (1905–1999) entwickelt wurde (siehe Beispiel 8.48). Sie hat die Untersuchung aller denkbaren Input-Output-Beziehungen der verschiedenen Sektoren einer Volkswirtschaft zum Gegenstand, indem die direkten und indirekten Beziehungen zwischen dem Einsatz von Produktionsfaktoren (Input) und den damit produzierten Gütern (Output) analysiert und systematisiert werden. Dieser volkswirtschaftliche Ansatz lässt sich jedoch auch auf betriebswirtschaftliche Analysen übertragen.

W. Leontief

c) Wird ein Handlungsreisender betrachtet, der an einem bestimmten Tag Kunden an n verschiedenen Orten $O_1, \ldots, O_n$ aufsuchen möchte, dann kann mit a_{ij} die Entfernung zwischen den zwei Orten O_i und O_j angegeben werden. Die (quadratische) $n \times n$-Matrix $\mathbf{A} = (a_{ij})_{n,n}$ aller Entfernungen a_{ij} heißt **Entfernungsmatrix**. Da es für die Entfernung zwischen zwei Orten O_i und O_j keine Rolle spielt, in welcher Reihenfolge sie besucht werden, gilt für eine Entfernungsmatrix stets $a_{ij} = a_{ji}$ für alle $i, j = 1, \ldots, n$. Ferner beträgt die Entfernung von einem Ort O_i zu sich selbst 0 und damit gilt $a_{ii} = 0$ für alle $i = 1, \ldots, n$. Das heißt, eine $n \times n$-Entfernungsmatrix ist stets von der Form

$$\mathbf{A} = \begin{pmatrix} 0 & a_{12} & \cdots & \cdots & a_{1n} \\ a_{12} & 0 & \cdots & \cdots & a_{2n} \\ \vdots & \vdots & \ddots & & \vdots \\ \vdots & \vdots & & \ddots & a_{n-1\,n} \\ a_{1n} & a_{2n} & \cdots & a_{n-1\,n} & 0 \end{pmatrix}.$$

Zum Beispiel gehört die 4×4-Matrix

$$\mathbf{A} = (a_{ij})_{4,4} = \begin{pmatrix} 0 & 302 & 187 & 277 \\ 302 & 0 & 36 & 214 \\ 187 & 36 & 0 & 96 \\ 277 & 214 & 96 & 0 \end{pmatrix}$$

zu einem Handlungsreisenden, der Kunden an vier verschiedenen Orten O_1, O_2, O_3 und O_4 aufsuchen möchte. So beträgt die Entfernung zwischen den Orten O_3 und O_1 187 km und zwischen den Orten O_3 und O_2 36 km.

Transponierte Matrizen

Viele Eigenschaften von Matrizen lassen sich mit Hilfe von **transponierten Matrizen** einfacher formulieren.

> **Definition 8.11** (Transponierte Matrix)
>
> *Die zu einer $m \times n$-Matrix $\mathbf{A} = (a_{ij})_{m,n}$ transponierte Matrix ist die durch*
>
> $$a'_{ji} := a_{ij} \quad \text{für } i = 1, \ldots, m \text{ und } j = 1, \ldots, n$$
>
> *definierte $n \times m$-Matrix $\mathbf{A}^T = (a'_{ji})_{n,m}$. Die Matrix $\mathbf{A}^T$ wird auch kurz als Transponierte von $\mathbf{A}$ bezeichnet.*

Der Übergang von einer Matrix zu ihrer Transponierten heißt **Transponieren** oder **Transposition**. Anschaulich gesprochen entsteht die transponierte Matrix $\mathbf{A}^T$ durch Spiegelung der Einträge a_{ij} der Matrix $\mathbf{A} = (a_{ij})_{m,n}$ an der Hauptdiagonalen $a_{11}, a_{22}, \ldots, a_{mm}$ von $\mathbf{A}$. Die i-te Spalte von $\mathbf{A}$ entspricht somit der i-ten Zeile von $\mathbf{A}^T$ und die j-te Zeile von $\mathbf{A}$ korrespondiert mit der j-ten Spalte von $\mathbf{A}^T$. Das heißt, dass aus einer $m \times n$-Matrix eine $n \times m$-Matrix wird (vgl. Abbildung 8.3).

Insbesondere gilt, dass die Transposition einer $m \times 1$-Matrix (d. h. eines m-dimensionalen Spaltenvektors) eine $1 \times m$-Matrix (d. h. einen m-dimensionalen Zeilenvektor) liefert.

Die Transponierte der Matrix $\mathbf{A}^T$ ist wieder gleich $\mathbf{A}$, d. h. es gilt stets $(\mathbf{A}^T)^T = \mathbf{A}$.

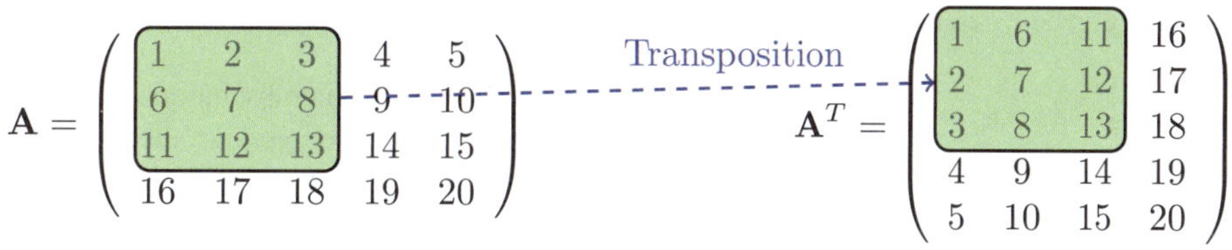

$$\mathbf{A} = \begin{pmatrix} 1 & 2 & 3 & 4 & 5 \\ 6 & 7 & 8 & 9 & 10 \\ 11 & 12 & 13 & 14 & 15 \\ 16 & 17 & 18 & 19 & 20 \end{pmatrix} \xrightarrow{\text{Transposition}} \mathbf{A}^T = \begin{pmatrix} 1 & 6 & 11 & 16 \\ 2 & 7 & 12 & 17 \\ 3 & 8 & 13 & 18 \\ 4 & 9 & 14 & 19 \\ 5 & 10 & 15 & 20 \end{pmatrix}$$

Abb. 8.3: Veranschaulichung der Transposition an einer 4×5-Matrix $\mathbf{A}$

Beispiel 8.12 (Transponierte Matrizen)

Es seien
$$\mathbf{A} = \begin{pmatrix} 1 & 1 & -3 & -4 & 0 \\ 0 & 2 & -1 & -1 & -\frac{2}{3} \\ -1 & -4 & 1 & -2 & 8 \\ -6 & 0 & -5 & 2 & 4 \end{pmatrix},$$

$$\mathbf{B} = \begin{pmatrix} 2 \\ 2 \\ -1 \\ -5 \\ 0 \end{pmatrix} \quad \text{und} \quad \mathbf{C} = (1, -2, 3).$$

Dann gilt
$$\mathbf{A}^T = \begin{pmatrix} 1 & 0 & -1 & -6 \\ 1 & 2 & -4 & 0 \\ -3 & -1 & 1 & -5 \\ -4 & -1 & -2 & 2 \\ 0 & -\frac{2}{3} & 8 & 4 \end{pmatrix} \quad \text{und}$$

$$(\mathbf{A}^T)^T = \begin{pmatrix} 1 & 1 & -3 & -4 & 0 \\ 0 & 2 & -1 & -1 & -\frac{2}{3} \\ -1 & -4 & 1 & -2 & 8 \\ -6 & 0 & -5 & 2 & 4 \end{pmatrix} = \mathbf{A}$$

sowie
$$\mathbf{B}^T = (2, 2, -1, -5, 0) \quad \text{und} \quad \mathbf{C}^T = \begin{pmatrix} 1 \\ -2 \\ 3 \end{pmatrix}.$$

In manchen Fällen ist es zweckmäßig, eine $m \times n$-Matrix $\mathbf{A} = (a_{ij})_{m,n}$ als Zeilenvektor zu schreiben, dessen Einträge Spaltenvektoren sind:

$$\mathbf{A} = (\mathbf{b}_1, \mathbf{b}_2, \ldots, \mathbf{b}_n) \quad \text{mit}$$

$$\mathbf{b}_1 = \begin{pmatrix} a_{11} \\ a_{21} \\ \vdots \\ a_{m1} \end{pmatrix}, \mathbf{b}_2 = \begin{pmatrix} a_{12} \\ a_{22} \\ \vdots \\ a_{m2} \end{pmatrix}, \ldots, \mathbf{b}_n = \begin{pmatrix} a_{1n} \\ a_{2n} \\ \vdots \\ a_{mn} \end{pmatrix}. \quad (8.10)$$

Entsprechend lässt sich die Matrix $\mathbf{A}$ als Spaltenvektor schreiben, dessen Einträge Zeilenvektoren sind:

$$\mathbf{A} = \begin{pmatrix} \mathbf{c}_1^T \\ \mathbf{c}_2^T \\ \vdots \\ \mathbf{c}_m^T \end{pmatrix} \quad \text{mit}$$

$$\mathbf{c}_1 = \begin{pmatrix} a_{11} \\ a_{12} \\ \vdots \\ a_{1n} \end{pmatrix}, \mathbf{c}_2 = \begin{pmatrix} a_{21} \\ a_{22} \\ \vdots \\ a_{2n} \end{pmatrix}, \ldots, \mathbf{c}_m = \begin{pmatrix} a_{m1} \\ a_{m2} \\ \vdots \\ a_{mn} \end{pmatrix}. \quad (8.11)$$

Relationen für Matrizen

Auf der Menge $M(m, n)$ der $m \times n$-Matrizen lassen sich die folgenden Relationen definieren:

Definition 8.13 (Vergleichsrelationen für Matrizen)

Es seien $\mathbf{A} = (a_{ij})_{m,n}$ und $\mathbf{B} = (b_{ij})_{m,n}$ zwei Matrizen der Ordnung $m \times n$. Dann gilt:

a) $\mathbf{A} = \mathbf{B}$ *(gelesen: „$\mathbf{A}$ gleich $\mathbf{B}$"), genau dann, wenn $a_{ij} = b_{ij}$ für alle Indexpaare (i, j)*

b) $\mathbf{A} \neq \mathbf{B}$ *(gelesen: „$\mathbf{A}$ ungleich $\mathbf{B}$"), genau dann, wenn $a_{ij} \neq b_{ij}$ für mindestens ein Indexpaar (i, j)*

c) $\mathbf{A} \leq \mathbf{B}$ *(gelesen: „$\mathbf{A}$ kleiner oder gleich $\mathbf{B}$"), genau dann, wenn $a_{ij} \leq b_{ij}$ für alle Indexpaare (i, j)*

d) $\mathbf{A} < \mathbf{B}$ *(gelesen: „$\mathbf{A}$ kleiner $\mathbf{B}$"), genau dann, wenn $a_{ij} < b_{ij}$ für alle Indexpaare (i, j)*

Entsprechend sind $\mathbf{A} \geq \mathbf{B}$ (gelesen: „$\mathbf{A}$ größer oder gleich $\mathbf{B}$") und $\mathbf{A} > \mathbf{B}$ (gelesen: „$\mathbf{A}$ größer $\mathbf{B}$") definiert

Die Relationen in Definition 8.13 sind nur für Matrizen der gleichen Ordnung definiert. Aber auch bei Vorliegen zweier Matrizen $\mathbf{A}$ und $\mathbf{B}$ der gleichen Ordnung $m \times n$ ist es möglich, dass z. B. weder $\mathbf{A} \geq \mathbf{B}$ noch $\mathbf{B} \geq \mathbf{A}$ gilt.

Aus der Definition 8.13 ergeben sich unmittelbar die folgenden Implikationen:

$$\begin{aligned}
\mathbf{A} = \mathbf{B} &\iff \mathbf{A} \leq \mathbf{B} \;\land\; \mathbf{A} \geq \mathbf{B} \\
\mathbf{A} < \mathbf{B} &\implies \mathbf{A} \leq \mathbf{B} \\
\mathbf{A} > \mathbf{B} &\implies \mathbf{A} \geq \mathbf{B} \\
\mathbf{A} < \mathbf{B} &\implies \mathbf{A} \neq \mathbf{B}
\end{aligned}$$

Die Relationen besitzen die folgenden Eigenschaften:

> **Satz 8.14** (Eigenschaften der Vergleichsrelationen)
>
> *Auf der Menge $M(m, n)$ der $m \times n$-Matrizen gilt:*
>
> *a) Die Relation „=" ist reflexiv, transitiv, symmetrisch und antisymmetrisch, also eine Identitätsrelation.*
>
> *b) Die Relationen „$\leq$" und „$\geq$" sind reflexiv, transitiv und antisymmetrisch, also Ordnungsrelationen.*
>
> *c) Die Relationen „<" und „>" sind transitiv.*

Beweis: Zu a): Da die Gleichheitsrelation „=" auf der Menge $\mathbb{R}$ der reellen Zahlen reflexiv, transitiv, symmetrisch und antisymmetrisch ist und die Relation $R := \{(\mathbf{A}, \mathbf{B}) \in M(m, n) \times M(m, n) : \mathbf{A} = \mathbf{B}\}$ komponentenweise über die Gleichheitsrelation „=" auf $\mathbb{R}$ definiert ist, folgt, dass R eine Identitätsrelation auf der Menge $M(m, n)$ ist (vgl. Beispiele 6.9b) und 6.12b)).

Zu b) und c): Analog zu a) ergeben sich für die Relationen „$\leq$", „$\geq$", „<" und „>" auf der Menge $M(m, n)$ die entsprechenden Eigenschaften. ∎

> **Beispiel 8.15** (Vergleichsrelationen für Matrizen)
>
> Gegeben seien die Matrizen
>
> $$\mathbf{A} = \begin{pmatrix} 2 & 3 \\ -1 & 4 \\ -2 & 0 \end{pmatrix}, \; \mathbf{B} = \begin{pmatrix} 3 & 8 \\ 0 & 4 \\ -2 & 1 \end{pmatrix},$$
>
> $$\mathbf{C} = \begin{pmatrix} 10 & 10 \\ 8 & 6 \\ -1 & 1 \end{pmatrix}, \; \mathbf{D} = \begin{pmatrix} 2 & 3 \\ 0 & 4 \\ -2 & 0 \end{pmatrix},$$
>
> $$\mathbf{F} = \begin{pmatrix} 2 & 3 \\ -1 & 4 \\ -2 & 0 \end{pmatrix} \text{ und } \mathbf{G} = \begin{pmatrix} -5 & 6 \\ -1 & 7 \\ -3 & 0 \end{pmatrix}.$$
>
> Dann gelten die Beziehungen
>
> $\mathbf{A} \leq \mathbf{D} \leq \mathbf{B} \leq \mathbf{C}, \; \mathbf{C} > \mathbf{A}, \; \mathbf{C} \not> \mathbf{B}$ und $\mathbf{F} = \mathbf{A}$.
>
> Die Matrix $\mathbf{G}$ steht dagegen bezüglich „=", „$\leq$", „$\geq$", „<" oder „>" zu keiner der fünf Matrizen $\mathbf{A}, \mathbf{B}, \mathbf{C}, \mathbf{D}$ und $\mathbf{F}$ in Relation.

8.3 Spezielle Matrizen

In den folgenden Unterabschnitten werden Matrizen mit einer speziellen Struktur eingeführt, die in verschiedenen Betrachtungen von besonderer Bedeutung sind.

Nullmatrizen und Einheitsmatrizen

Die **Nullmatrix** und die **Einheitsmatrix** werden als neutrale Elemente bei der Addition bzw. der Multiplikation von Matrizen benötigt (siehe Abschnitt 8.5).

> **Definition 8.16** (Nullmatrix und Einheitsmatrix)
>
> *Es sei $\mathbf{A} = (a_{ij})_{m,n}$ eine $m \times n$-Matrix. Dann gilt:*
> *a) Die Matrix $\mathbf{A}$ heißt Nullmatrix, wenn $a_{ij} = 0$ für alle $i = 1, \ldots, m$ und $j = 1, \ldots, n$ gilt. Man schreibt dann*
>
> $$\mathbf{O}_{m \times n} = \begin{pmatrix} 0 & 0 & \ldots & 0 \\ 0 & 0 & \ldots & 0 \\ \vdots & & \ddots & \vdots \\ 0 & \ldots & 0 & 0 \end{pmatrix}.$$
>
> *b) Gilt $m = n$, d. h. ist $\mathbf{A}$ eine quadratische $n \times n$-Matrix, dann heißt $\mathbf{A}$ Einheitsmatrix, wenn $a_{ii} = 1$ für alle $i = 1, \ldots, n$ und $a_{ij} = 0$ für $i \neq j$ gilt. Man schreibt dann*
>
> $$\mathbf{E}_n = \begin{pmatrix} 1 & 0 & \ldots & 0 \\ 0 & 1 & \ldots & \vdots \\ \vdots & & \ddots & 0 \\ 0 & \ldots & 0 & 1 \end{pmatrix}. \quad (8.12)$$
>
> *Ist die Ordnung einer Nullmatrix oder Einheitsmatrix aus dem Zusammenhang klar, dann wird auch $\mathbf{O}$ und $\mathbf{E}$ anstelle von $\mathbf{O}_{m \times n}$ bzw. $\mathbf{E}_n$ geschrieben.*

Die n Spaltenvektoren der Einheitsmatrix $\mathbf{E}_n$ stimmen offensichtlich mit den n Einheitsvektoren $\mathbf{e}_1, \ldots, \mathbf{e}_n$ des $\mathbb{R}^n$ und die n Zeilenvektoren von $\mathbf{E}_n$ mit den transponierten Einheitsvektoren $\mathbf{e}_1^T, \ldots, \mathbf{e}_n^T$ überein.

Bei den n Spaltenvektoren und den m Zeilenvektoren der Nullmatrix $\mathbf{O}_{m \times n}$ handelt es sich um den m-dimensionalen Nullvektor $\mathbf{0}$ bzw. den n-dimensionalen transponierten Nullvektor $\mathbf{0}^T$.

Diagonalmatrizen

Von besonders einfacher Gestalt sind sogenannte **Diagonalmatrizen**:

> **Definition 8.17** (Diagonalmatrix)
>
> *Eine quadratische Matrix* $\mathbf{D} = (d_{ij})_{n,n}$ *mit* $d_{ij} = 0$ *für* $i \neq j$ *heißt Diagonalmatrix. Sie ist von der Form*
>
> $$\mathbf{D} = \begin{pmatrix} d_{11} & 0 & \ldots & 0 \\ 0 & d_{22} & \ldots & \vdots \\ \vdots & & \ddots & 0 \\ 0 & \ldots & 0 & d_{nn} \end{pmatrix}.$$
>
> *Häufig wird für die Diagonalmatrix* $\mathbf{D}$ *auch die Bezeichnung* $\mathrm{diag}(d_{11}, \ldots, d_{nn})$ *verwendet.*

Die Einträge einer Diagonalmatrix außerhalb der Hauptdiagonalen sind somit alle gleich 0. Zum Beispiel sind alle Einheitsmatrizen Diagonalmatrizen. Bei einer Diagonalmatrix können aber natürlich auch alle Einträge auf der Hauptdiagonalen gleich 0 sein.

> **Beispiel 8.18** (Diagonalmatrizen)
>
> Die beiden quadratischen Matrizen
>
> $$\mathbf{A} = \begin{pmatrix} 2 & 0 & 0 \\ 0 & 0 & 0 \\ 0 & 0 & -4 \end{pmatrix} \quad \text{und} \quad \mathbf{B} = \begin{pmatrix} 7 & 0 \\ 0 & -7 \end{pmatrix}$$
>
> sind Diagonalmatrizen der Ordnung 3×3 bzw. der Ordnung 2×2.

Dreiecksmatrizen

Für die Lösung von linearen Gleichungssystemen sind sogenannte Dreiecksmatrizen von großer Bedeutung. Man unterscheidet zwischen **unteren** und **oberen Dreiecksmatrizen**:

> **Definition 8.19** (Untere und obere Dreiecksmatrix)
>
> *Eine quadratische Matrix* $\mathbf{A} = (a_{ij})_{n,n}$ *mit* $a_{ij} = 0$ *für* $j > i$ *heißt untere Dreiecksmatrix. Sie ist von der Form*
>
> $$\mathbf{A} = \begin{pmatrix} a_{11} & 0 & \ldots & 0 \\ \vdots & \ddots & & \vdots \\ \vdots & & \ddots & 0 \\ a_{n1} & \ldots & \ldots & a_{nn} \end{pmatrix}.$$
>
> *Gilt dagegen* $a_{ij} = 0$ *für* $i > j$, *dann heißt sie obere Dreiecksmatrix. Sie ist von der Form*
>
> $$\mathbf{A} = \begin{pmatrix} a_{11} & \ldots & \ldots & a_{1n} \\ 0 & \ddots & & \vdots \\ \vdots & & \ddots & \vdots \\ 0 & \ldots & 0 & a_{nn} \end{pmatrix}.$$

Bei einer unteren Dreiecksmatrix sind also alle Einträge oberhalb und bei einer oberen Dreiecksmatrix alle Einträge unterhalb der Diagonalen gleich 0. Durch Transposition geht eine untere in eine obere Dreiecksmatrix über und umgekehrt. Untere und obere Dreiecksmatrizen werden oft unter der Bezeichnung **Dreiecksmatrizen** zusammengefasst.

Zum Beispiel sind alle Diagonalmatrizen und damit insbesondere auch alle Einheitsmatrizen sowohl untere als auch obere Dreiecksmatrizen.

> **Beispiel 8.20** (Untere und obere Dreiecksmatrizen)
>
> Bei den beiden quadratischen Matrizen
>
> $$\mathbf{A} = \begin{pmatrix} 1 & -1 & 4 \\ 0 & 0 & 2 \\ 0 & 0 & 2 \end{pmatrix} \quad \text{und} \quad \mathbf{B} = \begin{pmatrix} 2 & 0 & 0 & 0 \\ -1 & 5 & 0 & 0 \\ 0 & -1 & -3 & 0 \\ 9 & -2 & 1 & 4 \end{pmatrix}$$
>
> handelt es sich um eine obere Dreiecksmatrix der Ordnung 3×3 bzw. um eine untere Dreiecksmatrix der Ordnung 4×4.

8.4 Zusammenhang zwischen linearen Abbildungen, Matrizen und linearen Gleichungssystemen

Im Folgenden wird zum einen gezeigt, dass zwischen linearen Abbildungen $f \colon \mathbb{R}^n \longrightarrow \mathbb{R}^m$ und $m \times n$-Matrizen $\mathbf{A}$ eine eindeutige Beziehung besteht und zum anderen, dass sich ein lineares Gleichungssystem der Ordnung $m \times n$ mit Hilfe einer $m \times n$-Matrix $\mathbf{A}$ übersichtlich darstellen lässt.

Zusammenhang zwischen linearen Abbildungen und Matrizen

Im Folgenden sei $\mathbf{A} = (a_{ij})_{m,n}$ eine beliebige $m \times n$-Matrix und $f_{\mathbf{A}}$ die durch

$$f_{\mathbf{A}}: \mathbb{R}^n \longrightarrow \mathbb{R}^m, \quad \mathbf{x} \mapsto f_{\mathbf{A}}(\mathbf{x}) := \begin{pmatrix} \sum_{j=1}^n a_{1j} x_j \\ \vdots \\ \sum_{j=1}^n a_{mj} x_j \end{pmatrix} \quad (8.13)$$

definierte Abbildung. Für diese Abbildung gilt

$$f_{\mathbf{A}}(\lambda \mathbf{x} + \mu \mathbf{y}) = \begin{pmatrix} \sum_{j=1}^n a_{1j}(\lambda x_j + \mu y_j) \\ \vdots \\ \sum_{j=1}^n a_{mj}(\lambda x_j + \mu y_j) \end{pmatrix}$$

$$= \lambda \begin{pmatrix} \sum_{j=1}^n a_{1j} x_j \\ \vdots \\ \sum_{j=1}^n a_{mj} x_j \end{pmatrix} + \mu \begin{pmatrix} \sum_{j=1}^n a_{1j} y_j \\ \vdots \\ \sum_{j=1}^n a_{mj} y_j \end{pmatrix}$$

$$= \lambda f_{\mathbf{A}}(\mathbf{x}) + \mu f_{\mathbf{A}}(\mathbf{y}).$$

Das heißt, jede $m \times n$-Matrix $\mathbf{A}$ definiert eine lineare Abbildung $f_{\mathbf{A}}: \mathbb{R}^n \longrightarrow \mathbb{R}^m$.

Um zu zeigen, dass die Umkehrung dieser Aussage ebenfalls richtig ist, werden im Folgenden eine beliebige lineare Abbildung $f : \mathbb{R}^n \longrightarrow \mathbb{R}^m$ und die kanonischen Basen $\{\mathbf{e}_1, \ldots, \mathbf{e}_n\}$ und $\{\mathbf{e}_1^*, \ldots, \mathbf{e}_m^*\}$ des $\mathbb{R}^n$ bzw. $\mathbb{R}^m$ betrachtet. Dann gibt es eindeutig bestimmte reelle Zahlen a_{ij} für $i = 1, \ldots, m$ und $j = 1, \ldots, n$, so dass

$$f(\mathbf{e}_j) = \sum_{i=1}^m a_{ij} \mathbf{e}_i^* \quad \text{für } j = 1, \ldots, n \quad (8.14)$$

gilt. Die reellen Zahlen $a_{1j}, \ldots, a_{mj}$ sind die Koordinaten des Vektors $f(\mathbf{e}_j) \in \mathbb{R}^m$ bezüglich der kanonischen Basis $\{\mathbf{e}_1^*, \ldots, \mathbf{e}_m^*\}$ des $\mathbb{R}^m$. Aus (8.14) und der Linearität von f folgt, dass $f(\mathbf{x})$ für einen beliebigen Vektor $\mathbf{x} = \sum_{j=1}^n x_j \mathbf{e}_j \in \mathbb{R}^n$ die Darstellung

$$f(\mathbf{x}) = f\left(\sum_{j=1}^n x_j \mathbf{e}_j\right) = \sum_{j=1}^n x_j f(\mathbf{e}_j) = \sum_{j=1}^n \sum_{i=1}^m a_{ij} x_j \mathbf{e}_i^*$$

$$= \begin{pmatrix} \sum_{j=1}^n a_{1j} x_j \\ \vdots \\ \sum_{j=1}^n a_{mj} x_j \end{pmatrix} \quad (8.15)$$

besitzt. Das heißt, es gilt $f_{\mathbf{A}} = f$, wobei $\mathbf{A}$ die $m \times n$ Matrix

$$\mathbf{A} = \begin{pmatrix} a_{11} & a_{12} & \ldots & a_{1n} \\ a_{21} & a_{22} & \ldots & a_{2n} \\ \vdots & \vdots & \ddots & \vdots \\ a_{m1} & a_{m2} & \ldots & a_{mn} \end{pmatrix}$$

ist (vgl. (8.13)). Jeder linearen Abbildung $f : \mathbb{R}^n \longrightarrow \mathbb{R}^m$ entspricht somit eine eindeutig bestimmte $m \times n$-Matrix $\mathbf{A}$ derart, dass die Abbildungsvorschrift von f durch (8.15) gegeben ist. Die Matrix $\mathbf{A}$ wird als **kanonische Matrix** von f oder auch als die **zur linearen Abbildung f gehörende Matrix** bezeichnet und die Elemente der j-ten Spalte von $\mathbf{A}$ sind die Koordinaten des Vektors $f(\mathbf{e}_j)$ bezüglich der kanonischen Basis $\{\mathbf{e}_1^*, \ldots, \mathbf{e}_m^*\}$ des $\mathbb{R}^m$.

Diese Erkenntnisse werden im folgenden Satz noch einmal zusammengefasst:

Satz 8.21 (Lineare Abbildungen und Matrizen)

Jede $m \times n$-Matrix $\mathbf{A} = (a_{ij})_{m,n}$ ist die kanonische Matrix genau einer linearen Abbildung $f_{\mathbf{A}}: \mathbb{R}^n \longrightarrow \mathbb{R}^m$ und umgekehrt. Dabei besteht zwischen der linearen Abbildung $f_{\mathbf{A}}$ und der kanonischen Matrix $\mathbf{A} = (a_{ij})_{m,n}$ die Beziehung

$$f_{\mathbf{A}}: \mathbb{R}^n \longrightarrow \mathbb{R}^m, \quad \mathbf{x} \mapsto \begin{pmatrix} \sum_{j=1}^n a_{1j} x_j \\ \vdots \\ \sum_{j=1}^n a_{mj} x_j \end{pmatrix}. \quad (8.16)$$

Beweis: Siehe die Ausführungen vor diesem Satz. ∎

Aufgrund dieses Zusammenhangs ist es nicht notwendig, zwischen $m \times n$-Matrizen und linearen Abbildungen von $\mathbb{R}^n$ nach $\mathbb{R}^m$ zu unterscheiden. Sie entsprechen sich in eindeutiger Weise.

8.4 Zusammenhang zwischen linearen Abbildungen, Matrizen ... Kapitel 8

Mit Hilfe von Satz 8.21 erhält man für die Transponierte $\mathbf{A}^T$ einer Matrix $\mathbf{A}$ die folgende interessante und nützliche Interpretation:

> **Satz 8.22** (Transposition und Skalarprodukt)
>
> *Für die linearen Abbildungen $f_\mathbf{A}$ und $f_{\mathbf{A}^T}$ zu einer $m \times n$-Matrix $\mathbf{A} = (a_{ij})_{m,n}$ bzw. ihrer Transponierten $\mathbf{A}^T = (a'_{ji})_{n,m}$ gilt der Zusammenhang*
>
> $$\langle f_\mathbf{A}(\mathbf{x}), \mathbf{y}\rangle = \langle \mathbf{x}, f_{\mathbf{A}^T}(\mathbf{y})\rangle$$
>
> *für alle $\mathbf{x} \in \mathbb{R}^n$ und $\mathbf{y} \in \mathbb{R}^m$.*

Beweis: Mit (8.16) und $a'_{ji} = a_{ij}$ für alle $i = 1, \ldots, m$ und $j = 1, \ldots, n$ folgt

$$\langle \mathbf{x}, f_{\mathbf{A}^T}(\mathbf{y})\rangle = \sum_{j=1}^{n}\left(\sum_{i=1}^{m} a'_{ji} y_i\right) x_j = \sum_{j=1}^{n}\left(\sum_{i=1}^{m} a_{ij} y_i\right) x_j$$
$$= \sum_{i=1}^{m}\left(\sum_{j=1}^{n} a_{ij} x_j\right) y_i = \langle f_\mathbf{A}(\mathbf{x}), \mathbf{y}\rangle.$$

∎

Im folgenden Beispiel sind die kanonischen Matrizen zu einigen ausgewählten linearen Abbildungen aufgeführt:

> **Beispiel 8.23** (Lineare Abbildungen und ihre kanonischen Matrizen)
>
> a) Die Identität $\text{Id}_{\mathbb{R}^n}: \mathbb{R}^n \longrightarrow \mathbb{R}^n$, $\mathbf{x} \mapsto \mathbf{x}$ ist offensichtlich eine lineare Abbildung und besitzt als kanonische Matrix die Einheitsmatrix $\mathbf{E}_n$.
>
> b) Die lineare Abbildung $f: \mathbb{R} \longrightarrow \mathbb{R}^m$, $r \mapsto r\mathbf{x}$ mit $\mathbf{x} \in \mathbb{R}^m$ aus Beispiel 8.2a) besitzt die kanonische $m \times 1$-Matrix
>
> $$\mathbf{A} = \begin{pmatrix} x_1 \\ \vdots \\ x_m \end{pmatrix}.$$
>
> c) Zur linearen Abbildung $f: \mathbb{R}^n \longrightarrow \mathbb{R}$, $\mathbf{x} \mapsto \sum_{i=1}^{n} x_i$ aus Beispiel 8.2b) gehört die kanonische $1 \times n$-Matrix
>
> $$\mathbf{A} = \begin{pmatrix} 1, 1, \ldots, 1 \end{pmatrix}.$$
>
> d) Die lineare Abbildung
>
> $$f: \mathbb{R}^2 \longrightarrow \mathbb{R}^3, \quad \mathbf{x} \mapsto \begin{pmatrix} ax_1 + bx_2 \\ cx_1 + dx_2 \\ ex_1 + fx_2 \end{pmatrix}$$
>
> aus Beispiel 8.2c) besitzt die kanonische 3×2-Matrix
>
> $$\mathbf{A} = \begin{pmatrix} a & b \\ c & d \\ e & f \end{pmatrix}.$$
>
> e) Die orthogonale Projektion $P_U: \mathbb{R}^3 \longrightarrow U$ auf die euklidische Ebene $U = \mathbb{R}^2$ (vgl. Beispiel 8.2d) für $n = 3$) besitzt die kanonische 3×3-Matrix
>
> $$\mathbf{A} = \begin{pmatrix} 1 & 0 & 0 \\ 0 & 1 & 0 \\ 0 & 0 & 0 \end{pmatrix}.$$
>
> f) Zu den beiden linearen Abbildungen $f_1: \mathbb{R}^2 \longrightarrow \mathbb{R}^2$, $\mathbf{x} \mapsto (x_2, x_1)^T$ und $f_2: \mathbb{R}^2 \longrightarrow \mathbb{R}^2$, $\mathbf{x} \mapsto (-x_2, x_1)^T$ aus Beispiel 8.2e) gehören die kanonischen 2×2-Matrizen
>
> $$\mathbf{A} = \begin{pmatrix} 0 & 1 \\ 1 & 0 \end{pmatrix} \quad \text{bzw.} \quad \mathbf{A} = \begin{pmatrix} 0 & -1 \\ 1 & 0 \end{pmatrix}.$$

Zusammenhang zwischen Matrizen und linearen Gleichungssystemen

In Abschnitt 7.4 wurde bereits gezeigt, dass sich das lineare Gleichungssystem

$$\begin{aligned} a_{11}x_1 + a_{12}x_2 + \ldots + a_{1n}x_n &= b_1 \\ a_{21}x_1 + a_{22}x_2 + \ldots + a_{2n}x_n &= b_2 \\ \vdots \quad \vdots \quad \vdots \quad &= \vdots \\ a_{m1}x_1 + a_{m2}x_2 + \ldots + a_{mn}x_n &= b_m \end{aligned} \quad (8.17)$$

mit Hilfe der n Spaltenvektoren

$$\mathbf{a}_1 := \begin{pmatrix} a_{11} \\ a_{21} \\ \vdots \\ a_{m1} \end{pmatrix}, \mathbf{a}_2 := \begin{pmatrix} a_{12} \\ a_{22} \\ \vdots \\ a_{m2} \end{pmatrix}, \ldots, \mathbf{a}_n := \begin{pmatrix} a_{1n} \\ a_{2n} \\ \vdots \\ a_{mn} \end{pmatrix}$$

etwas kompakter darstellen lässt (vgl. (7.11)). Die kompakteste und für weitere Rechnungen oftmals auch praktikabelste

Darstellung erhält man jedoch mit Hilfe einer $m \times n$-Matrix. Denn mit

$$\mathbf{A} := \underbrace{\begin{pmatrix} a_{11} & \cdots & a_{1n} \\ \vdots & \ddots & \vdots \\ a_{m1} & \cdots & a_{mn} \end{pmatrix}}_{\substack{\text{Koeffizientenmatrix} \\ \text{bekannt}}}, \mathbf{x} := \underbrace{\begin{pmatrix} x_1 \\ \vdots \\ x_n \end{pmatrix}}_{\substack{\text{Variablen} \\ \text{unbekannt}}} \text{ und } \mathbf{b} := \underbrace{\begin{pmatrix} b_1 \\ \vdots \\ b_m \end{pmatrix}}_{\substack{\text{rechte Seite} \\ \text{bekannt}}}$$

erhält man für (8.17) die äußerst prägnante **Matrixform**

$$\mathbf{A}\mathbf{x} = \mathbf{b}. \tag{8.18}$$

Die $m \times n$-Matrix $\mathbf{A}$ wird als **Koeffizientenmatrix** des linearen Gleichungssystems (8.17) bezeichnet und die Menge aller Lösungen von (8.18) (bzw. (8.17)) ist gegeben durch

$$\mathbb{L} = \{\mathbf{x} \in \mathbb{R}^n : \mathbf{A}\mathbf{x} = \mathbf{b}\}.$$

Wie sich in Abschnitt 9.1 zeigen wird, hängt die Existenz und Eindeutigkeit einer Lösung des linearen Gleichungssystems ausschließlich von den Eigenschaften der Koeffizientenmatrix $\mathbf{A}$ ab. Dieser Zusammenhang erlaubt es, die Erkenntnisse über Matrizen bei der Untersuchung von linearen Gleichungssystemen einzusetzen.

> **Beispiel 8.24** (Koeffizientenmatrizen linearer Gleichungssysteme)
>
> a) Das lineare Gleichungssystem in Beispiel 7.6a) lautet in Matrixform
>
> $$\begin{pmatrix} 1 & 1 \\ 1 & -3 \end{pmatrix} \begin{pmatrix} x_1 \\ x_2 \end{pmatrix} = \begin{pmatrix} 80 \\ -40 \end{pmatrix}.$$
>
> b) Das lineare Gleichungssystem in Beispiel 7.6b) lautet in Matrixform
>
> $$\begin{pmatrix} 2 & 1 & 2 \\ 3 & 0 & 2 \end{pmatrix} \begin{pmatrix} x_1 \\ x_2 \\ x_3 \end{pmatrix} = \begin{pmatrix} 240 \\ 230 \end{pmatrix}.$$

8.5 Matrizenalgebra

In diesem Abschnitt werden mit der **skalaren Multiplikation**, **Addition** und **Multiplikation** die wichtigsten mathematischen Operationen für Matrizen eingeführt. Die Definition und Interpretation dieser Operationen ergibt sich in natürlicher Weise aus dem in Abschnitt 8.4 dargestellten engen Zusammenhang zwischen $m \times n$-Matrizen und linearen Abbildungen $f: \mathbb{R}^n \longrightarrow \mathbb{R}^m$.

Skalare Multiplikation und Addition von Matrizen

Die **skalare Multiplikation** und **Addition** von Matrizen sind völlig analog zu der von Vektoren definiert:

> **Definition 8.25** (Skalare Multiplikation und Addition von Matrizen)
>
> Es seien $\mathbf{A} = (a_{ij})_{m,n}$ und $\mathbf{B} = (b_{ij})_{m,n}$ zwei $m \times n$-Matrizen und λ eine reelle Zahl.
>
> a) Die skalare Multiplikation der Matrix $\mathbf{A}$ mit der reellen Zahl λ ist definiert durch
>
> $$\lambda \mathbf{A} = \lambda \begin{pmatrix} a_{11} & \cdots & a_{1n} \\ \vdots & \ddots & \vdots \\ a_{m1} & \cdots & a_{mn} \end{pmatrix} := \begin{pmatrix} \lambda a_{11} & \cdots & \lambda a_{1n} \\ \vdots & \ddots & \vdots \\ \lambda a_{m1} & \cdots & \lambda a_{mn} \end{pmatrix} \tag{8.19}$$
>
> und $\mathbf{A}\lambda := \lambda \mathbf{A}$.
>
> b) Die Addition der Matrizen $\mathbf{A}$ und $\mathbf{B}$ ist definiert durch
>
> $$\mathbf{A} + \mathbf{B} = \begin{pmatrix} a_{11} & \cdots & a_{1n} \\ \vdots & \ddots & \vdots \\ a_{m1} & \cdots & a_{mn} \end{pmatrix} + \begin{pmatrix} b_{11} & \cdots & b_{1n} \\ \vdots & \ddots & \vdots \\ b_{m1} & \cdots & b_{mn} \end{pmatrix}$$
>
> $$:= \begin{pmatrix} a_{11}+b_{11} & \cdots & a_{1n}+b_{1n} \\ \vdots & \ddots & \vdots \\ a_{m1}+b_{m1} & \cdots & a_{mn}+b_{mn} \end{pmatrix}. \tag{8.20}$$

Das heißt, eine $m \times n$-Matrix $\mathbf{A}$ wird mit einem Skalar λ multipliziert, indem alle $m \cdot n$ Einträge a_{ij} von $\mathbf{A}$ mit dem Skalar λ multipliziert werden. Analog erhält man die Summe zweier $m \times n$-Matrizen $\mathbf{A}$ und $\mathbf{B}$, indem jeder der $m \cdot n$ Einträge a_{ij} von $\mathbf{A}$ mit dem jeweils entsprechenden Eintrag b_{ij} von $\mathbf{B}$ addiert wird. Dabei ist jedoch zu beachten, dass die Addition nur für zwei Matrizen der gleichen Ordnung definiert ist.

Die Definitionen (8.19)–(8.20) sind durch den engen Zusammenhang zwischen $m \times n$-Matrizen und linearen Abbildungen $f: \mathbb{R}^n \longrightarrow \mathbb{R}^m$ motiviert. Denn für die durch die Matrizen $\mathbf{A}$, $\mathbf{B}$, $\lambda\mathbf{A}$ und $\mathbf{A}+\mathbf{B}$ induzierten linearen Abbildungen (vgl. 8.16) gilt nun

$$f_{\lambda\mathbf{A}}(\mathbf{x}) = \begin{pmatrix} \sum_{j=1}^{n} \lambda a_{1j} x_j \\ \vdots \\ \sum_{j=1}^{n} \lambda a_{mj} x_j \end{pmatrix} = \lambda \begin{pmatrix} \sum_{j=1}^{n} a_{1j} x_j \\ \vdots \\ \sum_{j=1}^{n} a_{mj} x_j \end{pmatrix} = \lambda f_{\mathbf{A}}(\mathbf{x})$$

und

$$f_{\mathbf{A}+\mathbf{B}}(\mathbf{x}) = \begin{pmatrix} \sum_{j=1}^{n}(a_{1j}+b_{1j})x_j \\ \vdots \\ \sum_{j=1}^{n}(a_{mj}+b_{mj})x_j \end{pmatrix} = \begin{pmatrix} \sum_{j=1}^{n} a_{1j}x_j \\ \vdots \\ \sum_{j=1}^{n} a_{mj}x_j \end{pmatrix} + \begin{pmatrix} \sum_{j=1}^{n} b_{1j}x_j \\ \vdots \\ \sum_{j=1}^{n} b_{mj}x_j \end{pmatrix}$$
$$= f_{\mathbf{A}}(\mathbf{x}) + f_{\mathbf{B}}(\mathbf{x})$$

für alle $\mathbf{x} \in \mathbb{R}^n$ und $\lambda \in \mathbb{R}$.

Aufgrund der komponentenweisen Definition der skalaren Multiplikation (8.19) und Addition (8.20) von $m \times n$-Matrizen ergeben sich aus den Rechengesetzen für reelle Zahlen unmittelbar für Matrizen $\mathbf{A}, \mathbf{B}, \mathbf{C} \in M(m, n)$ und Skalare $\lambda, \mu \in \mathbb{R}$ die folgenden Rechengesetze. Diese Rechenregeln entsprechen den Eigenschaften der Addition und skalaren Multiplikation von Vektoren im n-dimensionalen euklidischen Raum $\mathbb{R}^n$ (vgl. Satz 7.3):

a) **Assoziativgesetze:**

$$\mathbf{A} + (\mathbf{B} + \mathbf{C}) = (\mathbf{A} + \mathbf{B}) + \mathbf{C}$$
$$(\lambda\mu)\mathbf{A} = \lambda(\mu\mathbf{A})$$

b) **Kommutativgesetze:**

$$\mathbf{A} + \mathbf{B} = \mathbf{B} + \mathbf{A}$$
$$\lambda\mu\mathbf{A} = \mu\lambda\mathbf{A}$$

c) **Distributivgesetze:**

$$\lambda(\mathbf{A} + \mathbf{B}) = \lambda\mathbf{A} + \lambda\mathbf{B}$$
$$(\lambda + \mu)\mathbf{A} = \lambda\mathbf{A} + \mu\mathbf{A}$$

d) **Existenz von neutralen Elementen:**

$$1 \cdot \mathbf{A} = \mathbf{A} = \mathbf{A} \cdot 1$$
$$\mathbf{O} + \mathbf{A} = \mathbf{A} = \mathbf{A} + \mathbf{O}$$

e) **Existenz eines inversen Elements:**

$$\mathbf{A} + (-\mathbf{A}) = \mathbf{O} = -\mathbf{A} + \mathbf{A}$$

f) **Transposition:**

$$(\mathbf{A} + \mathbf{B})^T = \mathbf{A}^T + \mathbf{B}^T$$

In den beiden folgenden Beispielen sind einige konkrete Rechenbeispiele für die skalare Multiplikation und Addition von Matrizen aufgeführt:

Beispiel 8.26 (Skalare Multiplikation und Addition von Matrizen)

a) Gegeben seien die drei 2×2-Matrizen

$$\mathbf{A} = \begin{pmatrix} 4 & 2 \\ 1 & 0 \end{pmatrix}, \quad \mathbf{B} = \begin{pmatrix} 1 & 1 \\ 1 & 1 \end{pmatrix} \quad \text{und} \quad \mathbf{C} = \begin{pmatrix} -2 & -1 \\ -3 & -2 \end{pmatrix}.$$

Dann gilt zum Beispiel

$$3\mathbf{A} - 2\mathbf{B} + \mathbf{C} = \begin{pmatrix} 8 & 3 \\ -2 & -4 \end{pmatrix} \quad \text{und}$$

$$\mathbf{A} - 10\mathbf{B} - 3\mathbf{C} = \begin{pmatrix} 0 & -5 \\ 0 & -4 \end{pmatrix}.$$

b) Gegeben seien die beiden 3×2-Matrizen

$$\mathbf{A} = \begin{pmatrix} 2 & 3 \\ -1 & 0 \\ 4 & -6 \end{pmatrix} \quad \text{und} \quad \mathbf{B} = \begin{pmatrix} 4 & 1 \\ 2 & -3 \\ 0 & 4 \end{pmatrix}.$$

Dann gilt

$$\mathbf{A} + \mathbf{B} = \begin{pmatrix} 6 & 4 \\ 1 & -3 \\ 4 & -2 \end{pmatrix}, \quad \mathbf{A} - \mathbf{B} = \begin{pmatrix} -2 & 2 \\ -3 & 3 \\ 4 & -10 \end{pmatrix},$$

$$(\mathbf{A} + \mathbf{B})^T = \begin{pmatrix} 6 & 1 & 4 \\ 4 & -3 & -2 \end{pmatrix}$$

und

$$\mathbf{A}^T + \mathbf{B}^T = \begin{pmatrix} 2 & -1 & 4 \\ 3 & 0 & -6 \end{pmatrix} + \begin{pmatrix} 4 & 2 & 0 \\ 1 & -3 & 4 \end{pmatrix}$$
$$= \begin{pmatrix} 6 & 1 & 4 \\ 4 & -3 & -2 \end{pmatrix} = (\mathbf{A} + \mathbf{B})^T.$$

Das folgende Beispiel demonstriert das Auftreten der skalaren Multiplikation und Addition von Matrizen in wirtschaftswissenschaftlichen Fragestellungen:

Beispiel 8.27 (Wirtschaftswissenschaftliche Anwendungen)

a) Betrachtet wird ein Hersteller, der vier Güter G_1, G_2, G_3, G_4 auf drei Maschinen M_1, M_2, M_3 produziert. Die Produktionszeit a_{ij} (in Minuten) für eine

Einheit von Gut G_i auf der Maschine M_j sei gegeben durch die Einträge der 4×3-Matrix

$$\mathbf{A} = \begin{pmatrix} 4 & 5 & 2 \\ 5 & 2 & 4 \\ 5 & 4 & 6 \\ 2 & 8 & 2 \end{pmatrix}.$$

Beispielsweise werden für die Produktion einer Einheit von Gut G_1 auf der Maschine M_2 fünf Minuten benötigt. Werden von jedem Gut 10 Einheiten produziert, dann ergeben sich die Gesamtmaschinenbelegungszeiten zur Produktion von 10 Einheiten durch die Einträge der 4×3-Matrix

$$10\mathbf{A} = \begin{pmatrix} 40 & 50 & 20 \\ 50 & 20 & 40 \\ 50 & 40 & 60 \\ 20 & 80 & 20 \end{pmatrix}.$$

b) Ein Betrieb produziert drei Güter G_1, G_2 und G_3 und liefert sie an die vier Händler H_1, H_2, H_3 und H_4. Die Einträge a_{ij} und b_{ij} in den beiden folgenden 3×4-Matrizen $\mathbf{A}$ bzw. $\mathbf{B}$ geben die Liefermengen von Gut G_i an den Händler H_j in den ersten beiden Halbjahren an:

$$\mathbf{A} = \begin{pmatrix} 12 & 8 & 0 & 20 \\ 7 & 5 & 20 & 10 \\ 14 & 4 & 6 & 15 \end{pmatrix} \quad \text{und}$$

$$\mathbf{B} = \begin{pmatrix} 13 & 12 & 5 & 10 \\ 13 & 7 & 8 & 20 \\ 12 & 8 & 7 & 15 \end{pmatrix}.$$

Es gilt somit

$$\mathbf{A} + \mathbf{B} = \begin{pmatrix} 25 & 20 & 5 & 30 \\ 20 & 12 & 28 & 30 \\ 26 & 12 & 13 & 30 \end{pmatrix} \quad \text{und}$$

$$\mathbf{B} - \mathbf{A} = \begin{pmatrix} 1 & 4 & 5 & -10 \\ 6 & 2 & -12 & 10 \\ -2 & 4 & 1 & 0 \end{pmatrix}.$$

Durch die Einträge der 3×4-Matrizen $\mathbf{A} + \mathbf{B}$ und $\mathbf{A} - \mathbf{B}$ sind der Jahresabsatz bzw. die Steigerung des Absatzes im 2. Halbjahr für die drei Güter G_i und die vier Händler H_j gegeben.

Multiplikation von Matrizen

Die **Multiplikation** zweier Matrizen $\mathbf{A} \in M(m, p)$ und $\mathbf{B} \in M(p, n)$ ist wie folgt definiert:

Definition 8.28 (Multiplikation von Matrizen)

Es seien $\mathbf{A} = (a_{ij})_{m,p}$ *eine* $m \times p$*-Matrix und* $\mathbf{B} = (b_{ij})_{p,n}$ *eine* $p \times n$*-Matrix. Dann ist das Produkt von* $\mathbf{A}$ *und* $\mathbf{B}$ *eine* $m \times n$*-Matrix und definiert durch*

$$\mathbf{A}\mathbf{B} = \begin{pmatrix} a_{11} & \ldots & a_{1p} \\ \vdots & \ddots & \vdots \\ a_{m1} & \ldots & a_{mp} \end{pmatrix} \begin{pmatrix} b_{11} & \ldots & b_{1n} \\ \vdots & \ddots & \vdots \\ b_{p1} & \ldots & b_{pn} \end{pmatrix}$$

$$:= \begin{pmatrix} \sum_{k=1}^{p} a_{1k}b_{k1} & \ldots & \sum_{k=1}^{p} a_{1k}b_{kn} \\ \vdots & \ddots & \vdots \\ \sum_{k=1}^{p} a_{mk}b_{k1} & \ldots & \sum_{k=1}^{p} a_{mk}b_{kn} \end{pmatrix}. \quad (8.21)$$

Die Multiplikation zweier Matrizen $\mathbf{A}$ und $\mathbf{B}$ ist somit nur dann definiert, wenn die linke Matrix $\mathbf{A}$ genauso viele Spalten wie die rechte Matrix $\mathbf{B}$ Zeilen besitzt (sogenannte **Konformität** von $\mathbf{A}$ und $\mathbf{B}$). Das resultierende Matrizenprodukt $\mathbf{C} = (c_{ij})_{m,n} = \mathbf{A}\mathbf{B}$ besitzt dann genauso viele Zeilen wie $\mathbf{A}$ und genauso viele Spalten wie $\mathbf{B}$. Der Eintrag in der i-ten Zeile und j-ten Spalte von $\mathbf{C}$, d. h. der Eintrag c_{ij}, berechnet sich durch paarweise Multiplikation der Einträge der i-ten Zeile von $\mathbf{A}$ mit den Einträgen der j-ten Spalte von $\mathbf{B}$ und Aufsummieren der p resultierenden Produkte:

$$c_{ij} = a_{i1}b_{1j} + a_{i2}b_{2j} + \ldots + a_{ip}b_{pj} = \sum_{k=1}^{p} a_{ik}b_{kj} \quad (8.22)$$

Mit anderen Worten: Der Eintrag c_{ij} ist gleich dem Skalarprodukt $\langle \mathbf{a}_i, \mathbf{b}_j \rangle$ der i-ten Zeile $\mathbf{a}_i$ von $\mathbf{A}$ und der j-ten Spalte $\mathbf{b}_j$ von $\mathbf{B}$.

Das Vorgehen bei der Multiplikation zweier Matrizen kann mit Hilfe des sogenannten **Falkschen-Schemas** veranschaulicht werden (vgl. Abbildung 8.4). Aus der benötigten Dimensionsvoraussetzung (Konformität) bei der Matrizenmultiplikation folgt, dass selbst dann, wenn das Produkt $\mathbf{A}\mathbf{B}$ definiert ist, nicht notwendigerweise $\mathbf{B}\mathbf{A}$ erklärt sein muss. Zum Beispiel ist für eine 3×3-Matrix $\mathbf{A}$ und eine 3×2-Matrix $\mathbf{B}$ sehr wohl das Produkt $\mathbf{A}\mathbf{B}$ definiert, aber nicht das Produkt $\mathbf{B}\mathbf{A}$. Im Falle quadratischer Matrizen $\mathbf{A}$ und $\mathbf{B}$ derselben Ordnung

8.5 Matrizenalgebra — Kapitel 8

$$\mathbf{B} : p \text{ Zeilen } n \text{ Spalten}$$

$$\begin{pmatrix} b_{11} & b_{12} & \cdots & b_{1n} \\ b_{21} & b_{22} & \cdots & b_{2n} \\ \vdots & \vdots & \ddots & \vdots \\ b_{p1} & b_{p2} & \cdots & b_{pn} \end{pmatrix}$$

$$\begin{pmatrix} a_{11} & a_{12} & \cdots & a_{1p} \\ a_{21} & a_{22} & \cdots & a_{2p} \\ \vdots & \vdots & \ddots & \vdots \\ a_{m1} & a_{m2} & \cdots & a_{mp} \end{pmatrix} \quad \begin{pmatrix} c_{11} & c_{12} & \cdots & c_{1n} \\ c_{21} & c_{22} & \cdots & c_{2n} \\ \vdots & \vdots & \ddots & \vdots \\ c_{m1} & c_{m2} & \cdots & c_{mn} \end{pmatrix}$$

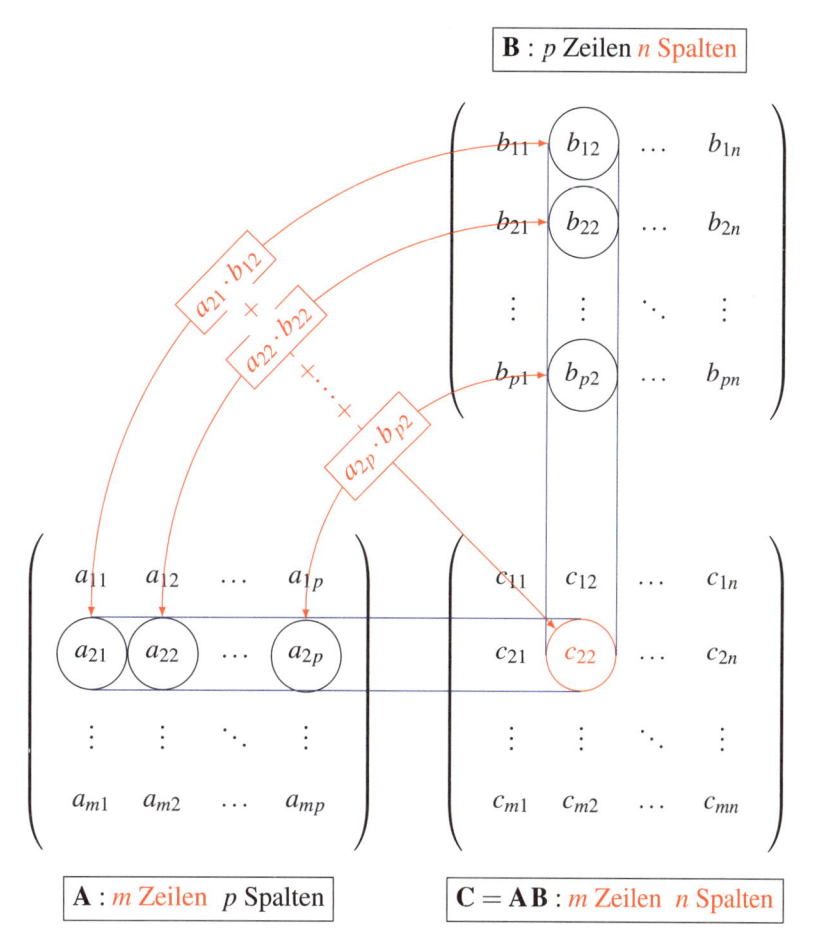

$\mathbf{A} : m \text{ Zeilen } p \text{ Spalten} \qquad \mathbf{C} = \mathbf{AB} : m \text{ Zeilen } n \text{ Spalten}$

Abb. 8.4: Veranschaulichung der Matrizenmultiplikation mit Hilfe des Falkschen-Schemas

sind jedoch stets beide Produkte $\mathbf{AB}$ und $\mathbf{BA}$ definiert. Aber selbst dann, wenn für zwei Matrizen $\mathbf{A}$ und $\mathbf{B}$ beide Produkte $\mathbf{AB}$ und $\mathbf{BA}$ definiert sind, ist die Matrizenmultiplikation nicht kommutativ. Das heißt, im Allgemeinen gilt

$$\mathbf{AB} \ne \mathbf{BA}.$$

Zum Beispiel erhält man

$$\begin{pmatrix} 3 & 3 \\ 1 & 0 \\ 5 & 2 \end{pmatrix} \begin{pmatrix} 2 & 5 & 0 \\ 0 & 0 & 1 \end{pmatrix} = \begin{pmatrix} 6 & 15 & 3 \\ 2 & 5 & 0 \\ 10 & 25 & 2 \end{pmatrix} \quad \text{und}$$

$$\begin{pmatrix} 2 & 5 & 0 \\ 0 & 0 & 1 \end{pmatrix} \begin{pmatrix} 3 & 3 \\ 1 & 0 \\ 5 & 2 \end{pmatrix} = \begin{pmatrix} 11 & 6 \\ 5 & 2 \end{pmatrix}.$$

Für eine Begründung der Nicht-Kommutativität der Matrizenmultiplikation siehe Satz 8.29 sowie die anschließende Bemerkung.

Aus der benötigten Dimensionsvoraussetzung (Konformität) und der fehlenden Kommutativität der Matrizenmultiplikation folgt insbesondere, dass bei Termen der Form

$$\mathbf{AB} + \mathbf{CA}$$

im Allgemeinen die Matrix $\mathbf{A}$ nicht ausgeklammert werden bzw. das Ausklammern von $\mathbf{A}$ ein falsches Ergebnis liefern kann. Aus demselben Grund kann ein Term der Form

$$\mathbf{AB} + \mathbf{BA}$$

nicht zu $2\mathbf{AB}$ vereinfacht werden.

Für Matrizen $\mathbf{A} \in M(m, p)$ und $\mathbf{B}, \mathbf{F} \in M(p, q)$ sowie $\mathbf{C} \in M(q, n)$ lässt sich die Gültigkeit der folgenden Rechenregeln durch Nachrechnen direkt nachweisen:

a) **Assoziativgesetz**:
$$(\mathbf{A}\,\mathbf{B})\,\mathbf{C} = \mathbf{A}\,(\mathbf{B}\,\mathbf{C})$$

b) **Distributivgesetze**:
$$\mathbf{A}\,(\mathbf{B} + \mathbf{F}) = \mathbf{A}\,\mathbf{B} + \mathbf{A}\,\mathbf{F}$$
$$(\mathbf{B} + \mathbf{F})\,\mathbf{C} = \mathbf{B}\,\mathbf{C} + \mathbf{F}\,\mathbf{C}$$

c) **Existenz eines neutralen Elements**:
$$\mathbf{A}\,\mathbf{E}_p = \mathbf{E}_m\,\mathbf{A} = \mathbf{A}$$

d) **Transposition**:
$$(\mathbf{A}\,\mathbf{B})^T = \mathbf{B}^T\,\mathbf{A}^T$$

Die Existenz eines **inversen Elements** für die Matrizenmultiplikation wird in Abschnitt 8.7 gesondert untersucht.

Die **k-te Potenz** einer quadratischen Matrix $\mathbf{A} \in M(n, n)$ ist für $k \in \mathbb{N}_0$ durch

$$\mathbf{A}^k := \begin{cases} \mathbf{E}_n & \text{für } k = 0 \\ \mathbf{A}^{k-1}\,\mathbf{A} & \text{für } k \geq 1 \end{cases}$$

definiert. Neben $\mathbf{A}^k \in M(n, n)$ für alle $k \in \mathbb{N}_0$ gelten für die k-te Potenz die beiden Rechenregeln

$$\mathbf{A}^k\,\mathbf{A}^l = \mathbf{A}^{k+l} = \mathbf{A}^l\,\mathbf{A}^k \quad \text{und} \quad \left(\mathbf{A}^k\right)^l = \mathbf{A}^{k \cdot l} = \left(\mathbf{A}^l\right)^k.$$

Mit den Potenzen einer quadratischen Matrix kann folglich genauso gerechnet werden wie mit den Potenzen einer reellen Zahl.

Analog zur skalaren Multiplikation und Addition von Matrizen in Definition 8.25 ist auch die Matrizenmultiplikation in Definition 8.28 durch den engen Zusammenhang zwischen Matrizen und linearen Abbildungen motiviert. Denn wie der folgende Satz zeigt, besitzt die Komposition $f_\mathbf{A} \circ f_\mathbf{B} : \mathbb{R}^n \longrightarrow \mathbb{R}^m$ zweier linearer Abbildungen $f_\mathbf{A} : \mathbb{R}^p \longrightarrow \mathbb{R}^m$ und $f_\mathbf{B} : \mathbb{R}^n \longrightarrow \mathbb{R}^p$ mit den kanonischen Matrizen $\mathbf{A}$ bzw. $\mathbf{B}$ das Matrizenprodukt $\mathbf{A}\,\mathbf{B}$ als kanonische Matrix:

Satz 8.29 (Matrizenmultiplikation als Komposition linearer Abbildungen)

Es seien $f_\mathbf{A} : \mathbb{R}^p \longrightarrow \mathbb{R}^m$ und $f_\mathbf{B} : \mathbb{R}^n \longrightarrow \mathbb{R}^p$ zwei lineare Abbildungen mit den kanonischen Matrizen $\mathbf{A} = (a_{ij})_{m,p}$ bzw. $\mathbf{B} = (b_{ij})_{p,n}$. Dann ist die Komposition $f_\mathbf{A} \circ f_\mathbf{B} : \mathbb{R}^n \longrightarrow \mathbb{R}^m$ eine lineare Abbildung und das Produkt $\mathbf{A}\,\mathbf{B}$ ist die kanonische Matrix von $f_\mathbf{A} \circ f_\mathbf{B}$.

Beweis: Es seien $\mathbf{x}, \mathbf{y} \in \mathbb{R}^n$ und $\lambda, \mu \in \mathbb{R}$ beliebig gewählt. Mit der Linearität von $f_\mathbf{A}$ und $f_\mathbf{B}$ folgt dann

$$\begin{aligned}(f_\mathbf{A} \circ f_\mathbf{B})(\lambda \mathbf{x} + \mu \mathbf{y}) &= f_\mathbf{A}\left(f_\mathbf{B}(\lambda \mathbf{x} + \mu \mathbf{y})\right) \\ &= f_\mathbf{A}\left(\lambda f_\mathbf{B}(\mathbf{x}) + \mu f_\mathbf{B}(\mathbf{y})\right) \\ &= \lambda f_\mathbf{A}\left(f_\mathbf{B}(\mathbf{x})\right) + \mu f_\mathbf{A}\left(f_\mathbf{B}(\mathbf{y})\right) \\ &= \lambda (f_\mathbf{A} \circ f_\mathbf{B})(\mathbf{x}) + \mu (f_\mathbf{A} \circ f_\mathbf{B})(\mathbf{y}).\end{aligned}$$

Dies zeigt, dass die Abbildung $f_\mathbf{A} \circ f_\mathbf{B} : \mathbb{R}^n \longrightarrow \mathbb{R}^m$ ebenfalls linear ist.

Es gelte nun $\mathbf{z} = f_\mathbf{A}(\mathbf{y})$ und $\mathbf{y} = f_\mathbf{B}(\mathbf{x})$ mit $\mathbf{x} \in \mathbb{R}^n$. Ferner seien $\mathbf{A} = (a_{ij})_{m,p}$ und $\mathbf{B} = (b_{ij})_{p,n}$ die kanonischen Matrizen von $f_\mathbf{A}$ bzw. $f_\mathbf{B}$. Dann folgt mit (8.16), dass $\mathbf{z}$ und $\mathbf{y}$ durch

$$z_i = \sum_{k=1}^{p} a_{ik} y_k \quad \text{für } i = 1, \ldots, m \quad \text{bzw.}$$

$$y_k = \sum_{j=1}^{n} b_{kj} x_j \quad \text{für } k = 1, \ldots, p$$

gegeben sind. Es gilt somit

$$z_i = \sum_{k=1}^{p} a_{ik} \sum_{j=1}^{n} b_{kj} x_j = \sum_{j=1}^{n} \sum_{k=1}^{p} a_{ik} b_{kj} x_j \quad \text{für } i = 1, \ldots, m.$$

Setzt man

$$c_{ij} := \sum_{k=1}^{p} a_{ik} b_{kj} \quad \text{für } i = 1, \ldots, m \text{ und } j = 1, \ldots, n,$$

dann erhält man

$$z_i = \sum_{j=1}^{n} c_{ij} x_j \quad \text{für } i = 1, \ldots, m.$$

Daraus folgt zusammen mit (8.16) und (8.22), dass das Matrizenprodukt $\mathbf{C} = (c_{ij})_{m,n} = \mathbf{A}\,\mathbf{B}$ die kanonische Matrix der Komposition $f_\mathbf{A} \circ f_\mathbf{B}$ ist. ∎

Da die Komposition von Abbildungen im Allgemeinen nicht kommutativ ist, liefert der Satz 8.29 insbesondere eine Begründung für die Nicht-Kommutativität der Matrizenmultiplikation.

Der Rechenaufwand bei der Matrizenmultiplikation kann schnell sehr groß werden. Denn bei der Multiplikation einer $m \times p$-Matrix $\mathbf{A}$ mit einer $p \times n$-Matrix $\mathbf{B}$ müssen $m \cdot n \cdot p$ Multiplikationen ausgeführt werden. Bei zwei Matrizen der Ordnung 1000×1000 ergibt dies bereits 10^9 Multiplikationen.

Beispiel 8.30 (Multiplikation von Matrizen)

a) Gegeben seien die vier Matrizen

$$\mathbf{A} = \begin{pmatrix} 1 & 3 \\ 0 & 2 \\ 4 & -1 \end{pmatrix}, \quad \mathbf{B} = \begin{pmatrix} 2 & -1 \\ 3 & 2 \end{pmatrix},$$

$$\mathbf{C} = \begin{pmatrix} 7 & -2 & -1 & 3 \\ 0 & 4 & 2 & -1 \end{pmatrix}$$

und

$$\mathbf{F} = \begin{pmatrix} -1 & 1 & 0 \\ 2 & 4 & 3 \\ 0 & 1 & 0 \\ 4 & -2 & -3 \end{pmatrix}.$$

Dann gilt

$$\mathbf{A}\mathbf{B} = \begin{pmatrix} 1 & 3 \\ 0 & 2 \\ 4 & -1 \end{pmatrix} \begin{pmatrix} 2 & -1 \\ 3 & 2 \end{pmatrix} = \begin{pmatrix} 11 & 5 \\ 6 & 4 \\ 5 & -6 \end{pmatrix}$$

und

$$\mathbf{C}\mathbf{F} = \begin{pmatrix} 7 & -2 & -1 & 3 \\ 0 & 4 & 2 & -1 \end{pmatrix} \begin{pmatrix} -1 & 1 & 0 \\ 2 & 4 & 3 \\ 0 & 1 & 0 \\ 4 & -2 & -3 \end{pmatrix}$$

$$= \begin{pmatrix} 1 & -8 & -15 \\ 4 & 20 & 15 \end{pmatrix}.$$

Die Matrizenprodukte $\mathbf{B}\mathbf{A}$ und $\mathbf{F}\mathbf{C}$ sind dagegen nicht definiert.

b) Betrachtet werden die beiden Matrizen

$$\mathbf{A} = \begin{pmatrix} 3 & 2 \\ 1 & 0 \\ -1 & 3 \\ 0 & 2 \end{pmatrix} \quad \text{und} \quad \mathbf{B} = \begin{pmatrix} 1 & 1 & 1 \\ -2 & 1 & -1 \end{pmatrix}.$$

Man erhält

$$\mathbf{A}\mathbf{B} = \begin{pmatrix} 3 & 2 \\ 1 & 0 \\ -1 & 3 \\ 0 & 2 \end{pmatrix} \begin{pmatrix} 1 & 1 & 1 \\ -2 & 1 & -1 \end{pmatrix}$$

$$= \begin{pmatrix} -1 & 5 & 1 \\ 1 & 1 & 1 \\ -7 & 2 & -4 \\ -4 & 2 & -2 \end{pmatrix}$$

und somit

$$(\mathbf{A}\mathbf{B})^T = \begin{pmatrix} -1 & 1 & -7 & -4 \\ 5 & 1 & 2 & 2 \\ 1 & 1 & -4 & -2 \end{pmatrix}.$$

Dies stimmt überein mit

$$\mathbf{B}^T \mathbf{A}^T = \begin{pmatrix} 1 & -2 \\ 1 & 1 \\ 1 & -1 \end{pmatrix} \begin{pmatrix} 3 & 1 & -1 & 0 \\ 2 & 0 & 3 & 2 \end{pmatrix}$$

$$= \begin{pmatrix} -1 & 1 & -7 & -4 \\ 5 & 1 & 2 & 2 \\ 1 & 1 & -4 & -2 \end{pmatrix}.$$

c) Gegeben seien die drei Matrizen

$$\mathbf{A} = \begin{pmatrix} 2 & -1 \\ 0 & 2 \\ 4 & 1 \end{pmatrix}, \quad \mathbf{E}_3 = \begin{pmatrix} 1 & 0 & 0 \\ 0 & 1 & 0 \\ 0 & 0 & 1 \end{pmatrix} \quad \text{und}$$

$$\mathbf{O}_{3\times 3} = \begin{pmatrix} 0 & 0 & 0 \\ 0 & 0 & 0 \\ 0 & 0 & 0 \end{pmatrix}.$$

Dann erhält man

$$\mathbf{E}_3 \mathbf{A} = \begin{pmatrix} 1 & 0 & 0 \\ 0 & 1 & 0 \\ 0 & 0 & 1 \end{pmatrix} \begin{pmatrix} 2 & -1 \\ 0 & 2 \\ 4 & 1 \end{pmatrix} = \begin{pmatrix} 2 & -1 \\ 0 & 2 \\ 4 & 1 \end{pmatrix} = \mathbf{A}$$

und

$$\mathbf{O}_{3\times 3} \mathbf{A} = \begin{pmatrix} 0 & 0 & 0 \\ 0 & 0 & 0 \\ 0 & 0 & 0 \end{pmatrix} \begin{pmatrix} 2 & -1 \\ 0 & 2 \\ 4 & 1 \end{pmatrix} = \begin{pmatrix} 0 & 0 \\ 0 & 0 \\ 0 & 0 \end{pmatrix} = \mathbf{O}_{3\times 2}.$$

Analog erhält man $\mathbf{O}_{2\times 3} \mathbf{A} = \mathbf{O}_{2\times 2}$, $\mathbf{A} \mathbf{O}_{2\times 2} = \mathbf{O}_{3\times 2}$, $\mathbf{A} \mathbf{O}_{2\times 3} = \mathbf{O}_{3\times 3}$ und $\mathbf{A} \mathbf{E}_2 = \mathbf{A}$.

Das folgende Beispiel zeigt eine typische wirtschaftswissenschaftliche Anwendung der Matrizenmultiplikation:

Beispiel 8.31 (Wirtschaftswissenschaftliche Anwendung)

Ein Unternehmen produziert aus vier Einzelteilen T_1, T_2, T_3, T_4 drei Bauteile B_1, B_2, B_3, aus denen anschließend zwei Endprodukte P_1, P_2 gefertigt werden.

den. Dabei bezeichnet

a_{ik} die Anzahl der Einheiten von T_i, die zur Produktion einer Einheit von B_k benötigt wird und

b_{kj} die Anzahl der Einheiten von B_k, die zur Produktion einer Einheit von P_j eingesetzt werden muss.

Die beiden folgenden Tabellen enthalten die Werte für diese Produktionskoeffizienten a_{ik} und b_{kj}:

Einzel-teile	Bauteile		
	B_1	B_2	B_3
T_1	5	2	3
T_2	4	3	2
T_3	2	6	5
T_4	3	5	3

bzw.

Bau-teile	Produkte	
	P_1	P_2
B_1	1	2
B_2	3	1
B_3	2	3

In Matrizenschreibweise führt dies zu den beiden Matrizen **A** und **B**:

$$\mathbf{A} = (a_{ik})_{4,3} = \begin{pmatrix} 5 & 2 & 3 \\ 4 & 3 & 2 \\ 2 & 6 & 5 \\ 3 & 5 & 3 \end{pmatrix} \quad \text{bzw.}$$

$$\mathbf{B} = (b_{kj})_{3,2} = \begin{pmatrix} 1 & 2 \\ 3 & 1 \\ 2 & 3 \end{pmatrix}$$

Weiter bezeichnet

c_{ij} die Anzahl der Einheiten von T_i, die zur Produktion einer Einheit von P_j erforderlich ist.

Dann gilt z. B.

$$c_{11} = 5 \cdot 1 + 2 \cdot 3 + 3 \cdot 2 = 17 \quad \text{bzw. allgemein}$$

$$c_{ij} = \sum_{k=1}^{3} a_{ik} \cdot b_{kj}.$$

Dies führt zur folgenden Matrix $\mathbf{C} = (c_{ij})_{4,2}$ zur Beschreibung der benötigten Einheiten der vier Einzelteile T_1, T_2, T_3, T_4 für die Produktion der beiden Produkte P_1 und P_2:

$$\mathbf{C} = (c_{ij})_{4,2} = \mathbf{AB} = \begin{pmatrix} 5 & 2 & 3 \\ 4 & 3 & 2 \\ 2 & 6 & 5 \\ 3 & 5 & 3 \end{pmatrix} \begin{pmatrix} 1 & 2 \\ 3 & 1 \\ 2 & 3 \end{pmatrix} = \begin{pmatrix} 17 & 21 \\ 17 & 17 \\ 30 & 25 \\ 24 & 20 \end{pmatrix}$$

Sollen nun z. B. acht Einheiten des Produkts P_1 und zehn Einheiten des Produkts P_2 hergestellt werden, dann berechnen sich die Stückzahlen der hierfür benötigten Einzelteile wie folgt:

T_1: $17 \cdot 8 + 21 \cdot 10 = 346$
T_2: $17 \cdot 8 + 17 \cdot 10 = 306$
T_3: $30 \cdot 8 + 25 \cdot 10 = 490$
T_4: $24 \cdot 8 + 20 \cdot 10 = 392$

Mit dem Vektor

$$\mathbf{a} = \begin{pmatrix} 8 \\ 10 \end{pmatrix}$$

für die Stückzahlen der zu produzierenden Einheiten der beiden Produkte P_1 und P_2 erhält man dasselbe Ergebnis durch Berechnung des Matrizenprodukts

$$\mathbf{Ca} = \begin{pmatrix} 17 & 21 \\ 17 & 17 \\ 30 & 25 \\ 24 & 20 \end{pmatrix} \begin{pmatrix} 8 \\ 10 \end{pmatrix} = \begin{pmatrix} 346 \\ 306 \\ 490 \\ 392 \end{pmatrix}.$$

Wichtige Spezialfälle der Matrizenmultiplikation

Im Folgenden werden vier wichtige und häufig auftretende Spezialfälle der Matrizenmultiplikation betrachtet:

a) Besonders einfach lässt sich das Produkt einer beliebigen $n \times n$-Matrix $\mathbf{A} = (a_{ij})_{n,n}$ und einer Diagonalmatrix $\mathbf{D}$ derselben Ordnung berechnen. Dann resultiert bei Linksmultiplikation von $\mathbf{D}$ mit $\mathbf{A}$

$$\mathbf{DA} = \begin{pmatrix} d_1 & 0 & \cdots & 0 \\ 0 & d_2 & & 0 \\ \vdots & & \ddots & 0 \\ 0 & \cdots & 0 & d_n \end{pmatrix} \begin{pmatrix} a_{11} & \cdots & a_{1n} \\ \vdots & \ddots & \vdots \\ a_{n1} & \cdots & a_{nn} \end{pmatrix}$$

$$= \begin{pmatrix} d_1 a_{11} & \cdots & d_1 a_{1n} \\ \vdots & \ddots & \vdots \\ d_n a_{n1} & \cdots & d_n a_{nn} \end{pmatrix}$$

und bei Rechtsmultiplikation

$$\mathbf{AD} = \begin{pmatrix} a_{11} & \cdots & a_{1n} \\ \vdots & \ddots & \vdots \\ a_{n1} & \cdots & a_{nn} \end{pmatrix} \begin{pmatrix} d_1 & 0 & \cdots & 0 \\ 0 & d_2 & & 0 \\ \vdots & & \ddots & 0 \\ 0 & \cdots & 0 & d_n \end{pmatrix}$$

$$= \begin{pmatrix} d_1 a_{11} & \cdots & d_n a_{1n} \\ \vdots & \ddots & \vdots \\ d_1 a_{n1} & \cdots & d_n a_{nn} \end{pmatrix}.$$

Gilt für die Einträge auf der Hauptdiagonalen von $\mathbf{D}$ zusätzlich $d_1 = \ldots = d_n = d$, dann folgt

$$\mathbf{D}\mathbf{A} = \mathbf{A}\mathbf{D} = d\mathbf{A}.$$

Das heißt, in diesem Fall entspricht die Multiplikation mit $\mathbf{D}$ der skalaren Multiplikation der Matrix $\mathbf{A}$ mit der reellen Zahl d und ist somit insbesondere kommutativ. Die Matrix $\mathbf{D}$ wird deshalb oft auch als **Skalarmatrix** bezeichnet.

b) Multipliziert man eine $m \times n$-Matrix $\mathbf{A} = (a_{ij})_{m,n}$ mit einer $n \times 1$-Matrix, d. h. einem n-dimensionalen Spaltenvektor $\mathbf{x}$, dann erhält man den m-dimensionalen Spaltenvektor

$$\mathbf{A}\mathbf{x} = \begin{pmatrix} a_{11} & \ldots & a_{1n} \\ \vdots & \ddots & \vdots \\ a_{m1} & \ldots & a_{mn} \end{pmatrix} \begin{pmatrix} x_1 \\ \vdots \\ x_n \end{pmatrix} = \begin{pmatrix} \sum_{j=1}^n a_{1j} x_j \\ \vdots \\ \sum_{j=1}^n a_{mj} x_j \end{pmatrix}. \quad (8.23)$$

Die lineare Abbildung $\mathbf{x} \mapsto \mathbf{A}\mathbf{x}$ stimmt folglich mit der linearen Abbildung $f_{\mathbf{A}}$ in Satz 8.21 überein. Für die zur Matrix $\mathbf{A}$ gehörende lineare Abbildung $f_{\mathbf{A}}$ gilt somit

$$f_{\mathbf{A}}(\mathbf{x}) = \mathbf{A}\mathbf{x} \quad \text{für alle } \mathbf{x} \in \mathbb{R}^n. \quad (8.24)$$

Aus diesem Grund wird anstelle von $f_{\mathbf{A}}$ oftmals einfach $\mathbf{A}\mathbf{x}$ geschrieben. Mit (8.23) erhält man ferner, dass sich das Matrizenprodukt einer $m \times p$-Matrix $\mathbf{A}$ und einer $p \times n$-Matrix $\mathbf{B}$ mit den Spaltenvektoren $\mathbf{b}_1, \ldots, \mathbf{b}_n \in \mathbb{R}^p$ darstellen lässt als

$$\mathbf{A}\mathbf{B} = (\mathbf{A}\mathbf{b}_1, \ldots, \mathbf{A}\mathbf{b}_n). \quad (8.25)$$

Das heißt, dass die n Spaltenvektoren von $\mathbf{A}\mathbf{B}$ durch die Vektoren $\mathbf{A}\mathbf{b}_1, \ldots, \mathbf{A}\mathbf{b}_n \in \mathbb{R}^m$ gegeben sind.

c) Multipliziert man eine $m \times 1$-Matrix, also einen m-dimensionalen Spaltenvektor $\mathbf{a}$, mit einer $1 \times n$-Matrix, d. h. einem n-dimensionalen Zeilenvektor $\mathbf{b}$, dann resultiert eine $m \times n$-Matrix:

$$\mathbf{a}\mathbf{b} = \begin{pmatrix} a_1 \\ \vdots \\ a_m \end{pmatrix} (b_1, \ldots, b_n) = \begin{pmatrix} a_1 b_1 & \ldots & a_1 b_n \\ \vdots & & \vdots \\ a_m b_1 & \ldots & a_m b_n \end{pmatrix}$$

In diesem Fall spricht man auch vom **dyadischen** oder **tensoriellen Produkt** und schreibt $\mathbf{a} \otimes \mathbf{b}$.

d) Bei der Multiplikation einer $1 \times n$-Matrix $\mathbf{a}$ mit einer $n \times 1$-Matrix $\mathbf{b}$ erhält man das Skalarprodukt von $\mathbf{a}$ und $\mathbf{b}$:

$$\mathbf{a}\mathbf{b} = (a_1, \ldots, a_n) \begin{pmatrix} b_1 \\ \vdots \\ b_n \end{pmatrix} = \sum_{i=1}^n a_i b_i = \langle \mathbf{a}, \mathbf{b} \rangle$$

Beispiel 8.32 (Wirtschaftswissenschaftliche Anwendungen)

a) Es wird ein Unternehmen betrachtet, das sechs Produkte $P_1, \ldots, P_6$ verkauft.

Die Verkaufsmengen x_i und die Verkaufspreise p_i (in €) für die sechs verschiedenen Produkte sind gegeben durch die Einträge in den beiden folgenden Spaltenvektoren

$$\mathbf{x} = \begin{pmatrix} 5 \\ 9 \\ 2 \\ 28 \\ 0 \\ 17 \end{pmatrix} \quad \text{bzw.} \quad \mathbf{p} = \begin{pmatrix} 80 \\ 50 \\ 90 \\ 10 \\ 200 \\ 70 \end{pmatrix}.$$

Der Umsatz beträgt somit

$$U = \mathbf{x}^T \mathbf{p} = \langle \mathbf{x}, \mathbf{p} \rangle = \sum_{i=1}^6 x_i p_i = 2500 \, €.$$

b) Betrachtet wird ein Markt mit drei konkurrierenden Produkten P_1, P_2 und P_3. Die Marktanteile dieser drei Produkte zum Zeitpunkt t betragen $0,3$, $0,6$ bzw. $0,1$. Weiter bezeichnen für $i, j = 1, 2, 3$ die Werte

a_{ij} den Anteil der Käufer von Produkt P_j zum Zeitpunkt t, die zum Zeitpunkt $t+1$ das Produkt P_i kaufen.

Das heißt, die Werte a_{ij} mit $i \neq j$ entsprechen den „Wechselwahrscheinlichkeiten" zwischen den drei Produkten und das Diagonalelement a_{ii} gibt die Wahrscheinlichkeit an, dass ein Käufer dem Produkt i treu bleibt. Diese Wahrscheinlichkeiten sind in der sogenannten **Übergangsmatrix**

$$\mathbf{A} = \begin{pmatrix} 0,5 & 0,2 & 0,1 \\ 0,2 & 0,4 & 0,3 \\ 0,3 & 0,4 & 0,6 \end{pmatrix} \quad (8.26)$$

zusammengefasst (vgl. Abbildung 8.5). Die Einträge der Übergangsmatrix (8.26) sind alle nichtnegativ und die Summe der Werte in einer Spalte ist gleich Eins. Matrizen mit diesen beiden Eigenschaften werden als **stochastische Matrizen** bezeichnet und spielen auch in vielen anderen Anwendungen eine wichtige Rolle (siehe auch Beispiel 10.12). Durch die Vektoren $\mathbf{x}_t, \mathbf{x}_{t+1}, \mathbf{x}_{t+2}, \ldots$ seien die Marktanteile zum Zeitpunkt $t, t+1, t+2, \ldots$ gegeben. Dabei gilt gemäß Annahme

$$\mathbf{x}_t = \begin{pmatrix} 0{,}3 \\ 0{,}6 \\ 0{,}1 \end{pmatrix}$$

und die Marktanteile eine Periode später erhält man durch

$$\mathbf{x}_{t+1} = \mathbf{A}\,\mathbf{x}_t = \begin{pmatrix} 0{,}5 & 0{,}2 & 0{,}1 \\ 0{,}2 & 0{,}4 & 0{,}3 \\ 0{,}3 & 0{,}4 & 0{,}6 \end{pmatrix} \begin{pmatrix} 0{,}3 \\ 0{,}6 \\ 0{,}1 \end{pmatrix} = \begin{pmatrix} 0{,}28 \\ 0{,}33 \\ 0{,}39 \end{pmatrix}.$$

Falls die Übergangsmatrix **A stationär** – d. h. zeitlich konstant – ist, lassen sich die Marktanteile zum Zeitpunkt $t+2$ auf analoge Weise berechnen und man erhält dann

$$\mathbf{x}_{t+2} = \mathbf{A}\,\mathbf{x}_{t+1} = \begin{pmatrix} 0{,}5 & 0{,}2 & 0{,}1 \\ 0{,}2 & 0{,}4 & 0{,}3 \\ 0{,}3 & 0{,}4 & 0{,}6 \end{pmatrix} \begin{pmatrix} 0{,}28 \\ 0{,}33 \\ 0{,}39 \end{pmatrix} = \begin{pmatrix} 0{,}245 \\ 0{,}305 \\ 0{,}45 \end{pmatrix}.$$

Das heißt, die Marktanteile der drei Produkte P_1, P_2 und P_3 zum Zeitpunkt $t=2$ betragen $0{,}245$, $0{,}305$ bzw. $0{,}45$. Alternativ kann man $\mathbf{x}_{t+2}$ berechnen durch

$$\mathbf{x}_{t+2} = \mathbf{A}\,\mathbf{x}_{t+1} = \mathbf{A}\,(\mathbf{A}\,\mathbf{x}_t) = \mathbf{A}^2\,\mathbf{x}_t$$

$$= \begin{pmatrix} 0{,}32 & 0{,}22 & 0{,}17 \\ 0{,}27 & 0{,}32 & 0{,}32 \\ 0{,}41 & 0{,}46 & 0{,}51 \end{pmatrix} \begin{pmatrix} 0{,}3 \\ 0{,}6 \\ 0{,}1 \end{pmatrix} = \begin{pmatrix} 0{,}245 \\ 0{,}305 \\ 0{,}45 \end{pmatrix}.$$

Allgemein gilt für den Marktanteil zum Zeitpunkt $t+n$

$$\mathbf{x}_{t+n} = \mathbf{A}^n\,\mathbf{x}_t \qquad (8.27)$$

für alle $n \in \mathbb{N}_0$. Im Marketing werden solche und ähnliche Fragestellungen bei der Untersuchung der Markentreue von Käufern analysiert.

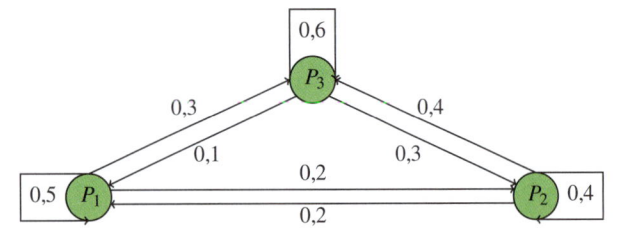

Abb. 8.5: Graphische Veranschaulichung der Übergangswahrscheinlichkeiten für die drei Produkte P_1, P_2 und P_3

8.6 Rang

In Satz 8.21 und (8.24) wurde gezeigt, dass jede $m \times n$-Matrix $\mathbf{A}$ die kanonische Matrix genau einer linearen Abbildung $f_\mathbf{A}: \mathbb{R}^n \longrightarrow \mathbb{R}^m$ ist und

$$\mathbf{A}\,\mathbf{x} = f_\mathbf{A}(\mathbf{x}) \quad \text{für alle } \mathbf{x} \in \mathbb{R}^n \qquad (8.28)$$

gilt. Dies motiviert, die in Definition 8.3 für lineare Abbildungen eingeführten Begriffe Kern und Bild auch für Matrizen zu erklären, indem man für eine $m \times n$-Matrix $\mathbf{A}$

$$\text{Kern}(\mathbf{A}) := \text{Kern}(f_\mathbf{A}) \quad \text{und}$$
$$\text{Bild}(\mathbf{A}) := \text{Bild}(f_\mathbf{A}) \qquad (8.29)$$

definiert. Die linearen Unterräume Kern($\mathbf{A}$) und Bild($\mathbf{A}$) heißen **Kern** bzw. **Bild** der Matrix $\mathbf{A}$. Der Kern einer Matrix $\mathbf{A}$, wird häufig auch als **Nullraum** der Matrix $\mathbf{A}$ bezeichnet. Mit (8.28) erhält man für den Kern und das Bild einer $m \times n$-Matrix $\mathbf{A}$ die alternativen Darstellungen

$$\text{Kern}(\mathbf{A}) = \{\mathbf{x} \in \mathbb{R}^n : \mathbf{A}\,\mathbf{x} = \mathbf{0}\} \quad \text{bzw.} \qquad (8.30)$$
$$\text{Bild}(\mathbf{A}) = \{\mathbf{y} \in \mathbb{R}^m : \text{es gibt ein } \mathbf{x} \in \mathbb{R}^n \text{ mit } \mathbf{y} = \mathbf{A}\,\mathbf{x}\}. \quad (8.31)$$

Die Dimension des linearen Unterraums Bild($\mathbf{A}$) von $\mathbb{R}^m$ spielt bei der Lösung von linearen Gleichungssystemen eine bedeutende Rolle. Aus diesem Grund wird im Folgenden mit dem **Rang** ein eigener Begriff für die Dimension von Bild($\mathbf{A}$) eingeführt:

Definition 8.33 (Rang einer Matrix)

Bei einer $m \times n$-Matrix $\mathbf{A}$ wird $\text{rang}(\mathbf{A}) := \dim(\text{Bild}(\mathbf{A}))$ *als Rang der Matrix $\mathbf{A}$ bezeichnet.*

Für eine $m \times n$-Matrix $\mathbf{A}$ gehört ein Vektor $\mathbf{b} \in \mathbb{R}^m$ genau dann zum linearen Unterraum Bild($\mathbf{A}$), wenn es ein $\mathbf{x} \in \mathbb{R}^n$ mit der Eigenschaft

$$\mathbf{A}\,\mathbf{x} = \mathbf{b}$$

gibt. Also wenn

$$\begin{aligned} a_{11}x_1 + a_{12}x_2 + \ldots + a_{1n}x_n &= b_1 \\ a_{21}x_1 + a_{22}x_2 + \ldots + a_{2n}x_n &= b_2 \\ \vdots \quad \vdots \quad \vdots \quad &= \vdots \\ a_{m1}x_1 + a_{m2}x_2 + \ldots + a_{mn}x_n &= b_m \end{aligned}$$

und damit

$$x_1 \underbrace{\begin{pmatrix} a_{11} \\ a_{21} \\ \vdots \\ a_{m1} \end{pmatrix}}_{=:\mathbf{a}_1} + x_2 \underbrace{\begin{pmatrix} a_{12} \\ a_{22} \\ \vdots \\ a_{m2} \end{pmatrix}}_{=:\mathbf{a}_2} + \ldots + x_n \underbrace{\begin{pmatrix} a_{1n} \\ a_{2n} \\ \vdots \\ a_{mn} \end{pmatrix}}_{=:\mathbf{a}_n} = \begin{pmatrix} b_1 \\ b_2 \\ \vdots \\ b_m \end{pmatrix}$$

erfüllt ist. Das heißt, ein Vektor $\mathbf{b} \in \mathbb{R}^m$ gehört genau dann zum linearen Unterraum Bild($\mathbf{A}$), wenn er eine Linearkombination der Spaltenvektoren $\mathbf{a}_1, \ldots, \mathbf{a}_n$ der Matrix $\mathbf{A}$ ist. Folglich gilt

$$\text{Bild}(\mathbf{A}) = \text{Lin}\{\mathbf{a}_1, \ldots, \mathbf{a}_n\}. \quad (8.32)$$

Das Bild einer Matrix $\mathbf{A}$ ist somit gleich dem linearen Unterraum des $\mathbb{R}^m$, der von den m-dimensionalen Spaltenvektoren $\mathbf{a}_1, \ldots, \mathbf{a}_n$ der Matrix $\mathbf{A}$ erzeugt wird. Die Dimension von Bild($\mathbf{A}$), also der Rang der Matrix $\mathbf{A}$, entspricht daher der maximalen Anzahl linear unabhängiger Spaltenvektoren von $\mathbf{A}$ und wie mit Folgerung 8.36 gezeigt wird, ist rang($\mathbf{A}$) auch gleich der maximalen Anzahl linear unabhängiger Zeilenvektoren von $\mathbf{A}$.

Der folgende Satz fasst die wichtigsten Eigenschaften des Kerns, des Bildes und des Rangs einer Matrix $\mathbf{A}$ zusammen:

Satz 8.34 (Eigenschaften des Kerns, Bildes und Rangs einer Matrix)

Es seien $\mathbf{A}$ eine $m \times p$-Matrix und $\mathbf{B}$ eine $p \times n$-Matrix. Dann gilt:

a) rang($\mathbf{A}$) $\leq \min\{m, p\}$
b) $\dim(\text{Kern}(\mathbf{A})) + \text{rang}(\mathbf{A}) = p$ *(Dimensionsformel)*
c) $\{\mathbf{0}\} \subseteq \text{Kern}(\mathbf{A})$
d) $\text{Kern}(\mathbf{A}) = \{\mathbf{0}\} \iff \text{rang}(\mathbf{A}) = p$
e) $\text{Kern}(\mathbf{A}) = \text{Bild}(\mathbf{A}^T)^\perp$
f) $\text{rang}(\mathbf{A}) = \text{rang}(\mathbf{A}^T)$
g) $\text{rang}(\mathbf{A}\mathbf{B}) \leq \min\{\text{rang}(\mathbf{A}), \text{rang}(\mathbf{B})\}$

Beweis: Zu a): Wegen Bild($\mathbf{A}$) $\subseteq \mathbb{R}^m$ gilt

$$\text{rang}(\mathbf{A}) = \dim(\text{Bild}(\mathbf{A})) \leq m$$

und mit Bild($\mathbf{A}$) = Lin$\{\mathbf{a}_1, \ldots, \mathbf{a}_p\}$ (vgl. (8.32)) erhält man rang($\mathbf{A}$) $\leq p$. Es gilt somit insgesamt rang($\mathbf{A}$) $\leq \min\{m, p\}$.

Zu b): Folgt mit (8.29), Definition 8.33 und Satz 8.7 angewandt auf die lineare Abbildung $f_\mathbf{A}: \mathbb{R}^p \longrightarrow \mathbb{R}^m$.

Zu c): Folgt unmittelbar aus (8.4) und (8.30) oder der Tatsache, dass Kern($\mathbf{A}$) ein linearer Unterraum ist.

Zu d): Es gilt Kern($\mathbf{A}$) = $\{\mathbf{0}\} \Leftrightarrow \dim(\text{Kern}(\mathbf{A})) = 0$. Zusammen mit Aussage b) folgt daraus die Behauptung.

Zu e): Mit Satz 8.22 erhält man für alle $\mathbf{x} \in \text{Kern}(\mathbf{A})$ und alle $\mathbf{y} \in \mathbb{R}^m$

$$0 = \langle f_\mathbf{A}(\mathbf{x}), \mathbf{y} \rangle = \langle \mathbf{x}, f_{\mathbf{A}^T}(\mathbf{y}) \rangle.$$

Das heißt, es gilt Kern($\mathbf{A}$) $\subseteq$ Bild($\mathbf{A}^T)^\perp$ (vgl. Definition 7.47). Gilt umgekehrt $\mathbf{x} \in \text{Bild}(\mathbf{A}^T)^\perp$, dann folgt mit Satz 8.22 für alle $\mathbf{y} \in \mathbb{R}^m$

$$0 = \langle \mathbf{x}, f_{\mathbf{A}^T}(\mathbf{y}) \rangle = \langle f_\mathbf{A}(\mathbf{x}), \mathbf{y} \rangle.$$

Dies impliziert $f_\mathbf{A}(\mathbf{x}) \in (\mathbb{R}^m)^\perp = \{\mathbf{0}\}$ (vgl. (7.42)), also $\mathbf{x} \in \text{Kern}(\mathbf{A})$. Es gilt somit auch Bild($\mathbf{A}^T)^\perp \subseteq \text{Kern}(\mathbf{A})$ und damit insgesamt die Behauptung Kern($\mathbf{A}$) = Bild($\mathbf{A}^T)^\perp$.

Zu f): Mit Satz 7.48a) folgt

$$p = \dim\left(\text{Bild}(\mathbf{A}^T)\right) + \dim\left(\text{Bild}(\mathbf{A}^T)^\perp\right).$$

Daraus folgt zusammen mit Aussage e) und rang($\mathbf{A}^T$) = $\dim\left(\text{Bild}(\mathbf{A}^T)\right)$

$$p = \text{rang}(\mathbf{A}^T) + \dim(\text{Kern}(\mathbf{A})).$$

In Kombination mit Aussage b) liefert dies

$$\dim(\text{Kern}(\mathbf{A})) + \text{rang}(\mathbf{A}) = \text{rang}(\mathbf{A}^T) + \dim(\text{Kern}(\mathbf{A}))$$

und damit die Behauptung rang($\mathbf{A}$) = rang($\mathbf{A}^T$).

Zu g): Es seien $\mathbf{b}_1, \ldots, \mathbf{b}_n$ die Spaltenvektoren von $\mathbf{B}$ und $r := \text{rang}(\mathbf{B})$. Da rang($\mathbf{B}$) die maximale Anzahl linear unabhängiger Spaltenvektoren von $\mathbf{B}$ angibt, sind beliebige $r+1$ Spaltenvektoren $\mathbf{b}_{k_1}, \ldots, \mathbf{b}_{k_{r+1}}$ der Matrix $\mathbf{B}$ linear abhängig. Damit sind aber auch beliebige $r+1$ Spaltenvektoren unter den Spaltenvektoren $\mathbf{A}\mathbf{b}_1, \ldots, \mathbf{A}\mathbf{b}_n$ der Matrix $\mathbf{A}\mathbf{B}$ linear abhängig. Denn für linear abhängige Vektoren $\mathbf{b}_{k_1}, \ldots, \mathbf{b}_{k_{r+1}}$ gilt $\sum_{i=1}^{r+1} \lambda_i \mathbf{b}_{k_i} = \mathbf{0}$ mit mindestens einem $\lambda_i \neq 0$. Dies impliziert

$$\mathbf{0} = \mathbf{A}\left(\sum_{i=1}^{r+1} \lambda_i \mathbf{b}_{k_i}\right) = \sum_{i=1}^{r+1} \lambda_i \mathbf{A}\mathbf{b}_{k_i}$$

mit mindestens einem $\lambda_i \neq 0$. Das heißt, die Vektoren $\mathbf{A}\mathbf{b}_{k_1}, \ldots, \mathbf{A}\mathbf{b}_{k_{r+1}}$ sind ebenfalls linear abhängig. Also ist rang($\mathbf{A}\mathbf{B}$) $\leq r = \text{rang}(\mathbf{B})$. Analog erhält man rang($\mathbf{B}^T \mathbf{A}^T$) $\leq \text{rang}(\mathbf{A}^T)$. Daraus folgt zusammen mit Aussage f)

$$\text{rang}(\mathbf{A}\mathbf{B}) = \text{rang}\left((\mathbf{A}\mathbf{B})^T\right) = \text{rang}\left(\mathbf{B}^T\mathbf{A}^T\right) \leq \text{rang}\left(\mathbf{A}^T\right) = \text{rang}(\mathbf{A}).$$

Es gilt somit insgesamt die Behauptung g). ∎

Aufgrund des Satzes 8.34a) wird von einer $m \times n$-Matrix $\mathbf{A}$ gesagt, dass sie den **vollen Rang** besitzt, wenn

$$\text{rang}(\mathbf{A}) = \min\{m, n\}$$

gilt. Für eine quadratische $n \times n$-Matrix **A** bedeutet ein voller Rang somit $\text{rang}(\mathbf{A}) = \min\{n, n\} = n$. Aufgrund ihrer großen Bedeutung wurde für quadratische Matrizen mit vollem Rang eine eigene Bezeichnung eingeführt:

> **Definition 8.35** (Reguläre Matrix)
>
> *Eine quadratische $n \times n$-Matrix mit vollem Rang, d. h. mit $\text{rang}(\mathbf{A}) = n$, heißt regulär. Besitzt eine quadratische $n \times n$-Matrix dagegen nicht den vollen Rang, d. h. gilt $\text{rang}(\mathbf{A}) < n$, wird sie als singulär bezeichnet.*

Mit Satz 8.34f) erhält man auch das folgende, auf den ersten Blick nicht offensichtliche Resultat, welches in der Literatur unter dem Namen **Rangsatz** bekannt ist:

> **Folgerung 8.36** (Rangsatz)
>
> *Die maximale Anzahl linear unabhängiger Spaltenvektoren und die maximale Anzahl linear unabhängiger Zeilenvektoren einer $m \times n$ Matrix **A** stimmen mit $\text{rang}(\mathbf{A})$ überein.*

Beweis: Die Werte $\text{rang}(\mathbf{A})$ und $\text{rang}(\mathbf{A}^T)$ geben die maximale Anzahl linear unabhängiger Spaltenvektoren von **A** bzw. $\mathbf{A}^T$ an (siehe hierzu die Erläuterungen vor Satz 8.34). Da jedoch die Spalten von $\mathbf{A}^T$ die Zeilen von **A** sind und nach Satz 8.34f) $\text{rang}(\mathbf{A}) = \text{rang}(\mathbf{A}^T)$ gilt, folgt die Behauptung. ∎

Der Rangsatz besagt somit, dass der lineare Unterraum des $\mathbb{R}^m$, der durch die Spaltenvektoren einer $m \times n$ Matrix **A** erzeugt wird, stets die gleiche Dimension hat wie der durch die Zeilenvektoren von **A** aufgespannte lineare Unterraum des $\mathbb{R}^n$.

> **Beispiel 8.37** (Rang einer Matrix)
>
> a) Gegeben seien die folgenden Matrizen
> $$\mathbf{a} = \begin{pmatrix} -2 \\ 0 \\ 1 \\ -3 \end{pmatrix}, \mathbf{E} = \begin{pmatrix} 1 & 0 & 0 \\ 0 & 1 & 0 \\ 0 & 0 & 1 \end{pmatrix}, \mathbf{A} = \begin{pmatrix} 1 & 2 & 3 \\ 2 & 4 & 6 \\ 3 & 6 & 9 \end{pmatrix}$$
> und $\mathbf{B} = \begin{pmatrix} 1 & 1 & 0 & 0 \\ 0 & 0 & 0 & 1 \\ 1 & 0 & 1 & 0 \end{pmatrix}$.

Die Spalten der Matrizen **a** und **E** sind offensichtlich linear unabhängig. Es gilt somit $\text{rang}(\mathbf{a}) = 1$ und $\text{rang}(\mathbf{E}) = 3$. Dagegen sind die Spalten von **A** jeweils Vielfache voneinander. Man erhält somit $\text{rang}(\mathbf{A}) = 1$. Für die Matrix **B** gilt, dass die zweite, dritte und vierte Spalte von **B** linear unabhängig sind, während die erste Spalte eine Linearkombination (genauer, die Summe) der zweiten und dritten Spalte ist. Folglich gilt $\text{rang}(\mathbf{B}) = 3$.

b) Für die vier Spaltenvektoren $\mathbf{a}_1, \mathbf{a}_2, \mathbf{a}_3, \mathbf{a}_4$ der 4×4-Matrix
$$\mathbf{A} = \begin{pmatrix} 2 & -1 & -10 & 4 \\ -3 & 1 & 13 & -5 \\ 0 & 2 & 8 & -4 \\ 1 & -2 & -11 & 5 \end{pmatrix}$$
gilt:
$$2\mathbf{a}_3 = -6\mathbf{a}_1 + 8\mathbf{a}_2$$
$$\mathbf{a}_4 = \mathbf{a}_1 - 2\mathbf{a}_2$$

Ferner ist die Menge $\{\mathbf{a}_1, \mathbf{a}_2\}$ linear unabhängig. Die maximale Anzahl linear unabhängiger Spaltenvektoren von **A** beträgt somit zwei und es gilt $\text{rang}(\mathbf{A}) = 2$. Zusammen mit der Dimensionsformel (vgl. Satz 8.34b)) folgt daraus für die Dimension des Kerns
$$\dim(\text{Kern}(\mathbf{A})) = 4 - \text{rang}(\mathbf{A}) = 2.$$

In Abschnitt 9.6 wird gezeigt, wie der Rang einer Matrix beliebig großer Ordnung mit Hilfe des **Gauß-Algorithmus** berechnet werden kann.

Zum Abschluss dieses Abschnitts liefert das folgende Resultat für lineare Abbildungen $f_\mathbf{A}: \mathbb{R}^n \longrightarrow \mathbb{R}^m$ eine Charakterisierung der Eigenschaften Injektivität, Surjektivität und Bijektivität anhand des Rangs der zugehörigen kanonischen Matrix **A**:

> **Folgerung 8.38** (Injektivität, Surjektivität, Bijektivität und Rang)
>
> *Für eine lineare Abbildung $f_\mathbf{A}: \mathbb{R}^n \longrightarrow \mathbb{R}^m$, $\mathbf{x} \mapsto \mathbf{A}\mathbf{x}$ gilt:*
> *a) $f_\mathbf{A}$ ist injektiv $\Longleftrightarrow \text{rang}(\mathbf{A}) = n$*
> *b) $f_\mathbf{A}$ ist surjektiv $\Longleftrightarrow \text{rang}(\mathbf{A}) = m$*
> *c) $f_\mathbf{A}$ ist bijektiv $\Longleftrightarrow \text{rang}(\mathbf{A}) = n = m$*

Beweis: Zu a): Mit Folgerung 8.8a) und Satz 8.34b) erhält man, dass $\text{rang}(\mathbf{A}) = \dim(\text{Bild}(\mathbf{A})) = n$ genau dann gilt, wenn $f_\mathbf{A}$ injektiv ist.

Zu b): Mit Folgerung 8.8b) erhält man, dass $\text{rang}(\mathbf{A}) = \dim(\text{Bild}(\mathbf{A})) = m$ genau dann gilt, wenn $f_\mathbf{A}$ surjektiv ist.

Zu c): Eine Abbildung ist per Definition genau dann bijektiv, wenn sie injektiv und surjektiv ist. Mit den Aussagen a) und b) erhält man somit, dass die lineare Abbildung $f_\mathbf{A}$ genau dann bijektiv ist, wenn $\text{rang}(\mathbf{A}) = n = m$ gilt. ∎

8.7 Inverse Matrizen

In der Menge der reellen Zahlen $\mathbb{R}$ existiert bekanntlich für jede reelle Zahl $a \in \mathbb{R} \setminus \{0\}$ genau ein $b \in \mathbb{R}$ mit der Eigenschaft

$$ba = 1.$$

Diese reelle Zahl b ist durch

$$a^{-1} = \frac{1}{a}$$

gegeben und wird als **inverses Element** oder **Kehrwert** der reellen Zahl $a \in \mathbb{R} \setminus \{0\}$ bezeichnet (vgl. Abschnitt 3.3). Das inverse Element dient z. B. zur Auflösung von Gleichungen nach einer Unbekannten x:

$$ax = c \iff a^{-1}ax = a^{-1}c \iff 1 \cdot x = a^{-1}c$$
$$\iff x = \frac{c}{a}.$$

Analog zum inversen Element einer reellen Zahl ist man auch im Zusammenhang mit einer quadratischen Matrix $\mathbf{A} \in M(n,n)$ an einer quadratischen Matrix $\mathbf{B} \in M(n,n)$ mit der Eigenschaft

$$\mathbf{B}\mathbf{A} = \mathbf{E} \tag{8.33}$$

interessiert. Denn mit einer solchen Matrix $\mathbf{B}$ erhält man

$$\mathbf{A}\mathbf{x} = \mathbf{c} \iff \mathbf{B}\mathbf{A}\mathbf{x} = \mathbf{B}\mathbf{c} \iff \mathbf{E}\mathbf{x} = \mathbf{B}\mathbf{c} \iff \mathbf{x} = \mathbf{B}\mathbf{c}.$$

Das heißt, mit einer quadratischen Matrix $\mathbf{B} \in M(n,n)$ mit der Eigenschaft (8.33) kann eine Gleichung der Form $\mathbf{A}\mathbf{x} = \mathbf{c}$, also ein lineares Gleichungssystem (siehe Abschnitt 8.4), nach dem Vektor $\mathbf{x}$ aufgelöst werden. Darüber hinaus spielen Matrizen mit der Eigenschaft (8.33) in vielen weiteren Bereichen der linearen Algebra eine wichtige Rolle.

Dies motiviert die folgende Definition:

Definition 8.39 (Inverse Matrix)

Es sei $\mathbf{A}$ eine quadratische $n \times n$-Matrix. Dann heißt eine quadratische $n \times n$-Matrix $\mathbf{B}$ mit der Eigenschaft

$$\mathbf{B}\mathbf{A} = \mathbf{E} = \mathbf{A}\mathbf{B}$$

inverse Matrix (kurz: Inverse) von $\mathbf{A}$ und die Matrix $\mathbf{A}$ wird invertierbar genannt. Die Matrix $\mathbf{B}$ wird im Falle ihrer Existenz mit $\mathbf{A}^{-1} := \mathbf{B}$ bezeichnet. Eine Matrix $\mathbf{A}$, die keine Inverse besitzt, wird als nicht invertierbar bezeichnet.

Der folgende Satz besagt, dass die Inverse einer quadratischen Matrix im Falle ihrer Existenz eindeutig bestimmt ist:

Satz 8.40 (Eindeutigkeit der inversen Matrix)

Die Inverse einer quadratischen $n \times n$-Matrix $\mathbf{A}$ ist im Falle ihrer Existenz eindeutig.

Beweis: Es seien $\mathbf{B}$ und $\mathbf{C}$ zwei $n \times n$-Matrizen mit der Eigenschaft $\mathbf{B}\mathbf{A} = \mathbf{A}\mathbf{B} = \mathbf{E}$ bzw. $\mathbf{C}\mathbf{A} = \mathbf{A}\mathbf{C} = \mathbf{E}$. Dann folgt

$$\mathbf{B} = \mathbf{E}\mathbf{B} = (\mathbf{C}\mathbf{A})\mathbf{B} = \mathbf{C}(\mathbf{A}\mathbf{B}) = \mathbf{C}\mathbf{E} = \mathbf{C}.$$

Das heißt, es gilt $\mathbf{B} = \mathbf{C}$. ∎

Dieses Ergebnis hat die wichtige Konsequenz, dass ein quadratisches lineares Gleichungssystem $\mathbf{A}\mathbf{x} = \mathbf{c}$ der Ordnung $n \times n$ mit invertierbarer Koeffizientenmatrix $\mathbf{A}$ und beliebiger rechter Seite $\mathbf{c} \in \mathbb{R}^n$ stets genau eine Lösung besitzt. Diese Lösung erhält man mit Hilfe der Inversen $\mathbf{A}^{-1}$ durch Multiplikation von links auf die beiden Seiten des linearen Gleichungssystems:

$$\mathbf{A}^{-1}\mathbf{A}\mathbf{x} = \mathbf{A}^{-1}\mathbf{c} \iff \mathbf{E}\mathbf{x} = \mathbf{A}^{-1}\mathbf{c} \iff \mathbf{x} = \mathbf{A}^{-1}\mathbf{c}$$

Der Lösungsraum ist folglich gegeben durch

$$\mathbb{L} = \{\mathbf{A}^{-1}\mathbf{c}\}$$

(vgl. Beispiel 8.42). Dieses schöne Ergebnis besitzt jedoch den erheblichen Nachteil, dass die Berechnung der Inversen einer invertierbaren Matrix in den meisten Fällen relativ aufwendig ist. Die Lösung eines quadratischen linearen Gleichungssystems $\mathbf{A}\mathbf{x} = \mathbf{c}$ mit invertierbarer Koeffizientenmatrix $\mathbf{A}$ erfolgt deshalb in der Regel nicht mittels der inversen Matrix $\mathbf{A}^{-1}$, sondern in den meisten Fällen werden dazu andere, effizientere und allgemeinere Verfahren, wie z. B. der **Gauß-Algorithmus** (siehe Abschnitt 9.5), eingesetzt.

Der folgende Satz besagt, dass eine bijektive lineare Abbildung $f_\mathbf{A}: \mathbb{R}^n \longrightarrow \mathbb{R}^n$, $\mathbf{x} \mapsto \mathbf{A}\mathbf{x}$ eine lineare Umkehrabbildung $f_\mathbf{A}^{-1}: \mathbb{R}^n \longrightarrow \mathbb{R}^n$ mit der kanonischen Matrix $\mathbf{A}^{-1}$ besitzt:

> **Satz 8.41** (Umkehrabbildung einer bijektiven linearen Abbildung)
>
> *Es sei $f_\mathbf{A}: \mathbb{R}^n \longrightarrow \mathbb{R}^n$, $\mathbf{x} \mapsto \mathbf{A}\mathbf{x}$ eine bijektive lineare Abbildung mit der kanonischen $n \times n$-Matrix $\mathbf{A}$. Dann ist auch die Umkehrabbildung $f_\mathbf{A}^{-1}: \mathbb{R}^n \longrightarrow \mathbb{R}^n$ linear und besitzt als kanonische $n \times n$-Matrix die Inverse $\mathbf{A}^{-1}$ der Matrix $\mathbf{A}$.*

Beweis: Die Vektoren $\mathbf{y}_1, \mathbf{y}_2 \in \mathbb{R}^n$ und die Skalare $\lambda, \mu \in \mathbb{R}$ seien beliebig gewählt. Dann existieren aufgrund der Bijektivität von $f_\mathbf{A}$ eindeutig bestimmte Vektoren $\mathbf{x}_1, \mathbf{x}_2 \in \mathbb{R}^n$ mit $f_\mathbf{A}(\mathbf{x}_1) = \mathbf{y}_1$ und $f_\mathbf{A}(\mathbf{x}_2) = \mathbf{y}_2$. Zusammen mit der Linearität von $f_\mathbf{A}$ folgt daraus

$$f_\mathbf{A}^{-1}(\lambda \mathbf{y}_1 + \mu \mathbf{y}_2) = f_\mathbf{A}^{-1}(\lambda f_\mathbf{A}(\mathbf{x}_1) + \mu f_\mathbf{A}(\mathbf{x}_2))$$
$$= f_\mathbf{A}^{-1}(f_\mathbf{A}(\lambda \mathbf{x}_1 + \mu \mathbf{x}_2))$$
$$= \lambda \mathbf{x}_1 + \mu \mathbf{x}_2 = \lambda f_\mathbf{A}^{-1}(\mathbf{y}_1) + \mu f_\mathbf{A}^{-1}(\mathbf{y}_2).$$

Das heißt, die Abbildung $f_\mathbf{A}^{-1}$ ist linear.

Für die beiden linearen Abbildungen $f_\mathbf{A}: \mathbb{R}^n \longrightarrow \mathbb{R}^n$ und $f_\mathbf{A}^{-1}: \mathbb{R}^n \longrightarrow \mathbb{R}^n$ gilt

$$f_\mathbf{A}^{-1} \circ f_\mathbf{A} = f_\mathbf{A} \circ f_\mathbf{A}^{-1} = \mathrm{Id}_{\mathbb{R}^n} \qquad (8.34)$$

(vgl. Satz 6.33c)). Bezeichnet $\mathbf{B}$ die kanonische Matrix der Umkehrabbildung $f_\mathbf{A}^{-1}: \mathbb{R}^n \longrightarrow \mathbb{R}^n$, dann folgt mit Satz 8.29, dass auch die beiden Kompositionen $f_\mathbf{A}^{-1} \circ f_\mathbf{A}$ und $f_\mathbf{A} \circ f_\mathbf{A}^{-1}$ lineare Abbildungen sind, welche die kanonischen Matrizen $\mathbf{B}\mathbf{A}$ bzw. $\mathbf{A}\mathbf{B}$ besitzen. Da die Identität $\mathrm{Id}_{\mathbb{R}^n}$ die $n \times n$-Einheitsmatrix $\mathbf{E}$ als kanonische Matrix besitzt, impliziert dies zusammen mit (8.34)

$$\mathbf{B}\mathbf{A} = \mathbf{A}\mathbf{B} = \mathbf{E}.$$

Die kanonische Matrix $\mathbf{B}$ der Umkehrabbildung $f_\mathbf{A}^{-1}: \mathbb{R}^n \longrightarrow \mathbb{R}^n$ ist somit die Inverse $\mathbf{A}^{-1}$ der Matrix $\mathbf{A}$. ∎

> **Beispiel 8.42** (Inverse Matrizen)
>
> Die beiden Matrizen
>
> $$\mathbf{A} = \begin{pmatrix} 1 & 1 \\ 0 & 1 \end{pmatrix} \quad \text{und} \quad \mathbf{B} = \begin{pmatrix} 1 & 1 & 0 \\ 3 & 5 & 2 \\ 2 & 1 & 1 \end{pmatrix}$$

sind invertierbar. Die Inversen von $\mathbf{A}$ und $\mathbf{B}$ sind gegeben durch

$$\mathbf{A}^{-1} = \begin{pmatrix} 1 & -1 \\ 0 & 1 \end{pmatrix} \quad \text{bzw.} \quad \mathbf{B}^{-1} = \begin{pmatrix} \frac{3}{4} & -\frac{1}{4} & \frac{1}{2} \\ \frac{1}{4} & \frac{1}{4} & -\frac{1}{2} \\ -\frac{7}{4} & \frac{1}{4} & \frac{1}{2} \end{pmatrix}.$$

Denn es gilt

$$\mathbf{A}^{-1}\mathbf{A} = \begin{pmatrix} 1 & -1 \\ 0 & 1 \end{pmatrix} \begin{pmatrix} 1 & 1 \\ 0 & 1 \end{pmatrix} = \begin{pmatrix} 1 & 0 \\ 0 & 1 \end{pmatrix} = \mathbf{A}\mathbf{A}^{-1}$$

und

$$\mathbf{B}^{-1}\mathbf{B} = \begin{pmatrix} \frac{3}{4} & -\frac{1}{4} & \frac{1}{2} \\ \frac{1}{4} & \frac{1}{4} & -\frac{1}{2} \\ -\frac{7}{4} & \frac{1}{4} & \frac{1}{2} \end{pmatrix} \begin{pmatrix} 1 & 1 & 0 \\ 3 & 5 & 2 \\ 2 & 1 & 1 \end{pmatrix} = \begin{pmatrix} 1 & 0 & 0 \\ 0 & 1 & 0 \\ 0 & 0 & 1 \end{pmatrix}$$
$$= \mathbf{B}\mathbf{B}^{-1}.$$

Gilt zum Beispiel

$$\mathbf{b} = \begin{pmatrix} 2 \\ 1 \end{pmatrix} \quad \text{und} \quad \mathbf{c} = \begin{pmatrix} -1 \\ 3 \\ -2 \end{pmatrix},$$

dann besitzen die beiden linearen Gleichungssysteme $\mathbf{A}\mathbf{x} = \mathbf{b}$ und $\mathbf{B}\mathbf{x} = \mathbf{c}$ die jeweils eindeutige Lösung

$$\begin{pmatrix} 1 & -1 \\ 0 & 1 \end{pmatrix} \begin{pmatrix} 2 \\ 1 \end{pmatrix} = \begin{pmatrix} 1 \\ 1 \end{pmatrix} \quad \text{bzw.}$$
$$\begin{pmatrix} \frac{3}{4} & -\frac{1}{4} & \frac{1}{2} \\ \frac{1}{4} & \frac{1}{4} & -\frac{1}{2} \\ -\frac{7}{4} & \frac{1}{4} & \frac{1}{2} \end{pmatrix} \begin{pmatrix} -1 \\ 3 \\ -2 \end{pmatrix} = \begin{pmatrix} -\frac{5}{2} \\ \frac{3}{2} \\ \frac{3}{2} \end{pmatrix}.$$

Bedauerlicherweise besitzt nicht jede quadratische Matrix eine Inverse. Betrachtet man zum Beispiel die Matrix

$$\mathbf{A} = \begin{pmatrix} 1 & 0 \\ 0 & 0 \end{pmatrix},$$

dann gilt

$$\begin{pmatrix} 1 & 0 \\ 0 & 0 \end{pmatrix} \begin{pmatrix} u & v \\ w & x \end{pmatrix} = \begin{pmatrix} u & v \\ 0 & 0 \end{pmatrix} \neq \begin{pmatrix} 1 & 0 \\ 0 & 1 \end{pmatrix} = \mathbf{E}$$

für alle $u, v, w, x \in \mathbb{R}$. Das heißt, die Matrix $\mathbf{A}$ besitzt keine Inverse und ist somit nicht invertierbar.

Eine quadratische $n \times n$-Matrix $\mathbf{A}$ ist genau dann invertierbar, wenn sie den vollen Rang $\mathrm{rang}(\mathbf{A}) = n$ besitzt, also regulär ist:

Satz 8.43 (Äquivalenz von Invertierbarkeit und Regularität)

Eine $n \times n$-Matrix $\mathbf{A}$ besitzt genau dann eine Inverse $\mathbf{A}^{-1}$, wenn sie regulär ist, also $\operatorname{rang}(\mathbf{A}) = n$ gilt.

Beweis: Besitzt die $n \times n$-Matrix $\mathbf{A}$ die Inverse $\mathbf{A}^{-1}$, dann folgt
$$\mathbf{A}\mathbf{x} = \mathbf{0} \iff \mathbf{A}^{-1}\mathbf{A}\mathbf{x} = \mathbf{A}^{-1}\mathbf{0} \iff \mathbf{x} = \mathbf{0}.$$
Das heißt, es gilt $\operatorname{Kern}(\mathbf{A}) = \{\mathbf{0}\}$ und somit auch $\operatorname{rang}(\mathbf{A}) = n$ (vgl. Satz 8.34d)).

Es sei nun umgekehrt angenommen, dass $\operatorname{rang}(\mathbf{A}) = n$ gilt. Dann ist die lineare Abbildung $f_\mathbf{A}: \mathbb{R}^n \longrightarrow \mathbb{R}^n$, $\mathbf{x} \mapsto \mathbf{A}\mathbf{x}$ bijektiv (vgl. Folgerung 8.38c)) und die Umkehrabbildung $f_\mathbf{A}^{-1}: \mathbb{R}^n \longrightarrow \mathbb{R}^n$ von $f_\mathbf{A}$ ist gemäß Satz 8.41 linear mit der Inversen $\mathbf{A}^{-1}$ von $\mathbf{A}$ als kanonische Matrix. ∎

Eine quadratische $n \times n$-Matrix $\mathbf{A}$ ist also genau dann nicht invertierbar, wenn sie singulär ist, d. h. $\operatorname{rang}(\mathbf{A}) < n$ gilt.

Die relativ aufwendige Berechnung der Inversen $\mathbf{A}^{-1}$ einer $n \times n$-Matrix kann im Falle ihrer Existenz zum Beispiel mit Hilfe des **Gauß-Algorithmus** (siehe Abschnitt 9.5) oder der sogenannten **Inversenformel** (siehe Satz 8.75) erfolgen. Für 2×2-Matrizen, Diagonalmatrizen und sogenannte **orthogonalen Matrizen** (siehe Abschnitt 8.8) ist die Berechnung der Inversen dagegen sehr einfach. Im Falle von 2×2-Matrizen existiert die folgende einprägsame Formel zur Berechnung der Inversen:

Satz 8.44 (Inverse einer 2×2-Matrix)

Eine 2×2-Matrix
$$\mathbf{A} = \begin{pmatrix} a & b \\ c & d \end{pmatrix}$$
ist genau dann invertierbar, wenn $ad - bc \neq 0$ gilt. Die Inverse ist dann gegeben durch
$$\mathbf{A}^{-1} = \frac{1}{ad - bc}\begin{pmatrix} d & -b \\ -c & a \end{pmatrix}.$$

Beweis: Der Beweis erfolgt durch Nachrechnen:
$$\frac{1}{ad-bc}\begin{pmatrix} d & -b \\ -c & a \end{pmatrix}\begin{pmatrix} a & b \\ c & d \end{pmatrix} = \frac{1}{ad-bc}\begin{pmatrix} ad-bc & 0 \\ 0 & ad-bc \end{pmatrix}$$
$$= \begin{pmatrix} 1 & 0 \\ 0 & 1 \end{pmatrix} = \mathbf{E}$$

Analog erhält man
$$\begin{pmatrix} a & b \\ c & d \end{pmatrix}\frac{1}{ad-bc}\begin{pmatrix} d & -b \\ -c & a \end{pmatrix} = \mathbf{E}.$$
∎

Die Zahl $ad - bc$ heißt **Determinante** der 2×2-Matrix $\mathbf{A}$. Mit Hilfe von Determinanten lassen sich viele Eigenschaften einer Matrix ausdrücken. In Abschnitt 8.10 wird deshalb der Begriff der Determinante für beliebige $n \times n$-Matrizen eingeführt.

Beispiel 8.45 (Inverse einer 2×2-Matrix)

Für die Matrix
$$\mathbf{A} = \begin{pmatrix} 1 & 2 \\ 3 & 4 \end{pmatrix}$$
gilt $ad - bc = 1 \cdot 4 - 2 \cdot 3 = -2 \neq 0$. Die Inverse von $\mathbf{A}$ existiert somit und ist gemäß Satz 8.44 gegeben durch
$$\mathbf{A}^{-1} = -\frac{1}{2}\begin{pmatrix} 4 & -2 \\ -3 & 1 \end{pmatrix} = \begin{pmatrix} -2 & 1 \\ 3/2 & -1/2 \end{pmatrix}.$$

Sehr einfach lässt sich auch die Inverse von Diagonalmatrizen
$$\mathbf{D} = \begin{pmatrix} d_{11} & 0 & \cdots & 0 \\ 0 & d_{22} & & 0 \\ \vdots & & \ddots & 0 \\ 0 & \cdots & 0 & d_{nn} \end{pmatrix}$$
berechnen. Die Inverse $\mathbf{D}^{-1}$ existiert genau dann, wenn alle n Diagonalelemente d_{ii} von $\mathbf{D}$ ungleich 0 sind und ist in diesem Fall durch
$$\mathbf{D}^{-1} = \begin{pmatrix} \frac{1}{d_{11}} & 0 & \cdots & 0 \\ 0 & \frac{1}{d_{22}} & & 0 \\ \vdots & & \ddots & 0 \\ 0 & \cdots & 0 & \frac{1}{d_{nn}} \end{pmatrix}$$
gegeben. Denn es gilt
$$\begin{pmatrix} d_{11} & 0 & \cdots & 0 \\ 0 & d_{22} & & 0 \\ \vdots & & \ddots & 0 \\ 0 & \cdots & 0 & d_{nn} \end{pmatrix}\begin{pmatrix} \frac{1}{d_{11}} & 0 & \cdots & 0 \\ 0 & \frac{1}{d_{22}} & & 0 \\ \vdots & & \ddots & 0 \\ 0 & \cdots & 0 & \frac{1}{d_{nn}} \end{pmatrix}$$
$$= \begin{pmatrix} \frac{1}{d_{11}} & 0 & \cdots & 0 \\ 0 & \frac{1}{d_{22}} & & 0 \\ \vdots & & \ddots & 0 \\ 0 & \cdots & 0 & \frac{1}{d_{nn}} \end{pmatrix}\begin{pmatrix} d_{11} & 0 & \cdots & 0 \\ 0 & d_{22} & & 0 \\ \vdots & & \ddots & 0 \\ 0 & \cdots & 0 & d_{nn} \end{pmatrix} = \mathbf{E}.$$

Beispiel 8.46 (Inverse von Diagonalmatrizen)

Bei den beiden Matrizen

$$\mathbf{D}_1 = \begin{pmatrix} 5 & 0 & 0 \\ 0 & -\frac{3}{2} & 0 \\ 0 & 0 & -\frac{6}{7} \end{pmatrix} \quad \text{und} \quad \mathbf{D}_2 = \begin{pmatrix} 2 & 0 & 0 & 0 \\ 0 & -\frac{3}{4} & 0 & 0 \\ 0 & 0 & 0 & 0 \\ 0 & 0 & 0 & \frac{1}{5} \end{pmatrix}$$

handelt es sich um Diagonalmatrizen. Jedoch sind lediglich bei der Diagonalmatrix $\mathbf{D}_1$ alle Diagonalelemente ungleich 0. Somit besitzt nur $\mathbf{D}_1$ eine Inverse. Diese ist gegeben durch

$$\mathbf{D}_1^{-1} = \begin{pmatrix} \frac{1}{5} & 0 & 0 \\ 0 & -\frac{2}{3} & 0 \\ 0 & 0 & -\frac{7}{6} \end{pmatrix}.$$

Denn es gilt

$$\begin{pmatrix} 5 & 0 & 0 \\ 0 & -\frac{3}{2} & 0 \\ 0 & 0 & -\frac{6}{7} \end{pmatrix} \begin{pmatrix} \frac{1}{5} & 0 & 0 \\ 0 & -\frac{2}{3} & 0 \\ 0 & 0 & -\frac{7}{6} \end{pmatrix} = \begin{pmatrix} 1 & 0 & 0 \\ 0 & 1 & 0 \\ 0 & 0 & 1 \end{pmatrix}$$

$$= \begin{pmatrix} \frac{1}{5} & 0 & 0 \\ 0 & -\frac{2}{3} & 0 \\ 0 & 0 & -\frac{7}{6} \end{pmatrix} \begin{pmatrix} 5 & 0 & 0 \\ 0 & -\frac{3}{2} & 0 \\ 0 & 0 & -\frac{6}{7} \end{pmatrix}.$$

Der folgende Satz fasst die wichtigsten Eigenschaften inverser Matrizen zusammen:

Satz 8.47 (Eigenschaften inverser Matrizen)

Es seien $\mathbf{A}, \mathbf{B} \in M(n, n)$ *zwei quadratische invertierbare* $n \times n$-*Matrizen und* $r \in \mathbb{R} \setminus \{0\}$. *Dann gilt:*

a) *Die Inverse* $\mathbf{A}^{-1}$ *ist invertierbar und besitzt die Inverse*

$$(\mathbf{A}^{-1})^{-1} = \mathbf{A}.$$

b) *Die Transponierte* $\mathbf{A}^T$ *ist invertierbar und besitzt die Inverse*

$$(\mathbf{A}^T)^{-1} = (\mathbf{A}^{-1})^T.$$

c) *Das Produkt* $\mathbf{A}\mathbf{B}$ *ist invertierbar und besitzt die Inverse*

$$(\mathbf{A}\mathbf{B})^{-1} = \mathbf{B}^{-1}\mathbf{A}^{-1}.$$

d) *Die Matrix* $r\mathbf{A}$ *ist invertierbar und besitzt die Inverse*

$$(r\mathbf{A})^{-1} = \frac{1}{r}\mathbf{A}^{-1}.$$

Beweis: Zu a): Es gilt $\mathbf{A}^{-1}\mathbf{A} = \mathbf{A}\mathbf{A}^{-1} = \mathbf{E}$. Das heißt, $\mathbf{A}$ ist die Inverse von $\mathbf{A}^{-1}$ und es gilt somit $(\mathbf{A}^{-1})^{-1} = \mathbf{A}$.

Zu b): Aus $\mathbf{A}^{-1}\mathbf{A} = \mathbf{A}\mathbf{A}^{-1} = \mathbf{E}$ folgt durch Transposition

$$\mathbf{A}^T(\mathbf{A}^{-1})^T = (\mathbf{A}^{-1})^T\mathbf{A}^T = \mathbf{E}^T = \mathbf{E}.$$

Folglich ist $(\mathbf{A}^{-1})^T$ die Inverse von $\mathbf{A}^T$ und es gilt somit $(\mathbf{A}^T)^{-1} = (\mathbf{A}^{-1})^T$.

Zu c): Aus $\mathbf{A}^{-1}\mathbf{A} = \mathbf{A}\mathbf{A}^{-1} = \mathbf{E}$ und $\mathbf{B}^{-1}\mathbf{B} = \mathbf{B}\mathbf{B}^{-1} = \mathbf{E}$ folgt

$$\mathbf{B}^{-1}\mathbf{A}^{-1}\mathbf{A}\mathbf{B} = \mathbf{B}^{-1}\mathbf{B} = \mathbf{E} \quad \text{bzw.} \quad \mathbf{A}\mathbf{B}\mathbf{B}^{-1}\mathbf{A}^{-1} = \mathbf{A}\mathbf{A}^{-1} = \mathbf{E}.$$

Das heißt, $\mathbf{B}^{-1}\mathbf{A}^{-1}$ ist die Inverse von $\mathbf{A}\mathbf{B}$ und es gilt somit $(\mathbf{A}\mathbf{B})^{-1} = \mathbf{B}^{-1}\mathbf{A}^{-1}$.

Zu d): Mit $\mathbf{A}^{-1}\mathbf{A} = \mathbf{A}\mathbf{A}^{-1} = \mathbf{E}$ erhält man

$$\frac{1}{r}\mathbf{A}^{-1}r\mathbf{A} = \frac{1}{r}r\mathbf{A}^{-1}\mathbf{A} = \mathbf{E} \quad \text{und} \quad r\mathbf{A}\frac{1}{r}\mathbf{A}^{-1} = r\frac{1}{r}\mathbf{A}\mathbf{A}^{-1} = \mathbf{E}.$$

Durch $\frac{1}{r}\mathbf{A}^{-1}$ ist somit die Inverse von $r\mathbf{A}$ gegeben und es gilt $(r\mathbf{A})^{-1} = \frac{1}{r}\mathbf{A}^{-1}$. ∎

Beispiel 8.48 (Wirtschaftswissenschaftliche Anwendung)

Im Folgenden wird die Situation aus Beispiel 8.10b) mit n verschiedenen Sektoren $S_1, \ldots, S_n$ betrachtet, die durch Lieferströme x_{ij} mit $i, j = 1, \ldots, n$ miteinander verbunden sind. Bezeichnet e_i wieder die für den Endverbrauch EV vorgesehene Produktion des Sektors S_i, dann beträgt der Gesamtoutput des i-ten Sektors S_i

$$x_i = \sum_{j=1}^{n} x_{ij} + e_i \quad \text{für } i = 1, \ldots, n.$$

Mit den Input-Output-Koeffizienten $v_{ij} = \frac{x_{ij}}{x_i}$ für $i, j = 1, \ldots, n$ erhält man für x_i die alternative Darstellung

$$x_i = \sum_{j=1}^{n} v_{ij} x_i + e_i \quad \text{für } i = 1, \ldots, n$$

bzw. nach Auflösung nach der Variablen e_i für den Endverbrauch die n linearen Gleichungen

$$e_i = x_i - \sum_{j=1}^{n} v_{ij} x_i = (1 - v_{ii})x_i - \sum_{\substack{j=1 \\ j \neq i}}^{n} v_{ij} x_i$$

für $i = 1, \ldots, n$. \hfill (8.35)

Mit der Verflechtungsmatrix $\mathbf{V} = (v_{ij})_{n,n}$ und den beiden n-dimensionalen Vektoren

$$\mathbf{e} := \begin{pmatrix} e_1 \\ \vdots \\ e_n \end{pmatrix} \quad \text{und} \quad \mathbf{x} := \begin{pmatrix} x_1 \\ \vdots \\ x_n \end{pmatrix}$$

erhält man für die n linearen Gleichungen (8.35) die alternative Matrixschreibweise

$$\mathbf{e} = (\mathbf{E} - \mathbf{V})\mathbf{x}.$$

Die lineare Abbildung

$$f: \mathbb{R}_+^n \longrightarrow \mathbb{R}_+^n, \quad \mathbf{x} \mapsto (\mathbf{E} - \mathbf{V})\mathbf{x}$$

weist jedem Gesamtoutputvektor $\mathbf{x} \in \mathbb{R}_+^n$ den entsprechenden Endverbrauchsvektor $\mathbf{e} \in \mathbb{R}_+^n$ zu. Im Falle, dass die Matrix $(\mathbf{E}-\mathbf{V})$ invertierbar ist, existiert die Umkehrabbildung

$$f^{-1}: \mathbb{R}_+^n \longrightarrow \mathbb{R}_+^n, \quad \mathbf{e} \mapsto (\mathbf{E} - \mathbf{V})^{-1}\mathbf{e},$$

die dem Endverbrauchsvektor $\mathbf{e}$ den im Zusammenhang mit den Lieferverflechtungen erforderlichen Gesamtoutputvektor $\mathbf{x}$ zuordnet.

Sind beispielsweise für $n=2$ die Verflechtungsmatrix und der Gesamtoutputvektor durch

$$\mathbf{V} = \begin{pmatrix} 0{,}2 & 0{,}6 \\ 0{,}8 & 0{,}1 \end{pmatrix} \quad \text{bzw.} \quad \mathbf{x} = \begin{pmatrix} 100 \\ 100 \end{pmatrix}$$

gegeben, dann folgt für den Endverbrauchsvektor

$$\mathbf{e} = (\mathbf{E} - \mathbf{V})\mathbf{x} = \begin{pmatrix} 0{,}8 & -0{,}6 \\ -0{,}8 & 0{,}9 \end{pmatrix} \begin{pmatrix} 100 \\ 100 \end{pmatrix} = \begin{pmatrix} 20 \\ 10 \end{pmatrix}.$$

Wegen $0{,}8 \cdot 0{,}9 - (-0{,}6)\cdot(-0{,}8) = 0{,}24 \neq 0$ ist die Matrix $(\mathbf{E}-\mathbf{V})$ invertierbar und besitzt die Inverse

$$(\mathbf{E} - \mathbf{V})^{-1} = \frac{1}{0{,}24}\begin{pmatrix} 0{,}9 & 0{,}6 \\ 0{,}8 & 0{,}8 \end{pmatrix} = \begin{pmatrix} \frac{15}{4} & \frac{5}{2} \\ \frac{10}{3} & \frac{10}{3} \end{pmatrix}$$

(vgl. Satz 8.44). Ist der Endverbrauchsvektor z. B. durch $\mathbf{e} = (20, 10)^T$ gegeben, dann erhält man für den Gesamtoutputvektor

$$\mathbf{x} = (\mathbf{E} - \mathbf{V})^{-1}\mathbf{e} = \begin{pmatrix} \frac{15}{4} & \frac{5}{2} \\ \frac{10}{3} & \frac{10}{3} \end{pmatrix} \begin{pmatrix} 20 \\ 10 \end{pmatrix} = \begin{pmatrix} 100 \\ 100 \end{pmatrix}.$$

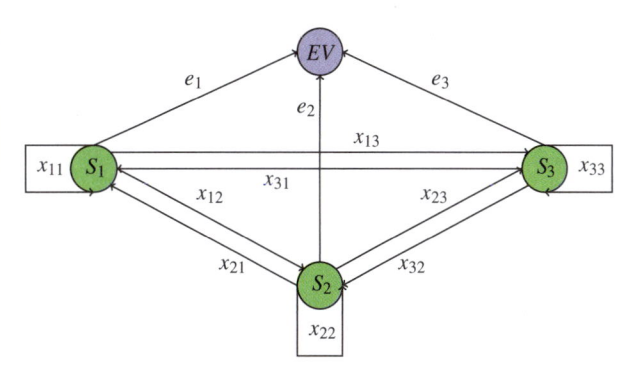

Abb. 8.6: Graphische Darstellung der Lieferströme zwischen den drei Sektoren S_1, S_2, S_3 und dem Endverbrauch EV

8.8 Symmetrische und orthogonale Matrizen

Mit den **symmetrischen**, **schiefsymmetrischen** und **orthogonalen Matrizen** werden nun drei wichtige Klassen von Matrizen betrachtet, die sich jeweils durch eine spezielle Struktur und besonders angenehme mathematische Eigenschaften auszeichnen.

Symmetrische und schiefsymmetrische Matrizen

Bei einer Reihe von wirtschaftswissenschaftlichen Anwendungen treten sogenannte **symmetrische** oder **schiefsymmetrische Matrizen** auf.

> **Definition 8.49** (Symmetrische und schiefsymmetrische Matrix)
>
> *Eine quadratische Matrix $\mathbf{A} = (a_{ij})_{n,n} \in M(n,n)$ mit $a_{ij} = a_{ji}$ für alle $i,j = 1, \ldots, n$, d.h. $\mathbf{A} = \mathbf{A}^T$, heißt symmetrisch. Gilt dagegen $a_{ij} = -a_{ji}$ für alle $i,j = 1,\ldots,n$, d.h. $\mathbf{A} = -\mathbf{A}^T$, wird sie schiefsymmetrisch genannt.*

Eine symmetrische Matrix $\mathbf{A}$ stimmt also mit ihrer Transponierten $\mathbf{A}^T$ überein. Anschaulich bedeutet dies, dass die Einträge einer symmetrischen Matrix $\mathbf{A}$ spiegelsymmetrisch zur Hauptdiagonalen angeordnet sind. Beispiele für symmetrische Matrizen sind somit Diagonalmatrizen, also insbesondere alle Einheitsmatrizen. Ferner ist

$$\mathbf{A} + \mathbf{A}^T$$

symmetrisch für jede beliebige quadratische Matrix $\mathbf{A}$. Denn es gilt

$$\left(\mathbf{A} + \mathbf{A}^T\right)^T = \mathbf{A}^T + \left(\mathbf{A}^T\right)^T = \mathbf{A}^T + \mathbf{A} = \mathbf{A} + \mathbf{A}^T.$$

Daraus folgt, dass ganz allgemein

$$r\left(\mathbf{A} + \mathbf{A}^T\right) \tag{8.36}$$

für jedes $r \in \mathbb{R}$ und jede beliebige quadratische Matrix $\mathbf{A}$ eine symmetrische Matrix ist. Ebenfalls symmetrisch ist die Matrix

$$\mathbf{A}\,\mathbf{A}^T$$

für eine beliebige quadratische Matrix $\mathbf{A}$. Denn es gilt

$$\left(\mathbf{A}\,\mathbf{A}^T\right)^T = \left(\mathbf{A}^T\right)^T \mathbf{A}^T = \mathbf{A}\mathbf{A}^T.$$

Für die Einträge auf der Hauptdiagonalen einer schiefsymmetrischen Matrix $\mathbf{A}$ gilt $a_{ii} = -a_{ii}$ für alle $i = 1, \ldots, n$. Dies impliziert $a_{ii} = 0$ für alle $i = 1, \ldots, n$ und somit, dass bei einer schiefsymmetrischen Matrix $\mathbf{A}$ alle Einträge auf der Hauptdiagonalen gleich 0 sind. Die Einträge einer schiefsymmetrischen Matrix $\mathbf{A}$ oberhalb (unterhalb) der Hauptdiagonalen erhält man anschaulich durch Spiegelung der Einträge unterhalb (oberhalb) der Hauptdiagonalen und Multiplikation mit -1. Zum Beispiel sind alle Nullmatrizen sowohl symmetrisch als auch schiefsymmetrisch. Darüber hinaus ist für jede beliebige quadratische Matrix $\mathbf{A}$ durch

$$\mathbf{A} - \mathbf{A}^T$$

eine schiefsymmetrische Matrix gegeben. Denn es gilt

$$\left(\mathbf{A} - \mathbf{A}^T\right)^T = \mathbf{A}^T - \left(\mathbf{A}^T\right)^T = \mathbf{A}^T - \mathbf{A} = -\left(\mathbf{A} - \mathbf{A}^T\right).$$

Daraus erhält man, dass ganz allgemein

$$r\left(\mathbf{A} - \mathbf{A}^T\right) \tag{8.37}$$

für jedes $r \in \mathbb{R}$ und jede beliebige quadratische Matrix $\mathbf{A}$ eine schiefsymmetrische Matrix ist.

Zwischen symmetrischen und schiefsymmetrischen Matrizen besteht der folgende einfache Zusammenhang:

Satz 8.50 (Zusammenhang symmetrische und schiefsymmetrische Matrizen)

Eine quadratische Matrix $\mathbf{A} \in M(n,n)$ *kann stets in eine Summe*

$$\mathbf{A} = \mathbf{S} + \mathbf{S}_*$$

bestehend aus der symmetrischen Matrix $\mathbf{S} := \frac{1}{2}\left(\mathbf{A} + \mathbf{A}^T\right)$ *und der schiefsymmetrischen Matrix* $\mathbf{S}_* := \frac{1}{2}\left(\mathbf{A} - \mathbf{A}^T\right)$ *zerlegt werden.*

Beweis: Die Matrizen $\mathbf{S}$ und $\mathbf{S}_*$ sind symmetrisch bzw. schiefsymmetrisch (vgl. (8.36)-(8.37) mit $r = \frac{1}{2}$) und es gilt

$$\mathbf{S} + \mathbf{S}_* = \frac{1}{2}(\mathbf{A} + \mathbf{A}^T) + \frac{1}{2}(\mathbf{A} - \mathbf{A}^T)$$
$$= \frac{1}{2}\mathbf{A} + \frac{1}{2}\mathbf{A}^T + \frac{1}{2}\mathbf{A} - \frac{1}{2}\mathbf{A}^T = \mathbf{A}.$$

∎

Beispiel 8.51 (Symmetrische und schiefsymmetrische Matrizen)

a) Für die beiden quadratischen Matrizen

$$\mathbf{A} = \begin{pmatrix} 1 & 2 & 5 \\ 2 & 8 & 1 \\ 5 & 1 & 7 \end{pmatrix} \quad \text{und}$$

$$\mathbf{B} = \begin{pmatrix} 2 & -1 & 0 & 3 \\ -1 & 7 & 1 & -2 \\ 0 & 1 & 0 & 1 \\ 3 & -2 & 1 & 4 \end{pmatrix}$$

gilt $\mathbf{A} = \mathbf{A}^T$ bzw. $\mathbf{B} = \mathbf{B}^T$. Das heißt, die Matrizen $\mathbf{A}$ und $\mathbf{B}$ sind symmetrische Matrizen der Ordnung 3×3 bzw. 4×4. Die Matrix

$$\mathbf{C} = \begin{pmatrix} 0 & 2 & -7 \\ -2 & 0 & 5 \\ 7 & -5 & 0 \end{pmatrix}$$

ist dagegen eine schiefsymmetrische Matrix der Ordnung 3×3.

b) Für die quadratische Matrix

$$\mathbf{A} = \begin{pmatrix} 6 & 12 & 2 \\ 4 & 0 & 8 \\ 6 & 4 & 2 \end{pmatrix}$$

erhält man
$$\mathbf{A}^T = \begin{pmatrix} 6 & 4 & 6 \\ 12 & 0 & 4 \\ 2 & 8 & 2 \end{pmatrix} \quad \text{und}$$
$$\mathbf{S} = \frac{1}{2}(\mathbf{A} + \mathbf{A}^T) = \frac{1}{2}\begin{pmatrix} 12 & 16 & 8 \\ 16 & 0 & 12 \\ 8 & 12 & 4 \end{pmatrix} = \begin{pmatrix} 6 & 8 & 4 \\ 8 & 0 & 6 \\ 4 & 6 & 2 \end{pmatrix}$$
sowie
$$\mathbf{S}_* = \frac{1}{2}(\mathbf{A} - \mathbf{A}^T)$$
$$= \frac{1}{2}\begin{pmatrix} 0 & 8 & -4 \\ -8 & 0 & 4 \\ 4 & -4 & 0 \end{pmatrix} = \begin{pmatrix} 0 & 4 & -2 \\ -4 & 0 & 2 \\ 2 & -2 & 0 \end{pmatrix}.$$

Die Matrizen $\mathbf{S}$ und $\mathbf{S}_*$ sind offensichtlich symmetrisch bzw. schiefsymmetrisch.

Orthogonale Matrizen

Die **orthogonalen Matrizen** bilden eine Klasse von quadratischen Matrizen, für welche sich die inverse Matrix sehr einfach berechnen lässt. Orthogonale Matrizen sind wie folgt definiert:

Definition 8.52 (Orthogonale Matrix)

Eine quadratische Matrix $\mathbf{A} \in M(n,n)$ heißt orthogonal, falls gilt
$$\mathbf{A}\mathbf{A}^T = \mathbf{A}^T\mathbf{A} = \mathbf{E}. \qquad (8.38)$$

Eine quadratische Matrix $\mathbf{A}$ ist also orthogonal, wenn sie eine inverse Matrix $\mathbf{A}^{-1}$ besitzt und diese durch Transposition von $\mathbf{A}$ entsteht, d. h.
$$\mathbf{A}^{-1} = \mathbf{A}^T \qquad (8.39)$$
gilt. Wegen
$$\mathbf{A}^T(\mathbf{A}^T)^T = \mathbf{A}^T\mathbf{A} = \mathbf{E} \quad \text{und} \quad (\mathbf{A}^T)^T\mathbf{A}^T = \mathbf{A}\mathbf{A}^T = \mathbf{E}$$
ist mit $\mathbf{A} \in M(n,n)$ auch ihre Transponierte $\mathbf{A}^T$ orthogonal. Mit
$$\mathbf{A} = (\mathbf{b}_1, \mathbf{b}_2, \ldots, \mathbf{b}_n) = \begin{pmatrix} \mathbf{c}_1^T \\ \mathbf{c}_2^T \\ \vdots \\ \mathbf{c}_n^T \end{pmatrix}$$

(vgl. (8.10)–(8.11)) erhält man, dass (8.38) äquivalent ist zu
$$\langle \mathbf{b}_i, \mathbf{b}_j \rangle = \begin{cases} 1 & \text{falls } i = j \\ 0 & \text{falls } i \neq j \end{cases} \quad \text{und}$$
$$\langle \mathbf{c}_i, \mathbf{c}_j \rangle = \begin{cases} 1 & \text{falls } i = j \\ 0 & \text{falls } i \neq j \end{cases}.$$

Bei einer orthogonalen Matrix $\mathbf{A}$ sind also alle Spalten- und alle Zeilenvektoren untereinander paarweise orthogonal und besitzen die Länge Eins. Mit anderen Worten: Die Menge der Spaltenvektoren und die Menge der Zeilenvektoren sind jeweils eine Orthonormalbasis des $\mathbb{R}^n$. Diese Beobachtung erklärt die Bezeichnung „orthogonale Matrix".

Beispiel 8.53 (Orthogonale Matrizen)

a) Die 2×2-Matrix
$$\mathbf{A} = \begin{pmatrix} \frac{3}{5} & -\frac{4}{5} \\ \frac{4}{5} & \frac{3}{5} \end{pmatrix}$$
ist orthogonal. Denn für ihre Transponierte
$$\mathbf{A}^T = \begin{pmatrix} \frac{3}{5} & \frac{4}{5} \\ -\frac{4}{5} & \frac{3}{5} \end{pmatrix}$$
gilt
$$\mathbf{A}\mathbf{A}^T = \begin{pmatrix} \frac{3}{5} & -\frac{4}{5} \\ \frac{4}{5} & \frac{3}{5} \end{pmatrix} \begin{pmatrix} \frac{3}{5} & \frac{4}{5} \\ -\frac{4}{5} & \frac{3}{5} \end{pmatrix}$$
$$= \mathbf{E} = \begin{pmatrix} \frac{3}{5} & \frac{4}{5} \\ -\frac{4}{5} & \frac{3}{5} \end{pmatrix} \begin{pmatrix} \frac{3}{5} & -\frac{4}{5} \\ \frac{4}{5} & \frac{3}{5} \end{pmatrix} = \mathbf{A}^T\mathbf{A}.$$

Für die Spalten- und Zeilenvektoren von $\mathbf{A}$, d. h. für die Vektoren
$$\mathbf{b}_1 = \begin{pmatrix} \frac{3}{5} \\ \frac{4}{5} \end{pmatrix} \quad \text{und} \quad \mathbf{b}_2 = \begin{pmatrix} -\frac{4}{5} \\ \frac{3}{5} \end{pmatrix} \quad \text{bzw.}$$
$$\mathbf{c}_1 = \left(\frac{3}{5}, -\frac{4}{5}\right)^T \quad \text{und} \quad \mathbf{c}_2 = \left(\frac{4}{5}, \frac{3}{5}\right)^T,$$
gilt
$$\langle \mathbf{b}_1, \mathbf{b}_2 \rangle = \langle \mathbf{b}_2, \mathbf{b}_1 \rangle = \frac{3}{5} \cdot \left(-\frac{4}{5}\right) + \frac{4}{5} \cdot \frac{3}{5} = 0 \quad \text{sowie}$$
$$\langle \mathbf{c}_1, \mathbf{c}_2 \rangle = \langle \mathbf{c}_2, \mathbf{c}_1 \rangle = \frac{3}{5} \cdot \frac{4}{5} + \left(-\frac{4}{5}\right) \cdot \frac{3}{5} = 0.$$

Das heißt, die Spalten- und Zeilenvektoren sind untereinander paarweise orthogonal. Weiter sind die Vektoren normiert, denn es gilt:

$$\|\mathbf{b}_1\| = \sqrt{(3/5)^2 + (4/5)^2} = 1$$
$$\|\mathbf{b}_2\| = \sqrt{(-4/5)^2 + (3/5)^2} = 1$$
$$\|\mathbf{c}_1\| = \sqrt{(3/5)^2 + (-4/5)^2} = 1$$
$$\|\mathbf{c}_2\| = \sqrt{(4/5)^2 + (3/5)^2} = 1$$

b) Die 3×3-Matrix

$$\mathbf{A} = \begin{pmatrix} \frac{1}{2} & -\frac{1}{2}\sqrt{3} & 0 \\ \frac{1}{2}\sqrt{3} & \frac{1}{2} & 0 \\ 0 & 0 & 1 \end{pmatrix}$$

ist ebenfalls orthogonal. Denn es gilt

$$\mathbf{A}\mathbf{A}^T = \begin{pmatrix} \frac{1}{2} & -\frac{1}{2}\sqrt{3} & 0 \\ \frac{1}{2}\sqrt{3} & \frac{1}{2} & 0 \\ 0 & 0 & 1 \end{pmatrix} \begin{pmatrix} \frac{1}{2} & \frac{1}{2}\sqrt{3} & 0 \\ -\frac{1}{2}\sqrt{3} & \frac{1}{2} & 0 \\ 0 & 0 & 1 \end{pmatrix}$$
$$= \mathbf{E} = \mathbf{A}^T \mathbf{A}.$$

Der folgende Satz fasst wichtige Eigenschaften orthogonaler Matrizen zusammen:

> **Satz 8.54** (Eigenschaften orthogonaler Matrizen)
>
> *Es seien* $\mathbf{A}, \mathbf{B} \in M(n, n)$ *zwei orthogonale Matrizen und* $\mathbf{x}, \mathbf{y} \in \mathbb{R}^n$. *Dann gilt:*
> a) $\langle \mathbf{A}\mathbf{x}, \mathbf{A}\mathbf{y} \rangle = \langle \mathbf{x}, \mathbf{y} \rangle$
> b) $\|\mathbf{A}\mathbf{x}\| = \|\mathbf{x}\|$
> c) $\|\mathbf{A}\mathbf{x} - \mathbf{A}\mathbf{y}\| = \|\mathbf{x} - \mathbf{y}\|$
> d) $\angle(\mathbf{A}\mathbf{x}, \mathbf{A}\mathbf{y}) = \angle(\mathbf{x}, \mathbf{y})$
> e) $\mathbf{A}\mathbf{B}$ *ist orthogonal*

Beweis: Zu a): Es gilt
$\langle \mathbf{A}\mathbf{x}, \mathbf{A}\mathbf{y} \rangle = (\mathbf{A}\mathbf{x})^T \mathbf{A}\mathbf{y} = \mathbf{x}^T \mathbf{A}^T \mathbf{A}\mathbf{y} = \mathbf{x}^T \mathbf{E}\mathbf{y} = \mathbf{x}^T \mathbf{y} = \langle \mathbf{x}, \mathbf{y} \rangle$.
Zu b): Für $\mathbf{y} = \mathbf{x}$ folgt aus Aussage a)
$$\|\mathbf{A}\mathbf{x}\| = \sqrt{\langle \mathbf{A}\mathbf{x}, \mathbf{A}\mathbf{x} \rangle} = \sqrt{\langle \mathbf{x}, \mathbf{x} \rangle} = \|\mathbf{x}\|.$$
Zu c): Mit Aussage b) erhält man
$$\|\mathbf{A}\mathbf{x} - \mathbf{A}\mathbf{y}\| = \|\mathbf{A}(\mathbf{x} - \mathbf{y})\| = \|\mathbf{x} - \mathbf{y}\|.$$
Zu d): Folgt mit den Aussagen a) und b) unmittelbar aus der Definition 7.16.

Zu e): Es gilt
$$\mathbf{A}\mathbf{B}(\mathbf{A}\mathbf{B})^T = \mathbf{A}\mathbf{B}\mathbf{B}^T\mathbf{A}^T = \mathbf{A}\mathbf{E}\mathbf{A}^T = \mathbf{A}\mathbf{A}^T = \mathbf{E}.$$
Analog zeigt man $(\mathbf{A}\mathbf{B})^T \mathbf{A}\mathbf{B} = \mathbf{E}$. ∎

Orthogonale Matrizen $\mathbf{A} \in M(n, n)$ besitzen somit die Eigenschaft, dass sie die Länge $\|\mathbf{x}\|$ eines Vektors $\mathbf{x} \in \mathbb{R}^n$ sowie den Abstand $\|\mathbf{x} - \mathbf{y}\|$, das Skalarprodukt $\langle \mathbf{x}, \mathbf{y} \rangle$ und den Winkel $\angle(\mathbf{x}, \mathbf{y})$ zwischen zwei Vektoren $\mathbf{x}, \mathbf{y} \in \mathbb{R}^n$ nicht verändern. Die lineare Abbildung

$$f_\mathbf{A}: \mathbb{R}^n \longrightarrow \mathbb{R}^n, \quad \mathbf{x} \mapsto \mathbf{A}\mathbf{x}$$

mit einer orthogonalen Matrix $\mathbf{A}$ ist somit eine **Kongruenzabbildung** (von lat. congruens „übereinstimmend", „passend"), die Form und Größe geometrischer Figuren nicht verändert, sondern jede Figur auf eine zu ihr kongruente Figur abbildet. Das heißt, der Vektor $\mathbf{A}\mathbf{x}$ geht aus dem Vektor $\mathbf{x}$ durch **Drehung** oder **Spiegelung** hervor. Der große Nutzen dieser Erkenntnis wird sich beim Beweis des Satzes vom Fußball eindrucksvoll zeigen (siehe Beispiel 10.11).

8.9 Spur

Die **Spur** ist nach der **Determinante** (vgl. Abschnitt 8.10) eine der wichtigsten Kennzahlen einer quadratischen Matrix $\mathbf{A} \in M(n, n)$. Sie steht in engem Zusammenhang mit den sogenannten **Eigenwerten** (siehe Abschnitt 10.1) einer quadratischen Matrix $\mathbf{A}$ und ist definiert als die Summe der Einträge auf der Hauptdiagonalen von $\mathbf{A}$.

> **Definition 8.55** (Spur)
>
> *Die Spur einer quadratischen Matrix* $\mathbf{A} \in M(n, n)$ *ist gegeben durch*
> $$\mathrm{spur}(\mathbf{A}) := \sum_{i=1}^{n} a_{ii}.$$

Der folgende Satz fasst einige einfache Eigenschaften der Spur zusammen:

> **Satz 8.56** (Eigenschaften der Spur)
>
> *Für die Spur gilt:*
> a) $\mathrm{spur}(\mathbf{E}_n) = n$
> b) $\mathrm{spur}(\mathbf{A}) = \mathrm{spur}(\mathbf{A}^T)$ *für alle* $\mathbf{A} \in M(n, n)$

c) $\operatorname{spur}(\lambda \mathbf{A} + \mu \mathbf{B}) = \lambda \operatorname{spur}(\mathbf{A}) + \mu \operatorname{spur}(\mathbf{B})$ *für alle* $\mathbf{A}, \mathbf{B} \in M(n,n)$ *und* $\lambda, \mu \in \mathbb{R}$

d) $\operatorname{spur}(\mathbf{A} \mathbf{B}) = \operatorname{spur}(\mathbf{B} \mathbf{A})$ *für alle* $\mathbf{A} \in M(m,n)$ *und* $\mathbf{B} \in M(n,m)$

Beweis: Die Aussagen a) bis d) folgen unmittelbar aus der Definition der Spur. ∎

Beispiel 8.57 (Spur quadratischer Matrizen)

Für die Spur der drei quadratischen Matrizen

$$\mathbf{A} = \begin{pmatrix} 1 & 2 & 5 \\ 2 & 8 & 1 \\ 5 & 1 & 7 \end{pmatrix}, \quad \mathbf{B} = \begin{pmatrix} 2 & -1 & 0 & 3 \\ -1 & 7 & 1 & -2 \\ 0 & 1 & 0 & 1 \\ 3 & -2 & 1 & 4 \end{pmatrix}$$

und $\mathbf{C} = \begin{pmatrix} 0 & 2 & -7 \\ -2 & 0 & 5 \\ 7 & -5 & 0 \end{pmatrix}$

gilt $\operatorname{spur}(\mathbf{A}) = 16$, $\operatorname{spur}(\mathbf{B}) = 13$ bzw. $\operatorname{spur}(\mathbf{C}) = 0$.

8.10 Determinanten

Im Zusammenhang mit linearen Gleichungssystemen wurden Determinanten bereits vor Matrizen von dem italienischen Arzt, Philosophen und Mathematiker *Gerolamo Cardano* (1501–1576) Ende des 16. Jahrhunderts und von dem deutschen Universalgelehrten *Gottfried Wilhelm Leibniz* (1646–1716) ungefähr 100 Jahre später betrachtet.

Straße benannt nach G. Cardano

Die **Determinante** ist eine weitere Kennziffer einer quadratischen Matrix $\mathbf{A} \in M(n,n)$, die in vielen mathematischen Betrachtungen eine wichtige Rolle spielt. Neben ihrem engen Zusammenhang zu den Eigenwerten von $\mathbf{A}$ (siehe Abschnitt 10.1) „determiniert" sie, ob die Matrix $\mathbf{A}$ invertierbar und das lineare Gleichungssystem $\mathbf{A} \mathbf{x} = \mathbf{b}$ für einen beliebigen Vektor $\mathbf{b} \in \mathbb{R}^n$ eindeutig lösbar ist. Darüber hinaus sind Determinanten z. B. auch in der **nichtlinearen Optimierungstheorie** von reellwertigen Funktionen in n Variablen von großer Bedeutung (siehe Kapitel 24).

Für die Definition der Determinante einer quadratischen Matrix $\mathbf{A} \in M(n,n)$ mit $n \geq 2$ und die Formulierung des darauf aufbauenden **Entwicklungssatzes von Laplace** (siehe Satz 8.60) werden die **Untermatrizen** $\mathbf{A}_{ij}$ von $\mathbf{A} \in M(n,n)$ benötigt. Die Untermatrix $\mathbf{A}_{ij}$ entsteht aus der Matrix $\mathbf{A}$ durch Streichen der i-ten Zeile und der j-ten Spalte von $\mathbf{A}$. Das heißt, die Untermatrix $\mathbf{A}_{ij}$ ist von der Ordnung $(n-1) \times (n-1)$ und es gilt:

$$\mathbf{A}_{ij} := \begin{pmatrix} a_{11} & \cdots & a_{1j-1} & a_{1j+1} & \cdots & a_{1n} \\ \vdots & \ddots & \vdots & \vdots & \ddots & \vdots \\ a_{i-11} & \cdots & a_{i-1j-1} & a_{i-1j+1} & \cdots & a_{i-1n} \\ a_{i+11} & \cdots & a_{i+1j-1} & a_{i+1j+1} & \cdots & a_{i+1n} \\ \vdots & \ddots & \vdots & \vdots & \ddots & \vdots \\ a_{n1} & \cdots & a_{nj-1} & a_{nj+1} & \cdots & a_{nn} \end{pmatrix}$$

$$\in M(n-1, n-1) \qquad (8.40)$$

Die Determinante $\det(\mathbf{A}_{ij})$ einer Untermatrix $\mathbf{A}_{ij}$ wird als **Minor** bezeichnet. Mit Hilfe von Untermatrizen und Minoren lässt sich der Begriff der Determinante einer quadratischen Matrix wie folgt definieren:

Definition 8.58 (Determinante)

Die Determinante einer quadratischen Matrix

$$\mathbf{A} = \begin{pmatrix} a_{11} & \cdots & a_{1n} \\ \vdots & \ddots & \vdots \\ a_{n1} & \cdots & a_{nn} \end{pmatrix} \in M(n,n)$$

der Ordnung $n \times n$ ist rekursiv definiert durch

$$\det(\mathbf{A}) := \begin{cases} a_{11} & \text{für } n = 1 \\ \sum_{j=1}^{n} (-1)^{1+j} a_{1j} \det(\mathbf{A}_{1j}) & \text{für } n > 1 \end{cases}.$$

$$(8.41)$$

Bei der Berechnung der Determinante einer Matrix $\mathbf{A}$ gemäß (8.41) sagt man, dass „**die Matrix $\mathbf{A}$ nach der ersten Zeile entwickelt wird**". Wie sich jedoch mit dem **Entwicklungssatz von Laplace** (vgl. Satz 8.60) zeigen wird, kann eine quadratische Matrix $\mathbf{A}$ nach jeder Zeile und jeder Spalte entwickelt werden.

Aus (8.41) lässt sich erkennen, dass der Berechnungsaufwand für die Determinante einer Matrix $\mathbf{A} \in M(n,n)$ stark mit der Ordnung $n \times n$ ansteigt. Denn die Determinante der

$n \times n$-Matrix **A** wird auf die Summe der n Determinanten der $(n-1) \times (n-1)$-Untermatrizen $\mathbf{A}_{11}, \ldots, \mathbf{A}_{1n}$ zurückgeführt. Diese n Determinanten können dann mit (8.41) wiederum jeweils auf eine Summe von $n-1$ Determinanten von $(n-2) \times (n-2)$-Untermatrizen zurückgeführt werden usw.

In den drei einfachsten Fällen $n = 1, 2, 3$ erhält man auf diese Weise:

- $n = 1$: Gemäß (8.41) ist die Determinante durch den Wert $\det(\mathbf{A}) = a_{11}$ gegeben. Das heißt, die Determinante $\det(\mathbf{A})$ stimmt mit dem Eintrag der Matrix $\mathbf{A} = (a_{11})$ überein.

- $n = 2$: Für die Determinante gilt

$$\det \begin{pmatrix} a_{11} & a_{12} \\ a_{21} & a_{22} \end{pmatrix} = \sum_{j=1}^{2} (-1)^{1+j} a_{1j} \det(\mathbf{A}_{1j})$$
$$= a_{11} a_{22} - a_{12} a_{21}. \quad (8.42)$$

Daraus folgt zusammen mit Satz 8.44, dass eine 2×2-Matrix **A** genau dann invertierbar ist, wenn $\det(\mathbf{A}) \neq 0$ erfüllt ist. Die Inverse ist dann gegeben durch

$$\mathbf{A}^{-1} = \frac{1}{\det(\mathbf{A})} \begin{pmatrix} a_{22} & -a_{12} \\ -a_{21} & a_{11} \end{pmatrix}. \quad (8.43)$$

Wie sich mit Satz 8.67 zeigen wird, gilt die Äquivalenz von Invertierbarkeit und $\det(\mathbf{A}) \neq 0$ nicht nur im Falle von 2×2-Matrizen, sondern für beliebige $n \times n$-Matrizen.

- $n = 3$: Für die Determinante erhält man

$$\det \begin{pmatrix} a_{11} & a_{12} & a_{13} \\ a_{21} & a_{22} & a_{23} \\ a_{31} & a_{32} & a_{33} \end{pmatrix}$$
$$= \sum_{j=1}^{3} (-1)^{1+j} a_{1j} \det(\mathbf{A}_{1j})$$
$$= a_{11} \det \begin{pmatrix} a_{22} & a_{23} \\ a_{32} & a_{33} \end{pmatrix} - a_{12} \det \begin{pmatrix} a_{21} & a_{23} \\ a_{31} & a_{33} \end{pmatrix}$$
$$+ a_{13} \det \begin{pmatrix} a_{21} & a_{22} \\ a_{31} & a_{32} \end{pmatrix}$$
$$= a_{11}(a_{22}a_{33} - a_{23}a_{32}) - a_{12}(a_{21}a_{33} - a_{23}a_{31})$$
$$+ a_{13}(a_{21}a_{32} - a_{22}a_{31})$$
$$= a_{11}a_{22}a_{33} + a_{12}a_{23}a_{31} + a_{13}a_{21}a_{32} \quad (8.44)$$
$$- a_{13}a_{22}a_{31} - a_{11}a_{23}a_{32} - a_{12}a_{21}a_{33}.$$

Die relativ unübersichtliche Formel (8.44) kann man sich leicht mit Hilfe der nach dem französischen Mathematiker *Pierre Frédéric Sarrus* (1798–1861) benannten **Regel von Sarrus** (auch **Jägerzaun-Regel** genannt) merken. Die Regel von Sarrus ist ein einfaches Schema zur Berechnung der Determinante (8.44), bei der rechts neben die drei Spalten der 3×3-Matrix **A** noch einmal die ersten beiden Spalten der Matrix **A** geschrieben werden (vgl. Abbildung 8.7). Die Determinante (8.44) ergibt sich dann als Summe der Produkte der Einträge auf den blauen Schräglinien von links oben nach rechts unten vermindert um die Summe der Produkte der Einträge auf den grünen Schräglinien von rechts oben nach links unten.

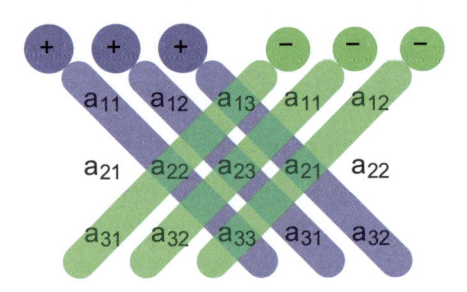

Abb. 8.7: Regel von Sarrus

Es sei jedoch hier ausdrücklich darauf hingewiesen, dass für Matrizen der Ordnung $n \times n$ mit $n \geq 4$ im Allgemeinen keine so einfachen Berechnungsschemata mehr existieren. Dies bedeutet insbesondere, dass sich die Formel (8.42) und die Regel von Sarrus (8.44) nicht auf Matrizen der Ordnung $n \times n$ mit $n \geq 4$ verallgemeinern lassen.

Beispiel 8.59 (Berechnung von Determinanten)

a) Für die Determinante der 2×2-Matrix

$$\mathbf{A} = \begin{pmatrix} -3 & \frac{1}{2} \\ \frac{4}{5} & 7 \end{pmatrix}$$

erhält man mit (8.42):

$$\det(\mathbf{A}) = -3 \cdot 7 - \frac{1}{2} \cdot \frac{4}{5} = -\frac{107}{5}$$

Wegen $\det(\mathbf{A}) \neq 0$ ist die 2×2-Matrix **A** invertierbar.

b) Für die Determinante der 3×3-Matrix

$$\mathbf{A} = \begin{pmatrix} 0 & 1 & 2 \\ 3 & 2 & 1 \\ 1 & 1 & 0 \end{pmatrix}$$

erhält man mit (8.41):

$$\det(\mathbf{A}) = 0 \cdot \det\begin{pmatrix} 2 & 1 \\ 1 & 0 \end{pmatrix} - 1 \cdot \det\begin{pmatrix} 3 & 1 \\ 1 & 0 \end{pmatrix}$$
$$+ 2 \cdot \det\begin{pmatrix} 3 & 2 \\ 1 & 1 \end{pmatrix}$$
$$= 0 \cdot (2 \cdot 0 - 1 \cdot 1) - 1 \cdot (3 \cdot 0 - 1 \cdot 1)$$
$$+ 2 \cdot (3 \cdot 1 - 1 \cdot 2) = 3$$

Mit der Regel von Sarrus (8.44) erhält man natürlich dasselbe Ergebnis:

$$\det(\mathbf{A}) = 0 \cdot 2 \cdot 0 + 1 \cdot 1 \cdot 1 + 2 \cdot 3 \cdot 1$$
$$- 1 \cdot 2 \cdot 2 - 1 \cdot 1 \cdot 0 - 0 \cdot 3 \cdot 1 = 3$$

c) Für die Determinante der 4×4-Matrix

$$\mathbf{A} = \begin{pmatrix} -4 & 0 & 0 & 0 \\ 2 & 0 & 1 & 2 \\ -1 & 3 & 2 & 1 \\ 7 & 1 & 1 & 0 \end{pmatrix}$$

erhält man mit (8.41) und dem Ergebnis aus Beispiel b):

$$\det(\mathbf{A}) = -4 \cdot \det(\mathbf{A}_{11}) - 0 \cdot \det(\mathbf{A}_{12})$$
$$+ 0 \cdot \det(\mathbf{A}_{13}) - 0 \cdot \det(\mathbf{A}_{14})$$
$$= -4 \cdot \det\begin{pmatrix} 0 & 1 & 2 \\ 3 & 2 & 1 \\ 1 & 1 & 0 \end{pmatrix} = -4 \cdot 3 = -12$$

Geometrische Interpretation

Die Determinante einer quadratischen Matrix $\mathbf{A} \in M(n, n)$ besitzt eine interessante geometrische Interpretation. Denn ist $f_{\mathbf{A}}: \mathbb{R}^n \longrightarrow \mathbb{R}^n$, $\mathbf{x} \mapsto \mathbf{A}\mathbf{x}$ eine lineare Abbildung mit der kanonischen Matrix $\mathbf{A}$ und M eine Teilmenge des $\mathbb{R}^n$, dann kann man zeigen, dass das Volumen $\text{Vol}(\mathbf{A}(M))$ des Bildes von M unter der linearen Abbildung $f_{\mathbf{A}}$, also das Volumen der Menge

$$\mathbf{A}(M) := \{\mathbf{y} \in \mathbb{R}^n : \mathbf{y} = \mathbf{A}\mathbf{x} \text{ mit } \mathbf{x} \in M\},$$

durch

$$\text{Vol}(\mathbf{A}(M)) = |\det(\mathbf{A})| \cdot \text{Vol}(M) \quad (8.45)$$

gegeben ist. Das heißt, $|\det(\mathbf{A})|$ gibt den Skalierungsfaktor an, um den sich das Volumen von M durch die lineare Abbil-

dung $f_{\mathbf{A}}$ ändert. Speziell für den n-dimensionalen Einheitswürfel $E := [0, 1]^n$ des $\mathbb{R}^n$ mit $\text{Vol}(E) = 1$ folgt

$$\text{Vol}(\mathbf{A}(E)) = |\det(\mathbf{A})|. \quad (8.46)$$

Der Betrag der Determinante einer quadratischen Matrix $\mathbf{A} \in M(n, n)$ ist somit gleich dem Volumen des Bildes des n-dimensionalen Einheitswürfels $E = [0, 1]^n$ unter der zugehörigen linearen Abbildung $f_{\mathbf{A}}$.

Der n-dimensionale Einheitswürfel $E = [0, 1]^n$ ist die Menge der Punkte $(\lambda_1, \ldots, \lambda_n)^T \in \mathbb{R}^n$, deren Koordinaten $\lambda_1, \ldots, \lambda_n$ bezüglich der kanonischen Basis $\{\mathbf{e}_1, \ldots, \mathbf{e}_n\}$ von $\mathbb{R}^n$ zwischen 0 und 1 liegen. Es gilt somit

$$[0, 1]^n = \left\{ \sum_{i=1}^n \lambda_i \mathbf{e}_i : \lambda_1, \ldots, \lambda_n \in [0, 1] \right\}.$$

Da ferner $\mathbf{a}_1 = \mathbf{A}\mathbf{e}_1, \ldots, \mathbf{a}_n = \mathbf{A}\mathbf{e}_n$ gilt, wobei $\mathbf{a}_1, \ldots, \mathbf{a}_n$ die n Spaltenvektoren der Matrix $\mathbf{A}$ sind, erhält man für das Bild des n-dimensionalen Einheitswürfels $E = [0, 1]^n$ unter der zugehörigen linearen Abbildung $f_{\mathbf{A}}$ die Darstellung

$$\mathbf{A}(E) = \left\{ \sum_{i=1}^n \lambda_i \mathbf{a}_i : \lambda_1, \ldots, \lambda_n \in [0, 1] \right\}.$$

Diese Menge wird als **n-dimensionales Parallelotop (Parallelepiped)** bezeichnet und durch die n Spaltenvektoren der Matrix $\mathbf{A}$ aufgespannt. Bei einem n-dimensionalen Parallelotop $\mathbf{A}(E)$ handelt es sich also um einen geometrischen Körper im $\mathbb{R}^n$, der aus dem n-dimensionalen Einheitswürfel E durch die lineare Abbildung $f_{\mathbf{A}}: \mathbb{R}^n \longrightarrow \mathbb{R}^n$, $\mathbf{x} \mapsto \mathbf{A}\mathbf{x}$ hervorgeht. Im $\mathbb{R}^2$ und $\mathbb{R}^3$ kann man sich diese Transformation so vorstellen, dass die Menge $\mathbf{A}(E)$ durch „Ziehen an einer Ecke" aus dem Einheitswürfel E entsteht.

Im Spezialfall $n = 2$ wird ein Parallelotop auch als **Parallelogramm** bezeichnet. Ein Parallelogramm wird von vier paarweise parallelen Geraden begrenzt und geht aus dem Einheitsquadrat $[0, 1]^2$ durch Ziehen an einer Ecke hervor (vgl. Abbildung 8.8, links). Mit (8.42) und (8.46) folgt für das Volumen eines von den Vektoren $\mathbf{a}_1, \mathbf{a}_2 \in \mathbb{R}^2$ aufgespannten Parallelogramms die Formel

$$\left| \det\begin{pmatrix} a_{11} & a_{12} \\ a_{21} & a_{22} \end{pmatrix} \right| = |a_{11}a_{22} - a_{12}a_{21}|. \quad (8.47)$$

Im Spezialfall $n = 3$ wird ein Parallelotop dagegen auch als **Spat** bezeichnet, da die Kristalle von Kalkspat ($CaCO_3$) Ähnlichkeit zu dreidimensionalen Parallelotopen aufweisen. Ein Spat wird aus sechs paarweise in paral-

Kalkspat

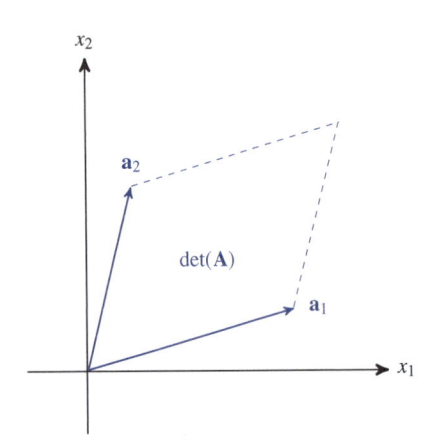

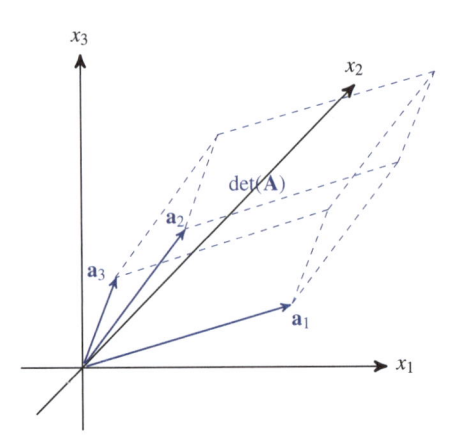

Abb. 8.8: Zweidimensionales Parallelotop (links) und dreidimensionales Parallelotop (rechts)

lelen Ebenen liegenden Parallelogrammen begrenzt und entsteht aus dem Einheitswürfel $[0, 1]^3$ durch Ziehen an einer der Ecken (vgl. Abbildung 8.8, rechts). Mit (8.44) und (8.46) erhält man für das Volumen eines von den Vektoren $\mathbf{a}_1, \mathbf{a}_2, \mathbf{a}_3 \in \mathbb{R}^3$ aufgespannten Spats die Formel

$$\left| \det \begin{pmatrix} a_{11} & a_{12} & a_{13} \\ a_{21} & a_{22} & a_{23} \\ a_{31} & a_{32} & a_{33} \end{pmatrix} \right| = |a_{11}a_{22}a_{33} + a_{12}a_{23}a_{31} + a_{13}a_{21}a_{32} \\ - a_{13}a_{22}a_{31} - a_{11}a_{23}a_{32} - a_{12}a_{21}a_{33}|.$$

Entwicklungssatz von Laplace

Für die Berechnung der Determinante einer $n \times n$-Matrix $\mathbf{A}$ mit $n \geq 4$ ist die Definition 8.58 in den meisten Fällen nicht sehr praktikabel. Wie jedoch aus Beispiel 8.59c) ersichtlich ist, vereinfacht sich die Berechnung der Determinante mit Hilfe von (8.41) erheblich, wenn die erste Zeile der Matrix $\mathbf{A}$ viele Nullen enthält. Denn in diesem Fall sind bei der Entwicklung der Matrix $\mathbf{A}$ nach der ersten Zeile gemäß der Formel (8.41) viele Koeffizienten a_{1j} gleich Null und die zugehörigen Minoren $\det(\mathbf{A}_{1j})$ müssen dann erst gar nicht berechnet werden.

Der folgende nach dem französischen Mathematiker und Physiker *Pierre-Simon Laplace* (1749–1827) benannte **Entwicklungssatz von Laplace** besagt, dass eine $n \times n$-Matrix $\mathbf{A}$ auch nach jeder anderen Zeile oder Spalte entwickelt werden kann. Dieses Ergebnis ermöglicht es somit, den Aufwand

P.-S. Laplace

bei der Berechnung der Determinante auch dann deutlich zu verringern, wenn nicht in der ersten Zeile, sondern in einer anderen Zeile oder sogar in einer Spalte die meisten Nullen enthalten sind.

Für diese und eine ganze Reihe anderer großer physikalischer und mathematischer Leistungen wurde *Laplace* die Ehre zuteil, dass er namentlich auf dem Eiffelturm verewigt wurde und sogar ein Mondkrater und ein Asteroid seinen Namen tragen. Aufgrund seines politischen Opportunismus, immer auf der Seite der aktuell politisch Mächtigen zu sein, wurde *Laplace* jedoch nicht im Panthéon, sondern auf dem Pariser Friedhof beigesetzt.

Satz 8.60 (Entwicklungssatz von Laplace)

Für die Determinante einer $n \times n$-Matrix $\mathbf{A}$ gilt:

$$\det(\mathbf{A}) = \sum_{j=1}^{n} (-1)^{i+j} a_{ij} \det(\mathbf{A}_{ij}) \quad \text{(Entwicklung nach der Zeile } i = 1, \ldots, n\text{)}$$

$$\det(\mathbf{A}) = \sum_{i=1}^{n} (-1)^{i+j} a_{ij} \det(\mathbf{A}_{ij}) \quad \text{(Entwicklung nach der Spalte } j = 1, \ldots, n\text{)}$$

Beweis: Siehe z. B. *Kowalsky-Michler* [37], Seiten 116–117. ∎

Gemäß dem Entwicklungssatz von Laplace ist es somit möglich eine quadratische $n \times n$-Matrix $\mathbf{A}$ nach jeder beliebigen Zeile oder Spalte zu entwickeln. Es resultiert stets derselbe Wert für det($\mathbf{A}$). Zur Minimierung des Aufwands bei der Berechnung der Determinante von $\mathbf{A}$ ist es jedoch sinnvoll, die Matrix $\mathbf{A}$ bzgl. der Zeile i oder der Spalte j zu entwickeln, welche die meisten Nullen enthält. Die Determinantenberechnung mit dem Entwicklungssatz von Laplace ist also umso aufwendiger, je größer die Ordnung der Matrix ist und je weniger Nullen sie besitzt.

Beim Entwicklungssatz von Laplace werden die Minoren det($\mathbf{A}_{ij}$) mit einem Vorzeichen gemäß dem Muster

$$\begin{pmatrix} + & - & + & - & \cdots \\ - & + & - & + & \cdots \\ + & - & + & - & \cdots \\ - & + & - & + & \cdots \\ \vdots & \vdots & \vdots & \vdots & \ddots \end{pmatrix}$$

versehen. Die Produkte $(-1)^{i+j} \det(\mathbf{A}_{ij})$ bestehend aus den Vorzeichen $(-1)^{i+j}$ und den Minoren $\det(\mathbf{A}_{ij})$ werden oft als **Adjunkte** oder **Kofaktoren** bezeichnet.

Aus dem Entwicklungssatz von Laplace lässt sich für Dreiecksmatrizen unmittelbar das folgende Resultat ableiten. Es besagt, dass sich die Determinante bei einer Dreiecksmatrix ganz einfach als Produkt der Einträge a_{ii} auf der Hauptdiagonalen berechnen lässt.

Folgerung 8.61 (Determinante einer Dreiecksmatrix)

Untere und obere $n \times n$-Dreiecksmatrizen

$$\mathbf{A} = \begin{pmatrix} a_{11} & 0 & \cdots & 0 \\ a_{21} & a_{22} & \cdots & \vdots \\ \vdots & & \ddots & 0 \\ a_{n1} & \cdots & a_{nn-1} & a_{nn} \end{pmatrix} \text{ bzw.}$$

$$\mathbf{A} = \begin{pmatrix} a_{11} & a_{12} & \cdots & a_{1n} \\ 0 & a_{22} & \cdots & a_{2n} \\ \vdots & & \ddots & \vdots \\ 0 & \cdots & 0 & a_{nn} \end{pmatrix}$$

besitzen die Determinante

$$\det(\mathbf{A}) = \prod_{i=1}^{n} a_{ii}.$$

Beweis: Die Behauptung folgt unmittelbar durch wiederholte Anwendung des Entwicklungssatzes von Laplace auf die erste Spalte bzw. die erste Zeile von $\mathbf{A}$. ∎

Da eine Diagonalmatrix

$$\mathbf{A} = \begin{pmatrix} a_{11} & 0 & \cdots & 0 \\ 0 & a_{22} & & 0 \\ \vdots & & \ddots & 0 \\ 0 & \cdots & 0 & a_{nn} \end{pmatrix}$$

auch eine Dreiecksmatrix ist, ergibt sich bei Diagonalmatrizen die Determinante ebenfalls einfach als Produkt der Einträge auf der Hauptdiagonalen. Dies bedeutet insbesondere, dass eine Einheitsmatrix $\mathbf{E}$ stets die Determinante $\det(\mathbf{E}) = 1$ besitzt.

Beispiel 8.62 (Anwendung des Entwicklungssatzes von Laplace)

a) Bei der 4×4-Matrix

$$\mathbf{A} = \begin{pmatrix} 1 & 2 & 0 & 1 \\ 2 & 0 & 0 & -1 \\ -1 & 1 & 2 & 0 \\ 0 & 3 & 1 & 1 \end{pmatrix}$$

bietet sich eine Entwicklung nach der zweiten Zeile oder der dritten Spalte an. Eine Entwicklung nach der zweiten Zeile liefert

$$\det(\mathbf{A}) = -2\det\begin{pmatrix} 2 & 0 & 1 \\ 1 & 2 & 0 \\ 3 & 1 & 1 \end{pmatrix} - 1\det\begin{pmatrix} 1 & 2 & 0 \\ -1 & 1 & 2 \\ 0 & 3 & 1 \end{pmatrix}.$$

Daraus folgt durch Anwendung der Regel von Sarrus (8.44) auf die beiden verbleibenden Minoren

$$\det(\mathbf{A}) = -2(4 + 0 + 1 - (6 + 0 + 0)) \\ - 1(1 + 0 + 0 - (0 + 6 - 2)) = 5.$$

b) Bei der 5×5-Matrix

$$\mathbf{A} = \begin{pmatrix} 1 & 0 & 2 & 0 & 0 \\ 1 & 0 & 0 & 3 & 1 \\ 1 & 2 & 0 & 0 & 1 \\ 0 & 1 & 4 & -1 & 0 \\ 0 & 0 & 0 & -2 & -2 \end{pmatrix}$$

bietet sich eine Entwicklung nach der ersten oder fünften Zeile sowie nach der zweiten oder dritten

Spalte an. Eine Entwicklung nach der ersten Zeile liefert

$$\det(\mathbf{A}) = 1 \det \begin{pmatrix} 0 & 0 & 3 & 1 \\ 2 & 0 & 0 & 1 \\ 1 & 4 & -1 & 0 \\ 0 & 0 & -2 & -2 \end{pmatrix}$$

$$+ 2 \det \begin{pmatrix} 1 & 0 & 3 & 1 \\ 1 & 2 & 0 & 1 \\ 0 & 1 & -1 & 0 \\ 0 & 0 & -2 & -2 \end{pmatrix}.$$

Wird der erste der verbleibenden Minoren nach der zweiten Spalte und der zweite Minor nach der ersten Spalte entwickelt, erhält man weiter

$$\det(\mathbf{A}) = 1 \cdot (-4) \cdot \det \begin{pmatrix} 0 & 3 & 1 \\ 2 & 0 & 1 \\ 0 & -2 & -2 \end{pmatrix}$$

$$+ 2 \cdot \left[1 \cdot \det \begin{pmatrix} 2 & 0 & 1 \\ 1 & -1 & 0 \\ 0 & -2 & -2 \end{pmatrix} \right.$$

$$\left. - 1 \cdot \det \begin{pmatrix} 0 & 3 & 1 \\ 1 & -1 & 0 \\ 0 & -2 & -2 \end{pmatrix} \right].$$

Daraus folgt schließlich mit der Regel von Sarrus (8.44)

$$\det(\mathbf{A}) = -4 \cdot \big(0 + 0 - 4 - (0 + 0 - 12)\big)$$

$$+ 2 \cdot \Big[\big(4 + 0 - 2 - (0 + 0 + 0)\big)$$

$$- \big(0 + 0 - 2 - (0 + 0 - 6)\big) \Big]$$

$$= -36.$$

c) Die Determinanten der beiden Dreiecksmatrizen

$$\mathbf{A} = \begin{pmatrix} 5 & -2 & 3 & 1 \\ 0 & -1 & 3 & 3 \\ 0 & 0 & -4 & -1 \\ 0 & 0 & 0 & 5 \end{pmatrix} \quad \text{und} \quad \mathbf{B} = \begin{pmatrix} 4 & 0 & 0 \\ 0 & \frac{1}{3} & 0 \\ 0 & 0 & -3 \end{pmatrix}$$

sind gegeben durch

$$\det(\mathbf{A}) = 5 \cdot (-1) \cdot (-4) \cdot 5 = 100 \quad \text{bzw.}$$

$$\det(\mathbf{B}) = 4 \cdot \frac{1}{3} \cdot (-3) = -4.$$

Eine weitere einfache Folgerung aus dem Entwicklungssatz von Laplace betrifft die transponierte Matrix. Sie besagt, dass die Determinante einer quadratischen Matrix **A** stets mit der Determinante ihrer Transponierten übereinstimmt.

> **Folgerung 8.63** (Determinante der transponierten Matrix)
>
> *Für eine $n \times n$-Matrix **A** gilt*
>
> $$\det(\mathbf{A}) = \det(\mathbf{A}^T).$$

Beweis: Die i-te Zeile von **A** entspricht der i-ten Spalte von $\mathbf{A}^T$. Gemäß dem Entwicklungssatz von Laplace ergibt jedoch die Entwicklung nach Zeilen oder Spalten stets denselben Wert für die Determinante. ∎

Rechenregeln für Determinanten

Der folgende Satz fasst die wichtigsten Rechenregeln für Determinanten zusammen. Diese Rechenregeln geben an, wie sich die Determinante einer quadratischen Matrix **A** verändert, wenn an der Matrix elementare Zeilen- oder Spaltenumformungen vorgenommen werden. Dieses Wissen führt zu einem effizienten Verfahren zur Berechnung von Determinanten und erlaubt es, für Determinanten einige interessante Eigenschaften und Zusammenhänge nachzuweisen.

Für die Formulierung dieser Rechenregeln ist es hilfreich, für die Determinante einer $n \times n$-Matrix **A** mit den Spaltenvektoren $\mathbf{a}_1, \ldots, \mathbf{a}_n \in \mathbb{R}^n$ auch die Schreibweise

$$\det(\mathbf{A}) = \det(\mathbf{a}_1, \ldots, \mathbf{a}_n)$$

zu verwenden. Man erhält dann das folgende Resultat:

> **Satz 8.64** (Rechenregeln für Determinanten)
>
> *Es seien $\mathbf{A} = (\mathbf{a}_1, \ldots, \mathbf{a}_n)$ eine $n \times n$-Matrix mit den Spaltenvektoren $\mathbf{a}_1, \ldots, \mathbf{a}_n \in \mathbb{R}^n$ sowie $\mathbf{b}_k \in \mathbb{R}^n$ und $\lambda \in \mathbb{R}$. Dann gilt:*
>
> *a)* $\det(\mathbf{a}_1, \ldots, \lambda \mathbf{a}_k, \ldots, \mathbf{a}_n) = \lambda \det(\mathbf{a}_1, \ldots, \mathbf{a}_k, \ldots, \mathbf{a}_n)$
>
> *b)* $\det(\mathbf{a}_1, \ldots, \mathbf{a}_k + \mathbf{b}_k, \ldots, \mathbf{a}_n) = \det(\mathbf{a}_1, \ldots, \mathbf{a}_k, \ldots, \mathbf{a}_n)$
> $\qquad\qquad\qquad\qquad\qquad + \det(\mathbf{a}_1, \ldots, \mathbf{b}_k, \ldots, \mathbf{a}_n)$
>
> *c)* $\det(\ldots, \mathbf{a}, \ldots, \mathbf{a}, \ldots) = 0$
>
> *d)* $\det(\ldots, \mathbf{a}_i, \ldots, \mathbf{a}_k, \ldots) = -\det(\ldots, \mathbf{a}_k, \ldots, \mathbf{a}_i, \ldots)$

> $e)\ \det(\ldots,\mathbf{a}_i,\ldots,\mathbf{a}_k,\ldots) = \det(\ldots,\mathbf{a}_i,\ldots,\mathbf{a}_k+\lambda\mathbf{a}_i,\ldots)$
>
> $f)\ \det(\ldots,\mathbf{0},\ldots) = 0$
>
> *Die Rechenregeln a) bis f) gelten völlig analog auch für die Zeilenvektoren der $n \times n$-Matrix $\mathbf{A}$.*

Beweis: Zu a) und b): Die Aussagen a) und b) folgen unmittelbar durch Einsetzen in (8.41).

Zu c): Die Matrix $\mathbf{A}$ wird in beliebiger Reihenfolge nach den $n-2$ Spalten entwickelt, die sich unterscheiden. Nach diesen $n-2$ Entwicklungsschritten erhält man eine Summe von Determinanten von 2×2-Matrizen mit jeweils zwei identischen Spalten. Mit (8.42) folgt für solche Determinanten

$$\det\begin{pmatrix} a & a \\ b & b \end{pmatrix} = ab - ba = 0.$$

Damit erhält man insbesondere die Behauptung c).

Zu d): Mit den Aussagen b) und c) folgt

$$\det(\ldots,\mathbf{a}_i,\ldots,\mathbf{a}_k,\ldots) + \det(\ldots,\mathbf{a}_k,\ldots,\mathbf{a}_i,\ldots)$$
$$= \det(\ldots,\mathbf{a}_i,\ldots,\mathbf{a}_k,\ldots) + \det(\ldots,\mathbf{a}_k,\ldots,\mathbf{a}_i,\ldots)$$
$$+ \det(\ldots,\mathbf{a}_i,\ldots,\mathbf{a}_i,\ldots) + \det(\ldots,\mathbf{a}_k,\ldots,\mathbf{a}_k,\ldots)$$
$$= \det(\ldots,\mathbf{a}_i,\ldots,\mathbf{a}_k+\mathbf{a}_i,\ldots)$$
$$+ \det(\ldots,\mathbf{a}_k,\ldots,\mathbf{a}_i+\mathbf{a}_k,\ldots)$$
$$= \det(\ldots,\mathbf{a}_k+\mathbf{a}_i,\ldots,\mathbf{a}_i+\mathbf{a}_k,\ldots) = 0$$

und damit insbesondere auch die Behauptung $\det(\ldots,\mathbf{a}_i,\ldots,\mathbf{a}_k,\ldots) = -\det(\ldots,\mathbf{a}_k,\ldots,\mathbf{a}_i,\ldots)$.

Zu e): Mit den Aussagen c), a) und b) folgt

$$\det(\ldots,\mathbf{a}_i,\ldots,\mathbf{a}_k,\ldots)$$
$$= \det(\ldots,\mathbf{a}_i,\ldots,\mathbf{a}_k,\ldots) + 0$$
$$= \det(\ldots,\mathbf{a}_i,\ldots,\mathbf{a}_k,\ldots) + \lambda\det(\ldots,\mathbf{a}_i,\ldots,\mathbf{a}_i,\ldots)$$
$$= \det(\ldots,\mathbf{a}_i,\ldots,\mathbf{a}_k,\ldots) + \det(\ldots,\mathbf{a}_i,\ldots,\lambda\mathbf{a}_i,\ldots)$$
$$= \det(\ldots,\mathbf{a}_i,\ldots,\mathbf{a}_k+\lambda\mathbf{a}_i,\ldots).$$

Zu f): Mit a) erhält man

$$\det(\ldots,\mathbf{0},\ldots) = \det(\ldots,0 \cdot \mathbf{a},\ldots)$$
$$= 0 \cdot \det(\ldots,\mathbf{a},\ldots) = 0.$$

Aus $\det(\mathbf{A}) = \det(\mathbf{A}^T)$ (vgl. Folgerung 8.63) folgt unmittelbar, dass die Rechenregeln a) bis f) völlig analog auch für die Zeilenvektoren der Matrix $\mathbf{A}$ gelten. ∎

Bei der numerischen Berechnung von Determinanten sind vor allem die beiden Rechenregeln d) und e) sehr hilfreich. Sie sind die Grundlage für das gängigste numerische Verfahren zur Berechnung von Determinanten. Bei diesem Verfahren wird ausgenutzt, dass sich durch

1) die Addition des λ-fachen einer Zeile oder Spalte zu einer anderen Zeile bzw. Spalte die Determinante gemäß Rechenregel e) nicht ändert und

2) das Vertauschen zweier Zeilen oder Spalten entsprechend Rechenregel d) lediglich das Vorzeichen der Determinante umkehrt.

Durch diese beiden Arten von Umformungen wird eine gegebene $n \times n$-Matrix

$$\mathbf{A} = \begin{pmatrix} a_{11} & a_{12} & \ldots & a_{1n} \\ a_{21} & a_{22} & \ldots & a_{2n} \\ \vdots & \vdots & \ddots & \vdots \\ a_{n1} & \ldots & \ldots & a_{nn} \end{pmatrix}$$

solange umgeformt, bis eine obere Dreiecksmatrix

$$\mathbf{B} = \begin{pmatrix} b_{11} & b_{12} & \ldots & b_{1n} \\ 0 & b_{22} & \ldots & b_{2n} \\ \vdots & & \ddots & \vdots \\ 0 & \ldots & 0 & b_{nn} \end{pmatrix}$$

resultiert, deren Determinante gemäß Folgerung 8.61 sehr einfach durch Multiplikation der Einträge auf der Hauptdiagonalen, d. h. der Werte $b_{11},\ldots,b_{nn}$, berechnet werden kann. Ist k die Anzahl der bei der Umformung $\mathbf{A} \to \mathbf{B}$ benötigten Zeilen- und Spaltenvertauschungen, dann ist die Determinante von $\mathbf{A}$ gegeben durch

$$\det(\mathbf{A}) = (-1)^k \det(\mathbf{B}) = (-1)^k \prod_{i=1}^n b_{ii}.$$

Dieses Vorgehen ist das am meisten verwendete Verfahren zur Determinantenberechnung und üblicherweise auch in mathematischer Software implementiert. Das konkrete Vorgehen bei diesem Verfahren wird im nächsten Beispiel 8.65 verdeutlicht. Dabei ist es zweckmäßig, die Zeilen durchzunummerieren und die durchgeführten Zeilenumformungen rechts (in blauer Schrift) anzugeben.

Beispiel 8.65 (Berechnung von Determinanten mittels Rechenregeln)

a) Berechnet wird die Determinante der 4×4-Matrix

$$\mathbf{A} = \begin{pmatrix} 1 & 0 & 2 & 1 \\ -1 & 1 & 3 & 1 \\ 1 & -2 & 0 & -1 \\ 0 & -2 & 1 & 1 \end{pmatrix}.$$

Mit der Rechenregel e) in Satz 8.64 erhält man:

	A				
(1)	1	0	2	1	
(2)	−1	1	3	1	
(3)	1	−2	0	−1	
(4)	0	−2	1	1	
(1)	1	0	2	1	
(2′)	0	1	5	2	(2) + (1)
(3′)	0	−2	−2	−2	(3) − (1)
(4)	0	−2	1	1	
(1)	1	0	2	1	
(2′)	0	1	5	2	
(3″)	0	0	8	2	(3′) + 2 · (2′)
(4′)	0	0	11	5	(4) + 2 · (2′)
(1)	1	0	2	1	
(2′)	0	1	5	2	
(3″)	0	0	8	2	
(4″)	0	0	0	9/4	(4′) − 11/8 · (3″)

Für die Determinante von **A** erhält man somit

$$\det(\mathbf{A}) = 1 \cdot 1 \cdot 8 \cdot \frac{9}{4} = 18.$$

b) Berechnet wird die Determinante der 4×4-Matrix

$$\mathbf{A} = \begin{pmatrix} 1 & -2 & 9 & -3 \\ 3 & 4 & 1 & 3 \\ 6 & 8 & -2 & 1 \\ 2 & 1 & 3 & 10 \end{pmatrix}.$$

Mit den Rechenregeln e) und d) in Satz 8.64 erhält man:

	A				
(1)	1	−2	9	−3	
(2)	3	4	1	3	
(3)	6	8	−2	1	
(4)	2	1	3	10	
(1)	1	−2	9	−3	
(2′)	0	10	−26	12	(2) − 3 · (1)
(3′)	0	20	−56	19	(3) − 6 · (1)
(4′)	0	5	−15	16	(4) − 2 · (1)
(1)	1	−2	9	−3	
(4′)	0	5	−15	16	(2′) ⟷ (4′)
(3′)	0	20	−56	19	
(2′)	0	10	−26	12	(4′) ⟷ (2′)
(1)	1	−2	9	−3	
(4′)	0	5	−15	16	
(3″)	0	0	4	−45	(3′) − 4 · (4′)
(2″)	0	0	4	−20	(2′) − 2 · (4′)
(1)	1	−2	9	−3	
(4′)	0	5	−15	16	
(3″)	0	0	4	−45	
(2‴)	0	0	0	25	(2″) − (3″)

Da bei diesen Umformungen einmal zwei Zeilen vertauscht wurden, erhält man für die Determinante von **A** den Wert

$$\det(\mathbf{A}) = (-1)^1 \cdot 1 \cdot 5 \cdot 4 \cdot 25 = -500.$$

Das folgende Beispiel zeigt, wie die Rechenregeln in Satz 8.64 und der Entwicklungssatz von Laplace bei der Berechnung von Determinanten auch kombiniert werden können:

Beispiel 8.66 (Berechnung der Vandermonde-Determinante)

Die $(n+1) \times (n+1)$-Matrix

$$\mathbf{V} = \begin{pmatrix} 1 & x_0 & x_0^2 & \ldots & x_0^n \\ 1 & x_1 & x_1^2 & \ldots & x_1^n \\ \vdots & \vdots & \vdots & \ddots & \vdots \\ 1 & x_n & x_n^2 & \ldots & x_n^n \end{pmatrix}$$

wird nach dem französischen Mathematiker *Alexandre-Théophile Vandermonde* (1735–1796) als **Vandermonde-Matrix** und ihre Determinante $\det(\mathbf{V})$ als **Vandermonde-**

Determinante bezeichnet. Die Vandermonde-Matrix spielt bei der Interpolation von Funktionen eine wichtige Rolle (siehe Abschnitt 27.1).

Für die Berechnung der Determinante von $\mathbf{V}$ in einem Tableau mittels Zeilenumformungen ist es zweckmäßig die transponierte Vandermonde-Matrix $\mathbf{V}^T$ zu betrachten. Es wird dann von der zweiten Zeile der Matrix $\mathbf{V}^T$ das x_0-fache der ersten Zeile, von der dritten Zeile das x_0-fache der zweiten Zeile usw. abgezogen bis schließlich das x_0-fache der n-ten Zeile von der $(n+1)$-ten Zeile subtrahiert wird. Auf diese Weise erhält man dann:

	$\mathbf{V}^T$			
(1)	1	1	...	1
(2)	x_0	x_1	...	x_n
(3)	x_0^2	x_1^2	...	x_n^2
⋮	⋮	⋮	⋱	⋮
(n)	x_0^{n-1}	x_1^{n-1}	...	x_n^{n-1}
(n+1)	x_0^n	x_1^n	...	x_n^n
(1)	1	1	...	1	
(2′)	0	x_1-x_0	...	x_n-x_0	$(2)-x_0\cdot(1)$
(3′)	0	$x_1^2-x_0x_1$	...	$x_n^2-x_0x_n$	$(3)-x_0\cdot(2)$
⋮	⋮	⋮	⋱	⋮	⋮
(n′)	0	$x_1^{n-1}-x_0x_1^{n-2}$	...	$x_n^{n-1}-x_0x_n^{n-2}$	$(n)-x_0\cdot(n-1)$
(n+1′)	0	$x_1^n-x_0x_1^{n-1}$	...	$x_n^n-x_0x_n^{n-1}$	$(n+1)-x_0\cdot(n)$

Die so entstandene Matrix wird anschließend gemäß dem Entwicklungssatz von Laplace (vgl. Satz 8.60) nach der ersten Spalte entwickelt. Dies liefert zusammen mit der Rechenregel a) in Satz 8.64

$$\det(\mathbf{V}^T) = \det\begin{pmatrix} 1 & 1 & \ldots & 1 \\ 0 & x_1-x_0 & \ldots & x_n-x_0 \\ 0 & x_1^2-x_0x_1 & \ldots & x_n^2-x_0x_n \\ \vdots & \vdots & \ddots & \vdots \\ 0 & x_1^{n-1}-x_0x_1^{n-2} & \ldots & x_n^{n-1}-x_0x_n^{n-2} \\ 0 & x_1^n-x_0x_1^{n-1} & \ldots & x_n^n-x_0x_n^{n-1} \end{pmatrix}$$

$$= \det\begin{pmatrix} x_1-x_0 & \ldots & x_n-x_0 \\ x_1(x_1-x_0) & \ldots & x_n(x_n-x_0) \\ \vdots & \ddots & \vdots \\ x_1^{n-2}(x_1-x_0) & \ldots & x_n^{n-2}(x_n-x_0) \\ x_1^{n-1}(x_1-x_0) & \ldots & x_n^{n-1}(x_n-x_0) \end{pmatrix}$$

$$= (x_1-x_0)(x_2-x_0)\cdot\ldots\cdot(x_n-x_0)$$
$$\times \det\begin{pmatrix} 1 & \ldots & 1 \\ x_1 & \ldots & x_n \\ \vdots & \ddots & \vdots \\ x_1^{n-2} & \ldots & x_n^{n-2} \\ x_1^{n-1} & \ldots & x_n^{n-1} \end{pmatrix}. \quad (8.48)$$

Die so resultierende $n\times n$-Matrix auf der rechten Seite von (8.48) hat die gleiche Struktur wie die Ausgangsmatrix $\mathbf{V}^T$. Das vorgestellte Vorgehen kann nun sukzessive wiederholt werden, bis man schließlich für $\det(\mathbf{V}) = \det(\mathbf{V}^T)$ (vgl. Folgerung 8.63) das folgende Produkt erhält:

$$\det(\mathbf{V}) = (x_1-x_0)(x_2-x_0)\cdot\ldots\cdot(x_n-x_0)$$
$$\cdot (x_2-x_1)\cdot\ldots\cdot(x_n-x_1)$$
$$\ddots$$
$$\cdot (x_{n-1}-x_{n-2})(x_n-x_{n-2})$$
$$\cdot (x_n-x_{n-1})$$
$$= \prod_{1\le i<j\le n}(x_j-x_i)$$

Eigenschaften von Determinanten

Zwischen den Begriffen Invertierbarkeit, Rang und Determinante besteht der folgende interessante Zusammenhang:

Satz 8.67 (Zusammenhang Invertierbarkeit, Rang und Determinante)

Bei einer quadratischen Matrix $\mathbf{A} \in M(n,n)$ sind die folgenden Aussagen äquivalent:

$\mathbf{A}$ *ist invertierbar* $\iff \text{rang}(\mathbf{A}) = n \iff \det(\mathbf{A}) \ne 0$

Beweis: Die Äquivalenz von Invertierbarkeit und vollem Rang wurde bereits in Satz 8.43 nachgewiesen.

Für den Nachweis der Äquivalenz von $\text{rang}(\mathbf{A}) = n$ und $\det(\mathbf{A}) \ne 0$ wird die Matrix $\mathbf{A}$ durch Addition des λ-fachen einer Zeile zu anderen Zeilen und das Vertauschen von Zeilen von $\mathbf{A}$ auf die Gestalt einer oberen Dreiecksmatrix

$$\mathbf{B} = \begin{pmatrix} b_{11} & b_{12} & \ldots & b_{1n} \\ 0 & b_{22} & \ldots & b_{2n} \\ \vdots & & \ddots & \vdots \\ 0 & \ldots & 0 & b_{nn} \end{pmatrix}$$

gebracht. Mit Satz 8.64d) und e) folgt, dass sich die beiden Determinanten $\det(\mathbf{A})$ und $\det(\mathbf{B})$ höchstens durch das Vorzeichen unterscheiden. Weiter erhält man mit Satz 9.13, dass $\text{rang}(\mathbf{A}) = \text{rang}(\mathbf{B})$ gilt und $\text{rang}(\mathbf{B}) = n$ zu $b_{ii} \ne 0$ für alle $i = 1,\ldots,n$ äquivalent ist. Zusammen mit Folgerung 8.61 liefert dies

$\text{rang}(\mathbf{A}) = n \iff \text{rang}(\mathbf{B}) = n \iff b_{ii} \ne 0$ für alle $i = 1,\ldots,n \iff \det(\mathbf{B}) \ne 0 \iff \det(\mathbf{A}) \ne 0.$ ∎

Der Satz 8.67 besagt insbesondere, dass man am Wert der Determinante einer quadratischen Matrix **A** bequem ablesen kann, ob diese invertierbar ist oder nicht.

Einer der wichtigsten Sätze im Zusammenhang mit Matrizen ist der folgende **Multiplikationssatz für Determinanten**:

Satz 8.68 (Multiplikationssatz für Determinanten)

*Für zwei $n \times n$-Matrizen **A** und **B** gilt*

$$\det(\mathbf{A}\,\mathbf{B}) = \det(\mathbf{A})\det(\mathbf{B}).$$

Beweis: Siehe z. B. *Fischer* [16], Seite 166–167. ∎

Aufgrund der Gültigkeit des Multiplikationssatzes für Determinanten lässt sich die Determinante eines Matrizenprodukts **A B** sehr einfach durch Multiplikation der Determinanten der einzelnen Matrizen **A** und **B** berechnen. Es ist jedoch zu beachten, dass ein Additionssatz für Determinanten nicht existiert und im Allgemeinen

$$\det(\mathbf{A} + \mathbf{B}) \neq \det(\mathbf{A}) + \det(\mathbf{B})$$

gilt. Siehe hierzu auch das folgende Beispiel:

Beispiel 8.69 (Multiplikationssatz für Determinanten)

Für die beiden 2×2-Matrizen

$$\mathbf{A} = \begin{pmatrix} 1 & -1 \\ 1 & 2 \end{pmatrix} \quad \text{und} \quad \mathbf{B} = \begin{pmatrix} -1 & 2 \\ 2 & 1 \end{pmatrix}$$

gilt

$$\mathbf{A} + \mathbf{B} = \begin{pmatrix} 0 & 1 \\ 3 & 3 \end{pmatrix} \quad \text{und} \quad \mathbf{A}\,\mathbf{B} = \begin{pmatrix} -3 & 1 \\ 3 & 4 \end{pmatrix}.$$

Für die Determinanten dieser Matrizen erhält man mit (8.42):

$$\det(\mathbf{A}) = 3$$
$$\det(\mathbf{B}) = -5$$
$$\det(\mathbf{A}\,\mathbf{B}) = -15 = \det(\mathbf{A})\det(\mathbf{B})$$
$$\det(\mathbf{A} + \mathbf{B}) = -3 \neq \det(\mathbf{A}) + \det(\mathbf{B})$$

Das folgende Resultat liefert weitere nützliche Eigenschaften für das Rechnen mit Determinanten. Sie alle sind unmittelbare Folgerungen des Multiplikationssatzes 8.68.

Folgerung 8.70 (Eigenschaften der Determinante)

*Es seien **A** eine $n \times n$-Matrix und $r \in \mathbb{R}$. Dann gilt:*

a) $\det(r\mathbf{A}) = r^n \det(\mathbf{A})$

b) $\mathbf{A}$ *invertierbar* $\implies \det(\mathbf{A}^{-1}) = \frac{1}{\det(\mathbf{A})}$

c) $\mathbf{A}$ *orthogonal* $\implies \det(\mathbf{A}) = 1$ *oder* $\det(\mathbf{A}) = -1$

Beweis: Zu a): Mit dem Multiplikationssatz 8.68 erhält man

$$\det(r\mathbf{A}) = \det(r\mathbf{E}\,\mathbf{A}) = \det(r\mathbf{E})\det(\mathbf{A}) = r^n \det(\mathbf{A}).$$

Zu b): Ist **A** invertierbar, dann gilt $\mathbf{A}\,\mathbf{A}^{-1} = \mathbf{E}$. Daraus folgt mit dem Multiplikationssatz 8.68

$$\det(\mathbf{A})\det(\mathbf{A}^{-1}) = \det(\mathbf{A}\,\mathbf{A}^{-1}) = \det(\mathbf{E}) = 1.$$

Dies impliziert die Behauptung $\det(\mathbf{A}^{-1}) = \frac{1}{\det(\mathbf{A})}$.

Zu c): Für eine orthogonale Matrix gilt $\mathbf{A}\,\mathbf{A}^T = \mathbf{E}$. Daraus folgt mit dem Multiplikationssatz 8.68 und Folgerung 8.63

$$1 = \det(\mathbf{E}) = \det(\mathbf{A}\,\mathbf{A}^T) = \det(\mathbf{A})\det(\mathbf{A}^T) = \det(\mathbf{A})^2.$$

Dies impliziert $\det(\mathbf{A}) = 1$ oder $\det(\mathbf{A}) = -1$. ∎

Eine orthogonale $n \times n$-Matrix **A** mit $\det(\mathbf{A}) = 1$ wird als **Drehung** bezeichnet. Denn man kann zeigen, dass eine solche Matrix stets eine Drehung im $\mathbb{R}^n$ beschreibt. Das heißt, der Vektor **A x** geht aus dem Vektor **x** durch Drehung an einer Geraden durch den Ursprung **0** hervor. Siehe hierzu auch das folgende Beispiel:

Beispiel 8.71 (Drehungen im $\mathbb{R}^2$ und $\mathbb{R}^3$)

a) Aus dem zweidimensionalen Vektor

$$\mathbf{x} = \begin{pmatrix} x_1 \\ x_2 \end{pmatrix} = \begin{pmatrix} r\cos(\alpha) \\ r\sin(\alpha) \end{pmatrix}$$

entsteht durch Drehung um den Winkel β und den Ursprung **0** der Vektor

$$\mathbf{y} = \begin{pmatrix} y_1 \\ y_2 \end{pmatrix} = \begin{pmatrix} r\cos(\alpha + \beta) \\ r\sin(\alpha + \beta) \end{pmatrix}$$

$$= \begin{pmatrix} r(\cos(\alpha)\cos(\beta) - \sin(\alpha)\sin(\beta)) \\ r(\cos(\alpha)\sin(\beta) + \sin(\alpha)\cos(\beta)) \end{pmatrix}$$

$$= \begin{pmatrix} \cos(\beta)x_1 - \sin(\beta)x_2 \\ \sin(\beta)x_1 + \cos(\beta)x_2 \end{pmatrix}$$

$$= \begin{pmatrix} \cos(\beta) & -\sin(\beta) \\ \sin(\beta) & \cos(\beta) \end{pmatrix} \begin{pmatrix} x_1 \\ x_2 \end{pmatrix},$$

wobei für die dritte Gleichung die Additionstheoreme für den Sinus und Kosinus verwendet wurden (vgl. Satz 5.2a) und b)). Im $\mathbb{R}^2$ werden Drehungen somit von 2×2-Matrizen der Form

$$\mathbf{A} = \begin{pmatrix} \cos(\beta) & -\sin(\beta) \\ \sin(\beta) & \cos(\beta) \end{pmatrix}$$

beschrieben (vgl. Abbildung 8.9, links). Mit $\sin^2(\beta) + \cos^2(\beta) = 1$ (vgl. Satz 5.1b)) folgt

$$\mathbf{A}\mathbf{A}^T = \begin{pmatrix} \cos(\beta) & -\sin(\beta) \\ \sin(\beta) & \cos(\beta) \end{pmatrix} \begin{pmatrix} \cos(\beta) & \sin(\beta) \\ -\sin(\beta) & \cos(\beta) \end{pmatrix}$$
$$= \begin{pmatrix} 1 & 0 \\ 0 & 1 \end{pmatrix} \quad \text{und} \quad \det(\mathbf{A}) = 1.$$

Das heißt, $\mathbf{A}$ ist eine orthogonale Matrix mit der Determinante 1 und damit eine Drehung.

b) Wie man zeigen kann, werden im $\mathbb{R}^3$ Drehungen um den Winkel β um eine Drehachse $\mathbf{d} = (d_1, d_2, d_3)^T \in \mathbb{R}^3$ mit $\|\mathbf{d}\| = 1$ durch 3×3-Matrizen der Bauart

$\mathbf{A} =$
$$\begin{pmatrix} \cos(\beta)+d_1^2(1-\cos(\beta)) & d_1d_2(1-\cos(\beta))-d_3\sin(\beta) & d_1d_3(1-\cos(\beta))+d_2\sin(\beta) \\ d_2d_1(1-\cos(\beta))+d_3\sin(\beta) & \cos(\beta)+d_2^2(1-\cos(\beta)) & d_2d_3(1-\cos(\beta))-d_1\sin(\beta) \\ d_3d_1(1-\cos(\beta))-d_2\sin(\beta) & d_3d_2(1-\cos(\beta))+d_1\sin(\beta) & \cos(\beta)+d_3^2(1-\cos(\beta)) \end{pmatrix}$$
(8.49)

beschrieben. Man kann nachweisen, dass auch diese Matrizen orthogonal sind und für ihre Determinante $\det(\mathbf{A}) = 1$ gilt, diese Matrizen also Drehungen sind. Wird zum Beispiel als Drehachse $\mathbf{d} = (1, 0, 0)^T$ ge-

wählt, dann beschreibt die Matrix (8.49) eine Drehung um die x_1-Achse und sie vereinfacht sich zu

$$\mathbf{A} = \begin{pmatrix} 1 & 0 & 0 \\ 0 & \cos(\beta) & -\sin(\beta) \\ 0 & \sin(\beta) & \cos(\beta) \end{pmatrix}.$$

Durch $\mathbf{A}$ wird ein Vektor $\mathbf{x} = (x_1, x_2, x_3)^T$ auf den Vektor

$$\mathbf{y} = \mathbf{A}\mathbf{x} = \begin{pmatrix} 1 & 0 & 0 \\ 0 & \cos(\beta) & -\sin(\beta) \\ 0 & \sin(\beta) & \cos(\beta) \end{pmatrix} \begin{pmatrix} x_1 \\ x_2 \\ x_3 \end{pmatrix}$$
$$= \begin{pmatrix} x_1 \\ \cos(\beta)x_2 - \sin(\beta)x_3 \\ \sin(\beta)x_2 + \cos(\beta)x_3 \end{pmatrix}$$

abgebildet (vgl. Abbildung 8.9, rechts).

Cramersche Regel

Die eindeutige Lösung eines linearen Gleichungssystems

$$\mathbf{A}\mathbf{x} = \mathbf{b} \qquad (8.50)$$

mit invertierbarer Koeffizientenmatrix $\mathbf{A} = (a_{ij})_{n,n}$ (d. h. mit der Eigenschaft $\operatorname{rang}(\mathbf{A}) = n$ bzw. $\det(\mathbf{A}) \neq 0$, vgl. Satz 8.67) lässt sich mit Hilfe von Determinanten

G. Cramer

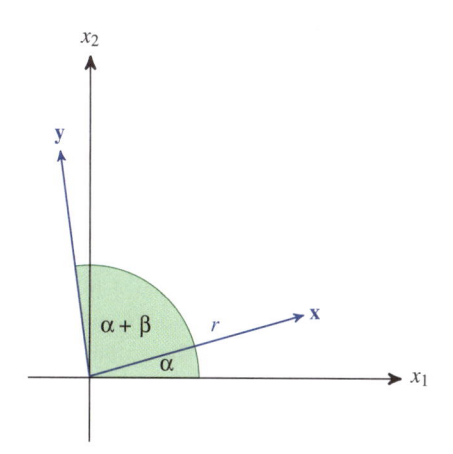

Abb. 8.9: Drehungen im $\mathbb{R}^2$ (links) und im $\mathbb{R}^3$ (rechts)

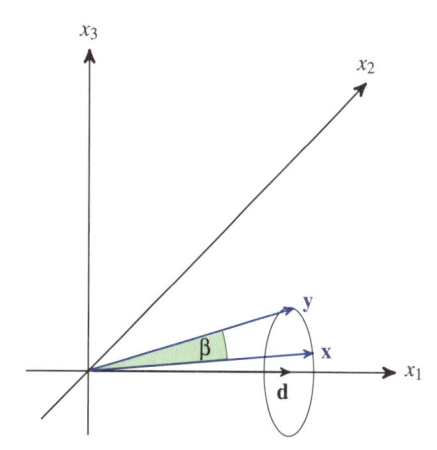

geschlossen darstellen. Dieses Ergebnis geht auf den Schweizer Mathematiker *Gabriel Cramer* (1704–1752) zurück und wird deshalb als **Cramersche Regel** bezeichnet. *Cramer* veröffentlichte diese Regel im Jahre 1750 in seinem Buch „**Introduction à l'analyse des lignes courbes algébriques**".

$$\det(\mathbf{A}\,\mathbf{E}_{(j)}) = \det(\mathbf{A}_{(j)}) \iff \det(\mathbf{A})\det(\mathbf{E}_{(j)}) = \det(\mathbf{A}_{(j)})$$
$$\iff \det(\mathbf{A})x_j = \det(\mathbf{A}_{(j)})$$
$$\iff x_j = \frac{\det(\mathbf{A}_{(j)})}{\det(\mathbf{A})}$$
∎

Satz 8.72 (Cramersche Regel)

Durch $\mathbf{A}\mathbf{x} = \mathbf{b}$ *sei ein lineares Gleichungssystem mit einer invertierbaren* $n \times n$-*Matrix* $\mathbf{A} = (a_{ij})_{n,n}$ *gegeben und*

$$\mathbf{A}_{(j)} := \begin{pmatrix} a_{11} & \ldots & b_1 & \ldots & a_{1n} \\ \vdots & \ddots & \vdots & \ddots & \vdots \\ a_{n1} & \ldots & b_n & \ldots & a_{nn} \end{pmatrix}$$

bezeichne die $n \times n$-*Matrix, die aus der Matrix* $\mathbf{A}$ *dadurch entsteht, dass die j-te Spalte durch die rechte Seite* $\mathbf{b} = (b_1, \ldots, b_n)^T$ *von* $\mathbf{A}\mathbf{x} = \mathbf{b}$ *ersetzt wird. Dann ist die eindeutige Lösung* $\mathbf{x} = (x_1, \ldots, x_n)^T$ *von* $\mathbf{A}\mathbf{x} = \mathbf{b}$ *gegeben durch*

$$x_j = \frac{\det(\mathbf{A}_{(j)})}{\det(\mathbf{A})} \quad \text{für } j = 1, \ldots, n.$$

Beweis: Es sei $\mathbf{E}_{(j)}$ die $n \times n$-Matrix, die aus der $n \times n$-Einheitsmatrix $\mathbf{E}$ entsteht, wenn die j-te Spalte von $\mathbf{E}$ durch den Lösungsvektor $\mathbf{x}$ des linearen Gleichungssystems $\mathbf{A}\mathbf{x} = \mathbf{b}$ ersetzt wird. Dann folgt zusammen mit (8.50)

$$\mathbf{A}\mathbf{E}_{(j)} = \begin{pmatrix} a_{11} & \ldots & a_{1n} \\ a_{21} & \ldots & a_{2n} \\ \vdots & \ddots & \vdots \\ a_{n1} & \ldots & a_{nn} \end{pmatrix} \begin{pmatrix} 1 & \ldots & x_1 & \ldots & 0 \\ 0 & \ldots & x_2 & \ldots & 0 \\ \vdots & \ddots & \vdots & \ddots & \vdots \\ 0 & \ldots & x_n & \ldots & 1 \end{pmatrix}$$

$$= \begin{pmatrix} a_{11} & \ldots & \sum_{i=1}^n a_{1i}x_i & \ldots & a_{1n} \\ a_{21} & \ldots & \sum_{i=1}^n a_{2i}x_i & \ldots & a_{2n} \\ \vdots & \ddots & \vdots & \ddots & \vdots \\ a_{n1} & \ldots & \sum_{i=1}^n a_{ni}x_i & \ldots & a_{nn} \end{pmatrix}$$

$$= \begin{pmatrix} a_{11} & \ldots & b_1 & \ldots & a_{1n} \\ a_{21} & \ldots & b_2 & \ldots & a_{2n} \\ \vdots & \ddots & \vdots & \ddots & \vdots \\ a_{n1} & \ldots & b_n & \ldots & a_{nn} \end{pmatrix} = \mathbf{A}_{(j)}.$$

Ferner kann man leicht zeigen, dass $\det(\mathbf{E}_{(j)}) = x_j$ gilt. Zusammen mit dem Multiplikationssatz 8.68 liefert dies die Behauptung:

Zum Beispiel besagt die Cramersche Regel für ein lineares Gleichungssystem

$$a_{11}x_1 + a_{12}x_2 + a_{13}x_3 = b_1$$
$$a_{21}x_1 + a_{22}x_2 + a_{23}x_3 = b_2$$
$$a_{31}x_1 + a_{32}x_2 + a_{33}x_3 = b_3$$

der Ordnung 3×3 mit invertierbarer Koeffizientenmatrix $\mathbf{A} = (a_{ij})_{3,3}$, dass die Einträge des dreidimensionalen Lösungsvektors $\mathbf{x} = (x_1, x_2, x_3)^T$ gegeben sind durch

$$x_1 = \frac{\det\begin{pmatrix} b_1 & a_{12} & a_{13} \\ b_2 & a_{22} & a_{23} \\ b_3 & a_{32} & a_{33} \end{pmatrix}}{\det\begin{pmatrix} a_{11} & a_{12} & a_{13} \\ a_{21} & a_{22} & a_{23} \\ a_{31} & a_{32} & a_{33} \end{pmatrix}}, \quad x_2 = \frac{\det\begin{pmatrix} a_{11} & b_1 & a_{13} \\ a_{21} & b_2 & a_{23} \\ a_{31} & b_3 & a_{33} \end{pmatrix}}{\det\begin{pmatrix} a_{11} & a_{12} & a_{13} \\ a_{21} & a_{22} & a_{23} \\ a_{31} & a_{32} & a_{33} \end{pmatrix}},$$

$$x_3 = \frac{\det\begin{pmatrix} a_{11} & a_{12} & b_1 \\ a_{21} & a_{22} & b_2 \\ a_{31} & a_{32} & b_3 \end{pmatrix}}{\det\begin{pmatrix} a_{11} & a_{12} & a_{13} \\ a_{21} & a_{22} & a_{23} \\ a_{31} & a_{32} & a_{33} \end{pmatrix}}.$$

Die Cramersche Regel besitzt zwar einerseits die schöne Eigenschaft, dass sie eine geschlossene Formel für die Lösung eines linearen Gleichungssystems $\mathbf{A}\mathbf{x} = \mathbf{b}$ der Ordnung $n \times n$ mit invertierbarer Koeffizientenmatrix $\mathbf{A}$ liefert, andererseits ist sie aber allenfalls zur Lösung kleinerer linearer Gleichungssysteme zu empfehlen. Denn bei einem linearen Gleichungssystem der Ordnung $n \times n$ müssen für die Anwendung der Cramerschen Regel $n+1$ Determinanten berechnet werden, deren Berechnungsaufwand stark mit n ansteigt. Deshalb ist in den allermeisten Fällen zur Lösung eines linearen Gleichungssystems der **Gauß-Algorithmus** (vgl. Abschnitt 9.3) vorzuziehen. Dieser führt zum einen in der Regel deutlich schneller zur Lösung und ist zum anderen auch bei linearen Gleichungssystemen $\mathbf{A}\mathbf{x} = \mathbf{b}$ mit einer nicht invertierbaren Koeffizientenmatrix $\mathbf{A}$ und einer Ordnung $m \times n$ mit $m \neq n$ anwendbar.

Dennoch ist die Cramersche Regel bei der theoretischen Betrachtung linearer Gleichungssysteme hilfreich. Zum Beispiel kann mit ihr leicht gezeigt werden, dass die Lösung **x** eines linearen Gleichungssystems $\mathbf{A}\mathbf{x} = \mathbf{b}$ stetig von den Einträgen der Koeffizientenmatrix **A** und der rechten Seite **b** abhängt. In den Wirtschaftswissenschaften ist die Cramersche Regel daher z. B. bei **Sensitivitätsanalysen** nützlich, bei denen ceteris paribus (lat. für „alles Andere bleibt gleich") einer der Einträge von **A** oder **b** verändert und die dadurch resultierende Auswirkung auf die interessierende ökonomische Größe untersucht wird.

Die konkrete Anwendung der Cramerschen Regel wird im folgenden Beispiel verdeutlicht:

Beispiel 8.73 (Cramersche Regel)

Betrachtet wird ein von einem Parameter p abhängiges lineares Gleichungssystem:

$$\begin{aligned} px_1 + x_2 \phantom{{}+x_3} &= 1 \\ x_1 - x_2 + x_3 &= 0 \\ 2x_2 - x_3 &= 3 \end{aligned}$$

Mit der Regel von Sarrus (8.44) erhält man für die Determinante der zugehörigen Koeffizientenmatrix den Wert

$$\det\begin{pmatrix} p & 1 & 0 \\ 1 & -1 & 1 \\ 0 & 2 & -1 \end{pmatrix} = p + 0 + 0 - 0 - 2p + 1$$
$$= 1 - p.$$

Das heißt, für $p \neq 1$ gilt $\det(\mathbf{A}) \neq 0$ und das lineare Gleichungssystem besitzt in diesem Fall genau eine Lösung. Weiter folgt dann mit der Regel von Sarrus

$$\det\begin{pmatrix} 1 & 1 & 0 \\ 0 & -1 & 1 \\ 3 & 2 & -1 \end{pmatrix} = 2,$$

$$\det\begin{pmatrix} p & 1 & 0 \\ 1 & 0 & 1 \\ 0 & 3 & -1 \end{pmatrix} = 1 - 3p,$$

$$\det\begin{pmatrix} p & 1 & 1 \\ 1 & -1 & 0 \\ 0 & 2 & 3 \end{pmatrix} = -1 - 3p$$

und die Lösung des linearen Gleichungssystems ist gemäß der Cramerschen Regel gegeben durch

$$x_1 = \frac{2}{1-p}, \quad x_2 = \frac{1-3p}{1-p} \quad \text{und} \quad x_3 = \frac{-1-3p}{1-p}.$$

Im folgenden Beispiel erfolgt die Anwendung der Cramerschen Regel im Rahmen eines einfachen makroökonomischen Modells:

Beispiel 8.74 (Makroökonomisches Modell)

Betrachtet wird eine Volkswirtschaft mit den drei endogenen (abhängigen) Variablen

- E: Volkseinkommen
- K: Gesamtwirtschaftlicher Konsum
- S: Gesamtwirtschaftliche Steuern

und den zwei exogenen (unabhängigen) Variablen

- I_0: Gesamtwirtschaftliche Investitionen
- A_0: Staatsausgaben.

Zur Beschreibung und Analyse der Volkswirtschaft wird die Gültigkeit des folgenden Modells unterstellt:

M1) Das Volkseinkommen muss gleich den Ausgaben sein (Gleichgewichtsbedingung):

$$E = K + I_0 + A_0 \tag{8.51}$$

M2) Die Konsumfunktion ist eine affin-lineare Funktion des verfügbaren Einkommens $E - S$:

$$K = \alpha + \beta(E - S) \tag{8.52}$$

Dabei bezeichnet $\alpha > 0$ den Basiskonsum und $\beta \in (0, 1)$ die sogenannte Grenzneigung zum Konsum.

M3) Das Steueraufkommen ist eine affin-lineare Funktion des Volkseinkommens:

$$S = \gamma + \delta E \tag{8.53}$$

Dabei bezeichnet $\gamma > 0$ die einkommensunabhängigen Steuern und $\delta \in (0, 1)$ den Steuersatz.

Hierbei ist das Ziel die Ermittlung der endogenen Variablen E, K, S in Abhängigkeit der exogenen Variablen I_0 und A_0.

1. Schritt: Die Annahmen (8.51), (8.52) und (8.53) führen zu dem linearen Gleichungssystem

$$\begin{aligned} E - K \phantom{{}+\beta S} &= I_0 + A_0 \\ -\beta E + K + \beta S &= \alpha \\ -\delta E \phantom{{}+K} + S &= \gamma \end{aligned}$$

bzw. in Matrixform

$$\underbrace{\begin{pmatrix} 1 & -1 & 0 \\ -\beta & 1 & \beta \\ -\delta & 0 & 1 \end{pmatrix}}_{=\mathbf{A}} \begin{pmatrix} E \\ K \\ S \end{pmatrix} = \begin{pmatrix} I_0 + A_0 \\ \alpha \\ \gamma \end{pmatrix}. \quad (8.54)$$

2. Schritt: Überprüfung des linearen Gleichungssystems (8.54) auf die Existenz einer eindeutigen Lösung. Mit der Regel von Sarrus (8.44) erhält man für die Determinante von $\mathbf{A}$ den Wert $\det(\mathbf{A}) = 1 + \beta\delta - \beta$. Das heißt, die Determinante ist genau dann ungleich 0 und somit das lineare Gleichungssystem (8.54) eindeutig lösbar, wenn

$$\beta(1 - \delta) \neq 1 \quad (8.55)$$

gilt. Da jedoch gemäß den Modellannahmen M2) und M3) $0 < \beta, \delta < 1$ gilt, ist (8.55) stets erfüllt.

3. Schritt: Berechnung der Lösung E, K und S des linearen Gleichungssystems (8.54) mittels der Cramerschen Regel. Mit der Regel von Sarrus erhält man:

$$\det\begin{pmatrix} I_0 + A_0 & -1 & 0 \\ \alpha & 1 & \beta \\ \gamma & 0 & 1 \end{pmatrix} = I_0 + A_0 - \beta\gamma + \alpha$$

$$\det\begin{pmatrix} 1 & I_0 + A_0 & 0 \\ -\beta & \alpha & \beta \\ -\delta & \gamma & 1 \end{pmatrix} = \alpha + (I_0 + A_0)\beta(1 - \delta) - \beta\gamma$$

$$\det\begin{pmatrix} 1 & -1 & I_0 + A_0 \\ -\beta & 1 & \alpha \\ -\delta & 0 & \gamma \end{pmatrix} = \gamma + \alpha\delta + \delta(I_0 + A_0) - \beta\gamma$$

Mit der Cramerschen Regel resultiert somit die folgende Lösung:

$$E = \frac{I_0 + A_0 - \beta\gamma + \alpha}{1 + \beta\delta - \beta}$$
$$K = \frac{\alpha + (I_0 + A_0)\beta(1 - \delta) - \beta\gamma}{1 + \beta\delta - \beta} \quad (8.56)$$
$$S = \frac{\gamma + \alpha\delta + \delta(I_0 + A_0) - \beta\gamma}{1 + \beta\delta - \beta}$$

4. Schritt: **Komparativ-statische Analyse** der Zusammenhänge durch Betrachtung verschiedener **partieller Ableitungen** (zur Definition und Berechnung partieller Ableitungen siehe Abschnitt 22.1). Zum Beispiel kann durch die Berechnung der partiellen Ableitungen des Volkseinkommens (8.56) nach den Staatsausgaben A_0 und dem Steuersatz δ untersucht werden, wie sich das Volkseinkommen E in Abhängigkeit der Staatsausgaben A_0 und des Steuersatzes δ verhält. Man erhält dann die partiellen Ableitungen:

$$\frac{\partial E}{\partial A_0} = \frac{1}{1 + \beta\delta - \beta} > 0$$
$$\frac{\partial E}{\partial \delta} = \frac{-(I_0 + A_0 - \beta\gamma + \alpha)\beta}{(1 + \beta\delta - \beta)^2} = \frac{-\beta E}{1 + \beta\delta - \beta} < 0$$

Das heißt, das Volkseinkommen E erhöht sich bei steigenden Staatsausgaben A_0 und verringert sich bei Erhöhung des Steuersatzes δ.

Inversenformel

Mit Hilfe der Cramerschen Regel ist es auch möglich, die Inverse $\mathbf{A}^{-1}$ einer invertierbaren Matrix $\mathbf{A}$ geschlossen darzustellen. Um dies einzusehen, wird im Folgenden eine beliebige invertierbare $n \times n$-Matrix

$$\mathbf{A} = \begin{pmatrix} a_{11} & \ldots & a_{1n} \\ \vdots & \ddots & \vdots \\ a_{n1} & \ldots & a_{nn} \end{pmatrix}$$

betrachtet, deren Inverse durch

$$\mathbf{A}^{-1} = (\mathbf{b}_1, \ldots, \mathbf{b}_n) = \begin{pmatrix} b_{11} & \ldots & b_{1n} \\ \vdots & \ddots & \vdots \\ b_{n1} & \ldots & b_{nn} \end{pmatrix}$$

gegeben sei. Das heißt, $\mathbf{b}_1, \ldots, \mathbf{b}_n \in \mathbb{R}^n$ sind die n Spaltenvektoren der Inversen $\mathbf{A}^{-1}$. Weiter seien $\mathbf{e}_1, \ldots, \mathbf{e}_n \in \mathbb{R}^n$ die n Einheitsvektoren des $\mathbb{R}^n$ (vgl. (7.3)). Für $j = 1, \ldots, n$ gilt dann

$$\mathbf{A}\mathbf{x}_j = \mathbf{e}_j \iff \mathbf{A}^{-1}\mathbf{A}\mathbf{x}_j = \mathbf{A}^{-1}\mathbf{e}_j \iff \mathbf{x}_j = \mathbf{b}_j. \quad (8.57)$$

Folglich ist die Lösung $\mathbf{x}_j = (x_{1j}, \ldots, x_{nj})^T$ des linearen Gleichungssystems $\mathbf{A}\mathbf{x}_j = \mathbf{e}_j$ gleich der j-ten Spalte $\mathbf{b}_j$ der Inversen $\mathbf{A}^{-1}$. Somit können durch Bestimmung der Lösungen $\mathbf{x}_1, \ldots, \mathbf{x}_n$ der n linearen Gleichungssysteme

$$\mathbf{A}\mathbf{x}_1 = \mathbf{e}_1, \quad \ldots, \quad \mathbf{A}\mathbf{x}_n = \mathbf{e}_n \quad (8.58)$$

die n Spalten $\mathbf{b}_1, \ldots, \mathbf{b}_n$ der Inversen $\mathbf{A}^{-1}$ berechnet werden. Werden diese Lösungen zu einer Matrix zusammengefasst, resultiert die Inverse von $\mathbf{A}$:

$$(\mathbf{x}_1, \ldots, \mathbf{x}_n) = (\mathbf{b}_1, \ldots, \mathbf{b}_n) = \mathbf{A}^{-1} \quad (8.59)$$

Wird zur Berechnung der Lösungen $\mathbf{x}_1, \ldots, \mathbf{x}_n$ die Cramersche Regel eingesetzt, dann erhält man die folgende geschlossene Formel für die Inverse einer invertierbaren Matrix:

Satz 8.75 (Inversenformel)

Die Inverse einer invertierbaren $n \times n$-Matrix $\mathbf{A}$ ist gegeben durch

$$\mathbf{A}^{-1} = \frac{1}{\det(\mathbf{A})} \begin{pmatrix} \mathbf{A}^*_{11} & \mathbf{A}^*_{21} & \ldots & \mathbf{A}^*_{n1} \\ \mathbf{A}^*_{12} & \mathbf{A}^*_{22} & \ldots & \mathbf{A}^*_{n2} \\ \vdots & \vdots & \ddots & \vdots \\ \mathbf{A}^*_{1n} & \mathbf{A}^*_{2n} & \ldots & \mathbf{A}^*_{nn} \end{pmatrix}, \quad (8.60)$$

wobei $\mathbf{A}^*_{ij} := (-1)^{i+j} \det(\mathbf{A}_{ij})$ die Kofaktoren der Matrix $\mathbf{A}$ sind.

Beweis: Bezeichnen $\mathbf{a}_1, \ldots, \mathbf{a}_n \in \mathbb{R}^n$ die Spaltenvektoren der Matrix $\mathbf{A}$, dann folgt aus den Überlegungen unmittelbar vor diesem Satz und der Cramerschen Regel (siehe Satz 8.72), dass der Eintrag in der i-ten Zeile und j-ten Spalte von $\mathbf{A}^{-1}$ durch

$$x_{ij} = \frac{\det(\mathbf{a}_1, \ldots, \mathbf{a}_{i-1}, \mathbf{e}_j, \mathbf{a}_{i+1}, \ldots, \mathbf{a}_n)}{\det(\mathbf{A})}$$

gegeben ist. Die Matrix $(\mathbf{a}_1, \ldots, \mathbf{a}_{i-1}, \mathbf{e}_j, \mathbf{a}_{i+1}, \ldots, \mathbf{a}_n)$ besitzt als Eintrag in der j-ten Zeile und i-ten Spalte eine 1, während alle anderen Einträge in der i-ten Spalte gleich 0 sind. Durch i Vertauschungen benachbarter Spalten kann man $\mathbf{e}_j$ zur ersten Spalte machen und durch j Vertauschungen benachbarter Zeilen kann man anschließend erreichen, dass die 1 in der linken oberen Ecke steht. Das heißt, die resultierende Matrix ist von der Form

$$\begin{pmatrix} 1 & * & * & \ldots & * \\ \hline 0 & & & & \\ \vdots & & \mathbf{A}_{ji} & & \\ 0 & & & & \end{pmatrix}. \quad (8.61)$$

Aufgrund der Zeilen- und Spaltenvertauschungen unterscheidet sich die Determinante von (8.61) von der Determinante $\det(\mathbf{a}_1, \ldots, \mathbf{a}_{i-1}, \mathbf{e}_j, \mathbf{a}_{i+1}, \ldots, \mathbf{a}_n)$ nur um den Faktor $(-1)^{j+i}$ (vgl. Satz 8.64d)). Durch Entwicklung der Matrix (8.61) nach der ersten Spalte (vgl. Satz 8.60) erhält man somit

$$x_{ij} = \frac{1}{\det(\mathbf{A})} \det(\mathbf{a}_1, \ldots, \mathbf{a}_{i-1}, \mathbf{e}_j, \mathbf{a}_{i+1}, \ldots, \mathbf{a}_n)$$
$$= (-1)^{j+i} \frac{1}{\det(\mathbf{A})} \det(\mathbf{A}_{ji}) = \frac{1}{\det(\mathbf{A})} \mathbf{A}^*_{ji}$$

und damit die Behauptung. ∎

Die Matrix auf der rechten Seite von (8.60) wird als **Adjungierte** von $\mathbf{A}$ bezeichnet. Sie ist die Transponierte der Matrix bestehend aus den Kofaktoren $\mathbf{A}^*_{ij} = (-1)^{i+j} \det(\mathbf{A}_{ij})$. Das heißt, der Eintrag an der (i, j)-Stelle der Adjungierten von $\mathbf{A}$ ist nicht der Kofaktor $\mathbf{A}^*_{ij}$, sondern der Kofaktor $\mathbf{A}^*_{ji}$ (für die Definition von $\det(\mathbf{A}_{ij})$ siehe (8.40)).

Analog zur Cramerschen Regel ist die Anwendung der Inversenformel (8.60) sehr rechenaufwendig, denn für ihre Anwendung müssen n^2 Determinanten $\det(\mathbf{A}_{ij})$ berechnet werden. In den meisten Fällen wird deshalb zur Ermittlung der Inversen einer invertierbaren Matrix der **Gauß-Algorithmus** (vgl. Abschnitt 9.5) eingesetzt.

Beispiel 8.76 (Inversenformel)

Die 3×3-Matrix

$$\mathbf{A} = \begin{pmatrix} 1 & 2 & 0 \\ 1 & 0 & 3 \\ 2 & 1 & 1 \end{pmatrix}$$

besitzt die folgenden Minoren:

$$\det(\mathbf{A}_{11}) = \det\begin{pmatrix} 0 & 3 \\ 1 & 1 \end{pmatrix} = -3$$

$$\det(\mathbf{A}_{12}) = \det\begin{pmatrix} 1 & 3 \\ 2 & 1 \end{pmatrix} = -5$$

$$\det(\mathbf{A}_{13}) = \det\begin{pmatrix} 1 & 0 \\ 2 & 1 \end{pmatrix} = 1$$

$$\det(\mathbf{A}_{21}) = \det\begin{pmatrix} 2 & 0 \\ 1 & 1 \end{pmatrix} = 2$$

$$\det(\mathbf{A}_{22}) = \det\begin{pmatrix} 1 & 0 \\ 2 & 1 \end{pmatrix} = 1$$

$$\det(\mathbf{A}_{23}) = \det\begin{pmatrix} 1 & 2 \\ 2 & 1 \end{pmatrix} = -3$$

$$\det(\mathbf{A}_{31}) = \det\begin{pmatrix} 2 & 0 \\ 0 & 3 \end{pmatrix} = 6$$

$$\det(\mathbf{A}_{32}) = \det\begin{pmatrix} 1 & 0 \\ 1 & 3 \end{pmatrix} = 3$$

$$\det(\mathbf{A}_{33}) = \det\begin{pmatrix} 1 & 2 \\ 1 & 0 \end{pmatrix} = -2$$

Für die Determinante von $\mathbf{A}$ erhält man mit der Regel von Sarrus

$$\det(\mathbf{A}) = 0 + 12 + 0 - 0 - 3 - 2 = 7.$$

Die Inverse von $\mathbf{A}$ ist somit gegeben durch

$$\mathbf{A}^{-1} = \frac{1}{7} \begin{pmatrix} -3 & -2 & 6 \\ 5 & 1 & -3 \\ 1 & 3 & -2 \end{pmatrix} = \begin{pmatrix} -\frac{3}{7} & -\frac{2}{7} & \frac{6}{7} \\ \frac{5}{7} & \frac{1}{7} & -\frac{3}{7} \\ \frac{1}{7} & \frac{3}{7} & -\frac{2}{7} \end{pmatrix}.$$

Kapitel 9

Lineare Gleichungssysteme und Gauß-Algorithmus

9.1 Eigenschaften linearer Gleichungssysteme

Lineare Gleichungssysteme wurden bereits in Abschnitt 7.4 eingeführt und in Abschnitt 8.4 wurde der enge Zusammenhang zwischen linearen Gleichungssystemen und Matrizen aufgezeigt. In diesem Abschnitt werden nun mit Hilfe der in Kapitel 8 ermittelten Erkenntnisse über Matrizen allgemeine lineare Gleichungssysteme bezüglich ihrer Eigenschaften untersucht. Dabei wird insbesondere analysiert, wann lineare Gleichungssysteme eine Lösung besitzen und unter welchen Voraussetzungen diese Lösung eindeutig ist.

Der Lösungsbereich $\mathbb{L}$ eines **homogenen** linearen Gleichungssystems

$$\mathbf{A}\,\mathbf{x} = \mathbf{0}$$

der Ordnung $m \times n$ stimmt offensichtlich mit dem Kern der Koeffizientenmatrix $\mathbf{A}$, also dem linearen Unterraum

$$\mathrm{Kern}(\mathbf{A}) = \{\mathbf{x} \in \mathbb{R}^n : \mathbf{A}\,\mathbf{x} = \mathbf{0}\},$$

überein (vgl. (8.30)). Der Lösungsbereich $\mathbb{L}$ eines homogenen linearen Gleichungssystems ist somit ebenfalls ein linearer Unterraum des $\mathbb{R}^n$. Daraus folgt zum einen, dass der Nullvektor $\mathbf{0} \in \mathbb{R}^n$ eine triviale Lösung des homogenen linearen Gleichungssystems $\mathbf{A}\,\mathbf{x} = \mathbf{0}$ ist, und zum anderen, dass der Lösungsbereich $\mathbb{L}$ von $\mathbf{A}\,\mathbf{x} = \mathbf{0}$ die Dimension $n - \mathrm{rang}(\mathbf{A})$ besitzt (vgl. Satz 8.34b)). Das heißt, im Falle von $\mathrm{rang}(\mathbf{A}) < n$ besitzt das homogene lineare Gleichungssystem unendlich viele Lösungen und im Falle von $\mathrm{rang}(\mathbf{A}) = n$ genau eine Lösung, nämlich den Nullvektor $\mathbf{0} \in \mathbb{R}^n$.

Bei einem **inhomogenen** linearen Gleichungssystem

$$\mathbf{A}\,\mathbf{x} = \mathbf{b}$$

der Ordnung $m \times n$ ist dagegen der Nullvektor $\mathbf{0}$ niemals eine Lösung. Da jedoch ein linearer Unterraum des $\mathbb{R}^n$ stets den Nullvektor $\mathbf{0}$ enthält (vgl. Seite 154), kann der Lösungsbereich $\mathbb{L} = \{\mathbf{x} \in \mathbb{R}^n : \mathbf{A}\,\mathbf{x} = \mathbf{b}\}$ eines inhomogenen linearen Gleichungssystems kein linearer Unterraum des $\mathbb{R}^n$ sein. Das heißt, bei inhomogenen linearen Gleichungssystemen kann im Gegensatz zu homogenen linearen Gleichungssystemen der Lösungsbereich $\mathbb{L}$ auch leer sein und es stellt sich somit die Frage, wann eine Lösung existiert und wann nicht.

Rangkriterium

Die Frage nach der Existenz einer Lösung bei einem allgemeinen linearen Gleichungssystem $\mathbf{A}\,\mathbf{x} = \mathbf{b}$ wird durch den folgenden Existenzsatz vollständig beantwortet. Dieses Ergebnis ist in der linearen Algebra unter der Bezeichnung **Rangkriterium** bekannt und wurde in den Jahren 1875/1876 von den beiden französischen Mathematikern *Georges Fonténe* (1848–1923) und *Eugène Rouché* (1832–1910) sowie dem deutschen Mathematiker *Ferdinand Georg Frobenius* (1849–1917) entwickelt. In einem seiner wissenschaftlichen Aufsätze hat jedoch *Frobenius* im Jahre 1905 dieses Kriterium seinen beiden Kollegen *Fonténe* und *Rouché* zugeschrieben.

F. G. Frobenius

Zur Formulierung des Rangkriteriums wird die sogenannte **erweiterte Koeffizientenmatrix**

$$(\mathbf{A},\mathbf{b}) := \begin{pmatrix} a_{11} & \cdots & a_{1n} & \bigg| & b_1 \\ \vdots & \ddots & \vdots & \bigg| & \vdots \\ a_{m1} & \cdots & a_{mn} & \bigg| & b_m \end{pmatrix}$$

benötigt. Sie geht aus der Koeffizientenmatrix $\mathbf{A} \in M(m,n)$ dadurch hervor, dass diese um die rechte Seite $\mathbf{b}$ des linearen Gleichungssystems als zusätzliche Spalte erweitert wird. In der erweiterten Koeffizientenmatrix sind alle Informationen über das lineare Gleichungssystem $\mathbf{A}\,\mathbf{x} = \mathbf{b}$ enthalten.

Die erweiterte Koeffizientenmatrix $(\mathbf{A}, \mathbf{b})$ ist von der Ordnung $m \times (n+1)$. Da der Rang einer Matrix die Anzahl der linear unabhängigen Spaltenvektoren angibt (vgl. Abschnitt 8.6) und die Matrix $(\mathbf{A}, \mathbf{b})$ eine Spalte mehr als die Matrix $\mathbf{A}$ besitzt, folgt unmittelbar

$$\begin{aligned}\mathrm{rang}(\mathbf{A}) &= \dim(\mathrm{Bild}(\mathbf{A})) \\ &\leq \dim(\mathrm{Bild}(\mathbf{A},\mathbf{b})) = \mathrm{rang}(\mathbf{A},\mathbf{b}).\end{aligned} \quad (9.1)$$

Das folgende Rangkriterium besagt nun, dass ein allgemeines lineares Gleichungssystem $\mathbf{A}\,\mathbf{x} = \mathbf{b}$ genau dann lösbar ist, wenn die beiden Koeffizientenmatrizen $\mathbf{A}$ und $(\mathbf{A}, \mathbf{b})$ den gleichen Rang haben:

Satz 9.1 (Rangkriterium)

Ein lineares Gleichungssystem $\mathbf{A}\,\mathbf{x} = \mathbf{b}$ der Ordnung $m \times n$ ist genau dann lösbar, wenn gilt

$$\mathrm{rang}(\mathbf{A}) = \mathrm{rang}(\mathbf{A},\mathbf{b}). \quad (9.2)$$

9.1 Eigenschaften linearer Gleichungssysteme

Beweis: Bezeichnen $\mathbf{a}_1, \ldots, \mathbf{a}_n \in \mathbb{R}^m$ die Spaltenvektoren der Matrix $\mathbf{A}$, dann gilt

$$\text{Bild}(\mathbf{A}) = \text{Lin}\{\mathbf{a}_1, \ldots, \mathbf{a}_n\} \subseteq \text{Bild}(\mathbf{A}, \mathbf{b}) = \text{Lin}\{\mathbf{a}_1, \ldots, \mathbf{a}_n, \mathbf{b}\}$$

(vgl. (8.32)). Folglich gilt $\text{Bild}(\mathbf{A}) = \text{Bild}(\mathbf{A}, \mathbf{b})$ und damit $\mathbf{b} \in \text{Bild}(\mathbf{A})$ genau dann, wenn (9.2) erfüllt ist. Da jedoch $\mathbf{b} \in \text{Bild}(\mathbf{A})$ zur Existenz eines Vektors $\mathbf{x} \in \mathbb{R}^n$ mit $\mathbf{A}\mathbf{x} = \mathbf{b}$ äquivalent ist (vgl. (8.31)), folgt daraus die Behauptung. ∎

Struktur des Lösungsbereichs $\mathbb{L}$

Der folgende Satz gibt weitere Auskunft über die Struktur des Lösungsbereichs $\mathbb{L}$ eines allgemeinen linearen Gleichungssystems $\mathbf{A}\mathbf{x} = \mathbf{b}$. Er besagt unter anderem, dass die Anzahl der Lösungen eines linearen Gleichungssystems maßgeblich von der Größe des Kerns der Matrix $\mathbf{A}$ abhängt.

Satz 9.2 (Eigenschaften des Lösungsbereichs $\mathbb{L}$)

Für ein lineares Gleichungssystem $\mathbf{A}\mathbf{x} = \mathbf{b}$ der Ordnung $m \times n$ mit dem Lösungsbereich $\mathbb{L} = \{\mathbf{x} \in \mathbb{R}^n : \mathbf{A}\mathbf{x} = \mathbf{b}\}$ gilt:

a) $\mathbf{x}_1, \mathbf{x}_2 \in \mathbb{L}$ *und* $\lambda_1, \lambda_2 \in \mathbb{R}$ *mit* $\lambda_1 + \lambda_2 = 1 \Longrightarrow \lambda_1 \mathbf{x}_1 + \lambda_2 \mathbf{x}_2 \in \mathbb{L}$

b) $\mathbf{x}_1, \mathbf{x}_2 \in \mathbb{L} \Longrightarrow \mathbf{A}(\mathbf{x}_1 - \mathbf{x}_2) = \mathbf{0}$, *also* $\mathbf{x}_1 - \mathbf{x}_2 \in \text{Kern}(\mathbf{A})$

c) $\mathbf{x}_p \in \mathbb{L} \Longrightarrow \mathbb{L} = \{\mathbf{x} \in \mathbb{R}^n : \mathbf{x} = \mathbf{x}_p + \mathbf{z} \text{ mit } \mathbf{z} \in \text{Kern}(\mathbf{A})\}$

Beweis: Zu a): Wegen $\lambda_1 + \lambda_2 = 1$ gilt

$$\mathbf{A}(\lambda_1 \mathbf{x}_1 + \lambda_2 \mathbf{x}_2) = \lambda_1 \mathbf{A}\mathbf{x}_1 + \lambda_2 \mathbf{A}\mathbf{x}_2$$
$$= \lambda_1 \mathbf{b} + \lambda_2 \mathbf{b} = (\lambda_1 + \lambda_2)\mathbf{b} = \mathbf{b}.$$

Das heißt, es gilt $\lambda_1 \mathbf{x}_1 + \lambda_2 \mathbf{x}_2 \in \mathbb{L}$.

Zu b): Es gilt

$$\mathbf{A}(\mathbf{x}_1 - \mathbf{x}_2) = \mathbf{A}\mathbf{x}_1 - \mathbf{A}\mathbf{x}_2 = \mathbf{b} - \mathbf{b} = \mathbf{0}$$

und somit auch $\mathbf{x}_1 - \mathbf{x}_2 \in \text{Kern}(\mathbf{A})$.

Zu c): Es gilt $\{\mathbf{x} \in \mathbb{R}^n : \mathbf{x} = \mathbf{x}_p + \mathbf{z} \text{ mit } \mathbf{z} \in \text{Kern}(\mathbf{A})\} \subseteq \mathbb{L}$. Denn $\mathbf{z} \in \text{Kern}(\mathbf{A})$ impliziert

$$\mathbf{A}(\mathbf{x}_p + \mathbf{z}) = \mathbf{A}\mathbf{x}_p + \mathbf{A}\mathbf{z} = \mathbf{b} + \mathbf{0} = \mathbf{b}$$

und somit $\mathbf{x}_p + \mathbf{z} \in \mathbb{L}$ für alle $\mathbf{z} \in \text{Kern}(\mathbf{A})$.

Umgekehrt gilt $\mathbb{L} \subseteq \{\mathbf{x} \in \mathbb{R}^n : \mathbf{x} = \mathbf{x}_p + \mathbf{z} \text{ mit } \mathbf{z} \in \text{Kern}(\mathbf{A})\}$. Denn für $\mathbf{x} \in \mathbb{L}$ folgt aus Aussage b) $\mathbf{z} := \mathbf{x} - \mathbf{x}_p \in \text{Kern}(\mathbf{A})$. Dies impliziert

$$\mathbf{x} = \mathbf{x}_p + \mathbf{z} \in \{\mathbf{x} \in \mathbb{R}^n : \mathbf{x} = \mathbf{x}_p + \mathbf{z} \text{ mit } \mathbf{z} \in \text{Kern}(\mathbf{A})\}.$$

Somit gilt insgesamt $\mathbb{L} = \{\mathbf{x} \in \mathbb{R}^n : \mathbf{x} = \mathbf{x}_p + \mathbf{z} \text{ mit } \mathbf{z} \in \text{Kern}(\mathbf{A})\}$. ∎

Aus Satz 9.2a) folgt, dass ein lineares Gleichungssystem $\mathbf{A}\mathbf{x} = \mathbf{b}$ der Ordnung $m \times n$ mit zwei verschiedenen Lösungen $\mathbf{x}_1$ und $\mathbf{x}_2$ stets unendlich viele verschiedene Lösungen besitzt. Ein lineares Gleichungssystem kann somit keine Lösung, genau eine Lösung oder unendlich viele Lösungen besitzen. Es ist dagegen nicht möglich, dass ein lineares Gleichungssystem genau zwei Lösungen, genau drei Lösungen usw. besitzt.

Der Satz 9.2c) besagt, dass sich bei einem nichtleeren Lösungsbereich $\mathbb{L}$ jede Lösung $\mathbf{x}$ von $\mathbf{A}\mathbf{x} = \mathbf{b}$ zusammensetzt aus einer beliebigen **speziellen Lösung** $\mathbf{x}_p$ des inhomogenen linearen Gleichungssystems $\mathbf{A}\mathbf{x} = \mathbf{b}$ und einer Lösung $\mathbf{z} \in \text{Kern}(\mathbf{A})$ des zugehörigen homogenen linearen Gleichungssystems $\mathbf{A}\mathbf{x} = \mathbf{0}$. Die Lösung des linearen Gleichungssystems $\mathbf{A}\mathbf{x} = \mathbf{b}$ ist somit eindeutig, wenn $\text{Kern}(\mathbf{A}) = \{\mathbf{0}\}$ gilt. Gemäß Satz 8.34d) ist dies jedoch äquivalent zu $\text{rang}(\mathbf{A}) = n$.

Insgesamt erhält man somit den folgenden Existenz- und Eindeutigkeitssatz:

Satz 9.3 (Existenz- und Eindeutigkeitssatz)

Für den Lösungsbereich eines linearen Gleichungssystems $\mathbf{A}\mathbf{x} = \mathbf{b}$ der Ordnung $m \times n$ gilt genau einer der folgenden drei Fälle:

1. *Fall: Keine Lösung* $\Longleftrightarrow \text{rang}(\mathbf{A}) < \text{rang}(\mathbf{A}, \mathbf{b})$

2. *Fall: Genau eine Lösung* $\Longleftrightarrow \text{rang}(\mathbf{A}) = \text{rang}(\mathbf{A}, \mathbf{b})$ *und* $\text{rang}(\mathbf{A}) = n$

3. *Fall: Unendlich viele Lösungen* $\Longleftrightarrow \text{rang}(\mathbf{A}) = \text{rang}(\mathbf{A}, \mathbf{b})$ *und* $\text{rang}(\mathbf{A}) < n$

Beweis: Die Aussagen für die drei verschiedenen Fälle folgen aus Satz 9.1 und den Erläuterungen vor diesem Satz. ∎

Die gewonnenen Erkenntnisse zur Existenz und Eindeutigkeit von Lösungen bei linearen Gleichungssystemen $\mathbf{A}\mathbf{x} = \mathbf{b}$ sind in Abbildung 9.1 übersichtlich dargestellt.

Die Aussagen von Satz 9.3 werden im folgenden Beispiel anhand dreier linearer Gleichungssysteme der Ordnung 2×2 mit einer, keiner bzw. unendlich vielen Lösungen verdeutlicht:

Kapitel 9 — Lineare Gleichungssysteme und Gauß-Algorithmus

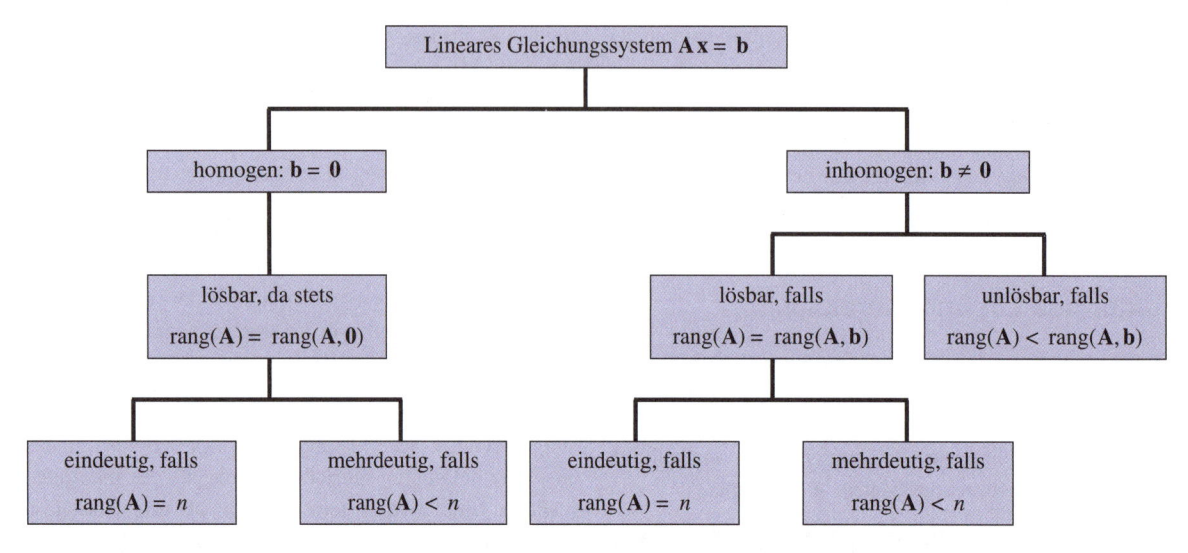

```
                    Lineares Gleichungssystem Ax = b
                   /                                \
        homogen: b = 0                         inhomogen: b ≠ 0
             |                                  /              \
        lösbar, da stets                 lösbar, falls      unlösbar, falls
        rang(A) = rang(A, 0)          rang(A) = rang(A, b)  rang(A) < rang(A, b)
        /            \                   /            \
  eindeutig, falls  mehrdeutig, falls  eindeutig, falls  mehrdeutig, falls
  rang(A) = n       rang(A) < n        rang(A) = n       rang(A) < n
```

Abb. 9.1: Die verschiedenen möglichen Fälle bei der Lösung eines linearen Gleichungssystems $Ax = b$ der Ordnung $m \times n$

Beispiel 9.4 (Lösungsbereich bei linearen Gleichungssystemen)

Betrachtet werden die folgenden drei linearen Gleichungssysteme der Ordnung 2×2:

a) $3x + 4y = 2$ b) $x + y = 5$ c) $x - y = 0$
   $6x + 8y = 24$ $x - y = -1$ $2x - 2y = 0$

(vgl. Abbildung 9.2). In Matrixschreibweise erhält man für diese drei linearen Gleichungssysteme die folgenden Darstellungen:
Zu a): Es gilt

$$\begin{pmatrix} 3 & 4 \\ 6 & 8 \end{pmatrix} \begin{pmatrix} x \\ y \end{pmatrix} = \begin{pmatrix} 2 \\ 24 \end{pmatrix}.$$

Die beiden Spaltenvektoren von A sind linear abhängig. Es gilt daher $\text{rang}(A) = 1$. Die rechte Seite b ist jedoch linear unabhängig von den beiden Spaltenvektoren von A und es gilt somit $\text{rang}(A) < \text{rang}(A, b) = 2$. Das heißt, gemäß Satz 9.3 besitzt das lineare Gleichungssystem keine Lösung, also ist $\mathbb{L} = \emptyset$.
Zu b): Es gilt

$$\begin{pmatrix} 1 & 1 \\ 1 & -1 \end{pmatrix} \begin{pmatrix} x \\ y \end{pmatrix} = \begin{pmatrix} 5 \\ -1 \end{pmatrix}.$$

Die beiden Spaltenvektoren von A sind linear unabhängig. Es gilt somit $\text{rang}(A) = 2$. Daraus folgt zusammen mit $\text{rang}(A) \leq \text{rang}(A, b)$ (vgl. (9.1)) und $\text{rang}(A, b) \leq \min\{2, 3\} = 2$ (vgl. Satz 8.34a)), dass $\text{rang}(A) = \text{rang}(A, b) = 2$ gilt. Gemäß Satz 9.3 existiert daher genau eine Lösung und der Lösungsbereich ist gegeben durch $\mathbb{L} = \{(2, 3)^T\}$.
Zu c): Es gilt

$$\begin{pmatrix} 1 & -1 \\ 2 & -2 \end{pmatrix} \begin{pmatrix} x \\ y \end{pmatrix} = \begin{pmatrix} 0 \\ 0 \end{pmatrix}.$$

Die beiden Spaltenvektoren von A und die rechte Seite b sind jeweils Vielfache voneinander. Es gilt daher $\text{rang}(A) = \text{rang}(A, b) = 1$. Gemäß Satz 9.3 gibt es somit unendlich viele Lösungen. Der Lösungsbereich ist gegeben durch $\mathbb{L} = \{(x, y)^T \in \mathbb{R}^2 : x = y\}$.

9.2 Elementare Zeilenumformungen und Zeilenstufenform

In Abschnitt 9.3 wird der bekannte **Gauß-Algorithmus** vorgestellt, mit dem es möglich ist, lineare Gleichungssysteme $Ax = b$ beliebiger Ordnung $m \times n$ zu lösen. Er basiert auf sogenannten **elementaren Zeilenumformungen** der erweiterten Koeffizientenmatrix

$$(A, b) = \begin{pmatrix} a_{11} & \cdots & a_{1n} & | & b_1 \\ \vdots & \ddots & \vdots & | & \vdots \\ a_{m1} & \cdots & a_{mn} & | & b_m \end{pmatrix}. \quad (9.3)$$

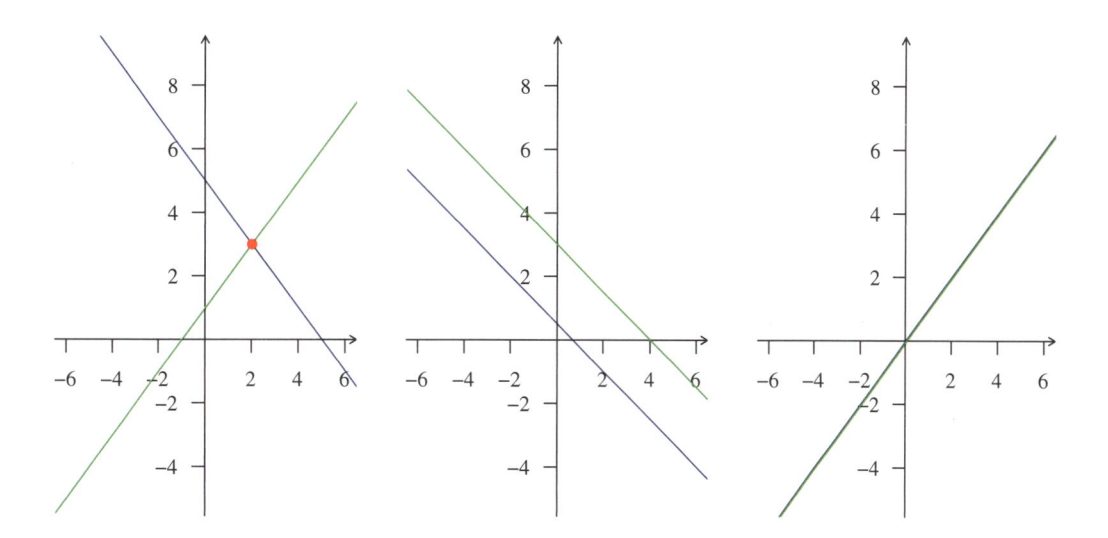

Abb. 9.2: Graphische Veranschaulichung des Lösungsbereichs $\mathbb{L}$ eines linearen Gleichungssystems $\mathbf{A}\mathbf{x} = \mathbf{b}$ der Ordnung 2×2 mit genau einer Lösung (links), keiner Lösung (Mitte) und unendlich vielen Lösungen (rechts)

Elementare Zeilenumformungen

Unter elementaren Zeilenumformungen versteht man die folgenden drei Arten von Operationen:

a) Vertauschen zweier Zeilen

b) Multiplikation einer Zeile (d. h. jedes Elements der Zeile) mit einer Konstanten $\lambda \neq 0$

c) Addition des λ-fachen einer Zeile (d. h. das λ-fache jedes Elements der Zeile) zu einer anderen Zeile

Diese Umformungen sind dadurch gerechtfertigt, dass sie das lineare Gleichungssystem $\mathbf{A}\mathbf{x} = \mathbf{b}$ in ein äquivalentes lineares Gleichungssystem $\widetilde{\mathbf{A}}\mathbf{x} = \widetilde{\mathbf{b}}$ der gleichen Ordnung $m \times n$ mit dem gleichen Lösungsbereich $\mathbb{L}$ überführen.

Satz 9.5 (Erhaltung des Lösungsbereichs bei element. Zeilenumformungen)

Es seien $(\mathbf{A}, \mathbf{b})$ die erweiterte Koeffizientenmatrix des linearen Gleichungssystems $\mathbf{A}\mathbf{x} = \mathbf{b}$ der Ordnung $m \times n$ und $(\widetilde{\mathbf{A}}, \widetilde{\mathbf{b}})$ die aus $(\mathbf{A}, \mathbf{b})$ durch endlich viele elementare Zeilenumformungen entstandene erweiterte Koeffizientenmatrix des linearen Gleichungssystems $\widetilde{\mathbf{A}}\mathbf{x} = \widetilde{\mathbf{b}}$. Dann besitzen $\mathbf{A}\mathbf{x} = \mathbf{b}$ und $\widetilde{\mathbf{A}}\mathbf{x} = \widetilde{\mathbf{b}}$ den gleichen Lösungsbereich $\mathbb{L}$. Das heißt, es gilt

$$\{\mathbf{x} \in \mathbb{R}^n : \mathbf{A}\mathbf{x} = \mathbf{b}\} = \{\mathbf{x} \in \mathbb{R}^n : \widetilde{\mathbf{A}}\mathbf{x} = \widetilde{\mathbf{b}}\}.$$

Beweis: Es kann ohne Beschränkung der Allgemeinheit angenommen werden, dass $(\widetilde{\mathbf{A}}, \widetilde{\mathbf{b}})$ aus $(\mathbf{A}, \mathbf{b})$ durch eine elementare Zeilenumformung hervorgegangen ist. Denn verändert sich der Lösungsbereich $\mathbb{L}$ bei Anwendung einer der drei elementaren Zeilenumformungen a), b) und c) nicht, dann verändert er sich auch durch wiederholte Anwendung von elementaren Zeilenumformungen nicht.

Zeilenumformung vom Typ a): Da alle m linearen Gleichungen von $\mathbf{A}\mathbf{x} = \mathbf{b}$ simultan erfüllt sein müssen, verändert sich durch Vertauschen von Zeilen der Lösungsbereich $\mathbb{L}$ nicht.

Zeilenumformungen vom Typ b) und c): Die lineare Gleichung $a_{i1}x_1 + \ldots + a_{in}x_n = b_i$ ist offensichtlich genau dann für ein $\mathbf{x} = (x_1, \ldots, x_n)^T \in \mathbb{R}^n$ erfüllt, wenn $\lambda a_{i1}x_1 + \ldots + \lambda a_{in}x_n = \lambda b_i$ für eine Konstante $\lambda \neq 0$ erfüllt ist. Analog gilt, dass die beiden linearen Gleichungen $a_{i1}x_1 + \ldots + a_{in}x_n = b_i$ und $a_{k1}x_1 + \ldots + a_{kn}x_n = b_k$ genau dann für ein $\mathbf{x} = (x_1, \ldots, x_n)^T \in \mathbb{R}^n$ erfüllt sind, wenn die beiden linearen Gleichungen $(a_{i1} + \lambda a_{k1})x_1 + \ldots + (a_{in} + \lambda a_{kn})x_n = b_i + \lambda b_k$ und $a_{k1}x_1 + \ldots + a_{kn}x_n = b_k$ gelten. Dies bedeutet, dass auch Zeilenumformungen vom Typ b) und c), den Lösungsbereich $\mathbb{L}$ nicht verändern. ∎

Zu beachten ist, dass Spaltenumformungen eine gänzlich andere Wirkung auf die erweiterte Koeffizientenmatrix haben als Zeilenumformungen. Da es durch Spaltenumformungen zu Vermischungen von Variablen kommt, sollten sie bei der Lösung eines linearen Gleichungssystems nicht durchgeführt werden. Unproblematisch ist dagegen das Vertauschen zweier Spalten $\mathbf{a}_i$ und $\mathbf{a}_j$ der Matrix $\mathbf{A}$, wenn auch die Bezeichnungen der zugehörigen Variablen x_i und x_j entsprechend vertauscht werden.

Zeilenstufenform

Der Gauß-Algorithmus zur Lösung eines linearen Gleichungssystems $\mathbf{A}\mathbf{x} = \mathbf{b}$ basiert nun auf der Idee, die zugehörige erweiterte Koeffizientenmatrix $(\mathbf{A}, \mathbf{b})$ durch geeignete elementare Zeilenumformungen auf eine Form zu bringen, aus der die Lösung möglichst einfach abgelesen werden kann. Eine solche Form ist durch die sogenannte **Zeilenstufenform** gegeben.

> **Definition 9.6** (Zeilenstufenform)
>
> *Eine $m \times n$-Matrix $\mathbf{A}$ ist in Zeilenstufenform, wenn sie gleich der Nullmatrix $\mathbf{O}_{m \times n}$ ist oder wenn sie die folgenden vier Bedingungen erfüllt:*
>
> a) *Eine Zeile, die nicht nur aus Nullen besteht, hat – von links nach rechts betrachtet – als ersten von 0 verschiedenen Eintrag eine 1, der als führende Eins bezeichnet wird.*
>
> b) *In zwei aufeinander folgenden Zeilen, die beide von 0 verschiedene Einträge enthalten, steht die führende Eins der oberen Zeile links von der führenden Eins der unteren Zeile.*
>
> c) *Alle Zeilen, die nur Nullen enthalten, stehen am Ende der Matrix.*
>
> d) *Eine Spalte, die eine führende Eins enthält, besitzt keine weiteren von 0 verschiedenen Einträge.*
>
> *Variablen, die zu führenden Einsen gehören, werden als führende Variablen bezeichnet, und die anderen Variablen heißen freie Variablen.*

Das folgende Beispiel verdeutlicht, wie einfach sich die Lösung eines linearen Gleichungssystems ablesen lässt, wenn die erweiterte Koeffizientenmatrix $(\mathbf{A}, \mathbf{b})$ in Zeilenstufenform vorliegt:

> **Beispiel 9.7** (Erweiterte Koeffizientenmatrizen in Zeilenstufenform)
>
> a) Die erweiterte Koeffizientenmatrix des linearen Gleichungssystems
> $$\begin{aligned} x_1 &= 3 \\ x_2 &= 1 \\ x_3 &= -1 \end{aligned}$$
> ist in Zeilenstufenform und gegeben durch
> $$(\mathbf{A}, \mathbf{b}) = \begin{pmatrix} 1 & 0 & 0 & | & 3 \\ 0 & 1 & 0 & | & 1 \\ 0 & 0 & 1 & | & -1 \end{pmatrix}.$$
> Es lässt sich leicht ablesen, dass $\text{rang}(\mathbf{A}) = \text{rang}(\mathbf{A}, \mathbf{b}) = 3 = n$ gilt. Gemäß Satz 9.3 gibt es somit genau eine Lösung und der Lösungsbereich ist offensichtlich $\mathbb{L} = \{(3, 1, -1)^T\}$.
>
> b) Das lineare Gleichungssystem
> $$\begin{aligned} x_1 &= 0 \\ x_2 + 2x_3 &= 0 \\ 0 &= 1 \end{aligned}$$
> besitzt offensichtlich keine Lösung, da die letzte Gleichung stets falsch ist. Dieses Ergebnis lässt sich auch leicht aus der zugehörigen erweiterten Koeffizientenmatrix ablesen. Diese ist ebenfalls in Zeilenstufenform und gegeben durch
> $$(\mathbf{A}, \mathbf{b}) = \begin{pmatrix} 1 & 0 & 0 & | & 0 \\ 0 & 1 & 2 & | & 0 \\ 0 & 0 & 0 & | & 1 \end{pmatrix}.$$
> Aus dieser Darstellung ist gut zu erkennen, dass $\text{rang}(\mathbf{A}) < \text{rang}(\mathbf{A}, \mathbf{b}) = 3 = n$ gilt. Gemäß Satz 9.3 existiert somit keine Lösung.
>
> c) Zum linearen Gleichungssystem
> $$\begin{aligned} x_1 \phantom{{}+x_2} + 4x_3 \phantom{{}+x_4} + 5x_5 &= 3 \\ x_2 + 3x_3 \phantom{{}+x_4+5x_5} &= 1 \\ x_4 + x_5 &= 2 \end{aligned}$$
> gehört die folgende erweiterte Koeffizientenmatrix in Zeilenstufenform:
> $$(\mathbf{A}, \mathbf{b}) = \begin{pmatrix} 1 & 0 & 4 & 0 & 5 & | & 3 \\ 0 & 1 & 3 & 0 & 0 & | & 1 \\ 0 & 0 & 0 & 1 & 1 & | & 2 \end{pmatrix}$$
> Aus dieser Darstellung ist zu erkennen, dass $\text{rang}(\mathbf{A}) = \text{rang}(\mathbf{A}, \mathbf{b}) = 3 < n = 5$ gilt. Gemäß Satz 9.3 gibt es somit unendlich viele Lösungen. Wird das lineare Gleichungssystem von unten nach

oben nach den führenden Variablen x_1, x_2, x_4 aufgelöst, dann erhält man:

$$x_4 = 2 - x_5$$
$$x_2 = 1 - 3x_3$$
$$x_1 = 3 - 4x_3 - 5x_5$$

Wird den freien Variablen x_3 und x_5 jeweils ein Parameter λ_1 bzw. λ_2 zugewiesen, dann erhält man für den unendlichen Lösungsbereich die folgende Parametrisierung

$$\mathbb{L} = \left\{ \mathbf{x} \in \mathbb{R}^5 : \begin{pmatrix} x_1 \\ x_2 \\ x_3 \\ x_4 \\ x_5 \end{pmatrix} = \begin{pmatrix} 3 \\ 1 \\ 0 \\ 2 \\ 0 \end{pmatrix} + \lambda_1 \begin{pmatrix} -4 \\ -3 \\ 1 \\ 0 \\ 0 \end{pmatrix} + \lambda_2 \begin{pmatrix} -5 \\ 0 \\ 0 \\ -1 \\ 1 \end{pmatrix} \text{ mit } \lambda_1, \lambda_2 \in \mathbb{R} \right\}.$$

9.3 Gauß-Algorithmus

Im letzten Abschnitt wurde gezeigt, dass die Lösung eines linearen Gleichungssystems $\mathbf{A}\mathbf{x} = \mathbf{b}$, dessen erweiterte Koeffizientenmatrix $(\mathbf{A}, \mathbf{b})$ in Zeilenstufenform vorliegt, sehr einfach aus dem linearen Gleichungssystem abgelesen werden kann. Das Verfahren, bei dem durch elementare Zeilenumformungen die erweiterte Koeffizientenmatrix solange umgeformt wird, bis sie in Zeilenstufenform vorliegt, ist nach dem deutschen Mathematiker *Carl Friedrich Gauß* (1777–1855) als **Gauß-Algorithmus** oder auch **Gaußsches Eliminationsverfahren** benannt. Der Gauß-Algorithmus ist damit ein leistungsfähiges Verfahren, mit dem prinzipiell lineare Gleichungssysteme beliebiger Ordnung gelöst werden können.

C. F. Gauß auf einer deutschen Briefmarke

Die erste Veröffentlichung in Europa zu einem Verfahren, das die wesentlichen Elemente des Gauß-Algorithmus aufweist, wurde im Jahre 1759 jedoch nicht von *Gauß* selbst, sondern von dem italienischen Mathematiker *Joseph-Louis Lagrange* (1736–1813) publiziert. Da der Algorithmus aber erst 1810 durch die von *Gauß* veröffentlichte wissenschaftliche Abhandlung „**Disquisitio de elementis ellipticis Palladis**" richtig bekannt wurde, trägt der Algorithmus heute seinen Namen.

Bemerkenswert ist auch, dass eine Demonstration des Algorithmus anhand der Lösung eines linearen Gleichungssystems mit drei Variablen bereits im chinesischen Mathematikbuch **Jiu Zhang Suanshu** zu finden ist. Dieses bedeutende wissenschaftliche Werk wurde zwischen 200 v. Chr. und 100 n. Chr. verfasst und ist damit eines der ältesten erhaltenen Mathematikbücher. Es zeigt den Stand der chinesischen Mathematik im 1. Jahrhundert n. Chr. anhand verschiedener praktischer Anwendungsgebiete wie der Bautechnik, der Landvermessung, dem Steuerwesen usw.

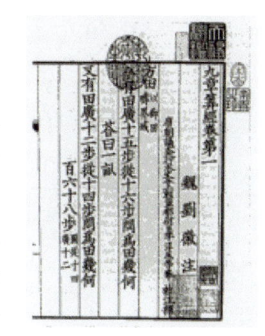

Seite aus dem Buch Jiu Zhang Suanshu

Bei der Durchführung des Gauß-Algorithmus zur Lösung eines linearen Gleichungssystems $\mathbf{A}\mathbf{x} = \mathbf{b}$ der Ordnung $m \times n$ ist es zweckmäßig, wenn die einzelnen elementaren Zeilenumformungen nacheinander und übersichtlich in einem Tableau dargestellt werden und die Zeilen dabei durchnummeriert werden. Der Gauß-Algorithmus läuft dann in den folgenden Schritten ab:

1) Die erweiterte Koeffizientenmatrix $(\mathbf{A}, \mathbf{b})$ des linearen Gleichungssystems $\mathbf{A}\mathbf{x} = \mathbf{b}$ wird in einem Ausgangstableau dargestellt:

x_1	x_2	$\ldots$	x_n	$\mathbf{b}$
a_{11}	a_{12}	$\ldots$	a_{1n}	b_1
a_{21}	a_{22}	$\ldots$	a_{2n}	b_2
$\vdots$	$\vdots$	$\ddots$	$\vdots$	$\vdots$
a_{m1}	a_{m2}	$\ldots$	a_{mn}	b_m

(9.4)

2) Durch elementare Zeilenumformungen und Spaltenvertauschungen wird die erweiterte Koeffizientenmatrix, d. h.

das Ausgangstableau, solange umgeformt, bis ein Endableau in der folgenden Zeilenstufenform vorliegt:

$\widetilde{x}_1$	$\widetilde{x}_2$	$\widetilde{x}_3$	......	$\widetilde{x}_k$	$\widetilde{x}_{k+1}$	$\widetilde{x}_{k+2}$	...	$\widetilde{x}_n$	$\widetilde{\mathbf{b}}$
1	0	0	......	0	$\widetilde{a}_{1k+1}$	$\widetilde{a}_{1k+2}$	...	$\widetilde{a}_{1n}$	$\widetilde{b}_1$
0	1	0	......	0	$\widetilde{a}_{2k+1}$	$\widetilde{a}_{2k+2}$	...	$\widetilde{a}_{2n}$	$\widetilde{b}_2$
0	0	1	......	0	$\widetilde{a}_{3k+1}$	$\widetilde{a}_{3k+2}$	...	$\widetilde{a}_{3n}$	$\widetilde{b}_3$
⋮	⋮	⋮	⋱	⋮	⋮	⋮	⋱	⋮	⋮
0	0	0	...	1	0	$\widetilde{a}_{k-1k+1}$	$\widetilde{a}_{k-1k+2}$ ... $\widetilde{a}_{k-1n}$		$\widetilde{b}_{k-1}$
0	0	0	...	0	1	$\widetilde{a}_{kk+1}$	$\widetilde{a}_{kk+2}$	... $\widetilde{a}_{kn}$	$\widetilde{b}_k$
0	...	...	...	0	0	...	...	0	$\widetilde{b}_{k+1}$
0	...	...	...	0	0	...	...	0	$\widetilde{b}_{k+2}$
⋮				⋮	⋮			⋮	⋮
0	...	...	...	0	0	...	...	0	$\widetilde{b}_m$

(9.5)

Für die Zahl k gilt dabei $0 \leq k \leq n$ und der Vektor $\widetilde{\mathbf{x}} = (\widetilde{x}_1, \ldots, \widetilde{x}_n)^T$ entsteht aus $\mathbf{x}$ durch eventuell notwendige Komponentenvertauschungen. Das Tableau (9.5) ist äquivalent zum linearen Gleichungssystem $\widetilde{\mathbf{A}}\widetilde{\mathbf{x}} = \widetilde{\mathbf{b}}$, also:

$$
\begin{array}{rcl}
\widetilde{x}_1 \phantom{{}+{}} \phantom{\widetilde{x}_2} + \widetilde{a}_{1k+1}\widetilde{x}_{k+1} \ldots + \widetilde{a}_{1n}\widetilde{x}_n &=& \widetilde{b}_1 \\
\widetilde{x}_2 + \widetilde{a}_{2k+1}\widetilde{x}_{k+1} \ldots + \widetilde{a}_{2n}\widetilde{x}_n &=& \widetilde{b}_2 \\
\ddots \phantom{{}+{}} \vdots \phantom{{}+{}} \vdots &=& \vdots \\
\widetilde{x}_k + \widetilde{a}_{kk+1}\widetilde{x}_{k+1} \ldots + \widetilde{a}_{kn}\widetilde{x}_n &=& \widetilde{b}_k \\
0 &=& \widetilde{b}_{k+1} \\
\vdots &=& \vdots \\
0 &=& \widetilde{b}_m
\end{array}
$$

Der folgende Satz besagt, dass es bei einem linearen Gleichungssystem $\mathbf{A}\mathbf{x} = \mathbf{b}$ stets möglich ist, durch elementare Zeilenumformungen und Spaltenvertauschungen die zugehörige erweiterte Koeffizientenmatrix $(\mathbf{A}, \mathbf{b})$, also das Ausgangstableau (9.4), in die Zeilenstufenform (9.5) zu überführen. Darüber hinaus gibt er Auskunft darüber, wann das zu (9.5) gehörige lineare Gleichungssystem $\widetilde{\mathbf{A}}\widetilde{\mathbf{x}} = \widetilde{\mathbf{b}}$ eine Lösung besitzt und wie aus (9.5) der Lösungsbereich $\mathbb{L}$ von $\widetilde{\mathbf{A}}\widetilde{\mathbf{x}} = \widetilde{\mathbf{b}}$ – und damit auch von $\mathbf{A}\mathbf{x} = \mathbf{b}$ – ermittelt werden kann.

Satz 9.8 (Gauß-Algorithmus)

Die erweiterte Koeffizientenmatrix $(\mathbf{A}, \mathbf{b})$ eines linearen Gleichungssystems $\mathbf{A}\mathbf{x} = \mathbf{b}$ der Ordnung $m \times n$ kann durch endlich viele elementare Zeilenumformungen und Spaltenvertauschungen auf die Zeilenstufenform (9.5) gebracht werden. Das zu (9.5) gehörende lineare Gleichungssystem $\widetilde{\mathbf{A}}\widetilde{\mathbf{x}} = \widetilde{\mathbf{b}}$ ist genau dann lösbar, wenn $\widetilde{b}_{k+1} = \ldots = \widetilde{b}_m = 0$ erfüllt ist. Im Falle der Existenz einer Lösung ist zu unterscheiden:

a) Gilt $k = n$, dann ist

$$\widetilde{\mathbf{x}} = \begin{pmatrix} \widetilde{b}_1 \\ \vdots \\ \widetilde{b}_n \end{pmatrix}$$

die eindeutige Lösung von $\widetilde{\mathbf{A}}\widetilde{\mathbf{x}} = \widetilde{\mathbf{b}}$.

b) Gilt $k < n$, dann besitzt $\widetilde{\mathbf{A}}\widetilde{\mathbf{x}} = \widetilde{\mathbf{b}}$ unendlich viele Lösungen. Werden den $n - k$ freien Variablen $\widetilde{x}_{k+1}, \ldots, \widetilde{x}_n$ die Parameter $\lambda_1, \ldots, \lambda_{n-k}$ zugewiesen, dann sind die Lösungen von $\widetilde{\mathbf{A}}\widetilde{\mathbf{x}} = \widetilde{\mathbf{b}}$ gegeben durch die Parametrisierung

$$\widetilde{\mathbf{x}} = \begin{pmatrix} \widetilde{x}_1 \\ \vdots \\ \widetilde{x}_k \\ \widetilde{x}_{k+1} \\ \widetilde{x}_{k+2} \\ \vdots \\ \widetilde{x}_n \end{pmatrix} = \begin{pmatrix} \widetilde{b}_1 \\ \vdots \\ \widetilde{b}_k \\ 0 \\ 0 \\ \vdots \\ 0 \end{pmatrix} - \lambda_1 \begin{pmatrix} \widetilde{a}_{1k+1} \\ \vdots \\ \widetilde{a}_{kk+1} \\ -1 \\ 0 \\ \vdots \\ 0 \end{pmatrix} - \ldots - \lambda_{n-k} \begin{pmatrix} \widetilde{a}_{1n} \\ \vdots \\ \widetilde{a}_{kn} \\ 0 \\ \vdots \\ 0 \\ -1 \end{pmatrix}.$$

(9.6)

Der Lösungsbereich $\mathbb{L}$ von $\widetilde{\mathbf{A}}\widetilde{\mathbf{x}} = \widetilde{\mathbf{b}}$ stimmt bis auf eventuell durchgeführte Variablenvertauschungen (d.h. Spaltenvertauschungen) mit dem von $\mathbf{A}\mathbf{x} = \mathbf{b}$ überein.

Beweis: Der Beweis ist konstruktiv. Das heißt, er zeigt, wie mittels Gauß-Algorithmus die Zeilenstufenform (9.5) erzeugt werden kann.

Schritt 1: Die erweiterte Koeffizientenmatrix $(\mathbf{A}, \mathbf{b})$ wird in einem Ausgangstableau der Form (9.4) dargestellt.

Schritt 2: Es wird die am weitesten links stehende Spalte bestimmt, die einen von Null verschiedenen Eintrag besitzt. Das heißt, es wird der kleinste Index $j \in \{1, \ldots, n\}$ bestimmt, für den es ein $i \in \{1, \ldots, m\}$ mit $a_{ij} \neq 0$ gibt. Existiert keine Spalte mit dieser Eigenschaft, dann ist das Tableau bereits in der Zeilenstufenform (9.5) und das Verfahren ist beendet.

Schritt 3: Es sei j der in Schritt 2 bestimmte Spaltenindex. Gilt $a_{1j} \neq 0$, dann wird die erste Zeile mit a_{1j}^{-1} multipliziert. Dadurch entsteht eine führende Eins. Gilt dagegen $a_{1j} = 0$, dann wird vorher die erste Zeile mit einer anderen Zeile, die in der j-ten Spalte einen von Null verschiedenen Eintrag besitzt, vertauscht.

Schritt 4: Durch Addition von geeigneten Vielfachen der ersten Zeile zu den darunterliegenden Zeilen werden unter der führenden Eins Nullen erzeugt.

Schritt 5: Die Schritte 2 bis 4 werden auf das Tableau angewendet, das sich durch Streichen der ersten Zeile ergibt.

Dieses Vorgehen bricht spätestens dann ab, wenn die letzte Zeile bearbeitet worden ist. Durch Addition von geeigneten Vielfachen einer Zeile zu den darüberliegenden Zeilen werden anschließend auch über der führenden Eins Nullen erzeugt. Zum Schluss müssen eventuell noch Spaltenvertauschungen durchgeführt werden, so dass schließlich die Zeilenstufenform (9.5) resultiert.

Aus (9.5) ist zu erkennen, dass $\mathrm{rang}(\widetilde{\mathbf{A}}) = k$ und

$$\mathrm{rang}(\widetilde{\mathbf{A}}) = \mathrm{rang}(\widetilde{\mathbf{A}}, \widetilde{\mathbf{b}}) \iff \widetilde{b}_{k+1} = \ldots = \widetilde{b}_m = 0$$

gilt. Mit Satz 9.3 folgt somit, dass $\widetilde{\mathbf{A}}\mathbf{x} = \widetilde{\mathbf{b}}$ genau dann eine Lösung besitzt, wenn $\widetilde{b}_{k+1} = \ldots = \widetilde{b}_m = 0$ gilt. Ferner folgt, dass diese Lösung für $k = n$ eindeutig und für $k < n$ nicht eindeutig ist. Die Parametrisierung (9.6) ergibt sich aus (9.5) durch Auflösen nach den führenden Variablen $\widetilde{x}_1, \ldots, \widetilde{x}_k$ und Zuweisung von Parametern $\lambda_1, \ldots, \lambda_{n-k}$ zu den freien Variablen $\widetilde{x}_{k+1}, \ldots, \widetilde{x}_n$. Mit Satz 9.5 erhält man schließlich, dass der Lösungsbereich $\mathbb{L}$ von $\widetilde{\mathbf{A}}\widetilde{\mathbf{x}} = \widetilde{\mathbf{b}}$ bis auf eventuell durchgeführte Variablenvertauschungen (verursacht durch eventuell durchgeführte Spaltenvertauschungen) mit dem von $\mathbf{A}\mathbf{x} = \mathbf{b}$ übereinstimmt. ∎

Aus dem Endtableau (9.5) können die Lösungen des linearen Gleichungssystems $\widetilde{\mathbf{A}}\widetilde{\mathbf{x}} = \widetilde{\mathbf{b}}$ durch Auflösen der ersten k Gleichungen nach den führenden Variablen $\widetilde{x}_1, \ldots, \widetilde{x}_k$ bestimmt werden. Wenn keine freien Variablen existieren, ist die Lösung eindeutig und andernfalls werden die freien Variablen $\widetilde{x}_{k+1}, \ldots, \widetilde{x}_n$ durch Parameter $\lambda_1, \ldots, \lambda_{n-k}$ ersetzt. Man erhält dann eine Parametrisierung der unendlich vielen Lösungen im Lösungsbereich $\mathbb{L}$.

Es wurde bereits gezeigt, dass ein quadratisches lineares Gleichungssystem $\mathbf{A}\mathbf{x} = \mathbf{b}$ mit invertierbarer Koeffizientenmatrix $\mathbf{A} \in M(n, n)$ auch mit Hilfe der inversen Matrix $\mathbf{A}^{-1}$ (vgl. Abschnitt 8.7) und der Cramerschen Regel (vgl. Abschnitt 8.10) gelöst werden kann. Der Gauß-Algorithmus besitzt jedoch den großen Vorteil, dass er deutlich schneller ist und auf lineare Gleichungssysteme beliebiger Ordnung angewendet werden kann. Darüber hinaus können mit dem Gauß-Algorithmus auf einfache und schnelle Weise die Inverse und der Rang einer Matrix berechnet werden (siehe Abschnitte 9.5 und 9.6).

Im folgenden Beispiel wird ein übersichtliches Vorgehen bei der Anwendung des Gauß-Algorithmus demonstriert. Dabei werden die Zeilen durchnummeriert und die durchgeführten elementaren Zeilenumformungen rechts in blauer Schrift angegeben. Das Beispiel verdeutlicht, wie einfach aus der am Ende resultierenden Zeilenstufenform (9.5) die Lösungen abgelesen werden können:

Beispiel 9.9 (Gauß-Algorithmus)

a) Gegeben sei das folgende lineare Gleichungssystem der Ordnung 3×2:

$$4x_1 + 2x_2 = 10$$
$$3x_1 + 8x_2 = 1$$
$$5x_1 + x_2 = 20$$

Für die erweiterte Koeffizientenmatrix $(\mathbf{A}, \mathbf{b})$ erhält man durch elementare Zeilenumformungen:

	x_1	x_2	$\mathbf{b}$	
(1)	4	2	10	
(2)	3	8	1	
(3)	5	1	20	
(1')	1	$\frac{1}{2}$	$\frac{5}{2}$	$1/4 \cdot (1)$
(2')	0	$\frac{13}{2}$	$-\frac{13}{2}$	$(2) - 3 \cdot (1')$
(3')	0	$-\frac{3}{2}$	$\frac{15}{2}$	$(3) - 5 \cdot (1')$
(1'')	1	0	3	$(1') - 1/2 \cdot (2'')$
(2'')	0	1	-1	$2/13 \cdot (2')$
(3'')	0	0	6	$(3') + 3/2 \cdot (2'')$

Aus dem Endtableau ist zu erkennen, dass $\widetilde{b}_3 \neq 0$ gilt. Das heißt, das lineare Gleichungssystem besitzt keine Lösung.

b) Betrachtet wird das folgende lineare Gleichungssystem der Ordnung 3×3:

$$x_1 + 3x_2 + 4x_3 = 8$$
$$2x_1 + 9x_2 + 14x_3 = 25$$
$$5x_1 + 12x_2 + 18x_3 = 39$$

Für die erweiterte Koeffizientenmatrix $(\mathbf{A}, \mathbf{b})$ erhält man durch elementare Zeilenumformungen:

	x_1	x_2	x_3	b	
(1)	1	3	4	8	
(2)	2	9	14	25	
(3)	5	12	18	39	
(1)	1	3	4	8	
(2′)	0	3	6	9	$(2) - 2\cdot(1)$
(3′)	0	−3	−2	−1	$(3) - 5\cdot(1)$
(1′)	1	0	−2	−1	$(1) - (2')$
(2″)	0	1	2	3	$1/3 \cdot (2')$
(3″)	0	0	4	8	$(3') + (2')$
(1″)	1	0	0	3	$(1') + 2\cdot(3'')$
(2‴)	0	1	0	−1	$(2'') - 2\cdot(3'')$
(3‴)	0	0	1	2	$1/4 \cdot (3'')$

Aus dem Endtableau ist zu erkennen, dass das lineare Gleichungssystem genau eine Lösung besitzt und diese durch $\mathbf{x} = (3, -1, 2)^T$ gegeben ist.

c) Gegeben sei das folgende lineare Gleichungssystem der Ordnung 4×4:

$$\begin{aligned} x_1 - 3x_2 + x_3 - x_4 &= 4 \\ -2x_1 + 6x_2 - x_3 + 4x_4 &= 7 \\ 4x_1 - 12x_2 + 7x_3 + 2x_4 &= 19 \\ -3x_1 + 9x_2 - x_3 + 7x_4 &= -10 \end{aligned}$$

Für die erweiterte Koeffizientenmatrix $(\mathbf{A}, \mathbf{b})$ erhält man durch elementare Zeilenumformungen und Vertauschung der 2. und 3. Spalte im dritten Zwischentableau:

	x_1	x_2	x_3	x_4	b	
(1)	1	−3	1	−1	4	
(2)	−2	6	−1	4	−7	
(3)	4	−12	7	2	19	
(4)	−3	9	−1	7	−10	
(1)	1	−3	1	−1	4	
(2′)	0	0	1	2	1	$(2) + 2\cdot(1)$
(3′)	0	0	3	6	3	$(3) - 4\cdot(1)$
(4′)	0	0	2	4	2	$(4) + 3\cdot(1)$

	x_1	x_3	x_2	x_4		
(1′)	1	1	−3	−1	4	Spaltenvertauschung
(2″)	0	1	0	2	1	$x_2 \leftrightarrow x_3$
(3″)	0	3	0	6	3	
(4″)	0	2	0	4	2	
(1‴)	1	0	−3	−3	3	$(1') - (2'')$
(2‴)	0	1	0	2	1	
(3‴)	0	0	0	0	0	$(3'') - 3\cdot(2'')$
(4‴)	0	0	0	0	0	$(4'') - 2\cdot(2'')$

Aus dem Endtableau ist zu erkennen, dass das lineare Gleichungssystem unendlich viele Lösungen besitzt. Durch Auflösen nach den beiden führenden Variablen x_1 und x_3 (beachte den Variablentausch) und mit der Zuweisung $\lambda_1 = x_2$ und $\lambda_2 = x_4$ erhält man die Parametrisierung

$$\mathbf{x} = \begin{pmatrix} x_1 \\ x_2 \\ x_3 \\ x_4 \end{pmatrix} = \begin{pmatrix} 3 \\ 0 \\ 1 \\ 0 \end{pmatrix} - \lambda_1 \begin{pmatrix} -3 \\ -1 \\ 0 \\ 0 \end{pmatrix} - \lambda_2 \begin{pmatrix} -3 \\ 0 \\ 2 \\ -1 \end{pmatrix}$$

mit $\lambda_1, \lambda_2 \in \mathbb{R}$ und damit den Lösungsbereich

$$\mathbb{L} = \left\{ \mathbf{x} \in \mathbb{R}^4 : \mathbf{x} = (3 + 3\lambda_1 + 3\lambda_2, \lambda_1, 1 - 2\lambda_2, \lambda_2)^T \right.$$
$$\left. \text{mit } \lambda_1, \lambda_2 \in \mathbb{R} \right\}.$$

9.4 Matrizengleichungen

Es seien $\mathbf{A} \in M(m, n)$ und $\mathbf{B} \in M(m, p)$ zwei bekannte Matrizen und $\mathbf{X} \in M(n, p)$ eine unbekannte Matrix. Dann wird die Gleichung

$$\mathbf{AX} = \mathbf{B} \qquad (9.7)$$

als **Matrizengleichung** mit der Lösung $\mathbf{X}$ bezeichnet. Matrizengleichungen sind bereits bei der Definition inverser Matrizen aufgetreten. Dort war die Matrix $\mathbf{B}$ eine Einheitsmatrix $\mathbf{E}$ und die Lösung $\mathbf{X}$ war durch die Inverse von $\mathbf{A}$ gegeben (vgl. Definition 8.39).

Bezeichnet man die Spaltenvektoren von $\mathbf{X}$ mit $\mathbf{x}_1, \ldots, \mathbf{x}_p \in \mathbb{R}^n$ und diejenigen von $\mathbf{B}$ mit $\mathbf{b}_1, \ldots, \mathbf{b}_p \in \mathbb{R}^m$, dann ist die Lösung der Matrizengleichung (9.7) äquivalent zur Lösung der p linearen Gleichungssysteme

$$\mathbf{A}\mathbf{x}_1 = \mathbf{b}_1, \ \mathbf{A}\mathbf{x}_2 = \mathbf{b}_2, \ \ldots, \mathbf{A}\mathbf{x}_p = \mathbf{b}_p \qquad (9.8)$$

(vgl. Abbildung 9.3). Da diese linearen Gleichungssysteme dieselbe Koeffizientenmatrix $\mathbf{A}$ besitzen, bedeutet dies, dass zur Lösung der Matrizengleichung (9.7) der Gauß-Algorithmus aus Abschnitt 9.3 herangezogen werden kann, indem er simultan auf die p linearen Gleichungssysteme (9.8) angewendet wird. Darüber hinaus erhält man die folgende Existenz- und Eindeutigkeitsaussage:

9.4 Matrizengleichungen

Satz 9.10 (Existenz- und Eindeutigkeitsaussage für Matrizengleichungen)

Für eine Matrizengleichung $\mathbf{AX} = \mathbf{B}$ mit $\mathbf{A} \in M(m,n)$, $\mathbf{B} \in M(m,p)$ und $\mathbf{X} \in M(n,p)$ gilt:

a) Sie besitzt genau dann eine Lösung $\mathbf{X}$, wenn jedes der p linearen Gleichungssysteme $\mathbf{A}\mathbf{x}_i = \mathbf{b}_i$ mit $i = 1, \ldots, p$ mindestens eine Lösung besitzt.

b) Sie besitzt genau eine Lösung $\mathbf{X}$, wenn jedes der p linearen Gleichungssysteme $\mathbf{A}\mathbf{x}_i = \mathbf{b}_i$ mit $i = 1, \ldots, p$ genau eine Lösung besitzt.

Beweis: Die Aussagen a) und b) folgen unmittelbar aus dem vor dem Satz geschilderten Zusammenhang zwischen der Matrizengleichung $\mathbf{AX} = \mathbf{B}$ und den p linearen Gleichungssystemen $\mathbf{A}\mathbf{x}_i = \mathbf{b}_i$ mit $i = 1, \ldots, p$. ∎

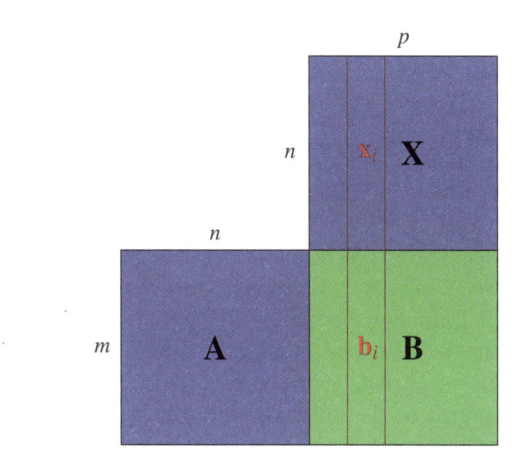

Abb. 9.3: Simultane Lösung von p linearen Gleichungssystemen mittels einer Matrizengleichung

Die konkrete Vorgehensweise bei der gleichzeitigen Lösung mehrerer linearer Gleichungssysteme wird im folgenden Beispiel verdeutlicht:

Beispiel 9.11 (Wirtschaftswissenschaftliche Anwendung)

Betrachtet wird ein Unternehmen, das drei Produkte P_1, P_2 und P_3 mit Hilfe von drei Produktionsfaktoren F_1, F_2 und F_3 in den kommenden drei Monaten produziert. Dabei unterscheidet sich der vorhandene Bestand an Produktionsfaktoren in den drei kommenden Monaten M_1, M_2 und M_3. Die folgende Tabelle enthält die Produktionskoeffizienten sowie den Bestand an Produktionsfaktoren für die kommenden drei Monate:

Produktions-	Produkte			Bestand		
faktoren	P_1	P_2	P_3	M_1	M_2	M_3
F_1	4	2	5	290	320	360
F_2	3	5	7	365	495	575
F_3	5	1	3	225	235	245

Zu berechnen ist die Anzahl an Einheiten x_{ij}, die von Produkt P_i (für $i = 1, 2, 3$) im j-ten Monat (für $j = 1, 2, 3$) produziert werden kann. Dabei soll der vorhandene Bestand an Produktionsfaktoren vollständig aufgebraucht werden. Mit den Bezeichnungen

$$\mathbf{A} := \begin{pmatrix} 4 & 2 & 5 \\ 3 & 5 & 7 \\ 5 & 1 & 3 \end{pmatrix},$$

$$\mathbf{b}_1 := \begin{pmatrix} 290 \\ 365 \\ 225 \end{pmatrix}, \quad \mathbf{b}_2 := \begin{pmatrix} 320 \\ 495 \\ 235 \end{pmatrix} \quad \text{und} \quad \mathbf{b}_3 := \begin{pmatrix} 360 \\ 575 \\ 245 \end{pmatrix}$$

sowie

$$\mathbf{x}_1 := \begin{pmatrix} x_{11} \\ x_{21} \\ x_{31} \end{pmatrix}, \quad \mathbf{x}_2 := \begin{pmatrix} x_{12} \\ x_{22} \\ x_{32} \end{pmatrix} \quad \text{und} \quad \mathbf{x}_3 := \begin{pmatrix} x_{13} \\ x_{23} \\ x_{33} \end{pmatrix}$$

ist dies gleichbedeutend damit, dass die drei linearen Gleichungssysteme

$$\mathbf{A}\mathbf{x}_1 = \mathbf{b}_1, \quad \mathbf{A}\mathbf{x}_2 = \mathbf{b}_2 \quad \text{und} \quad \mathbf{A}\mathbf{x}_3 = \mathbf{b}_3 \quad (9.9)$$

simultan gelöst werden. Werden die Spaltenvektoren $\mathbf{x}_1, \mathbf{x}_2, \mathbf{x}_3$ und $\mathbf{b}_1, \mathbf{b}_2, \mathbf{b}_3$ jeweils zu einer Matrix $\mathbf{X} := (\mathbf{x}_1, \mathbf{x}_2, \mathbf{x}_3)$ bzw. $\mathbf{B} := (\mathbf{b}_1, \mathbf{b}_2, \mathbf{b}_3)$ zusammengefasst, können die drei linearen Gleichungssysteme (9.9) auch als Matrizengleichung

$$\mathbf{AX} = \mathbf{B} \quad (9.10)$$

geschrieben werden. Mit dem Gauß-Algorithmus lassen sich die drei linearen Gleichungssysteme (9.9) simultan lösen. Das Ergebnis ist dann auch eine Lösung der Matrizengleichung (9.10):

	x_{1i}	x_{2i}	x_{3i}	b_1	b_2	b_3	
(1)	4	2	5	290	320	360	
(2)	3	5	7	365	495	575	
(3)	5	1	3	225	235	245	
(1′)	1	$\frac{1}{2}$	$\frac{5}{4}$	$\frac{145}{2}$	80	90	$1/4 \cdot (1)$
(2′)	0	$\frac{7}{2}$	$\frac{13}{4}$	$\frac{295}{2}$	255	305	$(2) - 3 \cdot (1')$
(3′)	0	$-\frac{3}{2}$	$-\frac{13}{4}$	$-\frac{275}{2}$	-165	-205	$(3) - 5 \cdot (1')$
(1′)	1	$\frac{1}{2}$	$\frac{5}{4}$	$\frac{145}{2}$	80	90	
(2″)	0	1	$\frac{13}{14}$	$\frac{295}{7}$	$\frac{510}{7}$	$\frac{610}{7}$	$2/7 \cdot (2')$
(3″)	0	0	$-\frac{13}{7}$	$-\frac{520}{7}$	$-\frac{390}{7}$	$-\frac{520}{7}$	$(3') + 3/2 \cdot (2'')$
(1″)	1	0	$\frac{11}{14}$	$\frac{360}{7}$	$\frac{305}{7}$	$\frac{325}{7}$	$(1') - 1/2 \cdot (2'')$
(2″)	0	1	$\frac{13}{14}$	$\frac{295}{7}$	$\frac{510}{7}$	$\frac{610}{7}$	
(3‴)	0	0	1	40	30	40	$-7/13 \cdot (3'')$
(1‴)	1	0	0	20	20	15	$(1'') - 11/14 \cdot (3''')$
(2‴)	0	1	0	5	45	50	$(2'') - 13/14 \cdot (3''')$
(3‴)	0	0	1	40	30	40	

Die gesuchten Produktionsmengen für die Produkte in den drei Monaten sind somit gegeben durch

$$\mathbf{x}_1 = \begin{pmatrix} 20 \\ 5 \\ 40 \end{pmatrix}, \quad \mathbf{x}_2 = \begin{pmatrix} 20 \\ 45 \\ 30 \end{pmatrix} \quad \text{und} \quad \mathbf{x}_3 = \begin{pmatrix} 15 \\ 50 \\ 40 \end{pmatrix}.$$

Die Lösung der Matrizengleichung (9.10) lautet somit

$$\mathbf{X} = \begin{pmatrix} 20 & 20 & 15 \\ 5 & 45 & 50 \\ 40 & 30 & 40 \end{pmatrix}.$$

9.5 Bestimmung der Inversen mittels Gauß-Algorithmus

Es sei $\mathbf{A} \in M(n,n)$ eine invertierbare Matrix, deren Inverse durch $\mathbf{A}^{-1} = (\mathbf{b}_1, \ldots, \mathbf{b}_n)$ mit den Spaltenvektoren $\mathbf{b}_1, \ldots, \mathbf{b}_n \in \mathbb{R}^n$ gegeben sei. In Abschnitt 8.10 wurde bereits gezeigt, dass die Spaltenvektoren $\mathbf{b}_1, \ldots, \mathbf{b}_n$ von $\mathbf{A}^{-1}$ durch Bestimmung der Lösungen $\mathbf{x}_1, \ldots, \mathbf{x}_n$ der n linearen Gleichungssysteme

$$\mathbf{A}\mathbf{x}_1 = \mathbf{e}_1, \quad \ldots, \mathbf{A}\mathbf{x}_n = \mathbf{e}_n \qquad (9.11)$$

berechnet werden können und die Inverse $\mathbf{A}^{-1}$ dann durch

$$\mathbf{X} := (\mathbf{x}_1, \ldots, \mathbf{x}_n)$$

gegeben ist (vgl. (8.57)–(8.59)). Da jedoch die n linearen Gleichungssysteme (9.11) dieselbe Koeffizientenmatrix $\mathbf{A}$ besitzen, können ihre Lösungen simultan mit dem Gauß-Algorithmus berechnet werden (vgl. Abschnitt 9.4). Ausgangspunkt ist dabei ein Tableau, auf dessen linker Seite die Matrix $\mathbf{A} \in M(n,n)$ und auf dessen rechter Seite die Einheitsmatrix $\mathbf{E} \in M(n,n)$ steht:

x_{1i}	$\ldots$	x_{ni}	$\mathbf{e}_1$	$\ldots$	$\mathbf{e}_n$
a_{11}	$\ldots$	a_{1n}	1	$\ldots$	0
$\vdots$	$\ddots$	$\vdots$	$\vdots$	$\ddots$	$\vdots$
a_{n1}	$\ldots$	a_{nn}	0	$\ldots$	1

Dieses Tableau wird solange mit Hilfe von elementaren Zeilenumformungen bearbeitet, bis auf der linken Seite die Einheitsmatrix $\mathbf{E}$ steht:

x_{1i}	$\ldots$	x_{ni}	\multicolumn{3}{c}{$\mathbf{A}^{-1}$}
1	$\ldots$	0	b_{11}	$\ldots$	b_{1n}
$\vdots$	$\ddots$	$\vdots$	$\vdots$	$\ddots$	$\vdots$
0	$\ldots$	1	b_{n1}	$\ldots$	b_{nn}

Die Matrix $\mathbf{A}$ ist dann invertierbar und auf der rechten Seite des Tableaus steht die Inverse von $\mathbf{A}$. Denn durch dieses Vorgehen wird die Matrix $\mathbf{X} \in M(n,n)$ berechnet, welche die Matrizengleichung $\mathbf{AX} = \mathbf{E}$ erfüllt (vgl. Abschnitt 9.4). Eine Matrix $\mathbf{X}$ mit dieser Eigenschaft ist jedoch die Inverse von $\mathbf{A}$ (vgl. Definition 8.39). Bei der Anwendung des Gauß-Algorithmus muss zuvor nicht untersucht werden, ob die Matrix eine Inverse besitzt. Denn falls die Matrix nicht invertierbar ist, resultiert auf der linken Seite des Tableaus eine Nullzeile. Die Matrizengleichung $\mathbf{AX} = \mathbf{E}$ besitzt dann keine Lösung, was äquivalent dazu ist, dass keine Inverse existiert.

Im Folgenden wird die Anwendung des Gauß-Algorithmus zur Berechnung von Inversen demonstriert. Dabei werden die Zeilen wieder durchnummeriert und die durchgeführten elementaren Zeilenumformungen rechts in blauer Schrift angegeben:

Beispiel 9.12 (Bestimmung der Inversen mittels Gauß-Algorithmus)

a) Gesucht ist die Inverse der 3×3-Matrix

$$\mathbf{A} = \begin{pmatrix} 1 & 2 & 1 \\ 2 & 3 & 6 \\ 4 & 7 & 8 \end{pmatrix}.$$

Mit Hilfe des Gauß-Algorithmus erhält man:

	x_{1i}	x_{2i}	x_{3i}	e_1	e_2	e_3	
(1)	1	2	1	1	0	0	
(2)	2	3	6	0	1	0	
(3)	4	7	8	0	0	1	
(1)	1	2	1	1	0	0	
(2′)	0	−1	4	−2	1	0	$(2) - 2 \cdot (1)$
(3′)	0	−1	4	−4	0	1	$(3) - 4 \cdot (1)$
(1)	1	2	1	1	0	0	
(2″)	0	1	−4	2	−1	0	$-1 \cdot (2')$
(3″)	0	0	0	−2	−1	1	$(3') + (2'')$

Auf der linken Seite resultiert ein Nullvektor und die Matrix **A** ist damit nicht invertierbar.

b) Gesucht ist die Inverse der 3×3-Matrix

$$\mathbf{A} = \begin{pmatrix} 1 & 1 & 0 \\ 1 & 1 & 1 \\ 0 & -1 & 0 \end{pmatrix}.$$

Der Gauß-Algorithmus liefert:

	x_{1i}	x_{2i}	x_{3i}	e_1	e_2	e_3	
(1)	1	1	0	1	0	0	
(2)	1	1	1	0	1	0	
(3)	0	−1	0	0	0	1	
(1)	1	1	0	1	0	0	
(2′)	0	0	1	−1	1	0	$(2) - (1)$
(3)	0	−1	0	0	0	1	
(1′)	1	0	0	1	0	1	$(1) + (3)$
(3)	0	−1	0	0	0	1	$(2') \leftrightarrow (3)$
(2′)	0	0	1	−1	1	0	$(3) \leftrightarrow (2')$
(1′)	1	0	0	1	0	1	
(3′)	0	1	0	0	0	−1	$-1 \cdot (3)$
(2″)	0	0	1	−1	1	0	

Die Matrix **A** ist somit invertierbar und besitzt die Inverse

$$\mathbf{A}^{-1} = \begin{pmatrix} 1 & 0 & 1 \\ 0 & 0 & -1 \\ -1 & 1 & 0 \end{pmatrix}.$$

Es sei nun das lineare Gleichungssystem $\mathbf{A}\mathbf{x} = \mathbf{b}$ mit der rechten Seite $\mathbf{b} = (4, -2, 3)^T$ zu lösen. Dann erhält man mit der Inversen $\mathbf{A}^{-1}$ die Lösung

$$\mathbf{x} = \mathbf{A}^{-1}\mathbf{b} = \begin{pmatrix} 1 & 0 & 1 \\ 0 & 0 & -1 \\ -1 & 1 & 0 \end{pmatrix} \begin{pmatrix} 4 \\ -2 \\ 3 \end{pmatrix} = \begin{pmatrix} 7 \\ -3 \\ -6 \end{pmatrix}.$$

9.6 Bestimmung des Rangs mittels Gauß-Algorithmus

Neben der Inversen kann auch der Rang einer Matrix **A** mit Hilfe des Gauß-Algorithmus ermittelt werden. Hierfür ist der folgende Satz zentral:

Satz 9.13 (Rangbestimmung mittels Gauß-Algorithmus)

*Eine $m \times n$-Matrix **A** kann durch endlich viele elementare Zeilenumformungen und Spaltenvertauschungen auf die Form*

$$\widetilde{\mathbf{A}} = \begin{pmatrix} 1 & a_{12} & \ldots & a_{1k} & \ldots & a_{1n} \\ 0 & 1 & \ldots & a_{2k} & \ldots & a_{2n} \\ \vdots & & \ddots & \vdots & \ddots & \vdots \\ 0 & 0 & \ldots & 1 & \ldots & a_{kn} \\ 0 & 0 & \ldots & 0 & \ldots & 0 \\ \vdots & \vdots & \ddots & \vdots & \ddots & \vdots \\ 0 & 0 & \ldots & 0 & \ldots & 0 \end{pmatrix} \qquad (9.12)$$

gebracht werden und es gilt dann $\mathrm{rang}(\mathbf{A}) = k$.

Beweis: Der Beweis dafür, dass eine $m \times n$-Matrix **A** durch endlich viele elementare Zeilenumformungen und Spaltenvertauschungen auf die Form (9.12) gebracht werden kann, verläuft ähnlich wie der Nachweis, dass eine erweiterte Koeffizientenmatrix $(\mathbf{A}, \mathbf{b})$ stets auf die Zeilenstufenform (9.5) gebracht werden kann (vgl. hierzu Beweis von Satz 9.8).

Gemäß Satz 7.32 verändern elementare Zeilenumformungen die Anzahl linear unabhängiger Zeilenvektoren von **A** nicht und Spaltenvertauschungen haben offensichtlich keinen Einfluss auf die Anzahl linear unabhängiger Spaltenvektoren. Da jedoch der Rang einer Matrix mit der Anzahl ihrer linear unabhängigen Zeilenvektoren und mit der Anzahl ihrer linear unabhängigen Spaltenvektoren übereinstimmt (vgl. Folgerung 8.36) bedeutet dies, dass $\mathrm{rang}(\widetilde{\mathbf{A}}) = \mathrm{rang}(\mathbf{A})$ gilt. Ferner ist aus (9.12) leicht zu erkennen, dass die ersten k Zeilenvektoren von $\widetilde{\mathbf{A}}$ linear unabhängig sind. Es gilt somit $\mathrm{rang}(\mathbf{A}) = \mathrm{rang}(\widetilde{\mathbf{A}}) = k$. ∎

Bei der Bestimmung des Rangs einer Matrix **A** kann somit wie bei der Lösung eines linearen Gleichungssystems und der Bestimmung der Inversen mittels Gauß-Algorithmus vorgegangen werden. Hat man nach endlich vielen elementaren Zeilenumformungen und Spaltenvertauschungen die Matrix **A** auf die Form (9.12) gebracht, dann ergibt sich der Rang von **A** als die Anzahl der Zeilen, die ungleich dem Nullvektor sind.

Das folgende Beispiel zeigt das konkrete Vorgehen:

Beispiel 9.14 (Bestimmung des Rangs mittels Gauß-Algorithmus)

a) Gegeben sei die 4×4-Matrix

$$\mathbf{A} = \begin{pmatrix} 1 & 5 & 2 & 3 \\ 4 & 9 & 1 & 7 \\ 3 & 4 & -1 & 4 \\ 0 & 11 & 7 & 5 \end{pmatrix}.$$

Mit dem Gauß-Algorithmus erhält man:

	x_1	x_2	x_3	x_4	
(1)	1	5	2	3	
(2)	4	9	1	7	
(3)	3	4	-1	4	
(4)	0	11	7	5	
(1)	1	5	2	3	
(2')	0	-11	-7	-5	$(2) - 4 \cdot (1)$
(3')	0	-11	-7	-5	$(3) - 3 \cdot (1)$
(4)	0	11	7	5	
(1)	1	5	2	3	
(2')	0	-11	-7	-5	
(3'')	0	0	0	0	$(3') - (2')$
(4')	0	0	0	0	$(4) + (2')$
(1)	1	5	2	3	
(2'')	0	1	$\frac{7}{11}$	$\frac{5}{11}$	$-1/11 \cdot (2')$
(3'')	0	0	0	0	
(4')	0	0	0	0	

Es gilt somit $\text{rang}(\mathbf{A}) = 2$.

b) Betrachtet wird die 4×4-Matrix

$$\mathbf{A} = \begin{pmatrix} 2 & 4 & -6 & 2 \\ 3 & 4 & 9 & 4 \\ 8 & 12 & 12 & 10 \\ 3 & 2 & 4 & 5 \end{pmatrix}.$$

Der Gauß-Algorithmus liefert:

	x_1	x_2	x_3	x_4	
(1)	2	4	-6	2	
(2)	3	4	9	4	
(3)	8	12	12	10	
(4)	3	2	4	5	
(1')	1	2	-3	1	$1/2 \cdot (1)$
(2')	0	-2	18	1	$(2) - 3 \cdot (1')$
(3')	0	-4	36	2	$(3) - 8 \cdot (1')$
(4')	0	-4	13	2	$(4) - 3 \cdot (1')$
(1')	1	2	-3	1	
(2'')	0	1	-9	$-\frac{1}{2}$	$-1/2 \cdot (2')$
(3'')	0	0	0	0	$(3') + 4 \cdot (2'')$
(4'')	0	0	-23	0	$(4') + 4 \cdot (2'')$
(1')	1	2	-3	1	
(2'')	0	1	-9	$-\frac{1}{2}$	
(4'')	0	0	-23	0	$(3'') \leftrightarrow (4'')$
(3'')	0	0	0	0	$(4'') \leftrightarrow (3'')$
(1')	1	2	-3	1	
(2'')	0	1	-9	$-\frac{1}{2}$	
(4''')	0	0	1	0	$-1/23 \cdot (4'')$
(3'')	0	0	0	0	

Es gilt somit $\text{rang}(\mathbf{A}) = 3$.

Kapitel 10

Eigenwerttheorie und Quadratische Formen

Kapitel 10 Eigenwerttheorie und Quadratische Formen

10.1 Eigenwerttheorie

Die Betrachtung von verschiedenen wirtschaftswissenschaftlichen Fragestellungen, wie z. B. die Untersuchung von Wachstums- und Schrumpfungsprozessen, die Berechnung von Versicherungsprämien, die Prognose von zukünftigen Werten einer (ökonomischen) Zeitreihe, die Untersuchung der Markentreue von Konsumenten, das Studium von dynamischen Systemen usw., ist oftmals eng mit der Lösung eines sogenannten **Eigenwertproblems** verbunden. Das heißt, solche Fragestellungen führen auf die Problemstellung, dass für eine gegebene quadratische Matrix **A** ein lineares Gleichungssystem der Form

$$\mathbf{A}\mathbf{x} = \lambda \mathbf{x} \tag{10.1}$$

bzw. in ausführlicher Schreibweise

$$\begin{aligned} a_{11}x_1 + a_{12}x_2 + \ldots + a_{1n}x_n &= \lambda_1 x_1 \\ a_{21}x_1 + a_{22}x_2 + \ldots + a_{2n}x_n &= \lambda_2 x_2 \\ \vdots \quad \vdots \quad \vdots \quad &= \quad \vdots \\ a_{m1}x_1 + a_{m2}x_2 + \ldots + a_{mn}x_n &= \lambda_m x_n \end{aligned}$$

zu lösen ist. Mit anderen Worten: Es sind Vektoren $\mathbf{x} \neq \mathbf{0}$ gesucht, die bei der Transformation (linearen Abbildung) $\mathbf{x} \mapsto \mathbf{A}\mathbf{x}$ unverändert bleiben oder auf ein Vielfaches λ von sich selbst abgebildet werden. Der Wert λ wird dann als **Eigenwert** und der Vektor $\mathbf{x}$ als **Eigenvektor** der Matrix **A** bezeichnet. Die Theorie zur Untersuchung von Eigenwertproblemen heißt **Eigenwerttheorie**.

Das folgende Beispiel gibt einen Einblick, wie bereits einfache ökonomische Fragestellungen zu einem Eigenwertproblem führen können:

Beispiel 10.1 (Wirtschaftsentwicklung)

Betrachtet wird ein einfaches makroökonomisches Modell für die zeitliche Entwicklung des Konsums und der Investitionen in einer Volkswirtschaft. Dabei bezeichnen

x_t den Konsum (in €) zum Zeitpunkt t und

y_t die Investitionen (in €) zum Zeitpunkt t.

In diesem Modell wird angenommen, dass sich die zeitliche Entwicklung des Konsums und der Investitionen wie folgt beschreiben lassen:

a) Die Veränderung des Konsums $x_{t+1} - x_t$ im Zeitraum $(t, t+1]$ verhält sich proportional zu den Investitionen y_t im Zeitpunkt t mit dem Proportionalitätsfaktor $0{,}2$.

b) Die Differenz aus den Investitionen y_{t+1} zum Zeitpunkt $t+1$ und 65% der Investitionen y_t zum Zeitpunkt t verhält sich proportional zum Konsum x_t im Zeitpunkt t mit dem Proportionalitätsfaktor $0{,}1$.

Das heißt, die zeitliche Entwicklung des Konsums und der Investitionen lassen sich durch das lineare Gleichungssystem

$$\begin{aligned} x_{t+1} &= x_t + 0{,}2 y_t \\ y_{t+1} &= 0{,}1 x_t + 0{,}65 y_t \end{aligned} \tag{10.2}$$

beschreiben. Es soll nun die Frage untersucht werden, ob es eine Wirtschaftsentwicklung gibt, bei welcher der Konsum und die Investitionen jeweils mit demselben Proportionalitätsfaktor λ wachsen (für $\lambda > 1$) oder fallen (für $\lambda < 1$). Das heißt, es ist eine Wirtschaftsentwicklung gesucht, bei der

$$\begin{aligned} x_{t+1} &= \lambda x_t \\ y_{t+1} &= \lambda y_t \end{aligned} \tag{10.3}$$

gilt. Mit den Bezeichnungen

$$\mathbf{A} := \begin{pmatrix} 1 & 0{,}2 \\ 0{,}1 & 0{,}65 \end{pmatrix} \quad \text{und} \quad \mathbf{x} := \begin{pmatrix} x_t \\ y_t \end{pmatrix}$$

lassen sich (10.2) und (10.3) als Eigenwertproblem formulieren:

$$\mathbf{A}\mathbf{x} = \lambda \mathbf{x}$$

Die 2×2-Matrix **A** besitzt die beiden Eigenwerte $\lambda_1 = 1{,}05$ und $\lambda_2 = 0{,}6$ und die zugehörigen Eigenvektoren

$$\mathbf{x}_1 = \begin{pmatrix} 4a \\ a \end{pmatrix} \quad \text{bzw.} \quad \mathbf{x}_2 = \begin{pmatrix} a \\ -2a \end{pmatrix}$$

für ein beliebiges $a \in \mathbb{R} \setminus \{0\}$. Denn es gilt:

$$\begin{aligned} \mathbf{A}\mathbf{x}_1 &= \begin{pmatrix} 1 & 0{,}2 \\ 0{,}1 & 0{,}65 \end{pmatrix} \begin{pmatrix} 4a \\ a \end{pmatrix} \\ &= \begin{pmatrix} 4{,}2a \\ 1{,}05a \end{pmatrix} = 1{,}05 \begin{pmatrix} 4a \\ a \end{pmatrix} = \lambda_1 \mathbf{x}_1 \end{aligned}$$

$$\begin{aligned} \mathbf{A}\mathbf{x}_2 &= \begin{pmatrix} 1 & 0{,}2 \\ 0{,}1 & 0{,}65 \end{pmatrix} \begin{pmatrix} a \\ -2a \end{pmatrix} \\ &= \begin{pmatrix} 0{,}6a \\ -1{,}2a \end{pmatrix} = 0{,}6 \begin{pmatrix} a \\ -2a \end{pmatrix} = \lambda_2 \mathbf{x}_2 \end{aligned}$$

Interpretation von λ_1 und $\mathbf{x}_1$ für $a > 0$: Wird in der Volkswirtschaft zum Zeitpunkt t viermal soviel konsumiert wie investiert, dann wachsen die Konsum- und die Investitionsausgaben im Zeitraum $(t, t+1]$ mit der gleichen Rate von $\lambda_1 - 1 = 5\%$.

Interpretation von λ_2 und $\mathbf{x}_2$ für $a > 0$: Wird in der Volkswirtschaft zum Zeitpunkt t zweimal soviel deinvestiert wie konsumiert, dann „wachsen" die Konsum- und die Investitionsausgaben im Zeitraum $(t, t+1]$ mit der gleichen Rate von $\lambda_2 - 1 = -40\%$. Der Konsum und die Investitionen schrumpfen somit in diesem Fall um 40%.

Insgesamt gilt also, dass sowohl ein Wachstum von 5% als auch eine Verringerung von 40% bei Konsum und Investitionen zu einer gleichförmigen Wirtschaftsentwicklung führen.

Eigenwerte und Eigenvektoren

Die Definition der Begriffe **Eigenwert** und **Eigenvektor** lautet wie folgt:

> **Definition 10.2** (Eigenwert und Eigenvektor)
>
> *Für eine $n \times n$-Matrix $\mathbf{A}$ heißt eine Zahl $\lambda \in \mathbb{R}$, für die das lineare Gleichungssystem*
>
> $$\mathbf{A}\mathbf{x} = \lambda\mathbf{x} \quad (10.4)$$
>
> *eine Lösung $\mathbf{x} \in \mathbb{R}^n \setminus \{\mathbf{0}\}$ besitzt, reeller Eigenwert von $\mathbf{A}$, und der Vektor $\mathbf{x}$ wird als reeller Eigenvektor von $\mathbf{A}$ zum Eigenwert λ bezeichnet.*

In der obigen Definition wird vorausgesetzt, dass Eigenwerte reelle Zahlen sind. Es kann aber auch vorkommen, dass für eine $n \times n$-Matrix $\mathbf{A}$ eine komplexe Zahl $\lambda \in \mathbb{C}$ existiert, so dass das lineare Gleichungssystem (10.4) eine Lösung $\mathbf{x} \in \mathbb{C}^n \setminus \{\mathbf{0}\}$ besitzt. In diesem Fall bezeichnet man λ als **komplexen Eigenwert** und $\mathbf{x}$ als **komplexen Eigenvektor** von $\mathbf{A}$.

Bei der Betrachtung der Definition 10.2 ist es wichtig zu beachten, dass ein Eigenvektor per Definition ungleich dem Nullvektor $\mathbf{0}$ sein muss. Denn ohne diese Einschränkung würde aus der für alle $\lambda \in \mathbb{R}$ gültigen Gleichung $\mathbf{A}\mathbf{0} = \lambda\mathbf{0}$ folgen, dass alle $\lambda \in \mathbb{R}$ (reelle) Eigenwerte von $\mathbf{A}$ sind, weshalb die Definition nicht sehr sinnvoll wäre. Es kann jedoch durchaus vorkommen, dass $\lambda = 0$ ein Eigenwert von $\mathbf{A}$ ist.

Ein Eigenvektor $\mathbf{x}$ zum Eigenwert λ ist der Matrix $\mathbf{A}$ in dem Sinne „eigen", dass er durch $\mathbf{A}$ nicht stark verändert wird, sondern lediglich auf ein λ-faches von sich selbst abgebildet wird. Im Falle von $|\lambda| > 1$ handelt es sich dabei um eine Streckung und im Falle von $|\lambda| < 1$ um eine Stauchung. Eine weitere wichtige Eigenschaft von Eigenvektoren ist, dass sie nur bis auf einen (von null verschiedenen) Faktor $\mu \in \mathbb{R}$ eindeutig bestimmt sind. Ist nämlich $\mathbf{x}$ ein Eigenvektor der Matrix $\mathbf{A}$ zum Eigenwert λ, dann ist auch der Vektor $\mu\mathbf{x}$ mit $\mu \in \mathbb{R} \setminus \{0\}$ ein Eigenvektor der Matrix $\mathbf{A}$ zum Eigenwert λ. Denn es gilt

$$\mathbf{A}(\mu\mathbf{x}) = \mu\mathbf{A}\mathbf{x} = \mu\lambda\mathbf{x} = \lambda(\mu\mathbf{x}).$$

Das heißt, mit $\mathbf{x}$ wird auch der Vektor $\mu\mathbf{x}$ auf sein λ-faches abgebildet. Insbesondere bedeutet dies, dass ein Vektor $\mathbf{x} \in \mathbb{R} \setminus \{\mathbf{0}\}$ genau dann ein (reeller) Eigenvektor von $\mathbf{A}$ ist, wenn die Gerade $G = \{\mu\mathbf{x} : \mu \in \mathbb{R}\}$ in sich abgebildet wird. Man nennt G daher auch **Fixgerade** von $\mathbf{A}$. So betrachtet besteht das Eigenwertproblem für $\mathbf{A}$ darin, alle Fixgeraden von $\mathbf{A}$ zu finden.

> **Beispiel 10.3** (Stationäre Marktanteile)
>
> Betrachtet wird die Situation aus Beispiel 8.32b) mit den drei konkurrierenden Produkten P_1, P_2 und P_3 sowie der Übergangsmatrix
>
> $$\mathbf{A} = \begin{pmatrix} 0{,}5 & 0{,}2 & 0{,}1 \\ 0{,}2 & 0{,}4 & 0{,}3 \\ 0{,}3 & 0{,}4 & 0{,}6 \end{pmatrix},$$
>
> welche die Wechselwahrscheinlichkeiten von Käufern innerhalb einer Zeitperiode $(t, t+1]$ angibt. Es stellt sich nun die Frage, ob es für diesen Markt einen stationären Zustand gibt, so dass sich die Marktanteile der drei Produkte P_1, P_2 und P_3 nicht mehr von Periode zu Periode verändern. Werden diese drei gesuchten stationären Marktanteile durch die Einträge des Vektors $\mathbf{x}_t \in \mathbb{R}^3$ bezeichnet, dann führt diese Fragestellung zu dem Eigenwertproblem
>
> $$\mathbf{A}\mathbf{x}_t = \mathbf{x}_t. \quad (10.5)$$
>
> Denn ist der Vektor $\mathbf{x}_t$ eine Lösung des Eigenwertproblems (10.5), dann gilt
>
> $$\mathbf{x}_{t+n} = \mathbf{A}^n \mathbf{x}_t = \mathbf{A}^{n-1}(\mathbf{A}\mathbf{x}_t) = \mathbf{A}^{n-1}\mathbf{x}_t = \ldots = \mathbf{x}_t,$$

also $\mathbf{x}_{t+n} = \mathbf{x}_t$ für alle $n \in \mathbb{N}$ (vgl. (8.27)). Das heißt, falls ein Vektor mit stationären Marktanteilen existiert, ist dies äquivalent zur Berechnung eines Eigenvektors der Matrix $\mathbf{A}$ zum Eigenwert $\lambda = 1$. Eigenvektoren zum Eigenwert 1 werden als **stationäre Vektoren** bezeichnet und treten in vielen Anwendungen auf (siehe hierzu auch Beispiel 10.12). Ausgeschrieben lautet das lineare Gleichungssystem (10.5)

$$0{,}5x_1 + 0{,}2x_2 + 0{,}1x_3 = x_1$$
$$0{,}2x_1 + 0{,}4x_2 + 0{,}3x_3 = x_2$$
$$0{,}3x_1 + 0{,}4x_2 + 0{,}6x_3 = x_3$$

bzw. umgeformt zu einem homogenen linearen Gleichungssystem:

$$-\frac{5}{10}x_1 + \frac{2}{10}x_2 + \frac{1}{10}x_3 = 0$$
$$\frac{2}{10}x_1 - \frac{6}{10}x_2 + \frac{3}{10}x_3 = 0$$
$$\frac{3}{10}x_1 + \frac{4}{10}x_2 - \frac{4}{10}x_3 = 0$$

Mit dem Gauß-Algorithmus (vgl. Abschnitt 9.3) erhält man:

	x_1	x_2	x_3	$\mathbf{b}$	
(1)	$-\frac{5}{10}$	$\frac{2}{10}$	$\frac{1}{10}$	0	
(2)	$\frac{2}{10}$	$-\frac{6}{10}$	$\frac{3}{10}$	0	
(3)	$\frac{3}{10}$	$\frac{4}{10}$	$-\frac{4}{10}$	0	
(1′)	-5	2	1	0	$10 \cdot (1)$
(2′)	2	-6	3	0	$10 \cdot (2)$
(3′)	3	4	-4	0	$10 \cdot (3)$
(1′)	-5	2	1	0	
(2″)	0	$-\frac{26}{5}$	$\frac{17}{5}$	0	$(2') + 2/5 \cdot (1')$
(3″)	0	$\frac{26}{5}$	$-\frac{17}{5}$	0	$(3') + 3/5 \cdot (1')$
(1″)	-5	0	$\frac{30}{13}$	0	$(1') + 10/26 \cdot (2'')$
(2″)	0	$-\frac{26}{5}$	$\frac{17}{5}$	0	
(3‴)	0	0	0	0	$(3'') + (2'')$
(1‴)	1	0	$-\frac{6}{13}$	0	$-\frac{1}{5} \cdot (1'')$
(2‴)	0	1	$-\frac{17}{26}$	0	$-\frac{5}{26} \cdot (2'')$
(3‴)	0	0	0	0	

Auflösen nach den beiden führenden Variablen x_1 und x_2 liefert mit der Parameterzuweisung $x_3 = a$ die Lösung

$$\mathbf{x}_t = a \begin{pmatrix} \frac{6}{13} \\ \frac{17}{26} \\ 1 \end{pmatrix}$$

für alle $a \in \mathbb{R} \setminus \{0\}$. Dieser Vektor ist zwar ein Eigenvektor zum Eigenwert 1, aber noch nicht der Vektor mit den gesuchten stationären Marktanteilen. Da sich die Marktanteile zu Eins aufaddieren müssen, ist der Parameter a so zu wählen, dass

$$\frac{6}{13}a + \frac{17}{26}a + a = 1, \quad \text{also} \quad a = \frac{26}{55},$$

gilt. Man erhält dann für den Vektor mit den gesuchten Marktanteilen

$$\mathbf{x}_t^* = \begin{pmatrix} \frac{12}{55} \\ \frac{17}{55} \\ \frac{26}{55} \end{pmatrix}.$$

Das heißt, besitzen die Produkte P_1, P_2 und P_3 die Marktanteile $\frac{12}{55}$, $\frac{17}{55}$ bzw. $\frac{26}{55}$, dann verändern sich diese in den kommenden Perioden nicht mehr.

Charakteristische Polynome

Der folgende Satz stellt einen wichtigen Zusammenhang zwischen den Eigenwerten einer quadratischen Matrix $\mathbf{A}$ und der Determinante der Matrix $\mathbf{A} - \lambda \mathbf{E}$ her:

Satz 10.4 (Zusammenhang zwischen Eigenwerten und Determinante)

Ein Wert λ ist genau dann ein Eigenwert einer $n \times n$-Matrix $\mathbf{A}$, wenn $\det(\mathbf{A} - \lambda \mathbf{E}) = 0$ gilt.

Beweis: Ein Wert λ ist genau dann ein Eigenwert von $\mathbf{A}$, wenn es einen Vektor $\mathbf{x} \neq \mathbf{0}$ gibt, so dass $\mathbf{A}\mathbf{x} = \lambda \mathbf{x}$ gilt. Mit Hilfe der $n \times n$-Einheitsmatrix $\mathbf{E}$ kann diese Gleichung in der Form $(\mathbf{A} - \lambda \mathbf{E})\mathbf{x} = \mathbf{0}$ geschrieben werden. Im Falle der Existenz eines Eigenwerts λ gibt es somit neben dem Nullvektor $\mathbf{0}$ einen weiteren Vektor $\mathbf{x}$, der durch die Matrix $\mathbf{A} - \lambda \mathbf{E}$ auf den Nullvektor abgebildet wird. Das heißt, die zu $\mathbf{A} - \lambda \mathbf{E}$ gehörende lineare Abbildung ist nicht injektiv. Daraus folgt zusammen mit Folgerung 8.38a) und Satz 8.67

$$\mathbf{A}\mathbf{x} = \lambda\mathbf{x} \iff (\mathbf{A} - \lambda\mathbf{E})\mathbf{x} = \mathbf{0} \iff \operatorname{rang}(\mathbf{A} - \lambda\mathbf{E}) < n$$
$$\iff \det(\mathbf{A} - \lambda\mathbf{E}) = 0.$$

∎

Die große Bedeutung des Satzes 10.4 liegt darin begründet, dass er einen konstruktiven Ansatz zur Berechnung der Eigenwerte einer $n \times n$-Matrix $\mathbf{A}$ liefert. Denn er besagt, dass man durch Auflösen der Gleichung

$$\det(\mathbf{A} - \lambda\mathbf{E}) = 0 \quad \text{bzw.}$$

$$\det \begin{pmatrix} a_{11} - \lambda & a_{12} & \ldots & a_{1n} \\ a_{21} & a_{22} - \lambda & \ldots & a_{2n} \\ \vdots & \vdots & \ddots & \vdots \\ a_{n1} & a_{n2} & \ldots & a_{nn} - \lambda \end{pmatrix} = 0 \quad (10.6)$$

nach λ die Eigenwerte von $\mathbf{A}$ erhält. Die Gleichung (10.6) wird deshalb als **charakteristische Gleichung** von $\mathbf{A}$ bezeichnet. Mit den Rechenregeln für Determinanten und etwas Rechenaufwand kann man weiter zeigen, dass die Determinante $\det(\mathbf{A} - \lambda\mathbf{E})$ ein Polynom n-ten Grades in λ ist. Genauer gilt

$$\det(\mathbf{A} - \lambda\mathbf{E}) = (-1)^n \lambda^n + (-1)^{n-1} \operatorname{spur}(\mathbf{A}) \lambda^{n-1} \quad (10.7)$$
$$+ (-1)^{n-2} c_{n-2} \lambda^{n-2} + \ldots - c_1 \lambda + \det(\mathbf{A})$$

mit geeigneten Konstanten $c_1, \ldots, c_{n-2} \in \mathbb{R}$, wobei $\operatorname{spur}(\mathbf{A})$ und $\det(\mathbf{A})$ die Spur bzw. die Determinante der Matrix $\mathbf{A}$ bezeichnen. Die Eigenwerte von $\mathbf{A}$ sind durch die Nullstellen dieses Polynoms gegeben.

Aufgrund seiner großen Bedeutung für die Eigenwerttheorie wurde für dieses Polynom eine eigene Bezeichnung eingeführt:

> **Definition 10.5** (Charakteristisches Polynom)
>
> *Es sei $\mathbf{A}$ eine $n \times n$-Matrix. Dann heißt das Polynom n-ten Grades*
>
> $$p_\mathbf{A}(\lambda) := \det(\mathbf{A} - \lambda\mathbf{E})$$
> $$= (-1)^n \lambda^n + (-1)^{n-1} \operatorname{spur}(\mathbf{A}) \lambda^{n-1} \quad (10.8)$$
> $$+ (-1)^{n-2} c_{n-2} \lambda^{n-2} + \ldots - c_1 \lambda + \det(\mathbf{A})$$
>
> *charakteristisches Polynom von $\mathbf{A}$. Eine k-fache Nullstelle von $p_\mathbf{A}$ wird als k-facher Eigenwert von $\mathbf{A}$ bezeichnet und die Zahl k wird algebraische Vielfachheit von λ genannt.*

Zur Bestimmung der Eigenwerte einer $n \times n$-Matrix $\mathbf{A}$ hat man also die Nullstellen des charakteristischen Polynoms $p_\mathbf{A}$ zu berechnen. Da der Fundamentalsatz der Algebra (vgl. Satz 4.2) besagt, dass $p_\mathbf{A}$ als ein Polynom vom Grad n genau n (nicht notwendigerweise verschiedene) Nullstellen besitzt, bedeutet dies, dass $\mathbf{A}$ genau n (nicht notwendigerweise verschiedene) Eigenwerte bzw. maximal n reelle Eigenwerte besitzt. Ferner folgt mit Satz 4.4, dass komplexe Eigenwerte stets als konjugierte Paare auftreten. Das heißt, ist λ ein komplexer Eigenwert von $\mathbf{A}$, dann ist auch die konjugiert komplexe Zahl $\overline{\lambda}$ ein komplexer Eigenwert von $\mathbf{A}$.

Bei einer 2×2-Matrix $\mathbf{A}$ können die beiden existierenden Eigenwerte als Lösungen der quadratischen Gleichung $p_\mathbf{A}(\lambda) = \lambda^2 + b\lambda + c = 0$ leicht mit den Lösungsformeln (4.8) oder (4.11) berechnet werden. Im Falle einer $n \times n$-Matrix $\mathbf{A}$ mit $n \geq 3$ ist jedoch die analytische Berechnung der Eigenwerte von $\mathbf{A}$ durch Bestimmung der Nullstellen des charakteristischen Polynoms $p_\mathbf{A}$ im Allgemeinen nicht mehr so einfach möglich (vgl. Abschnitt 4.3). In solchen Fällen kommen dann numerische Verfahren wie z. B. das **Regula-falsi**- oder das **Newton-Verfahren** zum Einsatz (siehe hierzu Kapitel 26).

Nachdem die Eigenwerte einer $n \times n$-Matrix $\mathbf{A}$ ermittelt worden sind, kann zu jedem Eigenwert λ der zugehörige Eigenvektor $\mathbf{x}$ berechnet werden, indem das homogene lineare Gleichungssystem

$$(\mathbf{A} - \lambda\mathbf{E})\mathbf{x} = \mathbf{0} \quad (10.9)$$

gelöst wird. Dabei ist zu beachten, dass $\det(\mathbf{A} - \lambda\mathbf{E}) = 0$ äquivalent ist zu $\operatorname{rang}(\mathbf{A} - \lambda\mathbf{E}) < n$ (vgl. Satz 8.67). Das heißt, die Matrix $\mathbf{A} - \lambda\mathbf{E}$ hat nicht den vollen Rang n und das homogene lineare Gleichungssystem (10.9) besitzt daher unendlich viele Lösungen (vgl. Satz 9.3). Genauer gilt, dass $n - \operatorname{rang}(\mathbf{A} - \lambda\mathbf{E})$ die Anzahl der linear unabhängigen Lösungen ist und der Lösungsbereich $\mathbb{L}$ des homogenen linearen Gleichungssystems (10.9) damit die Dimension $n - \operatorname{rang}(\mathbf{A} - \lambda\mathbf{E}) \geq 1$ besitzt (vgl. Seite 222). Folglich ist

$$n - \operatorname{rang}(\mathbf{A} - \lambda\mathbf{E}) \quad (10.10)$$

auch die Anzahl der zum Eigenwert λ gehörenden linear unabhängigen Eigenvektoren und bei der Anwendung des Gauß-Algorithmus zur Lösung von (10.9) resultieren $n - \operatorname{rang}(\mathbf{A} - \lambda\mathbf{E})$ freie Variablen, denen jeweils ein beliebiger Parameter zugewiesen werden kann.

Im folgenden Beispiel wird die konkrete Berechnung von Eigenwerten und Eigenvektoren demonstriert:

Beispiel 10.6 (Berechnung von Eigenwerten und Eigenvektoren)

a) Die 2×2-Matrix im Beispiel 10.1 zur Wirtschaftsentwicklung besitzt das charakteristische Polynom

$$p_{\mathbf{A}}(\lambda) = \det \begin{pmatrix} 1-\lambda & 0{,}2 \\ 0{,}1 & 0{,}65-\lambda \end{pmatrix}$$
$$= (1-\lambda)(0{,}65-\lambda) - 0{,}02$$
$$= \lambda^2 - 1{,}65\lambda + 0{,}63.$$

Mit der Lösungsformel (4.8) für quadratische Gleichungen erhält man daraus die beiden folgenden reellen Eigenwerte

$$\lambda_1 = \frac{1{,}65 + \sqrt{1{,}65^2 - 4 \cdot 0{,}63}}{2} = 1{,}05 \quad \text{und}$$
$$\lambda_2 = \frac{1{,}65 - \sqrt{1{,}65^2 - 4 \cdot 0{,}63}}{2} = 0{,}6.$$

Zur Berechnung der zu den reellen Eigenwerten $\lambda_1 = 1{,}05$ und $\lambda_2 = 0{,}6$ gehörenden reellen Eigenvektoren sind die linearen Gleichungssysteme $(\mathbf{A} - \lambda_1 \mathbf{E}) \mathbf{x}_1 = \mathbf{0}$ und $(\mathbf{A} - \lambda_2 \mathbf{E}) \mathbf{x}_2 = \mathbf{0}$ zu lösen. Diese beiden linearen Gleichungssysteme sind gegeben durch

$$\begin{pmatrix} -0{,}05 & 0{,}2 \\ 0{,}1 & -0{,}4 \end{pmatrix} \begin{pmatrix} x_1 \\ x_2 \end{pmatrix} = \begin{pmatrix} 0 \\ 0 \end{pmatrix} \quad \text{und}$$
$$\begin{pmatrix} 0{,}4 & 0{,}2 \\ 0{,}1 & 0{,}05 \end{pmatrix} \begin{pmatrix} x_1 \\ x_2 \end{pmatrix} = \begin{pmatrix} 0 \\ 0 \end{pmatrix}$$

bzw.

$$-0{,}05 x_1 + 0{,}2 x_2 = 0 \quad \text{und} \quad 0{,}4 x_1 + 0{,}2 x_2 = 0$$
$$0{,}1 x_1 - 0{,}4 x_2 = 0 \qquad\qquad 0{,}1 x_1 + 0{,}05 x_2 = 0.$$

Offensichtlich gilt $\text{rang}(\mathbf{A} - \lambda_1 \mathbf{E}) = \text{rang}(\mathbf{A} - \lambda_2 \mathbf{E}) = 1$ und damit $2 - \text{rang}(\mathbf{A} - \lambda_1 \mathbf{E}) = 2 - \text{rang}(\mathbf{A} - \lambda_2 \mathbf{E}) = 1$. Gemäß (10.10) gibt es somit zu beiden reellen Eigenwerten jeweils einen linear unabhängigen reellen Eigenvektor. Das erste lineare Gleichungssystem ist somit erfüllt, wenn $x_1 = 4x_2$ gilt, und das zweite, wenn $x_1 = -\frac{1}{2}x_2$ erfüllt ist. Die beiden reellen Eigenvektoren $\mathbf{x}_1$ und $\mathbf{x}_2$ zu den reellen Eigenwerten λ_1 und λ_2 sind somit gegeben durch

$$\mathbf{x}_1 = \begin{pmatrix} 4a \\ a \end{pmatrix} = a \begin{pmatrix} 4 \\ 1 \end{pmatrix} \quad \text{bzw.} \quad \mathbf{x}_2 = \begin{pmatrix} -\frac{1}{2}b \\ b \end{pmatrix} = b \begin{pmatrix} -\frac{1}{2} \\ 1 \end{pmatrix}$$

mit $a, b \in \mathbb{R} \setminus \{0\}$.

b) Für die 3×3-Matrix

$$\mathbf{A} = \begin{pmatrix} 0 & 2 & -1 \\ 2 & -1 & 1 \\ 2 & -1 & 3 \end{pmatrix}$$

erhält man mit der Regel von Sarrus das charakteristische Polynom

$$p_{\mathbf{A}}(\lambda) = \det \begin{pmatrix} 0-\lambda & 2 & -1 \\ 2 & -1-\lambda & 1 \\ 2 & -1 & 3-\lambda \end{pmatrix}$$
$$= -\lambda^3 + 2\lambda^2 + 4\lambda - 8$$
$$= -(\lambda - 2)^2 (\lambda + 2).$$

Das heißt, das charakteristische Polynom $p_{\mathbf{A}}$ besitzt die doppelte Nullstelle $\lambda_{1,2} = 2$ und die einfache Nullstelle $\lambda_3 = -2$. Somit ist 2 ein zweifacher und -2 ein einfacher reeller Eigenwert von $\mathbf{A}$.

Zur Berechnung der reellen Eigenvektoren zu den beiden verschiedenen reellen Eigenwerten $\lambda_{1,2} = 2$ und $\lambda_3 = -2$ sind die beiden linearen Gleichungssysteme $(\mathbf{A} - \lambda_{1,2} \mathbf{E}) \mathbf{x}_1 = \mathbf{0}$ und $(\mathbf{A} - \lambda_3 \mathbf{E}) \mathbf{x}_2 = \mathbf{0}$ zu lösen. Diese sind gegeben durch

$$\begin{pmatrix} -2 & 2 & -1 \\ 2 & -3 & 1 \\ 2 & -1 & 1 \end{pmatrix} \begin{pmatrix} x_1 \\ x_2 \\ x_3 \end{pmatrix} = \begin{pmatrix} 0 \\ 0 \\ 0 \end{pmatrix} \quad \text{bzw.}$$
$$\begin{pmatrix} 2 & 2 & -1 \\ 2 & 1 & 1 \\ 2 & -1 & 5 \end{pmatrix} \begin{pmatrix} x_1 \\ x_2 \\ x_3 \end{pmatrix} = \begin{pmatrix} 0 \\ 0 \\ 0 \end{pmatrix}.$$

Mit Hilfe des Gauß-Algorithmus zeigt man leicht, dass $\text{rang}(\mathbf{A} - \lambda_{1,2}\mathbf{E}) = \text{rang}(\mathbf{A} - \lambda_3 \mathbf{E}) = 2$ und damit $3 - \text{rang}(\mathbf{A} - \lambda_{1,2}\mathbf{E}) = 3 - \text{rang}(\mathbf{A} - \lambda_3 \mathbf{E}) = 1$ gilt (vgl. Abschnitt 9.6). Mit (10.10) folgt daher, dass es zu beiden reellen Eigenwerten $\lambda_{1,2} = 2$ und $\lambda_3 = -2$ jeweils nur einen linear unabhängigen reellen Eigenvektor gibt. Das erste lineare Gleichungssystem lautet ausgeschrieben:

$$-2x_1 + 2x_2 - x_3 = 0$$
$$2x_1 - 3x_2 + x_3 = 0$$
$$2x_1 - x_2 + x_3 = 0$$

Durch Lösen dieses linearen Gleichungssystems z. B. mit Hilfe des Gauß-Algorithmus (vgl. Abschnitt 9.3) erhält man für $\lambda_{1,2} = 2$ den reellen Eigenvektor

$$\mathbf{x}_1 = \begin{pmatrix} \frac{1}{2}a \\ 0 \\ -a \end{pmatrix} = a \begin{pmatrix} \frac{1}{2} \\ 0 \\ -1 \end{pmatrix}$$

mit einem beliebigen $a \in \mathbb{R} \setminus \{0\}$. Für den zweiten reellen Eigenwert $\lambda_3 = -2$ erhält man das lineare Gleichungssystem

$$\begin{aligned} 2x_1 + 2x_2 - x_3 &= 0 \\ 2x_1 + x_2 + x_3 &= 0 \\ 2x_1 - x_2 + 5x_3 &= 0 \end{aligned}$$

und daraus den reellen Eigenvektor

$$\mathbf{x}_2 = \begin{pmatrix} \frac{3}{2}b \\ -2b \\ -b \end{pmatrix} = b \begin{pmatrix} \frac{3}{2} \\ -2 \\ -1 \end{pmatrix}$$

mit einem beliebigen $b \in \mathbb{R} \setminus \{0\}$.

c) Für die 3×3-Matrix

$$\mathbf{A} = \begin{pmatrix} 0 & 0 & -2 \\ 1 & 2 & 1 \\ 1 & 0 & 3 \end{pmatrix}$$

erhält man mit der Regel von Sarrus das charakteristische Polynom

$$p_\mathbf{A}(\lambda) = \det \begin{pmatrix} 0-\lambda & 0 & -2 \\ 1 & 2-\lambda & 1 \\ 1 & 0 & 3-\lambda \end{pmatrix}$$
$$= -\lambda^3 + 5\lambda^2 - 8\lambda + 4 = -(\lambda-1)(\lambda-2)^2.$$

Das heißt, das charakteristische Polynom $p_\mathbf{A}$ besitzt die einfache Nullstelle $\lambda_1 = 1$ und die doppelte Nullstelle $\lambda_{2,3} = 2$. Somit ist 1 ein einfacher und 2 ein zweifacher reeller Eigenwert von $\mathbf{A}$.

Zur Berechnung der reellen Eigenvektoren zu den beiden verschiedenen reellen Eigenwerten $\lambda_1 = 1$ und $\lambda_{2,3} = 2$ sind die beiden linearen Gleichungssysteme $(\mathbf{A} - \lambda_1 \mathbf{E})\mathbf{x}_1 = \mathbf{0}$ und $(\mathbf{A} - \lambda_{2,3} \mathbf{E})\mathbf{x}_2 = \mathbf{0}$ zu lösen. Diese sind gegeben durch

$$\begin{pmatrix} -1 & 0 & -2 \\ 1 & 1 & 1 \\ 1 & 0 & 2 \end{pmatrix} \begin{pmatrix} x_1 \\ x_2 \\ x_3 \end{pmatrix} = \begin{pmatrix} 0 \\ 0 \\ 0 \end{pmatrix} \quad \text{bzw.}$$

$$\begin{pmatrix} -2 & 0 & -2 \\ 1 & 0 & 1 \\ 1 & 0 & 1 \end{pmatrix} \begin{pmatrix} x_1 \\ x_2 \\ x_3 \end{pmatrix} = \begin{pmatrix} 0 \\ 0 \\ 0 \end{pmatrix}.$$

Man zeigt leicht, dass $\text{rang}(\mathbf{A} - \lambda_1 \mathbf{E}) = 2$ und $\text{rang}(\mathbf{A} - \lambda_{2,3} \mathbf{E}) = 1$ gilt. Daraus folgt $3 - \text{rang}(\mathbf{A} - \lambda_1 \mathbf{E}) = 1$ und $3 - \text{rang}(\mathbf{A} - \lambda_{2,3} \mathbf{E}) = 2$. Mit (10.10) erhält man daher, dass es zum reellen Eigenwert $\lambda_1 = 1$ einen und zum reellen Eigenwert $\lambda_{2,3} = 2$ zwei linear unabhängige reelle Eigenvektoren gibt. Das erste lineare Gleichungssystem lautet ausgeschrieben:

$$\begin{aligned} -x_1 \quad\quad - 2x_3 &= 0 \\ x_1 + x_2 + x_3 &= 0 \\ x_1 \quad\quad + 2x_3 &= 0 \end{aligned}$$

Durch Lösen dieses linearen Gleichungssystems, z. B. mit Hilfe des Gauß-Algorithmus (vgl. Abschnitt 9.3), erhält man für $\lambda_1 = 1$ den reellen Eigenvektor

$$\mathbf{x}_1 = \begin{pmatrix} -2a \\ a \\ a \end{pmatrix} = a \begin{pmatrix} -2 \\ 1 \\ 1 \end{pmatrix}$$

mit einem beliebigen $a \in \mathbb{R} \setminus \{0\}$. Für den zweiten reellen Eigenwert $\lambda_{2,3} = 2$ erhält man das lineare Gleichungssystem:

$$\begin{aligned} -2x_1 - 2x_3 &= 0 \\ x_1 + x_3 &= 0 \\ x_1 + x_3 &= 0 \end{aligned}$$

Diese drei linearen Gleichungen sind erfüllt, wenn $x_1 = -x_3$ gilt und die reellen Eigenvektoren zum Eigenwert $\lambda_{2,3} = 2$ sind damit von der Gestalt

$$\mathbf{x}_2 = \begin{pmatrix} -b \\ c \\ b \end{pmatrix} = \begin{pmatrix} -b \\ 0 \\ b \end{pmatrix} + \begin{pmatrix} 0 \\ c \\ 0 \end{pmatrix} = b \begin{pmatrix} -1 \\ 0 \\ 1 \end{pmatrix} + c \begin{pmatrix} 0 \\ 1 \\ 0 \end{pmatrix}$$

für beliebige $b, c \in \mathbb{R}$ mit der Eigenschaft $(b, c) \neq (0, 0)$. Alle Eigenvektoren zum Eigenwert $\lambda_{2,3} = 2$ sind somit nicht (triviale) Linearkombinationen der beiden linear unabhängigen Eigenvektoren

$$\begin{pmatrix} -1 \\ 0 \\ 1 \end{pmatrix} \quad \text{und} \quad \begin{pmatrix} 0 \\ 1 \\ 0 \end{pmatrix}.$$

d) Für die 3×3-Matrix

$$\mathbf{A} = \begin{pmatrix} 1 & 0 & 1 \\ 0 & 1 & 1 \\ -1 & -1 & 0 \end{pmatrix}$$

erhält man mit der Regel von Sarrus das charakteristische Polynom

$$p_\mathbf{A}(\lambda) = \det \begin{pmatrix} 1-\lambda & 0 & 1 \\ 0 & 1-\lambda & 1 \\ -1 & -1 & -\lambda \end{pmatrix}$$
$$= -\lambda^3 + 2\lambda^2 - 3\lambda + 2.$$

Durch Probieren erkennt man, dass $\lambda_1 = 1$ eine Nullstelle von $p_\mathbf{A}$ ist und eine anschließende Polynomdivision mit dem Linearfaktor $(\lambda - 1)$ liefert:

$$\begin{array}{l} (\lambda^3 - 2\lambda^2 + 3\lambda - 2) : (\lambda - 1) = \lambda^2 - \lambda + 2 \\ \underline{-\lambda^3 + \lambda^2} \\ \quad - \lambda^2 + 3\lambda \\ \quad \underline{\lambda^2 - \lambda} \\ \quad \quad 2\lambda - 2 \\ \quad \quad \underline{-2\lambda + 2} \\ \quad \quad \quad 0 \end{array}$$

Mit der Lösungsformel (4.8) erhält man für das verbleibende quadratische Polynom $\lambda^2 - \lambda + 2$ die beiden Nullstellen

$$\lambda_2 = \frac{1 + \sqrt{1-8}}{2} = \frac{1}{2} + \frac{\sqrt{7}}{2}i \quad \text{und}$$
$$\lambda_3 = \frac{1 - \sqrt{1-8}}{2} = \frac{1}{2} - \frac{\sqrt{7}}{2}i.$$

Das heißt, die Matrix $\mathbf{A}$ hat den reellen Eigenwert $\lambda_1 = 1$ und die beiden zueinander konjugiert komplexen Eigenwerte $\lambda_2 = \frac{1}{2} + \frac{\sqrt{7}}{2}i$ und $\lambda_3 = \frac{1}{2} - \frac{\sqrt{7}}{2}i$. Dieses Beispiel zeigt, dass eine Matrix gleichzeitig sowohl reelle als auch komplexe Eigenwerte besitzen kann.

Besonders einfach lassen sich die Eigenwerte einer (unteren bzw. oberen) Dreiecksmatrix berechnen. Zum Beispiel erhält man für eine obere $n \times n$-Dreiecksmatrix

$$\mathbf{A} = \begin{pmatrix} a_{11} & a_{12} & \ldots & a_{1n} \\ 0 & a_{22} & & a_{2n} \\ \vdots & & \ddots & \vdots \\ 0 & \ldots & 0 & a_{nn} \end{pmatrix}$$

mit den Einträgen $a_{11}, \ldots, a_{nn}$ auf der Hauptdiagonalen das charakteristische Polynom

$$p_\mathbf{A}(\lambda) = \det \begin{pmatrix} a_{11}-\lambda & a_{12} & \ldots & a_{1n} \\ 0 & a_{22}-\lambda & & a_{2n} \\ \vdots & & \ddots & \vdots \\ 0 & \ldots & 0 & a_{nn}-\lambda \end{pmatrix} = \prod_{i=1}^{n}(a_{ii}-\lambda)$$

(vgl. Folgerung 8.61). Damit ergibt sich die charakteristische Gleichung

$$p_\mathbf{A}(\lambda) = \prod_{i=1}^{n}(a_{ii}-\lambda) = 0 \quad (10.11)$$

und es folgt unmittelbar, dass die Eigenwerte einer oberen Dreiecksmatrix $\mathbf{A}$ durch ihre Einträge $a_{11}, \ldots, a_{nn}$ auf der Hauptdiagonalen gegeben sind. Eine analoge Aussage erhält man für untere Dreiecksmatrizen. Ist $\mathbf{A}$ sogar eine $n \times n$-Diagonalmatrix, dann gilt zusätzlich

$$\mathbf{A}\mathbf{e}_i = a_{ii}\mathbf{e}_i$$

für alle $i = 1, \ldots, n$. Das heißt, eine $n \times n$-Diagonalmatrix besitzt die n Einheitsvektoren $\mathbf{e}_1, \ldots, \mathbf{e}_n \in \mathbb{R}^n$ als Eigenvektoren.

> **Beispiel 10.7** (Eigenwerte von Dreiecksmatrizen)
>
> Die beiden Dreiecksmatrizen
>
> $$\mathbf{A} = \begin{pmatrix} \frac{1}{2} & 0 & 0 \\ 3 & \frac{2}{5} & 0 \\ 1 & 3 & -1 \end{pmatrix} \quad \text{und} \quad \mathbf{B} = \begin{pmatrix} 3 & 2 & -5 & \frac{1}{6} \\ 0 & \frac{1}{4} & 0 & -3 \\ 0 & 0 & 2 & \frac{1}{6} \\ 0 & 0 & 0 & 1 \end{pmatrix}$$
>
> besitzen die Eigenwerte $\lambda_1 = \frac{1}{2}$, $\lambda_2 = \frac{2}{5}$, $\lambda_3 = -1$ bzw. $\lambda_1 = 3$, $\lambda_2 = \frac{1}{4}$, $\lambda_3 = 2$, $\lambda_4 = 1$.

Eigenschaften von Eigenwerten

Ist $\mathbf{A}$ eine $n \times n$-Matrix mit den (nicht notwendigerweise verschiedenen) Eigenwerten $\lambda_1, \ldots, \lambda_n$, dann lässt sich ihr charakteristisches Polynom (10.8) in die Form

$$p_\mathbf{A}(\lambda) = (-1)^n (\lambda - \lambda_1)(\lambda - \lambda_2) \cdot \ldots \cdot (\lambda - \lambda_n) \quad (10.12)$$

zerlegen (vgl. Satz 4.2). Werden die Linearfaktoren auf der rechten Seite von (10.12) ausmultipliziert, dann erhält man durch einen anschließenden Vergleich der resultierenden Koeffizienten mit den Koeffizienten in der Darstellung (10.8), dass zwischen der Spur, der Determinante und den Eigenwerten von $\mathbf{A}$ der folgende interessante Zusammenhang besteht:

$$\text{spur}(\mathbf{A}) = \lambda_1 + \ldots + \lambda_n \quad (10.13)$$
$$\det(\mathbf{A}) = \lambda_1 \cdot \ldots \cdot \lambda_n \quad (10.14)$$

Sind also die Eigenwerte einer $n \times n$-Matrix $\mathbf{A}$ bekannt, dann können mit (10.13) und (10.14) ihre Spur und Determinante berechnet werden.

Der folgende Satz fasst weitere wichtige Eigenschaften von Eigenwerten zusammen:

> **Satz 10.8** (Eigenschaften von Eigenwerten)
>
> *Es sei* $\mathbf{A}$ *eine* $n \times n$-*Matrix und* $\lambda_1, \ldots, \lambda_n$ *seien ihre (nicht notwendigerweise verschiedenen) Eigenwerte. Dann gilt:*
>
> a) $\lambda_1^m, \ldots, \lambda_n^m$ *sind Eigenwerte von* $\mathbf{A}^m$ *für* $m \in \mathbb{N}_0$.
>
> b) *Die Matrix* $\mathbf{A}$ *ist invertierbar* $\iff \lambda_i \neq 0$ *für alle* $i = 1, \ldots, n$.
>
> c) $\mathbf{A}$ *invertierbar* $\implies \frac{1}{\lambda_1}, \ldots, \frac{1}{\lambda_n}$ *sind die Eigenwerte von* $\mathbf{A}^{-1}$.
>
> d) $\mathbf{A}$ *und* $\mathbf{A}^T$ *besitzen die gleichen Eigenwerte.*
>
> e) $\mathbf{A}$ *symmetrisch* $\implies \lambda_1, \ldots, \lambda_n \in \mathbb{R}$.
>
> f) $\mathbf{A}$ *orthogonal* $\implies |\lambda_i| = 1$ *für alle* $i = 1, \ldots, n$.

Beweis: Zu a): Es gilt $\mathbf{A}\mathbf{x}_i = \lambda_i \mathbf{x}_i$ für $i = 1, \ldots, n$. Daraus folgt durch Iteration

$$\mathbf{A}^m \mathbf{x}_i = \underbrace{\mathbf{A} \cdots \mathbf{A}}_{m\text{-mal}} \mathbf{x}_i = \lambda_i \underbrace{\mathbf{A} \cdots \mathbf{A}}_{(m-1)\text{-mal}} \mathbf{x}_i = \ldots = \lambda_i^m \mathbf{x}_i$$

für alle $i = 1, \ldots, n$ und $m \in \mathbb{N}_0$. Das heißt, $\lambda_1^m, \ldots, \lambda_n^m$ sind die Eigenwerte von $\mathbf{A}^m$.

Zu b): Aus $\det(\mathbf{A}) = \lambda_1 \cdots \lambda_n$ (vgl. (10.14)) folgt, dass $\det(\mathbf{A}) \neq 0$ genau dann gilt, wenn $\lambda_i \neq 0$ für alle $i = 1, \ldots, n$ erfüllt ist. Die Bedingung $\det(\mathbf{A}) \neq 0$ ist jedoch äquivalent dazu, dass $\mathbf{A}$ invertierbar ist (vgl. Satz 8.67).

Zu c): Es gilt $\mathbf{A}\mathbf{x}_i = \lambda_i \mathbf{x}_i$ für $i = 1, \ldots, n$. Da $\mathbf{A}$ gemäß Annahme invertierbar ist, folgt aus Aussage b) $\lambda_i \neq 0$ für alle $i = 1, \ldots, n$ und damit insbesondere

$$\mathbf{A}\mathbf{x}_i = \lambda_i \mathbf{x}_i \iff \mathbf{x}_i = \lambda_i \mathbf{A}^{-1}\mathbf{x}_i \iff \mathbf{A}^{-1}\mathbf{x}_i = \frac{1}{\lambda_i}\mathbf{x}_i.$$

Das heißt, $\frac{1}{\lambda_1}, \ldots, \frac{1}{\lambda_n}$ sind die Eigenwerte von $\mathbf{A}^{-1}$.

Zu d): Aus $\det(\mathbf{B}) = \det(\mathbf{B}^T)$ für eine beliebige $n \times n$-Matrix (vgl. Folgerung 8.63) folgt

$$p_\mathbf{A}(\lambda) = \det(\mathbf{A} - \lambda \mathbf{E}) = \det\left((\mathbf{A} - \lambda \mathbf{E})^T\right) = \det\left(\mathbf{A}^T - \lambda \mathbf{E}^T\right)$$
$$= \det\left(\mathbf{A}^T - \lambda \mathbf{E}\right) = p_{\mathbf{A}^T}(\lambda).$$

Die Matrizen $\mathbf{A}$ und $\mathbf{A}^T$ besitzen somit das gleiche charakteristische Polynom und damit auch die gleichen Eigenwerte.

Zu e): Es gilt $\mathbf{A}\mathbf{x}_i = \lambda_i \mathbf{x}_i$ mit $\mathbf{x}_i \neq \mathbf{0}$ für $i = 1, \ldots, n$ und $\langle \mathbf{x}_i, \mathbf{A}\mathbf{x}_i \rangle$ ist stets eine reelle Zahl (vgl. Definition 7.7). Daraus folgt $\langle \mathbf{x}_i, \mathbf{A}\mathbf{x}_i \rangle = \overline{\langle \mathbf{x}_i, \mathbf{A}\mathbf{x}_i \rangle}$. Für eine symmetrische Matrix gilt ferner $\mathbf{A}^T = \mathbf{A}$ (vgl. Definition 8.49). Daraus folgt zusammen mit $\langle \mathbf{A}\mathbf{x}_i, \mathbf{x}_i \rangle = \langle \mathbf{x}_i, \mathbf{A}^T\mathbf{x}_i \rangle$ (vgl. Satz 8.22)

$$\lambda_i \cdot \langle \mathbf{x}_i, \mathbf{x}_i \rangle = \langle \lambda_i \mathbf{x}_i, \mathbf{x}_i \rangle = \langle \mathbf{A}\mathbf{x}_i, \mathbf{x}_i \rangle = \langle \mathbf{x}_i, \mathbf{A}^T\mathbf{x}_i \rangle$$
$$= \langle \mathbf{x}_i, \mathbf{A}\mathbf{x}_i \rangle = \overline{\langle \mathbf{x}_i, \mathbf{A}\mathbf{x}_i \rangle} = \overline{\langle \mathbf{x}_i, \lambda_i \mathbf{x}_i \rangle}$$
$$= \overline{\langle \mathbf{x}_i, \mathbf{x}_i \rangle} \cdot \overline{\lambda_i} = \langle \mathbf{x}_i, \mathbf{x}_i \rangle \cdot \overline{\lambda_i} \qquad (10.15)$$

für $i = 1, \ldots, n$. Aus $\mathbf{x}_i \neq \mathbf{0}$ folgt $\langle \mathbf{x}_i, \mathbf{x}_i \rangle = \|\mathbf{x}_i\|^2 > 0$ und die beiden Seiten der Gleichung (10.15) können deshalb durch $\langle \mathbf{x}_i, \mathbf{x}_i \rangle$ dividiert werden. Man erhält dann $\lambda_i = \overline{\lambda_i}$ und damit insbesondere $\lambda_i \in \mathbb{R}$.

f): Es gilt $\mathbf{A}\mathbf{x}_i = \lambda_i \mathbf{x}_i$ mit $\mathbf{x}_i \neq \mathbf{0}$ für $i = 1, \ldots, n$ und aus der Annahme, dass $\mathbf{A}$ eine orthogonale Matrix ist, folgt $\|\mathbf{A}\mathbf{x}\| = \|\mathbf{x}\|$ (vgl. Satz 8.54b)). Dies impliziert

$$\|\mathbf{x}_i\| = \|\mathbf{A}\mathbf{x}_i\| = \|\lambda_i \mathbf{x}_i\| = |\lambda_i| \cdot \|\mathbf{x}_i\|. \qquad (10.16)$$

Wegen $\|\mathbf{x}_i\| > 0$ können beide Seiten von (10.16) durch $\|\mathbf{x}_i\|$ dividiert werden. Man erhält dann $|\lambda_i| = 1$ für $i = 1, \ldots, n$. ∎

Satz 10.8f) bedeutet insbesondere, dass orthogonale $n \times n$-Matrizen **Spiegelungen** oder **Drehungen** im $\mathbb{R}^n$ beschreiben, bei denen die Länge der Vektoren erhalten bleibt.

Eigenschaften von Eigenvektoren

Im folgenden Satz sind drei wichtige Eigenschaften von Eigenvektoren zusammengefasst:

> **Satz 10.9** (Eigenschaften von Eigenvektoren)
>
> *Es sei* $\mathbf{A}$ *eine* $n \times n$-*Matrix. Dann gilt:*
>
> a) $\mathbf{A}^m$ *besitzt für* $m \in \mathbb{N}$ *die gleichen Eigenvektoren wie* $\mathbf{A}$.
>
> b) *Sind* $\mathbf{x}_1, \ldots, \mathbf{x}_k$ *Eigenvektoren von* $\mathbf{A}$ *zu demselben Eigenwert* λ, *dann ist auch jede Linearkombination* $\sum_{i=1}^{k} r_i \mathbf{x}_i \neq \mathbf{0}$ *mit* $r_1, \ldots, r_k \in \mathbb{R}$ *ein Eigenvektor von* $\mathbf{A}$ *zum Eigenwert* λ.
>
> c) *Eigenvektoren* $\mathbf{x}_1, \ldots, \mathbf{x}_k$ *zu verschiedenen Eigenwerten* $\lambda_1, \ldots, \lambda_k$ *von* $\mathbf{A}$ *sind linear unabhängig. Im Falle einer symmetrischen Matrix* $\mathbf{A}$ *sind sie sogar orthogonal.*

Beweis: Zu a): Siehe Beweis von Satz 10.8a).

Zu b): Es gilt $\mathbf{A}\mathbf{x}_i = \lambda \mathbf{x}_i$ für $i = 1, \ldots, k$. Daraus folgt

$$\mathbf{A}\left(\sum_{i=1}^{k} r_i \mathbf{x}_i\right) = \sum_{i=1}^{k} r_i \mathbf{A}\mathbf{x}_i = \sum_{i=1}^{k} r_i \lambda \mathbf{x}_i = \lambda \sum_{i=1}^{k} r_i \mathbf{x}_i.$$

Das heißt, $\sum_{i=1}^n r_i \mathbf{x}_i \neq \mathbf{0}$ ist ebenfalls ein Eigenvektor von $\mathbf{A}$ zum Eigenwert λ.

Zu c): Der Beweis erfolgt durch vollständige Induktion. Es sei $\{\mathbf{x}_1, \ldots, \mathbf{x}_k\}$ eine Menge von Eigenvektoren zu verschiedenen Eigenwerten $\lambda_1, \ldots, \lambda_k$.

Induktionsanfang: Es sei $k = 1$. Der Eigenvektor $\mathbf{x}_1$ ist linear unabhängig, da $\mathbf{x}_1 \neq \mathbf{0}$ gilt.

Induktionsschritt: Es wird angenommen, dass die Menge $\{\mathbf{x}_1, \ldots, \mathbf{x}_{k-1}\}$ linear unabhängig ist und

$$r_1 \mathbf{x}_1 + \ldots + r_k \mathbf{x}_k = \mathbf{0} \quad (10.17)$$

für $r_1, \ldots, r_k \in \mathbb{R}$ gilt. Anwendung von $\mathbf{A}$ auf (10.17) bzw. Multiplikation von (10.17) mit λ_k liefert die beiden Gleichungen

$$r_1 \lambda_1 \mathbf{x}_1 + \ldots + r_k \lambda_k \mathbf{x}_k = \mathbf{0} \quad \text{bzw.}$$
$$\lambda_k r_1 \mathbf{x}_1 + \ldots + \lambda_k r_k \mathbf{x}_k = \mathbf{0}.$$

Durch Subtraktion dieser beiden Gleichungen erhält man

$$(\lambda_1 - \lambda_k) r_1 \mathbf{x}_1 + \ldots + (\lambda_{k-1} - \lambda_k) r_{k-1} \mathbf{x}_{k-1} = \mathbf{0}.$$

Da jedoch gemäß Induktionsannahme die Menge $\{\mathbf{x}_1, \ldots, \mathbf{x}_{k-1}\}$ linear unabhängig ist, folgt

$$(\lambda_1 - \lambda_k) r_1 = \ldots = (\lambda_{k-1} - \lambda_k) r_{k-1} = 0.$$

Aus der Verschiedenheit der Eigenwerte $\lambda_1, \ldots, \lambda_k$ folgt weiter $r_1 = \ldots = r_{k-1} = 0$. Zusammen mit (10.17) impliziert dies $r_k \mathbf{x}_k = \mathbf{0}$, also $r_k = 0$. Bei (10.17) handelt es sich somit um die triviale Darstellung des Nullvektors, weshalb die Menge $\{\mathbf{x}_1, \ldots, \mathbf{x}_k\}$ linear unabhängig ist.

Die Matrix $\mathbf{A}$ sei nun zusätzlich symmetrisch. Das heißt, es gelte $\mathbf{A} = \mathbf{A}^T$. Weiter seien $\mathbf{x}_1$ und $\mathbf{x}_2$ zwei Eigenvektoren von $\mathbf{A}$ zu zwei verschiedenen Eigenwerten λ_1 und λ_2. Daraus folgt zusammen mit $\langle \mathbf{A} \mathbf{x}_1, \mathbf{x}_2 \rangle = \langle \mathbf{x}_1, \mathbf{A}^T \mathbf{x}_2 \rangle$ (vgl. Satz 8.22)

$$\lambda_1 \langle \mathbf{x}_1, \mathbf{x}_2 \rangle = \langle \lambda_1 \mathbf{x}_1, \mathbf{x}_2 \rangle = \langle \mathbf{A} \mathbf{x}_1, \mathbf{x}_2 \rangle = \langle \mathbf{x}_1, \mathbf{A}^T \mathbf{x}_2 \rangle$$
$$= \langle \mathbf{x}_1, \mathbf{A} \mathbf{x}_2 \rangle = \langle \mathbf{x}_1, \lambda_2 \mathbf{x}_2 \rangle = \lambda_2 \langle \mathbf{x}_1, \mathbf{x}_2 \rangle.$$

Folglich gilt $(\lambda_1 - \lambda_2) \langle \mathbf{x}_1, \mathbf{x}_2 \rangle = 0$ mit $\lambda_1 \neq \lambda_2$ und man erhält somit $\langle \mathbf{x}_1, \mathbf{x}_2 \rangle = 0$. Das heißt, die beiden Eigenvektoren $\mathbf{x}_1$ und $\mathbf{x}_2$ sind orthogonal. ∎

Beispiel 10.10 (Eigenschaften von Eigenwerten und Eigenvektoren)

In Beispiel 10.6b) wurde gezeigt, dass die 3×3-Matrix

$$\mathbf{A} = \begin{pmatrix} 0 & 2 & -1 \\ 2 & -1 & 1 \\ 2 & -1 & 3 \end{pmatrix}$$

die Eigenvektoren

$$a \begin{pmatrix} \frac{1}{2} \\ 0 \\ -1 \end{pmatrix} \quad \text{und} \quad b \begin{pmatrix} \frac{3}{2} \\ -2 \\ -1 \end{pmatrix} \quad (10.18)$$

mit $a, b \in \mathbb{R} \setminus \{0\}$ zu den Eigenwerten $\lambda_{1,2} = 2$ bzw. $\lambda_3 = -2$ besitzt. Mit Satz 10.8a) und Satz 10.9a) folgt somit, dass die beiden Vektoren (10.18) Eigenvektoren der Matrixpotenz $\mathbf{A}^5$ zu den Eigenwerten $\lambda_{1,2} = 2^5 = 32$ bzw. $\lambda_3 = (-2)^5 = -32$ sind. Da ferner alle drei Eigenwerte von $\mathbf{A}$ ungleich Null sind, folgt mit Satz 10.8b) und c), dass $\mathbf{A}$ invertierbar ist und ihre Inverse $\mathbf{A}^{-1}$ die Eigenwerte $\lambda_{1,2} = \frac{1}{2}$ und $\lambda_3 = -\frac{1}{2}$ besitzt.

Das folgende Beispiel ist in der mathematischen Literatur als **Satz vom Fußball** bekannt. Der Satz vom Fußball ist eines der wenigen mathematischen Resultate, deren Aussage schwieriger zu verstehen als zu beweisen ist.

Beispiel 10.11 (Satz vom Fußball)

Der Satz vom Fußball lautet wie folgt:

Bei jedem Fußballspiel, bei dem nur ein Fußball benutzt wird, gibt es zwei Punkte auf der Oberfläche des Balls, die sich zu Beginn der ersten und der zweiten Halbzeit, wenn der Ball jeweils genau auf den Anstoßpunkt gelegt wird, an genau der gleichen Stelle im umgebenden Raum befinden.

Obwohl diese Aussage relativ unanschaulich ist, lässt sie sich mit dem bereits Gezeigten relativ leicht nachweisen. Dabei ist vor allem die Feststellung wichtig, dass der Ball zwischen dem Anstoß zu Beginn der ersten und dem Anstoß zu Beginn der zweiten Halbzeit (mehrfach) gedreht und verschoben wird. Da jedoch der Ball zu Beginn der zweiten Halbzeit wieder genau auf den Anstoßpunkt gelegt wird, sind für die Betrachtung nur die nacheinander ausgeführten n Drehungen des Balls um verschiedene Winkel und Drehachsen von Bedeutung:

Gemäß den Erläuterungen auf Seite 214 werden die n Drehungen im dreidimensionalen euklidischen Raum $\mathbb{R}^3$ durch orthogonale 3×3-Matrizen $\mathbf{A}_1, \ldots, \mathbf{A}_n$ mit

$\det(\mathbf{A}_i) = 1$ für $i = 1, \ldots, n$ beschrieben. Mit Satz 8.54e) und Satz 8.68 folgt weiter, dass auch die aus den n nacheinander ausgeführten Einzeldrehungen resultierende Gesamtdrehung

$$\mathbf{D} := \mathbf{A}_1 \cdot \ldots \cdot \mathbf{A}_n$$

eine orthogonale 3×3-Matrix mit der Determinante 1 ist. Zusammen mit (10.14) erhält man daher

$$\det(\mathbf{D}) = \lambda_1 \lambda_2 \lambda_3 = 1, \qquad (10.19)$$

wobei $\lambda_1, \lambda_2, \lambda_3$ die drei Eigenwerte von $\mathbf{D}$ sind. Ferner hat das charakteristische Polynom von $\mathbf{D}$ den Grad 3. Die Matrix $\mathbf{D}$ besitzt daher mindestens einen reellen Eigenwert (vgl. Folgerung 4.5). Dies impliziert zusammen mit (10.19) und $|\lambda_1| = |\lambda_2| = |\lambda_3| = 1$ (vgl. Satz 10.8f)), dass mindestens einer der drei Eigenwerte von $\mathbf{D}$ gleich 1 sein muss. Dies wiederum bedeutet, dass es einen Vektor $\mathbf{x} \in \mathbb{R}^3 \setminus \{\mathbf{0}\}$ mit der Eigenschaft

$$\mathbf{D}\mathbf{x} = 1 \cdot \mathbf{x}$$

gibt, also einen Vektor, der durch die Gesamtdrehung $\mathbf{D}$ auf sich selbst abgebildet wird. Die durch den Eigenvektor $\mathbf{x}$ festgelegte Gerade $G = \{\mu \mathbf{x} : \mu \in \mathbb{R}\}$ durchstößt somit die Oberfläche des Fußballs an zwei Stellen, die sich zu Beginn der ersten und zu Beginn der zweiten Halbzeit an der gleichen Stelle im umgebenden Raum befinden.

10.2 Power-Methode

Für das Lösen von Eigenwertproblemen $\mathbf{A}\mathbf{x} = \lambda\mathbf{x}$ mit einer $n \times n$-Matrix $\mathbf{A}$ großer Ordnung – d. h. mit einem n in der Größenordnung von mehreren hundert oder größer – ist der in Abschnitt 9.3 beschriebene Gauß-Algorithmus schnell nicht mehr zur Berechnung der Eigenwerte und der Eigenvektoren geeignet. In solchen Fällen sind **iterative Verfahren** zur numerischen Berechnung oftmals besser geeignet.

R. v. Mises

Eines der bekanntesten iterativen Verfahren zur numerischen Berechnung von Eigenwerten und Eigenvektoren ist die **Power-Methode**, die häufig auch nach dem österreichischen Mathematiker *Richard von Mises* (1883–1953) als **von-Mises-Iteration** bezeichnet wird. Dieses Verfahren ist jedoch nur zur Berechnung des betragsgrößten Eigenwertes einer $n \times n$-Matrix $\mathbf{A}$ und des dazugehörigen Eigenvektors geeignet. Die Bezeichnung Power-Methode ist dadurch motiviert, dass zur Durchführung dieses Verfahrens eine Reihe von Matrixpotenzen $\mathbf{A}^k$ zu berechnen sind, was auch den wesentlichen Teil des Berechnungsaufwands ausmacht. Aus diesem Grund ist die Power-Methode vor allem sehr gut für Matrizen geeignet, bei denen viele Einträge gleich Null sind.

Zur Erläuterung der Funktionsweise dieses Verfahrens wird im Folgenden ein Eigenwertproblem $\mathbf{A}\mathbf{x} = \lambda\mathbf{x}$ mit einer $n \times n$-Matrix $\mathbf{A}$ betrachtet. Dabei wird angenommen, dass die n Eigenwerte von $\mathbf{A}$ ihrem Betrag nach geordnet sind und λ_1 einen echt größeren Betrag besitzt als die anderen Eigenwerte. Das heißt, es gelte

$$|\lambda_1| > |\lambda_2| \geq \cdots \geq |\lambda_n|. \qquad (10.20)$$

O. Perron

Eine hinreichende, aber nicht notwendige Bedingung hierfür liefert zum Beispiel der nach den beiden deutschen Mathematikern *Oskar Perron* (1880–1975) und *Ferdinand Georg Frobenius* (1849–1917) benannte **Satz von Perron-Frobenius**. Dieser Satz besagt unter anderem, dass die Bedingung (10.20) für alle $n \times n$-Matrizen $\mathbf{A} = (a_{ij})_{n,n}$ mit ausschließlich positiven Einträgen a_{ij} erfüllt ist (siehe z. B. Gantmacher [19], Seite 398).

Ferner wird angenommen, dass die Menge $\{\mathbf{x}_1, \ldots, \mathbf{x}_n\}$ der Eigenvektoren zu den n Eigenwerten $\lambda_1, \ldots, \lambda_n$ linear unabhängig ist und damit eine Basis des $\mathbb{R}^n$ bildet. Die Durchführung der Power-Methode besteht nun darin, dass ausgehend von einem **Startvektor** $\mathbf{x}^{(0)} \in \mathbb{R}^n$ durch sukzessive Anwendung der Matrix $\mathbf{A}$ mit

$$\mathbf{x}^{(k)} := \mathbf{A}\mathbf{x}^{(k-1)} = \mathbf{A}^k \mathbf{x}^{(0)} \qquad (10.21)$$

weitere Vektoren berechnet werden. Bei „geeigneter" Wahl des Startvektors $\mathbf{x}^{(0)}$ nähern sich dann die Vektoren $\mathbf{x}^{(1)}, \mathbf{x}^{(2)}, \mathbf{x}^{(3)}, \ldots$ einem Eigenvektor $\mathbf{x}$ der Matrix $\mathbf{A}$ zum Eigenwert λ_1 beliebig nahe an. Das heißt, für ein hinreichend großes m gilt

$$\mathbf{A}\mathbf{x}^{(m)} \approx \lambda_1 \mathbf{x}^{(m)}. \qquad (10.22)$$

Um dies einzusehen, wird der Startvektor $\mathbf{x}^{(0)}$ als Linearkombination

$$\mathbf{x}^{(0)} = \mu_1 \mathbf{x}_1 + \mu_2 \mathbf{x}_2 + \ldots + \mu_n \mathbf{x}_n \qquad (10.23)$$

der Eigenvektoren $\mathbf{x}_1, \ldots, \mathbf{x}_n$ dargestellt. Dabei wird angenommen, dass der Startvektor $\mathbf{x}^{(0)}$ so gewählt ist, dass für den ersten Koeffizienten $\mu_1 \neq 0$ gilt. Häufig wird $\mathbf{x}^{(0)} = (1, 0, \ldots, 0)^T$ oder $\mathbf{x}^{(0)} = (1, 1, \ldots, 1)^T$ gewählt und man vertraut dann einfach darauf, dass μ_1 ungleich Null ist. Anschließend berechnet man aus (10.23) die Näherungsvektoren $\mathbf{x}^{(1)}, \mathbf{x}^{(2)}, \mathbf{x}^{(3)}, \ldots$ durch sukzessive Anwendung der Matrix $\mathbf{A}$:

$$\begin{aligned}
\mathbf{x}^{(1)} &= \mathbf{A}\mathbf{x}^{(0)} = \mathbf{A}(\mu_1 \mathbf{x}_1 + \ldots + \mu_n \mathbf{x}_n) \\
&= \mu_1 \lambda_1 \mathbf{x}_1 + \ldots + \mu_n \lambda_n \mathbf{x}_n \\
\mathbf{x}^{(2)} &= \mathbf{A}\mathbf{x}^{(1)} = \mathbf{A}(\mu_1 \lambda_1 \mathbf{x}_1 + \ldots + \mu_n \lambda_n \mathbf{x}_n) \\
&= \mu_1 \lambda_1^2 \mathbf{x}_1 + \ldots + \mu_n \lambda_n^2 \mathbf{x}_n \\
&\vdots \\
\mathbf{x}^{(m)} &= \mathbf{A}\mathbf{x}^{(m-1)} = \mathbf{A}(\mu_1 \lambda_1^{m-1} \mathbf{x}_1 + \ldots + \mu_n \lambda_n^{m-1} \mathbf{x}_n) \\
&= \mu_1 \lambda_1^m \mathbf{x}_1 + \ldots + \mu_n \lambda_n^m \mathbf{x}_n
\end{aligned}$$

Aus der letzten Gleichung folgt

$$\frac{1}{\lambda_1^m}\mathbf{x}^{(m)} = \mu_1 \mathbf{x}_1 + \mu_2 \left(\frac{\lambda_2}{\lambda_1}\right)^m \mathbf{x}_2 + \ldots + \mu_n \left(\frac{\lambda_n}{\lambda_1}\right)^m \mathbf{x}_n$$

und, da λ_1 der betragsmäßig größte Eigenwert ist, dominiert für hinreichend große m der erste Summand und es gilt

$$\frac{1}{\lambda_1^m}\mathbf{x}^{(m)} \approx \mu_1 \mathbf{x}_1.$$

Das heißt, man erhält

$$\mathbf{A}\mathbf{x}^{(m)} = \mathbf{x}^{(m+1)} \approx \lambda_1^{m+1} \mu_1 \mathbf{x}_1 \approx \lambda_1 \mathbf{x}^{(m)}$$

und damit (10.22).

Für den Erfolg der Power-Methode ist es wichtig, dass man einen Startvektor $\mathbf{x}^{(0)}$ mit $\mu_1 \neq 0$ wählt. Da man jedoch in der Praxis den Eigenvektor $\mathbf{x}_1$ nicht kennt, muss man es dem Zufall überlassen, ob für den gewählten Startvektor tatsächlich $\mu_1 \neq 0$ gilt. Dies ist jedoch nicht so problematisch, wie es zuerst erscheinen mag. Denn durch die bei den meisten Rechnungen auftretenden Rundungsfehler ergibt sich dies in der Praxis meistens von selbst.

Das folgende Beispiel skizziert die große Leistungsfähigkeit der Power-Methode am Beispiel des PageRank-Algorithmus von Google, bei dem ein Eigenvektor einer Matrix mit sage und schreibe 30 Milliarden Zeilen und Spalten (!!!) zu berechnen ist.

Beispiel 10.12 (Der $25.000.000.000 Eigenvektor von Google)

Im Jahre 1998 gründeten die beiden PhD-Studenten *Larry Page* (*1973) und *Sergey Brin* (*1973) der Standford University die Internetfirma **Google Inc.** *Page* und *Brin* entwickelten für ihre Suchmaschine mit dem **PageRank-Algorithmus** ein sehr leistungsfähiges Verfahren, das mit dem sogenannten **PageRank** einen Wert errechnet, der die Relevanz einer Webseite bezüglich des eingegebenen Suchbegriffs ausdrückt. Google war damit in der Lage, die bei einer Suchanfrage gefundenen Webseiten entsprechend ihrer Relevanz nacheinander anzuordnen, während es bei der Konkurrenz durchaus möglich war, dass die besten Treffer zu einer Suchanfrage erst nach einigen hundert oder gar tausend anderen Seiten aufgelistet wurden. Vor allem aufgrund dieser Eigenschaft entwickelte sich Google schnell zu der mit Abstand populärsten Internetsuchmaschine, so dass Google bei seinem Börsengang am 25.8.2004 bereits einen Wert von ca. $25.000.000.000 hatte und *Page* und *Brin* auf einen Schlag zu den wohlhabendsten Menschen zählten.

Der vom PageRank-Algorithmus errechnete PageRank einer Webseite ist ein Wert zwischen 0 und 1, der umso höher ist,

1. je mehr Links von anderen Webseiten auf die Seite verweisen und
2. je größer die Bedeutung (d. h. der PageRank) dieser Webseiten ist.

Mit Hilfe der ermittelten PageRanks ist Google in der Lage, bei einer Suchanfrage aus dem riesigen World Wide Web mit seinen aktuell ungefähr $n = 30$ Milliarden Webseiten (geschätzter Stand: Sommer 2012) die relevantesten Webseiten zu finden und entsprechend ihrer Relevanz der Reihe nach aufzulisten. Der PageRank-Algorithmus zur Berechnung des PageRanks basiert dabei im Wesentlichen auf den folgenden drei Annahmen:

a) Die Bedeutung einer Webseite P_j ist durch ihren PageRank w_j gegeben.

b) Eine Webseite P_j enthält $l_j \in \mathbb{N}$ Links zu anderen Webseiten.

c) Die Menge aller Webseiten, die einen Link zur Webseite P_i enthalten, ist durch B_i gegeben.

Enthält nun eine Webseite P_j einen Link zu einer anderen Seite P_i, dann übergibt sie den **PageRank-Anteil**

$$\frac{w_j}{l_j}$$

an P_i und der gesamte PageRank w_i von P_i ergibt sich als Summe der PageRank-Anteile aller Webseiten, die auf P_i verlinken:

$$w_i = \sum_{P_j \in B_i} \frac{w_j}{l_j} \qquad (10.24)$$

Auf diese Weise entsteht für jede der derzeit ungefähr 30 Milliarden Webseiten des World Wide Web eine lineare Gleichung der Form (10.24) und alle linearen Gleichungen zusammen ergeben ein quadratisches lineares Gleichungssystem der Ordnung $n \times n$ mit $n = 30$ Milliarden. Zur Berechnung der 30 Milliarden unbekannten PageRanks $\mathbf{w} := (w_1, w_2, \ldots, w_n)^T$ wird die sogenannte **Hyperlink-Matrix** $\mathbf{H} = (h_{ij})_{n,n}$ mit den Einträgen

$$h_{ij} := \begin{cases} \frac{1}{l_j} & \text{falls } P_j \in B_i \\ 0 & \text{sonst} \end{cases}$$

eingeführt. Die Hyperlink-Matrix $\mathbf{H}$ ist ebenfalls von der gewaltigen Ordnung $n \times n$ und jede Zeile und jede Spalte gehört zu genau einer Webseite. Genauer gilt: Die j-te Spalte von $\mathbf{H}$ enthält die PageRank-Anteile $\frac{1}{l_j}$, die von der Webseite P_j an die anderen Webseiten übergeben werden. Die Einträge von $\mathbf{H}$ sind somit alle nichtnegativ und die Summe der Werte in einer Spalte ist gleich 1. Das heißt, die Hyperlink-Matrix $\mathbf{H}$ gehört zur Klasse der stochastischen Matrizen, die auch in vielen anderen Anwendungen eine wichtige Rolle spielen (siehe auch Beispiel 8.32b)). Mit Hilfe der Hyperlink-Matrix $\mathbf{H}$ und dem Vektor $\mathbf{w}$ lassen sich die 30 Milliarden linearen Gleichungen (10.24) als Eigenwertproblem

$$\mathbf{H}\mathbf{w} = \mathbf{w} \qquad (10.25)$$

formulieren. Das Problem der Berechnung der PageRanks für die 30 Milliarden Webseiten ist somit äquivalent zur Berechnung eines Eigenvektors der Matrix $\mathbf{H}$ zum Eigenwert $\lambda = 1$. Das heißt, es ist ein stationärer Vektor der Matrix $\mathbf{H}$ zu berechnen (vgl. Beispiel 10.3). Die Existenz des Eigenwerts $\lambda = 1$ und eines stationären Vektors folgt direkt aus der Definition der Hyperlink-Matrix $\mathbf{H}$.

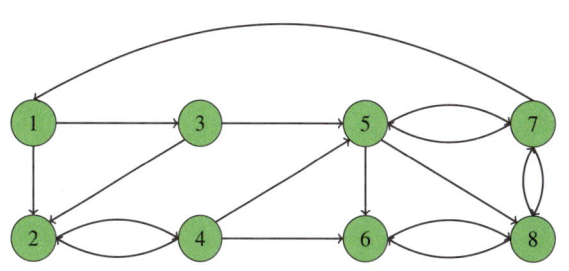

Abb. 10.1: World Wide Web bestehend aus 8 Webseiten

Zur Veranschaulichung des Vorgehens bei der Lösung des Eigenwertproblems (10.25) wird im Folgenden das in Abbildung 10.1 dargestellte vereinfachte World Wide Web bestehend aus 8 Webseiten betrachtet. Die Hyperlink-Matrix für dieses World Wide Web ist gegeben durch:

$$\mathbf{H} = \begin{pmatrix} 0 & 0 & 0 & 0 & 0 & 0 & 1/3 & 0 \\ 1/2 & 0 & 1/2 & 1/3 & 0 & 0 & 0 & 0 \\ 1/2 & 0 & 0 & 0 & 0 & 0 & 0 & 0 \\ 0 & 1 & 0 & 0 & 0 & 0 & 0 & 0 \\ 0 & 0 & 1/2 & 1/3 & 0 & 0 & 1/3 & 0 \\ 0 & 0 & 0 & 1/3 & 1/3 & 0 & 0 & 1/2 \\ 0 & 0 & 0 & 0 & 1/3 & 0 & 0 & 1/2 \\ 0 & 0 & 0 & 0 & 1/3 & 1 & 1/3 & 0 \end{pmatrix}$$
(10.26)

Mit der (auch von Google eingesetzten) Power-Methode

$$\mathbf{w}^{(k)} := \mathbf{H}\mathbf{w}^{(k-1)} \qquad (10.27)$$

und dem Startwert $\mathbf{w}^{(0)} := (1, 0, 0, 0, 0, 0, 0, 0)^T$ erhält man in den ersten 60 Iterationen für die PageRanks die folgenden Näherungswerte:

$\mathbf{w}^{(0)}$	$\mathbf{w}^{(1)}$	$\mathbf{w}^{(2)}$	$\mathbf{w}^{(3)}$	$\mathbf{w}^{(4)}$	...	$\mathbf{w}^{(60)}$
1	0	0	0	0,0278	...	0,06
0	0,5	0,25	0,1667	0,0833	...	0,0675
0	0,5	0	0	0	...	0,03
0	0	0,5	0,25	0,1667	...	0,0675
0	0	0,25	0,1667	0,1111	...	0,0975
0	0	0	0,25	0,1806	...	0,2025
0	0	0	0,0833	0,0972	...	0,18
0	0	0	0,0833	0,3333	...	0,295

Nach 60 Iterationen erhält man somit den folgenden stationären Vektor **w** mit den Werten für die acht PageRanks $w_1, \ldots, w_8$:

$$\mathbf{w} = \begin{pmatrix} 0{,}0600 \\ 0{,}0675 \\ 0{,}0300 \\ 0{,}0675 \\ 0{,}0975 \\ 0{,}2025 \\ 0{,}1800 \\ 0{,}2950 \end{pmatrix}$$

Das heißt, in diesem Beispiel ist die achte Webseite P_8 mit einem PageRank von $w_8 = 0{,}2950$ die bedeutendste Webseite.

Da eine Webseite im echten World Wide Web im Durchschnitt nur zehn Links zu anderen Webseiten aufweist, sind pro Spalte der Hyperlink-Matrix **H** durchschnittlich nur etwa zehn Einträge von null verschieden. Google benötigt daher für die Berechnung des stationären Vektors **w** mit Hilfe der Power-Methode trotz der enormen Größenordnung von **H** nur wenige Tage, so dass Google diese Berechnung problemlos einmal pro Monat durchführen kann.

Die Berechnung der PageRanks ist hier etwas vereinfacht dargestellt worden. Tatsächlich wird das vorgestellte Verfahren auf eine etwas modifizierte Hyperlink-Matrix $\widetilde{\mathbf{H}}$ angewendet, so dass auch sichergestellt ist, dass die Voraussetzung (10.20) für die Konvergenz der Power-Methode gegen den stationären Vektor **w** erfüllt ist. Darüber hinaus werden von Google mittlerweile neben dem PageRank noch weitere Kriterien in die Sortierung von Webseiten miteinbezogen. Solche weiteren Faktoren sind zum Beispiel das Auftreten der Suchbegriffe im Dokumententitel oder in Überschriften, der Standort des Benutzers, die ausgewählte Sprache, personalisierte Informationen aus Webprotokollen usw. Google gibt an, dass insgesamt mehr als 200 Faktoren in die Sortierung von Webseiten einfließen. Viele Unternehmen haben jedoch ein starkes Interesse daran, im Ergebnis zu bestimmten Suchanfragen möglichst weit oben aufgeführt zu werden. Sie versuchen daher mit Hilfe von Methoden der Suchmaschinenoptimierung ihre Webseiten so zu gestalten, dass sie einen möglichst hohen PageRank erhalten und sie auch bei den anderen von Google verwendeten Kriterien gut abschneiden. Aus diesem Grund ist es nicht verwunderlich, dass mittlerweile eine ganze Branche entstanden ist, die sich mit der Optimierung von Suchmaschinen und Webseiten beschäftigt (siehe hierzu z. B. *Langville-Meyer* [40]).

10.3 Ähnliche Matrizen

Für viele Anwendungen der Matrizentheorie ist es hilfreich, wenn die betrachtete quadratische Matrix **A** zu einer Matrix mit einer besonders einfachen Struktur, wie z. B. einer Diagonal- oder Dreiecksmatrix, „ähnlich" ist. Der Begriff der **Ähnlichkeit** für zwei $n \times n$-Matrizen **A** und **B** ist dabei wie folgt definiert:

> **Definition 10.13** (Ähnlichkeit zweier quadratischer Matrizen)
>
> *Zwei $n \times n$-Matrizen **A** und **B** heißen ähnlich, wenn eine invertierbare $n \times n$-Matrix **T** existiert mit der Eigenschaft*
> $$\mathbf{B} = \mathbf{T}^{-1} \mathbf{A} \mathbf{T}. \qquad (10.28)$$

Die Definition 10.13 für die Ähnlichkeit zweier $n \times n$-Matrizen ist eine Äquivalenzrelation auf der Menge aller $n \times n$ Matrizen (vgl. Definition 6.11). Denn es gilt:

a) Reflexivität: Eine $n \times n$ Matrix **A** ist gemäß Definition 10.13 zu sich selbst ähnlich. Denn mit der $n \times n$-Einheitsmatrix **E** für die Matrix **T** ist die Bedingung (10.28) erfüllt.

b) Symmetrie: Sind **A** und **B** ähnlich gemäß Definition 10.13, dann existiert eine invertierbare $n \times n$ Matrix **T**, so dass $\mathbf{B} = \mathbf{T}^{-1}\mathbf{A}\mathbf{T}$ gilt. Mit $\mathbf{S} := \mathbf{T}^{-1}$ folgt somit $\mathbf{A} = \mathbf{T}\mathbf{B}\mathbf{T}^{-1} = \mathbf{S}^{-1}\mathbf{B}\mathbf{S}$. Das heißt, **B** und **A** sind ähnlich.

c) Transitivität: Sind **A** und **B** sowie **B** und **C** gemäß Definition 10.13 ähnlich, dann existieren zwei invertierbare $n \times n$-Matrizen $\mathbf{T}_1, \mathbf{T}_2$ mit $\mathbf{B} = \mathbf{T}_1^{-1}\mathbf{A}\mathbf{T}_1$ und $\mathbf{C} = \mathbf{T}_2^{-1}\mathbf{B}\mathbf{T}_2$. Für $\mathbf{T} := \mathbf{T}_1 \mathbf{T}_2$ gilt somit
$$\mathbf{C} = \mathbf{T}_2^{-1} \mathbf{B} \mathbf{T}_2 = \mathbf{T}_2^{-1} (\mathbf{T}_1^{-1} \mathbf{A} \mathbf{T}_1) \mathbf{T}_2$$
$$= (\mathbf{T}_2^{-1} \mathbf{T}_1^{-1}) \mathbf{A} (\mathbf{T}_1 \mathbf{T}_2) = \mathbf{T}^{-1} \mathbf{A} \mathbf{T}.$$
Das heißt, **A** und **C** sind ähnlich.

Alle zueinander ähnlichen $n \times n$-Matrizen bilden eine Äquivalenzklasse und alle Äquivalenzklassen zusammen stellen eine Zerlegung der Menge aller $n \times n$-Matrizen dar.

Ähnliche Matrizen haben die folgenden gemeinsamen Eigenschaften:

> **Satz 10.14** (Gemeinsame Eigenschaften ähnlicher Matrizen)
>
> Es seien $\mathbf{A}$ und $\mathbf{B}$ zwei ähnliche $n \times n$-Matrizen. Dann gilt:
> a) $p_\mathbf{A}(\lambda) = p_\mathbf{B}(\lambda)$
> b) $\det(\mathbf{A}) = \det(\mathbf{B})$
> c) $\operatorname{spur}(\mathbf{A}) = \operatorname{spur}(\mathbf{B})$
> d) $\mathbf{A}$ und $\mathbf{B}$ haben die gleichen Eigenwerte.
> e) $\mathbf{A}$ invertierbar $\iff$ $\mathbf{B}$ invertierbar
> f) $\operatorname{rang}(\mathbf{A}) = \operatorname{rang}(\mathbf{B})$

Beweis: Zu a): Mit Satz 8.68 und Folgerung 8.70b) erhält man

$$\begin{aligned}
p_\mathbf{B}(\lambda) &= \det(\mathbf{B} - \lambda \mathbf{E}) \\
&= \det\left(\mathbf{T}^{-1} \mathbf{A} \mathbf{T} - \lambda \mathbf{T}^{-1} \mathbf{T}\right) \\
&= \det\left(\mathbf{T}^{-1} (\mathbf{A} - \lambda \mathbf{E}) \mathbf{T}\right) \\
&= \det\left(\mathbf{T}^{-1}\right) \det(\mathbf{A} - \lambda \mathbf{E}) \det(\mathbf{T}) \\
&= \det(\mathbf{A} - \lambda \mathbf{E}) = p_\mathbf{A}(\lambda).
\end{aligned}$$

Zu b) und c): Nach Aussage a) gilt $p_\mathbf{A}(\lambda) = p_\mathbf{B}(\lambda)$. Zusammen mit (10.7) impliziert dies die Behauptungen $\det(\mathbf{A}) = \det(\mathbf{B})$ und $\operatorname{spur}(\mathbf{A}) = \operatorname{spur}(\mathbf{B})$.

Zu d): Aus $p_\mathbf{A}(\lambda) = p_\mathbf{B}(\lambda)$ folgt unmittelbar, dass die Matrizen $\mathbf{A}$ und $\mathbf{B}$ die gleichen Eigenwerte besitzen.

Zu e): Nach Aussage d) besitzen $\mathbf{A}$ und $\mathbf{B}$ die gleichen Eigenwerte. Zusammen mit Satz 10.8b) folgt daraus die Behauptung.

Zu f): Es seien $\mathbf{e}_1, \ldots, \mathbf{e}_n \in \mathbb{R}^n$ die n Einheitsvektoren des $\mathbb{R}^n$. Weiter gelte $\operatorname{rang}(\mathbf{A}) = k \leq n$. Da die Matrix $\mathbf{T}$ in der Ähnlichkeitstransformation $\mathbf{B} = \mathbf{T}^{-1} \mathbf{A} \mathbf{T}$ invertierbar ist, sind die Spaltenvektoren von $\mathbf{T}$, d. h. die Vektoren $\mathbf{T}\mathbf{e}_1, \ldots, \mathbf{T}\mathbf{e}_n$, ebenfalls linear unabhängig. Weiter sind wegen $\operatorname{rang}(\mathbf{A}) = k$ von den n Vektoren $\mathbf{A}\mathbf{T}\mathbf{e}_1, \ldots, \mathbf{A}\mathbf{T}\mathbf{e}_n$ k Stück linear unabhängig. Da auch $\mathbf{T}^{-1}$ invertierbar ist, sind von den n Vektoren

$$\mathbf{T}^{-1} \mathbf{A} \mathbf{T} \mathbf{e}_1, \ldots, \mathbf{T}^{-1} \mathbf{A} \mathbf{T} \mathbf{e}_n = \mathbf{B}\mathbf{e}_1, \ldots, \mathbf{B}\mathbf{e}_n$$

ebenfalls k Stück linear unabhängig. Das heißt, es gilt $\operatorname{rang}(\mathbf{B}) = k = \operatorname{rang}(\mathbf{A})$. ∎

Bei der Betrachtung von Satz 10.14 ist zu beachten, dass aus der Übereinstimmung der Eigenwerte bei ähnlichen $n \times n$-Matrizen nicht folgt, dass ähnliche $n \times n$-Matrizen auch die gleichen Eigenvektoren besitzen. Im Allgemeinen besitzen ähnliche $n \times n$-Matrizen unterschiedliche Eigenvektoren. Wie man zeigen kann, beschreiben ähnliche $n \times n$-Matrizen die gleiche lineare Abbildung bezüglich unterschiedlicher Basen.

> **Beispiel 10.15** (Ähnlichkeit von Matrizen)
>
> Gegeben seien die drei 2×2-Matrizen
>
> $$\mathbf{A} = \begin{pmatrix} 2 & 2 \\ 2 & -1 \end{pmatrix}, \quad \mathbf{T}_1 = \begin{pmatrix} 2 & 1 \\ -2 & 1 \end{pmatrix} \quad \text{und}$$
> $$\mathbf{T}_2 = \begin{pmatrix} 2 & 4 \\ 1 & -1 \end{pmatrix}.$$
>
> Die Matrizen $\mathbf{T}_1$ und $\mathbf{T}_2$ sind invertierbar und ihre Inversen sind:
>
> $$\mathbf{T}_1^{-1} = \begin{pmatrix} \frac{1}{4} & -\frac{1}{4} \\ \frac{1}{2} & \frac{1}{2} \end{pmatrix} \quad \text{bzw.} \quad \mathbf{T}_2^{-1} = \begin{pmatrix} \frac{1}{6} & \frac{2}{3} \\ \frac{1}{6} & -\frac{1}{3} \end{pmatrix}$$
>
> Mit den Matrizen $\mathbf{T}_1$ und $\mathbf{T}_2$ erhält man die folgenden beiden zur Matrix $\mathbf{A}$ ähnlichen Matrizen:
>
> $$\begin{aligned}
> \mathbf{B}_1 &= \mathbf{T}_1^{-1} \mathbf{A} \mathbf{T}_1 = \begin{pmatrix} \frac{1}{4} & -\frac{1}{4} \\ \frac{1}{2} & \frac{1}{2} \end{pmatrix} \begin{pmatrix} 2 & 2 \\ 2 & -1 \end{pmatrix} \begin{pmatrix} 2 & 1 \\ -2 & 1 \end{pmatrix} \\
> &= \begin{pmatrix} -\frac{3}{2} & \frac{3}{4} \\ 3 & \frac{5}{2} \end{pmatrix} \\
> \mathbf{B}_2 &= \mathbf{T}_2^{-1} \mathbf{A} \mathbf{T}_2 = \begin{pmatrix} \frac{1}{6} & \frac{2}{3} \\ \frac{1}{6} & -\frac{1}{3} \end{pmatrix} \begin{pmatrix} 2 & 2 \\ 2 & -1 \end{pmatrix} \begin{pmatrix} 2 & 4 \\ 1 & -1 \end{pmatrix} \\
> &= \begin{pmatrix} 3 & 7 \\ 0 & -2 \end{pmatrix}
> \end{aligned}$$
>
> Die Matrizen $\mathbf{A}$, $\mathbf{B}_1$ und $\mathbf{B}_2$ haben das gleiche charakteristische Polynom, die gleiche Determinante, die gleiche Spur, die gleichen Eigenwerte und den gleichen Rang.

10.4 Diagonalisierbarkeit

Von besonders großer Bedeutung sind $n \times n$-Matrizen $\mathbf{A}$, die zu einer Diagonalmatrix ähnlich sind. Man spricht dann davon, dass die Matrix $\mathbf{A}$ **diagonalisierbar** ist:

Kapitel 10 — Eigenwerttheorie und Quadratische Formen

Definition 10.16 (Diagonalisierbarkeit)

Eine $n \times n$-Matrix $\mathbf{A}$ heißt diagonalisierbar, wenn sie zu einer $n \times n$-Diagonalmatrix $\mathbf{D}$ ähnlich ist. Das heißt, wenn eine invertierbare $n \times n$-Matrix $\mathbf{X}$ mit der Eigenschaft

$$\mathbf{D} = \mathbf{X}^{-1}\mathbf{A}\mathbf{X} \quad bzw. \quad \mathbf{A} = \mathbf{X}\mathbf{D}\mathbf{X}^{-1} \qquad (10.29)$$

existiert. Man sagt dann, dass $\mathbf{X}$ die Matrix $\mathbf{A}$ diagonalisiert und bezeichnet $\mathbf{D}$ als die zu $\mathbf{A}$ gehörige Diagonalmatrix.

$$\mathbf{X}^{-1}\mathbf{A}\mathbf{X}$$
$$= \begin{pmatrix} 1 & 1 & 0 \\ -3 & -2 & 0 \\ -3 & -3 & 1 \end{pmatrix} \begin{pmatrix} 3 & 2 & 0 \\ -3 & -2 & 0 \\ -3 & -3 & 1 \end{pmatrix} \begin{pmatrix} -2 & -1 & 0 \\ 3 & 1 & 0 \\ 3 & 0 & 1 \end{pmatrix}$$
$$= \begin{pmatrix} 0 & 0 & 0 \\ 0 & 1 & 0 \\ 0 & 0 & 1 \end{pmatrix} = \mathbf{D}$$

Die Matrix $\mathbf{A}$ ist somit diagonalisierbar.

Ist eine $n \times n$-Matrix $\mathbf{A}$ diagonalisierbar, dann folgt mit Satz 10.14d), dass sie die gleichen Eigenwerte wie die zugehörige Diagonalmatrix $\mathbf{D}$ besitzt. Da jedoch die Eigenwerte einer Diagonalmatrix durch ihre Einträge auf der Hauptdiagonalen gegeben sind (vgl. (10.11)), bedeutet dies, dass die n Eigenwerte $\lambda_1, \ldots, \lambda_n$ von $\mathbf{A}$ mit den Einträgen auf der Hauptdiagonalen von $\mathbf{D}$ übereinstimmen.

Matrixpotenzen

In vielen Anwendungen müssen Potenzen $\mathbf{A}^k$ mit $k \in \mathbb{N}_0$ einer $n \times n$-Matrix $\mathbf{A}$ berechnet werden. Dies wurde bereits in Beispiel 8.32b) und bei der Erläuterung der Power-Methode in Abschnitt 10.2 deutlich. Diese Aufgabe vereinfacht sich erheblich, wenn die Matrix $\mathbf{A}$ diagonalisierbar ist. Denn in diesem Fall existiert eine invertierbare $n \times n$-Matrix $\mathbf{X}$, so dass $\mathbf{A} = \mathbf{X}\mathbf{D}\mathbf{X}^{-1}$ gilt, und man erhält damit für die k-te Potenz

$$\mathbf{A}^k = \underbrace{(\mathbf{X}\mathbf{D}\mathbf{X}^{-1}) \cdot \ldots \cdot (\mathbf{X}\mathbf{D}\mathbf{X}^{-1})}_{k\text{-mal}} = \mathbf{X}\mathbf{D}^k\mathbf{X}^{-1} \qquad (10.30)$$

mit

$$\mathbf{D}^k = \begin{pmatrix} \lambda_1^k & \cdots & 0 \\ \vdots & \ddots & \vdots \\ 0 & \cdots & \lambda_n^k \end{pmatrix}, \qquad (10.31)$$

Beispiel 10.17 (Diagonalisierbarkeit)

Betrachtet wird die 3×3-Matrix

$$\mathbf{A} = \begin{pmatrix} 3 & 2 & 0 \\ -3 & -2 & 0 \\ -3 & -3 & 1 \end{pmatrix}.$$

Mit Hilfe der Regel von Sarrus erhält man das charakteristische Polynom

$$p_\mathbf{A}(\lambda) = \det \begin{pmatrix} 3-\lambda & 2 & 0 \\ -3 & -2-\lambda & 0 \\ -3 & -3 & 1-\lambda \end{pmatrix}$$
$$= (3-\lambda)(-2-\lambda)(1-\lambda) + 6(1-\lambda)$$
$$= -\lambda(\lambda-1)^2.$$

Das heißt, die Eigenwerte von $\mathbf{A}$ sind $\lambda_1 = 0$ und $\lambda_{2,3} = 1$ (zweifacher Eigenwert). Ferner ist die 3×3-Matrix

$$\mathbf{X} = \begin{pmatrix} -2 & -1 & 0 \\ 3 & 1 & 0 \\ 3 & 0 & 1 \end{pmatrix}$$

invertierbar und sie diagonalisiert $\mathbf{A}$:

wobei $\lambda_1, \ldots, \lambda_n$ die n Eigenwerte von $\mathbf{A}$ sind. Ist also eine diagonalisierende Matrix $\mathbf{X}$ bekannt, dann kann durch dieses Vorgehen jede Matrixpotenz $\mathbf{A}^k$ mit $k \in \mathbb{N}_0$ leicht berechnet werden. Zum Beispiel muss zur Berechnung von $\mathbf{A}^{1000}$ lediglich in der Diagonalmatrix (10.31) der Exponent k durch 1000 ersetzt werden und anschließend die resultierende Matrix von links mit $\mathbf{X}$ und von rechts mit $\mathbf{X}^{-1}$ multipliziert werden. Diese Methode ist viel effizienter als die Matrix $\mathbf{A}$ 1000-mal mit sich selbst zu multiplizieren.

Beispiel 10.18 (Matrixpotenzen)

a) Betrachtet wird die 3×3-Matrix $\mathbf{A}$ aus Beispiel 10.17. Da für die zugehörige Diagonalmatrix $\mathbf{D} = \mathbf{D}^k$ für alle $k \in \mathbb{N}$ gilt, erhält man

$$\mathbf{A}^k = \begin{pmatrix} -2 & -1 & 0 \\ 3 & 1 & 0 \\ 3 & 0 & 1 \end{pmatrix} \begin{pmatrix} 0 & 0 & 0 \\ 0 & 1 & 0 \\ 0 & 0 & 1 \end{pmatrix} \begin{pmatrix} 1 & 1 & 0 \\ -3 & -2 & 0 \\ -3 & -3 & 1 \end{pmatrix}$$
$$= \mathbf{A}$$

für alle $k \in \mathbb{N}$.

b) Zu berechnen sei $\mathbf{A}^{13}$ für die 3×3-Matrix

$$\mathbf{A} = \begin{pmatrix} 0 & 0 & -2 \\ 1 & 2 & 1 \\ 1 & 0 & 3 \end{pmatrix}.$$

Diese Matrix besitzt die Eigenwerte $\lambda_{1,2} = 2$ (zweifacher Eigenwert) und $\lambda_3 = 1$ und wird durch die 3×3-Matrix

$$\mathbf{X} = \begin{pmatrix} -1 & 0 & -2 \\ 0 & 1 & 1 \\ 1 & 0 & 1 \end{pmatrix}$$

diagonalisiert. Man erhält somit

$$\mathbf{A}^{13} = \mathbf{X} \mathbf{D}^{13} \mathbf{X}^{-1}$$
$$= \begin{pmatrix} -1 & 0 & -2 \\ 0 & 1 & 1 \\ 1 & 0 & 1 \end{pmatrix} \begin{pmatrix} 2^{13} & 0 & 0 \\ 0 & 2^{13} & 0 \\ 0 & 0 & 1^{13} \end{pmatrix}$$
$$\cdot \begin{pmatrix} 1 & 0 & 2 \\ 1 & 1 & 1 \\ -1 & 0 & -1 \end{pmatrix}$$
$$= \begin{pmatrix} -8190 & 0 & -16382 \\ 8191 & 8192 & 8191 \\ 8191 & 0 & 16383 \end{pmatrix}.$$

Für eine diagonalisierbare Matrix $\mathbf{A}$ mit der Diagonalmatrix $\mathbf{D}$ und den Eigenwerten $\lambda_1, \ldots, \lambda_n$ kann die Matrixpotenz (10.30) auf nichtnegative reelle Exponenten r verallgemeinert werden. In diesem Fall definiert man

$$\mathbf{A}^r := \mathbf{X} \mathbf{D}^r \mathbf{X}^{-1} \qquad (10.32)$$

mit

$$\mathbf{D}^r := \begin{pmatrix} \lambda_1^r & \cdots & 0 \\ \vdots & \ddots & \vdots \\ 0 & \cdots & \lambda_n^r \end{pmatrix}$$

für alle $r \in \mathbb{R}_+$. Sind alle Eigenwerte von $\mathbf{A}$ ungleich Null, dann kann die Definition (10.32) sogar auf alle $r \in \mathbb{R}$ erweitert werden. Zum Beispiel gilt

$$\mathbf{A}^{1/m} = \mathbf{X} \mathbf{D}^{1/m} \mathbf{X}^{-1}$$

mit

$$\mathbf{D}^{1/m} = \begin{pmatrix} \sqrt[m]{\lambda_1} & \cdots & 0 \\ \vdots & \ddots & \vdots \\ 0 & \cdots & \sqrt[m]{\lambda_n} \end{pmatrix}.$$

Die Matrix $\mathbf{A}^{1/m}$ wird als ***m*-te Wurzel** der Matrix $\mathbf{A}$ bezeichnet. Denn es gilt

$$\left(\mathbf{A}^{1/m}\right)^m = \underbrace{(\mathbf{X}\mathbf{D}^{1/m}\mathbf{X}^{-1}) \cdot \ldots \cdot (\mathbf{X}\mathbf{D}^{1/m}\mathbf{X}^{-1})}_{m\text{-mal}} = \mathbf{X}\mathbf{D}\mathbf{X}^{-1} = \mathbf{A}.$$

(10.33)

Das folgende Beispiel gibt einen ersten Einblick, in welchem Zusammenhang Potenzen und Wurzeln von Matrizen im Risikomanagement benötigt werden:

Beispiel 10.19 (Rating)

Bei der Messung des **Kreditrisikos** wird der Verlust quantifiziert, der durch eine Bonitätsveränderung von Schuldnern verursacht wird. Eines der bekanntesten Modelle zur Messung des Kreditrisikos ist **CreditMetrics**, das 1997 von *J. P. Morgan* vorgeschlagen wurde. Es basiert auf einer Untersuchung der Wahrscheinlichkeit, dass sich das Rating, also die Einschätzung der Bonität, eines Unternehmens innerhalb eines Jahres ändert. Diese Analyse erfolgt mit Hilfe von sogenannten **1-Jahres-Rating-Migrationsmatrizen**. Sie geben die prozentuale Wahrscheinlichkeit der Bewegung einer Anleihe von einer Rating-Kategorie in eine andere innerhalb eines Jahres an. In der untenstehenden 1-Jahres-Rating-Migrationsmatrix $\mathbf{A}$ hat zum Beispiel eine Anleihe, die zu Beginn des Jahres ein Aaa-Rating besitzt, mit einer Wahrscheinlichkeit von 91,37% am Ende des Jahres immer noch ein Aaa-Rating. Dagegen sinkt das Rating der Anleihe mit einer Wahrscheinlichkeit von 0,02% auf Ba und die Wahrscheinlichkeit eines Ausfalls beträgt 0% usw.

Anfangs-rating	Rating am Jahresende							
	Aaa	Aa	A	Baa	Ba	B	Caa	Ca-C	Ausfall
Aaa	91,37%	7,59%	0,85%	0,17%	0,02%	0,00%	0,00%	0,00%	0,00%
Aa	1,29%	90,84%	6,85%	0,73%	0,19%	0,04%	0,00%	0,00%	0,07%
A	0,09%	3,10%	90,23%	5,62%	0,74%	0,11%	0,02%	0,01%	0,08%
Baa	0,05%	0,34%	4,94%	87,79%	5,54%	0,84%	0,17%	0,02%	0,32%
Ba	0,01%	0,09%	0,54%	6,62%	82,76%	7,80%	0,63%	0,06%	1,49%
B	0,01%	0,06%	0,20%	0,73%	7,10%	81,24%	5,64%	0,57%	4,45%
Caa	0,00%	0,03%	0,04%	0,24%	1,04%	9,59%	71,50%	3,97%	13,58%
Ca-C	0,00%	0,00%	0,14%	0,00%	0,55%	3,76%	8,41%	64,19%	22,96%
Ausfall	0,00%	0,00%	0,00%	0,00%	0,00%	0,00%	0,00%	0,00%	0,00%

Interessiert man sich nun für Änderungen im Kreditrating in k Jahren, dann erhält man die zugehörige Rating-Migrationsmatrix durch Berechnung von $\mathbf{A}^k$. Die Rating-Migrationsmatrix für kürzere Zeiträume als ein Jahr, z. B. für ein Vierteljahr, erhält man durch Ermittlung der vierten Wurzel $\mathbf{A}^{1/4}$.

Diagonalisierbarkeitskriterien

Der folgende Satz gibt Auskunft darüber, wann eine $n \times n$-Matrix $\mathbf{A}$ diagonalisierbar ist:

Satz 10.20 (Diagonalisierbarkeitskriterien)

Es sei $\mathbf{A}$ eine $n \times n$-Matrix. Dann gilt:

a) Die Matrix $\mathbf{A}$ ist genau dann diagonalisierbar, wenn sie n linear unabhängige Eigenvektoren $\mathbf{x}_1, \ldots, \mathbf{x}_n$ besitzt. Für die $n \times n$-Matrix $\mathbf{X} := (\mathbf{x}_1, \ldots, \mathbf{x}_n)$ gilt dann $\mathbf{D} = \mathbf{X}^{-1} \mathbf{A} \mathbf{X}$.

b) Sind die n Eigenwerte von $\mathbf{A}$ verschieden, dann ist sie diagonalisierbar.

c) Die Matrix $\mathbf{A}$ ist genau dann symmetrisch, wenn sie n normierte orthogonale Eigenvektoren $\mathbf{x}_1, \ldots, \mathbf{x}_n$ besitzt. Die $n \times n$-Matrix $\mathbf{X} := (\mathbf{x}_1, \ldots, \mathbf{x}_n)$ ist dann orthogonal und es gilt $\mathbf{D} = \mathbf{X}^T \mathbf{A} \mathbf{X}$.

Beweis: Zu a): Die Matrix $\mathbf{A}$ sei diagonalisierbar. Dann gibt es gemäß Definition 10.16 eine invertierbare $n \times n$-Matrix $\mathbf{X} = (x_{ij})_{n,n}$, so dass $\mathbf{X}^{-1} \mathbf{A} \mathbf{X}$ eine Diagonalmatrix $\mathbf{D}$ ist mit den Eigenwerten $\lambda_1, \ldots, \lambda_n$ von $\mathbf{A}$ auf der Hauptdiagonalen. Aus $\mathbf{X}^{-1} \mathbf{A} \mathbf{X} = \mathbf{D}$ folgt $\mathbf{A} \mathbf{X} = \mathbf{X} \mathbf{D}$. Es gilt somit

$$\mathbf{A}\mathbf{X} = \begin{pmatrix} x_{11} & \cdots & x_{1n} \\ \vdots & \ddots & \vdots \\ x_{n1} & \cdots & x_{nn} \end{pmatrix} \begin{pmatrix} \lambda_1 & \cdots & 0 \\ \vdots & \ddots & \vdots \\ 0 & \cdots & \lambda_n \end{pmatrix}$$

$$= \begin{pmatrix} \lambda_1 x_{11} & \cdots & \lambda_n x_{1n} \\ \vdots & \ddots & \vdots \\ \lambda_1 x_{n1} & \cdots & \lambda_n x_{nn} \end{pmatrix} = (\lambda_1 \mathbf{x}_1, \ldots, \lambda_n \mathbf{x}_n),$$

wobei $\mathbf{x}_1, \ldots, \mathbf{x}_n$ die n Spaltenvektoren von $\mathbf{X}$ bezeichnen. Das heißt, durch $\lambda_1 \mathbf{x}_1, \ldots, \lambda_n \mathbf{x}_n$ sind die n Spaltenvektoren von $\mathbf{A} \mathbf{X}$ gegeben. Aber nach (8.25) sind $\mathbf{A} \mathbf{x}_1, \ldots, \mathbf{A} \mathbf{x}_n$ die n Spaltenvektoren von $\mathbf{A} \mathbf{X}$. Folglich muss

$$\mathbf{A} \mathbf{x}_i = \lambda_i \mathbf{x}_i \quad \text{für } i = 1, \ldots, n \qquad (10.34)$$

gelten. Da die Matrix $\mathbf{X}$ ferner invertierbar ist, sind ihre Spaltenvektoren $\mathbf{x}_1, \ldots, \mathbf{x}_n$ ungleich dem Nullvektor. Somit folgt aus (10.34), dass die Vektoren $\mathbf{x}_1, \ldots, \mathbf{x}_n$ Eigenvektoren von $\mathbf{A}$ zu den Eigenwerten $\lambda_1, \ldots, \lambda_n$ sind. Ferner folgt aus der Invertierbarkeit von $\mathbf{X}$, dass die Vektoren $\mathbf{x}_1, \ldots, \mathbf{x}_n$ linear unabhängig sind. Also hat die Matrix $\mathbf{A}$ n linear unabhängige Eigenvektoren.

Umgekehrt sei nun angenommen, dass die Matrix $\mathbf{A}$ n linear unabhängige Eigenvektoren $\mathbf{x}_1, \ldots, \mathbf{x}_n$ zu den Eigenwerten $\lambda_1, \ldots, \lambda_n$ besitzt. Mit der Matrix $\mathbf{X} := (\mathbf{x}_1, \ldots, \mathbf{x}_n)$ und (8.25) erhält man dann

$$\mathbf{A}\mathbf{X} = (\mathbf{A}\mathbf{x}_1, \ldots, \mathbf{A}\mathbf{x}_n) = (\lambda_1 \mathbf{x}_1, \ldots, \lambda_n \mathbf{x}_n)$$

$$= \begin{pmatrix} x_{11} & \cdots & x_{1n} \\ \vdots & \ddots & \vdots \\ x_{n1} & \cdots & x_{nn} \end{pmatrix} \begin{pmatrix} \lambda_1 & \cdots & 0 \\ \vdots & \ddots & \vdots \\ 0 & \cdots & \lambda_n \end{pmatrix} = \mathbf{X}\mathbf{D}, \quad (10.35)$$

wobei $\mathbf{D}$ die $n \times n$-Diagonalmatrix ist, auf deren Hauptdiagonalen die Eigenwerte $\lambda_1, \ldots, \lambda_n$ von $\mathbf{A}$ stehen. Da die Spaltenvektoren von $\mathbf{X}$ linear unabhängig sind, ist $\mathbf{X}$ invertierbar. Das heißt, man kann die Gleichung (10.35) umformen zu $\mathbf{X}^{-1}\mathbf{A}\mathbf{X} = \mathbf{D}$. Damit ist die Matrix $\mathbf{D}$ diagonalisierbar.

Zu b): Sind die n Eigenwerte $\lambda_1, \ldots, \lambda_n$ von $\mathbf{A}$ verschieden, dann sind die zugehörigen n Eigenvektoren $\mathbf{x}_1, \ldots, \mathbf{x}_n$ gemäß Satz 10.9c) linear unabhängig. Folglich ist $\mathbf{A}$ nach Aussage a) diagonalisierbar.

Zu c): Es sei angenommen, dass $\mathbf{A}$ n normierte orthogonale Eigenvektoren $\mathbf{x}_1, \ldots, \mathbf{x}_n$ besitzt. Da orthogonale Vektoren auch linear unabhängig sind (vgl. Satz 7.37), folgt mit Aussage a) dieses Satzes, dass $\mathbf{A}$ diagonalisierbar und die $n \times n$-Matrix $\mathbf{X} := (\mathbf{x}_1, \ldots, \mathbf{x}_n)$ mit den normierten orthogonalen Eigenvektoren als Spaltenvektoren orthogonal ist. Es gilt somit $\mathbf{X}^T\mathbf{X} = \mathbf{X}\mathbf{X}^T = \mathbf{E}$ und $\mathbf{X}^{-1} = \mathbf{X}^T$ (vgl. Definition 8.52 und (8.39)) und man erhält

$$\mathbf{A}^T = \left(\mathbf{X}\mathbf{D}\mathbf{X}^{-1}\right)^T = \left(\mathbf{X}\mathbf{D}\mathbf{X}^T\right)^T = \left(\mathbf{X}^T\right)^T \mathbf{D}^T \mathbf{X}^T$$
$$= \mathbf{X}\mathbf{D}\mathbf{X}^T = \mathbf{A}.$$

Das heißt, die Matrix $\mathbf{A}$ ist symmetrisch.

Ist umgekehrt die Matrix $\mathbf{A}$ symmetrisch und wird zusätzlich angenommen, dass ihre n Eigenwerte $\lambda_1, \ldots, \lambda_n$ verschieden sind, dann folgt mit Satz 10.9c) und Aussage a) dieses Satzes, dass $\mathbf{A}$ diagonalisierbar und die $n \times n$-Matrix $\mathbf{X} := (\mathbf{x}_1, \ldots, \mathbf{x}_n)$ mit den n normierten Eigenvektoren $\mathbf{x}_1, \ldots, \mathbf{x}_n$ als Spaltenvektoren orthogonal ist. Wegen $\mathbf{X}^{-1} = \mathbf{X}^T$ liefert dies $\mathbf{D} = \mathbf{X}^T \mathbf{A} \mathbf{X}$.

Für den Nachweis des allgemeinen Falles, d. h. wenn die n Eigenwerte $\lambda_1, \ldots, \lambda_n$ von $\mathbf{A}$ nicht notwendigerweise verschieden sind, siehe z. B. *Fischer* [16], Seite 289. ∎

Beispiel 10.21 (Diagonalisierung von Dreiecksmatrizen)

Die Eigenwerte einer Dreiecksmatrix stimmen mit den Einträgen auf der Hauptdiagonalen überein (vgl. (10.11)). Also sind die beiden Dreiecksmatrizen in Beispiel 10.7 mit jeweils verschiedenen Einträgen auf der Hauptdiagonalen nach Satz 10.20b) diagonalisierbar.

Sind die n Eigenwerte einer $n \times n$-Matrix $\mathbf{A}$ nicht alle verschieden, dann ist es möglich, dass die Matrix weniger als n linear unabhängige Eigenvektoren besitzt und damit gemäß Satz 10.20a) nicht diagonalisierbar ist (vgl. Beispiel 10.22b)). Es ist aber auch möglich, dass trotzdem n linear unabhängige Eigenvektoren existieren, $\mathbf{A}$ also diagonalisierbar ist (vgl. Beispiel 10.22c)).

Wie man zeigen kann, beschreiben eine diagonalisierbare $n \times n$-Matrix $\mathbf{A}$ und ihre Diagonalmatrix $\mathbf{D}$ die gleiche lineare Abbildung bezüglich unterschiedlicher Basen. Bei der Matrix $\mathbf{A}$ wird die lineare Abbildung bezüglich der kanonischen Basis $\mathbf{e}_1, \ldots, \mathbf{e}_n$ und bei der Diagonalmatrix $\mathbf{D}$ bezüglich der Basis bestehend aus den Eigenvektoren $\mathbf{x}_1, \ldots, \mathbf{x}_n$ von $\mathbf{A}$ beschrieben. Im Falle einer symmetrischen Matrix $\mathbf{A}$ erhält man die Inverse der diagonalisierenden Matrix $\mathbf{X}$ ganz einfach durch Transposition von $\mathbf{X}$ und $\mathbf{A} = \mathbf{X}\mathbf{D}\mathbf{X}^{-1} = \mathbf{X}\mathbf{D}\mathbf{X}^T$ wird als **Hauptachsentransformation** von $\mathbf{A}$ bezeichnet (siehe hierzu auch Satz 10.28).

Es ist zu beachten, dass die Diagonalisierbarkeit nichts mit Invertierbarkeit gemein hat. Denn die Matrix

$$\mathbf{A} = \begin{pmatrix} 0 & 0 \\ 0 & 1 \end{pmatrix}$$

ist zum Beispiel symmetrisch und damit insbesondere auch diagonalisierbar (vgl. Satz 10.20c)), sie ist aber wegen $\det(\mathbf{A}) = 0$ nicht invertierbar (vgl. Satz 8.67).

Bei der Diagonalisierung einer diagonalisierbaren $n \times n$-Matrix $\mathbf{A}$ geht man in den folgenden drei Schritten vor:

1. Schritt: Berechnung der n (nicht notwendigerweise verschiedenen) Eigenwerte $\lambda_1, \ldots, \lambda_n$ von $\mathbf{A}$ durch Ermittlung der Nullstellen des charakteristischen Polynoms $p_\mathbf{A}(\lambda)$.

2. Schritt: Bestimmung von n linear unabhängigen Eigenvektoren $\mathbf{x}_1, \ldots, \mathbf{x}_n$ zu den Eigenwerten $\lambda_1, \ldots, \lambda_n$ durch Lösen der n linearen Gleichungssysteme $(\mathbf{A} - \lambda_i \mathbf{E})\mathbf{x}_i = \mathbf{0}$ für $i = 1, \ldots, n$. Dabei bezeichnet λ_i für $i = 1, \ldots, n$ den Eigenwert zum normierten Eigenvektor $\mathbf{x}_i$. Sind die n Eigenwerte verschieden, dann ist bereits gewährleistet, dass die zugehörigen Eigenvektoren $\mathbf{x}_1, \ldots, \mathbf{x}_n$ linear unabhängig bzw. im Falle einer symmetrischen Matrix $\mathbf{A}$ die normierten Vektoren $\frac{\mathbf{x}_1}{\|\mathbf{x}_1\|}, \ldots, \frac{\mathbf{x}_n}{\|\mathbf{x}_n\|}$ sogar orthonormal sind. Falls nicht alle Eigenwerte verschieden sind, muss sichergestellt werden, dass die Eigenvektoren zum gleichen Eigenwert so gewählt werden, dass sie linear unabhängig sind. Im Falle einer symmetrischen Matrix $\mathbf{A}$ werden dann anschließend die linear unabhängigen Eigenvektoren zum gleichen Eigenwert noch mittels dem Orthonormalisierungsverfahren von Schmidt (vgl. Abschnitt 7.11) orthonormalisiert.

3. Schritt: Bildung der Matrix $\mathbf{X} = (\mathbf{x}_1, \ldots, \mathbf{x}_n)$ mit den linear unabhängigen – bzw. im Falle einer symmetrischen Matrix $\mathbf{A}$ sogar orthonormalen – Eigenvektoren $\mathbf{x}_1, \ldots, \mathbf{x}_n$ als Spaltenvektoren. Die Matrix $\mathbf{X}$ ist dann eine diagonalisierende Matrix von $\mathbf{A}$ und $\mathbf{D} = \mathbf{X}^{-1}\mathbf{A}\mathbf{X}$ – bzw. $\mathbf{D} = \mathbf{X}^T\mathbf{A}\mathbf{X}$ im Falle einer symmetrischen Matrix $\mathbf{A}$ – liefert die Diagonalmatrix mit den Eigenwerten $\lambda_1, \ldots, \lambda_n$ auf der Hauptdiagonalen.

Das konkrete Vorgehen beim Diagonalisieren einer Matrix wird im folgenden Beispiel demonstriert:

Beispiel 10.22 (Diagonalisierung von Matrizen)

a) Betrachtet wird die symmetrische 3×3-Matrix
$$\mathbf{A} = \begin{pmatrix} 1 & 0 & 1 \\ 0 & 1 & 1 \\ 1 & 1 & 2 \end{pmatrix}.$$

Gemäß Satz 10.20c) ist $\mathbf{A}$ diagonalisierbar mit orthogonaler diagonalisierender Matrix $\mathbf{X}$.

1. Schritt: Das charakteristische Polynom von $\mathbf{A}$ ist gegeben durch
$$p_{\mathbf{A}}(\lambda) = \det\begin{pmatrix} 1-\lambda & 0 & 1 \\ 0 & 1-\lambda & 1 \\ 1 & 1 & 2-\lambda \end{pmatrix}$$
$$= (1-\lambda)^2(2-\lambda) - 2(1-\lambda)$$
$$= \lambda(\lambda-3)(1-\lambda).$$

Die drei Eigenwerte von $\mathbf{A}$ sind somit gegeben durch $\lambda_1 = 0$, $\lambda_2 = 3$ und $\lambda_3 = 1$.

2. Schritt: Zur Bestimmung der Eigenvektoren $\mathbf{x}_1$, $\mathbf{x}_2$ und $\mathbf{x}_3$ zu den Eigenwerten $\lambda_1 = 0$, $\lambda_2 = 3$ und $\lambda_3 = 1$ sind die drei linearen Gleichungssysteme $\mathbf{A}\mathbf{x}_1 = \mathbf{0}$, $(\mathbf{A} - 3\mathbf{E})\mathbf{x}_2 = \mathbf{0}$ und $(\mathbf{A} - \mathbf{E})\mathbf{x}_3 = \mathbf{0}$ zu lösen. Das lineare Gleichungssystem $\mathbf{A}\mathbf{x}_1 = \mathbf{0}$ ist gegeben durch
$$\begin{aligned} x_1 + x_3 &= 0 \\ x_2 + x_3 &= 0 \\ x_1 + x_2 + 2x_3 &= 0 \end{aligned}$$

und man erhält $x_3 = -a$, $x_2 = a$ und $x_1 = a$ für ein beliebiges $a \in \mathbb{R} \setminus \{0\}$. Das heißt, $\mathbf{x}_1 = (a, a, -a)^T$ ist ein Eigenvektor von $\mathbf{A}$ zum Eigenwert $\lambda_1 = 0$. Das zweite lineare Gleichungssystem $(\mathbf{A} - 3\mathbf{E})\mathbf{x}_2 = \mathbf{0}$ bzw.
$$\begin{aligned} -2x_1 + x_3 &= 0 \\ -2x_2 + x_3 &= 0 \\ x_1 + x_2 - x_3 &= 0 \end{aligned}$$

liefert $x_3 = 2b$, $x_2 = b$ und $x_1 = b$ für ein beliebiges $b \in \mathbb{R} \setminus \{0\}$. Als Eigenvektor von $\mathbf{A}$ zum Eigenwert $\lambda_2 = 3$ erhält man somit $\mathbf{x}_2 = (b, b, 2b)^T$. Das dritte lineare Gleichungssystem $(\mathbf{A} - \mathbf{E})\mathbf{x}_3 = \mathbf{0}$ lautet ausgeschrieben
$$\begin{aligned} x_3 &= 0 \\ x_3 &= 0 \\ x_1 + x_2 + x_3 &= 0 \end{aligned}$$

und man erhält $x_3 = 0$, $x_2 = -c$ und $x_1 = c$ für ein beliebiges $c \in \mathbb{R} \setminus \{0\}$. Das heißt, der Eigenvektor zum Eigenwert $\lambda_3 = 1$ lautet somit $\mathbf{x}_3 = (c, -c, 0)^T$. Da die Matrix $\mathbf{A}$ symmetrisch ist und die drei Eigenwerte $\lambda_1, \lambda_2, \lambda_3$ verschieden sind, folgt mit Satz 10.9c), dass die drei Eigenvektoren $\mathbf{x}_1$, $\mathbf{x}_2$ und $\mathbf{x}_3$ bereits paarweise orthogonal sind. Das heißt, um die orthogonale diagonalisierende Matrix $\mathbf{X}$ bilden zu können, müssen die drei Eigenvektoren nur noch normiert werden. Für die Norm der Eigenvektoren gilt:
$$\|\mathbf{x}_1\| = \sqrt{3a^2} = \sqrt{3}|a|, \ \|\mathbf{x}_2\| = \sqrt{6b^2} = \sqrt{6}|b|$$
und $\quad \|\mathbf{x}_3\| = \sqrt{2c^2} = \sqrt{2}|c|$

Wählt man also für die drei Parameter die Werte $a = \pm\frac{1}{\sqrt{3}}$, $b = \pm\frac{1}{\sqrt{6}}$ und $c = \pm\frac{1}{\sqrt{2}}$, dann sind die Eigenvektoren $\mathbf{x}_1$, $\mathbf{x}_2$ und $\mathbf{x}_3$ normiert, d. h. sie besitzen die Länge Eins. Es gibt somit $2^3 = 8$ verschiedene Möglichkeiten, die zu einer orthogonalen diagonalisierenden Matrix $\mathbf{X} = (\mathbf{x}_1, \mathbf{x}_2, \mathbf{x}_3)$ führen. Zum Beispiel erhält man für $a = \frac{1}{\sqrt{3}}$, $b = \frac{1}{\sqrt{6}}$ und $c = \frac{1}{\sqrt{2}}$ die normierten Eigenvektoren

$$\mathbf{x}_1 = \begin{pmatrix} \frac{1}{\sqrt{3}} \\ \frac{1}{\sqrt{3}} \\ -\frac{1}{\sqrt{3}} \end{pmatrix}, \ \mathbf{x}_2 = \begin{pmatrix} \frac{1}{\sqrt{6}} \\ \frac{1}{\sqrt{6}} \\ \frac{2}{\sqrt{6}} \end{pmatrix} \ \text{und} \ \mathbf{x}_3 = \begin{pmatrix} \frac{1}{\sqrt{2}} \\ -\frac{1}{\sqrt{2}} \\ 0 \end{pmatrix}$$
(10.36)

und damit die orthogonale diagonalisierende Matrix
$$\mathbf{X} = (\mathbf{x}_1, \mathbf{x}_2, \mathbf{x}_3) = \begin{pmatrix} \frac{1}{\sqrt{3}} & \frac{1}{\sqrt{6}} & \frac{1}{\sqrt{2}} \\ \frac{1}{\sqrt{3}} & \frac{1}{\sqrt{6}} & -\frac{1}{\sqrt{2}} \\ -\frac{1}{\sqrt{3}} & \frac{2}{\sqrt{6}} & 0 \end{pmatrix}$$
(10.37)

mit der Eigenschaft
$$\mathbf{X}^T \mathbf{A} \mathbf{X} = \begin{pmatrix} 0 & 0 & 0 \\ 0 & 3 & 0 \\ 0 & 0 & 1 \end{pmatrix}.$$

b) In Beispiel 10.6b) wurde gezeigt, dass die 3×3-Matrix

$$\mathbf{A} = \begin{pmatrix} 0 & 2 & -1 \\ 2 & -1 & 1 \\ 2 & -1 & 3 \end{pmatrix}$$

nur die zwei verschiedenen Eigenwerte $\lambda_{1,2} = 2$ und $\lambda_3 = -2$ besitzt. Da ferner nur zwei linear unabhängige Eigenvektoren $\mathbf{x}_1$ und $\mathbf{x}_2$ zu diesen Eigenwerten existieren, ist die Matrix nach Satz 10.20a) nicht diagonalisierbar.

c) In Beispiel 10.6c) wurde nachgewiesen, dass die 3×3-Matrix

$$\mathbf{A} = \begin{pmatrix} 0 & 0 & -2 \\ 1 & 2 & 1 \\ 1 & 0 & 3 \end{pmatrix}$$

ebenfalls nur zwei verschiedene Eigenwerte $\lambda_1 = 1$ und $\lambda_{2,3} = 2$ besitzt, aber dennoch drei linear unabhängige Eigenvektoren

$$\mathbf{x}_1 = \begin{pmatrix} -2 \\ 1 \\ 1 \end{pmatrix}, \quad \mathbf{x}_2 = \begin{pmatrix} -1 \\ 0 \\ 1 \end{pmatrix} \quad \text{und} \quad \mathbf{x}_3 = \begin{pmatrix} 0 \\ 1 \\ 0 \end{pmatrix}$$

existieren. Die Matrix ist somit nach Satz 10.20a) diagonalisierbar und die diagonalisierende Matrix ist gegeben durch

$$\mathbf{X} = (\mathbf{x}_1, \mathbf{x}_2, \mathbf{x}_3) = \begin{pmatrix} -2 & -1 & 0 \\ 1 & 0 & 1 \\ 1 & 1 & 0 \end{pmatrix}.$$

10.5 Trigonalisierbarkeit

Im letzten Abschnitt wurde deutlich, dass eine $n \times n$-Matrix $\mathbf{A}$, deren n Eigenwerte nicht alle verschieden sind, unter Umständen nicht diagonalisierbar ist. Nach Satz 10.20a) ist dies genau dann der Fall, wenn $\mathbf{A}$ weniger als n linear unabhängige Eigenvektoren besitzt (vgl. Beispiel 10.22b)). Wenn eine Matrix $\mathbf{A}$ nicht diagonalisierbar ist, dann bedeutet dies, dass sie nicht zu einer Diagonalmatrix $\mathbf{D}$ ähnlich ist. In diesem Abschnitt wird kurz der Frage nachgegangen, ob eine nicht diagonalisierbare Matrix wenigstens zu einer Dreiecksmatrix ähnlich ist. Man spricht dann davon, dass $\mathbf{A}$ **trigonalisierbar** ist:

Definition 10.23 (Trigonalisierbarkeit)

Eine $n \times n$-Matrix $\mathbf{A}$ heißt trigonalisierbar, wenn sie zu einer $n \times n$-Dreiecksmatrix $\mathbf{D}$ ähnlich ist. Das heißt, wenn eine invertierbare $n \times n$-Matrix $\mathbf{X}$ mit der Eigenschaft

$$\mathbf{D} = \mathbf{X}^{-1} \mathbf{A} \mathbf{X} \quad bzw. \quad \mathbf{A} = \mathbf{X} \mathbf{D} \mathbf{X}^{-1} \quad (10.38)$$

existiert. Man sagt dann, dass $\mathbf{X}$ die Matrix $\mathbf{A}$ trigonalisiert und bezeichnet $\mathbf{D}$ als die zu $\mathbf{A}$ gehörende Dreiecksmatrix.

Ist eine $n \times n$-Matrix $\mathbf{A}$ trigonalisierbar, dann folgt aus Satz 10.14d), dass sie die gleichen Eigenwerte wie die zugehörige Dreiecksmatrix $\mathbf{D}$ besitzt. Dies bedeutet jedoch, dass die n Eigenwerte $\lambda_1, \ldots, \lambda_n$ von $\mathbf{A}$ mit den Einträgen auf der Hauptdiagonalen von $\mathbf{D}$ übereinstimmen (vgl. (10.11)).

Der folgende Satz besagt, dass jede $n \times n$-Matrix $\mathbf{A}$ trigonalisierbar ist. Genauer gilt, dass jede $n \times n$-Matrix $\mathbf{A}$ zu einer **Jordan-Matrix** ähnlich ist. Bei einer Jordan-Matrix handelt es sich um eine nach dem französischen Mathematiker *Camille Jordan* (1838–1922) benannte Dreiecksmatrix von der speziellen Form

C. Jordan

$$\mathbf{J} := \begin{pmatrix} \mathbf{J}_1 & \mathbf{0} & \ldots & \mathbf{0} \\ \mathbf{0} & \mathbf{J}_2 & \ldots & \mathbf{0} \\ \vdots & & \ddots & \vdots \\ \mathbf{0} & \mathbf{0} & \ldots & \mathbf{J}_k \end{pmatrix}.$$

Dabei ist $\mathbf{J}_i$ eine $n_i \times n_i$-Matrix der Gestalt

$$\mathbf{J}_i := \begin{pmatrix} \lambda_i & 1 & 0 & \ldots & 0 & 0 \\ 0 & \lambda_i & 1 & \ldots & 0 & 0 \\ \vdots & 0 & \lambda_i & \ddots & \vdots & \vdots \\ \vdots & & & \ddots & 1 & \vdots \\ 0 & 0 & 0 & \ldots & \lambda_i & 1 \\ 0 & 0 & 0 & \ldots & 0 & \lambda_i \end{pmatrix}$$

und λ_i ein Eigenwert von $\mathbf{A}$. Die Matrizen $\mathbf{J}_1, \ldots, \mathbf{J}_k$ heißen **Jordan-Kästchen** und es gilt $n_1 + \ldots + n_k = n$. Bei einer Jordan-Matrix $\mathbf{J}$ sind die Einträge auf der Diagonalen unmittelbar oberhalb der Hauptdiagonalen entweder 0 oder

1. Bei einer Diagonalmatrix der Ordnung $n \times n$ handelt es sich um eine Jordan-Matrix mit $k = n$, also mit $n_i = 1$ für alle $i = 1, \ldots, k$.

> **Satz 10.24** (Trigonalisierbarkeit)
>
> Zu jeder $n \times n$-Matrix $\mathbf{A}$ existiert eine invertierbare Matrix $\mathbf{X}$, so dass $\mathbf{J} = \mathbf{X}^{-1} \mathbf{A} \mathbf{X}$ gilt, wobei $\mathbf{J}$ eine Jordan-Matrix der Ordnung $n \times n$ ist.

Beweis: Siehe z. B. *Muthsam* [48], Seiten 296–297. ∎

Jede $n \times n$-Matrix $\mathbf{A}$ ist somit zu einer Jordan-Matrix ähnlich. Man sagt auch, dass $\mathbf{A}$ auf **Jordan-Normalform** transformiert werden kann. Im Falle, dass alle n Eigenwerte von $\mathbf{A}$ verschieden sind, gilt $\mathbf{J}_i = \lambda_i$ für $i = 1, \ldots, n$ und die Jordan-Matrix geht in eine Diagonalmatrix über.

Die Bestimmung der trigonalisierenden Matrix $\mathbf{X}$ erfordert oftmals einen erheblichen Rechenaufwand. Im folgenden Beispiel wird deshalb auf die explizite Berechnung von $\mathbf{X}$ verzichtet und die trigonalisierende Matrix stattdessen einfach angegeben.

> **Beispiel 10.25** (Trigonalisierbarkeit)
>
> Die 5×5-Matrix
>
> $$\mathbf{A} = \begin{pmatrix} 3 & 1 & 0 & 1 & -2 \\ 1 & 3 & -1 & 0 & 1 \\ -1 & -1 & 4 & 3 & -3 \\ 1 & 1 & -1 & 2 & 1 \\ -2 & -2 & 2 & 2 & 1 \end{pmatrix}$$
>
> besitzt den zweifachen Eigenwert 2 und den dreifachen Eigenwert 3. Mit der trigonalisierenden Matrix
>
> $$\mathbf{X} = \begin{pmatrix} -1 & 5 & 2 & 0 & -1 \\ 1 & 0 & 0 & 1 & 1 \\ 0 & 7 & 2 & 0 & 0 \\ 0 & -1 & 0 & 1 & 1 \\ 0 & 2 & 0 & 0 & 1 \end{pmatrix}$$
>
> erhält man die Jordan-Matrix
>
> $$\mathbf{J} = \mathbf{X}^{-1} \mathbf{A} \mathbf{X} = \begin{pmatrix} 2 & 0 & 0 & 0 & 0 \\ 0 & 2 & 0 & 0 & 0 \\ 0 & 0 & 3 & 1 & 0 \\ 0 & 0 & 0 & 3 & 0 \\ 0 & 0 & 0 & 0 & 3 \end{pmatrix}.$$

10.6 Quadratische Formen

In den bisherigen Ausführungen zur linearen Algebra wurden vor allem **lineare Gleichungen**

$$a_1 x_1 + a_2 x_2 + \ldots + a_n x_n = b$$

betrachtet. Die linke Seite dieser Gleichung, d. h.

$$l(x_1, \ldots, x_n) := a_1 x_1 + a_2 x_2 + \ldots + a_n x_n, \quad (10.39)$$

ist eine reellwertige Funktion $l : \mathbb{R}^n \longrightarrow \mathbb{R}$ mit den n Unbekannten $x_1, \ldots, x_n$ und wird häufig als **Linearform** bezeichnet. Linearformen weisen eine besonders einfache Struktur auf, da sie weder Produkte noch Potenzen ihrer Variablen enthalten. Im Folgenden werden nun reellwertige Funktionen mit n Variablen $x_1, \ldots, x_n$ betrachtet, deren Zuordnungsvorschrift eine Summe von Quadraten und Produkten der n Variablen $x_1, \ldots, x_n$ ist. Das heißt, es werden **nichtlineare** Abbildungen der Gestalt

$$q(x_1, \ldots, x_n) := \sum_{i=1}^{n} \sum_{j=1}^{n} a_{ij} x_i x_j \quad (10.40)$$

$$\begin{aligned} = \ & a_{11} x_1 x_1 + a_{12} x_1 x_2 + \ldots + a_{1n} x_1 x_n \\ & + a_{21} x_2 x_1 + a_{22} x_2 x_2 + \ldots + a_{2n} x_2 x_n \\ & \vdots \qquad \vdots \qquad \vdots \\ & + a_{n1} x_n x_1 + a_{n2} x_n x_2 + \ldots + a_{nn} x_n x_n \end{aligned}$$

betrachtet. Werden die n^2 Koeffizienten a_{ij} zu einer $n \times n$-Matrix $\mathbf{A} = (a_{ij})_{n,n}$ und die n Unbekannten x_i zu einem n-dimensionalen Vektor $\mathbf{x} = (x_1, \ldots, x_n)^T$ zusammengefasst, dann lässt sich der Ausdruck (10.40) auch in der äquivalenten, aber deutlich kompakteren Form

$$q(\mathbf{x}) = \mathbf{x}^T \mathbf{A} \mathbf{x}$$

$$= (x_1, \ldots, x_n) \begin{pmatrix} a_{11} & \ldots & a_{1n} \\ \vdots & \ddots & \vdots \\ a_{n1} & \ldots & a_{nn} \end{pmatrix} \begin{pmatrix} x_1 \\ \vdots \\ x_n \end{pmatrix} \quad (10.41)$$

schreiben. Reellwertige Funktionen $q : \mathbb{R}^n \longrightarrow \mathbb{R}$ mit einer Zuordnungsvorschrift der Form (10.40) bzw. (10.41) werden als **quadratische Formen** bezeichnet. Die im Folgenden angestellten Überlegungen und Resultate im Zusammenhang mit quadratischen Formen sind zum Beispiel bei der Untersuchung von Wachstums- und Schrumpfungsprozessen sowie in der Optimierungstheorie von Bedeutung.

Ohne Beschränkung der Allgemeinheit kann bei der Betrachtung von quadratischen Formen angenommen werden, dass die Matrix $\mathbf{A}$ in der Darstellung (10.41) symmetrisch ist, also $\mathbf{A} = \mathbf{A}^T$ gilt. Denn angenommen, $\mathbf{A}$ sei eine beliebige $n \times n$-Matrix, dann ist $\mathbf{B} := \frac{1}{2}(\mathbf{A} + \mathbf{A}^T)$ zum einen eine symmetrische $n \times n$-Matrix. Denn für die Einträge von $\mathbf{B}$ gilt

$$b_{ij} = \frac{1}{2}(a_{ij} + a_{ji}) = \frac{1}{2}(a_{ji} + a_{ij}) = b_{ji},$$

also auch $\mathbf{B} = \mathbf{B}^T$. Zum anderen führt die symmetrische Matrix $\mathbf{B}$ zur gleichen quadratischen Form wie $\mathbf{A}$. Denn aus $\mathbf{x}^T \mathbf{A} \mathbf{x} \in \mathbb{R}$ folgt $\mathbf{x}^T \mathbf{A} \mathbf{x} = (\mathbf{x}^T \mathbf{A} \mathbf{x})^T$ und man erhält somit

$$\begin{aligned}\mathbf{x}^T \mathbf{A} \mathbf{x} &= \mathbf{x}^T \frac{\mathbf{A} + \mathbf{A}}{2} \mathbf{x} \\ &= \frac{1}{2} \mathbf{x}^T \mathbf{A} \mathbf{x} + \frac{1}{2} \mathbf{x}^T \mathbf{A} \mathbf{x} \\ &= \frac{1}{2} \mathbf{x}^T \mathbf{A} \mathbf{x} + \frac{1}{2} (\mathbf{x}^T \mathbf{A} \mathbf{x})^T \\ &= \frac{1}{2} \mathbf{x}^T \mathbf{A} \mathbf{x} + \frac{1}{2} \mathbf{x}^T \mathbf{A}^T \mathbf{x} \\ &= \mathbf{x}^T \frac{\mathbf{A} + \mathbf{A}^T}{2} \mathbf{x} = \mathbf{x}^T \mathbf{B} \mathbf{x}.\end{aligned}$$

Folglich kann jede quadratische Form zu einer $n \times n$-Matrix $\mathbf{A}$ durch eine quadratische Form zu einer symmetrischen $n \times n$-Matrix $\mathbf{B}$ ersetzt werden (vgl. Beispiel 10.27a). Dieser Sachverhalt erlaubt es, quadratische Formen nur für symmetrische Matrizen zu definieren, was die folgenden Betrachtungen vereinfacht:

Definition 10.26 (Quadratische Form)

Es sei $\mathbf{A} = (a_{ij})_{n,n}$ eine symmetrische $n \times n$-Matrix. Dann wird die reellwertige Funktion

$$q : \mathbb{R}^n \longrightarrow \mathbb{R}, \; \mathbf{x} \mapsto q(\mathbf{x}) := \mathbf{x}^T \mathbf{A} \mathbf{x}$$
$$= \sum_{i=1}^{n} a_{ii} x_i^2 + \sum_{i=1}^{n} \sum_{\substack{j=1 \\ j \neq i}}^{n} a_{ij} x_i x_j$$

als die zu $\mathbf{A}$ gehörende quadratische Form bezeichnet. Die Summanden $a_{ii} x_i^2$ und $a_{ij} x_i x_j$ heißen quadratische bzw. gemischte Terme von q.

Die Koeffizienten a_{ii} der quadratischen Terme $a_{ii} x_i^2$ stehen auf der Hauptdiagonalen der $n \times n$-Matrix $\mathbf{A}$, und die Koeffizienten der gemischten Terme $a_{ij} x_i x_j$ sind außerhalb der Hauptdiagonalen von $\mathbf{A}$ zu finden. Da die Matrix $\mathbf{A}$ als symmetrisch vorausgesetzt wird, gilt $a_{ij} = a_{ji}$ und die beiden gemischten Terme $a_{ij} x_i x_j$ und $a_{ji} x_j x_i$ können daher zu $2 a_{ij} x_i x_j$

zusammengefasst werden. Das heißt, es gilt

$$q(\mathbf{x}) = \mathbf{x}^T \mathbf{A} \mathbf{x} = \sum_{i=1}^{n} a_{ii} x_i^2 + 2 \sum_{i=1}^{n-1} \sum_{j=i+1}^{n} a_{ij} x_i x_j$$

(vgl. Beispiel 10.27). Für eine quadratische Form q gilt offensichtlich $q(\mathbf{0}) = 0$. Solche Funktionen werden als **homogen** bezeichnet.

Beispiel 10.27 (Quadratische Formen)

a) Im Folgenden wird ein Unternehmen betrachtet, welches zwei Produkte vertreibt. Dazu bezeichnen die Variablen

x_1 den Preis für eine Einheit des Produkts A und
x_2 den Preis für eine Einheit des Produkts B

sowie die reellwertigen Funktionen

$f_1(x_1, x_2) := -2x_1 + 6x_2$ die Nachfragemenge nach Produkt A und
$f_2(x_1, x_2) := \;\;\; 8x_1 - 4x_2$ die Nachfragemenge nach Produkt B.

Dabei ist zu beachten, dass die Funktionen f_1 und f_2 nur für $\mathbf{x} = (x_1, x_2)^T \in \mathbb{R}^2$ mit $f_1(x_1, x_2) \geq 0$ und $f_2(x_1, x_2) \geq 0$ eine sinnvolle ökonomische Interpretation besitzen. Der Gesamtumsatz des Unternehmens ist somit gegeben durch die quadratische Form

$$\begin{aligned}q(x_1, x_2) &= x_1 f_1(x_1, x_2) + x_2 f_2(x_1, x_2) \\ &= -2x_1^2 + 14 x_1 x_2 - 4 x_2^2.\end{aligned}$$

Der Gesamtumsatz lässt sich auch in der Form

$$\begin{aligned}q(x_1, x_2) &= (x_1, x_2) \begin{pmatrix} f_1(x_1, x_2) \\ f_2(x_1, x_2) \end{pmatrix} \\ &= (x_1, x_2) \begin{pmatrix} -2x_1 + 6x_2 \\ 8x_1 - 4x_2 \end{pmatrix} \\ &= (x_1, x_2) \underbrace{\begin{pmatrix} -2 & 6 \\ 8 & -4 \end{pmatrix}}_{=: \mathbf{A}} \begin{pmatrix} x_1 \\ x_2 \end{pmatrix} = \mathbf{x}^T \mathbf{A} \mathbf{x}\end{aligned}$$

schreiben. Mit der symmetrischen Matrix

$$\mathbf{B} := \frac{\mathbf{A} + \mathbf{A}^T}{2} = \begin{pmatrix} -2 & 7 \\ 7 & -4 \end{pmatrix}$$

erhält man für die quadratische Form die Darstellung (vgl. Abbildung 10.2)

$$q(x_1, x_2) = \mathbf{x}^T \mathbf{B} \mathbf{x}$$
$$= (x_1, x_2) \begin{pmatrix} -2 & 7 \\ 7 & -4 \end{pmatrix} \begin{pmatrix} x_1 \\ x_2 \end{pmatrix}$$
$$= -2x_1^2 + 14x_1x_2 - 4x_2^2.$$

b) Die quadratische Form $q : \mathbb{R}^3 \longrightarrow \mathbb{R}$, $\mathbf{x} \mapsto q(\mathbf{x}) := x_1^2 + 7x_2^2 - 3x_3^2 + 4x_1x_2 - 2x_1x_3 + 6x_2x_3$ lässt sich mit Hilfe der symmetrischen 3×3-Matrix

$$\mathbf{A} = \begin{pmatrix} 1 & 2 & -1 \\ 2 & 7 & 3 \\ -1 & 3 & -3 \end{pmatrix}$$

als $q(\mathbf{x}) = \mathbf{x}^T \mathbf{A} \mathbf{x}$ schreiben. Denn es gilt

$$(x_1, x_2, x_3) \begin{pmatrix} 1 & 2 & -1 \\ 2 & 7 & 3 \\ -1 & 3 & -3 \end{pmatrix} \begin{pmatrix} x_1 \\ x_2 \\ x_3 \end{pmatrix}$$
$$= x_1^2 + 7x_2^2 - 3x_3^2 + 4x_1x_2 - 2x_1x_3 + 6x_2x_3.$$

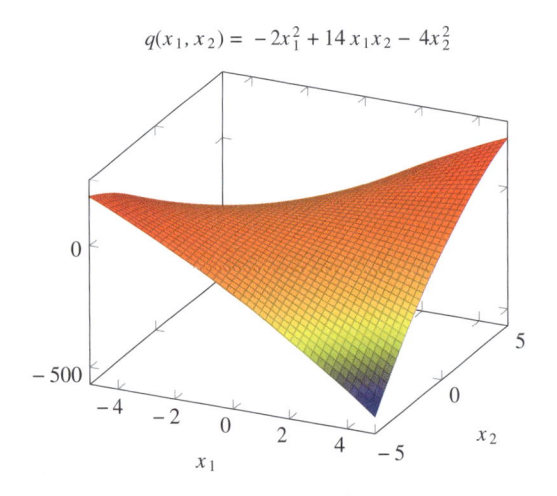

Abb. 10.2: Quadratische Form $q : \mathbb{R}^2 \longrightarrow \mathbb{R}$, $(x_1, x_2) \mapsto q(x_1, x_2) = -2x_1^2 + 14x_1x_2 - 4x_2^2$

Ist eine quadratische Form von der einfachen Gestalt

$$q(\mathbf{x}) = \mathbf{x}^T \mathbf{A} \mathbf{x} = \mu_1 x_1^2 + \ldots + \mu_n x_n^2$$

für gewisse Koeffizienten $\mu_1, \ldots, \mu_n \in \mathbb{R}$, dann sagt man, dass q in **Normalform** ist. Der folgende Satz besagt, dass jede quadratische Form durch eine orthogonale Koordinatentransformation auf Normalform gebracht werden kann und die Koeffizienten $\mu_1, \ldots, \mu_n$ durch die Eigenwerte von $\mathbf{A}$ gegeben sind:

Satz 10.28 (Hauptachsentransformation)

Es sei $\mathbf{A}$ eine symmetrische $n \times n$-Matrix mit den n reellen Eigenwerten $\lambda_1, \ldots, \lambda_n$ zu den n normierten und orthogonalen Eigenvektoren $\mathbf{x}_1, \ldots, \mathbf{x}_n \in \mathbb{R}^n$ von $\mathbf{A}$. Besitzt ein Vektor $\mathbf{x} \in \mathbb{R}^n$ bezüglich der Orthonormalbasis $\{\mathbf{x}_1, \ldots, \mathbf{x}_n\}$ den Koordinatenvektor $y = (y_1, \ldots, y_n)^T$, dann gilt für die zu $\mathbf{A}$ gehörende quadratische Form

$$q(\mathbf{x}) = \mathbf{x}^T \mathbf{A} \mathbf{x} = \sum_{i=1}^{n} \lambda_i y_i^2. \tag{10.42}$$

Beweis: Gemäß Satz 10.20c) besitzt die symmetrische $n \times n$-Matrix $\mathbf{A}$ n normierte orthogonale Eigenvektoren $\mathbf{x}_1, \ldots, \mathbf{x}_n$ zu den reellen Eigenwerten $\lambda_1, \ldots, \lambda_n$ (vgl. Satz 10.8e)) und für die orthogonale $n \times n$-Matrix $\mathbf{X} := (\mathbf{x}_1, \ldots, \mathbf{x}_n)$ gilt $\mathbf{D} = \mathbf{X}^T \mathbf{A} \mathbf{X}$ bzw. $\mathbf{A} = \mathbf{X} \mathbf{D} \mathbf{X}^T$. Dabei ist $\mathbf{D}$ die Diagonalmatrix mit den Eigenwerten $\lambda_1, \ldots, \lambda_n$ auf der Hauptdiagonalen. Für $\mathbf{y} := \mathbf{X}^T \mathbf{x}$ gilt $\mathbf{x} = \mathbf{X} \mathbf{y}$, d.h. $\mathbf{y} = (y_1, \ldots, y_n)^T$ ist der Koordinatenvektor von $\mathbf{x}$ bezüglich der Orthonormalbasis $\{\mathbf{x}_1, \ldots, \mathbf{x}_n\}$ und man erhält

$$q(\mathbf{x}) = \mathbf{x}^T \mathbf{A} \mathbf{x} = \mathbf{x}^T \mathbf{X} \mathbf{D} \mathbf{X}^T \mathbf{x} = \mathbf{y}^T \mathbf{D} \mathbf{y}$$
$$= (y_1, \ldots, y_n) \begin{pmatrix} \lambda_1 & 0 & \cdots & 0 \\ 0 & \lambda_2 & & \vdots \\ \vdots & & \ddots & 0 \\ 0 & \cdots & 0 & \lambda_n \end{pmatrix} \begin{pmatrix} y_1 \\ \vdots \\ y_n \end{pmatrix}$$
$$= \sum_{i=1}^{n} \lambda_i y_i^2. \qquad \blacksquare$$

Die durch den Ursprung $\mathbf{0}$ und die normierten orthogonalen Eigenvektoren $\mathbf{x}_1, \ldots, \mathbf{x}_n$ festgelegten Geraden werden als **Hauptachsen** der Matrix $\mathbf{A}$ bzw. der quadratischen Form $q(\mathbf{x}) = \mathbf{x}^T \mathbf{A} \mathbf{x}$ bezeichnet (vgl. Abbildung 10.3).

Beispiel 10.29 (Hauptachsentransformation)

Zur symmetrischen 3×3-Matrix

$$\mathbf{A} = \begin{pmatrix} 1 & 0 & 1 \\ 0 & 1 & 1 \\ 1 & 1 & 2 \end{pmatrix}$$

aus Beispiel 10.22a) gehört die quadratische Form

$$q(\mathbf{x}) = \mathbf{x}^T \mathbf{A} \mathbf{x} = x_1^2 + x_2^2 + 2x_3^2 + 2x_1x_3 + 2x_2x_3.$$

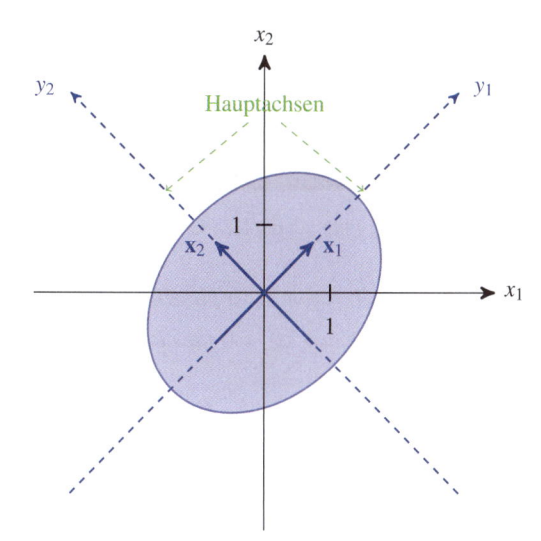

Abb. 10.3: Hauptachsentransformation im $\mathbb{R}^2$

Die Matrix $\mathbf{A}$ besitzt die drei Eigenwerte $\lambda_1 = 0$, $\lambda_2 = 3$ und $\lambda_3 = 1$ sowie die normierten und orthogonalen Eigenvektoren $\mathbf{x}_1$, $\mathbf{x}_2$ und $\mathbf{x}_3$ (vgl. (10.36)). Aus Satz 10.28 folgt somit, dass die quadratische Form die Normalform

$$q(\mathbf{x}) = 0 y_1^2 + 3 y_2^2 + y_3^2 = 3 y_2^2 + y_3^2$$

besitzt. Dabei sind $\mathbf{y} = (y_1, y_2, y_3)^T$ die Koordinaten von $\mathbf{x} = (x_1, x_2, x_3)^T$ bzgl. der Orthonormalbasis $\{\mathbf{x}_1, \mathbf{x}_2, \mathbf{x}_3\}$, und für die orthogonale Matrix $\mathbf{X} = (\mathbf{x}_1, \mathbf{x}_2, \mathbf{x}_3)$ gilt $\mathbf{y} = \mathbf{X}^T \mathbf{x}$.

10.7 Definitheitseigenschaften

In diesem Abschnitt werden für symmetrische Matrizen $\mathbf{A}$ und die zugehörigen quadratischen Formen $q(\mathbf{x}) = \mathbf{x}^T \mathbf{A} \mathbf{x}$ verschiedene **Definitheitseigenschaften** eingeführt, die in Kapitel 24 bei der Formulierung von hinreichenden Bedingungen für (lokale und globale) Extrema reellwertiger Funktionen in n Variablen eine wichtige Rolle spielen.

Man unterscheidet die folgenden Definitheitseigenschaften:

Definition 10.30 (Definitheitseigenschaften)

Eine symmetrische $n \times n$-Matrix $\mathbf{A}$ und die zugehörige quadratische Form $q(\mathbf{x}) = \mathbf{x}^T \mathbf{A} \mathbf{x}$ heißen

a) *positiv definit, wenn $\mathbf{x}^T \mathbf{A} \mathbf{x} > 0$ für alle $\mathbf{x} \in \mathbb{R}^n \setminus \{\mathbf{0}\}$,*

b) *negativ definit, wenn $\mathbf{x}^T \mathbf{A} \mathbf{x} < 0$ für alle $\mathbf{x} \in \mathbb{R}^n \setminus \{\mathbf{0}\}$,*

c) *positiv semidefinit, wenn $\mathbf{x}^T \mathbf{A} \mathbf{x} \geq 0$ für alle $\mathbf{x} \in \mathbb{R}^n$,*

d) *negativ semidefinit, wenn $\mathbf{x}^T \mathbf{A} \mathbf{x} \leq 0$ für alle $\mathbf{x} \in \mathbb{R}^n$ gilt, und*

e) *indefinit in allen anderen Fällen, also wenn $\mathbf{x}, \mathbf{y} \in \mathbb{R}^n \setminus \{\mathbf{0}\}$ mit $\mathbf{x}^T \mathbf{A} \mathbf{x} > 0$ und $\mathbf{y}^T \mathbf{A} \mathbf{y} < 0$ existieren.*

Aus dieser Definition folgt unmittelbar, dass eine positiv (negativ) definite Matrix auch positiv (negativ) semidefinit ist. Ferner gelten die folgenden Äquivalenzen:

$\mathbf{A}$ negativ definit $\iff -\mathbf{A}$ positiv definit

$\mathbf{A}$ negativ semidefinit $\iff -\mathbf{A}$ positiv semidefinit

$\mathbf{A}$ indefinit $\iff -\mathbf{A}$ indefinit

Im folgenden Beispiel wird demonstriert, wie Matrizen geringer Ordnung ohne weitere Hilfsmittel auf ihre Definitheitseigenschaften untersucht werden können:

Beispiel 10.31 (Definitheitseigenschaften symmetrischer Matrizen)

a) Zu der symmetrischen 2×2-Matrix

$$\mathbf{A} = \begin{pmatrix} 3 & -1 \\ -1 & 2 \end{pmatrix}$$

gehört die quadratische Form

$$q(\mathbf{x}) = \mathbf{x}^T \mathbf{A} \mathbf{x} = (x_1, x_2) \begin{pmatrix} 3 & -1 \\ -1 & 2 \end{pmatrix} \begin{pmatrix} x_1 \\ x_2 \end{pmatrix}$$
$$= 3 x_1^2 - 2 x_1 x_2 + 2 x_2^2$$
$$= 2 x_1^2 + (x_1 - x_2)^2 + x_2^2$$

für alle $\mathbf{x} \in \mathbb{R}^2$. Offensichtlich gilt $q(x_1, x_2) \geq 0$ für alle $\mathbf{x} \in \mathbb{R}^2$. Aus $\mathbf{x}^T \mathbf{A} \mathbf{x} = 0$ folgt ferner $x_1 = x_2 = 0$, also $\mathbf{x} = \mathbf{0}$. Es gilt somit $\mathbf{x}^T \mathbf{A} \mathbf{x} > 0$ für alle $\mathbf{x} \in \mathbb{R}^2 \setminus \{\mathbf{0}\}$. Die quadratische Form q und die symmetrische Matrix $\mathbf{A}$ sind somit positiv definit.

b) Die zur symmetrischen 2×2-Matrix

$$\mathbf{A} = \begin{pmatrix} 2 & 2 \\ 2 & 2 \end{pmatrix}$$

gehörende quadratische Form ist gegeben durch

$$q(\mathbf{x}) = \mathbf{x}^T \mathbf{A} \mathbf{x} = (x_1, x_2) \begin{pmatrix} 2 & 2 \\ 2 & 2 \end{pmatrix} \begin{pmatrix} x_1 \\ x_2 \end{pmatrix}$$
$$= 2x_1^2 + 4x_1 x_2 + 2x_2^2 = 2(x_1 + x_2)^2$$

für alle $\mathbf{x} \in \mathbb{R}^2$. Offensichtlich gilt $q(x_1, x_2) \geq 0$ für alle $\mathbf{x} \in \mathbb{R}^2$ und $q(\mathbf{x}) = 0$ zum Beispiel für $x_1 = -x_2 \neq 0$. Die quadratische Form q und die symmetrische Matrix $\mathbf{A}$ sind somit positiv semidefinit.

c) Die zur symmetrischen 2×2-Matrix

$$\mathbf{A} = \begin{pmatrix} -2 & 7 \\ 7 & -4 \end{pmatrix}$$

gehörende quadratische Form $q(\mathbf{x}) = \mathbf{x}^T \mathbf{A} \mathbf{x}$ ist indefinit. Denn zum Beispiel gilt für $\mathbf{x} := (1, 1)^T$ und $\mathbf{y} := (1, 10)^T$

$$q(\mathbf{x}) = \mathbf{x}^T \mathbf{A} \mathbf{x} = (1, 1) \begin{pmatrix} -2 & 7 \\ 7 & -4 \end{pmatrix} \begin{pmatrix} 1 \\ 1 \end{pmatrix}$$
$$= -2 + 14 - 4 = 8 > 0 \quad \text{bzw.}$$
$$q(\mathbf{y}) = \mathbf{y}^T \mathbf{A} \mathbf{y} = (1, 10) \begin{pmatrix} -2 & 7 \\ 7 & -4 \end{pmatrix} \begin{pmatrix} 1 \\ 10 \end{pmatrix}$$
$$= -2 + 140 - 400 = -262 < 0.$$

Definitheitskriterien basierend auf Hauptdiagonaleinträgen

Wie bereits das obige Beispiel erahnen lässt, ist die Untersuchung einer symmetrischen $n \times n$-Matrix $\mathbf{A}$ auf ihre Definitheitseigenschaften ausschließlich anhand der Definition 10.30 für $n \geq 3$ nicht praktikabel. Es werden daher Kriterien benötigt, die für symmetrische Matrizen beliebiger Ordnung eine einfache Bestimmung ihrer Definitheitseigenschaften erlauben. Der folgende Satz liefert solche einfachen Kriterien. Diese Kriterien besitzen den großen Vorteil, dass sie ohne zusätzlichen Aufwand direkt an den Einträgen auf der Hauptdiagonalen der Matrix abgelesen werden können. Der Nachteil ist, dass die ersten vier Kriterien a) bis d) für symmetrische Matrizen, die keine Diagonalmatrizen sind, lediglich notwendige, aber keine hinreichenden Bedingungen für die verschiedenen Definitheitseigenschaften liefern:

Satz 10.32 (Definitheitskriterien basierend auf Hauptdiagonaleinträgen)

Es sei $\mathbf{A} = (a_{ij})_{n,n}$ *eine symmetrische* $n \times n$ *Matrix. Dann gilt:*

a) $\mathbf{A}$ *positiv definit* $\implies a_{ii} > 0$ *für alle* $i = 1, \ldots, n$

b) $\mathbf{A}$ *negativ definit* $\implies a_{ii} < 0$ *für alle* $i = 1, \ldots, n$

c) $\mathbf{A}$ *positiv semidefinit* $\implies a_{ii} \geq 0$ *für alle* $i = 1, \ldots, n$

d) $\mathbf{A}$ *negativ semidefinit* $\implies a_{ii} \leq 0$ *für alle* $i = 1, \ldots, n$

e) $\mathbf{A}$ *besitzt positive und negative Einträge auf der Hauptdiagonalen* $\implies \mathbf{A}$ *indefinit*

Ist $\mathbf{A}$ *eine Diagonalmatrix, dann gelten auch die Umkehrungen der Aussagen a) bis e).*

Beweis: Zu a): Da $\mathbf{A}$ positiv definit ist, folgt mit dem i-ten Einheitsvektor $\mathbf{e}_i \in \mathbb{R}^n$ $a_{ii} = \mathbf{e}_i^T \mathbf{A} \mathbf{e}_i > 0$ für alle $i = 1, \ldots, n$.

Zu b), c) und d): Die Beweise verlaufen analog zu Aussage a).

Zu e): Es gelte $a_{ii} > 0$ und $a_{jj} < 0$. Dann folgt mit dem i-ten und dem j-ten Einheitsvektor $\mathbf{e}_i^T \mathbf{A} \mathbf{e}_i = a_{ii} > 0$ bzw. $\mathbf{e}_j^T \mathbf{A} \mathbf{e}_j = a_{jj} < 0$. Das heißt, die Matrix $\mathbf{A}$ ist indefinit.

Ist $\mathbf{A}$ eine Diagonalmatrix, dann folgt

$$\mathbf{x}^T \mathbf{A} \mathbf{x} = \sum_{i=1}^{n} a_{ii} x_i^2.$$

Aus $a_{ii} > 0$ für alle $i = 1, \ldots, n$ folgt somit $\mathbf{x}^T \mathbf{A} \mathbf{x} > 0$ für alle $\mathbf{x} \in \mathbb{R}^n \setminus \{\mathbf{0}\}$. Die Matrix $\mathbf{A}$ ist also positiv definit. Analog zeigt man, dass im Falle einer Diagonalmatrix auch die Umkehrungen der Aussagen b), c), d) und e) gelten. ∎

Im folgenden Beispiel wird gezeigt, wie diese Kriterien angewendet werden:

Beispiel 10.33 (Definitheitskriterien basierend auf Hauptdiagonaleinträgen)

a) Die Diagonalmatrix

$$\mathbf{A} = \begin{pmatrix} -1 & 0 & 0 & 0 \\ 0 & 2 & 0 & 0 \\ 0 & 0 & \frac{1}{7} & 0 \\ 0 & 0 & 0 & 11 \end{pmatrix}$$

besitzt positive und negative Einträge auf der Hauptdiagonalen. Die Matrix **A** und die zugehörige quadratische Form $q(\mathbf{x}) = \mathbf{x}^T \mathbf{A} \mathbf{x}$ sind somit nach Satz 10.32e) indefinit.

b) Die symmetrische 5×5-Matrix

$$\mathbf{B} = \begin{pmatrix} -1 & 1 & -1 & 0 & \frac{1}{2} \\ 1 & -2 & \frac{1}{2} & 1 & -5 \\ -1 & \frac{1}{2} & -3 & \frac{1}{2} & 0 \\ 0 & 1 & \frac{1}{2} & -2 & 0 \\ \frac{1}{2} & -5 & 0 & 0 & -4 \end{pmatrix}$$

besitzt auf der Hauptdiagonalen nur negative Einträge. Für die Matrix **B** und die zugehörige quadratische Form $q(\mathbf{x}) = \mathbf{x}^T \mathbf{B} \mathbf{x}$ kann somit nach Satz 10.32a) und c) ausgeschlossen werden, dass sie positiv definit oder positiv semidefinit sind. Für **B** und q kommt nur in Frage, dass sie negativ definit, negativ semidefinit oder indefinit sind. Eine weitergehende Eingrenzung ist jedoch mit Satz 10.32 nicht möglich.

Definitheitskriterien basierend auf Eigenwerten

Das letzte Beispiel zeigt, dass die Kriterien von Satz 10.32 im Allgemeinen keine vollständige Antwort auf die Frage nach den Definitheitseigenschaften einer symmetrischen Matrix **A** und ihrer zugehörigen quadratischen Form $q(\mathbf{x}) = \mathbf{x}^T \mathbf{A} \mathbf{x}$ liefern. Dazu werden leistungsfähigere Kriterien benötigt. Der folgende Satz liefert notwendige und hinreichende Bedingungen für die verschiedenen Definitheitseigenschaften. Mit diesen Kriterien kann für jede symmetrische Matrix und ihre quadratische Form beantwortet werden, welche Definitheitseigenschaften sie besitzen. Der Nachteil dieser Kriterien ist jedoch, dass für ihre Anwendung zuerst die Eigenwerte der Matrix **A** berechnet werden müssen.

Satz 10.34 (Definitheitskriterien basierend auf Eigenwerten)

*Es sei **A** eine symmetrische $n \times n$-Matrix mit den reellen Eigenwerten $\lambda_1, \ldots, \lambda_n$. Dann gilt:*

*a) **A** positiv definit $\iff \lambda_i > 0$ für alle $i = 1, \ldots, n$*

*b) **A** negativ definit $\iff \lambda_i < 0$ für alle $i = 1, \ldots, n$*

*c) **A** positiv semidefinit $\iff \lambda_i \geq 0$ für alle $i = 1, \ldots, n$*

*d) **A** negativ semidefinit $\iff \lambda_i \leq 0$ für alle $i = 1, \ldots, n$*

*e) **A** indefinit $\iff$ es gibt positive und negative Eigenwerte*

Beweis: Die Behauptungen a) bis e) folgen unmittelbar aus der Darstellung (10.42). ∎

Aus diesem Satz erhält man unmittelbar das folgende Resultat:

Folgerung 10.35 (Definitheit impliziert Invertierbarkeit)

*Eine symmetrische positiv oder negativ definite $n \times n$-Matrix **A** ist invertierbar.*

Beweis: Für die n Eigenwerte einer symmetrischen positiv oder negativ definiten $n \times n$-Matrix **A** gilt $\lambda_i \neq 0$ für $i = 1, \ldots, n$ (vgl. Satz 10.34a) und b)) und damit auch $\det(\mathbf{A}) = \prod_{i=1}^{n} \lambda_i \neq 0$ (vgl. (10.14)). Daraus folgt zusammen mit Satz 8.67, dass **A** invertierbar ist. ∎

Im folgenden Beispiel wird der Nutzen von Satz 10.34 demonstriert:

Beispiel 10.36 (Definitheitskriterien basierend auf Eigenwerten)

a) Die symmetrische 2×2-Matrix

$$\mathbf{A} = \begin{pmatrix} -2 & 1 \\ 1 & -2 \end{pmatrix}$$

besitzt das charakteristische Polynom

$$p_\mathbf{A}(\lambda) = \det \begin{pmatrix} -2-\lambda & 1 \\ 1 & -2-\lambda \end{pmatrix} = (-2-\lambda)^2 - 1.$$

Mit der Lösungsformel für quadratische Gleichungen (vgl. (4.8)) erhält man die beiden Eigenwerte $\lambda_1 = -1$ und $\lambda_2 = -3$. Mit Satz 10.34b) folgt somit, dass die Matrix **A** und die zugehörige quadratische Form $q(\mathbf{x}) = \mathbf{x}^T \mathbf{A} \mathbf{x}$ negativ definit sind.

b) Die symmetrische 2×2-Matrix

$$\mathbf{B} = \begin{pmatrix} 9 & 3 \\ 3 & 1 \end{pmatrix}$$

besitzt das charakteristische Polynom

$$\begin{aligned} p_{\mathbf{B}}(\lambda) &= \det \begin{pmatrix} 9-\lambda & 3 \\ 3 & 1-\lambda \end{pmatrix} \\ &= (9-\lambda)(1-\lambda) - 9 \\ &= \lambda^2 - 10\lambda. \end{aligned}$$

Die Eigenwerte sind somit gegeben durch $\lambda_1 = 0$ und $\lambda_2 = 10$. Mit Satz 10.34c) folgt daher, dass die Matrix $\mathbf{B}$ und die quadratische Form $q(\mathbf{x}) = \mathbf{x}^T \mathbf{B} \mathbf{x}$ positiv semidefinit sind.

c) Die symmetrische 3×3-Matrix

$$\mathbf{A} = \begin{pmatrix} 0 & 0 & -3 \\ 0 & 2 & 0 \\ -3 & 0 & 6 \end{pmatrix}$$

besitzt das charakteristische Polynom

$$\begin{aligned} p_{\mathbf{A}}(\lambda) &= \det \begin{pmatrix} -\lambda & 0 & -3 \\ 0 & 2-\lambda & 0 \\ -3 & 0 & 6-\lambda \end{pmatrix} \\ &= -\lambda(2-\lambda)(6-\lambda) - 9(2-\lambda) \\ &= (2-\lambda)(-\lambda(6-\lambda) - 9). \end{aligned}$$

Durch Anwendung der Lösungsformel für quadratische Gleichungen (vgl. (4.8)) auf den zweiten Faktor erhält man die drei Eigenwerte $\lambda_1 = 2$, $\lambda_2 = 3 + \sqrt{18} > 0$ und $\lambda_3 = 3 - \sqrt{18} < 0$. Da die Eigenwerte verschiedene Vorzeichen haben, sind die Matrix $\mathbf{A}$ und die quadratische Form $q(\mathbf{x}) = \mathbf{x}^T \mathbf{A} \mathbf{x}$ nach Satz 10.34e) indefinit.

d) Die symmetrische 3×3-Matrix

$$\mathbf{B} = \begin{pmatrix} 1 & 0 & 1 \\ 0 & 1 & 1 \\ 1 & 1 & 2 \end{pmatrix}$$

aus Beispiel 10.22a) besitzt die drei Eigenwerte $\lambda_1 = 0$, $\lambda_2 = 3$ und $\lambda_3 = 1$. Nach Satz 10.34c) sind $\mathbf{B}$ und $q(\mathbf{x}) = \mathbf{x}^T \mathbf{B} \mathbf{x}$ damit positiv semidefinit.

Definitheitskriterien basierend auf Hauptminoren

Die Kriterien in Satz 10.34 für die Definitheitseigenschaften einer symmetrischen $n \times n$-Matrix $\mathbf{A}$ basieren auf den Eigenwerten von $\mathbf{A}$. Sie sind besonders gut für Matrizen größerer Ordnung $n \times n$ (etwa $n \geq 7$) geeignet. Denn es existieren eine Reihe guter numerischer Verfahren zur Berechnung von Eigenwerten (siehe z. B. *Schwarz-Köckler*, [62] und *Werner* [70]). Für kleinere Matrizen sind jedoch häufig die Kriterien des folgenden Satzes 10.38 besser geeignet. Diese Kriterien basieren nicht auf den Eigenwerten, sondern auf den Determinanten spezieller Untermatrizen der Matrix $\mathbf{A}$, den sogenannten **Hauptminoren** (**Hauptunterdeterminanten**).

J. J. Sylvester

Die Aussagen a) und b) des Satzes 10.38 werden in der Literatur häufig nach dem britischen Mathematiker *James Joseph Sylvester* (1814–1897) oder nach dem deutschen Mathematiker *Adolf Hurwitz* (1859–1919) als **Sylvester-Kriterium** bzw. **Hurwitz-Kriterium** bezeichnet.

A. Hurwitz

Zur Formulierung dieser Kriterien wird der Begriff des Hauptminors benötigt, der wie folgt definiert ist:

Definition 10.37 (Hauptminor und Hauptunterdeterminante)

Es seien $\mathbf{A} = (a_{ij})_{n,n}$ eine $n \times n$-Matrix und $\mathbf{H}_k$ die linke obere $k \times k$-Matrix, die durch Streichen der letzten $n-k$ Zeilen und Spalten aus $\mathbf{A}$ entsteht. Dann heißt die Determinante von $\mathbf{H}_k$, also

$$\det(\mathbf{H}_k) = \det \begin{pmatrix} a_{11} & \ldots & a_{1k} \\ \vdots & \ddots & \vdots \\ a_{k1} & \ldots & a_{kk} \end{pmatrix},$$

k-ter Hauptminor oder k-te Hauptunterdeterminante von $\mathbf{A}$.

Für die Hauptminoren von $\mathbf{A} = (a_{ij})_{n,n}$ gilt:

$$\det(\mathbf{H}_1) = \det(a_{11}) = a_{11}$$

$$\det(\mathbf{H}_2) = \det\begin{pmatrix} a_{11} & a_{12} \\ a_{21} & a_{22} \end{pmatrix} = a_{11}a_{22} - a_{12}a_{21}$$

$$\det(\mathbf{H}_3) = \det\begin{pmatrix} a_{11} & a_{12} & a_{13} \\ a_{21} & a_{22} & a_{23} \\ a_{31} & a_{32} & a_{33} \end{pmatrix}$$

$$\vdots$$

$$\det(\mathbf{H}_n) = \det(\mathbf{A})$$

Mit Hilfe der Hauptminoren lassen sich nun für die Definitheitseigenschaften einer symmetrischen Matrix $\mathbf{A}$ die folgenden Kriterien nachweisen:

Satz 10.38 (Definitheitskriterien basierend auf Hauptminoren)

Es sei $\mathbf{A}$ eine symmetrische $n \times n$-Matrix mit den Hauptminoren $\det(\mathbf{H}_1), \ldots, \det(\mathbf{H}_n)$. Dann gilt:

a) $\mathbf{A}$ *positiv definit* $\iff \det(\mathbf{H}_k) > 0$ *für alle* $k = 1, \ldots, n$

b) $\mathbf{A}$ *negativ definit* $\iff (-1)^k \det(\mathbf{H}_k) > 0$ *für alle* $k = 1, \ldots, n$

c) $\mathbf{A}$ *positiv semidefinit* $\implies \det(\mathbf{H}_k) \geq 0$ *für alle* $k = 1, \ldots, n$

d) $\mathbf{A}$ *negativ semidefinit* $\implies (-1)^k \det(\mathbf{H}_k) \geq 0$ *für alle* $k = 1, \ldots, n$

e) *Weder* $\det(\mathbf{H}_k) \geq 0$ *noch* $(-1)^k \det(\mathbf{H}_k) \geq 0$ *für alle* $k = 1, \ldots, n \implies \mathbf{A}$ *indefinit*

Beweis: Siehe z. B. *Muthsam* [48], Seiten 261–262. ∎

Bei der Anwendung von Satz 10.38 ist zu beachten, dass die Aussagen c) und d) keine Äquivalenzen sind.

Beispiel 10.39 (Definitheitskriterien basierend auf Hauptminoren)

a) Die symmetrische 3×3-Matrix

$$\mathbf{A} = \begin{pmatrix} 1 & 2 & 3 \\ 2 & 1 & 3 \\ 3 & 3 & 1 \end{pmatrix}$$

besitzt die ersten beiden Hauptminoren

$$\det(\mathbf{H}_1) = \det(1) = 1 \quad \text{und}$$

$$\det(\mathbf{H}_2) = \det\begin{pmatrix} 1 & 2 \\ 2 & 1 \end{pmatrix} = -3.$$

Die Matrix $\mathbf{A}$ ist somit nach Satz 10.38 nicht positiv (negativ) definit und auch nicht positiv (negativ) semidefinit. Sie ist also indefinit.

b) Die Hauptminoren der symmetrischen 3×3-Matrix

$$\mathbf{B} = \begin{pmatrix} 3 & 1 & -4 \\ 1 & 5 & -1 \\ -4 & -1 & 7 \end{pmatrix}$$

sind gegeben durch $\det(\mathbf{H}_1) = 3$,

$$\det(\mathbf{H}_2) = \det\begin{pmatrix} 3 & 1 \\ 1 & 5 \end{pmatrix} = 14 \quad \text{und}$$

$$\det(\mathbf{H}_3) = \det\begin{pmatrix} 3 & 1 & -4 \\ 1 & 5 & -1 \\ -4 & -1 & 7 \end{pmatrix} = 23.$$

Die Matrix $\mathbf{B}$ ist somit nach Satz 10.38a) positiv definit.

c) Für die Hauptminoren der symmetrischen 3×3-Matrix

$$\mathbf{C} = \begin{pmatrix} 1 & 0 & 2 \\ 0 & 1 & 1 \\ 2 & 1 & 5 \end{pmatrix}$$

erhält man $\det(\mathbf{H}_1) = 1$,

$$\det(\mathbf{H}_2) = \det\begin{pmatrix} 1 & 0 \\ 0 & 1 \end{pmatrix} = 1 \quad \text{und}$$

$$\det(\mathbf{H}_3) = \det\begin{pmatrix} 1 & 0 & 2 \\ 0 & 1 & 1 \\ 2 & 1 & 5 \end{pmatrix} = 0.$$

Mit Hilfe von Satz 10.38 kann somit ausgeschlossen werden, dass $\mathbf{C}$ positiv definit, negativ definit oder negativ semidefinit ist. Er liefert jedoch keine Aussage darüber, ob die Matrix positiv semidefinit oder indefinit ist. Um auch diese Frage beantworten zu können, müssen die Eigenwerte von $\mathbf{C}$ berechnet und die Kriterien von Satz 10.34 zu Rate gezogen werden.

Das charakteristische Polynom von $\mathbf{C}$ ist gegeben durch
$$p_{\mathbf{C}}(\lambda) = \det \begin{pmatrix} 1-\lambda & 0 & 2 \\ 0 & 1-\lambda & 1 \\ 2 & 1 & 5-\lambda \end{pmatrix}$$
$$= (1-\lambda)^2(5-\lambda) - 4(1-\lambda) - 1(1-\lambda)$$
$$= (1-\lambda)\lambda(-6+\lambda).$$

Die Eigenwerte von $\mathbf{C}$ sind also $\lambda_1 = 1$, $\lambda_2 = 0$ und $\lambda_3 = 6$ und die Matrix $\mathbf{C}$ nach Satz 10.34c) damit positiv semidefinit.

Zu c): Das charakteristische Polynom von $\mathbf{A}$ ist gegeben durch
$$p_{\mathbf{A}}(\lambda) = (a_{11} - \lambda)(a_{22} - \lambda) - a_{12}^2$$
$$= \lambda^2 - \lambda(a_{11} + a_{22}) + a_{11}a_{22} - a_{12}^2.$$

Mit der Lösungsformel für quadratische Gleichungen (vgl. (4.8)) erhält man für die beiden Eigenwerte
$$\lambda_{1,2} = \frac{1}{2}\left(a_{11} + a_{22} \pm \sqrt{(a_{11} + a_{22})^2 - 4(a_{11}a_{22} - a_{12}^2)}\right)$$
$$= \frac{1}{2}\left(a_{11} + a_{22} \pm \sqrt{(a_{11} - a_{22})^2 + 4a_{12}^2}\right).$$

Daraus folgt zusammen mit Satz 10.34c):

$\mathbf{A}$ ist positiv semidefinit
$$\iff \lambda_1, \lambda_2 \geq 0$$
$$\iff a_{11} + a_{22} \pm \sqrt{(a_{11} - a_{22})^2 + 4a_{12}^2} \geq 0$$
$$\iff (a_{11} + a_{22})^2 \geq (a_{11} - a_{22})^2 + 4a_{12}^2 \text{ und } a_{11}, a_{22} \geq 0$$
$$\iff 2a_{11}a_{22} \geq -2a_{11}a_{22} + 4a_{12}^2 \text{ und } a_{11}, a_{22} \geq 0$$
$$\iff 4(a_{11}a_{22} - a_{12}^2) \geq 0 \text{ und } a_{11}, a_{22} \geq 0$$
$$\iff a_{11}a_{22} \geq a_{12}^2, \text{ und } a_{11}, a_{22} \geq 0$$

Zu d): Zeigt man analog zur Aussage c).

Zu e): Dies folgt aus den Aussagen a) – d) und der Tatsache, dass eine Matrix genau dann indefinit ist, wenn sie weder positiv (semi)definit noch negativ (semi)definit ist. ∎

Der Satz 10.38c) und d) liefert für (positive und negative) Semidefinitheit lediglich notwendige Bedingungen. Für den wichtigen Spezialfall von symmetrischen 2×2-Matrizen lassen sich jedoch diese Aussagen verschärfen, so dass man auch für Semidefinitheit notwendige und hinreichende Bedingungen erhält. Dieses Ergebnis wird in Kapitel 24 bei der Optimierung von reellwertigen Funktionen mit zwei Variablen hilfreich sein.

Folgerung 10.40 (Definitheitskriterien für 2×2-Matrizen)

Es sei
$$\mathbf{A} = \begin{pmatrix} a_{11} & a_{12} \\ a_{21} & a_{22} \end{pmatrix}$$
eine symmetrische 2×2-Matrix. Dann gilt:

a) $\mathbf{A}$ positiv definit $\iff a_{11} > 0$ und $a_{11}a_{22} - a_{12}^2 > 0$
b) $\mathbf{A}$ negativ definit $\iff a_{11} < 0$ und $a_{11}a_{22} - a_{12}^2 > 0$
c) $\mathbf{A}$ positiv semidefinit $\iff a_{11}, a_{22} \geq 0$ und $a_{11}a_{22} - a_{12}^2 \geq 0$
d) $\mathbf{A}$ negativ semidefinit $\iff a_{11}, a_{22} \leq 0$ und $a_{11}a_{22} - a_{12}^2 \geq 0$
e) $\mathbf{A}$ indefinit $\iff a_{11}a_{22} - a_{12}^2 < 0$

Beweis: Zu a): Nach Satz 10.38a) ist $\mathbf{A}$ genau dann positiv definit, wenn $\det(\mathbf{H}_1) = a_{11} > 0$ und $\det(\mathbf{H}_2) = \det(\mathbf{A}) = a_{11}a_{22} - a_{12}^2 > 0$ gilt.

Zu b): Zeigt man analog zur Aussage a).

Die Anwendung dieses Resultats wird im folgenden Beispiel demonstriert:

Beispiel 10.41 (Definitheitskriterien für 2×2-Matrizen)

a) Für die 2×2-Matrix
$$\mathbf{A} = (a_{ij})_{2,2} = \begin{pmatrix} 2 & -3 \\ -3 & 5 \end{pmatrix}$$
gilt $a_{11} = 2 > 0$ und $a_{11}a_{22} - a_{12}^2 = 1 > 0$. Nach Folgerung 10.40a) ist die Matrix $\mathbf{A}$ positiv definit.

b) Für die 2×2-Matrix
$$\mathbf{B} = (b_{ij})_{2,2} = \begin{pmatrix} -6 & 4 \\ 4 & 2 \end{pmatrix}$$
gilt $b_{11} = -6 < 0$ und $b_{11}b_{22} - b_{12}^2 = -28 < 0$. Nach Folgerung 10.40e) ist die Matrix $\mathbf{B}$ indefinit.

Teil III

Folgen und Reihen

Kapitel 11

Folgen

Kapitel 11   Folgen

11.1 Folgenbegriff

Einer der bedeutendsten Begriffe der Mathematik ist der Begriff der **Folge**. Folgen spielen bei der mathematischen Beschreibung der Unendlichkeit und der mathematischen Analyse von Funktionen eine zentrale Rolle. Darüber hinaus lassen sich in vielen wirtschaftswissenschaftlichen Anwendungen die betrachteten Größen nicht exakt ausdrücken, sondern nur mit beliebiger Genauigkeit durch eine Folge approximieren.

Folgen sind daher eines der wichtigsten Hilfsmittel der Analysis und damit insbesondere auch der mathematischen Ökonomie. Viele Grundbegriffe der Analysis wie z. B. die Begriffe **Grenzwert**, **Konvergenz**, **Divergenz**, **Stetigkeit**, **Differenzierbarkeit**, **Integrierbarkeit** basieren auf dem Folgenbegriff.

Definition

Formal ist eine Folge reeller Zahlen nichts anderes als eine reellwertige Funktion a, deren Definitionsbereich eine Teilmenge von $\mathbb{N}_0$ ist und deren Funktionswerte $a(n) \in \mathbb{R}$ mit a_n bezeichnet werden:

> **Definition 11.1** (Folge)
>
> *Eine reellwertige Funktion*
>
> $$a : D \longrightarrow \mathbb{R}, \; n \mapsto a_n := a(n)$$
>
> *mit $D \subseteq \mathbb{N}_0$ heißt Folge und die reellen Zahlen a_n werden als die Folgenglieder der Folge a bezeichnet. Folgt bei einer Folge auf eine positive Zahl stets eine negative Zahl und auf eine negative Zahl stets eine positive Zahl, dann heißt die Folge alternierend. Für eine Folge schreibt man $(a_n)_{n \in D}$ oder auch kurz (a_n).*

Das n-te Folgenglied a_n gibt den Wert der Folge $(a_n)_{n \in D}$ an der Stelle $n \in D$ an, wobei die Menge D als **Indexmenge** der Folge a und die natürliche Zahl $n \in D$ als **Index** des Folgenglieds a_n bezeichnet wird. Eine Folge $(a_n)_{n \in D}$ ist durch ihre Folgenglieder $a_n \in \mathbb{R}$ festgelegt.

Im Falle einer unendlichen Indexmenge D (z. B. $\mathbb{N}$ oder $\mathbb{N}_0$) wird eine Folge manchmal genauer auch als **unendliche Folge** bezeichnet. Analog spricht man bei einer endlichen Indexmenge D auch von einer **endlichen Folge**. Für die Analysis sind jedoch vor allem unendliche Folgen von Bedeutung und in vielen Fällen gilt $D = \mathbb{N}$ oder $D = \mathbb{N}_0$. Daher werden hier alle Definitionen und Sätze für Folgen mit der Indexmenge $\mathbb{N}_0$ formuliert. Die Definitionen und Sätze besitzen jedoch auch für alle unendlichen Teilmengen von $\mathbb{N}_0$ als Indexmenge Gültigkeit.

Eine endliche Folge $(a_n)_{n \in D}$ kann vollständig spezifiziert werden, indem alle Folgenglieder explizit angegeben werden. Bei einer unendlichen Folge $(a_n)_{n \in \mathbb{N}_0}$ ist dies jedoch nicht möglich. In einem solchen Fall muss das funktionale Bildungsgesetz der Folge angegeben werden, wie es z. B. bei der Folge $(a_n)_{n \in \mathbb{N}_0}$ mit

$$a_n := \frac{1}{4}\left(n + (-1)^n \, n\right)$$

für alle $n \in \mathbb{N}_0$ der Fall ist. Bei dieser Folge sind die ersten sechs Folgenglieder gegeben durch

$$0, 0, 1, 0, 2, 0, 3, \ldots$$

> **Beispiel 11.2** (Explizite Definition von Folgen)
>
> a) Die Folge $(a_n)_{n \in \mathbb{N}}$ mit $a_n := \frac{1}{n}$ für alle $n \in \mathbb{N}$, d. h. die Folge
>
> $$1, \frac{1}{2}, \frac{1}{3}, \frac{1}{4}, \frac{1}{5}, \frac{1}{6}, \ldots,$$
>
> wird als **harmonische Folge** bezeichnet. Sie hat ihren Namen aus der Musik. Denn denkt man sich einen Ton mit der Wellenlänge λ, dann bilden die sechs Töne mit der Wellenlänge $\lambda, \frac{\lambda}{2}, \frac{\lambda}{3}, \frac{\lambda}{4}, \frac{\lambda}{5}, \frac{\lambda}{6}$ einen Dur-Akkord und klingen somit zusammen „harmonisch" (vgl. Abbildung 11.1, links).
>
> b) Die Folge $(a_n)_{n \in \mathbb{N}}$ mit $a_n := (-1)^{n+1} \frac{1}{n}$ für alle $n \in \mathbb{N}$, d. h. die Folge
>
> $$1, -\frac{1}{2}, \frac{1}{3}, -\frac{1}{4}, \frac{1}{5}, -\frac{1}{6}, \ldots,$$
>
> heißt **alternierende harmonische Folge** (vgl. Abbildung 11.1, rechts).
>
> c) Die Folge $(a_n)_{n \in \mathbb{N}_0}$ mit $a_n := 2^n$ für alle $n \in \mathbb{N}_0$ ist gegeben durch
>
> $$1, 2, 4, 8, 16, 32, \ldots$$
>
> (vgl. Abbildung 11.2, links).

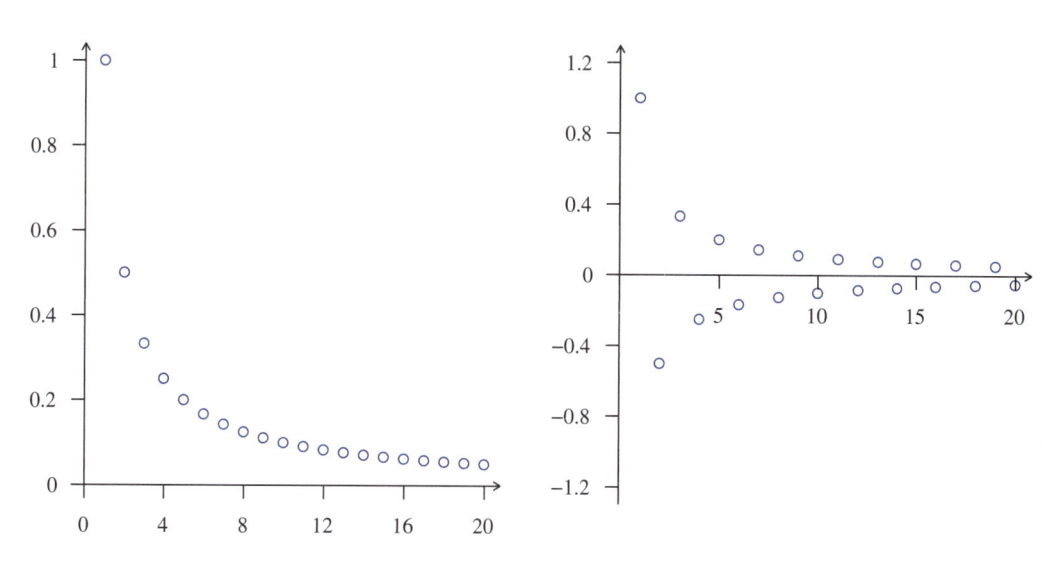

Abb. 11.1: Harmonische Folge $(a_n)_{n\in\mathbb{N}}$ mit $a_n = \frac{1}{n}$ (links) und alternierende harmonische Folge $(a_n)_{n\in\mathbb{N}}$ mit $a_n = (-1)^{n+1}\frac{1}{n}$ (rechts)

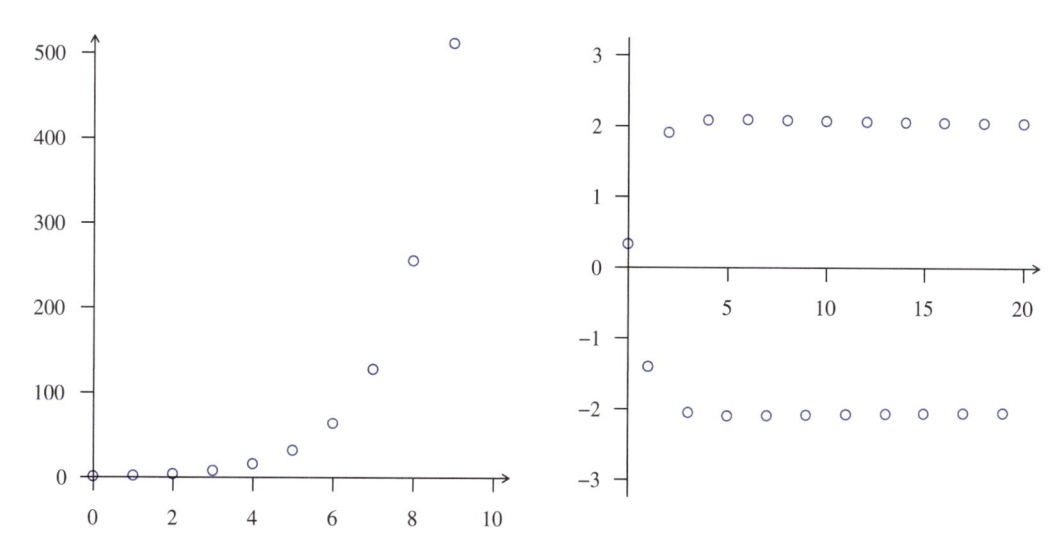

Abb. 11.2: Folgen $(a_n)_{n\in\mathbb{N}_0}$ mit $a_n = 2^n$ (links) und $a_n = (-1)^n \frac{4n^2+2n+1}{2n^2+3}$ (rechts)

d) Die Folge $(a_n)_{n\in\mathbb{N}_0}$ mit $a_n := (-1)^n \frac{4n^2+2n+1}{2n^2+3}$ für alle $n \in \mathbb{N}_0$ ist gegeben durch

$$\frac{1}{3}, -\frac{7}{5}, \frac{21}{11}, -\frac{43}{21}, \frac{73}{35}, -\frac{111}{53}, \ldots$$

(vgl. Abbildung 11.2, rechts).

Explizite und rekursive Definition

Bei Folgen unterscheidet man zwischen **expliziter** und **rekursiver** Definition:

a) Bei der expliziten Definition einer Folge $(a_n)_{n\in\mathbb{N}_0}$ werden die Folgenglieder a_n explizit als Funktion von $n \in \mathbb{N}_0$ angegeben. Dies ist z. B. bei den Folgen in Beispiel 11.2 der Fall.

b) Dagegen werden bei der rekursiven Definition die Folgenglieder a_n einer Folge $(a_n)_{n \in \mathbb{N}_0}$ implizit angegeben, indem explizit die ersten m Werte der Folge sowie der funktionale Zusammenhang zwischen a_n und den m vorhergehenden Folgengliedern $a_{n-1}, \ldots, a_{n-m}$ angegeben wird. Die ersten m Folgenglieder heißen dann **Startwerte** und der funktionale Zusammenhang zwischen a_n und den m vorhergehenden Folgengliedern wird als **Rekursionsvorschrift** bezeichnet. Siehe dazu Beispiel 11.3.

Viele Folgen können sowohl explizit als auch rekursiv definiert werden. Zum Beispiel kann die Folge 0, 1, 2, 3, 4, 5, ... explizit durch $a_n := n$ für alle $n \in \mathbb{N}_0$ oder rekursiv durch $a_0 := 0$ und $a_{n+1} := a_n + 1$ für alle $n \in \mathbb{N}_0$ definiert werden. Oft lässt sich jedoch eine Folge wesentlich einfacher durch eine Rekursionsvorschrift beschreiben als explizit durch eine Funktion des Indexes n. Es gibt jedoch auch Folgen, für die nur eine explizite oder nur eine rekursive Definition existiert oder sogar weder eine explizite noch eine rekursive Definition bekannt ist.

Beispiel 11.3 (Rekursive Definition von Folgen)

a) Die Folge $(a_n)_{n \in \mathbb{N}_0}$ mit $a_n := \frac{1}{2}\left(1 + \frac{1}{a_{n-1}}\right)$ für alle $n \in \mathbb{N}$ und dem Startwert $a_0 = 2$ ist gegeben durch

$$2, \frac{3}{4}, \frac{7}{6}, \frac{13}{14}, \frac{27}{26}, \ldots$$

(vgl. Abbildung 11.3, links). Dagegen liefert der Startwert $a_0 = 1$ die konstante Folge

$$1, 1, 1, 1, 1, \ldots$$

b) Die Folge der **Fibonacci-Zahlen** $(a_n)_{n \in \mathbb{N}_0}$ ist durch die Rekursionsvorschrift

$$a_n := a_{n-1} + a_{n-2}$$

für alle $n \geq 2$ und die beiden **Startwerte** $a_0 = 0$ und $a_1 = 1$ definiert. Diese Vorschrift liefert die Folge

$$0, 1, 1, 2, 3, 5, 8, 13, 21, \ldots$$

(vgl. Abbildung 11.3, rechts). Die Folge der Fibonacci-Zahlen ist eine der bekanntesten Folgen, die sich wesentlich einfacher rekursiv als explizit beschreiben lässt. Sie ist nach dem italienischen Mathematiker *Leonardo von Pisa* (1180–1241), der auch *Fibonacci* genannt wurde, benannt. *Fibonacci* hat die Folge der Fibonacci-Zahlen zur Beschreibung und Analyse des Wachstums einer Kaninchenpopulation eingesetzt.

Mit der **Formel von Moivre-Binet**,

$$a_n := \frac{1}{\sqrt{5}}\left(\left(\frac{1+\sqrt{5}}{2}\right)^n - \left(\frac{1-\sqrt{5}}{2}\right)^n\right)$$

für alle $n \in \mathbb{N}_0$, lässt sich die Folge der Fibonacci-Zahlen auch explizit beschreiben. Sie ist nach den beiden französischen Mathematikern *Abraham de Moivre* (1667–1754) und *Jacques Philippe Marie Binet* (1786–1856) benannt, die dieses explizite Bildungsgesetz für die Fibonacci-Folge unabhängig voneinander entdeckt haben.

Im Rahmen ökonomischer Modelle ergeben sich oft auf ganz natürliche Weise rekursiv definierte Folgen. Das bekannte **Cobweb-Modell** ist ein Beispiel hierfür:

Beispiel 11.4 (Cobweb-Modell)

Das berühmte Cobweb-Modell (engl. für **Spinnennetz-Modell**) ist ein ökonomisches Modell zur Erklärung der Oszillation (d. h. Schwankung) des Marktpreises eines Wirtschaftsguts um einen Marktgleichgewichtspreis. Es wurde insbesondere als theoretische Erklärung für den sogenannten **Schweinezyklus** diskutiert.

Das Cobweb-Modell geht auf den bekannten britischen Ökonomen *Nicholas Kaldor* (1908–1986) zurück. Im Cobweb-Modell wird angenommen, dass ausgehend von einem **Anfangspreis** p_0 das Gut zu verschiedenen diskreten Zeitpunkten $n \in \mathbb{N}$ zu eventuell unterschiedlichen Preisen p_n gehandelt wird. Dabei wer-

11.1 Folgenbegriff   Kapitel 11

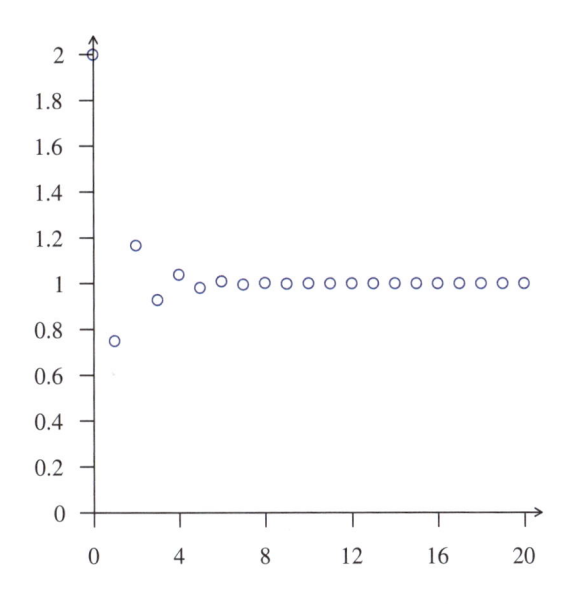

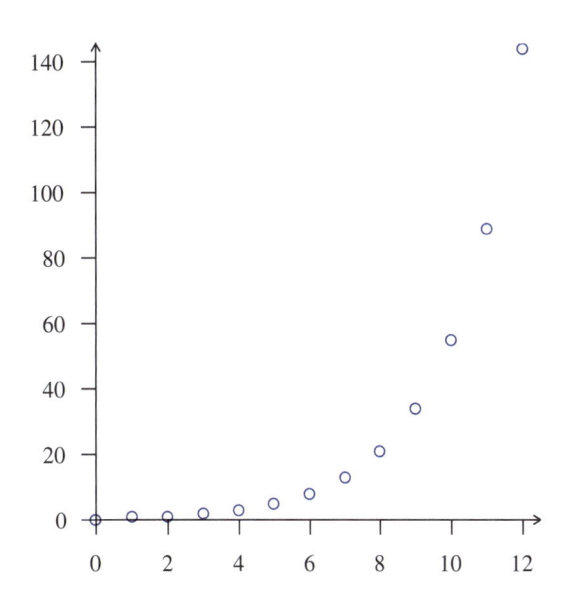

Abb. 11.3: Folge $(a_n)_{n\in\mathbb{N}_0}$ mit $a_n = \frac{1}{2}\left(1 + \frac{1}{a_{n-1}}\right)$ für $n \in \mathbb{N}$ und Startwert $a_0 = 2$ (links) und Folge $(a_n)_{n\in\mathbb{N}_0}$ der Fibonacci-Zahlen (rechts)

den bezüglich der funktionalen Abhängigkeit der Angebots- und Nachfragemenge vom Preis p_n und der Beziehung zwischen Angebots- und Nachfragemenge die folgenden Annahmen getroffen:

1) Die **Angebotsmenge** zum Zeitpunkt $n \in \mathbb{N}$ ist abhängig vom alten Preis p_{n-1} und gegeben durch

$$A(p_{n-1}) := ap_{n-1} + b \quad \text{mit } a > 0 \text{ und } b \in \mathbb{R}. \quad (11.1)$$

2) Die **Nachfragemenge** zum Zeitpunkt $n \in \mathbb{N}$ ist abhängig vom aktuellen Preis p_n und gegeben durch

$$N(p_n) := c - dp_n \quad \text{mit } d > 0 \text{ und } c \in \mathbb{R}. \quad (11.2)$$

3) Zu jedem Zeitpunkt $n \in \mathbb{N}$ stellt sich ein **Gleichgewicht** zwischen Angebot und Nachfrage ein. Das heißt, es gilt

$$A(p_{n-1}) = N(p_n) \quad \text{für alle } n \in \mathbb{N}. \quad (11.3)$$

Das Cobweb-Modell unterstellt somit ein verzögertes Handeln der Anbieter, welche ihre Produktionsmengenplanung am Preis der Vorperiode ausrichten. Dies führt dazu, dass die **Gleichgewichtspreise** p_n mit der Eigenschaft (11.3) entweder mit zunehmender, konstanter oder

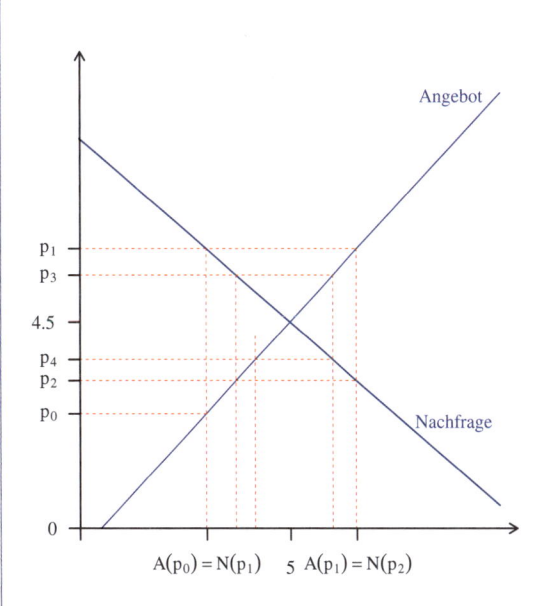

Oszillieren der Gleichgewichtspreise p_n

auch abnehmender Amplitude oszillieren. Denn ist z. B. der Anfangspreis p_0 so tief, dass die Nachfrage das Angebot übersteigt, dann führt dies zu einer Preiserhöhung. Dies hat jedoch zur Folge, dass die Anbieter die Produktionsmenge erhöhen, was zu einer Abnahme der Nachfrage und damit einer Verringerung des Angebotspreises führt usw.

Durch Einsetzen von (11.1) und (11.2) in die Gleichgewichtsbedingung (11.3) erhält man für die Gleichgewichtspreise die Rekursionsvorschrift

$$p_n = \frac{c-b}{d} - \frac{a}{d} p_{n-1}$$

für alle $n \in \mathbb{N}$. Durch die Wahl des Anfangspreises p_0 wird aufgrund dieser Rekursionsvorschrift die gesamte Entwicklung der Gleichgewichtspreise und der **Gleichgewichtsmengen** festgelegt. Insbesondere stimmen für den Anfangspreis

$$p_0 := \frac{c-b}{a+d}$$

die Gleichgewichtspreise p_n und die resultierenden Gleichgewichtsmengen

$$A(p_{n-1}) = N(p_n) = \frac{ac+bd}{a+d}$$

zu allen Zeitpunkten $n \in \mathbb{N}$ überein. Man kann ferner zeigen, dass die Folge $(p_n)_{n \in \mathbb{N}_0}$ der Gleichgewichtspreise auch explizit durch

$$p_n = \frac{c-b}{a+d} + \left(-\frac{a}{d}\right)^n \left(p_0 - \frac{c-b}{a+d}\right)$$

für alle $n \in \mathbb{N}_0$ angegeben werden kann. Die obige Abbildung veranschaulicht die Entwicklung der ersten fünf Gleichgewichtspreise im Cobweb-Modell für $a = 1$, $b = 0{,}5$, $c = 10{,}625$ und $d = 1{,}25$. Man erkennt, wie sich durch das Einpendeln von Angebot und Nachfrage eine spinnennetzartige Spirale bildet.

11.2 Arithmetische und geometrische Folgen

Die **arithmetische** und die **geometrische Folge** sind für viele wirtschaftswissenschaftliche Problemstellungen von Bedeutung:

Definition 11.5 (Arithmetische und geometrische Folge)

Eine Folge $(a_n)_{n \in \mathbb{N}_0}$ heißt
a) *arithmetisch, wenn die Differenz zweier aufeinander folgender Folgenglieder a_n und a_{n+1} für alle $n \in \mathbb{N}_0$ konstant ist, d. h. wenn $a_{n+1} - a_n = d$ für alle $n \in \mathbb{N}_0$ und ein geeignetes $d \in \mathbb{R}$ gilt, und*

b) *geometrisch, wenn der Quotient zweier aufeinander folgender Folgenglieder a_n und a_{n+1} für alle $n \in \mathbb{N}_0$ konstant ist, d. h. wenn $\frac{a_{n+1}}{a_n} = q$ für alle $n \in \mathbb{N}_0$ und ein geeignetes $q \in \mathbb{R} \setminus \{0\}$ gilt.*

Eine arithmetische Folge $(a_n)_{n \in \mathbb{N}_0}$ erfüllt die Rekursionsvorschrift

$$a_{n+1} = a_n + d$$

für alle $n \in \mathbb{N}_0$ und ein $d \in \mathbb{R}$. Das heißt, eine arithmetische Folge liegt vor, wenn sukzessive eine Konstante $d \in \mathbb{R}$ addiert wird. Sie besitzt die explizite Darstellung

$$\begin{aligned}a_{n+1} &= a_n + d = (a_{n-1} + d) + d = \ldots \\ &= a_0 + (n+1)d\end{aligned} \quad (11.4)$$

und ihr Name ist durch die Eigenschaft

$$a_n = \frac{(a_n + d) + (a_n - d)}{2} = \frac{a_{n+1} + a_{n-1}}{2}$$

für alle $n \in \mathbb{N}$ motiviert. Das heißt, bei einer arithmetischen Folge $(a_n)_{n \in \mathbb{N}_0}$ ist das n-te Folgenglied a_n das **arithmetische Mittel** seiner beiden benachbarten Folgenglieder a_{n-1} und a_{n+1}.

Eine geometrische Folge $(a_n)_{n \in \mathbb{N}_0}$ erfüllt die Rekursionsvorschrift

$$a_{n+1} = q a_n$$

für alle $n \in \mathbb{N}_0$ und ein $q \in \mathbb{R} \setminus \{0\}$. Das heißt, eine geometrische Folge liegt vor, wenn sukzessive mit einer Konstanten $q \in \mathbb{R}$ multipliziert wird. Sie besitzt die explizite Darstellung

$$a_{n+1} = q a_n = q(q a_{n-1}) = \ldots = q^{n+1} a_0 \quad (11.5)$$

und ihre Bezeichnung ist durch

$$a_n = \sqrt{(a_n q)\left(a_n \frac{1}{q}\right)} = \sqrt{a_{n+1} a_{n-1}}$$

für $n \in \mathbb{N}$ motiviert, falls $a_n \geq 0$ für alle $n \in \mathbb{N}_0$ gilt. Das heißt, bei einer geometrischen Folge $(a_n)_{n \in \mathbb{N}_0}$ mit $a_n \geq 0$ ist das n-te Folgenglied a_n das **geometrische Mittel** seiner beiden benachbarten Folgenglieder a_{n-1} und a_{n+1}.

Geometrische Folgen werden zur Beschreibung von **Wachstumsprozessen** mit einem konstanten Wachstumsfaktor q mit

$|q| > 1$ und zur Modellierung von **Schrumpfungsprozessen** mit einem konstanten Schrumpfungsfaktor q mit $|q| < 1$ eingesetzt.

> **Beispiel 11.6** (Arithmetische und geometrische Folgen)
>
> a) Die Folge der ungeraden natürlichen Zahlen $1, 3, 5, 7, 9, 11, \ldots$ ist eine arithmetische Folge. Denn sie ist durch $(a_n)_{n \in \mathbb{N}_0}$ mit $a_n := 2(n+1) - 1$ gegeben und es gilt
> $$d = a_{n+1} - a_n = 2(n+2) - 1 - (2(n+1) - 1) = 2.$$
>
> b) Die Folge der Dreierpotenzen $1, 3, 9, 27, 81, 243, \ldots$ ist eine geometrische Folge. Denn sie ist gegeben durch $(a_n)_{n \in \mathbb{N}_0}$ mit $a_n := 3^n$ und es gilt
> $$q = \frac{a_{n+1}}{a_n} = \frac{3^{n+1}}{3^n} = 3.$$

In der Finanzierung und in der Investitionsrechnung treten geometrische Folgen häufig bei der Berechnung von **Zinseszinsen** für ein gegebenes Kapital auf:

> **Beispiel 11.7** (Diskrete Zinseszinsrechnung)
>
> Gegeben sei ein Anleger, der sein Startkapital K_0 in eine festverzinsliche Anleihe mit dem Zinssatz $p > 0$ investiert (z. B. $p = 3\%$). Bezeichnet K_n das Kapital nach n Jahren und werden die Zinsen in den Folgejahren ebenfalls zum Jahresende mit dem Zinssatz p verzinst (d. h. unter Berücksichtigung von Zinseszinsen), dann berechnet sich das Kapital in den nachfolgenden Jahren $n = 1, 2, 3, \ldots$ gemäß
> $$K_1 = K_0(1+p)$$
> $$K_2 = K_1(1+p) = K_0(1+p)^2$$
> $$K_3 = K_2(1+p) = K_0(1+p)^3$$
> $$\vdots$$
> Das heißt, allgemein gilt für das Kapital zum Zeitpunkt $n \in \mathbb{N}_0$
> $$K_n = K_0(1+p)^n \qquad (11.6)$$
> und die Kapitalbeträge $K_0, K_1, K_2, \ldots$ bilden eine geometrische Folge $(K_n)_{n \in \mathbb{N}_0}$.

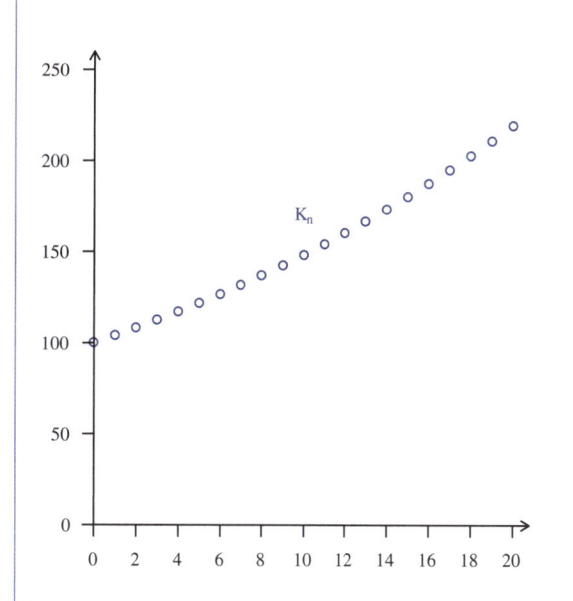

Entwicklung des Kapitals K_n als geometrische Folge $(K_n)_{n \in \mathbb{N}_0}$

Die Abbildung rechts veranschaulicht die Entwicklung der Kapitalbeträge $(K_n)_{n \in \mathbb{N}_0}$ für $K_0 = 100\,€$ und $p = 3\%$.

11.3 Beschränkte und monotone Folgen

Für viele wirtschaftswissenschaftliche Anwendungen sind **beschränkte** und **monotone** Folgen von besonderer Bedeutung.

Beschränkte Folgen

Die Beschränktheit einer Folge ist wie folgt definiert:

> **Definition 11.8** (Beschränkte Folge)
>
> *Eine Folge $(a_n)_{n \in \mathbb{N}_0}$ heißt beschränkt, falls eine geeignete Schranke $c \in \mathbb{R}$ existiert mit $|a_n| \leq c$ für alle $n \in \mathbb{N}_0$. Gilt $a_n \geq c$ für alle $n \in \mathbb{N}_0$ und eine geeignete untere Schranke $c \in \mathbb{R}$ oder $a_n \leq c$ für alle $n \in \mathbb{N}_0$ und eine geeignete obere Schranke $c \in \mathbb{R}$, dann heißt $(a_n)_{n \in \mathbb{N}_0}$ nach unten bzw. nach oben beschränkt. Eine nicht beschränkte Folge wird unbeschränkt genannt.*

Für eine nach oben (unten) beschränkte Folge existieren unendlich viele obere (untere) Schranken. In vielen Anwendungen interessiert man sich jedoch bei einer nach oben oder unten beschränkten Folge für die kleinste obere bzw. die größte untere Schranke. Dies führt zu den Begriffen **Supremum** und **Infimum** einer Folge:

Definition 11.9 (Supremum und Infimum einer Folge)

a) *Eine obere Schranke $c \in \mathbb{R}$ einer nach oben beschränkten Folge $(a_n)_{n \in \mathbb{N}_0}$ heißt kleinste obere Schranke oder Supremum der Folge $(a_n)_{n \in \mathbb{N}_0}$, falls es keine weitere obere Schranke c' von $(a_n)_{n \in \mathbb{N}_0}$ mit $c' < c$ gibt. Für diese obere Schranke c schreibt man $\sup_{n \in \mathbb{N}_0} a_n$.*

b) *Eine untere Schranke $c \in \mathbb{R}$ einer nach unten beschränkten Folge $(a_n)_{n \in \mathbb{N}_0}$ heißt größte untere Schranke oder Infimum der Folge $(a_n)_{n \in \mathbb{N}_0}$, falls es keine weitere untere Schranke c' von $(a_n)_{n \in \mathbb{N}_0}$ mit $c' > c$ gibt. Für diese untere Schranke c schreibt man $\inf_{n \in \mathbb{N}_0} a_n$.*

c) *Für eine nach oben unbeschränkte Folge $(a_n)_{n \in \mathbb{N}_0}$ definiert man das sogenannte uneigentliche Supremum durch $\sup_{n \in \mathbb{N}_0} a_n := \infty$ und für eine nach unten unbeschränkte Folge $(a_n)_{n \in \mathbb{N}_0}$ das sogenannte uneigentliche Infimum durch $\inf_{n \in \mathbb{N}_0} a_n := -\infty$.*

Ein Supremum oder Infimum ist stets eindeutig. Denn besitzt eine Folge $(a_n)_{n \in \mathbb{N}_0}$ z. B. die beiden Suprema c und d, dann folgt mit der Definition 11.9a), dass sowohl $c \leq d$ als auch $d \leq c$ und damit $c = d$ gelten muss. Analog zeigt man auch die Eindeutigkeit des Infimums.

Monotone Folgen

Bei monotonen Folgen wird zwischen **(streng) monoton wachsenden** und **(streng) monoton fallenden Folgen** unterschieden:

Definition 11.10 (Monotone Folge)

a) *Eine Folge $(a_n)_{n \in \mathbb{N}_0}$ heißt monoton wachsend, falls $a_n \leq a_{n+1}$ für alle $n \in \mathbb{N}_0$, und streng monoton wachsend, falls $a_n < a_{n+1}$ für alle $n \in \mathbb{N}_0$ gilt.*

b) *Eine Folge $(a_n)_{n \in \mathbb{N}_0}$ heißt monoton fallend, falls $a_n \geq a_{n+1}$ für alle $n \in \mathbb{N}_0$, und streng monoton fallend, falls $a_n > a_{n+1}$ für alle $n \in \mathbb{N}_0$ gilt.*

Eine Folge $(a_n)_{n \in \mathbb{N}_0}$ muss ihr Infimum oder Supremum nicht annehmen. Das heißt, es ist durchaus möglich, dass eine Folge $(a_n)_{n \in \mathbb{N}_0}$ das Infimum c und/oder das Supremum d besitzt, aber keines der Folgenglieder von $(a_n)_{n \in \mathbb{N}_0}$ gleich dem Wert c oder d ist (siehe hierzu Beispiel 11.11a) und d)).

Beispiel 11.11 (Monotonie und Beschränktheit bei Folgen)

a) Die harmonische Folge $(a_n)_{n \in \mathbb{N}}$ mit $a_n := \frac{1}{n}$ für alle $n \in \mathbb{N}$, d. h. die Folge

$$1, \frac{1}{2}, \frac{1}{3}, \frac{1}{4}, \frac{1}{5}, \frac{1}{6}, \ldots,$$

ist streng monoton fallend und beschränkt. Eine untere und obere Schranke ist z. B. -1 bzw. 2. Weiter gilt $\inf_{n \in \mathbb{N}} a_n = 0$ und $\sup_{n \in \mathbb{N}} a_n = 1$ (vgl. Abbildung 11.1, links).

b) Die Folge $(a_n)_{n \in \mathbb{N}_0}$ mit $a_n := 2^n$ für alle $n \in \mathbb{N}_0$, d. h. die Folge

$$1, 2, 4, 8, 16, 32, \ldots,$$

ist streng monoton wachsend, nach unten beschränkt und nach oben unbeschränkt. Eine untere Schranke ist z. B. $\frac{1}{2}$. Weiter gilt $\inf_{n \in \mathbb{N}_0} a_n = 1$ und $\sup_{n \in \mathbb{N}_0} a_n = \infty$ (vgl. Abbildung 11.2, links).

c) Die Folge $(a_n)_{n \in \mathbb{N}_0}$ mit $a_n := (-1)^n n^2$ für alle $n \in \mathbb{N}_0$, d. h. die Folge

$$0, -1, 4, -9, 16, -25, \ldots,$$

ist alternierend und damit nicht monoton. Weiter ist die Folge unbeschränkt und es gilt $\inf_{n \in \mathbb{N}_0} a_n = -\infty$ sowie $\sup_{n \in \mathbb{N}_0} a_n = \infty$ (vgl. Abbildung 11.4, links).

d) Für die Folge $(a_n)_{n \in \mathbb{N}_0}$ mit $a_n := \frac{2n^2 - 2n + 1}{n^2 - n + 1}$ für alle $n \in \mathbb{N}_0$, d. h. für die Folge

$$1, 1, \frac{5}{3}, \frac{13}{7}, \frac{25}{13}, \frac{41}{21}, \ldots,$$

gilt

$$a_n = \frac{2n^2 - 2n + 1}{n^2 - n + 1} = \frac{2(n^2 - n + 1) - 1}{n^2 - n + 1}$$
$$= 2 - \frac{1}{n^2 - n + 1}.$$

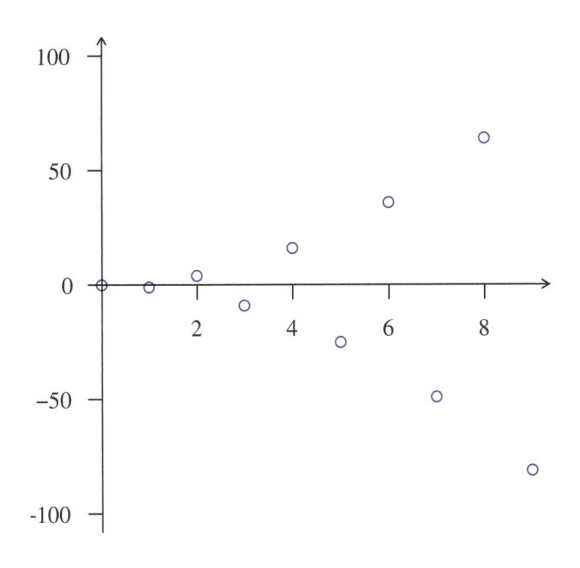

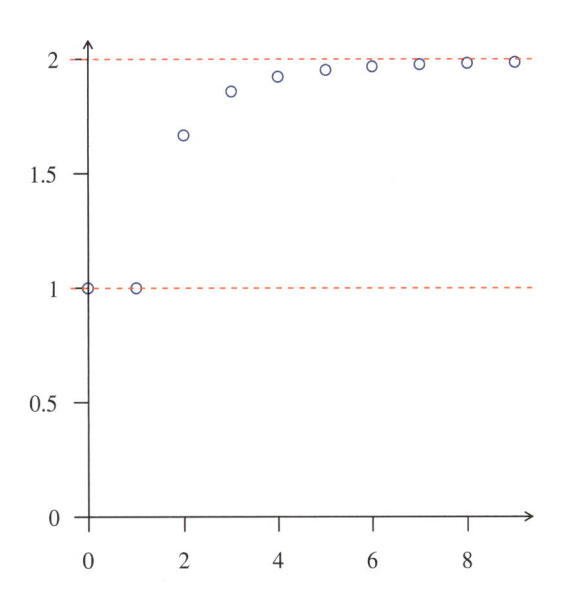

Abb. 11.4: Folgen $(a_n)_{n \in \mathbb{N}_0}$ mit $a_n = (-1)^n n^2$ (links) und $a_n = \frac{2n^2 - 2n + 1}{n^2 - n + 1}$ (rechts)

Daraus ist ersichtlich, dass die Folge monoton wachsend und beschränkt ist. Eine untere und obere Schranke ist z. B. 0 bzw. 3. Weiter gilt $\inf_{n \in \mathbb{N}_0} a_n = 1$ und $\sup_{n \in \mathbb{N}_0} a_n = 2$ (vgl. Abbildung 11.4, rechts).

Beispiel 11.12 (Monotonie und Beschränktheit bei Folgen)

a) Für eine arithmetische Folge $(a_n)_{n \in \mathbb{N}_0}$ gibt es ein $d \in \mathbb{R}$, so dass
$$a_{n+1} = a_0 + (n+1)d$$
für alle $n \in \mathbb{N}_0$ gilt (vgl. (11.4)). Das heißt, eine arithmetische Folge ist streng monoton wachsend für $d > 0$, streng monoton fallend für $d < 0$ und konstant a_0 (und damit insbesondere beschränkt) für $d = 0$.

b) Für eine geometrische Folge $(a_n)_{n \in \mathbb{N}_0}$ gibt es ein $q \in \mathbb{R}$, so dass
$$a_{n+1} = a_0 q^{n+1}$$
für alle $n \in \mathbb{N}_0$ gilt (vgl. (11.5)). Das heißt, eine geometrische Folge mit $a_0 > 0$ ist streng monoton wachsend für $q > 1$, konstant a_0 für $q = 1$, streng monoton fallend für $q \in (0, 1)$, konstant 0 für $q = 0$ und alternierend für $q < 0$. Für $a_0 < 0$ gelten analoge Aussagen, wobei dann jedoch die geometrische Folge für $q > 1$ streng monoton fallend und für $q \in (0, 1)$ streng monoton wachsend ist.

c) Die Folge $(a_n)_{n \in \mathbb{N}}$ sei definiert durch $a_n := \left(1 + \frac{1}{n}\right)^n$ für alle $n \in \mathbb{N}$. Das heißt, es gelte:
$$2, \frac{9}{4}, \frac{64}{27}, \frac{625}{256}, \frac{7776}{3125}, \ldots$$

Diese Werte legen die Vermutung nahe, dass durch 1 und 3 eine untere bzw. eine obere Schranke der Folge $(a_n)_{n \in \mathbb{N}}$ gegeben ist. Es gilt offensichtlich $1 + \frac{1}{n} > 1$ für alle $n \in \mathbb{N}$. Dies impliziert
$$a_n = \left(1 + \frac{1}{n}\right)^n > 1$$
für alle $n \in \mathbb{N}$. Das heißt, der Wert 1 ist tatsächlich eine untere Schranke der Folge $(a_n)_{n \in \mathbb{N}}$. Mit dem Binomischen Lehrsatz (siehe Satz 5.12) erhält man weiter, dass
$$a_n = \left(1 + \frac{1}{n}\right)^n = \sum_{k=0}^{n} \binom{n}{k} 1^{n-k} \left(\frac{1}{n}\right)^k = 1 + \sum_{k=1}^{n} \binom{n}{k} \frac{1}{n^k}$$

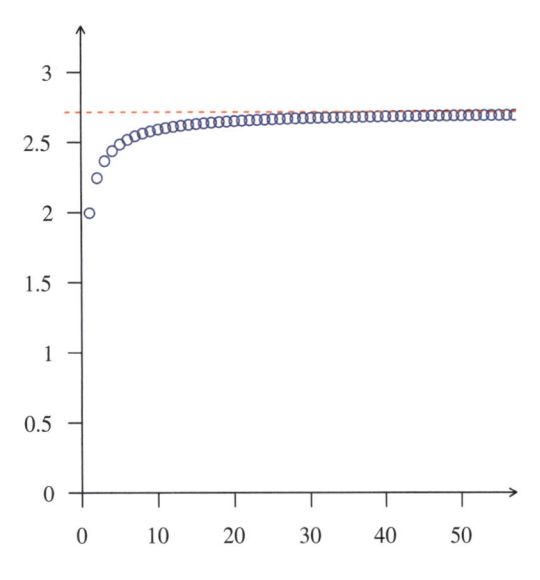

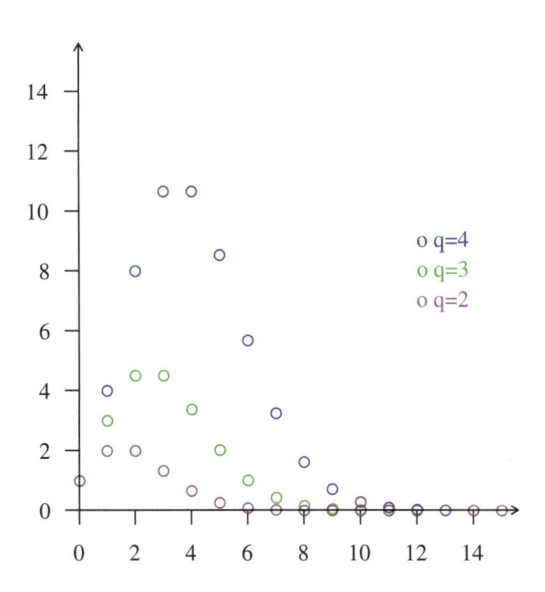

Abb. 11.5: Folge $(a_n)_{n\in\mathbb{N}}$ mit $a_n = \left(1 + \frac{1}{n}\right)^n$ (links) und Folge $(a_n)_{n\in\mathbb{N}_0}$ mit $a_n = \frac{q^n}{n!}$ für $q = 2, 3, 4$ (rechts)

gilt. Für die Summanden der rechten Summe gilt

$$\binom{n}{k}\frac{1}{n^k} = \frac{n(n-1)(n-2)\ldots(n-k+1)}{k!}\frac{1}{n^k}$$

$$= \frac{n(n-1)(n-2)\ldots(n-k+1)}{n^k}\frac{1}{k!}$$

$$\leq \frac{1}{k!}.$$

Damit folgt für die Folgenglieder von $(a_n)_{n\in\mathbb{N}}$

$$a_n = 1 + \sum_{k=1}^{n} \binom{n}{k}\frac{1}{n^k}$$

$$\leq 1 + \sum_{k=1}^{n}\frac{1}{k!} \leq 1 + \sum_{k=1}^{n}\frac{1}{2^{k-1}} = 1 + \sum_{k=0}^{n-1}\left(\frac{1}{2}\right)^k.$$

Mit der Summenformel für geometrische Folgen

$$\sum_{k=0}^{n-1} q^k = \frac{1-q^n}{1-q}$$

(siehe Satz 12.5b) in Abschnitt 12.3) erhält man daraus schließlich

$$a_n \leq 1 + \sum_{k=0}^{n-1}\left(\frac{1}{2}\right)^k = 1 + \frac{1-\left(\frac{1}{2}\right)^n}{1-\frac{1}{2}}$$

$$= 1 + 2\left(1 - \left(\frac{1}{2}\right)^n\right)$$

$$\leq 1 + 2 = 3$$

für alle $n \in \mathbb{N}$. Das heißt, der Wert 3 ist tatsächlich eine obere Schranke der Folge $(a_n)_{n\in\mathbb{N}}$. Die Abbildung 11.5 legt die Vermutung nahe, dass die kleinste obere Schranke (d. h. das Supremum) von $(a_n)_{n\in\mathbb{N}}$ nahe bei 2,7 liegt.

Für beschränkte, nichtleere Mengen $M \subseteq \mathbb{R}$ sind die Begriffe **Supremum** (d. h. die kleinste obere Schranke für die Elemente von M) und **Infimum** (d. h. die größte untere Schranke für die Elemente von M) völlig analog zu Folgen definiert:

Definition 11.13 (Supremum und Infimum einer Menge)

a) *Ein Wert $c \in \mathbb{R}$ heißt Supremum einer nach oben beschränkten nichtleeren Menge $M \subseteq \mathbb{R}$, falls $m \leq c$ für alle $m \in M$ gilt und es kein $c' \in \mathbb{R}$ gibt mit $c' < c$ und $m \leq c'$ für alle $m \in M$. Für diesen Wert c schreibt man* sup M.

b) *Ein Wert $c \in \mathbb{R}$ heißt Infimum einer nach unten beschränkten nichtleeren Menge $M \subseteq \mathbb{R}$, falls $c \leq m$ für alle $m \in M$ gilt und es kein $c' \in \mathbb{R}$ gibt mit $c < c'$ und $c' \leq m$ für alle $m \in M$. Für diesen Wert c schreibt man* inf M.

11.4 Konvergente und divergente Folgen

Der Konvergenzbegriff für Folgen und Funktionen ist eines der grundlegendsten Konzepte der Analysis. Der altgriechischen Philosophie und Mathematik stand noch kein widerspruchsfreier Konvergenzbegriff zur Verfügung. Dies führte zu zahlreichen Paradoxien, wie z. B. dem berühmten **Paradoxon von Achilles und der Schildkröte** (vgl. Beispiel 12.8 in Abschnitt 12.3).

Konvergenz und Divergenz

Der Begriff der Konvergenz wurde in seiner heutigen formalen Definition erstmals von dem französischen Mathematiker *Augustin Louis Cauchy* (1789–1857) betrachtet. Dabei wird eine Folge $(a_n)_{n \in \mathbb{N}_0}$ als **konvergent** bezeichnet, wenn sich ihre Folgenglieder a_n mit wachsendem Index n immer mehr einer reellen Zahl $a \in \mathbb{R}$ annähern. Diese Zahl a heißt dann **Grenzwert (Limes)** von $(a_n)_{n \in \mathbb{N}_0}$. Wenn die Folge $(a_n)_{n \in \mathbb{N}_0}$ keinen solchen Grenzwert besitzt, wird sie als **divergent** bezeichnet. Der Konvergenzbegriff spielt bei den Konzepten **Stetigkeit** (siehe Abschnitt 15.1), **Differenzierbarkeit** (siehe Abschnitt 16.2) und **Integrierbarkeit** (siehe Abschnitt 19.2) eine zentrale Rolle.

A. L. Cauchy

> **Definition 11.14** (Konvergenz und Divergenz einer Folge)
>
> *Eine Folge $(a_n)_{n \in \mathbb{N}_0}$ konvergiert gegen den Grenzwert (Limes) $a \in \mathbb{R}$, wenn es zu jedem $\varepsilon > 0$ ein $n_0 \in \mathbb{N}_0$ gibt, so dass*
>
> $$|a_n - a| < \varepsilon$$
>
> *für alle natürlichen Zahlen $n \geq n_0$ gilt. Man schreibt dann*
>
> $$\lim_{n \to \infty} a_n = a \quad \text{oder} \quad a_n \to a \text{ für } n \to \infty.$$
>
> *Eine konvergente Folge $(a_n)_{n \in \mathbb{N}_0}$ mit dem Grenzwert $a = 0$ wird als Nullfolge bezeichnet und eine Folge, die nicht konvergiert, heißt divergent.*

Für eine reelle Zahl a und ein $\varepsilon > 0$ wird das offene Intervall

$$(a - \varepsilon, a + \varepsilon) := \{y \in \mathbb{R} : |y - a| < \varepsilon\}$$

als **ε-Umgebung von a** bezeichnet. Eine Folge $(a_n)_{n \in \mathbb{N}_0}$ konvergiert somit genau dann gegen einen Grenzwert a, wenn in jeder ε-Umgebung $(a - \varepsilon, a + \varepsilon)$ von a fast alle Folgenglieder von $(a_n)_{n \in \mathbb{N}_0}$ liegen. Das heißt, nur endlich viele Folgenglieder von $(a_n)_{n \in \mathbb{N}_0}$ liegen außerhalb des offenen Intervalls $(a - \varepsilon, a + \varepsilon)$. Mit anderen Worten: Für ein $\varepsilon > 0$ liegen ab einem hinreichend großen Index $n_0 \in \mathbb{N}$ alle Folgenglieder a_n mit $n \geq n_0$ innerhalb der ε-Umgebung $(a - \varepsilon, a + \varepsilon)$ von a (vgl. Abbildung 11.6).

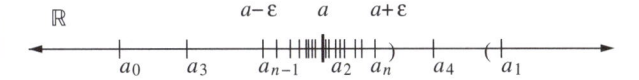

Abb. 11.6: ε-Umgebung

Eindeutigkeit von Grenzwerten

Es entspricht der Anschauung, dass jede konvergente Folge nur einen Grenzwert besitzt. Der folgende Satz besagt, dass dies tatsächlich zutrifft und damit der Grenzwert einer konvergenten Folge **eindeutig** ist.

> **Satz 11.15** (Eindeutigkeit des Grenzwertes einer Folge)
>
> *Der Grenzwert einer konvergenten Folge $(a_n)_{n \in \mathbb{N}_0}$ ist eindeutig.*

Beweis: Es sei angenommen, dass die Folge $(a_n)_{n \in \mathbb{N}_0}$ die beiden Grenzwerte a und b mit $a \neq b$ besitzt. Weiter sei $\varepsilon := \frac{1}{4}|b - a|$, dann existiert wegen

$$\lim_{n \to \infty} a_n = a \quad \text{und} \quad \lim_{n \to \infty} a_n = b$$

ein $n_0 \in \mathbb{N}$ mit $|a_n - a| < \varepsilon$ für alle $n \geq n_0$ sowie ein $n_1 \in \mathbb{N}$ mit $|a_n - b| < \varepsilon$ für alle $n \geq n_1$. Ist nun $m := \max\{n_0, n_1\}$, dann folgt zusammen mit der Dreiecksungleichung (3.4) der Widerspruch

$$\begin{aligned}|b - a| &= |b - a_m + a_m - a| \\ &\leq |b - a_m| + |a_m - a| \\ &< 2\varepsilon = \frac{1}{2}|b - a|.\end{aligned}$$ ∎

Der obige Satz besagt, dass eine Folge höchstens einen Grenzwert besitzt. Es ist aber auch möglich, dass eine Folge nicht konvergent ist, d. h. keinen Grenzwert besitzt. Bevor jedoch notwendige und hinreichende Bedingungen für die Existenz eines Grenzwertes sowie Hilfsmittel zum expliziten Nachweis der Konvergenz einer Folge vorgestellt werden, soll das Konzept der Konvergenz an einigen Beispielen veranschaulicht werden. Dabei zeigt sich, dass der Nachweis der Konvergenz einer Folge anhand der Definition und ohne weitere Hilfsmittel bereits für einfache Folgen oft mit relativ viel Aufwand verbunden ist.

Beispiel 11.16 (Konvergenz bei Folgen)

a) Eine **konstante Folge** $(a_n)_{n \in \mathbb{N}_0}$ mit $a_n := c \in \mathbb{R}$ für alle $n \in \mathbb{N}_0$ konvergiert gegen c. Denn es gilt

$$|a_n - c| = 0 < \varepsilon$$

für jedes $\varepsilon > 0$ und alle $n \in \mathbb{N}_0$, kurz: $\lim_{n \to \infty} a_n = c$.

b) Die harmonische Folge $(a_n)_{n \in \mathbb{N}}$ mit $a_n := \frac{1}{n}$ für alle $n \in \mathbb{N}$ ist eine Nullfolge, d. h. sie konvergiert gegen 0. Denn zu jedem $\varepsilon > 0$ existiert ein $n_0 \in \mathbb{N}$ mit $n_0 > \frac{1}{\varepsilon}$. Dies impliziert jedoch

$$|a_n - 0| = \left|\frac{1}{n}\right| \leq \frac{1}{n_0} < \varepsilon$$

für alle $n \geq n_0$, kurz: $\lim_{n \to \infty} \frac{1}{n} = 0$. Die harmonische Folge $(\frac{1}{n})_{n \in \mathbb{N}}$ ist der Prototyp einer Nullfolge (vgl. Abbildung 11.1, links).

c) Die geometrische Folge $(a_n)_{n \in \mathbb{N}_0}$ mit $a_n := q^n$ für alle $n \in \mathbb{N}_0$ und $|q| < 1$ ist eine Nullfolge. Mit der Ungleichung von Bernoulli (vgl. (1.22)) folgt

$$\frac{1}{|q^n|} = \left(\frac{1}{|q|}\right)^n = \left(1 + \frac{1-|q|}{|q|}\right)^n \geq 1 + n\left(\frac{1-|q|}{|q|}\right).$$

Dies impliziert jedoch für alle $n \in \mathbb{N}_0$

$$|a_n - 0| = |q^n| \leq \frac{1}{1 + n\left(\frac{1-|q|}{|q|}\right)}$$

$$= \frac{|q|}{|q| + n(1-|q|)} \leq \frac{|q|}{n(1-|q|)}.$$

Für jedes $\varepsilon > 0$ gibt es ein $n_0 \in \mathbb{N}$ mit $n_0 > \frac{|q|}{\varepsilon(1-|q|)}$. Daraus folgt

$$|a_n - 0| \leq \frac{|q|}{1-|q|}\frac{1}{n} \leq \frac{|q|}{1-|q|}\frac{1}{n_0} < \varepsilon$$

für alle $n \geq n_0$. Kurz: $\lim_{n \to \infty} q^n = 0$.

Mit Beispiel 11.16c) erhält man für das Cobweb-Modell aus Beispiel 11.4 das folgende Resultat:

Beispiel 11.17 (Cobweb-Modell)

Im Cobweb-Modell gilt für den Gleichgewichtspreis

$$p_n = \frac{c-b}{a+d} + \left(-\frac{a}{d}\right)^n \left(p_0 - \frac{c-b}{a+d}\right)$$

für alle $n \in \mathbb{N}_0$ (vgl. Beispiel 11.4). Das heißt, im Falle des Anfangspreises $p_0 = \frac{c-b}{a+d}$ ist die Folge $(p_n)_{n \in \mathbb{N}_0}$ der **Gleichgewichtspreise** konstant gleich $\frac{c-b}{a+d}$. Im Falle von $p_0 \neq \frac{c-b}{a+d}$ ist die Folge $(p_n)_{n \in \mathbb{N}_0}$ der Gleichgewichtspreise nicht konstant. Gilt zusätzlich $a < d$, dann konvergiert die Folge $\left(\left(-\frac{a}{d}\right)^n\right)_{n \in \mathbb{N}_0}$ gegen 0 (vgl. Beispiel 11.16c)) und damit konvergiert auch die Folge der Gleichgewichtspreise $(p_n)_{n \in \mathbb{N}_0}$ gegen den Grenzwert $\frac{c-b}{a+d}$, kurz: $\lim_{n \to \infty} p_n = \frac{c-b}{a+d}$.

Notwendige Bedingung für Konvergenz

Der folgende Satz liefert eine notwendige Bedingung für die Konvergenz einer Folge:

Satz 11.18 (Notwendige Bedingung für Konvergenz)

Eine konvergente Folge $(a_n)_{n \in \mathbb{N}_0}$ ist beschränkt.

Beweis: Es sei $(a_n)_{n \in \mathbb{N}_0}$ eine konvergente Folge mit dem Grenzwert $a \in \mathbb{R}$. Dann gibt es ein $n_0 \in \mathbb{N}_0$, so dass $|a_n - a| < 1$ für alle $n \geq n_0$ gilt. Zusammen mit der Dreiecksungleichung (3.4) impliziert dies

$$|a_n| = |a_n - a + a| \leq |a_n - a| + |a| < 1 + |a|$$

für alle $n \geq n_0$. Es gilt somit $|a_n| \leq \max\{|a_1|, \ldots, |a_{n_0-1}|, 1 + |a|\}$ für alle $n \in \mathbb{N}_0$, d. h. $(a_n)_{n \in \mathbb{N}_0}$ ist beschränkt. ∎

Beispiel 11.19 (Notwendige Bedingung für Konvergenz)

Die Folge $(a_n)_{n \in \mathbb{N}}$ mit $a_n := \sqrt[n]{n!}$ ist divergent. Denn wäre $(a_n)_{n \in \mathbb{N}}$ konvergent, dann würde aus Satz 11.18 folgen, dass $(a_n)_{n \in \mathbb{N}}$ beschränkt ist. Dies würde jedoch auch bedeuten, dass eine Konstante $c \in \mathbb{R}$ existiert, so dass

$$\sqrt[n]{n!} \leq c \quad \text{bzw.} \quad \frac{c^n}{n!} \geq 1$$

für alle $n \in \mathbb{N}$ gilt. Dies steht jedoch im Widerspruch zu der Tatsache, dass $\left(\frac{c^n}{n!}\right)_{n \in \mathbb{N}}$ eine Nullfolge ist und damit $\lim_{n \to \infty} \frac{c^n}{n!} = 0$ gilt (siehe hierzu Beispiel 11.24a)). Die Folge $(a_n)_{n \in \mathbb{N}}$ ist somit divergent.

Uneigentliche Grenzwerte

Bei unbeschränkten Folgen, wie z. B. $(2^n)_{n \in \mathbb{N}_0}$ aus Beispiel 11.11b) sagt man auch, dass sie gegen ∞ **divergieren**, **bestimmt divergent** sind, oder auch, dass sie den **uneigentlichen Grenzwert** ∞ besitzen. Divergente Folgen, wie z. B. $((-1)^n n^2)_{n \in \mathbb{N}_0}$ aus Beispiel 11.11c), heißen dagegen **unbestimmt divergent**.

Diese Bezeichnungen werden durch die folgende Definition präzisiert:

Definition 11.20 (Uneigentlicher Grenzwert einer Folge)

Eine Folge $(a_n)_{n \in \mathbb{N}_0}$ heißt bestimmt divergent gegen ∞ oder $-\infty$, wenn für alle $a \in \mathbb{R}$ ein $n_0 \in \mathbb{N}_0$ existiert, so dass $a_n \geq a$ bzw. $a_n \leq a$ für alle $n \geq n_0$ gilt. Man schreibt dann

$$\lim_{n \to \infty} a_n = \infty \quad \text{oder} \quad a_n \to \infty \quad \text{für} \quad n \to \infty$$

bzw.

$$\lim_{n \to \infty} a_n = -\infty \quad \text{oder} \quad a_n \to -\infty \quad \text{für} \quad n \to \infty$$

und sagt, dass die Folge $(a_n)_{n \in \mathbb{N}_0}$ den uneigentlichen Grenzwert ∞ bzw. $-\infty$ besitzt. Divergente Folgen, die nicht bestimmt divergent sind, heißen unbestimmt divergent.

Man sollte vermeiden, bei bestimmt divergenten Folgen $(a_n)_{n \in \mathbb{N}_0}$ davon zu sprechen, dass sie gegen ∞ oder $-\infty$ konvergieren. Von Konvergenz sollte man nur sprechen, wenn sich die Folge einer wohlbestimmten endlichen Zahl a beliebig genau annähert.

Eine monoton wachsende oder eine monoton fallende Folge divergiert offensichtlich genau dann gegen ∞ bzw. $-\infty$, wenn sie unbeschränkt ist.

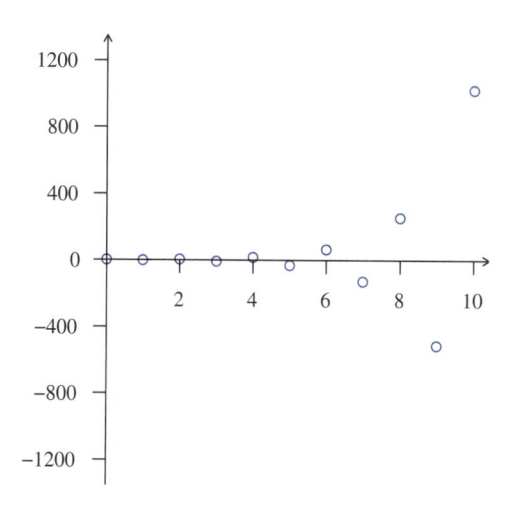

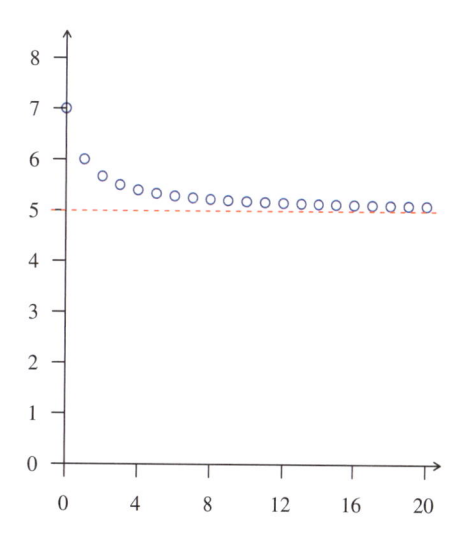

Abb. 11.7: Folgen $(a_n)_{n \in \mathbb{N}_0}$ mit $a_n = (-2)^n$ (links) und $a_n = 5 + \frac{2}{n+1}$ (rechts)

Beispiel 11.21 (Unbestimmt divergente Folge)

Die Folge $(a_n)_{n\in\mathbb{N}_0}$ mit $a_n := (-2)^n$ für alle $n \in \mathbb{N}_0$ ist nicht beschränkt und damit nach Satz 11.18 auch nicht konvergent. Es gilt $\inf_{n\in\mathbb{N}_0} a_n = -\infty$ und $\sup_{n\in\mathbb{N}_0} a_n = \infty$. Da es jedoch kein $n_0 \in \mathbb{N}_0$ gibt, so dass $a_n \geq 0$ oder $a_n \leq 0$ für alle $n \geq n_0$ gilt, divergiert die Folge weder gegen $-\infty$ noch gegen ∞. Die Folge $(a_n)_{n\in\mathbb{N}_0}$ ist somit unbestimmt divergent (vgl. Abbildung 11.7, links).

11.5 Majoranten- und Monotoniekriterium

Ein oftmals nützliches Hilfsmittel beim Nachweis der Konvergenz einer Folge ist das **Majorantenkriterium**. Ist die Folge $(b_n)_{n\in\mathbb{N}_0}$ eine sogenannte **Majorante** der Folge $(a_n - a)_{n\in\mathbb{N}_0}$, d. h. gilt

$$|a_n - a| \leq |b_n|$$

für alle $n \geq n_0$, dann besagt das Majorantenkriterium, dass die Konvergenz von $(b_n)_{n\in\mathbb{N}_0}$ gegen 0 die Konvergenz von $(a_n - a)_{n\in\mathbb{N}_0}$ gegen 0 und damit insbesondere die Konvergenz von $(a_n)_{n\in\mathbb{N}_0}$ gegen a impliziert:

Satz 11.22 (Majorantenkriterium für Folgen)

Es seien $(a_n)_{n\in\mathbb{N}_0}$ eine Folge und $(b_n)_{n\in\mathbb{N}_0}$ eine Nullfolge mit der Eigenschaft

$$|a_n - a| \leq |b_n|$$

für alle $n \geq n_0$ und ein $a \in \mathbb{R}$. Dann konvergiert die Folge $(a_n)_{n\in\mathbb{N}_0}$ gegen a.

Beweis: Es sei $(b_n)_{n\in\mathbb{N}_0}$ eine Nullfolge mit der Eigenschaft $|a_n - a| \leq |b_n|$ für alle $n \geq n_0$ und ein $a \in \mathbb{R}$. Es gibt daher zu jedem $\varepsilon > 0$ ein $m_0 \in \mathbb{N}$, so dass $|b_n| < \varepsilon$ für alle $n \geq m_0$ gilt. Dies impliziert jedoch unmittelbar

$$|a_n - a| \leq |b_n| < \varepsilon$$

für alle $n \geq \max\{n_0, m_0\}$. Das heißt, die Folge $(a_n)_{n\in\mathbb{N}_0}$ konvergiert gegen a. ∎

Die Folge $((-1)^n)_{n\in\mathbb{N}_0}$ ist gegeben durch

$$1, -1, 1, -1, 1, -1, \ldots$$

und somit beschränkt, aber offensichtlich nicht konvergent. Das heißt, eine beschränkte Folge muss nicht zwangsläufig konvergieren und die Umkehrung des Satzes 11.18 gilt somit im Allgemeinen nicht. Der folgende Satz besagt jedoch, dass wenigstens für beschränkte Folgen, die zusätzlich **monoton** sind, die Umkehrung gilt. Der Satz liefert damit eine notwendige und hinreichende Bedingung für die Konvergenz einer monotonen Folge.

Satz 11.23 (Monotoniekriterium für beschränkte Folgen)

a) *Eine monoton wachsende Folge $(a_n)_{n\in\mathbb{N}_0}$ konvergiert genau dann, wenn sie beschränkt ist. Sie konvergiert dann gegen ihr Supremum $\sup_{n\in\mathbb{N}_0} a_n$.*

b) *Eine monoton fallende Folge $(a_n)_{n\in\mathbb{N}_0}$ konvergiert genau dann, wenn sie beschränkt ist. Sie konvergiert dann gegen ihr Infimum $\inf_{n\in\mathbb{N}_0} a_n$.*

Beweis: Zu a): Es sei angenommen, dass die Folge $(a_n)_{n\in\mathbb{N}_0}$ konvergent ist. Dann folgt aus Satz 11.18, dass die Folge auch beschränkt ist.

Die Folge $(a_n)_{n\in\mathbb{N}_0}$ sei nun monoton wachsend und nach oben beschränkt. Aus der Monotonie folgt unmittelbar $a_0 \leq a_n$ für alle $n \in \mathbb{N}_0$. Das heißt, $(a_n)_{n\in\mathbb{N}_0}$ ist auch nach unten beschränkt. Es sei nun $c \in \mathbb{R}$ das Supremum der beschränkten Folge $(a_n)_{n\in\mathbb{N}_0}$. Angenommen, es gelte $|c - a_n| = c - a_n \geq \varepsilon$ für alle $n \in \mathbb{N}_0$ und ein $\varepsilon > 0$. Dann wäre auch $c' := c - \frac{1}{2}\varepsilon$ eine obere Schranke. Wegen $c' < c$ wäre dies jedoch ein Widerspruch zur Tatsache, dass c als Supremum von $(a_n)_{n\in\mathbb{N}_0}$ die kleinste obere Schranke ist. Es gibt somit ein $n_0 \in \mathbb{N}_0$ mit $c - a_{n_0} < \varepsilon$. Da jedoch $(a_n)_{n\in\mathbb{N}_0}$ monoton steigend ist, impliziert dies $c - a_n < \varepsilon$ für alle $n \geq n_0$. Also ist c der Grenzwert der Folge $(a_n)_{n\in\mathbb{N}_0}$ und die Folge konvergiert somit gegen ihr Supremum.

Zu b): Erhält man durch Betrachtung der Folge $(-a_n)_{n\in\mathbb{N}_0}$ und Anwendung der Aussage a). ∎

Beispiel 11.24 (Anwendung Majoranten- und Monotoniekriterium)

a) Die Folge $(a_n)_{n\in\mathbb{N}_0}$ mit $a_n := \frac{q^n}{n!}$ für alle $n \in \mathbb{N}_0$ und $q \in \mathbb{R}$ ist eine Nullfolge. Denn ist $n_0 \in \mathbb{N}$ mit $\frac{|q|}{n_0} \leq \frac{1}{2}$, dann folgt für alle $n \geq n_0$

$$|a_n - 0| = \frac{|q^n|}{n!} = \frac{|q|}{n} \frac{|q|^{n-1}}{(n-1)!} \leq \frac{1}{2} \frac{|q|^{n-1}}{(n-1)!} \cdots$$

$$\leq \left(\frac{1}{2}\right)^{n-n_0} \frac{|q|^{n_0}}{n_0!} = \underbrace{\frac{|2q|^{n_0}}{n_0!}}_{=:c} \left(\frac{1}{2}\right)^n = c \left(\frac{1}{2}\right)^n.$$

Da die geometrische Folge $((1/2)^n)_{n \in \mathbb{N}_0}$ eine Nullfolge ist (vgl. Beispiel 11.16c)), ist auch die Folge $(b_n)_{n \in \mathbb{N}_0}$ mit $b_n := c \left(\frac{1}{2}\right)^n$ eine Nullfolge. Mit dem Majorantenkriterium (vgl. Satz 11.22) folgt daher, dass die Folge $(a_n)_{n \in \mathbb{N}_0}$ gegen 0 konvergiert. Dieses Ergebnis besagt insbesondere, dass die Fakultät $n! = n(n-1) \cdots 2 \cdot 1$ schneller mit n anwächst als die Potenzen q^n für ein beliebiges $q \in \mathbb{R}$ (siehe Abbildung 11.5, rechts).

b) Die Folge $(a_n)_{n \in \mathbb{N}_0}$ mit $a_n := 5 + \frac{2}{n+1}$ für alle $n \in \mathbb{N}_0$ ist streng monoton fallend, nach unten beschränkt und besitzt das Infimum 5. Mit dem Monotoniekriterium für beschränkte Folgen (vgl. Satz 11.23b)) folgt somit, dass die Folge $(a_n)_{n \in \mathbb{N}_0}$ gegen den Grenzwert 5 konvergiert (vgl. Abbildung 11.7, rechts).

c) Die Folge $(a_n)_{n \in \mathbb{N}}$ mit $a_n := \sqrt[n]{n}$ für alle $n \in \mathbb{N}$ konvergiert gegen den Grenzwert 1. Zum Nachweis dieser Behauptung sei $(c_n)_{n \in \mathbb{N}}$ mit $c_n := \sqrt[n]{n} - 1 \geq 0$ für alle $n \in \mathbb{N}$. Dann folgt mit dem Binomischen Lehrsatz (5.11) für alle $n \geq 2$

$$n = (c_n + 1)^n$$
$$= \sum_{k=0}^{n} \binom{n}{k} c_n^k$$
$$\geq 1 + n c_n + \binom{n}{2} c_n^2$$
$$\geq 1 + \binom{n}{2} c_n^2 = 1 + \frac{n(n-1)}{2} c_n^2.$$

Dies impliziert unmittelbar

$$n - 1 \geq \frac{n(n-1)}{2} c_n^2.$$

Nach Division durch $n-1$ sowie Multiplikation mit $\frac{2}{n}$ erhält man daraus

$$c_n^2 \leq \frac{2}{n} \quad \text{bzw.} \quad |c_n - 0| \leq \sqrt{\frac{2}{n}}.$$

Da $\left(\sqrt{\frac{2}{n}}\right)_{n \in \mathbb{N}}$ offensichtlich eine Nullfolge ist (vgl. Beispiel 11.16b)), folgt mit dem Majorantenkriterium (vgl. Satz 11.22), dass $(c_n)_{n \in \mathbb{N}}$ gegen 0 konvergiert. Wegen $c_n = \sqrt[n]{n} - 1$ für alle $n \in \mathbb{N}$ impliziert dies jedoch, dass $(\sqrt[n]{n})_{n \in \mathbb{N}}$ gegen 1 konvergiert, also $\lim_{n \to \infty} \sqrt[n]{n} = 1$ gilt.

11.6 Häufungspunkte und Teilfolgen

Häufungspunkt und **Teilfolge** sind zwei weitere wichtige Begriffe der Analysis.

Häufungspunkte

Eine reelle Zahl a wird als Häufungspunkt einer Folge $(a_n)_{n \in \mathbb{N}_0}$ bezeichnet, wenn unendlich viele Folgenglieder a_n beliebig nahe beim Wert a liegen:

Definition 11.25 (Häufungspunkt einer Folge)

Eine reelle Zahl $a \in \mathbb{R}$ heißt Häufungspunkt der Folge $(a_n)_{n \in \mathbb{N}_0}$, wenn es zu jedem $\varepsilon > 0$ und jedem $n_0 \in \mathbb{N}_0$ ein $m > n_0$ gibt, so dass $|a_m - a| < \varepsilon$ gilt.

Eine Zahl $a \in \mathbb{R}$ ist somit genau dann ein Häufungspunkt der Folge $(a_n)_{n \in \mathbb{N}_0}$, wenn für jedes $\varepsilon > 0$ unendlich viele Folgenglieder in der ε-Umgebung $(a - \varepsilon, a + \varepsilon)$ von a liegen. Ist a der Grenzwert einer konvergenten Folge $(a_n)_{n \in \mathbb{N}_0}$, dann liegen in jeder ε-Umgebung $(a - \varepsilon, a + \varepsilon)$ sogar **fast alle** (d. h. alle bis auf endlich viele) Folgenglieder. Der Grenzwert a einer konvergenten Folge $(a_n)_{n \in \mathbb{N}_0}$ ist damit stets auch ein Häufungspunkt der Folge.

Ist $(a_n)_{n \in \mathbb{N}_0}$ eine konvergente Folge mit dem Grenzwert a, dann ist a auch der einzige Häufungspunkt der Folge. Denn würde $(a_n)_{n \in \mathbb{N}_0}$ noch einen weiteren Häufungspunkt $b \in \mathbb{R}$ mit $a \neq b$ besitzen, dann würden unendlich viele Folgenglieder von $(a_n)_{n \in \mathbb{N}_0}$ beliebig nahe sowohl bei a als auch bei b liegen. Dies steht jedoch im Widerspruch dazu, dass in jeder ε-Umgebung $(a - \varepsilon, a + \varepsilon)$ von a alle bis auf endlich viele Folgenglieder von $(a_n)_{n \in \mathbb{N}_0}$ liegen.

Die Umkehrung dieser Aussage gilt jedoch nicht. Das heißt, eine Folge mit genau einem Häufungspunkt muss nicht zwingend konvergent sein, wie das Beispiel 11.26b) zeigt:

Beispiel 11.26 (Häufungspunkte)

a) Die Folge $(a_n)_{n \in \mathbb{N}_0}$ mit $a_n := (-1)^n$ für alle $n \in \mathbb{N}_0$ hat die beiden Häufungspunkte -1 und 1. Denn ist $\varepsilon > 0$ und $n \in \mathbb{N}_0$ ungerade, dann gilt $|-1 - (-1)^n| = 0 < \varepsilon$. Für gerade $n \in \mathbb{N}_0$ gilt analog $|1 - (-1)^n| = 0 < \varepsilon$ (vgl. Abbildung 11.8, links).

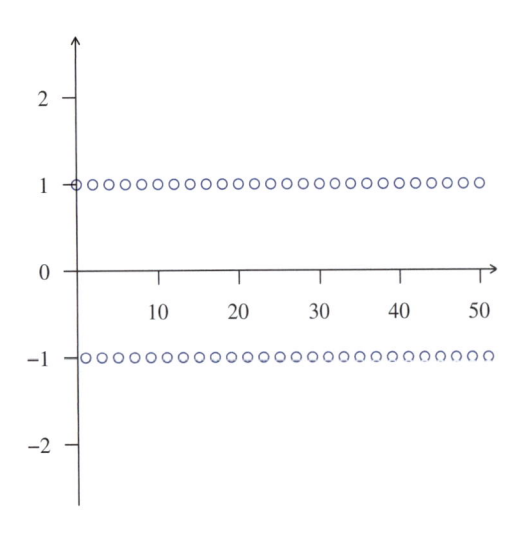

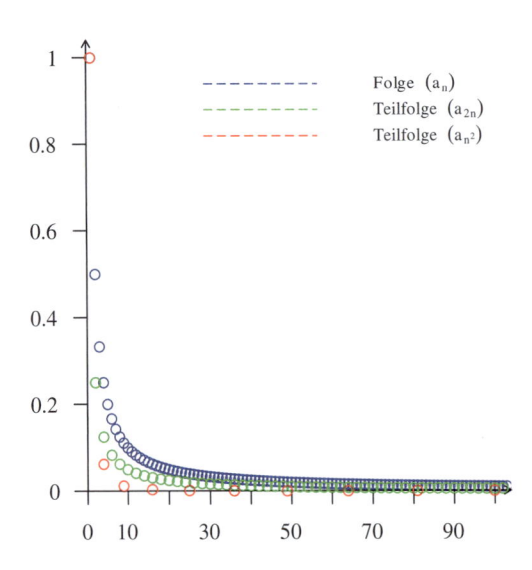

Abb. 11.8: Folge $(a_n)_{n \in \mathbb{N}_0}$ mit $a_n = (-1)^n$ (links) und Folge $(a_n)_{n \in \mathbb{N}}$ mit $a_n = \frac{1}{n}$ sowie ihre Teilfolgen $(a_{2n})_{n \in \mathbb{N}}$ und $(a_{n^2})_{n \in \mathbb{N}}$ (rechts)

b) Die Folge $(a_n)_{n \in \mathbb{N}_0}$ mit $a_n := n$ für $n \in \mathbb{N}_0$ gerade und $a_n := \frac{1}{n}$ für $n \in \mathbb{N}_0$ ungerade besitzt den Häufungspunkt 0. Denn ist $\varepsilon > 0$, dann gilt für alle ungeraden $n \in \mathbb{N}_0$ mit $n > \frac{1}{\varepsilon}$

$$|a_n - 0| = \frac{1}{n} < \varepsilon.$$

Für gerade $n \in \mathbb{N}_0$, d. h. für $n = 2m$ mit $m \in \mathbb{N}_0$, gilt dagegen $\lim_{m \to \infty} a_{2m} = \infty$. Das heißt, die Folge $(a_n)_{n \in \mathbb{N}_0}$ ist divergent.

Teilfolgen

Der Begriff **Teilfolge** einer Folge ist wie folgt definiert:

Definition 11.27 (Teilfolge)

Es sei $(a_n)_{n \in \mathbb{N}_0}$ eine beliebige Folge und $(n_k)_{k \in \mathbb{N}_0}$ eine streng monoton wachsende Folge natürlicher Zahlen $n_k \in \mathbb{N}_0$. Dann heißt die Folge

$$(a_{n_k})_{k \in \mathbb{N}_0} = (a_{n_0}, a_{n_1}, a_{n_2}, \ldots)$$

Teilfolge der Folge $(a_n)_{n \in \mathbb{N}_0}$.

Bei einer Teilfolge $(a_{n_k})_{k \in \mathbb{N}_0}$ handelt es sich somit um eine „Ausdünnung" einer gegebenen Folge $(a_n)_{n \in \mathbb{N}_0}$, die ganz einfach dadurch entsteht, dass gewisse Folgenglieder von $(a_n)_{n \in \mathbb{N}_0}$ entfernt werden.

Beispiel 11.28 (Teilfolgen)

a) Die Folgen $a_0, a_3, a_5, a_7, \ldots$ und $a_2, a_4, a_6, a_8, \ldots$ sind Teilfolgen der Folge $(a_n)_{n \in \mathbb{N}_0}$.

b) Die harmonische Folge $(a_n)_{n \in \mathbb{N}}$ mit $a_n := \frac{1}{n}$ für alle $n \in \mathbb{N}$ besitzt z. B. die beiden Teilfolgen

$$\frac{1}{2}, \frac{1}{4}, \frac{1}{6}, \ldots, \frac{1}{2n}, \ldots \quad \text{und}$$

$$1, \frac{1}{4}, \frac{1}{9}, \frac{1}{16}, \ldots, \frac{1}{n^2}, \ldots$$

Diese Teilfolgen von $(a_n)_{n \in \mathbb{N}}$ lassen sich auch kürzer als $(a_{2n})_{n \in \mathbb{N}}$ bzw. $(a_{n^2})_{n \in \mathbb{N}}$ schreiben (vgl. Abbildung 11.8, rechts).

Ist eine Folge $(a_n)_{n \in \mathbb{N}_0}$ monoton, beschränkt oder konvergent, dann überträgt sich dies auf jede ihrer Teilfolgen $(a_{n_k})_{k \in \mathbb{N}_0}$. Insbesondere folgt unmittelbar aus der Konvergenzdefinition für Folgen, dass $\lim_{n \to \infty} a_n = a$ auch $\lim_{k \to \infty} a_{n_k} = a$ für jede Teilfolge $(a_{n_k})_{k \in \mathbb{N}_0}$ impliziert. Das heißt, jede Teilfolge $(a_{n_k})_{k \in \mathbb{N}_0}$ einer konvergenten Folge $(a_n)_{n \in \mathbb{N}_0}$ konvergiert gegen denselben Grenzwert $a = \lim_{n\to\infty} a_n$. Zum Beispiel gilt für die harmonische Folge $\left(\frac{1}{n}\right)_{n\in\mathbb{N}}$ und ihre beiden Teilfolgen $(a_{2n})_{n\in\mathbb{N}}$ bzw. $(a_{n^2})_{n\in\mathbb{N}}$:

$$\lim_{n\to\infty}\frac{1}{n} = \lim_{n\to\infty}\frac{1}{2n} = \lim_{n\to\infty}\frac{1}{n^2} = 0$$

Analog gilt, dass jede Teilfolge einer bestimmt divergenten Folge wieder bestimmt divergent ist.

Zwischen Häufungspunkten und Teilfolgen einer Folge besteht der folgende Zusammenhang:

> **Satz 11.29** (Zusammenhang Häufungspunkt und Teilfolge)
>
> *Eine reelle Zahl $a \in \mathbb{R}$ ist genau dann ein Häufungspunkt der Folge $(a_n)_{n\in\mathbb{N}_0}$, wenn a der Grenzwert einer konvergenten Teilfolge $(a_{n_k})_{k\in\mathbb{N}_0}$ von $(a_n)_{n\in\mathbb{N}_0}$ ist.*

Beweis: Es sei a ein Häufungspunkt der Folge $(a_n)_{n\in\mathbb{N}_0}$. Dann kann eine konvergente Teilfolge $(a_{n_k})_{k\in\mathbb{N}_0}$ von $(a_n)_{n\in\mathbb{N}_0}$ mit dem Grenzwert a wie folgt konstruiert werden: Setze $a_{n_0} := a_0$ und wähle für alle $k \in \mathbb{N}$ eine natürliche Zahl $n_k > n_{k-1}$ mit $|a_{n_k} - a| < \frac{1}{k}$. Die so konstruierte Teilfolge $(a_{n_k})_{k\in\mathbb{N}_0}$ besitzt nach dem Majorantenkriterium für Folgen (vgl. Satz 11.22) den Grenzwert a, da $\left(\frac{1}{k}\right)_{k\in\mathbb{N}}$ eine Nullfolge ist.

Umgekehrt sei nun a der Grenzwert einer konvergenten Teilfolge $(a_{n_k})_{k\in\mathbb{N}_0}$ von $(a_n)_{n\in\mathbb{N}_0}$. Dann gibt es zu jedem $\varepsilon > 0$ ein $m \in \mathbb{N}_0$, so dass $|a_{n_k} - a| < \varepsilon$ für alle $n_k > m$ gilt. Dies bedeutet jedoch auch, dass a ein Häufungspunkt der Folge $(a_n)_{n\in\mathbb{N}_0}$ ist. ∎

> **Beispiel 11.30** (Zusammenhang Häufungspunkt und Teilfolge)
>
> Die Folge $(a_n)_{n\in\mathbb{N}_0}$ mit $a_n := (-1)^n$ für alle $n \in \mathbb{N}_0$ hat die beiden Häufungspunkte -1 und 1 (vgl. Beispiel 11.26a)). Aus Satz 11.29 folgt somit, dass -1 und 1 die Grenzwerte konvergenter Teilfolgen von $(a_n)_{n\in\mathbb{N}_0}$ sind. Zwei solche konvergente Teilfolgen sind z. B. $(a_{2k+1})_{k\in\mathbb{N}_0}$ bzw. $(a_{2k})_{k\in\mathbb{N}_0}$.

Satz von Bolzano-Weierstraß

Der **Satz von Bolzano-Weierstraß** ist benannt nach dem böhmischen Mathematiker *Bernard Bolzano* (1781–1848) und dem deutschen Mathematiker *Karl Weierstraß* (1815–1897). Er besagt, dass jede beschränkte Folge $(a_n)_{n\in\mathbb{N}_0}$ mindestens einen Häufungspunkt und damit auch mindestens eine konvergente Teilfolge besitzt. Der Satz von Bolzano-Weierstraß ist ein wichtiger Satz der Analysis. Er ist hilfreich beim Beweis einer ganzen Reihe wichtiger Resultate, wie z. B. dem **Konvergenzkriterium von Cauchy** (siehe Satz 11.37) und dem **Satz vom Minimum und Maximum** (siehe Satz 15.25).

B. Bolzano

Der Satz von Bolzano-Weierstraß wird aber auch in der Ökonomie bei der Betrachtung verschiedener **Gleichgewichtsmodelle** zum Beweis der Existenz eines Gleichgewichtszustandes benötigt. Ein bekanntes Beispiel hierfür ist die Existenz einer sogenannten **Pareto-optimalen Allokation** bei der Verteilung eines knappen Gutes. Der Begriff **Pareto-Optimum** (**Pareto-Effizienz**, **Pareto-Menge**) ist benannt nach dem italienischen Ökonomen und Soziologen *Vilfredo Federico Pareto* (1848–1923) und bezeichnet einen Zustand, in dem kein Individuum besser gestellt werden kann, ohne zugleich ein anderes Individuum schlechter zu stellen. Ein Wechsel hin zu einer nach Maßgabe dieses Kriteriums besseren Verteilung des knappen Gutes wird als **Pareto-Optimierung** bezeichnet und die Menge der durch Pareto-Optimierung erreichbaren Zustände heißt Pareto-Optimum (für mehr Details siehe z. B. *Ingersoll* [30] und *Bewley* [3]).

K. Weierstraß

> **Satz 11.31** (Satz von Bolzano-Weierstraß)
>
> *Jede beschränkte Folge $(a_n)_{n\in\mathbb{N}_0}$ besitzt eine konvergente Teilfolge bzw. einen Häufungspunkt.*

Beweis: Die Folge $(a_n)_{n\in\mathbb{N}_0}$ sei beschränkt. Dann existiert ein $c > 0$ mit $|a_n| \leq c$ für alle $n \in \mathbb{N}_0$. Das heißt, alle Folgenglieder a_n liegen im Intervall $[-c, c]$. Durch Halbierung dieses Intervalls erhält man die beiden Teilintervalle $[-c, 0]$ und $[0, c]$, wobei mindestens eines der beiden Teilintervalle unendlich viele Folgenglieder enthält. Ohne Beschränkung der Allgemeinheit sei dies das Teilintervall $[0, c]$. Für die Halbierung dieses Intervalls in die beiden Teilintervalle $\left[0, \frac{c}{2}\right]$ und $\left[\frac{c}{2}, c\right]$ gilt dann eine analoge Aussage. Durch fortgesetzte Intervallhalbierung resultiert auf diese Weise eine Intervallschachtelung mit der Eigenschaft, dass jeweils mindestens eines der beiden Intervalle unendlich viele Folgenglieder enthält. Das heißt, es resultieren Intervalle $[u_0, v_0] := [-c, c], [u_1, v_1], [u_2, v_2], \ldots$ mit der Eigenschaft $u_n \leq a_k \leq v_n$ für unendlich viele $k \in \mathbb{N}_0$ und jedes $n \in \mathbb{N}_0$. Da die Folge $(u_n)_{n \in \mathbb{N}_0}$ der Untergrenzen beschränkt und monoton wachsend und die Folge $(v_n)_{n \in \mathbb{N}_0}$ der Obergrenzen beschränkt und monoton fallend ist, konvergieren gemäß Satz 11.23 beide Folgen. Für ihren Grenzwert gilt dabei

$$a := \lim_{n \to \infty} u_n = \lim_{n \to \infty} v_n,$$

da durch den fortgesetzten Halbierungsprozess die Intervalle $[u_n, v_n]$ beliebig klein werden. Dies impliziert unmittelbar, dass es für jedes $\varepsilon > 0$ ein n mit $a - \varepsilon < u_n < v_n < a + \varepsilon$ gibt. Es gilt somit $a - \varepsilon < a_k < a + \varepsilon$ bzw. $|a - a_k| < \varepsilon$ für unendlich viele $k \in \mathbb{N}_0$. Das heißt, der Wert a ist ein Häufungspunkt der Folge $(a_n)_{n \in \mathbb{N}_0}$. Mit Satz 11.29 folgt schließlich, dass $(a_n)_{n \in \mathbb{N}_0}$ eine konvergente Teilfolge mit dem Grenzwert a besitzt. ∎

Das Beispiel 11.26b) zeigt, dass die Existenz genau eines Häufungspunktes keine Konvergenz impliziert. Der Grund hierfür ist, dass die Folge trotz genau eines Häufungspunktes noch unbeschränkt sein kann. Gemäß dem Satz 11.18 kann die Folge dann aber nicht konvergent sein. Der folgende Satz zeigt jedoch, dass bei zusätzlicher Beschränktheit der Folge, diese auch konvergent ist. Der Satz liefert damit eine notwendige und hinreichende Bedingung für die Konvergenz einer Folge:

> **Satz 11.32** (Notwendige und hinreichende Bedingung für Konvergenz)
>
> *Eine Folge $(a_n)_{n \in \mathbb{N}_0}$ ist genau dann konvergent, wenn sie beschränkt ist und genau einen Häufungspunkt besitzt.*

Beweis: Die Folge $(a_n)_{n \in \mathbb{N}_0}$ sei konvergent mit dem Grenzwert a. Dann ist a der einzige Häufungspunkt von $(a_n)_{n \in \mathbb{N}_0}$ (vgl. Ausführung nach Definition 11.25) und aus Satz 11.18 folgt, dass $(a_n)_{n \in \mathbb{N}_0}$ auch beschränkt ist.

Die Folge $(a_n)_{n \in \mathbb{N}_0}$ sei nun umgekehrt beschränkt und besitze genau einen Häufungspunkt. Da $(a_n)_{n \in \mathbb{N}_0}$ beschränkt ist, kann analog zum Beweis von Satz 11.31 wieder eine fortgesetzte Intervallhalbierung durchgeführt werden. Da jedoch die Folge nur einen Häufungspunkt besitzt, resultiert bei jedem Halbierungsschritt genau ein Intervall, das unendlich viele Folgenglieder enthält. Weiter erhält man analog zum Beweis von Satz 11.31, dass es ein $a \in \mathbb{R}$ gibt, so dass $|a_k - a| < \varepsilon$ für unendlich viele $k \in \mathbb{N}_0$ gilt. Zusammen mit der Tatsache, dass bei jedem Halbierungsschritt nur eines der beiden Intervalle unendlich viele Folgenglieder enthält, impliziert dies, dass es zu jedem $\varepsilon > 0$ ein $n_0 \in \mathbb{N}_0$ mit $|a_k - a| < \varepsilon$ für alle $k \geq n_0$ gibt. Das heißt, die Folge $(a_n)_{n \in \mathbb{N}_0}$ ist konvergent. ∎

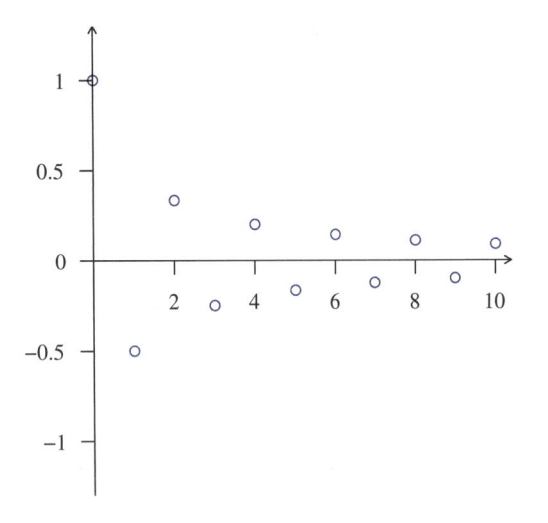

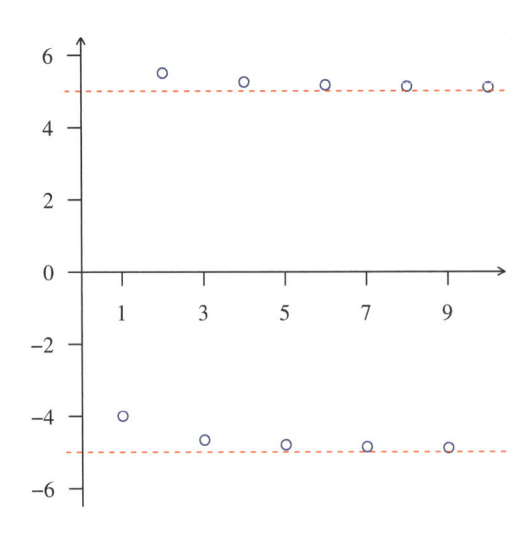

Abb. 11.9: Folge $\left((-1)^n \frac{1}{1+n}\right)_{n \in \mathbb{N}_0}$ (links) und Folge $\left((-1)^n 5 + \frac{1}{n}\right)_{n \in \mathbb{N}}$ (rechts)

Beispiel 11.33 (Häufungspunkte und Konvergenz)

a) Die Folge $(a_n)_{n \in \mathbb{N}_0}$ mit $a_n := (-1)^n \frac{1}{1+n}$ für alle $n \in \mathbb{N}_0$ ist beschränkt. Aus dem Satz von Bolzano-Weierstraß folgt somit, dass die Folge mindestens einen Häufungspunkt besitzt. Die Folge $(a_n)_{n \in \mathbb{N}_0}$ ist jedoch nicht monoton. Dennoch besitzt sie nur den Häufungspunkt 0. Die Folge ist somit konvergent mit dem Grenzwert 0, kurz: $\lim_{n \to \infty} (-1)^n \frac{1}{n+1} = 0$ (vgl. Abbildung 11.9, links).

b) Die Folge $(a_n)_{n \in \mathbb{N}}$ mit $a_n := (-1)^n 5 + \frac{1}{n}$ für alle $n \in \mathbb{N}$ ist beschränkt. Der Satz von Bolzano-Weierstraß impliziert somit, dass die Folge mindestens einen Häufungspunkt besitzt. Die Folge $(a_n)_{n \in \mathbb{N}_0}$ ist jedoch nicht monoton und besitzt die beiden Häufungspunkte -5 und 5. Das heißt, die Folge $(a_n)_{n \in \mathbb{N}_0}$ ist nicht konvergent, aber es existieren Teilfolgen von $(a_n)_{n \in \mathbb{N}}$, die gegen -5 bzw. 5 konvergieren (vgl. Abbildung 11.9, rechts).

Limes inferior und Limes superior

Der Satz von Bolzano-Weierstraß (vgl. Satz 11.31) besagt, dass jede beschränkte Folge $(a_n)_{n \in \mathbb{N}_0}$ mindestens einen Häufungspunkt besitzt. Ist die Folge $(a_n)_{n \in \mathbb{N}_0}$ zusätzlich konvergent, dann besitzt sie genau einen Häufungspunkt (vgl. Satz 11.32) und dieser stimmt mit dem Grenzwert überein. Ist die beschränkte Folge $(a_n)_{n \in \mathbb{N}_0}$ jedoch nicht konvergent, dann besitzt sie mehr als einen Häufungspunkt. Diese Beobachtung motiviert die beiden Begriffe **Limes inferior** und **Limes superior**:

Definition 11.34 (Limes inferior und Limes superior einer Folge)

Es sei $(a_n)_{n \in \mathbb{N}_0}$ eine beschränkte Folge. Dann wird der kleinste Häufungspunkt Limes inferior und der größte Häufungspunkt Limes superior von $(a_n)_{n \in \mathbb{N}_0}$ genannt und mit $\liminf_{n \to \infty} a_n$ bzw. $\limsup_{n \to \infty} a_n$ bezeichnet.

Für die Häufungspunkte a einer Folge $(a_n)_{n \in \mathbb{N}_0}$ gilt stets

$$\liminf_{n \to \infty} a_n \leq a \leq \limsup_{n \to \infty} a_n$$

und eine Folge $(a_n)_{n \in \mathbb{N}_0}$ ist genau dann konvergent mit dem Grenzwert a, wenn

$$\liminf_{n \to \infty} a_n = a = \limsup_{n \to \infty} a_n$$

gilt (vgl. Abbildung 11.10).

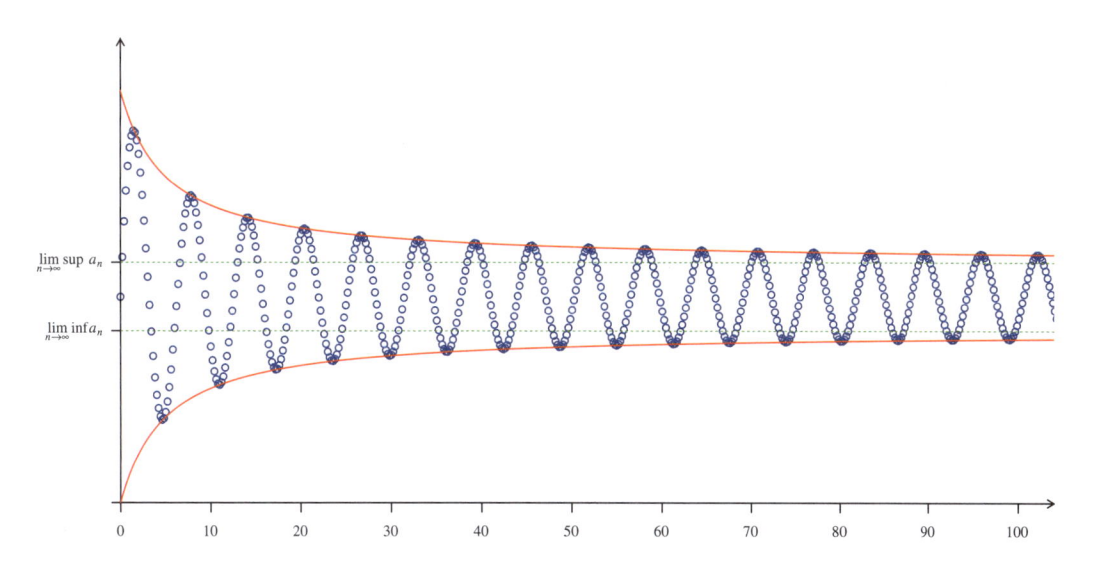

Abb. 11.10: Eine Folge $(a_n)_{n \in \mathbb{N}_0}$ mit Limes superior und Limes inferior. Wegen $\liminf_{n \to \infty} a_n \neq \limsup_{n \to \infty} a_n$ ist die Folge $(a_n)_{n \in \mathbb{N}_0}$ nicht konvergent

Die Begriffe Limes inferior und Limes superior wurden erstmals von dem französischen Mathematiker *Augustin Louis Cauchy* (1789–1857) erwähnt. Die dafür am häufigsten verwendete Schreibweise

$$\liminf_{n\to\infty} a_n \quad \text{bzw.} \quad \limsup_{n\to\infty} a_n$$

geht jedoch auf den deutschen Mathematiker *Moritz Pasch* (1843–1930) zurück.

M. Pasch

Daneben benutzt man für den Limes inferior und den Limes superior häufig auch die von dem deutschen Mathematiker *Alfred Pringsheim* (1850–1941), dem Schwiegervater des deutschen Literatur-Nobelpreisträgers *Thomas Mann* (1875–1955), vorgeschlagene Notation

$$\underline{\lim}_{n\to\infty} a_n \quad \text{bzw.} \quad \overline{\lim}_{n\to\infty} a_n.$$

Beispiel 11.35 (Limes superior und Limes inferior)

a) Die Folge $((-1)^n)_{n\in\mathbb{N}_0}$ besitzt die beiden Häufungspunkte -1 und 1. Das heißt, es gilt $\liminf_{n\to\infty} a_n = -1$ und $\limsup_{n\to\infty} a_n = 1$.

b) Die Folge $\left((-1)^n(1+\frac{1}{n})\right)_{n\in\mathbb{N}}$ besitzt ebenfalls die beiden Häufungspunkte -1 und 1. Das heißt, es gilt wieder $\liminf_{n\to\infty} a_n = -1$ und $\limsup_{n\to\infty} a_n = 1$.

11.7 Cauchy-Folgen

Konvergente Folgen $(a_n)_{n\in\mathbb{N}_0}$ besitzen eine bemerkenswerte Verdichtungseigenschaft. Denn besitzt eine konvergente Folge $(a_n)_{n\in\mathbb{N}_0}$ den Grenzwert a, dann gibt es für jedes $\varepsilon > 0$ ein $n_0 \in \mathbb{N}_0$, so dass

$$|a_n - a| < \frac{\varepsilon}{2}$$

für alle $n \geq n_0$ gilt. Für zwei Folgenglieder a_n und a_m mit $n, m \geq n_0$ erhält man somit mit der Dreiecksungleichung (3.4) die Abschätzung

$$|a_m - a_n| \leq |a_m - a| + |a - a_n| < \frac{\varepsilon}{2} + \frac{\varepsilon}{2} = \varepsilon. \quad (11.7)$$

Das heißt, zwei Folgenglieder a_n und a_m liegen beliebig dicht beieinander, wenn die Indizes n und m nur hinreichend groß sind.

Eine Folge mit der Verdichtungseigenschaft (11.7) wird nach dem französischen Mathematiker *Augustin Louis Cauchy* (1789–1857) als **Cauchy-Folge** bezeichnet. Neben der Bezeichnung als Cauchy-Folge ist jedoch auch noch die Bezeichnung **Fundamental-Folge** sehr gebräuchlich. Cauchy-Folgen sind von grundlegender Bedeutung für den Aufbau der Analysis.

A. L. Cauchy

Definition 11.36 (Cauchy-Folge)

Eine Folge $(a_n)_{n\in\mathbb{N}_0}$ heißt Cauchy-Folge, wenn für jedes $\varepsilon > 0$ ein $n_0 \in \mathbb{N}_0$ existiert, so dass für alle $n, m \geq n_0$ gilt

$$|a_m - a_n| < \varepsilon.$$

Durch (11.7) ist gezeigt, dass jede konvergente Folge auch eine Cauchy-Folge ist. Von großer Bedeutung ist, dass auch die Umkehrung dieser Aussage gilt. Das heißt, es gilt der folgende Satz, welcher auch als **Konvergenzkriterium von Cauchy** bekannt ist:

Satz 11.37 (Konvergenzkriterium von Cauchy)

Eine Folge $(a_n)_{n\in\mathbb{N}_0}$ konvergiert genau dann, wenn sie eine Cauchy-Folge ist.

Beweis: Der erste Teil der Behauptung folgt unmittelbar aus (11.7). Es sei nun umgekehrt $(a_n)_{n\in\mathbb{N}_0}$ eine Cauchy-Folge. Dann gibt es für jedes $\varepsilon > 0$ ein $n_0 \in \mathbb{N}_0$, so dass $|a_m - a_n| < \varepsilon$ für alle $n, m \geq n_0$ gilt. Speziell für $n = n_0$ folgt somit

$$|a_m| - |a_{n_0}| \leq |a_m - a_{n_0}| < \varepsilon \quad \text{bzw.} \quad |a_m| < |a_{n_0}| + \varepsilon$$

für alle $m \geq n_0$. Das heißt, es gilt

$$|a_m| \leq \max\left\{|a_0|, |a_1|, \ldots, |a_{n-1}|, |a_{n_0}| + \varepsilon\right\}$$

für alle $m \in \mathbb{N}_0$. Die Folge $(a_n)_{n\in\mathbb{N}_0}$ ist somit beschränkt und mit dem Satz von Bolzano-Weierstraß (vgl. Satz 11.31) folgt, dass $(a_n)_{n\in\mathbb{N}_0}$ eine konvergente Teilfolge $(a_{n_k})_{k\in\mathbb{N}_0}$ mit dem Grenzwert a besitzt. Folglich gibt es für jedes $\varepsilon' > 0$ ein $n_{k_0} \in \mathbb{N}_0$

mit $|a_{n_k} - a| < \varepsilon'$ für alle $n_k \geq n_{k_0}$. Da $(a_n)_{n \in \mathbb{N}_0}$ eine Cauchy-Folge ist, existiert jedoch auch ein $n_0 \geq n_{k_0}$ mit $|a_m - a_n| < \varepsilon'$ für alle $m, n \geq n_0$. Somit folgt mit der Dreiecksungleichung (3.4) für $n, n_k \geq n_0$

$$|a_n - a| \leq |a_n - a_{n_k}| + |a_{n_k} - a| < \varepsilon' + \varepsilon' = 2\varepsilon'.$$

Mit $\varepsilon := 2\varepsilon'$ erhält man schließlich $|a_n - a| < \varepsilon$ für alle $n \geq n_0$. Das heißt, $(a_n)_{n \in \mathbb{N}_0}$ konvergiert gegen den Grenzwert a. ∎

11.8 Rechenregeln für konvergente Folgen

In diesem Abschnitt wird gezeigt, wie mit konvergenten und bestimmt divergenten Folgen gerechnet werden kann. Es werden insbesondere einige Rechenregeln für Grenzwerte bereitgestellt, die für das Rechnen mit konvergenten Folgen unentbehrlich sind.

Für zwei beliebige Folgen $(a_n)_{n \in \mathbb{N}_0}$ und $(b_n)_{n \in \mathbb{N}_0}$ können die mathematischen Operationen **Addition**, **Subtraktion**, **skalare Multiplikation**, **Multiplikation**, **Division** und **Potenzierung** eingeführt werden. Dabei gilt:

$(a_n + b_n)_{n \in \mathbb{N}_0}$ besitzt die Glieder $a_0 + b_0, a_1 + b_1, a_2 + b_2, \ldots$

$(a_n - b_n)_{n \in \mathbb{N}_0}$ besitzt die Glieder $a_0 - b_0, a_1 - b_1, a_2 - b_2, \ldots$

$(ca_n)_{n \in \mathbb{N}_0}$ besitzt die Glieder $ca_0, ca_1, ca_2, \ldots$

$(a_n b_n)_{n \in \mathbb{N}_0}$ besitzt die Glieder $a_0 b_0, a_1 b_1, a_2 b_2, \ldots$

$\left(\frac{a_n}{b_n}\right)_{n \in \mathbb{N}_0}$ besitzt die Glieder $\frac{a_0}{b_0}, \frac{a_1}{b_1}, \frac{a_2}{b_2}, \ldots$

$(a_n^c)_{n \in \mathbb{N}_0}$ besitzt die Glieder $a_0^c, a_1^c, a_2^c, \ldots$

$(c^{a_n})_{n \in \mathbb{N}_0}$ besitzt die Glieder $c^{a_0}, c^{a_1}, c^{a_2}, \ldots$

In den letzten drei Fällen wurde vorausgesetzt, dass die Folgenglieder $\frac{a_n}{b_n}$, a_n^c bzw. c^{a_n} auch definiert sind. Durch wiederholte Anwendung dieser Operationen können bereits recht komplizierte Folgen resultieren.

Rechenregeln für Grenzwerte

Die beiden folgenden Sätze fassen die wichtigsten **Rechenregeln für Grenzwerte** konvergenter Folgen zusammen. Der erste Satz bezieht sich speziell auf Nullfolgen:

Satz 11.38 (Rechenregeln für Grenzwerte von Nullfolgen)

Die Folgen $(a_n)_{n \in \mathbb{N}_0}$ und $(b_n)_{n \in \mathbb{N}_0}$ seien Nullfolgen und die Folge $(c_n)_{n \in \mathbb{N}_0}$ sei beschränkt. Dann gilt:

a) Die Folge $(a_n + b_n)_{n \in \mathbb{N}_0}$ ist eine Nullfolge. Das heißt, es gilt

$$\lim_{n \to \infty}(a_n + b_n) = \lim_{n \to \infty} a_n + \lim_{n \to \infty} b_n = 0.$$

b) Die Folge $(a_n c_n)_{n \in \mathbb{N}_0}$ ist eine Nullfolge. Das heißt, es gilt

$$\lim_{n \to \infty}(a_n c_n) = \lim_{n \to \infty} a_n \lim_{n \to \infty} c_n = 0.$$

Beweis: Zu a): Für jedes $\varepsilon > 0$ gibt es zwei Indizes $n_0, n_1 \in \mathbb{N}_0$, so dass $|a_n - 0| < \varepsilon$ für alle $n \geq n_0$ und $|b_n - 0| < \varepsilon$ für alle $n \geq n_1$ gilt. Mit der Dreiecksungleichung (3.4) folgt somit

$$|(a_n + b_n) - 0| \leq |a_n| + |b_n| < 2\varepsilon$$

für alle $n \geq \max\{n_0, n_1\}$. Die Folge $(a_n + b_n)_{n \in \mathbb{N}_0}$ ist somit konvergent und besitzt den Grenzwert 0.

Zu b): Es gibt ein $c \in \mathbb{R}$ mit $|c_n| \leq c$ für alle $n \in \mathbb{N}_0$ und für jedes $\varepsilon > 0$ gibt es ein $n_0 \in \mathbb{N}_0$, so dass $|a_n - 0| < \varepsilon$ für alle $n \geq n_0$ gilt. Daraus folgt

$$|a_n c_n| = |a_n||c_n| < c\varepsilon$$

für alle $n \geq n_0$, d.h. die Folge $(a_n c_n)_{n \in \mathbb{N}_0}$ ist konvergent mit dem Grenzwert 0. ∎

Mit Hilfe des obigen Satzes lassen sich eine Reihe wichtiger Regeln für das Rechnen mit (allgemeinen) konvergenten Folgen herleiten:

Satz 11.39 (Rechenregeln für Grenzwerte konvergenter Folgen)

Die Folgen $(a_n)_{n \in \mathbb{N}_0}$ und $(b_n)_{n \in \mathbb{N}_0}$ seien konvergent mit dem Grenzwert

$$\lim_{n \to \infty} a_n = a \quad bzw. \quad \lim_{n \to \infty} b_n = b.$$

Dann sind auch die Folgen $(a_n + b_n)_{n \in \mathbb{N}_0}$, $(a_n - b_n)_{n \in \mathbb{N}_0}$, $(a_n b_n)_{n \in \mathbb{N}_0}$ und $(ca_n)_{n \in \mathbb{N}_0}$ für $c \in \mathbb{R}$ konvergent und besitzen den Grenzwert:

a) $\lim_{n\to\infty} (a_n + b_n) = \lim_{n\to\infty} a_n + \lim_{n\to\infty} b_n = a + b$

b) $\lim_{n\to\infty} (a_n - b_n) = \lim_{n\to\infty} a_n - \lim_{n\to\infty} b_n = a - b$

c) $\lim_{n\to\infty} (a_n b_n) = \lim_{n\to\infty} a_n \lim_{n\to\infty} b_n = ab$

d) $\lim_{n\to\infty} c a_n = c \lim_{n\to\infty} a_n = ca$

Unter zusätzlichen Annahmen sind auch die Folgen $\left(\frac{a_n}{b_n}\right)_{n\in\mathbb{N}_0}$, $\left(a_n^c\right)_{n\in\mathbb{N}_0}$ und $(c^{a_n})_{n\in\mathbb{N}_0}$ konvergent. Genauer gilt:

e) $\lim_{n\to\infty} \frac{a_n}{b_n} = \frac{\lim_{n\to\infty} a_n}{\lim_{n\to\infty} b_n} = \frac{a}{b}$, falls $b_n \neq 0$ für alle $n \in \mathbb{N}_0$ und $b \neq 0$ gilt.

f) $\lim_{n\to\infty} a_n^c = \left(\lim_{n\to\infty} a_n\right)^c = a^c$, falls $a_n > 0$ für alle $n \in \mathbb{N}_0$ sowie $a > 0$ und $c \in \mathbb{R}$ gilt.

g) $\lim_{n\to\infty} c^{a_n} = c^{\left(\lim_{n\to\infty} a_n\right)} = c^a$, falls $c > 0$ gilt.

Beweis: Zu a): Die Folgen $(a_n - a)_{n\in\mathbb{N}_0}$ und $(b_n - b)_{n\in\mathbb{N}_0}$ sind Nullfolgen. Aus Teil a) des Satzes 11.38 folgt somit, dass $((a_n - a) + (b_n - b))_{n\in\mathbb{N}_0} = (a_n + b_n - (a + b))_{n\in\mathbb{N}_0}$ ebenfalls eine Nullfolge ist. Dies ist jedoch äquivalent dazu, dass $(a_n + b_n)_{n\in\mathbb{N}_0}$ eine konvergente Folge mit dem Grenzwert $a + b$ ist.

Zu b): Folgt aus Aussage a).

Zu c): Da $(a_n - a)_{n\in\mathbb{N}_0}$ und $(b_n - b)_{n\in\mathbb{N}_0}$ Nullfolgen sind und $(b_n)_{n\in\mathbb{N}_0}$ als konvergente Folge beschränkt ist (vgl. Satz 11.18), folgt mit Satz 11.38b), dass $((a_n - a)b_n)_{n\in\mathbb{N}_0}$ und $(a(b_n - b))_{n\in\mathbb{N}_0}$ Nullfolgen sind. Wegen $a_n b_n - ab = (a_n - a)b_n + a(b_n - b)$ für alle $n \in \mathbb{N}_0$ impliziert dies, dass auch $(a_n b_n - ab)_{n\in\mathbb{N}_0}$ eine Nullfolge ist. Die Folge $(a_n b_n)_{n\in\mathbb{N}_0}$ ist somit konvergent und besitzt den Grenzwert ab.

Zu d): Setzt man $b_n := c$ für alle $n \in \mathbb{N}_0$, dann folgt unmittelbar aus Teil c), dass $(c a_n)_{n\in\mathbb{N}_0}$ eine konvergente Folge mit Grenzwert ca ist.

Zu e): Es gibt ein $n_0 \in \mathbb{N}_0$ mit $|b_n| > \frac{|b|}{2}$ bzw. $|bb_n| > \frac{b^2}{2}$ für alle $n \geq n_0$. Dies impliziert

$$\left|\frac{1}{b_n} - \frac{1}{b}\right| = \left|\frac{b - b_n}{bb_n}\right| = \frac{1}{|bb_n|}|b_n - b| < \frac{2}{b^2}|b_n - b|. \quad (11.8)$$

Da $(b_n - b)_{n\in\mathbb{N}_0}$ eine Nullfolge ist, folgt mit Satz 11.38b), dass auch $\left(\frac{2}{b^2}|b_n - b|\right)_{n\in\mathbb{N}_0}$ eine Nullfolge ist. Aus (11.8) folgt daher, dass $\left(\frac{1}{b_n} - \frac{1}{b}\right)_{n\in\mathbb{N}_0}$ ebenfalls eine Nullfolge ist. Das heißt, $\left(\frac{1}{b_n}\right)_{n\in\mathbb{N}_0}$ ist konvergent mit dem Grenzwert $\frac{1}{b}$. Mit Teil c) folgt somit schließlich, dass $\left(\frac{a_n}{b_n}\right)_{n\in\mathbb{N}_0} = \left(a_n \frac{1}{b_n}\right)_{n\in\mathbb{N}_0}$ konvergent ist mit dem Grenzwert $\frac{a}{b}$.

Zu f) und g): Für den nicht schwierigen, jedoch etwas umfangreicheren Beweis siehe z. B. *Heuser* [25], Seiten 164–166. ∎

Bei der Anwendung des Satzes 11.39 ist zu beachten, dass die Gleichungen von rechts nach links gelesen werden müssen: Existieren die beiden Grenzwerte $\lim_{n\to\infty} a_n$ und $\lim_{n\to\infty} b_n$, dann existiert z. B. auch der Grenzwert $\lim_{n\to\infty} (a_n + b_n)$ und es gilt

$$\lim_{n\to\infty} (a_n + b_n) = \lim_{n\to\infty} a_n + \lim_{n\to\infty} b_n.$$

Die beiden Sätze 11.38 und 11.39 zeigen, dass mit den Grenzwerten konvergenter Folgen wie mit gewöhnlichen Zahlen gerechnet werden kann. Diese Ergebnisse werden in Abschnitt 13.10 auf Grenzwerte reeller Funktionen übertragen. Die dadurch resultierenden Rechenregeln für Grenzwerte reeller Funktionen erweisen sich dann in der Differential- und Integralrechnung bei der Untersuchung von Funktionseigenschaften wie **Stetigkeit** (siehe Kapitel 15), **Differenzierbarkeit** (siehe Kapitel 16) und **Integrierbarkeit** (siehe Kapitel 19 und 20) als unentbehrliche Hilfsmittel.

Das folgende Beispiel zeigt, wie mit den obigen Rechenregeln auch für kompliziertere konvergente Folgen leicht deren Grenzwert berechnet werden kann.

Beispiel 11.40 (Rechenregeln für Grenzwerte konvergenter Folgen)

a) Gegeben sei die Folge $(a_n)_{n\in\mathbb{N}_0}$ mit

$$a_n := \frac{3n^2 + 2n + 1}{5n^2 + 4n + 2}$$

für alle $n \in \mathbb{N}_0$. Nach Kürzen von n^2 erhält man mit Satz 11.39

$$\lim_{n\to\infty} a_n = \frac{\lim_{n\to\infty}\left(3 + \frac{2}{n} + \frac{1}{n^2}\right)}{\lim_{n\to\infty}\left(5 + \frac{4}{n} + \frac{2}{n^2}\right)}$$

$$= \frac{3 + \lim_{n\to\infty}\frac{2}{n} + \lim_{n\to\infty}\frac{1}{n^2}}{5 + \lim_{n\to\infty}\frac{4}{n} + \lim_{n\to\infty}\frac{2}{n^2}} = \frac{3}{5}.$$

Das heißt, die Folge $(a_n)_{n\in\mathbb{N}_0}$ ist konvergent mit dem Grenzwert $\frac{3}{5}$ (vgl. Abbildung 11.11, links).

b) Gegeben sei die Folge $(a_n)_{n \in \mathbb{N}_0}$ mit
$$a_n := \frac{3n^3 + 15}{2n^2 + 33n + 27}$$
für alle $n \in \mathbb{N}_0$. Nach Kürzen von n^2 erhält man
$$\lim_{n \to \infty} a_n = \lim_{n \to \infty} \frac{\left(3n + \frac{15}{n^2}\right)}{\left(2 + \frac{33}{n} + \frac{27}{n^2}\right)} = \infty.$$
Die Folge $(a_n)_{n \in \mathbb{N}_0}$ ist somit bestimmt divergent und besitzt den uneigentlichen Grenzwert ∞ (vgl. Abbildung 11.11, rechts).

c) Gegeben sei die Folge $(a_n)_{n \in \mathbb{N}}$ mit
$$a_n := \frac{3^{n+1} + 2^n}{3^n + 2} + \frac{2n+1}{n^2} + \left(\frac{4}{5}\right)^n \frac{n}{n+1}$$
für alle $n \in \mathbb{N}$. Man erhält mit Satz 11.39
$$\begin{aligned}\lim_{n \to \infty} a_n &= \lim_{n \to \infty} \frac{3^{n+1} + 2^n}{3^n + 2} + \lim_{n \to \infty} \frac{2n+1}{n^2} \\ &\quad + \lim_{n \to \infty} \left(\frac{4}{5}\right)^n \frac{n}{n+1} \\ &= \frac{3 + \lim_{n \to \infty} \left(\frac{2}{3}\right)^n}{1 + \lim_{n \to \infty} \frac{2}{3^n}} + \frac{\lim_{n \to \infty} \frac{2}{n} + \lim_{n \to \infty} \frac{1}{n^2}}{1} \\ &\quad + \lim_{n \to \infty} \left(\frac{4}{5}\right)^n \frac{1}{1 + \lim_{n \to \infty} \frac{1}{n}} \\ &= 3 + 0 + 0 = 3.\end{aligned}$$

Das heißt, die Folge $(a_n)_{n \in \mathbb{N}}$ ist konvergent mit dem Grenzwert 3 (vgl. Abbildung 11.12, links).

d) Gegeben sei die Folge $(a_n)_{n \in \mathbb{N}_0}$ mit
$$a_n := \sqrt{n^2 + 1} - \sqrt{n^2 - 2n + 1}$$
für alle $n \in \mathbb{N}_0$. Durch Erweitern erhält man für die Folgenglieder von $(a_n)_{n \in \mathbb{N}_0}$
$$\begin{aligned}a_n &= \left(\sqrt{n^2 + 1} - \sqrt{n^2 - 2n + 1}\right) \\ &\quad \cdot \frac{\sqrt{n^2 + 1} + \sqrt{n^2 - 2n + 1}}{\sqrt{n^2 + 1} + \sqrt{n^2 - 2n + 1}} \\ &= \frac{(n^2 + 1) - (n^2 - 2n + 1)}{\sqrt{n^2 + 1} + \sqrt{n^2 - 2n + 1}} \\ &= \frac{2n}{\sqrt{n^2 + 1} + \sqrt{n^2 - 2n + 1}}.\end{aligned}$$
Nach Kürzen von n erhält man mit Satz 11.39
$$\begin{aligned}\lim_{n \to \infty} a_n &= \frac{2}{\lim_{n \to \infty} \left(\sqrt{1 + \frac{1}{n^2}} + \sqrt{1 - \frac{2}{n} + \frac{1}{n^2}}\right)} \\ &= \frac{2}{\sqrt{1 + \lim_{n \to \infty} \frac{1}{n^2}} + \sqrt{1 - \lim_{n \to \infty} \frac{2}{n} + \lim_{n \to \infty} \frac{1}{n^2}}} \\ &= 1.\end{aligned}$$
Die Folge $(a_n)_{n \in \mathbb{N}_0}$ ist somit konvergent mit dem Grenzwert 1 (vgl. Abbildung 11.12, rechts).

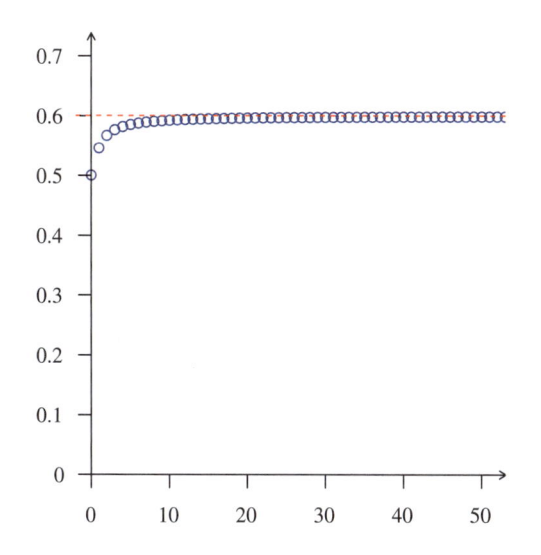

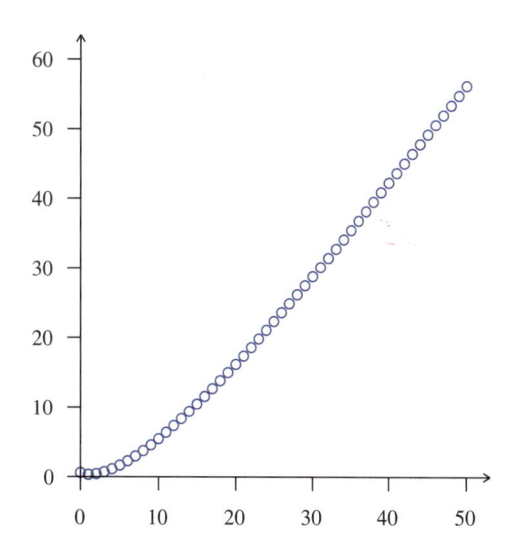

Abb. 11.11: Folgen $(a_n)_{n \in \mathbb{N}_0}$ mit $a_n = \frac{3n^2 + 2n + 1}{5n^2 + 4n + 2}$ (links) und $a_n = \frac{3n^3 + 15}{2n^2 + 33n + 27}$ (rechts)

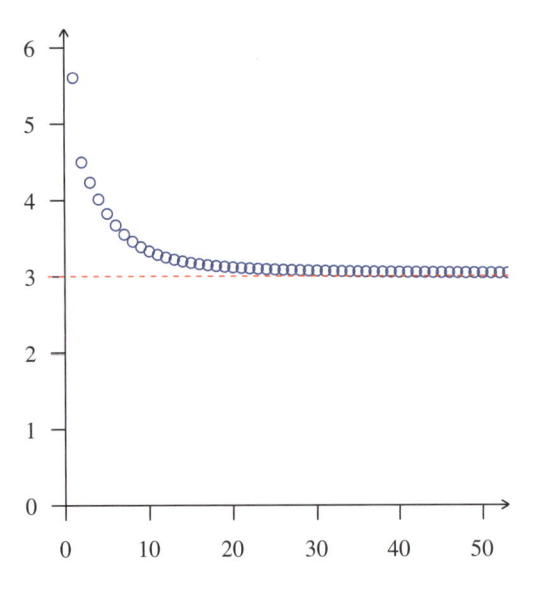

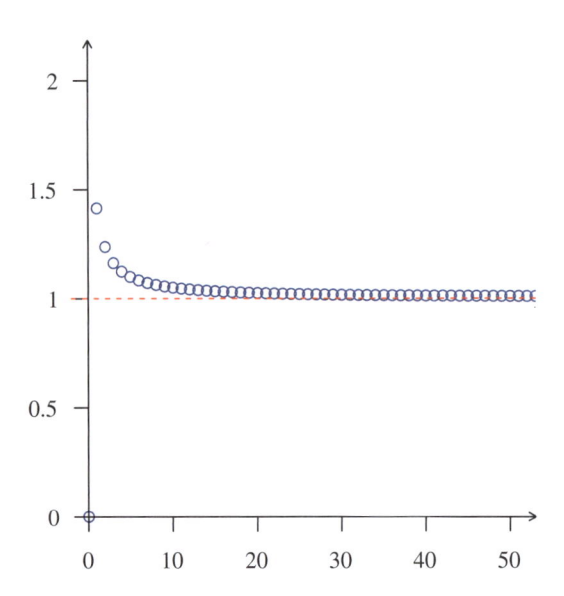

Abb. 11.12: Folge $(a_n)_{n\in\mathbb{N}}$ mit $a_n = \frac{3^{n+1}+2^n}{3^n+2} + \frac{2n+1}{n^2} + \left(\frac{4}{5}\right)^n \frac{n}{n+1}$ (links) und Folge $(a_n)_{n\in\mathbb{N}_0}$ mit $a_n = \sqrt{n^2+1} - \sqrt{n^2-2n+1}$ (rechts)

Vergleichssatz

Der sogenannte **Vergleichssatz** besagt, dass die Limesbildung die (schwachen) Ungleichungen $\leq$ und $\geq$ erhält. Er lautet wie folgt:

> **Satz 11.41** (Vergleichssatz)
>
> *Die Folgen $(a_n)_{n\in\mathbb{N}_0}$ und $(b_n)_{n\in\mathbb{N}_0}$ mit $a_n \leq b_n$ für alle $n \geq n_0$ mit $n_0 \in \mathbb{N}_0$ seien konvergent mit dem Grenzwert $\lim_{n\to\infty} a_n = a$ bzw. $\lim_{n\to\infty} b_n = b$. Dann gilt $a \leq b$.*

Beweis: Für jedes $\varepsilon > 0$ gibt es zwei Indizes $n_1, n_2 \geq n_0$ mit $|a_n - a| < \varepsilon$ für alle $n \geq n_1$ und $|b_n - b| < \varepsilon$ für alle $n \geq n_2$. Es gilt somit $a - \varepsilon < a_n$ und $b_n < b + \varepsilon$ für alle $n \geq \max\{n_1, n_2\}$. Angenommen, es gelte nun $a > b$ und es sei $\varepsilon := \frac{a-b}{2} > 0$. Dann gilt $2\varepsilon = a - b$ bzw. $b + \varepsilon = a - \varepsilon$ und man erhält $b_n < b + \varepsilon = a - \varepsilon < a_n$ für alle $n \geq \max\{n_1, n_2\}$. Dies steht jedoch im Widerspruch zur Voraussetzung $a_n \leq b_n$ für alle $n \geq n_0$. Es gilt somit $a \leq b$. ∎

Es ist jedoch zu beachten, dass die Limesbildung im Allgemeinen nicht die strikten Ungleichungen $<$ und $>$ erhält. Zum Beispiel gilt für die Folgen $(a_n)_{n\in\mathbb{N}_0}$ und $(b_n)_{n\in\mathbb{N}_0}$ mit $a_n := 0$ bzw. $b_n := \frac{1}{n}$ die strikte Ungleichung $a_n < b_n$ für alle $n \in \mathbb{N}_0$. Für die Grenzwerte dieser beiden Folgen gilt jedoch $\lim_{n\to\infty} a_n = \lim_{n\to\infty} b_n = 0$.

Aus den Beweisen dieses Abschnittes wird ersichtlich, weshalb der Teil der Analysis, der sich mit dem Beweis von Grenzwertaussagen beschäftigt, oftmals etwas salopp als **Epsilontik** bezeichnet wird. Denn viele Beweise beginnen mit den Worten

> „Für jedes $\varepsilon > 0$ gibt es ein ..."

(vgl. z. B. die Beweise der Sätze 11.38 und 11.41).

Diese Beobachtung erkärt auch, weshalb unter Mathematikern die Aussage

> „Es sei $\varepsilon < 0$."

als kürzester Witz der Welt gilt. Die Epsilontik geht auf den deutschen Mathematiker *Karl Weierstraß* (1815–1897) zurück, der den Grenzwertbegriff erstmals auf ein stabiles mathematisches Fundament stellte und damit wesentlich zur logisch korrekten Fundierung der Analysis beitrug.

K. Weierstraß

Bestimmt divergente Folgen

Aufgrund der Sätze 11.38 und 11.39 kann mit Grenzwerten konvergenter Folgen wie mit gewöhnlichen Zahlen gerechnet werden. Die Symbole $-\infty$ und ∞ sind jedoch keine Zahlen und infolgedessen kann mit ihnen auch nicht gerechnet werden. Beim Umgang mit den uneigentlichen Grenzwerten ∞ und $-\infty$ ist daher Vorsicht geboten. Gleichungen wie z. B.

$$a + \infty = \infty, \quad \infty + \infty = \infty \quad \text{usw.}$$

sind daher lediglich als intuitive Schreibweisen für Aussagen über bestimmt divergente Folgen zu verstehen. So bedeutet z. B. die Schreibweise $a + \infty = \infty$, dass für den Grenzwert der beiden Folgen $(a_n)_{n \in \mathbb{N}_0}$ und $(b_n)_{n \in \mathbb{N}_0}$ mit $\lim_{n \to \infty} a_n = a$ und $\lim_{n \to \infty} b_n = \infty$

$$\lim_{n \to \infty} (a_n + b_n) = \infty$$

gilt.

Es seien $(a_n)_{n \in \mathbb{N}_0}$, $(b_n)_{n \in \mathbb{N}_0}$, $(c_n)_{n \in \mathbb{N}_0}$, $(d_n)_{n \in \mathbb{N}_0}$, $(e_n)_{n \in \mathbb{N}_0}$ und $(f_n)_{n \in \mathbb{N}_0}$ Folgen mit den Eigenschaften

$$\lim_{n \to \infty} a_n = a, \quad \lim_{n \to \infty} b_n = \infty, \quad \lim_{n \to \infty} c_n = \infty,$$
$$\lim_{n \to \infty} d_n = -\infty, \quad \lim_{n \to \infty} e_n = -\infty \quad \text{bzw.} \quad \lim_{n \to \infty} f_n = 0$$

und $a \in \mathbb{R} \setminus \{0\}$, dann sind für das Rechnen mit bestimmt divergenten Folgen die in Tabelle 11.1 aufgeführten Schreibweisen gebräuchlich.

Den Ausdrücken

$$\pm \infty \cdot 0, \quad \infty - \infty, \quad \frac{\pm \infty}{\pm \infty}, \quad (\pm \infty)^0, \quad 1^{\pm \infty} \quad \text{und} \quad \frac{a}{0}$$

hingegen kann jedoch kein bestimmter Sinn zugeschrieben werden. Sie werden deshalb als **unbestimmte Ausdrücke** bezeichnet.

Sind z. B. $(a_n)_{n \in \mathbb{N}_0}$ und $(b_n)_{n \in \mathbb{N}_0}$ zwei Folgen mit $\lim_{n \to \infty} a_n = 0$ bzw. $\lim_{n \to \infty} b_n = \infty$, dann kann die Folge $(a_n b_n)_{n \in \mathbb{N}_0}$ je nach Beschaffenheit von $(a_n)_{n \in \mathbb{N}_0}$ und $(b_n)_{n \in \mathbb{N}_0}$ gegen eine reelle Zahl konvergieren, gegen $-\infty$ oder ∞ divergieren oder auch gar keinen (eigentlichen oder uneigentlichen) Grenzwert besitzen (vgl. Beispiel 11.42).

Schreibweise	Bedeutung
$a + \infty = \infty$	$\lim_{n \to \infty} (a_n + b_n) = \infty$
$a - \infty = -\infty$	$\lim_{n \to \infty} (a_n + d_n) = -\infty$
$a \cdot \infty = \infty$	$\lim_{n \to \infty} (a_n b_n) = \infty$ für $a > 0$
$a \cdot \infty = -\infty$	$\lim_{n \to \infty} (a_n b_n) = -\infty$ für $a < 0$
$a \cdot (-\infty) = -\infty$	$\lim_{n \to \infty} (a_n d_n) = -\infty$ für $a > 0$
$a \cdot (-\infty) = \infty$	$\lim_{n \to \infty} (a_n d_n) = \infty$ für $a < 0$
$\frac{0}{\infty} = 0$	$\lim_{n \to \infty} \frac{f_n}{b_n} = 0$
$\frac{0}{-\infty} = 0$	$\lim_{n \to \infty} \frac{f_n}{d_n} = 0$
$\infty + \infty = \infty$	$\lim_{n \to \infty} (b_n + c_n) = \infty$
$-\infty - \infty = -\infty$	$\lim_{n \to \infty} (d_n + e_n) = -\infty$
$\infty \cdot \infty = \infty$	$\lim_{n \to \infty} (b_n c_n) = \infty$
$\infty \cdot (-\infty) = -\infty$	$\lim_{n \to \infty} (b_n d_n) = -\infty$
$-\infty \cdot (-\infty) = \infty$	$\lim_{n \to \infty} (d_n e_n) = \infty$

Tabelle 11.1: Schreibweisen für das Rechnen mit bestimmt divergenten Folgen

Beispiel 11.42 (Grenzwerte und uneigentliche Grenzwerte)

Gegeben seien zwei Folgen $(a_n)_{n \in \mathbb{N}_0}$ und $(b_n)_{n \in \mathbb{N}_0}$ mit $\lim_{n \to \infty} a_n = 0$ bzw. $\lim_{n \to \infty} b_n = \infty$.

a) Es gelte $a_n := \frac{1}{n+1}$ und $b_n := n$ für alle $n \in \mathbb{N}_0$. Dann ist die Folge $(a_n b_n)_{n \in \mathbb{N}_0}$ konvergent und besitzt den Grenzwert $\lim_{n \to \infty} a_n b_n = 1$.

b) Es gelte $a_n := \frac{1}{n+1}$ und $b_n := n^2$ für alle $n \in \mathbb{N}_0$. Dann ist die Folge $(a_n b_n)_{n \in \mathbb{N}_0}$ bestimmt divergent und besitzt den uneigentlichen Grenzwert $\lim_{n \to \infty} a_n b_n = \infty$.

c) Es gelte $a_n := \frac{1}{(n+1)^2}$ und $b_n := n$ für alle $n \in \mathbb{N}_0$. Dann ist die Folge $(a_n b_n)_{n \in \mathbb{N}_0}$ konvergent und besitzt den Grenzwert $\lim_{n \to \infty} a_n b_n = 0$.

d) Es gelte $a_n := -\frac{1}{n+1}$ und $b_n := n^2$ für alle $n \in \mathbb{N}_0$. Dann ist die Folge $(a_n b_n)_{n \in \mathbb{N}_0}$ bestimmt divergent und hat den uneigentlichen Grenzwert $\lim_{n \to \infty} a_n b_n = -\infty$.

e) Es gelte $a_n := \frac{(-1)^n}{n+1}$ und $b_n := n$ für alle $n \in \mathbb{N}_0$. Dann ist die Folge $(a_n b_n)_{n \in \mathbb{N}_0}$ weder konvergent noch bestimmt divergent und besitzt daher keinen (uneigentlichen) Grenzwert, aber die beiden Häufungspunkte -1 und 1.

Eulersche Zahl e

In diesem Abschnitt wird noch einmal die Folge

$$(a_n)_{n \in \mathbb{N}} = \left(\left(1 + \frac{1}{n}\right)^n\right)_{n \in \mathbb{N}} \quad (11.9)$$

betrachtet. Diese Folge ist für viele Anwendungsgebiete, insbesondere in den Wirtschaftswissenschaften, von zentraler Bedeutung. Im Beispiel 11.12c) wurde bereits gezeigt, dass die Folge (11.9) beschränkt ist. Der folgende Satz besagt, dass sie sogar konvergiert:

Satz 11.43 (Existenz des Grenzwertes von Folge (11.9))

Die Folge $\left(\left(1 + \frac{1}{n}\right)^n\right)_{n \in \mathbb{N}}$ *ist konvergent.*

Beweis: Im Beispiel 11.12c) wurde gezeigt, dass die Folge $(a_n)_{n \in \mathbb{N}}$ nach unten durch 1 und nach oben durch 3 beschränkt ist. Aufgrund des Satzes 11.23 genügt es daher zu zeigen, dass die Folge $(a_n)_{n \in \mathbb{N}}$ monoton ist. Man erhält für alle $n \geq 2$

$$\frac{a_n}{a_{n-1}} = \frac{\left(1+\frac{1}{n}\right)^n}{\left(1+\frac{1}{n-1}\right)^{n-1}} = \left(\frac{n+1}{n}\right)^n \left(\frac{n-1}{n}\right)^{n-1}$$

$$= \left(\frac{n^2-1}{n^2}\right)^n \frac{n}{n-1} = \left(1 - \frac{1}{n^2}\right)^n \frac{n}{n-1}.$$

Zusammen mit der Ungleichung von Bernoulli (1.22) folgt daraus weiter

$$\frac{a_n}{a_{n-1}} = \left(1 - \frac{1}{n^2}\right)^n \frac{n}{n-1}$$

$$\geq \left(1 + n\left(\frac{-1}{n^2}\right)\right) \frac{n}{n-1}$$

$$= \frac{n-1}{n} \frac{n}{n-1} = 1.$$

Es gilt somit $a_n \geq a_{n-1}$ für alle $n \geq 2$. Dies bedeutet jedoch, dass die Folge $(a_n)_{n \in \mathbb{N}}$ monoton wachsend und damit insbesondere konvergent ist. ∎

Der Grenzwert der Folge (11.9) gehört zu den wichtigsten Konstanten der Mathematik. Er spielt im Zusammenhang mit der Beschreibung der verschiedensten Wachstums- und Schrumpfungsprozesse in vielen natur- und wirtschaftswissenschaftlichen Anwendungen sowie in der Wahrscheinlichkeitstheorie und Statistik eine bedeutende Rolle (siehe auch die beiden Beispiele 11.46 und 11.47).

Aufgrund seiner großen Bedeutung hat der Grenzwert der Folge (11.9) ein eigenes Symbol und einen eigenen Namen erhalten:

Definition 11.44 (Eulersche Zahl e)

Der Grenzwert der Folge $\left(\left(1 + \frac{1}{n}\right)^n\right)_{n \in \mathbb{N}}$*, d. h.*

$$e := \lim_{n \to \infty} \left(1 + \frac{1}{n}\right)^n, \quad (11.10)$$

wird als Eulersche Zahl bezeichnet.

Der Buchstabe e wurde als Symbol für den Grenzwert der Folge (11.9) erstmals 1736 von dem schweizerischen Mathematiker *Leonhard Euler* (1707–1783) in seinem Werk „Mechanica" verwendet. Es ist jedoch nicht bekannt, ob er dies in Anspielung an seinen eigenen Namen tat oder ob er diese Wahl in Anlehnung an die **Exponentialfunktion** getroffen hat, deren Basis die Eulersche Zahl e ist. Die Exponentialfunktion wird deshalb häufig auch einfach kurz als **e-Funktion** bezeichnet (siehe Abschnitt 14.5). Neben dem Symbol e gehen noch viele andere mathematische Symbole, wie z. B.

$$\pi, \quad i, \quad \sum \quad \text{und} \quad f(x),$$

auf *Euler* zurück. Darüber hinaus war *Euler* auch ein außergewöhnlich produktiver Mathematiker, von dem insgesamt 866 Publikationen bekannt sind. Aufgrund seiner Arbeiten wird *Euler* von vielen Mathematikern als der eigentliche Begründer der Analysis angesehen.

Die Eulersche Zahl e ist mathematisch eine nur „schwer fassbare Zahl" in dem Sinne, dass sie nicht **algebraisch**, sondern **transzendent** ist. Dies bedeutet, dass die Eulersche Zahl e nicht als Lösung einer algebraischen Gleichung

$$a_n x^n + a_{n-1} x^{n-1} + \ldots + a_1 x + a_0 = 0$$

beliebigen (endlichen) Grades n mit ausschließlich rationalen Koeffizienten $a_0, a_1, \ldots, a_n$ resultieren kann. Die Transzendenz der Eulerschen Zahl e wurde erstmals im Jahre 1873 nachgewiesen und ist das wohl berühmteste Resultat des französischen Mathematikers *Charles Hermite* (1822–1901).

Aufbauend auf den Ergebnissen von *Hermite* gelang es im Jahre 1882 dem deutschen Mathematiker *Ferdinand von Lindemann* (1852–1939) auch die Transzendenz der Kreiszahl π zu beweisen.

Aus diesem Ergebnis folgte auch erstmals ein Beweis für die Unmöglichkeit der **Quadratur des Kreises**. Die Quadratur des Kreises ist ein klassisches Problem der Geometrie und besteht darin, aus einem gegebenen Kreis in endlich vielen Schritten ein Quadrat mit demselben Flächeninhalt zu konstruieren. Beschränkt man sich bei dieser Konstruktion nur

F. v. Lindemann

auf die beiden Hilfsmittel Lineal und Zirkel, dann folgt aus der Transzendenz von π, dass dieses Problem unlösbar ist. Die Quadratur des Kreises gehört zu den populärsten mathematischen Problemen überhaupt. Jahrhunderte lang versuchten sich nicht nur die besten Mathematiker, sondern auch viele Amateur-Mathematiker und Laien vergeblich an einer Lösung dieses Problems. Über die Jahrhunderte hinweg ist der Begriff „Quadratur des Kreises" in vielen Sprachen zu einer Metapher für eine unlösbare Aufgabe geworden.

Im Jahre 1874 gelang dem deutschen Mathematiker *Georg Cantor* (1845–1918) der Beweis dafür, dass die Menge der transzendenten Zahlen überabzählbar unendlich und die Menge der algebraischen Zahlen nur abzählbar unendlich ist. Das heißt, es gibt viel mehr transzendente als algebraische Zahlen. Aus der Definition von transzendenten Zahlen folgt ferner, dass diese stets irra-

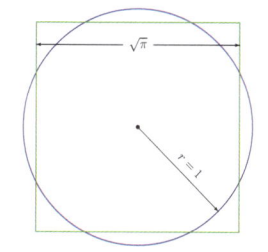

Quadrat und Kreis mit dem gleichen Flächeninhalt π

tional sind. Eine transzendente Zahl besitzt somit stets unendlich viele nicht periodische Dezimalstellen. Zum Beispiel gilt für die ersten 20 Nachkommastellen der Eulerschen Zahl e

$$e = 2{,}71828182845904523536\ldots$$

Bis zum Juli 2010 gelang es mit Hilfe von schnellen Computern, die ersten 1.000.000.000.000 Dezimalstellen der Eulerschen Zahl e zu berechnen.

Die Definition 11.44 ist ein gutes Beispiel dafür, dass in der Mathematik viele wichtige Zahlen als Grenzwerte von Folgen

definiert sind. Der folgende Satz zeigt, dass die Definition 11.44 auch die wichtige Darstellung

$$e^x = \lim_{n\to\infty}\left(1+\frac{x}{n}\right)^n$$

für alle $x \in \mathbb{R}$ impliziert. Für $x = 1$ erhält man daraus wieder (11.10) zurück.

> **Satz 11.45** (Folgendarstellung von e^x)
>
> *Es gilt für alle* $x \in \mathbb{R}$
>
> $$e^x = \lim_{n\to\infty}\left(1+\frac{x}{n}\right)^n. \qquad (11.11)$$

Beweis: Der Beweis erfolgt in zwei Schritten.

1. Schritt: Es wird gezeigt, dass für jede Nullfolge $(a_n)_{n\in\mathbb{N}_0}$ mit $0 < |a_n| < 1$ gilt

$$\lim_{n\to\infty}(1+a_n)^{1/a_n} = e. \qquad (11.12)$$

Fall 1: Es sei $0 < a_n < 1$ für alle $n \in \mathbb{N}_0$. Man setzt $r_n := \frac{1}{a_n}$ für alle $n \in \mathbb{N}_0$ und bezeichnet mit $k_n \in \mathbb{N}_0$ die natürliche Zahl, für die $k_n \leq r_n < k_n + 1$ gilt. Dann erhält man

$$\left(1+\frac{1}{k_n+1}\right)^{k_n} < \left(1+\frac{1}{r_n}\right)^{r_n} < \left(1+\frac{1}{k_n}\right)^{k_n+1}$$

bzw. etwas umgeschrieben

$$\frac{\left(1+\frac{1}{k_n+1}\right)^{k_n+1}}{1+\frac{1}{k_n+1}} < \left(1+\frac{1}{r_n}\right)^{r_n} < \left(1+\frac{1}{k_n}\right)^{k_n}\left(1+\frac{1}{k_n}\right). \qquad (11.13)$$

Wegen $k_n \to \infty$ für $n \to \infty$ und der Definition 11.44 konvergieren die linke und die rechte Seite von (11.13) gegen e. Es folgt daher

$$\lim_{n\to\infty}(1+a_n)^{1/a_n} = \lim_{n\to\infty}\left(1+\frac{1}{r_n}\right)^{r_n} = e. \qquad (11.14)$$

Damit ist (11.12) für den Fall $0 < a_n < 1$ bewiesen.

Fall 2: Es sei $-1 < a_n < 0$ für alle $n \in \mathbb{N}_0$. Man setzt nun $r_n := -\frac{1}{a_n}$ für alle $n \in \mathbb{N}_0$ und führt diesen Fall auf den Fall 1 zurück. Man erhält

$$(1+a_n)^{1/a_n} = \left(1-\frac{1}{r_n}\right)^{-r_n} = \left(\frac{r_n-1}{r_n}\right)^{-r_n} = \left(\frac{r_n}{r_n-1}\right)^{r_n}$$
$$= \left(1+\frac{1}{r_n-1}\right)^{r_n} = \left(1+\frac{1}{r_n-1}\right)^{r_n-1}\left(1+\frac{1}{r_n-1}\right).$$

Mit (11.14) folgt daraus

$$\lim_{n\to\infty} (1+a_n)^{1/a_n} = e.$$

Fall 3: Es sei nun $(a_n)_{n\in\mathbb{N}_0}$ eine beliebige Nullfolge mit $0 < |a_n| < 1$. Auch in diesem Fall gilt (11.12). Denn bilden die positiven Folgenglieder von $(a_n)_{n\in\mathbb{N}_0}$ eine Teilfolge $(a_{n_k})_{k\in\mathbb{N}_0}$, dann konvergiert $(1+a_{n_k})^{1/a_{n_k}}$ für $k \to \infty$ gemäß Fall 1 gegen e. Nach dem Fall 2 gilt dasselbe für die negativen Folgenglieder von $(a_n)_{n\in\mathbb{N}_0}$.

2. Schritt: Für $x = 0$ gilt (11.11) offensichtlich. Es kann daher $x \neq 0$ angenommen werden. Dann gilt $0 < \left|\frac{x}{n}\right| < 1$ für alle $n \geq n_0$ und ein hinreichend großes $n_0 \in \mathbb{N}_0$. Weiter sei $a_n := \frac{x}{n}$ für alle $n \geq n_0$. Dann ist $(a_n)_{n\geq n_0}$ eine Nullfolge mit $0 < |a_n| < 1$ für alle $n \geq n_0$ und mit dem Ergebnis aus dem 1. Schritt folgt, dass (11.12) für $(a_n)_{n\geq n_0}$ gilt. Man erhält daher schließlich mit (11.12) und Satz 11.39f)

$$\lim_{n\to\infty} \left(1+\frac{x}{n}\right)^n = \lim_{n\to\infty} (1+a_n)^{x/a_n}$$
$$= \lim_{n\to\infty} \left((1+a_n)^{1/a_n}\right)^x = e^x. \quad (11.15)$$

∎

Die soeben bewiesene Identität

$$e^x = \lim_{n\to\infty} \left(1+\frac{x}{n}\right)^n$$

ist die Grundlage für die Definition der **Exponentialfunktion** $\exp(x)$ (siehe Definition 14.30 in Abschnitt 14.5). Darüber hinaus existieren noch weitere Darstellungen von e^x (siehe Beispiel 17.10a) in Abschnitt 17.3).

Die beiden folgenden Beispiele verdeutlichen, wie die Eulersche Zahl e auf natürliche Weise bei der Betrachtung finanzwirtschaftlicher und wahrscheinlichkeitstheoretischer Fragestellungen auftaucht:

Beispiel 11.46 (Stetige Zinseszinsrechnung)

In Beispiel 11.7 wurde gezeigt, dass bei einem Startkapital K_0 und einer jährlichen Verzinsung zum Jahresende mit dem Zinssatz $p > 0$ nach $n \in \mathbb{N}_0$ Jahren das Kapital inklusive Zinseszinsen

$$K_n = K_0 (1+p)^n$$

beträgt (vgl. (11.6)).

Es wird nun der Fall betrachtet, dass die Zinszahlungen nicht erst zum Jahresende erfolgen, sondern bereits **unterjährig**. Dazu wird jedes Jahr in m gleichlange Zeitintervalle unterteilt und die Zinszahlungen erfolgen bereits innerhalb der einzelnen Jahre am Ende dieser Zeitintervalle. Das heißt, die Zinszahlungen erfolgen zu den $n \cdot m$ Zeitpunkten

$$\left\{ j + \frac{l}{m} : j = 0, \ldots, n-1 \quad \text{und} \quad l = 1, \ldots, m \right\}$$

und der (anteilige) Zinssatz für die korrespondierenden Zeitintervalle

$$\left(j + \frac{l-1}{m}, j + \frac{l}{m} \right]$$

für $j = 0, \ldots, n-1$ und $l = 1, \ldots, m$ beträgt $\frac{p}{m}$. Das Kapital zum Zeitpunkt n ist dann gegeben durch

$$K_n(m) = K_0 \left(1 + \frac{p}{m}\right)^{nm}.$$

Für $k := \frac{m}{p}$ folgt $m = kp$ und

$$K_n(m) = K_0 \left[\left(1+\frac{1}{k}\right)^{kp}\right]^n = K_0 \left[\left(1+\frac{1}{k}\right)^k\right]^{np}.$$

Wächst nun die Anzahl m der unterjährigen Verzinsungen über alle Grenzen, dann konvergiert die Länge des Zeitraumes zwischen zwei hintereinander folgenden Zinszahlungen, d. h. $\frac{1}{m}$, gegen 0. Das heißt, es resultiert eine **stetige Verzinsung** des Startkapitals K_0 und der Zinsen. Da aus $m \to \infty$ auch $k \to \infty$ folgt, erhält man mit den Rechenregeln für Grenzwerte konvergenter Folgen (vgl. Satz 11.38) und Satz 11.43, dass das Kapital zum Zeitpunkt n bei stetiger Verzinsung gegeben ist durch

$$K_n = \lim_{m\to\infty} K_n(m) = K_0 \left[\lim_{m\to\infty}\left(1+\frac{1}{k}\right)^k\right]^{np}$$
$$= K_0 \left[\lim_{k\to\infty}\left(1+\frac{1}{k}\right)^k\right]^{np} = K_0 e^{np}.$$

Gilt z. B. konkret $K_0 = 1000\,€$, $n = 20$ und $p = 5\%$. Dann erhält man für K_n

bei diskreter (jährlicher) Verzinsung	2653,30 €
bei stetiger Verzinsung	2718,28 €

11.8 Rechenregeln für konvergente Folgen — Kapitel 11

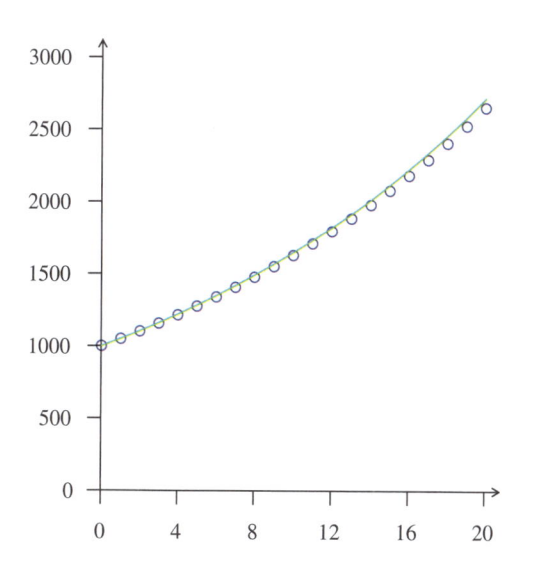

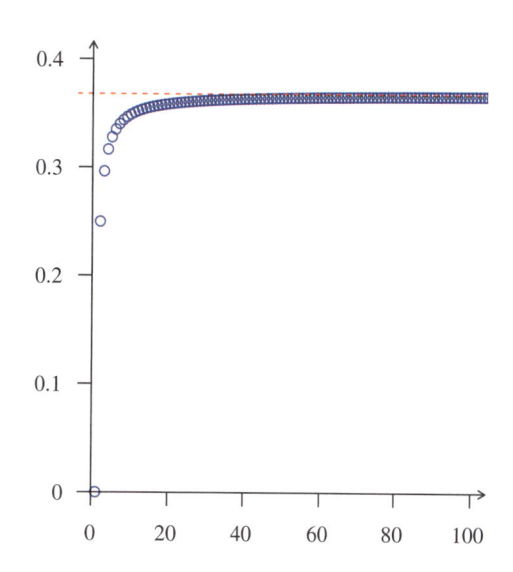

Abb. 11.13: Entwicklung des Kapitalbetrages K_n mit $K_0 = 1000\,€$ und $p = 5\%$ bei diskreter und stetiger Verzinsung (links), und die Wahrscheinlichkeit für keine Rosine im Muffin in Abhängigkeit von der Anzahl n (rechts)

(vgl. Abbildung 11.13, links). Umgekehrt gilt: Ist K_n das Kapital zum Zeitpunkt n, dann ist der zugehörige **Barwert** (**Gegenwartswert**, **Kapitalwert**) K_0 zum Zeitpunkt 0 gegeben durch:

$K_0 = K_n(1+p)^{-n}$ bei diskreter (jährlicher) Verzinsung

$K_0 = K_n e^{-np}$ bei stetiger Verzinsung

Gilt z. B. konkret $K_n = 1000\,€$, $n = 20$ und $p = 5\%$. Dann erhält man für K_0:

bei diskreter (jährlicher) Verzinsung	376,89 €
bei stetiger Verzinsung	367,88 €

Beispiel 11.47 (37%-Regel)

Der Muffin-Hersteller Moonbucks gibt bei der Produktion seiner Muffins für jeden Muffin eine Rosine in den Teig und mischt den Teig anschließend gut durch. Die Wahrscheinlichkeit, dass bei einer Produktion von n Muffins ein bestimmter Muffin keine der n Rosinen enthält, beträgt dann

$$\frac{(n-1)^n}{n^n} = \left(\frac{n-1}{n}\right)^n$$

(siehe hierzu (5.17) und Satz 5.22 in Abschnitt 5.4). Bei der Produktion einer sehr großen Anzahl von Muffins erhält man somit die Wahrscheinlichkeit

$$\lim_{n\to\infty}\left(\frac{n-1}{n}\right)^n = \lim_{n\to\infty}\left(1-\frac{1}{n}\right)^n = e^{-1}$$

(vgl. Satz 11.45). Das heißt, die Wahrscheinlichkeit, dass ein bestimmter Muffin keine Rosine enthält, beträgt $\frac{1}{e}$. Mit anderen Worten: Statistisch betrachtet enthält jeder e-te Muffin keine Rosine. Wegen $\frac{1}{e} \approx 0{,}37$ ist dieses Ergebnis in der Statistik auch als **37%-Regel** bekannt (vgl. Abbildung 11.13, rechts).

Kapitel 12

Reihen

12.1 Reihenbegriff

Eine bedeutende Klasse von Folgen sind (unendliche) **Reihen**. Bei Reihen handelt es sich um spezielle Folgen $(s_n)_{n \in \mathbb{N}_0}$, bei denen die einzelnen Folgenglieder s_n durch die sogenannten **Partialsummen**

$$s_n := \sum_{k=0}^{n} a_k$$

einer Folge $(a_n)_{n \in \mathbb{N}_0}$ gegeben sind.

Unendliche Reihen sind ein wichtiges Hilfsmittel der Analysis. Sie spielen z. B. eine bedeutende Rolle bei der Approximation und Darstellung von reellwertigen Funktionen (siehe Abschnitt 17.3) und bei der Definition des Integralbegriffs (siehe Abschnitt 19.2). Auch die Lösung von Differenzen- und Differentialgleichungen erfordert oftmals den Umgang mit Reihen. Darüber hinaus stößt man in vielen wirtschaftswissenschaftlichen Anwendungen auf ganz natürliche Art und Weise auf Reihen (vgl. Beispiel 12.7) und viele für ökonomische Anwendungen bedeutende reelle Funktionen, wie z. B. die Exponential-, die Logarithmus-, die Sinus- und die Kosinusfunktion, können erst in ihrer Reihendarstellung vollständig verstanden werden (siehe hierzu die Abschnitte 17.3 und 17.4).

Definition 12.1 (Reihe)

Für eine Folge $(a_n)_{n \in \mathbb{N}_0}$ heißt für $n \in \mathbb{N}_0$ die Summe

$$s_n := a_0 + a_1 + \ldots + a_n = \sum_{k=0}^{n} a_k$$

n-te Partialsumme der Folge $(a_n)_{n \in \mathbb{N}_0}$ und die Folge $(s_n)_{n \in \mathbb{N}_0}$ der Partialsummen von $(a_n)_{n \in \mathbb{N}_0}$ wird als (unendliche) Reihe bezeichnet. Die reellen Zahlen a_k heißen Reihenglieder und für die Reihe $(s_n)_{n \in \mathbb{N}_0}$ schreibt man – unabhängig davon, ob $(s_n)_{n \in \mathbb{N}_0}$ konvergiert oder nicht – symbolisch

$$\sum_{k=0}^{\infty} a_k.$$

Eine Reihe $\sum_{k=0}^{\infty} a_k$ sollte nicht einfach als eine „Summe von unendlich vielen Summanden" aufgefasst werden. Dies würde nämlich fälschlicherweise suggerieren, dass für Reihen die gleichen Rechenregeln wie für endliche Summen gelten. Eine Reihe ist vielmehr nichts anderes als eine neue Schreibweise für eine Folge, nämlich die Folge $(s_n)_{n \in \mathbb{N}_0}$ der Partialsummen s_n.

Umgekehrt kann eine beliebige Folge $(b_n)_{n \in \mathbb{N}_0}$ auch als Reihe aufgefasst werden. Denn setzt man $a_0 := b_0$ und $a_k := b_k - b_{k-1}$ für alle $k \in \mathbb{N}$, dann gilt

$$b_n = a_n + b_{n-1} = \ldots = a_n + a_{n-1} + \ldots + a_0$$

und damit ist $\sum_{k=0}^{\infty} a_k$ die Folge der Partialsummen $(b_n)_{n \in \mathbb{N}_0}$. Das heißt, Reihen und Folgen sind dasselbe nur in unterschiedlicher Gestalt.

Bei einer Reihe $\sum_{k=0}^{\infty} a_k$ muss die Indizierung nicht immer bei $k = 0$ beginnen. Denn bei einigen Anwendungen ist es zweckmäßig, wenn die Summation der Reihenglieder a_k erst ab einem Index $p \in \mathbb{N}$ startet, also die Reihe $\sum_{k=p}^{\infty} a_k$ betrachtet wird. Gelegentlich kommen bei Reihen auch negative Indizes vor.

Wie bei Folgen und endlichen Summen kommt es auch bei Reihen nicht auf die Bezeichnung des Summationsindexes an. Folglich sind die Reihen

$$\sum_{k=0}^{\infty} a_k, \quad \sum_{i=0}^{\infty} a_i, \quad \sum_{j=0}^{\infty} a_j, \quad \sum_{p=0}^{\infty} a_p \quad \text{usw.}$$

bedeutungsäquivalent.

Beispiel 12.2 (Partialsummen)

a) Gegeben sei die Folge $(a_n)_{n \in \mathbb{N}_0}$ mit $a_n := (-1)^n$ für alle $n \in \mathbb{N}_0$. Dann gilt für die n-te Partialsumme

$$s_n := \sum_{k=0}^{n} (-1)^k = \begin{cases} 1 & \text{für } n \in \mathbb{N}_0 \text{ gerade} \\ 0 & \text{für } n \in \mathbb{N}_0 \text{ ungerade} \end{cases}$$

und die Folge der Partialsummen ist gegeben durch (vgl. Abbildung 12.1, links)

$$1, 0, 1, 0, 1, 0, 1, \ldots$$

b) Gegeben sei die Folge $(a_n)_{n \in \mathbb{N}_0}$ mit $a_n := \frac{(-1)^n}{2n+1}$ für alle $n \in \mathbb{N}_0$. Dann gilt für die n-te Partialsumme

$$s_n := \sum_{k=0}^{n} \frac{(-1)^k}{2k+1}$$

und die Folge der Partialsummen ist gegeben durch (vgl. Abbildung 12.1, rechts)

$$1, \frac{2}{3}, \frac{13}{15}, \frac{76}{105}, \frac{263}{315}, \ldots$$

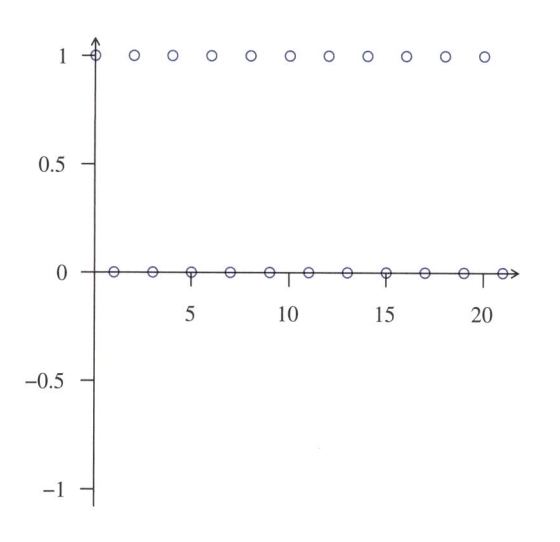

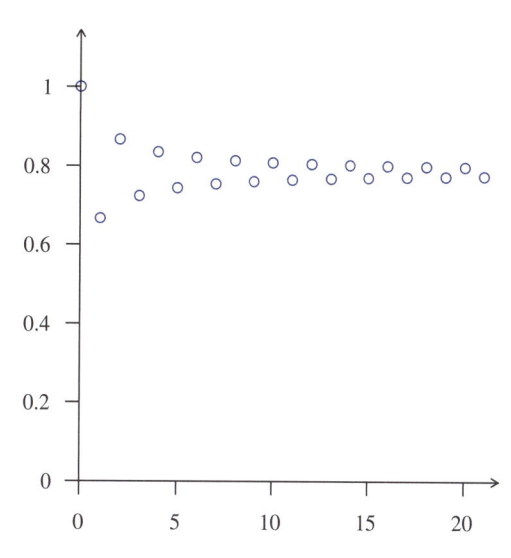

Abb. 12.1: Partialsummen $s_n = \sum_{k=0}^{n}(-1)^k$ (links) und $s_n = \sum_{k=0}^{n}\frac{(-1)^k}{2k+1}$ (rechts)

c) Gegeben sei die Folge $(a_n)_{n\in\mathbb{N}_0}$ mit $a_n := \frac{1}{n!}$ für alle $n \in \mathbb{N}_0$. Dann gilt für die n-te Partialsumme

$$s_n := \sum_{k=0}^{n} \frac{1}{k!}$$

und die Folge der Partialsummen ist gegeben durch

$$1, 2, \frac{5}{2}, \frac{8}{3}, \frac{65}{24}, \frac{163}{60}, \dots$$

konvergiert. Das heißt, wenn $s = \lim_{n\to\infty} s_n$ gilt. Man schreibt dann

$$s = \sum_{k=0}^{\infty} a_k$$

und sagt, dass die Reihe den Wert (Grenzwert, Summe, Limes) s besitzt. Die Reihe heißt divergent, falls die Folge $(s_n)_{n\in\mathbb{N}_0}$ divergent ist.

12.2 Konvergente und divergente Reihen

Analog zu Folgen ist es auch für die Anwendung von Reihen erforderlich, diese auf **Konvergenz** bzw. **Divergenz** zu untersuchen. Da es sich jedoch bei Reihen um Folgen in einer etwas anderen Gestalt handelt, erweisen sich dabei die Konzepte und Methoden aus Kapitel 11 als sehr hilfreich.

Definition 12.3 (Konvergenz und Divergenz einer Reihe)

Eine Reihe $\sum_{k=0}^{\infty} a_k$ konvergiert genau dann gegen $s \in \mathbb{R}$, wenn die Folge $(s_n)_{n\in\mathbb{N}_0}$ ihrer Partialsummen s_n gegen s

Es ist zu beachten, dass entsprechend der beiden Definitionen 12.1 und 12.3 je nach Kontext $\sum_{k=0}^{\infty} a_k$ unabhängig vom Konvergenzverhalten der Folge $(s_n)_{n\in\mathbb{N}_0}$ ein Symbol für die Folge $(s_n)_{n\in\mathbb{N}_0}$ der Partialsummen s_n ist (vgl. Definition 12.1) oder den Wert der Reihe $(s_n)_{n\in\mathbb{N}_0}$ bezeichnet, der im Fall konvergenter Reihen existiert bzw. im Fall divergenter Reihen nicht existiert (vgl. Definition 12.3). Diese Doppeldeutigkeit erscheint vielleicht zuerst etwas irritierend, dennoch ist sie nicht weiter problematisch. Denn aus dem konkreten Kontext ist stets ersichtlich, welche der beiden Bedeutungen jeweils zutreffend ist.

Bei konvergenten Reihen $(s_n)_{n\in\mathbb{N}_0}$ ist es in vielen Fällen schwierig oder nahezu unmöglich, ihren exakten Wert s analytisch zu ermitteln. In solchen Fällen müssen numerische Verfahren zur Berechnung von s eingesetzt werden. Mittels sogenannter **Konvergenzkriterien** kann aber oftmals relativ einfach festgestellt werden, ob eine Reihe konvergiert oder divergiert. Für viele Anwendungen ist dies bereits ausreichend.

Wenn man ausdrücken möchte, dass zwei Reihen $\sum_{k=0}^{\infty} a_k$ und $\sum_{k=0}^{\infty} b_k$ konvergieren und denselben Grenzwert besitzen, dann schreibt man

$$\sum_{k=0}^{\infty} a_k = \sum_{k=0}^{\infty} b_k.$$

Dagegen sagt man, dass die beiden Reihen **identisch** sind, wenn sie gliedweise übereinstimmen. Das heißt, wenn $a_k = b_k$ für alle $k \in \mathbb{N}_0$ gilt. Unabhängig davon, ob die beiden Reihen konvergieren oder nicht, schreibt man in diesem Fall

$$\sum_{k=0}^{\infty} a_k \equiv \sum_{k=0}^{\infty} b_k.$$

Um auszudrücken, dass eine konvergente Reihe $\sum_{k=0}^{\infty} a_k$ mit nichtnegativen Gliedern konvergiert, wird in der Literatur häufig die Schreibweise $\sum_{k=0}^{\infty} a_k < \infty$ verwendet.

Noch vor ca. 150–200 Jahren wurden divergente Reihen von vielen bekannten Mathematikern verteufelt. So schrieb z. B. der norwegische Mathematiker *Niels Henrik Abel* (1802–1829) über divergente Reihen:

„Divergente Reihen sind eine Erfindung des Teufels."

Seine Gründe für diese überaus negative Beurteilung waren die Probleme und Widersprüche, die bei der Betrachtung divergenter Reihen auftreten, wenn man ihnen ungerechtfertigterweise einen Grenzwert zuordnet.

Denkmal von Abel in Oslo

Zum Beispiel besitzt die Reihe aus Beispiel 12.2a), d. h. die Reihe

$$\sum_{k=0}^{\infty} (-1)^k = 1 - 1 + 1 - 1 + 1 - 1 \pm \ldots,$$

die Partialsummen $s_0 = 1$, $s_1 = 0$, $s_2 = 1$, $s_3 = 0$, $s_4 = 1$ usw. Die Folge $(s_n)_{n \in \mathbb{N}_0}$ ist somit nicht konvergent, also die Reihe divergent (vgl. Abbildung 12.1, links).

Dennoch wurde in der Vergangenheit – vor der Entwicklung der Theorie konvergenter Folgen und Reihen – dieser Reihe immer wieder und mit unterschiedlicher Begründung der Wert 0 oder 1 zugeordnet. Dabei erschien keiner dieser beiden Werte als eindeutig richtig oder falsch. Denn zwei aufeinanderfolgende Glieder dieser Reihe können auf zwei verschiedene Arten zusammengefasst werden und man erhält dann:

1. Möglichkeit: $\sum_{i=0}^{\infty} (-1)^i = \underbrace{1-1}_{=0} + \underbrace{1-1}_{=0} + \underbrace{1-1}_{=0} + \ldots$

2. Möglichkeit: $\sum_{i=0}^{\infty} (-1)^i = 1 + \underbrace{(-1+1)}_{=0} + \underbrace{(-1+1)}_{=0}$
$+ \underbrace{(-1+1)}_{=0} + \ldots$

Die erste Möglichkeit diente als Rechtfertigung, der Reihe den Wert $s = 0$ zuzuordnen, und die zweite Möglichkeit erweckte den Eindruck, dass die Reihe den Wert $s = 1$ besitzt.

Eine dritte Möglichkeit bestand darin, der Reihe als Wert s das arithmetische Mittel $\frac{1}{2}$ der beiden Werte 0 und 1 zuzuordnen. Das heißt, es wurde insbesondere von der Gültigkeit der Beziehung

$$0 + 0 + 0 + \ldots = \frac{1}{2}$$

ausgegangen. Dieser Sachverhalt wurde von dem italienischen Mathematiker *Guido Grandi* (1671–1742) sogar als „Beweis" dafür betrachtet, dass Gott die Welt aus dem Nichts erschaffen hat. Bei dieser Schlussfolgerung wurde jedoch nicht beachtet, dass sie ausschließlich auf einer ungerechtfertigten Zuweisung eines Grenzwertes für die divergente Reihe $\sum_{k=0}^{\infty} (-1)^k$ basiert und sie damit keinerlei – zumindest mathematische – Gültigkeit besitzt.

G. Grandi

12.3 Arithmetische und geometrische Reihen

Aus der arithmetischen und der geometrischen Folge (vgl. Definition 11.5) erhält man unmittelbar die **arithmetische** bzw. die **geometrische Reihe**. Vor allem die geometrische Reihe ist ein wichtiges Hilfsmittel bei der Untersuchung anderer Reihen auf Konvergenz sowie in der Finanzmathematik bei der Berechnung von Zinseszinsen:

12.3 Arithmetische und geometrische Reihen

Definition 12.4 (Arithmetische und geometrische Reihe)

Eine Reihe $\sum_{k=0}^{\infty} a_k$ heißt

a) arithmetische Reihe, wenn $(a_n)_{n \in \mathbb{N}_0}$ eine arithmetische Folge ist, und

b) geometrische Reihe, wenn $(a_n)_{n \in \mathbb{N}_0}$ eine geometrische Folge ist.

Konvergenz und Divergenz

Bei arithmetischen und geometrischen Reihen lässt sich sehr einfach eine Aussage über ihr Konvergenz- und Divergenzverhalten machen und im Falle der Konvergenz auch leicht der Grenzwert berechnen:

Satz 12.5 (Konvergenz bei arithmetischen und geometrischen Reihe)

a) Ist $\sum_{k=0}^{\infty} a_k$ eine arithmetische Reihe mit $a_{n+1} - a_n = d$ für alle $n \in \mathbb{N}_0$ und ein geeignetes $d \in \mathbb{R}$, dann gilt für die Partialsummen

$$s_n = \sum_{k=0}^{n}(a_0 + k\,d) = (n+1)\left(a_0 + \frac{n\,d}{2}\right)$$

für alle $n \in \mathbb{N}_0$, und die arithmetische Reihe ist genau dann konvergent, wenn $a_0 = d = 0$ gilt. Der Wert der arithmetischen Reihe beträgt in diesem Fall 0.

b) Ist $\sum_{k=0}^{\infty} a_k$ eine geometrische Reihe mit $a_{n+1} = q a_n$ für alle $n \in \mathbb{N}_0$, $a_0 \neq 0$ und ein geeignetes $q \in \mathbb{R}$, dann gilt für die Partialsummen

$$s_n = a_0 \sum_{k=0}^{n} q^k = \begin{cases} a_0 \frac{1-q^{n+1}}{1-q} & \text{für } q \neq 1 \\ a_0(n+1) & \text{für } q = 1 \end{cases} \quad (12.1)$$

für alle $n \in \mathbb{N}_0$, und die geometrische Reihe ist genau dann konvergent, wenn $|q| < 1$ gilt. Der Wert der geometrischen Reihe ist in diesem Fall gegeben durch

$$a_0 \sum_{k=0}^{\infty} q^k = \frac{a_0}{1-q}.$$

Beweis: Zu a): Für eine arithmetische Folge gilt $a_n = a_0 + nd$ für alle $n \in \mathbb{N}_0$ (vgl. (11.4)). Dies impliziert

$$s_n = \sum_{k=0}^{n} a_k = \sum_{k=0}^{n}(a_0 + kd) = (n+1)a_0 + d\sum_{k=1}^{n} k$$

$$= (n+1)a_0 + d\frac{n(n+1)}{2} = (n+1)\left(a_0 + \frac{dn}{2}\right)$$

für alle $n \in \mathbb{N}_0$. Die arithmetische Reihe $\sum_{k=0}^{\infty}(a_0 + kd)$ ist somit offensichtlich genau dann konvergent, wenn $a_0 = d = 0$ gilt.

Zu b): Für eine geometrische Folge gilt $a_n = a_0 q^n$ für alle $n \in \mathbb{N}_0$ (vgl. (11.5)). Dies impliziert

$$s_n = \sum_{k=0}^{n} a_k = \sum_{k=0}^{n} a_0 q^k = a_0 \sum_{k=0}^{n} q^k \quad (12.2)$$

für alle $n \in \mathbb{N}_0$. Ferner gilt

$$(1-q)\sum_{k=0}^{n} q^k = (1-q)(1 + q + q^2 + \ldots + q^n)$$

$$= 1 - q^{n+1}.$$

Daraus folgt

$$\sum_{k=0}^{n} q^k = \frac{1-q^{n+1}}{1-q}$$

für $q \neq 1$ und alle $n \in \mathbb{N}_0$. Zusammen mit (12.2) erhält man daraus

$$s_n = a_0 \sum_{k=0}^{n} q^k = \begin{cases} a_0 \frac{1-q^{n+1}}{1-q} & \text{für } q \neq 1 \\ a_0(n+1) & \text{für } q = 1 \end{cases}$$

für alle $n \in \mathbb{N}_0$. Wegen $a_0 \neq 0$ impliziert dies für $|q| < 1$

$$\lim_{n \to \infty} s_n = a_0 \frac{1}{1-q}.$$

Für $|q| \geq 1$ ist die Folge $(s_n)_{n \in \mathbb{N}_0}$ offensichtlich nicht konvergent und $a_0 \sum_{k=0}^{\infty} q^k$ damit divergent. ∎

Die beiden folgenden Beispiele zeigen, wie verschiedene ökonomische Problemstellungen zu arithmetischen und vor allem zu geometrischen Reihen führen.

Beispiel 12.6 (Produktionsmenge als arithmetische und geometrische Reihe)

a) Ein Unternehmen produziert aktuell von einem Produkt 100 Einheiten pro Periode. Es beabsichtigt in den kommenden Perioden seine Produktionsmenge um 30 Einheiten pro Periode zu erhöhen. Die Pro-

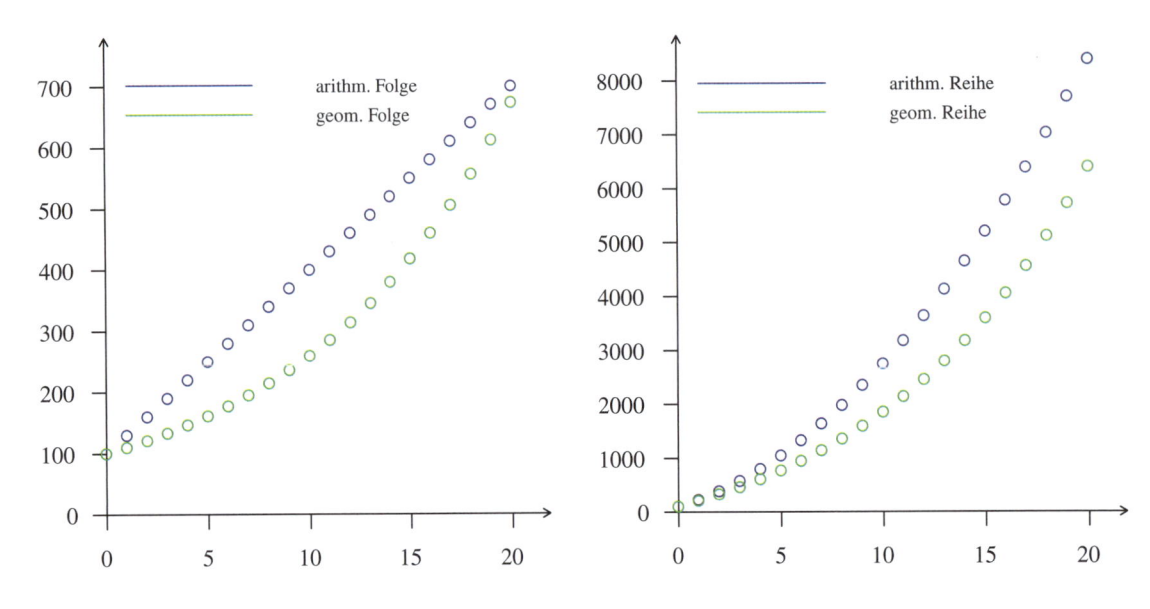

Abb. 12.2: Arithmetische und geometrische Folge $(a_n)_{n \in \mathbb{N}_0}$ mit $a_0 = 100$, $d = 30$ bzw. $q = 1{,}1$ (links) sowie die Partialsummen der zugehörigen arithmetischen bzw. geometrischen Reihe $\sum_{k=0}^{\infty} a_k$ (rechts)

duktionsmenge in der n-ten Periode ist dann gegeben durch

$$a_n := 100 + 30n$$

für alle $n \in \mathbb{N}_0$ und die Gesamtproduktion in den ersten n Perioden beträgt

$$s_n = \sum_{k=0}^{n}(100 + 30k) = (n+1)\left(100 + \frac{30n}{2}\right).$$

Wegen $a_0 = 100 \neq 0$ und $d = a_{n+1} - a_n = 30 \neq 0$ ist die arithmetische Reihe $\sum_{k=0}^{\infty}(100 + 30k)$ divergent (vgl. Satz 12.5a)). Zum Beispiel gilt nach 20 Perioden $s_{20} = 8400$. (vgl. Abbildung 12.2).

b) Das Unternehmen aus Teil a) beabsichtigt nun in den kommenden Perioden ausgehend von einer Produktionsmenge von 100 Einheiten seine Produktionsmenge um 10 Prozent pro Periode zu erhöhen. Die Produktionsmenge in der n-ten Periode ist dann gegeben durch

$$a_n := 100 \cdot 1{,}1^n$$

für alle $n \in \mathbb{N}_0$ und die Gesamtproduktion in den ersten n Perioden beträgt

$$s_n = \sum_{k=0}^{n} 100 \cdot 1{,}1^k = 100 \frac{1 - 1{,}1^{n+1}}{1 - 1{,}1}.$$

Wegen $q = 1{,}1 \geq 1$ ist die geometrische Reihe $\sum_{k=0}^{\infty} 100 \cdot 1{,}1^k$ divergent (vgl. Satz 12.5b)). Zum Beispiel gilt nach 20 Perioden $s_{20} = 6400{,}25$ (vgl. Abbildung 12.2).

Das folgende Beispiel zeigt, wie der sogenannte **Multiplikatoreffekt** einer Investition und der sogenannte **Fundamentalwert** einer Firma mit Hilfe von konvergenten geometrischen Reihen berechnet werden können:

Beispiel 12.7 (Multiplikatoreffekt und Fundamentalwert einer Firma)

a) Betrachtet wird ein einfaches volkswirtschaftliches Modell zur Beschreibung der Auswirkungen von Investitionen auf das Volkseinkommen. Dabei wird an-

12.3 Arithmetische und geometrische Reihen

genommen, dass alle produzierenden und konsumierenden Mitglieder der Volkswirtschaft durchgehend $\frac{3}{5}$ ihres Einkommens für Verbrauchsgüter ausgeben (sog. Grenzneigung zum Verbrauch).

Die Investition eines beliebigen Unternehmens in der Höhe von 1.000.000 € (z. B. für die Anschaffung einer Produktionsmaschine, den Bau einer Lagerhalle, die Erweiterung des Fuhrparks usw.) führt dann dazu, dass die Erstempfänger dieses Geldbetrags (z. B. Maschinenbauer, Maurer, Autohändler usw.) davon $\frac{3}{5}$, d. h. den Betrag $\frac{3}{5} \cdot 1.000.000$ €, ebenfalls für Verbrauchsgüter ausgeben. Die Empfänger dieses Geldbetrags (sog. Zweitempfänger) geben davon wiederum

$$\frac{3}{5} \cdot \left(\frac{3}{5} \cdot 1.000.000 \, \text{€} \right) = \left(\frac{3}{5} \right)^2 1.000.000 \, \text{€}$$

für Verbrauchsgüter aus usw. Das heißt, nachdem die Empfänger auf der n-ten Stufe $\left(\frac{3}{5} \right)^n$ 1.000.000 € für Verbrauchsgüter ausgegeben haben, sind durch die Anfangsinvesitition von 1.000.000 € insgesamt Ausgaben in der Höhe von

$$\sum_{k=0}^{n} \left(\frac{3}{5} \right)^k 1.000.000 \, \text{€} = 1.000.000 \, \text{€} \sum_{k=0}^{n} \left(\frac{3}{5} \right)^k$$
$$= 1.000.000 \, \text{€} \frac{1 - \left(\frac{3}{5} \right)^{n+1}}{1 - \frac{3}{5}}$$

initiiert worden. Für $n \to \infty$ erhält man schließlich, dass sich durch die Investition das Volkseinkommen um den Geldbetrag

$$1.000.000 \, \text{€} \sum_{k=0}^{\infty} \left(\frac{3}{5} \right)^k = 1.000.000 \, \text{€} \frac{1}{1 - \frac{3}{5}}$$
$$= 2.500.000 \, \text{€}$$

erhöht (vgl. Satz 12.5b)). Dabei wird der Faktor $\frac{1}{1-\frac{3}{5}} = 2{,}5$ als **Multiplikatoreffekt** bezeichnet. Er gibt an, um wie viel sich das Einkommen einer Volkswirtschaft erhöht, wenn die Investitionen um einen bestimmten Wert ansteigen. Aus diesem einfachen Beispiel wird die Bedeutung von Investitionen, insbesondere von Staatsinvestitionen, für eine Volkswirtschaft deutlich (vgl. Abbildung 12.3, links). Für eine ausführliche Darstellung von Multiplikatormodellen siehe z. B. *Samuelson & Nordhaus* [57].

b) Betrachtet wird ein einfaches betriebswirtschaftliches Modell zur Bestimmung des Wertes eines Unternehmens. Dabei wird angenommen, dass das Unternehmen in jedem Jahr $n = 0, 1, 2, \ldots$ einen sicheren Gewinn in der Höhe von 1.000.000 € erwirtschaftet und der Marktzins $r = 4\%$ konstant ist.

Der sogenannte **Fundamentalwert** eines Unternehmens berechnet sich dann als aktueller Wert der zukünftigen Rückflüsse (sogenannter Barwert aller zukünftigen Zahlungsströme (Cashflows)) und entspricht damit dem Kapitalbetrag, der zur Finanzierung aller zukünftigen Profite des Unternehmens benötigt werden würde. Da jedoch für den Kapitalbetrag K_n, der zur Finanzierung des Gewinns im n-ten Jahr benötigt wird,

$$K_n(1+r)^n = 1.000.000 \, \text{€} \qquad \text{bzw.}$$
$$K_n = \frac{1}{(1+r)^n} 1.000.000 \, \text{€}$$

gelten muss, heißt dies, dass der Fundamentalwert des Unternehmens durch

$$\sum_{n=0}^{\infty} K_n = 1.000.000 \, \text{€} \sum_{n=0}^{\infty} \frac{1}{(1+r)^n}$$
$$= 1.000.000 \, \text{€} \frac{1}{1 - \frac{1}{1+0{,}04}}$$
$$= 26.000.000 \, \text{€} \qquad (12.3)$$

gegeben ist (vgl. Satz 12.5b)). Aus dem Fundamentalwert lässt sich unmittelbar auch eine Faustformel für „vernünftige" Aktienpreise ableiten. Denn aus (12.3) erhält man unmittelbar, dass bei einem Marktzins von $r = 4\%$ der Aktienpreis ungefähr das 26-fache der (konstanten) Dividende betragen sollte. Da Anleger jedoch häufig auf hohe Profite spekulieren, kann der Aktienpreis auch höher sein. Diese Wachstumsphantasie wird u. a. von der Qualität des Managements, der Stärke der Märkte und der Innovationskraft des Unternehmens beeinflusst (vgl. Abbildung 12.3, rechts).

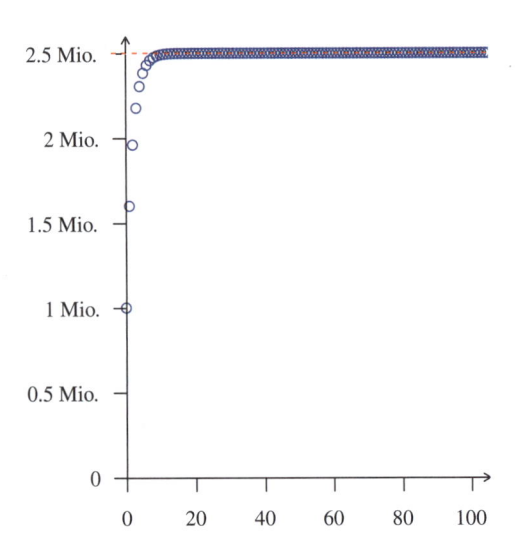

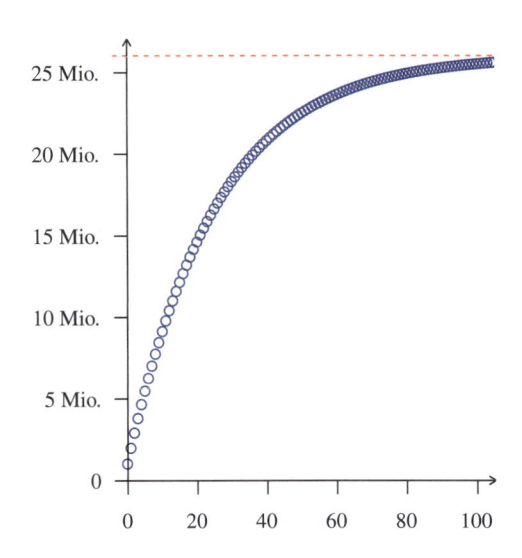

Abb. 12.3: Erhöhung des Volkseinkommens durch eine Investition von 1.000.000 € bei einer Grenzneigung zum Verbrauch von $\frac{3}{5}$ (links) und der Fundamentalwert einer Firma mit einem jährlichen Gewinn von 1.000.000 € bei einem Marktzins von $r = 4\%$ (rechts)

Der Teil b) des Satzes 12.5 besagt, dass eine geometrische Reihe $a_0 \sum_{k=0}^{\infty} q^k$ für $|q| < 1$ den endlichen Wert $\frac{a_0}{1-q}$ besitzt. Dieses Phänomen, nämlich dass unendlich viele positive Zahlen addiert werden können und trotzdem eine endliche Zahl resultiert, hielt man in der Antike für unmöglich und es hat deshalb auch zu einigen Paradoxien geführt. Das berühmteste Paradoxon dieser Art ist vom griechischen Philosophen *Zenon von Elea* (ca. 490–430 v. Chr.) überliefert und als **Paradoxon von Achilles und der Schildkröte** bekannt. Mit Hilfe des Satzes 12.5b) lässt sich jedoch dieses Paradoxon auflösen.

> **Beispiel 12.8** (Paradoxon von Achilles und der Schildkröte)
>
> Der griechische Philosoph *Zenon* behauptete, dass bei einem Wettlauf zwischen **Achilles**, dem schnellsten Läufer der Antike, und einer **Schildkröte** Achilles die Schildkröte niemals einholen wird, wenn die Schildkröte zu Beginn einen Vorsprung bekommt. Dabei wird ohne Beschränkung der Allgemeinheit zum einen angenommen, dass Achilles mit einer Geschwindigkeit von 10 m/s läuft und damit 10-mal so schnell ist wie die Schildkröte, die sich nur mit einer Geschwindigkeit von 1 m/s bewegt. Zum anderen wird angenommen, dass die Schildkröte zu Beginn einen Vorsprung von 100 Metern bekommt. 
>
> Büste von Zenon von Elea
>
> *Zenon* argumentierte dann wie folgt: Achilles muss nach dem Start zunächst einmal die Stelle erreichen, an der die Schildkröte gestartet ist. Das heißt, er muss 100 Meter zurücklegen. In dieser Zeit ist jedoch die Schildkröte um 10 Meter weitergelaufen. In der Zeit, in der Achilles diese 10 Meter zurücklegt, ist die Schildkröte wieder um einen 1 Meter weitergelaufen usw. Der Vorsprung der Schildkröte wird somit zwar immer kleiner, aber die Annäherung von Achilles an die Schildkröte dauert unendlich lange und Achilles hat deshalb keine Chance, die Schildkröte jemals einzuholen (vgl. Abbildung 12.4).
>
> Die Argumentation von *Zenon* ist zwar bestechend, aber die Erfahrung von ähnlichen Situationen lehrt, dass Achilles die Schildkröte irgendwann einmal einholen wird. Das heißt, die Argumentation von *Zenon* kann nicht richtig sein. Da jedoch der „Denkfehler" hinter der Argumentation von *Zenon* für die Philosophen der Antike nicht offensichtlich war, rätselten viele Generationen von Philosophen über die Auflösung dieses Paradoxons. *Zenon*

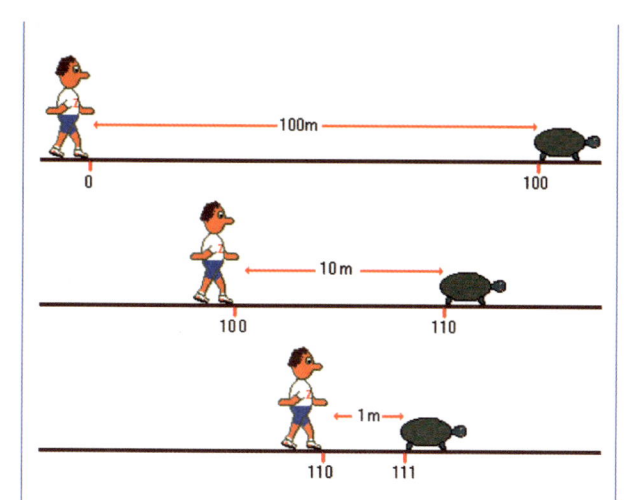

Abb. 12.4: Wettlauf zwischen Achilles und der Schildkröte

war von der Richtigkeit seiner Argumentation sogar so stark überzeugt, dass er aufgrund dieses Paradoxons behauptete, dass das gesamte Konzept der Bewegung Unsinn ist.

Die Ursache für dieses scheinbare Paradoxon ist, dass zur Zeit von *Zenon* noch kein widerspruchsfreier Konvergenzbegriff zur Verfügung stand. Insbesondere wurde damals geglaubt, dass bei der Addition von unendlich vielen positiven Zahlen niemals ein endlicher Wert resultieren kann. Für das Paradoxon von Achilles und der Schildkröte heißt dies, dass *Zenon* fälschlicherweise geglaubt hat, die Annäherung von Achilles an die Schildkröte würde unendlich lange andauern, da die Addition unendlich vieler Zeitintervalle, auch wenn diese immer kleiner werden, notwendigerweise immer einen unendlich langen Zeitraum ergibt. Dies ist jedoch falsch, wie die folgende Rechnung zeigt.

Bei der Argumentation von *Zenon* erfolgen die Messungen der Abstände zwischen Achilles und der Schildkröte zu den Zeitpunkten (in Sekunden)

$t_1 = 10$, $t_2 = t_1 + 1$, $t_3 = t_2 + 0,1$, $t_4 = t_3 + 0,01$ usw.

Das heißt, für die Zeit bis zur n-ten Messung erhält man mit Satz 12.5b)

$$t_n = \sum_{i=0}^{n} 10 \left(\frac{1}{10}\right)^i = 10 \frac{1 - \left(\frac{1}{10}\right)^{n+1}}{1 - \frac{1}{10}}.$$

Durch Betrachtung des Grenzübergangs $n \to \infty$ resultiert daraus die Zeit, die vergeht bis Achilles die Schildkröte eingeholt hat. Mit Satz 12.5b) erhält man somit, dass dies

$$\lim_{n \to \infty} t_n = 10 \frac{1}{1 - \frac{1}{10}} = 11,111\ldots$$

Sekunden dauert. Nach ca. 11,111 Sekunden hat Achilles folglich die Schildkröte eingeholt und nach 11,112 Sekunden hat er sie bereits überholt. Dieses Ergebnis löst das Paradoxon von Achilles und der Schildkröte auf.

12.4 Konvergenzkriterien

Gemäß Satz 12.5b) ist eine geometrische Reihe genau dann konvergent, wenn $|q| < 1$ gilt, und der Grenzwert ist durch $\frac{a_0}{1-q}$ gegeben. Bei den meisten anderen Reihen ist es jedoch nicht so einfach, Aussagen über deren Konvergenz bzw. Divergenz zu machen. Sehr oft müssen zur Untersuchung der Konvergenzeigenschaften sogenannte **Konvergenzkriterien** für Reihen herangezogen werden. Diese Kriterien zielen bei der Konvergenzuntersuchung einer Reihe zum Teil auf unterschiedliche Eigenschaften und Besonderheiten von Reihen ab. Je nach Art des Kriteriums erhält man eine notwendige und/oder eine hinreichende Bedingung für die Konvergenz einer Reihe.

Aber auch mit diesen Konvergenzkriterien kann der Grenzwert einer konvergenten Reihe in der Regel nicht analytisch berechnet werden. In diesen Fällen muss dann die Berechnung des Grenzwertes numerisch erfolgen oder es müssen andere mathematische Hilfsmittel wie z. B. **Taylor-Reihen** (siehe Abschnitt 17.3) oder **Potenzreihen** (siehe Abschnitt 17.4) herangezogen werden. Für viele Anwendungen ist es jedoch nicht primär entscheidend, den genauen Grenzwert einer konvergenten Reihe zu kennen. Oftmals genügt es lediglich zu wissen, ob eine Reihe konvergiert oder nicht.

Cauchy-Kriterium

Das wohl bedeutendste Konvergenzkriterium für Reihen ist das nach *Augustin Louis Cauchy* (1789–1857) benannte **Cauchy-Kriterium**. Es liefert eine notwendige und hinreichende Bedingung für die Konvergenz einer Reihe.

A. L. Cauchy auf einer französischen Briefmarke

Mit seiner Hilfe kann somit grundsätzlich bei jeder Reihe entschieden werden, ob sie konvergiert oder divergiert. Das Cauchy-Kriterium lässt sich unmittelbar aus dem Konvergenzkriterium von Cauchy für Folgen ableiten (vgl. Satz 11.37).

> **Satz 12.9** (Cauchy-Kriterium für Reihen)
>
> *Eine Reihe $\sum_{k=0}^{\infty} a_k$ konvergiert genau dann, wenn die Folge ihrer Partialsummen $(s_n)_{n \in \mathbb{N}_0}$ eine Cauchy-Folge ist. Das heißt, wenn für jedes $\varepsilon > 0$ ein $n_0 \in \mathbb{N}_0$ existiert, so dass für alle $n, m \geq n_0$ gilt*
> $$\left| \sum_{k=n+1}^{m} a_k \right| < \varepsilon. \qquad (12.4)$$

Beweis: Eine Reihe konvergiert genau dann, wenn die Folge ihrer Partialsummen $(s_n)_{n \in \mathbb{N}_0}$ konvergiert (vgl. Definition 12.3). Gemäß dem Konvergenzkriterium von Cauchy (vgl. Satz 11.37) ist dies genau dann der Fall, wenn $(s_n)_{n \in \mathbb{N}_0}$ eine Cauchy-Folge ist. Das heißt, wenn es ein $n_0 \in \mathbb{N}_0$ gibt, so dass für alle $m, n > n_0$ gilt

$$|s_m - s_n| = \left| \sum_{k=0}^{m} a_k - \sum_{k=0}^{n} a_k \right| = \left| \sum_{k=n+1}^{m} a_k \right| < \varepsilon.$$
∎

Das Cauchy-Kriterium besitzt den großen Vorteil, dass es universell angewendet werden kann. Aufgrund seiner Allgemeinheit besitzt das Cauchy-Kriterium jedoch auch den Nachteil, dass es nicht auf die Besonderheiten einer Reihe reagieren kann und deshalb oftmals nicht leicht anzuwenden ist.

Aus dem Cauchy-Kriterium folgt, dass eine konvergente Reihe konvergent bleibt und eine divergente Reihe divergent bleibt, wenn endlich viele Reihenglieder verändert werden. Der Wert einer konvergenten Reihe wird jedoch durch die Veränderung von Reihengliedern sehr wohl beeinflusst.

Das folgende Beispiel zeigt anhand der **alternierenden harmonischen Reihe** und der **harmonischen Reihe**, wie das Cauchy-Kriterium bei Konvergenzuntersuchungen angewendet werden kann:

> **Beispiel 12.10** (Anwendung des Cauchy-Kriteriums)
>
> a) Die Reihe
> $$\sum_{k=1}^{\infty} \frac{(-1)^{k+1}}{k} = 1 - \frac{1}{2} + \frac{1}{3} - \frac{1}{4} + \frac{1}{5} - \frac{1}{6} \pm \ldots$$
> wird als **alternierende harmonische Reihe** bezeichnet. Für ihre Partialsummen $s_n := \sum_{k=1}^{n}(-1)^{k+1}\frac{1}{k}$ erhält man mit $m := n + p$ und einem beliebigen $p \in \mathbb{N}_0$ die Abschätzung
> $$|s_m - s_n| = \left| \sum_{k=n+1}^{n+p} (-1)^{k+1} \frac{1}{k} \right|$$
> $$= \left| \frac{1}{n+1} - \frac{1}{n+2} + \ldots \pm \frac{1}{n+p-1} \right.$$
> $$\left. \mp \frac{1}{n+p} \right| < \frac{1}{n+1}.$$
> Es gibt somit für jedes $\varepsilon > 0$ ein $n_0 \in \mathbb{N}_0$, so dass $|s_m - s_n| < \varepsilon$ für alle $m, n \geq n_0$ gilt. Das heißt, die Folge $(s_n)_{n \in \mathbb{N}}$ ist eine Cauchy-Folge. Mit dem Cauchy-Kriterium (vgl. Satz 12.9) folgt somit, dass die alternierende harmonische Reihe konvergent ist und mit Hilfe der Theorie der Taylor-Reihen kann gezeigt werden, dass die Reihe den Wert $\ln(2)$ besitzt (vgl. Abbildung 12.5, links und Beispiel 17.10b)).
>
> b) Die Reihe
> $$\sum_{k=1}^{\infty} \frac{1}{k} = 1 + \frac{1}{2} + \frac{1}{3} + \frac{1}{4} + \frac{1}{5} + \frac{1}{6} + \ldots$$
> wird als **harmonische Reihe** bezeichnet. Für ihre Partialsummen $s_n := \sum_{k=1}^{n} \frac{1}{k}$ erhält man für jedes $n \in \mathbb{N}$ die Abschätzung
> $$|s_{2n} - s_n| = \left| \sum_{k=1}^{2n} \frac{1}{k} - \sum_{k=1}^{n} \frac{1}{k} \right|$$
> $$= \left| \sum_{k=n+1}^{2n} \frac{1}{k} \right| > n \frac{1}{2n} = \frac{1}{2}.$$
> Die Folge $(s_n)_{n \in \mathbb{N}_0}$ der Partialsummen ist somit keine Cauchy-Folge und mit dem Cauchy-Kriterium (vgl. Satz 12.9) folgt daher, dass die harmonische Reihe divergent ist (vgl. Abbildung 12.5, rechts).

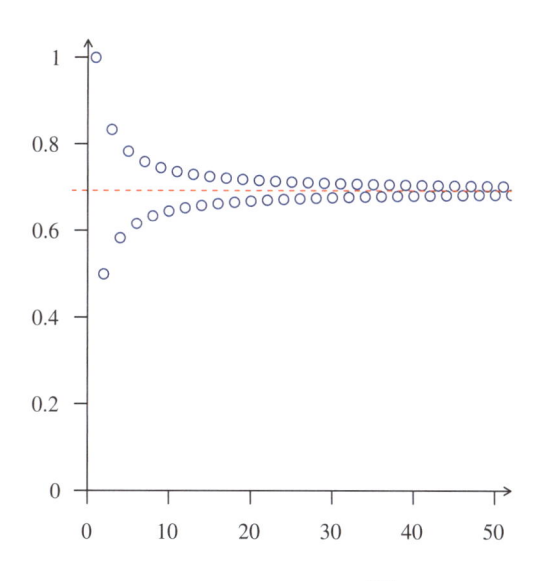

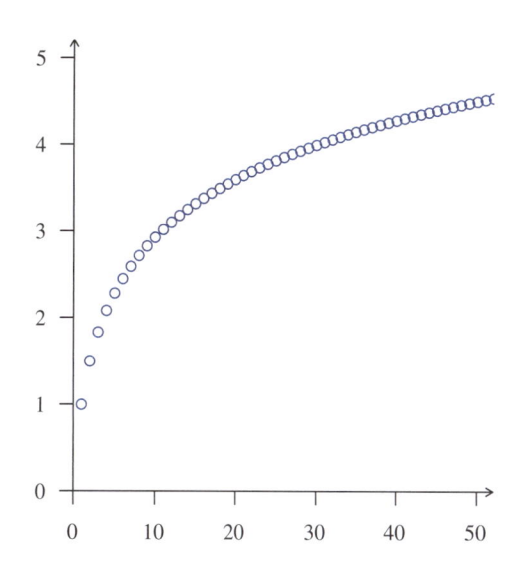

Abb. 12.5: Partialsummen $s_n = \sum_{k=1}^{n} \frac{(-1)^{k+1}}{k}$ (links) und $s_n = \sum_{k=1}^{n} \frac{1}{k}$ (rechts)

Nullfolgenkriterium

Aus dem Cauchy-Kriterium erhält man die folgende notwendige Bedingung für die Konvergenz einer Reihe. Diese notwendige Bedingung wird als **Nullfolgenkriterium** oder **Trivialkriterium** bezeichnet:

Satz 12.11 (Nullfolgenkriterium)

Ist die Reihe $\sum_{k=0}^{\infty} a_k$ konvergent, dann ist die Folge $(a_n)_{n \in \mathbb{N}_0}$ eine Nullfolge. Das heißt, es gilt $\lim_{n \to \infty} a_n = 0$.

Beweis: Es sei $\varepsilon > 0$. Dann folgt mit dem Cauchy-Kriterium (vgl. Satz 12.9) und $m = n + 1$, dass es ein $n_0 \in \mathbb{N}_0$ gibt mit $|a_{n+1}| < \varepsilon$ für alle $n \geq n_0$. Das heißt, $(a_n)_{n \in \mathbb{N}_0}$ ist eine Nullfolge. ∎

Die Umkehrung von Satz 12.11 gilt nicht. Denn die Bedingung $\lim_{n \to \infty} a_n = 0$ ist lediglich eine notwendige und keine hinreichende Bedingung für die Konvergenz einer Reihe. Ein Beispiel hierfür ist die harmonische Reihe $\sum_{k=1}^{\infty} \frac{1}{k}$, für die $\lim_{n \to \infty} \frac{1}{n} = 0$ gilt, obwohl sie nicht konvergent ist (vgl. Beispiel 12.10b)).

Eine Reihe $\sum_{k=0}^{\infty} a_k$, bei der die Folge $(a_n)_{n \in \mathbb{N}_0}$ nicht gegen 0 konvergiert, ist notwendigerweise divergent.

Beispiel 12.12 (Anwendung des Nullfolgenkriteriums)

Für die Reihenglieder der Reihe

$$\sum_{k=1}^{\infty} \frac{k^k}{k!} = 1 + 2 + \frac{9}{2} + \frac{32}{3} + \frac{625}{24} + \frac{324}{5} + \ldots$$

gilt

$$\frac{k^k}{k!} = \frac{k}{k} \cdot \frac{k}{k-1} \cdot \frac{k}{k-2} \cdot \ldots \cdot \frac{k}{2} \cdot \frac{k}{1} \geq 1$$

für alle $k \in \mathbb{N}$. Das heißt, $\left(\frac{n^n}{n!}\right)_{n \in \mathbb{N}}$ ist keine Nullfolge. Die Reihe erfüllt somit nicht das Nullfolgenkriterium 12.11 und ist daher divergent.

Monotoniekriterium

Aus dem Monotoniekriterium für beschränkte Folgen (vgl. Satz 11.23) erhält man eine weitere notwendige und auch hinreichende Bedingung für die Konvergenz einer Reihe, welche als **Monotoniekriterium** bezeichnet wird. Das Monotoniekriterium besitzt im Vergleich zum Cauchy-Kriterium den Nachteil, dass es nur auf Reihen mit nichtnegativen Reihengliedern angewendet werden kann. Dafür hat es den Vorteil, dass es mit der Nichtnegativität der Reihenglieder eine spezielle Eigenschaft der Reihe ausnutzt und daher in der Regel leichter anzuwenden ist als das Cauchy-Kriterium.

> **Satz 12.13** (Monotoniekriterium)
>
> *Eine Reihe $\sum_{k=0}^{\infty} a_k$ mit nichtnegativen Reihengliedern a_k konvergiert genau dann, wenn die Folge ihrer Partialsummen $(s_n)_{n \in \mathbb{N}_0}$ nach oben beschränkt ist.*

Beweis: Eine Reihe konvergiert genau dann, wenn die Folge ihrer Partialsummen $(s_n)_{n \in \mathbb{N}_0}$ konvergiert (vgl. Definition 12.3). Für eine Reihe $\sum_{k=0}^{\infty} a_k$ mit nichtnegativen Reihengliedern a_k ist die Folge $(s_n)_{n \in \mathbb{N}_0}$ monoton wachsend. Gemäß dem Monotoniekriterium für beschränkte Folgen (vgl. Satz 11.23) konvergiert somit $(s_n)_{n \in \mathbb{N}_0}$ genau dann, wenn $(s_n)_{n \in \mathbb{N}_0}$ beschränkt ist. ∎

Eine Reihe, die dem Monotoniekriterium genügt, ist nicht „nur" konvergent, sondern sogar **absolut konvergent**. Zum Begriff „absolute Konvergenz" siehe Abschnitt 12.6.

> **Beispiel 12.14** (Anwendung des Monotoniekriteriums)
>
> Betrachtet wird die Reihe
>
> $$\sum_{k=1}^{\infty} \frac{1}{k^2} = 1 + \frac{1}{4} + \frac{1}{9} + \frac{1}{16} + \frac{1}{25} + \frac{1}{36} + \ldots$$
>
> und eine Folge $(t_n)_{n \geq 2}$ bestehend aus den „Teleskopsummen"
>
> $$t_n := \sum_{k=2}^{n} \left(\frac{1}{k-1} - \frac{1}{k} \right) = 1 - \frac{1}{n} \quad (12.5)$$
>
> für alle $n \geq 2$. Für diese Folge gilt offensichtlich $\lim_{n \to \infty} t_n = 1$. Weiter gilt für die einzelnen Summanden
>
> $$\frac{1}{k-1} - \frac{1}{k} = \frac{k-(k-1)}{k(k-1)} = \frac{1}{k^2 - k} > \frac{1}{k^2} \quad (12.6)$$
>
> für alle $k \geq 2$. Mit (12.5) und (12.6) erhält man somit
>
> $$1 > \sum_{k=2}^{n} \left(\frac{1}{k-1} - \frac{1}{k} \right) > \sum_{k=2}^{n} \frac{1}{k^2}$$

für alle $n \geq 2$. Daraus folgt für die Partialsummen der Reihe

$$s_n = \sum_{k=1}^{n} \frac{1}{k^2}$$

$$= 1 + \sum_{k=2}^{n} \frac{1}{k^2}$$

$$< 1 + \sum_{k=2}^{n} \left(\frac{1}{k-1} - \frac{1}{k} \right) < 1 + 1 = 2$$

für alle $n \in \mathbb{N}$. Das heißt, die Folge der Partialsummen $(s_n)_{n \in \mathbb{N}}$ ist nach oben durch den Wert 2 beschränkt und die Reihenglieder sind alle nichtnegativ. Aus dem Monotoniekriterium (vgl. Satz 12.13) folgt somit, dass die Reihe $\sum_{k=1}^{\infty} \frac{1}{k^2}$ konvergiert. Man kann zeigen, dass der Wert dieser Reihe durch $\frac{\pi^2}{6}$ gegeben ist. Es gilt somit (vgl. Abbildung 12.6, links)

$$\sum_{k=1}^{\infty} \frac{1}{k^2} = \frac{\pi^2}{6}.$$

Exponentialreihe

Mit Hilfe des Monotoniekriteriums (vgl. Satz 12.13) kann auch die Konvergenz der **Exponentialreihe**

$$\sum_{k=0}^{\infty} \frac{1}{k!} = 1 + 1 + \frac{1}{2} + \frac{1}{6} + \frac{1}{24} + \frac{1}{120} + \ldots$$

nachgewiesen werden. Sie ist eine der bedeutendsten Reihen und konvergiert gegen den Wert $e = \lim_{n \to \infty} \left(1 + \frac{1}{n}\right)^n$ (vgl. (11.10)). Mit dem Binomischen Lehrsatz (5.11) erhält man

$$\left(1 + \frac{1}{n}\right)^n = \sum_{k=0}^{n} \binom{n}{k} \left(\frac{1}{n}\right)^k \quad (12.7)$$

$$= \sum_{k=0}^{n} \frac{n!}{k!(n-k)!} \frac{1}{n^k} = \sum_{k=0}^{n} \frac{1}{k!} \prod_{j=0}^{k-1} \frac{n-j}{n}$$

für alle $n \in \mathbb{N}$. Es sei nun $m > n$. Dann folgt mit (12.7) die Ungleichung

$$\left(1 + \frac{1}{m}\right)^m = \sum_{k=0}^{m} \frac{1}{k!} \prod_{j=0}^{k-1} \frac{m-j}{m} \geq \sum_{k=0}^{n} \frac{1}{k!} \prod_{j=0}^{k-1} \frac{m-j}{m}.$$

12.4 Konvergenzkriterien

Dies impliziert jedoch für alle $n \in \mathbb{N}_0$

$$e = \lim_{m \to \infty} \left(1 + \frac{1}{m}\right)^m \geq \lim_{m \to \infty} \sum_{k=0}^{n} \frac{1}{k!} \prod_{j=0}^{k-1} \frac{m-j}{m}$$
$$= \sum_{k=0}^{n} \frac{1}{k!} \prod_{j=0}^{k-1} \lim_{m \to \infty} \left(1 - \frac{j}{m}\right) = \sum_{k=0}^{n} \frac{1}{k!}. \quad (12.8)$$

Die Folge $(s_n)_{n \in \mathbb{N}_0}$ der Partialsummen $s_n = \sum_{k=0}^{n} \frac{1}{k!}$ ist somit durch e nach oben beschränkt und die Exponentialreihe besitzt nur nichtnegative Reihenglieder. Aus dem Monotoniekriterium folgt daher, dass die Reihe $\sum_{k=0}^{\infty} \frac{1}{k!}$ konvergiert und der Wert kleiner gleich e ist. Weiter folgt mit (12.7)

$$e = \lim_{n \to \infty} \left(1 + \frac{1}{n}\right)^n = \lim_{n \to \infty} \sum_{k=0}^{n} \frac{1}{k!} \prod_{j=0}^{k-1} \frac{n-j}{n}$$
$$\leq \lim_{n \to \infty} \sum_{k=0}^{n} \frac{1}{k!} = \sum_{k=0}^{\infty} \frac{1}{k!}. \quad (12.9)$$

Aus (12.8) und (12.9) folgt somit schließlich, dass die Exponentialreihe konvergiert und den Wert e besitzt. Das heißt, es gilt (vgl. Abbildung 12.6, rechts)

$$\sum_{k=0}^{\infty} \frac{1}{k!} = e = \lim_{n \to \infty} \left(1 + \frac{1}{n}\right)^n. \quad (12.10)$$

Je nach Problemstellung ist die **Folgendarstellung** $\lim_{n \to \infty} \left(1 + \frac{1}{n}\right)^n$ oder die **Reihendarstellung** $\sum_{k=0}^{\infty} \frac{1}{k!}$ der Eulerschen Zahl e praktikabler. Für die numerische Berechnung von e ist jedoch die Reihendarstellung viel geeigneter. Denn während sich $\left(1 + \frac{1}{n}\right)^n$ für wachsende n nur sehr langsam e annähert, konvergieren die Partialsummen $s_n = \sum_{k=0}^{n} \frac{1}{k!}$ für wachsende n sehr schnell gegen e (vgl. Abbildung 12.6, rechts und Tabelle 12.1).

n	$\left(1 + \frac{1}{n}\right)^n$	$\sum_{k=0}^{n} \frac{1}{k!}$
1	2	2
2	2,25	2,5
4	2,4414062500	2,7083333333
6	2,5216263717	2,7180555555
8	2,5657845139	2,7182787698
10	2,5937424600	2,7182818011
12	2,6130352901	2,7182818281
⋮	⋮	⋮
10000	2,7181459268	2,7182818284

Tabelle 12.1: Approximation der Eulerschen Zahl e durch $\left(1 + \frac{1}{n}\right)^n$ bzw. $\sum_{k=0}^{n} \frac{1}{k!}$

Die Exponentialreihe $\sum_{k=0}^{\infty} \frac{1}{k!}$ ist für viele Bereiche der Analysis und zahlreiche ökonomische Anwendungen von großer Bedeutung. In Beispiel 17.10a) in Abschnitt 17.3 wird ge-

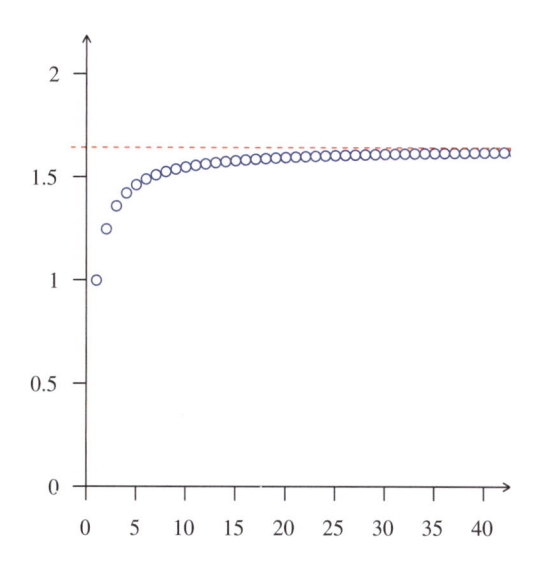

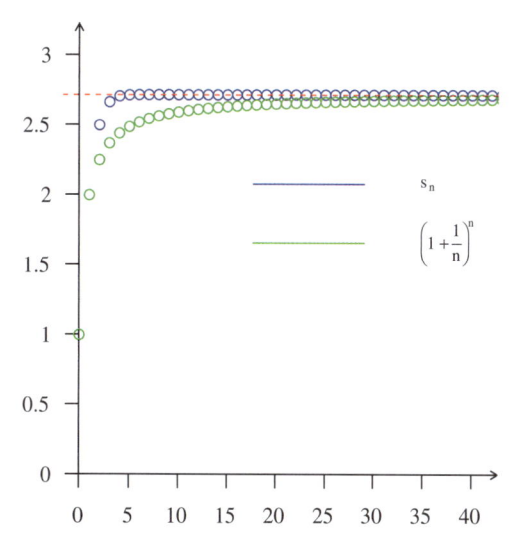

Abb. 12.6: Partialsummen $s_n = \sum_{k=1}^{n} \frac{1}{k^2}$ (links) sowie Partialsumme $s_n = \sum_{k=0}^{n} \frac{1}{k!}$ und Folgenglieder $a_n = \left(1 + \frac{1}{n}\right)^n$ (rechts)

zeigt, dass sogar die Identitäten

$$e^x = \sum_{k=0}^{\infty} \frac{x^k}{k!} \quad \text{bzw.} \quad \lim_{n \to \infty} \left(1 + \frac{x}{n}\right)^n = \sum_{k=0}^{\infty} \frac{x^k}{k!}$$

für alle $x \in \mathbb{R}$ gelten. Für $x = 1$ erhält man daraus den Spezialfall (12.10).

Majoranten- und Minorantenkriterium

Zwei weitere wichtige und anschauliche Konvergenz- und Divergenzkriterien für Reihen sind das **Majoranten-** bzw. **Minorantenkriterium**:

> **Satz 12.15** (Majoranten- und Minorantenkriterium)
>
> Es sei $\sum_{k=0}^{\infty} a_k$ eine Reihe mit nichtnegativen Reihengliedern. Dann gilt:
> a) Die Reihe konvergiert, wenn es eine Folge $(b_n)_{n \in \mathbb{N}_0}$ mit $0 \leq a_n \leq b_n$ für alle $n \geq n_0$ gibt und die Reihe $\sum_{k=0}^{\infty} b_k$ konvergiert (*Majorantenkriterium*).
> b) Die Reihe divergiert, wenn es eine Folge $(b_n)_{n \in \mathbb{N}_0}$ mit $0 \leq b_n \leq a_n$ für alle $n \geq n_0$ gibt und die Reihe $\sum_{k=0}^{\infty} b_k$ divergiert (*Minorantenkriterium*).

Beweis: Zu a): Es gibt ein $n_0 \in \mathbb{N}_0$, so dass

$$\sum_{k=n_0}^{n} a_k \leq \sum_{k=n_0}^{n} b_k \leq \sum_{k=0}^{\infty} b_k =: s$$

für alle $n \geq n_0$ gilt. Das heißt, die Reihe $\sum_{k=0}^{\infty} a_k$ besitzt nicht negative Reihenglieder und ist durch den Wert $\sum_{k=0}^{n_0-1} a_k + s$ nach oben beschränkt. Aus dem Monotoniekriterium (vgl. Satz 12.13) folgt somit, dass die Reihe $\sum_{k=0}^{\infty} a_k$ konvergiert.

Zu b): Es gibt ein $n_0 \in \mathbb{N}_0$, so dass

$$t_n := a_0 + \ldots + a_{n_0-1} + \sum_{k=n_0}^{n} b_k \leq a_0 + \ldots + a_{n_0-1} + \sum_{k=n_0}^{n} a_k =: s_n$$

für alle $n \geq n_0$ gilt. Mit dem Vergleichssatz 11.41 folgt somit $\lim_{n \to \infty} t_n \leq \lim_{n \to \infty} s_n$. Da jedoch die Folge $(t_n)_{n \geq n_0}$ gegen ∞ divergiert, impliziert dies die Divergenz von $(s_n)_{n \in \mathbb{N}_0}$ bzw. $\sum_{k=0}^{\infty} a_k$. ∎

Das Majoranten- und das Minorantenkriterium sind besonders einfach anzuwenden. Sie besitzen allerdings den Nachteil, dass sie nur dann angewendet werden können, wenn die zu untersuchende Reihe gliedweise mit einer anderen Reihe verglichen werden kann, deren Konvergenz bzw. Divergenz bereits bekannt ist. Die Reihe $\sum_{k=0}^{\infty} b_k$ im Majorantenkriterium wird dann als konvergente **Majorante** der Reihe $\sum_{k=0}^{\infty} a_k$ und die Reihe $\sum_{k=0}^{\infty} b_k$ im Minorantenkriterium als divergente **Minorante** der Reihe $\sum_{k=0}^{\infty} a_k$ bezeichnet.

Oft werden das Majoranten- und das Minorantenkriterium zusammen mit der **geometrischen Reihe** als Vergleichsreihe eingesetzt. Dies führt dann zu weiteren wichtigen Konvergenzkriterien wie dem **Quotientenkriterium** und dem **Wurzelkriterium** (vgl. Abschnitt 12.7).

Eine Reihe, die dem Majorantenkriterium genügt, ist sogar **absolut konvergent**. Zum Begriff „absolute Konvergenz" siehe Abschnitt 12.6.

> **Beispiel 12.16** (Anwendung des Majoranten- und Minorantenkriteriums)
>
> a) Betrachtet wird die Reihe
>
> $$\sum_{k=1}^{\infty} \frac{2}{k^2 - k + 1}. \quad (12.11)$$
>
> Aus $k^2 - k + 1 = (k-1)^2 + k \geq (k-1)^2$ für alle $k \in \mathbb{N}$ folgt
>
> $$0 \leq \frac{2}{k^2 - k + 1} \leq \frac{2}{(k-1)^2}$$
>
> für alle $k \geq 2$. Da jedoch die Reihe $2 + \sum_{k=2}^{\infty} \frac{2}{(k-1)^2} = 2 + 2\sum_{k=1}^{\infty} \frac{1}{k^2}$ konvergiert (vgl. Beispiel 12.14), ist sie eine konvergente Majorante der Reihe (12.11). Mit dem Majorantenkriterium 12.15a) folgt somit, dass auch die Reihe (12.11) konvergiert (vgl. Abbildung 12.7, links).
>
> b) Die Reihe
>
> $$\sum_{k=1}^{\infty} \frac{1}{k^\alpha} \quad (12.12)$$
>
> für $\alpha \in \mathbb{R}$ wird als **verallgemeinerte harmonische Reihe** bezeichnet. Es gilt $0 < \frac{1}{k} \leq \frac{1}{k^\alpha}$ für alle $k \in \mathbb{N}$ und $\alpha \leq 1$. Da die harmonische Reihe $\sum_{k=1}^{\infty} \frac{1}{k}$ divergiert (vgl. Beispiel 12.10b)), ist die harmonische Reihe eine divergente Minorante der verallgemeinerten harmonischen Reihe (12.12) für $\alpha \leq 1$. Mit dem Minorantenkriterium (vgl. Satz 12.15b)) folgt somit, dass die verallgemeinerte harmonische Reihe (12.12)

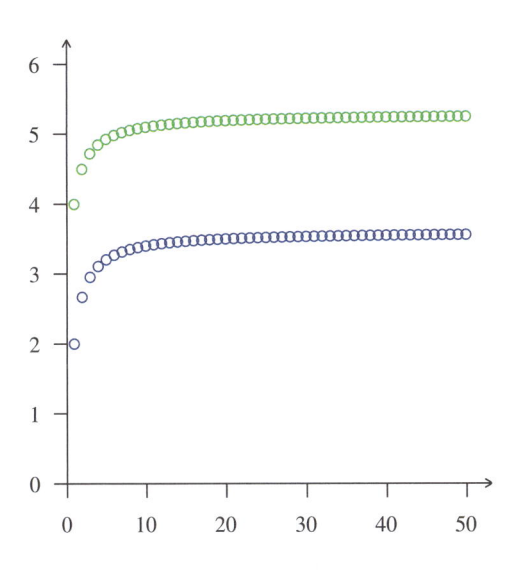

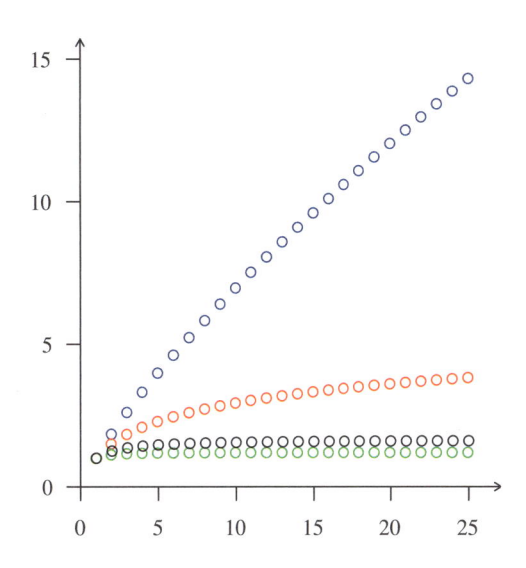

Abb. 12.7: Partialsummen $s_n = 2 + 2\sum_{k=1}^{n} \frac{1}{k^2}$ und $s_n = \sum_{k=1}^{n} \frac{2}{k^2-k+1}$ (links, von oben nach unten) sowie $s_n = \sum_{k=1}^{n} \frac{1}{k^{1/4}}$, $s_n = \sum_{k=1}^{n} \frac{1}{k}$, $s_n = \sum_{k=1}^{n} \frac{1}{k^2}$ und $s_n = \sum_{k=1}^{n} \frac{1}{k^3}$ (rechts, von oben nach unten)

für $\alpha \leq 1$ divergiert. Ferner gilt $0 < \frac{1}{k^\alpha} \leq \frac{1}{k^2}$ für alle $k \in \mathbb{N}$ und $\alpha \geq 2$. Da jedoch die Reihe $\sum_{k=1}^{\infty} \frac{1}{k^2}$ konvergiert (vgl. Beispiel 12.14), ist sie eine konvergente Majorante der verallgemeinerten harmonischen Reihe (12.12) für $\alpha \geq 2$. Mit dem Majorantenkriterium (vgl. Satz 12.15a)) folgt somit, dass die verallgemeinerte harmonische Reihe (12.12) für $\alpha \geq 2$ konvergiert (vgl. Abbildung 12.7, rechts).

12.5 Rechenregeln für konvergente Reihen

Es wurde bereits erwähnt, dass eine Reihe nicht einfach als „Summe von unendlich vielen Summanden" aufgefasst werden sollte, da sich Reihen in mancher Hinsicht anders verhalten als Summen. Dennoch gelten auch für konvergente Reihen einige **Rechenregeln**, wie man sie bereits von Summen kennt.

Summen und Differenzen konvergenter Reihen

Der folgende Satz fasst die wichtigsten Rechenregeln für konvergente Reihen zusammen:

Satz 12.17 (Rechenregeln für konvergente Reihen)

Die Reihen $\sum_{k=0}^{\infty} a_k$ und $\sum_{k=0}^{\infty} b_k$ seien konvergent und besitzen die Grenzwerte $\sum_{k=0}^{\infty} a_k = a$ bzw. $\sum_{k=0}^{\infty} b_k = b$. Dann sind auch die Reihen $\sum_{k=0}^{\infty} c a_k$ mit $c \in \mathbb{R}$, $\sum_{k=0}^{\infty}(a_k + b_k)$ und $\sum_{k=0}^{\infty}(a_k - b_k)$ konvergent und für deren Grenzwert gilt:

a) $\sum_{k=0}^{\infty} c a_k = c \sum_{k=0}^{\infty} a_k = ca$

b) $\sum_{k=0}^{\infty} (a_k + b_k) = \sum_{k=0}^{\infty} a_k + \sum_{k=0}^{\infty} b_k = a + b$

c) $\sum_{k=0}^{\infty} (a_k - b_k) = \sum_{k=0}^{\infty} a_k - \sum_{k=0}^{\infty} b_k = a - b$

Beweis: Da es sich bei konvergenten Reihen um konvergente Folgen von Partialsummen handelt, erhält man die Gültigkeit der Behauptungen aus den entsprechenden Rechenregeln für konvergente Folgen (siehe Satz 11.39a), b) und d)). ∎

Der obige Satz besagt somit, dass konvergente Reihen **gliedweise** addiert, subtrahiert und mit einer Konstanten multipliziert werden dürfen. Das heißt, bezüglich dieser drei Rechenoperationen verhalten sich konvergente Reihen wie endliche Summen.

> **Beispiel 12.18** (Anwendung der Rechenregeln für konvergente Reihen)
>
> a) Die Reihe
>
> $$\sum_{k=1}^{\infty} \left(2\left(\frac{1}{2}\right)^k + \frac{3}{k!} - \frac{10}{k(k+1)} \right) \quad (12.13)$$
>
> setzt sich aus den konvergenten Reihen $\sum_{k=1}^{\infty} \left(\frac{1}{2}\right)^k = \sum_{k=0}^{\infty} \left(\frac{1}{2}\right)^k - 1$, $\sum_{k=1}^{\infty} \frac{1}{k!} = \sum_{k=0}^{\infty} \frac{1}{k!} - 1$ und $\sum_{k=1}^{\infty} \frac{1}{k(k+1)}$ mit den Grenzwerten $2-1 = 1$, $e-1$ bzw. 1 zusammen. Mit Satz 12.17 folgt somit, dass auch die Reihe (12.13) konvergent ist und den Grenzwert
>
> $$\sum_{k=1}^{\infty} \left(2\left(\frac{1}{2}\right)^k + \frac{3}{k!} - \frac{10}{k(k+1)} \right)$$
> $$= 2\left(\sum_{k=0}^{\infty} \left(\frac{1}{2}\right)^k - 1 \right) + 3\left(\sum_{k=0}^{\infty} \frac{1}{k!} - 1 \right)$$
> $$- 10 \sum_{k=1}^{\infty} \frac{1}{k(k+1)}$$
> $$= 2 \cdot 1 + 3 \cdot (e-1) - 10 \cdot 1 = 3e - 11$$
>
> besitzt (vgl. Abbildung 12.8, links).
>
> b) Betrachtet wird die Reihe
>
> $$\sum_{k=1}^{\infty} \frac{2 + 3k \cos(k\pi)}{k^2}. \quad (12.14)$$
>
> Wegen $\cos(k\pi) = (-1)^k$ für alle $k \in \mathbb{N}$ gilt
>
> $$\sum_{k=1}^{\infty} \frac{2 + 3k \cos(k\pi)}{k^2} = \sum_{k=1}^{\infty} \left(\frac{2}{k^2} + 3\frac{(-1)^k}{k} \right).$$
>
> Die beiden Reihen $\sum_{k=1}^{\infty} \frac{1}{k^2}$ und $\sum_{k=1}^{\infty} \frac{(-1)^{k+1}}{k}$ sind konvergent und besitzen die Grenzwerte $\frac{\pi^2}{6}$ bzw. $\ln(2)$. Mit Satz 12.17 folgt daher, dass auch die Reihe (12.14) konvergent ist und den Grenzwert
>
> $$\sum_{k=1}^{\infty} \frac{2 + 3k \cos(k\pi)}{k^2} = 2 \sum_{k=1}^{\infty} \frac{1}{k^2} + 3 \sum_{k=1}^{\infty} \frac{(-1)^k}{k}$$
> $$= 2 \frac{\pi^2}{6} - 3 \sum_{k=1}^{\infty} \frac{(-1)^{k+1}}{k}$$
> $$= \frac{\pi^2}{3} - 3 \ln(2)$$
>
> besitzt (vgl. Abbildung 12.8, rechts).

Klammern bei konvergenten Reihen

Neben den Rechenregeln aus Satz 12.17 gilt für konvergente Reihen, dass man beliebig Klammern setzen darf:

> **Satz 12.19** (Klammern bei konvergenten Reihen)
>
> *Eine konvergente Reihe $\sum_{k=0}^{\infty} a_k$ verändert ihr Konvergenzverhalten und ihren Grenzwert nicht, wenn die Reihenglieder durch Klammern beliebig zusammengefasst werden. Genauer gilt: Ist $(k_n)_{n \in \mathbb{N}}$ eine Folge natürlicher Zahlen mit $0 \leq k_1 < k_2 < \ldots$ und setzt man*
>
> $A_1 := a_0 + a_1 + \ldots + a_{k_1},$
> $A_2 := a_{k_1+1} + a_{k_1+2} + \ldots + a_{k_2}$
> *usw.,*
>
> *dann gilt*
>
> $$\sum_{n=1}^{\infty} A_n = \sum_{k=0}^{\infty} a_k. \quad (12.15)$$

Beweis: Die Folge der Teilsummen $\sum_{k=0}^{n} A_k$ ist eine Teilfolge der Folge $(s_n)_{n \in \mathbb{N}_0}$ der Partialsummen $s_n = \sum_{k=0}^{n} a_k$. Da jedoch $(s_n)_{n \in \mathbb{N}_0}$ konvergiert und jede Teilfolge einer konvergenten Folge ebenfalls konvergent ist sowie gegen den gleichen Grenzwert der Folge konvergiert, erhält man (12.15). ∎

Die beiden Sätze 12.17 und 12.19 könnten zur Annahme verleiten, dass man mit konvergenten Reihen wie mit endlichen Summen rechnen kann. Wie bereits mehrfach erwähnt, ist dies jedoch falsch und beim Umgang mit konvergenten Reihen daher große Vorsicht geboten. Die Analogie zwischen endlichen Summen und Reihen hat enge Grenzen. Das heißt, es gibt elementare Umformungen, die bei endlichen Summen den Summenwert nicht verändern, aber bei Reihen zu einer Veränderung des Grenzwertes der Reihe oder gar des Konvergenzverhaltens führen.

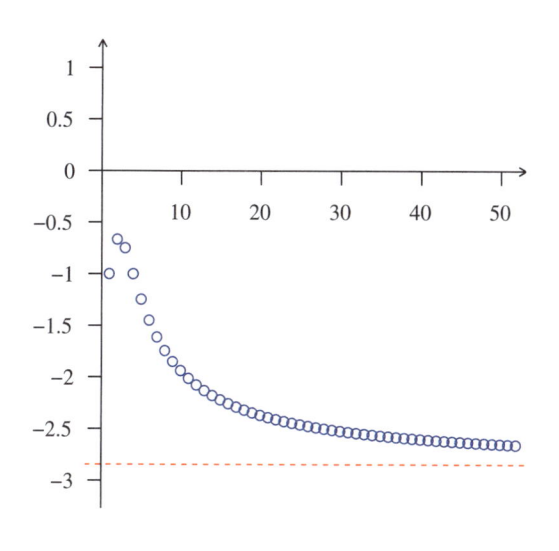

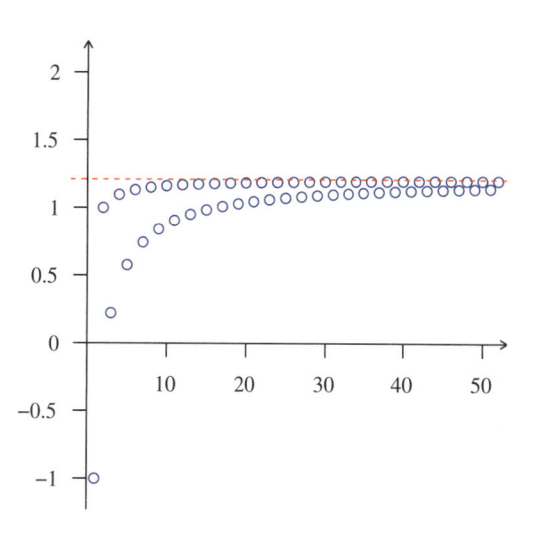

Abb. 12.8: Partialsummen $s_n = \sum_{k=1}^{n} \left(2\left(\frac{1}{2}\right)^k + \frac{3}{k!} - \frac{10}{k(k+1)}\right)$ (links) und $s_n = \sum_{k=1}^{n} \frac{2+3k\cos(k\pi)}{k^2}$ (rechts)

Das folgende Beispiel zeigt, dass es im Allgemeinen nicht erlaubt ist, bei konvergenten Reihen Klammern zu entfernen (siehe Teil a)) und die Reihenglieder umzuordnen (siehe Teil c)) oder bei divergenten Reihen neue Klammern zu setzen (siehe Teil b)):

Beispiel 12.20 (Klammern bei konvergenten und divergenten Reihen)

a) Die Reihe $\sum_{k=0}^{\infty} a_k$ mit $a_k := (1-1) = 0$ für alle $k \in \mathbb{N}_0$ ist konvergent und besitzt den Grenzwert 0. Denn für die Partialsummen gilt $s_0 = s_1 = s_2 = \ldots = 0$. Durch Entfernen der Klammern resultiert jedoch die divergente Reihe

$$\sum_{k=0}^{\infty} a_k = (1-1) + (1-1) + \ldots$$
$$= 1 - 1 + 1 - 1 + \ldots = \sum_{k=0}^{\infty} (-1)^k.$$

Denn für die Partialsummen gilt nun $s_{2n} = 1$ und $s_{2n+1} = -1$ für alle $\mathbb{N}_0$.

b) Aus der divergenten Reihe $\sum_{k=0}^{\infty} (-1)^k$ entsteht durch die Klammerung $a_k := (1-1)$ die konvergente Reihe $\sum_{k=0}^{\infty} a_k = 0$.

c) Die alternierende harmonische Reihe $\sum_{k=1}^{\infty} \frac{(-1)^{(k+1)}}{k}$ ist konvergent (siehe Beispiel 12.10a)) und besitzt den Grenzwert ln(2) (siehe Beispiel 17.10b) in Abschnitt 17.3). Man erhält:

$$\ln(2) = 1 - \tfrac{1}{2} + \tfrac{1}{3} - \tfrac{1}{4} + \tfrac{1}{5} - \tfrac{1}{6} + \tfrac{1}{7} - \tfrac{1}{8} + \tfrac{1}{9} - \tfrac{1}{10} + \tfrac{1}{11} \cdots$$
$$+\ \tfrac{1}{2}\ln(2) = 0 + \tfrac{1}{2} + 0 - \tfrac{1}{4} + 0 + \tfrac{1}{6} + 0 - \tfrac{1}{8} + 0 + \tfrac{1}{10} + 0 \cdots$$
$$\overline{\tfrac{3}{2}\ln(2) = 1 + 0 + \tfrac{1}{3} - \tfrac{1}{2} + \tfrac{1}{5} + 0 + \tfrac{1}{7} - \tfrac{1}{4} + \tfrac{1}{9} + 0 + \tfrac{1}{11} \cdots}$$

Lässt man in der letzten Reihe die Nullen weg, dann erhält man die letzte Reihe durch Umordnung der Glieder der ersten Reihe. Das heißt, bei der alternierenden harmonischen Reihe verändert sich durch diese Umordnung der Reihenglieder der Wert der Reihe von ln(2) zu $\frac{3}{2}\ln(2)$.

12.6 Absolute Konvergenz

Die häufig verwendete Schreibweise $\sum_{k=0}^{\infty} a_k$ für Reihen ist zwar praktisch, aber auch ein wenig gefährlich. Denn sie suggeriert eine zu starke Analogie zwischen Summen und Reihen und verleitet auf diese Weise oftmals zu Fehlern beim Rechnen mit Reihen. Während z.B. bei Summen $\sum_{k=0}^{n} a_k$

die Summanden a_k in beliebiger Weise umgeordnet werden können, ohne dass sich der Wert der Summe dadurch verändert, gilt dieses **Kommutativgesetz** für Reihen nicht. Denn wie in Beispiel 12.20c) anhand der alternierenden harmonischen Reihe gezeigt wurde, kann sich bei einer konvergenten Reihe durch Umordnung der Reihenglieder der Wert der Reihe durchaus ändern.

Unbedingte und bedingte Konvergenz

Im Allgemeinen wird eine Reihe $\sum_{k=0}^{\infty} a_{n_k}$ als **Umordnung** der Reihe $\sum_{k=0}^{\infty} a_k$ bezeichnet, wenn $(n_k)_{k \in \mathbb{N}_0}$ eine Folge von Zahlen aus $\mathbb{N}_0$ ist, in der jede Zahl aus $\mathbb{N}_0$ genau einmal auftritt. Entsprechend heißt $\sum_{k=p}^{\infty} a_{n_k}$ Umordnung der Reihe $\sum_{k=p}^{\infty} a_k$ für ein $p \in \mathbb{N}_0$, wenn $(n_k)_{k \geq p}$ eine Folge von Zahlen aus $\{p, p+1, p+2, \ldots\}$ ist, in der jede Zahl aus $\{p, p+1, p+2, \ldots\}$ genau einmal vorkommt.

Beim Umgang mit konvergenten Reihen stellt sich daher die Frage, ob es zumindest eine Teilklasse von konvergenten Reihen gibt, die das Kommutativgesetz erfüllen. Das heißt, es sind die konvergenten Reihen gesucht, bei denen alle Umordnungen konvergieren und denselben Grenzwert besitzen.

Solche konvergenten Reihen werden als **unbedingt konvergent** bezeichnet. Dagegen heißen konvergente Reihen, bei denen das Konvergenzverhalten und der Wert der Reihe von der Anordnung der Reihenglieder abhängt, **bedingt konvergent**. Wie das Beispiel 12.20c) zeigt, handelt es sich bei der alternierenden harmonischen Reihe $\sum_{k=1}^{\infty} (-1)^{k+1} \frac{1}{k}$ um eine bedingt konvergente Reihe.

Absolute Konvergenz

Mit dem folgenden Umordnungssatz 12.23 wird sich überraschenderweise herausstellen, dass unbedingte Konvergenz sehr eng mit einer ganz anderen Art von Konvergenzeigenschaft verbunden ist, die als **absolute Konvergenz** bezeichnet wird:

> **Definition 12.21** (Absolute Konvergenz)
>
> *Eine Reihe $\sum_{k=0}^{\infty} a_k$ heißt absolut konvergent, wenn die Reihe $\sum_{k=0}^{\infty} |a_k|$ konvergent ist.*

Absolut konvergente Reihen stellen den Normalfall konvergenter Reihen dar. Reihen die konvergent, aber nicht absolut konvergent sind, bilden eher die Ausnahme. Eine solche Ausnahme ist z. B. die alternierende harmonische Reihe $\sum_{k=1}^{\infty} (-1)^{k+1} \frac{1}{k}$. In Beispiel 12.10a) wurde gezeigt, dass die alternierende harmonische Reihe konvergiert und in Beispiel 12.10b) wurde nachgewiesen, dass die harmonische Reihe $\sum_{k=1}^{\infty} \left| (-1)^{k+1} \frac{1}{k} \right| = \sum_{k=1}^{\infty} \frac{1}{k}$ divergiert.

Die bekanntesten Vertreter der Klasse der absolut konvergenten Reihen sind die **Potenzreihen**, die in Abschnitt 17.4 betrachtet werden.

Das Beispiel der alternierenden harmonischen Reihe zeigt, dass aus der Konvergenz einer Reihe im Allgemeinen nicht die absolute Konvergenz folgt. Der folgende Satz zeigt jedoch, dass wenigstens die Umkehrung gilt. Die absolute Konvergenz impliziert somit stets die (gewöhnliche) Konvergenz:

> **Satz 12.22** (Absolute Konvergenz impliziert Konvergenz)
>
> *Eine absolut konvergente Reihe $\sum_{k=0}^{\infty} a_k$ ist konvergent.*

Beweis: Es sei $\varepsilon > 0$. Da $\sum_{k=0}^{\infty} |a_k|$ konvergent ist, folgt mit dem Cauchy-Kriterium 12.9, dass es ein $n_0 \in \mathbb{N}_0$ gibt, so dass $\sum_{k=n+1}^{m} |a_k| < \varepsilon$ für alle $n, m \geq n_0$ gilt. Zusammen mit der Dreiecksungleichung (3.4) impliziert dies

$$\left| \sum_{k=n+1}^{m} a_k \right| \leq \sum_{k=n+1}^{m} |a_k| < \varepsilon$$

für alle $n, m \geq n_0$. Mit dem Cauchy-Kriterium 12.9 folgt somit, dass auch $\sum_{k=0}^{\infty} a_k$ konvergent ist. ∎

Umordnungssatz

Der folgende **Umordnungssatz** liefert nun die Erklärung dafür, weshalb die nicht absolut konvergente alternierende harmonische Reihe $\sum_{k=1}^{\infty} (-1)^{k+1} \frac{1}{k}$ auch nicht unbedingt konvergent ist. Denn der Teil a) besagt, dass absolute Konvergenz und unbedingte Konvergenz äquivalente Eigenschaften sind. Bei einer konvergenten Reihe konvergieren also genau dann alle Umordnungen gegen denselben Grenzwert, wenn die Reihe absolut konvergent ist.

Satz 12.23 (Umordnungssatz)

a) Eine Reihe $\sum_{k=0}^{\infty} a_k$ ist genau dann absolut konvergent, wenn sie unbedingt konvergent ist. Das heißt, wenn jede umgeordnete Reihe $\sum_{k=0}^{\infty} a_{n_k}$ konvergent ist und $\sum_{k=0}^{\infty} a_k = \sum_{k=0}^{\infty} a_{n_k}$ gilt.

b) Ist $\sum_{k=0}^{\infty} a_k$ eine bedingt konvergente (d. h. eine konvergente, aber nicht absolut konvergente) Reihe und s eine beliebige reelle Zahl, dann existiert eine Umordnung $\sum_{k=0}^{\infty} a_{n_k}$, die gegen s konvergiert, also für die $\sum_{k=0}^{\infty} a_{n_k} = s$ gilt.

Beweis: Für den nicht schwierigen, aber etwas umfangreicheren Beweis siehe z. B. *Heuser* [25], Seiten 197–199. ∎

Der erste Teil des Umordnungssatzes besagt somit, dass eine konvergente Reihe $\sum_{k=0}^{\infty} a_k$ genau dann bedingt konvergent ist, wenn die Reihe $\sum_{k=0}^{\infty} |a_k|$ nicht konvergent ist. Absolut konvergente Reihen können folglich wie endliche Summen in beliebiger Weise umgeordnet werden, ohne dass sich dadurch ihr Wert verändert. Absolut konvergente Reihen erfüllen somit auch das Kommutativgesetz.

B. Riemann

Der zweite Teil des Umordnungssatzes ist als **Riemannscher Umordnungssatz** bekannt und geht auf den deutschen Mathematiker *Bernhard Riemann* (1826–1866) zurück, welcher als einer der bedeutendsten Mathematiker gilt. Der Riemannsche Umordnungssatz ist eines der erstaunlichsten Ergebnisse der gesamten Analysis. Dieses Ergebnis zeigt noch einmal deutlich auf, wie sehr sich die Eigenschaften von Reihen von denen von Summen unterscheiden können.

12.7 Kriterien für absolute Konvergenz

Gemäß dem Umordnungssatz 12.23 besitzen nur absolut konvergente Reihen die wünschenswerte Eigenschaft, dass sich das Konvergenzverhalten der Reihe nicht durch Umordnung der Reihenglieder verändert. In den beiden Abschnitten 12.8 und 12.9 wird sich darüber hinaus zeigen, dass der Zusammenhang zwischen unbedingter und absoluter Konvergenz auch im Zusammenhang mit sogenannten **Doppelreihen** und **Produkten von Reihen** von zentraler Bedeutung ist. Die Eigenschaft der absoluten Konvergenz ist daher für viele Anwendungen wichtig und es werden einfache Kriterien benötigt, die zur Untersuchung einer Reihe auf absolute Konvergenz eingesetzt werden können.

In Abschnitt 12.4 wurden bereits einige Kriterien zur Untersuchung einer Reihe auf (gewöhnliche) Konvergenz vorgestellt. Zwei dieser Konvergenzkriterien, nämlich das Monotoniekriterium 12.13 und das Majorantenkriterium 12.15, lassen sich auch zur Untersuchung einer Reihe auf absolute Konvergenz einsetzen. Denn aus dem Monotoniekriterium folgt unmittelbar, dass eine Reihe $\sum_{k=0}^{\infty} a_k$ genau dann absolut konvergent ist, wenn die Folge $(s_n)_{n \in \mathbb{N}_0}$ der Partialsummen $s_n = \sum_{k=0}^{n} |a_k|$ nach oben beschränkt ist. Ferner ist eine konvergente Reihe $\sum_{k=0}^{\infty} a_k$ mit nichtnegativen Reihengliedern a_k natürlich auch absolut konvergent. Somit sind Reihen, die dem Majorantenkriterium genügen, auch automatisch absolut konvergent.

In den folgenden beiden Unterabschnitten werden mit dem **Quotienten-** und **Wurzelkriterium** zwei bekannte Konvergenzkriterien vorgestellt, die speziell auf die Überprüfung absoluter Konvergenz abzielen. Das heißt, mit diesen beiden Kriterien ist es nicht möglich, Reihen zu identifizieren, die zwar konvergieren, aber nicht absolut konvergent sind. Darüber hinaus haben diese Kriterien gemeinsam, dass sie beide aus dem Majorantenkriterium 12.15 hergeleitet werden und auf einem Vergleich der zu überprüfenden Reihe mit der geometrischen Reihe $\sum_{k=0}^{\infty} q^k$ basieren.

In vielen Fällen stellen das Quotienten- oder Wurzelkriterium den einfachsten Weg dar, eine Reihe auf absolute Konvergenz zu untersuchen. Allerdings besitzen sie auch den Nachteil, dass sie nicht sehr sensitiv sind. Denn bei Reihen, die „gerade noch" oder „gerade nicht mehr" konvergent sind, liefern sie keine Aussage (vgl. Beispiele 12.25b) und 12.27b)). Dieser Nachteil ist dadurch bedingt, dass das Quotienten- und das Wurzelkriterium auf einem einfachen Vergleich mit der geometrischen Reihe basieren und man schließlich nicht mehr aus einem Kriterium herausholen kann als man hineingesteckt hat.

Quotientenkriterium

Das **Quotientenkriterium** wurde von dem französischen Mathematiker *Jean-Baptiste le Rond d'Alembert* (1717–1783) gefunden. Aufgrund seiner großen mathematischen und physikalischen Leistungen gilt er als einer der bedeutendsten Mathematiker und Physiker des 18. Jahrhunderts.

Das Quotientenkriterium ist ein sehr anschauliches Kriterium. Im Wesentlichen besagt es, dass eine Reihe $\sum_{k=0}^{\infty} a_k$ absolut konvergiert, wenn die Quotienten $\left|\frac{a_{k+1}}{a_k}\right|$ nur hinreichend klein sind. Genauer lautet das Quotientenkriterium wie folgt:

d'Alembert

> **Satz 12.24** (Quotientenkriterium)
>
> Eine Reihe $\sum_{k=0}^{\infty} a_k$ ist absolut konvergent, wenn es ein $k_0 \in \mathbb{N}_0$ und ein $0 < q < 1$ gibt, so dass
>
> $$\left|\frac{a_{k+1}}{a_k}\right| \leq q \quad (12.16)$$
>
> und $a_k \neq 0$ für alle $k \geq k_0$ gilt. Gibt es dagegen ein $k_0 \in \mathbb{N}_0$ mit
>
> $$\left|\frac{a_{k+1}}{a_k}\right| \geq 1 \quad (12.17)$$
>
> und $a_k \neq 0$ für alle $k \geq k_0$, dann ist die Reihe $\sum_{k=0}^{\infty} a_k$ divergent.

Beweis: Es sei angenommen, dass es ein $k_0 \in \mathbb{N}_0$ und ein $0 < q < 1$ gibt, so dass (12.16) gilt. Dann erhält man

$$\left|\frac{a_k}{a_{k_0}}\right| = \left|\frac{a_{k_0+1}}{a_{k_0}}\right|\left|\frac{a_{k_0+2}}{a_{k_0+1}}\right| \cdot \ldots \cdot \left|\frac{a_k}{a_{k-1}}\right| \leq \underbrace{q \cdot q \cdot \ldots \cdot q}_{k - k_0 \text{ Faktoren}} = q^{k-k_0}$$

für alle $k \geq k_0$. Es gilt somit $|a_k| \leq C q^k$ mit $C := |a_{k_0}|q^{-k_0}$ für alle $k \geq k_0$. Das heißt, die Reihe $\sum_{k=0}^{k_0} |a_k| + \sum_{k=k_0+1}^{\infty} C q^k$ ist eine konvergente Majorante von $\sum_{k=0}^{\infty} |a_k|$ (vgl. Satz 12.5b)) und mit dem Majorantenkriterium 12.15 erhält man schließlich, dass die Reihe $\sum_{k=0}^{\infty} |a_k|$ konvergiert. Damit ist die Reihe $\sum_{k=0}^{\infty} a_k$ absolut konvergent.

Gibt es dagegen ein $k_0 \in \mathbb{N}_0$, so dass (12.17) für alle $k \geq k_0$ gilt, dann folgt

$$0 < |a_{k_0}| \leq |a_{k_0+1}| \leq |a_{k_0+2}| \leq \ldots$$

Das heißt, die Folge der Reihenglieder $(a_n)_{n \in \mathbb{N}_0}$ ist keine Nullfolge. Mit dem Nullfolgenkriterium 12.11 folgt somit, dass die Reihe $\sum_{k=0}^{\infty} a_k$ divergent ist. ■

Das Quotientenkriterium ist oftmals einfacher anzuwenden als das Wurzelkriterium (siehe Wurzelkriterium 12.26). Es ist daher das beliebteste Konvergenzkriterium und es wird häufig zuerst betrachtet, bevor andere Kriterien herangezogen werden. Das Quotientenkriterium ist vor allem dann sehr gut geeignet, wenn die Reihenglieder a_k Brüche sind oder Fakultäten in den Reihengliedern auftreten. Allerdings ist zu beachten, dass das Wurzelkriterium 12.26 den Vorteil besitzt, dass es etwas schärfer als das Quotientenkriterium ist. Es gibt somit Situationen, in denen das Wurzelkriterium noch eine Konvergenzaussage erlaubt, während das Quotientenkriterium versagt (siehe Beispiel 12.28).

Beim Nachweis der Konvergenz einer Reihe mittels Quotientenkriterium ist jedoch zu beachten, dass es nicht genügt, einfach $\left|\frac{a_{k+1}}{a_k}\right| < 1$ für alle $k \geq k_0$ nachzuweisen. Es ist notwendig zu zeigen, dass ein $0 < q < 1$ mit der Eigenschaft (12.16) existiert. Zum Beispiel ist die harmonische Reihe $\sum_{k=1}^{\infty} \frac{1}{k}$ divergent (siehe Beispiel 12.10b)) und es gilt $\left|\frac{a_{k+1}}{a_k}\right| = \frac{k}{k+1} < 1$ für alle $k \in \mathbb{N}$. Es existiert aber kein $0 < q < 1$ und $k_0 \in \mathbb{N}$ mit $\left|\frac{a_{k+1}}{a_k}\right| = \frac{k}{k+1} < q$ für alle $k \geq k_0$.

Die Reihe $\sum_{k=1}^{\infty} \frac{1}{k^2}$ ist dagegen konvergent (vgl. Beispiel 12.14) und das Quotientenkriterium liefert aus demselben Grund keine Konvergenz- oder Divergenzaussage wie bei der Reihe $\sum_{k=1}^{\infty} \frac{1}{k}$ (vgl. Beispiel 12.25b)). Dies zeigt: Sind die Quotienten $\left|\frac{a_{k+1}}{a_k}\right|$ zwar kleiner als 1, aber kommen für wachsendes k beliebig nahe an 1 heran, dann versagt das Quotientenkriterium und es kann mit seiner Hilfe keine Konvergenzaussage getroffen werden.

> **Beispiel 12.25** (Anwendung des Quotientenkriteriums)
>
> a) Für die Reihe
> $$\sum_{k=0}^{\infty} \frac{k^2}{2^k}$$
> gilt für alle $k \geq 3$
> $$\left|\frac{a_{k+1}}{a_k}\right| = \frac{(k+1)^2 2^k}{2^{k+1} k^2}$$
> $$= \frac{1}{2}\left(1 + \frac{1}{k}\right)^2$$
> $$\leq \frac{1}{2}\left(1 + \frac{1}{3}\right)^2 = \frac{8}{9} =: q < 1.$$
>
> Mit dem Quotientenkriterium folgt somit, dass die Reihe absolut konvergent ist (vgl. Abbildung 12.9, links).

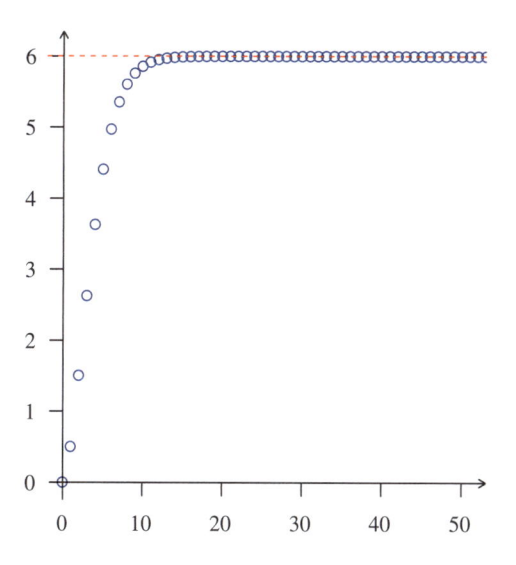

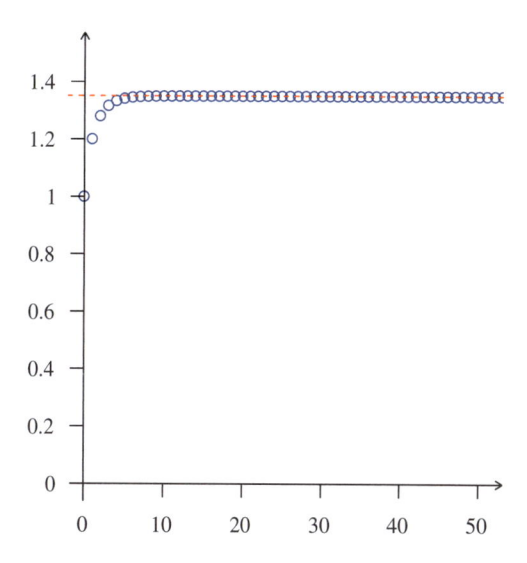

Abb. 12.9: Partialsummen $s_n = \sum_{k=0}^{n} \frac{k^2}{2^k}$ (links) und $s_n = \sum_{k=0}^{n} \frac{k^k}{5^k k!}$ (rechts)

b) Für die Reihe
$$\sum_{k=1}^{\infty} \frac{1}{k^2}$$
gilt
$$\left|\frac{a_{k+1}}{a_k}\right| = \frac{k^2}{(k+1)^2} < 1$$
für alle $k \in \mathbb{N}$. Wegen $\lim_{n \to \infty} \left|\frac{a_{k+1}}{a_k}\right| = 1$ gibt es jedoch kein $q < 1$ und $k \in \mathbb{N}$, so dass $\left|\frac{a_{k+1}}{a_k}\right| \leq q$ für alle $k \geq k_0$ gilt. Das heißt, das Quotientenkriterium erlaubt keine Konvergenz- oder Divergenzaussage. In Beispiel 12.14 wurde jedoch bereits gezeigt, dass die Reihe $\sum_{k=1}^{\infty} \frac{1}{k^2}$ konvergent und wegen $a_k > 0$ damit auch absolut konvergent ist (vgl. Abbildung 12.6, links).

c) Betrachtet wird die Reihe
$$\sum_{k=0}^{\infty} \frac{k^k}{5^k k!}.$$
Dann gilt
$$\left|\frac{a_{k+1}}{a_k}\right| = \frac{(k+1)^{k+1}}{5^{k+1}(k+1)!} \frac{5^k k!}{k^k} = \frac{(k+1)^k}{5 k^k}$$
$$= \frac{1}{5}\left(\frac{k+1}{k}\right)^k = \frac{1}{5}\left(1 + \frac{1}{k}\right)^k$$

für alle $k \in \mathbb{N}$. Da die Folge $\left((1 + \frac{1}{n})^n\right)_{n \in \mathbb{N}}$ monoton wachsend ist (siehe Beweis von Satz 11.43) und gegen die Eulersche Zahl $e = 2{,}718281828\ldots$ konvergiert (siehe Definition 11.44), gilt
$$\left|\frac{a_{k+1}}{a_k}\right| \leq \frac{e}{5} =: q < 1.$$

Mit dem Quotientenkriterium folgt somit, dass die Reihe absolut konvergent ist (vgl. Abbildung 12.9, rechts).

Wurzelkriterium

Das **Wurzelkriterium** wurde erstmals von dem französischen Mathematiker *Augustin Louis Cauchy* (1789–1857) bewiesen. Nach dem Quotientenkriterium ist es das populärste Konvergenzkriterium.

In manchen Fällen ist es nicht ganz so einfach anzuwenden wie das Quotientenkriterium. Allerdings kann man nachwei-

A. L. Cauchy

sen, dass das Wurzelkriterium etwas schärfer ist als das Quotientenkriterium. Denn man kann zeigen, dass

$$\liminf_{k\to\infty} \left|\frac{a_{k+1}}{a_k}\right| \leq \liminf_{k\to\infty} \sqrt[k]{|a_k|}$$
$$\leq \limsup_{k\to\infty} \sqrt[k]{|a_k|} \leq \limsup_{k\to\infty} \left|\frac{a_{k+1}}{a_k}\right|$$

gilt (vgl. *Knopp* [33], Seiten 286–287). Das heißt, das Wurzelkriterium liefert in einigen Situationen noch eine Konvergenzaussage, in denen das Quotientenkriterium keine Aussage mehr erlaubt. Versagt hingegen das Wurzelkriterium, dann liefert auch das Quotientenkriterium keine Aussage (vgl. Beispiel 12.28).

Satz 12.26 (Wurzelkriterium)

Eine Reihe $\sum_{k=0}^{\infty} a_k$ ist absolut konvergent, wenn es ein $k_0 \in \mathbb{N}_0$ und ein $0 < q < 1$ gibt, so dass

$$\sqrt[k]{|a_k|} \leq q \qquad (12.18)$$

für alle $k \geq k_0$ gilt. Gibt es dagegen ein $k_0 \in \mathbb{N}_0$ mit

$$\sqrt[k]{|a_k|} \geq 1 \qquad (12.19)$$

für alle $k \geq k_0$, dann ist die Reihe $\sum_{k=0}^{\infty} a_k$ divergent.

Beweis: Es sei angenommen, dass es ein $k_0 \in \mathbb{N}_0$ und ein $0 < q < 1$ gibt, so dass (12.18) gilt. Dies liefert dann $|a_k| \leq q^k$ für alle $k \geq k_0$. Die Reihe

$$\sum_{k=0}^{k_0} |a_k| + \sum_{k=k_0+1}^{\infty} q^k$$

ist somit eine konvergente Majorante von $\sum_{k=0}^{\infty} |a_k|$ (vgl. Satz 12.5b)). Mit dem Majorantenkriterium 12.15 folgt daher, dass die Reihe $\sum_{k=0}^{\infty} |a_k|$ konvergiert und damit die Reihe $\sum_{k=0}^{\infty} a_k$ absolut konvergent ist.

Gibt es dagegen ein $k_0 \in \mathbb{N}_0$, so dass (12.19) für alle $k \geq k_0$ gilt, dann folgt $|a_k| \geq 1$ für alle $k \geq k_0$. Das heißt, die Folge der Reihenglieder $(a_n)_{n \in \mathbb{N}_0}$ ist keine Nullfolge. Mit dem Nullfolgenkriterium 12.11 folgt somit, dass die Reihe $\sum_{k=0}^{\infty} a_k$ divergent ist. ∎

Das Wurzelkriterium ist besonders dann praktikabel, wenn die Reihenglieder a_k einen Exponenten enthalten und beim Ziehen der k-ten Wurzel eine einfachere Gestalt resultiert.

Analog zum Quotientenkriterium (vgl. Satz 12.24) ist bei der Anwendung des Wurzelkriteriums zu beachten, dass es nicht genügt lediglich $\sqrt[k]{|a_k|} < 1$ für alle $k \geq k_0$ nachzuweisen. Auch beim Wurzelkriterium ist es notwendig zu zeigen, dass ein $0 < q < 1$ mit der Eigenschaft (12.18) existiert. Zum Beispiel erlaubt das Wurzelkriterium wie auch das Quotientenkriterium für die divergente harmonische Reihe $\sum_{k=1}^{\infty} \frac{1}{k}$ und die konvergente Reihe $\sum_{k=1}^{\infty} \frac{1}{k^2}$ keine Konvergenzaussage. Das Wurzelkriterium versagt immer dann, wenn die Wurzeln $\sqrt[k]{|a_k|}$ zwar kleiner als 1 sind, aber für wachsendes k beliebig nahe an 1 herankommen. In solchen Fällen kann mit Hilfe des Wurzelkriteriums keine Konvergenzaussage getroffen werden.

Beispiel 12.27 (Anwendung des Wurzelkriteriums)

a) Für die Reihe

$$\sum_{k=1}^{\infty} \left(\frac{2}{3} - \frac{2}{\sqrt{k}}\right)^k$$

gilt

$$\sqrt[k]{|a_k|} = \sqrt[k]{\left|\frac{2}{3} - \frac{2}{\sqrt{k}}\right|^k} = \left|\frac{2}{3} - \frac{2}{\sqrt{k}}\right|.$$

Daraus folgt $\lim_{k\to\infty} \sqrt[k]{|a_k|} = \frac{2}{3} < 1$. Mit dem Wurzelkriterium folgt somit, dass die Reihe absolut konvergent ist (vgl. Abbildung 12.10, links).

b) Für die Reihe

$$\sum_{k=1}^{\infty} \frac{1}{k^2}$$

gilt

$$\sqrt[k]{|a_k|} = \sqrt[k]{\frac{1}{k^2}} = \frac{1}{k^{\frac{2}{k}}} < 1$$

für alle $k \in \mathbb{N}$ mit $k \geq 2$. Es gibt jedoch kein $q < 1$ und $k_0 \in \mathbb{N}$ mit der Eigenschaft $\sqrt[k]{|a_k|} \leq q$ für alle $k \geq k_0$. Das heißt, das Wurzelkriterium erlaubt wie das Quotientenkriterium 12.24 keine Konvergenz- oder Divergenzaussage (vgl. auch Beispiel 12.25b)). In Beispiel 12.14 wurde jedoch bereits gezeigt, dass die Reihe $\sum_{k=1}^{\infty} \frac{1}{k^2}$ konvergent und wegen $a_k > 0$ damit auch absolut konvergent ist (vgl. Abbildung 12.6, links).

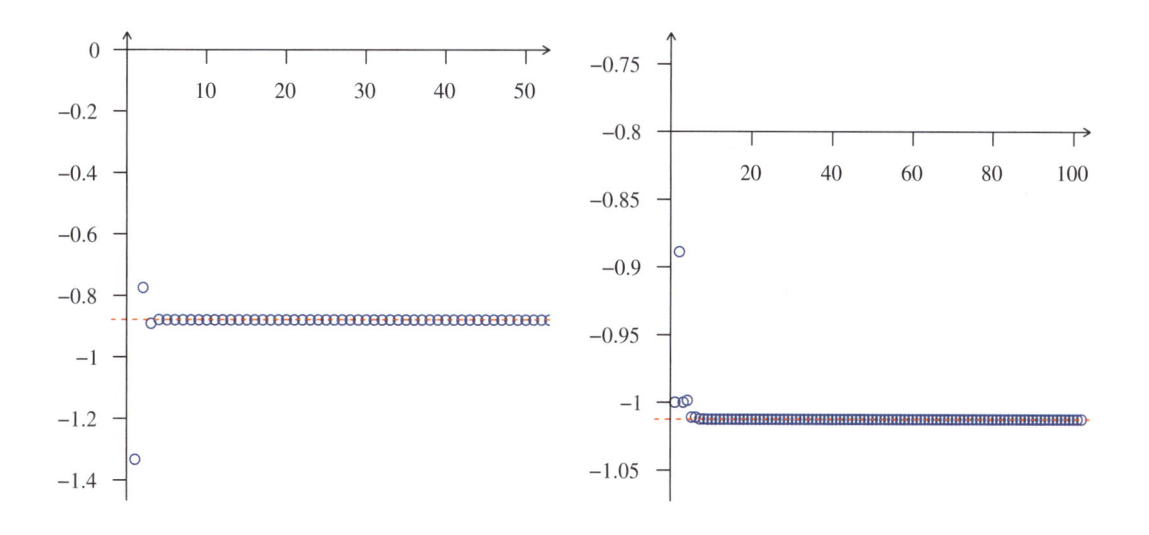

Abb. 12.10: Partialsummen $s_n = \sum_{k=1}^{n} \left(\frac{2}{3} - \frac{2}{\sqrt{k}}\right)^k$ (links) und $s_n = \sum_{k=0}^{n} a_k$ mit $a_k = -\frac{1}{3^k}$ für k gerade und $a_k = \frac{1}{9^k}$ für k ungerade (rechts)

Das folgende Beispiel zeigt, dass es durchaus Situationen gibt, in denen das Quotientenkriterium versagt, das Wurzelkriterium hingegen noch eine Konvergenzaussage erlaubt:

Beispiel 12.28 (Vergleich Quotienten- und Wurzelkriterium)

Die Reihe

$$\sum_{k=0}^{\infty} a_k \quad \text{mit} \quad a_k := \begin{cases} -\frac{1}{3^k} & \text{für } k \text{ gerade} \\ \frac{1}{9^k} & \text{für } k \text{ ungerade} \end{cases}$$

wird im Folgenden mit dem Quotienten- und dem Wurzelkriterium auf Konvergenz untersucht.

(1) Quotientenkriterium 12.24: Für gerades k gilt

$$\left|\frac{a_{k+1}}{a_k}\right| = \frac{1}{9^{k+1}} \frac{3^k}{1} = \frac{3^k}{3^{2k+2}} = \frac{1}{3^{k+2}} \leq \frac{1}{9} < 1.$$

Dagegen erhält man für ungerades $k \geq 3$

$$\left|\frac{a_{k+1}}{a_k}\right| = \frac{1}{3^{k+1}} \frac{9^k}{1} = 3^{k-1} \geq 9 > 1.$$

Das Quotientenkriterium erlaubt somit keine Aussage.

(2) Wurzelkriterium 12.26: Für gerades k gilt

$$\sqrt[k]{|a_k|} = \frac{1}{3} =: q < 1$$

und für ungerades k erhält man

$$\sqrt[k]{|a_k|} = \frac{1}{9} \leq q < 1.$$

Aus dem Wurzelkriterium folgt somit, dass die Reihe absolut konvergiert. Gemäß dem Umordnungssatz 12.23 können somit die Reihenglieder umgeordnet werden, ohne dass sich dabei das Konvergenzverhalten der Reihe ändert. Zerlegt man z. B. die Reihe in zwei Reihen, von denen die eine die Reihenglieder für gerade k und die andere die Reihenglieder für ungerade k enthält, kann man leicht mit Hilfe von Satz 12.5b) den Wert der Reihe berechnen (vgl. Abbildung 12.10, rechts):

$$\sum_{k=0}^{\infty} a_k = \sum_{k=0}^{\infty} \frac{1}{9^{2k+1}} + \sum_{k=0}^{\infty} \frac{-1}{3^{2k}}$$

$$= \frac{1}{9} \sum_{k=0}^{\infty} \frac{1}{81^k} - \sum_{k=0}^{\infty} \frac{1}{9^k}$$

$$= \frac{1}{9} \frac{1}{1-\frac{1}{81}} - \frac{1}{1-\frac{1}{9}} = \frac{1}{9} \frac{81}{80} - \frac{9}{8} = -\frac{81}{80}$$

12.8 Doppelreihen

Doppelreihenbegriff

In vielen wirtschaftswissenschaftlichen Anwendungen und vor allem auch bei der Multiplikation von Reihen (siehe Abschnitt 12.9) treten häufig Reihen mit der Indexmenge $\mathbb{N}_0 \times \mathbb{N}_0$ ($\mathbb{N}_0 \times \mathbb{N}$ oder $\mathbb{N} \times \mathbb{N}$) auf. Man spricht dann von einer **Doppelreihe** und schreibt

$$\sum_{k=0}^{\infty} \sum_{l=0}^{\infty} a_{kl} \quad \text{oder} \quad \sum_{k,l=0}^{\infty} a_{kl}.$$

Darunter versteht man die **Doppelfolge** $(s_{mn})_{m,n \in \mathbb{N}_0}$ der Partialsummen

$$s_{mn} := \sum_{k=0}^{m} \sum_{l=0}^{n} a_{kl} = (a_{00} + a_{01} + \ldots + a_{0n})$$
$$+ (a_{10} + a_{11} + \ldots + a_{1n})$$
$$+ \ldots + (a_{m0} + a_{m1} + \ldots + a_{mn})$$

und sagt, dass die Doppelreihe $\sum_{k,l=0}^{\infty} a_{kl}$ gegen s konvergiert oder den Wert (Grenzwert, Summe, Limes) s besitzt, falls die Doppelfolge der Partialsummen $(s_{mn})_{m,n \in \mathbb{N}_0}$ für $m, n \to \infty$ gegen s konvergiert. Das heißt, wenn $\lim_{m,n \to \infty} s_{mn} = s$ gilt. Man schreibt dann

$$\sum_{k,l=0}^{\infty} a_{kl} = s.$$

Sind die Reihenglieder a_{kl} nichtnegativ, dann besagt das Monotoniekriterium (vgl. Satz 12.13), dass die Doppelreihe $\sum_{k,l=0}^{\infty} a_{kl}$ genau dann konvergiert, wenn die Partialsummen s_{mn} nach oben beschränkt sind. Das heißt, wenn ein $c \geq 0$ mit $|s_{mn}| \leq c$ für alle $m, n \in \mathbb{N}_0$ existiert.

Ist die Doppelreihe $\sum_{k,l=0}^{\infty} a_{kl}$ absolut konvergent, d. h. konvergiert $\sum_{k,l=0}^{\infty} |a_{kl}|$, dann gilt analog zu einfachen Reihen, dass auch $\sum_{k,l=0}^{\infty} a_{kl}$ konvergent ist. Denn in diesem Fall konvergieren die Doppelreihen

$$\sum_{k,l=0}^{\infty} \frac{1}{2}(|a_{kl}| + a_{kl}) \quad \text{und} \quad \sum_{k,l=0}^{\infty} \frac{1}{2}(|a_{kl}| - a_{kl}),$$

da sie durch $\sum_{k,l=0}^{\infty} |a_{kl}|$ nach oben beschränkt und ihre Reihenglieder nichtnegativ sind. Damit ist aber auch die Doppelreihe

$$\sum_{k,l=0}^{\infty} a_{kl} = \sum_{k,l=0}^{\infty} \frac{1}{2}(|a_{kl}| + a_{kl}) - \sum_{k,l=0}^{\infty} \frac{1}{2}(|a_{kl}| - a_{kl})$$

konvergent. Werden die Glieder der Doppelreihe $\sum_{k,l=0}^{\infty} a_{kl}$ wie in Tabelle 12.2 angeordnet, dann ist es naheliegend, die Reihen

$$\sum_{l=0}^{\infty} a_{kl} \quad \text{und} \quad \sum_{k=0}^{\infty} a_{kl}$$

als **Zeilen-** bzw. **Spaltensummen** zu bezeichnen. Ihre Grenzwerte heißen im Falle ihrer Existenz entsprechend **Zeilen-** bzw. **Spaltenwerte** der Doppelreihe.

k/l	0	1	2	3	...
0	a_{00}	a_{01}	a_{02}	a_{03}	...
1	a_{10}	a_{11}	a_{12}	a_{13}	...
2	a_{20}	a_{21}	a_{22}	a_{23}	...
3	a_{30}	a_{31}	a_{32}	a_{33}	...
⋮	⋮	⋮	⋮	⋮	⋱

Tabelle 12.2: Quadratische Anordnung der Glieder der Doppelreihe $\sum_{k,l=0}^{\infty} a_{kl}$

Doppelreihensatz

Der folgende **Doppelreihensatz** besagt, dass es bei einer absolut konvergenten Reihe $\sum_{k,l=0}^{\infty} a_{kl}$ keine Rolle spielt, ob man zuerst entlang der Zeilen, der Spalten oder der Diagonalen summiert.

Satz 12.29 (Doppelreihensatz)

Die Doppelreihe $\sum_{k,l=0}^{\infty} a_{kl}$ sei absolut konvergent. Dann gilt

$$\sum_{k,l=0}^{\infty} a_{kl} = \sum_{k=0}^{\infty} \left(\sum_{l=0}^{\infty} a_{kl} \right) \qquad (12.20)$$
$$= \sum_{l=0}^{\infty} \left(\sum_{k=0}^{\infty} a_{kl} \right) = \sum_{m=0}^{\infty} \left(\sum_{k+l=m} a_{kl} \right).$$

Beweis: Der Beweis ergibt sich als unmittelbare Folgerung aus dem sogenannten großen Umordnungssatz. Da dieser nicht Gegenstand dieses Buches ist, wird an dieser Stelle für einen ausführlichen Beweis z. B. auf *Walter* [67], Seiten 101–102 verwiesen. ∎

Gemäß dem Doppelreihensatz kann bei einer absolut konvergenten Doppelreihe die Summationsreihenfolge vertauscht werden.

Wie sich im folgenden Abschnitt 12.9 zeigen wird, ist der Doppelreihensatz ein wichtiges Hilfsmittel bei der Berechnung des Produkts absolut konvergenter Reihen. Darüber hinaus zeigt das nächste Beispiel, dass sich mit dem Doppelreihensatz viele interessante Identitäten beweisen lassen.

Beispiel 12.30 (Anwendung des Doppelreihensatzes)

a) Betrachtet wird die Doppelreihe

$$\sum_{k=0}^{\infty}\sum_{l=0}^{\infty} p^k q^l \qquad (12.21)$$

mit $|p| < 1$ und $|q| < 1$. Mit Satz 12.5b) folgt

$$\sum_{k=0}^{m}\sum_{l=0}^{n} |p^k q^l| = \sum_{k=0}^{m} |p^k| \sum_{l=0}^{n} |q^l|$$
$$= \sum_{k=0}^{m} |p|^k \sum_{l=0}^{n} |q|^l$$
$$\leq \frac{1}{1-|p|} \frac{1}{1-|q|}.$$

Die Partialsummen von $\sum_{k=0}^{m}\sum_{l=0}^{n} |p^k q^l|$ sind folglich nach oben beschränkt. Die Doppelreihe (12.21) ist somit absolut konvergent und der Doppelreihensatz 12.29 kann zur Berechnung der Doppelreihe (12.21) angewendet werden. Wegen $\sum_{k=0}^{\infty} q^k = \frac{1}{1-q}$ für $|q| < 1$ erhält man

$$\sum_{k=0}^{\infty}\sum_{l=0}^{\infty} p^k q^l = \sum_{k=0}^{\infty}\left(\sum_{l=0}^{\infty} p^k q^l\right)$$
$$= \sum_{k=0}^{\infty} \frac{p^k}{1-q}$$
$$= \frac{1}{1-q} \sum_{k=0}^{\infty} p^k = \frac{1}{1-q} \frac{1}{1-p}.$$

b) Betrachtet wird die Doppelreihe

$$\sum_{k=0}^{\infty}\sum_{l=0}^{\infty} a_{kl} \qquad (12.22)$$

mit $a_{kl} := q^l$ und $|q| < 1$ für $l \geq k$ sowie $a_{kl} := 0$ für $l < k$. Mit $\sum_{k=0}^{\infty} q^k = \frac{1}{1-q}$ für $|q| < 1$ (vgl. Satz 12.5b)) erhält man für diese Doppelreihe das folgende Schema:

$$\begin{aligned}
1 + q + q^2 + q^3 + q^4 + \ldots &= \tfrac{1}{1-q} \\
q + q^2 + q^3 + q^4 + \ldots &= \tfrac{q}{1-q} \\
q^2 + q^3 + q^4 + \ldots &= \tfrac{q^2}{1-q} \\
q^3 + q^4 + \ldots &= \tfrac{q^3}{1-q} \\
\vdots \quad \vdots \quad \vdots \\
1 + 2q + 3q^2 + 4q^3 + 5q^4 + \ldots &= \tfrac{1}{1-q}\sum_{n=0}^{\infty} q^n
\end{aligned}$$

Die Reihe $\sum_{n=0}^{\infty}(n+1)q^n$ ist jedoch für $|q| < 1$ absolut konvergent. Denn es gilt

$$\sqrt[n]{|(n+1)q^n|} = |q|\sqrt[n]{n+1}$$

und damit auch $\lim_{n\to\infty}\sqrt[n]{|(n+1)q^n|} = |q| < 1$. Mit dem Wurzelkriterium 12.26 folgt somit, dass die Reihe $\sum_{n=0}^{\infty}(n+1)q^n$ absolut konvergent ist und es kann daher der Doppelreihensatz 12.29 zur Berechnung der Doppelreihe (12.22) angewendet werden. Mit $\frac{1}{1-q}\sum_{n=0}^{\infty} q^n = \frac{1}{(1-q)^2}$ erhält man dann schließlich

$$\sum_{k=0}^{\infty}\sum_{l=0}^{\infty} a_{kl} = \sum_{n=0}^{\infty}(n+1)q^n = \frac{1}{(1-q)^2}.$$

12.9 Produkte von Reihen

Konvergenz bei Produkten

Das Produkt zweier endlicher Summen $\sum_{k=0}^{m} a_k$ und $\sum_{l=0}^{n} b_l$ wird bekanntlich gebildet, indem jeder Summand a_k der ersten Summe mit jedem Summanden b_l der zweiten Summe multipliziert wird und die resultierenden Produkte $a_k b_l$ anschließend addiert werden:

$$(a_0+\ldots+a_m)(b_0+\ldots+b_n) = \sum_{k=0}^{m} a_k\left(\sum_{l=0}^{n} b_l\right)$$
$$= \sum_{k=0}^{m}\sum_{l=0}^{n} a_k b_l$$

Dieses Vorgehen kann jedoch nicht ohne zusätzliche Annahmen auf das Produkt zweier konvergenter Reihen $\sum_{k=0}^{\infty} a_k$ und $\sum_{l=0}^{\infty} b_l$ verallgemeinert werden. Man kann zwar wieder die Produkte $a_k b_l$ bilden und damit eine **Produktreihe**

$$\sum_{k,l=0}^{\infty} a_k b_l$$

aufstellen. Allerdings ist dabei nicht sichergestellt, dass diese Doppelreihe auch konvergiert. Aber selbst wenn diese Produktreihe Konvergenz aufweist, ist es immer noch möglich, dass sie nur bedingt konvergent ist und damit ihr Wert von der Anordnung der Produkte/Reihenglieder $a_k b_l$ abhängt.

Da es sich jedoch bei Produktreihen um Doppelreihen handelt, kann der Doppelreihensatz 12.29 angewendet werden und man erhält dann das folgende Resultat. Es besagt, dass diese beiden angesprochenen Probleme im Falle der Berechnung des Produkts zweier absolut konvergenter Reihen $\sum_{k=0}^{\infty} a_k$ und $\sum_{l=0}^{\infty} b_l$ nicht auftreten können:

> **Satz 12.31** (Konvergentes Produkt bei absolut konvergenten Reihen)
>
> *Die beiden Reihen $\sum_{k=0}^{\infty} a_k$ und $\sum_{l=0}^{\infty} b_l$ seien absolut konvergent. Dann ist jede Produktreihe $\sum_{k,l=0}^{\infty} a_k b_l$ aus ihren Reihengliedern absolut konvergent und ihr Grenzwert ist gleich dem Produkt der Grenzwerte der beiden Reihen. Das heißt, das Produkt der beiden Reihen kann durch gliedweise Multiplikation berechnet werden und es gilt*
> $$\left(\sum_{k=0}^{\infty} a_k\right)\left(\sum_{l=0}^{\infty} b_l\right) = \sum_{k,l=0}^{\infty} a_k b_l. \qquad (12.23)$$

Beweis: Es sei $a := \sum_{k=0}^{\infty} |a_k|$ und $b := \sum_{l=0}^{\infty} |b_l|$. Dann gilt für alle $m, n \in \mathbb{N}_0$
$$\sum_{k=0}^{m} \sum_{l=0}^{n} |a_k b_l| = \sum_{k=0}^{m} |a_k| \sum_{l=0}^{n} |b_l| \leq \sum_{k=0}^{m} |a_k| b \leq ab.$$
Mit dem Monotoniekriterium 12.13 folgt somit, dass die Doppelreihe $\sum_{k,l=0}^{\infty} a_k b_l$ ebenfalls absolut konvergent ist und daher der Doppelreihensatz 12.29 angewendet werden kann. Mit den Bezeichnungen $a' := \sum_{k=0}^{\infty} a_k$ und $b' := \sum_{l=0}^{\infty} b_l$ erhält man dann
$$\sum_{k,l=0}^{\infty} a_k b_l = \sum_{k=0}^{\infty} \left(\sum_{l=0}^{\infty} a_k b_l\right) = \sum_{k=0}^{\infty} a_k \left(\sum_{l=0}^{\infty} b_l\right) = \sum_{k=0}^{\infty} a_k b'$$
$$= a' b' = \left(\sum_{k=0}^{\infty} a_k\right)\left(\sum_{l=0}^{\infty} b_l\right). \qquad\blacksquare$$

> **Beispiel 12.32** (Produkt absolut konvergenter Reihen)
>
> Es gilt, wie in Beispiel 12.30a) gezeigt wurde,
> $$\sum_{k=0}^{\infty} \sum_{l=0}^{\infty} p^k q^l = \frac{1}{1-p} \frac{1}{1-q} = \left(\sum_{k=0}^{\infty} p^k\right)\left(\sum_{l=0}^{\infty} q^l\right).$$

Cauchy-Produkt

Die Schreibweise $\sum_{k,l=0}^{\infty} a_k b_l$ in (12.23) für Produktreihen mit den beiden Indizes k und l ist in bestimmten Situationen unhandlich. Deshalb werden Produktreihen oftmals als **Cauchy-Produkt**

$$\sum_{m=0}^{\infty} (a_0 b_m + a_1 b_{m-1} + \ldots + a_m b_0) \qquad (12.24)$$

geschrieben. Diese Schreibweise für die Produktreihe resultiert, wenn die Glieder von $\sum_{k,l=0}^{\infty} a_k b_l$ wie in Tabelle 12.2 angeordnet werden und dann nicht erst über die Zeilen und danach über die Spalten (oder umgekehrt) aufsummiert, sondern die Summe entlang der Diagonalen gebildet wird.

Das Cauchy-Produkt zweier Reihen ist nach dem französischen Mathematiker *Augustin Louis Cauchy* (1789–1857) benannt und besitzt den Vorteil, dass es nur noch von einem Index m abhängt und auf diese Weise aus einer Doppelreihe eine gewöhnliche Reihe wird, deren Reihenglieder endliche Summen sind. Die Darstellung (12.24) ist daher oftmals einfacher anzuwenden als die der Produktreihe $\sum_{k,l=0}^{\infty} a_k b_l$. Diese Vereinfachung wird z. B. im Umgang mit sogenannten **Potenzreihen** spürbar (siehe Abschnitt 17.4).

Es stellt sich daher unmittelbar die Frage, ob das Cauchy-Produkt (12.24) zweier Reihen konvergiert, und im Falle der Konvergenz, ob der zugehörige Grenzwert mit dem Produkt der Grenzwerte der beiden zu multiplizierenden Reihen übereinstimmt. Mit Hilfe des Doppelreihensatzes 12.29 und dem Satz 12.31 kann man zeigen, dass dies für absolut konvergente Reihen stets der Fall ist:

> **Folgerung 12.33** (Konvergentes Cauchy-Produkt bei absolut konv. Reihen)
>
> Die beiden Reihen $\sum_{k=0}^{\infty} a_k$ und $\sum_{l=0}^{\infty} b_l$ seien absolut konvergent. Dann ist auch das Cauchy-Produkt dieser beiden Reihen absolut konvergent und der Grenzwert des Cauchy-Produkts ist gleich dem Produkt der Grenzwerte der beiden zu multiplizierenden Reihen. Das heißt, es gilt
> $$\left(\sum_{k=0}^{\infty} a_k\right)\left(\sum_{l=0}^{\infty} b_l\right) = \sum_{m=0}^{\infty} \sum_{n=0}^{m} a_n b_{m-n}$$
> $$= \sum_{m=0}^{\infty} (a_0 b_m + a_1 b_{m-1} + \ldots + a_m b_0).$$

Beweis: Da die beiden Reihen $\sum_{k=0}^{\infty} a_k$ und $\sum_{l=0}^{\infty} b_l$ nach Voraussetzung absolut konvergent sind, folgt mit Satz 12.31, dass die Produktreihe $\sum_{k,l=0}^{\infty} a_k b_l$ ebenfalls absolut konvergent ist. Zusammen mit dem Doppelreihensatz 12.29 und Satz 12.19 folgt dann

$$\left(\sum_{k=0}^{\infty} a_k\right)\left(\sum_{l=0}^{\infty} b_l\right) = \sum_{k,l=0}^{\infty} a_k b_l$$
$$= \sum_{m=0}^{\infty} \left(\sum_{k+l=m} a_k b_l\right)$$
$$= \sum_{m=0}^{\infty} \sum_{n=0}^{m} a_n b_{m-n}$$
$$= \sum_{m=0}^{\infty} (a_0 b_m + a_1 b_{m-1} + \ldots + a_m b_0).$$

∎

Das Cauchy-Produkt zweier Reihen stellt die Verallgemeinerung des Distributivgesetzes von endlichen Summen auf Reihen dar. Häufig wird das Cauchy-Produkt auch als **Faltungsprodukt** bezeichnet.

Der nach dem österreichischen Mathematiker *Franz Mertens* (1840–1927) benannte **Satz von Mertens** besagt, dass die Voraussetzungen der Folgerung 12.33 dahingehend abgeschwächt werden können, dass beide Reihen $\sum_{k=0}^{\infty} a_k$ und $\sum_{l=0}^{\infty} b_l$ konvergieren, aber nur eine der beiden Reihen absolut konvergent ist. Allerdings ist dann das Cauchy-Produkt im Allgemeinen nicht mehr absolut konvergent, sondern lediglich konvergent. Für die Konvergenz des Cauchy-Produkts ist aber die absolute Konvergenz wenigstens einer der beiden Ausgangsreihen notwendig (siehe hierzu z. B. *Königsberger* [35], Seite 74).

F. Mertens

Eine weitere Verschärfung von Folgerung 12.33 besagt, dass im Falle zweier konvergenter Ausgangsreihen $\sum_{k=0}^{\infty} a_k$ und $\sum_{l=0}^{\infty} b_l$ sowie Konvergenz des zugehörigen Cauchy-Produkts, der Grenzwert des Cauchy-Produkts gleich dem Produkt der Grenzwerte der beiden Ausgangsreihen ist. Dieses Ergebnis ist nach dem norwegischen Mathematiker *Niels Henrik Abel* (1802–1829) als **Abelscher Produktsatz** bekannt (vgl. *Bröcker* [7], Seite 99).

Norwegische Banknote mit dem Porträt von N. H. Abel

> **Beispiel 12.34** (Cauchy-Produkt)
>
> Die Reihe
>
> $$\sum_{k=0}^{\infty} \frac{1}{k!}$$
>
> ist absolut konvergent und besitzt den Grenzwert e (vgl. (12.10)). Das heißt, das Cauchy-Produkt dieser Reihe mit sich selbst ist ebenfalls absolut konvergent und für den Grenzwert des Cauchy-Produkts gilt
>
> $$e^2 = \sum_{m=0}^{\infty} \sum_{n=0}^{m} a_n b_{m-n} = \sum_{m=0}^{\infty} \sum_{n=0}^{m} \frac{1}{n!} \frac{1}{(m-n)!}$$
> $$= \sum_{m=0}^{\infty} \frac{1}{m!} \sum_{n=0}^{m} \frac{m!}{n!(m-n)!}$$
> $$= \sum_{m=0}^{\infty} \frac{1}{m!} \sum_{n=0}^{m} \binom{m}{n}$$
> $$= \sum_{m=0}^{\infty} \frac{1}{m!} \sum_{n=0}^{m} \binom{m}{n} 1^n 1^{m-n}$$
> $$= \sum_{m=0}^{\infty} \frac{(1+1)^m}{m!} = \sum_{m=0}^{\infty} \frac{2^m}{m!},$$
>
> wobei in der vorletzten Gleichung der Binomische Lehrsatz 5.12 verwendet wurde.
>
> Die Identität $e^2 = \sum_{m=0}^{\infty} \frac{2^m}{m!}$ ist ein Spezialfall der wichtigen Identität $e^x = \sum_{m=0}^{\infty} \frac{x^m}{m!}$, die für alle $x \in \mathbb{R}$ gilt (vgl. Beispiel 17.10a) in Abschnitt 17.3).

Teil IV

Reelle Funktionen

Kapitel 13

Eigenschaften reeller Funktionen

13.1 Reelle Funktionen

Vom französischen Mathematiker *Charles Hermite* (1822–1901) ist folgendes Zitat überliefert:

> *„Ich glaube, dass die Zahlen und die analytischen Funktionen nicht ein beliebiges Produkt unseres Geistes sind; ich denke, dass es sie außerhalb von uns gibt, mit der gleichen Notwendigkeit wie die Dinge der objektiven Wirklichkeit, und dass wir sie finden oder sie entdecken und sie erforschen wie die Physiker, die Chemiker und die Zoologen."*

C. Hermite

In Abschnitt 6.6 wurden bereits ganz allgemein Abbildungen $f : M \longrightarrow N$ mit beliebigen Definitions- und Wertebereichen M bzw. N betrachtet. In diesem Kapitel steht nun mit den **reellwertigen Funktionen einer reellen Variablen**, den sogenannten **reellen Funktionen**, eine spezielle Klasse von Abbildungen im Mittelpunkt. Diese Funktionsklasse zeichnet sich dadurch aus, dass der Definitionsbereich $M = D$ eine Teilmenge der Menge $\mathbb{R}$ der reellen Zahlen ist und der Wertebereich durch $\mathbb{R}$ gegeben ist:

Definition 13.1 (Reelle Funktion)

Eine Funktion $f : D \longrightarrow \mathbb{R}$ mit $D \subseteq \mathbb{R}$ wird als reellwertige Funktion einer reellen Variablen oder als reelle Funktion bezeichnet.

Reelle Funktionen werden in der Regel durch eine **Funktionsgleichung** $y = f(x)$ beschrieben. Das heißt, es wird die funktionale Beziehung zwischen der unabhängigen Variablen x und der abhängigen Variablen y angegeben.

13.2 Rechenoperationen für reelle Funktionen

Der folgende Satz besagt, dass die Rechenoperationen **Addition**, **Subtraktion**, **Multiplikation** und **Division** sowie die **Maximums**- und **Minimumsbildung** bei reellen Funktionen f und g punktweise definiert werden und dabei jeweils wieder eine reelle Funktion resultiert:

Satz 13.2 (Rechenoperationen bei reellen Funktionen)

Es seien $f : D_f \longrightarrow \mathbb{R}$ und $g : D_g \longrightarrow \mathbb{R}$ zwei reelle Funktionen mit $D_f \cap D_g \neq \emptyset$ und $\alpha \in \mathbb{R}$. Dann sind auch

a) $(\alpha f) : D_f \longrightarrow \mathbb{R}, \; x \mapsto (\alpha f)(x) := \alpha f(x)$,

b) $(f + g) : D_f \cap D_g \longrightarrow \mathbb{R}, \; x \mapsto f(x) + g(x)$,

c) $(f - g) : D_f \cap D_g \longrightarrow \mathbb{R}, \; x \mapsto f(x) - g(x)$,

d) $(f \cdot g) : D_f \cap D_g \longrightarrow \mathbb{R}, \; x \mapsto f(x) \cdot g(x)$,

e) $\left(\frac{f}{g}\right) : D \longrightarrow \mathbb{R}, \; x \mapsto \frac{f(x)}{g(x)}$ mit $D := D_f \cap D_g \setminus \{x \in D_g : g(x) = 0\}$,

f) $\max\{f, g\} : D_f \cap D_g \longrightarrow \mathbb{R}, \; x \mapsto \max\{f(x), g(x)\}$ *und*

g) $\min\{f, g\} : D_f \cap D_g \longrightarrow \mathbb{R}, \; x \mapsto \min\{f(x), g(x)\}$

reelle Funktionen.

Beweis: Die Aussagen sind unmittelbar einleuchtend. ∎

Das folgende Beispiel zeigt den expliziten Umgang mit Rechenoperationen bei reellen Funktionen:

Beispiel 13.3 (Rechenoperationen bei reellen Funktionen)

Gegeben seien die beiden reellen Funktionen

$$f : \mathbb{R}_+ \longrightarrow \mathbb{R}, \; x \mapsto x - 5\sqrt{x} \quad \text{und}$$

$$g : [-3, 3] \longrightarrow \mathbb{R}, \; x \mapsto \sqrt{9 - x^2}.$$

Dann sind auch

a) $(2f) : \mathbb{R}_+ \longrightarrow \mathbb{R}, \; x \mapsto 2x - 10\sqrt{x}$,

b) $(f + g) : [0, 3] \longrightarrow \mathbb{R}, \; x \mapsto x - 5\sqrt{x} + \sqrt{9 - x^2}$,

c) $(f - g) : [0, 3] \longrightarrow \mathbb{R}, \; x \mapsto x - 5\sqrt{x} - \sqrt{9 - x^2}$,

d) $(f \cdot g) : [0, 3] \longrightarrow \mathbb{R}, \; x \mapsto x\sqrt{9 - x^2} - 5\sqrt{9x - x^3}$,

e) $\left(\frac{f}{g}\right) : [0, 3) \longrightarrow \mathbb{R}, \; x \mapsto \frac{x - 5\sqrt{x}}{\sqrt{9 - x^2}}$,

f) $\max\{f, g\} : [0, 3] \longrightarrow \mathbb{R}, \; x \mapsto \sqrt{9 - x^2}$ und

g) $\min\{f, g\} : [0, 3] \longrightarrow \mathbb{R}, \; x \mapsto x - 5\sqrt{x}$

reelle Funktionen (vgl. Abbildung 13.1, links).

13.2 Rechenoperationen für reelle Funktionen

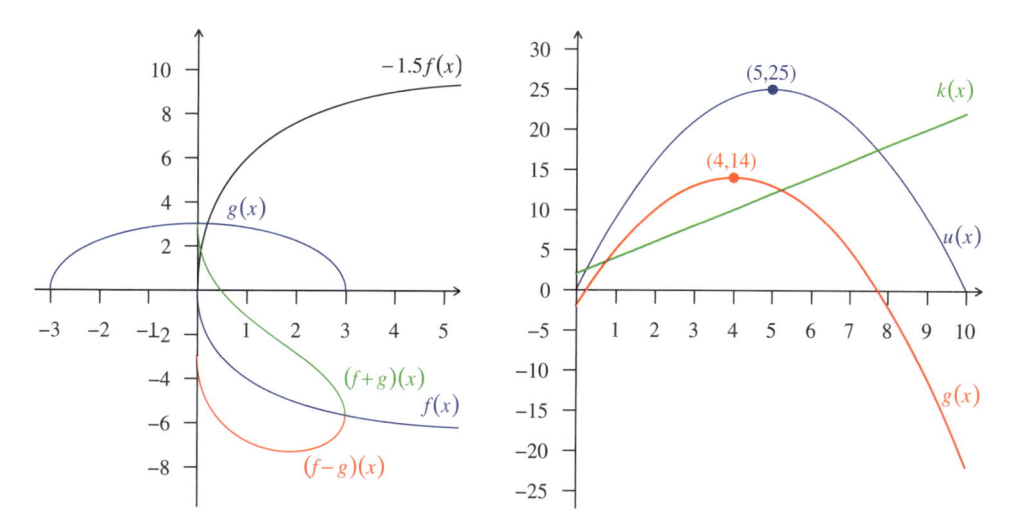

Abb. 13.1: Reelle Funktionen $f(x) = x - 5\sqrt{x}$, $g(x) = \sqrt{9-x^2}$, $-\frac{3}{2}f(x)$, $(f+g)(x)$ und $(f-g)(x)$ (links) sowie Umsatzfunktion $u(a) = -(a-5)^2 + 25$, Kostenfunktion $k(a) = 2 + 2a$ und Gewinnfunktion $g(a) = -(a-4)^2 + 14$ einer Einproduktunternehmung (rechts)

Das nächste Beispiel zeigt, dass bereits bei der Berechnung der Gewinn- und Umsatzfunktion eines Unternehmens Rechenoperationen für reelle Funktionen benötigt werden:

> **Beispiel 13.4** (Gewinn- und Umsatzfunktion einer Einproduktunternehmung)
>
> Betrachtet wird ein Unternehmen, das nur ein Produkt produziert. Es wird angenommen, dass der funktionale Zusammenhang zwischen seinem Absatz a und Preis p durch die **Preis-Absatz-Funktion**
>
> $$a(p) := s - q \cdot p$$
>
> mit $s, q > 0$ und $0 \leq p \leq \frac{s}{q}$ beschrieben wird. Das heißt, der Wert $s = a(0)$ ist die sogenannte **Sättigungsgrenze** und der Absatz a bewegt sich zwischen 0 und s. Der Wert q gibt die Verringerung des Absatzes a an, wenn der Preis p um eine Geldeinheit steigt. Weiter sei angenommen, dass die Produktionskosten in Abhängigkeit vom Absatz a durch die **Kostenfunktion**
>
> $$k(a) := c + d \cdot a$$
>
> gegeben sind, wobei $c \geq 0$ die **Fixkosten** und $d > 0$ die **variablen Stückkosten** pro Einheit bezeichnen. Der Preis p in Abhängigkeit vom Absatz $a \in [0, s]$ wird durch die Umkehrfunktion
>
> $$p(a) := a^{-1}(p) = \frac{1}{q}(s - a)$$
>
> der Preis-Absatz-Funktion $a(p)$ beschrieben. Damit erhält man für den **Umsatz** u und den **Gewinn** g in Abhängigkeit vom Absatz a die beiden quadratischen Funktionen
>
> $$u(a) = p(a)a = \frac{1}{q}(s-a)a = -\frac{1}{q}a^2 + \frac{s}{q}a$$
>
> bzw.
>
> $$\begin{aligned} g(a) &= u(a) - k(a) \\ &= -\frac{1}{q}a^2 + \frac{s}{q}a - c - da \\ &= -\frac{1}{q}a^2 + \left(\frac{s}{q} - d\right)a - c. \end{aligned}$$
>
> Speziell für $s = 10$, $c = 2$, $d = 2$ und $q = 1$ resultieren die folgenden konkreten Umsatz-, Kosten- und Gewinnfunktionen
>
> $$u(a) = -a^2 + 10a, \quad k(a) = 2 + 2a \quad \text{und}$$
> $$g(a) = -a^2 + 8a - 2.$$
>
> Mit quadratischer Ergänzung erhält man für die Umsatz- und Gewinnfunktion die Normalform
>
> $$u(a) = -a^2 + 10a = -(a-5)^2 + 25 \quad \text{bzw.}$$
> $$g(a) = -a^2 + 8a - 2 = -(a-4)^2 + 14.$$

Das heißt, der Scheitel der Umsatz- und Gewinnfunktion ist gegeben durch

$$(5, 25) \quad \text{bzw.} \quad (4, 14).$$

Die Abbildung 13.1, rechts zeigt die Graphen der Umsatz-, Kosten und Gewinnfunktion. Man erkennt, die Kostenfunktion $k(a)$ ist eine ansteigende affin-lineare Funktion, der Umsatz $u(a)$ ist steigend zwischen 0 und 5 und fallend zwischen 5 und 10 und die Gewinnfunktion $g(a)$ ist steigend zwischen 0 und 4 und fallend zwischen 4 und 10. Der maximale Umsatz wird somit bei einem Absatz von $a = 5$ und der maximale Gewinn bei einem Absatz von $a = 4$ Einheiten erzielt. Dieser Absatz resultiert bei einem Preis von $p(5) = 5$ bzw. $p(4) = 6$ Geldeinheiten.

13.3 Beschränktheit und Monotonie

In diesem Abschnitt werden mit der **Beschränktheit** und der **Monotonie** zwei mögliche Eigenschaften reeller Funktionen betrachtet.

Beschränktheit

Für verschiedene Fragestellungen ist es von Interesse, ob eine gegebene reelle Funktion beliebig kleine oder große Werte annehmen kann oder nicht. Dies führt zum Begriff der **Beschränktheit** einer reellen Funktion f, der analog zum Beschränktheitsbegriff für Folgen definiert ist (vgl. Definition 11.8):

> **Definition 13.5** (Beschränkte reelle Funktion)
>
> *Eine reelle Funktion $f: D \longrightarrow \mathbb{R}$ heißt auf $A \subseteq D$ nach unten (oben) beschränkt, falls $f(x) \geq c$ (bzw. $f(x) \leq c$) für ein $c \in \mathbb{R}$ und alle $x \in A$ gilt. Die Funktion f wird als beschränkt auf $A \subseteq D$ bezeichnet, falls $|f(x)| \leq c$ für ein $c \in \mathbb{R}$ und alle $x \in A$ erfüllt ist. Ist f auf $A \subseteq D$ nicht nach unten (oben) beschränkt, dann heißt f nach unten (oben) unbeschränkt auf $A \subseteq D$.*

Eine reelle Funktion $f: D \longrightarrow \mathbb{R}$ ist somit genau dann beschränkt, wenn $f(x) \in [-c, c]$ für alle $x \in D$ und ein $c \in \mathbb{R}$ gilt. Ein solcher Wert c heißt **Schranke** von f. Analog wird ein Wert c mit $f(x) \leq c$ oder $f(x) \geq c$ für alle $x \in D$ als **obere Schranke** bzw. **untere Schranke** von f bezeichnet. Schranken sind offensichtlich nicht eindeutig.

> **Beispiel 13.6** (Beschränktheit bei reellen Funktionen)
>
> a) Die affin-lineare Funktion $f: (-\infty, 3] \longrightarrow \mathbb{R}$, $x \mapsto 2x + 5$ ist nach unten unbeschränkt und nach oben z. B. durch die obere Schranke $c = 11$ beschränkt.
>
> b) Die quadratische Funktion $f: [-3, 3] \longrightarrow \mathbb{R}$, $x \mapsto -x^2 + 20$ ist nach unten z. B. durch die untere Schranke $c = 11$ und nach oben z. B. durch die obere Schranke $c = 20$ beschränkt.

Monotonie

Für weiterführende Untersuchungen reeller Funktionen ist die Eigenschaft der **Monotonie** von Bedeutung, welche ebenfalls analog zum Monotoniebegriff für Folgen definiert ist (vgl. Definition 11.10). Viele in den Wirtschaftswissenschaften betrachtete funktionale Zusammenhänge sind monoton. Beispielsweise verringert sich in der Regel die Nachfrage nach einem bestimmten Wirtschaftsgut, wenn der Preis für dieses Gut steigt, und im berühmten **Black-Scholes-Modell** zur Bewertung europäischer Optionen erhöht sich der Preis für eine sogenannte **Call-Option**, wenn der Marktzins in die Höhe geht (vgl. Beispiel 22.4c) in Abschnitt 22.1).

> **Definition 13.7** (Monotone reelle Funktion)
>
> a) *Eine reelle Funktion $f: D \longrightarrow \mathbb{R}$ heißt auf $A \subseteq \mathbb{R}$ monoton wachsend, falls $f(x_1) \leq f(x_2)$ für alle $x_1, x_2 \in A$ mit $x_1 < x_2$, und streng monoton wachsend auf A, falls $f(x_1) < f(x_2)$ für alle $x_1, x_2 \in A$ mit $x_1 < x_2$. Gilt dabei $A = D$, dann wird f kurz als (streng) monoton wachsend bezeichnet.*
>
> b) *Eine reelle Funktion $f: D \longrightarrow \mathbb{R}$ heißt auf $A \subseteq \mathbb{R}$ monoton fallend, falls $f(x_1) \geq f(x_2)$ für alle $x_1, x_2 \in A$ mit $x_1 < x_2$, und streng monoton fallend auf A, falls $f(x_1) > f(x_2)$ für alle $x_1, x_2 \in A$ mit $x_1 < x_2$. Gilt dabei $A = D$, dann wird f kurz als (streng) monoton fallend bezeichnet.*

13.3 Beschränktheit und Monotonie — Kapitel 13

Der Graph einer monoton wachsenden reellen Funktion f ist somit für wachsendes x ansteigend oder zumindest nicht fallend und der Graph einer monoton fallenden reellen Funktion ist für wachsendes x fallend oder zumindest nicht ansteigend (siehe Abbildung 13.2).

Eine reelle Funktion f ist offensichtlich genau dann (streng) monoton wachsend, wenn die reelle Funktion $-f$ (streng) monoton fallend ist und umgekehrt.

Der folgende Satz besagt, dass bei der Komposition von zwei reellen Funktionen die Monotonieeigenschaften erhalten bleiben:

Satz 13.8 (Monotonieerhaltung bei Komposition)

Es seien $f: D_f \longrightarrow \mathbb{R}$ und $g: D_g \longrightarrow \mathbb{R}$ reelle Funktionen mit $g(D_g) \subseteq D_f$. Dann gilt:

a) Sind f und g (streng) monoton wachsend, dann ist auch $f \circ g$ (streng) monoton wachsend.

b) Sind f und g (streng) monoton fallend, dann ist auch $f \circ g$ (streng) monoton fallend.

Beweis: Zu a): Die reellen Funktionen f und g seien monoton wachsend. Dann gilt $g(x_1) \leq g(x_2)$ und damit auch $(f \circ g)(x_1) = f(g(x_1)) \leq f(g(x_2)) = (f \circ g)(x_2)$ für alle $x_1, x_2 \in D_g$ mit $x_1 < x_2$. Das heißt, die Komposition $f \circ g$ ist monoton wachsend.

Im Falle streng monoton wachsender reeller Funktionen f und g gilt $g(x_1) < g(x_2)$ und damit insbesondere auch $(f \circ g)(x_1) = f(g(x_1)) < f(g(x_2)) = (f \circ g)(x_2)$ für alle $x_1, x_2 \in D_g$ mit $x_1 < x_2$. Die Komposition $f \circ g$ ist somit streng monoton wachsend.

Zu b): Zeigt man analog zu Teil a). ∎

Beispiel 13.9 (Monotonie bei reellen Funktionen)

a) Abbildung 13.2 zeigt den Graphen einer monoton wachsenden reellen Funktion (links oben), einer streng monoton wachsenden reellen Funktion (rechts oben), einer monoton fallenden reellen Funktion (links unten) und einer streng monoton fallenden reellen Funktion (rechts unten).

b) Abbildung 13.3 zeigt den Graphen einer reellen Funktion f, die auf den Intervallen $(-\infty, a]$ und $[b, \infty)$ streng monoton steigend und auf dem Intervall $[a, b]$ streng monoton fallend ist. Die reelle Funktion ist jedoch auf jedem endlichen Intervall $[c, d] \subseteq \mathbb{R}$ beschränkt.

c) Die reelle Funktion

$$f: D \longrightarrow \mathbb{R}_+, \ x \mapsto f(x) = cx^d$$

mit $c > 0$ und $D := \mathbb{R}_+$ für $d \geq 0$ bzw. $D := \{x \in \mathbb{R} \mid x > 0\}$ für $d < 0$ wird z. B. in der Mikro-

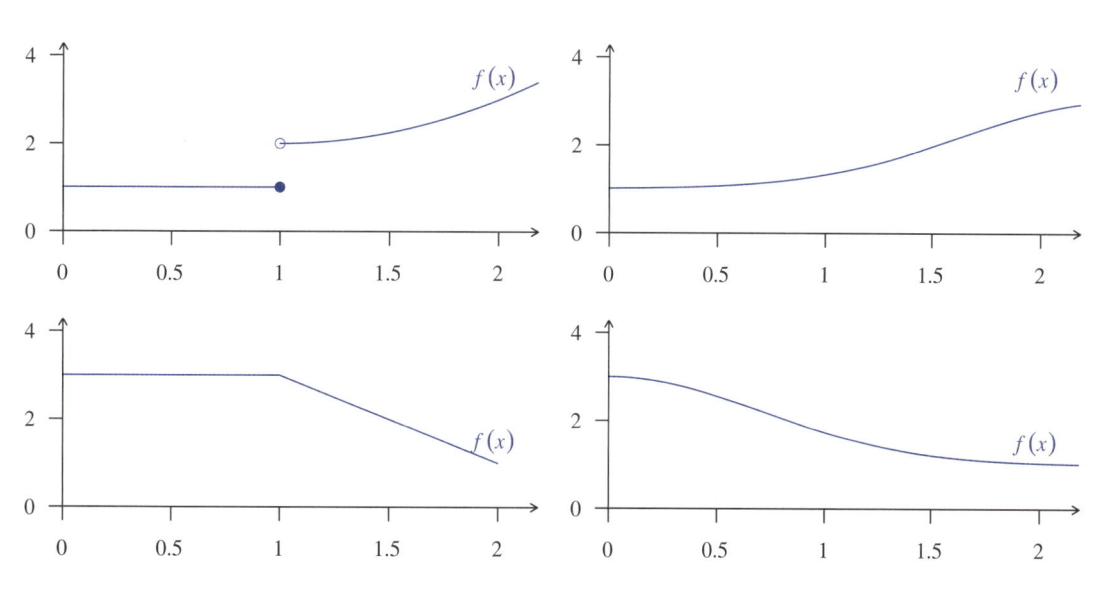

Abb. 13.2: Reelle Funktionen mit unterschiedlichem Monotonieverhalten

Kapitel 13 — Eigenschaften reeller Funktionen

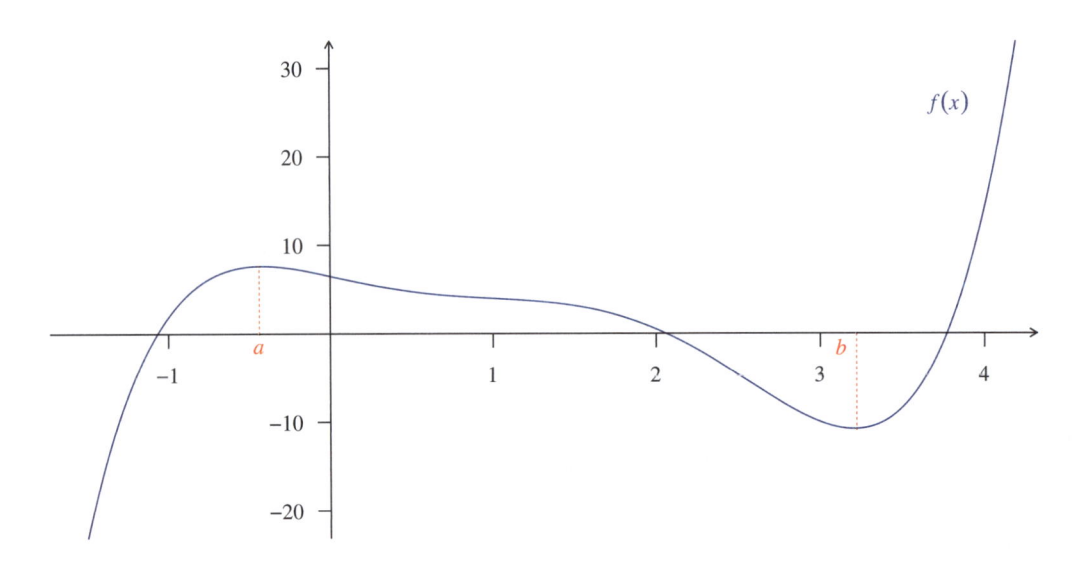

Abb. 13.3: Reelle Funktion mit wechselndem Monotonieverhalten

und Makroökonomie sehr häufig als **Produktions-** und **Nutzenfunktion** eingesetzt. Speziell für $c = 1$ und $d = 3, \frac{1}{2}, -\frac{1}{2}$ erhält man die drei reellen Funktionen

$$f_1: D \longrightarrow \mathbb{R}_+, \ x \mapsto x^3, \quad f_2: D \longrightarrow \mathbb{R}_+, \ x \mapsto \sqrt{x}$$

und $\quad f_3: D \longrightarrow \mathbb{R}_+, \ x \mapsto \dfrac{1}{\sqrt{x}}$.

Offensichtlich gilt:

$f_1(x_1) < f_1(x_2)$ für alle $x_1, x_2 \in D$ mit $x_1 < x_2$

$f_2(x_1) < f_2(x_2)$ für alle $x_1, x_2 \in D$ mit $x_1 < x_2$

$f_3(x_1) > f_3(x_2)$ für alle $x_1, x_2 \in D$ mit $x_1 < x_2$

Das heißt, die reellen Funktionen f_1 und f_2 sind streng monoton wachsend und f_3 ist streng monoton fallend.

Eine streng monotone reelle Funktion $f: D \longrightarrow f(D)$ besitzt die vorteilhafte Eigenschaft, dass sie stets eine Umkehrfunktion f^{-1} besitzt:

Satz 13.10 (Umkehrbarkeit streng monotoner reeller Funktionen)

Ist $f: D \longrightarrow f(D)$ eine streng monotone reelle Funktion, dann ist f umkehrbar.

Beweis: Wenn f streng monoton wachsend ist, dann gilt $f(x_1) < f(x_2)$ für $x_1 < x_2$. Das heißt, es gibt zu jedem Element y des Wertebereiches $f(D)$ genau ein $x \in D$ mit $y = f(x)$ und die Funktion f ist damit bijektiv bzw. gemäß Definition 6.32 auch umkehrbar.

Für eine streng monoton fallende Funktion f verläuft der Beweis völlig analog. ∎

Bei einer auf einem abgeschlossenen und beschränkten Intervall definierten reellen Funktion besteht zwischen Monotonie und Beschränktheit der folgende Zusammenhang:

Satz 13.11 (Monotonie impliziert Beschränktheit)

Es sei $f: [a, b] \longrightarrow \mathbb{R}$ eine monotone reelle Funktion. Dann ist f beschränkt.

Beweis: Ohne Beschränkung der Allgemeinheit sei die Funktion f monoton wachsend. Dann gilt $f(a) \leq f(x) \leq f(b)$ für alle $x \in [a, b]$ und damit $|f(x)| \leq c$ für $c := \max\{|f(a)|, |f(b)|\}$ und alle $x \in [a, b]$. ∎

Wie der folgende Satz zeigt, besitzt eine streng monotone reelle Funktion f dieselben Monotonieeigenschaften wie ihre Umkehrfunktion f^{-1}:

13.4 Konvexität und Konkavität

Neben den Eigenschaften Beschränktheit und Monotonie (vgl. Abschnitt 13.3) liefert auch das **Krümmungsverhalten**, d. h. die Geschwindigkeit, mit der eine Funktion wächst oder fällt, wertvolle Informationen über den Verlauf des Graphen einer reellen Funktion. Vergleicht man z. B. den Graphen der beiden Funktionen f und f^{-1} im linken Teil der Abbildung 13.4, dann stellt man zwar fest, dass beide Graphen jeweils zu einer streng monoton wachsenden Funktion gehören, das Wachstum bei diesen beiden Funktionen aber sehr unterschiedlich verläuft. Denn während der Graph der Funktion f ein beschleunigtes (progressives) Wachstum aufweist, besitzt der Graph der Umkehrfunktion lediglich ein verzögertes (degressives) Wachstum. Im ersten Fall spricht man von einer **konvexen** und im zweiten Fall von einer **konkaven** Funktion. Diese beiden Bezeichnungen wurden 1905 vom dänischen Mathematiker *Johan Ludwig Jensen* (1859–1925) eingeführt und sind seitdem sehr gebräuchlich.

J. L. Jensen

Satz 13.12 (Monotonieeigenschaften der Umkehrfunktion)

Es sei $f: D \longrightarrow f(D)$ eine streng monoton wachsende (fallende) reelle Funktion. Dann ist auch die Umkehrfunktion $f^{-1}: f(D) \longrightarrow \mathbb{R}$ streng monoton wachsend (fallend).

Beweis: Aus Satz 13.10 folgt, dass f umkehrbar ist und damit eine Umkehrfunktion $f^{-1}: f(D) \longrightarrow \mathbb{R}$ besitzt. Ist f streng monoton wachsend, dann gilt $y_1 := f(x_1) < f(x_2) =: y_2$ für alle $x_1, x_2 \in D$ mit $x_1 < x_2$. Dies impliziert $f^{-1}(y_1) = x_1 < x_2 = f^{-1}(y_2)$ und damit insbesondere, dass auch f^{-1} streng monoton wachsend ist.

Für eine streng monoton fallende Funktion f verläuft der Beweis völlig analog. ∎

Beispiel 13.13 (Monotonie bei Umkehrfunktionen)

Die Abbildung 13.4 zeigt links den Graphen der streng monoton wachsenden reellen Funktion $f: \mathbb{R}_+ \longrightarrow \mathbb{R}_+$, $x \mapsto x^2$ und ihrer streng monoton wachsenden Umkehrfunktion $f^{-1}: \mathbb{R}_+ \longrightarrow \mathbb{R}_+$, $x \mapsto \sqrt{x}$ sowie rechts den Graphen der streng monoton fallenden reellen Funktion $f: \mathbb{R}_+ \longrightarrow (-\infty, 0]$, $x \mapsto -x^3$ und ihrer streng monoton fallenden Umkehrfunktion $f^{-1}: (-\infty, 0] \longrightarrow \mathbb{R}_+$, $x \mapsto \sqrt[3]{-x}$.

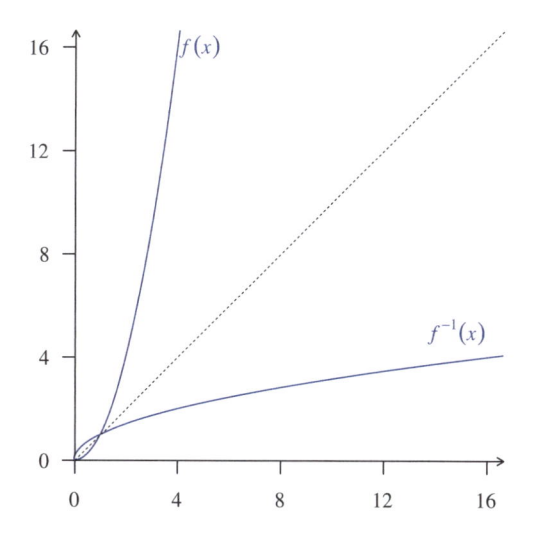

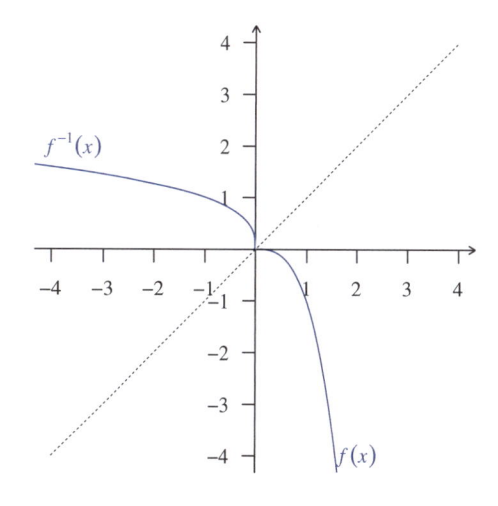

Abb. 13.4: Streng monoton wachsende reelle Funktion $f: \mathbb{R}_+ \longrightarrow \mathbb{R}_+$, $x \mapsto x^2$ mit Umkehrfunktion $f^{-1}: \mathbb{R}_+ \longrightarrow \mathbb{R}_+$, $x \mapsto \sqrt{x}$ (links) und streng monoton fallende reelle Funktion $f: \mathbb{R}_+ \longrightarrow (-\infty, 0]$, $x \mapsto -x^3$ mit Umkehrfunktion $f^{-1}: (-\infty, 0] \longrightarrow \mathbb{R}_+$, $x \mapsto \sqrt[3]{-x}$ (rechts)

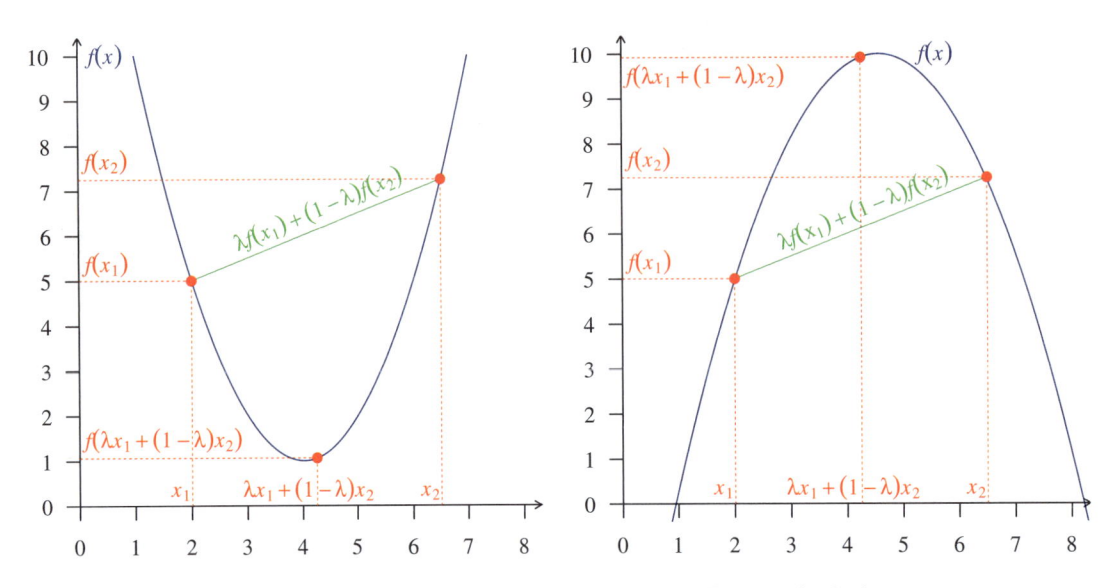

Abb. 13.5: Graph einer konvexen Funktion (links) und Graph einer konkaven Funktion (rechts)

> **Definition 13.14** (Konvexe und konkave Funktion)
>
> *Es sei $f: D \longrightarrow \mathbb{R}$ eine reelle Funktion und $I \subseteq D$ ein Intervall. Dann gilt:*
>
> *a) Die Funktion f heißt konvex auf I, falls*
>
> $$f(\lambda x_1 + (1-\lambda)x_2) \leq \lambda f(x_1) + (1-\lambda)f(x_2) \quad (13.1)$$
>
> *für alle $x_1, x_2 \in I$ mit $x_1 \neq x_2$ und $\lambda \in (0, 1)$ gilt, und streng konvex auf I, falls in (13.1) die strikte Ungleichung $<$ erfüllt ist.*
>
> *b) Die Funktion f heißt konkav auf I, falls*
>
> $$f(\lambda x_1 + (1-\lambda)x_2) \geq \lambda f(x_1) + (1-\lambda)f(x_2) \quad (13.2)$$
>
> *für alle $x_1, x_2 \in I$ mit $x_1 \neq x_2$ und $\lambda \in (0, 1)$ gilt, und streng konkav auf I, falls in (13.2) die strikte Ungleichung $>$ erfüllt ist.*
>
> *Gilt zusätzlich $I = D$, dann sagt man, dass f (streng) konvex bzw. (streng) konkav ist.*

Ist die Funktion $f: D \longrightarrow \mathbb{R}$ konvex (konkav), dann bedeutet dies anschaulich, dass der Funktionswert $f(\lambda x_1 + (1-\lambda)x_2)$ einer beliebigen **Konvexkombination** $\lambda x_1 + (1-\lambda)x_2$ mit $x_1, x_2 \in D$ stets unterhalb (oberhalb) oder auf der **Verbindungsgeraden** (**Sehne**) $y = \lambda f(x_1) + (1-\lambda)f(x_2)$ mit $\lambda \in [0, 1]$ der beiden Punkte $(x_1, f(x_1))$ und $(x_2, f(x_2))$ liegt (siehe hierzu Abbildung 13.5).

Darüber hinaus ist aus der Definition 13.14 unmittelbar ersichtlich, dass eine Funktion $f: D \longrightarrow \mathbb{R}$ genau dann (streng) konkav ist, wenn die Funktion $-f$ (streng) konvex ist und umgekehrt.

Weiter kann man zeigen, dass bei einer konvexen Funktion $f: D \longrightarrow \mathbb{R}$ der Graph von f stets so gewölbt ist, dass die Punktmenge $\{(x, y) : x \in D \text{ und } y \geq f(x)\}$ oberhalb des Graphen, der sogenannte **Epigraph**, eine konvexe Menge ist. Dagegen ist bei einer konkaven Funktion $f: D \longrightarrow \mathbb{R}$ der Graph so gewölbt, dass die Punktmenge $\{(x, y) : x \in D \text{ und } y \leq f(x)\}$ unterhalb des Graphen, der sogenannte **Hypograph** oder **Subgraph**, eine konvexe Menge ist.

Die Abbildung 13.6 zeigt den Graphen einer streng monoton wachsenden konvexen Funktion f_1 (links oben), einer streng monoton wachsenden konkaven Funktion f_2 (rechts oben), einer streng monoton fallenden konvexen Funktion f_3 (links unten) und einer streng monoton fallenden konkaven Funktion f_4 (rechts unten). Es ist zu erkennen, dass konvexe Funktionen linksgekrümmt und konkave Funktionen rechtsgekrümmt sind. Aus diesem Grund werden konvexe Funktionen auch als **linksgekrümmt** und konkave Funktionen als **rechtsgekrümmt** bezeichnet.

13.4 Konvexität und Konkavität　　　Kapitel 13

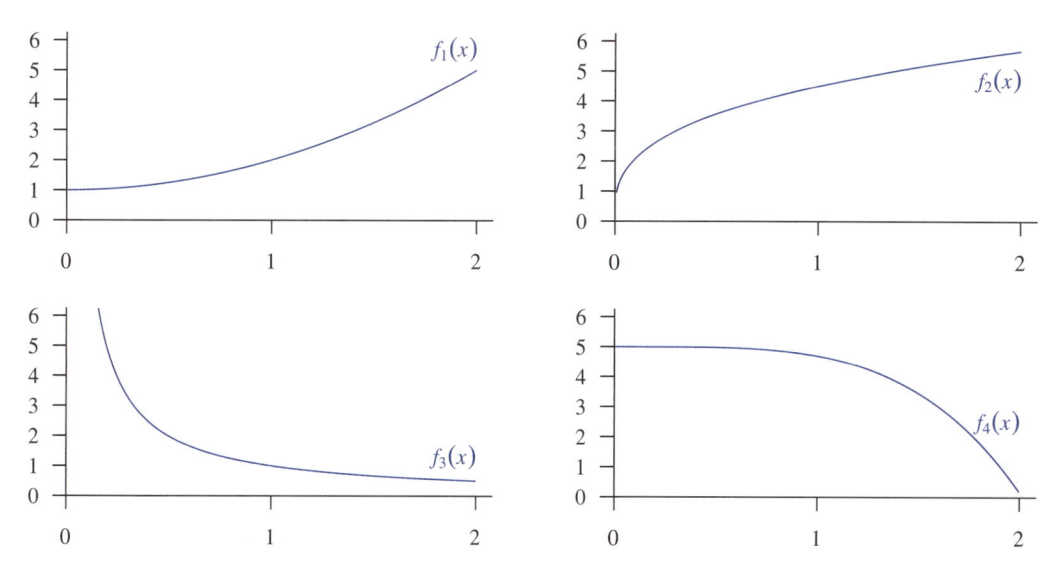

Abb. 13.6: Graph einer streng monoton wachsenden bzw. fallenden konvexen Funktion f_1 bzw. f_3 (links) und Graph einer streng monoton wachsenden bzw. fallenden konkaven Funktion f_2 bzw. f_4 (rechts)

Konvexe und konkave Funktionen sind in vielen ökonomischen Modellen von großer Bedeutung. Sie spielen z. B. in der **Entscheidungs-** und **Nutzentheorie** (vgl. z. B. *Laux* [41]), in der **Spieltheorie** (siehe z. B. *Neumann-Morgenstern* [50] und *Holler-Illing* [27]) und in der **konvexen Optimierung** (vgl. z. B. *Alt* [2] und *Papageorgiou* [53]) eine wichtige Rolle. Vor allem die Tatsache, dass ein lokales Minimum (Maximum) bei einer konvexen (konkaven) Funktion auch gleichzeitig das globale Minimum (Maximum) ist (vgl. Satz 13.35), besitzt für die **nichtlineare Optimierung** eine große Bedeutung.

Beispiel 13.15 (Krümmungseigenschaften der Potenzfunktion)

Die Potenzfunktion $f: D \longrightarrow \mathbb{R}$, $x \mapsto ax^b$ mit $a > 0$ und $b \in \mathbb{R} \setminus \{0\}$ besitzt je nach Wahl von b unterschiedliche Monotonie- und Krümmungseigenschaften und ist damit je nach Wahl von b zur Untersuchung verschiedener ökonomischer Problemstellungen geeignet:

a) Es sei $b < 0$ und $D := (0, \infty)$. Die Potenzfunktion f ist dann eine streng monoton fallende und streng konvexe Funktion. Diese Funktion wird z. B. zur Beschreibung der Abhängigkeit des Absatzes $y = f(x) = ax^b$ vom Produktpreis oder Einkommen x eingesetzt (sog. **Preis-Absatz-Funktion** bzw. **Engel-Funktion** für geringerwertige Produkte).

b) Es sei $b \in (0, 1)$ und $D := \mathbb{R}_+$. Die Potenzfunktion f ist dann eine streng monoton wachsende und streng konkave Funktion. Man sagt, dass die Funktion ein **unterproportionales** (**degressives**) Wachstum besitzt. Diese Funktion wird z. B. zur Beschreibung der Abhängigkeit des Absatzes $y = f(x) = ax^b$ vom Werbemitteleinsatz oder Einkommen x verwendet (sog. **Werbung-Absatz-Funktion** bzw. **Engel-Funktion** für normale Produkte).

c) Es sei $b = 1$ und $D := \mathbb{R}_+$. Die Potenzfunktion f ist dann linear und streng monoton wachsend. Man spricht daher von **proportionalem Wachstum** mit der **Proportionalitätskonstanten** a. Diese Funktion wird z. B. zur Beschreibung der Abhängigkeit der variablen Kosten $y = f(x) = ax$ von der Produktionsmenge x eingesetzt (sog. **Kostenfunktion**).

d) Es sei $b > 1$ und $D := \mathbb{R}_+$. Die Potenzfunktion f ist dann streng monoton wachsend und streng konvex. Man spricht deshalb von **überproportionalem** (**progressivem**) Wachstum. Diese Funktion wird z. B. zur Beschreibung der Abhängigkeit der Angebotsmenge $y = f(x) = ax^b$ vom Produktpreis x verwendet (sog. **Angebots-Preis-Funktion**).

Kapitel 13   Eigenschaften reeller Funktionen

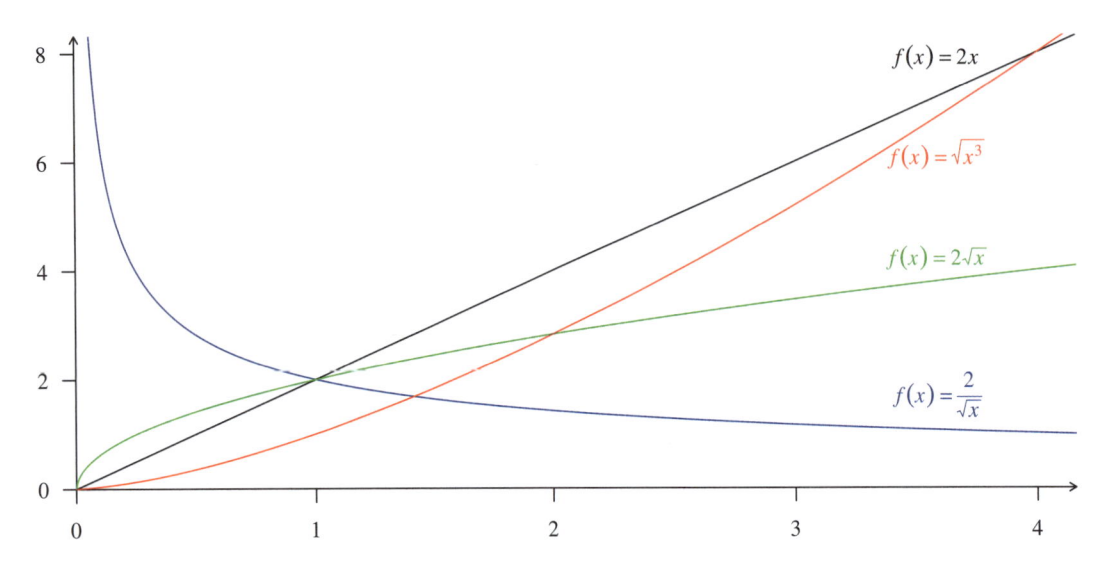

Abb. 13.7: Graph der Potenzfunktion $f(x) = ax^b$ mit $a = 2$ und $b = -\frac{1}{2}$ (blau), $a = 2$ und $b = \frac{1}{2}$ (grün), $a = 2$ und $b = 1$ (schwarz) sowie $a = 1$ und $b = \frac{3}{2}$ (rot)

Im Folgenden wird anhand zweier einfacher Beispiele gezeigt, wie explizit nachgewiesen werden kann, dass eine gegebene Funktion streng konvex bzw. streng konkav ist:

Beispiel 13.16 (Expliziter Nachweis von Krümmungseigenschaften)

a) Die quadratische Funktion $f_1 : \mathbb{R} \longrightarrow \mathbb{R}$, $x \mapsto f_1(x) = x^2$ ist streng konvex. Denn für $x, y \in \mathbb{R}$ mit $x \neq y$ und $\lambda \in (0, 1)$ gilt

$$\begin{aligned}(\lambda x + (1-\lambda)y)^2 &= \lambda^2 x^2 + 2\lambda(1-\lambda)xy + (1-\lambda)^2 y^2 \\ &= \lambda x^2 + (1-\lambda)y^2 - \lambda(1-\lambda)(x-y)^2 \\ &< \lambda x^2 + (1-\lambda)y^2.\end{aligned} \quad (13.3)$$

Das heißt, die quadratische Funktion f_1 ist streng konvex (vgl. Abbildung 13.8, links).

b) Die Quadratwurzelfunktion $f_2 : \mathbb{R}_+ \longrightarrow \mathbb{R}$, $x \mapsto f_2(x) = \sqrt{x}$ ist streng konkav. Denn aus (13.3) folgt durch Einsetzen von $\sqrt{x}$, $\sqrt{y}$ mit $x, y \in \mathbb{R}_+$ und $x \neq y$ für $\lambda \in (0, 1)$

$$(\lambda \sqrt{x} + (1-\lambda)\sqrt{y})^2 < \lambda x + (1-\lambda)y.$$

Da f_2 streng monoton wachsend ist, folgt durch Anwendung von f_2 auf beiden Seiten dieser Ungleichung

$$\lambda \sqrt{x} + (1-\lambda)\sqrt{y} < \sqrt{\lambda x + (1-\lambda)y}.$$

Das heißt, die Quadratwurzelfunktion f_2 ist streng konkav (vgl. Abbildung 13.8, rechts).

Das Beispiel 13.16 deutet bereits an, dass die Untersuchung einer reellen Funktion auf Konvexität oder Konkavität nur anhand der Definition 13.14 schnell etwas mühsam werden kann. In Abschnitt 16.17 wird sich jedoch zeigen, dass die Krümmungseigenschaften einer reellen Funktion oft sehr einfach mit Hilfe der Differentialrechnung untersucht werden können.

Eigenschaften konvexer und konkaver Funktionen

Der folgende Satz 13.17a) besagt, dass bei einer **Linearkombination** von ausschließlich konvexen oder ausschließlich konkaven Funktionen die Krümmungseigenschaft erhalten bleibt. Gemäß Satz 13.17b) gilt dies jedoch nicht für die **Maximums-** und die **Minimumsfunktion**. Denn die Maxi-

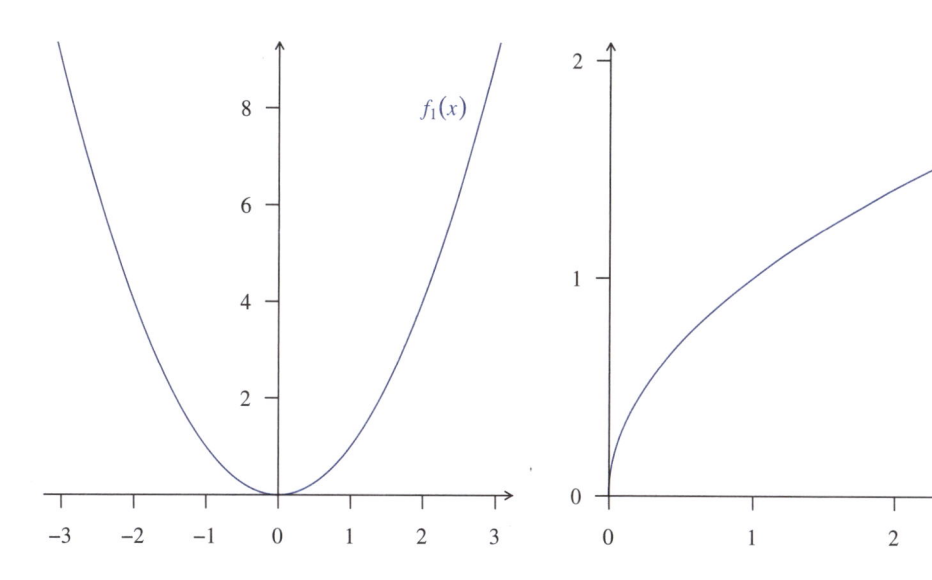

Abb. 13.8: Streng konvexe Funktion $f_1 : \mathbb{R} \longrightarrow \mathbb{R}$, $x \mapsto f_1(x) = x^2$ (links) und streng konkave Funktion $f_2 : \mathbb{R}_+ \longrightarrow \mathbb{R}$, $x \mapsto f_2(x) = \sqrt{x}$ (rechts)

mumsfunktion bewahrt lediglich bei konvexen und die Minimumsfunktion nur bei konkaven Funktionen die Krümmungseigenschaft:

Satz 13.17 (Rechenoperationen bei konvexen und konkaven Funktionen)

Es seien $I_f, I_g \subseteq \mathbb{R}$ *zwei Intervalle mit* $I_f \cap I_g \neq \emptyset$. *Dann gilt:*

a) *Jede Linearkombination*

$$\alpha f + \beta g : I_f \cap I_g \longrightarrow \mathbb{R},$$
$$x \mapsto (\alpha f + \beta g)(x) = \alpha f(x) + \beta g(x)$$

zweier konvexer (konkaver) Funktionen $f : I_f \longrightarrow \mathbb{R}$ *und* $g : I_g \longrightarrow \mathbb{R}$ *mit* $\alpha, \beta \geq 0$ *ist eine konvexe (konkave) Funktion. Im Falle strenger Konvexität (Konkavität) von* f *und* g *sowie* $\alpha, \beta > 0$ *ist* $\alpha f + \beta g$ *sogar streng konvex (konkav).*

b) *Die Maximumsfunktion*

$$\max : I_f \cap I_g \longrightarrow \mathbb{R},$$
$$x \mapsto \max\{f, g\}(x) = \max\{f(x), g(x)\}$$

zweier (streng) konvexer Funktionen $f : I_f \longrightarrow \mathbb{R}$ *und* $g : I_g \longrightarrow \mathbb{R}$ *ist (streng) konvex und die Minimumsfunktion*

$$\min : I_f \cap I_g \longrightarrow \mathbb{R},$$
$$x \mapsto \min\{f, g\}(x) = \min\{f(x), g(x)\}$$

zweier (streng) konkaver Funktionen $f : I_f \longrightarrow \mathbb{R}$ *und* $g : I_g \longrightarrow \mathbb{R}$ *ist (streng) konkav.*

Beweis: Zu a): Die beiden reellen Funktionen f und g seien konvex. Dann folgt für alle $x_1, x_2 \in I_f \cap I_g$ mit $x_1 \neq x_2$ und $\lambda \in (0, 1)$

$$(\alpha f + \beta g)(\lambda x_1 + (1-\lambda)x_2)$$
$$= \alpha f(\lambda x_1 + (1-\lambda)x_2) + \beta g(\lambda x_1 + (1-\lambda)x_2)$$
$$\leq \alpha(\lambda f(x_1) + (1-\lambda)f(x_2)) + \beta(\lambda g(x_1) + (1-\lambda)g(x_2))$$
$$= \lambda(\alpha f(x_1) + \beta g(x_1)) + (1-\lambda)(\alpha f(x_2) + \beta g(x_2))$$
$$= \lambda(\alpha f + \beta g)(x_1) + (1-\lambda)(\alpha f + \beta g)(x_2). \quad (13.4)$$

Das heißt, $\alpha f + \beta g$ ist konvex. Im Falle streng konvexer Funktionen f und g sowie $\alpha, \beta > 0$ gilt in (13.4) sogar die strenge Ungleichung und damit strenge Konvexität.

Für die (strenge) Konkavität verläuft der Beweis völlig analog.

Zu b): Der Beweis verläuft analog zu Aussage a). ∎

Durch wiederholte Anwendung von Satz 13.17a) erhält man, dass jede Linearkombination $\alpha_1 f_1 + \ldots + \alpha_n f_n$ von endlich vielen konvexen (konkaven) Funktionen $f_1, \ldots, f_n$ und mit $\alpha_1, \ldots, \alpha_n \geq 0$ wieder eine konvexe (konkave) Funktion ist.

Analog folgt mit Satz 13.17b), dass jedes Maximum $\max\{f_1, \ldots, f_n\}$ von endlich vielen (streng) konvexen und jedes Minimum $\min\{f_1, \ldots, f_n\}$ von endlich vielen (streng) konkaven Funktionen $f_1, \ldots, f_n$ wieder eine (streng) konvexe bzw. (streng) konkave Funktion ist (vgl. Beispiel 13.18a) und b)).

Der Satz 13.17a) besagt insbesondere, dass die Summe (streng) konvexer oder (streng) konkaver Funktionen wieder (streng) konvex bzw. (streng) konkav ist. Dies trifft jedoch im Allgemeinen nicht für Differenzen, Produkte und Quotienten von konvexen (konkaven) Funktionen zu, wie das folgende Beispiel 13.18c) zeigt:

Beispiel 13.18 (Rechenoperationen bei konvexen und konkaven Funktionen)

a) Die Exponentialfunktion $\exp : \mathbb{R} \longrightarrow \mathbb{R}$, $x \mapsto e^x$ ist streng konvex und die natürliche Logarithmusfunktion $\ln : (0, \infty) \longrightarrow \mathbb{R}$, $x \mapsto \ln(x)$ ist streng konkav. Damit ist jedoch $\ln : (0, \infty) \longrightarrow \mathbb{R}$, $x \mapsto -\ln(x)$ streng konvex und mit Satz 13.17a) folgt somit, dass die Linearkombination $f : (0, \infty) \longrightarrow \mathbb{R}$, $x \mapsto \frac{3}{2}e^x - \ln(x)$ streng konvex ist (vgl. Abbildung 13.9, links).

b) Die reellen Funktionen $f_1 : \mathbb{R}_+ \longrightarrow \mathbb{R}$, $x \mapsto x^2+2$, $f_2 : \mathbb{R}_+ \longrightarrow \mathbb{R}$, $x \mapsto x^3$ und $f_3 : \mathbb{R}_+ \longrightarrow \mathbb{R}$, $x \mapsto e^x$ sind streng konvex. Mit Satz 13.17b) folgt somit, dass die Maximumsfunktion $f : \mathbb{R}_+ \longrightarrow \mathbb{R}$, $x \mapsto \max\{x^2+2, x^3, e^x\}$ streng konvex ist (vgl. Abbildung 13.9, Mitte).

c) Die reellen Funktionen $f_1 : \mathbb{R} \longrightarrow \mathbb{R}$, $x \mapsto x$, $f_2 : \mathbb{R} \longrightarrow \mathbb{R}$, $x \mapsto -x$, $f_3 : \mathbb{R} \longrightarrow \mathbb{R}$, $x \mapsto x^2+x$ und $f_4 : \mathbb{R} \longrightarrow \mathbb{R}$, $x \mapsto x^2$ sind konvex (f_3 und f_4 sind sogar streng konvex). Die Differenz von f_1 und f_3 und das Produkt von f_1 und f_2, d. h. die Funktion $f_5 : \mathbb{R} \longrightarrow \mathbb{R}$, $x \mapsto -x^2$, sind jedoch streng konkav und der Quotient von f_2 und f_4, d. h. die Funktion $f_6 : \mathbb{R} \setminus \{0\} \longrightarrow \mathbb{R}$, $x \mapsto -\frac{1}{x}$, ist streng konvex auf $(-\infty, 0)$ und streng konkav auf $(0, \infty)$ (vgl. Abbildung 13.9, rechts).

Der folgende Satz besagt, dass die Komposition $f \circ g$ einer streng monoton wachsenden (fallenden) konvexen Funktion f mit einer konvexen (konkaven) Funktion g wieder konvex ist:

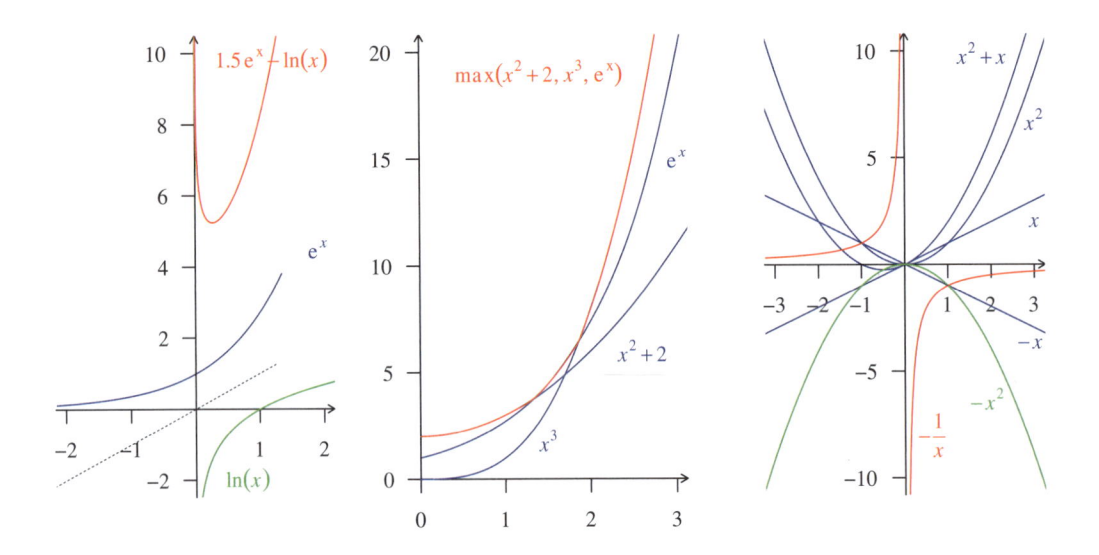

Abb. 13.9: Erhaltung der Konvexität bei Linearkombination (links) und Maximumsbildung (Mitte) sowie Verlust der Konvexität bei Differenzen, Produkten und Quotienten (rechts)

13.4 Konvexität und Konkavität

Satz 13.19 (Komposition konvexer Funktionen)

Es seien I_f und I_g Intervalle und $f : I_f \longrightarrow \mathbb{R}$ und $g : I_g \longrightarrow \mathbb{R}$ zwei reelle Funktionen mit $g(I_g) \subseteq I_f$. Dann gilt:

a) Ist g (streng) konvex und f konvex und (streng) monoton wachsend, dann ist $f \circ g$ (streng) konvex.

b) Ist g (streng) konkav und f konvex und (streng) monoton fallend, dann ist $f \circ g$ (streng) konvex.

Beweis: Zu a): Es sei $x_1, x_2 \in I_g$ und $\lambda \in (0, 1)$. Ferner sei angenommen, dass g konvex und f konvex und monoton wachsend ist. Dann folgt

$$f(g(\lambda x_1 + (1-\lambda)x_2)) \leq f(\lambda g(x_1) + (1-\lambda)g(x_2))$$
$$\leq \lambda f(g(x_1)) + (1-\lambda)f(g(x_2)).$$

Das heißt, die Komposition $f \circ g$ ist konvex. Im Falle einer streng konvexen Funktion g und einer konvexen und streng monoton wachsenden Funktion f gilt sogar die strenge Ungleichung und damit strenge Konvexität für $f \circ g$.

Zu b): Der Beweis verläuft analog zur Aussage a). ∎

Beispiel 13.20 (Krümmungseigenschaften bei Kompositionen)

a) Die Wurzelfunktion $g : (0, \infty) \longrightarrow \mathbb{R}$, $x \mapsto x^{\frac{1}{n}}$ ist konkav für $n = 1$ und streng konkav für $n = 2, 3, \ldots$. Die reelle Funktion $f : (0, \infty) \longrightarrow \mathbb{R}$, $x \mapsto \frac{1}{x}$ ist streng monoton fallend und streng konvex. Mit Satz 13.19b) folgt somit, dass die Komposition $f \circ g : (0, \infty) \longrightarrow \mathbb{R}$, $x \mapsto x^{-\frac{1}{n}}$ für $n = 1$ konvex und für $n = 2, 3, \ldots$ streng konvex ist (vgl. Abbildung 13.10, links).

b) Die reelle Funktion $g : (0, \infty) \longrightarrow \mathbb{R}$, $x \mapsto x^{-\frac{1}{n}}$ ist nach Teil a) für $n = 1$ konvex und für $n = 2, 3, \ldots$ streng konvex. Die Potenzfunktion $f : \mathbb{R}_+ \longrightarrow \mathbb{R}$, $x \mapsto x^m$ mit $m = 1, 2, \ldots$ ist streng monoton wachsend und konvex. Mit Satz 13.19a) folgt somit, dass die Komposition $f \circ g : (0, \infty) \longrightarrow \mathbb{R}$, $x \mapsto x^{-\frac{m}{n}}$ für $n = 1$ konvex und für $n = 2, 3, \ldots$ streng konvex ist (vgl. Abbildung 13.10, rechts).

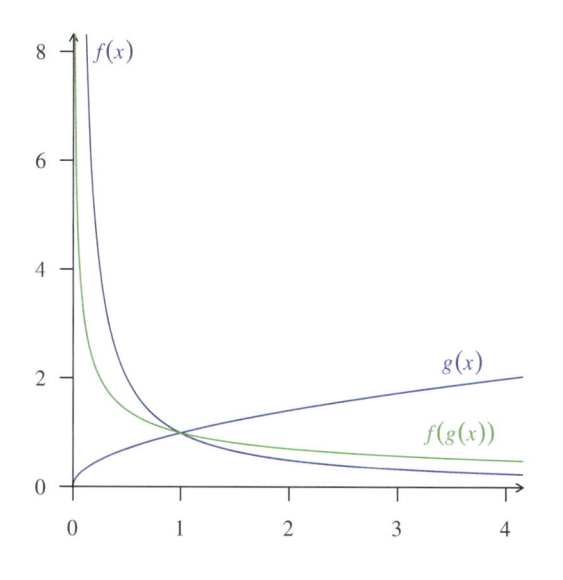

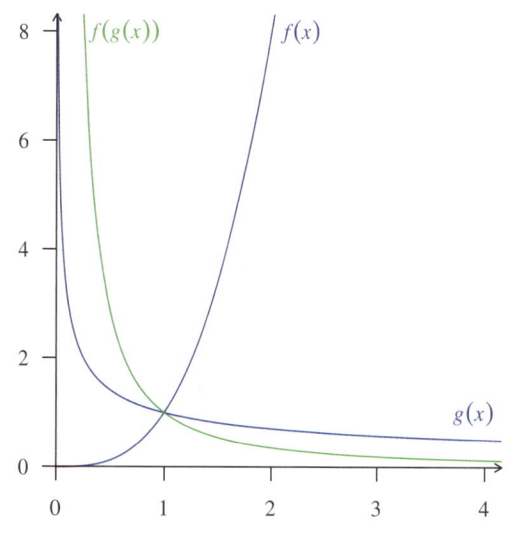

Abb. 13.10: Streng konvexe Komposition $(f \circ g)(x) = x^{-\frac{1}{2}}$ von $f(x) = \frac{1}{x}$ und $g(x) = x^{\frac{1}{2}}$ (links) sowie streng konvexe Komposition $(f \circ g)(x) = x^{-\frac{3}{2}}$ von $f(x) = x^3$ und $g(x) = x^{-\frac{1}{2}}$ (rechts)

13.5 Ungleichungen

Mit der **Jensenschen Ungleichung** und der **Ungleichung vom arithmetischen und geometrischen Mittel** stehen in diesem Abschnitt drei der wichtigsten Ungleichungen im Mittelpunkt.

Jensensche Ungleichung

Die berühmte **Jensensche Ungleichung** für konvexe und konkave Funktionen ist nach dem dänischen Mathematiker *Johan Ludwig Jensen* (1859–1925) benannt. Diese Ungleichung wurde 1906 von *Jensen* bewiesen und sie besagt, dass der Funktionswert einer konvexen (konkaven) Funktion in einer Konvexkombination von Werten $x_1, \ldots, x_n$ nicht größer (kleiner) als die Konvexkombination der zugehörigen Funktionswerte $f(x_1), \ldots, f(x_2)$ ist. Aufgrund ihrer Allgemeinheit ist die Jensensche Ungleichung die Grundlage vieler bedeutender Ungleichungen.

Poststempel mit der Jensenschen Ungleichung

Satz 13.21 (Jensensche Ungleichung)

Es seien $I \subseteq \mathbb{R}$ ein Intervall, $f : I \longrightarrow \mathbb{R}$ eine reelle Funktion und für $n \in \mathbb{N}$ seien $x_1, \ldots, x_n \in I$ und $\lambda_1, \ldots, \lambda_n > 0$ mit $\sum_{i=1}^n \lambda_i = 1$. Dann gilt:

a) Ist f konvex, dann gilt

$$f\left(\sum_{i=1}^n \lambda_i x_i\right) \leq \sum_{i=1}^n \lambda_i f(x_i). \quad (13.5)$$

Für eine streng konvexe Funktion f und $n \geq 2$ gilt sogar die strikte Ungleichung.

b) Ist f konkav, dann gilt

$$f\left(\sum_{i=1}^n \lambda_i x_i\right) \geq \sum_{i=1}^n \lambda_i f(x_i). \quad (13.6)$$

Für eine streng konkave Funktion f und $n \geq 2$ gilt sogar die strikte Ungleichung.

Beweis: Zu a): Der Beweis erfolgt mittels vollständiger Induktion.

Induktionsanfang: Für $n = 1$ ist $\lambda_1 = 1$ und man erhält die wahre Aussage $f(x_1) = f(x_1)$.

Induktionsschritt: Es seien $\lambda := \sum_{i=1}^n \lambda_i$ und $x := \sum_{i=1}^n \frac{\lambda_i}{\lambda} x_i$. Dann gilt $\sum_{i=1}^{n+1} \lambda_i x_i = \lambda x + \lambda_{n+1} x_{n+1}$ und $\lambda + \lambda_{n+1} = 1$. Ferner werde angenommen, dass (13.5) für ein beliebiges $n \in \mathbb{N}$ wahr ist. Mit der Konvexität von f und der Induktionsannahme folgt dann

$$\begin{aligned} f\left(\sum_{i=1}^{n+1} \lambda_i x_i\right) &= f(\lambda x + \lambda_{n+1} x_{n+1}) \\ &\leq \lambda f(x) + \lambda_{n+1} f(x_{n+1}) \\ &\leq \lambda \sum_{i=1}^n \frac{\lambda_i}{\lambda} f(x_i) + \lambda_{n+1} f(x_{n+1}) = \sum_{i=1}^{n+1} \lambda_i f(x_i). \end{aligned}$$

Für eine streng konvexe Funktion und $n \geq 2$ verläuft der Beweis analog.

Zu b): Da für eine konkave Funktion f die Funktion $-f$ konvex ist, gilt für konkave Funktionen die Jensensche Ungleichung in umgekehrter Richtung. ∎

Ursprünglich wurde die Jensensche Ungleichung von *Jensen* unter etwas schwächeren Voraussetzungen bewiesen, was eine deutlich aufwendigere Herleitung zur Folge hatte. Für $\lambda_1 = \ldots = \lambda_n = \frac{1}{n}$ erhält man aus der Jensenschen Ungleichung (13.5)-(13.6) für konvexe und konkave reelle Funktionen den wichtigen Spezialfall

$$f\left(\frac{1}{n}\sum_{i=1}^n x_i\right) \leq \frac{1}{n}\sum_{i=1}^n f(x_i) \quad \text{bzw.}$$

$$f\left(\frac{1}{n}\sum_{i=1}^n x_i\right) \geq \frac{1}{n}\sum_{i=1}^n f(x_i).$$

Ungleichung vom (gewichteten) arithm. und geom. Mittel

Mit Hilfe der Jensenschen Ungleichung lassen sich viele weitere wichtige Ungleichungen beweisen. Zum Beispiel lässt sich sehr leicht die Gültigkeit der **Ungleichung vom gewichteten arithmetischen und geometrischen Mittel** nachweisen. Sie besagt, dass das gewichtete arithmetische Mittel $\sum_{i=1}^n \lambda_i x_i$ unter schwachen Voraussetzungen mindestens so groß wie das gewichtete geometrische Mittel $\prod_{i=1}^n x_i^{\lambda_i}$ ist. Die Ungleichung vom gewichteten arithmetischen und geometrischen Mittel wurde vermutlich erstmals 1821 von *Augustin Louis Cauchy* (1789–1857) bewiesen.

A. L. Cauchy auf einer französischen Sonderbriefmarke

Sie erlaubt es, ein Produkt gegen eine Summe abzuschätzen und zählt ebenfalls zu den bedeutendsten Ungleichungen der Mathematik.

> **Folgerung 13.22** (Ungleichung vom gewichteten arithm. und geom. Mittel)
>
> *Für reelle Zahlen $x_1, \ldots, x_n \geq 0$ und $\lambda_1, \ldots, \lambda_n > 0$ mit $\sum_{i=1}^n \lambda_i = 1$ gilt*
> $$\prod_{i=1}^n x_i^{\lambda_i} \leq \sum_{i=1}^n \lambda_i x_i. \tag{13.7}$$

Beweis: Ist $x_i = 0$ für mindestens ein $i = 1, \ldots, n$, dann ist die Ungleichung offensichtlich erfüllt. Es sei daher ohne Beschränkung der Allgemeinheit angenommen, dass $x_1, \ldots, x_n > 0$ gilt. Da die Logarithmusfunktion $\ln : (0, \infty) \longrightarrow \mathbb{R}$, $x \mapsto \ln(x)$ streng konkav ist, erhält man mit der Jensenschen Ungleichung (13.6) und den Rechenregeln für den Logarithmus (vgl. Satz 14.35b) und c))

$$\ln\left(\sum_{i=1}^n \lambda_i x_i\right) \geq \sum_{i=1}^n \lambda_i \ln(x_i) = \ln\left(\prod_{i=1}^n x_i^{\lambda_i}\right).$$

Da die Logarithmusfunktion (streng) monoton wachsend ist, impliziert dies $\sum_{i=1}^n \lambda_i x_i \geq \prod_{i=1}^n x_i^{\lambda_i}$ und damit die Behauptung. ∎

Für $\lambda_1 = \ldots = \lambda_n = \frac{1}{n}$ erhält man aus (13.7) die **Ungleichung vom arithmetischen und geometrischen Mittel**:

$$\prod_{i=1}^n x_i^{\frac{1}{n}} = \sqrt[n]{\prod_{i=1}^n x_i} \leq \frac{1}{n} \sum_{i=1}^n x_i \tag{13.8}$$

Sie besitzt die folgende geometrische Implikation: Ein Rechteck mit den Seitenlängen $x_1, x_2 \geq 0$ besitzt den Umfang $2(x_1 + x_2)$ und den Flächeninhalt $x_1 x_2$. Ein Quadrat mit dem gleichen Flächeninhalt besitzt die Seitenlänge $\sqrt{x_1 x_2}$ und damit den Umfang $4\sqrt{x_1 x_2}$. Für $n = 2$ folgt jedoch aus der Ungleichung (13.8)

$$\sqrt{x_1 x_2} \leq \frac{1}{2}(x_1 + x_2) \qquad \text{bzw.} \qquad 4\sqrt{x_1 x_2} \leq 2(x_1 + x_2).$$

Das heißt, alle Rechtecke mit dem Flächeninhalt $x_1 x_2$ besitzen einen Umfang von mindestens $4\sqrt{x_1 x_2}$, wobei das Quadrat den minimalen Umfang $4\sqrt{x_1 x_2}$ aufweist. Analog folgt mit der Ungleichung (13.8) für den Fall $n = 3$, dass unter allen Quadern mit gleichem Volumen der Würfel die kleinste Gesamtkantenlänge besitzt. Die Ungleichung (13.8) verallgemeinert diese geometrische Interpretation auf n Dimensionen.

Gilt $x_1, \ldots, x_n > 0$, dann können in (13.7) und (13.8) die reellen Zahlen x_i durch $\frac{1}{x_i}$ ersetzt werden. Es resultiert dann die (**gewichtete**) **Ungleichung vom harmonischen und geometrischen Mittel**:

$$\prod_{i=1}^n x_i^{\lambda_i} \geq \frac{1}{\sum_{i=1}^n \frac{\lambda_i}{x_i}} \qquad \text{bzw.} \qquad \sqrt[n]{\prod_{i=1}^n x_i} \geq \frac{n}{\sum_{i=1}^n \frac{1}{x_i}}.$$

Eine weitere Ungleichung erhält man aus (13.7) mit $x_1 := a^p$ und $x_2 := b^q$ sowie $\lambda_1 := \frac{1}{p} > 0$ und $\lambda_2 := \frac{1}{q} > 0$, wobei $a, b \geq 0$ und $\frac{1}{p} + \frac{1}{q} = 1$ gilt. Die dadurch resultierende Ungleichung

$$ab \leq \frac{1}{p}a^p + \frac{1}{q}b^q$$

heißt **Youngsche-Ungleichung** und ist nach dem englischen Mathematiker *William Henry Young* (1863–1942) benannt.

13.6 Symmetrische und periodische Funktionen

In Abschnitt 13.3 wurden mit der Beschränktheit und Monotonie bereits zwei wichtige Eigenschaften untersucht, die reelle Funktionen besitzen können. Diese beiden Eigenschaften vermitteln häufig bereits einen (groben) Eindruck über den Verlauf des Graphen einer reellen Funktion.

Für viele wirtschaftswissenschaftliche Anwendungen sind jedoch eine Reihe weiterer möglicher Eigenschaften reeller Funktionen von Bedeutung. Zum Beispiel sind bei einer betrachteten reellen Funktion $f : D \longrightarrow \mathbb{R}$ oftmals eventuell vorhandene **Symmetrie-** und **Periodizitätseigenschaften** von Interesse. Denn das Vorhandensein solcher Eigenschaften vereinfacht die Untersuchung des Verlaufes des Graphen einer reellen Funktion häufig erheblich.

Achsensymmetrie und Punktsymmetrie

Bei den Symmetrieeigenschaften einer reellen Funktion unterscheidet man zwischen **Achsen-** und **Punktsymmetrie**:

Kapitel 13 Eigenschaften reeller Funktionen

Definition 13.23 (Achsensymmetrie und Punktsymmetrie)

Es sei $f: D \longrightarrow \mathbb{R}$ eine reelle Funktion. Dann gilt:

a) *f heißt achsensymmetrisch bzgl. der senkrechten Geraden an der Stelle a, wenn*
$$f(a-x) = f(a+x)$$
für alle x mit $a \pm x \in D$ gilt.

b) *f heißt punktsymmetrisch bzgl. dem Punkt (a, b), wenn*
$$f(a-x) - b = b - f(a+x)$$
für alle x mit $a \pm x \in D$ gilt.

Bei einer zur Geraden $x = a$ achsensymmetrischen oder zum Punkt (a, b) punktsymmetrischen reellen Funktion f genügt bereits die Kenntnis ihres Verlaufes für $x \geq a$, um sie vollständig beschreiben zu können.

Beispiel 13.24 (Achsen- und Punktsymmetrie bei reellen Funktionen)

a) Die quadratische Funktion $p : \mathbb{R} \longrightarrow \mathbb{R}$, $x \mapsto x^2 - 4x + 3$ ist achsensymmetrisch zur senkrechten Geraden durch $x = 2$. Denn es gilt
$$\begin{aligned} p(2-x) &= (2-x)^2 - 4(2-x) + 3 \\ &= x^2 - 4x + 4 - 8 + 4x + 3 \\ &= (2+x)^2 - 4(2+x) + 3 = p(2+x) \end{aligned}$$
(vgl. Abbildung 13.11, links).

b) Das Polynom $p : \mathbb{R} \longrightarrow \mathbb{R}$, $x \mapsto x^5 + 2$ ist punktsymmetrisch zum Punkt $(0, 2)$. Denn es gilt
$$\begin{aligned} p(-x) - 2 &= (-x)^5 + 2 - 2 \\ &= 2 - (x^5 + 2) = 2 - p(x) \end{aligned}$$
(vgl. Abbildung 13.11, Mitte).

c) Das Polynom $p: \mathbb{R} \longrightarrow \mathbb{R}$, $x \mapsto x^5 - 5x^4 + 14x^3 - 22x^2 + 17x - 5$ ist punktsymmetrisch zum Punkt $(1, 0)$. Denn mit der Faktorisierung $p(x) = (x-1)^3 (x^2 - 2x + 5)$ (vgl. Beispiel 14.8a)) erhält man
$$\begin{aligned} p(1-x) &= ((1-x)-1)^3 \left((1-x)^2 - 2(1-x) + 5\right) \\ &= -x^3(x^2 - 2x + 1 + 2x - 2 + 5) \\ &= -((1+x)-1)^3 \left((1+x)^2 - 2(1+x) + 5\right) \\ &= -p(1+x) \end{aligned}$$
(vgl. Abbildung 13.11, rechts).

Reelle Funktionen $f: D \longrightarrow \mathbb{R}$, die speziell zur Ordinate (d. h. zur senkrechten Geraden an der Stelle $x = 0$) achsensymmetrisch sind, genügen der Bedingung $f(-x) = f(x)$ für alle x mit $\pm x \in D$. Sie werden auch als **gerade Funktionen** bezeichnet, da Polynome p (vgl. Definition 14.1) mit ausschließlich geraden Exponenten achsensymmetrisch zur Ordinate sind (vgl. Beispiel 14.1a)). Dagegen genügen reelle Funktionen $f: D \longrightarrow \mathbb{R}$, die zum Ursprung $(0, 0)$ punktsymmetrisch sind, der Bedingung $f(-x) = -f(x)$ für alle x mit $\pm x \in D$. Sie werden als **ungerade Funktionen** bezeichnet, da alle Polynome $p(x)$ mit ausschließlich ungeraden Exponenten punktsymmetrisch zum Ursprung $(0, 0)$ sind (vgl. Beispiel 13.27b)).

Beispiel 13.25 (Gerade und ungerade Funktionen)

a) Monome der Form $p(x) = x^{2n}$ mit $n \in \mathbb{N}_0$ sind gerade und Monome der Form $q(x) = x^{2n+1}$ mit $n \in \mathbb{N}_0$ sind ungerade Funktionen. Denn es gilt
$$\begin{aligned} p(-x) &= (-x)^{2n} = (-1)^{2n} x^{2n} = x^{2n} = p(x) \quad \text{und} \\ q(-x) &= (-x)^{2n+1} = -(-1)^{2n} x^{2n+1} = -x^{2n+1} \\ &= -q(x) \end{aligned}$$
(vgl. Abbildung 13.12, oben links und oben rechts).

b) Reelle Funktionen $f: \mathbb{R} \setminus \{0\} \longrightarrow \mathbb{R}$, $x \mapsto \frac{1}{x^{2n}}$ mit $n \in \mathbb{N}$ sind gerade und reelle Funktionen $g : \mathbb{R} \setminus \{0\} \longrightarrow \mathbb{R}$, $x \mapsto \frac{1}{x^{2n+1}}$ mit $n \in \mathbb{N}_0$ sind ungerade Funktionen. Denn es gilt
$$\begin{aligned} f(-x) &= \frac{1}{(-x)^{2n}} = \frac{1}{(-1)^{2n} x^{2n}} = \frac{1}{x^{2n}} \\ &= f(x) \quad \text{und} \\ g(-x) &= \frac{1}{(-x)^{2n+1}} = \frac{1}{-(-1)^{2n} x^{2n+1}} = -\frac{1}{x^{2n+1}} \\ &= -g(x). \end{aligned}$$
(vgl. Abbildung 13.12, unten links und unten rechts).

Für das Rechnen mit geraden und ungeraden Funktionen gilt der folgende Satz:

Satz 13.26 (Rechenoperationen bei geraden und ungeraden Funktionen)

Es seien $g_1: D_{g_1} \longrightarrow \mathbb{R}$ und $g_2: D_{g_2} \longrightarrow \mathbb{R}$ zwei gerade reelle Funktionen sowie $u_1: D_{u_1} \longrightarrow \mathbb{R}$ und $u_2: D_{u_2} \longrightarrow \mathbb{R}$ zwei ungerade reelle Funktionen. Dann gilt:

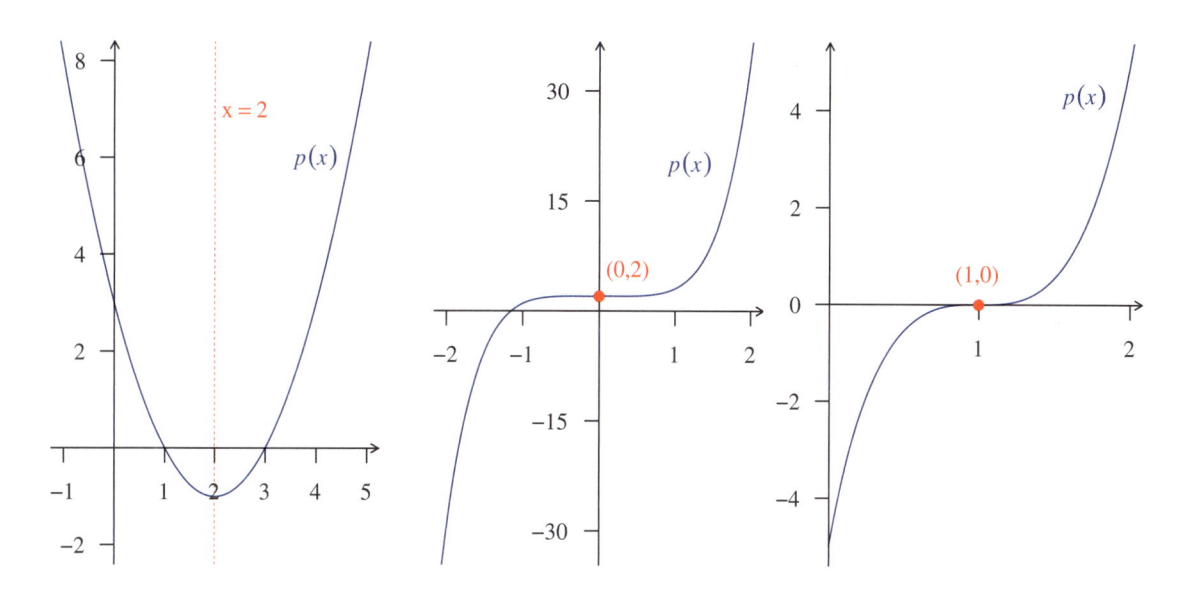

13.6 Symmetrische und periodische Funktionen — Kapitel 13

Abb. 13.11: Polynom $p(x) = x^2 - 4x + 3$ (links), Polynom $p(x) = x^5 + 2$ (Mitte) und Polynom $p(x) = x^5 - 5x^4 + 14x^3 - 22x^2 + 17x - 5$ (rechts)

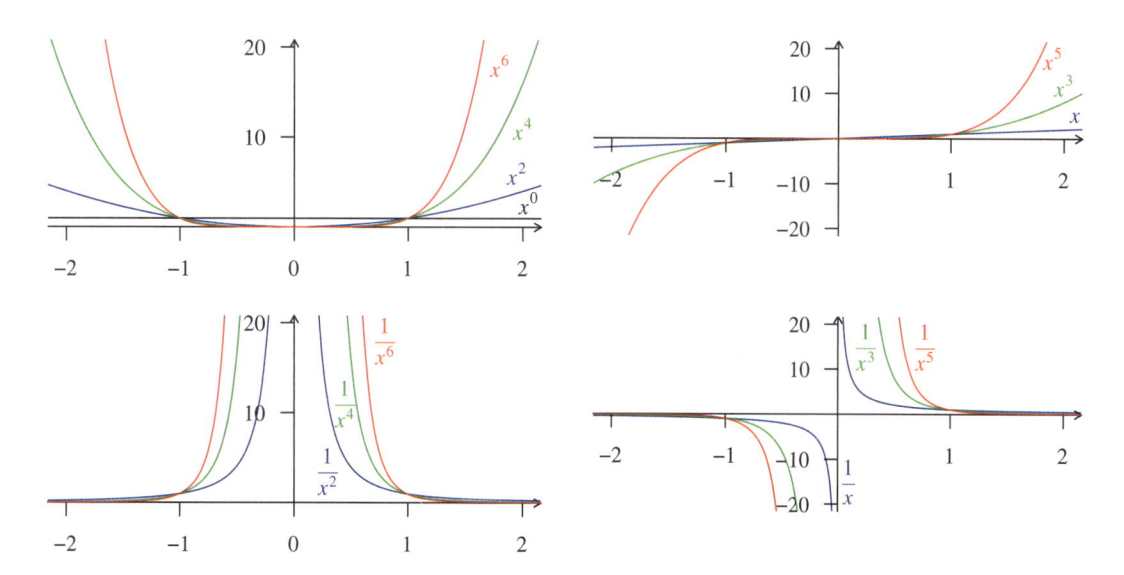

Abb. 13.12: Monome $p(x) = x^n$ für $n = 0, 2, 4, 6$ (links oben), Monome $q(x) = x^n$ für $n = 1, 3, 5$ (rechts oben), reelle Funktionen $f(x) = \frac{1}{x^n}$ für $n = 2, 4, 6$ (links unten) und reelle Funktionen $g(x) = \frac{1}{x^n}$ für $n = 1, 3, 5$ (rechts unten)

a) $(g_1 + g_2) : D_{g_1} \cap D_{g_2} \longrightarrow \mathbb{R}$ *ist eine gerade reelle Funktion.*

b) $(u_1 + u_2) : D_{u_1} \cap D_{u_2} \longrightarrow \mathbb{R}$ *ist eine ungerade reelle Funktion.*

c) $(g_1 \cdot g_2) : D_{g_1} \cap D_{g_2} \longrightarrow \mathbb{R}$ *ist eine gerade reelle Funktion.*

d) $(u_1 \cdot u_2) : D_{u_1} \cap D_{u_2} \longrightarrow \mathbb{R}$ *ist eine gerade reelle Funktion.*

e) $(g_1 \cdot u_1) : D_{g_1} \cap D_{u_1} \longrightarrow \mathbb{R}$ *ist eine ungerade reelle Funktion.*

f) $\left(\frac{g_1}{g_2}\right) : D_{g_1} \cap D_{g_2} \setminus \{x \in D_{g_2} : g_2(x) = 0\} \longrightarrow \mathbb{R}$ *ist eine gerade reelle Funktion.*

g) $\left(\frac{u_1}{u_2}\right) : D_{u_1} \cap D_{u_2} \setminus \{x \in D_{u_2} : u_2(x) = 0\} \longrightarrow \mathbb{R}$ *ist eine gerade reelle Funktion.*

h) $\left(\frac{g_1}{u_1}\right) : D_{g_1} \cap D_{u_1} \setminus \{x \in D_{u_1} : u_1(x) = 0\} \longrightarrow \mathbb{R}$ *ist eine ungerade reelle Funktion.*

Beweis: Zu a): Sind g_1 und g_2 gerade Funktionen, dann gilt
$$(g_1 + g_2)(-x) = g_1(-x) + g_2(-x)$$
$$= g_1(x) + g_2(x)$$
$$= (g_1 + g_2)(x)$$
für alle x mit $\pm x \in D_{g_1} \cap D_{g_2}$. Das heißt, $g_1 + g_2$ ist eine gerade Funktion.

Zu b): Sind u_1 und u_2 ungerade Funktionen, dann gilt
$$(u_1 + u_2)(-x) = u_1(-x) + u_2(-x)$$
$$= -u_1(x) - u_2(x)$$
$$= -(u_1 + u_2)(x)$$
für alle x mit $\pm x \in D_{u_1} \cap D_{u_2}$. Das heißt, $u_1 + u_2$ ist eine ungerade reelle Funktion.

Der Beweis der Aussagen c)–h) erfolgt völlig analog. ∎

Beispiel 13.27 (Rechnen mit geraden und ungeraden Funktionen)

a) Polynome der Form
$$p(x) = a_0 + a_2 x^2 + a_4 x^4 + \ldots + a_{2n} x^{2n}$$
mit $n \in \mathbb{N}_0$ sind gerade Funktionen, da es sich bei ihnen um eine Summe von Monomen mit geraden Exponenten handelt, welche gerade Funktionen sind (siehe Beispiel 13.25a)). Mit Satz 13.26a) folgt daher, dass Polynome mit ausschließlich geraden Exponenten gerade sind (vgl. Abbildung 13.13, links oben).

b) Polynome der Form
$$p(x) = a_1 x + a_3 x^3 + \ldots + a_{2n+1} x^{2n+1}$$
mit $n \in \mathbb{N}_0$ sind ungerade Funktionen, da es sich bei ihnen um eine Summe von Monomen mit ungeraden Exponenten handelt, welche ungerade Funktionen sind (siehe Beispiel 13.25a)). Mit Satz 13.26b) folgt daher, dass Polynome mit ausschließlich ungeraden Exponenten ungerade sind (vgl. Abbildung 13.13, rechts oben).

c) Mit den Beispielen a) und b) und Satz 13.26f), g) und h) erhält man, dass
$$f : D \subseteq \mathbb{R} \longrightarrow \mathbb{R},$$
$$x \mapsto f(x) = \frac{a_0 + a_2 x^2 + a_4 x^4 + \ldots + a_{2k} x^{2k}}{a_0 + a_2 x^2 + a_4 x^4 + \ldots + a_{2n} x^{2n}}$$
und
$$f : D \subseteq \mathbb{R} \longrightarrow \mathbb{R},$$
$$x \mapsto f(x) = \frac{a_1 x + a_3 x^3 + \ldots + a_{2k+1} x^{2k+1}}{a_1 x + a_3 x^3 + \ldots + a_{2n+1} x^{2n+1}}$$
mit $k, n \in \mathbb{N}_0$ gerade und
$$f : D \subseteq \mathbb{R} \longrightarrow \mathbb{R},$$
$$x \mapsto f(x) = \frac{a_0 + a_2 x^2 + a_4 x^4 + \ldots + a_{2k} x^{2k}}{a_1 x + a_3 x^3 + \ldots + a_{2n+1} x^{2n+1}}$$
mit $k, n \in \mathbb{N}_0$ ungerade reelle Funktionen sind (vgl. Abbildung 13.13, unten links bzw. unten rechts).

Periodizität

Eine weitere bei reellen Funktionen oftmals anzutreffende Eigenschaft ist die **Periodizität**. Periodische Funktionen sind in wirtschaftswissenschaftlichen Anwendungen vor allem dann von Interesse, wenn ökonomische Größen, die bestimmten saisonalen Einflüssen unterliegen, in Abhängigkeit von der Zeit betrachtet werden. Zum Beispiel ist häufig zu beobachten, dass der Umsatz einer Unternehmung, die Arbeitslosenzahl oder auch der Preis für ein Produkt eine mehr oder weniger starke Saisonkomponente aufweisen.

Vor allem die bekannteste Klasse periodischer Funktionen, die sogenannten **trigonometrischen** Funktionen (siehe hierzu Abschnitt 14.7), spielen in der Prognoserechnung bei der Beschreibung saisonaler Effekte eine bedeutende Rolle.

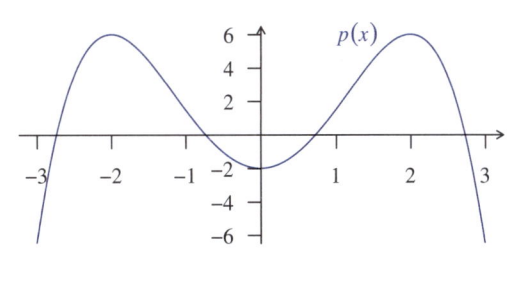

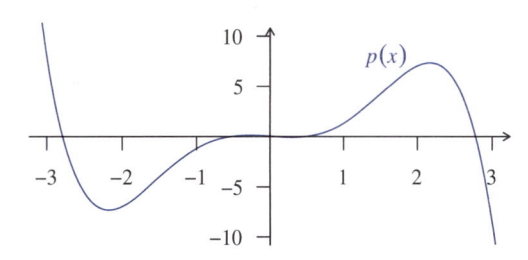

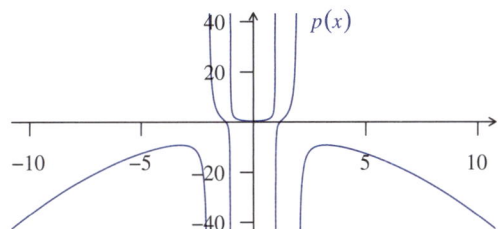

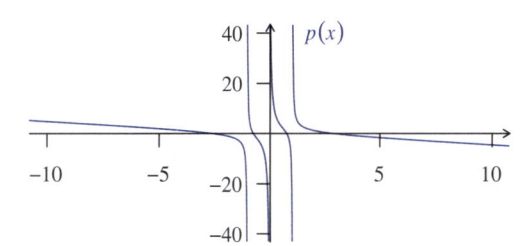

Abb. 13.13: Polynom $p(x) = -\frac{1}{2}x^4 + 4x^2 - 2$ (links oben), Polynom $p(x) = -\frac{1}{4}x^5 + 2x^3 - \frac{1}{2}x$ (rechts oben), reelle Funktion $f(x) = \frac{-\frac{1}{3}x^6 - 2x^4 + 3x^2 + 1}{(x^2-1)(x^2-4)}$ (links unten) und reelle Funktion $f(x) = \frac{-\frac{1}{2}x^4 + 4x^2 - 2}{x(x^2-1)}$ (rechts unten)

Der Begriff **Periodizität** ist wie folgt definiert:

> **Definition 13.28** (Periodizität)
>
> *Eine reelle Funktion $f: D \longrightarrow \mathbb{R}$ heißt periodisch mit der Periode $T \neq 0$ oder T-periodisch, wenn gilt*
>
> *a) $x \in D \Rightarrow x + kT \in D$ für alle $k \in \mathbb{Z}$ und*
>
> *b) $f(x) = f(x + kT)$ für alle $k \in \mathbb{Z}$ und $x \in D$.*

Eine T-periodische Funktion f besitzt offensichtlich die Eigenschaft, dass ihre Zuordnungsvorschrift bereits durch die Funktionswerte $f(x)$ auf einem beliebigen Intervall
$$[x_1, x_1 + T) \subseteq D$$
vollständig festgelegt ist.

Aus der Definition 13.28 folgt weiter, dass eine mit den Perioden T_1 und T_2 periodische Funktion auch periodisch ist mit der Periode $T_1 + T_2$.

> **Beispiel 13.29** (Periodische Funktionen)
>
> a) Die reelle Funktion
> $$f: \mathbb{R} \longrightarrow \mathbb{R}, \; x \mapsto f(x)$$
> $$= \begin{cases} x - 2k & \text{für } x \in [2k, 2k+1) \text{ und } k \in \mathbb{Z} \\ 2(k+1) - x & \text{für } x \in [2k+1, 2k+2) \text{ und } k \in \mathbb{Z} \end{cases}$$
>
> ist achsensymmetrisch zur Ordinate und periodisch mit der Periode $T = 2$. Denn es gilt $f(x) = f(-x)$ für alle $x \in \mathbb{R}$ sowie $f(x) = f(x + 2k)$ für alle $x \in \mathbb{R}$ und $k \in \mathbb{Z}$ (vgl. Abbildung 13.14).
>
> b) Die Sinusfunktion $\sin: \mathbb{R} \longrightarrow \mathbb{R}$, $x \mapsto \sin(x)$ ist punktsymmetrisch zum Ursprung $(0, 0)$ und periodisch mit der Periode 2π. Denn es gilt $-\sin(-x) = \sin(x)$ für alle $x \in \mathbb{R}$ sowie $\sin(x) = \sin(x + 2k\pi)$ für alle $x \in \mathbb{R}$ und $k \in \mathbb{Z}$ (vgl. Abschnitt 14.7 und Abbildung 13.14).

13.7 Infimum und Supremum

Reelle Funktionen werden in den Wirtschaftswissenschaften häufig zur Quantifizierung von Kosten, Absatzmengen, Gewinnen, Nutzen, Risiken usw. in Abhängigkeit einer steuerbaren Variablen eingesetzt. Je nach zu untersuchender ökonomischer Fragestellung interessiert man sich dann häufig für das **Maximum** (Maximierungsproblem) oder **Minimum** (Minimierungsproblem) der betrachteten Funktion und dafür, welche Werte der steuerbaren Variablen diese Werte angenommen werden.

Kapitel 13 — Eigenschaften reeller Funktionen

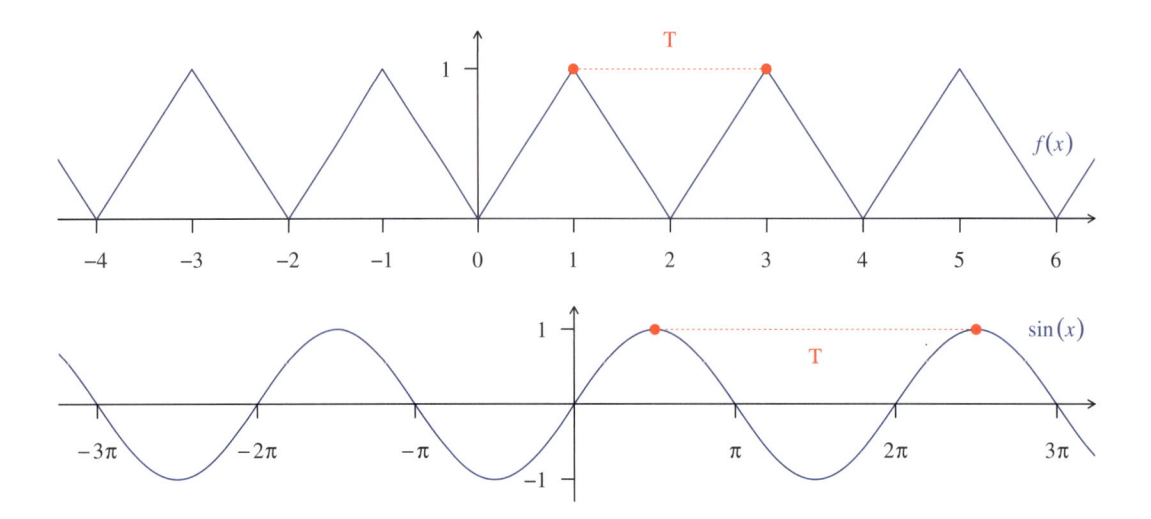

Abb. 13.14: Reelle Funktion $f(x) = x - 2k$ für $x \in [2k, 2k+1)$ und $f(x) = 2(k+1) - x$ für $x \in [2k+1, 2k+2)$ (oben) und reelle Funktion $f(x) = \sin(x)$ (unten)

Es ist jedoch auch möglich, dass eine betrachtete reelle Funktion kein Maximum und/oder Minimum besitzt. In solchen Fällen interessiert man sich dann oft für einen Wert, der über bzw. unter allen Funktionswerten liegt. Weil es jedoch im Allgemeinen mehrere solche Werte geben kann, wird dann der kleinste bzw. der größte dieser Werte gewählt. Dieses Vorgehen wird durch die Begriffe **Supremum** und **Infimum** einer reellen Funktion präzisiert, welche völlig analog zu den entsprechenden Begriffen bei Folgen definiert sind (vgl. Definition 11.9):

Definition 13.30 (Infimum und Supremum einer reellen Funktion)

Es seien $f : D \longrightarrow \mathbb{R}$ eine reelle Funktion, $U \subseteq D$ eine nichtleere Teilmenge von D und $f_{|U} : U \longrightarrow \mathbb{R}$, $x \mapsto f(x)$ die Restriktion von f auf U. Dann gilt:

a) *Ist $f_{|U}$ nach oben beschränkt, dann heißt eine obere Schranke $c \in \mathbb{R}$ von $f_{|U}$ kleinste obere Schranke oder Supremum von f auf U, falls es keine weitere obere Schranke c' von $f_{|U}$ mit $c' < c$ gibt. Für diese obere Schranke c schreibt man $c = \sup_{x \in U} f(x)$. Ist $U = D$ so sagt man, dass die Funktion f das Supremum $\sup_{x \in D} f(x)$ besitzt.*

b) *Ist $f_{|U}$ nach unten beschränkt, dann heißt eine untere Schranke $c \in \mathbb{R}$ von $f_{|U}$ größte untere Schranke oder Infimum von f auf U, falls es keine weitere untere Schranke c' von $f_{|U}$ mit $c' > c$ gibt. Für diese untere Schranke c schreibt man $c = \inf_{x \in U} f(x)$. Ist $U = D$ so sagt man, dass die Funktion f das Infimum $\inf_{x \in D} f(x)$ besitzt.*

c) *Ist $f_{|U}$ nach oben unbeschränkt, dann definiert man das sogenannte uneigentliche Supremum von f auf U durch $\sup_{x \in U} f(x) := \infty$ und ist $f_{|U}$ nach unten unbeschränkt, so ist das sogenannte uneigentliche Infimum von f auf U durch $\inf_{x \in U} f(x) := -\infty$ definiert.*

Mit der Definition 13.30c) erhält man, dass in der Menge $\overline{\overline{\mathbb{R}}} = \mathbb{R} \cup \{-\infty, \infty\}$ der erweiterten reellen Zahlen jede Funktion $f : D \longrightarrow \mathbb{R}$ ein Supremum und ein Infimum besitzt.

Ein Supremum oder Infimum ist stets eindeutig. Denn besitzt eine reelle Funktion f auf der Menge U z. B. die beiden Suprema c und d, dann folgt mit der Definition 13.30a), dass sowohl $c \leq d$ als auch $d \leq c$ und somit $c = d$ gelten muss. Analog zeigt man auch die Eindeutigkeit des Infimums.

13.8 Minimum und Maximum

In der Definition 13.30 wird nicht gefordert, dass das Infimum $\inf_{x \in U} f(x)$ und das Supremum $\sup_{x \in U} f(x)$ einer reellen Funktion $f: D \longrightarrow \mathbb{R}$ auf einer Teilmenge $U \subseteq D$ zum Bildbereich $f(U)$ gehören müssen. Mit anderen Worten: Eine reelle Funktion f muss ihr Infimum oder Supremum auf einer Menge U nicht annehmen. Werden jedoch diese Werte von der reellen Funktion f tatsächlich angenommen, dann spricht man anstelle von Infimum und Supremum von **globalem Minimum** bzw. **globalem Maximum** von f.

Globales Minimum und globales Maximum

Das globale Minimum und das globale Maximum einer reellen Funktion $f: D \longrightarrow \mathbb{R}$ auf einer Teilmenge $U \subseteq D$ sind wie folgt definiert:

Definition 13.31 (Globales Minimum und Maximum einer reellen Funktion)

Für eine reelle Funktion $f: D \longrightarrow \mathbb{R}$ und $U \subseteq D$ gilt:

a) Ein $x_0 \in U$ mit $f(x) \leq f(x_0)$ für alle $x \in U$ wird als globale (absolute) Maximalstelle und der zugehörige Funktionswert $f(x_0)$ als globales (absolutes) Maximum von f auf U bezeichnet. Für $f(x_0)$ schreibt man dann $\max_{x \in U} f(x)$. Ist $U = D$ so sagt man, dass die Funktion f das globale (absolute) Maximum $\max_{x \in D} f(x)$ besitzt.

b) Ein $x_0 \in U$ mit $f(x_0) \leq f(x)$ für alle $x \in U$ wird als globale (absolute) Minimalstelle und der zugehörige Funktionswert $f(x_0)$ als globales (absolutes) Minimum von f auf U bezeichnet. Für $f(x_0)$ schreibt man dann $\min_{x \in U} f(x)$. Ist so $U = D$ sagt man, dass die Funktion f das globale (absolute) Minimum $\min_{x \in D} f(x)$ besitzt.

Aus der Definition 13.31 folgt, dass für ein globales Maximum $f(x_0)$ und ein globales Minimum $f(x_1)$ einer reellen Funktion $f: D \longrightarrow \mathbb{R}$ auf einer Teilmenge $U \subseteq D$ stets

$$f(x_0) = \max_{x \in U} f(x) = \sup_{x \in U} f(x) \quad \text{und}$$
$$f(x_1) = \min_{x \in U} f(x) = \inf_{x \in U} f(x)$$

gilt. Mit anderen Worten: Bei einem globalen Maximum (Minimum) einer reellen Funktion $f: D \longrightarrow \mathbb{R}$ auf einer Teilmenge $U \subseteq D$ handelt es sich um ein Supremum (Infimum), welches von f auf der Teilmenge U auch tatsächlich angenommen wird (vgl. Beispiel 13.32).

Die globale Maximal- und Minimalstelle x_0 bzw. x_1 einer Funktion $f: D \longrightarrow \mathbb{R}$ auf einer Teilmenge $U \subseteq D$ werden oft zusammenfassend als **globale Extremalstellen** oder **globale Optimalstellen** von f auf U bezeichnet. Analog werden das zugehörige globale Maximum und Minimum $f(x_0)$ bzw. $f(x_1)$ unter der Bezeichnung **globale Extremalwerte** oder **globale Optimalwerte** von f auf U zusammengefasst.

Beispiel 13.32 (Globales Minimum und Maximum reeller Funktionen)

a) Die quadratische Funktion $f: [-1, 1] \longrightarrow \mathbb{R}$, $x \mapsto x^2$ besitzt offensichtlich eine globale Minimalstelle in $x = 0$ und eine globale Maximalstelle in $x = -1$ und $x = 1$. Das heißt, es gilt

$$f(0) = \min_{x \in [-1,1]} f(x) = 0 \quad \text{und}$$
$$f(-1) = f(1) = \max_{x \in [-1,1]} f(x) = 1$$

(vgl. Abbildung 13.15, links). Wird jedoch der Definitionsbereich von f auf das offene Intervall $(-1, 1)$ eingeschränkt, indem die Restriktion $f_{|(-1,1)}: (-1, 1) \longrightarrow \mathbb{R}$, $x \mapsto x^2$ betrachtet wird, dann bleibt zwar das globale Minimum an der Stelle $x = 0$ erhalten, aber ein globales Maximum existiert nicht mehr. Denn es gilt $f(x) < 1$ für alle $x \in (-1, 1)$ und die Funktionswerte von $f_{|(-1,1)}$ kommen dem Wert 1 beliebig nahe, aber es gilt niemals $f(x) = 1$ für ein $x \in (-1, 1)$. Das heißt, $f_{|(-1,1)}$ besitzt als Supremum den Wert $\sup_{x \in (-1,1)} f(x) = 1$, aber kein globales Maximum. Für „sup" darf somit nicht „max" gesetzt werden.

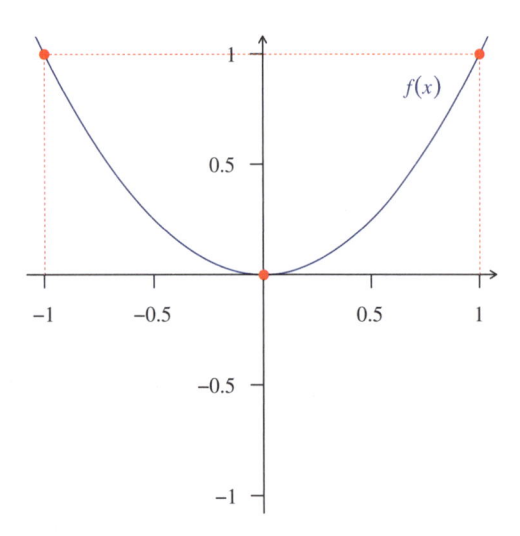

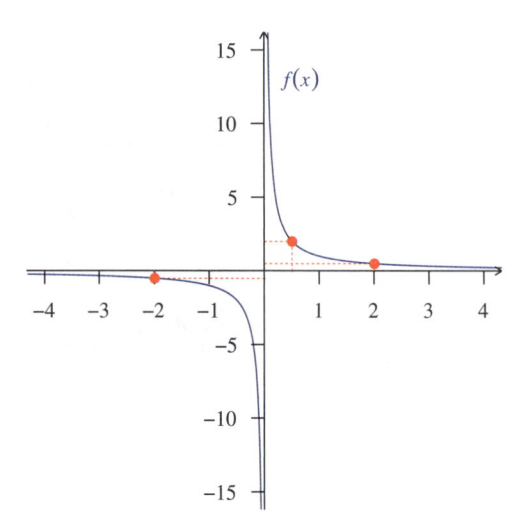

Kapitel 13 — Eigenschaften reeller Funktionen

Abb. 13.15: Reelle Funktionen $f: \mathbb{R} \longrightarrow \mathbb{R}$, $x \mapsto x^2$ (links) und $f: \mathbb{R} \setminus \{0\} \longrightarrow \mathbb{R}$, $x \mapsto \frac{1}{x}$ (rechts)

b) Für die reelle Funktion $f: \mathbb{R} \setminus \{0\} \longrightarrow \mathbb{R}$, $x \mapsto \frac{1}{x}$ gilt (vgl. Abbildung 13.15, rechts):

$$\sup_{x \in \mathbb{R} \setminus \{0\}} f(x) = \infty \quad \text{und} \quad \inf_{x \in \mathbb{R} \setminus \{0\}} f(x) = -\infty$$

$$\sup_{x \in [\frac{1}{2}, \infty)} f(x) = \max_{x \in [\frac{1}{2}, \infty)} f(x) = f\left(\frac{1}{2}\right) = 2 \text{ und}$$

$$\inf_{x \in [\frac{1}{2}, \infty)} f(x) = 0$$

$$\sup_{x \in (\frac{1}{2}, 2]} f(x) = 2 \text{ und}$$

$$\inf_{x \in (\frac{1}{2}, 2]} f(x) = \min_{x \in (\frac{1}{2}, 2]} f(x) = f(2) = \frac{1}{2}$$

$$\sup_{x \in [\frac{1}{2}, 2]} f(x) = \max_{x \in [\frac{1}{2}, 2]} f(x) = f\left(\frac{1}{2}\right) = 2$$

$$\inf_{x \in [\frac{1}{2}, 2]} f(x) = \min_{x \in [\frac{1}{2}, 2]} f(x) = f(2) = \frac{1}{2}$$

$$\sup_{x \in (-2, 0)} f(x) = -\frac{1}{2} \quad \text{und} \quad \inf_{x \in (-2, 0)} f(x) = -\infty$$

$$\sup_{x \in [-2, 0)} f(x) = \max_{x \in [-2, 0)} f(x) = f(-2) = -\frac{1}{2} \text{ und}$$

$$\inf_{x \in [-2, 0)} f(x) = -\infty$$

$$\inf_{x \in (-\infty, -2]} f(x) = \min_{x \in (-\infty, -2]} f(x) = f(-2) = -\frac{1}{2}$$

$$\sup_{x \in (-\infty, -2)} f(x) = 0 \quad \text{und} \quad \inf_{x \in (-\infty, -2)} f(x) = -\frac{1}{2}$$

Lokales Minimum und lokales Maximum

Neben Supremum und Infimum sowie globalem Maximum und Minimum einer reellen Funktion $f: D \longrightarrow \mathbb{R}$ unterscheidet man noch zwischen **lokalem Maximum** und **lokalem Minimum** von f. Während ein globales Maximum oder Minimum auf einer Teilmenge $U \subseteq D$ den größten bzw. kleinsten Funktionswert einer reellen Funktion f auf der Menge U darstellt, wird mit lokalem Maximum und lokalem Minimum lediglich der größte bzw. der kleinste Funktionswert von f in einer lokalen Umgebung bezeichnet. Dieser Sachverhalt wird durch die folgende Definition präzisiert:

Definition 13.33 (Lokales Minimum und Maximum einer reellen Funktion)

Für eine reelle Funktion $f: D \longrightarrow \mathbb{R}$ gilt:
a) *Ein $x_0 \in D$ mit $f(x) \leq f(x_0)$ für alle $x \in D \cap (x_0 - \varepsilon, x_0 + \varepsilon)$ und ein geeignetes $\varepsilon > 0$ wird als lokale (relative) Maximalstelle und der zugehörige Funktionswert $f(x_0)$ als lokales (relatives) Maximum von f bezeichnet. Für $f(x_0)$ schreibt man dann $\max_{x \in D \cap (x_0 - \varepsilon, x_0 + \varepsilon)} f(x)$.*

13.8 Minimum und Maximum

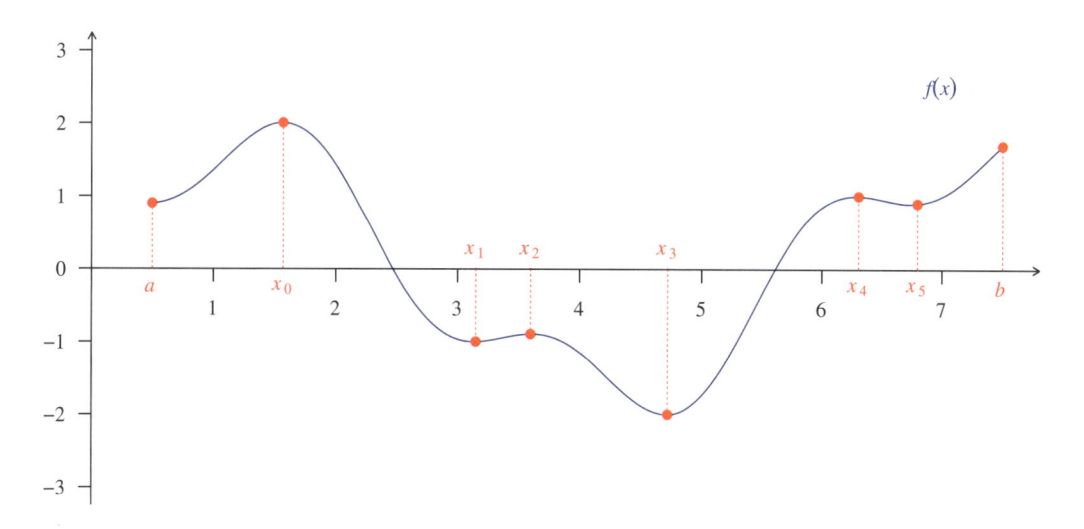

Abb. 13.16: Reelle Funktion $f : [a, b] \longrightarrow \mathbb{R}$ mit lokalen (globalen) Minima und Maxima

b) Ein $x_0 \in D$ mit $f(x_0) \leq f(x)$ für alle $x \in D \cap (x_0 - \varepsilon, x_0 + \varepsilon)$ und ein geeignetes $\varepsilon > 0$ wird als **lokale (relative) Minimalstelle** und der zugehörige Funktionswert $f(x_0)$ als **lokales (relatives) Minimum** von f bezeichnet. Für $f(x_0)$ schreibt man dann $\min_{x \in D \cap (x_0 - \varepsilon, x_0 + \varepsilon)} f(x)$.

Für (globale und lokale) Maxima und Minima wird oft der Sammelbegriff **Extremal-** oder **Optimalwerte** verwendet. Analog werden (globale und lokale) Maximal- und Minimalstellen häufig zusammenfassend als **Extremal-** oder **Optimalstellen** bezeichnet.

Eine reelle Funktion f kann mehrere lokale und globale Minimal- und Maximalstellen besitzen. Sie kann auch mehrere lokale Minima und Maxima aufweisen, aber höchstens ein globales Minimum und höchstens ein globales Maximum besitzen. Eine lokale Maximal- oder Minimalstelle ist im Allgemeinen keine globale Maximal- bzw. Minimalstelle. Umgekehrt ist jedoch eine globale Maximal- oder Minimalstelle stets auch eine lokale Maximal- bzw. Minimalstelle (vgl. Beispiel 13.34).

Beispiel 13.34 (Minima und Maxima einer reellen Funktion)

Die Abbildung 13.16 zeigt den Graphen einer reellen Funktion $f : [a, b] \longrightarrow \mathbb{R}$. Die Funktion f besitzt offensichtlich die globale (und damit auch lokale) Maximal- und Minimalstelle x_0 bzw. x_3, die lokalen Maximalstellen x_2, x_4 und b sowie die lokalen Minimalstellen a, x_1 und x_5.

Wie bereits erwähnt, ist ein lokales Maximum (Minimum) einer reellen Funktion $f : D \longrightarrow \mathbb{R}$ im Allgemeinen kein globales Maximum (Minimum). Für konvexe (konkave) Funktionen gilt dies jedoch nicht, wie der folgende Satz zeigt:

Satz 13.35 (Globale Extremalwerte bei konvexen und konkaven Funktionen)

Es sei $f : I \longrightarrow \mathbb{R}$ eine reelle Funktion auf einem Intervall $I \subseteq \mathbb{R}$. Ist f konvex, dann ist ein lokales Minimum auch das globale Minimum, und ist f konkav, dann ist ein lokales Maximum auch das globale Maximum.

Beweis: Es sei $f : I \longrightarrow \mathbb{R}$ eine konvexe Funktion mit einer lokalen Minimalstelle $x_0 \in I$. Ferner sei angenommen, dass x_0 nicht die globale Minimalstelle von f auf I ist und somit ein $x_1 \in I$ mit $f(x_1) < f(x_0)$ existiert. Zusammen mit der Konvexität von f impliziert dies für jedes $\lambda \in (0, 1)$

$$f(\lambda x_0 + (1 - \lambda)x_1) \leq \lambda f(x_0) + (1 - \lambda)f(x_1)$$
$$< \lambda f(x_0) + (1 - \lambda)f(x_0) = f(x_0).$$

Es gibt somit in jeder Umgebung von x_0 Werte $x = \lambda x_0 + (1 - \lambda)x_1 \in I$ mit $f(x) < f(x_0)$. Das heißt, x_0 ist keine lokale Minimalstelle von f. Dies ist jedoch ein Widerspruch zur Voraussetzung und x_0 ist somit auch die globale Minimalstelle von f.

Für eine lokale Maximalstelle einer konkaven Funktion verläuft der Beweis analog. ∎

Dieses Ergebnis besitzt für die Optimierung von reellen Funktionen eine große Bedeutung. Denn es stellt sicher, dass ein lokales Minimum (Maximum) einer konvexen (konkaven) Funktion f bereits das globale Minimum (Maximum) der Funktion ist. In vielen Optimierungsproblemen führt diese besondere Eigenschaft konvexer (konkaver) Funktionen zu einer erheblichen Erleichterung bei der Bestimmung des globalen Minimums (Maximums).

13.9 c-Stellen und Nullstellen

Viele ökonomische Problemstellungen können auf Gleichungen der Form

$$f(x) = c \qquad (13.9)$$

mit einer geeigneten reellen Funktion $f: D \longrightarrow \mathbb{R}$ und einer reellen Zahl $c \in \mathbb{R}$ zurückgeführt werden. Gesucht sind dann alle Lösungen $x_c \in D$ dieser Gleichung. Sie werden als c-**Stellen** bzw. speziell für $c = 0$ als **Nullstellen** der Funktion f bezeichnet:

> **Definition 13.36** (c-Stellen und Nullstellen)
>
> *Es sei $f: D \longrightarrow \mathbb{R}$ eine reelle Funktion. Dann wird ein $x_c \in D$ mit $f(x_c) = c$ als c-Stelle und speziell ein $x_0 \in D$ mit $f(x_0) = 0$ als Nullstelle von f bezeichnet.*

Anschaulich ist ein $x_c \in D$ genau dann eine c-Stelle von f, wenn der Graph von f an der Stelle x_c die horizontale Gerade $y = c$ schneidet oder berührt. Speziell für den Fall $c = 0$ bedeutet dies, dass $x_0 \in D$ genau dann eine Nullstelle von f ist, wenn der Graph von f die x-Achse an der Stelle x_0 schneidet oder berührt. Man sagt dann häufig auch, dass f in x_0 verschwindet (vgl. Abbildung 13.17).

Eine Gleichung der Bauart (13.9) kann stets in die äquivalente Form $g(x) = 0$ mit der reellen Funktion $g: D \longrightarrow \mathbb{R}$, $x \mapsto g(x) := f(x) - c$ gebracht werden. Offensichtlich ist ein $x_0 \in D$ genau dann eine Nullstelle von g, wenn x_0 eine c-Stelle von f ist. Es genügt daher, sich mit der Bestimmung von Nullstellen reeller Funktionen zu beschäftigen.

Bei Nullstellen unterscheidet man häufig zwischen einfachen und mehrfachen Nullstellen. Man sagt, eine reelle Funktion $f: D \longrightarrow \mathbb{R}$ besitzt in $x_0 \in D$ eine **einfache Nullstelle**, falls es eine Funktion $g: D \subseteq \mathbb{R} \longrightarrow \mathbb{R}$ mit den Eigenschaften $g(x_0) \neq 0$ und $f(x) = (x - x_0)g(x)$ für alle $x \in D$ gibt. Existieren dagegen eine natürliche Zahl $k \geq 2$ und eine Funktion $g: D \longrightarrow \mathbb{R}$ mit $g(x_0) \neq 0$ und $f(x) = (x - x_0)^k g(x)$ für alle $x \in D$, dann sagt man, dass f in $x_0 \in D$ eine **mehrfache Nullstelle der Ordnung k** oder **k-fache Nullstelle** besitzt (vgl. Abbildung 13.17 und Seite 373).

> **Beispiel 13.37** (c-Werte und Nullstellen)
>
> Die Abbildung 13.17, links zeigt den Graphen einer reellen Funktion $f: [a,b] \longrightarrow \mathbb{R}$ mit zwei verschiedenen c_1-Stellen x'_{c_1} und x''_{c_1}, einer c_2-Stelle x_{c_2} und einer Nullstelle x_0.
>
> Die Abbildung 13.17, rechts zeigt den Graphen der reellen Funktion
>
> $$f: [a,b] \longrightarrow \mathbb{R},$$
> $$x \mapsto f(x) = \frac{1}{10}x^6 + \frac{2}{5}x^5 - \frac{3}{10}x^4 - \frac{8}{5}x^3 + \frac{11}{10}x^2 + \frac{6}{5}x - \frac{9}{10}.$$
>
> Wegen $f(x) = \frac{1}{10}(x+3)^2(x+1)(x-1)^3$ besitzt f an der Stelle $x_0 = -3$ eine zweifache Nullstelle, an der Stelle $x_1 = -1$ eine einfache Nullstelle und an der Stelle $x_2 = 1$ eine dreifache Nullstelle.

Eines der wichtigsten Themengebiete der Analysis ist die Berechnung der Nullstellen einer reellen Funktion f. Dies ist vor allem dadurch bedingt, dass – wie sich mit dem **Kriterium von Fermat** in Abschnitt 16.7 noch zeigen wird – die beiden auf den ersten Blick völlig verschieden erscheinenden Problemstellungen a) Bestimmung von Nullstellen und b) Ermittlung von Extremalstellen, sehr eng miteinander zusammenhängen.

In vielen Fällen kann bereits mit Hilfe des sogenannten **Nullstellensatzes** (siehe Abschnitt 15.8) auf die Existenz von Nullstellen geschlossen werden. Der Nullstellensatz liefert jedoch nur eine reine Existenzaussage und gibt keine Auskunft darüber, wie die Nullstellen einer reellen Funktion berechnet werden können.

Je nach reeller Funktion f kann es schwer oder sogar unmöglich sein, die Nullstellen von f explizit zu bestimmen,

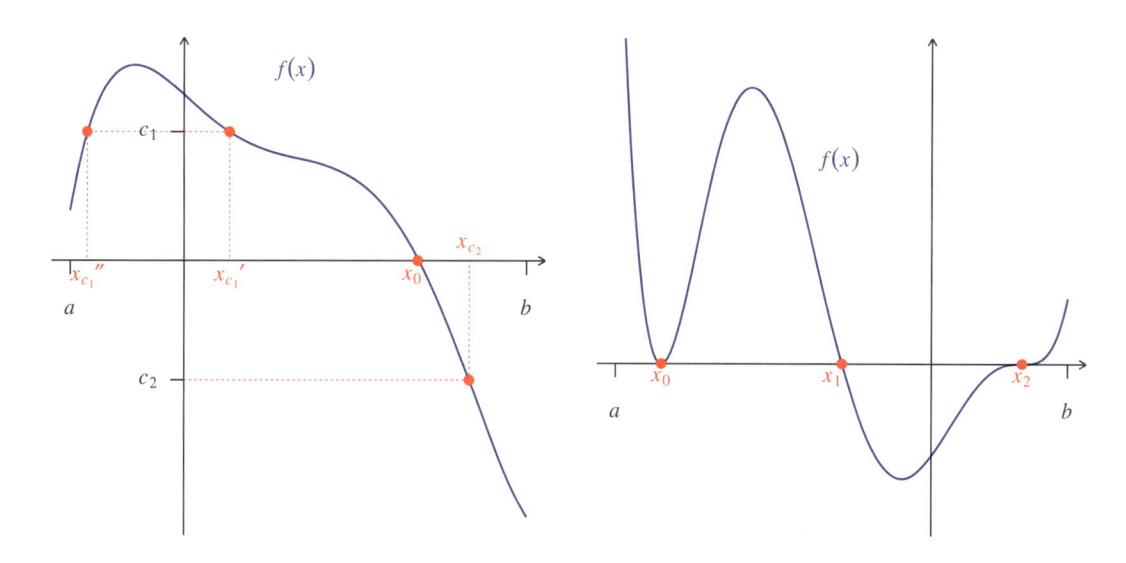

Abb. 13.17: Reelle Funktion $f : [a, b] \longrightarrow \mathbb{R}$ mit zwei c_1-Stellen, einer c_2-Stelle und einer Nullstelle (links) und reelle Funktion $f : [a, b] \longrightarrow \mathbb{R}$, $x \mapsto a(x - x_0)^2(x - x_1)(x - x_2)^3$ mit einer zweifachen Nullstelle bei x_0, einer einfachen Nullstelle bei x_1 und einer dreifachen Nullstelle bei x_2 (rechts)

d. h. die Gleichung $f(x) = 0$ analytisch nach der Variablen x aufzulösen. In solchen Fällen müssen dann die Nullstellen mit Hilfe von numerischen Verfahren, wie z. B. dem **Intervallhalbierungsverfahren** (siehe Abschnitt 26.2), dem **Regula-falsi-Verfahren** (siehe Abschnitt 26.3), dem **Newton-Verfahren** (siehe Abschnitt 26.4) oder einem geeigneten **Fixpunktverfahren** (siehe Abschnitt 15.9), bestimmt werden.

13.10 Grenzwerte von reellen Funktionen

In diesem Abschnitt werden die in Abschnitt 11.4 für Folgen eingeführten Begriffe Konvergenz, Divergenz und Grenzwert (Limes) auf reelle Funktionen übertragen. Der Konvergenzbegriff für reelle Funktionen ist in der gesamten Analysis ein unentbehrliches Hilfsmittel. Zum Beispiel basiert die gesamte Differential- und Integralrechnung auf dem Konvergenzbegriff für reelle Funktionen, da die Konzepte **Stetigkeit**, **Differenzierbarkeit** und **Integrierbarkeit** einer reellen Funktion mit Hilfe des Konvergenzbegriffes definiert werden.

Der tschechische Mathematiker *Bernard Bolzano* (1781–1848) und der französische Mathematiker *Augustin Louis Cauchy* (1789–1857) waren die Ersten, die den Konvergenzbegriff für reelle Funktionen konsequent angewandt und damit insbesondere die sogenannte **Infinitesimalrechnung** (d. h. die **Differential-** und die **Integralrechnung**) auf ein solides und widerspruchsfreies Fundament gestellt haben.

Völlig analog zu Folgen sagt man, dass eine reelle Funktion $f : D \longrightarrow \mathbb{R}$ an der Stelle x_0 **konvergiert**, wenn sich bei Annäherung der unabhängigen Variablen x an die Stelle x_0 die zugehörigen Funktionswerte $f(x)$ von f beliebig genau einem Wert $a \in \mathbb{R}$ annähern. Der Wert a wird dann als **Grenzwert** (**Limes**) von f an der Stelle x_0 bezeichnet. Besitzt die reelle Funktion f an der Stelle x_0 dagegen keinen solchen Grenzwert, dann sagt man, dass sie an der Stelle x_0 **divergiert**.

B. Bolzano

Häufungspunkte einer Menge

Um den Konvergenzbegriff für reelle Funktionen formulieren zu können, wird der Begriff des **Häufungspunktes einer Menge** $D \subseteq \mathbb{R}$ benötigt. Dieser Begriff ist völlig analog zum

Begriff des Häufungspunktes einer Folge definiert (vgl. Abschnitt 11.6):

> **Definition 13.38** (Häufungspunkt einer Menge)
>
> *Eine reelle Zahl $x_0 \in \mathbb{R}$ heißt Häufungspunkt der Menge $D \subseteq \mathbb{R}$, wenn zu jedem $\varepsilon > 0$ unendlich viele $x \in D$ mit $|x - x_0| < \varepsilon$ existieren. Ist x_0 kein Häufungspunkt der Menge D, aber gilt $x_0 \in D$, dann wird x_0 als isolierter Punkt der Menge D bezeichnet.*

Anschaulich ist ein Häufungspunkt x_0 einer Menge $D \subseteq \mathbb{R}$ eine reelle Zahl, in deren unmittelbarer Nähe unendlich viele Elemente x aus D liegen. Mit anderen Worten: Für jedes $\varepsilon > 0$ enthält die zugehörige ε-Umgebung von x_0, d. h. das offene Intervall $(x_0 - \varepsilon, x_0 + \varepsilon)$, unendlich viele Elemente aus D. Aus der Definition 13.38 folgt somit, dass eine reelle Zahl $x_0 \in \mathbb{R}$ genau dann Häufungspunkt einer Menge $D \subseteq \mathbb{R}$ ist, wenn es eine Folge $(x_n)_{n \in \mathbb{N}_0} \subseteq D$ gibt, die gegen die reelle Zahl x_0 konvergiert, d. h. für die

$$\lim_{n \to \infty} x_n = x_0$$

gilt. Bei der Definition 13.38 ist jedoch zu beachten, dass ein Häufungspunkt x_0 einer Menge D ein Element der Menge D sein kann, aber auch durchaus außerhalb von D liegen kann (vgl. Beispiel 13.39b)). Im Gegensatz zu einem Häufungspunkt einer Menge D muss ein isolierter Punkt der Menge D auch ein Element von D sein.

> **Beispiel 13.39** (Häufungspunkte von Mengen)
>
> a) Die Menge $D = [1, 2]$ besteht ausschließlich aus Häufungspunkten. Denn für alle Elemente $x_0 \in D$ gilt, dass jede ε-Umgebung $(x_0 - \varepsilon, x_0 + \varepsilon)$ mit $\varepsilon > 0$ unendlich viele Elemente aus D enthält.
>
> b) Die Menge $D = (1, 2) \cup 3$ besteht bis auf die reelle Zahl 3 ausschließlich aus Häufungspunkten. Denn für alle $x_0 \in (1, 2)$ gilt wieder, dass jede ε-Umgebung $(x_0 - \varepsilon, x_0 + \varepsilon)$ mit $\varepsilon > 0$ unendlich viele Elemente aus D enthält. Die reelle Zahl 3 ist jedoch kein Häufungspunkt, sondern ein isolierter Punkt von D. Denn sie gehört zur Menge D, aber z. B. enthält die Umgebung $(2, 4)$ von $x_0 = 3$ außer 3 keine weiteren Elemente von D. Zu beachten ist, dass auch die reellen Zahlen 1 und 2 Häufungspunkte von D sind, obwohl sie keine Elemente der Menge D sind.
>
> c) Die Menge $D = \mathbb{Q}$ der rationalen Zahlen besteht ausschließlich aus Häufungspunkten. Denn für jede rationale Zahl x_0 gilt, dass jede ε-Umgebung $(x_0 - \varepsilon, x_0 + \varepsilon)$ mit $\varepsilon > 0$ unendlich viele rationale Zahlen enthält. Denn ist zum Beispiel p eine beliebige rationale Zahl mit der Eigenschaft $x_0 < p < x_0 + \varepsilon$, dann ist auch $p_n := x_0 + \frac{p - x_0}{n+1}$ für alle $n \in \mathbb{N}$ eine rationale Zahl mit $p_n \in (x_0 - \varepsilon, x_0 + \varepsilon)$.

Grenzwerte für $x \to x_0$

Der Konvergenzbegriff für Folgen wurde bereits in Abschnitt 11.4 eingeführt (vgl. Definition 11.14). Darauf aufbauend wird nun der Konvergenzbegriff für reelle Funktionen definiert. Denn um eine Vorstellung über das Verhalten der Funktionswerte $f(x)$ in der Nähe einer bestimmten Stelle x_0 zu erhalten, ist es zweckmäßig, das Verhalten der **Bildfolge** $(f(x_n))_{n \in \mathbb{N}}$ für Folgen $(x_n)_{n \in \mathbb{N}} \subseteq D$ mit $x_n \neq x_0$ für alle $n \in \mathbb{N}$ und $\lim_{n \to \infty} x_n = x_0$ zu untersuchen. Da es sich jedoch bei Bildfolgen $(f(x_n))_{n \in \mathbb{N}}$ um gewöhnliche Folgen handelt, können dabei glücklicherweise alle Ergebnisse aus Kapitel 11 herangezogen werden.

> **Definition 13.40** (Grenzwert einer reellen Funktion für $x \to x_0$)
>
> *Es sei $f : D \longrightarrow \mathbb{R}$ eine reelle Funktion und $x_0 \in \mathbb{R}$ ein Häufungspunkt der Menge D. Dann sagt man, dass die Funktion f für $x \to x_0$ gegen $c \in \mathbb{R}$ konvergiert, wenn für jede Folge $(x_n)_{n \in \mathbb{N}} \subseteq D$ mit $x_n \neq x_0$ für alle $n \in \mathbb{N}$ und $\lim_{n \to \infty} x_n = x_0$ stets*
>
> $$\lim_{n \to \infty} f(x_n) = c \qquad (13.10)$$
>
> *gilt. Der Wert c wird dann als Grenzwert (Limes) von f für $x \to x_0$ bezeichnet und man schreibt*
>
> $$\lim_{x \to x_0} f(x) = c \quad \text{oder} \quad f(x) \to c \text{ für } x \to x_0$$
>
> *oder* $\quad f(x) \xrightarrow{x \to x_0} c$.
>
> *Konvergiert die Funktion f für $x \to x_0$ nicht, dann sagt man, dass f für $x \to x_0$ divergiert oder auch dass der Grenzwert von f für $x \to x_0$ nicht existiert.*

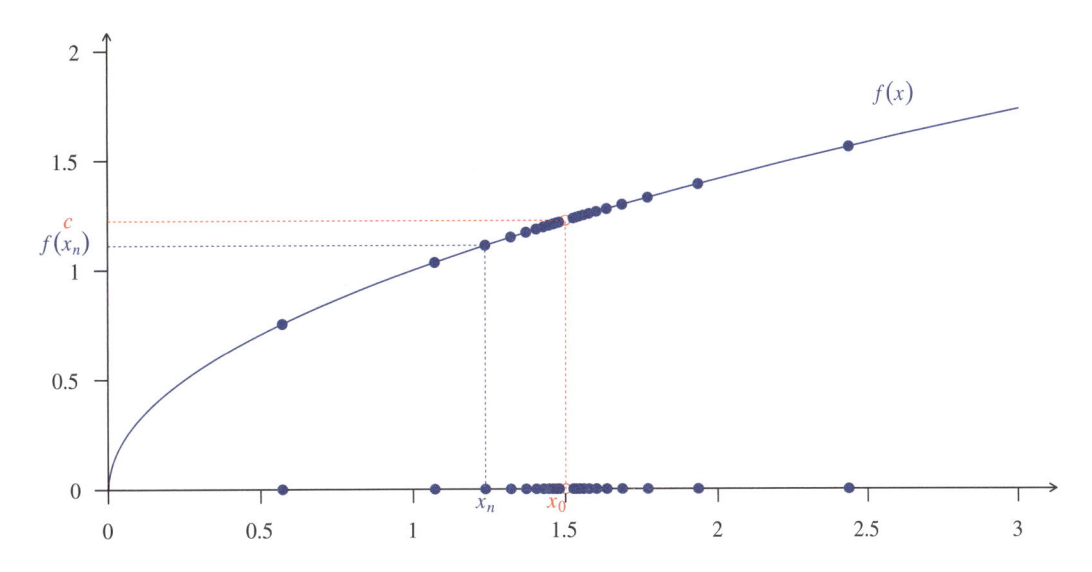

Abb. 13.18: Konvergenz der Bildfolgen $(f(x_n))_{n \in \mathbb{N}_0}$ gegen den Grenzwert c für Folgen $(x_n)_{n \in \mathbb{N}_0}$ mit $\lim_{n \to \infty} x_n = x_0$

Der Grenzwert c einer reellen Funktion $f : D \longrightarrow \mathbb{R}$ für $x \to x_0$ ist der Wert, gegen den die Bildfolge $(f(x_n))_{n \in \mathbb{N}}$ konvergiert, wenn die Folge der Urbilder $(x_n)_{n \in \mathbb{N}}$ gegen x_0 konvergiert. Mit anderen Worten: Die Funktionswerte $f(x_n)$ nähern sich dem Grenzwert c beliebig genau an, wenn die Urbilder $x_n \in D$ dem Wert x_0 beliebig nahe kommen (vgl. Abbildung 13.18).

Gemäß Definition 11.14 ist (13.10) äquivalent dazu, dass zu jedem $\varepsilon > 0$ ein $n_0 \in \mathbb{N}$ existiert, so dass $|f(x_n) - c| < \varepsilon$ für alle $n \geq n_0$ gilt. Das heißt, eine reelle Funktion f konvergiert für $x \to x_0$ genau dann gegen den Grenzwert c, wenn es für jede Folge $(x_n)_{n \in \mathbb{N}} \subseteq D$ mit $x_n \neq x_0$ für alle $n \in \mathbb{N}$ und $\lim_{n \to \infty} x_n = x_0$ sowie alle $\varepsilon > 0$ ein $n_0 \in \mathbb{N}$ gibt, so dass $|f(x_n) - c| < \varepsilon$ für $n \geq n_0$ gilt. Dabei wird durch die Annahme, dass x_0 ein Häufungspunkt ist, sichergestellt, dass eine Folge $(x_n)_{n \in \mathbb{N}} \subseteq D$ mit $x_n \neq x_0$ für alle $n \in \mathbb{N}$ und $\lim_{n \to \infty} x_n = x_0$ existiert.

Es ist zu beachten, dass es keine Rolle spielt, welchen Wert die Funktion f an der Stelle x_0 annimmt. Der Wert x_0 muss nicht einmal zum Definitionsbereich D gehören. Er muss lediglich ein Häufungspunkt von D sein. Entscheidend ist das Verhalten von f in der unmittelbaren Umgebung von x_0 (vgl. Beispiele 13.42b), c), e) und f) sowie 13.51b)).

Der Grenzwert einer reellen Funktion f für $x \to x_0$ existiert nicht in allen Fällen. Wenn er jedoch existiert, dann ist er auch eindeutig. Dies folgt unmittelbar aus dem Eindeutigkeitssatz für die Grenzwerte von Folgen (vgl. Satz 11.15).

Aus den Rechenregeln für die Grenzwerte konvergenter Folgen (vgl. Satz 11.38 und Satz 11.39 in Kapitel 11) erhält man unmittelbar die folgenden Rechenregeln für die Grenzwerte reeller Funktionen für $x \to x_0$. Diese Rechenregeln sind bei der Untersuchung von reellen Funktionen auf die Eigenschaften **Stetigkeit**, **Differenzierbarkeit** und **Integrierbarkeit** ein sehr wichtiges Hilfsmittel.

Satz 13.41 (Rechenregeln für Grenzwerte reeller Funktionen für $x \to x_0$)

Es seien $f : D_f \longrightarrow \mathbb{R}$ und $g : D_g \longrightarrow \mathbb{R}$ zwei reelle Funktionen und $x_0 \in \mathbb{R}$ sei ein Häufungspunkt der Menge $D_f \cap D_g$. Ferner seien die beiden Funktionen f und g für $x \to x_0$ konvergent mit den Grenzwerten c bzw. d. Das heißt, es gelte $\lim_{x \to x_0} f(x) = c$ und $\lim_{x \to x_0} g(x) = d$. Dann gilt:

a) Die Funktion $(f+g) : D_f \cap D_g \longrightarrow \mathbb{R}$, $x \mapsto f(x) + g(x)$ ist konvergent für $x \to x_0$ mit dem Grenzwert

$$\lim_{x \to x_0} (f+g)(x) = \lim_{x \to x_0} f(x) + \lim_{x \to x_0} g(x) = c + d.$$

b) Die Funktion $(f - g): D_f \cap D_g \longrightarrow \mathbb{R}$, $x \mapsto f(x) - g(x)$ ist konvergent für $x \to x_0$ mit dem Grenzwert
$$\lim_{x \to x_0} (f - g)(x) = \lim_{x \to x_0} f(x) - \lim_{x \to x_0} g(x) = c - d.$$

c) Die Funktion $(f \cdot g): D_f \cap D_g \longrightarrow \mathbb{R}$, $x \mapsto f(x) \cdot g(x)$ ist konvergent für $x \to x_0$ mit dem Grenzwert
$$\lim_{x \to x_0} (f \cdot g)(x) = \lim_{x \to x_0} f(x) \cdot \lim_{x \to x_0} g(x) = c \cdot d.$$

d) Die Funktion $(\alpha f): D_f \longrightarrow \mathbb{R}$, $x \mapsto \alpha \cdot f(x)$ mit $\alpha \in \mathbb{R}$ ist konvergent für $x \to x_0$ mit dem Grenzwert
$$\lim_{x \to x_0} (\alpha f)(x) = \alpha \cdot \lim_{x \to x_0} f(x) = \alpha \cdot c.$$

e) Ist $d \neq 0$ und gibt es ein $\varepsilon > 0$, so dass $g(x) \neq 0$ für alle $x \in (x_0 - \varepsilon, x_0 + \varepsilon)$ gilt, dann ist die Funktion $\left(\frac{f}{g}\right): D \longrightarrow \mathbb{R}$, $x \mapsto \frac{f(x)}{g(x)}$ mit $D := D_f \cap \left(D_g \setminus \{x \in D_g : g(x) = 0\}\right)$ konvergent für $x \to x_0$ mit dem Grenzwert
$$\lim_{x \to x_0} \left(\frac{f}{g}\right)(x) = \frac{\lim_{x \to x_0} f(x)}{\lim_{x \to x_0} g(x)} = \frac{c}{d}.$$

f) Ist $f(x) > 0$ für alle $x \in D_f$, $r \in \mathbb{R}$ und $c > 0$, dann ist die Funktion $(f^r): D_f \longrightarrow \mathbb{R}$, $x \mapsto (f(x))^r$ konvergent für $x \to x_0$ mit dem Grenzwert
$$\lim_{x \to x_0} (f^r)(x) = \left(\lim_{x \to x_0} f(x)\right)^r = c^r.$$

g) Ist $r > 0$, dann ist die Funktion $(r^f): D_f \longrightarrow \mathbb{R}$, $x \mapsto r^{f(x)}$ konvergent für $x \to x_0$ mit dem Grenzwert
$$\lim_{x \to x_0} (r^f)(x) = r^{\lim_{x \to x_0} f(x)} = r^c.$$

h) Ist $c = 0$ und $h: D_h \longrightarrow \mathbb{R}$ eine beschränkte Funktion, für deren Definitionsbereich D_h die reelle Zahl x_0 ein Häufungspunkt ist, dann ist die Funktion $(f \cdot h): D_f \cap D_h \longrightarrow \mathbb{R}$, $x \mapsto f(x)h(x)$ konvergent für $x \to x_0$ mit dem Grenzwert
$$\lim_{x \to x_0} (f \cdot h)(x) = 0.$$

Beweis: Der Beweis ergibt sich unmittelbar durch Anwendung der Aussagen von Satz 11.38 und Satz 11.39 auf die Bildfolgen $(f(x_n))_{n \in \mathbb{N}_0}$, $(g(x_n))_{n \in \mathbb{N}_0}$ und $(h(x_n))_{n \in \mathbb{N}_0}$. ∎

Aufgrund der sehr großen Bedeutung des Konvergenzbegriffes für reelle Funktionen wird im Folgenden eine Reihe von Beispielen betrachtet:

Beispiel 13.42 (Grenzwerte bei reellen Funktionen für $x \to x_0$)

a) Die reelle Funktion f mit der Zuordnungsvorschrift $f(x) = \frac{2x^{3/2} - \sqrt{x}}{x^2 - 15}$ konvergiert für $x \to 4$. Denn mit den Rechenregeln für konvergente reelle Funktionen erhält man

$$\lim_{x \to 4} f(x) = \lim_{x \to 4} \frac{2x^{3/2} - \sqrt{x}}{x^2 - 15} = \frac{2\left(\lim_{x \to 4} x\right)^{3/2} - \sqrt{\lim_{x \to 4} x}}{\left(\lim_{x \to 4} x\right)^2 - 15}$$

$$= \frac{16 - 2}{16 - 15} = 14.$$

Das heißt, f konvergiert für $x \to 4$ gegen den Grenzwert 14 (vgl. Abbildung 13.19, links).

b) Die reelle Funktion f mit der Zuordnungsvorschrift $f(x) = \frac{\sqrt{x+1} - 1}{x}$ ist an der Stelle $x_0 = 0$ nicht definiert. Dennoch konvergiert die Funktion f für $x \to 0$. Denn mit den Rechenregeln für konvergente reelle Funktionen erhält man

$$\lim_{x \to 0} f(x) = \lim_{x \to 0} \frac{\sqrt{x+1} - 1}{x}$$

$$= \lim_{x \to 0} \frac{(\sqrt{x+1} - 1)(\sqrt{x+1} + 1)}{x(\sqrt{x+1} + 1)}$$

$$= \lim_{x \to 0} \frac{x + 1 - 1}{x(\sqrt{x+1} + 1)}$$

$$= \lim_{x \to 0} \frac{1}{\sqrt{x+1} + 1}$$

$$= \frac{1}{\sqrt{\lim_{x \to 0} x + 1} + 1} = \frac{1}{2}.$$

Das heißt, f konvergiert für $x \to 0$ gegen den Grenzwert $\frac{1}{2}$ (vgl. Abbildung 13.19, rechts).

c) Die reelle Funktion f mit der Zuordnungsvorschrift $f(x) = \frac{1}{(x+2)^2}$ ist an der Stelle $x_0 = -2$ nicht definiert und konvergiert für $x \to -2$ nicht. Denn offensichtlich gilt

$$\frac{1}{(x+2)^2} \to \infty \quad \text{für} \quad x \to -2.$$

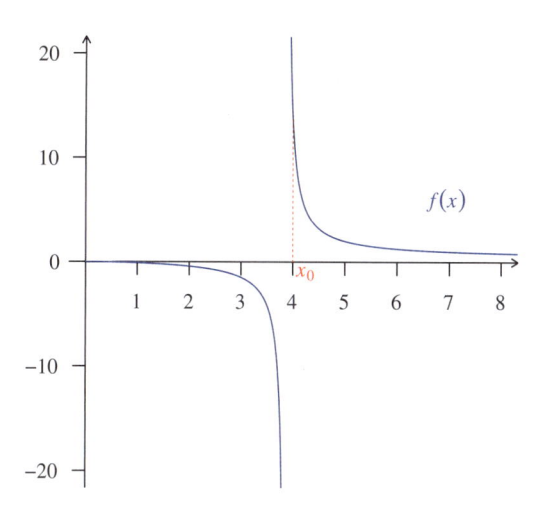

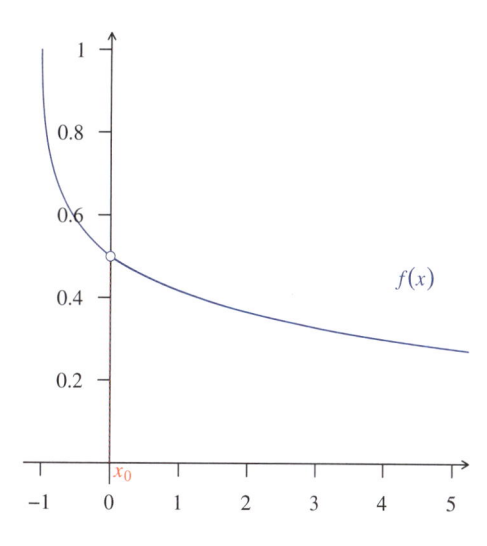

Abb. 13.19: Reelle Funktionen $f(x) = \frac{2x^{3/2}-\sqrt{x}}{x^2-15}$ (links) und $f(x) = \frac{\sqrt{x+1}-1}{x}$ (rechts)

Das heißt, f divergiert für $x \to -2$ gegen ∞. Anders ausgedrückt: die Funktion f wächst bei Annäherung an $x_0 = -2$ über alle Schranken (vgl. Abbildung 13.20, links).

d) Die reelle Funktion f mit der Zuordnungsvorschrift

$$f(x) = \begin{cases} \frac{x^2 - \frac{1}{4}}{x - \frac{1}{2}} & \text{für } x \neq \frac{1}{2} \\ 2 & \text{für } x = \frac{1}{2} \end{cases}$$

soll auf Konvergenz für $x \to \frac{1}{2}$ untersucht werden. Mit den Rechenregeln für konvergente reelle Funktionen erhält man

$$\lim_{x \to \frac{1}{2}} f(x) = \lim_{x \to \frac{1}{2}} \frac{x^2 - \frac{1}{4}}{x - \frac{1}{2}} = \lim_{x \to \frac{1}{2}} \frac{(x - \frac{1}{2})(x + \frac{1}{2})}{x - \frac{1}{2}}$$
$$= \lim_{x \to \frac{1}{2}} \left(x + \frac{1}{2}\right) = \lim_{x \to \frac{1}{2}} x + \frac{1}{2} = 1.$$

Das heißt, f konvergiert für $x \to \frac{1}{2}$ gegen den Grenzwert 1. Wegen $f(\frac{1}{2}) = 2$ stimmt somit der Grenzwert von f für $x \to \frac{1}{2}$ nicht mit dem Funktionswert von f an der Stelle $x_0 = \frac{1}{2}$ überein (vgl. Abbildung 13.20, rechts).

e) Die reelle Funktion f mit der Zuordnungsvorschrift $f(x) = \frac{(\sqrt{x+1}-1)(x\sin(x)+1)}{x(x-5)^2}$ ist an der Stelle $x_0 = 0$ nicht definiert. Dennoch konvergiert f für $x \to 0$.

Denn mit den Rechenregeln für konvergente reelle Funktionen und Beispiel b) erhält man

$$\lim_{x \to 0} f(x)$$
$$= \lim_{x \to 0} \frac{(\sqrt{x+1}-1)(x\sin(x)+1)}{x(x-5)^2}$$
$$= \lim_{x \to 0} \frac{\sqrt{x+1}-1}{x} \lim_{x \to 0}(x\sin(x)+1) \lim_{x \to 0} \frac{1}{(x-5)^2}$$
$$= \lim_{x \to 0} \frac{\sqrt{x+1}-1}{x} \left(\lim_{x \to 0} x \lim_{x \to 0} \sin(x) + 1\right)$$
$$\cdot \frac{1}{\left(\lim_{x \to 0} x - 5\right)^2} = \frac{1}{2} \cdot 1 \cdot \frac{1}{25} = \frac{1}{50}.$$

Das heißt, f konvergiert für $x \to 0$ gegen den Grenzwert $\frac{1}{50}$ (vgl. Abbildung 13.21, links).

f) Die Funktion $f(x) = x\sin\left(\frac{1}{x}\right)$ ist an der Stelle $x_0 = 0$ nicht definiert. Dennoch konvergiert f für $x \to 0$. Denn es gilt $\left|\sin\left(\frac{1}{x}\right)\right| \leq 1$ für alle $x \in \mathbb{R}\setminus\{0\}$, d.h. die Funktion $\sin(x)$ ist beschränkt, und somit erhält man mit den Rechenregeln für konvergente reelle Funktionen

$$\lim_{x \to 0} f(x) = \lim_{x \to 0} x\sin\left(\frac{1}{x}\right) = 0.$$

Das heißt, f konvergiert für $x \to 0$ gegen den Grenzwert 0 (vgl. Abbildung 13.21, rechts).

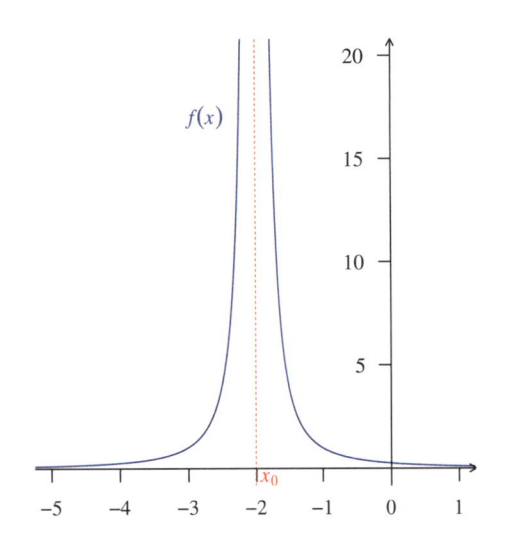

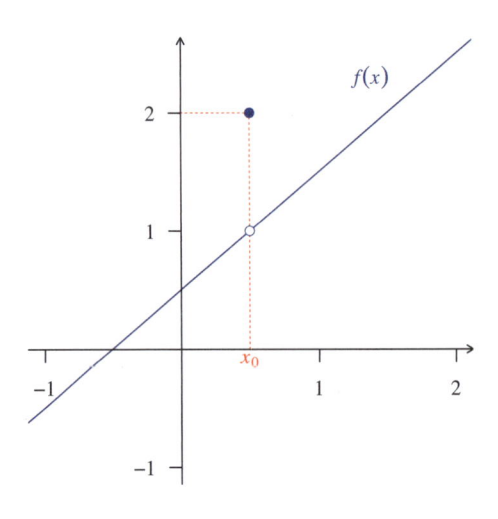

Abb. 13.20: Reelle Funktionen $f(x) = \frac{1}{(x+2)^2}$ (links) und $f(x) = \frac{x^2 - \frac{1}{4}}{x - \frac{1}{2}}$ für $x \neq \frac{1}{2}$ und $f(x) = 2$ für $x = \frac{1}{2}$ (rechts)

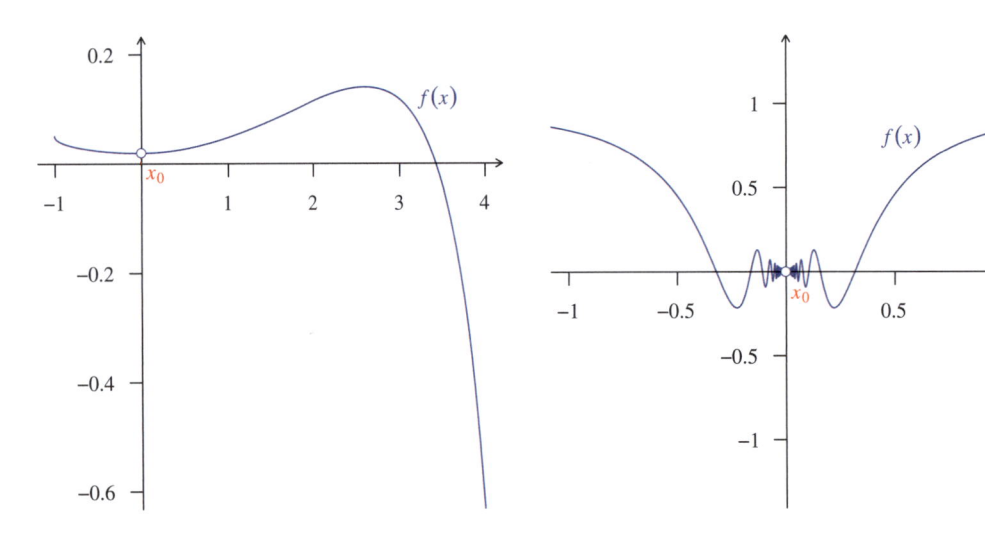

Abb. 13.21: Reelle Funktionen $f(x) = \frac{(\sqrt{x+1}-1)(x\sin(x)+1)}{x(x-5)^2}$ (links) und $f(x) = x\sin\left(\frac{1}{x}\right)$ (rechts)

Im folgenden Beispiel wird gezeigt, dass die reelle Funktion $f : \mathbb{R} \setminus \{0\} \longrightarrow \mathbb{R}$, $x \mapsto \frac{\sin(x)}{x}$ für $x \to 0$ gegen den Wert 0 konvergiert:

Beispiel 13.43 (Grenzwert von $\sin(x)/x$ für $x \to 0$)

Die reelle Funktion $f : \mathbb{R} \setminus \{0\} \longrightarrow \mathbb{R}$, $x \mapsto \frac{\sin(x)}{x}$ ist an der Stelle $x_0 = 0$ nicht definiert. Dennoch konvergiert f für $x \to 0$. Betrachtet man die Abbildung 13.22, links, dann erkennt man, dass der Flächeninhalt $F_1(x)$ des Dreiecks durch die Punkte $(0, 0)$, A und B, der Flächeninhalt $F_2(x)$ des Dreiecks durch die Punkte $(0, 0)$, $(1, 0)$ und C sowie der Flächeninhalt $F_3(x)$ des durch die Punkte $(0, 0)$, $(1, 0)$ und B festgelegten Kreisausschnitts in Abhängigkeit vom Bogenmaß $x \in (-\frac{\pi}{2}, \frac{\pi}{2})$ durch

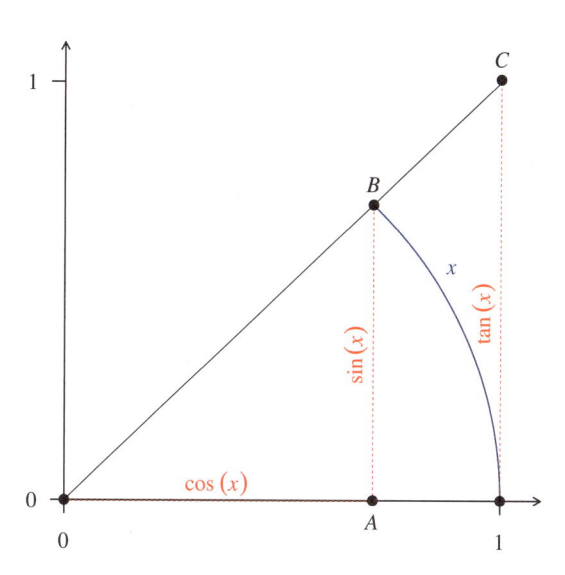

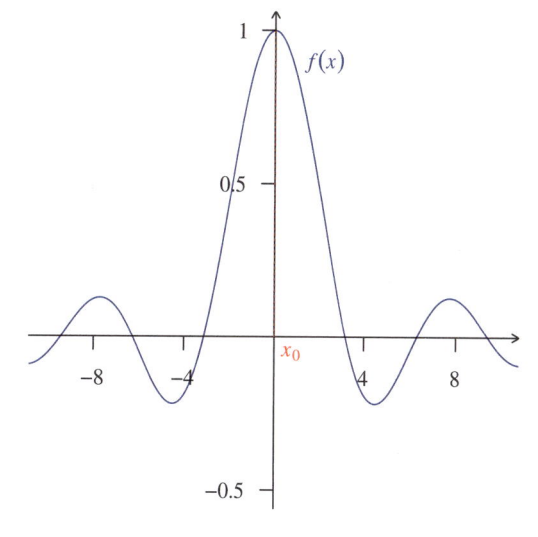

Abb. 13.22: Ausschnitt Einheitskreis (links) und reelle Funktion $f(x) = \frac{\sin(x)}{x}$ (rechts)

$$F_1(x) = \frac{1}{2} \cos(x) |\sin(x)|,$$

$$F_2(x) = \frac{1}{2} \cdot 1 \cdot |\tan(x)| = \frac{1}{2} |\tan(x)|,$$

$$F_3(x) = \frac{|x|}{2\pi} \cdot 1^2 \cdot \pi = \frac{|x|}{2}$$

gegeben sind. Dabei gilt offensichtlich $F_1(x) \leq F_3(x) \leq F_2(x)$. Nach einer kurzen Umformung erhält man daraus zusammen mit $\tan(x) = \frac{\sin(x)}{\cos(x)}$

$$\cos(x) \leq \frac{|\sin(x)|}{|x|} \leq \frac{1}{\cos(x)}$$

für alle $x \in (-\frac{\pi}{2}, \frac{\pi}{2}) \setminus \{0\}$. Wegen $\frac{|\sin(x)|}{|x|} = \frac{\sin(x)}{x}$ für alle $x \in (-\frac{\pi}{2}, \frac{\pi}{2}) \setminus \{0\}$ gilt somit sogar

$$\cos(x) \leq \frac{\sin(x)}{x} \leq \frac{1}{\cos(x)}$$

für alle $x \in (-\frac{\pi}{2}, \frac{\pi}{2}) \setminus \{0\}$. Zusammen mit $\lim_{x \to 0} \cos(x) = 1$ impliziert dies

$$\lim_{x \to 0} \frac{\sin(x)}{x} = 1 \qquad (13.11)$$

(vgl. Abbildung 13.22, rechts).

Einseitige Grenzwerte

Viele reelle Funktionen besitzen eine oder mehrere Stellen x_0, an die man sich nur von einer Seite annähern kann. Ein einfaches Beispiel hierfür ist die Wurzelfunktion $f: [0, \infty) \longrightarrow \mathbb{R}, \; x \mapsto \sqrt{x}$ und die Stelle $x_0 = 0$. Da die Wurzelfunktion f für $x < 0$ nicht definiert ist, kann man sich an die Stelle $x_0 = 0$ nur von rechts annähern. Diese Beobachtung motiviert den Begriff des **einseitigen Grenzwertes**, der wie folgt definiert ist:

Definition 13.44 (Einseitiger Grenzwert reeller Funktionen für $x \downarrow x_0, x \uparrow x_0$)

Es seien $f: D \longrightarrow \mathbb{R}$ eine reelle Funktion und $x_0 \in \mathbb{R}$.

a) Ist x_0 ein Häufungspunkt der Menge $D^-_{x_0} := \{x < x_0 : x \in D\}$, dann sagt man, dass die Funktion f für $x \to x_0$ von links gegen $c \in \mathbb{R}$ konvergiert, wenn für jede Folge $(x_n)_{n \in \mathbb{N}} \subseteq D$ mit $x_n < x_0$ für alle $n \in \mathbb{N}_0$ und $\lim_{n \to \infty} x_n = x_0$ stets

$$\lim_{n \to \infty} f(x_n) = c \qquad (13.12)$$

gilt. Der Wert c wird dann als linksseitiger Grenzwert (Limes) von f für $x \to x_0$ bezeichnet und man schreibt

$$\lim_{x \uparrow x_0} f(x) = c \quad \text{oder} \quad \lim_{x \to x_0^-} f(x) = c$$

oder $\quad f(x) \to c$ für $x \uparrow x_0$.

Konvergiert die Funktion f für $x \to x_0$ nicht linksseitig, dann sagt man, dass f für $x \to x_0$ linksseitig divergiert oder auch, dass der linksseitige Grenzwert von f für $x \to x_0$ nicht existiert.

b) *Ist x_0 ein Häufungspunkt der Menge $D_{x_0}^+ := \{x > x_0 : x \in D\}$, dann sagt man, dass die Funktion f für $x \to x_0$ von rechts gegen $c \in \mathbb{R}$ konvergiert, wenn für jede Folge $(x_n)_{n\in\mathbb{N}} \subseteq D$ mit $x_n > x_0$ für alle $n \in \mathbb{N}_0$ und $\lim_{n\to\infty} x_n = x_0$ stets*

$$\lim_{n \to \infty} f(x_n) = c \quad (13.13)$$

gilt. Der Wert c wird dann als rechtsseitiger Grenzwert (Limes) von f für $x \to x_0$ bezeichnet und man schreibt

$$\lim_{x \downarrow x_0} f(x) = c \quad \text{oder} \quad \lim_{x \to x_0^+} f(x) = c$$

oder $\quad f(x) \to c$ für $x \downarrow x_0$.

Konvergiert die Funktion f für $x \to x_0$ nicht rechtsseitig, dann sagt man, dass f für $x \to x_0$ rechtsseitig divergiert oder auch, dass der rechtsseitige Grenzwert von f für $x \to x_0$ nicht existiert.

Der linksseitige oder rechtsseitige Grenzwert einer Funktion f für $x \to x_0$ ist somit der Wert, dem sich die Funktionswerte $f(x)$ beliebig genau annähern, wenn sich die Urbilder x dem Wert x_0 von links bzw. von rechts beliebig genau annähern. Ein linksseitiger oder rechtsseitiger Grenzwert existiert jedoch analog zu beidseitigen Grenzwerten nicht in allen Fällen.

Die in Satz 13.41 formulierten Rechenregeln für Grenzwerte reeller Funktionen für $x \to x_0$ gelten analog auch für die einseitigen Grenzwertbetrachtungen $x \uparrow x_0$ oder $x \downarrow x_0$.

Analog zu beidseitigen Grenzwerten einer Funktion f für $x \to x_0$ folgt aus dem Eindeutigkeitssatz für Grenzwerte von Folgen (vgl. Satz 11.15), dass auch die einseitigen Grenzwerte einer Funktion f für $x \downarrow x_0$ und $x \uparrow x_0$ eindeutig sind, falls sie existieren.

Zwischen einseitiger Konvergenz und (beidseitiger) Konvergenz besteht der folgende Zusammenhang:

Satz 13.45 (Zusammenhang einseitige Konvergenz und Konvergenz)

Es seien $f: D \longrightarrow \mathbb{R}$ eine reelle Funktion und x_0 ein Häufungspunkt von D, $D_{x_0}^-$ und $D_{x_0}^+$. Dann konvergiert f für $x \to x_0$ genau dann, wenn f links- und rechtsseitig konvergiert und der links- und der rechtsseitige Grenzwert übereinstimmen. In diesem Fall gilt dann

$$\lim_{x \to x_0} f(x) = \lim_{x \uparrow x_0} f(x) = \lim_{x \downarrow x_0} f(x).$$

Beweis: Die Aussage folgt unmittelbar aus den beiden Definitionen 13.40 und 13.44. ∎

Beispiel 13.46 (Einseitiger Grenzwert reeller Funktionen für $x \downarrow x_0$, $x \uparrow x_0$)

a) Die reelle Funktion $f: \mathbb{R}_+ \longrightarrow \mathbb{R}$, $x \mapsto f(x) = \sqrt{x}$ ist rechtsseitig konvergent für $x \to 0$ und besitzt den Grenzwert

$$\lim_{x \downarrow 0} f(x) = \lim_{x \downarrow 0} \sqrt{x} = 0$$

(vgl. Abbildung 13.23, links).

b) Die reelle Funktion

$$f: (0, \infty) \longrightarrow \mathbb{R},$$

$$x \mapsto f(x) = \begin{cases} \dfrac{3}{x} & \text{für } 0 < x \leq 3 \\ x - 1 & \text{für } x > 3 \end{cases}$$

ist für $x \to 3$ links- und rechtsseitig konvergent. Denn es gilt

$$\lim_{x \uparrow 3} f(x) = \lim_{x \uparrow 3} \frac{3}{x} = \frac{3}{\lim_{x \uparrow 3} x} = 1 \quad \text{und}$$

$$\lim_{x \downarrow 3} f(x) = \lim_{x \downarrow 3} (x-1) = \lim_{x \downarrow 3} x - 1 = 2.$$

Aber wegen $\lim_{x \uparrow 3} f(x) \neq \lim_{x \downarrow 3} f(x)$ existiert gemäß Satz 13.45 der (beidseitige) Grenzwert nicht. Mit anderen Worten: Die Funktion ist für $x \to 3$ nicht konvergent (vgl. Abbildung 13.23, rechts).

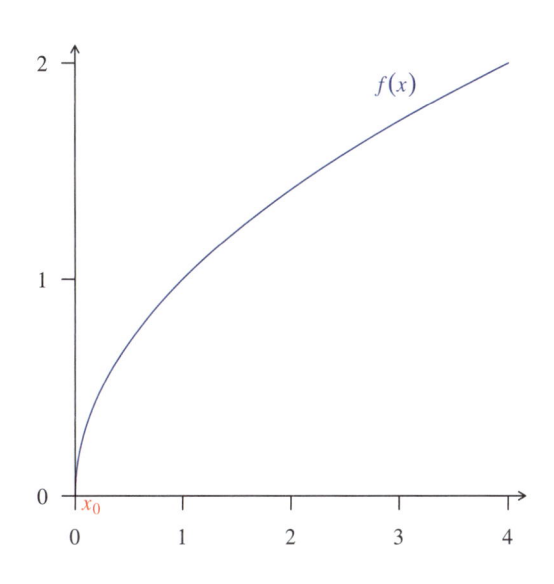

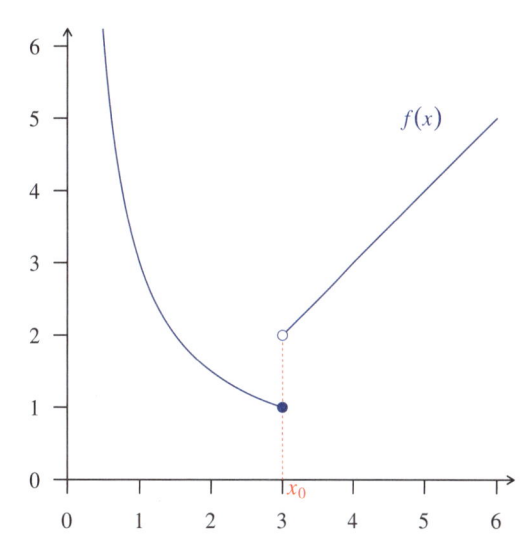

Abb. 13.23: Reelle Funktionen $f(x) = \sqrt{x}$ (links) sowie $f(x) = \frac{3}{x}$ für $0 < x \leq 3$ und $f(x) = x - 1$ für $x > 3$ (rechts)

c) Die reelle Funktion

$$f: \mathbb{R}_+ \longrightarrow \mathbb{R},$$

$$x \mapsto f(x) = \begin{cases} 2x^2 - 4x + 1 & \text{für } 0 \leq x \leq 3 \\ 4x - 5 & \text{für } x > 3 \end{cases}$$

ist für $x \to 3$ links- und rechtsseitig konvergent. Denn es gilt

$$\lim_{x \uparrow 3} f(x) = \lim_{x \uparrow 3}(2x^2 - 4x + 1)$$

$$= 2\left(\lim_{x \uparrow 3} x\right)^2 - 4\lim_{x \uparrow 3} x + 1 = 7$$

und

$$\lim_{x \downarrow 3} f(x) = \lim_{x \downarrow 3}(4x - 5) = 4\lim_{x \downarrow 3} x - 5 = 7.$$

Das heißt, es gilt $\lim_{x \uparrow 3} f(x) = \lim_{x \downarrow 3} f(x)$ und gemäß Satz 13.45 existiert somit der (beidseitige) Grenzwert. Mit anderen Worten: Die Funktion ist für $x \to 3$ konvergent (vgl. Abbildung 13.24, links).

d) Die reelle Funktion

$$f: \mathbb{R} \longrightarrow \mathbb{R},$$

$$x \mapsto f(x) = \begin{cases} x - k & \text{für } k - \frac{1}{2} < x < k + \frac{1}{2} \text{ und } k \in \mathbb{Z} \\ 0 & \text{für } x = k + \frac{1}{2} \text{ und } k \in \mathbb{Z} \end{cases}$$

ist für $x \to k + \frac{1}{2}$ mit $k \in \mathbb{Z}$ links- und rechtsseitig konvergent. Denn es gilt z. B. für $x_0 = \frac{1}{2}$

$$\lim_{x \uparrow \frac{1}{2}} f(x) = \lim_{x \uparrow \frac{1}{2}} x = \frac{1}{2} \quad \text{und}$$

$$\lim_{x \downarrow \frac{1}{2}} f(x) = \lim_{x \downarrow \frac{1}{2}}(x - 1) = -\frac{1}{2}.$$

Das heißt, es gilt $\lim_{x \uparrow \frac{1}{2}} f(x) \neq \lim_{x \downarrow \frac{1}{2}} f(x)$ und gemäß Satz 13.45 existiert der (beidseitige) Grenzwert nicht. Die Funktion ist somit für $x \to \frac{1}{2}$ nicht konvergent (vgl. Abbildung 13.24, rechts).

Grenzwerte für $x \to \infty$ und $x \to -\infty$

Bei vielen ökonomischen Fragestellungen ist es aufschlussreich, das asymptotische Verhalten einer reellen Funktion f für den Fall zu untersuchen, dass die unabhängige Variable x über alle Schranken wächst oder unter alle Schranken fällt. Die Begriffe der Konvergenz und des Grenzwertes von f sind auch in diesem Fall völlig analog zu der Betrachtung $x \to x_0$ definiert:

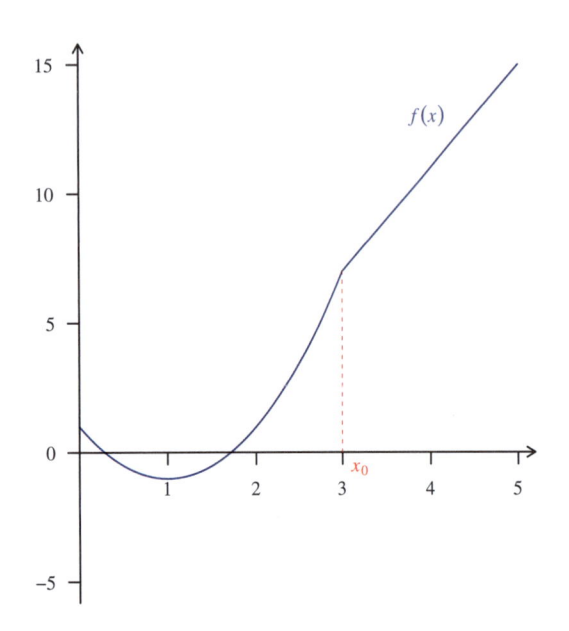

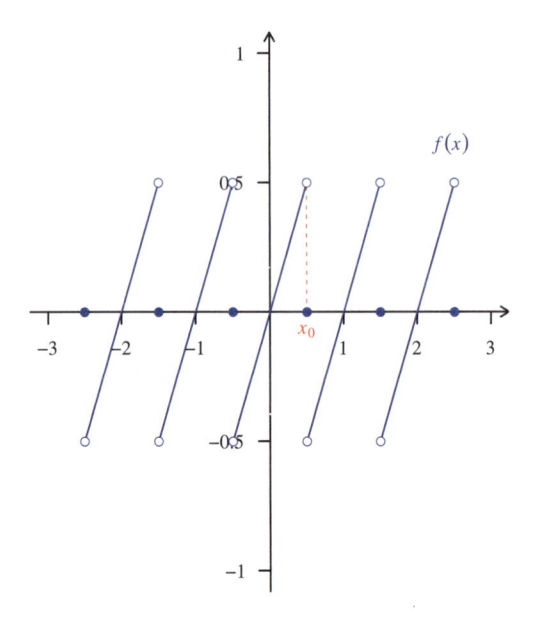

Abb. 13.24: Reelle Funktionen $f(x) = 2x^2 - 4x + 1$ für $0 \leq x \leq 3$ und $f(x) = 4x - 5$ für $x > 3$ (links) sowie $f(x) = x - k$ für $k - \frac{1}{2} < x < k + \frac{1}{2}$ und $k \in \mathbb{Z}$ und $f(x) = 0$ für $x = k + \frac{1}{2}$ und $k \in \mathbb{Z}$ (rechts)

Definition 13.47 (Grenzwert einer reellen Funktion für $x \to \pm\infty$)

Es sei $f: D \longrightarrow \mathbb{R}$ eine reelle Funktion.

a) Ist der Definitionsbereich D nach oben unbeschränkt, dann sagt man, dass die Funktion f für $x \to \infty$ gegen $c \in \mathbb{R}$ konvergiert, wenn für jede Folge $(x_n)_{n \in \mathbb{N}} \subseteq D$ mit $x_n \to \infty$ für $n \to \infty$ stets

$$\lim_{n \to \infty} f(x_n) = c$$

gilt. Der Wert c wird dann als Grenzwert (Limes) von f für $x \to \infty$ bezeichnet und man schreibt

$$\lim_{x \to \infty} f(x) = c \quad \text{oder} \quad f(x) \to c \text{ für } x \to \infty$$

oder $\quad f(x) \xrightarrow{x \to \infty} c$.

Konvergiert die Funktion f für $x \to \infty$ nicht, so sagt man, dass f für $x \to \infty$ divergiert oder auch, dass der Grenzwert für $x \to \infty$ nicht existiert.

b) Ist der Definitionsbereich D nach unten unbeschränkt, dann sagt man, dass die Funktion f für $x \to -\infty$ gegen $c \in \mathbb{R}$ konvergiert, wenn für jede Folge $(x_n)_{n \in \mathbb{N}} \subseteq D$ mit $x_n \to -\infty$ für $n \to \infty$ stets

$$\lim_{n \to \infty} f(x_n) = c$$

gilt. Der Wert c wird dann als Grenzwert (Limes) von f für $x \to -\infty$ bezeichnet und man schreibt

$$\lim_{x \to -\infty} f(x) = c \quad \text{oder} \quad f(x) \to c \text{ für } x \to -\infty$$

oder $\quad f(x) \xrightarrow{x \to -\infty} c$.

Konvergiert die Funktion f für $x \to -\infty$ nicht, so sagt man, dass f für $x \to -\infty$ divergiert oder auch, dass der Grenzwert für $x \to -\infty$ nicht existiert.

Geometrisch bedeutet z. B. $\lim_{x \to \infty} f(x) = c$, dass sich der Graph von f mit wachsendem x immer mehr der horizontalen Geraden $y = c$ annähert. Die Funktion f braucht dabei nicht monoton zu sein.

Die verschiedenen Rechenregeln in Satz 13.41 gelten analog auch für die Grenzwertbetrachtungen $x \to \pm\infty$ und der Eindeutigkeitssatz für Grenzwerte von Folgen (vgl. Satz 11.15) stellt sicher, dass die Grenzwerte auch für $x \to \pm\infty$ eindeutig sind, falls sie existieren.

13.10 Grenzwerte von reellen Funktionen   Kapitel 13

Beispiel 13.48 (Grenzwerte bei reellen Funktionen für $x \to \pm\infty$)

a) Die reelle Funktion f mit der Zuordnungsvorschrift $f(x) = \frac{2x+1}{x^2-3x+5}$ konvergiert für $x \to \infty$. Denn mit den Rechenregeln für konvergente reelle Funktionen erhält man

$$\lim_{x \to \infty} \frac{2x+1}{x^2 - 3x + 5} = \lim_{x \to \infty} \frac{x^2 \left(\frac{2}{x} + \frac{1}{x^2}\right)}{x^2 \left(1 - \frac{3}{x} + \frac{5}{x^2}\right)}$$

$$= \lim_{x \to \infty} \frac{\frac{2}{x} + \frac{1}{x^2}}{1 - \frac{3}{x} + \frac{5}{x^2}} = 0.$$

Das heißt, die reelle Funktion f konvergiert für $x \to \infty$ gegen den Grenzwert 0. Völlig analog zeigt man, dass f für $x \to -\infty$ ebenfalls gegen den Grenzwert 0 konvergiert (vgl. Abbildung 13.25, links).

b) Die reelle Funktion mit der Zuordnungsvorschrift $f(x) = \frac{2x^2+5x+1}{3x^2-4x+1}$ konvergiert für $x \to -\infty$. Denn mit den Rechenregeln für konvergente reelle Funktionen erhält man

$$\lim_{x \to -\infty} \frac{2x^2 + 5x + 1}{3x^2 - 4x + 1} = \lim_{x \to -\infty} \frac{x^2 \left(2 + \frac{5}{x} + \frac{1}{x^2}\right)}{x^2 \left(3 - \frac{4}{x} + \frac{1}{x^2}\right)}$$

$$= \lim_{x \to -\infty} \frac{2 + \frac{5}{x} + \frac{1}{x^2}}{3 - \frac{4}{x} + \frac{1}{x^2}} = \frac{2}{3}.$$

Das heißt, die reelle Funktion f konvergiert für $x \to -\infty$ gegen den Grenzwert $\frac{2}{3}$. Völlig analog zeigt man, dass f für $x \to \infty$ ebenfalls gegen den Grenzwert $\frac{2}{3}$ konvergiert (vgl. Abbildung 13.25, rechts).

Uneigentliche Grenzwerte

Eine reelle Funktion $f: D \longrightarrow \mathbb{R}$, die für

$$x \to x_0, \quad x \uparrow x_0, \quad x \downarrow x_0 \quad \text{oder} \quad x \to \infty, \quad x \to -\infty$$

einen Grenzwert $c \in \mathbb{R}$ besitzt, wird als konvergent, andernfalls als divergent, bezeichnet. Analog zu Folgen kann jedoch auch für reelle Funktionen der Begriff **uneigentlicher Grenzwert** definiert werden (vgl. Abschnitt 11.4). Auf diese Weise erhält man auch bei reellen Funktionen die Unterscheidung zwischen den beiden Divergenzarten **bestimmte Divergenz** und **unbestimmte Divergenz**.

Zum Beispiel ist die reelle Funktion $f: \mathbb{R} \setminus \{-2\} \longrightarrow \mathbb{R}$, $x \mapsto f(x) = \frac{1}{(x+2)^2}$ in Beispiel 13.42c) für $x \to -2$ divergent, wobei die Funktionswerte $f(x)$ bei Annäherung der Urbilder x an die Stelle $x_0 = -2$ über alle Schranken wachsen. Bei dieser Art von Divergenz spricht man von **bestimmter Divergenz** und sagt, dass f für $x \to x_0$ den **uneigentlichen Grenzwert** ∞ besitzt und $x_0 = -2$ eine **Polstelle** der Funktion f ist. Dagegen ist die reelle Funktion $f: \mathbb{R} \setminus \{0\} \longrightarrow \mathbb{R}$,

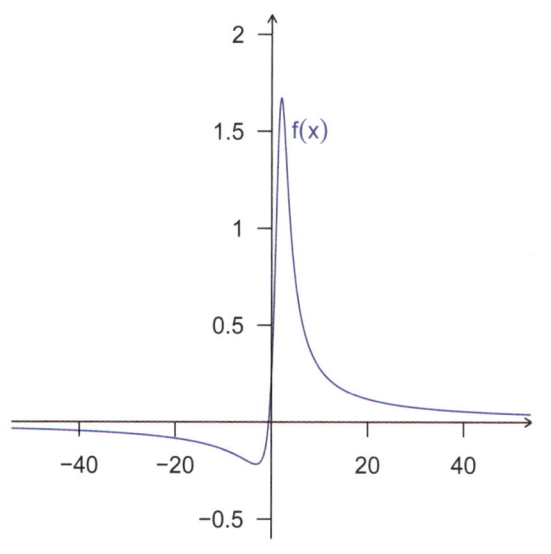

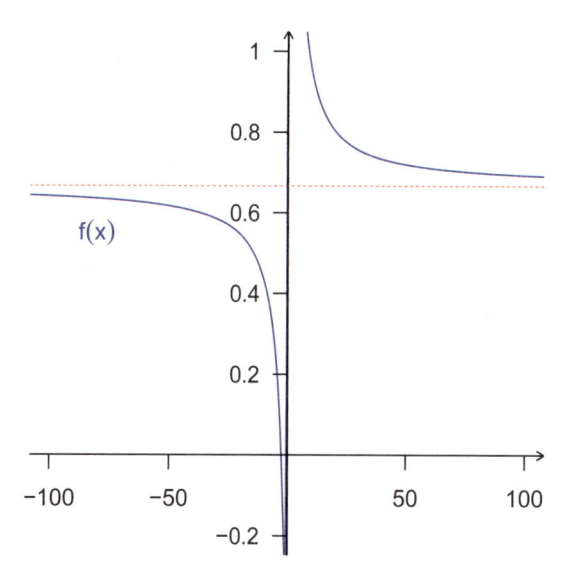

Abb. 13.25: Reelle Funktionen $f(x) = \frac{2x+1}{x^2-3x+5}$ (links) und $f(x) = \frac{2x^2+5x+1}{3x^2-4x+1}$ (rechts)

$x \mapsto f(x) = \sin\left(\frac{1}{x}\right)$ ebenfalls divergent, allerdings wachsen (fallen) ihre Funktionswerte nicht über (unter) alle Schranken (siehe Beispiel 13.51b)). Bei dieser Art von Divergenz spricht man von **unbestimmter Divergenz**.

Aufbauend auf der Definition für uneigentliche Grenzwerte von Folgen (vgl. Definition 11.20 in Abschnitt 11.4) werden die Begriffe bestimmte und unbestimmte Divergenz für reelle Funktionen durch die folgende Definition präzisiert:

> **Definition 13.49** (Uneigentlicher Grenzwert einer reellen Funktion)
>
> *Es seien $f: D \longrightarrow \mathbb{R}$ eine reelle Funktion und x_0 ein Häufungspunkt der Menge D. Dann heißt die Funktion f für $x \to x_0$ bestimmt divergent gegen ∞ (bzw. $-\infty$), wenn für jede Folge $(x_n)_{n \in \mathbb{N}} \subseteq D$ mit $x_n \neq x_0$ für alle $n \in \mathbb{N}$ und $\lim_{n \to \infty} x_n = x_0$ die Folge $(f(x_n))_{n \in \mathbb{N}}$ bestimmt divergent ist mit dem uneigentlichen Grenzwert ∞ (bzw. $-\infty$). Man schreibt dann*
>
> $$\lim_{x \to x_0} f(x) = \infty \, (-\infty) \quad oder \quad f(x) \to \infty \, (-\infty) \quad für$$
>
> $x \to x_0 \quad oder \quad f(x) \xrightarrow{x \to x_0} \infty \, (-\infty)$
>
> *und sagt, dass die Funktion f für $x \to x_0$ den uneigentlichen Grenzwert ∞ (bzw. $-\infty$) besitzt, und nennt x_0 eine Polstelle von f. Eine für $x \to x_0$ divergente Funktion, die nicht bestimmt divergent ist, heißt unbestimmt divergent für $x \to x_0$.*

Aus den beiden Definitionen 11.20 und 13.49 lässt sich leicht folgern, dass eine reelle Funktion $f: D \longrightarrow \mathbb{R}$ genau dann für $x \to x_0$ bestimmt divergent ist mit dem uneigentlichen Grenzwert ∞ (bzw. $-\infty$), wenn es zu jedem $c > 0$ ein $\delta > 0$ gibt, so dass $f(x) > c$ (bzw. $f(x) < -c$) für alle $x \in D$ mit $x \neq x_0$ und $0 < |x - x_0| < \delta$ gilt.

Für die einseitigen Grenzwertbetrachtungen $x \uparrow x_0$ und $x \downarrow x_0$ und die asymptotischen Grenzwertbetrachtungen $x \to \infty$ und $x \to -\infty$ werden die Begriffe bestimmte und unbestimmte Divergenz sowie uneigentlicher Grenzwert analog definiert. Für diese Grenzwertbetrachtungen sind analoge Schreib- und Sprechweisen üblich.

Besitzt eine reelle Funktion $f: D \longrightarrow \mathbb{R}$ für $x \uparrow x_0$ den uneigentlichen Grenzwert ∞ und für $x \downarrow x_0$ den uneigentlichen Grenzwert $-\infty$, d. h. gilt

$$\lim_{x \uparrow x_0} f(x) = \infty \quad und \quad \lim_{x \downarrow x_0} f(x) = -\infty,$$

dann wird x_0 als eine **Polstelle mit Polwechsel von ∞ auf $-\infty$** bezeichnet. Eine Polstelle mit Polwechsel von $-\infty$ auf ∞ ist analog definiert (vgl. Abbildung 13.26).

Es ist jedoch zu beachten, dass der Satz 13.41 mit den verschiedenen Rechenregeln für Grenzwerte reeller Funktionen im Allgemeinen für uneigentliche Grenzwerte keine Gültigkeit besitzt.

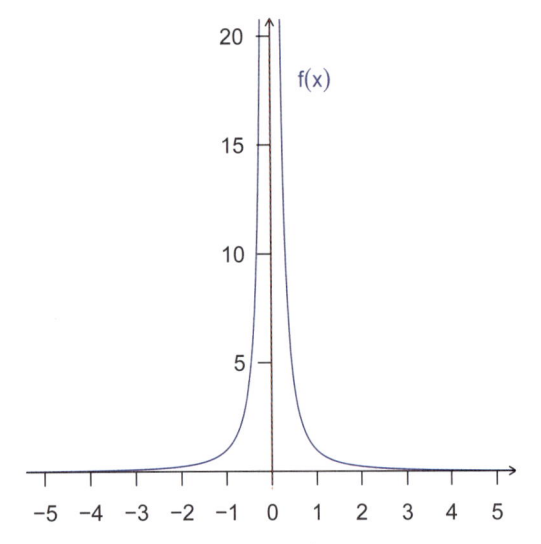

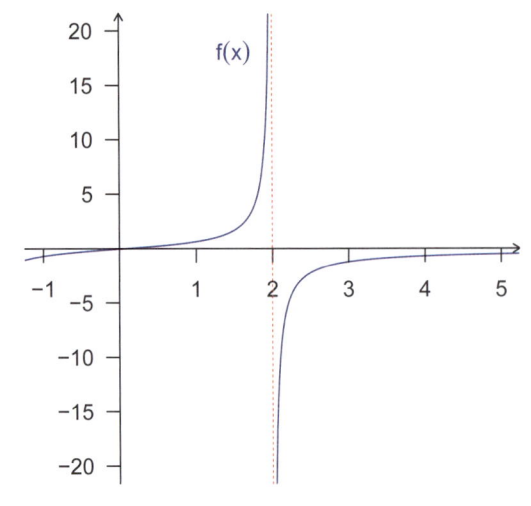

Abb. 13.26: Reelle Funktion $f(x) = \frac{1}{x^2}$ mit Polstelle ohne Polwechsel bei $x_0 = 0$ (links) und reelle Funktion $f(x) = \frac{-2x}{x^2-4}$ mit Polstelle bei $x_0 = 2$ und Polwechsel von ∞ auf $-\infty$ (rechts)

13.10 Grenzwerte von reellen Funktionen — Kapitel 13

Beispiel 13.50 (Uneigentliche Grenzwerte bei reellen Funktionen)

a) Die reelle Funktion $f : \mathbb{R} \setminus \{0\} \longrightarrow \mathbb{R}$, $x \mapsto f(x) = \frac{1}{x^2}$ ist für $x \to 0$ bestimmt divergent gegen ∞. Denn es gilt
$$\lim_{x \to 0} \frac{1}{x^2} = \infty.$$
Das heißt, $x_0 = 0$ ist eine Polstelle von f ohne Polwechsel (vgl. Abbildung 13.26, links).

b) Die Funktion $f : \mathbb{R} \setminus \{-2, 2\} \longrightarrow \mathbb{R}$, $x \mapsto f(x) = \frac{-2x}{x^2-4}$ ist für $x \uparrow 2$ (linksseitig) bestimmt divergent gegen ∞ und für $x \downarrow 2$ (rechtsseitig) bestimmt divergent gegen $-\infty$. Denn es gilt
$$\lim_{x \uparrow 2} \frac{-2x}{x^2-4} = \infty \quad \text{bzw.} \quad \lim_{x \downarrow 2} \frac{-2x}{x^2-4} = -\infty.$$
Das heißt, $x_0 = 2$ ist eine Polstelle von f mit Polwechsel (vgl. Abbildung 13.26, rechts).

c) Die reelle Funktion $f : \mathbb{R} \longrightarrow \mathbb{R}$, $x \mapsto f(x) = -3x^2 + 9$ ist für $x \to -\infty$ bestimmt divergent gegen $-\infty$. Denn offensichtlich gilt
$$\lim_{x \to -\infty} (-3x^2 + 9) = -\infty$$
(vgl. Abbildung 13.27, links).

d) Die reelle Funktion $f : \mathbb{R} \setminus \{0\} \longrightarrow \mathbb{R}$, $x \mapsto f(x) = \frac{x^2-4}{2x}$ ist für $x \to \infty$ bestimmt divergent gegen ∞. Denn es gilt
$$\lim_{x \to \infty} \frac{x^2-4}{2x} = \lim_{x \to \infty} \left(\frac{1}{2}x - \frac{2}{x} \right) = \infty$$
(vgl. Abbildung 13.27, rechts).

Die beiden reellen Funktionen f_1 und f_2 im folgenden Beispiel 13.51 sind Beispiele für reelle Funktionen, die für $x \to x_0$ mit $x_0 \in \mathbb{Z}$ bzw. für $x \to 0$ weder konvergent noch bestimmt divergent sind. Das heißt, diese beiden reellen Funktionen sind an diesen Stellen unbestimmt divergent und somit sind diese Stellen auch keine Polstellen.

Darüber hinaus wird sich in Beispiel 13.51b) zeigen, dass sich die reelle Funktion f_2 in jeder ε-Umgebung von $x_0 = 0$ dahingehend „chaotisch" verhält, dass sie für $x_0 \to 0$ jeden Wert zwischen -1 und 1 unendlich oft annimmt.

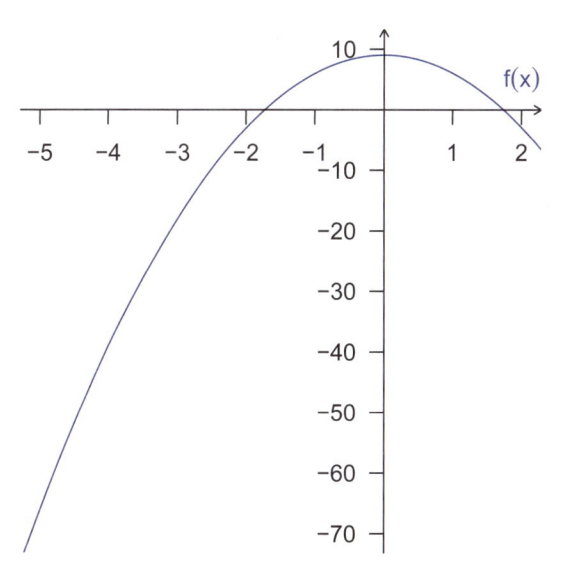

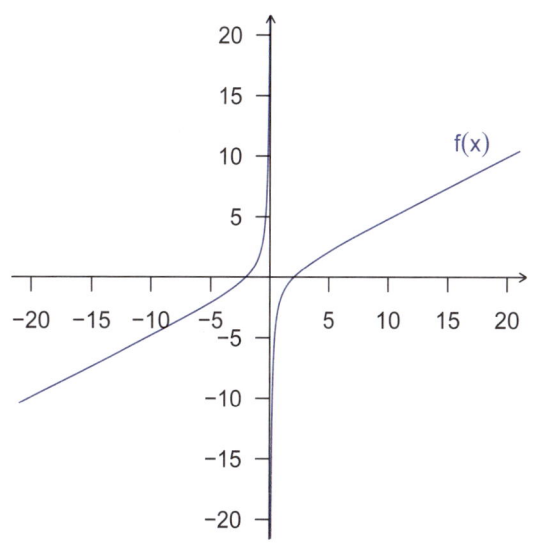

Abb. 13.27: Reelle Funktion $f(x) = -3x^2 + 9$ (links) und reelle Funktion $f(x) = \frac{x^2-4}{2x}$ (rechts)

Beispiel 13.51 (Unbestimmte Divergenz)

a) Die reelle Funktion $f_1: \mathbb{R} \longrightarrow \mathbb{R}, x \mapsto f_1(x) := \lfloor x \rfloor$ wird als **Entier-Funktion** bezeichnet, wobei $\lfloor x \rfloor := \max\{k \in \mathbb{Z} : k \leq x\}$ die nach dem deutschen Mathematiker *Carl Friedrich Gauß* (1777–1855) benannte **Gaußsche Klammer** ist. Die reelle Funktion f_1 ordnet einer reellen Zahl $x \in \mathbb{R}$ die größte ganze Zahl k zu, die kleiner oder gleich x ist. Die Funktion f_1 besitzt für $x \to x_0$ mit $x_0 \in \mathbb{R} \setminus \mathbb{Z}$ einen Grenzwert, denn für jeden nicht ganzzahligen Wert x_0 lässt sich eine ε-Umgebung $(x_0 - \varepsilon, x_0 + \varepsilon)$ angeben, so dass f_1 in dieser Umgebung konstant ist. Dagegen ist für ganzzahlige Werte $x_0 \in \mathbb{Z}$ die Funktion f_1 für $x \to x_0$ weder konvergent noch bestimmt divergent. Um dies nachzuweisen, genügt es zu zeigen, dass es eine Folge $(x_n)_{n \in \mathbb{N}}$ mit $x_n \neq x_0$ für alle $n \in \mathbb{N}$ und $\lim_{n \to \infty} x_n = x_0$ gibt, für die die Bildfolge $(f_1(x_n))_{n \in \mathbb{N}}$ unbestimmt divergent ist. Eine solche Folge ist z. B. gegeben durch $(x_n)_{n \in \mathbb{N}}$ mit $x_n = x_0 + \left(-\frac{1}{2}\right)^n$ für alle $n \in \mathbb{N}$. Denn für diese Folge gilt

$$f_1(x_n) = \begin{cases} x_0 & \text{für } n \text{ gerade} \\ x_0 - 1 & \text{für } n \text{ ungerade} \end{cases}.$$

Das heißt, die Bildfolge $(f_1(x_n))_{n \in \mathbb{N}}$ ist weder konvergent noch bestimmt divergent, da sie die beiden Häufungspunkte x_0 und $x_0 - 1$ besitzt. Die Funktion ist somit unbestimmt divergent für $x \to x_0$ (vgl. Abbildung 13.28, links).

b) Die reelle Funktion $f_2 : \mathbb{R} \setminus \{0\} \longrightarrow \mathbb{R}, x \mapsto f_2(x) = \sin\left(\frac{1}{x}\right)$ ist an der Stelle $x_0 = 0$ nicht definiert und für $x \to 0$ weder konvergent noch bestimmt divergent. Denn die Werte von f_2 oszillieren für $x \to 0$ ständig zwischen -1 und 1, wobei die Scheitel immer dichter aufeinander folgen. Um zu zeigen, dass f_2 für $x \to 0$ weder konvergent noch bestimmt divergent ist, genügt es wieder zu zeigen, dass es eine Folge $(x_n)_{n \in \mathbb{N}}$ mit $x_n \neq 0$ für alle $n \in \mathbb{N}$ und $\lim_{n \to \infty} x_n = 0$ gibt, für die die Bildfolge $(f_2(x_n))_{n \in \mathbb{N}}$ unbestimmt divergent ist. Eine solche Folge ist z. B. gegeben durch $(x_n)_{n \in \mathbb{N}}$ mit $x_n = \frac{1}{\frac{\pi}{2} + n\pi}$ für alle $n \in \mathbb{N}$. Denn für diese Folge gilt

$$f_2(x_n) = \sin\left(\frac{\pi}{2} + n\pi\right) = \begin{cases} 1 & \text{für gerades } n \\ -1 & \text{für ungerades } n \end{cases}.$$

Das heißt, die Bildfolge $(f_2(x_n))_{n \in \mathbb{N}}$ ist weder konvergent noch bestimmt divergent, da sie die beiden Häufungspunkte -1 und 1 besitzt. Die Funktion f_2 ist somit unbestimmt divergent für $x \to 0$. Analog kann man zeigen, dass f_2 auch jeden anderen Wert aus dem abgeschlossenen Intervall $[-1, 1]$ unendlich oft annimmt (vgl. Abbildung 13.28, rechts).

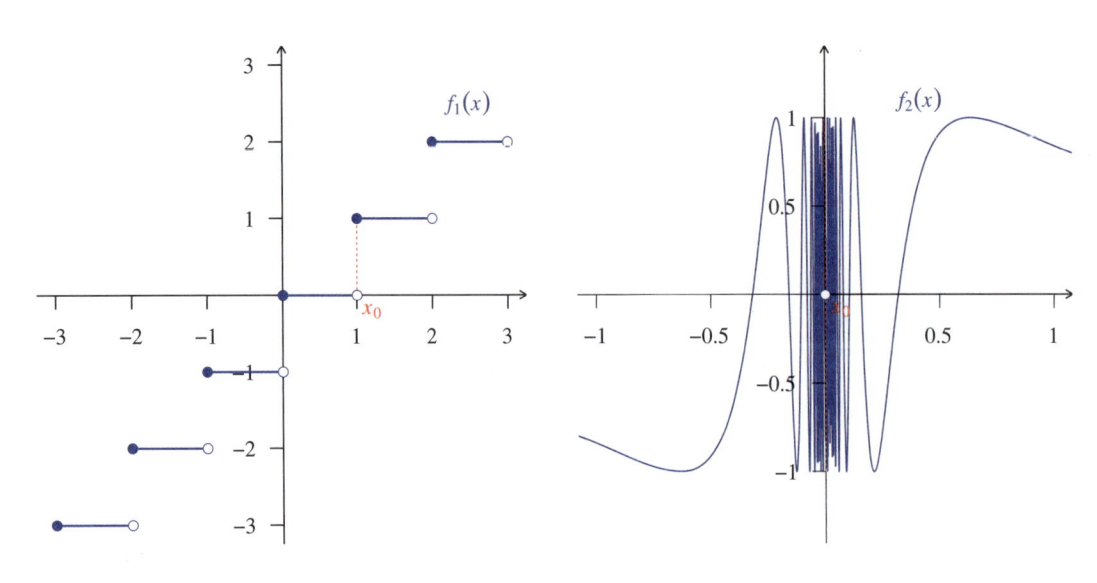

Abb. 13.28: Reelle Funktionen $f(x) = \lfloor x \rfloor$ (links) und $f(x) = \sin\left(\frac{1}{x}\right)$ (rechts)

13.11 Landau-Symbole

Die **Landau-Symbole** o (gelesen „klein o") und $\mathcal{O}$ (gelesen „groß O") sind nach dem deutschen Mathematiker *Edmund Landau* (1877–1938) benannt. Zusammen werden sie oftmals auch als **O-Notation** bezeichnet. In der Analysis dient die O-Notation zur Beschreibung der Schnelligkeit des asymptotischen Verhaltens von reellen Funktionen bei Annäherung an einen endlichen oder auch unendlichen Grenzwert. Die Landau-Symbole sind aber z. B. auch in der Wirtschaftsinformatik und im Operations Research (Unternehmensforschung, Ablauf- und Planungsforschung) zur Analyse und zum Vergleich der Komplexität von Algorithmen und Optimierungsproblemen ein verbreitetes Hilfsmittel.

E. Landau

Die Landau-Symbole o und $\mathcal{O}$ für die Grenzwertbetrachtung $x \to x_0$ sind wie folgt definiert:

> **Definition 13.52** (Landau-Symbole o und $\mathcal{O}$ für $x \to x_0$)
>
> *Es seien $f : D \longrightarrow \mathbb{R}$ und $g : D \longrightarrow \mathbb{R}$ zwei reelle Funktionen und $x_0 \in \mathbb{R}$ sei ein Häufungspunkt von D. Dann gilt:*
>
> a) *Gibt es eine ε-Umgebung U von x_0 mit $g(x) \neq 0$ für alle $x \in U \cap D \setminus \{x_0\}$ und $\lim_{x \to x_0} \frac{f(x)}{g(x)} = 0$, dann schreibt man $f(x) = o(g(x))$ für $x \to x_0$.*
>
> b) *Gibt es eine ε-Umgebung U von x_0 und ein $C > 0$ mit $g(x) \neq 0$ und*
>
> $$\left| \frac{f(x)}{g(x)} \right| \leq C$$
>
> *für alle $x \in U \cap D \setminus \{x_0\}$, dann schreibt man $f(x) = \mathcal{O}(g(x))$ für $x \to x_0$.*

Die Schreibweise $f(x) = \mathcal{O}(g(x))$ für $x \to x_0$ bedeutet, dass $f(x)$ betragsmäßig für $x \to x_0$ durch $C|g(x)|$ nach oben beschränkt ist. Man sagt dazu „$f(x)$ ist groß $\mathcal{O}$ von $g(x)$ für $x \to x_0$". Dagegen bedeutet $f(x) = o(g(x))$ für $x \to x_0$, dass $f(x)$ für $x \to x_0$ gegenüber $g(x)$ asymptotisch vernachlässigbar ist. Man sagt dazu „$f(x)$ ist klein o von $g(x)$ für $x \to x_0$" oder auch „$f(x)$ geht schneller gegen Null als $g(x)$ für $x \to x_0$". Aus $f(x) = o(g(x))$ für $x \to x_0$ folgt stets $f(x) = \mathcal{O}(g(x))$ für $x \to x_0$. Die Umkehrung gilt jedoch im Allgemeinen nicht. Die Buchstaben o und $\mathcal{O}$ sollen dabei an das Wort „Ordnung" und nicht an die Zahl „Null" erinnern.

Häufig werden auch die Schreibweisen

$$f(x) = h(x) + o(g(x)) \quad \text{für } x \to x_0 \quad \text{und}$$
$$f(x) = h(x) + \mathcal{O}(g(x)) \quad \text{für } x \to x_0 \qquad (13.14)$$

verwendet, falls $\lim_{x \to x_0} \frac{f(x)-h(x)}{g(x)} = 0$ bzw. $\left| \frac{f(x)-h(x)}{g(x)} \right| \leq C$ für ein $C > 0$ und alle $x \in U \cap D \setminus \{x_0\}$ gilt.

Für die einseitigen Grenzwertbetrachtungen $x \downarrow x_0$ und $x \uparrow x_0$ sowie die asymptotischen Grenzwertbetrachtungen $x \to \infty$ und $x \to -\infty$ werden die Landau-Symbole o und $\mathcal{O}$ analog definiert. Aus diesem Grund lässt man die Angabe der Art der Grenzwertbetrachtung auch häufig weg und schreibt dann einfach nur $f(x) = o(g(x))$ bzw. $f(x) = \mathcal{O}(g(x))$, wenn aus dem konkreten Zusammenhang klar hervorgeht, welche der Grenzwertbetrachtungen $x \to x_0$, $x \downarrow x_0$, $x \uparrow x_0$, $x \to \infty$ und $x \to -\infty$ gemeint ist. Wenn dies jedoch nicht der Fall ist, sollte die Art der Grenzwertbetrachtung konkret angegeben werden, da diese für die Gültigkeit der Aussage wesentlich ist. Zum Beispiel gilt $\frac{1}{x} = o\left(\frac{1}{\sqrt{x}}\right)$ für $x \to \infty$, nicht aber für $x \downarrow 0$.

Die Landau-Symbole o und $\mathcal{O}$ können sinngemäß auch für Grenzwertbetrachtungen $n \to \infty$ bei Folgen $(a_n)_{n \in \mathbb{N}_0}$ verwendet werden. Zum Beispiel bedeutet dann $a_n = o(1)$, dass $(a_n)_{n \in \mathbb{N}_0}$ eine Nullfolge und $a_n = \mathcal{O}(1)$, dass $(a_n)_{n \in \mathbb{N}_0}$ eine beschränkte Folge ist.

Bei Verwendung der Landau-Symbole ist jedoch auch Vorsicht geboten. Denn es handelt sich bei $f(x) = o(g(x))$ und $f(x) = \mathcal{O}(g(x))$ lediglich um symbolische Schreibweisen. In diesen Gleichungen ist keine der beiden Seiten durch die jeweils andere Seite bestimmt. Zum Beispiel folgt aus $f_1(x) = \mathcal{O}(g(x))$ und $f_2(x) = \mathcal{O}(g(x))$ nicht, dass f_1 und f_2 identisch sind.

> **Beispiel 13.53** (Landau-Symbole)
>
> a) $f(x) = \mathcal{O}(1)$ für $x \to x_0$ bedeutet, dass f für $x \to x_0$ (d. h. unmittelbar vor und nach x_0) betragsmäßig durch eine Konstante C nach oben beschränkt ist.

b) $f(x) = \mathcal{O}(\sqrt{x})$ für $x \to x_0$ bedeutet, dass f für $x \to x_0$ (d. h. unmittelbar vor und nach x_0) höchstens das gleiche Wachstum aufweist wie die Wurzelfunktion. Mit anderen Worten: Für $x \to x_0$ wächst f maximal auf das Doppelte, wenn sich das Argument x vervierfacht.

c) $f(x) = \mathcal{O}(x^2)$ für $x \to x_0$ bedeutet, dass f für $x \to x_0$ höchstens ein quadratisches Wachstum aufweist. Mit anderen Worten: Für $x \to x_0$ wächst f maximal auf das Vierfache, wenn sich das Argument x verdoppelt.

d) $f(x) = \mathcal{O}(e^x)$ für $x \to x_0$ bedeutet, dass f für $x \to x_0$ höchstens ein exponentielles Wachstum aufweist.

e) In Beispiel 13.43 wurde gezeigt, dass $\left|\frac{\sin(x)}{x}\right| \le 1$ für alle $x \in (-\frac{\pi}{2}, \frac{\pi}{2}) \setminus \{0\}$ gilt. In der Landau-Notation bedeutet dies $\sin(x) = \mathcal{O}(x)$ für $x \to 0$ oder $\frac{\sin(x)}{x} = \mathcal{O}(1)$ für $x \to 0$.

f) In Beispiel 13.43 wurde gezeigt, dass $\lim_{x \to 0} \frac{\sin(x)}{x} = 1$ gilt. Dies ist äquivalent zu
$$\lim_{x \to 0} \frac{\sin(x) - x}{x} = 0.$$
In der Landau-Notation bedeutet dies $\sin(x) - x = o(x)$ für $x \to 0$. Dafür schreibt man auch $\sin(x) = x + o(x)$ für $x \to 0$ (vgl. (13.14)).

g) Ist $f(x) = -3x^2 + 2x + x \ln(x)$, dann gilt
$$\lim_{x \to \infty} \frac{f(x)}{x^2} = \lim_{x \to \infty} \frac{-3x^2 + 2x + x \ln(x)}{x^2}$$
$$= \lim_{x \to \infty} \left(-3 + \frac{2}{x} + \frac{\ln(x)}{x}\right) = -3$$
und
$$\lim_{x \to \infty} \frac{f(x)}{x^3} = \lim_{x \to \infty} \left(-\frac{3}{x} + \frac{2}{x^2} + \frac{\ln(x)}{x^2}\right) = 0.$$
In der Landau-Notation bedeutet dies $f(x) = \mathcal{O}(x^2)$ für $x \to \infty$ und $f(x) = o(x^3)$ für $x \to \infty$. Dabei wurde berücksichtigt, dass $\ln(x) = o(x^a) = 0$ für $x \to \infty$ und alle $a > 0$ gilt. Dies folgt aus
$$\lim_{x \to \infty} \frac{\ln(x)}{x^a} = \lim_{x \downarrow 0} \frac{\ln(1/x)}{1/x^a}$$
$$= \lim_{x \downarrow 0} -\frac{\ln(x)}{1/x^a}$$
$$= -\lim_{x \downarrow 0} x^a \ln(x) = 0$$
für $a > 0$ (vgl. Beispiel 16.40a)).

13.12 Asymptoten und Näherungskurven

Bei der Untersuchung reeller Funktionen spielen oftmals **Asymptoten** und **Näherungskurven** eine wichtige Rolle. Unter einer Asymptote versteht man dabei eine vertikale oder horizontale Gerade $x = x_0$ bzw. $y = c$ und unter einer Näherungskurve eine reelle Funktion h, die einer gegebenen reellen Funktion $f: D \longrightarrow \mathbb{R}$ beliebig nahe kommt. Asymptoten und Näherungskurven werden insbesondere im Rahmen von Kurvendiskussionen (siehe Abschnitt 18.6) betrachtet.

Definition 13.54 (Asymptoten und Näherungskurven)

Es sei $f: D \longrightarrow \mathbb{R}$ eine reelle Funktion. Dann gilt:

a) Ist x_0 ein Häufungspunkt von D, dann wird die vertikale Gerade $x = x_0$ als vertikale Asymptote von f für $x \downarrow x_0$ oder $x \uparrow x_0$ bezeichnet, falls gilt
$$\lim_{x \downarrow x_0} f(x) = \infty \quad (oder -\infty) \quad bzw.$$
$$\lim_{x \uparrow x_0} f(x) = \infty \quad (oder -\infty).$$

b) Ist D nach unten oder oben unbeschränkt, dann wird die horizontale Gerade $y = c$ als horizontale Asymptote von f für $x \to -\infty$ bzw. für $x \to \infty$ bezeichnet, falls gilt
$$\lim_{x \to -\infty} f(x) = c \quad bzw. \quad \lim_{x \to \infty} f(x) = c.$$

c) Ist D nach unten oder oben unbeschränkt, dann wird eine reelle Funktion $h: D \longrightarrow \mathbb{R}$ als Näherungskurve von f für $x \to -\infty$ bzw. für $x \to \infty$ bezeichnet, falls gilt
$$\lim_{x \to -\infty} |f(x) - h(x)| = 0 \quad bzw.$$
$$\lim_{x \to \infty} |f(x) - h(x)| = 0. \quad (13.15)$$

Sehr oft handelt es sich bei Näherungskurven h um Polynome $\sum_{k=0}^{n} a_k x^k$ mit $a_n \ne 0$. Im speziellen Falle eines Polynoms 0-ten Grades, d. h. im Falle von $h(x) = a_0$, resultiert eine horizontale Asymptote. Im Falle eines Polynoms ersten Grades, d. h. im Falle einer Geraden $h(x) = a_0 + a_1 x$, spricht man häufig auch von einer **schiefen Asymptote**.

Näherungskurven in Form von Polynomen besitzen besonders für rationale Funktionen eine große Bedeutung (siehe Seiten 385f.).

13.12 Asymptoten und Näherungskurven — Kapitel 13

Hat eine reelle Funktion f sowohl für $x \downarrow x_0$ als auch für $x \uparrow x_0$ die vertikale Asymptote $x = x_0$, dann sagt man, dass f die vertikale Asymptote $x = x_0$ für $x \to x_0$ besitzt. Analog sagt man, dass f die horizontale Asymptote $y = c$ oder die Näherungskurve h für $|x| \to \infty$ besitzt, falls $y = c$ bzw. h sowohl für $x \to -\infty$ als auch für $x \to \infty$ eine horizontale Asymptote bzw. eine Näherungskurve von f ist.

Mit Hilfe des Landau-Symbols o lässt sich Gleichung (13.15) auch in der Form $f(x) = h(x) + o(1)$ für $x \to -\infty$ bzw. $x \to \infty$ schreiben.

Beispiel 13.55 (Asymptoten und Näherungskurven)

a) Die reelle Funktion f mit der Zuordnungsvorschrift
$$f(x) = \frac{2x+1}{x^2 - 3x + 5}$$
besitzt für $|x| \to \infty$ die horizontale Asymptote $y = 0$ und die reelle Funktion g mit der Zuordnungsvorschrift
$$g(x) = \frac{2x^2 + 5x + 1}{3x^2 - 4x + 1}$$
besitzt für $|x| \to \infty$ die horizontale Asymptote $y = \frac{2}{3}$. Denn es gilt
$$\lim_{|x|\to\infty} \frac{2x+1}{x^2-3x+5} = 0 \quad \text{und} \quad \lim_{|x|\to\infty} \frac{2x^2+5x+1}{3x^2-4x+1} = \frac{2}{3}$$
(vgl. Beispiel 13.48).

b) Die reelle Funktion f mit der Zuordnungsvorschrift $f(x) = \frac{1}{x^2}$ besitzt für $x \to 0$ die vertikale Asymptote $x = 0$ und die reelle Funktion g mit der Zuordnungsvorschrift $g(x) = \frac{-2x}{x^2 - 4}$ besitzt für $x \to 2$ die vertikale Asymptote $x = 2$. Denn es gilt
$$\lim_{x\to 0} \frac{1}{x^2} = \infty \quad \text{und}$$
$$\lim_{x\uparrow 2} \frac{-2x}{x^2 - 4} = \infty \quad \text{bzw.} \quad \lim_{x\downarrow 2} \frac{-2x}{x^2 - 4} = -\infty$$
(vgl. Beispiel 13.50a) und b)).

c) Die reelle Funktion f mit der Zuordnungsvorschrift $f(x) = 4x + \frac{5}{x} - 3$ besitzt für $x \to 0$ die vertikale Asymptote $x = 0$ und für $|x| \to \infty$ die Näherungskurve (schiefe Asymptote) $h(x) = 4x - 3$. Denn es gilt
$$\lim_{x\uparrow 0} \left(4x + \frac{5}{x} - 3\right) = -\infty \quad \text{und}$$
$$\lim_{x\downarrow 0} \left(4x + \frac{5}{x} - 3\right) = \infty$$
bzw.
$$\lim_{|x|\to\infty} |f(x) - h(x)| = \lim_{|x|\to\infty} \left|\frac{5}{x}\right| = 0$$
(vgl. Abbildung 13.29, links).

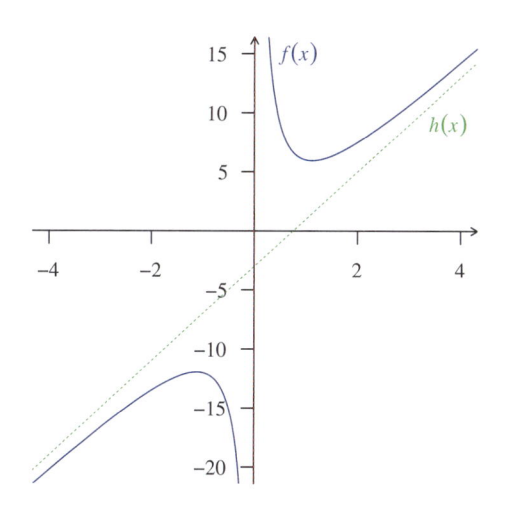

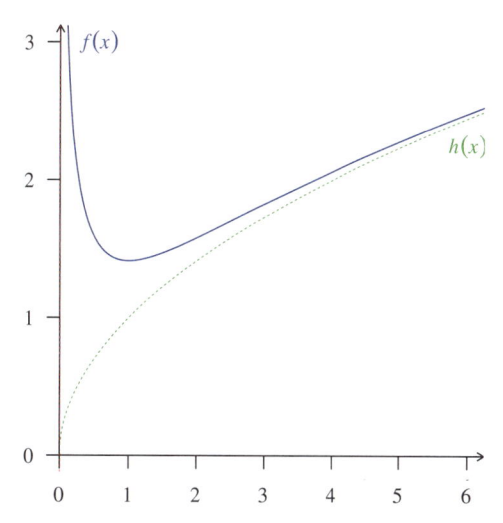

Abb. 13.29: Reelle Funktion $f(x) = 4x + \frac{5}{x} - 3$ mit vertikaler Asymptote $x = 0$ und schiefer Asymptote $h(x) = 4x - 3$ (links) und reelle Funktion $f(x) = \sqrt{x + \frac{1}{x}}$ mit vertikaler Asymptote $x = 0$ und Näherungskurve $h(x) = \sqrt{x}$ (rechts)

d) Die reelle Funktion f mit der Zuordnungsvorschrift $f(x) = \sqrt{x + \frac{1}{x}}$ besitzt für $x \downarrow 0$ die vertikale Asymptote $x = 0$ und für $x \to \infty$ die Näherungskurve $h(x) = \sqrt{x}$. Denn es gilt

$$\lim_{x \downarrow 0} \sqrt{x + \frac{1}{x}} = \infty$$

bzw.

$$\lim_{x \to \infty} |f(x) - h(x)|$$

$$= \lim_{x \to \infty} \left| \frac{\left(\sqrt{x + \frac{1}{x}} - \sqrt{x}\right)\left(\sqrt{x + \frac{1}{x}} + \sqrt{x}\right)}{\sqrt{x + \frac{1}{x}} + \sqrt{x}} \right|$$

$$= \lim_{x \to \infty} \left| \frac{\frac{1}{x}}{\sqrt{x + \frac{1}{x}} + \sqrt{x}} \right| = 0$$

(vgl. Abbildung 13.29, rechts).

Kapitel 14

Spezielle reelle Funktionen

14.1 Polynome

Eine besonders einfache und bedeutende Klasse von reellen Funktionen sind die sogenannten **Polynome**, die auch als **ganz-rationale Funktionen** bezeichnet werden. Wie sich im weiteren Verlauf dieses Lehrbuches noch mehrfach zeigen wird, besitzen Polynome viele gute mathematische Eigenschaften und sind deshalb besonders leicht analytisch handhabbar.

Darüber hinaus zeichnen sich Polynome durch eine große Flexibilität aus und es gibt verschiedene Möglichkeiten, deutlich kompliziertere Funktionen durch Polynome beliebig gut zu approximieren (siehe hierzu den Abschnitt 17.1 und das Kapitel 27).

Polynome spielen aber nicht nur in der Analysis, sondern auch in der linearen Algebra eine zentrale Rolle. Zum Beispiel sind viele Eigenschaften einer Matrix durch die Eigenschaften ihres sogenannten **charakteristischen Polynoms** festgelegt (siehe hierzu Definition 10.5 in Abschnitt 10.1).

> **Definition 14.1** (Polynom n-ten Grades)
>
> *Eine reelle Funktion $p\colon D \subseteq \mathbb{R} \longrightarrow \mathbb{R}$ mit*
>
> $$p(x) = a_n x^n + a_{n-1} x^{n-1} + \ldots + a_2 x^2 + a_1 x + a_0$$
> $$= \sum_{k=0}^{n} a_k x^k \qquad (14.1)$$
>
> *und $a_0, a_1, \ldots, a_n \in \mathbb{R}$, $n \in \mathbb{N}_0$ sowie $a_n \neq 0$ heißt Polynom (ganz-rationale Funktion) n-ten Grades. Die reellen Zahlen $a_0, a_1, \ldots, a_n \in \mathbb{R}$ werden als Koeffizienten und a_n wird als Leitkoeffizient des Polynoms bezeichnet. Gilt $a_n = 1$, dann heißt das Polynom normiert. Der höchste Exponent n des Polynoms wird Grad des Polynoms genannt und mit $\mathrm{Grad}(p) := n$ bezeichnet.*

Bei einem Polynom sind alle Exponenten Zahlen aus $\mathbb{N}_0$. Polynome können daher prinzipiell auf ganz $\mathbb{R}$ definiert werden. Wenn als Definitionsbereich eines Polynoms ganz $\mathbb{R}$ zugelassen sein soll, verzichtet man oft auch auf die explizite Angabe des Definitionsbereichs D und gibt lediglich die Zuordnungsvorschrift an.

Ein Polynom, das nur aus einem Glied besteht, d. h. von der Form $p(x) = a_k x^k$ ist mit $k \in \mathbb{N}_0$ und $a_k \neq 0$, wird als **Monom k-ten Grades** und ein Polynom mit $a_0 = a_1 = \ldots = a_n = 0$ wird als **Nullpolynom** bezeichnet. Das heißt, das Nullpolynom ist die konstante Funktion $p(x) = 0$ für alle $x \in \mathbb{R}$. Dem Nullpolynom wird der Grad $-\infty$ zugewiesen (vgl. Abbildung 14.1, rechts).

Für Polynome mit einem der Grade $n = 0, 1, 2, 3$ und 4 existieren eigene Bezeichnungen. Genauer gilt:

- $n = 0$ führt zu **konstanten** Funktionen (z. B. $p(x) = -1$)
- $n = 1$ führt zu **affin-linearen** Funktionen (z. B. $p(x) = 2x + 3$)
- $n = 2$ führt zu **quadratischen** Funktionen (z. B. $p(x) = -3x^2 + \frac{5}{2}x - 1$)
- $n = 3$ führt zu **kubischen** Funktionen (z. B. $p(x) = \frac{1}{7}x^3 + x^2 + \frac{1}{3}x + \frac{1}{2}$)
- $n = 4$ führt zu **quartischen** Funktionen (z. B. $p(x) = -5x^4 + x^3 - \frac{1}{6}x^2 + 4x + \frac{3}{7}$)

Ferner wird in einem Polynom der Form (14.1) der Koeffizient a_0 **Absolutglied** und die Monome $a_1 x, a_2 x^2, a_3 x^3$ und $a_4 x^4$ werden **lineares**, **quadratisches**, **kubisches** bzw. **quartisches** Glied genannt.

> **Beispiel 14.2** (Polynome)
>
> a) Die reelle Funktion $p\colon \mathbb{R} \longrightarrow \mathbb{R}$, $p(x) = \frac{1}{2}x^5 - 3x^4 + \frac{9}{2}x^3 - \frac{1}{2}x^2 - 4x + \frac{13}{2}$ ist ein Polynom 5-ten Grades mit dem Leitkoeffizienten $\frac{1}{2}$ und den weiteren Koeffizienten $-3, \frac{9}{2}, -\frac{1}{2}, -4$ und $\frac{13}{2}$ (vgl. Abbildung 14.1, links).
>
> b) Die reelle Funktion $q\colon \mathbb{R} \longrightarrow \mathbb{R}$, $q(x) = x^3 - x^2 + 5x + 3$ ist ein normiertes Polynom dritten Grades mit dem Leitkoeffizient 1 und den weiteren drei Koeffizienten $-1, 5$ und 3 (vgl. Abbildung 14.1, links).

Eigenschaften von Polynomen

Polynome besitzen viele wünschenswerte Eigenschaften. Eine dieser Eigenschaften ist, dass die Summe, die Differenz und das Produkt zweier Polynome p_1 und p_2 wieder ein Polynom liefern. Genauer gilt: Sind p_1 und p_2 zwei Polynome vom Grad n bzw. m mit $n \leq m$, dann sind auch die reellen Funktionen $p_1 + p_2$, $p_1 - p_2$ und $p_1 p_2$ wieder Polynome und für deren Grad gilt

$$\mathrm{Grad}(p_1 + p_2) \leq m, \ \mathrm{Grad}(p_1 - p_2) \leq m \quad \text{bzw.}$$
$$\mathrm{Grad}(p_1 p_2) = n + m.$$

Für $n < m$ gilt sogar $\mathrm{Grad}(p_1 + p_2) = \mathrm{Grad}(p_1 - p_2) = m$.

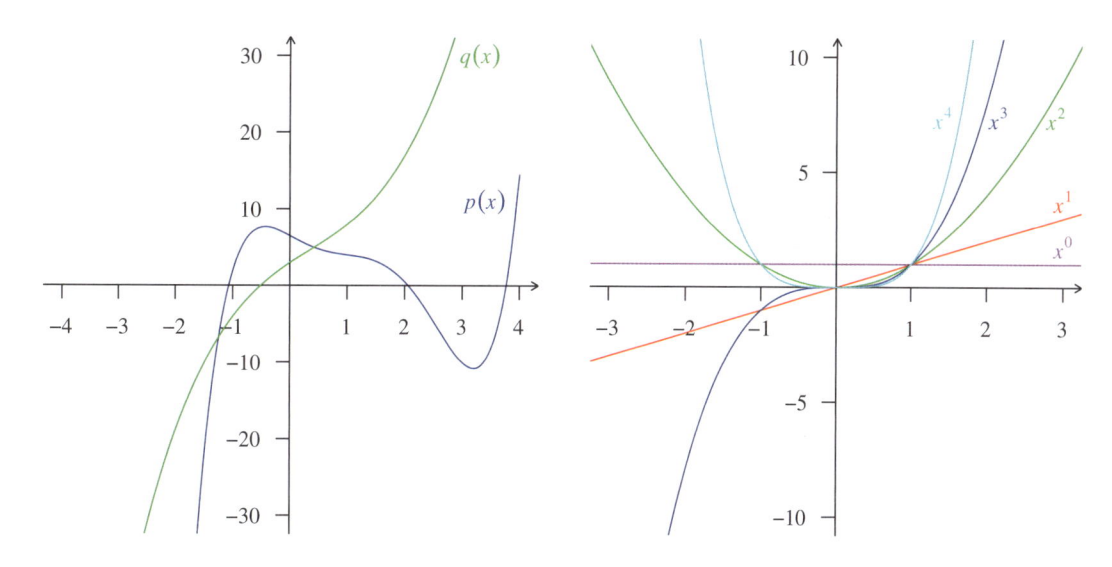

Abb. 14.1: Polynome $p(x) = \frac{1}{2}x^5 - 3x^4 + \frac{9}{2}x^3 - \frac{1}{2}x^2 - 4x + \frac{13}{2}$ und $q(x) = x^3 - x^2 + 5x + 3$ (links) und Monome $p(x) = x^n$ für $n = 0, 1, 2, 3, 4$ (rechts)

In Beispiel 13.27a) und b) wurde ferner bereits gezeigt, dass ein Polynom mit ausschließlich geraden Exponenten gerade, d. h. achsensymmetrisch zur Ordinate, und ein Polynom mit ausschließlich ungeraden Exponenten ungerade, d. h. punktsymmetrisch zum Ursprung $(0, 0)$, ist.

Der folgende Satz besagt, dass ein Polynom n-ten Grades durch seine $n + 1$ Koeffizienten bereits eindeutig bestimmt ist:

Satz 14.3 (Eindeutigkeitssatz für Polynome)

Es seien $p(x) = \sum_{k=0}^{n} a_k x^k$ und $q(x) = \sum_{k=0}^{n} b_k x^k$ zwei Polynome n-ten Grades. Dann gilt $p(x) = q(x)$ für alle $x \in \mathbb{R}$ genau dann, wenn $a_k = b_k$ für alle $k = 0, 1, \ldots, n$ gilt.

Beweis: Aus $a_k = b_k$ für alle $k = 0, 1, \ldots, n$ erhält man unmittelbar, dass $p(x) = q(x)$ für alle $x \in \mathbb{R}$ gilt. Umgekehrt folgt aus $p(x) = q(x)$ für alle $x \in \mathbb{R}$ für $x = 0$ sofort $a_0 = b_0$. Nach Kürzung von $x \neq 0$ liefert dies insbesondere $a_1 + a_2 x + \ldots + a_n x^{n-1} = b_1 + b_2 x + \ldots + b_n x^{n-1}$ für alle $x \neq 0$. Da jedoch $x \neq 0$ betragsmäßig beliebig klein sein kann, impliziert dies auch $a_1 = b_1$ usw. ∎

Beispiel 14.4 (Anwendung des Eindeutigkeitssatzes)

a) Die beiden Polynome $p(x) = x^4 + 3x^2 + 7x + 2$ und $q(x) = cx^4 + (3d + e)x^3 + 3x^2 + fx + g$ stimmen genau dann überein, wenn $c = 1$, $3d + e = 0$, $f = 7$ und $g = 2$ gilt.

b) Für das Polynom $p(x) = x^3 + ax^2 + bx + c$ gelte $p(x) = (x - x_0)(x - x_1)(x - x_2)$ für alle $x \in \mathbb{R}$ mit $x_0, x_1, x_2 \in \mathbb{R}$. Durch Ausmultiplizieren der rechten Seite und Koeffizientenvergleich erhält man, dass für die Koeffizienten a, b und c

$$a = -(x_0 + x_1 + x_2), \quad b = x_0 x_1 + x_1 x_2 + x_0 x_2 \quad \text{und}$$
$$c = -x_0 x_1 x_2$$

gelten muss.

Ein Polynom 0-ten Grades ist eine konstante und deshalb auf ganz $\mathbb{R}$ eine beschränkte Funktion. Ein auf ganz $\mathbb{R}$ definiertes Polynom $p(x) = a_n x^n + a_{n-1} x^{n-1} + \ldots + a_2 x^2 + a_1 x + a_0$ vom Grad $n \geq 1$ ist jedoch offensichtlich stets eine unbeschränkte Funktion (vgl. auch Abbildung 14.1) und wegen

$$p(x) = a_n x^n \left(\frac{a_0}{a_n x^n} + \frac{a_1}{a_n x^{n-1}} + \ldots + \frac{a_{n-1}}{a_n x} + 1 \right)$$

	n **gerade**	n **ungerade**
a_n **positiv**	p rechts und links nach oben unbeschränkt	p rechts nach oben und links nach unten unbeschränkt
a_n **negativ**	p rechts und links nach unten unbeschränkt	p rechts nach unten und links nach oben unbeschränkt

Tabelle 14.1: Verhalten des Graphen eines Polynoms $p\colon \mathbb{R} \longrightarrow \mathbb{R}$ für betragsmäßig große x-Werte in Abhängigkeit des Leitkoeffizienten a_n und des Grades n

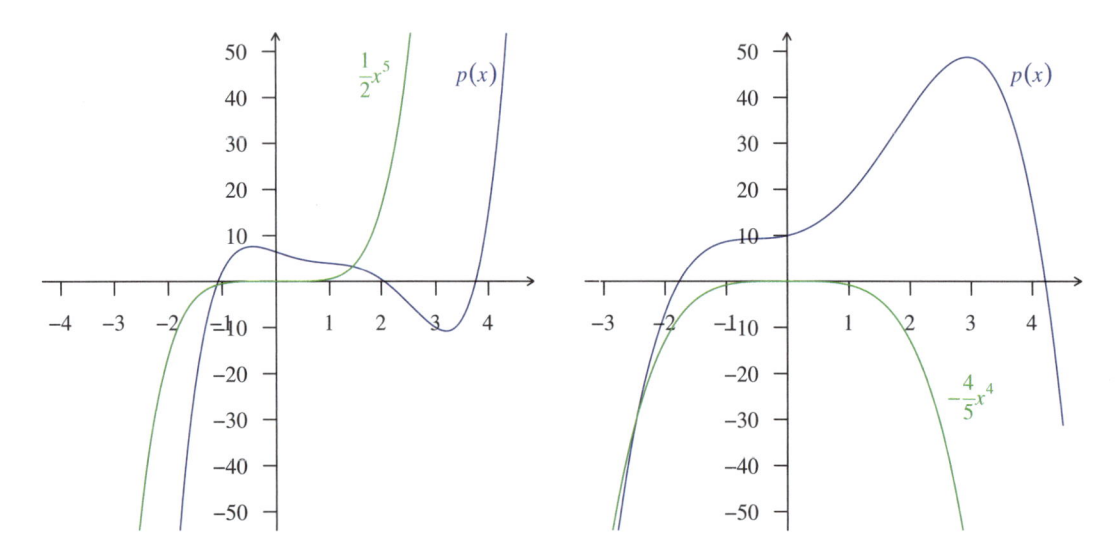

Abb. 14.2: Polynom $p(x) = \frac{1}{2}x^5 - 3x^4 + \frac{9}{2}x^3 - \frac{1}{2}x^2 - 4x + \frac{13}{2}$ und Monom $\frac{1}{2}x^5$ (links) sowie Polynom $p(x) = -\frac{4}{5}x^4 + 2x^3 + \frac{9}{2}x^2 + 3x + 10$ und Monom $-\frac{4}{5}x^4$ (rechts)

für $a_n \neq 0$ nähert sich der Graph von p für betragsmäßig große x-Werte dem Graphen des Monoms $a_n x^n$ an. Das heißt, es gilt

$$\lim_{|x| \to \infty} \left| \frac{p(x)}{a_n x^n} - 1 \right| = 0$$

und die grundsätzliche Gestalt des Graphen von p ist somit für betragsmäßig große x-Werte durch das Vorzeichen des Leitkoeffizienten a_n und durch den Grad des Polynoms (d. h. insbesondere dadurch, ob n gerade oder ungerade ist) bestimmt. Die Tabelle 14.1 gibt das Verhalten des Graphen eines Polynoms $p\colon \mathbb{R} \longrightarrow \mathbb{R}$ für betragsmäßig große x-Werte in Abhängigkeit des Leitkoeffizienten a_n und des Grades n an (vgl. auch Abbildung 14.2).

Polynomdivision

In einigen Anwendungen ist es hilfreich oder sogar erforderlich, ein Polynom p durch ein anderes Polynom q mit $0 \leq \text{Grad}(q) \leq \text{Grad}(p)$ zu dividieren. Das dazu benötigte Rechenverfahren wird als **Polynomdivision** bezeichnet und liefert eine eindeutige Zerlegung der Form

$$\frac{p(x)}{q(x)} = h(x) + \frac{r(x)}{q(x)}$$

mit einem Polynom h und einem sogenannten **Restpolynom** r. Genauer gilt:

Satz 14.5 (Polynomdivision)

Es seien p und q zwei Polynome mit $0 \leq \text{Grad}(q) \leq \text{Grad}(p)$. Dann besitzt $\frac{p(x)}{q(x)}$ die eindeutige Darstellung

$$\frac{p(x)}{q(x)} = h(x) + \frac{r(x)}{q(x)}, \tag{14.2}$$

wobei h und r Polynome mit $\text{Grad}(h) = \text{Grad}(p) - \text{Grad}(q)$ bzw. $\text{Grad}(r) < \text{Grad}(q)$ sind.

Beweis: Die Polynome p und q seien gegeben durch $p(x) := \sum_{k=0}^{n} a_k x^k$ und $q(x) := \sum_{k=0}^{m} b_k x^k$ mit $n \geq m$ und $a_n, b_m \neq 0$. Dann gilt

$$\frac{p(x)}{q(x)} = \frac{a_n}{b_m} x^{n-m} + \frac{p_1(x)}{q(x)}$$

mit dem Polynom $p_1(x) := p(x) - \frac{a_n}{b_m} x^{n-m} q(x)$, welches einen kleineren Grad als p besitzt, da sich der Term $a_n x^n$ herauskürzt. Gilt $\mathrm{Grad}(p_1) < \mathrm{Grad}(q)$, dann ist die Division mit Rest bereits beendet. Andernfalls, d. h. wenn $p_1(x) = c_k x^k + c_{k-1} x^{k-1} + \ldots + c_1 x + c_0$ mit $c_k \neq 0$ und $k \geq \mathrm{Grad}(q)$ gilt, wiederholt man den Rechenschritt für $\frac{p_1(x)}{q(x)}$ und erhält

$$\frac{p(x)}{q(x)} = \frac{a_n}{b_m} x^{n-m} + \frac{c_k}{b_m} x^{k-m} + \frac{p_2(x)}{q(x)}$$

mit $p_2(x) := p_1(x) - \frac{c_k}{b_m} x^{k-m} q(x)$ usw. Auf diese Weise resultiert nach endlich vielen Schritten die Darstellung (14.2) und durch Koeffizientenvergleich erhält man, dass diese Darstellung auch eindeutig ist. ■

Ein wichtiger Spezialfall der Polynomdivision liegt vor, wenn ein Polynom p mit dem Grad n durch ein Polynom der Form $x - x_0$, d. h. einen sogenannten **Linearfaktor**, dividiert wird.

Das folgende Beispiel zeigt, dass die Polynomdivision völlig analog zur Division zweier ganzer Zahlen mit Rest erfolgt:

Beispiel 14.6 (Polynomdivision)

a) Das Polynom $p(x) = x^5 + x^4 + x^3 + x^2 + x + 1$ soll durch das Polynom $q(x) = x^3 + 1$ dividiert werden. Durch Polynomdivision erhält man

$$
\begin{array}{l}
(x^5 + x^4 + x^3 + x^2 + x + 1) : (x^3 + 1) = x^2 + x + 1 \\
\underline{-x^5 - x^2} \\
x^4 + x^3 + x \\
\underline{-x^4 - x} \\
x^3 + 1 \\
\underline{-x^3 - 1} \\
0
\end{array}
$$

Das heißt, bei der Division von p durch q bleibt kein Rest und für das Restpolynom gilt somit $r(x) = 0$.

---

b) Das Polynom $p(x) = 12x^4 + x^3 - 5x^2 + 4x - 5$ soll durch das Polynom $q(x) = 3x^2 + x - 2$ dividiert werden. Durch Polynomdivision erhält man

$$
\begin{array}{l}
(12x^4 + x^3 - 5x^2 + 4x - 5) : (3x^2 + x - 2) = 4x^2 - x + \frac{4}{3} \\
\underline{-12x^4 - 4x^3 + 8x^2} +\frac{\frac{2}{3}x - \frac{7}{3}}{3x^2 + x - 2} \\
 -3x^3 + 3x^2 + 4x \\
\underline{ 3x^3 + x^2 - 2x} \\
 4x^2 + 2x - 5 \\
\underline{ -4x^2 - \frac{4}{3}x + \frac{8}{3}} \\
 \frac{2}{3}x - \frac{7}{3}
\end{array}
$$

Das heißt, bei der Division von p durch q bleibt ein Rest, und das Restpolynom ist gegeben durch $r(x) = \frac{2}{3} x - \frac{7}{3}$.

Nullstellen von Polynomen

Es sei p_n ein Polynom vom Grad $n \geq 1$. Dann folgt mit Satz 14.5, dass eine reelle Zahl x_1 genau dann eine Nullstelle von p_n ist, wenn es ein Polynom p_{n-1} vom Grad $n - 1$ mit der Eigenschaft

$$p_n(x) = (x - x_1) p_{n-1}(x)$$

gibt. Mit anderen Worten: ein $x_1 \in \mathbb{R}$ ist genau dann eine Nullstelle des Polynoms p_n, wenn p_n ohne Rest durch den Linearfaktor $x - x_1$ dividiert werden kann. Das Resultat der Polynomdivision ist dann ein Polynom vom Grad $n - 1$.

Der Linearfaktor $x - x_1$ kann jedoch durchaus mehrfach in p_n vorkommen. Nämlich dann, wenn auch $p_{n-1}(x_1) = 0$ gilt und deshalb p_{n-1} von der Form $p_{n-1}(x) = (x - x_1) p_{n-2}(x)$ ist. Man bezeichnet daher allgemein ein $x_1 \in \mathbb{R}$ als **Nullstelle** oder **Wurzel der Ordnung** (**Vielfachheit**) k des Polynoms p_n, wenn der Linearfaktor $x - x_1$ genau k-mal in p_n aufgeht. Das heißt, wenn es ein Polynom p_{n-k} vom Grad $n - k$ mit der Eigenschaft

$$p_n(x) = (x - x_1)^k p_{n-k}(x) \quad \text{und} \quad p_{n-k}(x_1) \neq 0 \quad (14.3)$$

gibt. Da jedoch jede weitere Nullstelle $x_2 \neq x_1$ von p_n offensichtlich auch eine Nullstelle des Polynoms p_{n-k} sein muss, erhält man analog

$$p_{n-k}(x) = (x - x_2)^l p_{n-k-l}(x),$$

wobei l die Vielfachheit von x_2 und p_{n-k-l} ein Polynom vom Grad $n - k - l$ mit $p_{n-k-l}(x_2) \neq 0$ ist usw. Diese Überlegungen führen zum folgenden **Faktorisierungssatz** für Polynome:

Satz 14.7 (Faktorisierungssatz über $\mathbb{R}$ für reelle Polynome)

Es sei p ein Polynom n-ten Grades mit $n \geq 1$ und $x_1, \ldots, x_r$ seien die verschiedenen reellen Nullstellen von p mit der jeweiligen Vielfachheit $l_1, \ldots, l_r$. Dann besitzt p die Faktorisierung

$$p(x) = (x-x_1)^{l_1}(x-x_2)^{l_2}\cdots(x-x_r)^{l_r} q(x), \quad (14.4)$$

wobei q ein Polynom vom Grad $n - \sum_{i=1}^{r} l_i$ ist, das keine reellen Nullstellen besitzt. Insbesondere gilt, dass p höchstens n Nullstellen besitzt.

Beweis: Durch wiederholte Anwendung von (14.3) erhält man die Faktorisierung (14.4). Die Behauptung, dass p höchstens n Nullstellen besitzt, folgt aus der Tatsache, dass für die Anzahl der Nullstellen $\sum_{i=1}^{r} l_i = n - \text{Grad}(q) \leq n$ gilt. ∎

Beispiel 14.8 (Anwendung des Faktorisierungssatzes über $\mathbb{R}$)

a) Das Polynom

$$p(x) = x^5 - 5x^4 + 14x^3 - 22x^2 + 17x - 5$$
$$= (x-1)^3(x^2 - 2x + 5)$$

besitzt bei $x_1 = 1$ eine dreifache Nullstelle und sonst keine weiteren reellen Nullstellen. Denn das Restpolynom $q(x) = (x^2 - 2x + 5)$ besitzt wegen $(x^2 - 2x + 5) = (x-1)^2 + 4 > 0$ für alle $x \in \mathbb{R}$ keine reellen Nullstellen (vgl. Abbildung 14.3, links).

b) Das Polynom $p(x) = (x-1)^2(x+4)^3(x-17)(x^2+1)(x^2+x+4)$ besitzt die zweifache Nullstelle $x_1 = 1$, die 3-fache Nullstelle $x_2 = -4$, die einfache Nullstelle $x_3 = 17$ und sonst keine weiteren Nullstellen in $\mathbb{R}$. Denn das Restpolynom $q(x) = (x^2+1)(x^2+x+4)$ besitzt wegen $(x^2+1)(x^2+x+4) > 0$ für alle $x \in \mathbb{R}$ keine reellen Nullstellen.

Der Faktorisierungssatz 14.7 bezieht sich ausschließlich auf die reellen Nullstellen eines Polynoms p. Denn das Restpolynom q besitzt für $\sum_{i=1}^{r} l_i < n$ nur noch **komplexe Nullstellen** und kann nicht weiter in Faktoren $(x-x_i)^{l_i}$ mit $x_i \in \mathbb{R}$ zerlegt werden. Die Nullstellen eines Polynoms $p(x) = a_n x^n + a_{n-1} x^{n-1} + \ldots + a_2 x^2 + a_1 x + a_0$ vom Grad $n \geq 1$ mit $a_n \neq 0$ sind jedoch nichts anderes als die Lösungen der algebraischen Gleichung

$$a_n x^n + a_{n-1} x^{n-1} + \ldots + a_2 x^2 + a_1 x + a_0 = 0.$$

Mit dem Fundamentalsatz der Algebra 4.2 folgt daher, dass über der Menge $\mathbb{C}$ der komplexen Zahlen das Polynom p genau n (nicht notwendigerweise verschiedene) Nullstellen besitzt. Das heißt, wenn auch komplexe Nullstellen zugelassen werden, dann gilt für reelle Polynome der folgende Faktorisierungssatz:

Satz 14.9 (Faktorisierungssatz über $\mathbb{C}$ für reelle Polynome)

Es sei p ein Polynom n-ten Grades mit $n \geq 1$ und $x_1, \ldots, x_r$ seien die verschiedenen komplexen Nullstellen von p mit der jeweiligen Vielfachheit $l_1, \ldots, l_r$. Dann besitzt p die Faktorisierung

$$p(x) = a_n(x-x_1)^{l_1}(x-x_2)^{l_2}\cdots(x-x_r)^{l_r}, \quad (14.5)$$

wobei $\sum_{i=1}^{r} l_i = n$ gilt.

Beweis: Siehe Ausführungen vor Satz 14.9. ∎

Beispiel 14.10 (Anwendung des Faktorisierungssatzes über $\mathbb{C}$)

a) Das Polynom $p(x) = x^2 + 1$ besitzt über $\mathbb{R}$ die Faktorisierung $p(x) = x^2 + 1$ und über $\mathbb{C}$ die Faktorisierung $p(x) = (x-i)(x+i)$ (vgl. Beispiel 4.3a).

b) Das Polynom $p(x) = x^4 + 1$ besitzt über $\mathbb{R}$ die Faktorisierung $p(x) = (x^2 + \sqrt{2}x + 1)(x^2 - \sqrt{2}x + 1)$ und über $\mathbb{C}$ die Faktorisierung (vgl. Beispiel 4.8c) und Abbildung 14.3, rechts)

$$p(x) = \left(x - \frac{1}{\sqrt{2}}(-1+i)\right)\left(x - \frac{1}{\sqrt{2}}(-1-i)\right)$$
$$\cdot \left(x - \frac{1}{\sqrt{2}}(1+i)\right)\left(x - \frac{1}{\sqrt{2}}(1-i)\right).$$

c) Das Polynom $p(x) = x^5 - 5x^4 + 17x^3 - 13x^2$ besitzt über $\mathbb{R}$ die Faktorisierung $p(x) = x^2(x-1)(x^2 - 4x + 13)$ und über $\mathbb{C}$ die Faktorisierung (vgl. Beispiel 4.8d))

$$p(z) = z^2(z-1)(z-2-3i)(z-2+3i).$$

Das folgende Beispiel zeigt eine wirtschaftswissenschaftliche Anwendung von Polynomen:

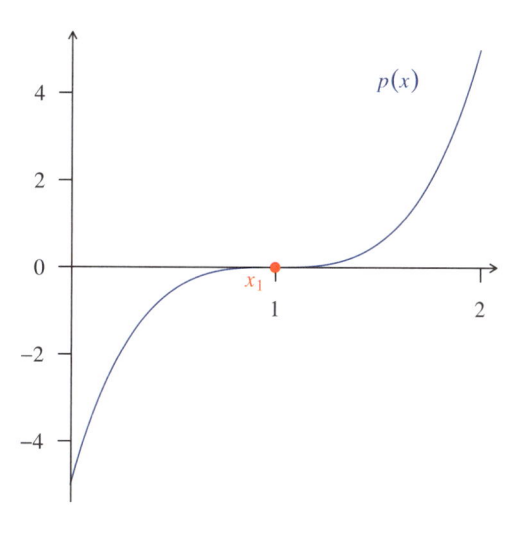

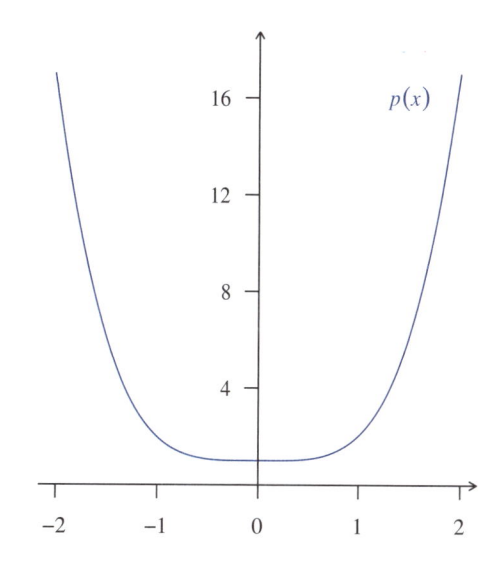

Abb. 14.3: Polynome $p(x) = x^5 - 5x^4 + 14x^3 - 22x^2 + 17x - 5$ (links) und $p(x) = x^4 + 1$ (rechts)

Beispiel 14.11 (Cournotscher Punkt)

Betrachtet wird ein Unternehmen, das der einzige Anbieter eines bestimmten Gutes ist (sog. **Monopolist**). Aufgrund dieser privilegierten Marktsituation (sog. **Angebotsmonopol**) muss das Unternehmen bei seiner Preisgestaltung nur auf die Nachfrage Rücksicht nehmen und nicht auch noch auf andere Wettbewerber. Das Unternehmen kann daher den Verkaufspreis gewinnmaximierend festsetzen und muss dabei lediglich berücksichtigen, dass ein höherer Preis p zu einem Rückgang der Nachfrage x am Markt führt, da bei einem höheren Preis in der Regel weniger Kunden bereit und in der Lage sind, diesen Preis zu bezahlen.

Das Gewinnmaximum eines Monopolisten wird nach dem französischen Mathematiker und Wirtschaftstheoretiker *Antoine-Augustin Cournot* (1801–1877) sehr oft auch als **Cournotscher Punkt** bezeichnet. *Cournot* war einer der Ersten, die den großen Nutzen der Analysis – insbesondere der Differential- und Integralrechnung – bei der Untersuchung wirtschaftswissenschaftlicher Fragestellungen erkannten. Er gilt deshalb als einer der Mitbegründer der mathematischen Wirtschaftstheorie.

A.-A. Cournot

Im Folgenden wird angenommen, dass die Gesamtkosten des Monopolisten in Abhängigkeit der Nachfrage $x \geq 0$ durch die quadratische Kostenfunktion

$$k(x) = a_1 x + a_2 x^2$$

mit den Konstanten $a_1, a_2 > 0$ gegeben sind und der Preis in Abhängigkeit von der Nachfrage x durch die Preis-Absatz-Funktion

$$p(x) = b_0 - b_1 x$$

für $0 \leq x \leq \frac{b_0}{b_1}$ mit den Konstanten $b_0 > 0$ und $b_1 > 0$ beschrieben werde. Für den Umsatz u und den Gewinn g erhält man somit die Funktionen

$$u(x) = p(x)x = b_0 x - b_1 x^2 \quad \text{bzw.}$$
$$g(x) = u(x) - k(x) = (b_0 - a_1)x - (b_1 + a_2)x^2$$

für $0 \leq x \leq \frac{b_0}{b_1}$. Beim Umsatz u und Gewinn g handelt es sich somit jeweils um eine quadratische Funktion der Nachfrage x mit einem negativen Koeffizienten $-b_1$ bzw. $-(b_1 + a_2)$ vor dem quadratischen Term x^2. Der Graph von u und g ist daher jeweils Teil einer nach unten geöffneten Parabel und die Stelle des Gewinnmaximums (Cournotscher Punkt) bzw. des Umsatzmaximums ist durch den Scheitel des Graphen von g bzw. u gegeben. Mit (4.15) erhält man somit, dass für $b_0 > a_1$ das Gewinnmaximum bzw. das Umsatzmaximum in den Punkten

$$\left(\frac{b_0 - a_1}{2(b_1 + a_2)}, \frac{(b_0 - a_1)^2}{4(b_1 + a_2)} \right) \quad \text{bzw.} \quad \left(\frac{b_0}{2b_1}, \frac{b_0^2}{4b_1} \right)$$

liegt. Im Falle von $b_0 \leq a_1$ gilt für den Gewinn $g(x) \leq 0$ für alle $x \geq 0$ und der Monopolist besitzt dann keinen Anreiz zu produzieren.

Die Abbildung 14.4 zeigt die Kostenfunktion $k(x)$, die Preis-Absatz-Funktion $p(x)$, die Umsatzfunktion $u(x)$ und die Gewinnfunktion $g(x)$ für $b_0 = 9$, $a_1 = a_2 = b_1 = 1$. Der maximale Gewinn wird bei der Nachfrage $x_0 = 2$ erzielt und beträgt $g(x_0) = 8$. Der maximale Umsatz resultiert dagegen erst bei $x_1 = 4{,}5$ und beträgt $u(x_1) = 20{,}25$. Allerdings ist der Gewinn dann negativ und das Unternehmen macht Verlust, da die Kosten den Umsatz übersteigen. Der zur gewinnmaximalen Nachfrage gehörende Preis beträgt $p(2) = 7$. Für das Gewinnmaximum (Cournotscher Punkt) ist es typisch, dass es vor dem Umsatzmaximum erreicht wird.

14.2 Rationale Funktionen

Im letzten Abschnitt wurde mit den Polynomen (ganzrationalen Funktionen) $p(x) = \sum_{k=0}^{n} a_k x^k$ die einfachste Klasse von reellen Funktionen betrachtet. Polynome sind aufgrund ihrer einfachen „Bauart" und ihrer guten mathematischen Eigenschaften in gewisser Weise die Grundfunktionen für die gesamte Analysis.

Polynome besitzen ferner die oftmals sehr hilfreiche Eigenschaft, dass Summen, Differenzen und Produkte von Polynomen wieder Polynome sind. Dies gilt jedoch im Allgemeinen nicht für den Quotienten von Polynomen. Diese Beobachtung führt zu der allgemeineren Klasse der **rationalen Funktionen**.

Definition 14.12 (Rationale Funktion)

Es seien $p_1(x) = \sum_{k=0}^{n} a_k x^k$ und $p_2(x) = \sum_{k=0}^{m} b_k x^k$ zwei Polynome n-ten bzw. m-ten Grades. Dann heißt die reelle Funktion

$$q: D \subseteq \mathbb{R} \longrightarrow \mathbb{R}, \quad x \mapsto q(x) := \frac{p_1(x)}{p_2(x)} = \frac{\sum_{k=0}^{n} a_k x^k}{\sum_{k=0}^{m} b_k x^k}$$

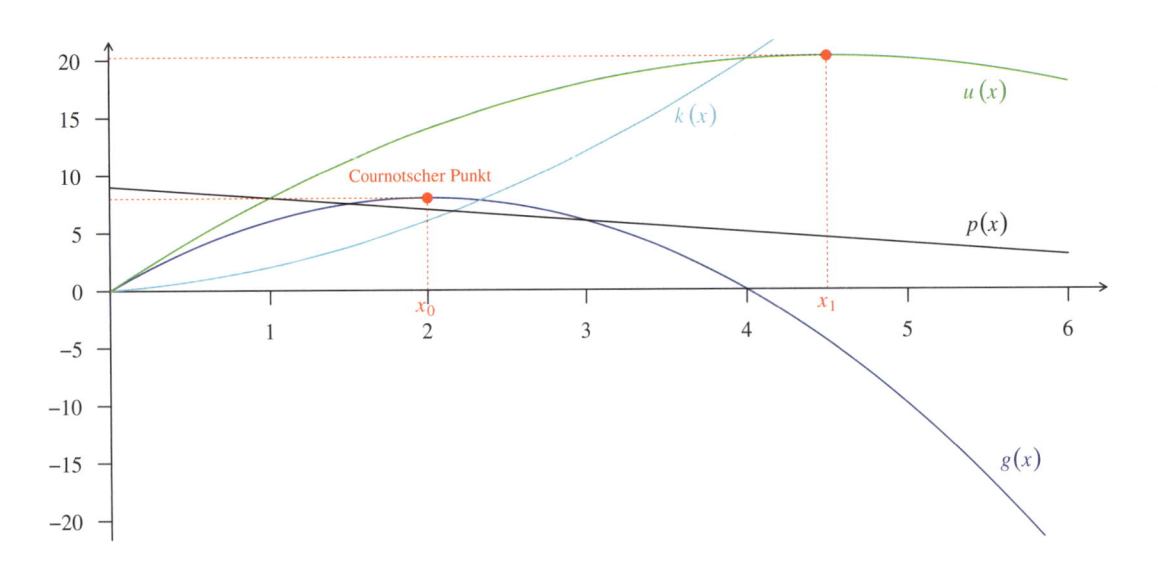

Abb. 14.4: Kostenfunktion $k(x)$, Preis-Absatz-Funktion $p(x)$, Umsatzfunktion $u(x)$ und Gewinnfunktion $g(x)$ eines Monopolisten für $b_0 = 9$, $a_1 = a_2 = b_1 = 1$

14.2 Rationale Funktionen

mit $D = \{x \in \mathbb{R}: p_2(x) \neq 0\}$ *rationale Funktion. Im Falle von* $\mathrm{Grad}(p_2) = 0$*, d. h. falls* $p_2(x) = b_0 \neq 0$ *für alle* $x \in \mathbb{R}$ *gilt, ist q ein Polynom (ganz-rationale Funktion). Gilt* $\mathrm{Grad}(p_2) > 0$*, dann heißt q gebrochen-rationale Funktion, die für* $\mathrm{Grad}(p_2) > \mathrm{Grad}(p_1) \geq 0$ *auch genauer als echt-gebrochen-rationale bzw. für* $0 < \mathrm{Grad}(p_2) \leq \mathrm{Grad}(p_1)$ *als unecht-gebrochen-rationale Funktion bezeichnet wird.*

Polynome sind somit spezielle rationale Funktionen $\frac{p_1(x)}{p_2(x)}$ mit konstantem Nennerpolynom $p_2(x) = b_0 \neq 0$. Dies ist der Grund, weshalb Polynome auch ganz-rationale Funktionen genannt werden.

Als Quotient zweier Polynome sind rationale Funktionen $\frac{p_1(x)}{p_2(x)}$ im Allgemeinen nicht auf der gesamten Menge $\mathbb{R}$ definiert, sondern auf der Menge $\mathbb{R}$ mit Ausnahme der endlich vielen Nullstellen des Nennerpolynoms $p_2(x)$ (vgl. Beispiele 14.13 und 14.16).

In Beispiel 13.27c) wurde bereits gezeigt, dass eine rationale Funktion q mit ausschließlich geraden (ungeraden) Exponenten im Zähler und Nenner gerade und damit achsensymmetrisch zur Ordinate ist. Für eine rationale Funktion q mit ausschließlich geraden (ungeraden) Exponenten im Zähler und ausschließlich ungeraden (geraden) Exponenten im Nenner wurde dagegen nachgewiesen, dass sie ungerade und damit punktsymmetrisch zum Ursprung $(0,0)$ ist.

Beispiel 14.13 (Einfache echt-gebrochen-rationale Funktionen)

a) Die einfachste echt-gebrochen-rationale Funktion ist $q: \mathbb{R} \setminus \{0\} \longrightarrow \mathbb{R}$, $q(x) = \frac{1}{x}$. Sie ist eine ungerade Funktion und damit punktsymmetrisch zum Ursprung $(0,0)$. Ihr Graph heißt **Hyperbel** (vgl. Abbildung 14.5, links).

b) Die rationale Funktion $q: \mathbb{R} \setminus \{1\} \longrightarrow \mathbb{R}$, $q(x) = \frac{1}{(x-1)^2}$ ist echt-gebrochen-rational. Sie ist achsensymmetrisch zur senkrechten Geraden durch $x = 1$ (vgl. Abbildung 14.5, rechts).

Rationale Funktionen treten in vielen wirtschaftswissenschaftlichen Anwendungen auf ganz natürliche Weise auf. Sind z. B. durch $k(x)$, $u(x)$ und $g(x)$ die polynomiale Kostenfunktion, die polynomiale Umsatzfunktion und die polynomiale Gewinnfunktion eines Unternehmens gegeben, dann sind die **Stückkostenfunktion**, die **Stückumsatzfunktion** und die **Stückgewinnfunktion** durch die gebrochen-rationalen Funktionen $\frac{k(x)}{x}$, $\frac{u(x)}{x}$ und $\frac{g(x)}{x}$ gegeben.

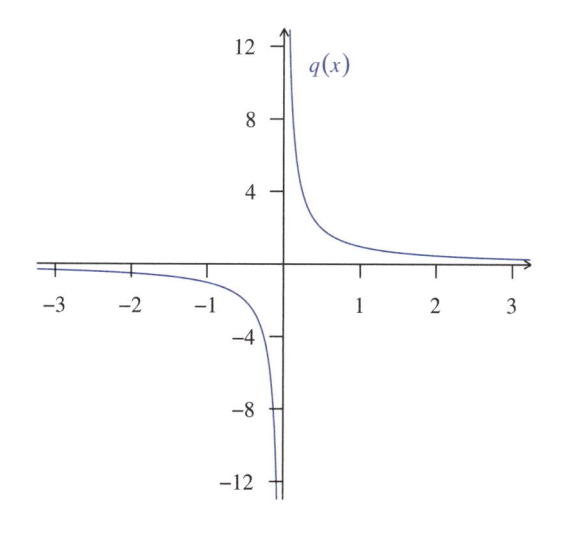

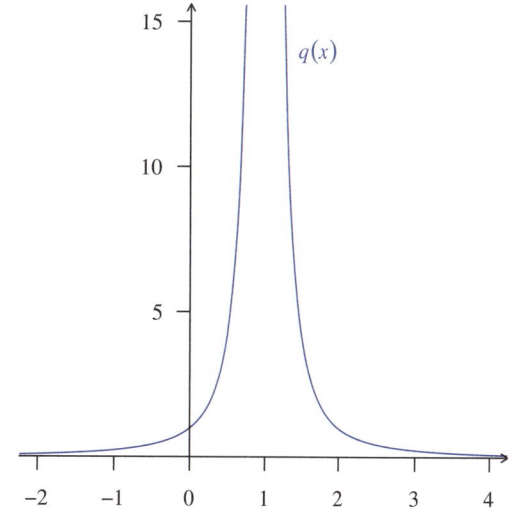

Abb. 14.5: Rationale Funktionen $q(x) = \frac{1}{x}$ (links) und $q(x) = \frac{1}{(x-1)^2}$ (rechts)

Kapitel 14 Spezielle reelle Funktionen

Beispiel 14.14 (Stückkosten-, Stückumsatz- und Stückgewinnfunktion)

Betrachtet wird ein Unternehmen mit folgender Kosten-, Umsatz- und Gewinnfunktion in Abhängigkeit von der Nachfrage x (vgl. auch Beispiel 14.11):

$$k(x) = \frac{1}{5}x^3 - x^2 + 2x + 8$$
$$u(x) = -x^2 + 9x$$
$$g(x) = u(x) - k(x) = -\frac{1}{5}x^3 + 7x - 8$$

Die zugehörige Stückkosten-, Stückumsatz- bzw. Stückgewinnfunktion erhält man, indem die Kosten, der Umsatz und der Gewinn auf die Nachfrage x bezogen werden:

$$\frac{k(x)}{x} = \frac{\frac{1}{5}x^3 - x^2 + 2x + 8}{x} = \frac{1}{5}x^2 - x + 2 + \frac{8}{x}$$

$$\frac{u(x)}{x} = \frac{-x^2 + 9x}{x} = -x + 9$$

$$\frac{g(x)}{x} = \frac{-\frac{1}{5}x^3 + 7x - 8}{x} = -\frac{1}{5}x^2 + 7 - \frac{8}{x}$$

Die Funktionen $\frac{k(x)}{x}$, $\frac{u(x)}{x}$ und $\frac{g(x)}{x}$ geben die durchschnittlichen Kosten, den durchschnittlichen Umsatz bzw. den durchschnittlichen Gewinn pro abgesetzter Produktionseinheit an (vgl. Abbildung 14.6).

Eigenschaften von rationalen Funktionen

Der folgende Satz besagt, dass das Vielfache, die Summe, die Differenz, das Produkt und der Quotient von rationalen Funktionen wieder rationale Funktionen sind:

Satz 14.15 (Rechenoperationen bei rationalen Funktionen)

Es seien $q_1 : D_1 \subseteq \mathbb{R} \longrightarrow \mathbb{R}$ und $q_2 : D_2 \subseteq \mathbb{R} \longrightarrow \mathbb{R}$ zwei rationale Funktionen und $\alpha \in \mathbb{R}$. Dann sind

a) $(\alpha q_1) : D_1 \longrightarrow \mathbb{R}, x \mapsto \alpha q_1(x)$,

b) $(q_1 + q_2) : D_1 \cap D_2 \longrightarrow \mathbb{R}, x \mapsto q_1(x) + q_2(x)$,

c) $(q_1 - q_2) : D_1 \cap D_2 \longrightarrow \mathbb{R}, x \mapsto q_1(x) - q_2(x)$,

d) $(q_1 \cdot q_2) : D_1 \cap D_2 \longrightarrow \mathbb{R}, x \mapsto q_1(x) \cdot q_2(x)$ *und*

e) $\left(\frac{q_1}{q_2}\right) : D \longrightarrow \mathbb{R}, \; x \mapsto \frac{q_1(x)}{q_2(x)}$ *mit*
$D := D_1 \cap (D_2 \setminus \{x \in D_2 : q_2(x) = 0\})$

rationale Funktionen.

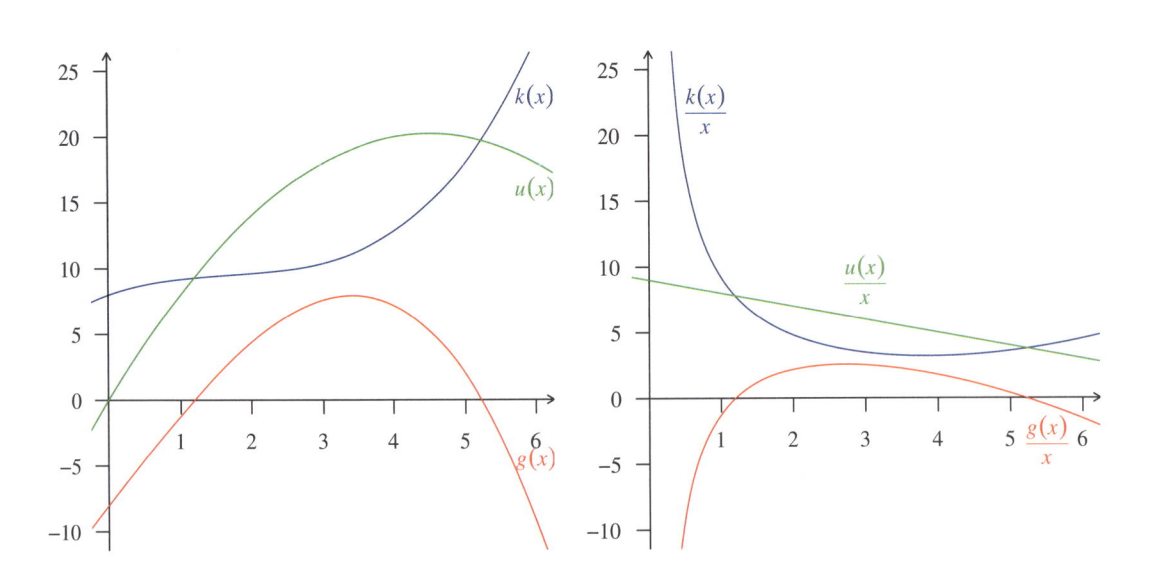

Abb. 14.6: Die Kosten-, Umsatz- und Gewinnfunktion $k(x)$, $u(x)$ bzw. $g(x)$ (links) sowie die Stückkosten-, Stückumsatz- und Stückgewinnfunktion $\frac{k(x)}{x}$, $\frac{u(x)}{x}$ bzw. $\frac{g(x)}{x}$ (rechts)

Beweis: Es seien $p_{11}, p_{12}, p_{21}, p_{22}$ Polynome und $q_1 := \frac{p_{11}}{p_{12}}, q_2 := \frac{p_{21}}{p_{22}}$ zwei rationale Funktionen. Dann gilt

$$\alpha q_1(x) = \alpha \frac{p_{11}(x)}{p_{12}(x)},$$

$$q_1(x) + q_2(x) = \frac{p_{11}(x)p_{22}(x) + p_{21}(x)p_{12}(x)}{p_{12}(x)p_{22}(x)},$$

$$q_1(x) - q_2(x) = \frac{p_{11}(x)p_{22}(x) - p_{21}(x)p_{12}(x)}{p_{12}(x)p_{22}(x)},$$

$$q_1(x) \cdot q_2(x) = \frac{p_{11}(x)p_{21}(x)}{p_{12}(x)p_{22}(x)} \quad \text{und}$$

$$\frac{q_1(x)}{q_2(x)} = \frac{p_{11}(x)p_{22}(x)}{p_{12}(x)p_{21}(x)}.$$

Das heißt, die reellen Funktionen $\alpha q_1, q_1+q_2, q_1-q_2, q_1 q_2$ und $\frac{q_1}{q_2}$ können jeweils als Quotienten zweier Polynome dargestellt werden. Es handelt sich somit um rationale Funktionen. ∎

Beispiel 14.16 (Unecht-gebrochen-rationale Funktionen)

a) Die rationale Funktion

$$q: \mathbb{R}\setminus\{-1,-2,1,2\} \longrightarrow \mathbb{R},\ q(x) = \frac{-\frac{1}{3}x^6 - 2x^4 + 3x^2 + 1}{(x^2-1)(x^2-4)}$$

ist unecht-gebrochen-rational. Sie ist eine gerade Funktion und damit achsensymmetrisch zur Ordinate (vgl. Abbildung 14.7, links).

b) Die rationale Funktion

$$q: \mathbb{R}\setminus\{-1,0,1\} \longrightarrow \mathbb{R},\ q(x) = \frac{-\frac{1}{2}x^4 + 4x^2 - 2}{x(x^2-1)}$$

ist unecht-gebrochen-rational. Sie ist eine ungerade Funktion und damit punktsymmetrisch zum Ursprung $(0,0)$ (vgl. Abbildung 14.7, rechts).

Euklidischer Algorithmus für Polynome

Ist $q: D \subseteq \mathbb{R} \longrightarrow \mathbb{R},\ x \mapsto q(x) := \frac{p_1(x)}{p_2(x)}$ eine rationale Funktion und x_0 eine k- und l-fache Nullstelle von p_1 bzw. p_2, dann erhält man für q mit dem Faktorisierungssatz 14.7 die Darstellung

$$q(x) = \frac{(x-x_0)^k g_1(x)}{(x-x_0)^l g_2(x)} = (x-x_0)^{k-l} \frac{g_1(x)}{g_2(x)},$$

wobei g_1 und g_2 Polynome mit $\text{Grad}(p_1)-k$ bzw. $\text{Grad}(p_2)-l$ sind. Das heißt, bei einer rationalen Funktion $q = \frac{p_1}{p_2}$ kann durch Kürzen der gemeinsamen Nullstellen von Zähler und Nenner stets erreicht werden, dass Zähler und Nenner von q keine gemeinsamen Nullstellen mehr besitzen (vgl. Beispiel 14.17a)).

Mit Satz 14.5 erhält man, dass eine rationale Funktion $q: D \subseteq \mathbb{R} \longrightarrow \mathbb{R},\ x \mapsto q(x) := \frac{p_1(x)}{p_2(x)}$ durch Polynomdivision stets eindeutig in eine Summe

$$q(x) = p(x) + \frac{r(x)}{p_2(x)}$$

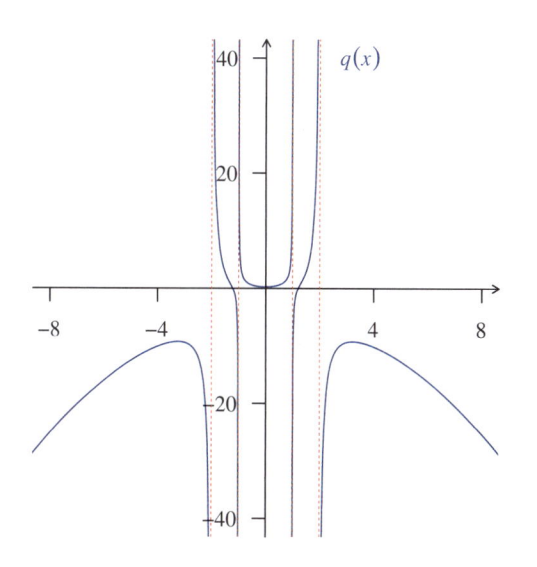

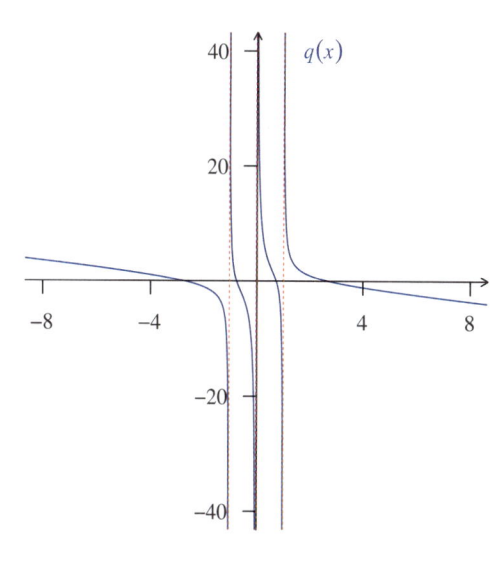

Abb. 14.7: Rationale Funktionen $q(x) = \frac{-\frac{1}{3}x^6 - 2x^4 + 3x^2 + 1}{(x^2-1)(x^2-4)}$ (links) und $q(x) = \frac{-\frac{1}{2}x^4 + 4x^2 - 2}{x(x^2-1)}$ (rechts)

bestehend aus einem Polynom (ganz-rationale Funktion) p und einer echt-gebrochen-rationalen Funktion $\frac{r}{p_2}$ zerlegt werden kann (vgl. Beispiel 14.17b)).

Beispiel 14.17 (Kürzen und Zerlegen von rationalen Funktionen)

a) Die Polynome im Zähler und Nenner der gebrochen-rationalen Funktion

$$q(x) = \frac{x^4 - 2x^3 + x^2}{x^2 - 1}$$

besitzen die gemeinsame Nullstelle $x_0 = 1$. Durch Kürzen erreicht man, dass Zähler und Nenner von q keine gemeinsame Nullstelle mehr besitzen:

$$q(x) = \frac{x^4 - 2x^3 + x^2}{x^2 - 1} = \frac{(x-1)^2 x^2}{(x-1)(x+1)}$$
$$= (x-1)^{2-1} \frac{x^2}{x+1} = \frac{(x-1)x^2}{x+1}$$

b) Für die gebrochen-rationale Funktion

$$q(x) = \frac{2x^6 + 2}{x^4 - 5x^2 + 4}$$

erhält man mit Polynomdivision die eindeutige Zerlegung

$$
\begin{array}{l}
(\ 2x^6 \qquad\qquad + 2) : (x^4 - 5x^2 + 4) \\
\underline{-2x^6 + 10x^4 - 8x^2} \\
\qquad\ \ 10x^4 - 8x^2 + 2 \\
\qquad\ \underline{-10x^4 + 50x^2 - 40} \\
\qquad\qquad\qquad 4x^2 - 38
\end{array}
$$

$$= 2x^2 + 10 + \frac{42x^2 - 38}{x^4 - 5x^2 + 4}.$$

Das heißt, die rationale Funktion lässt sich eindeutig in die ganz-rationale Funktion $p(x) = 2x^2 + 10$ und die echt-gebrochen-rationale Funktion $\frac{r(x)}{p_2(x)} = \frac{42x^2-38}{x^4-5x^2+4}$ zerlegen.

Ein Polynom d heißt **Teiler** eines Polynoms p, wenn es ein weiteres Polynom p_0 mit $p(x) = d(x) p_0(x)$ gibt. Für rationale Funktionen $q = \frac{p_1}{p_2}$ ist es z. B. oftmals für die Bestimmung des Definitionsbereiches oder für Grenzwertbetrachtungen notwendig, die gemeinsamen Teiler der Polynome p_1 und p_2 zu kürzen. Hierfür ist der folgende Satz hilfreich:

Satz 14.18 (Gemeinsamer Teiler von Polynomen)

Es seien p_1 und p_2 zwei Polynome mit $\mathrm{Grad}(p_1) \geq \mathrm{Grad}(p_2) \geq 0$ *und es gelte*

$$\frac{p_1(x)}{p_2(x)} = h(x) + \frac{r(x)}{p_2(x)},$$

wobei h und r zwei Polynome sind. Dann ist ein Polynom d genau dann ein gemeinsamer Teiler von p_1 und p_2, wenn d ein gemeinsamer Teiler von r und p_2 ist.

Beweis: Das Polynom d sei ein gemeinsamer Teiler von p_1 und p_2, dann gibt es zwei Polynome p_0 und q_0 mit $p_1(x) = d(x)p_0(x)$ bzw. $p_2(x) = d(x)q_0(x)$. Daraus folgt jedoch

$$r(x) = p_1(x) - h(x)p_2(x) = d(x)(p_0(x) - h(x)q_0(x)).$$

Das heißt, d ist auch ein Teiler von r. Sei umgekehrt das Polynom d ein gemeinsamer Teiler von r und p_2, dann gibt es zwei Polynome r_0 und q_0 mit $r(x) = d(x)r_0(x)$ bzw. $p_2(x) = d(x)q_0(x)$ und es gilt

$$p_1(x) = p_2(x)h(x) + r(x) = d(x)(q_0(x)h(x) + r_0(x)).$$

Das heißt, d ist auch ein Teiler von p_1. ∎

Der Satz 14.18 besagt, dass mittels Polynomdivision (vgl. Abschnitt 14.1) die Bestimmung der gemeinsamen Teiler zweier Polynome p und q auf die Bestimmung der gemeinsamen Teiler zweier Polynome r und q kleineren Grades reduziert werden kann. Durch diesen Reduktionsschritt kann – nach eventuell mehrfacher Wiederholung – der dem Grad nach größte gemeinsame Teiler der beiden Polynome p und q bestimmt und anschließend gekürzt werden. Dieses Vorgehen wird nach dem griechischen Mathematiker *Euklid von Alexandria* (ca. 360–280 v. Chr.) als **euklidischer Algorithmus für Polynome** bezeichnet (vgl. Beispiel 14.19).

Papyrusfragment von „Die Elemente", Euklids Hauptwerk

Beispiel 14.19 (Anwendung euklidischer Algorithmus)

Die gebrochen-rationale Funktion

$$q(x) = \frac{x^4 - 2x^3 - 2x^2 - 2x - 3}{x^4 - 3x^3 - 7x^2 + 15x + 18}$$

kann mit dem euklidischen Algorithmus auf eine gekürzte Bruchdarstellung gebracht werden, indem die gemeinsamen Teiler der Polynome $p_1(x) = x^4 - 2x^3 - 2x^2 - 2x - 3$ und $p_2(x) = x^4 - 3x^3 - 7x^2 + 15x + 18$ bestimmt werden. Durch wiederholte Polynomdivision erhält man:

$$\frac{p_1(x)}{p_2(x)} = 1 + \frac{r(x)}{p_2(x)} \quad \text{mit } r(x) = x^3 + 5x^2 - 17x - 21,$$

$$\frac{p_2(x)}{r(x)} = x - 8 + \frac{r_1(x)}{r(x)} \quad \text{mit } r_1(x) = 50(x^2 - 2x - 3)$$

$$\text{und} \quad \frac{r(x)}{r_1(x)} = \frac{1}{50}(x + 7)$$

Somit ist $r_1(x) = 50(x^2 - 2x - 3)$ der größte gemeinsame Teiler von r und r_1. Mit Satz 14.18 folgt, dass r_1 auch der größte gemeinsame Teiler von p_2 und r sowie von p_1 und p_2 ist. Durch Kürzen von $x^2 - 2x - 3$ erhält man schließlich die gebrochen-rationale Funktion

$$q(x) = \frac{x^2 + 1}{(x+2)(x-3)}$$

mit dem Definitionsbereich $D = \mathbb{R} \setminus \{-2, 3\}$.

Partialbruchzerlegung

Aus den obigen Ausführungen ist bereits bekannt, dass jede rationale Funktion $q: D \subseteq \mathbb{R} \longrightarrow \mathbb{R}$, $x \mapsto q(x) = \frac{p_1(x)}{p_2(x)}$ eindeutig in die Form

$$q(x) = p(x) + \frac{r(x)}{p_2(x)}$$

zerlegt werden kann, wobei p ein Polynom (ganz-rationale Funktion) und $\frac{r}{p_2}$ eine echt-gebrochen-rationale Funktion ist. Das heißt, es gilt $\text{Grad}(p_2) > \text{Grad}(r)$. Mit anderen Worten: Jede rationale Funktion kann in einen einfachen Teil, nämlich ein Polynom, und einen nicht so einfachen Teil, nämlich eine echt-gebrochen-rationale Funktion, zerlegt werden.

Für viele Anwendungen, wie z. B. die **Integration rationaler Funktionen** in Abschnitt 19.8, ist es von entscheidender Bedeutung, eine echt-gebrochen-rationale Funktion in eine Summe einfacherer Ausdrücke, die sogenannten **Partialbrüche**, zerlegen zu können. Der folgende Satz besagt, dass dies grundsätzlich möglich ist, und er gibt Auskunft darüber, wie eine solche **Partialbruchzerlegung** einer echt-gebrochen-rationalen Funktion aussieht:

Satz 14.20 (Partialbruchzerlegung)

Es sei $q: D \subseteq \mathbb{R} \longrightarrow \mathbb{R}$, $x \mapsto q(x) = \frac{p_1(x)}{p_2(x)}$ *eine echt-gebrochen-rationale Funktion (d. h.* $\text{Grad}(p_2) > \text{Grad}(p_1)$*) und das Nennerpolynom* p_2 *besitze die Faktorisierung*

$$p_2(x) = a_n(x-x_1)^{l_1} \cdots (x-x_r)^{l_r}(x^2 + c_1 x + d_1)^{m_1} \\ \cdots (x^2 + c_s x + d_s)^{m_s},$$

wobei $x_i \in \mathbb{R}$ *paarweise verschiedene Nullstellen der Vielfachheit* l_i *sind und die quadratischen Polynome* $x^2 + c_i x + d_i$ *für* $i = 1, \ldots, s$ *keine reellen Nullstellen besitzen. Dann lässt sich* q *auf genau eine Weise als Summe der Form*

$$\begin{aligned} q(x) &= \frac{a_{11}}{x-x_1} + \frac{a_{12}}{(x-x_1)^2} + \ldots + \frac{a_{1l_1}}{(x-x_1)^{l_1}} \\ &+ \ldots \\ &+ \frac{a_{r1}}{x-x_r} + \frac{a_{r2}}{(x-x_r)^2} + \ldots + \frac{a_{rl_r}}{(x-x_r)^{l_r}} \\ &+ \frac{\alpha_{11}x + \beta_{11}}{x^2+c_1x+d_1} + \frac{\alpha_{12}x + \beta_{12}}{(x^2+c_1x+d_1)^2} + \ldots \\ &+ \frac{\alpha_{1m_1}x + \beta_{1m_1}}{(x^2+c_1x+d_1)^{m_1}} \\ &+ \ldots \quad (14.6) \\ &+ \frac{\alpha_{s1}x + \beta_{s1}}{x^2+c_sx+d_s} + \frac{\alpha_{s2}x + \beta_{s2}}{(x^2+c_sx+d_s)^2} + \ldots \\ &+ \frac{\alpha_{sm_s}x + \beta_{sm_s}}{(x^2+c_sx+d_s)^{m_s}} \\ &= \sum_{i=1}^{r}\sum_{j=1}^{l_i}\frac{a_{ij}}{(x-x_i)^j} + \sum_{i=1}^{s}\sum_{j=1}^{m_i}\frac{\alpha_{ij}x + \beta_{ij}}{(x^2+c_ix+d_i)^j} \end{aligned}$$

mit reellen Zahlen $a_{ij}, \alpha_{ij}, \beta_{ij}, c_i, d_i \in \mathbb{R}$ *darstellen.*

Beweis: Siehe z. B. *Heuser* [25], Seiten 403–404. ∎

Die Zerlegung (14.6) wird als die **Partialbruchzerlegung** der echt-gebrochen-rationalen Funktion q bezeichnet und die Ausdrücke

$$\frac{a_{ij}}{(x-x_i)^j} \quad \text{und} \quad \frac{\alpha_{ij}x + \beta_{ij}}{(x^2+c_ix+d_i)^j} \quad (14.7)$$

auf der rechten Seite von (14.6) heißen **Partialbrüche 1. Art** bzw. **Partialbrüche 2. Art**. Wie bereits erwähnt ist die Partialbruchzerlegung z. B. ein wichtiges Hilfsmittel für die Integration rationaler Funktionen (siehe Abschnitt 19.8).

Kapitel 14 Spezielle reelle Funktionen

Werden als Nullstellen des Polynoms p_2 in Satz 14.20 auch komplexe Zahlen zugelassen, dann kann eine echt-gebrochen-rationale Funktion sogar in Partialbrüche ausschließlich der einfachen Form $\frac{a_{ij}}{(x-x_i)^j}$ zerlegt werden (vgl. z. B. *Heuser* [25]).

Die explizite Partialbruchzerlegung einer echt-gebrochen-rationalen Funktion $q = \frac{p_1}{p_2}$ mit $\text{Grad}(p_2) > \text{Grad}(p_1)$ erfolgt in den folgenden drei Schritten:

1. **Faktorisierung:** Berechnung der reellen Nullstellen des Nennerpolynoms p_2 und Bestimmung seiner Faktorisierung

$$p_2(x) = a_n(x-x_1)^{l_1} \cdots (x-x_r)^{l_r}(x^2+c_1x+d_1)^{m_1} \cdots (x^2+c_sx+d_s)^{m_s}$$

mit paarweise verschiedenen Nullstellen $x_i \in \mathbb{R}$ der Vielfachheit l_i und quadratischen Polynomen $x^2+c_ix+d_i$, die keine reellen Nullstellen besitzen. Das heißt, in diesem Schritt werden die Koeffizienten c_i, d_i, a_n bestimmt.

2. **Partialbruchansatz:** Die echt-gebrochen-rationale Funktion $q = \frac{p_1}{p_2}$ wird als Summe der Partialbrüche (14.7) mit den noch unbekannten Koeffizienten $a_{ij}, \alpha_{ij}, \beta_{ij}$ dargestellt. Auf diese Weise resultiert die Gleichung

$$\frac{p_1(x)}{p_2(x)} = \sum_{i=1}^{r}\sum_{j=1}^{l_i} \frac{a_{ij}}{(x-x_i)^j} + \sum_{i=1}^{s}\sum_{j=1}^{m_i} \frac{\alpha_{ij}x+\beta_{ij}}{(x^2+c_ix+d_i)^j}. \quad (14.8)$$

3. **Koeffizientenvergleich** und/oder **Einsetzmethode:** Die rechte Seite von (14.8) wird auf den gemeinsamen Nenner p_2 gebracht. Anschließend werden die Zählerpolynome auf der linken und auf der rechten Seite miteinander verglichen. Auf diese Weise resultiert durch Koeffizientenvergleich oder Einsetzen spezieller x-Werte (etwa der Nullstellen x_i von p_2 oder anderen bequem zu berechnenden Werte) ein lineares Gleichungssystem für die unbekannten Koeffizienten $a_{ij}, \alpha_{ij}, \beta_{ij}$ des Partialbruchansatzes (14.8).

Wie das folgende Beispiel 14.21c) zeigt, führt bei der Partialbruchzerlegung einer echt-gebrochen-rationalen Funktion in manchen Fällen eine Kombination aus Koeffizientenvergleich und Einsetzmethode am schnellsten zum Ziel.

Beispiel 14.21 (Partialbruchzerlegung)

a) Betrachtet wird die echt-gebrochen-rationale Funktion

$$q(x) = \frac{p_1(x)}{p_2(x)} = \frac{1}{(x-1)(x-2)(x-3)}.$$

1. Faktorisierung: Das Nennerpolynom p_2 ist bereits faktorisiert. Die Faktorisierung $(x-1)(x-2)(x-3)$ ist Ausgangspunkt für die Partialbruchzerlegung.

2. Partialbruchansatz: Gemäß Satz 14.20 besitzt q die Zerlegung

$$\frac{p_1(x)}{p_2(x)} = \frac{a_{11}}{x-1} + \frac{a_{21}}{x-2} + \frac{a_{31}}{x-3} \quad (14.9)$$

mit noch zu bestimmenden Koeffizienten a_{11}, a_{21}, a_{31}.

3. Einsetzmethode: Die rechte Seite von (14.9) wird auf den gemeinsamen Nenner p_2 gebracht und durch einen anschließenden Vergleich der Zählerpolynome auf der rechten und linken Seite erhält man

$$1 = a_{11}(x-2)(x-3) + a_{21}(x-1)(x-3) + a_{31}(x-1)(x-2). \quad (14.10)$$

Werden die Werte $x_1 = 1$, $x_2 = 2$ und $x_3 = 3$ nacheinander in die linke und rechte Seite von (14.10) eingesetzt, erhält man die Werte

$$a_{11} = \frac{1}{2}, \ a_{21} = -1 \quad \text{und} \quad a_{31} = \frac{1}{2}.$$

Die rationale Funktion q besitzt somit die Partialbruchzerlegung

$$q(x) = \frac{1}{2(x-1)} - \frac{1}{x-2} + \frac{1}{2(x-3)}.$$

b) Betrachtet wird die echt-gebrochen-rationale Funktion

$$q(x) = \frac{p_1(x)}{p_2(x)} = \frac{x^2+x+1}{(x-1)^3(x-2)}.$$

1. Faktorisierung: Das Nennerpolynom p_2 ist bereits faktorisiert. Die Faktorisierung $(x-1)^3(x-2)$ ist Ausgangspunkt für die Partialbruchzerlegung.

2. Partialbruchansatz: Gemäß Satz 14.20 besitzt q die Zerlegung

$$\frac{p_1(x)}{p_2(x)} = \frac{a_{11}}{x-1} + \frac{a_{12}}{(x-1)^2} + \frac{a_{13}}{(x-1)^3} + \frac{a_{21}}{x-2} \quad (14.11)$$

mit noch zu bestimmenden Koeffizienten $a_{11}, a_{12}, a_{13}, a_{21}$.

3. Koeffizientenvergleich: Die rechte Seite von (14.11) wird auf den gemeinsamen Nenner p_2 gebracht und durch einen anschließenden Vergleich der Zählerpolynome auf der rechten und linken Seite erhält man

$$x^2 + x + 1 = a_{11}(x-1)^2(x-2) + a_{12}(x-1)(x-2) \\ + a_{13}(x-2) + a_{21}(x-1)^3. \quad (14.12)$$

Zusammenfassen der Monome gleichen Grades auf der rechten Seite von (14.12) liefert

$$x^2 + x + 1 = x^3(a_{11} + a_{21}) + x^2(-4a_{11} + a_{12} - 3a_{21}) \\ + x(5a_{11} - 3a_{12} + a_{13} + 3a_{21}) \\ - 2a_{11} + 2a_{12} - 2a_{13} - a_{21}. \quad (14.13)$$

Ein Vergleich der Koeffizienten auf der linken und rechten Seite von (14.13) liefert für die vier Unbekannten $a_{11}, a_{12}, a_{13}, a_{21}$ das lineare Gleichungssystem:

$$a_{11} + a_{21} = 0$$
$$-4a_{11} + a_{12} - 3a_{21} = 1$$
$$5a_{11} - 3a_{12} + a_{13} + 3a_{21} = 1$$
$$-2a_{11} + 2a_{12} - 2a_{13} - a_{21} = 1$$

Durch Lösen dieses linearen Gleichungssystems erhält man die Werte

$$a_{11} = -7, \ a_{12} = -6, \ a_{13} = -3 \ \text{ und } \ a_{21} = 7.$$

Die rationale Funktion q besitzt somit die Partialbruchzerlegung

$$\frac{x^2 + x + 1}{(x-1)^3(x-2)} = -\frac{7}{x-1} - \frac{6}{(x-1)^2} \\ - \frac{3}{(x-1)^3} + \frac{7}{x-2}.$$

c) Betrachtet wird die echt-gebrochen-rationale Funktion

$$q(x) = \frac{p_1(x)}{p_2(x)} = \frac{x^3 - 10x^2 + 7x - 3}{x^4 + 2x^3 - 2x^2 - 6x + 5}.$$

1. Faktorisierung: Das Nennerpolynom p_2 besitzt die Nullstelle $x_1 = 1$ und die Polynomdivision $\frac{p_2(x)}{(x-1)}$ liefert ein Polynom dritten Grades, das ebenfalls $x_1 = 1$ als Nullstelle besitzt. Das heißt, $x_1 = 1$ ist mindestens eine doppelte Nullstelle von p_2. Die Polynomdivision $\frac{p_2(x)}{(x-1)^2}$ liefert

$$x^4 + 2x^3 - 2x^2 - 6x + 5 = (x-1)^2(x^2 + 4x + 5). \quad (14.14)$$

Durch Anwendung der a-b-c Formel (4.8) erhält man, dass das quadratische Polynom $x^2 + 4x + 5$ keine reellen Nullstellen besitzt. Damit ist die Faktorisierung (14.14) Ausgangspunkt für die Partialbruchzerlegung.

2. Partialbruchansatz: Gemäß Satz 14.20 besitzt q die Zerlegung

$$\frac{x^3 - 10x^2 + 7x - 3}{x^4 + 2x^3 - 2x^2 - 6x + 5} \\ = \frac{a_{11}}{x-1} + \frac{a_{12}}{(x-1)^2} + \frac{\alpha_{11}x + \beta_{11}}{x^2 + 4x + 5} \quad (14.15)$$

mit noch zu bestimmenden Koeffizienten $a_{11}, a_{12}, \alpha_{11}, \beta_{11}$.

3. Koeffizientenvergleich und Einsetzmethode: Die rechte Seite von (14.15) wird auf den gemeinsamen Nenner p_2 gebracht und durch einen anschließenden Vergleich der Zählerpolynome auf der rechten und linken Seite erhält man

$$x^3 - 10x^2 + 7x - 3 = a_{11}(x-1)(x^2 + 4x + 5) \\ + a_{12}(x^2 + 4x + 5) \quad (14.16) \\ + (\alpha_{11}x + \beta_{11})(x-1)^2.$$

Einsetzen von $x_1 = 1$ in die linke und rechte Seite von (14.16) liefert $-5 = 10a_{12}$ bzw. $a_{12} = -\frac{1}{2}$. Durch Einsetzen von $a_{12} = -\frac{1}{2}$ in (14.16) und Subtraktion von $-\frac{1}{2}(x^2 + 4x + 5)$ erhält man

$$x^3 - \frac{19}{2}x^2 + 9x - \frac{1}{2} = a_{11}(x-1)(x^2 + 4x + 5) \\ + (\alpha_{11}x + \beta_{11})(x-1)^2 \quad (14.17)$$

und Zusammenfassen der Monome gleichen Grades auf der rechten Seite von (14.17) liefert

$$x^3 - \frac{19}{2}x^2 + 9x - \frac{1}{2} = (a_{11} + \alpha_{11})x^3$$
$$+ (3a_{11} - 2\alpha_{11} + \beta_{11})x^2$$
$$+ (a_{11} + \alpha_{11} - 2\beta_{11})x$$
$$+ \beta_{11} - 5a_{11}. \quad (14.18)$$

Ein Vergleich der Koeffizienten auf der linken und rechten Seite von (14.18) liefert für die drei Unbekannten $a_{11}, \alpha_{11}, \beta_{11}$ das lineare Gleichungssystem:

$$a_{11} + \alpha_{11} = 1$$
$$3a_{11} - 2\alpha_{11} + \beta_{11} = -\frac{19}{2}$$
$$a_{11} + \alpha_{11} - 2\beta_{11} = 9$$
$$\beta_{11} - 5a_{11} = -\frac{1}{2}$$

Durch Lösen dieses linearen Gleichungssystems erhält man die Werte

$$a_{11} = -\frac{7}{10}, \quad \alpha_{11} = \frac{17}{10} \quad \text{und} \quad \beta_{11} = -4.$$

Die rationale Funktion q besitzt somit die Partialbruchzerlegung

$$\frac{x^3 - 10x^2 + 7x - 3}{x^4 + 2x^3 - 2x^2 - 6x + 5} = -\frac{7}{10(x-1)}$$
$$-\frac{1}{2(x-1)^2}$$
$$+\frac{\frac{17}{10}x - 4}{x^2 + 4x + 5}.$$

Definitionsbereich

Eine rationale Funktion $q: D \subseteq \mathbb{R} \longrightarrow \mathbb{R}$, $x \mapsto q(x) = \frac{p_1(x)}{p_2(x)}$ mit dem Definitionsbereich $D = \{x \in \mathbb{R}: p_2(x) \neq 0\}$ ist erst dann endgültig festgelegt, wenn ihr maximal möglicher Definitionsbereich bestimmt worden ist. Dazu ist es jedoch notwendig, die Nullstellen des Zähler- und des Nennerpolynoms p_1 bzw. p_2 zu ermitteln.

Im Folgenden sei angenommen, dass $x_0 \in \mathbb{R}$ eine Nullstelle des Zählerpolynoms p_1 der Vielfachheit $k \in \mathbb{N}_0$ und eine Nullstelle des Nennerpolynoms p_2 der Vielfachheit $l \in \mathbb{N}_0$ ist. Das heißt, im Falle von $p_1(x_0) \neq 0$ oder $p_2(x_0) \neq 0$ gilt $k = 0$ bzw. $l = 0$. Dann erhält man mit dem Faktorisierungssatz 14.7 und durch anschließendes Kürzen für die rationale Funktion q die Darstellung

$$q(x) = \frac{(x-x_0)^k g_1(x)}{(x-x_0)^l g_2(x)} = (x-x_0)^{k-l}\frac{g_1(x)}{g_2(x)}, \quad (14.19)$$

wobei g_1 und g_2 Polynome sind, für die $g_1(x_0) \neq 0$ und $g_2(x_0) \neq 0$ gilt. Aus dieser Darstellung ist unmittelbar ersichtlich, dass für die Stelle x_0 die folgenden drei Fälle zu unterscheiden sind:

1) Für $l > k$ besitzt q eine **Polstelle** in x_0. Denn dann gilt

$$\lim_{x \to x_0} |q(x)| = \infty.$$

Der Wert x_0 wird oft genauer auch als $(l-k)$-**fache Polstelle** von q bezeichnet und q besitzt die vertikale Asymptote $x = x_0$ (vgl. Abschnitt 13.12). In diesem Fall kann der Definitionsbereich D von q nicht um die Stelle x_0 erweitert werden.

2) Für $l = k$ definiert man – motiviert durch die Darstellung (14.19) –

$$q(x_0) := \frac{g_1(x_0)}{g_2(x_0)}$$

und der Definitionsbereich D von q kann um die Stelle x_0 erweitert werden (vgl. auch (15.5) und Beispiel 15.11a)).

3) Für $k > l$ definiert man – ebenfalls motiviert durch die Darstellung (14.19) –

$$q(x_0) := 0.$$

Das heißt, der Definitionsbereich D von q kann wieder um die Stelle x_0 erweitert werden (vgl. auch (15.6) und Beispiel 15.11b)) und x_0 ist dann eine $(k-l)$-**fache Nullstelle** von q.

Mit anderen Worten: Ist die Vielfachheit einer Stelle $x_0 \in \mathbb{R}$ als Nullstelle des Zählerpolynoms p_1 einer rationalen Funktion $q = \frac{p_1}{p_2}$ gleich groß oder größer als ihre Vielfachheit als Nullstelle des Nennerpolynoms p_2, dann kann der Definitionsbereich D von q um die Stelle x_0 erweitert werden. Ist dagegen die Vielfachheit von x_0 als Nullstelle des Zählerpolynoms p_1 echt kleiner als ihre Vielfachheit als Nullstelle des Nennerpolynoms p_2, dann kann der Definitionsbereich D von q nicht um die Stelle x_0 erweitert werden. Der Wert x_0 ist dann eine Polstelle und $x = x_0$ eine vertikale Asymptote von q.

Asymptoten und Näherungskurven

Oftmals liefert die Untersuchung einer rationalen Funktion $q: D \subseteq \mathbb{R} \longrightarrow \mathbb{R}$, $x \mapsto q(x) = \frac{p_1(x)}{p_2(x)}$ auf **vertikale** und **horizontale Asymptoten** sowie **Näherungskurven** mit relativ wenig Aufwand einen guten Einblick bezüglich des Kurvenverlaufes von q. Weiter oben wurde bereits erläutert, dass eine rationale Funktion q an der Stelle x_0 genau dann die vertikale Asymptote $x = x_0$ besitzt, wenn die Vielfachheit von x_0 als Nullstelle von p_1 kleiner ist als von p_2.

Gemäß Abschnitt 13.12 wird eine reelle Funktion h als Näherungskurve der rationalen Funktion q für $|x| \to \infty$ bezeichnet, falls

$$\lim_{|x| \to \infty} |q(x) - h(x)| = 0 \qquad (14.20)$$

gilt. Für eine echt-gebrochen-rationale Funktion $q = \frac{p_1}{p_2}$, d. h. eine rationale Funktion $q = \frac{p_1}{p_2}$ mit $\text{Grad}(p_2) > \text{Grad}(p_1)$, gilt jedoch

$$\lim_{|x| \to \infty} q(x) = 0 \qquad (14.21)$$

(dies ist offensichtlich, wenn man Zähler- und Nennerpolynom p_1 bzw. p_2 durch das Monom x^n mit der höchsten Potenz dividiert; vgl. dazu auch Beispiel 14.23a)). Das heißt, eine echt-gebrochen-rationale Funktion besitzt stets die Näherungskurve (horizontale Asymptote) $h(x) = 0$.

Ist $q = \frac{p_1}{p_2}$ dagegen eine unecht-gebrochen-rationale Funktion, d. h. eine rationale Funktion $q = \frac{p_1}{p_2}$ mit $\text{Grad}(p_1) \geq \text{Grad}(p_2)$, dann folgt mit Satz 14.5, dass q durch Polynomdivision wie folgt zerlegt werden kann

$$q(x) = h(x) + \frac{r(x)}{p_2(x)}, \qquad (14.22)$$

wobei h und r Polynome mit $\text{Grad}(h) = \text{Grad}(p_1) - \text{Grad}(p_2)$ und $\text{Grad}(r) < \text{Grad}(p_2)$ sind. Folglich ist $\frac{r(x)}{p_2(x)}$ eine echt-gebrochen-rationale Funktion und es gilt daher analog zu (14.21)

$$\lim_{|x| \to \infty} \frac{r(x)}{p_2(x)} = 0.$$

Zusammen mit (14.22) impliziert dies jedoch (14.20) und somit insbesondere, dass sich die Funktion q für betragsmäßig große x wie das Polynom h verhält. Das heißt, der ganz-rationale Anteil $h(x)$ einer rationalen Funktion $q(x) = \frac{p_1(x)}{p_2(x)} = h(x) + \frac{r(x)}{p_2(x)}$ ist eine Näherungkurve von q. Damit ist der folgende Satz bewiesen:

Satz 14.22 (Existenz von Näherungskurven für rationale Funktionen)

Es sei $q: D \subseteq \mathbb{R} \longrightarrow \mathbb{R}$, $x \mapsto q(x)$ eine rationale Funktion. Dann gilt:

a) Ist q eine echt-gebrochen-rationale Funktion, dann besitzt q die horizontale Asymptote $h(x) = 0$ für $|x| \to \infty$.

b) Ist q eine unecht-gebrochen-rationale Funktion und $q(x) = h(x) + \frac{r(x)}{p_2(x)}$ ihre durch Polynomdivision resultierende Zerlegung, dann besitzt q die Näherungskurve $h(x)$ für $|x| \to \infty$.

Beweis: Siehe Ausführungen unmittelbar vor Satz 14.22. ∎

Für eine rationale Funktion $q(x) = \frac{p_1(x)}{p_2(x)} = \frac{\sum_{k=0}^{n} a_k x^k}{\sum_{k=0}^{m} b_k x^k}$ mit $a_n, b_m \neq 0$ sind die vier wichtigsten Fälle von Näherungskurven $h(x)$ für $|x| \to \infty$ gegeben durch:

1) Gilt $n < m$, dann besitzt q die horizontale Asymptote $h(x) = 0$ (vgl. Beispiel 14.23a)).

2) Gilt $n = m$, dann besitzt q die horizontale Asymptote $h(x) = \frac{a_n}{b_n}$ (vgl. Beispiel 14.23b)).

3) Gilt $n = m + 1$, dann besitzt q eine lineare Näherungskurve (schiefe Asymptote) $h(x) = ax + b$ mit $a = \frac{a_n}{b_m}$ (vgl. Beispiel 14.24a)).

4) Gilt $n = m + 2$, dann besitzt q eine quadratische Näherungskurve $h(x) = ax^2 + bx + c$ (vgl. Beispiel 14.24b)).

Für horizontale Asymptoten bei einer echt-gebrochen-rationalen und einer unecht-gebrochen-rationalen Funktion siehe das folgende Beispiel:

Beispiel 14.23 (Horizontale Asymptoten bei einer rationalen Funktion)

a) Für die echt-gebrochen-rationale Funktion $f(x) = \frac{3x-5}{4x^2+3x-7}$ gilt

$$\lim_{|x| \to \infty} f(x) = \lim_{|x| \to \infty} \frac{3x - 5}{4x^2 + 3x - 7}$$
$$= \lim_{|x| \to \infty} \frac{\frac{3}{x} - \frac{5}{x^2}}{4 + \frac{3}{x} - \frac{7}{x^2}} = 0.$$

Das heißt, f besitzt die horizontale Asymptote $h(x) = 0$ (vgl. Abbildung 14.8, links).

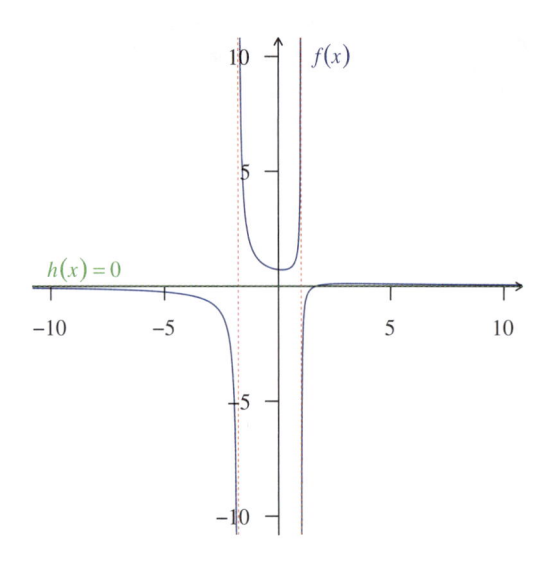

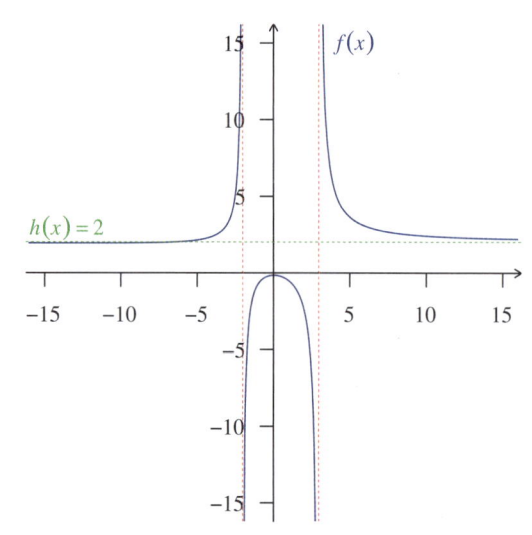

Abb. 14.8: Rationale Funktionen $f(x) = \frac{3x-5}{4x^2+3x-7}$ mit horizontaler Asymptote $h(x) = 0$ (links) und $f(x) = \frac{2x^2+1}{x^2-x-6}$ mit horizontaler Asymptote $h(x) = 2$ (rechts)

b) Für die unecht-gebrochen-rationale Funktion $f(x) = \frac{2x^2+1}{x^2-x-6}$ gilt

$$\lim_{|x|\to\infty} f(x) = \lim_{|x|\to\infty} \frac{2x^2+1}{x^2-x-6}$$
$$= \lim_{|x|\to\infty} \frac{2+\frac{1}{x^2}}{1-\frac{1}{x}-\frac{6}{x^2}} = 2.$$

Folglich besitzt f die horizontale Asymptote $h(x) = 2$ (vgl. Abbildung 14.8, rechts).

Für lineare und quadratische Näherungskurven bei unecht-gebrochen-rationalen Funktionen siehe das folgende Beispiel:

Beispiel 14.24 (Näherungskurven bei einer rationalen Funktion)

a) Für die unecht-gebrochen-rationale Funktion $f(x) = \frac{x^2+3x-4}{x-2}$ erhält man mittels Polynomdivision

$$f(x) = \frac{x^2+3x-4}{x-2} = x+5+\frac{6}{x-2}.$$

Das heißt, f besitzt die lineare Näherungskurve (schiefe Asymptote) $h(x) = x+5$ (vgl. Abbildung 14.9, links).

b) Für die unecht-gebrochen-rationale Funktion $f(x) = \frac{2x^6+2}{x^4-5x^2+4}$ erhält man mittels Polynomdivision

$$f(x) = \frac{2x^6+2}{x^4-5x^2+4} = 2x^2+10+\frac{42x^2-38}{x^4-5x^2+4}$$

(vgl. Beispiel 14.17b)). Folglich besitzt f die quadratische Näherungskurve $h(x) = 2x^2+10$ (vgl. Abbildung 14.9, rechts).

14.3 Algebraische und transzendente Funktionen

In Abschnitt 14.2 wurden rationale Funktionen betrachtet. Diese sind dadurch charakterisiert, dass sie sich durch endlich viele Additionen, Subtraktionen, Multiplikationen und/oder Divisionen aus einer reellen Variablen x erzeugen lassen.

Darüber hinaus gibt es jedoch auch Funktionen, die nicht auf diese einfache Weise aus einer Variablen x erzeugt werden können. Ein Beispiel hierfür ist durch die Umkehrfunktion von $f: [0, \infty) \longrightarrow \mathbb{R}$, $x \mapsto x^n$, d. h. also durch die Wurzelfunktion

$$f^{-1}: [0, \infty) \longrightarrow \mathbb{R}, \; x \mapsto \sqrt[n]{x},$$

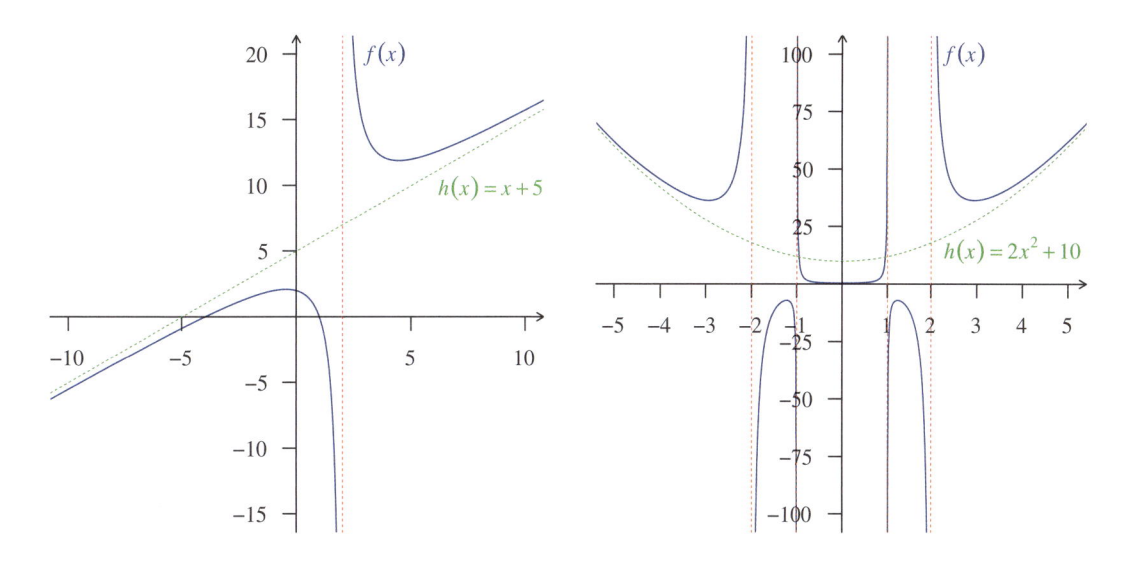

Abb. 14.9: Rationale Funktionen $f(x) = \frac{x^2+3x-4}{x-2}$ mit linearer Näherungskurve $h(x) = x + 5$ (links) und $f(x) = \frac{2x^6+2}{x^4-5x^2+4}$ mit quadratischer Näherungskurve $h(x) = 2x^2 + 10$ (rechts)

gegeben. Bei dieser Funktion handelt es sich um keine rationale Funktion. Eine Verallgemeinerung der Klasse der rationalen Funktionen, welche auch solche Wurzelfunktionen umfasst, ist durch die Klasse der **algebraischen Funktionen** gegebenen. Eine reelle Funktion, die keine algebraische Funktion ist, wird dagegen als **transzendente Funktion** bezeichnet.

> **Definition 14.25** (Algebraische und transzendente Funktion)
>
> *Eine reelle Funktion $f: D \subseteq \mathbb{R} \longrightarrow \mathbb{R}$ heißt algebraisch, wenn alle Punkte (x, y) ihres Graphen $\text{Graph}(f) = \{(x, y) \in \mathbb{R}^2 : y = f(x) \text{ und } x \in D\}$ einer algebraischen Gleichung der Form*
>
> $$p_n(x)y^n + p_{n-1}(x)y^{n-1} + \ldots + p_1(x)y + p_0(x) = 0 \quad (14.23)$$
>
> *genügen, wobei $p_0, p_1, \ldots, p_n$ beliebige Polynome sind und $n \in \mathbb{N}_0$ gilt. Andernfalls heißt die reelle Funktion f transzendent.*

Gemäß der Definition 14.25 besteht somit die Klasse der reellen Funktionen aus zwei disjunkten Mengen, nämlich der Menge der algebraischen Funktionen und der Menge der transzendenten Funktionen.

Die Klasse der algebraischen Funktionen ist dabei eine Erweiterung der Klasse der rationalen Funktionen. Denn eine beliebige rationale Funktion $y = \frac{p_1(x)}{p_2(x)}$ für $x \in \mathbb{R}$ mit den Polynomen p_1 und p_2 mit $p_2(x) \neq 0$ lässt sich durch die algebraische Gleichung

$$p_2(x)y - p_1(x) = 0 \quad (14.24)$$

darstellen. Das heißt, die Klasse der algebraischen Funktionen umfasst die Klasse der rationalen Funktionen, und damit ist insbesondere auch jedes Polynom eine algebraische Funktion. Dies folgt aus der Tatsache, dass jedes Polynom eine rationale Funktion ist oder auch aus (14.24), wenn dort $p_2(x) = 1$ gesetzt wird und damit $y = p_1(x)$ resultiert. Nichtrationale algebraische Funktionen werden als **irrational algebraisch**, **irrational** oder **Wurzelfunktionen** bezeichnet.

Allgemein gilt, dass jede reelle Funktion algebraisch ist, die sich durch einen formelmäßigen Ausdruck darstellen lässt, der durch endliches Addieren, Subtrahieren, Multiplizieren, Dividieren, Wurzelziehen oder Potenzieren mit rationalen Exponenten aus einer reellen Variablen x resultiert.

Bei einer transzendenten Funktion handelt es sich stets um eine nichtrationale Funktion. Allerdings sind nicht alle nichtrationalen Funktionen transzendent. Zum Beispiel sind Potenzfunktionen mit einem Exponenten $r \in \mathbb{Q} \setminus \mathbb{Z}$ nichtrationale Funktionen, aber sie sind nicht transzendent, sondern (irrational) algebraisch (siehe auch Abschnitt 14.4). Transzendente Funktionen können oftmals durch sogenannte **Potenzreihen** dargestellt werden (siehe hierzu Abschnitt 17.4).

Für eine Veranschaulichung des hierarchischen Aufbaus der verschiedenen Funktionsklassen siehe Abbildung 14.11.

Beispiel 14.26 (Algebraische Funktionen)

a) Die reelle Funktion $f: \mathbb{R} \setminus \{0\} \longrightarrow \mathbb{R}$, $x \mapsto \sqrt[n]{\frac{1-x^2}{x}}$ mit ungeradem $n \in \mathbb{N}$ ist algebraisch. Denn es gilt

$$y^n = \frac{1-x^2}{x}$$

und damit

$$xy^n + x^2 - 1 = 0.$$

Das heißt, die Funktion f genügt einer algebraischen Gleichung der Form (14.23) (vgl. Abbildung 14.10, links).

b) Auflösen der algebraischen Gleichung $y^2 - 2xy - 1 = 0$ nach y mit der a-b-c-Formel (4.8) liefert die algebraischen Funktionen

$$f_1: \mathbb{R} \longrightarrow \mathbb{R}, \ x \mapsto x + \sqrt{1+x^2} \quad \text{und}$$
$$f_2: \mathbb{R} \longrightarrow \mathbb{R}, \ x \mapsto x - \sqrt{1+x^2}$$

(vgl. Abbildung 14.10, rechts).

c) Die reelle Funktion

$$f: \mathbb{R} \to \mathbb{R}, \ x \mapsto \left(\frac{\sqrt{x^4+1}}{x^2+1} - 2\right)^{\frac{2}{3}} + x^{\frac{7}{4}}$$

ist eine algebraische Funktion, da die Zuordnungsvorschrift $f(x) = \left(\frac{\sqrt{x^4+1}}{x^2+1} - 2\right)^{\frac{2}{3}} + x^{\frac{7}{4}}$ aus der unabhängigen reellen Variablen x durch endlich viele Additionen, Subtraktionen, Divisionen und Potenzierungen mit rationalen Exponenten resultiert.

Für wirtschaftswissenschaftliche Anwendungen sind die wichtigsten transzendenten Funktionen gegeben durch **Potenzfunktionen mit nichtrationalem Exponenten**, **Exponential-** und **Logarithmusfunktionen** sowie **trigonometrischen Funktionen**. Diese transzendenten Funktionen sind Gegenstand der folgenden vier Abschnitte 14.4 bis 14.7.

14.4 Potenzfunktionen

Eine weitere bedeutende Klasse von reellen Funktionen für die Wirtschaftswissenschaften sind die **Potenzfunktionen**. Sie werden z. B. zur Beschreibung der verschiedensten ökonomischen Wachstums- und Schrumpfungsprozesse eingesetzt.

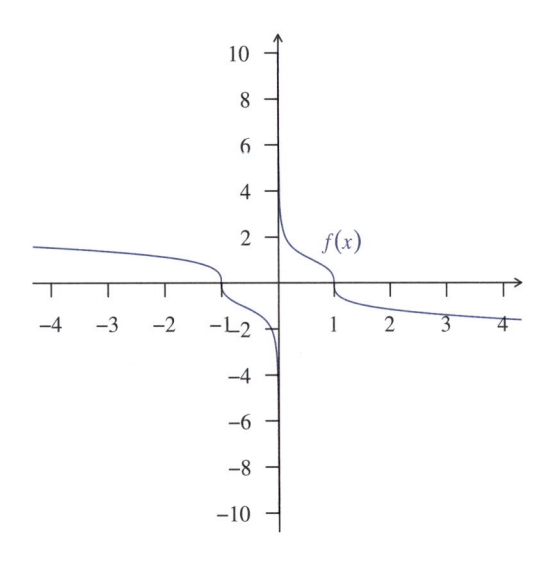

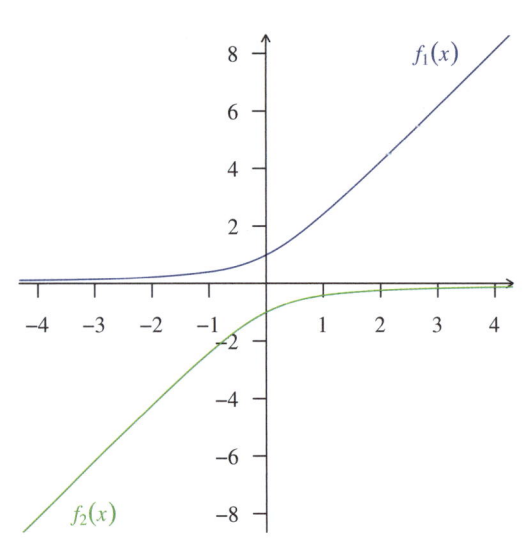

Abb. 14.10: Algebraische Funktionen $f(x) = \sqrt[3]{\frac{1-x^2}{x}}$ (links) sowie $f_1(x) = x + \sqrt{1+x^2}$ und $f_2(x) = x - \sqrt{1+x^2}$ (rechts)

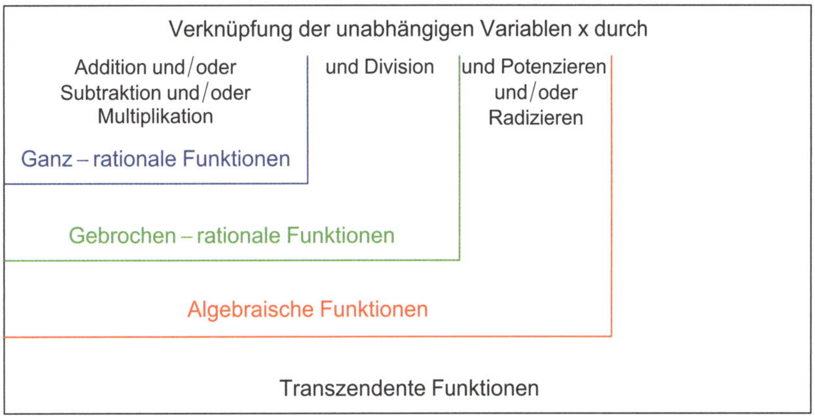

14.4 Potenzfunktionen

```
Verknüpfung der unabhängigen Variablen x durch

Addition und/oder      und Division    und Potenzieren
Subtraktion und/oder                   und/oder
Multiplikation                         Radizieren

Ganz – rationale Funktionen

    Gebrochen – rationale Funktionen

        Algebraische Funktionen

            Transzendente Funktionen
```

Abb. 14.11: Hierarchischer Aufbau der verschiedenen Funktionsklassen

Definition 14.27 (Potenzfunktion)

Eine reelle Funktion $f: D \longrightarrow \mathbb{R}$, $x \mapsto x^c$ mit $D \subseteq \mathbb{R}_+$ für $c \geq 0$ und $D \subseteq \mathbb{R}_+ \setminus \{0\}$ für $c < 0$ wird als Potenzfunktion bezeichnet.

Eine Potenzfunktion $f: D \longrightarrow \mathbb{R}$, $x \mapsto x^{\frac{n}{m}}$ mit $n \in \mathbb{Z}$ und $m \in \mathbb{N}$ genügt der algebraischen Gleichung

$$y^m - x^n = 0.$$

Das heißt, Potenzfunktionen $f(x) = x^c$ mit rationalen Exponenten c sind algebraische und mit $c \in \mathbb{R} \setminus \mathbb{Q}$ transzendente Funktionen. Gilt $c \in \mathbb{N}_0$, dann kann der Definitionsbereich D der Potenzfunktion auf ganz $\mathbb{R}$ erweitert werden und man erhält ein Monom (vgl. Seite 370).

Der folgende Satz fasst die wichtigsten Eigenschaften von Potenzfunktionen zusammen:

Satz 14.28 (Eigenschaften der Potenzfunktion)

Für eine Potenzfunktion $f: D \longrightarrow \mathbb{R}$, $x \mapsto x^c$ gilt:

a) Für $c > 0$ ist f streng monoton wachsend und es gilt $f(x) > 0$ für alle $x \in D$ mit $x \neq 0$ sowie $f(0) = 0$.
Für $c < 0$ ist f streng monoton fallend und es gilt $f(x) > 0$ für alle $x \in D$.

b) $f(x_1)f(x_2) = f(x_1 x_2)$ und $\frac{f(x_1)}{f(x_2)} = f\left(\frac{x_1}{x_2}\right)$ für alle $x_1, x_2 \in D$.

c) f besitzt für $c \neq 0$ eine Umkehrfunktion. Diese ist gegeben durch $f^{-1}: f(D) \longrightarrow \mathbb{R}$, $x \mapsto x^{\frac{1}{c}}$ und ist streng monoton wachsend für $c > 0$ und streng monoton fallend für $c < 0$.

Beweis: Zu a): Es sei $c = \frac{n}{m} > 0$ rational mit $m, n \in \mathbb{N}$. Dann gilt $f(0) = 0$ und $f(x) > 0$ für alle $x \in D$ mit $x \neq 0$. Ferner gilt für alle $x_1, x_2 \in D$

$$x_1 < x_2 \iff x_1^n < x_2^n \iff (x_1^n)^{\frac{1}{m}} < (x_2^n)^{\frac{1}{m}} \iff x_1^{\frac{n}{m}} < x_2^{\frac{n}{m}}$$
$$\iff x_1^c < x_2^c.$$

Folglich ist f streng monoton wachsend.

Es sei nun $c = -\frac{n}{m} < 0$ rational mit $m, n \in \mathbb{N}$. Dann gilt $f(x) > 0$ für alle $x \in D$ und

$$x_1 < x_2 \iff x_1^{-1} > x_2^{-1} \iff (x_1^{-1})^{\frac{n}{m}} > (x_2^{-1})^{\frac{n}{m}}$$
$$\iff x_1^{-\frac{n}{m}} > x_2^{-\frac{n}{m}} \iff x_1^c > x_2^c$$

für alle $x_1, x_2 \in D$. Das heißt, f ist streng monoton fallend.

Zum Beweis der Aussage a) für irrationale c siehe z.B. *Heuser* [25], Seite 165.

Zu b): Für alle $x_1, x_2 \in D$ gilt

$$f(x_1)f(x_2) = x_1^c x_2^c = (x_1 x_2)^c = f(x_1 x_2).$$

Analog erhält man für alle $x_1, x_2 \in D$

$$\frac{f(x_1)}{f(x_2)} = \frac{x_1^c}{x_2^c} = \left(\frac{x_1}{x_2}\right)^c = f\left(\frac{x_1}{x_2}\right).$$

Zu c): Aus Teil a) und Satz 13.10 folgt, dass die Umkehrfunktion von f für $c \neq 0$ existiert, und mit Satz 13.12 erhält man weiter, dass diese Umkehrfunktion für $c > 0$ streng monoton wachsend und für $c < 0$ streng monoton fallend ist. Wegen $(x^c)^{\frac{1}{c}} = (x^{\frac{1}{c}})^c = x$ für alle $x \in D$ ist die Umkehrfunktion von f durch $f^{-1}: f(D) \longrightarrow \mathbb{R},\ x \mapsto x^{\frac{1}{c}}$ gegeben. ∎

Für $n \in \mathbb{N}$ definiert man $\sqrt[n]{x} := x^{\frac{1}{n}}$ für alle $x \in \mathbb{R}_+$ und bezeichnet $\sqrt[n]{x}$ als die **n-te Wurzel** von x. Mit Satz 14.28c) erhält man, dass die Umkehrfunktion der Potenzfunktion $f: D \subseteq \mathbb{R}_+ \longrightarrow \mathbb{R},\ x \mapsto x^n$ mit $n \in \mathbb{N}$ die **n-te Wurzelfunktion** $g: f(D) \longrightarrow \mathbb{R},\ x \mapsto \sqrt[n]{x}$ ist.

Beispiel 14.29 (Potenzfunktionen)

Eine Potenzfunktion $f: D \longrightarrow \mathbb{R},\ x \mapsto x^c$ ist für rationale Exponenten, wie z. B. $c = \frac{1}{4}, \frac{1}{2}, 1, 2, 4$, algebraisch und für irrationale Exponenten, wie z. B. $c = -\sqrt{2}, -\frac{1}{\sqrt{2}}, e^{-1}, e$, transzendent. Man erkennt aus Abbildung 14.12, dass der Kurvenverlauf von Potenzfunktionen mit irrationalem Exponenten c stark dem Kurvenverlauf von Potenzfunktionen mit rationalem Exponenten ähnelt. Zum Beispiel kann die transzendente Funktion $f(x) = x^e$ beliebig genau durch die algebraischen Funktionen

$$g_1(x) = x^{2,7},\quad g_2(x) = x^{2,71},\quad g_3(x) = x^{2,718},$$
$$g_4(x) = x^{2,7182}\quad \text{usw.}$$

approximiert werden. Da die bei der Beschreibung ökonomischer Zusammenhänge zur Anwendung kommenden Potenzfunktionen meistens aus den vorliegenden Daten geschätzt werden müssen, kommt man mit Potenzfunktionen $f(x) = x^c$ mit rationalem Exponenten c aus.

14.5 Exponential- und Logarithmusfunktion

Exponentialfunktion

Analog zu den Potenzfunktionen in Abschnitt 14.4 wird auch die **Exponentialfunktion** in den Wirtschaftswissenschaften vor allem zur Beschreibung von gleichförmigen Schrumpfungs- und Wachstumsprozessen eingesetzt. Die Exponentialfunktion ist eine transzendente Funktion, die aufgrund ihrer bemerkenswerten analytischen Eigenschaften eine herausragende Bedeutung für die Analysis besitzt.

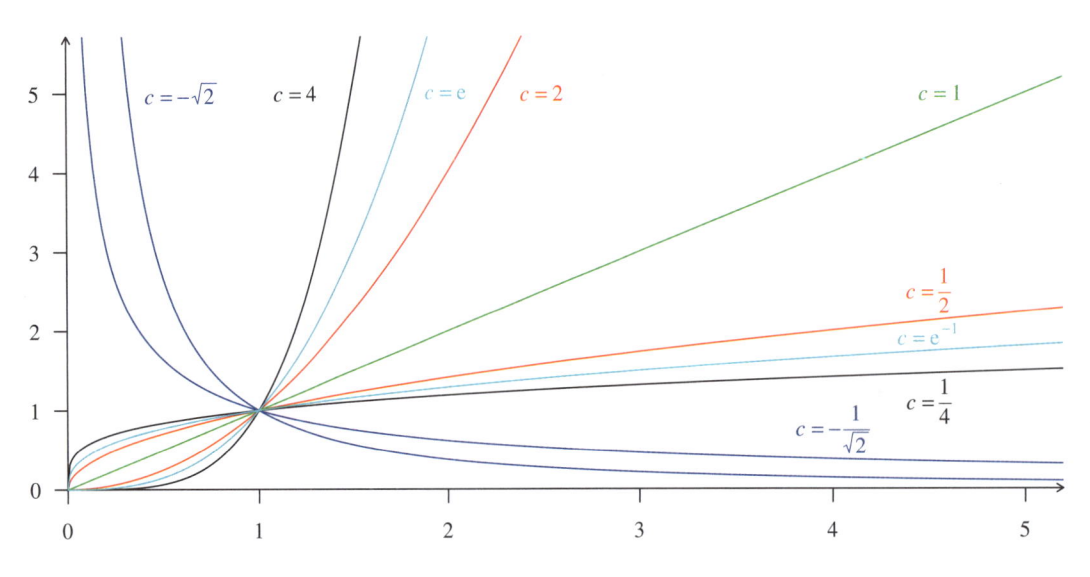

Abb. 14.12: Potenzfunktionen $f: D \longrightarrow \mathbb{R},\ x \mapsto x^c$ für $c = \frac{1}{4}, \frac{1}{2}, 1, 2, 4$ (algebraische Funktionen) und für $c = -\sqrt{2}, -\frac{1}{\sqrt{2}}, e^{-1}, e$ (transzendente Funktionen)

14.5 Exponential- und Logarithmusfunktion

In Abschnitt 11.8 (siehe Satz 11.45) wurde bereits die Identität

$$e^x = \lim_{n \to \infty} \left(1 + \frac{x}{n}\right)^n \quad (14.25)$$

für alle $x \in \mathbb{R}$ nachgewiesen. Diese Identität ist die Grundlage für die Definition der Exponentialfunktion.

Definition 14.30 (Exponentialfunktion)

Die reelle Funktion $\exp\colon \mathbb{R} \longrightarrow \mathbb{R}$, $x \mapsto \exp(x)$ *mit*

$$\exp(x) := \lim_{n \to \infty} \left(1 + \frac{x}{n}\right)^n \quad (14.26)$$

wird als Exponentialfunktion oder e-Funktion bezeichnet.

Der Graph der Exponentialfunktion exp ist dargestellt in Abbildung 14.13, links. Mit (14.25) folgt, dass

$$\exp(x) = e^x$$

für alle $x \in \mathbb{R}$ gilt. Die Exponentialfunktion exp wird oft auch als **natürliche Exponentialfunktion** bezeichnet, weil durch sie viele Wachstums- und Zerfallsprozesse in der Natur beschrieben werden können. Sie ist der wichtigste Spezialfall der **allgemeinen Exponentialfunktion** (vgl. Definition 14.37).

Die herausragende Bedeutung der Exponentialfunktion exp beruht auf der Tatsache, dass sie mit ihrer ersten Ableitung übereinstimmt (siehe Satz 16.14c) in Abschnitt 16.5). Sieht man von der Multiplikation mit konstanten Faktoren ab, dann ist die Exponentialfunktion sogar die einzige reelle Funktion mit dieser Eigenschaft.

Neben der Folgendarstellung (14.26) besitzt die Exponentialfunktion auch eine **Reihendarstellung**, die für viele Anwendungen praktikabler ist. In Abschnitt 12.4 (vgl. (12.10)) wurde bereits die Gültigkeit der Gleichung

$$\exp(1) = \lim_{n \to \infty} \left(1 + \frac{1}{n}\right)^n = \sum_{k=0}^{\infty} \frac{1}{k!} \quad (14.27)$$

nachgewiesen. In Abschnitt 17.3 wird mit Hilfe der Theorie der Taylor-Reihen gezeigt, dass die Gleichung (14.27) sogar zur für alle $x \in \mathbb{R}$ geltenden Identität

$$\exp(x) = \sum_{k=0}^{\infty} \frac{x^k}{k!} \quad (14.28)$$

verallgemeinert werden kann.

Der folgende Satz fasst die wichtigsten Eigenschaften der Exponentialfunktion zusammen. Dazu gehört insbesondere die als **Funktionalgleichung der Exponentialfunktion** bekannte Gleichung

$$\exp(x_1 + x_2) = \exp(x_1) \exp(x_2)$$

für alle $x_1, x_2 \in \mathbb{R}$. Sie kommt in zahlreichen Bereichen wie z. B. der **Regressionsanalyse** zum Einsatz, um von einer multiplikativen Struktur $\exp(x_1)\exp(x_2)$ zu einer additiven Struktur $\exp(x_1 + x_2)$ überzugehen (vgl. z. B. *Fahrmeir-Kneib-Lang* [14], Seiten 70–71).

Satz 14.31 (Eigenschaften der Exponentialfunktion)

Für die Exponentialfunktion $\exp\colon \mathbb{R} \longrightarrow \mathbb{R}$, $x \mapsto \exp(x)$ *gilt:*

a) $\exp(x) > 0$ *für alle* $x \in \mathbb{R}$ *und* $\exp(0) = 1$

b) $\exp(x_1 + x_2) = \exp(x_1)\exp(x_2)$ *für alle* $x_1, x_2 \in \mathbb{R}$ *(Funktionalgleichung)*

c) $\exp(-x) = \frac{1}{\exp(x)}$ *für alle* $x \in \mathbb{R}$

d) $(\exp(x_1))^{x_2} = \exp(x_1 x_2)$ *für alle* $x_1, x_2 \in \mathbb{R}$

e) exp *ist streng monoton wachsend*

Beweis: Zu a): Wegen $x^c > 0$ für alle $x > 0$ und $c \in \mathbb{R}$ (vgl. Satz 14.28a)) gilt auch $\exp(x) = e^x > 0$ für alle $x \in \mathbb{R}$. Ferner folgt aus der Definition unmittelbar $\exp(0) = 1$.

Zu b): Es seien $x_1, x_2 \in \mathbb{R}$. Dann gilt $\exp(x_1 + x_2) = e^{x_1 + x_2} = e^{x_1} e^{x_2} = \exp(x_1)\exp(x_2)$.

Zu c): Es sei $x \in \mathbb{R}$. Dann folgt mit Aussage b) $1 = \exp(0) = \exp(x - x) = \exp(x)\exp(-x)$ und damit insbesondere $\exp(-x) = \frac{1}{\exp(x)}$ für alle $x \in \mathbb{R}$.

Zu d): Es seien $x_1, x_2 \in \mathbb{R}$. Dann gilt $(\exp(x_1))^{x_2} = (e^{x_1})^{x_2} = e^{x_1 x_2} = \exp(x_1 x_2)$.

Zu e): Es seien $x_1, x_2 \in \mathbb{R}$ mit $x_1 < x_2$. Dann gilt $1 = 1^{x_2 - x_1} < e^{x_2 - x_1}$ bzw. $e^{x_1} < e^{x_2}$. Das heißt, f ist streng monoton wachsend. ∎

Der folgende Satz fasst die wichtigsten asymptotischen Eigenschaften der Exponentialfunktion zusammen:

Satz 14.32 (Asymptotische Eigenschaften der Exponentialfunktion)

Für die Exponentialfunktion $\exp\colon \mathbb{R} \longrightarrow \mathbb{R}$, $x \mapsto \exp(x)$ *gilt:*

a) $\lim_{x \to \infty} \exp(x) = \infty$ *und* $\lim_{x \to -\infty} \exp(x) = 0$

b) $\lim_{x \to \infty} \frac{\exp(x)}{x^n} = \infty$ *für alle* $n \in \mathbb{N}$

Beweis: Zu a): Mit der Ungleichung von Bernoulli (1.22) folgt

$$\left(1 + \frac{x}{n}\right)^n \geq 1 + x$$

für alle $x > 0$ und $n \in \mathbb{N}$. Das heißt, es gilt auch $\exp(x) = e^x \geq 1 + x$ für alle $x \geq 0$, und $\exp(x)$ wächst für $x \to \infty$ über alle Grenzen. Es gilt somit $\lim_{x \to \infty} \exp(x) = \infty$. Damit folgt für den zweiten Teil der Aussage

$$\lim_{x \to -\infty} \exp(x) = \lim_{x \to -\infty} e^x = \lim_{x \to \infty} e^{-x} = \lim_{x \to \infty} \frac{1}{e^x} = 0.$$

Zu b): Für $x > 0$ und $n \in \mathbb{N}$ gilt

$$\frac{1}{x^n} \sum_{k=0}^{\infty} \frac{x^k}{k!} = \sum_{k=0}^{\infty} \frac{x^{(k-n)}}{k!} \geq \frac{x}{(n+1)!}.$$

Mit der Reihendarstellung (14.28) folgt somit für alle $n \in \mathbb{N}$

$$\lim_{x \to \infty} \frac{\exp(x)}{x^n} = \lim_{x \to \infty} \frac{1}{x^n} \sum_{k=0}^{\infty} \frac{x^k}{k!} \geq \lim_{x \to \infty} \frac{x}{(n+1)!} = \infty.$$ ∎

Beispiel 14.33 (Stetige Verzinsung und logistische Funktion)

a) In Beispiel 11.46 wurde gezeigt, dass der Barwert zum Zeitpunkt $t = 0$ eines Kapitalbetrages K_t zum Zeitpunkt $t \geq 0$ bei stetiger Verzinsung in Abhängigkeit vom Zinssatz $p > 0$

$$K_0(p) = K_t e^{-tp}$$

beträgt.

Eine Investition I mit den erwarteten Auszahlungsbeträgen $K_0, \ldots, K_n$ zu den Zeitpunkten $t = 0, \ldots, n$ besitzt somit in Abhängigkeit von p bei stetiger Verzinsung den Barwert

$$I_0(p) = \sum_{t=0}^{n} K_t e^{-tp}.$$

Der Barwert einer Investition erlaubt es, Investitionen mit unterschiedlichen erwarteten Auszahlungen bezüglich Anzahl, Höhe und Zeitpunkt miteinander zu vergleichen, denn in der Investitionsrechnung wird eine Investition mit höherem Barwert als vorteilhafter betrachtet.

b) Die Funktion

$$f : \mathbb{R} \longrightarrow \mathbb{R}, \quad x \mapsto \frac{a}{1 + be^{-cx}} \tag{14.29}$$

mit $a, b, c > 0$ heißt **logistische Funktion**. Sie ist streng monoton wachsend und wird in den Wirtschaftswissenschaften zur Modellierung von Wachstumsprozessen mit einer **Sättigungsgrenze** a verwendet. Denn aus den Rechenregeln für Grenzwerte

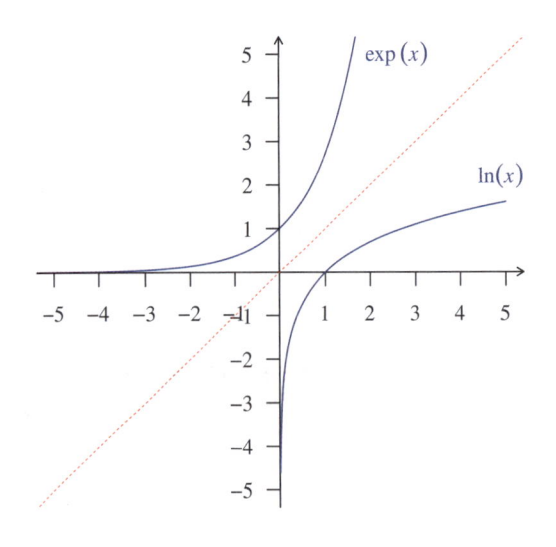

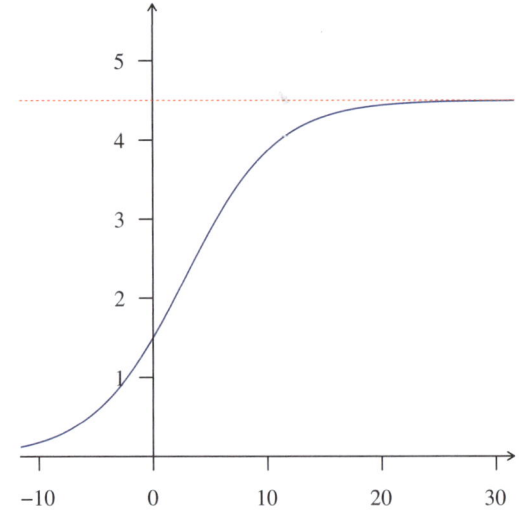

Abb. 14.13: Exponentialfunktion $\exp : \mathbb{R} \longrightarrow \mathbb{R}, \; x \mapsto \exp(x)$ und natürliche Logarithmusfunktion $\ln : \mathbb{R}_+ \setminus \{0\} \longrightarrow \mathbb{R}, \; x \mapsto \ln(x)$ (links) sowie logistische Funktion $f : \mathbb{R} \longrightarrow \mathbb{R}, \; x \mapsto \frac{a}{1+be^{-cx}}$ mit $a = 4{,}5$, $b = 2$ und $c = \frac{1}{4}$ (rechts)

reeller Funktionen (vgl. Satz 13.41 und Satz 14.32a)) folgt

$$\lim_{x\to\infty} \frac{a}{1+be^{-cx}} = a \quad \text{und} \quad \lim_{x\to-\infty} \frac{a}{1+be^{-cx}} = 0.$$

Aufgrund ihres s-förmigen Graphen wird die logistische Funktion auch als **S-Funktion** bezeichnet (vgl. Abbildung 14.13, rechts).

Logarithmusfunktion

Aufgrund ihres streng monotonen Wachstums besitzt die Exponentialfunktion exp eine Umkehrfunktion (vgl. Satz 13.10), welche als **Logarithmusfunktion** bezeichnet wird.

Definition 14.34 (Logarithmusfunktion)

Die Umkehrfunktion der Exponentialfunktion $\exp\colon \mathbb{R}\to\mathbb{R}$, $x \mapsto \exp(x)$ *wird als Logarithmusfunktion bezeichnet und man schreibt*

$$\ln\colon \mathbb{R}_+ \setminus \{0\} \longrightarrow \mathbb{R}, \ x \mapsto \ln(x).$$

Der Graph der Logarithmusfunktion ln ist dargestellt in Abbildung 14.13, links. Die **Logarithmusfunktion** wird oft auch **natürliche Logarithmusfunktion** genannt. Sie ist der wichtigste Spezialfall der **allgemeinen Logarithmusfunktion** (vgl. Definition 14.40). Es gilt

$$y = \ln(x) \iff \exp(y) = x \quad \text{für alle } x \in \mathbb{R}_+ \setminus \{0\}.$$

Daraus folgt insbesondere $\ln(\exp(y)) = y$ für alle $y \in \mathbb{R}$ und $\exp(\ln(x)) = x$ für alle $x \in \mathbb{R}_+ \setminus \{0\}$. Da die beiden Funktionen exp und ln jeweils die Umkehrfunktionen zueinander sind, liegen ihre Graphen symmetrisch zur Geraden $y = x$ (vgl. Abschnitt 6.9 und Abbildung 14.13, links).

Der folgende Satz fasst die wichtigsten Eigenschaften der Logarithmusfunktion zusammen:

Satz 14.35 (Eigenschaften der Logarithmusfunktion)

Für die Logarithmusfunktion $\ln\colon \mathbb{R}_+ \setminus \{0\} \longrightarrow \mathbb{R}$, $x \mapsto \ln(x)$ *gilt:*

a) $\ln(1) = 0$ *und* $\ln(x) > 0$ *für* $x > 1$ *und* $\ln(x) < 0$ *für* $x \in (0,1)$

b) $\ln(x_1 x_2) = \ln(x_1) + \ln(x_2)$ *und*
$\ln\left(\frac{x_1}{x_2}\right) = \ln(x_1) - \ln(x_2)$ *für alle* $x_1, x_2 \in \mathbb{R}_+ \setminus \{0\}$

c) $\ln\left(x_1^{x_2}\right) = x_2 \ln(x_1)$ *für alle* $x_1 \in \mathbb{R}_+ \setminus \{0\}$ *und* $x_2 \in \mathbb{R}$

d) ln *ist streng monoton wachsend*

Beweis: Zu a): Aus der Äquivalenz $\exp(y) = x \Leftrightarrow y = \ln(x)$ für alle $x \in \mathbb{R}_+ \setminus \{0\}$ folgt $\exp(0) = 1 \Leftrightarrow 0 = \ln(1)$ für $x = 1$. Da die Logarithmusfunktion ln gemäß Aussage d) streng monoton wachsend ist, folgt daraus bereits $\ln(x) > 0$ für $x > 1$ und $\ln(x) < 0$ für $x \in (0,1)$.

Zu b): Mit Satz 14.31b) folgt für alle $x_1, x_2 \in \mathbb{R}_+ \setminus \{0\}$ und $y_1, y_2 \in \mathbb{R}$ mit $x_1 = \exp(y_1)$ bzw. $x_2 = \exp(y_2)$

$$\begin{aligned}\ln(x_1 x_2) &= \ln\left(\exp(y_1)\exp(y_2)\right) \\ &= \ln\left(\exp(y_1 + y_2)\right) \\ &= y_1 + y_2 = \ln(x_1) + \ln(x_2).\end{aligned}$$

Zusammen mit Aussage c) folgt daraus

$$\begin{aligned}\ln\left(\frac{x_1}{x_2}\right) &= \ln\left(x_1 x_2^{-1}\right) \\ &= \ln(x_1) + \ln\left(x_2^{-1}\right) = \ln(x_1) - \ln(x_2).\end{aligned}$$

Zu c): Mit Satz 14.31d) folgt für alle $x_1 \in \mathbb{R}_+ \setminus \{0\}$ mit $x_1 = \exp(y_1)$ und $x_2 \in \mathbb{R}$

$$\begin{aligned}\ln\left(x_1^{x_2}\right) &= \ln\left(\exp(y_1)^{x_2}\right) \\ &= \ln\left(\exp(y_1 x_2)\right) = y_1 x_2 = x_2 \ln(x_1).\end{aligned}$$

Zu d): Mit Satz 14.31e) und Satz 13.12 folgt, dass die Logarithmusfunktion ln streng monoton wachsend ist. ∎

Die drei Eigenschaften in Satz 14.35b)–c) werden als **Funktionalgleichungen der Logarithmusfunktion** bezeichnet. Sie sind zentral für das Rechnen mit Logarithmen, denn sie besagen, dass mittels Logarithmen die Multiplikation in eine Addition, die Division in eine Subtraktion und die Potenzierung in eine Multiplikation verwandelt werden kann.

Die drei Funktionalgleichungen in Satz 14.35b)–c) sind zudem die Grundlage für das Rechnen mit Rechenschiebern und das Rechnen mit Logarithmentafeln. Ferner sind auch elektronische Taschenrechner und Computersoftware im Allgemeinen so programmiert, dass sie die Vorteile des Rechnens mit Logarithmen ausnutzen.

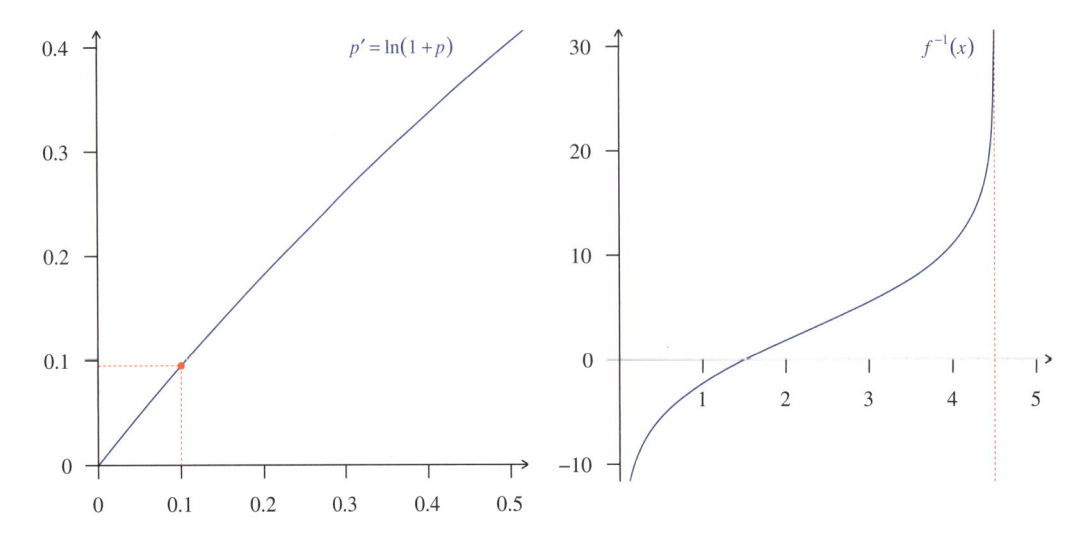

Abb. 14.14: Beziehung $p' = \ln(1+p)$ (links) und $f^{-1}: \mathbb{R}_+ \longrightarrow \mathbb{R}$, $x \mapsto -\frac{1}{c}\ln\left(\frac{a-x}{xb}\right)$ für $a = 4{,}5$, $b = 2$ und $c = \frac{1}{4}$ (rechts)

Beispiel 14.36 (Stetige Verzinsung und logistische Funktion)

a) Der Barwert zum Zeitpunkt $t = 0$ eines Betrages K_t zum Zeitpunkt $t \geq 0$ beträgt in Abhängigkeit vom Zinssatz $p > 0$ bei diskreter Verzinsung

$$K_0(p) = K_t(1+p)^{-t}$$

und in Abhängigkeit vom Zinssatz $p' > 0$ bei stetiger Verzinsung

$$K_0(p') = K_t e^{-tp'}$$

(vgl. Beispiel 11.46). Beide Verzinsungsarten führen zum selben Barwert, wenn zwischen den beiden Zinssätzen p und p' eine bestimmte Relation besteht. Diese ist unabhängig von t und man erhält sie durch Auflösen der Gleichung

$$(1+p)^{-t} = e^{-tp'}$$

nach p'. Es resultiert dann

$$t\ln(1+p) = tp' \quad \text{bzw.} \quad p' = \ln(1+p).$$

Zum Beispiel erhält man für $p = 10\%$ den Zinssatz $p' = 9{,}531\%$. Diese Beziehung ermöglicht es, den Fall stetiger Verzinsung selbst dann anzuwenden, wenn die Zinsen jeweils am Jahresende gutgeschrieben werden. Der Zinssatz p wird **effektiver Jahreszins** einer Anlage mit stetiger Verzinsung p' genannt (vgl. Abbildung 14.14, links).

b) Betrachtet wird die logistische Funktion (14.29) aus Beispiel 14.33b). Es soll untersucht werden, wann ein bestimmtes Niveau y mit $0 < y < a$ angenommen wird. Aufgrund ihres streng monotonen Wachstums besitzt die logistische Funktion eine Umkehrfunktion (vgl. Satz 13.10). Durch Auflösen der Gleichung $y = \frac{a}{1+be^{-cx}}$ nach x mit Hilfe der Logarithmusfunktion $\ln$ und anschließendem Vertauschen der Variablen x und y erhält man mit

$$f^{-1}: (0, \infty) \longrightarrow \mathbb{R}, \quad x \mapsto -\frac{1}{c}\ln\left(\frac{a-x}{xb}\right)$$

die Umkehrfunktion von (14.29) (vgl. Abbildung 14.14, rechts).

14.6 Allgemeine Exponential- und Logarithmusfunktion

Allgemeine Exponentialfunktion

Die Exponentialfunktion exp lässt sich zur sogenannten **allgemeinen Exponentialfunktion** verallgemeinern:

Definition 14.37 (Allgemeine Exponentialfunktion)

Für ein $a > 0$ wird die reelle Funktion $f : \mathbb{R} \longrightarrow \mathbb{R}$, $x \mapsto a^x$ mit

$$a^x := \exp(x \ln(a)) \qquad (14.30)$$

als allgemeine Exponentialfunktion oder auch als Exponentialfunktion zur Basis a bezeichnet.

Aus der allgemeinen Exponentialfunktion erhält man durch Wahl der speziellen Basis $a = e$ die (natürliche) Exponentialfunktion $\exp(x) = e^x$. Wenn von einer Exponentialfunktion ohne Basisangabe die Rede ist, dann ist in der Regel die (natürliche) Exponentialfunktion exp gemeint. Sie ist sowohl in der Analysis als auch in den Wirtschaftswissenschaften die wichtigste Exponentialfunktion.

Sämtliche Eigenschaften der allgemeinen Exponentialfunktion lassen sich aufgrund der Definition (14.30) aus den Eigenschaften der natürlichen Exponentialfunktion exp und der natürlichen Logarithmusfunktion ln ableiten.

Mit Hilfe von (14.30) können auch kompliziertere Funktionen der Bauart $h(x) = f(x)^{g(x)}$ mit $f(x) > 0$ auf die natürliche Exponentialfunktion exp und die natürliche Logarithmusfunktion ln zurückgeführt werden, denn aufgrund der Eigenschaften von exp und ln gilt

$$h(x) = \exp(g(x) \ln(f(x)))$$

für alle $x \in \mathbb{R}$ mit $f(x) > 0$. Dieser Sachverhalt wird sich vor allem in der Differential- und Integralrechnung in Kapitel 16 bzw. Kapitel 19 mehrfach als äußerst hilfreich erweisen. Dort wird sich auch zeigen, dass exp und ln sehr einfach differenziert und integriert werden können.

Zwischen der Potenzfunktion, der (natürlichen) Logarithmusfunktion und der (natürlichen) Exponentialfunktion besteht offensichtlich der Zusammenhang

$$x^c = \exp(c \ln(x))$$

für alle $c \in \mathbb{R}$ und $x \in \mathbb{R}_+ \setminus \{0\}$.

Der folgende Satz fasst die wichtigsten Eigenschaften der Exponentialfunktion zur Basis $a > 0$ zusammen:

Satz 14.38 (Eigenschaften der allgemeinen Exponentialfunktion)

Für eine allgemeine Exponentialfunktion $f : \mathbb{R} \longrightarrow \mathbb{R}$, $x \mapsto a^x$ mit Basis $a > 0$ gilt:

a) $f(x) > 0$ für alle $x \in \mathbb{R}$ und $f(0) = 1$
b) $f(x_1 + x_2) = f(x_1) f(x_2)$ für alle $x_1, x_2 \in \mathbb{R}$
c) $f(-x) = \frac{1}{f(x)}$ für alle $x \in \mathbb{R}$
d) $(f(x_1))^{x_2} = f(x_1 x_2)$ für alle $x_1, x_2 \in \mathbb{R}$
e) f ist streng monoton wachsend für $a > 1$ und streng monoton fallend für $a < 1$

Beweis: Zu a): Folgt unmittelbar aus Satz 14.31a) und (14.30).

Zu b): Mit Satz 14.31b) folgt für alle $x_1, x_2 \in \mathbb{R}$

$$\begin{aligned} f(x_1 + x_2) &= \exp\left((x_1 + x_2) \ln(a)\right) \\ &= \exp\left(x_1 \ln(a) + x_2 \ln(a)\right) \\ &= \exp\left(x_1 \ln(a)\right) \exp\left(x_2 \ln(a)\right) = f(x_1) f(x_2). \end{aligned}$$

Zu c): Mit 14.31c) folgt für alle $x \in \mathbb{R}$

$$f(-x) = \exp(-x \ln(a)) = \frac{1}{\exp(x \ln(a))} = \frac{1}{f(x)}.$$

Zu d): Mit 14.31d) folgt für alle $x_1, x_2 \in \mathbb{R}$

$$(f(x_1))^{x_2} = (\exp(x_1 \ln(a)))^{x_2} = \exp(x_1 x_2 \ln(a)) = f(x_1 x_2).$$

Zu e): Es sei $a > 1$ und $x_1, x_2 \in \mathbb{R}$ mit $x_1 < x_2$. Dann gilt $\ln(a) > 0$ (vgl. Satz 14.35a)) und aufgrund des streng monotonen Wachstums von exp (vgl. Satz 14.31e)) erhält man somit

$$f(x_1) = \exp(x_1 \ln(a)) < \exp(x_2 \ln(a)) = f(x_2).$$

Das heißt, f ist für $a > 1$ streng monoton wachsend. Entsprechend beweist man die Behauptung für $a < 1$. Dann gilt $\ln(a) < 0$ (vgl. Satz 14.35a)) und es folgt daher für $x_1 < x_2$

$$f(x_1) = \exp(x_1 \ln(a)) > \exp(x_2 \ln(a)) = f(x_2).$$

Folglich ist f für $a < 1$ streng monoton fallend. ■

Eine typische wirtschaftswissenschaftliche Anwendung der allgemeinen Exponentialfunktion ist die Bestimmung des Restwertes eines Investitionsgutes mit Hilfe der **geometrisch-degressiven Abschreibung**.

Beispiel 14.39 (Geometrisch-degressive Abschreibung)

Der Wert von Investitionsgütern, wie z. B. Nutzfahrzeugen, Computern, Büroausstattung, Maschinen, verringert sich aufgrund von Alterung, Verschleiß, Preisverfall usw. von Jahr zu Jahr. Um stets den aktuellen Wert des Betriebsvermögens aus der Buchführung ersehen zu können und den Wertverlust durch Abnutzung oder Alterung der Anlagegüter als Kosten buchhalterisch nachvollziehen und kostenrechnerisch in die Preiskalkulation einbeziehen zu können, wird diese Wertverminderung durch eine sogenannte **Abschreibung** erfasst und unter Beachtung handels- und steuerrechtlicher Besonderheiten als Aufwand in der Gewinnermittlung berücksichtigt. Dabei wird sehr oft angenommen, dass der Wertverlust einen festen Prozentsatz p pro Jahr beträgt. Eine solche Wertabschreibung wird als **geometrisch-degressive Abschreibung** bezeichnet. Betrachtet man z. B. eine Produktionsmaschine mit dem Anschaffungswert W_0 zum Zeitpunkt $t = 0$ und beträgt der Abschreibungssatz $p \in (0,1)$, dann ist der Restwert $W(t)$ der Produktionsmaschine zum Zeitpunkt $t \in \mathbb{R}_+$ gegeben durch

$$W(t) = W_0 (1 - p)^t.$$

Das heißt, der Restwert der Produktionsmaschine in Abhängigkeit vom Zeitpunkt $t \in \mathbb{R}_+$ wird durch die reelle Funktion

$$W: \mathbb{R}_+ \longrightarrow [0, \infty), \quad t \mapsto W_0 (1 - p)^t$$

beschrieben. Gilt z. B. $W_0 = 10000\,€$ und $p = 20\%$, dann ist der auf zwei Nachkommastellen gerundete Restwert der Produktionsmaschine in den Jahren $t = 1, 2, 3, 5, 10, 15, 20$ durch die Werte in der folgenden Tabelle gegeben (vgl. Abbildung 14.15).

t	1	2	3	5	10	15	20
$W(t)$	8000 €	6400 €	5120 €	3276,8 €	1073,74 €	351,84 €	115,29 €

Allgemeine Logarithmusfunktion

Analog zur (natürlichen) Exponentialfunktion kann auch die (natürliche) Logarithmusfunktion verallgemeinert werden. Denn für jede Basis $a > 0$ mit $a \neq 1$ ist die allgemeine Exponentialfunktion $f(x) = a^x = \exp(x \ln(a))$ gemäß Satz 14.38e) streng monoton und somit nach Satz 13.10 auch umkehrbar. Die Umkehrfunktion von $f(x) = a^x$ wird als **allgemeine Logarithmusfunktion** bezeichnet.

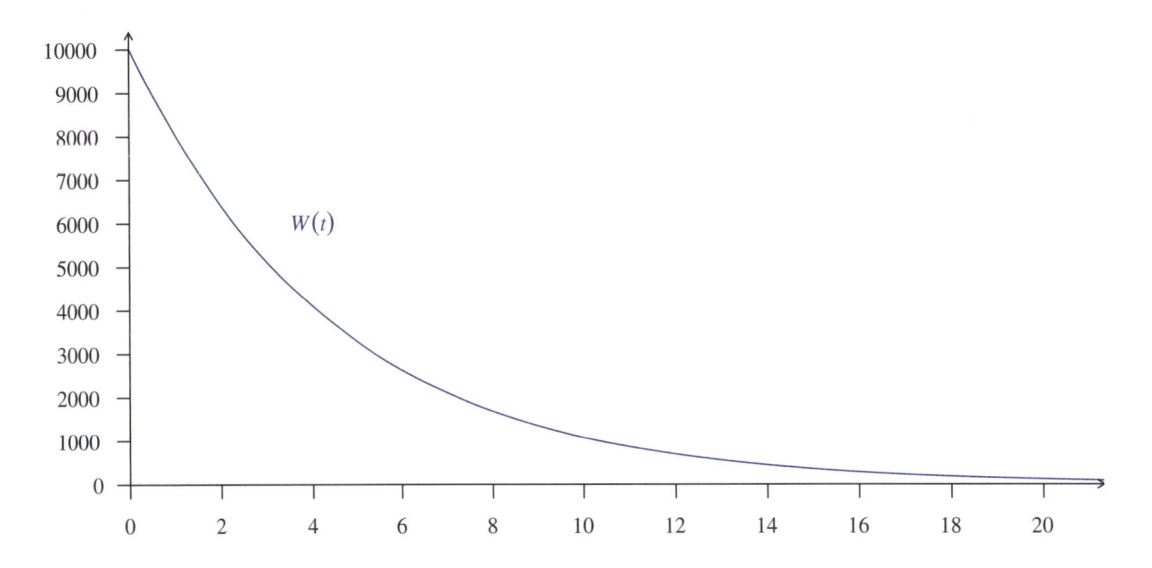

Abb. 14.15: Restwert einer Produktionsmaschine mit Anschaffungswert $W_0 = 10000\,€$ und Abschreibungssatz $p = 20\%$ in Abhängigkeit von der Zeit t

14.6 Allgemeine Exponential- und Logarithmusfunktion

Definition 14.40 (Allgemeine Logarithmusfunktion)

Die Umkehrfunktion der allgemeinen Exponentialfunktion $f : \mathbb{R} \longrightarrow \mathbb{R}$, $x \mapsto a^x$ mit $a > 0$ und $a \neq 1$ wird als allgemeine Logarithmusfunktion oder auch als Logarithmusfunktion zur Basis a bezeichnet und man schreibt

$$\log_a : \mathbb{R}_+ \setminus \{0\} \longrightarrow \mathbb{R}, \ x \mapsto \log_a(x).$$

Die Gleichung $y = \exp(x \ln(a))$ kann für jedes $a > 0$ mit $a \neq 1$ eindeutig nach x aufgelöst werden. Durch Anwendung der Funktion ln auf beiden Seiten der Gleichung erhält man $x = \frac{\ln(y)}{\ln(a)}$. Vertauschen der Bezeichnungen x und y liefert dann für die Umkehrfunktion $\log_a(x)$ von $f(x) = a^x$ die explizite Darstellung

$$\log_a(x) = \frac{\ln(x)}{\ln(a)} \qquad (14.31)$$

für alle $x \in \mathbb{R}_+ \setminus \{0\}$.

Die beiden wichtigsten Spezialfälle der allgemeinen Logarithmusfunktion erhält man für die Basis $a = 10$ (**dekadische Logarithmusfunktion**) und für die Basis $a = e$ (**natürliche Logarithmusfunktion**). Man schreibt dann in der Regel $\lg(x)$ bzw. $\ln(x)$.

Es gilt:

$$y = \log_a(x) \Longleftrightarrow a^y = x \quad \text{für alle } x \in \mathbb{R}_+ \setminus \{0\}$$

Daraus folgt insbesondere $\log_a(a^y) = y$ für alle $y \in \mathbb{R}$ und $a^{\log_a(x)} = x$ für alle $x \in \mathbb{R}_+ \setminus \{0\}$. Da die beiden Funktionen a^x und $\log_a(x)$ jeweils die Umkehrfunktion zueinander sind, liegen ihre Graphen symmetrisch zur Geraden $y = x$ (vgl. Abschnitt 6.9 und Abbildung 14.16).

Der folgende Satz fasst die wichtigsten Eigenschaften der allgemeinen Logarithmusfunktion zusammen:

Satz 14.41 (Eigenschaften der allgemeinen Logarithmusfunktion)

Für eine allgemeine Logarithmusfunktion $\log_a : \mathbb{R}_+ \setminus \{0\} \longrightarrow \mathbb{R}$, $x \mapsto \log_a(x)$ mit $a > 0$ und $a \neq 1$ gilt:

a) $\log_a(1) = 0$ *für alle $a > 0$ mit $a \neq 1$ sowie*

$$\log_a(x) \begin{cases} > 0 \text{ für } x > 1 \text{ bei } a > 1 \text{ und } x \in (0,1) \text{ bei } a < 1 \\ < 0 \text{ für } x \in (0,1) \text{ bei } a > 1 \text{ und } x > 1 \text{ bei } a < 1 \end{cases}$$

b) $\log_a(x_1 x_2) = \log_a(x_1) + \log_a(x_2)$ *und* $\log_a\left(\frac{x_1}{x_2}\right) = \log_a(x_1) - \log_a(x_2)$ *für alle $x_1, x_2 \in \mathbb{R}_+ \setminus \{0\}$*

c) $\log_a\left(x_1^{x_2}\right) = x_2 \log_a(x_1)$ *für alle $x_1 \in \mathbb{R}_+ \setminus \{0\}$ und $x_2 \in \mathbb{R}$*

d) $\log_a$ *ist streng monoton wachsend für $a > 1$ und streng monoton fallend für $a < 1$*

Beweis: Zu a): Mit Satz 14.35a) und (14.31) folgt unmittelbar $\log_a(1) = 0$ für alle $a > 0$ mit $a \neq 1$. Ebenfalls unmittelbar mit Satz 14.35a) und (14.31) folgt $\log_a(x) > 0$ für $x > 1$ und $\log_a(x) < 0$ für $x \in (0,1)$, falls $a > 1$ gilt, sowie $\log_a(x) < 0$ für $x > 1$ und $\log_a(x) > 0$ für $x \in (0,1)$, falls $a < 1$ gilt.

Zu b): Mit Satz 14.35b) folgt für alle $x_1, x_2 \in \mathbb{R}_+ \setminus \{0\}$

$$\log_a(x_1 x_2) = \frac{\ln(x_1 x_2)}{\ln(a)} = \frac{\ln(x_1)}{\ln(a)} + \frac{\ln(x_2)}{\ln(a)} = \log_a(x_1) + \log_a(x_2).$$

Zusammen mit Aussage c) erhält man daraus

$$\log_a\left(\frac{x_1}{x_2}\right) = \log_a\left(x_1 x_2^{-1}\right) = \log_a(x_1) + \log_a\left(x_2^{-1}\right)$$
$$= \log_a(x_1) - \log_a(x_2).$$

Zu c): Mit Satz 14.35c) folgt für alle $x_1 \in \mathbb{R}_+ \setminus \{0\}$ und $x_2 \in \mathbb{R}$

$$\log_a\left(x_1^{x_2}\right) = \frac{\ln(x_1^{x_2})}{\ln(a)} = \frac{x_2 \ln(x_1)}{\ln(a)} = x_2 \log_a(x_1).$$

Zu d): Gemäß Satz 14.35a) gilt $\ln(a) > 0$ für $a > 1$ und $\ln(a) < 0$ für $a < 1$ und nach Satz 14.35d) ist $\ln(x)$ streng monoton wachsend. Dies impliziert, dass $\log_a(x) = \frac{\ln(x)}{\ln(a)}$ für $a > 1$ streng monoton wachsend und für $a < 1$ streng monoton fallend ist. ∎

Beispiel 14.42 (Verschiedene Exponential- und Logarithmusfunktionen)

Die Exponentialfunktionen $f(x) = a^x$ mit den Basen $a = \frac{1}{2}, 2, 5, 10$ besitzen die Logarithmusfunktionen $\log_a(x)$ mit den Basen $a = \frac{1}{2}, 2, 5, 10$ als Umkehrfunktionen (vgl. Abbildung 14.16).

Wegen $a^x = \exp(x \ln(a))$ (vgl. (14.30)) und $\log_a(x) = \frac{\ln(x)}{\ln(a)}$ (vgl. (14.31)) steht hinter jeder allgemeinen Exponentialfunktion die (natürliche) Exponentialfunktion exp bzw. hinter jeder allgemeinen Logarithmusfunktion die natürliche Logarithmusfunktion ln.

Zwischen Exponentialfunktionen zu unterschiedlichen Basen $a > 0$ und $b > 0$ besteht der Zusammenhang

$$a^x = b^{\log_b a^x} = b^{x \log_b a} \quad \text{für alle } x \in \mathbb{R}. \qquad (14.32)$$

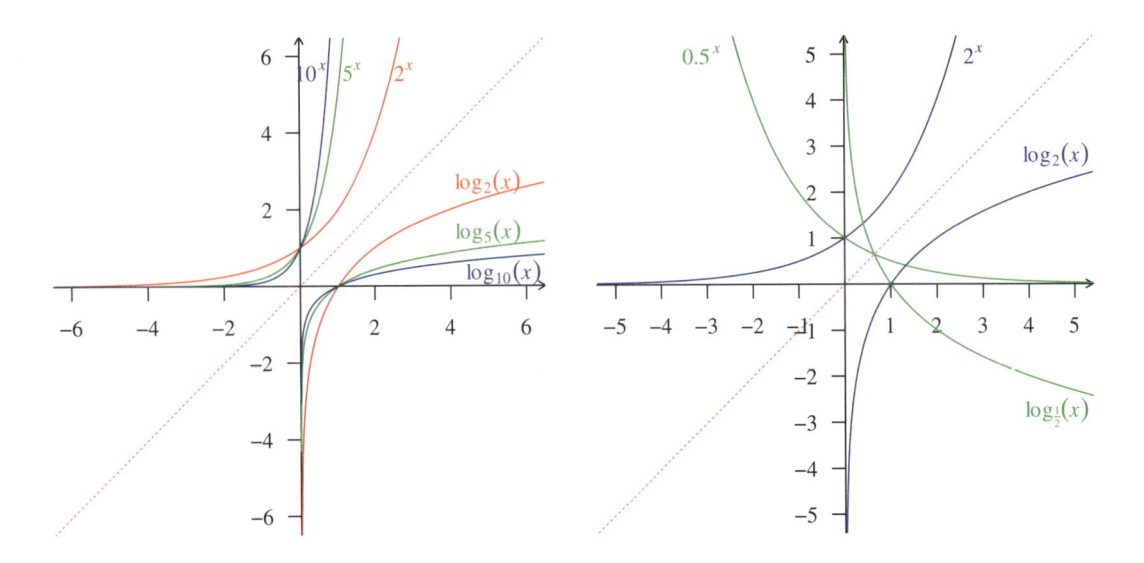

Abb. 14.16: Exponentialfunktionen $f(x) = a^x$ und Logarithmusfunktionen $\log_a(x)$ mit den Basen $a = 2, 5, 10$ (links) und mit den Basen $a = \frac{1}{2}, 2$ (rechts)

Analog existiert zwischen Logarithmusfunktionen zu unterschiedlichen Basen $a > 0$ und $b > 0$ mit $a, b \neq 1$ die Beziehung

$$\log_a x = \frac{\log_b x}{\log_b a} \quad \text{für alle } x \in \mathbb{R}_+ \setminus \{0\}. \quad (14.33)$$

Dies folgt aus $\log_b x = \log_b \left(a^{\log_a x}\right) = \log_a x \log_b a$.

Zwei Exponentialfunktionen zu verschiedenen Basen a und b unterscheiden sich somit nur um einen multiplikativen Faktor $\log_b a$ im Exponenten (vgl. (14.32)), und zwei Logarithmusfunktionen zu verschiedenen Basen a und b unterscheiden sich lediglich um einen multiplikativen Faktor $\frac{1}{\log_b a}$ (vgl. (14.33)). Das bedeutet, die Exponentialfunktionen unterscheiden sich untereinander nur in der Skalierung der x-Achse und die Logarithmusfunktionen differieren untereinander lediglich in der Skalierung der y-Achse. Dies hat zur Konsequenz, dass die Graphen aller Exponentialfunktionen bzw. die Graphen aller Logarithmusfunktionen in ihrer Form übereinstimmen (vgl. Abbildung 14.16).

14.7 Trigonometrische Funktionen

Eine weitere bedeutende Klasse von transzendenten Funktionen sind die **trigonometrischen Funktionen**, welche auch als **Kreis-** oder **Winkelfunktionen** bezeichnet werden. Die vier wichtigsten trigonometrischen Funktionen sind die **Sinus-**, **Kosinus-**, **Tangens-** und **Kotangensfunktion**. Sie werden in den Wirtschaftswissenschaften vor allem zur Beschreibung periodischer Zusammenhänge und Effekte verwendet. Sie werden beispielsweise in der Betriebs- und Volkswirtschaftslehre sowie in der Prognoserechnung und Ökonometrie häufig zur Beschreibung von Saison- und Konjunkturzyklen eingesetzt.

Sinus- und Kosinusfunktion

Werden der Sinus $\sin(x)$ und der Kosinus $\cos(x)$ in Abhängigkeit des Bogenmaßes $x \in \mathbb{R}$ betrachtet, dann erhält man die **Sinus-** bzw. die **Kosinusfunktion** (für die Definition und Eigenschaften des Sinus und Kosinus siehe Abschnitt 5.1).

> **Definition 14.43** (Sinus- und Kosinusfunktion)
>
> *Die reellen Funktionen* $\sin \colon \mathbb{R} \longrightarrow \mathbb{R}$, $x \mapsto \sin(x)$ *und* $\cos \colon \mathbb{R} \longrightarrow \mathbb{R}$, $x \mapsto \cos(x)$ *werden als Sinus- bzw. Kosinusfunktion bezeichnet.*

Für ökonomische Anwendungen sind die Sinus- und die Kosinusfunktion die beiden wichtigsten trigonometrischen Funktionen. Die Abbildung 14.17 zeigt die Graphen der Sinus- und der Kosinusfunktion in Abhängigkeit des Bogen-

14.7 Trigonometrische Funktionen — Kapitel 14

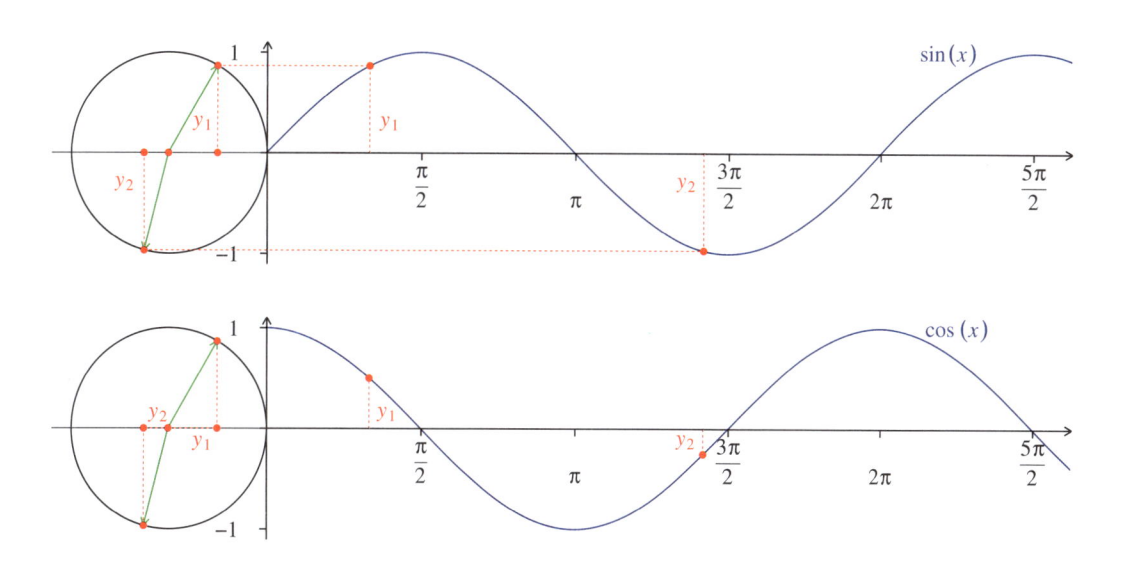

Abb. 14.17: Zusammenhang zwischen Einheitskreis und Sinusfunktion (oben) bzw. Kosinusfunktion (unten)

maßes x. Aus dieser Abbildung (oder mit Satz 5.1e)) erhält man, dass

$$\sin\left(x + \frac{\pi}{2}\right) = \cos(x) \quad \text{und} \quad \cos\left(x - \frac{\pi}{2}\right) = \sin(x) \tag{14.34}$$

für alle $x \in \mathbb{R}$ gilt. Das heißt, die Graphen der Sinus- und Kosinusfunktion stimmen bis auf eine Verschiebung um $\frac{\pi}{2}$ in Richtung der x-Achse überein. Eine Sinusfunktion ist somit nichts anderes als eine um $\frac{\pi}{2}$ verschobene Kosinusfunktion und umgekehrt.

Die wichtigsten Eigenschaften der Sinus- und der Kosinusfunktion ergeben sich unmittelbar aus den Eigenschaften von Sinus bzw. Kosinus. Siehe hierzu vor allem die beiden Sätze 5.1 und 5.2 in Abschnitt 5.1. Aus der 2π-Periodizität des Sinus und Kosinus folgt insbesondere, dass auch die Sinus- und die Kosinusfunktion 2π-periodisch sind (vgl. Abbildung 14.18, links). Ferner ist gemäß Satz 5.1g) der Wert 0 eine Nullstelle von sin und der Wert $\frac{\pi}{2}$ eine Nullstelle von cos. Alle anderen Nullstellen von sin und cos unterscheiden sich nur um ganzzahlige Vielfache von π (vgl. Abbildung 14.18).

In wirtschaftswissenschaftlichen Anwendungen werden häufig Sinus- und Kosinusfunktionen der Form

$$a\sin(bx + c) \quad \text{und} \quad a\cos(bx + c)$$

mit $a, b \neq 0$ sowie Kombinationen von ihnen betrachtet. Der Wert a wird dabei als **Amplitude** bezeichnet und bewirkt eine Streckung ($|a| > 1$) bzw. Stauchung ($|a| < 1$) des Graphen in Richtung der y-Achse um den Faktor a. Dagegen führt der Wert b zu einer Streckung ($|b| < 1$) bzw. Stauchung ($|b| > 1$) des Graphen in Richtung der x-Achse um den Faktor $\frac{1}{b}$ und damit zu einer Veränderung der Periode, also der Geschwindigkeit der Schwingung. Der Wert c heißt schließlich **Phasenverschiebung**. Die Phasenverschiebung gibt die Verschiebung des Graphen in Richtung der x-Achse nach links ($c > 0$) bzw. nach rechts ($c < 0$) an (vgl. Beispiele 14.44 und 14.45).

> **Beispiel 14.44** (Einfache Transformationen der Sinusfunktion)
>
> Die Graphen der Funktionen $2\sin(x)$, $\sin(2x)$ und $\sin\left(x + \frac{\pi}{2}\right)$ gehen aus dem Graphen von $\sin(x)$ durch Streckung in Richtung der y-Achse um den Faktor 2, durch Stauchung in Richtung der x-Achse um den Faktor $\frac{1}{2}$ bzw. durch Phasenverschiebung in Richtung der x-Achse nach links um $\frac{\pi}{2}$ hervor (vgl. Abbildung 14.18, rechts).

Das folgende Beispiel gibt einen Eindruck, bei welcher Art von wirtschaftswissenschaftlichen Fragestellungen Sinus- und Kosinusfunktionen zum Einsatz kommen können:

Kapitel 14 Spezielle reelle Funktionen

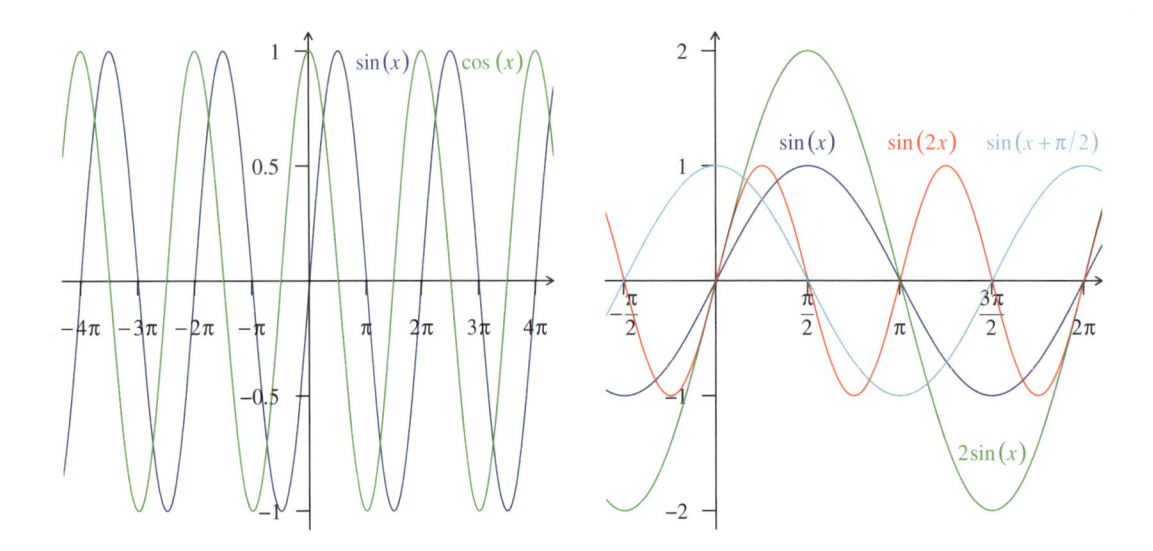

Abb. 14.18: Sinus- und Kosinusfunktion sin bzw. cos (links) sowie die trigonometrischen Funktionen $\sin(x)$, $2\sin(x)$, $\sin(2x)$ und $\sin\left(x + \frac{\pi}{2}\right)$ (rechts)

Beispiel 14.45 (Periodische Absatzfunktion und Berliner Verfahren)

a) Ein Unternehmen für Schwimmanzüge möchte seinen monatlichen Absatz mittels einer Kosinusfunktion der Form
$$f: \mathbb{R}_+ \longrightarrow \mathbb{R}, \quad x \mapsto f(x) = a\cos(bx + c) + d$$
mit $a, b, c, d \geq 0$ beschreiben.

Diese Kosinusfunktion soll (a) die Periode 12 besitzen und es soll weiter (b) $f(x) \in [0, 10]$, (c) $f(1) = 0$ sowie (d) $f(7) = 10$ gelten. Wegen $\cos(0) = \cos(2\pi)$ folgt aus (a)
$$bx + c = 0 \quad \text{und} \quad b(x + 12) + c = 2\pi.$$
Folglich muss $b = \frac{2\pi}{12} = \frac{\pi}{6}$ gelten. Mit (c) folgt
$$f(1) = a\cos\left(\frac{\pi}{6} + c\right) + d = 0$$
und wegen $\min_{y \in \mathbb{R}_+} \cos(y) = \cos(\pi) = -1$ impliziert dies zusammen mit (b)
$$\frac{\pi}{6} + c = \pi \quad \text{und} \quad -a + d = 0.$$

Es gilt also $c = \frac{5}{6}\pi$ und $a = d$ und somit insbesondere
$$f(x) = a\cos\left(\frac{\pi}{6}x + \frac{5}{6}\pi\right) + a.$$
Zusammen mit (d) folgt daraus schließlich
$$f(7) = a\cos(2\pi) + a = 10 \quad \text{bzw.} \quad a = 5.$$
Das heißt, es gilt
$$f(x) = 5\cos\left(\frac{\pi}{6}x + \frac{5}{6}\pi\right) + 5.$$
Der Wert $f(x)$ gibt den Absatz an Schwimmanzügen im Zeitpunkt x an, wobei der Absatz im Zeitpunkt $x = 1$ (d. h. im Januar) minimal und im Zeitpunkt $x = 7$ (d. h. im Juli) maximal ist (vgl. Abbildung 14.19, links).

b) Die Sinus- und die Kosinusfunktion sind Bestandteile vieler **Saisonbereinigungsverfahren**, die zur Beschreibung und Untersuchung ökonomischer Zeitreihen mit ausgeprägter Saisonkomponente bei vielen großen Wirtschaftsforschungsinstituten zum Einsatz kommen. Zum Beispiel wird beim **Berliner Verfah-**

ren zur Saisonbereinigung für die abhängige Variable – bis auf nicht zu erklärende zufällige Einflüsse oder Störungen – bei einer Saisonlänge von $s \in \{2, 4, 6, \ldots\}$ das Modell

$$f(t) = \sum_{k=0}^{n} a_k t^k$$
$$+ \sum_{l=1}^{s/2} \left(b_l \sin\left(\frac{2\pi l}{s} t\right) + c_l \cos\left(\frac{2\pi l}{s} t\right) \right)$$

für $t \geq 0$ angesetzt. Dabei ist $\sum_{k=0}^{n} a_k t^k$ die sogenannte **glatte Komponente**, welche die langfristigen systematischen Veränderungen der Zeitreihe und die mehrjährigen, nicht notwendigerweise regelmäßigen konjunkturbedingten Schwankungen der Zeitreihe beschreiben soll. Die sogenannte **Saisonkomponente**

$$\sum_{l=1}^{s/2} \left(b_l \sin\left(\frac{2\pi l}{s} t\right) + c_l \cos\left(\frac{2\pi l}{s} t\right) \right)$$

soll dagegen die saisonalen Schwankungen, die sich von Saison zu Saison relativ unverändert wiederholen, abbilden (für mehr Details zum Berliner Verfahren siehe z. B. *Rinne-Specht* [56] und *Schlittgen-Streitberg* [61]). Zum Beispiel ergibt sich für eine **Quartalsreihe** (d. h. $s = 4$) mit einer **Trendgeraden** (d. h. $n = 1$) der Ansatz

$$f(t) = a_0 + a_1 t + b_1 \sin\left(\frac{\pi}{2} t\right) + c_1 \cos\left(\frac{\pi}{2} t\right)$$
$$+ b_2 \sin(\pi t) + c_2 \cos(\pi t)$$

für $t \geq 0$ (vgl. Abbildung 14.19, rechts).

Tangens- und Kotangensfunktion

Die **Tangens-** und **Kotangensfunktion** sind ebenfalls wichtige trigonometrische Funktionen. Allerdings sind sie im Gegensatz zur Sinus- und Kosinusfunktion nicht zur Beschreibung von **Saison-** und **Konjunkturzyklen** geeignet, da sie nach oben und unten unbeschränkt sind. Ihre Bedeutung liegt vor allem in ihrem Nutzen für die Differential- und Integralrechnung. Sie sind als Quotienten der Sinus- und der Kosinusfunktion definiert.

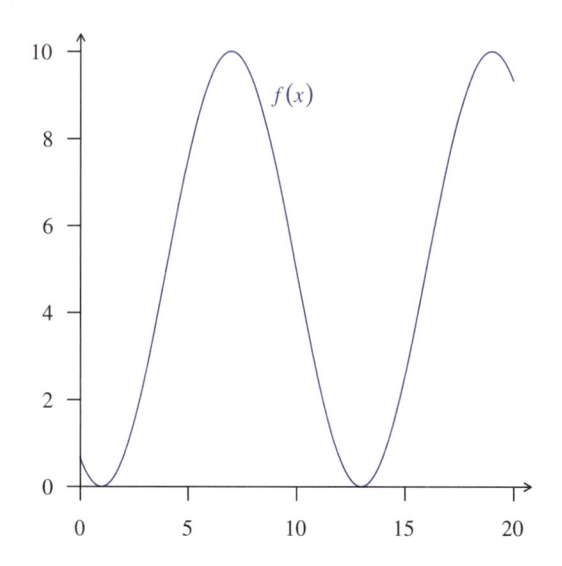

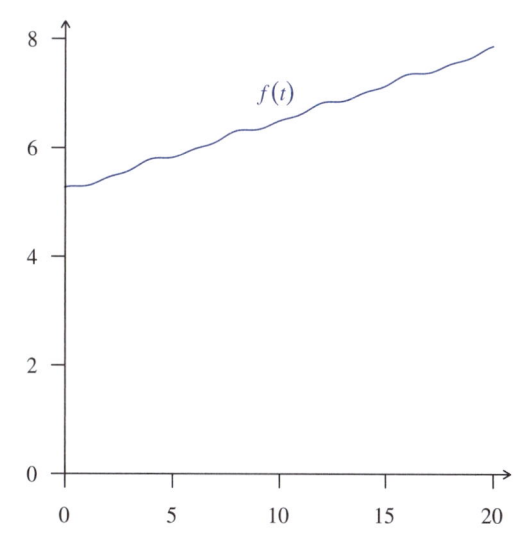

Abb. 14.19: Funktionen $f(x) = 5\cos\left(\frac{\pi}{6} x + \frac{5}{6}\pi\right) + 5$ (links) und $f(t) = a_0 + a_1 t + b_1 \sin\left(\frac{\pi}{2} t\right) + c_1 \cos\left(\frac{\pi}{2} t\right) + b_2 \sin(\pi t) + c_2 \cos(\pi t)$ mit $a_0 = 5{,}2$, $a_1 = 0{,}13$, $b_1 = -0{,}011$, $b_2 = 0$, $c_1 = 0{,}037$ und $c_2 = 0{,}027$ (rechts)

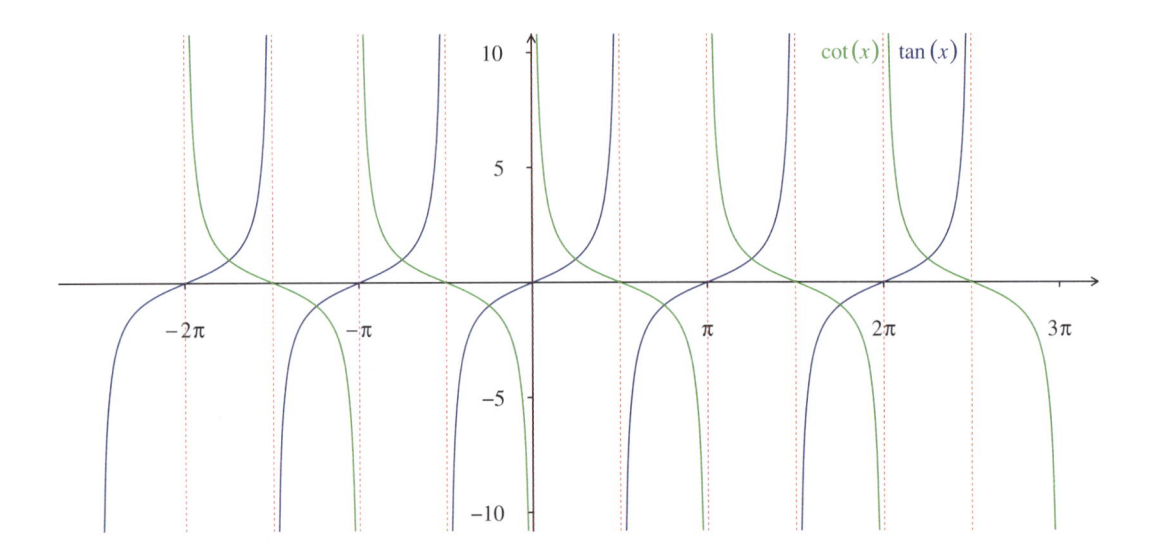

Abb. 14.20: Tangensfunktion tan und Kotangensfunktion cot

> **Definition 14.46** (Tangens- und Kotangensfunktion)
>
> *Die reellen Funktionen*
>
> $$\tan: \mathbb{R} \setminus \left\{ x \in \mathbb{R} : x = (2k+1)\frac{\pi}{2} \text{ für } k \in \mathbb{Z} \right\} \longrightarrow \mathbb{R},$$
>
> $$x \mapsto \tan(x) := \frac{\sin(x)}{\cos(x)}$$
>
> *und*
>
> $$\cot: \mathbb{R} \setminus \{ x \in \mathbb{R} : x = k\pi \text{ für } k \in \mathbb{Z} \} \longrightarrow \mathbb{R},$$
>
> $$x \mapsto \cot(x) := \frac{\cos(x)}{\sin(x)}$$
>
> *werden als Tangens- bzw. Kotangensfunktion bezeichnet.*

Die Tangensfunktion besitzt an den Nullstellen der Kosinusfunktion, d. h. bei $x = (2k+1)\frac{\pi}{2}$ für $k \in \mathbb{Z}$, und die Kotangensfunktion an den Nullstellen der Sinusfunktion, d. h. bei $x = k\pi$ für $k \in \mathbb{Z}$, Polstellen. Sie sind damit an diesen Stellen unbeschränkt. Ferner besitzen die trigonometrischen Funktionen sin und tan sowie cos und cot definitionsgemäß jeweils die gleichen Nullstellen (vgl. Abbildung 14.20).

Weitere Eigenschaften der Tangens- und Kotangensfunktion lassen sich leicht aus den Eigenschaften der Sinus- und Kosinusfunktion oder auch direkt aus den Eigenschaften des Tangens bzw. Kotangens ableiten. Siehe hierzu auch die beiden Sätze 5.5 und 5.6 in Abschnitt 5.1.

Arcus-Funktionen

Die vier trigonometrischen Funktionen sin, cos, tan und cot sind periodisch und damit nicht global, d. h. nicht über dem gesamten Definitionsbereich umkehrbar (invertierbar). Zum Beispiel besitzt die Gleichung $\sin(x) = \frac{1}{2}$ unendlich viele Lösungen $x_k = \frac{\pi}{6} + 2k\pi$ mit $k \in \mathbb{Z}$.

Die vier trigonometrischen Funktionen sind jedoch jeweils in gewissen Teilintervallen von $\mathbb{R}$ streng monoton und damit sind ihre Restriktionen auf diesen Teilintervallen nach Satz 13.10 auch umkehrbar. Zum Beispiel sind die Sinus- und die Tangensfunktion sin bzw. tan auf den Teilintervallen

$$\left[(2k-1)\frac{\pi}{2}, (2k+1)\frac{\pi}{2} \right] \quad \text{bzw.}$$
$$\left((2k-1)\frac{\pi}{2}, (2k+1)\frac{\pi}{2} \right) \quad (14.35)$$

für jedes $k \in \mathbb{Z}$ streng monoton und damit ihre Restriktionen auf diesen Teilintervallen auch invertierbar. Eine analoge Aussage gilt für die Kosinus- und die Kotangensfunktion cos bzw. cot auf den Teilintervallen

$$[k\pi, (k+1)\pi] \quad \text{bzw.} \quad (k\pi, (k+1)\pi) \quad (14.36)$$

für jedes $k \in \mathbb{Z}$.

Dieser Sachverhalt erlaubt es, für alle $k \in \mathbb{Z}$ die Umkehrfunktionen der Restriktionen von sin, cos, tan und cot auf die Teilintervalle (14.35) bzw. (14.36) zu definieren. Speziell für $k = 0$ erhält man aus (14.35) und (14.36) die Teilintervalle

$$\left[-\frac{\pi}{2}, \frac{\pi}{2}\right] \quad \text{und} \quad \left(-\frac{\pi}{2}, \frac{\pi}{2}\right) \quad \text{bzw.}$$
$$[0, \pi] \quad \text{und} \quad (0, \pi). \qquad (14.37)$$

Die Umkehrfunktionen der Restriktionen von sin, cos, tan und cot auf diese speziellen Teilintervalle werden als **Arcus-Funktionen** oder **inverse Winkelfunktionen** bezeichnet.

Definition 14.47 (Arcus-Funktionen)

Die Umkehrfunktionen der Restriktionen von sin, cos, tan *und* cot *auf den Teilintervallen* $\left[-\frac{\pi}{2}, \frac{\pi}{2}\right]$, $[0, \pi]$, $\left(-\frac{\pi}{2}, \frac{\pi}{2}\right)$ *bzw.* $(0, \pi)$ *werden als Arcus-Funktionen oder auch inverse Winkelfunktionen bezeichnet und sind gegeben durch:*

a) $\arcsin : [-1, 1] \longrightarrow \mathbb{R}, \; x \mapsto \arcsin(x)$
(Arcussinus-Funktion)

b) $\arccos : [-1, 1] \longrightarrow \mathbb{R}, \; x \mapsto \arccos(x)$
(Arcuskosinus-Funktion)

c) $\arctan : \mathbb{R} \longrightarrow \mathbb{R}, \; x \mapsto \arctan(x)$
(Arcustangens-Funktion)

d) $\text{arccot} : \mathbb{R} \longrightarrow \mathbb{R}, \; x \mapsto \text{arccot}(x)$
(Arcuskotangens-Funktion)

Es gilt

$$y = \arcsin(x) \iff \sin(y) = x$$

für alle $x \in [-1, 1]$. Das heißt, mit Hilfe der Arcus-Funktion arcsin können Gleichungen der Form $x = \sin(y)$ für $y \in \left[-\frac{\pi}{2}, \frac{\pi}{2}\right]$ nach y aufgelöst werden. Eine analoge Aussage gilt für die anderen drei Arcus-Funktionen arccos, arctan und arccot (vgl. Beispiel 14.48). Neben dem Lösen von Gleichungen werden Arcus-Funktionen auch bei der Integration einer ganzen Reihe von gebrochen-rationalen und algebraischen Funktionen benötigt (siehe Abschnitt 19.8).

Als Umkehrfunktionen (von Restriktionen) der trigonometrischen Funktionen erhält man den Graphen einer Arcus-Funktion durch Spiegelung des Graphen der entsprechenden trigonometrischen Funktion an der Geraden $y = x$.

Die Bezeichnung „Arcus-Funktion" leitet sich vom lateinischen Wort „arcus" (für Bogen) ab und ist dadurch motiviert, dass

$y = \arcsin(x)$ die Länge des Kreisbogens mit $\sin(y) = x$,
$y = \arccos(x)$ die Länge des Kreisbogens mit $\cos(y) = x$,
$y = \arctan(x)$ die Länge des Kreisbogens mit $\tan(y) = x$
und
$y = \text{arccot}(x)$ die Länge des Kreisbogens mit $\cot(y) = x$

ist. Dies folgt aus der Definition der Arcus-Funktionen als Umkehrfunktionen (von Restriktionen) der vier trigonometrischen Funktionen sin, cos, tan und cot.

Die Definition 14.47 bezieht sich ausschließlich auf die Restriktionen der trigonometrischen Funktionen auf die Teilintervalle (14.37), also auf die speziellen Teilintervalle (14.35)–(14.36) mit $k = 0$ (vgl. Abbildung 14.21). Analog können auch für alle anderen $k \in \mathbb{Z}$, d. h. für die Restriktionen auf die Teilintervalle (14.35)–(14.36) mit $k \in \mathbb{Z}$, Umkehrfunktionen definiert werden. Man erhält dann z. B. für sin und cos

$$\arcsin_k : [-1, 1] \longrightarrow \mathbb{R},$$
$$x \mapsto \arcsin_k(x) := \begin{cases} k\pi + \arcsin(x) & \text{für } k \text{ gerade} \\ k\pi - \arcsin(x) & \text{für } k \text{ ungerade} \end{cases}$$

bzw.

$$\arccos_k : [-1, 1] \longrightarrow \mathbb{R}, \; x \mapsto \arccos_k(x) := k\pi + \arccos(x)$$

für $k \in \mathbb{Z}$ und spricht dann vom **k-ten Zweig der Arcussinus-** bzw. **der Arcuskosinus-Funktion**. Der 0-te Zweig, d. h. der Fall $k = 0$ aus Definition 14.47, wird dann als **Hauptzweig der Arcussinus-** bzw. **Arcuskosinus-Funktion** bezeichnet. Solange jedoch keine Verwechslungen zu befürchten sind, werden die Hauptzweige einfach kurz Arcussinus- bzw. Arcuskosinus-Funktion genannt. Analoge Aussagen gelten auch für die Umkehrfunktionen der beiden anderen trigonometrischen Funktionen tan und cot.

Zwischen arcsin und arccos sowie arctan und arccot bestehen die beiden funktionalen Zusammenhänge

$$\arccos(x) = \frac{\pi}{2} - \arcsin(x) \quad \text{für alle } x \in [-1, 1] \qquad (14.38)$$
$$\text{arccot}(x) = \frac{\pi}{2} - \arctan(x) \quad \text{für alle } x \in \mathbb{R} \qquad (14.39)$$

(vgl. Abbildung 14.21).

In älteren Mathematiklehrbüchern ist für die Arcus-Funktionen auch noch die Bezeichnung **zyklometrische Funktionen** zu finden.

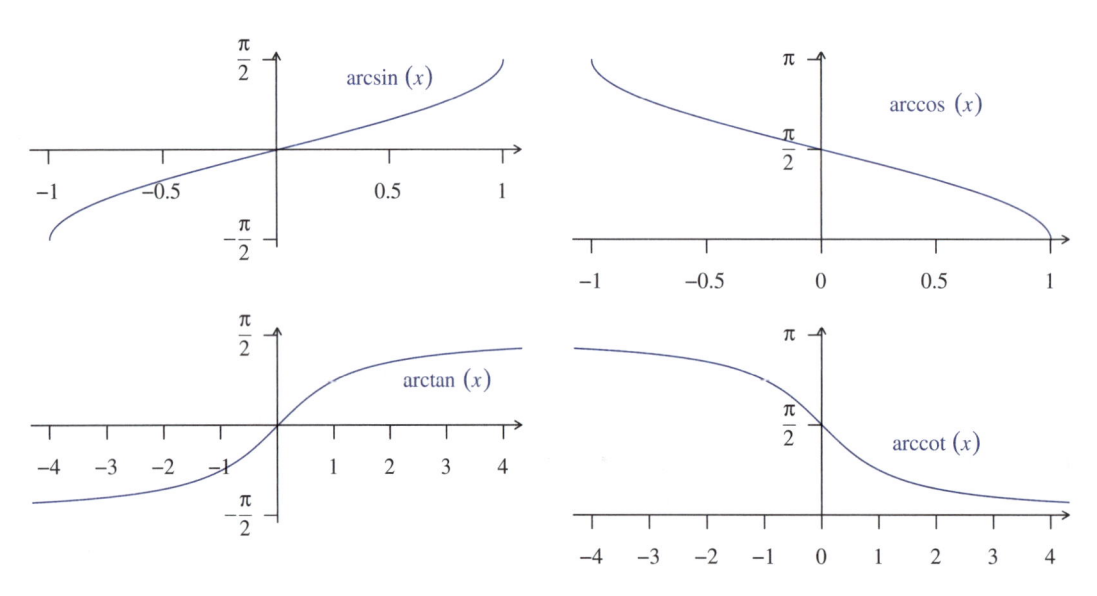

Abb. 14.21: Die Arcus-Funktionen arcsin(x) (links oben), arccos(x) (rechts oben), arctan(x) (links unten) und arccot(x) (rechts unten)

Anstelle der Schreibweisen arcsin, arccos, arctan und arccot für die Arcus-Funktionen ist auch immer öfter – vor allem im englischsprachigen Raum und auf Taschenrechnern – die Schreibweise $\sin^{-1}$, $\cos^{-1}$, $\tan^{-1}$ bzw. $\cot^{-1}$ gebräuchlich.

Beispiel 14.48 (Anwendung der Arcus-Funktionen)

a) Gegeben sei das rechtwinklige Dreieck in Abbildung 14.22 (links) mit den bekannten Seitenlängen $a, b, c > 0$. Dann können mit den beiden Arcus-Funktionen arcsin und arccos die Winkel α und β berechnet werden. Denn aus

$$\sin(\alpha) = \frac{b}{c}, \quad \cos(\alpha) = \frac{a}{c}, \quad \sin(\beta) = \frac{a}{c} \quad \text{und}$$

$$\cos(\beta) = \frac{b}{c}$$

(vgl. (5.1)–(5.2)) folgt mit den Umkehrfunktionen von sin und cos

$$\alpha = \arcsin\left(\frac{b}{c}\right) = \arccos\left(\frac{a}{c}\right) \quad \text{bzw.}$$

$$\beta = \arcsin\left(\frac{a}{c}\right) = \arccos\left(\frac{b}{c}\right)$$

(vgl. Abbildung 14.22, links).

b) Betrachtet wird das Bademoden-Unternehmen aus Beispiel 14.45a). Für die ermittelte Funktion $f: \mathbb{R}_+ \longrightarrow \mathbb{R}, \ x \mapsto f(x) = 5\cos\left(\frac{\pi}{6}x + \frac{5}{6}\pi\right) + 5$ zur Beschreibung der monatlichen Absatzzahlen sollen nun alle Zeitpunkte $x \in \mathbb{R}_+$ mit $f(x) = 5$ ermittelt werden. Das heißt, es ist die Gleichung

$$5\cos\left(\frac{\pi}{6}x + \frac{5}{6}\pi\right) + 5 = 5 \quad \text{bzw.}$$

$$\cos\left(\frac{\pi}{6}x + \frac{5}{6}\pi\right) = 0$$

nach x aufzulösen. Wegen $\arccos(0) = \frac{\pi}{2}$ erhält man mit dem k-ten Zweig der Arcuskosinusfunktion

$$\frac{\pi}{6}x + \frac{5}{6}\pi = \arccos_k(0) = \left(k + \frac{1}{2}\right)\pi$$

mit $k \in \mathbb{Z}$. Auflösen der Gleichung

$$\frac{\pi}{6}x + \frac{5}{6}\pi = \left(k + \frac{1}{2}\right)\pi$$

nach $x \in \mathbb{R}_+$ liefert

$$x = 6k - 2$$

mit $k \in \mathbb{N}$. Das heißt, es gilt $f(x) = 5$ für $x = 4$, $10, 16, 22, \ldots$ (vgl. Abbildung 14.22, rechts).

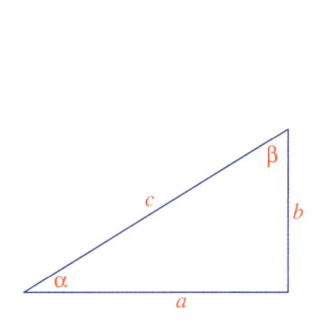

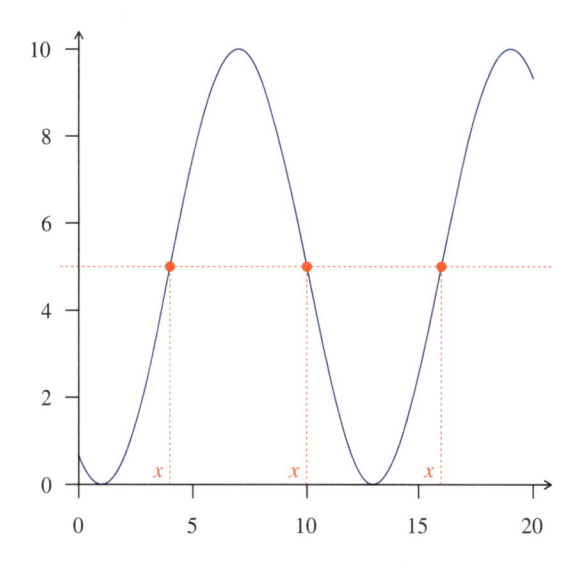

Abb. 14.22: Rechtwinkliges Dreieck mit Seitenlängen $a, b, c > 0$ (links) und Funktion $f(x) = 5\cos\left(\frac{\pi}{6}x + \frac{5}{6}\pi\right) + 5$ sowie $x \in \mathbb{R}_+$ mit $f(x) = 5$ (rechts)

Kapitel 15

Stetige Funktionen

Kapitel 15   Stetige Funktionen

15.1 Stetigkeit

Das Konzept der **Stetigkeit** spielt in der gesamten Analysis und ihren zahlreichen Anwendungsgebieten in den Natur-, Ingenieur- und Wirtschaftswissenschaften eine zentrale Rolle. Der Begriff der Stetigkeit wurde erstmals Anfang des 19. Jahrhunderts von den Mathematikern *Augustin Louis Cauchy* (1789–1857) und *Bernard Bolzano* (1781–1848) unabhängig voneinander eingeführt und studiert. Anschaulich formuliert bezeichneten *Cauchy* und *Bolzano* eine Funktion $f(x)$ als **stetig**, falls „kleine Änderungen" bei der unabhängigen Variablen x auch nur „kleine Veränderungen" beim Funktionswert $f(x)$ zur Folge haben. Das heißt, wenn aus $x \approx x_0$ auch $f(x) \approx f(x_0)$ folgt. Eine Funktion, die diese Eigenschaft nicht aufweist, also nicht stetig ist, wurde von ihnen als **unstetig** bezeichnet.

Speziell für wirtschaftswissenschaftliche Anwendungen ist der Stetigkeitsbegriff von großer Bedeutung. Denn das Konzept der Stetigkeit drückt die Vorstellung von einem „kontinuierlichen" Zusammenhang zwischen zwei ökonomischen Größen aus und ist daher für die Untersuchung vieler wirtschaftswissenschaftlicher Fragestellungen von Interesse. Denn wie sich zeigen wird, sind die meisten in den Wirtschaftswissenschaften verwendeten Funktionen stetig. Zum Beispiel wird man in aller Regel bei der Untersuchung der Nachfrage nach einem bestimmten Wirtschaftsgut in Abhängigkeit vom Preis des Gutes erwarten, dass sich bei einer kontinuierlichen Veränderung des Preises die Nachfrage ebenfalls kontinuierlich verändert und nicht **sprunghaft** eine viel kleinere oder größere Nachfrage resultiert. Völlig analog erwartet man von zwei Optionen auf das gleiche Wertpapier mit etwas unterschiedlichen Laufzeiten, aber sonst gleichen Ausstattungsmerkmalen, dass diese auf dem Finanzmarkt auch einen ähnlichen Preis erzielen.

Obwohl der Stetigkeitsbegriff eine anschauliche Eigenschaft einer reellen Funktion darstellt, ist es erst Ende des 19. Jahrhunderts dem deutschen Mathematiker *Karl Weierstraß* (1815–1897) gelungen, eine exakte Definition für den Stetigkeitsbegriff zu formulieren. Diese Definition ist in der Analysis mittlerweile als **ε-δ-Kriterium** bekannt.

> **Definition 15.1** (ε-δ-Kriterium für Stetigkeit)
>
> *Es sei $f : D \subseteq \mathbb{R} \longrightarrow \mathbb{R}$ eine reelle Funktion und $x_0 \in D$ ein Häufungspunkt der nichtleeren Menge D. Dann heißt f stetig an der Stelle x_0, wenn zu jedem $\varepsilon > 0$ ein $\delta > 0$ existiert, so dass*
>
> $$|f(x_0) - f(x)| < \varepsilon \qquad (15.1)$$
>
> *für alle $x \in D$ mit $|x_0 - x| < \delta$ gilt. Andernfalls sagt man, dass f an der Stelle x_0 unstetig ist und x_0 wird als Unstetigkeitsstelle von f bezeichnet. Ist $x_0 \in D$ kein Häufungspunkt von D, dann heißt f ebenfalls stetig an der Stelle x_0.*
>
> *Die Funktion f heißt stetig auf $E \subseteq D$, falls f an allen Stellen $x_0 \in E$ stetig ist. Gilt sogar $E = D$, dann wird f als stetige Funktion oder einfach als stetig bezeichnet.*

Das ε-δ-Kriterium für die Stetigkeit einer reellen Funktion $f : D \subseteq \mathbb{R} \longrightarrow \mathbb{R}$ an einer Stelle $x_0 \in D$ besagt somit, dass sich zu jedem vorgegebenen $\varepsilon > 0$ die Funktionswerte $f(x_0)$ und $f(x)$ weniger als ε unterscheiden, wenn x nur hinreichend nahe bei x_0 liegt. Da sich jedoch mit diesem Kriterium die Untersuchung einer reellen Funktion auf Stetigkeit schnell sehr kompliziert gestaltet, wird bei Stetigkeitsbetrachtungen meistens nicht das ε-δ-Kriterium, sondern das dazu äquivalente, aber deutlich praktikablere, **Folgenkriterium** verwendet:

> **Definition 15.2** (Folgenkriterium für Stetigkeit)
>
> *Es sei $f : D \subseteq \mathbb{R} \longrightarrow \mathbb{R}$ eine reelle Funktion und $x_0 \in D$. Dann heißt f an der Stelle x_0 stetig, falls x_0 kein Häufungspunkt der Menge D ist oder falls x_0 ein Häufungspunkt der Menge D ist und die Funktion f für $x \to x_0$ gegen den Grenzwert $f(x_0)$ konvergiert, d.h. wenn*
>
> $$\lim_{x \to x_0} f(x) = f(x_0) \qquad (15.2)$$
>
> *gilt. Andernfalls sagt man, dass f an der Stelle x_0 unstetig ist, und x_0 wird in diesem Fall als Unstetigkeitsstelle von f bezeichnet.*
>
> *Die Funktion f heißt stetig auf der Menge $E \subseteq D$, falls f an allen Stellen $x_0 \in E$ stetig ist. Gilt sogar $E = D$, dann wird f als stetige Funktion oder einfach kurz als stetig bezeichnet.*

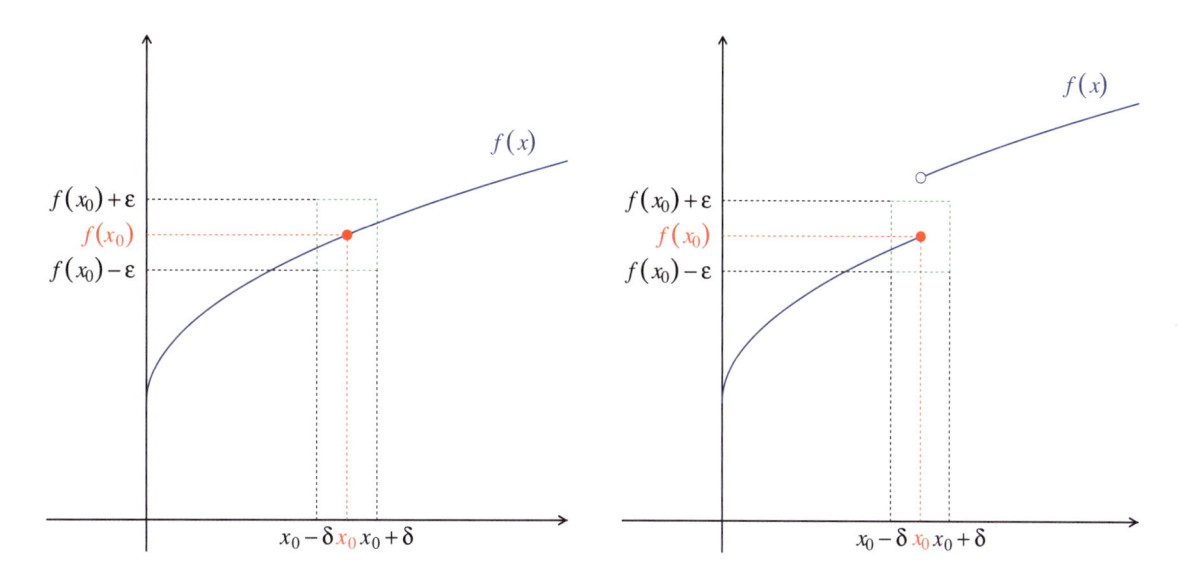

Abb. 15.1: Veranschaulichung des ε-δ-Kriteriums anhand einer an der Stelle x_0 stetigen Funktion f (links) und einer nicht stetigen (unstetigen) Funktion f (rechts)

Das Folgenkriterium besagt, dass eine reelle Funktion $f: D \subseteq \mathbb{R} \longrightarrow \mathbb{R}$ an einem Häufungspunkt $x_0 \in D$ genau dann stetig ist, wenn zwei Funktionswerte $f(x_0)$ und $f(x)$ mit $x \in D$ beliebig nahe beieinander liegen, wenn der Abstand zwischen den beiden Urbildern x_0 und x nur hinreichend klein ist. Das Folgenkriterium basiert auf dem in Abschnitt 13.10 eingeführten Konvergenzbegriff für reelle Funktionen. Aus den Rechenregeln für konvergente Funktionen (vgl. Satz 13.41) lassen sich daher leicht Regeln für stetige Funktionen ableiten (siehe Abschnitt 15.5).

Die Aussage des Folgenkriteriums ist in Abbildung 15.2 veranschaulicht. Links ist eine an der Stelle $x_0 \in D$ stetige Funktion dargestellt. Man erkennt, dass sich die Funktionswerte $f(x_n)$ für $x_n \to x_0$ beliebig genau $f(x_0)$ annähern und schließlich gegen $f(x_0)$ konvergieren. Dies gilt jedoch nicht für die rechte Funktion f. Es ist zu erkennen, dass sich bei dieser Funktion die Funktionswerte $f(x_n)$ für $x_n > x_0$ nicht beliebig genau $f(x_0)$ annähern. Das heißt insbesondere, dass die Funktionswerte $f(x_n)$ für $x_n \to x_0$ nicht gegen $f(x_0)$ konvergieren und somit die Funktion f an der Stelle x_0 nicht stetig ist.

Ist $x_0 \in D$ kein Häufungspunkt, sondern ein isolierter Punkt von D (vgl. Definition 13.38), dann ist f an der Stelle x_0 per Definition stetig. Es ist jedoch zu beachten, dass eine reelle Funktion $f: D \subseteq \mathbb{R} \longrightarrow \mathbb{R}$ gemäß Definition 15.2 nur dann an einer Stelle x_0 stetig oder unstetig sein kann, wenn f an der Stelle x_0 auch tatsächlich definiert ist, d. h. wenn $x_0 \in D$ gilt. Für $x_0 \notin D$ stellt sich die Frage nach Stetigkeit oder Unstetigkeit nicht, da außerhalb des Definitionsbereichs D einer reellen Funktion f der Stetigkeitsbegriff nicht definiert ist.

Dies hat zur Konsequenz, dass eine reelle Funktion f durchaus stetig sein kann, obwohl ihr Graph nicht zusammenhängend ist, da er einen oder mehrere Sprünge aufweist. Dies ist dann der Fall, wenn der Graph der Funktion f nur dort Sprünge aufweist, an denen f nicht definiert und ansonsten zusammenhängend ist. Diese **Sprungstellen** sind dann gemäß Definition 15.2 auch keine Unstetigkeitsstellen, da sie nicht zum Definitionsbereich gehören. Zum Beispiel wäre die Funktion $f: D \subseteq \mathbb{R} \longrightarrow \mathbb{R}$ in Abbildung 15.2, rechts trotz ihrer Sprungstelle bei x_0 stetig, wenn x_0 nicht zum Definitionsbereich D gehören würde. Dies bedeutet insbesondere, dass die häufig in Schulmathematikbüchern zu findende anschauliche Interpretation von stetigen Funktionen als genau diejenigen Funktionen, die einen zusammenhängenden Graphen ohne Sprünge besitzen und deren Graph daher ohne Absetzen des Stiftes gezeichnet werden kann, im Allgemeinen nicht richtig ist. Diese Veranschaulichung von stetigen Funktionen ist im Allgemeinen nur für stetige Funktionen $f: D \subseteq \mathbb{R} \longrightarrow \mathbb{R}$ gültig, die auf einem zusammenhängenden Definitionsbe-

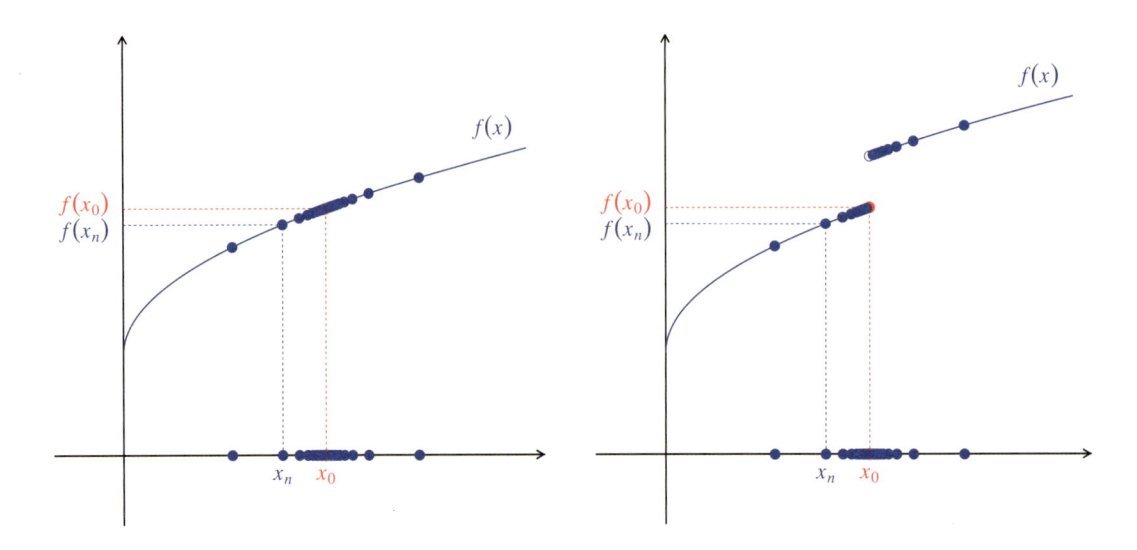

Abb. 15.2: Veranschaulichung des Folgenkriteriums anhand einer an der Stelle $x_0 \in D$ stetigen Funktion $f: D \subseteq \mathbb{R} \longrightarrow \mathbb{R}$ (links) und einer an der Stelle x_0 nicht stetigen (unstetigen) Funktion f (rechts)

reich D, d. h. auf einem Intervall, definiert sind. In einem solchen Fall besitzt der Definitionsbereich D keine Lücken, in denen Sprünge auftreten könnten.

Entsprechend dem Folgenkriterium 15.2 ist eine reelle Funktion $f: D \subseteq \mathbb{R} \longrightarrow \mathbb{R}$ in einem Häufungspunkt $x_0 \in D$ genau dann stetig, wenn

$$\lim_{x \to x_0} f(x) = f\left(\lim_{x \to x_0} x\right)$$

gilt, also wenn die Reihenfolge von $\lim_{x \to x_0}$ und f vertauscht werden darf. Mit der Substitution $x = x_0 + \Delta x$ erhält man somit, dass eine Funktion f in einem Häufungspunkt $x_0 \in D$ genau dann stetig ist, wenn

$$\lim_{\Delta x \to 0} f(x_0 + \Delta x) = f(x_0)$$

gilt. Diese Schreibweise wird sich in Abschnitt 16.2 bei der Betrachtung von sogenannten **Differenzenquotienten** als nützlich erweisen.

Beispiel 15.3 (Stetigkeit von reellen Funktionen)

a) Die **Betragsfunktion**

$$f: \mathbb{R} \longrightarrow \mathbb{R}, \ x \mapsto f(x) = |x| := \begin{cases} x & \text{für } x \geq 0 \\ -x & \text{für } x < 0 \end{cases}$$

ist stetig. Denn sind $x_0 \in \mathbb{R}$ und $\varepsilon > 0$ beliebig gewählt, dann folgt mit der Dreiecksungleichung (3.5)

$$|f(x_0) - f(x)| = ||x_0| - |x|| \leq |x_0 - x| < \varepsilon$$

für alle $|x_0 - x| < \delta$, falls $\delta := \varepsilon$ gewählt wird. Das heißt, die Betragsfunktion genügt für alle $x_0 \in \mathbb{R}$ der Definition 15.1 und ist damit stetig. Da der Definitionsbereich von f zusammenhängend ist, impliziert dies, dass auch der Graph von f zusammenhängend ist (vgl. Abbildung 15.3, links).

b) Betrachtet wird die reelle Funktion

$$f: [-1, \infty) \longrightarrow \mathbb{R}, \quad (15.3)$$

$$x \mapsto f(x) = \begin{cases} \frac{\sqrt{x+1}-1}{x} & \text{für } x \in [-1, \infty) \setminus \{0\} \\ \frac{1}{2} & \text{für } x = 0 \end{cases}.$$

Für $x_0 \in [-1, \infty) \setminus \{0\}$ folgt dann mit den Rechenregeln für die Grenzwerte konvergenter Funktionen (vgl. Satz 13.41)

$$\lim_{x \to x_0} f(x) = \lim_{x \to x_0} \frac{\sqrt{x+1}-1}{x} = \frac{\sqrt{\lim_{x \to x_0} x + 1} - 1}{\lim_{x \to x_0} x}$$

$$= \frac{\sqrt{x_0 + 1} - 1}{x_0} = f(x_0).$$

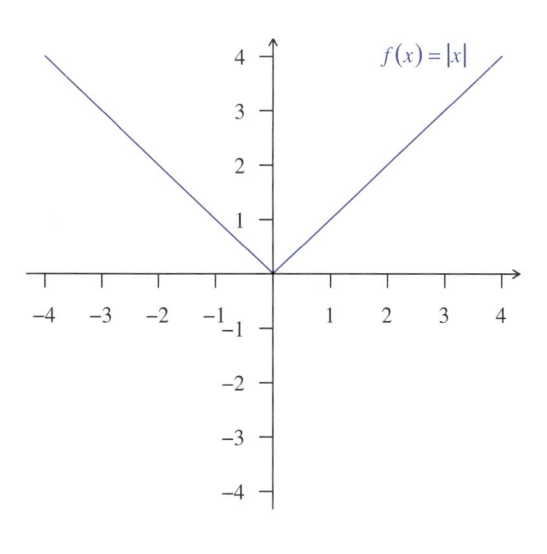

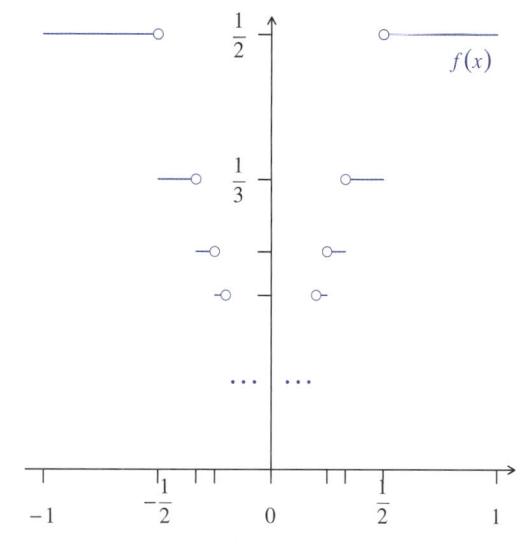

Abb. 15.3: Die stetige Betragsfunktion $f: \mathbb{R} \longrightarrow \mathbb{R}$, $x \mapsto f(x) = |x|$ (links) und die unstetige reelle Funktion $f: [-1, 1] \longrightarrow \mathbb{R}$ mit $f(x) = \frac{1}{k+1}$ für alle $\frac{1}{k+1} < |x| \leq \frac{1}{k}$ mit $k \in \mathbb{N}$ und $f(0) = 0$ (rechts)

Die Funktion f genügt somit an jeder Stelle $x_0 \in [-1, \infty) \setminus \{0\}$ der Definition 15.2. In Beispiel 13.42b) wurde ferner

$$\lim_{x \to 0} f(x) = \frac{1}{2},$$

d. h. $\lim_{x \to 0} f(x) = f(0)$, gezeigt. Die Funktion f ist also auch an der Stelle $x_0 = 0$ stetig und daher insgesamt eine stetige Funktion. Zu beachten ist jedoch, dass die Funktion f an der Stelle $x_0 = 0$ nicht stetig wäre, wenn in (15.3) zum Beispiel $f(0) = \frac{1}{3}$ anstelle von $f(0) = \frac{1}{2}$ definiert worden wäre (vgl. dazu auch Abbildung 13.19, rechts).

c) Betrachtet wird die reelle Funktion

$$f: \mathbb{R} \longrightarrow \mathbb{R}, \quad x \mapsto f(x) = \begin{cases} \frac{x^2 - \frac{1}{4}}{x - \frac{1}{2}} & \text{für } x \neq \frac{1}{2} \\ 2 & \text{für } x = \frac{1}{2} \end{cases}.$$

(15.4)

Für $x_0 \neq \frac{1}{2}$ folgt dann mit den Rechenregeln für die Grenzwerte konvergenter Funktionen (vgl. Satz 13.41)

$$\lim_{x \to x_0} f(x) = \lim_{x \to x_0} \frac{x^2 - \frac{1}{4}}{x - \frac{1}{2}} = \frac{\left(\lim_{x \to x_0} x\right)^2 - \frac{1}{4}}{\lim_{x \to x_0} x - \frac{1}{2}} = \frac{x_0^2 - \frac{1}{4}}{x_0 - \frac{1}{2}}$$
$$= f(x_0).$$

Das heißt, f ist an jeder Stelle $x_0 \neq \frac{1}{2}$ stetig. Da jedoch in Beispiel 13.42d)

$$\lim_{x \to \frac{1}{2}} f(x) = 1$$

gezeigt wurde und somit $\lim_{x \to x_0} f(x) \neq f(x_0)$ für $x_0 = \frac{1}{2}$ gilt, ist f an der Stelle $x_0 = \frac{1}{2}$ nicht stetig. Damit ist f insgesamt keine stetige Funktion. Die Funktion f wäre dagegen stetig, wenn in (15.4) nicht $f(\frac{1}{2}) = 2$, sondern $f(\frac{1}{2}) = 1$ definiert worden wäre (vgl. dazu auch Abbildung 13.20, rechts).

Die folgenden zwei Beispiele sind weniger von praktischer Bedeutung. Sie sollen vielmehr verdeutlichen, dass der durch die Definition 15.2 exakt festgelegte Stetigkeitsbegriff weit über die menschliche Anschauung hinausreicht. Mit anderen Worten, das Folgenkriterium lässt sich selbst dann anwenden, wenn die betrachtete Funktion zu komplex ist, als dass ihr Graph noch (vollständig) gezeichnet werden könnte:

Beispiel 15.4 (Stetigkeit von reellen Funktionen)

a) Die reelle Funktion
$$f: [-1, 1] \longrightarrow \mathbb{R},$$
$$x \mapsto f(x) = \begin{cases} \frac{1}{k+1} & \text{für } \frac{1}{k+1} < |x| \leq \frac{1}{k} \text{ mit } k \in \mathbb{N} \\ 0 & \text{für } x = 0 \end{cases}$$

soll auf Stetigkeit an der Stelle $x_0 = 0$ untersucht werden. Wegen $0 \leq f(x) \leq |x|$ für alle $x \in [-1, 1]$ und $\lim_{x \to 0} |x| = 0$ folgt
$$\lim_{x \to 0} f(x) = 0.$$

Das heißt, es gilt $\lim_{x \to x_0} f(x) = f(x_0)$ für $x_0 = 0$ und f ist somit an der Stelle $x_0 = 0$ stetig.

Der Graph von f besteht aus zur x-Achse parallelen Geradenstücken, die für $|x| \to 0$ immer kürzer werden und sich immer mehr der x-Achse annähern. Die Funktion f ist an allen Stellen $x \in [-1, 1]$ mit $|x| \neq \frac{1}{k+1}$ für alle $k \in \mathbb{N}$ stetig. Das Verhalten der Funktion f lässt sich jedoch in unmittelbarer Umgebung von $x = 0$ anschaulich nur noch sehr unvollkommen erfassen (vgl. Abbildung 15.3, rechts).

b) Die nach *Peter Gustav Dirichlet* (1805–1859) benannte Dirichlet-Funktion (Dirichletsche Sprungfunktion)
$$f: [0, 1] \longrightarrow \mathbb{R},$$
$$x \mapsto f(x) = \begin{cases} 1; & x \in \mathbb{Q} \\ 0; & x \in \mathbb{R} \setminus \mathbb{Q} \end{cases}$$

P. G. Dirichlet

(vgl. Beispiel 6.23) ist an jeder Stelle $x \in [0, 1]$ unstetig. Denn sind $x_0 \in [0, 1]$ und $0 < \varepsilon < 1$ beliebig vorgegeben, dann gibt es kein $\delta > 0$, so dass $|f(x_0) - f(x)| < \varepsilon$ für alle $x \in [0, 1]$ mit $|x_0 - x| < \delta$ gilt. Folglich ist $\lim_{x \to x_0} f(x) \neq f(x_0)$. Dies ist eine unmittelbare Folge der Tatsache, dass im Intervall $(x_0 - \delta, x_0 + \delta)$ stets unendlich viele rationale und irrationale Zahlen liegen. Die Dirichlet-Funktion ist das wohl bekannteste Beispiel einer reellen Funktion, die an keiner Stelle ihres Definitionsbereichs stetig ist.

15.2 Einseitige Stetigkeit

Mit Hilfe des Begriffs des einseitigen Grenzwerts reeller Funktionen (vgl. Abschnitt 13.10) kann völlig analog zur Stetigkeit auch der Begriff der **einseitigen Stetigkeit** definiert werden. Da in den Wirtschaftswissenschaften auch reelle Funktionen auftreten, die nicht an allen Stellen ihres Definitionsbereichs stetig sind, ist dieser etwas schwächere Stetigkeitsbegriff für einige ökonomische Fragestellungen von Relevanz.

Definition 15.5 (Folgenkriterium (einseitige Stetigkeit))

Es sei $f: D \subseteq \mathbb{R} \longrightarrow \mathbb{R}$ eine reelle Funktion und $x_0 \in D$. Dann gilt:

a) *Die Funktion f heißt an der Stelle x_0 linksseitig stetig, falls x_0 kein Häufungspunkt der Menge $D_{x_0}^- := \{x < x_0 : x \in D\}$ ist oder falls x_0 ein Häufungspunkt der Menge $D_{x_0}^-$ sowie die Funktion f für $x \uparrow x_0$ linksseitig konvergent ist und den linksseitigen Grenzwert $f(x_0)$ besitzt, d.h.*

$$\lim_{x \uparrow x_0} f(x) = f(x_0) \quad \text{bzw.} \quad \lim_{x \to x_0^-} f(x) = f(x_0)$$

gilt. Andernfalls sagt man, dass f an der Stelle x_0 linksseitig unstetig ist und x_0 wird in diesem Fall als linksseitige Unstetigkeitsstelle von f bezeichnet.

Die Funktion f heißt linksseitig stetig auf $E \subseteq D$, falls f an allen Stellen $x_0 \in E$ linksseitig stetig ist. Gilt sogar $E = D$, dann wird f als linksseitig stetige Funktion oder einfach kurz als linksseitig stetig bezeichnet.

b) *Die Funktion f heißt an der Stelle x_0 rechtsseitig stetig, falls x_0 kein Häufungspunkt der Menge $D_{x_0}^+ := \{x > x_0 : x \in D\}$ ist oder falls x_0 ein Häufungspunkt der Menge $D_{x_0}^+$ sowie die Funktion f für $x \downarrow x_0$ rechtsseitig konvergent ist und den rechtsseitigen Grenzwert $f(x_0)$ besitzt, d.h.*

$$\lim_{x \downarrow x_0} f(x) = f(x_0) \quad \text{bzw.} \quad \lim_{x \to x_0^+} f(x) = f(x_0)$$

gilt. Andernfalls sagt man, dass f an der Stelle x_0 rechtsseitig unstetig ist und x_0 wird in diesem Fall als rechtsseitige Unstetigkeitsstelle von f bezeichnet.

15.2 Einseitige Stetigkeit

Die Funktion f heißt rechtsseitig stetig auf $E \subseteq D$, falls f an allen Stellen $x_0 \in E$ rechtsseitig stetig ist. Gilt sogar $E = D$, dann wird f als rechtsseitig stetige Funktion oder einfach kurz als rechtsseitig stetig bezeichnet.

Eine auf einem Intervall $I \subseteq \mathbb{R}$ definierte reelle Funktion $f : I \subseteq \mathbb{R} \longrightarrow \mathbb{R}$ ist stetig, wenn f an allen inneren Stellen von I stetig sowie am linken Randpunkt von I rechtsseitig und am rechten Randpunkt von I linksseitig stetig ist, falls diese Randpunkte zum Intervall I gehören.

Zwischen einseitiger Stetigkeit und Stetigkeit besteht ein einfacher Zusammenhang:

Satz 15.6 (Zusammenhang zwischen einseitiger Stetigkeit und Stetigkeit)

Es sei $f : D \subseteq \mathbb{R} \longrightarrow \mathbb{R}$ eine reelle Funktion. Dann ist f genau dann stetig an der Stelle $x_0 \in D$, falls f an der Stelle x_0 links- und rechtsseitig stetig ist.

Beweis: Die Aussage folgt unmittelbar aus den Definitionen 15.2 und 15.5 sowie dem Satz 13.45. ∎

Beispiel 15.7 (Einseitige Stetigkeit von reellen Funktionen)

a) Betrachtet wird die reelle Funktion

$$f : (0, \infty) \longrightarrow \mathbb{R},$$
$$x \mapsto f(x) = \begin{cases} \frac{3}{x} & \text{für } 0 < x \leq 3 \\ x - 1 & \text{für } x > 3 \end{cases}.$$

Sie ist an jeder Stelle $x_0 \neq 3$ ihres Definitionsbereichs stetig. Denn für $x_0 \in (0, 3)$ folgt mit Satz 13.41e)

$$\lim_{x \to x_0} f(x) = \lim_{x \to x_0} \frac{3}{x} = \frac{3}{x_0} = f(x_0)$$

und für $x_0 \in (3, \infty)$ erhält man mit Satz 13.41b)

$$\lim_{x \to x_0} f(x) = \lim_{x \to x_0} (x - 1) = x_0 - 1 = f(x_0).$$

Das heißt, f ist stetig auf $(0, \infty) \setminus \{3\}$. Für die Stelle $x_0 = 3$ gilt dagegen

$$\lim_{x \uparrow 3} f(x) = \lim_{x \uparrow 3} \frac{3}{x} = 1 = f(3) \quad \text{und}$$

$$\lim_{x \downarrow 3} f(x) = \lim_{x \downarrow 3} x - 1 = 2 \neq f(3)$$

(vgl. Beispiel 13.46b)). Die Funktion f ist somit an der Stelle $x_0 = 3$ linksseitig stetig, aber nicht rechtsseitig stetig. Gemäß Satz 15.6 ist f damit an der Stelle $x_0 = 3$ auch nicht stetig (vgl. Abbildung 13.23, rechts).

b) Die Abbildung 15.4, links zeigt den Graphen einer reellen Funktion $f : [0, \infty) \longrightarrow \mathbb{R}$, die an der Stelle $x_0 = 4$ rechtsseitig, aber nicht linksseitig stetig ist. Denn es gilt

$$\lim_{x \downarrow 4} f(x) = 5 = f(4) \quad \text{und}$$

$$\lim_{x \uparrow 4} f(x) = \frac{7}{4} \neq f(4).$$

Die Funktion f ist somit an der Stelle $x_0 = 4$ nicht stetig. An den Stellen $x_0 = 2$ und $x_0 = 6$ ist die Funktion f jedoch weder rechtsseitig noch linksseitig stetig. Denn es gilt

$$\lim_{x \downarrow 2} f(x) = \lim_{x \uparrow 2} f(x) = 2 \neq 1 = f(2) \quad \text{bzw.}$$

$$\lim_{x \downarrow 6} f(x) = \lim_{x \uparrow 6} f(x) = -\infty \neq 3 = f(6).$$

Bis auf die drei Stellen $x_0 = 2, 4$ und 6 ist die Funktion f an allen Stellen des Definitionsbereichs stetig.

Das folgende Beispiel ist für die **Statistik** und **Ökonometrie** von großer Bedeutung:

Beispiel 15.8 (Empirische Verteilungsfunktion)

Die einseitige Stetigkeit spielt in der Statistik und Ökonometrie eine wichtige Rolle. Sind $h_1, \ldots, h_k > 0$ die **relativen Häufigkeiten** der Merkmalsausprägungen $x_1 < \ldots < x_k$ einer Stichprobe $y_1, \ldots, y_n$, dann wird die Funktion

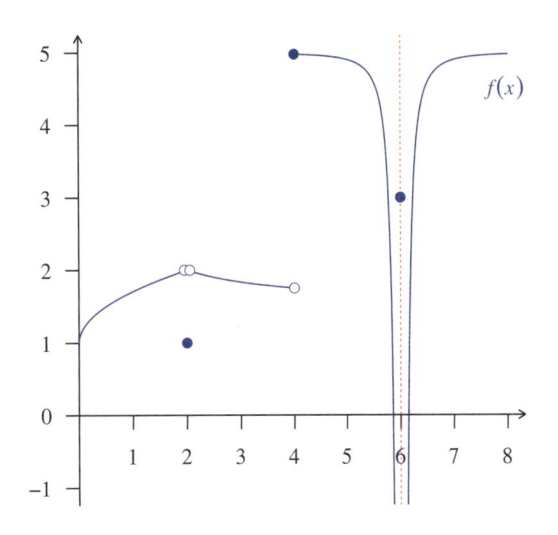

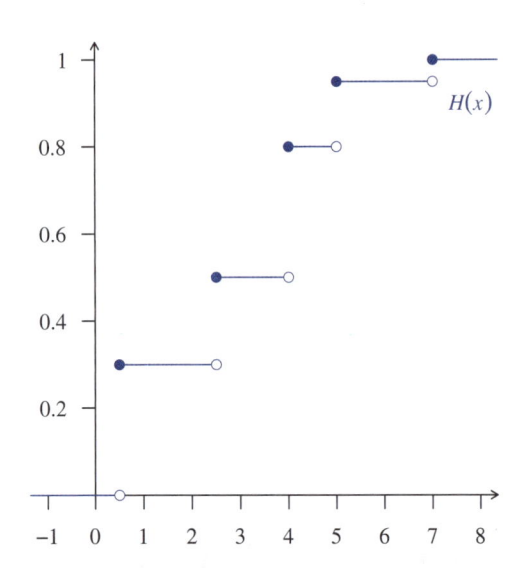

Abb. 15.4: Reelle Funktion $f:[0,\infty) \longrightarrow \mathbb{R}$ mit den drei Unstetigkeitsstellen $x_0 = 2, 4$ und 6 (links) und eine empirische Verteilungsfunktion $H: \mathbb{R} \longrightarrow \mathbb{R}$ (rechts)

$$h: \mathbb{R} \longrightarrow \mathbb{R},$$
$$x \mapsto h(x) := \begin{cases} h_i & \text{falls } x = x_i \text{ für } i = 1, \ldots, k \\ 0 & \text{sonst} \end{cases}$$

als **(relative) Häufigkeitsfunktion** der **Stichprobe** $y_1, \ldots, y_n$ bezeichnet und die **kumulierte (relative) Häufigkeitsfunktion**

$$H: \mathbb{R} \longrightarrow \mathbb{R},$$
$$x \mapsto H(x) := \begin{cases} 0 & \text{falls } x < x_1 \\ \sum_{j=1}^{i} h_j & \text{falls } x_i \leq x < x_{i+1} \\ 1 & \text{falls } x \geq x_k \end{cases}$$

heißt **empirische Verteilungsfunktion** der Stichprobe $y_1, \ldots, y_n$. Die empirische Verteilungsfunktion gibt für die verschiedenen Merkmalsausprägungen x_i die kumulierten (relativen) Häufigkeiten an und ist offensichtlich an den Stellen $x_1, \ldots, x_k$ nicht stetig, aber wenigstens rechtsseitig stetig. Denn es gilt für alle x_i mit $i = 1, \ldots, k$

$$\lim_{x \downarrow x_i} H(x) = H(x_i).$$

15.3 Unstetigkeitsstellen und ihre Klassifikation

Damit eine reelle Funktion $f: D \subseteq \mathbb{R} \longrightarrow \mathbb{R}$ an der Stelle $x_0 \in D$ als stetig bezeichnet wird, muss gemäß dem Folgenkriterium 15.2 gelten

a) x_0 ist ein isolierter Punkt von D oder

b) x_0 ist ein Häufungspunkt von D mit den beiden zusätzlichen Eigenschaften:

1) Die Funktion f ist an der Stelle x_0 konvergent, d. h. der Grenzwert $\lim_{x \to x_0} f(x)$ existiert.
2) Der Grenzwert stimmt mit $f(x_0)$ überein, d. h. es gilt $\lim_{x \to x_0} f(x) = f(x_0)$.

Ist keine der beiden Bedingungen a) oder b) erfüllt, dann handelt es sich bei $x_0 \in D$ um eine Unstetigkeitsstelle von f.

Bei einer reellen Funktion $f: D \subseteq \mathbb{R} \longrightarrow \mathbb{R}$ lassen sich für einen Häufungspunkt $x_0 \in D$ die folgenden vier wichtigen Fälle von Unstetigkeitsstellen unterscheiden:

Fall 1: Die Funktion $f: D \subseteq \mathbb{R} \longrightarrow \mathbb{R}$ sei an der Stelle $x_0 \in D$ definiert und der Grenzwert $\lim_{x \to x_0} f(x) =: c$ existiere, aber sei von $f(x_0)$ verschieden. Dann wird x_0 als **hebbare Unstetigkeitsstelle** von f bezeichnet, da die Unstetigkeitsstelle verschwindet, wenn der Funktionswert von f an der Stelle

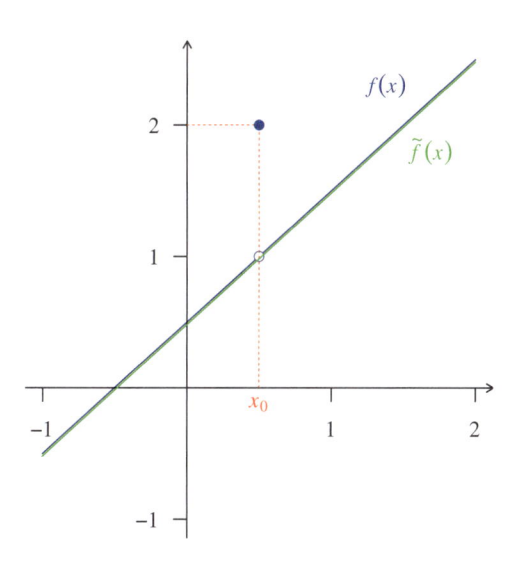

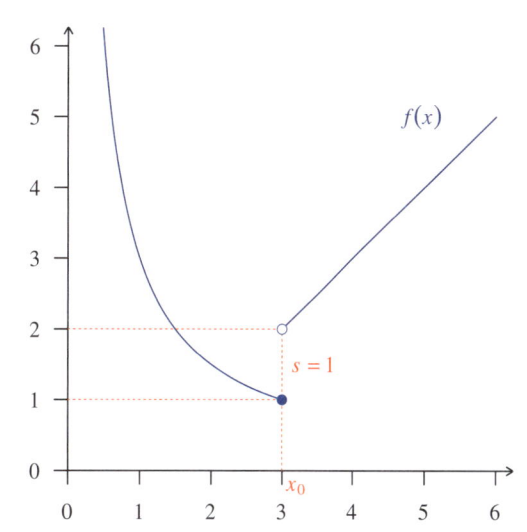

Abb. 15.5: Reelle Funktion $f(x) = \frac{x^2 - \frac{1}{4}}{x - \frac{1}{2}}$ für $x \neq \frac{1}{2}$ und $f(x) = 2$ für $x = \frac{1}{2}$ mit hebbarer Unstetigkeitsstelle bei $x_0 = \frac{1}{2}$ (links) sowie reelle Funktion $f(x) = \frac{3}{x}$ für $0 < x \leq 3$ und $f(x) = x - 1$ für $x > 3$ mit nicht hebbarer Unstetigkeitsstelle bei $x_0 = 3$ (rechts)

x_0 von $f(x_0)$ zu c umdefiniert wird. Die dadurch resultierende neue Funktion

$$\tilde{f}: D \subseteq \mathbb{R} \longrightarrow \mathbb{R}, \; x \mapsto \tilde{f}(x) := \begin{cases} f(x) & \text{für } x \neq x_0 \\ c & \text{für } x = x_0 \end{cases}$$

ist in x_0 stetig und für ihre Restriktion auf die Menge $D \setminus \{x_0\}$ gilt offensichtlich $\tilde{f}_{|D \setminus \{x_0\}}(x) = f(x)$ für alle $x \in D \setminus \{x_0\}$. Zum Beispiel besitzt die Funktion f in Beispiel 15.3c) bei $x_0 = \frac{1}{2}$ eine hebbare Unstetigkeitsstelle. Denn wird $f\left(\frac{1}{2}\right) := 1$ definiert, dann ist f auch an der Stelle $x_0 = \frac{1}{2}$ stetig (vgl. Abbildung 15.5, links).

Fall 2: Die Funktion $f: D \subseteq \mathbb{R} \longrightarrow \mathbb{R}$ sei an der Stelle $x_0 \in D$ definiert und die einseitigen Grenzwerte $\lim\limits_{x \downarrow x_0} f(x) =: c$ und $\lim\limits_{x \uparrow x_0} f(x) =: d$ existieren, aber seien voneinander verschieden. Das heißt, der Grenzwert $\lim\limits_{x \to x_0} f(x)$ existiere nicht. Dann ist x_0 eine nicht hebbare Unstetigkeitsstelle und wird als **Sprungstelle** von f mit der endlichen **Sprungweite** $s := |c - d|$ bezeichnet.

Zum Beispiel besitzt die Funktion f in Beispiel 15.7a) bei $x_0 = 3$ eine nicht hebbare Unstetigkeitsstelle, da dort der links- und rechtsseitige Grenzwert nicht übereinstimmen. Die Unstetigkeitsstelle bei x_0 kann daher auch nicht durch eine geeignete Definition von $f(x_0)$ zum Verschwinden gebracht werden (vgl. Abbildung 15.5, rechts).

Die Fälle 1 und 2 werden zusammenfassend als **Unstetigkeitsstellen 1. Art** bezeichnet.

Fall 3: Die Funktion $f: D \subseteq \mathbb{R} \longrightarrow \mathbb{R}$ sei an der Stelle $x_0 \in D$ definiert und für $x \downarrow x_0$ oder $x \uparrow x_0$ bestimmt divergent gegen ∞ oder $-\infty$. Das heißt, mindestens einer der beiden einseitigen Grenzwerte $\lim\limits_{x \downarrow x_0} f(x)$ und $\lim\limits_{x \uparrow x_0} f(x)$ existiere nur im uneigentlichen Sinne. In diesem Fall wird x_0 als **Polstelle** von f bezeichnet (vgl. auch Definition 13.49). Zum Beispiel gilt für die einseitigen Grenzwerte der Funktion

$$f: \mathbb{R} \longrightarrow \mathbb{R}, \; x \mapsto f(x) = \begin{cases} 1 & \text{für } x \leq 0 \\ \ln(x) & \text{für } x > 0 \end{cases}$$

an der Stelle $x_0 = 0$

$$\lim\limits_{x \downarrow 0} f(x) = \lim\limits_{x \downarrow 0} \ln(x) = -\infty \quad \text{und} \quad \lim\limits_{x \uparrow 0} f(x) = \lim\limits_{x \uparrow 0} 1 = 1.$$

Folglich existiert an der Stelle $x_0 = 0$ der rechtsseitige Grenzwert von f im uneigentlichen Sinne und der linksseitige Grenzwert im eigentlichen Sinne. Bei $x_0 = 0$ handelt es sich somit um eine Polstelle von f (vgl. Abbildung 15.6, links).

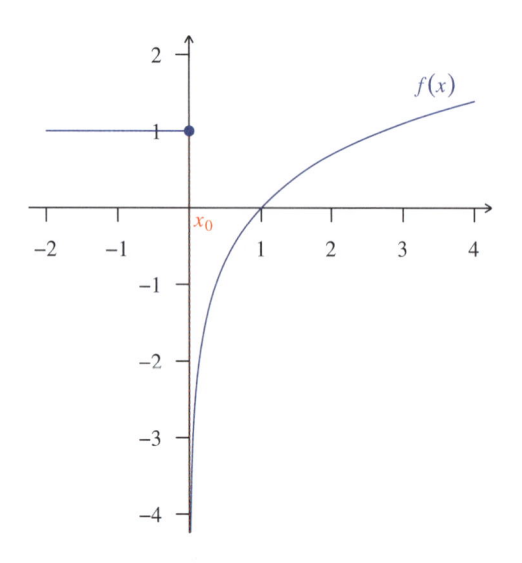

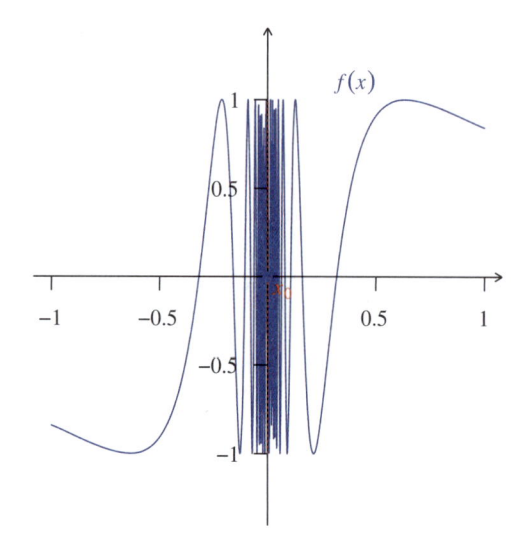

Abb. 15.6: Reelle Funktion $f(x) = 1$ für $x \leq 0$ und $f(x) = \ln(x)$ für $x > 0$ mit Polstelle bei $x_0 = 0$ (links) sowie reelle Funktion $f(x) = \sin\left(\frac{1}{x}\right)$ für $x \neq 0$ und $f(x) = 0$ für $x = 0$ mit oszillatorischer Unstetigkeitsstelle bei $x_0 = 0$ (rechts)

Fall 4: Die Funktion $f : D \subseteq \mathbb{R} \longrightarrow \mathbb{R}$ sei an der Stelle $x_0 \in D$ definiert und für $x \downarrow x_0$ oder $x \uparrow x_0$ unbestimmt divergent. Das heißt, mindestens einer der beiden einseitigen Grenzwerte $\lim_{x \downarrow x_0} f(x)$ und $\lim_{x \uparrow x_0} f(x)$ existiere weder im eigentlichen noch im uneigentlichen Sinne. In diesem Fall wird x_0 als **oszillatorische Unstetigkeitsstelle** von f bezeichnet (vgl. auch Definition 13.49).

Zum Beispiel oszillieren bei der Funktion f in Beispiel 13.51b) die Funktionswerte für $x \downarrow 0$ und $x \uparrow 0$ ständig zwischen -1 und 1. Die Funktion f ist somit für $x \downarrow 0$ und $x \uparrow 0$ unbestimmt divergent. Folglich besitzt f an der Stelle $x_0 = 0$ eine oszillatorische Unstetigkeitsstelle (vgl. Abbildung 15.6, rechts).

Die Fälle 3 und 4 werden unter der Bezeichnung **Unstetigkeitsstellen 2. Art** oder auch **wesentliche Unstetigkeiten** zusammengefasst.

15.4 Stetig hebbare Definitionslücken

Allgemeine reelle Funktionen

In manchen Fällen ist es möglich den Definitionsbereich einer reellen Funktion $f : D \subseteq \mathbb{R} \longrightarrow \mathbb{R}$ um einen Punkt $x_0 \notin D$ zu erweitern, so dass die dadurch resultierende Funktion $\tilde{f}$ mit dem erweiterten Definitionsbereich $D \cup \{x_0\}$ an der Stelle x_0 stetig ist und auf D mit der ursprünglichen Funktion f übereinstimmt. Eine solche Funktion $\tilde{f}$ wird als **stetige Fortsetzung** von f auf $D \cup \{x_0\}$ bezeichnet:

Definition 15.9 (Stetige Fortsetzung einer reellen Funktion)

Es sei $f : D \subseteq \mathbb{R} \longrightarrow \mathbb{R}$ eine reelle Funktion und $x_0 \notin D$ ein Häufungspunkt von D. Dann heißt f in x_0 stetig fortsetzbar, falls eine Funktion $\tilde{f} : D \cup \{x_0\} \subseteq \mathbb{R} \longrightarrow \mathbb{R}$ existiert, die auf D mit f übereinstimmt und in x_0 stetig ist. Die Funktion $\tilde{f}$ wird dann als stetige Fortsetzung von f auf $D \cup \{x_0\}$ und die Stelle x_0 als hebbare Definitionslücke bezeichnet.

Offensichtlich ist eine reelle Funktion $f : D \subseteq \mathbb{R} \longrightarrow \mathbb{R}$ in $x_0 \notin D$ genau dann stetig fortsetzbar, wenn f für $x \to x_0$ konvergiert, d. h. wenn der Grenzwert $\lim_{x \to x_0} f(x)$ existiert. Die stetige Fortsetzung von f auf $D \cup \{x_0\}$ ist dann eindeutig festgelegt durch

$$\tilde{f} : D \cup \{x_0\} \subseteq \mathbb{R} \longrightarrow \mathbb{R}, \quad \tilde{f}(x) = \begin{cases} f(x) & \text{für } x \in D \\ \lim_{x \to x_0} f(x) & \text{für } x = x_0 \end{cases}.$$

Anstelle von stetig fortsetzbar sagt man häufig auch, dass eine Funktion f in x_0 **stetig hebbar** oder **stetig ergänzbar** ist.

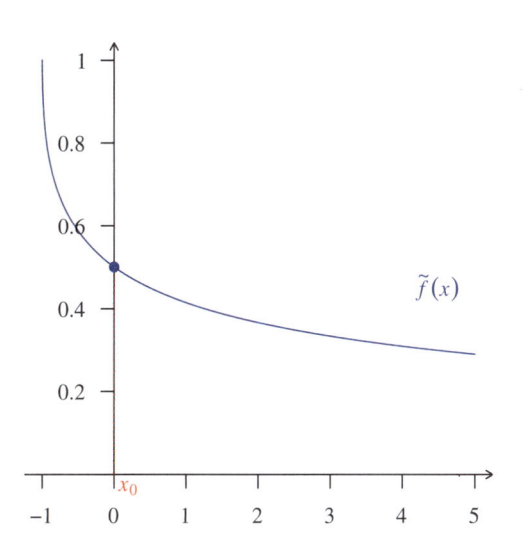

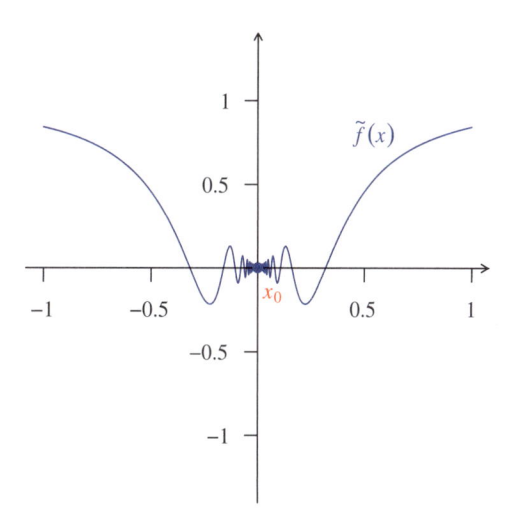

Abb. 15.7: Stetige Fortsetzung $\tilde{f}$ von $f: \mathbb{R}\setminus\{0\} \longrightarrow \mathbb{R}$, $x \mapsto \frac{\sqrt{x+1}-1}{x}$ auf $\mathbb{R}$ (links) und stetige Fortsetzung $\tilde{f}$ von $f: \mathbb{R}\setminus\{0\} \longrightarrow \mathbb{R}$, $x \mapsto x \sin\left(\frac{1}{x}\right)$ auf $\mathbb{R}$ (rechts)

Beispiel 15.10 (Stetige Fortsetzung reeller Funktionen)

a) Die Funktion $f: \mathbb{R}\setminus\{0\} \longrightarrow \mathbb{R}$, $x \mapsto \frac{\sqrt{x+1}-1}{x}$ ist an der Stelle $x_0 = 0$ nicht definiert. In Beispiel 13.42b) wurde jedoch gezeigt, dass

$$\lim_{x \to 0} f(x) = \lim_{x \to 0} \frac{\sqrt{x+1}-1}{x} = \frac{1}{2}$$

gilt. Das heißt, f konvergiert für $x \to 0$ gegen den Grenzwert $\frac{1}{2}$ und besitzt somit die stetige Fortsetzung

$$\tilde{f}: \mathbb{R} \longrightarrow \mathbb{R}, \quad x \mapsto \tilde{f}(x) = \begin{cases} \frac{\sqrt{x+1}-1}{x} & \text{für } x \in \mathbb{R}\setminus\{0\} \\ \frac{1}{2} & \text{für } x = 0 \end{cases}$$

(vgl. Abbildung 15.7, links).

b) Die Funktion $f: \mathbb{R}\setminus\{0\} \longrightarrow \mathbb{R}$, $x \mapsto x \sin\left(\frac{1}{x}\right)$ ist an der Stelle $x_0 = 0$ nicht definiert. In Beispiel 13.42f) wurde jedoch gezeigt, dass

$$\lim_{x \to 0} f(x) = \lim_{x \to 0} x \sin\left(\frac{1}{x}\right) = 0$$

gilt. Folglich konvergiert f für $x \to 0$ gegen den Grenzwert 0 und besitzt somit eine stetige Fortsetzung $\tilde{f}$ auf $\mathbb{R}$. Diese ist gegeben durch

$$\tilde{f}: \mathbb{R} \longrightarrow \mathbb{R}, \quad x \mapsto \tilde{f}(x) = \begin{cases} x \sin\left(\frac{1}{x}\right) & \text{für } x \in \mathbb{R}\setminus\{0\} \\ 0 & \text{für } x = 0 \end{cases}$$

(vgl. Abbildung 15.7, rechts).

c) Die Funktion $f: \mathbb{R}\setminus\{-2\} \longrightarrow \mathbb{R}$, $x \mapsto \frac{1}{(x+2)^2}$ ist an der Stelle $x_0 = -2$ nicht definiert und wegen

$$\lim_{x_0 \to -2} \frac{1}{(x+2)^2} = \infty$$

konvergiert f für $x \to -2$ nicht. Das heißt, f ist in $x_0 = -2$ nicht stetig fortsetzbar und besitzt damit keine stetige Fortsetzung $\tilde{f}$ auf $\mathbb{R}$ (vgl. Beispiel 13.42c) und Abbildung 13.20, links).

Rationale Funktionen

Stetig hebbare Definitionslücken treten sehr häufig bei rationalen Funktionen auf. Denn ist $q: D \subseteq \mathbb{R} \longrightarrow \mathbb{R}$, $x \mapsto q(x) = \frac{p_1(x)}{p_2(x)}$ eine rationale Funktion mit dem Definitionsbereich $D = \{x \in \mathbb{R}: p_2(x) \neq 0\}$ und ist $x_0 \notin D$ eine **k-fache** Nullstelle des Zählerpolynoms p_1 sowie eine **l-fache** Nullstelle von p_2, dann besitzt q die Darstellung

$$q(x) = \frac{(x-x_0)^k g_1(x)}{(x-x_0)^l g_2(x)} = (x-x_0)^{k-l} \frac{g_1(x)}{g_2(x)}.$$

Dabei sind g_1 und g_2 Polynome mit der Eigenschaft $g_1(x_0) \neq 0$ bzw. $g_2(x_0) \neq 0$ (vgl. (14.19)). Bezüglich der stetigen Fortsetzbarkeit einer rationalen Funktion q sind somit die folgenden drei Fälle zu unterscheiden:

Fall 1: Für $l > k$ gilt

$$\lim_{x \to x_0} |q(x)| = \infty.$$

Also konvergiert q für $x \to x_0$ nicht und ist somit in x_0 nicht stetig fortsetzbar (vgl. Beispiel 15.11a)). Die Stelle x_0 ist in diesem Fall eine **$(l-k)$-fache Polstelle** von q (vgl. auch Abschnitt 14.2).

Fall 2: Für $l = k$ folgt wegen der Stetigkeit von Polynomen (vgl. Satz 15.16b)) und mit den Rechenregeln für stetige Funktionen (vgl. Satz 15.13)

$$\lim_{x \to x_0} q(x) = \frac{\lim_{x \to x_0} g_1(x)}{\lim_{x \to x_0} g_2(x)} = \frac{g_1(x_0)}{g_2(x_0)}.$$

Das heißt, q konvergiert für $x \to x_0$ und ist somit in x_0 stetig fortsetzbar bzw. x_0 eine hebbare Definitionslücke. Die stetige Fortsetzung von q auf die Menge $D \cup \{x_0\}$ ist gegeben durch

$$\tilde{q}: D \cup \{x_0\} \subseteq \mathbb{R} \longrightarrow \mathbb{R}, \; x \mapsto \tilde{q}(x) = \begin{cases} q(x) & \text{für } x \in D \\ \frac{g_1(x_0)}{g_2(x_0)} & \text{für } x = x_0 \end{cases}$$
(15.5)

(vgl. Beispiel 15.11a)).

Fall 3: Für $k > l$ folgt wegen der Stetigkeit von Polynomen (vgl. Satz 15.16b)) und mit den Rechenregeln für stetige Funktionen (vgl. Satz 15.13)

$$\lim_{x \to x_0} q(x) = \lim_{x \to x_0} (x-x_0)^{k-l} \cdot \frac{\lim_{x \to x_0} g_1(x)}{\lim_{x \to x_0} g_2(x)} = 0.$$

Folglich konvergiert q für $x \to x_0$, und q ist somit in x_0 stetig fortsetzbar bzw. x_0 eine hebbare Definitionslücke. Die stetige Fortsetzung von q auf die Menge $D \cup \{x_0\}$ ist gegeben durch

$$\tilde{q}: D \cup \{x_0\} \subseteq \mathbb{R} \longrightarrow \mathbb{R}, \; x \mapsto \tilde{q}(x) = \begin{cases} q(x) & \text{für } x \in D \\ 0 & \text{für } x = x_0 \end{cases}$$
(15.6)

(vgl. Beispiel 15.11b)).

Beispiel 15.11 (Stetige Fortsetzung rationaler Funktionen)

a) Betrachtet wird die rationale Funktion

$$q: \mathbb{R} \setminus \{-1, 1\} \longrightarrow \mathbb{R},$$

$$x \mapsto \frac{2x^3 + 8x^2 + 10x + 4}{3x^3 + 3x^2 - 3x - 3}.$$

Die rationale Funktion q besitzt die Darstellung

$$\begin{aligned} q(x) &= \frac{2x^3 + 8x^2 + 10x + 4}{3x^3 + 3x^2 - 3x - 3} \\ &= \frac{2(x+1)^2(x+2)}{3(x+1)^2(x-1)} \\ &= \frac{2x+4}{3x-3}. \end{aligned}$$

Das heißt, es gilt

$$\lim_{x \to -1} q(x) = -\frac{1}{3} \quad \text{und} \quad \lim_{x \to 1} |q(x)| = \infty.$$

Die rationale Funktion q ist somit in $x_0 = -1$ stetig fortsetzbar und x_0 eine hebbare Definitionslücke. Dagegen konvergiert für $x \to 1$ die rationale Funktion q nicht und q ist in $x_0 = 1$ nicht stetig fortsetzbar. Daher ist nur eine stetige Fortsetzung von q auf der Menge $\mathbb{R} \setminus \{1\}$ möglich (vgl. Abbildung 15.8, links).

b) Betrachtet wird die rationale Funktion

$$q: \mathbb{R} \setminus \{1\} \longrightarrow \mathbb{R}, \; x \mapsto \frac{x^3 - 2x^2 + x}{x - 1}.$$

Sie besitzt die Darstellung

$$\begin{aligned} q(x) &= \frac{x^3 - 2x^2 + x}{x - 1} \\ &= \frac{(x-1)^2}{x-1} x = (x-1)x \\ &= x^2 - x. \end{aligned}$$

Es gilt somit

$$\lim_{x \to 1} q(x) = 0$$

und die rationale Funktion q ist daher in $x_0 = 1$ stetig fortsetzbar und x_0 eine hebbare Definitionslücke (vgl. Abbildung 15.8, rechts).

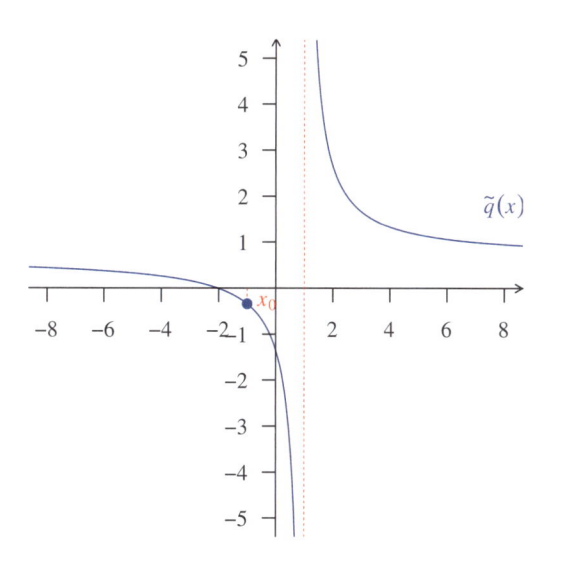

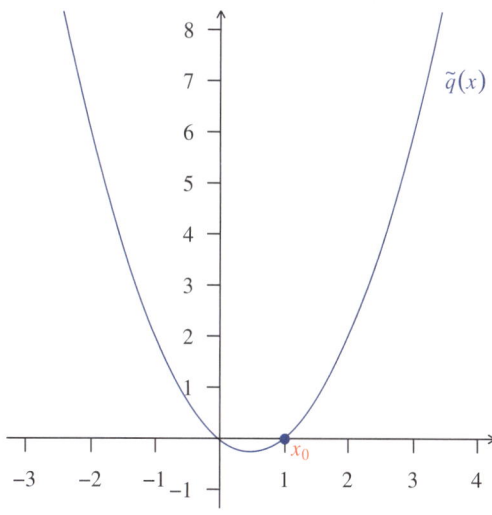

Abb. 15.8: Stetige Fortsetzung $\tilde{q}$ der rationalen Funktion $q: \mathbb{R} \setminus \{-1, 1\} \longrightarrow \mathbb{R}$, $x \mapsto \frac{2x^3+8x^2+10x+4}{3x^3+3x^2-3x-3}$ auf $\mathbb{R} \setminus \{1\}$ (links) und der rationalen Funktion $q: \mathbb{R} \setminus \{1\} \longrightarrow \mathbb{R}$, $x \mapsto \frac{x^3-2x^2+x}{x-1}$ auf $\mathbb{R}$ (rechts).

15.5 Eigenschaften stetiger Funktionen

In diesem Abschnitt werden vier Sätze bereitgestellt, die für das Arbeiten mit stetigen Funktionen sehr nützlich sind.

Rechenregeln für stetige Funktionen

Der folgende Satz ist für viele Anwendungen und Beweise ein wichtiges Hilfsmittel. Er besagt, dass eine an der Stelle $x_0 \in D$ stetige Funktion $f: D \subseteq \mathbb{R} \longrightarrow \mathbb{R}$ mit der Eigenschaft $f(x_0) \neq 0$ auch in unmittelbarer Umgebung von x_0 keine Nullstelle besitzt:

> **Satz 15.12** (Verhalten einer stetigen Funktion in unmittelbarer Umgebung)
>
> Es sei $f: D \subseteq \mathbb{R} \longrightarrow \mathbb{R}$ eine an der Stelle $x_0 \in D$ stetige reelle Funktion mit $f(x_0) \neq 0$. Dann gibt es eine Umgebung $(x_0 - \delta, x_0 + \delta)$ von x_0 mit $\delta > 0$, so dass $f(x) \neq 0$ für alle $x \in D \cap (x_0 - \delta, x_0 + \delta)$ gilt.

Beweis: Es sei $\varepsilon := |f(x_0)| > 0$. Dann folgt aus der Stetigkeit von f in x_0, dass es ein $\delta > 0$ gibt, so dass $|f(x_0) - f(x)| < \varepsilon = |f(x_0)|$ für alle $x \in D$ mit $|x_0 - x| < \delta$ gilt. Zusammen mit (3.5) impliziert dies

$$|f(x_0)| - |f(x)| \leq |f(x_0) - f(x)| < \varepsilon = |f(x_0)|$$

also $|f(x)| > 0$ für alle $x \in D \cap (x_0 - \delta, x_0 + \delta)$. ∎

Mit Hilfe des Folgenkriteriums 15.2 können reelle Funktionen oftmals sehr einfach auf Stetigkeit untersucht werden. Insbesondere lässt sich mit dem Folgenkriterium und den Rechenregeln für Grenzwerte konvergenter reeller Funktionen (vgl. Satz 13.41) der folgende Satz beweisen. Er besagt, dass **Summen**, **Differenzen**, **Produkte** und **Quotienten** stetiger Funktionen wieder stetig sind. Damit lässt sich wiederum zeigen, dass eine ganze Reihe von reellen Funktionen stetig sind.

> **Satz 15.13** (Rechenregeln für stetige Funktionen)
>
> Es seien $f: D \subseteq \mathbb{R} \longrightarrow \mathbb{R}$ und $g: D \subseteq \mathbb{R} \longrightarrow \mathbb{R}$ zwei reelle Funktionen, die an der Stelle $x_0 \in D$ stetig sind, und $\alpha \in \mathbb{R}$. Dann sind die Funktionen
> $$f+g, \ f-g, \ fg, \ \alpha f$$
> ebenfalls an der Stelle x_0 stetig. Gilt zusätzlich $g(x_0) \neq 0$, dann ist auch die Funktion $\frac{f}{g}$ an der Stelle x_0 stetig.

Beweis: Es sei $x_0 \in D$. Gemäß den Voraussetzungen gilt $\lim_{x \to x_0} f(x) = f(x_0)$ und $\lim_{x \to x_0} g(x) = g(x_0)$. Mit Satz 13.41a)–d) folgt somit:

$$\lim_{x \to x_0} (f+g)(x) = \lim_{x \to x_0} f(x) + \lim_{x \to x_0} g(x)$$
$$= f(x_0) + g(x_0) = (f+g)(x_0)$$

$$\lim_{x \to x_0} (f-g)(x) = \lim_{x \to x_0} f(x) - \lim_{x \to x_0} g(x)$$
$$= f(x_0) - g(x_0) = (f-g)(x_0)$$

$$\lim_{x \to x_0} (fg)(x) = \lim_{x \to x_0} f(x) \lim_{x \to x_0} g(x)$$
$$= f(x_0)g(x_0) = (fg)(x_0)$$

$$\lim_{x \to x_0} (\alpha f)(x) = \alpha \lim_{x \to x_0} f(x) = \alpha f(x_0) = (\alpha f)(x_0)$$

Das heißt, die Funktionen $f+g$, $f-g$, fg und αf sind an der Stelle x_0 stetig. Gilt zusätzlich $g(x_0) \neq 0$, dann folgt mit Satz 13.41e) und Satz 15.12

$$\lim_{x \to x_0} \left(\frac{f}{g}\right)(x) = \frac{\lim_{x \to x_0} f(x)}{\lim_{x \to x_0} g(x)} = \frac{f(x_0)}{g(x_0)} = \left(\frac{f}{g}\right)(x_0).$$

Die Funktion $\frac{f}{g}$ ist daher ebenfalls an der Stelle x_0 stetig. ∎

Wie sich in Abschnitt 15.6 zeigen wird, besitzt der Satz 15.13 weitreichende Konsequenzen. Denn mit seiner Hilfe lässt sich für verschiedene Klassen von Funktionen, wie z. B. Polynome und rationale Funktionen, sehr einfach deren Stetigkeit nachweisen.

Stetigkeit von Kompositionen

Ein weiteres zentrales Ergebnis für den Nachweis der Stetigkeit einer großen Anzahl von Funktionen ist die folgende Stetigkeitsaussage für die **Komposition (Verknüpfung)** stetiger Funktionen:

Satz 15.14 (Stetigkeit von Kompositionen)

Es seien $f: D_f \subseteq \mathbb{R} \longrightarrow \mathbb{R}$ und $g: D_g \subseteq \mathbb{R} \longrightarrow \mathbb{R}$ zwei reelle Funktionen mit $g(D_g) \subseteq D_f$. Weiter sei g an der Stelle $x_0 \in D_g$ und f an der Stelle $y_0 = g(x_0)$ stetig. Dann ist auch die Komposition $f \circ g: D_g \subseteq \mathbb{R} \longrightarrow \mathbb{R}$ an der Stelle x_0 stetig.

Beweis: Gemäß den Voraussetzungen gilt $\lim_{x \to x_0} g(x) = g(x_0)$ und $\lim_{y \to y_0} f(y) = f(y_0)$. Daraus folgt

$$\lim_{x \to x_0} (f \circ g)(x) = \lim_{x \to x_0} f(g(x))$$
$$= \lim_{g(x) \to g(x_0)} f(g(x))$$
$$= f(g(x_0)) = (f \circ g)(x_0).$$

Das heißt, die verknüpfte Funktion $f \circ g$ ist an der Stelle x_0 stetig. ∎

Stetigkeit von Umkehrfunktionen

Der folgende Satz sagt aus, dass die **Umkehrfunktion** einer streng monotonen Funktion $f: I \subseteq \mathbb{R} \longrightarrow \mathbb{R}$ auf einem beliebigen Intervall I ebenfalls eine stetige Funktion ist.

Mit Hilfe dieses Resultats wird im Abschnitt 15.6 für **trigonometrische Funktionen** und **Exponentialfunktionen** die Stetigkeit ihrer Umkehrfunktion nachgewiesen.

Satz 15.15 (Stetigkeit der Umkehrfunktion)

Es sei $f: I \subseteq \mathbb{R} \longrightarrow \mathbb{R}$ eine streng monotone reelle Funktion auf einem beliebigen Intervall I. Dann gilt:

a) Die Umkehrfunktion $f^{-1}: f(I) \longrightarrow \mathbb{R}$ ist stetig.

b) Ist f stetig, dann ist $f(I)$ ein Intervall.

Beweis: Aufgrund der strengen Monotonie von f existiert gemäß Satz 13.10 die Umkehrfunktion $f^{-1}: f(I) \longrightarrow \mathbb{R}$. Dabei kann ohne Beschränkung der Allgemeinheit f als streng monoton wachsend angenommen werden. Denn andernfalls könnte f einfach durch $-f$ ersetzt werden. Ferner kann angenommen werden, dass I ein offenes Intervall ist. Denn wäre $a \in I$ ein Endpunkt von I, z. B. der linke Endpunkt, dann könnte f auf $(-\infty, a]$ streng monoton wachsend erweitert werden, z. B. durch eine steigende Gerade, die in a den Wert $f(a)$ annimmt.

Zu a): Es sei nun $y_0 \in f(I)$ beliebig mit $y_0 = f(x_0)$ und $\varepsilon > 0$ sei so gewählt, dass $[x_0 - \varepsilon, x_0 + \varepsilon] \subseteq I$ gilt. Aus der Monotonie von f folgt, dass die Urbilder $x = f^{-1}(y)$ von Werten y aus dem Intervall $(f(x_0 - \varepsilon), f(x_0 + \varepsilon))$ stets im Intervall $(x_0 - \varepsilon, x_0 + \varepsilon)$ liegen. Für $\delta := \min\{|f(x_0 - \varepsilon) - f(x_0)|, |f(x_0 + \varepsilon) - f(x_0)|\}$ gilt somit

$$|f^{-1}(y_0) - f^{-1}(y)| = |x_0 - x| < \varepsilon$$

für alle $|y_0 - y| < \delta$. Dies bedeutet jedoch, dass f^{-1} an der Stelle y_0 stetig ist. Da $y_0 \in f(I)$ beliebig gewählt war, ist $f^{-1}: f(I) \longrightarrow \mathbb{R}$ stetig.

Zu b): Die Menge $f(I)$ ist genau dann ein Intervall, wenn mit zwei beliebigen Punkten $y_1, y_2 \in f(I)$ mit $y_1 \leq y_2$ auch jeder zwischen ihnen liegende Punkt $y \in [y_1, y_2]$ zu $f(I)$ gehört, d. h. $[y_1, y_2] \subseteq f(I)$ gilt. Sind nun $y_1 = f(x_1)$ und $y_2 = f(x_2)$ zwei beliebige Punkte aus $f(I)$ mit $y_1 \leq y_2$, dann folgt mit dem Zwischenwertsatz 15.28, dass zu jedem $y \in [y_1, y_2]$ ein $x \in [x_1, x_2]$ mit $y = f(x)$ existiert und somit $y \in f(I)$ gilt. ∎

Mit Hilfe der drei Sätze 15.13, 15.14 und 15.15 wird im folgenden Abschnitt 15.6 nachgewiesen, dass alle **elementaren Funktionen** stetig sind. Unter elementaren Funktionen versteht man Funktionen, die sich aus Polynomen, rationalen Funktionen, Potenzfunktionen, Exponentialfunktionen und trigonometrischen Funktionen sowie deren Umkehrfunktionen – sofern sie existieren – durch die Rechenoperationen Addition, Subtraktion, Multiplikation, Division und Komposition in endlich vielen Schritten erzeugen lassen.

15.6 Stetigkeit spezieller Funktionen

Polynome und rationale Funktionen

Der folgende Satz besagt, dass **Monome**, **Polynome** und **rationale Funktionen** stetig sind:

> **Satz 15.16** (Monome, Polynome und rationale Funktionen sind stetig)
>
> *Ist* $f: D \subseteq \mathbb{R} \longrightarrow \mathbb{R}$ *ein Monom, Polynom oder eine rationale Funktion, dann ist* f *stetig.*

Beweis: Monom: Es sei $x_0 \in \mathbb{R}$ beliebig gewählt. Mit Satz 15.13 folgt aus der Stetigkeit der reellen Funktion $g: \mathbb{R} \longrightarrow \mathbb{R}$, $x \mapsto x$ (Identität) an der Stelle x_0, dass auch reelle Funktionen der Form $f(x) = \alpha x^n = \alpha \prod_{k=0}^{n} g(x)$, d.h. Monome, an der Stelle x_0 stetig sind.

Polynom: Es sei $x_0 \in \mathbb{R}$ beliebig gewählt. Mit Aussage a) und Satz 15.13 folgt, dass Polynome p als Summen von Monomen (vgl. Definition 14.1) an der Stelle x_0 stetig sind.

Rationale Funktion: Es sei $x_0 \in D$ beliebig gewählt. Mit Aussage b) und Satz 15.13 folgt, dass rationale Funktionen q als Quotienten zweier Polynome (vgl. Definition 14.12) an der Stelle x_0 stetig sind. ∎

> **Beispiel 15.17** (Stetigkeit von reellen Funktionen)
>
> a) Die reelle Funktion $h: \mathbb{R} \longrightarrow \mathbb{R}$, $x \mapsto |x^2 - 3|$ ist stetig. Denn sie ist die Komposition $h(x) = (f \circ g)(x)$ der stetigen Funktionen $f(y) = |y|$ (vgl. Beispiel 15.3a)) und $g(x) = x^2 - 3$. Mit Satz 15.14 folgt somit die Stetigkeit der Funktion h (vgl. Abbildung 15.9, links).
>
> b) Die reelle Funktion
> $$f: \mathbb{R} \setminus \{-\sqrt{3}, -1\} \longrightarrow \mathbb{R},$$
> $$x \mapsto \frac{1}{100} \cdot \frac{x^4 - 2}{x^2 + 2\sqrt{3}x + 3} \cdot \frac{x^3 + x - 2}{x + 1} - x^3 + |x - 5|$$
> ist stetig. Denn sie ergibt sich durch Multiplikation und Addition von stetigen Funktionen. Mit Satz 15.13 folgt daher die Stetigkeit der Funktion f (vgl. Abbildung 15.9, rechts).

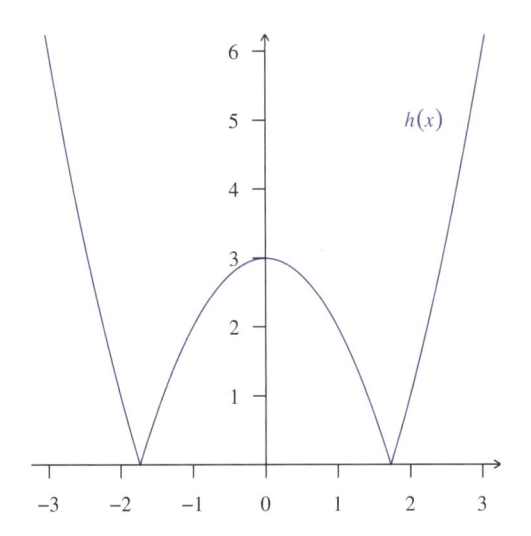

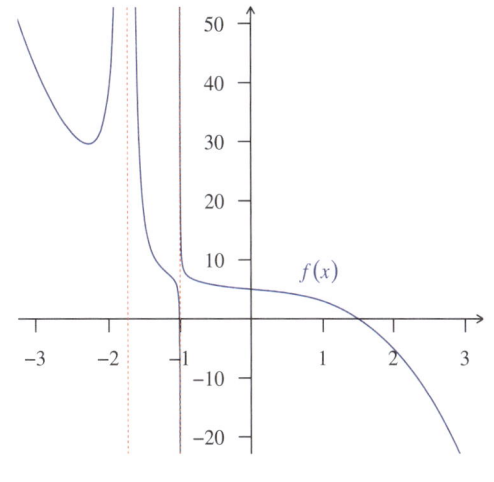

Abb. 15.9: Stetige reelle Funktion $h: \mathbb{R} \longrightarrow \mathbb{R}$, $x \mapsto |x^2 - 3|$ (links) und stetige reelle Funktion $f: \mathbb{R} \setminus \{-\sqrt{3}, -1\} \longrightarrow \mathbb{R}$, $x \mapsto \frac{1}{100} \cdot \frac{x^4 - 2}{x^2 + 2\sqrt{3}x + 3} \cdot \frac{x^3 + x - 2}{x + 1} - x^3 + |x - 5|$ (rechts)

Exponential-, Logarithmus- und Potenzfunktionen

Der folgende Satz besagt, dass **Exponential-**, **Logarithmus-** und **Potenzfunktionen** stetig sind:

> **Satz 15.18** (Exponential-, Logarithmus- und Potenzfunktionen sind stetig)
>
> *Ist* $f: D \subseteq \mathbb{R} \longrightarrow \mathbb{R}$ *eine Exponential-, Logarithmus- oder Potenzfunktion, dann ist f stetig.*

Beweis: Exponentialfunktion: Es sei $x_0 \in D = \mathbb{R}$ beliebig gewählt und $f: \mathbb{R} \longrightarrow \mathbb{R}$, $x \mapsto a^x$ mit $a \in \mathbb{R}_+$. Dann folgt mit Satz 13.41g)
$$\lim_{x \to x_0} f(x) = \lim_{x \to x_0} a^x = a^{\lim_{x \to x_0} x} = a^{x_0} = f(x_0)$$
(vgl. Definition 14.37). Somit ist f an der Stelle x_0 stetig.

Logarithmusfunktion: Die Logarithmusfunktion $\log_a$ ist die Umkehrfunktion der streng monotonen Exponentialfunktion $f(x) = a^x$ (vgl. Definition 14.40). Mit Satz 15.15 folgt daher, dass $\log_a$ stetig ist.

Potenzfunktion: Es sei $f: D \subseteq \mathbb{R} \longrightarrow \mathbb{R}$, $x \mapsto x^c$ mit $D = \mathbb{R}_+$ für $c \geq 0$ und $D = \mathbb{R}_+ \setminus \{0\}$ für $c < 0$. Ferner sei $x_0 \in D$ beliebig gewählt. Dann folgt mit Satz 13.41f)
$$\lim_{x \to x_0} f(x) = \lim_{x \to x_0} x^c = \left(\lim_{x \to x_0} x\right)^c = x_0^c = f(x_0)$$
(vgl. Definition 14.27). Also ist f an der Stelle x_0 stetig. ∎

> **Beispiel 15.19** (Stetigkeit von reellen Funktionen)
>
> a) Die reelle Funktion
> $$f: (0, \infty) \longrightarrow \mathbb{R}, \quad x \mapsto \sqrt{(x+3)^5} - e^x + \frac{\ln(x)}{x+3}$$
> ist stetig. Denn sie ergibt sich durch Komposition, Addition, Subtraktion und Division stetiger Funktionen. Mit den beiden Sätzen 15.13 und 15.14 folgt somit die Stetigkeit der Funktion f (vgl. Abbildung 15.10, links).
>
> b) Analog zu Beispiel a) folgt, dass die reelle Funktion
> $$f: (1, \infty) \longrightarrow \mathbb{R},$$
> $$x \mapsto \left|\frac{4\ln(x-1)}{x^2+3}\right|(x-2) + 2\sqrt[3]{2^x+5}$$
> stetig ist (vgl. Abbildung 15.10, rechts).

Trigonometrische Funktionen und Arcusfunktionen

Der folgende Satz besagt, dass die trigonometrischen Funktionen **Sinus-**, **Kosinus-**, **Tangens-** und **Kotangensfunktion** stetig sind.

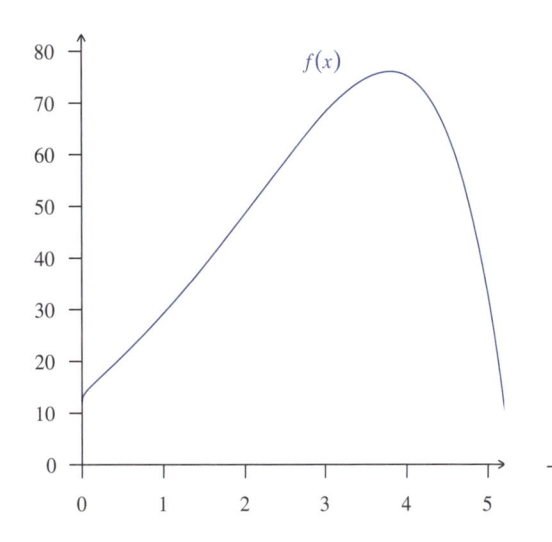

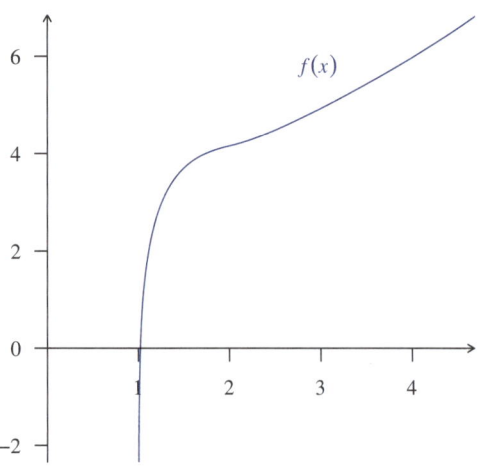

Abb. 15.10: Stetige reelle Funktion $f: (0, \infty) \longrightarrow \mathbb{R}$, $x \mapsto \sqrt{(x+3)^5} - e^x + \frac{\ln(x)}{x+3}$ (links) und stetige reelle Funktion $f: (1, \infty) \longrightarrow \mathbb{R} \longrightarrow \mathbb{R}$, $x \mapsto \left|\frac{4\ln(x-1)}{x^2+3}\right|(x-2) + 2\sqrt[3]{2^x+5}$ (rechts)

15.6 Stetigkeit spezieller Funktionen

Satz 15.20 (Trigonometrische Funktionen sind stetig)

Die Sinus-, Kosinus-, Tangens- und Kotangensfunktion sind stetig.

Beweis: Sinusfunktion: Es sei $x_0 \in \mathbb{R}$ beliebig gewählt. Mit der trigonometrischen Identität

$$\sin(x) - \sin(x_0) = 2\cos\left(\frac{x+x_0}{2}\right)\sin\left(\frac{x-x_0}{2}\right)$$

(vgl. Satz 5.2d)), Satz 13.41c) und $\lim_{y \to 0} \sin(y) = 0$ folgt

$$\lim_{x \to x_0} \sin(x) = \sin(x_0) + 2 \lim_{x \to x_0} \cos\left(\frac{x+x_0}{2}\right) \lim_{x \to x_0} \sin\left(\frac{x-x_0}{2}\right)$$
$$= \sin(x_0).$$

Das heißt, sin ist an der Stelle x_0 stetig.

Kosinusfunktion: Die Stetigkeit von cos folgt unmittelbar mit der Aussage a) und der Identität $\cos(x) = \sin\left(x + \frac{\pi}{2}\right)$ für alle $x \in \mathbb{R}$ (siehe Satz 5.1e)).

Tangens- und Kotangensfunktion: Es gilt per Definition $\tan(x) = \frac{\sin(x)}{\cos(x)}$ für alle $x \neq (2k+1)\frac{\pi}{2}$ mit $k \in \mathbb{Z}$ und $\cot(x) = \frac{\cos(x)}{\sin(x)}$ für alle $x \neq k\pi$ mit $k \in \mathbb{Z}$ (vgl. Definition 14.46). Zusammen mit Satz 15.13 folgt somit aus den Aussagen a) und b) die Stetigkeit von tan und cot. ∎

Die **Arcusfunktionen** sind als Umkehrfunktionen der trigonometrischen Funktionen ebenfalls stetig:

Satz 15.21 (Stetigkeit der Arcusfunktionen)

Die Arcussinus-, Arcuskosinus-, Arcustangens- und Arcuskotangens-Funktion sind stetig.

Beweis: Die Arcusfunktionen arcsin, arccos, arctan und arccot sind die Umkehrfunktionen der Restriktionen der trigonometrischen Funktionen sin, cos, tan bzw. cot auf den Teilintervallen $\left[-\frac{\pi}{2}, \frac{\pi}{2}\right]$, $[0, \pi]$, $\left(-\frac{\pi}{2}, \frac{\pi}{2}\right)$ bzw. $(0, \pi)$ (vgl. Definition 14.47). Da jedoch die trigonometrischen Funktionen auf diesen Teilintervallen jeweils streng monoton sind, folgt mit Satz 15.15 die Stetigkeit der Arcusfunktionen. ∎

Beispiel 15.22 (Stetigkeit von reellen Funktionen)

a) Die reelle Funktion

$$f: (0, \infty) \longrightarrow \mathbb{R}, \quad x \mapsto \frac{\sqrt{x^5 + 6x + \sin^4(x)} - \sin(x^2)}{\sqrt{\sqrt{0{,}05e^{4x}} + \cos^2(3x^4+1)x^2}}$$

ist stetig. Denn sie ergibt sich durch Komposition, Addition, Subtraktion, Multiplikation und Division stetiger Funktionen. Mit Satz 15.13 und Satz 15.14 folgt somit die Stetigkeit der Funktion f (vgl. Abbildung 15.11, links).

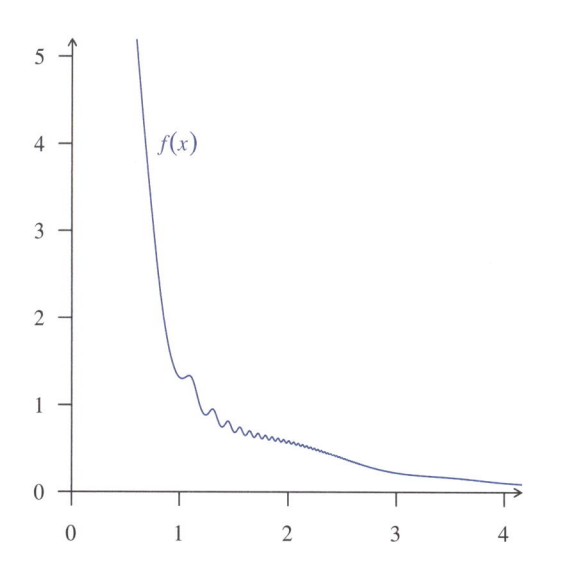

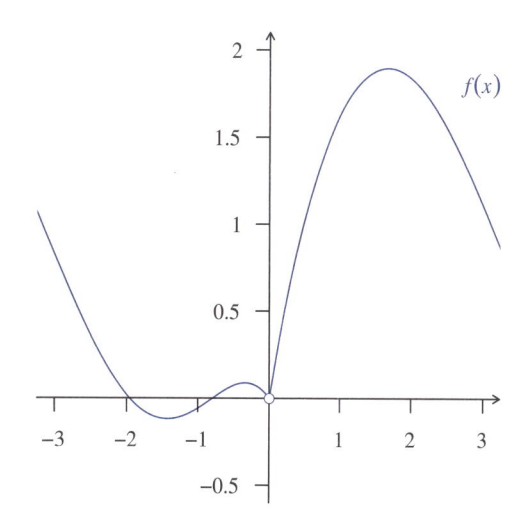

Abb. 15.11: Stetige reelle Funktion $f: (0, \infty) \longrightarrow \mathbb{R}$, $x \mapsto \frac{\sqrt{x^5+6x+\sin^4(x)}-\sin(x^2)}{\sqrt{\sqrt{0{,}05e^{4x}}+\cos^2(3x^4+1)x^2}}$ (links) und stetige reelle Funktion $f: \mathbb{R} \setminus \{0\} \longrightarrow \mathbb{R}$, $x \mapsto x \arctan\left(\frac{1}{x}\right) + \sin(x)$ (rechts)

b) Analog zu Beispiel a) folgt, dass die reelle Funktion

$$f: \mathbb{R} \setminus \{0\} \longrightarrow \mathbb{R}, \quad x \mapsto x \arctan\left(\frac{1}{x}\right) + \sin(x)$$

stetig ist (vgl. Abbildung 15.11, rechts).

Stückweise stetige Funktionen

Oftmals ist es nicht möglich, den funktionalen Zusammenhang $y = f(x)$ zwischen zwei Variablen x und y für alle möglichen Realisierungen von x durch ein und dieselbe Funktionsvorschrift f zu beschreiben. In solchen Fällen werden zur Beschreibung des funktionalen Zusammenhangs $y = f(x)$ reelle Funktionen $f : [a, b] \longrightarrow \mathbb{R}$ herangezogen, die in einzelnen Teilintervallen

$$[x_0, x_1), [x_1, x_2), \ldots, [x_{n-2}, x_{n-1}), [x_{n-1}, x_n] \subseteq [a, b]$$

mit $x_0 := a$ und $x_n := b$ durch unterschiedliche Funktionsvorschriften f_i festgelegt sind. Das heißt, es werden dann **abschnittsweise definierte** reelle Funktionen der Bauart

$$f: [a, b] \longrightarrow \mathbb{R}, \quad x \mapsto \begin{cases} f_1(x) & \text{für } x_0 \leq x < x_1 \\ f_2(x) & \text{für } x_1 \leq x < x_2 \\ \vdots \\ f_n(x) & \text{für } x_{n-1} \leq x \leq x_n \end{cases}$$

mit $x_0 := a$ und $x_n := b$ verwendet. Sehr häufig werden dabei die Funktionen $f_1, \ldots, f_n$ so gewählt, dass sie stetig sind. Die Funktion f wird dann als **stückweise stetig** bezeichnet, da sie höchstens an den endlich vielen Verbindungsstellen $x_1, \ldots, x_n$ unstetig ist. Die Funktion f ist genau dann stetig, wenn sie auch in den Verbindungsstellen $x_1, \ldots, x_{n-1}$ stetig ist.

Beispiel 15.23 (Stückweise stetige Funktion)

Die abschnittsweise definierte Funktion

$$f: \mathbb{R} \longrightarrow \mathbb{R},$$

$$x \mapsto f(x) = \begin{cases} e^{2x+3} & \text{falls } x < -\frac{3}{2} \\ \frac{-\frac{13}{6}x}{x^2+1} & \text{falls } -\frac{3}{2} \leq x < 4 \\ 2\ln\left(\frac{5}{2} + x\right) & \text{falls } x \geq 4 \end{cases}$$

ist auf der Menge $\left(-\infty, -\frac{3}{2}\right) \cup \left(-\frac{3}{2}, 4\right) \cup (4, \infty)$ stetig. Es ist daher lediglich noch die Stetigkeit von f an den Verbindungsstellen $x_1 = -\frac{3}{2}$ und $x_2 = 4$ zu untersuchen. Aus

$$\lim_{x \uparrow -\frac{3}{2}} f(x) = \lim_{x \uparrow -\frac{3}{2}} e^{2x+3} = 1 = f\left(-\frac{3}{2}\right) \quad \text{und}$$

$$\lim_{x \uparrow 4} f(x) = \lim_{x \uparrow 4} \frac{-\frac{13}{6}x}{x^2+1} = -\frac{26}{51} \neq f(4)$$

folgt, dass die reelle Funktion f an der Verbindungsstelle $x_1 = -\frac{3}{2}$ stetig und an der Verbindungsstelle $x_2 = 4$ unstetig ist. Folglich ist f zwar nicht stetig, aber wenigstens abschnittsweise stetig (vgl. Abbildung 15.12, links).

Die **Einkommensteuer** ist ein bekanntes Beispiel für das Vorkommen stückweise stetiger Funktionen in den Wirtschaftswissenschaften:

Beispiel 15.24 (Einkommensteuer)

In Deutschland wird die **Einkommensteuer** $s(x)$ (in €) in Abhängigkeit vom zu versteuernden Einkommen x (in €) berechnet. Gemäß §52 Abs. 41 des Einkommensteuergesetzes erfolgte dies für den Veranlagungszeitraum 2010 anhand der abschnittsweise definierten **Tariffunktion**

$$s: \mathbb{R}_+ \longrightarrow \mathbb{R}, \quad x \mapsto s(x)$$

mit

$$s(x) := \begin{cases} 0 & \text{für } 0 \leq x < 8.005 \\ \left(912{,}17\frac{x-8.005}{10.000} + 1.400\right) & \text{für } 8.005 \leq x \leq 13.469 \\ \quad \cdot \frac{x-8.005}{10.000} & \\ \left(228{,}74\frac{x-13.469}{10.000} + 2.397\right) & \text{für } 13.469 < x \leq 52.881 \\ \quad \cdot \frac{x-13.469}{10.000} + 1.038 & \\ 0{,}42x - 8.172 & \text{für } 52.881 < x \leq 250.730 \\ 0{,}45x - 15.694 & \text{für } x > 250.730 \end{cases}$$

Durch die Verwendung einer abschnittsweise definierten Tariffunktion zur Berechnung der Steuerschuld $s(x)$ soll

Steuergerechtigkeit erreicht werden. Es werden hierbei die folgenden fünf Zonen unterschieden:

Zone 1: Grundfreibetrag für $x \in [0, 8.005)$
Zone 2: (untere) Progressionszone für $x \in [8.005, 13.469]$
Zone 3: (obere) Progressionszone für $x \in (13.469, 52.881]$
Zone 4: (untere) Proportionalzone für $x \in (52.881, 250.730]$
Zone 5: (obere) Proportionalzone für $x \in (250.730, \infty)$

Da es sich bei den Funktionsvorschriften in den einzelnen Zonen jeweils um eine stetige Funktion handelt, ist die Tariffunktion s bis auf die vier Verbindungsstellen $x_1 = 8.005$, $x_2 = 13.469$, $x_3 = 52.881$ und $x_4 = 250.730$ stetig. Für die einseitigen Grenzwerte an den Verbindungsstellen x_1, x_2, x_3 und x_4 gilt:

$$\lim_{x \uparrow 8.005} s(x) = 0 = s(8.005)$$

$$\lim_{x \downarrow 13.469} s(x) = 1.038 \neq s(13.469) = 1.037{,}29$$

$$\lim_{x \downarrow 52.881} s(x) = 14.038{,}02 \neq s(52.881) = 14.038{,}09$$

$$\lim_{x \downarrow 250.730} s(x) = 97.134{,}5 \neq s(250.730) = 97.134{,}6$$

Die Tariffunktion s besitzt somit an den drei Verbindungsstellen $x_2 = 13.469$, $x_3 = 52.881$ und $x_4 = 250.730$ kleine Sprünge und ist daher an diesen Stellen nicht stetig. Diese Sprünge entstehen durch Rundung, wobei die Art der Rundung durch das Einkommensteuergesetz genau festgelegt wird. Die Tariffunktion s ist daher nur abschnittsweise stetig, aber nicht stetig (vgl. Abbildung 15.12, rechts).

15.7 Satz vom Minimum und Maximum

In vielen ökonomischen Fragestellungen sind reelle Funktionen wie z. B. Kosten-, Umsatz- und Gewinnfunktionen auf globale Minimal- und Maximalstellen zu untersuchen. Es stellt sich daher unmittelbar die Frage, welche Funktionen überhaupt ein globales Minimum und Maximum besitzen.

Eine der vielen bemerkenswerten Eigenschaften stetiger Funktionen ist, dass sie auf abgeschlossenen und beschränkten

K. Weierstraß war Schüler des Theodorianums in Paderborn

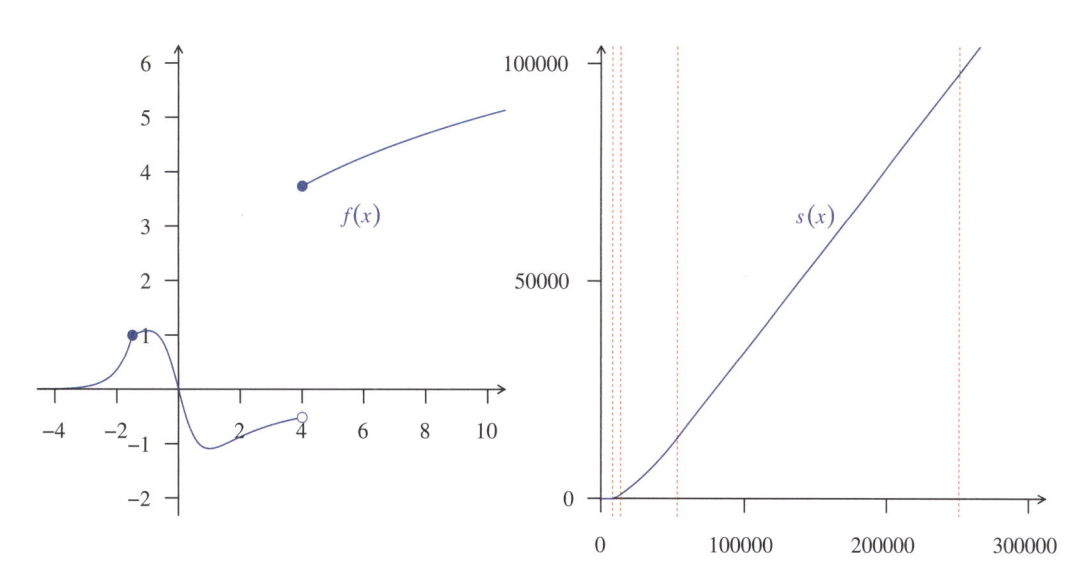

Abb. 15.12: Abschnittsweise definierte reelle Funktion $f: \mathbb{R} \longrightarrow \mathbb{R}$, $x \mapsto f(x)$ mit $f(x) = e^{2x+3}$ für $x < -\frac{3}{2}$, $f(x) = \frac{-\frac{13}{6}x}{x^2+1}$ für $-\frac{3}{2} \leq x < 4$ und $\ln\left(\frac{5}{2} + x\right)$ für $x \geq 4$ (links) und abschnittsweise definierte Tariffunktion $s: \mathbb{R}_+ \longrightarrow \mathbb{R}$, $x \mapsto s(x)$ mit ihren fünf verschiedenen Zonen (rechts)

Intervallen beschränkt sind und stets ein globales Maximum und Minimum besitzen. Diese Eigenschaft stetiger Funktionen ist als **Satz vom Minimum und Maximum** oder **Extremalwertsatz** bekannt. Da dieses Resultat jedoch erstmals von dem deutschen Mathematiker *Karl Weierstraß* (1815–1897) bewiesen wurde, wird es häufig auch als **Satz von Weierstraß** bezeichnet:

Satz 15.25 (Satz vom Minimum und Maximum)

Eine auf einem abgeschlossenen und beschränkten Intervall $[a, b]$ definierte stetige reelle Funktion $f : [a, b] \subseteq \mathbb{R} \longrightarrow \mathbb{R}$ ist beschränkt und nimmt ihr globales Minimum und Maximum an. Das heißt, es gibt eine globale Minimalstelle $x_1 \in [a, b]$ und eine globale Maximalstelle $x_2 \in [a, b]$, so dass für alle $x \in [a, b]$ gilt

$$f(x_1) \leq f(x) \leq f(x_2).$$

Beweis: f ist beschränkt: Es sei angenommen, dass f nach oben unbeschränkt ist. Dann gibt es eine Folge $(x_n)_{n \in \mathbb{N}_0}$ mit $x_n \in [a, b]$ und $f(x_n) > n$ für alle $n \in \mathbb{N}_0$. Da jedoch die Folge $(x_n)_{n \in \mathbb{N}_0}$ wegen $x_n \in [a, b]$ beschränkt ist, besitzt sie nach dem Satz von Bolzano-Weierstraß (vgl. Satz 11.31) eine konvergente Teilfolge $(x_{n_k})_{k \in \mathbb{N}_0}$, deren Grenzwert mit $\overline{x} \in [a, b]$ bezeichnet sei. Aufgrund der Stetigkeit von f gilt somit $\lim_{k \to \infty} f(x_{n_k}) = f(\overline{x})$. Dies ist jedoch ein Widerspruch zu $f(x_{n_k}) > n_k$ für alle $k \in \mathbb{N}_0$ und die Funktion f ist folglich nach oben beschränkt. Die Beschränktheit von f nach unten zeigt man völlig analog.

Existenz globaler Extremalstellen: Da die Menge $\{f(x) : x \in [a, b]\} \subseteq \mathbb{R}$ nach obigen Überlegungen beschränkt ist, besitzt sie das Supremum $\sup_{x \in [a,b]} f(x) =: s$. Somit gibt es zu jedem $n \in \mathbb{N}$ ein $x_n \in [a, b]$ mit $s - \frac{1}{n} < f(x_n) \leq s$ und für diese Folge $(x_n)_{n \in \mathbb{N}_0}$ gilt per Konstruktion

$$\lim_{n \to \infty} f(x_n) = s. \tag{15.7}$$

Die beschränkte Folge $(x_n)_{n \in \mathbb{N}_0}$ besitzt nach dem Satz von Bolzano-Weierstraß (vgl. Satz 11.31) eine konvergente Teilfolge $(x_{n_k})_{k \in \mathbb{N}_0}$, deren Grenzwert wieder mit $\overline{x} \in [a, b]$ bezeichnet sei. Wegen der Stetigkeit von f folgt dann $\lim_{k \to \infty} f(x_{n_k}) = f(\overline{x})$ und zusammen mit (15.7) impliziert dies $f(\overline{x}) = s$. Das heißt, dass $\overline{x} \in [a, b]$ die globale Maximalstelle von f und s das globale Maximum von f ist. Die Existenz des globalen Minimums von f lässt sich völlig analog nachweisen. ∎

Für die Gültigkeit des Satzes vom Minimum und Maximum ist es wichtig, dass a) der Definitionsbereich **abgeschlossen**, b) der Definitionsbereich **beschränkt** und c) die Funktion f **stetig** ist (vgl. Beispiel 15.26b)). Unter diesen drei Voraussetzungen liefert er für stetige reelle Funktionen eine hinreichende Bedingung für die Existenz von globalen Extremalstellen. Die drei Voraussetzungen a)-c) sind jedoch nicht unbedingt notwendig. Das heißt, auch bei nichtstetigen reellen Funktionen oder reellen Funktionen, die nicht auf abgeschlossenen oder beschränkten Intervallen definiert sind, können – müssen aber nicht – globale Extremalwerte existieren.

Es ist jedoch zu beachten, dass der Satz vom Minimum und Maximum lediglich eine Existenzaussage für globale Extremalwerte trifft. Er gibt keine Auskunft darüber, wie die globalen Extremalstellen einer stetigen reellen Funktion $f : [a, b] \subseteq \mathbb{R} \longrightarrow \mathbb{R}$ ermittelt werden können oder ob die globalen Extremalstellen eindeutig sind. Für die explizite Berechnung der Extremalstellen werden in der Regel Hilfsmittel aus der **Differentialrechnung** benötigt (siehe hierzu Abschnitt 18.1). Dennoch ist der Satz vom Minimum und Maximum von großer theoretischer Bedeutung. Zum Beispiel ist er ein wichtiges Hilfsmittel beim Beweis des **Mittelwertsatzes der Differentialrechnung** (siehe Abschnitt 16.7).

Beispiel 15.26 (Satz vom Minimum und Maximum)

a) Die stetige Funktion

$$f : [0, 2\pi] \longrightarrow \mathbb{R}, \quad x \mapsto f(x) = \sin(x)$$

auf dem abgeschlossenen und beschränkten Intervall $[0, 2\pi]$ besitzt die globale Maximalstelle $x_1 = \frac{\pi}{2}$ und die globale Minimalstelle $x_2 = \frac{3}{2}\pi$. Das globale Maximum und Minimum beträgt $f(x_1) = 1$ bzw. $f(x_2) = -1$ (vgl. Abbildung 15.13, links).

b) Betrachtet wird die reelle Funktion

$$f : I \longrightarrow \mathbb{R}, \quad x \mapsto f(x) = \frac{1}{x^2}.$$

Ist der Definitionsbereich von f durch das beschränkte, aber nicht abgeschlossene Intervall $I = (0, 1]$ gegeben, dann ist f zwar stetig, aber nach oben unbeschränkt und besitzt somit kein globales Maximum. Ist der Definitionsbereich von f durch das abgeschlossene, aber nicht beschränkte Intervall $I = [1, \infty)$ gegeben, dann ist f zwar beschränkt und stetig, aber die Funktion f besitzt dennoch kein globales Minimum. Ist der Definitionsbereich von f durch das abgeschlossene und beschränkte Intervall $I = [-1, 1]$ gegeben, wobei $f(x) = \frac{1}{x^2}$ für $x \in [-1, 1] \setminus \{0\}$ und $f(x) = 1$ für $x = 0$ gelte, dann ist f nicht stetig und nach oben unbeschränkt. Die Funktion f besitzt somit kein

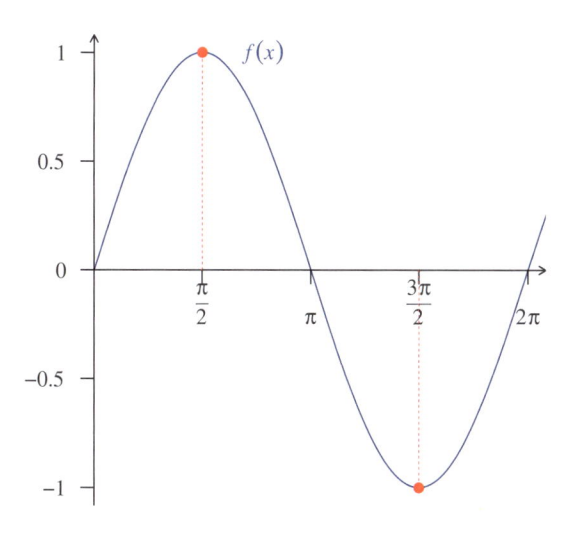

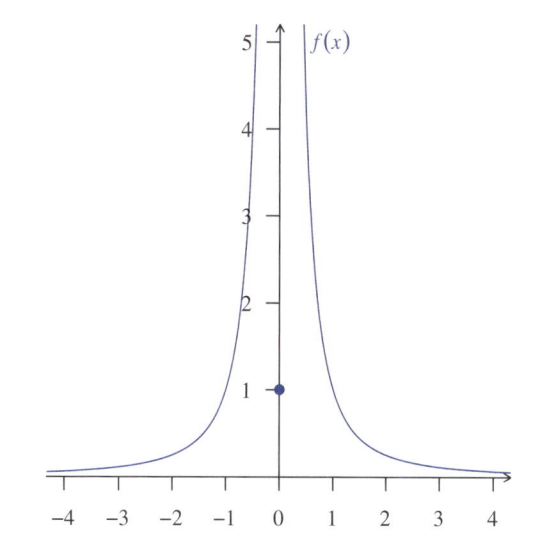

Abb. 15.13: Reelle Funktion $f(x) = \sin(x)$ (links) und reelle Funktion $f(x) = \frac{1}{x^2}$ (rechts)

globales Maximum (vgl. Abbildung 15.13, rechts). Diese drei Fälle zeigen, dass nur alle drei Voraussetzungen zusammen, nämlich die Abgeschlossenheit und Beschränktheit von I sowie die Stetigkeit von f, die Existenz eines globalen Minimums und Maximums sicherstellen.

15.8 Nullstellensatz und Zwischenwertsatz

Eine weitere besondere Eigenschaft stetiger reeller Funktionen, die auf einem abgeschlossenen und beschränkten Intervall definiert sind, ist die Gültigkeit des **Nullstellensatzes**. Der Nullstellensatz besagt, dass eine stetige Funktion $f : [a, b] \longrightarrow \mathbb{R}$ mit der Eigenschaft $f(a) < 0$ und $f(b) > 0$ bzw. $f(a) > 0$ und $f(b) < 0$ mindestens eine Nullstelle im offenen Intervall (a, b) besitzt. Dieses Resultat wurde erstmals im Jahre 1817 von dem böhmischen Mathematiker *Bernard Bolzano* (1781–1848) bewiesen.

Gedenktafel am ehemaligen Wohnhaus von B. Bolzano in Prag

Satz 15.27 (Nullstellensatz)

Eine auf einem abgeschlossenen und beschränkten Intervall $[a, b]$ definierte stetige reelle Funktion $f : [a, b] \subseteq \mathbb{R} \longrightarrow \mathbb{R}$ mit der Eigenschaft $f(a)f(b) < 0$ besitzt mindestens eine Stelle $x_0 \in (a, b)$ mit $f(x_0) = 0$.

Beweis: Aus $f(a) \cdot f(b) < 0$ folgt $f(a) < 0$ und $f(b) > 0$ oder $f(a) > 0$ und $f(b) < 0$. Im Folgenden kann ohne Beschränkung der Allgemeinheit $f(a) < 0$ und $f(b) > 0$ angenommen werden (andernfalls wird einfach f durch $-f$ ersetzt), und für den Beweis wird das Intervallschachtelungsprinzip verwendet. Dazu sei $[a_0, b_0] := [a, b]$ und

$$[a_{n+1}, b_{n+1}] := \begin{cases} [a_n, m_n] & \text{falls } f(m_n) \geq 0 \\ [m_n, b_n] & \text{falls } f(m_n) < 0 \end{cases}$$

für alle $n \in \mathbb{N}_0$, wobei $m_n := \frac{a_n + b_n}{2}$ die Mitte des Intervalls $[a_n, b_n]$ ist. Für die so definierte Folge von Intervallen $([a_n, b_n])_{n \in \mathbb{N}_0}$ gilt offensichtlich

$$\ldots [a_{n+2}, b_{n+2}] \subset [a_{n+1}, b_{n+1}] \subset [a_n, b_n] \subset \ldots$$
$$\ldots \subset [a_1, b_1] \subset [a_0, b_0] \subset \mathbb{R},$$

$b_n - a_n = 2^{-n}(b - a)$ für alle $n \in \mathbb{N}_0$ und somit insbesondere $\lim_{n \to \infty}(b_n - a_n) = 0$. Durch $([a_n, b_n])_{n \in \mathbb{N}_0}$ ist daher eine Intervallschachtelung gegeben und es gibt ein $x_0 \in [a, b]$ mit

$$\lim_{n \to \infty} a_n = x_0 = \lim_{n \to \infty} b_n.$$

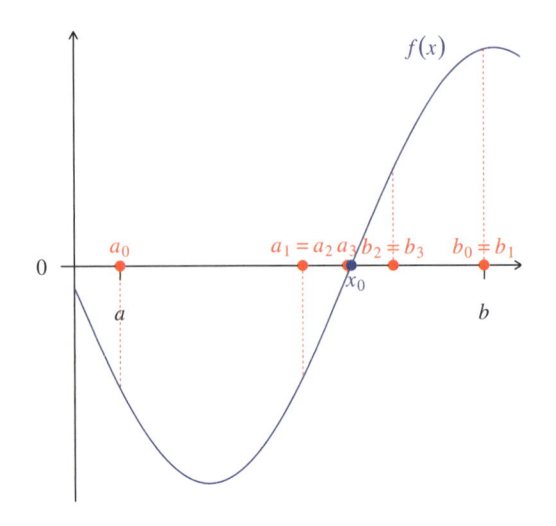

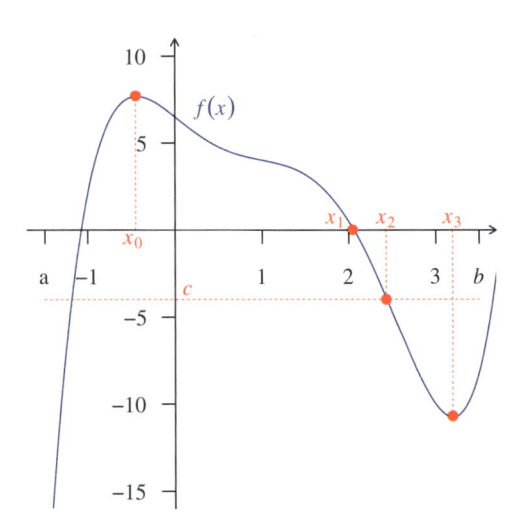

Abb. 15.14: Intervallschachtelung $([a_n, b_n])_{n \in \mathbb{N}_0}$ mit $x_0 \in \bigcap_{n=0}^{\infty}[a_n, b_n]$ (links) und stetige Funktion $f[a,b] \longrightarrow \mathbb{R}$ mit globalen Maximal- und Minimalstellen x_0 bzw. x_3, einer Nullstelle x_1 und einer c-Stelle x_2 (rechts)

Da jedoch f nach Voraussetzung stetig ist, impliziert dies

$$\lim_{n \to \infty} f(a_n) = f(x_0) = \lim_{n \to \infty} f(b_n).$$

Aufgrund der speziellen Konstruktion der Intervalle $[a_n, b_n]$ gilt $f(a_n) < 0$ und $f(b_n) \geq 0$ für alle $n \in \mathbb{N}_0$ (vgl. Abbildung 15.14, links). Mit dem Vergleichssatz 11.41 folgt daher

$$f(x_0) = \lim_{n \to \infty} f(a_n) \leq 0 \quad \text{und} \quad f(x_0) = \lim_{n \to \infty} f(b_n) \geq 0.$$

Folglich muss $f(x_0) = 0$ gelten und wegen $f(a) \neq 0$ sowie $f(b) \neq 0$ impliziert dies $x_0 \in (a,b)$. ∎

Analog zum Satz vom Minimum und Maximum (vgl. Satz 15.25) macht auch der Nullstellensatz leider nur eine reine Existenzaussage. Die Bedeutung des Nullstellsatzes liegt darin begründet, dass er für eine stetige reelle Funktion $f : [a,b] \subseteq \mathbb{R} \longrightarrow \mathbb{R}$ mit $f(a) \cdot f(b) < 0$ die Existenz mindestens einer **reellen** Nullstelle sicherstellt, auch wenn diese nicht ohne weitere Hilfsmittel berechnet werden kann (vgl. Beispiel 15.29 und Abbildung 15.14). Für die explizite Berechnung von Nullstellen müssen in der Regel weitere Hilfsmittel herangezogen werden. Je nach Eigenschaften der Funktion f kommen hierfür zum Beispiel die **a-b-c-Formel** für quadratische Gleichungen (siehe Abschnitt 4.4) oder das **Newton-Verfahren** (siehe Abschnitt 26.4) in Frage.

Aus dem Nullstellensatz folgt beispielsweise, dass ein Polynom ungeraden Grades $p(x) = \sum_{k=0}^{2n+1} a_k x^k$ mit $a_{2n+1} > 0$ mindestens eine **reelle** Nullstelle besitzt. Denn für Polynome ungeraden Grades gilt offensichtlich

$$\lim_{x \to \infty} p(x) = \infty \quad \text{und} \quad \lim_{x \to -\infty} p(x) = -\infty.$$

Das heißt, man kann reelle Zahlen $a, b \in \mathbb{R}$ mit $p(a) \cdot p(b) < 0$ finden, so dass es gemäß dem Nullstellensatz ein $x_0 \in (a,b)$ mit $p(x_0) = 0$ gibt. Ein Polynom geraden Grades $p(x) = \sum_{k=0}^{2n} a_k x^k$ mit $a_{2n} \neq 0$ muss jedoch keine **reelle** Nullstelle besitzen, wie bereits das einfache Beispiel $p(x) = x^2 + 1$ mit $p(x) \geq 1$ für alle $x \in \mathbb{R}$ zeigt (vgl. hierzu auch Abschnitt 4.3).

Der Nullstellensatz kann problemlos zum folgenden **Zwischenwertsatz** verallgemeinert werden, der sich auf beliebige c-Stellen bezieht. Er besagt, dass eine stetige reelle Funktion $f : [a,b] \longrightarrow \mathbb{R}$ jeden Wert c zwischen ihrem Minimum $\min_{x \in [a,b]} f(x)$ und ihrem Maximum $\max_{x \in [a,b]} f(x)$ annimmt (vgl. Abbildung 15.14):

> **Satz 15.28** (Zwischenwertsatz)
>
> *Eine auf einem abgeschlossenen und beschränkten Intervall $[a,b]$ definierte stetige reelle Funktion $f : [a,b] \subseteq \mathbb{R} \longrightarrow \mathbb{R}$ besitzt zu jedem $c \in [\min_{x \in [a,b]} f(x), \max_{x \in [a,b]} f(x)]$ mindestens ein $x_0 \in [a,b]$ mit $f(x_0) = c$.*

15.8 Nullstellensatz und Zwischenwertsatz

Beweis: Gilt $\min_{x \in [a,b]} f(x) = \max_{x \in [a,b]} f(x)$, dann ist die Funktion f konstant und die Behauptung damit richtig. Es sei daher $\min_{x \in [a,b]} f(x) < \max_{x \in [a,b]} f(x)$ und $c \in \left(\min_{x \in [a,b]} f(x), \max_{x \in [a,b]} f(x)\right)$. Für die stetige Funktion $g: [a,b] \longrightarrow \mathbb{R}$, $x \mapsto g(x) := f(x) - c$ gilt dann

$$g\left(\arg \min_{x \in [a,b]} f(x)\right) < 0 \quad \text{und} \quad g\left(\arg \max_{x \in [a,b]} f(x)\right) > 0.$$

Das heißt, die Funktion g erfüllt die Voraussetzungen des Nullstellensatzes 15.27 und es existiert somit ein $x_0 \in (a, b)$ mit $g(x_0) = f(x_0) - c = 0$ bzw. $f(x_0) = c$. ∎

Der Zwischenwertsatz 15.28 ist ein wichtiges Werkzeug der Analysis beim Beweis vieler mathematischer Aussagen. Er ist jedoch auch bei der Untersuchung verschiedener wirtschaftswissenschaftlicher Fragestellungen ein wichtiges Hilfsmittel und wird in vielen ökonomischen Theorien zum Beweis der Existenz eines Gleichgewichts, wie z. B. von Angebot und Nachfrage, Verhaltensstrategien von rationalen Spielern oder Ähnlichem benötigt (vgl. Beispiel 15.30b)).

Bei Betrachtung der Aussage des Zwischenwertsatzes könnte man den Eindruck erhalten, dass er für stetige reelle Funktionen $f: [a, b] \longrightarrow \mathbb{R}$ charakterisierend ist. Das heißt, dass er ausschließlich für stetige reelle Funktionen gilt. Diese Vermutung ist jedoch falsch. Zum Beispiel ist die reelle Funktion

$$f: [0, 1] \longrightarrow \mathbb{R},$$
$$x \mapsto f(x) = \begin{cases} x & \text{für rationale } x \in [0, 1] \\ 1 - x & \text{für irrationale } x \in [0, 1] \end{cases}$$

nur an der Stelle $x = \frac{1}{2}$ stetig und erfüllt somit die Voraussetzungen des Zwischenwertsatzes nicht. Dennoch nimmt sie jeden Wert zwischen $f(0) = 0$ und $f(1) = 1$ an. Man kann jedoch zeigen, dass monotone reelle Funktionen $f: [a, b] \to \mathbb{R}$, die dem Zwischenwertsatz genügen, stets auch stetig sind (vgl. z. B. *Storch-Wiebe* [65], Seite 249).

Beispiel 15.29 (Nullstellen- und Zwischenwertsatz)

Die Gleichung
$$2x - 5e^{-x}(1 + x^2) = 0$$
kann nicht analytisch gelöst werden. Dennoch lässt sich mit Hilfe des Nullstellensatzes leicht nachweisen, dass sie im Intervall $(0, 2)$ mindestens eine Lösung besitzt. Denn für die stetige reelle Funktion
$$f: \mathbb{R} \longrightarrow \mathbb{R}, \quad x \mapsto f(x) := 2x - 5e^{-x}(1 + x^2)$$
gilt
$$f(0) = -5 < 0 \quad \text{und} \quad f(2) = 4 - 25/e^2 > 0.$$

Somit besitzt die Restriktion $f_{|[0,2]}$ von f auf das abgeschlossene und beschränkte Intervall $[0, 2]$ gemäß dem Nullstellensatz mindestens eine Nullstelle x_0 im offenen Intervall $(0, 2)$. Mit dem Zwischenwertsatz folgt, dass $f_{|[0,2]}$ jeden Wert zwischen -5 und $4 - 25/e^2$ annimmt. Wie man aus Abbildung 15.15, links erkennen kann, handelt es sich bei $x_1 = 0$ um die globale Minimal- und bei $x_2 = 2$ um die globale Maximalstelle von $f_{|[0,2]}$.

Das folgende Beispiel zeigt, wie der Zwischenwertsatz bei der Beantwortung ökonomischer Fragestellungen eingesetzt werden kann:

Beispiel 15.30 (Existenz von Gleichgewichtspreisen)

Betrachtet wird ein Markt für ein bestimmtes Wirtschaftsgut. Für dieses Wirtschaftsgut sei die konkrete **Angebots-** und **Nachfragefunktion** $A(p)$ bzw. $N(p)$ in Abhängigkeit vom Preis p des Wirtschaftsgutes nicht bekannt. Es gelte jedoch, dass das Angebot und die Nachfrage stetig vom Preis p abhängen. Weiter sei bekannt, dass bei einem Preis von $p = 0$ das Angebot gleich 0 und die Nachfrage sehr groß ist und umgekehrt bei einem sehr hohen Preis $\overline{p}$ das Angebot sehr groß und die Nachfrage gleich 0 ist. Mit dem Zwischenwertsatz folgt dann, dass es einen Preis p_0 gibt, für den Angebot und Nachfrage im Gleichgewicht sind, d. h. für den

$$A(p_0) = N(p_0)$$

gilt. Denn die Stetigkeit der Angebots- und Nachfragefunktion $A(p)$ und $N(p)$ impliziert die Stetigkeit der Funktion

$$f: [0, \overline{p}] \longrightarrow \mathbb{R}, \quad x \mapsto f(p) := A(p) - N(p).$$

Mit dem Zwischenwertsatz folgt somit, dass es zu jedem $c \in [f(0), f(\overline{p})] = [-N(0), A(\overline{p})]$ ein $p_0 \in [0, \overline{p}]$ mit $f(p_0) = c$ gibt. Wegen $N(0) > 0$ und $A(\overline{p}) > 0$ gibt es insbesondere ein $p_0 \in [0, \overline{p}]$ mit $f(p_0) = 0$. Also ist p_0 ein **Gleichgewichtspreis** mit der Gleichgewichtseigenschaft $A(p_0) = N(p_0)$ (vgl. Abbildung 15.15, rechts).

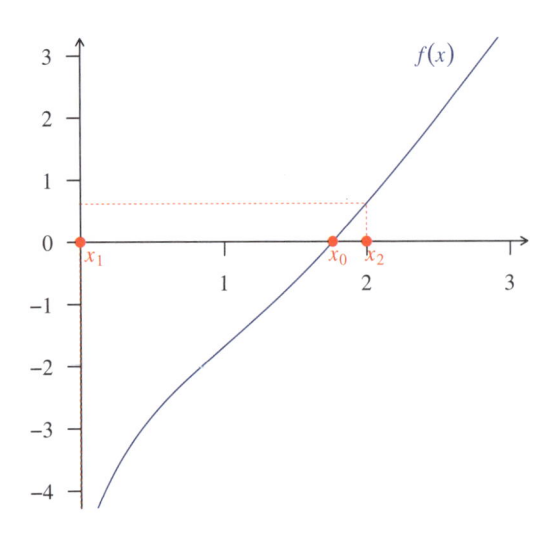

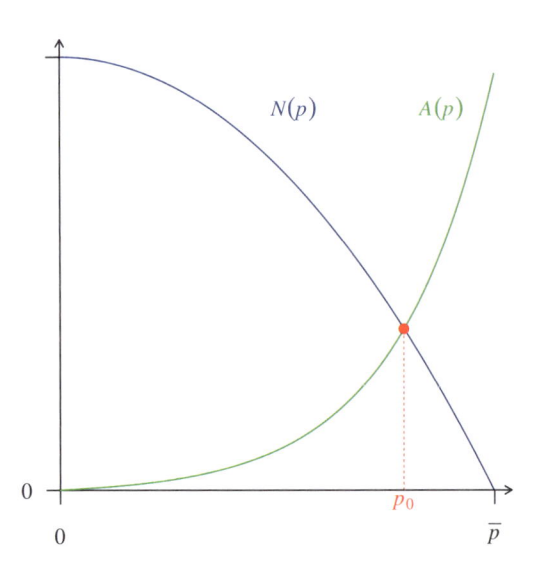

Abb. 15.15: Reelle Funktion $f: \mathbb{R} \longrightarrow \mathbb{R}$, $x \mapsto f(x) = 2x - 5e^{-x}(1 + x^2)$ mit Nullstelle bei x_0 (links) und Existenz des Gleichgewichtspreises p_0 bei stetiger Angebots- und Nachfragefunktion $A(p)$ bzw. $N(p)$ (rechts)

15.9 Fixpunktsätze

Allgemeiner Fixpunktsatz

Bei der Untersuchung verschiedener ökonomischer und spieltheoretischer Fragestellungen bezüglich der Existenz von **dynamischen Gleichgewichten** wird man mit sogenannten **Fixpunktgleichungen** konfrontiert. Dabei handelt es sich um Gleichungen der Form

$$x = f(x), \quad (15.8)$$

wobei $f: I \longrightarrow I$ eine Funktion ist, die ihren Definitionsbereich, d. h. das Intervall $I \subseteq \mathbb{R}$, wieder in sich abbildet. Eine solche Abbildung wird oft auch als **Selbstabbildung** bezeichnet, und ein dynamisches Gleichgewicht ist ein $\overline{x} \in I$, für das

$$\overline{x} = f(\overline{x}) \quad (15.9)$$

gilt. Ein dynamisches Gleichgewicht $\overline{x} \in I$ besitzt somit die Eigenschaft, dass es sich durch Anwendung der Funktionsvorschrift f nicht verändert.

Allgemein heißt ein Wert $\overline{x}$ mit der Eigenschaft (15.9) **Fixpunkt** der Funktion $f: I \longrightarrow I$, da ein solcher Wert durch f auf sich selbst abgebildet, d. h. fixiert, wird. Somit ist ein Fixpunkt $\overline{x}$ einer reellen Funktion f die Schnittstelle von f mit der Geraden (ersten Winkelhalbierenden) $y = x$ (vgl. Abbildung 15.16, links).

Mit Hilfe eines geeigneten Funktionsgraphen lässt sich leicht veranschaulichen, dass jede stetige reelle Funktion $f: [a, b] \longrightarrow [a, b]$ auf einem abgeschlossenen und beschränkten Intervall $[a, b]$ stets mindestens einen Fixpunkt besitzen muss (vgl. Abbildung 15.16, rechts). Mit Hilfe des Nullstellensatzes lässt sich diese Existenzaussage für Fixpunkte auch leicht formal beweisen:

Satz 15.31 (Allgemeiner Fixpunktsatz)

Es sei $f[a, b]: \longrightarrow [a, b]$ eine stetige reelle Funktion. Dann besitzt f mindestens einen Fixpunkt.

Beweis: Wenn $f(a) = a$ oder $f(b) = b$ gilt, dann ist nichts mehr zu zeigen. Da ferner nach Voraussetzung $f(a), f(b) \in [a, b]$ gelten muss, kann ohne Beschränkung der Allgemeinheit $f(a) > a$ und $f(b) < b$ angenommen werden. Damit erhält man für die stetige Funktion $g: [a, b] \longrightarrow \mathbb{R}$, $x \mapsto g(x) := x - f(x)$, dass $g(a) = a - f(a) < 0$ und $g(b) = b - f(b) > 0$ gilt. Mit dem Nullstellensatz 15.27 folgt somit, dass es ein $\overline{x} \in (a, b)$ mit $g(\overline{x}) = 0$, also mit $f(\overline{x}) = \overline{x}$, geben muss. ∎

Fixpunktsatz von Banach

Für eine stetige reelle Funktion $f: I \longrightarrow I$ ist es in vielen Fällen möglich, eine Lösung der Fixpunktgleichung (15.8)

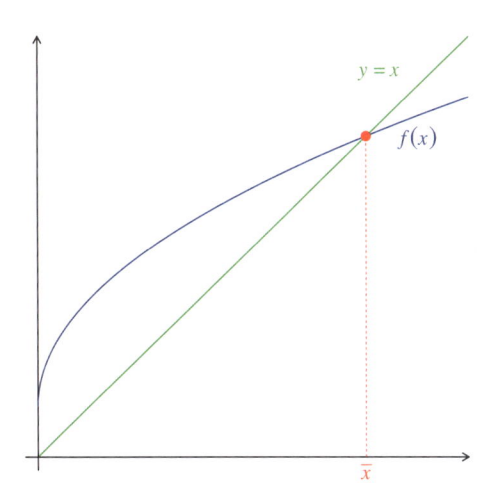

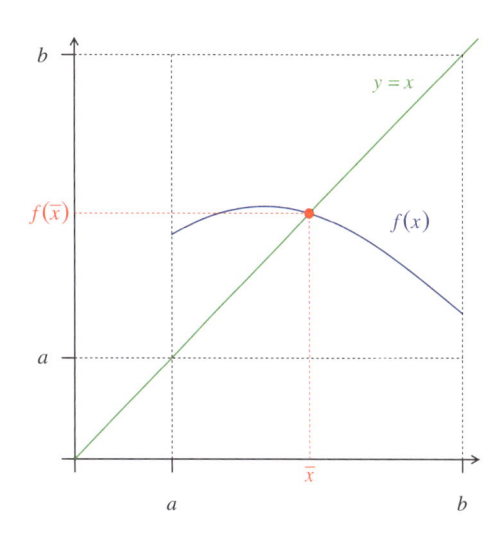

Abb. 15.16: Stetige reelle Funktion f mit Fixpunkt $\overline{x}$ (links) und stetige reelle Funktion $f[a,b] \longrightarrow [a,b]$ mit Fixpunkt $\overline{x}$ (rechts)

durch eine sogenannte **Fixpunktiteration** zu berechnen. Dazu wählt man einen **Startwert** $x_0 \in I$ und berechnet mittels der Rekursionsvorschrift

$$x_{n+1} = f(x_n) \qquad \text{für alle } n \in \mathbb{N}_0 \qquad (15.10)$$

eine **Iterationsfolge** $(x_n)_{n \in \mathbb{N}_0}$ von Werten in der Hoffnung, dass diese Folge schnell gegen einen Fixpunkt $\overline{x}$ von f, d. h. gegen einen Wert mit der Eigenschaft (15.9), konvergiert (vgl. Abbildung 15.17, links).

Der folgende, nach dem polnischen Mathematiker *Stefan Banach* (1892–1945) benannte **Fixpunktsatz von Banach** liefert eine hinreichende Bedingung für die Konvergenz der Fixpunktiteration (15.10) gegen einen Fixpunkt $\overline{x}$ von f. Der Fixpunktsatz von Banach ist damit ein sehr nützliches Hilfsmittel der Analysis, der auch viele Anwendungen in den Wirtschaftswissenschaften besitzt. Neben einer reinen Existenz- und Eindeutigkeitsaussage für Fixpunktprobleme besagt er auch, wie der Fixpunkt $\overline{x}$ von f bei Vorliegen gewisser Voraussetzungen durch die Fixpunktiteration $x_{n+1} = f(x_n)$ iterativ berechnet und der nach n Iterationen noch bestehende **Approximationsfehler** $|x_n - \overline{x}|$ nach oben abgeschätzt werden kann.

S. Banach auf einer polnischen Briefmarke

Satz 15.32 (Fixpunktsatz von Banach)

Es sei $f: I \longrightarrow I$ eine reelle Funktion auf dem abgeschlossenen Intervall $I \subseteq \mathbb{R}$, für die

$$|f(x) - f(y)| \leq q|x - y| \qquad (15.11)$$

für alle $x, y \in I$ und ein festes $q < 1$ gilt. Dann besitzt f genau einen Fixpunkt $\overline{x} \in I$ und die Iterationsfolge $(x_n)_{n \in \mathbb{N}_0}$, definiert durch $x_{n+1} := f(x_n)$, konvergiert gegen $\overline{x}$ für jeden beliebigen Startwert $x_0 \in I$. Dabei gelten die sogenannten a priori und a posteriori Fehlerabschätzungen

$$|x_n - \overline{x}| \leq \frac{q^n}{1-q}|x_1 - x_0| \qquad bzw.$$

$$|x_n - \overline{x}| \leq \frac{1}{1-q}|x_{n+1} - x_n| \qquad (15.12)$$

für alle $n \in \mathbb{N}_0$.

Beweis: Es sei $x_0 \in I$ und $(x_n)_{n \in \mathbb{N}_0}$ mit $x_{n+1} := f(x_n)$ für alle $n \in \mathbb{N}_0$. Dann folgt mit (15.11)

$$|x_{n+1} - x_n| = |f(x_n) - f(x_{n-1})| \leq q|x_n - x_{n-1}|$$

für alle $n \in \mathbb{N}_0$ und damit sukzessive für alle $n \in \mathbb{N}_0$

$$|x_{n+1} - x_n| \leq q|x_n - x_{n-1}|$$
$$\leq q^2|x_{n-1} - x_{n-2}| \leq \ldots \leq q^n|x_1 - x_0|. \quad (15.13)$$

Mit der Dreiecksungleichung (3.4) folgt ferner

$$|x_{n+k} - x_n| = \left|\sum_{l=1}^{k}(x_{n+l} - x_{n+l-1})\right| \leq \sum_{l=1}^{k}|x_{n+l} - x_{n+l-1}|.$$

Zusammen mit (15.13) und der geometrischen Summenformel (12.1) erhält man somit

$$|x_{n+k} - x_n| \leq \left(\sum_{l=1}^{k} q^{n+l-1}\right)|x_1 - x_0|$$
$$= q^n \left(\sum_{l=0}^{k-1} q^l\right)|x_1 - x_0|$$
$$= q^n \frac{1-q^k}{1-q}|x_1 - x_0| \leq \frac{q^n}{1-q}|x_1 - x_0| \quad (15.14)$$

für alle $k \in \mathbb{N}_0$. Dabei wird die rechte Seite von (15.14) beliebig klein, wenn $n \in \mathbb{N}_0$ nur hinreichend groß gewählt wird. Aus der Abschätzung (15.14) folgt somit, dass $(x_n)_{n \in \mathbb{N}_0}$ eine Cauchy-Folge ist und daher auch gegen einen Grenzwert $\overline{x}$ konvergiert (vgl. Satz 11.37). Wegen $x_n \in I$ und der Abgeschlossenheit von I muss dieser Grenzwert $\overline{x}$ ebenfalls in I liegen. Beim Grenzwert $\overline{x}$ handelt es sich um einen Fixpunkt von f. Denn wegen $\lim_{n \to \infty} x_n = \overline{x}$ gilt

$$|\overline{x} - f(\overline{x})| = |\overline{x} - x_n + x_n - f(\overline{x})|$$
$$\leq |\overline{x} - x_n| + |x_n - f(\overline{x})|$$
$$= |\overline{x} - x_n| + |f(x_{n-1}) - f(\overline{x})|$$
$$\leq |\overline{x} - x_n| + q|x_{n-1} - \overline{x}| \longrightarrow 0 \quad \text{für } n \to \infty.$$

Es gilt somit $\overline{x} = f(\overline{x})$. Der Grenzwert $\overline{x}$ ist ferner der einzige Fixpunkt von f. Denn wäre $\overline{\overline{x}}$ ein weiterer Fixpunkt von f, dann würde mit (15.11) der Widerspruch

$$|\overline{x} - \overline{\overline{x}}| = |f(\overline{x}) - f(\overline{\overline{x}})| \leq q|\overline{x} - \overline{\overline{x}}| < |\overline{x} - \overline{\overline{x}}|$$

resultieren. Die a priori Abschätzung in (15.12) folgt unmittelbar aus (15.14) für $k \to \infty$. Für $n = 0$ folgt aus der a priori Abschätzung

$$|x_0 - \overline{x}| \leq \frac{1}{1-q}|x_1 - x_0|.$$

Da jedoch der Startwert x_0 nach Belieben aus I gewählt werden kann, bedeutet dies für ein beliebiges $x \in I$ anstelle von x_0

$$|x - \overline{x}| \leq \frac{1}{1-q}|f(x) - x|.$$

Wählt man nun schließlich $x = x_n$, dann folgt daraus die a posteriori Abschätzung in (15.12). ∎

Eine reelle Funktion $f : I \longrightarrow I$ mit der Eigenschaft (15.11) für alle $x, y \in I \subseteq \mathbb{R}$ heißt **Kontraktion** auf I mit der **Kontraktionskonstante** q. Kontraktionen mit einer Kontraktionskonstanten $q < 1$ sind Spezialfälle von sogenannten **Lipschitz-stetigen** Funktionen (vgl. hierzu Seite 550).

Die Kontraktionseigenschaft (15.11) besagt, dass die Funktionswerte $f(x)$ und $f(y)$ stets dichter zusammenliegen als ihre Urbilder x und y. Der Graph von f steigt somit langsamer an als die erste Winkelhalbierende $y = x$ und schneidet

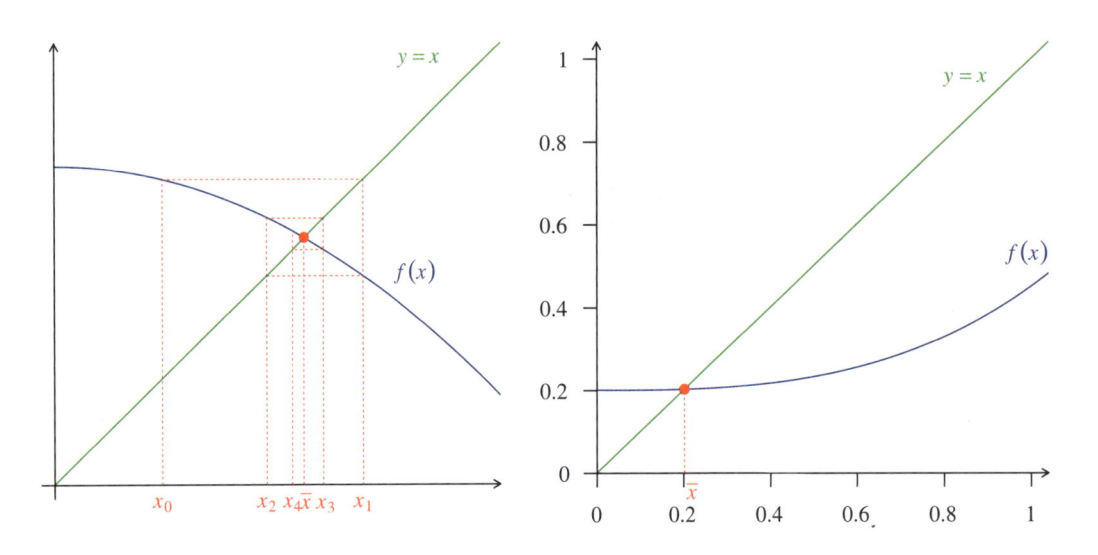

Abb. 15.17: Konvergenz der Iterationsfolge $(x_n)_{n \in \mathbb{N}_0}$ mit $x_{n+1} = f(x_n)$ gegen den Fixpunkt $\overline{x}$ (links) und Fixpunkt $\overline{x}$ der reellen Funktion $f(x) = \frac{1}{4}x^3 + \frac{1}{5}$ (rechts)

sie deshalb zwangsläufig in genau einer Stelle (vgl. Abbildung 15.17). Eine andere Veranschaulichung des Fixpunktsatzes von Banach erhält man, wenn man sich eine Landkarte vorstellt, auf der die Umgebung, in der man sich befindet, abgebildet ist. Wird diese Karte als Kontraktion der Umgebung aufgefasst, so gibt es genau einen Punkt auf der Karte, der mit dem direkt darunter liegenden Punkt in der realen Welt übereinstimmt.

Die **a priori Abschätzung** in (15.12) liefert eine Abschätzung des Fehlers $x_n - \overline{x}$ durch die ersten beiden Folgenglieder x_0 und x_1. Die **a posteriori Abschätzung** in (15.12) liefert dagegen eine Abschätzung von $x_n - \overline{x}$ durch die beiden zuletzt bestimmten Folgenglieder x_n und x_{n+1}.

Der Fixpunktsatz von Banach ist stark verallgemeinerungsfähig auf andere Definitionsbereiche. Er spielt vor allem in der numerischen Mathematik eine wichtige Rolle und die meisten Iterationsverfahren zur numerischen Lösung von Gleichungen lassen sich auf ihn zurückführen. Dies gilt insbesondere für das **Newton-Verfahren** (vgl. Abschnitt 26.4), dem wohl wichtigsten numerischen Verfahren zur Lösung von Gleichungen.

> **Beispiel 15.33** (Fixpunktsatz von Banach)
>
> Es sei die Gleichung
> $$2x = \frac{1}{2}x^3 + \frac{2}{5}$$
> im Intervall $I = [0, 1]$ zu lösen. Mit der reellen Funktion
> $$f : [0, 1] \longrightarrow \mathbb{R}, \quad x \mapsto f(x) = \frac{1}{4}x^3 + \frac{1}{5}$$
> ist diese Gleichung äquivalent zur Fixpunktgleichung $x = f(x)$. Ferner gilt
> $$|f(x) - f(y)| = \left|\frac{1}{4}x^3 + \frac{1}{5} - \left(\frac{1}{4}y^3 + \frac{1}{5}\right)\right|$$
> $$= \left|\frac{1}{4}x^3 - \frac{1}{4}y^3\right| = \frac{1}{4}|x^3 - y^3|$$
> für alle $x, y \in [0, 1]$. Da jedoch die reelle Funktion $g(x) = x^3$ eine Kontraktion auf $[0, 1]$ mit der Kontraktionskonstanten $q = 1$ ist, impliziert dies
> $$|f(x) - f(y)| = \frac{1}{4}|x^3 - y^3| \leq \frac{1}{4} \cdot 1 \cdot |x - y|$$
> für alle $x, y \in [0, 1]$. Das heißt, die Funktion f ist eine Kontraktion mit der Kontraktionskonstanten $q = \frac{1}{4} < 1$

und erfüllt die Voraussetzungen des Fixpunktsatzes von Banach (vgl. Satz 15.32). Die Funktion f besitzt somit genau einen Fixpunkt $\overline{x} \in [0, 1]$. Wählt man den Startwert $x_0 = 0$, dann erhält man mit der Fixpunktiteration $x_{n+1} = f(x_n)$ sukzessive die folgenden Werte:

x_0	x_1	x_2	x_3	x_4	...	x_∞
0	0,2000000	0,2020000	0,2020606	0,2020625	...	0,2020625

Die Fixpunktiteration liefert also bereits nach vier Iterationen die auf sieben Nachkommastellen genaue Lösung $\overline{x} = 0{,}2020625$ (vgl. Abbildung 15.17, rechts). Mit der a priori und der a posteriori Abschätzung (15.12) erhält man z. B. für x_3, d. h. dem Näherungswert nach der dritten Iteration, die Fehlerabschätzungen

$$|x_3 - \overline{x}| \leq \frac{\left(\frac{1}{4}\right)^3}{1 - \frac{1}{4}}|x_1 - x_0| = 0{,}00417 \quad \text{bzw.}$$

$$|x_3 - \overline{x}| \leq \frac{1}{1 - \frac{1}{4}}|x_4 - x_3| = 8{,}08 \cdot 10^{-5}.$$

15.10 Gleichmäßige Stetigkeit

In diesem Abschnitt wird mit dem Begriff der **gleichmäßigen Stetigkeit** eine Verschärfung des Stetigkeitskonzepts bereitgestellt, die in gewissen Beweisen sehr hilfreich ist. Zum Beispiel wird es zum Beweis der Aussage benötigt, dass stetige Funktionen stets **Riemann-integrierbar** sind (vgl. Satz 19.4).

Gemäß dem **ε-δ-Kriterium** wird eine reelle Funktion $f : D \subseteq \mathbb{R} \longrightarrow \mathbb{R}$ als stetig bezeichnet, wenn es zu jedem $x_0 \in D$ und $\varepsilon > 0$ ein $\delta > 0$ gibt, so dass

$$|f(x_0) - f(x)| < \varepsilon$$

für alle $x \in D$ mit $|x_0 - x| < \delta$ gilt (vgl. Definition 15.1). Im Allgemeinen hängt jedoch δ nicht nur von ε, sondern auch von der Stelle $x_0 \in D$ ab. Das heißt, für verschiedene Stellen x_0 sind die $\delta > 0$ in aller Regel verschieden, selbst dann, wenn die $\varepsilon > 0$ gleich sind. Ein Beispiel hierfür ist die Funktion $f : (0, 1] \longrightarrow \mathbb{R}, x \mapsto \frac{1}{x}$, bei der für ein gegebenes $\varepsilon > 0$ das $\delta > 0$ um so kleiner gewählt werden muss, je näher x_0 beim Wert 0 liegt (vgl. Beispiel 15.36b)).

Auf der anderen Seite gibt es viele Funktionen, bei denen $\delta > 0$ so gewählt werden kann, dass es von $\varepsilon > 0$ abhängt, aber nicht von x_0. Die einfachsten nicht konstanten Funktionen, bei denen dies der Fall ist, sind affin-lineare Funktionen

$f(x) = ax + b$. Denn ist $a \neq 0$ und $\varepsilon > 0$, dann gilt

$$|f(x_0) - f(x)| = |ax_0 - ax| = |a| \cdot |x_0 - x| < \varepsilon$$

für alle $x_0, x \in \mathbb{R}$ mit $|x_0 - x| < \frac{\varepsilon}{|a|} =: \delta$. Folglich ist δ unabhängig von x_0 und die Abschätzung $|f(x_0) - f(x)| < \varepsilon$ gilt somit unabhängig von $x_0 \in \mathbb{R}$, solange nur $|x_0 - x| < \delta = \frac{\varepsilon}{|a|}$ erfüllt ist. Diese Unabhängigkeit von δ bzgl. der Stelle x_0 wird als **gleichmäßige Stetigkeit** einer Funktion f bezeichnet:

> **Definition 15.34** (Gleichmäßige Stetigkeit)
>
> *Eine reelle Funktion $f: D \subseteq \mathbb{R} \longrightarrow \mathbb{R}$ heißt gleichmäßig stetig auf $E \subseteq D$, wenn es zu jedem $\varepsilon > 0$ ein $\delta > 0$ gibt, so dass*
>
> $$|f(x) - f(y)| < \varepsilon$$
>
> *für alle $x, y \in E$ mit $|x - y| < \delta$ gilt. Ist die Funktion f auf ganz D gleichmäßig stetig, dann wird sie als gleichmäßig stetige Funktion bezeichnet.*

Offensichtlich ist jede gleichmäßig stetige Funktion auch stetig. Wie jedoch das Beispiel 15.36b) zeigt, gilt die Umkehrung dieser Aussage nicht. Umso bemerkenswerter ist daher der folgende Satz, der für stetige reelle Funktionen gilt, die auf einem abgeschlossenen und beschränkten Intervall definiert sind:

> **Satz 15.35** (Gleichmäßige Stetigkeit auf abgeschlossenen Intervallen)
>
> *Eine stetige reelle Funktion $f: [a, b] \longrightarrow \mathbb{R}$ auf einem abgeschlossenen und beschränkten Intervall $[a, b]$ ist gleichmäßig stetig.*

Beweis: Angenommen, die Funktion $f: [a, b] \subseteq \mathbb{R} \longrightarrow \mathbb{R}$ ist nicht gleichmäßig stetig. Dann existiert ein $\varepsilon > 0$, so dass es zu jedem $n \in \mathbb{N}$ zwei reelle Werte $x_n, x'_n \in [a, b]$ mit

$$|x_n - x'_n| < \frac{1}{n} \quad \text{und} \quad |f(x_n) - f(x'_n)| \geq \varepsilon$$

gibt. Nach dem Satz von Bolzano-Weierstraß (vgl. Satz 11.31) besitzt die dadurch festgelegte beschränkte Folge $(x_n)_{n \in \mathbb{N}}$ eine konvergente Teilfolge $(x_{n_k})_{k \in \mathbb{N}}$ und mit dem Vergleichssatz (vgl. Satz 11.41) erhält man, dass für ihren Grenzwert $\lim_{k \to \infty} x_{n_k} = x_0$ die Ungleichungen $a \leq x_0 \leq b$ gelten. Wegen $|x_{n_k} - x'_{n_k}| < \frac{1}{n_k}$ für alle $k \in \mathbb{N}$ besitzt aber auch die Teilfolge $(x'_{n_k})_{k \in \mathbb{N}}$ der anderen beschränkten Folge $(x'_n)_{n \in \mathbb{N}}$ den Grenzwert x_0. Zusammen mit den Rechenregeln für Grenzwerte konvergenter Funktionen (vgl. Satz 13.41b)) und dem Folgenkriterium erhält man

$$\lim_{k \to \infty}(f(x_{n_k}) - f(x'_{n_k})) = \lim_{k \to \infty} f(x_{n_k}) - \lim_{k \to \infty} f(x'_{n_k})$$
$$= f(x_0) - f(x_0) = 0.$$

Dies ist jedoch ein Widerspruch zu $|f(x_{n_k}) - f(x'_{n_k})| \geq \varepsilon$ für alle $k \in \mathbb{N}$. Also ist die Annahme falsch und f somit gleichmäßig stetig. ∎

Gemäß dem letzten Satz ist jede stetige Funktion auf einem abgeschlossenen und beschränkten Intervall $[a, b]$ gleichmäßig stetig. Wie Teil a) des folgenden Beispiels zeigt, gibt es jedoch auch stetige Funktionen auf unbeschränkten Intervallen, die gleichmäßig stetig sind:

> **Beispiel 15.36** (Gleichmäßige Stetigkeit)
>
> a) Die Funktion $f: \mathbb{R}_+ \longrightarrow \mathbb{R}$, $x \mapsto \sqrt{x}$ ist gleichmäßig stetig. Zum Nachweis dieser Aussage sei $\varepsilon > 0$ beliebig vorgegeben. Da die Restriktion $f_{|[0,1]}: [0, 1] \longrightarrow \mathbb{R}$, $x \mapsto \sqrt{x}$ als stetige Funktion auf einem abgeschlossenen und beschränkten Intervall $[0, 1]$ gemäß Satz 15.35 sogar gleichmäßig stetig ist, gibt es ein $\delta_1 > 0$, so dass $|\sqrt{x} - \sqrt{y}| < \varepsilon$ für alle $x, y \in [0, 1]$ mit $|x - y| < \delta_1$ gilt. Ist nun $\delta = \min\{\delta_1, \varepsilon\}$, dann folgt weiter $|\sqrt{x} - \sqrt{y}| < \varepsilon$ für alle $x, y \in \mathbb{R}_+$ mit $|x - y| < \delta$. Falls nämlich $x, y \in [0, 1]$ gilt, folgt dies aus der ersten Abschätzung. Im anderen Fall gilt $x > 1$ oder $y > 1$ und somit
>
> $$|\sqrt{x} - \sqrt{y}| \leq |\sqrt{x} + \sqrt{y}| \cdot |\sqrt{x} - \sqrt{y}|$$
> $$= |x - y| < \delta \leq \varepsilon.$$
>
> Damit ist gezeigt, dass die Funktion f gleichmäßig stetig ist. Insbesondere ist f auf dem Intervall $(1, \infty)$ eine Kontraktion (vgl. Abbildung 15.18, links).
>
> b) Die Funktion $f: (0, 1] \longrightarrow \mathbb{R}$, $x \mapsto \frac{1}{x}$ ist zwar stetig, aber nicht gleichmäßig stetig. Denn wäre f gleichmäßig stetig, dann gäbe es insbesondere zu $\varepsilon = 1$ ein $\delta > 0$, so dass $|f(x) - f(y)| < 1$ für alle $x, y \in (0, 1]$ mit $|x - y| < \delta$ gilt. Es gibt jedoch offensichtlich ein $n \in \mathbb{N}$ mit
>
> $$\left|\frac{1}{n} - \frac{1}{2n}\right| = \left|\frac{1}{2n}\right| < \delta \quad \text{und}$$
> $$\left|f\left(\frac{1}{n}\right) - f\left(\frac{1}{2n}\right)\right| = |n - 2n| = n \geq 1.$$
>
> Die Funktion f ist also nicht gleichmäßig stetig (vgl. Abbildung 15.18, rechts).

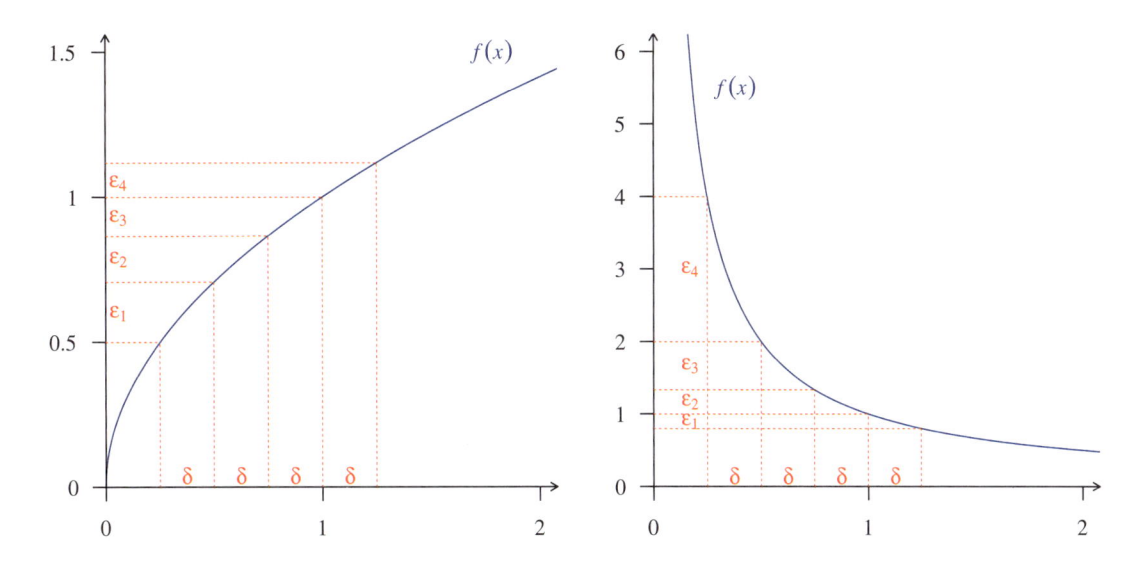

Abb. 15.18: Gleichmäßig stetige Funktion $f: \mathbb{R}_+ \longrightarrow \mathbb{R}$, $x \mapsto \sqrt{x}$ (links) und nicht gleichmäßig stetige Funktion $f: \mathbb{R}_+ \setminus \{0\} \longrightarrow \mathbb{R}$, $x \mapsto \frac{1}{x}$ (rechts)

Teil V

Differentialrechnung und Optimierung in $\mathbb{R}$

Kapitel 16

Differenzierbare Funktionen

Kapitel 16 Differenzierbare Funktionen

16.1 Tangentenproblem

Die **Differentialrechnung** ist eines der bedeutendsten Konzepte der Analysis. Ausgangspunkt der Differentialrechnung ist die Untersuchung der Auswirkung einer **infinitesimalen** (d. h. sehr kleinen) Änderung Δx des Arguments einer reellen Funktion $f : D \subseteq \mathbb{R} \longrightarrow \mathbb{R}$, $x \mapsto f(x)$ an einer Stelle $x_0 \in D$ auf den Funktionswert an dieser Stelle.

Wichtige Vorarbeiten zur Differentialrechnung wurden bereits im 16. und 17. Jahrhundert erbracht. Als eigentliche Urheber der Differentialrechnung gelten jedoch der deutsche Universalgelehrte *Gottfried Wilhelm Leibniz* (1646–1716) und der bedeutende englische Physiker und Mathematiker *Isaac Newton* (1643–1727), welche die Differential- und auch die Integralrechnung (siehe Kapitel 19) etwa gleichzeitig und unabhängig voneinander zu einem widerspruchsfreien Kalkül entwickelt haben. Während aber *Newton* seine **Fluxionsrechnung** bei der Herleitung der Gravitationsgesetze aus den Keplerschen Gesetzen der Planetenbewegung erschuf, ging *Leibniz* vom sogenannten **Tangentenproblem** aus, das darin besteht, an eine Kurve in einem vorgegebenen Kurvenpunkt eine Tangente anzulegen.

G. W. Leibniz

An der sich daran anschließenden, außerordentlich rasanten Entwicklung der Differentialrechnung hatten vor allem die beiden schweizer Brüder *Jakob Bernoulli* (1655–1705) und *Johann Bernoulli* (1667–1748) entscheidenden Anteil. Auf ihren Vorlesungen basiert unter anderem auch das erste Lehrbuch zur Differential- und Integralrechnung, welches 1696 von dem französischen Mathematiker *Guillaume Antoine de L'Hôspital* (1661–1704) veröffentlicht wurde und einen großen Anteil an der weiteren Verbreitung der Differentialrechnung hatte.

I. Newton

Die heute übliche logische Strenge in der Differentialrechnung wurde jedoch letztendlich erst im 19. Jahrhundert durch die wegweisenden Arbeiten der beiden Mathematiker *Augustin Louis Cauchy* (1789–1857) und *Karl Weierstraß* (1815–1897) zum Grenzwertbegriff erreicht (vgl. Abschnitt 13.10). Zusammen mit der konzeptionell eng verwandten Integralrechnung (siehe Kapitel 19) bildet die Differentialrechnung die sogenannte **Infinitesimalrechnung**, die mittlerweile für die Natur-, Ingenieur- und Wirtschaftswissenschaften eine überragende Bedeutung besitzt und ohne Übertreibung als eine der bedeutendsten und leistungsfähigsten Schöpfungen des menschlichen Geistes betrachtet werden kann.

J. Bernoulli

Die Differentialrechnung ist insbesondere zu einem unverzichtbaren Hilfsmittel bei der Beschreibung, Analyse und Optimierung der verschiedensten ökonomischen Fragestellungen geworden. Denn viele Problemstellungen in den Wirtschaftswissenschaften erfordern den intensiven Einsatz der Differentialrechnung. Zum Beispiel wird sich im weiteren Verlauf dieses Buches zeigen, dass sie bei der Lösung von Gleichungen, bei der Ermittlung von Wachstums- und Krümmungseigenschaften reeller Funktionen, bei der Bestimmung des Minimums und Maximums einer reellen Funktion, bei der Approximation von reellen Funktionen durch einfachere Funktionen usw. sehr hilfreich ist.

Konkrete Beispiele für wirtschaftswissenschaftliche Anwendungsgebiete, in denen die Differentialrechnung regelmäßig zum Einsatz kommt, sind:

- Portfoliooptimierung
- Bewertung von Investitionen
- Analyse der Veränderung des Güternachfrageverhaltens von Haushalten
- Ermittlung von Produktionskostenfunktionen
- Bestimmung optimaler Laufzeiten von Produktionsprozessen
- Sensitivitätsanalyse bei Wertpapieren und Derivaten
- Bestimmung optimaler Angebotspreise
- Aufstellung optimierter Maschinenbelegungspläne
- Untersuchung der Auswirkung einer Steuererhöhung- oder senkung
- usw.

In diesen beispielhaften Anwendungen dient die Differentialrechnung vor allem zur Untersuchung von **momentanen**

Änderungsraten, welche speziell in den Wirtschaftswissenschaften oft auch als **Grenzraten** (z. B. Grenzkosten, Grenzproduktivität, Grenznutzen usw.) bezeichnet werden.

Ausgangspunkt für die Entwicklung der Differentialrechnung ist die Aufgabe, die momentane Änderungsrate einer reellen Funktion $f: D \subseteq \mathbb{R} \longrightarrow \mathbb{R}$ an einer Stelle (Häufungspunkt) $x_0 \in D$ zu ermitteln. Anschaulich ist dies zur Berechnung der **Steigung** des Graphen der Funktion f an der Stelle x_0 äquivalent. Ursprünglich ist jedoch der geometrische Begriff der Steigung eines Funktionsgraphen an einer Stelle x_0 nur für **affin-lineare** Funktionen

$$y = f(x) = ax + b \tag{16.1}$$

definiert, und zwar als Quotient der **Argumentendifferenz**

$$\Delta x := x_1 - x_0$$

und der **Funktionswertdifferenz**

$$\Delta y := y_1 - y_0 = f(x_1) - f(x_0)$$

zweier beliebiger Punkte $(x_0, f(x_0))$ und $(x_1, f(x_1))$ mit $x_0 \neq x_1$ auf dem Graphen von f. Das heißt, die momentane Änderungsrate (Steigung) der affin-linearen Funktion (16.1) beträgt somit unabhängig von den Stellen x_0 und x_1 stets

$$\frac{\Delta y}{\Delta x} = \frac{ax_1 + b - (ax_0 + b)}{\Delta x} = \frac{a \Delta x}{\Delta x} = a$$

(vgl. Abbildung 16.1, links).

Im Vergleich zu einer affin-linearen Funktion weist jedoch eine nicht affin-lineare Funktion $f: D \subseteq \mathbb{R} \longrightarrow \mathbb{R}$ einen unregelmäßigen Verlauf auf, und die momentane Änderungsrate verändert sich damit insbesondere von einer Stelle zu einer anderen Stelle des Definitionsbereichs D. Es ist daher ein naheliegender Lösungsansatz, die Steigung des Graphen einer nicht affin-linearen Funktion f an einer Stelle $x_0 \in D$ als die Steigung m_t der **Tangente** t an den Graphen von f im Punkt $(x_0, f(x_0))$ zu definieren. Bei der Tangente von f an der Stelle x_0 handelt es sich um eine Gerade, die den Graphen von f im Punkt $(x_0, f(x_0))$ **berührt** und damit in diesem speziellen Punkt in die gleiche Richtung verläuft wie der Graph von f. Die Steigung m_t kann somit als Grenzwert der Steigung

$$m_s = \frac{f(x_0 + \Delta x) - f(x_0)}{\Delta x} \tag{16.2}$$

der **Sekante** s durch die beiden Punkte $(x_0, f(x_0))$ und $(x_0 + \Delta x, f(x_0 + \Delta x))$ für $\Delta x \to 0$ berechnet werden, sofern dieser Grenzwert existiert. Mit anderen Worten: Im Falle der Existenz des Grenzwertes

$$m_t = \lim_{\Delta x \to 0} \frac{f(x_0 + \Delta x) - f(x_0)}{\Delta x}$$

ist dadurch die **Steigung (momentane Änderungsrate) der Funktion f an der Stelle x_0** gegeben. Dieser Sachverhalt ist in Abbildung 16.1, rechts dargestellt. Der Grenzübergang $\Delta x \to 0$ lässt sich so veranschaulichen, dass $x_1 = x_0 + \Delta x$ immer näher an x_0 heranrückt, so dass der Abstand Δx zwischen x_1 und x_0 nach und nach beliebig klein wird und die zugehörige Sekante s letztendlich in die Tangente t übergeht.

16.2 Differenzierbarkeit

Differenzenquotient

Die Überlegungen im letzten Abschnitt motivieren die Einführung des Begriffs des **Differenzenquotienten** einer reellen Funktion:

Definition 16.1 (Differenzenquotient)

Es sei $f: D \subseteq \mathbb{R} \longrightarrow \mathbb{R}$ eine reelle Funktion mit x_0, $x_0 + \Delta x \in D$ und $\Delta x \neq 0$. Dann heißt

$$\frac{f(x_0 + \Delta x) - f(x_0)}{\Delta x} \tag{16.3}$$

Differenzenquotient der Funktion f in x_0.

Der Differenzenquotient (16.3) ist ein Maß für die „mittlere Steigung" der Funktion f zwischen den Stellen x_0 und x_1. Geometrisch entspricht der Differenzenquotient der Steigung m_s der Sekante s durch die beiden Punkte $(x_0, f(x_0))$ und $(x_0 + \Delta x, f(x_0 + \Delta x))$ auf dem Graphen von f (vgl. Abbildung 16.1, rechts).

Mit $\Delta y = f(x_0 + \Delta x) - f(x_0)$ erhält man für den Differenzenquotienten (16.3) die häufig verwendete Schreibweise

$$\frac{f(x_0 + \Delta x) - f(x_0)}{\Delta x} = \frac{\Delta y}{\Delta x}.$$

Bezeichnet α den Winkel zwischen der Sekante s und der x-Achse (vgl. Abbildung 16.1, rechts), dann folgt aus der Definition des Tangens (vgl. (5.3))

$$\frac{f(x_0 + \Delta x) - f(x_0)}{\Delta x} = \tan(\alpha). \tag{16.4}$$

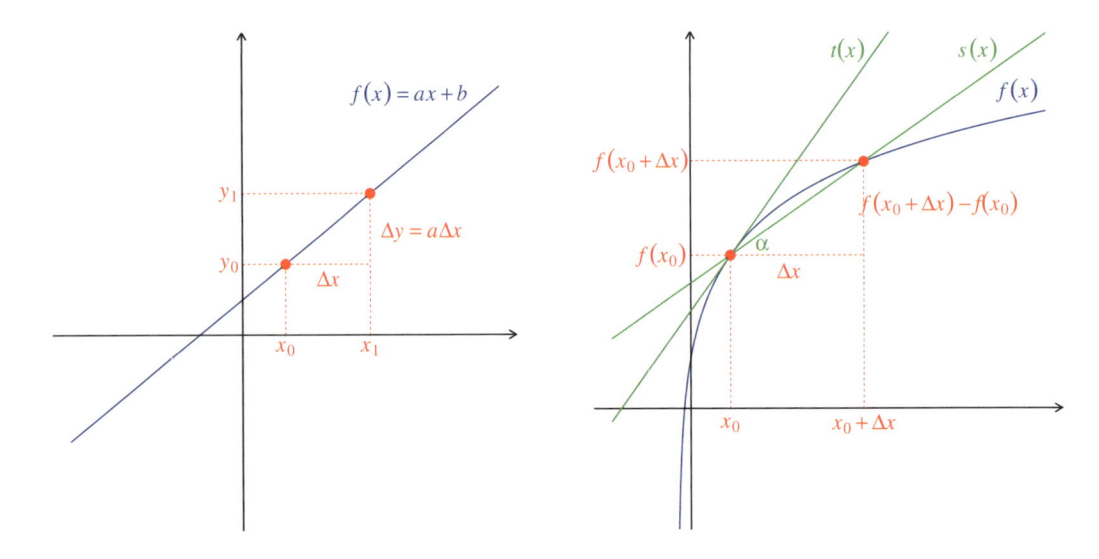

Abb. 16.1: Affin-lineare Funktion $f(x) = ax + b$ mit Argumentendifferenz Δx und Funktionswertdifferenz Δy (links) und reelle Funktion $f: D \subseteq \mathbb{R} \longrightarrow \mathbb{R}$ mit Sekante s durch die Punkte $(x_0, f(x_0))$ und $(x_0 + \Delta x, f(x_0 + \Delta x))$ sowie Tangente t im Punkt $(x_0, f(x_0))$ (rechts)

Mit der **Punkt-Steigungs-Formel** $y = y_1 + a(x - x_1)$ für eine Gerade mit der Steigung a durch den Punkt (x_1, y_1) erhält man für die Sekante s die Funktionsgleichung

$$s(x) = f(x_0) + \frac{f(x_0 + \Delta x) - f(x_0)}{\Delta x}(x - x_0) \qquad (16.5)$$

(vgl. Abbildung 16.1, rechts).

Differentialquotient und erste Ableitung

Der Grenzübergang $\Delta x \to 0$ beim Differenzenquotienten (16.3) führt zu der folgenden grundlegenden Definition der **Differenzierbarkeit** und des **Differentialquotienten** bzw. der **ersten Ableitung** einer reellen Funktion f:

Definition 16.2 (Differenzierbarkeit und Differentialquotient)

Es sei $f: D \subseteq \mathbb{R} \longrightarrow \mathbb{R}$ eine reelle Funktion und $x_0 \in D$ ein Häufungspunkt der Menge D mit $x_0 + \Delta x \in D$ für $\Delta x \to 0$. Dann heißt f an der Stelle x_0 differenzierbar, falls der Grenzwert

$$\lim_{\Delta x \to 0} \frac{f(x_0 + \Delta x) - f(x_0)}{\Delta x} \qquad (16.6)$$

existiert, und der Grenzwert wird dann mit $f'(x_0)$ bezeichnet und erste Ableitung oder Differentialquotient von f an der Stelle x_0 genannt.

Die Funktion f heißt differenzierbar auf $E \subseteq D$, falls f an allen Stellen $x_0 \in E$ differenzierbar ist, und die Funktion $f': E \longrightarrow \mathbb{R}$, $x \mapsto f'(x)$ wird dann als erste Ableitung oder erste Ableitungsfunktion von f auf E bezeichnet. Gilt $E = D$, dann wird f differenzierbare Funktion oder einfach nur differenzierbar genannt.

Der Grenzwert $f'(x_0) = \lim_{\Delta x \to 0} \frac{f(x_0+\Delta x)-f(x_0)}{\Delta x}$ gibt im Falle seiner Existenz die Steigung, d.h. die momentane Änderungsrate, der Tangente t an den Graphen der Funktion f im Punkt $(x_0, f(x_0))$ an (vgl. Abbildung 16.1, rechts). Die Tangente t besitzt somit die Funktionsgleichung

$$t(x) = f(x_0) + f'(x_0) \cdot (x - x_0) \qquad (16.7)$$

(vgl. (16.5) und Abbildung 16.1, rechts) und bezeichnet α den Winkel zwischen der Tangente t und der x-Achse, dann gilt

$$f'(x_0) = \lim_{\Delta x \to 0} \frac{f(x_0 + \Delta x) - f(x_0)}{\Delta x} = \tan(\alpha)$$

(vgl. (16.4)). Der Übergang von einer differenzierbaren reellen Funktion f zu ihrer ersten Ableitung f' wird als **dif-**

ferenzieren oder **ableiten** bezeichnet. Die erste Ableitung f' einer reellen Funktion $f: D \longrightarrow \mathbb{R}$, $x \mapsto f(x)$ ist wieder eine Funktion, die selbst stetig oder differenzierbar sein kann, aber nicht sein muss. Ist die erste Ableitung f' stetig, dann wird f **stetig differenzierbar** genannt.

Ist $f: D \longrightarrow \mathbb{R}$, $x \mapsto f(x)$ eine an der Stelle $x_0 \in D$ differenzierbare Funktion, dann gilt für kleine Δx

$$f'(x_0) \approx \frac{f(x_0 + \Delta x) - f(x_0)}{\Delta x} \quad \text{bzw.}$$
$$f(x_0 + \Delta x) \approx f(x_0) + f'(x_0) \Delta x. \quad (16.8)$$

Das heißt, die Tangente (16.7) liefert „in der Nähe" von x_0 oftmals eine gute **lineare Approximation** für die Funktionswerte von f. Analog zur Stetigkeit (vgl. Abschnitt 15.1) ist auch die Differenzierbarkeit einer Funktion f an einer Stelle $x_0 \in D$ eine **lokale Eigenschaft**.

Die Notation f' für die erste Ableitung einer reellen Funktion f geht auf den italienischen Mathematiker *Joseph-Louis Lagrange* (1736–1813) zurück. Neben $f'(x_0)$ sind jedoch auch

$$\frac{df(x)}{dx}\bigg|_{x=x_0}, \quad \frac{df}{dx}(x_0), \quad (16.9)$$
$$\frac{d}{dx} f(x_0) \quad \text{und} \quad \frac{dy}{dx}(x_0)$$

übliche Notationen für die erste Ableitung von f an der Stelle x_0, wobei die Terme df und dx als **Differentiale** bezeichnet werden. Für eine Motivation dieser alternativen Schreibweisen siehe Abschnitt 16.3.

J.-L. Lagrange auf einer französischen Briefmarke

Beispiel 16.3 (Differenzierbarkeit von reellen Funktionen)

a) Für die erste Ableitung der affin-linearen Funktion $f: \mathbb{R} \longrightarrow \mathbb{R}$, $x \mapsto f(x) = ax + b$ mit $a, b \in \mathbb{R}$ an der Stelle $x_0 \in \mathbb{R}$ erhält man

$$\begin{aligned} f'(x_0) &= \lim_{\Delta x \to 0} \frac{f(x_0 + \Delta x) - f(x_0)}{\Delta x} \\ &= \lim_{\Delta x \to 0} \frac{a(x_0 + \Delta x) + b - ax_0 - b}{\Delta x} \\ &= \lim_{\Delta x \to 0} a = a. \end{aligned}$$

Das heißt, die erste Ableitungsfunktion von f ist die konstante Funktion

$$f': \mathbb{R} \longrightarrow \mathbb{R}, \; x \mapsto f'(x) = a.$$

Damit ist insbesondere gezeigt, dass eine affin-lineare Funktion stetig differenzierbar ist und eine konstante Funktion $f(x) = b$, d. h. der Spezialfall einer affin-linearen Funktion $f(x) = ax + b$ mit $a = 0$, die erste Ableitungsfunktion $f'(x) = 0$ besitzt.

b) Für die erste Ableitung der quadratischen Funktion $f: \mathbb{R} \longrightarrow \mathbb{R}$, $x \mapsto f(x) = x^2$ an der Stelle $x_0 \in \mathbb{R}$ erhält man:

$$\begin{aligned} f'(x_0) &= \lim_{\Delta x \to 0} \frac{f(x_0 + \Delta x) - f(x_0)}{\Delta x} \\ &= \lim_{\Delta x \to 0} \frac{(x_0 + \Delta x)^2 - x_0^2}{\Delta x} \\ &= \lim_{\Delta x \to 0} \frac{x_0^2 + 2x_0 \Delta x + \Delta x^2 - x_0^2}{\Delta x} \\ &= \lim_{\Delta x \to 0} (2x_0 + \Delta x) = 2x_0 \end{aligned}$$

Folglich ist die erste Ableitungsfunktion von f die lineare Funktion

$$f': \mathbb{R} \longrightarrow \mathbb{R}, \; x \mapsto f'(x) = 2x$$

und eine quadratische Funktion ist damit insbesondere stetig differenzierbar. Wegen $f(2) = 4$ und $f'(2) = 4$ erhält man mit (16.7) für die Tangente t an den Graphen im Punkt $(2, 4)$ die Funktionsgleichung

$$t(x) = 4 + 4(x - 2) = 4x - 4$$

(vgl. Abbildung 16.2, links).

c) Für die erste Ableitung der Wurzelfunktion $f: \mathbb{R}_+ \longrightarrow \mathbb{R}$, $x \mapsto f(x) = \sqrt{x}$ an der Stelle $x_0 > 0$ erhält man:

$$\begin{aligned} f'(x_0) &= \lim_{\Delta x \to 0} \frac{f(x_0 + \Delta x) - f(x_0)}{\Delta x} \\ &= \lim_{\Delta x \to 0} \frac{\sqrt{x_0 + \Delta x} - \sqrt{x_0}}{\Delta x} \\ &= \lim_{\Delta x \to 0} \frac{(\sqrt{x_0 + \Delta x} - \sqrt{x_0})(\sqrt{x_0 + \Delta x} + \sqrt{x_0})}{\Delta x (\sqrt{x_0 + \Delta x} + \sqrt{x_0})} \\ &= \lim_{\Delta x \to 0} \frac{1}{\sqrt{x_0 + \Delta x} + \sqrt{x_0}} = \frac{1}{2\sqrt{x_0}} \end{aligned}$$

$$(16.10)$$

Die Funktion f ist jedoch an der Stelle $x_0 = 0$ nicht differenzierbar, da für $x_0 = 0$ der Grenzwert (16.10) nicht existiert. Das heißt, die Funktion f ist nur auf dem offenen Intervall $(0, \infty)$ (stetig) differenzierbar und die erste Ableitungsfunktion von f auf $(0, \infty)$ ist gegeben durch

$$f': (0, \infty) \longrightarrow \mathbb{R}, \ x \mapsto f'(x) = \frac{1}{2\sqrt{x}}.$$

Wegen $f(3) = \sqrt{3}$ und $f'(3) = \frac{1}{2\sqrt{3}}$ erhält man mit (16.7) für die Tangente t an den Graphen im Punkt $(3, \sqrt{3})$ die Funktionsgleichung

$$t(x) = \sqrt{3} + \frac{1}{2\sqrt{3}}(x - 3) = \frac{1}{2\sqrt{3}}x + \frac{1}{2}\sqrt{3}$$

(vgl. Abbildung 16.2, rechts). Für $\sqrt{2}$ liefert die Tangente t die lineare Approximation $t(2) = 1{,}443376$. Der bis auf sieben Nachkommastellen genaue Wert ist $\sqrt{2} \approx 1{,}4142135$.

d) Die Betragsfunktion $f: \mathbb{R} \longrightarrow \mathbb{R}, \ x \mapsto f(x) = |x|$ ist gemäß Beispiel 15.3a) stetig. Für alle $x_0 > 0$ gilt ferner

$$\lim_{\Delta x \to 0} \frac{f(x_0 + \Delta x) - f(x_0)}{\Delta x} = \lim_{\Delta x \to 0} \frac{|x_0 + \Delta x| - |x_0|}{\Delta x}$$
$$= \lim_{\Delta x \to 0} \frac{x_0 + \Delta x - x_0}{\Delta x}$$
$$= 1.$$

Für alle $x_0 < 0$ erhält man analog

$$\lim_{\Delta x \to 0} \frac{f(x_0 + \Delta x) - f(x_0)}{\Delta x} = \lim_{\Delta x \to 0} \frac{|x_0 + \Delta x| - |x_0|}{\Delta x}$$
$$= \lim_{\Delta x \to 0} \frac{-(x_0 + \Delta x) + x_0}{\Delta x}$$
$$= -1.$$

Die Betragsfunktion ist somit an jeder Stelle $x_0 \neq 0$ differenzierbar und die erste Ableitung von f auf $\mathbb{R} \setminus \{0\}$ ist gegeben durch

$$f': \mathbb{R} \setminus \{0\} \longrightarrow \mathbb{R},$$
$$x \mapsto f'(x) = \begin{cases} 1 & \text{für } x > 0 \\ -1 & \text{für } x < 0 \end{cases}.$$

An der Stelle $x_0 = 0$ ist die Betragsfunktion jedoch nicht differenzierbar, denn

$$\lim_{\Delta x \uparrow 0} \frac{|0 + \Delta x| - |0|}{\Delta x} = \lim_{\Delta x \uparrow 0} \frac{-\Delta x}{\Delta x}$$
$$= -1 \neq \lim_{\Delta x \downarrow 0} \frac{|0 + \Delta x| - |0|}{\Delta x}$$
$$= \lim_{\Delta x \downarrow 0} \frac{\Delta x}{\Delta x} = 1.$$

Das heißt, der linksseitige und der rechtsseitige Grenzwert stimmen nicht überein, so dass der Grenzwert $\lim_{\Delta x \to 0} \frac{|0+\Delta x|-|0|}{\Delta x}$ nicht existiert (vgl. Satz 13.45). Am Graphen der Betragsfunktion f spiegelt sich dieser Sachverhalt durch einen **Knick** an der Stelle $x_0 = 0$ wider (vgl. Abbildung 16.3, links).

Für die Existenz der ersten Ableitung einer reellen Funktion f an der Stelle x_0 existiert die folgende notwendige und hinreichende Bedingung:

> **Satz 16.4** (Notwendige und hinreichende Bedingung für Differenzierbarkeit)
>
> *Es sei $f: D \subseteq \mathbb{R} \longrightarrow \mathbb{R}$ eine reelle Funktion und $x_0 \in D$ ein Häufungspunkt der Menge D mit $x_0 + \Delta x \in D$ für $\Delta x \to 0$. Dann ist f an der Stelle x_0 genau dann differenzierbar mit der ersten Ableitung $f'(x_0)$, falls zu jedem $\varepsilon > 0$ ein $\delta > 0$ existiert, so dass*
>
> $$\left| \frac{f(x_0 + \Delta x) - f(x_0)}{\Delta x} - f'(x_0) \right| < \varepsilon$$
>
> *für alle $|\Delta x| < \delta$ gilt.*

Beweis: Diese Aussage folgt unmittelbar aus der Definition des Grenzwertes einer reellen Funktion (vgl. Definition 13.40). ∎

Analog zum Begriff der einseitigen Stetigkeit in Abschnitt 15.2 kann mit Hilfe des Begiffs des einseitigen Grenzwertes (vgl. Abschnitt 13.10) auch die einseitige Differenzierbarkeit einer reellen Funktion definiert werden. Ist somit eine reelle Funktion $f: D \subseteq \mathbb{R} \longrightarrow \mathbb{R}$ an einer Stelle $x_0 \in D$ nicht differenzierbar, existiert also der Grenzwert des Differenzenquotienten $\frac{f(x_0+\Delta x)-f(x_0)}{\Delta x}$ für $\Delta x \to 0$ nicht, dann kann immer noch untersucht werden, ob wenigstens einer der einseitigen Grenzwerte für $\Delta x \downarrow 0$ oder $\Delta x \uparrow 0$ existiert.

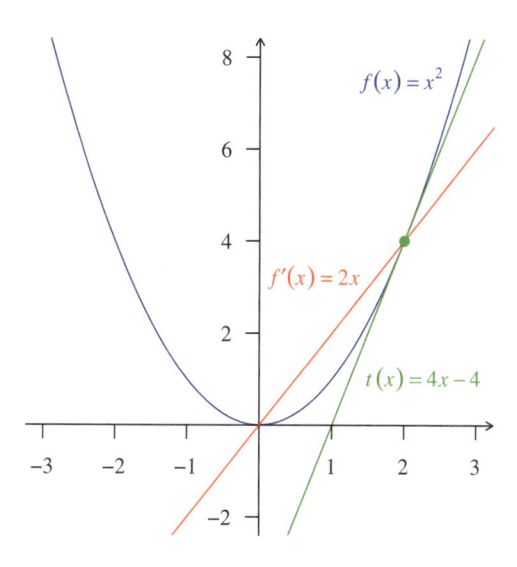

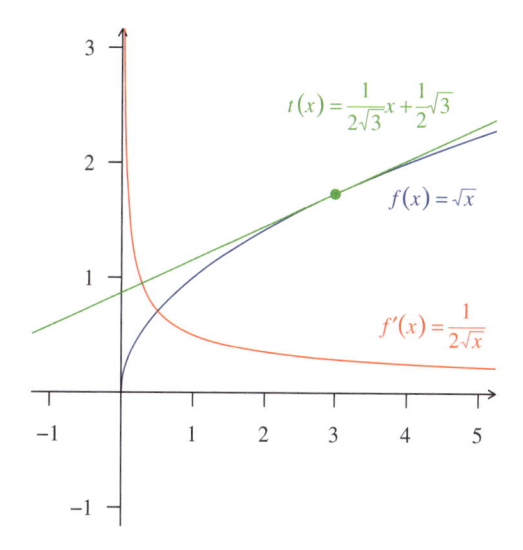

Abb. 16.2: Quadratische Funktion $f : \mathbb{R} \longrightarrow \mathbb{R}$, $x \mapsto f(x) = x^2$ mit erster Ableitungsfunktion (links) und Wurzelfunktion $f : \mathbb{R}_+ \longrightarrow \mathbb{R}$, $x \mapsto f(x) = \sqrt{x}$ mit erster Ableitungsfunktion auf $(0, \infty)$ (rechts)

16.3 Weierstraßsche Zerlegungsformel

Ist $f : D \subseteq \mathbb{R} \longrightarrow \mathbb{R}$ eine an der Stelle $x_0 \in D$ differenzierbare reelle Funktion, dann gilt aufgrund der Definition der ersten Ableitung von f an der Stelle x_0

$$\lim_{\Delta x \to 0} \left(\frac{f(x_0 + \Delta x) - f(x_0)}{\Delta x} - f'(x_0) \right) = 0 \quad (16.11)$$

(vgl. Definition 16.2). Setzt man

$$R_{x_0}(\Delta x) := \frac{f(x_0 + \Delta x) - f(x_0)}{\Delta x} - f'(x_0)$$

für $\Delta x \neq 0$, dann erhält man für (16.11) die äquivalente Darstellung

$$f(x_0 + \Delta x) - f(x_0) = f'(x_0) \Delta x + R_{x_0}(\Delta x) \Delta x \quad (16.12)$$

mit $\lim_{\Delta x \to 0} R_{x_0}(\Delta x) = 0$

bzw. mit dem in Abschnitt 13.11 eingeführten **Landau-Symbol** o für (16.12) die alternative Schreibweise

$$f(x_0 + \Delta x) - f(x_0) = f'(x_0) \Delta x + o(\Delta x)$$
$$\text{für} \quad \Delta x \to 0. \quad (16.13)$$

Dies zeigt, dass eine reelle Funktion f genau dann an der Stelle $x_0 \in D$ differenzierbar ist, wenn die Funktionswertdifferenz $f(x_0 + \Delta x) - f(x_0)$ die Darstellung (16.12) bzw. (16.13) besitzt.

Die Darstellung (16.12) wird nach dem deutschen Mathematiker *Karl Weierstraß* (1815–1897) als **Weierstraßsche Zerlegungsformel** bezeichnet. Durch die Weierstraßsche Zerlegungsformel (16.12) wird die Funktionswertdifferenz $f(x_0 + \Delta x) - f(x_0)$ in die beiden Summanden

$$f'(x_0) \Delta x \quad \text{und} \quad R_{x_0}(\Delta x) \Delta x$$

Grab von K. Weierstraß in Berlin

zerlegt, wobei wegen $\lim_{\Delta x \to 0} R_{x_0}(\Delta x) = 0$ der zweite Summand $R_{x_0}(\Delta x) \Delta x$ für $\Delta x \to 0$ schneller gegen 0 konvergiert als der erste Summand $f'(x_0) \Delta x$ (sofern $f'(x_0) \neq 0$ vorausgesetzt wird). Für kleine Werte von Δx ist daher der erste Summand $f'(x_0) \Delta x$ der Hauptteil in der Zerlegung von $f(x_0 + \Delta x) - f(x_0)$. Der zweite Summand $R_{x_0}(\Delta x) \Delta x$ gibt die Differenz zwischen dem Funktionswert $f(x_0 + \Delta x)$ und dem Wert $f(x_0) + f'(x_0) \Delta x$ der Tangente von f an der Stelle x_0 an.

Der Term $f'(x) \Delta x$ heißt **Differential** der Funktion f und man schreibt auch

$$df := f'(x) \Delta x \quad \text{oder} \quad dy := f'(x) \Delta x.$$

Da die Funktion $f(x) = x$ wegen $f'(x) = 1$ das Differential $dx = df = 1 \cdot \Delta x = \Delta x$ besitzt, schreibt man für ein Differential df anstelle von $f'(x)\Delta x$ oft auch

$$df := f'(x)dx \quad \text{oder} \quad dy := f'(x)dx. \quad (16.14)$$

Durch Division mit dx erhält man daraus für die erste Ableitung von f die Schreibweise

$$\frac{df}{dx} = f'(x) \quad \text{bzw.} \quad \frac{dy}{dx} = f'(x).$$

Das heißt, die erste Ableitung $f'(x)$ ist der Quotient der Differentiale dy und dx. Dieses Ergebnis ist zum einen der Grund dafür, weshalb man anstelle von Ableitung oft auch von **Differentialquotient** spricht, und zum anderen motiviert es die alternativen Schreibweisen (16.9) für die Ableitung einer reellen Funktion f.

16.4 Eigenschaften differenzierbarer Funktionen

Zusammenhang Differenzierbarkeit und Stetigkeit

Für die weiteren Betrachtungen ist es hilfreich, die Beziehung zwischen Stetigkeit und Differenzierbarkeit einer reellen Funktion $f : D \subseteq \mathbb{R} \longrightarrow \mathbb{R}$ zu untersuchen. Dabei zeigt sich, dass zwischen diesen beiden Begriffen der folgende einfache Zusammenhang besteht:

> **Satz 16.5** (Differenzierbarkeit impliziert Stetigkeit)
>
> *Eine an der Stelle $x_0 \in D$ differenzierbare reelle Funktion $f : D \subseteq \mathbb{R} \longrightarrow \mathbb{R}$ ist in x_0 auch stetig. Eine differenzierbare Funktion $f : D \subseteq \mathbb{R} \longrightarrow \mathbb{R}$ ist damit insbesondere stets auch stetig.*

Beweis: Die Funktion f sei an der Stelle $x_0 \in D$ differenzierbar. Dann existiert der Grenzwert

$$\lim_{\Delta x \to 0} \frac{f(x_0 + \Delta x) - f(x_0)}{\Delta x} = f'(x_0) \in \mathbb{R}.$$

Dies impliziert

$$\begin{aligned}
\lim_{\Delta x \to 0} f(x_0 + \Delta x) - f(x_0) &= \lim_{\Delta x \to 0} \frac{f(x_0 + \Delta x) - f(x_0)}{\Delta x} \cdot \Delta x \\
&= \lim_{\Delta x \to 0} \frac{f(x_0 + \Delta x) - f(x_0)}{\Delta x} \\
&\quad \cdot \lim_{\Delta x \to 0} \Delta x \\
&= f'(x_0) \cdot 0 = 0
\end{aligned}$$

und somit insbesondere $\lim_{\Delta x \to 0} f(x_0 + \Delta x) = f(x_0)$. Folglich ist f gemäß Definition 15.2 an der Stelle x_0 stetig. ■

Eine nicht stetige Funktion kann somit auch nicht differenzierbar sein. Umgekehrt braucht jedoch eine an der Stelle x_0 stetige Funktion dort nicht differenzierbar zu sein, wie die Beispiele $f(x) = |x|$ und $f(x) = \sqrt{x}$ bereits gezeigt haben. Diese Funktionen sind zwar stetig, aber an der Stelle $x_0 = 0$ nicht differenzierbar (vgl. Beispiel 16.3c)–d)). Das heißt, die Stetigkeit ist eine **notwendige**, aber keine **hinreichende Bedingung** für die Differenzierbarkeit einer reellen Funktion.

Lange Zeit glaubte man, dass eine stetige reelle Funktion bis auf eine Menge isolierter Punkte auch differenzierbar sein muss. Selbst führende Mathematiker wie *Carl Friedrich Gauß* (1777–1855) besaßen diese Auffassung, welche ihren Ursprung darin hat, dass es nahezu unmöglich ist, eine stetige Funktion zu zeichnen, deren Menge nicht differenzierbarer Stellen keine endliche Menge ist. Den beiden Mathematikern *Bernard Bolzano* (1781–1848) und *Karl Weierstraß* (1815–1897) gelang es jedoch als ersten, eine Funktion zu konstruieren, die überall stetig, aber keiner Stelle differenzierbar ist.

Ein Beispiel für eine stetige reelle Funktion mit einer großen Bedeutung für die wirtschaftswissenschaftliche Praxis, die an keiner Stelle differenzierbar ist, sind die **Pfade** (d. h. Realisierungen) einer sogenannten **geometrischen Brownschen-Bewegung**. Die geometrische Brownsche-Bewegung ist nach dem schottischen Botaniker *Robert Brown* (1773–1858)

R. Brown

benannt, der als Entdecker der **Brownschen-Bewegung**, der Wärmebewegung von Atomen und Molekülen in Flüssigkeiten und Gasen, bekannt ist. Die geometrische Brownsche-Bewegung spielt in der modernen Finanzwirtschaft eine herausragende Rolle, da sie z. B. dem **Black-Scholes-Modell**, einem der bedeutendsten und verbreitetsten finanzmathematischen Modelle zur Bewertung von Optionen und Projekten, zu Grunde liegt (siehe z. B. *Hull* [28] und *Luderer* [42]). Im Black-Scholes-Modell wird die geometrische Brownsche-Bewegung zur Modellierung von **Preisprozessen** von Wertpapieren wie z. B. Aktien eingesetzt (vgl. Abbildung 16.3, rechts).

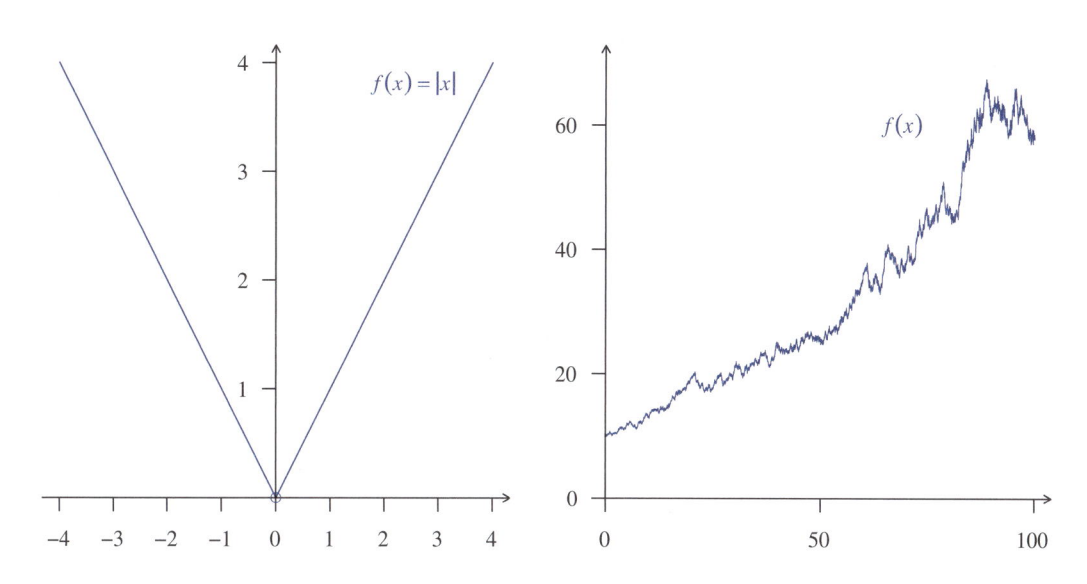

Abb. 16.3: Betragsfunktion $f: \mathbb{R} \longrightarrow \mathbb{R}$, $x \mapsto f(x) = |x|$ (links) und Pfad einer geometrischen Brownschen-Bewegung (rechts)

Der Graph eines Pfades der geometrischen Brownschen-Bewegung ist ein sogenanntes **Fraktal** (vgl. z. B. *Falconer* [15]). Der Begriff Fraktal wurde 1975 von dem französisch-amerikanischen Mathematiker *Benoît B. Mandelbrot* (1924–2010) geprägt und bezeichnet natürliche und künstliche Gebilde, Muster oder Objekte, die auf jedem Niveau selbstähnlich sind und deren Erscheinungsbild sich somit nicht verändert, wenn eine fortlaufende Vergrößerung von ihnen betrachtet wird.

Fraktal

Fraktale spielen zum Beispiel eine wichtige Rolle in der **Chaostheorie**, die unter anderem zur Erklärung und Prognose des Verhaltens von komplexen, ungeregelten und instabilen Phänomenen, wie z. B. Börsenkursen oder dem Wetter, eingesetzt wird (vgl. z. B. *Mandelbrot* [44]).

B. B. Mandelbrot

In den folgenden drei Unterabschnitten werden für differenzierbare Funktionen drei zentrale Sätze bewiesen. Diese Resultate sind für das Arbeiten mit differenzierbaren Funktionen unentbehrlich. Denn sie ermöglichen es, die Ableitung komplizierter zusammengesetzter differenzierbarer Funktionen aus den Ableitungen ihrer einzelnen „Bausteine" zu ermitteln.

Rechenregeln für differenzierbare Funktionen

Der folgende Satz lässt sich relativ einfach mit Hilfe der Rechenregeln für die Grenzwerte konvergenter reeller Funktionen (vgl. Satz 13.41) beweisen. Er ist das Analogon zum Satz 15.13 für stetige Funktionen und besagt, dass **Summen, Differenzen, Produkte** und **Quotienten** differenzierbarer Funktionen wieder differenzierbar sind. Dieses Ergebnis ist der Ausgangspunkt für den Nachweis der Differenzierbarkeit für eine ganze Reihe von reellen Funktionen, die für wirtschaftswissenschaftliche Anwendungen von Bedeutung sind.

Darüber hinaus macht der folgende Satz auch eine Aussage darüber, wie jeweils die zugehörige erste Ableitung berechnet werden kann. Diese einfachen Ableitungsregeln gehen bereits auf den schweizer Mathematiker *Leonard Euler* (1707–1783) zurück.

Kapitel 16 — Differenzierbare Funktionen

> **Satz 16.6** (Rechenregeln für Ableitungen)
>
> Es seien $f: D \subseteq \mathbb{R} \longrightarrow \mathbb{R}$ und $g: D \subseteq \mathbb{R} \longrightarrow \mathbb{R}$ zwei reelle Funktionen, die an der Stelle $x_0 \in D$ differenzierbar sind und $\alpha \in \mathbb{R}$. Dann sind die Funktionen
>
> $$f+g, \quad f-g, \quad fg \quad \text{und} \quad \alpha f$$
>
> ebenfalls an der Stelle x_0 differenzierbar. Gilt zusätzlich $g(x_0) \neq 0$, dann ist auch die Funktion $\frac{f}{g}$ an der Stelle x_0 differenzierbar. Für die ersten Ableitungen gilt:
>
> a) $(f+g)'(x_0) = f'(x_0) + g'(x_0)$
> b) $(f-g)'(x_0) = f'(x_0) - g'(x_0)$
> c) $(fg)'(x_0) = f'(x_0)g(x_0) + f(x_0)g'(x_0)$
>   (*Produktregel*)
> d) $(\alpha f)'(x_0) = \alpha f'(x_0)$
> e) $\left(\dfrac{f}{g}\right)'(x_0) = \dfrac{f'(x_0)g(x_0) - f(x_0)g'(x_0)}{g^2(x_0)}$
>   (*Quotientenregel*)

Beweis: Es sei $x_0 \in D$ und gemäß Voraussetzung existieren die Grenzwerte

$$f'(x_0) = \lim_{\Delta x \to 0} \frac{f(x_0 + \Delta x) - f(x_0)}{\Delta x} \quad \text{und}$$

$$g'(x_0) = \lim_{\Delta x \to 0} \frac{g(x_0 + \Delta x) - g(x_0)}{\Delta x}.$$

Zu a) und b): Für den Differenzenquotienten von $f+g$ an der Stelle x_0 gilt:

$$\frac{(f+g)(x_0+\Delta x) - (f+g)(x_0)}{\Delta x}$$
$$= \frac{f(x_0+\Delta x) + g(x_0+\Delta x) - f(x_0) - g(x_0)}{\Delta x}$$
$$= \frac{f(x_0+\Delta x) - f(x_0)}{\Delta x} + \frac{g(x_0+\Delta x) - g(x_0)}{\Delta x}$$

Zusammen mit Satz 13.41a) erhält man daraus durch Betrachtung des Grenzwertes für $\Delta x \to 0$

$$\lim_{\Delta x \to 0} \frac{(f+g)(x_0+\Delta x) - (f+g)(x_0)}{\Delta x}$$
$$= \lim_{\Delta x \to 0} \frac{f(x_0+\Delta x) - f(x_0)}{\Delta x} + \lim_{\Delta x \to 0} \frac{g(x_0+\Delta x) - g(x_0)}{\Delta x}$$
$$= f'(x_0) + g'(x_0).$$

Das heißt, die Funktion $f+g$ ist an der Stelle x_0 differenzierbar und ihre erste Ableitung ist gegeben durch $(f+g)'(x_0) = f'(x_0) + g'(x_0)$. Der Beweis von b) verläuft völlig analog.

Zu c): Für den Differenzenquotienten von fg an der Stelle x_0 gilt:

$$\frac{(fg)(x_0+\Delta x) - (fg)(x_0)}{\Delta x}$$
$$= \frac{f(x_0+\Delta x)g(x_0+\Delta x) - f(x_0)g(x_0)}{\Delta x}$$
$$= \frac{f(x_0+\Delta x) - f(x_0)}{\Delta x} g(x_0+\Delta x)$$
$$\quad + f(x_0)\frac{g(x_0+\Delta x) - g(x_0)}{\Delta x}$$

Zusammen mit Satz 13.41a) und c) erhält man daraus durch Betrachtung des Grenzwertes für $\Delta x \to 0$

$$\lim_{\Delta x \to 0} \frac{(fg)(x_0+\Delta x) - (fg)(x_0)}{\Delta x}$$
$$= \lim_{\Delta x \to 0} \frac{f(x_0+\Delta x) - f(x_0)}{\Delta x} \lim_{\Delta x \to 0} g(x_0+\Delta x)$$
$$\quad + f(x_0) \lim_{\Delta x \to 0} \frac{g(x_0+\Delta x) - g(x_0)}{\Delta x}$$
$$= f'(x_0)g(x_0) + f(x_0)g'(x_0).$$

Die Funktion fg ist folglich an der Stelle x_0 differenzierbar und ihre erste Ableitung ist gegeben durch $(fg)'(x_0) = f'(x_0)g(x_0) + f(x_0)g'(x_0)$.

Zu d): Es sei $g(x) = \alpha$. Dann gilt $g'(x) = 0$ (vgl. Beispiel 16.3a)) und mit Aussage c) folgt, dass αf an der Stelle x_0 differenzierbar ist. Für die erste Ableitung erhält man

$$(\alpha f)'(x_0) = f'(x_0)\alpha + f(x_0) \cdot 0 = \alpha f'(x_0).$$

Zu e): Für den Differenzenquotienten von $\frac{f}{g}$ an der Stelle x_0 gilt:

$$\frac{\left(\frac{f}{g}\right)(x_0+\Delta x) - \left(\frac{f}{g}\right)(x_0)}{\Delta x}$$
$$= \frac{\frac{f(x_0+\Delta x)}{g(x_0+\Delta x)} - \frac{f(x_0)}{g(x_0)}}{\Delta x}$$
$$= \frac{\frac{f(x_0+\Delta x) - f(x_0)}{\Delta x}g(x_0) - f(x_0)\frac{g(x_0+\Delta x) - g(x_0)}{\Delta x}}{g(x_0)g(x_0+\Delta x)}.$$

Zusammen mit Satz 13.41b), c) und e) erhält man daraus durch Betrachtung des Grenzwertes für $\Delta x \to 0$

$$\lim_{\Delta x \to 0} \frac{\left(\frac{f}{g}\right)(x_0+\Delta x) - \left(\frac{f}{g}\right)(x_0)}{\Delta x} = \frac{f'(x_0)g(x_0) - f(x_0)g'(x_0)}{g^2(x_0)}.$$

Das heißt, die Funktion $\frac{f}{g}$ ist an der Stelle x_0 differenzierbar und ihre erste Ableitung ist gegeben durch $\left(\frac{f}{g}\right)'(x_0) = \frac{f'(x_0)g(x_0) - f(x_0)g'(x_0)}{g^2(x_0)}$. ∎

16.4 Eigenschaften differenzierbarer Funktionen

Aus Satz 16.6e) erhält man unmittelbar für den Kehrwert einer an der Stelle $x_0 \in D$ differenzierbaren reellen Funktion $g: D \subseteq \mathbb{R} \longrightarrow \mathbb{R}$ mit $g(x_0) \neq 0$ die Ableitungsregel

$$\left(\frac{1}{g(x_0)}\right)' = -\frac{g'(x_0)}{g^2(x_0)}.$$

Diese Ableitungsregel wird als **Reziprokenregel** bezeichnet.

Durch Mehrfachanwendung von Satz 16.6a), c) und d) (bzw. formaler durch vollständige Induktion) erhält man für n an der Stelle $x_0 \in D$ differenzierbare reelle Funktionen $f_i: D \subseteq \mathbb{R} \longrightarrow \mathbb{R}$ für $i = 1, \ldots, n$ und Konstanten $\alpha_1, \ldots, \alpha_n \in \mathbb{R}$ die Ableitungsregeln

$$\left(\sum_{i=1}^n \alpha_i f_i\right)'(x_0) = \sum_{i=1}^n \alpha_i f_i'(x_0) \quad \text{und}$$

$$\left(\prod_{i=1}^n f_i\right)'(x_0) = \sum_{j=1}^n f_j'(x_0) \prod_{\substack{i=1 \\ i \neq j}}^n f_i(x_0).$$

> **Beispiel 16.7** (Rechenregeln für Ableitungen)
>
> a) Die quadratische Funktion $p: \mathbb{R} \longrightarrow \mathbb{R}, x \mapsto x^2$ ist gemäß Beispiel 16.3b) differenzierbar und besitzt die erste Ableitung $p'(x) = 2x$. Mit der Produktregel (d. h. Satz 16.6c) und $f(x) = g(x) = x$ erhält man dasselbe Ergebnis:
>
> $$p'(x) = (fg)'(x) = f'(x)g(x) + f(x)g'(x)$$
> $$= 1 \cdot x + x \cdot 1 = 2x$$
>
> b) Das Polynom $p: \mathbb{R} \longrightarrow \mathbb{R}, x \mapsto 3x^2 + 4x - 2$ ergibt sich durch Multiplikation der quadratischen Funktion $f(x) = x^2$ mit 3 und anschließender Addition mit der affin-linearen Funktion $g(x) = 4x - 2$. Da jedoch f und g differenzierbar sind (vgl. Beispiel 16.3a) und b)), folgt mit Satz 16.6a) und d), dass auch p differenzierbar ist. Für die erste Ableitung gilt:
>
> $$p'(x) = 3f_1'(x) + f_2'(x) = 6x + 4$$
>
> c) Die beiden Polynome $p_1: \mathbb{R} \longrightarrow \mathbb{R}, x \mapsto 2x^2 + x + 1$ und $p_2: \mathbb{R} \longrightarrow \mathbb{R}, x \mapsto 5x^2 - 5$ sind differenzierbar und besitzen die erste Ableitung $p_1'(x) = 4x + 1$ bzw. $p_2'(x) = 10x$ (vgl. Beispiel 16.7b)). Mit Satz 16.6a)–c) und e) folgt somit, dass auch die reellen Funktionen $p_1 + p_2, p_1 - p_2, p_1 p_2$ für alle $x \in \mathbb{R}$ und $\frac{p_1}{p_2}$ für alle $x \in \mathbb{R} \setminus \{-1, 1\}$ differenzierbar sind. Für die ersten Ableitungen gilt:
>
> $$(p_1 + p_2)'(x) = p_1'(x) + p_2'(x) = 4x + 1 + 10x$$
> $$= 14x + 1$$
> $$(p_1 - p_2)'(x) = p_1'(x) - p_2'(x) = 4x + 1 - 10x$$
> $$= -6x + 1$$
> $$(p_1 p_2)'(x) = p_1'(x) p_2(x) + p_1(x) p_2'(x)$$
> $$= (4x+1)(5x^2-5) + (2x^2+x+1)10x$$
> $$= 40x^3 + 15x^2 - 10x - 5$$
> $$\left(\frac{p_1}{p_2}\right)'(x) = \frac{p_1'(x) p_2(x) - p_1(x) p_2'(x)}{p_2^2(x)}$$
> $$= \frac{(4x+1)(5x^2-5) - (2x^2+x+1)10x}{(5x^2-5)^2}$$
> $$= -\frac{5x^2 + 30x + 5}{25x^4 - 50x^2 + 25}$$

Differenzierbarkeit von Kompositionen

Die folgende Ableitungsregel ist als **Kettenregel** bekannt und macht eine Aussage über die Differenzierbarkeit von Kompositionen (Verknüpfungen) reeller Funktionen:

> **Satz 16.8** (Differenzierbarkeit von Kompositionen (Kettenregel))
>
> *Es seien $f: D_f \subseteq \mathbb{R} \longrightarrow \mathbb{R}$ und $g: D_g \subseteq \mathbb{R} \longrightarrow \mathbb{R}$ zwei reelle Funktionen mit $g(D_g) \subseteq D_f$, von denen g an der Stelle $x_0 \in D_g$ und f an der Stelle $y_0 = g(x_0)$ differenzierbar ist. Dann ist auch die Komposition $f \circ g: D_g \subseteq \mathbb{R} \longrightarrow \mathbb{R}$ an der Stelle x_0 differenzierbar und für die erste Ableitung von $f \circ g$ an der Stelle x_0 gilt*
>
> $$(f \circ g)'(x_0) = f'(g(x_0)) g'(x_0). \qquad (16.15)$$

Beweis: Zunächst sei angenommen, dass die Funktion g in einer Umgebung von $x_0 \in D_g$ konstant ist. Dann ist auch $f \circ g$ in dieser Umgebung von x_0 konstant und somit insbesondere an der Stelle x_0 differenzierbar. Für die erste Ableitung gilt in diesem Fall $(f \circ g)'(x_0) = 0$ (vgl. Beispiel 16.3a)).

Die Funktion g sei nun in keiner Umgebung von $x_0 \in D_g$ konstant. Für den Differenzenquotienten von $f \circ g$ an der Stelle x_0 gilt:

$$\frac{(f \circ g)(x_0 + \Delta x) - (f \circ g)(x_0)}{\Delta x} = \frac{f(g(x_0 + \Delta x)) - f(g(x_0))}{g(x_0 + \Delta x) - g(x_0)}$$
$$\cdot \frac{g(x_0 + \Delta x) - g(x_0)}{\Delta x}$$

Aus der Differenzierbarkeit von g an der Stelle x_0 folgt ferner die Existenz der Grenzwerte

$$\lim_{\Delta x \to 0} g(x_0 + \Delta x) = g(x_0) \quad \text{und}$$
$$\lim_{\Delta x \to 0} \frac{g(x_0 + \Delta x) - g(x_0)}{\Delta x} = g'(x_0).$$

Zusammen mit der Differenzierbarkeit von f an der Stelle $y_0 = g(x_0)$ und Satz 13.41c) erhält man somit durch Betrachtung des Grenzwertes für $\Delta x \to 0$

$$\lim_{\Delta x \to 0} \frac{(f \circ g)(x_0 + \Delta x) - (f \circ g)(x_0)}{\Delta x} = f'(g(x_0)) \, g'(x_0).$$

Das heißt, die Funktion $f \circ g$ ist an der Stelle x_0 differenzierbar und ihre erste Ableitung ist gegeben durch $(f \circ g)'(x_0) = f'(g(x_0)) \, g'(x_0)$. ∎

Die Kettenregel (16.15) besagt, dass die erste Ableitung einer Komposition $f \circ g$ zweier differenzierbarer Funktionen f und g das Produkt aus der Ableitung $f'(g(x_0))$ der „äußeren" Funktion f und der Ableitung $g'(x_0)$ der „inneren" Funktion g ist. Man kann sich daher die Kettenregel durch den Merksatz „**äußere Ableitung mal innere Ableitung**" einprägen.

Die Differentiation einer Komposition $h = f \circ g$ kann somit in drei Schritte zerlegt werden:

a) Identifikation der äußeren und inneren Funktion f bzw. g mit $h(x) = f(g(x))$.

b) Berechnung von $f'(x)$ und Ersetzen von x durch $g(x)$, so dass $f'(g(x))$ resultiert.

c) Multiplikation von $f'(g(x))$ mit $g'(x)$ (sogenanntes **Nachdifferenzieren**) liefert mit $h'(x) = f'(g(x)) \, g'(x)$ die erste Ableitung der Komposition $h = f \circ g$.

Werden mehr als zwei reelle Funktionen miteinander verknüpft, dann gilt eine analoge Kettenregel. Zum Beispiel gilt unter entsprechender Verallgemeinerung der Voraussetzungen in Satz 16.8 für die erste Ableitung einer zweifachen Komposition $k = (f \circ g) \circ h$

$$k'(x) = (f(g(h(x))))'$$
$$= f'(g(h(x))) \, g'(h(x)) \, h'(x).$$

Beispiel 16.9 (Ableiten von Kompositionen)

a) Die reelle Funktion
$$h: \mathbb{R} \longrightarrow \mathbb{R}, \quad x \mapsto h(x) = (x^2 + 6x + 5)^2$$
ist die Komposition $h = f \circ g$ der differenzierbaren äußeren Funktion $f: \mathbb{R} \longrightarrow \mathbb{R}, \; x \mapsto f(x) = x^2$ und der differenzierbaren inneren Funktion $g: \mathbb{R} \longrightarrow \mathbb{R}, \; x \mapsto g(x) = x^2 + 6x + 5$. Mit Satz 16.8 folgt somit die Differenzierbarkeit der Komposition $h = f \circ g$. Ihre erste Ableitung ist gegeben durch
$$h'(x) = f'(g(x)) \, g'(x)$$
$$= 2(x^2 + 6x + 5)(2x + 6)$$
$$= (4x + 12)(x^2 + 6x + 5).$$

b) Gegeben sei die reelle Funktion
$$k: \mathbb{R} \setminus \{-1, 1\} \longrightarrow \mathbb{R},$$
$$x \mapsto k(x) = \left(\left(\frac{2x^2 + x + 1}{5x^2 - 5}\right)^2 - 5\right)^2.$$

Dann gilt $k = (f \circ g) \circ h$ mit den differenzierbaren Funktionen $f: \mathbb{R} \longrightarrow \mathbb{R}, \; x \mapsto f(x) = x^2$, $g: \mathbb{R} \longrightarrow \mathbb{R}, \; x \mapsto g(x) = x^2 - 5$ und $h: \mathbb{R} \setminus \{-1, 1\} \longrightarrow \mathbb{R}, \; x \mapsto h(x) = \frac{2x^2 + x + 1}{5x^2 - 5}$. Mit Satz 16.8 folgt somit die Differenzierbarkeit der zweifachen Komposition $k = (f \circ g) \circ h$ und für die erste Ableitung erhält man mit Beispiel 16.7c)

$$k'(x) = f'(g(h(x))) \, g'(h(x)) \, h'(x)$$
$$= 2\left(\left(\frac{2x^2 + x + 1}{5x^2 - 5}\right)^2 - 5\right) 2\left(\frac{2x^2 + x + 1}{5x^2 - 5}\right)$$
$$\cdot \left(-\frac{5x^2 + 30x + 5}{25x^4 - 50x^2 + 25}\right)$$
$$= -4\left(\left(\frac{2x^2 + x + 1}{5x^2 - 5}\right)^2 - 5\right)$$
$$\cdot \frac{(2x^2 + x + 1)(5x^2 + 30x + 5)}{(5x^2 - 5)(25x^4 - 50x^2 + 25)}.$$

Differenzierbarkeit von Umkehrfunktionen

Der nächste Satz besagt zum einen, dass die **Umkehrfunktion** einer streng monotonen differenzierbaren Funktion ebenfalls differenzierbar ist, und zum anderen macht er eine Aussage darüber, wie die erste Ableitung der Umkehrfunktion be-

16.4 Eigenschaften differenzierbarer Funktionen — Kapitel 16

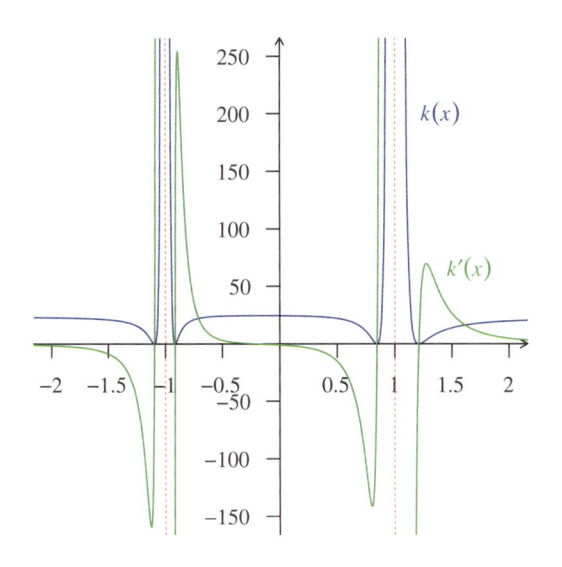

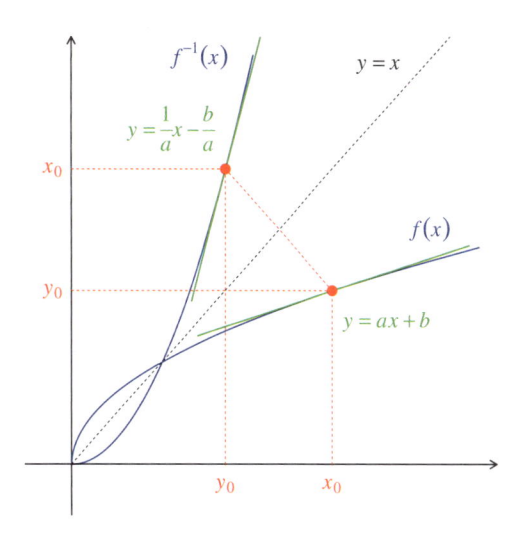

Abb. 16.4: Reelle Funktion $k\colon \mathbb{R}\setminus\{-1,1\} \longrightarrow \mathbb{R}$, $x \mapsto \left(\left(\frac{2x^2+x+1}{5x^2-5}\right)^2 - 5\right)^2$ mit erster Ableitung $k'(x)$ (links) und Zusammenhang zwischen der ersten Ableitung einer reellen Funktion f an der Stelle x_0 und der ersten Ableitung ihrer Umkehrfunktion f^{-1} an der Stelle $y_0 = f(x_0)$ (rechts)

rechnet werden kann. Mit Hilfe dieses Satzes werden in Abschnitt 16.5 für **trigonometrische Funktionen** und **Exponentialfunktionen** die Differenzierbarkeit ihrer Umkehrfunktionen nachgewiesen und jeweils deren erste Ableitung berechnet.

Satz 16.10 (Differenzierbarkeit der Umkehrfunktion)

Es sei $f\colon D \subseteq \mathbb{R} \longrightarrow \mathbb{R}$ eine streng monotone reelle Funktion, die an der Stelle $x_0 \in D$ differenzierbar ist mit $f'(x_0) \neq 0$. Dann ist die Umkehrfunktion f^{-1} an der Stelle $y_0 = f(x_0)$ differenzierbar und besitzt an der Stelle $y = f(x_0)$ die erste Ableitung

$$(f^{-1})'(f(x_0)) = \frac{1}{f'(x_0)} \quad \text{bzw.}$$

$$(f^{-1})'(y) = \frac{1}{f'(f^{-1}(y))}.$$

Beweis: Es sei $x_0 \in D$ beliebig gewählt und $y_0 = f(x_0)$. Aufgrund der strengen Monotonie von f existiert gemäß Satz 13.10 die Umkehrfunktion $f^{-1}\colon f(D) \subseteq \mathbb{R} \longrightarrow \mathbb{R}$. Für diese Umkehrfunktion gilt $(f^{-1} \circ f)(x) = f^{-1}(f(x)) = x$. Durch Ableiten der linken und rechten Seite dieser Gleichung erhält man mit Satz 16.8

$$(f^{-1} \circ f)'(x_0) = (f^{-1})'(f(x_0)) \cdot f'(x_0) = 1.$$

Folglich gilt

$$(f^{-1})'(f(x_0)) = \frac{1}{f'(x_0)} \quad \text{bzw.} \quad (f^{-1})'(y_0) = \frac{1}{f'(f^{-1}(y_0))}.$$
∎

Die Abbildung 16.4, rechts zeigt den Graphen einer invertierbaren und differenzierbaren reellen Funktion $f\colon D \subseteq \mathbb{R} \longrightarrow \mathbb{R}$ und den durch Spiegelung an der ersten Winkelhalbierenden $y = x$ gewonnenen Graphen ihrer Umkehrfunktion f^{-1}. Da die Ableitung der Funktion f an einer Stelle $x_0 \in D$ der Steigung der Tangente $t\colon \mathbb{R} \longrightarrow \mathbb{R}$, $x \mapsto ax + b$ an den Graphen von f im Punkt (x_0, y_0) entspricht, erhält man die Ableitung der Umkehrfunktion f^{-1} an der Stelle $y_0 = f(x_0)$, indem man die Tangente t an der ersten Winkelhalbierenden $y = x$ spiegelt. Die Steigung der Spiegelung von $t(x) = ax + b$ mit $a \neq 0$ ist jedoch gerade der Kehrwert der Steigung a. Denn aus der Geraden $y = ax + b$ erhält man durch Auflösen nach x und anschließenden Vertauschen der Rollen von x und y die Gleichung $y = \frac{1}{a}x - \frac{b}{a}$. Das heißt, die Steigung von f^{-1} in y_0 ist gegeben durch

$$(f^{-1})'(y_0) = \frac{1}{a} = \frac{1}{f'(x_0)}.$$

Beispiel 16.11 (Ableiten von Umkehrfunktionen)

a) Die reelle Funktion
$$f: \mathbb{R}_+ \longrightarrow \mathbb{R}, \quad x \mapsto f(x) = x^2$$
ist streng monoton wachsend und differenzierbar mit der ersten Ableitung $f'(x) = 2x \neq 0$ für alle $x \in \mathbb{R}_+ \setminus \{0\}$. Die Umkehrfunktion von f ist gegeben durch
$$f^{-1}: \mathbb{R}_+ \longrightarrow \mathbb{R}, \quad y \mapsto \sqrt{y}.$$
Mit Satz 16.10 folgt somit, dass f^{-1} an allen Stellen $y = f(x) \in \mathbb{R}_+ \setminus \{0\}$ differenzierbar ist. Für die erste Ableitung erhält man
$$(f^{-1})'(y) = \frac{1}{f'(f^{-1}(y))} = \frac{1}{2\sqrt{y}}.$$

b) Die reelle Funktion $f: \mathbb{R} \longrightarrow \mathbb{R}$, $x \mapsto f(x) = x^3$ ist streng monoton wachsend und differenzierbar mit der ersten Ableitung $f'(x) = 3x^2$ für alle $x \in \mathbb{R}$. Die Umkehrfunktion von f ist gegeben durch $f^{-1}: \mathbb{R} \longrightarrow \mathbb{R}$, $y \mapsto \sqrt[3]{y}$. Wegen $f'(x) \neq 0$ für alle $x \in \mathbb{R} \setminus \{0\}$ folgt mit Satz 16.10, dass f^{-1} an allen Stellen $y = f(x) \in \mathbb{R} \setminus \{0\}$ differenzierbar ist. Für die erste Ableitung von f^{-1} folgt
$$(f^{-1})'(y) = \frac{1}{f'(f^{-1}(y))} = \frac{1}{3(\sqrt[3]{y})^2} = \frac{1}{3y^{\frac{2}{3}}}.$$

c) Die reelle Funktion
$$f: [3, \infty) \longrightarrow \mathbb{R}, \quad x \mapsto ((x-3)^2 + 4)^2$$
ist streng monoton wachsend und differenzierbar mit der ersten Ableitung $f'(x) = 4((x-3)^2 + 4)(x-3) \neq 0$ für alle $x > 3$. Die Umkehrfunktion von f erhält man durch Auflösen der Gleichung $y = ((x-3)^2 + 4)^2$ nach x. Es resultiert dann die Umkehrfunktion
$$f^{-1}: [16, \infty) \longrightarrow \mathbb{R}, \quad y \mapsto \sqrt{\sqrt{y} - 4} + 3$$
und mit Satz 16.10 folgt, dass f^{-1} an allen Stellen $y = f(x) > 16$ differenzierbar ist mit der ersten Ableitung
$$(f^{-1})'(y) = \frac{1}{f'(f^{-1}(y))}$$
$$= \frac{1}{4\left((\sqrt{\sqrt{y}-4}+3-3)^2 + 4\right)(\sqrt{\sqrt{y}-4}+3-3)}$$
$$= \frac{1}{4\sqrt{y}\left(\sqrt{\sqrt{y}-4}\right)}.$$

Mit Hilfe der drei Sätze 16.6, 16.8 und 16.10 wird im folgenden Abschnitt 16.5 gezeigt, dass alle **elementaren Funktionen** – bis auf eventuell endlich viele Stellen – differenzierbar sind.

16.5 Differenzierbarkeit elementarer Funktionen

Polynome und rationale Funktionen

Der folgende Satz besagt, dass **Polynome** – und damit insbesondere auch Monome – sowie **rationale Funktionen** differenzierbar sind. Dieses wichtige Resultat folgt aus den Rechenregeln für differenzierbare Funktionen:

Satz 16.12 (Ableitung Polynome und rationale Funktionen)

Polynome $p: \mathbb{R} \longrightarrow \mathbb{R}$, $x \mapsto \sum_{k=0}^{n} a_k x^k$ *und rationale Funktionen* $q: D \subseteq \mathbb{R} \longrightarrow \mathbb{R}$, $x \mapsto \frac{p_1(x)}{p_2(x)} = \frac{\sum_{k=0}^{n} a_k x^k}{\sum_{k=0}^{m} b_k x^k}$ *mit* $D = \{x \in \mathbb{R}: p_2(x) \neq 0\}$ *sind differenzierbar und besitzen die erste Ableitung*
$$p'(x) = \sum_{k=1}^{n} a_k k x^{k-1} \quad bzw.$$
$$q'(x) = \frac{\sum_{k=1}^{n} a_k k x^{k-1} \sum_{k=0}^{m} b_k x^k - \sum_{k=0}^{n} a_k x^k \sum_{k=1}^{m} b_k k x^{k-1}}{\left(\sum_{k=0}^{m} b_k x^k\right)^2}.$$
(16.16)

Beweis: Betrachtet wird ein Monom αx^n mit $n \in \mathbb{N}_0$ und $\alpha \in \mathbb{R}$ sowie eine beliebige Stelle $x_0 \in \mathbb{R}$. Für den Differenzenquotienten an der Stelle x_0 erhält man mit dem Binomischen Lehrsatz 5.12
$$\frac{\alpha(x_0 + \Delta x)^n - \alpha x_0^n}{\Delta x}$$
$$= \frac{\alpha}{\Delta x}\left[x_0^n + n x_0^{n-1}\Delta x + \binom{n}{2} x_0^{n-2}(\Delta x)^2 + \ldots + (\Delta x)^n - x_0^n\right]$$
$$= \frac{\alpha}{\Delta x}\left[n x_0^{n-1}\Delta x + \binom{n}{2} x_0^{n-2}(\Delta x)^2 + \ldots + (\Delta x)^n\right]$$
$$= \alpha n x_0^{n-1} + \alpha \Delta x\left[\binom{n}{2} x_0^{n-2} + \ldots + (\Delta x)^{n-2}\right].$$

Zusammen mit Satz 13.41a) erhält man daraus durch Betrachtung des Grenzwertes für $\Delta x \to 0$
$$\lim_{\Delta x \to 0} \frac{\alpha(x_0 + \Delta x)^n - \alpha x_0^n}{\Delta x} = \begin{cases} \alpha n x_0^{n-1} & \text{für } n \in \mathbb{N} \\ 0 & \text{für } n = 0 \end{cases}. \quad (16.17)$$

Dies bedeutet, dass das Monom $f(x) = \alpha x^n$ differenzierbar ist und als erste Ableitung (16.17) besitzt.

16.5 Differenzierbarkeit elementarer Funktionen

Daraus folgt zusammen mit Satz 16.6a), dass ein Polynom $p(x) = \sum_{k=0}^{n} a_k x^k$ als Summe von Monomen an der Stelle x_0 ebenfalls differenzierbar und die erste Ableitung $p'(x)$ durch den linken Term in (16.16) gegeben ist. Zusammen mit Satz 16.6e) impliziert dies, dass auch rationale Funktionen als Quotienten zweier Polynome stets differenzierbar sind und als erste Ableitung den rechten Term in (16.16) besitzen. ∎

Beispiel 16.13 (Ableiten von Polynomen und rationalen Funktionen)

a) Das Polynom
$$p : \mathbb{R} \to \mathbb{R}, \quad x \mapsto \tfrac{1}{5}x^7 - 2x^6 + \tfrac{2}{3}x^5 - x^4 + \tfrac{1}{7}x^3 + 3x^2 - \tfrac{1}{5}x - 2$$
ist differenzierbar und besitzt die erste Ableitung
$$p'(x) = \tfrac{7}{5}x^6 - 12x^5 + \tfrac{10}{3}x^4 - 4x^3 + \tfrac{3}{7}x^2 + 6x - \tfrac{1}{5}.$$

b) Die rationale Funktion
$$q : \mathbb{R} \setminus \{-2, -1, 1\} \to \mathbb{R}, \quad x \mapsto \frac{\tfrac{1}{4}x^4 + 2x^3 - 8}{3x^3 + 6x^2 - 3x - 6}$$
ist differenzierbar und besitzt die erste Ableitung
$$q'(x) = \frac{(x^3 + 6x^2)(3x^3 + 6x^2 - 3x - 6) - (\tfrac{1}{4}x^4 + 2x^3 - 8)(9x^2 + 12x - 3)}{(3x^3 + 6x^2 - 3x - 6)^2}$$
$$= \frac{\tfrac{3}{4}x^6 + 3x^5 + \tfrac{39}{4}x^4 - 18x^3 + 36x^2 + 96x - 24}{(3x^3 + 6x^2 - 3x - 6)^2}.$$

Exponential-, Logarithmus- und Potenzfunktionen

Der folgende Satz besagt, dass auch die **Logarithmus-**, **Exponential-** und **Potenzfunktionen** differenzierbar sind:

Satz 16.14 (Ableitung Exponential-, Logarithmus- und Potenzfunktion)

Die Logarithmus-, Exponential- und Potenzfunktionen sind differenzierbar und für die erste Ableitung gilt:

a) $f(x) = \ln(x) \implies f'(x) = \tfrac{1}{x}$
b) $f(x) = \log_a(x)$ *mit* $a > 0 \implies f'(x) = \tfrac{1}{\ln(a)x}$
c) $f(x) = \exp(x) \implies f'(x) = \exp(x)$
d) $f(x) = a^x$ *mit* $a > 0 \implies f'(x) = a^x \ln(a)$
e) $f(x) = x^c \implies f'(x) = cx^{c-1}$

Beweis: Zu a): Es sei $x_0 > 0$ beliebig gewählt. Mit den Rechenregeln für den Logarithmus (vgl. Satz 14.35b)-c)) erhält man für den Differenzenquotienten

$$\frac{\ln(x_0 + \Delta x) - \ln(x_0)}{\Delta x}$$
$$= \frac{1}{\Delta x} \ln\left(\frac{x_0 + \Delta x}{x_0}\right)$$
$$= \ln\left[\left(\frac{x_0 + \Delta x}{x_0}\right)^{\frac{1}{\Delta x}}\right]$$
$$= \ln\left(\left[\left(1 + \frac{\Delta x}{x_0}\right)^{\frac{x_0}{\Delta x}}\right]^{\frac{1}{x_0}}\right) = \frac{1}{x_0} \ln\left[\left(1 + \frac{1}{\frac{x_0}{\Delta x}}\right)^{\frac{x_0}{\Delta x}}\right].$$

Die Betrachtung des Grenzwertes für $\Delta x \to 0$ liefert zusammen mit der Stetigkeit von ln (vgl. Satz 15.18) und $\lim_{h \to \infty}\left(1 + \tfrac{1}{h}\right)^h = e$ (vgl. (11.10))

$$\lim_{\Delta x \to 0} \frac{\ln(x_0 + \Delta x) - \ln(x_0)}{\Delta x}$$
$$= \lim_{\Delta x \to 0} \frac{1}{x_0} \ln\left[\left(1 + \frac{1}{\frac{x_0}{\Delta x}}\right)^{\frac{x_0}{\Delta x}}\right]$$
$$= \frac{1}{x_0} \ln\left[\lim_{\Delta x \to 0}\left(1 + \frac{1}{\frac{x_0}{\Delta x}}\right)^{\frac{x_0}{\Delta x}}\right]$$
$$= \frac{1}{x_0} \ln\left[\lim_{\frac{x_0}{\Delta x} \to \infty}\left(1 + \frac{1}{\frac{x_0}{\Delta x}}\right)^{\frac{x_0}{\Delta x}}\right] = \frac{1}{x_0} \ln(e) = \frac{1}{x_0}.$$

Die natürliche Logarithmusfunktion ln ist folglich an der Stelle x_0 differenzierbar und ihre erste Ableitung ist gegeben durch $f'(x_0) = \tfrac{1}{x_0}$.

Zu b): Es seien $x_0 > 0$ und $a > 0$ beliebig gewählt. Es gilt $x = a^{\log_a(x)}$ und damit insbesondere

$$\ln(x) = \ln\left(a^{\log_a(x)}\right) = \log_a(x)\ln(a)$$

(vgl. Satz 14.35c)). Das heißt, es gilt $\log_a(x) = \tfrac{1}{\ln(a)}\ln(x)$ und mit Aussage a) folgt daher, dass auch die allgemeine Logarithmusfunktion $\log_a$ an der Stelle x_0 differenzierbar ist und die erste Ableitung $f'(x_0) = \tfrac{1}{\ln(a)x_0}$ besitzt.

Zu c): Die Exponentialfunktion exp ist die Umkehrfunktion f^{-1} der natürlichen Logarithmusfunktion $f(x) = \ln(x)$ (siehe Definition 14.34). Für ein beliebiges $x_0 \in \mathbb{R}$ erhält man mit Satz 16.10 und Aussage a), dass exp an der Stelle x_0 differenzierbar ist. Für die erste Ableitung folgt

$$f'(x_0) = \frac{1}{(f^{-1})'(f(x_0))} = \frac{1}{\frac{1}{\exp(x_0)}} = \exp(x_0).$$

Zu d): Es seien $x_0 \in \mathbb{R}$ und $a > 0$ beliebig gewählt. Es gilt $f(x) = a^x = \left(e^{\ln(a)}\right)^x = e^{x\ln(a)}$. Mit Satz 16.8 und Aussage

c) folgt daher, dass die allgemeine Exponentialfunktion an der Stelle x_0 differenzierbar ist. Für die erste Ableitung gilt

$$f'(x_0) = e^{x_0 \ln(a)} \ln(a) = a^{x_0} \ln(a).$$

Zu e): Es seien $x_0 > 0$ und $c \in \mathbb{R}$ beliebig gewählt. Es gilt $f(x) = x^c = e^{\ln(x^c)} = e^{c \ln(x)}$. Mit Satz 16.8 sowie den Aussagen a) und c) folgt daher, dass die Potenzfunktion an der Stelle x_0 differenzierbar ist. Für die erste Ableitung gilt

$$f'(x_0) = e^{c \ln(x_0)} \frac{c}{x_0} = x_0^c \frac{c}{x_0} = c x_0^{c-1}.$$

∎

Die Aussage c) von Satz 16.14 ist der Grund, weshalb die Exponentialfunktion exp und damit auch ihre Umkehrfunktion, die natürliche Logarithmusfunktion ln, so bedeutend sind. Denn wie sich leicht zeigen lässt, ist die Exponentialfunktion exp bis auf einen konstanten Faktor die einzige auf einem Intervall $I \subseteq \mathbb{R}$ definierte reelle Funktion $f: I \subseteq \mathbb{R} \longrightarrow \mathbb{R}$, die sich selbst als erste Ableitung besitzt.

Für ein $x < 0$ folgt mit der Kettenregel (16.15) und Satz 16.14a)

$$\ln'|x| = \ln'(-x) = \frac{1}{-x} \cdot (-1) = \frac{1}{x}.$$

Die Aussage a) von Satz 16.14 kann somit dahingehend verallgemeinert werden, dass die natürliche Logarithmusfunktion $\ln: \mathbb{R} \setminus \{0\} \longrightarrow \mathbb{R}$, $x \mapsto \ln|x|$ sogar auf dem Definitionsbereich $\mathbb{R} \setminus \{0\}$ differenzierbar ist und die erste Ableitung

$$\ln'|x| = \frac{1}{x} \quad (16.18)$$

besitzt. Ist nun durch $g: D \subseteq \mathbb{R} \longrightarrow \mathbb{R} \setminus \{0\}$, $x \mapsto g(x)$ eine weitere differenzierbare reelle Funktion gegeben, dann folgt mit Satz 16.8, dass auch die Komposition

$$f(x) = \ln|g(x)|$$

für $x \in D$ differenzierbar ist und mit der Kettenregel (16.15) und (16.18) erhält man für ihre erste Ableitung

$$f'(x) = (\ln|g(x)|)' = \frac{1}{g(x)} g'(x) = \frac{g'(x)}{g(x)}. \quad (16.19)$$

Die reelle Funktion $f: D \subseteq \mathbb{R} \longrightarrow \mathbb{R}$, $x \mapsto \ln|g(x)|$ wird als **logarithmierte Funktion** von g bezeichnet und ihre Ableitung, d. h. der Quotient $\frac{g'(x)}{g(x)}$, heißt **logarithmierte Ableitung** von g. Die Formel (16.19) ist oft ein nützliches Hilfsmittel bei der Berechnung von Ableitungen (vgl. Beispiel 16.15a) und d)).

Auf Grundlage der obigen Resultate können nun auch komplizierte Funktionen leicht abgeleitet werden:

Beispiel 16.15 (Ableiten von Exponential-, Logarithmus- & Potenzfunktion)

a) Die reelle Funktion

$$f: \mathbb{R}_+ \setminus \{0\} \longrightarrow \mathbb{R}, \quad x \mapsto x^x$$

lässt sich weder mit der Ableitungsregel für Potenzfunktionen noch mit der Ableitungsregel für Exponentialfunktionen ableiten, da bei der Funktion f sowohl die Basis als auch der Exponent eine Funktion von x ist. Da jedoch $x^x = \left(e^{\ln(x)}\right)^x$ für alle $x \in \mathbb{R}_+ \setminus \{0\}$ gilt, folgt mit Satz 16.8 und der Differenzierbarkeit der Logarithmus- und Exponentialfunktion, dass auch die Funktion f differenzierbar ist. Ferner gilt

$$\ln(f(x)) = \ln(x^x) = x \ln(x)$$

für alle $x \in \mathbb{R}_+ \setminus \{0\}$. Mit (16.19), der Produktregel und Satz 16.14a) erhält man somit

$$\frac{f'(x)}{f(x)} = (\ln(f(x)))' = (x \ln(x))'$$
$$= 1 \cdot \ln(x) + x \cdot \frac{1}{x} = \ln(x) + 1.$$

Für die erste Ableitung von f folgt daraus (vgl. Abbildung 16.5, links)

$$f'(x) = f(x)(\ln(x) + 1) = x^x(\ln(x) + 1).$$

b) Die beiden reellen Funktionen $g: D \subseteq \mathbb{R} \longrightarrow \mathbb{R} \setminus \{0\}$, $x \mapsto g(x)$ und $h: D \subseteq \mathbb{R} \longrightarrow \mathbb{R}$, $x \mapsto h(x)$ seien differenzierbar. Dann gilt

$$|g(x)|^{h(x)} = \exp(h(x) \ln|g(x)|)$$

und mit Satz 16.8 und der Differenzierbarkeit der Logarithmus- und Exponentialfunktion folgt, dass auch $f(x) = |g(x)|^{h(x)}$ differenzierbar ist. Mit der Kettenregel (16.15) und Satz 16.14c) erhält man für die erste Ableitung von f

$$f'(x) = (\exp(h(x) \ln|g(x)|))'$$
$$= f(x)(h(x) \ln|g(x)|)'.$$

Mit der Produktregel und (16.19) folgt schließlich

$$f'(x) = f(x)\left(h'(x) \ln|g(x)| + h(x) \frac{g'(x)}{g(x)}\right).$$

c) Die reelle Funktion

$$f: (0, \infty) \longrightarrow \mathbb{R}, \quad x \mapsto \frac{1}{x\sqrt{x}} + \frac{2}{x^5} - 3^x x^{\frac{7}{2}}$$

ergibt sich durch Addition, Subtraktion und Multiplikation von Potenz- und Exponentialfunktionen

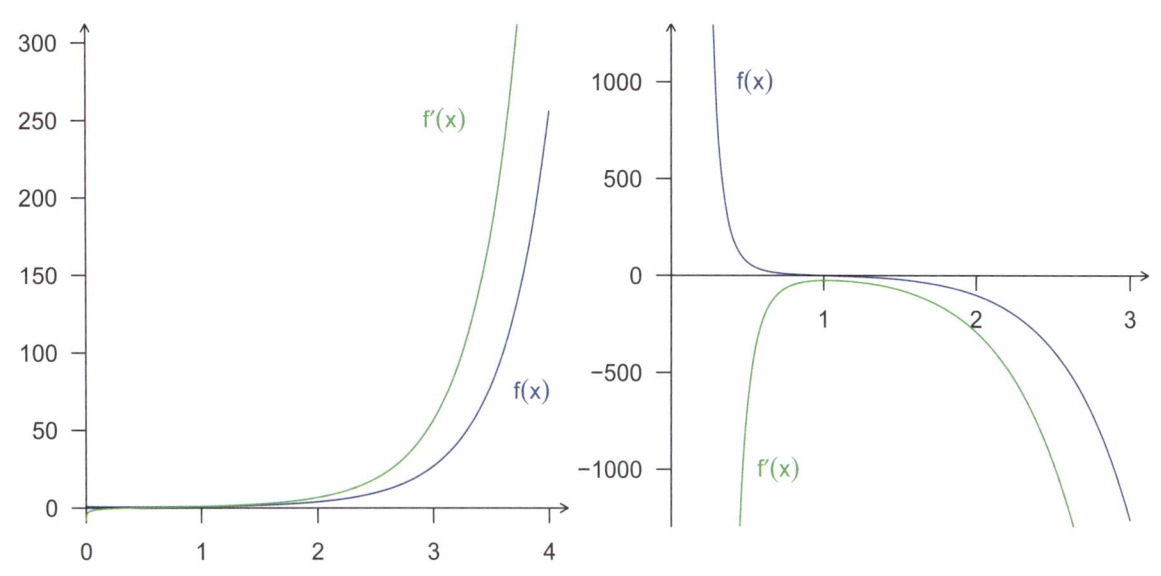

16.5 Differenzierbarkeit elementarer Funktionen Kapitel 16

Abb. 16.5: Reelle Funktion $f: \mathbb{R}_+ \setminus \{0\} \longrightarrow \mathbb{R}$, $x \mapsto x^x$ mit erster Ableitung $f'(x)$ (links) und reelle Funktion $f: (0, \infty) \longrightarrow \mathbb{R}$, $x \mapsto \frac{1}{x\sqrt{x}} + \frac{2}{x^5} - 3^x x^{\frac{7}{2}}$ mit erster Ableitung $f'(x)$ (rechts)

und ist deshalb gemäß Satz 16.6a)–c) ebenfalls differenzierbar. Für die erste Ableitung von $f(x) = x^{-\frac{3}{2}} + 2x^{-5} - 3^x x^{\frac{7}{2}}$ erhält man mit der Produktregel sowie 16.14d) und e) (vgl. Abbildung 16.5, rechts)

$$f'(x) = -\frac{3}{2}x^{-\frac{5}{2}} - 10x^{-6} - \left(3^x \ln(3) x^{\frac{7}{2}} + 3^x \frac{7}{2} x^{\frac{5}{2}}\right)$$

$$= -\frac{3}{2\sqrt{x^5}} - \frac{10}{x^6} - 3^x \left(\ln(3) x^{\frac{7}{2}} + \frac{7}{2} x^{\frac{5}{2}}\right).$$

d) Die rationale Funktion
$$q: \mathbb{R} \setminus \{-3, 1\} \longrightarrow \mathbb{R}, \quad x \mapsto \frac{(x-2)e^{2x}}{(x-1)^3(x+3)^2}$$

ist differenzierbar, aber die Berechnung der ersten Ableitung von q ist relativ aufwendig. Deutlich schneller geht es mit der Formel (16.19). Denn mit den Rechengesetzen für den Logarithmus erhält man

$$\ln|q(x)| = \ln\left|(x-2)e^{2x}\right| - \ln\left|(x-1)^3(x+3)^2\right|$$
$$= \ln|x-2| + 2x - 3\ln|x-1| - 2\ln|x+3|$$

für alle $x \in \mathbb{R} \setminus \{-3, 1, 2\}$ und für die Ableitung gilt

$$(\ln|q(x)|)' = \frac{1}{x-2} + 2 - \frac{3}{x-1} - \frac{2}{x+3}.$$

Daraus folgt mit (16.19)
$$q'(x) = q(x)(\ln|q(x)|)' = \frac{e^{2x}}{(x-1)^3(x+3)^2}$$
$$\cdot \left(1 + 2(x-2) - \frac{3(x-2)}{x-1} - \frac{2(x-2)}{x+3}\right).$$

Trigonometrische Funktionen und Arcusfunktionen

Gegenstand des folgenden Satzes ist die Differenzierbarkeit der vier **trigonometrischen Funktionen** sin, cos, tan und cot:

Satz 16.16 (Ableitungen trigonometrischer Funktionen)

Die Sinus-, Kosinus-, Tangens- und Kotangensfunktionen sind differenzierbar und für die erste Ableitung gilt jeweils:
a) $f(x) = \sin(x) \Longrightarrow f'(x) = \cos(x)$
b) $f(x) = \cos(x) \Longrightarrow f'(x) = -\sin(x)$
c) $f(x) = \tan(x) \Longrightarrow f'(x) = \frac{1}{\cos^2(x)}$
d) $f(x) = \cot(x) \Longrightarrow f'(x) = -\frac{1}{\sin^2(x)}$

Beweis: Zu a): Es sei $x_0 \in \mathbb{R}$ beliebig gewählt. Mit dem Additionstheorem $\sin(x+y) = \sin(x)\cos(y) + \cos(x)\sin(y)$ (vgl. Satz 5.2a)) erhält man für den Differenzenquotienten von sin an der Stelle x_0

$$\frac{\sin(x_0 + \Delta x) - \sin(x_0)}{\Delta x}$$
$$= \frac{\sin(x_0)\big(\cos(\Delta x) - 1\big) + \cos(x_0)\sin(\Delta x)}{\Delta x}.$$

Mit der Identität $\sin^2(x) + \cos^2(x) = 1$ (vgl. Satz 5.1b)) und dem Additionstheorem $\cos(x+y) = \cos(x)\cos(y) - \sin(x)\sin(y)$ (vgl. Satz 5.2b)) folgt daraus weiter

$$\frac{\sin(x_0 + \Delta x) - \sin(x_0)}{\Delta x}$$
$$= \cos(x_0)\frac{\sin(\Delta x)}{\Delta x}$$
$$\quad + \sin(x_0)\frac{\cos\big(2\frac{\Delta x}{2}\big) - \big(\cos^2\big(\frac{\Delta x}{2}\big) + \sin^2\big(\frac{\Delta x}{2}\big)\big)}{\Delta x}$$
$$= \cos(x_0)\frac{\sin(\Delta x)}{\Delta x}$$
$$\quad + \sin(x_0)\frac{\cos^2\big(\frac{\Delta x}{2}\big) - \sin^2\big(\frac{\Delta x}{2}\big) - \cos^2\big(\frac{\Delta x}{2}\big) - \sin^2\big(\frac{\Delta x}{2}\big)}{2\frac{\Delta x}{2}}$$
$$= \cos(x_0)\frac{\sin(\Delta x)}{\Delta x} - \sin(x_0)\sin\left(\frac{\Delta x}{2}\right)\frac{\sin\big(\frac{\Delta x}{2}\big)}{\frac{\Delta x}{2}}.$$

Wegen $\lim_{y \to 0} \sin(y) = 0$ und $\lim_{y \to 0} \frac{\sin(y)}{y} = 1$ (vgl. (13.11)) erhält man daraus für $\Delta x \to 0$

$$\lim_{\Delta x \to 0} \frac{\sin(x_0 + \Delta x) - \sin(x_0)}{\Delta x} = \cos(x_0).$$

Das heißt, die Funktion sin ist an der Stelle x_0 differenzierbar und ihre erste Ableitung ist gegeben durch $f'(x_0) = \cos(x_0)$.

Zu b): Es sei $x_0 \in \mathbb{R}$ beliebig gewählt. Wegen $\cos(x_0) = \sin\left(\frac{\pi}{2} - x_0\right)$ (vgl. Satz 5.1e)) erhält man mit Aussage a) und der Kettenregel (16.15), dass auch cos an der Stelle x_0 differenzierbar ist mit der ersten Ableitung

$$f'(x_0) = \left(\sin\left(\frac{\pi}{2} - x_0\right)\right)'$$
$$= \cos\left(\frac{\pi}{2} - x_0\right)(-1) = -\sin(x_0).$$

Zu c): Es sei $x_0 \in \mathbb{R} \setminus \{x \in \mathbb{R}: x = (2k+1)\frac{\pi}{2}$ für $k \in \mathbb{Z}\}$ beliebig gewählt. Dann folgt mit der Quotientenregel (vgl. Satz 16.6e)), den Aussagen a) und b) sowie der Identität $\sin^2(x) + \cos^2(x) = 1$, dass auch tan an der Stelle x_0 differenzierbar ist

mit der ersten Ableitung

$$f'(x_0) = \left(\frac{\sin(x_0)}{\cos(x_0)}\right)' = \frac{\cos(x_0)\cos(x_0) + \sin(x_0)\sin(x_0)}{\cos^2(x_0)}$$
$$= \frac{1}{\cos^2(x_0)}.$$

Zu d): Es sei $x_0 \in \mathbb{R} \setminus \{x \in \mathbb{R}: x = k\pi$ für $k \in \mathbb{Z}\}$ beliebig gewählt. Dann folgt mit der Kettenregel (16.15) und Aussage c), dass auch cot an der Stelle x_0 differenzierbar ist mit der ersten Ableitung

$$f'(x_0) = \left(\frac{1}{\tan(x_0)}\right)' = -\frac{\tan'(x_0)}{\tan^2(x_0)} = -\frac{\frac{1}{\cos^2(x_0)}}{\tan^2(x_0)} = -\frac{1}{\sin^2(x_0)}.$$ ∎

Beispiel 16.17 (Ableiten von trigonometrischen Funktionen)

a) Die reelle Funktion $f: \mathbb{R} \setminus \{x \in \mathbb{R}: x = k\pi$ für $k \in \mathbb{Z}\} \longrightarrow \mathbb{R}$, $x \mapsto \ln\left|\tan\left(\frac{x}{2}\right)\right|$ ist als Komposition der Logarithmus- und der Tangensfunktion differenzierbar. Für die erste Ableitung von f erhält man mit der Kettenregel (16.15) und Satz 5.2c) (vgl. Abbildungen 16.6, links)

$$f'(x) = \frac{1}{\tan\left(\frac{x}{2}\right)}\left(\tan\left(\frac{x}{2}\right)\right)' = \frac{1}{\tan\left(\frac{x}{2}\right)}\frac{1}{\cos^2\left(\frac{x}{2}\right)}\frac{1}{2}$$
$$= \frac{1}{2\sin\left(\frac{x}{2}\right)\cos\left(\frac{x}{2}\right)} = \frac{1}{\sin(x)}.$$

b) Die reelle Funktion $f: \mathbb{R} \setminus \{-1\} \longrightarrow \mathbb{R}$, $x \mapsto \cos\left(\exp\left(\frac{1-x}{1+x}\right)\right)$ ist als Komposition einer rationalen Funktion, der Exponential- und der Kosinusfunktion differenzierbar. Mit der Kettenregel (16.15) und der Quotientenregel (vgl. Satz 16.6e)) erhält man für die erste Ableitung (vgl. Abbildung 16.6, rechts)

$$f'(x) = -\sin\left(\exp\left(\frac{1-x}{1+x}\right)\right)\exp\left(\frac{1-x}{1+x}\right)\left(\frac{1-x}{1+x}\right)'$$
$$= -\sin\left(\exp\left(\frac{1-x}{1+x}\right)\right)$$
$$\quad \cdot \exp\left(\frac{1-x}{1+x}\right)\frac{-(1+x)-(1-x)}{(1+x)^2}$$
$$= \frac{2}{(1+x)^2}\sin\left(\exp\left(\frac{1-x}{1+x}\right)\right)\exp\left(\frac{1-x}{1+x}\right).$$

Aus Satz 16.10 folgt auch, dass die Umkehrfunktionen der trigonometrischen Funktionen, d.h. die **Arcusfunktionen**, differenzierbar sind:

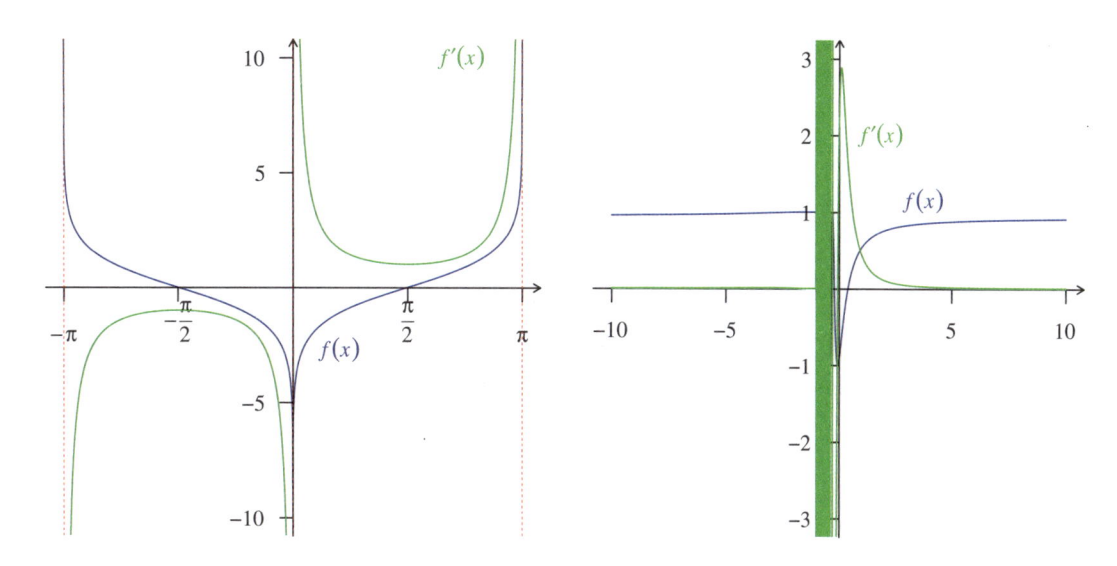

16.5 Differenzierbarkeit elementarer Funktionen — Kapitel 16

Abb. 16.6: Reelle Funktion $f: \mathbb{R} \setminus \{x \in \mathbb{R}: x = k\pi \text{ für } k \in \mathbb{Z}\} \longrightarrow \mathbb{R}$, $x \mapsto \ln\left|\tan\left(\frac{x}{2}\right)\right|$ mit erster Ableitung $f'(x)$ (links) und reelle Funktion $f: \mathbb{R} \setminus \{-1\} \longrightarrow \mathbb{R}$, $x \mapsto \cos\left(\exp\left(\frac{1-x}{1+x}\right)\right)$ mit erster Ableitung $f'(x)$ (rechts)

Satz 16.18 (Ableitungen Arcusfunktionen)

Die Arcussinus- und Arcuskosinus-Funktionen sind differenzierbar auf dem offenen Intervall $(-1, 1)$ und die Arcustangens- sowie Arcuskotangens-Funktionen sind differenzierbar auf ganz $\mathbb{R}$. Für die erste Ableitung gilt jeweils:

a) $f(x) = \arcsin(x) \implies f'(x) = \frac{1}{\sqrt{1-x^2}}$

b) $f(x) = \arccos(x) \implies f'(x) = -\frac{1}{\sqrt{1-x^2}}$

c) $f(x) = \arctan(x) \implies f'(x) = \frac{1}{1+x^2}$

d) $f(x) = \text{arccot}(x) \implies f'(x) = -\frac{1}{1+x^2}$

Beweis: Zu a): Es sei $x_0 \in (-1, 1)$ beliebig gewählt. Da arcsin die Umkehrfunktion der Sinusfunktion $f(x) = \sin(x)$ ist, folgt mit Satz 16.10 und Satz 16.16a), dass arcsin an der Stelle x_0 differenzierbar ist, und wegen $\cos(x) = \sqrt{1 - \sin^2(x)}$ erhält man für die erste Ableitung

$$f'(x_0) = \frac{1}{(f^{-1})'(f(x_0))} = \frac{1}{\cos(\arcsin(x_0))}$$
$$= \frac{1}{\sqrt{1 - \sin^2(\arcsin(x_0))}} = \frac{1}{\sqrt{1 - x_0^2}}.$$

Zu b): Es sei $x_0 \in (-1, 1)$ beliebig gewählt. Aus $\arccos(x) = \frac{\pi}{2} - \arcsin(x)$ für $x \in [-1, 1]$ (vgl. (14.38)) und Aussage a) folgt, dass auch arccos an der Stelle x_0 differenzierbar ist mit der ersten Ableitung

$$f'(x) = -\arcsin'(x) = -\frac{1}{\sqrt{1-x_0^2}}.$$

Zu c): Es sei $x_0 \in \mathbb{R}$ beliebig gewählt. Da arctan die Umkehrfunktion der Tangensfunktion $f(x) = \tan(x)$ ist, folgt mit Satz 16.10 und Satz 16.16c), dass arctan an der Stelle x_0 differenzierbar ist, und mit Satz 5.6c) erhält man für die erste Ableitung

$$\arctan'(x_0) = \frac{1}{(f^{-1})'(f(x_0))} = \frac{1}{\frac{1}{\cos^2(\arctan(x_0))}}$$
$$= \frac{1}{1 + \tan^2(\arctan(x_0))} = \frac{1}{1 + x_0^2}.$$

Zu d): Es sei $x_0 \in \mathbb{R}$ beliebig gewählt. Aus $\text{arccot}(x) = \frac{\pi}{2} - \arctan(x)$ für $x \in \mathbb{R}$ (vgl. (14.39)) und Aussage c) folgt, dass auch arccot an der Stelle x_0 differenzierbar ist mit der ersten Ableitung

$$\text{arccot}'(x) = -\arctan'(x) = -\frac{1}{1+x_0^2}. \blacksquare$$

Beispiel 16.19 (Ableiten von Arcusfunktionen)

a) Die reelle Funktion
$$f: \mathbb{R} \to \mathbb{R}, \quad x \mapsto \arcsin\left(\frac{1-x^2}{1+x^2}\right)$$
ist als Komposition der Arcussinus-Funktion und einer rationalen Funktion differenzierbar für alle

$x \in \mathbb{R} \setminus \{0\}$. Mit der Kettenregel (16.15) und der Quotientenregel (vgl. Satz 16.6e)) erhält man für die erste Ableitung (vgl. Abbildung 16.7, links)

$$f'(x) = \frac{1}{\sqrt{1-\left(\frac{1-x^2}{1+x^2}\right)^2}} \frac{(-2x)(1+x^2) - (1-x^2)2x}{(1+x^2)^2}$$

$$= \frac{1}{\sqrt{1-\left(\frac{1-x^2}{1+x^2}\right)^2}} \frac{-4x}{(1+x^2)^2}$$

$$= \frac{1+x^2}{\sqrt{4x^2}} \cdot \frac{-4x}{(1+x^2)^2} = \begin{cases} -\frac{2}{1+x^2} & \text{für } x > 0 \\ \frac{2}{1+x^2} & \text{für } x < 0 \end{cases}.$$

b) Die reelle Funktion
$$f : [0, \infty) \to \mathbb{R}, \quad x \mapsto \operatorname{arccot}\left(\frac{1}{1+\sqrt{x}}\right)$$
ist als Komposition der Arcuskotangens-Funktion, einer rationalen Funktion und einer Potenzfunktion differenzierbar für alle $x \in (0, \infty)$. Mit der Kettenregel (16.15) erhält man für die erste Ableitung (vgl. Abbildung 16.7, rechts)

$$f'(x) = -\frac{1}{1+\frac{1}{(1+\sqrt{x})^2}} \cdot \frac{-1}{(1+\sqrt{x})^2} \cdot \frac{1}{2\sqrt{x}}$$

$$= \frac{1}{(1+\sqrt{x})^2 + 1} \cdot \frac{1}{2\sqrt{x}}.$$

16.6 Ableitungen höherer Ordnung

Höhere Ableitungen

Die erste Ableitung einer reellen differenzierbaren Funktion $f : D \to \mathbb{R}$ ist selbst wieder eine reelle Funktion $f' : D \to \mathbb{R}$, die an einer Stelle $x_0 \in D$ differenzierbar sein kann, jedoch nicht sein muss. Dies motiviert die folgende Definition für **Ableitungen höherer Ordnung**:

Definition 16.20 (Ableitungen höherer Ordnung)

Es sei $f : D \subseteq \mathbb{R} \to \mathbb{R}$ eine reelle differenzierbare Funktion. Dann gilt:

a) Ist die erste Ableitung von f an der Stelle $x_0 \in D$ differenzierbar, dann heißt f an der Stelle x_0 zweimal differenzierbar. Die Ableitung der ersten Ableitung f' an der Stelle x_0 wird mit $f''(x_0)$ bezeichnet und zweite Ableitung oder Differentialquotient zweiter Ordnung von f an der Stelle x_0 genannt. Die Funktion f heißt zweimal differenzierbar auf $E \subseteq D$, falls f an allen Stellen $x_0 \in E$ zweimal differenzierbar ist, und die Funktion $f'' : E \to \mathbb{R}, \; x \mapsto f''(x)$ wird dann als zweite Ableitung oder Ableitung zweiter Ordnung von f auf E bezeichnet. Gilt sogar

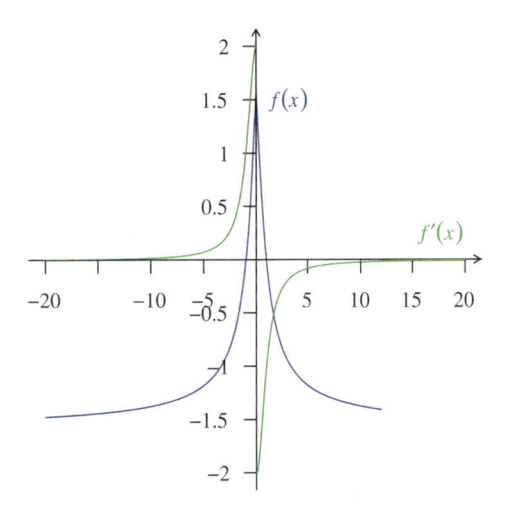

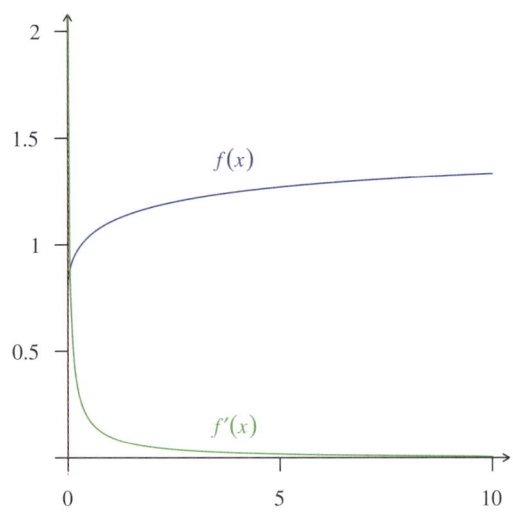

Abb. 16.7: Reelle Funktion $f : \mathbb{R} \to \mathbb{R}, \; x \mapsto \arcsin\left(\frac{1-x^2}{1+x^2}\right)$ mit erster Ableitung $f'(x)$ (links) und reelle Funktion $f : [0, \infty) \to \mathbb{R}, \; x \mapsto \operatorname{arccot}\left(\frac{1}{1+\sqrt{x}}\right)$ mit erster Ableitung $f'(x)$ (rechts)

16.6 Ableitungen höherer Ordnung

$E = D$, dann wird f **zweimal differenzierbare Funktion** oder einfach nur **zweimal differenzierbar** genannt.

b) Existiert die $(n-1)$-te Ableitung von f und ist diese an der Stelle $x_0 \in D$ differenzierbar, dann heißt f an der Stelle x_0 **n-fach differenzierbar**. Die Ableitung der $(n-1)$-ten Ableitung $f^{(n-1)}$ an der Stelle x_0 wird mit $f^{(n)}(x_0)$ bezeichnet und **n-te Ableitung** oder **Differentialquotient n-ter Ordnung** von f an der Stelle x_0 genannt. Die Funktion f heißt **n-fach differenzierbar auf $E \subseteq D$**, falls f an allen Stellen $x_0 \in E$ n-fach differenzierbar ist, und die Funktion $f^{(n)}: E \longrightarrow \mathbb{R}$, $x \mapsto f^{(n)}(x)$ wird dann als **n-te Ableitung** oder **Ableitung n-ter Ordnung** von f auf E bezeichnet. Gilt sogar $E = D$, dann wird f **n-fach differenzierbare Funktion** oder einfach nur **n-fach differenzierbar** genannt.

c) Existiert für alle $n \in \mathbb{N}$ die n-te Ableitung von f an der Stelle $x_0 \in D$, dann heißt f an der Stelle x_0 **unendlich oft differenzierbar**. Die Funktion f heißt **unendlich oft differenzierbar auf $E \subseteq D$**, falls f an allen Stellen $x_0 \in E$ unendlich oft differenzierbar ist. Gilt sogar $E = D$, dann wird f **unendlich oft differenzierbare Funktion** oder einfach nur **unendlich oft differenzierbar** genannt.

Für Ableitungen der Ordnung Eins, Zwei und Drei wird in der Regel die Schreibweise f', f'' bzw. f''' verwendet, während für Ableitungen der Ordnung $n \geq 4$ die Schreibweise $f^{(n)}$ bevorzugt wird. Ferner ist es für eine kompakte Schreibweise bei vielen Formeln zweckmäßig, eine reelle Funktion $f: D \subseteq \mathbb{R} \longrightarrow \mathbb{R}$ selbst als **0-te Ableitung** oder als **0-te Ableitungsfunktion** zu bezeichnen und für alle $x \in D$ zu definieren:

$$f^{(0)}(x) := f(x) \qquad (16.20)$$

Neben $f^{(n)}(x_0)$ sind auch

$$\left. \frac{df^{(n-1)}(x)}{dx} \right|_{x=x_0}, \quad \frac{df^{(n-1)}}{dx}(x_0), \quad \frac{d^n f}{dx^n}(x_0) \quad \text{und} \quad \frac{d^n y}{dx^n}(x_0)$$

übliche Notationen für die n-te Ableitung von f an der Stelle x_0.

Die zweite Ableitung f'' einer reellen Funktion f gibt die Veränderung der ersten Ableitung f' an. Sie kann daher geometrisch als die **Krümmung** des Graphen von f interpretiert und zur Charakterisierung der Krümmungseigenschaften einer reellen Funktion f verwendet werden (siehe hierzu auch Folgerung 16.34).

Eine reelle Funktion $f: D \subseteq \mathbb{R} \longrightarrow \mathbb{R}$ ist genau dann n-fach differenzierbar an der Stelle x_0, wenn die $(n-1)$-te Ableitung $f^{(n-1)}$ existiert und an der Stelle x_0 differenzierbar ist, also der Grenzwert

$$f^{(n)}(x_0) := \lim_{\Delta x \to 0} \frac{f^{(n-1)}(x_0 + \Delta x) - f^{(n-1)}(x_0)}{\Delta x}$$

existiert. Das heißt, eine $(n-1)$-fach differenzierbare Funktion muss nicht notwendigerweise auch n-fach differenzierbar sein. Zum Beispiel ist die reelle Funktion $f: \mathbb{R} \longrightarrow \mathbb{R}$, $x \mapsto x|x|$ differenzierbar, aber ihre erste Ableitung $f': \mathbb{R} \longrightarrow \mathbb{R}$, $x \mapsto 2|x|$ ist an der Stelle $x_0 = 0$ nicht differenzierbar (vgl. Beispiel 16.3d)). Umgekehrt existieren jedoch für eine n-fach differenzierbare Funktion $f: D \subseteq \mathbb{R} \longrightarrow \mathbb{R}$ stets alle Ableitungen kleinerer Ordnung, d.h. f', f'', $\ldots$, $f^{(n-1)}$, und diese sind gemäß Satz 16.5 auch stetig.

Wie bereits erwähnt, heißt eine reelle Funktion $f: D \subseteq \mathbb{R} \longrightarrow \mathbb{R}$ **stetig differenzierbar**, wenn sie differenzierbar und die erste Ableitung f' stetig ist. Ist die Funktion f sogar n-fach differenzierbar mit stetiger n-ter Ableitung $f^{(n)}$, dann wird sie als **n-fach stetig differenzierbar** bezeichnet.

Beispiel 16.21 (Höhere Ableitungen bei reellen Funktionen)

Gegeben seien die vier unendlich oft differenzierbaren reellen Funktionen:

$$f_1: \mathbb{R} \longrightarrow \mathbb{R}, \quad x \mapsto f_1(x) = 2x^3 - 3x^2 + x - 2$$
$$f_2: \mathbb{R} \longrightarrow \mathbb{R}, \quad x \mapsto f_2(x) = \sin(x)$$
$$f_3: \mathbb{R} \longrightarrow \mathbb{R}, \quad x \mapsto f_3(x) = 3e^{2x}$$
$$f_4: \mathbb{R}_+ \setminus \{0\} \longrightarrow \mathbb{R}, \quad x \mapsto f_4(x) = \ln(x)$$

Für die höheren Ableitungen von f_1 gilt

$$f_1'(x) = 6x^2 - 6x + 1, \ f_1''(x) = 12x - 6, \ f_1'''(x) = 12$$

und $f_1^{(n)}(x) = 0$ für alle $n \geq 4$ (vgl. Abbildung 16.8, links). Für die ersten vier Ableitungen von f_2 erhält man

$$f_2'(x) = \cos(x), \ f_2''(x) = -\sin(x),$$
$$f_2'''(x) = -\cos(x), \ f_2^{(4)} = \sin(x).$$

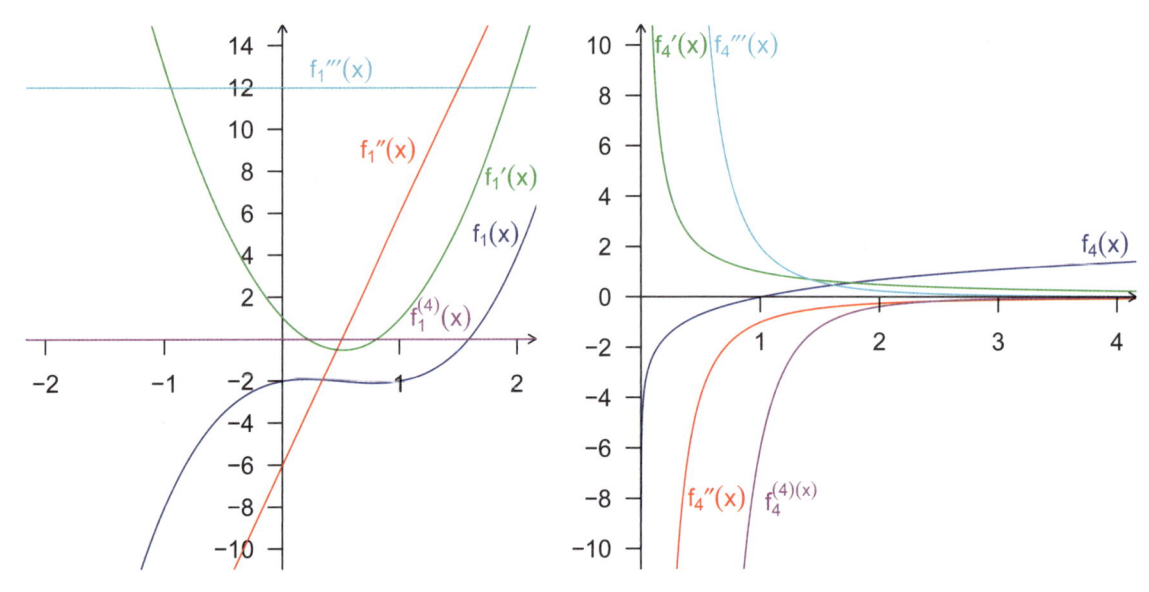

Abb. 16.8: Reelle Funktion $f_1: \mathbb{R} \longrightarrow \mathbb{R}$, $x \mapsto f_1(x) = 2x^3 - 3x^2 + x - 2$ mit ihren ersten vier Ableitungen (links) und reelle Funktion $f_4: \mathbb{R}_+ \setminus \{0\} \longrightarrow \mathbb{R}$, $x \mapsto f_4(x) = \ln(x)$ mit ihren ersten vier Ableitungen (rechts)

Allgemein gilt für die höheren Ableitungen von f_2

$$f_2^{(n)}(x) = \begin{cases} (-1)^{\frac{n}{2}} \sin(x) & \text{für } n \in \mathbb{N} \text{ gerade} \\ (-1)^{\frac{n-1}{2}} \cos(x) & \text{für } n \in \mathbb{N} \text{ ungerade} \end{cases}.$$

Für die ersten drei Ableitungen von f_3 erhält man

$$f_3'(x) = 6e^{2x}, \; f_3''(x) = 12e^{2x},$$
$$f_3'''(x) = 24e^{2x}, \; f_3^{(4)}(x) = 48e^{2x}.$$

Für die höheren Ableitungen von f_3 gilt allgemein

$$f_3^{(n)}(x) = 3 \cdot 2^n \cdot e^{2x}$$

für alle $n \in \mathbb{N}_0$. Für die ersten vier Ableitungen von f_4 erhält man

$$f_4'(x) = \frac{1}{x}, \; f_4''(x) = -\frac{1}{x^2}, \; f_4'''(x) = \frac{2}{x^3}, \; f_4^{(4)} = \frac{-6}{x^4}.$$

Für die höheren Ableitungen von f_4 gilt allgemein

$$f_4^{(n)}(x) = (-1)^{(n-1)} \frac{(n-1)!}{x^n}$$

für alle $n \in \mathbb{N}$ (vgl. Abbildung 16.8, rechts).

Rechenregeln für höhere Ableitungen

In Abschnitt 16.5 haben sich die Rechenregeln aus Satz 16.6 zur Berechnung der ersten Ableitung von Summen, Differenzen, skalaren Vielfachen und Produkten differenzierbarer Funktionen mehrfach als sehr nützlich erwiesen. Es stellt sich daher die Frage, ob und inwieweit diese Rechenregeln auf Ableitungen beliebiger Ordnung n übertragen werden können.

Die Rechenregeln aus Satz 16.6a)–b) und d) zur Berechnung der ersten Ableitung von Summen, Differenzen und skalaren Vielfachen lassen sich unmittelbar auf Ableitungen beliebiger Ordnung $n \in \mathbb{N}_0$ verallgemeinern. Denn sind $f: D \subseteq \mathbb{R} \longrightarrow \mathbb{R}$ und $g: D \subseteq \mathbb{R} \longrightarrow \mathbb{R}$ zwei an der Stelle $x_0 \in D$ n-fach differenzierbare reelle Funktionen und $\alpha \in \mathbb{R}$, dann sind auch die reellen Funktionen $f+g, f-g, \alpha f$ und fg jeweils n-fach differenzierbar, und für die n-te Ableitung von $f+g, f-g$ und αf an der Stelle x_0 gilt:

$$(f+g)^{(n)}(x_0) = f^{(n)}(x_0) + g^{(n)}(x_0)$$
$$(f-g)^{(n)}(x_0) = f^{(n)}(x_0) - g^{(n)}(x_0)$$
$$(\alpha f)^{(n)}(x_0) = \alpha f^{(n)}(x_0)$$

Aber auch für das Produkt fg zweier hinreichend oft differenzierbarer reeller Funktionen f und g kann leicht eine Rechenregel zur Berechnung von Ableitungen höherer Ordnung ermittelt werden. Denn durch wiederholte Anwendung der Produktregel (vgl. Satz 16.6c)) resultiert z. B. für die ersten drei Ableitungen von fg:

$$(fg)'(x_0) = f'(x_0)g(x_0) + f(x_0)g'(x_0)$$
$$(fg)''(x_0) = \big(f''(x_0)g(x_0) + f'(x_0)g'(x_0)\big)$$
$$\qquad\qquad + \big(f'(x_0)g'(x_0) + f(x_0)g''(x_0)\big)$$
$$\qquad\; = f''(x_0)g(x_0) + 2f'(x_0)g'(x_0) + f(x_0)g''(x_0)$$
$$(fg)'''(x_0) = \big(f'''(x_0)g(x_0) + f''(x_0)g'(x_0)\big)$$
$$\qquad\qquad + \big(2f''(x_0)g'(x_0) + 2f'(x_0)g''(x_0)\big)$$
$$\qquad\qquad + \big(f'(x_0)g''(x_0) + f(x_0)g'''(x_0)\big)$$
$$\qquad\; = f'''(x_0)g(x_0) + 3f''(x_0)g'(x_0) + 3f'(x_0)g''(x_0)$$
$$\qquad\qquad + f(x_0)g'''(x_0)$$

Durch Wiederholung erhält man auf diese Weise für ein allgemeines $n \in \mathbb{N}_0$ die nach dem deutschen Mathematiker *Gottfried Wilhelm Leibniz* (1646–1716) benannte **Leibnizsche Regel** zur Berechnung der höheren Ableitungen von Produkten zweier n-fach differenzierbarer Funktionen (vgl. Satz 16.22d)). Insgesamt gilt somit der folgende Satz:

G. W. Leibniz auf einer deutschen Briefmarke

Satz 16.22 (Rechenregeln für Ableitungen höherer Ordnung)

Es seien $f: D \subseteq \mathbb{R} \longrightarrow \mathbb{R}$ und $g: D \subseteq \mathbb{R} \longrightarrow \mathbb{R}$ zwei reelle Funktionen, die an der Stelle $x_0 \in D$ n-fach differenzierbar sind und $\alpha \in \mathbb{R}$. Dann sind die Funktionen

$$f+g,\; f-g,\; fg \; \text{und} \; \alpha f$$

ebenfalls an der Stelle x_0 n-fach differenzierbar und für die n-ten Ableitungen gilt:

a) $(f+g)^{(n)}(x_0) = f^{(n)}(x_0) + g^{(n)}(x_0)$
b) $(f-g)^{(n)}(x_0) = f^{(n)}(x_0) - g^{(n)}(x_0)$
c) $(\alpha f)^{(n)}(x_0) = \alpha f^{(n)}(x_0)$
d) $(fg)^{(n)}(x_0) = \sum_{k=0}^{n} \binom{n}{k} f^{(n-k)} g^{(k)}$ *(Leibnizsche Regel)*

Beweis: Den formalen Beweis der Aussagen a)-d) führt man leicht mittels vollständiger Induktion. ∎

Für $n = 1$, d.h für Ableitungen erster Ordnung, vereinfacht sich die Leibnizsche Regel zur Produktregel aus Satz 16.22c).

Die Leibnizsche Regel erinnert dabei stark an den Binomischen Lehrsatz $(a+b)^n = \sum_{k=0}^{n} \binom{n}{k} a^{n-k} b^k$ (vgl. (5.11)). Diese Ähnlichkeit ist kein Zufall, da der übliche Induktionsbeweis in beiden Fällen völlig analog verläuft. Es ist jedoch zu beachten, dass in Satz 16.22d) die – in Klammern angegebenen – oberen Indizes die Ordnung der jeweiligen Ableitung angeben und nicht die Potenzen wie beim Binomischen Lehrsatz.

Analog zur Verallgemeinerung der Produktregel durch die Leibnizsche Regel kann auch die Kettenregel auf Ableitungen höherer Ordnung verallgemeinert werden. Die resultierende Formel wird oftmals nach dem italienischen Mathematiker und Geistlichen *Francesco Faà di Bruno* (1825–1888) als **Formel von Faà di Bruno** bezeichnet. Die Anwendung und der Beweis dieser Formel gestaltet sich jedoch deutlich aufwendiger als die Anwendung und der Beweis der Leibnizschen Regel (siehe z. B. *Lange* [39], Seiten 91–93).

F. F. di Bruno

Beispiel 16.23 (Rechenregeln für höhere Ableitungen)

a) Die reelle Funktion

$$f: \mathbb{R} \longrightarrow \mathbb{R},\; x \mapsto 3x^4 - 5x^2 + \cos\left(\tfrac{x}{2}\right)$$

ist unendlich oft differenzierbar. Mit Satz 16.22a)-c) erhält man z. B. für die vierte Ableitung

$$f^{(4)}(x) = (3x^4)^{(4)} - (5x^2)^{(4)} + \cos^{(4)}\left(\tfrac{x}{2}\right)$$
$$= 72 + \frac{1}{16}\cos\left(\tfrac{x}{2}\right).$$

b) Die reelle Funktion $f: \mathbb{R} \longrightarrow \mathbb{R},\; x \mapsto x^2 \sin(x)$ ist unendlich oft differenzierbar. Mit der Leibnizschen Regel erhält man z. B. für die dritte Ableitung

$$f'''(x) = \binom{3}{0}(x^2)''' \sin(x) + \binom{3}{1}(x^2)'' \sin'(x)$$
$$\quad + \binom{3}{2}(x^2)' \sin''(x) + \binom{3}{3} x^2 \sin'''(x)$$
$$= 1 \cdot 0 \cdot \sin(x) + 3 \cdot 2 \cdot \cos(x)$$
$$\quad + 3 \cdot 2x \cdot (-\sin(x)) + 1 \cdot x^2 \cdot (-\cos(x))$$
$$= 6\cos(x) - 6x\sin(x) - x^2\cos(x).$$

16.7 Mittelwertsatz der Differentialrechnung

Kriterium von Fermat und Satz von Rolle

Die beiden folgenden Sätze sind nach dem französischen Mathematiker und Juristen *Pierre de Fermat* (1608–1665) bzw. dem französischen Mathematiker *Michel Rolle* (1652–1719) benannt. Sie sind der Ausgangspunkt für die Ermittlung einer Reihe grundlegender Eigenschaften differenzierbarer Funktionen.

Das folgende **Kriterium von Fermat** besagt, dass $f'(x_0) = 0$ bei einer differenzierbaren Funktion $f: (a, b) \longrightarrow \mathbb{R}$ eine notwendige Bedingung für ein (globales oder lokales) Minimum oder Maximum an der Stelle $x_0 \in (a, b)$ ist. Das heißt, die Tangente an den Graphen einer differenzierbaren Funktion $f: (a, b) \longrightarrow \mathbb{R}$ an einer (globalen oder lokalen) Extremalstelle $x_0 \in (a, b)$ ist stets **waagerecht** (vgl. Abbildungen 16.9 und 16.10). Das Kriterium von Fermat ist für die konkrete Ermittlung von Extremalstellen differenzierbarer Funktionen äußerst hilfreich, da es eine oftmals relativ leicht nachprüfbare notwendige Bedingung für Extremalstellen bereitstellt.

P. de Fermat

Satz 16.24 (Kriterium von Fermat)

Es sei $f: (a, b) \longrightarrow \mathbb{R}$ eine reelle differenzierbare Funktion, welche an der Stelle $x_0 \in (a, b)$ ein (lokales oder globales) Minimum oder Maximum besitzt. Dann gilt $f'(x_0) = 0$.

Beweis: Ist $x_0 \in (a, b)$ eine Stelle mit einem (lokalen oder globalen) Maximum, dann folgt aus der Differenzierbarkeit von f

$$0 \geq \lim_{\Delta x \downarrow 0} \frac{f(x_0 + \Delta x) - f(x_0)}{\Delta x} = f'(x_0) \quad \text{und}$$

$$0 \leq \lim_{\Delta x \uparrow 0} \frac{f(x_0 + \Delta x) - f(x_0)}{\Delta x} = f'(x_0).$$

Das heißt jedoch, dass $f'(x_0) = 0$ gelten muss. Im Falle eines (lokalen oder globalen) Minimums an der Stelle x_0 verläuft der Beweis völlig analog. ∎

Dieses Ergebnis motiviert die folgende Definition:

Definition 16.25 (Stationäre Stelle)

Ist $f: (a, b) \longrightarrow \mathbb{R}$ eine differenzierbare reelle Funktion und $x_0 \in (a, b)$ eine Stelle mit der Eigenschaft $f'(x_0) = 0$, dann heißt x_0 stationäre Stelle und $(x_0, f(x_0))$ stationärer Punkt der Funktion f.

Das Vorgehen bei der Bestimmung von stationären Stellen wird im folgenden Beispiel deutlich:

Beispiel 16.26 (Stationäre Stellen differenzierbarer Funktionen)

a) Die reelle Funktion $f: \mathbb{R} \longrightarrow \mathbb{R}$, $x \mapsto x^2 e^{-x}$ ist differenzierbar, und mit der Produktregel (vgl. Satz 16.6c)) erhält man für die erste Ableitung

$$f'(x) = 2x e^{-x} - x^2 e^{-x} = x(2-x) e^{-x}.$$

Wegen $e^{-x} \neq 0$ für alle $x \in \mathbb{R}$ besitzt f die beiden stationären Stellen $x_0 = 0$ und $x_1 = 2$ (vgl. Abbildung 16.9, links).

b) Die reelle Funktion $f: (-1, 1) \longrightarrow \mathbb{R}$, $x \mapsto x^2 \sqrt{1-x^2}$ ist differenzierbar, und mit der Produkt- sowie Kettenregel (vgl. Satz 16.6c) bzw. Satz 16.8) erhält man für die erste Ableitung

$$f'(x) = 2x\sqrt{1-x^2} + x^2 \frac{1}{2}(1-x^2)^{-\frac{1}{2}}(-2x)$$
$$= \frac{2x(1-x^2) - x^3}{\sqrt{1-x^2}} = \frac{x(2-3x^2)}{\sqrt{1-x^2}}.$$

Durch Lösen der Gleichung $x(2 - 3x^2) = 0$ erhält man die drei stationären Stellen $x_0 = 0$, $x_1 = \sqrt{\frac{2}{3}}$ und $x_2 = -\sqrt{\frac{2}{3}}$ (vgl. Abbildung 16.9, rechts).

Der folgende **Satz von Rolle** besagt, dass eine reelle stetige Funktion $f: [a, b] \to \mathbb{R}$, die auf dem offenen Intervall (a, b) differenzierbar ist und außerdem die Bedingung $f(a) = f(b)$ erfüllt, an mindestens einer Stelle $x_0 \in (a, b)$ die Ableitung Null aufweist und somit im Punkt $(x_0, f(x_0))$ eine **waagerechte** Tangente besitzt (vgl. Abbildung 16.10, rechts). Neben diesem Resultat kommt

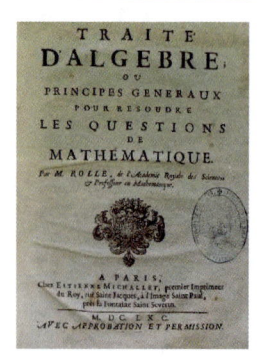

Titelseite des Traktats Traité d'algèbre von M. Rolle

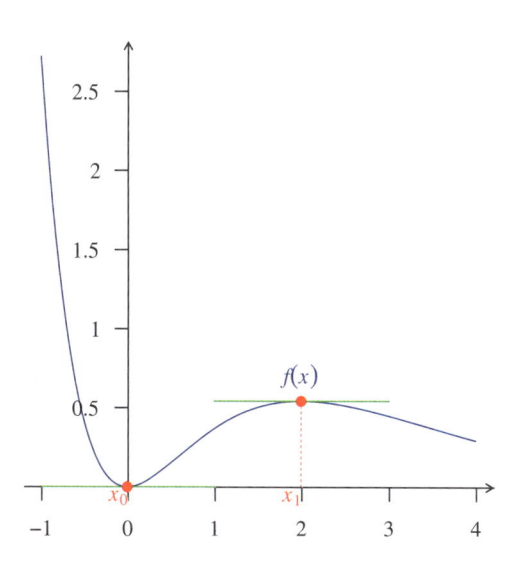

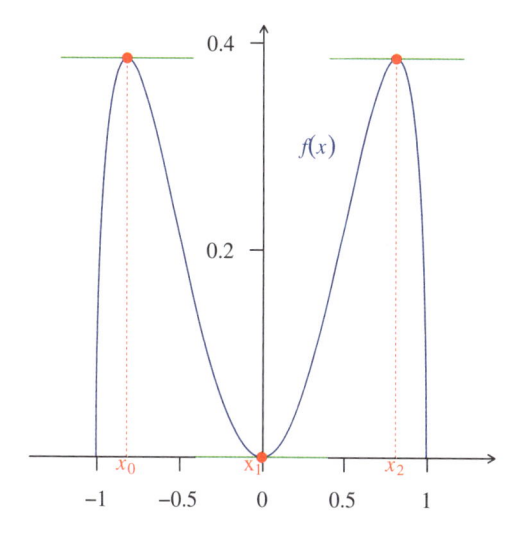

Abb. 16.9: Reelle Funktion $f: \mathbb{R} \longrightarrow \mathbb{R}$, $x \mapsto x^2 e^{-x}$ mit den beiden stationären Stellen x_0 und x_1 (links) und die reelle Funktion $f: (-1, 1) \longrightarrow \mathbb{R}$, $x \mapsto x^2\sqrt{1-x^2}$ mit den drei stationären Stellen x_0, x_1 und x_2 (rechts)

Michel Rolle (1652–1719) auch das Verdienst zu, dass er in seiner im Jahre 1690 erschienenen wissenschaftlichen Abhandlung „**Traité d'algèbre**" neben dem heute üblichen Symbol $\sqrt[n]{}$ für die n-te Wurzel auch eine Reihe anderer mathematischer Notationen einführte.

Satz 16.27 (Satz von Rolle)

Es sei $f: [a, b] \longrightarrow \mathbb{R}$ eine reelle stetige Funktion, welche auf dem offenen Intervall (a, b) differenzierbar ist und für die $f(a) = f(b)$ gilt. Dann gibt es ein $x_0 \in (a, b)$, so dass $f'(x_0) = 0$ gilt.

Beweis: Es sei angenommen, dass f auf dem Intervall $[a, b]$ konstant ist. Dann gilt $f'(x) = 0$ für alle $x \in [a, b]$ und damit insbesondere auch die Aussage. Es kann daher ohne Beschränkung der Allgemeinheit angenommen werden, dass f auf dem Intervall $[a, b]$ nicht konstant ist und es somit ein $x \in (a, b)$ mit $f(x) \neq f(a) = f(b)$, etwa $f(x) > f(a) = f(b)$, gibt. Gemäß dem Satz vom Minimum und Maximum (vgl. Satz 15.25) nimmt f als stetige Funktion auf dem Intervall $[a, b]$ sein globales Minimum und Maximum an. Wenn nun f an der Stelle $x_0 \in [a, b]$ z.B. ein globales Maximum besitzt, dann gilt $f(x_0) \geq f(x) > f(a) = f(b)$ und damit insbesondere $x_0 \in (a, b)$. Mit Satz 16.24 folgt daraus jedoch $f'(x_0) = 0$. Falls f an der Stelle x_0 ein globales Minimum besitzt, verläuft der Beweis völlig analog. ∎

Bei der Anwendung des Satzes von Rolle ist zu beachten, dass die Stetigkeit von $f: [a, b] \longrightarrow \mathbb{R}$ auf dem kompletten abgeschlossenen Intervall $[a, b]$ für die Gültigkeit des Satzes wesentlich ist. Denn zum Beispiel ist die Funktion

$$f: [0, 1] \longrightarrow \mathbb{R}, \ x \mapsto f(x) = \begin{cases} x & \text{für } 0 \leq x < 1 \\ 0 & \text{für } x = 1 \end{cases}$$

auf dem offenen Intervall $(0, 1)$ differenzierbar und es gilt $f(0) = f(1) = 0$. Die Funktion f ist jedoch an der Stelle $x = 1$ nicht stetig. Entsprechend gilt nun $f'(x) = 1$ für alle $x \in (0, 1)$ und es gibt somit kein $x_0 \in (0, 1)$ mit $f'(x_0) = 0$ (vgl. Abbildung 16.11, links).

Mittelwertsatz der Differentialrechnung

Der **Mittelwertsatz der Differentialrechnung** ist eine Verallgemeinerung des Satzes von Rolle (vgl. Satz 16.27). Aufgrund seiner vielen Anwendungen ist er eines der wichtigsten Resultate der Differentialrechnung. Zum einen lassen sich aus ihm wichtige Eigenschaften zur Charakterisierung von Extremalstellen ableiten und zum anderen ist er bei einer Reihe von Beweisen ein nützliches Hilfsmittel.

Der Mittelwertsatz besagt, dass es zu einer **Sekante** durch zwei beliebige Punkte $(a, f(a))$ und $(b, f(b))$ auf dem Graphen einer stetigen Funktion $f: [a, b] \longrightarrow \mathbb{R}$, die auf dem

Kapitel 16   **Differenzierbare Funktionen**

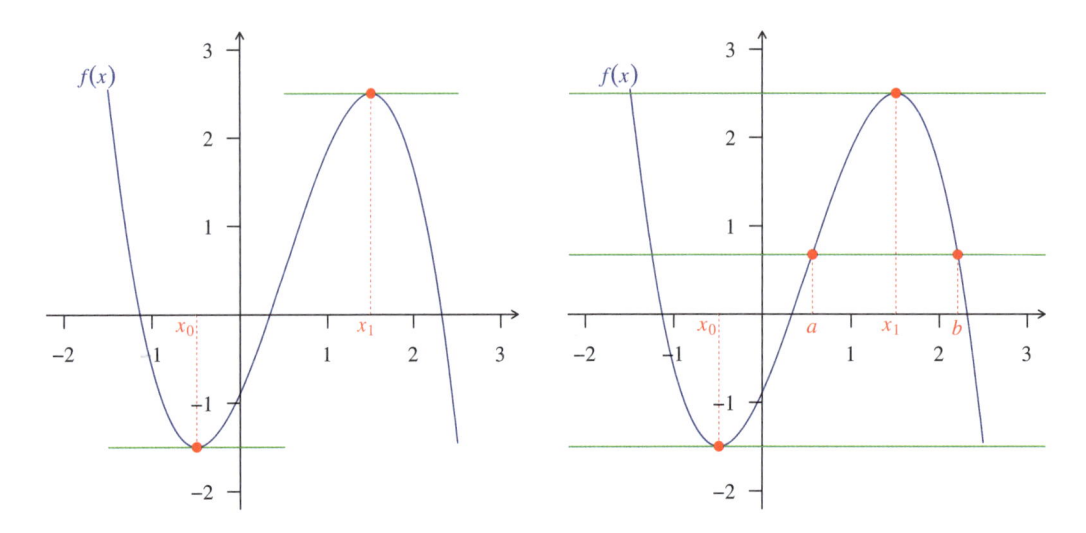

Abb. 16.10: Veranschaulichung des Satzes von Fermat (links) und des Satzes von Rolle (rechts)

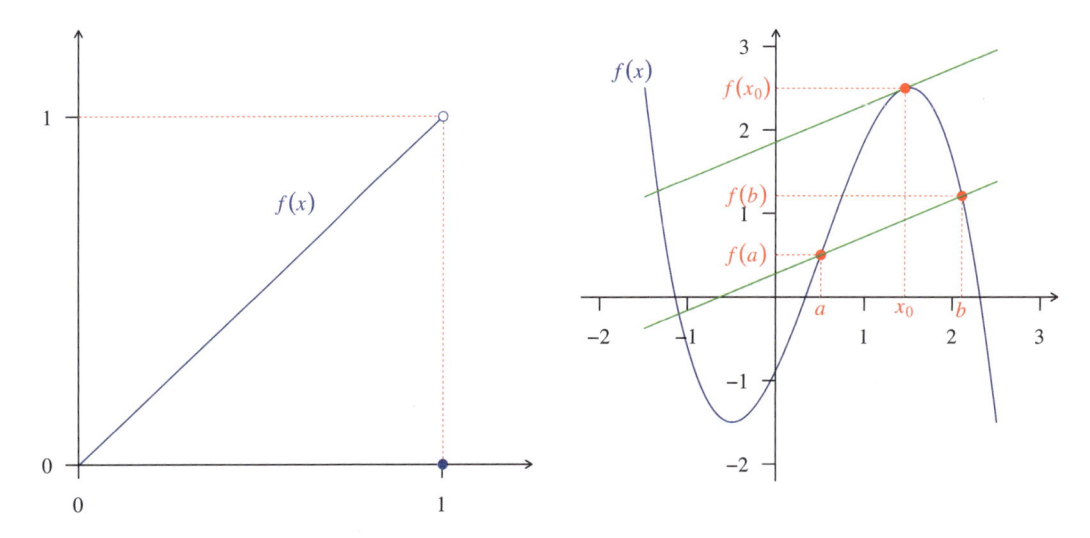

Abb. 16.11: Reelle Funktion $f: [0,1] \longrightarrow \mathbb{R}$, die nicht stetig ist und damit nicht die Voraussetzungen des Satzes von Rolle erfüllt (links), und Veranschaulichung des Mittelwertsatzes der Differentialrechnung (rechts)

offenen Intervall (a, b) zusätzlich differenzierbar ist, mindestens eine **Tangente** an den Graphen von f in einer Zwischenstelle $x_0 \in (a, b)$ gibt, die parallel zur Sekante ist. Das heißt, die Steigung $\frac{f(b)-f(a)}{b-a}$ der Sekante stimmt mit der Steigung $f'(x_0)$ der Tangente überein (vgl. Abbildung 16.11, rechts).

> **Satz 16.28** (Mittelwertsatz der Differentialrechnung)
>
> *Es sei $f: [a, b] \longrightarrow \mathbb{R}$ eine reelle stetige Funktion, die auf dem offenen Intervall (a, b) differenzierbar ist. Dann gibt es ein $x_0 \in (a, b)$ mit der Eigenschaft*
>
> $$\frac{f(b) - f(a)}{b - a} = f'(x_0).$$

Beweis: Die reelle Funktion

$$g: [a, b] \longrightarrow \mathbb{R}, \quad x \mapsto g(x) := f(x) - \frac{f(b) - f(a)}{b - a}(x - a)$$

ist stetig und auf dem Intervall (a, b) differenzierbar. Ferner gilt $g(a) = g(b) = f(a)$. Gemäß dem Satz von Rolle (vgl. Satz 16.27) existiert somit ein $x_0 \in (a, b)$ mit

$$0 = g'(x_0) = f'(x_0) - \frac{f(b) - f(a)}{b - a}.$$

Das heißt, es gilt die Behauptung

$$f'(x_0) = \frac{f(b) - f(a)}{b - a}. \qquad \blacksquare$$

Gilt zusätzlich zu den Annahmen in Satz 16.28 noch $f(a) = f(b)$, dann folgt aus dem Mittelwertsatz der Differentialrechnung die Existenz einer Stelle $x_0 \in (a, b)$ mit $f'(x_0) = 0$. Folglich erhält man in diesem Fall als Spezialfall des Mittelwertsatzes der Differentialrechnung den Satz von Rolle (vgl. Satz 16.27).

Der Mittelwertsatz der Differentialrechnung besitzt die folgende anschauliche Interpretation: Beschreibt die Funktion f die zurückgelegte Strecke in Abhängigkeit von der Zeit x, dann ist $f'(x)$ die Geschwindigkeit zum Zeitpunkt x und der Mittelwertsatz besagt, dass man auf dem Weg von der Universität Hamburg zur ETH Zürich mindestens zu einem Zeitpunkt genauso schnell gewesen ist wie die Durchschnittsgeschwindigkeit $\frac{f(b) - f(a)}{b - a}$.

In Beispiel 16.3a) wurde bereits gezeigt, dass die Ableitung einer konstanten reellen Funktion gleich Null ist. Mit Hilfe des Mittelwertsatzes kann nun leicht nachgewiesen werden, dass auch die Umkehrung dieser Aussage gilt:

Folgerung 16.29 (Erste Ableitung bei konstanten Funktionen)

Es seien $f: I \longrightarrow \mathbb{R}$ und $g: I \longrightarrow \mathbb{R}$ zwei reelle stetige Funktionen auf einem Intervall $I \subseteq \mathbb{R}$, die in allen inneren Stellen $x \in I$ differenzierbar sind. Dann gilt:

a) f ist konstant $\Longleftrightarrow f'(x) = 0$ für alle inneren Stellen $x \in I$

b) $f = g + c$ für eine geeignete Konstante $c \in \mathbb{R}$ $\Longleftrightarrow f'(x) = g'(x)$ für alle inneren Stellen $x \in I$

Beweis: Zu a): Ist $f: I \longrightarrow \mathbb{R}$ eine konstante reelle Funktion, dann gilt gemäß Beispiel 16.3a) $f'(x) = 0$ für alle $x \in I$. Es gelte nun umgekehrt $f'(x) = 0$ für alle inneren Stellen $x \in I$ und es sei $a \in I$ beliebig gewählt. Dann folgt mit dem Mittelwertsatz (vgl. Satz 16.28), dass es zu jedem $b \in I$ mit $b \neq a$

ein $x_0 \in (a, b) \subseteq I$ (falls $a < b$) oder ein $x_0 \in (b, a) \subseteq I$ (falls $a > b$) gibt, so dass

$$f(a) - f(b) = (a - b) f'(x_0)$$

gilt. Wegen $f'(x) = 0$ für alle inneren Stellen $x \in I$, folgt daraus $f(a) = f(b)$. Da $a \in I$ beliebig gewählt ist, impliziert dies jedoch $f(x) = f(b)$ für alle $x \in I$. Die Funktion f ist somit konstant gleich dem Wert $f(b)$.

Zu b): Die reelle Funktion $h: I \longrightarrow \mathbb{R}, \, x \mapsto h(x) := f(x) - g(x)$ ist stetig und in allen inneren Stellen $x \in I$ differenzierbar. Ferner gilt nach Voraussetzung $h'(x) = f'(x) - g'(x) = 0$ für alle inneren Stellen $x \in I$. Mit Aussage a) folgt somit, dass h konstant ist. Das heißt, es gibt eine Konstante $c \in \mathbb{R}$, so dass $f(x) - g(x) = c$ für alle $x \in I$ gilt. $\qquad \blacksquare$

In Kapitel 19 wird sich beim Beweis von Satz 19.19 zeigen, dass Satz 16.29b) im Zusammenhang mit sogenannten **Stammfunktionen** von großer Bedeutung ist.

Die Aussage des Mittelwertsatzes der Differentialrechnung lässt sich wie folgt auf den Quotienten zweier reeller differenzierbarer Funktionen verallgemeinern:

Satz 16.30 (Verallgemeinerter Mittelwertsatz der Differentialrechnung)

Es seien $f: [a, b] \longrightarrow \mathbb{R}$ und $g: [a, b] \longrightarrow \mathbb{R}$ zwei reelle stetige Funktionen, die auf dem offenen Intervall (a, b) differenzierbar sind mit $g'(x) \neq 0$ für alle $x \in (a, b)$. Dann gilt $g(a) \neq g(b)$ und es gibt ein $x_0 \in (a, b)$ mit der Eigenschaft

$$\frac{f(b) - f(a)}{g(b) - g(a)} = \frac{f'(x_0)}{g'(x_0)}. \qquad (16.21)$$

Beweis: Gemäß Satz 16.28 existiert ein $x_0 \in (a, b)$ mit $\frac{g(b) - g(a)}{b - a} = g'(x_0)$. Wegen $g'(x) \neq 0$ für alle $x \in (a, b)$ folgt daraus $g(a) \neq g(b)$. Die reelle Funktion

$$h: [a, b] \longrightarrow \mathbb{R},$$

$$x \mapsto h(x) := f(x) - f(a) - \frac{f(b) - f(a)}{g(b) - g(a)}(g(x) - g(a))$$

ist stetig und auf dem Intervall (a, b) differenzierbar. Ferner gilt $h(a) = h(b) = 0$. Gemäß dem Satz von Rolle (vgl. Satz 16.27) existiert somit ein $x_0 \in (a, b)$ mit

$$0 = h'(x_0) = f'(x_0) - \frac{f(b) - f(a)}{g(b) - g(a)} g'(x_0).$$

Das heißt, es gilt die Behauptung (16.21). $\qquad \blacksquare$

Mit $g(x) = x$ für alle $x \in [a, b]$ folgt aus Satz 16.30 der Mittelwertsatz der Differentialrechnung (vgl. Satz 16.28). Gilt zusätzlich $f(a) = f(b)$, dann erhält man den Satz von Rolle (vgl. Satz 16.27).

Zusammenhang zwischen Monotonie und erster Ableitung

In Abschnitt 13.3 wurden die Begriffe **Monotonie** und **strenge Monotonie** eingeführt. Im Folgenden wird nun mit Hilfe des Mittelwertsatzes gezeigt, dass bei einer differenzierbaren reellen Funktion f zwischen ihren Monotonieeigenschaften und ihrer ersten Ableitung ein einfacher Zusammenhang besteht. Dieser Zusammenhang erlaubt es, die Existenz von Extremalstellen zu den lokalen Monotonieeigenschaften einer differenzierbaren Funktion in Beziehung zu setzen.

> **Satz 16.31** (Zusammenhang Monotonie und erste Ableitung)
>
> Es sei $f: I \longrightarrow \mathbb{R}$ eine reelle stetige Funktion auf einem Intervall $I \subseteq \mathbb{R}$, die an allen inneren Stellen $x \in I$ differenzierbar ist. Dann gilt:
>
> a) $f'(x) \geq 0$ für alle inneren Stellen $x \in I \iff f$ ist monoton wachsend
>
> b) $f'(x) \leq 0$ für alle inneren Stellen $x \in I \iff f$ ist monoton fallend
>
> c) $f'(x) > 0$ für alle inneren Stellen $x \in I \implies f$ ist streng monoton wachsend
>
> d) $f'(x) < 0$ für alle inneren Stellen $x \in I \implies f$ ist streng monoton fallend

Beweis: Zu a): Es gelte $f'(x) \geq 0$ für alle inneren Stellen $x \in I$ und $a, b \in I$ mit $a < b$. Dann folgt mit dem Mittelwertsatz (vgl. Satz 16.28), dass es ein $x_0 \in (a,b)$ mit

$$\frac{f(b) - f(a)}{b - a} = f'(x_0)$$

gibt. Wegen $f'(x_0) \geq 0$ impliziert dies jedoch $f(b) \geq f(a)$. Das heißt, f ist monoton wachsend.

Umgekehrt sei nun angenommen, dass f monoton wachsend und x_0 eine innere Stelle von I ist. Ferner sei $\Delta x > 0$, so dass $x_0 + \Delta x \in I$ gilt. Dann folgt $f(x_0 + \Delta x) - f(x_0) \geq 0$ falls $\Delta x > 0$ und $f(x_0 + \Delta x) - f(x_0) \leq 0$ falls $\Delta x < 0$ gilt. Daraus folgt

$$\frac{f(x_0 + \Delta x) - f(x_0)}{\Delta x} \geq 0$$

für alle $\Delta x \neq 0$ und damit insbesondere

$$f'(x_0) = \lim_{\Delta x \to 0} \frac{f(x_0 + \Delta x) - f(x_0)}{\Delta x} \geq 0.$$

Zu b): Die Funktion f ist genau dann monoton fallend, wenn die Funktion $-f$ monoton wachsend ist. Gemäß Aussage a) ist dies jedoch genau dann der Fall, wenn $-f'(x) \geq 0$ und damit $f'(x) \leq 0$ für alle inneren Stellen x von I gilt.

Zu c): Es gelte $f'(x) > 0$ für alle inneren Stellen $x \in I$ und $a, b \in I$ mit $a < b$. Dann zeigt man analog zum ersten Teil der Aussage a), dass

$$\frac{f(b) - f(a)}{b - a} > 0$$

gilt. Dies impliziert jedoch $f(b) > f(a)$. Die Funktion f ist somit streng monoton wachsend.

Zu d): Es gilt $f'(x) < 0$ für alle inneren Stellen $x \in I$ genau dann, wenn $-f'(x) > 0$ für alle inneren Stellen $x \in I$ gilt. Gemäß Aussage c) impliziert dies jedoch, dass $-f$ streng monoton wachsend bzw. f streng monoton fallend ist. ∎

Bei der strengen Monotonie in Satz 16.31 c) und d) gilt nur eine Richtung: Aus $f'(x) > 0$ oder $f'(x) < 0$ für alle inneren Stellen folgt, dass f streng monoton wachsend bzw. streng monoton fallend ist. Die Umkehrung dieser Aussage gilt jedoch nicht. Das heißt, es gibt streng monotone Funktionen f mit $f'(x) = 0$ für einzelne innere Stellen x von I. Zum Beispiel ist die Funktion $f: \mathbb{R} \longrightarrow \mathbb{R}$, $x \mapsto f(x) = x^3$ streng monoton wachsend, aber es gilt $f'(x) = 3x^2$ und damit insbesondere $f'(0) = 0$ (vgl. Abbildung 16.12, links).

Bei einer differenzierbaren reellen Funktion $f: I \subseteq \mathbb{R} \longrightarrow \mathbb{R}$ liefert die erste Ableitung für die strenge Monotonie eine hinreichende Bedingung, während sie für die (nicht strenge) Monotonie sogar eine hinreichende und notwendige Bedingung bereitstellt.

> **Beispiel 16.32** (Monotonieverhalten und erste Ableitung)
>
> a) Für die differenzierbare Funktion $f: I \subseteq \mathbb{R} \longrightarrow \mathbb{R}$ in Abbildung 16.12, rechts gilt $f'(x) < 0$ für alle $x \in [x_0, x_1] \cup [x_2, x_3]$ und $f'(x) > 0$ für alle $x \in (x_1, x_2)$. Das heißt, die Funktion f ist streng monoton fallend auf den Teilintervallen $[x_0, x_1]$ und $[x_2, x_3]$ sowie streng monoton wachsend auf dem Teilintervall $[x_1, x_2]$. Weiter gilt $f'(x_1) = f'(x_2) = 0$. Die Funktion f besitzt somit bei x_1 und x_2 stationäre Stellen.
>
> b) Die reelle Funktion
>
> $$f: \mathbb{R} \longrightarrow \mathbb{R}, \ x \mapsto \frac{x}{\sqrt{1 + x^2}}$$
>
> ist differenzierbar und mit der Quotientenregel (vgl. Satz 16.6e)) erhält man für die erste Ableitung
>
> $$f'(x) = \frac{\sqrt{1+x^2} - x\frac{1}{2}(1+x^2)^{-\frac{1}{2}} 2x}{1+x^2}$$
> $$= \frac{1 + x^2 - x^2}{(\sqrt{1+x^2})^3} = \frac{1}{(\sqrt{1+x^2})^3} > 0.$$

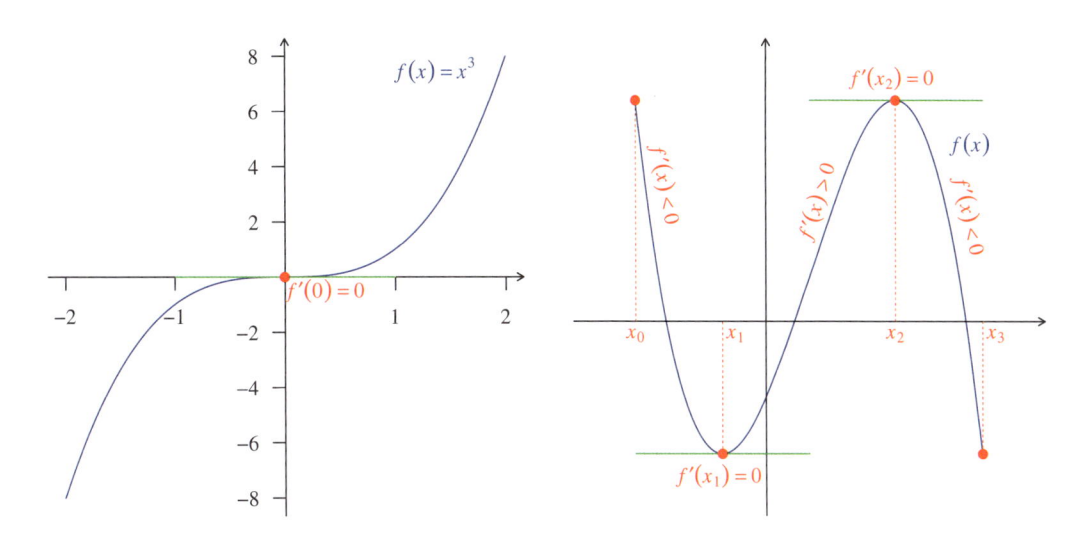

Abb. 16.12: Reelle Funktion $f : \mathbb{R} \longrightarrow \mathbb{R}$, $x \mapsto x^3$ mit $f'(0) = 0$ (links) und reelle Funktion f mit unterschiedlichem Monotonieverhalten auf den Teilintervallen $[x_0, x_1]$, $[x_1, x_2]$ und $[x_2, x_3]$ (rechts)

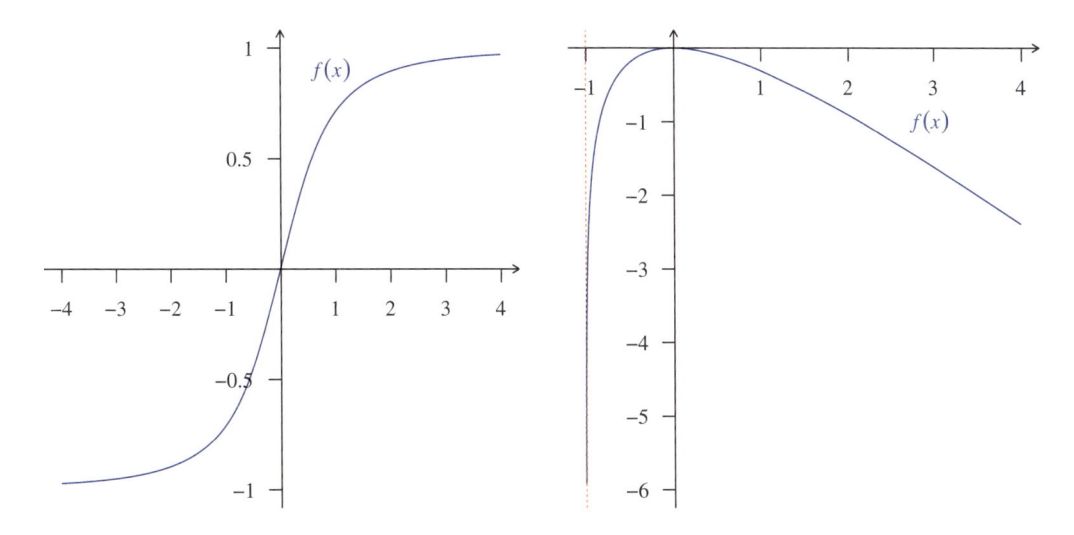

Abb. 16.13: Reelle Funktion $f : \mathbb{R} \longrightarrow \mathbb{R}$, $x \mapsto \frac{x}{\sqrt{1+x^2}}$ (links) und reelle Funktion $f : (-1, \infty) \longrightarrow \mathbb{R}$, $x \mapsto \ln(1+x) - x$ (rechts)

Das heißt, die Funktion f ist streng monoton wachsend (vgl. Abbildung 16.13, links).

c) Die reelle Funktion
$$f : (-1, \infty) \longrightarrow \mathbb{R}, \quad x \mapsto \ln(1+x) - x$$
ist differenzierbar und besitzt die erste Ableitung
$$f'(x) = \frac{1}{1+x} - 1 = -\frac{x}{1+x}.$$

Es gilt somit $f'(x) > 0$ für alle $x \in (-1, 0)$, $f'(x) < 0$ für alle $x \in (0, \infty)$ und $f'(0) = 0$. Die reelle Funktion f ist folglich auf $(-1, 0]$ streng monoton wachsend, auf $[0, \infty)$ streng monoton fallend und besitzt bei $x = 0$ eine stationäre Stelle (vgl. Abbildung 16.13, rechts).

Zusammenhang zwischen Krümmung und ersten beiden Ableitungen

In Abschnitt 13.4 wurden zur Beschreibung der Krümmungseigenschaften einer reellen Funktion f die Begriffe (strenge) **Konvexität** und (strenge) **Konkavität** eingeführt (vgl. Definition 13.14). Jedoch kann die Untersuchung der Krümmungseigenschaften einer reellen Funktion ausschließlich anhand der Definition 13.14 schnell sehr mühsam werden kann. Es ist daher sowohl von theoretischer als auch von praktischer Bedeutung, dass sich neben den Monotonie- auch die Krümmungseigenschaften einer reellen Funktion f durch die ersten beiden Ableitungen charakterisieren lassen, die Existenz dieser Ableitungen natürlich vorausgesetzt.

Zum Beispiel lassen die beiden Graphen links oben und links unten in Abbildung 13.6 vermuten, dass bei einer konvexen Funktion f der Anstieg mit wachsendem x zunimmt. In die Sprache der Differentialrechnung übersetzt bedeutet dies, dass die erste Ableitung f' eine monoton steigende Funktion ist und damit insbesondere $f''(x) \geq 0$ gilt. Analog legen die beiden Graphen rechts oben und rechts unten in Abbildung 13.6 nahe, dass bei einer konkaven Funktion f der Anstieg mit wachsendem x abnimmt und die erste Ableitung f' somit eine monoton fallende Funktion ist bzw. $f''(x) \leq 0$ gilt.

Diese Beobachtungen werden durch den folgenden Satz, dessen Beweis ebenfalls auf dem Mittelwertsatz basiert, und die sich anschließende Folgerung 16.34 präzisiert.

> **Satz 16.33** (Zusammenhang Krümmung und erste Ableitung)
>
> Es sei $f: I \longrightarrow \mathbb{R}$ eine differenzierbare Funktion auf einem Intervall $I \subseteq \mathbb{R}$. Dann gilt:
> a) f' (streng) monoton wachsend $\iff$ f ist (streng) konvex
> b) f' (streng) monoton fallend $\iff$ f ist (streng) konkav

Beweis: Zu a): Es sei f' monoton wachsend und $x = (1-\lambda)x_1 + \lambda x_2$ mit $\lambda \in (0,1)$. Gemäß dem Mittelwertsatz (vgl. Satz 16.28) gibt es zu jedem $x \in (x_1, x_2)$ ein $\xi_1 \in (x_1, x)$ und ein $\xi_2 \in (x, x_2)$, so dass

$$\frac{f(x) - f(x_1)}{x - x_1} = f'(\xi_1) \quad \text{bzw.} \quad \frac{f(x_2) - f(x)}{x_2 - x} = f'(\xi_2)$$

gilt. Da f' monoton wachsend ist und $\xi_1 \leq \xi_2$ gilt, erhält man daraus zusammen mit $x_1 - x = \lambda(x_1 - x_2)$ und $x_2 - x = (1-\lambda)(x_2 - x_1)$

$$(1-\lambda)f(x_1) + \lambda f(x_2) - f(x)$$
$$= (1-\lambda)\bigl(f(x_1) - f(x)\bigr) + \lambda\bigl(f(x_2) - f(x)\bigr)$$
$$= (1-\lambda)f'(\xi_1)(x_1 - x) + \lambda f'(\xi_2)(x_2 - x)$$
$$= (1-\lambda)f'(\xi_1)\lambda(x_1 - x_2) + \lambda f'(\xi_2)(1-\lambda)(x_2 - x_1)$$
$$= \lambda(1-\lambda)(x_2 - x_1)\bigl(f'(\xi_2) - f'(\xi_1)\bigr) \geq 0. \quad (16.22)$$

Das heißt, f ist konvex (vgl. Definition 13.14a). Falls f' sogar streng monoton wachsend ist, gilt $f'(\xi_2) > f'(\xi_1)$ und man erhält somit in (16.22) die strikte Ungleichung

$$(1-\lambda)f(x_1) + \lambda f(x_2) - f(x) > 0.$$

Die Funktion f ist somit streng konvex (vgl. Definition 13.14c)).

Umgekehrt sei nun f konvex und $x_1, x_2 \in I$ mit $x_1 < x_2$. Für die Gerade g durch die Punkte $(x_1, f(x_1))$ und $(x_2, f(x_2))$ gilt dann

$$f(x) \leq g(x) \quad (16.23)$$

für alle $x = (1-\lambda)x_1 + \lambda x_2$ mit $\lambda \in (0,1)$. Nach Subtraktion von $f(x_1) = g(x_1)$ und Division durch $x - x_1 > 0$ erhält man daraus

$$\frac{f(x) - f(x_1)}{x - x_1} \leq \frac{g(x) - g(x_1)}{x - x_1} =: m,$$

wobei m die Steigung der Geraden g ist. Für $x \downarrow x_1$ erhält man daraus $f'(x_1) \leq m$. Analog folgt aus (16.23) nach Subtraktion von $f(x_2) = g(x_2)$ und Division durch $x - x_2 < 0$

$$\frac{f(x) - f(x_2)}{x - x_2} \geq \frac{g(x) - g(x_2)}{x - x_2} = m.$$

Für $x \uparrow x_2$ erhält man daraus $f'(x_2) \geq m$. Insgesamt gilt somit $f'(x_1) \leq f'(x_2)$ für $x_1 < x_2$. Das heißt, f' ist monoton wachsend. Falls f sogar streng konvex ist, gilt in (16.23) $f(x) < g(x)$. Damit erhält man völlig analog $f'(x_1) < f'(x_2)$ für $x_1 < x_2$ und somit für f strenge Monotonie.

Zu b): Die Funktion f ist genau dann (streng) konkav, wenn $-f$ (streng) konvex ist. Gemäß Aussage a) ist dies jedoch genau dann der Fall, wenn $-f'$ (streng) monoton wachsend und damit $f' = -(-f')$ (streng) monoton fallend ist. ∎

Wird Satz 16.31 auf die erste Ableitung f' einer zweimal differenzierbaren Funktion f angewandt, dann erhält man aus Satz 16.33 die folgenden leicht nachprüfbaren Konvexitäts- und Konkavitätskriterien:

Folgerung 16.34 (Zusammenhang Krümmung und zweite Ableitung)

Es sei $f: I \longrightarrow \mathbb{R}$ eine stetige Funktion auf einem Intervall $I \subseteq \mathbb{R}$, die an allen inneren Stellen $x \in I$ zweimal differenzierbar ist. Dann gilt:

a) $f''(x) \geq 0$ für alle inneren Stellen $x \in I \iff f$ ist konvex

b) $f''(x) \leq 0$ für alle inneren Stellen $x \in I \iff f$ ist konkav

c) $f''(x) > 0$ für alle inneren Stellen $x \in I \implies f$ ist streng konvex

d) $f''(x) < 0$ für alle inneren Stellen $x \in I \implies f$ ist streng konkav

e) $f''(x) = 0$ für alle inneren Stellen $x \in I \iff f$ ist affin-linear

Beweis: Zu a) und b): Gemäß Satz 16.31a) und b) gilt $f''(x) \geq 0$ (bzw. $f''(x) \leq 0$) für alle inneren Stellen $x \in I$ genau dann, wenn f' monoton wachsend (bzw. monoton fallend) ist. Dies ist jedoch nach Satz 16.33a) und b) dazu äquivalent, dass f konvex (bzw. konkav) ist.

Zu c) und d): Gemäß Satz 16.31c) und d) gilt $f''(x) > 0$ (bzw. $f''(x) < 0$) für alle inneren Stellen $x \in I$ genau dann, wenn f' streng monoton wachsend (bzw. streng monoton fallend) ist. Dies ist jedoch nach Satz 16.33a) und b) dazu äquivalent, dass f streng konvex (bzw. konkav) ist.

Zu e): Gemäß Folgerung 16.29a) gilt $f''(x) = 0$ für alle inneren Stellen $x \in I$ genau dann, wenn f' eine konstante Funktion ist. Dies ist jedoch genau dann der Fall, wenn f eine affin-lineare Funktion ist. ∎

Bei der strengen Konvexität und strengen Konkavität in Folgerung 16.34 c) und d) gilt nur eine Richtung: Aus $f''(x) > 0$ oder $f''(x) < 0$ für alle inneren Stellen folgt, dass f streng konvex bzw. streng konkav ist. Die Umkehrung dieser Aussage gilt jedoch nicht. Das heißt, es gibt streng konvexe Funktionen und streng konkave Funktionen f mit $f''(x) = 0$ für einzelne innere Stellen x von I. Zum Beispiel ist die reelle Funktion $f: \mathbb{R} \longrightarrow \mathbb{R}$, $x \mapsto f(x) = x^4$ streng konvex, es gilt jedoch $f''(x) = 12x^2$ und damit insbesondere $f''(0) = 0$. (vgl. Abbildung 16.14, links).

Bei einer zweimal differenzierbaren reellen Funktion $f: I \subseteq \mathbb{R} \longrightarrow \mathbb{R}$ liefert die zweite Ableitung für die strenge Konvexität und Konkavität eine hinreichende Bedingung, während sie für die (nicht strenge) Konvexität und Konkavität sogar eine hinreichende und notwendige Bedingung bereitstellt.

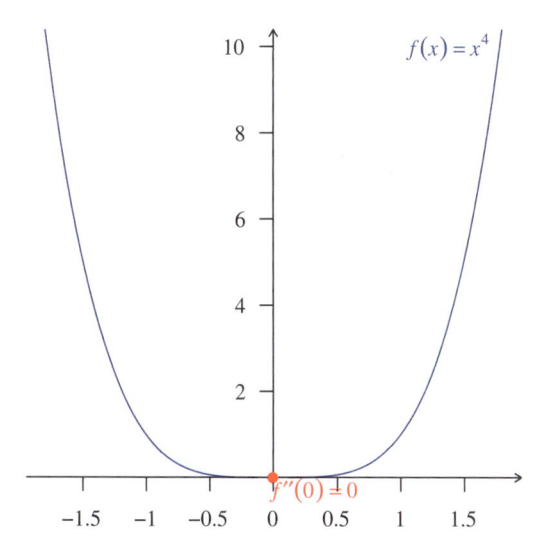

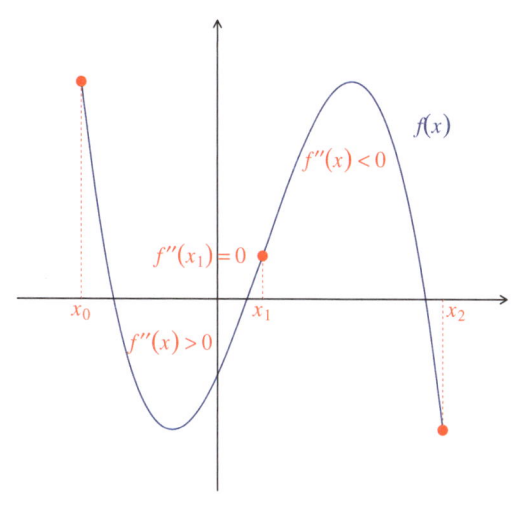

Abb. 16.14: Reelle Funktion $f: \mathbb{R} \longrightarrow \mathbb{R}$, $x \mapsto x^4$ mit $f''(0) = f'(0) = 0$ (links) und reelle Funktion f mit unterschiedlichem Krümmungsverhalten auf den beiden Teilintervallen $[x_0, x_1]$ und $[x_1, x_2]$ (rechts)

Kapitel 16 — Differenzierbare Funktionen

Beispiel 16.35 (Krümmungsverhalten und die ersten zwei Ableitungen)

a) Für die reelle Funktion $f: I \subseteq \mathbb{R} \longrightarrow \mathbb{R}$ in Abbildung 16.14, rechts gilt $f''(x) > 0$ für alle $x \in [x_0, x_1)$ und $f''(x) < 0$ für alle $x \in (x_1, x_2]$. Die Funktion f ist somit auf dem Teilintervall $[x_0, x_1]$ streng konvex und auf dem Teilintervall $[x_1, x_2]$ streng konkav. Ferner gilt $f''(x_1) = 0$.

b) Für die ersten beiden Ableitungen der Potenzfunktion
$$f: \mathbb{R}_+ \setminus \{0\} \longrightarrow \mathbb{R}, \quad x \mapsto f(x) = x^c$$
mit $c \in \mathbb{R}$ gilt
$$f'(x) = cx^{c-1} \begin{cases} > 0 & \text{für } c > 0 \\ = 0 & \text{für } c = 0 \\ < 0 & \text{für } c < 0 \end{cases}$$
und
$$f''(x) = c(c-1)x^{c-2} \begin{cases} > 0 & \text{für } c > 1 \text{ oder } c < 0 \\ = 0 & \text{für } c = 0 \text{ oder } c = 1 \\ < 0 & \text{für } c \in (0, 1) \end{cases}.$$

Die Potenzfunktion f ist somit für $c > 1$ streng monoton wachsend und streng konvex, für $c = 1$ streng monoton wachsend und linear (d. h. sowohl konvex als auch konkav), für $c \in (0, 1)$ streng monoton wachsend und streng konkav, für $c = 0$ konstant gleich Eins (d. h. sowohl monoton wachsend als auch monoton fallend sowie sowohl konvex als auch konkav) und schließlich für $c < 0$ streng monoton fallend und streng konvex (vgl. Abbildung 16.15, links).

c) Für die ersten beiden Ableitungen der reellen Funktion
$$f: [0, 2\pi] \longrightarrow \mathbb{R}, \quad x \mapsto f(x) = \frac{x}{2} + \cos(x)$$
gilt
$$f'(x) = \frac{1}{2} - \sin(x) \begin{cases} \geq 0 & \text{für } x \in [0, \frac{\pi}{6}] \cup [\frac{5\pi}{6}, 2\pi] \\ \leq 0 & \text{für } x \in [\frac{\pi}{6}, \frac{5\pi}{6}] \end{cases}$$
und
$$f''(x) = -\cos(x) \begin{cases} \geq 0 & \text{für } x \in [\frac{\pi}{2}, \frac{3\pi}{2}] \\ \leq 0 & \text{für } x \in [0, \frac{\pi}{2}] \cup [\frac{3\pi}{2}, 2\pi] \end{cases}.$$

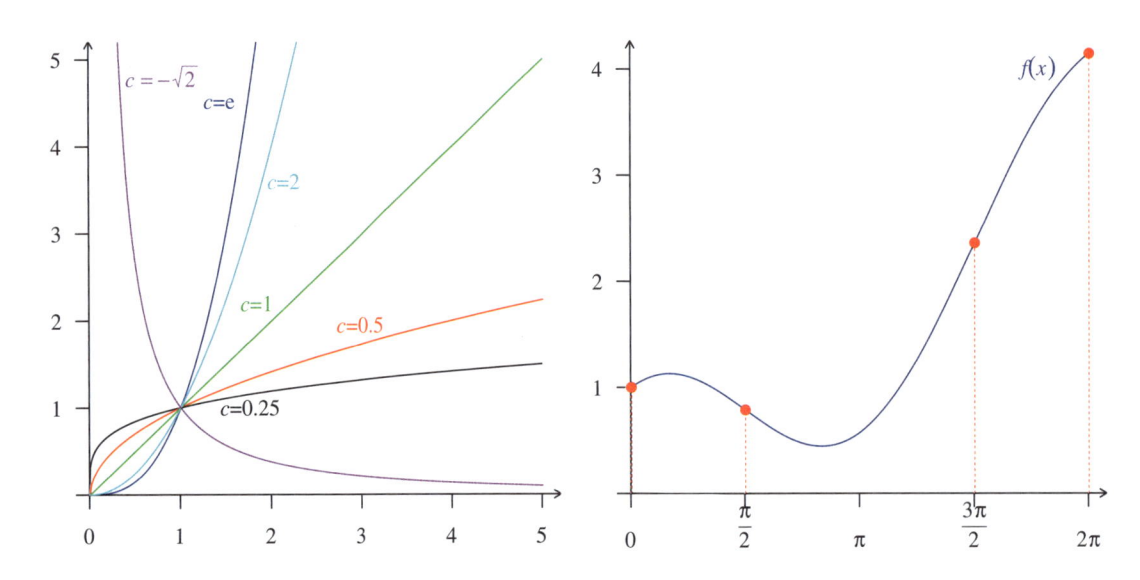

Abb. 16.15: Potenzfunktion $f: \mathbb{R}_+ \setminus \{0\} \longrightarrow \mathbb{R}$, $x \mapsto f(x) = x^c$ mit unterschiedlichem Krümmungsverhalten für verschiedene Exponenten $c \in \mathbb{R}$ (links) und reelle Funktion $f: [0, 2\pi] \longrightarrow \mathbb{R}$, $x \mapsto f(x) = \frac{x}{2} + \cos(x)$ mit unterschiedlichem Krümmungsverhalten auf den Teilintervallen $[0, \frac{\pi}{2}]$, $[\frac{\pi}{2}, \frac{3}{2}\pi]$ und $[\frac{3}{2}\pi, 2\pi]$ (rechts)

Das heißt, die Funktion f ist streng monoton wachsend auf den Teilintervallen $\left[0, \frac{\pi}{6}\right]$ und $\left[\frac{5\pi}{6}, 2\pi\right]$, streng monoton fallend auf dem Teilintervall $\left[\frac{\pi}{6}, \frac{5\pi}{6}\right]$, streng konvex auf dem Teilintervall $\left[\frac{\pi}{2}, \frac{3\pi}{2}\right]$ und streng konkav auf den Teilintervallen $\left[0, \frac{\pi}{2}\right]$ und $\left[\frac{3\pi}{2}, 2\pi\right]$ (vgl. Abbildung 16.15, rechts).

Beispiel 16.36 (Zinssensitivität des Bar- und Endwerts)

Eine Investition I mit erwarteten Auszahlungen $K_0, \ldots, K_n > 0$ zu den Zeitpunkten $t = 0, \ldots, n$ besitzt in Abhängigkeit vom Zinssatz $p > 0$ bei diskreter Verzinsung zum Zeitpunkt $t = n$ den **Endwert** und zum Zeitpunkt $t = 0$ den **Barwert**

$$I_n(p) = \sum_{t=0}^{n} K_t (1+p)^{n-t} \quad \text{bzw.}$$

$$I_0(p) = \sum_{t=0}^{n} K_t (1+p)^{-t}$$

(vgl. Beispiel 11.46). Das heißt, der End- und der Barwert einer Investition verändern sich mit dem Zinssatz p und unterliegen somit einem **Zinsänderungsrisiko**. Im Risikomanagement bestimmt man zur Quantifizierung der Auswirkung einer Zinsänderung von p zu $p + \Delta p$ approximativ die hieraus resultierenden End- und Barwertänderungen

$$\Delta I_n := I_n(p + \Delta p) - I_n(p) \quad \text{bzw.}$$
$$\Delta I_0 := I_0(p + \Delta p) - I_0(p).$$

Hierzu werden die ersten beiden Ableitungen von $I_n(p)$ und $I_0(p)$ bzgl. des Zinssatzes p analysiert. Für die ersten beiden Ableitungen des Endwertes gilt

$$I_n'(p) = \frac{1}{1+p} \sum_{t=0}^{n} (n-t) K_t (1+p)^{n-t} > 0 \quad \text{und}$$

$$I_n''(p) = \frac{1}{(1+p)^2} \sum_{t=0}^{n} (n-t)(n-t-1) K_t (1+p)^{n-t} > 0.$$

(16.24)

Der Endwert $I_n(p)$ ist somit eine streng monoton wachsende und streng konvexe Funktion des Zinssatzes p (vgl. Satz 16.31c) und 16.34c)). Bei steigendem Zinssatz p erhöht sich daher der Endwert $I_n(p)$.

Für die ersten beiden Ableitungen des Barwertes gilt dagegen

$$I_0'(p) = -\frac{1}{1+p} \sum_{t=0}^{n} t K_t (1+p)^{-t} < 0 \quad \text{und} \quad (16.25)$$

$$I_0''(p) = \frac{1}{(1+p)^2} \sum_{t=0}^{n} t(t+1) K_t (1+p)^{-t} > 0. \quad (16.26)$$

Der Barwert $I_0(p)$ ist also eine streng konvexe und streng monoton fallende Funktion des Zinssatzes p (vgl. Satz 16.31d). Das heißt, bei steigendem Zinssatz p verringert sich der Barwert $I_0(p)$ im Gegensatz zum Endwert $I_n(p)$. Zinsänderungseffekte wirken damit beim End- und Barwert in entgegengesetzte Richtungen (vgl. Abbildung 16.16, links).

Zur Analyse der Zinssensitivität des Barwertes wird im Risikomanagement häufig die sogenannte **absolute Duration**

$$D_A(p) := -I_0'(p) = \frac{1}{1+p} \sum_{t=0}^{n} t K_t (1+p)^{-t}$$

(16.27)

verwendet. Die absolute Duration entspricht folglich der mit -1 multiplizierten ersten Ableitung der Barwertfunktion $I_0(p)$, weshalb insbesondere $D_A(p) > 0$ gilt. Mit Hilfe der absoluten Duration $-D_A(p) = I_0'(p)$ wird die Barwertänderung $\Delta I_0 = I_0(p + \Delta p) - I_0(p)$ linear durch die entsprechende Änderung der Tangente an den Graphen der Barwertfunktion $I_0(p)$ approximiert:

$$\Delta I_0 \approx -D_A(p) \cdot \Delta p \quad (16.28)$$

Die absolute Duration $D_A(p)$ ist somit ein approximatives Maß für die Barwertänderung ΔI_0 bei einer Zinsänderung Δp. Das Zinsänderungsrisiko im Sinne einer Barwertänderung ist dabei umso größer, je höher die absolute Duration ist, während der Approximationsfehler umso größer ist, je größer Δp und je gekrümmter der Graph der Barwertfunktion $I_0(p)$, d. h. je größer $I_0''(p)$, ist. Der Effekt einer Zinserhöhung $p \to p + \Delta p$ auf den Barwert $I_0(p)$ wird somit überschätzt, wohingegen der Effekt einer Zinsverringerung $p \to p - \Delta p$ unterschätzt wird (vgl. Abbildung 16.16, rechts).

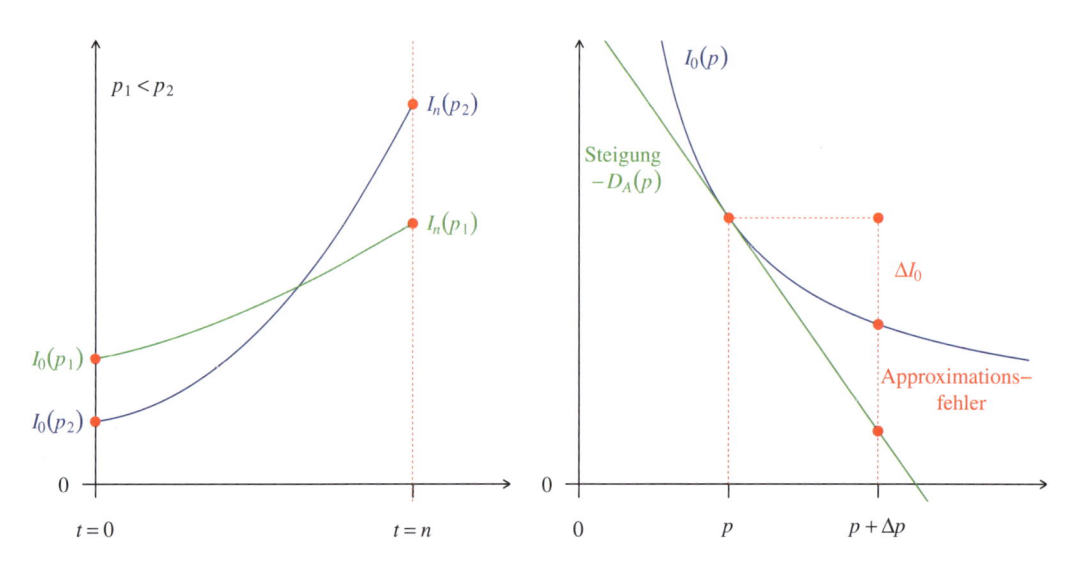

Abb. 16.16: Beziehung zwischen Barwert $I_0(p)$ und Endwert $I_n(p)$ für zwei verschiedene Zinssätze p_1 und p_2 mit $p_1 < p_2$ (links) und lineare Approximation der Barwertänderung ΔI_0 durch $-D_A(p) \cdot \Delta p$ mit Hilfe der absoluten Duration $D_A(p)$ (rechts)

Aus der absoluten Duration $D_A(p)$ lassen sich weitere Durationsmaße ableiten. Die bekanntesten sind die **modifizierte Duration**

$$D_M(p) := \frac{D_A(p)}{I_0(p)} = \frac{\frac{1}{1+p}\sum_{t=0}^{n} tK_t(1+p)^{-t}}{I_0(p)}$$

und die nach dem kanadischen Ökonomen *Frederick Robertson Macaulay* (1882–1970) bezeichnete **Macaulay-Duration**

$$D(p) := (1+p) D_M(p) = \frac{\sum_{t=0}^{n} tK_t(1+p)^{-t}}{I_0(p)}. \quad (16.29)$$

Die Macaulay-Duration wird jedoch oftmals auch nur **Duration** genannt. Sie kann als gewichtetes Mittel der Auszahlungszeitpunkte t mit Gewichten proportional zu den diskontierten Auszahlungen $K_t(1+p)^{-t} > 0$ interpretiert werden.

16.8 Regeln von L'Hôspital

Unbestimmte Ausdrücke

In Abschnitt 13.10 wurde der Begriff des Grenzwerts einer reellen Funktion eingeführt. Dabei wurden insbesondere auch eine Reihe von Regeln für das Rechnen mit Grenzwerten bereitgestellt.

Zum Beispiel wurde in Satz 13.41e) bewiesen, dass für den Grenzwert des Quotienten zweier reeller Funktionen $f: D \subseteq \mathbb{R} \longrightarrow \mathbb{R}$ und $g: D \subseteq \mathbb{R} \longrightarrow \mathbb{R}$ mit $\lim\limits_{x \to x_0} f(x) = c$ bzw. $\lim\limits_{x \to x_0} g(x) = d \in \mathbb{R} \setminus \{0\}$ die Rechenregel

$$\lim_{x \to x_0} \frac{f(x)}{g(x)} = \frac{c}{d}$$

gilt. Diese Rechenregel versagt jedoch, falls

$$\lim_{x \to x_0} f(x) = \lim_{x \to x_0} g(x) = 0 \quad \text{oder}$$

$$\lim_{x \to x_0} f(x) = \pm\infty \quad \text{und} \quad \lim_{x \to x_0} g(x) = \pm\infty \quad (16.30)$$

gilt. In diesen beiden Fällen wird dann für $\lim\limits_{x \to x_0} \frac{f(x)}{g(x)}$ häufig die Schreibweise

$$\frac{0}{0} \quad \text{bzw.} \quad \frac{\pm\infty}{\pm\infty} \quad (16.31)$$

verwendet. In einem solchen Fall hängt das Verhalten des Quotienten $\frac{f(x)}{g(x)}$ für $x \to x_0$ von der Geschwindigkeit ab, mit der die Funktionswerte $f(x)$ und $g(x)$ für $x \to x_0$ fallen bzw. steigen. Das heißt, es ist keine allgemeingültige Aussage bzgl. der Existenz und der Höhe des Grenzwertes von $\frac{f(x)}{g(x)}$ für $x \to x_0$ möglich und jede einzelne Problemstellung dieser Bauart erfordert eine gesonderte Betrachtung. Aus diesem Grund spricht man bei den beiden Symbolen in (16.31) sowie den Zeichen

$$0 \cdot \infty, \; 0 \cdot (-\infty), \; \infty - \infty, \; 0^0, \; \infty^0, \; 1^{\pm\infty},$$

die ähnlich gelagerte – und auf den nächsten Seiten ebenfalls betrachtete – Fälle charakterisieren, von **unbestimmten Ausdrücken** (vgl. hierzu auch Abschnitt 11.8).

Durch diese Bezeichnung wird der Tatsache Rechnung getragen, dass ohne weitere Untersuchungen keine allgemeingültigen Aussagen bzgl. der Existenz und der Höhe des Grenzwertes möglich sind. Denn wie die folgenden drei Beispiele zeigen, kann für $\lim_{x \to x_0} \frac{f(x)}{g(x)}$ je nach Geschwindigkeit, mit der die Funktionswerte $f(x)$ und $g(x)$ für $x \to x_0$ fallen bzw. steigen, ein ganz anderes Grenzverhalten resultieren:

$$\lim_{x \to 0} \frac{x^2}{x} = 0, \quad \lim_{x \to 0} \frac{5x}{x} = 5 \quad \text{und} \quad \lim_{x \to 0} \frac{x}{x^2} = \infty \quad (16.32)$$

Die Untersuchung von Grenzwerten der Form $\lim_{x \to x_0} \frac{f(x)}{g(x)}$ für die Fälle (16.30) wird in vielen verschiedenen mathematischen Fragestellungen benötigt und nicht immer ist ihre Ermittlung so einfach wie in (16.32). Zum Beispiel wurde zur Berechnung der ersten Ableitung der Sinusfunktion $f(x) = \sin(x)$ in Satz 16.16a) der Grenzwert

$$\lim_{x \to 0} \frac{\sin(x)}{x} \quad (16.33)$$

benötigt und in Beispiel 15.10a) verlangte die Untersuchung der reellen Funktion $f(x) = \frac{\sqrt{x+1}-1}{x}$ auf stetige Fortsetzbarkeit an der Stelle $x_0 = 0$ die Bestimmung des Grenzwertes

$$\lim_{x \to 0} \frac{\sqrt{x+1}-1}{x}. \quad (16.34)$$

Bei diesen beiden Grenzwertbetrachtungen ist das Ergebnis nicht mehr so offensichtlich wie in (16.32). Im ersten Fall resultiert als Grenzwert 1 und im zweiten Fall $\frac{1}{2}$.

Erste und zweite Regel von L'Hôspital

Unter Verwendung der Differentialrechnung ist es jedoch häufig möglich, auch kompliziertere Grenzwertprobleme wie z. B. (16.33) und (16.34) relativ einfach zu lösen. Sind nämlich $f: D \subseteq \mathbb{R} \longrightarrow \mathbb{R}$ und $g: D \subseteq \mathbb{R} \longrightarrow \mathbb{R}$ zwei reelle Funktionen, für die z. B.

$$\lim_{x \to x_0} f(x) = \lim_{x \to x_0} g(x) = 0$$

gilt und deren erste Ableitungen $f'(x_0)$ und $g'(x_0)$ mit $g'(x_0) \neq 0$ existieren, dann sind die Funktionen f und g an der Stelle x_0 auch stetig (vgl. Satz 16.5). Es gilt somit $f(x_0) = \lim_{x \to x_0} f(x) = 0$ und $g(x_0) = \lim_{x \to x_0} g(x) = 0$ und damit insbesondere

$$\lim_{x \to x_0} \frac{f(x)}{g(x)} = \lim_{x \to x_0} \frac{f(x) - f(x_0)}{g(x) - g(x_0)} = \lim_{x \to x_0} \frac{\frac{f(x)-f(x_0)}{x-x_0}}{\frac{g(x)-g(x_0)}{x-x_0}} = \frac{f'(x_0)}{g'(x_0)}$$

(vgl. Abbildung 16.17).

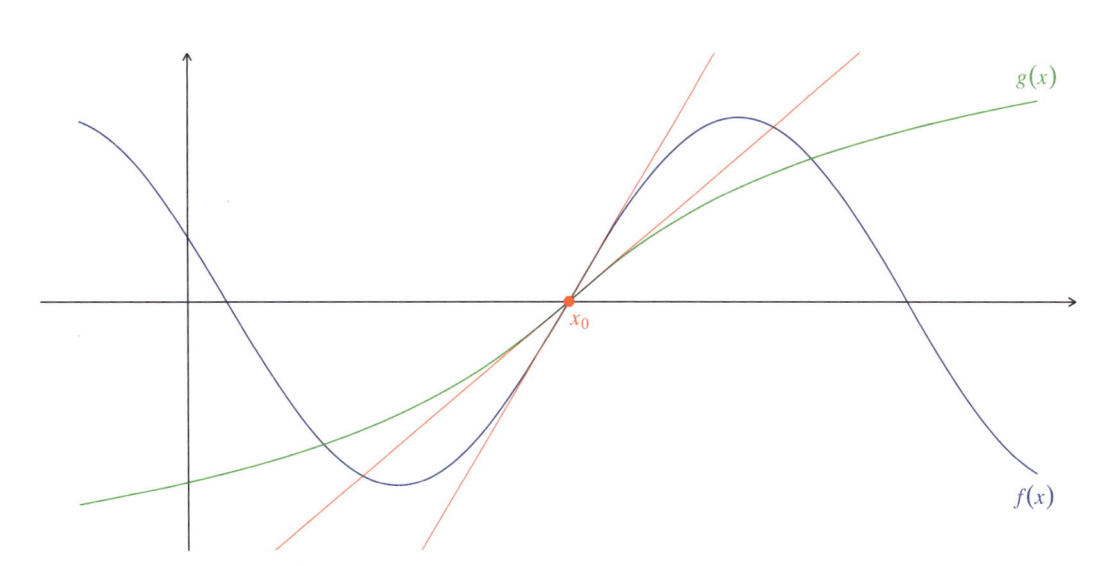

Abb. 16.17: Veranschaulichung des Zusammenhangs $\lim_{x \to x_0} \frac{f(x)}{g(x)} = \frac{f'(x_0)}{g'(x_0)}$ für zwei reelle differenzierbare Funktionen $f: D \subseteq \mathbb{R} \longrightarrow \mathbb{R}$ und $g: D \subseteq \mathbb{R} \longrightarrow \mathbb{R}$

Kapitel 16 — Differenzierbare Funktionen

Dieser Sachverhalt wird durch die beiden folgenden Sätze präzisiert, die häufig nach dem französischen Mathematiker *Guillaume Antoine de L'Hôspital* (1661–1704) als **erste** bzw. **zweite Regel von L'Hôspital** oder auch etwas scherzhaft als **Krankenhausregel** bezeichnet werden. Es ist allerdings festzuhalten, dass *De L'Hôspital* diese Regeln nicht selbst entdeckt, sondern sie von ihrem eigentlichen Entdecker, seinem akademischen Lehrer, dem schweizer Mathematiker *Johann Bernoulli* (1667–1748), abgekauft hat.

L'Hôspital

L'Hôspital kommt jedoch das Verdienst zu, 1696 mit der Monographie „**Analyse des infiniment petits**" das erste Lehrbuch zur Differentialrechnung geschrieben und veröffentlicht zu haben. Auf diese Weise hat er zur schnellen Verbreitung der Differentialrechnung wesentlich beigetragen.

J. Bernoulli

Mit der ersten Regel von L'Hôspital lassen sich Grenzwerte von reellen Funktionen, die sich als Quotient zweier gegen Null konvergierender Funktionen schreiben lassen, mit Hilfe der ersten Ableitungen dieser Funktionen berechnen. Das heißt, sie bezieht sich auf Grenzwertbetrachtungen der Struktur $\frac{0}{0}$:

Beweis: Wegen Eigenschaft a) können die Funktionen f und g durch die Festlegungen $f(b) := 0$ bzw. $g(b) := 0$ stetig auf $(a, b]$ fortgesetzt werden (vgl. Abschnitt 15.4). Im Folgenden sei $x \in \mathbb{R}$ mit $a < x < b$. Die Restriktionen der Funktionen f und g auf das Intervall $[x, b]$ erfüllen somit die Voraussetzungen des verallgemeinerten Mittelwertsatzes (vgl. Satz 16.30). Das heißt, es gibt ein $\xi \in (x, b)$ mit

$$\frac{f(x)}{g(x)} = \frac{f(x) - f(b)}{g(x) - g(b)} = \frac{f'(\xi)}{g'(\xi)}.$$

Da $x \uparrow b$ auch $\xi \uparrow b$ impliziert, erhält man daraus die Behauptung

$$\lim_{x \uparrow b} \frac{f(x)}{g(x)} = \lim_{\xi \uparrow b} \frac{f'(\xi)}{g'(\xi)}.$$

Der Beweis für die rechtsseitige Grenzwertbetrachtung $x \downarrow a$ verläuft analog. Die Beweise für die Grenzwertbetrachtungen $x \uparrow \infty$ und $x \downarrow -\infty$ werden über die Substitution $y = \frac{1}{b-x}$ mit $x \uparrow b$ bzw. $y = \frac{1}{a-x}$ mit $x \downarrow a$ auf die beiden ersten Fälle zurückgeführt. ∎

Mit der zweiten Regel von L'Hôspital lassen sich Grenzwerte von reellen Funktionen, die sich als Quotient zweier bestimmt divergierender Funktionen schreiben lassen, mit Hilfe der ersten Ableitungen dieser Funktionen berechnen. Sie bezieht sich somit auf Grenzwertbetrachtungen der Struktur $\frac{\pm\infty}{\pm\infty}$:

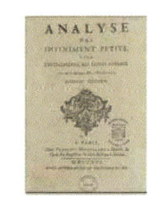

Titelblatt des Buches Analyse des infiniment petits von L'Hôspital

---

Satz 16.37 (Erste Regel von L'Hôspital)

Die reellen Funktionen $f, g : (a, b) \longrightarrow \mathbb{R}$ seien differenzierbar mit $g'(x) \neq 0$ für alle $x \in (a, b)$ und besitzen die beiden Eigenschaften:

a) $\lim\limits_{x \uparrow b} f(x) = \lim\limits_{x \uparrow b} g(x) = 0$

b) *Der Grenzwert* $\lim\limits_{x \uparrow b} \frac{f'(x)}{g'(x)}$ *existiert im eigentlichen oder uneigentlichen Sinne*

Dann gilt:

$$\lim_{x \uparrow b} \frac{f(x)}{g(x)} = \lim_{x \uparrow b} \frac{f'(x)}{g'(x)}$$

Eine analoge Aussage gilt unter entsprechend angepassten Voraussetzungen auch für die Grenzwertbetrachtungen $x \uparrow \infty$, $x \downarrow a$ und $x \downarrow -\infty$.

Satz 16.38 (Zweite Regel von L'Hôspital)

Die reellen Funktionen $f, g : (a, b) \longrightarrow \mathbb{R}$ seien differenzierbar mit $g'(x) \neq 0$ für alle $x \in (a, b)$ und besitzen die beiden Eigenschaften:

a) $\lim\limits_{x \uparrow b} f(x) = \pm\infty$ *bzw.* $\lim\limits_{x \uparrow b} g(x) = \pm\infty$

b) *Der Grenzwert* $\lim\limits_{x \uparrow b} \frac{f'(x)}{g'(x)}$ *existiert im eigentlichen oder uneigentlichen Sinne*

Dann gilt:

$$\lim_{x \uparrow b} \frac{f(x)}{g(x)} = \lim_{x \uparrow b} \frac{f'(x)}{g'(x)}$$

Eine analoge Aussage gilt unter entsprechend angepassten Voraussetzungen auch für die Grenzwertbetrachtungen $x \uparrow \infty$, $x \downarrow a$ und $x \downarrow -\infty$.

Beweis: Es gelte ohne Beschränkung der Allgemeinheit $\lim\limits_{x \uparrow b} f(x) = \infty$ und $\lim\limits_{x \uparrow b} g(x) = \infty$. Zunächst sei angenommen, dass der Grenzwert $\lim\limits_{x \uparrow b} \frac{f'(x)}{g'(x)} = c$ im eigentlichen Sinne existiert. Dann kann zu einem beliebig vorgegebenen $\varepsilon > 0$ ein $x_1 \in \mathbb{R}$ mit $a < x_1 < b$ hinreichend nahe bei b gewählt werden, so dass

$$\left| \frac{f'(x)}{g'(x)} - c \right| < \varepsilon \quad \text{und} \quad g(x) > 0 \quad (16.35)$$

für alle $x \in (x_1, b)$ gilt. Ferner ist es dann möglich ein $x_2 \in \mathbb{R}$ mit $x_1 < x_2 < b$ so zu wählen, dass auch

$$\left| \frac{f(x_1)}{g(x)} \right| < \varepsilon \quad \text{und} \quad \left| \frac{g(x_1)}{g(x)} \right| < \varepsilon \quad (16.36)$$

für alle $x \in (x_2, b)$ gilt. Da die Restriktionen der Funktionen f und g auf ein Intervall $[x_1, x]$ mit $x \in (x_2, b)$ die Voraussetzungen des verallgemeinerten Mittelwertsatzes (vgl. Satz 16.30) erfüllen, erhält man, dass es ein $\xi \in (x_1, x)$ mit

$$\frac{f(x) - f(x_1)}{g(x) - g(x_1)} = \frac{f'(\xi)}{g'(\xi)}$$

gibt. Multiplikation mit $g(x) - g(x_1)$ und Division durch $g(x) > 0$ ergibt weiter

$$\frac{f(x)}{g(x)} = \frac{f(x_1)}{g(x)} + \frac{f'(\xi)}{g'(\xi)} \left(1 - \frac{g(x_1)}{g(x)} \right),$$

woraus

$$\frac{f(x)}{g(x)} - c = \frac{f(x_1)}{g(x)} + \frac{f'(\xi)}{g'(\xi)} - c - \frac{f'(\xi)}{g'(\xi)} \frac{g(x_1)}{g(x)} \quad (16.37)$$

folgt. Wegen $\xi \in (x_1, b)$ und (16.35) gilt jedoch

$$\left| \frac{f'(\xi)}{g'(\xi)} \right| < |c| + \varepsilon$$

und zusammen mit (16.36) erhält man für (16.37) die Abschätzung

$$\left| \frac{f(x)}{g(x)} - c \right| < \varepsilon + \varepsilon + (|c| + \varepsilon)\varepsilon = (2 + |c| + \varepsilon)\varepsilon$$

für alle $x \in (x_2, b)$. Da eine solche Abschätzung für jedes $\varepsilon > 0$ möglich ist, impliziert sie die Behauptung

$$\lim\limits_{x \uparrow b} \frac{f(x)}{g(x)} = c = \lim\limits_{x \uparrow b} \frac{f'(x)}{g'(x)}.$$

Es sei nun $\lim\limits_{x \uparrow b} \frac{f'(x)}{g'(x)} = \infty$ ein Grenzwert im uneigentlichen Sinne. Dann gilt $\lim\limits_{x \uparrow b} \frac{g'(x)}{f'(x)} = 0$ und gemäß dem ersten Teil des Beweises damit auch $\lim\limits_{x \uparrow b} \frac{g(x)}{f(x)} = 0$. Ferner gibt es wegen $\lim\limits_{x \uparrow b} f(x) = \infty$ und $\lim\limits_{x \uparrow b} g(x) = \infty$ ein $x_1 \in (a, b)$, so dass $f(x) > 0$ und $g(x) > 0$ für alle $x \in (x_1, b)$ gilt. Somit gilt insbesondere auch $\frac{f(x)}{g(x)} > 0$ für alle $x \in (x_1, b)$. Zusammen mit $\lim\limits_{x \uparrow b} \frac{g(x)}{f(x)} = 0$ impliziert dies die Behauptung

$$\lim\limits_{x \uparrow b} \frac{f(x)}{g(x)} = \infty = \lim\limits_{x \uparrow b} \frac{f'(x)}{g'(x)}.$$

Der Beweis für die rechtsseitige Grenzwertbetrachtung $x \downarrow a$ verläuft analog. Die Beweise für die Grenzwertbetrachtungen $x \uparrow \infty$ und $x \downarrow -\infty$ werden über die Substitution $y = \frac{1}{b-x}$ mit $x \uparrow b$ bzw. $y = \frac{1}{a-x}$ mit $x \downarrow a$ auf die beiden anderen Fälle zurückgeführt. ∎

Der Nutzen der beiden Regeln von L'Hôspital liegt darin begründet, dass sich der Grenzwert $\lim\limits_{x \uparrow b} \frac{f'(x)}{g'(x)}$ häufig einfacher berechnen lässt als $\lim\limits_{x \uparrow b} \frac{f(x)}{g(x)}$.

Bei der Anwendung der Regeln von L'Hôspital muss jedoch stets überprüft werden, ob der Grenzwert $\lim\limits_{x \uparrow b} \frac{f(x)}{g(x)}$ auch tatsächlich in einen unbestimmten Ausdruck resultiert und somit die Voraussetzung a) in Satz 16.37 bzw. Satz 16.38 erfüllt ist. Andernfalls erhält man durch Anwendung der Regeln von L'Hôspital im Allgemeinen ein falsches Ergebnis (siehe z. B. Beispiel 16.39b)).

Die unüberlegte oder vorschnelle Anwendung der Regeln von L'Hôspital ist nicht ratsam, da dies schnell zu unnötig aufwendigen Rechnungen führen kann. Die Regeln von L'Hôspital sollten daher erst angewendet werden, wenn eine Umformung des Quotienten $\frac{f}{g}$ oder die Darstellung der Funktionen f und g als sogenannte **Potenzreihen** (siehe Abschnitt 17.4) nicht möglich ist oder zu keinem Ergebnis führt (siehe hierzu Beispiel 16.42). Bei der Anwendung der Regeln von L'Hôspital kommt es auch häufig vor, dass der dazu benötigte Grenzwert $\lim\limits_{x \uparrow b} \frac{f'(x)}{g'(x)}$ selbst erst mit den Regeln von L'Hôspital ermittelt werden muss. Dazu ist es dann notwendig, dass die ersten Ableitungen f' und g' die Voraussetzungen einer der beiden Sätze 16.37 oder 16.38 erfüllen. Dieses Vorgehen lässt sich gegebenenfalls auch auf höhere Ableitungen fortsetzen (siehe Beispiel 16.39c)).

Wie die folgenden Ausführungen zeigen, können die Regeln von L'Hôspital jedoch nicht nur auf unbestimmte Ausdrücke der Struktur $\frac{0}{0}$ und $\frac{\infty}{\infty}$ angewendet werden, sondern nach entsprechender Umformung auch auf unbestimmte Ausdrücke der Struktur $0 \cdot \infty$, $0 \cdot (-\infty)$, $\infty - \infty$, 0^0, ∞^0 und $1^{\pm\infty}$.

Grenzwerte vom Typ $\frac{0}{0}$ und $\frac{\pm\infty}{\pm\infty}$

Bei Grenzwerten vom Typ $\frac{0}{0}$ und $\frac{\pm\infty}{\pm\infty}$ kann der Satz 16.37 bzw. 16.38 unmittelbar, d. h. ohne Umformungen des Quotienten $\frac{f(x)}{g(x)}$, angewendet werden.

Beispiel 16.39 (Anwendung der Regeln von L'Hôspital)

a) In Beispiel 13.43 wurde mit einem gewissen Aufwand der Grenzwert $\lim_{x\to 0} \frac{\sin x}{x} = 1$ berechnet. Da jedoch die Voraussetzungen der ersten Regel von L'Hôspital erfüllt sind, erhält man nun für den Grenzwert unmittelbar

$$\lim_{x\to 0} \frac{\sin x}{x} = \lim_{x\to 0} \frac{\cos x}{1} = 1.$$

b) Bei der Berechnung des Grenzwertes

$$\lim_{x\to 3} \frac{x^3 - x^2 - 5x - 3}{3x^2 - 7x - 6}$$

sind die Voraussetzungen der ersten Regel von L'Hôspital erfüllt und man erhält

$$\lim_{x\to 3} \frac{x^3 - x^2 - 5x - 3}{3x^2 - 7x - 6} = \lim_{x\to 3} \frac{3x^2 - 2x - 5}{6x - 7} = \frac{16}{11}.$$

Es ist jedoch zu beachten, dass eine nochmalige Anwendung der ersten Regel von L'Hôspital nicht erlaubt ist, da $\lim_{x\to 3} \frac{3x^2 - 2x - 5}{6x - 7}$ kein unbestimmter Ausdruck mehr ist und somit die Voraussetzung a) von Satz 16.37 nicht erfüllt ist. Eine wiederholte Anwendung der ersten Regel von L'Hôspital würde daher das falsche Ergebnis $\lim_{x\to 3} \frac{6x-2}{6} = \frac{8}{3}$ liefern.

c) Bei der Berechnung des Grenzwertes

$$\lim_{x\to\infty} \frac{x^2}{e^x}$$

sind die Voraussetzungen der zweiten Regel von L'Hôspital erfüllt und man erhält

$$\lim_{x\to\infty} \frac{x^2}{e^x} = \lim_{x\to\infty} \frac{2x}{e^x}.$$

Aber auch der Grenzwert $\lim_{x\to\infty} \frac{2x}{e^x}$ ist noch vom Typ $\frac{\infty}{\infty}$. Durch nochmalige Anwendung der zweiten Regel von L'Hôspital erhält man den Grenzwert

$$\lim_{x\to\infty} \frac{x^2}{e^x} = \lim_{x\to\infty} \frac{2x}{e^x} = \lim_{x\to\infty} \frac{2}{e^x} = 0.$$

d) Bei der Berechnung des Grenzwertes

$$\lim_{x\to\infty} \frac{e^{ax}}{x}$$

mit $a > 0$ sind die Voraussetzungen der zweiten Regel von L'Hôspital erfüllt und man erhält

$$\lim_{x\to\infty} \frac{e^{ax}}{x} = \lim_{x\to\infty} \frac{ae^{ax}}{1} = \infty.$$

Folglich gilt für ein beliebiges $b > 0$

$$\lim_{x\to\infty} \frac{e^{ax}}{x^b} = \lim_{x\to\infty} \left(\frac{e^{\frac{a}{b}x}}{x}\right)^b = \left(\lim_{x\to\infty} \frac{e^{\frac{a}{b}x}}{x}\right)^b = \infty.$$

Das heißt, jede noch so kleine Potenz $a > 0$ von e^x geht für $x \to \infty$ schneller gegen ∞ als jede noch so große Potenz $b > 0$ von x. Dies wiederum impliziert, dass auch

$$\lim_{x\to\infty} \frac{p(x)}{e^{ax}} = 0$$

für jedes beliebige Polynom $p(x)$ und alle $a > 0$ gilt.

Grenzwerte vom Typ $0 \cdot \pm\infty$ und $\infty - \infty$

Bei einer Grenzwertbetrachtung der Form

$$\lim_{x\to x_0} f(x)g(x) \qquad (16.38)$$

vom Typ $0 \cdot \infty$ und $0 \cdot (-\infty)$ können die Regeln von L'Hôspital nicht unmittelbar angewendet werden. Diese Fälle können jedoch leicht durch Umformungen auf Grenzwerte vom Typ $\frac{0}{0}$ und $\frac{\pm\infty}{\pm\infty}$ zurückgeführt werden, so dass anschließend der Grenzwert (16.38) eventuell durch Anwendung von Satz 16.37 bzw. Satz 16.38 berechnet werden kann. Als Umformung bietet sich der Übergang vom Produkt $f(x)g(x)$ zum Quotienten

$$\frac{f(x)}{\frac{1}{g(x)}} \qquad \text{oder} \qquad \frac{g(x)}{\frac{1}{f(x)}}$$

an, um anschließend für die weitere Betrachtung eventuell die erste bzw. die zweite Regel von L'Hôspital anwenden zu können.

Dagegen liegt bei einer Grenzwertbetrachtung

$$\lim_{x\to x_0} \bigl(f(x) + g(x)\bigr) \qquad (16.39)$$

vom Typ $\infty - \infty$ für die Summe/Differenz $f(x) \pm g(x)$ die Umformung

$$f(x) \pm g(x) = \frac{1}{\frac{1}{f(x)}} \pm \frac{1}{\frac{1}{g(x)}} = \frac{\frac{1}{g(x)} \pm \frac{1}{f(x)}}{\frac{1}{f(x)g(x)}}$$

nahe, so dass anschließend für die weitere Untersuchung eventuell die erste Regel von L'Hôspital herangezogen werden kann.

Beispiel 16.40 (Anwendung der Regeln von L'Hôspital)

a) Der Grenzwert

$$\lim_{x \downarrow 0} x^a \ln(x)$$

mit $a > 0$ ist vom Typ $0 \cdot (-\infty)$ und kann durch eine einfache Umformung in

$$\lim_{x \downarrow 0} x^a \ln(x) = \lim_{x \downarrow 0} \frac{\ln(x)}{x^{-a}}$$

und damit in einen Grenzwert vom Typ $\frac{-\infty}{\infty}$ überführt werden. Die Voraussetzungen der zweiten Regel von L'Hôspital sind somit erfüllt und man erhält

$$\lim_{x \downarrow 0} x^a \ln(x) = \lim_{x \downarrow 0} \frac{\ln(x)}{x^{-a}} = \lim_{x \downarrow 0} \frac{\frac{1}{x}}{-ax^{-a-1}}$$
$$= \lim_{x \downarrow 0} \left(-\frac{1}{a} x^a\right) = 0.$$

b) Der Grenzwert

$$\lim_{x \to \infty} \left(\sqrt[5]{x^5 - x^4} - x\right)$$

ist vom Typ $\infty - \infty$ und kann durch eine einfache Umformung in

$$\lim_{x \to \infty} \left(\sqrt[5]{x^5 - x^4} - x\right) = \lim_{x \to \infty} \left[\left(x^5\left(1 - \frac{1}{x}\right)\right)^{1/5} - x\right]$$
$$= \lim_{x \to \infty} \left[x\left(1 - \frac{1}{x}\right)^{1/5} - x\right]$$
$$= \lim_{x \to \infty} \left[\frac{\left(1 - \frac{1}{x}\right)^{1/5} - 1}{1/x}\right]$$

und damit in einen Grenzwert vom Typ $\frac{0}{0}$ überführt werden. Das heißt, die Voraussetzungen der ersten Regel von L'Hôspital sind erfüllt und man erhält

$$\lim_{x \to \infty} \left(\sqrt[5]{x^5 - x^4} - x\right) = \lim_{x \to \infty} \frac{\frac{1}{5}\left(1 - \frac{1}{x}\right)^{-4/5} \cdot \frac{1}{x^2}}{-1/x^2}$$
$$= \lim_{x \to \infty} -\frac{1}{5}\left(1 - \frac{1}{x}\right)^{-4/5} = -\frac{1}{5}.$$

Grenzwerte vom Typ 0^0, ∞^0 und $1^{\pm\infty}$

Bei einer Grenzwertbetrachtung der Form

$$\lim_{x \to x_0} f(x)^{g(x)} \qquad (16.40)$$

mit $f(x) > 0$ vom Typ 0^0, ∞^0 oder $1^{\pm\infty}$ können die Regeln von L'Hôspital ebenfalls nicht unmittelbar angewendet werden. Unter Berücksichtigung der Beziehung

$$\ln\left(f(x)^{g(x)}\right) = g(x) \ln(f(x))$$

und der Stetigkeit der Exponentialfunktion versucht man daher den Grenzwert

$$\lim_{x \to x_0} e^{g(x)\ln(f(x))} = e^{\lim_{x \to x_0} g(x)\ln(f(x))} \qquad (16.41)$$

zu ermitteln. Der Grenzwert auf der rechten Seite von (16.41) existiert jedoch genau dann, wenn der Grenzwert

$$\lim_{x \to x_0} g(x) \ln(f(x)) \qquad (16.42)$$

existiert und es gilt dann

$$\lim_{x \to x_0} f(x)^{g(x)} = e^{\lim_{x \to x_0} g(x)\ln(f(x))}.$$

Dabei interessieren die folgenden drei Fälle:

1) $\lim_{x \to x_0} g(x) = 0$ und $\lim_{x \to x_0} f(x) = 0$ bzw. $\lim_{x \to x_0} \ln(f(x)) = -\infty$

2) $\lim_{x \to x_0} g(x) = 0$ und $\lim_{x \to x_0} f(x) = \infty$ bzw. $\lim_{x \to x_0} \ln(f(x)) = \infty$

3) $\lim_{x \to x_0} g(x) = \pm\infty$ und $\lim_{x \to x_0} f(x) = 1$ bzw. $\lim_{x \to x_0} \ln(f(x)) = 0$

Im ersten Fall ist der Grenzwert (16.40) vom Typ 0^0, im zweiten Fall vom Typ ∞^0 und im dritten Fall vom Typ $1^{\pm\infty}$. Der Grenzwert (16.42) ist dagegen vom Typ $0 \cdot (\pm\infty)$. Er lässt sich somit oftmals, wie zuvor beschrieben, mit Hilfe der ersten und zweiten Regel von L'Hôspital berechnen.

Beispiel 16.41 (Anwendung der Regeln von L'Hôspital)

a) Der Grenzwert
$$\lim_{x \downarrow 0} x^x$$
ist vom Typ 0^0. Es gilt jedoch
$$\lim_{x \downarrow 0} x^x = e^{\lim_{x \downarrow 0} x \ln(x)},$$
wobei der Grenzwert $\lim_{x \downarrow 0} x \ln(x)$ vom Typ $0 \cdot (-\infty)$ ist und damit in
$$\lim_{x \downarrow 0} x \ln(x) = \lim_{x \downarrow 0} \frac{\ln(x)}{\frac{1}{x}},$$
d. h. in einen Grenzwert vom Typ $\frac{-\infty}{\infty}$, umgeformt werden kann. Folglich sind die Voraussetzungen der zweiten Regel von L'Hôspital erfüllt und man erhält
$$\lim_{x \downarrow 0} x \ln(x) = \lim_{x \downarrow 0} \frac{\ln(x)}{\frac{1}{x}} = \lim_{x \downarrow 0} \frac{\frac{1}{x}}{-\frac{1}{x^2}} = -\lim_{x \downarrow 0} x = 0.$$
Es gilt folglich
$$\lim_{x \downarrow 0} x^x = e^{\lim_{x \downarrow 0} x \ln(x)} = e^0 = 1.$$

b) Der Grenzwert
$$\lim_{x \to \infty} (\ln(x))^{\frac{1}{x}}$$
ist vom Typ ∞^0. Es gilt jedoch
$$\lim_{x \to \infty} (\ln(x))^{\frac{1}{x}} = e^{\lim_{x \to \infty} \frac{1}{x} \ln(\ln(x))},$$
wobei der Grenzwert $\lim_{x \to \infty} \frac{1}{x} \ln(\ln(x))$ vom Typ $0 \cdot \infty$ ist und damit in
$$\lim_{x \to \infty} \frac{1}{x} \ln(\ln(x)) = \lim_{x \to \infty} \frac{\ln(\ln(x))}{x},$$
d. h. einen Grenzwert vom Typ $\frac{\infty}{\infty}$, umgeformt werden kann. Daher sind die Voraussetzungen der zweiten Regel von L'Hôspital erfüllt und man erhält
$$\lim_{x \to \infty} \frac{1}{x} \ln(\ln(x)) = \lim_{x \to \infty} \frac{\ln(\ln(x))}{x}$$
$$= \lim_{x \to \infty} \frac{\frac{1}{x \ln(x)}}{1} = 0.$$
Es gilt folglich
$$\lim_{x \to \infty} (\ln(x))^{\frac{1}{x}} = e^{\lim_{x \to \infty} \frac{1}{x} \ln(\ln(x))} = e^0 = 1.$$

c) Der Grenzwert
$$\lim_{x \uparrow 0} (1 + \sin(x))^{\frac{1}{x}}$$
ist vom Typ $1^{-\infty}$. Es gilt jedoch
$$\lim_{x \uparrow 0} (1 + \sin(x))^{\frac{1}{x}} = e^{\lim_{x \uparrow 0} \frac{1}{x} \ln(1+\sin(x))},$$
wobei der Grenzwert $\lim_{x \uparrow 0} \frac{1}{x} \ln(1 + \sin(x))$ vom Typ $0 \cdot \infty$ ist und damit in
$$\lim_{x \uparrow 0} \frac{1}{x} \ln(1 + \sin(x)) = \lim_{x \uparrow 0} \frac{\ln(1 + \sin(x))}{x},$$
d. h. einen Grenzwert vom Typ $\frac{0}{0}$, umgeformt werden kann. Die Voraussetzungen der ersten Regel von L'Hôspital sind daher erfüllt und man erhält
$$\lim_{x \uparrow 0} \frac{1}{x} \ln(1 + \sin(x)) = \lim_{x \uparrow 0} \frac{\ln(1 + \sin(x))}{x}$$
$$= \lim_{x \uparrow 0} \frac{\frac{\cos(x)}{1+\sin(x)}}{1} = 1.$$
Es gilt folglich
$$\lim_{x \uparrow 0} (1 + \sin(x))^{\frac{1}{x}} = e^{\lim_{x \uparrow 0} \frac{1}{x} \ln(1+\sin(x))} = e^1 = e.$$

Das folgende abschließende Beispiel 16.42 soll vor einer zu unbedachten Anwendung der Regeln von L'Hôspital warnen. Es zeigt, dass es Situationen gibt, in denen die Regeln von L'Hôspital zu keinem Ergebnis führen bzw. sich nicht anwenden lassen, obwohl sich der Grenzwert durch elementare Umformungen leicht berechnen lässt:

Beispiel 16.42 (Vorsicht bei der Anwendung der Regeln von L'Hôspital)

a) Der Grenzwert
$$\lim_{x \to \infty} \frac{e^x - e^{-x}}{e^x + e^{-x}}$$
ist vom Typ $\frac{\infty}{\infty}$ und es sind die Voraussetzungen der zweiten Regel von L'Hôspital erfüllt. Jedoch führt jeder Versuch, diesen Grenzwert mit der zweiten Regel von L'Hôspital zu ermitteln, wieder zu einem Grenzwert vom Typ $\frac{\infty}{\infty}$ und damit zu keinem Ergebnis. Dennoch kann der Grenzwert durch eine einfache Um-

formung und ohne Anwendung der Regeln von L'Hôspital berechnet werden. Denn es gilt

$$\frac{e^x - e^{-x}}{e^x + e^{-x}} = \frac{e^x\left(1 - e^{-2x}\right)}{e^x\left(1 + e^{-2x}\right)} = \frac{1 - e^{-2x}}{1 + e^{-2x}}$$

und damit insbesondere

$$\lim_{x \to \infty} \frac{e^x - e^{-x}}{e^x + e^{-x}} = \lim_{x \to \infty} \frac{1 - e^{-2x}}{1 + e^{-2x}} = 1.$$

b) Der Grenzwert

$$\lim_{x \to 0} \frac{x^2 \cos\left(\frac{1}{x}\right)}{\sin(x)}$$

ist vom Typ $\frac{0}{0}$ und es sind die Voraussetzungen der ersten Regel von L'Hôspital erfüllt. Für den Quotienten der Ableitungen von Zähler und Nenner gilt

$$\frac{f'(x)}{g'(x)} = \frac{2x \cos\left(\frac{1}{x}\right) + \sin\left(\frac{1}{x}\right)}{\cos(x)}.$$

Da dieser Ausdruck jedoch für $x \to 0$ unbestimmt divergent ist (d. h. weder eigentlich noch uneigentlich konvergiert), ist die Voraussetzung b) der Regeln von L'Hôspital nicht erfüllt und die Regeln von L'Hôspital sind somit nicht anwendbar. Dennoch kann der Grenzwert leicht auf andere Weise berechnet werden. Denn es gilt

$$\frac{x^2 \cos\left(\frac{1}{x}\right)}{\sin(x)} = \frac{x}{\sin(x)} \left(x \cos\left(\frac{1}{x}\right) \right).$$

Daraus folgt zusammen mit dem Ergebnis von Beispiel 16.39a)

$$\lim_{x \to 0} \frac{x^2 \cos\left(\frac{1}{x}\right)}{\sin(x)} = \lim_{x \to 0} \frac{x}{\sin(x)} \cdot \lim_{x \to 0} \left(x \cos\left(\frac{1}{x}\right) \right)$$
$$= 1 \cdot 0 = 0.$$

Die Entwicklung der Kosinus- und Sinusfunktion in jeweils eine sogenannte **Taylor-Reihe** stellt eine andere Möglichkeit der Berechnung des Grenzwertes dar (vgl. Beispiel 17.11).

16.9 Änderungsraten und Elastizitäten

Absolute und relative Änderungen

Eine der zentralen Fragestellungen in den Wirtschaftswissenschaften ist die Untersuchung der **absoluten Änderung** $\Delta y := y_2 - y_1$ einer abhängigen Variablen $y = f(x)$ bei einer absoluten Veränderung $\Delta x := x_2 - x_1$ der unabhängigen Variablen x. Ein typisches Beispiel hierfür ist die Änderung

$$\Delta N = N(p + \Delta p) - N(p)$$

der Nachfrage $N(p)$ bei einer Veränderung des Preises p um Δp. Um jedoch auch einen Bezug zum Ausmaß der Änderung Δp herzustellen, betrachtet man in der Regel anstelle von ΔN den **Differenzenquotienten**

$$\frac{\Delta N}{\Delta p} = \frac{N(p + \Delta p) - N(p)}{\Delta p} \qquad (16.43)$$

oder – falls er existiert – seinen Grenzwert, den **Differentialquotienten**

$$N'(p) = \lim_{\Delta p \to 0} \frac{\Delta N}{\Delta p} = \lim_{\Delta p \to 0} \frac{N(p + \Delta p) - N(p)}{\Delta p}, \quad (16.44)$$

welcher dann als **Grenznachfrage** bezeichnet wird. Der Differenzenquotient $\frac{\Delta N}{\Delta p}$ und der Differentialquotient $N'(p) = \lim_{\Delta p \to 0} \frac{\Delta N}{\Delta p}$ besitzen jedoch für viele wirtschaftswissenschaftliche Anwendungen den Nachteil, dass sie ausschließlich auf den absoluten Änderungen ΔN und Δp basieren und damit oft nur unzureichend über das relative Ausmaß der Veränderung Auskunft geben.

Betrachtet man beispielsweise ein Produkt, bei dem eine Preiserhöhung von $\Delta p = 1 \, €$ eine Veränderung der Nachfrage um $\Delta N = -100.000$ Stück zur Folge hat, dann lässt sich daraus über die tatsächliche Qualität der Nachfrageänderung nicht viel ablesen. Denn für eine genaue Beurteilung der Situation ist es zum einen notwendig zu wissen, ob der Preis zuvor $10 \, €$ oder $1000 \, €$ betragen hat, und zum anderen ist es von entscheidender Bedeutung, ob die Nachfrage von 200.000 auf 100.000 oder von $10.000.000$ auf $9.900.000$ gesunken ist. Der Differenzen- und der Differentialquotient $\frac{\Delta N}{\Delta p}$ bzw. $N'(p)$ besitzen daher beide die Schwäche, dass die absoluten Veränderungen ΔN und Δp nicht in Bezug zum jeweils bereits vorhandenen Ausgangsniveau der Nachfrage bzw. des Preises gesetzt werden.

Die Quantifizierung der Wirkung des Preises p auf die Nachfrage N ist daher für viele ökonomische Fragestellungen aussagekräftiger, wenn dazu ein Maß verwendet wird, welches das Ausgangsniveau beim Preis p und bei der Nachfrage N berücksichtigt. Das heißt, es sollte ein Maß herangezogen werden, welches nicht ausschließlich auf den absoluten Änderungen ΔN und Δp, sondern stattdessen auf den **relativen Änderungen**

$$\frac{\Delta N}{N(p)} \quad \text{und} \quad \frac{\Delta p}{p}$$

basiert. Anstelle des Differenzenquotienten (16.43) und des Differentialquotienten (16.44) erhält man dann die sogenannte **mittlere Nachfrageelastizität**

$$\frac{\frac{\Delta N}{N(p)}}{\frac{\Delta p}{p}} = \frac{\Delta N}{\Delta p} \cdot \frac{p}{N(p)}$$

und bei Betrachtung des Grenzübergangs $\Delta p \to 0$ die sogenannte **Nachfrageelastizität**

$$\lim_{\Delta p \to 0} \frac{\frac{\Delta N}{N(p)}}{\frac{\Delta p}{p}} = \lim_{\Delta p \to 0} \frac{\Delta N}{\Delta p} \cdot \frac{p}{N(p)} = N'(p) \cdot \frac{p}{N(p)}.$$

> **Beispiel 16.43** (Nachfrageänderung und Nachfrageelastizität)

Gegeben sei die lineare **Nachfragefunktion**

$$N : [0, 100) \longrightarrow \mathbb{R}, \quad p \mapsto N(p) = 100 - p,$$

welche die Nachfrage N in Abhängigkeit des **Preises** p (in €) angibt. Unabhängig vom Ausgangsniveau des Preises p bewirkt eine Preisänderung von $\Delta p = p_2 - p_1 = 5$ eine **Nachfrageänderung** von

$$\begin{aligned}\Delta N &= N(p_2) - N(p_1) \\ &= 100 - p_2 - (100 - p_1) \\ &= p_1 - p_2 = -\Delta p = -5.\end{aligned}$$

Somit gilt unabhängig vom Ausgangsniveau von p und $N(p)$

$$\frac{\Delta N}{\Delta p} = -1 \quad \text{und} \quad N'(p) = \lim_{\Delta p \to 0} \frac{\Delta N}{\Delta p} = -1.$$

Für die Quotienten der relativen Änderungen gilt dagegen

$$\frac{\frac{\Delta N}{N(p)}}{\frac{\Delta p}{p}} = \frac{\Delta N}{\Delta p} \cdot \frac{p}{N(p)}.$$

Der Quotient der relativen Änderungen ist daher abhängig vom Ausgangsniveau von p und $N(p)$. Zum Beispiel erhält man für die **(mittlere) Nachfrageelastizität** bei den Ausgangsniveaus $p = 20$ mit $N(20) = 80$ und $p = 70$ mit $N(70) = 30$ die Werte

$$\frac{\frac{\Delta N}{N(20)}}{\frac{\Delta p}{20}} = \frac{\Delta N}{\Delta p} \cdot \frac{20}{80} = -\frac{20}{80} = -\frac{1}{4} \quad \text{und}$$

$$\lim_{\Delta p \to 0} \frac{\frac{\Delta N}{N(20)}}{\frac{\Delta p}{20}} = N'(20) \cdot \frac{20}{80} = -\frac{1}{4}$$

bzw.

$$\frac{\frac{\Delta N}{N(70)}}{\frac{\Delta p}{70}} = \frac{\Delta N}{\Delta p} \cdot \frac{70}{30} = -\frac{70}{30} = -\frac{7}{3} \quad \text{und}$$

$$\lim_{\Delta p \to 0} \frac{\frac{\Delta N}{N(70)}}{\frac{\Delta p}{70}} = N'(70) \cdot \frac{70}{30} = -\frac{7}{3}.$$

Das heißt, der Quotient der relativen Änderungen stimmt bei den Preisen $p = 20$ und $p = 70$ nicht überein. Bei einem Preis von $p = 20$ führt – etwas salopp ausgedrückt – ein Preisanstieg um 1% zu einer Reduktion der Nachfrage um 0,25%, während bei einem Preis von $p = 70$ ein Preisanstieg um 1% eine Reduktion der Nachfrage um 2,33% bewirkt (vgl. Abbildung 16.18, links).

Änderungsraten und Elastizitäten

Neben der in Beispiel 16.43 betrachteten **Nachfrageelastizität** werden in den Wirtschaftswissenschaften viele weitere Arten von Elastizitäten studiert. Hierzu zählen z. B. die **Einkommens-**, **Absatzwert-**, **Steuerbetrags-**, **Zins-**, **Substitutions-**, **Kreuzpreis-** sowie die **dynamische Preiselastizität**.

Daher werden durch die folgende Definition die obigen speziell für die Nachfragefunktion angestellten Überlegungen auf beliebige reelle (differenzierbare) Funktionen verallgemeinert und damit insbesondere die für viele ökonomische Anwendungsgebiete bedeutenden Begriffe **mittlere Elastizität** und **Elastizität** definiert:

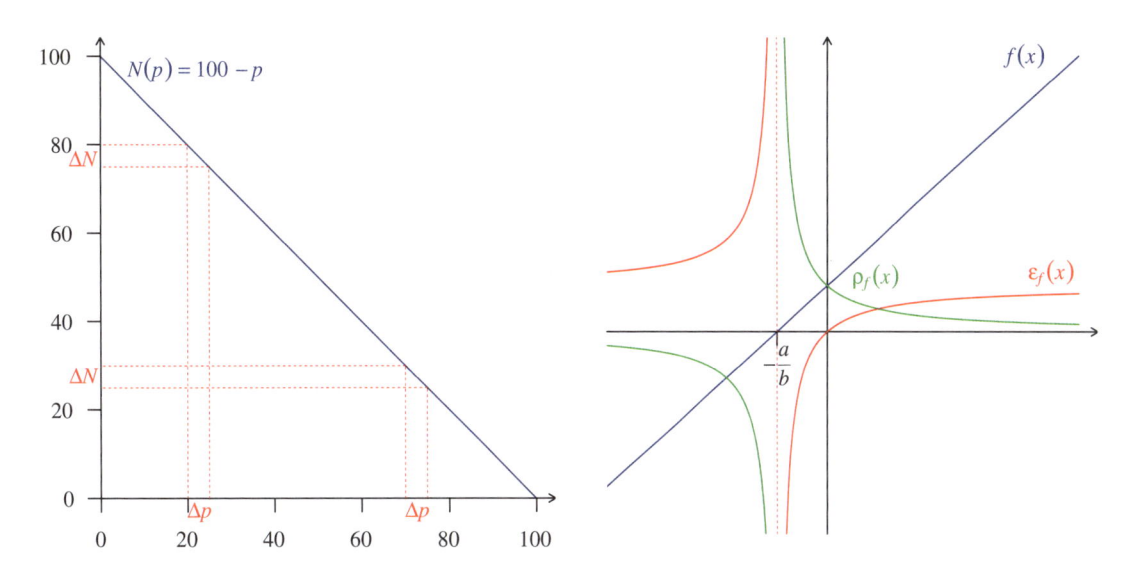

Abb. 16.18: Lineare Nachfragefunktion $N: [0, 100) \longrightarrow \mathbb{R}$, $p \mapsto N(p) = 100 - p$ (links) und affin-lineare Funktion $f: \mathbb{R} \longrightarrow \mathbb{R}$, $x \mapsto a + bx$ mit Änderungsrate $\rho_f(x)$ und Elastizität $\varepsilon_f(x)$ (rechts)

Definition 16.44 (Änderungsrate und Elastizität)

Es sei $f: D \subseteq \mathbb{R} \longrightarrow \mathbb{R}$ eine reelle Funktion und $\Delta f(x_0) := f(x_0 + \Delta x) - f(x_0)$ mit $x_0, x_0 + \Delta x \in D$, $\Delta x \neq 0$ und $f(x_0) \neq 0$. Dann heißt

a) $\frac{\Delta f(x_0)}{\Delta x} \cdot \frac{1}{f(x_0)}$ *mittlere Änderungsrate von f an der Stelle x_0 und*

b) $\frac{\Delta f(x_0)}{\Delta x} \cdot \frac{x_0}{f(x_0)}$ *mittlere Elastizität von f an der Stelle x_0.*

Ist die reelle Funktion f an der Stelle x_0 zusätzlich differenzierbar, dann heißt

c) $\rho_f(x_0) := \frac{df(x_0)}{dx} \cdot \frac{1}{f(x_0)} = \frac{f'(x_0)}{f(x_0)}$ *Änderungsrate von f an der Stelle x_0 und*

d) $\varepsilon_f(x_0) := \frac{df(x_0)}{dx} \cdot \frac{x_0}{f(x_0)} = x_0 \cdot \frac{f'(x_0)}{f(x_0)}$ *Elastizität von f an der Stelle x_0.*

Die Änderungsrate $\rho_f(x)$ entspricht der momentanen Veränderung $f'(x)$ der Funktion f an der Stelle x bezogen auf den Funktionswert $f(x)$. Anstelle von Änderungsrate spricht man daher oft auch von **prozentualer Änderung** der Funktion f an der Stelle x. Dagegen gibt die Elastizität $\varepsilon_f(x)$ die momentane Veränderung $f'(x)$ der Funktion f an der Stelle x bezogen auf den Wert der Durchschnittsfunktion $\frac{f(x)}{x}$ an. Das heißt, die Elastizität berücksichtigt das Ausgangsniveau der abhängigen und der unabhängigen Variablen $y = f(x)$ bzw. x und besitzt damit insbesondere keine Dimension (wie z. B. € oder Stück). Diese Eigenschaft erleichtert die Vergleichbarkeit von Elastizitäten.

Anschaulich – aber nicht ganz korrekt – kann die Elastizität $\varepsilon_f(x)$ als die prozentuale Änderung der abhängigen Variablen $y = f(x)$ bei einer Veränderung der unabhängigen Variablen x um 1% interpretiert werden.

Offensichtlich gilt zwischen der Änderungsrate und der Elastizität der Zusammenhang $\varepsilon_f(x) = x\rho_f(x)$. Die Änderungsrate und die Elastizität stimmen folglich an der Stelle $x = 1$ für jede differenzierbare Funktion $f: D \subseteq \mathbb{R} \longrightarrow \mathbb{R}$ überein. Mit (16.19) erhält man für die Elastizität die alternative Darstellung

$$\varepsilon_f(x) = \frac{1}{\frac{1}{x}} \frac{f'(x)}{f(x)} = \frac{1}{\frac{d\ln(x)}{dx}} \frac{d\ln(f(x))}{dx} = \frac{d\ln(f(x))}{d\ln(x)}.$$

Aufgrund dieses Zusammenhangs ist es oftmals zweckmäßig, eine reelle Funktion in einem **doppeltlogarithmischen Koordinatensystem** darzustellen, wenn man sich für ihre Elastizität interessiert.

In den Wirtschaftswissenschaften unterscheidet man die in Tabelle 16.1 angegebenen Elastizitätsbereiche. Zum Beispiel bewirken bei **derivativen Finanzinstrumenten** (z. B. Put, Call) kleine Kursänderungen des zugehörigen Basisin-

Wert der Elastizität	Bezeichnung
$\varepsilon_f(x) = 0$	f heißt **vollkommen unelastisch** an der Stelle x
$0 < |\varepsilon_f(x)| < 1$	f heißt **unelastisch** oder auch **unterproportional elastisch** an der Stelle x
$|\varepsilon_f(x)| = 1$	f heißt **proportional elastisch** an der Stelle x
$1 < |\varepsilon_f(x)| < \infty$	f heißt **elastisch** oder auch **überproportional elastisch** an der Stelle x
$|\varepsilon_f(x)| = \infty$	f heißt **vollkommmen elastisch** an der Stelle x

Tabelle 16.1: Verschiedene Elastizitätsbereiche

struments (z. B. Aktien) eine prozentual stärkere Kursveränderung beim Derivat (sog. **Hebelwirkung**). Ein Derivat reagiert somit elastisch bezüglich des zugehörigen Basisinstruments (vgl. Beispiel 22.35).

Eine reelle differenzierbare Funktion $f: D \subseteq \mathbb{R} \longrightarrow \mathbb{R}$, deren Elastizität $\varepsilon_f(x)$ konstant ist, wird oftmals als **isoelastische Funktion** bezeichnet.

Beispiel 16.45 (Änderungsrate und Elastizität)

a) Bei der **Nachfragefunktion** N aus Beispiel 16.43 sind die Änderungsrate $\rho_N(p)$ und die Elastizität $\varepsilon_N(p)$ an der Stelle p gegeben durch

$$\rho_N(p) = \frac{N'(p)}{N(p)} = -\frac{1}{100-p} \quad \text{bzw.}$$

$$\varepsilon_N(p) = p \cdot \frac{N'(p)}{N(p)} = -\frac{p}{100-p}.$$

Das heißt, speziell für $p = 20$ und $p = 70$ gilt

$$\rho_N(20) = -\frac{1}{80} \quad \text{und} \quad \varepsilon_N(20) = -\frac{1}{4} \quad \text{bzw.}$$

$$\rho_N(70) = -\frac{1}{30} \quad \text{und} \quad \varepsilon_N(70) = -\frac{7}{3}.$$

Die Nachfragefunktion ist somit an der Stelle $p = 20$ unelastisch und an der Stelle $p = 70$ elastisch (vgl. Abbildung 16.18, links).

b) Bei der affin-linearen Funktion $f: \mathbb{R} \longrightarrow \mathbb{R}$, $x \mapsto a+bx$ sind die Änderungsrate und die Elastizität gegeben durch

$$\rho_f(x) = \frac{f'(x)}{f(x)} = \frac{b}{a+bx} \quad \text{bzw.}$$

$$\varepsilon_f(x) = x\rho_f(x) = \frac{bx}{a+bx}$$

für alle $x \in \mathbb{R} \setminus \{-\frac{a}{b}\}$. Eine lineare Funktion $y = a + bx$ mit $a \neq 0$ besitzt somit an jeder Stelle $x \in \mathbb{R} \setminus \{-\frac{a}{b}\}$ eine andere Elastizität. Dagegen gilt $\varepsilon_f(x) = 1$ für $a = 0$. Das heißt, eine Ursprungsgerade $f(x) = bx$ ist stets eine isoelastische Funktion (vgl. Abbildung 16.18, rechts).

c) Bei der Potenzfunktion $f: \mathbb{R}_+ \setminus \{0\} \longrightarrow \mathbb{R}$, $x \mapsto ax^c$ mit $a \neq 0$ und $c \in \mathbb{R}$ sind die Änderungsrate und die Elastizität gegeben durch

$$\rho_f(x) = \frac{f'(x)}{f(x)} = \frac{cax^{c-1}}{ax^c} = \frac{c}{x} \quad \text{bzw.}$$

$$\varepsilon_f(x) = x\rho_f(x) = c$$

für alle $x \in \mathbb{R}_+ \setminus \{0\}$. Potenzfunktionen $f(x) = ax^c$ besitzen folglich eine streng monoton steigende Änderungsrate für $c < 0$, eine konstante Änderungsrate 0 für $c = 0$ und eine streng monoton fallende Änderungsrate für $c > 0$. Potenzfunktionen sind stets isoelastische Funktionen (vgl. Abbildung 16.19, links).

d) Bei der Exponentialfunktion $f: \mathbb{R} \longrightarrow \mathbb{R}$, $x \mapsto ae^{bx}$ mit $a \neq 0$ und $b \in \mathbb{R}$ sind die Änderungsrate und die Elastizität gegeben durch

$$\rho_f(x) = \frac{f'(x)}{f(x)} = \frac{bae^{bx}}{ae^{bx}} = b \quad \text{bzw.}$$

$$\varepsilon_f(x) = x\rho_f(x) = bx.$$

Das heißt, die Exponentialfunktion $f(x) = ae^{bx}$ besitzt stets eine konstante Änderungsrate und eine linear ansteigende Elastizität für $b > 0$, eine konstante Elastizität von Null für $b = 0$ oder eine linear fallende Elastizität für $b < 0$ (vgl. Abbildung 16.19, rechts). Ähnliche Beobachtungen macht man in der **Nutzentheorie** für die **absolute** und **relative Risikoaversion** von Finanzmarktteilnehmern. Aus diesem Grund wird die Exponentialfunktion häufig zur Beschreibung der Risikoaversion von Finanzmarktteilnehmern verwendet (siehe z. B. *Ingersoll* [30] und *Breuer* et al. [6]).

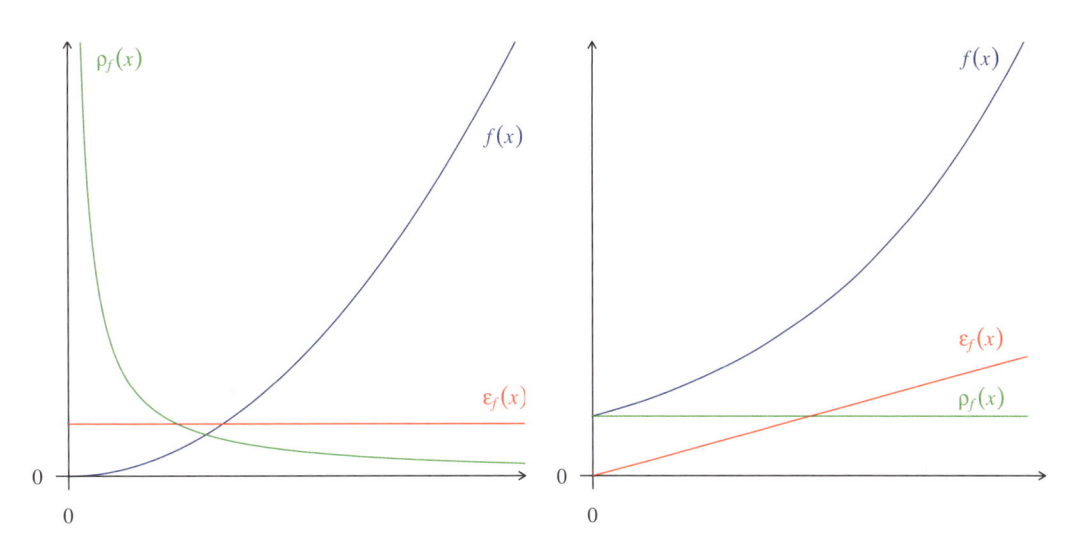

Abb. 16.19: Potenzfunktion $f: \mathbb{R}_+ \setminus \{0\} \longrightarrow \mathbb{R}, x \mapsto ax^c$ mit Änderungsrate $\rho_f(x)$ und Elastizität $\varepsilon_f(x)$ (links) und Exponentialfunktion $f: \mathbb{R} \longrightarrow \mathbb{R}, x \mapsto ae^{bx}$ mit Änderungsrate $\rho_f(x)$ und Elastizität $\varepsilon_f(x)$ (rechts)

Rechenregeln für Änderungsraten und Elastizitäten

Mit Hilfe der Ableitungsregeln aus Satz 16.6 und den beiden Sätzen 16.8 und 16.10 zur Differenzierbarkeit von Kompositionen bzw. Umkehrfunktionen können leicht die folgenden Regeln für das Rechnen mit Änderungsraten und Elastizitäten hergeleitet werden:

Satz 16.46 (Rechenregeln für Änderungsraten)

Es seien $f: D \subseteq \mathbb{R} \longrightarrow \mathbb{R}$ und $g: D \subseteq \mathbb{R} \longrightarrow \mathbb{R}$ zwei reelle differenzierbare Funktionen. Dann gilt:

a) $\rho_{f+g}(x_0) = \frac{f(x_0)\rho_f(x_0) + g(x_0)\rho_g(x_0)}{f(x_0)+g(x_0)}$ *für* $f(x_0)+g(x_0) \neq 0$

b) $\rho_{f-g}(x_0) = \frac{f(x_0)\rho_f(x_0) - g(x_0)\rho_g(x_0)}{f(x_0)-g(x_0)}$ *für* $f(x_0)-g(x_0) \neq 0$

c) $\rho_{fg}(x_0) = \rho_f(x_0) + \rho_g(x_0)$ *für* $f(x_0) \neq 0$ *und* $g(x_0) \neq 0$

d) $\rho_{\alpha f}(x_0) = \rho_f(x_0)$ *für* $\alpha \in \mathbb{R} \setminus \{0\}$ *und* $f(x_0) \neq 0$

e) $\rho_{\frac{f}{g}}(x_0) = \rho_f(x_0) - \rho_g(x_0)$ *für* $f(x_0) \neq 0$ *und* $g(x_0) \neq 0$

f) $\rho_{f \circ g}(x_0) = g(x_0)\rho_f(g(x_0))\rho_g(x_0)$ *für* $g(D) \subseteq D$ *und* $f(g(x_0)) \neq 0$

g) $\rho_{f^{-1}}(f(x_0)) = \frac{1}{x_0 f(x_0) \rho_f(x_0)}$ *für f streng monoton sowie* $x_0 \neq 0$ *und* $f'(x_0) \neq 0$

Beweis: Zu a) und b): Gemäß Satz 16.6a) und b) sind die Funktionen $f+g$ und $f-g$ differenzierbar und für die Änderungsrate gilt

$$\rho_{f \pm g}(x_0) = \frac{(f \pm g)'(x_0)}{(f \pm g)(x_0)} = \frac{f'(x_0) \pm g'(x_0)}{f(x_0) \pm g(x_0)}$$

$$= \frac{f(x_0)\frac{f'(x_0)}{f(x_0)} \pm g(x_0)\frac{g'(x_0)}{g(x_0)}}{f(x_0) \pm g(x_0)}$$

$$= \frac{f(x_0)\rho_f(x_0) \pm g(x_0)\rho_g(x_0)}{f(x_0) \pm g(x_0)}.$$

Zu c): Gemäß Satz 16.6c) ist die Funktion fg differenzierbar und für die Änderungsrate erhält man

$$\rho_{fg}(x_0) = \frac{(fg)'(x_0)}{(fg)(x_0)} = \frac{f'(x_0)g(x_0) + f(x_0)g'(x_0)}{f(x_0)g(x_0)}$$

$$= \frac{f'(x_0)}{f(x_0)} + \frac{g'(x_0)}{g(x_0)} = \rho_f(x_0) + \rho_g(x_0).$$

Zu d): Gemäß Satz 16.6d) ist die Funktion αf differenzierbar und für die Änderungsrate folgt

$$\rho_{\alpha f}(x_0) = \frac{(\alpha f)'(x_0)}{(\alpha f)(x_0)} = \frac{\alpha f'(x_0)}{\alpha f(x_0)} = \frac{f'(x_0)}{f(x_0)} = \rho_f(x_0).$$

Zu e): Gemäß Satz 16.6e) ist die Funktion $\frac{f}{g}$ differenzierbar und für die Änderungsrate erhält man

$$\rho_{\frac{f}{g}}(x_0) = \frac{\left(\frac{f}{g}\right)'(x_0)}{\left(\frac{f}{g}\right)(x_0)} = \frac{\frac{1}{g^2(x_0)}\left(f'(x_0)g(x_0) - f(x_0)g'(x_0)\right)}{\frac{f(x_0)}{g(x_0)}}$$

$$= \frac{f'(x_0)g(x_0) - f(x_0)g'(x_0)}{f(x_0)g(x_0)} = \rho_f(x_0) - \rho_g(x_0).$$

Zu f): Gemäß Satz 16.8 ist die Funktion $f \circ g$ differenzierbar und für die Änderungsrate gilt

$$\rho_{f \circ g}(x_0) = \frac{(f(g(x_0)))'}{f(g(x_0))} = \frac{f'(g(x_0))\, g'(x_0)}{f(g(x_0))}$$

$$= \frac{f'(g(x_0))}{f(g(x_0))} \cdot \frac{g'(x_0)}{g(x_0)} \cdot g(x_0)$$

$$= \rho_f(g(x_0))\rho_g(x_0)g(x_0).$$

Zu g): Gemäß Satz 16.10 ist f^{-1} differenzierbar und für die Änderungsrate erhält man

$$\rho_{f^{-1}}(f(x_0)) = \frac{(f^{-1})'(f(x_0))}{f^{-1}(f(x_0))} = \frac{\frac{1}{f'(x_0)}}{x_0}$$

$$= \frac{\frac{f(x_0)}{f'(x_0)}}{x_0 f(x_0)} = \frac{1}{x_0 f(x_0) \rho_f(x_0)}. \quad \blacksquare$$

Der letzte Satz ist ein wichtiges Hilfsmittel beim Rechnen mit Änderungsraten. Er besagt:

a) Die Änderungsrate einer Summe $f + g$ ist ein gewichtetes Mittel der Änderungsraten von f und g (Satz 16.46a) und b)).

b) Die Änderungsraten zweier Funktionen f und g, die sich nur durch einen Faktor $\alpha \neq 0$ unterscheiden, stimmen stets überein (Satz 16.46d)).

c) Die Änderungsrate eines Produkts fg oder eines Quotienten $\frac{f}{g}$ lässt sich leicht als Summe bzw. Differenz der Änderungsraten von f und g berechnen (Satz 16.46c) und e)).

Aufgrund des Zusammenhangs $\varepsilon_f(x) = x\rho_f(x)$ gelten entsprechende Aussagen auch für Elastizitäten:

Folgerung 16.47 (Rechenregeln für Elastizitäten)

Es seien $f: D \subseteq \mathbb{R} \longrightarrow \mathbb{R}$ und $g: D \subseteq \mathbb{R} \longrightarrow \mathbb{R}$ zwei reelle differenzierbare Funktionen. Dann gilt:

a) $\varepsilon_{f+g}(x_0) = \frac{f(x_0)\varepsilon_f(x_0) + g(x_0)\varepsilon_g(x_0)}{f(x_0) + g(x_0)}$ *für* $f(x_0) + g(x_0) \neq 0$

b) $\varepsilon_{f-g}(x_0) = \frac{f(x_0)\varepsilon_f(x_0) - g(x_0)\varepsilon_g(x_0)}{f(x_0) - g(x_0)}$ *für* $f(x_0) - g(x_0) \neq 0$

c) $\varepsilon_{fg}(x_0) = \varepsilon_f(x_0) + \varepsilon_g(x_0)$ *für* $f(x_0) \neq 0$ *und* $g(x_0) \neq 0$

d) $\varepsilon_{\alpha f}(x_0) = \varepsilon_f(x_0)$ *für* $\alpha \in \mathbb{R} \setminus \{0\}$ *und* $f(x_0) \neq 0$

e) $\varepsilon_{\frac{f}{g}}(x_0) = \varepsilon_f(x_0) - \varepsilon_g(x_0)$ *für* $f(x_0) \neq 0$ *und* $g(x_0) \neq 0$

f) $\varepsilon_{f \circ g}(x_0) = \varepsilon_f(g(x_0))\varepsilon_g(x_0)$ *für* $g(D) \subseteq D$ *und* $f(g(x_0)) \neq 0$

g) $\varepsilon_{f^{-1}}(f(x_0)) = \frac{1}{\varepsilon_f(x_0)}$ *für f streng monoton sowie* $x_0 \neq 0$ *und* $f'(x_0) \neq 0$

Beweis: Aufgrund des Zusammenhangs $\varepsilon_f(x) = x\rho_f(x)$ folgen die Aussagen a)-g) unmittelbar aus den entsprechenden Aussagen von Satz 16.46. $\blacksquare$

Die Aussagen f) und g) von Folgerung 16.47 besagen, dass die Elastizität der Komposition $f \circ g$ zweier reeller Funktionen f und g einfach als Produkt der Elastizitäten von f und g bzw. die Elastizität der Umkehrfunktion f^{-1} als Kehrwert der Elastizität von f leicht berechnet werden können.

Mit Aussage d) von Folgerung 16.47 lässt sich eine für die ökonomische Theorie und Praxis bedeutende **Transformationseigenschaft** von Elastizitäten nachweisen. Gilt nämlich $y = \beta x$ und $h(y) = \alpha f(x)$ für alle $x \in D$ und geeignete Konstanten $\alpha, \beta \in \mathbb{R} \setminus \{0\}$, dann folgt

$$\varepsilon_h(y) = y \frac{h'(y)}{h(y)} = \frac{y}{h(y)} \frac{dh(y)}{dy}$$

$$= \frac{\beta x}{\alpha f(x)} \frac{d(\alpha f)(x)}{d(\beta x)} = \frac{x}{\alpha f(x)} \frac{d(\alpha f)(x)}{dx}$$

$$= x \frac{(\alpha f)'(x)}{\alpha f(x)} = \varepsilon_{\alpha f}(x) = \varepsilon_f(x).$$

Das heißt, unterzieht man in einer funktionalen Beziehung $z = f(x)$ die unabhängige und abhängige Variable x bzw. z einer **multiplikativen Transformation** der Form $y = \beta x$ bzw. $h(y) = \alpha f(x)$, dann bleibt die Elastizität $\varepsilon_f(x)$ unverändert. Die Elastizität $\varepsilon_f(x)$ einer reellen Funktion ist somit von den Maßeinheiten, in denen die unabhängige und die abhängige Variable gemessen werden, unabhängig!

Diese Unabhängigkeit vom Maßsystem ist ein weiterer Grund, weshalb die Elastizität für Vergleiche in wirtschaftswissenschaftlichen Anwendungen besser geeignet ist als die erste Ableitung. Betrachtet man z. B. die Nachfragefunktionen $N_1(p)$ und $N_2(p)$ für Büroklammern bzw. Fertighäuser in Abhängigkeit vom Preis p und interessiert man sich dafür, welche Nachfrage empfindlicher auf Preisänderungen reagiert, dann ist es nicht sinnvoll einfach die ersten Ableitungen $N_1(p)$ bzw. $N_2(p)$ zu vergleichen, da diese verschiedene Dimensionen besitzen. Die Nachfrageelastizitäten $\varepsilon_{N_1}(p)$ und $\varepsilon_{N_2}(p)$ sind jedoch für einen solchen Vergleich geeigneter, da sie dimensionslose Größen darstellen.

Wie das folgende Beispiel zeigt, können mit Hilfe des Satzes 16.46 und der Folgerung 16.47 wichtige wirtschaftswissenschaftliche Gesetzmäßigkeiten hergeleitet werden:

Beispiel 16.48 (Amoroso-Robinson-Gleichung)

Durch $N: \mathbb{R}_+ \longrightarrow \mathbb{R}$, $p \mapsto N(p)$ und $U: \mathbb{R}_+ \longrightarrow \mathbb{R}$, $p \mapsto U(p)$ mit $U(p) = pN(p)$ seien die preisabhängige **Nachfrage-** bzw. **Umsatzfunktion** für ein bestimmtes Wirtschaftsgut gegeben. Setzt man $P(p) := p$ für alle $p \in \mathbb{R}_+$, dann gilt der Zusammenhang

$$U(p) = P(p)N(p)$$

und die Änderungsrate sowie die Elastizität der reellen Funktion P sind gegeben durch

$$\rho_P(p) = \frac{P'(p)}{P(p)} = \frac{1}{p} \quad \text{bzw.} \quad \varepsilon_P(p) = p\rho_P(p) = 1.$$

L. Amoroso

Für die Änderungsrate und die Elastizität der Umsatzfunktion erhält man somit

$$\rho_U(p) = \rho_{PN}(p) = \rho_P(p) + \rho_N(p) = \frac{1}{p} + \rho_N(p)$$

bzw.

$$\varepsilon_U(p) = \varepsilon_{PN}(p) = \varepsilon_P(p) + \varepsilon_N(p) = 1 + \varepsilon_N(p).$$

Es sei nun angenommen, dass die Nachfragefunktion N streng monoton ist und sie damit insbesondere eine Umkehrfunktion $N^{-1}: N(\mathbb{R}) \longrightarrow \mathbb{R}_+$, $x \mapsto N^{-1}(x)$ besitzt. Die mengenabhängige Umsatzfunktion ist dann gegeben durch $\widetilde{U}: \mathbb{R}_+ \longrightarrow \mathbb{R}$, $x \mapsto \widetilde{U}(x)$ mit

$$\widetilde{U}(x) = xN^{-1}(x).$$

Setzt man $X(x) := x$ für alle $x \in \mathbb{R}_+$, dann erhält man für die mengenabhängige Umsatzfunktion die Änderungsrate

$$\rho_{\widetilde{U}}(x) = \rho_{XN^{-1}}(x) = \rho_X(x) + \rho_{N^{-1}}(x) = \frac{1}{x} + \rho_{N^{-1}}(x).$$

Mit Folgerung 16.47g) erhält man für die Elastizität

$$\varepsilon_{\widetilde{U}}(x) = \varepsilon_{XN^{-1}}(x) = \varepsilon_X(x) + \varepsilon_{N^{-1}}(x) = 1 + \varepsilon_{N^{-1}}(x)$$
$$= 1 + \frac{1}{\varepsilon_N(N^{-1}(x))}.$$

Zusammen mit $\varepsilon_{\widetilde{U}}(x) = x\frac{\widetilde{U}'(x)}{\widetilde{U}(x)}$ erhält man daraus die in der Mikroökonomie populäre **Amoroso-Robinson-Gleichung**

$$\widetilde{U}'(x) = \frac{\widetilde{U}(x)}{x}\left(1 + \frac{1}{\varepsilon_N(N^{-1}(x))}\right)$$
$$= N^{-1}(x)\left(1 + \frac{1}{\varepsilon_N(N^{-1}(x))}\right).$$

Diese Gleichung ist nach dem italienischen Mathematiker und Wirtschaftswissenschaftler *Luigi Amoroso* (1886–1965) und der britischen Ökonomin *Joan Violet Robinson* (1903–1983) benannt. Die Amoroso-Robinson-Gleichung beschreibt die Beziehung zwischen dem mengenabhängigen Grenzumsatz $\widetilde{U}'(x)$, der Absatzmenge x (bzw. dem Preis $p = N^{-1}(x)$) und der Nachfrageelastizität ε_N.

J. V. Robinson

Beispiel 16.49 (Preiselastizität und Faktornachfrageelastizität)

a) Es sei $P: \mathbb{R}_+ \longrightarrow \mathbb{R}$, $x \mapsto P(x)$ und $K: \mathbb{R}_+ \longrightarrow \mathbb{R}$, $x \mapsto K(x)$ die mengenabhängige **Preis-** bzw. **Kostenfunktion** für das Produkt eines Monopolisten. Der **Gewinn** des Monopolisten in Abhängigkeit von der Produktionsmenge x beträgt dann

$$G(x) = P(x)x - K(x)$$

und die notwendige Bedingung für eine gewinnmaximale Produktionsmenge $x_0 > 0$ lautet

$$G'(x_0) = P'(x_0)x_0 + P(x_0) - K'(x_0) = 0$$

bzw. für die Elastizität

$$\varepsilon_P(x_0) = x_0\frac{P'(x_0)}{P(x_0)} = \frac{K'(x_0)}{P(x_0)} - 1$$

(vgl. Satz 16.24). Gilt nun $K'(x) = 0$, wie dies z. B. näherungsweise für Telekommunikationsunternehmen erfüllt ist, da in der Telekommunikationsbranche die anfallenden Kosten vor allem Fixkosten sind, dann erhält man im Gewinnmaximum

$$\varepsilon_P(x_0) = -1.$$

Dies bedeutet, dass eine 1%-ige Erhöhung des Output (ungefähr) eine 1%-ige Verringerung des Preises zur Folge hat.

b) Es sei $N: \mathbb{R}_+ \longrightarrow \mathbb{R}$, $p \mapsto N(p)$ die preisabhängige **Nachfragefunktion** eines Wirtschaftsgutes, zu dessen Produktion pro Stück b Einheiten eines bestimmten Produktionsfaktors A zum Preis π benötigt werden. Sind durch a alle übrigen Kosten gegeben, dann beträgt der Preis des Wirtschaftsgutes in Abhängigkeit vom Faktorpreis π

$$p(\pi) = a + b\pi.$$

Wenn nun $N(p)$ Einheiten des Wirtschaftsgutes produziert werden, dann besteht zwischen $N(p)$ und der preisabhängigen Faktornachfrage $N_A(\pi)$ nach dem Produktionsfaktor A die Beziehung

$$N_A(\pi) = bN(p) = bN(p(\pi)).$$

Für die Elastizität $\varepsilon_{N_A}(\pi)$ der Faktornachfrage $N_A(\pi)$ bzgl. π erhält man mit Folgerung 16.47d) und f) sowie Beispiel 16.45b)

$$\varepsilon_{N_A}(\pi) = \varepsilon_{N \circ p}(\pi) = \varepsilon_N(p(\pi))\, \varepsilon_p(\pi)$$
$$= \varepsilon_N(p(\pi))\, \frac{b\pi}{a + b\pi}.$$

Das heißt, die Elastizität der Faktornachfrage $N_A(\pi)$ bzgl. des Faktorpreises π ist betragsmäßig umso größer, je größer der Kostenanteil $\frac{b\pi}{a+b\pi}$ dieses Produktionsfaktors am Produktpreis $p = a + b\pi$ ist.

Kapitel 17

Taylor-Formel und Potenzreihen

17.1 Taylor-Polynom

Im Abschnitt 16.2 wurde bereits gezeigt, dass eine differenzierbare reelle Funktion $f: D \subseteq \mathbb{R} \longrightarrow \mathbb{R}$ in der Umgebung einer Stelle $x_0 \in D$ in erster Näherung durch ihre **Tangente** im Punkt $(x_0, f(x_0))$, d. h. durch die Gerade

$$t(x) = f(x_0) + f'(x_0)(x - x_0), \tag{17.1}$$

approximiert werden kann. Da es sich bei einer Tangente um eine affin-lineare Funktion handelt, spricht man in diesem Zusammenhang auch genauer von einer **linearen Approximation** der reellen Funktion f in der Umgebung der Stelle x_0 durch die Tangente t. Für die affin-lineare Funktion (17.1) gilt offensichtlich

$$t(x_0) = f(x_0) \quad \text{und} \quad t'(x_0) = f'(x_0). \tag{17.2}$$

Das heißt, die Tangente t besitzt die Eigenschaft, dass sie bezüglich des Funktionswertes und der ersten Ableitung an der Stelle x_0 mit der Funktion f übereinstimmt. Die Qualität der linearen Approximation an einer Stelle $x \neq x_0$ ist jedoch im Allgemeinen umso schlechter, je weiter x von x_0 entfernt ist und je gekrümmter der Graph der Funktion f in der Umgebung von x_0 ist (vgl. Abbildung 17.1).

Affin-lineare Funktionen liefern daher oftmals keine ausreichend gute Approximation und es ist eine naheliegende Idee, eine gegebene reelle Funktion $f: D \subseteq \mathbb{R} \longrightarrow \mathbb{R}$ an der Stelle $x_0 \in D$ nicht durch eine affin-lineare Funktion, sondern durch ein **Polynom** des Grades $n > 1$, also eine reelle Funktion der Form

$$p(x) = a_0 + a_1 x + a_2 x^2 + \ldots + a_n x^n = \sum_{k=0}^{n} a_k x^k,$$

zu approximieren. Analog zur Interpolation von reellen Funktionen durch Polynome (siehe Kapitel 27) besitzt die Verwendung von Polynomen zur Approximation von reellen Funktionen den Vorteil, dass sich diese analytisch bequem handhaben lassen. Zum Beispiel lassen sich Polynome sehr leicht differenzieren und integrieren.

Wie der folgende Satz zeigt, besitzt ein Polynom p vom Grad n darüber hinaus die Eigenschaft, dass die Kenntnis des Funktionswertes $p(x_0)$ und der ersten n Ableitungen

$$p'(x_0), p''(x_0), \ldots, p^{(n)}(x_0)$$

an einer einzigen Stelle $x_0 \in \mathbb{R}$ ausreicht, um aus ihnen die Funktionswerte von p an jeder Stelle $x \in \mathbb{R}$ zu berechnen.

Satz 17.1 (Charakterisierung eines Polynoms durch seine Ableitungen)

Es sei $p(x) = \sum_{k=0}^{n} a_k x^k$ ein Polynom vom Grad $n \in \mathbb{N}_0$ und $x_0 \in \mathbb{R}$. Dann gilt

$$p(x) = \sum_{k=0}^{n} \frac{p^{(k)}(x_0)}{k!} (x - x_0)^k \tag{17.3}$$

für alle $x \in \mathbb{R}$, wobei $p^{(0)}(x_0) := p(x_0)$ gesetzt wird.

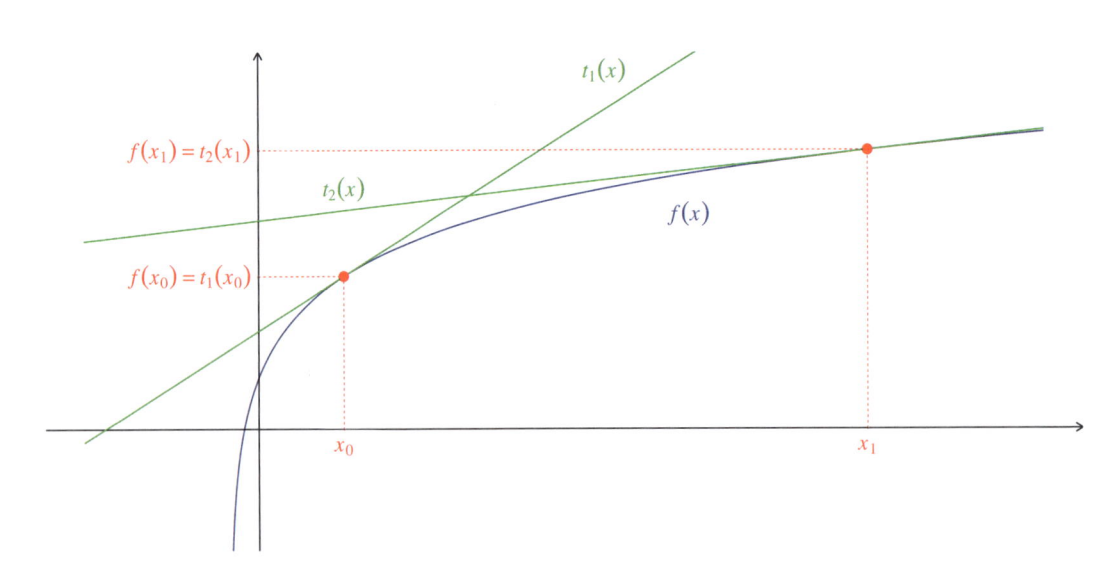

Abb. 17.1: Lineare Approximation der reellen Funktion $f: D \subseteq \mathbb{R} \longrightarrow \mathbb{R}$ an den Stellen x_0 und x_1 durch die Tangenten t_1 bzw. t_2

Beweis: Es gilt

$$p(x) = \sum_{k=0}^{n} a_k(x_0 + (x - x_0))^k$$

für alle $x \in \mathbb{R}$. Werden alle Binome $(x_0 + (x - x_0))^k$ nach dem Binomischen Lehrsatz $(x_0+(x-x_0))^k = \sum_{i=0}^{k}\binom{k}{i}x_0^i(x-x_0)^{k-i}$ entwickelt (vgl. (5.11)) und die Ergebnisse nach Potenzen von $(x - x_0)$ geordnet, dann entsteht ein Polynom n-ten Grades in $x - x_0$ der Form

$$p(x) = \sum_{k=0}^{n} b_k(x - x_0)^k. \qquad (17.4)$$

Werden von dieser Gleichung die ersten n Ableitungen nach x gebildet und anschließend $x = x_0$ gesetzt, dann erhält man mit der Bezeichnung $p^{(0)}(x_0) := p(x_0)$ die Gleichungen

$$p^{(k)}(x_0) = k! \, b_k \quad \text{für } k = 0, \ldots, n.$$

Durch Einsetzen in (17.4) erhält man daraus für das Polynom die Darstellung

$$p(x) = \sum_{k=0}^{n} \frac{p^{(k)}(x_0)}{k!}(x - x_0)^k$$

für alle $x \in \mathbb{R}$ und damit auch die Behauptung. ∎

Bei der Darstellung (17.3) spricht man davon, dass das „**Polynom p um die Stelle x_0 entwickelt**" worden ist. Aus Satz 17.1 und Satz 14.3 folgt, dass ein Polynom n-ten Grades durch die Kenntnis seines Funktionswertes und der ersten n Ableitungen an einer einzigen Stelle $x_0 \in \mathbb{R}$ bereits eindeutig festgelegt ist.

Die Idee ist nun, zur Approximation einer reellen n-mal differenzierbaren Funktion $f: D \subseteq \mathbb{R} \longrightarrow \mathbb{R}$ das Vorgehen bei der linearen Approximation (17.1) durch eine Tangente t mit der Eigenschaft (17.2) zu verallgemeinern, indem zur Approximation ein Polynom n-ten Grades verwendet wird, das an einer vorgegebenen Stelle $x_0 \in D$ bezüglich des Funktionswertes und der ersten n Ableitungen mit f übereinstimmt. Durch dieses Vorgehen ist dann das Polynom p bereits eindeutig bestimmt und es ist zu erwarten, dass sich das Polynom p und die reelle Funktion f in einer hinreichend kleinen Umgebung von x_0 nicht allzu stark unterscheiden. Verglichen mit der in Kapitel 27 beschriebenen Polynominterpolation einer reellen Funktion f verfolgt man bei der hier beschriebenen Approximation nicht das Ziel, ein Polynom zu finden, das an $n + 1$ vorgegebenen Stellen $x_0, \ldots, x_n$ die gleichen Funktionswerte wie f besitzt, sondern es geht vielmehr darum, die Funktion f in der Umgebung einer vorgegebenen Stelle x_0 durch ein Polynom „**möglichst gut**" anzunähern.

Im Folgenden sei $f: D \subseteq \mathbb{R} \longrightarrow \mathbb{R}$ eine beliebige n-mal differenzierbare Funktion, die an der Stelle $x_0 \in D$ durch ein mit $T_{n;x_0}(x)$ bezeichnetes Polynom vom Grad n approximiert werden soll. Dabei setzt man für die 0-te Ableitung von f und $T_{n;x_0}$ wie üblich

$$f^{(0)}(x) := f(x) \qquad \text{bzw.} \qquad T_{n;x_0}^{(0)}(x) := T_{n;x_0}(x)$$

für alle $x \in D$. Bei der Ermittlung des Polynoms $T_{n;x_0}$ ist es aufgrund von (17.3) zweckmäßig, das Polynom $T_{n;x_0}$ um die Stelle x_0 zu entwickeln. Das heißt, als Ausgangspunkt für die Bestimmung des Näherungspolynoms $T_{n;x_0}$ wird die Darstellung

$$T_{n;x_0}(x) = a_0 + a_1(x - x_0) + \ldots + a_n(x - x_0)^n$$
$$= \sum_{k=0}^{n} a_k(x - x_0)^k \qquad (17.5)$$

mit $a_0, \ldots, a_n \in \mathbb{R}$ gewählt. Für $T_{n;x_0}$ wird nun gefordert, dass neben $T_{n;x_0}(x_0) = f(x_0)$ und $T'_{n;x_0}(x_0) = f'(x_0)$ auch alle höheren Ableitungen von f und $T_{n;x_0}$ bis einschließlich zum Grad n an der Stelle x_0 übereinstimmen. Folglich soll gelten:

$$T_{n;x_0}^{(k)}(x_0) = f^{(k)}(x_0) \quad \text{für alle } k = 0, \ldots, n \qquad (17.6)$$

Wegen

$$T_{n;x_0}^{(0)}(x) = a_0 + a_1(x - x_0) + a_2(x - x_0)^2 + \ldots$$
$$+ a_n(x - x_0)^n,$$
$$T'_{n;x_0}(x) = a_1 + 2a_2(x - x_0) + 3a_3(x - x_0)^2 + \ldots$$
$$+ na_n(x - x_0)^{n-1},$$
$$T''_{n;x_0}(x) = 2a_2 + 6a_3(x - x_0) + 12a_4(x - x_0)^2 + \ldots$$
$$+ n(n - 1)a_n(x - x_0)^{n-2},$$
$$\vdots$$
$$T_{n;x_0}^{(n)}(x) = n! \, a_n$$

und

$$T_{n;x_0}^{(n+k)}(x) = 0 \quad \text{für alle } k \in \mathbb{N}$$

erhält man für den Funktionswert und die ersten n Ableitungen des Polynoms $T_{n;x_0}(x)$ an der Stelle x_0

$$T_{n;x_0}^{(k)}(x_0) = \begin{cases} k! \, a_k & \text{für } k = 0, 1, \ldots, n \\ 0 & \text{für } k > n \end{cases}. \qquad (17.7)$$

Zusammen mit (17.6) liefert dies für die Koeffizienten a_k des Näherungspolynoms (17.5) die Bedingungen

$$a_k = \frac{f^{(k)}(x_0)}{k!} \quad \text{für alle } k = 0, 1, \ldots, n. \qquad (17.8)$$

Das durch die Koeffizienten (17.8) eindeutig festgelegte Polynom wird nach dem britischen Mathematiker *Brook Taylor* (1685–1731) als **Taylor-Polynom** bezeichnet. Neben seiner mathematischen Begabung ist *Taylor* auch als hochbegabter Künstler aufgefallen, der im Rahmen seiner Ausarbeitungen über die Grundlagen der Perspektive als erster das Prinzip des Fluchtpunktes beschrieb.

B. Taylor

Definition 17.2 (Taylor-Polynom n-ten Grades)

Es sei $f: D \subseteq \mathbb{R} \longrightarrow \mathbb{R}$ eine n-mal differenzierbare reelle Funktion und $x_0 \in D$. Dann heißt das Polynom

$$T_{n;x_0}(x) := f(x_0) + f'(x_0)(x - x_0)$$
$$+ \frac{f''(x_0)}{2!}(x-x_0)^2 + \ldots + \frac{f^{(n)}(x_0)}{n!}(x-x_0)^n$$
$$= \sum_{k=0}^{n} \frac{f^{(k)}(x_0)}{k!}(x - x_0)^k \quad (17.9)$$

Taylor-Polynom n-ten Grades der Funktion f um den Entwicklungspunkt x_0.

Ein Taylor-Polynom $T_{n;x_0}$ mit $n \geq 2$ hat per Konstruktion mit der reellen Funktion f gemeinsam, dass es auch durch den Punkt $(x_0, f(x_0))$ geht und an der Stelle x_0 dieselbe Steigung und Krümmung wie die Funktion f besitzt. Darüber hinaus stimmt $T_{n;x_0}$ mit f an der Stelle x_0 auch in allen anderen Eigenschaften überein, die sich aus den Ableitungen bis zur Ordnung n ergeben. Die Approximation einer reellen Funktion f durch ein Taylor-Polynom $T_{n;x_0}$ vom Grad $n > 1$ ist daher im Allgemeinen besser als eine affin-lineare Approximation. Das Taylor-Polynom $T_{1;x_0}$ vom Grad 1 um den Entwicklungspunkt x_0 liefert die affin-lineare Funktion (17.1) und stimmt somit mit der Tangente von f an der Stelle x_0 überein.

Das Taylor-Polynom n-ten Grades einer n-mal differenzierbaren Funktion f ist offensichtlich abhängig vom gewählten Entwick-

C. Maclaurin

lungspunkt x_0. Das heißt, ein anderer Entwicklungspunkt x_0 führt zu anderen Polynomkoeffizienten $\frac{f^{(k)}(x_0)}{k!}$ und damit zu einem anderen Taylor-Polynom. Ein Taylor-Polynom n-ten Grades speziell um den Entwicklungspunkt $x_0 = 0$ wird oft auch nach dem schottischen Mathematiker *Colin Maclaurin* (1698–1746) als **Maclaurinsches Polynom** n-ten Grades bezeichnet. Durch eine geeignete Substitution kann jedoch ein Taylor-Polynom um einen beliebigen Entwicklungspunkt x_0 stets als Maclaurinsches Polynom gleichen Grades dargestellt werden.

Beispiel 17.3 (Taylor-Polynome)

a) Ein Polynom $p(x) = \sum_{k=0}^{n} a_k x^n$ stimmt trivialerweise mit seinem Taylor-Polynom n-ten Grades um den Entwicklungspunkt $x_0 = 0$, d. h. mit dem Maclaurinschen Polynom n-ten Grades von f, überein. Denn für die Koeffizienten $\frac{f^{(k)}(0)}{k!}$ des Taylor-Polynoms $T_{n;0}$ und die Koeffizienten a_k des Polynoms gilt

$$\frac{f^{(k)}(0)}{k!} = a_k \quad \text{für alle } k = 0, 1, \ldots, n$$

(vgl. (17.8)). Folglich gilt $T_{n;0}(x) = p(x)$ für alle $x \in \mathbb{R}$.

b) Das Taylor-Polynom dritten Grades der Exponentialfunktion $f: \mathbb{R} \longrightarrow \mathbb{R}$, $x \mapsto e^x$ um den Entwicklungspunkt $x_0 = 1$ ist wegen $f^{(0)}(x) = f'(x) = f''(x) = f'''(x) = e^x$ gegeben durch (vgl. Abbildung 17.2, links)

$$T_{3;1}(x) = e + \frac{e}{1!}(x-1) + \frac{e}{2!}(x-1)^2 + \frac{e}{3!}(x-1)^3$$
$$= \frac{e}{6}(x^3 + 3x + 2).$$

c) Für die ersten drei Ableitungen der Wurzelfunktion $f: (-1, \infty) \longrightarrow \mathbb{R}$, $x \mapsto \sqrt{1+x}$ gilt

$$f'(x) = \frac{1}{2\sqrt{1+x}},$$
$$f''(x) = -\frac{1}{4\sqrt{(1+x)^3}} \quad \text{und}$$
$$f'''(x) = \frac{3}{8\sqrt{(1+x)^5}}.$$

Das Taylor-Polynom dritten Grades um den Entwicklungspunkt $x_0 = 1$ lautet somit (vgl. Abbil-

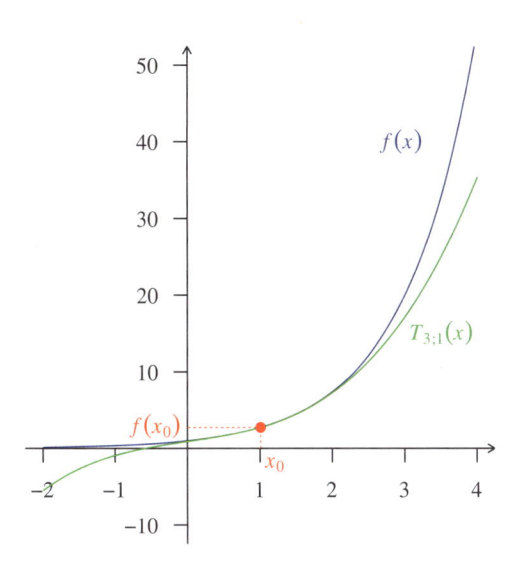

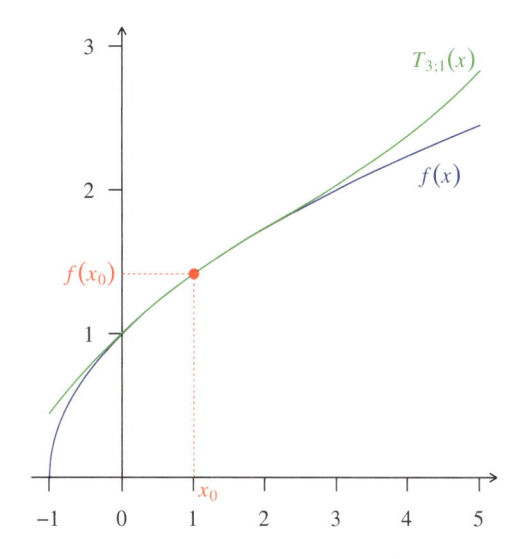

Abb. 17.2: Exponentialfunktion $f : \mathbb{R} \longrightarrow \mathbb{R}$, $x \mapsto e^x$ und das zugehörige Taylor-Polynom dritten Grades um den Entwicklungspunkt $x_0 = 1$ (links) und Wurzelfunktion $f : (-1, \infty) \longrightarrow \mathbb{R}$, $x \mapsto \sqrt{1+x}$ und das zugehörige Taylor-Polynom dritten Grades um den Entwicklungspunkt $x_0 = 1$ (rechts)

dung 17.2, rechts)

$$T_{3;1}(x) = \sqrt{2} + \frac{1}{2\sqrt{2}}(x-1) - \frac{1}{2!4\sqrt{2^3}}(x-1)^2 + \frac{3}{3!8\sqrt{2^5}}(x-1)^3. \quad (17.10)$$

Die Approximation von reellen Funktionen durch Taylor-Polynome besitzt in den Wirtschaftswissenschaften viele Anwendungen. Eine typische Anwendung ist das folgende Beispiel aus dem Bereich des Risikomanagements.

Beispiel 17.4 (Quadratische Approximation des Zinsänderungsrisikos)

Betrachtet wird die Situation aus Beispiel 16.36. Das heißt, für eine Investition I mit den erwarteten Auszahlungen $K_0, \ldots, K_n > 0$ zu den Zeitpunkten $t = 0, \ldots, n$ und dem **Barwert**

$$I_0(p) = \sum_{t=0}^{n} K_t (1+p)^{-t}$$

in Abhängigkeit vom **Zinssatz** p wird das **Zinsänderungsrisiko** untersucht.

Die in Beispiel 16.36 ermittelte lineare Approximation $-D_A(p)\Delta p$ (vgl. (16.28)) zur Annäherung der Barwertänderung $\Delta I_0 = I_0(p + \Delta p) - I_0(p)$ kann dadurch verbessert werden, dass das Taylor-Polynom zweiten Grades um den Entwicklungspunkt p zur Approximation der Barwertfunktion $I_0(p)$ verwendet wird. Diese Approximation ist gegeben durch

$$I_0(p + \Delta p) \approx I_0(p) + I_0'(p)\Delta p + \frac{1}{2}I_0''(p)(\Delta p)^2$$
$$= I_0(p) - D_A(p)\Delta p + \frac{1}{2}C_A(p)(\Delta p)^2, \quad (17.11)$$

wobei $D_A(p) = -I_0'(p)$ die aus Beispiel 16.36 bereits bekannte absolute Duration ist (vgl. (16.27)) und

$$C_A(p) := I_0''(p)$$
$$= \frac{1}{(1+p)^2} \sum_{t=0}^{n} t(t+1)K_t (1+p)^{-t} > 0$$

als **absolute Konvexität** bezeichnet wird (für $I_0''(p)$ siehe (16.26)). Mit (17.11) erhält man für die Barwertänderung

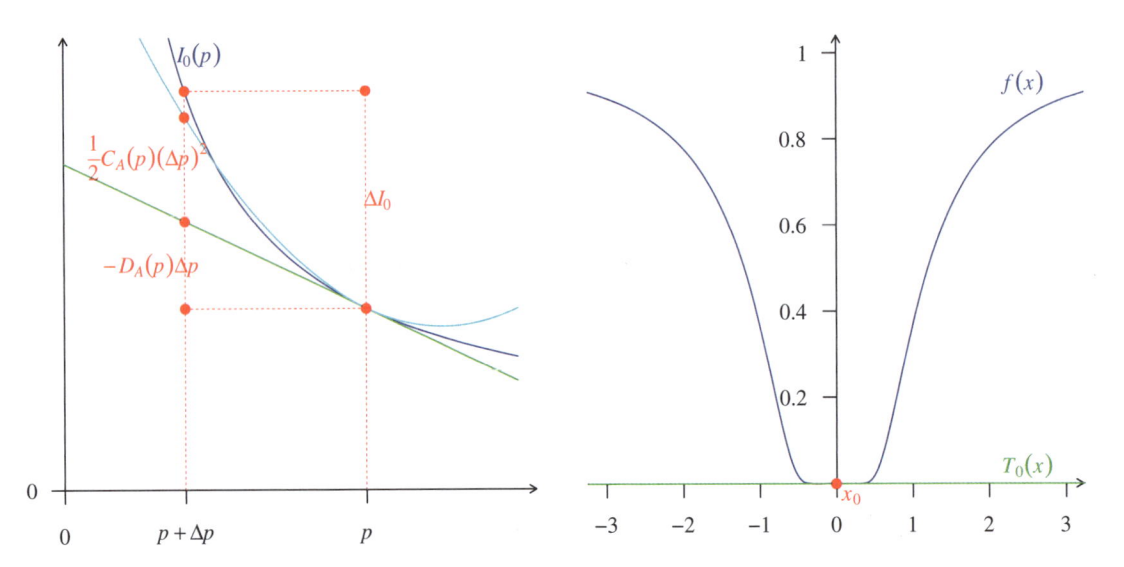

Abb. 17.3: Verbesserung der linearen Approximation $-D_A(p)\Delta p$ für die Barwertänderung ΔI_0 durch zusätzliche Berücksichtigung des Terms $\frac{1}{2}C_A(p)(\Delta p)^2$ mit der absoluten Konvexität $C_A(p)$ (links) und reelle Funktion $f: \mathbb{R} \longrightarrow \mathbb{R}$ mit $f(x) = e^{-\frac{1}{x^2}}$ für $x \neq 0$ und $f(x) = 0$ für $x = 0$ mit Taylor-Reihe $T_0(x)$ von f um den Entwicklungspunkt $x_0 = 0$ (rechts)

ΔI_0 die **quadratische Approximation**

$$\Delta I_0 \approx -D_A(p)\Delta p + \frac{1}{2}C_A(p)(\Delta p)^2.$$

Im Vergleich zur linearen Approximation $-D_A(p)\Delta p$ erfasst die quadratische Approximation durch den Term $\frac{1}{2}C_A(p)(\Delta p)^2$ zusätzlich noch die absolute Barwertänderung aufgrund des quadratischen Anteils, der durch die Krümmung der Barwertfunktion I_0 an der Stelle p verursacht wird. Dies führt oftmals zu einer verbesserten Approximation für die Barwertänderung ΔI_0 (vgl. Abbildung 17.3, links). Aus der **absoluten Konvexität** $C_A(p)$ erhält man nach Division durch $I_0(p)$ die sogenannte **Konvexität**

$$C(p) := \frac{C_A(p)}{I_0(p)} = \frac{\frac{1}{(1+p)^2}\sum_{t=0}^{n} t(t+1)K_t(1+p)^{-t}}{I_0(p)}.$$

17.2 Taylor-Formel

Bei der Verwendung eines Taylor-Polynoms $T_{n;x_0}$ zur Approximation einer reellen Funktion f in der Umgebung einer Stelle x_0 stellt sich unmittelbar die Frage, wie gut diese Näherung ist. Anders ausgedrückt interessiert man sich für die Größe des als **n-tes Restglied** bezeichneten Approximationsfehlers

$$R_{n;x_0}(x) := f(x) - T_{n;x_0}(x),$$

der bei der Annäherung von $f(x)$ durch $T_{n;x_0}(x)$ entsteht. In der Regel ist der Approximationsfehler $R_{n;x_0}(x)$ umso kleiner, je näher x beim Entwicklungspunkt x_0 liegt. Der Entwicklungspunkt x_0 sollte daher stets so gewählt werden, dass er möglichst nahe bei der zu approximierenden Stelle x liegt (vgl. dazu auch Abbildung 17.2).

Eine Anwort auf die Frage, wie gut das Taylor-Polynom $T_{n;x_0}(x)$ den Funktionswert $f(x)$ approximiert, gibt der folgende Satz, der als **Satz von Taylor** bekannt ist und (ohne Restgliedangabe) erstmals von *Brook Taylor* (1685–1731) im Jahre 1715 veröffentlicht wurde. Der Satz von Taylor ist einer der bedeutendsten Sätze der Analysis und ein wichtiges mathematisches Hilfsmittel in den Wirtschaftswissenschaften.

B. Taylor

Satz 17.5 (Satz von Taylor)

Es sei $f: I \subseteq \mathbb{R} \longrightarrow \mathbb{R}$ eine auf dem Intervall I $(n+1)$-mal differenzierbare Funktion und $x_0, x \in I$. Dann gilt

$$f(x) = T_{n;x_0}(x) + R_{n;x_0}(x)$$
$$= \sum_{k=0}^{n} \frac{f^{(k)}(x_0)}{k!}(x-x_0)^k + R_{n;x_0}(x) \quad (17.12)$$

mit dem n-ten Restglied

$$R_{n;x_0}(x) = \frac{f^{(n+1)}(\xi)}{n!\,p}(x-x_0)^p(x-\xi)^{n+1-p} \quad (17.13)$$

(Schlömilchs Restgliedformel). Dabei ist p eine beliebige Zahl aus $\{1, 2, \ldots, n+1\}$ und ξ im Fall von $x \neq x_0$ ein Wert zwischen x und x_0, dessen Lage von x, x_0, p und n abhängt. Im Fall $x = x_0$ ist $\xi = x_0$ zu setzen.

Für die beiden Spezialfälle $p = n+1$ und $p = 1$ erhält man aus (17.13) die Lagrangesche Restgliedformel

$$R_{n;x_0}(x) = \frac{f^{(n+1)}(\xi)}{(n+1)!}(x-x_0)^{n+1} \quad (17.14)$$

bzw. die Cauchysche Restgliedformel

$$R_{n;x_0}(x) = \frac{f^{(n+1)}(\xi)}{n!}(x-x_0)(x-\xi)^n. \quad (17.15)$$

Beweis: Es sei $p \in \{1, 2, \ldots, n+1\}$ beliebig, aber fest gewählt. Im Fall $x = x_0$ gilt $R_{n;x_0}(x) = 0$ (nach (17.13)) und die Gleichung (17.12) ist erfüllt. Es sei daher im Folgenden ohne Beschränkung der Allgemeinheit $x \neq x_0$ angenommen und es wird ein $c_x \in \mathbb{R}$ bestimmt, so dass

$$f(x) = \sum_{k=0}^{n} \frac{f^{(k)}(x_0)}{k!}(x-x_0)^k + c_x(x-x_0)^p \quad (17.16)$$

gilt. Ersetzt man in (17.16) den Wert x_0 durch eine Variable u, dann erhält man die durch

$$F(u) := \sum_{k=0}^{n} \frac{f^{(k)}(u)}{k!}(x-u)^k + c_x(x-u)^p \quad (17.17)$$

definierte reelle Funktion F auf I. Für diese Funktion gilt offenbar $F(x) = f^{(0)}(x) = f(x)$ und $F(x_0) = f(x)$, also insbesondere $F(x) = F(x_0)$. Gemäß dem Satz von Rolle (vgl. Satz 16.27) gibt es somit ein ξ zwischen x und x_0 mit $F'(\xi) = 0$. Für die erste Ableitung von F nach u gilt

$$F'(u) = \frac{f^{(n+1)}(u)}{n!}(x-u)^n - c_x p(x-u)^{p-1},$$

wie man durch gliedweises Ableiten von (17.17) leicht zeigt. Wegen $F'(\xi) = 0$ wird dieser Ausdruck bei Einsetzen von ξ für u gleich Null und anschließendes Auflösen nach c_x ergibt somit

$$c_x = \frac{f^{(n+1)}(\xi)}{n!\,p}(x-\xi)^{n+1-p}.$$

Wird dieser Ausdruck für c_x in (17.16) eingesetzt, dann erhält man für $f(x)$ die Darstellung (17.12) mit dem Restglied (17.13) und damit die Behauptung. ∎

Die Formel (17.12) mit einer der Restglieddarstellungen (17.13), (17.14) und (17.15) wird als **Taylor-Formel** der Funktion f um den Entwicklungspunkt x_0 bezeichnet. Sie ist eine direkte Verallgemeinerung der Formel (17.3) für Polynome. Denn ist f ein Polynom m-ten Grades mit $m \leq n$, dann gilt $f^{(n+1)}(x) = 0$ für alle $x \in \mathbb{R}$. Dies impliziert jedoch für das Restglied $R_{n;x_0}(x) = 0$ und damit insbesondere auch

$$f(x) = \sum_{k=0}^{n} \frac{f^{(k)}(x_0)}{k!}(x-x_0)^k.$$

Es ist jedoch zu beachten, dass im Fall eines Polynoms m-ten Grades mit $m > n$ ein von Null verschiedenes Restglied resultiert. Denn in diesem Fall wird bei der Approximation von f durch $T_{n;x_0}$ ein Polynom durch ein anderes Polynom kleineren Grades approximiert.

Bei der Anwendung des Satzes von Taylor ist zu beachten, dass für eine gegebene reelle Funktion f die genaue Lage der Zwischenstelle ξ normalerweise nicht bekannt ist und von x, x_0, p und n abhängt. Ändert sich auch nur eine dieser vier Größen, dann wird sich in der Regel auch die Lage von ξ verändern. Obwohl man vom Wert ξ im Allgemeinen nur weiß, dass er zwischen x und x_0 liegt, lässt sich jedoch häufig der Betrag $|R_{n;x_0}(x)|$ des Restglieds nach oben abschätzen. Auf diese Weise kann man eine Aussage darüber treffen, wie gut der Funktionswert $f(x)$ durch $T_{n;x_0}(x)$ approximiert wird.

Betrachtet man z. B. die Lagrangesche Restgliedformel (17.14), die nach dem italienischen Mathematiker *Joseph-Louis Lagrange* (1736–1813) benannt ist und am häufigsten zur Darstellung des Restglieds $R_{n;x_0}(x)$ verwendet wird, und ist die $(n+1)$-te

Denkmal für J.-L. Lagrange in Turin

Ableitung $f^{(n+1)}$ auf I zusätzlich beschränkt, d. h. es gibt eine Konstante $M > 0$ mit

$$\left|f^{(n+1)}(x)\right| \leq M$$

für alle $x \in I$, dann gilt offenbar die Abschätzung

$$\left|R_{n;x_0}(x)\right| \leq \frac{M}{(n+1)!}|x - x_0|^{n+1} \qquad (17.18)$$

für alle $x \in I$. Wie die nachfolgenden Beispiele zeigen, lässt sich mit dieser Abschätzung in vielen Anwendungen gut arbeiten.

Das Restglied gemäß der Lagrangeschen Restgliedformel (17.14) hat die gleiche Gestalt wie die übrigen Summanden der Taylor-Formel. Lediglich die $(n + 1)$-te Ableitung wird nicht am Entwicklungspunkt x_0, sondern an einer Stelle ξ zwischen x und x_0 ausgewertet. Aus der Taylor-Formel (17.12) mit Lagrangeschem Restglied (17.14) erhält man für $n = 0$

$$f(x) = f(x_0) + f'(\xi)(x - x_0) \qquad \text{bzw.}$$

$$\frac{f(x) - f(x_0)}{x - x_0} = f'(\xi)$$

und damit den **Mittelwertsatz der Differentialrechnung** (vgl. Satz 16.28).

Die Schlömilchsche Restgliedformel (17.13) ist nach dem deutschen Mathematiker *Oskar Schlömilch* (1823–1901) und die Cauchysche Restgliedformel (17.15) nach dem einflußreichen französischen Mathematiker *Augustin Louis Cauchy* (1789–1857) benannt. Welche der drei Restgliedformeln (17.13)–(17.15) zur Abschätzung des Approximationsfehlers besser geeignet ist, hängt von der Funktion f und gelegentlich auch von den Werten n und x ab. Aufgrund der etwas einfacheren Gestalt der Lagrangeschen Restgliedformel (17.14) wird diese allerdings meist priorisiert.

O. Schlömilch

Beispiel 17.6 (Anwendung der Taylor-Formel)

a) Die Exponentialfunktion $f: \mathbb{R} \longrightarrow \mathbb{R}$, $x \mapsto e^x$ soll im Intervall $\left(\frac{1}{2}, \frac{3}{2}\right)$ durch das Taylor-Polynom dritten Grades um den Entwicklungspunkt $x_0 = 1$ angenähert werden. Gemäß Beispiel 17.3b) ist das Taylor-Polynom für alle $x \in \mathbb{R}$ gegeben durch

$$T_{3;1}(x) = \frac{e}{6}(x^3 + 3x + 2) \qquad (17.19)$$

und für das Restglied gemäß Restgliedformel (17.14) gilt

$$R_{3;1}(x) = \frac{e^\xi}{4!}(x - 1)^4$$

für ein ξ zwischen x und 1. Mit (17.18) erhält man somit für das Restglied die Abschätzung

$$|R_{3;1}(x)| \leq \frac{e^{1,5}}{4!}\left(\frac{1}{2}\right)^4 \approx 0{,}01167$$

für alle $x \in \left(\frac{1}{2}, \frac{3}{2}\right)$. Das heißt, die mittels dem Taylor-Polynom (17.19) ermittelten Näherungswerte weichen im Intervall $\left(\frac{1}{2}, \frac{3}{2}\right)$ weniger als $0{,}012$ von den tatsächlichen Funktionswerten $f(x) = e^x$ ab (vgl. Abbildung 17.2, links).

b) Die Wurzelfunktion $f: (-1, \infty) \longrightarrow \mathbb{R}$, $x \mapsto \sqrt{1 + x}$ besitzt die vierte Ableitung

$$f^{(4)}(x) = -\frac{15}{16\sqrt{(1 + x)^7}}$$

(für die ersten drei Ableitungen siehe Beispiel 17.3c)). Mit (17.10) erhält man somit, dass die Taylor-Formel der Funktion f um den Entwicklungspunkt $x_0 = 1$ mit einem Taylor-Polynom dritten Grades und Lagrangeschem Restglied gegeben ist durch

$$f(x) = T_{3;1}(x) + R_{3;1}(x)$$
$$= \sqrt{2} + \frac{1}{2\sqrt{2}}(x - 1) - \frac{1}{2!\, 4\sqrt{2^3}}(x - 1)^2$$
$$+ \frac{3}{3!\, 8\sqrt{2^5}}(x - 1)^3$$
$$- \frac{15}{4!\, 16\sqrt{(1 + \xi)^7}}(x - 1)^4$$

für ein ξ zwischen x und 1 (vgl. Abbildung 17.2, rechts).

Eine einfache Folgerung aus Satz 17.5 ist die folgende hinreichende Bedingung für Polynome:

> **Folgerung 17.7** (Hinreichende Bedingung für Polynome)
>
> Es sei $f: (a,b) \subseteq \mathbb{R} \longrightarrow \mathbb{R}$ eine $(n+1)$-mal differenzierbare Funktion mit
> $$f^{(n+1)}(x) = 0$$
> für alle $x \in (a,b)$. Dann ist f ein Polynom vom Grad kleiner gleich n.

Beweis: Es seien $x_0, x \in (a,b)$ beliebig gewählt. Dann gilt gemäß Satz 17.5
$$f(x) = T_{n;x_0}(x) + R_{n;x_0}(x).$$
Wegen $f^{(n+1)}(x) = 0$ für alle $x \in (a,b)$ gilt jedoch für das Restglied $R_{n;x_0}(x) = 0$ und damit insbesondere
$$f(x) = T_{n;x_0}(x)$$
für alle $x \in (a,b)$. Die Funktion f ist somit ein Polynom vom Grad kleiner gleich n. ∎

17.3 Taylor-Reihe

Erfüllt eine reelle Funktion $f: I \subseteq \mathbb{R} \longrightarrow \mathbb{R}$ nicht nur die Voraussetzungen von Satz 17.5, sondern ist sie sogar unendlich oft differenzierbar, dann kann man die Taylor-Formel (17.12) für alle $n \in \mathbb{N}_0$ anwenden. In einem solchen Fall stellt sich dann die Frage, ob die dadurch entstehende Folge von Taylorpolynomen $\bigl(T_{n;x_0}(x)\bigr)_{n\in\mathbb{N}_0}$ für $n \to \infty$ für alle $x \in I$ konvergiert. Im Fall der Konvergenz bezeichnet man den Grenzwert der Folge $\bigl(T_{n;x_0}(x)\bigr)_{n\in\mathbb{N}_0}$ als **Taylor-Reihe** von f um den Entwicklungspunkt x_0:

> **Definition 17.8** (Taylor-Reihe)
>
> Es sei $f: I \subseteq \mathbb{R} \longrightarrow \mathbb{R}$ eine auf dem Intervall I unendlich oft differenzierbare Funktion, $x_0 \in I$ und die Folge der Taylor-Polynome $\bigl(T_{n;x_0}(x)\bigr)_{n\in\mathbb{N}_0}$ konvergiere für $n \to \infty$ und alle $x \in I$. Dann wird ihr Grenzwert, d.h. die Reihe
> $$T_{x_0}(x) := \lim_{n\to\infty} T_{n;x_0}(x) = \sum_{k=0}^{\infty} \frac{f^{(k)}(x_0)}{k!}(x - x_0)^k,$$
> als Taylor-Reihe von f um den Entwicklungspunkt x_0 bezeichnet. Gilt zusätzlich
> $$f(x) = T_{x_0}(x)$$
> für alle $x \in I$, dann sagt man, f lässt sich im Intervall I um den Entwicklungspunkt x_0 in eine Taylor-Reihe entwickeln oder f besitzt im Intervall I eine Taylor-Reihe um den Entwicklungspunkt x_0.

Mit der Taylor-Formel (17.12) erhält man unmittelbar, dass sich eine unendlich oft differenzierbare Funktion $f: I \subseteq \mathbb{R} \longrightarrow \mathbb{R}$ im Intervall I um den Entwicklungspunkt $x_0 \in I$ genau dann in eine Taylor-Reihe entwickeln lässt, wenn für das Restglied
$$\lim_{n\to\infty} R_{n;x_0}(x) = f(x) - \sum_{k=0}^{n} \frac{f^{(k)}(x_0)}{k!}(x-x_0)^k = 0 \quad (17.20)$$
für alle $x \in I$ gilt. Der folgende Satz liefert eine einfache hinreichende Bedingung für (17.20), d. h. für die Existenz der Taylor-Reihe T_{x_0} einer reellen Funktion $f: I \subseteq \mathbb{R} \longrightarrow \mathbb{R}$ um einen Entwicklungspunkt $x_0 \in I$:

> **Satz 17.9** (Hinreichende Bedingung für die Existenz der Taylor-Reihe)
>
> Es sei $f: I \subseteq \mathbb{R} \longrightarrow \mathbb{R}$ eine auf dem Intervall I unendlich oft differenzierbare Funktion und $x_0 \in I$. Ferner existieren Konstanten $p, q \in \mathbb{R}$ mit der Eigenschaft
> $$\left|f^{(n)}(x)\right| \leq p q^n \quad (17.21)$$
> für alle $n \in \mathbb{N}$ und $x \in I$. Dann lässt sich f im Intervall I um den Entwicklungspunkt x_0 in eine Taylor-Reihe entwickeln. Das heißt, es gilt dann
> $$\lim_{n\to\infty} R_{n;x_0}(x) = 0$$
> und damit insbesondere für alle $x \in I$
> $$f(x) = T_{x_0}(x) = \sum_{k=0}^{\infty} \frac{f^{(k)}(x_0)}{k!}(x-x_0)^k. \quad (17.22)$$

Beweis: Es seien $x_0, x \in I$ beliebig vorgegeben und es gelte die Abschätzung (17.21) für geeignete Konstanten $p, q \in \mathbb{R}$. Dann folgt mit der Lagrangeschen Restgliedformel (17.14)
$$\left|R_{n;x_0}(x)\right| = \frac{\left|f^{(n+1)}(\xi)\right|}{(n+1)!} \cdot |x-x_0|^{n+1} \leq p \frac{q^{n+1}}{(n+1)!} \cdot |x-x_0|^{n+1}$$
$$= p \frac{(q|x-x_0|)^{n+1}}{(n+1)!}.$$

Daraus erhält man mit $t := q|x - x_0|$ die Abschätzung

$$|R_{n;x_0}(x)| \leq p \frac{t^{n+1}}{(n+1)!}. \qquad (17.23)$$

Da jedoch

$$\lim_{n \to \infty} \frac{t^{n+1}}{(n+1)!} = 0$$

für alle $t \geq 0$ gilt (vgl. Beispiel 11.24), folgt aus (17.23) $\lim_{n \to \infty} R_{n;x_0}(x) = 0$ und damit auch (17.22). ∎

Analog zu den Taylor-Polynomen $T_{n;x_0}$ wird eine Taylor-Reihe T_{x_0} um den Entwicklungspunkt $x_0 = 0$ oft auch als **Maclaurinsche Reihe** bezeichnet.

Die große Bedeutung von Taylor-Reihen resultiert zum einen daraus, dass man mit ihrer Hilfe eine unendlich oft differenzierbare reelle Funktion $f: I \subseteq \mathbb{R} \longrightarrow \mathbb{R}$ häufig mit jeder gewünschten Genauigkeit berechnen kann. Dazu werden lediglich der Funktionswert und die Ableitungen von f an einer Stelle x_0 benötigt. Zum anderen ist es durch diesen Zusammenhang zwischen reellen Funktionen und Reihen überhaupt erst möglich, reelle Funktionen, wie z. B.

$$\exp(x), \ln(x), \sin(x), \cos(x), \tan(x), \cot(x) \quad \text{usw.},$$

vollständig zu verstehen. Denn wie sich in Abschnitt 17.4 zeigen wird, handelt es sich bei Taylor-Reihen um sogenannte **Potenzreihen**, die sich durch besonders gute analytische Eigenschaften auszeichnen.

Dabei ist jedoch zu beachten, dass es durchaus möglich ist, dass eine reelle Funktion $f: I \subseteq \mathbb{R} \longrightarrow \mathbb{R}$ unendlich oft differenzierbar ist, aber der Grenzwert $T_{x_0}(x) = \lim_{n \to \infty} T_{n;x_0}(x)$ und damit auch die Taylor-Reihe $\sum_{k=0}^{\infty} \frac{f^{(k)}(x_0)}{k!}(x-x_0)^k$ von f nur für den Entwicklungspunkt $x = x_0$ konvergiert. Darüber hinaus ist es auch möglich, dass die Taylor-Reihe T_{x_0} einer Funktion f um den Entwicklungspunkt x_0 existiert, d. h. für alle $x \in I$ konvergiert, aber ihre Werte nicht mit den Funktionswerten von f übereinstimmen. Das heißt, die Konvergenz der Folge der Taylor-Polynome $\bigl(T_{n;x_0}(x)\bigr)_{n \in \mathbb{N}_0}$ ist eine notwendige, aber keine hinreichende Bedingung für die Übereinstimmung $T_{x_0}(x) = f(x)$. Ein sehr bekanntes Beispiel hierfür, welches bereits auf den französischen Mathematiker *Augustin Louis Cauchy* (1789–1857) zurückgeht, ist die Funktion

$$f: \mathbb{R} \longrightarrow \mathbb{R}, \quad x \mapsto f(x) = \begin{cases} e^{-\frac{1}{x^2}} & \text{für } x \neq 0 \\ 0 & \text{für } x = 0 \end{cases}.$$

Man kann zeigen, dass die Funktion f unendlich oft differenzierbar ist und für ihre Ableitungen $f^{(n)}(0) = 0$ für alle $n \in \mathbb{N}_0$ gilt. Die Taylor-Reihe von f um den Entwicklungspunkt $x_0 = 0$ ist somit gegeben durch

$$T_0(x) = 0$$

für alle $x \in \mathbb{R}$. Dies bedeutet jedoch, dass die Taylor-Reihe T_0 um den Entwicklungspunkt $x_0 = 0$ nur an der Stelle $x = 0$ mit der Funktion f übereinstimmt (vgl. Abbildung 17.3, rechts).

Beispiel 17.10 (Taylor-Reihen von $\exp(x)$ und $\ln(1+x)$)

a) Die Exponentialfunktion $f: \mathbb{R} \longrightarrow \mathbb{R}$, $x \mapsto e^x$ ist unendlich oft differenzierbar und besitzt die Ableitungen

$$f^{(k)}(x) = e^x \qquad \text{bzw.} \qquad f^{(k)}(0) = 1$$

für alle $k \in \mathbb{N}_0$. Die Taylor-Formel von $f(x) = e^x$, entwickelt um $x_0 = 0$, mit Lagrangeschem Restglied ist somit gegeben durch

$$e^x = \underbrace{1 + x + \frac{x^2}{2!} + \frac{x^3}{3!} + \ldots + \frac{x^n}{n!}}_{T_{n;0}(x)} + \underbrace{\frac{x^{n+1}}{(n+1)!} e^\xi}_{R_{n;0}(x)}$$

für alle $x \in \mathbb{R}$ und $n \in \mathbb{N}_0$. Dabei ist ξ ein von x und n abhängiger Wert zwischen 0 und x. Wegen $|\xi| \leq |x|$ gilt für das Restglied die Abschätzung

$$|R_{n;0}(x)| \leq \frac{|x|^{n+1}}{(n+1)!} e^{|x|},$$

also $\lim_{n \to \infty} R_{n;0}(x) = 0$ für alle $x \in \mathbb{R}$ (vgl. Beispiel 11.24). Die Exponentialfunktion $f(x) = e^x$ besitzt somit um $x_0 = 0$ für alle $x \in \mathbb{R}$ die Taylor-Reihenentwicklung

$$e^x = \lim_{n \to \infty} T_{n;0}(x) = \sum_{k=0}^{\infty} \frac{x^k}{k!} \qquad (17.24)$$

(vgl. Abbildung 17.4, links). Speziell für $x = 1$ erhält man daraus die bereits aus Abschnitt 12.4 bekannte **Exponentialreihe**

$$e = \sum_{k=0}^{\infty} \frac{1}{k!} = 1 + \frac{1}{1!} + \frac{1}{2!} + \frac{1}{3!} + \frac{1}{4!} + \ldots.$$

Die Taylor-Reihe (17.24) wird auch für ein beliebiges $x \in \mathbb{R}$ als Exponentialreihe bezeichnet. Insbesondere erhält man für $a > 0$, $a \neq 1$

$$a^x = e^{x \ln(a)} = \sum_{k=0}^{\infty} \frac{(x \ln(a))^k}{k!}$$

für alle $x \in \mathbb{R}$. Die Exponentialreihe (17.24) ist eine der berühmtesten und wichtigsten Reihen der Mathematik.

b) Die Logarithmusfunktion $\ln(x)$ kann nicht um 0 entwickelt werden, da sie dort eine Polstelle besitzt. Man entwickelt sie daher um 1 oder – äquivalent dazu – die Funktion $\ln(1+x)$ um 0. Im Folgenden wird deshalb die Funktion $f : (-1, \infty) \longrightarrow \mathbb{R}$, $x \mapsto \ln(1+x)$ um $x_0 = 0$ entwickelt. Die Funktion f ist unendlich oft differenzierbar und besitzt die Ableitungen

$$f^{(0)}(x) = \ln(1+x), \quad f^{(1)}(x) = (1+x)^{-1},$$
$$f^{(2)}(x) = -(1+x)^{-2}$$

bzw. allgemein

$$f^{(k)}(x) = -(-1)^k (k-1)!(1+x)^{-k} \quad \text{für alle } k \in \mathbb{N}.$$

Somit gilt

$$f^{(0)}(0) = 0 \quad \text{und} \quad f^{(k)}(0) = -(-1)^k (k-1)!$$

für alle $k \in \mathbb{N}$. Die Taylor-Formel von f, entwickelt um $x_0 = 0$, ist somit gegeben durch

$$\ln(1+x) = \underbrace{x - \frac{x^2}{2} + \frac{x^3}{3} - \frac{x^4}{4} + \ldots - \frac{(-x)^n}{n}}_{T_{n;0}(x)} + R_{n;0}(x)$$

für alle $x \in (-1, \infty)$ und $n \in \mathbb{N}_0$. Für $x \in [0, 1]$ erhält man mit der Lagrangeschen Restgliedformel und einem $\xi \in (0, x)$ die Abschätzung

$$|R_{n;0}(x)| = \frac{1}{n+1} \cdot \frac{x^{n+1}}{(1+\xi)^{n+1}} \leq \frac{1}{n+1}.$$

Das heißt, es gilt $\lim_{n \to \infty} R_{n;0}(x) = 0$ für alle $x \in [0, 1]$. Für $x \in (-1, 0)$ ist es dagegen zweckmäßiger die Cauchysche Restgliedformel (17.15) zu verwenden. Mit einem $\xi \in (x, 0)$ erhält man dann

$$|R_{n;0}(x)| = \frac{|x||x - \xi|^n}{(1+\xi)^{n+1}} = \frac{|x|}{1+\xi} \cdot \left|\frac{x-\xi}{1+\xi}\right|^n.$$

Wegen

$$\left|\frac{x-\xi}{1+\xi}\right| = \frac{|x|-|\xi|}{1-|\xi|} = |x| - |\xi|\frac{1-|x|}{1-|\xi|} \leq |x|$$

und $1 + \xi > 1 + x$ folgt daraus weiter

$$|R_{n;0}(x)| \leq \frac{|x|}{1+x}|x|^n.$$

Folglich gilt $\lim_{n \to \infty} R_{n;0}(x) = 0$ auch für alle $x \in (-1, 0)$. Für $x > 1$ konvergiert das Restglied $R_{n;0}(x)$ für $n \to \infty$ dagegen nicht gegen 0. Die Logarithmusfunktion $f(x) = \ln(1+x)$ besitzt somit um $x_0 = 0$ für alle $x \in (-1, 1]$ die Taylor-Reihenentwicklung

$$\ln(1+x) = \lim_{n \to \infty} T_{n;0}(x) = \sum_{k=1}^{\infty} (-1)^{k+1} \frac{x^k}{k} \quad (17.25)$$

(vgl. Abbildung 17.4, rechts). Die Reihe (17.25) wird als **Logarithmusreihe** bezeichnet. Speziell für $x = 1$ erhält man für die bereits aus Beispiel 12.10a) bekannte **alternierende harmonische Reihe** die bemerkenswerte Formel

$$\ln(2) = \sum_{k=1}^{\infty} (-1)^{k+1} \frac{1}{k} = 1 - \frac{1}{2} + \frac{1}{3} - \frac{1}{4} + \frac{1}{5} \mp \ldots.$$

Die Taylor-Reihe (17.25) der Logarithmusfunktion $\ln(1+x)$ für $x \in (-1, 1]$ kann auch zur Berechnung der Logarithmen $\ln(y)$ für $y > 0$ eingesetzt werden. Denn aus (17.25) folgt

$$\ln(1-x) = -\sum_{k=1}^{\infty} \frac{x^k}{k} \quad (17.26)$$

für alle $x \in [-1, 1)$. Der gemeinsame Gültigkeitsbereich von (17.25) und (17.26) ist $(-1, 1)$. Durch Subtraktion dieser beiden Taylor-Reihen für $x \in (-1, 1)$ erhält man daher

$$\ln\left(\frac{1+x}{1-x}\right) = \ln(1+x) - \ln(1-x) = 2\sum_{k=0}^{\infty} \frac{x^{2k+1}}{2k+1} \quad (17.27)$$

(siehe hierzu auch Satz 17.17c)). Setzt man nun

$$x := \frac{y-1}{y+1}$$

Kapitel 17 Taylor-Formel und Potenzreihen

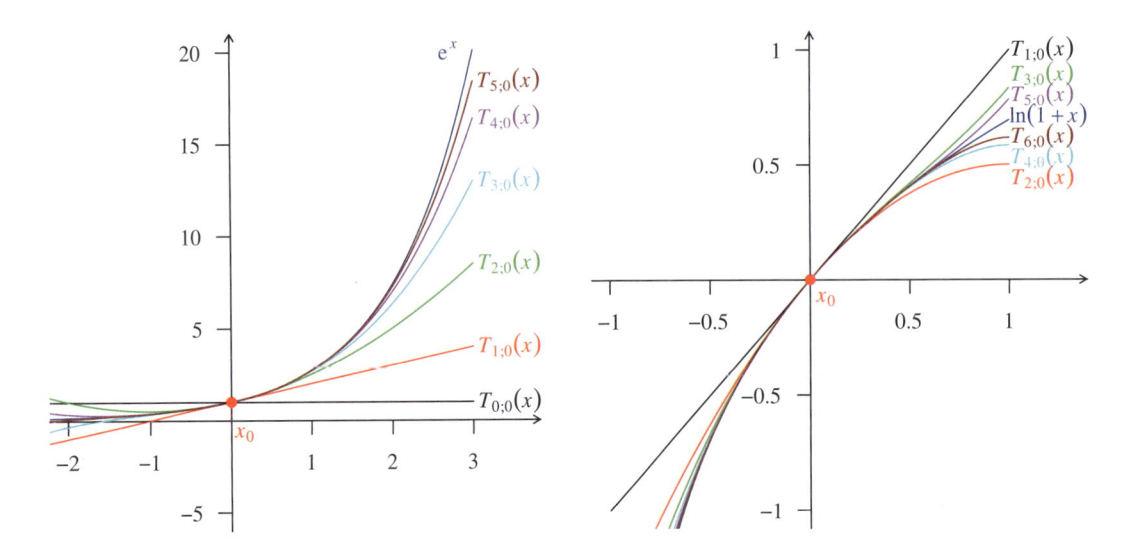

Abb. 17.4: Exponentialfunktion $f: \mathbb{R} \longrightarrow \mathbb{R}$, $x \mapsto e^x$ mit den Taylor-Polynomen $T_{n;0}$ um den Entwicklungspunkt $x_0 = 0$ für $n = 0, 1, 2, 3, 4, 5$ (links) und Logarithmusfunktion $f: (-1, \infty) \longrightarrow \mathbb{R}$, $x \mapsto \ln(1+x)$ mit den Taylor-Polynomen $T_{n;0}$ um den Entwicklungspunkt $x_0 = 0$ für $n = 1, 2, 3, 4, 5, 6$ (rechts)

für ein $y > 0$, dann gilt $x \in (-1, 1)$ und durch Umformen folgt
$$y = \frac{1+x}{1-x}.$$
Mit (17.27) erhält man somit schließlich für alle $y > 0$ die Formel
$$\ln(y) = \ln\left(\frac{1+x}{1-x}\right) = 2 \sum_{k=0}^{\infty} \frac{1}{2k+1} \left(\frac{y-1}{y+1}\right)^{2k+1}.$$

Die trigonometrischen Funktionen Sinus und Kosinus besitzen ebenfalls eine Darstellung als Taylor-Reihe:

Beispiel 17.11 (Taylor-Reihen von $\sin(x)$ und $\cos(x)$)

a) Die Sinusfunktion $f: \mathbb{R} \longrightarrow \mathbb{R}$, $x \mapsto \sin(x)$ ist unendlich oft differenzierbar und besitzt die Ableitungen
$$f^{(k)}(x) = \begin{cases} (-1)^{\frac{k}{2}} \sin(x) & \text{für } k = 2r \text{ mit } r \in \mathbb{N}_0 \\ (-1)^{\frac{k-1}{2}} \cos(x) & \text{für } k = 2r+1 \text{ mit } r \in \mathbb{N}_0 \end{cases}$$
(vgl. Satz 16.16a) und b)). Folglich gilt
$$f^{(k)}(0) = \begin{cases} 0 & \text{für } k = 2r \text{ mit } r \in \mathbb{N}_0 \\ (-1)^{\frac{k-1}{2}} & \text{für } k = 2r+1 \text{ mit } r \in \mathbb{N}_0 \end{cases}.$$

In der Taylor-Formel von $f(x) = \sin(x)$, entwickelt um $x_0 = 0$, können daher nur ungerade Potenzen von x auftreten. Mit der Lagrangeschen Restgliedformel erhält man
$$\sin(x) = \underbrace{x - \frac{x^3}{3!} + \frac{x^5}{5!} - \frac{x^7}{7!} + \ldots}_{T_{n;0}(x)} + \underbrace{\frac{x^{n+1}}{(n+1)!} f^{(n+1)}(\xi)}_{R_{n;0}(x)}$$
für alle $x \in \mathbb{R}$. Wegen $|\sin(x)| \leq 1$ und $|\cos(x)| \leq 1$ für alle $x \in \mathbb{R}$ gilt insbesondere auch $\left|f^{(n+1)}(\xi)\right| \leq 1$ für alle $x \in \mathbb{R}$ und $n \in \mathbb{N}$. Mit Satz 17.9 folgt daher
$$\lim_{n \to \infty} R_{n;0}(x) = 0$$
für alle $x \in \mathbb{R}$. Das heißt, die Sinusfunktion $f(x) = \sin(x)$ besitzt um $x_0 = 0$ die Taylor-Reihenentwicklung
$$\sin(x) = \lim_{n \to \infty} T_{n;0}(x) = \sum_{k=0}^{\infty} \frac{(-1)^k}{(2k+1)!} x^{2k+1} \tag{17.28}$$
für alle $x \in \mathbb{R}$, die oftmals als **Sinusreihe** bezeichnet wird (vgl. Abbildung 17.5, links).

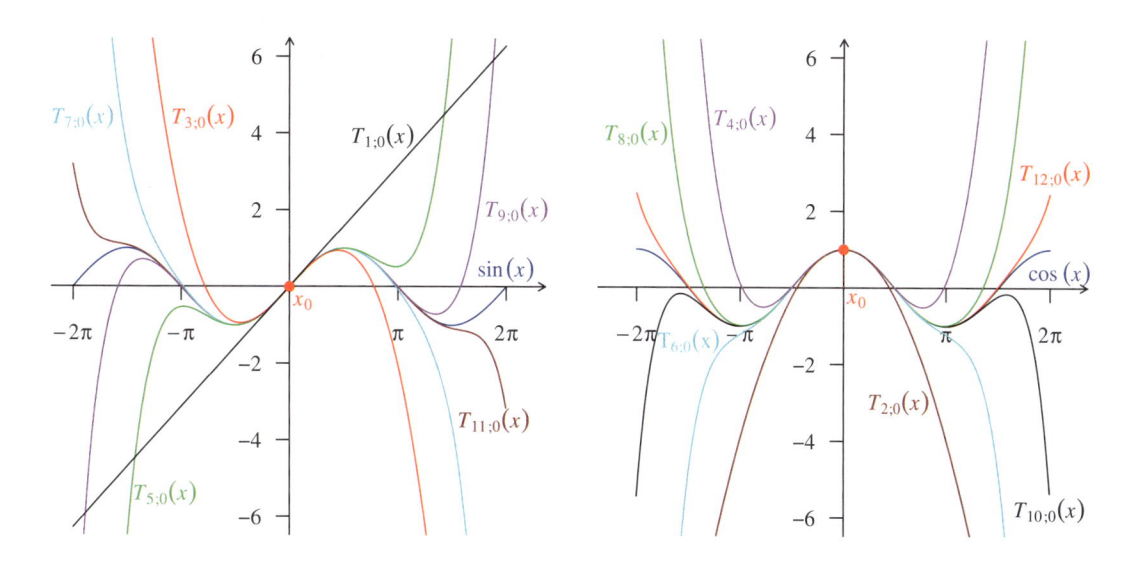

Abb. 17.5: Sinusfunktion $f : \mathbb{R} \longrightarrow \mathbb{R}$, $x \mapsto \sin(x)$ mit den Taylor-Polynomen $T_{n;0}$ um den Entwicklungspunkt $x_0 = 0$ für $n = 1, 3, 5, 7, 9, 11$ (links) und Kosinusfunktion $f : \mathbb{R} \longrightarrow \mathbb{R}$, $x \mapsto \cos(x)$ mit den Taylor-Polynomen $T_{n;0}$ um den Entwicklungspunkt $x_0 = 0$ für $n = 2, 4, 6, 8, 10, 12$ (rechts)

b) Die Kosinusfunktion $f : \mathbb{R} \longrightarrow \mathbb{R}$, $x \mapsto \cos(x)$ ist unendlich oft differenzierbar und besitzt die Ableitungen

$$f^{(k)}(x) = \begin{cases} (-1)^{\frac{k}{2}} \cos(x) & \text{für } k = 2r \text{ mit } r \in \mathbb{N}_0 \\ (-1)^{\frac{k+1}{2}} \sin(x) & \text{für } k = 2r+1 \text{ mit } r \in \mathbb{N}_0 \end{cases}.$$

Folglich gilt

$$f^{(k)}(0) = \begin{cases} (-1)^{\frac{k}{2}} & \text{für } k = 2r \text{ mit } r \in \mathbb{N}_0 \\ 0 & \text{für } k = 2r+1 \text{ mit } r \in \mathbb{N}_0 \end{cases}.$$

In der Taylor-Formel von $f(x) = \cos(x)$, entwickelt um $x_0 = 0$, können daher nur gerade Potenzen von x auftreten. Völlig analog zur Sinusfunktion in Beispiel a) erhält man für die Kosinusfunktion $f(x) = \cos(x)$ um $x_0 = 0$ die Taylor-Reihenentwicklung

$$\cos(x) = \lim_{n \to \infty} T_{n;0}(x) = \sum_{k=0}^{\infty} \frac{(-1)^k}{(2k)!} x^{2k} \quad (17.29)$$

für alle $x \in \mathbb{R}$, welche oftmals auch als **Kosinusreihe** bezeichnet wird (vgl. Abbildung 17.5, rechts).

Übersicht über wichtige Taylor-Reihen

Die Tabelle 17.1 enthält die Taylor-Reihen um den Entwicklungspunkt $x_0 = 0$ einiger ausgewählter reeller Funktionen. Die Taylor-Reihen von e^x, a^x, $\ln(x)$, $\sin(x)$ und $\cos(x)$ wurden dabei bereits in den Beispielen 17.10 und 17.11 ermittelt.

Zum Zwecke einer übersichtlicheren Darstellung werden in den Taylor-Reihen von tan, cot, tanh und coth die **Bernoulli-Zahlen** B_n verwendet. Dabei handelt es sich um rationale Zahlen, die in der Mathematik in den verschiedensten Zusammenhängen auftreten. Sie sind nach ihrem Entdecker, dem schweizer Mathematiker *Jakob Bernoulli* (1655–1705), benannt, der sie in seinem 1713 – also post mortem – veröffentlichten Traktat „**Ars Conjectandi**" zum ersten Mal erwähnte. In dieser wissenschaftlichen Ausarbeitung fasst er eigene Arbeiten zur Wahrscheinlichkeitsrechnung mit den Ausarbeitungen anderer bedeutender Autoren wie *Christiaan Huygens* (1629–1695), *Gerolamo Cardano* (1501–1576), *Pierre de Fermat* (1608–1665) und *Blaise Pascal* (1623–1662) zusammen. Aufgrund dieser wissen-

Titelseite des Traktats Ars Conjectandi von J. Bernoulli

schaftlichen Abhandlung wird *Bernoulli* von vielen als der Begründer der Wahrscheinlichkeitstheorie betrachtet.

Die Bernoulli-Zahlen lassen sich rekursiv aus

$$B_0 := 1 \quad \text{und} \quad \sum_{k=0}^{n} \binom{n+1}{k} B_k = 0$$

für $n \in \mathbb{N}$ berechnen. Man erhält auf diese Weise

$$B_1 = -\frac{1}{2}, \; B_2 = \frac{1}{6}, \; B_4 = -\frac{1}{30}, \; B_6 = \frac{1}{42}, \; B_8 = -\frac{1}{30},$$

$$B_{10} = \frac{5}{66}, \; B_{12} = -\frac{691}{2730} \quad \text{usw.,}$$

während $B_{2l+1} = 0$ für alle $l \in \mathbb{N}$ gilt.

Funktion $f(x)$	Zugehörige Taylor-Reihe um den Entwicklungspunkt $x_0 = 0$
$\frac{1}{1-x}$	$\sum_{k=0}^{\infty} x^k$ für $x \in (-1, 1)$
$(1+x)^n$	$\sum_{k=0}^{n} \binom{n}{k} x^k$ für $n \in \mathbb{N}_0$ und alle $x \in \mathbb{R}$
$(1+x)^\alpha$	$\sum_{k=0}^{\infty} \binom{\alpha}{k} x^k$ für $\alpha \in \mathbb{R}$ und alle $x \in (-1, 1)$
e^x	$\sum_{k=0}^{\infty} \frac{x^k}{k!}$ für alle $x \in \mathbb{R}$
a^x	$\sum_{k=0}^{\infty} \frac{(x \ln(a))^k}{k!}$ für $a > 0$, $a \neq 1$ und alle $x \in \mathbb{R}$
$\ln(1+x)$	$\sum_{k=1}^{\infty} (-1)^{k+1} \frac{x^k}{k}$ für alle $x \in (-1, 1]$
$\sin(x)$	$\sum_{k=0}^{\infty} \frac{(-1)^k}{(2k+1)!} x^{2k+1}$ für alle $x \in \mathbb{R}$
$\cos(x)$	$\sum_{k=0}^{\infty} \frac{(-1)^k}{(2k)!} x^{2k}$ für alle $x \in \mathbb{R}$
$\tan(x)$	$\sum_{k=1}^{\infty} (-1)^{k+1} \frac{2^{2k}(2^{2k}-1)}{(2k)!} B_{2k} x^{2k-1}$ für alle $x \in \left(-\frac{\pi}{2}, \frac{\pi}{2}\right)$
$\cot(x)$	$\sum_{k=0}^{\infty} (-1)^k \frac{2^{2k}}{(2k)!} B_{2k} x^{2k-1}$ für alle $0 < |x| < \pi$
$\arcsin(x)$	$\sum_{k=0}^{\infty} \frac{(2k)!}{2^{2k}(k!)^2} \frac{x^{2k+1}}{2k+1}$ für alle $x \in [-1, 1]$
$\arccos(x)$	$\frac{\pi}{2} - \arcsin(x)$ für alle $x \in [-1, 1]$
$\arctan(x)$	$\sum_{k=0}^{\infty} \frac{(-1)^k}{2k+1} x^{2k+1}$ für alle $x \in [-1, 1]$
$\text{arccot}(x)$	$\frac{\pi}{2} - \arctan(x)$ für alle $x \in [-1, 1]$

Tabelle 17.1: Taylor-Reihen um den Entwicklungspunkt $x_0 = 0$ für einige ausgewählte elementare Funktionen

Aus den Taylor-Reihen in Tabelle 17.1 lassen sich unmittelbar einige handliche **Näherungsformeln** ableiten, die für x-Werte „nahe bei 0" bei schnellen Überschlagsrechnungen oftmals brauchbare Werte liefern. Zum Beispiel erhält man die Näherungsformeln:

$$(1+x)^\alpha \approx 1 + \alpha x + \frac{\alpha(\alpha-1)}{2} x^2$$

$$\sqrt{1+x} \approx 1 + \frac{x}{2}$$

$$e^x \approx 1 + x + \frac{x^2}{2}$$

$$\sin(x) \approx x - \frac{x^3}{6}$$

$$\cos(x) \approx 1 - \frac{x^2}{2}$$

17.4 Potenzreihen und Konvergenzradius

In Abschnitt 17.3 wurden bei der Entwicklung unendlich oft differenzierbarer reeller Funktionen $f: I \subseteq \mathbb{R} \longrightarrow \mathbb{R}$ in **Taylor-Reihen** $\sum_{k=0}^{\infty} = \frac{f^{(k)}(x_0)}{k!}(x-x_0)^k$ Reihen der speziellen Form

$$\sum_{k=0}^{\infty} a_k (x - x_0)^k \tag{17.30}$$

mit Koeffizienten $a_k \in \mathbb{R}$ für $k \in \mathbb{N}_0$ und $x, x_0 \in \mathbb{R}$ betrachtet.

Potenzreihen

Reihen der „Bauart" (17.30) werden als **Potenzreihen** um den Entwicklungspunkt x_0 bezeichnet. Speziell für den Entwicklungspunkt $x_0 = 0$ vereinfacht sich ihre Gestalt zu

$$\sum_{k=0}^{\infty} a_k x^k. \tag{17.31}$$

Durch die Transformation $y := x - x_0$ kann jedoch offensichtlich eine Potenzreihe der Form (17.30) stets in die spezielle Gestalt (17.31) gebracht werden. Wenn eine reelle Funktion $f: I \subseteq \mathbb{R} \longrightarrow \mathbb{R}$ für alle $x \in I$ in der Form $f(x) = \sum_{k=0}^{\infty} a_k (x - x_0)^k$ dargestellt werden kann, spricht man analog zu Taylor-Reihen von der Entwicklung der Funktion f in eine Potenzreihe um den Entwicklungspunkt x_0 (vgl. Abschnitt 17.3). Wie sich im weiteren Verlauf dieses Abschnitts zeigen wird, zeichnen sich Potenzreihen durch sehr gute analytische Eigenschaften und eine relativ einfache Konvergenztheorie aus.

Konvergenzradius

Bei der Untersuchung einer Potenzreihe interessiert man sich vor allem für diejenigen $x \in \mathbb{R}$, für welche die Potenzreihe konvergiert. Das heißt, man interessiert sich für die Menge

$$M := \left\{ x \in \mathbb{R} : \sum_{k=0}^{\infty} a_k (x - x_0)^k \text{ konvergiert} \right\}. \quad (17.32)$$

Die Menge M ist niemals leer, da offensichtlich jede Potenzreihe $\sum_{k=0}^{\infty} a_k (x - x_0)^k$ für $x = x_0$ gegen den Grenzwert a_0 konvergiert. Bezüglich der Struktur der Menge M unterscheidet man die folgenden drei Fälle:

1) $M = \{x_0\}$, d. h. die Potenzreihe konvergiert nur für $x = x_0$ und divergiert sonst.
2) $M = \mathbb{R}$, d. h. die Potenzreihe konvergiert für alle $x \in \mathbb{R}$.
3) $M = I$ für ein Teilintervall $I \subseteq \mathbb{R}$ mit dem Mittelpunkt x_0, d. h. es gibt ein $0 < R < \infty$, so dass die Potenzreihe für alle $x \in \mathbb{R}$ mit $|x - x_0| < R$ konvergiert und für $x \in \mathbb{R}$ mit $|x - x_0| > R$ divergiert.

Dies motiviert die folgende Definition des Begriffes **Konvergenzradius** einer Potenzreihe:

Definition 17.12 (Konvergenzradius einer Potenzreihe)

Es sei $\sum_{k=0}^{\infty} a_k (x - x_0)^k$ eine Potenzreihe und $R > 0$, so dass die Potenzreihe für alle $x \in \mathbb{R}$ mit $|x - x_0| < R$ absolut konvergiert und für alle $x \in \mathbb{R}$ mit $|x - x_0| > R$ divergiert. Der Wert R wird dann als Konvergenzradius der Potenzreihe bezeichnet. Konvergiert die Potenzreihe nur für $x = x_0$, dann setzt man für den Konvergenzradius $R := 0$ und sagt, dass die Potenzreihe nirgends konvergent ist. Konvergiert dagegen die Potenzreihe für alle $x \in \mathbb{R}$ absolut, dann setzt man für den Konvergenzradius $R := \infty$ und sagt, dass die Potenzreihe überall oder beständig konvergent ist.

Formel von Cauchy-Hadamard

Der folgende **Konvergenzsatz für Potenzreihen** ist fundamental für die weitere Untersuchung von Potenzreihen. Er besagt, dass jede Potenzreihe einen Konvergenzradius R besitzt, und liefert darüber hinaus mit der nach den beiden bekannten französischen Mathematikern *Augustin Louis Cauchy* (1789–1857) und *Jacques Hadamard* (1865–1963) benannten **Formel von Cauchy-Hadamard** eine Berechnungsmöglichkeit für R. Der Beweis des Konvergenzsatzes für Potenzreihen basiert auf dem Wurzelkriterium für Reihen:

J. Hadamard

Satz 17.13 (Konvergenzsatz für Potenzreihen)

Jede Potenzreihe $\sum_{k=0}^{\infty} a_k (x - x_0)^k$ besitzt einen Konvergenzradius $R \in [0, \infty) \cup \{\infty\}$. Dieser Konvergenzradius berechnet sich nach der sogenannten Formel von Cauchy-Hadamard zu

$$R = \frac{1}{\limsup \sqrt[k]{|a_k|}}. \quad (17.33)$$

Dabei ist im Fall von $\limsup \sqrt[k]{|a_k|} = 0$ für den Konvergenzradius $R = \infty$ und im Fall von $\limsup \sqrt[k]{|a_k|} = \infty$ für den Konvergenzradius $R = 0$ zu setzen.

Beweis: Nach dem Wurzelkriterium für Reihen (vgl. Satz 12.26) ist eine Potenzreihe $\sum_{k=0}^{\infty} a_k (x - x_0)^k$ absolut konvergent oder divergent, je nachdem ob

$$\limsup \sqrt[k]{|a_k (x - x_0)^k|} = |x - x_0| \cdot \limsup \sqrt[k]{|a_k|}$$

kleiner oder größer als 1 ist. Das heißt, die absolute Konvergenz oder Divergenz der Potenzreihe ist von dem Wert $\limsup \sqrt[k]{|a_k|}$ abhängig.

Es sei $\limsup \sqrt[k]{|a_k|} = \infty$: Dann gilt auch $|x - x_0| \cdot \limsup \sqrt[k]{|a_k|} = \infty$ für jedes $x \neq x_0$ und die Potenzreihe konvergiert somit nur für $x = x_0$ absolut und ist für $x \neq x_0$ divergent. Folglich gilt in diesem Fall $R = 0$.

Es sei $\limsup \sqrt[k]{|a_k|} = 0$: Dann ist $|x - x_0| \cdot \limsup \sqrt[k]{|a_k|} = 0$ für alle $x \in \mathbb{R}$ erfüllt. Das heißt, die Potenzreihe konvergiert für alle $x \in \mathbb{R}$ absolut und es gilt damit $R = \infty$.

Es sei $0 < \limsup \sqrt[k]{|a_k|} < \infty$: Dann gilt auch $0 < |x - x_0| \cdot \limsup \sqrt[k]{|a_k|} < \infty$ für jedes $x \neq x_0$. Folglich konvergiert oder divergiert die Potenzreihe für ein $x \in \mathbb{R}$, je nachdem ob

$$|x - x_0| < \frac{1}{\limsup \sqrt[k]{|a_k|}} \quad \text{oder} \quad |x - x_0| > \frac{1}{\limsup \sqrt[k]{|a_k|}}$$

gilt. ∎

Der Satz 17.13 besagt somit, dass eine Potenzreihe $\sum_{k=0}^{\infty} a_k(x-x_0)^k$ mit Konvergenzradius R für alle $x \in (x_0-R, x_0+R)$ absolut konvergiert und für alle $x < x_0 - R$ oder $x > x_0 + R$ divergiert. Für die Randstellen $x = x_0 - R$ und $x = x_0 + R$ des Intervalls $[x_0 - R, x_0 + R]$ macht der Satz 17.13 jedoch keine Aussage. Folglich kann ohne weitere Untersuchung über das Konvergenzverhalten der Potenzreihe an den Randstellen $x = x_0 - R$ und $x = x_0 + R$ keine Aussage getroffen werden. Je nach vorliegender Potenzreihe kann dort Konvergenz oder Divergenz vorliegen. Somit kommt bei einer Potenzreihe mit Konvergenzradius R für die Menge (17.32) nur einer der folgenden vier Fälle in Betracht:

1) $M = (x_0 - R, x_0 + R)$
2) $M = [x_0 - R, x_0 + R)$
3) $M = (x_0 - R, x_0 + R]$
4) $M = [x_0 - R, x_0 + R]$

Aus diesem Grund wird die Menge (17.32) auch als **Konvergenzintervall** bezeichnet.

Darüber hinaus stellt der Satz 17.13 sicher, dass eine Potenzreihe für Werte aus dem Inneren seines Konvergenzintervalls M sogar absolut konvergiert, und er ist auch die Hauptursache dafür, dass die Konvergenztheorie von Potenzreihen vergleichsweise einfach ist. Denn Satz 17.13 besagt, dass das Konvergenzverhalten von Potenzreihen im Wesentlichen durch eine einzige nichtnegative Zahl, nämlich den Konvergenzradius R, beschrieben werden kann (vgl. Abbildung 17.6).

Aus Satz 17.13 ergibt sich unmittelbar die folgende nützliche Tatsache: Konvergiert eine Potenzreihe $\sum_{k=0}^{\infty} a_k(x-x_0)^k$ für einen Wert $x = x_1$ mit $x_1 \neq x_0$, dann konvergiert sie erst recht (und zwar absolut) für alle x, die näher bei x_0 liegen als x_1, für die also $|x - x_0| < |x_1 - x_0|$ gilt. Divergiert jedoch die Potenzreihe für einen Wert $x = x_2$, dann divergiert sie auch für alle x, die weiter von x_0 entfernt sind als x_2, für die also $|x - x_0| > |x_2 - x_0|$ gilt. Hat man für eine Potenzreihe $\sum_{k=0}^{\infty} a_k(x - x_0)^k$ ein $R \in \mathbb{R}_+$ oder $R = \infty$ mit der Eigenschaft gefunden, so dass sie für alle $x \in \mathbb{R}$ mit $|x - x_0| < R$ konvergiert, während sie im Fall von $|x - x_0| > R$ divergiert, dann muss R der Konvergenzradius der Potenzreihe sein.

Eine Potenzreihe $\sum_{k=0}^{\infty} a_k(x - x_0)^k$ mit Konvergenzradius $R > 0$ definiert auf dem Intervall $(x_0 - R, x_0 + R)$ eine reelle Funktion

$$f : (x_0 - R, x_0 + R) \longrightarrow \mathbb{R}, \quad x \mapsto f(x) := \sum_{k=0}^{\infty} a_k(x - x_0)^k,$$

die als **Summenfunktion** oder auch kurz als **Summe** der Potenzreihe bezeichnet wird. Falls die Potenzreihe auch in den Randstellen $x = x_0 - R$ und/oder $x = x_0 + R$ konvergiert, dann ist die Summenfunktion f auch in diesen Randstellen definiert. In den folgenden Betrachtungen wird sich zeigen, dass die Summenfunktion f gute analytische Eigenschaften besitzt.

Eine reelle Funktion $f : I \subseteq \mathbb{R} \longrightarrow \mathbb{R}$ heißt **analytisch an der Stelle** $x_0 \in \mathbb{R}$, wenn es eine Potenzreihe $\sum_{k=0}^{\infty} a_k(x - x_0)^k$ gibt, die auf einer Umgebung $(x_0 - \delta, x_0 + \delta)$ mit $\delta > 0$ gegen f konvergiert. Ist die Funktion f an jeder Stelle $x_0 \in I$ analytisch, dann heißt die Funktion f **analytisch**.

Die volle Bedeutung von Potenzreihen $\sum_{k=0}^{\infty} a_k(x - x_0)^k$ als Werkzeug der Analysis kommt erst richtig zum Vorschein, wenn für die Koeffizienten a_k und die Werte x, x_0 auch komplexe Zahlen zugelassen und damit sogenannte **komplexe Potenzreihen** betrachtet werden. Die Ausführungen in diesem Abschnitt sind jedoch so angelegt, dass die Ausdehnung der Resultate auf den komplexen Fall problemlos erfolgen kann. Im Fall von komplexen Potenzreihen ist dann die Menge M eine offene Kreisscheibe in der Gaußschen Zahlenebene mit dem Mittelpunkt x_0 und dem (eventuell unendlichen) Radius R. Die Menge M wird dann sinnvollerweise nicht mehr Konvergenzintervall, sondern **Konvergenzkreis** der Potenzreihe genannt. Mit anderen Worten ist dann für die Gültigkeit der

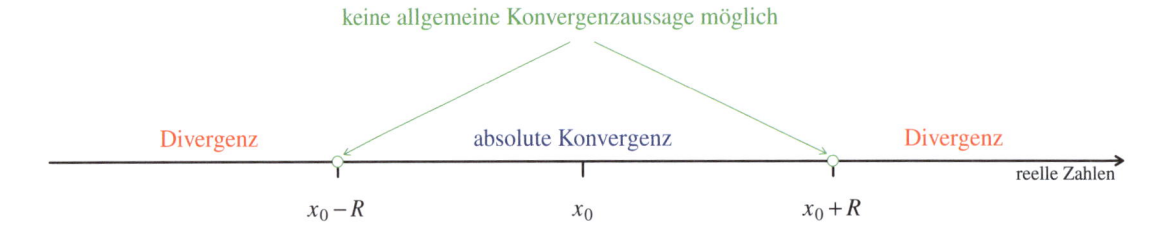

Abb. 17.6: Veranschaulichung des Konvergenzintervalls M

Sätze in diesem Abschnitt lediglich das Wort Konvergenzintervall durch das Wort Konvergenzkreis zu ersetzen.

Beispiel 17.14 (Potenzreihen)

a) Betrachtet wird die Potenzreihe

$$\sum_{k=0}^{\infty} k x^k$$

um den Entwicklungspunkt $x_0 = 0$. Es gilt $a_k = k$ für alle $k \in \mathbb{N}_0$. Aus $\lim_{k \to \infty} \sqrt[k]{k} = 1$ (vgl. Beispiel 11.24c)) folgt unmittelbar $\limsup \sqrt[k]{|a_k|} = 1$. Mit der Formel von Cauchy-Hadamard (17.33) erhält man somit für den Konvergenzradius $R = 1$. Für die Randstellen $x = -1$ und $x = 1$ ist die Potenzreihe offensichtlich divergent. Das Konvergenzintervall ist daher gegeben durch das offene Intervall $M = (-1, 1)$.

b) Betrachtet wird die Potenzreihe

$$\sum_{k=1}^{\infty} (-1)^{k+1} \frac{x^k}{k}$$

um den Entwicklungspunkt $x_0 = 0$. Es gilt $a_k = (-1)^{k+1} \frac{1}{k}$ für alle $k \in \mathbb{N}$. Aus $\lim_{k \to \infty} \sqrt[k]{k} = 1$ folgt $\lim_{k \to \infty} \sqrt[k]{\frac{1}{k}} = \lim_{k \to \infty} \frac{1}{\sqrt[k]{k}} = 1$ und damit insbesondere $\limsup \sqrt[k]{|a_k|} = 1$. Mit der Formel von Cauchy-Hadamard (17.33) folgt somit für den Konvergenzradius $R = 1$. Für die Randstelle $x = 1$ erhält man die alternierende harmonische Reihe $\sum_{k=1}^{\infty} (-1)^{k+1} \frac{1}{k}$, welche gegen den Grenzwert $\ln(2)$ konvergiert (vgl. Beispiel 12.10a)). Dagegen erhält man für die Randstelle $x = -1$ die Reihe $\sum_{k=1}^{\infty} (-1)^{k+1} \frac{(-1)^k}{k} = -\sum_{k=1}^{\infty} \frac{1}{k}$, welche divergent ist (vgl. Beispiel 12.10b)). Das Konvergenzintervall ist somit gegeben durch das linksseitig offene Intervall $M = (-1, 1]$. In Beispiel 17.10b) wurde bereits gezeigt, dass für alle $x \in (-1, 1]$ gilt:

$$\ln(1 + x) = \sum_{k=1}^{\infty} (-1)^{k+1} \frac{x^k}{k}$$

c) Betrachtet wird die Potenzreihe

$$\sum_{k=1}^{\infty} \frac{x^k}{k^k}$$

um den Entwicklungspunkt $x_0 = 0$. Es gilt $a_k = \frac{1}{k^k}$ für alle $k \in \mathbb{N}$. Wegen $\lim_{k \to \infty} \sqrt[k]{\frac{1}{k^k}} = \lim_{k \to \infty} \frac{1}{k} = 0$ folgt $\limsup \sqrt[k]{|a_k|} = 0$. Mit der Formel von Cauchy-Hadamard (17.33) erhält man daher $R = \infty$. Die Potenzreihe ist somit überall konvergent und das Konvergenzintervall ist gegeben durch $M = \mathbb{R}$.

d) Betrachtet wird die Potenzreihe

$$\sum_{k=0}^{\infty} k! x^k$$

um den Entwicklungspunkt $x_0 = 0$. Es gilt $a_k = k!$ für alle $k \in \mathbb{N}_0$. Wegen $\lim_{k \to \infty} \sqrt[k]{k!} = \infty$ (vgl. Beispiel 11.19) folgt $\limsup \sqrt[k]{|a_k|} = \infty$. Mit der Formel von Cauchy-Hadamard (17.33) erhält man daher für den Konvergenzradius $R = 0$. Die Potenzreihe ist somit nirgends konvergent und das Konvergenzintervall ist folglich gegeben durch $M = \{0\}$.

17.5 Quotienten- und Wurzelkriterium für Potenzreihen

Durch den folgenden Satz werden zwei alternative und oftmals handlichere Methoden als die Formel von Cauchy-Hadamard (17.33) zur Berechnung des Konvergenzradius R bereitgestellt. Dieses Resultat leitet sich direkt aus dem Quotienten- und Wurzelkriterium für Reihen ab. Es ist jedoch nicht immer anwendbar, da es die Existenz eines eigentlichen oder uneigentlichen Grenzwertes voraussetzt:

Satz 17.15 (Quotienten- und Wurzelkriterium für Potenzreihen)

Es sei $\sum_{k=0}^{\infty} a_k (x - x_0)^k$ eine Potenzreihe. Dann gilt:

a) *Existiert $\lim_{k \to \infty} \left| \frac{a_k}{a_{k+1}} \right|$ als eigentlicher oder uneigentlicher Grenzwert, dann gilt für den Konvergenzradius*

$$R = \lim_{k \to \infty} \left| \frac{a_k}{a_{k+1}} \right|. \qquad (17.34)$$

b) *Existiert $\lim_{k \to \infty} \sqrt[k]{|a_k|}$ als eigentlicher oder uneigentlicher Grenzwert, dann gilt für den Konvergenzradius*

$$R = \frac{1}{\lim_{k \to \infty} \sqrt[k]{|a_k|}}. \qquad (17.35)$$

> *Dabei ist im Fall von* $\lim_{k\to\infty} \sqrt[k]{|a_k|} = 0$ *für den Konvergenzradius* $R = \infty$ *und im Fall von* $\lim_{k\to\infty} \sqrt[k]{|a_k|} = \infty$ *für den Konvergenzradius* $R = 0$ *zu setzen.*

Beweis: Zu a): Eine Potenzreihe $\sum_{k=0}^{\infty} a_k(x-x_0)^k$ ist gemäß dem Quotientenkriterium (vgl. Satz 12.24) für ein $x \in \mathbb{R}$ absolut konvergent oder divergent, je nachdem ob

$$\lim_{k\to\infty} \left| \frac{a_{k+1}(x-x_0)^{k+1}}{a_k(x-x_0)^k} \right| = |x-x_0| \cdot \lim_{k\to\infty} \left| \frac{a_{k+1}}{a_k} \right|$$

größer oder kleiner als 1 ist. Die Potenzreihe konvergiert somit für alle $x \in \mathbb{R}$ mit

$$|x-x_0| < \frac{1}{\lim_{k\to\infty} \left|\frac{a_{k+1}}{a_k}\right|} = \lim_{k\to\infty} \left| \frac{a_k}{a_{k+1}} \right|$$

und divergiert für alle $x \in \mathbb{R}$ mit

$$|x-x_0| > \lim_{k\to\infty} \left| \frac{a_k}{a_{k+1}} \right|.$$

Das heißt, der Konvergenzradius ist gegeben durch $R = \lim_{k\to\infty} \left| \frac{a_k}{a_{k+1}} \right|$.

Zu b): Eine Potenzreihe $\sum_{k=0}^{\infty} a_k(x-x_0)^k$ ist gemäß dem Wurzelkriterium (vgl. Satz 12.26) für ein $x \in \mathbb{R}$ absolut konvergent oder divergent, je nachdem ob

$$\lim_{k\to\infty} \sqrt[k]{|a_k(x-x_0)^k|} = |x-x_0| \cdot \lim_{k\to\infty} \sqrt[k]{|a_k|}$$

größer oder kleiner als 1 ist. Die Potenzreihe konvergiert somit für alle $x \in \mathbb{R}$ mit

$$|x-x_0| < \frac{1}{\lim_{k\to\infty} \sqrt[k]{|a_k|}}$$

und divergiert für alle $x \in \mathbb{R}$ mit

$$|x-x_0| > \frac{1}{\lim_{k\to\infty} \sqrt[k]{|a_k|}}.$$

Folglich ist der Konvergenzradius gegeben durch $R = \frac{1}{\lim_{k\to\infty} \sqrt[k]{|a_k|}}$, wobei im Fall von $\lim_{k\to\infty} \sqrt[k]{|a_k|} = 0$ und $\lim_{k\to\infty} \sqrt[k]{|a_k|} = \infty$ für den Konvergenzradius $R = \infty$ bzw. $R = 0$ zu setzen ist. ■

Beispiel 17.16 (Quotienten- und Wurzelkriterium für Potenzreihen)

a) Betrachtet wird die Potenzreihe

$$\sum_{k=0}^{\infty} \frac{x^k}{2^k}$$

um den Entwicklungspunkt $x_0 = 0$. Es gilt $a_k = \frac{1}{2^k}$ für alle $k \in \mathbb{N}_0$. Mit dem Wurzelkriterium (17.35) erhält man für den Konvergenzradius

$$R = \frac{1}{\lim_{k\to\infty} \sqrt[k]{|a_k|}} = \frac{1}{\lim_{k\to\infty} \sqrt[k]{\frac{1}{2^k}}} = \frac{1}{\frac{1}{2}} = 2.$$

Für die Randstellen $x = -2$ und $x = 2$ erhält man die divergenten Reihen $\sum_{k=0}^{\infty}(-1)^k$ und $\sum_{k=0}^{\infty} 1$. Das Konvergenzintervall ist somit gegeben durch $M = (-2, 2)$.

b) Betrachtet wird die Exponentialreihe

$$e^x = \sum_{k=0}^{\infty} \frac{x^k}{k!}$$

um den Entwicklungspunkt $x_0 = 0$ (vgl. Beispiel 17.10a)). Es gilt $a_k = \frac{1}{k!}$ für alle $k \in \mathbb{N}_0$. Mit $\lim_{k\to\infty} \sqrt[k]{k!} = \infty$ (vgl. Beispiel 11.19) und dem Wurzelkriterium (17.35) erhält man für den Konvergenzradius

$$R = \frac{1}{\lim_{k\to\infty} \sqrt[k]{|a_k|}} = \frac{1}{\lim_{k\to\infty} \sqrt[k]{\frac{1}{k!}}} = \frac{1}{\lim_{k\to\infty} \frac{1}{\sqrt[k]{k!}}} = \infty.$$

Das heißt, man erhält das bereits bekannte Resultat, dass die Exponentialreihe überall konvergent ist und das Konvergenzintervall $M = \mathbb{R}$ besitzt.

c) Betrachtet wird die Potenzreihe

$$\sum_{k=0}^{\infty} (-1)^k \frac{x^{2k+1}}{(2k+1)!}$$

um den Entwicklungspunkt $x_0 = 0$. Es gilt $a_k = (-1)^k \frac{1}{(2k+1)!}$ für alle $k \in \mathbb{N}_0$. Mit dem Quotientenkriterium (17.34) erhält man für den Konvergenzradius

$$R = \lim_{k\to\infty} \left| \frac{a_k}{a_{k+1}} \right|$$
$$= \lim_{k\to\infty} \left| \frac{(-1)^k(2k+2)!}{(-1)^{k+1}(2k+1)!} \right|$$
$$= \lim_{k\to\infty} (2k+2) = \infty.$$

Die Potenzreihe ist somit überall konvergent und besitzt das Konvergenzintervall $M = \mathbb{R}$. In Beispiel 17.11a) wurde bereits gezeigt, dass für alle $x \in \mathbb{R}$ gilt:

$$\sin(x) = \sum_{k=0}^{\infty} (-1)^k \frac{x^{2k+1}}{(2k+1)!}$$

d) Betrachtet wird die Potenzreihe

$$\sum_{k=1}^{\infty} \frac{k^k}{k!} x^k$$

um den Entwicklungspunkt $x_0 = 0$. Es gilt $a_k = \frac{k^k}{k!}$ für alle $k \in \mathbb{N}$. Mit dem Quotientenkriterium (17.34) erhält man für den Konvergenzradius

$$R = \lim_{k \to \infty} \left| \frac{a_k}{a_{k+1}} \right| = \lim_{k \to \infty} \frac{k^k(k+1)!}{k!(k+1)^{k+1}}$$
$$= \lim_{k \to \infty} \left(\frac{k}{k+1} \right)^k = \lim_{k \to \infty} \left(1 + \frac{1}{k} \right)^{-k} = \frac{1}{e}$$

(vgl. Definition 11.44). Die Potenzreihe konvergiert somit für jedes $x \in \left(-\frac{1}{e}, \frac{1}{e} \right)$ und divergiert für alle x außerhalb des Intervalls $\left[-\frac{1}{e}, \frac{1}{e} \right]$.

17.6 Rechenregeln für Potenzreihen

In diesem Abschnitt werden die wichtigsten Rechenregeln für Potenzreihen bereitgestellt. Dabei zeigt sich, dass Potenzreihen auf ihrem gemeinsamen Konvergenzbereich addiert, subtrahiert, multipliziert und dividiert werden können. Diese Rechenregeln sind für die Ermittlung der Potenzreihendarstellung von reellen Funktionen oftmals sehr nützlich.

Summen und Differenzen

Der folgende Satz besagt, dass zwei Potenzreihen auf ihrem gemeinsamen Definitionsbereich problemlos **addiert** und **subtrahiert** werden können:

Satz 17.17 (Summe und Differenz von Potenzreihen)

Die Potenzreihen $\sum_{k=0}^{\infty} a_k(x-x_0)^k$ und $\sum_{k=0}^{\infty} b_k(x-x_0)^k$ besitzen die Konvergenzintervalle M_a bzw. M_b und es sei $c \in \mathbb{R}$. Dann gilt:

a) $c \sum_{k=0}^{\infty} a_k(x-x_0)^k = \sum_{k=0}^{\infty} c a_k(x-x_0)^k$ *für alle* $x \in M_a$

b) $\sum_{k=0}^{\infty} a_k(x-x_0)^k + \sum_{k=0}^{\infty} b_k(x-x_0)^k$
$= \sum_{k=0}^{\infty} (a_k + b_k)(x-x_0)^k$ *für alle* $x \in M_a \cap M_b$

c) $\sum_{k=0}^{\infty} a_k(x-x_0)^k - \sum_{k=0}^{\infty} b_k(x-x_0)^k$
$= \sum_{k=0}^{\infty} (a_k - b_k)(x-x_0)^k$ *für alle* $x \in M_a \cap M_b$

Beweis: Da es sich bei einer Potenzreihe $\sum_{k=0}^{\infty} a_k(x-x_0)^k$ für ein festes, aber beliebiges x aus ihrem Konvergenzintervall M stets um eine konvergente Reihe handelt, folgen die Aussagen a)-c) unmittelbar aus den korrespondierenden Aussagen für Reihen in Satz 12.17. ∎

Der große Nutzen dieser Rechenregeln zeigt sich bereits im folgenden Beispiel:

Beispiel 17.18 (Summe und Differenz von Potenzreihen)

a) Für den sogenannten **Kosinus hyperbolicus** $\cosh: \mathbb{R} \longrightarrow \mathbb{R}$, $x \mapsto \cosh(x) := \frac{1}{2}(e^x + e^{-x})$ erhält man mit der Exponentialreihe $e^x = \sum_{k=0}^{\infty} \frac{x^k}{k!}$ (vgl. Tabelle 17.1) für alle $x \in \mathbb{R}$ die Potenzreihendarstellung

$$\cosh(x) = \frac{1}{2} \left(e^x + e^{-x} \right)$$
$$= \frac{1}{2} \left(1 + x + \frac{x^2}{2!} + \frac{x^3}{3!} + \ldots + 1 - x + \frac{x^2}{2!} - \frac{x^3}{3!} + \ldots \right)$$
$$= \frac{1}{2} \left(2 + 2\frac{x^2}{2!} + 2\frac{x^4}{4!} + \ldots \right) = 1 + \frac{x^2}{2!} + \frac{x^4}{4!} + \ldots$$
$$= \sum_{k=0}^{\infty} \frac{x^{2k}}{(2k)!}.$$

b) Für den sogenannten **Sinus hyperbolicus** $\sinh: \mathbb{R} \longrightarrow \mathbb{R}$, $x \mapsto \sinh(x) := \frac{1}{2}(e^x - e^{-x})$ erhält man mit der Exponentialreihe $e^x = \sum_{k=0}^{\infty} \frac{x^k}{k!}$ für alle $x \in \mathbb{R}$ die Potenzreihendarstellung

$$\sinh(x) = \frac{1}{2} \left(e^x - e^{-x} \right)$$
$$= \frac{1}{2} \left(1 + x + \frac{x^2}{2!} + \frac{x^3}{3!} + \ldots - \left(1 - x + \frac{x^2}{2!} - \frac{x^3}{3!} + \ldots \right) \right)$$
$$= \frac{1}{2} \left(2x + 2\frac{x^3}{3!} + 2\frac{x^5}{5!} + \ldots \right) = x + \frac{x^3}{3!} + \frac{x^5}{5!} + \ldots$$
$$= \sum_{k=0}^{\infty} \frac{x^{2k+1}}{(2k+1)!}.$$

Produkte, Quotienten und Kompositionen

Der folgende Satz besagt, dass zwei Potenzreihen auf ihrem gemeinsamen Definitionsbereich **multipliziert** bzw. auf einem Teilbereich ihres gemeinsamen Definitionsbereiches auch **dividiert** werden können. Ferner sagt der Satz aus, dass die **Komposition** zweier in eine Potenzreihe entwickelbarer reeller Funktionen ebenfalls eine Potenzreihenentwicklung besitzt:

> **Satz 17.19** (Multiplikation, Division und Komposition von Potenzreihen)
>
> Die beiden Potenzreihen $\sum_{k=0}^{\infty} a_k(x - x_0)^k$ und $\sum_{k=0}^{\infty} b_k(x-x_0)^k$ besitzen die positiven Konvergenzradien R_a bzw. R_b. Dann gilt:
>
> a) $\sum_{k=0}^{\infty} a_k(x - x_0)^k \sum_{k=0}^{\infty} b_k(x - x_0)^k$
> $= \sum_{k=0}^{\infty}(a_0 b_k + a_1 b_{k-1} + \ldots + a_k b_0)(x - x_0)^k$
> für alle $x \in \mathbb{R}$ mit $|x - x_0| < \min\{R_a, R_b\}$
>
> b) Ist $b_0 \neq 0$, dann gibt es ein $0 < R < \min\{R_a, R_b\}$ mit
> $$\frac{\sum_{k=0}^{\infty} a_k(x - x_0)^k}{\sum_{k=0}^{\infty} b_k(x - x_0)^k} = \sum_{k=0}^{\infty} c_k(x - x_0)^k$$
> für alle $x \in \mathbb{R}$ mit $|x-x_0| < R$, wobei sich die Koeffizienten $c_0, c_1, c_2, \ldots$ sukzessive aus dem unendlichen linearen Gleichungssystem
> $$\sum_{i=0}^{n} b_i c_{n-i} = a_n \quad \text{für alle } n \in \mathbb{N}_0$$
> berechnen lassen.
>
> c) Es gelte $f(x) = \sum_{k=0}^{\infty} a_k(x - x_0)^k$ für alle $x \in \mathbb{R}$ mit $|x - x_0| < R_a$ und $g(x) = \sum_{k=0}^{\infty} b_k(x - x_0)^k$ für alle $x \in \mathbb{R}$ mit $|x - x_0| < R_b$. Ferner existiere ein $\rho \in \mathbb{R}$ mit $\rho \neq x_0$, so dass $\sum_{k=0}^{\infty} |a_k||\rho - x_0|^k < R_b$ gilt. Dann besitzt die Komposition $h = g \circ f$ eine mindestens für alle $x \in \mathbb{R}$ mit $|x - x_0| \leq |\rho - x_0|$ geltende Potenzreihenentwicklung
> $$h(x) := g(f(x)) = \sum_{k=0}^{\infty} c_k(x - x_0)^k.$$

Beweis: Zu a): Für ein festes, aber beliebiges $x \in \mathbb{R}$ mit $|x - x_0| < \min\{R_a, R_b\}$ handelt es sich bei $\sum_{k=0}^{\infty} a_k(x - x_0)^k$ und $\sum_{k=0}^{\infty} b_k(x-x_0)^k$ jeweils um eine absolut konvergente Reihe. Gemäß Folgerung 12.33 kann daher die Berechnung des Produktes dieser beiden Reihen über das Cauchy-Produkt erfolgen, und man erhält auf diese Weise für alle $x \in \mathbb{R}$ mit $|x - x_0| < \min\{R_a, R_b\}$:

$$\sum_{k=0}^{\infty} a_k(x - x_0)^k \sum_{k=0}^{\infty} b_k(x - x_0)^k \qquad (17.36)$$
$$= \sum_{k=0}^{\infty}(a_0 b_k + a_1 b_{k-1} + \ldots + a_k b_0)(x - x_0)^k$$

Zu b): Siehe z. B. *Heuser* [25], Seiten 386–387.

Zu c): Siehe z. B. *Walter* [67], Seite 150. ∎

Mit Hilfe dieses Resultats kann für eine ganze Reihe von reellen Funktionen relativ einfach die Potenzreihe ermittelt werden:

> **Beispiel 17.20** (Multiplikation, Division und Komposition von Potenzreihen)
>
> a) Das Produkt der Potenzreihe $\sum_{k=0}^{\infty} a_k x^k$ mit dem Konvergenzradius $R > 0$ und der geometrischen Reihe $\frac{1}{1-x} = \sum_{k=0}^{\infty} x^k$ für $x \in (-1, 1)$ (vgl. Tabelle 17.1) besitzt für alle $x \in \mathbb{R}$ mit $|x| < \min\{1, R\}$ die Darstellung
> $$\frac{1}{1 - x} \sum_{k=0}^{\infty} a_k x^k = \sum_{k=0}^{\infty}(a_0 + a_1 + \ldots + a_k) x^k.$$
>
> b) Das Produkt der beiden Potenzreihen $\cos(x) = \sum_{k=0}^{\infty}(-1)^k \frac{x^{2k}}{(2k)!}$ für $x \in \mathbb{R}$ und $\frac{1}{1-x} = \sum_{k=0}^{\infty} x^k$ für $x \in (-1, 1)$ besitzt für alle $x \in (-1, 1)$ die Darstellung
> $$\frac{\cos(x)}{1 - x} = \left(1 - \frac{x^2}{2!} + \frac{x^4}{4!} - \ldots\right)(1 + x + x^2 + \ldots)$$
> $$= 1 + x + \left(1 - \frac{1}{2!}\right) x^2 + \left(1 - \frac{1}{2!}\right) x^3$$
> $$\quad + \left(1 - \frac{1}{2!} + \frac{1}{4!}\right) x^4 + \ldots$$
> $$= 1 + x + \frac{1}{2} x^2 + \frac{1}{2} x^3 + \frac{13}{24} x^4 + \ldots$$
>
> c) Multiplikation der beiden Potenzreihen $e^{-x} = \sum_{k=0}^{\infty} \frac{(-x)^k}{k!}$ und $\sin(x) = \sum_{k=0}^{\infty}(-1)^k \frac{x^{2k+1}}{(2k+1)!}$ für $x \in \mathbb{R}$

und anschließende Addition der Potenzreihe $\frac{1}{\sqrt{1+x}} = \sum_{k=0}^{\infty} \binom{-1/2}{k} x^k$ für $x \in (-1, 1)$ (vgl. Tabelle 17.1) liefert für alle $x \in (-1, 1)$ die Potenzreihe

$$e^{-x} \sin(x) + \frac{1}{\sqrt{1+x}}$$
$$= \left(1 - x + \frac{x^2}{2!} - \frac{x^3}{3!} + \ldots\right)\left(x - \frac{x^3}{3!} + \frac{x^5}{5!} - \ldots\right)$$
$$+ \left(1 - \frac{1}{2}x + \frac{3}{8}x^2 - \frac{5}{16}x^3 + \ldots\right)$$
$$= 1 + \frac{1}{2}x - \frac{5}{8}x^2 + \frac{1}{48}x^3 + \ldots$$

d) Für die Tangensfunktion $\tan(x) = \frac{\sin(x)}{\cos(x)}$ erhält man mit $\sin(x) = \sum_{k=0}^{\infty} (-1)^k \frac{x^{2k+1}}{(2k+1)!}$ und $\cos(x) = \sum_{k=0}^{\infty} (-1)^k \frac{x^{2k}}{(2k)!}$ für $x \in \mathbb{R}$ (vgl. Tabelle 17.1) die Darstellung

$$\tan(x) = \frac{\sin(x)}{\cos(x)} = \frac{x - \frac{x^3}{3!} + \frac{x^5}{5!} - \ldots}{1 - \frac{x^2}{2!} + \frac{x^4}{4!} - \ldots}$$
$$= c_0 + c_1 x + c_2 x^2 + c_3 x^3 + c_4 x^4 + \ldots$$

Aus der Gleichung

$$\left(1 - \frac{x^2}{2!} + \frac{x^4}{4!} - \ldots\right)(c_0 + c_1 x + c_2 x^2 + c_3 x^3 + c_4 x^4 + \ldots)$$
$$= x - \frac{x^3}{3!} + \frac{x^5}{5!} - \ldots$$

folgt durch Koeffizientenvergleich das lineare Gleichungssystem

$$1 \cdot c_0 = 0$$
$$1 \cdot c_1 + 0 \cdot c_0 = 1$$
$$1 \cdot c_2 + 0 \cdot c_1 - \frac{1}{2!} \cdot c_0 = 0$$
$$1 \cdot c_3 + 0 \cdot c_2 - \frac{1}{2!} \cdot c_1 + 0 \cdot c_0 = -\frac{1}{3!}$$
$$1 \cdot c_4 + 0 \cdot c_3 - \frac{1}{2!} \cdot c_2 + 0 \cdot c_1 + \frac{1}{4!} \cdot c_0 = 0$$
$$1 \cdot c_5 + 0 \cdot c_4 - \frac{1}{2!} \cdot c_3 + 0 \cdot c_2 + \frac{1}{4!} \cdot c_1 + 0 \cdot c_0 = \frac{1}{5!}$$
$$\vdots$$

(vgl. (17.36)) und daraus weiter

$$c_0 = 0, \ c_1 = 1, \ c_2 = 0, \ c_3 = \frac{1}{3}, \ c_4 = 0, \ c_5 = \frac{2}{15} \text{ usw.}$$

Folglich besitzt $\tan(x)$ für $x \in \mathbb{R}$, die hinreichend nahe bei 0 liegen, die Darstellung

$$\tan(x) = x + \frac{1}{3}x^3 + \frac{2}{15}x^5 + \ldots$$

e) Für die Potenzreihe der Komposition

$$h(x) = (g \circ f)(x) = e^{e^x}$$

der beiden reellen Funktionen $f(x) = g(x) = e^x$ erhält man mit $f(x) = g(x) = \sum_{k=0}^{\infty} \frac{x^k}{k!}$ (vgl. Tabelle 17.1) und $(f(x))^k = (e^x)^k = e^{kx} = \sum_{n=0}^{\infty} \frac{k^n x^n}{n!}$ für alle $x \in \mathbb{R}$ die Darstellung

$$h(x) = \sum_{k=0}^{\infty} \frac{(f(x))^k}{k!}$$
$$= \sum_{k=0}^{\infty} \frac{1}{k!} \left(\sum_{n=0}^{\infty} \frac{k^n x^n}{n!}\right)$$
$$= \sum_{n=0}^{\infty} \left(\sum_{k=0}^{\infty} \frac{k^n}{k!}\right) \frac{x^n}{n!}$$
$$= e + \left(\sum_{k=0}^{\infty} \frac{k}{k!}\right) x + \left(\sum_{k=0}^{\infty} \frac{k^2}{k!}\right) \frac{x^2}{2!}$$
$$+ \left(\sum_{k=0}^{\infty} \frac{k^3}{k!}\right) \frac{x^3}{3!} + \ldots$$

Transformationssatz für Potenzreihen

Der folgende Satz ist als **Transformationssatz** für Potenzreihen bekannt. Er gibt darüber Auskunft, wie sich die Koeffizienten einer Potenzreihe verändern, wenn man zu einem anderen Entwicklungspunkt übergeht:

Satz 17.21 (Transformationssatz für Potenzreihen)

Es sei $\sum_{k=0}^{\infty} a_k (x - x_0)^k$ eine Potenzreihe mit Konvergenzradius $R > 0$ und $x_1 \in (x_0 - R, x_0 + R)$. Dann gilt

$$\sum_{n=0}^{\infty} a_n (x - x_0)^n = \sum_{k=0}^{\infty} b_k (x - x_1)^k \quad \text{mit}$$

$$b_k := \sum_{n=k}^{\infty} \binom{n}{k} a_n (x_1 - x_0)^{n-k} \quad (17.37)$$

für alle $x \in \mathbb{R}$ mit $|x - x_1| < R - |x_1 - x_0|$.

Beweis: Es gelte $x, x_1 \in (x_0 - R, x_0 + R)$. Mit dem Binomischen Lehrsatz (5.11) erhält man

$$\sum_{n=0}^{\infty} a_n (x - x_0)^n = \sum_{n=0}^{\infty} a_n \big((x - x_1) + (x_1 - x_0)\big)^n \quad (17.38)$$

$$= \sum_{n=0}^{\infty} \sum_{k=0}^{n} a_n \binom{n}{k} (x_1 - x_0)^{n-k} (x - x_1)^k.$$

Da aber

$$\sum_{k=0}^{n} |a_n| \binom{n}{k} |x_1 - x_0|^{n-k} |x - x_1|^k = |a_n| \big(|x - x_1| + |x_1 - x_0|\big)^n$$

gilt und die Reihe $\sum_{n=0}^{\infty} |a_n| \big(|x - x_1| + |x_1 - x_0|\big)^n$ für alle $x \in \mathbb{R}$ mit $|x - x_1| + |x_1 - x_0| < R$, d. h. $|x - x_1| < R - |x_1 - x_0|$, annahmegemäß konvergiert, folgt mit Satz 12.29, dass bei der Reihe (17.38) die Summationsreihenfolge vertauscht werden kann, solange nur $x \in \mathbb{R}$ mit $|x - x_1| < R - |x_1 - x_0|$ betrachtet werden. Man erhält somit aus (17.38) die Behauptung:

$$\sum_{n=0}^{\infty} a_n (x - x_0)^n = \sum_{n=0}^{\infty} \sum_{k=0}^{n} a_n \binom{n}{k} (x_1 - x_0)^{n-k} (x - x_1)^k$$

$$= \sum_{k=0}^{\infty} \sum_{n=k}^{\infty} a_n \binom{n}{k} (x_1 - x_0)^{n-k} (x - x_1)^k$$

$$= \sum_{k=0}^{\infty} \underbrace{\left(\sum_{n=k}^{\infty} a_n \binom{n}{k} (x_1 - x_0)^{n-k} \right)}_{=: b_k} (x - x_1)^k$$

∎

Der Transformationssatz für Potenzreihen ist bei verschiedenen Fragestellungen hilfreich. Im folgenden Abschnitt wird er für den Beweis benötigt, dass eine Potenzreihe innerhalb ihres Konvergenzintervalls eine stetige Funktion definiert.

17.7 Stetigkeit und Differenzierbarkeit von Potenzreihen

Wie der folgende Satz zeigt, besitzt die Summenfunktion

$$f: (x_0 - R, x_0 + R) \to \mathbb{R}, \quad x \mapsto f(x) := \sum_{k=0}^{\infty} a_k (x - x_0)^k,$$

einer Potenzreihe $\sum_{k=0}^{\infty} a_k (x - x_0)^k$ mit Konvergenzradius $R > 0$ wünschenswerte analytische Eigenschaften. Denn sie ist sowohl **stetig** als auch unendlich oft **differenzierbar**:

Satz 17.22 (Stetigkeit und Differenzierbarkeit von Potenzreihen)

Es sei $\sum_{k=0}^{\infty} a_k (x - x_0)^k$ eine Potenzreihe mit Konvergenzradius $R > 0$. Dann gilt:

a) Die Summenfunktion f ist stetig.

b) Die Summenfunktion f ist unendlich oft differenzierbar. Die Ableitungen können durch gliedweise Differentiation berechnet werden und die m-te Ableitung ist für $x \in (x_0 - R, x_0 + R)$ gegeben durch

$$f^{(m)}(x) = m! \sum_{k=m}^{\infty} a_k \binom{k}{m} (x - x_0)^{k-m} \quad (17.39)$$

für alle $m \in \mathbb{N}$.

Beweis: Zu a): Es sei $x_1 \in (x_0 - R, x_0 + R)$ beliebig gewählt. Dann folgt mit Satz 17.21, dass die Summenfunktion f in einer hinreichend kleinen δ-Umgebung $(x_1 - \delta, x_1 + \delta)$ von x_1 in eine Potenzreihe um den Entwicklungspunkt x_1 entwickelt werden kann. Das heißt, es gilt dann

$$f(x) = \sum_{k=0}^{\infty} b_k (x - x_1)^k \quad (17.40)$$

für alle $x \in (x_1 - \delta, x_1 + \delta)$, wobei die Koeffizienten b_k wie in (17.37) angegeben definiert sind. Es wird nun gezeigt, dass $\lim_{x \to x_1} f(x) = f(x_1) = b_0$ gilt und damit f an der Stelle x_1 stetig ist. Für einen beliebigen Wert $\rho \in \mathbb{R}_+$ mit $\rho < \delta$ gilt, dass die Reihe $\sum_{k=0}^{\infty} |b_k| \rho^k$ konvergiert. Folglich existiert der Wert $r := \sum_{k=1}^{\infty} |b_k| \rho^{k-1}$ und man erhält für $x \in \mathbb{R}$ mit $|x - x_1| \le \rho$ die Abschätzung

$$|f(x) - b_0| = \left| \sum_{k=1}^{\infty} b_k (x - x_1)^k \right|$$

$$= \left| (x - x_1) \sum_{k=1}^{\infty} b_k (x - x_1)^{k-1} \right| \le |x - x_1| r.$$

Daraus folgt jedoch $\lim_{x \to x_1} f(x) = b_0 = f(x_1)$ und damit die Behauptung a).

Zu b): Es sei $x_1 \in (x_0 - R, x_0 + R)$ wieder beliebig gewählt. Mit der Darstellung (17.40) und $f(x_1) = b_0$ erhält man

$$\frac{f(x) - f(x_1)}{x - x_1} = b_1 + b_2(x - x_1) + b_3(x - x_1)^2 + \ldots =: g(x).$$

Da jedoch die Stetigkeit von f (vgl. Teil a)) auch die Stetigkeit der reellen Funktion g impliziert, folgt daraus

$$f'(x_1) = \lim_{x \to x_1} \frac{f(x) - f(x_1)}{x - x_1} = \lim_{x \to x_1} g(x) = b_1.$$

17.7 Stetigkeit und Differenzierbarkeit von Potenzreihen

Die Summenfunktion f ist somit an der Stelle x_1 differenzierbar und besitzt dort die erste Ableitung $f'(x_1) = b_1$. Mit der Definition für b_1 (vgl. (17.37)) folgt für die erste Ableitung weiter

$$f'(x_1) = b_1 = \sum_{n=1}^{\infty} \binom{n}{1} a_n (x_1 - x_0)^{n-1}.$$

Durch Induktion erhält man, dass f unendlich oft differenzierbar und dass die m-te Ableitung durch (17.39) gegeben ist. ∎

Der Nutzen des Satzes 17.22 bei der Herleitung interessanter Identitäten für reelle Funktionen zeigt sich im folgenden Beispiel:

Beispiel 17.23 (Differenzieren von Potenzreihen)

a) Durch zweifache Differentiation der geometrischen Reihe $\frac{1}{1-x} = \sum_{k=0}^{\infty} x^k$ für $x \in (-1,1)$ (vgl. Tabelle 17.1) erhält man für $x \in (-1,1)$ die Potenzreihen:

$$\frac{1}{(1-x)^2} = \sum_{k=1}^{\infty} k x^{k-1} = 1 + 2x + 3x^2 + 4x^3 + \ldots$$

$$\frac{1}{(1-x)^3} = \frac{1}{2} \sum_{k=2}^{\infty} k(k-1) x^{k-2}$$
$$= 1 + 3x + 6x^2 + 10x^3 + \ldots$$

b) Durch zweifache Differentiation der Logarithmusreihe $\ln(1+x) = \sum_{k=1}^{\infty} \frac{(-1)^{k+1} x^k}{k}$ für $x \in (-1,1]$ (vgl. Tabelle 17.1) erhält man für $x \in (-1,1)$ die Potenzreihen:

$$\frac{1}{1+x} = \sum_{k=1}^{\infty} (-1)^{k+1} x^{k-1}$$
$$= \sum_{k=0}^{\infty} (-1)^k x^k$$
$$= 1 - x + x^2 - x^3 + \ldots$$

$$-\frac{1}{(1+x)^2} = \sum_{k=1}^{\infty} (-1)^k k x^{k-1}$$
$$= -1 + 2x - 3x^2 + 4x^3 - \ldots$$

c) Durch Differentiation der Potenzreihe $\arcsin(x) = \sum_{k=0}^{\infty} \frac{(2k)!}{2^{2k}(k!)^2} \frac{x^{2k+1}}{2k+1}$ für $x \in [-1,1]$ (vgl. Tabelle 17.1) erhält man für $x \in (-1,1)$ die Potenzreihe

$$\frac{1}{\sqrt{1-x^2}} = \sum_{k=0}^{\infty} \frac{(2k)!}{2^{2k}(k!)^2} x^{2k}$$
$$= 1 + \frac{1}{2} x^2 + \frac{3}{8} x^4 + \frac{5}{16} x^6 + \ldots$$

d) Durch n-fache Differentiation der Potenzreihe

$$h(x) = e^{e^x} = e + \left(\sum_{k=0}^{\infty} \frac{k}{k!}\right) x + \left(\sum_{k=0}^{\infty} \frac{k^2}{k!}\right) \frac{x^2}{2!}$$
$$+ \left(\sum_{k=0}^{\infty} \frac{k^3}{k!}\right) \frac{x^3}{3!} + \ldots$$

(vgl. Beispiel 17.20e)) und anschließendes Einsetzen von $x = 0$ erhält man

$$h^{(n)}(0) = \sum_{k=0}^{\infty} \frac{k^n}{k!}$$

für $n \in \mathbb{N}_0$. Daraus resultieren die interessanten Beziehungen

$$\sum_{k=0}^{\infty} \frac{k^2}{k!} = 2e, \quad \sum_{k=0}^{\infty} \frac{k^3}{k!} = 5e, \quad \sum_{k=0}^{\infty} \frac{k^4}{k!} = 15e \quad \text{usw.}$$

Mit Satz 17.22b) erhält man für die m-te Ableitung der Summenfunktion $f(x) = \sum_{k=0}^{\infty} a_k (x - x_0)^k$ an der Entwicklungsstelle x_0

$$f^{(m)}(x_0) = m! a_m \quad \text{und damit} \quad a_m = \frac{f^{(m)}(x_0)}{m!}$$

für alle $m \in \mathbb{N}_0$. Die Summenfunktion f besitzt somit die Taylor-Reihendarstellung

$$f(x) = \sum_{k=0}^{\infty} \frac{f^{(k)}(x_0)}{k!} (x - x_0)^k.$$

Dies zeigt, dass eine Potenzreihe stets die Taylor-Reihe ihrer Summenfunktion f ist. Daraus erhält man unmittelbar den folgenden **Eindeutigkeitssatz für Potenzreihen**:

Satz 17.24 (Eindeutigkeitssatz für Potenzreihen)

Die Potenzreihen $\sum_{k=0}^{\infty} a_k (x - x_0)^k$ und $\sum_{k=0}^{\infty} b_k (x - x_0)^k$ besitzen einen positiven Konvergenzradius und ihre Summenfunktionen stimmen auf einem Intervall $(x_0 - \delta, x_0 + \delta)$ mit $\delta > 0$ überein. Dann sind die beiden Potenzreihen identisch und es gilt für alle $k \in \mathbb{N}_0$:

$$a_k = b_k = \frac{f^{(k)}(x_0)}{k!}$$

Beweis: Folgt direkt aus den Überlegungen vor Satz 17.24. ∎

Der Eindeutigkeitssatz 17.24 ist für das Rechnen mit Potenzreihen von großer Bedeutung. Denn soll eine vorgegebene reelle Funktion f in eine Potenzreihe mit dem Entwicklungspunkt x_0 entwickelt werden, so ist dies nach Satz 17.24 – wenn überhaupt – nur auf eine Weise möglich, nämlich als Taylor-Reihe.

Zum Abschluss der Ausführungen zu Potenzreihen soll nicht unerwähnt bleiben, dass der nach dem norwegischen Mathematiker *Niels Henrik Abel* (1802–1829) benannte **Grenzwertsatz von Abel** besagt, dass die Summenfunktion $f(x) = \sum_{k=0}^{\infty} a_k (x - x_0)^k$ einer Potenzreihe mit Konvergenzradius $R > 0$ sogar auf die Ränder $x_0 - R$ und/oder $x_0 + R$ stetig fortgesetzt werden kann, wenn die Potenzreihe dort konvergiert. Das heißt, ist die Potenzreihe z. B. in der rechten Randstelle $x_0 + R$ konvergent, dann ist die Summenfunktion f dort auch stetig. Entsprechendes gilt für die Stetigkeit in der linken Randstelle $x = x_0 - R$ (vgl. z. B. Heuser [25], Seiten 379–380).

Dieses Ergebnis ist besonders im Zusammenhang mit Taylor-Reihen interessant. Denn ist eine reelle Funktion f auf dem offenen Intervall $(x_0 - R, x_0 + R)$ in eine Taylor-Reihe entwickelbar, die an einer der beiden Randstellen $x_0 - R$ oder $x_0 + R$ konvergiert, und ist die Funktion f dort zusätzlich stetig, dann konvergiert die Taylor-Reihe an dieser Randstelle gegen den Funktionswert von f.

Büste von N. H. Abel

Kapitel 18

Optimierung und Kurvendiskussion in $\mathbb{R}$

18.1 Optimierung und ökonomisches Prinzip

Die **Optimierung** ist eines der wichtigsten Anwendungsgebiete mathematischer Modelle und Methoden in den Wirtschaftswissenschaften. Unter Optimierung versteht man dabei die Problemstellung für eine gegebene reellwertige Funktion $f: D \longrightarrow \mathbb{R}$ – in den Wirtschaftswissenschaften oftmals als **Zielfunktion** bezeichnet – je nach spezifischer Fragestellung das Minimum oder Maximum zu ermitteln. Im ersten Fall spricht man genauer von einem **Minimierungsproblem**, während der zweite Fall als **Maximierungsproblem** bezeichnet wird.

Der Grund für die Omnipräsenz von Optimierungsproblemen in den Wirtschaftswissenschaften rührt vor allem von der Tatsache her, dass das sogenannte **ökonomische Prinzip** – auch **Wirtschaftlichkeitsprinzip** oder **Rationalprinzip** genannt – seine mathematische Formulierung in Optimierungsproblemen besitzt. Das ökonomische Prinzip bezeichnet die für die gesamten Wirtschaftswissenschaften fundamentale Annahme, dass ein rational handelnder und **nutzenorientierter Wirtschaftsakteur** (sog. **Homo oeconomicus**) aufgrund der Knappheit von Gütern stets die eingesetzten Mittel und das damit erwirtschaftete Ergebnis zueinander ins Verhältnis setzt und entsprechend seiner persönlichen Präferenzen und Ziele (z. B. Nutzenmaximierung, Risikominimierung, Gewinnmaximierung, Vergrößerung der Marktanteile usw.) handelt. Beim ökonomischen Prinzip unterscheidet man weiter zwischen **Maximal-** und **Minimalprinzip**, je nachdem, ob das zu erreichende Ziel oder die zur Verfügung stehenden Mittel fest vorgegeben sind (siehe Abbildung 18.1).

Optimierungsprobleme treten in den verschiedensten wirtschaftswissenschaftlichen Anwendungen auf, insbesondere in den Bereichen

- Bank- und Finanzwirtschaft,
- Mikro- und Makroökonomie,
- Produktions- und Absatzplanung,
- Marketing,
- Qualitäts- und Risikomanagement,
- Versicherungstechnik,
- Entscheidungs- und Spieltheorie sowie
- Statistik/Ökonometrie.

Konkrete Beispiele für typische wirtschaftswissenschaftliche Optimierungsprobleme sind durch die Maximierung des Unternehmensgewinns oder Umsatzes sowie die Minimierung der Kosten als Funktion von Input-Größen, wie z. B. Rohstoff-, Personal- und Maschineneinsatz, gegeben. Ein anderes Beispiel ist die Optimierung eines Portfolios von Wertpapieren oder die Schätzung von verschiedenen Modellparametern in statistischen und ökonometrischen Anwendungen, so dass die Datenbeziehungen bestmöglich dargestellt werden (vgl. hierzu auch Beispiel 7.53).

Im Folgenden werden mit Hilfe der in Kapitel 16 entwickelten Differentialrechnung **notwendige** und **hinreichende Bedingungen** für lokale und globale Minima und Maxima bereitgestellt. Dabei beschränken sich die Ausführungen in diesem Kapitel ausschließlich auf die Optimierung reellwertiger Funktionen $f: D \longrightarrow \mathbb{R}$ mit $D \subseteq \mathbb{R}$. Das heißt, es werden nur Funktionen betrachtet, die von einer einzigen Variablen x abhängen. Der allgemeine Fall $D \subseteq \mathbb{R}^n$, d. h. die Optimierung von reellwertigen Funktionen, die von n Variablen $\mathbf{x} = (x_1, \ldots, x_n)^T$ abhängen, ist Gegenstand von Kapitel 24.

18.2 Notwendige Bedingung für Extrema

In Abschnitt 16.7 wurde mit Hilfe der Differentialrechnung das **Kriterium von Fermat** (vgl. Satz 16.24) bewiesen. Es besagt, dass für eine differenzierbare Funktion $f: [a, b] \longrightarrow \mathbb{R}$

$$f'(x_0) = 0 \qquad (18.1)$$

eine **notwendige Bedingung** für ein (lokales und globales) Minimum oder Maximum an einer inneren Stelle $x_0 \in (a, b)$ ist. Mit anderen Worten: Die **Tangente** an den Graphen einer differenzierbaren Funktion f an einer (globalen oder lokalen) Extremalstelle $x_0 \in (a, b)$ besitzt stets die Steigung 0 und ist damit stets waagerecht (vgl. Abbildungen 16.9 und 16.10). Eine Stelle $x_0 \in (a, b)$ mit der Eigenschaft (18.1) und der

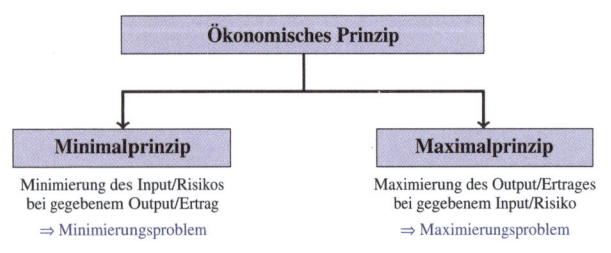

Abb. 18.1: Zusammenhang ökonomisches Prinzip und Optimierungsprobleme

zugehörige Punkt $(x_0, f(x_0))$ auf dem Graphen von f werden als **stationäre Stelle** bzw. als **stationärer Punkt** von f bezeichnet (vgl. Definition 16.25).

Das Fermatsche Kriterium ist für die konkrete Ermittlung von Extremalstellen sehr hilfreich, da es für eine differenzierbare Funktion häufig leicht nachgeprüft werden kann. Bei seiner Anwendung auf eine Funktion $f: [a,b] \longrightarrow \mathbb{R}$ müssen jedoch die folgenden beiden Punkte beachtet werden:

1) Die Eigenschaft (18.1) ist nur dann eine notwendige Bedingung für eine (lokale oder globale) Extremalstelle x_0 von f, wenn x_0 ein **innerer Punkt** des Definitionsbereiches von f ist, d. h. nicht $x_0 = a$ oder $x_0 = b$ gilt, und die Funktion f an der Stelle x_0 auch differenzierbar ist. Zum Beispiel zeigt die Abbildung 18.2, links den Graphen einer Funktion $f: [a,b] \longrightarrow \mathbb{R}$ mit einer globalen Maximal- und Minimalstelle bei $x = a$ bzw. $x = c$ sowie einer lokalen Maximalstelle bei $x = b$. Dennoch handelt es sich bei diesen drei Stellen nicht um stationäre Stellen von f. Dies ist jedoch nur möglich, weil $x = a$ und $x = b$ keine inneren Punkte des Definitionsbereiches von f sind und die Funktion f an der Stelle $x = c$ nicht differenzierbar ist, da der Graph von f an der Stelle $x = c$ einen Knick aufweist.

2) Die Bedingung (18.1) ist bei einer an der Stelle $x_0 \in (a,b)$ differenzierbaren Funktion f nur eine notwendige, aber keine hinreichende Bedingung für eine Extremalstelle. Dies wird bereits am Beispiel der differenzierbaren reellen Funktion $f(x) = x^3$ ersichtlich. Für diese Funktion gilt $f'(x) = 3x^2$ und damit insbesondere $f'(x_0) = 0$ für $x_0 = 0$. Das heißt, die Stelle $x_0 = 0$ ist zwar eine stationäre Stelle von f, dennoch ist $x_0 = 0$ keine (lokale oder globale) Extremalstelle von f (vgl. Abbildung 18.2, rechts).

Stationäre Stellen einer Funktion $f: [a,b] \longrightarrow \mathbb{R}$ sind somit lediglich **Kandidaten** für lokale und globale Extrema, die an Stellen im Inneren des Definitionsbereiches $[a,b]$ liegen und an denen f differenzierbar ist. Über Stellen, die auf dem Rand des Definitionsbereiches von f liegen oder an denen die Funktion f nicht differenzierbar ist, macht das Kriterium (18.1) keine Aussage. Im Fall der Existenz solcher Stellen müssen diese gesondert darauf untersucht werden, ob sie Extremalstellen der Funktion f sind.

Bei der Suche nach lokalen und globalen Extremalstellen einer reellen Funktion $f: [a,b] \longrightarrow \mathbb{R}$ müssen somit die folgenden drei Arten von Stellen $x_0 \in [a,b]$ untersucht werden:

1) Innere Stellen $x_0 \in (a,b)$ mit $f'(x_0) = 0$, also die stationären Stellen von f

2) Innere Stellen $x_0 \in (a,b)$, an denen f nicht differenzierbar ist

3) Die Randstellen $x = a$ und $x = b$ des Definitionsbereiches $[a,b]$

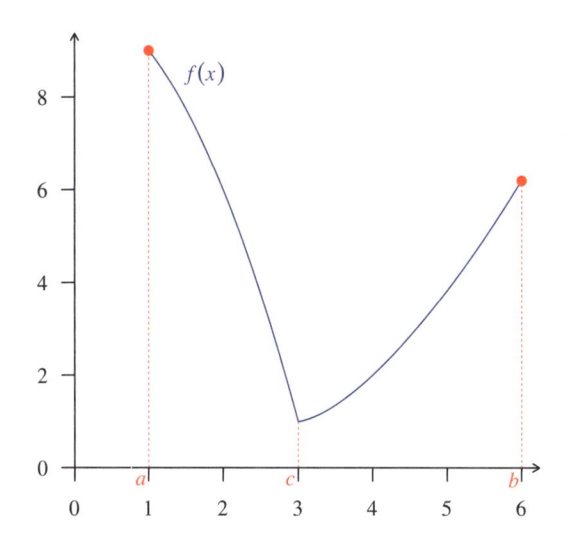

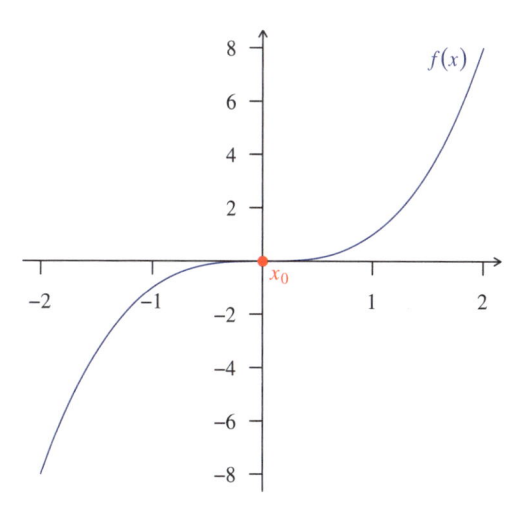

Abb. 18.2: Reelle Funktion $f: [a,b] \longrightarrow \mathbb{R}$ mit globaler Maximal- und Minimalstelle bei $x = a$ bzw. $x = c$ sowie lokaler Maximalstelle bei $x = b$ (links) und differenzierbare reelle Funktion $f(x) = x^3$ mit stationärer Stelle bei $x_0 = 0$ (rechts)

Kapitel 18 — Optimierung und Kurvendiskussion in $\mathbb{R}$

Grundsätzlich kommen alle Stellen $x_0 \in [a, b]$, die zu einer dieser drei Arten gehören, als lokale oder globale Extremalstellen der Funktion f in Frage. Falls jedoch die Funktion f als Definitionsbereich $\mathbb{R}$ oder ein offenes Intervall (a, b) mit $a, b \in \mathbb{R} \cup \{-\infty, \infty\}$ besitzt, müssen zur Bestimmung der Extremalstellen lediglich die ersten beiden Arten von Stellen untersucht werden. Ist die Funktion f zusätzlich differenzierbar, dann sind durch die stationären Stellen von f bereits alle Kandidaten für lokale und globale Extremalstellen gegeben (vgl. Beispiel 18.1).

Zur endgültigen Entscheidung, welche stationären Stellen einer differenzierbaren Funktion $f : [a, b] \longrightarrow \mathbb{R}$ tatsächlich Extremalstellen sind und welche nicht, werden noch **hinreichende Bedingungen** benötigt. Die Ermittlung solcher hinreichender Bedingungen mit Hilfe der Differentialrechnung ist Gegenstand des folgenden Abschnittes 18.3.

Beispiel 18.1 (Kandidaten für lokale und globale Extremalstellen)

Die differenzierbare reelle Funktion
$$f : [-1, 3] \longrightarrow \mathbb{R},$$
$$x \mapsto f(x) = \frac{1}{4}x^4 - \frac{5}{6}x^3 + \frac{1}{2}x^2 - 1$$
besitzt die erste Ableitung
$$f'(x) = x^3 - \frac{5}{2}x^2 + x = x\left(x^2 - \frac{5}{2}x + 1\right).$$

Offensichtlich ist $x_1 = 0$ eine Nullstelle von $f'(x)$. Mit der Lösungsformel (4.8) für quadratische Gleichungen erhält man, dass die Gleichung $x^2 - \frac{5}{2}x + 1 = 0$ die beiden Nullstellen $x_2 = \frac{1}{2}$ und $x_3 = 2$ besitzt (vgl. (4.6)). Das heißt, die Funktion f besitzt die stationären Stellen $x_1 = 0$, $x_2 = \frac{1}{2}$ und $x_3 = 2$. Diese stationären Stellen sind zusammen mit den beiden Randstellen $a = -1$ und $b = 3$ des Definitionsbereiches von f die Kandidaten für lokale und globale Extremalstellen von f. Ferner gilt

$$f(a) = \frac{7}{12}, \quad f(x_1) = -1, \quad f(x_2) = -\frac{185}{192},$$
$$f(x_3) = -\frac{5}{3} \quad \text{und} \quad f(b) = \frac{5}{4}$$

und somit
$$f(x_3) < f(x_1) < f(x_2) < f(a) < f(b).$$

Ein Blick auf die Abbildung 18.3 zeigt, dass die Funktion f an den Stellen $x_3 = 2$ und $b = 3$ eine globale Minimal- bzw. Maximalstelle besitzt. Das globale Minimum und Maximum von f beträgt somit $f(x_3) = -\frac{5}{3}$ bzw. $f(b) = \frac{5}{4}$. Darüber hinaus hat f an der Stelle $x_1 = 0$ eine lokale Minimalstelle sowie an den beiden Stellen $x_2 = \frac{1}{2}$ und $a = -1$ eine lokale Maximalstelle. Das lokale Minimum von f beträgt $f(x_1) = -1$ und die beiden lokalen Maxima sind $f(x_2) = -\frac{185}{192}$ und $f(a) = \frac{7}{12}$.

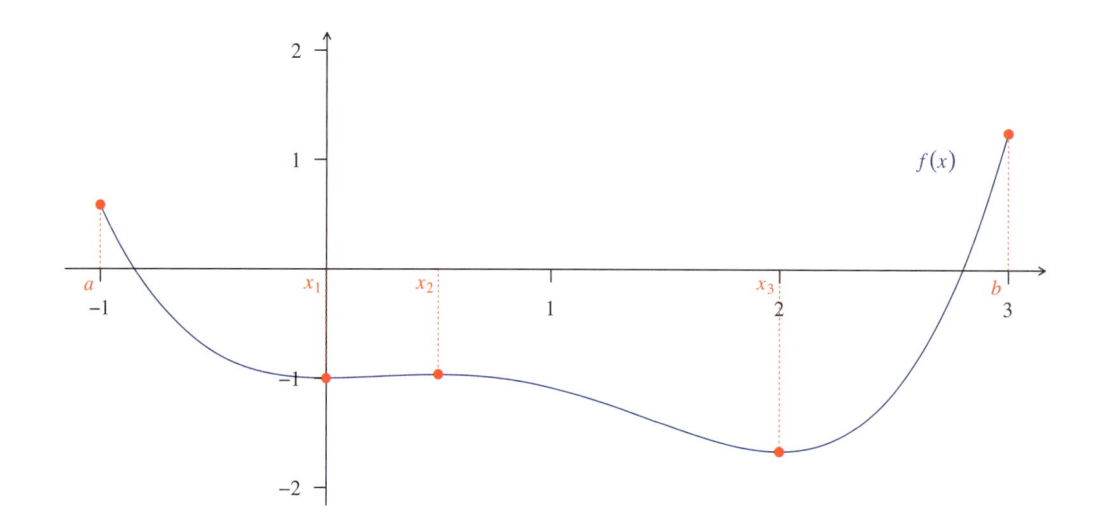

Abb. 18.3: Differenzierbare reelle Funktion $f : [-1, 3] \longrightarrow \mathbb{R}$ mit einer globalen Minimal- und Maximalstelle bei $x_3 = 2$ bzw. $b = 3$, einer lokalen Minimalstelle bei $x_1 = 0$ und zwei lokalen Maximalstellen bei $x_2 = \frac{1}{2}$ und $a = -1$

18.3 Hinreichende Bedingungen für Extrema

Der folgende Satz 18.2 liefert eine **hinreichende Bedingung** dafür, dass eine stationäre Stelle x_0 einer differenzierbaren Funktion $f: D \subseteq \mathbb{R} \longrightarrow \mathbb{R}$ eine lokale Extremalstelle ist. Darüber hinaus ermöglicht er es, lokale Minimalstellen von lokalen Maximalstellen zu unterscheiden.

Der Satz 18.2 basiert auf der einfachen Beobachtung, dass eine differenzierbare Funktion, die unmittelbar vor einer stationären Stelle wachsend und unmittelbar danach fallend ist, bei dieser stationären Stelle eine lokale Maximalstelle besitzen muss. Analog gilt, dass eine differenzierbare Funktion, die unmittelbar vor einer stationären Stelle fallend und unmittelbar danach wachsend ist, dort eine lokale Minimalstelle aufweisen muss. Zum Beispiel zeigt die Abbildung 18.3 den Graphen einer reellen Funktion, die bei x_1, x_2 und x_3 jeweils eine stationäre Stelle aufweist. Da die Funktion f unmittelbar vor den beiden stationären Stellen x_1 und x_3 fallend und unmittelbar danach wachsend ist, besitzt sie dort jeweils eine lokale Minimalstelle. Dagegen ist f unmittelbar vor x_2 monoton wachsend und unmittelbar danach fallend. Die Funktion f weist daher an der Stelle x_2 eine lokale Maximalstelle auf.

Diese Beobachtungen führen zusammen mit der Tatsache, dass sich das Monotonieverhalten einer differenzierbaren Funktion mittels ihrer **ersten Ableitung** ausdrücken lässt, zu dem folgenden Resultat:

Satz 18.2 (Hinreichende Bedingung für lokale Extrema – Version I)

Es sei $f: D \subseteq \mathbb{R} \to \mathbb{R}$ *eine reelle Funktion und* $x_0 \in D$. *Ferner gebe es ein* $\varepsilon > 0$, *so dass* f *auf dem Intervall* $(x_0 - \varepsilon, x_0 + \varepsilon)$ *differenzierbar ist mit* $f'(x_0) = 0$. *Dann gilt:*

a) *Gibt es ein* $0 < \delta < \varepsilon$, *so dass* $f'(x) > 0$ *für alle* $x \in (x_0 - \delta, x_0)$ *und* $f'(x) < 0$ *für alle* $x \in (x_0, x_0 + \delta)$ *gilt, dann besitzt* f *in* x_0 *eine lokale Maximalstelle.*

b) *Gibt es ein* $0 < \delta < \varepsilon$, *so dass* $f'(x) < 0$ *für alle* $x \in (x_0 - \delta, x_0)$ *und* $f'(x) > 0$ *für alle* $x \in (x_0, x_0 + \delta)$ *gilt, dann besitzt* f *in* x_0 *eine lokale Minimalstelle.*

c) *Gibt es ein* $0 < \delta < \varepsilon$, *so dass* $f'(x) < 0$ *für alle* $x \in (x_0 - \delta, x_0 + \delta)$ *mit* $x \neq x_0$ *oder* $f'(x) > 0$ *für alle* $x \in (x_0 - \delta, x_0 + \delta)$ *mit* $x \neq x_0$ *gilt, dann besitzt* f *in* x_0 *keine lokale Extremalstelle.*

Beweis: Zu a): Gilt $f'(x) > 0$ für alle $x \in (x_0 - \delta, x_0)$ und $f'(x) < 0$ für alle $x \in (x_0, x_0 + \delta)$, dann folgt mit Satz 16.31c) und d), dass f auf $(x_0 - \delta, x_0)$ streng monoton wachsend und auf $(x_0, x_0 + \delta)$ streng monoton fallend ist. Folglich ist $f(x_0)$ der größte Wert, den die Funktion f auf dem Intervall $(x_0 - \delta, x_0 + \delta)$ annimmt, und damit x_0 eine lokale Maximalstelle.

Zu b): Zeigt man analog zu Teil a).

Zu c): Gilt $f'(x) < 0$ für alle $x \in (x_0 - \delta, x_0 + \delta)$ mit $x \neq x_0$ oder $f'(x) > 0$ für alle $x \in (x_0 - \delta, x_0 + \delta)$ mit $x \neq x_0$, dann folgt mit Satz 16.31c) und d), dass f links und rechts von x_0 streng monoton fallend bzw. streng monoton steigend ist. Folglich ist $f(x_0)$ nicht der größte oder kleinste Wert, den die Funktion f auf dem Intervall $(x_0 - \delta, x_0 + \delta)$ annimmt, d. h. x_0 ist keine lokale Extremalstelle. ∎

Der obige Satz lässt sich weniger formal auch wie folgt formulieren: Wechselt die erste Ableitung f' beim Überschreiten einer stationären Stelle x_0 von links nach rechts das Vorzeichen von $+$ zu $-$, dann ist x_0 eine lokale Maximalstelle, während ein Vorzeichenwechsel von f' bei x_0 von $-$ zu $+$ eine lokale Minimalstelle bei x_0 anzeigt. Findet dagegen beim Überschreiten einer stationären Stelle x_0 bei f' kein Vorzeichenwechsel statt, dann ist x_0 keine lokale Extremalstelle von f.

Wie man sich z. B. mit Hilfe der Abbildungen 18.3 und 18.4, links leicht verdeutlichen kann, besitzt eine stetige Funktion zwischen zwei lokalen Maximalstellen (bzw. Minimalstellen) stets eine lokale Minimalstelle (bzw. Maximalstelle).

Aus dem letzten Satz lässt sich unmittelbar die folgende hinreichende Bedingung für globale Extremalstellen ableiten:

Folgerung 18.3 (Hinreichende Bedingung für globale Extrema – Version I)

Es sei $f: D \subseteq \mathbb{R} \longrightarrow \mathbb{R}$ *eine reelle differenzierbare Funktion mit* $x_0 \in D$ *und* $f'(x_0) = 0$. *Dann gilt:*

a) *Ist* $f'(x) > 0$ *für alle* $x \in D$ *mit* $x < x_0$ *und* $f'(x) < 0$ *für alle* $x \in D$ *mit* $x > x_0$, *dann besitzt* f *in* x_0 *eine globale Maximalstelle.*

b) *Ist* $f'(x) < 0$ *für alle* $x \in D$ *mit* $x < x_0$ *und* $f'(x) > 0$ *für alle* $x \in D$ *mit* $x > x_0$, *dann besitzt* f *in* x_0 *eine globale Minimalstelle.*

Beweis: Zu a): Gilt $f'(x) > 0$ für alle $x \in D$ mit $x < x_0$ und $f'(x) < 0$ für alle $x \in D$ mit $x > x_0$, dann folgt mit Satz 18.2a), dass x_0 eine lokale Extremalstelle ist. Ferner folgt mit Satz 16.31c) und d), dass f links von x_0 streng monoton wachsend und rechts von x_0 streng monoton fallend ist. Folglich ist $f(x_0)$ sogar eine globale Maximalstelle.

Zu b): Folgt analog zu Teil a) aus 18.2b) sowie Satz 16.31c) und d). ∎

Die Stärke von Satz 18.2 und Folgerung 18.3 besteht darin, dass für deren Anwendung lediglich die erste Ableitung f' von f benötigt wird und sie dann eindeutige Aussagen liefern. Mit anderen Worten: Sie machen unter relativ allgemeinen Voraussetzungen eine Aussage bzgl. der Existenz von Minimal- und Maximalstellen.

Falls jedoch zum Definitionsbereich einer reellen Funktion $f: D \subseteq \mathbb{R} \longrightarrow \mathbb{R}$ auch Randstellen oder Stellen, an denen die Funktion f nicht differenzierbar ist, gehören, müssen diese Stellen gesondert darauf untersucht werden, ob sie lokale oder sogar globale Extremalstellen sind.

Beispiel 18.4 (Hinreichende Bedingung für lokale und globale Extrema)

Die differenzierbare reelle Funktion
$$f: (-1, 1) \longrightarrow \mathbb{R}, \quad x \mapsto f(x) = x^2\sqrt{1-x^2}$$
besitzt die erste Ableitung
$$f'(x) = 2x\sqrt{1-x^2} + x^2 \frac{-(2x)}{2\sqrt{1-x^2}}$$
$$= \frac{x(2-3x^2)}{\sqrt{1-x^2}}. \tag{18.2}$$

Die Nullstellen von f' und damit auch die stationären Stellen von f sind gegeben durch die drei Werte
$$x_1 = -\sqrt{\frac{2}{3}}, \quad x_2 = 0 \quad \text{und} \quad x_3 = \sqrt{\frac{2}{3}}.$$

Ein Blick auf (18.2) zeigt, dass f' beim Überschreiten der stationären Stellen x_1 und x_3 von links nach rechts einen Vorzeichenwechsel von + zu − und beim Überschreiten der stationären Stelle x_2 einen Vorzeichenwechsel von − zu + aufweist. Mit Satz 18.2a) und b) folgt somit, dass x_1 und x_3 lokale Maximalstellen von f sind und durch x_2 eine lokale Minimalstelle von f gegeben ist. Wie man leicht einsehen kann und wie es auch aus Abbildung 18.4, links ersichtlich ist, sind diese drei Stellen sogar globale Extremalstellen von f. Wegen $f(0) = 0$ und $f\left(-\sqrt{\frac{2}{3}}\right) = f\left(\sqrt{\frac{2}{3}}\right) = \frac{2}{3}\sqrt{\frac{1}{3}}$ besitzt die Funktion f das globale Minimum 0 an der Stelle x_2 und das globale Maximum $\frac{2}{3}\sqrt{\frac{1}{3}}$ an den beiden Stellen x_1 und x_3.

Das folgende Beispiel verdeutlicht die Nützlichkeit der obigen Resultate bei der Lösung ökonomischer Fragestellungen:

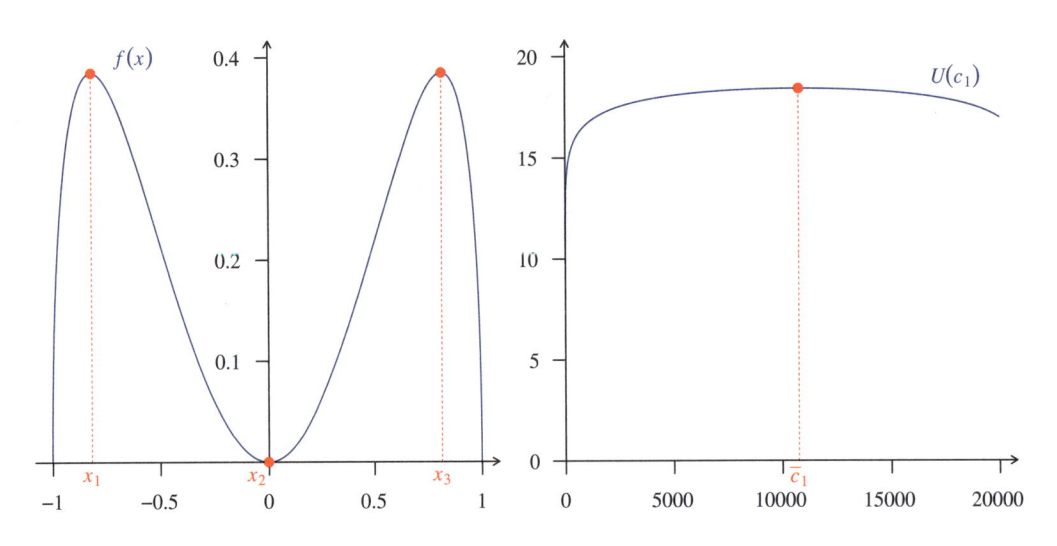

Abb. 18.4: Differenzierbare Funktion $f(x) = x^2\sqrt{1-x^2}$ mit globalen Extremalstellen bei $x_1 = -\sqrt{\frac{2}{3}}$, $x_2 = 0$ und $x_3 = \sqrt{\frac{2}{3}}$ (links) und Nutzenfunktion $U(c_1) = \ln(c_1) + \frac{1}{1+\delta}\ln(x_2 - (1+r)(c_1 - x_1))$ für $x_1 = 10000$, $x_2 = 12000$, $\delta = 2\%$ und $r = 6\%$ mit globaler Maximalstelle bei $\bar{c}_1 = 10765{,}93$ (rechts)

Beispiel 18.5 (Optimaler Konsumplan)

Ein VWL-Student der Universität Hamburg interessiert sich für seinen optimalen zweijährigen **Konsumplan**. Aktuell besitzt er das **Einkommen** $x_1 > 0$ und erwartet im kommenden Jahr das Einkommen $x_2 > 0$. Er möchte seinen gegenwärtigen und zukünftigen **Konsum** c_1 bzw. c_2 so gestalten, dass sein Nutzen maximiert wird. Dabei wird sein Nutzen durch die **Nutzenfunktion**

$$U(c_1, c_2) = \ln(c_1) + \frac{1}{1+\delta} \ln(c_2) \qquad (18.3)$$

mit $c_1, c_2 > 0$ und der **Diskontierungsrate** $\delta > 0$ ausgedrückt. Sein Konsum im kommenden Jahr ist gegeben durch

$$c_2 = x_2 - (1+r)(c_1 - x_1), \qquad (18.4)$$

wobei $r > 0$ der **Zinssatz** ist, zu dem er Geld bei seiner Hausbank anlegen und aufnehmen kann. Denn gilt $c_1 \geq x_1$ (d. h. im aktuellen Jahr ist der Konsum c_1 größer oder gleich dem Einkommen x_1), dann muss er sich den Betrag $c_1 - x_1 \geq 0$ leihen und im kommenden Jahr inklusive Zinsen den Betrag $(1+r)(c_1 - x_1)$ zurückzahlen. Das heißt, im zweiten Jahr kann er dann lediglich den Betrag $c_2 = x_2 - (1+r)(c_1 - x_1)$ konsumieren.
Gilt jedoch $c_1 \leq x_1$ (d. h. im aktuellen Jahr ist das Einkommen x_1 größer oder gleich dem Konsum c_1), dann kann er den überschüssigen Betrag $x_1 - c_1 \geq 0$ zum Zinssatz r anlegen und erhält im kommenden Jahr den Betrag $(1+r)(x_1 - c_1)$. Das heißt, im zweiten Jahr kann er ebenfalls den Betrag $c_2 = x_2 + (1+r)(x_1 - c_1)$ konsumieren. Somit lässt sich in beiden Fällen der Konsum im zweiten Jahr durch die Gleichung (18.4) ausdrücken und es gilt

$$x_1 + \frac{x_2}{1+r} = c_1 + \frac{c_2}{1+r}.$$

Das heißt, in dem betrachteten zweijährigen Zeitfenster entspricht das diskontierte Einkommen $x_1 + \frac{x_2}{1+r}$ dem diskontierten Konsum $c_1 + \frac{c_2}{1+r}$ (Budgetrestriktion). Wird nun (18.4) in die Nutzenfunktion (18.3) eingesetzt, erhält man für die Nutzenfunktion die neue Darstellung

$$U(c_1) := U(c_1, c_2) \qquad (18.5)$$
$$= \ln(c_1) + \frac{1}{1+\delta} \ln(x_2 - (1+r)(c_1 - x_1)),$$

welche nur noch von c_1 abhängt. Den optimalen Konsum im aktuellen Jahr erhält man nun durch Nullsetzen der ersten Ableitung von $U(c_1)$. Dabei kann man annehmen, dass die Ungleichungen

$$0 < c_1 < x_1 + (1+r)^{-1} x_2 \qquad (18.6)$$

erfüllt sind, da dies äquivalent zu $c_1, c_2 > 0$ ist (vgl. (18.4)). Man erhält für die erste Ableitung von U:

$$U'(c_1) = \frac{1}{c_1} - \frac{1+r}{1+\delta} \cdot \frac{1}{x_2 - (1+r)(c_1 - x_1)} \qquad (18.7)$$
$$= \frac{(1+\delta)[x_2 - (1+r)(c_1 - x_1)] - (1+r)c_1}{c_1(1+\delta)[x_2 - (1+r)(c_1 - x_1)]}$$
$$= \frac{(1+\delta)[(1+r)x_1 + x_2] - (1+r)c_1(2+\delta)}{c_1(1+\delta)[x_2 - (1+r)(c_1 - x_1)]}$$

Es gilt somit $U'(c_1) = 0$ genau dann, wenn

$$(1+\delta)[(1+r)x_1 + x_2] - (1+r)c_1(2+\delta) = 0$$

gilt. Daraus erhält man als Lösung der Gleichung $U'(c_1) = 0$ und damit als stationäre Stelle der Nutzenfunktion U

$$\bar{c}_1 = \frac{(1+\delta)[(1+r)x_1 + x_2]}{(1+r)(2+\delta)}$$
$$= x_1 + \frac{(1+\delta)x_2 - (1+r)x_1}{(1+r)(2+\delta)} > 0. \qquad (18.8)$$

Mit $c_2 = x_2 - (1+r)(c_1 - x_1) > 0$ und (18.7) folgt

$$U'(c_1) \begin{cases} > 0 & \text{für } 0 < c_1 < \bar{c}_1 \\ < 0 & \text{für } c_1 > \bar{c}_1 \end{cases}.$$

An der Stelle $c_1 = \bar{c}_1$ wechselt somit die erste Ableitung der Nutzenfunktion U ihr Vorzeichen von + zu −. Mit Folgerung 18.3a) erhält man somit, dass die Nutzenfunktion des VWL-Studenten an der Stelle $\bar{c}_1$ eine globale Maximalstelle besitzt. Der Student maximiert daher seinen Nutzen, wenn er im ersten Jahr den Betrag $\bar{c}_1$ und im zweiten Jahr den Betrag

$$\bar{c}_2 := x_2 - (1+r) \cdot (\bar{c}_1 - x_1)$$

konsumiert. Zum Beispiel resultiert für $x_1 = 10000$ €, $x_2 = 12000$ €, $\delta = 2\%$ und $r = 6\%$ als optimaler Konsumplan $\bar{c}_1 = 10765{,}93$ € für das erste Jahr und $\bar{c}_2 = 11188{,}12$ € für das zweite Jahr (vgl. Abbildung 18.4, rechts).

Bei der obigen Betrachtung ist jedoch zu beachten, dass der Unterschied zwischen **Haben-** und **Sollzinsen**, der in der Realität stets existiert, nicht berücksichtigt worden ist. Denn es wurde sowohl für das Leihen als auch das Anlegen des Betrags $|c_1 - x_1|$ der einheitliche Zinssatz r verwendet.

Der folgende Satz 18.6 gibt eine weitere **hinreichende Bedingung** dafür an, dass eine stationäre Stelle x_0 einer reellen Funktion $f : D \subseteq \mathbb{R} \longrightarrow \mathbb{R}$ eine lokale Minimal- oder Maximalstelle ist. Diese hinreichende Bedingung ist oftmals deutlich einfacher anzuwenden als die hinreichende Bedingung von Satz 18.2. Im Gegensatz zu Satz 18.2 muss jedoch vorausgesetzt werden, dass die Funktion f in einer Umgebung von x_0 mindestens **zweimal stetig differenzierbar** ist.

Satz 18.6 (Hinreichende Bedingung für lokale Extrema – Version II)

Es sei $f : D \subseteq \mathbb{R} \longrightarrow \mathbb{R}$ eine reelle Funktion und $x_0 \in D$. Ferner gebe es ein $\varepsilon > 0$, so dass f auf dem Intervall $(x_0 - \varepsilon, x_0 + \varepsilon)$ n-mal stetig differenzierbar ist mit $n \geq 2$ und es gelte

$$f'(x_0) = f''(x_0) = \ldots = f^{(n-1)}(x_0) = 0 \quad \text{und}$$
$$f^{(n)}(x_0) \neq 0. \tag{18.9}$$

a) Ist n gerade, dann besitzt f an der Stelle x_0 eine lokale Extremalstelle. Genauer gilt: Im Fall von $f^{(n)}(x_0) < 0$ ist x_0 eine lokale Maximalstelle und falls $f^{(n)}(x_0) > 0$ gilt, ist x_0 eine lokale Minimalstelle.

b) Ist n ungerade, dann besitzt f an der Stelle x_0 keine lokale Extremalstelle.

Beweis: Zu a): Im Folgenden sei $f^{(n)}(x_0) < 0$ angenommen. Aufgrund der Voraussetzungen kann der Satz von Taylor angewendet werden. Mit der Lagrangeschen Restgliedformel erhält man dann wegen (18.9) für ein beliebiges $x \in (x_0 - \varepsilon, x_0 + \varepsilon)$

$$f(x) - f(x_0) = f^{(n)}(x_0 + \lambda(x - x_0)) \frac{(x - x_0)^n}{n!} \tag{18.10}$$

für ein $\lambda \in (0, 1)$ (vgl. Satz 17.5). Da $f^{(n)}$ nach Voraussetzung an der Stelle x_0 stetig ist und $f^{(n)}(x_0) < 0$ gilt, gibt es ein $0 < \delta < \varepsilon$ mit $f^{(n)}(x) < 0$ für alle $x \in (x_0 - \delta, x_0 + \delta)$. Wegen $\lambda \in (0, 1)$ gilt daher insbesondere

$$f^{(n)}(x_0 + \lambda(x - x_0)) < 0 \tag{18.11}$$

für alle $x \in (x_0 - \delta, x_0 + \delta)$. Ist nun n gerade, dann gilt $\frac{(x - x_0)^n}{n!} > 0$ für alle $x \neq x_0$. Zusammen mit (18.10) und (18.11) folgt daraus $f(x_0) > f(x)$ für alle $x \in (x_0 - \delta, x_0 + \delta)$ mit $x \neq x_0$. Das heißt, x_0 ist eine lokale Maximalstelle. Für den Fall $f^{(n)}(x_0) > 0$ verläuft der Beweis völlig analog und man erhält, dass x_0 eine lokale Minimalstelle von f ist.

Zu b): Es sei wieder $f^{(n)}(x_0) < 0$ angenommen. Ist nun n ungerade, dann gilt

$$\frac{(x - x_0)^n}{n!} \begin{cases} < 0 & \text{für } x < x_0 \\ > 0 & \text{für } x > x_0 \end{cases}.$$

Zusammen mit (18.10) und (18.11) folgt daraus

$$f(x_0) \begin{cases} < f(x) & \text{für } x \in (x_0 - \delta, x_0) \\ > f(x) & \text{für } x \in (x_0, x_0 + \delta) \end{cases}.$$

Folglich besitzt f an der Stelle x_0 keine lokale Extremalstelle. Für den Fall $f^{(n)}(x_0) > 0$ verläuft der Beweis völlig analog. ∎

Zur Anwendung des Satzes 18.6 auf eine stationäre Stelle x_0 muss die Funktion f so oft differenziert werden, bis an der Stelle x_0 erstmalig eine Ableitung von Null verschieden ist. Dazu ist es natürlich erforderlich, dass die Funktion f in einer Umgebung der stationären Stelle x_0 hinreichend oft differenzierbar ist.

Es gibt jedoch auch Funktionen, die an einer Stelle x_0 unendlich oft differenzierbar sind und $f^{(n)}(x_0) = 0$ für alle $n \in \mathbb{N}_0$ gilt. In einem solchen – pathologischen – Fall erlaubt der Satz 18.6 keine Aussage und es muss auf Satz 18.2 zurückgegriffen werden. Ein Beispiel für eine solche Funktion ist die bereits aus Abschnitt 17.3 bekannte reelle Funktion

$$f : \mathbb{R} \longrightarrow \mathbb{R}, \quad x \mapsto f(x) = \begin{cases} e^{-\frac{1}{x^2}} & \text{für } x \neq 0 \\ 0 & \text{für } x = 0 \end{cases}$$

mit $f^{(n)}(0) = 0$ für alle $n \in \mathbb{N}_0$ (vgl. auch Abbildung 17.3).

Aus dem letzten Satz lässt sich die folgende hinreichende Bedingung für globale Extremalstellen ableiten:

Folgerung 18.7 (Hinreichende Bedingung für globale Extrema – Version II)

Es sei $f : D \subseteq \mathbb{R} \longrightarrow \mathbb{R}$ eine reelle n-mal differenzierbare Funktion mit $x_0 \in D$ und

$$f'(x_0) = f''(x_0) = \ldots = f^{(n-1)}(x_0) = 0$$

für ein gerades $n \geq 2$. Dann besitzt f an der Stelle x_0 eine globale Maximalstelle bzw. eine globale Minimalstelle, falls $f^{(n)}(x) < 0$ bzw. $f^{(n)}(x) > 0$ für alle $x \in D$ gilt.

18.3 Hinreichende Bedingungen für Extrema

Beweis: Es sei $f^{(n)}(x) < 0$ für alle $x \in D$. Mit dem Satz von Taylor erhält man dann analog zum Beweis von Satz 18.2a) $f(x_0) > f(x)$ für alle $x \in D$ mit $x \neq x_0$. Das heißt, f besitzt an der Stelle x_0 eine globale Maximalstelle. Im Fall $f^{(n)}(x) > 0$ für alle $x \in D$ verläuft der Beweis völlig analog und man erhält, dass x_0 eine globale Minimalstelle von f ist. ∎

In vielen Situationen gilt bereits für die zweite Ableitung von f, dass diese von Null verschieden ist. Aus diesem Grund wird der Satz 18.6 und die Folgerung 18.7 für diesen Spezialfall noch einmal explizit formuliert:

Folgerung 18.8 (Hinreichende Bedingung für Extrema – Version II für $n = 2$)

Es sei $f: D \subseteq \mathbb{R} \longrightarrow \mathbb{R}$ eine zweimal stetig differenzierbare Funktion mit $x_0 \in D$ und

$$f'(x_0) = 0 \quad \text{und} \quad f''(x_0) \neq 0.$$

a) *Dann besitzt f an der Stelle x_0 eine lokale Maximalstelle, falls $f''(x_0) < 0$, und eine lokale Minimalstelle, falls $f''(x_0) > 0$ gilt.*

b) *Dann besitzt f an der Stelle x_0 eine globale Maximalstelle, falls $f''(x) < 0$ für alle $x \in D$, und eine globale Minimalstelle, falls $f''(x) > 0$ für alle $x \in D$ gilt.*

Beweis: Die Aussage a) folgt unmittelbar aus Satz 18.6a) für $n = 2$. Die Aussage b) ist eine direkte Konsequenz aus Folgerung 18.7 für $n = 2$. ∎

Die Folgerung 18.8 liefert eine oftmals leicht zu überprüfende hinreichende Bedingung für lokale und globale Extremalwerte. Allerdings macht sie keine Aussage darüber, was im Fall von $f'(x_0) = f''(x_0) = 0$ gilt. In einem solchen Fall kann x_0 eine lokale (globale) Maximalstelle, eine lokale (globale) Minimalstelle oder keines von beiden sein. Für die drei reellen Funktionen $f_1(x) = x^4$, $f_2(x) = -x^4$ und $f_3(x) = x^3$ gilt zum Beispiel

$$f_1'(0) = f_1''(0) = 0, \quad f_2'(0) = f_2''(0) = 0 \quad \text{und}$$
$$f_3'(0) = f_3''(0) = 0.$$

Das heißt, alle drei Funktionen haben gemeinsam, dass an der Stelle $x_0 = 0$ ihre beiden ersten Ableitungen gleich Null sind und somit die Folgerung 18.8 keine Aussage erlaubt. Dennoch verhalten sich diese drei Funktionen an der Stelle $x_0 = 0$ völlig unterschiedlich. Denn mit Folgerung 18.3 (oder Folgerung 18.7) erhält man, dass f_1 und f_2 an der Stelle $x_0 = 0$ eine globale – und damit insbesondere auch eine lokale – Minimal- bzw. Maximalstelle besitzen. Für die Funktion f_3 erhält man dagegen mit Satz 18.2c) oder mit Satz 18.6b), dass sie an der Stelle x_0 keine lokale – und damit insbesondere auch keine globale – Extremalstelle besitzt (vgl. Abbildung 18.5).

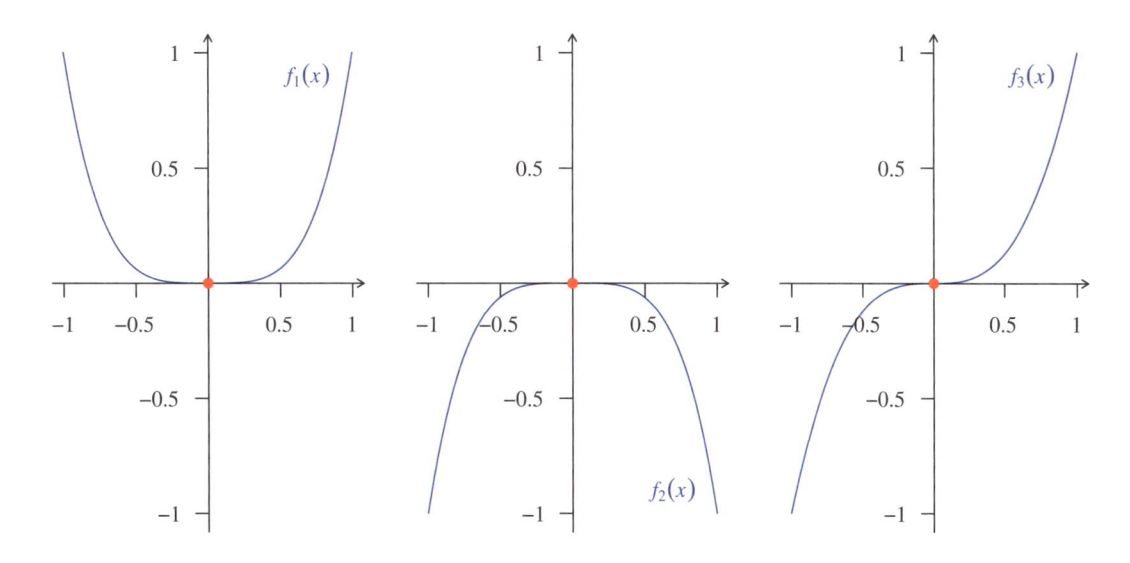

Abb. 18.5: Reelle Funktion $f_1(x) = x^4$ mit globaler Minimalstelle bei $x_0 = 0$ (links), reelle Funktion $f_2(x) = -x^4$ mit globaler Maximalstelle bei $x_0 = 0$ (Mitte) und reelle Funktion $f_3(x) = x^3$ ohne Extremalstelle bei $x_0 = 0$ (rechts)

Mit dem Vorzeichenkriterium für die erste Ableitung f' (d. h. Satz 18.2 und Folgerung 18.3) und dem Kriterium für höhere Ableitungen $f^{(n)}$ (d. h. Satz 18.6, Folgerung 18.7 und Folgerung 18.8) stehen zwei unterschiedliche hinreichende Bedingungen für lokale bzw. globale Extremalstellen zur Verfügung. Vorausgesetzt die zu untersuchende Funktion f ist ausreichend oft differenzierbar und ihre höheren Ableitungen sind nicht zu kompliziert, wird jedoch in wirtschaftswissenschaftlichen Anwendungen das Kriterium für höhere Ableitungen vorgezogen. Vor allem die Folgerung 18.8 ist trotz der Tatsache, dass sie in manchen Fällen keine Aussage erlaubt, sehr praktikabel. Dies hat vor allem die beiden folgenden Gründe:

1) Die Folgerung 18.8 kann ohne Probleme auch auf komplizierte Optimierungsprobleme mit mehreren unabhängigen Variablen verallgemeinert werden (siehe Satz 24.3 in Abschnitt 24.2).

2) In ökonomischen Modellen trifft man lieber Annahmen über das Krümmungsverhalten einer reellen Funktion und damit über die zweite Ableitung f'' als über das Vorzeichen der ersten Ableitung f'.

Wie jedoch aus dem Beispiel 18.5 ersichtlich wird, kann es im Fall einer komplexen zweiten Ableitung einfacher sein, anstelle mit Folgerung 18.8 mit dem Vorzeichenkriterium für die erste Ableitung f' (d. h. mit Satz 18.2 und Folgerung 18.3) zu arbeiten.

Beispiel 18.9 (Hinreichende Bedingungen für Extrema)

a) Die reelle Funktion

$$f: [-2\pi, 2\pi] \longrightarrow \mathbb{R}, \; x \mapsto f(x) = x + 2\sin(x)$$

ist beliebig oft stetig differenzierbar und besitzt die beiden ersten Ableitungen

$$f'(x) = 1 + 2\cos(x) \quad \text{und} \quad f''(x) = -2\sin(x).$$

Durch Lösen der Gleichung $f'(x) = 0$ erhält man die vier stationären Stellen

$$x_1 = -\frac{4}{3}\pi, \; x_2 = -\frac{2}{3}\pi, \; x_3 = \frac{2}{3}\pi \text{ und } x_4 = \frac{4}{3}\pi.$$

Wegen

$$f''(x_1) < 0, \; f''(x_2) > 0, \; f''(x_3) < 0 \text{ und}$$
$$f''(x_4) > 0$$

erhält man mit Folgerung 18.8, dass es sich bei x_1 und x_3 um lokale Maximalstellen und bei x_2 und x_4 um lokale Minimalstellen von f handelt. Da für die beiden Randstellen $x = \pm 2\pi$

$$f(-2\pi) < \min\{f(x_2), f(x_4)\} \quad \text{bzw.}$$
$$f(2\pi) > \max\{f(x_1), f(x_3)\}$$

gilt, ist die Randstelle $x = -2\pi$ die globale Minimalstelle und die Randstelle $x = 2\pi$ die globale Maximalstelle von f. Das heißt, f besitzt das globale Minimum $f(-2\pi) = -2\pi$ und das globale Maximum $f(2\pi) = 2\pi$ (vgl. Abbildung 18.6, links).

b) Die reelle Funktion

$$f: \mathbb{R} \longrightarrow \mathbb{R}, \; x \mapsto f(x) = x^4 - 2x^3 + 2x - 1$$

ist beliebig oft stetig differenzierbar und besitzt die drei ersten Ableitungen

$$f'(x) = 4x^3 - 6x^2 + 2, \; f''(x) = 12x^2 - 12x \text{ und}$$
$$f'''(x) = 24x - 12.$$

Durch Probieren erhält man für die Gleichung $f'(x) = 0$ die doppelte Lösung $x_1 = 1$ und mit einer anschließenden Polynomdivision durch $(x-1)^2$ (vgl. Abschnitt 14.1) erhält man für f' die Darstellung $f'(x) = 4\left(x + \frac{1}{2}\right)(x-1)^2$ (alternativ kann zur numerischen Lösung der Gleichung $f'(x) = 0$ auch das Newton-Verfahren aus Abschnitt 26.4 herangezogen werden). Das heißt, f besitzt die beiden stationären Stellen

$$x_1 = 1 \quad \text{und} \quad x_2 = -\frac{1}{2}.$$

Wegen

$$f''(x_1) = 0 \quad \text{und} \quad f'''(x_1) \neq 0 \quad \text{bzw.} \quad f''(x_2) > 0$$

erhält man mit Satz 18.6, dass die Funktion f an der Stelle x_1 keine lokale Extremalstelle besitzt und es sich bei x_2 um eine lokale Minimalstelle von f handelt. Folglich ist $f(x_2) = -\frac{27}{16}$ ein lokales Minimum von f. Eine weitergehende Untersuchung zeigt, dass x_2 sogar eine globale Minimalstelle von f ist. Ferner gilt

$$\lim_{x \to -\infty} f(x) = \infty \quad \text{und} \quad \lim_{x \to \infty} f(x) = \infty.$$

Das heißt, f besitzt keine globale Maximalstelle (vgl. Abbildung 18.6, rechts).

18.3 Hinreichende Bedingungen für Extrema — Kapitel 18

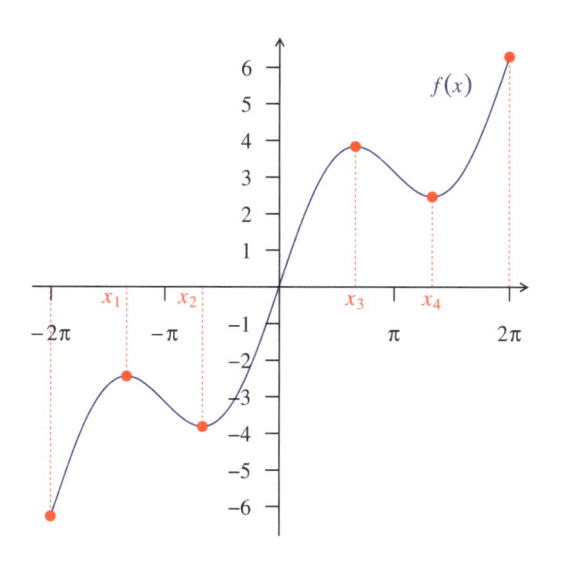

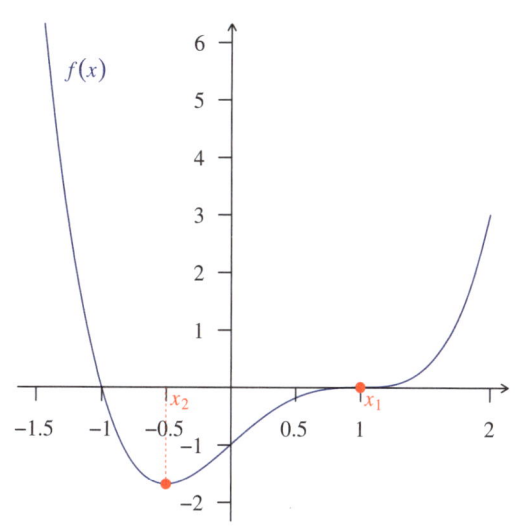

Abb. 18.6: Reelle Funktion $f: [-2\pi, 2\pi] \longrightarrow \mathbb{R}$, $x \mapsto f(x) = x + 2\sin(x)$ mit lokalen Extremalstellen bei $x_1 = -\frac{4}{3}\pi$, $x_2 = -\frac{2}{3}\pi$, $x_3 = \frac{2}{3}\pi$ und $x_4 = \frac{4}{3}\pi$ sowie globalen Extremalstellen bei $x = -2\pi$ und $x = 2\pi$ (links) und reelle Funktion $f: \mathbb{R} \longrightarrow \mathbb{R}$, $x \mapsto f(x) = x^4 - 2x^3 + 2x - 1$ mit einer globalen Minimalstelle bei $x_2 = -\frac{1}{2}$ (rechts)

Das folgende Beispiel zeigt, wie die obigen Ergebnisse zielführend bei der Untersuchung wirtschaftswissenschaftlicher Fragestellungen eingesetzt werden können:

Beispiel 18.10 (Absicherung gegen Zinsänderungsrisiken)

In Beispiel 16.36 wurde bereits erläutert, dass der **Endwert** und der **Barwert**

$$I_n(p) = \sum_{t=0}^{n} K_t (1+p)^{n-t} \quad \text{bzw.}$$

$$I_0(p) = \sum_{t=0}^{n} K_t (1+p)^{-t}$$

einer Investition I mit den erwarteten positiven Auszahlungen $K_0, \ldots, K_n$ zu den Zeitpunkten $t = 0, \ldots, n$ und einem **Zinssatz** $p > 0$ einem Zinsänderungsrisiko unterliegen. Dabei wurde insbesondere gezeigt, dass sich eine Änderung des Zinssatzes p um Δp auf den Endwert $I_n(p)$ und den Barwert $I_0(p)$ unterschiedlich auswirkt. Im Risikomanagement stellt sich daher unmittelbar die Frage, ob es möglich ist, die anfängliche – vor Eintritt einer Zinsänderung Δp stattgefundene – Wertentwicklung trotz der eingetretenen Zinsänderung zu sichern.

Zur Analyse dieser Frage wird der Wert der Investition I zu einem beliebigen Zeitpunkt $s \in [0, n]$ unter dem anfänglichen Zinssatz $p_0 > 0$ zum Zeitpunkt $t = 0$, d. h.

$$I_s(p_0) = \sum_{t=0}^{n} K_t (1+p_0)^{s-t},$$

mit dem Wert der Investition I zum gleichen Zeitpunkt s bei einer sofortigen einmaligen Zinsänderung um Δp im Zeitpunkt $t = 0$, d. h.

$$I_s(p_0 + \Delta p) = \sum_{t=0}^{n} K_t (1 + p_0 + \Delta p)^{s-t},$$

verglichen. Es stellt sich dann die Frage, ob es zum Zeitpunkt s möglich ist, dass für Zinsänderungen eines bestimmten Ausmaßes Δp stets

$$I_s(p_0 + \Delta p) \geq I_s(p_0)$$

gilt. Denn in einem solchen Fall wäre sichergestellt, dass zumindest zum Zeitpunkt s für Änderungen des anfänglichen Zinssatzes p_0 in einem bestimmten Umfang Δp

der Wert der Investition trotz Zinsänderung mindestens so hoch ist wie unter dem anfänglich gegebenen Zinssatz p_0. Mit anderen Worten: Es ist ein Zeitpunkt $s \in [0,n]$ gesucht, zu dem der Wert der Investition I als Funktion des Zinssatzes p betrachtet, d. h. die reelle Funktion $I_s : (0,\infty) \longrightarrow \mathbb{R}$, $p \mapsto I_s(p)$, eine lokale oder sogar globale Minimalstelle bei $p = p_0$ besitzt.

Zur Bestimmung eines solchen Zeitpunktes $s \in [0,n]$ wird die erste Ableitung von $I_s(p)$ nach p an der Stelle p_0 betrachtet und gleich Null gesetzt. Man erhält dann

$$0 = I'_s(p_0) = \frac{1}{1+p_0} \sum_{t=0}^{n} (s-t) K_t (1+p_0)^{s-t}$$

$$= s(1+p_0)^{s-1} \sum_{t=0}^{n} K_t (1+p_0)^{-t}$$

$$- (1+p_0)^{s-1} \sum_{t=0}^{n} t K_t (1+p_0)^{-t} \quad (18.12)$$

und durch Auflösen dieser Gleichung nach s resultiert

$$s = \frac{\sum_{t=0}^{n} t K_t (1+p_0)^{-t}}{\sum_{t=0}^{n} K_t (1+p_0)^{-t}}$$

$$= \frac{\sum_{t=0}^{n} t K_t (1+p_0)^{-t}}{I_0(p_0)} = D(p_0)$$

(vgl. (16.25) und (16.29)). Das heißt, $I_s(p)$ besitzt bei p_0 eine stationäre Stelle, wenn der Zeitpunkt s gleich der **Duration** $D(p_0)$ ist. Zur weiteren Untersuchung, ob es sich bei der stationären Stelle p_0 auch tatsächlich um eine lokale Minimalstelle von $I_s(p)$ mit $s = D(p_0)$ handelt, wird die zweite Ableitung von $I_s(p)$ nach p an der Stelle p_0 betrachtet. Die zweite Ableitung ist gegeben durch

$$I''_s(p_0) = \frac{\sum_{t=0}^{n} (s-t)(s-t-1) K_t (1+p_0)^{s-t}}{(1+p_0)^2}$$

(vgl. auch (16.24) und (16.26)). Daraus folgt, dass auch die hinreichende Bedingung $I''_s(p_0) > 0$ an der Stelle $s = D(p_0)$ erfüllt ist. Denn es gilt

$$I''_{D(p_0)}(p_0) = \frac{1}{(1+p_0)^2} \sum_{t=0}^{n} (D(p_0)-t)^2 K_t (1+p_0)^{D(p_0)-t}$$

$$- \frac{1}{(1+p_0)^2} \sum_{t=0}^{n} (D(p_0)-t) K_t (1+p_0)^{D(p_0)-t}$$

$$= \frac{1}{(1+p_0)^2} \sum_{t=0}^{n} (D(p_0)-t)^2 K_t (1+p_0)^{D(p_0)-t}$$

$$> 0,$$

wobei die letzte Gleichung unmittelbar aus (18.12) folgt. Mit Folgerung 18.8a) erhält man somit, dass p_0 eine lokale Minimalstelle von $I_s(p)$ ist, wenn

$$s = D(p_0)$$

gilt. Da jedoch $I_s(p)$ für $s = D(p_0)$ außer p_0 keine weiteren stationären Stellen besitzt, hat die Wertfunktion $I_s(p)$ zum Zeitpunkt $s = D(p_0)$ an der Stelle p_0 sogar eine globale Minimalstelle und damit die Investition I mindestens den Wert $I_s(p_0)$. Dieser Sachverhalt wird im Risikomanagement zur Absicherung gegen das Zinsänderungsrisiko bezüglich einer einmaligen Zinsänderung um Δp zum Zeitpunkt $t = 0$ verwendet, in dem Investitionen mit der „richtigen" Duration gewählt werden.

Fasst man den Wert $I_s(p_0)$ als Untergrenze eines (nach oben unbegrenzten) Fensters auf, das sich um den Zeitpunkt $D(p_0)$ befindet, gelangt man zum Begriff des **Durationsfensters** einer Investition (vgl. Abbildung 18.7).

18.4 Notwendige Bedingung für Wendepunkte

Neben den Monotonieeigenschaften einer reellen Funktion $f: D \subseteq \mathbb{R} \longrightarrow \mathbb{R}$ liefert auch das Krümmungsverhalten, d. h. die **Konvexitäts-** und **Konkavitätseigenschaften** auf Teilintervallen $I \subseteq D$, wichtige Informationen über den Verlauf des Graphen. Man ist daher auch an der Identifizierung der Stellen $x_0 \in D$ einer Funktion f interessiert, an denen sich das Krümmungsverhalten und damit die Wachstumsgeschwindigkeit von „beschleunigt" (progressiv) zu „verzögert" (degressiv) oder umgekehrt verändert.

Ein Punkt auf dem Graphen von f an einer solchen Stelle x_0 wird als **Wendepunkt** oder **Sattelpunkt (Terrassenpunkt)** bezeichnet, falls zusätzlich $f'(x_0) = 0$ gilt:

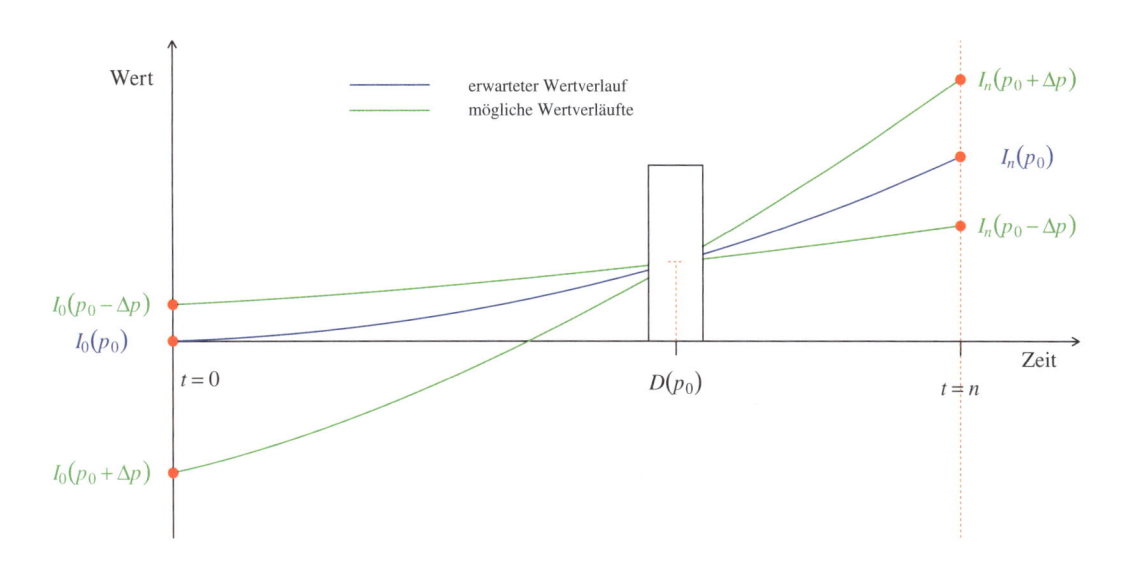

Abb. 18.7: Erwarteter Wertverlauf und andere mögliche Wertverläufe einer Investition I im Zeitintervall $[0, n]$ und ihr Durationsfenster

---

Definition 18.11 (Wendepunkt und Sattelpunkt)

Eine reelle Funktion $f: D \subseteq \mathbb{R} \longrightarrow \mathbb{R}$ besitzt an der Stelle $x_0 \in D$ einen Wendepunkt, wenn es ein $\varepsilon > 0$ gibt, so dass f auf $[x_0 - \varepsilon, x_0]$ streng konvex (bzw. streng konkav) und auf $[x_0, x_0 + \varepsilon]$ streng konkav (bzw. streng konvex) ist. Ist die Funktion f an der Stelle x_0 zusätzlich differenzierbar mit $f'(x_0) = 0$, dann sagt man, dass f an der Stelle x_0 einen Sattel- oder Terrassenpunkt besitzt.

Satz 18.12 (Notwendige Bedingung für Wendepunkte)

Es sei $f: D \subseteq \mathbb{R} \longrightarrow \mathbb{R}$ eine reelle Funktion mit einem Wendepunkt an der Stelle $x_0 \in D$. Ferner gebe es ein $\varepsilon > 0$, so dass f auf dem Intervall $(x_0 - \varepsilon, x_0 + \varepsilon)$ zweimal differenzierbar ist. Dann gilt

$$f''(x_0) = 0. \qquad (18.13)$$

In Abschnitt 16.7 wurde bereits gezeigt, dass sich die Krümmungseigenschaften einer zweimal differenzierbaren Funktion $f: D \subseteq \mathbb{R} \longrightarrow \mathbb{R}$ mit Hilfe der Monotonieeigenschaften ihrer ersten Ableitung f' (vgl. Satz 16.33) oder dem Vorzeichen ihrer zweiten Ableitung f'' (vgl. Satz 16.34) beschreiben lassen. Es ist daher nicht verwunderlich, dass – analog zu Minima und Maxima – auch für Wendepunkte im Inneren des Definitionsbereiches einer zweimal differenzierbaren Funktion $f: D \subseteq \mathbb{R} \longrightarrow \mathbb{R}$ mit Hilfe der Differentialrechnung **notwendige** und **hinreichende Bedingungen** ermittelt werden können. Eine notwendige Bedingung lautet wie folgt:

Beweis: Es sei angenommen, dass die Funktion f auf dem Teilintervall $[x_0 - \varepsilon, x_0]$ streng konvex und auf dem Teilintervall $[x_0, x_0 + \varepsilon]$ streng konkav ist. Mit Satz 16.33 folgt dann, dass f' auf $(x_0 - \varepsilon, x_0)$ streng monoton wachsend und auf $(x_0, x_0 + \varepsilon)$ streng monoton fallend ist. Das heißt, f' besitzt an der Stelle x_0 ein lokales Maximum und mit dem Kriterium von Fermat (vgl. Satz 16.24) folgt daher $f''(x_0) = 0$.

Im Fall einer auf $[x_0 - \varepsilon, x_0]$ streng konkaven und auf $[x_0, x_0 + \varepsilon]$ streng konvexen Funktion f verläuft der Beweis völlig analog. ∎

Der Satz 18.12 ist das Analogon zum Kriterium von Fermat (vgl. Satz 16.24) für Extremalstellen. Die Bedingung (18.13), d. h. dass die erste Ableitung f' an der Stelle x_0 eine stationäre Stelle besitzt, ist auch dieses Mal wieder nur eine notwendige, aber keine hinreichende Bedingung. Dieser Sachverhalt wird bereits am Beispiel der zweimal differenzierbaren Funktion $f(x) = x^4$ deutlich. Für diese Funktion gilt

$f''(x) = 12x^2$ und damit insbesondere $f''(x_0) = 0$ für $x_0 = 0$. Das heißt, die Stelle x_0 ist zwar eine Nullstelle der zweiten Ableitung f'', die Funktion f ist aber auf ganz $\mathbb{R}$ streng konvex und besitzt damit an der Stelle $x_0 = 0$ keinen Wendepunkt (vgl. Abbildung 18.5, links).

Bei der Betrachtung des Beweises von Satz 18.12 wird ersichtlich, dass bei einer zweimal differenzierbaren Funktion f mit einem Wendepunkt an der Stelle x_0 die „Änderungsgeschwindigkeit" der Funktion f – ausgedrückt durch ihre erste Ableitung f' – an der Stelle x_0 ein lokales Minimum oder Maximum besitzen muss (vgl. dazu auch die Abbildungen 18.8 und 18.9, links). Diese Beobachtung führt im nächsten Abschnitt zu einer einfachen hinreichenden Bedingung für Wendepunkte (siehe Satz 18.14).

Stellen x_0 im Inneren des Definitionsbereiches D einer zweimal differenzierbaren Funktion $f : D \subseteq \mathbb{R} \longrightarrow \mathbb{R}$ mit der Eigenschaft $f''(x_0) = 0$ sind somit Kandidaten für Wendepunkte. Existieren Stellen $x_0 \in D$, an denen f nicht zweimal differenzierbar ist, dann müssen diese gesondert darauf untersucht werden, ob dort ein Wendepunkt vorliegt oder nicht.

Beispiel 18.13 (Notwendige Bedingung für Wendepunkte)

Die beiden zweimal differenzierbaren Funktionen
$$f_1(x) = x^3 - 6x^2 + 9x \quad \text{und} \quad f_2(x) = (x-1)^3 + 1$$

besitzen die ersten beiden Ableitungen $f_1'(x) = 3x^2 - 12x + 9$ und $f_1''(x) = 6x - 12$ sowie $f_2'(x) = 3x^2 - 6x + 3$ und $f_2''(x) = 6x - 6$. Es gilt somit $f_1''(2) = 0$ bzw. $f_2''(1) = 0$. Folglich besitzen die Funktionen f_1 und f_2 an der Stelle $x_0 = 2$ bzw. $x_0 = 1$ möglicherweise jeweils einen Wendepunkt. Wegen $f_2'(1) = 0$ handelt es sich im Fall eines Wendepunktes an der Stelle $x_0 = 1$ sogar um einen Sattelpunkt der Funktion f_2. Die ersten Ableitungen f_1' und f_2' besitzen an der Stelle $x_0 = 2$ bzw. $x_0 = 1$ jeweils ein lokales Minimum (vgl. Abbildung 18.8).

18.5 Hinreichende Bedingungen für Wendepunkte

Wie im letzten Abschnitt bereits erläutert wurde, wird noch eine **hinreichende Bedingung** benötigt, die es ermöglicht, zu unterscheiden, welche stationäre Stelle der ersten Ableitung f' einer zweimal differenzierbaren Funktion f tatsächlich ein Wendepunkt ist und welche nicht. Der folgende Satz stellt eine solche hinreichende Bedingung bereit. Er basiert auf der Tatsache, dass das Krümmungsverhalten einer zweimal differenzierbaren Funktion sehr einfach durch die zweite Ableitung charakterisiert werden kann.

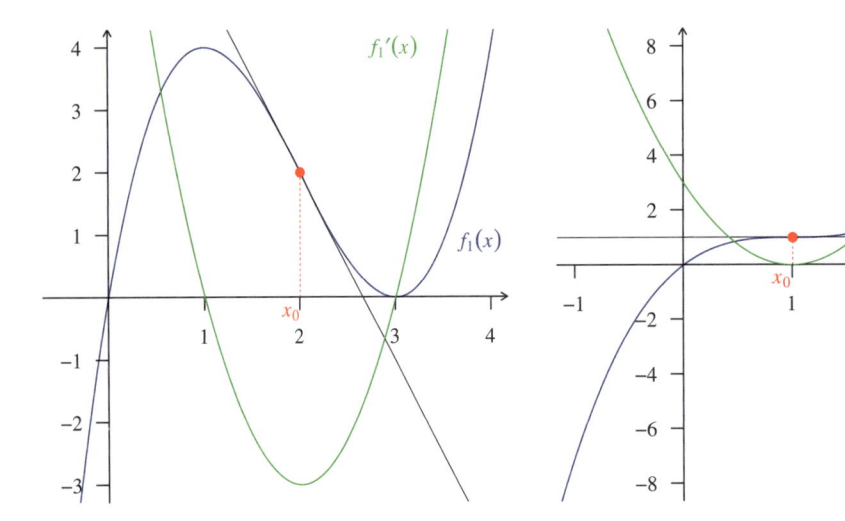

Abb. 18.8: Reelle Funktion $f_1(x) = x^3 - 6x^2 + 9x$ mit einem Wendepunkt an der Stelle $x_0 = 2$ (links) und reelle Funktion $f_2(x) = (x-1)^3 + 1$ mit einem Sattelpunkt an der Stelle $x_0 = 1$ (rechts)

18.5 Hinreichende Bedingungen für Wendepunkte

Satz 18.14 (Hinreichende Bedingung für Wendepunkte – Version I)

Es sei $f: D \subseteq \mathbb{R} \longrightarrow \mathbb{R}$ eine reelle Funktion und $x_0 \in D$. Ferner gebe es ein $\varepsilon > 0$, so dass f auf dem Intervall $(x_0 - \varepsilon, x_0 + \varepsilon)$ zweimal differenzierbar ist mit $f''(x_0) = 0$.

a) *Gibt es ein $0 < \delta < \varepsilon$, so dass $f''(x) > 0$ (bzw. $f''(x) < 0$) für alle $x \in (x_0 - \delta, x_0)$ und $f''(x) < 0$ (bzw. $f''(x_0) > 0$) für alle $x \in (x_0, x_0 + \delta)$ gilt, dann besitzt f in x_0 einen Wendepunkt.*

b) *Gibt es ein $0 < \delta < \varepsilon$, so dass $f''(x) < 0$ für alle $x \in (x_0 - \delta, x_0 + \delta)$ mit $x \neq x_0$ oder $f''(x) > 0$ für alle $x \in (x_0 - \delta, x_0 + \delta)$ mit $x \neq x_0$ gilt, dann besitzt f in x_0 keinen Wendepunkt.*

Beweis: Zu a): Es sei angenommen, dass $f''(x) > 0$ für alle $x \in (x_0 - \delta, x_0)$ und $f''(x_0) < 0$ für alle $x \in (x_0, x_0 + \delta)$ gilt. Dann folgt mit Satz 16.34c) und d), dass f auf $[x_0 - \delta, x_0]$ streng konvex und auf $[x_0, x_0 + \delta]$ streng konkav ist. Das heißt, x_0 ist ein Wendepunkt von f. Im Fall von $f''(x) < 0$ für alle $x \in (x_0 - \delta, x_0)$ und $f''(x_0) > 0$ für alle $x \in (x_0, x_0 + \delta)$ verläuft der Beweis völlig analog.

Zu b): Ist $f''(x) < 0$ für alle $x \in (x_0 - \delta, x_0 + \delta)$ mit $x \neq x_0$ oder $f''(x) > 0$ für alle $x \in (x_0 - \delta, x_0 + \delta)$ mit $x \neq x_0$, dann folgt mit Satz 16.34c) und d), dass f auf $[x_0 - \delta, x_0 + \delta]$ streng konvex bzw. streng konkav ist. Folglich ist x_0 kein Wendepunkt von f. ∎

Der Satz 18.14 ist das Analogon zum Satz 18.2 für Extremalstellen. Einfach ausgedrückt besagt er: Wechselt die zweite Ableitung f'' beim Übergang über eine stationäre Stelle x_0 der ersten Ableitung f' das Vorzeichen, dann handelt es sich bei x_0 zum einen um eine lokale Extremalstelle von f' (vgl. Satz 18.2) und zum anderen um eine Wendestelle von f (vgl. Satz 18.14). Dieser Sachverhalt wird auch im folgenden Beispiel noch einmal deutlich.

Beispiel 18.15 (Hinreichende Bedingung für Wendepunkte)

Die reelle Funktion
$$f: [-2\pi, 2\pi] \longrightarrow \mathbb{R}, \quad x \mapsto f(x) = x + 2\sin(x)$$
besitzt die beiden ersten Ableitungen
$$f'(x) = 1 + 2\cos(x) \quad \text{und} \quad f''(x) = -2\sin(x).$$
Es gilt $f''(x) = 0$ für $x_0 = -\pi$, $x_1 = 0$ und $x_2 = \pi$. Die erste Ableitung f' besitzt somit die drei stationären Stellen x_0, x_1 und x_2. Wegen
$$f''(x) \begin{cases} < 0 & \text{für } x \in (-2\pi, -\pi) \text{ und } x \in (0, \pi) \\ > 0 & \text{für } x \in (-\pi, 0) \text{ und } x \in (\pi, 2\pi) \end{cases}$$
folgt mit Satz 18.14a), dass die Funktion f an den drei Stellen x_0, x_1 und x_2 jeweils einen Wendepunkt besitzt. Da jedoch $f'(x_i) \neq 0$ für $i = 0, 1, 2$ gilt, ist keiner dieser drei Wendepunkte ein Terrassenpunkt. Die erste Ableitung von f besitzt an den Stellen x_0 und x_2 ein lokales Minimum und an der Stelle x_1 ein lokales Maximum (vgl. Abbildung 18.9, links).

Der folgende Satz 18.16 gibt eine weitere **hinreichende Bedingung** dafür an, dass eine stationäre Stelle x_0 der ersten Ableitung f' ein Wendepunkt ist. Diese hinreichende Bedingung ist häufig einfacher anzuwenden als Satz 18.14. Allerdings muss f nun im Gegensatz zu Satz 18.14 in einer Umgebung von x_0 mindestens dreimal stetig differenzierbar sein.

Satz 18.16 (Hinreichende Bedingung für Wendepunkte – Version II)

Es sei $f: D \subseteq \mathbb{R} \longrightarrow \mathbb{R}$ eine reelle Funktion und $x_0 \in D$. Ferner gebe es ein $\varepsilon > 0$, so dass f auf dem Intervall $(x_0 - \varepsilon, x_0 + \varepsilon)$ n-mal stetig differenzierbar ist mit $n \geq 3$ und es gelte

$$f''(x_0) = f'''(x_0) = \ldots = f^{(n-1)}(x_0) = 0 \quad \text{sowie}$$
$$f^{(n)}(x_0) \neq 0. \tag{18.14}$$

a) *Ist n ungerade, dann besitzt f an der Stelle x_0 einen Wendepunkt.*

b) *Ist n gerade, dann besitzt f an der Stelle x_0 keinen Wendepunkt.*

Beweis: Zu a): Im Folgenden sei $f^{(n)}(x_0) < 0$ angenommen. Aufgrund der Voraussetzungen kann der Satz von Taylor angewendet werden. Mit der Lagrangeschen Restgliedformel erhält man dann mit (18.14) für ein beliebiges $x \in (x_0 - \varepsilon, x_0 + \varepsilon)$

$$f(x) = f(x_0) + f'(x_0)(x - x_0)$$
$$+ f^{(n)}(x_0 + \lambda(x - x_0))\frac{(x - x_0)^n}{n!} \tag{18.15}$$

für ein $\lambda \in (0, 1)$ (vgl. Satz 17.5). Da $f^{(n)}$ an der Stelle x_0 nach Voraussetzung stetig ist, gibt es wegen $f^{(n)}(x_0) < 0$ ein

Kapitel 18 — Optimierung und Kurvendiskussion in $\mathbb{R}$

$0 < \delta < \varepsilon$ mit $f^{(n)}(x) < 0$ für alle $x \in (x_0 - \delta, x_0 + \delta)$. Wegen $\lambda \in (0, 1)$ gilt daher

$$f^{(n)}(x_0 + \lambda(x - x_0)) < 0 \qquad (18.16)$$

für alle $x \in (x_0 - \delta, x_0 + \delta)$. Für ein ungerades n gilt

$$\frac{(x - x_0)^n}{n!} \begin{cases} < 0 & \text{für } x < x_0 \\ > 0 & \text{für } x > x_0 \end{cases}$$

und zusammen mit (18.15) und (18.16) folgt daraus

$$f(x) \begin{cases} > f(x_0) + f'(x_0)(x - x_0) & \text{für } x \in (x_0 - \delta, x_0) \\ < f(x_0) + f'(x_0)(x - x_0) & \text{für } x \in (x_0, x_0 + \delta) \end{cases}.$$

Da jedoch $g(x) := f(x_0) + f'(x_0)(x - x_0)$ gerade die Tangente an f im Punkt $(x_0, f(x_0))$ ist, bedeutet dies, dass f auf $[x_0 - \delta, x_0]$ streng konvex und auf $[x_0, x_0 + \delta]$ streng konkav ist. Das heißt, x_0 ist ein Wendepunkt von f. Für den Fall $f^{(n)}(x_0) > 0$ verläuft der Beweis völlig analog.

Zu b): Es sei wieder $f^{(n)}(x_0) < 0$ angenommen. Ist nun n gerade, dann gilt $\frac{(x-x_0)^n}{n!} > 0$ für alle $x \neq x_0$. Zusammen mit (18.15) und (18.16) folgt deshalb $f(x) < f(x_0) + f'(x_0)(x-x_0)$ für alle $x \in (x_0 - \delta, x_0 + \delta)$ mit $x \neq x_0$. Folglich ist f auf $[x_0 - \delta, x_0 + \delta]$ streng konkav und damit x_0 keine Wendestelle von f. Für den Fall $f^{(n)}(x_0) > 0$ verläuft der Beweis völlig analog. ∎

Oftmals gilt bereits für die dritte Ableitung von f, dass diese von Null verschieden ist. Aus diesem Grund wird der wichtige Spezialfall $n = 3$ noch einmal explizit formuliert:

> **Folgerung 18.17** (Hinreichende Bed. für Wendepunkte – Version II für $n = 3$)
>
> Es sei $f: D \subseteq \mathbb{R} \longrightarrow \mathbb{R}$ eine dreimal stetig differenzierbare Funktion mit $x_0 \in D$ und
>
> $$f''(x_0) = 0 \quad \text{sowie} \quad f'''(x_0) \neq 0, \qquad (18.17)$$
>
> dann besitzt f an der Stelle x_0 einen Wendepunkt.

Beweis: Die Aussage folgt unmittelbar aus Satz 18.16 für $n = 3$. ∎

Der Satz 18.16 und die Folgerung 18.17 sind die Analoga zu Satz 18.6 bzw. Folgerung 18.8 für Extremalstellen.

> **Beispiel 18.18** (Hinreichende Bedingungen für Wendepunkte)
>
> Für die beiden zweimal differenzierbaren Funktionen f_1 und f_2 aus Beispiel 18.13 gilt $f_1'''(2) = 6 \neq 0$ und $f_2'''(1) = 6 \neq 0$. Mit Folgerung 18.17 erhält man somit, dass die Funktion f_1 an der Stelle $x_0 = 2$ und die Funktion f_2 an der Stelle $x_0 = 1$ jeweils einen Wendepunkt besitzen. Wegen $f_2'(1) = 0$ ist die Stelle $x_0 = 1$ sogar ein Sattelpunkt der Funktion f_2 (vgl. Abbildung 18.8).

Im folgenden Beispiel werden Folgerung 18.8a) und Folgerung 18.17 zur Bestimmung der Extremal- und Wendepunkte der sogenannten **Gauß-Verteilung** – auch **Normalverteilung** genannt – eingesetzt. Die Gauß-Verteilung besitzt z. B. für die Wahrscheinlichkeitstheorie, die Statistik, das Risikomanagement, die Finanzwirtschaft und viele ökonomische Theorien eine große Bedeutung.

> **Beispiel 18.19** (Extremal- und Wendepunkte der Gauß-Verteilung)
>
> Die **Gauß-Verteilung** ist nach dem deutschen Mathematiker *Carl Friedrich Gauß* (1777–1855) benannt. Sie besitzt die sogenannte **Dichtefunktion**
>
> $f: \mathbb{R} \longrightarrow \mathbb{R}$,
>
> $$x \mapsto f(x) = \frac{1}{\sigma\sqrt{2\pi}} e^{-\frac{(x-\mu)^2}{2\sigma^2}},$$
>
> wobei die Konstanten $\mu \in \mathbb{R}$ und $\sigma > 0$ den sogenannten **Erwartungswert** bzw. die sogenannte **Standardabweichung** der Gauß-Verteilung bezeichnen. Für $\mu = 0$ und $\sigma = 1$ erhält man als Spezialfall die Dichtefunktion der sogenannten **Standardnormalverteilung**.
>
> C. F. Gauß auf einem Zehnmarkschein
>
> Dichte der Standardnormalverteilung auf einem Zehnmarkschein
>
> Die ersten drei Ableitungen der Dichtefunktion f sind gegeben durch:
>
> $$f'(x) = -\frac{1}{\sigma^3\sqrt{2\pi}} \cdot (x - \mu) e^{-\frac{(x-\mu)^2}{2\sigma^2}}$$
>
> $$f''(x) = -\frac{1}{\sigma^3\sqrt{2\pi}} \cdot \left(1 - \frac{(x-\mu)^2}{\sigma^2}\right) e^{-\frac{(x-\mu)^2}{2\sigma^2}}$$
>
> $$f'''(x) = \frac{1}{\sigma^5\sqrt{2\pi}} (x - \mu) \left(3 - \frac{(x-\mu)^2}{\sigma^2}\right) e^{-\frac{(x-\mu)^2}{2\sigma^2}}$$

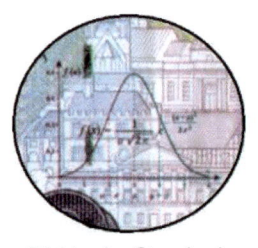

18.6 Kurvendiskussion

Um einen vollständigen Überblick über die wichtigsten Eigenschaften einer reellen Funktion $f: D \subseteq \mathbb{R} \longrightarrow \mathbb{R}$ zu erhalten, ist es zweckdienlich, den Verlauf des Graphen von f mit Hilfe der bisher entwickelten analytischen Hilfsmittel zu untersuchen und anschließend ein Schaubild des Graphen zu zeichnen. Ein solches Vorgehen wird als **Kurvendiskussion** bezeichnet und umfasst je nach vorliegender reeller Funktion f in der Regel die Untersuchung von f bezüglich der folgenden Eigenschaften:

1) **Symmetrie** (vgl. Abschnitt 13.6)
2) **Periodizität** (vgl. Abschnitt 13.6)
3) **Unstetigkeitsstellen** (vgl. Abschnitt 15.3)
4) **Polstellen**, **Asymptoten** und **Näherungskurven** (vgl. Abschnitte 14.2 und 13.12)
5) **Nullstellen** (vgl. Abschnitt 13.9)
6) **Monotonie** (vgl. Abschnitt 13.3)
7) **Krümmungsverhalten** (vgl. Abschnitt 13.4)
8) **Extrema** (vgl. Abschnitte 13.7 und 13.8)
9) **Wendepunkte** (vgl. Abschnitt 18.4)

Die Gleichung $f'(x) = 0$ besitzt als einzige Lösung $x_0 = \mu$ und wegen

$$f''(x_0) = -\frac{1}{\sigma^3 \sqrt{2\pi}} < 0$$

besitzt f an dieser stationären Stelle ein lokales Maximum (vgl. Folgerung 18.8a)). Da x_0 die einzige stationäre Stelle von f ist und

$$\lim_{x \to -\infty} f(x) = \lim_{x \to \infty} f(x) = 0$$

gilt, folgt, dass bei $x_0 = \mu$ sogar das globale Maximum von f liegt und $f(x_0) = \frac{1}{\sigma\sqrt{2\pi}}$ beträgt. Ferner kann f kein (lokales oder globales) Minimum haben. Die Gleichung $f''(x) = 0$ besitzt die beiden Lösungen $x_1 = \mu - \sigma$ und $x_2 = \mu + \sigma$ und wegen

$$f'''(x_1) = -f'''(x_2) = \frac{2}{\sigma^4 \sqrt{2\pi e}} \neq 0$$

erhält man mit Folgerung 18.17, dass f an den beiden Stellen x_1 und x_2 jeweils einen Wendepunkt besitzt. Da $f(x_1) = f(x_2) = \frac{1}{\sigma\sqrt{2\pi e}}$ gilt, besitzen die beiden Wendepunkte von f die Koordinaten (vgl. Abbildung 18.9, rechts)

$$\left(\mu - \sigma, \frac{1}{\sigma\sqrt{2\pi e}}\right) \quad \text{bzw.} \quad \left(\mu + \sigma, \frac{1}{\sigma\sqrt{2\pi e}}\right).$$

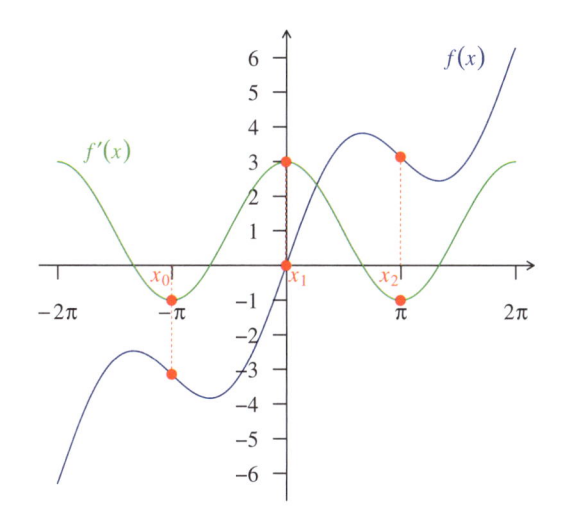

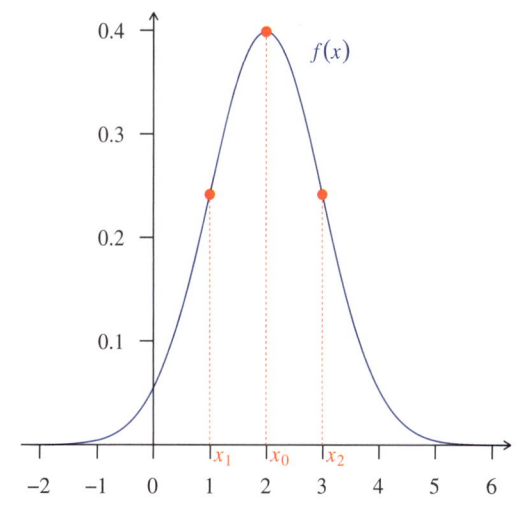

Abb. 18.9: Reelle Funktion $f: [-2\pi, 2\pi] \longrightarrow \mathbb{R}$, $x \mapsto f(x) = x + 2\sin(x)$ mit Wendepunkten an den Stellen $x_0 = -\pi$, $x_1 = 0$ und $x_2 = \pi$ (links) und Dichtefunktion $f: \mathbb{R} \longrightarrow \mathbb{R}$, $x \mapsto f(x) = \frac{1}{\sigma\sqrt{2\pi}} e^{-\frac{(x-\mu)^2}{2\sigma^2}}$ mit Wendepunkten an den Stellen $x_1 = \mu - \sigma$ und $x_2 = \mu + \sigma$ für $\mu = 2$ und $\sigma = 1$ (rechts)

Mit Hilfe von Computern ist es mittlerweile sehr einfach, in kürzester Zeit für eine reelle Funktion f ein Schaubild des Graphen und eine Tabelle mit beliebig vielen Funktionswerten zu erstellen, die einen Überblick über die Funktion geben. Eine Kurvendiskussion liefert jedoch tiefere Einblicke und wertvolle zusätzliche Informationen über die mit Hilfe der Funktion beschriebenen funktionalen und ökonomischen Zusammenhänge.

Das folgende Beispiel zeigt das konkrete Vorgehen bei einer Kurvendiskussion anhand einer gebrochen-rationalen Funktion:

Beispiel 18.20 (Kurvendiskussion bei einer gebrochen-rationalen Funktion)

Untersucht wird im Folgenden die gebrochen-rationale Funktion

$$f : \mathbb{R} \setminus \{0\} \longrightarrow \mathbb{R}, \ x \mapsto \frac{x^4 - 5x^2 + 2}{2x^3}.$$

1) **Symmetrie**: Es gilt offensichtlich $-f(-x) = f(x)$ für alle $x \in \mathbb{R} \setminus \{0\}$. Das heißt, die Funktion f ist eine ungerade Funktion und damit punktsymmetrisch zum Urspung $(0,0)$.

2) **Periodizität**: Es gibt offensichtlich kein $T \neq 0$, für das $f(x) = f(x+kT)$ für alle $k \in \mathbb{Z}$ und $x \in \mathbb{R} \setminus \{0\}$ gilt. Die Funktion f ist somit nicht periodisch.

3) **Unstetigkeitsstellen**: Die Funktion f ist als gebrochen-rationale Funktion auf ihrem gesamten Definitionsbereich stetig und besitzt somit keine Unstetigkeitsstellen.

4) **Polstellen, Näherungskurven** und **Asymptoten**: Da $x = 0$ eine Nullstelle des Nenners, aber nicht des Zählers von f ist, handelt es sich bei $x = 0$ um eine nicht hebbare Polstelle von f. Genauer gilt

$$\lim_{x \downarrow 0} f(x) = \infty \quad \text{und} \quad \lim_{x \uparrow 0} f(x) = -\infty.$$

Ferner lässt sich die Funktion umschreiben zu

$$f(x) = \frac{1}{2}x - \frac{5x^2 - 2}{2x^3}.$$

Wegen $\lim_{|x| \to \infty} \frac{5x^2-2}{2x^3} = 0$ folgt daraus, dass die Funktion die asymptotische Näherungskurve $h(x) = \frac{1}{2}x$ besitzt.

5) **Nullstellen**: Substituiert man $u = x^2$ im Zähler der Funktionsgleichung von f, dann erhält man die Gleichung $u^2 - 5u + 2 = 0$. Mit der Lösungsformel für quadratische Gleichungen (4.8) führt dies zu den Lösungen

$$u_1 = \frac{5 - \sqrt{17}}{2} > 0 \quad \text{und} \quad u_2 = \frac{5 + \sqrt{17}}{2} > 0,$$

woraus sich durch Resubstitution von u für f die folgenden vier Nullstellen ergeben

$$x_1 = -\sqrt{\frac{5 + \sqrt{17}}{2}}, \quad x_2 = -\sqrt{\frac{5 - \sqrt{17}}{2}},$$

$$x_3 = \sqrt{\frac{5 - \sqrt{17}}{2}} \quad \text{und} \quad x_4 = \sqrt{\frac{5 + \sqrt{17}}{2}}.$$

6) **Monotonie**: Die erste Ableitung von f ist gegeben durch

$$f'(x) = \frac{x^4 + 5x^2 - 6}{2x^4}$$

für alle $x \neq 0$. Substituiert man $u = x^2$ im Zähler der Funktionsgleichung von f', dann erhält man die Gleichung $u^2 + 5u - 6 = 0$. Mit der Lösungsformel für quadratische Gleichungen (4.8) führt dies zu den beiden Lösungen $u_1 = -6$ und $u_2 = 1$. Durch Resubstitution erhält man aus der Lösung $u_2 = 1$ die beiden stationären Stellen (d.h. Nullstellen von f')

$$x_5 = -1 \quad \text{und} \quad x_6 = 1.$$

Es gilt $f'(x) < 0$ für alle $x \in (x_5, 0) \cup (0, x_6)$ und $f'(x) > 0$ für alle $x \in (-\infty, x_5) \cup (x_6, \infty)$. Folglich ist die Funktion auf den beiden Intervallen $(-1, 0)$ und $(0, 1)$ jeweils streng monoton fallend und auf den beiden Intervallen $(-\infty, -1)$ und $(1, \infty)$ jeweils streng monoton wachsend.

7) **Krümmungsverhalten**: Die zweite Ableitung von f ist gegeben durch

$$f''(x) = \frac{12 - 5x^2}{x^5}$$

für alle $x \neq 0$. Man erhält für den Zähler von f'' die beiden Nullstellen

$$x_7 = -\sqrt{\frac{12}{5}} \quad \text{und} \quad x_8 = \sqrt{\frac{12}{5}}.$$

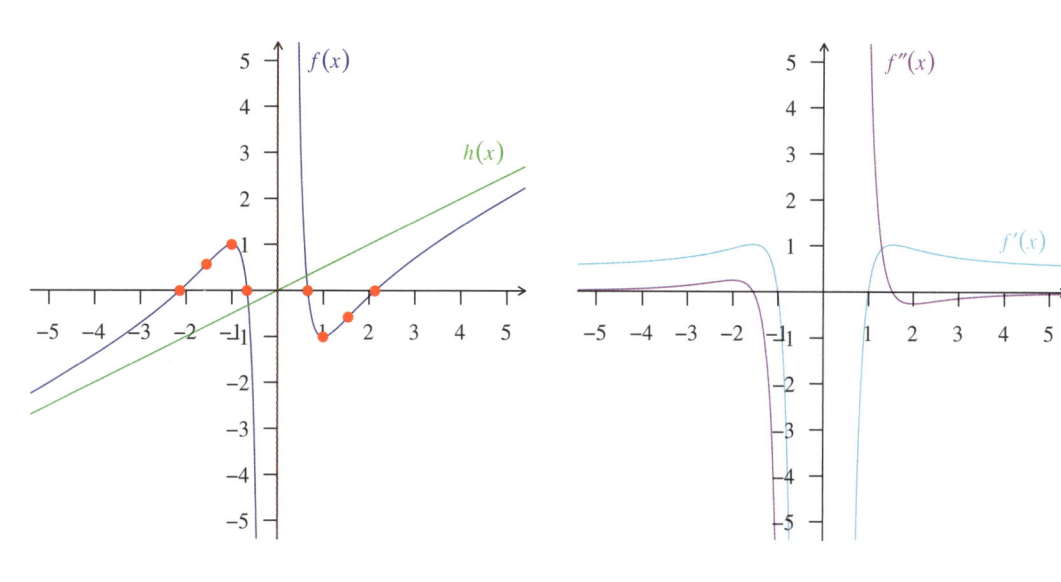

Abb. 18.10: Reelle Funktion $f: \mathbb{R} \setminus \{0\} \longrightarrow \mathbb{R}$, $x \mapsto \frac{x^4 - 5x^2 + 2}{2x^3}$ (links) und ihre ersten beiden Ableitungen (rechts)

Es gilt $f''(x) > 0$ für alle $(-\infty, x_7) \cup (0, x_8)$ und $f''(x) < 0$ für alle $(x_7, 0) \cup (x_8, \infty)$. Das heißt, die Funktion f ist auf den beiden Intervallen $\left(-\infty, -\sqrt{\frac{12}{5}}\right)$ und $\left(0, \sqrt{\frac{12}{5}}\right)$ jeweils streng konvex und auf den beiden Intervallen $\left(-\sqrt{\frac{12}{5}}, 0\right)$ und $\left(\sqrt{\frac{12}{5}}, \infty\right)$ jeweils streng konkav.

8) **Extrema**: Aus der Untersuchung der Monotonieeigenschaften von f ist bereits bekannt, dass f die beiden stationären Stellen $x_5 = -1$ und $x_6 = 1$ besitzt. Wegen $f''(x_5) = -7$ und $f''(x_6) = 7$ handelt es sich dabei um eine lokale Maximal- bzw. um eine lokale Minimalstelle. Da jedoch $\lim_{x \to -\infty} f(x) = -\infty$ und $\lim_{x \to \infty} f(x) = \infty$ gilt, besitzt f keine globalen Extrema.

9) **Wendepunkte**: Aus der Untersuchung der Krümmungseigenschaften von f ist bereits bekannt, dass f'' die beiden Nullstellen $x_7 = -\sqrt{\frac{12}{5}}$ und $x_8 = \sqrt{\frac{12}{5}}$ besitzt. Wegen $f'''(x_7) \neq 0$ und $f'''(x_8) \neq 0$ handelt es sich dabei um Wendestellen. Da jedoch $f'(x_7) \neq 0$ und $f'(x_8) \neq 0$ gilt, sind diese beiden Wendestellen keine Sattelpunkte.

Das folgende Beispiel zeigt die Kurvendiskussion bei einer trigonometrischen Funktion.

Beispiel 18.21 (Kurvendiskussion bei einer trigonometrischen Funktion)

Untersucht wird im Folgenden die trigonometrische Funktion
$$f: \mathbb{R} \longrightarrow \mathbb{R}, \ x \mapsto \cos^3(x) + \sin^3(x).$$

a) **Symmetrie**: Es gilt weder $f(x) = f(-x)$ noch $-f(-x) = f(x)$ für alle $x \in \mathbb{R}$. Das heißt, die Funktion f ist weder eine gerade noch eine ungerade Funktion.

b) **Periodizität**: Aus der 2π-Periodizität der Sinus- und Kosinusfunktion folgt $f(x) = f(x + 2\pi k)$ für alle $k \in \mathbb{Z}$ und $x \in \mathbb{R}$. Das heißt, die Funktion f ist ebenfalls periodisch mit der Periode $T = 2\pi$. Aus diesem Grund genügt es, bei den nachfolgenden Betrachtungen das Intervall $[0, 2\pi)$ zu untersuchen, da sich daraus unmittelbar die Eigenschaften von f auf den Intervallen $[2k\pi, 2(k+1)\pi)$ mit $k \in \mathbb{Z} \setminus \{0\}$ ableiten lassen.

c) **Unstetigkeitsstellen**: Die Funktion f ist als Produkt und Summe der Sinus- und Kosinusfunktion auf ihrem gesamten Definitionsbereich stetig und besitzt somit keine Unstetigkeitsstellen.

4) **Polstellen, Näherungskurven** und **Asymptoten**: Die Funktion f besitzt keine Polstellen, Asymptoten oder Näherungskurven.

5) **Nullstellen**: Es gilt $f(x) = 0$ genau dann, wenn $\cos^3(x) = -\sin^3(x)$ und damit $\cos(x) = -\sin(x)$ gilt. Das heißt, auf dem Intervall $[0, 2\pi)$ besitzt f die beiden Nullstellen
$$x_1 = \frac{3}{4}\pi \quad \text{und} \quad x_2 = \frac{7}{4}\pi.$$

6) **Monotonie**: Die erste Ableitung von f ist gegeben durch
$$f'(x) = 3\cos^2(x)(-\sin(x)) + 3\sin^2(x)\cos(x)$$
$$= 3\sin(x)\cos(x)(\sin(x) - \cos(x)).$$

Folglich besitzt die Funktion f die stationären Stellen
$$x_3 = 0, \ x_4 = \frac{\pi}{4}, \ x_5 = \frac{\pi}{2}, \ x_6 = \pi,$$
$$x_7 = \frac{5\pi}{4} \quad \text{und} \quad x_8 = \frac{3\pi}{2}. \quad (18.18)$$

Für das Vorzeichen von f' gilt:

x	$(0,x_4)$	(x_4,x_5)	(x_5,x_6)	(x_6,x_7)	(x_7,x_8)	$(x_8,2\pi)$
$f'(x)$	<0	>0	<0	>0	<0	>0

Die Funktion f ist somit auf den Intervallen $(0, x_4)$, (x_5, x_6) und (x_7, x_8) streng monoton fallend und auf den Intervallen (x_4, x_5), (x_6, x_7) und $(x_8, 2\pi)$ streng monoton wachsend.

7) **Krümmungsverhalten**: Die zweite Ableitung von f ist gegeben durch
$$f''(x) = 3\cos^2(x)(\sin(x) - \cos(x))$$
$$- 3\sin^2(x)(\sin(x) - \cos(x))$$
$$+ 3\sin(x)\cos(x)(\cos(x) + \sin(x))$$
$$= 3(\sin(x) + \cos(x))(3\sin(x)\cos(x) - 1).$$

Folglich ist $f''(x) = 0$ genau dann erfüllt, wenn $\sin(x) = -\cos(x)$ oder $\sin(x)\cos(x) = \frac{1}{3}$ gilt. Während die erste Gleichung für x_1 und x_2 erfüllt ist, erhält man durch Lösen der zweiten Gleichung (z. B. mittels des Newton-Verfahrens in Abschnitt 26.4) die Werte

$$x_9 = 0{,}11614\pi, \ x_{10} = 0{,}38386\pi, \ x_{11} = x_9 + \pi$$
$$\text{und} \quad x_{12} = x_{10} + \pi. \quad (18.19)$$

Für das Vorzeichen von f'' gilt:

x	$[0, x_9)$	(x_9, x_{10})	(x_{10}, x_1)	$(x_1, x_9 + \pi)$
$f''(x)$	<0	>0	<0	>0

x	$(x_9 + \pi, x_{10} + \pi)$	$(x_{10} + \pi, x_2)$	$(x_2, 2\pi)$
$f''(x)$	<0	>0	<0

Die Funktion f ist somit auf den Intervallen (x_9, x_{10}), $(x_1, x_9 + \pi)$ und $(x_{10} + \pi, x_2)$ jeweils streng konvex und auf den Intervallen $[0, x_9)$, (x_{10}, x_1), $(x_9 + \pi, x_{10} + \pi)$ und $(x_2, 2\pi)$ jeweils streng konkav.

8) **Extrema**: Aus der Untersuchung der Monotonieeigenschaften von f ist bereits bekannt, dass f die stationären Stellen (18.18) besitzt. Aus dem Vorzeichenwechsel von f' ist ersichtlich, dass es sich bei allen diesen stationären Stellen um Extremalstellen handelt:

x	0	x_4	x_5	x_6	x_7	x_8
$f(x)$	1	$\frac{1}{\sqrt{2}}$	1	-1	$-\frac{1}{\sqrt{2}}$	-1
Typ	Max.	Min.	Max.	Min.	Max.	Min.
	global	lokal	global	global	lokal	global

9) **Wendepunkte**: Aus der Untersuchung der Krümmungseigenschaften von f ist bekannt, dass f'' die Nullstellen (18.19) besitzt und aus dem Vorzeichenwechsel von f'' ist ersichtlich, dass f an allen diesen Stellen einen Wendepunkt aufweist.

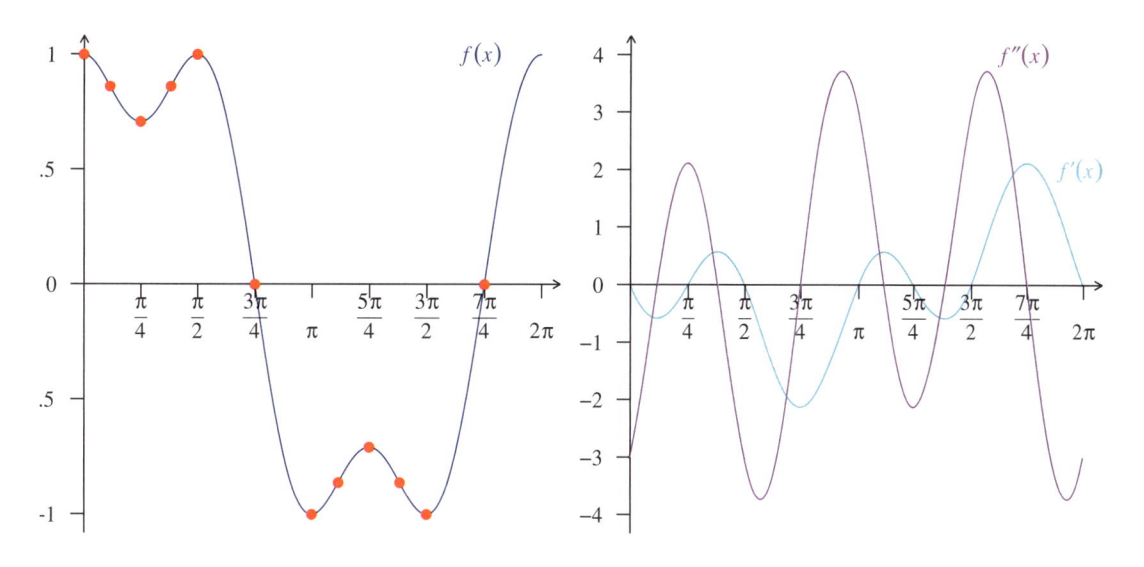

Abb. 18.11: Reelle Funktion $f: \mathbb{R} \longrightarrow \mathbb{R}$, $x \mapsto \cos^3(x) + \sin^3(x)$ (links) und ihre ersten beiden Ableitungen (rechts)

Teil VI

Integralrechnung in $\mathbb{R}$

Kapitel 19

Riemann-Integral

Kapitel 19 Riemann-Integral

19.1 Grundlagen

Wie bereits im Kapitel 16 zu den Grundlagen der **Differentialrechnung** erläutert wurde, bildet die Differentialrechnung zusammen mit der **Integralrechnung** die **Infinitesimalrechnung**, welche im Wesentlichen auf *Gottfried Wilhelm Leibniz* (1646–1716) und *Isaac Newton* (1643–1727) zurückgeht und durch die Arbeiten von *Augustin Louis Cauchy* (1789–1857) und *Karl Weierstraß* (1815–1897) ihre heute übliche logische Strenge erhalten hat.

G. W. Leibniz

Die Infinitesimalrechnung ist eine der bedeutendsten schöpferischen Leistungen des menschlichen Geistes. Sie besitzt für die Natur-, Ingenieur- und Wirtschaftswissenschaften eine überragende Bedeutung und ohne sie wären viele technische Entwicklungen der letzten 250 Jahre schlicht undenkbar gewesen. Dabei ist es bemerkenswert, dass es den beiden Mathematikern *Leibniz* und *Newton* völlig unabhängig voneinander gelang, Ende des 17. Jahrhunderts Kalküle zur Differential- und Integralrechnung zu entwickeln und mit dem sogenannten **Hauptsatz der Differential- und Integralrechnung** eines der wichtigsten Resultate der Analysis zu entdecken. Während jedoch die Differentialrechnung ihre Entstehung im Wesentlichen dem **Tangentenproblem** verdankt (vgl. Abschnitt 16.1), ist die Integralrechnung historisch gesehen aus dem sogenannten **Quadraturproblem** hervorgegangen. Darunter versteht man die Versuche der Geometer des Altertums den Flächeninhalt einer ebenen krummlinig berandeten Fläche durch Verwandlung des Flächenstückes in ein inhaltsgleiches Quadrat zu ermitteln.

I. Newton

Diese beiden auf den ersten Blick sehr unterschiedlich erscheinenden Problemstellungen haben jedoch gemein, dass sie jeweils zu der Berechnung eines **Grenzwertes** führen. Beim Tangentenproblem ist dies der **Differentialquotient** (siehe Abschnitt 16.2) und beim Quadraturproblem das sogenannte **bestimmte Riemann-Integral** (siehe Abschnitt 19.2). Neben dieser Gemeinsamkeit gilt sogar, dass die Differential- und Integralrechnung zueinander umgekehrte Konzepte bilden und somit eng verwandt sind. Denn während man in der Differentialrechnung das lokale Änderungsverhalten einer reellen Funktion $f: [a,b] \longrightarrow \mathbb{R}$ untersucht und dazu ihre Ableitung f' ermittelt, ermöglicht es die Integralrechnung umgekehrt aus der ersten Ableitung f' von f die ursprüngliche Funktion f zurückzugewinnen. Diese zueinander „inverse" Eigenschaft der Differential- und Integralrechnung erweist sich bei der Lösung der unterschiedlichsten Problemstellungen als äußerst hilfreich und wird durch den Hauptsatz der Differential- und Integralrechnung präzisiert (siehe Abschnitt 19.6).

19.2 Riemann-Integrierbarkeit

Darbouxsche Unter- und Obersummen

Im Folgenden wird eine beschränkte reelle Funktion $f: [a,b] \to \mathbb{R}$ mit $f(x) \geq 0$ für alle $x \in [a,b]$ und die **Fläche**

$$I(f) := \{(x,y): x \in [a,b] \text{ und } 0 \leq y \leq f(x)\} \quad (19.1)$$

betrachtet. Bei der Fläche $I(f)$ handelt es sich offensichtlich um die Fläche, die vom Graphen von f, den senkrechten Geraden durch die Intervallgrenzen $x = a$ und $x = b$ sowie der x-Achse eingeschlossen wird (vgl. Abbildung 19.1, links). Diese anschauliche Vorstellung des Inhaltes der Fläche $I(f)$ wird durch den Begriff des **bestimmten Riemann-Integrals** präzisiert, der auf den großen deutschen Mathematiker *Bernhard Riemann* (1826–1866) zurückgeht. Das bestimmte Riemann-Integral basiert auf der einfachen Idee, den Flächeninhalt von $I(f)$ durch eine Summe leicht zu berechnender Flächeninhalte von Rechtecken beliebig genau anzunähern.

B. Riemann

Bei der mathematischen Präzisierung dieses Ansatzes gibt es jedoch prinzipiell verschiedene

J. G. Darboux

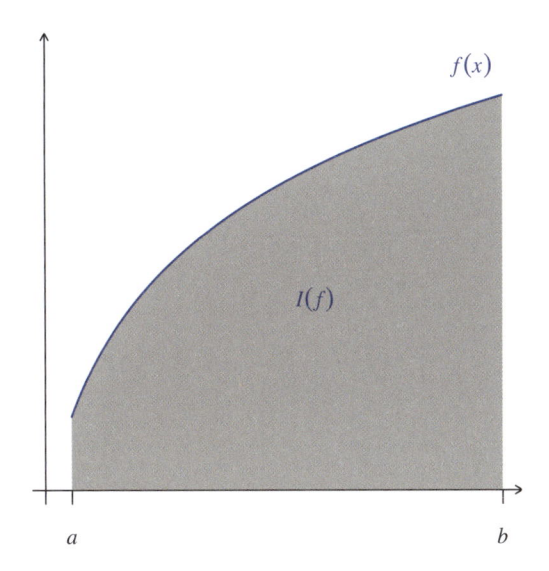

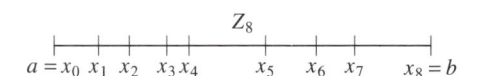

19.2 Riemann-Integrierbarkeit

Abb. 19.1: Fläche $I(f)$ zwischen dem Graphen der reellen Funktion $f: [a,b] \longrightarrow \mathbb{R}$ und der x-Achse im Intervall $[a,b]$ (links) und drei unterschiedlich feine Zerlegungen Z_1, Z_3 und Z_8 des Intervalles $[a,b]$ (rechts)

Möglichkeiten vorzugehen. Im Folgenden wird ein besonders anschaulicher und verbreiteter Zugang verwendet, der auf den französischen Mathematiker *Jean Gaston Darboux* (1842–1917) zurückgeht und auf der Verwendung von sogenannten **Ober-** und **Untersummen** basiert. Dabei werden $n+1 \geq 2$ beliebige **Zwischenstellen** $x_0, \ldots, x_n \in [a,b]$ mit der Eigenschaft

$$a = x_0 < x_1 < x_2 < \ldots < x_n = b$$

betrachtet und das Intervall $[a,b]$ in die n **Teilintervalle**

$$[a, x_1], [x_1, x_2], \ldots, [x_{n-2}, x_{n-1}], [x_{n-1}, b]$$

zerlegt. Eine solche Menge von Zwischenstellen

$$Z_n := \{x_0, \ldots, x_n\}$$

heißt **Zerlegung** oder **Partition** des Intervalles $[a,b]$ und die Länge des größten Teilintervalles, das durch die Zerlegung Z_n erzeugt wird, d. h. der Wert

$$F(Z_n) := \max_{i \in \{1, \ldots, n\}} (x_i - x_{i-1}), \tag{19.2}$$

wird als **Feinheit** der Zerlegung Z_n bezeichnet. Folglich gilt, je kleiner der Wert $F(Z_n)$ ist, desto „feiner" ist die Zerlegung des Intervalles $[a,b]$ in Teilintervalle (vgl. Abbildung 19.1, rechts). Die Zerlegung Z_n heißt **äquidistant**, wenn alle n Teilintervalle $[x_{i-1}, x_i]$ dieselbe Länge $\frac{b-a}{n}$ haben.

Mit Hilfe der Zerlegung Z_n wird nun der Inhalt der Fläche $I(f)$ in Rechtecke zerlegt. Genauer wird über jedem Teilintervall $[x_{i-1}, x_i]$ das größte Rechteck betrachtet, das unterhalb, und das kleinste Rechteck, das oberhalb des Graphen von f liegt. Die Höhe dieser Rechtecke ist somit durch das Infimum bzw. das Supremum von f auf dem Teilintervall $[x_{i-1}, x_i]$ gegeben, also durch die Werte

$$m_i := \inf_{x \in [x_{i-1}, x_i]} f(x) \quad \text{bzw.} \quad M_i := \sup_{x \in [x_{i-1}, x_i]} f(x). \tag{19.3}$$

Die Existenz von m_i und M_i ist dabei aufgrund der Beschränktheit von f sichergestellt. Auf diese Weise entsteht über dem Teilintervall $[x_{i-1}, x_i]$ ein „inneres Rechteck" mit dem Flächeninhalt $m_i(x_i - x_{i-1})$ und ein „äußeres Rechteck" mit dem Flächeninhalt $M_i(x_i - x_{i-1})$. Die anschließende Summierung dieser n Rechtecke liefert mit

$$U_f(Z_n) := \sum_{i=1}^{n} m_i(x_i - x_{i-1}) \quad \text{bzw.}$$

$$O_f(Z_n) := \sum_{i=1}^{n} M_i(x_i - x_{i-1}) \tag{19.4}$$

die **Darbouxsche Unter-** bzw. **Obersumme** von f bezüglich der Zerlegung Z_n, welche im Folgenden einfach kurz **Unter-** bzw. **Obersumme** von f bezüglich Z_n genannt werden. Bezeichnet $|I(f)|$ den **Inhalt der Fläche** $I(f)$, dann gilt offensichtlich stets

$$U_f(Z_n) \leq |I(f)| \leq O_f(Z_n). \tag{19.5}$$

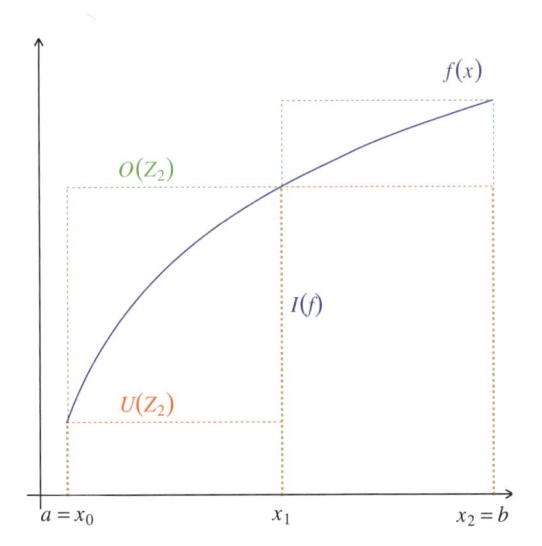

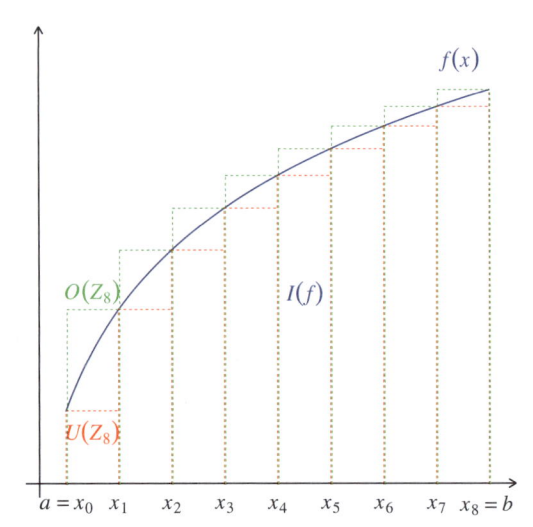

Abb. 19.2: Ober- und Untersumme einer reellen Funktion $f: [a,b] \longrightarrow \mathbb{R}$ zu zwei unterschiedlich feinen Zerlegungen Z_2 (links) und Z_8 (rechts)

Ist die Zerlegung Z_n hinreichend fein, so dass die Differenz $O_f(Z_n) - U_f(Z_n)$ klein ist, dann können die beiden Summen $U_f(Z_n)$ und $O_f(Z_n)$ als Näherungswerte für den Inhalt der Fläche $I(f)$ angesehen werden (vgl. Abbildung 19.2).

Unteres und oberes Integral

Bei Verwendung immer feiner werdender Zerlegungen Z_n werden die Untersummen von f immer größer und die Obersummen von f immer kleiner. Die Verwendung „unendlich feiner" Zerlegungen entspricht somit der Betrachtung des **Supremums der Untersummen** $U_f(Z_n)$ bzw. des **Infimums der Obersummen** $O_f(Z_n)$, also der Werte

$$U - \int_a^b f(x)\, dx := \sup_{Z_n} U_f(Z_n) \quad \text{bzw.}$$

$$O - \int_a^b f(x)\, dx := \inf_{Z_n} O_f(Z_n). \tag{19.6}$$

Dabei sind alle möglichen Zerlegungen Z_n des Intervalles $[a,b]$ in eine beliebige Anzahl von Teilintervallen zugelassen und die beiden Buchstaben „O" und „U" stehen für Ober- bzw. Untersumme. Die Werte (19.6) werden als **unteres** bzw. **oberes Integral** der Funktion f bezeichnet. Bei dieser Definition wurde benutzt, dass jede Obersumme $O_f(Z_m)$ von f größer oder gleich jeder Untersumme $U_f(Z_n)$ von f ist.

Denn sind Z_n und Z_m zwei beliebige Zerlegungen des Intervalles $[a,b]$, dann kann daraus immer eine weitere Zerlegung Z von $[a,b]$ konstruiert werden, die aus den Durchschnitten der Teilintervalle von Z_n und Z_m besteht und damit eine gemeinsame Verfeinerung von Z_n und Z_m ist. Es gilt daher

$$U_f(Z_n) \leq U_f(Z) \leq O_f(Z) \leq O_f(Z_m). \tag{19.7}$$

Daraus folgt insbesondere, dass die Werte der Obersummen $O_f(Z_m)$ nach unten und die Werte der Untersummen $U_f(Z_n)$ nach oben beschränkt sind und folglich das Supremum und Infimum in (19.6), also das untere und obere Integral von f, existieren. Ferner erhält man mit (19.7)

$$U - \int_a^b f(x)\, dx \leq O - \int_a^b f(x)\, dx. \tag{19.8}$$

Bestimmtes Riemann-Integral

Im Falle, dass das untere und obere Integral von f übereinstimmen, d. h. in (19.8) Gleichheit gilt, folgt mit (19.5) und (19.7)

$$U - \int_a^b f(x)\, dx = |I(f)| = O - \int_a^b f(x)\, dx. \tag{19.9}$$

In diesem Fall wird die Funktion f **Riemann-integrierbar** und der Wert (19.9) das **bestimmte Riemann-Integral** von f auf dem Intervall $[a, b]$ genannt und mit

$$\int_a^b f(x)\, dx \qquad (19.10)$$

bezeichnet. Das heißt, bei einer Riemann-integrierbaren Funktion $f: [a, b] \longrightarrow \mathbb{R}$ mit $f(x) \geq 0$ für alle $x \in [a, b]$ stimmt der Inhalt $|I(f)|$ der Fläche zwischen ihrem Graphen und der x-Achse im Intervall $[a, b]$ mit dem bestimmten Riemann-Integral $\int_a^b f(x)\, dx$ überein.

In den bisherigen Ausführungen wurde stets $f(x) \geq 0$ für alle $x \in [a, b]$ vorausgesetzt. Diese Annahme ist jedoch nicht notwendig und wurde nur getroffen, um einen anschaulichen Zusammenhang zwischen dem bestimmten Riemann-Integral (19.10) und dem Flächeninhalt $|I(f)|$ zwischen dem Graphen von f und der x-Achse im Intervall $[a, b]$ zu erhalten. Wird auf diese Nichtnegativitätsannahme für f verzichtet, dann erhält man die folgende Definition des bestimmten Riemann-Integrals für beschränkte reelle Funktionen.

Definition 19.1 (Bestimmtes Riemann-Integral)

Es sei $f: [a, b] \longrightarrow \mathbb{R}$ eine beschränkte reelle Funktion, deren unteres und oberes Integral übereinstimmen. Dann heißt die Funktion f Riemann-integrierbar und der Wert des unteren (oberen) Integrals

$$\int_a^b f(x)\, dx := U - \int_a^b f(x)\, dx$$
$$= O - \int_a^b f(x)\, dx \qquad (19.11)$$

wird bestimmtes Riemann-Integral von f auf dem Intervall $[a, b]$ genannt. Ferner bezeichnet man die Werte a und b als untere bzw. obere Integrationsgrenze, $[a, b]$ als Integrationsintervall, f als Integrand und x als Integrationsvariable.

Bei einem bestimmten Riemann-Integral $\int_a^b f(x)\, dx$ spricht man davon, dass „f **über die Variable x integriert wird**". Die Integrationsvariable kann dabei beliebig gewählt werden, sie muss sich jedoch von den beiden Integrationsgrenzen unterscheiden. Das heißt, es gilt z. B.

$$\int_a^b f(x)\, dx = \int_a^b f(u)\, du = \int_a^b f(t)\, dt.$$

Das **Integralzeichen** $\int$ wurde im Jahre 1675 von *Gottfried Wilhelm Leibniz* (1646–1716) eingeführt und ist aus dem Buchstaben „S" für das lateinische Wort „summa" abgeleitet. Bei dx handelt es sich um das in Abschnitt 16.3 eingeführte **Differential** und es gibt Auskunft darüber, dass bezüglich der Variablen x zu integrieren ist. Die Schreibweise

$$\int_a^b f(x)\, dx$$

soll folglich ausdrücken, dass das bestimmte Riemann-Integral von f über $[a, b]$ durch Summation von Rechtecken der Höhe $f(x)$ und der infinitesimalen Breite dx entsteht. Bei dieser Schreibweise wird deutlich erkennbar, wie stark *Leibniz* – ganz im Gegensatz zu *Newton* – bestrebt war, durch eine möglichst intuitive Notation die Infinitesimalrechnung anderen Wissenschaftlern verständlich zu machen und damit insbesondere deren Akzeptanz und weitere Verbreitung zu gewährleisten.

Aus Beispiel 19.2 wird deutlich, dass der Nachweis der Riemann-Integrierbarkeit und die Berechnung des bestimmten Riemann-Integrals ohne weitere Hilfsmittel bereits bei einfachen reellen Funktionen f aufwendig ist.

Beispiel 19.2 (Unter- und Obersummen und bestimmtes Riemann-Integral)

a) Betrachtet wird die reelle Funktion

$$f: [0, b] \longrightarrow \mathbb{R}, \quad x \mapsto 2x$$

und die äquidistante Zerlegung $Z_n := \{0, \frac{b}{n}, \ldots, \frac{(n-1)b}{n}, b\}$ von $[0, b]$ in die n gleichlangen Teilintervalle

$$\left[0, \frac{b}{n}\right], \left[\frac{b}{n}, \frac{2b}{n}\right], \ldots, \left[\frac{(n-1)b}{n}, b\right].$$

Für die Unter- und Obersummen der Funktion f bezüglich der Zerlegung Z_n erhält man

$$U_f(Z_n) = 2 \cdot 0 \cdot \frac{b}{n} + 2 \cdot \frac{b}{n} \cdot \frac{b}{n} + 2 \cdot \frac{2b}{n} \cdot \frac{b}{n} + \ldots$$
$$+ 2 \cdot \frac{(n-1)b}{n} \cdot \frac{b}{n}$$
$$= \frac{b^2}{n^2}(2 \cdot 0 + 2 \cdot 1 + 2 \cdot 2 + \ldots$$
$$+ 2 \cdot (n-1)) = 2\frac{b^2}{n^2} \sum_{i=1}^{n-1} i$$

bzw.

$$O_f(Z_n) = 2 \cdot \frac{b}{n} \cdot \frac{b}{n} + 2 \cdot \frac{2b}{n} \cdot \frac{b}{n} + \ldots$$
$$+ 2 \cdot \frac{(n-1)b}{n} \cdot \frac{b}{n} + 2 \cdot \frac{nb}{n} \cdot \frac{b}{n}$$
$$= \frac{b^2}{n^2}(2 \cdot 1 + 2 \cdot 2 + \ldots$$
$$+ 2 \cdot (n-1) + 2 \cdot n) = 2\frac{b^2}{n^2}\sum_{i=1}^{n} i.$$

Mit der Gaußschen Summenformel (1.20) und durch Bildung des Grenzüberganges $n \to \infty$ (d. h. durch Übergang zu einer „unendlichen" Verfeinerung von Z_n) erhält man daraus für die Unter- und Obersummen die übereinstimmenden Grenzwerte

$$\lim_{n\to\infty} U_f(Z_n) = \lim_{n\to\infty} \frac{b^2}{n^2}(n-1)n$$
$$= \lim_{n\to\infty} b^2\left(1 - \frac{1}{n}\right) = b^2$$

bzw.

$$\lim_{n\to\infty} O_f(Z_n) = \lim_{n\to\infty} \frac{b^2}{n^2}n(n+1)$$
$$= \lim_{n\to\infty} b^2\left(1 + \frac{1}{n}\right) = b^2.$$

Das heißt, unteres und oberes Integral sind identisch und für das bestimmte Riemann-Integral von f über $[0, b]$ erhält man

$$\int_0^b 2x\,dx = b^2.$$

Wegen $f(x) \geq 0$ für alle $x \in [0, b]$ stimmt dieser Wert mit dem Inhalt der Fläche zwischen dem Graphen von f und der x-Achse im Intervall $[0, b]$ überein. Dasselbe Ergebnis resultiert auch mittels der elementar-geometrischen Formel für den Flächeninhalt von Dreiecken. Denn es gilt $\frac{1}{2} \cdot b \cdot 2b = b^2$.

b) Betrachtet wird die reelle Funktion
$$f: [0, b] \longrightarrow \mathbb{R},\ x \mapsto x^2$$
und die äquidistante Zerlegung $Z_n := \{0, \frac{b}{n}, \ldots, \frac{(n-1)b}{n}, b\}$ des Intervalles $[0, b]$. Dann erhält man für die Unter- und Obersummen der Funktion f bezüglich der Zerlegung Z_n

$$U_f(Z_n) = 0 \cdot \frac{b}{n} + \left(\frac{b}{n}\right)^2 \cdot \frac{b}{n} + \left(\frac{2b}{n}\right)^2 \cdot \frac{b}{n} + \ldots$$
$$+ \left(\frac{(n-1)b}{n}\right)^2 \cdot \frac{b}{n}$$
$$= \frac{b^3}{n^3}\left(0 + 1 + 2^2 + \ldots + (n-1)^2\right)$$
$$= \frac{b^3}{n^3}\sum_{i=1}^{n}(i-1)^2$$

bzw.

$$O_f(Z_n) = \left(\frac{b}{n}\right)^2 \cdot \frac{b}{n} + \left(\frac{2b}{n}\right)^2 \cdot \frac{b}{n} + \left(\frac{3b}{n}\right)^2 \cdot \frac{b}{n} + \ldots$$
$$+ \left(\frac{nb}{n}\right)^2 \cdot \frac{b}{n}$$
$$= \frac{b^3}{n^3}\left(1 + 2^2 + 3^2 + \ldots + n^2\right)$$
$$= \frac{b^3}{n^3}\sum_{i=1}^{n} i^2.$$

Mit der Summenformel

$$\sum_{i=1}^{n} i^2 = \frac{n(n+1)(2n+1)}{6}, \qquad (19.12)$$

die leicht durch vollständige Induktion nachgewiesen werden kann (siehe hierzu Abschnitt 1.7), und Bildung des Grenzüberganges $n \to \infty$ erhält man für die Unter- und Obersummen

$$\lim_{n\to\infty} U_f(Z_n) = \lim_{n\to\infty} \frac{b^3}{n^3} \cdot \frac{(n-1)n(2(n-1)+1)}{6}$$
$$= \lim_{n\to\infty} b^3 \cdot \frac{2 - \frac{3}{n} + \frac{1}{n^2}}{6} = \frac{b^3}{3}$$

und

$$\lim_{n\to\infty} O_f(Z_n) = \lim_{n\to\infty} \frac{b^3}{n^3} \cdot \frac{n(n+1)(2n+1)}{6}$$
$$= \lim_{n\to\infty} b^3 \cdot \frac{2 + \frac{3}{n} + \frac{1}{n^2}}{6} = \frac{b^3}{3}.$$

Das heißt, unteres und oberes Integral sind identisch und für das bestimmte Riemann-Integral von f über $[0, b]$ erhält man

$$\int_0^b x^2\, dx = \frac{b^3}{3}.$$

Wegen $f(x) \geq 0$ für alle $x \in [0, b]$ stimmt dieser Wert wieder mit dem Inhalt der Fläche zwischen dem Graphen von f und der x-Achse im Intervall $[0, b]$ überein. Eine elementar-geometrische Berechnung des Flächeninhaltes wie in Beispiel a) ist nun jedoch nicht mehr möglich.

Flächeninhalt und bestimmtes Riemann-Integral

Wie bereits erläutert wurde, stimmt bei einer Riemann-integrierbaren Funktion $f: [a, b] \longrightarrow \mathbb{R}$ mit $f(x) \geq 0$ für alle $x \in [a, b]$ das bestimmte Riemann-Integral mit dem Inhalt der Fläche (19.1) überein. Gilt dagegen $f(x) \leq 0$ für alle $x \in [a, b]$, dann liegt die Fläche

$$I(f) = \{(x, y): x \in [a, b] \text{ und } f(x) \leq y \leq 0\}$$

zwischen dem Graphen von f und der x-Achse im Intervall $[a, b]$ unterhalb der x-Achse und aus der Definition des Riemann-Integrals folgt

$$\int_a^b f(x)\, dx \leq 0.$$

Der Flächeninhalt von $I(f)$ ist nun gegeben durch

$$|I(f)| = -\int_a^b f(x)\, dx.$$

Aus diesem Grund spricht man auch von einem **orientierten** oder **gerichteten** Flächeninhalt. Für den allgemeinen Fall einer Riemann-integrierbaren Funktion $f: [a, b] \longrightarrow \mathbb{R}$, die sowohl Werte unterhalb als auch oberhalb der x-Achse annimmt, ist das bestimmte Riemann-Integral $\int_a^b f(x)\, dx$ die Summe der mit dem Vorzeichen „+" versehenen Inhalte von Flächenstücken oberhalb der x-Achse und der mit dem Vorzeichen „−" versehenen Inhalte von Flächenstücken unterhalb der x-Achse (vgl. Abbildung 19.3).

Ist f eine reelle Funktion, die sowohl positive als auch negative Werte annimmt, dann muss bei der Berechnung des Inhaltes der Fläche $I(f)$ zwischen dem Graphen von f und der x-Achse somit zuerst durch Nullstellenbestimmung und Monotonie-Überlegungen geklärt werden, in welchen Teilintervallen die Funktion f negative Werte annimmt. Den Inhalt der Fläche $I(f)$ erhält man dann anschließend durch Berech-

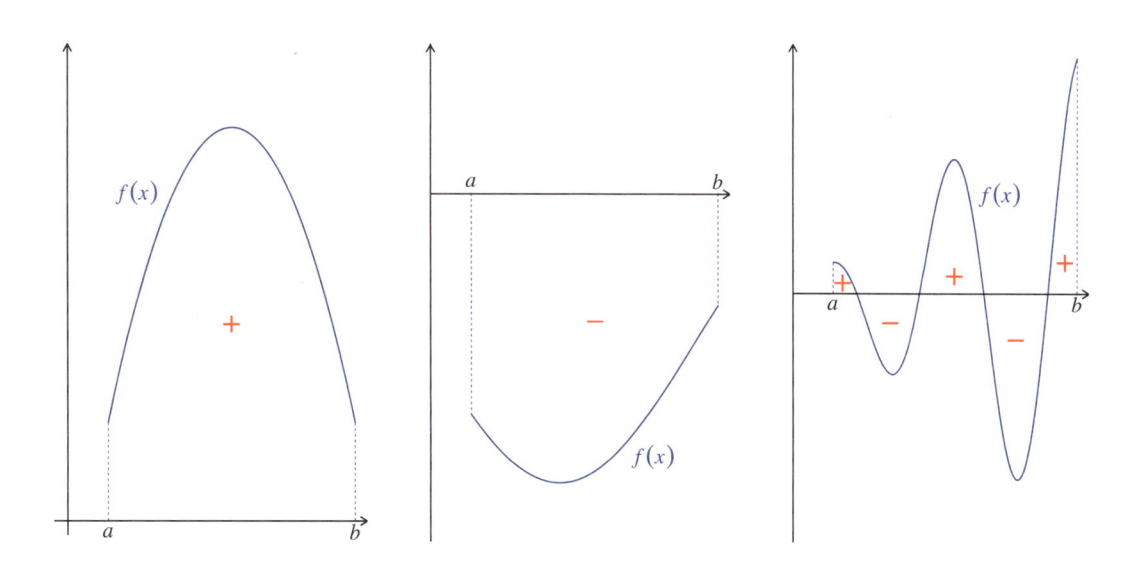

Abb. 19.3: Orientierter Flächeninhalt einer reellen Funktion $f: [a, b] \longrightarrow \mathbb{R}$ mit $f(x) \geq 0$ (links), $f(x) \leq 0$ (Mitte) und im allgemeinen Fall (rechts)

nung des bestimmten Riemann-Integrals der Funktion

$$\widetilde{f}(x) := \begin{cases} f(x) & \text{für } x \in [a,b] \text{ mit } f(x) \geq 0 \\ -f(x) & \text{für } x \in [a,b] \text{ mit } f(x) < 0 \end{cases}.$$

Es gilt dann

$$|I(f)| = |I(\widetilde{f})| = \int_a^b \widetilde{f}(x)\,dx.$$

Integrabilitätskriterium von Riemann

Gemäß der Definition 19.1 bedeutet Riemann-Integrierbarkeit einer beschränkten reellen Funktion $f: [a,b] \to \mathbb{R}$, dass Untersummen $U_f(Z_n)$ und Obersummen $O_f(Z_n)$ von f existieren, deren Werte beliebig nahe beim bestimmten Riemann-Integral $\int_a^b f(x)\,dx$ liegen. Zur weiteren Untersuchung der Riemann-Integrierbarkeit bietet es sich daher an, die Differenz

$$O_f(Z_n) - U_f(Z_n) = \sum_{i=1}^n (M_i - m_i)(x_i - x_{i-1}) \quad (19.13)$$

zu untersuchen. Da der Wert $M_i - m_i$ die Schwankung von f auf dem Teilintervall $[x_{i-1}, x_i]$ angibt, wird die Differenz (19.13) häufig als **Schwankungssumme** oder **Oszillationssumme** von f bezüglich der Zerlegung Z_n bezeichnet.

Das folgende **Integrabilitätskriterium von Riemann** basiert auf Schwankungssummen und liefert eine **notwendige** und **hinreichende Bedingung** für Riemann-Integrierbarkeit:

> **Satz 19.3** (Integrabilitätskriterium von Riemann)
>
> *Eine beschränkte reelle Funktion $f : [a,b] \longrightarrow \mathbb{R}$ ist genau dann Riemann-integrierbar, wenn es zu jedem $\varepsilon > 0$ eine Zerlegung Z des Intervalles $[a,b]$ gibt, so dass gilt*
>
> $$O_f(Z) - U_f(Z) < \varepsilon.$$

Beweis: Die Funktion f sei Riemann-integrierbar, $\varepsilon > 0$ beliebig vorgegeben und $I := U - \int_a^b f(x)\,dx = O - \int_a^b f(x)\,dx$. Dann existieren Zerlegungen Z_n und Z_m des Intervalles $[a,b]$ mit

$$I - U_f(Z_n) < \frac{\varepsilon}{2} \quad \text{und} \quad O_f(Z_m) - I < \frac{\varepsilon}{2}. \quad (19.14)$$

Es sei nun Z eine weitere Zerlegung von $[a,b]$, die eine gemeinsame Verfeinerung von Z_n und Z_m ist und aus den Durchschnitten der Teilintervalle von Z_n und Z_m besteht. Dann folgt mit (19.7) und (19.14)

$$O_f(Z) \leq O_f(Z_m) < I + \frac{\varepsilon}{2} < U_f(Z_n) + \varepsilon \leq U_f(Z) + \varepsilon,$$

also $\quad O_f(Z) - U_f(Z) < \varepsilon$.

Es existiere nun umgekehrt zu jedem $\varepsilon > 0$ eine Zerlegung Z des Intervalles $[a,b]$ mit $O_f(Z) - U_f(Z) < \varepsilon$. Aus der Definition des unteren und oberen Integrals (vgl. (19.6)) sowie (19.8) folgt

$$U_f(Z) \leq U - \int_a^b f(x)\,dx \leq O - \int_a^b f(x)\,dx \leq O_f(Z).$$

Dies impliziert jedoch zusammen mit $O_f(Z) - U_f(Z) < \varepsilon$

$$0 \leq O - \int_a^b f(x)\,dx - \left(U - \int_a^b f(x)\,dx \right) < \varepsilon.$$

Da dies jedoch für alle $\varepsilon > 0$ gilt, erhält man, dass unteres und oberes Integral übereinstimmen und die Funktion f somit Riemann-integrierbar ist. ∎

Das Integrabilitätskriterium von Riemann ist als notwendiges und hinreichendes Kriterium in vielen theoretischen Fragestellungen ein wichtiges Hilfsmittel für den Nachweis der Riemann-Integrierbarkeit einer beschränkten reellen Funktion (siehe z. B. den Beweis des folgenden Satzes 19.4). Allerdings lässt sich mit seiner Hilfe die Riemann-Integrierbarkeit einer beschränkten reellen Funktion häufig nur relativ aufwendig nachweisen. Für viele Anwendungen der Integrationstheorie ist es daher wichtig, ein einfaches hinreichendes Kriterium für die Riemann-Integrierbarkeit zur Hand zu haben. Das folgende Resultat ist ein solches Kriterium, da es sich oftmals relativ einfach nachweisen lässt und für viele natur-, ingenieur- und wirtschaftswissenschaftliche Anwendungen die Existenz des bestimmten Riemann-Integrals sicherstellt.

> **Satz 19.4** (Riemann-Integrierbarkeit stetiger und monotoner Funktionen)
>
> *Jede stetige und jede monotone reelle Funktion $f : [a,b] \longrightarrow \mathbb{R}$ ist Riemann-integrierbar, d. h. das bestimmte Riemann-Integral $\int\limits_a^b f(x)\,dx$ existiert.*

Beweis: Die reelle Funktion f sei stetig. Dann ist f auf $[a,b]$ gemäß Satz 15.25 beschränkt und nach Satz 15.35 ist f sogar gleichmäßig stetig. Zu jedem $\varepsilon > 0$ gibt es daher ein $\delta > 0$ mit

$$|f(x) - f(y)| < \frac{\varepsilon}{b-a}$$

für alle $x, y \in [a, b]$ mit $|x - y| < \delta$. Für die Schwankungssumme einer beliebigen Zerlegung $Z_n = \{x_0, \ldots, x_n\}$ des Intervalles $[a, b]$ mit einer Feinheit $F(Z_n) < \delta$ gilt somit

$$O_f(Z_n) - U_f(Z_n) = \sum_{i=1}^{n}(M_i - m_i)(x_i - x_{i-1})$$
$$\leq \frac{\varepsilon}{b-a} \sum_{i=1}^{n}(x_i - x_{i-1}) = \varepsilon.$$

Mit Satz 19.3 folgt daher, dass die Funktion f Riemann-integrierbar ist.

Die reelle Funktion f sei nun monoton. Dann folgt mit Satz 13.11, dass f beschränkt ist. Ferner sei $\varepsilon > 0$ beliebig vorgegeben und $Z_n = \{x_0, \ldots, x_n\}$ eine beliebige Zerlegung des Intervalles $[a, b]$ mit einer Feinheit $F(Z_n) < \frac{\varepsilon}{|f(b) - f(a)|}$. Aus der Monotonie von f folgt, dass das Infimum und das Supremum auf jedem Teilintervall $[x_{i-1}, x_i]$ von $[a, b]$ an den Intervallgrenzen angenommen werden. Es folgt somit

$$O_f(Z_n) - U_f(Z_n) = \sum_{i=1}^{n}(M_i - m_i)(x_i - x_{i-1})$$
$$\leq \frac{\varepsilon}{|f(b) - f(a)|} \sum_{i=1}^{n}(M_i - m_i) = \varepsilon.$$

Somit ist gemäß Satz 19.3 die Funktion f Riemann-integrierbar. ∎

Aus Satz 19.4 folgt unmittelbar, dass alle bekannten elementaren reellen Funktionen, wie z. B. **Polynome**, **rationale Funktionen**, **Potenzfunktionen**, **Exponentialfunktionen**, **Logarithmusfunktionen** und **trigonometrische Funktionen** über allen abgeschlossenen Intervallen $[a, b]$, die im Definitionsbereich der Funktion liegen, Riemann-integrierbar sind.

In wirtschaftswissenschaftlichen Anwendungen treten jedoch auch reelle Funktionen $f : [a, b] \longrightarrow \mathbb{R}$ auf, die nicht stetig und nicht monoton, sondern lediglich **stückweise stetig** oder **stückweise monoton** sind. Unter einer stückweise stetigen oder einer stückweise monotonen reellen Funktion versteht man dabei eine reelle Funktion $f : [a, b] \longrightarrow \mathbb{R}$, für die es eine endliche Zerlegung $Z_n = \{x_0, \ldots, x_n\}$ des Intervalles $[a, b]$ gibt, so dass die Funktion f auf den n Teilintervallen $[x_{i-1}, x_i]$ jeweils stetig bzw. jeweils monoton ist (vgl. Abschnitt 15.6).

Der folgende Satz besagt, dass auch stückweise stetige Funktionen und stückweise monotone Funktionen Riemann-integrierbar sind:

Folgerung 19.5 (Stückweise Riemann-Integrierbarkeit)

Jede stückweise stetige und jede stückweise monotone reelle Funktion $f : [a, b] \longrightarrow \mathbb{R}$ ist Riemann-integrierbar.

Beweis: Der Beweis verläuft im Wesentlichen analog zum Beweis des Satzes 19.4. Es werden jedoch nur noch solche Zerlegungen $Z_n = \{x_0, \ldots, x_n\}$ von $[a, b]$ verwendet, bei denen die Funktion f zwischen zwei Zwischenstellen x_{i-1} und x_i stetig bzw. monoton ist. ∎

Mit Satz 19.4 und Folgerung 19.5 erhält man, dass Riemann-Integrierbarkeit im Allgemeinen nicht **Differenzierbarkeit** impliziert. Denn (stückweise) stetige und (stückweise) monotone Funktionen sind gemäß den obigen Resultaten zwar Riemann-integrierbar, aber im Allgemeinen nicht differenzierbar.

Riemann-Summen

Der Zugang zum bestimmten Riemann-Integral über **Ober-** und **Untersummen** geht wie bereits erwähnt auf *Jean Gaston Darboux* (1842–1917) zurück. Ursprünglich wurde jedoch 1854 das bestimmte Riemann-Integral von *Bernhard Riemann* (1826–1866) über sogenannte **Riemann-Summen** definiert. Riemann-Summen sind auch für viele weiterführende theoretische Fragestellungen, wie z. B. die **numerische Integration** (siehe Kapitel 29), ein wichtiges Hilfsmittel. Im Folgenden wird daher auch der Zugang zum bestimmten Riemann-Integral über Riemann-Summen vorgestellt und seine Äquivalenz zum Zugang über Ober- und Untersummen nachgewiesen.

B. Riemann auf einer deutschen Briefmarke

Hierzu sei $f : [a, b] \longrightarrow \mathbb{R}$ eine beschränkte reelle Funktion und $Z_n = \{x_0, \ldots, x_n\}$ eine beliebige Zerlegung des Intervalles $[a, b]$. Ferner wird aus jedem der n Teilintervalle $[x_{i-1}, x_i]$ für $i = 1, \ldots, n$ eine sogenannte **Stützstelle** $\xi_i \in [x_{i-1}, x_i]$ ausgewählt und durch

$$R_f(Z_n; \xi_1, \ldots, \xi_n) := \sum_{i=1}^{n} f(\xi_i)(x_i - x_{i-1}) \qquad (19.15)$$

die **Riemann-Summe** von f bezüglich der Zerlegung Z_n und den n Stützstellen $(\xi_1, \ldots, \xi_n)$ definiert. Auch Riemann-

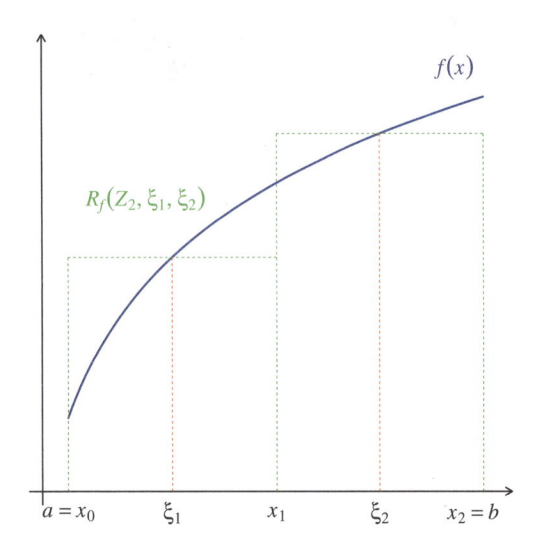

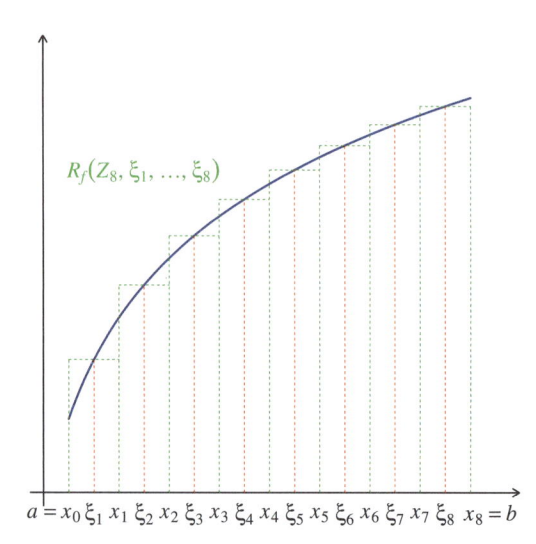

Abb. 19.4: Riemann-Summe einer reellen Funktion $f: [a, b] \longrightarrow \mathbb{R}$ zu zwei unterschiedlich feinen (äquidistanten) Zerlegungen Z_2 (links) und Z_8 (rechts) mit den Stützstellen $\xi_i = \frac{x_i + x_{i-1}}{2}$ für $i = 1, \ldots, n$

Summen besitzen eine naheliegende geometrische Bedeutung. Denn gilt $f(x) \geq 0$ für alle $x \in [a, b]$, dann ist auch (19.15) – analog zur Unter- und Obersumme $U_f(Z_n)$ bzw. $O_f(Z_n)$ – eine Approximation des Inhaltes der Fläche $I(f)$ zwischen dem Graphen von f und der x-Achse im Intervall $[a, b]$ (vgl. Abbildung 19.4). Wegen $m_i \leq f(\xi_i) \leq M_i$ für alle $i = 1, \ldots, n$ (vgl. (19.3)) gilt dabei

$$U_f(Z_n) \leq R_f(Z_n; \xi_1, \ldots, \xi_n) \leq O_f(Z_n)$$

und zwar unabhängig von der gewählten Zerlegung Z_n und den n Stützstellen $(\xi_1, \ldots, \xi_n)$.

Der folgende Satz liefert eine notwendige und hinreichende Bedingung für die Riemann-Integrierbarkeit einer beschränkten reellen Funktion $f: [a, b] \longrightarrow \mathbb{R}$ anhand von Riemann-Summen:

Satz 19.6 (Riemann-Summe und Riemann-Integrierbarkeit)

Eine beschränkte reelle Funktion $f: [a, b] \longrightarrow \mathbb{R}$ ist genau dann Riemann-integrierbar, wenn jede Folge von Riemann-Summen $\left(R_f(Z_n; \xi_1, \ldots, \xi_n)\right)_{n \in \mathbb{N}}$ zu Zerlegungen $(Z_n)_{n \in \mathbb{N}}$ mit der Eigenschaft $\lim_{n \to \infty} F(Z_n) = 0$ konvergiert. In diesem Fall konvergieren alle Folgen $\left(R_f(Z_n; \xi_1, \ldots, \xi_n)\right)_{n \in \mathbb{N}}$ gegen denselben Grenzwert, welcher durch das bestimmte Riemann-Integral von f auf dem Intervall $[a, b]$ gegeben ist. Das heißt, es gilt

$$\lim_{n \to \infty} R_f(Z_n; \xi_1, \ldots, \xi_n) = \int_a^b f(x)\, dx.$$

Beweis: Teil (I): Die Funktion f sei Riemann-integrierbar mit dem Riemann-Integral $I := \int_a^b f(x)\, dx$ und $\left(R_f(Z_n; \xi_1, \ldots, \xi_n)\right)_{n \in \mathbb{N}}$ sei eine Folge von Riemann-Summen zu Zerlegungen $(Z_n)_{n \in \mathbb{N}}$ mit $\lim_{n \to \infty} F(Z_n) = 0$. Dann existiert zu einem beliebigen $\varepsilon > 0$ eine Untersumme $U_f(Z')$ und eine Obersumme $O_f(Z)$ mit

$$I - \varepsilon \leq U_f(Z') \leq I \leq O_f(Z) \leq I + \varepsilon. \tag{19.16}$$

Durch $R_f(Z_n; \xi_1, \ldots, \xi_n)$ sei eine Riemann-Summe zu einer Zerlegung Z_n von $[a, b]$ mit $F(Z_n) < F(Z)$ gegeben. Diese Riemann-Summe wird aufgespalten in

$$R_f(Z_n; \xi_1, \ldots, \xi_n) = A_n + B_n,$$

wobei A_n die Summe aller derjenigen Summanden von $R_f(Z_n; \xi_1, \ldots, \xi_n)$ ist, die zu Teilintervallen von Z_n gehören, die Zwischenstellen x_i von Z enthalten. Durch B_n ist die Summe aller übrigen Summanden von $R_f(Z_n; \xi_1, \ldots, \xi_n)$ gegeben. Offensichtlich muss dann $B_n \leq O_f(Z)$ gelten. Weiter gilt $\lim_{n \to \infty} A_n = 0$. Denn ist m die Anzahl der Zwischenstellen x_i von Z, dann kann A_n höchstens $2m$ Summanden haben, da jede Zwischenstelle von Z in höchstens zwei Teilintervallen von Z_n liegen kann. Da ferner jeder Summand von A_n betragsmäßig maximal $F(Z_n) \sup_{x\in[a,b]} |f(x)|$ ist, folgt

$$|A_n| \leq 2m\, F(Z_n) \sup_{x\in[a,b]} |f(x)|.$$

Wegen $\lim_{n\to\infty} F(Z_n) = 0$ impliziert dies jedoch $\lim_{n\to\infty} A_n = 0$. Folglich ist $|A_n| < \varepsilon$, falls $n > n_0$ gilt und $n_0 \in \mathbb{N}$ hinreichend groß ist. Zusammen mit (19.16) folgt aus diesen Überlegungen

$$R_f(Z_n;\xi_1,\ldots,\xi_n) = A_n + B_n \leq \varepsilon + B_n \leq \varepsilon + O_f(Z) \leq I + 2\varepsilon.$$

Auf analoge Weise zeigt man

$$R_f(Z_n;\xi_1,\ldots,\xi_n) \geq U_f(Z') - \varepsilon \geq I - 2\varepsilon,$$

falls $n > n_1$ gilt und $n_1 \in \mathbb{N}$ hinreichend groß ist. Insgesamt erhält man

$$I - 2\varepsilon \leq R_f(Z_n;\xi_1,\ldots,\xi_n) \leq I + 2\varepsilon,$$

falls $n > \max\{n_0, n_1\}$ gilt und somit insbesondere, dass $\big(R_f(Z_n;\xi_1,\ldots,\xi_n)\big)_{n\in\mathbb{N}}$ gegen das bestimmte Riemann-Integral I konvergiert.

Teil (II): Es sei nun angenommen, dass jede Folge $\big(R_f(Z_n;\xi_1,\ldots,\xi_n)\big)_{n\in\mathbb{N}}$ von Riemann-Summen zu Zerlegungen $(Z_n)_{n\in\mathbb{N}}$ mit $\lim_{n\to\infty} F(Z_n) = 0$ konvergiert. Dann besitzen alle diese Folgen von Riemann-Summen denselben Grenzwert R. Denn gäbe es zwei Folgen, die gegen verschiedene Grenzwerte konvergieren, dann würde eine Mischfolge aus diesen beiden Folgen nicht konvergieren, was der Voraussetzung, dass alle Folgen konvergieren, widersprechen würde. Es muss daher nur noch gezeigt werden, dass f Riemann-integrierbar ist. Dazu wird eine Folge von Zerlegungen $(Z_n)_{n\in\mathbb{N}}$ von $[a, b]$ mit $\lim_{n\to\infty} F(Z_n) = 0$ und die dazugehörige Folge $(O_f(Z_n))_{n\in\mathbb{N}}$ von Obersummen betrachtet. Zu jeder Obersumme $O_f(Z_n)$ kann man eine Riemann-Summe $R_f(Z_n;\xi_1,\ldots,\xi_n)$ von f mit

$$O_f(Z_n) = R_f(Z_n;\xi_1,\ldots,\xi_n) + \varepsilon_n$$

und $0 \leq \varepsilon_n \leq \frac{1}{n}$ finden. Dazu müssen lediglich die Werte $f(\xi_i)$ in $R_f(Z_n;\xi_1,\ldots,\xi_n)$ hinreichend nahe an den Suprema M_i von f in den zugehörigen Teilintervallen gewählt werden. Mit $\lim_{n\to\infty} R_f(Z_n;\xi_1,\ldots,\xi_n) = R$ und $\lim_{n\to\infty} \varepsilon_n = 0$ folgt dann $\lim_{n\to\infty} O_f(Z_n) = R$. Entsprechend ergibt sich für die Untersummen $\lim_{n\to\infty} U_f(Z_n) = R$. Zusammen mit $\sup_{Z_n} U_f(Z_n) \leq \inf_{Z_n} O_f(Z_n)$ (vgl. (19.8)) folgt daraus

$$R = \sup_{Z_n} U_f(Z_n) = \inf_{Z_n} O_f(Z_n),$$

d. h. die Funktion f ist Riemann-integrierbar und besitzt das Riemann-Integral $R = \int_a^b f(x)\, dx$. ∎

Neben seiner Bedeutung für weiterführende theoretische Fragestellungen besitzt der Zugang zum Riemann-Integral mittels Riemann-Summen den Vorteil, dass durch ihn die Berechnung des Riemann-Integrals oftmals erleichtert wird. Denn er ermöglicht es bei Integranden f, deren Integrierbarkeit bereits feststeht, die Berechnung des bestimmten Riemann-Integrals $\int_a^b f(x)\, dx$ durch die Verwendung speziell zugeschnittener Zerlegungen Z_n und Zwischenstellen ξ_i zu erleichtern. Siehe hierzu das folgende Beispiel.

Beispiel 19.7 (Riemann-Summen und bestimmtes Riemann-Integral)

Betrachtet wird die Exponentialfunktion

$$f: [a,b] \longrightarrow \mathbb{R},\ x \mapsto e^{rx}$$

mit $r \neq 0$. Da die Exponentialfunktion stetig ist (vgl. Satz 15.18), folgt mit Satz 19.4, dass sie Riemann-integrierbar ist. Zur Berechnung des bestimmten Riemann-Integrals von f mittels Riemann-Summen werden eine äquidistante Zerlegung $Z_n = \{x_0, \ldots, x_n\}$ des Intervalles $[a,b]$ mit $x_i := a + ih$ und $h := \frac{b-a}{n}$ für $i = 0, \ldots, n$ sowie die Stützstellen $\xi_i := a + ih$ für $i = 1, \ldots, n$ gewählt. Man erhält dann die Riemann-Summe

$$\begin{aligned}
R_f(Z_n;\xi_1,\ldots,\xi_n) &= \sum_{i=1}^n f(\xi_i)(x_i - x_{i-1}) \\
&= h e^{ra} \sum_{i=1}^n e^{rhi} \\
&= h e^{ra} \left(\frac{1 - e^{rh(n+1)}}{1 - e^{rh}} - 1 \right) \\
&= \frac{hr}{e^{rh} - 1} \frac{1}{r} \left(e^{rb} - e^{ra}\right) e^{rh},
\end{aligned}$$

wobei für die vorletzte Gleichung die Summenformel (12.1) verwendet wurde. Wegen $h \to 0$ für $n \to \infty$ erhält man mit der ersten Regel von L'Hôspital (vgl. Satz 16.37)

$$\lim_{h\to 0} \frac{hr}{e^{rh} - 1} = \lim_{h\to 0} \frac{r}{re^{rh}} = 1.$$

Für das bestimmte Riemann-Integral von f über $[a,b]$ folgt somit

$$\int_a^b e^{rx}\, dx = \lim_{n\to\infty} R_f(Z_n;\xi_1,\ldots,\xi_n) = \frac{1}{r}\left(e^{rb} - e^{ra}\right). \tag{19.17}$$

Mit dem Ergebnis aus Beispiel 19.7 lassen sich bereits eine Reihe interessanter finanzwirtschaftlicher Fragestellungen untersuchen:

Beispiel 19.8 (Finanzwirtschaftliche Anwendung der Integralrechnung)

a) In Beispiel 14.33a) wurde erläutert, dass eine Investition I mit den endlich vielen Auszahlungen $K_0, \ldots, K_n$ zu den diskreten Zeitpunkten $t = 0, \ldots, n$ bei stetiger Verzinsung mit dem Zinssatz $p > 0$ den Barwert $I_0(p) = \sum_{t=0}^{n} K_t e^{-pt}$ besitzt. Ist nun I eine Investition mit dem kontinuierlichen und Riemann-integrierbaren Auszahlungsstrom $K : [0, T] \longrightarrow \mathbb{R}$ und Aufwendungen zu Beginn in Höhe von $a \geq 0$, dann ist bei stetiger Verzinsung mit dem Zinssatz $p > 0$ der Barwert von I durch

$$I_0(p) = -a + \int_0^T K(t) e^{-pt} \, dt$$

gegeben. Gilt zum Beispiel $K(t) = c > 0$ für alle $t \in [0, T]$ (stetige Auszahlung mit konstanter Rate c), dann beträgt der Barwert der Investition I

$$I_0(p) = -a + c \int_0^T e^{-pt} \, dt,$$

und mit (19.17) folgt daraus

$$I_0(p) = -a + \frac{c}{-p} \left(e^{-pT} - 1 \right)$$
$$= -a + \frac{c}{p} \left(1 - e^{-pT} \right).$$

Ist der Auszahlungsstrom von unbegrenzter Dauer, dann bleibt der Barwert dennoch beschränkt, denn es gilt

$$\lim_{T \to \infty} \left(-a + \frac{c}{p} \left(1 - e^{-pT} \right) \right) = -a + \frac{c}{p}.$$

Gilt zum Beispiel konkret $p = 5\%$, $T = 10$, $a = 5000 \,€$ und $c = 1000 \,€$, dann erhält man für die Investition den Barwert

$$I_0(5\%) = -5000\,€ + \frac{1000\,€}{0{,}05} \left(1 - e^{-0{,}05 \cdot 10} \right)$$
$$\approx 2869{,}39\,€.$$

Dagegen resultiert für einen zeitlich unbegrenzten Auszahlungsstrom der Barwert

$$I_0(5\%) = -5000\,€ + \frac{1000\,€}{0{,}05} = 15000\,€$$

(vgl. Abbildung 19.5, links). Der Barwert des zum Zeitpunkt $t \in [0, T]$ noch verbleibenden Auszahlungsstromes ist durch

$$E(t) = \int_t^T K(s) e^{-p(s-t)} \, ds = e^{pt} \int_t^T K(s) e^{-ps} \, ds$$

gegeben. Gilt wieder $K(t) = c > 0$ für alle $t \in [0, T]$, dann erhält man mit (19.17)

$$E(t) = c e^{pt} \int_t^T e^{-ps} \, ds$$
$$= \frac{c}{-p} e^{pt} \left(e^{-pT} - e^{-pt} \right) = \frac{c}{p} - \frac{c}{p} e^{p(T-t)},$$

und für die erste Ableitung von E nach t gilt somit

$$E'(t) = -c e^{-p(T-t)} < 0.$$

Die Funktion E ist somit streng monoton fallend mit $\lim_{t \to T} E(t) = 0$. Da ferner $|E'(t)| = c e^{-p(T-t)}$ streng monoton wachsend ist, erhält man, dass bei konstanter Auszahlungsrate c die Minderung von $E(t)$, d.h. des Barwertes des noch verbleibenden Auszahlungsstromes, umso größer ausfällt, je kleiner der noch verbleibende Auszahlungsstrom ist, d.h. je mehr man sich dem Ende der Laufzeit T der Investition nähert. Gilt zum Beispiel wieder konkret $p = 5\%$, $T = 10$ und $c = 1000\,€$, dann erhält man

$$E(8) \approx 1903{,}25\,€, \quad E(9) \approx 975{,}41\,€ \quad \text{und}$$
$$E(10) = 0{,}00\,€$$

(vgl. Abbildung 19.5, rechts).

b) Der interne Zinsfuß einer Investition I mit dem kontinuierlichen und Riemann-integrierbaren Auszahlungsstrom $K : [0, T] \longrightarrow \mathbb{R}$ und Aufwendungen zu Beginn in der Höhe von $a \geq 0$ ist der Zinssatz ρ, bei dem der Barwert des Auszahlungsstromes gleich den Aufwendungen a ist (vgl. Beispiel 26.7). Der interne Zinsfuß ρ berechnet sich somit als Lösung der Gleichung

$$a = \int_0^T K(t) e^{-\rho t} \, dt.$$

Gilt wieder $K(t) = c > 0$ für alle $t \in [0, T]$, dann erhält man mit (19.17)

$$a = c \int_0^T e^{-\rho t} \, dt = \frac{c}{\rho} \left(1 - e^{-\rho T} \right) \quad \text{bzw.}$$
$$\frac{a}{c} = \frac{1 - e^{-\rho T}}{\rho}.$$

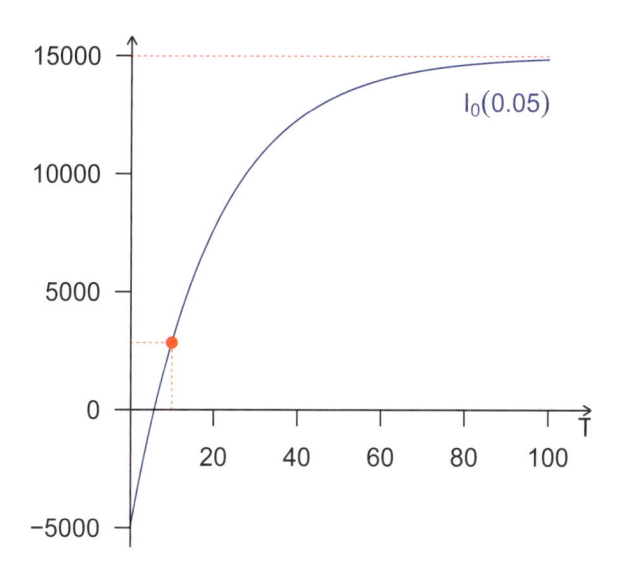

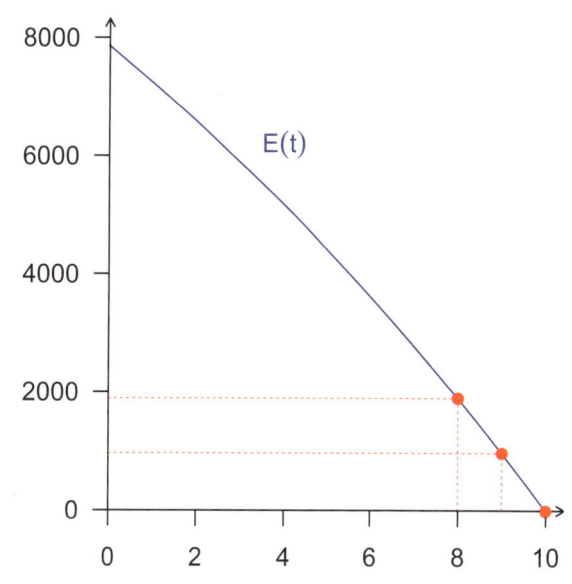

Abb. 19.5: Barwert $I_0(p) = -a + \frac{c}{p}\left(1 - e^{-pT}\right)$ der Investition I als Funktion von $T \in [0, 100]$ für $p = 5\%$, $a = 5000\,€$ und $c = 1000\,€$ (links) und Barwert des zum Zeitpunkt $t \in [0, T]$ noch verbleibenden Auszahlungsstromes $E(t) = \frac{c}{p} - \frac{c}{p}e^{-p(T-t)}$ der Investition I für $p = 5\%$, $c = 1000\,€$ und $T = 10$ (rechts)

Da diese Gleichung nicht mit algebraischen Methoden nach ρ aufgelöst werden kann, muss zur Berechnung von ρ ein Näherungsverfahren, wie z. B. das **Newton-Verfahren** (vgl. Abschnitt 26.4), eingesetzt werden. Setzt man

$$f(\rho) := \frac{a}{c} - \frac{1 - e^{-\rho T}}{\rho},$$

dann gilt $f'(\rho) = \frac{1 - e^{-\rho T}}{\rho^2} - \frac{T}{\rho}e^{-\rho T}$ und man erhält die **Newton-Iteration**

$$\rho_{n+1} = \rho_n - \frac{f(\rho_n)}{f'(\rho_n)} = \rho_n - \frac{\frac{a}{c} - \frac{1 - e^{-\rho_n T}}{\rho_n}}{\frac{1 - e^{-\rho_n T}}{\rho_n^2} - \frac{T}{\rho_n}e^{-\rho_n T}}.$$

Gilt zum Beispiel konkret $a = 5000\,€$, $c = 1000\,€$ und $T = 10$, dann erhält man mit dem **Startwert** $\rho_0 = 5\%$ für den internen Zinsfuß den Näherungswert $\rho \approx 15{,}94\%$.

19.3 Eigenschaften von Riemann-Integralen

Elementare Integrationsregeln

In den bisherigen Ausführungen zum bestimmten Riemann-Integral $\int_a^b f(x)\,dx$ wurde stets davon ausgegangen, dass zwischen der unteren Integrationsgrenze a und der oberen Integrationsgrenze b die Relation $a < b$ besteht. Von dieser Einschränkung kann man sich jedoch durch die beiden folgenden Konventionen befreien:

a) Für eine an der Stelle $a \in \mathbb{R}$ definierte reelle Funktion f setzt man

$$\int_a^a f(x)\,dx := 0. \tag{19.18}$$

b) Für eine Riemann-integrierbare Funktion $f : [a, b] \to \mathbb{R}$ definiert man

$$\int_b^a f(x)\,dx := -\int_a^b f(x)\,dx. \tag{19.19}$$

Die beiden folgenden Sätze fassen die wichtigsten Regeln für den Umgang mit bestimmten Riemann-Integralen zusammen. Diese Integrationsregeln werden für die Anwendung und den weiteren Ausbau der Integralrechnung benötigt. Da diese Regeln unmittelbar einleuchten, wird auf den Beweis dieser beiden Sätze verzichtet.

Der erste Satz besagt, dass die **Linearkombination** $\alpha f + \beta g$ zweier Riemann-integrierbarer Funktionen f und g wieder Riemann-integrierbar und das bestimmte Riemann-Integral von $\alpha f + \beta g$ die Linearkombination der bestimmten Riemann-Integrale von f und g ist:

Satz 19.9 (Elementare Integrationsregeln)

Es seien $f, g : [a, b] \longrightarrow \mathbb{R}$ *Riemann-integrierbare Funktionen und* $\alpha, \beta \in \mathbb{R}$. *Dann sind auch* αf, $f + g$ *und* $\alpha f + \beta g$ *Riemann-integrierbar und es gilt:*

a) $\int_a^b \alpha f(x)\, dx = \alpha \int_a^b f(x)\, dx$ *(Homogenität)*

b) $\int_a^b (f(x) + g(x))\, dx = \int_a^b f(x)\, dx + \int_a^b g(x)\, dx$
(Additivität)

c) $\int_a^b (\alpha f(x) + \beta g(x))\, dx = \alpha \int_a^b f(x)\, dx + \beta \int_a^b g(x)\, dx$
(Linearität)

Beweis: Die Aussagen lassen sich leicht für Riemann-Summen nachweisen und mit Satz 19.6 folgt dann die Behauptung. ∎

Der folgende Satz besagt, dass ein bestimmtes Riemann-Integral bezüglich des Integrationsintervalles in bestimmte Riemann-Integrale auf Teilintervallen additiv zerlegt werden kann:

Satz 19.10 (Additivität bezüglich des Integrationsintervalles)

Es sei $f : [a, b] \longrightarrow \mathbb{R}$ *eine beschränkte reelle Funktion und* $a \leq c \leq b$. *Dann ist* f *genau dann Riemann-integrierbar, wenn die beiden Restriktionen* $f_{|[a,c]}$ *und* $f_{|[c,b]}$ *Riemann-integrierbar sind und es gilt*

$$\int_a^b f(x)\, dx = \int_a^c f(x)\, dx + \int_c^b f(x)\, dx.$$

Beweis: Siehe z. B. *Henze-Last* [24], Seite 302. ∎

Der Satz 19.10 bleibt auch richtig, wenn die Voraussetzung $a < c < b$ nicht erfüllt ist. Gilt z. B. $a \leq b \leq c$, dann folgt mit Satz 19.10 zunächst

$$\int_a^c f(x)\, dx = \int_a^b f(x)\, dx + \int_b^c f(x)\, dx.$$

Daraus folgt mit (19.19)

$$\int_a^b f(x)\, dx = \int_a^c f(x)\, dx - \int_b^c f(x)\, dx$$
$$= \int_a^c f(x)\, dx + \int_c^b f(x)\, dx.$$

Die anderen möglichen Fälle behandelt man analog. Ferner erhält man mit Folgerung 19.5 und Satz 19.10, dass das bestimmte Riemann-Integral einer **stückweise stetigen** reellen Funktion $f : [a, b] \longrightarrow \mathbb{R}$ mit den endlich vielen Sprungstellen $a_1 \leq a_2 \leq \ldots \leq a_n$ gegeben ist durch

$$\int_a^b f(x)\, dx = \int_a^{a_1} f(x)\, dx + \int_{a_1}^{a_2} f(x)\, dx + \ldots$$
$$+ \int_{a_n}^b f(x)\, dx$$

(vgl. Abbildung 19.6, links und Beispiel 19.11).

Beispiel 19.11 (Integration einer stückweise stetigen Funktion)

Für das bestimmte Riemann-Integral der reellen Funktion

$$f : [-2, 4] \to \mathbb{R},\ x \mapsto f(x) := \begin{cases} -x - 2 & \text{für } -2 \leq x < -1 \\ y_1 & \text{für } x = -1 \\ x & \text{für } -1 < x < 1 \\ y_2 & \text{für } x = 1 \\ -x + 2 & \text{für } 1 < x < 3 \\ y_3 & \text{für } x = 3 \\ x - 4 & \text{für } 3 < x \leq 4 \end{cases}$$
(19.20)

über dem Intervall $[-2, 4]$ gilt

$$\int_{-2}^4 f(x)\, dx = \int_{-2}^{-1} f(x)\, dx + \int_{-1}^1 f(x)\, dx$$
$$+ \int_1^3 f(x)\, dx + \int_3^4 f(x)\, dx$$
$$= \int_{-2}^0 f(x)\, dx + \int_0^2 f(x)\, dx + \int_2^4 f(x)\, dx$$
$$= \int_2^4 f(x)\, dx = -1.$$

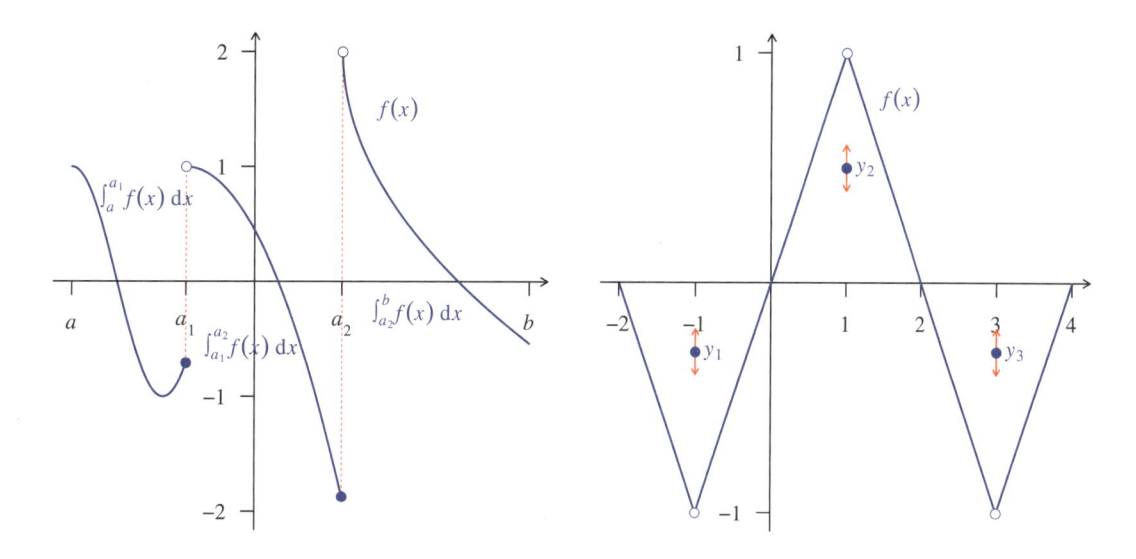

Abb. 19.6: Zerlegung des bestimmten Riemann-Integrals einer reellen Funktion $f: [a, b] \longrightarrow \mathbb{R}$ mit zwei Sprungstellen a_1 und a_2 in drei Riemann-Integrale (links) und Unabhängigkeit des bestimmten Riemann-Integrals der reellen Funktion (19.20) von den Funktionswerten y_1, y_2 und y_3 (rechts)

Den Wert des bestimmten Riemann-Integrals $\int_2^4 f(x)\,dx$ erhält man dabei elementar-geometrisch als (orientierten) Flächeninhalt eines Dreieckes. Gemäß Satz 19.13b) ist die Riemann-Integrierbarkeit und der Wert des bestimmten Riemann-Integrals von f unabhängig von den konkreten Funktionswerten y_1, y_2 und y_3 der Funktion f an den Stellen $x_1 = -1$, $x_2 = 1$ bzw. $x_3 = 3$ (vgl. Abbildung 19.6, rechts).

Riemann-Integrierbarkeit spezieller Funktionen

Der folgende Satz zeigt, dass viele wichtige mathematische Operationen die Riemann-Integrierbarkeit einer reellen Funktion nicht zerstören:

Satz 19.12 (Riemann-Integrierbarkeit spezieller Funktionen)

Es seien $f, g: [a, b] \longrightarrow \mathbb{R}$ Riemann-integrierbare Funktionen. Dann gilt:

a) *Ist $\phi: E \to \mathbb{R}$ eine reelle Funktion mit $f(x) \in E \subseteq \mathbb{R}$ für alle $x \in [a, b]$ und gibt es ein $L \geq 0$, so dass*

$$|\phi(u) - \phi(v)| \leq L|u - v| \quad (19.21)$$

für alle $u, v \in E$ gilt, dann ist auch die Komposition $\phi \circ f$ Riemann-integrierbar.

b) *Die reellen Funktionen $|f|$, $f^+ := \max\{f, 0\}$, $f^- := \max\{-f, 0\}$ und f^p für $p \geq 1$ sind Riemann-integrierbar. Gilt ferner $|f(x)| \geq \delta$ für alle $x \in [a, b]$ und ein $\delta > 0$, dann ist auch $\frac{1}{f}$ Riemann-integrierbar.*

c) *Die reellen Funktionen fg, $\max\{f, g\}$ und $\min\{f, g\}$ sind Riemann-integrierbar. Gilt ferner $|g(x)| \geq \delta$ für alle $x \in [a, b]$ und ein $\delta > 0$, dann ist auch $\frac{f}{g}$ Riemann-integrierbar.*

Beweis: Zu a): Aus der Ungleichung

$$|\phi(f(x)) - \phi(f(y))| \leq L|f(x) - f(y)|$$

für alle $x, y \in [a, b]$ ist ersichtlich, dass die Schwankung von $\phi \circ f$ in einem Teilintervall von $[a, b]$ höchstens L-mal so groß ist wie die entsprechende Schwankung von f. Für die Schwankungssumme von $\phi \circ f$ gilt somit

$$O_{\phi \circ f}(Z_n) - U_{\phi \circ f}(Z_n) \leq L\left(O_f(Z_n) - U_f(Z_n)\right) \quad (19.22)$$

(vgl. (19.13)). Mit Satz 19.3 folgt somit die Behauptung.

Zu b): Da die Funktionen $\phi(u) = |u|$, $\phi(u) = u^+$ mit $u^+ := \max\{u, 0\}$, $\phi(u) = u^-$ mit $u^- := \max\{-u, 0\}$, $\phi(u) = u^p$ und die Funktion $\phi(u) = \frac{1}{u}$ für $|u| \geq \delta > 0$ auf einer beschränkten Menge E die Eigenschaft (19.21) besitzen, folgt mit Aussage a) die Behauptung.

Zu c): Eine kurze Rechnung zeigt, dass

$$fg = \frac{1}{4}\left((f+g)^2 - (f-g)^2\right),$$
$$\max\{f, g\} = f + (g-f)^+,$$
$$\min\{f, g\} = f - (g-f)^- \quad \text{und}$$
$$\frac{f}{g} = f\frac{1}{g}$$

gilt. Mit Aussage b) und Satz 19.9c) folgt daher die Behauptung. ∎

Mit Satz 19.4 und Satz 19.12 folgt, dass Beträge, Summen, Differenzen, Produkte und Quotienten von Polynomen, rationalen Funktionen, Exponentialfunktionen, Logarithmusfunktionen, trigonometrischen Funktionen usw. über allen abgeschlossenen Intervallen $[a, b]$, die ganz im Definitionsbereich der Funktion liegen, Riemann-integrierbar sind.

Eine Funktion $\phi: E \to \mathbb{R}$ mit der Eigenschaft (19.21) wird als **Lipschitz-stetig** mit der **Lipschitz-Konstanten** L bezeichnet. Lipschitz-stetige Funktionen sind nach dem deutschen Mathematiker *Rudolf Lipschitz* (1832–1903) benannt und spielen eine wichtige Rolle in der Theorie **gewöhnlicher Differentialgleichungen**. Zum Beispiel sind alle stetig differenzierbaren Funktionen $f: [a, b] \to \mathbb{R}$ Lipschitz-stetig mit der Lipschitz-Konstanten $L = \max_{x \in [a,b]} f'(x)$. Lipschitz-stetige Funktionen sind (gleichmäßig) stetig (vgl. Definition 15.34), die Umkehrung dieser Aussage gilt jedoch im Allgemeinen nicht.

R. Lipschitz

Übereinstimmung von Riemann-Integralen

Der folgende Satz besagt, dass sich die Riemann-Integrierbarkeit und der Wert des Riemann-Integrals nicht verändern, wenn die Funktion an endlich vielen Stellen verändert wird:

Satz 19.13 (Übereinstimmung von Riemann-Integralen)

Ist $f: [a, b] \longrightarrow \mathbb{R}$ eine Riemann-integrierbare Funktion und unterscheidet sich $g: [a, b] \longrightarrow \mathbb{R}$ von f nur an endlich vielen Stellen, dann ist auch g Riemann-integrierbar und es gilt $\int_a^b f(x)\,dx = \int_a^b g(x)\,dx$.

Beweis: Es sei $\varepsilon > 0$ beliebig vorgegeben und die Funktion g unterscheide sich von f nur an einer Stelle $x \in [a, b]$ um den Wert $u \in \mathbb{R}$. Da f nach Voraussetzung Riemann-integrierbar ist, gibt es gemäß Satz 19.3 eine Zerlegung Z_n von $[a, b]$ mit der Eigenschaft $O_f(Z_n) - U_f(Z_n) < \frac{\varepsilon}{2}$. Dabei kann ohne Beschränkung der Allgemeinheit angenommen werden, dass $F(Z_n) < \frac{\varepsilon}{2|u|}$ gilt, da dies sonst durch eine weitere Verfeinerung der Zerlegung sichergestellt werden könnte. Ferner gilt, dass sich entweder $U_g(Z_n)$ von $U_f(Z_n)$ oder $O_g(Z_n)$ von $O_f(Z_n)$ betragsmäßig höchstens um $|u|F(Z_n)$ unterscheidet. Daraus folgt

$$\begin{aligned}O_g(Z_n) - U_g(Z_n) &= O_f(Z_n) + O_g(Z_n) - O_f(Z_n) \\ &\quad - \left(U_f(Z_n) + U_g(Z_n) - U_f(Z_n)\right) \\ &= \left(O_f(Z_n) - U_f(Z_n)\right) + \left(O_g(Z_n) - O_f(Z_n)\right) \\ &\quad + \left(U_f(Z_n) - U_g(Z_n)\right) \\ &< \frac{\varepsilon}{2} + |u|F(Z_n) < \varepsilon.\end{aligned}$$

Gemäß Satz 19.3 ist g somit Riemann-integrierbar. Für den allgemeinen Fall, dass sich g von f an endlich vielen Stellen unterscheidet, erhält man den Beweis durch Wiederholung dieser Schlussfolgerung. ∎

19.4 Ungleichungen

In diesem Abschnitt werden einige wichtige Ungleichungen für bestimmte Riemann-Integrale bereitgestellt.

Elementare Ungleichungen

Der folgende Satz fasst einige wichtige **elementare Ungleichungen** für bestimmte Riemann-Integrale zusammen. Diese Ungleichungen sind unmittelbar plausibel, wenn man sich die geometrische Interpretation des bestimmten Riemann-Integrals als (orientierte) Fläche vergegenwärtigt:

Satz 19.14 (Ungleichungen für das Riemann-Integral)

Für zwei Riemann-integrierbare Funktionen $f, g : [a, b] \longrightarrow \mathbb{R}$ gilt:

a) $\int_a^b f(x)\, dx \geq 0$, falls $f(x) \geq 0$ für alle $x \in [a, b]$ (Positivität)

b) $\int_a^b f(x)\, dx \leq \int_a^b g(x)\, dx$, falls $f(x) \leq g(x)$ für alle $x \in [a, b]$ (Monotonie)

c) $\int_a^b f(x)\, dx < \int_a^b g(x)\, dx$, falls f und g stetig, $f(x) \leq g(x)$ für alle $x \in [a, b]$ sowie $f(x_0) < g(x_0)$ für mindestens ein $x_0 \in [a, b]$ (strenge Monotonie)

d) $m(b-a) \leq \int_a^b f(x)\, dx \leq M(b-a)$, falls $m \leq f(x) \leq M$ für alle $x \in [a, b]$

e) $\left| \int_a^b f(x)\, dx \right| \leq \int_a^b |f(x)|\, dx$ (Dreiecksungleichung)

Beweis: Zu a): Es sei $\big(R_f(Z_n; \xi_1, \ldots, \xi_n)\big)_{n \in \mathbb{N}}$ eine beliebige Folge von Riemann-Summen zu Zerlegungen $(Z_n)_{n \in \mathbb{N}}$ mit $\lim_{n \to \infty} F(Z_n) = 0$. Wegen $f(x) \geq 0$ für alle $x \in [a, b]$ gilt dann $R_f(Z_n; \xi_1, \ldots, \xi_n) \geq 0$ für alle $n \in \mathbb{N}$ und mit Satz 19.6 folgt

$$\int_a^b f(x)\, dx = \lim_{n \to \infty} R_f(Z_n; \xi_1, \ldots, \xi_n) \geq 0.$$

Zu b): Gemäß Voraussetzung gilt $g(x) - f(x) \geq 0$ für alle $x \in [a, b]$. Zusammen mit Satz 19.9c) und Aussage a) folgt daraus die Behauptung

$$\int_a^b g(x)\, dx - \int_a^b f(x)\, dx = \int_a^b (g(x) - f(x))\, dx \geq 0.$$

Zu c): Die Funktion h mit $h(x) := g(x) - f(x) \geq 0$ für alle $x \in [a, b]$ ist stetig und es gibt ein $x_0 \in [a, b]$ mit $h(x_0) > 0$. Daraus folgt, dass es ein $\delta > 0$ gibt, so dass $h(x) \geq \frac{h(x_0)}{2} > 0$ für alle $x \in (x_0 - \delta, x_0 + \delta)$ gilt. Es gibt daher eine Untersumme $U_h(Z_n)$ von h, die positiv ist, wenn die Zerlegung Z_n nur hinreichend fein ist. Somit gilt die Behauptung

$$\int_a^b g(x)\, dx - \int_a^b f(x)\, dx = \int_a^b h(x)\, dx = \sup_{Z_n} U_h(Z_n) > 0.$$

Zu d): Mit Satz 19.9a) folgt

$$\int_a^b m\, dx = m \int_a^b 1\, dx = m(b-a) \quad \text{und}$$

$$\int_a^b M\, dx = M \int_a^b 1\, dx = M(b-a).$$

Zusammen mit Aussage b) erhält man daraus die Behauptung.

Zu e): Durch Integration der beiden Seiten der Ungleichung $-f(x) \leq |f(x)|$ und $f(x) \leq |f(x)|$ für alle $x \in [a, b]$ erhält man mit Aussage b)

$$-\int_a^b f(x)\, dx \leq \int_a^b |f(x)|\, dx \quad \text{bzw.} \quad \int_a^b f(x)\, dx \leq \int_a^b |f(x)|\, dx$$

und damit die Behauptung. ■

Jensensche Ungleichung

Die nach dem dänischen Mathematiker *Johan Ludwig Jensen* (1859–1925) benannte Jensensche Ungleichung für Summen (vgl. Satz 13.21) führt zu der folgenden Ungleichung für bestimmte Riemann-Integrale. Diese Ungleichung wird ebenfalls als **Jensensche Ungleichung** bezeichnet:

J. L. Jensen

Satz 19.15 (Jensensche Ungleichung)

Es sei $f : I \subseteq \mathbb{R} \longrightarrow \mathbb{R}$ eine stetige reelle Funktion auf dem Intervall $I \subseteq \mathbb{R}$ und $g : [a, b] \longrightarrow \mathbb{R}$ eine Riemann-integrierbare Funktion mit $g([a, b]) \subseteq I$. Ferner sei auch die Komposition $f \circ g : [a, b] \longrightarrow \mathbb{R}$ Riemann-integrierbar.

a) Ist f konvex, dann gilt

$$f\left(\frac{1}{b-a} \int_a^b g(t)\, dt \right) \leq \frac{1}{b-a} \int_a^b f(g(t))\, dt.$$

b) Ist f konkav, dann gilt

$$f\left(\frac{1}{b-a} \int_a^b g(t)\, dt \right) \geq \frac{1}{b-a} \int_a^b f(g(t))\, dt.$$

Beweis: Zu a): Die reelle Funktion f sei konvex, $Z_n = \{x_0, \ldots, x_n\}$ eine Zerlegung des Intervalles $[a, b]$ und $\xi_i \in [x_{i-1}, x_i]$ für $i = 1, \ldots, n$ seien Stützstellen. Für die beiden Riemann-Summen

$$R_g(Z_n; \xi_1, \ldots, \xi_n) = \sum_{i=1}^{n} g(\xi_i)(x_i - x_{i-1}) \quad \text{bzw.}$$

$$R_{f \circ g}(Z_n; \xi_1, \ldots, \xi_n) = \sum_{i=1}^{n} (f \circ g)(\xi_i)(x_i - x_{i-1})$$

folgt dann mit Satz 13.21a)

$$f\left(\frac{1}{b-a} R_g(Z_n; \xi_1, \ldots, \xi_n)\right) = f\left(\sum_{i=1}^{n} \frac{x_i - x_{i-1}}{b-a} g(\xi_i)\right)$$

$$\leq \sum_{i=1}^{n} \frac{x_i - x_{i-1}}{b-a} f(g(\xi_i))$$

$$= \frac{1}{b-a} R_{f \circ g}(Z_n; \xi_1, \ldots, \xi_n).$$

Da f nach Voraussetzung stetig ist, folgt daraus zusammen mit Satz 19.6 für $n \to \infty$ die Behauptung

$$f\left(\frac{1}{b-a} \int_a^b g(t)\, dt\right) \leq \frac{1}{b-a} \int_a^b f(g(t))\, dt.$$

Zu b): Ist f eine konkave Funktion, dann ist $-f$ konvex. Folglich gilt für konkave Funktionen die Jensensche Ungleichung in umgekehrter Richtung. ■

Die Jensensche Ungleichung ist in der Ökonomie sowie in der Finanz- und Versicherungsmathematik bei der Untersuchung der unterschiedlichsten Problemstellungen hilfreich (siehe hierzu z. B. *Buchanan* [9] und *Dickson* [12]). Zum Beispiel ist sie eines der wichtigsten Hilfsmittel in der Nutzentheorie.

19.5 Mittelwertsatz der Integralrechnung

Gegenstand dieses Abschnittes sind der Mittelwertsatz und der verallgemeinerte Mittelwertsatz der Integralrechnung.

Mittelwertsatz

Der **Mittelwertsatz der Integralrechnung** ist analog zum Mittelwertsatz der Differentialrechnung (siehe Abschnitt 16.7) ein wichtiges Resultat der Infinitesimalrechnung, das für den weiteren Ausbau der Integralrechnung sehr hilfreich ist. Zum Beispiel wird er beim Beweis des **(ersten) Hauptsatzes der Differential- und Integralrechnung** (vgl. Satz 19.21) benötigt.

Im Folgenden seien $f\colon [a, b] \longrightarrow \mathbb{R}$ eine Riemann-integrierbare Funktion mit $b > a$ sowie

$$m := \inf_{x \in [a,b]} f(x) \quad \text{und} \quad M := \sup_{x \in [a,b]} f(x) \quad (19.23)$$

Infimum und Supremum der Funktion f auf dem Intervall $[a, b]$. Das heißt, es gilt

$$m \leq f(x) \leq M \quad (19.24)$$

für alle $x \in [a, b]$ und mit Satz 19.14d) erhält man somit die Integralabschätzung

$$m(b-a) \leq \int_a^b f(x)\, dx \leq M(b-a) \quad \text{bzw.}$$

$$m \leq \frac{1}{b-a} \int_a^b f(x)\, dx \leq M. \quad (19.25)$$

Der Wert

$$\mu(f) := \frac{1}{b-a} \int_a^b f(x)\, dx \quad (19.26)$$

wird als **Integral-Mittelwert** der Funktion f auf $[a, b]$ bezeichnet und gemäß (19.25) gilt

$$m \leq \mu(f) \leq M.$$

Ist die Funktion f zusätzlich stetig, dann stimmt in (19.23) das Infimum m mit dem Minimum und das Supremum M mit dem Maximum der Funktion f überein. Das heißt, es gilt

$$\min_{x \in [a,b]} f(x) \leq \mu(f) \leq \max_{x \in [a,b]} f(x).$$

Mit dem **Zwischenwertsatz** (vgl. Satz 15.28) folgt, dass die stetige Funktion f jeden Wert aus dem Intervall

$$\left[\min_{x \in [a,b]} f(x),\ \max_{x \in [a,b]} f(x)\right]$$

an mindestens einer Stelle $\xi \in [a, b]$ annimmt, also auch den Integral-Mittelwert $\mu(f)$.

Diese Überlegungen werden durch den folgenden **Mittelwertsatz der Integralrechnung** zusammengefasst:

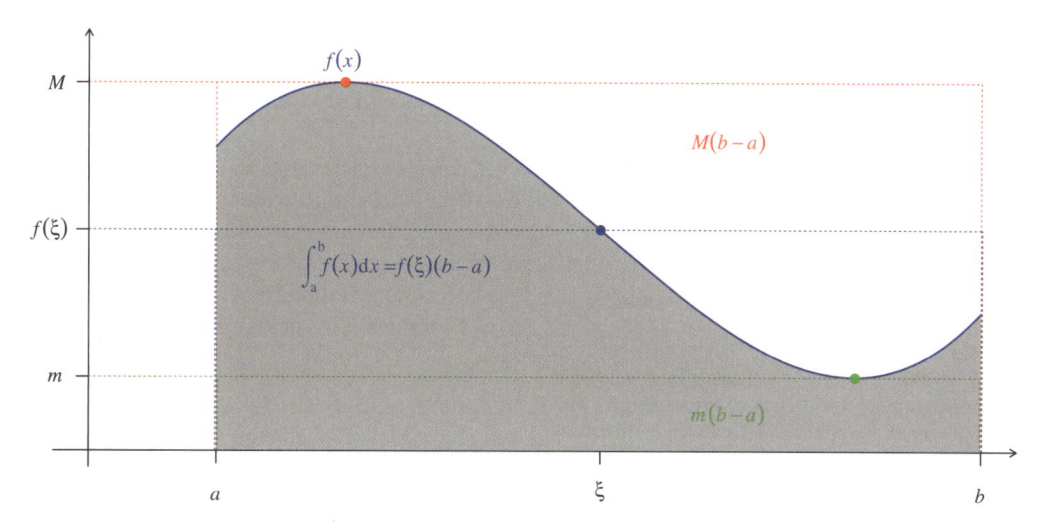

Abb. 19.7: Graphische Veranschaulichung der Integralabschätzungen (19.25) und des Mittelwertsatzes der Integralrechnung

Satz 19.16 (Mittelwertsatz der Integralrechnung)

Es sei $f : [a, b] \longrightarrow \mathbb{R}$ *eine Riemann-integrierbare Funktion. Dann genügt der Integral-Mittelwert* $\mu(f)$ *der Funktion* f *den Ungleichungen*

$$\inf_{x \in [a,b]} f(x) \leq \mu(f) \leq \sup_{x \in [a,b]} f(x).$$

Ist die Funktion f *sogar stetig, dann gibt es ein* $\xi \in [a, b]$ *mit* $\mu(f) = f(\xi)$, *d. h.*

$$\int_a^b f(x)\, dx = f(\xi)(b - a).$$

Beweis: Siehe die Erläuterungen vor Satz 19.16. ■

Die Integralabschätzungen (19.25) und der Mittelwertsatz der Integralrechnung werden in Abbildung 19.7 veranschaulicht: Für eine stetige Funktion mit $f(x) \geq 0$ für alle $x \in [a, b]$ ist der Flächeninhalt zwischen dem Graphen von f und der x-Achse im Intervall $[a, b]$, also der Wert $\int_a^b f(x)\, dx$, größer gleich dem Flächeninhalt des Rechtecks mit den Seitenlängen m und $(b - a)$, kleiner gleich dem Flächeninhalt des Rechtecks mit den Seitenlängen M und $(b - a)$ und gleich dem Flächeninhalt des Rechtecks mit den Seitenlängen $f(\xi)$ und $(b - a)$ für ein geeignetes $\xi \in [a, b]$.

Verallgemeinerter Mittelwertsatz

Bezeichnet $w: [a, b] \longrightarrow \mathbb{R}$ eine Riemann-integrierbare Funktion mit $w(x) \geq 0$ oder $w(x) \leq 0$ für alle $x \in [a, b]$ sowie m und M wieder Infimum bzw. Supremum von f auf $[a, b]$ (vgl. (19.23)), dann ist durch

$$\widetilde{\mu}(f) := \begin{cases} \frac{1}{\int_a^b w(x)\, dx} \int_a^b f(x) w(x)\, dx & \text{für } \int_a^b w(x)\, dx \neq 0 \\ c \in [m, M] \text{ beliebig} & \text{für } \int_a^b w(x)\, dx = 0 \end{cases}$$
(19.27)

der **gewichtete Integral-Mittelwert** der Funktion f auf $[a, b]$ gegeben. Mit $\widetilde{\mu}(f)$ lässt sich Satz 19.16 wie folgt zum sogenannten **verallgemeinerten Mittelwertsatz der Integralrechnung** verallgemeinern:

Satz 19.17 (Verallgemeinerter Mittelwertsatz der Integralrechnung)

Es seien $f, w: [a, b] \longrightarrow \mathbb{R}$ *zwei Riemann-integrierbare Funktionen und es gelte* $w(x) \geq 0$ *oder* $w(x) \leq 0$ *für alle* $x \in [a, b]$. *Dann genügt der gewichtete Integral-Mittelwert* $\widetilde{\mu}(f)$ *der Funktion* f *den Ungleichungen*

$$\inf_{x \in [a,b]} f(x) \leq \widetilde{\mu}(f) \leq \sup_{x \in [a,b]} f(x). \qquad (19.28)$$

Ist die Funktion f *sogar stetig, dann gibt es ein* $\xi \in [a, b]$ *mit* $\widetilde{\mu}(f) = f(\xi)$, *d. h.*

$$\int_a^b f(x) w(x)\, dx = f(\xi) \int_a^b w(x)\, dx. \qquad (19.29)$$

Beweis: Es gelte $w(x) \geq 0$ für alle $x \in [a,b]$. Aus (19.24) folgt dann $mw(x) \leq f(x)w(x) \leq Mw(x)$ für alle $x \in [a,b]$ und zusammen mit Satz 19.9a) sowie Satz 19.14b) impliziert dies

$$m \int_a^b w(x)\, dx \leq \int_a^b f(x)w(x)\, dx \leq M \int_a^b w(x)\, dx. \quad (19.30)$$

Ist $\int_a^b w(x)\, dx = 0$, dann gilt (19.28) per Definition von $\tilde{\mu}(f)$. Ist dagegen $\int_a^b w(x)\, dx \neq 0$, dann folgt (19.28) unmittelbar aus (19.30).

Ist die Funktion f zusätzlich stetig, dann kann in (19.28) das Infimum m und das Supremum M durch das Minimum bzw. Maximum der Funktion f ersetzt werden und der Zwischenwertsatz (vgl. Satz 15.28) besagt, dass die Funktion f den gewichteten Integral-Mittelwert $\tilde{\mu}(f)$ an mindestens einer Stelle $\xi \in [a,b]$ annimmt.

Den Fall $w(x) \leq 0$ für alle $x \in [a,b]$ zeigt man völlig analog. ∎

Für die Funktion $w: [a,b] \longrightarrow \mathbb{R}$ mit $w(x) = 1$ für alle $x \in [a,b]$ erhält man als Spezialfall von Satz 19.17 den (einfachen) Mittelwertsatz der Integralrechnung. Insbesondere gilt dann $\tilde{\mu}(f) = \mu(f)$. Die Integralabschätzungen (19.25) und der (verallgemeinerte) Mittelwertsatz der Integralrechnung sind zum Beispiel bei der Abschätzung von bestimmten Riemann-Integralen mit komplizierten Integranden nützlich. Gilt $w(x) \geq 0$ für alle $x \in [a,b]$ und $\int_a^b w(x)\, dx = 1$, dann besitzt w auch die Interpretation einer **Dichtefunktion** in der Wahrscheinlichkeitsrechnung.

19.6 Hauptsatz der Differential- und Integralrechnung

Der **Hauptsatz der Differential- und Integralrechnung** wird aufgrund seiner großen Bedeutung für die gesamte Analysis oft auch als **Fundamentalsatz der Analysis** bezeichnet. Er stellt einen direkten Zusammenhang zwischen den beiden großen Teilgebieten der Infinitesimalrechnung her. Denn er besagt im Wesentlichen, dass die Differential- und Integralrechnung zwei zueinander inverse mathematische Operationen sind. Das heißt, die beiden mathematischen Operationen Ableiten und Integrieren einer Funktion f sind Umkehrungen voneinander. Bei genauer Betrachtung stellt man jedoch fest, dass es sich dabei um zwei verschiedene Resultate handelt, weshalb in manchen Lehrbüchern auch von zwei Hauptsätzen die Rede ist. Geht man von einer stetigen reellen Funktion f zu der neuen Funktion

$$F: [a,b] \longrightarrow \mathbb{R}, \quad x \mapsto F(x) := \int_c^x f(t)\, dt$$

über, dann besagt der **erste Hauptsatz**, dass man durch Ableiten von F wieder die ursprüngliche Funktion f erhält. Geht man umgekehrt von einer differenzierbaren Funktion F mit Riemann-integrierbarer erster Ableitung $F' = f$ aus, dann sagt der **zweite Hauptsatz** aus, dass durch Integration von $f = F'$ bis auf eine additive Konstante wieder F resultiert.

Die Erkenntnis, dass die Integration nichts anderes als die Umkehrung der Differentiation ist, reifte bereits in der zweiten Hälfte des 17. Jahrhunderts. Der erste bekannte Beweis des Hauptsatzes der Differential- und Integralrechnung wurde nämlich bereits 1667 vom schottischen Mathematiker und Astronom *James Gregory* (1638–1675) publiziert. Es waren jedoch – wieder einmal – *Isaac Newton* (1643–1727) und *Gottfried Wilhelm Leibniz* (1646–1716), die als erste – und zwar unabhängig voneinander – bei der Entwicklung der Infinitesimalrechnung die volle Bedeutung des Hauptsatzes der Differential- und Integralrechnung erkannt haben. Seine heutige formale Form erhielt er jedoch erst durch die Arbeiten von *Augustin Louis Cauchy* (1789–1857), der 1823 als erster den Hauptsatz der Differential- und Integralrechnung im Rahmen einer formalen Integraldefinition mit Hilfe des Mittelwertsatzes der Integralrechnung bewiesen hat.

J. Gregory

Stammfunktionen

Für die Formulierung des (ersten und zweiten) Hauptsatzes der Differential- und Integralrechnung ist der Begriff der **Stammfunktion** von zentraler Bedeutung:

> **Definition 19.18** (Stammfunktion)
>
> *Eine differenzierbare reelle Funktion $F: [a,b] \to \mathbb{R}$ heißt Stammfunktion der reellen Funktion $f: [a,b] \to \mathbb{R}$, wenn für alle $x \in [a,b]$ gilt:*
>
> $$F'(x) = f(x)$$

19.6 Hauptsatz der Differential- und Integralrechnung

Stammfunktionen werden für gewöhnlich mit Großbuchstaben, wie z. B. $F, G, H, \ldots$, bezeichnet. Die Suche nach einer Stammfunktion einer reellen Funktion f entspricht der „Umkehrung der Differentiation". Dieser Umkehrungsprozess erhält seine Bedeutung für die Analysis durch den (ersten und zweiten) Hauptsatz der Differential- und Integralrechnung (siehe Satz 19.21 und Satz 19.22).

Aus Definition 19.18 folgt unmittelbar, dass eine Stammfunktion im Falle ihrer Existenz nicht eindeutig ist. Genauer gilt, dass eine reelle Funktion $f : [a, b] \longrightarrow \mathbb{R}$ entweder keine oder unendlich viele Stammfunktionen besitzt. Ist nämlich F eine Stammfunktion der reellen Funktion f, dann gilt

$$(F(x) + C)' = F'(x) = f(x) \tag{19.31}$$

für alle $x \in [a, b]$ und eine beliebige Konstante $C \in \mathbb{R}$. Die Funktion $F + C$ ist somit auch eine Stammfunktion von f.

Der folgende Satz besagt, dass durch $F + C$ bereits alle Stammfunktionen von f gegeben sind. Das heißt, zwei beliebige Stammfunktionen einer reellen Funktion f unterscheiden sich stets lediglich um eine Konstante $C \in \mathbb{R}$.

> **Satz 19.19** (Charakterisierung von Stammfunktionen)
>
> Zwei Stammfunktionen $F_1, F_2 : [a, b] \longrightarrow \mathbb{R}$ einer reellen Funktion $f : [a, b] \longrightarrow \mathbb{R}$ unterscheiden sich nur um eine Konstante $C \in \mathbb{R}$. Das heißt, es gilt $F_2(x) = F_1(x) + C$ für alle $x \in [a, b]$.

Beweis: Aus $F_1'(x) = f(x)$ und $F_2'(x) = f(x)$ für alle $x \in [a, b]$ folgt $F_2'(x) - F_1'(x) = 0$ für alle $x \in [a, b]$. Mit Folgerung 16.29a) erhält man, dass $F_2 - F_1$ eine konstante Funktion ist und somit $F_2(x) = F_1(x) + C$ für alle $x \in [a, b]$ und eine geeignete Konstante $C \in \mathbb{R}$ gilt. ∎

Mit den im Kapitel 16 ermittelten ersten Ableitungen erhält man unmittelbar für viele wichtige reelle Funktionen die zugehörigen Stammfunktionen:

> **Beispiel 19.20** (Stammfunktionen)
>
> a) $F(x) = \frac{1}{n+1} x^{n+1}$ ist eine Stammfunktion von $f(x) = x^n$.
>
> b) $F(x) = e^x$ und $G(x) = \ln(x)$ sind Stammfunktionen von $f(x) = e^x$ bzw. $g(x) = \frac{1}{x}$.
>
> c) $F(x) = -\cos(x)$ und $G(x) = \sin(x)$ sind Stammfunktionen von $f(x) = \sin(x)$ bzw. $g(x) = \cos(x)$.

Für weitere Beispiele von Stammfunktionen reeller Funktionen siehe Tabelle 19.1.

Erster Hauptsatz

Der **erste Hauptsatz der Differential- und Integralrechnung** stellt für stetige Funktionen f die Existenz von Stammfunktionen F sicher und liefert insbesondere den bereits mehrfach erwähnten Zusammenhang zwischen Ableitung und Integration.

> **Satz 19.21** (Erster Hauptsatz der Differential- und Integralrechnung)
>
> Es sei $f : [a, b] \longrightarrow \mathbb{R}$ eine stetige reelle Funktion. Dann ist die Funktion
>
> $$F : [a, b] \longrightarrow \mathbb{R}, \quad x \mapsto \int_c^x f(t)\, dt$$
>
> mit $c \in [a, b]$ differenzierbar und eine Stammfunktion von f. Das heißt, es gilt für alle $x \in [a, b]$
>
> $$F'(x) = \frac{d}{dx}\left(\int_c^x f(t)\, dt\right) = f(x).$$

Beweis: Da die Funktion f stetig ist, erhält man mit dem Mittelwertsatz der Integralrechnung (vgl. Satz 19.16)

$$F(x_0 + h) - F(x_0) = \int_c^{x_0+h} f(t)\, dt - \int_c^{x_0} f(t)\, dt$$
$$= \int_{x_0}^{x_0+h} f(t)\, dt = f(\xi_h) h$$

für $x_0, x_0 + h \in [a, b]$ mit $h \neq 0$ und einem geeigneten ξ_h zwischen x_0 und $x_0 + h$. Folglich gilt

$$\frac{F(x_0 + h) - F(x_0)}{h} = f(\xi_h)$$

und $\lim_{h \to 0} \xi_h = x_0$. Zusammen mit der Stetigkeit von f impliziert dies

$$F'(x_0) = \lim_{h \to 0} \frac{F(x_0 + h) - F(x_0)}{h} = \lim_{h \to 0} f(\xi_h) = f(x_0).$$

Die Funktion F ist somit differenzierbar und besitzt die erste Ableitung f. ∎

Mit anderen Worten: Durch das bestimmte Riemann-Integral $\int_c^x f(t)\,dt$ mit variabler oberer Integrationsgrenze $x \in [a, b]$ wird eine differenzierbare reelle Funktion F in der Variablen x erklärt, die Stammfunktion von f ist. Die Ableitung des bestimmten Integrals $F(x) = \int_c^x f(t)\,dt$ nach x liefert den Integranden f.

Zweiter Hauptsatz

Der **zweite Hauptsatz der Differential- und Integralrechnung** stellt eine einfache und mächtige Methode zur Berechnung bestimmter Riemann-Integrale bereit.

Satz 19.22 (Zweiter Hauptsatz der Differential- und Integralrechnung)

Es sei $F: [a, b] \longrightarrow \mathbb{R}$ *die Stammfunktion einer Riemann-integrierbaren Funktion* $f: [a, b] \longrightarrow \mathbb{R}$, *dann gilt*

$$\int_a^b f(x)\,dx = F(b) - F(a) =: F(x)\Big|_a^b. \qquad (19.32)$$

Beweis: Es sei $(Z_n)_{n \in \mathbb{N}}$ eine Folge von Zerlegungen des Intervalles $[a, b]$ mit der Eigenschaft $\lim_{n \to \infty} F(Z_n) = 0$. Dann lässt sich die Differenz $F(b) - F(a)$ bezüglich jeder dieser Zerlegungen Z_n wie folgt als Teleskopsumme darstellen:

$$F(b) - F(a) = \sum_{i=1}^n (F(x_i) - F(x_{i-1})) \qquad (19.33)$$

Mit dem Mittelwertsatz der Differentialrechnung (vgl. Satz 16.28) lassen sich die Summanden auf der rechten Seite von (19.33) in der Form $F(x_i) - F(x_{i-1}) = F'(\xi_i)(x_i - x_{i-1})$ mit $\xi_i \in (x_{i-1}, x_i)$ schreiben. Es gilt somit

$$F(b) - F(a) = \sum_{i=1}^n F'(\xi_i)(x_i - x_{i-1}). \qquad (19.34)$$

Die rechte Seite von (19.34) ist für jede Zerlegung Z_n eine Riemann-Summe mit $R_{F'}(Z_n; \xi_1, \ldots, \xi_n) = F(b) - F(a)$. Da jedoch $F' = f$ nach Voraussetzung Riemann-integrierbar ist, folgt daraus die Behauptung

$$\int_a^b f(x)\,dx = \lim_{n \to \infty} R_{F'}(Z_n; \xi_1, \ldots, \xi_n) = F(b) - F(a).$$

∎

Der zweite Hauptsatz der Differential- und Integralrechnung besagt also, dass nach Integration der ersten Ableitung $f = F'$ einer reellen Funktion wieder die urspüngliche Funktion F resultiert. Insbesondere wird durch den zweiten Hauptsatz das Problem der Berechnung eines bestimmten Riemann-Integrals $\int_a^b f(x)\,dx$ auf das Problem der Bestimmung einer Stammfunktion F von f zurückgeführt. Da jedoch jede differenzierbare Funktion eine Stammfunktion ihrer ersten Ableitung ist, können auf diese Weise die Erkenntnisse und Ergebnisse der Differentialrechnung in Kapitel 16 herangezogen werden. Der zweite Hauptsatz erlaubt es somit bei der Berechnung von bestimmten Riemann-Integralen die in der Regel sehr mühsamen Konvergenzbetrachtungen von Unter- und Obersummen (vgl. Beispiel 19.2) oder Riemann-Summen (vgl. Beispiel 19.7) zu umgehen. Stattdessen kann die Berechnung des bestimmten Riemann-Integrals $\int_a^b f(x)\,dx$ einer Riemann-integrierbaren Funktion $f: [a, b] \longrightarrow \mathbb{R}$ in den folgenden zwei Schritten erfolgen:

1) Bestimmung einer Stammfunktion F von f.
2) Berechnung des bestimmten Riemann-Integrals mittels

$$\int_a^b f(x)\,dx = F(b) - F(a).$$

Da eine Riemann-integrierbare Funktion $f: [a, b] \to \mathbb{R}$ auch auf jedem abgeschlossenen Teilintervall von $[a, b]$ Riemann-integrierbar ist (siehe Satz 19.10), kann (19.32) zu

$$F(x) = \int_a^x f(t)\,dt + F(a) \qquad (19.35)$$

für alle $x \in [a, b]$ verallgemeinert werden. Die Formel (19.35) wird oft als **Newton-Leibniz-Formel** bezeichnet. Anstelle von $F(x)\big|_a^b$ schreibt man für $F(b) - F(a)$ häufig auch $\big[F(x)\big]_a^b$.

Der Hauptsatz der Differential- und Integralrechnung wurde 1984 inklusive Beweis, Anwendungen und historischen Bemerkungen von dem deutschen Mathematiker *Friedrich Wille* (1935–1992) in der sogenannten **Hauptsatzkantate** vertont (vgl. *Wille* [73]).

Beispiel 19.23 (Hauptsatz der Differential- und Integralrechnung)

a) Mit Satz 16.16a) erhält man

$$\int_{-\pi/2}^{\pi/2} \cos(x)\,dx = \sin(x)\Big|_{-\pi/2}^{\pi/2}$$
$$= \sin\left(\frac{\pi}{2}\right) - \sin\left(-\frac{\pi}{2}\right)$$
$$= 1 - (-1) = 2.$$

b) Mit Satz 16.12 folgt
$$\int_0^2 \left(-\frac{x^2}{2} + x + \frac{1}{2}\right) dx = \left(-\frac{x^3}{6} + \frac{x^2}{2} + \frac{x}{2}\right)\bigg|_0^2$$
$$= \frac{5}{3} - 0 = \frac{5}{3}.$$

c) Mit Satz 16.12 und Satz 16.14a) erhält man
$$\int_1^4 \left(\frac{c_1 x^3 + c_2 x^2 + c_3 x + c_4}{x}\right) dx$$
$$= \int_1^4 \left(c_1 x^2 + c_2 x + c_3 + \frac{c_4}{x}\right) dx$$
$$= \left(c_1 \frac{x^3}{3} + c_2 \frac{x^2}{2} + c_3 x + c_4 \ln(x)\right)\bigg|_1^4$$
$$= \frac{64}{3} c_1 + 8 c_2 + 4 c_3 + \ln(4) c_4 - \left(\frac{1}{3} c_1 + \frac{1}{2} c_2 + c_3\right)$$
$$= \frac{63}{3} c_1 + \frac{15}{2} c_2 + 3 c_3 + \ln(4) c_4.$$

d) Mit Satz 16.12 folgt
$$\int_2^5 |x-4|\, dx = \int_2^4 -(x-4)\, dx + \int_4^5 (x-4)\, dx$$
$$= -\left(\frac{x^2}{2} - 4x\right)\bigg|_2^4 + \left(\frac{x^2}{2} - 4x\right)\bigg|_4^5$$
$$= 8 - 6 - \frac{15}{2} + 8 = \frac{5}{2}.$$

e) Mit Satz 16.14a) und e) erhält man
$$\int_1^e \left(2 + \sqrt{x} + 3x^2 - \frac{3}{x^2} + \frac{1}{x}\right) dx$$
$$= \left(2x + \frac{2}{3} x^{\frac{3}{2}} + x^3 + \frac{3}{x} + \ln(x)\right)\bigg|_1^e$$
$$= 2e + \frac{2}{3} e^{\frac{3}{2}} + e^3 + \frac{3}{e} + 1 - \left(2 + \frac{2}{3} + 1 + 3\right)$$
$$\approx 23{,}947.$$

f) Mit Satz 16.14c) und d) sowie Satz 16.16b) folgt
$$\int_1^e \left(3^x - e^{\frac{x}{4}} + \sin(2x)\right) dx$$
$$= \left(\frac{3^x}{\ln(3)} - 4 e^{\frac{x}{4}} - \frac{1}{2} \cos(2x)\right)\bigg|_1^e$$
$$= \frac{3^e}{\ln(3)} - 4 e^{\frac{e}{4}} - \frac{1}{2} \cos(2e)$$
$$\quad - \left(\frac{3}{\ln(3)} - 4 e^{\frac{1}{4}} - \frac{1}{2} \cos(2)\right) \approx 12{,}008.$$

Im folgenden Beispiel wird der Nutzen des zweiten Hauptsatzes der Integralrechnung anhand einer konkreten wirtschaftswissenschaftlichen Problemstellung verdeutlicht:

Beispiel 19.24 (Berechnung der Kostenfunktion aus den Grenzkosten)

In den Wirtschaftswissenschaften werden die Kosten, die durch die Produktion einer zusätzlichen Einheit eines Produktes entstehen, als **Grenzkosten** bezeichnet und durch eine sogenannte **Grenzkostenfunktion** $k: \mathbb{R}_+ \longrightarrow \mathbb{R}$ beschrieben. Die Grenzkostenfunktion ist damit die erste Ableitung einer differenzierbaren **Kostenfunktion** $K: \mathbb{R}_+ \longrightarrow \mathbb{R}$, welche die Kosten für das Produkt $K(x)$ in Abhängigkeit von der Produktionsmenge x angibt. Umgekehrt kann gemäß dem zweiten Hauptsatz der Integralrechnung aus der Grenzkostenfunktion k durch Integration die Kostenfunktion K ermittelt werden, falls die **Fixkosten** bekannt sind:

$$\int_0^x k(t)\, dt = K(t)\bigg|_0^x = K(x) - K(0) \quad \text{bzw.}$$
$$K(x) = K(0) + \int_0^x k(t)\, dt$$

für alle $x \in \mathbb{R}_+$. Der Wert $K(0)$ gibt die Fixkosten an, d. h. den Teil der Kosten $K(x)$, der auch bei einer Produktionsmenge von $x=0$ anfällt und damit unabhängig von der Produktionsmenge x ist. Dagegen beschreibt $\int_0^x k(t)\, dt$ die **variablen Kosten**, d. h. den Teil der Kosten, der von der Produktionsmenge x abhängig ist.

Ist die Grenzkostenfunktion z. B. durch $k: \mathbb{R}_+ \longrightarrow \mathbb{R}$, $t \mapsto k(t) = \left(t - \frac{3}{2}\right)^2 + 1$ gegeben und gilt für die Fixkosten $K(0) = \frac{3}{2}$, dann erhält man für die Kostenfunktion

$$K(x) = K(0) + \int_0^x k(t)\, dt$$
$$= \int_0^x \left(\left(t - \frac{3}{2}\right)^2 + 1\right) dt + \frac{3}{2}$$
$$= \left(\frac{1}{3} t^3 - \frac{3}{2} t^2 + \frac{13}{4} t\right)\bigg|_0^x + \frac{3}{2}$$
$$= \frac{1}{3} x^3 - \frac{3}{2} x^2 + \frac{13}{4} x + \frac{3}{2}$$

für alle $x \in \mathbb{R}_+$ (vgl. Abbildung 19.8, links).

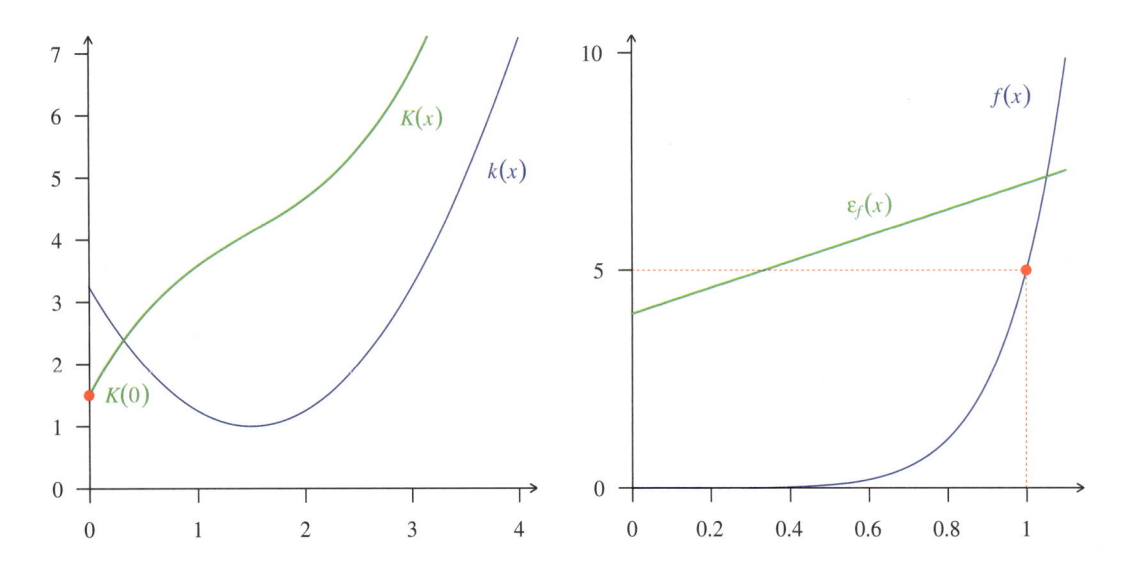

Abb. 19.8: Grenzkostenfunktion $k: \mathbb{R}_+ \longrightarrow \mathbb{R}$, $t \mapsto \left(t - \frac{3}{2}\right)^2 + 1$ und zugehörige Kostenfunktion $K: \mathbb{R}_+ \longrightarrow \mathbb{R}$, $x \mapsto \frac{1}{3}x^3 - \frac{3}{2}x^2 + \frac{13}{4}x + \frac{3}{2}$ (links) sowie reelle Funktion $f: (0, \infty) \longrightarrow \mathbb{R}$, $x \mapsto 5x^4 e^{3x-3}$ und zugehörige Elastizität $\varepsilon_f: (0, \infty) \longrightarrow \mathbb{R}$, $x \mapsto 4 + 3x$ (rechts)

Riemann-Integrierbarkeit versus Stammfunktion

Bei der Berechnung von bestimmten Riemann-Integralen mit Hilfe von Stammfunktionen ist zu beachten, dass Riemann-Integrierbarkeit einer reellen Funktion f nicht mit der Existenz einer Stammfunktion F gleichgesetzt werden kann. Denn nicht jede Riemann-integrierbare Funktion $f: [a, b] \longrightarrow \mathbb{R}$ besitzt eine Stammfunktion F.

Umgekehrt muss die Ableitung $f = F'$ einer differenzierbaren Funktion F nicht automatisch Riemann-integrierbar sein. Zum Beispiel kann man zeigen, dass die reelle Funktion

$$F: [0, \infty) \longrightarrow \mathbb{R}, \quad x \mapsto F(x) := \begin{cases} \sqrt{x^3} \sin\left(\frac{1}{x}\right) & \text{für } x > 0 \\ 0 & \text{für } x = 0 \end{cases}$$

differenzierbar ist und die erste Ableitung

$$f(x) := F'(x) = \begin{cases} \frac{3}{2}\sqrt{x} \sin\left(\frac{1}{x}\right) - \frac{1}{\sqrt{x}} \cos\left(\frac{1}{x}\right) & \text{für } x > 0 \\ 0 & \text{für } x = 0 \end{cases}$$

besitzt. Die Funktion f ist jedoch auf keinem Intervall $[0, b]$ mit $b > 0$ Riemann-integrierbar. Denn die Funktion f ist an der Stelle $x_0 = 0$ unbeschränkt, aber gemäß Definition 19.1 ist eine Riemann-integrierbare Funktion stets beschränkt.

Zusammengefasst verdeutlichen diese Ausführungen, dass die Existenz einer Stammfunktion F für eine reelle Funktion f und die Existenz des bestimmten Riemann-Integrals einer reellen Funktion f verschiedene Dinge sind und deshalb sorgfältig auseinander gehalten werden müssen. Dies bedeutet insbesondere auch, dass die Newton-Leibniz-Formel $F(x) = \int_a^x f(t) \, dt + F(a)$ keine Allgemeingültigkeit besitzt. Denn zum einen ist es möglich, dass die erste Ableitung $f = F'$ einer Stammfunktion F nicht Riemann-integrierbar ist und damit das bestimmte Riemann-Integral $\int_a^x f(t) \, dt$ nicht existiert, und zum anderen ist es möglich, dass eine Riemann-integrierbare reelle Funktion f keine Stammfunktion F besitzt.

Unbestimmtes Riemann-Integral

Es wurde bereits gezeigt, dass die Stammfunktion einer Riemann-integrierbaren Funktion $f: [a, b] \longrightarrow \mathbb{R}$ im Falle ihrer Existenz nicht eindeutig ist (vgl. (19.31)). Diese Erkenntnis motiviert die folgende Definition des **unbestimmten Riemann-Integrals** einer Riemann-integrierbaren Funktion f:

19.6 Hauptsatz der Differential- und Integralrechnung

Definition 19.25 (Unbestimmtes Riemann-Integral)

Es sei $f:[a,b] \longrightarrow \mathbb{R}$ eine Riemann-integrierbare Funktion. Dann heißt die Menge aller Stammfunktionen von f unbestimmtes Riemann-Integral von f auf dem Intervall $[a,b]$ und wird bezeichnet mit

$$\int f(x)\,dx.$$

Das unbestimmte Riemann-Integral von f ist im Gegensatz zum bestimmten Riemann-Integral von f keine reelle Zahl, sondern die Menge aller Stammfunktionen von f. Da sich jedoch gemäß Satz 19.19 zwei Stammfunktionen einer reellen Funktion f lediglich um eine additive Konstante unterscheiden, ist es üblich, diese Menge von Stammfunktionen von f mit

$$\int f(x)\,dx = F(x) + C$$

zu bezeichnen, wobei F eine beliebige Stammfunktion von f ist und C **Integrationskonstante** des unbestimmten Integrals von f genannt wird. Es gilt somit die Äquivalenz

$$\int f(x)\,dx = F(x) + C \quad \Longleftrightarrow \quad F'(x) = f(x).$$

Bei Verwendung der Schreibweise $\int f(x)\,dx$ sollte man sich stets bewusst sein, dass dieses Symbol eine Stammfunktion von f nur bis auf eine beliebige additive Konstante beschreibt. So gilt z. B. $\int x^2\,dx = \frac{1}{3}x^3$, aber ebenso auch $\int x^2\,dx = \frac{1}{3}x^3 + 2$.

Das folgende Beispiel zeigt, dass unbestimmte Integrale auch bei wirtschaftswissenschaftlichen Fragestellungen auftreten:

Beispiel 19.26 (Ermittlung einer Funktion aus der Elastizität)

Aus der **Elastizität** $\varepsilon_f(x)$ einer stetig differenzierbaren positiven reellen Funktion $f: D \subseteq \mathbb{R} \longrightarrow \mathbb{R}$ kann durch Integration die zugrundeliegende Funktion f zurückgewonnen werden. Denn aus der Definition der Elastizität

$$\varepsilon_f(x) := x \cdot \frac{f'(x)}{f(x)}$$

(vgl. Definition 16.44d)) erhält man $\frac{f'(x)}{f(x)} = \frac{\varepsilon_f(x)}{x}$ und damit das unbestimmte Integral

$$\int \frac{\varepsilon_f(x)}{x}\,dx = \int \frac{f'(x)}{f(x)}\,dx = \ln(f(x)) + C,$$

wobei für die letzte Gleichung die Integrationsformel (19.48) verwendet wurde. Daraus erhält man für f die Darstellung

$$f(x) = e^{\int \frac{\varepsilon_f(x)}{x}\,dx - C},$$

und ist $F(x)$ eine Stammfunktion von $\frac{\varepsilon_f(x)}{x}$, dann folgt weiter

$$f(x) = e^{F(x)-C} = e^{-C} e^{F(x)} = \rho e^{F(x)}$$
$$\text{mit } \rho := e^{-C}. \tag{19.36}$$

Ist nun zusätzlich ein Funktionswert $f(a)$ von f gegeben, dann erhält man aus (19.36)

$$f(a) = \rho e^{F(a)} \quad \text{bzw.} \quad \rho = \frac{f(a)}{e^{F(a)}}.$$

Dies impliziert für die Funktion f die Darstellung

$$f(x) = \frac{f(a)}{e^{F(a)}} e^{F(x)} = f(a) e^{F(x)-F(a)}. \tag{19.37}$$

Besitzt eine Funktion $f:(0,\infty) \longrightarrow \mathbb{R}$ z. B. konkret die lineare Elastizität $\varepsilon_f:(0,\infty) \longrightarrow \mathbb{R}$, $x \mapsto 4+3x$ und den Funktionswert $f(1) = 5$, dann gilt

$$\frac{\varepsilon_f(x)}{x} = \frac{4}{x} + 3 \quad \text{und} \quad F(x) = 4\ln(x) + 3x.$$

In (19.37) eingesetzt liefert dies

$$f(x) = f(1) e^{F(x)-F(1)} = 5 e^{4\ln(x)+3x-3} = 5 x^4 e^{3x-3}$$

(vgl. Abbildung 19.8, rechts).

In Tabelle 19.1 sind einige wichtige elementare reelle Funktionen und ihr unbestimmtes Riemann-Integral (Stammfunktion) zusammengestellt. Diese unbestimmten Riemann-Integrale werden oftmals als **Grundintegrale** bezeichnet und dienen als Ausgangspunkt für die praktische Rechnung mit (bestimmten und unbestimmten) Riemann-Integralen. Sie ergeben sich unmittelbar aus den in Abschnitt 16.5 ermittelten ersten Ableitungen für die wichtigsten elementaren Funktionen. Beim Integrieren ist die Tabelle 19.1 von links nach rechts und beim Differenzieren von rechts nach links zu lesen. Dabei sind die angegebenen Funktionen f für alle $x \in \mathbb{R}$ definiert, ausgenommen dort, wo auftretende Nenner Null werden oder unter Wurzeln negative Werte resultieren.

$f(x) = F'(x)$	$F(x) + C = \int f(x)\,dx$	Bemerkungen
a	$ax + C$	
x^c	$\frac{1}{c+1}x^{c+1} + C$	$\mathbb{R}$ für $c \in \mathbb{N}_0$
		$\mathbb{R} \setminus \{0\}$ für $c \in \{-2, -3, \ldots\}$
		$\mathbb{R}_+$ für $c > 0$
		$\mathbb{R}_+ \setminus \{0\}$ für $c < 0$ mit $c \neq -1$
$\frac{1}{x}$	$\ln|x| + C$	$x \neq 0$
e^x	$e^x + C$	
e^{rx}	$\frac{1}{r}e^{rx} + C$	$r \neq 0$
a^x	$\frac{1}{\ln(a)}a^x + C$	$a > 0, a \neq 1$
$x^x(1+\ln(x))$	$x^x + C$	$x > 0$
$\ln(x)$	$x(\ln(x) - 1) + C$	$x > 0$
$\log_a(x)$	$\frac{x}{\ln(a)}(\ln(x) - 1) + C$	$a > 0, x > 0$
$\sin(x)$	$-\cos(x) + C$	
$\cos(x)$	$\sin(x) + C$	
$\tan(x)$	$-\ln|\cos(x)| + C$	$x \neq (2k+1)\frac{\pi}{2}, k \in \mathbb{Z}$
$\cot(x)$	$\ln|\sin(x)| + C$	$x \neq k\pi, k \in \mathbb{Z}$
$\frac{1}{\sin^2(x)}$	$-\cot(x) + C$	$x \neq k\pi, k \in \mathbb{Z}$
$\frac{1}{\cos^2(x)}$	$\tan(x) + C$	$x \neq (2k+1)\frac{\pi}{2}, k \in \mathbb{Z}$
$\frac{1}{\sqrt{1-x^2}}$	$\arcsin(x) + C$	$|x| < 1$
$\frac{1}{1+x^2}$	$\arctan(x) + C$	
$\frac{1}{1-x^2}$	$\frac{1}{2}\ln\left(\frac{1+x}{1-x}\right) + C$	$|x| < 1$
$\frac{1}{1-x^2}$	$\frac{1}{2}\ln\left(\frac{x+1}{x-1}\right) + C$	$|x| > 1$
$\frac{1}{\sqrt{1+x^2}}$	$\ln\left(x + \sqrt{1+x^2}\right) + C$	
$\frac{1}{\pm\sqrt{x^2-1}}$	$\pm\ln\left(x + \sqrt{x^2-1}\right) + C$	$|x| > 1$

Tabelle 19.1: Grundintegrale für reelle Funktionen

19.7 Berechnung von Riemann-Integralen

Berechenbarkeit von Riemann-Integralen

Im Kapitel 16 zur Differentialrechnung hat sich gezeigt, dass alle **elementaren Funktionen** f (d. h. Summen, Differenzen, Produkte, Quotienten, Kompositionen und Umkehrfunktionen von Polynomen, rationalen Funktionen, Potenzfunktionen, Exponentialfunktionen und trigonometrischen Funktionen) differenzierbar und ihre Ableitungen f' ebenfalls elementare Funktionen sind. Diese Tatsache ist die Ursache dafür, dass das Differenzieren einer reellen Funktion im Allgemeinen keine Schwierigkeiten bereitet. Bedauerlicherweise gilt dies nicht für die Integration. Denn die analytische Berechnung des Riemann-Integrals von elementaren Funktionen ist oftmals sehr schwierig oder gar unmöglich. Aus diesem Grund sagt man:

J. Liouville

„Die Differentiation gehört zum Handwerk, die Integration dagegen zur Kunst".

Zum Beispiel ist die elementare Funktion

$$f(x) = \frac{\sin(x)}{x} \qquad (19.38)$$

leicht differenzierbar, aber alle Versuche diese Funktion zu integrieren müssen fehlschlagen, da der französische Mathematiker *Joseph Liouville* (1809–1882) und andere nachgewiesen haben, dass sich diese und viele weitere Funktionen, wie z. B.

$$e^{-x^2},\ \frac{e^x}{x},\ \frac{1}{\ln(x)} \quad \text{oder} \quad \sqrt{a_4 x^4 + a_3 x^3 + a_2 x^2 + a_1 x + a_0}, \qquad (19.39)$$

nicht geschlossen integrieren lassen. Das heißt, eine Darstellung des Riemann-Integrals dieser Funktionen als elementare Funktion „in geschlossener Form" ist nicht möglich. Dies gilt trotz der Tatsache, dass die Funktionen (19.38) und (19.39) als stetige Funktionen Riemann-integrierbar sind und damit die zugehörigen Riemann-Integrale grundsätzlich existieren (vgl. Satz 19.4). Es gilt sogar, dass für diese Funktionen aufgrund ihrer Stetigkeit durch den ersten Hauptsatz der Differential- und Integralrechnung (vgl. Satz 19.21) die Existenz von Stammfunktionen sichergestellt ist. Unglücklicherweise sind jedoch diese Stammfunktionen nicht elementar darstellbar und die Riemann-Integrale der Funktionen (19.38) und (19.39) können deshalb nicht mit Hilfe der durch den zweiten Hauptsatz der Differential- und Integralrechnung bereitgestellten Newton-Leibniz-Formel (19.35) in geschlossener Form angegeben werden.

Die Integration führt somit im Allgemeinen aus der Menge der elementaren Funktionen heraus. Sie liefert oftmals nicht elementare, aber für die Theorie und Praxis dennoch wichtige „höhere" Funktionen der Form

$$F(x) = \int_a^x f(t)\, dt, \quad (19.40)$$

wobei f eine elementare Funktion, wie z. B. die in (19.38) und (19.39) angegebenen, sein kann. Ein sehr bekanntes Beispiel für solch eine nicht elementare Funktion ist die nach dem deutschen Mathematiker *Carl Friedrich Gauß* (1777–1855) benannte **Gaußsche Fehlerfunktion**

$$\Phi(x) := \frac{2}{\sqrt{\pi}} \int_0^x e^{-t^2}\, dt$$

Denkmal von C.F. Gauß in Braunschweig

für alle $x \geq 0$. Sie besitzt für die Wahrscheinlichkeitstheorie, die Statistik, die Finanz- und Versicherungsmathematik sowie für viele weitere Bereiche eine herausragende Bedeutung. Die Funktionswerte der Gaußschen Fehlerfunktion und vieler anderer höherer Funktionen, die durch Integration elementarer Funktionen entstehen, können jedoch mit Hilfe von **Potenzreihen** (siehe Abschnitt 17.4) oder **numerischer Integration** (vgl. Kapitel 29) beliebig genau berechnet werden.

Im weiteren Verlauf dieses Kapitels werden nur noch elementare Funktionen betrachtet, für die eine Stammfunktion existiert und deren Riemann-Integral wieder eine elementare Funktion ist. Das Ziel dieses und des nächsten Abschnittes ist es, die in diesem Kapitel bisher entwickelten Konzepte dadurch weiter auszubauen, dass der Zusammenhang zwischen Integration und Differentiation noch stärker ausgenutzt wird. Da das Auffinden von Stammfunktionen gerade der Umkehrungsprozess des Differenzierens ist, lassen sich die Differentiationsregeln aus Kapitel 16 in **Integrationsregeln** umwandeln, die zur Bestimmung von Stammfunktionen eingesetzt werden können. Das Ergebnis ist eine **Technik des Integrierens**, mit der ein zu berechnendes Riemann-Integral auf die Grundintegrale in Tabelle 19.1 oder andere bereits bekannte Riemann-Integrale zurückgeführt und damit eine Stammfunktion für das betrachtete Riemann-Integral analytisch ermittelt werden kann. Wie sich jedoch zeigen wird, sind dabei oftmals „kreative" Ideen und „phantasievolle" Ansätze notwendig. Diese Technik des Integrierens ist für viele Bereiche der Wirtschaftswissenschaften unentbehrlich. Daran ändert auch die Tatsache nichts, dass in sogenannten **Integraltafeln** Tausende von unbestimmten Integralen (Stammfunktionen) aufgelistet sind (vgl. z. B. *Gröbner-Hofreiter* [21]

und *Gradshteyn-Ryzhik* [20]) und bei Bedarf nachgeschlagen werden können, sowie eine Reihe von **Computeralgebrasystemen**, wie z. B. Derive, Maple, Mathcad, Mathematica und MuPAD, mittlerweile in der Lage sind, fast alle bisher tabellierten Integrale problemlos zu berechnen.

Berücksichtigung von Symmetrien

Häufig lassen sich bestimmte Riemann-Integrale $\int_a^b f(x)\, dx$ leichter berechnen, wenn vorhandene **Symmetrieeigenschaften** des Integranden f erkannt und berücksichtigt werden.

Denn für eine gerade reelle Funktion $f: [a, b] \longrightarrow \mathbb{R}$ mit $f(-x) = f(x)$ für alle $x \in [a, b]$ gilt

$$\int_{-c}^{c} f(x)\, dx = \int_{-c}^{0} f(x)\, dx + \int_{0}^{c} f(x)\, dx$$
$$= 2 \int_{0}^{c} f(x)\, dx$$

für alle $[-c, c] \subseteq [a, b]$. Für eine ungerade reelle Funktion $f: [a, b] \longrightarrow \mathbb{R}$ mit $f(x) = -f(-x)$ für alle $x \in [a, b]$ gilt dagegen für alle $[-c, c] \subseteq [a, b]$

$$\int_{-c}^{c} f(x)\, dx = \int_{-c}^{0} f(x)\, dx + \int_{0}^{c} f(x)\, dx = 0.$$

Beispiel 19.27 (Berücksichtigung von Symmetrieeigenschaften)

a) Die Kosinusfunktion

$$\cos: [-\pi/2, \pi/2] \longrightarrow \mathbb{R}, \ f(x) = \cos(x)$$

ist eine gerade Funktion, d. h. es gilt $f(x) = f(-x)$. Man erhält somit

$$\int_{-\pi/2}^{\pi/2} \cos(x)\, dx = 2 \int_{0}^{\pi/2} \cos(x)\, dx$$
$$= 2 \sin(x)\Big|_{0}^{\pi/2} = 2(1 - 0) = 2$$

(vgl. Abbildung 19.9, links).

b) Die Funktion

$$f: [-5, 5] \longrightarrow \mathbb{R}, \ f(x) = \frac{e^x - e^{-x}}{2}$$

ist eine ungerade Funktion, d. h. es gilt $f(x) = -f(-x)$. Man erhält somit

$$\int_{-5}^{5} \left(\frac{e^x - e^{-x}}{2} \right) dx = 0$$

(vgl. Abbildung 19.9, rechts).

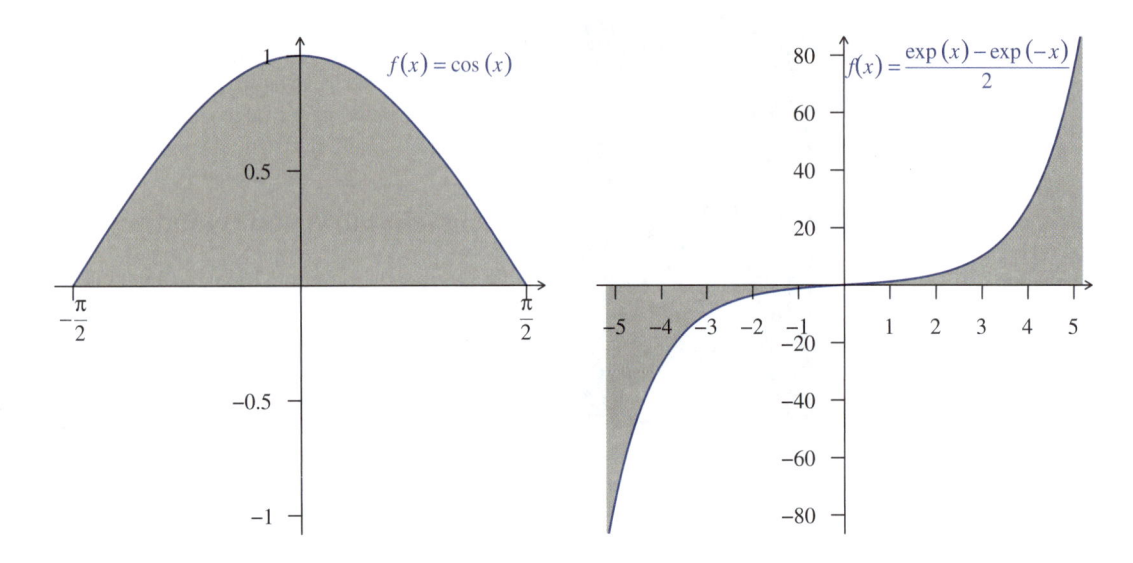

Abb. 19.9: Gerade reelle Funktion $\cos\colon [-\pi/2, \pi/2] \longrightarrow \mathbb{R}$, $f(x) = \cos(x)$ (links) und ungerade reelle Funktion $f\colon [-5, 5] \longrightarrow \mathbb{R}$, $f(x) = \frac{e^x - e^{-x}}{2}$ (rechts)

Methode der partiellen Integration

Ein wichtiges Hilfsmittel bei der expliziten Berechnung von Riemann-Integralen ist die **Methode der partiellen Integration** (auch **Produktintegration** genannt). Es handelt sich dabei um eine Integrationsmethode, die durch Umkehrung der Produktregel der Differentialrechnung

$$(fg)'(x_0) = f'(x_0)g(x_0) + f(x_0)g'(x_0)$$

entsteht (vgl. Satz 16.6c)). Die Bezeichnung „partielle" Integration soll darauf hinweisen, dass die Integration nur in dem Sinne teilweise erfolgt, dass das bestimmte Riemann-Integral einer reellen Funktion fg' auf das Riemann-Integral der reellen Funktion $f'g$ zurückgeführt wird. Dieses Verfahren ist daher nur sinnvoll, wenn das bestimmte Riemann-Integral mit dem Integranden $f'g$ leichter zu berechnen ist als das bestimmte Riemann-Integral mit dem Integranden fg'.

Die Methode der partiellen Integration wird durch den folgenden Satz konkretisiert:

Satz 19.28 (Partielle Integration)

Es seien $f, g\colon [a, b] \longrightarrow \mathbb{R}$ zwei stetig differenzierbare reelle Funktionen. Dann ist fg' Riemann-integrierbar auf $[a, b]$ und es gilt für das unbestimmte Riemann-Integral

$$\int f(x)g'(x)\,dx = f(x)g(x) - \int f'(x)g(x)\,dx \tag{19.41}$$

sowie für das bestimmte Riemann-Integral

$$\int_a^b f(x)g'(x)\,dx = f(x)g(x)\Big|_a^b - \int_a^b f'(x)g(x)\,dx. \tag{19.42}$$

Beweis: Die Funktion fg' ist als Produkt stetiger Funktionen stetig. Mit Satz 19.4 folgt somit, dass fg' Riemann-integrierbar ist. Für die Gültigkeit von (19.41) ist lediglich nachzuweisen, dass die rechte Seite von (19.41) eine Stammfunktion von fg' ist. Es ist also zu zeigen, dass die Differentiation der rechten Seite von (19.41) fg' ergibt. Dies ist jedoch der Fall, denn mit der Produktregel der Differentialrechnung (vgl. Satz 16.6c)) erhält man

$$\frac{d}{dx}\left(f(x)g(x) - \int f'(x)g(x)\,dx\right)$$
$$= \frac{d}{dx}f(x)g(x) - \frac{d}{dx}\int f'(x)g(x)\,dx$$
$$= f'(x)g(x) + f(x)g'(x) - f'(x)g(x) = f(x)g'(x),$$

also (19.41). Daraus folgt unmittelbar auch (19.42). ∎

Entscheidend für eine sinnvolle Anwendung der Produktintegration ist, dass sich der Integrand des vorliegenden Riemann-Integrals als ein Produkt der Form fg' darstellen lässt, so dass sowohl die Stammfunktion g von g' als auch das Riemann-Integral $\int f'(x)g(x)\,dx$ leichter ermittelt werden können als das ursprüngliche Riemann-Integral $\int f(x)g'(x)\,dx$. Als grobe Richtschnur bei der Anwendung der Produktintegration lässt sich somit festhalten, dass bei einem Riemann-Integral mit einem Integranden, der ein Produkt zweier reeller Funktionen ist, derjenige Faktor als Funktion f gewählt werden sollte, der sich durch Differenzieren „vereinfacht", und derjenige Faktor als Funktion g', der sich beim Integrieren wenigstens nicht allzusehr „verkompliziert".

Was dabei als eine Vereinfachung und eine Verkomplizierung verstanden werden kann, lässt sich nicht präzise formulieren. Als eine Vereinfachung kann z. B. angesehen werden, wenn von Potenzfunktionen $f(x) = x^n$ mit $n \in \mathbb{N}$ zu Ableitungen $f'(x) = nx^{n-1}$ mit niedrigeren Potenzen übergegangen wird. Es liegt ebenfalls eine Vereinfachung vor, wenn z. B. beim Differenzieren von $f(x) = \ln(x)$ zu $f'(x) = \frac{1}{x}$, von $f(x) = \arctan(x)$ zu $f'(x) = \frac{1}{1+x^2}$ oder von $f(x) = \arcsin(x)$ zu $f'(x) = \frac{1}{\sqrt{1-x^2}}$ übergegangen wird. Dagegen werden beim Integrieren die Funktionen e^x, $\sin(x)$ und $\cos(x)$ nicht komplizierter, da ihre Stammfunktionen e^x, $-\cos(x)$ bzw. $\sin(x)$ von der gleichen Bauart sind. Die partielle Integration ist deshalb besonders gut zur Berechnung von Riemann-Integralen der Form

$$\int x^n \ln(x)\,dx, \quad \int x^n e^{ax}\,dx, \quad \int x^n \sin(ax)\,dx \quad \text{oder}$$
$$\int x^n \cos(ax)\,dx$$

geeignet (vgl. Beispiel 19.29).

Zur effektiven Nutzung der Methode der partiellen Integration bei der Berechnung eines Riemann-Integrals gibt es verschiedene „Standardtricks". Zum Beispiel kann man sich in manchen Fällen zunutze machen, dass nach Anwendung der Produktintegration das ursprüngliche Riemann-Integral auf der rechten Seite des Gleichheitszeichens wiederkehrt, welches dann mit dem Riemann-Integral auf der linken Seite zusammengefasst werden kann (vgl. Beispiel 19.29c) und Beispiel 19.31b)).

In anderen Fällen, bei denen der Integrand des Riemann-Integrals ursprünglich kein Produkt von zwei Funktionen ist, kann es zielführend sein, durch Einfügen des Faktors 1 den Integranden in die Form $1 \cdot f$ zu bringen und anschließend die Methode der partiellen Integration einzusetzen. Mit diesem Ansatz können z. B. die Riemann-Integrale

$$\int \ln(x)\,dx, \quad \int \arcsin(x)\,dx, \quad \int \arccos(x)\,dx,$$
$$\int \arctan(x)\,dx \quad \text{und} \quad \int \text{arccot}(x)\,dx$$

problemlos berechnet werden (vgl. Beispiel 19.29b)). Oftmals muss bei der Berechnung eines Riemann-Integrals die Methode der partiellen Integration auch mehrfach angewendet werden, bevor man schließlich eine Stammfunktion erhält. Dies ist z. B. bei den Riemann-Integralen

$$\int x^n \sin(x)\,dx, \quad \int x^n \cos(x)\,dx \quad \text{und} \quad \int x^n e^x\,dx \tag{19.43}$$

der Fall (vgl. Beispiel 19.29d)).

Das konkrete Vorgehen bei der Methode der partiellen Integration wird im folgenden Beispiel verdeutlicht:

Beispiel 19.29 (Partielle Integration)

a) Produktintegration mit $f(x) = x$, $f'(x) = 1$, $g'(x) = e^x$ und $g(x) = e^x$ liefert
$$\int xe^x\,dx = xe^x - \int e^x\,dx$$
$$= xe^x - e^x + C = (x-1)e^x + C.$$

Zum Beispiel erhält man für das bestimmte Riemann-Integral $\int_{-1}^{1} xe^x\,dx$ den Wert
$$\int_{-1}^{1} xe^x\,dx = (x-1)e^x \Big|_{-1}^{1} = 0 + 2e^{-1} \approx 0{,}7358$$

(vgl. Abbildung 19.10, links).

b) Produktintegration mit $f(x) = \ln(x)$, $f'(x) = \frac{1}{x}$, $g'(x) = 1$ und $g(x) = x$ liefert
$$\int \ln(x)\,dx = \int \ln(x) \cdot 1\,dx$$
$$= \ln(x)x - \int \frac{1}{x} x\,dx$$
$$= \ln(x)x - x + C.$$

Zum Beispiel erhält man für $\int_1^e \ln(x)\,dx$ den Wert
$$\int_1^e \ln(x)\,dx = x\big(\ln(x) - 1\big) \Big|_1^e = 0 - (-1) = 1.$$

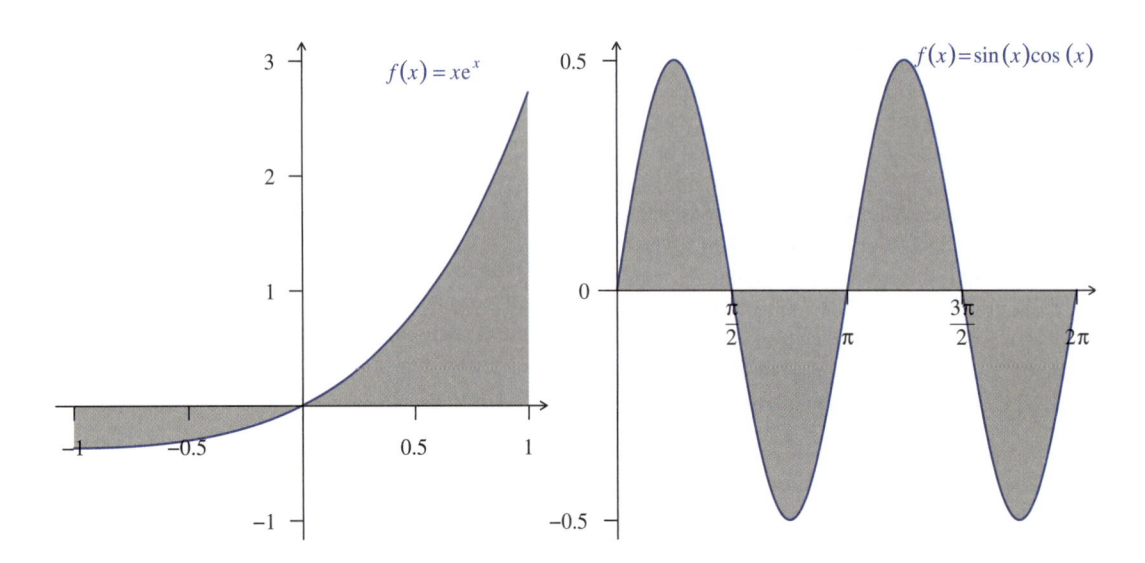

Abb. 19.10: Reelle Funktion $f: [-1, 1] \longrightarrow \mathbb{R}$, $x \mapsto xe^x$ (links) und reelle Funktion $f: [0, 2\pi] \longrightarrow \mathbb{R}$, $x \mapsto \sin(x)\cos(x)$ (rechts)

c) Durch Produktintegration mit $f(x) = \cos(x)$, $f'(x) = -\sin(x)$, $g'(x) = \sin(x)$ und $g(x) = -\cos(x)$ erhält man

$$\int \sin(x)\cos(x)\, dx = -\cos(x)\cos(x) - \int \sin(x)\cos(x)\, dx$$

bzw.

$$2\int \sin(x)\cos(x)\, dx = -\cos^2(x).$$

Unter Berücksichtigung der Integrationskonstanten ergibt dies

$$\int \sin(x)\cos(x)\, dx = -\frac{1}{2}\cos^2(x) + C.$$

Zum Beispiel erhält man für das bestimmte Riemann-Integral $\int_0^{2\pi} \sin(x)\cos(x)\, dx$ den Wert

$$\int_0^{2\pi} \sin(x)\cos(x)\, dx = -\frac{1}{2}\cos^2(x)\Big|_0^{2\pi}$$
$$= -\frac{1}{2} - \left(-\frac{1}{2}\right) = 0$$

(vgl. Abbildung 19.10, rechts).

d) Durch Produktintegration mit $f(x) = x^2$, $f'(x) = 2x$, $g'(x) = \sin(x)$ und $g(x) = -\cos(x)$ folgt

$$\int x^2 \sin(x)\, dx = -x^2 \cos(x) + 2\int x\cos(x)\, dx. \tag{19.44}$$

Für das unbestimmte Riemann-Integral auf der rechten Seite von (19.44) erhält man durch erneute Anwendung der Produktintegration mit $f(x) = x$, $f'(x) = 1$, $g'(x) = \cos(x)$ und $g(x) = \sin(x)$

$$\int x\cos(x)\, dx = x\sin(x) - \int \sin(x)\, dx$$
$$= x\sin(x) + \cos(x).$$

Unter Berücksichtigung der Integrationskonstanten ergibt dies schließlich

$$\int x^2 \sin(x)\, dx = -x^2 \cos(x) + 2x\sin(x) + 2\cos(x) + C.$$

Beispiel 19.30 (Investitionswert bei kontinuierlichem Auszahlungsstrom)

Der Wert einer Investition I mit kontinuierlichem und Riemann-integrierbarem Auszahlungsstrom $K: [0, T] \longrightarrow \mathbb{R}$ und Aufwendungen zum Zeitpunkt $t = 0$ in Höhe von $a \geq 0$ beträgt bei stetiger Verzinsung mit dem Zinssatz $p > 0$ zum Zeitpunkt $s \in [0, T]$

$$I_s(p) = e^{ps} \cdot I_0(p) = -ae^{ps} + \int_0^T K(t) e^{-p(t-s)} \, dt$$

(vgl. auch Beispiel 19.8a)). Bei einem kontinuierlichen Auszahlungsstrom mit linear ansteigender Rate $K(t) = 300t$ für alle $t \in [0, T]$ vereinfacht sich dies zu

$$I_s(p) = -ae^{ps} + 300 e^{ps} \int_0^T t e^{-pt} \, dt$$

und durch Produktintegration erhält man weiter

$$I_s(p) = -ae^{ps} + 300 e^{ps} \left(-\frac{t}{p} e^{-pt} \Big|_0^T + \frac{1}{p} \int_0^T e^{-pt} \, dt \right)$$

$$= -ae^{ps} + 300 e^{ps} \left(-\frac{T}{p} e^{-pT} - \frac{1}{p^2} e^{-pt} \Big|_0^T \right)$$

$$= -ae^{ps} + 300 e^{ps} \left(-\frac{T}{p} e^{-pT} - \frac{1}{p^2} \left(e^{-pT} - 1 \right) \right).$$

Gilt zum Beispiel konkret $p = 10\%$, $T = 10$ und $a = 5000\,€$, dann erhält man

$$I_0(10\%) = 2927{,}23\,€, \quad I_5(10\%) = 4826{,}19\,€ \quad \text{und}$$

$$I_{10}(10\%) = 7957{,}05\,€$$

(vgl. Abbildung 19.11).

Rekursionsformeln

Einige Riemann-Integrale, wie z. B. die in (19.43) angegebenen oder die Riemann-Integrale

$$\int x^2 \sin^n(x) \, dx, \quad \int x^2 \cos^n(x) \, dx \quad \text{und} \quad \int x^2 \ln^n(x) \, dx,$$

sind von einem Parameter $n \in \mathbb{N}_0$ abhängig. Bei solchen Riemann-Integralen kann man oftmals mit der Methode der partiellen Integration ein Riemann-Integral der gleichen Form, aber mit reduzierten Parameterwerten $n - 1$ oder $n - 2$ erzeugen. Durch wiederholte Anwendung der Produktintegration resultiert dann eine **Rekursionsformel**, mit deren Hilfe das gegebene Riemann-Integral schrittweise berechnet werden kann.

Da Rekursionsformeln in der gesamten Mathematik eine wichtige Rolle spielen, wird das konkrete Vorgehen im folgenden Beispiel demonstriert:

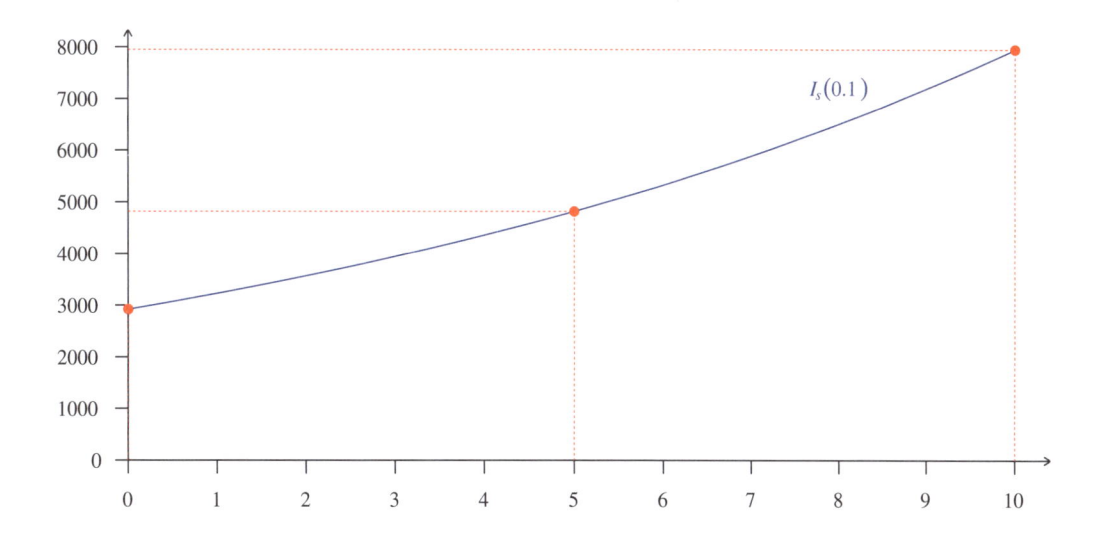

Abb. 19.11: Wert $I_s(p)$ der Investition I zum Zeitpunkt $s \in [0, T]$ für $p = 10\%$, $T = 10$ und $a = 5000\,€$

Beispiel 19.31 (Rekursionsformeln)

a) Durch Produktintegration mit $f(x) = \ln^n(x)$, $f'(x) = \frac{n}{x}\ln^{n-1}(x)$, $g'(x) = 1$ und $g(x) = x$ erhält man die Rekursionsformel

$$\int \ln^n(x)\, dx = x\ln^n(x) - \int \frac{n}{x}\ln^{n-1}(x)x\, dx$$

$$= x\ln^n(x) - n\int \ln^{n-1}(x)\, dx$$

für alle $n \in \mathbb{N}$.

b) Durch Produktintegration mit $f(x) = \sin^{n-1}(x)$, $g'(x) = \sin(x)$, $f'(x) = (n-1)\sin^{n-2}(x)\cos(x)$ und $g(x) = -\cos(x)$ folgt

$$\int \sin^n(x)\, dx = -\sin^{n-1}(x)\cos(x)$$

$$+ (n-1)\int \sin^{n-2}(x)\cos^2(x)\, dx$$

für alle $n \geq 2$. Wegen $\cos^2(x) = 1 - \sin^2(x)$ ergibt sich daraus weiter

$$\int \sin^n(x)\, dx = -\sin^{n-1}(x)\cos(x)$$

$$+ (n-1)\int \sin^{n-2}(x)\, dx$$

$$- (n-1)\int \sin^n(x)\, dx.$$

Nach Zusammenfassung gleicher Riemann-Integrale und anschließender Division mit n erhält man für $n \geq 2$ die Rekursionsformel

$$\int \sin^n(x)\, dx = \frac{-\sin^{n-1}(x)\cos(x)}{n} \qquad (19.45)$$

$$+ \frac{n-1}{n}\int \sin^{n-2}(x)\, dx.$$

Auf ähnliche Weise wie in Beispiel 19.31 lassen sich viele andere Rekursionsformeln ermitteln. Zum Beispiel gilt:

$$\int \cos^n(x)\, dx = \frac{\sin(x)\cos^{n-1}(x)}{n}$$

$$+ \frac{n-1}{n}\int \cos^{n-2}(x)\, dx \text{ für } n \geq 2$$

$$\int \sin^m(x)\cos^n(x)\, dx = \frac{\sin^{m+1}(x)\cos^{n-1}(x)}{m+n}$$

$$+ \frac{n-1}{m+n}\int \sin^m(x)\cos^{n-2}(x)\, dx \text{ für } n \geq 2, m \geq 1$$

$$\int \tan^n(x)\, dx = \frac{\tan^{n-1}(x)}{n-1} - \int \tan^{n-2}(x)\, dx \text{ für } n \geq 2$$

$$\int \cot^n(x)\, dx = -\frac{\cot^{n-1}(x)}{n-1} - \int \cot^{n-2}(x)\, dx \text{ für } n \geq 2$$

$$\int x^n e^x\, dx = x^n e^x - n\int x^{n-1} e^x\, dx \text{ für } n \geq 2$$

$$\int x^n \sin(x)\, dx = -x^n \cos(x)$$

$$+ n\int x^{n-1}\cos(x)\, dx \text{ für } n \geq 2$$

$$\int x^n \cos(x)\, dx = x^n \sin(x)$$

$$- n\int x^{n-1}\sin(x)\, dx \text{ für } n \geq 2$$

Substitutionsmethode

Ein weiteres wichtiges Hilfsmittel bei der expliziten Berechnung von Riemann-Integralen ist die **Substitutionsmethode**. Analog zur Methode der partiellen Integration entsteht auch diese Integrationsmethode aus einer Ableitungsregel. Bei der Substitutionsmethode handelt es sich um die Umkehrung der Kettenregel der Differentialrechnung

$$(f \circ g)'(t_0) = f'(g(t_0))g'(t_0)$$

(vgl. Satz 16.8). Die Bezeichnung „Substitutionsmethode" weist dabei darauf hin, dass bei dieser Integrationsmethode durch Einführung einer neuen Integrationsvariablen $x := g(t)$ ein Teil des Integranden substituiert und dadurch das Riemann-Integral vereinfacht oder auf ein anderes bereits bekanntes Riemann-Integral zurückgeführt wird. Die Substitutionsmethode wird durch den folgenden Satz konkretisiert:

Satz 19.32 (Substitutionsmethode)

Es sei $f: [a,b] \longrightarrow \mathbb{R}$ eine stetige reelle Funktion mit der Stammfunktion F und $g: [\alpha, \beta] \longrightarrow \mathbb{R}$ eine stetig differenzierbare reelle Funktion mit $g([\alpha, \beta]) \subseteq [a,b]$. Dann ist $(f \circ g)g'$ Riemann-integrierbar auf $[a,b]$ und

19.7 Berechnung von Riemann-Integralen

es gilt für das unbestimmte Riemann-Integral

$$\int f(g(t))\, g'(t)\, dt = \int f(x)\, dx \quad \text{mit } x = g(t) \quad (19.46)$$

sowie für das bestimmte Riemann-Integral

$$\int_\alpha^\beta f(g(t))\, g'(t)\, dt = \int_{g(\alpha)}^{g(\beta)} f(x)\, dx = F(x)\Big|_{g(\alpha)}^{g(\beta)}. \quad (19.47)$$

Beweis: Die Funktion $(f \circ g)g'$ ist als Produkt stetiger Funktionen stetig. Mit Satz 19.4 folgt daher, dass die Funktion $(f \circ g)g'$ Riemann-integrierbar ist. Für die Gültigkeit von (19.46) ist nachzuweisen, dass die rechte Seite von (19.46) eine Stammfunktion von $(f \circ g)g'$ ist, also man durch Differentiation der rechten Seite von (19.46) die Funktion $(f \circ g)g'$ erhält. Dies ist jedoch der Fall. Denn mit der Kettenregel der Differentialrechnung (vgl. Satz 16.8) erhält man für $x = g(t)$

$$\frac{d}{dt}\left(\int f(x)\, dx\right) = \frac{d}{dt}(F(x) + C)$$
$$= \frac{d}{dt}((F \circ g)(t) + C)$$
$$= F'(g(t))g'(t) = f(g(t))g'(t).$$

Aus (19.46) folgt für bestimmte Riemann-Integrale

$$\int_\alpha^\beta f(g(t))\, g'(t)\, dt = \int_{g(\alpha)}^{g(\beta)} f(x)\, dx = F(x)\Big|_{g(\alpha)}^{g(\beta)}. \quad \blacksquare$$

Besitzt die Funktion g eine Umkehrfunktion g^{-1} und gilt $a = g(\alpha)$ sowie $b = g(\beta)$, dann kann die Integrationsregel (19.47) auch in der Form

$$\int_{g^{-1}(a)}^{g^{-1}(b)} f(g(t))\, g'(t)\, dt = \int_a^b f(x)\, dx = F(x)\Big|_a^b$$

geschrieben werden.

Entscheidend für die sinnvolle Anwendung der Substitutionsmethode ist, dass sich durch die Einführung der neuen Variablen $x = g(t)$ das betrachtete Riemann-Integral zu einem Grundintegral oder einem anderen bereits bekannten Riemann-Integral vereinfacht. Oft ist jedoch nicht unmittelbar ersichtlich, dass bei der Berechnung eines Riemann-Integrals die Substitutionsmethode erfolgreich angewendet werden kann und wie eine „geeignete" Substitution $x = g(t)$ zu wählen ist. Es benötigt daher Übung, Erfahrung und manchmal auch Glück, um eine brauchbare Substitution zu finden. Auf der einen Seite kann eine geeignete Substitution schnell zum Ziel führen, und auf der anderen Seite kann man durch eine ungeeignete Substitution weiter ins „Dickicht" geführt werden. Dieser Umstand ist mit ein Grund dafür, dass oft auch von der „**Kunst des Integrierens**" gesprochen wird. Häufig ist es auch erforderlich, dass mehrere Substitutionen

$$x = g(t),\, t = h(s), \ldots$$

hintereinander ausgeführt werden müssen, bevor im Erfolgsfall ein Grundintegral oder ein anderes bereits bekanntes Riemann-Integral resultiert.

Bei der Verwendung der Integrationsregel (19.47) für bestimmte Riemann-Integrale ist zu beachten, dass beim Übergang von der Integrationsvariablen t zur Integrationsvariablen x auch die Integrationsgrenzen zu verändern sind oder eine **Resubstitution** durchgeführt werden muss. Weiter ist es ratsam, während der Rechnung nicht so sehr auf Gültigkeitsbereiche, Umkehrbarkeit der Substitution $x = g(t)$ oder Ähnliches zu achten. Es ist vielmehr besser einfach „unbeschwert draufloszurechnen". Es genügt, wenn am Ende durch Differentiation überprüft wird, ob die resultierende Funktion tatsächlich eine Stammfunktion des Integranden f ist.

Wie die folgenden Ausführungen zeigen, gibt es grundsätzlich zwei verschiedene Möglichkeiten, wie die Substitutionsmethode bei der Berechnung von Riemann-Integralen angewandt werden kann. Denn die Integrationsregeln (19.46) und (19.47) können entweder „**von links nach rechts**" oder „**von rechts nach links**" angewendet werden.

a) Anwendung der Substitutionsmethode „von links nach rechts"

Bei der Anwendungsmöglichkeit der Integrationsregel (19.46) „von links nach rechts" kommt es im Wesentlichen darauf an, durch ein „geübtes Auge" zu erkennen, dass das zu berechnende Riemann-Integral von der Form $\int f(g(t))\, g'(t)\, dt$ ist. Die innere Funktion bei $f(g(t))$ wird dann durch eine neue Variable $x := g(t)$ substituiert und $g'(t)\, dt$ durch dx ersetzt. Anschließend wird das resultierende Riemann-Integral $\int f(x)\, dx$ berechnet.

Das konkrete Vorgehen bei dieser Anwendungsmöglichkeit der Substitutionsmethode wird im folgenden Beispiel deutlich:

Beispiel 19.33 (Substitutionsmethode „von links nach rechts")

a) Anwendung der Substitutionsmethode mit $f(x)=e^x$ und $x=g(t)=\sin(t)$ liefert
$$\int e^{\sin(t)}\cos(t)\,dt = \int f(g(t))g'(t)\,dt$$
$$= \int f(x)\,dx$$
$$= e^x+C = e^{\sin(t)}+C.$$

Zum Beispiel erhält man für $\int_0^{\pi/2} e^{\sin(t)}\cos(t)\,dt$ den Wert
$$\int_0^{\pi/2} e^{\sin(t)}\cos(t)\,dt = e^{\sin(t)}\Big|_0^{\pi/2} = e-1$$
(vgl. Abbildung 19.12, links).

b) Es sei g eine stetig differenzierbare reelle Funktion mit $g(t) \neq 0$. Durch Anwendung der Substitutionsmethode mit $f(x)=\frac{1}{x}$ und $x=g(t)$ erhält man
$$\int \frac{g'(t)}{g(t)}\,dt = \int f(g(t))g'(t)\,dt = \int f(x)\,dx$$
$$= \ln|x|+C = \ln|g(t)|+C. \quad (19.48)$$

Aus diesem allgemeinen Ergebnis lassen sich durch Variation der Funktion g eine Reihe nützlicher Formeln ableiten. Zum Beispiel erhält man:

$$\int \frac{2t}{t^2+1}\,dt = \ln(t^2+1)+C \quad \text{für } g(t)=t^2+1$$
$$\int \tan(t)\,dt = -\ln|\cos(t)|+C \quad \text{für } g(t)=\cos(t)$$
$$\int \cot(t)\,dt = \ln|\sin(t)|+C \quad \text{für } g(t)=\sin(t)$$
$$\int \frac{1}{t\ln(t)}\,dt = \ln|\ln(t)|+C \quad \text{für } g(t)=\ln(t)$$

Es ist jedoch zu beachten, dass diese Formeln nur für Integrationsintervalle gelten, in denen die jeweils gewählte Funktion g definiert und ungleich 0 ist.

c) Es sei g eine stetig differenzierbare reelle Funktion und $n \in \mathbb{N}_0$. Durch Anwendung der Substitutionsmethode mit $f(x)=x^n$ und $x=g(t)$ folgt
$$\int g^n(t)g'(t)\,dt = \int f(g(t))g'(t)\,dt = \int f(x)\,dx$$
$$= \frac{1}{n+1}x^{n+1}+C = \frac{1}{n+1}g^{n+1}(t)+C.$$

Aus diesem allgemeinen Ergebnis lassen sich durch Variation der Funktion g eine Reihe nützlicher Formeln ableiten. Zum Beispiel erhält man:

$$\int \frac{\ln^2(t)}{t}\,dt = \frac{1}{3}\ln^3(t)+C \quad \text{für } g(t)=\ln(t) \text{ und } n=2$$
$$\int \cos(t)\sin(t)\,dt = -\frac{1}{2}\cos^2(t)+C \quad \text{für } g(t)=\cos(t) \text{ und } n=1$$

d) Es sei f eine stetige reelle Funktion. Die Substitutionsmethode liefert dann mit $x=g(t)=t^2$
$$\int f(t^2)t\,dt = \frac{1}{2}\int f(t^2)2t\,dt$$
$$= \frac{1}{2}\int f(g(t))g'(t)\,dt$$
$$= \frac{1}{2}\int f(x)\,dx$$
$$= \frac{1}{2}F(x)+C = \frac{1}{2}F(t^2)+C,$$

wobei F eine Stammfunktion von f ist. Aus diesem allgemeinen Ergebnis lassen sich durch Variation der Funktion f wieder eine Reihe nützlicher Formeln ableiten. Zum Beispiel erhält man:

$$\int t\sin(t^2)\,dt = -\frac{1}{2}\cos(t^2)+C \quad \text{für } f(x)=\sin(x)$$
$$\int te^{t^2}\,dt = \frac{1}{2}e^{t^2}+C \quad \text{für } f(x)=e^x$$
$$\int te^{-t^2}\,dt = -\frac{1}{2}e^{-t^2}+C \quad \text{für } f(x)=e^{-x}$$
$$\int \frac{t}{1+t^2}\,dt = \frac{1}{2}\ln(1+t^2)+C \quad \text{für } f(x)=\frac{1}{1+x}$$
$$\int \frac{t}{1-t^2}\,dt = -\frac{1}{2}\ln|1-t^2|+C \quad \text{für } f(x)=\frac{1}{1-x}$$
$$\int \frac{t}{\sqrt{1+t^2}}\,dt = \sqrt{1+t^2}+C \quad \text{für } f(x)=\frac{1}{\sqrt{1+x}}$$
$$\int \frac{t}{\sqrt{1-t^2}}\,dt = -\sqrt{1-t^2}+C \quad \text{für } f(x)=\frac{1}{\sqrt{1-x}}$$
$$\int \frac{t}{\sqrt{t^2-1}}\,dt = \sqrt{t^2-1}+C \quad \text{für } f(x)=\frac{1}{\sqrt{x-1}}$$
$$\int \frac{t}{\sqrt{a+bt^2}}\,dt = \frac{1}{b}\sqrt{a+bt^2}+C \quad \text{für } f(x)=\frac{1}{\sqrt{a+bx}} \text{ mit } b \neq 0$$

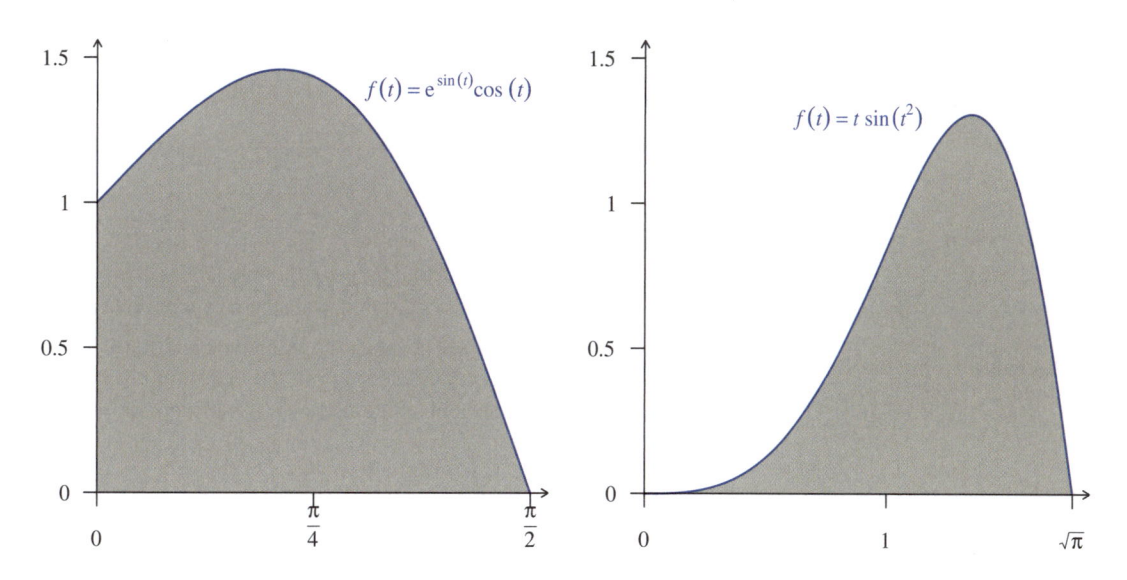

Abb. 19.12: Reelle Funktion $f: [0, \pi/2] \longrightarrow \mathbb{R}$, $t \mapsto e^{\sin(t)} \cos(t)$ (links) und reelle Funktion $f: [0, \sqrt{\pi}] \longrightarrow \mathbb{R}$, $t \mapsto t \sin(t^2)$ (rechts)

Diese Formeln gelten natürlich nur für Integrationsintervalle, in denen die jeweils gewählte Funktion f definiert ist. Zum Beispiel erhält man für die beiden bestimmten Riemann-Integrale $\int_0^{\sqrt{\pi}} t \sin(t^2)\, dt$ und $\int_{\sqrt{\ln(2)}}^{\sqrt{\ln(4)}} t e^{t^2}\, dt$ die Werte

$$\int_0^{\sqrt{\pi}} t \sin(t^2)\, dt = -\frac{1}{2} \cos(t^2) \Big|_0^{\sqrt{\pi}}$$
$$= -\frac{1}{2}(-1 - 1) = 1$$

(vgl. Abbildung 19.12, rechts) bzw.

$$\int_{\sqrt{\ln(2)}}^{\sqrt{\ln(4)}} t e^{t^2}\, dt = \frac{1}{2} e^{t^2} \Big|_{\sqrt{\ln(2)}}^{\sqrt{\ln(4)}} = \frac{1}{2}(4 - 2) = 1.$$

b) Anwendung der Substitutionsformel „von rechts nach links"

Die obigen Ausführungen zeigen, dass eine Anwendung der Substitutionsregel (19.46) „von links nach rechts" nur möglich ist, wenn das zu berechnende Riemann-Integral von der Form $\int f(g(t))\, g'(t)\, dt$ ist. Dies ist jedoch meist nicht der Fall und der Hauptnutzen der Substitutionsregel (19.46) besteht daher in ihrer Anwendung „von rechts nach links".

Bei dieser Anwendung wird bei dem zu berechnenden Riemann-Integral $\int f(x)\, dx$ mittels der Substitution $x = g(t)$ eine neue Variable t eingeführt. Die Kunst besteht dann darin, durch eine geeignete Wahl der Funktion g zu erreichen, dass für das dadurch entstehende Riemann-Integral $\int f(g(t))\, g'(t)\, dt$ leichter eine Stammfunktion angegeben werden kann als für das ursprüngliche Riemann-Integral $\int f(x)\, dx$. Anschließend ist eine **Resubstitution** durchzuführen, so dass die Variable t wieder durch die Variable x ausgedrückt wird. Dazu muss jedoch die Funktion $x = g(t)$ eine inverse Funktion $t = g^{-1}(x)$ besitzen, also die Funktion g injektiv sein. Dies ist z. B. der Fall, wenn g streng monoton ist.

Durch die Anwendung der Substitutionsregel (19.46) „von rechts nach links" können für viele nicht-triviale Integranden f Stammfunktionen ermittelt werden. Das konkrete Vorgehen bei dieser Anwendungsmöglichkeit der Substitutionsmethode wird im folgenden Beispiel deutlich.

Beispiel 19.34 (Substitutionsmethode „von rechts nach links")

a) Mit der Substitutionsmethode und der Substitution $x = \frac{t}{5}$ und $dx = \frac{1}{5}dt$ folgt

$$\int \cos(5x)\, dx = \int \cos(t) \frac{1}{5}\, dt$$
$$= \frac{1}{5} \int \cos(t)\, dt = \frac{1}{5} \sin(t) + C.$$

Daraus erhält man mit der Resubstitution $t = 5x$

$$\int \cos(5x)\, dx = \frac{1}{5} \sin(5x) + C.$$

b) Die Substitutionsmethode mit der Substitution $x = \ln(t)$ und $dx = \frac{1}{t}dt$ liefert

$$\int \frac{e^{3x}+3}{e^x+1}\, dx = \int \frac{t^3+3}{t+1} \cdot \frac{1}{t}\, dt$$
$$= \int \left(t - 1 + \frac{3+t}{t(t+1)}\right) dt$$
$$= \frac{t^2}{2} - t + C + \int \left(\frac{3}{t} - \frac{2}{t+1}\right) dt$$
$$= \frac{t^2}{2} - t + 3\ln(t) - 2\ln(t+1) + C.$$

Daraus folgt mit der Resubstitution $t = e^x$

$$\int \frac{e^{3x}+3}{e^x+1}\, dx = \frac{1}{2}e^{2x} - e^x + 3x - 2\ln(e^x+1) + C.$$

c) Unter Beachtung der Identität $\sin^2(x) = 1 - \cos^2(x)$ liefert die Substitutionsmethode mit der Substitution $x = \arccos(t)$ und $dx = -\frac{1}{\sqrt{1-t^2}}dt = -\frac{1}{\sin(x)}dt$ (vgl. Satz 16.18b))

$$\int \sin^5(x)\, dx = \int \left(1 - \cos^2(x)\right)^2 \sin(x)\, dx$$
$$= -\int \left(1 - t^2\right)^2 dt$$
$$= -\int \left(1 - 2t^2 + t^4\right) dt$$
$$= -t + \frac{2}{3}t^3 - \frac{1}{5}t^5 + C.$$

Daraus erhält man mit der Resubstitution $t = \cos(x)$

$$\int \sin^5(x)\, dx = -\cos(x) + \frac{2}{3}\cos^3(x) - \frac{1}{5}\cos^5(x) + C.$$

Zum Beispiel erhält man für das bestimmte Riemann-Integral $\int_0^{2\pi} \sin^5(x)\, dx$ den Wert

$$\int_0^{2\pi} \sin^5(x)\, dx = -\cos(x) + \frac{2}{3}\cos^3(x) - \frac{1}{5}\cos^5(x) \Big|_0^{2\pi}$$
$$= -1 + \frac{2}{3} - \frac{1}{5} - \left(-1 + \frac{2}{3} - \frac{1}{5}\right) = 0$$

(vgl. Abbildung 19.13, links). Dieses Ergebnis erhält man auch durch einfache Symmetrieüberlegungen.

d) Es sei f eine stetige reelle Funktion und $a \neq 0$. Dann erhält man mit der Substitutionsmethode und der Substitution $x = \frac{1}{a}(t-b)$ und $dx = \frac{1}{a}dt$

$$\int f(ax+b)\, dx = \int f(t) \frac{1}{a}\, dt$$
$$= \frac{1}{a} \int f(t)\, dt = \frac{1}{a} F(t) + C,$$

wobei F eine Stammfunktion von f ist. Daraus erhält man mit der Resubstitution $t = ax + b$

$$\int f(ax+b)\, dx = \frac{1}{a} F(ax+b) + C.$$

Aus diesem allgemeinen Ergebnis lassen sich durch Variation der Funktion f eine Reihe nützlicher Formeln ableiten. Zum Beispiel erhält man:

$$\int \cos(ax+b)\, dx = \frac{1}{a} \sin(ax+b) + C$$

für $f(t) = \cos(t)$

$$\int \frac{1}{ax+b}\, dx = \frac{1}{a} \ln|ax+b| + C$$

für $f(t) = \frac{1}{t}$

$$\int (ax+b)^r\, dx = \frac{1}{a(r+1)} (ax+b)^{r+1} + C$$

für $f(t) = t^r$, $r \neq -1$

e) Es sei $a, b \neq 0$, dann erhält man mit der Substitutionsmethode und der Substitution $x = \frac{a}{b}\tan(t)$ und $dx = \frac{a}{b} \frac{1}{\cos^2(t)}dt$ (vgl. Satz 16.16c))

$$\int \frac{1}{a^2 + b^2 x^2}\, dx = \int \frac{1}{a^2 + a^2 \tan^2(t)} \frac{a}{b} \frac{1}{\cos^2(t)}\, dt$$
$$= \frac{1}{ab} \int \frac{1}{\left(1 + \tan^2(t)\right)\cos^2(t)}\, dt$$
$$= \frac{1}{ab} \int dt = \frac{1}{ab} t + C,$$

wobei $\left(1 + \tan^2(t)\right)\cos^2(t) = \cos^2(t) + \sin^2(t) = 1$ verwendet wurde. Daraus folgt mit der Resubstitution $t = \arctan\left(\frac{b}{a}x\right)$

$$\int \frac{1}{a^2 + b^2 x^2}\, dx = \frac{1}{ab}\arctan\left(\frac{b}{a}x\right) + C.$$

f) Die Substitutionsmethode mit der Substitution $x = \cos(t)$ und $dx = -\sin(t)dt$ liefert

$$\int \sqrt{1 - x^2}\, dx = -\int \sqrt{1 - \cos^2(t)}\sin(t)\, dt$$
$$= -\int \sin^2(t)\, dt,$$

wobei $1 - \cos^2(t) = \sin^2(t)$ verwendet wurde. Zusammen mit (19.45) folgt daraus

$$\int \sqrt{1 - x^2}\, dx = \frac{1}{2}(\sin(t)\cos(t)) - \frac{1}{2}\int 1\, dt$$
$$= \frac{1}{2}(\sin(t)\cos(t) - t) + C.$$

Daraus erhält man mit $\sin(t) = \sqrt{1 - \cos^2(t)}$ und der Resubstitution $t = \arccos(x)$

$$\int \sqrt{1 - x^2}\, dx = \frac{1}{2}\left(x\sqrt{1 - x^2} - \arccos(x)\right) + C.$$

Dies liefert zum Beispiel für das bestimmte Riemann-Integral $\int_{-1}^{1} \sqrt{1 - x^2}\, dx$ den Wert

$$\int_{-1}^{1} \sqrt{1 - x^2}\, dx = \frac{1}{2}\left(x\sqrt{1 - x^2} - \arccos(x)\right)\Big|_{-1}^{1}$$
$$= \frac{1}{2}(0 - (-\pi)) = \frac{\pi}{2}. \qquad (19.49)$$

Da der Graph der Funktion $f(x) = \sqrt{1 - x^2}$ mit $x \in [-1, 1]$ durch den oberen Halbkreis des Einheitskreises gegeben ist, erhält man, dass $2\int_{-1}^{1}\sqrt{1 - x^2}\, dx = \pi$ der Flächeninhalt des Einheitskreises ist (vgl. Abbildung 19.13, rechts). Entsprechend ist der Inhalt eines Kreises mit Radius $r > 0$ durch den Wert des bestimmten Riemann-Integrals $2\int_{-r}^{r}\sqrt{r^2 - x^2}\, dx$ gegeben. Mit (19.49) erhält man durch Anwendung der Substitutionsmethode mit der Substitution $x = rt$ und $dx = rdt$ das wohlbekannte Ergebnis

$$2\int_{-r}^{r}\sqrt{r^2 - x^2}\, dx = 2r\int_{-r}^{r}\sqrt{1 - \left(\frac{x}{r}\right)^2}\, dx$$
$$= 2r^2\int_{-1}^{1}\sqrt{1 - t^2}\, dt = r^2\pi.$$

Wie die obigen Betrachtungen zur zweiten Anwendungsmöglichkeit der Substitutionsmethode zeigen, gibt es für das Auffinden einer geeigneten Substitution keine allgemeingültige

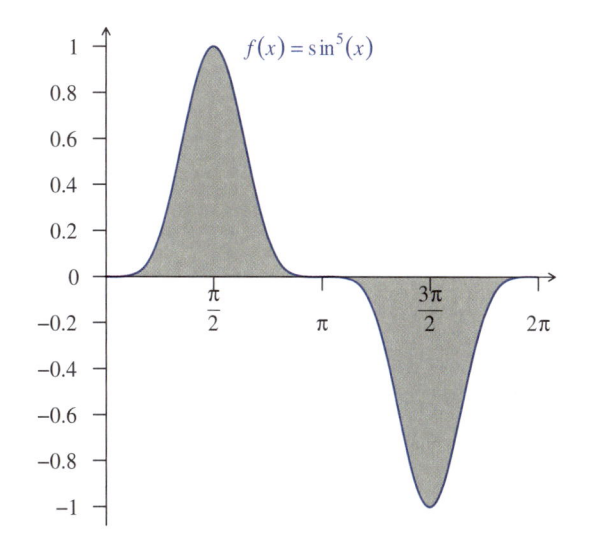

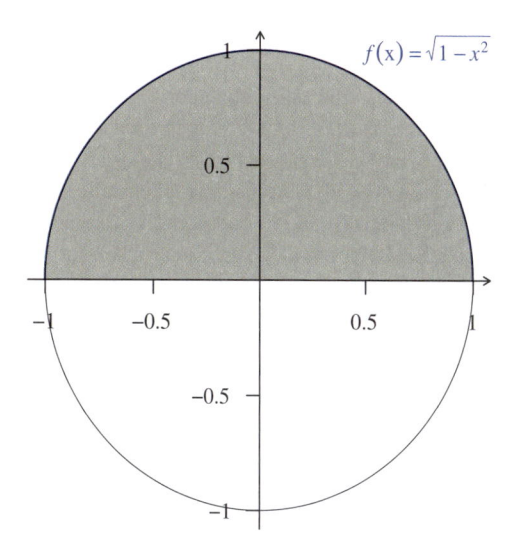

Abb. 19.13: Reelle Funktion $f: [0, 2\pi] \longrightarrow \mathbb{R}$, $x \mapsto \sin^5(x)$ (links) und reelle Funktion $f: [-1, 1] \longrightarrow \mathbb{R}$, $x \mapsto \sqrt{1 - x^2}$ (rechts)

Regel. Es ist vielmehr Erfahrung und Übersicht, die durch ausreichend Übung erworben werden kann, notwendig. Auf der einen Seite gibt es viele Riemann-Integrale, die sich durch die Substitutionsmethode auf Grundintegrale oder andere bereits bekannte Riemann-Integrale zurückführen lassen. Auf der anderen Seite versagt jedoch auch diese Integrationsmethode schon bei verhältnismäßig einfachen Riemann-Integralen, wie z. B. $\int \sqrt{\sin(x)}\, dx$.

19.8 Integration spezieller Funktionsklassen

Integration rationaler Funktionen

In vielen ökonomischen Problemstellungen trifft man auf rationale Funktionen

$$q: D \subseteq \mathbb{R} \longrightarrow \mathbb{R}, \; x \mapsto q(x) := \frac{p_1(x)}{p_2(x)} = \frac{\sum_{k=0}^{n} a_k x^k}{\sum_{k=0}^{m} b_k x^k}$$

mit $D = \{x \in \mathbb{R}: p_2(x) \neq 0\}$ (vgl. Definition 14.12). Die Integration rationaler Funktionen besitzt daher für viele Anwendungen eine Bedeutung. In Abschnitt 14.2 wurde bereits erläutert, dass jede rationale Funktion $q = \frac{p_1}{p_2}$ durch Polynomdivision eindeutig in die Form

$$q(x) = p(x) + \frac{r(x)}{p_2(x)}$$

zerlegt werden kann, wobei p ein Polynom (d. h. eine ganzrationale Funktion) und $\frac{r}{p_2}$ eine echt-gebrochen-rationale Funktion mit $\operatorname{Grad}(p_2) > \operatorname{Grad}(r)$ ist. Dabei gilt, dass p durch das Nullpolynom $p(x) = 0$ für alle $x \in \mathbb{R}$ gegeben ist, falls q bereits eine echt-gebrochen-rationale Funktion ist. Mit anderen Worten: Jede rationale Funktion $q = \frac{p_1}{p_2}$ kann unabhängig davon, ob sie echt-gebrochen-rational (d. h. $\operatorname{Grad}(p_2) > \operatorname{Grad}(p_1)$) oder unecht-gebrochen-rational (d. h. $\operatorname{Grad}(p_2) \leq \operatorname{Grad}(p_1)$) ist, durch Polynomdivision eindeutig in eine Summe aus Polynom p und echt-gebrochen-rationaler Funktion $\frac{r}{p_2}$ zerlegt werden. Mit dem Satz zur Partialbruchzerlegung (siehe Satz 14.20) und dem Satz zu den elementaren Eigenschaften des Riemann-Integrals (siehe Satz 19.9) erhält man somit, dass die Integration rationaler Funktionen stets auf die Bestimmung von Riemann-Integralen der fünf Typen

1) $\int \left(\sum_{k=0}^{n} a_k x^k \right) dx$ \quad mit $n \in \mathbb{N}_0$,

2) $\int \frac{A}{x-a}\, dx$,

3) $\int \frac{A}{(x-a)^{l+1}}\, dx$ \quad mit $l \in \mathbb{N}$,

4) $\int \frac{Bx+A}{x^2+cx+d}\, dx$,

5) $\int \frac{Bx+A}{(x^2+cx+d)^{l+1}}\, dx$ \quad mit $l \in \mathbb{N}$

zurückgeführt werden kann, wobei $A, B, a_k, a, c, d \in \mathbb{R}$ Konstanten sind und $c^2 < 4d$ gilt. Das quadratische Polynom $x^2 + cx + d$ im Nenner des Integranden der beiden Integral-Typen 4) und 5) besitzt folglich keine reellen Nullstellen. Da sich jedoch diese unbestimmten Riemann-Integrale stets durch rationale Funktionen, die natürliche Logarithmusfunktion und/oder die Arcustangens-Funktion ausdrücken lassen, erhält man den folgenden Satz:

> **Satz 19.35** (Integration rationaler Funktionen)
>
> *Das unbestimmte Riemann-Integral einer rationalen Funktion q kann stets durch rationale Funktionen, die natürliche Logarithmusfunktion und die Arcustangens-Funktion ausgedrückt werden. Dabei können ausschließlich unbestimmte Riemann-Integrale der Typen 1)–5) auftreten, und für diese unbestimmten Riemann-Integrale gilt*
>
> $$\int \left(\sum_{k=0}^{n} a_k x^k \right) dx = \sum_{k=0}^{n} \frac{a_k}{k+1} x^{k+1} + C,$$
>
> $$\int \frac{A}{x-a}\, dx = A \cdot \ln|x-a| + C,$$
>
> $$\int \frac{A}{(x-a)^{l+1}}\, dx = -\frac{A}{l(x-a)^l} + C,$$
>
> $$\int \frac{Bx+A}{x^2+cx+d}\, dx = \frac{B}{2} \ln(x^2+cx+d) \quad (19.50)$$
> $$+ \left(A - \frac{Bc}{2}\right) \frac{2}{\sqrt{4d-c^2}} \arctan\left(\frac{2x+c}{\sqrt{4d-c^2}}\right) + C$$
>
> *und*
>
> $$\int \frac{Bx+A}{(x^2+cx+d)^{l+1}}\, dx = -\frac{B}{2l} \frac{1}{(x^2+cx+d)^l}$$
> $$+ \left(A - \frac{Bc}{2}\right) \int \frac{1}{(x^2+cx+d)^{l+1}}\, dx + C$$
>
> *mit der Rekursionsformel*
>
> $$\int \frac{1}{(x^2+cx+d)^{l+1}}\, dx = -\frac{1}{l(c^2-4d)} \frac{2x+c}{(x^2+cx+d)^l}$$
> $$- \frac{2(2l-1)}{l(c^2-4d)} \int \frac{1}{(x^2+cx+d)^l}\, dx \quad (19.51)$$

19.8 Integration spezieller Funktionsklassen

und
$$\int \frac{1}{x^2+cx+d}\,dx = \frac{2}{\sqrt{4d-c^2}}\arctan\left(\frac{2x+c}{\sqrt{4d-c^2}}\right)+C.$$

Beweis: In den Ausführungen vor Satz 19.35 wurde bereits erläutert, weshalb das unbestimmte Riemann-Integral einer rationalen Funktion q stets auf unbestimmte Riemann-Integrale der Typen 1)–5) zurückgeführt werden kann. Es ist daher nur noch zu zeigen, dass diese unbestimmten Riemann-Integrale durch die Ausdrücke auf der rechten Seite von (19.50) gegeben sind. Dies kann jedoch durch Differentiation verifiziert werden. ∎

Mit Hilfe von Satz 19.35 kann für jede beliebige rationale Funktion das unbestimmte Riemann-Integral ermittelt werden. Ist ein Riemann-Integral vom Typ 5), d. h. von der „Bauart" $\int \frac{Bx+A}{(x^2+cx+d)^{l+1}}\,dx$, zu berechnen, erfolgt die Berechnung der dabei auftretenden Riemann-Integrale $\int \frac{1}{(x^2+cx+d)^{l+1}}\,dx$ rekursiv mit der Rekursionsformel (19.51) bis zum Riemann-Integral $\int \frac{1}{x^2+cx+d}\,dx$.

Die Berechnung des unbestimmten Riemann-Integrals einer rationalen Funktion $q = \frac{p_1}{p_2}$ erfolgt in den folgenden drei Schritten:

1. Schritt: Gilt Grad$(p_1) \geq$ Grad(p_2), dann wird die rationale Funktion q mittels Polynomdivision in der Form $q(x) = p(x) + \frac{r(x)}{p_2(x)}$ mit den Polynomen p und r dargestellt, wobei r und p_2 keinen gemeinsamen Teiler haben und Grad$(r) <$ Grad(p_2) gilt (für Erläuterungen zur Polynomdivision siehe Abschnitt 14.1). Im Falle von Grad$(p_1) <$ Grad(p_2) kann gleich mit Schritt 2 fortgefahren werden.

2. Schritt: Bestimmung der Partialbruchzerlegung der echtgebrochen-rationalen Funktion $\frac{r}{p_2}$ (für Erläuterungen zur Partialbruchzerlegung siehe Satz 14.20).

3. Schritt: Integration der bei der Partialbruchzerlegung resultierenden Summanden mit Hilfe der in Satz 19.35 angegebenen Formeln.

Dieses Vorgehen wird im folgenden Beispiel demonstriert.

Beispiel 19.36 (Integration von rationalen Funktionen)

a) Der Integrand des unbestimmten Riemann-Integrals $\int \frac{1}{x^2-1}\,dx$ besitzt die Partialbruchzerlegung
$$\frac{1}{x^2-1} = \frac{1}{2(x-1)} - \frac{1}{2(x+1)}.$$

Damit erhält man für das unbestimmte Riemann-Integral den Ausdruck
$$\int \frac{1}{x^2-1}\,dx = \frac{1}{2}\int \frac{1}{x-1}\,dx - \frac{1}{2}\int \frac{1}{x+1}\,dx$$
$$= \frac{1}{2}\ln|x-1| - \frac{1}{2}\ln|x+1| + C$$
$$= \ln\sqrt{\left|\frac{x-1}{x+1}\right|} + C.$$

b) Der Integrand des unbestimmten Riemann-Integrals $\int \frac{1}{(x-1)(x-2)(x-3)}\,dx$ besitzt die Partialbruchzerlegung
$$\frac{1}{(x-1)(x-2)(x-3)} = \frac{1}{2(x-1)} - \frac{1}{x-2} + \frac{1}{2(x-3)}$$

(vgl. Beispiel 14.21a)). Damit erhält man für das unbestimmte Riemann-Integral den Ausdruck
$$\int \frac{1}{(x-1)(x-2)(x-3)}\,dx$$
$$= \frac{1}{2}\int \frac{1}{x-1}\,dx - \int \frac{1}{x-2}\,dx + \frac{1}{2}\int \frac{1}{x-3}\,dx$$
$$= \frac{1}{2}\ln|x-1| - \ln|x-2| + \frac{1}{2}\ln|x-3| + C.$$

c) Für den Integranden des unbestimmten Riemann-Integrals $\int \frac{x^4-x^3+4x^2-3x+2}{(x^2+4)(x-1)}\,dx$ erhält man durch Polynomdivision
$$\frac{x^4-x^3+4x^2-3x+2}{(x^2+4)(x-1)} = x + \frac{x+2}{(x^2+4)(x-1)}$$

und anschließende Partialbruchzerlegung der rationalen Funktion auf der rechten Seite liefert weiter
$$\frac{x^4-x^3+4x^2-3x+2}{(x^2+4)(x-1)} = x + \frac{3}{5(x-1)} + \frac{-\frac{3}{5}x+\frac{2}{5}}{x^2+4}.$$

Daraus erhält man zusammen mit Satz 19.35 für das unbestimmte Riemann-Integral
$$\int \frac{x^4-x^3+4x^2-3x+2}{(x^2+4)(x-1)}\,dx$$
$$= \int x\,dx + \frac{3}{5}\int \frac{1}{x-1}\,dx + \int \frac{-\frac{3}{5}x+\frac{2}{5}}{x^2+4}\,dx$$
$$= \frac{1}{2}x^2 + \frac{3}{5}\ln|x-1| - \frac{3}{5}\ln\left(x^2+4\right)$$
$$+ \frac{1}{5}\arctan\left(\frac{x}{2}\right) + C.$$

d) Für den Integranden des unbestimmten Riemann-Integrals $\int \frac{2x^3-x^2-10x+19}{x^2+x-6}\,dx$ erhält man durch Polynomdivision

$$\frac{2x^3 - x^2 - 10x + 19}{x^2 + x - 6} = 2x - 3 + \frac{5x + 1}{x^2 + x - 6}$$

und anschließende Partialbruchzerlegung der rationalen Funktion auf der rechten Seite liefert weiter

$$\frac{2x^3-x^2-10x+19}{x^2+x-6} = 2x - 3 + \frac{11}{5(x-2)} + \frac{14}{5(x+3)}.$$

Für das unbestimmte Riemann-Integral erhält man somit den Ausdruck

$$\int \frac{2x^3 - x^2 - 10x + 19}{x^2 + x - 6}\,dx$$
$$= \int (2x-3)\,dx + \frac{11}{5}\int \frac{1}{x-2}\,dx + \frac{14}{5}\int \frac{1}{x+3}\,dx$$
$$= x^2 - 3x + \frac{11}{5}\ln|x-2| + \frac{14}{5}\ln|x+3| + C.$$

e) Der Integrand des unbestimmten Riemann-Integrals $\int \frac{x^3-10x^2+7x-3}{x^4+2x^3-2x^2-6x+5}\,dx$ besitzt die Partialbruchzerlegung

$$\frac{x^3-10x^2+7x-3}{x^4+2x^3-2x^2-6x+5} = -\frac{7}{10(x-1)} - \frac{1}{2(x-1)^2}$$
$$+ \frac{\frac{17}{10}x - 4}{x^2 + 4x + 5}$$

(vgl. Beispiel 14.21c)). Daraus folgt mit Satz 19.35

$$\int \frac{x^3 - 10x^2 + 7x - 3}{x^4 + 2x^3 - 2x^2 - 6x + 5}\,dx$$
$$= -\frac{7}{10}\int \frac{1}{x-1}\,dx - \frac{1}{2}\int \frac{1}{(x-1)^2}\,dx$$
$$+ \int \frac{\frac{17}{10}x - 4}{x^2 + 4x + 5}\,dx$$
$$= -\frac{7}{10}\ln|x-1| + \frac{1}{2(x-1)}$$
$$+ \frac{17}{20}\ln(x^2 + 4x + 5) - \frac{37}{5}\arctan(x+2) + C.$$

f) Der Integrand des unbestimmten Riemann-Integrals $\int \frac{3x^5-2x^4+4x^3+4x^2-7x+6}{(x-1)^2(x^2+1)^2}\,dx$ besitzt die Partialbruchzerlegung

$$\frac{3x^5-2x^4+4x^3+4x^2-7x+6}{(x-1)^2(x^2+1)^2} = \frac{1}{x-1} + \frac{2}{(x-1)^2}$$
$$+ \frac{2x+1}{x^2+1} + \frac{4}{(x^2+1)^2}.$$

Zusammen mit Satz 19.35 folgt daraus für das unbestimmte Riemann-Integral

$$\int \frac{3x^5 - 2x^4 + 4x^3 + 4x^2 - 7x + 6}{(x-1)^2(x^2+1)^2}\,dx$$
$$= \int \frac{1}{x-1}\,dx + 2\int \frac{1}{(x-1)^2}\,dx$$
$$+ \int \frac{2x+1}{x^2+1}\,dx + 4\int \frac{1}{(x^2+1)^2}\,dx$$
$$= \ln|x-1| - \frac{2}{x-1} + \ln|x^2+1| + \arctan(x)$$
$$+ \frac{2x}{x^2+1} + 2\arctan(x) + C$$
$$= \ln|x-1| - \frac{2}{x-1} + \ln|x^2+1| + 3\arctan(x)$$
$$+ \frac{2x}{x^2+1} + C.$$

Integration weiterer Funktionsklassen

Eine ganze Reihe unbestimmter Riemann-Integrale, bei denen der Integrand eine spezielle algebraische oder transzendente Funktion ist, lassen sich durch geeignete Substitution auf Riemann-Integrale rationaler Funktionen zurückführen. Gemäß Satz 19.35 kann in diesen Fällen das unbestimmte Riemann-Integral mit Hilfe rationaler Funktionen, natürlicher Logarithmusfunktionen und/oder Arcustangens-Funktionen in geschlossener Form dargestellt werden, falls die Umkehrfunktion der für die Substitution verwendeten Funktion bekannt ist. Zur Formulierung der wichtigsten Klassen von reellen Funktionen, deren unbestimmtes Riemann-Integral auf diese Weise ermittelt werden kann, wird der Begriff der **rationalen Funktion von zwei Variablen** x **und** y benötigt. Dabei handelt es sich um einen Ausdruck der Form

$$R(x,y) := \frac{\sum_{j,k=0}^{n} a_{jk} x^j y^k}{\sum_{j,k=0}^{m} b_{jk} x^j y^k} \quad \text{mit} \quad \sum_{j,k=0}^{n} |b_{jk}| > 0.$$

Rationale Funktionen von zwei Variablen x und y werden somit aus Potenzen von x und y sowie konstanten Faktoren gebildet, die durch die Rechenoperationen Addition, Subtraktion, Multiplikation und Division verknüpft sind. Werden in $R(x,y)$ die Variablen x und y durch die reellen Funktionen $f(x)$ bzw. $g(y)$ ersetzt, dann wird die dadurch resultierende reelle Funktion mit $R(f(x), g(y))$ bezeichnet, wobei für $R(f(x), f(x))$ oftmals auch einfach $R(f(x))$ geschrieben wird.

Im Folgenden werden einige wichtige Funktionsklassen betrachtet, deren Integration mit einer geeigneten Substitution auf die Integration rationaler Funktionen zurückgeführt werden kann.

Integration der Funktionsklasse $R(\sin(x), \cos(x))$

Das Riemann-Integral $\int R(\sin(x), \cos(x))\, dx$ einer rationalen Funktion $R(\sin(x), \cos(x))$ der trigonometrischen Funktionen sin und cos kann durch die Substitution

$$t = \tan\left(\frac{x}{2}\right), \text{ d. h. } x = 2\arctan(t) \quad \text{und} \quad dx = \frac{2}{1+t^2}\, dt$$

für $x \in (-\pi, \pi)$, auf das unbestimmte Riemann-Integral einer rationalen Funktion zurückgeführt werden. Denn mit den Additionstheoremen für die trigonometrischen Funktionen sin und cos (vgl. Satz 5.2c) und b)) sowie Satz 5.1b) folgt

$$\sin(x) = 2\sin\left(\frac{x}{2}\right)\cos\left(\frac{x}{2}\right) = \frac{2\sin\left(\frac{x}{2}\right)\cos\left(\frac{x}{2}\right)}{\cos^2\left(\frac{x}{2}\right) + \sin^2\left(\frac{x}{2}\right)}$$
$$= \frac{2\tan\left(\frac{x}{2}\right)}{1+\tan^2\left(\frac{x}{2}\right)} = \frac{2t}{1+t^2}$$

bzw.

$$\cos(x) = \cos^2\left(\frac{x}{2}\right) - \sin^2\left(\frac{x}{2}\right) = \frac{\cos^2\left(\frac{x}{2}\right) - \sin^2\left(\frac{x}{2}\right)}{\cos^2\left(\frac{x}{2}\right) + \sin^2\left(\frac{x}{2}\right)}$$
$$= \frac{1-\tan^2\left(\frac{x}{2}\right)}{1+\tan^2\left(\frac{x}{2}\right)} = \frac{1-t^2}{1+t^2}.$$

Auf diese Weise erhält man

$$\int R(\sin(x), \cos(x))\, dx = \int R\left(\frac{2t}{1+t^2}, \frac{1-t^2}{1+t^2}\right)\, dt,$$

wobei der neue Integrand $R\left(\frac{2t}{1+t^2}, \frac{1-t^2}{1+t^2}\right)$ eine rationale Funktion in t ist und somit Satz 19.35 zur Bestimmung des unbestimmten Riemann-Integrals herangezogen werden kann. Es kann jedoch vorkommen, dass zwar der Integrand $R(\sin(x), \cos(x))$ für alle x definiert ist, der neue Integrand $R\left(\frac{2t}{1+t^2}, \frac{1-t^2}{1+t^2}\right)$ dagegen nicht für alle t. Dies ist eine Konsequenz der Substitution $t = \tan\left(\frac{x}{2}\right)$, da $t = \tan\left(\frac{x}{2}\right)$ für $x = \pi + 2\pi k$ mit $k \in \mathbb{Z}$ nicht definiert ist. Es empfiehlt sich daher, nach Bestimmung des unbestimmten Riemann-Integrals von $R\left(\frac{2t}{1+t^2}, \frac{1-t^2}{1+t^2}\right)$ zu überprüfen, für welche Intervalle $[a,b] \subseteq \mathbb{R}$ das ermittelte unbestimmte Riemann-Integral eine Stammfunktion F der zu integrierenden Funktion $R(\sin(x), \cos(x))$ darstellt.

Beispiel 19.37 (Integration von Funktionen vom Typ $R(\sin(x), \cos(x))$)

a) Mit der Substitution $t = \tan\left(\frac{x}{2}\right)$ bzw. $x = 2\arctan(t)$ und $dx = \frac{2}{1+t^2} dt$ erhält man

$$\int \frac{1}{\sin(x)}\, dx = \int \frac{1}{\frac{2t}{1+t^2}} \cdot \frac{2}{1+t^2}\, dt = \int \frac{1}{t}\, dt$$
$$= \ln|t| + C = \ln\left|\tan\left(\frac{x}{2}\right)\right| + C.$$

b) Mit der Substitution $t = \tan\left(\frac{x}{2}\right)$ bzw. $x = 2\arctan(t)$ und $dx = \frac{2}{1+t^2} dt$ folgt

$$\int \frac{\cos(x)}{1-\cos(x)}\, dx = \int \frac{\frac{1-t^2}{1+t^2}}{1-\frac{1-t^2}{1+t^2}} \frac{2}{1+t^2}\, dt$$
$$= \int \frac{1-t^2}{(1+t^2)t^2}\, dt.$$

Für den Integranden des rechtsstehenden Riemann-Integrals erhält man die Partialbruchzerlegung

$$\frac{1-t^2}{(1+t^2)t^2} = \frac{1}{t^2} - \frac{2}{t^2+1}.$$

Daraus folgt mit Satz 19.35

$$\int \frac{\cos(x)}{1-\cos(x)}\, dx = \int \left(\frac{1}{t^2} - \frac{2}{t^2+1}\right) dt$$
$$= \int \frac{1}{t^2}\, dt - \int \frac{2}{t^2+1}\, dt$$
$$= -\frac{1}{t} - 2\arctan(t) + C$$
$$= -\frac{1}{\tan\left(\frac{x}{2}\right)} - x + C$$
$$= -\cot\left(\frac{x}{2}\right) - x + C.$$

Integration der Funktionsklasse $R(e^{cx})$

Das unbestimmte Riemann-Integral $\int R(e^{cx})\, dx$ einer reellen Funktion der Form

$$R(e^{cx}) = \frac{a_0 + a_1 e^{cx} + a_2 e^{2cx} + \ldots + a_n e^{ncx}}{b_0 + b_1 e^{cx} + b_2 e^{2cx} + \ldots + b_m e^{mcx}}$$

mit $c \neq 0$ kann durch die Substitution

$$t = e^{cx}, \text{ d.h. } x = \frac{1}{c}\ln(t), \text{ und } dx = \frac{1}{ct}dt$$

auf das unbestimmte Riemann-Integral einer rationalen Funktion zurückgeführt werden. Man erhält dann

$$\int R(e^{cx})\,dx = \int \frac{R(t)}{ct}\,dt,$$

wobei der neue Integrand $\frac{R(t)}{ct}$ eine rationale Funktion in t ist und somit Satz 19.35 zur Bestimmung des unbestimmten Riemann-Integrals herangezogen werden kann.

Beispiel 19.38 (Integration von Funktionen vom Typ $R(e^{cx})$)

a) Mit der Substitution $t = e^x$ bzw. $x = \ln(t)$ und $dx = \frac{1}{t}dt$ erhält man

$$\int \frac{1}{e^x + e^{-x}}\,dx = \int \frac{1}{t + \frac{1}{t}}\frac{1}{t}\,dt = \int \frac{1}{t^2+1}\,dt$$
$$= \arctan(t) + C = \arctan(e^x) + C.$$

b) Mit der Substitution $t = e^x$ bzw. $x = \ln(t)$ und $dx = \frac{1}{t}dt$ folgt

$$\int \frac{e^{2x}}{e^x - 1}\,dx = \int \frac{t^2}{t-1}\frac{1}{t}\,dt = \int \frac{t}{t-1}\,dt.$$

Mit Zerlegung des Integranden $\frac{t}{t-1}$ durch Polynomdivision folgt daraus weiter

$$\int \frac{e^{2x}}{e^x-1}\,dx = \int \left(1 + \frac{1}{t-1}\right)\,dt$$
$$= t + \ln|t-1| + C = e^x + \ln|e^x - 1| + C.$$

Integration der Funktionsklasse $R\left(x, \sqrt[n]{ax+b}\right)$

Das Riemann-Integral $\int R\left(x, \sqrt[n]{ax+b}\right)\,dx$ einer rationalen Funktion $R\left(x, \sqrt[n]{ax+b}\right)$ von x und der Wurzelfunktionen $\sqrt[n]{ax+b}$ kann durch die Substitution

$$t = \sqrt[n]{ax+b}, \text{ d.h. } x = \frac{1}{a}(t^n - b), \text{ und } dx = \frac{n}{a}t^{n-1}dt$$

für $x \geq -\frac{b}{a}$ und $a \neq 0$ auf das unbestimmte Riemann-Integral einer rationalen Funktion zurückgeführt werden. Man erhält dann

$$\int R\left(x, \sqrt[n]{ax+b}\right)\,dx = \int R\left(\frac{1}{a}(t^n - b), t\right)\frac{n}{a}t^{n-1}\,dt,$$

wobei der neue Integrand $R\left(\frac{1}{a}(t^n - b), t\right)\frac{n}{a}t^{n-1}$ eine rationale Funktion in t ist. Das unbestimmte Riemann-Integral kann daher wieder mit Satz 19.35 ermittelt werden.

Beispiel 19.39 (Integration von Funktionen vom Typ $R(x, (ax+b)^{1/n})$)

a) Mit der Substitution $t = \sqrt[4]{3x+2}$ bzw. $x = \frac{1}{3}(t^4-2)$ und $dx = \frac{4}{3}t^3 dt$ folgt

$$\int \frac{x}{\sqrt[4]{3x+2}}\,dx = \int \frac{\frac{1}{3}(t^4-2)}{t}\frac{4}{3}t^3\,dt$$
$$= \int \left(\frac{4}{9}t^6 - \frac{8}{9}t^2\right)\,dt$$
$$= \frac{4}{63}t^7 - \frac{8}{27}t^3 + C$$
$$= \frac{4}{63}\sqrt[4]{(3x+2)^7} - \frac{8}{27}\sqrt[4]{(3x+2)^3} + C.$$

b) Mit der Substitution $t = \sqrt{x-1}$ bzw. $x = t^2 + 1$ und $dx = 2t\,dt$ erhält man

$$\int \frac{x + \sqrt{x-1}}{x - \sqrt{x-1}}\,dx = \int \frac{t^2 + 1 + t}{t^2 + 1 - t}\cdot 2t\,dt$$
$$= 2\int \frac{t^3 + t^2 + t}{t^2 - t + 1}\,dt.$$

Polynomdivision liefert für den Integranden des rechtsstehenden Riemann-Integrals

$$\frac{t^3 + t^2 + t}{t^2 - t + 1} = t + 2 + \frac{2t - 2}{t^2 - t + 1}.$$

Daraus folgt mit Satz 19.35

$$\int \frac{x + \sqrt{x-1}}{x - \sqrt{x-1}}\,dx$$
$$= 2\int \left(t + 2 + \frac{2t-2}{t^2 - t + 1}\right)\,dt$$
$$= 2\int (t+2)\,dt + 2\int \frac{2t-2}{t^2 - t + 1}\,dt$$
$$= t^2 + 4t + 2\ln(t^2 - t + 1)$$
$$\quad - \frac{4}{\sqrt{3}}\arctan\left(\frac{2t-1}{\sqrt{3}}\right) + C$$
$$= x - 1 + 4\sqrt{x-1} + 2\ln(x - \sqrt{x-1})$$
$$\quad - \frac{4}{\sqrt{3}}\arctan\left(\frac{2\sqrt{x-1}-1}{\sqrt{3}}\right) + C.$$

Integration der Funktionsklasse $R\left(x, \sqrt[n]{\frac{ax+b}{ex+f}}\right)$

Das Riemann-Integral $\int R\left(x, \sqrt[n]{\frac{ax+b}{ex+f}}\right) dx$ einer rationalen Funktion $R\left(x, \sqrt[n]{\frac{ax+b}{ex+f}}\right)$ von x und der Wurzelfunktionen $\sqrt[n]{\frac{ax+b}{ex+f}}$ kann durch die Substitution

$$t = \sqrt[n]{\frac{ax+b}{ex+f}}, \text{ d.h. } x = \frac{ft^n - b}{a - et^n}, \text{ und}$$

$$dx = n(af - be)\frac{t^{n-1}}{(a - et^n)^2} dt$$

für $x \in \mathbb{R}$ mit $\frac{ax+b}{ex+f} \geq 0$ und $af - be \neq 0$ auf das unbestimmte Riemann-Integral einer rationalen Funktion zurückgeführt werden. Man erhält dann

$$\int R\left(x, \sqrt[n]{\frac{ax+b}{ex+f}}\right) dx$$
$$= \int R\left(\frac{ft^n - b}{a - et^n}, t\right) n(af - be)\frac{t^{n-1}}{(a - et^n)^2} dt,$$

wobei der neue Integrand $R\left(\frac{ft^n - b}{a - et^n}, t\right) n(af - be)\frac{t^{n-1}}{(a - et^n)^2}$ eine rationale Funktion in t ist.

Beispiel 19.40 (Integration von Funktionen vom Typ $R\left(x, \left(\frac{ax+b}{ex+f}\right)^{1/n}\right)$)

a) Für das unbestimmte Riemann-Integral $\int \frac{1-\sqrt{x}}{x+\sqrt{x}} dx$ erhält man mit der Substitution $t = \sqrt{x}$ bzw. $x = t^2$ und $dx = 2t\, dt$

$$\int \frac{1-\sqrt{x}}{x+\sqrt{x}} dx = \int \frac{1-t}{t^2+t} 2t\, dt = 2\int \frac{1-t}{t+1} dt$$
$$= 2\int \frac{1}{t+1} dt - 2\int \frac{t}{t+1} dt.$$

Für den Integranden $\frac{t}{t+1}$ erhält man durch Polynomdivision

$$\frac{t}{t+1} = 1 - \frac{1}{t+1}.$$

Damit folgt weiter

$$\int \frac{1-\sqrt{x}}{x+\sqrt{x}} dx = 2\int \frac{1}{t+1} dt - 2\int \left(1 - \frac{1}{t+1}\right) dt$$
$$= 4\int \frac{1}{t+1} dt - 2\int 1\, dt$$
$$= 4\ln|t+1| - 2t + C$$
$$= 4\ln|\sqrt{x}+1| - 2\sqrt{x} + C.$$

b) Mit der Substitution $t = \sqrt[3]{3x+2}$ bzw. $x = \frac{t^3-2}{3}$ und $dx = t^2 dt$ folgt

$$\int \frac{x}{\sqrt[3]{3x+2}} dx = \int \frac{\frac{t^3-2}{3}}{t} t^2 dt$$
$$= \frac{1}{3}\int (t^4 - 2t)\, dt$$
$$= \frac{1}{15}t^5 - \frac{1}{3}t^2 + C$$
$$= \frac{1}{15}\sqrt[3]{(3x+2)^5} - \frac{1}{3}\sqrt[3]{(3x+2)^2} + C.$$

19.9 Flächeninhalt zwischen zwei Graphen

In Abschnitt 19.2 wurde deutlich, dass bei einer nichtnegativen Riemann-integrierbaren reellen Funktion $f: [a, b] \longrightarrow \mathbb{R}$ das bestimmte Riemann-Integral

$$\int_a^b f(x)\, dx$$

Statue von B. Cavalieri auf dem Palazzo di Brera in Mailand

per Konstruktion mit dem Inhalt der Fläche

$$I(f) = \{(x, y): x \in [a, b] \text{ und } 0 \leq y \leq f(x)\}$$

zwischen dem Graphen von f und der x-Achse im Intervall $[a, b]$ übereinstimmt. Dieser Zusammenhang kann leicht dahingehend verallgemeinert werden, dass auch der Inhalt einer Fläche zwischen zwei Riemann-integrierbaren reellen Funktionen $f_1: [a, b] \longrightarrow \mathbb{R}$ und $f_2: [a, b] \longrightarrow \mathbb{R}$ mit $f_1(x) \leq f_2(x)$ für alle $x \in [a, b]$ mit Hilfe eines bestimmten Riemann-Integrals ermittelt werden kann. Denn der Inhalt der durch die Graphen von f_1 und f_2 und die senkrechten Ge-

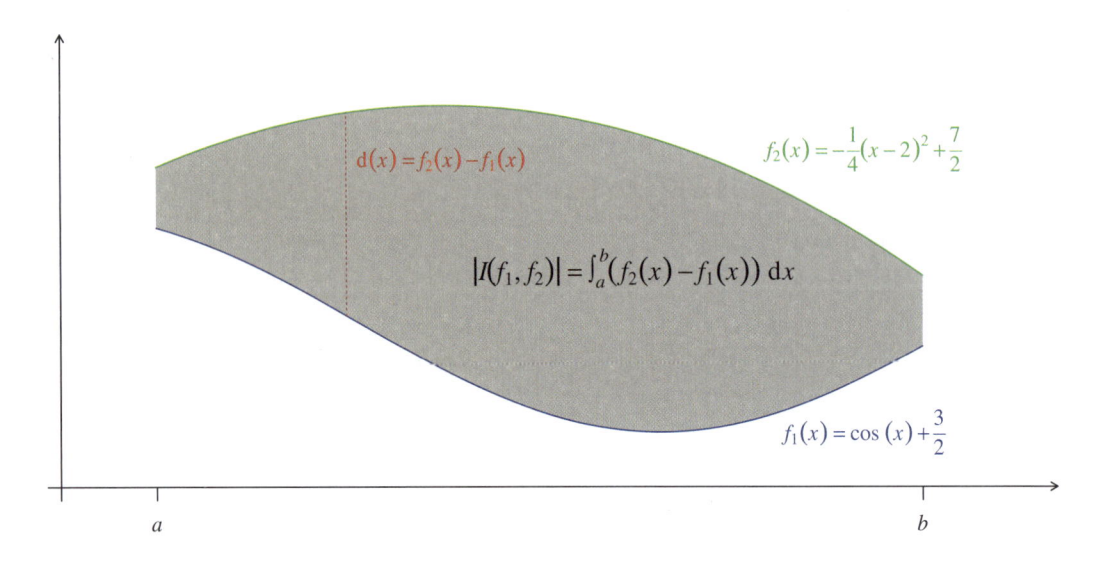

Abb. 19.14: Inhalt $|I(f_1, f_2)|$ der Fläche zwischen den Graphen von $f_1: [a,b] \longrightarrow \mathbb{R}$, $x \mapsto \cos(x)+1$ und $f_2: [a,b] \longrightarrow \mathbb{R}$, $x \mapsto -\frac{1}{4}(x-2)^2 + \frac{7}{2}$ und den senkrechten Geraden durch $x = a$ und $x = b$

raden an den Stellen $x = a$ und $x = b$ begrenzten Fläche, d. h. des Bereichs

$$I(f_1, f_2) := \{(x,y) : x \in [a,b] \text{ und } f_1(x) \leq y \leq f_2(x)\},$$

ist offensichtlich gegeben durch

$$|I(f_1, f_2)| = \int_a^b f_2(x)\, dx - \int_a^b f_1(x)\, dx$$
$$= \int_a^b (f_2(x) - f_1(x))\, dx. \quad (19.52)$$

Die Differenz $d(x) := f_2(x) - f_1(x)$ für alle $x \in [a,b]$ gibt dabei geometrisch die „Breite" des Bereichs $I(f_1, f_2)$ an der Stelle $x \in [a,b]$ an. Auf diese Weise können auch Flächeninhalte von komplizierten Bereichen relativ einfach berechnet werden. Die Gleichung (19.52) ist ein Spezialfall des nach dem italienischen Mathematiker und Astronomen *Bonaventura Cavalieri* (1598–1647) benannten **Cavalierischen Prinzips**.

Beispiel 19.41 (Flächeninhalt zwischen zwei Graphen)

Gegeben seien die beiden Riemann-integrierbaren Funktionen $f_1: [a,b] \longrightarrow \mathbb{R}$, $x \mapsto \cos(x) + 1$ und $f_2: [a,b] \longrightarrow \mathbb{R}$, $x \mapsto -\frac{1}{4}(x-2)^2 + \frac{7}{2}$ mit $a = \frac{1}{2}$ und $b = \frac{9}{2}$. Dann gilt $f_1(x) \leq f_2(x)$ für alle $x \in [a,b]$.

Für den Inhalt der durch die Graphen von f_1 und f_2 sowie die senkrechten Geraden an den Stellen $x = a$ und $x = b$ eingeschlossenen Fläche erhält man somit

$$|I(f_1, f_2)| = \int_{\frac{1}{2}}^{\frac{9}{2}} \left(-\frac{1}{4}(x-2)^2 + \frac{7}{2} - (\cos(x)+1)\right) dx$$
$$= \left(-\frac{1}{12}(x-2)^3 + \frac{7}{2}x - \sin(x) - x\right)\Big|_{\frac{1}{2}}^{\frac{9}{2}} \approx 9{,}87$$

(vgl. Abbildung 19.14).

19.10 Uneigentliches Riemann-Integral

Erweiterung des Integralbegriffs

In Abschnitt 19.2 wurde das bestimmte Riemann-Integral

$$\int_a^b f(x)\, dx$$

einer Funktion $f: [a,b] \longrightarrow \mathbb{R}$ unter den beiden folgenden Voraussetzungen definiert:

a) Die Integrationsgrenzen a und b sind endlich.

b) Die Funktion f ist beschränkt.

Durch diese beiden Annahmen an den Integranden f ist sichergestellt, dass die bei der Einführung des bestimmten Riemann-Integrals verwendeten Unter- und Obersummen $U_f(Z_n)$ bzw. $O_f(Z_n)$ existieren.

Lässt man eine der beiden Voraussetzungen a) und b) fallen, dann ist das bestimmte Riemann-Integral zunächst einmal nicht definiert. Es ist jedoch naheliegend, durch eine geeignete Grenzwertbetrachtung den Integralbegriff so zu erweitern, dass die Voraussetzungen a) und/oder b) in gewissen Fällen aufgehoben werden können, ohne dass das Riemann-Integral seinen Sinn verliert. Eine solche Erweiterung wurde erstmals 1823 von dem französischen Mathematiker *Augustin Louis Cauchy* (1789–1857) vorgenommen und führt zu den Begriffen **uneigentliches Riemann-Integral 1. Art** und **uneigentliches Riemann-Integral 2. Art**.

Porträt von A. L. Cauchy auf einer Münze

Uneigentliches Riemann-Integral 1. Art

Bei einem **uneigentlichen Riemann-Integral 1. Art** handelt es sich um ein Riemann-Integral über einem unbeschränkten Integrationsintervall $(-\infty, b]$, $[a, \infty)$ oder $(-\infty, \infty)$. Uneigentliche Riemann-Integrale 1. Art treten somit in den drei Formen

$$\int_a^\infty f(x)\,dx, \quad \int_{-\infty}^b f(x)\,dx \quad \text{oder} \quad \int_{-\infty}^\infty f(x)\,dx \quad (19.53)$$

mit $a, b \in \mathbb{R}$ auf. Die exakte Definition der Integrale (19.53) lautet wie folgt:

Definition 19.42 (Uneigentliches Riemann-Integral 1. Art)

a) *Die reelle Funktion* $f : [a, \infty) \longrightarrow \mathbb{R}$ *sei Riemann-integrierbar auf* $[a, b]$ *für alle* $b \in \mathbb{R}$ *mit* $b > a$ *und der Grenzwert* $\lim_{b \to \infty} \int_a^b f(x)\,dx$ *existiere. Dann heißt* f *auf* $[a, \infty)$ *uneigentlich Riemann-integrierbar 1. Art und der Grenzwert*

$$\int_a^\infty f(x)\,dx := \lim_{b \to \infty} \int_a^b f(x)\,dx$$

wird als uneigentliches Riemann-Integral 1. Art von f *auf* $[a, \infty)$ *bezeichnet. Andernfalls sagt man, dass das uneigentliche Riemann-Integral 1. Art von* f *auf* $[a, \infty)$ *nicht existiert.*

b) *Die reelle Funktion* $f : (-\infty, b] \longrightarrow \mathbb{R}$ *sei Riemann-integrierbar auf* $[a, b]$ *für alle* $a \in \mathbb{R}$ *mit* $a < b$ *und der Grenzwert* $\lim_{a \to -\infty} \int_a^b f(x)\,dx$ *existiert. Dann heißt* f *auf* $(-\infty, b]$ *uneigentlich Riemann-integrierbar 1. Art und der Grenzwert*

$$\int_{-\infty}^b f(x)\,dx := \lim_{a \to -\infty} \int_a^b f(x)\,dx$$

wird als uneigentliches Riemann-Integral 1. Art von f *auf* $(-\infty, b]$ *bezeichnet. Andernfalls sagt man, dass das uneigentliche Riemann-Integral 1. Art von* f *auf* $(-\infty, b]$ *nicht existiert.*

c) *Die reelle Funktion* $f : \mathbb{R} \longrightarrow \mathbb{R}$ *sei für ein beliebiges* $c \in \mathbb{R}$ *auf* $(-\infty, c]$ *und* $[c, \infty)$ *uneigentlich Riemann-integrierbar 1. Art. Dann heißt* f *auf* $\mathbb{R}$ *uneigentlich Riemann-integrierbar 1. Art und der Wert*

$$\int_{-\infty}^\infty f(x)\,dx := \int_{-\infty}^c f(x)\,dx + \int_c^\infty f(x)\,dx \quad (19.54)$$

wird als uneigentliches Riemann-Integral 1. Art von f *auf* $\mathbb{R}$ *bezeichnet. Existiert eines der beiden uneigentlichen Riemann-Integrale auf der rechten Seite von* (19.54) *nicht, dann sagt man, dass das uneigentliche Riemann-Integral 1. Art von* f *auf* $\mathbb{R}$ *nicht existiert.*

Man beachte, dass das uneigentliche Riemann-Integral 1. Art einer reellen Funktion f auf $\mathbb{R}$ nicht durch

$$\int_{-\infty}^\infty f(x)\,dx = \lim_{c \to \infty} \int_{-c}^c f(x)\,dx \quad (19.55)$$

definiert ist. Denn es ist erforderlich, dass die beiden Grenzübergänge $c \to -\infty$ und $c \to \infty$ unabhängig voneinander erfolgen. Anstelle von (19.54) könnte man jedoch das uneigentliche Riemann-Integral 1. Art von f auf $\mathbb{R}$ auch durch

$$\int_{-\infty}^\infty f(x)\,dx = \lim_{\substack{b \to \infty \\ a \to -\infty}} \int_a^b f(x)\,dx$$

definieren, wobei die beiden Grenzübergänge $a \to -\infty$ und $b \to \infty$ unabhängig voneinander ausgeführt werden. Ist jedoch die Existenz des uneigentlichen Riemann-Integrals (19.54) bereits sichergestellt, dann kann es oftmals am einfachsten nach (19.55) berechnet werden. Wenn eine Stammfunktion F des Integranden f bekannt ist, geht man bei der Ermittlung der drei uneigentlichen Riemann-Integrale

(19.53) im Allgemeinen so vor, dass man das bestimmte Riemann-Integral $\int_a^b f(x)\,dx = F(b) - F(a)$ berechnet und anschließend den entsprechenden Grenzübergang durchführt:

a) $\int_a^\infty f(x)\,dx = \lim_{b\to\infty} F(x)\Big|_a^b = \lim_{b\to\infty} F(b) - F(a)$

b) $\int_{-\infty}^b f(x)\,dx = \lim_{a\to-\infty} F(x)\Big|_a^b = F(b) - \lim_{a\to-\infty} F(a)$

c) $\int_{-\infty}^\infty f(x)\,dx = \lim_{\substack{b\to\infty \\ a\to-\infty}} F(x)\Big|_a^b = \lim_{b\to\infty} F(b) - \lim_{a\to-\infty} F(a)$

Die konkrete Vorgehensweise wird im folgenden Beispiel deutlich.

Beispiel 19.43 (Berechnung uneigentlicher Riemann-Integrale 1. Art)

a) Es gilt
$$\int_1^b \frac{1}{x}\,dx = \ln(x)\Big|_1^b = \ln(b)$$
für alle $b > 1$. Daraus folgt
$$\int_1^\infty \frac{1}{x}\,dx = \lim_{b\to\infty} \int_1^b \frac{1}{x}\,dx = \lim_{b\to\infty} \ln(b) = \infty.$$
Das heißt, dass das uneigentliche Riemann-Integral 1. Art von $f(x) = \frac{1}{x}$ auf $[1, \infty)$ nicht existiert. Der Inhalt der Fläche zwischen dem Graphen von $f(x) = \frac{1}{x}$ und der x-Achse im Intervall $[1, \infty)$ ist somit unendlich (vgl. Abbildung 19.15, links).

b) Es gilt
$$\int_1^b \frac{1}{x^2}\,dx = \int_1^b x^{-2}\,dx = -\frac{1}{x}\Big|_1^b = -\frac{1}{b} + 1$$
für alle $b > 1$. Daraus folgt
$$\int_1^\infty \frac{1}{x^2}\,dx = \lim_{b\to\infty} \int_1^b \frac{1}{x^2}\,dx = \lim_{b\to\infty} -\frac{1}{b} + 1 = 1.$$
Das uneigentliche Riemann-Integral 1. Art von $f(x) = \frac{1}{x^2}$ auf $[1, \infty)$ existiert somit und beträgt 1. Das heißt, der Inhalt der Fläche zwischen dem Graphen von $f(x) = \frac{1}{x^2}$ und der x-Achse im Intervall $[1, \infty)$ ist gleich 1. Dieses Ergebnis zeigt, dass nicht beschränkte Flächenstücke durchaus einen endlichen Flächeninhalt besitzen können (vgl. Abbildung 19.15, rechts).

c) In den Beispielen a) und b) wurde gezeigt, dass das uneigentliche Riemann-Integral $\int_1^\infty \frac{1}{x^\alpha}\,dx$ für $\alpha = 2$ existiert und für $\alpha = 1$ nicht existiert. Es sei nun $\alpha \in \mathbb{R}$ beliebig gewählt. Dann gilt für $b > 1$
$$\int_1^b \frac{1}{x^\alpha}\,dx = \begin{cases} \frac{1}{1-\alpha} x^{1-\alpha}\Big|_1^b & \text{für } \alpha \in \mathbb{R}\setminus\{1\} \\ \ln(x)\Big|_1^b & \text{für } \alpha = 1 \end{cases}.$$
Daraus folgt
$$\int_1^\infty \frac{1}{x^\alpha}\,dx = \lim_{b\to\infty} \int_1^b \frac{1}{x^\alpha}\,dx$$
$$= \begin{cases} \lim_{b\to\infty} \frac{1}{1-\alpha}(b^{1-\alpha} - 1) & \text{für } \alpha \in \mathbb{R}\setminus\{1\} \\ \lim_{b\to\infty} \ln(b) & \text{für } \alpha = 1 \end{cases}.$$
Wegen $\lim_{b\to\infty} b^{1-\alpha} = \infty$ für $\alpha < 1$ und $\lim_{b\to\infty} b^{1-\alpha} = \lim_{b\to\infty} \frac{1}{b^{\alpha-1}} = 0$ für $\alpha > 1$ erhält man daraus
$$\int_1^\infty \frac{1}{x^\alpha}\,dx = \begin{cases} \infty & \alpha \leq 1 \\ \frac{1}{\alpha-1} & \alpha > 1 \end{cases}.$$
Das uneigentliche Riemann-Integral 1. Art von $f(x) = \frac{1}{x^\alpha}$ auf $[1, \infty)$ existiert somit für $\alpha > 1$ und beträgt $\frac{1}{\alpha-1}$. Für $\alpha \leq 1$ existiert es dagegen nicht (vgl. Abbildung 19.16, links). Aus diesen Überlegungen ist ersichtlich, dass sich am Konvergenzverhalten des uneigentlichen Riemann-Integrals 1. Art nichts ändert, wenn für die untere Integrationsgrenze ein beliebiges $a > 0$ gewählt wird, d. h. wenn $\int_a^\infty \frac{1}{x^\alpha}\,dx$ mit $a > 0$ betrachtet wird.

d) Es gilt
$$\int_a^0 e^x\,dx = e^x\Big|_a^0 = 1 - e^a$$
für alle $a < 0$. Daraus folgt
$$\int_{-\infty}^0 e^x\,dx = \lim_{a\to-\infty} \int_a^0 e^x\,dx = \lim_{a\to-\infty}(1 - e^a) = 1.$$
Das uneigentliche Riemann-Integral 1. Art von $f(x) = e^x$ auf $(-\infty, 0]$ existiert somit und beträgt 1 (vgl. Abbildung 19.16, rechts).

Im folgenden Beispiel werden uneigentliche Riemann-Integrale 1. Art über $\mathbb{R}$ betrachtet.

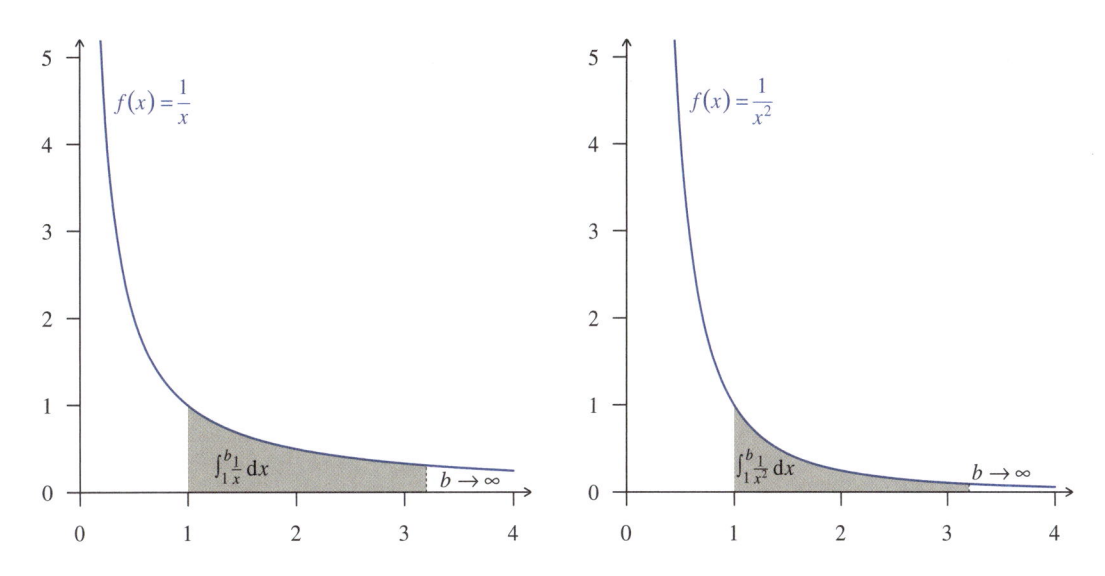

Abb. 19.15: Nicht existentes uneigentliches Riemann-Integral 1. Art $\int_1^\infty \frac{1}{x}\,dx$ (links) und existentes uneigentliches Riemann-Integral 1. Art $\int_1^\infty \frac{1}{x^2}\,dx$ mit dem Wert 1 (rechts)

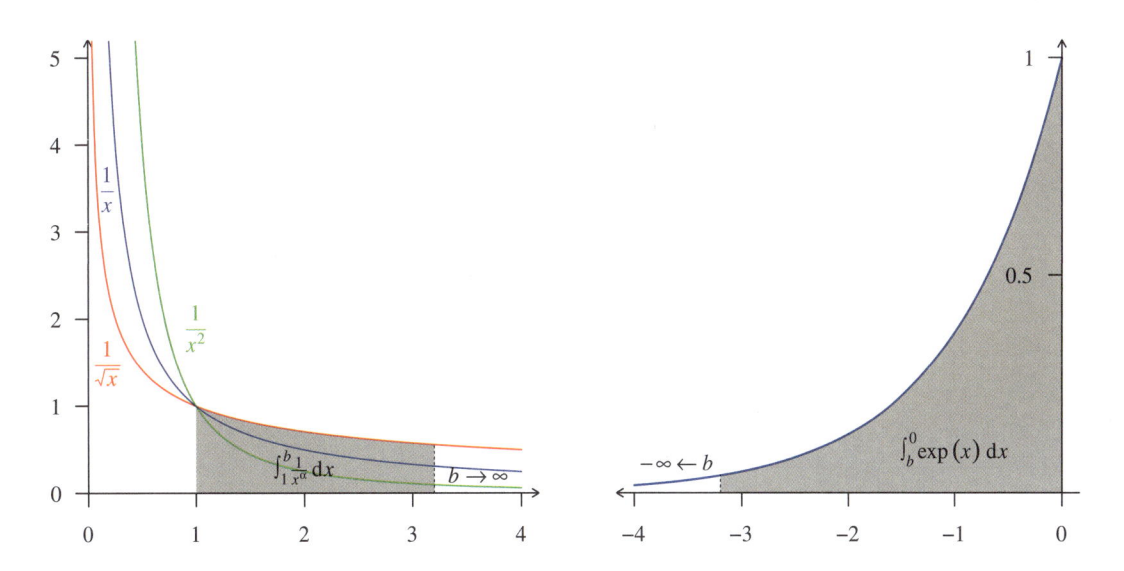

Abb. 19.16: Uneigentliche Riemann-Integrale 1. Art $\int_1^\infty \frac{1}{x^\alpha}\,dx$ für $\alpha \in \{\frac{1}{2}, 1\}$ (nicht existent) sowie für $\alpha = 2$ (existent) (links) und existentes uneigentliches Riemann-Integral 1. Art $\int_{-\infty}^0 \exp(x)\,dx$ mit dem Wert 1 (rechts)

Beispiel 19.44 (Berechnung uneigentlicher Riemann-Integrale 1. Art)

a) Für $a < b$ gilt
$$\int_a^b xe^{-x^2}\, dx = -\frac{1}{2}e^{-x^2}\Big|_a^b = -\frac{1}{2}e^{-b^2} + \frac{1}{2}e^{-a^2}.$$

Daraus folgt
$$\int_{-\infty}^{\infty} xe^{-x^2}\, dx = \lim_{\substack{b\to\infty\\a\to-\infty}} \int_a^b xe^{-x^2}\, dx$$
$$= \lim_{\substack{b\to\infty\\a\to-\infty}} \left(-\frac{1}{2}e^{-b^2} + \frac{1}{2}e^{-a^2}\right)$$
$$= 0 + 0 = 0.$$

Das uneigentliche Riemann-Integral 1. Art von $f(x) = xe^{-x^2}$ auf $\mathbb{R}$ existiert somit und beträgt 0 (vgl. Abbildung 19.17, links).

b) Es gilt
$$\int_a^b \frac{1}{1+x^2}\, dx = \arctan(x)\Big|_a^b$$
$$= \arctan(b) - \arctan(a)$$

für $a < b$ (vgl. Satz 16.18c)). Daraus folgt
$$\int_{-\infty}^{\infty} \frac{1}{1+x^2}\, dx = \lim_{\substack{b\to\infty\\a\to-\infty}} \int_a^b \frac{1}{1+x^2}\, dx$$
$$= \lim_{\substack{b\to\infty\\a\to-\infty}} (\arctan(b) - \arctan(a))$$
$$= \frac{\pi}{2} - \left(-\frac{\pi}{2}\right) = \pi$$

(vgl. Abbildung 19.17, rechts). Das uneigentliche Riemann-Integral 1. Art von $f(x) = \frac{1}{1+x^2}$ auf $\mathbb{R}$ existiert somit und beträgt π. Das heißt, der Inhalt der Fläche zwischen dem Graphen von $f(x) = \frac{1}{1+x^2}$ und der x-Achse ist somit gleich dem Flächeninhalt eines Kreises mit dem Radius $r = 1$.

Der folgende Satz fasst die wichtigsten (elementaren) Integrationsregeln für uneigentliche Riemann-Integrale 1. Art zusammen. Er ist für uneigentliche Riemann-Integrale 1. Art auf Intervallen der Form $[a, \infty)$ formuliert. Die Aussagen gelten jedoch (mit entsprechender Anpassung) auch für uneigentliche Riemann-Integrale 1. Art auf $(-\infty, b]$ und $\mathbb{R}$.

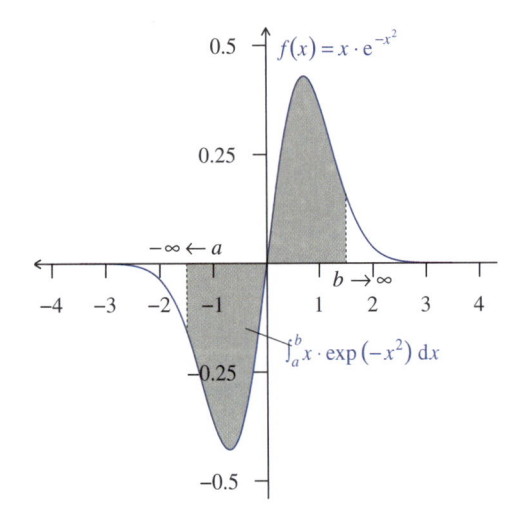

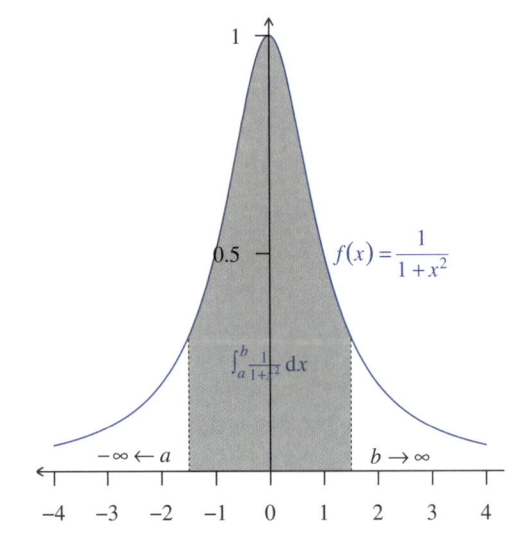

Abb. 19.17: Existente uneigentliche Riemann-Integrale 1. Art $\int_{-\infty}^{\infty} xe^{-x^2}\, dx$ mit dem Wert 0 (links) und $\int_{-\infty}^{\infty} \frac{1}{1+x^2}\, dx$ mit dem Wert π (rechts)

Satz 19.45 (Rechenregeln für uneigentliche Riemann-Integrale 1. Art)

Es seien $f, g : [a, \infty) \longrightarrow \mathbb{R}$ auf $[a, \infty)$ uneigentlich Riemann-integrierbare Funktionen 1. Art und $\alpha, \beta \in \mathbb{R}$. Dann sind die Funktionen $f, g, \alpha f, f + g$ und $\alpha f + \beta g$ auf jedem Intervall $[c, \infty)$ mit $a \leq c < \infty$ uneigentlich Riemann-integrierbar 1. Art. Ferner gilt:

a) $\int_a^\infty f(x)\,dx = \int_a^c f(x)\,dx + \int_c^\infty f(x)\,dx$
   (Additivität bzgl. des Integrationsintervalles)

b) $\int_a^\infty \alpha f(x)\,dx = \alpha \int_a^\infty f(x)\,dx$ *(Homogenität)*

c) $\int_a^\infty (f(x) + g(x))\,dx = \int_a^\infty f(x)\,dx + \int_a^\infty g(x)\,dx$
   (Additivität)

d) $\int_a^\infty (\alpha f(x) + \beta g(x))\,dx = \alpha \int_a^\infty f(x)\,dx + \beta \int_a^\infty g(x)\,dx$
   (Linearität)

e) $\lim_{c \to \infty} \int_c^\infty f(x)\,dx = 0$

f) $\int_a^\infty f(x)\,dx = -\int_\infty^a f(x)\,dx$

g) $\int_a^\infty f(x)\,dx \geq 0$, *falls* $f(x) \geq 0$ *für alle* $x \in [a, \infty)$
   (Positivität)

h) $\int_a^\infty f(x)\,dx \leq \int_a^\infty g(x)\,dx$, *falls* $g(x) \geq f(x)$ *für alle* $x \in [a, \infty)$ *(Monotonie)*

Entsprechende Aussagen gelten auch für uneigentliche Riemann-Integrale 1. Art über $(-\infty, b]$ und $\mathbb{R}$.

Beweis: Die Aussagen a) – h) ergeben sich unmittelbar aus der Definition 19.42 und den entsprechenden Aussagen für eigentliche Riemann-Integrale in Satz 19.9, Satz 19.10 und Satz 19.14. ∎

Existenzkriterien für uneigentliche Riemann-Integrale 1. Art

Die folgenden **Existenzkriterien** (d. h. Konvergenzkriterien) für uneigentliche Riemann-Integrale 1. Art werden analog zu Satz 19.45 wieder nur für uneigentliche Riemann-Integrale 1. Art vom Typ $\int_a^\infty f(x)\,dx$ mit $a \in \mathbb{R}$ formuliert. Uneigentliche Riemann-Integrale der „Bauart" $\int_{-\infty}^b f(x)\,dx$ und $\int_{-\infty}^\infty f(x)\,dx$ können leicht auf diesen Typ zurückgeführt werden. Denn mit der Substitution $y = -x$ bzw. $dy = -dx$ und der Festlegung (19.19) erhält man

$$\int_{-\infty}^b f(x)\,dx = \int_\infty^{-b} -f(-y)\,dy = \int_{-b}^\infty f(-y)\,dy$$

und damit insbesondere auch

$$\int_{-\infty}^\infty f(x)\,dx = \int_{-\infty}^c f(x)\,dx + \int_c^\infty f(x)\,dx$$
$$= \int_{-c}^\infty f(-y)\,dy + \int_c^\infty f(x)\,dx.$$

Die Frage nach der Existenz des uneigentlichen Riemann-Integrals 1. Art $\int_a^\infty f(x)\,dx$ lässt sich schnell beantworten, wenn von dem Integranden f eine Stammfunktion F bekannt ist. Denn wegen $\int_a^\infty f(x)\,dx = \lim_{x \to \infty} F(x) - F(a)$ lässt sich in einem solchen Fall die Frage nach der Existenz des uneigentlichen Riemann-Integrals auf die Frage, ob der Grenzwert $\lim_{x \to \infty} F(x)$ existiert, reduzieren.

Mit den folgenden Kriterien kann für eine ganze Reihe uneigentlicher Riemann-Integrale 1. Art $\int_a^\infty f(x)\,dx$ deren Existenz oder Nichtexistenz nachgewiesen werden, auch wenn keine Stammfunktion des Integranden f bekannt ist. Sie werden als **Monotoniekriterium**, **Majorantenkriterium** und **Minorantenkriterium** für uneigentliche Riemann-Integrale 1. Art bezeichnet. Sie stellen die Analoga der entsprechenden Konvergenz- und Divergenzkriterien für Reihen dar (vgl. die Sätze 12.13 und Satz 12.15).

Satz 19.46 (Monotonie-, Majoranten- und Minorantenkriterium)

Die reellen Funktionen $f, g : [a, b] \longrightarrow \mathbb{R}$ seien Riemann-integrierbar auf $[a, b]$ für alle $b \in \mathbb{R}$ mit $b > a$. Dann gilt:

a) *Ist $f(x) \geq 0$ für alle $x \in [a, \infty)$, dann existiert das uneigentliche Riemann-Integral 1. Art von f auf $[a, \infty)$ genau dann, wenn es eine Konstante $C \geq 0$ mit*

$$\int_a^t f(x)\,dx \leq C$$

für alle $t > a$ gibt (Monotoniekriterium).

b) *Die uneigentlichen Riemann-Integrale 1. Art von $|f|$ und f auf $[a, \infty)$ existieren, falls $|f(x)| \leq g(x)$ für alle $x \geq a$ gilt und das uneigentliche Riemann-Integral 1. Art $\int_a^\infty g(x)\, dx$ existiert (Majorantenkriterium).*

c) *Das uneigentliche Riemann-Integral $\int_a^\infty f(x)\, dx$ existiert nicht, falls $0 \leq g(x) \leq f(x)$ für alle $x \geq a$ gilt und das uneigentliche Riemann-Integral $\int_a^\infty g(x)\, dx$ nicht existiert (Minorantenkriterium).*

Beweis: Die Beweise der Aussagen a)-c) können ähnlich geführt werden wie die Beweise der entsprechenden Konvergenz- und Divergenzkriterien für Reihen (vgl. die Beweise zu den Sätzen 12.13 und Satz 12.15). ∎

Eine reelle Funktion g mit $f(x) \leq g(x)$ für alle $x \geq a$ wird als **Majorante** von f bezeichnet. Gilt zusätzlich, dass das uneigentliche Riemann-Integral $\int_a^\infty g(x)\, dx$ existiert, dann heißt g **konvergente Majorante** von f. Dagegen wird eine reelle Funktion g mit $0 \leq g(x) \leq f(x)$ für alle $x \geq a$ als **Minorante** von f bezeichnet. Gilt zusätzlich, dass das uneigentliche Riemann-Integral $\int_a^\infty g(x)\, dx$ nicht existiert, dann heißt g **divergente Minorante** von f. In Satz 19.46b) und c) ist es nicht erforderlich, dass die Voraussetzung $|f(x)| \leq g(x)$ bzw. $0 \leq g(x) \leq f(x)$ für alle $x \geq a$ gilt. Denn wegen

$$\int_a^\infty f(x)\, dx = \int_a^b f(x)\, dx + \int_b^\infty f(x)\, dx$$

behalten das Majoranten- und Minorantenkriterium ihre Richtigkeit auch dann, wenn $|f(x)| \leq g(x)$ bzw. $0 \leq g(x) \leq f(x)$ nur für alle $x \geq b$ gilt, wobei b eine beliebige reelle Zahl mit $b \geq a$ ist.

Bei der Untersuchung eines uneigentlichen Riemann-Integrals $\int_a^\infty f(x)\, dx$ auf Existenz, für dessen Integrand f keine Stammfunktion F bekannt ist, erweist sich vor allem das Majorantenkriterium häufig als nützliches Hilfsmittel.

Im folgenden Beispiel 19.47 wird die Vorgehensweise bei der Anwendung des Majoranten- und Minorantenkriteriums aufgezeigt:

Beispiel 19.47 (Anwendung des Majoranten- und Minorantenkriteriums)

a) Es wird das uneigentliche Riemann-Integral 1. Art $\int_1^\infty \frac{1}{x^2+e^x}\, dx$ betrachtet. Wegen $e^x > 0$ für alle $x \geq 1$ gilt auch $x^2 + e^x > x^2$ bzw.

$$g(x) := \frac{1}{x^2} > \frac{1}{x^2+e^x} =: f(x) \geq 0$$

für alle $x \geq 1$. Die reelle Funktion g ist somit eine Majorante der positiven reellen Funktion f. Da jedoch nach Beispiel 19.44b) das uneigentliche Riemann-Integral $\int_1^\infty g(x)\, dx$ existiert und den Wert 1 hat, folgt mit Satz 19.46b) (Majorantenkriterium), dass auch das uneigentliche Riemann-Integral $\int_1^\infty \frac{1}{x^2+e^x}\, dx$ existiert und einen Wert kleiner als 1 besitzt (vgl. Abbildung 19.18, links).

b) Betrachtet wird das uneigentliche Riemann-Integral 1. Art $\int_1^\infty \frac{\sqrt{x}+5}{x}\, dx$. Es gilt

$$f(x) := \frac{\sqrt{x}+5}{x} > \frac{\sqrt{x}}{x} = \frac{1}{x^{1/2}} =: g(x) \geq 0$$

für alle $x \geq 1$. Die reelle Funktion g ist somit eine Minorante der reellen Funktion f. Da jedoch nach Beispiel 19.44c) das uneigentliche Riemann-Integral $\int_1^\infty g(x)\, dx$ nicht existiert, folgt mit Satz 19.46c) (Minorantenkriterium), dass auch das uneigentliche Riemann-Integral $\int_1^\infty f(x)\, dx$ nicht existiert (vgl. Abbildung 19.18, rechts).

Das folgende Beispiel ist für viele Anwendungsbereiche von großer Bedeutung:

Beispiel 19.48 (Existenz der Gaußverteilung)

In Beispiel 18.19 wurde bereits erwähnt, dass die **Gauß-Verteilung** (**Normalverteilung**) für die Statistik, das Risikomanagement und viele andere Bereiche eine zentrale Bedeutung besitzt. Die Gauß-Verteilung mit Erwartungswert $\mu \in \mathbb{R}$ und Standardabweichung $\sigma > 0$ ist gegeben durch

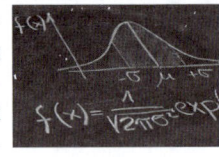

$$\Phi_{\mu,\sigma}: \mathbb{R} \to \mathbb{R}, \ x \mapsto \Phi_{\mu,\sigma}(x) := \frac{1}{\sigma\sqrt{2\pi}} \int_{-\infty}^{x} e^{-\frac{(t-\mu)^2}{2\sigma^2}}\, dt.$$

Die Gauß-Verteilung mit Erwartungswert $\mu = 0$ und Standardabweichung $\sigma = 1$ wird als **Standardnormal-**

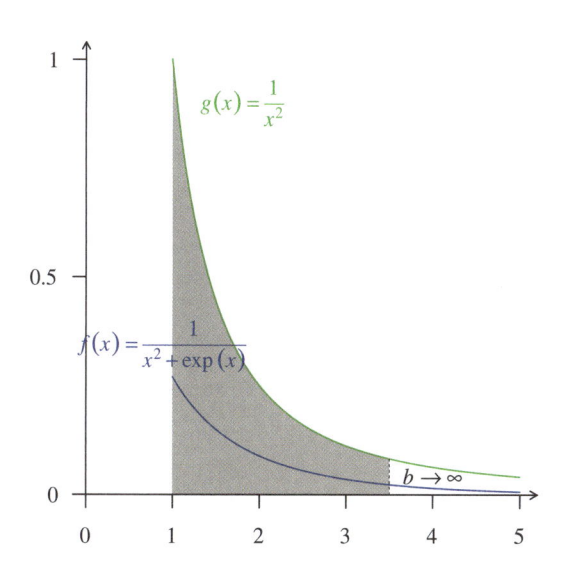

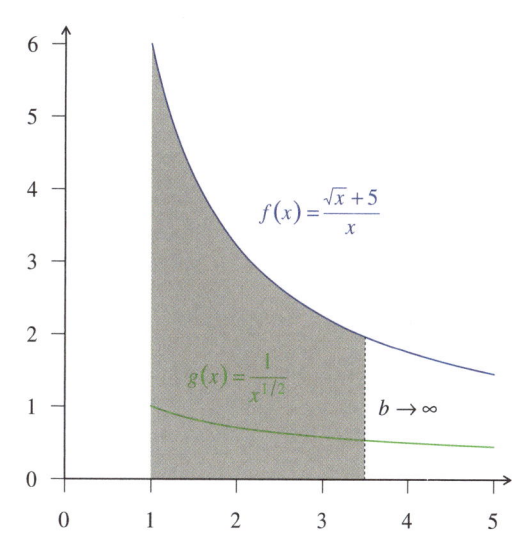

Abb. 19.18: Reelle Funktion $f: [1, \infty) \longrightarrow \mathbb{R}$, $x \mapsto f(x) = \frac{1}{x^2 + e^x}$ mit konvergenter Majorante $g: [1, \infty) \longrightarrow \mathbb{R}$, $x \mapsto g(x) = \frac{1}{x^2}$ (links) und reelle Funktion $f: [1, \infty) \longrightarrow \mathbb{R}$, $x \mapsto f(x) = \frac{\sqrt{x}+5}{x}$ mit divergenter Minorante $g: [1, \infty) \longrightarrow \mathbb{R}$, $x \mapsto g(x) = \frac{1}{x^{1/2}}$ (rechts)

verteilung bezeichnet und ist gegeben durch

$$\Phi: \mathbb{R} \to \mathbb{R}, \quad x \mapsto \Phi(x) := \frac{1}{\sqrt{2\pi}} \int_{-\infty}^{x} e^{-\frac{t^2}{2}} \, dt. \quad (19.56)$$

Im Folgenden wird gezeigt, dass das uneigentliche Riemann-Integral 1. Art

$$\frac{1}{\sigma\sqrt{2\pi}} \int_{-\infty}^{\infty} e^{-\frac{(t-\mu)^2}{2\sigma^2}} \, dt \quad (19.57)$$

existiert. Da jedoch das bestimmte Riemann-Integral $\frac{1}{\sigma\sqrt{2\pi}} \int_{a}^{b} e^{-\frac{(t-\mu)^2}{2\sigma^2}} \, dt$ nicht in geschlossener Form dargestellt werden kann (vgl. dazu auch die Ausführungen zu Beginn von Abschnitt 19.7), wird hierzu das Majorantenkriterium verwendet. Dabei genügt es nachzuweisen, dass das uneigentliche Riemann-Integral

$$\frac{1}{\sigma\sqrt{2\pi}} \int_{\mu}^{\infty} e^{-\frac{(t-\mu)^2}{2\sigma^2}} \, dt \quad (19.58)$$

existiert. Denn für die reelle Funktion $f(t) := \frac{1}{\sigma\sqrt{2\pi}} e^{-\frac{(t-\mu)^2}{2\sigma^2}}$ gilt offensichtlich $f(\mu - t) = f(\mu + t)$ für alle $t \in \mathbb{R}$. Das heißt, f ist achsensymmetrisch zur senkrechten Geraden an der Stelle $t = \mu$ (vgl. Definition 13.23a)) und es gilt somit

$$\frac{1}{\sigma\sqrt{2\pi}} \int_{-\infty}^{\infty} e^{-\frac{(t-\mu)^2}{2\sigma^2}} \, dt = 2 \frac{1}{\sigma\sqrt{2\pi}} \int_{\mu}^{\infty} e^{-\frac{(t-\mu)^2}{2\sigma^2}} \, dt.$$

Das uneigentliche Riemann-Integral (19.58) wird weiter zerlegt in

$$\frac{1}{\sigma\sqrt{2\pi}} \int_{\mu}^{\infty} e^{-\frac{(t-\mu)^2}{2\sigma^2}} \, dt = \underbrace{\frac{1}{\sigma\sqrt{2\pi}} \int_{\mu}^{\mu+1} e^{-\frac{(t-\mu)^2}{2\sigma^2}} \, dt}_{<\infty}$$
$$+ \frac{1}{\sigma\sqrt{2\pi}} \int_{\mu+1}^{\infty} e^{-\frac{(t-\mu)^2}{2\sigma^2}} \, dt. \quad (19.59)$$

Es gilt jedoch $0 \leq e^{-\frac{(t-\mu)^2}{2\sigma^2}} \leq e^{-\frac{t-\mu}{2\sigma^2}}$ für $t \geq \mu + 1$ und

$$\frac{1}{\sigma\sqrt{2\pi}} \int_{\mu+1}^{\infty} e^{-\frac{t-\mu}{2\sigma^2}} \, dt = \frac{1}{\sigma\sqrt{2\pi}} \left(-2\sigma^2 e^{-\frac{t-\mu}{2\sigma^2}} \right) \Big|_{\mu+1}^{\infty}$$
$$= \sqrt{\frac{2}{\pi}} \sigma e^{-\frac{1}{2\sigma^2}}.$$

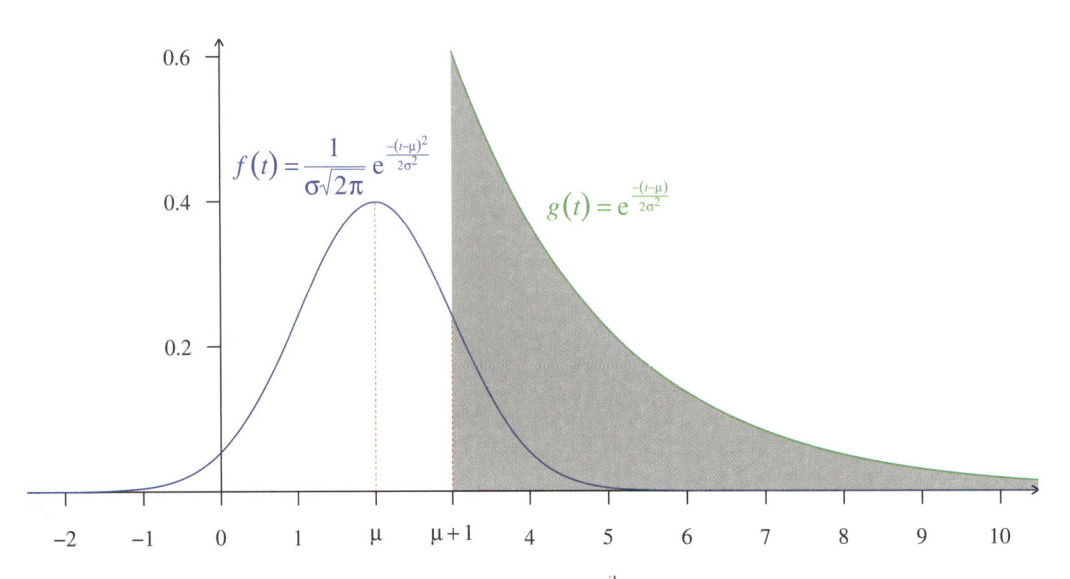

Abb. 19.19: Reelle Funktion $f\colon \mathbb{R} \longrightarrow \mathbb{R}$, $t \mapsto f(t) = \frac{1}{\sigma\sqrt{2\pi}} e^{-\frac{(t-\mu)^2}{2\sigma^2}}$ mit konvergenter Majorante $g\colon [\mu+1, \infty) \longrightarrow \mathbb{R}$, $t \mapsto g(t) = e^{-\frac{t-\mu}{2\sigma^2}}$ von f auf $[\mu+1, \infty)$

Folglich ist $g(t) := e^{-\frac{t-\mu}{2\sigma^2}}$ auf $[\mu+1, \infty)$ eine konvergente Majorante von f. Daraus folgt mit Satz 19.46b) (Majorantenkriterium), dass das uneigentliche Riemann-Integral (19.59) und damit insbesondere auch das uneigentliche Riemann-Integral (19.57) existiert. Ferner kann man zeigen, dass $\frac{1}{\sigma\sqrt{2\pi}} \int_{-\infty}^{\infty} e^{-\frac{(t-\mu)^2}{2\sigma^2}} \, dt = 1$ gilt und die Funktion f somit eine sogenannte **Dichtefunktion** ist (vgl. Abbildung 19.19).

Mit Hilfe des Majorantenkriteriums lässt sich leicht das sogenannte **Grenzwertkriterium** beweisen:

Satz 19.49 (Grenzwertkriterium)

Die reellen Funktionen $f, g\colon [a, b] \to \mathbb{R}$ seien Riemann-integrierbar auf $[a, b]$ für alle $b \in \mathbb{R}$ mit $b > a$. Ferner gelte $f(x), g(x) > 0$ für alle $x \in [a, \infty)$ und

$$\lim_{x \to \infty} \frac{f(x)}{g(x)} = L. \tag{19.60}$$

Dann folgt:

a) Die beiden uneigentlichen Riemann-Integrale $\int_a^\infty f(x)\,dx$ und $\int_a^\infty g(x)\,dx$ haben das gleiche Konvergenzverhalten, falls $L > 0$ gilt.

b) Aus der Existenz von $\int_a^\infty g(x)\,dx$ folgt die Existenz von $\int_a^\infty f(x)\,dx$, falls $L = 0$ gilt.

Beweis: Zu a): Es sei $L > 0$. Dann folgt mit (19.60), dass zu $\varepsilon_0 := \frac{L}{2}$ ein $c \geq a$ existiert, so dass

$$L - \varepsilon_0 < \frac{f(x)}{g(x)} < L + \varepsilon_0$$

für alle $x \geq c$ gilt. Wegen $L - \varepsilon_0 = \frac{L}{2}$ und $L + \varepsilon_0 = \frac{3}{2}L$ erhält man somit, dass

$$0 < \frac{L}{2} g(x) < f(x) < \frac{3L}{2} g(x)$$

für alle $x \geq c$ gilt. Daraus folgt mit Satz 19.46b) (Majorantenkriterium), dass das uneigentliche Riemann-Integral 1. Art von f auf $[c, \infty)$ genau dann existiert, wenn das uneigentliche Riemann-Integral 1. Art von g auf $[c, \infty)$ existiert. Folglich haben auch die beiden uneigentlichen Riemann-Integrale $\int_a^\infty f(x)\,dx$ und $\int_a^\infty g(x)\,dx$ das gleiche Konvergenzverhalten.

Zu b): Es sei $L = 0$. Dann erhält man mit (19.60), dass zu $\varepsilon_0 := 1$ ein $c \geq a$ existiert, so dass $0 < \frac{f(x)}{g(x)} < 1$ und damit insbesondere $0 < f(x) < g(x)$ für alle $x \geq c$ gilt. Mit

Satz 19.46b) folgt daher, dass die Existenz des uneigentlichen Riemann-Integrals $\int_c^\infty g(x)\,dx$ auch die Existenz des uneigentlichen Riemann-Integrals $\int_a^\infty f(x)\,dx$ impliziert. ∎

Für konkrete Beispiele zur Anwendung und Nützlichkeit des Grenzwertkriteriums siehe Beispiel 19.53b) und c) sowie Beispiel 19.54b).

Uneigentliches Riemann-Integral 2. Art

Ein **uneigentliches Riemann-Integral 2. Art** liegt vor, wenn der Integrand $f:[a,b] \longrightarrow \mathbb{R}$ des Riemann-Integrals an einer Stelle $c \in [a,b]$ des Integrationsintervalles $[a,b]$ unbeschränkt ist. Das heißt, wenn der Integrand f an einer der beiden Randstellen a oder b des Intervalles $[a,b]$ eine Polstelle besitzt und damit der Grenzwert

$$\lim_{x \uparrow b} f(x) \quad \text{bzw.} \quad \lim_{x \downarrow a} f(x)$$

uneigentlich (d. h. gleich ∞ oder $-\infty$) ist oder wenn der Integrand f an einer inneren Stelle $c \in (a,b)$ eine Polstelle besitzt und damit mindestens einer der beiden Grenzwerte

$$\lim_{x \uparrow c} f(x) \quad \text{und} \quad \lim_{x \downarrow c} f(x)$$

uneigentlich ist (vgl. Seite 361). Es ist nun naheliegend, den Begriff des Riemann-Integrals auch auf Integranden f mit einer Polstelle an der Randstelle a oder b zu erweitern, für die der Grenzwert

$$\lim_{t \uparrow b} \int_a^t f(x)\,dx \quad \text{bzw.} \quad \lim_{t \downarrow a} \int_t^b f(x)\,dx$$

existiert, sowie auf Integranden f mit einer Polstelle an einer inneren Stelle $c \in (a,b)$, für welche die beiden Grenzwerte

$$\lim_{t \uparrow c} \int_a^t f(x)\,dx \quad \text{und} \quad \lim_{t \downarrow c} \int_t^b f(x)\,dx$$

existieren. Die genaue Definition lautet wie folgt:

> **Definition 19.50** (Uneigentliches Riemann-Integral 2. Art)
>
> a) Die reelle Funktion $f:[a,b) \longrightarrow \mathbb{R}$ mit $|f(x)| \longrightarrow \infty$ für $x \uparrow b$ sei Riemann-integrierbar auf $[a,t]$ für alle $a < t < b$ und der Grenzwert $\lim_{t \uparrow b} \int_a^t f(x)\,dx$ existiere. Dann heißt f auf $[a,b]$ uneigentlich Riemann-integrierbar 2. Art und der Grenzwert
>
> $$\int_a^b f(x)\,dx := \lim_{t \uparrow b} \int_a^t f(x)\,dx$$
>
> wird als uneigentliches Riemann-Integral 2. Art von f auf $[a,b]$ bezeichnet. Andernfalls sagt man, dass das uneigentliche Riemann-Integral 2. Art von f auf $[a,b]$ nicht existiert.
>
> b) Die reelle Funktion $f:(a,b] \longrightarrow \mathbb{R}$ sei Riemann-integrierbar auf $[t,b]$ für alle $a < t < b$ mit $|f(x)| \longrightarrow \infty$ für $x \downarrow a$ und der Grenzwert $\lim_{t \downarrow a} \int_t^b f(x)\,dx$ existiere. Dann heißt f auf $[a,b]$ uneigentlich Riemann-integrierbar 2. Art und der Grenzwert
>
> $$\int_a^b f(x)\,dx := \lim_{t \downarrow a} \int_t^b f(x)\,dx$$
>
> wird als uneigentliches Riemann-Integral 2. Art von f auf $[a,b]$ bezeichnet. Andernfalls sagt man, dass das uneigentliche Riemann-Integral 2. Art von f auf $[a,b]$ nicht existiert.
>
> c) Die reelle Funktion $f:(a,b) \to \mathbb{R}$ sei für ein beliebiges $c \in (a,b)$ auf $[a,c]$ und $[c,b]$ uneigentlich Riemann-integrierbar 2. Art mit $|f(x)| \longrightarrow \infty$ für $x \downarrow a$ und $x \uparrow b$. Dann heißt f auf $[a,b]$ uneigentlich Riemann-integrierbar 2. Art und der Wert
>
> $$\int_a^b f(x)\,dx := \int_a^c f(x)\,dx + \int_c^b f(x)\,dx \qquad (19.61)$$
>
> wird als uneigentliches Riemann-Integral 2. Art von f auf $[a,b]$ bezeichnet. Existiert eines der beiden uneigentlichen Riemann-Integrale auf der rechten Seite von (19.61) nicht, dann sagt man, dass das uneigentliche Riemann-Integral 2. Art von f auf $[a,b]$ nicht existiert.
>
> d) Die reelle Funktion $f:[a,b] \setminus \{c\} \longrightarrow \mathbb{R}$ mit $|f(x)| \longrightarrow \infty$ für $x \downarrow c$ oder $x \uparrow c$ für ein $c \in (a,b)$ sei sowohl Riemann-integrierbar auf $[a,t]$ für alle $a < t < c$ als auch Riemann-integrierbar auf $[t,b]$ für alle $c < t < b$. Ferner existieren die beiden Grenzwerte
>
> $$\lim_{t \uparrow c} \int_a^t f(x)\,dx \quad \text{und} \quad \lim_{t \downarrow c} \int_t^b f(x)\,dx. \quad (19.62)$$
>
> Dann heißt f auf $[a,b]$ uneigentlich Riemann-integrierbar 2. Art und der Wert
>
> $$\int_a^b f(x)\,dx := \lim_{t \uparrow c} \int_a^t f(x)\,dx + \lim_{t \downarrow c} \int_t^b f(x)\,dx \qquad (19.63)$$

> *wird als uneigentliches Riemann-Integral 2. Art von f auf [a, b] bezeichnet. Existiert eines der beiden uneigentlichen Riemann-Integrale (19.62) nicht, dann sagt man, dass das uneigentliche Riemann-Integral 2. Art von f auf [a, b] nicht existiert.*

Wie wichtig die Beachtung der Polstellen eines Integranden f bei der Integration ist, wird bereits bei der Betrachtung sehr einfacher Riemann-Integrale wie z. B. $\int_{-1}^{1} \frac{1}{x^2}\,dx$ deutlich. Denn eine formale Berechnung dieses Riemann-Integrals ohne Beachtung des Pols von f an der Stelle $x = 0$ würde zu dem „unsinnigen" Ergebnis

$$\int_{-1}^{1} \frac{1}{x^2}\,dx = -\frac{1}{x}\Big|_{-1}^{1} = -1 - 1 = -2$$

führen. Dieses Resultat kann auf keinen Fall richtig sein, da die Fläche $I(f)$ zwischen dem Graphen von $f(x) = \frac{1}{x^2}$ und der x-Achse im Intervall $[-1, 1]$ vollständig oberhalb der x-Achse liegt und somit ihr Inhalt auf keinen Fall negativ ist (vgl. Abbildung 19.20, links). Tatsächlich gilt, dass der Flächeninhalt unendlich groß ist und das uneigentliche Riemann-Integral $\int_{-1}^{1} \frac{1}{x^2}\,dx$ somit nicht existiert (vgl. Beispiel 19.51a)).

Analog zu uneigentlichen Riemann-Integralen 1. Art ist zu beachten, dass das uneigentliche Riemann-Integral 2. Art einer reellen Funktion f mit einer Polstelle bei $c \in (a, b)$ nicht einfach durch

$$\int_a^b f(x)\,dx = \lim_{\varepsilon \to 0} \left(\int_a^{c-\varepsilon} f(x)\,dx + \int_{c+\varepsilon}^b f(x)\,dx \right) \quad (19.64)$$

definiert werden kann. Denn es ist auch hier erforderlich, dass die beiden Grenzübergänge $c - \varepsilon \to c$ und $c + \varepsilon \to c$ unabhängig voneinander erfolgen. Anstelle von (19.63) könnte man jedoch das uneigentliche Riemann-Integral 2. Art von f mit einer Polstelle bei $c \in (a, b)$ auch durch

$$\int_a^b f(x)\,dx = \lim_{\varepsilon_1 \to 0} \int_a^{c-\varepsilon_1} f(x)\,dx + \lim_{\varepsilon_2 \to 0} \int_{c+\varepsilon_2}^b f(x)\,dx$$

definieren, wobei die beiden Grenzübergänge $\varepsilon_1 \to 0$ und $\varepsilon_2 \to 0$ unabhängig voneinander auszuführen sind. Ist jedoch die Existenz des uneigentlichen Riemann-Integrals $\int_a^b f(x)\,dx$ bereits sichergestellt, dann kann es häufig am einfachsten nach (19.64) berechnet werden. Eine analoge Aussage gilt auch für das uneigentliche Riemann-Integral 2. Art einer reellen Funktion f mit zwei Polstellen an den beiden Randstellen a und b.

Besitzt ein Integrand $f : [a, b] \longrightarrow \mathbb{R}$ im Inneren des Definitionsbereichs **endlich** viele Polstellen $a = x_0 < x_1 < \ldots <$

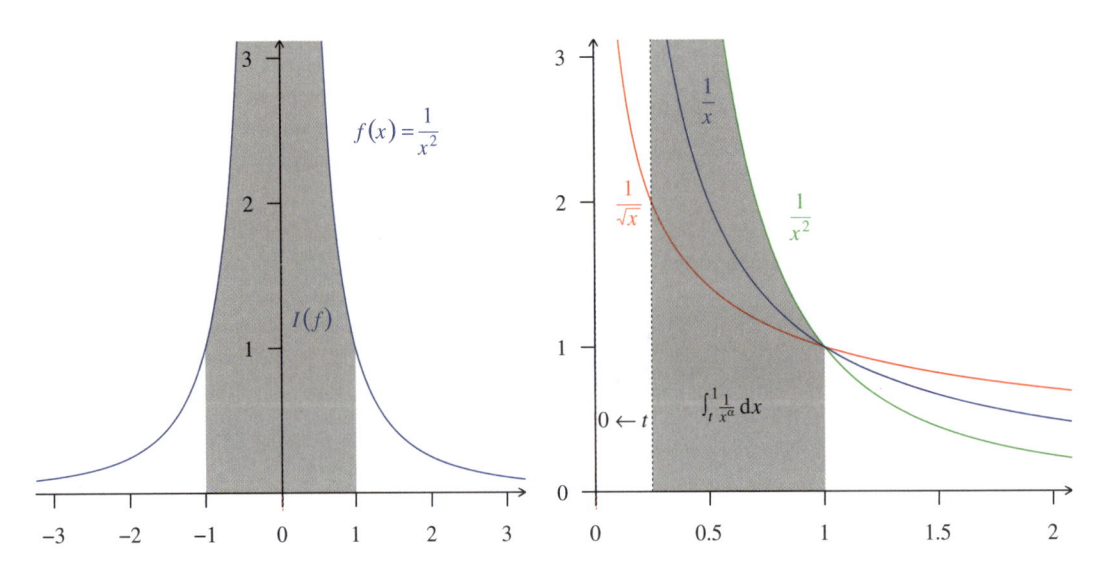

Abb. 19.20: Fläche $I(f)$ zwischen dem Graphen der reellen Funktion $f : \mathbb{R} \setminus \{0\} \longrightarrow \mathbb{R}$, $x \mapsto f(x) = \frac{1}{x^2}$ und der x-Achse im Intervall $[-1, 1]$ (links) und das uneigentliche Riemann-Integral 2. Art $\int_0^1 \frac{1}{x^\alpha}\,dx$ für $\alpha = \frac{1}{2}$ (existent) sowie für $\alpha = 1$ und $\alpha = 2$ (nicht existent) (rechts)

$x_{n-1} < x_n = b$ und existieren die uneigentlichen Riemann-Integrale $\int_{x_{k-1}}^{x_k} f(x)\,dx$ für $k = 1, \ldots, n$, dann ist das uneigentliche Riemann-Integral 2. Art von f auf $[a,b]$ durch

$$\int_a^b f(x)\,dx := \sum_{k=1}^n \int_{x_{k-1}}^{x_k} f(x)\,dx$$

definiert. Ein an der oberen Integrationsgrenze b uneigentliches Riemann-Integral 2. Art wird häufig auch mit dem Symbol $\int_a^{b-} f(x)\,dx$ und ein an der unteren Integrationsgrenze a uneigentliches Riemann-Integral 2. Art entsprechend mit $\int_{a+}^b f(x)\,dx$ bezeichnet. Für ein an beiden Integrationsgrenzen a und b uneigentliches Riemann-Integral 2. Art verwendet man dann das Symbol $\int_{a+}^{b-} f(x)\,dx$.

Wenn eine Stammfunktion F des Integranden f bekannt ist, geht man bei der Ermittlung eines der vier uneigentlichen Riemann-Integrale 2. Art wie bei einem uneigentlichen Riemann-Integral 1. Art vor. Das heißt, man berechnet je nach Art des betrachteten uneigentlichen Riemann-Integrals 2. Art das bestimmte Riemann-Integral $\int_a^t f(x)\,dx = F(t) - F(a)$, das bestimmte Riemann-Integral $\int_t^b f(x)\,dx = F(b) - F(t)$ oder beide bestimmte Riemann-Integrale und führt dann anschließend den entsprechenden Grenzübergang durch. Für die vier in Definition 19.50 aufgeführten Fälle erhält man dann:

a) $\int_a^b f(x)\,dx = \lim\limits_{t\uparrow b} F(x)\Big|_a^t = \lim\limits_{t\uparrow b} F(t) - F(a)$

b) $\int_a^b f(x)\,dx = \lim\limits_{t\downarrow a} F(x)\Big|_t^b = F(b) - \lim\limits_{t\downarrow a} F(t)$

c) $\int_a^b f(x)\,dx = \lim\limits_{t\uparrow b} F(x)\Big|_c^t + \lim\limits_{t\downarrow a} F(x)\Big|_t^c$
$= \lim\limits_{t\uparrow b} F(t) - \lim\limits_{t\downarrow a} F(t)$

d) $\int_a^b f(x)\,dx = \lim\limits_{t\uparrow c} F(x)\Big|_a^t + \lim\limits_{t\downarrow c} F(x)\Big|_t^b$
$= \lim\limits_{t\uparrow c} F(t) - F(a) + F(b) - \lim\limits_{t\downarrow c} F(x)$

Darüber hinaus können auch die Rechenregeln für uneigentliche Riemann-Integrale 1. Art in Satz 19.45 leicht so umformuliert werden, dass sie auch für uneigentliche Riemann-Integrale 2. Art gelten.

Beispiel 19.51 (Berechnung uneigentlicher Riemann-Integrale 2. Art)

a) Für $0 < t < 1$ und $\alpha \in \mathbb{R}$ gilt

$$\int_t^1 \frac{1}{x^\alpha}\,dx = \begin{cases} \frac{1}{1-\alpha} x^{1-\alpha}\Big|_t^1 & \text{für } \alpha \in \mathbb{R}\setminus\{1\} \\ \ln(x)\Big|_t^1 & \text{für } \alpha = 1 \end{cases}.$$

Daraus folgt

$$\int_0^1 \frac{1}{x^\alpha}\,dx = \lim_{t\downarrow 0} \int_t^1 \frac{1}{x^\alpha}\,dx$$
$$= \begin{cases} \lim\limits_{t\downarrow 0}\left(\frac{1}{1-\alpha} - \frac{1}{1-\alpha} t^{1-\alpha}\right) & \text{für } \alpha \in \mathbb{R}\setminus\{1\} \\ \lim\limits_{t\downarrow 0} -\ln(t) & \text{für } \alpha = 1 \end{cases}.$$

Wegen $\lim\limits_{t\downarrow 0} \frac{1}{1-\alpha} t^{1-\alpha} = -\infty$ für $\alpha > 1$ und $\lim\limits_{t\downarrow 0} \frac{1}{1-\alpha} t^{1-\alpha} = 0$ für $\alpha < 1$ erhält man weiter

$$\int_0^1 \frac{1}{x^\alpha}\,dx = \begin{cases} \infty & \text{für } \alpha \geq 1 \\ \frac{1}{1-\alpha} & \text{für } \alpha < 1 \end{cases}.$$

Das uneigentliche Riemann-Integral 2. Art von $f(x) = \frac{1}{x^\alpha}$ auf $[0,1]$ existiert somit für $\alpha < 1$ und beträgt $\frac{1}{1-\alpha}$. Für $\alpha \geq 1$ existiert es dagegen nicht (vgl. Abbildung 19.20, rechts). Zusammen mit Beispiel 19.43c) folgt, dass das uneigentliche Riemann-Integral $\int_0^\infty \frac{1}{x^\alpha}\,dx$ für kein $\alpha \in \mathbb{R}$ existiert.

b) Für $0 < t < 1$ gilt

$$\int_0^t \frac{1}{\sqrt{1-x^2}}\,dx = \arcsin(x)\Big|_0^t$$

(vgl. Satz 16.18a)). Daraus folgt

$$\int_0^1 \frac{1}{\sqrt{1-x^2}}\,dx = \lim_{t\uparrow 1} \int_0^t \frac{1}{\sqrt{1-x^2}}\,dx$$
$$= \lim_{t\uparrow 1} \arcsin(t) - \arcsin(0)$$
$$= \arcsin(1) = \frac{\pi}{2}.$$

Analog erhält man

$$\int_{-1}^0 \frac{1}{\sqrt{1-x^2}}\,dx = \lim_{s\downarrow -1} \int_s^0 \frac{1}{\sqrt{1-x^2}}\,dx = \frac{\pi}{2}.$$

Das uneigentliche Riemann-Integral 2. Art von $f(x) = \frac{1}{\sqrt{1-x^2}}$ auf den beiden Intervallen $[0,1]$

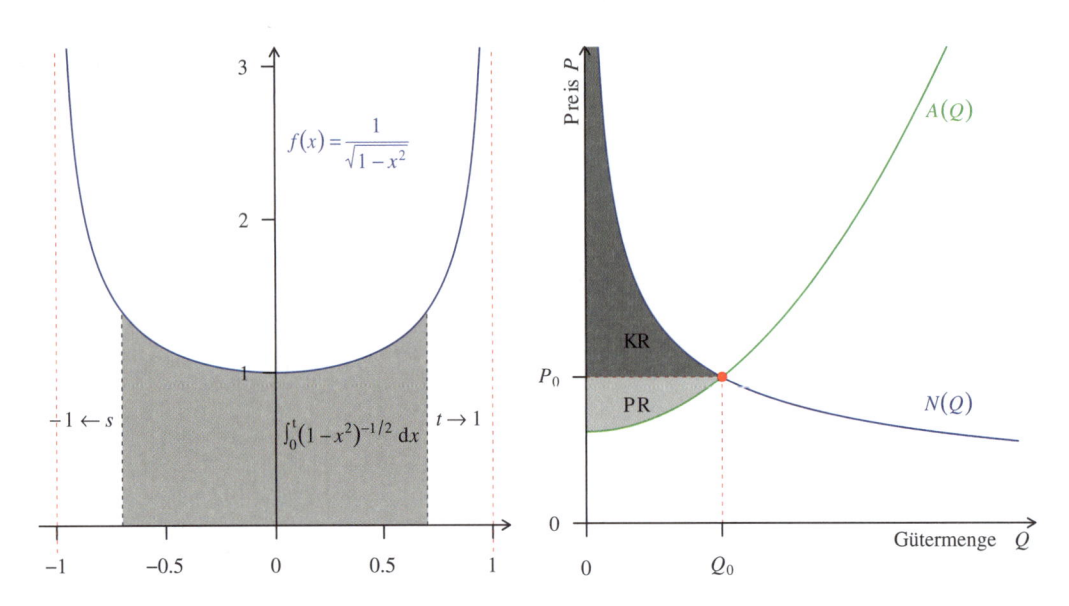

Abb. 19.21: Existierendes uneigentliches Riemann-Integral 2. Art $\int_{-1}^{1} \frac{1}{\sqrt{1-x^2}}\, dx$ mit dem Wert π (links) sowie die Konsumentenrente KR und die Produzentenrente PR für eine Preis-Angebots- und eine Preis-Nachfragefunktion $A(Q)$ bzw. $N(Q)$ (rechts)

und $[-1, 0]$ existiert somit und beträgt in beiden Fällen $\frac{\pi}{2}$. Für das uneigentliche Riemann-Integral 2. Art von $f(x) = \frac{1}{\sqrt{1-x^2}}$ auf $[-1, 1]$ erhält man daher

$$\int_{-1}^{1} \frac{1}{\sqrt{1-x^2}}\, dx = \lim_{t\uparrow 1} \int_{0}^{t} \frac{1}{\sqrt{1-x^2}}\, dx$$
$$+ \lim_{s\downarrow -1} \int_{s}^{0} \frac{1}{\sqrt{1-x^2}}\, dx$$
$$= \frac{\pi}{2} + \frac{\pi}{2} = \pi$$

(vgl. Abbildung 19.21, links).

Das folgende Beispiel zeigt, dass uneigentliche Riemann-Integrale 2. Art auch bei wirtschaftswissenschaftlichen Problemstellungen auftreten:

Beispiel 19.52 (Konsumenten- und Produzentenrente)

In der Mikroökonomie untersucht man u. a., wie das Wohlergehen der Konsumenten und der Produzenten von Änderungen der ökonomischen Parameter abhängt. Zwei grobe, aber verbreitete Maße zur Quantifizierung des Wohlergehens sind die sog. **Konsumentenrente** und **Produzentenrente**. Sie gehen auf den einflussreichen englischen Ökonom und Autor des 1890 veröffentlichten Standardwerks **„Principles of Economics"** Alfred Marshall (1842–1924) zurück.

Im Folgenden bezeichnen $A(Q)$ und $N(Q)$ die Preis-Angebots- bzw. die Preis-Nachfragefunktion in Abhängigkeit von der Gütermenge Q. Der Gleichgewichtspreis P_0 ist dann gegeben durch

$$P_0 = A(Q_0) = N(Q_0).$$

Der Gleichgewichtspreis P_0 ist somit derjenige Preis, der die Konsumenten dazu veranlasst, genau dieselbe Menge nachzufragen, welche die Produzenten bereit sind zu diesem Preis anzubieten. Geht man von einem **Marktgleichgewicht** aus (d. h. Angebotsmenge ist gleich Nachfragemenge), dann ist der Gleichgewichtspreis der Preis, den ein Konsument aufgrund der Marktverhältnisse tatsächlich zahlen muss (Marktpreis). Bei der Konsumentenrente KR handelt es sich dann um die Differenz aus dem Betrag, den ein Konsument für die Gütermenge Q_0 zu zahlen bereit ist (sog. Reservationspreis des Kunden) und dem Betrag $P_0 Q_0$, den der Konsument aufgrund des Marktpreises P_0 tatsächlich zu zahlen hat. Das heißt, es gilt

$$\text{KR} := \int_0^{Q_0} N(Q)\, dQ - P_0 Q_0$$

(vgl. Abbildung 19.21, rechts). Dagegen handelt es sich bei der Produzentenrente um die Differenz aus dem Betrag $P_0 Q_0$, den ein Produzent aufgrund des Marktpreises P_0 für die Gütermenge Q_0 tatsächlich erzielt hat, und dem Preis, zu dem ein Produzent das Gut gerade noch anbieten würde (sog. Reservationspreis des Produzenten). Es gilt somit

$$\text{PR} := P_0 Q_0 - \int_0^{Q_0} A(Q)\, dQ$$

(vgl. Abbildung 19.21, rechts). Ist nun die Preis-Nachfragefunktion speziell eine Potenzfunktion $N(Q) = aQ^b$ mit $b \in (-1, 0)$ und $a > 0$, dann ist die Konsumentenrente durch

$$\text{KR} = \int_0^{Q_0} aQ^b\, dQ - P_0 Q_0 \qquad (19.65)$$

gegeben. Das Riemann-Integral auf der rechten Seite von (19.65) ist ein uneigentliches Riemann-Integral 2. Art, da der Integrand bei $Q = 0$ eine Polstelle besitzt. Für die Konsumentenrente erhält man weiter

$$\begin{aligned}
\text{KR} &= \lim_{t \downarrow 0} \int_t^{Q_0} aQ^b\, dQ - aQ_0^{b+1} \\
&= \lim_{t \downarrow 0} \frac{a}{b+1} Q^{b+1} \Big|_t^{Q_0} - aQ_0^{b+1} \\
&= \frac{a}{b+1} Q_0^{b+1} - \lim_{t \downarrow 0} \frac{a}{b+1} t^{b+1} - aQ_0^{b+1} \\
&= -\frac{ab}{b+1} Q_0^{b+1}.
\end{aligned}$$

Wegen $b \in (-1, 0)$ folgt daraus, dass $-\frac{ab}{b+1} Q_0^{b+1} > 0$ gilt und damit die Konsumentenrente eine streng monoton wachsende Funktion der nachgefragten Gütermenge Q_0 ist. Mit $P_0 = N(Q_0) = aQ_0^b$ bzw. $Q_0 = \left(\frac{P_0}{a}\right)^{\frac{1}{b}}$ folgt weiter

$$\text{KR} = -\frac{ab}{b+1} \left(\frac{P_0}{a}\right)^{\frac{b+1}{b}}.$$

Wegen $\frac{b+1}{b} < 0$ folgt daraus, dass die Konsumentenrente eine streng monoton fallende Funktion des Preises P_0 ist.

Existenzkriterien für uneigentliche Riemann-Integrale 2. Art

Das Monotonie-, das Majoranten- und das Minorantenkriterium (siehe Satz 19.46) sowie das Grenzwertkriterium (siehe Satz 19.49) können mühelos auch für uneigentliche Riemann-Integrale 2. Art formuliert und die zugehörigen Beweise nahezu wortwörtlich übertragen werden. Diese Kriterien werden deshalb nicht noch einmal für uneigentliche Riemann-Integrale 2. Art formuliert, sondern es werden stattdessen einige weitere Beispiele betrachtet:

Beispiel 19.53 (Anwendung des Majoranten- und des Grenzwertkriteriums)

a) Es gilt

$$\left|\frac{\cos(x)}{\sqrt{x}}\right| \leq \frac{1}{\sqrt{x}}$$

für alle $x \in (0, 1]$. Da jedoch das uneigentliche Riemann-Integral

$$\int_0^1 \frac{1}{\sqrt{x}}\, dx$$

existiert (vgl. Beispiel 19.51a)), folgt mit der Umformulierung des Majorantenkriteriums (vgl. Satz 19.46b)) für uneigentliche Riemann-Integrale 2. Art, dass auch $\int_0^1 \frac{\cos(x)}{\sqrt{x}}\, dx$ existiert.

b) Das uneigentliche Riemann-Integral 2. Art $\int_0^1 \frac{\ln(x)}{\sqrt{x}}\, dx$ existiert. Denn zum einen gilt

$$\lim_{x \downarrow 0} \frac{\frac{|\ln(x)|}{\sqrt{x}}}{\frac{1}{x^{\frac{3}{4}}}} = \lim_{x \downarrow 0} x^{\frac{1}{4}} |\ln(x)| = 0$$

(vgl. Beispiel 16.40a)) und zum anderen existiert gemäß Beispiel 19.51a) das uneigentliche Riemann-Integral $\int_0^1 \frac{1}{x^{\frac{3}{4}}}\, dx$. Mit Satz 19.49 (Grenzwertkriterium) – umformuliert für uneigentliche Riemann-Integrale 2. Art – folgt somit, dass auch das uneigentliche Riemann-Integral

$$\int_0^1 \frac{|\ln(x)|}{\sqrt{x}}\, dx$$

existiert. Das heißt jedoch, dass auch das uneigentliche Riemann-Integral $\int_0^1 \frac{\ln(x)}{\sqrt{x}}\, dx$ existiert (vgl. Beispiel 19.22, links).

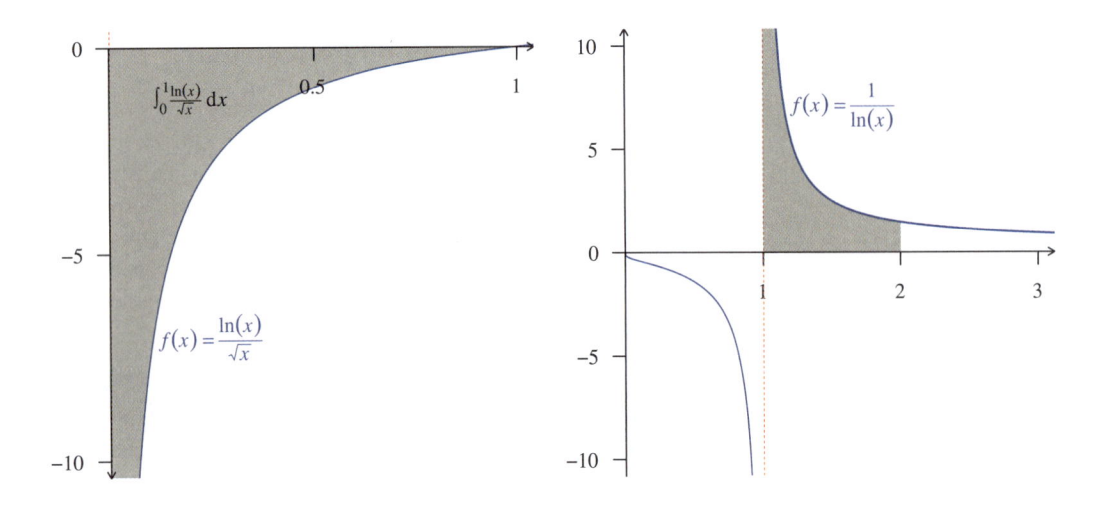

Abb. 19.22: Existentes uneigentliches Riemann-Integral 2. Art $\int_0^1 \frac{\ln(x)}{\sqrt{x}}\,dx$ (links) und nicht existentes uneigentliches Riemann-Integral 2. Art $\int_1^2 \frac{1}{\ln(x)}\,dx$ (rechts)

c) Das uneigentliche Riemann-Integral 2. Art $\int_1^2 \frac{1}{\ln(x)}\,dx$ existiert nicht. Denn mit Satz 16.37 (erste Regel von L'Hôspital) erhält man

$$\lim_{x \downarrow 1} \frac{\ln(x)}{x-1} = \lim_{x \downarrow 1} \frac{\frac{1}{x}}{1} = 1.$$

Mit Satz 19.49 (Grenzwertkriterium) – wieder für uneigentliche Riemann-Integrale 2. Art formuliert – folgt somit, dass die beiden uneigentlichen Riemann-Integrale $\int_1^2 \frac{1}{\ln(x)}\,dx$ und $\int_1^2 \frac{1}{x-1}\,dx$ das gleiche Konvergenzverhalten aufweisen. Da jedoch das uneigentliche Riemann-Integral

$$\int_1^2 \frac{1}{x-1}\,dx$$

gemäß Beispiel 19.51a) nicht existiert, impliziert dies auch die Nichtexistenz von $\int_1^2 \frac{1}{\ln(x)}\,dx$ (vgl. Beispiel 19.22, rechts).

Das folgende Beispiel zeigt, dass ein Riemann-Integral $\int_a^b f(x)\,dx$ gleichzeitig sowohl bezüglich 1. als auch 2. Art uneigentlich sein kann. In einem solchen Fall wird das Riemann-Integral in zwei uneigentliche Riemann-Integrale zerlegt, von denen das eine ausschließlich bezüglich 1. Art und das andere ausschließlich bezüglich 2. Art uneigentlich ist. Zur Untersuchung dieser beiden uneigentlichen Riemann-Integrale auf Existenz können dann die für uneigentliche Riemann-Integrale 1. und 2. Art ermittelten Kriterien herangezogen werden und die Existenz des ursprünglichen Riemann-Integrals $\int_a^b f(x)\,dx$ ist genau dann gegeben, wenn die beiden Teilintegrale existieren.

Beispiel 19.54 (Uneigentliche Riemann-Integrale 1. und 2. Art)

a) Das Riemann-Integral $\int_0^\infty e^{-x} \ln(x)\,dx$ ist ein uneigentliches Riemann-Integral 1. Art (obere Integrationsgrenze) und 2. Art (untere Integrationsgrenze). Zur Untersuchung auf Existenz wird deshalb das Riemann-Integral in die beiden uneigentlichen Riemann-Integrale

$$\int_0^1 e^{-x} \ln(x)\,dx \quad \text{und} \quad \int_1^\infty e^{-x} \ln(x)\,dx$$

2. bzw. 1. Art zerlegt. Die Existenz dieser beiden uneigentlichen Riemann-Integrale folgt mit Satz 19.49 (Grenzwertkriterium). Denn zum einen gilt

$$\lim_{x \downarrow 0} \frac{|e^{-x} \ln(x)|}{\left|\frac{\ln(x)}{\sqrt{x}}\right|} = \lim_{x \downarrow 0} e^{-x} x^{\frac{1}{2}} = 0 \quad \text{und}$$

$$\lim_{x \to \infty} \frac{|e^{-x} \ln(x)|}{\left|\frac{\ln(x)}{\sqrt{x}}\right|} = \lim_{x \to \infty} e^{-x} x^{\frac{1}{2}} = 0$$

(vgl. Satz 14.32b)) und zum anderen existiert das uneigentliche Riemann-Integral $\int_0^1 \frac{\ln(x)}{\sqrt{x}}\,dx$ (vgl. Beispiel 19.53b)). Die Existenz der beiden uneigentlichen Riemann-Integrale $\int_1^\infty e^{-x} \ln(x)\,dx$ und $\int_0^1 e^{-x} \ln(x)\,dx$ impliziert somit, dass auch das uneigentliche Riemann-Integral

$$\int_0^\infty e^{-x} \ln(x)\,dx = \int_0^1 e^{-x} \ln(x)\,dx + \int_1^\infty e^{-x} \ln(x)\,dx$$

existiert (vgl. Abbildung 19.23, links).

b) Das Riemann-Integral $\int_0^\infty e^{-x} x^{\alpha-1}\,dx$ ist ein uneigentliches Riemann-Integral 1. Art (obere Integrationsgrenze) und für $\alpha < 1$ auch ein uneigentliches Riemann-Integral 2. Art (untere Integrationsgrenze). Es wird deshalb in die beiden uneigentlichen Riemann-Integrale

$$\int_0^1 e^{-x} x^{\alpha-1}\,dx \quad \text{und} \quad \int_1^\infty e^{-x} x^{\alpha-1}\,dx$$

zerlegt. Wegen

$$\lim_{x \downarrow 0} \frac{e^{-x} x^{\alpha-1}}{\frac{1}{x^{1-\alpha}}} = \lim_{x \downarrow 0} e^{-x} = 1$$

existiert $\int_0^1 e^{-x} x^{\alpha-1}\,dx$ gemäß Satz 19.49 (Grenzwertkriterium) genau dann, wenn das uneigentliche Riemann-Integral $\int_0^1 \frac{1}{x^{1-\alpha}}\,dx$ existiert. Also genau dann, wenn $\alpha > 0$ gilt (vgl. Beispiel 19.51a)). Ferner gilt

$$\lim_{x \to \infty} \frac{e^{-x} x^{\alpha-1}}{\frac{1}{x^2}} = \lim_{x \to \infty} e^{-x} x^{\alpha+1} = 0$$

für alle $\alpha \in \mathbb{R}$ (vgl. Satz 14.32b)). Da jedoch das uneigentliche Riemann-Integral $\int_1^\infty \frac{1}{x^2}\,dx$ existiert (vgl. Beispiel 19.43b)), folgt mit Satz 19.49 (Grenzwertkriterium), dass auch $\int_1^\infty e^{-x} x^{\alpha-1}\,dx$ für alle $\alpha \in \mathbb{R}$ existiert. Es gilt somit insgesamt, dass das uneigentliche Riemann-Integral

$$\int_0^\infty e^{-x} x^{\alpha-1}\,dx = \int_0^1 e^{-x} x^{\alpha-1}\,dx + \int_1^\infty e^{-x} x^{\alpha-1}\,dx$$

genau dann existiert, wenn $\alpha > 0$ gilt (vgl. Abbildung 19.23, rechts).

Die im Folgenden betrachtete **Gammafunktion** ist ein weiteres Beispiel für ein Riemann-Integral, das gleichzeitig ein uneigentliches Riemann-Integral 1. und 2. Art ist.

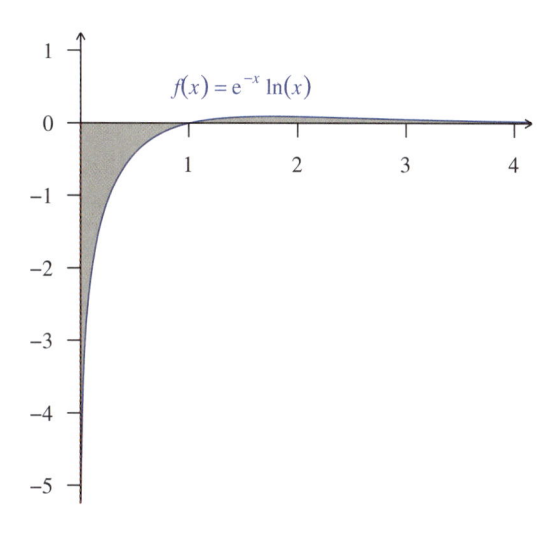

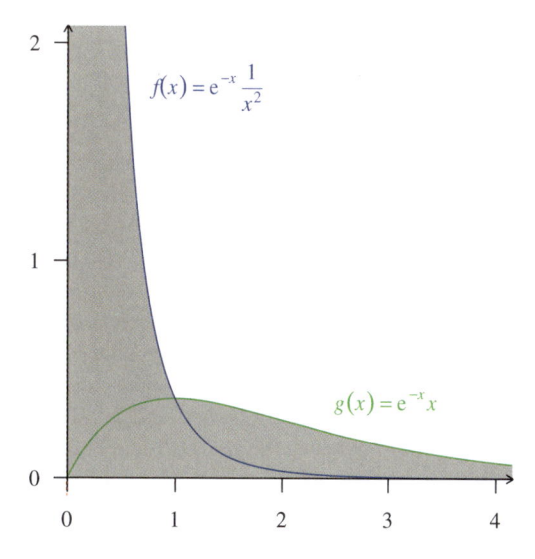

Abb. 19.23: Existentes uneigentliches Riemann-Integral 2. Art $\int_0^\infty e^{-x} \ln(x)\,dx$ (links) und uneigentliches Riemann-Integral 2. Art $\int_0^\infty e^{-x} x^{\alpha-1}\,dx$ für $\alpha = 2$ (existent) und für $\alpha = -1$ (nicht existent) (rechts)

Gammafunktion

Zu den besonders wichtigen „höheren" reellen Funktionen gehört die sogenannte **Gammafunktion**, die für viele Anwendungsbereiche von großer Bedeutung ist. Zum Beispiel leitet sich aus ihr die **Gamma-Verteilung** ab, die nach der **Gauß-Verteilung** (siehe Beispiel 19.48) eine der wichtigsten Wahrscheinlichkeitsverteilungen ist und viele wirtschaftswissenschaftliche Anwendungen in der Statistik, dem Risikomanagement, der Versicherungs- und Finanzmathematik besitzt. Die Gammafunktion hat ihren Ursprung im frühen 18. Jahrhundert in der Bemühung, eine reelle Funktion f zu finden, welche die in vielen Problemstellungen auftretenden Fakultäten $n! = n \cdot (n-1) \cdots 2 \cdot 1$ für $n \in \mathbb{N}$ und $0! = 1$ interpoliert, also für die

$$f(n) = n!$$

für alle $n \in \mathbb{N}_0$ gilt (zum Begriff „Interpolation" siehe Kapitel 27).

In den Jahren 1729 und 1730 stellte der junge schweizer Mathematiker *Leonhard Euler* (1707–1783) in zwei Briefen dem deutschen Mathematiker *Christian Goldbach* (1690–1764) seine Lösung dieses Interpolationsproblems in verschiedenen Formen vor, von denen die Gammafunktion

L. Euler auf einem schweizerischen 10-Frankenschein

$$\Gamma : (0, \infty) \longrightarrow \mathbb{R}, \ x \mapsto \Gamma(x) := \int_0^\infty e^{-t} t^{x-1} \, dt$$

heute am verbreitetsten ist. Die heute übliche Bezeichnung der Gammafunktion mit dem griechischen Gamma-Zeichen „Γ" wurde jedoch erst etwas später vom französischen Mathematiker *Adrien-Marie Legendre* (1752–1833) eingeführt. Die Gammafunktion Γ ist durch das Riemann-Integral $\int_0^\infty e^{-t} t^{x-1} \, dt$ definiert, welches an der oberen Integrationsgrenze ein uneigentliches Riemann-Integral 1. Art und für $x \in (0, 1)$ an der unteren Integrationsgrenze ein uneigentliches Riemann-Integral 2. Art ist. In Beispiel 19.54b) wurde jedoch bereits gezeigt, dass für $x > 0$ beide Teilintegrale $\int_0^1 e^{-t} t^{x-1} \, dt$ und $\int_1^\infty e^{-t} t^{x-1} \, dt$ existieren und damit insbesondere die Gammafunktion Γ wohldefiniert ist.

Die entscheidende Eigenschaft der Gammafunktion Γ ist, dass sie tatsächlich die Fakultäten $n!$ für $n \in \mathbb{N}_0$ interpoliert:

Satz 19.55 (Interpolationseigenschaft der Gammafunktion)

Für die Gammafunktion $\Gamma : (0, \infty) \to \mathbb{R}, \ x \mapsto \Gamma(x) := \int_0^\infty e^{-t} t^{x-1} \, dt$ *gilt:*

a) $\Gamma(x+1) = x \Gamma(x)$ *für alle* $x \in (0, \infty)$ *(Funktionalgleichung)*

b) $\Gamma(n+1) = n!$ *für alle* $n \in \mathbb{N}_0$

Beweis: Zu a): Gemäß Beispiel 19.54b) existiert das uneigentliche Riemann-Integral $\int_0^\infty e^{-t} t^{x-1} \, dt$ für alle $x > 0$ und durch Produktintegration erhält man

$$\int_a^b e^{-t} t^x \, dt = \left(-e^{-t} t^x\right)\Big|_a^b + x \int_a^b e^{-t} t^{x-1} \, dt.$$

Daraus folgt für alle $x > 0$ durch Bildung der beiden Grenzübergänge $a \downarrow 0$ und $b \to \infty$:

$$\Gamma(x+1) = \lim_{\substack{b \to \infty \\ a \downarrow 0}} \int_a^b e^{-t} t^x \, dt$$

$$= \lim_{\substack{b \to \infty \\ a \downarrow 0}} \left(-e^{-t} t^x\right)\Big|_a^b + x \lim_{\substack{b \to \infty \\ a \downarrow 0}} \int_a^b e^{-t} t^{x-1} \, dt$$

$$= \lim_{\substack{b \to \infty \\ a \downarrow 0}} \left(-e^{-b} b^x + e^{-a} a^x\right) + x \int_0^\infty e^{-t} t^{x-1} \, dt$$

$$= 0 + x \Gamma(x) = x \Gamma(x)$$

Zu b): Wegen

$$\Gamma(1) = \lim_{b \to \infty} \int_0^b e^{-t} \, dt = \lim_{b \to \infty} \left(-e^{-t}\right)\Big|_0^b$$

$$= \lim_{b \to \infty} \left(-e^{-b} + 1\right) = 1$$

folgt mit der Funktionalgleichung von Aussage a) für alle $n \in \mathbb{N}_0$:

$$\Gamma(n+1) = n \Gamma(n)$$
$$= n(n-1) \Gamma(n-1)$$
$$= \ldots = n(n-1) \cdots 1 \cdot \Gamma(1) = n! \ \blacksquare$$

Durch wiederholte Anwendung der Funktionalgleichung von Satz 19.55a) erhält man

$$\Gamma(x+n) = (x+n-1)(x+n-2)$$
$$\cdot \ldots \cdot (x+2)(x+1) x \Gamma(x)$$

für alle $x > 0$ und $n \in \mathbb{N}$, und die Auflösung dieser Gleichung nach $\Gamma(x)$ liefert

$$\Gamma(x) = \frac{\Gamma(x+n)}{(x+n-1)(x+n-2) \cdots (x+2)(x+1)x}.$$

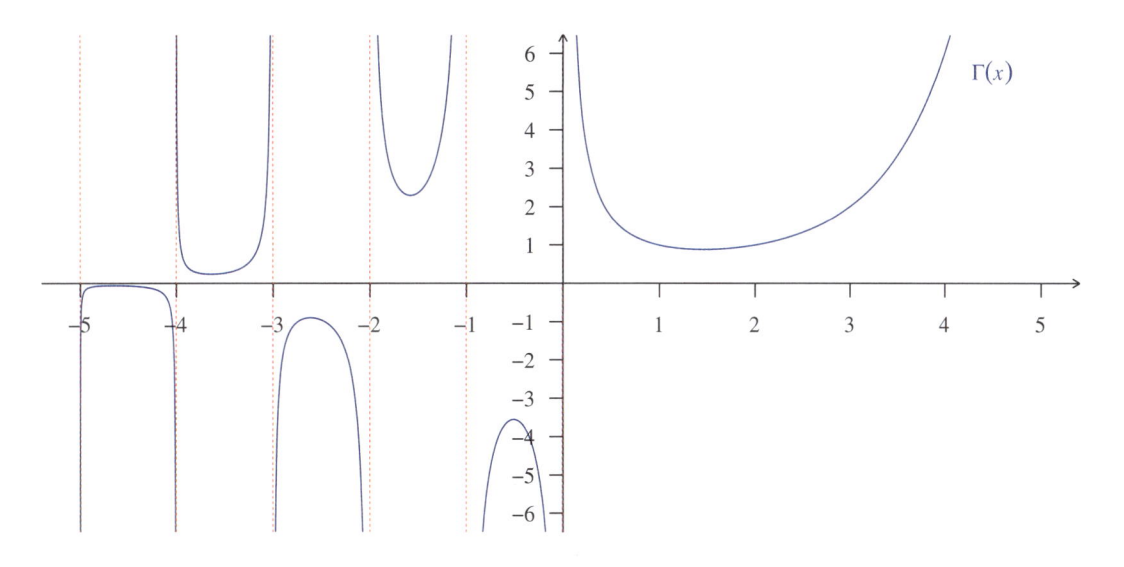

Abb. 19.24: Graph der auf den Definitionsbereich $\mathbb{R} \setminus \{0, -1, -2, -3, \ldots\}$ erweiterten Gammafunktion $\Gamma: \mathbb{R} \setminus \{0, -1, -2, -3, \ldots\} \longrightarrow \mathbb{R}$ mit Polstellen bei $x = 0, -1, -2, -3, \ldots$

Dieser Ausdruck wird zur Definition von $\Gamma(x)$ für $x < 0$ benutzt, indem man

$$\Gamma(x) := \frac{\Gamma(x+n)}{(x+n-1)(x+n-2)\cdots(x+2)(x+1)x}$$

für alle $x \in (-n, -n+1)$ und $n \in \mathbb{N}$ definiert. Bei dieser Festlegung ist die Funktionalgleichung

$$\Gamma(x+1) = x\Gamma(x)$$

für alle $x \in \mathbb{R} \setminus \{0, -1, -2, -3, \ldots\}$ gültig und $\Gamma(x)$ für $x \in \{0, -1, -2, -3, \ldots\}$ nicht erklärt, da dort Polstellen vorliegen. Für den Graphen der auf den Definitionsbereich $\mathbb{R} \setminus \{0, -1, -2, -3, \ldots\}$ **erweiterten Gammafunktion** Γ siehe Abbildung 19.24.

19.11 Integration von Potenzreihen

In Abschnitt 17.7 wurde bereits erläutert, dass die **Summenfunktion**

$$f: (x_0 - R, x_0 + R) \longrightarrow \mathbb{R}, \quad x \mapsto f(x) := \sum_{k=0}^{\infty} a_k(x - x_0)^k$$

einer **Potenzreihe** $\sum_{k=0}^{\infty} a_k(x - x_0)^k$ mit positivem Konvergenzradius $R > 0$ sowohl stetig als auch beliebig oft differenzierbar ist und die Differentiation gliedweise durchge-

führt werden darf. Bei der Ermittlung neuer Identitäten für reelle Funktionen hat sich vor allem die Differenzierbarkeit der Summenfunktion f als sehr nützlich erwiesen (vgl. Beispiel 17.23). Aus der Stetigkeit der Summenfunktion f folgt mit Satz 19.4, dass eine Summenfunktion auch Riemannintegrierbar ist. Wie der folgende Satz zeigt, lässt sich für f durch gliedweise Integration leicht eine Stammfunktion F berechnen:

Satz 19.56 (Stammfunktion einer Potenzreihe)

Es sei $\sum_{k=0}^{\infty} a_k(x - x_0)^k$ eine Potenzreihe mit positivem Konvergenzradius R um den Entwicklungspunkt x_0. Dann besitzt die durch

$$f: (x_0 - R, x_0 + R) \longrightarrow \mathbb{R},$$

$$x \mapsto f(x) := \sum_{k=0}^{\infty} a_k(x - x_0)^k$$

definierte Summenfunktion eine auf $(x_0 - R, x_0 + R)$ definierte Stammfunktion

$$F: (x_0 - R, x_0 + R) \longrightarrow \mathbb{R},$$

$$x \mapsto F(x) := \sum_{k=0}^{\infty} \frac{a_k}{k+1}(x - x_0)^{k+1}. \qquad (19.66)$$

Beweis: Wegen $\lim_{k\to\infty}\left|\frac{a_k}{a_{k+1}}\right| = R$ (vgl. Satz 17.15a)) gilt für die Potenzreihe (19.66)

$$\lim_{k\to\infty}\left|\frac{a_k(k+2)}{(k+1)a_{k+1}}\right| = \lim_{k\to\infty}\left|\frac{a_k}{a_{k+1}}\right| \cdot \lim_{k\to\infty}\left|\frac{k+2}{k+1}\right| = R.$$

Mit 17.15a) folgt somit, dass auch die Potenzreihe

$$\sum_{k=0}^{\infty} \frac{a_k}{k+1}(x-x_0)^{k+1} = (x-x_0)\sum_{k=0}^{\infty} \frac{a_k}{k+1}(x-x_0)^k$$

den Konvergenzradius R besitzt. Gemäß Satz 17.22b) ist die Funktion F somit differenzierbar und kann gliedweise differenziert werden. Man erhält dann

$$F'(x) = \sum_{k=0}^{\infty} a_k(x-x_0)^k = f(x)$$

für alle $x \in (x_0-R, x_0+R)$, also ist F eine Stammfunktion von f. ∎

Die Nützlichkeit des Satzes 19.56 bei der Ermittlung von Potenzreihen für reelle Funktionen zeigt sich im folgenden Beispiel.

Beispiel 19.57 (Stammfunktionen von Potenzreihen)

a) Gemäß Beispiel 17.23b) besitzt die erste Ableitung $\ln'(1+x) = \frac{1}{1+x}$ von $\ln(1+x)$ (vgl. Satz 16.14a)) die Potenzreihendarstellung

$$\ln'(1+x) = \frac{1}{1+x} = \sum_{k=0}^{\infty}(-1)^k x^k$$

für alle $x \in (-1, 1)$. Mit Satz 19.56 folgt somit, dass

$$F: (-1, 1) \longrightarrow \mathbb{R}, \ x \mapsto F(x) := \sum_{k=0}^{\infty}\frac{(-1)^k}{k+1}x^{k+1}$$

eine Stammfunktion von $\ln'(1+x)$ ist. Es gilt somit

$$\ln(1+x) = \sum_{k=0}^{\infty}\frac{(-1)^k}{k+1}x^{k+1} + C \qquad (19.67)$$

für alle $x \in (-1, 1)$ und eine geeignete Konstante C. Setzt man in (19.67) $x = 0$, dann folgt $\ln(1) = C$, also $C = 0$. Die Funktion $\ln(1+x)$ besitzt folglich um $x_0 = 0$ für alle $x \in (-1, 1)$ die Potenzreihendarstellung

$$\ln(1+x) = \sum_{k=0}^{\infty}\frac{(-1)^k}{k+1}x^{k+1} = \sum_{k=1}^{\infty}\frac{(-1)^{k+1}}{k}x^k$$

(vgl. auch Beispiel 17.10b)).

b) Für die Potenzreihe der ersten Ableitung $\arctan'(x) = \frac{1}{1+x^2}$ von $\arctan(x)$ (vgl. Satz 16.18c)) gilt

$$\arctan'(x) = \frac{1}{1+x^2} = \sum_{k=0}^{\infty}(-x^2)^k = \sum_{k=0}^{\infty}(-1)^k x^{2k}$$

für alle $x \in (-1, 1)$ (vgl. erste Potenzreihe in Tabelle 17.1). Mit Satz 19.56 folgt somit, dass

$$F: (-1, 1) \longrightarrow \mathbb{R}, \ x \mapsto F(x) := \sum_{k=0}^{\infty}\frac{(-1)^k}{2k+1}x^{2k+1}$$

eine Stammfunktion von $\arctan'(x)$ ist. Es gilt somit

$$\arctan(x) = \sum_{k=0}^{\infty}\frac{(-1)^k}{2k+1}x^{2k+1} + C \qquad (19.68)$$

für alle $x \in (-1, 1)$ und eine geeignete Konstante C. Setzt man in (19.68) $x = 0$, dann folgt $\arctan(0) = C$, also $C = 0$. Das heißt, die Funktion $\arctan(x)$ besitzt um $x_0 = 0$ für alle $x \in (-1, 1)$ die Potenzreihendarstellung

$$\arctan(x) = \sum_{k=0}^{\infty}\frac{(-1)^k}{2k+1}x^{2k+1}.$$

Kapitel 20

Riemann-Stieltjes-Integral

Kapitel 20 Riemann-Stieltjes-Integral

20.1 Riemann-Stieltjes-Integrierbarkeit

Das **Riemann-Stieltjes-Integral** ist eine wichtige Verallgemeinerung des in Kapitel 19 betrachteten Riemann-Integrals. Es ist nach dem deutschen Mathematiker *Bernhard Riemann* (1826–1866) und dem niederländischen Mathematiker *Thomas Jean Stieltjes* (1856–1894) benannt und besitzt neben der Statistik (siehe z. B. *Khuri* [32]) und der Wahrscheinlichkeitstheorie (siehe z. B. *Shiryaev* [63]) auch für viele andere Bereiche, wie z. B. die Versicherungsmathematik, eine große Bedeutung (siehe z. B. *Reichel* [54]).

T. J. Stieltjes

Darüber hinaus weist das Riemann-Stieltjes-Integral eine konzeptionelle Nähe zu dem nach dem japanischen Mathematiker *Kiyoshi Itō* (1915–2008) benannten **Itō-Integral** auf (siehe z. B. *Mikosch* [47]). Aus diesem Grund sind gute Kenntnisse bezüglich des Riemann-Stieltjes-Integrals und seiner Eigenschaften für viele Fragestellungen in der modernen Finanz- und Versicherungswirtschaft, wie z. B. bei der Bewertung von Derivaten und modernen Lebensversicherungsprodukten, hilfreich (siehe z. B. *Reitz* [55] und *Koller* [36]).

K. Itō

In Abschnitt 19.2 wurde gezeigt, dass das bestimmte Riemann-Integral $\int_a^b f(x)\,dx$ einer Riemann-integrierbaren reellen Funktion $f: [a, b] \longrightarrow \mathbb{R}$ der Grenzwert einer Folge $\left(R_f(Z_n; \xi_1, \ldots, \xi_n)\right)_{n \in \mathbb{N}}$ von Riemann-Summen

$$R_f(Z_n; \xi_1, \ldots, \xi_n) = \sum_{i=1}^n f(\xi_i)(x_i - x_{i-1}) \quad (20.1)$$

mit Stützstellen $\xi_i \in [x_{i-1}, x_i]$ ist. Das Riemann-Integral $\int_a^b f(x)\,dx$ ist somit der Grenzwert von gewichteten Durchschnitten $\sum_{i=1}^n f(\xi_i)(x_i - x_{i-1})$ von Funktionswerten $f(\xi_i)$, wobei das Gewicht des Funktionswertes $f(\xi_i)$ durch die Länge $x_i - x_{i-1}$ des zugehörigen Teilintervalles $[x_{i-1}, x_i]$ gegeben ist. Mit anderen Worten: Das Gewicht eines Summanden $f(\xi_i)(x_i - x_{i-1})$ in der Riemann-Summe (20.1) ist umso größer, je länger das Intervall $[x_{i-1}, x_i]$ ist. Das heißt, im Falle einer äquidistanten Zerlegung des Intervalles $[a, b]$ erhalten alle Funktionswerte $f(\xi_i)$ in (20.1) dasselbe Gewicht $h := x_i - x_{i-1} = \frac{b-a}{n}$.

Mit der identischen Abbildung $g: [a, b] \to \mathbb{R}$, $x \mapsto g(x) = x$ lässt sich die Riemann-Summe (20.1) auch umschreiben zu

$$R_f(Z_n; \xi_1, \ldots, \xi_n) = \sum_{i=1}^n f(\xi_i)\left(g(x_i) - g(x_{i-1})\right). \quad (20.2)$$

An dieser zu (20.1) äquivalenten Darstellung für Riemann-Summen wird der Unterschied zwischen Riemann- und Riemann-Stieltjes-Integral deutlich. Das Riemann-Stieltjes-Integral verallgemeinert das Riemann-Integral dahingehend, dass in (20.2) nicht nur die identische Abbildung $g(x) = x$ als **Gewichtsfunktion** erlaubt ist, sondern auch andere reelle Funktionen g. Beim Riemann-Stieltjes-Integral erfolgt somit die Gewichtung des Funktionswertes $f(\xi_i)$ durch die „gewichtete Länge" $g(x_i) - g(x_{i-1})$. Die Gewichtung ist folglich unmittelbar abhängig von den Eigenschaften der Funktion g und davon, wo das Teilintervall $[x_{i-1}, x_i]$ auf der x-Achse lokalisiert ist. Man sagt daher, dass bei Riemann-Stieltjes-Integralen das Integral „entlang einer Funktion g entwickelt wird" und bei Riemann-Integralen die Entwicklung „entlang der x-Achse erfolgt" (vgl. Abbildung 20.1, links).

Im Folgenden seien $f: [a, b] \longrightarrow \mathbb{R}$ und $g: [a, b] \longrightarrow \mathbb{R}$ zwei reelle Funktionen und durch $Z_n = \{x_0, \ldots, x_n\}$ mit

$$a = x_0 < x_1 < x_2 < \ldots < x_n = b$$

sei eine Zerlegung des Intervalles $[a, b]$ gegeben. Aus den dadurch festgelegten n Teilintervallen

$$[x_0, x_1], [x_1, x_2], \ldots, [x_{i-1}, x_i], \ldots, [x_{n-1}, x_n]$$

wird jeweils eine Stützstelle $\xi_i \in [x_{i-1}, x_i]$ ausgewählt und analog zur Riemannschen Summe (vgl. (19.15)) wird durch

$$RS_{f;g}(Z_n; \xi_1, \ldots, \xi_n) := \sum_{i=1}^n f(\xi_i)\left(g(x_i) - g(x_{i-1})\right) \quad (20.3)$$

die **Riemann-Stieltjes-Summe** von f bezüglich der Zerlegung Z_n, den n Stützstellen $(\xi_1, \ldots, \xi_n)$ und der Funktion g definiert. Analog zum Riemann-Integral wird der Wert $F(Z_n) = \max_{i \in \{1, \ldots, n\}}(x_i - x_{i-1})$ wieder als **Feinheit der Zerlegung** Z_n bezeichnet.

Der Begriff des **Riemann-Stieltjes-Integrals** von f bezüglich g ist dann wie folgt definiert:

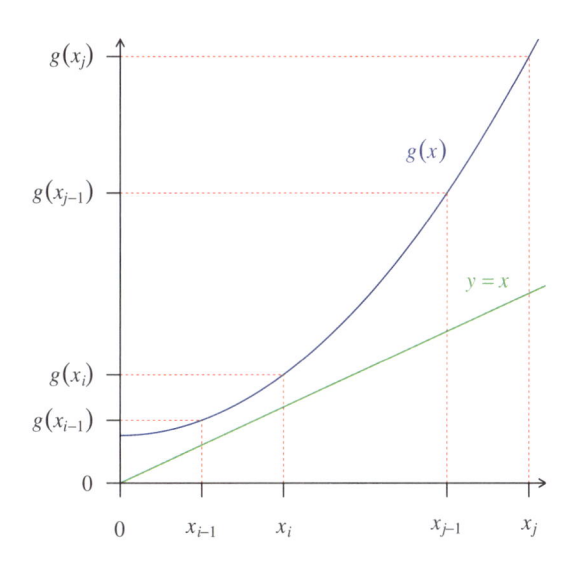

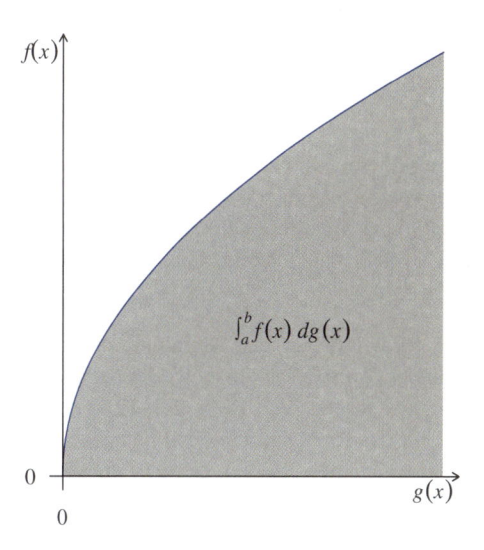

Abb. 20.1: Unterschiedliche Gewichtung der Teilintervalle $[x_{i-1}, x_i]$ durch den Integrator (Gewichtsfunktion) g (links) und der Wert des Riemann-Stieltjes-Integrals $\int_a^b f(x)\, dg(x)$ als Inhalt der Fläche zwischen dem Graphen der Kurve $(g(x), f(x))$ und der $g(x)$-Achse im $g(x)$-$f(x)$–Koordinatensystem (rechts)

Definition 20.1 (Riemann-Stieltjes-Integral)

Es seien $f: [a,b] \longrightarrow \mathbb{R}$ und $g: [a,b] \longrightarrow \mathbb{R}$ zwei reelle Funktionen und jede Folge $(RS_{f;g}(Z_n; \xi_1, \ldots, \xi_n))_{n \in \mathbb{N}}$ von Riemann-Stieltjes-Summen zu Zerlegungen $(Z_n)_{n \in \mathbb{N}}$ mit $\lim_{n \to \infty} F(Z_n) = 0$ konvergiere gegen denselben Grenzwert. Dann heißt die Funktion f Riemann-Stieltjes-integrierbar bezüglich g und der Grenzwert

$$\int_a^b f(x)\, dg(x) := \lim_{n \to \infty} RS_{f;g}(Z_n; \xi_1, \ldots, \xi_n)$$

wird Riemann-Stieltjes-Integral von f bezüglich g auf dem Intervall $[a,b]$ genannt. Ferner bezeichnet man die Werte a und b als untere bzw. obere Integrationsgrenze, $[a,b]$ als Integrationsintervall, f als Integrand, g als Integrator und x als Integrationsvariable.

Definition 20.1 ist offensichtlich gleichbedeutend damit, dass es einen reellen Wert S gibt, so dass zu jedem $\varepsilon > 0$ ein $\delta > 0$ mit der Eigenschaft

$$\left| S - RS_{f;g}(Z_n; \xi_1, \ldots, \xi_n) \right| < \varepsilon \qquad (20.4)$$

für jede Zerlegung Z_n von $[a,b]$ mit $F(Z_n) < \delta$ existiert, und zwar unabhängig von der Wahl der Stützstellen $(\xi_1, \ldots, \xi_n)$. In diesem Fall gilt dann $S = \int_a^b f(x)\, dg(x)$.

Aufgrund der Möglichkeit, die Funktionswerte in verschiedenen Teilintervallen unterschiedlich zu gewichten, besitzt das Riemann-Stieltjes-Integral in den Wirtschaftswissenschaften viele Anwendungen. Beschreibt zum Beispiel $g: [a,b] \to \mathbb{R}$ die **Wertentwicklung** einer Anleihe im Zeitraum $[a,b]$, dann gibt $g(x_2) - g(x_1)$ mit $a \leq x_1 \leq x_2 \leq b$ die Wertveränderung der Anleihe im Zeitraum $[x_1, x_2]$ an. Wird nun ein ganzes Portfolio betrachtet, das zum Zeitpunkt x aus $f(x)$ Einheiten dieser Anleihe besteht und zu dem kontinuierlich weitere Einheiten hinzugefügt oder entfernt werden, dann ist die Wertveränderung des Portfolios im Zeitraum $[a,b]$ durch das Riemann-Stieltjes-Integral

$$\int_a^b f(x)\, dg(x)$$

gegeben. Im Gegensatz zum Riemann-Integral lässt sich jedoch für einen nichtnegativen Integranden f der Wert des Riemann-Stieltjes-Integrals $\int_a^b f(x)\, dg(x)$ im Allgemeinen nicht mehr so einfach als der Inhalt der Fläche, die vom Graphen von f und der x-Achse eingeschlossen wird, interpretieren. Falls jedoch der Integrator g zusätzlich monoton wachsend und stetig ist, entspricht der Wert des Riemann-Stieltjes-Integrals dem Inhalt der Fläche, die vom Graphen der Kurve $(g(x), f(x))$ und der $g(x)$-Achse im $g(x)$-$f(x)$–Koordinatensystem eingeschlossen wird (vgl. Abbildung 20.1, rechts).

Ein Riemann-Stieltjes-Integral einer reellen Funktion f bezüglich des speziellen Integrators $g(x) = x$, d. h. der identischen Abbildung, ist offensichtlich ein gewöhnliches Riemann-Integral und man schreibt dann $\int_a^b f(x)\, dx$ anstelle von $\int_a^b f(x)\, dg(x)$.

In Kapitel 19 wurde bei der Definition des bestimmten Riemann-Integrals die Beschränktheit des Integranden f ausdrücklich vorausgesetzt (vgl. Definition 19.1). In der Definition 20.1 für das Riemann-Stieltjes-Integral wurde jedoch keine solche Annahme getroffen. Denn ist zum Beispiel der Integrator g konstant, dann existiert das Riemann-Stieltjes-Integral $\int_a^b f(x)\, dg(x)$ für jede beliebige (auch unbeschränkte) reelle Funktion (siehe Beispiel 20.2b)). Eine analoge Aussage gilt, wenn g stückweise konstant ist. Ist dies jedoch nicht der Fall, dann kann man zeigen, dass aus der Existenz des Riemann-Stieltjes-Integrals $\int_a^b f(x)\, dg(x)$ die Beschränktheit des Integranden f folgt.

Das folgende Beispiel zeigt, wie mit Hilfe der Definition 20.1 bzw. dem äquivalenten Kriterium (20.4) für einfache Integranden f und Integratoren g die Existenz des Riemann-Stieltjes-Integrals $\int_a^b f(x)\, dg(x)$ überprüft und – im Falle der Existenz – sein Wert berechnet werden kann:

Beispiel 20.2 (Berechnung einfache Riemann-Stieltjes-Integrale)

a) Die reelle Funktion $g \colon [a, b] \longrightarrow \mathbb{R}$ sei monoton wachsend und die reelle Funktion $f \colon [a, b] \longrightarrow \mathbb{R}$ konstant. Es gelte somit $f(x) = c$ für alle $x \in [a, b]$. Dann ist f bezüglich g Riemann-Stieltjes-integrierbar und das Riemann-Stieltjes-Integral hat den Wert

$$\int_a^b f(x)\, dg(x) = c\, (g(b) - g(a)). \quad (20.5)$$

Denn für jede Zerlegung Z_n des Intervalles $[a, b]$ und Stützstellen $(\xi_1, \ldots, \xi_n)$ erhält man

$$RS_{f;g}(Z_n; \xi_1, \ldots, \xi_n) = \sum_{i=1}^n c\, (g(x_i) - g(x_{i-1}))$$
$$= c\, (g(x_n) - g(x_0))$$
$$= c\, (g(b) - g(a)).$$

Für alle Zerlegungen $(Z_n)_{n \in \mathbb{N}}$ mit $\lim_{n \to \infty} F(Z_n) = 0$ gilt folglich

$$\lim_{n \to \infty} RS_{f;g}(Z_n; \xi_1, \ldots, \xi_n) = c\, (g(b) - g(a)).$$

b) Es sei $f \colon [a, b] \longrightarrow \mathbb{R}$ eine beliebige reelle Funktion und die reelle Funktion $g \colon [a, b] \longrightarrow \mathbb{R}$ sei konstant mit $g(x) = c$ für alle $x \in [a, b]$. Dann ist f bezüglich g Riemann-Stieltjes-integrierbar und das Riemann-Stieltjes-Integral hat den Wert

$$\int_a^b f(x)\, dg(x) = 0.$$

Denn für jede Zerlegung Z_n des Intervalles $[a, b]$ und Stützstellen $(\xi_1, \ldots, \xi_n)$ gilt

$$RS_{f;g}(Z_n; \xi_1, \ldots, \xi_n) = \sum_{i=1}^n f(\xi_i)\, (g(x_i) - g(x_{i-1}))$$
$$= \sum_{i=1}^n f(\xi_i)\, (c - c) = 0.$$

Folglich erhält man

$$\lim_{n \to \infty} RS_{f;g}(Z_n; \xi_1, \ldots, \xi_n) = 0$$

für alle Zerlegungen $(Z_n)_{n \in \mathbb{N}}$ mit $\lim_{n \to \infty} F(Z_n) = 0$.

c) Die reelle Funktion

$$H \colon \mathbb{R} \longrightarrow \mathbb{R}, \quad (20.6)$$
$$x \mapsto H(x - c) := \begin{cases} 0 & \text{für } x \leq c \\ 1 & \text{für } x > c \end{cases}$$

wird nach dem britischen Mathematiker und Physiker *Oliver Heaviside* (1850–1925) als **Heaviside-Funktion** bezeichnet. Gilt $a \leq c < b$ und ist $f \colon [a, b] \longrightarrow \mathbb{R}$ eine an der Stelle $x = c$ stetige reelle Funktion, dann ist f bezüglich H Riemann-Stieltjes-integrierbar und das Riemann-Stieltjes-Integral hat den Wert

$$\int_a^b f(x)\, dH(x - c) = f(c). \quad (20.7)$$

O. Heaviside

Denn aufgrund der Stetigkeit von f an der Stelle $x = c$ gibt es zu jedem $\varepsilon > 0$ ein $\delta > 0$, so dass

$|f(c) - f(x)| < \varepsilon$ für alle $x \in [c-\delta, c+\delta] \cap [a,b]$ gilt. Ist nun Z_n eine Zerlegung des Intervalles $[a,b]$ mit der Eigenschaft $F(Z_n) < \delta$ und sind $(\xi_1, \ldots, \xi_n)$ beliebige Stützstellen, dann existiert genau ein $i_0 \in \{1, \ldots, n\}$ mit $c \in [x_{i_0-1}, x_{i_0})$. Es folgt somit

$RS_{f;H}(Z_n; \xi_1, \ldots, \xi_n)$
$= \sum_{i=1}^{n} f(\xi_i)(H(x_i - c) - H(x_{i-1} - c)) = f(\xi_{i_0}).$

Da jedoch $\xi_{i_0} \in [c-\delta, c+\delta] \cap [a,b]$ gilt, impliziert dies

$\left| f(c) - RS_{f;H}(Z_n; \xi_1, \ldots, \xi_n) \right| = \left| f(c) - f(\xi_{i_0}) \right| < \varepsilon.$

Das heißt, f ist Riemann-Stieltjes-integrierbar und das Riemann-Stieltjes-Integral hat den Wert $f(c)$ (vgl. (20.4)). Ist jedoch f an der Stelle $x = c$ nicht stetig, dann existiert das Riemann-Stieltjes-Integral $\int_a^b f(x) \, dH(x-c)$ nicht.

Die direkte Untersuchung einer reellen Funktion f auf Riemann-Stieltjes-Integrierbarkeit bezüglich eines Integrators g und die Berechnung des Wertes eines Riemann-Stieltjes-Integrals über Riemann-Stieltjes-Summen, wie im obigen Beispiel, ist analog zu Riemann-Integralen nur in den seltensten Fällen praktikabel. Die folgenden Abschnitte haben daher zum Ziel, effiziente Hilfsmittel zur Untersuchung und Berechnung von Riemann-Stieltjes-Integralen bereitzustellen.

20.2 Eigenschaften von Riemann-Stieltjes-Integralen

Elementare Integrationsregeln bezüglich des Integranden

Der folgende Satz fasst die wichtigsten elementaren Integrationsregeln des Riemann-Stieltjes-Integrals $\int_a^b f(x) \, dg(x)$ bezüglich des **Integranden** f zusammen:

Satz 20.3 (Elementare Integrationsregeln bezüglich des Integranden)

Die reellen Funktionen $f_1, f_2 : [a,b] \longrightarrow \mathbb{R}$ seien bezüglich der reellen Funktion $g : [a,b] \longrightarrow \mathbb{R}$ Riemann-Stieltjes-integrierbar und $\alpha, \beta \in \mathbb{R}$. Dann sind auch die reellen Funktionen αf_1, $f_1 + f_2$ und $\alpha f_1 + \beta f_2$ bezüglich g Riemann-Stieltjes-integrierbar und es gilt:

a) $\int_a^b \alpha f_1(x) \, dg(x) = \alpha \int_a^b f_1(x) \, dg(x)$ *(Homogenität)*

b) $\int_a^b (f_1(x) + f_2(x)) \, dg(x) = \int_a^b f_1(x) \, dg(x)$
$\qquad\qquad + \int_a^b f_2(x) \, dg(x)$ *(Additivität)*

c) $\int_a^b (\alpha f_1(x) + \beta f_1(x)) \, dg(x) = \alpha \int_a^b f_1(x) \, dg(x)$
$\qquad\qquad + \beta \int_a^b f_2(x) \, dg(x)$ *(Linearität)*

Beweis: Die Aussagen lassen sich für eine beliebige Zerlegung Z_n des Intervalles $[a,b]$ und Stützstellen $(\xi_1, \ldots, \xi_n)$ leicht für Riemann-Stieltjes-Summen nachweisen. Durch Grenzübergang folgt dann die Behauptung. ∎

Elementare Integrationsregeln bezüglich des Integrators

Der nächste Satz ist eine Zusammenfassung der wichtigsten elementaren Integrationsregeln des Riemann-Stieltjes-Integrals $\int_a^b f(x) \, dg(x)$ bezüglich des **Integrators** g:

Satz 20.4 (Elementare Integrationsregeln bezüglich des Integrators)

Die reelle Funktion $f : [a,b] \longrightarrow \mathbb{R}$ sei bezüglich der beiden reellen Funktionen $g_1, g_2 : [a,b] \longrightarrow \mathbb{R}$ Riemann-Stieltjes-integrierbar und $\alpha, \beta \in \mathbb{R}$. Dann ist f auch bezüglich der reellen Funktionen αg_1, $g_1 + g_2$ und $\alpha g_1 + \beta g_2$ Riemann-Stieltjes-integrierbar und es gilt:

a) $\int_a^b f(x) \, d(\alpha g_1(x)) = \alpha \int_a^b f(x) \, dg_1(x)$
(Homogenität)

b) $\int_a^b f(x) \, d(g_1(x) + g_2(x)) = \int_a^b f(x) \, dg_1(x)$
$\qquad\qquad + \int_a^b f(x) \, dg_2(x)$ *(Additivität)*

c) $\int_a^b f(x) \, d(\alpha g_1(x) + \beta g_2(x)) = \alpha \int_a^b f(x) \, dg_1(x)$
$\qquad\qquad + \beta \int_a^b f(x) \, dg_2(x)$ *(Linearität)*

Beweis: Die Aussagen lassen sich für eine beliebige Zerlegung Z_n des Intervalles $[a, b]$ und Stützstellen $(\xi_1, \ldots, \xi_n)$ leicht für Riemann-Stieltjes-Summen nachweisen. Durch Grenzübergang folgt dann die Behauptung. ∎

> **Beispiel 20.5** (Darstellung einer Summe als Riemann-Stieltjes-Integral)
>
> Eine endliche Summe
> $$\sum_{i=1}^{n} \alpha_i f(c_i)$$
> mit einer an den Stellen $a \leq c_1 < \ldots < c_n < b$ stetigen reellen Funktion $f : [a, b] \longrightarrow \mathbb{R}$ kann als Riemann-Stieltjes-Integral $\int_a^b f(x)\, dg(x)$ bezüglich des Integrators
> $$g : [a, b] \longrightarrow \mathbb{R}, x \mapsto g(x) = \sum_{i=1}^{n} \alpha_i H(x - c_i)$$
> dargestellt werden, wobei H die Heaviside-Funktion ist (vgl. (20.6)). Denn die Funktion f ist bezüglich der Heaviside-Funktion H Riemann-Stieltjes-integrierbar und für das Riemann-Stieltjes-Integral gilt
> $$\int_a^b f(x)\, dH(x - c_i) = f(c_i) \qquad (20.8)$$
> für alle $i = 1, \ldots, n$ (vgl. Beispiel 20.2c)). Mit Satz 20.4c) erhält man somit, dass f auch bezüglich des Integrators $\sum_{i=1}^{n} \alpha_i H(x - c_i)$ Riemann-Stieltjes-integrierbar ist, und mit (20.8) folgt für den Wert des Riemann-Stieltjes-Integrals
> $$\int_a^b f(x)\, dg(x) = \sum_{i=1}^{n} \alpha_i \int_a^b f(x)\, dH(x - c_i)$$
> $$= \sum_{i=1}^{n} \alpha_i f(c_i) \qquad (20.9)$$
> (vgl. Abbildung 20.2, links).

Zerlegung von Riemann-Stieltjes-Integralen über Teilintervallen

Völlig analog zu Riemann-Integralen (vgl. Abschnitt 19.3) werden für Riemann-Stieltjes-Integrale bezüglich der Integrationsgrenzen die folgenden Vereinbarungen getroffen:

a) Für zwei an der Stelle $a \in \mathbb{R}$ definierte Funktionen f und g vereinbart man
$$\int_a^a f(x)\, dg(x) := 0. \qquad (20.10)$$

b) Für eine bezüglich $g : [a, b] \longrightarrow \mathbb{R}$ Riemann-Stieltjes-integrierbare Funktion $f : [a, b] \longrightarrow \mathbb{R}$ definiert man
$$\int_b^a f(x)\, dg(x) := -\int_a^b f(x)\, dg(x). \qquad (20.11)$$

Der folgende Satz ist ein wichtiges Hilfsmittel für die Berechnung von Riemann-Stieltjes-Integralen. Er besagt, dass ein Riemann-Stieltjes-Integral in mehrere Riemann-Stieltjes-Integrale auf Teilintervallen additiv zerlegt werden kann:

> **Satz 20.6** (Additivität bezüglich dem Integrationsintervall)
>
> *Die reelle Funktion $f : [a, b] \longrightarrow \mathbb{R}$ sei bezüglich der reellen Funktion $g : [a, b] \longrightarrow \mathbb{R}$ Riemann-Stieltjes-integrierbar und a_1, a_2, a_3 seien beliebige Werte aus $[a, b]$ mit $a_1 \leq a_2 \leq a_3$. Dann sind auch die Restriktionen $f_{|[a_1,a_2]}$, $f_{|[a_2,a_3]}$ und $f_{|[a_1,a_3]}$ von f bezüglich der Funktion g Riemann-Stieltjes-integrierbar und es gilt*
> $$\int_{a_1}^{a_3} f(x)\, dg(x) = \int_{a_1}^{a_2} f(x)\, dg(x) + \int_{a_2}^{a_3} f(x)\, dg(x).$$
> $$(20.12)$$

Beweis: Siehe z. B. *Heuser* [25], Seite 492. ∎

Wie das Beispiel 20.7 zeigt, ist bei der Anwendung des Satzes 20.6 zu beachten, dass aus der Riemann-Stieltjes-Integrierbarkeit von $f_{|[a_1,a_2]}$ und $f_{|[a_2,a_3]}$ im Allgemeinen **nicht** die Riemann-Stieltjes-Integrierbarkeit von $f_{|[a_1,a_3]}$ folgt. Diese Beobachtung zeigt einen wichtigen Unterschied zwischen Riemann-Stieltjes-Integralen und Riemann-Integralen auf (vgl. Satz 19.10).

> **Beispiel 20.7** (Riemann-Stieltjes-Integral über Teilintervallen)
>
> Betrachtet werden die beiden reellen Funktionen
> $$f : [-1, 1] \longrightarrow \mathbb{R}, \quad x \mapsto \begin{cases} 0 & \text{für } x \in [-1, 0] \\ 1 & \text{für } x \in (0, 1] \end{cases}$$

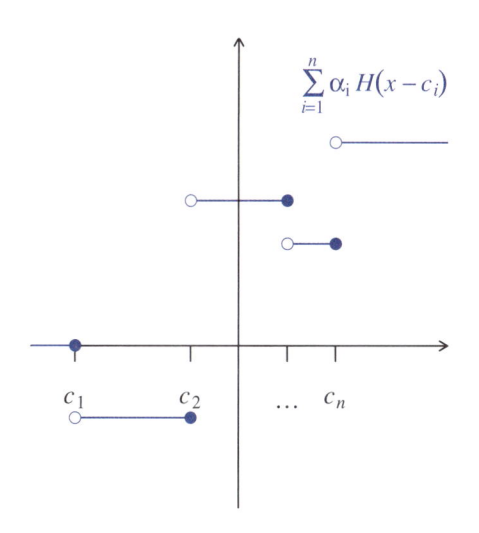

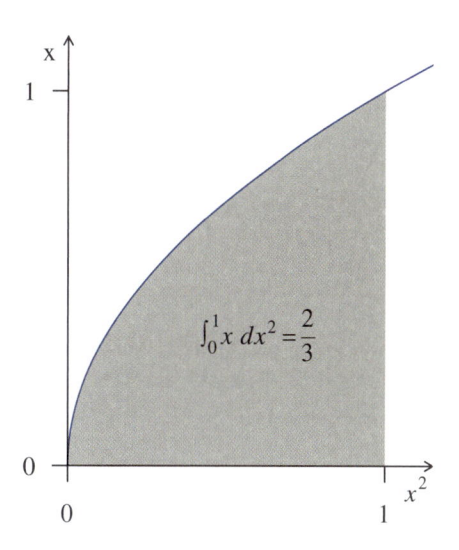

Abb. 20.2: Die reelle Funktion $g\colon [a,b] \longrightarrow \mathbb{R}$, $x \mapsto g(x) = \sum_{i=1}^{n} \alpha_i H(x - c_i)$ (links) und graphische Veranschaulichung des Riemann-Stieltjes-Integrals $\int_0^1 x\, dx^2$ (rechts)

und
$$g\colon [-1,1] \longrightarrow \mathbb{R}, \quad x \mapsto \begin{cases} 0 & \text{für } x \in [-1,0) \\ 1 & \text{für } x \in [0,1] \end{cases}.$$

Ist nun $Z_n = \{x_0, \ldots, x_n\}$ eine beliebige Zerlegung des Intervalles $[-1, 0]$ und $Z_m = \{\widetilde{x}_0, \ldots, \widetilde{x}_m\}$ eine beliebige Zerlegung des Intervalles $[0, 1]$, dann gilt für beliebige Zwischenstellen $(\xi_1, \ldots, \xi_n)$ bzw. $(\widetilde{\xi}_1, \ldots, \widetilde{\xi}_n)$

$$RS_{f;g}(Z_n; \xi_1, \ldots, \xi_n) = \sum_{i=1}^{n} f(\xi_i)\,(g(x_i) - g(x_{i-1})) = 0$$

bzw.

$$RS_{f;g}(Z_m; \widetilde{\xi}_1, \ldots, \widetilde{\xi}_n) = \sum_{i=1}^{n} f(\widetilde{\xi}_i)\,(g(\widetilde{x}_i) - g(\widetilde{x}_{i-1})) = 0$$

(vgl. auch Beispiel 20.2a) und b)). Die beiden Riemann-Stieltjes-Integrale $\int_{-1}^{0} f(x)\, dg(x)$ und $\int_{0}^{1} f(x)\, dg(x)$ existieren folglich und ihr Wert ist jeweils gleich Null. Das Riemann-Stieltjes-Integral $\int_{-1}^{1} f(x)\, dg(x)$ existiert jedoch nicht, da f und g an der Stelle $x = 0$ eine gemeinsame Unstetigkeitsstelle besitzen (siehe dazu Satz 20.20).

20.3 Reelle Funktionen von beschränkter Variation

Wie das Beispiel 20.2 zeigt, ist der Nachweis der Existenz des Riemann-Stieltjes-Integrals $\int_a^b f(x)\, dg(x)$ bereits für sehr einfache Integranden f und Integratoren g relativ mühsam, wenn dazu nur die Definition 20.1 bzw. das äquivalente Kriterium (20.4) zur Verfügung steht. Es ist daher wichtig, einfache hinreichende Kriterien für die Existenz des Riemann-Stieltjes-Integrals zur Hand zu haben. Ein solches einfaches, aber dennoch relativ allgemeines hinreichendes Kriterium existiert für Integratoren g, die zur Klasse der sogenannten **reellen Funktionen von beschränkter Variation** gehören. Reelle Funktionen von beschränkter Variation sind wie folgt definiert:

Definition 20.8 (Reelle Funktion von beschränkter Variation)

Es seien $g\colon [a, b] \longrightarrow \mathbb{R}$ eine reelle Funktion und Z_n eine beliebige Zerlegung des Intervalles $[a, b]$. Dann heißt der Wert

$$V(g, Z_n) := \sum_{i=1}^{n} |g(x_i) - g(x_{i-1})|$$

Variation von g auf dem Intervall $[a, b]$ bezüglich der Zerlegung Z_n, und das Supremum über alle möglichen Zerlegungen Z_n von $[a, b]$, d. h. der Wert

$$V_a^b(g) := \sup_{Z_n} V(g, Z_n),$$

wird als totale Variation von g auf $[a, b]$ bezeichnet. Gilt $V_a^b(g) < \infty$, dann heißt die Funktion g von beschränkter Variation auf $[a, b]$.

Eine reelle Funktion g von beschränkter Variation zeichnet sich somit dadurch aus, dass sie in gewisser Weise nicht beliebig stark oszilliert. Wie sich mit Satz 20.14 in Abschnitt 20.4 zeigen wird, hängt diese Eigenschaft sehr eng mit der Existenz des Riemann-Stieltjes-Integrals $\int_a^b f(x)\, dg(x)$ einer reellen Funktion f bezüglich des Integrators g zusammen.

Eigenschaften von reellen Funktionen von beschränkter Variation

Aus Definition 20.8 folgt unmittelbar, dass eine reelle Funktion $f: [a, b] \longrightarrow \mathbb{R}$ genau dann konstant ist, wenn sie von beschränkter Variation auf dem Intervall $[a, b]$ ist und $V_a^b(f) = 0$ gilt.

Der folgende Satz fasst weitere wichtige Eigenschaften reeller Funktionen von beschränkter Variation zusammen:

Satz 20.9 (Eigenschaften reeller Funktionen von beschränkter Variation)

Es seien $f, g: [a, b] \longrightarrow \mathbb{R}$ zwei reelle Funktionen. Dann gilt:

a) *Ist f von beschränkter Variation auf $[a, b]$, dann ist f beschränkt und es gilt $|f(b) - f(a)| \leq V_a^b(f)$.*

b) *Sind f und g von beschränkter Variation auf $[a, b]$ und $\alpha, \beta \in \mathbb{R}$, dann sind auch die reellen Funktionen αf, $f + g$ und fg von beschränkter Variation auf $[a, b]$ und es gilt*

$$V_a^b(\alpha f + \beta g) \leq |\alpha| V_a^b(f) + |\beta| V_a^b(g).$$

c) *Ist f von beschränkter Variation auf $[a, b]$, dann ist f auch auf jedem Teilintervall $[c, d] \subseteq [a, b]$ von beschränkter Variation und es gilt $V_c^d(f) \leq V_a^b(f)$.*

d) *Es sei $c \in (a, b)$ und die Funktion f von beschränkter Variation auf $[a, b]$. Dann ist f auch auf den beiden Teilintervallen $[a, c]$ und $[c, b]$ von beschränkter Variation und es gilt*

$$V_a^b(f) = V_a^c(f) + V_c^b(f).$$

e) *Ist f von beschränkter Variation auf $[a, b]$, dann sind die beiden auf $[a, b]$ definierten reellen Funktionen $V(x) := V_a^x(f)$ und $V(x) - f(x)$ monoton wachsend.*

Beweis: Zu a) und b): Siehe z. B. *Walter* [68], Seite 176.

Zu c): Folgt unmittelbar aus der Definition 20.8.

Zu d) und e): Siehe z. B. *Heuser* [25], Seiten 496–497. ∎

Unter Verwendung des Begriffes der totalen Variation lässt sich die folgende Ungleichung beweisen, die aufgrund ihrer Bedeutung als **Fundamentalungleichung für Riemann-Stieltjes-Integrale** bezeichnet wird:

Satz 20.10 (Fundamentalungleichung für Riemann-Stieltjes-Integrale)

Es seien $f: [a, b] \longrightarrow \mathbb{R}$ eine beschränkte reelle Funktion, $g: [a, b] \longrightarrow \mathbb{R}$ eine reelle Funktion von beschränkter Variation auf $[a, b]$ und f eine bezüglich g Riemann-Stieltjes-integrierbare Funktion. Dann gilt

$$\int_a^b f(x)\, dg(x) \leq \sup_{x \in [a,b]} |f(x)|\, V_a^b(g).$$

Beweis: Für jede Zerlegung Z_n von $[a, b]$ und beliebige Stützstellen $(\xi_1, \ldots, \xi_n)$ gilt

$$|RS_{f;g}(Z_n; \xi_1, \ldots, \xi_n)| \leq \sum_{i=1}^n |f(\xi_i)|\, |g(x_i) - g(x_{i-1})|$$

$$\leq \sup_{x \in [a,b]} |f(x)| \sum_{i=1}^n |g(x_i) - g(x_{i-1})|$$

$$\leq \sup_{x \in [a,b]} |f(x)|\, V_a^b(g).$$

Folglich gilt auch

$$\int_a^b f(x)\, dg(x) \leq \sup_{x \in [a,b]} |f(x)|\, V_a^b(g). \qquad \blacksquare$$

Der folgende Satz besagt, dass **stückweise konstante, monotone, Lipschitz-stetige** und auch **differenzierbare Funktionen mit beschränkter erster Ableitung** zur Klasse der reellen Funktionen von beschränkter Variation gehören:

Satz 20.11 (Beschränkte Variation wichtiger Funktionen)

Es sei $f: [a,b] \longrightarrow \mathbb{R}$ eine reelle Funktion. Dann gilt:

a) Ist f eine stückweise konstante Funktion (Treppenfunktion), d.h. gibt es eine Zerlegung $Z_n = \{x_0, \ldots, x_n\}$ von $[a,b]$ mit $f(x) = c_i$ für alle $x \in (x_{i-1}, x_i)$ und $i = 1, \ldots, n$, dann ist f von beschränkter Variation auf $[a,b]$.

b) Ist f monoton, dann ist f von beschränkter Variation auf $[a,b]$ und es gilt $V_a^b(f) = |f(b) - f(a)|$.

c) Ist f Lipschitz-stetig, d.h. gibt es ein $L \geq 0$ mit $|f(x) - f(y)| \leq L|x - y|$ für alle $x, y \in [a,b]$, dann ist f von beschränkter Variation auf $[a,b]$ und es gilt $V_a^b(f) \leq L(b - a)$.

d) Ist f differenzierbar und f' beschränkt, dann ist f von beschränkter Variation auf $[a,b]$ und es gilt $V_a^b(f) \leq \sup_{x \in [a,b]} |f'(x)|(b - a)$.

Beweis: Zu a): Es sei
$$M := \max\{|c_1|, \ldots, |c_n|, |f(x_0)|, \ldots, |f(x_n)|\}.$$
Dann gilt für jede Zerlegung $Z_m = \{y_0, \ldots, y_m\}$ des Intervalles $[a,b]$
$$V(f, Z_m) = \sum_{i=1}^{m} |f(y_i) - f(y_{i-1})| \leq 2Mn$$
und damit auch $V_a^b(f) < \infty$. Die Funktion f ist somit von beschränkter Variation auf $[a,b]$.

Zu b): Es sei $Z_n = \{x_0, \ldots, x_n\}$ eine beliebige Zerlegung des Intervalles $[a,b]$. Dann folgt aus der Monotonie von f, dass alle Differenzen $f(x_i) - f(x_{i-1})$ dasselbe Vorzeichen haben. Zum Beispiel gilt für eine monoton wachsende Funktion $f(x_i) - f(x_{i-1}) \geq 0$ für alle $i = 1, \ldots, n$ und damit
$$V(f, Z_n) = \sum_{i=1}^{n} |f(x_i) - f(x_{i-1})| = \sum_{i=1}^{n} (f(x_i) - f(x_{i-1}))$$
$$= f(x_n) - f(x_0)$$
$$= f(b) - f(a).$$
Für eine monoton fallende Funktion f gilt dagegen $f(x_i) - f(x_{i-1}) \leq 0$ für alle $i = 1, \ldots, n$ und man erhält völlig analog
$$V(f, Z_n) = \sum_{i=1}^{n} |f(x_i) - f(x_{i-1})| = \sum_{i=1}^{n} -(f(x_i) - f(x_{i-1}))$$
$$= -(f(b) - f(a)).$$
Es gilt daher $V(f, Z_n) = |f(b) - f(a)|$ für jede Zerlegung Z_n von $[a,b]$ und damit auch $V_a^b(f) = |f(b) - f(a)|$. Folglich gilt auch $V_a^b(f) < \infty$ und f ist somit von beschränkter Variation auf $[a,b]$.

Zu c): Für eine beliebige Zerlegung $Z_n = \{x_0, \ldots, x_n\}$ des Intervalles $[a,b]$ folgt aus $|f(x) - f(y)| \leq L|x - y|$ für alle $x, y \in [a,b]$ und ein $L \geq 0$
$$V(f, Z_n) = \sum_{i=1}^{n} |f(x_i) - f(x_{i-1})| \leq L \sum_{i=1}^{n} |x_i - x_{i-1}| = L(b-a)$$
und damit auch $V_a^b(f) < \infty$. Die Funktion f ist also von beschränkter Variation auf $[a,b]$.

Zu d): Es sei $Z_n = \{x_0, \ldots, x_n\}$ eine beliebige Zerlegung des Intervalles $[a,b]$. Dann folgt mit dem Mittelwertsatz der Differentialrechnung (vgl. Satz 16.28), dass es für alle $i = 1, \ldots, n$ ein $\overline{x}_i \in [x_{i-1}, x_i]$ mit
$$f(x_i) - f(x_{i-1}) = f'(\overline{x}_i)(x_i - x_{i-1})$$
gibt. Daraus erhält man jedoch
$$V(f, Z_n) = \sum_{i=1}^{n} |f(x_i) - f(x_{i-1})|$$
$$= \sum_{i=1}^{n} |f'(\overline{x}_i)|(x_i - x_{i-1})$$
$$\leq \sup_{x \in [a,b]} |f'(x)| \sum_{i=1}^{n} (x_i - x_{i-1}) = \sup_{x \in [a,b]} |f'(x)|(b-a).$$
Da diese Ungleichung für jede Zerlegung Z_n von $[a,b]$ gilt, folgt $V_a^b(f) \leq \sup_{x \in [a,b]} |f'(x)|(b-a)$ und damit insbesondere auch $V_a^b(f) < \infty$. ∎

Der Satz 20.11 liefert mit einem Schlag eine ganze Reihe reeller Funktionen mit beschränkter Variation. Er besagt insbesondere, dass die meisten in der wirtschaftswissenschaftlichen Praxis auftretenden reellen Funktionen von beschränkter Variation sind. Trotzdem ist jedoch Vorsicht geboten. Denn das folgende Beispiel zeigt, dass selbst eine stetige reelle Funktion nicht von beschränkter Variation sein muss:

Beispiel 20.12 (Stetige Funktion von nicht beschränkter Variation)

Die reelle Funktion
$$f: [0,1] \longrightarrow \mathbb{R}, \quad x \mapsto f(x) := \begin{cases} 0 & \text{für } x = 0 \\ x \sin\left(\frac{1}{x}\right) & \text{für } x \in (0,1] \end{cases}$$
ist zwar stetig (vgl. Beispiel 15.10b)), aber sie ist nicht von beschränkter Variation auf dem Intervall $[0,1]$. Denn für die Zerlegung $Z_n = \{x_0, \ldots, x_n\}$ mit $x_0 = 0$, $x_n = 1$

und $x_i = \frac{2}{(2i+1)\pi}$ für $i = 1, \ldots, n-1$ folgt

$$V(f, Z_n) = \sum_{k=1}^{n} |f(x_k) - f(x_{k-1})|$$

$$= \sum_{k=1}^{n} \left| \frac{2}{(2k+1)\pi} \sin\left((2k+1)\frac{\pi}{2}\right) \right.$$

$$\left. - \frac{2}{(2k-1)\pi} \sin\left((2k-1)\frac{\pi}{2}\right) \right|$$

$$= \frac{2}{\pi} \sum_{k=1}^{n} \left| \frac{(-1)^k}{2k+1} - \frac{(-1)^{k-1}}{2k-1} \right|$$

$$= \frac{2}{\pi} \sum_{k=1}^{n} \frac{4k}{4k^2 - 1} \geq \frac{2}{\pi} \sum_{k=1}^{n} \frac{1}{k}.$$

Da jedoch die harmonische Reihe divergent ist (vgl. Beispiel 12.10b)), folgt daraus

$$\lim_{n \to \infty} \sum_{k=1}^{n} |f(x_k) - f(x_{k-1})| = \infty,$$

also $V_0^1(f) = \infty$. Folglich ist die Funktion f nicht von beschränkter Variation und weist damit ein unbegrenztes Oszillationsverhalten auf (vgl. Abbildung 15.7, rechts).

Darstellungssatz von Jordan

Der folgende sogenannte **Darstellungssatz von Jordan** ist nach dem französischen Mathematiker *Camille Jordan* (1838–1922) benannt. Er gibt eine in keiner Weise offensichtliche Auskunft über die Struktur von reellen Funktionen mit beschränkter Variation. Er besagt nämlich, dass es sich dabei um genau diejenigen reellen Funktionen handelt, die sich als Differenz zweier monoton wachsender Funktionen darstellen lassen:

C. Jordan

Satz 20.13 (Darstellungssatz von Jordan)

Eine reelle Funktion $f: [a, b] \longrightarrow \mathbb{R}$ ist genau dann von beschränkter Variation auf dem Intervall $[a, b]$, wenn sie als Differenz $g - h$ zweier monoton wachsender Funktionen $g: [a,b] \longrightarrow \mathbb{R}$ und $h: [a,b] \longrightarrow \mathbb{R}$ darstellbar ist.

Beweis: Die reelle Funktion f sei von beschränkter Variation auf dem Intervall $[a, b]$. Offensichtlich gilt dann $f(x) = V_a^x(f) - (V_a^x(f) - f(x))$ für alle $x \in [a, b]$. Gemäß Satz 20.9e) sind jedoch $V_a^x(f)$ und $V_a^x(f) - f(x)$ monoton wachsende Funktionen. Die Funktion f ist somit als Differenz zweier monoton wachsender Funktionen darstellbar.

Gilt umgekehrt $f(x) = g(x) - h(x)$ für alle $x \in [a, b]$ und zwei monoton wachsende Funktionen g und h, dann folgt mit Satz 20.11b), dass g und h von beschränkter Variation auf $[a, b]$ sind. Der Satz 20.9b) impliziert somit, dass auch die Funktion $f = g - h$ von beschränkter Variation auf $[a, b]$ ist. ∎

Für eine direkte Anwendung des Darstellungssatzes von Jordan siehe Beispiel 20.23.

Der Satz 20.13 ist auch richtig, wenn man **monoton wachsend** durch **monoton fallend** ersetzt. Denn gilt $f = g - h$ mit monoton wachsenden Funktionen g und h, dann sind die Funktionen $(-h)$ und $(-g)$ monoton fallend und $f = (-h) - (-g)$. Das heißt, die Funktion f lässt sich in diesem Fall auch als Differenz monoton fallender Funktionen darstellen.

Aus Satz 20.13 und Satz 19.4 folgt ferner, dass eine reelle Funktion f von beschränkter Variation als Differenz zweier monotoner reeller Funktionen stets **Riemann-integrierbar** ist.

20.4 Existenzresultate für Riemann-Stieltjes-Integrale

Existenzsätze für Riemann-Stieltjes-Integrale

Die große Bedeutung, die reelle Funktionen von beschränkter Variation für die Theorie der Riemann-Stieltjes-Integrale besitzen, wird durch den folgenden fundamentalen Satz deutlich:

Satz 20.14 (Existenzsatz I für Riemann-Stieltjes-Integrale)

Eine stetige reelle Funktion $f: [a, b] \longrightarrow \mathbb{R}$ ist bezüglich einer reellen Funktion $g: [a, b] \longrightarrow \mathbb{R}$ von beschränkter Variation auf $[a, b]$ Riemann-Stieltjes-integrierbar, d. h. das Riemann-Stieltjes-Integral $\int_a^b f(x) \, dg(x)$ existiert.

Beweis: Es sei zunächst angenommen, dass der Integrator g monoton wachsend ist. Dabei kann ohne Beschränkung der Allgemeinheit $g(a) < g(b)$ angenommen werden. Denn aus $g(a) = g(b)$ würde $g(x) = c$ für ein geeignetes $c \in \mathbb{R}$ und alle $x \in [a,b]$ folgen. Gemäß Beispiel 20.2b) ist dann aber f bezüglich g Riemann-Stieltjes-integrierbar und das Riemann-Stieltjes-Integral hat den Wert $\int_a^b f(x)\,dg(x) = 0$.

Im Folgenden sei $Z_n := \{x_0, \ldots, x_n\}$ eine Zerlegung des Intervalles $[a,b]$ mit Stützstellen $\xi_i \in [x_{i-1}, x_i]$ sowie $m_i := \inf_{x \in [x_{i-1}, x_i]} f(x)$ und $M_i := \sup_{x \in [x_{i-1}, x_i]} f(x)$ für alle $i = 1, \ldots, n$. Ferner seien

$$U_{f;g}(Z_n) := \sum_{i=1}^n m_i(g(x_i) - g(x_{i-1})) \quad \text{und}$$

$$O_{f;g}(Z_n) := \sum_{i=1}^n M_i(g(x_i) - g(x_{i-1})).$$

Mit $S := \sup_{Z_n} U_{f;g}(Z_n)$ gilt dann, wie man leicht einsieht, $U_{f;g}(Z_n) \leq S \leq O_{f;g}(Z_n)$ für alle Zerlegungen Z_n von $[a,b]$. Aus $m_i \leq f(\xi_i) \leq M_i$ und $g(x_i) - g(x_{i-1}) \geq 0$ folgt weiter

$$m_i(g(x_i) - g(x_{i-1})) \leq f(\xi_i)(g(x_i) - g(x_{i-1}))$$
$$\leq M_i(g(x_i) - g(x_{i-1}))$$

für alle $i = 1, \ldots, n$ und damit insbesondere auch

$$U_{f;g}(Z_n) \leq RS_{f;g}(Z_n; \xi_1, \ldots, \xi_n) \leq O_{f;g}(Z_n).$$

Daraus erhält man

$$U_{f;g}(Z_n) - O_{f;g}(Z_n) \leq S - O_{f;g}(Z_n)$$
$$\leq S - RS_{f;g}(Z_n; \xi_1, \ldots, \xi_n)$$
$$\leq O_{f;g}(Z_n) - RS_{f;g}(Z_n; \xi_1, \ldots, \xi_n)$$
$$\leq O_{f;g}(Z_n) - U_{f;g}(Z_n).$$

Es gilt somit

$$\left| S - RS_{f;g}(Z_n; \xi_1, \ldots, \xi_n) \right| \leq O_{f;g}(Z_n) - U_{f;g}(Z_n) \quad (20.13)$$
$$= \sum_{i=1}^n (M_i - m_i)(g(x_i) - g(x_{i-1})).$$

Es sei nun $\varepsilon > 0$ beliebig gewählt. Da f als stetige Funktion auf dem abgeschlossenen Intervall $[a,b]$ gleichmäßig stetig ist (vgl. Satz 15.35), gibt es ein $\delta > 0$, so dass $|f(x) - f(y)| < \frac{\varepsilon}{g(b) - g(a)}$ für alle $x, y \in [a,b]$ mit $|x - y| < \delta$ gilt. Folglich erhält man $M_i - m_i < \frac{\varepsilon}{g(b) - g(a)}$ für alle $i = 1, \ldots, n$ und jede Zerlegung Z_n von $[a,b]$ mit einer Feinheit $F(Z_n) < \delta$. Zusammen mit (20.13) folgt daraus

$$\left| S - RS_{f;g}(Z_n; \xi_1, \ldots, \xi_n) \right|$$
$$\leq \frac{\varepsilon}{g(b) - g(a)} \sum_{i=1}^n (g(x_i) - g(x_{i-1})) = \varepsilon.$$

Also gilt (20.4) und damit ist gezeigt, dass f bezüglich g Riemann-Stieltjes-integrierbar ist.

Ist nun g eine beliebige reelle Funktion von beschränkter Variation auf $[a,b]$, dann lässt sie sich gemäß dem Darstellungssatz von Jordan (vgl. Satz 20.13) als Differenz $g = g_1 - g_2$ zweier monoton wachsender reeller Funktionen g_1 und g_2 darstellen. Nach dem soeben Bewiesenen existieren jedoch die Riemann-Stieltjes-Integrale $\int_a^b f(x)\,dg_1(x)$ und $\int_a^b f(x)\,dg_2(x)$, und mit Satz 20.4c) folgt somit schließlich, dass auch das Riemann-Stieltjes-Integral

$$\int_a^b f(x)\,dg(x) = \int_a^b f(x)\,dg_1(x) - \int_a^b f(x)\,dg_2(x)$$

existiert, also f bezüglich g Riemann-Stieltjes-integrierbar ist. ∎

Beispiel 20.15 (Darstellung einer Reihe als Riemann-Stieltjes-Integral)

Eine Reihe der Form

$$\sum_{i=1}^\infty \alpha_i f(c_i),$$

wobei $\sum_{i=1}^\infty \alpha_i$ eine absolut konvergente Reihe ist und $a = c_0 < c_1 < \ldots < b$ gilt, kann als Riemann-Stieltjes-Integral $\int_a^b f(x)\,dg(x)$ einer stetigen reellen Funktion $f: [a,b] \longrightarrow \mathbb{R}$ bezüglich des Integrators

$$g: [a,b] \longrightarrow \mathbb{R},$$
$$x \mapsto g(x) = \sum_{i=1}^\infty \alpha_i H(x - c_i)$$
$$= \begin{cases} 0 & \text{für } a \leq x \leq c_1 \\ \sum_{i=1}^n \alpha_i & \text{für } c_n < x \leq c_{n+1} \\ \sum_{i=1}^\infty \alpha_i & \text{für } \lim_{n \to \infty} c_n \leq x \leq b \end{cases}$$

dargestellt werden. Denn ist $Z_m = \{x_0, \ldots, x_m\}$ eine Zerlegung von $[a,b]$, welche in jedem der Teilintervalle $(c_1, c_2], (c_2, c_3], \ldots, (c_{n-1}, c_n]$ mindestens eine Zerlegungsstelle x_i und im letzten dieser Teilintervalle die Zerlegungsstelle x_{m-1} hat, dann gilt

$$V(g; Z_m) = \sum_{i=1}^m |g(x_i) - g(x_{i-1})|$$
$$= |\alpha_1| + \ldots + |\alpha_{n-1}| + \left| \sum_{i=n}^\infty \alpha_i \right|.$$

Die Funktion g ist somit genau dann von beschränkter Variation, d. h. $V_a^b(g) < \infty$, wenn $\sum_{i=1}^\infty \alpha_i$ eine absolut konvergente Reihe ist. In diesem Fall gilt $V_a^b(g) = \sum_{i=1}^{\infty} |\alpha_i|$ und gemäß Satz 20.14 ist die Funktion f Riemann-Stieltjes-integrierbar. Wird nun die Riemann-Stieltjes-Summe von f bezüglich g zur Zerlegung $Z_n = \{x_0, \ldots, x_n\}$ von $[a,b]$ mit $x_i := c_i$ für $i = 0, \ldots, n-1$ und den Zwischenstellen $\xi_i := c_i$ für $i = 1, \ldots, n$ betrachtet, dann erhält man

$$RS_{f;g}(Z_n; \xi_1, \ldots, \xi_n) = \sum_{i=1}^{n} f(\xi_i)(g(x_i) - g(x_{i-1}))$$
$$= \sum_{i=1}^{n} f(c_i)\alpha_i.$$

Für $n \to \infty$ erhält man somit

$$\sum_{i=1}^{\infty} \alpha_i f(c_i) = \int_a^b f(x)\, dg(x).$$

Aus Satz 20.14 ergibt sich für Riemann-Stieltjes-Integrale mit **monotonem Integrator** die folgende wichtige Folgerung:

Folgerung 20.16 (Riemann-Stieltjes-Integral mit monotonem Integrator)

Eine stetige reelle Funktion $f: [a,b] \longrightarrow \mathbb{R}$ ist bezüglich einer monotonen reellen Funktion $g: [a,b] \longrightarrow \mathbb{R}$ stets Riemann-Stieltjes-integrierbar.

Beweis: Gemäß Satz 20.11b) ist g von beschränkter Variation auf $[a,b]$. Mit Satz 20.14 folgt daher, dass f bezüglich g Riemann-Stieltjes-integrierbar ist. ∎

In einigen Lehrbüchern wird fälschlicherweise behauptet, dass die beschränkte Variation des Integrators g eine **notwendige Bedingung** für die Existenz des Riemann-Stieltjes-Integrals $\int_a^b f(x)\, dg(x)$ sei. Sie ist jedoch nur eine **hinreichende Bedingung** und es existieren schwächere Bedingungen für die Existenz des Riemann-Stieltjes-Integrals (vgl. z.B. *Young* [74]).

Aufgrund des Satzes 20.14 und der Folgerung 20.16 ist bereits für sehr viele Integranden f und Integratoren g die Existenz des Riemann-Stieltjes-Integrals $\int_a^b f(x)\, dg(x)$ sichergestellt. Für diese Riemann-Stieltjes-Integrale muss dann „nur" noch ihr Wert berechnet werden. Analog zu Beispiel 20.2 zeigt aber auch das folgende Beispiel, dass dies ohne weitere Hilfsmittel selbst bei relativ einfachen Integranden f und Integratoren g in der Regel nicht ohne einen gewissen Aufwand möglich ist. In Abschnitt 20.5 werden deshalb mit dem **Satz zur Produktintegration**, dem **Satz zur Substitutionsmethode** und dem **Transformationssatz** die drei wichtigsten Hilfsmittel zur Berechnung von Riemann-Stieltjes-Integralen bereitgestellt.

Beispiel 20.17 (Elementare Berechnung eines Riemann-Stieltjes-Integrals)

Betrachtet wird das Riemann-Stieltjes-Integral mit dem Integranden $f: [0,1] \longrightarrow \mathbb{R}$, $x \mapsto x$ und dem Integrator $g: [0,1] \longrightarrow \mathbb{R}$, $x \mapsto x^2$. Da f stetig und g auf dem Intervall $[0,1]$ monoton wachsend ist, folgt mit Folgerung 20.16, dass das Riemann-Stieltjes-Integral $\int_a^b f(x)\, dg(x)$ existiert. Zur Berechnung des Wertes von $\int_a^b f(x)\, dg(x)$ wird die äquidistante Zerlegung $Z_n := \{x_0, \ldots, x_n\}$ des Intervalles $[0,1]$ mit $x_i = \frac{i}{n}$ für $i = 0, \ldots, n$ in die n gleichlangen Teilintervalle

$$\left[0, \frac{1}{n}\right], \left[\frac{1}{n}, \frac{2}{n}\right], \ldots, \left[\frac{(n-1)}{n}, 1\right]$$

der Länge $h := \frac{1}{n}$ verwendet. Durch $\{\xi_1, \ldots, \xi_n\}$ mit $\xi_i \in \left[\frac{i-1}{n}, \frac{i}{n}\right]$ seien ferner beliebige Stützstellen gegeben. Für die zugehörige Riemann-Stieltjes-Summe von f bezüglich g

$$RS_{f;g}(Z_n; \xi_1, \ldots, \xi_n) = \sum_{i=1}^{n} f(\xi_i)\left(g\left(\frac{i}{n}\right) - g\left(\frac{i-1}{n}\right)\right)$$

gilt wegen $\frac{i-1}{n} \leq f(\xi_i) \leq \frac{i}{n}$ für $i = 1, \ldots, n$:

$$\sum_{i=1}^{n} \frac{i-1}{n}\left(\left(\frac{i}{n}\right)^2 - \left(\frac{i-1}{n}\right)^2\right)$$
$$\leq RS_{f;g}(Z_n; \xi_1, \ldots, \xi_n) \leq \sum_{i=1}^{n} \frac{i}{n}\left(\left(\frac{i}{n}\right)^2 - \left(\frac{i-1}{n}\right)^2\right).$$

Durch eine kurze Umformung erhält man daraus weiter

$$2\sum_{i=1}^{n} \frac{i^2}{n^3} - 3\sum_{i=1}^{n} \frac{i}{n^3} + \frac{1}{n^2} \leq RS_{f;g}(Z_n; \xi_1, \ldots, \xi_n)$$
$$\leq 2\sum_{i=1}^{n} \frac{i^2}{n^3} - \sum_{i=1}^{n} \frac{i}{n^3}.$$

20.4 Existenzresultate für Riemann-Stieltjes-Integrale

Mit den Summenformeln (1.20) und (19.12) liefert dies schließlich

$$\frac{2n^3+3n^2+n}{3n^3} - \frac{3(n+1)}{2n^2} + \frac{1}{n^2} \leq RS_{f;g}(Z_n; \xi_1, \ldots, \xi_n)$$
$$\leq \frac{2n^3+3n^2+n}{3n^3} - \frac{n+1}{2n^2}.$$

Offensichtlich konvergieren die linke und die rechte Seite dieser Doppelungleichung für $n \to \infty$ gegen $\frac{2}{3}$. Dies bedeutet jedoch

$$\lim_{n \to \infty} RS_{f;g}(Z_n; \xi_1, \ldots, \xi_n) = \frac{2}{3}.$$

Das Riemann-Stieltjes-Integral von f bezüglich g hat somit den Wert

$$\int_0^1 x \, dx^2 = \frac{2}{3}.$$

Für das bestimmte Riemann-Integral von f gilt dagegen $\int_0^1 x \, dx = \frac{1}{2} < \frac{2}{3}$. Die unterschiedlichen Werte sind eine Folge der Tatsache, dass beim Riemann-Stieltjes-Integral $\int_0^1 x \, dx^2$ die Teilintervalle $[\frac{i-1}{n}, \frac{i}{n}]$ nahe der oberen Integrationsgrenze 1 durch den Integrator $g(x) = x^2$ ein höheres Gewicht erhalten als die Teilintervalle nahe der unteren Integrationsgrenze 0. Beim bestimmten Riemann-Integral $\int_0^1 x \, dx$ erhalten dagegen alle Teilintervalle dasselbe Gewicht.

Der Wert des Riemann-Stieltjes-Integrals $\int_0^1 x \, dx^2$ entspricht dem Inhalt der Fläche zwischen der Kurve $\{(x^2, x) : x \in [0, 1]\}$ und der x^2-Achse im x^2-x-Koordinatensystem. Da es sich bei der Kurve $\{(x^2, x) : x \in [0,1]\}$ um den Graphen der Wurzelfunktion $\sqrt{x}$ im Intervall $[0, 1]$ handelt, entspricht dieser Flächeninhalt dem Wert des bestimmten Riemann-Integrals

$$\int_0^1 \sqrt{x} \, dx = \frac{2}{3} x^{\frac{3}{2}} \Big|_0^1 = \frac{2}{3}$$

(vgl. Abbildung 20.2, rechts).

Mit Satz 20.14 erhält man ferner, dass das Riemann-Stieltjes-Integral bezüglich einer stückweise konstanten Funktion als Integrator stets existiert und sich sein Wert sehr leicht berechnen lässt:

Folgerung 20.18 (Riemann-Stieltjes-Integral für Treppenfunktionen)

Es seien $f : [a, b] \longrightarrow \mathbb{R}$ eine stetige reelle Funktion und $g : [a, b] \longrightarrow \mathbb{R}$ eine stückweise konstante Funktion (Treppenfunktion) mit Sprüngen der Höhe $\alpha_1, \ldots, \alpha_n \in \mathbb{R}$ an den Stellen $a \leq c_1 < \ldots < c_n < b$. Dann existiert das Riemann-Stieltjes-Integral von f bezüglich g und sein Wert ist gegeben durch

$$\int_a^b f(x) \, dg(x) = \sum_{i=1}^n \alpha_i f(c_i).$$

Beweis: Eine stückweise konstante Funktion $g : [a, b] \longrightarrow \mathbb{R}$ ist gemäß Satz 20.11a) von beschränkter Variation auf $[a, b]$. Mit Satz 20.14 folgt somit, dass das Riemann-Stieltjes-Integral von f bezüglich g existiert. Ferner besitzt die reelle Funktion g als stückweise konstante Funktion die Darstellung

$$g : [a, b] \longrightarrow \mathbb{R}, x \mapsto g(x) = \sum_{i=1}^n \alpha_i H(x - c_i),$$

wobei H die Heaviside-Funktion (20.6) ist. Mit (20.9) erhält man somit für den Wert des Riemann-Stieltjes-Integrals von f bezüglich g

$$\int_a^b f(x) \, dg(x) = \sum_{i=1}^n \alpha_i f(c_i).$$
∎

Dieses Ergebnis wird in der Wahrscheinlichkeitstheorie und Statistik zur Berechnung des Erwartungswertes und der Varianz sogenannter **diskreter Verteilungsfunktionen** verwendet (vgl. hierzu Beispiel 20.29).

Beispiel 20.19 (Berechnung eines Riemann-Stieltjes-Integrals)

Zu berechnen sei das Riemann-Stieltjes-Integral

$$\int_0^{10} x \, d(x - \lfloor x \rfloor),$$

wobei $f : \mathbb{R} \longrightarrow \mathbb{R}, x \mapsto f(x) = \lfloor x \rfloor$ die **Entier-Funktion** ist, die einer reellen Zahl $x \in \mathbb{R}$ die größte ganze Zahl k zuordnet, die kleiner oder gleich x ist. Sie ist somit eine stückweise konstante Funktion mit Sprüngen der Höhe 1 an den Stellen $k \in \mathbb{Z}$ (siehe Beispiel 13.51a) und Abbildung 13.28, links) und die Zahl $x - \lfloor x \rfloor$ gibt den **Nachkommawert** der reellen Zahl x an. Für $x = 7{,}1389$ gilt zum Beispiel $x - \lfloor x \rfloor = 0{,}1389$. Mit Satz 20.4c) und Folgerung 20.18 erhält man für den Wert des Riemann-Stieltjes-Integrals

$$\int_0^{10} x\, d(x - \lfloor x \rfloor) = \int_0^{10} x\, dx - \int_0^{10} x\, d(\lfloor x \rfloor)$$
$$= \frac{1}{2}x^2 \Big|_0^{10} - \sum_{i=1}^{10} i = 50 - 55 = -5.$$

Notwendige Bedingung für die Existenz von Riemann-Stieltjes-Integralen

Während Satz 20.14 und die sich daraus ergebenden Folgerungen 20.16 und 20.18 **hinreichende Bedingungen** für die Existenz des Riemann-Stieltjes-Integrals darstellen, liefert der folgende Satz eine **notwendige Bedingung**. Er besagt, dass es für die Existenz des Riemann-Stieltjes-Integrals notwendig ist, dass Integrand und Integrator keine gemeinsame Unstetigkeitsstelle besitzt.

> **Satz 20.20** (Notwendige Bedingung für Riemann-Stieltjes-Integrale)
>
> Es seien $f, g : [a, b] \to \mathbb{R}$ zwei reelle Funktionen, die eine gemeinsame Unstetigkeitsstelle $c \in [a, b]$ besitzen. Dann ist f bezüglich g nicht Riemann-Stieltjes-integrierbar.

Beweis: Die beiden Funktionen f und g seien an der Stelle $c \in [a, b]$ unstetig und $Z_n = \{x_0, \ldots, x_n\}$ sei eine beliebige Zerlegung des Intervalles $[a, b]$ mit $c \in [x_{i-1}, x_i]$ für ein bestimmtes $i \in \{1, \ldots, n\}$. Ferner seien durch $RS_{f;g}(Z_n; \xi_1, \ldots, \xi_i', \ldots, \xi_n)$ und $RS_{f;g}(Z_n; \xi_1, \ldots, \xi_i'', \ldots, \xi_n)$ zwei Riemann-Stieltjes-Summen bezüglich der Zerlegung Z_n gegeben, die sich lediglich in der i-ten Stützstelle unterscheiden. Für die Differenz der beiden Riemann-Stieltjes-Summen gilt dann

$$\left| RS_{f;g}(Z_n; \xi_1, \ldots, \xi_i', \ldots, \xi_n) - RS_{f;g}(Z_n; \xi_1, \ldots, \xi_i'', \ldots, \xi_n) \right|$$
$$= |f(\xi_i') - f(\xi_i'')| |g(x_i) - g(x_{i-1})|$$

mit $\xi_i', \xi_i'' \in [x_{i-1}, x_i]$ und $\xi_i' \neq \xi_i''$. Aufgrund der Unstetigkeit von f und g an der Stelle c können jedoch zwei Werte $\varepsilon_1, \varepsilon_2 > 0$ gefunden werden, so dass für eine hinreichend feine Zerlegung Z_n

$$|f(\xi_i'') - f(\xi_i')| > \varepsilon_1 \quad \text{bzw.} \quad |g(x_i) - g(x_{i-1})| > \varepsilon_2$$

gilt. Für ein $0 < \varepsilon < \varepsilon_1 \varepsilon_2$ gilt somit

$$\left| RS_{f;g}(Z_n; \xi_1, \ldots, \xi_i', \ldots, \xi_n) - RS_{f;g}(Z_n; \xi_1, \ldots, \xi_i'', \ldots, \xi_n) \right| > \varepsilon.$$

Dies steht jedoch im Widerspruch zur Definition 20.1. Folglich ist f bezüglich g nicht Riemann-Stieltjes-integrierbar. ∎

20.5 Berechnung von Riemann-Stieltjes-Integralen

In diesem Abschnitt werden mit der **partiellen Integration**, der **Substitutionsmethode** und dem **Transformationssatz** drei wichtige Hilfsmittel zur Berechnung von Riemann-Stieltjes-Integralen bereitgestellt.

Methode der partiellen Integration

Der folgende Satz besagt, dass aus der Existenz von $\int_a^b f(x)\, dg(x)$ stets auch auf die Existenz des „umgedrehten" Riemann-Stieltjes-Integrals $\int_a^b g(x)\, df(x)$ geschlossen werden kann. Darüber hinaus gibt er auch Auskunft darüber, in welcher Beziehung die Werte dieser beiden Integrale zueinander stehen. Er ist damit das Analogon zu Satz 19.28 für Riemann-Integrale, und die Berechnung von Riemann-Stieltjes-Integralen mit Satz 20.21 wird deshalb ebenfalls als **Methode der partiellen Integration** oder **Produktintegration** bezeichnet.

> **Satz 20.21** (Partielle Integration)
>
> Ist die reelle Funktion $f : [a, b] \longrightarrow \mathbb{R}$ bezüglich $g : [a, b] \longrightarrow \mathbb{R}$ Riemann-Stieltjes-integrierbar, dann ist umgekehrt die Funktion g bezüglich der Funktion f Riemann-Stieltjes-integrierbar und es gilt
>
> $$\int_a^b f(x)\, dg(x) + \int_a^b g(x)\, df(x) = f(x)g(x)\Big|_a^b$$
> $$= f(b)g(b) - f(a)g(a).$$

Beweis: Wie man leicht zeigen kann, gilt die Gleichung

$$\sum_{i=1}^n g(\xi_i)\left(f(x_i) - f(x_{i-1})\right)$$
$$+ \sum_{i=1}^n \left(f(x_{i-1})(g(\xi_i) - g(x_{i-1})) + f(x_i)(g(x_i) - g(\xi_i))\right)$$
$$= f(b)g(b) - f(a)g(a) \tag{20.14}$$

20.5 Berechnung von Riemann-Stieltjes-Integralen

für beliebige $a = x_0 < x_1 < \ldots < x_n = b$ und $\xi_i \in [x_{i-1}, x_i]$ mit $i = 1, \ldots, n$. Da nach Voraussetzung das Riemann-Stieltjes-Integral $\int_a^b f(x)\,dg(x)$ existiert, gibt es zu jedem $\varepsilon > 0$ ein $\delta > 0$, so dass

$$\left| \int_a^b f(x)\,dg(x) - RS_{f;g}(Z; \xi_1, \ldots, \xi_n) \right| < \varepsilon$$

für alle Zerlegungen Z von $[a, b]$ mit $F(Z) < \delta$ gilt. Die erste Summe in (20.14) ist offensichtlich gleich der Riemann-Stieltjes-Summe $RS_{g;f}(Z; \xi_1, \ldots, \xi_n)$. Die zweite Summe in (20.14) ist dagegen eine Riemann-Stieltjes-Summe $RS_{f;g}(Z^*; \xi_1^*, \ldots, \xi_m^*)$, wobei die Zerlegung Z^* alle x_i und alle ξ_i als Zerlegungsstellen enthält und ξ_i^* jeweils der linke oder rechte Endpunkt des betrachteten Teilintervalles ist. Falls $\xi_i = x_{i-1}$ oder $\xi_i = x_i$ gilt, ist ξ_i keine neue Zerlegungsstelle in Z^* und der betreffende Summand ist gleich 0. Aus $F(Z) < \delta$ folgt $F(Z^*) < \delta$ und damit insbesondere auch

$$\left| \int_a^b f(x)\,dg(x) - RS_{f;g}(Z^*; \xi_1^*, \ldots, \xi_n^*) \right| < \varepsilon.$$

Zusammen mit (20.14) ergibt dies

$$\left| RS_{g;f}(Z; \xi_1, \ldots, \xi_n) - (f(b)g(b) - f(a)g(a)) + \int_a^b f(x)\,dg(x) \right| < \varepsilon.$$

Dies bedeutet jedoch, dass das Riemann-Stieltjes-Integral $\int_a^b g(x)\,df(x)$ existiert und den Wert

$$f(b)g(b) - f(a)g(a) - \int_a^b f(x)\,dg(x)$$

besitzt. ∎

Das folgende Resultat ist eine unmittelbare Folgerung aus Satz 20.14 und Satz 20.21. Es liefert in gewisser Weise eine zu Satz 20.14 umgekehrte Aussage:

Folgerung 20.22 (Existenzsatz II für Riemann-Stieltjes-Integrale)

Ist die reelle Funktion $f: [a, b] \longrightarrow \mathbb{R}$ von beschränkter Variation auf $[a, b]$ und die reelle Funktion $g: [a, b] \longrightarrow \mathbb{R}$ stetig, dann ist f bezüglich g Riemann-Stieltjes-integrierbar.

Beweis: Gemäß Satz 20.14 existiert das Riemann-Stieltjes-Integral von g bezüglich f. Mit Satz 20.21 folgt somit, dass auch das Riemann-Stieltjes-Integral von f bezüglich g existiert. ∎

Das folgende Beispiel 20.23 zeigt, wie mittels partieller Integration **Sprungstellen** des Integrators berücksichtigt werden können:

Beispiel 20.23 (Partielle Integration)

Betrachtet wird $\int_{-1}^3 f(x)\,dg(x)$ mit dem stetigen Integranden $f: [-1, 3] \longrightarrow \mathbb{R}$, $x \mapsto f(x) = x$ und dem bis auf die beiden Sprungstellen $c_1 = 0$ und $c_2 = 2$ differenzierbaren Integrator

$$g: [-1, 3] \to \mathbb{R}, \quad x \mapsto g(x) = \begin{cases} e^x & \text{für } x \in [-1, 0) \\ 2 & \text{für } x \in [0, 2) \\ 1 - x^2 & \text{für } x \in [2, 3] \end{cases}.$$

Da die Funktion g als Differenz der beiden monoton wachsenden reellen Funktionen

$$g_1(x) = \begin{cases} e^x & \text{für } x \in [-1, 0) \\ 2 & \text{für } x \in [0, 3] \end{cases} \quad \text{und}$$

$$g_2(x) = \begin{cases} 0 & \text{für } x \in [-1, 2) \\ x^2 + 1 & \text{für } x \in [2, 3] \end{cases}$$

dargestellt werden kann, folgt mit Satz 20.13 (Darstellungssatz von Jordan), dass die Funktion g von beschränkter Variation auf $[-1, 3]$ ist. Mit Satz 20.14 folgt somit, dass f bezüglich g Riemann-Stieltjes-integrierbar ist und durch partielle Integration (vgl. Satz 20.21) erhält man den Wert

$$\int_{-1}^3 f(x)\,dg(x) = f(x)g(x)\Big|_{-1}^3 - \int_{-1}^3 g(x)\,dx$$

$$= 3 \cdot (-8) + e^{-1} - \int_{-1}^0 e^x\,dx$$

$$\quad - \int_0^2 2\,dx - \int_2^3 (1 - x^2)\,dx$$

$$= 2e^{-1} - \frac{71}{3}.$$

Für eine alternative Möglichkeit zur Berechnung von $\int_{-1}^3 f(x)\,dg(x)$ siehe Beispiel 20.28.

Substitutionsmethode

Ein weiteres wichtiges Hilfsmittel für die Berechnung von Riemann-Stieltjes-Integralen ist die **Substitutionsmethode**:

Satz 20.24 (Substitutionsmethode)

Es seien $f: [a, b] \longrightarrow \mathbb{R}$ eine stetige, $g: [a, b] \longrightarrow \mathbb{R}$ eine monoton wachsende und $\varphi: [\alpha, \beta] \longrightarrow [a, b]$ eine *streng monoton wachsende stetige Funktion mit* $\varphi(\alpha) = a$ *und* $\varphi(\beta) = b$. *Dann gilt*

$$\int_a^b f(x)\, dg(x) = \int_\alpha^\beta f(\varphi(t))\, dg(\varphi(t)). \quad (20.15)$$

Beweis: Die Riemann-Stieltjes-Integrierbarkeit der Funktion f bezüglich g und der Funktion $f \circ \varphi$ bezüglich $g \circ \varphi$ ergibt sich aus Folgerung 20.16 und der Tatsache, dass die Komposition stetiger reeller Funktionen wieder stetig und die Komposition monotoner reeller Funktionen wieder monoton ist (vgl. Satz 15.14 und Satz 13.8a)). Jeder Zerlegung $Z_n = \{x_0, \ldots, x_n\}$ von $[a, b]$ entspricht daher genau eine Zerlegung $\widetilde{Z}_n = \{t_0, \ldots, t_n\}$ von $[\alpha, \beta]$ und die Werte von f und g auf $[x_{i-1}, x_i]$ stimmen mit den Werten von $f \circ \varphi$ bzw. $g \circ \varphi$ auf $[t_{i-1}, t_i]$ überein. Es gilt somit

$$RS_{f;g}(Z_n; \xi_1, \ldots, \xi_n) = RS_{f \circ \varphi; g \circ \varphi}(\widetilde{Z}_n; \varphi^{-1}(\xi_1), \ldots, \varphi^{-1}(\xi_n)).$$

Daraus folgt (20.15). ∎

Von besonderer Bedeutung ist der Spezialfall $g(x) = x$ für alle $x \in [a, b]$. Aus (20.15) folgt dann unmittelbar

$$\int_a^b f(x)\, dx = \int_\alpha^\beta f(\varphi(t))\, d\varphi(t).$$

Diese Formel ist eine andere Variante der Substitutionsregel (19.46) für Riemann-Integrale.

Transformation in ein Riemann-Integral

Dieser Abschnitt geht der Frage nach, wie und unter welchen Bedingungen ein Riemann-Stieltjes-Integral $\int_a^b f(x)\, dg(x)$ auf ein gewöhnliches Riemann-Integral zurückgeführt werden kann. Der folgende **Transformationssatz** besagt, dass dies im Falle eines Riemann-integrierbaren Integranden f und eines stetig differenzierbaren Integrators g auf einfache Weise möglich ist. In Kombination mit dem **zweiten Hauptsatz der Differential- und Integralrechnung** für Riemann-Integrale liefert er ein nützliches Hilfsmittel zur expliziten Berechnung von vielen Riemann-Stieltjes-Integralen:

Satz 20.25 (Transformationssatz I)

Es seien $f: [a, b] \longrightarrow \mathbb{R}$ *eine Riemann-integrierbare reelle Funktion und* $g: [a, b] \longrightarrow \mathbb{R}$ *eine stetig differenzierbare reelle Funktion. Dann ist* f *bezüglich* g *Riemann-Stieltjes-integrierbar und es gilt*

$$\int_a^b f(x)\, dg(x) = \int_a^b f(x)g'(x)\, dx.$$

Beweis: Als Riemann-integrierbare reelle Funktion ist f beschränkt und es gibt somit ein $M \geq 0$ mit $|f(x)| \leq M$ für alle $x \in [a, b]$. Ferner ist g' als stetige Funktion auf $[a, b]$ sogar gleichmäßig stetig (vgl. Satz 15.35) und es gibt somit zu jedem $\varepsilon > 0$ ein $\delta > 0$, so dass $|g'(y) - g'(x)| < \varepsilon$ für alle $x, y \in [a, b]$ mit $|y - x| < \delta$ gilt. Es sei nun Z_n eine beliebige Zerlegung des Intervalles $[a, b]$, für deren Feinheit $F(Z_n) < \delta$ gilt. Mit dem Mittelwertsatz der Differentialrechnung (vgl. Satz 16.28) erhält man dann für die Riemann-Stieltjes-Summe von f bezüglich g

$$RS_{f;g}(Z_n; \xi_1, \ldots, \xi_n) = \sum_{i=1}^n f(\xi_i)(g(x_i) - g(x_{i-1}))$$
$$= \sum_{i=1}^n f(\xi_i)g'(\eta_i)(x_i - x_{i-1})$$

für geeignete $\eta_i \in [x_{i-1}, x_i]$. Dagegen gilt für die zum Riemann-Integral $\int_a^b f(x)g'(x)\, dx$ gehörende Riemann-Summe

$$R_{fg'}(Z_n; \xi_1, \ldots, \xi_n) = \sum_{i=1}^n f(\xi_i)g'(\xi_i)(x_i - x_{i-1}).$$

Damit folgt

$$\left| RS_{f;g}(Z_n; \xi_1, \ldots, \xi_n) - R_{fg'}(Z_n; \xi_1, \ldots, \xi_n) \right|$$
$$\leq \sum_{i=1}^n |f(\xi_i)| \left| g'(\eta_i) - g'(\xi_i) \right| (x_i - x_{i-1})$$
$$\leq M\varepsilon \sum_{i=1}^n (x_i - x_{i-1}) = M\varepsilon(b - a).$$

Da $\varepsilon > 0$ beliebig gewählt war, folgt, dass die Werte der beiden Integrale $\int_a^b f(x)\, dg(x)$ und $\int_a^b f(x)g'(x)\, dx$ übereinstimmen. Damit ist insbesondere die Funktion f bezüglich der Funktion g Riemann-Stieltjes-integrierbar. ∎

Der Satz 20.25 besitzt viele Anwendungen. Zum Beispiel ist er in der Wahrscheinlichkeitstheorie und in der Statistik zur Berechnung des Erwartungswertes und der Varianz sogenannter **absolut stetiger Verteilungsfunktionen** hilfreich (vgl. Beispiel 20.29).

Wenn die Voraussetzungen von Satz 20.25 erfüllt sind, kann zur expliziten Berechnung des Riemann-Stieltjes-Integrals $\int_a^b f(x)\, dg(x) = \int_a^b f(x)g'(x)\, dx$ der zweite Hauptsatz der Differential- und Integralrechnung (vgl. Satz 19.22) verwendet werden. In diesem Fall genügt es folglich, eine Stammfunktion H des Integranden $h := fg'$ zu bestimmen und anschließend durch

$$\int_a^b f(x)\, dg(x) = H(x)\Big|_a^b = H(b) - H(a)$$

20.5 Berechnung von Riemann-Stieltjes-Integralen

den Wert des Riemann-Stieltjes-Integrals zu berechnen (vgl. Beispiel 20.26). Umgekehrt erhält man mit dem ersten Hauptsatz der Differential- und Integralrechnung (vgl. Satz 19.21), dass sich jedes Riemann-Integral der Form $\int_a^b f(x)g(x)\,dx$ mit einer Riemann-integrierbaren reellen Funktion f und einer stetigen reellen Funktion g als Riemann-Stieltjes-Integral der Form

$$\int_a^b f(x)\,dG(x) \quad \text{mit} \quad G(x) := \int_a^x g(t)\,dt$$

darstellen lässt.

Die Nützlichkeit von Satz 20.25 wird im folgenden Beispiel deutlich:

Beispiel 20.26 (Berechnung von Riemann-Stieltjes-Integralen)

a) Für das Riemann-Stieltjes-Integral $\int_0^1 x\,d(x^2)$ aus Beispiel 20.17 erhält man mit Satz 20.25 ohne großen rechnerischen Aufwand

$$\int_0^1 x\,d(x^2) = \int_0^1 x(2x)\,dx$$
$$= 2\int_0^1 x^2\,dx = \frac{2}{3}x^3\Big|_0^1 = \frac{2}{3}.$$

b) Mit Satz 20.25 folgt, dass das Riemann-Stieltjes-Integral $\int_0^\pi \cos(x)\,d(\cos(x))$ existiert und sein Wert gegeben ist durch (vgl. Beispiel 19.29c))

$$\int_0^\pi \cos(x)\,d(\cos(x)) = -\int_0^\pi \cos(x)\sin(x)\,dx$$
$$= \frac{1}{2}\cos^2(x)\Big|_0^\pi = \frac{1}{2} - \frac{1}{2} = 0.$$

c) Mit Satz 20.25 folgt, dass das Riemann-Stieltjes-Integral $\int_0^\pi \cos(x)\,d(\sin(x))$ existiert und sein Wert gegeben ist durch (vgl. Seite 566)

$$\int_0^\pi \cos(x)\,d(\sin(x)) = \int_0^\pi \cos^2(x)\,dx$$
$$= \frac{1}{2}\sin(x)\cos(x)\Big|_0^\pi + \frac{1}{2}\int_0^\pi 1\,dx$$
$$= 0 + \frac{1}{2}x\Big|_0^\pi = \frac{1}{2}\pi.$$

d) Das Riemann-Stieltjes-Integral

$$\int_0^2 x(x+2)\,d(\ln(1+x))$$

existiert und sein Wert ist

$$\int_0^2 x(x+2)\,d(\ln(1+x)) = \int_0^2 x(x+2)\frac{1}{1+x}\,dx$$
$$= \int_0^2 \left(1+x-\frac{1}{1+x}\right)\,dx$$
$$= \left(x+\frac{x^2}{2}-\ln(1+x)\right)\Big|_0^2$$
$$= 4 - \ln(3).$$

e) Das Riemann-Stieltjes-Integral $\int_0^1 e^x\,d(e^{-x})$ existiert und sein Wert beträgt

$$\int_0^1 e^x\,d(e^{-x}) = \int_0^1 e^x(-e^{-x})\,dx = -\int_0^1 1\,dx$$
$$= -x\Big|_0^1 = -1.$$

f) Das Riemann-Stieltjes-Integral $\int_{-1}^2 x^5\,d(|x|^3)$ existiert. Mit Satz 20.6 erhält man für seinen Wert

$$\int_{-1}^2 x^5\,d(|x|^3) = \int_{-1}^0 x^5\,d(-x^3) + \int_0^2 x^5\,d(x^3)$$
$$= -3\int_{-1}^0 x^7\,dx + 3\int_0^2 x^7\,dx$$
$$= -\frac{3}{8}x^8\Big|_{-1}^0 + \frac{3}{8}x^8\Big|_0^2$$
$$= \frac{3}{8} + 96 = \frac{771}{8}.$$

Mit Satz 20.25 und Folgerung 20.18 erhält man das folgende Resultat, das in der Wahrscheinlichkeitstheorie und der Statistik von großem Nutzen ist. Dort wird es zum Beispiel zur Berechnung des Erwartungswertes und der Varianz sogenannter **gemischter Verteilungsfunktionen** benötigt (vgl. auch Beispiel 20.29).

Folgerung 20.27 (Transformationssatz II)

Es seien $f:[a,b] \longrightarrow \mathbb{R}$ eine stetige reelle Funktion und $g:[a,b] \longrightarrow \mathbb{R}$ eine reelle Funktion von beschränkter Variation auf $[a,b]$, die bis auf endlich viele Stellen $a \leq c_1 < \ldots < c_n < b$ mit Sprüngen der Höhen $\alpha_1, \ldots, \alpha_n$ stetig differenzierbar ist. Dann ist f bezüglich g Riemann-Stieltjes-integrierbar und es gilt

$$\int_a^b f(x)\,dg(x) = \int_a^b f(x)g'(x)\,dx + \sum_{i=1}^n \alpha_i f(c_i). \tag{20.16}$$

Beweis: Folgt mit Satz 20.14, Satz 20.25 und Folgerung 20.18. ∎

Das folgende Beispiel 20.28 verdeutlicht den Nutzen von Folgerung 20.27:

Beispiel 20.28 (Integrator mit Sprungstellen)

Betrachtet wird das Riemann-Stieltjes-Integral $\int_{-1}^{3} f(x)\, dg(x)$ aus Beispiel 20.23. Der Integrator g ist offensichtlich bis auf die Sprungstellen $c_1 = 0$ und $c_2 = 2$ stetig differenzierbar und es gilt

$$g'(x) = \begin{cases} e^x & x \in [-1, 0) \\ 0 & x \in [0, 2) \\ -2x & x \in [2, 3] \end{cases}.$$

Die Sprunghöhen von g an den Stellen $c_1 = 0$ und $c_2 = 2$ sind $\alpha_1 = 1$ bzw. $\alpha_2 = -5$. Mit der Formel (20.16) und Beispiel 19.29a) erhält man somit für das Riemann-Stieltjes-Integral von f bezüglich g den Wert

$$\int_{-1}^{3} f(x)\, dg(x) = \int_{-1}^{0} x e^x\, dx + 0 - \int_{2}^{3} 2x^2\, dx + 1 \cdot 0 - 5 \cdot 2$$

$$= (x-1)e^x \Big|_{-1}^{0} - \frac{2}{3}x^3 \Big|_{2}^{3} - 10$$

$$= 2e^{-1} - \frac{71}{3}.$$

Dieser Wert stimmt natürlich mit dem in Beispiel 20.23 mittels partieller Integration ermittelten Wert überein.

Die Beispiele 20.5 und 20.15 sowie der Satz 20.25 und die Folgerung 20.27 verdeutlichen die Allgemeinheit und die Flexibilität des Riemann-Stieltjes-Integrals. Denn durch das Riemann-Stieltjes-Integral können **Summen**, **Reihen** und **Riemann-Integrale** in einem einheitlichen Rahmen betrachtet werden. Wie das folgende Beispiel zeigt, ist dies in der Statistik und der Wahrscheinlichkeitstheorie von großem Nutzen:

Beispiel 20.29 (Riemann-Stieltjes-Integrale in der Statistik)

In der Statistik und Wahrscheinlichkeitstheorie ist die **Verteilungsfunktion** einer Zufallsvariablen X, d. h. die reelle Funktion

$$F_X : \mathbb{R} \longrightarrow \mathbb{R}_+, \ x \mapsto F_X(x) := P(X \leq x),$$

von zentraler Bedeutung. Der Wert $F_X(x)$ gibt die **Wahrscheinlichkeit** an, dass die Zufallsvariable X einen Wert kleiner oder gleich x annimmt. Sie besitzt die folgenden Eigenschaften:

1) F_X ist monoton wachsend
2) F_X ist rechtsseitig stetig
3) $\lim_{x \to -\infty} F_X(x) = 0$ und $\lim_{x \to \infty} F_X(x) = 1$

Man unterscheidet bei Verteilungsfunktionen verschiedene Fälle, von denen die beiden folgenden am wichtigsten sind:

a) F_X heißt **diskrete Verteilungsfunktion**, falls sie stückweise konstant, also eine Treppenfunktion mit abzählbar vielen Sprungstellen x_i der Sprunghöhe $P(X = x_i)$ ist (vgl. Abbildung 20.3, links).

b) F_X heißt **absolut stetige Verteilungsfunktion**, falls sie stetig ist und eine nichtnegative Riemann-integrierbare Funktion $f_X : \mathbb{R} \to \mathbb{R}_+$ (sog. **Dichtefunktion**) mit der Eigenschaft $F_X(x) = \int_{-\infty}^{x} f_X(x)\, dx$ für alle $x \in \mathbb{R}$ existiert

(vgl. Abbildung 20.3, rechts und Beispiel 18.19 für eine absolut stetige Verteilungsfunktion und siehe z. B. *Schaich-Münnich* [58] und *Schlittgen* [60] für mehr Informationen zu Verteilungsfunktionen). Ist nun h bezüglich der Verteilungsfunktion F_X Riemann-Stieltjes-integrierbar, dann ist das (uneigentliche) Riemann-Stieltjes-Integral gegeben durch

$$\int_{-\infty}^{\infty} h(x)\, dF_X(x)$$

$$= \begin{cases} \sum_{i=1}^{\infty} h(x_i) P(X = x_i) & \text{für } F_X \text{ diskret} \\ \int_{-\infty}^{\infty} h(x) f_X(x)\, dx & \text{für } F_X \text{ absolut stetig} \end{cases}$$

(vgl. Beispiel 20.15 und Satz 20.25). Speziell für die identische Funktion $h(x) = x$ erhält man daraus für den **Erwartungswert** der Zufallsvariablen X die Darstellung

$$E[X] = \int_{-\infty}^{\infty} x\, dF_X(x)$$

$$= \begin{cases} \sum_{i=1}^{\infty} x_i P(X = x_i) & \text{für } F_X \text{ diskret} \\ \int_{-\infty}^{\infty} x f_X(x)\, dx & \text{für } F_X \text{ absolut stetig} \end{cases}$$

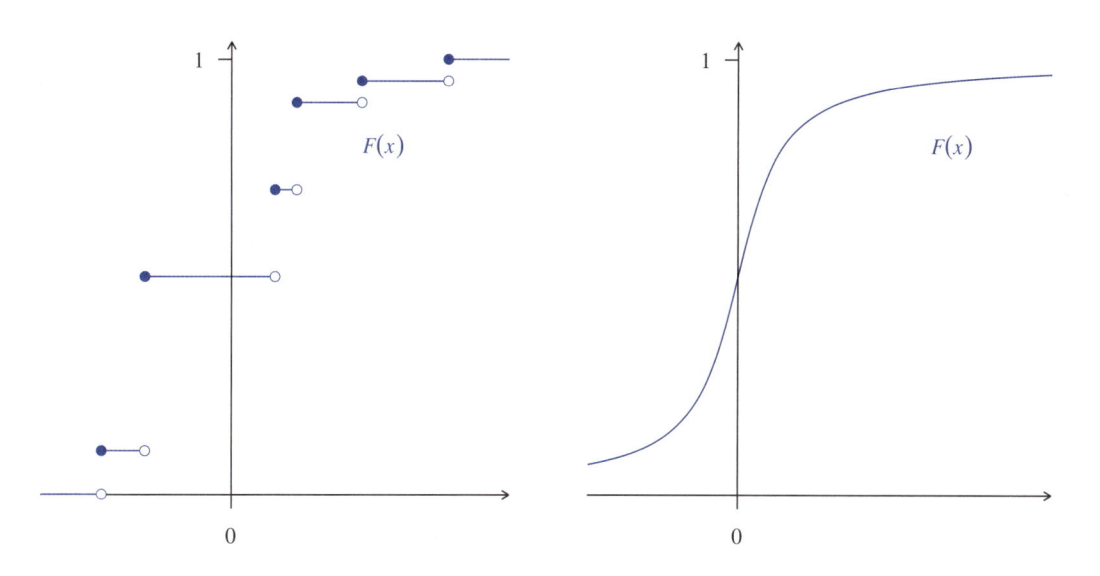

Abb. 20.3: Eine diskrete Verteilungsfunktion F (links) und eine absolut stetige Verteilungsfunktion F (rechts)

und die quadratische Funktion $h(x) = (x - E[X])^2$ liefert für die **Varianz** von X

$$\operatorname{Var}(X) = \int_{-\infty}^{\infty} (x - E[X])^2 \, dF_X(x)$$

$$= \begin{cases} \sum_{i=1}^{\infty} (x_i - E[X])^2 P(X = x_i) & \text{für } F_X \text{ diskret} \\ \int_{-\infty}^{\infty} (x - E[X])^2 f_X(x) \, dx & \text{für } F_X \text{ absolut stetig} \end{cases}.$$

Der Erwartungswert und die Varianz besitzen somit für diskrete und absolut stetige Verteilungsfunktionen eine einheitliche Darstellung als (uneigentliches) Riemann-Stieltjes-Integral.

Teil VII

Differential- und Integralrechnung im $\mathbb{R}^n$

# Kapitel 21

Folgen, Reihen und reellwertige Funktionen im $\mathbb{R}^n$

Kapitel 21 — Folgen, Reihen und reellwertige Funktionen im $\mathbb{R}^n$

21.1 Folgen und Reihen

Vom deutschstämmigen Physiker und Nobelpreisträger *Albert Einstein* (1879–1955) ist das folgende bekannte Zitat überliefert, das sich zwar auf Physiker bezieht, aber auch für Wirtschaftswissenschaftler Gültigkeit besitzt:

A. Einstein

> *„Auch meinte ich in meiner Unschuld, dass es für den Physiker genüge, die elementaren mathematischen Begriffe klar erfasst und für die Anwendung bereit zu haben, und dass der Rest in für den Physiker unfruchtbaren Subtilitäten bestehe – ein Irrtum, den ich später mit Bedauern einsah."*

In den Kapiteln 11 und 12 wurden Folgen und Reihen von reellen Zahlen ausführlich untersucht. Die dabei gewonnenen Erkenntnisse und Resultate haben sich dann in den nachfolgenden Kapiteln bei der Untersuchung reeller Funktionen $f\colon D \subseteq \mathbb{R} \longrightarrow \mathbb{R}$, $x \mapsto f(x)$ auf Eigenschaften wie Konvergenz, Stetigkeit, Differenzierbarkeit und Integrierbarkeit als unentbehrliche Hilfsmittel erwiesen. Für die in diesem Kapitel und die in den nachfolgenden Kapiteln 22 bis 25 anstehende Verallgemeinerung der Differential- und Integralrechnung sowie Optimierungstheorie auf Funktionen

$$f\colon D \subseteq \mathbb{R}^n \longrightarrow \mathbb{R}, \ \mathbf{x} \mapsto f(\mathbf{x})$$

mit einem Definitionsbereich D aus dem n-dimensionalen euklidischen Raum $\mathbb{R}^n$ ist es daher zwingend erforderlich, zuvor die Begriffe „Folge" und „Reihe" von reellen Zahlen auf Vektoren aus dem n-dimensionalen euklidischen Raum $\mathbb{R}^n$ zu erweitern. Bei dieser Erweiterung wird sich zeigen, dass die betrachteten Begriffe und Konzepte zum großen Teil bereits aus früheren Kapiteln bekannt und weitgehend analog zum eindimensionalen Fall definiert sind. Im Folgenden besteht somit die Schwierigkeit weniger im Verständnis als vielmehr in der Gewöhnung an eine etwas komplexere Notation, die sich aufgrund der größeren Anzahl von Variablen zwangsläufig ergibt.

Folgen im $\mathbb{R}^n$

Eine **Folge im n-dimensionalen euklidischen Raum $\mathbb{R}^n$** ist eine Funktion a mit einem Definitionsbereich aus der Menge $\mathbb{N}_0$ und Funktionswerten aus dem $\mathbb{R}^n$:

> **Definition 21.1** (Folge im $\mathbb{R}^n$)
>
> *Eine Funktion*
> $$a\colon D \longrightarrow \mathbb{R}^n,\ k \mapsto \mathbf{a}_k := a(k)$$
> *mit $D \subseteq \mathbb{N}_0$ heißt Folge und die n-dimensionalen Vektoren $\mathbf{a}_k \in \mathbb{R}^n$ werden als Folgenglieder der Folge a bezeichnet. Für eine Folge im $\mathbb{R}^n$ schreibt man $(\mathbf{a}_k)_{k \in D}$ oder auch kurz $(\mathbf{a}_k)$.*

Das ***k*-te Folgenglied** $\mathbf{a}_k$ gibt den Wert der Folge $(\mathbf{a}_k)_{k \in D}$ an der Stelle $k \in D$ an. Analog zur eindimensionalen Analysis sind auch in der mehrdimensionalen Analysis vor allem Folgen mit der Indexmenge $D = \mathbb{N}$ oder $D = \mathbb{N}_0$ von Bedeutung. Daher werden auch für Folgen im $\mathbb{R}^n$ alle Definitionen und Sätze für die Indexmenge $\mathbb{N}_0$ formuliert. Die Definitionen und Sätze besitzen jedoch für alle unendlichen Teilmengen von $\mathbb{N}_0$ als Indexmenge Gültigkeit. Für die Folgenglieder einer Folge $(\mathbf{a}_k)_{k \in \mathbb{N}_0}$ im $\mathbb{R}^n$ gilt

$$\mathbf{a}_k = \begin{pmatrix} a_k^{(1)} \\ \vdots \\ a_k^{(n)} \end{pmatrix} \qquad (21.1)$$

für alle $k \in \mathbb{N}_0$. Dabei ist $a_k^{(i)}$ für $i = 1, \ldots, n$ die i-te Koordinate des k-ten Folgenglieds $\mathbf{a}_k$. Das heißt, eine Folge $(\mathbf{a}_k)_{k \in \mathbb{N}_0}$ im $\mathbb{R}^n$ lässt sich in n **Koordinatenfolgen**

$$\left(a_k^{(1)}\right)_{k \in \mathbb{N}_0}, \ \ldots, \ \left(a_k^{(n)}\right)_{k \in \mathbb{N}_0} \qquad (21.2)$$

zerlegen. Bei diesen Koordinatenfolgen handelt es sich um gewöhnliche Folgen reeller Zahlen, wie sie in Kapitel 11 untersucht wurden. Durch jede Folge $(\mathbf{a}_k)_{k \in \mathbb{N}_0}$ von Vektoren im $\mathbb{R}^n$ sind n Koordinatenfolgen in $\mathbb{R}$ eindeutig festgelegt. Umgekehrt definieren n Koordinatenfolgen in $\mathbb{R}$ über (21.1) genau eine Folge $(\mathbf{a}_k)_{k \in \mathbb{N}_0}$ im $\mathbb{R}^n$.

So gut wie alle Begriffe lassen sich nun von Folgen reeller Zahlen auf Folgen von Vektoren sinngemäß übertragen. Insbesondere lautet die Definition der **Konvergenz** bzw. **Divergenz** einer Folge $(\mathbf{a}_k)_{k \in \mathbb{N}_0}$ im $\mathbb{R}^n$ fast genauso wie bei Folgen reeller Zahlen. Der einzige Unterschied besteht darin, dass nun zur Abstandsmessung zwischen zwei Folgengliedern an die Stelle des Betrages die euklidische Norm (vgl. Definition 7.10) tritt:

> **Definition 21.2** (Konvergenz und Divergenz einer Folge im $\mathbb{R}^n$)
>
> *Eine Folge* $(\mathbf{a}_k)_{k \in \mathbb{N}_0}$ *konvergiert gegen den Grenzwert (Limes)* $\mathbf{a} \in \mathbb{R}^n$, *wenn es zu jedem* $\varepsilon > 0$ *ein* $k_0 \in \mathbb{N}_0$ *gibt, so dass*
> $$\|\mathbf{a}_k - \mathbf{a}\| < \varepsilon$$
> *für alle natürlichen Zahlen* $k \geq k_0$ *gilt. Man schreibt dann*
> $$\lim_{k \to \infty} \mathbf{a}_k = \mathbf{a} \quad \text{oder} \quad \mathbf{a}_k \to \mathbf{a} \;\; \text{für} \;\; k \to \infty.$$
> *Eine konvergente Folge* $(\mathbf{a}_k)_{k \in \mathbb{N}_0}$ *mit dem Grenzwert* $\mathbf{a} = \mathbf{0}$ *wird als Nullfolge bezeichnet und eine Folge, die nicht konvergiert, heißt divergent.*

In Abschnitt 7.6 wurden für einen beliebigen Vektor $\mathbf{a} \in \mathbb{R}^n$ und eine Konstante $r > 0$ bereits die beiden Mengen

$$K_<(\mathbf{a}, r) = \{\mathbf{x} \in \mathbb{R}^n : \|\mathbf{x} - \mathbf{a}\| < r\} \quad \text{und}$$
$$K_\leq(\mathbf{a}, r) = \{\mathbf{x} \in \mathbb{R}^n : \|\mathbf{x} - \mathbf{a}\| \leq r\} \quad (21.3)$$

definiert. Sie werden als **offene** bzw. **abgeschlossene Kugel** mit Radius r um $\mathbf{a}$ bezeichnet. Man nennt beide Mengen auch **Kugelumgebungen** von $\mathbf{a}$ im $\mathbb{R}^n$. Die Sprechweise „Kugel" ist dabei an den Spezialfall $n = 3$ angelehnt.

Im Fall $n = 1$ ist $K_<(\mathbf{a}, r)$ das offene Intervall $(a-r, a+r)$ und $K_\leq(\mathbf{a}, r)$ das abgeschlossene Intervall $[a-r, a+r]$. Im Fall $n = 2$ ist die Menge $K_<(\mathbf{a}, r)$ eine Kreisscheibe ohne und $K_\leq(\mathbf{a}, r)$ eine Kreisscheibe mit Rand, also inklusive den Punkten, die zu $\mathbf{a}$ genau den Abstand r haben. Analog handelt es sich im Fall $n = 3$ bei $K_<(\mathbf{a}, r)$ und $K_\leq(\mathbf{a}, r)$ um eine dreidimensionale Kugel ohne bzw. mit Rand (vgl. Abbildungen 21.1 und 21.2).

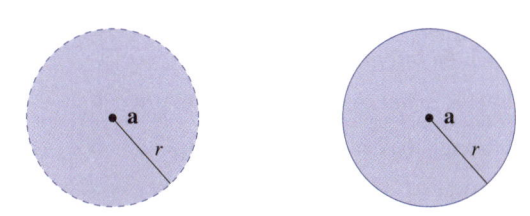

Abb. 21.1: Offene Kugel $K_<(\mathbf{a}, r)$ (links) und abgeschlossene Kugel $K_\leq(\mathbf{a}, r)$ (rechts) mit Radius r um $\mathbf{a} \in \mathbb{R}^2$

Eine Folge $(\mathbf{a}_k)_{k \in \mathbb{N}_0}$ konvergiert somit genau dann gegen einen Grenzwert $\mathbf{a}$, wenn in jeder offenen Kugel $K_<(\mathbf{a}, \varepsilon)$ um $\mathbf{a}$ mit einem Radius $\varepsilon > 0$ fast alle Folgenglieder von $(\mathbf{a}_k)_{k \in \mathbb{N}_0}$ liegen. Das heißt, für jedes beliebige $\varepsilon > 0$ liegen ab einem hinreichend großen Index $k_0 \in \mathbb{N}_0$ alle Folgenglieder $\mathbf{a}_k$ mit $k \geq k_0$ in der offenen Kugel $K_<(\mathbf{a}, \varepsilon)$ und nur endlich viele Folgenglieder liegen außerhalb. Für $k = 2$ und $k = 3$ bedeutet dies, dass für ein beliebiges $\varepsilon > 0$ fast alle Folgenglieder einer konvergenten Folge $(\mathbf{a}_k)_{k \in \mathbb{N}_0}$ mit Grenzwert $\mathbf{a}$ innerhalb der offenen Kreisscheibe $K_<(\mathbf{a}, \varepsilon)$ bzw. der offenen dreidimensionalen Kugel $K_<(\mathbf{a}, \varepsilon)$ liegen (vgl. Abbildung 21.2).

Gemäß der Definition 21.2 und der Definition der euklidischen Norm im $\mathbb{R}^n$ (vgl. (7.15)) konvergiert eine Folge $(\mathbf{a}_k)_{k \in \mathbb{N}_0}$ von Vektoren somit genau dann, wenn es zu jedem $\varepsilon > 0$ ein $k_0 \in \mathbb{N}_0$ gibt, so dass

$$\|\mathbf{a}_k - \mathbf{a}\| = \sqrt{\sum_{i=1}^n \left(a_k^{(i)} - a^{(i)}\right)^2} < \varepsilon \quad (21.4)$$

für alle $k \geq k_0$ gilt. Das heißt, die Konvergenzeigenschaften einer Folge $(\mathbf{a}_k)_{k \in \mathbb{N}_0}$ von Vektoren werden durch die Konvergenzeigenschaften ihrer n Koordinatenfolgen (21.2) bestimmt. Genauer gilt, dass eine Folge $(\mathbf{a}_k)_{k \in \mathbb{N}_0}$ genau dann konvergiert, wenn alle n Koordinatenfolgen konvergieren.

> **Satz 21.3** (Koordinatenweise Konvergenz im $\mathbb{R}^n$)
>
> *Eine Folge* $(\mathbf{a}_k)_{k \in \mathbb{N}_0}$ *im* $\mathbb{R}^n$ *konvergiert gegen den Grenzwert* $\mathbf{a} = \left(a^{(1)}, \ldots, a^{(n)}\right)^T$ *genau dann, wenn jede der* n *Koordinatenfolgen* $\left(a_k^{(1)}\right)_{k \in \mathbb{N}_0}, \ldots, \left(a_k^{(n)}\right)_{k \in \mathbb{N}_0}$ *gegen die entsprechende Koordinate von* $\mathbf{a}$ *konvergiert.*

Beweis: Es gelte $\lim_{k \to \infty} \|\mathbf{a}_k - \mathbf{a}\| = 0$. Wegen $|a_k^{(i)} - a^{(i)}| \leq \|\mathbf{a}_k - \mathbf{a}\|$ für alle $i = 1, \ldots, n$ (vgl. (21.4)) folgt dann $\lim_{k \to \infty} |a_k^{(i)} - a^{(i)}| = 0$ für alle $i = 1, \ldots, n$, also die Konvergenz der Koordinatenfolge $\left(a_k^{(i)}\right)_{k \in \mathbb{N}_0}$ gegen die Koordinate $a^{(i)}$ für $i = 1, \ldots, n$.

Gilt umgekehrt $\lim_{k \to \infty} |a_k^{(i)} - a^{(i)}| = 0$ für alle $i = 1, \ldots, n$, dann folgt mit den Rechenregeln für die Grenzwerte konvergenter Folgen (vgl. Satz 11.39)

$$\lim_{k \to \infty} \|\mathbf{a}_k - \mathbf{a}\| = \lim_{k \to \infty} \sqrt{\sum_{i=1}^n \left(a_k^{(i)} - a^{(i)}\right)^2} = 0,$$

also die Konvergenz der Folge $(\mathbf{a}_k)_{k \in \mathbb{N}_0}$ gegen den Grenzwert $\mathbf{a}$. ∎

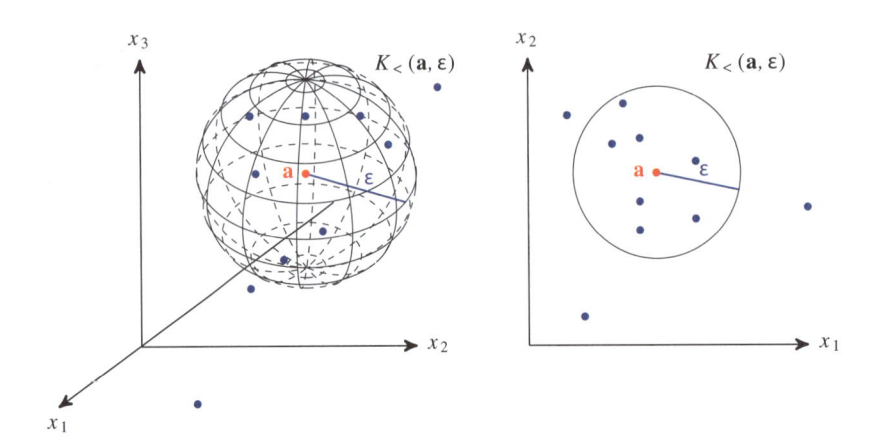

Abb. 21.2: Konvergente Folge $(\mathbf{a}_k)_{k \in \mathbb{N}_0}$ mit nur endlich vielen Folgengliedern außerhalb der offenen dreidimensionalen Kugel $K_<(\mathbf{a}, \varepsilon)$ im $\mathbb{R}^3$ (links) und der offenen Kreisscheibe $K_<(\mathbf{a}, \varepsilon)$ $\mathbb{R}^2$ (rechts)

Die Abbildungen 21.3 und 21.4 zeigen eine divergente bzw. konvergente Folge $(\mathbf{a}_k)_{k \in \mathbb{N}_0}$ im dreidimensionalen euklidischen Raum $\mathbb{R}^3$.

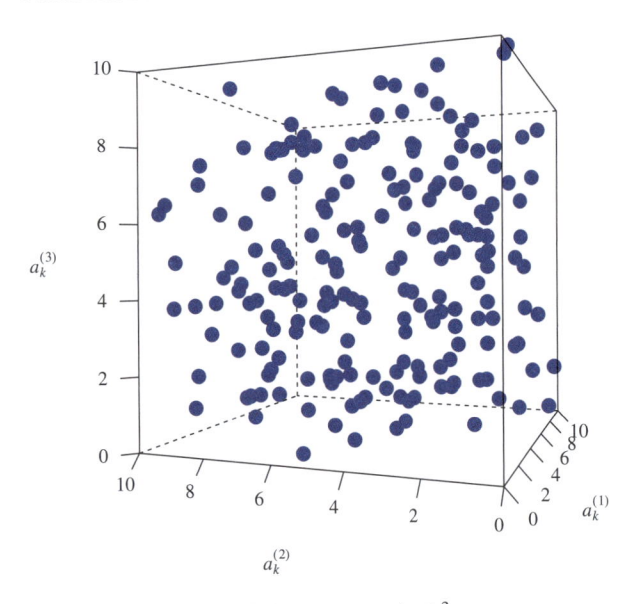

Abb. 21.3: Divergente Folge $(\mathbf{a}_k)_{k \in \mathbb{N}_0}$ im $\mathbb{R}^3$

Der Satz 21.3 besagt, dass die Konvergenz einer Folge $(\mathbf{a}_k)_{k \in \mathbb{N}_0}$ im $\mathbb{R}^n$ auf den Konvergenzbegriff für Folgen reeller Zahlen zurückgeführt werden kann. Das heißt insbesondere, dass sich alle Sätze über die Konvergenz von Folgen reeller Zahlen fast von selbst auf Folgen im $\mathbb{R}^n$ übertragen. Zum Beispiel gilt die Eindeutigkeit von Grenzwerten auch für Folgen von Vektoren:

Folgerung 21.4 (Eindeutigkeit des Grenzwertes einer Folge im $\mathbb{R}^n$)

Der Grenzwert einer konvergenten Folge $(\mathbf{a}_k)_{k \in \mathbb{N}_0}$ im $\mathbb{R}^n$ ist eindeutig.

Beweis: Es sei angenommen, dass $\lim_{k \to \infty} \mathbf{a}_k = \mathbf{a}$ und $\lim_{k \to \infty} \mathbf{a}_k = \mathbf{b}$ gilt. Aus Satz 21.3 und Satz 11.15 folgt dann, dass jede der n Koordinaten von $\mathbf{a}$ mit der entsprechenden Koordinate von $\mathbf{b}$ übereinstimmt. ∎

Als weitere unmittelbare Folgerung erhält man für die Grenzwerte konvergenter Folgen die folgenden Rechenregeln:

Folgerung 21.5 (Rechenregeln für Grenzwerte konvergenter Folgen im $\mathbb{R}^n$)

Die Folgen $(\mathbf{a}_k)_{k \in \mathbb{N}_0}$ und $(\mathbf{b}_k)_{k \in \mathbb{N}_0}$ im $\mathbb{R}^n$ seien konvergent mit dem Grenzwert

$$\lim_{k \to \infty} \mathbf{a}_k = \mathbf{a} \quad bzw. \quad \lim_{k \to \infty} \mathbf{b}_k = \mathbf{b}.$$

Dann sind auch die Folgen $(\mathbf{a}_k + \mathbf{b}_k)_{k \in \mathbb{N}_0}$, $(\mathbf{a}_k - \mathbf{b}_k)_{k \in \mathbb{N}_0}$, $(c\,\mathbf{a}_k)_{k \in \mathbb{N}_0}$ mit $c \in \mathbb{R}$ und $(\langle \mathbf{a}_k, \mathbf{b}_k \rangle)_{k \in \mathbb{N}_0}$ konvergent und besitzen die folgenden Grenzwerte:

a) $\lim_{k \to \infty} (\mathbf{a}_k + \mathbf{b}_k) = \lim_{k \to \infty} \mathbf{a}_k + \lim_{k \to \infty} \mathbf{b}_k = \mathbf{a} + \mathbf{b}$

b) $\lim_{k \to \infty} (\mathbf{a}_k - \mathbf{b}_k) = \lim_{k \to \infty} \mathbf{a}_k - \lim_{k \to \infty} \mathbf{b}_k = \mathbf{a} - \mathbf{b}$

c) $\lim_{k \to \infty} c\,\mathbf{a}_k = c \lim_{k \to \infty} \mathbf{a}_k = c\,\mathbf{a}$

d) $\lim_{k \to \infty} \langle \mathbf{a}_k, \mathbf{b}_k \rangle = \left\langle \lim_{k \to \infty} \mathbf{a}_k, \lim_{k \to \infty} \mathbf{b}_k \right\rangle = \langle \mathbf{a}, \mathbf{b} \rangle = \sum_{i=1}^{n} a_i b_i$

Beweis: Folgt unmittelbar aus Satz 21.3 und Satz 11.39a), b), c) und d). ∎

Das folgende Beispiel zeigt, wie eine Folge von Vektoren koordinatenweise auf Konvergenz untersucht werden kann:

Beispiel 21.6 (Konvergenz von Folgen im $\mathbb{R}^n$)

a) Für die Folge $(\mathbf{a}_k)_{k \in \mathbb{N}}$ von dreidimensionalen Vektoren
$$\mathbf{a}_k := \begin{pmatrix} 2 + \frac{8}{2^k} \\ 7 - \frac{6}{k} \\ 1 + \frac{8}{k} \end{pmatrix} \in \mathbb{R}^3$$
für alle $k \in \mathbb{N}$ gilt
$$\lim_{k \to \infty} \left(2 + \frac{8}{2^k}\right) = 2, \quad \lim_{k \to \infty} \left(7 - \frac{6}{k}\right) = 7 \quad \text{und}$$
$$\lim_{k \to \infty} \left(1 + \frac{8}{k}\right) = 1.$$

Das heißt, die Folge $(\mathbf{a}_k)_{k \in \mathbb{N}}$ ist konvergent und besitzt den Grenzwert
$$\lim_{k \to \infty} \mathbf{a}_k = \begin{pmatrix} 2 \\ 7 \\ 1 \end{pmatrix}$$
(vgl. Abbildung 21.4).

b) Die Folge $(\mathbf{a}_k)_{k \in \mathbb{N}}$ von dreidimensionalen Vektoren
$$\mathbf{a}_k := \begin{pmatrix} \frac{k}{10} \\ 7 - \frac{6}{k} \\ 1 + \frac{8}{k} \end{pmatrix} \in \mathbb{R}^3$$
für alle $k \in \mathbb{N}$ ist dagegen nicht konvergent, also divergent. Denn die erste Koordinatenfolge $\left(a_k^{(1)}\right)_{k \in \mathbb{N}}$ mit $a_k^{(1)} = \frac{k}{10}$ für alle $k \in \mathbb{N}$ ist offensichtlich divergent für $k \to \infty$.

Cauchy-Folgen

Ist $(\mathbf{a}_k)_{k \in \mathbb{N}_0}$ eine konvergente Folge mit dem Grenzwert $\mathbf{a}$, dann gibt es für jedes $\varepsilon > 0$ ein $k_0 \in \mathbb{N}_0$, so dass
$$\|\mathbf{a}_k - \mathbf{a}\| < \frac{\varepsilon}{2}$$
für alle $k \geq k_0$ gilt. Für zwei Folgenglieder $\mathbf{a}_k$ und $\mathbf{a}_l$ mit $k, l \geq k_0$ erhält man somit mit der Dreiecksungleichung (vgl. Satz 7.11d)) die Abschätzung

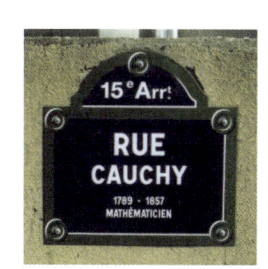

Nach A. L. Cauchy benannte Straße in Paris

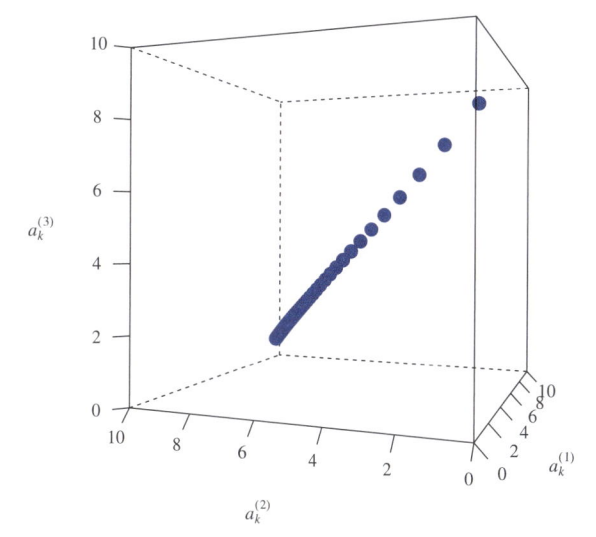

Abb. 21.4: Konvergente Folge $(\mathbf{a}_k)_{k \in \mathbb{N}_0}$ im $\mathbb{R}^3$ mit Grenzwert $(2, 7, 1)^T$

$$\|\mathbf{a}_k - \mathbf{a}_l\| \leq \|\mathbf{a}_k - \mathbf{a}\| + \|\mathbf{a} - \mathbf{a}_l\| < \frac{\varepsilon}{2} + \frac{\varepsilon}{2} = \varepsilon. \quad (21.5)$$

Das heißt, zwei Folgenglieder $\mathbf{a}_k$ und $\mathbf{a}_l$ liegen beliebig dicht beieinander, wenn die Indizes k und l nur hinreichend groß sind. Folgen von Vektoren mit dieser Verdichtungseigenschaft werden analog zu Folgen reeller Zahlen nach dem französischen Mathematiker *Augustin Louis Cauchy* (1789–1857) als **Cauchy-Folgen** bezeichnet.

Definition 21.7 (Cauchy-Folge im $\mathbb{R}^n$)

Eine Folge $(\mathbf{a}_k)_{k \in \mathbb{N}_0}$ heißt Cauchy-Folge, wenn für jedes $\varepsilon > 0$ ein $k_0 \in \mathbb{N}_0$ existiert, so dass $\|\mathbf{a}_k - \mathbf{a}_l\| < \varepsilon$ für alle $k, l \geq k_0$ gilt.

Natürlich gilt auch wieder das **Konvergenzkriterium von Cauchy**:

Folgerung 21.8 (Konvergenzkriterium von Cauchy im $\mathbb{R}^n$)

Eine Folge $(\mathbf{a}_k)_{k \in \mathbb{N}_0}$ konvergiert genau dann, wenn sie eine Cauchy-Folge ist.

Beweis: Durch (21.5) ist gezeigt, dass jede konvergente Folge $(\mathbf{a}_k)_{k \in \mathbb{N}_0}$ im $\mathbb{R}^n$ auch eine Cauchy-Folge ist.

Ist umgekehrt $(\mathbf{a}_k)_{k \in \mathbb{N}_0}$ eine Cauchy-Folge, dann folgt wegen $|a_k^{(i)} - a_l^{(i)}| \leq \|\mathbf{a}_k - \mathbf{a}_l\|$ für alle $i = 1, \ldots, n$ (vgl. (21.4)), dass auch die n Koordinatenfolgen $\left(a_k^{(i)}\right)_{k\in\mathbb{N}_0}$ von $(\mathbf{a}_k)_{k\in\mathbb{N}_0}$ Cauchy-Folgen sind. Gemäß Satz 11.37 konvergieren diese jeweils gegen einen Grenzwert $a^{(i)}$ für $i = 1, \ldots, n$. Zusammen mit Satz 21.3 folgt daraus, dass die Folge von Vektoren $(\mathbf{a}_k)_{k\in\mathbb{N}_0}$ gegen den Vektor $\mathbf{a} := (a^{(1)}, \ldots, a^{(n)})^T$ konvergiert. ∎

Beschränkte Folgen

Die **Beschränktheit** einer Folge im euklidischen Raum $\mathbb{R}^n$ ist wie folgt definiert:

> **Definition 21.9** (Beschränkte Folge im $\mathbb{R}^n$)
>
> *Eine Folge $(\mathbf{a}_k)_{k\in\mathbb{N}_0}$ heißt beschränkt, falls eine Schranke $c \in \mathbb{R}$ existiert mit $\|\mathbf{a}_k\| \leq c$ für alle $k \in \mathbb{N}_0$. Eine nicht beschränkte Folge wird als unbeschränkt bezeichnet.*

Für $n = 2$ und $n = 3$ bedeutet Beschränktheit einer Folge $(\mathbf{a}_k)_{k\in\mathbb{N}_0}$ somit, dass alle Folgenglieder innerhalb einer abgeschlossenen Kreisscheibe $K_\leq(\mathbf{0}, r)$ bzw. einer abgeschlossenen dreidimensionalen Kugel $K_\leq(\mathbf{0}, r)$ um den Ursprung $\mathbf{0}$ mit einem hinreichend großen Radius $r > 0$ liegen. Es ist leicht einzusehen, dass neben der Konvergenz auch die Beschränktheit einer Folge koordinatenweise überprüft werden kann.

Analog zu Folgen in $\mathbb{R}$ gilt für Folgen im $\mathbb{R}^n$, dass jede konvergente Folge beschränkt ist. Das heißt, für die Konvergenz von Folgen $(\mathbf{a}_k)_{k\in\mathbb{N}_0}$ gilt die folgende notwendige Bedingung.

> **Folgerung 21.10** (Notwendige Bedingung für Konvergenz im $\mathbb{R}^n$)
>
> *Eine konvergente Folge $(\mathbf{a}_k)_{k\in\mathbb{N}_0}$ ist beschränkt.*

Beweis: Der Beweis verläuft völlig analog zum Beweis von Satz 11.18. Es muss lediglich der Betrag durch die euklidische Norm ersetzt werden. ∎

Auch der nach dem böhmischen Mathematiker *Bernard Bolzano* (1781–1848) und dem deutschen Mathematiker *Karl Weierstraß* (1815–1897) benannte **Satz von Bolzano-Weierstraß** kann problemlos auf Folgen im $\mathbb{R}^n$ verallgemeinert werden:

Geburtshaus von K. Weierstraß in Ostenfelde

> **Satz 21.11** (Satz von Bolzano-Weierstraß im $\mathbb{R}^n$)
>
> *Jede beschränkte Folge $(\mathbf{a}_k)_{k\in\mathbb{N}_0}$ besitzt eine konvergente Teilfolge.*

Beweis: Die n Koordinatenfolgen von $(\mathbf{a}_k)_{k\in\mathbb{N}_0}$ seien beschränkt. Gemäß Satz 11.31 besitzt daher die erste Koordinatenfolge $\left(a_k^{(1)}\right)_{k\in\mathbb{N}_0}$ eine konvergente Teilfolge $\left(a_{k_l}^{(1)}\right)_{l\in\mathbb{N}_0}$. Die Folgenglieder der zweiten Koordinatenfolge $\left(a_k^{(2)}\right)_{k\in\mathbb{N}_0}$ zu den Indizes $k = k_0, k_1, k_2, \ldots$ bilden ebenfalls eine beschränkte Folge, so dass sich erneut eine (der besseren Übersichtlichkeit wegen ebenfalls mit $\left(a_{k_l}^{(2)}\right)_{l\in\mathbb{N}_0}$ bezeichnete) konvergente Teilfolge auswählen lässt. Dieses Vorgehen kann solange wiederholt werden, bis auch aus der letzten Koordinatenfolge $\left(a_k^{(n)}\right)_{k\in\mathbb{N}_0}$ eine konvergente Teilfolge $\left(a_{k_l}^{(n)}\right)_{l\in\mathbb{N}_0}$ ausgewählt wurde. Das heißt, die n Koordinatenfolgen $\left(a_{k_l}^{(i)}\right)_{l\in\mathbb{N}_0}$ für $i = 1, \ldots, n$ konvergieren. Mit Satz 21.3 folgt daher, dass auch die Folge $(\mathbf{a}_{k_l})_{l\in\mathbb{N}_0}$ konvergiert. ∎

Reihen

Analog zur Verallgemeinerung des Folgenbegriffs kann auch der Reihenbegriff problemlos auf den euklidischen Raum $\mathbb{R}^n$ verallgemeinert werden. Dies führt dann für eine **Reihe im $\mathbb{R}^n$** zu der folgenden Definition:

> **Definition 21.12** (Reihe im $\mathbb{R}^n$)
>
> *Für eine Folge $(\mathbf{a}_k)_{k\in\mathbb{N}_0}$ im $\mathbb{R}^n$ heißt für $k \in \mathbb{N}_0$ die Summe*
>
> $$\mathbf{s}_k := \mathbf{a}_0 + \mathbf{a}_1 + \ldots + \mathbf{a}_k = \sum_{l=0}^{k} \mathbf{a}_l = \begin{pmatrix} \sum_{l=0}^{k} a_l^{(1)} \\ \vdots \\ \sum_{l=0}^{k} a_l^{(n)} \end{pmatrix}$$
>
> *k-te Partialsumme der Folge $(\mathbf{a}_k)_{k\in\mathbb{N}_0}$ und die Folge $(\mathbf{s}_k)_{k\in\mathbb{N}_0}$ der Partialsummen von $(\mathbf{a}_k)_{k\in\mathbb{N}_0}$ wird als (unendliche) Reihe im $\mathbb{R}^n$ bezeichnet. Die Vektoren $\mathbf{a}_l$ heißen Reihenglieder und für die Reihe $(\mathbf{s}_k)_{k\in\mathbb{N}_0}$ schreibt man – unabhängig davon, ob $(\mathbf{s}_k)_{k\in\mathbb{N}_0}$ konvergiert oder nicht – symbolisch*
>
> $$\sum_{l=0}^{\infty} \mathbf{a}_l.$$

Mit dieser Definition sind Reihen im $\mathbb{R}^n$ auf Folgen im $\mathbb{R}^n$ zurückgeführt, weshalb auch bereits alles Wesentliche gesagt ist. Für die Begriffe **Konvergenz** und **Divergenz** einer Reihe im $\mathbb{R}^n$ erhält man zum Beispiel die folgende Definition:

> **Definition 21.13** (Konvergenz und Divergenz einer Reihe im $\mathbb{R}^n$)
>
> *Eine Reihe $\sum_{l=0}^{\infty} \mathbf{a}_l$ im $\mathbb{R}^n$ konvergiert genau dann gegen $\mathbf{s} \in \mathbb{R}^n$, wenn die Folge $(\mathbf{s}_k)_{k \in \mathbb{N}_0}$ ihrer Partialsummen $\mathbf{s}_k$ gegen $\mathbf{s}$ konvergiert. Das heißt, wenn $\mathbf{s} = \lim_{k \to \infty} \mathbf{s}_k$ gilt. Man schreibt dann*
> $$\mathbf{s} = \sum_{l=0}^{\infty} \mathbf{a}_l$$
> *und sagt, dass die Reihe den Wert (Grenzwert, Summe, Limes) $\mathbf{s}$ besitzt. Die Reihe heißt divergent, falls die Folge $(\mathbf{s}_k)_{k \in \mathbb{N}_0}$ divergent ist.*

Da es sich bei Reihen im $\mathbb{R}^n$ um spezielle Folgen von Vektoren handelt und die Konvergenz von Folgen im $\mathbb{R}^n$ gemäß Satz 21.3 koordinatenweise untersucht werden kann, lassen sich bei der Untersuchung von Reihen im $\mathbb{R}^n$ auf Konvergenz alle Ergebnisse aus Kapitel 12 für Reihen von reellen Zahlen koordinatenweise anwenden.

21.2 Topologische Grundbegriffe

In diesem Abschnitt werden einige **topologische** (gr. **topos** für Ort) Grundbegriffe eingeführt. Dabei handelt es sich um anschauliche Begriffe und Eigenschaften von Teilmengen des euklidischen Raums $\mathbb{R}^n$ sowie um Lagebeziehungen zwischen Punkten und Mengen des $\mathbb{R}^n$. Hierzu gehören unter anderem Begriffe wie **Umgebung** eines Punktes, **innerer Punkt** und **Randpunkt** einer Menge sowie **offene**, **abgeschlossene** und **kompakte Teilmenge** des $\mathbb{R}^n$.

Umgebungen, innere Punkte und Randpunkte

Neben Kugelumgebungen (21.3) sind für das Folgende auch allgemeine **Umgebungen** eines Punktes $\mathbf{a} \in \mathbb{R}^n$ von Interesse:

> **Definition 21.14** (Umgebung eines Punktes)
>
> *Eine Teilmenge $U \subseteq \mathbb{R}^n$ heißt Umgebung von $\mathbf{a} \in \mathbb{R}^n$, wenn es ein $r > 0$ gibt, so dass $K_{\leq}(\mathbf{a}, r) \subseteq U$ gilt.*

Eine Umgebung U eines Punktes $\mathbf{a} \in \mathbb{R}^n$ besitzt somit die Eigenschaft, dass eine abgeschlossene Kugel $K_{\leq}(\mathbf{a}, r)$ um $\mathbf{a}$ mit hinreichend kleinem Radius $r > 0$ vollständig in U enthalten ist. Zum Beispiel ist die Menge U in der Abbildung 21.5, links eine Umgebung des Punktes $\mathbf{b}$, aber keine Umgebung des Punktes $\mathbf{a}$. Denn für jedes $r > 0$ enthält $K_{\leq}(\mathbf{a}, r)$ auch Punkte, die außerhalb von U liegen.

Offensichtlich ist auch jede abgeschlossene Kugel $K_{\leq}(\mathbf{a}, r)$ mit einem Radius $r > 0$ eine Umgebung von $\mathbf{a} \in \mathbb{R}^n$ und damit auch jede offene Kugel $K_{<}(\mathbf{a}, r)$, denn es gilt $K_{<}(\mathbf{a}, r) \subseteq K_{\leq}(\mathbf{a}, r)$.

Aufbauend auf dem Umgebungsbegriff können nun die beiden Begriffe **innerer** Punkt und **Randpunkt** einer Menge definiert werden:

> **Definition 21.15** (Innerer Punkt und Randpunkt)
>
> *Es sei M eine Teilmenge des $\mathbb{R}^n$. Dann gilt:*
>
> *a) Ein Punkt $\mathbf{a} \in M$ heißt innerer Punkt von M, falls es eine Umgebung U von $\mathbf{a}$ mit $U \subseteq M$ gibt. Die Menge der inneren Punkte von M heißt Inneres von M und wird mit M° bezeichnet.*
>
> *b) Ein Punkt $\mathbf{a} \in \mathbb{R}^n$ heißt Randpunkt von M, falls jede Umgebung U von $\mathbf{a}$ mindestens einen Punkt aus M und mindestens einen Punkt aus $\mathbb{R}^n \setminus M$ enthält, also $U \cap M \neq \emptyset$ und $U \cap (\mathbb{R}^n \setminus M) \neq \emptyset$ gilt. Die Menge aller Randpunkte von M heißt Rand von M und wird mit ∂M bezeichnet.*

Die Definition des Randes formalisiert den Sachverhalt, dass sich ein Randpunkt $\mathbf{a}$ einer Menge M dadurch auszeichnet, dass eine beliebig kleine Umgebung von $\mathbf{a}$ sowohl Punkte aus M als auch Punkte außerhalb von M enthält (vgl. Abbildung 21.5, links). Es ist zu beachten, dass ein innerer Punkt von M gemäß Definition 21.15 zur Menge M gehört, also insgesamt $M^\circ \subseteq M$ gilt. Dies gilt jedoch nicht für Randpunkte. Ein Randpunkt einer Menge M kann zu M gehören, muss es jedoch nicht. Zum Beispiel besitzt das Intervall $[a, b)$ die beiden Randpunkte a und b, wobei jedoch lediglich der Randpunkt a ein Element des Intervalles ist. Weiter ist zu beachten, dass ein Punkt nicht gleichzeitig ein innerer Punkt und ein Randpunkt von M sein kann. Das heißt, es gilt stets $M^\circ \cap \partial M = \emptyset$.

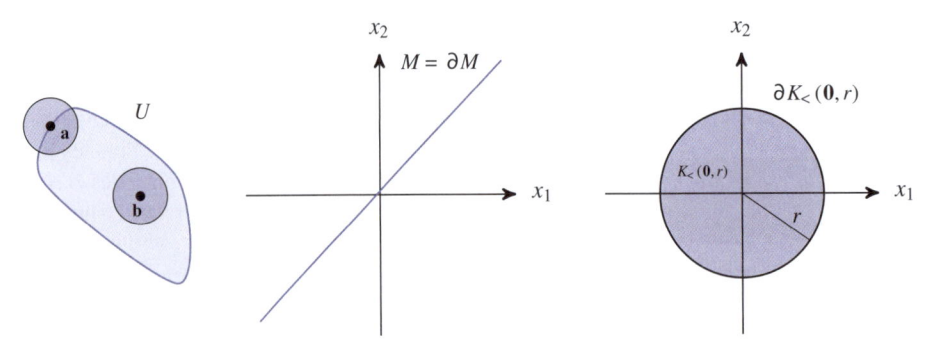

Abb. 21.5: Menge U mit Randpunkt $\mathbf{a}$ und innerem Punkt $\mathbf{b}$ (links), Menge M mit $M = \partial M$ (Mitte) und Menge $K_<(\mathbf{0}, r)$ mit $K_<(\mathbf{0}, r) \cap \partial K_<(\mathbf{0}, r) = \emptyset$ (rechts)

Beispiel 21.16 (Innere Punkte und Randpunkte)

a) Bei den beiden Punkten $\mathbf{a}$ und $\mathbf{b}$ in Abbildung 21.5, links handelt es sich um einen Randpunkt bzw. um einen inneren Punkt der Menge $U \subseteq \mathbb{R}^2$.

b) Die Menge
$$M = \{\mathbf{x} = (x_1, x_2)^T \in \mathbb{R}^2 : x_2 = x_1\}$$
besitzt die Eigenschaft, dass für einen beliebigen Punkt $\mathbf{x} \in M$ jede Umgebung U von $\mathbf{x}$ auch Punkte außerhalb von M enthält. Das heißt, es gilt $U \cap (\mathbb{R}^2 \setminus M) \neq \emptyset$. Folglich besitzt M keine inneren Punkte, sondern besteht ausschließlich aus Randpunkten. Folglich gilt $M° = \emptyset$ und $M = \partial M$ (vgl. Abbildung 21.5, Mitte).

c) Die offene Kugel
$$K_<(\mathbf{a}, r) = \{\mathbf{x} \in \mathbb{R}^n : \|\mathbf{x} - \mathbf{a}\| < r\}$$
um $\mathbf{a}$ mit dem Radius $r > 0$ besteht nur aus inneren Punkten und enthält keine Randpunkte. Es gilt somit $K_<(\mathbf{a}, r) = K_<°(\mathbf{a}, r)$. Denn ist $\mathbf{b} \in K_<(\mathbf{a}, r)$ beliebig gewählt und $\delta := r - \|\mathbf{b} - \mathbf{a}\| > 0$, dann gilt $K_<(\mathbf{b}, \delta/2) \subseteq K_<(\mathbf{a}, r)$. Zum Nachweis sei $\mathbf{x} \in K_<(\mathbf{b}, \delta/2)$ beliebig gewählt. Wegen $\|\mathbf{x} - \mathbf{b}\| < \frac{\delta}{2}$ erhält man dann mit der Dreiecksungleichung (vgl. Definition 7.11d)) die Abschätzung
$$\|\mathbf{x} - \mathbf{a}\| = \|\mathbf{x} - \mathbf{b} + \mathbf{b} - \mathbf{a}\|$$
$$\leq \|\mathbf{x} - \mathbf{b}\| + \|\mathbf{b} - \mathbf{a}\| \leq \frac{\delta}{2} + r - \delta < r.$$
Folglich gilt $\mathbf{x} \in K_<(\mathbf{a}, r)$, also auch $K_<(\mathbf{b}, \delta/2) \subseteq K_<(\mathbf{a}, r)$. Analog zeigt man, dass $\partial K_<(\mathbf{a}, r) = \{\mathbf{x} \in \mathbb{R}^n : \|\mathbf{x} - \mathbf{a}\| = r\}$ gilt. Die Randpunkte von $K_<(\mathbf{a}, r)$ gehören nicht zur Menge $K_<(\mathbf{a}, r)$. Das heißt, es gilt $K_<(\mathbf{a}, r) \cap \partial K_<(\mathbf{a}, r) = \emptyset$ (für den Fall $n = 2$ und $\mathbf{a} = \mathbf{0}$, vgl. Abbildung 21.5, rechts).

Offene und abgeschlossene Mengen

In der Analysis unterscheidet man zwischen **offenen** und **abgeschlossenen** Mengen:

Definition 21.17 (Offene und abgeschlossene Menge)

Es sei M eine Teilmenge des $\mathbb{R}^n$. Dann gilt:

a) M heißt offen, wenn sie nur innere Punkte enthält, also $M = M°$ erfüllt ist.

b) M heißt abgeschlossen, wenn sie ihren Rand enthält, also $\partial M \subseteq M$ erfüllt ist.

c) Die Vereinigung $M \cup \partial M$ der Menge M mit ihrem Rand ∂M heißt abgeschlossene Hülle von M und wird mit $\overline{M}$ bezeichnet.

Bei offenen und abgeschlossenen Mengen handelt es sich um eine Verallgemeinerung offener bzw. abgeschlossener Intervalle. Für jede Menge $M \subseteq \mathbb{R}^n$ gilt

$$M° \subseteq M \subseteq \overline{M} \quad \text{und} \quad \overline{M} = M \cup \partial M = M° \cup \partial M.$$

Weiter folgt aus Definition 21.17, dass das Innere $M°$, der Rand ∂M und das Äußere $(\mathbb{R}^n \setminus M)°$ einer Menge M paarweise disjunkt sind und zusammen den ganzen euklidischen Raum $\mathbb{R}^n$ ausfüllen, also

$$\mathbb{R}^n = M° \cup \partial M \cup (\mathbb{R}^n \setminus M)° \tag{21.6}$$

gilt. Da die beiden Mengen

$$\mathbb{R}^n \quad \text{und} \quad \emptyset \tag{21.7}$$

die einzigen Teilmengen des $\mathbb{R}^n$ sind, die keine Randpunkte besitzen, sind sie auch die einzigen Teilmengen des $\mathbb{R}^n$, die sowohl offen als auch abgeschlossen sind. Alle anderen Teilmengen $M \subseteq \mathbb{R}^n$ besitzen Randpunkte und sind somit entweder abgeschlossen (alle Randpunkte gehören zu M), offen (kein Randpunkt gehört zu M) oder keines von beidem (manche Randpunkte gehören zu M und manche nicht).

Der folgende Satz liefert eine Charakterisierung für abgeschlossene Mengen:

> **Satz 21.18** (Charakterisierung abgeschlossener Mengen)
>
> *Es sei M eine Teilmenge des $\mathbb{R}^n$. Dann gilt:*
>
> a) *M ist genau dann abgeschlossen, wenn ihr Komplement $\mathbb{R}^n \setminus M$ offen ist.*
>
> b) *M ist genau dann abgeschlossen, wenn der Grenzwert jeder konvergenten Folge $(\mathbf{a}_k)_{k \in \mathbb{N}_0}$ mit $\mathbf{a}_k \in M$ für alle $k \in \mathbb{N}_0$ ebenfalls zu M gehört.*

Beweis: Zu a): Es sei $\mathbb{R}^n \setminus M$ offen und $\mathbf{x} \in \partial M$ beliebig gewählt. Angenommen, es gelte $\mathbf{x} \in \mathbb{R}^n \setminus M$, dann gibt es eine Umgebung U von $\mathbf{x}$ mit $U \subseteq \mathbb{R}^n \setminus M$. Dies ist jedoch ein Widerspruch zur Annahme $\mathbf{x} \in \partial M$. Folglich gilt $\mathbf{x} \in M$ und, da $\mathbf{x} \in \partial M$ beliebig gewählt war, gilt auch $\partial M \subseteq M$. Das heißt, dass M abgeschlossen ist. Die andere Implikation ergibt sich analog.

Zu b): Ist M abgeschlossen, dann ist nach Aussage a) die Komplementärmenge $\mathbb{R}^n \setminus M$ offen. Es gibt somit zu jedem Punkt $\mathbf{x} \in \mathbb{R}^n \setminus M$ eine Umgebung U mit $U \subseteq \mathbb{R}^n \setminus M$. Mit anderen Worten: Kein Punkt aus $\mathbb{R}^n \setminus M$ kann Grenzwert einer Folge $(\mathbf{a}_k)_{k \in \mathbb{N}_0}$ mit Folgengliedern ausschließlich in M sein. Das heißt, jede konvergente Folge mit Folgengliedern aus M hat ihren Grenzwert in M. ∎

Das folgende Beispiel zeigt eine Anwendung dieser Resultate:

> **Beispiel 21.19** (Offene und abgeschlossene Mengen)
>
> a) Für die Menge $M = \{\mathbf{x} = (x_1, x_2)^T \in \mathbb{R}^2 : x_2 = x_1\}$ gilt $M = \partial M$ (vgl. Beispiel 21.16b)). Folglich ist M abgeschlossen und damit das Komplement $\mathbb{R}^2 \setminus M = \{\mathbf{x} = (x_1, x_2)^T \in \mathbb{R}^2 : x_2 \neq x_1\}$ offen.
>
> b) Für die offene Kugel $K_<(\mathbf{a}, r) = \{\mathbf{x} \in \mathbb{R}^n : \|\mathbf{x} - \mathbf{a}\| < r\}$ gilt $K_<(\mathbf{a}, r) = K_<^\circ(\mathbf{a}, r)$ (vgl. Beispiel 21.16c)). Das heißt, dass die offene Kugel $K_<(\mathbf{a}, r)$ – wie es die Bezeichnung nahelegt – offen und damit ihr Komplement, d.h. die Menge $\mathbb{R}^n \setminus K_<(\mathbf{a}, r) = \{\mathbf{x} \in \mathbb{R}^n : \|\mathbf{x} - \mathbf{a}\| \geq r\}$, abgeschlossen ist. Für die abgeschlossene Kugel $K_\leq(\mathbf{a}, r) = \{\mathbf{x} \in \mathbb{R}^n : \|\mathbf{x} - \mathbf{a}\| \leq r\}$ gilt $\partial K_\leq(\mathbf{a}, r) \subseteq K_\leq(\mathbf{a}, r)$. Sie ist also abgeschlossen.
>
> c) Die Menge $M = \{\mathbf{a}\}$ ist für einen beliebigen Punkt $\mathbf{a} \in \mathbb{R}^n$ abgeschlossen, da das einzige Element $\mathbf{a}$ ein Randpunkt ist und somit $M = \partial M$ gilt. Folglich ist M abgeschlossen und damit $\mathbb{R}^n \setminus M$ offen.
>
> d) Für $\mathbf{a}, \mathbf{b} \in \mathbb{R}^n$ mit $\mathbf{a} < \mathbf{b}$, d.h. $a_i < b_i$ für $i = 1, \ldots, n$, ist das offene Intervall $(\mathbf{a}, \mathbf{b})$ eine offene und das abgeschlossene Intervall $[\mathbf{a}, \mathbf{b}]$ eine abgeschlossene Teilmenge des $\mathbb{R}^n$. Dagegen sind rechtsseitig und linksseitig offene Intervalle $[\mathbf{a}, \mathbf{b})$ bzw. $(\mathbf{a}, \mathbf{b}]$ für $\mathbf{a} < \mathbf{b}$ weder offen noch abgeschlossen (für die Definition der Intervalle $(\mathbf{a}, \mathbf{b})$, $[\mathbf{a}, \mathbf{b}]$, $[\mathbf{a}, \mathbf{b})$ und $(\mathbf{a}, \mathbf{b}]$ siehe (7.5)–(7.8)).

Der folgende Satz besagt, dass die Eigenschaften Offenheit und Abgeschlossenheit bei der Bildung von Durchschnitten und Vereinigungen offener bzw. abgeschlossener Mengen erhalten bleiben:

> **Satz 21.20** (Eigenschaften offener und abgeschlossener Mengen)
>
> *Es gilt:*
>
> a) *Der Durchschnitt endlich vieler offener Mengen und die Vereinigung beliebig vieler offener Mengen ist wieder offen.*
>
> b) *Der Durchschnitt beliebig vieler abgeschlossener Mengen und die Vereinigung endlich vieler abgeschlossener Mengen ist wieder abgeschlossen.*

Beweis: Zu a): Es seien M_1, M_2 zwei offene Mengen und $\mathbf{x} \in M_1 \cap M_2$ beliebig gewählt. Gemäß der Definition der Offenheit gibt es $\varepsilon_1, \varepsilon_2 > 0$ mit $K_<(\mathbf{x}, \varepsilon_1) \subseteq M_1$ und $K_<(\mathbf{x}, \varepsilon_2) \subseteq M_2$. Es sei nun $\varepsilon := \min\{\varepsilon_1, \varepsilon_2\}$. Dann gilt $K_<(\mathbf{x}, \varepsilon) \subseteq M_i$ für $i = 1, 2$. Folglich liegt jeder Punkt $\mathbf{y} \in K_<(\mathbf{x}, \varepsilon)$ sowohl in M_1 als auch in M_2. Damit folgt $K_<(\mathbf{x}, \varepsilon) \subseteq M_1 \cap M_2$, was zu zeigen war. Durch Induktion erhält man, dass auch der Schnitt von n offenen Mengen $M_1, \ldots, M_n$ wieder offen ist.

Es sei nun $M := \bigcup_{i \in I} M_i$ für eine beliebige Indexmenge I und offene Mengen M_i für $i \in I$. Für $\mathbf{x} \in M$ gibt es dann einen Index $i \in I$ mit $\mathbf{x} \in M_i$. Da M_i offen ist, gibt es eine offene Kugel $K_<(\mathbf{x}, \varepsilon_i) \subseteq M_i \subseteq M$. Folglich ist auch die Menge M offen.

Zu b): Folgt aus Aussage a) zusammen mit den Regeln von De Morgan (vgl. (2.7)). ∎

Bei der Anwendung des obigen Satzes ist zu beachten, dass der Durchschnitt von unendlich vielen offenen Mengen und die Vereinigung von unendlich vielen abgeschlossenen Mengen im Allgemeinen nicht wieder offen bzw. abgeschlossen ist. Für die offenen Kugeln $K_<(\mathbf{a}, 1/k)$ um $\mathbf{a}$ mit den Radien $\frac{1}{k}$ erhält man zum Beispiel die abgeschlossene Menge

$$\bigcap_{k=1}^{\infty} K_<(\mathbf{a}, 1/k) = \{\mathbf{a}\}$$

(vgl. Beispiel 21.19c)).

Die nächste Folgerung fasst einige intuitive topologische Eigenschaften des Inneren, des Randes und des Abschlusses einer Menge M zusammen:

Folgerung 21.21 (Topologische Eigenschaften von M°, ∂M und $\overline{M}$)

Das Innere M° einer Menge $M \subseteq \mathbb{R}^n$ ist offen und der Rand ∂M sowie die abgeschlossene Hülle $\overline{M}$ einer Menge M sind abgeschlossen.

Beweis: Zu M°: Für ein beliebiges $\mathbf{x} \in M^\circ$ existiert gemäß der Definition des Inneren einer Menge ein $\varepsilon > 0$ mit $K_<(\mathbf{x}, \varepsilon) \subseteq M$. Ferner gibt es zu jedem $\mathbf{y} \in K_<(\mathbf{x}, \varepsilon) \subseteq M$ ein $\varepsilon' > 0$ mit $K_<(\mathbf{y}, \varepsilon') \subseteq K_<(\mathbf{x}, \varepsilon) \subseteq M$ (vgl. Beispiel 21.16c)). Also gilt $K_<(\mathbf{x}, \varepsilon) \subseteq M^\circ$ und M° ist damit offen.

Zu ∂M und $\overline{M}$: Die erste Aussage dieser Folgerung besagt, dass das Innere M° einer beliebigen Menge $M \subseteq \mathbb{R}^n$ offen ist. Folglich ist $(\mathbb{R}^n \setminus M)^\circ$ offen. Nach Satz 21.20a) ist damit auch die Vereinigung $M^\circ \cup (\mathbb{R}^n \setminus M)^\circ$ offen. Mit Satz 21.18a) erhält man somit, dass der Rand ∂M als Komplement der offenen Menge $M^\circ \cup (\mathbb{R}^n \setminus M)^\circ$ (vgl. (21.6)) abgeschlossen ist. Analog erhält man, dass die abgeschlossene Hülle $\overline{M}$ als Komplement der offenen Menge $(\mathbb{R}^n \setminus M)^\circ$ abgeschlossen ist. ∎

Beschränkte und kompakte Mengen

Analog zur Beschränktheit einer Folge von Vektoren (vgl. Definition 21.9) wird eine Menge $M \subseteq \mathbb{R}^n$ als **beschränkt** bezeichnet, wenn eine Konstante $c > 0$ mit der Eigenschaft

$$\|\mathbf{x}\| \leq c$$

für alle $\mathbf{x} \in M$ existiert. Eine beschränkte Teilmenge M des $\mathbb{R}^n$ ist somit in einer hinreichend großen Kugelumgebung um den Ursprung $\mathbf{0}$ enthalten. Eine nicht beschränkte Menge heißt **unbeschränkt**. Ist eine beschränkte Menge M zusätzlich abgeschlossen, dann wird sie als **kompakt** bezeichnet.

Definition 21.22 (Kompakte Menge)

Eine Teilmenge M des $\mathbb{R}^n$ heißt kompakt, wenn sie beschränkt und abgeschlossen ist.

Kompakte Mengen sind Verallgemeinerungen von endlichen abgeschlossenen Intervallen $[a, b]$. Kompakte Mengen besitzen für eine Reihe von theoretischen Überlegungen in den Wirtschaftswissenschaften im Zusammenhang mit stetigen Funktionen eine große Bedeutung (siehe Abschnitte 15.7 bis 15.10 und Abschnitt 21.7). Einer der Gründe hierfür ist, dass eine kompakte Menge M die schöne Eigenschaft besitzt, dass jede Folge aus M eine konvergente Teilfolge besitzt, deren Grenzwert ebenfalls in M liegt:

Satz 21.23 (Charakterisierung kompakter Mengen)

Eine Teilmenge M des $\mathbb{R}^n$ ist genau dann kompakt, wenn jede Folge $(\mathbf{a}_k)_{k \in \mathbb{N}_0}$ mit $\mathbf{a}_k \in M$ für alle $k \in \mathbb{N}_0$ eine Teilfolge besitzt, die gegen einen Grenzwert in M konvergiert.

Beweis: Die Menge M sei kompakt, also beschränkt und abgeschlossen, und $(\mathbf{a}_k)_{k \in \mathbb{N}_0}$ eine Folge mit $\mathbf{a}_k \in M$ für alle $k \in \mathbb{N}_0$. Die Folge $(\mathbf{a}_k)_{k \in \mathbb{N}_0}$ ist daher ebenfalls beschränkt und mit dem Satz von Bolzano-Weierstraß (vgl. Satz 21.11) erhält man somit, dass sie eine konvergente Teilfolge besitzt. Mit Satz 21.18b') folgt, dass der Grenzwert dieser Teilfolge in M liegt.

Es gelte nun umgekehrt, dass jede Folge in M eine konvergente Teilfolge mit einem Grenzwert in M besitzt. Die Menge M ist dann beschränkt, denn sonst würde eine Folge $(\mathbf{a}_k)_{k \in \mathbb{N}_0}$ mit $\|\mathbf{a}_k\| \to \infty$ für $k \to \infty$ existieren, und eine solche Folge besitzt im Widerspruch zur Annahme keine konvergente Teilfolge. Die Abgeschlossenheit von M folgt unmittelbar aus Satz 21.18b). ∎

Im folgenden Beispiel sind einige kompakte und nicht kompakte Mengen aufgeführt:

Beispiel 21.24 (Kompakte und nicht kompakte Mengen)

a) Die leere Menge $\emptyset$ ist beschränkt und abgeschlossen (vgl. (21.7)), also auch kompakt. Der euklidische Raum $\mathbb{R}^n$ ist dagegen nicht kompakt, da er nicht beschränkt ist.

b) Die Menge $\{\mathbf{a}\}$ ist für einen beliebigen Punkt $\mathbf{a} \in \mathbb{R}^n$ beschränkt und abgeschlossen (vgl. Beispiel 21.19c)), also auch kompakt.

c) Das rechtsseitig offene Intervall $[0, 1)$ in $\mathbb{R}$ ist zwar beschränkt, aber nicht abgeschlossen, also auch nicht kompakt. Zum Beispiel liegen alle Folgeglieder von $\left(1 - \frac{1}{k}\right)_{k \in \mathbb{N}}$ im Intervall $[0, 1)$. Die Folge und damit auch jede Teilfolge konvergiert aber gegen 1. Das heißt, ihr Grenzwert liegt nicht im Intervall $[0, 1)$.

d) Die abgeschlossene Kugel $K_{\leq}(\mathbf{a}, r)$ ist beschränkt und abgeschlossen, also auch kompakt. Die offene Kugel $K_{<}(\mathbf{a}, r)$ ist dagegen nicht kompakt, da sie nicht abgeschlossen ist (vgl. Beispiel 21.19b)).

e) Das abgeschlossene Intervall $[\mathbf{a}, \mathbf{b}]$ im $\mathbb{R}^n$ mit $\mathbf{a} \leq \mathbf{b}$ ist beschränkt und abgeschlossen, also auch kompakt. Die Intervalle $]\mathbf{a}, \mathbf{b}]$, $[\mathbf{a}, \mathbf{b}[$ und $]\mathbf{a}, \mathbf{b}[$ sind dagegen für $\mathbf{a} < \mathbf{b}$ nicht abgeschlossen und folglich auch nicht kompakt (vgl. Beispiel 21.19d)).

21.3 Reellwertige Funktionen in n Variablen

In Kapitel 13 wurden reellwertige Funktionen in einer Variablen (sogenannte reelle Funktionen)

$$f: D \subseteq \mathbb{R} \longrightarrow \mathbb{R}, \ x \mapsto f(x)$$

als Abbildungen eingeführt, die jedem x aus einer Teilmenge D der Menge $\mathbb{R}$ der reellen Zahlen genau eine reelle Zahl $y = f(x)$ zuordnen. Reelle Funktionen sind damit zur Beschreibung wirtschaftswissenschaftlicher Zusammenhänge zwischen einer unabhängigen reellen Variablen x und einer abhängigen reellen Variablen y geeignet. In der Regel hängen jedoch ökonomische Größen nicht nur von einer, sondern von mehreren Einflussfaktoren ab. Zum Beispiel ist

a) der Output bei einem Produktionsprozess vom Einsatz mehrerer Produktionsfaktoren, wie z. B. Rohstoffmengen, Kapital, Maschinenstunden, Anzahl von Arbeitskräften usw., abhängig (vgl. Beispiel 21.35) und

b) der Wert einer Aktienoption wird vom aktuellen Preis der Aktie, dem Ausübungspreis, dem Ausübungszeitpunkt, der Volatilität des Aktienkurses und dem risikofreien Zinssatz am Finanzmarkt beeinflusst (vgl. Beispiel 21.52).

Das heißt, viele wirtschaftswissenschaftliche Problemstellungen führen zu einer funktionalen Beziehung zwischen einer abhängigen Variablen $y \in \mathbb{R}$ und mehreren unabhängigen Variablen $x_1, \ldots, x_n \in \mathbb{R}$. Mit anderen Worten: Die wirtschaftswissenschaftliche Praxis ist in der Regel nicht eindimensional, sondern mehrdimensional. Dieses Kapitel und die Kapitel 22–25 sind daher der Erweiterung der Differential- und Integralrechnung sowie der Optimierungstheorie von reellwertigen Funktionen in einer reellen Variablen auf **reellwertige Funktionen in mehreren reellen Variablen** gewidmet. Bei einer reellwertigen Funktion in n reellen Variablen handelt es sich um eine Abbildung, die jedem n-dimensionalen Vektor $\mathbf{x}$ aus einer Teilmenge D des euklidischen Vektorraumes $\mathbb{R}^n$ genau eine reelle Zahl $y = f(\mathbf{x})$ zuordnet.

Definition 21.25 (Reellwertige Funktion in n reellen Variablen)

Eine Funktion $f : D \subseteq \mathbb{R}^n \longrightarrow \mathbb{R}$, $\mathbf{x} \mapsto f(\mathbf{x})$ wird als reellwertige Funktion in n reellen Variablen bezeichnet.

Für den Funktionswert einer reellwertigen Funktion in n reellen Variablen an der Stelle $\mathbf{x} = (x_1, \ldots, x_n)^T \in D$ schreibt man anstelle von $f(\mathbf{x})$ häufig auch $f(x_1, \ldots, x_n)$. Im wichtigen Spezialfall einer reellwertigen Funktion $f : D \subseteq \mathbb{R}^2 \to \mathbb{R}$ in zwei Variablen werden die beiden Variablen in der Regel nicht mit x_1 und x_2, sondern mit x und y bezeichnet. Analog werden im Fall einer reellwertigen Funktion $f : D \subseteq \mathbb{R}^3 \to \mathbb{R}$ für die drei Variablen x_1, x_2 und x_3 die Bezeichnungen x, y und z verwendet.

Graphische Darstellung

Für viele Fragestellungen sind graphische Darstellungen von reellwertigen Funktionen in mehreren Variablen $f : D \subseteq \mathbb{R}^n \longrightarrow \mathbb{R}$ ein nützliches Hilfsmittel, um einen ersten Eindruck bezüglich des funktionalen Zusammenhangs zwischen den unabhängigen Variablen $x_1, \ldots, x_n$ und der abhängigen Variablen y zu erhalten. Der **Graph** der Funktion f, d. h. die Menge

$$\mathrm{graph}(f) = \left\{ (x_1, \ldots, x_n, f(x_1, \ldots, x_n)) \in \mathbb{R}^{n+1} : \mathbf{x} \in D \right\},$$

ist eine solche Möglichkeit, die Funktion darzustellen. Dabei ist allerdings zu beachten, dass es sich bei $\mathrm{graph}(f)$ um eine Teilmenge des $\mathbb{R}^{n+1}$ handelt. Das heißt, der Graph einer reellwertigen Funktion in n Variablen kann nur in den beiden einfachsten Fällen $n = 1$ (eine unabhängige Variable) und $n = 2$ (zwei unabhängige Variablen) in einem kartesischen Koordinatensystem im $\mathbb{R}^2$ bzw. $\mathbb{R}^3$ veranschaulicht werden. Graphen von reellwertigen Funktionen in $n = 1$ reellen Va-

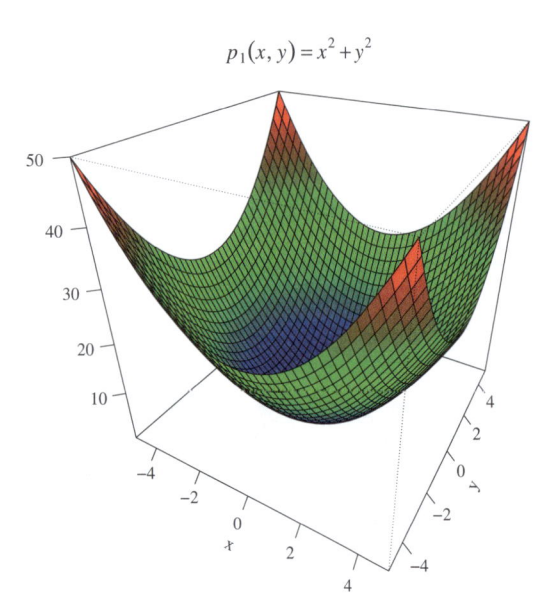

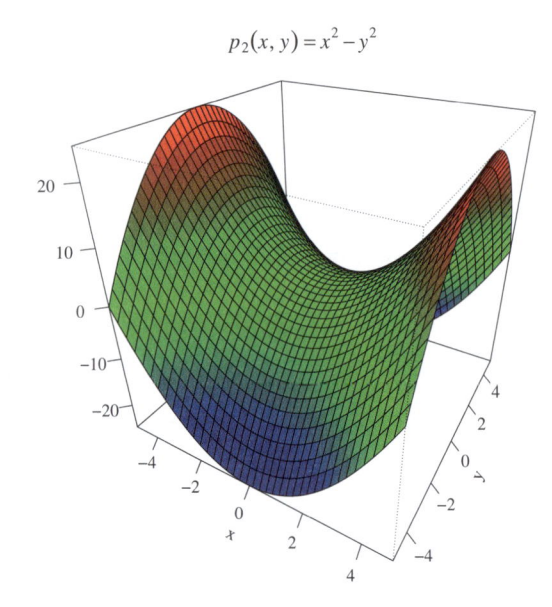

Abb. 21.6: Graphen der reellwertigen Funktionen $p_1: \mathbb{R}^2 \longrightarrow \mathbb{R}$, $(x, y) \mapsto x^2 + y^2$ (links) und $p_2: \mathbb{R}^2 \longrightarrow \mathbb{R}$, $(x, y) \mapsto x^2 - y^2$ (rechts)

riablen wurden in den Kapiteln 13 bis 18 in großer Zahl gezeigt.

In diesem und dem folgenden Kapitel werden nun viele Graphen reellwertiger Funktionen speziell in $n = 2$ Variablen dargestellt. Denn zum einen können – wie bereits erwähnt – die Graphen von reellwertigen Funktionen in mehr als zwei Variablen nicht mehr veranschaulicht werden und zum anderen lassen sich die wesentlichen Gesichtspunkte der Differential- und Integralrechnung sowie der Optimierungstheorie für Funktionen in mehreren Variablen bereits anhand von reellwertigen Funktionen in zwei Variablen verdeutlichen. Der Graph einer reellwertigen Funktion

$$f: D \subseteq \mathbb{R}^2 \longrightarrow \mathbb{R}, \ (x, y) \mapsto f(x, y)$$

in zwei Variablen x und y kann dagegen im dreidimensionalen euklidischen Raum (Anschauungsraum) $\mathbb{R}^3$ eingezeichnet werden und ist gegeben durch die Menge

$$\text{graph}(f) = \{(x, y, z) \in \mathbb{R}^3 : (x, y) \in D \text{ und } z = f(x, y)\} \subseteq \mathbb{R}^3.$$

Die Menge graph(f) stellt ein flächenartiges Gebilde im Anschauungsraum $\mathbb{R}^3$ dar, so dass jede Senkrechte, d. h. jede Parallele zur z-Achse (sogenannte **Applikate**), die Fläche höchstens einmal schneidet. Die Abbildung 21.6 zeigt zwei solche flächenartigen Gebilde. Bei diesen Flächen handelt es sich um die Graphen der beiden reellwertigen Funktionen

$$p_1: \mathbb{R}^2 \longrightarrow \mathbb{R}, \ (x, y) \mapsto x^2 + y^2 \quad \text{und}$$
$$p_2: \mathbb{R}^2 \longrightarrow \mathbb{R}, \ (x, y) \mapsto x^2 - y^2. \quad (21.8)$$

Der Graph von p_1 wird als **Paraboloid** bezeichnet. Diese Bezeichnung ist dadurch motiviert, dass für jede auf der x-y-Ebene senkrecht stehende Ebene, die den Ursprung enthält, die Schnittkurve mit dem Graphen von p_1 eine Parabel ist. Dagegen heißt der Graph der Funktion p_2 **Sattelfläche**, da er einem Pferdesattel bzw. einem Sattel im Gelände, der gleichzeitig einen Übergang zwischen zwei Bergen und zwei Tälern darstellt, ähnelt.

Isohöhenlinienbilder

Die Darstellung des Graphen ist jedoch auch bei reellwertigen Funktionen f von $\mathbb{R}^2$ nach $\mathbb{R}$ schnell relativ unübersichtlich. Aus diesem Grund werden in den Wirtschaftswissenschaften reellwertige Funktionen f in zwei Variablen häufig auch mit Hilfe sogenannter **Isohöhenlinien** (vom altgriechischen Wort „isos" für „gleich") – oder auch **Niveaulinien** genannt – veranschaulicht. Bei einer Isohöhenlinie zum Niveau c handelt es sich um die Menge aller Punkte der x-y-Ebene, für welche die Funktion f den Wert c annimmt, also $f(x, y) = c$ gilt. Für eine reellwertige Funktion in n Variablen sind Isohöhenlinien wie folgt definiert:

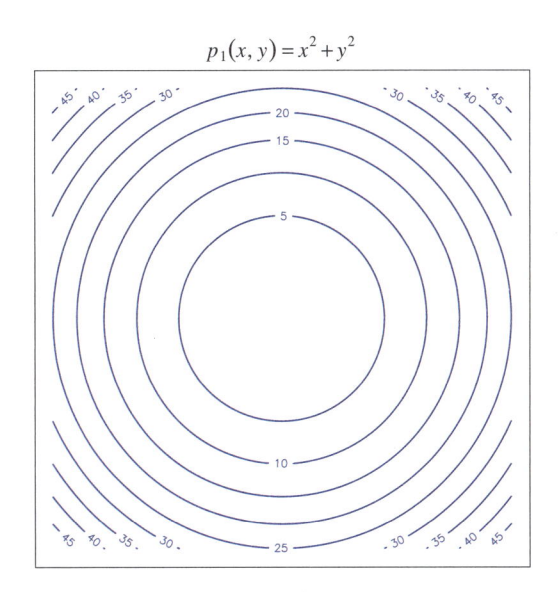

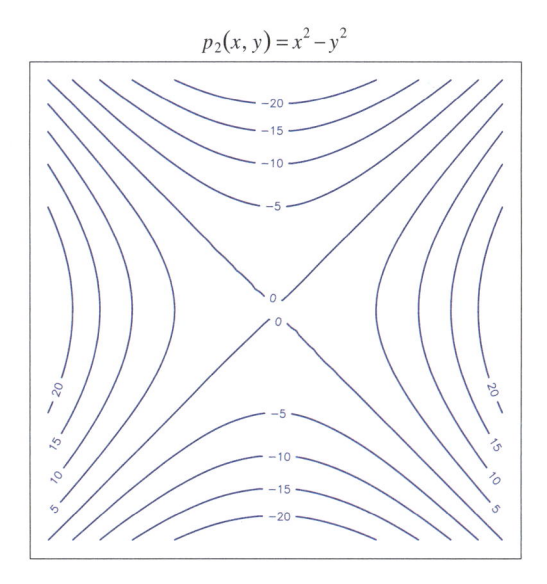

Abb. 21.7: Isohöhenlinienbilder der reellwertigen Funktion $p_1\colon \mathbb{R}^2 \longrightarrow \mathbb{R}$, $(x,y) \mapsto x^2+y^2$ mit den Isohöhenlinien zu den Niveaus $c = 5, 10, 15, 20, 25, 30, 35, 40, 45$ (links) und der reellwertigen Funktion $p_2\colon \mathbb{R}^2 \longrightarrow \mathbb{R}$, $(x,y) \mapsto x^2-y^2$ mit den Isohöhenlinien zu den Niveaus $c = -20, -15, -10, -5, 0, 5, 10, 15, 20$ (rechts)

Definition 21.26 (Isohöhenlinie)

Für eine reellwertige Funktion $f\colon D \subseteq \mathbb{R}^n \longrightarrow \mathbb{R}$ in n Variablen und eine Konstante $c \in \mathbb{R}$ heißt die Menge

$$I_f(c) := \{(x_1, \ldots, x_n) \in D\colon f(x_1, \ldots, x_n) = c\}$$

Isohöhenlinie oder Niveaulinie der Funktion f zum Niveau c. Ein $\mathbf{x} \in I_f(c)$ wird als c-Stelle und speziell ein $\mathbf{x} \in I_f(0)$ als Nullstelle von f bezeichnet.

Zum Beispiel sind auf einer Wetterkarte die Isohöhenlinien die Orte, die den gleichen Luftdruck (sogenannte Isobaren) oder die gleiche Temperatur (Isothermen) aufweisen. In der Ökonomie treten Isohöhenlinien beispielsweise in der Gestalt von Güterbündeln mit gleichem Nutzen (sogenannte **Indifferenzkurven**) oder als Inputkombinationen mit demselben Output (sogenannte **Isoquanten**) auf (vgl. auch Beispiel 21.35). Bei der Verwendung der Bezeichnung Isohöhenlinie oder Niveaulinie muss jedoch beachtet werden, dass $I_f(c)$ selbst im Falle von $n = 2$ nicht unbedingt eine Linie (Kurve) sein muss und durchaus ganze Flächen umfassen kann.

Werden für verschiedene Niveaus c die zugehörigen Isohöhenlinien einer reellwertigen Funktion $f\colon D \subseteq \mathbb{R}^2 \to \mathbb{R}$ in die x-y-Ebene eingezeichnet, dann erhält man ein **Isohöhenlinienbild** der Funktion f. Ein Isohöhenlinienbild liefert oftmals eine gute Veranschaulichung des Verhaltens von f und ihres Graphen $\mathrm{graph}(f)$. Zum Beispiel ist die Dichte der Isohöhenlinien ein Maß für die Steigung des Graphen. Liegen nämlich die Isohöhenlinien $I_f(c)$ zu äquidistanten Niveaus $c_0, \ldots, c_n$ mit $c_n = c_0 + nd$ in einem bestimmten Bereich eng beieinander, so ist der Graph über diesem Gebiet steil. Ist der Abstand zwischen den Isohöhenlinien dagegen weit, dann verläuft der Graph in diesem Bereich flach. Dies wird deutlich, wenn man die beiden Isohöhenlinienbilder in Abbildung 21.7 mit den zugehörigen Graphen in Abbildung 21.6 vergleicht.

Die Isohöhenlinien $I_f(c)$ einer Funktion $f\colon \mathbb{R}^2 \longrightarrow \mathbb{R}$ erhält man in der Regel dadurch, dass man die Gleichung $f(x,y) = c$ nach der Variablen y auflöst. Für die beiden reellwertigen Funktionen p_1 und p_2 in (21.8) erhält man zum Beispiel

$$c = x^2 + y^2 \implies y = \pm\sqrt{c-x^2} \quad \text{für } |x| \leq \sqrt{c} \quad \text{bzw.}$$
$$c = x^2 - y^2 \implies y = \pm\sqrt{x^2-c} \quad \text{für } |x| \geq \sqrt{c}.$$

Somit ist z. B. die Isohöhenlinie zum Niveau $c = 0$ gegeben durch

$$I_{p_1}(0) = \{(0,0)\} \quad \text{bzw.} \quad I_{p_2}(0) = \{(x,y) \in \mathbb{R}^2\colon |x| = |y|\}.$$

Das heißt, bei der Funktion p_1 besteht die Isohöhenlinie zum Niveau $c = 0$ nur aus dem Ursprung und bei der Funktion

p_2 ist sie gegeben durch die beiden Diagonalen $y = x$ und $y = -x$ (vgl. Abbildung 21.7).

Die Frage, wann eine Gleichung der Form $c = f(x_1, \ldots, x_n)$ nach einer der reellen Variablen $x_1, \ldots, x_n$ aufgelöst werden kann (analytisch oder numerisch), ist Gegenstand des **Satzes über implizite Funktionen** (siehe Satz 22.36 in Abschnitt 22.6).

Rechenoperationen

Der folgende Satz ist das Analogon zu Satz 13.2 für reelle Funktionen. Er besagt, dass die Rechenoperationen **Addition**, **Subtraktion**, **Multiplikation** und **Division** sowie die **Maximums-** und **Minimumsbildung** bei reellwertigen Funktionen in n Variablen f und g punktweise definiert werden können und dabei jeweils wieder eine reellwertige Funktion in n Variablen resultiert.

Satz 21.27 (Rechenoperationen bei reellwertigen Funktionen in n Variablen)

Es seien $f: D_f \subseteq \mathbb{R}^n \longrightarrow \mathbb{R}$ *und* $g: D_g \subseteq \mathbb{R}^n \longrightarrow \mathbb{R}$ *zwei reellwertige Funktionen in n Variablen mit* $D_f \cap D_g \neq \emptyset$ *und* $\alpha \in \mathbb{R}$. *Dann sind auch*

a) $(\alpha f): D_f \longrightarrow \mathbb{R}$,
$\mathbf{x} \mapsto (\alpha f)(\mathbf{x}) := \alpha f(\mathbf{x})$,

b) $(f + g): D_f \cap D_g \longrightarrow \mathbb{R}$,
$\mathbf{x} \mapsto (f + g)(\mathbf{x}) := f(\mathbf{x}) + g(\mathbf{x})$,

c) $(f - g): D_f \cap D_g \longrightarrow \mathbb{R}$,
$\mathbf{x} \mapsto (f - g)(\mathbf{x}) := f(\mathbf{x}) - g(\mathbf{x})$,

d) $(f \cdot g): D_f \cap D_g \longrightarrow \mathbb{R}$, $\mathbf{x} \mapsto (f \cdot g)(\mathbf{x}) := f(\mathbf{x}) \cdot g(\mathbf{x})$,

e) $\left(\frac{f}{g}\right): D_f \cap D_g \setminus \{x \in D_g : g(x) = 0\} \longrightarrow \mathbb{R}$,
$\mathbf{x} \mapsto \left(\frac{f}{g}\right)(\mathbf{x}) := \frac{f(\mathbf{x})}{g(\mathbf{x})}$,

f) $\max\{f, g\}: D_f \cap D_g \longrightarrow \mathbb{R}$,
$\mathbf{x} \mapsto \max\{f, g\}(\mathbf{x}) := \max\{f(\mathbf{x}), g(\mathbf{x})\}$ *und*

g) $\min\{f, g\}: D_f \cap D_g \longrightarrow \mathbb{R}$,
$\mathbf{x} \mapsto \min\{f, g\}(\mathbf{x}) := \min\{f(\mathbf{x}), g(\mathbf{x})\}$

reellwertige Funktionen in n Variablen.

Beweis: Die Aussagen sind unmittelbar einleuchtend. ∎

21.4 Spezielle reellwertige Funktionen in n Variablen

Nachfolgend werden einige wichtige Klassen von reellwertigen Funktionen in mehreren Variablen eingeführt. Bei diesen Funktionsklassen handelt es sich zum großen Teil um direkte Verallgemeinerungen der in Kapitel 14 eingeführten Klassen von reellwertigen Funktionen in einer Variablen, wie zum Beispiel der Klasse der Polynome oder der rationalen Funktionen. Die folgende Darstellung ist daher bewusst kurz gehalten.

Polynome

Analog zu reellwertigen Funktionen in einer Variablen stellen **Polynome in n Variablen** eine besonders einfache und bedeutende Klasse von Funktionen dar. Sie besitzen viele gute mathematische Eigenschaften und sind analytisch besonders leicht handhabbar.

Definition 21.28 (Polynom m-ten Grades in n Variablen)

Eine reellwertige Funktion $f: D \subseteq \mathbb{R}^n \longrightarrow \mathbb{R}$ *mit*

$$p(x_1, \ldots, x_n) = \sum_{k_1=0}^{m_1} \sum_{k_2=0}^{m_2} \cdots \sum_{k_n=0}^{m_n} a_{k_1 k_2 \ldots k_n} x_1^{k_1} x_2^{k_2} \cdots x_n^{k_n}$$

(21.9)

und $a_{k_1 k_2 \ldots k_n} \in \mathbb{R}$ *für* $k_i = 0, \ldots, m_i$, $m_i \in \mathbb{N}_0$ *und* $i = 1, \ldots, n$ *heißt Polynom (ganz-rationale Funktion) m-ten Grades in n Variablen, falls* $m = \max\left\{\sum_{i=1}^{n} k_i : a_{k_1 k_2 \ldots k_n} \neq 0\right\}$ *gilt. Die Zahl m wird dann Grad des Polynoms genannt und mit* $\mathrm{Grad}(p) := m$ *bezeichnet. Die reellen Zahlen* $a_{k_1 k_2 \ldots k_n} \in \mathbb{R}$ *heißen Koeffizienten des Polynoms p.*

Durch Addition, Subtraktion und Multiplikation zweier Polynome p_1 und p_2 entsteht mit $p_1 + p_2$, $p_1 - p_2$ bzw. $p_1 p_2$ wieder ein Polynom in n Variablen. Für den Grad des resultierenden Polynoms gilt dabei:

$$\mathrm{Grad}(p_1 + p_2) \leq \max\{\mathrm{Grad}(p_1), \mathrm{Grad}(p_2)\}$$
$$\mathrm{Grad}(p_1 - p_2) \leq \max\{\mathrm{Grad}(p_1), \mathrm{Grad}(p_2)\}$$
$$\mathrm{Grad}(p_1 p_2) = \mathrm{Grad}(p_1) + \mathrm{Grad}(p_2)$$

Wichtige Spezialfälle eines Polynoms p in n Variablen resultieren für den Grad $m = 1$ und den Grad $m = 2$:

- $m = 1$ führt zu **affin-linearen Funktionen** in n Variablen:

$$p(x_1, \ldots, x_n) = a_0 + a_1 x_1 + \ldots + a_n x_n = a_0 + \sum_{i=1}^{n} a_i x_i$$

Mit $\mathbf{a} = (a_1, \ldots, a_n)^T$ und $\mathbf{x} = (x_1, \ldots, x_n)^T$ erhält man für p die alternative Darstellung

$$p(x_1, \ldots, x_n) = a_0 + \mathbf{a}^T \mathbf{x}.$$

Gilt speziell $a_0 = 0$, dann wird p auch als **Linearform** bezeichnet (vgl. (10.39)).

- $m = 2$ führt zu **quadratischen Funktionen** in n Variablen:

$$\begin{aligned}p(x_1, \ldots, x_n) &= a_0 + a_1 x_1 + \ldots + a_n x_n \\&\quad + a_{11} x_1 x_1 + a_{12} x_1 x_2 + \ldots + a_{1n} x_1 x_n \\&\quad + a_{21} x_2 x_1 + a_{22} x_2 x_2 + \ldots + a_{2n} x_2 x_n \\&\quad \vdots \qquad\qquad \vdots \qquad\qquad \vdots \\&\quad + a_{n1} x_n x_1 + a_{n2} x_n x_2 + \ldots + a_{nn} x_n x_n \\&= a_0 + \sum_{i=1}^{n} a_i x_i + \sum_{i=1}^{n} \sum_{j=1}^{n} a_{ij} x_i x_j\end{aligned}$$

Mit

$$\mathbf{a} = (a_1, \ldots, a_n)^T, \quad \mathbf{A} = \begin{pmatrix} a_{11} & \ldots & a_{1n} \\ \vdots & \ddots & \vdots \\ a_{n1} & \ldots & a_{nn} \end{pmatrix} \quad \text{und}$$

$$\mathbf{x} = (x_1, \ldots, x_n)^T$$

erhält man für p die deutlich kompaktere Darstellung

$$p(x_1, \ldots, x_n) = a_0 + \mathbf{a}^T \mathbf{x} + \mathbf{x}^T \mathbf{A} \mathbf{x}.$$

Gilt speziell $a_0 = 0$ und $\mathbf{a} = \mathbf{0}$, dann geht die quadratische Funktion p in eine **quadratische Form**

$$p(x_1, \ldots, x_n) = \mathbf{x}^T \mathbf{A} \mathbf{x} = \sum_{i=1}^{n} \sum_{j=1}^{n} a_{ij} x_i x_j$$

über, die bereits Gegenstand von Abschnitt 10.6 war.

Beispiel 21.29 (Polynome in n Variablen)

a) Bei den drei reellwertigen Funktionen

$$p_1: \mathbb{R}^2 \longrightarrow \mathbb{R}, \ (x, y) \mapsto x^2 + y^2,$$
$$p_2: \mathbb{R}^2 \longrightarrow \mathbb{R}, \ (x, y) \mapsto x^2 - y^2 \ \text{und}$$
$$p_3: \mathbb{R}^2 \longrightarrow \mathbb{R}, \ (x, y) \mapsto 3 + x - 7y + 3xy + x^2$$

handelt es sich jeweils um ein Polynom in zwei Variablen vom Grad $m = 2$ (vgl. Abbildung 21.6).

b) Bei den beiden reellwertigen Funktionen

$$p_1: \mathbb{R}^2 \longrightarrow \mathbb{R},$$
$$(x, y) \mapsto 3 + x - 4y + 3x^2 y + \frac{1}{10} x^4 \quad \text{und}$$
$$p_2: \mathbb{R}^2 \longrightarrow \mathbb{R},$$
$$(x, y) \mapsto 2 + x - 7xy + \frac{3}{10} x^2 y - xy^3 + \frac{1}{100} y^5$$

handelt es sich jeweils um ein Polynom in zwei Variablen vom Grad $m = 4$ bzw. $m = 5$ (vgl. Abbildung 21.8).

c) Bei den beiden reellwertigen Funktionen

$$p_1: \mathbb{R}^3 \longrightarrow \mathbb{R},$$
$$(x_1, x_2, x_3) \mapsto x_1 + 2x_3 + 5x_1 x_2 - 3x_1 x_2 x_3$$
$$+ 2x_1^3 x_2 + 5x_1^2 x_2^3 x_3^2$$

und

$$p_2: \mathbb{R}^4 \longrightarrow \mathbb{R},$$
$$(x_1, x_2, x_3, x_4) \mapsto 1 + x_1 x_2 x_3 x_4 + 2x_1^3 x_2^2 x_4^3$$

handelt es sich jeweils um ein Polynom in drei bzw. vier Variablen vom Grad $m = 7$ bzw. $m = 8$.

Rationale Funktionen

Analog zu rationalen Funktionen in einer Variablen sind **rationale Funktionen in n Variablen** als Quotienten zweier Polynome definiert.

Definition 21.30 (Rationale Funktionen in n Variablen)

Es seien $p_1(\mathbf{x})$ und $p_2(\mathbf{x})$ zwei Polynome in n Variablen. Dann heißt die reelle Funktion

$$q: D \subseteq \mathbb{R}^n \longrightarrow \mathbb{R}, \ \mathbf{x} \mapsto q(\mathbf{x}) := \frac{p_1(\mathbf{x})}{p_2(\mathbf{x})}$$

mit $D = \{\mathbf{x} \in \mathbb{R}^n : p_2(\mathbf{x}) \neq 0\}$ rationale Funktion in n Variablen.

Offensichtlich ist die Klasse der Polynome in n Variablen eine Teilklasse der rationalen Funktionen in n Variablen. Für eine kleine Auswahl von expliziten rationalen Funktionen siehe das folgende Beispiel:

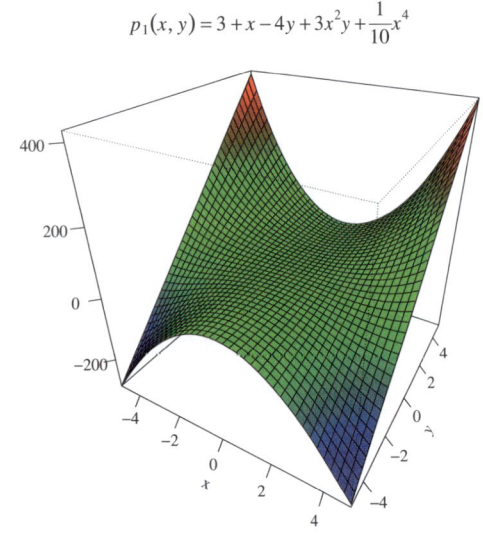

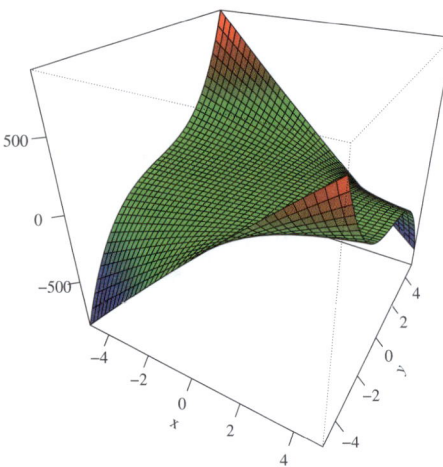

$$p_1(x,y) = 3 + x - 4y + 3x^2y + \frac{1}{10}x^4 \qquad\qquad p_2(x,y) = 2 + x - 7xy + \frac{3}{10}x^2y - xy^3 + \frac{1}{100}y^5$$

Abb. 21.8: Graphen der Polynome $p_1 : \mathbb{R}^2 \longrightarrow \mathbb{R}$, $(x, y) \mapsto 3 + x - 4y + 3x^2y + \frac{1}{10}x^4$ (links) und $p_2 : \mathbb{R}^2 \longrightarrow \mathbb{R}$, $(x, y) \mapsto 2 + x - 7xy + \frac{3}{10}x^2y - xy^3 + \frac{1}{100}y^5$ (rechts)

Beispiel 21.31 (Rationale Funktionen in n Variablen)

a) Bei den beiden reellwertigen Funktionen

$$q_1 : \mathbb{R}^2 \longrightarrow \mathbb{R}, \ (x, y) \mapsto \frac{2xy}{x^2 + y^2 + 1} \quad \text{und}$$

$$q_2 : \mathbb{R}^2 \longrightarrow \mathbb{R}, \ (x, y) \mapsto \frac{x^3 + y^3}{(x^2 + y^2)^2 + 1}$$

handelt es sich jeweils um eine rationale Funktion in zwei Variablen. Da der Nenner für alle $(x, y) \in \mathbb{R}^2$ jeweils ungleich Null ist, sind q_1 und q_2 auf ganz $\mathbb{R}^2$ definiert (vgl. Abbildung 21.9).

b) Bei den beiden reellwertigen Funktionen

$$q_1 : D_1 \subseteq \mathbb{R}^3 \longrightarrow \mathbb{R},$$
$$(x_1, x_2, x_3) \mapsto \frac{x_1 + x_2^2 + x_3}{x_1x_2 + x_2^2x_3^2 + x_1x_3} \quad \text{und}$$

$$q_2 : D_2 \subseteq \mathbb{R}^4 \longrightarrow \mathbb{R},$$
$$(x_1, x_2, x_3, x_4) \mapsto \frac{x_1x_3 + x_3^3 - 3x_2x_4^3}{2 + 2x_1x_2x_3^2 + x_2^2x_4^2}$$

mit

$D_1 = \{(x_1, x_2, x_3) \in \mathbb{R}^3 : x_1x_2 + x_2^2x_3^2 + x_1x_3 \neq 0\}$ und
$D_2 = \{(x_1, x_2, x_3, x_4) \in \mathbb{R}^4 : 2 + 2x_1x_2x_3^2 + x_2^2x_4^2 \neq 0\}$

handelt es sich um rationale Funktionen in drei bzw. vier Variablen.

Algebraische und transzendente Funktionen

Rationale Funktionen in n reellen Variablen $x_1, \ldots, x_n$ sind dadurch charakterisiert, dass sie sich durch endlich viele Additionen, Subtraktionen, Multiplikationen und Divisionen aus den Variablen $x_1, \ldots, x_n$ erzeugen lassen. Lässt man auch die algebraischen Operationen Potenzieren und Radizieren zu, dann gelangt man zur großen Klasse der **algebraischen Funktionen in n Variablen**.

Definition 21.32 (Algebraische und transzendente Funktionen in n Variablen)

Eine reellwertige Funktion $f : D \subseteq \mathbb{R}^n \longrightarrow \mathbb{R}$ in n Variablen $x_1, \ldots, x_n$ heißt algebraisch, wenn sie sich in endlich vielen Schritten durch Addition, Subtraktion, Multiplikation, Division, Potenzieren und Radizieren aus den n Variablen $x_1, \ldots, x_n$ konstruieren lässt. Andernfalls wird die Funktion f als transzendent bezeichnet.

Wurzelfunktionen sind Beispiele für algebraische Funktionen, die nicht zur Klasse der rationalen Funktionen in n Variablen gehören. Beispiele für transzendente Funktionen in n Variablen sind alle Funktionen, in denen Exponential-, Winkel- oder Logarithmusfunktionen vorkommen.

$$q_1(x,y) = \frac{2xy}{x^2+y^2+1} \qquad q_2(x,y) = \frac{x^3+y^3}{(x^2+y^2)^2+1}$$

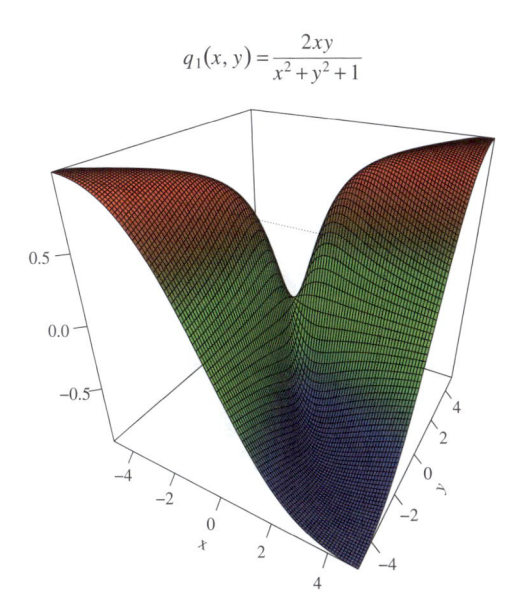

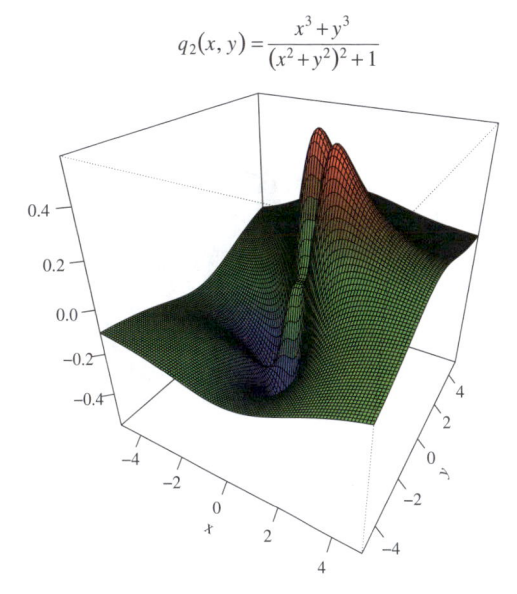

Abb. 21.9: Graphen der rationalen Funktionen $q_1 : \mathbb{R}^2 \longrightarrow \mathbb{R}$, $(x,y) \mapsto \frac{2xy}{x^2+y^2+1}$ (links) und $q_2 : \mathbb{R}^2 \longrightarrow \mathbb{R}$, $(x,y) \mapsto \frac{x^3+y^3}{(x^2+y^2)^2+1}$ (rechts)

Beispiel 21.33 (Algebraische und transzendente Funktionen in n Variablen)

a) Bei den drei reellwertigen Funktionen

$$f_1 : D_1 \subseteq \mathbb{R}^2 \longrightarrow \mathbb{R}, \quad (x,y) \mapsto \frac{\sqrt{x^2+y^2}}{1+\sqrt{1-y^2}},$$

$$f_2 : D_2 \subseteq \mathbb{R}^2 \longrightarrow \mathbb{R}, \quad (x,y) \mapsto x^{\frac{3}{2}} y^{-\frac{1}{4}} \quad \text{und}$$

$$f_3 : D_3 \subseteq \mathbb{R}^4 \longrightarrow \mathbb{R},$$

$$(x_1, x_2, x_3, x_4) \mapsto \frac{x_1^{\frac{1}{2}} x_2^4 x_3^{\frac{3}{2}} x_4^{-\frac{1}{4}}}{\sqrt{2x_1^2 + x_3^4 + 2x_4^2}}$$

mit

$$D_1 = \left\{(x,y) \in \mathbb{R}^2 : y \in [-1,1]\right\},$$
$$D_2 = \left\{(x,y) \in \mathbb{R}^2 : x \geq 0, y > 0\right\} \quad \text{und}$$
$$D_3 = \left\{(x_1, x_2, x_3, x_4) \in \mathbb{R}^4 : x_1, x_3 \geq 0, x_4 > 0\right\}$$

handelt es sich um algebraische Funktionen in zwei bzw. vier Variablen, die keine rationalen Funktionen sind (vgl. Abbildung 21.10).

b) Bei den vier reellwertigen Funktionen

$$f_1 : \mathbb{R}^2 \longrightarrow \mathbb{R}, \quad (x,y) \mapsto \sin(x)\cos(y),$$

$$f_2 : \mathbb{R}^2 \setminus \{\mathbf{0}\} \longrightarrow \mathbb{R},$$
$$(x,y) \mapsto \frac{10}{\sqrt{x^2+y^2}} \sin\left(\sqrt{x^2+y^2}\right),$$

$$f_3 : \mathbb{R}^3 \longrightarrow \mathbb{R},$$
$$(x_1, x_2, x_3) \mapsto (x_1^2 + x_2^2 + x_3^2) \exp(x_1 x_2 x_3) \quad \text{und}$$

$$f_4 : \mathbb{R}^4 \setminus \{\mathbf{0}\} \longrightarrow \mathbb{R},$$
$$(x_1, x_2, x_3, x_4) \mapsto \frac{\sin(e^{x_1} + e^{x_2} + e^{x_3} + e^{x_4})}{\ln(x_1^2 + x_2^2 + x_3^2 + x_4^2)}$$

handelt es sich um transzendente Funktionen in zwei, drei bzw. vier Variablen (vgl. Abbildung 21.11).

In Beispiel 18.19 wurde bereits die nach dem deutschen Mathematiker *Carl Friedrich Gauß* (1777–1855) benannte eindimensionale Gauß-Verteilung betrachtet. Im folgenden Beispiel wird nun ihr mehrdimensionales Gegenstück, die **n-dimensionale Gauß-Verteilung (Normal-Verteilung)** vorgestellt. Ihre Dichtefunktion ist eine Exponentialfunktion in n Variablen und damit eine transzendente

C. F. Gauß auf seinem Totenbett 1855

Kapitel 21 Folgen, Reihen und reellwertige Funktionen im $\mathbb{R}^n$

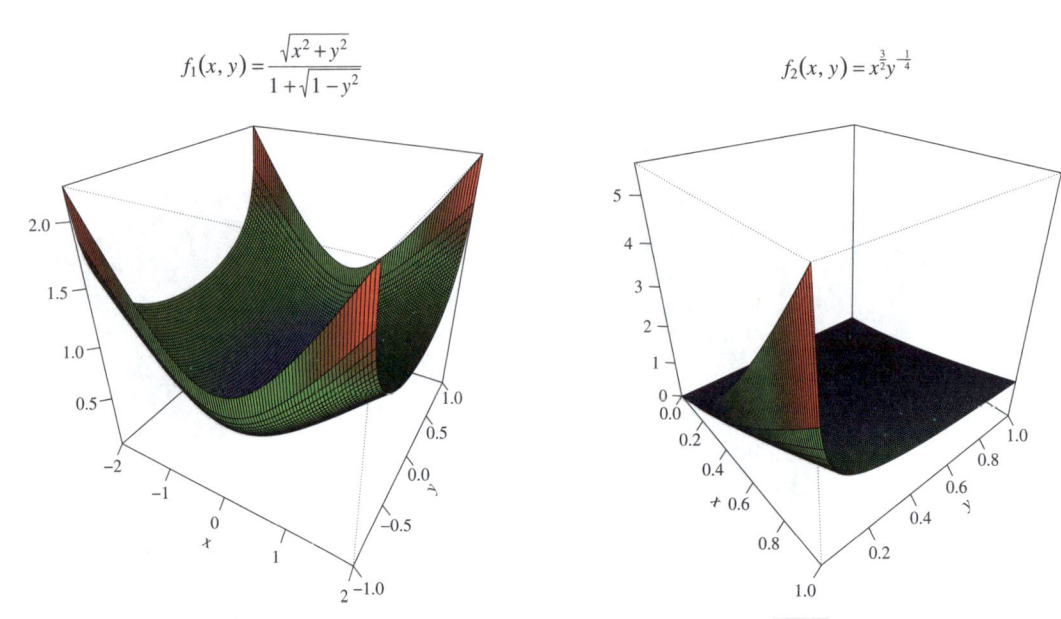

Abb. 21.10: Graphen der algebraischen Funktionen $f_1 \colon D_1 \subseteq \mathbb{R}^2 \longrightarrow \mathbb{R}$, $(x, y) \mapsto \frac{\sqrt{x^2+y^2}}{1+\sqrt{1-y^2}}$ (links) und $f_2 \colon D_2 \subseteq \mathbb{R}^2 \longrightarrow \mathbb{R}$, $(x, y) \mapsto x^{\frac{3}{2}} y^{-\frac{1}{4}}$ (rechts)

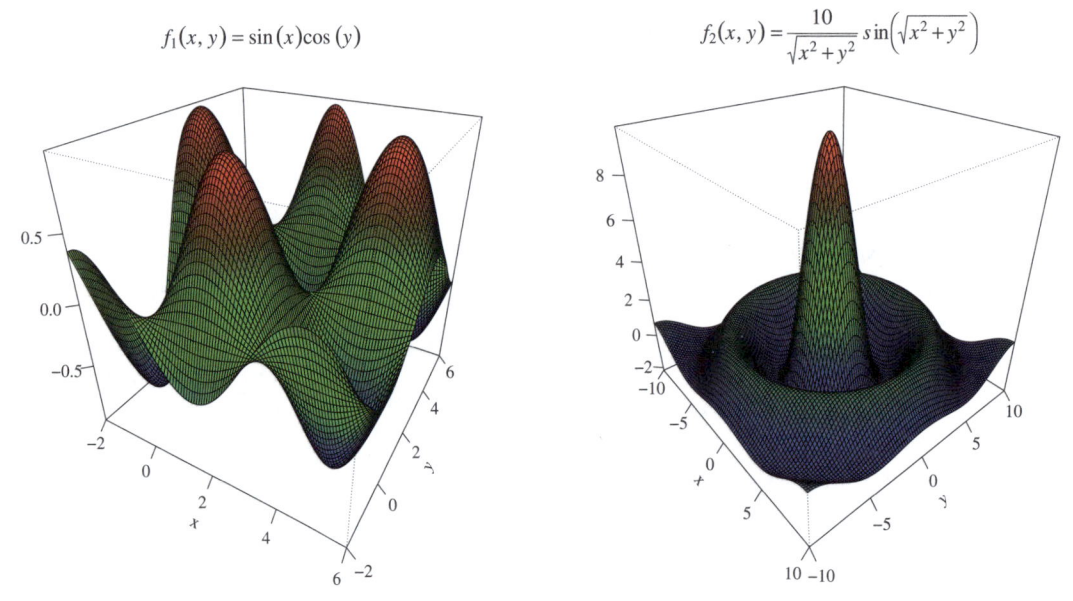

Abb. 21.11: Graphen der transzendenten Funktionen $f_1 \colon \mathbb{R}^2 \longrightarrow \mathbb{R}$, $(x, y) \mapsto \sin(x)\cos(y)$ (links) und $f_2 \colon \mathbb{R}^2 \setminus \{\mathbf{0}\} \longrightarrow \mathbb{R}$, $(x, y) \mapsto \frac{10}{\sqrt{x^2+y^2}} \sin\left(\sqrt{x^2+y^2}\right)$ (rechts)

Funktion. Die n-dimensionale Gauß-Verteilung ist die bedeutendste Wahrscheinlichkeitsverteilung der multivariaten Statistik.

21.4 Spezielle reellwertige Funktionen in n Variablen

$$f_1(x,y) = \frac{1}{2\pi} \exp\left(-\frac{1}{2}(x^2+y^2)\right)$$

$$f_2(x,y) = \frac{1}{2\pi\sigma_1\sigma_2\sqrt{1-\rho^2}} \exp\left(-\frac{1}{2}r(x,y)\right)$$

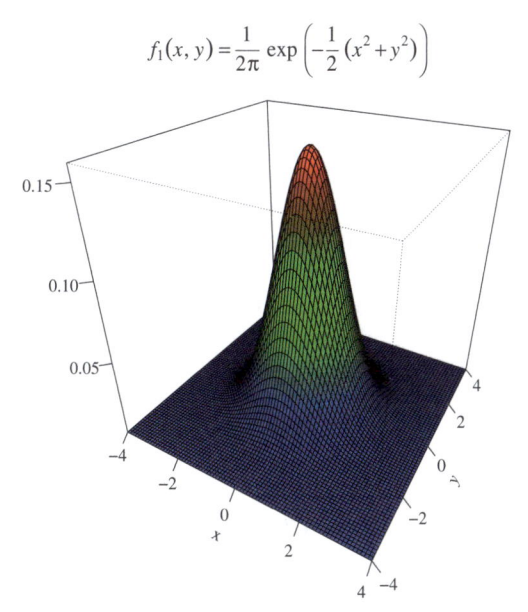

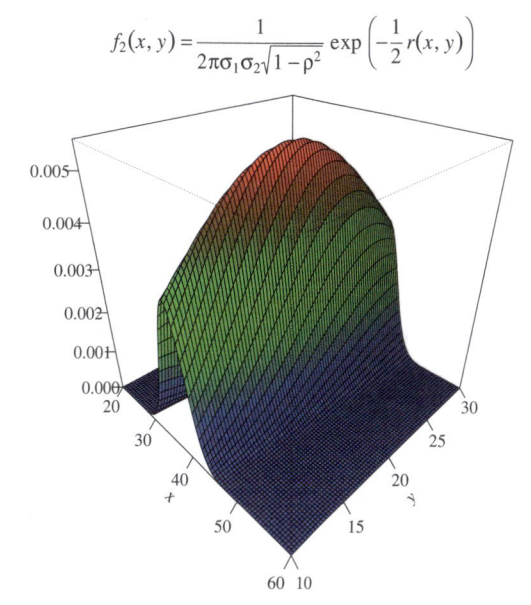

Abb. 21.12: Dichtefunktion $f_1: \mathbb{R}^2 \longrightarrow \mathbb{R}$, $(x,y) \mapsto f(x,y) = \frac{1}{2\pi} \exp\left(-\frac{1}{2}\left(x^2+y^2\right)\right)$ einer zweidimensionalen Standardnormalverteilung (links) und Dichtefunktion $f_2: \mathbb{R}^2 \longrightarrow \mathbb{R}$, $(x,y) \mapsto f(x,y) = \frac{1}{2\pi\sigma_1\sigma_2\sqrt{1-\rho^2}} \exp\left(-\frac{1}{2}r(x,y)\right)$ einer zweidimensionalen Gauß-Verteilung mit $\mu_1 = 40$, $\mu_2 = 20$, $\sigma_1 = 4$, $\sigma_2 = 10$ und $\rho = 0{,}7$ (rechts)

Beispiel 21.34 (n-dimensionale Gauß-Verteilung)

Die n-dimensionale Gauß-Verteilung besitzt die **n-dimensionale Dichtefunktion**

$$f: \mathbb{R}^n \longrightarrow \mathbb{R}, \qquad (21.10)$$
$$\mathbf{x} \mapsto f(\mathbf{x}) = \frac{1}{(2\pi)^{\frac{n}{2}} \sqrt{\det(\Sigma)}}$$
$$\cdot \exp\left(-\frac{1}{2}(\mathbf{x}-\boldsymbol{\mu})^T \Sigma^{-1}(\mathbf{x}-\boldsymbol{\mu})\right).$$

Dabei bezeichnen $\boldsymbol{\mu} \in \mathbb{R}^n$ und $\Sigma \in M(n,n)$ mit $\det(\Sigma) > 0$ den sogenannten **n-dimensionalen Erwartungswertvektor** bzw. die (symmetrische) **$n \times n$-Kovarianzmatrix** der Gauß-Verteilung. Für $n = 2$ mit dem zweidimensionalen Erwartungswertvektor $\boldsymbol{\mu} = (\mu_1, \mu_2)^T$ und der 2×2-Kovarianzmatrix

$$\Sigma = \begin{pmatrix} \sigma_1^2 & \sigma_1\sigma_2\rho \\ \sigma_1\sigma_2\rho & \sigma_2^2 \end{pmatrix} \quad \text{mit } \sigma_1, \sigma_2 > 0 \text{ und } \rho \in (-1, 1)$$

erhält man

$$\det(\Sigma) = \sigma_1^2 \sigma_2^2 (1-\rho^2) \quad \text{und}$$

$$\Sigma^{-1} = \begin{pmatrix} \frac{1}{\sigma_1^2(1-\rho^2)} & -\frac{\rho}{\sigma_1\sigma_2(1-\rho^2)} \\ -\frac{\rho}{\sigma_1\sigma_2(1-\rho^2)} & \frac{1}{\sigma_2^2(1-\rho^2)} \end{pmatrix}$$

(vgl. (8.42)–(8.43)) und damit aus (21.10) die zweidimensionale Dichtefunktion

$$f: \mathbb{R}^2 \longrightarrow \mathbb{R},$$
$$(x,y) \mapsto f(x,y) = \frac{1}{2\pi\sigma_1\sigma_2\sqrt{1-\rho^2}} \exp\left(-\frac{1}{2}r(x,y)\right)$$

mit

$$r(x,y) := \frac{1}{1-\rho^2}$$
$$\cdot \left[\left(\frac{x-\mu_1}{\sigma_1}\right)^2 - 2\rho\left(\frac{x-\mu_1}{\sigma_1}\right)\left(\frac{y-\mu_2}{\sigma_2}\right) + \left(\frac{y-\mu_2}{\sigma_2}\right)^2\right]$$

(vgl. Abbildung 21.12, rechts). Für $\mu_1 = \mu_2 = 0$, $\sigma_1 = \sigma_2 = 1$ und $\rho = 0$ erhält man daraus mit

$$f: \mathbb{R}^2 \to \mathbb{R}, \ (x,y) \mapsto f(x,y) = \frac{1}{2\pi} \exp\left(-\frac{1}{2}(x^2+y^2)\right)$$

die Dichtefunktion der **zweidimensionalen Standardnormalverteilung** zweier (stochastisch) unabhängiger Zufallsvariablen (vgl. Abbildung 21.12, links).

Homogene Funktionen

Eine reellwertige Funktion $f: D \longrightarrow \mathbb{R}$ mit $D \subseteq \mathbb{R}^n$ heißt **homogen vom Grad** $\beta \in \mathbb{R}$, wenn

$$f(\gamma x_1, \ldots, \gamma x_n) = \gamma^\beta f(x_1, \ldots, x_n)$$

für alle $\mathbf{x} \in D$ und $\gamma > 0$ gilt. Eine homogene Funktion vom Grad β heißt auch

a) **unterlinear-homogen**, falls $\beta < 1$,

b) **linear-homogen**, falls $\beta = 1$, und

c) **oberlinear-homogen**, falls $\beta > 1$

gilt. Bei einer homogenen Funktion vom Grad β führt eine proportionale Änderung aller n Variablen $x_1, \ldots, x_n$ um einen Proportionalitätsfaktor γ zu einer Veränderung des Funktionswertes $f(x_1, \ldots, x_n)$ um den Faktor γ^β. Viele Funktionen in den Wirtschaftswissenschaften besitzen die Eigenschaft der Homogenität. Hierzu zählen zum Beispiel **Produktionsfunktionen**, die bei der Beschreibung der Produktionsmenge eines Unternehmens in Abhängigkeit von Produktionsfaktoren verwendet werden. Speziell von linear-homogenen Produktionsfunktionen sagt man, dass sie das ökonomische Phänomen der **konstanten Skalenerträge** darstellen. Bei solchen Produktionsfunktionen f führt eine Verdopplung aller Inputs $x_1, \ldots, x_n$ zu einer Verdopplung des Outputs $y = f(x_1, \ldots, x_n)$.

Das folgende Beispiel liefert eine kleine Aufstellung der wichtigsten (homogenen) Produktionsfunktionen:

Beispiel 21.35 (Produktionsfunktionen)

In den Wirtschaftswissenschaften werden die unterschiedlichsten **Produktionsfunktionen** betrachtet. Dabei handelt es sich um reellwertige Funktionen $f: (0,\infty)^n \to \mathbb{R}$ in n Variablen, welche die Beziehung zwischen den eingesetzten Mengen von n Produktionsfaktoren (Inputs) $x_1, \ldots, x_n$ und der sich daraus ergebenden Menge $y = f(x_1, \ldots, x_n)$ des produzierten Produktes (Output) beschreiben. Für einen Output $c \in \mathbb{R}$ enthält die Isohöhenlinie $I_f(c) = \{(x_1, \ldots, x_n) \in (0, \infty)^n : f(x_1, \ldots, x_n) = c\}$ alle möglichen Mengenkombinationen der n Inputs, mit denen der Output c erzeugt werden kann. Die Menge $I_f(c)$ wird deshalb auch als **Isoquante von f zum Produktionsniveau c** bezeichnet. Bekannte Produktionsfunktionen sind:

a) Die **CES-Produktionsfunktion**

$$f: (0, \infty)^n \longrightarrow \mathbb{R}, \ \mathbf{x} \mapsto f(\mathbf{x}) := \alpha_0 \left(\sum_{i=1}^n \alpha_i x_i^d \right)^{\frac{1}{d}}$$

mit $\alpha_0, \ldots, \alpha_n, d \in (0, \infty)$. Dabei steht die Abkürzung CES für „constant elasticity of substitution". Die CES-Produktionsfunktion wurde 1961 von den US-amerikanischen Ökonomen und Wirtschaftsnobelpreisträgern *Kenneth Arrow* (*1921) und *Robert Merton Solow* (*1924) sowie von dem US-amerikanischen Ökonomen *Hollis Burnley Chenery* (1918–1994) und dem indischen Ökonomen *Bagicha Singh Minhas* (1929–2005) (sogenannte (sogenannte **Stanford-Gruppe**) entwickelt. Für die CES-Produktionsfunktion gilt

K. Arrow

$$f(\gamma \mathbf{x}) = \gamma f(\mathbf{x})$$

für alle $\mathbf{x} \in (0, \infty)^n$ und $\gamma > 0$, sie ist also linear-homogen (vgl. Abbildung 21.13, links).

b) Die **Cobb-Douglas-Produktionsfunktion**

$$f: (0, \infty)^n \longrightarrow \mathbb{R}, \ \mathbf{x} \mapsto f(\mathbf{x}) := \alpha_0 \prod_{i=1}^n x_i^{\alpha_i}$$

mit $\alpha_0, \ldots, \alpha_n \in (0, \infty)$ ist nach den beiden US-amerikanischen Ökonomen *Charles Wiggins Cobb* (1875–1949) und *Paul Howard Douglas* (1892–1976) benannt. Für die Cobb-Douglas-Produktionsfunktion gilt

P. H. Douglas

$$f(\gamma \mathbf{x}) = \gamma^{\sum_{i=1}^n \alpha_i} f(\mathbf{x})$$

für alle $\mathbf{x} \in (0, \infty)^n$ und $\gamma > 0$. Sie ist also homogen vom Grad $\sum_{i=1}^n \alpha_i$ (vgl. Abbildung 21.13, rechts).

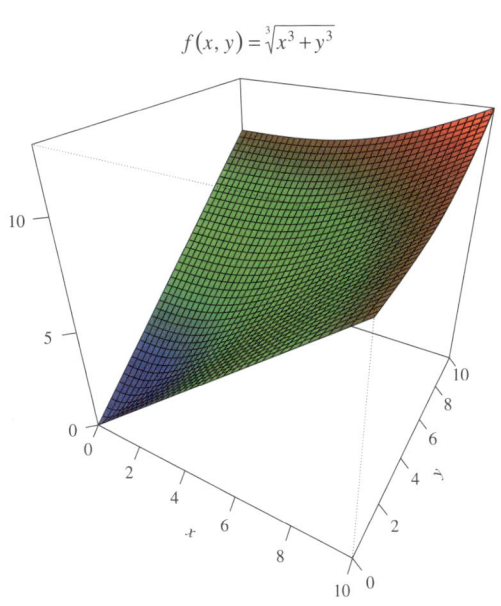

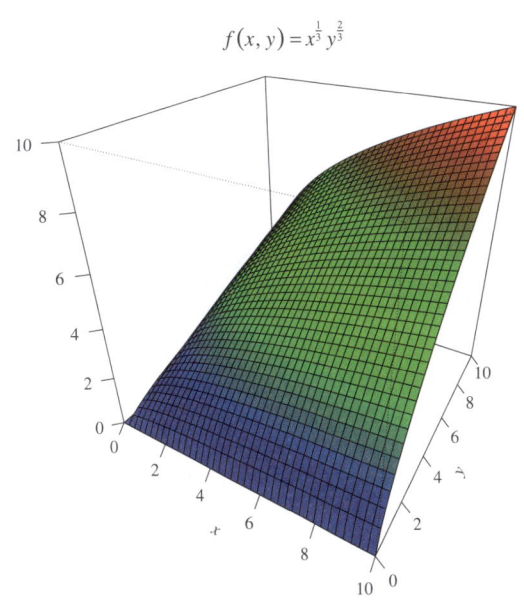

Abb. 21.13: CES-Produktionsfunktion $f: (0, \infty)^2 \longrightarrow \mathbb{R}$, $(x, y) \mapsto \sqrt[3]{x^3 + y^3}$ für $\alpha_0 = \alpha_1 = \alpha_2 = 1$ und $d = 3$ (links) und Cobb-Douglas-Produktionsfunktion $f: (0, \infty)^2 \longrightarrow \mathbb{R}$, $(x, y) \mapsto x^{\frac{1}{3}} y^{\frac{2}{3}}$ für $\alpha_0 = 1$, $\alpha_1 = \frac{1}{3}$ und $\alpha_2 = \frac{2}{3}$ (rechts)

c) Die **Leontief-Produktionsfunktion**

$$f: (0, \infty)^n \longrightarrow \mathbb{R}, \quad \mathbf{x} \mapsto f(\mathbf{x}) := \alpha_0 \min_{i=1,\ldots,n} \{\alpha_i x_i\}$$

mit $\alpha_0, \ldots, \alpha_n \in (0, \infty)$ geht auf den russischen Ökonomen und Wirtschaftsnobelpreisträger *Wassily Leontief* (1905–1999) zurück. Für die Leontief-Produktionsfunktion gilt

$$f(\gamma \mathbf{x}) = \gamma f(\mathbf{x})$$

für alle $\mathbf{x} \in (0, \infty)^n$ und $\gamma > 0$, sie ist also linear-homogen.

W. Leontief

21.5 Eigenschaften von reellwertigen Funktionen in n Variablen

In diesem Abschnitt werden die in Kapitel 13 für reellwertige Funktionen in einer Variablen eingeführten Begriffe **Beschränktheit**, **Konvexität**, **Konkavität**, **Minimum** und **Maximum** auf reellwertige Funktionen in n Variablen verallgemeinert.

Beschränktheit

Der Begriff **Beschränktheit** ist für reellwertige Funktionen in n Variablen völlig analog zu reellen Funktionen definiert (vgl. Definition 13.5).

Definition 21.36 (Beschränkte reellwertige Funktion in n Variablen)

Eine reellwertige Funktion $f: D \subseteq \mathbb{R}^n \longrightarrow \mathbb{R}$ heißt auf $A \subseteq D$ nach unten (oben) beschränkt, falls $f(\mathbf{x}) \geq c$ (bzw. $f(\mathbf{x}) \leq c$) für ein $c \in \mathbb{R}$ und alle $\mathbf{x} \in A$ gilt. Die Funktion f wird als beschränkt auf $A \subseteq D$ bezeichnet, falls $|f(\mathbf{x})| \leq c$ für ein $c \in \mathbb{R}$ und alle $\mathbf{x} \in A$ erfüllt ist. Ist f auf $A \subseteq D$ nicht nach unten (oben) beschränkt, dann heißt f nach unten (oben) unbeschränkt auf $A \subseteq D$.

Eine reellwertige Funktion $f: D \subseteq \mathbb{R}^n \longrightarrow \mathbb{R}$ ist also genau dann beschränkt, wenn $f(\mathbf{x}) \in [-c, c]$ für alle $\mathbf{x} \in D$ und ein $c \in \mathbb{R}$ gilt. Ein solcher Wert c heißt **Schranke** von f. Analog wird ein Wert c mit $f(\mathbf{x}) \leq c$ für alle $\mathbf{x} \in D$ als **obere Schranke** und ein Wert c mit $f(\mathbf{x}) \geq c$ für alle $\mathbf{x} \in D$ als **untere Schranke** von f bezeichnet.

Beispiel 21.37 (Beschränktheit bei reellwertigen Funktionen in n Variablen)

a) Das Polynom $p_1: \mathbb{R}^2 \longrightarrow \mathbb{R}$, $(x, y) \mapsto x^2 + y^2$ besitzt zum Beispiel die untere Schranke $c = 0$ und ist auf $\mathbb{R}^2$ nach oben unbeschränkt. Dagegen ist das Polynom $p_2: \mathbb{R}^2 \longrightarrow \mathbb{R}$, $(x, y) \mapsto x^2 - y^2$ auf $\mathbb{R}^2$ sowohl nach unten als auch nach oben unbeschränkt (vgl. Abbildung 21.6).

b) Die rationale Funktion $q_1: \mathbb{R}^2 \longrightarrow \mathbb{R}$, $(x, y) \mapsto \frac{2xy}{x^2+y^2+1}$ ist auf $\mathbb{R}^2$ sowohl nach unten als auch nach oben beschränkt. Zum Beispiel ist $c = -1$ eine untere und $c = 1$ eine obere Schranke von q_1 (vgl. Abbildung 21.9, links).

Konvexität und Konkavität

In Definition 13.14 wurden (streng) konvexe und (streng) konkave Funktionen in einer Variablen definiert. Für reellwertige Funktionen in n Variablen sind die Krümmungseigenschaften **Konvexität** und **Konkavität** völlig analog erklärt. Konvexe und konkave Funktionen in einer oder mehreren Variablen spielen in der Praxis der Optimierungstheorie eine große Rolle (siehe hierzu auch Abschnitt 24.5). Zum Beispiel führen in vielen ökonomischen Problemstellungen Annahmen an die Risikoaversion, Mischungspräferenz, sinkende Skalenerträge usw. auf natürliche Weise zu konvexen bzw. konkaven reellwertigen Funktionen. Darüber hinaus besitzen konvexe und konkave Funktionen für die Optimierungstheorie „angenehme Eigenschaften" (siehe z. B. Satz 21.43).

Definition 21.38 (Konvexe und konkave Funktion)

Es seien $f: D \subseteq \mathbb{R}^n \longrightarrow \mathbb{R}$ eine reellwertige Funktion und D eine konvexe Teilmenge des $\mathbb{R}^n$. Dann gilt:

a) Die Funktion f heißt konvex, falls

$$f(\lambda \mathbf{x}_1 + (1-\lambda)\mathbf{x}_2) \leq \lambda f(\mathbf{x}_1) + (1-\lambda) f(\mathbf{x}_2) \quad (21.11)$$

für alle $\mathbf{x}_1, \mathbf{x}_2 \in D$ mit $\mathbf{x}_1 \neq \mathbf{x}_2$ und $\lambda \in (0, 1)$ gilt, und streng konvex, falls in (21.11) auch die strikte Ungleichung $<$ erfüllt ist.

b) Die Funktion f heißt konkav, falls

$$f(\lambda \mathbf{x}_1 + (1-\lambda)\mathbf{x}_2) \geq \lambda f(\mathbf{x}_1) + (1-\lambda) f(\mathbf{x}_2) \quad (21.12)$$

für alle $\mathbf{x}_1, \mathbf{x}_2 \in D$ mit $\mathbf{x}_1 \neq \mathbf{x}_2$ und $\lambda \in (0, 1)$ gilt, und streng konkav, falls in (21.12) auch die strikte Ungleichung $>$ erfüllt ist.

Eine konvexe (konkave) Funktion $f: D \subseteq \mathbb{R}^n \longrightarrow \mathbb{R}$ besitzt die Eigenschaft, dass der Funktionswert $f(\lambda \mathbf{x}_1 + (1-\lambda)\mathbf{x}_2)$ einer beliebigen Konvexkombination $\lambda \mathbf{x}_1 + (1-\lambda)\mathbf{x}_2$ von $\mathbf{x}_1, \mathbf{x}_2 \in D$ stets unterhalb (oberhalb) oder auf der Verbindungsgeraden (Sehne) $\mathbf{y} = \lambda f(\mathbf{x}_1) + (1-\lambda)f(\mathbf{x}_2)$ mit $\lambda \in [0, 1]$ der beiden Punkte $(\mathbf{x}_1, f(\mathbf{x}_1))$ und $(\mathbf{x}_2, f(\mathbf{x}_2))$ liegt. Eine Funktion $f: D \subseteq \mathbb{R}^n \longrightarrow \mathbb{R}$ ist damit genau dann (streng) konkav, wenn die Funktion $-f$ (streng) konvex ist und umgekehrt.

Beispiel 21.39 (Krümmungseigenschaften bei Funktionen in n Variablen)

Für das Polynom $p_1: \mathbb{R}^2 \longrightarrow \mathbb{R}$, $(x, y) \mapsto x^2 + y^2$ erhält man mit $\mathbf{x}_1 := (x_1, y_1)^T$, $\mathbf{x}_2 := (x_2, y_2)^T$ und dem Ergebnis aus Beispiel 13.16a)

$$\begin{aligned}
&p_1(\lambda \mathbf{x}_1 + (1-\lambda)\mathbf{x}_2) \\
&= p_1(\lambda x_1 + (1-\lambda)x_2, \lambda y_1 + (1-\lambda)y_2) \\
&= (\lambda x_1 + (1-\lambda)x_2)^2 + (\lambda y_1 + (1-\lambda)y_2)^2 \\
&< \lambda x_1^2 + (1-\lambda)x_2^2 + \lambda y_1^2 + (1-\lambda)y_2^2 \\
&= \lambda(x_1^2 + y_1^2) + (1-\lambda)(x_2^2 + y_2^2) \\
&= \lambda p_1(\mathbf{x}_1) + (1-\lambda)p_1(\mathbf{x}_2)
\end{aligned}$$

für alle $\lambda \in (0, 1)$. Das heißt, das Polynom p_1 ist streng konvex und das Polynom $p_2 := -p_1$, also $p_2: \mathbb{R}^2 \longrightarrow \mathbb{R}$, $(x, y) \mapsto -x^2 - y^2$, damit streng konkav (vgl. Abbildung 21.6, links).

Viele der für konvexe und konkave Funktionen in einer Variablen geltenden Resultate, wie z. B. die Sätze 13.17 und 13.21, lassen sich problemlos auch auf konvexe und konkave Funktionen in n Variablen verallgemeinern. In Abschnitt 22.7 wird sich ferner zeigen, dass analog zu reellwertigen Funktionen

21.5 Eigenschaften von reellwertigen Funktionen in n Variablen

in einer Variablen auch die Krümmungseigenschaften von reellwertigen Funktionen in n Variablen häufig sehr einfach mit Hilfe der Differentialrechnung ermittelt werden können (siehe Satz 22.45).

Minimum und Maximum

Auch bei reellwertigen Funktionen $f: D \subseteq \mathbb{R}^n \to \mathbb{R}$ in n Variablen unterscheidet man zwischen **globalem** Minimum und Maximum und **lokalem** Minimum und Maximum. In einer globalen Minimalstelle nimmt die Funktion f ihren kleinsten und in einer globalen Maximalstelle ihren größten Funktionswert an.

Definition 21.40 (Globale Extrema bei einer Funktion in n Variablen)

Für eine reellwertige Funktion $f: D \subseteq \mathbb{R}^n \longrightarrow \mathbb{R}$ gilt:

a) Ein $\mathbf{x}_0 \in U \subseteq D$ mit $f(\mathbf{x}_0) \leq f(\mathbf{x})$ für alle $\mathbf{x} \in U$ wird als globale (absolute) Minimalstelle und der zugehörige Funktionswert $f(\mathbf{x}_0)$ als globales (absolutes) Minimum von f auf U bezeichnet. Für $f(\mathbf{x}_0)$ schreibt man dann $\min_{\mathbf{x} \in U} f(\mathbf{x})$. Ist $U = D$, so sagt man, dass die Funktion f das globale (absolute) Minimum $\min_{\mathbf{x} \in D} f(\mathbf{x})$ besitzt.

b) Ein $\mathbf{x}_0 \in U \subseteq D$ mit $f(\mathbf{x}_0) \geq f(\mathbf{x})$ für alle $\mathbf{x} \in U$ wird als globale (absolute) Maximalstelle und der zugehörige Funktionswert $f(\mathbf{x}_0)$ als globales (absolutes) Maximum von f auf U bezeichnet. Für $f(\mathbf{x}_0)$ schreibt man dann $\max_{\mathbf{x} \in U} f(\mathbf{x})$. Ist $U = D$, so sagt man, dass die Funktion f das globale (absolute) Maximum $\max_{\mathbf{x} \in D} f(\mathbf{x})$ besitzt.

Die globalen Minimal- und Maximalstellen einer Funktion $f: D \subseteq \mathbb{R}^n \longrightarrow \mathbb{R}$ auf einer Teilmenge $U \subseteq D$ werden oft zusammenfassend als **globale Extremalstellen** oder **globale Optimalstellen** von f auf U bezeichnet. Analog werden das zugehörige globale Minimum und Maximum unter der Bezeichnung **globale Extremalwerte** oder **globale Optimalwerte** von f auf U zusammengefasst.

Während ein globales Minimum und Maximum auf einer Teilmenge $U \subseteq D$ den kleinsten bzw. den größten Funktionswert darstellen, wird mit lokalem Minimum und lokalem Maximum an einer Stelle $\mathbf{x}_0$ der kleinste bzw. der größte Funktionswert von f lediglich in einer lokalen Umgebung

$$K_<(\mathbf{x}_0, \varepsilon) = \{\mathbf{x} \in \mathbb{R}^n : \|\mathbf{x} - \mathbf{x}_0\| < \varepsilon\}$$

um $\mathbf{x}_0$ für ein geeignetes $\varepsilon > 0$ bezeichnet. Die präzise Definition lautet wie folgt:

Definition 21.41 (Lokale Extrema bei einer Funktion in n Variablen)

Für eine reellwertige Funktion $f: D \subseteq \mathbb{R}^n \longrightarrow \mathbb{R}$ gilt:

a) Ein $\mathbf{x}_0 \in D$ mit $f(\mathbf{x}_0) \leq f(\mathbf{x})$ für alle $\mathbf{x} \in D \cap K_<(\mathbf{x}_0, \varepsilon)$ und ein geeignetes $\varepsilon > 0$ wird als lokale (relative) Minimalstelle und der zugehörige Funktionswert $f(\mathbf{x}_0)$ als lokales (relatives) Minimum von f bezeichnet. Für $f(\mathbf{x}_0)$ schreibt man dann $\min_{\mathbf{x} \in D \cap K_<(\mathbf{x}_0, \varepsilon)} f(\mathbf{x})$.

b) Ein $\mathbf{x}_0 \in D$ mit $f(\mathbf{x}_0) \geq f(\mathbf{x})$ für alle $\mathbf{x} \in D \cap K_<(\mathbf{x}_0, \varepsilon)$ und ein geeignetes $\varepsilon > 0$ wird als lokale (relative) Maximalstelle und der zugehörige Funktionswert $f(\mathbf{x}_0)$ als lokales (relatives) Maximum von f bezeichnet. Für $f(\mathbf{x}_0)$ schreibt man dann $\max_{\mathbf{x} \in D \cap K_<(\mathbf{x}_0, \varepsilon)} f(\mathbf{x})$.

Für (globale und lokale) Minima und Maxima wird oft der Sammelbegriff **Extremal-** oder **Optimalwerte** verwendet. Analog verwendet man für (globale und lokale) Minimal- und Maximalstellen häufig die zusammenfassende Bezeichnung **Extremal-** oder **Optimalstellen**. Eine lokale Extremalstelle ist im Allgemeinen keine globale Extremalstelle (vgl. Beispiel 21.42c)). Umgekehrt ist jedoch eine globale Extremalstelle stets auch eine lokale Extremalstelle. Analog zu reellwertigen Funktionen in einer Variablen können auch reellwertige Funktionen in n Variablen mehrere lokale und globale Minimal- und Maximalstellen besitzen. Ferner können sie auch mehrere lokale Minima und Maxima aufweisen, während sie jedoch höchstens ein globales Minimum und höchstens ein globales Maximum besitzen (vgl. Beispiel 21.42c)).

Beispiel 21.42 (Extremalstellen bei reellwertigen Funktionen in n Variablen)

a) Für das Polynom $p: \mathbb{R}^2 \to \mathbb{R}$, $(x, y) \mapsto p(x, y) = -\frac{1}{2}\left(x^2 + y^2\right)$ gilt für alle $(x, y) \in \mathbb{R}^2$:

$$p(x, y) \leq 0 \quad \text{und} \quad p(0, 0) = 0$$

$$p(x,y) = 4(x+2)^2 + 3(y-1)^2 + 1 \qquad p(x,y) = 2x^4 + y^4 - 2x^2 - 2y^2$$

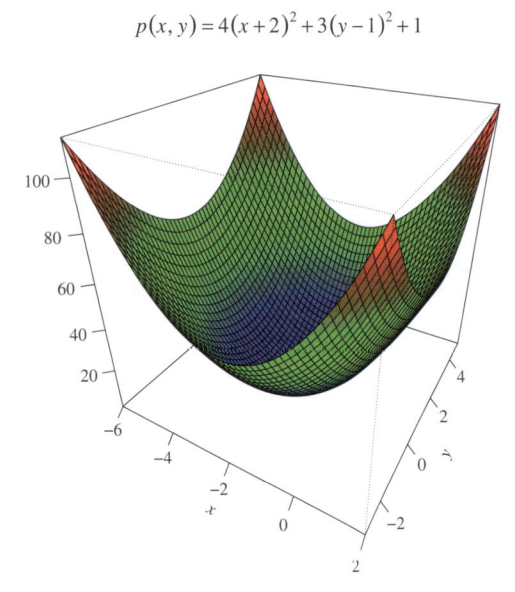

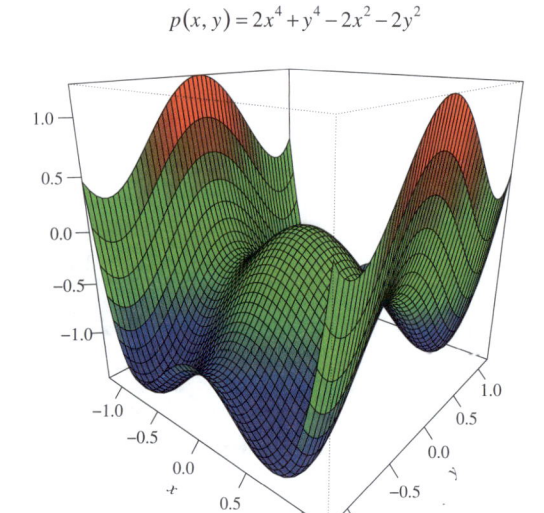

Abb. 21.14: Polynom $p\colon \mathbb{R}^2 \longrightarrow \mathbb{R}$, $(x,y) \mapsto p(x,y) = 4(x+2)^2 + 3(y-1)^2 + 1$ (links) und Polynom $p\colon \mathbb{R}^2 \longrightarrow \mathbb{R}$, $(x,y) \mapsto p(x,y) = 2x^4 + y^4 - 2x^2 - 2y^2$ (rechts)

Es besitzt also im Ursprung $(0,0)$ eine globale Maximalstelle mit $\max_{\mathbf{x} \in \mathbb{R}^2} p(\mathbf{x}) = 0$. Da die Exponentialfunktion streng monoton wachsend ist, folgt daraus, dass die Dichtefunktion der zweidimensionalen Standardnormalverteilung $f\colon \mathbb{R}^2 \longrightarrow \mathbb{R}$, $(x,y) \mapsto f(x,y) = \frac{1}{2\pi} \exp\left(-\frac{1}{2}\left(x^2 + y^2\right)\right)$ im Ursprung $(0,0)$ ebenfalls ein globales Maximum besitzt und $\max_{\mathbf{x} \in \mathbb{R}^2} f(\mathbf{x}) = \frac{1}{2\pi}$ gilt (vgl. Abbildung 21.12, links).

b) Für das Polynom $p\colon \mathbb{R}^2 \longrightarrow \mathbb{R}$, $(x,y) \mapsto p(x,y) = 4(x+2)^2 + 3(y-1)^2 + 1$ gilt für alle $(x,y) \in \mathbb{R}^2$

$$p(x,y) \geq 1 \quad \text{und} \quad p(-2,1) = 1.$$

Das Polynom p besitzt somit eine globale Minimalstelle bei $(-2,1) \in \mathbb{R}^2$ mit $\min_{\mathbf{x} \in \mathbb{R}^2} p(\mathbf{x}) = 1$ (vgl. Abbildung 21.14, links).

c) Das Polynom $p\colon \mathbb{R}^2 \longrightarrow \mathbb{R}$, $(x,y) \mapsto p(x,y) = 2x^4 + y^4 - 2x^2 - 2y^2$ besitzt an der Stelle $(0,0)$ ein lokales (aber kein globales) Maximum mit dem Funktionswert 0 und an den vier Stellen

$$\left(\tfrac{1}{\sqrt{2}}, 1\right), \left(\tfrac{1}{\sqrt{2}}, -1\right), \left(-\tfrac{1}{\sqrt{2}}, 1\right) \text{ und } \left(-\tfrac{1}{\sqrt{2}}, -1\right)$$

jeweils ein globales Minimum mit $\min_{\mathbf{x} \in \mathbb{R}^2} p(\mathbf{x}) = -\frac{3}{2}$ (vgl. die beiden Beispiele 24.2b) und 24.11a) in Abschnitt 24.2 sowie Abbildung 21.14, rechts).

Ein lokales Maximum (Minimum) einer reellwertigen Funktion in n Variablen ist wie bereits erwähnt im Allgemeinen kein globales Maximum (Minimum). Für konvexe (konkave) Funktionen mit einer konvexen Menge als Definitionsbereich gilt dies jedoch nicht, denn der Satz 13.35 für reellwertige Funktionen in einer Variablen lässt sich auf reellwertige Funktionen in n Variablen verallgemeinern:

Satz 21.43 (Globale Extremalwerte bei konvexen und konkaven Funktionen)

Es sei $f\colon D \subseteq \mathbb{R}^n \longrightarrow \mathbb{R}$ eine reellwertige Funktion auf einer konvexen Menge $D \subseteq \mathbb{R}^n$. Ist f konvex, dann ist ein lokales Minimum auch das globale Minimum. Ist f dagegen konkav, dann ist ein lokales Maximum auch das globale Maximum.

Beweis: Der Beweis verläuft völlig analog zum Beweis von Satz 13.35. ∎

In Kapitel 24 wird gezeigt, wie mit Hilfe der Differentialrechnung auch die Minima und Maxima von reellwertigen Funktionen in n Variablen ermittelt werden können.

21.6 Grenzwerte von reellwertigen Funktionen in n Variablen

In den Kapiteln 15 und 16 hat sich bei der Untersuchung der Eigenschaften von reellwertigen Funktionen in einer Variablen der Konvergenzbegriff als sehr hilfreich erwiesen. Aufbauend auf dem in Abschnitt 21.1 definierten Grenzwertbegriff für Folgen im $\mathbb{R}^n$ kann das Konzept der Konvergenz – völlig analog zu Funktionen in einer Variablen in Abschnitt 13.10 – auch für reellwertige Funktionen in n Variablen eingeführt werden.

Häufungspunkte einer Menge im $\mathbb{R}^n$

Zur Formulierung des Konvergenzbegriffes für eine reellwertige Funktion in n Variablen ist es jedoch erforderlich, zuerst den Begriff des **Häufungspunktes einer Menge** von $D \subseteq \mathbb{R}$ auf $D \subseteq \mathbb{R}^n$ zu verallgemeinern.

Definition 21.44 (Häufungspunkt einer Menge im $\mathbb{R}^n$)

Ein $\mathbf{x}_0 \in \mathbb{R}^n$ heißt Häufungspunkt der Menge $D \subseteq \mathbb{R}^n$, wenn zu jedem $\varepsilon > 0$ unendlich viele $\mathbf{x} \in D$ mit $\|\mathbf{x} - \mathbf{x}_0\| < \varepsilon$ existieren. Ist $\mathbf{x}_0$ kein Häufungspunkt der Menge D, aber gilt $\mathbf{x}_0 \in D$, dann wird $\mathbf{x}_0$ als isolierter Punkt der Menge D bezeichnet.

Ein Häufungspunkt $\mathbf{x}_0$ einer Menge $D \subseteq \mathbb{R}^n$ besitzt somit die Eigenschaft, dass in seiner unmittelbaren Nähe unendlich viele Elemente $\mathbf{x}$ aus D liegen. Das heißt, für jedes $\varepsilon > 0$ enthält die zugehörige Kugelumgebung von $\mathbf{x}_0$, also die offene Kugel $K_<(\mathbf{x}_0, \varepsilon) = \{\mathbf{x} \in \mathbb{R}^n : \|\mathbf{x} - \mathbf{x}_0\| < \varepsilon\}$, unendlich viele Elemente aus D. Folglich ist ein $\mathbf{x}_0 \in \mathbb{R}^n$ genau dann Häufungspunkt einer Menge $D \subseteq \mathbb{R}^n$, wenn es eine Folge $(\mathbf{x}_k)_{k \in \mathbb{N}} \subseteq D$ gibt, die gegen $\mathbf{x}_0$ konvergiert, also

$$\lim_{k \to \infty} \mathbf{x}_k = \mathbf{x}_0$$

gilt.

Grenzwerte für $\mathbf{x} \to \mathbf{x}_0$ und $\|\mathbf{x}\| \to \infty$

Der Grenzwert einer reellwertigen Funktion in n Variablen ist wie folgt definiert:

Definition 21.45 (Grenzwert einer Funktion in n Variablen für $\mathbf{x} \to \mathbf{x}_0$)

Es sei $f: D \subseteq \mathbb{R}^n \longrightarrow \mathbb{R}$ eine reellwertige Funktion und $\mathbf{x}_0 \in \mathbb{R}^n$ ein Häufungspunkt der Menge D. Dann sagt man, dass die Funktion f für $\mathbf{x} \to \mathbf{x}_0$ gegen $c \in \mathbb{R}$ konvergiert, wenn für jede Folge $(\mathbf{x}_k)_{k \in \mathbb{N}} \subseteq D$ mit $\mathbf{x}_k \neq \mathbf{x}_0$ für alle $k \in \mathbb{N}$ und $\lim_{k \to \infty} \mathbf{x}_k = \mathbf{x}_0$ stets

$$\lim_{k \to \infty} f(\mathbf{x}_k) = c \qquad (21.13)$$

gilt. Der Wert c wird dann als Grenzwert (Limes) von f für $\mathbf{x} \to \mathbf{x}_0$ bezeichnet und man schreibt

$$\lim_{\mathbf{x} \to \mathbf{x}_0} f(\mathbf{x}) = c \quad \text{oder} \quad f(\mathbf{x}) \to c \text{ für } \mathbf{x} \to \mathbf{x}_0 \quad \text{oder}$$
$$f(\mathbf{x}) \xrightarrow{\mathbf{x} \to \mathbf{x}_0} c.$$

Konvergiert die Funktion f für $\mathbf{x} \to \mathbf{x}_0$ nicht, dann sagt man, dass f für $\mathbf{x} \to \mathbf{x}_0$ divergiert, oder auch, dass der Grenzwert von f für $\mathbf{x} \to \mathbf{x}_0$ nicht existiert.

Eine Funktion $f: D \subseteq \mathbb{R}^n \longrightarrow \mathbb{R}$ ist somit für $\mathbf{x} \to \mathbf{x}_0$ genau dann konvergent, wenn es sich bei $(f(\mathbf{x}_k))_{k \in \mathbb{N}}$ um eine konvergente Folge in $\mathbb{R}$ handelt. Die Definition 21.45 stimmt somit exakt mit der Definition 13.40 für reellwertige Funktionen in einer Variablen überein und folglich übertragen sich auch alle Rechenregeln in Satz 13.41 auf die Grenzwerte konvergenter reellwertiger Funktionen in n Variablen.

Für eine Funktion $f: D \subseteq \mathbb{R}^n \longrightarrow \mathbb{R}$ lassen sich ferner auch der Grenzwert für $\|\mathbf{x}\| \to \infty$ und die uneigentlichen Grenzwerte $\lim_{\mathbf{x} \to \mathbf{x}_0} f(\mathbf{x}) = \infty \, (-\infty)$ und $\lim_{\|\mathbf{x}\| \to \infty} f(\mathbf{x}) = \infty \, (-\infty)$ völlig entsprechend zu reellwertigen Funktionen in einer Variablen definieren. Man erhält dann das Analogon zu Definition 13.47 bzw. 13.49.

Beispiel 21.46 (Grenzwerte von reellwertigen Funktionen in n Variablen)

a) Die reellwertige Funktion $f: \mathbb{R}^2 \longrightarrow \mathbb{R}$, $(x, y) \mapsto \sin(x)\cos(y)$ konvergiert für $\mathbf{x} \to \mathbf{x}_0$ mit $\mathbf{x}_0 := \left(\frac{\pi}{2}, 0\right)^T$ gegen den Grenzwert 1. Denn für eine beliebige Folge $(\mathbf{x}_k)_{k \in \mathbb{N}} \subseteq \mathbb{R}^2$

mit $\mathbf{x}_k \to \mathbf{x}_0$ für $k \to \infty$ erhält man

$$\lim_{\mathbf{x}_k \to \mathbf{x}_0} f(\mathbf{x}_k) = \lim_{\mathbf{x}_k \to \mathbf{x}_0} f(x_k, y_k)$$
$$= \lim_{\mathbf{x}_k \to \mathbf{x}_0} \sin(x_k)\cos(y_k)$$
$$= \sin\left(\frac{\pi}{2}\right)\cos(0) = 1.$$

Es gilt somit $\lim_{\mathbf{x} \to \mathbf{x}_0} f(\mathbf{x}) = 1$ (vgl. Abbildung 21.11, links).

b) Die reellwertige Funktion $f : \mathbb{R}^3 \longrightarrow \mathbb{R}$, $(x, y, z) \mapsto (x^2 + y^2 + z^2)\exp(xyz)$ konvergiert für $\mathbf{x} \to \mathbf{x}_0$ mit $\mathbf{x}_0 := (1, 2, 1)^T$ gegen den Grenzwert $6e^2$. Denn für eine beliebige Folge $(\mathbf{x}_k)_{k\in\mathbb{N}} \subseteq \mathbb{R}^3$ mit $\mathbf{x}_k \to \mathbf{x}_0$ für $k \to \infty$ folgt

$$\lim_{\mathbf{x}_k \to \mathbf{x}_0} f(\mathbf{x}_k) = \lim_{\mathbf{x}_k \to \mathbf{x}_0} f(x_k, y_k, z_k)$$
$$= \lim_{\mathbf{x}_k \to \mathbf{x}_0} (x_k^2 + y_k^2 + z_k^2)\exp(x_k y_k z_k) = 6e^2.$$

Folglich gilt $\lim_{\mathbf{x} \to \mathbf{x}_0} f(\mathbf{x}) = 6e^2$.

c) Die reellwertige Funktion $f : \mathbb{R}^2 \longrightarrow \mathbb{R}$, $(x, y) \mapsto \frac{1}{2\pi}\exp\left(-\frac{1}{2}(x^2+y^2)\right)$ konvergiert für $\|\mathbf{x}\| \to \infty$ gegen den Grenzwert 0. Für eine beliebige Folge $(\mathbf{x}_k)_{k\in\mathbb{N}} \subseteq \mathbb{R}^2$ mit $\|\mathbf{x}_k\| \to \infty$ für $k \to \infty$ erhält man nämlich

$$\lim_{\|\mathbf{x}_k\| \to \infty} f(\mathbf{x}_k) = \lim_{\|\mathbf{x}_k\| \to \infty} f(x_k, y_k)$$
$$= \lim_{\|\mathbf{x}_k\| \to \infty} \frac{1}{2\pi}\exp\left(-\frac{1}{2}(x_k^2 + y_k^2)\right) = 0.$$

Das heißt, es gilt $\lim_{\|\mathbf{x}\| \to \infty} f(\mathbf{x}) = 0$ (vgl. Abbildung 21.12, links).

d) Die reellwertige Funktion $f : D \subseteq \mathbb{R}^2 \longrightarrow \mathbb{R}$ mit $D := \{(x, y) \in \mathbb{R}^2 : x \geq 0, y > 0\}$ und der Zuordnungsvorschrift $f(x, y) = x^{\frac{3}{2}} y^{-\frac{1}{4}}$ ist für $\mathbf{x} \to \mathbf{x}_0$ mit $\mathbf{x}_0 := (1, 0)^T$ bestimmt divergent gegen den uneigentlichen Grenzwert ∞. Denn für eine beliebige Folge $(\mathbf{x}_k)_{k\in\mathbb{N}} \subseteq D$ mit $\mathbf{x}_k \to \mathbf{x}_0$ für $k \to \infty$ folgt

$$\lim_{\mathbf{x}_k \to \mathbf{x}_0} f(\mathbf{x}_k) = \lim_{\mathbf{x}_k \to \mathbf{x}_0} f(x_k, y_k) = \lim_{\mathbf{x}_k \to \mathbf{x}_0} x_k^{\frac{3}{2}} y_k^{-\frac{1}{4}} = \infty.$$

Das heißt, es gilt $\lim_{\mathbf{x} \to \mathbf{x}_0} f(\mathbf{x}) = \infty$ und bei $\mathbf{x}_0 = (1, 0)^T$ handelt es sich somit um eine Polstelle von f (vgl. Abbildung 21.10, rechts).

e) Die reellwertige Funktion $f : \mathbb{R}^2 \longrightarrow \mathbb{R}$, $f(x, y) = \frac{xy}{x^2+y^2}$ besitzt für $\mathbf{x} \to \mathbf{x}_0$ mit $\mathbf{x}_0 := (0, 0)^T$ keinen Grenzwert. Denn die beiden Folgen $\left(\frac{1}{k}, \frac{1}{k}\right)_{k\in\mathbb{N}}$ und $\left(\frac{2}{k}, \frac{1}{k}\right)_{k\in\mathbb{N}}$ konvergieren zum Beispiel für $k \to \infty$ gegen $\mathbf{x}_0$. Aber es gilt

$$\lim_{k \to \infty} f\left(\frac{1}{k}, \frac{1}{k}\right) = \lim_{k \to \infty} \frac{\frac{1}{k^2}}{\frac{2}{k^2}} = \frac{1}{2}$$
$$\neq \lim_{k \to \infty} f\left(\frac{2}{k}, \frac{1}{k}\right)$$
$$= \lim_{k \to \infty} \frac{\frac{2}{k^2}}{\frac{5}{k^2}} = \frac{2}{5}.$$

21.7 Stetige Funktionen

Genau wie bei reellwertigen Funktionen in einer Variablen ist auch bei reellwertigen Funktionen in n Variablen der Begriff des Grenzwertes einer Funktion $f : D \subseteq \mathbb{R}^n \longrightarrow \mathbb{R}$ an einer Stelle $\mathbf{x}_0 \in D$ eng mit dem Begriff der **Stetigkeit** von f an der Stelle $\mathbf{x}_0$ verbunden. Die fast wortwörtliche Übertragung von Definition 15.2 liefert das folgende **Folgenkriterium**:

Definition 21.47 (Stetigkeit einer reellwertigen Funktion in n Variablen)

Es seien $f : D \subseteq \mathbb{R}^n \longrightarrow \mathbb{R}$ eine reellwertige Funktion und $\mathbf{x}_0 \in D$. Dann heißt f an der Stelle $\mathbf{x}_0$ stetig, falls $\mathbf{x}_0$ kein Häufungspunkt der Menge D ist oder falls $\mathbf{x}_0$ ein Häufungspunkt der Menge D ist und die Funktion f für $\mathbf{x} \to \mathbf{x}_0$ gegen den Grenzwert $f(\mathbf{x}_0)$ konvergiert, d. h. wenn

$$\lim_{\mathbf{x} \to \mathbf{x}_0} f(\mathbf{x}) = f(\mathbf{x}_0) \qquad (21.14)$$

gilt. Andernfalls sagt man, dass f an der Stelle $\mathbf{x}_0$ unstetig ist, und $\mathbf{x}_0$ wird in diesem Fall als Unstetigkeitsstelle von f bezeichnet.

Die Funktion f heißt stetig auf der Menge $E \subseteq D$, falls f an allen Stellen $\mathbf{x}_0 \in E$ stetig ist. Gilt sogar $E = D$, dann wird f als stetige Funktion oder einfach kurz als stetig bezeichnet.

Entsprechend der Definition 21.47 ist eine Funktion $f : D \subseteq \mathbb{R}^n \longrightarrow \mathbb{R}$ in einem Häufungspunkt $\mathbf{x}_0 \in D$ genau dann stetig, wenn

$$\lim_{\mathbf{x} \to \mathbf{x}_0} f(\mathbf{x}) = f\left(\lim_{\mathbf{x} \to \mathbf{x}_0} \mathbf{x}\right)$$

gilt, also wenn die Reihenfolge von $\lim_{\mathbf{x} \to \mathbf{x}_0}$ und f vertauscht werden darf. Die Funktion f ist in einem Häufungspunkt

$\mathbf{x}_0 \in D$ genau dann stetig, wenn zwei Funktionswerte $f(\mathbf{x}_0)$ und $f(\mathbf{x})$ mit $\mathbf{x} \in D$ beliebig nahe beieinander liegen, falls der Abstand zwischen den beiden Urbildern $\mathbf{x}_0$ und $\mathbf{x}$ nur hinreichend klein ist. Für Funktionen in n Variablen kann völlig analog zu reellwertigen Funktionen in einer Variablen auch ein **ε-δ-Kriterium** (vgl. Definition 15.1) formuliert und der Begriff der **gleichmäßigen Stetigkeit** (vgl. Definition 15.34) definiert werden. Dazu ist in den beiden Definitionen lediglich der Betrag durch die euklidische Norm zu ersetzen.

Das folgende Beispiel demonstriert die Überprüfung von Funktionen in n Variablen auf Stetigkeit anhand des Folgenkriteriums 21.47:

Beispiel 21.48 (Stetigkeit von reellwertigen Funktionen in n Variablen)

a) Die reellwertige Funktion $f : \mathbb{R}^2 \longrightarrow \mathbb{R}$, $(x, y) \mapsto \sin(x)\cos(y)$ ist stetig. Denn für ein beliebiges $\mathbf{x}_0 := (x_0, y_0)^T \in \mathbb{R}^2$ gilt

$$\lim_{\mathbf{x} \to \mathbf{x}_0} f(\mathbf{x}) = \lim_{\mathbf{x} \to \mathbf{x}_0} f(x, y)$$
$$= \lim_{\mathbf{x} \to \mathbf{x}_0} \sin(x)\cos(y)$$
$$= \sin(x_0)\cos(y_0) = f(\mathbf{x}_0)$$

(vgl. Abbildung 21.11, links).

b) Die reellwertige Funktion $f : \mathbb{R}^3 \longrightarrow \mathbb{R}$, $(x, y, z) \mapsto (x^2 + y^2 + z^2)\exp(xyz)$ ist stetig. Für ein beliebiges $\mathbf{x}_0 := (x_0, y_0, z_0)^T \in \mathbb{R}^3$ folgt

$$\lim_{\mathbf{x} \to \mathbf{x}_0} f(\mathbf{x}) = \lim_{\mathbf{x} \to \mathbf{x}_0} f(x, y, z)$$
$$= \lim_{\mathbf{x} \to \mathbf{x}_0} (x^2 + y^2 + z^2)\exp(xyz)$$
$$= (x_0^2 + y_0^2 + z_0^2)\exp(x_0 y_0 z_0) = f(\mathbf{x}_0).$$

c) Die reellwertige Funktion

$$f : \mathbb{R}^2 \longrightarrow \mathbb{R}, \quad (x, y) \mapsto f(x, y) = \begin{cases} \frac{2xy^2}{x^2 + y^4} & \text{für } x > 0 \\ 0 & \text{für } x \leq 0 \end{cases}$$

ist an jeder Stelle $\mathbf{x}_0 := (x_0, y_0)^T \neq (0, 0)^T$ stetig. Denn für ein beliebiges $\mathbf{x}_0 \neq (0, 0)^T$ gilt

$$\lim_{\mathbf{x} \to \mathbf{x}_0} f(\mathbf{x}) = \lim_{\mathbf{x} \to \mathbf{x}_0} f(x, y)$$
$$= \lim_{\mathbf{x} \to \mathbf{x}_0} \frac{2xy^2}{x^2 + y^4} = \frac{2x_0 y_0^2}{x_0^2 + y_0^4} = f(\mathbf{x}_0).$$

Die Funktion f ist jedoch an der Stelle $\mathbf{x}_0 = (0, 0)^T$ unstetig. Denn die Folge $\left(\frac{1}{k^2}, \frac{1}{k}\right)_{k \in \mathbb{N}}$ konvergiert gegen $\mathbf{x}_0$ für $k \to \infty$ und man erhält

$$\lim_{k \to \infty} f\left(\frac{1}{k^2}, \frac{1}{k}\right) = \lim_{k \to \infty} \frac{\frac{2}{k^4}}{\frac{2}{k^4}} = 1 \neq 0 = f(\mathbf{x}_0).$$

Der Graph von f wird als **Parabelfalte** bezeichnet (vgl. Abbildung 21.15, links).

d) Die reellwertige Funktion

$$f : \mathbb{R}^2 \longrightarrow \mathbb{R}, \quad (x, y) \mapsto f(x, y) = \begin{cases} \frac{xy}{x^2 + y^2} & \text{für } (x, y) \neq (0, 0) \\ 0 & \text{für } (x, y) = (0, 0) \end{cases}$$

ist an jeder Stelle $\mathbf{x}_0 := (x_0, y_0)^T \neq (0, 0)^T$ stetig. Für ein beliebiges $\mathbf{x}_0 \neq (0, 0)^T$ folgt nämlich

$$\lim_{\mathbf{x} \to \mathbf{x}_0} f(\mathbf{x}) = \lim_{\mathbf{x} \to \mathbf{x}_0} f(x, y)$$
$$= \lim_{\mathbf{x} \to \mathbf{x}_0} \frac{xy}{x^2 + y^2}$$
$$= \frac{x_0 y_0}{x_0^2 + y_0^2} = f(\mathbf{x}_0).$$

Gemäß Beispiel 21.46e) besitzt f jedoch für $\mathbf{x} \to (0, 0)^T$ keinen Grenzwert und (21.14) ist damit für $\mathbf{x}_0 = (0, 0)^T$ nicht erfüllt. Das heißt, die Funktion f ist an der Stelle $\mathbf{x}_0 = (0, 0)^T$ unstetig (vgl. Abbildung 21.15, rechts).

Eigenschaften stetiger Funktionen

Der Satz 15.13 bezüglich **Summen**, **Differenzen**, **Produkten** und **Quotienten** stetiger Funktionen in einer Variablen lässt sich samt Beweis auf stetige Funktionen in n Variablen übertragen. Man erhält dann:

Satz 21.49 (Rechenregeln für stetige Funktionen)

Es seien $f : D \subseteq \mathbb{R}^n \longrightarrow \mathbb{R}$ und $g : D \subseteq \mathbb{R}^n \longrightarrow \mathbb{R}$ zwei reellwertige Funktionen, die an der Stelle $\mathbf{x}_0 \in D$ stetig sind, und $\alpha \in \mathbb{R}$. Dann sind die Funktionen

$$\alpha f, \quad f + g, \quad f - g \quad \text{und} \quad fg$$

ebenfalls an der Stelle $\mathbf{x}_0$ stetig. Gilt zusätzlich $g(\mathbf{x}_0) \neq 0$, dann ist auch die Funktion $\frac{f}{g}$ an der Stelle $\mathbf{x}_0$ stetig.

Beweis: Der Beweis kann völlig analog zu Satz 15.13 geführt werden. ∎

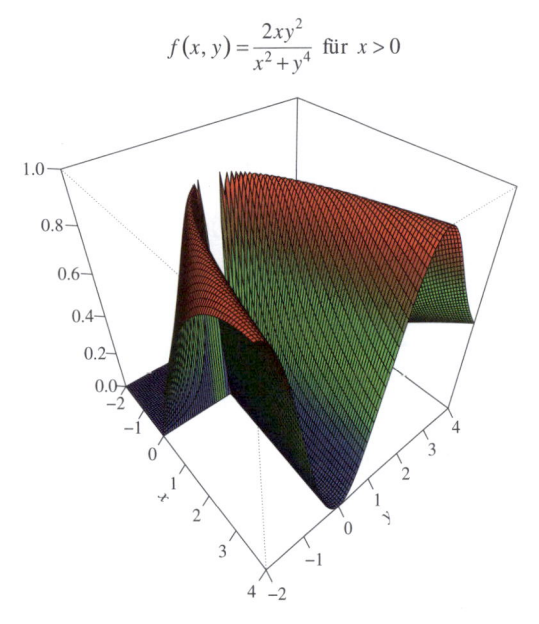

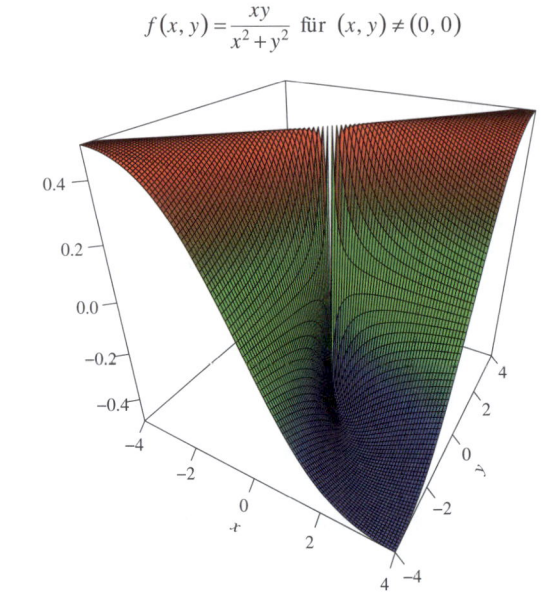

Abb. 21.15: Reellwertige Funktionen $f: \mathbb{R}^2 \longrightarrow \mathbb{R}$, $f(x,y) = \frac{2xy^2}{x^2+y^4}$ für $x > 0$ und $f(x,y) = 0$ für $x \leq 0$ (links) und $f: \mathbb{R}^2 \longrightarrow \mathbb{R}$, $f(x,y) = \frac{xy}{x^2+y^2}$ für $(x,y) \neq (0,0)$ und $f(0,0) = 0$ (rechts)

Mit Satz 21.49 folgt die Stetigkeit von vielen Funktionen in n Variablen.

Beispiel 21.50 (Stetigkeit von reellwertigen Funktionen in n Variablen)

a) Die reellwertige Funktion

$$f_i: \mathbb{R}^n \longrightarrow \mathbb{R}, (x_1, \ldots, x_n) \mapsto f_i(x_1, \ldots, x_n) := x_i$$

für ein $i \in \{1, \ldots, n\}$ wird als **i-te Projektion** oder **i-te Koordinatenfunktion** bezeichnet, da sie jedem Vektor $\mathbf{x} \in \mathbb{R}^n$ dessen i-te Koordinate zuordnet. Die i-te Projektion f_i ist stetig, denn für ein beliebiges $\mathbf{a} := (a_1, \ldots, a_n) \in \mathbb{R}^n$ gilt

$$\lim_{\mathbf{x} \to \mathbf{a}} f_i(\mathbf{x}) = \lim_{\mathbf{x} \to \mathbf{a}} f_i(x_1, \ldots, x_n) = \lim_{\mathbf{x} \to \mathbf{a}} x_i = a_i = f_i(\mathbf{a}).$$

b) Zusammen mit Satz 21.49 folgt aus Beispiel a), dass
  - affin-lineare Funktionen

  $$f: \mathbb{R}^n \longrightarrow \mathbb{R}, \mathbf{x} \mapsto a_0 + \mathbf{a}^T \mathbf{x} = a_0 + \sum_{i=1}^n a_i x_i$$

  mit $a_0 \in \mathbb{R}$ und $\mathbf{a} = (a_1, \ldots, a_n)^T \in \mathbb{R}^n$,

  - quadratische Formen

  $$f: \mathbb{R}^n \longrightarrow \mathbb{R}, \mathbf{x} \mapsto \mathbf{x}^T \mathbf{A} \mathbf{x} = \sum_{i=1}^n \sum_{j=1}^n a_{ij} x_i x_j$$

  mit $\mathbf{A} = (a_{ij})_{n,n} \in M(n, n)$,

  - Polynome

  $$p: \mathbb{R}^n \longrightarrow \mathbb{R},$$
  $$\mathbf{x} \mapsto \sum_{k_1=0}^{m_1} \sum_{k_2=0}^{m_2} \cdots \sum_{k_n=0}^{m_n} a_{k_1 k_2 \ldots k_n} x_1^{k_1} x_2^{k_2} \cdots x_n^{k_n}$$

  mit $a_{k_1 k_2 \ldots k_n} \in \mathbb{R}$ und $m_i \in \mathbb{N}_0$ für $i = 1, \ldots, n$ sowie

  - rationale Funktionen

  $$q: D \subseteq \mathbb{R}^n \longrightarrow \mathbb{R}, \mathbf{x} \mapsto q(\mathbf{x}) = \frac{p_1(\mathbf{x})}{p_2(\mathbf{x})}$$

  mit $D = \{\mathbf{x} \in \mathbb{R}^n : p_2(\mathbf{x}) \neq 0\}$ und zwei Polynomen p_1 und p_2

stetig sind.

Ein weiteres wichtiges Ergebnis über die Erhaltung der Stetigkeit bezieht sich auf die Komposition zweier Funktionen und ist die Verallgemeinerung von Satz 15.15.

Satz 21.51 (Stetigkeit von Kompositionen bei Funktionen in n Variablen)

Es seien $f: D_f \subseteq \mathbb{R} \longrightarrow \mathbb{R}$ und $g: D_g \subseteq \mathbb{R}^n \longrightarrow \mathbb{R}$ zwei reelle Funktionen mit $g(D_g) \subseteq D_f$. Weiter seien g an der Stelle $\mathbf{x}_0 \in D_g$ und f an der Stelle $y_0 = g(\mathbf{x}_0)$ stetig. Dann ist auch die Komposition $f \circ g: D_g \subseteq \mathbb{R}^n \longrightarrow \mathbb{R}$ an der Stelle $\mathbf{x}_0$ stetig.

Beweis: Der Beweis kann völlig analog zu Satz 15.15 geführt werden. ∎

Mit den beiden Sätzen 21.49 und 21.51 sowie der Stetigkeit von Exponential-, Logarithmus-, Potenz- und Arcusfunktionen sowie trigonometrischen Funktionen (vgl. Abschnitt 15.6) folgt die Stetigkeit einer Vielzahl reellwertiger Funktionen in n Variablen.

Beispiel 21.52 (Bewertung europäischer Call- und Put-Optionen)

Europäische Call- und **Put-Optionen** auf ein Basisinstrument (z. B. Aktien, Rohstoffe, Anleihen, Währungen, Nahrungsmittel, Strom usw.) sind Wertpapiere, welche dem Inhaber das Recht einräumen, zu einem bestimmten Zeitpunkt T (**Ausübungszeitpunkt**) das Basisinstrument zu einem im Voraus festgelegten Preis K (**Ausübungspreis**) zu kaufen (Call) bzw. zu verkaufen (Put). Ein rational handelnder Inhaber einer Call- oder Put-Option wird sein Recht jedoch nur dann ausüben, wenn der Kurs S_t des zugrunde liegenden Basisinstrumentes zum Zeitpunkt $t = T$ über bzw. unter dem Ausübungspreis K liegt. Das heißt, europäische Call- und Put-Optionen erbringen am Ende der Laufzeit zum Zeitpunkt T bei einem Ausübungspreis K für ihren Inhaber den Payoff (Cashflow)

$$\max\{S_T - K, 0\} \quad \text{bzw.} \quad \max\{K - S_T, 0\} \quad (21.15)$$

(vgl. Abbildung 21.16). Call- und Put-Optionen werden von Investoren z. B. sehr häufig zur Absicherung von Wertpapiergeschäften eingesetzt (sogenanntes **Hedging**). Für Finanzinstitutionen, die mit Call- und Put-Optionen handeln, stellt sich daher unmittelbar die Frage, wie der „faire Preis" einer europäischen Call- und Put-Option zu einem Zeitpunkt $t < T$ berechnet werden kann. Eine solche Bewertung von europäischen Call- und Put-Optionen ist eine nicht-triviale Problemstellung, da mit dem Kurs S_T des Basisinstrumentes auch der Payoff (21.15) zum Bewertungszeitpunkt $t < T$ noch unbekannt ist.

Im Jahre 1973 veröffentlichten der US-amerikanische Mathematiker und Ökonom *Fischer Black* (1938–1995) und der kanadische Ökonom *Myron Scholes* (*1941) im **Journal of Political Economy** ihren bahnbrechenden Artikel **„The Pricing of Options and Corporate Liabilities"**, der mittlerweile als Meilenstein der Finanzwirtschaft gilt. In dieser Arbeit beschreiben sie ein finanzmathematisches Modell, welches schnell als **Black-Scholes-Modell** bekannt geworden ist und eine „faire Bewertung" von Call- und Put-Optionen ermöglicht. Für diese Leistung haben *Scholes* und *Robert Merton* (*1944), welcher ebenfalls maßgeblich an der Entwicklung beteiligt war, 1997 den Wirtschaftsnobelpreis erhalten. *Black* blieb dies aufgrund seines Todes im Jahre 1995 verwehrt. Im Black-Scholes-Modell berechnet sich der Preis einer europäischen Option zum Zeitpunkt $t < T$ mittels der berühmten **Black-Scholes-Formel**. Für eine Call-Option lautet diese

$$C(r, \sigma, S_t, K, T - t) = S_t \Phi(d_1) \quad (21.16)$$
$$- K \exp(-r(T - t)) \Phi(d_2)$$

und für eine Put-Option

$$P(r, \sigma, S_t, K, T - t) = K \exp(-r(T - t)) \Phi(-d_2)$$
$$- S_t \Phi(-d_1) \quad (21.17)$$

mit

$$d_1 := \frac{\ln\left(\frac{S_t}{K}\right)}{\sigma\sqrt{T-t}} + \frac{\sqrt{T-t}}{\sigma}\left(r + \frac{\sigma^2}{2}\right) \quad \text{und}$$
$$d_2 := d_1 - \sigma\sqrt{T-t}. \quad (21.18)$$

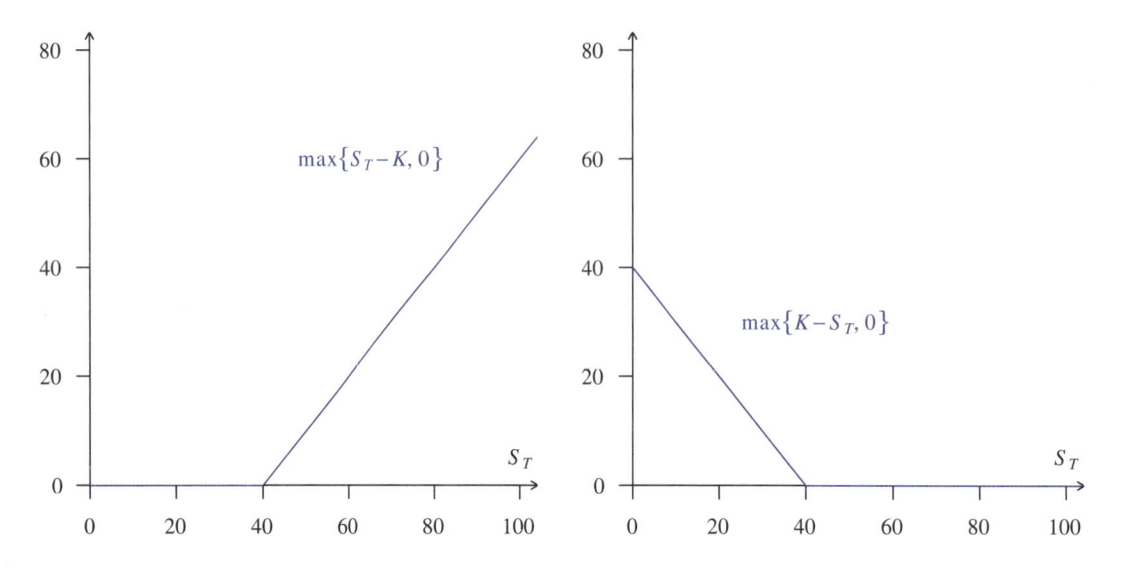

Abb. 21.16: Payoffs $\max\{S_T - K, 0\}$ und $\max\{K - S_T, 0\}$ einer europäischen Call-Option (links) bzw. Put-Option (rechts) für den Ausübungspreis $K = 40\,€$

Das heißt, im Black-Scholes-Modell ist der Preis einer europäischen Call- und Put-Option zum Zeitpunkt $t < T$ eine reellwertige Funktion in den fünf Variablen

$$K, \; T-t, \; S_t, \; r \quad \text{und} \quad \sigma.$$

Dabei bezeichnet K den Ausübungspreis, $T-t$ die Restlaufzeit, S_t den Preis des Basisinstrumentes zum Zeitpunkt t, r den risikolosen Zinssatz auf dem Finanzmarkt und σ die Volatilität des Aktienkurses, die ein Maß für die Kursschwankung des Basisinstrumentes ist. Die Werte $\Phi(d_1)$ und $\Phi(d_2)$ sind die Werte der Standardnormalverteilung Φ an den Stellen d_1 bzw. d_2 (vgl. Beispiel 19.48). Mit den beiden Sätzen 21.49 und 21.51 sowie der Stetigkeit der Standardnormalverteilung Φ und von Exponential-, Logarithmus- und Wurzelfunktionen folgt, dass die beiden Bewertungsformeln (21.16)–(21.17) stetig sind (vgl. Abbildung 21.17).

Satz vom Minimum und Maximum

In Kapitel 15 hat sich gezeigt, dass stetige reellwertige Funktionen in einer Variablen auf abgeschlossenen und beschränkten Intervallen eine Reihe guter Eigenschaften besitzen. Eine dieser Eigenschaften ist der **Satz vom Minimum und Maximum**, der auch **Extremalwertsatz** oder **Satz von Weierstraß** genannt wird und ein Existenzsatz für globale Extrema ist (vgl. Satz 15.25). Dieses bedeutende Resultat lässt sich ebenfalls auf reellwertige Funktionen in n Variablen verallgemeinern.

Satz 21.53 (Satz vom Minimum und Maximum)

Eine auf einer kompakten (d. h. beschränkten und abgeschlossenen) Menge $M \subseteq \mathbb{R}^n$ definierte stetige reellwertige Funktion $f : M \subseteq \mathbb{R}^n \longrightarrow \mathbb{R}$ ist beschränkt und nimmt ihr globales Minimum und Maximum an. Das heißt, es gibt eine globale Minimalstelle $\mathbf{x}_1 \in M$ und eine globale Maximalstelle $\mathbf{x}_2 \in M$, so dass für alle $\mathbf{x} \in M$ gilt:

$$f(\mathbf{x}_1) \leq f(\mathbf{x}) \leq f(\mathbf{x}_2)$$

Beweis: Der Beweis kann weitgehend analog zu Satz 15.25 geführt werden. ∎

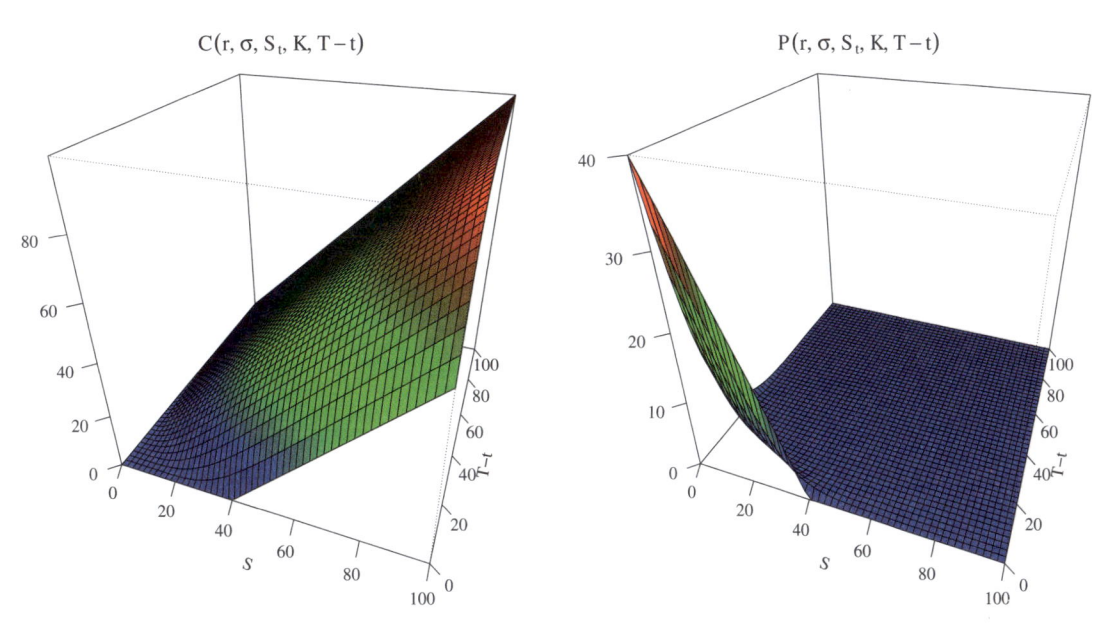

Abb. 21.17: Preis $C(r, \sigma, S_t, K, T-t)$ einer europäischen Call-Option (links) und Preis $P(r, \sigma, S_t, K, T-t)$ einer europäischen Put-Option (rechts) in Abhängigkeit der beiden Variablen S_T und $T-t$ für $r = 0{,}1$, $\sigma = 0{,}2$ und $K = 40\,€$

Das folgende Beispiel demonstriert den Nutzen von Satz 21.53 anhand einer Anwendung aus der **Haushaltstheorie**:

Beispiel 21.54 (Satz vom Minimum und Maximum in der Haushaltstheorie)

Betrachtet wird ein Konsument K mit dem Vermögen $w > 0$, der ein **Warenbündel** aus seiner **Budgetmenge**

$$B_w := \{\mathbf{x} \in \mathbb{R}_+^n : p_1 x_1 + \ldots + p_n x_n \leq w\}$$

auswählt, wobei $p_1, \ldots, p_n > 0$ die Preise und $x_1, \ldots, x_n \geq 0$ die Mengeneinheiten der einzelnen Waren bezeichnen. Die Budgetmenge B_w enthält alle Warenbündel, die das Budget w des Konsumenten nicht übersteigen. In der Haushaltstheorie wird angenommen, dass die Präferenzen von Konsument K durch eine stetige **Nutzenfunktion** $U: \mathbb{R}^n \longrightarrow \mathbb{R}$ ausgedrückt werden und dass der Konsument rational handelt. Das heißt, es wird unterstellt, dass K die Nutzenfunktion U unter Beachtung der Nebenbedingung $\mathbf{x} \in B_w$ maximiert. Da die Budgetmenge B_w beschränkt und abgeschlossen ist, folgt mit Satz 21.53, dass es ein $\mathbf{x}_0 \in B_w$ mit der Eigenschaft

$$U(\mathbf{x}_0) = \max_{\mathbf{x} \in B_w} U(\mathbf{x})$$

gibt.

Kapitel 22

Differentialrechnung im $\mathbb{R}^n$

22.1 Partielle Differentiation

In den Kapiteln 15 bis 18 wurde immer wieder deutlich, dass bei der Untersuchung reellwertiger Funktionen $f: D \subseteq \mathbb{R} \longrightarrow \mathbb{R}$ in einer Variablen die Frage im Vordergrund steht, wie sich die Funktionswerte $f(x)$ bei Änderungen des Argumentes x verhalten. Bei der Betrachtung dieser Fragestellung haben sich die Begriffe **Stetigkeit** und vor allem **Differenzierbarkeit** als die entscheidenden Eigenschaften erwiesen. Es ist daher nicht verwunderlich, dass diese beiden Konzepte auch für die Analyse des Änderungsverhaltens von reellwertigen Funktionen $f: D \subseteq \mathbb{R}^n \longrightarrow \mathbb{R}$ in n Variablen von zentraler Bedeutung sind. Während der Stetigkeitsbegriff bereits in Abschnitt 21.7 auf reellwertige Funktionen in n Variablen verallgemeinert wurde, erfolgt dies für den Differenzierbarkeitsbegriff in diesem Kapitel. Die dabei resultierenden Erkenntnisse führen zu leistungsfähigen Werkzeugen für die Lösung von Optimierungsproblemen und zur Approximation von reellwertigen Funktionen in n Variablen.

Bei der Untersuchung des Änderungsverhaltens einer Funktion $f: D \subseteq \mathbb{R}^n \longrightarrow \mathbb{R}$ in $n \geq 2$ Variablen ist im Wesentlichen nur zu beachten, dass die Annäherung $\mathbf{x} \to \mathbf{x}_0$ an eine Stelle $\mathbf{x}_0 \in D$ nun nicht mehr nur aus zwei, sondern aus unendlich vielen verschiedenen Richtungen erfolgen kann. Betrachtet man zum Beispiel die reellwertige Funktion $f: D \subseteq \mathbb{R}^2 \longrightarrow \mathbb{R}$, $(x, y) \mapsto f(x, y)$ in Abbildung 22.1, dann ist zu beobachten, dass man sich in der x-y-Ebene der Stelle $\mathbf{x}_0 = (x_0, y_0)^T$ parallel zur x-Achse oder parallel zur y-Achse annähern kann. Es ist aber natürlich auch genauso gut möglich, sich in der x-y-Ebene der Stelle $\mathbf{x}_0$ aus jeder anderen Richtung anzunähern. Da jedoch der Graph von f offensichtlich je nach Annäherungsrichtung an die Stelle $\mathbf{x}_0$ eine andere Steigung aufweist, resultieren hierbei verschiedene sogenannte **Richtungsableitungen**.

Partieller Differenzenquotient

Bei der Untersuchung des Änderungsverhaltens einer reellwertigen Funktion $f: D \subseteq \mathbb{R}^n \longrightarrow \mathbb{R}$ in n Variablen sind vor allem die Veränderungen von f entlang einer der n Koordinatenachsen von Bedeutung. Für eine solche Betrachtung ist eine Verallgemeinerung von Definition 16.1 auf reellwertige Funktionen in n Variablen erforderlich. Dies führt zum Begriff des **partiellen Differenzenquotienten**:

Definition 22.1 (Partieller Differenzenquotient einer Funktion in n Variablen)

Es sei $f: D \subseteq \mathbb{R}^n \longrightarrow \mathbb{R}$ eine reellwertige Funktion auf einer offenen Menge D mit $\mathbf{x}, \mathbf{x} + \Delta x \cdot \mathbf{e}_i \in D$ und $\Delta x \neq 0$ sowie dem i-ten Einheitsvektor $\mathbf{e}_i = (0, \ldots, 1, \ldots, 0)^T \in \mathbb{R}^n$. Dann heißt

$$\frac{f(\mathbf{x} + \Delta x \cdot \mathbf{e}_i) - f(\mathbf{x})}{\Delta x} \tag{22.1}$$

$$= \frac{f(x_1, \ldots, x_i + \Delta x, \ldots, x_n) - f(x_1, \ldots, x_i, \ldots, x_n)}{\Delta x}$$

partieller Differenzenquotient der Funktion f in $\mathbf{x}$ bezüglich der i-ten Variablen.

Der partielle Differenzenquotient (22.1) beschreibt die relative Änderung von f an der Stelle $\mathbf{x}$, wenn die i-te Variable x_i um den Wert Δx verändert wird und gleichzeitig die anderen $n - 1$ Variablen x_j mit $j \neq i$ konstant gehalten werden. Er ist damit ein Maß für die „mittlere Steigung" der Funktion f zwischen den beiden Stellen $\mathbf{x}$ und $\mathbf{x} + \Delta x \cdot \mathbf{e}_i$, wenn man sich entlang der i-ten Achse bewegt. Das heißt, der partielle Differenzenquotient (22.1) entspricht geometrisch der Steigung der Sekante s durch die beiden Punkte $(\mathbf{x}, f(\mathbf{x}))$ und $(\mathbf{x} + \Delta x \cdot \mathbf{e}_i, f(\mathbf{x} + \Delta x \cdot \mathbf{e}_i))$ auf dem Graphen von f (vgl. Abbildung 22.1 für den Fall $n = 2$).

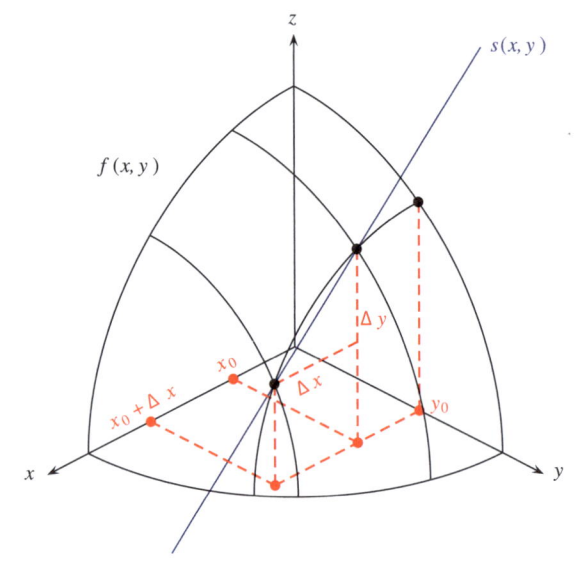

Abb. 22.1: Partieller Differenzenquotient $\frac{f(x_0+\Delta x, y_0) - f(x_0, y_0)}{\Delta x}$ einer reellwertigen Funktion $f: \mathbb{R}^2 \to \mathbb{R}$, $(x, y) \mapsto f(x, y)$ bezüglich der ersten Variablen x als Steigung der Sekante s durch die beiden Punkte $(x_0, y_0, f(x_0, y_0))$ und $(x_0 + \Delta x, y_0, f(x_0 + \Delta x, y_0))$

Partieller Differentialquotient und erste partielle Ableitung

Der Grenzübergang $\Delta x \to 0$ beim partiellen Differenzenquotienten (22.1) führt zu der folgenden Definition der **partiellen Differenzierbarkeit** einer reellwertigen Funktion $f: D \subseteq \mathbb{R}^n \longrightarrow \mathbb{R}$ bezüglich der i-ten Variablen:

> **Definition 22.2** (Partielle Differenzierbarkeit einer Funktion in n Variablen)
>
> Es sei $f: D \subseteq \mathbb{R}^n \longrightarrow \mathbb{R}$ eine reellwertige Funktion auf einer offenen Menge D. Dann heißt f an der Stelle $\mathbf{x}$ bezüglich der i-ten Variablen partiell differenzierbar, wenn der Grenzwert
>
> $$\lim_{\Delta x \to 0} \frac{f(\mathbf{x} + \Delta x \cdot \mathbf{e}_i) - f(\mathbf{x})}{\Delta x} =: \frac{\partial f(\mathbf{x})}{\partial x_i} \quad (22.2)$$
>
> existiert. Der Grenzwert $\frac{\partial f(\mathbf{x})}{\partial x_i}$ wird dann als erste partielle Ableitung, partieller Differentialquotient oder partielle Ableitung erster Ordnung von f an der Stelle $\mathbf{x}$ bezüglich x_i bezeichnet.
>
> Die Funktion f heißt auf der Menge $E \subseteq D$ bezüglich der i-ten Variablen partiell differenzierbar, falls f an jeder Stelle $\mathbf{x} \in E$ bezüglich x_i partiell differenzierbar ist. Die Funktion $\frac{\partial f}{\partial x_i}: E \longrightarrow \mathbb{R}$, $\mathbf{x} \mapsto \frac{\partial f(\mathbf{x})}{\partial x_i}$ wird dann als erste partielle Ableitung oder partielle Ableitungsfunktion erster Ordnung von f in x_i auf der Menge E bezeichnet. Gilt sogar $E = D$, dann heißt f bezüglich x_i partiell differenzierbar.
>
> Ist die Funktion f an der Stelle $\mathbf{x}$ bezüglich aller n Variablen $x_1, \ldots, x_n$ (einmal) partiell differenzierbar, dann heißt sie in $\mathbf{x}$ partiell differenzierbar. Die Funktion f wird partiell differenzierbar genannt, falls f für alle $\mathbf{x} \in D$ (einmal) partiell differenzierbar ist. Sind die ersten partiellen Ableitungen von f zusätzlich stetig, dann wird f als stetig partiell differenzierbar bezeichnet.

Gemäß Definition 22.2 wird die erste partielle Ableitung einer Funktion $f: D \subseteq \mathbb{R}^n \longrightarrow \mathbb{R}$ bezüglich der Variablen x_i dadurch gebildet, dass bis auf die Variable x_i alle anderen Variablen x_j mit $j \neq i$ als Konstanten betrachtet werden. Die auf diese Weise resultierende reellwertige Funktion in nur einer Variablen x_i wird dann in gewohnter Weise nach x_i abgeleitet (vgl. hierzu auch die Definition 16.2 zur Differenzierbarkeit einer reellwertigen Funktion in einer Variablen). Das heißt, die partielle Ableitung einer reellwertigen Funktion f in n Variablen lässt sich vollkommen analog zu einer Funktion in einer Variablen ermitteln. Damit lassen sich insbesondere alle Rechen- und Ableitungsregeln aus Abschnitt 16.4, wie z. B. die Produkt-, die Quotienten- und die Kettenregel, zur Berechnung von partiellen Ableitungen einsetzen (vgl. Beispiel 22.3). Für $n = 1$ stimmt die erste partielle Ableitung natürlich mit der (gewöhnlichen) ersten Ableitung überein.

Die Abbildung 22.2 zeigt den Graphen einer reellwertigen Funktion

$$f: D \subseteq \mathbb{R}^2 \longrightarrow \mathbb{R}, \ (x, y) \mapsto f(x, y)$$

in zwei Variablen, die an der Stelle $\mathbf{x}_0 = (x_0, y_0)^T \in D$ partiell differenzierbar ist. Durch die Stelle $\mathbf{x}_0$ verlaufen parallel zur x-z-Ebene und parallel zur y-z-Ebene zwei Ebenen, die aus dem Graphen von f zwei Kurven herausschneiden, die sich im Punkt $(x_0, y_0, f(x_0, y_0))$ schneiden. Diese Kurven können als Graphen zweier reellwertiger Funktionen

$$x \mapsto f_1(x) := f(x, y_0) \quad \text{und} \quad y \mapsto f_2(y) := f(x_0, y)$$

in den Variablen x bzw. y aufgefasst werden. Diese beiden Funktionen werden als **partielle Funktionen** von f bezeichnet und entstehen aus f dadurch, dass im ersten Fall x als

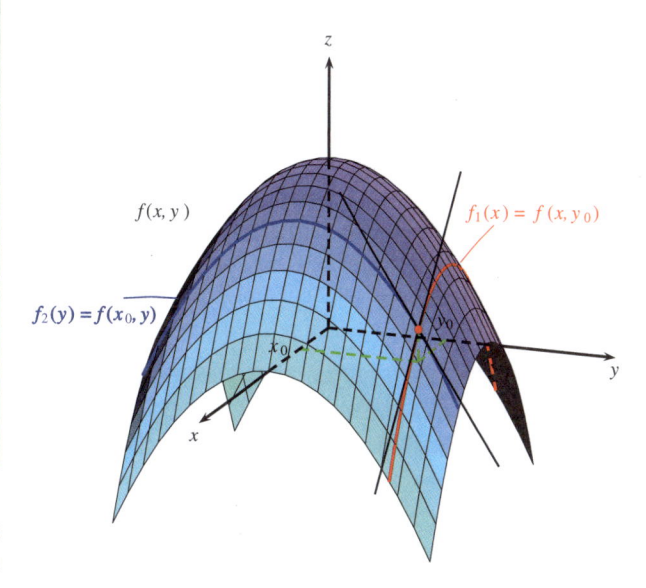

Abb. 22.2: Partiell differenzierbare reellwertige Funktion $f: \mathbb{R}^2 \longrightarrow \mathbb{R}$, $(x, y) \mapsto f(x, y)$ mit den beiden partiellen Funktionen $x \mapsto f_1(x) = f(x, y_0)$ und $y \mapsto f_2(y) = f(x_0, y)$ sowie den beiden partiellen Ableitungen $\frac{\partial f(\mathbf{x}_0)}{\partial x}$ und $\frac{\partial f(\mathbf{x}_0)}{\partial y}$ als Steigungen der Tangenten von f_1 und f_2 an der Stelle $\mathbf{x}_0 = (x_0, y_0)^T$

Variable und y als Konstante mit dem Wert y_0 und im zweiten Fall y als Variable und x als Konstante mit dem Wert x_0 betrachtet wird. Die beiden partiellen Ableitungen $\frac{\partial f(\mathbf{x}_0)}{\partial x}$ und $\frac{\partial f(\mathbf{x}_0)}{\partial y}$ von f an der Stelle $\mathbf{x}_0$ geben die Steigungen der partiellen Funktion f_1 bzw. f_2 an der Stelle $\mathbf{x}_0$ an und sind durch die eingezeichneten Tangenten verdeutlicht. Man sagt daher auch, dass die partiellen Ableitungen $\frac{\partial f(\mathbf{x}_0)}{\partial x}$ und $\frac{\partial f(\mathbf{x}_0)}{\partial y}$ die Steigungen des Graphen von f in x- bzw. y-Richtung an der Stelle $\mathbf{x}_0$ angeben. Diese Interpretation gilt völlig analog auch für reellwertige Funktionen mit $n > 2$ Variablen.

Für die erste partielle Ableitung von $f : D \subseteq \mathbb{R}^n \longrightarrow \mathbb{R}$ an der Stelle $\mathbf{x} \in D$ bezüglich der Variablen x_i sind neben $\frac{\partial f(\mathbf{x})}{\partial x_i}$ auch die Schreibweisen

$$\frac{\partial f(x_1, \ldots, x_n)}{\partial x_i}, \quad f_{x_i}(x_1, \ldots, x_n)$$

oder $\quad f_{x_i}(\mathbf{x})$

gebräuchlich. Die Symbolik $\frac{\partial f(\mathbf{x})}{\partial x_i}$ wurde im Jahre 1837 vom deutschen Mathematiker *Carl Gustav Jacob Jacobi* (1804–1851) eingeführt, der zu den produktivsten und vielseitigsten Mathematikern zählt und deshalb von vielen als „Euler des 19. Jahrhunderts" bezeichnet wird. Die Verwendung des Symbols „∂" anstelle von „d" soll daran erinnern, dass die partielle Ableitung $\frac{\partial f(\mathbf{x})}{\partial x_i}$ das Verhalten von f lediglich bezüglich einer Veränderung der Variablen x_i angibt, während die anderen Variablen als Konstanten betrachtet werden.

C. G. J. Jacobi

Im folgenden Beispiel wird deutlich, dass für eine reellwertige Funktion in n Variablen die Berechnung der ersten partiellen Ableitungen völlig analog zur Berechnung der ersten Ableitung einer reellwertigen Funktion in einer Variablen erfolgt.

Beispiel 22.3 (Berechnung von ersten partiellen Ableitungen)

a) Die reellwertige Funktion
$$f : \mathbb{R}^3 \longrightarrow \mathbb{R}, \quad (x_1, x_2, x_3) \mapsto x_1^2 + x_2^2 + 4x_1 x_3$$
ist partiell differenzierbar und die drei partiellen Ableitungen lauten
$$\frac{\partial f(x_1, x_2, x_3)}{\partial x_1} = 2x_1 + 4x_3, \quad \frac{\partial f(x_1, x_2, x_3)}{\partial x_2} = 2x_2$$
und $\quad \frac{\partial f(x_1, x_2, x_3)}{\partial x_3} = 4x_1$.

b) Die reellwertige Funktion
$$f : \mathbb{R}^2 \to \mathbb{R}, \quad (x, y) \mapsto xe^y$$
ist partiell differenzierbar und die beiden partiellen Ableitungen sind gegeben durch
$$\frac{\partial f(x, y)}{\partial x} = e^y \quad \text{und} \quad \frac{\partial f(x, y)}{\partial y} = xe^y.$$

c) Die reellwertige Funktion
$$f : \mathbb{R}^2 \longrightarrow \mathbb{R}, \quad (x, y) \mapsto 2xe^y + 3\sin(xy)$$
ist partiell differenzierbar und die beiden partiellen Ableitungen lauten
$$\frac{\partial f(x, y)}{\partial x} = 2e^y + 3y \cos(xy) \quad \text{und}$$
$$\frac{\partial f(x, y)}{\partial y} = 2xe^y + 3x \cos(xy).$$

d) Die reellwertige Funktion
$$f : \mathbb{R}^n \setminus \{\mathbf{0}\} \longrightarrow \mathbb{R}, \quad \mathbf{x} \mapsto \frac{1}{x_1^2 + \ldots + x_n^2}$$
ist partiell differenzierbar und die n partiellen Ableitungen sind gegeben durch
$$\frac{\partial f(\mathbf{x})}{\partial x_i} = \frac{-2x_i}{\left(x_1^2 + \ldots + x_n^2\right)^2}$$
für $i = 1, \ldots, n$.

e) Die reellwertige Funktion
$$f : (-1, \infty) \times \mathbb{R}^2 \longrightarrow \mathbb{R},$$
$$(x_1, x_2, x_3) \mapsto \frac{4x_1 x_3 + 2x_2^2}{e^{x_2}} + \sqrt{\frac{x_1^3 + 1}{x_3^2 + 2}}$$
ist partiell differenzierbar und für die drei partiellen Ableitungen erhält man
$$\frac{\partial f(x_1, x_2, x_3)}{\partial x_1} = \frac{4x_3}{e^{x_2}} + \frac{3x_1^2}{2\sqrt{x_1^3 + 1}(x_3^2 + 2)},$$
$$\frac{\partial f(x_1, x_2, x_3)}{\partial x_2} = \frac{4x_2 e^{x_2} - (4x_1 x_3 + 2x_2^2)e^{x_2}}{e^{2x_2}}$$
$$= \frac{4x_2 - 4x_1 x_3 - 2x_2^2}{e^{x_2}},$$
$$\frac{\partial f(x_1, x_2, x_3)}{\partial x_3} = \frac{4x_1}{e^{x_2}} + \frac{-2x_3 \sqrt{x_1^3 + 1}}{(x_3^2 + 2)^2}.$$

Eine gute und etwas umfangreichere Übung für den Umgang mit partiellen Ableitungen ist die Berechnung der sogenannten **Optionsgriechen** im Black-Scholes-Modell (vgl. Beispiel 21.52).

Beispiel 22.4 (Berechnung der Optionsgriechen Δ, Θ, P und Λ)

In Beispiel 21.52 wurden **europäische Call-** und **Put-Optionen** betrachtet, deren Preise

$$C(r, \sigma, S_t, K, T-t) \quad \text{bzw.}$$
$$P(r, \sigma, S_t, K, T-t)$$

zum Zeitpunkt $t < T$ sich im **Black-Scholes-Modell** mit Hilfe der **Black-Scholes-Formel** (21.16)–(21.17) analytisch berechnen lassen. Die ersten partiellen Ableitungen der Optionspreise $C(r, \sigma, S_t, K, T-t)$ und $P(r, \sigma, S_t, K, T-t)$ nach den Modellparametern S_t (Preis des Basisinstrumentes), t (Zeit), r (risikoloser Zinssatz) und σ (Volatilität) werden **Optionsgriechen** (**Optionssensitivitäten**) oder einfach kurz **Griechen** (engl. **Greeks**) genannt, da sie mit griechischen Großbuchstaben bezeichnet werden. Man unterscheidet die Optionsgriechen Δ, Θ, P und Λ. Ein weiterer wichtiger Optionsgrieche ist Γ und wird in Beispiel 22.10 ermittelt. Die Optionsgriechen sind ein wichtiges Werkzeug für das Risikomanagement und werden zum Beispiel herangezogen, um Wertpapierportfolios bezüglich des Risikos einer Veränderung der Modellparameter zu beurteilen und zu kontrollieren.

Im Folgenden werden die Optionsgriechen Δ, Θ, P und Λ für europäische Call-Optionen hergeleitet. Die Optionsgriechen für europäische Put-Optionen lassen sich völlig analog berechnen. Gemäß Beispiel 21.52 lautet die Black-Scholes-Formel für den Preis einer europäischen Call-Option

$$C(r, \sigma, S_t, K, T-t) = S_t \Phi(d_1) - K \exp(-r(T-t)) \Phi(d_2)$$

mit

$$d_1 := \frac{\ln\left(\frac{S_t}{K}\right)}{\sigma\sqrt{T-t}} + \frac{\sqrt{T-t}}{\sigma}\left(r + \frac{\sigma^2}{2}\right) \quad \text{und}$$

$$d_2 := d_1 - \sigma\sqrt{T-t}.$$

Für die Bestimmung der Optionsgriechen ist die folgende Beziehung zwischen den Werten der ersten Ableitung $\varphi := \Phi'$ der Standardnormalverteilung Φ an den Stellen d_1 und d_2 hilfreich (für die Definition von Φ siehe (19.56)):

$$\varphi(d_2) = \frac{1}{\sqrt{2\pi}} \exp\left(-\frac{d_2^2}{2}\right)$$
$$= \frac{1}{\sqrt{2\pi}} \exp\left(-\frac{1}{2}\left(d_1^2 - 2d_1\sigma\sqrt{T-t} + \sigma^2(T-t)\right)\right)$$
$$= \exp\left(d_1\sigma\sqrt{T-t} - \frac{1}{2}\sigma^2(T-t)\right) \frac{1}{\sqrt{2\pi}} \exp\left(-\frac{d_1^2}{2}\right)$$
$$= \frac{S_t}{Ke^{-r(T-t)}} \varphi(d_1) \tag{22.3}$$

Damit erhält man für die vier Optionsgriechen Δ, Θ, P und Λ:

a) **Delta Δ:** Das Optionsdelta Δ ist die erste partielle Ableitung des Optionspreises nach dem Wert S_t des Basisinstrumentes und ist die bedeutendste Optionssensitivität. Mit der Produktregel folgt

$$\Delta := \frac{\partial C(r, \sigma, S_t, K, T-t)}{\partial S_t} \tag{22.4}$$
$$= \Phi(d_1) + S_t \frac{\partial \Phi(d_1)}{\partial S_t} - Ke^{-r(T-t)} \frac{\partial \Phi(d_2)}{\partial S_t}$$

und mit der Kettenregel sowie (21.18) erhält man weiter

$$\frac{\partial \Phi(d_1)}{\partial S_t} = \varphi(d_1) \frac{\partial d_1}{\partial S_t} \quad \text{und}$$
$$\frac{\partial \Phi(d_2)}{\partial S_t} = \varphi(d_2) \frac{\partial d_2}{\partial S_t} = \varphi(d_2) \frac{\partial d_1}{\partial S_t}.$$

Eingesetzt in (22.4) liefert dies zusammen mit (22.3)

$$\Delta = \Phi(d_1) + S_t\varphi(d_1) \frac{\partial d_1}{\partial S_t} - Ke^{-r(T-t)} \varphi(d_2) \frac{\partial d_1}{\partial S_t}$$
$$= \Phi(d_1) + S_t\varphi(d_1) \frac{\partial d_1}{\partial S_t}$$
$$\quad - Ke^{-r(T-t)} \frac{S_t}{Ke^{-r(T-t)}} \varphi(d_1) \frac{\partial d_1}{\partial S_t}$$
$$= \Phi(d_1) \geq 0. \tag{22.5}$$

Das Optionsdelta ist eine Sensitivitätskennzahl, die angibt, welchen Einfluss der Wert S_t des Basisinstrumentes auf den Wert der Option hat (vgl. Abbildung 22.3, links). Zum Beispiel besitzt $\Delta = 0{,}5$ die Interpretation, dass eine Kursveränderung beim Basisinstrument in der Höhe von 1 € in linearer Näherung bei der Call-Option eine Wertveränderung von 0,5 € bewirkt. Das heißt, zwei Call-Optionen sind so riskant wie ein Basisinstrument.

b) **Theta** Θ: Das Optionstheta Θ ist die erste partielle Ableitung des Optionspreises nach der Zeit t. Mit der Produktregel erhält man

$$\Theta := \frac{\partial C(r, \sigma, S_t, K, T-t)}{\partial t} \qquad (22.6)$$
$$= S_t \frac{\partial \Phi(d_1)}{\partial t} - Kre^{-r(T-t)}\Phi(d_2) - Ke^{-r(T-t)}\frac{\partial \Phi(d_2)}{\partial t}$$

und mit der Kettenregel sowie (21.18) folgt weiter

$$\frac{\partial \Phi(d_1)}{\partial t} = \varphi(d_1)\frac{\partial d_1}{\partial t} \quad \text{und}$$
$$\frac{\partial \Phi(d_2)}{\partial t} = \varphi(d_2)\frac{\partial d_2}{\partial t} = \varphi(d_2)\left(\frac{\partial d_1}{\partial t} + \frac{\sigma}{2\sqrt{T-t}}\right).$$

Dies in (22.6) eingesetzt liefert zusammen mit (22.3):

$$\Theta = S_t\varphi(d_1)\frac{\partial d_1}{\partial t} - Kre^{-r(T-t)}\Phi(d_2)$$
$$\quad - Ke^{-r(T-t)}\varphi(d_2)\left(\frac{\partial d_1}{\partial t} + \frac{\sigma}{2\sqrt{T-t}}\right)$$
$$= S_t\varphi(d_1)\frac{\partial d_1}{\partial t} - Kre^{-r(T-t)}\Phi(d_2)$$
$$\quad - S_t\varphi(d_1)\left(\frac{\partial d_1}{\partial t} + \frac{\sigma}{2\sqrt{T-t}}\right)$$
$$= -Ke^{-r(T-t)}\left(r\Phi(d_2) + \frac{\sigma}{2\sqrt{T-t}}\varphi(d_2)\right) \leq 0$$

Das Optionstheta ist eine Sensitivitätskennzahl, die angibt, wie sich der Wert der Option verändert, wenn sich die Restlaufzeit $T-t$ ändert. Mit abnehmender Restlaufzeit $T-t$, also zunehmender Laufzeit t, verringert sich der Wert der Call-Option und es findet somit ein Wertverfall statt.

c) **Rho** P: Das Optionsrho P ist die erste partielle Ableitung des Optionspreises nach dem risikolosen Zinssatz r. Mit der Produktregel folgt

$$P := \frac{\partial C(r, \sigma, S_t, K, T-t)}{\partial r}$$
$$= S_t \frac{\partial \Phi(d_1)}{\partial r} + K(T-t)e^{-r(T-t)}\Phi(d_2)$$
$$\quad - Ke^{-r(T-t)}\frac{\partial \Phi(d_2)}{\partial r}, \qquad (22.7)$$

und die Kettenregel in Verbindung mit (21.18) liefert weiter

$$\frac{\partial \Phi(d_1)}{\partial r} = \varphi(d_1)\frac{\partial d_1}{\partial r} \quad \text{und}$$
$$\frac{\partial \Phi(d_2)}{\partial r} = \varphi(d_2)\frac{\partial d_2}{\partial r} = \varphi(d_2)\frac{\partial d_1}{\partial r}.$$

Eingesetzt in (22.7) liefert dies zusammen mit (22.3):

$$P = S_t\varphi(d_1)\frac{\partial d_1}{\partial r} + K(T-t)e^{-r(T-t)}\Phi(d_2)$$
$$\quad - Ke^{-r(T-t)}\varphi(d_2)\frac{\partial d_1}{\partial r}$$
$$= K(T-t)e^{-r(T-t)}\Phi(d_2) \geq 0$$

Das Optionsrho gibt die Wertveränderung an, wenn sich der risikofreie Marktzinssatz r ändert. Für Call-Optionen ist das Optionsrho stets nichtnegativ (vgl. Abbildung 22.3, rechts).

d) **Vega (Lambda)** Λ: Das Optionsvega Λ ist die erste partielle Ableitung des Optionspreises nach der Volatilität σ. Diese partielle Ableitung stimmt für europäische Call- und Put-Optionen überein. Man erhält

$$\Lambda := \frac{\partial C(r, \sigma, S_t, K, T-t)}{\partial \sigma}$$
$$= S_t \frac{\partial \Phi(d_1)}{\partial \sigma} - Ke^{-r(T-t)}\frac{\partial \Phi(d_2)}{\partial \sigma}, \qquad (22.8)$$

und mit der Kettenregel sowie (21.18) folgt weiter

$$\frac{\partial \Phi(d_1)}{\partial \sigma} = \varphi(d_1)\frac{\partial d_1}{\partial \sigma} \quad \text{und}$$
$$\frac{\partial \Phi(d_2)}{\partial \sigma} = \varphi(d_2)\frac{\partial d_2}{\partial \sigma} = \varphi(d_2)\left(\frac{\partial d_1}{\partial \sigma} - \sqrt{T-t}\right).$$

Eingesetzt in (22.8) liefert dies mit (22.3):

$$\Lambda = S_t\varphi(d_1)\frac{\partial d_1}{\partial \sigma} - Ke^{-r(T-t)}\varphi(d_2)\left(\frac{\partial d_1}{\partial \sigma} - \sqrt{T-t}\right)$$
$$= \sqrt{T-t}\, S_t\varphi(d_1) \geq 0$$

Das Optionsvega gibt an, wie stark der Wert der Option auf Änderungen der Volatilität reagiert.

Gradient und Tangentialhyperebene

Ist $f: D \subseteq \mathbb{R}^n \longrightarrow \mathbb{R}$ an der Stelle $\mathbf{x} \in D$ eine partiell differenzierbare Funktion, dann besitzt sie dort genau n erste partielle Ableitungen. Werden diese zu einem n-dimensionalen Vektor zusammengefasst, dann erhält man den **Gradienten** von f an der Stelle $\mathbf{x}$:

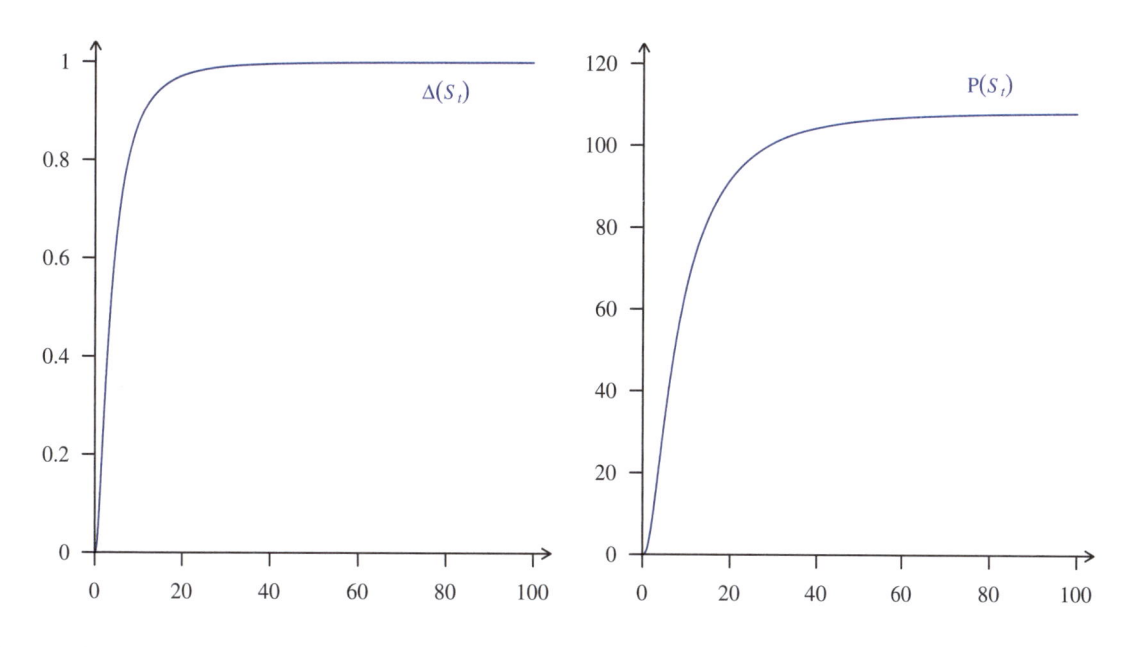

Abb. 22.3: Optionsdelta Δ (links) und Optionsrho P (rechts) in Abhängigkeit vom Wert S_t des zugrunde liegenden Basisinstrumentes für $T - t = 20$, $r = 0{,}1$, $\sigma = 0{,}2$ und $K = 40\,€$

Definition 22.5 (Gradient einer reellwertigen Funktion in n Variablen)

Es sei $f: D \subseteq \mathbb{R}^n \longrightarrow \mathbb{R}$ eine reellwertige Funktion, die an der Stelle $\mathbf{x} \in D$ partiell differenzierbar ist. Dann heißt der n-dimensionale Vektor

$$\operatorname{grad} f(\mathbf{x}) := \left(\frac{\partial f(\mathbf{x})}{\partial x_1}, \ldots, \frac{\partial f(\mathbf{x})}{\partial x_n} \right)^T$$

Gradient von f an der Stelle $\mathbf{x}$.

Die n Komponenten des Gradienten $\operatorname{grad} f(\mathbf{x})$ geben die Steigungen von f in Richtung der n verschiedenen Koordinatenachsen an. Anstelle von $\operatorname{grad} f(\mathbf{x})$ wird häufig auch die Schreibweise

$$\nabla f(\mathbf{x}) = \left(\frac{\partial f(\mathbf{x})}{\partial x_1}, \ldots, \frac{\partial f(\mathbf{x})}{\partial x_n} \right)^T$$

verwendet, wobei das umgekehrte Delta ∇ als **Nabla** bezeichnet wird. Diese Bezeichnung stammt

W. R. Smith

vom schottischen Theologen und Physiker *William Robertson Smith* (1846–1894), den die Form des Zeichens ∇ an eine antike Harfe (gr. „nabla") erinnerte.

In Abschnitt 16.2 wurde erläutert, dass eine reellwertige Funktion $f: D \subseteq \mathbb{R} \longrightarrow \mathbb{R}$ in einer Variablen, die an einer Stelle $x_0 \in D$ differenzierbar ist, dort eine **Tangente** t mit der Funktionsgleichung

$$t(x) = f(x_0) + f'(x_0) \cdot (x - x_0) \qquad (22.9)$$

besitzt und die Werte $t(x)$ für $x \in D$ „in der Nähe" von x_0 oftmals gute lineare Approximationen für die Funktionswerte $f(x)$ darstellen. Für eine an der Stelle $\mathbf{x}_0 = \left(x_1^{(0)}, \ldots, x_n^{(0)}\right)^T$ partiell differenzierbare Funktion $f: D \subseteq \mathbb{R}^n \longrightarrow \mathbb{R}$ in n Variablen gilt nun eine entsprechende Aussage. Denn die Funktion f besitzt dann an dieser Stelle eine sogenannte **Tangentialhyperebene** t mit der Funktionsgleichung

$$\begin{aligned} t(\mathbf{x}) &= f(\mathbf{x}_0) + \frac{\partial f(\mathbf{x}_0)}{\partial x_1} \cdot \left(x_1 - x_1^{(0)}\right) + \ldots + \frac{\partial f(\mathbf{x}_0)}{\partial x_n} \cdot \left(x_n - x_n^{(0)}\right) \\ &= f(\mathbf{x}_0) + \operatorname{grad} f(\mathbf{x}_0)^T (\mathbf{x} - \mathbf{x}_0). \end{aligned} \qquad (22.10)$$

Die Tangentialhyperebene t ist eine Hyperebene im $\mathbb{R}^{n+1}$ (vgl. Definition 7.18), die an der Stelle $\mathbf{x}_0$ den gleichen Funktionswert und in Richtung der n Koordinatenachsen auch die gleichen Steigungen wie die Funktion f aufweist. Das heißt, es gilt

$$t(\mathbf{x}_0) = f(\mathbf{x}_0) \quad \text{und} \quad \frac{\partial t(\mathbf{x}_0)}{\partial x_i} = \frac{\partial f(\mathbf{x}_0)}{\partial x_i} \quad \text{für alle } i = 1, \ldots, n$$

und t wird damit von den Tangenten der n partiellen Funktionen $f_1, \ldots, f_n$ an der Stelle $\mathbf{x}_0$ aufgespannt. Die Tangentialhyperebene t berührt somit die Funktion f an der Stelle $\mathbf{x}_0$ und für ein $\mathbf{x} \in D$ „in der Nähe" von $\mathbf{x}_0$ ist der Wert $t(\mathbf{x})$ eine lineare Approximation für den Funktionswert $f(\mathbf{x})$. Für Funktionen in $n=1$ Variablen vereinfacht sich (22.10) mit $\mathbf{x}_0 = x_0$ zu

$$t(x) = f(x_0) + \frac{\partial f(x_0)}{\partial x} \cdot (x - x_0) = f(x_0) + f'(x_0) \cdot (x - x_0),$$

also zur Tangentengleichung (22.9). Für $n=2$ Variablen erhält man aus (22.10) mit $\mathbf{x}_0 = (x_0, y_0)^T$

$$t(x,y) = f(x_0, y_0) + \frac{\partial f(x_0, y_0)}{\partial x} \cdot (x - x_0)$$
$$+ \frac{\partial f(x_0, y_0)}{\partial y} \cdot (y - y_0)$$

die Funktionsgleichung einer Ebene im $\mathbb{R}^3$, der sogenannten **Tangentialebene** von f an der Stelle (x_0, y_0) (vgl. Abbildung 22.4).

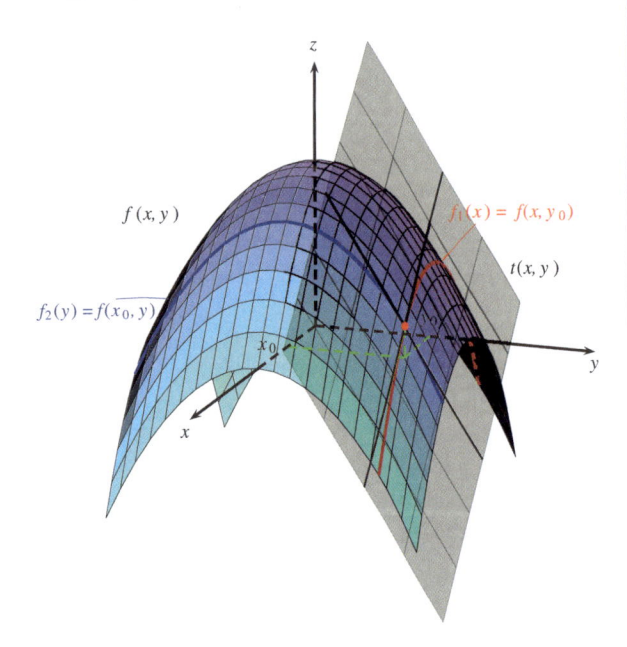

Abb. 22.4: Partiell differenzierbare reellwertige Funktion $f : \mathbb{R}^2 \longrightarrow \mathbb{R}$, $(x, y) \mapsto f(x, y)$ mit der von den Tangenten der beiden partiellen Funktionen $x \mapsto f_1(x) = f(x, y_0)$ und $y \mapsto f_2(y) = f(x_0, y)$ aufgespannten Tangentialebene t an der Stelle (x_0, y_0)

Beispiel 22.6 (Gradienten und Tangentialhyperebenen)

a) Eine affin-lineare Funktion $f : \mathbb{R}^n \longrightarrow \mathbb{R}$, $\mathbf{x} \mapsto a_0 + \sum_{i=1}^n a_i x_i = a_0 + \mathbf{a}^T \mathbf{x}$ mit $\mathbf{a} = (a_1, \ldots, a_n)^T$ ist partiell differenzierbar und besitzt an der Stelle $\mathbf{x} \in \mathbb{R}^n$ den Gradienten

$$\text{grad } f(\mathbf{x}) = (a_1, \ldots, a_n)^T = \mathbf{a}.$$

Für die Tangentialhyperebene t an der Stelle $\mathbf{x}_0 \in \mathbb{R}^n$ erhält man somit

$$t(\mathbf{x}) = f(\mathbf{x}_0) + \text{grad } f(\mathbf{x}_0)^T (\mathbf{x} - \mathbf{x}_0)$$
$$= a_0 + \mathbf{a}^T \mathbf{x}_0 + \mathbf{a}^T (\mathbf{x} - \mathbf{x}_0) = a_0 + \mathbf{a}^T \mathbf{x} = f(\mathbf{x}).$$

Die Tangentialhyperebene t einer affin-linearen Funktion f ist somit unabhängig von der Stelle $\mathbf{x}_0 \in \mathbb{R}^n$ und ihre Funktionsgleichung stimmt an jeder Stelle $\mathbf{x} \in \mathbb{R}^n$ mit der Funktionsgleichung von f überein.

b) Ein Polynom $p : \mathbb{R}^n \to \mathbb{R}$, $\mathbf{x} \mapsto \sum_{k_1=0}^{m_1} \sum_{k_2=0}^{m_2} \cdots \sum_{k_n=0}^{m_n} a_{k_1 k_2 \ldots k_n} x_1^{k_1} x_2^{k_2} \cdots x_n^{k_n}$ ist partiell differenzierbar und für seinen Gradienten an der Stelle $\mathbf{x} \in \mathbb{R}^n$ gilt

$$\text{grad } p(\mathbf{x}) = \begin{pmatrix} \frac{\partial p(\mathbf{x})}{\partial x_1} \\ \vdots \\ \frac{\partial p(\mathbf{x})}{\partial x_n} \end{pmatrix} =$$

$$\begin{pmatrix} \sum_{k_1=1}^{m_1} \sum_{k_2=0}^{m_2} \cdots \sum_{k_n=0}^{m_n} a_{k_1 k_2 \ldots k_n} k_1 x_1^{k_1-1} x_2^{k_2} \cdots x_n^{k_n} \\ \vdots \\ \sum_{k_1=0}^{m_1} \sum_{k_2=0}^{m_2} \cdots \sum_{k_n=1}^{m_n} a_{k_1 k_2 \ldots k_n} k_n x_1^{k_1} x_2^{k_2} \cdots x_n^{k_n-1} \end{pmatrix}.$$

c) Die reellwertige Funktion $f : \mathbb{R}^2 \longrightarrow \mathbb{R}$, $(x, y) \mapsto x^4 - 3x^3 y^2 + y$ ist partiell differenzierbar und besitzt an der Stelle $\mathbf{x} \in \mathbb{R}^2$ den Gradienten

$$\text{grad } f(\mathbf{x}) = \begin{pmatrix} 4x^3 - 9x^2 y^2 \\ -6x^3 y + 1 \end{pmatrix}.$$

Die Tangentialhyperebene von f an der Stelle $\mathbf{x}_0 = (1, 1)^T$ lautet somit

$$t(x, y) = f(1, 1) + \text{grad } f(1, 1)^T \begin{pmatrix} x - 1 \\ y - 1 \end{pmatrix}$$
$$= -1 + (-5, -5) \begin{pmatrix} x - 1 \\ y - 1 \end{pmatrix} = 9 - 5x - 5y$$

(vgl. Abbildung 22.9, links).

d) Die Funktion $f: \mathbb{R}^3 \longrightarrow \mathbb{R}$, $(x_1, x_2, x_3) \mapsto e^{x_1+2x_2} + 2x_1 \sin(x_3) + x_1 x_2 x_3^2$ ist partiell differenzierbar und für den Gradienten von f an der Stelle $\mathbf{x} \in \mathbb{R}^3$ erhält man

$$\operatorname{grad} f(\mathbf{x}) = \begin{pmatrix} \frac{\partial f(\mathbf{x})}{\partial x_1} \\ \frac{\partial f(\mathbf{x})}{\partial x_2} \\ \frac{\partial f(\mathbf{x})}{\partial x_3} \end{pmatrix}$$

$$= \begin{pmatrix} e^{x_1+2x_2} + 2\sin(x_3) + x_2 x_3^2 \\ 2e^{x_1+2x_2} + x_1 x_3^2 \\ 2x_1 \cos(x_3) + 2x_1 x_2 x_3 \end{pmatrix}.$$

Die Tangentialhyperebene von f an der Stelle $\mathbf{x}_0 = \mathbf{0}$ ist somit gegeben durch

$$t(\mathbf{x}) = f(\mathbf{0}) + \operatorname{grad} f(\mathbf{0})^T (\mathbf{x} - \mathbf{0})$$

$$= 1 + (1, 2, 0) \begin{pmatrix} x_1 \\ x_2 \\ x_3 \end{pmatrix} = 1 + x_1 + 2x_2.$$

Partielle Differenzierbarkeit versus Stetigkeit

Mit den ersten partiellen Ableitungen $\frac{\partial f(\mathbf{x})}{\partial x_i}$ existiert ein leistungsfähiges Hilfsmittel, mit dem das Änderungsverhalten einer reellwertigen Funktion $f: D \subseteq \mathbb{R}^n \longrightarrow \mathbb{R}$ an einer Stelle $\mathbf{x} \in D$ parallel zu den n Koordinatenachsen untersucht werden kann. Dies folgt unmittelbar aus der Definition der ersten partiellen Ableitung und bedeutet, dass aus der Kenntnis des Funktionswertes $f(x_1, \ldots, x_n)$ mit Hilfe der ersten partiellen Ableitung $\frac{\partial f(\mathbf{x})}{\partial x_i}$ Informationen bezüglich des Funktionswertes $f(x_1, \ldots, x_i + \Delta x_i, \ldots, x_n)$ für „hinreichend kleine" Δx_i gewonnen werden können.

Die Leistungsfähigkeit der ersten partiellen Ableitung ist allerdings auch beschränkt. Denn obwohl mit Hilfe der n ersten partiellen Ableitungen gewisse Aussagen über die Funktionswerte

$$f(x_1 + \Delta x_1, \ldots, x_n), \ldots, f(x_1, \ldots, x_n + \Delta x_n)$$

möglich sind, wenn $f(x_1, \ldots, x_n)$ bekannt ist, versagen sie, wenn z. B. Informationen über den Funktionswert

$$f(x_1 + \Delta x_1, x_2 + \Delta x_2, x_3, \ldots, x_n)$$

benötigt werden, also wenn zwei oder mehr Argumente gleichzeitig verändert werden. Um auch das Änderungsverhalten von f entlang einer beliebigen Richtung untersuchen zu können, die nicht parallel zu einer der n Koordinatenach-

sen ist, werden die beiden leistungsfähigeren Ableitungskonzepte **Richtungsableitung** und **totales Differential** benötigt, die Gegenstand von Abschnitt 22.3 sind.

Aufgrund der begrenzten Aussagekraft von ersten partiellen Ableitungen ist es auch nicht verwunderlich, dass eine partiell differenzierbare Funktion $f: D \subseteq \mathbb{R}^n \longrightarrow \mathbb{R}$ nicht stetig zu sein braucht. Denn während in der Definition der partiellen Differenzierbarkeit nur Grenzwerte bezüglich der Änderung einer Variablen betrachtet werden (vgl. Definition 22.2), erfolgt in der Definition der Stetigkeit die Betrachtung des Grenzwertes bezüglich der Veränderung aller n Variablen, also entlang einer beliebigen Richtung (vgl. Definition 21.47). Im folgenden Beispiel wird dieser Sachverhalt deutlich:

Beispiel 22.7 (Partielle Differenzierbarkeit impliziert nicht Stetigkeit)

In Beispiel 21.48d) wurde gezeigt, dass die reellwertige Funktion

$$f: \mathbb{R}^2 \longrightarrow \mathbb{R},$$
$$(x, y) \mapsto f(x, y) = \begin{cases} \frac{xy}{x^2+y^2} & \text{für } (x, y) \neq (0, 0) \\ 0 & \text{für } (x, y) = (0, 0) \end{cases}$$

an jeder Stelle $(x, y) \neq (0, 0)$ stetig und an der Stelle $(0, 0)$ unstetig ist (vgl. Abbildung 21.15, rechts). Die Funktion f ist an Stellen $(x, y) \neq (0, 0)$ offensichtlich partiell differenzierbar und mit Hilfe der Quotientenregel erhält man die ersten partiellen Ableitungen

$$\frac{\partial f(x, y)}{\partial x} = \frac{y(x^2+y^2) - 2x^2 y}{(x^2+y^2)^2} = y \frac{y^2 - x^2}{(x^2+y^2)^2} \quad (22.11)$$

und

$$\frac{\partial f(x, y)}{\partial y} = \frac{x(x^2+y^2) - 2xy^2}{(x^2+y^2)^2} = x \frac{x^2 - y^2}{(x^2+y^2)^2}. \quad (22.12)$$

Weiter gilt $f(x, 0) = 0$ und $f(0, y) = 0$ für alle $x, y \in \mathbb{R}$. Bei den beiden partiellen Funktionen

$$f_1: \mathbb{R} \longrightarrow \mathbb{R}, \; x \mapsto f_1(x) := f(x, 0) \quad \text{und}$$
$$f_2: \mathbb{R} \longrightarrow \mathbb{R}, \; y \mapsto f_2(y) := f(0, y)$$

handelt es sich folglich um konstante Funktionen in einer Variablen. Die partiellen Funktionen f_1 und f_2 sind somit differenzierbar und besitzen jeweils als erste Ableitung überall den Wert 0. Da jedoch die beiden ersten Ableitungsfunktionen f_1' und f_2' mit den ersten partiellen

Ableitungen $\frac{\partial f(x,y)}{\partial x}$ bzw. $\frac{\partial f(x,y)}{\partial y}$ von f übereinstimmen, ist f auch an der Stelle $(0, 0)$ partiell differenzierbar und für die ersten partiellen Ableitungen von f gilt $\frac{\partial f(x,y)}{\partial x} = \frac{\partial f(x,y)}{\partial y} = 0$. Folglich ist die Funktion f zwar nicht überall stetig, sie ist aber überall partiell differenzierbar und besitzt den Gradienten

$$\operatorname{grad} f(x, y) = \begin{cases} \begin{pmatrix} y\frac{y^2-x^2}{(x^2+y^2)^2} \\ x\frac{x^2-y^2}{(x^2+y^2)^2} \end{pmatrix} & \text{für } (x, y) \neq (0, 0) \\ \begin{pmatrix} 0 \\ 0 \end{pmatrix} & \text{für } (x, y) = (0, 0) \end{cases}.$$

Das letzte Beispiel zeigt somit, dass bei einer reellwertigen Funktion in n Variablen die partielle Differenzierbarkeit nicht die Stetigkeit impliziert. Mit Folgerung 22.20 wird sich jedoch zeigen, dass eine an der Stelle $\mathbf{x}_0$ stetig partiell differenzierbare Funktion $f : D \subseteq \mathbb{R}^n \longrightarrow \mathbb{R}$ dort auch stetig ist.

22.2 Höhere partielle Ableitungen

Partielle Ableitung höherer Ordnung

Die ersten partiellen Ableitungen $\frac{\partial f}{\partial x_i} : D \subseteq \mathbb{R}^n \longrightarrow \mathbb{R}$ einer reellwertigen Funktion $f : D \subseteq \mathbb{R}^n \longrightarrow \mathbb{R}$ sind reellwertige Funktionen in n Variablen, die selbst wieder partiell differenzierbar sein können. Man sagt dann, dass f **zweimal partiell differenzierbar** ist. Völlig analog sind partielle Ableitungen der Ordnung drei, vier usw. definiert. Dies führt zu der folgenden Definition für **höhere partielle Ableitungen**:

Definition 22.8 (Höhere partielle Ableitungen)

Es sei $f : D \subseteq \mathbb{R}^n \longrightarrow \mathbb{R}$ eine partiell differenzierbare Funktion. Dann heißt f k-mal partiell differenzierbar auf $E \subseteq D$, falls alle partiellen Ableitungen der Ordnung $k - 1$ auf E partiell differenzierbar sind. Gilt $E = D$, dann wird f als k-mal partiell differenzierbar bezeichnet. Sind alle partiellen Ableitungen k-ter Ordnung zusätzlich stetig, dann heißt f k-mal stetig partiell differenzierbar.

Von besonders großer Bedeutung für wirtschaftswissenschaftliche Anwendungen sind die partiellen Ableitungen zweiter Ordnung. Ist $f : D \subseteq \mathbb{R}^n \longrightarrow \mathbb{R}$ eine zweimal partiell differenzierbare Funktion, dann werden für die **zweite partielle Ableitung** (partielle Ableitung zweiter Ordnung) von f an der Stelle $\mathbf{x} \in D$ nach der i-ten und j-ten Variable die Schreibweisen

$$\frac{\partial^2 f(\mathbf{x})}{\partial x_j \partial x_i} \qquad \text{oder} \qquad f_{x_i x_j}(\mathbf{x}) \qquad (22.13)$$

verwendet. Dabei ist zu beachten, dass bei der Bildung von $\frac{\partial^2 f(\mathbf{x})}{\partial x_j \partial x_i}$ zuerst bezüglich x_i und anschließend nach x_j differenziert wird. Im Falle von $i = j$ schreibt man für (22.13) auch vereinfachend

$$\frac{\partial^2 f(\mathbf{x})}{\partial x_i^2}.$$

Bei einer zweimal partiell differenzierbaren Funktion f in n Variablen gibt es offensichtlich insgesamt n^2 partielle Ableitungen zweiter Ordnung. Das heißt insbesondere, dass im Falle von $n = 1$ lediglich eine „partielle" Ableitung zweiter Ordnung existiert. Diese stimmt dann natürlich mit der (gewöhnlichen) zweiten Ableitung überein.

Sind bei einer zweimal partiell differenzierbaren Funktion die partiellen Ableitungen zweiter Ordnung selbst wieder partiell differenzierbar, dann existieren n^3 partielle Ableitungen dritter Ordnung. Für diese werden entsprechend die Schreibweisen

$$\frac{\partial^3 f(\mathbf{x})}{\partial x_k \partial x_j \partial x_i} \qquad \text{oder} \qquad f_{x_i x_j x_k}(\mathbf{x})$$

bzw. im Falle $i = j = k$ die abkürzende Schreibweise

$$\frac{\partial^3 f(\mathbf{x})}{\partial x_i^3}$$

verwendet. Völlig analog werden partielle Ableitungen der Ordnung vier, fünf usw. bezeichnet. Das folgende Beispiel zeigt, dass die Berechnung der höheren partiellen Ableitungen völlig analog zur Bestimmung der ersten partiellen Ableitungen erfolgt. Das heißt insbesondere, dass die herkömmlichen Ableitungsregeln gelten.

Beispiel 22.9 (Berechnung von höheren partiellen Ableitungen)

a) Die reellwertige Funktion
$$f : \mathbb{R}^2 \longrightarrow \mathbb{R}, \ (x, y) \mapsto x^3 + e^{xy}$$

ist beliebig oft partiell differenzierbar und für die beiden ersten partiellen Ableitungen erhält man

$$\frac{\partial f(x, y)}{\partial x} = 3x^2 + ye^{xy} \quad \text{und} \quad \frac{\partial f(x, y)}{\partial y} = xe^{xy}.$$

Ihre vier partiellen Ableitungen zweiter Ordnung sind gegeben durch

$$\frac{\partial^2 f(x,y)}{\partial x^2} = 6x + y^2 e^{xy} \quad \text{und} \quad \frac{\partial^2 f(x,y)}{\partial y^2} = x^2 e^{xy}$$

sowie

$$\frac{\partial^2 f(x,y)}{\partial y \partial x} = e^{xy} + xy e^{xy} = \frac{\partial^2 f(x,y)}{\partial x \partial y}$$

(vgl. Abbildung 22.5, links).

b) Die reellwertige Funktion

$$f : (1, \infty) \times \mathbb{R} \longrightarrow \mathbb{R}, \ (x, y) \mapsto 3x^2 y^3 + 2y \ln(x)$$

ist beliebig oft partiell differenzierbar und für die beiden ersten partiellen Ableitungen gilt

$$\frac{\partial f(x,y)}{\partial x} = 6xy^3 + 2\frac{y}{x} \quad \text{und}$$

$$\frac{\partial f(x,y)}{\partial y} = 9x^2 y^2 + 2\ln(x).$$

Die vier partiellen Ableitungen zweiter Ordnung sind gegeben durch

$$\frac{\partial^2 f(x,y)}{\partial x^2} = 6y^3 - 2\frac{y}{x^2} \quad \text{und} \quad \frac{\partial^2 f(x,y)}{\partial y^2} = 18x^2 y$$

sowie

$$\frac{\partial^2 f(x,y)}{\partial y \partial x} = 18xy^2 + \frac{2}{x} = \frac{\partial^2 f(x,y)}{\partial x \partial y}$$

(vgl. Abbildung 22.5, rechts).

Im folgendem Anwendungsbeispiel wird der Optionsgrieche Γ berechnet. Er ist als die partielle Ableitung zweiter Ordnung des Optionspreises bezüglich des Wertes des Basisinstrumentes definiert.

Beispiel 22.10 (Berechnung des Optionsgriechen Γ)

In Beispiel 22.4 wurden bereits die Optionsgriechen Δ, Θ, P und Λ für eine europäische Call-Option berechnet. Diese vier Optionsgriechen sind die ersten partiellen Ableitungen des Preises $C(r, \sigma, S_t, K, T-t)$ einer europäischen Call-Option bezüglich der Modellparameter S_t, t, r und σ.

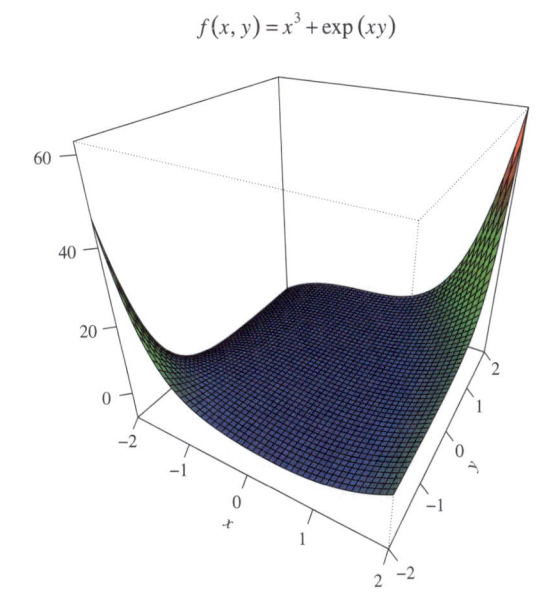

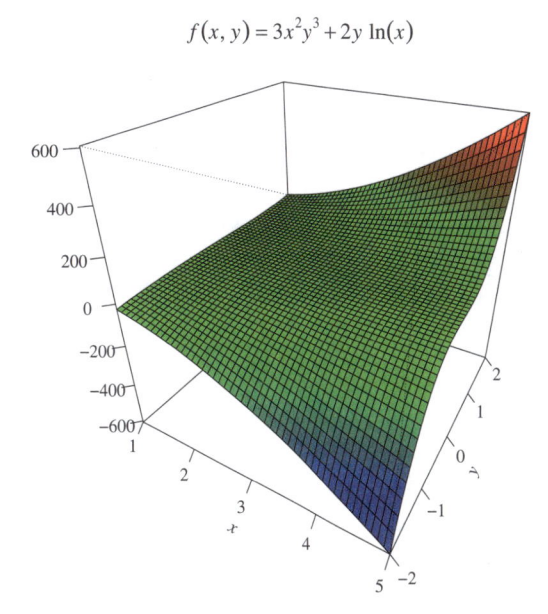

Abb. 22.5: Reellwertige Funktionen $f : \mathbb{R}^2 \longrightarrow \mathbb{R}, \ (x, y) \mapsto x^3 + e^{xy}$ (links) und $f : (1, \infty) \times \mathbb{R} \longrightarrow \mathbb{R}, \ (x, y) \mapsto 3x^2 y^3 + 2y \ln(x)$ (rechts)

Ein weiterer Optionsgrieche ist das **Optionsgamma** Γ, das als die zweite partielle Ableitung des Optionspreises nach dem Wert S_t des Basisinstrumentes festgelegt ist. Analog zum Optionsvega Λ stimmt das Optionsgamma Γ für europäische Call-Optionen mit dem Optionsgamma Γ für europäische Put-Optionen überein. Mit dem Ergebnis für das Optionsdelta Δ (vgl. (22.5)) und (21.18) erhält man

$$\Gamma := \frac{\partial^2 C(r, \sigma, S_t, K, T-t)}{\partial S_t^2} = \frac{\partial \Delta}{\partial S_t} = \frac{\partial \Phi(d_1)}{\partial S_t}$$

$$= \varphi(d_1) \frac{\partial d_1}{\partial S_t} = \varphi(d_1) \frac{1}{S_t \sigma \sqrt{T-t}} \geq 0.$$

Das Optionsgamma ist eine Sensitivitätskennzahl, die angibt, wie stark das Optionsdelta Δ auf eine Wertveränderung des Basisinstrumentes reagiert. Wegen $\Gamma \geq 0$ ist der Optionspreis eine konvexe Funktion des Basiswertes S_t.

Bedeutung der Reihenfolge beim partiellen Differenzieren

Bei der Betrachtung des Beispiels 22.9 fällt auf, dass bei beiden reellwertigen Funktionen die partiellen Ableitungen $\frac{\partial^2 f(x,y)}{\partial y \partial x}$ und $\frac{\partial^2 f(x,y)}{\partial x \partial y}$ für beliebige (x, y) übereinstimmen. Das heißt, bei diesen beiden Funktionen spielt es keine Rolle, ob zuerst bezüglich der Variablen x oder zuerst bezüglich der Variablen y partiell abgeleitet wird. Wie jedoch das folgende Beispiel zeigt, gilt dies nicht allgemein. Das heißt, es existieren durchaus reellwertige Funktionen, bei denen es beim partiellen Differenzieren auf die Reihenfolge der Variablen ankommt.

Beispiel 22.11 (Reihenfolge der Variablen beim partiellen Differenzieren)

Die reellwertige Funktion

$$f: \mathbb{R}^2 \longrightarrow \mathbb{R}, \ (x, y) \mapsto \begin{cases} xy \frac{x^2-y^2}{x^2+y^2} & \text{für } (x,y) \neq (0,0) \\ 0 & \text{für } (x,y) = (0,0) \end{cases}$$

ist partiell differenzierbar für alle $(x, y) \neq (0, 0)$. Da ferner $f(x, 0) = f(0, y) = 0$ für alle $x, y \in \mathbb{R}$ gilt, ist f auch an der Stelle $(0, 0)$ partiell differenzierbar und für die beiden ersten partiellen Ableitungen von f an dieser Stelle gilt

$$\frac{\partial f(0,0)}{\partial x} = \frac{\partial f(0,0)}{\partial y} = 0.$$

Für $(x, y) \neq (0, 0)$ erhält man nach kurzer Rechnung die beiden ersten partiellen Ableitungen

$$\frac{\partial f(x,y)}{\partial x} = y \left(\frac{x^2-y^2}{x^2+y^2} + \frac{4x^2y^2}{(x^2+y^2)^2} \right) \quad \text{und}$$

$$\frac{\partial f(x,y)}{\partial y} = x \left(\frac{x^2-y^2}{x^2+y^2} - \frac{4x^2y^2}{(x^2+y^2)^2} \right).$$

Damit folgt für die zweiten partiellen Ableitungen $\frac{\partial^2 f(x,y)}{\partial y \partial x}$ und $\frac{\partial^2 f(x,y)}{\partial x \partial y}$ an der Stelle $(0, 0)$

$$\frac{\partial^2 f(0,0)}{\partial y \partial x} = \lim_{y \to 0} \frac{\frac{\partial f(0,y)}{\partial x} - \frac{\partial f(0,0)}{\partial x}}{y} = \lim_{y \to 0} \frac{-y}{y} = -1$$

bzw.

$$\frac{\partial^2 f(0,0)}{\partial x \partial y} = \lim_{x \to 0} \frac{\frac{\partial f(x,0)}{\partial y} - \frac{\partial f(0,0)}{\partial y}}{x} = \lim_{x \to 0} \frac{x}{x} = 1.$$

Folglich gilt $\frac{\partial^2 f(0,0)}{\partial y \partial x} \neq \frac{\partial^2 f(0,0)}{\partial x \partial y}$ (vgl. Abbildung 22.6, links).

Nach diesem Negativbeispiel stellt sich unmittelbar die Frage, ob nicht durch zusätzliche Annahmen über die Eigenschaften der Funktion f sichergestellt werden kann, dass es beim Differenzieren auf die Reihenfolge der Variablen nicht ankommt. Der folgende nach dem deutschen Mathematiker *Hermann Amandus Schwarz* (1843–1921) benannte **Satz von Schwarz** liefert ein solches Ergebnis. Er besagt, dass bei einer q-mal stetig partiell differenzierbaren Funktion die Reihenfolge, in der die partiellen Differentiationen der Ordnung $p \leq q$ nach den einzelnen Variablen durchgeführt werden, für das Ergebnis nicht entscheidend ist. Der Satz von Schwarz sagt damit insbesondere aus, dass in den meisten praxisrelevanten Fällen beim partiellen Ableiten nicht auf die Reihenfolge geachtet werden muss.

H. A. Schwarz

Satz 22.12 (Satz von Schwarz)

Die Funktion $f: D \subseteq \mathbb{R}^n \longrightarrow \mathbb{R}$ sei q-mal stetig partiell differenzierbar, dann sind die partiellen Ableitungen der Ordnung $p \leq q$ unabhängig von der Reihenfolge der partiellen Differentiationen.

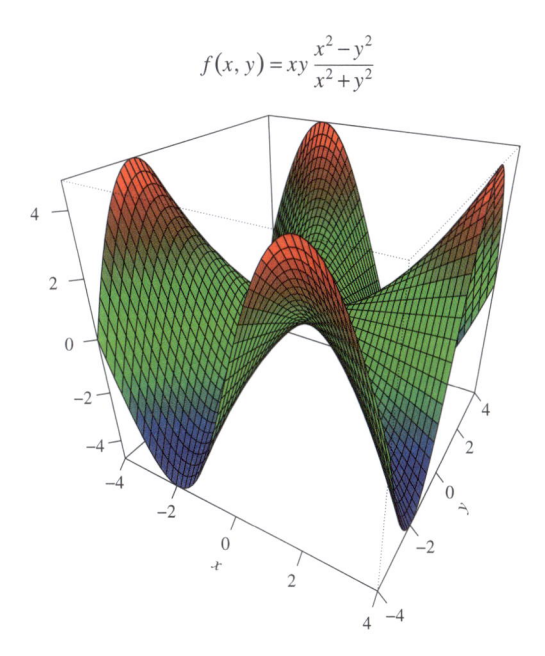

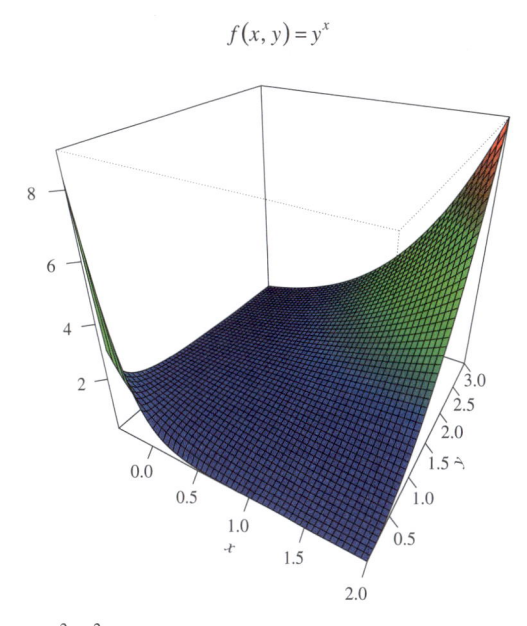

Abb. 22.6: Reellwertige Funktionen $f: \mathbb{R}^2 \longrightarrow \mathbb{R}$ mit $f(x,y) = xy\frac{x^2-y^2}{x^2+y^2}$ für $(x,y) \neq (0,0)$ und $f(0,0) = 0$ (links) und $f: \mathbb{R} \times (0,\infty) \longrightarrow \mathbb{R}$, $(x,y) \mapsto y^x$ (rechts)

Beweis: Der Beweis erfolgt unter Verwendung des Mittelwertsatzes der Differentialrechnung und ist nicht schwierig, aber etwas langwierig. Es wird daher z. B. auf *Heuser* [26], Seiten 249–251 verwiesen. ∎

Hesse-Matrix

Ist eine reellwertige Funktion $f: D \subseteq \mathbb{R}^n \longrightarrow \mathbb{R}$ zweimal partiell differenzierbar, dann besitzt sie n^2 partielle Ableitungen zweiter Ordnung $\frac{\partial^2 f(\mathbf{x})}{\partial x_j \partial x_i}$. Da die zweiten partiellen Ableitungen zum Beispiel bei der Untersuchung der Krümmungseigenschaften und der Bestimmung der Extrema von f sehr hilfreich sind, ist es zweckmäßig, diese zu einer $n \times n$-Matrix zusammenzufassen.

L. O. Hesse

Man erhält dann die nach dem deutschen Mathematiker *Ludwig Otto Hesse* (1811–1874) benannte **Hesse-Matrix**:

Definition 22.13 (Hesse-Matrix)

Die Funktion $f: D \subseteq \mathbb{R}^n \longrightarrow \mathbb{R}$ sei zweimal partiell differenzierbar mit den zweiten partiellen Ableitungen $\frac{\partial^2 f(\mathbf{x})}{\partial x_j \partial x_i}$ für $i, j = 1, \ldots, n$. Dann heißt die $n \times n$-Matrix

$$\mathbf{H}_f(\mathbf{x}) := \begin{pmatrix} \frac{\partial^2 f(\mathbf{x})}{\partial x_1^2} & \frac{\partial^2 f(\mathbf{x})}{\partial x_1 \partial x_2} & \cdots & \frac{\partial^2 f(\mathbf{x})}{\partial x_1 \partial x_n} \\ \frac{\partial^2 f(\mathbf{x})}{\partial x_2 \partial x_1} & \frac{\partial^2 f(\mathbf{x})}{\partial x_2^2} & \cdots & \frac{\partial^2 f(\mathbf{x})}{\partial x_2 \partial x_n} \\ \vdots & \vdots & \ddots & \vdots \\ \frac{\partial^2 f(\mathbf{x})}{\partial x_n \partial x_1} & \frac{\partial^2 f(\mathbf{x})}{\partial x_n \partial x_2} & \cdots & \frac{\partial^2 f(\mathbf{x})}{\partial x_n^2} \end{pmatrix} \quad (22.14)$$

Hesse-Matrix von f an der Stelle $\mathbf{x} \in D$.

Im Falle einer zweimal stetig partiell differenzierbaren Funktion $f: D \subseteq \mathbb{R}^n \longrightarrow \mathbb{R}$ erhält man mit dem Satz von Schwarz (vgl. Satz 22.12)

$$\frac{\partial^2 f(\mathbf{x})}{\partial x_j \partial x_i} = \frac{\partial^2 f(\mathbf{x})}{\partial x_i \partial x_j} \quad (22.15)$$

für alle $i, j = 1, \ldots, n$ und $\mathbf{x} \in D$. Das heißt, für die Hesse-Matrix (22.14) gilt das folgende Resultat:

Folgerung 22.14 (Symmetrie der Hesse-Matrix)

Die Funktion $f : D \subseteq \mathbb{R}^n \longrightarrow \mathbb{R}$ sei zweimal stetig partiell differenzierbar. Dann ist die Hesse-Matrix $\mathbf{H}_f(\mathbf{x})$ für alle $\mathbf{x} \in D$ symmetrisch.

Beweis: Die Behauptung folgt unmittelbar aus der Definition 22.13 und (22.15). ∎

Im folgenden Beispiel wird die Berechnung der Hesse-Matrix demonstriert.

Beispiel 22.15 (Hesse-Matrizen)

a) Die reellwertige Funktion $f : \mathbb{R}^2 \longrightarrow \mathbb{R}$, $(x, y) \mapsto x^3 + e^{xy}$ besitzt an der Stelle $(x, y) \in \mathbb{R}^2$ den Gradienten und die Hesse-Matrix

$$\operatorname{grad} f(\mathbf{x}) = \begin{pmatrix} 3x^2 + ye^{xy} \\ xe^{xy} \end{pmatrix}$$

bzw. $\quad \mathbf{H}_f(\mathbf{x}) = \begin{pmatrix} 6x + y^2 e^{xy} & e^{xy} + xye^{xy} \\ e^{xy} + xye^{xy} & x^2 e^{xy} \end{pmatrix}$

(vgl. Beispiel 22.9a)).

b) Die reellwertige Funktion $f : (1, \infty) \times \mathbb{R} \longrightarrow \mathbb{R}$, $(x, y) \mapsto 3x^2 y^3 + 2y \ln(x)$ besitzt an der Stelle $(x, y) \in (1, \infty) \times \mathbb{R}$ den Gradienten und die Hesse-Matrix

$$\operatorname{grad} f(\mathbf{x}) = \begin{pmatrix} 6xy^3 + 2\frac{y}{x} \\ 9x^2 y^2 + 2\ln(x) \end{pmatrix}$$

bzw.

$$\mathbf{H}_f(\mathbf{x}) = \begin{pmatrix} 6y^3 - 2\frac{y}{x^2} & 18xy^2 + \frac{2}{x} \\ 18xy^2 + \frac{2}{x} & 18x^2 y \end{pmatrix}$$

(vgl. Beispiel 22.9b)).

c) Die reellwertige Funktion $f : \mathbb{R} \times (0, \infty) \longrightarrow \mathbb{R}$, $(x, y) \mapsto y^x$ ist beliebig oft stetig partiell differenzierbar. Für die beiden partiellen Ableitungen erster Ordnung erhält man

$$\frac{\partial f(x, y)}{\partial x} = y^x \ln(y) \quad \text{und} \quad \frac{\partial f(x, y)}{\partial y} = xy^{x-1}.$$

Die vier partiellen Ableitungen zweiter Ordnung sind gegeben durch

$$\frac{\partial^2 f(x, y)}{\partial x^2} = y^x (\ln(y))^2 \quad \text{und}$$

$$\frac{\partial^2 f(x, y)}{\partial y^2} = x(x-1) y^{x-2}$$

sowie

$$\frac{\partial^2 f(x, y)}{\partial y \partial x} = xy^{x-1} \ln(y) + y^{x-1} = \frac{\partial^2 f(x, y)}{\partial x \partial y}.$$

Der Gradient und die Hesse-Matrix von f an der Stelle $(x, y) \in \mathbb{R} \times (0, \infty)$ sind somit gegeben durch

$$\operatorname{grad} f(\mathbf{x}) = \begin{pmatrix} y^x \ln(y) \\ xy^{x-1} \end{pmatrix}$$

bzw.

$$\mathbf{H}_f(\mathbf{x}) = \begin{pmatrix} y^x (\ln(y))^2 & xy^{x-1} \ln(y) + y^{x-1} \\ xy^{x-1} \ln(y) + y^{x-1} & x(x-1) y^{x-2} \end{pmatrix}.$$

Beispielsweise erhält man an der Stelle $\mathbf{x} = (1, 1)^T$ den Gradienten und die Hesse-Matrix

$$\operatorname{grad} f(1, 1) = \begin{pmatrix} 0 \\ 1 \end{pmatrix} \quad \text{bzw.} \quad \mathbf{H}_f(1, 1) = \begin{pmatrix} 0 & 1 \\ 1 & 0 \end{pmatrix}$$

(vgl. Abbildung 22.6, rechts).

22.3 Totale Differenzierbarkeit

Totale Ableitung

In Abschnitt 22.1 wurde der Begriff der partiellen Ableitung einer reellwertigen Funktion $f : D \subseteq \mathbb{R}^n \longrightarrow \mathbb{R}$ eingeführt. Dabei wurde deutlich, dass bei der Bildung der ersten partiellen Ableitung

$$\frac{\partial f(\mathbf{x})}{\partial x_i} \tag{22.16}$$

an der Stelle $\mathbf{x} \in D$ bezüglich der i-ten Variablen x_i die verbleibenden $n - 1$ Variablen x_j mit $j \neq i$ als Konstanten betrachtet werden. Die erste partielle Ableitung (22.16) gibt also lediglich das Änderungsverhalten von f in Form ihrer Steigung entlang der i-ten Koordinatenachse an und besitzt somit die konzeptionelle Schwäche, dass sie das Verhalten von f nur in einer „eindimensionalen Umgebung" von $\mathbf{x}$ quantifiziert. Dies hat zum Beispiel zur Folge, dass aus der partiellen Differenzierbarkeit von f an einer Stelle $\mathbf{x} \in D$ im Allgemeinen nicht folgt, dass die Funktion dort auch stetig ist. Bei der Untersuchung von f auf Stetigkeit an der Stelle $\mathbf{x}$ wird nämlich der Grenzwert von f bezüglich der Veränderung aller n Variablen betrachtet (vgl. Beispiel 22.7).

Zur Untersuchung des Änderungsverhaltens einer Funktion $f: D \subseteq \mathbb{R}^n \longrightarrow \mathbb{R}$ in einer kompletten n-dimensionalen Umgebung einer Stelle $\mathbf{x} \in D$ wird ein leistungsfähigerer Ableitungsbegriff benötigt. Das Konzept der **totalen Differenzierbarkeit** ist ein solches Ableitungskonzept. Es führt zum Begriff des **totalen Differentials**, das die Veränderung von f in einer Umgebung von $\mathbf{x}$ bei simultaner Änderung aller n Variablen angibt. Das totale Differential ist damit das eigentliche Analogon des gewöhnlichen Ableitungsbegriffes für eine Funktion in einer Variablen.

Zur Motivation der folgenden Definition für die totale Differenzierbarkeit ist es hilfreich, die Differenzierbarkeit für eine reellwertige Funktion in nur einer Variablen zu rekapitulieren. In Abschnitt 16.2 wurde für eine reellwertige Funktion $f: D \subseteq \mathbb{R} \longrightarrow \mathbb{R}$ die Differenzierbarkeit an einer Stelle $x_0 \in D$ durch die Existenz des Grenzwertes

$$\lim_{\Delta x \to 0} \frac{f(x_0 + \Delta x) - f(x_0)}{\Delta x} =: f'(x_0) \qquad (22.17)$$

definiert und der Grenzwert $f'(x_0)$ als erste Ableitung von f an der Stelle x_0 bezeichnet. Aus (22.17) erhält man für die Differenzierbarkeit von f an der Stelle x_0 die äquivalente Formulierung

$$f(x_0 + \Delta x) - f(x_0) = f'(x_0)\Delta x + r(\Delta x), \qquad (22.18)$$

wobei $r(\Delta x)$ eine reellwertige Funktion von Δx mit der Eigenschaft

$$\lim_{\Delta x \to 0} \frac{r(\Delta x)}{\Delta x} = 0$$

ist. Das heißt, die Funktion r konvergiert für $\Delta x \to 0$ noch schneller als Δx gegen Null. Die Darstellung (22.18) erlaubt eine einfache Verallgemeinerung des Differenzierbarkeitsbegriffes von reellwertigen Funktionen in einer Variablen auf reellwertige Funktionen in n Variablen und führt zum Konzept der totalen Differenzierbarkeit.

Definition 22.16 (Totale Differenzierbarkeit einer Funktion in n Variablen)

Es sei $f: D \subseteq \mathbb{R}^n \longrightarrow \mathbb{R}$ eine reellwertige Funktion auf einer offenen Menge D. Dann heißt f total (oder vollständig) differenzierbar in $\mathbf{x}_0 \in D$, wenn es einen Vektor $\mathbf{a} \in \mathbb{R}^n$ und eine reellwertige Funktion r gibt, so dass f in einer Umgebung von $\mathbf{x}_0$ die Darstellung

$$f(\mathbf{x}_0 + \Delta \mathbf{x}) - f(\mathbf{x}_0) = \mathbf{a}^T \Delta \mathbf{x} + r(\Delta \mathbf{x})$$

mit $\qquad \lim_{\Delta \mathbf{x} \to 0} \dfrac{r(\Delta \mathbf{x})}{\|\Delta \mathbf{x}\|} = 0 \qquad (22.19)$

besitzt. Der Vektor $\mathbf{a}$ wird totale Ableitung von f an der Stelle $\mathbf{x}_0$ genannt und mit $f'(\mathbf{x}_0)$ bezeichnet. Die reelle Zahl $f'(\mathbf{x}_0)^T \Delta \mathbf{x}$ heißt totales oder vollständiges Differential von f an der Stelle $\mathbf{x}_0$.

Ist die Funktion f an jeder Stelle $\mathbf{x}_0 \in E$ total differenzierbar, dann heißt f total oder vollständig differenzierbar auf der Menge $E \subseteq D$. Gilt sogar $E = D$, dann heißt f kurz total oder vollständig differenzierbar und die vektorwertige Funktion $f': D \subseteq \mathbb{R}^n \longrightarrow \mathbb{R}^n$, $\mathbf{x} \mapsto f'(\mathbf{x})$ wird totale Ableitungsfunktion von f genannt.

Ist $f: D \subseteq \mathbb{R}^n \longrightarrow \mathbb{R}$ eine an der Stelle $\mathbf{x}_0 \in D$ total differenzierbare Funktion und $\Delta \mathbf{x} \approx \mathbf{0}$, dann folgt aus der Definition der totalen Ableitung, dass

$$f(\mathbf{x}_0 + \Delta \mathbf{x}) \approx f(\mathbf{x}_0) + f'(\mathbf{x}_0)^T \Delta \mathbf{x}$$

gilt. Das heißt, der Wert

$$f(\mathbf{x}_0) + f'(\mathbf{x}_0)^T \Delta \mathbf{x}$$

ist für Vektoren $\mathbf{x} = \mathbf{x}_0 + \Delta \mathbf{x}$, welche hinreichend nahe bei $\mathbf{x}_0$ liegen, oft eine gute lineare Approximation für die Funktionswerte $f(\mathbf{x})$. Diese Approximation ist in der Regel umso besser, je näher $\mathbf{x}$ bei $\mathbf{x}_0$ liegt. Die totale Ableitung einer reellwertigen Funktion in n Variablen verhält sich somit völlig analog zur (gewöhnlichen) Ableitung bei einer reellwertigen Funktion in einer Variablen (vgl. (16.8)). Bei Verwendung der Schreibweise f' für die totale Ableitung einer total differenzierbaren Funktion $f: D \subseteq \mathbb{R}^n \longrightarrow \mathbb{R}$ ist jedoch zu beachten, dass f' nicht reellwertig ist wie f, sondern **vektorwertig** mit einem n-dimensionalen Bild $f'(\mathbf{x}) \in \mathbb{R}^n$.

Eigenschaften total differenzierbarer Funktionen

Das totale Differential

$$f'(\mathbf{x}_0)^T \Delta \mathbf{x} = \mathbf{a}^T \Delta \mathbf{x} = \sum_{i=1}^n a_i \, \Delta x_i$$

beschreibt die Veränderung von f an einer Stelle $\mathbf{x}_0$ bei kleinen Änderungen $\Delta x_1, \ldots, \Delta x_n$ in den n Variablen

$x_1, \ldots, x_n$. Das heißt, mit Hilfe des totalen Differentials ist es im Gegensatz zu partiellen Ableitungen möglich, die Veränderung von f bei simultaner Änderung aller n Variablen zu untersuchen. Die Aussage des folgenden Satzes, dass totale Differenzierbarkeit stets auch Stetigkeit und partielle Differenzierbarkeit impliziert, ist daher nicht verwunderlich.

Satz 22.17 (Eigenschaften total differenzierbarer reellwertiger Funktionen)

Es sei $f\colon D \subseteq \mathbb{R}^n \longrightarrow \mathbb{R}$ eine an der Stelle $\mathbf{x}_0 \in D$ total differenzierbare Funktion mit der totalen Ableitung $f'(\mathbf{x}_0) \in \mathbb{R}^n$. Dann gilt:

a) f ist in $\mathbf{x}_0$ stetig.

b) f ist in $\mathbf{x}_0$ partiell differenzierbar und besitzt die totale Ableitung $f'(\mathbf{x}_0) = \operatorname{grad} f(\mathbf{x}_0)$.

Beweis: Zu a): Da f in $\mathbf{x}_0$ total differenzierbar ist, gilt
$$f(\mathbf{x}_0 + \Delta \mathbf{x}) - f(\mathbf{x}_0) = \mathbf{a}^T \Delta \mathbf{x} + r(\Delta \mathbf{x})$$
mit $\lim\limits_{\Delta \mathbf{x} \to \mathbf{0}} \frac{r(\Delta \mathbf{x})}{\|\Delta \mathbf{x}\|} = 0$ (vgl. (22.19)). Wegen $\lim\limits_{\Delta \mathbf{x} \to \mathbf{0}} \mathbf{a}^T \Delta \mathbf{x} = 0$ folgt daraus
$$\lim_{\mathbf{x} \to \mathbf{x}_0} f(\mathbf{x}) = \lim_{\Delta \mathbf{x} \to \mathbf{0}} f(\mathbf{x}_0 + \Delta \mathbf{x}) = f(\mathbf{x}_0),$$
also die Stetigkeit von f an der Stelle $\mathbf{x}_0$ (vgl. Definition 21.47).

Zu b): Mit (22.2) und (22.19) folgt für die n partiellen Ableitungen von f an der Stelle $\mathbf{x}_0$
$$\frac{\partial f(\mathbf{x}_0)}{\partial x_i} = \lim_{\Delta x \to 0} \frac{f(\mathbf{x}_0 + \Delta x \cdot \mathbf{e}_i) - f(\mathbf{x}_0)}{\Delta x}$$
$$= \lim_{\Delta x \to 0} \frac{\mathbf{a}^T (\Delta x \cdot \mathbf{e}_i) + r(\Delta x \cdot \mathbf{e}_i)}{\Delta x}$$
$$= \lim_{\Delta x \to 0} \frac{a_i \, \Delta x + r(\Delta x \cdot \mathbf{e}_i)}{\Delta x} = a_i$$
für alle $i = 1, \ldots, n$. Folglich gilt
$$f'(\mathbf{x}_0) = \mathbf{a} = \left(\frac{\partial f(\mathbf{x}_0)}{\partial x_1}, \ldots, \frac{\partial f(\mathbf{x}_0)}{\partial x_n} \right)^T = \operatorname{grad} f(\mathbf{x}_0). \blacksquare$$

In den Natur- und Wirtschaftswissenschaften werden bei der Untersuchung der Auswirkungen **infinitesimaler** Änderungen in den n unabhängigen Variablen $\mathbf{x} = (x_1, \ldots, x_n)^T$ auf den Funktionswert $f(\mathbf{x})$ einer total differenzierbaren Funktion $f\colon D \subseteq \mathbb{R}^n \longrightarrow \mathbb{R}$ häufig die Bezeichnungen
$$d\mathbf{x} := (dx_1, \ldots, dx_n)^T := \Delta \mathbf{x} \quad \text{und} \quad df := f'(\mathbf{x}_0)^T d\mathbf{x}$$
verwendet. Zusammen mit $f'(\mathbf{x}_0) = \operatorname{grad} f(\mathbf{x}_0)$ (vgl. Satz 22.17b)) liefert dies für das totale Differential $f'(\mathbf{x}_0)^T \Delta \mathbf{x}$ die intuitivere Schreibweise
$$df = \sum_{i=1}^n \frac{\partial f(\mathbf{x}_0)}{\partial x_i} \, dx_i \tag{22.20}$$
(vgl. Abbildung 22.7).

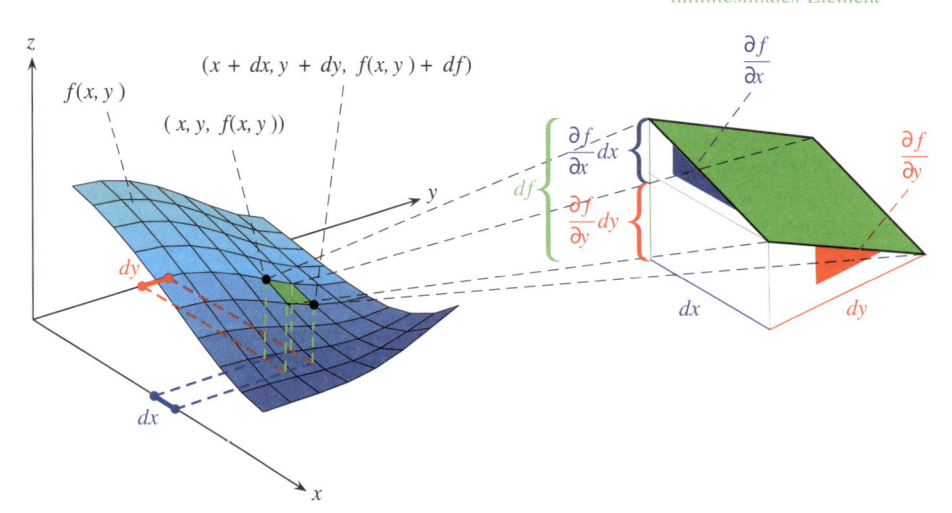

Abb. 22.7: Graphische Veranschaulichung des Differentials $df = \frac{\partial f(x_0, y_0)}{\partial x} \, dx + \frac{\partial f(x_0, y_0)}{\partial y} \, dy$ an der Stelle (x_0, y_0) bei einer reellwertigen Funktion $f\colon \mathbb{R}^2 \longrightarrow \mathbb{R}$, $(x, y) \mapsto f(x, y)$

Totale Differentiale treten in vielen ökonomischen Fragestellungen auf. Das folgende Beispiel entstammt der **Wachstumstheorie**, also dem Bereich der Volkswirtschaftslehre, der sich mit der Erklärung der Ursachen von Wirtschaftswachstum befasst:

Beispiel 22.18 (Totales Differential in der Wachstumstheorie)

Die Wachstumstheorie beschäftigt sich mit der Erklärung der zeitlichen Veränderung des **Bruttoinlandsproduktes (BIP)**, also dem Gesamtwert aller Güter (Waren und Dienstleistungen), die innerhalb eines Jahres innerhalb der Landesgrenzen einer Volkswirtschaft hergestellt werden und dem Endverbrauch dienen. Wird angenommen, dass das Bruttoinlandsprodukt S einer gegebenen Volkswirtschaft über die makroökonomische Produktionsfunktion f von der Arbeit L, dem Bruttoanlagevermögen V der Volkswirtschaft und Zeit t abhängt, dann führt dies zu der reellwertigen Funktion

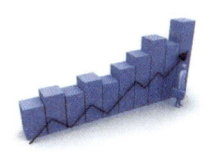

$$f : (0, \infty)^3 \longrightarrow \mathbb{R}, \ (L, V, t) \mapsto f(L, V, t)$$

mit $S := f(L, V, t)$. Wird von der Produktionsfunktion f angenommen, dass sie total differenzierbar ist, dann erhält man mit der Schreibweise (22.20) für das totale Differential die Darstellung

$$dS = \frac{\partial f(L, V, t)}{\partial L} dL + \frac{\partial f(L, V, t)}{\partial V} dV + \frac{\partial f(L, V, t)}{\partial t} dt.$$

Das heißt, die (infinitesimale) Änderung dS des Bruttoinlandsproduktes S ergibt sich als gewichtete Summe der (infinitesimalen) Veränderungen von Arbeit (dL), Bruttoanlagevermögen (dV) und der Zeit (dt), wobei die Gewichte durch die Grenzraten $\frac{\partial f(L,V,t)}{\partial L}$, $\frac{\partial f(L,V,t)}{\partial V}$ und $\frac{\partial f(L,V,t)}{\partial t}$ gegeben sind.

In Abschnitt 24.2 ist ein weiteres Beispiel zum Vorkommen des totalen Differentials in den Wirtschaftswissenschaften zu finden (siehe Beispiel 24.8).

In Beispiel 22.7 wurde bereits gezeigt, dass eine an der Stelle $\mathbf{x}_0$ partiell differenzierbare Funktion f dort nicht notwendigerweise stetig, also gemäß Satz 22.17a) auch nicht unbedingt total differenzierbar zu sein braucht. Mit anderen Worten: Die Existenz aller partiellen Ableitungen erster Ordnung ist nur eine notwendige, aber keineswegs eine hinreichende Bedingung für die totale Differenzierbarkeit. Partielle Differenzierbarkeit von f bedeutet nicht mehr und nicht weniger, als dass die ersten partiellen Ableitungen von f berechnet werden können. Aus diesem Grund wird der Gradient einer reellwertigen Funktion an einer Stelle $\mathbf{x}_0$ auch nur dann totale Ableitung von f an der Stelle $\mathbf{x}_0$ genannt und mit $f'(\mathbf{x}_0)$ bezeichnet, wenn f an der Stelle $\mathbf{x}_0$ tatsächlich auch total differenzierbar ist. Glücklicherweise ist es in den meisten konkreten Anwendungen nicht erforderlich, die etwas kompliziertere Bedingung (22.19) zu verifizieren, da die auftretenden reellwertigen Funktionen meist nicht nur partiell differenzierbar, sondern die partiellen Ableitungen zusätzlich auch noch stetig sind. Wie der folgende Satz zeigt, gilt in diesem Fall, dass die Funktion sogar total differenzierbar ist.

Satz 22.19 (Stetig partielle Differenzierbarkeit & totale Differenzierbarkeit)

Ist $f : D \subseteq \mathbb{R}^n \longrightarrow \mathbb{R}$ eine an der Stelle $\mathbf{x}_0 \in D$ stetig partiell differenzierbare Funktion, dann ist f in $\mathbf{x}_0$ auch total differenzierbar.

Beweis: Siehe z. B. *Walter* [68], Seiten 83–84. ∎

Gemäß Satz 22.19 ist eine reellwertige Funktion $f : D \subseteq \mathbb{R}^n \longrightarrow \mathbb{R}$ genau dann eine stetig partiell differenzierbare Funktion, wenn sie total differenzierbar ist mit stetigen ersten partiellen Ableitungen. Aus diesem Grund werden stetig partiell differenzierbare Funktionen oft auch kurz **stetig (total) differenzierbare Funktionen** genannt.

Da nach Satz 22.17a) total differenzierbare Funktionen auch stetig sind, folgt unmittelbar aus dem letzten Satz, dass stetig partiell differenzierbare Funktionen auch stetig sind.

Folgerung 22.20 (Stetig partielle Differenzierbarkeit und Stetigkeit)

Ist $f : D \subseteq \mathbb{R}^n \longrightarrow \mathbb{R}$ eine an der Stelle $\mathbf{x}_0 \in D$ stetig partiell differenzierbare Funktion, dann ist f in $\mathbf{x}_0$ auch stetig.

Beweis: Siehe Erläuterungen unmittelbar vor Folgerung 22.20. ∎

In Abbildung 22.8 sind die erzielten Erkenntnisse bezüglich der Differenzierbarkeit einer reellwertigen Funktion in n Variablen noch einmal zusammengefasst.

| f stetig partiell differenzierbar | → | f (total) differenzierbar | → | f partiell differenzierbar & stetig |

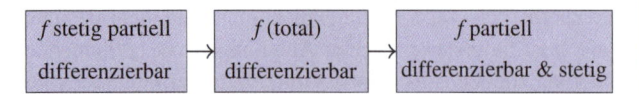

Abb. 22.8: Zusammenhang zwischen partieller Differenzierbarkeit, totaler Differenzierbarkeit und Stetigkeit bei einer reellwertigen Funktion $f : D \subseteq \mathbb{R}^n \longrightarrow \mathbb{R}$

Beispiel 22.21 (Totale Differenzierbarkeit)

a) Die reellwertige Funktion
$$f : \mathbb{R}^2 \longrightarrow \mathbb{R}, \ (x, y) \mapsto x^4 - 3x^3 y^2 + y$$
besitzt die ersten partiellen Ableitungen
$$\frac{\partial f(x, y)}{\partial x} = 4x^3 - 9x^2 y^2 \quad \text{und}$$
$$\frac{\partial f(x, y)}{\partial y} = -6x^3 y + 1.$$
Da diese partiellen Ableitungen stetig sind, ist f stetig partiell differenzierbar und damit insbesondere total differenzierbar mit der totalen Ableitung
$$f' : \mathbb{R}^2 \longrightarrow \mathbb{R}^2, \ \mathbf{x} \mapsto f'(\mathbf{x}) = \begin{pmatrix} 4x^3 - 9x^2 y^2 \\ -6x^3 y + 1 \end{pmatrix}$$
(vgl. Abbildung 22.9, links).

b) Die reellwertige Funktion
$$g : \mathbb{R}^2 \longrightarrow \mathbb{R}, \ (x, y) \mapsto x^2 y + xy \sin(xy)$$
besitzt die ersten partiellen Ableitungen
$$\frac{\partial g(x, y)}{\partial x} = 2xy + y \sin(xy) + xy^2 \cos(xy)$$
und
$$\frac{\partial g(x, y)}{\partial y} = x^2 + x \sin(xy) + x^2 y \cos(xy).$$
Aufgrund der Stetigkeit dieser beiden partiellen Ableitungen folgt, dass g total differenzierbar ist mit der totalen Ableitung
$$g' : \mathbb{R}^2 \longrightarrow \mathbb{R}^2,$$
$$\mathbf{x} \mapsto g'(\mathbf{x}) = \begin{pmatrix} 2xy + y \sin(xy) + xy^2 \cos(xy) \\ x^2 + x \sin(xy) + x^2 y \cos(xy) \end{pmatrix}$$
(vgl. Abbildung 22.9, rechts).

c) Die quadratische Funktion
$$f : \mathbb{R}^n \longrightarrow \mathbb{R},$$
$$\mathbf{x} \mapsto c + \mathbf{b}^T \mathbf{x} + \mathbf{x}^T \mathbf{A} \mathbf{x} = c + \sum_{i=1}^n b_i x_i + \sum_{i=1}^n \sum_{j=1}^n a_{ij} x_i x_j$$
mit $c \in \mathbb{R}$, $\mathbf{b} = (b_1, \ldots, b_n)^T \in \mathbb{R}^n$ und einer $n \times n$-Matrix $\mathbf{A} = (a_{ij})_{n,n}$ ist partiell differenzierbar und besitzt die stetigen partiellen Ableitungen
$$\frac{\partial f(x_1, \ldots, x_n)}{\partial x_k} = b_k + \sum_{\substack{j=1 \\ j \neq k}}^n a_{kj} x_j + \sum_{\substack{i=1 \\ i \neq k}}^n a_{ik} x_i + 2 a_{kk} x_k$$
$$= b_k + \sum_{j=1}^n a_{kj} x_j + \sum_{i=1}^n a_{ik} x_i$$
für $k = 1, \ldots, n$. Die quadratische Funktion f ist somit total differenzierbar und besitzt die totale Ableitung
$$f' : \mathbb{R}^n \longrightarrow \mathbb{R},$$
$$\mathbf{x} \mapsto f'(\mathbf{x}) = \begin{pmatrix} b_1 + \sum_{j=1}^n a_{1j} x_j + \sum_{i=1}^n a_{i1} x_i \\ \vdots \\ b_n + \sum_{j=1}^n a_{nj} x_j + \sum_{i=1}^n a_{in} x_i \end{pmatrix}$$
$$= \mathbf{b} + (\mathbf{A} + \mathbf{A}^T) \mathbf{x}.$$
Ist die Matrix $\mathbf{A}$ zusätzlich symmetrisch, dann gilt $\mathbf{A} = \mathbf{A}^T$ und die totale Ableitung vereinfacht sich somit zu
$$f' : \mathbb{R}^n \longrightarrow \mathbb{R}, \ \mathbf{x} \mapsto f'(\mathbf{x}) = \mathbf{b} + 2\mathbf{A} \mathbf{x}.$$
Dieses Ergebnis ist das Analogon zu der bekannten Ableitungsregel $(c + bx + ax^2)' = b + 2ax$ für reellwertige Funktionen in einer Variablen.

d) In den Beispielen 21.48d) und 22.7 wurde gezeigt, dass die reellwertige Funktion
$$f : \mathbb{R}^2 \longrightarrow \mathbb{R},$$
$$(x, y) \mapsto f(x, y) = \begin{cases} \frac{xy}{x^2 + y^2} & \text{für } (x, y) \neq (0, 0) \\ 0 & \text{für } (x, y) = (0, 0) \end{cases}$$
zwar überall partiell differenzierbar, aber nur an Stellen $(x, y) \neq (0, 0)$ auch stetig ist. Mit Satz 22.17a) folgt daher, dass f an der Stelle $(0, 0)$ auch nicht total differenzierbar sein kann. Da jedoch die beiden

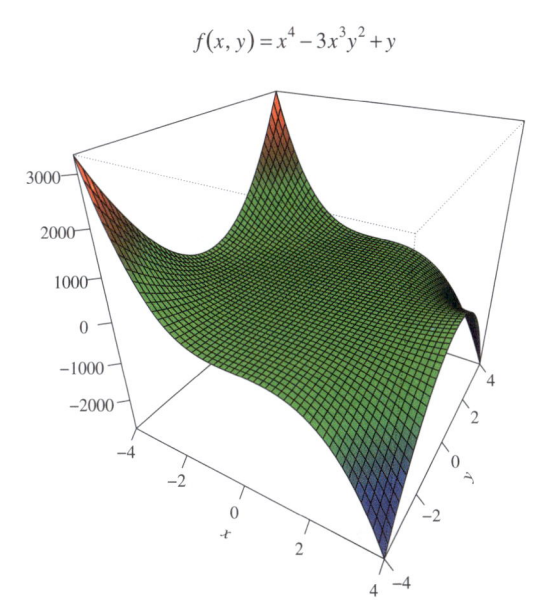

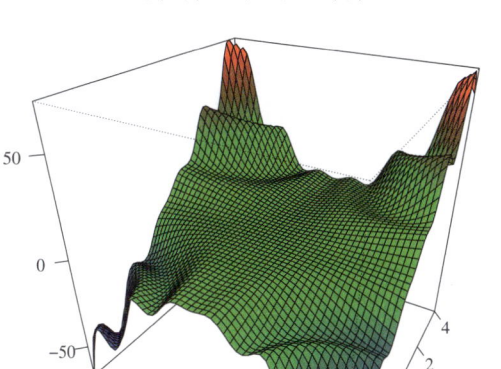

$$f(x,y) = x^4 - 3x^3 y^2 + y \qquad g(x,y) = x^2 y + xy \sin(xy)$$

Abb. 22.9: Reellwertige Funktionen $f: \mathbb{R}^2 \longrightarrow \mathbb{R}$, $(x, y) \mapsto x^4 - 3x^3 y^2 + y$ (links) und $g: \mathbb{R}^2 \longrightarrow \mathbb{R}$, $(x, y) \mapsto x^2 y + xy \sin(xy)$ (rechts)

partiellen Ableitungen von f für $(x, y) \neq (0, 0)$ stetig sind (vgl. (22.11)–(22.12)), folgt mit Satz 22.19, dass die Funktion f für $(x, y) \neq (0, 0)$ total differenzierbar ist. Die Funktion f besitzt somit auf $\mathbb{R}^2 \setminus \{\mathbf{0}\}$ die totale Ableitung

$$f': \mathbb{R}^2 \setminus \{\mathbf{0}\} \longrightarrow \mathbb{R}^2, \quad \mathbf{x} \mapsto f'(\mathbf{x}) = \begin{pmatrix} y \frac{y^2 - x^2}{(x^2+y^2)^2} \\ x \frac{x^2 - y^2}{(x^2+y^2)^2} \end{pmatrix}.$$

Rechenregeln für total differenzierbare Funktionen

Bei der Betrachtung reellwertiger Funktionen in einer Variablen haben sich die verschiedenen existierenden Ableitungsregeln (vgl. Abschnitt 16.4) als unentbehrlich erwiesen. Glücklicherweise existieren für die totale Ableitung reellwertiger Funktionen in n Variablen analoge Hilfsmittel. Der folgende Satz besagt, dass **Summen**, **Differenzen**, **Produkte** und **Quotienten** total differenzierbarer Funktionen wieder total differenzierbar sind und die zugehörige totale Ableitung mit analogen Differentiationsregeln wie im Falle von reellwertigen Funktionen in einer Variablen berechnet werden kann.

Satz 22.22 (Rechenregeln für totale Ableitungen)

Es seien $f: D \subseteq \mathbb{R}^n \longrightarrow \mathbb{R}$ und $g: D \subseteq \mathbb{R}^n \longrightarrow \mathbb{R}$ zwei reellwertige Funktionen, die an der Stelle $\mathbf{x}_0 \in D$ total differenzierbar sind und $\alpha \in \mathbb{R}$. Dann sind die reellwertigen Funktionen

$$f + g, \quad f - g, \quad fg \quad \text{und} \quad \alpha f$$

ebenfalls an der Stelle $\mathbf{x}_0$ total differenzierbar. Gilt zusätzlich $g(\mathbf{x}_0) \neq 0$, dann ist auch die Funktion $\frac{f}{g}$ an der Stelle $\mathbf{x}_0$ total differenzierbar. Für die totalen Ableitungen gilt:

a) $(f + g)'(\mathbf{x}_0) = f'(\mathbf{x}_0) + g'(\mathbf{x}_0)$
b) $(f - g)'(\mathbf{x}_0) = f'(\mathbf{x}_0) - g'(\mathbf{x}_0)$
c) $(fg)'(\mathbf{x}_0) = f'(\mathbf{x}_0) g(\mathbf{x}_0) + f(\mathbf{x}_0) g'(\mathbf{x}_0)$
   (Produktregel)
d) $(\alpha f)'(\mathbf{x}_0) = \alpha f'(\mathbf{x}_0)$
e) $\left(\frac{f}{g}\right)'(\mathbf{x}_0) = \frac{f'(\mathbf{x}_0) g(\mathbf{x}_0) - f(\mathbf{x}_0) g'(\mathbf{x}_0)}{g^2(\mathbf{x}_0)}$ *(Quotientenregel)*

Beweis: Der Beweis verläuft weitgehend analog zum Beweis der entsprechenden Aussagen für reellwertige Funktionen in einer Variablen (vgl. Satz 16.6). ∎

Die Anwendung von Satz 22.22 wird im folgenden Beispiel demonstriert:

Beispiel 22.23 (Rechenregeln für totale Ableitungen)

Für die Summe und die Differenz der beiden total differenzierbaren Funktionen
$$f: \mathbb{R}^2 \longrightarrow \mathbb{R},\ (x, y) \mapsto x^4 - 3x^3 y^2 + y$$
und
$$g: \mathbb{R}^2 \longrightarrow \mathbb{R},\ (x, y) \mapsto x^2 y + xy \sin(xy)$$
erhält man mit Satz 22.22a) und b) und den Ergebnissen aus Beispiel 22.21a) und b) für ein $\mathbf{x}_0 = (x_0, y_0)^T \in \mathbb{R}^2$ die totalen Ableitungen
$$(f+g)'(\mathbf{x}_0)$$
$$= \begin{pmatrix} 4x^3 - 9x^2 y^2 + 2xy + y\sin(xy) + xy^2 \cos(xy) \\ -6x^3 y + 1 + x^2 + x\sin(xy) + x^2 y \cos(xy) \end{pmatrix}$$
und
$$(f-g)'(\mathbf{x}_0)$$
$$= \begin{pmatrix} 4x^3 - 9x^2 y^2 - 2xy - y\sin(xy) - xy^2 \cos(xy) \\ -6x^3 y + 1 - x^2 - x\sin(xy) - x^2 y \cos(xy) \end{pmatrix}.$$

Ein weiteres wichtiges Hilfsmittel ist die folgende Verallgemeinerung der Kettenregel in Satz 16.8. Sie bezieht sich auf die Differentiation der Komposition $f \circ g$ einer reellwertigen Funktion $f: D \subseteq \mathbb{R}^n \longrightarrow \mathbb{R}$ in n Variablen und einer vektorwertigen Funktion $g: I \subseteq \mathbb{R} \longrightarrow \mathbb{R}^n$ in einer Variablen mit $g(I) \subseteq D$. Die Komposition $f \circ g: I \subseteq \mathbb{R} \longrightarrow \mathbb{R}$ ist somit eine reellwertige Funktion in einer Variablen (vgl. Abbildung 22.10). Zur Differentiation von $f \circ g$ an einer Stelle $t_0 \in I$ wird für die vektorwertige Funktion g durch
$$g_i: I \subseteq \mathbb{R} \longrightarrow \mathbb{R},\ t \mapsto g_i(t) := (g(t))_i$$
die i-te **Koordinatenfunktion** von g definiert und die Funktion g an der Stelle $t_0 \in I$ als **differenzierbar** bezeichnet, wenn alle ihre n Koordinatenfunktionen $g_1, \ldots, g_n$ dort differenzierbar sind. In diesem Fall wird
$$g'(t_0) := \left(g'_1(t_0), \ldots, g'_n(t_0)\right)^T$$
erste Ableitung von g an der Stelle t_0 genannt.

Für die erste Ableitung der Komposition $f \circ g: I \subseteq \mathbb{R} \longrightarrow \mathbb{R}$ gilt der folgende Satz:

Satz 22.24 (Differenzierbarkeit von Kompositionen (verallg. Kettenregel))

Es seien $g: I \subseteq \mathbb{R} \longrightarrow \mathbb{R}^n$ eine an der Stelle $t_0 \in I$ differenzierbare vektorwertige Funktion auf einem offenen Intervall I und $f: D \subseteq \mathbb{R}^n \longrightarrow \mathbb{R}$ eine reellwertige Funktion auf einer offenen Menge $D \subseteq \mathbb{R}^n$ mit $g(I) \subseteq D$, die an der Stelle $\mathbf{x}_0 = g(t_0)$ total differenzierbar ist. Dann ist auch die Komposition $f \circ g: I \subseteq \mathbb{R} \longrightarrow \mathbb{R}$ an der Stelle t_0 differenzierbar und besitzt dort die erste Ableitung
$$(f \circ g)'(t_0) = f'(\mathbf{x}_0)^T g'(t_0)$$
$$= \operatorname{grad} f(g(t_0))^T g'(t_0)$$
$$= \sum_{i=1}^n \frac{\partial f(g(t_0))}{\partial x_i} g'_i(t_0). \qquad (22.21)$$

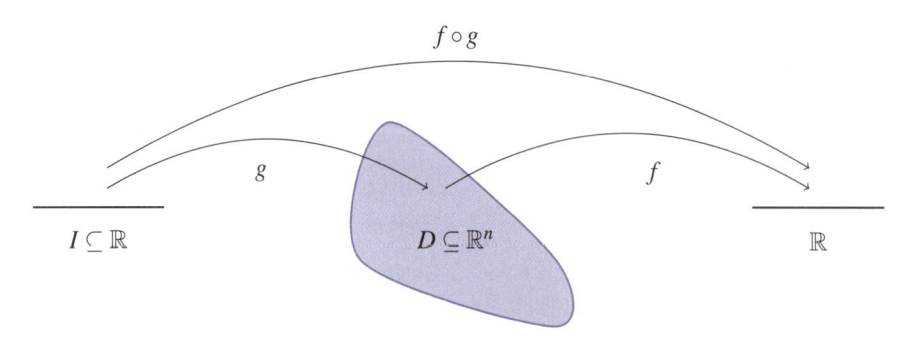

Abb. 22.10: Komposition $f \circ g: I \subseteq \mathbb{R} \longrightarrow \mathbb{R}$ einer vektorwertigen Funktion $g: I \subseteq \mathbb{R} \longrightarrow \mathbb{R}^n$ in einer Variablen mit einer reellwertigen Funktion $f: D \subseteq \mathbb{R}^n \longrightarrow \mathbb{R}$ in n Variablen

Beweis: Für den Differenzenquotienten von $f \circ g$ an der Stelle $t_0 \in I$ gilt

$$\frac{(f \circ g)(t_0 + \Delta t) - (f \circ g)(t_0)}{\Delta t} \quad (22.22)$$

$$= \frac{f(g(t_0+\Delta t)) - f(g(t_0)) - f'(\mathbf{x}_0)^T (g(t_0+\Delta t) - g(t_0))}{\|g(t_0+\Delta t) - g(t_0)\|}$$

$$\times \frac{\|g(t_0+\Delta t) - g(t_0)\|}{\Delta t} + \frac{f'(\mathbf{x}_0)^T (g(t_0+\Delta t) - g(t_0))}{\Delta t}.$$

Aus der Differenzierbarkeit von g an der Stelle t_0 folgt $g(t_0 + \Delta t) \to g(t_0)$ für $\Delta t \to 0$ und, da f an der Stelle $\mathbf{x}_0 = g(t_0)$ total differenzierbar ist, gilt (22.19) (mit $\mathbf{x}_0 + \Delta \mathbf{x} = g(t_0+\Delta t)$, $\mathbf{x}_0 = g(t_0)$ und $\mathbf{a} = f'(\mathbf{x}_0)$) und damit insbesondere auch

$$\lim_{\Delta t \to 0} \frac{f(g(t_0+\Delta t)) - f(g(t_0)) - f'(\mathbf{x}_0)^T(g(t_0+\Delta t) - g(t_0))}{\|g(t_0+\Delta t) - g(t_0)\|} = 0.$$

Weiter folgt aus der Differenzierbarkeit von g an der Stelle t_0

$$\lim_{\Delta t \to 0} \frac{\|g(t_0 + \Delta t) - g(t_0)\|}{\Delta t} = \|g'(t_0)\|.$$

Aus (22.22) erhält man somit

$$(f \circ g)'(t_0) = \lim_{\Delta t \to 0} \frac{(f \circ g)(t_0 + \Delta t) - (f \circ g)(t_0)}{\Delta t}$$

$$= \lim_{\Delta t \to 0} \frac{f'(\mathbf{x}_0)^T (g(t_0+\Delta t) - g(t_0))}{\Delta t}$$

$$= f'(\mathbf{x}_0)^T \lim_{\Delta t \to 0} \frac{g(t_0+\Delta t) - g(t_0)}{\Delta t}$$

$$= f'(\mathbf{x}_0)^T \begin{pmatrix} g'_1(t_0) \\ \vdots \\ g'_n(t_0) \end{pmatrix}.$$

Das heißt, die Funktion $f \circ g$ ist an der Stelle t_0 differenzierbar und zusammen mit Satz 22.17b) folgt weiter, dass sie dort die erste Ableitung (22.21) besitzt. ∎

Die verallgemeinerte Kettenregel (22.21) besagt somit, dass die erste Ableitung der Komposition $f \circ g$ einer reellwertigen Funktion $f: D \subseteq \mathbb{R}^n \longrightarrow \mathbb{R}$ in n Variablen und einer vektorwertigen Funktion $g: I \subseteq \mathbb{R} \longrightarrow \mathbb{R}^n$ in einer Variablen analog zum Fall zweier reeller Funktionen einfach als Produkt der totalen Ableitung $f'(\mathbf{x}_0) = \operatorname{grad} f(g(t_0))$ der „äußeren" Funktion f und der Ableitung $g'(t_0)$ der „inneren" Funktion g geschrieben werden kann. Man kann sich daher auch die verallgemeinerte Kettenregel (22.21) durch den einfachen Merksatz „**äußere Ableitung mal innere Ableitung**" einprägen.

Die Anwendung der verallgemeinerten Kettenregel wird im folgenden Beispiel demonstriert:

Beispiel 22.25 (Anwendung der verallgemeinerten Kettenregel)

a) Betrachtet werden die beiden Funktionen $g: \mathbb{R} \to \mathbb{R}^2$, $t \mapsto g(t) = (2t^4, 3\cos(t))^T$ und $f: \mathbb{R}^2 \to \mathbb{R}$, $(x, y) \mapsto f(x, y) = 2x^2 \sin(y)$. Dann ist $f \circ g$ differenzierbar und für die erste Ableitung erhält man

$$(f \circ g)'(t) = \frac{\partial f(g(t))}{\partial x} g'_1(t) + \frac{\partial f(g(t))}{\partial y} g'_2(t)$$
$$= 4x \sin(y) 8t^3 + 2x^2 \cos(y)(-3\sin(t))$$
$$= 32xt^3 \sin(y) - 6x^2 \cos(y) \sin(t).$$

Mit $x = 2t^4$ und $y = 3\cos(t)$ folgt daraus weiter

$$(f \circ g)'(t) = 64t^7 \sin(3\cos(t))$$
$$\quad - 24t^8 \cos(3\cos(t)) \sin(t).$$

Die direkte Differentiation der reellen Funktion

$$f \circ g: \mathbb{R} \longrightarrow \mathbb{R},$$
$$t \mapsto f(g_1(t), g_2(t)) = 8t^8 \sin(3\cos(t))$$

mit Hilfe der Produktregel und der Kettenregel für reelle Funktionen (vgl. Satz 16.6c) bzw. Satz 16.8) liefert dasselbe Ergebnis (vgl. Abbildung 22.11, links).

b) Betrachtet werden die Funktionen $g: \mathbb{R} \longrightarrow \mathbb{R}^3$, $t \mapsto g(t) = (2t^2, 3\sin(t), \cos(t))^T$ und $f: \mathbb{R}^3 \longrightarrow \mathbb{R}$, $(x_1, x_2, x_3) \mapsto f(x_1, x_2, x_3) = e^{2x_1 x_2 x_3}$. Dann ist $f \circ g$ differenzierbar und für die erste Ableitung erhält man

$$(f \circ g)'(t)$$
$$= \frac{\partial f(g(t))}{\partial x_1} g'_1(t) + \frac{\partial f(g(t))}{\partial x_2} g'_2(t) + \frac{\partial f(g(t))}{\partial x_3} g'_3(t)$$
$$= 2x_2 x_3 e^{2x_1 x_2 x_3} 4t + 2x_1 x_3 e^{2x_1 x_2 x_3} 3\cos(t)$$
$$\quad + 2x_1 x_2 e^{2x_1 x_2 x_3}(-\sin(t))$$
$$= (8tx_2 x_3 + 6x_1 x_3 \cos(t) - 2x_1 x_2 \sin(t)) e^{2x_1 x_2 x_3}.$$

Mit $x_1 = 2t^2$, $x_2 = 3\sin(t)$ und $x_3 = \cos(t)$ folgt daraus weiter

$$(f \circ g)'(t) = \big(24t \sin(t) \cos(t) + 12t^2 \cos^2(t)$$
$$\quad - 12t^2 \sin^2(t)\big) e^{12t^2 \sin(t) \cos(t)}.$$

Die direkte Differentiation der reellen Funktion

$$f \circ g: \mathbb{R} \longrightarrow \mathbb{R},$$
$$t \mapsto f(g_1(t), g_2(t), g_3(t)) = e^{12t^2 \sin(t) \cos(t)}$$

mit Hilfe der Produktregel und der Kettenregel für reelle Funktionen liefert natürlich auch hier dasselbe Ergebnis (vgl. Abbildung 22.11, rechts).

Kapitel 22   **Differentialrechnung im $\mathbb{R}^n$**

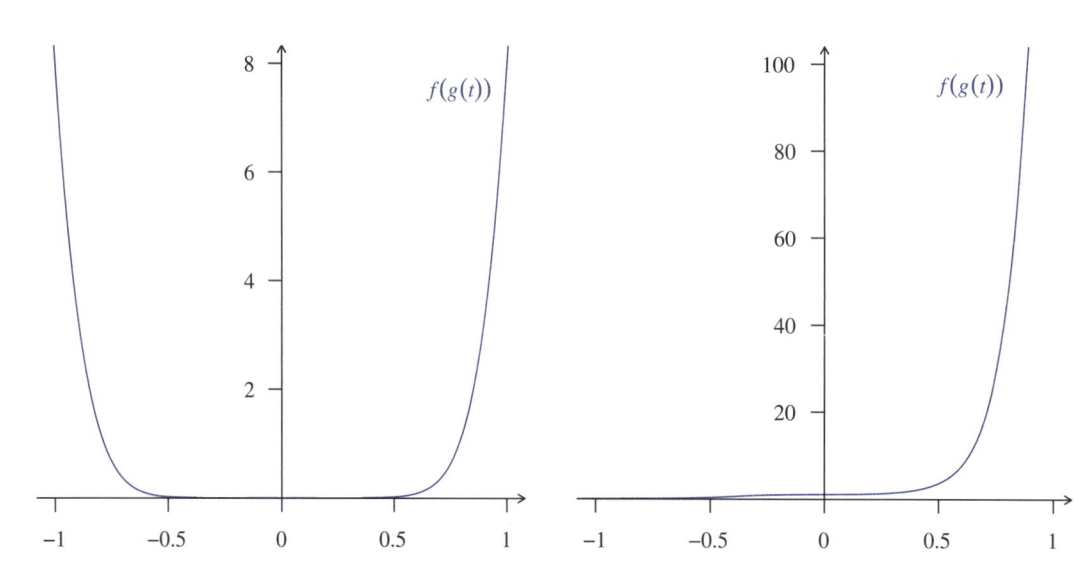

Abb. 22.11: Reelle Funktionen $f \circ g \colon \mathbb{R} \longrightarrow \mathbb{R}$, $t \mapsto 8t^8 \sin(3\cos(t))$ (links) und $f \circ g \colon \mathbb{R} \longrightarrow \mathbb{R}$, $t \mapsto e^{12t^2 \sin(t)\cos(t)}$ (rechts)

Eine wichtige Folgerung der verallgemeinerten Kettenregel (22.21) ist das nach dem Schweizer Mathematiker *Leonhard Euler* (1707–1783) benannte **Theorem von Euler**. Es liefert für homogene und total differenzierbare Funktionen $f \colon D \subseteq \mathbb{R}^n \longrightarrow \mathbb{R}$ mit der Eigenschaft

$$f(\gamma x_1, \ldots, \gamma x_n) = \gamma^\beta f(x_1, \ldots, x_n) \quad (22.23)$$

für alle $\mathbf{x} \in D$ und $\gamma > 0$ eine Aussage über die Beziehung zwischen dem Homogenitätsgrad β von f und ihren n partiellen Ableitungen.

Titelblatt des Buchs „Methodus inveniendi lineas curvas" von L. Euler (1744)

Folgerung 22.26 (Theorem von Euler für homogene Funktionen)

Ist $f \colon D \subseteq \mathbb{R}^n \longrightarrow \mathbb{R}$ *eine homogene und total differenzierbare Funktion vom Grad $\beta \in \mathbb{R}$, dann gilt für alle $\mathbf{x} \in D$*

$$\beta = \frac{1}{f(\mathbf{x})} \sum_{i=1}^n \frac{\partial f(\mathbf{x})}{\partial x_i} x_i. \quad (22.24)$$

Beweis: Es sei $\mathbf{x} \in D \subseteq \mathbb{R}^n$ beliebig, aber fest gewählt und $g \colon (0, \infty) \longrightarrow \mathbb{R}^n$, $\gamma \mapsto \gamma \mathbf{x}$. Dann ist die Komposition $f \circ g \colon (0, \infty) \longrightarrow \mathbb{R}$, $\gamma \mapsto f(\gamma \mathbf{x})$ differenzierbar und mit der Kettenregel (22.21) erhält man für ihre erste Ableitung

$$(f \circ g)'(\gamma) = \sum_{i=1}^n \frac{\partial f(g(\gamma))}{\partial x_i} g_i'(\gamma) = \sum_{i=1}^n \frac{\partial f(\gamma \mathbf{x})}{\partial x_i} x_i. \quad (22.25)$$

Aus (22.23) folgt andererseits

$$(f \circ g)'(\gamma) = f'(\gamma \mathbf{x}) = \beta \gamma^{\beta-1} f(x_1, \ldots, x_n). \quad (22.26)$$

Gleichsetzen von (22.25) und (22.26) liefert somit

$$\beta \gamma^{\beta-1} f(x_1, \ldots, x_n) = \sum_{i=1}^n \frac{\partial f(\gamma \mathbf{x})}{\partial x_i} x_i.$$

Für $\gamma = 1$ folgt daraus schließlich

$$\beta f(x_1, \ldots, x_n) = \sum_{i=1}^n \frac{\partial f(\mathbf{x})}{\partial x_i} x_i$$

und damit auch die Behauptung. ∎

Die Gleichung (22.24) bezeichnet man als **Eulersche Homogenitätsrelation**. Im folgenden Beispiel wird das Theorem von Euler auf die CES- und die Cobb-Douglas-Produktionsfunktion aus Beispiel 21.35 angewendet:

Beispiel 22.27 (Theorem von Euler bei Produktionsfunktionen)

a) Die CES-Produktionsfunktion
$$f : (0, \infty)^n \longrightarrow \mathbb{R},$$
$$\mathbf{x} \mapsto f(\mathbf{x}) = \alpha_0 \left(\sum_{i=1}^{n} \alpha_i x_i^d \right)^{\frac{1}{d}}$$

mit $\alpha_0, \ldots, \alpha_n, d \in (0, \infty)$ ist total differenzierbar und mit der Kettenregel für reellwertige Funktionen in einer Variablen (vgl. Satz 16.8) erhält man für ihre partiellen Ableitungen (sogenannte **partielle Grenzproduktivitäten**)

$$\frac{\partial f(\mathbf{x})}{\partial x_i} = \alpha_0 \frac{1}{d} \alpha_i d x_i^{d-1} \left(\sum_{i=1}^{n} \alpha_i x_i^d \right)^{\frac{1}{d}-1} \quad (22.27)$$

$$= \frac{\alpha_i x_i^{d-1}}{\sum_{i=1}^{n} \alpha_i x_i^d} \alpha_0 \left(\sum_{i=1}^{n} \alpha_i x_i^d \right)^{\frac{1}{d}} = \frac{\alpha_i x_i^{d-1}}{\sum_{i=1}^{n} \alpha_i x_i^d} f(\mathbf{x})$$

für alle $i = 1, \ldots, n$. Die i-te partielle Grenzproduktivität $\frac{\partial f(\mathbf{x})}{\partial x_i}$ gibt den zusätzlichen Wert an, der durch eine zusätzliche Einheit des i-ten Produktionsfaktors generiert wird. Mit dem Theorem von Euler (vgl. Folgerung 22.26) erhält man für den Grad β der CES-Produktionsfunktion

$$\beta = \frac{1}{f(\mathbf{x})} \sum_{i=1}^{n} \frac{\partial f(\mathbf{x})}{\partial x_i} x_i$$

$$= \frac{1}{f(\mathbf{x})} \sum_{i=1}^{n} \frac{\alpha_i x_i^{d-1}}{\sum_{i=1}^{n} \alpha_i x_i^d} f(\mathbf{x}) x_i = \frac{\sum_{i=1}^{n} \alpha_i x_i^d}{\sum_{i=1}^{n} \alpha_i x_i^d} = 1.$$

Die CES-Produktionsfunktion ist also linear-homogen (vgl. Beispiel 21.35a)).

b) Die Cobb-Douglas-Produktionsfunktion
$$f : (0, \infty)^n \longrightarrow \mathbb{R}, \quad \mathbf{x} \mapsto f(\mathbf{x}) = \alpha_0 \prod_{i=1}^{n} x_i^{\alpha_i}$$

mit $\alpha_0, \ldots, \alpha_n \in (0, \infty)$ ist ebenfalls total differenzierbar und für ihre partiellen Grenzproduktivitäten gilt

$$\frac{\partial f(\mathbf{x})}{\partial x_i} = \alpha_0 \alpha_i x_i^{\alpha_i - 1} \prod_{\substack{j=1 \\ j \neq i}}^{n} x_j^{\alpha_j} = \alpha_0 \frac{\alpha_i}{x_i} \prod_{j=1}^{n} x_j^{\alpha_j} = \frac{\alpha_i}{x_i} f(\mathbf{x})$$

(22.28)

für alle $i = 1, \ldots, n$. Mit dem Theorem von Euler erhält man somit für den Grad β der Cobb-Douglas-Produktionsfunktion

$$\beta = \frac{1}{f(\mathbf{x})} \sum_{i=1}^{n} \frac{\partial f(\mathbf{x})}{\partial x_i} x_i = \frac{1}{f(\mathbf{x})} \sum_{i=1}^{n} \frac{\alpha_i}{x_i} f(\mathbf{x}) x_i = \sum_{i=1}^{n} \alpha_i.$$

Die Cobb-Douglas-Produktionsfunktion ist somit homogen vom Grad $\sum_{i=1}^{n} \alpha_i$ (vgl. Beispiel 21.35b)).

22.4 Richtungsableitung

Die partielle Ableitung $\frac{\partial f(\mathbf{x}_0)}{\partial x_i}$ einer reellwertigen Funktion $f : D \subseteq \mathbb{R}^n \longrightarrow \mathbb{R}$ an der Stelle $\mathbf{x}_0 \in D$ ist die Ableitung der partiellen Funktion

$$t \mapsto f_i(t) := f(\mathbf{x}_0 + t \cdot \mathbf{e}_i) \quad (22.29)$$

an der Stelle $t = 0$ (vgl. (22.1)). Das heißt, sie gibt Aufschluss über das Änderungsverhalten von f an der Stelle $\mathbf{x}_0$, wenn von den n Variablen nur die i-te Variable variiert wird. Sie ist also die Ableitung von f entlang der i-ten Koordinatenachse (vgl. auch Abbildung 22.2). Es ist jedoch auf völlig natürliche Weise auch möglich, die Steigung von f für jede andere Richtung zu bestimmen. Dazu ist es lediglich erforderlich, in (22.29) den i-ten Einheitsvektor $\mathbf{e}_i$ durch einen beliebigen anderen **Richtungsvektor** $\mathbf{r}$, d.h. einen Vektor $\mathbf{r} \in \mathbb{R}^n$ mit $\|\mathbf{r}\| = 1$, zu ersetzen. Der Graph der dadurch resultierenden Funktion

$$t \mapsto f_{\mathbf{r}}(t) := f(\mathbf{x}_0 + t \cdot \mathbf{r}) \quad (22.30)$$

durchläuft dann den Graphen von f in Richtung $\mathbf{r}$ und die Steigung der Funktion $f_{\mathbf{r}}$ an der Stelle $t = 0$ gibt die Steigung von f an der Stelle $\mathbf{x}_0$ in Richtung $\mathbf{r}$ an (vgl. Abbildung 22.12). Diese Beobachtung motiviert die folgende Definition des Begriffes der **Richtungsableitung**:

Kapitel 22 **Differentialrechnung im $\mathbb{R}^n$**

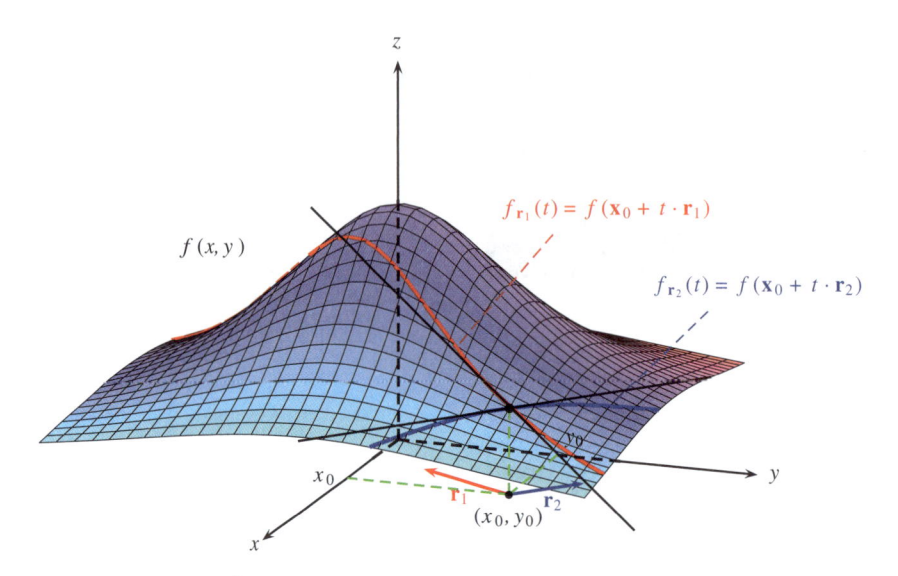

Abb. 22.12: Reellwertige Funktion $f : \mathbb{R}^2 \longrightarrow \mathbb{R}$, $(x, y) \mapsto f(x, y)$ mit zwei Funktionen $t \mapsto f_{\mathbf{r}_1}(t) = f(\mathbf{x}_0 + t \cdot \mathbf{r}_1)$ und $t \mapsto f_{\mathbf{r}_2}(t) = f(\mathbf{x}_0 + t \cdot \mathbf{r}_2)$ sowie den Richtungsableitungen $\frac{\partial f(\mathbf{x}_0)}{\partial \mathbf{r}_1}$ und $\frac{\partial f(\mathbf{x}_0)}{\partial \mathbf{r}_2}$ als Steigungen der Tangente von $f_{\mathbf{r}_1}$ bzw. $f_{\mathbf{r}_2}$ an der Stelle (x_0, y_0)

Definition 22.28 (Richtungsableitung)

Es seien $f : D \subseteq \mathbb{R}^n \longrightarrow \mathbb{R}$ eine reellwertige Funktion auf einer offenen Menge D und $\mathbf{r} \in \mathbb{R}^n$ mit $\|\mathbf{r}\| = 1$. Dann heißt f an der Stelle $\mathbf{x}_0$ in Richtung $\mathbf{r}$ differenzierbar, wenn der Grenzwert

$$\lim_{t \to 0} \frac{f(\mathbf{x}_0 + t \cdot \mathbf{r}) - f(\mathbf{x}_0)}{t} =: \frac{\partial f(\mathbf{x}_0)}{\partial \mathbf{r}} \quad (22.31)$$

existiert. Der Grenzwert $\frac{\partial f(\mathbf{x}_0)}{\partial \mathbf{r}}$ wird dann als Richtungsableitung von f an der Stelle $\mathbf{x}_0$ in Richtung $\mathbf{r}$ bezeichnet.

In Abbildung 22.12 ist die geometrische Bedeutung der Richtungsableitung $\frac{\partial f(\mathbf{x}_0)}{\partial \mathbf{r}}$ als Steigung von f in Richtung $\mathbf{r}$ durch die Tangente von $f_{\mathbf{r}}(t)$ an der Stelle $t = 0$ veranschaulicht. Die partielle Ableitung von f an der Stelle $\mathbf{x}_0$ bezüglich der Variablen x_i erhält man als spezielle Richtungsableitung von f an der Stelle $\mathbf{x}_0$ in Richtung des i-ten Einheitsvektors $\mathbf{e}_i$. Das heißt, es gilt

$$\frac{\partial f(\mathbf{x}_0)}{\partial x_i} = \frac{\partial f(\mathbf{x}_0)}{\partial \mathbf{e}_i}$$

für alle $i = 1, \ldots, n$.

Das folgende Beispiel verdeutlicht, wie die Richtungsableitung direkt, d. h. nur mit Hilfe der Definition 22.28, ermittelt werden kann:

Beispiel 22.29 (Direkte Berechnung der Richtungsableitung)

Betrachtet wird die reellwertige Funktion

$$f : \mathbb{R}^2 \longrightarrow \mathbb{R}, \ (x, y) \mapsto 2x^2 + y^2$$

mit der totalen Ableitung $f'(x, y) = \operatorname{grad} f(x, y) = (4x, 2y)^T$. Es seien nun $\mathbf{x} = (x, y)^T \in \mathbb{R}^2$ eine beliebige Stelle und $\mathbf{r} = (r_1, r_2)^T \in \mathbb{R}^2$ mit $\|\mathbf{r}\| = 1$ ein beliebiger Richtungsvektor. Dann gilt für $t \neq 0$

$$\frac{f(\mathbf{x} + t \cdot \mathbf{r}) - f(\mathbf{x})}{t} = \frac{2(x + tr_1)^2 + (y + tr_2)^2 - 2x^2 - y^2}{t}$$

$$= \frac{2t(2xr_1 + yr_2) + t^2(2r_1^2 + r_2^2)}{t}$$

$$= 2(2xr_1 + yr_2) + t(2r_1^2 + r_2^2)$$

und für $t \to 0$ folgt daraus

$$\frac{\partial f(x, y)}{\partial \mathbf{r}} = \lim_{t \to 0} \frac{f(\mathbf{x} + t \cdot \mathbf{r}) - f(\mathbf{x})}{t}$$

$$= 4xr_1 + 2yr_2 = f'(x, y)^T \mathbf{r}.$$

Das heißt, die Funktion f ist an jeder Stelle $(x, y) \in \mathbb{R}^2$ in jede Richtung $\mathbf{r}$ differenzierbar und die Richtungsableitung ist gegeben durch $\frac{\partial f(x,y)}{\partial \mathbf{r}} = f'(x, y)^T \mathbf{r} = \operatorname{grad} f(x, y)^T \mathbf{r}$.

Zusammenhang Richtungsableitung und totale Ableitung

Im obigen Beispiel ergab sich die Richtungsableitung $\frac{\partial f(\mathbf{x})}{\partial \mathbf{r}}$ an der Stelle $\mathbf{x}$ als Skalarprodukt $f'(\mathbf{x})^T \mathbf{r}$ der totalen Ableitung $f'(\mathbf{x})$ und des Richtungsvektors $\mathbf{r}$. Der folgende Satz zeigt, dass dies kein Zufall ist, und stellt einen direkten Zusammenhang zwischen totaler Ableitung und Richtungsableitung her. Er besagt, dass für eine an der Stelle $\mathbf{x}$ total differenzierbare Funktion f die Richtungsableitung $\frac{\partial f(\mathbf{x})}{\partial \mathbf{r}}$ in jede beliebige Richtung $\mathbf{r}$ existiert und sich als „gewichtete Summe" der partiellen Ableitungen von f mit den Koordinaten von $\mathbf{r}$ als Gewichten darstellen lässt.

Satz 22.30 (Totale Ableitung und Richtungsableitung)

Es sei $f: D \subseteq \mathbb{R}^n \longrightarrow \mathbb{R}$ eine an der Stelle $\mathbf{x}_0 \in D$ total differenzierbare Funktion. Dann existieren alle Richtungsableitungen von f an der Stelle $\mathbf{x}_0$ und es gilt

$$\frac{\partial f(\mathbf{x}_0)}{\partial \mathbf{r}} = f'(\mathbf{x}_0)^T \mathbf{r}$$
$$= \operatorname{grad} f(\mathbf{x}_0)^T \mathbf{r} = \sum_{i=1}^{n} \frac{\partial f(\mathbf{x}_0)}{\partial x_i} r_i \quad (22.32)$$

für alle $\mathbf{r} = (r_1, \ldots, r_n)^T \in \mathbb{R}^n$ mit $\|\mathbf{r}\| = 1$.

Beweis: Es seien $\mathbf{r} = (r_1, \ldots, r_n)^T \in \mathbb{R}^n$ mit $\|\mathbf{r}\| = 1$ beliebig gewählt und $g: (-\varepsilon, \varepsilon) \longrightarrow \mathbb{R}^n$, $t \mapsto \mathbf{x}_0 + t \cdot \mathbf{r}$ mit $g(-\varepsilon, \varepsilon) \subseteq D$ für ein hinreichend kleines $\varepsilon > 0$. Dann ist g differenzierbar mit $g'(0) = \mathbf{r}$ und es gilt $f_\mathbf{r}(t) := f(\mathbf{x}_0 + t \cdot \mathbf{r}) = (f \circ g)(t)$ für alle $t \in (-\varepsilon, \varepsilon)$. Da f nach Voraussetzung an der Stelle $\mathbf{x}_0 = g(0)$ total differenzierbar ist, folgt mit Satz 22.24, dass auch $f_\mathbf{r} = f \circ g$ an der Stelle $t = 0$ differenzierbar ist, und damit die Richtungsableitung von f an der Stelle $\mathbf{x}_0$ in Richtung $\mathbf{r}$ gleich der ersten Ableitung von $f \circ g$ an der Stelle $t = 0$ ist. Mit der verallgemeinerten Kettenregel (22.21) erhält man somit

$$\frac{\partial f(\mathbf{x}_0)}{\partial \mathbf{r}} = (f \circ g)'(0)$$
$$= f'(\mathbf{x}_0)^T g'(0) = \operatorname{grad} f(\mathbf{x}_0)^T \mathbf{r} = \sum_{i=1}^{n} \frac{\partial f(\mathbf{x}_0)}{\partial x_i} r_i.$$
∎

Mit (22.32) lässt sich die Richtungsableitung im Falle ihrer Existenz leicht berechnen.

Beispiel 22.31 (Berechnung der Richtungsableitung)

a) Für die reellwertige Funktion
$$f: \mathbb{R}^2 \longrightarrow \mathbb{R}, \quad (x, y) \mapsto 2x^2 + y^2$$
aus Beispiel 22.29 erhält man für eine beliebige Stelle $\mathbf{x} = (x, y)^T \in \mathbb{R}^2$ und einen beliebigen Richtungsvektor $\mathbf{r} = (r_1, r_2)^T \in \mathbb{R}^2$ mit (22.32) die Richtungsableitung
$$\frac{\partial f(\mathbf{x}_0)}{\partial \mathbf{r}} = (4x, 2y) \begin{pmatrix} r_1 \\ r_2 \end{pmatrix} = 4x r_1 + 2y r_2.$$

b) Die reellwertige Funktion
$$f: \mathbb{R}^2 \longrightarrow \mathbb{R}, \quad (x, y) \mapsto x^2 - y^2$$
besitzt an einer beliebigen Stelle $\mathbf{x} = (x, y)^T \in \mathbb{R}^2$ in Richtung der Diagonalen $\mathbf{r} = \left(\frac{\sqrt{2}}{2}, \frac{\sqrt{2}}{2}\right)^T \in \mathbb{R}^2$ die Ableitung
$$\frac{\partial f(\mathbf{x}_0)}{\partial \mathbf{r}} = (2x, -2y) \begin{pmatrix} \frac{\sqrt{2}}{2} \\ \frac{\sqrt{2}}{2} \end{pmatrix}$$
$$= \sqrt{2} x - \sqrt{2} y = \sqrt{2}(x - y).$$

Damit ist die Ableitung in Richtung der Diagonalen für $x = y$ stets gleich Null.

Gradient als Richtung des steilsten Anstieges

Es seien $f: D \subseteq \mathbb{R}^n \longrightarrow \mathbb{R}$ eine an der Stelle $\mathbf{x}_0 \in D$ total differenzierbare Funktion und $\mathbf{r} \in \mathbb{R}^n$ ein beliebiger Richtungsvektor mit $\|\mathbf{r}\| = 1$. Mit der Cauchy-Schwarzschen Ungleichung (7.16) und (22.32) erhält man dann für den Betrag der Ableitung von f an der Stelle $\mathbf{x}_0$ in Richtung $\mathbf{r}$ die Abschätzung

$$\left| \frac{\partial f(\mathbf{x}_0)}{\partial \mathbf{r}} \right| \leq \|\operatorname{grad} f(\mathbf{x}_0)\| \cdot \|\mathbf{r}\| = \|\operatorname{grad} f(\mathbf{x}_0)\|. \quad (22.33)$$

Das heißt, der Betrag der Richtungsableitung $\frac{\partial f(\mathbf{x}_0)}{\partial \mathbf{r}}$ von f an der Stelle $\mathbf{x}_0$ ist für jeden Richtungsvektor $\mathbf{r}$ kleiner oder gleich der Norm des Gradienten von f an dieser Stelle. Gilt für den Gradienten $\operatorname{grad} f(\mathbf{x}_0) \neq \mathbf{0}$, dann kann durch

$$\mathbf{v}_0 := \frac{\operatorname{grad} f(\mathbf{x}_0)}{\|\operatorname{grad} f(\mathbf{x}_0)\|}$$

der **normierte Gradient** von f an der Stelle $\mathbf{x}_0$ gebildet werden und mit (22.32) folgt für die Richtungsableitung von f

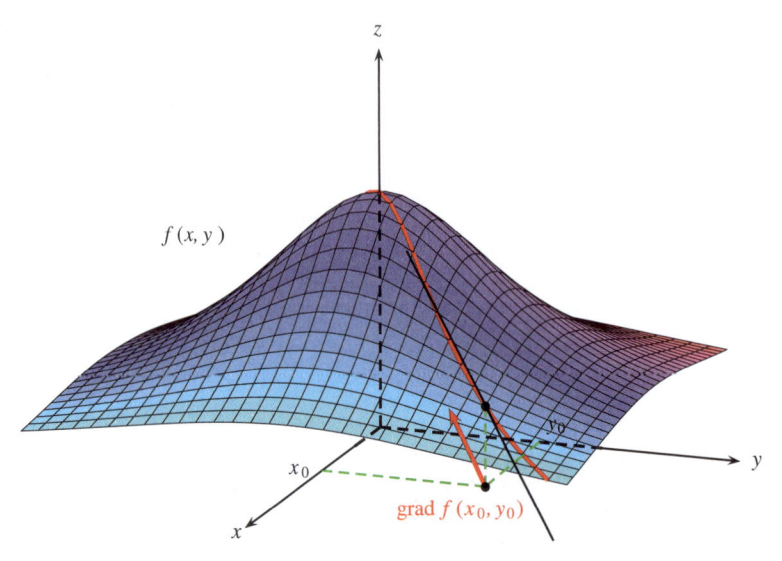

Abb. 22.13: Reellwertige Funktion $f: \mathbb{R}^2 \longrightarrow \mathbb{R}$, $(x, y) \mapsto f(x, y)$ und der Gradient $\operatorname{grad} f(\mathbf{x}_0) \in \mathbb{R}^2$ als Richtung des steilsten Anstieges von f an der Stelle (x_0, y_0)

in Richtung $\mathbf{v}_0$

$$\frac{\partial f(\mathbf{x}_0)}{\partial \mathbf{v}_0} = \operatorname{grad} f(\mathbf{x}_0)^T \frac{\operatorname{grad} f(\mathbf{x}_0)}{\|\operatorname{grad} f(\mathbf{x}_0)\|}$$
$$= \frac{\|\operatorname{grad} f(\mathbf{x}_0)\|^2}{\|\operatorname{grad} f(\mathbf{x}_0)\|} = \|\operatorname{grad} f(\mathbf{x}_0)\|.$$

Zusammen mit (22.33) zeigt dies, dass die Richtungsableitung in Richtung des normierten Gradienten $\mathbf{x}_0$ maximal ist. Mit anderen Worten: Der Gradient $\operatorname{grad} f(\mathbf{x}_0)$ gibt die Richtung des **steilsten Anstieges** von f an der Stelle $\mathbf{x}_0$ an, und sein Betrag ist gerade dieser stärkste Anstieg (vgl. Abbildung 22.13). Diese Eigenschaft bildet den theoretischen Hintergrund der sogenannten **Gradientenverfahren**, die für die Ermittlung von lokalen Minima und Maxima reellwertiger Funktionen in n Variablen von großer praktischer Bedeutung sind (siehe z. B. *Alt* [2] und *Papageorgiou* [53]). Gilt $\operatorname{grad} f(\mathbf{x}_0) = \mathbf{0}$, dann folgt aus (22.33) unmittelbar

$$\left|\frac{\partial f(\mathbf{x}_0)}{\partial \mathbf{r}}\right| = 0$$

für alle Richtungsvektoren $\mathbf{r} \in \mathbb{R}^n$. Das heißt, in diesem Fall verschwinden alle Richtungsableitungen von f an der Stelle $\mathbf{x}_0$.

22.5 Partielle Änderungsraten und partielle Elastizitäten

In Abschnitt 16.9 wurden für reellwertige Funktionen $f: D \subseteq \mathbb{R} \longrightarrow \mathbb{R}$ in einer Variablen x die Begriffe **Änderungsrate** und **Elastizität** eingeführt. Dabei wurde deutlich, dass sich Änderungsraten und Elastizitäten gegenüber gewöhnlichen Differentialquotienten (d. h. ersten Ableitungen) dadurch auszeichnen, dass sie nicht absolute Änderungen dx und dy, sondern **relative Änderungen**

$$\frac{dx}{x} \quad \text{und} \quad \frac{dy}{y}$$

der unabhängigen und abhängigen Variablen x bzw. y in Bezug zueinander setzen. Eine solche Quantifizierung der Auswirkung der unabhängigen Variablen x auf die abhängige Variable $y = f(x)$ erweist sich bei vielen ökonomischen Fragestellungen als deutlich aussagekräftiger. Mit Hilfe partieller Ableitungen ist es nun möglich, auch für reellwertige Funktionen $f: D \subseteq \mathbb{R}^n \longrightarrow \mathbb{R}$ in n Variablen $x_1, \ldots, x_n$ völlig analog die Begriffe **partielle Änderungsrate** und **partielle Elastizität** einzuführen.

Definition 22.32 (Partielle Änderungsrate und partielle Elastizität)

Es seien $f: D \subseteq \mathbb{R}^n \longrightarrow \mathbb{R}$ eine partiell differenzierbare Funktion und $\mathbf{x}_0 \in D$ mit $f(\mathbf{x}_0) \neq 0$, dann heißt

22.5 Partielle Änderungsraten und partielle Elastizitäten

a) $\rho_{f,x_i}(\mathbf{x}_0) := \frac{\partial f(\mathbf{x}_0)}{\partial x_i} \cdot \frac{1}{f(\mathbf{x}_0)}$ *partielle Änderungsrate* und

b) $\varepsilon_{f,x_i}(\mathbf{x}_0) := \frac{\partial f(\mathbf{x}_0)}{\partial x_i} \cdot \frac{x_i}{f(\mathbf{x}_0)}$ *partielle Elastizität* von f bezüglich x_i an der Stelle $\mathbf{x}_0$.

Die partielle Änderungsrate $\rho_{f,x_i}(\mathbf{x})$ entspricht der Veränderung $\frac{\partial f(\mathbf{x})}{\partial x_i}$ der Funktion f in Richtung der i-ten Koordinatenachse an der Stelle $\mathbf{x}$ bezogen auf den Funktionswert $f(\mathbf{x})$, wenn die anderen $n-1$ Variablen x_j mit $j \neq i$ konstant gehalten werden. Anstelle von Änderungsrate spricht man daher oft auch von **prozentualer Änderung** der Funktion f bezüglich x_i an der Stelle $\mathbf{x}$. Dagegen quantifiziert die partielle Elastizität $\varepsilon_{f,x_i}(\mathbf{x})$ die Veränderung $\frac{\partial f(\mathbf{x})}{\partial x_i}$ der Funktion f in Richtung der i-ten Koordinatenachse an der Stelle $\mathbf{x}$ bezogen auf den Wert der Durchschnittsfunktion $\frac{f(\mathbf{x})}{x_i}$, wobei die anderen $n-1$ Variablen x_j mit $j \neq i$ wieder als konstant betrachtet werden. Das heißt, die partielle Elastizität berücksichtigt das Ausgangsniveau der abhängigen Variablen $y = f(\mathbf{x})$ und der i-ten unabhängigen Variablen x_i. Zwischen der partiellen Änderungsrate und der partiellen Elastizität bezüglich der Variablen x_i besteht offensichtlich wieder die Beziehung

$$\varepsilon_{f,x_i}(\mathbf{x}) = x_i \rho_{f,x_i}(\mathbf{x}).$$

Mit der Eulerschen Homogenitätsrelation (22.24) erhält man unmittelbar den folgenden Zusammenhang zwischen dem Homogenitätsgrad und den partiellen Elastizitäten einer homogenen und total differenzierbaren Funktion f:

Folgerung 22.33 (Partielle Elastizitäten und Homogenitätsgrad)

Ist $f : D \subseteq \mathbb{R}^n \longrightarrow \mathbb{R}$ eine homogene und total differenzierbare Funktion vom Grad $\beta \in \mathbb{R}$, dann gilt für alle $\mathbf{x} \in D$

$$\beta = \sum_{i=1}^n \varepsilon_{f,x_i}(\mathbf{x}).$$

Beweis: Mit der Eulerschen Homogenitätsrelation (22.24) erhält man

$$\beta = \frac{1}{f(\mathbf{x})} \sum_{i=1}^n \frac{\partial f(\mathbf{x})}{\partial x_i} x_i = \sum_{i=1}^n \frac{\partial f(\mathbf{x})}{\partial x_i} \cdot \frac{x_i}{f(\mathbf{x})} = \sum_{i=1}^n \varepsilon_{f,x_i}(\mathbf{x}).$$ ∎

Analog zur Elastizität bei einer reellwertigen Funktion in einer Variablen lässt sich auch die partielle Elastizität $\varepsilon_{f,x_i}(\mathbf{x})$ anschaulich – aber nicht ganz korrekt – als die prozentuale Änderung der abhängigen Variablen $y = f(\mathbf{x})$ bei einer Veränderung der unabhängigen Variablen x_i um 1% interpretieren. Mit (16.19) erhält man für die partielle Elastizität bezüglich der Variablen x_i die alternative Darstellung

$$\varepsilon_{f,x_i}(\mathbf{x}) = \frac{1}{\frac{1}{x_i}} \frac{\frac{\partial f(\mathbf{x})}{\partial x_i}}{f(\mathbf{x})} = \frac{1}{\frac{\partial \ln(x_i)}{\partial x_i}} \frac{\partial \ln(f(\mathbf{x}))}{\partial x_i} = \frac{\partial \ln(f(\mathbf{x}))}{\partial \ln(x_i)}.$$

Die Rechenregeln für Änderungsraten aus Satz 16.46a)–e) und die Rechenregeln für Elastizitäten aus Folgerung 16.47a)–e) besitzen völlig analog auch für partielle Änderungsraten bzw. partielle Elastizitäten Gültigkeit.

Beispiel 22.34 (Partielle Änderungsraten und partielle Elastizitäten)

a) Die CES-Produktionsfunktion

$$f : (0, \infty)^n \longrightarrow \mathbb{R},$$
$$\mathbf{x} \mapsto f(\mathbf{x}) = \alpha_0 \left(\sum_{i=1}^n \alpha_i x_i^d \right)^{\frac{1}{d}}$$

mit $\alpha_0, \ldots, \alpha_n, d \in (0, \infty)$ besitzt die partiellen Ableitungen (partiellen Grenzproduktivitäten)

$$\frac{\partial f(\mathbf{x})}{\partial x_i} = \frac{\alpha_i x_i^{d-1}}{\sum_{i=1}^n \alpha_i x_i^d} f(\mathbf{x})$$

für alle $i = 1, \ldots, n$ (vgl. Beispiel 22.27a)). Für die partiellen Änderungsraten und die partiellen Elastizitäten erhält man somit

$$\rho_{f,x_i}(\mathbf{x}) = \frac{\partial f(\mathbf{x})}{\partial x_i} \cdot \frac{1}{f(\mathbf{x})} = \frac{\alpha_i x_i^{d-1}}{\sum_{i=1}^n \alpha_i x_i^d} \quad \text{bzw.}$$

$$\varepsilon_{f,x_i}(\mathbf{x}) = x_i \rho_{f,x_i}(\mathbf{x}) = \frac{\alpha_i x_i^d}{\sum_{i=1}^n \alpha_i x_i^d}$$

für alle $i = 1, \ldots, n$. Die partiellen Änderungsraten $\rho_{f,x_i}(\mathbf{x})$ und die partiellen Elastizitäten $\varepsilon_{f,x_i}(\mathbf{x})$ hängen somit von den Inputs x_i aller n Produktionsfaktoren ab.

b) Die Cobb-Douglas-Produktionsfunktion

$$f : (0, \infty)^n \longrightarrow \mathbb{R}, \ \mathbf{x} \mapsto f(\mathbf{x}) = \alpha_0 \prod_{i=1}^n x_i^{\alpha_i}$$

mit $\alpha_0, \ldots, \alpha_n \in (0, \infty)$ besitzt die partiellen Ableitungen

$$\frac{\partial f(\mathbf{x})}{\partial x_i} = \frac{\alpha_i}{x_i} f(\mathbf{x})$$

für alle $i = 1, \ldots, n$ (vgl. Beispiel 22.27b)). Für die partiellen Änderungsraten und die partiellen Elastizitäten gilt somit

$$\rho_{f,x_i}(\mathbf{x}) = \frac{\partial f(\mathbf{x})}{\partial x_i} \cdot \frac{1}{f(\mathbf{x})} = \frac{\alpha_i}{x_i} \quad \text{bzw.}$$

$$\varepsilon_{f,x_i}(\mathbf{x}) = x_i \rho_{f,x_i}(\mathbf{x}) = \alpha_i$$

für alle $i = 1, \ldots, n$. Das heißt, die partielle Änderungsrate $\rho_{f,x_i}(\mathbf{x})$ für den i-ten Produktionsfaktor ist nur vom Input x_i des i-ten Produktionsfaktors abhängig und fällt streng monoton mit wachsendem x_i. Die partiellen Elastizitäten $\varepsilon_{f,x_i}(\mathbf{x})$ sind sogar von den Inputs aller n Produktionsfaktoren unabhängig und stimmen jeweils mit den in der Cobb-Douglas-Produktionsfunktion f auftretenden Exponenten α_i überein.

Ein weiteres typisches Beispiel für eine partielle Elastizität ist das **Optionsomega** in der Optionspreistheorie. Mit seiner Hilfe lässt sich das Phänomen des Hebeleffektes bei Optionen erklären:

Beispiel 22.35 (Optionselastizität Ω)

In den beiden Beispielen 22.4 und 22.10 wurden für eine europäische Call-Option bereits die fünf Optionsgriechen Δ, Θ, P, Λ und Γ im Black-Scholes-Modell ermittelt. Eine weitere wichtige Kennzahl für die Sensitivität einer europäischen Option ist das **Optionsomega** Ω, das als partielle Elastizität des Optionspreises $C(r, \sigma, S_t, K, T - t)$ bezüglich des Wertes $S_t > 0$ des zugrunde liegenden Basisinstrumentes definiert ist. Mit dem Ergebnis für das Optionsdelta Δ (vgl. (22.5)) und (21.16) erhält man für das Optionsomega einer europäischen Call-Option

$$\Omega = \frac{\partial C(r, \sigma, S_t, K, T - t)}{\partial S_t} \cdot \frac{S_t}{C(r, \sigma, S_t, K, T - t)}$$

$$= \frac{\Phi(d_1) S_t}{S_t \Phi(d_1) - K e^{-r(T-t)} \Phi(d_2)} > 1.$$

Das Optionsomega wird auch als **Optionselastizität**, **Hebel** oder **Leverage** der Option bezeichnet und ist der Verstärkungsfaktor (Hebel), den eine europäische Option gegenüber dem zugrunde liegenden Basisinstrument bezüglich des Gewinnes bzw. Verlustes aufweist. Das Optionsomega Ω gibt in linearer Näherung an, um wieviel Prozent sich der Optionspreis ändert, wenn sich der Preis des Basisinstrumentes um 1% verändert. Im Gegensatz zum Optionsdelta Δ ist Ω stets größer als Eins. Bei einer europäischen Call-Option bewirkt somit ein Kursanstieg (Kursabfall) des Basisinstrumentes um 1% eine theoretische Wertzunahme (Wertverringerung) bei der Option von mehr als $\Omega \cdot 1\% > 1\%$. Dieses Phänomen wird als **Hebeleffekt** von Optionen bezeichnet. Zum Beispiel bewirkt ein Kursanstieg (Kursabfall) eines Basisinstrumentes um 1% bei einer europäischen Call-Option mit $\Omega = 7$ eine Werterhöhung (Wertverringerung) von 7%. Europäische Optionen reagieren somit **elastisch** bezüglich des zugrunde liegenden Basisinstrumentes (vgl. Tabelle 16.1).

Bei der Betrachtung von **Nachfragefunktionen**

$$f_i : (0, \infty)^n \longrightarrow \mathbb{R}, \quad (p_1, \ldots, p_n) \mapsto f_i(p_1, \ldots, p_n)$$

für n verschiedene Güter $i = 1, \ldots, n$ in Abhängigkeit von den Preisen $p_1, \ldots, p_n > 0$ für diese Güter, kommen in der Mikroökonomie häufig auch sogenannte **Kreuzelastizitäten** (**Kreuzpreiselastizitäten**) zum Einsatz. Unter der Kreuzelastizität von Gut i in Bezug auf den Preis von Gut j versteht man

$$\varepsilon_{f_i, p_j}(p_1, \ldots, p_n) = \frac{\partial f_i(p_1, \ldots, p_n)}{\partial p_j} \cdot \frac{p_j}{f_i(p_1, \ldots, p_n)}.$$

Dabei gilt im Allgemeinen

$$\varepsilon_{f_i, p_j}(p_1, \ldots, p_n) \neq \varepsilon_{f_j, p_i}(p_1, \ldots, p_n),$$

wobei jedoch $\varepsilon_{f_i, p_j}(p_1, \ldots, p_n)$ und $\varepsilon_{f_j, p_i}(p_1, \ldots, p_n)$ dasselbe Vorzeichen haben. Wenn die Kreuzelastizität $\varepsilon_{f_i, p_j}(p_1, \ldots, p_n)$ positiv ist, also die Nachfrage nach Gut i mit steigendem Preis von Gut j zunimmt, dann handelt es sich um **Substitutionsgüter**. Das heißt, bei einer Preiserhöhung kann der Konsument von einem Gut auf das andere Gut ausweichen, da die beiden Güter dieselben oder ähnliche Bedürfnisse stillen (z. B. Margarine und Butter). Gilt dagegen, dass die Kreuzelastizität $\varepsilon_{f_i, p_j}(p_1, \ldots, p_n)$ negativ ist, also die Nachfrage nach Gut i fällt, wenn sich der Preis von Gut j erhöht, dann spricht man von **Komplementärgütern**. Die beiden Güter werden dann gemeinsam nachgefragt, weil sie sich in ihrem Nutzen gegenseitig ergänzen (z. B. Drucker und Druckerpatrone).

22.6 Implizite Funktionen

Explizite und implizite Zuordnungsvorschrift

Bei den bisher vorgestellten Methoden zur Untersuchung einer reellwertigen Funktion $f: D \subseteq \mathbb{R}^n \longrightarrow \mathbb{R}$ in n Variablen wurde stets vorausgesetzt, dass die Funktion f durch eine **explizite** Zuordnungsvorschrift

$$y = f(x_1, \ldots, x_n)$$

definiert ist. In vielen wirtschaftswissenschaftlichen Problemstellungen ist jedoch der funktionale Zusammenhang zwischen den unabhängigen Variablen $x_1, \ldots, x_n$ und der abhängigen Variablen y nicht explizit, sondern lediglich **implizit** in Form einer Gleichung

$$f(x_1, \ldots, x_n, y) = 0 \tag{22.34}$$

mit einer reellwertigen Funktion $f: D \times (a, b) \subseteq \mathbb{R}^{n+1} \longrightarrow \mathbb{R}$ in $n + 1$ Variablen gegeben. Dabei bedeutet die Zahl 0 auf der rechten Seite von Gleichung (22.34) keine Einschränkung der Allgemeinheit, da ein Wert $c \neq 0$ auf der rechten Seite von (22.34) einfach von f subtrahiert werden kann.

In einer solchen Situation entsteht dann zwangsläufig die Frage, ob die Gleichung (22.34) eindeutig nach y aufgelöst werden kann oder nicht. Das heißt, ob es eine reellwertige Funktion $g: E \subseteq D \longrightarrow (a, b)$ in n Variablen mit der Eigenschaft

$$y = g(x_1, \ldots, x_n) \tag{22.35}$$

gibt, so dass bei Einsetzen von $g(x_1, \ldots, x_n)$ in die Gleichung (22.34) anstelle der Variablen y die Gleichung

$$f(x_1, \ldots, x_n, g(x_1, \ldots, x_n)) = 0$$

für alle $\mathbf{x} = (x_1, \ldots, x_n)^T \in E$ erfüllt ist. Falls eine solche Funktion g existiert, wird sie als **implizite Funktion** bezeichnet und man sagt, dass g durch die Gleichung (22.34) **implizit** definiert wird. In diesem Fall wird auf der Teilmenge $E \subseteq D$ durch die Funktion g mittels (22.35) eine explizite Zuordnungsvorschrift zwischen den Variablen $x_1, \ldots, x_n$ und der Variablen y hergestellt.

Im Allgemeinen ist es jedoch nicht möglich, eine Gleichung (22.34) eindeutig nach der Variablen y aufzulösen. Dies wird bereits am einfachen Beispiel der Gleichung

$$f(x, y) = x^2 + y^2 - 1 = 0 \tag{22.36}$$

für die reellwertige Funktion

$$f: \mathbb{R}^2 \longrightarrow \mathbb{R}, \ (x, y) \mapsto f(x, y) = x^2 + y^2 - 1$$

zur Beschreibung des **Einheitskreises** deutlich. Denn zu einem gegebenen $x \in \mathbb{R}$ gibt es im Fall $|x| > 1$ kein y, im Fall $|x| = 1$ den eindeutig bestimmten Wert $y = 0$ und im Fall $|x| < 1$ die beiden Werte $y = \sqrt{1-x^2}$ und $y = -\sqrt{1-x^2}$, welche die Gleichung (22.36) lösen. Das heißt, je nach Wahl von $x \in \mathbb{R}$ gibt es für (22.36) **keine**, **genau eine** oder **mehrere** Lösungen $y = g(x)$. Eine eindeutige Auflösung der Gleichung (22.36) „im Großen" – d. h. für alle $x \in \mathbb{R}$ – nach der Variablen y ist also nicht möglich. Die Lösung der Aufgabe muss daher bescheidener formuliert werden, indem eine Auflösung der Gleichung (22.36) lediglich „im Kleinen" – d. h. für alle $(x, y) \in \mathbb{R}^2$ in der Nähe einer Stelle $(x_0, y_0) \in \mathbb{R}^2$ – angestrebt wird. Es sind dann die folgenden drei Fälle zu unterscheiden (vgl. auch Abbildung 22.14, links):

a) Für $|x_0| > 1$ und $y_0 \in \mathbb{R}$ besitzt die Gleichung (22.36) keine Lösung und es existiert damit in der Umgebung von (x_0, y_0) auch keine Auflösung nach der Variablen y.

b) Für $|x_0| < 1$ und $y_0 > 0$ ist in einer Umgebung von (x_0, y_0) durch $y = g_1(x) = \sqrt{1-x^2}$ eine eindeutige Auflösung der Gleichung (22.36) gegeben. Dies ist die eindeutige Auflösung von (22.36) im Bereich $(-1, 1) \times (0, \infty) \subseteq \mathbb{R}^2$. Das heißt, alle in diesem Bereich liegenden Nullstellen von f sind durch $(x, g_1(x))$ beschrieben. Entsprechend ist für $|x_0| < 1$ und $y_0 < 0$ durch $y = g_2(x) = -\sqrt{1-x^2}$ eine eindeutige Auflösung von (22.36) in einer Umgebung von (x_0, y_0) gegeben. Die im Bereich $(-1, 1) \times (-\infty, 0) \subseteq \mathbb{R}^2$ liegenden Nullstellen von f werden somit durch $(x, g_2(x))$ beschrieben.

c) Für $|x_0| = 1$ und $y_0 = 0$ gibt es in keiner Umgebung von $(1, 0)$ eine eindeutige Auflösung nach der Variablen y.

Satz von der impliziten Funktion

Der folgende sogenannte **Satz von der impliziten Funktion** gehört zu den wichtigsten Sätzen der gesamten Analysis. Er gibt Auskunft darüber, wann eine Gleichung der Form $f(x_1, \ldots, x_n, y) = 0$ in einer Umgebung einer Stelle $\mathbf{x} = (x_1, \ldots, x_n)^T$ eindeutig nach der Variablen y aufgelöst werden kann und auf diese Weise eine implizite Funktion $y = g(x_1, \ldots, x_n)$ in n Variablen definiert.

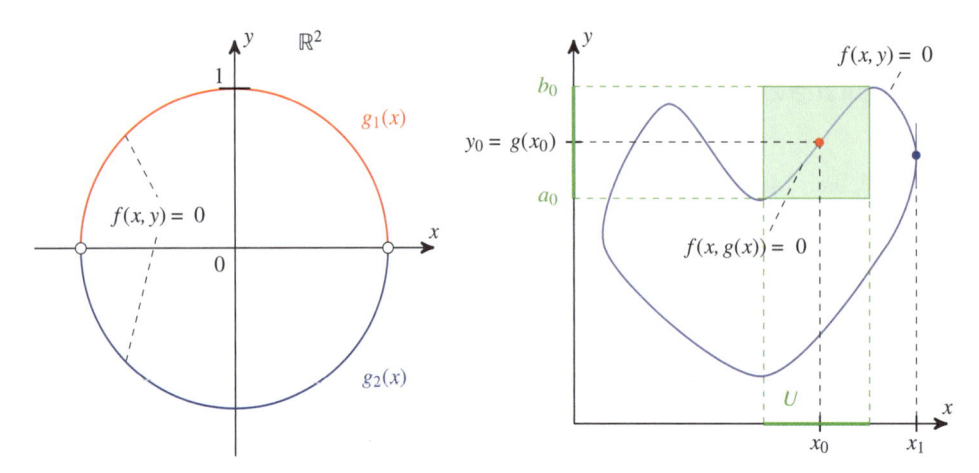

Abb. 22.14: Die Gleichung $f(x, y) = x^2 + y^2 - 1 = 0$ definiert lokal um $(x_0, y_0) \in (-1, 1) \times (0, \infty)$ die implizite Funktion $g_1(x) = \sqrt{1 - x^2}$ und lokal um $(x_0, y_0) \in (-1, 1) \times (-\infty, 0)$ die implizite Funktion $g_2(x) = -\sqrt{1 - x^2}$ (links) und die reellwertige Funktion $f : D \times (a, b) \subseteq \mathbb{R}^2 \longrightarrow \mathbb{R}$ definiert in den Umgebungen U von x_0 und (a_0, b_0) von y_0 eine eindeutige implizite Funktion $g : U \longrightarrow (a_0, b_0)$ mit $f(x, g(x)) = 0$

Satz 22.36 (Satz von der impliziten Funktion)

Es seien $D \subseteq \mathbb{R}^n$ eine offene Menge, $f : D \times (a, b) \subseteq \mathbb{R}^{n+1} \longrightarrow \mathbb{R}$ eine stetig partiell differenzierbare Funktion und $(\mathbf{x}_0, y_0) \in D \times (a, b)$ mit den Eigenschaften

$$f(\mathbf{x}_0, y_0) = 0 \quad \text{und} \quad \frac{\partial f(\mathbf{x}_0, y_0)}{\partial y} \neq 0. \quad (22.37)$$

Dann gilt:

a) *Es gibt offene Umgebungen $U \subseteq D$ von $\mathbf{x}_0$ und $(a_0, b_0) \subseteq (a, b)$ von y_0 mit der Eigenschaft, dass es zu jedem $\mathbf{x} \in U$ genau ein $y \in (a_0, b_0)$ mit*

$$f(\mathbf{x}, y) = 0 \quad (22.38)$$

gibt. Das heißt, durch die implizite Gleichung (22.38) wird jedem $\mathbf{x} \in U$ genau ein $y \in (a_0, b_0)$ zugeordnet und die dadurch eindeutig bestimmte implizite Funktion $g : U \longrightarrow (a_0, b_0)$ mit der Zuordnungsvorschrift $y = g(\mathbf{x})$ erfüllt für alle $\mathbf{x} \in U$ die Gleichung

$$f(\mathbf{x}, g(\mathbf{x})) = 0.$$

b) *Die implizite Funktion $g : U \longrightarrow (a_0, b_0)$ ist stetig partiell differenzierbar und für ihre partiellen Ableitungen gilt*

$$\frac{\partial g(\mathbf{x})}{\partial x_i} = -\frac{\frac{\partial f(\mathbf{x}, g(\mathbf{x}))}{\partial x_i}}{\frac{\partial f(\mathbf{x}, g(\mathbf{x}))}{\partial y}} \quad (22.39)$$

für alle $i = 1, \ldots, n$.

Beweis: Für den etwas umfangreicheren Beweis der Existenz und stetig partiellen Differenzierbarkeit der impliziten Funktion $g : U \longrightarrow (a_0, b_0)$ siehe z. B. *Erwe* [13], Seiten 322–324.

Zur Berechnung der partiellen Ableitung von g bezüglich der i-ten Variablen x_i wird g als Funktion der Variablen x_i betrachtet, während die übrigen $n-1$ Variablen x_j mit $j \neq i$ als Konstanten angesehen werden. Durch Ableiten der beiden Seiten der Gleichung $f(\mathbf{x}, g(\mathbf{x})) = 0$ mit Hilfe der verallgemeinerten Kettenregel (vgl. Satz 22.24) erhält man dann

$$\frac{\partial f(\mathbf{x}, g(\mathbf{x}))}{\partial x_i} \frac{\partial x_i}{\partial x_i} + \frac{\partial f(\mathbf{x}, g(\mathbf{x}))}{\partial y} \frac{\partial g(\mathbf{x})}{\partial x_i} = 0,$$

also $\quad \dfrac{\partial g(\mathbf{x})}{\partial x_i} = -\dfrac{\frac{\partial f(\mathbf{x}, g(\mathbf{x}))}{\partial x_i}}{\frac{\partial f(\mathbf{x}, g(\mathbf{x}))}{\partial y}}.$ ∎

Der Satz 22.36 besagt, dass bei einer stetig partiell differenzierbaren Funktion $f : D \times (a, b) \subseteq \mathbb{R}^{n+1} \longrightarrow \mathbb{R}$ an einer Stelle $(\mathbf{x}_0, y_0) \in D \times (a, b)$ mit den Eigenschaften (22.37) zu jedem $\mathbf{x}$ in einer hinreichend kleinen Umgebung U von $\mathbf{x}_0$ genau ein y aus einer ebenfalls hinreichend kleinen Umgebung (a_0, b_0) von y_0 existiert, so dass Gleichung (22.38) erfüllt ist. Das heißt, die Funktion f definiert implizit eine eindeutige reellwertige Funktion $g : U \longrightarrow (a_0, b_0)$, $\mathbf{x} \mapsto g(\mathbf{x}) = y$, durch welche die Gleichung (22.38) lokal nach y aufgelöst wird. Für den Fall einer reellwertigen Funktion f in zwei Variablen ist dieser Sachverhalt in Abbildung 22.14, rechts veranschaulicht.

Anhand von Abbildung 22.14, rechts wird ebenfalls deutlich, dass (22.37) die entscheidende Voraussetzung für die Gültig-

keit von Satz 22.36 ist. Zum Beispiel gilt an der Stelle (x_0, y_0) offenbar $\frac{\partial f(x_0, y_0)}{\partial y} \neq 0$, denn die Tangente an die Isohöhenlinie
$$I_f(0) = \{(x, y) \in D \times (a, b) : f(x, y) = 0\}$$
ist dort nicht senkrecht. Dies ermöglicht die Definition einer eindeutigen Zuordnung $x \mapsto g(x)$ mit der Eigenschaft $f(x, g(x)) = 0$ in einer hinreichend kleinen Umgebung U von x_0. An der Stelle (x_1, y_1) gilt dagegen $\frac{\partial f(x_1, y_1)}{\partial y} = 0$, da die Tangente an die Isohöhenlinie $I_f(0)$ dort senkrecht ist. In jeder noch so kleinen Umgebung U von x_1 kann keine eindeutige Zuordnung $x \mapsto g(x)$ mit $f(x, g(x)) = 0$ definiert werden, da die Isohöhenlinie $I_f(0)$ aufgrund ihrer Bogengestalt in der unmittelbaren Umgebung von x_1 zu jedem x-Wert zwei verschiedene y-Werte mit der Eigenschaft $f(x, y) = 0$ besitzt. Diese Beobachtung zeigt, dass (22.37) eine hinreichende Bedingung für die eindeutige Auflösbarkeit von $f(\mathbf{x}, y) = 0$ nach der Variablen y ist. Man kann jedoch zeigen, dass (22.37) keine notwendige Bedingung ist.

Der Satz von der impliziten Funktion macht jedoch nur eine Aussage bezüglich der Existenz und Eindeutigkeit der impliziten Funktion g. Er macht keine Aussage über die Zuordnungsvorschrift von $g : U \longrightarrow (a_0, b_0)$ und die maximale Größe der Umgebung U. Dies ist auch nicht weiter verwunderlich, da es in vielen Fällen gar nicht möglich ist, die Funktion g explizit anzugeben. Ein Beispiel für einen solchen Fall ist die Gleichung
$$f(x, y) = y + xy^2 - e^{xy},$$
die durch elementare Umformungen nicht nach y aufgelöst werden kann, obwohl eine implizite Funktion g, z. B. in einer Umgebung der Stelle $(0, 1)$, existiert (vgl. hierzu Beispiel 22.37b)). Die große Bedeutung des Satzes von der impliziten Funktion liegt darin begründet, dass die Funktion g mit der Eigenschaft $f(\mathbf{x}, g(\mathbf{x})) = 0$ nicht bekannt zu sein braucht, und er dennoch eine Aussage über ihre Existenz und Eindeutigkeit liefert. Darüber hinaus ermöglicht er ohne Kenntnis der Zuordnungsvorschrift von g die partiellen Ableitungen $\frac{\partial g(\mathbf{x})}{\partial x_i}$ von g aus den partiellen Ableitungen der Funktion f zu berechnen (vgl. (22.39)). Dieses Vorgehen wird als **implizite Differentiation** bezeichnet. Falls die partiellen Ableitungen erster Ordnung $\frac{\partial g(\mathbf{x})}{\partial x_i}$ selbst wieder partiell differenzierbar sind, können durch partielles Ableiten von $\frac{\partial g(\mathbf{x})}{\partial x_i}$ auch partielle Ableitungen höherer Ordnung von g bestimmt werden. Da man in vielen wirtschaftswissenschaftlichen Anwendungen, wie z. B. bei der **komparativ-statischen Analyse von Gleichgewichtsbedingungen** und der Aufdeckung von **ökonomischen Substitutionseffekten**, weniger an der Funktion g als an deren partiellen Ableitungen interessiert ist, besitzt der Satz von der impliziten Funktion für die Wirtschaftswissenschaften einen großen Nutzen.

Beispiel 22.37 (Anwendung des Satzes von der impliziten Funktion)

a) Die reellwertige Funktion
$$f : \mathbb{R} \times (0, \infty) \longrightarrow \mathbb{R}, \quad (x, y) \mapsto x^2 + y^2 - 1$$
ist stetig partiell differenzierbar und besitzt die ersten partiellen Ableitungen
$$\frac{\partial f(x, y)}{\partial x} = 2x \quad \text{und} \quad \frac{\partial f(x, y)}{\partial y} = 2y$$
mit $\frac{\partial f(x,y)}{\partial y} = 2y \neq 0$ für alle $y \in (0, \infty)$. Es sei nun $(x_0, y_0) := (0, 1)$. Dann gilt $f(x_0, y_0) = 0$, und mit dem Satz von der impliziten Funktion folgt, dass durch f in einer Umgebung um die Stelle (x_0, y_0) eine implizite und stetig differenzierbare Funktion $g_1 : U \longrightarrow (a_0, b_0)$ mit $U \subseteq \mathbb{R}$, $(a_0, b_0) \subseteq (0, \infty)$ und $f(x, g_1(x)) = 0$ für alle $x \in U$ definiert wird. Aufgrund ihrer einfachen Gestalt kann die Gleichung
$$f(x, y) = x^2 + y^2 - 1 = 0$$
durch elementare Umformungen sogar nach der Variablen y aufgelöst werden. Man erhält auf diese Weise für die implizite Funktion g_1 die explizite Zuordnungsvorschrift
$$y = g_1(x) = \sqrt{1 - x^2}. \quad (22.40)$$
Wegen $y > 0$ folgt aus (22.40), dass für die Umgebung U von x_0 maximal das offene Intervall $(-1, 1)$ gewählt werden kann. Die erste Ableitung von g_1 auf $U = (-1, 1)$ ist gegeben durch
$$g_1'(x) = -\frac{x}{\sqrt{1 - x^2}}.$$
Durch implizite Differentiation mittels der Ableitungsregel (22.39) resultiert natürlich das gleiche Ergebnis. Zusammen mit (22.40) erhält man nämlich
$$g_1'(x) = -\frac{\frac{\partial f(x,y)}{\partial x}}{\frac{\partial f(x,y)}{\partial y}} = -\frac{2x}{2y} = -\frac{x}{y} = -\frac{x}{\sqrt{1 - x^2}}.$$
Höhere Ableitungen von g erhält man durch weiteres Differenzieren von g_1'. Völlig analog erhält man, dass

durch die reellwertige Funktion
$$f: \mathbb{R} \times (-\infty, 0) \longrightarrow \mathbb{R}, \ (x,y) \mapsto x^2 + y^2 - 1$$
die implizite Funktion
$$g_2: (-1,1) \longrightarrow (-\infty, 0), \ x \mapsto y = -\sqrt{1-x^2}$$
definiert wird (vgl. Abbildung 22.14, links).

b) Die reellwertige Funktion
$$f: \mathbb{R}^2 \longrightarrow \mathbb{R}, \ (x,y) \mapsto y + xy^2 - e^{xy}$$
ist stetig partiell differenzierbar und besitzt die ersten partiellen Ableitungen
$$\frac{\partial f(x,y)}{\partial x} = y^2 - ye^{xy} \quad \text{und}$$
$$\frac{\partial f(x,y)}{\partial y} = 1 + 2xy - xe^{xy}.$$

Es sei nun wieder $(x_0, y_0) := (0,1)$. Dann gilt $f(x_0, y_0) = 0$ und $\frac{\partial f(x_0,y_0)}{\partial y} = 1 \neq 0$ und mit dem Satz von der impliziten Funktion folgt, dass durch f in einer Umgebung um die Stelle (x_0, y_0) eine implizite und stetig differenzierbare Funktion $g: U \longrightarrow (a_0, b_0)$ mit $U \subseteq \mathbb{R}$, $(a_0, b_0) \subseteq \mathbb{R}$ und $f(x, g(x)) = 0$ für alle $x \in U$ definiert wird. Im Gegensatz zu Beispiel a) ist jedoch eine Auflösung der Gleichung
$$f(x,y) = y + xy^2 - e^{xy} = 0 \quad (22.41)$$
nach der Variablen y durch elementare Umformungen nun nicht mehr möglich. Dennoch kann die erste Ableitung von g durch implizite Differentiation mit der Ableitungsregel (22.39) ermittelt werden. Man erhält dann
$$g'(x) = -\frac{\frac{\partial f(x,y)}{\partial x}}{\frac{\partial f(x,y)}{\partial y}} = -\frac{y^2 - ye^{xy}}{1 + 2xy - xe^{xy}}$$
für alle $x \in U$. Für $x \neq 0$ lassen sich die Werte $y = g(x)$, welche die Gleichung (22.41) lösen, zum Beispiel mit Hilfe des **Regula-falsi-** oder des **Newton-Verfahrens** (siehe Abschnitte 26.3 und 26.4) numerisch berechnen. Beispielsweise erhält man für $x = 0{,}2$ aus der Gleichung
$$f(0{,}2, y) = y + 0{,}2y^2 - e^{0{,}2y} = 0$$
den Näherungswert $y \approx 1{,}018467$.

Zum Abschluss dieses Abschnittes wird der Nutzen des Satzes von der impliziten Funktion anhand einer Problemstellung aus der Produktionstheorie aufgezeigt:

Beispiel 22.38 (Grenzrate der Substitution)

Betrachtet wird die Cobb-Douglas-Produktionsfunktion
$$f: (0, \infty)^2 \longrightarrow (0, \infty),$$
$$(x,y) \mapsto \alpha_0 x^{\alpha_1} y^{\alpha_2}$$

mit $\alpha_0, \alpha_1, \alpha_2 > 0$ für zwei Produktionsfaktoren (Inputs) x und y. Mit dieser Produktionsfunktion soll ein bestimmter Output $c > 0$ erreicht werden. Das heißt, es interessieren alle Produktionsfaktorkombinationen $(x,y) \in (0,\infty)^2$, für die
$$f(x,y) = \alpha_0 x^{\alpha_1} y^{\alpha_2} = c \quad (22.42)$$
gilt. Mit anderen Worten: es ist die Isoquante $I_f(c)$ von f zum Produktionsniveau c gesucht. Definiert man dazu die reellwertige Funktion
$$h: (0,\infty)^3 \to (0,\infty), \ (x,c,y) \mapsto h(x,c,y) := f(x,y) - c,$$
dann ist dies äquivalent dazu, dass man alle Lösungen der Gleichung
$$h(x,c,y) = \alpha_0 x^{\alpha_1} y^{\alpha_2} - c = 0$$
bestimmt. Die Funktion h ist offensichtlich stetig partiell differenzierbar und besitzt die ersten partiellen Ableitungen
$$\frac{\partial h(x,c,y)}{\partial x} = \alpha_0 \alpha_1 x^{\alpha_1-1} y^{\alpha_2}, \quad \frac{\partial h(x,c,y)}{\partial c} = -1 \quad \text{und}$$
$$\frac{\partial h(x,c,y)}{\partial y} = \alpha_0 \alpha_2 x^{\alpha_1} y^{\alpha_2-1},$$
wobei es sich bei den beiden partiellen Ableitungen $\frac{\partial h(x,c,y)}{\partial x}$ und $\frac{\partial h(x,c,y)}{\partial y}$ um die partiellen Grenzproduktivitäten der Funktion f bezüglich der Produktionsfaktoren x und y handelt (vgl. Beispiel 22.27b)). Es sei nun $(x_0, y_0) \in (0,\infty)^2$ eine beliebige Produktionsfaktorkombination mit der Eigenschaft
$$f(x_0, y_0) = \alpha_0 x_0^{\alpha_1} y_0^{\alpha_2} = c, \quad \text{also} \quad h(x_0, c, y_0) = 0.$$
Wegen $\frac{\partial h(x,c,y)}{\partial y} \neq 0$ für alle $(x,c,y) \in (0,\infty)^3$ folgt mit dem Satz von der impliziten Funktion, dass durch h in

einer Umgebung der Stelle (x_0, c, y_0) eine implizite und stetig differenzierbare Funktion

$$g: U \longrightarrow (a_0, b_0), \ (x, c) \mapsto y = g(x, c)$$

mit $U \subseteq (0, \infty)^2$, $(x_0, c) \in U$, $(a_0, b_0) \subseteq (0, \infty)$ und $h(x, c, g(x, c)) = 0$ für alle $(x, c) \in U$ definiert wird. Durch g wird die Inputmenge y des zweiten Produktionsfaktors als Funktion der Inputmenge x des ersten Produktionsfaktors und des Produktionsniveaus c dargestellt. Die Funktion g ist zum Beispiel nützlich, wenn untersucht werden soll, wie die Veränderung der Inputmenge x des ersten Produktionsfaktors durch eine Veränderung der Inputmenge y des zweiten Produktionsfaktors ausgeglichen werden kann, wenn nach wie vor das Produktionsniveau c erreicht werden soll. Für die partielle Ableitung von g nach der Variablen x erhält man mit (22.39)

$$\frac{\partial g(x, c)}{\partial x} = -\frac{\frac{\partial h(x,c,y)}{\partial x}}{\frac{\partial h(x,c,y)}{\partial y}} = -\frac{\alpha_0 \alpha_1 x^{\alpha_1 - 1} y^{\alpha_2}}{\alpha_0 \alpha_2 x^{\alpha_1} y^{\alpha_2 - 1}} = -\frac{\alpha_1}{\alpha_2} \frac{y}{x}.$$

Dieser Quotient wird als **Grenzrate der Substitution** des zweiten Produktionsfaktors y bezüglich des ersten Produktionsfaktors x bezeichnet.

Die Funktion $y = g(x, c)$ kann auch explizit angegeben werden. Mit der Produktionsgleichung (22.42) erhält man

$$g(x, c) = y = \left(\frac{c}{\alpha_0 x^{\alpha_1}}\right)^{\frac{1}{\alpha_2}} = \left(\frac{c}{\alpha_0}\right)^{\frac{1}{\alpha_2}} x^{-\frac{\alpha_1}{\alpha_2}}$$

und erkennt, dass $U = (0, \infty)^2$ und $(a_0, b_0) = (0, \infty)$ gewählt werden können. Durch partielles Ableiten von g nach x und Berücksichtigung von (22.42) erhält man für die Grenzrate der Substitution natürlich dasselbe Ergebnis wie zuvor:

$$\frac{\partial g(x, c)}{\partial x} = -\frac{\alpha_1}{\alpha_2} \left(\frac{c}{\alpha_0}\right)^{\frac{1}{\alpha_2}} x^{-\frac{\alpha_1}{\alpha_2} - 1}$$
$$= -\frac{\alpha_1}{\alpha_2} \left(\frac{\alpha_0 x^{\alpha_1} y^{\alpha_2}}{\alpha_0}\right)^{\frac{1}{\alpha_2}} x^{-\frac{\alpha_1}{\alpha_2} - 1}$$
$$= -\frac{\alpha_1}{\alpha_2} \frac{y}{x}$$

Es gelte nun konkret $\alpha_0 = 1$, $\alpha_1 = \alpha_2 = \frac{1}{4}$ sowie $c = 4$ bzw. $c = 6$. Dann folgt:

$$h(x, 4, y) = \sqrt[4]{xy} - 4 \quad \text{bzw.} \quad h(x, 6, y) = \sqrt[4]{xy} - 6.$$

Die Grenzrate der Substitution beträgt in diesem Fall $\frac{\partial g(x,c)}{\partial x} = -\frac{y}{x}$ und ist somit gleich dem negativen Quotienten der Inputmengen x und y. Ferner ist die Grenzrate der Substitution unabhängig vom Produktionsniveau $c > 0$ und konstant, falls der Quotient $\frac{y}{x}$ konstant ist. Die Isoquante der Funktion $h(x, 4, y)$ zum Niveau 0 besitzt somit beispielsweise im Punkt $(16, 16)$ die gleiche Steigung wie die Isoquante der Funktion $h(x, 6, y)$ zum Niveau 0 im Punkt $(36, 36)$ (vgl. Abbildung 22.15).

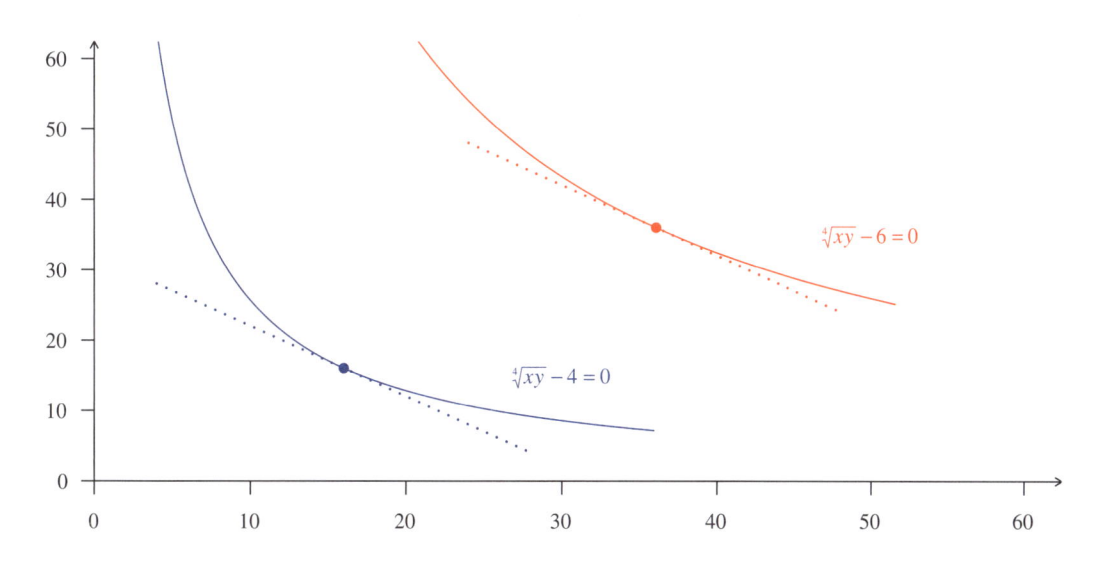

Abb. 22.15: Isoquanten der reellwertigen Funktionen $h(x, 4, y) = \sqrt[4]{xy} - 4$ und $h(x, 6, y) = \sqrt[4]{xy} - 6$ zum Niveau 0

22.7 Taylor-Formel und Mittelwertsatz

Taylor-Polynom

In Abschnitt 17.1 wurde gezeigt, wie eine $(n+1)$-mal differenzierbare Funktion $f: I \subseteq \mathbb{R} \longrightarrow \mathbb{R}$ in einer Variablen „in der Nähe" eines Entwicklungspunktes $x_0 \in I$ durch das sogenannte **Taylor-Polynom n-ten Grades**

$$T_{n;x_0} = \sum_{k=0}^{n} \frac{f^{(k)}(x_0)}{k!}(x-x_0)^k$$

approximiert werden kann (vgl. Satz 17.5). Diese Ergebnisse werden nun auf reellwertige Funktionen in n Variablen verallgemeinert. Das heißt, es wird gezeigt, wie auch eine $(n+1)$-mal partiell differenzierbare Funktion $f: D \subseteq \mathbb{R}^n \longrightarrow \mathbb{R}$ um einen Entwicklungspunkt $\mathbf{x}_0 \in D$ durch ein Polynom n-ten Grades (in n Variablen) angenähert werden kann.

Porträt von B. Taylor

In Abschnitt 22.1 wurde bereits deutlich, dass die Funktionswerte einer an der Stelle $\mathbf{x}_0 \in D$ partiell differenzierbaren Funktion $f: D \subseteq \mathbb{R}^n \longrightarrow \mathbb{R}$ für $\mathbf{x} \in D$ „in der Nähe" von $\mathbf{x}_0 = \left(x_1^{(0)}, \ldots, x_n^{(0)}\right)^T$ durch die **Tangentialhyperebene**

$$t(\mathbf{x}) = f(\mathbf{x}_0) + \frac{\partial f(\mathbf{x}_0)}{\partial x_1} \cdot \left(x_1 - x_1^{(0)}\right) + \ldots + \frac{\partial f(\mathbf{x}_0)}{\partial x_n} \cdot \left(x_n - x_n^{(0)}\right)$$
$$= f(\mathbf{x}_0) + \operatorname{grad} f(\mathbf{x}_0)^T (\mathbf{x} - \mathbf{x}_0) \quad (22.43)$$

von f an der Stelle $\mathbf{x}_0$ approximiert werden können (vgl. (22.10)). Die Tangentialhyperebene t besitzt an der Stelle $\mathbf{x}_0$ den gleichen Funktionswert und weist in Richtung der n Koordinatenachsen auch die gleichen Steigungen wie die Funktion f auf. Das heißt, es gilt

$$t(\mathbf{x}_0) = f(\mathbf{x}_0) \quad \text{und} \quad \frac{\partial t(\mathbf{x}_0)}{\partial x_i} = \frac{\partial f(\mathbf{x}_0)}{\partial x_i} \quad \text{für } i = 1, \ldots, n.$$

Die Tangentialhyperebene t berührt somit die Funktion f an der Stelle $\mathbf{x}_0$, und für ein $\mathbf{x} \in D$ hinreichend nahe bei $\mathbf{x}_0$ ist der Wert $t(\mathbf{x})$ eine gute lineare Approximation für den Funktionswert $f(\mathbf{x})$. Für den Spezialfall $n=1$, d. h. einer Variable, vereinfacht sich (22.43) zu einer gewöhnlichen Tangentengleichung

$$t(x) = f(x_0) + \frac{\partial f(x_0)}{\partial x} \cdot (x - x_0) = f(x_0) + f'(x_0) \cdot (x - x_0),$$

und für den Fall $n=2$, d. h. zweier Variablen, zu der Funktionsgleichung

$$t(x,y) = f(x_0, y_0) + \frac{\partial f(x_0, y_0)}{\partial x} \cdot (x - x_0)$$
$$+ \frac{\partial f(x_0, y_0)}{\partial y} \cdot (y - y_0)$$

einer Tangentialebene (vgl. Abbildung 22.4).

Ein Vergleich mit Definition 21.28 zeigt, dass es sich bei der linearen Approximation (22.43) um ein Polynom ersten Grades in n Variablen handelt. Analog zu reellwertigen Funktionen in einer Variablen wird diese Approximation im Allgemeinen mit steigender Entfernung zwischen $\mathbf{x}$ und $\mathbf{x}_0$ immer schlechter. Es liegt daher nahe, auch im Falle von n Variablen zur Approximation der Funktion f Polynome höheren Grades in Betracht zu ziehen. Diese Überlegung führt zu sogenannten **Taylor-Polynomen in n Variablen**, die wie folgt definiert sind:

Definition 22.39 (Taylor-Polynom m-ten Grades in n Variablen)

Es seien $f: D \subseteq \mathbb{R}^n \longrightarrow \mathbb{R}$ eine m-mal partiell differenzierbare Funktion in n Variablen und $\mathbf{x}_0 = \left(x_1^{(0)}, \ldots, x_n^{(0)}\right)^T \in D$. Dann heißt die Funktion

$$T_{m;\mathbf{x}_0}(\mathbf{x}) := f(\mathbf{x}_0) + \sum_{k=1}^{m} p_{k;\mathbf{x}_0}(\mathbf{x}) \quad (22.44)$$

mit den Polynomen

$$p_{k;\mathbf{x}_0}(\mathbf{x}) := \frac{1}{k!} \sum_{i_1=1}^{n} \cdots \sum_{i_k=1}^{n} \frac{\partial^k f(\mathbf{x}_0)}{\partial x_{i_k} \cdots \partial x_{i_1}} \quad (22.45)$$
$$\times \left(x_{i_1} - x_{i_1}^{(0)}\right) \cdot \ldots \cdot \left(x_{i_k} - x_{i_k}^{(0)}\right)$$

Taylor-Polynom m-ten Grades in n Variablen der Funktion f um den Entwicklungspunkt $\mathbf{x}_0$.

Analog zu reellwertigen Funktionen in einer Variablen wird ein Taylor-Polynom m-ten Grades speziell um den Entwicklungspunkt $\mathbf{x}_0 = \mathbf{0}$ oft auch nach dem schottischen Mathematiker *Colin Maclaurin* (1698–1746) als **Maclaurinsches Polynom m-ten Grades** bezeichnet.

Bei dem Taylor-Polynom (22.44)–(22.45) handelt es sich um das n-dimensionale Analogon des Taylor-Polynoms in einer Variablen. Denn für $n=1$ erhält man aus (22.44)–(22.45)

$$T_{m;x_0}(x) = f(x_0) + \sum_{k=1}^{m} \frac{f^{(k)}(x_0)}{k!}(x - x_0)^k$$

und damit das gewöhnliche Taylor-Polynom m-ten Grades in einer Variablen (vgl. (17.9)).

Das Taylor-Polynom $T_{m;\mathbf{x}_0}$ hat mit der reellwertigen Funktion f gemeinsam, dass es auch durch den Punkt $(\mathbf{x}_0, f(\mathbf{x}_0))$ geht und an der Stelle $\mathbf{x}_0$ dieselben partiellen Ableitungen der Ordnungen $k \leq m$ wie die Funktion f besitzt. Das heißt, das Taylor-Polynom $T_{m;\mathbf{x}_0}$ stimmt mit der Funktion f an der Stelle $\mathbf{x}_0$ in allen Eigenschaften überein, die sich aus den partiellen Ableitungen bis zur Ordnung m ergeben.

Für eine beliebige m-mal partiell differenzierbare Funktion $f: D \subseteq \mathbb{R}^n \longrightarrow \mathbb{R}$ mit $m \geq 2$ ist man in ökonomischen Anwendungen vor allem an den Taylor-Polynomen ersten und zweiten Grades von f interessiert. Hierfür werden die beiden ersten Polynome in (22.44) benötigt. Diese sind gegeben durch

$$p_{1;\mathbf{x}_0}(\mathbf{x}) = \sum_{i=1}^{n} \frac{\partial f(\mathbf{x}_0)}{\partial x_i} \left(x_i - x_i^{(0)} \right) = \operatorname{grad} f(\mathbf{x}_0)^T (\mathbf{x} - \mathbf{x}_0)$$

und

$$p_{2;\mathbf{x}_0}(\mathbf{x}) = \frac{1}{2} \sum_{i_1=1}^{n} \sum_{i_2=1}^{n} \frac{\partial^2 f(\mathbf{x}_0)}{\partial x_{i_2} \partial x_{i_1}} \left(x_{i_1} - x_{i_1}^{(0)} \right) \cdot \left(x_{i_2} - x_{i_2}^{(0)} \right)$$

$$= \frac{1}{2} (\mathbf{x} - \mathbf{x}_0)^T \mathbf{H}_f(\mathbf{x}_0) (\mathbf{x} - \mathbf{x}_0)$$

mit dem Gradienten und der Hesse-Matrix

$$\operatorname{grad} f(\mathbf{x}_0) = \begin{pmatrix} \frac{\partial f(\mathbf{x}_0)}{\partial x_1} \\ \vdots \\ \frac{\partial f(\mathbf{x}_0)}{\partial x_n} \end{pmatrix} \quad \text{bzw.}$$

$$\mathbf{H}_f(\mathbf{x}_0) = \begin{pmatrix} \frac{\partial^2 f(\mathbf{x})}{\partial x_1^2} & \cdots & \frac{\partial^2 f(\mathbf{x})}{\partial x_1 \partial x_n} \\ \vdots & \ddots & \vdots \\ \frac{\partial^2 f(\mathbf{x})}{\partial x_n \partial x_1} & \cdots & \frac{\partial^2 f(\mathbf{x})}{\partial x_n^2} \end{pmatrix}$$

von f an der Stelle $\mathbf{x}_0$. Die Taylor-Polynome ersten und zweiten Grades von f um den Entwicklungspunkt $\mathbf{x}_0 \in D$ lauten somit

$$T_{1;\mathbf{x}_0}(\mathbf{x}) = f(\mathbf{x}_0) + \operatorname{grad} f(\mathbf{x}_0)^T (\mathbf{x} - \mathbf{x}_0) \tag{22.46}$$

bzw.

$$T_{2;\mathbf{x}_0}(\mathbf{x}) = f(\mathbf{x}_0) + \operatorname{grad} f(\mathbf{x}_0)^T (\mathbf{x} - \mathbf{x}_0)$$
$$+ \frac{1}{2} (\mathbf{x} - \mathbf{x}_0)^T \mathbf{H}_f(\mathbf{x}_0) (\mathbf{x} - \mathbf{x}_0). \tag{22.47}$$

Das heißt, das Taylor-Polynom $T_{1;\mathbf{x}_0}$ stimmt mit der Funktionsgleichung der Tangentialhyperebene von f an der Stelle $\mathbf{x}_0$ überein (vgl. (22.10)).

Beispiel 22.40 (Taylor-Polynome in n Variablen)

a) Die reellwertige Funktion

$$f: \mathbb{R} \times (0, \infty) \longrightarrow \mathbb{R}, \ (x, y) \mapsto y^x$$

ist beliebig oft stetig partiell differenzierbar und besitzt an der Stelle $\mathbf{x}_0 = (1, 1)^T$ den Gradienten und die Hesse-Matrix

$$\operatorname{grad} f(\mathbf{x}_0) = \begin{pmatrix} 0 \\ 1 \end{pmatrix} \quad \text{bzw.} \quad \mathbf{H}_f(\mathbf{x}_0) = \begin{pmatrix} 0 & 1 \\ 1 & 0 \end{pmatrix}$$

(vgl. Beispiel 22.15c)). Mit (22.46)–(22.47) erhält man für die Taylor-Polynome ersten und zweiten Grades von f um den Entwicklungspunkt $\mathbf{x}_0$ die Funktionsgleichungen

$$T_{1;\mathbf{x}_0}(\mathbf{x}) = 1 + (0, 1) \begin{pmatrix} x-1 \\ y-1 \end{pmatrix} = 1 + y - 1 = y$$

und

$$T_{2;\mathbf{x}_0}(\mathbf{x}) = 1 + (0, 1) \begin{pmatrix} x-1 \\ y-1 \end{pmatrix}$$
$$+ \frac{1}{2}(x-1, y-1) \begin{pmatrix} 0 & 1 \\ 1 & 0 \end{pmatrix} \begin{pmatrix} x-1 \\ y-1 \end{pmatrix}$$
$$= y + (x-1)(y-1) = xy - x + 1.$$

Zum Beispiel erhält man für den Funktionswert $f(0{,}99, 1{,}01) \approx 1{,}0098995$ die lineare Approximation $T_{1;\mathbf{x}_0}(0{,}99, 1{,}01) = 1{,}01$ und die quadratische Approximation $T_{2;\mathbf{x}_0}(0{,}99, 1{,}01) = 0{,}99 \cdot 1{,}01 - 0{,}99 + 1 = 1{,}0099$.

b) Die reellwertige Funktion

$$f: \mathbb{R}^3 \longrightarrow \mathbb{R}, \ (x, y, z) \mapsto e^{2x+yz}$$

ist beliebig oft stetig partiell differenzierbar und besitzt an der Stelle $\mathbf{x}_0 = (x_0, y_0, z_0)^T \in \mathbb{R}^3$ den Gradienten und die Hesse-Matrix

$$\operatorname{grad} f(\mathbf{x}_0) = \begin{pmatrix} 2e^{2x_0+y_0z_0} \\ z_0 e^{2x_0+y_0z_0} \\ y_0 e^{2x_0+y_0z_0} \end{pmatrix} \quad \text{bzw.}$$

$$\mathbf{H}_f(\mathbf{x}_0) =$$
$$\begin{pmatrix} 4e^{2x_0+y_0z_0} & 2z_0 e^{2x_0+y_0z_0} & 2y_0 e^{2x_0+y_0z_0} \\ 2z_0 e^{2x_0+y_0z_0} & z_0^2 e^{2x_0+y_0z_0} & (1+y_0z_0)e^{2x_0+y_0z_0} \\ 2y_0 e^{2x_0+y_0z_0} & (1+y_0z_0)e^{2x_0+y_0z_0} & y_0^2 e^{2x_0+y_0z_0} \end{pmatrix}.$$

Mit (22.47) erhält man für das Taylor-Polynom zweiten Grades um den Entwicklungspunkt $\mathbf{x}_0 = (0,0,0)^T$ die Funktionsgleichung

$$\begin{aligned}
T_{2;\mathbf{x}_0}(\mathbf{x}) &= 1 + (2,0,0) \begin{pmatrix} x \\ y \\ z \end{pmatrix} \\
&\quad + \frac{1}{2}(x,y,z) \begin{pmatrix} 4 & 0 & 0 \\ 0 & 0 & 1 \\ 0 & 1 & 0 \end{pmatrix} \begin{pmatrix} x \\ y \\ z \end{pmatrix} \\
&= 1 + 2x + 2x^2 + \frac{1}{2}zy + \frac{1}{2}yz \\
&= 1 + 2x + 2x^2 + yz.
\end{aligned}$$

Eine typische Anwendung der Approximation von reellwertigen Funktionen in n Variablen durch Taylor-Polynome ist das folgende Beispiel aus der Portfoliooptimierung:

Beispiel 22.41 (Delta-Normal- und Delta-Gamma-Methode)

In der bank- und versicherungswirtschaftlichen Praxis ist es aufgrund der aufsichtsrechtlichen Anforderungen an das Risikomanagement im Rahmen von Basel II (Banken) und Solvency II (Versicherungen) oftmals erforderlich, für ein Portfolio das Risikomaß **Value-at-Risk** zum Sicherheitsniveau $q = 99\%$ oder $99{,}5\%$ zu bestimmen. Ein solches Portfolio kann aus verschiedenen risikobehafteten Finanztiteln wie z. B. Aktien, Anleihen, Optionen, Forwards, Futures, Swaps und Währungen bestehen. Der Value-at-Risk des Portfolios zum Sicherheitsniveau q gibt dann die Höhe des Verlustes an, den das Portfolio nach Ablauf einer Zeitperiode T (z. B. ein Tag oder ein Jahr) mit einer Wahrscheinlichkeit von q nicht überschreiten wird. Da die Interaktionen/Abhängigkeiten der m verschiedenen risikobehafteten Finanztitel untereinander nicht bekannt sind und deren gemeinsame Verteilung nicht bestimmt werden kann, wurden mit der **Delta-Normal-Methode** und der **Delta-Gamma-Methode** zwei einfache Näherungsverfahren zur Bestimmung des Value-at-Risks eines Portfolios entwickelt. Diese beiden Verfahren basieren auf der Approximation der funktionalen Zusammenhänge

$$X_i(t) = f_i(\mathbf{Z}(t)) \quad \text{für } i = 1, \ldots, m$$

zwischen den Werten $X_1(t), \ldots, X_m(t)$ der m Finanztitel und dem Vektor

$$\mathbf{Z}(t) := (Z_1(t), \ldots, Z_n(t))^T$$

mit den Werten der n verschiedenen **Risikofaktoren** (z. B. Marktzins, Aktienindizes, Wechselkurse oder Preisentwicklungen von Rohstoffen) zum Zeitpunkt $t = T$ mittels eines Taylor-Polynoms ersten bzw. zweiten Grades. Dabei wird angenommen, dass die als **Bewertungsfunktionen** bezeichneten Funktionen $f_i : \mathbb{R}^n \longrightarrow \mathbb{R}$ zweimal partiell differenzierbar sind und dass der n-dimensionale Vektor

$$\mathbf{\Delta Z} := \begin{pmatrix} \Delta Z_1 \\ \vdots \\ \Delta Z_n \end{pmatrix} := \begin{pmatrix} Z_1(T) - Z_1(0) \\ \vdots \\ Z_n(T) - Z_n(0) \end{pmatrix} = \mathbf{Z}(T) - \mathbf{Z}(0)$$

mit den Veränderungen $\Delta Z_i = Z_i(T) - Z_i(0)$ der n Risikofaktoren im Zeitraum $[0, T]$ einer n-dimensionalen **Gauß-Verteilung** genügt (zum Begriff der n-dimensionalen Gauß-Verteilung siehe Beispiel 21.34). Die Taylor-Approximationen ersten und zweiten Grades um den Entwicklungspunkt $\mathbf{Z}(0)$ lauten dann

$$\begin{aligned}
X_i(T) &= f_i(\mathbf{Z}(T)) \\
&\approx f_i(\mathbf{Z}(0)) + \operatorname{grad} f_i(\mathbf{Z}(0))^T \mathbf{\Delta Z} \quad (22.48)
\end{aligned}$$

bzw.

$$\begin{aligned}
X_i(T) &= f_i(\mathbf{Z}(T)) \\
&\approx f_i(\mathbf{Z}(0)) + \operatorname{grad} f_i(\mathbf{Z}(0))^T \mathbf{\Delta Z} \\
&\quad + \frac{1}{2} \mathbf{\Delta Z}^T \mathbf{H}_{f_i}(\mathbf{Z}(0)) \mathbf{\Delta Z} \quad (22.49)
\end{aligned}$$

für alle $i = 1, \ldots, m$ und kleine Veränderungen $\Delta Z_1, \ldots, \Delta Z_n$ der n Risikofaktoren. Unter Zuhilfenahme der Verteilungsannahme für den Vektor $\mathbf{\Delta Z}$ lässt sich nun der Value-at-Risk des Portfolios mit der Approximation (22.48) analytisch (Delta-Normal-Methode) bzw. mit der Approximation (22.49) simulativ (Delta-Gamma-Methode) berechnen (für mehr Details siehe z. B. *Albrecht-Maurer* [1], Seiten 894–899 und *Hull* [29], Seiten 330–335).

Eine weitere sehr bekannte Anwendung der Taylor-Approximation zweiten Grades ist die (heuristische) Herleitung des nach dem japanischen Mathematiker *Kiyoshi Itō* (1915–2008) benannten **Itō-Lemmas**. Das Itō-Lemma ist eine Verallgemeinerung der Kettenregel aus der Differentialrechnung für reellwertige Funktionen auf **stochastische Prozesse**. Es ist zum Beispiel ein wichtiges Hilfsmittel bei der Bewertung von Derivaten (für mehr Informationen siehe z. B. *Hull* [28] und *Neftci* [49]).

K. Itō

Taylor-Formel

Analog zu Funktionen in einer Variablen stellt sich auch bei der Verwendung eines Taylor-Polynoms $T_{m;\mathbf{x}_0}$ zur Approximation einer Funktion f in n Variablen in der Umgebung einer Stelle $\mathbf{x}_0$ unmittelbar die Frage, wie gut diese Näherung ist. Das heißt, man interessiert sich für die Größe des als **m-tes Restglied** bezeichneten Approximationsfehlers

$$R_{m;\mathbf{x}_0}(\mathbf{x}) := f(\mathbf{x}) - T_{m;\mathbf{x}_0}(\mathbf{x}),$$

der bei der Annäherung von $f(\mathbf{x})$ durch $T_{m;\mathbf{x}_0}(\mathbf{x})$ entsteht. In der Regel ist der Approximationsfehler $R_{m;\mathbf{x}_0}(\mathbf{x})$ umso kleiner, je näher $\mathbf{x}$ beim Entwicklungspunkt $\mathbf{x}_0$ liegt. Der Entwicklungspunkt $\mathbf{x}_0$ sollte daher stets so gewählt werden, dass er möglichst nahe bei der zu approximierenden Stelle $\mathbf{x}$ liegt. Zur graphischen Veranschaulichung dieses Sachverhaltes siehe Abbildung 22.4. Es ist zu erkennen, dass die Approximation der Funktionswerte $f(x, y)$ der reellwertigen Funktion $f: \mathbb{R}^2 \to \mathbb{R}$, $(x, y) \mapsto f(x, y)$ durch die Tangentialebene $t(x, y)$ an der Stelle (x_0, y_0) (d. h. durch das Taylor-Polynom ersten Grades $T_{1;\mathbf{x}_0}$) umso besser ist, je näher $(x, y) \in \mathbb{R}^2$ am Entwicklungspunkt (x_0, y_0) liegt.

Eine Antwort auf die Frage, wie gut das Taylor-Polynom $T_{m;\mathbf{x}_0}(\mathbf{x})$ den Funktionswert $f(\mathbf{x})$ approximiert, gibt der folgende Satz, der nach dem britischen Mathematiker *Brook Taylor* (1685–1731) als **Satz von Taylor in n Variablen** bezeichnet wird.

> **Satz 22.42** (Satz von Taylor in n Variablen)
>
> *Es seien $f: D \subseteq \mathbb{R}^n \longrightarrow \mathbb{R}$ eine $(m+1)$-mal stetig partiell differenzierbare Funktion auf einer offenen und konvexen Menge D und $\mathbf{x}_0, \mathbf{x} \in D$. Dann gilt*
>
> $$f(\mathbf{x}) = T_{m;\mathbf{x}_0}(\mathbf{x}) + R_{m;\mathbf{x}_0}(\mathbf{x}) \qquad (22.50)$$

> *mit dem m-ten Restglied (Lagrangesche Restgliedformel)*
>
> $$R_{m;\mathbf{x}_0}(\mathbf{x}) := \frac{1}{(m+1)!} \sum_{i_1=1}^{n} \cdots \sum_{i_{m+1}=1}^{n} \frac{\partial^{m+1} f(\boldsymbol{\xi})}{\partial x_{i_{m+1}} \cdots \partial x_{i_1}}$$
> $$\times \left(x_{i_1} - x_{i_1}^{(0)}\right) \cdot \ldots \cdot \left(x_{i_{m+1}} - x_{i_{m+1}}^{(0)}\right)$$
>
> *und $\boldsymbol{\xi} := \lambda \mathbf{x}_0 + (1-\lambda)\mathbf{x}$ für ein geeignetes $\lambda \in (0, 1)$.*

Beweis: Der nicht schwere Beweis erfolgt über den Taylor-Satz für reellwertige Funktionen in einer Variablen (vgl. Satz 17.5). Für mehr Details siehe z. B. *Henze-Last* [24], Seiten 47–48. ∎

Sind die Beträge der im m-ten Restglied auftretenden partiellen Ableitungen auf der Menge D zusätzlich beschränkt, d. h. gibt es eine Konstante $M > 0$ mit

$$\left| \frac{\partial^{m+1} f(\mathbf{x})}{\partial x_{i_{m+1}} \cdots \partial x_{i_1}} \right| \leq M$$

für alle $\mathbf{x} \in D$, dann gilt wegen

$$\left(x_{i_1} - x_{i_1}^{(0)}\right) \cdot \ldots \cdot \left(x_{i_{m+1}} - x_{i_{m+1}}^{(0)}\right) \leq \|\mathbf{x} - \mathbf{x}_0\| \cdot \ldots \cdot \|\mathbf{x} - \mathbf{x}_0\|$$
$$= \|\mathbf{x} - \mathbf{x}_0\|^{m+1}$$

für das m-te Restglied die Abschätzung

$$\left| R_{m;\mathbf{x}_0}(\mathbf{x}) \right| \leq \frac{M n^{m+1}}{(m+1)!} \|\mathbf{x} - \mathbf{x}_0\|^{m+1}.$$

Diese Ungleichung beschreibt die Qualität der Approximation von f durch das Taylor-Polynom $T_{m;\mathbf{x}_0}$.

> **Beispiel 22.43** (Anwendung der Taylor-Formel in n Variablen)
>
> Die reellwertige Funktion
> $$f: \mathbb{R}^2 \longrightarrow \mathbb{R}, \ (x, y) \mapsto \sin(x)\sin(y)$$
> ist beliebig oft stetig partiell differenzierbar, wobei durch
>
> $$\operatorname{grad} f(\mathbf{x}_0) = \begin{pmatrix} \cos(x_0)\sin(y_0) \\ \sin(x_0)\cos(y_0) \end{pmatrix} \quad \text{und}$$
>
> $$\mathbf{H}_f(\mathbf{x}_0) = \begin{pmatrix} -\sin(x_0)\sin(y_0) & \cos(x_0)\cos(y_0) \\ \cos(x_0)\cos(y_0) & -\sin(x_0)\sin(y_0) \end{pmatrix}$$

der Gradient bzw. die Hesse-Matrix sowie durch

$R_{2;\mathbf{x}_0}(\mathbf{x})$
$= \frac{1}{3!}\Big(\frac{\partial^3 f(\boldsymbol{\xi})}{\partial x^3}(x-x_0)^3 + 3\frac{\partial^3 f(\boldsymbol{\xi})}{\partial x^2 \partial y}(x-x_0)^2(y-y_0)$
$\qquad + 3\frac{\partial^3 f(\boldsymbol{\xi})}{\partial x \partial y^2}(x-x_0)(y-y_0)^2 + \frac{\partial^3 f(\boldsymbol{\xi})}{\partial y^3}(y-y_0)^3\Big)$
$= \frac{1}{6}\Big(-(x-x_0)^3 \cos(\xi_1)\sin(\xi_2)$
$\qquad - 3(x-x_0)^2(y-y_0)\sin(\xi_1)\cos(\xi_2)$
$\qquad - 3(x-x_0)(y-y_0)^2 \cos(\xi_1)\sin(\xi_2)$
$\qquad - (y-y_0)^3 \sin(\xi_1)\cos(\xi_2)\Big)$

das zweite Restglied von f an der Stelle $\mathbf{x}_0 = (x_0, y_0)^T \in \mathbb{R}^2$ gegeben sind. Mit (22.47) und Satz 22.42 erhält man somit für die Funktion f um den Entwicklungspunkt $\mathbf{x}_0 = (0,0)^T$ die Funktionsgleichung

$f(\mathbf{x}) = T_{2;\mathbf{x}_0}(\mathbf{x}) + R_{2;\mathbf{x}_0}(\mathbf{x})$
$= 0 + (0,0)\begin{pmatrix}x\\y\end{pmatrix} + \frac{1}{2}(x,y)\begin{pmatrix}0 & 1\\ 1 & 0\end{pmatrix}\begin{pmatrix}x\\y\end{pmatrix}$
$\quad + \frac{1}{6}\Big(-x^3 \cos(\lambda x)\sin(\lambda y) - 3x^2 y \sin(\lambda x)\cos(\lambda y)$
$\qquad - 3xy^2 \cos(\lambda x)\sin(\lambda y) - y^3 \sin(\lambda x)\cos(\lambda y)\Big)$
$= \underbrace{xy}_{=T_{2;\mathbf{x}_0}(\mathbf{x})} \underbrace{-\frac{1}{6}\big((x^3 + 3xy^2)\cos(\lambda x)\sin(\lambda y) + (3x^2 y + y^3)\sin(\lambda x)\cos(\lambda y)\big)}_{=R_{2;\mathbf{x}_0}(\mathbf{x})}$

für ein $\lambda \in (0,1)$. Der Betrag des Restgliedes $R_{2;\mathbf{x}_0}(\mathbf{x})$ lässt sich wegen $|\cos(\lambda x)| \leq 1$ und $|\sin(\lambda x)| \leq 1$ mit der Dreiecksungleichung (vgl. (3.4)) wie folgt abschätzen:

$|R_{2;\mathbf{x}_0}(\mathbf{x})| \leq \frac{1}{6}(|x|^3 + 3|x||y|^2 + 3|x|^2|y| + |y|^3)$
$\qquad\qquad = \frac{1}{6}(|x|+|y|)^3$

Für kleine Werte $|x|+|y|$ wird somit $|R_{2;\mathbf{x}_0}(\mathbf{x})|$ schnell sehr klein. Das heißt, für Stellen $\mathbf{x} = (x,y)^T$ nahe beim Ursprung des $\mathbb{R}^2$ verhält sich die Funktion $f(x,y) = \sin(x)\sin(y)$ wie das Taylor-Polynom zweiten Grades $T_{2;\mathbf{x}_0}(\mathbf{x}) = xy$ um den Entwicklungspunkt $\mathbf{x}_0 = (0,0)^T$ (vgl. Abbildung 22.16).

Mittelwertsatz in der Differentialrechnung

Das nächste Resultat erhält man als unmittelbare Folgerung aus Satz 22.42 für den Spezialfall $m = 0$. Es handelt sich dabei um den **Mittelwertsatz der Differentialrechnung im $\mathbb{R}^n$**, also um die Verallgemeinerung von Satz 16.28 für reellwertige Funktionen in einer Variablen auf reellwertige Funktionen in n Variablen.

Folgerung 22.44 (Mittelwertsatz der Differentialrechnung in n Variablen)

Es seien $f: D \subseteq \mathbb{R}^n \longrightarrow \mathbb{R}$ eine partiell differenzierbare Funktion auf einer offenen und konvexen Menge D und $\mathbf{x}_0, \mathbf{x} \in D$. Dann gibt es ein $\boldsymbol{\xi} := \lambda \mathbf{x}_0 + (1-\lambda)\mathbf{x}$ für ein geeignetes $\lambda \in (0,1)$ mit der Eigenschaft

$$f(\mathbf{x}) = f(\mathbf{x}_0) + \operatorname{grad} f(\boldsymbol{\xi})^T (\mathbf{x} - \mathbf{x}_0).$$

Beweis: Folgt aus Satz 22.42 für $m = 0$. ∎

Der Mittelwertsatz der Differentialrechnung für reellwertige Funktionen in n Variablen ist wie sein eindimensionales Analogon (vgl. Satz 16.28) ein wichtiges Hilfsmittel der Differential- und Integralrechnung.

Zusammenhang zwischen Krümmung und Hesse-Matrix

In Abschnitt 16.7 wurde nachgewiesen, dass bei reellwertigen zweimal differenzierbaren Funktionen in einer Variablen mit Hilfe des Vorzeichens der zweiten Ableitung sehr bequem auf eventuell vorhandene Konvexität oder Konkavität geschlossen werden kann. Wie der folgende Satz zeigt, gilt dies auch für reellwertige zweimal stetig partiell differenzierbare Funktionen $f: D \subseteq \mathbb{R}^n \longrightarrow \mathbb{R}$ in n Variablen. Dabei tritt jedoch an die Stelle des Vorzeichens der zweiten Ableitung nun die Definitheitseigenschaft der Hesse-Matrix $\mathbf{H}_f(\mathbf{x})$.

Satz 22.45 (Zusammenhang Krümmung und Hesse-Matrix)

Es sei $f: D \subseteq \mathbb{R}^n \longrightarrow \mathbb{R}$ eine zweimal stetig partiell differenzierbare Funktion auf einer offenen und konvexen Menge D und $\mathbf{H}_f(\mathbf{x})$ die Hesse-Matrix von f an der Stelle $\mathbf{x} \in D$. Dann gilt:

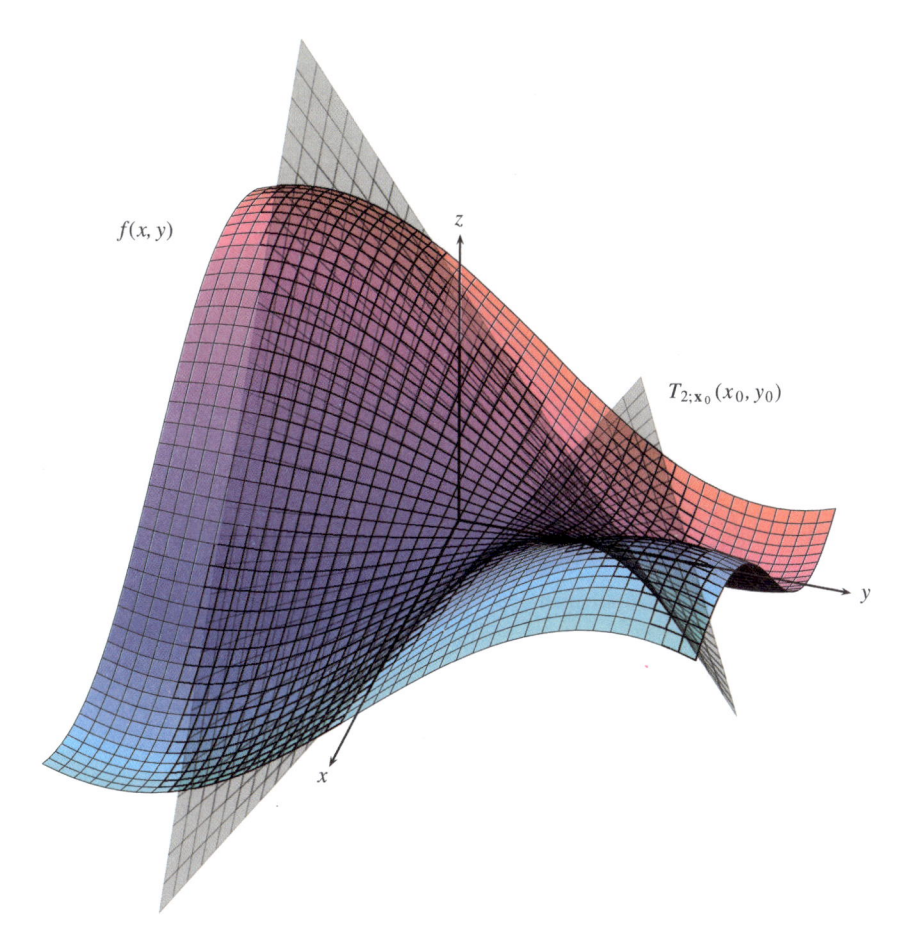

Abb. 22.16: Reellwertige Funktion $f: \mathbb{R}^2 \longrightarrow \mathbb{R}$, $(x, y) \mapsto \sin(x)\sin(y)$ mit ihrem Taylor-Polynom zweiten Grades $T_{2;\mathbf{x}_0}(\mathbf{x}) = xy$ um den Entwicklungspunkt $\mathbf{x}_0 = (0,0)^T$

a) $\mathbf{H}_f(\mathbf{x})$ *positiv semidefinit für alle* $\mathbf{x} \in D \iff f$ *ist konvex*

b) $\mathbf{H}_f(\mathbf{x})$ *negativ semidefinit für alle* $\mathbf{x} \in D \iff f$ *ist konkav*

c) $\mathbf{H}_f(\mathbf{x})$ *positiv definit für alle* $\mathbf{x} \in D \implies f$ *ist streng konvex*

d) $\mathbf{H}_f(\mathbf{x})$ *negativ definit für alle* $\mathbf{x} \in D \implies f$ *ist streng konkav*

Beweis: Der Beweis der Aussagen a) und c) erfolgt mit dem Satz von Taylor für reellwertige Funktionen in n Variablen (vgl. z. B. *Jungnickel* [31], Seiten 91–92). Die Aussagen b) und d) folgen unmittelbar aus a) und c), denn eine Funktion $f: D \subseteq \mathbb{R}^n \longrightarrow \mathbb{R}$ ist genau dann (streng) konkav, wenn $-f$ (streng) konvex ist und die Hesse-Matrix $\mathbf{H}_{-f}(\mathbf{x}) = -\mathbf{H}_f(\mathbf{x})$ ist genau dann positiv semidefinit (positiv definit), wenn $\mathbf{H}_f(\mathbf{x})$ negativ semidefinit (negativ definit) ist. ∎

Bei der Anwendung von Satz 22.45c) und d) ist zu beachten, dass bei strenger Konvexität und strenger Konkavität nur eine Richtung gilt. Die positive und negative Definitheit der Hesse-Matrix $\mathbf{H}_f(\mathbf{x})$ ist für die strenge Konvexität bzw. die strenge Konkavität von f lediglich eine hinreichende Bedingung. Aus strenger Konvexität bzw. strenger Konkavität von f folgt im Allgemeinen nur, dass f positiv semidefinit bzw. negativ semidefinit ist. Dies wird bereits im Fall $n = 1$ deutlich, wenn man die streng konvexe Funktion $f: \mathbb{R} \longrightarrow \mathbb{R}$, $x \mapsto x^4$ betrachtet. Für dies gilt: grad $f(x) = f'(x) = 4x^3$ und $\mathbf{H}_f(x) = f''(x) = 12x^2$. Das heißt, für $x = 0$ ist $\mathbf{H}_f(0) = 0$ tatsächlich nur positiv semidefinit. Die positive und negative Semidefinitheit der Hesse-Matrix $\mathbf{H}_f(\mathbf{x})$ ist dagegen eine notwendige und hinreichende Bedingung für die Konvexität bzw. die Konkavität der Funktion f.

Beispiel 22.46 (Krümmungsverhalten und Hesse-Matrix)

a) In Beispiel 21.39 wurde nachgewiesen, dass das Polynom
$$p \colon \mathbb{R}^2 \longrightarrow \mathbb{R}, \ (x, y) \mapsto x^2 + y^2$$
streng konvex ist. Dasselbe Ergebnis, aber mit deutlich weniger Rechenaufwand, erhält man mit Satz 22.45. Die Hesse-Matrix von p ist gegeben durch
$$\mathbf{H}_p(x, y) = \begin{pmatrix} 2 & 0 \\ 0 & 2 \end{pmatrix}.$$
Da diese Diagonalmatrix auf der Hauptdiagonalen nur positive Einträge besitzt, ist sie positiv definit (vgl. Satz 10.32). Mit Satz 22.45c) folgt daher, dass das Polynom p streng konvex ist.

b) Das Polynom
$$p \colon \mathbb{R}^3 \longrightarrow \mathbb{R},$$
$$(x, y, z) \mapsto -x^4 + 2x - 2y^4 - 3y^2 + 3y - 3z^2$$
besitzt die Hesse-Matrix
$$\mathbf{H}_p(x, y, z) = \begin{pmatrix} -12x^2 & 0 & 0 \\ 0 & -24y^2 - 6 & 0 \\ 0 & 0 & -6 \end{pmatrix}.$$
Die Hauptdiagonaleinträge dieser Diagonalmatrix sind für alle $(x, y, z) \in \mathbb{R}^3$ nicht positiv. Folglich ist die Hesse-Matrix $\mathbf{H}_p(x, y, z)$ nach Satz 10.32 negativ semidefinit und mit Satz 22.45b) erhält man daher, dass das Polynom p konkav ist.

Kapitel 23

Riemann-Integral im $\mathbb{R}^n$

Kapitel 23 Riemann-Integral im $\mathbb{R}^n$

23.1 Riemann-Integrierbarkeit im $\mathbb{R}^n$

Im letzten Kapitel wurde bereits der Begriff der Differenzierbarkeit auf reellwertige Funktionen in n Variablen verallgemeinert. Konsequenterweise wird nun auch das in Kapitel 19 für reelle Funktionen eingeführte Konzept der **Riemann-Integrierbarkeit** auf reellwertige Funktionen in n Variablen ausgeweitet. Diese Verallgemeinerung des nach dem deutschen Mathematiker *Bernhard Riemann* (1826–1866) benannten Riemann-Integrals wird bei der Untersuchung vieler wirtschaftswissenschaftlicher Problemstellungen benötigt. Darüber hinaus wird man auch in der Statistik, in der Wahrscheinlichkeitsrechnung sowie in der Versicherungs- und Finanzmathematik bei der Verwendung mehrdimensionaler Wahrscheinlichkeitsverteilungen mit sogenannten **mehrfachen Riemann-Integralen** konfrontiert.

B. Riemann

Das mehrfache Riemann-Integral lässt sich weitgehend analog zum Riemann-Integral für reellwertige Funktionen in einer Variablen einführen. Aus diesem Grund ist es möglich, die folgenden Ausführungen im Vergleich zu den entsprechenden Erläuterungen für das einfache Riemann-Integral in Abschnitt 19.2 deutlich kürzer zu halten. Ähnlich wie bei der Konstruktion des Riemann-Integrals für reellwertige Funktionen in einer Variablen ist der Ausgangspunkt der Überlegungen eine beschränkte reellwertige Funktion $f: I \subseteq \mathbb{R}^n \longrightarrow \mathbb{R}$. Diese ist nun jedoch nicht mehr auf einem eindimensionalen, sondern auf einem n-dimensionalen abgeschlossenen Intervall

$$I := [\mathbf{a}, \mathbf{b}]$$
$$= [a_1, b_1] \times \cdots \times [a_n, b_n]$$
$$= \{(x_1, \ldots, x_n) \in \mathbb{R}^n : a_i \leq x_i \leq b_i \text{ für } i = 1, \ldots, n\}$$

definiert, dessen **Inhalt** naheliegenderweise durch

$$|I| := \prod_{i=1}^n (b_i - a_i)$$

definiert wird. Bei I handelt es sich somit für $n=1$ um ein eindimensionales Intervall in $\mathbb{R}$ der Länge $b_1 - a_1$, für $n=2$ um eine Fläche im $\mathbb{R}^2$ mit dem Flächeninhalt $(b_1 - a_1) \cdot (b_2 - a_2)$ und für $n=3$ um einen Quader im $\mathbb{R}^3$ mit dem Volumen $(b_1 - a_1) \cdot (b_2 - a_2) \cdot (b_3 - a_3)$.

Für die weitere Betrachtung sei nun für alle $i = 1, \ldots, n$ durch

$$Z_{k_i}^{(i)} := \left\{ x_0^{(i)}, \ldots, x_{k_i}^{(i)} \right\}$$

mit

$$a_i = x_0^{(i)} < x_1^{(i)} < x_2^{(i)} < \ldots < x_{k_i}^{(i)} = b_i$$

eine **Partition** (**Zerlegung**) des eindimensionalen i-ten Komponentenintervalls $[a_i, b_i]$ von $[\mathbf{a}, \mathbf{b}]$ in die k_i eindimensionalen **Komponententeilintervalle**

$$\left[a_i, x_1^{(i)} \right], \left[x_1^{(i)}, x_2^{(i)} \right], \ldots, \left[x_{k_i-2}^{(i)}, x_{k_i-1}^{(i)} \right], \left[x_{k_i-1}^{(i)}, b_i \right]$$

gegeben. Das n-fache kartesische Produkt dieser Zerlegungen, also die Menge

$$Z_{k_1,\ldots,k_n} := Z_{k_1}^{(1)} \times \cdots \times Z_{k_n}^{(n)}$$
$$= \left\{ \left(x_{j_1}^{(1)}, \ldots, x_{j_n}^{(n)} \right) : x_{j_1}^{(1)} \in Z_{k_1}^{(1)}, \ldots, x_{j_n}^{(n)} \in Z_{k_n}^{(n)} \right\},$$

wird als n-**dimensionale Partition** (**Zerlegung**), und ihre Elemente $\left(x_{j_1}^{(1)}, \ldots, x_{j_n}^{(n)} \right)$ werden als n-**dimensionale Zwischenstellen** des Intervalls $I = [\mathbf{a}, \mathbf{b}]$ bezeichnet. Durch die Zerlegung $Z_{k_1,\ldots,k_n}$ wird das n-dimensionale Intervall I in insgesamt $K := \prod_{i=1}^n k_i$ n-**dimensionale Teilintervalle** der Form

$$I_l := \left[x_{j_1-1}^{(1)}, x_{j_1}^{(1)} \right] \times \left[x_{j_2-1}^{(2)}, x_{j_2}^{(2)} \right] \times \cdots \times \left[x_{j_n-1}^{(n)}, x_{j_n}^{(n)} \right] \quad (23.1)$$

zerlegt, welche mit $l = 1, \ldots, K$ durchnummeriert seien. Die Größe eines solchen Teilintervalls wird durch seinen **Durchmesser**

$$\delta(I_l) := \max_{\mathbf{u}, \mathbf{v} \in I_l} \|\mathbf{u} - \mathbf{v}\|$$

gemessen, der den maximalen Abstand der Elemente in I_l angibt. Der Durchmesser des größten Teilintervalls von I, das durch die Zerlegung $Z_{k_1,\ldots,k_n}$ erzeugt wird, d. h. der Wert

$$F(Z_{k_1,\ldots,k_n}) := \max_{l \in \{1,\ldots,K\}} \delta(I_l), \quad (23.2)$$

wird als **Feinheit** der Zerlegung $Z_{k_1,\ldots,k_n}$ bezeichnet. Je kleiner der Wert $F(Z_{k_1,\ldots,k_n})$ ist, desto „feiner" ist die Zerlegung des Intervalls $I = [\mathbf{a}, \mathbf{b}]$ in n-dimensionale Teilintervalle. Für den Spezialfall $n = 1$ vereinfacht sich (23.2) zu dem in

Abschnitt 19.2 verwendeten Feinheitsbegriff (19.2). Ist zum Beispiel $n = 2$ und

$$I = [a_1, b_1] \times [a_2, b_2]$$

ein zweidimensionales abgeschlossenes Intervall, $Z_{k_1}^{(1)} := \{x_0^{(1)}, \ldots, x_{k_1}^{(1)}\}$ eine Zerlegung von $[a_1, b_1]$ und $Z_{k_2}^{(2)} := \{x_0^{(2)}, \ldots, x_{k_2}^{(2)}\}$ eine Zerlegung von $[a_2, b_2]$, dann besteht die zweidimensionale Zerlegung $Z_{k_1,k_2} = Z_{k_1}^{(1)} \times Z_{k_2}^{(2)}$ von I aus allen zweidimensionalen Zwischenstellen $(x_{j_1}^{(1)}, x_{j_2}^{(2)})$ mit $j_1 \in \{0, \ldots, k_1\}$, $j_2 \in \{0, \ldots, k_2\}$ und die zweidimensionalen Teilintervalle von I sind gegeben durch

$$I_l = \left[x_{j_1-1}^{(1)}, x_{j_1}^{(1)}\right] \times \left[x_{j_2-1}^{(2)}, x_{j_2}^{(2)}\right] \quad (23.3)$$

für $l = 1, \ldots, K = k_1 \cdot k_2$ (vgl. Abbildung 23.1).

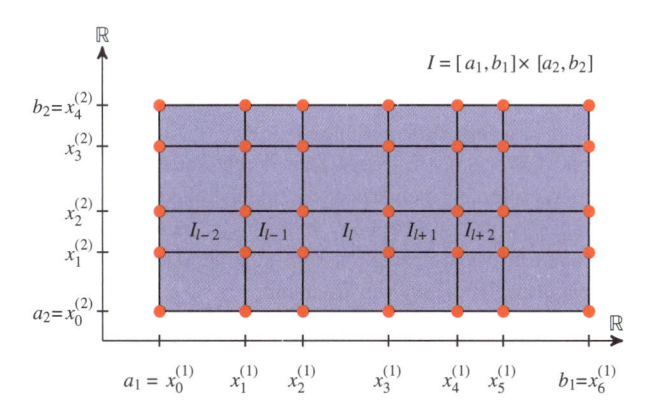

Abb. 23.1: Zerlegung des zweidimensionalen Intervalls $I = [a_1, b_1] \times [a_2, b_2]$ in insgesamt $K = k_1 \cdot k_2 = 6 \cdot 4 = 24$ zweidimensionale Teilintervalle I_l und die dazugehörigen zweidimensionalen Zwischenstellen $\left(x_{j_1}^{(1)}, x_{j_2}^{(2)}\right)$ (rot eingezeichnet)

Darbouxsche Unter- und Obersummen

Das mehrfache Riemann-Integral einer beschränkten reellwertigen Funktion $f: I \subseteq \mathbb{R}^n \longrightarrow \mathbb{R}$ auf einem abgeschlossenen n-dimensionalen Intervall $I = [\mathbf{a}, \mathbf{b}]$ wird nun völlig analog zu Abschnitt 19.2 eingeführt. Hierzu wird für die n-dimensionalen Teilintervalle $I_1, \ldots, I_K$ von I durch

$$m_l := \inf_{\mathbf{x} \in I_l} f(\mathbf{x}) \quad \text{und} \quad M_l := \sup_{\mathbf{x} \in I_l} f(\mathbf{x})$$

für $l = 1, \ldots, K$ das Infimum bzw. das Supremum von f auf dem Teilintervall I_l definiert. Dabei ist aufgrund der Beschränktheit von f die Existenz von m_l und M_l sichergestellt.

Werden nun diese Werte jeweils mit dem Inhalt $|I_l|$ des l-ten Teilintervalls I_l gewichtet und die resultierenden Produkte anschließend über alle K Teilintervalle aufsummiert, so erhält man

$$U_f(Z_{k_1,\ldots,k_n}) := \sum_{l=1}^{K} m_l \, |I_l| \quad \text{und} \quad O_f(Z_{k_1,\ldots,k_n}) := \sum_{l=1}^{K} M_l \, |I_l|.$$

Analog zur Konstruktion des einfachen Riemann-Integrals für reellwertige Funktionen in einer Variablen werden diese Werte häufig nach dem französischen Mathematiker *Jean Gaston Darboux* (1842–1917) als **Darbouxsche Unter-** bzw. **Obersumme** von f bezüglich der n-dimensionalen Zerlegung $Z_{k_1,\ldots,k_n}$ bezeichnet. Im Folgenden werden diese jedoch einfach wieder kurz **Unter-** bzw. **Obersumme** von f bezüglich $Z_{k_1,\ldots,k_n}$ genannt. Für die Unter- und Obersumme zu einer Zerlegung $Z_{k_1,\ldots,k_n}$ gilt offensichtlich stets

$$U_f(Z_{k_1,\ldots,k_n}) \leq O_f(Z_{k_1,\ldots,k_n})$$

(vgl. Abbildung 23.2).

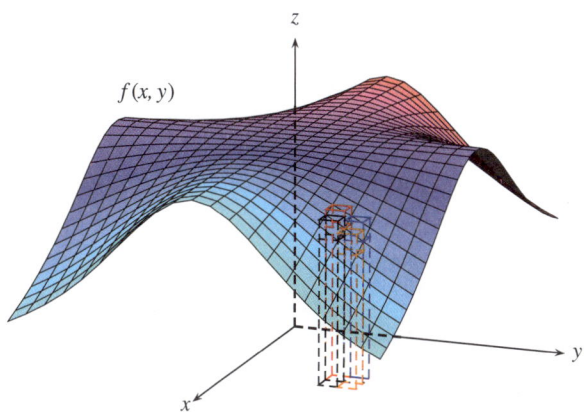

Abb. 23.2: Jeweils vier Summanden $m_l \, |I_l|$ und $M_l \, |I_l|$ der Untersumme $U_f(Z_{k_1,\ldots,k_n})$ bzw. der Obersumme $O_f(Z_{k_1,\ldots,k_n})$ einer reellwertigen Funktion $f: I \subseteq \mathbb{R}^n \longrightarrow \mathbb{R}$ auf einem abgeschlossenen zweidimensionalen Intervall $I = [\mathbf{a}, \mathbf{b}]$

Unteres und oberes Integral

Bei Verwendung immer feiner werdender Zerlegungen $Z_{k_1,\ldots,k_n}$ werden die Untersummen $U_f(Z_{k_1,\ldots,k_n})$ von f immer größer und die Obersummen $O_f(Z_{k_1,\ldots,k_n})$ von f immer kleiner. Die Verwendung „unendlich feiner" Zerlegungen entspricht somit der Betrachtung des **Supremums** der Untersummen $U_f(Z_{k_1,\dots,k_n})$ bzw. des **Infimums der Obersummen** $O_f(Z_{k_1,\dots,k_n})$, also den Werten

$$U-\int_I f(\mathbf{x})\,d\mathbf{x} := \sup_{Z_{k_1,\dots,k_n}} U_f(Z_{k_1,\dots,k_n}) \quad \text{und}$$

$$O-\int_I f(\mathbf{x})\,d\mathbf{x} := \inf_{Z_{k_1,\dots,k_n}} O_f(Z_{k_1,\dots,k_n}).$$

Dabei sind alle möglichen Zerlegungen $Z_{k_1,\dots,k_n}$ des n-dimensionalen Intervalls $I = [\mathbf{a}, \mathbf{b}]$ in eine beliebige Anzahl von Teilintervallen I_l zugelassen und die beiden Buchstaben „U" und „O" stehen wieder für Unter- bzw. Obersumme. Diese beiden Werte werden als **unteres** bzw. **oberes Integral** der Funktion f bezeichnet, und wie in Abschnitt 19.2 für reellwertige Funktionen in einer Variablen zeigt man, dass für sie stets

$$U-\int_I f(\mathbf{x})\,d\mathbf{x} \leq O-\int_I f(\mathbf{x})\,d\mathbf{x} \qquad (23.4)$$

gilt (vgl. (19.8)).

Bestimmtes Riemann-Integral

Eine beschränkte reellwertige Funktion $f : I \subseteq \mathbb{R}^n \longrightarrow \mathbb{R}$ auf einem abgeschlossenen n-dimensionalen Intervall $I = [\mathbf{a}, \mathbf{b}]$ wird nun als **Riemann-integrierbar** bezeichnet, wenn das untere und obere Integral von f übereinstimmen, also in (23.4) Gleichheit gilt.

> **Definition 23.1** (Bestimmtes mehrfaches Riemann-Integral)
>
> *Es sei $f : I \subseteq \mathbb{R}^n \longrightarrow \mathbb{R}$ eine beschränkte reellwertige Funktion auf einem abgeschlossenen n-dimensionalen Intervall $I = [\mathbf{a}, \mathbf{b}]$, deren unteres und oberes Integral übereinstimmen. Dann heißt die Funktion f Riemann-integrierbar und der Wert des unteren bzw. oberen Integrals*
>
> $$\int_I f(\mathbf{x})\,d\mathbf{x} := U-\int_I f(\mathbf{x})\,d\mathbf{x} = O-\int_I f(\mathbf{x})\,d\mathbf{x}$$
> $$(23.5)$$
>
> *wird bestimmtes mehrfaches Riemann-Integral von f auf dem Intervall I genannt. Ferner bezeichnet man I als Integrationsintervall, f als Integrand und $\mathbf{x}$ als n-dimensionale Integrationsvariable.*

Bei einem mehrfachen Riemann-Integral $\int_I f(\mathbf{x})\,d\mathbf{x}$ spricht man nun davon, dass „f **über die n-dimensionale Variable x integriert wird**".

Anstelle von $\int_I f(\mathbf{x})\,d\mathbf{x}$ wird für ein mehrfaches Riemann-Integral häufig auch die ausführlichere Schreibweise

$$\int_I f(x_1, x_2, \dots, x_n)\,d(x_1, x_2 \dots, x_n)$$

verwendet. Im Fall $n = 1$ stimmt das bestimmte Riemann-Integral (23.5) offensichtlich mit dem bestimmten Riemann-Integral $\int_a^b f(x)\,dx$ aus Definition 19.1 überein. Im Falle zweier und dreier Variablen schreibt man häufig

$$\int_I f(x, y)\,d(x, y) \quad \text{bzw.} \quad \int_I f(x, y, z)\,d(x, y, z).$$

Gemäß obiger Definition 23.1 bedeutet Riemann-Integrierbarkeit einer beschränkten reellwertigen Funktion $f : I \subseteq \mathbb{R}^n \longrightarrow \mathbb{R}$, dass Untersummen $U_f(Z_{k_1,\dots,k_n})$ und Obersummen $O_f(Z_{k_1,\dots,k_n})$ von f existieren, deren Werte beliebig nahe beim bestimmten mehrfachen Riemann-Integral $\int_I f(\mathbf{x})\,d\mathbf{x}$ liegen. Fast wortwörtlich wie in Satz 19.3 beweist man daher auch für mehrfache Riemann-Integrale das folgende **Integrabilitätskriterium von Riemann**:

> **Satz 23.2** (Integrabilitätskriterium von Riemann im $\mathbb{R}^n$)
>
> *Eine beschränkte reellwertige Funktion $f : I \subseteq \mathbb{R}^n \longrightarrow \mathbb{R}$ auf einem abgeschlossenen n-dimensionalen Intervall $I = [\mathbf{a}, \mathbf{b}]$ ist genau dann Riemann-integrierbar, wenn es zu jedem $\varepsilon > 0$ eine n-dimensionale Zerlegung Z von I gibt, so dass gilt*
>
> $$O_f(Z) - U_f(Z) < \varepsilon.$$

Beweis: Verläuft analog zum Beweis von Satz 19.3. ∎

Analog zu reellwertigen Funktionen in einer Variablen lässt sich mit dem Integrabilitätskriterium von Riemann das folgende nützliche hinreichende Kriterium für die Riemann-Integrierbarkeit reellwertiger Funktionen in n Variablen nachweisen. Es stellt für viele natur-, ingenieurs- und wirtschaftswissenschaftliche Anwendungen die Existenz des bestimmten mehrfachen Riemann-Integrals sicher.

Satz 23.3 (Riemann-Integrierbarkeit stetiger Funktionen)

Eine stetige reellwertige Funktion $f : I \subseteq \mathbb{R}^n \longrightarrow \mathbb{R}$ auf einem abgeschlossenen n-dimensionalen Intervall $I = [\mathbf{a}, \mathbf{b}]$ ist Riemann-integrierbar, d. h. das bestimmte mehrfache Riemann-Integral $\int_I f(\mathbf{x}) \, d\mathbf{x}$ existiert.

Beweis: Verläuft weitgehend analog zum Beweis des ersten Teils von Satz 19.4. ∎

Dieses Resultat liefert somit die wichtige Erkenntnis, dass z. B. Polynome, rationale Funktionen, Potenzfunktionen, Exponentialfunktionen, Logarithmusfunktionen und trigonometrische Funktionen in n Variablen auf abgeschlossenen Intervallen $I = [\mathbf{a}, \mathbf{b}]$ Riemann-integrierbar sind.

Riemann-Summen

Wie das bestimmte Riemann-Integral einer reellen Funktion kann auch das mehrfache bestimmte Riemann-Integral einer beschränkten reellwertigen Funktion $f : I \subseteq \mathbb{R}^n \longrightarrow \mathbb{R}$ auf einem abgeschlossenen n-dimensionalen Intervall $I = [\mathbf{a}, \mathbf{b}]$ über Riemann-Summen definiert werden. Hierzu werden eine beliebige n-dimensionale Zerlegung $Z_{k_1,\ldots,k_n}$ des Intervalls I in K Teilintervalle I_l und ein Vektor $\boldsymbol{\xi} = (\xi_1, \ldots, \xi_K)^T$ mit Stützstellen $\xi_l \in I_l$ für alle $l = 1, \ldots, K$ betrachtet. Dann wird

$$R_f(Z_{k_1,\ldots,k_n}; \boldsymbol{\xi}) := \sum_{l=1}^{K} f(\xi_l) \, |I_l|$$

als **Riemann-Summe** von f bezüglich der Zerlegung $Z_{k_1,\ldots,k_n}$ und der K **Stützstellen** $\boldsymbol{\xi} = (\xi_1, \ldots, \xi_K)^T$ bezeichnet. Analog zum Riemann-Integral für reellwertige Funktionen in einer Variablen gelten zwischen Unter-, Ober- und Riemann-Summen für beliebige Zerlegungen $Z_{k_1,\ldots,k_n}$ und Stützstellen $\boldsymbol{\xi} = (\xi_1, \ldots, \xi_K)^T$ die Beziehungen

$$U_f(Z_{k_1,\ldots,k_n}) \leq R_f(Z_{k_1,\ldots,k_n}; \boldsymbol{\xi}) \leq O_f(Z_{k_1,\ldots,k_n}). \quad (23.6)$$

Der folgende Satz liefert eine notwendige und hinreichende Bedingung für die Riemann-Integrierbarkeit einer beschränkten reellwertigen Funktion $f : I \subseteq \mathbb{R}^n \longrightarrow \mathbb{R}$ in n Variablen anhand von Riemann-Summen:

Satz 23.4 (Riemann-Summe und Riemann-Integrierbarkeit)

Eine beschränkte reellwertige Funktion $f : I \subseteq \mathbb{R}^n \longrightarrow \mathbb{R}$ auf einem abgeschlossenen n-dimensionalen Intervall $I = [\mathbf{a}, \mathbf{b}]$ ist genau dann Riemann-integrierbar, falls jede Folge von Riemann-Summen $\left(R_f(Z^l_{k_1,\ldots,k_n}; \boldsymbol{\xi}) \right)_{l \in \mathbb{N}}$ zu Zerlegungen $\left(Z^l_{k_1,\ldots,k_n} \right)_{l \in \mathbb{N}}$ mit der Eigenschaft $\lim_{l \to \infty} F(Z^l_{k_1,\ldots,k_n}) = 0$ konvergiert. In diesem Fall konvergieren alle Folgen $\left(R_f(Z^l_{k_1,\ldots,k_n}; \boldsymbol{\xi}) \right)_{l \in \mathbb{N}}$ gegen denselben Grenzwert, welcher durch das bestimmte mehrfache Riemann-Integral von f auf dem Intervall I gegeben ist. Das heißt, es gilt

$$\lim_{l \to \infty} R_f(Z^l_{k_1,\ldots,k_n}; \boldsymbol{\xi}) = \int_I f(\mathbf{x}) \, d\mathbf{x}.$$

Beweis: Verläuft weitgehend analog zum Beweis von Satz 19.6. ∎

Der Zugang zum mehrfachen Riemann-Integral über Riemann-Summen ist bei vielen theoretischen und praktischen Überlegungen hilfreich. Zum Beispiel lässt sich der Wert des mehrfachen Riemann-Integrals einer Riemann-integrierbaren Funktion $f : I \subseteq \mathbb{R}^n \longrightarrow \mathbb{R}$ durch Riemann-Summen beliebig genau annähern. Darüber hinaus stößt man bei vielen wirtschaftswissenschaftlichen Problemstellungen auf Ansätze, bei denen die ökonomischen Vorgänge zunächst durch Riemann-Summen angenähert beschrieben werden. Von diesen Riemann-Summen geht man dann mittels verfeinerter Zerlegungen zu mehrfachen Riemann-Integralen über.

23.2 Eigenschaften von mehrfachen Riemann-Integralen

Elementare Integrationsregeln

Das mehrfache Riemann-Integral besitzt die gleichen Eigenschaften wie das Riemann-Integral für eine reellwertige Funktion in einer Variablen. Der folgende Satz fasst die wichtigsten elementaren Integrationsregeln für mehrfache Riemann-Integrale zusammen. Diese Integrationsregeln sind die Analoga der entsprechenden Aussagen für einfache Riemann-Integrale (vgl. die Sätze 19.9 und 19.10).

Satz 23.5 (Elementare Integrationsregeln)

Es seien $f, g: I \subseteq \mathbb{R}^n \longrightarrow \mathbb{R}$ zwei Riemann-integrierbare Funktionen auf einem abgeschlossenen n-dimensionalen Intervall $I = [\mathbf{a}, \mathbf{b}]$ und $\alpha, \beta \in \mathbb{R}$. Dann sind auch αf, $f + g$ und $\alpha f + \beta g$ Riemann-integrierbar und es gilt:

a) $\int_I \alpha f(\mathbf{x})\, d\mathbf{x} = \alpha \int_I f(\mathbf{x})\, d\mathbf{x}$ *(Homogenität)*

b) $\int_I (f(\mathbf{x}) + g(\mathbf{x}))\, d\mathbf{x} = \int_I f(\mathbf{x})\, d\mathbf{x} + \int_I g(\mathbf{x})\, d\mathbf{x}$ *(Additivität)*

c) $\int_I (\alpha f(\mathbf{x}) + \beta g(\mathbf{x}))\, d\mathbf{x} = \alpha \int_I f(\mathbf{x})\, d\mathbf{x} + \beta \int_I g(\mathbf{x})\, d\mathbf{x}$ *(Linearität)*

d) $\int_{I_1 \cup I_2} f(\mathbf{x})\, d\mathbf{x} = \int_{I_1} f(\mathbf{x})\, d\mathbf{x} + \int_{I_2} f(\mathbf{x})\, d\mathbf{x}$ *für $I_1, I_2 \subseteq I$ mit $I_1^\circ \cap I_2^\circ = \emptyset$*

Beweis: Die Aussagen lassen sich leicht für Riemann-Summen nachweisen und mit Satz 23.4 folgt dann die Behauptung. ∎

Riemann-Integrierbarkeit spezieller Funktionen

Der folgende Satz ist das Analogon von Satz 19.12. Er besagt, dass auch bei reellwertigen Funktionen in n Variablen viele wichtige mathematische Operationen die Riemann-Integrierbarkeit des Integranden erhalten.

Satz 23.6 (Riemann-Integrierbarkeit spezieller Funktionen)

Es seien $f, g: I \subseteq \mathbb{R}^n \longrightarrow \mathbb{R}$ zwei Riemann-integrierbare Funktionen auf einem abgeschlossenen n-dimensionalen Intervall $I = [\mathbf{a}, \mathbf{b}]$. Dann gilt:

a) *Ist $\phi: E \longrightarrow \mathbb{R}$ eine reelle Funktion mit $f(\mathbf{x}) \in E \subseteq \mathbb{R}$ für alle $\mathbf{x} \in [\mathbf{a}, \mathbf{b}]$ und gibt es ein $L \geq 0$, so dass*

$$|\phi(u) - \phi(v)| \leq L|u - v|$$

für alle $u, v \in E$ gilt, dann ist auch die Komposition $\phi \circ f: I \subseteq \mathbb{R}^n \longrightarrow \mathbb{R}$ Riemann-integrierbar.

b) *Die reellwertigen Funktionen $|f|$, $f^+ := \max\{f, 0\}$, $f^- := \max\{-f, 0\}$ und f^p für $p \geq 1$ sind Riemann-integrierbar. Gilt ferner $|f(\mathbf{x})| \geq \delta$ für alle $\mathbf{x} \in [\mathbf{a}, \mathbf{b}]$ und ein $\delta > 0$, dann ist auch $\frac{1}{f}$ Riemann-integrierbar.*

c) *Die reellwertigen Funktionen fg, $\max\{f, g\}$ und $\min\{f, g\}$ sind Riemann-integrierbar. Gilt ferner $|g(\mathbf{x})| \geq \delta$ für alle $\mathbf{x} \in [\mathbf{a}, \mathbf{b}]$ und ein $\delta > 0$, dann ist auch $\frac{f}{g}$ Riemann-integrierbar.*

Beweis: Verläuft weitgehend analog zum Beweis von Satz 19.12. ∎

Mit Satz 23.3 und Satz 23.6 erhält man nun, dass Beträge, Summen, Differenzen, Produkte und Quotienten von Polynomen, rationalen Funktionen, Potenzfunktionen, Exponentialfunktionen, Logarithmusfunktionen und trigonometrischen Funktionen in n Variablen Riemann-integrierbar sind.

Elementare Ungleichungen

Wie bereits der letzte Satz ist auch das folgende Resultat das Analogon eines bekannten Ergebnisses für Riemann-Integrale reellwertiger Funktionen in einer Variablen (vgl. Satz 19.14). Es fasst einige wichtige elementare und plausible Ungleichungen für mehrfache Riemann-Integrale zusammen.

Satz 23.7 (Elementare Ungleichungen)

Für zwei Riemann-integrierbare Funktionen $f, g: I \subseteq \mathbb{R}^n \longrightarrow \mathbb{R}$ auf einem abgeschlossenen n-dimensionalen Intervall $I = [\mathbf{a}, \mathbf{b}]$ gilt:

a) $\int_I f(\mathbf{x})\, d\mathbf{x} \geq 0$, *falls $f(\mathbf{x}) \geq 0$ für alle $\mathbf{x} \in I$ (Positivität)*

b) $\int_I f(\mathbf{x})\, d\mathbf{x} \leq \int_I g(\mathbf{x})\, d\mathbf{x}$, *falls $f(\mathbf{x}) \leq g(\mathbf{x})$ für alle $\mathbf{x} \in I$ (Monotonie)*

c) $\int_I f(\mathbf{x})\, d\mathbf{x} < \int_I g(\mathbf{x})\, d\mathbf{x}$, *falls f und g stetig, $f(\mathbf{x}) \leq g(\mathbf{x})$ für alle $\mathbf{x} \in I$ sowie $f(\mathbf{x}_0) < g(\mathbf{x}_0)$ für mindestens ein $\mathbf{x}_0 \in I$ (strenge Monotonie)*

d) $m|I| \leq \int_I f(\mathbf{x})\, d\mathbf{x} \leq M|I|$, *falls $m \leq f(\mathbf{x}) \leq M$ für alle $\mathbf{x} \in I$*

e) $\left|\int_I f(\mathbf{x})\, d\mathbf{x}\right| \leq \int_I |f(\mathbf{x})|\, d\mathbf{x}$ *(Dreiecksungleichung)*

Beweis: Verläuft weitgehend analog zum Beweis von Satz 19.14. ∎

23.3 Satz von Fubini

Bisher steht noch kein Hilfsmittel zur Verfügung, welches es ermöglicht, das mehrfache Riemann-Integral $\int_I f(\mathbf{x})\,d\mathbf{x}$ einer Riemann-integrierbaren Funktion $f: I \subseteq \mathbb{R}^n \to \mathbb{R}$ auf einem abgeschlossenen n-dimensionalen Intervall $I = [\mathbf{a}, \mathbf{b}]$ auf einfache Weise zu berechnen. Die Berechnung eines mehrfachen Riemann-Integrals als Grenzwert von Riemann-Summen ist nicht praktikabel. Mit Hilfe des nach dem italienischen Mathematiker *Guido Fubini* (1879–1943) benannten **Satzes von Fubini** ist es jedoch möglich, zumindest in den für die Praxis wichtigsten Fällen die Berechnung eines mehrfachen Riemann-Integrals auf die Berechnung mehrerer einfacher Riemann-Integrale zurückzuführen. Auf diese Weise stellt der Satz von Fubini insbesondere auch eine Verbindung zwischen mehrfachen Riemann-Integralen und dem ersten und zweiten Hauptsatz der Differential- und Integralrechnung (vgl. die Sätze 19.21 und 19.22) sowie zu der Methode der partiellen Integration (vgl. Satz 19.28) und der Substitutionsmethode (vgl. Satz 19.32) her. Aufgrund seiner großen praktischen Relevanz ist es nicht verwunderlich, dass der Satz von Fubini eines der bedeutendsten Resultate der Integrationstheorie ist.

G. Fubini

Satz 23.8 (Satz von Fubini)

Es seien $[\mathbf{a}, \mathbf{b}] \subseteq \mathbb{R}^m$ *und* $[\mathbf{c}, \mathbf{d}] \subseteq \mathbb{R}^n$ *zwei abgeschlossene m-dimensionale bzw. n-dimensionale Intervalle und die reellwertige Funktion* $f: [\mathbf{a}, \mathbf{b}] \times [\mathbf{c}, \mathbf{d}] \subseteq \mathbb{R}^{m+n} \longrightarrow \mathbb{R}$ *auf dem $(m+n)$-dimensionalen Intervall* $[\mathbf{a}, \mathbf{b}] \times [\mathbf{c}, \mathbf{d}]$ *sei stetig. Dann gilt*

$$\int_{[\mathbf{a},\mathbf{b}]\times[\mathbf{c},\mathbf{d}]} f(\mathbf{x},\mathbf{y})\,d(\mathbf{x},\mathbf{y}) = \int_{[\mathbf{c},\mathbf{d}]} \left(\int_{[\mathbf{a},\mathbf{b}]} f(\mathbf{x},\mathbf{y})\,d\mathbf{x} \right) d\mathbf{y}$$
$$= \int_{[\mathbf{a},\mathbf{b}]} \left(\int_{[\mathbf{c},\mathbf{d}]} f(\mathbf{x},\mathbf{y})\,d\mathbf{y} \right) d\mathbf{x}.$$

Beweis: Siehe z. B. *Walter* [68], Seiten 243–244. ∎

Der Satz von Fubini besagt, dass das mehrfache Riemann-Integral einer stetigen Funktion $f:[\mathbf{a},\mathbf{b}]\times[\mathbf{c},\mathbf{d}]\subseteq \mathbb{R}^{m+n} \to \mathbb{R}$ auf einem abgeschlossenen $(m + n)$-dimensionalen Intervall in zwei Riemann-Integrale über **niederdimensionalere** Intervalle $[\mathbf{a}, \mathbf{b}]$ und $[\mathbf{c}, \mathbf{d}]$ der Dimension m bzw. n zerlegt werden kann. Dabei darf die Reihenfolge des „**inneren**" und des „**äußeren**" Riemann-Integrals vertauscht werden. Mit anderen Worten: Bei der Integration einer stetigen Funktion $f: [\mathbf{a}, \mathbf{b}] \times [\mathbf{c}, \mathbf{d}] \subseteq \mathbb{R}^{m+n} \longrightarrow \mathbb{R}$ bezüglich der $(m + n)$-dimensionalen Integrationsvariablen $(\mathbf{x}, \mathbf{y}) = (x_1, \ldots, x_m, y_1, \ldots, y_n)$ spielt es keine Rolle, ob zuerst über die m-dimensionale Integrationsvariable $\mathbf{x}$ oder über die n-dimensionale Integrationsvariable $\mathbf{y}$ integriert wird.

Durch Iteration des letzten Satzes erhält man die folgende praktische Version des Satzes von Fubini:

Folgerung 23.9 (Mehrfach iteriertes Riemann-Integral)

Die reellwertige Funktion $f: [\mathbf{a}, \mathbf{b}] \subseteq \mathbb{R}^n \longrightarrow \mathbb{R}$ *sei stetig. Dann gilt*

$$\int_{[\mathbf{a},\mathbf{b}]} f(\mathbf{x})\,d\mathbf{x} \tag{23.7}$$
$$= \int_{a_n}^{b_n} \left(\cdots \int_{a_2}^{b_2} \left(\int_{a_1}^{b_1} f(x_1,\ldots,x_n)\,dx_1 \right) dx_2 \ldots \right) dx_n$$
$$= \int_{a_n}^{b_n} \cdots \int_{a_2}^{b_2} \int_{a_1}^{b_1} f(x_1,\ldots,x_n)\,dx_1\,dx_2 \ldots dx_n,$$

wobei die Reihenfolge bei der Integration bezüglich der n Integrationsvariablen $x_1, \ldots, x_n$ beliebig gewählt werden kann.

Das mehrfache Riemann-Integral $\int_{[\mathbf{a},\mathbf{b}]} f(\mathbf{x})\,d\mathbf{x}$ einer stetigen reellwertigen Funktion f kann somit durch sukzessives „**herausintegrieren**" der n Integrationsvariablen $x_1, \ldots, x_n$ von „**innen**" nach „**außen**" berechnet werden (siehe hierzu auch Beispiel 23.10). Aus diesem Grund wird ein mehrfaches Riemann-Integral auch als (**mehrfach**) **iteriertes Riemann-Integral** bezeichnet.

Im Fall $n = 2$, d. h. bei einer stetigen Funktion $f:[a_1,b_1]\times[a_2,b_2] \longrightarrow \mathbb{R}$ in zwei Variablen, vereinfacht sich (23.7) zur Formel

$$\int_{[a_1,b_1]\times[a_2,b_2]} f(x,y)\,d(x,y) = \int_{a_2}^{b_2} \int_{a_1}^{b_1} f(x,y)\,dx\,dy$$
$$= \int_{a_1}^{b_1} \int_{a_2}^{b_2} f(x,y)\,dy\,dx,$$

die sich leicht mit Hilfe von Abbildung 23.3 interpretieren lässt. Gilt nämlich zusätzlich $f(x, y) \geq 0$ für alle $(x, y) \in$

$[a_1, b_1] \times [a_2, b_2]$ und macht man an einer festen, aber beliebigen Stelle $y \in [a_2, b_2]$ einen Schnitt durch den von der Grundfläche $[a_1, b_1] \times [a_2, b_2]$ und dem Graphen von f eingeschlossenen zylindrischen Körper K, dann ist der Inhalt der dadurch entstehenden Fläche durch das einfache Riemann-Integral

$$g(y) = \int_{a_1}^{b_1} f(x, y)\, dx$$

gegeben. Durch Aufintegrieren der Flächeninhalte $g(y)$ für $y \in [a_2, b_2]$, also durch Berechnen des einfachen Riemann-Integrals

$$\int_{a_2}^{b_2} g(y)\, dy = \int_{a_2}^{b_2} \left(\int_{a_1}^{b_1} f(x, y)\, dx \right) dy,$$

erhält man dann das Volumen des zylindrischen Körpers K.

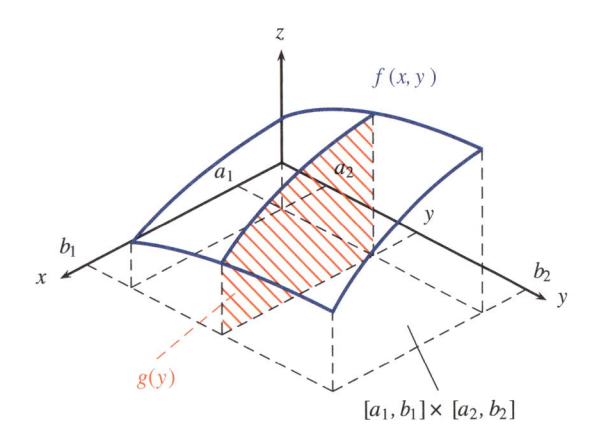

Abb. 23.3: Veranschaulichung des Satzes von Fubini anhand einer reellwertigen Funktion $f : [a_1, b_1] \times [a_2, b_2] \longrightarrow \mathbb{R}$ in zwei Variablen

Das folgende Beispiel demonstriert, wie mit Hilfe des Satzes von Fubini auf einfache Weise mehrfache Riemann-Integrale berechnet werden können:

Beispiel 23.10 (Berechnung von mehrfachen Riemann-Integralen)

a) Die reellwertige Funktion

$$f : [-2, -1] \times [0, 1] \longrightarrow \mathbb{R}, \quad (x, y) \mapsto 2x^3 + y^2$$

ist stetig und damit gemäß Satz 23.3 auch Riemann-integrierbar (vgl. Abbildung 23.4, links). Mit dem Satz von Fubini erhält man für das zweifache Riemann-Integral von f den Wert

$$\int_{[-2,-1] \times [0,1]} f(x, y)\, d(x, y)$$
$$= \int_0^1 \int_{-2}^{-1} (2x^3 + y^2)\, dx\, dy$$
$$= \int_0^1 \left(\frac{1}{2} x^4 + x y^2 \right) \Big|_{-2}^{-1} dy$$
$$= \int_0^1 \left(\frac{1}{2} - y^2 - (8 - 2y^2) \right) dy$$
$$= \int_0^1 \left(-\frac{15}{2} + y^2 \right) dy$$
$$= \left(-\frac{15}{2} y + \frac{1}{3} y^3 \right) \Big|_0^1 = -\frac{15}{2} + \frac{1}{3} - 0 = -\frac{43}{6}.$$

Wird zuerst bezüglich der Variablen y und dann bezüglich der Variablen x integriert, erhält man für das zweifache Riemann-Integral denselben Wert

$$\int_{[-2,-1] \times [0,1]} f(x, y)\, d(x, y) = \int_{-2}^{-1} \int_0^1 (2x^3 + y^2)\, dy\, dx$$
$$= \ldots = -\frac{43}{6}.$$

b) Die reellwertige Funktion

$$f : [0, 1] \times [1, 2] \longrightarrow \mathbb{R}, \quad (x, y) \mapsto x^y$$

ist stetig, und mit dem Satz von Fubini erhält man für den Wert des zweifachen Riemann-Integrals den Wert

$$\int_{[0,1] \times [1,2]} f(x, y)\, d(x, y) = \int_1^2 \int_0^1 x^y\, dx\, dy$$
$$= \int_1^2 \left(\frac{1}{y+1} x^{y+1} \right) \Big|_0^1 dy$$
$$= \int_1^2 \frac{1}{y+1}\, dy = \ln(y+1) \Big|_1^2$$
$$= \ln(3) - \ln(2) = \ln\left(\frac{3}{2} \right).$$

c) Die reellwertige Funktion

$$f : [0, 1] \times [-2, -1] \times [-1, 1] \longrightarrow \mathbb{R},$$
$$(x, y, z) \mapsto 2xyz$$

ist stetig, und mit dem Satz von Fubini erhält man für das dreifache Riemann-Integral den Wert

$$\int_{[0,1]\times[-2,-1]\times[-1,1]} f(x,y,z)\,d(x,y,z)$$
$$= \int_{-1}^{1}\int_{-2}^{-1}\int_{0}^{1} 2xyz\,dx\,dy\,dz$$
$$= \int_{-1}^{1}\int_{-2}^{-1} \left(x^2 yz\right)\Big|_0^1 dy\,dz$$
$$= \int_{-1}^{1}\int_{-2}^{-1} yz\,dy\,dz$$
$$= \int_{-1}^{1} \left(\frac{1}{2}y^2 z\right)\Big|_{-2}^{-1} dz$$
$$= -\frac{3}{2}\int_{-1}^{1} z\,dz$$
$$= -\frac{3}{2}\left(\frac{1}{2}z^2\right)\Big|_{-1}^{1} = -\frac{3}{2}\left(\frac{1}{2} - \frac{1}{2}\right) = 0.$$

Dasselbe Ergebnis erhält man etwas schneller durch Vertauschen der Integrationsreihenfolge

$$\int_{[0,1]\times[-2,-1]\times[-1,1]} f(x,y,z)\,d(x,y,z)$$
$$= \int_{-1}^{1}\int_{-2}^{-1}\int_{0}^{1} 2xyz\,dx\,dy\,dz$$
$$= \int_{-2}^{-1}\int_{0}^{1}\int_{-1}^{1} 2xyz\,dz\,dx\,dy$$
$$= \int_{-2}^{-1}\int_{0}^{1} \left(xyz^2\right)\Big|_{-1}^{1} dx\,dy$$
$$= \int_{-2}^{-1}\int_{0}^{1} (xy - xy)\,dx\,dy = 0.$$

d) Für das dreifache Riemann-Integral der stetigen Funktion

$$f:[1,2]\times[2,3]\times[1,2]\longrightarrow\mathbb{R},\ (x,y,z)\mapsto \frac{2z}{(x+y)^2}$$

erhält man mit dem Satz von Fubini den Wert

$$\int_{[1,2]\times[2,3]\times[1,2]} f(x,y,z)\,d(x,y,z)$$
$$= \int_{1}^{2}\int_{2}^{3}\int_{1}^{2} \frac{2z}{(x+y)^2}\,dz\,dy\,dx$$
$$= \int_{1}^{2}\int_{2}^{3} \left(\frac{z^2}{(x+y)^2}\right)\Big|_1^2 dy\,dx$$
$$= \int_{1}^{2}\int_{2}^{3} \frac{3}{(x+y)^2}\,dy\,dx$$
$$= \int_{1}^{2} \left(\frac{-3}{x+y}\right)\Big|_2^3 dx$$
$$= \int_{1}^{2} \left(-\frac{3}{x+3} + \frac{3}{x+2}\right) dx$$
$$= \left(-3\ln(x+3) + 3\ln(x+2)\right)\Big|_1^2$$
$$= -3\ln(5) + 3\ln(4) - (-3\ln(4) + 3\ln(3))$$
$$= -3\ln(5) + 6\ln(4) - 3\ln(3)$$
$$= 3\ln\left(\frac{4^2}{5\cdot 3}\right) = 3\ln\left(\frac{16}{15}\right).$$

Das folgende Beispiel zeigt, wie mit Hilfe mehrdimensionaler Integrationstechniken Riemann-Integrale reellwertiger Funktionen in einer Variablen bestimmt werden können, deren analytische Berechnung mit Integrationsmethoden in einer Variablen nicht möglich ist.

Beispiel 23.11 (Berechnung von mehrfachen Riemann-Integralen)

Die reellwertige Funktion

$$f:[0,1]\longrightarrow\mathbb{R},\ x\mapsto \begin{cases} 0 & x=0 \\ \frac{x^b - x^a}{\ln(x)} & x\in(0,1) \\ b-a & x=1 \end{cases}$$

mit $0 < a < b$ ist stetig (vgl. Abbildung 23.4, rechts für den Fall $a=1$ und $b=2$). Für $x\in[0,1)$ ist die Stetigkeit von f offensichtlich und für $x=1$ zeigt man dies leicht mit Hilfe der ersten Regel von L'Hôspital (vgl. Satz 16.37). Die Funktion f ist somit auch Riemann-integrierbar. Dennoch kann das bestimmte Riemann-Integral

$$\int_0^1 \frac{x^b - x^a}{\ln(x)}\,dx$$

mit eindimensionalen Integrationstechniken für reellwertige Funktionen in einer Variablen nicht analytisch berechnet werden. Dazu ist der „trickreiche" Übergang zu einem zweifachen Riemann-Integral notwendig. Mit der Substitutionsmethode (vgl. Satz 19.32) erhält man (setze dabei $f(z) := e^z$ und $z := g(y) = y\ln(x)$)

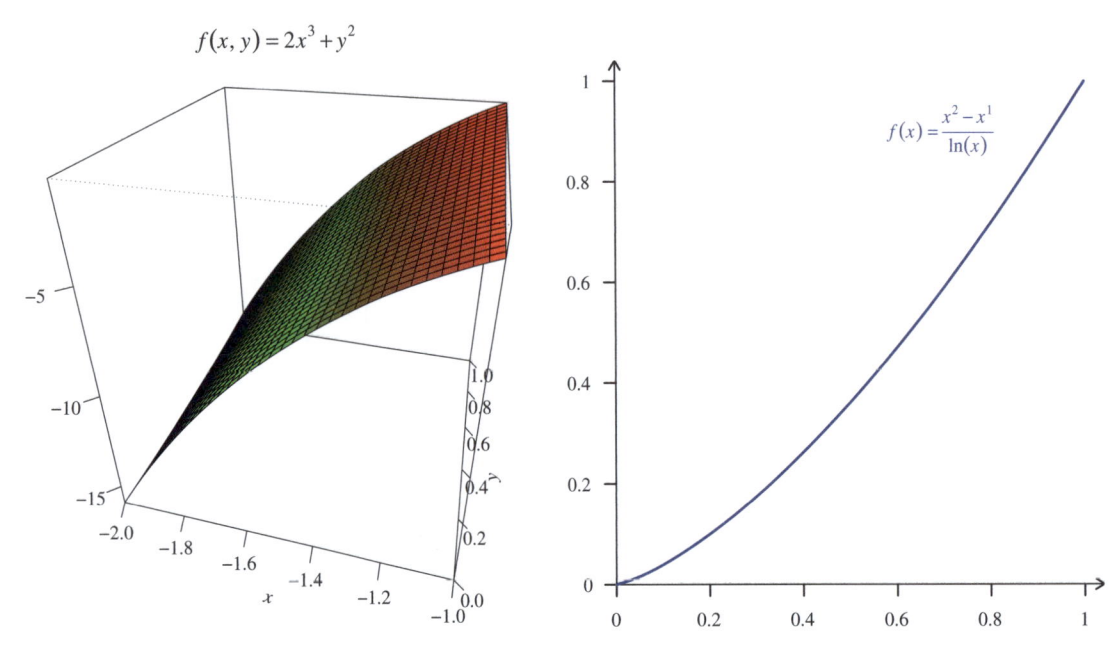

Abb. 23.4: Reellwertige Funktionen $f : [-2, -1] \times [0, 1] \longrightarrow \mathbb{R}$, $(x, y) \mapsto 2x^3 + y^2$ (links) und $f : [0, 1] \longrightarrow \mathbb{R}$ mit $f(x) = \frac{x^2 - x^1}{\ln(x)}$ für $x \in (0, 1)$ sowie $f(0) = 0$ und $f(1) = 1$ (rechts)

$$\int_a^b x^y \, dy = \frac{1}{\ln(x)} \int_a^b e^{y \ln(x)} \cdot \ln(x) \, dy$$
$$= \frac{1}{\ln(x)} \int_a^b f\big(g(y)\big) g'(y) \, dy$$
$$= \frac{1}{\ln(x)} \int_{a \ln(x)}^{b \ln(x)} f(z) \, dz$$
$$= \frac{1}{\ln(x)} (e^z) \Big|_{a \ln(x)}^{b \ln(x)}$$
$$= \frac{1}{\ln(x)} \left(e^{b \ln(x)} - e^{a \ln(x)} \right) = \frac{x^b - x^a}{\ln(x)}.$$

Es gilt somit

$$\int_0^1 \frac{x^b - x^a}{\ln(x)} \, dx = \int_0^1 \int_a^b x^y \, dy \, dx.$$

Ferner ist die reellwertige Funktion $h \colon [0, 1] \times [a, b]$, $(x, y) \mapsto x^y$ stetig und damit insbesondere Riemann-integrierbar. Mit dem Satz von Fubini folgt nun

$$\int_0^1 \frac{x^b - x^a}{\ln(x)} \, dx = \int_0^1 \int_a^b x^y \, dy \, dx$$
$$= \int_a^b \int_0^1 x^y \, dx \, dy$$
$$= \int_a^b \left(\frac{1}{y+1} x^{y+1} \right) \Big|_0^1 dy$$
$$= \int_a^b \frac{1}{y+1} \, dy$$
$$= \ln(y + 1) \big|_a^b = \ln\left(\frac{b+1}{a+1}\right).$$

Das heißt, es gilt

$$\int_0^1 \frac{x^b - x^a}{\ln(x)} \, dx = \ln\left(\frac{b+1}{a+1}\right)$$

für alle $0 < a < b$.

Das folgende Beispiel zeigt den Nutzen von mehrfachen Riemann-Integralen für die Statistik und die Wahrscheinlichkeitsrechnung auf:

Beispiel 23.12 (Mehrfache Riemann-Integrale in der Statistik)

Ein zweidimensionaler Vektor $\mathbf{X} = (X, Y)^T$ heißt nichtnegativer **stetiger Zufallsvektor** oder nichtnegative **stetige zweidimensionale Zufallsvariable**, wenn die beiden Komponenten X und Y nichtnegative eindimensionale Zufallsvariablen sind und eine Riemann-integrierbare Funktion $f_\mathbf{X}: \mathbb{R}^2 \longrightarrow \mathbb{R}_+$ existiert, so dass

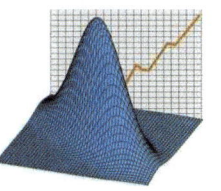

$$P(X \leq x, Y \leq y) = \int_0^x \int_0^y f_\mathbf{X}(s,t)\,ds\,dt$$

für alle $x, y \in \mathbb{R}_+$ gilt. Die reellwertige Funktion $f_\mathbf{X}$ wird dann als (**gemeinsame**) **Dichtefunktion** und die reellwertige Funktion

$$F_\mathbf{X}: \mathbb{R}^2 \to \mathbb{R}_+, \quad (x,y) \mapsto F_\mathbf{X}(x,y) := \int_0^x \int_0^y f_\mathbf{X}(s,t)\,ds\,dt$$

als (**gemeinsame**) **Verteilungsfunktion** des stetigen Zufallsvektors $\mathbf{X}$ bezeichnet. Die Verteilungsfunktion $F_\mathbf{X}$ gibt die Wahrscheinlichkeit an, dass die Zufallsvariable X einen Wert kleiner oder gleich x und die Zufallsvariable Y einen Wert kleiner oder gleich y annimmt (vgl. auch Beispiel 20.29 für eindimensionale Zufallsvariablen).

23.4 Mehrfache Riemann-Integrale über Normalbereiche

In Abschnitt 23.1 wurde das mehrfache Riemann-Integral für n-dimensionale Intervalle I als Integrationsbereich eingeführt. In praktischen Anwendungen treten jedoch häufig auch mehrfache Riemann-Integrale mit **variablen** Integrationsgrenzen auf. Das heißt, mehrfache Riemann-Integrale, deren Integrationsbereich kein Intervall, sondern ein sogenannter **Normalbereich** ist.

Definition 23.13 (Normalbereich)

Eine Menge $B \subseteq \mathbb{R}^n$ heißt Normalbereich des $\mathbb{R}^n$, wenn sie von der Form

$$B := \left\{ \begin{pmatrix} x_1 \\ x_2 \\ x_3 \\ \vdots \\ x_n \end{pmatrix} \in \mathbb{R}^n : \begin{array}{c} g_1 \leq x_1 \leq h_1 \\ g_2(x_1) \leq x_2 \leq h_2(x_1) \\ g_3(x_1, x_2) \leq x_3 \leq h_3(x_1, x_2) \\ \vdots \\ g_n(x_1,\ldots,x_{n-1}) \leq x_n \leq h_n(x_1,\ldots,x_{n-1}) \end{array} \right\}$$
(23.8)

ist, wobei $g_1, h_1 \in \mathbb{R}$ Konstanten und $g_2,\ldots,g_n, h_2,\ldots,h_n$ stetige reellwertige Funktionen mit $g_i \leq h_i$ für $i = 2,\ldots,n$ sind.

Man spricht auch von einem Normalbereich B des $\mathbb{R}^n$, wenn die Reihenfolge der Indizes $1, 2, 3, \ldots, n$ in (23.8) beliebig umgestellt ist. Wie man zeigen kann, lassen sich die elementaren Integrationsregeln und Ungleichungen von Satz 23.5 bzw. Satz 23.7 sowie der Satz von Fubini (vgl. Satz 23.8 und Folgerung 23.9) auf mehrfache Riemann-Integrale über Normalbereiche verallgemeinern. Zum Beispiel lautet die Folgerung 23.9 für mehrfache Riemann-Integrale über Normalbereiche wie folgt:

Folgerung 23.14 (Mehrfach iteriertes Riemann-Integral für Normalbereiche)

Ist $f: B \subseteq \mathbb{R}^n \longrightarrow \mathbb{R}$ eine stetige Funktion auf einem Normalbereich B des $\mathbb{R}^n$, dann gilt

$$\int_B f(\mathbf{x})\,d\mathbf{x} = \qquad (23.9)$$
$$\int_{g_1}^{h_1} \left(\int_{g_2(x_1)}^{h_2(x_1)} \cdots \left(\int_{g_n(x_1,\ldots,x_{n-1})}^{h_n(x_1,\ldots,x_{n-1})} f(x_1,\ldots,x_n)\,dx_n \right) \ldots dx_2 \right) dx_1.$$

Beweis: Siehe z. B. *Heuser* [26], Seiten 470–471. ∎

Mit Hilfe der Integrationsformel (23.9) können mehrfache Riemann-Integrale über Normalbereiche von „innen nach außen berechnet" werden.

Beispiel 23.15 (Mehrfache Riemann-Integrale über Normalbereiche)

a) Für das mehrfache Riemann-Integral der reellwertigen Funktion $f(x,y) = 4xy + 6y^2$ über dem Normalbereich $B := \{(x,y) \in \mathbb{R}^2 : 0 \leq x \leq 2, 0 \leq y \leq x\}$ erhält man

$$\int_0^2 \int_0^x (4xy + 6y^2)\, dy\, dx = \int_0^2 \left(2xy^2 + 2y^3\right)\Big|_0^x dx$$
$$= \int_0^2 4x^3\, dx = x^4\Big|_0^2 = 16.$$

b) Für das mehrfache Riemann-Integral der reellwertigen Funktion $f(x,y) = \frac{y^2}{x^2}$ über dem Normalbereich $B := \{(x,y) \in \mathbb{R}^2 : 1 \leq x \leq 2, x \leq y \leq 2\}$ erhält man

$$\int_1^2 \int_x^2 \frac{y^2}{x^2}\, dy\, dx = \int_1^2 \left(\frac{y^3}{3x^2}\right)\Big|_x^2 dx$$
$$= \int_1^2 \left(\frac{8}{3x^2} - \frac{x}{3}\right) dx$$
$$= \left(-\frac{8}{3x} - \frac{x^2}{6}\right)\Big|_1^2$$
$$= -\frac{4}{3} - \frac{2}{3} - \left(-\frac{8}{3} - \frac{1}{6}\right) = \frac{5}{6}.$$

c) Für das mehrfache Riemann-Integral der reellwertigen Funktion $f(x,y) = \sqrt{1-x^2}$ über dem Normalbereich $B := \{(x,y) \in \mathbb{R}^2 : 0 \leq x \leq 1, 0 \leq y \leq \sqrt{1-x^2}\}$ erhält man

$$\int_0^1 \int_0^{\sqrt{1-x^2}} \sqrt{1-x^2}\, dy\, dx = \int_0^1 \left(\sqrt{1-x^2}\, y\right)\Big|_0^{\sqrt{1-x^2}} dx$$
$$= \int_0^1 (1-x^2)\, dx$$
$$= \left(x - \frac{1}{3}x^3\right)\Big|_0^1 = \frac{2}{3}.$$

23.5 Parameterintegrale

In ökonomischen und statistischen Anwendungen treten immer wieder sogenannte **Parameterintegrale** auf. Darunter versteht man reellwertige Funktionen auf einer offenen Menge $D \subseteq \mathbb{R}^n$ der Form

$$F: D \to \mathbb{R}, \ (x_1, \ldots, x_n) \mapsto \int_a^b f(x_1, \ldots, x_n, t)\, dt, \quad (23.10)$$

wobei der Integrand $f : D \times [a,b] \longrightarrow \mathbb{R}$ eine stetige reellwertige Funktion ist. Bei Parameterintegralen F handelt es sich somit um reellwertige Funktionen, deren Funktionswert $F(x_1, \ldots, x_n)$ an der Stelle $(x_1, \ldots, x_n) \in D$ jeweils durch ein bestimmtes Riemann-Integral $\int_a^b f(x_1, \ldots, x_n, t)\, dt$ gegeben ist. Bekannte Beispiele für Parameterintegrale sind die **Gammafunktion** und die **Betafunktion**

$$\Gamma : (0, \infty) \longrightarrow \mathbb{R}, \ x \mapsto \int_0^\infty t^{x-1} e^{-t}\, dt$$

bzw.

$$B : (0, \infty)^2 \longrightarrow \mathbb{R}, \ (x,y) \mapsto \int_0^1 t^{x-1}(1-t)^{y-1}\, dt,$$

die zum Beispiel in der Statistik und im quantitativen Risikomanagement eine wichtige Rolle spielen (vgl. auch Seite 594).

Parameterintegrale mit festen Integrationsgrenzen

Der folgende Satz beantwortet die Frage, unter welchen Voraussetzungen die Funktion F partiell differenzierbar ist.

Satz 23.16 (Partielle Differenzierbarkeit von Parameterintegralen)

Ist $D \subseteq \mathbb{R}^n$ eine offene Menge und $f : D \times [a,b] \longrightarrow \mathbb{R}$ eine stetige reellwertige Funktion, dann ist das Parameterintegral

$$F : D \longrightarrow \mathbb{R}, \ (x_1, \ldots, x_n) \mapsto \int_a^b f(x_1, \ldots, x_n, t)\, dt \quad (23.11)$$

ebenfalls eine stetige Funktion. Ist die Funktion f auf D stetig partiell differenzierbar, dann ist auch F stetig partiell differenzierbar und für die ersten partiellen Ableitungen von F gilt

$$\frac{\partial F(\mathbf{x})}{\partial x_i} = \int_a^b \frac{\partial f(\mathbf{x}, t)}{\partial x_i}\, dt \quad \text{für } i = 1, \ldots, n.$$

Ist f auf D sogar k-mal ($k \geq 1$) stetig partiell differenzierbar, dann ist auch F k-mal stetig partiell differenzierbar und beim partiellen Ableiten können die partiellen Differentiationen bis zur Ordnung k mit der Integration vertauscht werden.

Beweis: Siehe z. B. *Forster* [18], Seiten 84–86. ∎

Der Satz 23.16 besagt, dass beim partiellen Ableiten von reellwertigen Funktionen der Form (23.11) die Reihenfolge von Differentiation und Integration vertauscht werden darf. Mit anderen Worten: Zur Berechnung der partiellen Ableitungen von F darf unter dem Integralzeichen differenziert werden, wenn der Integrand f auf D stetig partiell differenzierbar ist.

Der Nutzen dieses Resultats wird im folgenden Beispiel deutlich:

Beispiel 23.17 (Partielle Differentiation von Parameterintegralen)

a) Das Parameterintegral

$$F: \mathbb{R} \setminus \{0\} \longrightarrow \mathbb{R}, \ x \mapsto \int_1^3 \frac{e^{xt}}{t} dt$$

kann nicht analytisch, sondern nur numerisch berechnet werden. Die erste Ableitung von F kann jedoch gemäß Satz 23.16 auf einfache Weise durch „Differentiation unter dem Integralzeichen" berechnet werden:

$$F'(x) = \int_1^3 \frac{\partial}{\partial x} \frac{e^{xt}}{t} dt$$
$$= \int_1^3 e^{xt} dt = \frac{1}{x} e^{xt} \Big|_1^3 = \frac{e^{3x} - e^x}{x}$$

b) Das Parameterintegral

$$F: \mathbb{R}^3 \to \mathbb{R}, \ (x, y, z) \mapsto \int_0^1 \left(tx^3 + t^2(y^2 + z)\right) dt$$

besitzt die ersten partiellen Ableitungen

$$\frac{\partial F(x,y,z)}{\partial x} = \int_0^1 \frac{\partial f(x,y,z,t)}{\partial x} dt$$
$$= \int_0^1 3x^2 t \, dt = \frac{3}{2} x^2 t^2 \Big|_0^1 = \frac{3}{2} x^2,$$
$$\frac{\partial F(x,y,z)}{\partial y} = \int_0^1 \frac{\partial f(x,y,z,t)}{\partial y} dt$$
$$= \int_0^1 2yt^2 \, dt = \frac{2}{3} yt^3 \Big|_0^1 = \frac{2}{3} y,$$
$$\frac{\partial F(x,y,z)}{\partial z} = \int_0^1 \frac{\partial f(x,y,z,t)}{\partial z} dt$$
$$= \int_0^1 t^2 \, dt = \frac{1}{3} t^3 \Big|_0^1 = \frac{1}{3}.$$

c) Für die ersten beiden Ableitungen des Parameterintegrals

$$F: \mathbb{R} \longrightarrow \mathbb{R}, \ x \mapsto \int_1^\pi \frac{\sin(xt)}{t} dt$$

erhält man

$$F'(x) = \int_1^\pi \frac{\partial}{\partial x} \frac{\sin(xt)}{t} dt$$
$$= \int_1^\pi \cos(xt) \, dt$$
$$= \frac{\sin(xt)}{x} \Big|_1^\pi = \frac{\sin(\pi x) - \sin(x)}{x},$$
$$F''(x) = \int_1^\pi \frac{\partial^2}{\partial x^2} \frac{\sin(xt)}{t} dt$$
$$= \int_1^\pi -t \sin(xt) \, dt$$
$$= t \frac{\cos(xt)}{x} \Big|_1^\pi - \int_1^\pi \frac{\cos(xt)}{x} dt$$
$$= \pi \frac{\cos(\pi x)}{x} - \frac{\cos(x)}{x} - \frac{\sin(xt)}{x^2} \Big|_1^\pi$$
$$= \pi \frac{\cos(\pi x)}{x} - \frac{\cos(x)}{x} - \frac{\sin(\pi x)}{x^2} + \frac{\sin(x)}{x^2}.$$

Parameterintegrale mit variablen Integrationsgrenzen

Die reellwertige Funktion (23.10) lässt sich dahingehend verallgemeinern, dass auch die Integrationsgrenzen variabel sein können. Dies führt dann zu Parameterintegralen der Form

G. W. Leibniz auf einer deutschen Briefmarke

$$F: [a,b] \longrightarrow \mathbb{R}, \ x \mapsto \int_{\varphi_1(x)}^{\varphi_2(x)} f(x,t) \, dt \quad (23.12)$$

mit einem stetigen reellwertigen Integranden $f: [a,b] \times [c,d] \to \mathbb{R}$ und zwei reellwertigen Funktionen $\varphi_1, \varphi_2: [a,b] \to \mathbb{R}$ mit $\varphi_1([a,b]) \subseteq [c,d]$ und $\varphi_2([a,b]) \subseteq [c,d]$. Unter zusätzlichen Annahmen an die Funktionen f, φ_1 und φ_2 ist auch das Parameterintegral (23.12) differenzierbar und seine erste Ableitung kann sehr einfach mit der nach dem deutschen Mathematiker *Gottfried Wilhelm Leibniz* (1646–1716) benannten **Leibnizschen Formel** berechnet werden.

Satz 23.18 (Leibnizsche Formel)

Es seien $f: [a,b] \times [c,d] \longrightarrow \mathbb{R}$ eine stetige und nach der ersten Variablen stetig partiell differenzierbare reellwertige Funktion und $\varphi_1, \varphi_2 : [a,b] \longrightarrow \mathbb{R}$ zwei differenzierbare reellwertige Funktionen mit $\varphi_1([a,b]) \subseteq [c,d]$ und $\varphi_2([a,b]) \subseteq [c,d]$. Dann ist

$$F : [a,b] \longrightarrow \mathbb{R}, \quad x \mapsto \int_{\varphi_1(x)}^{\varphi_2(x)} f(x,t)\,dt$$

differenzierbar und für die erste Ableitung gilt

$$F'(x) = \int_{\varphi_1(x)}^{\varphi_2(x)} \frac{\partial f(x,t)}{\partial x}\,dt + f(x, \varphi_2(x))\,\varphi_2'(x) - f(x, \varphi_1(x))\,\varphi_1'(x).$$

Beweis: Die reellwertige Funktion

$$\widetilde{F}(x, u, v) := \int_u^v f(x,t)\,dt$$

ist nach allen drei Variablen x, u und v stetig partiell differenzierbar (nach u und v aufgrund des ersten Hauptsatzes der Differential- und Integralrechnung (vgl. Satz 19.21) und nach x wegen Satz 23.16). Ferner gilt

$$F(x) = \widetilde{F}(x, \varphi_1(x), \varphi_2(x)).$$

Durch Ableiten von F mit der verallgemeinerten Kettenregel (vgl. Satz 22.24) erhält man

$$F'(x) = \frac{\partial \widetilde{F}(x, \varphi_1(x), \varphi_2(x))}{\partial x} \cdot 1 + \frac{\partial \widetilde{F}(x, \varphi_1(x), \varphi_2(x))}{\partial u} \varphi_1'(x)$$
$$+ \frac{\partial \widetilde{F}(x, \varphi_1(x), \varphi_2(x))}{\partial v} \varphi_2'(x)$$
$$= \frac{\partial}{\partial x} \int_{\varphi_1(x)}^{\varphi_2(x)} f(x,t)\,dt - f(x, \varphi_1(x))\,\varphi_1'(x)$$
$$+ f(x, \varphi_2(x))\,\varphi_2'(x).$$

Daraus folgt zusammen mit Satz 23.16 die Behauptung

$$F'(x) = \int_{\varphi_1(x)}^{\varphi_2(x)} \frac{\partial f(x,t)}{\partial x}\,dt + f(x, \varphi_2(x))\,\varphi_2'(x) - f(x, \varphi_1(x))\,\varphi_1'(x). \blacksquare$$

Das folgende Beispiel demonstriert den Nutzen der Leibnizschen Formel bei der Ableitung von Parameterintegralen:

Beispiel 23.19 (Partielle Differentiation von Parameterintegralen)

a) Für die erste Ableitung des Parameterintegrals

$$F: \mathbb{R} \longrightarrow \mathbb{R}, \quad x \mapsto \int_0^{x^2} \cos\left(xt^2\right)dt$$

erhält man mit der Leibnizschen Formel

$$F'(x) = \int_0^{x^2} \frac{\partial f(x,t)}{\partial x}\,dt + f(x, x^2) \cdot 2x - f(x, 0) \cdot 0$$
$$= -\int_0^{x^2} t^2 \sin\left(xt^2\right)dt + 2x \cos(x^5).$$

b) Das Parameterintegral

$$F: (0, \infty) \longrightarrow \mathbb{R}, \quad x \mapsto \int_x^{x^2} \ln^2(x+t)\,dt$$

besitzt die erste Ableitung

$$F'(x) = \int_x^{x^2} \frac{\partial f(x,t)}{\partial x}\,dt + f(x, x^2) \cdot 2x - f(x, x) \cdot 1$$
$$= 2\int_x^{x^2} \frac{\ln(x+t)}{x+t}\,dt + \ln^2(x+x^2)2x - \ln^2(2x)$$
$$= \ln^2(x+t)\big|_x^{x^2} + 2x \ln^2(x+x^2) - \ln^2(2x)$$
$$= \ln^2(x+x^2) - \ln^2(2x) + 2x \ln^2(x+x^2)$$
$$\quad - \ln^2(2x)$$
$$= (1+2x) \ln^2(x+x^2) - 2\ln^2(2x). \blacksquare$$

Teil VIII

Optimierung im $\mathbb{R}^n$

Kapitel 24

Nichtlineare Optimierung im $\mathbb{R}^n$

24.1 Grundlagen

In Abschnitt 18.1 wurde bereits erläutert, dass viele wirtschaftswissenschaftliche Problemstellungen als Optimierungsprobleme formuliert werden können und die mathematische Umsetzung des ökonomischen Prinzips in der Formulierung eines geeigneten **Minimierungs-** oder **Maximierungsproblems** besteht (vgl. auch Abbildung 18.1). Die Lösung von Optimierungsproblemen ist daher in vielen wirtschaftswissenschaftlichen Bereichen von großer praktischer Bedeutung.

Die in Kapitel 18 bereitgestellten notwendigen und hinreichenden Bedingungen für lokale und globale Minima und Maxima reeller Funktionen sind jedoch zur Lösung vieler ökonomischer Optimierungsprobleme nicht ausreichend. Die Gründe hierfür sind, dass in den Wirtschaftswissenschaften

a) zum einen die zu optimierenden Ziel- oder Nutzenfunktionen oft nicht nur von einer Variablen x, sondern von **mehreren unabhängigen Variablen** $x_1, \ldots, x_n$ abhängen und

b) zum anderen, dass häufig durch die Problemstellung vorgegebene **Nebenbedingungen**, wie zum Beispiel Budgetbeschränkungen im Falle der Nutzenmaximierung, zu berücksichtigen sind.

Aus diesen Gründen wird im Folgenden das Optimierungskalkül für reellwertige Funktionen in einer Variablen mit Hilfe der in Kapitel 22 entwickelten Differentialrechnung auf reellwertige Funktionen

$$f: D \subseteq \mathbb{R}^n \longrightarrow \mathbb{R}$$

in n Variablen verallgemeinert. Hierbei werden zuerst Optimierungsprobleme ohne Nebenbedingungen (siehe Abschnitt 24.2) und anschließend Optimierungsprobleme mit Nebenbedingungen in Form von Gleichungen (siehe Abschnitt 24.3), Ungleichungen (siehe Abschnitt 24.5) oder beidem (vgl. Abschnitt 24.6) betrachtet. Da hierbei sowohl die zu optimierende Zielfunktion als auch die Gleichungen und Ungleichungen, welche die Nebenbedingungen beschreiben, **nichtlineare Funktionen** der n unabhängigen Variablen $x_1, \ldots, x_n$ sein können, wird dieser Bereich der Optimierungstheorie als **nichtlineare Optimierung** bezeichnet. Der einfachere, aber deutlich speziellere Bereich der Optimierungstheorie, der sowohl eine lineare Zielfunktion als auch lineare Nebenbedingungen voraussetzt, wird dagegen als **lineare Optimierung** bezeichnet und ist Gegenstand von Kapitel 25.

24.2 Optimierung ohne Nebenbedingungen

Im Folgenden wird sich zeigen, dass das Optimierungskalkül für Optimierungsprobleme ohne Nebenbedingungen weitgehend analog zu dem für reellwertige Funktionen in einer Variablen ist.

Notwendige Bedingung für Extrema

Der nächste Satz liefert eine **notwendige Bedingung** für ein (lokales oder globales) Minimum und Maximum in einem inneren Punkt $\mathbf{x}_0 \in D°$ des Definitionsbereichs D einer partiell differenzierbaren Funktion $f: D \subseteq \mathbb{R}^n \longrightarrow \mathbb{R}$ (für die Definition der Begriffe **innerer Punkt** und **Inneres einer Menge** siehe Definition 21.15). Er ist damit das Analogon zu dem nach dem französischen Mathematiker und Juristen *Pierre de Fermat* (1608–1665) benannten **Kriterium von Fermat** für reellwertige Funktionen in einer Variablen (vgl. Satz 16.24 in Abschnitt 16.7).

P. de Fermat auf einer Briefmarke

> **Satz 24.1** (Kriterium von Fermat für reellwertige Funktionen in n Variablen)
>
> *Es sei $f: D \subseteq \mathbb{R}^n \longrightarrow \mathbb{R}$ eine partiell differenzierbare Funktion, welche im inneren Punkt $\mathbf{x}_0 \in D°$ ein (lokales oder globales) Minimum oder Maximum besitzt. Dann gilt*
>
> $$\operatorname{grad} f(\mathbf{x}_0) = \left(\frac{\partial f(\mathbf{x}_0)}{\partial x_1}, \ldots, \frac{\partial f(\mathbf{x}_0)}{\partial x_n} \right)^T = \mathbf{0}. \quad (24.1)$$

Beweis: Nach Voraussetzung ist die reellwertige Funktion in einer Variablen

$$h_i: (-\varepsilon, \varepsilon) \longrightarrow \mathbb{R}, \ t \mapsto h_i(t) := f(\mathbf{x}_0 + t\mathbf{e}_i)$$

für $i = 1, \ldots, n$ und ein geeignetes $\varepsilon > 0$ differenzierbar und besitzt an der Stelle $t = 0$ ein (lokales oder globales) Extremum. Mit dem Kriterium von Fermat für reellwertige Funktionen in einer Variablen (vgl. Satz 16.24) erhält man somit für die partiellen Ableitungen von f an der Stelle $\mathbf{x}_0$

$$\frac{\partial f(\mathbf{x}_0)}{\partial x_i} = h_i'(0) = 0$$

für alle $i = 1, \ldots, n$ und damit insbesondere die Behauptung (24.1). ∎

Ein $\mathbf{x}_0 \in D°$ mit der Eigenschaft (24.1) und der zugehörige Punkt $(\mathbf{x}_0, f(\mathbf{x}_0))$ auf dem Graphen von f werden analog zum eindimensionalen Fall wieder als **stationäre Stelle** bzw. **stationärer Punkt** von f bezeichnet.

Für den Spezialfall $n = 1$ erhält man aus dem Fermatschen Kriterium die notwendige Bedingung für (lokale oder globale) Extrema einer differenzierbaren Funktion in nur einer Variablen $f: (a, b) \longrightarrow \mathbb{R}$. Der Satz 24.1 ist für die Ermittlung von Extrema sehr hilfreich, da das Fermatsche Kriterium bei partiell differenzierbaren Funktionen häufig leicht nachgeprüft werden kann. Es besagt, dass man sich bei der Suche nach den Extremalstellen einer partiell differenzierbaren Funktion $f: D \subseteq \mathbb{R}^n \longrightarrow \mathbb{R}$ im Inneren von D auf die Bestimmung der stationären Stellen von f beschränken kann. Hierzu ist das – in der Regel **nichtlineare** – Gleichungssystem

$$\begin{aligned}\frac{\partial f(\mathbf{x})}{\partial x_1} &= 0 \\ \frac{\partial f(\mathbf{x})}{\partial x_2} &= 0 \\ &\vdots \\ \frac{\partial f(\mathbf{x})}{\partial x_n} &= 0\end{aligned} \quad (24.2)$$

nach den n Variablen $\mathbf{x} = (x_1, \ldots, x_n)^T$ aufzulösen. Es ist jedoch zu beachten, dass das Kriterium von Fermat, wie auch im eindimensionalen Fall, nur eine notwendige, aber keine hinreichende Bedingung darstellt. Das heißt, stationäre Punkte sind lediglich Kandidaten für Extrema, die an Stellen im Inneren $D°$ des Definitionsbereichs D liegen. Sie müssen nicht notwendigerweise auch tatsächlich Extrema sein (siehe Beispiel 24.2b)). Zur endgültigen Entscheidung, welche stationären Stellen Extremalstellen sind und welche nicht, werden **hinreichende Bedingungen** benötigt (siehe hierzu den folgenden Satz 24.3). Stationäre Punkte, die keine Extrema sind, werden als **Sattel-** oder **Terrassenpunkte** bezeichnet.

Weiter ist zu beachten, dass das Kriterium (24.1) keine Aussage über Stellen macht, die auf dem Rand ∂D des Definitionsbereichs D liegen oder an denen die Funktion f nicht partiell differenzierbar ist. Im Falle der Existenz solcher Stellen müssen diese gesondert darauf untersucht werden, ob sie Extremalstellen der Funktion f sind oder nicht (vgl. Beispiel 24.13). Bei der Suche nach den lokalen und globalen Extremalstellen einer reellwertigen Funktion $f: D \subseteq \mathbb{R}^n \longrightarrow \mathbb{R}$ müssen somit die folgenden drei Arten von Stellen $\mathbf{x}_0 \in D$ untersucht werden:

1) Innere Stellen $\mathbf{x}_0 \in D°$ mit $\operatorname{grad} f(\mathbf{x}_0) = \mathbf{0}$, also die stationären Stellen von f

2) Innere Stellen $\mathbf{x}_0 \in D°$, an denen f nicht partiell differenzierbar ist

3) Randstellen $\mathbf{x}_0 \in \partial D$ des Definitionsbereichs D

Grundsätzlich kommen alle Stellen $\mathbf{x}_0 \in D$, die zu einer dieser drei Arten gehören, als lokale oder globale Extremalstellen der Funktion f in Frage. Falls jedoch die Funktion f als Definitionsbereich den $\mathbb{R}^n$ oder eine offene Menge $D \subseteq \mathbb{R}^n$ besitzt, müssen zur Bestimmung der Extremalstellen lediglich die ersten beiden Arten von Stellen untersucht werden. Ist die Funktion f zusätzlich auch noch partiell differenzierbar, dann sind durch die stationären Stellen von f bereits alle Kandidaten für lokale und globale Extremalstellen gegeben.

Beispiel 24.2 (Stationäre Stellen)

a) Die reellwertige Funktion
$$f: \mathbb{R}^3 \longrightarrow \mathbb{R},$$
$$(x, y, z) \mapsto f(x, y, z) = (2-x)^4 + 4e^{2y^2} + (z-4)^2 + 3$$

nimmt für alle $(x, y, z) \in \mathbb{R}^3$ wegen

$$(2-x)^4 \geq 0, \quad 4e^{2y^2} \geq 4 \quad \text{und} \quad (z-4)^2 + 3 \geq 3$$

positive Werte an, die größer oder gleich 7 sind. Somit weist f an der Stelle $(2, 0, 4)$ eine globale Minimalstelle auf und das globale Minimum von f beträgt $f(2, 0, 4) = 7$. Die Funktion f ist ferner partiell differenzierbar und besitzt die ersten partiellen Ableitungen

$$\frac{\partial f(x, y, z)}{\partial x} = -4(2-x)^3, \quad \frac{\partial f(x, y, z)}{\partial y} = 16ye^{2y^2}$$

und $\quad \dfrac{\partial f(x, y, z)}{\partial z} = 2(z-4).$

Zur Bestimmung der stationären Stellen von f ist somit das (nichtlineare) Gleichungssystem

$$\begin{aligned} -4(2-x)^3 &= 0 \\ 16ye^{2y^2} &= 0 \\ 2(z-4) &= 0 \end{aligned}$$

zu lösen. Es ist leicht zu erkennen, dass es die eindeutige Lösung $(2, 0, 4)$ besitzt. Folglich gilt

$$\operatorname{grad} f(2, 0, 4) = (0, 0, 0)^T$$

und die einzige stationäre Stelle $(2, 0, 4)$ ist die globale Minimalstelle von f.

b) Die reellwertige Funktion

$$f : \mathbb{R}^2 \longrightarrow \mathbb{R},$$
$$(x, y) \mapsto f(x, y) = 2x^4 + y^4 - 2x^2 - 2y^2$$

ist partiell differenzierbar und besitzt die ersten partiellen Ableitungen

$$\frac{\partial f(x, y)}{\partial x} = 8x^3 - 4x = 4x(2x^2 - 1) \quad \text{und}$$
$$\frac{\partial f(x, y)}{\partial y} = 4y^3 - 4y = 4y(y^2 - 1). \quad (24.3)$$

Durch Lösen des (nichtlinearen) Gleichungssystems

$$4x(2x^2 - 1) = 0$$
$$4y(y^2 - 1) = 0$$

erhält man folglich die stationären Stellen von f. Die erste Gleichung besitzt offensichtlich die drei Lösungen $0, \frac{\sqrt{2}}{2}, -\frac{\sqrt{2}}{2}$ und die zweite Gleichung die drei Lösungen $0, 1, -1$. Die Funktion f besitzt daher insgesamt die folgenden neun stationären Stellen:

(x_1, y_1)	(x_2, y_2)	(x_3, y_3)	(x_4, y_4)	(x_5, y_5)
$(0, 0)$	$(0, 1)$	$(0, -1)$	$\left(\frac{\sqrt{2}}{2}, 0\right)$	$\left(\frac{\sqrt{2}}{2}, 1\right)$

(x_6, y_6)	(x_7, y_7)	(x_8, y_8)	(x_9, y_9)
$\left(\frac{\sqrt{2}}{2}, -1\right)$	$\left(-\frac{\sqrt{2}}{2}, 0\right)$	$\left(-\frac{\sqrt{2}}{2}, 1\right)$	$\left(-\frac{\sqrt{2}}{2}, -1\right)$

Bezeichnet $\mathbf{p}_i := (x_i, y_i, f(x_i, y_i))$ für $i = 1, 2, \ldots, 9$ den zur stationären Stelle (x_i, y_i) gehörenden stationären Punkt auf dem Graphen von f, dann ist aus Abbildung 24.1 ersichtlich, dass f an der Stelle $\mathbf{p}_1$ ein lokales Maximum, an den Stellen $\mathbf{p}_5, \mathbf{p}_6, \mathbf{p}_8, \mathbf{p}_9$ lokale Minima und an den Stellen $\mathbf{p}_2, \mathbf{p}_3, \mathbf{p}_4, \mathbf{p}_7$ Sattelpunkte besitzt. Dies zeigt, dass stationäre Punkte nicht notwendigerweise auch Extrema sein müssen.

Hinreichende Bedingungen für Extrema

Das Beispiel 24.2b) zeigt, dass $\operatorname{grad} f(\mathbf{x}_0) = \mathbf{0}$ keine hinreichende Bedingung dafür ist, dass es sich bei $\mathbf{x}_0$ um eine Extremalstelle von f handelt. Aus Abschnitt 18.3 ist jedoch bekannt, dass bei reellwertigen Funktionen in einer Variablen

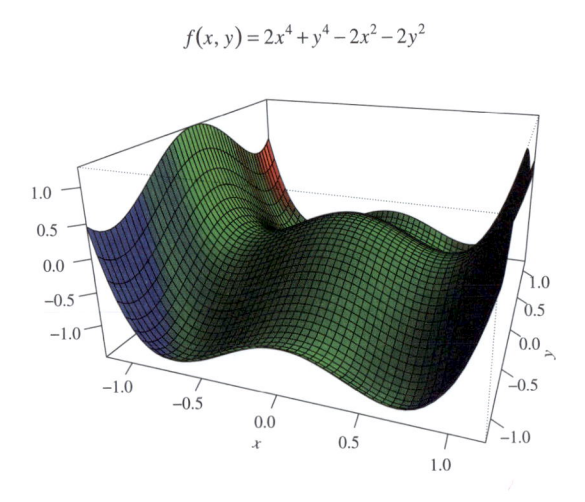

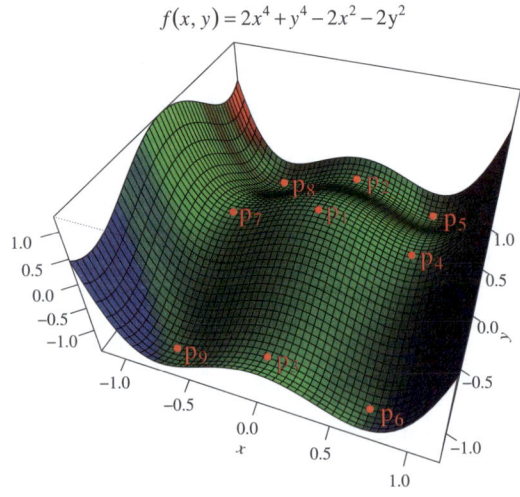

Abb. 24.1: Reellwertige Funktion $f : \mathbb{R}^2 \longrightarrow \mathbb{R}$, $(x, y) \mapsto f(x, y) = 2x^4 + y^4 - 2x^2 - 2y^2$ (links) und die reellwertige Funktion f mit den eingezeichneten stationären Punkten (rechts)

das Vorzeichen der zweiten Ableitung eine hinreichende Bedingung für lokale und globale Extrema liefert. Wie der folgende Satz zeigt, verhält sich dies für reellwertige Funktionen in n Variablen ähnlich. An die Stelle des Vorzeichens der zweiten Ableitung tritt nun jedoch die Definitheitseigenschaft der Hesse-Matrix mit den n^2 zweiten partiellen Ableitungen.

Satz 24.3 (Hinreichende Bedingung für lokale Extrema)

Es sei $f: D \subseteq \mathbb{R}^n \longrightarrow \mathbb{R}$ eine zweimal stetig partiell differenzierbare Funktion auf einer offenen Menge D mit grad $f(\mathbf{x}_0) = \mathbf{0}$ und der Hesse-Matrix $\mathbf{H}_f(\mathbf{x}_0)$ für ein $\mathbf{x}_0 \in D$. Dann gilt:

a) $\mathbf{H}_f(\mathbf{x}_0)$ *positiv definit (d. h.* $\mathbf{x}^T \mathbf{H}_f(\mathbf{x}_0) \mathbf{x} > 0$ *für alle* $\mathbf{x} \in \mathbb{R}^n \setminus \{\mathbf{0}\}$*)* $\Longrightarrow \mathbf{x}_0$ *ist eine lokale Minimalstelle von f*

b) $\mathbf{H}_f(\mathbf{x}_0)$ *negativ definit (d. h.* $\mathbf{x}^T \mathbf{H}_f(\mathbf{x}_0) \mathbf{x} < 0$ *für alle* $\mathbf{x} \in \mathbb{R}^n \setminus \{\mathbf{0}\}$*)* $\Longrightarrow \mathbf{x}_0$ *ist eine lokale Maximalstelle von f*

c) $\mathbf{H}_f(\mathbf{x}_0)$ *indefinit (d. h. es existieren* $\mathbf{x}, \mathbf{y} \in \mathbb{R}^n$ *mit* $\mathbf{x}^T \mathbf{H}_f(\mathbf{x}_0) \mathbf{x} < 0$ *und* $\mathbf{y}^T \mathbf{H}_f(\mathbf{x}_0) \mathbf{y} > 0$*)* $\Longrightarrow \mathbf{x}_0$ *ist keine lokale Extremalstelle, sondern die Stelle eines Sattelpunktes von f*

d) *f besitzt in $\mathbf{x}_0$ eine lokale Minimalstelle* $\Longrightarrow \mathbf{H}_f(\mathbf{x}_0)$ *ist positiv semidefinit (d. h.* $\mathbf{x}^T \mathbf{H}_f(\mathbf{x}_0) \mathbf{x} \geq 0$ *für alle* $\mathbf{x} \in \mathbb{R}^n$*)*

e) *f besitzt in $\mathbf{x}_0$ eine lokale Maximalstelle* $\Longrightarrow \mathbf{H}_f(\mathbf{x}_0)$ *ist negativ semidefinit (d. h.* $\mathbf{x}^T \mathbf{H}_f(\mathbf{x}_0) \mathbf{x} \leq 0$ *für alle* $\mathbf{x} \in \mathbb{R}^n$*)*

Beweis: Die Funktion f ist nach Voraussetzung zweimal stetig partiell differenzierbar mit grad $f(\mathbf{x}_0) = \mathbf{0}$. Gemäß Satz 22.42 (mit $m = 1$) gilt daher

$$f(\mathbf{x}) = f(\mathbf{x}_0) + \text{grad } f(\mathbf{x}_0)^T (\mathbf{x} - \mathbf{x}_0) + \frac{1}{2}(\mathbf{x} - \mathbf{x}_0)^T \mathbf{H}_f(\boldsymbol{\xi})(\mathbf{x} - \mathbf{x}_0)$$

$$= f(\mathbf{x}_0) + \frac{1}{2}(\mathbf{x} - \mathbf{x}_0)^T \mathbf{H}_f(\boldsymbol{\xi})(\mathbf{x} - \mathbf{x}_0) \quad (24.4)$$

mit $\boldsymbol{\xi} = \lambda \mathbf{x}_0 + (1-\lambda)\mathbf{x}$ für ein geeignetes $\lambda \in (0, 1)$.

Zu a): Ist $\mathbf{H}_f(\mathbf{x}_0)$ positiv definit, dann gilt $(\mathbf{x} - \mathbf{x}_0)^T \mathbf{H}_f(\mathbf{x}_0)(\mathbf{x} - \mathbf{x}_0) > 0$ für alle $\mathbf{x} \neq \mathbf{x}_0$. Da die partiellen Ableitungen $\frac{\partial^2 f(\mathbf{x})}{\partial x_j \partial x_i}$ alle stetig sind, existiert ein $r > 0$, so dass

$$(\mathbf{x} - \mathbf{x}_0)^T \mathbf{H}_f(\mathbf{y})(\mathbf{x} - \mathbf{x}_0) > 0$$

für alle $\mathbf{y} \in K_<(\mathbf{x}_0, r) = \{\mathbf{y} \in \mathbb{R}^n : \|\mathbf{y} - \mathbf{x}_0\| < r\}$ gilt. Mit (24.4) erhält man folglich

$$f(\mathbf{x}) - f(\mathbf{x}_0) = \frac{1}{2}(\mathbf{x} - \mathbf{x}_0)^T \mathbf{H}_f(\boldsymbol{\xi})(\mathbf{x} - \mathbf{x}_0) > 0$$

für alle $\mathbf{x} \in K_<(\mathbf{x}_0, r)$ mit $\mathbf{x} \neq \mathbf{x}_0$. Das heißt, $\mathbf{x}_0$ ist eine lokale Minimalstelle von f.

Zu b): Ist $\mathbf{H}_f(\mathbf{x}_0)$ negativ definit, dann zeigt man analog zu a), dass es ein $r > 0$ gibt mit

$$f(\mathbf{x}) - f(\mathbf{x}_0) = \frac{1}{2}(\mathbf{x} - \mathbf{x}_0)^T \mathbf{H}_f(\boldsymbol{\xi})(\mathbf{x} - \mathbf{x}_0) < 0$$

für alle $\mathbf{x} \in K_<(\mathbf{x}_0, r)$ mit $\mathbf{x} \neq \mathbf{x}_0$. Das heißt, $\mathbf{x}_0$ ist eine lokale Maximalstelle von f.

Zu c): Ist $\mathbf{H}_f(\mathbf{x}_0)$ indefinit, dann erhält man weitgehend analog zu a), dass es für alle $r > 0$ zwei Vektoren $\mathbf{x}, \mathbf{y} \in K_<(\mathbf{x}_0, r)$ mit $f(\mathbf{x}) - f(\mathbf{x}_0) < 0$ und $f(\mathbf{y}) - f(\mathbf{x}_0) > 0$ gibt. Das heißt, es gilt $f(\mathbf{x}) < f(\mathbf{x}_0) < f(\mathbf{y})$ und $\mathbf{x}_0$ ist damit keine lokale Extremalstelle von f.

Zu d): Da die Funktion f an der Stelle $\mathbf{x}_0$ eine lokale Minimalstelle besitzt, folgt mit (24.4), dass

$$0 \leq f(\mathbf{x}_0 + \varepsilon \mathbf{v}) - f(\mathbf{x}_0) = \frac{1}{2}\varepsilon \mathbf{v}^T \mathbf{H}_f(\boldsymbol{\xi})\varepsilon \mathbf{v}$$

für ein beliebiges $\mathbf{v} \in \mathbb{R}^n$, ein hinreichend kleines $\varepsilon > 0$ und $\boldsymbol{\xi} = \mathbf{x}_0 + \lambda \varepsilon \mathbf{v}$ für ein geeignetes $\lambda \in (0, 1)$ gilt. Dies impliziert $\mathbf{v}^T \mathbf{H}_f(\boldsymbol{\xi})\mathbf{v} \geq 0$ für alle $\mathbf{v} \in \mathbb{R}^n$. Aufgrund der Stetigkeit der partiellen Ableitungen $\frac{\partial^2 f(\mathbf{x})}{\partial x_j \partial x_i}$ erhält man daraus durch Grenzübergang

$$\lim_{\varepsilon \to 0} \mathbf{v}^T \mathbf{H}_f(\boldsymbol{\xi})\mathbf{v} = \mathbf{v}^T \mathbf{H}_f(\mathbf{x}_0)\mathbf{v} \geq 0.$$

Das heißt, $\mathbf{H}_f(\mathbf{x}_0)$ ist positiv semidefinit.

Zu e): Zeigt man analog zu d). ∎

Der Satz 24.3 ist das Analogon der Folgerung 18.8 für reellwertige Funktionen in einer Variablen. Er besagt, dass bei einer zweimal stetig partiell differenzierbaren Funktion die Definitheitseigenschaft der Hesse-Matrix $\mathbf{H}_f(\mathbf{x}_0)$ Auskunft darüber gibt, ob es sich bei einer stationären Stelle $\mathbf{x}_0$ um eine lokale Minimalstelle, eine lokale Maximalstelle oder um einen Sattelpunkt handelt. Dabei ist zu beachten, dass positive (negative) Semidefinitheit von $\mathbf{H}_f(\mathbf{x}_0)$ keine hinreichende Bedingung dafür ist, dass eine stationäre Stelle $\mathbf{x}_0$ eine lokale Minimalstelle (Maximalstelle) ist. Aus positiver (negativer) Semidefinitheit folgt lediglich, dass es sich bei der stationären Stelle $\mathbf{x}_0$ um keine lokale Maximalstelle (Minimalstelle) handeln kann, also $\mathbf{x}_0$ eine lokale Mimimalstelle (Maximalstelle) oder ein Sattelpunkt ist. Darüber hinaus macht Satz 24.3 keine Aussagen über reellwertige Funktionen, die nicht zweimal stetig partiell differenzierbar sind (vgl. Abbildung 24.2).

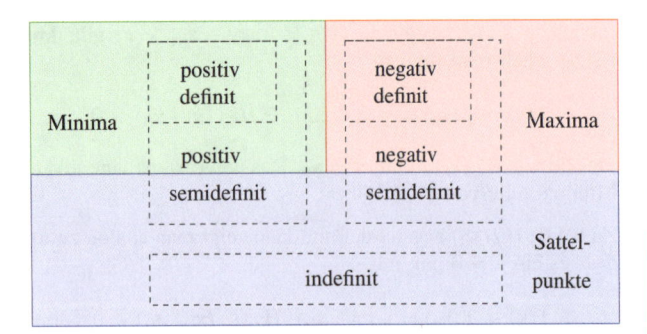

Abb. 24.2: Zusammenhang zwischen der Definitheitseigenschaft der Hesse-Matrix $\mathbf{H}_f(\mathbf{x}_0)$ (falls sie existiert) und der Extremal- oder Sattelpunkteigenschaft der Stelle $\mathbf{x}_0$ bei einer reellwertigen Funktion $f: D \subseteq \mathbb{R}^n \longrightarrow \mathbb{R}$

Aus Satz 24.3d) und e) erhält man zusammen mit Satz 22.45a) und b), dass bei einer zweimal stetig partiell differenzierbaren Funktion $f: D \subseteq \mathbb{R}^n \longrightarrow \mathbb{R}$ Maximalstellen nur in Bereichen auftreten, in denen f konkav ist, und Minimalstellen nur in Bereichen liegen können, in denen f konvex ist.

Aus Satz 24.3 erhält man unmittelbar die folgende hinreichende Bedingung für globale Extrema:

Folgerung 24.4 (Hinreichende Bedingung für globale Extrema)

Es seien $f: D \subseteq \mathbb{R}^n \longrightarrow \mathbb{R}$ eine zweimal stetig partiell differenzierbare Funktion auf einer offenen Menge D und $\mathbf{x}_0 \in D$ mit $\mathrm{grad}\, f(\mathbf{x}_0) = \mathbf{0}$. Dann gilt:

a) $\mathbf{H}_f(\mathbf{x})$ positiv definit für alle $\mathbf{x} \in D \Longrightarrow \mathbf{x}_0$ ist eine globale Minimalstelle von f

b) $\mathbf{H}_f(\mathbf{x})$ negativ definit für alle $\mathbf{x} \in D \Longrightarrow \mathbf{x}_0$ ist eine globale Maximalstelle von f

---

Beweis: Zu a): Analog zum Beweis von Satz 24.3a) erhält man, dass nun $f(\mathbf{x}) > f(\mathbf{x}_0)$ für alle $\mathbf{x} \in D$ gilt. Das heißt, $\mathbf{x}_0$ ist eine globale Minimalstelle von f.

Zu b). Der Beweis verläuft analog zu a). ∎

Besonders einfach ist die Ermittlung von globalen Extrema im Falle von konvexen und konkaven Funktionen. In Satz 21.43 wurde bereits gezeigt, dass bei einer konvexen Funktion jedes lokale Minimum auch ein globales Minimum und bei einer konkaven Funktion jedes lokale Maximum auch ein globales Maximum ist. Darüber hinaus gilt der folgende Satz, der besagt, dass es bei einer konvexen (konkaven) Funktion nicht notwendig ist, die durch Folgerung 24.4 gegebene hinreichende Bedingung für ein globales Minimum (Maximum) zu überprüfen. Es reicht stets aus, wenn die oftmals relativ leicht zu überprüfende notwendige Bedingung $\mathrm{grad}\, f(\mathbf{x}_0) = \mathbf{0}$ erfüllt ist.

Satz 24.5 (Globale Extremalstellen bei konvexen und konkaven Funktionen I)

Es seien $f: D \subseteq \mathbb{R}^n \longrightarrow \mathbb{R}$ eine partiell differenzierbare Funktion auf einer offenen und konvexen Menge D und $\mathbf{x}_0 \in D$ mit $\mathrm{grad}\, f(\mathbf{x}_0) = \mathbf{0}$. Dann gilt:

a) f konvex $\Longrightarrow \mathbf{x}_0$ ist globale Minimalstelle von f.

b) f konkav $\Longrightarrow \mathbf{x}_0$ ist globale Maximalstelle von f.

Beweis: Zu a): Es sei angenommen, dass $\mathbf{x}_0$ keine globale Minimalstelle ist. Dann existiert ein $\mathbf{x}_1 \in D$ mit $\mathbf{x}_1 \neq \mathbf{x}_0$ und $f(\mathbf{x}_0) > f(\mathbf{x}_1)$. Daraus folgt zusammen mit der Konvexität von f

$$f((1-\lambda)\mathbf{x}_0 + \lambda \mathbf{x}_1) \leq (1-\lambda)f(\mathbf{x}_0) + \lambda f(\mathbf{x}_1)$$
$$< (1-\lambda)f(\mathbf{x}_0) + \lambda f(\mathbf{x}_0) = f(\mathbf{x}_0)$$

für $\lambda \in (0, 1)$ beliebig nahe bei 0. Das heißt, dass in jeder Umgebung von $\mathbf{x}_0$ Funktionswerte echt kleiner als $f(\mathbf{x}_0)$ zu finden sind. Dies steht jedoch im Widerspruch zu der Annahme, dass $\mathbf{x}_0$ eine stationäre Stelle von f ist.

Zu b): Wenn die Funktion f konkav ist, dann ist $-f$ konvex und gemäß Aussage a) ist $\mathbf{x}_0$ damit eine globale Minimalstelle von $-f$. Daraus folgt aber, dass $\mathbf{x}_0$ eine globale Maximalstelle von f ist. ∎

Im Allgemeinen kann eine reellwertige Funktion $f: D \subseteq \mathbb{R}^n \longrightarrow \mathbb{R}$ mehrere globale Minimal- und Maximalstellen besitzen. Eine streng konvexe (konkave) Funktion f kann jedoch höchstens eine globale Minimalstelle (Maximalstelle) aufweisen.

Satz 24.6 (Globale Extremalstellen bei konvexen und konkaven Funktionen II)

Es sei $f: D \subseteq \mathbb{R}^n \longrightarrow \mathbb{R}$ eine reellwertige Funktion auf einer offenen und konvexen Menge D. Dann gilt:

a) f streng konvex $\Longrightarrow f$ besitzt höchstens eine globale Minimalstelle.

b) f streng konkav $\Longrightarrow f$ besitzt höchstens eine globale Maximalstelle.

Beweis: Zu a): Es sei angenommen, dass $\mathbf{x}_0$ und $\mathbf{x}_1$ zwei verschiedene globale Minimalstellen von f sind. Dann gilt $f(\mathbf{x}_0) \leq f(\mathbf{x}_1)$ und $f(\mathbf{x}_1) \leq f(\mathbf{x}_0)$, also $f(\mathbf{x}_0) = f(\mathbf{x}_1)$. Zusammen mit der strengen Konvexität von f impliziert dies

$$f\left(\frac{1}{2}\mathbf{x}_0 + \frac{1}{2}\mathbf{x}_1\right) < \frac{1}{2}f(\mathbf{x}_0) + \frac{1}{2}f(\mathbf{x}_1) = \frac{1}{2}f(\mathbf{x}_0) + \frac{1}{2}f(\mathbf{x}_0)$$
$$= f(\mathbf{x}_0).$$

Dies ist jedoch ein Widerspruch dazu, dass $\mathbf{x}_0$ eine globale Minimalstelle von f ist.

Zu b): Zeigt man völlig analog zu a). ∎

Die obigen notwendigen und hinreichenden Bedingungen legen das folgende zweistufige Verfahren zur Bestimmung von Extremalstellen einer zweimal stetig partiell differenzierbaren Funktion $f: D \subseteq \mathbb{R}^n \longrightarrow \mathbb{R}$ auf einer offenen Menge D nahe:

1) Berechne den Gradienten grad $f(\mathbf{x})$ der Funktion f und ermittle anschließend die stationären Stellen $\mathbf{x}_0$ von f als Lösungen des Gleichungssystems (24.2).

2) Bestimme für die ermittelten stationären Stellen $\mathbf{x}_0$ jeweils die Hesse-Matrix $\mathbf{H}_f(\mathbf{x}_0)$ und untersuche ihre Definitheitseigenschaft. Zur Untersuchung der Definitheitseigenschaft der Hesse-Matrix $\mathbf{H}_f(\mathbf{x}_0)$ können neben der jeweiligen Definition (in Satz 24.3 jeweils in Klammern angegeben) auch die in Abschnitt 10.7 vorgestellten Zusammenhänge zwischen den Definitheitseigenschaften einer symmetrischen Matrix und ihren Hauptdiagonaleinträgen (vgl. Beispiel 24.7), Eigenwerten sowie Hauptminoren (vgl. Beispiele 24.9, 24.11 und 24.12) herangezogen werden.

Das folgende Beispiel demonstriert, wie mit Hilfe von Satz 24.3 und Folgerung 24.4 die Extrema einer zweimal stetig partiell differenzierbaren Funktion ermittelt werden können.

Beispiel 24.7 (Hinreichende Bedingung für Extrema)

a) Die reellwertige Funktion

$$f: \mathbb{R}^2 \longrightarrow \mathbb{R}, \quad (x, y) \mapsto f(x, y) = x^2 + y^2$$

ist zweimal stetig partiell differenzierbar und für ihren Gradienten gilt

$$\operatorname{grad} f(x, y) = (2x, 2y)^T.$$

Die stationären Stellen von f erhält man als Lösungen des Gleichungssystems

$$2x = 0$$
$$2y = 0,$$

welches offensichtlich nur die eine Lösung $\mathbf{x}_0 := (0, 0)^T$ besitzt. Die Hesse-Matrix von f an einer beliebigen Stelle $(x, y) \in \mathbb{R}^2$ lautet

$$\mathbf{H}_f(x, y) = \begin{pmatrix} 2 & 0 \\ 0 & 2 \end{pmatrix}.$$

Da $\mathbf{H}_f(x, y)$ eine Diagonalmatrix mit ausschließlich positiven Hauptdiagonaleinträgen ist, folgt mit Satz 10.32, dass die Hesse-Matrix $\mathbf{H}_f(x, y)$ für alle $(x, y) \in \mathbb{R}^2$ positiv definit ist. Mit Folgerung 24.4a) erhält man somit, dass f bei der stationären Stelle $\mathbf{x}_0$ ein globales Minimum besitzt (vgl. Abbildung 24.3, links).

b) Die reellwertige Funktion

$$f: \mathbb{R}^2 \longrightarrow \mathbb{R}, \quad (x, y) \mapsto f(x, y) = x^2 - y^2$$

ist zweimal stetig partiell differenzierbar. Für ihren Gradienten gilt

$$\operatorname{grad} f(x, y) = (2x, -2y)^T$$

und die stationären Stellen von f erhält man als Lösungen des Gleichungssystems

$$2x = 0$$
$$-2y = 0,$$

welches ebenfalls nur die eine Lösung $\mathbf{x}_0 := (0, 0)^T$ besitzt. Für die Hesse-Matrix an einer beliebigen Stelle $(x, y) \in \mathbb{R}^2$ gilt

$$\mathbf{H}_f(x, y) = \begin{pmatrix} 2 & 0 \\ 0 & -2 \end{pmatrix}.$$

Da die Hesse-Matrix $\mathbf{H}_f(x, y)$ einen positiven und einen negativen Hauptdiagonaleintrag besitzt, ist sie gemäß Satz 10.32e) indefinit. Mit Satz 24.3c) erhält man daher, dass bei der stationären Stelle $\mathbf{x}_0$ kein Extremum, sondern ein Sattelpunkt liegt (vgl. Abbildung 24.3, rechts).

c) Die reellwertige Funktion

$$f: \mathbb{R}^3 \longrightarrow \mathbb{R},$$
$$(x, y, z) \mapsto f(x, y, z) = \frac{2}{3}x^3 - \frac{3}{2}y^2 - 2z^2 + yz$$
$$- 8x + y + 7z - 3$$

ist zweimal stetig partiell differenzierbar und für ihren Gradienten erhält man

$$\operatorname{grad} f(x,y,z) = (2x^2-8, -3y+z+1, -4z+y+7)^T.$$

Dies führt zum Gleichungssystem

$$2x^2 - 8 = 0$$
$$-3y + z + 1 = 0$$
$$-4z + y + 7 = 0,$$

welches die beiden Lösungen $\mathbf{x}_0 := (2, 1, 2)^T$ und $\mathbf{x}_1 := (-2, 1, 2)^T$ besitzt. Das heißt, es gilt

$$\operatorname{grad} f(2,1,2) = \mathbf{0} \quad \text{und} \quad \operatorname{grad} f(-2,1,2) = \mathbf{0}.$$

Die Hesse-Matrix von f an einer beliebigen Stelle $(x, y, z) \in \mathbb{R}^3$ ist gegeben durch

$$\mathbf{H}_f(x,y,z) = \begin{pmatrix} 4x & 0 & 0 \\ 0 & -3 & 1 \\ 0 & 1 & -4 \end{pmatrix}.$$

Daraus folgt für die Hesse-Matrix an der stationären Stelle $\mathbf{x}_0$

$$\mathbf{H}_f(\mathbf{x}_0) = \begin{pmatrix} 8 & 0 & 0 \\ 0 & -3 & 1 \\ 0 & 1 & -4 \end{pmatrix}. \quad (24.5)$$

Diese Hesse-Matrix $\mathbf{H}_f(x, y, z)$ ist nach Satz 10.32e) indefinit und mit Satz 24.3c) folgt daher, dass die Funktion f bei $\mathbf{x}_0$ einen Sattelpunkt besitzt. Für die Hesse-Matrix von f an der stationären Stelle $\mathbf{x}_1$ gilt dagegen

$$\mathbf{H}_f(\mathbf{x}_1) = \begin{pmatrix} -8 & 0 & 0 \\ 0 & -3 & 1 \\ 0 & 1 & -4 \end{pmatrix}. \quad (24.6)$$

Da Satz 10.32 in diesem Fall keine eindeutige Aussage über die Definitheitseigenschaft von $\mathbf{H}_f(\mathbf{x}_1)$ macht, wird für einen beliebigen Vektor $(a, b, c) \in \mathbb{R}^3 \setminus \{\mathbf{0}\}$ das Produkt

$$\begin{aligned}(a,b,c)\,\mathbf{H}_f(\mathbf{x}_1)\begin{pmatrix}a\\b\\c\end{pmatrix} &= (a,b,c)\begin{pmatrix}-8 & 0 & 0\\0 & -3 & 1\\0 & 1 & -4\end{pmatrix}\begin{pmatrix}a\\b\\c\end{pmatrix}\\ &= -8a^2 - 3b^2 - 4c^2 + 2bc\\ &= -8a^2 - 2b^2 - 3c^2 - (b-c)^2\end{aligned}$$

betrachtet. Es ist zu erkennen, dass

$$(a,b,c)\,\mathbf{H}_f(\mathbf{x}_1)\begin{pmatrix}a\\b\\c\end{pmatrix} < 0$$

für alle $(a, b, c) \in \mathbb{R}^3 \setminus \{\mathbf{0}\}$ gilt. Das heißt, die Hesse-Matrix von f ist an der Stelle $\mathbf{x}_1$ negativ definit. Mit Satz 24.3b) erhält man folglich, dass die Stelle $\mathbf{x}_1$ eine lokale Maximalstelle von f ist. Ferner gilt

$$\lim_{x \to \infty} f(x, y, z) = \infty \quad \text{und} \quad \lim_{x \to -\infty} f(x, y, z) = -\infty.$$

Die Funktion f ist somit weder nach oben, noch nach unten beschränkt. Es existiert daher weder ein globales Maximum, noch ein globales Minimum.

Das folgende – etwas umfangreichere – Anwendungsbeispiel zeigt, wie im Rahmen einer **komparativ-statischen Analyse** mit Hilfe der obigen notwendigen und hinreichenden Bedingungen für Extrema das gewinnmaximierende Verhalten eines Unternehmens analysiert werden kann.

Beispiel 24.8 (Gewinnmaximierendes Verhalten eines Unternehmens)

Betrachtet wird ein Unternehmen, das ein Produkt A mit Hilfe von n verschiedenen Produktionsfaktoren herstellt. Die Produktionsmenge y von Produkt A in Abhängigkeit von den Faktormengen $\mathbf{x} = (x_1, \ldots, x_n)^T$ wird dabei durch eine zweimal stetig partiell differenzierbare Produktionsfunktion

$$f: (0, \infty)^n \longrightarrow \mathbb{R}, \quad \mathbf{x} \mapsto y = f(\mathbf{x})$$

ausgedrückt. Bezeichnet p den Preis, für den das Produkt A auf dem Markt abgesetzt werden kann und $\mathbf{q} := (q_1, \ldots, q_n)^T$ den Vektor mit den Beschaffungspreisen für die n benötigten Produktionsfaktoren, dann ist der Gewinn des Unternehmens gegeben durch

$$G(\mathbf{x}) := pf(\mathbf{x}) - \mathbf{q}^T \mathbf{x}. \quad (24.7)$$

In der **ökonomischen Theorie der Unternehmung** wird davon ausgegangen, dass Unternehmungen das **Gewinn-**

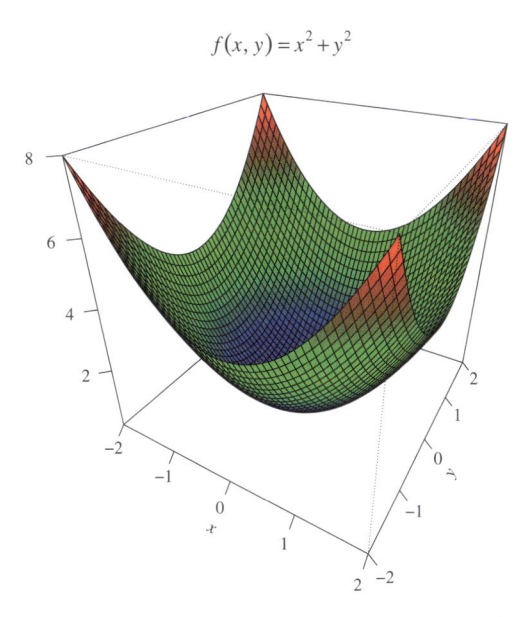

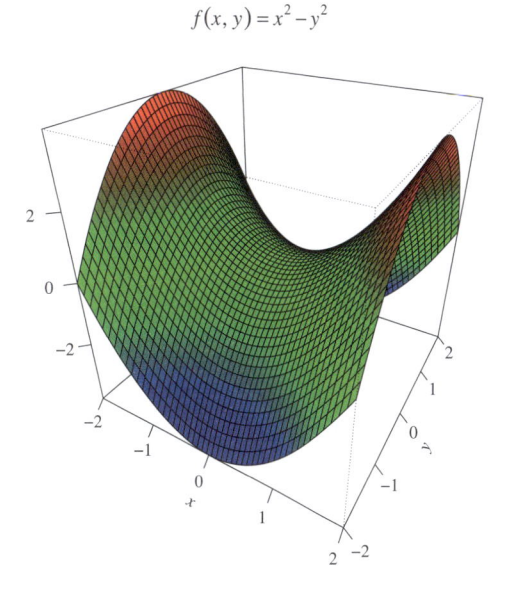

Abb. 24.3: Graphen der reellwertigen Funktionen $f: \mathbb{R}^2 \longrightarrow \mathbb{R}$, $(x, y) \mapsto x^2 + y^2$ (links) und $f: \mathbb{R}^2 \longrightarrow \mathbb{R}$, $(x, y) \mapsto x^2 - y^2$ (rechts)

maximierungsziel verfolgen. Das heißt, sie sind an der Faktormengenkombination $\mathbf{x}^* = (x_1^*, \ldots, x_n^*)^T \in (0, \infty)^n$ interessiert, für die der Gewinn maximiert wird, also

$$G(\mathbf{x}^*) = \max_{\mathbf{x} \in (0, \infty)^n} G(\mathbf{x})$$

gilt. Für die optimale Faktormengenkombination $\mathbf{x}^*$ erhält man aus (24.7) durch partielles Ableiten nach den einzelnen Faktormengen $x_1, \ldots, x_n$ und anschließendes Nullsetzen die notwendige Bedingung

$$\frac{\partial G(\mathbf{x}^*)}{\partial x_i} = p \frac{\partial f(\mathbf{x}^*)}{\partial x_i} - q_i = 0 \qquad (24.8)$$

für alle $i = 1, \ldots, n$ bzw. in Vektorschreibweise

$$\begin{aligned}\operatorname{grad} G(\mathbf{x}^*) &= \left(\frac{\partial G(\mathbf{x}^*)}{\partial x_1}, \ldots, \frac{\partial G(\mathbf{x}^*)}{\partial x_n} \right)^T \\ &= p \operatorname{grad} f(\mathbf{x}^*) - \mathbf{q} = \mathbf{0}. \end{aligned} \qquad (24.9)$$

Durch (24.8) wird das bekannte **Grenzproduktivitätsprinzip** ausgedrückt. Es besagt, dass im Gewinnmaximum $G(\mathbf{x}^*)$ der i-te Produktionsfaktor nur in dem Ausmaß x_i^* eingesetzt wird, bei dem sein marginaler Umsatz $p \frac{\partial f(\mathbf{x}^*)}{\partial x_i}$ gleich seinem Beschaffungspreis q_i ist. Das heißt, im Gewinnmaximum stimmen der marginale Umsatz

und der Beschaffungspreis der n Produktionsfaktoren jeweils überein. Insbesondere folgt aus (24.8)

$$\frac{\partial f(\mathbf{x}^*)}{\partial x_i} = \frac{q_i}{p}.$$

Demnach hängt das Verhalten eines gewinnmaximierenden Unternehmens nur von den Preisverhältnissen $\frac{q_i}{p}$ und nicht von dem Niveau der Preise ab.

Wird nun angenommen, dass die Hesse-Matrix $\mathbf{H}_f(\mathbf{x}^*)$ negativ definit ist, dann ist dies eine hinreichende Bedingung dafür, dass $\mathbf{x}^*$ eine lokale Maximalstelle der Gewinnfunktion G, also eine (lokal) optimale Faktormengenkombination ist. Mit Hilfe dieser hinreichenden Bedingung können Aussagen der **komparativen Statik** hergeleitet werden, welche die Reaktion eines Unternehmens auf Preisänderungen beim zu produzierenden Produkt A oder bei den n Produktionsfaktoren voraussagen. Zur Untersuchung des Verhaltens eines gewinnmaximierenden Unternehmens auf Preisänderungen beim zu produzierenden Produkt A wird die optimale Faktormengenkombination $\mathbf{x}^*$ als Funktion des Absatzpreises p aufgefasst, d. h. $\mathbf{x}^* = \mathbf{x}^*(p)$, und beide Seiten der Gleichung (24.8) werden mit Hilfe der Produktregel (vgl. Satz 16.6c)) und der verallgemeinerten Kettenregel (vgl. Satz 22.24) nach

p abgeleitet. Man erhält dann

$$1 \cdot \frac{\partial f(\mathbf{x}^*)}{\partial x_i} + p \cdot \frac{d}{dp}\left(\frac{\partial f(\mathbf{x}^*)}{\partial x_i}\right)$$
$$= \frac{\partial f(\mathbf{x}^*)}{\partial x_i} + p \sum_{j=1}^{n}\left(\frac{\partial^2 f(\mathbf{x}^*)}{\partial x_j \partial x_i}\right)\frac{dx_j^*(p)}{dp} = 0$$

für $i = 1, \ldots, n$ bzw. in Vektorschreibweise

$$\operatorname{grad} f(\mathbf{x}^*) + p\,\mathbf{H}_f(\mathbf{x}^*)\frac{d\mathbf{x}^*(p)}{dp} = \mathbf{0}, \qquad (24.10)$$

wobei

$$\frac{d\mathbf{x}^*(p)}{dp} := \left(\frac{dx_1^*(p)}{dp}, \ldots, \frac{dx_n^*(p)}{dp}\right)^T$$

der Vektor mit den (infinitesimalen) Veränderungen der n Faktormengen bei (infinitesimaler) Änderung des Absatzpreises p ist. Durch Transposition der Gleichung (24.10) und anschließender Multiplikation mit $\frac{d\mathbf{x}^*(p)}{dp}$ von rechts resultiert weiter

$$\operatorname{grad} f(\mathbf{x}^*)^T \frac{d\mathbf{x}^*(p)}{dp}$$
$$= -p\left(\frac{d\mathbf{x}^*(p)}{dp}\right)^T \mathbf{H}_f(\mathbf{x}^*) \frac{d\mathbf{x}^*(p)}{dp} > 0. \qquad (24.11)$$

Dabei folgt die Ungleichung auf der rechten Seite von (24.11) aus der unterstellten negativen Definitheit der Hesse-Matrix $\mathbf{H}_f(\mathbf{x}^*)$. Mit (24.11) erhält man für das totale Differential der Produktionsfunktion f an der Maximalstelle $\mathbf{x}^*$ die Darstellung

$$df = \sum_{i=1}^{n} \frac{\partial f(\mathbf{x}^*)}{\partial x_i} dx_i^*(p)$$
$$= \operatorname{grad} f(\mathbf{x}^*)^T d\mathbf{x}^*(p)$$
$$= -p \left(\frac{d\mathbf{x}^*(p)}{dp}\right)^T \mathbf{H}_f(\mathbf{x}^*) \frac{d\mathbf{x}^*(p)}{dp}\, dp > 0$$

für beliebiges $dp > 0$ (vgl. (22.20)). Eine Erhöhung des Absatzpreises p führt folglich zu einer Steigerung der Produktionsmenge $y = f(\mathbf{x})$. Mit anderen Worten: Im Gewinnmaximum $G(\mathbf{x}^*)$ ist es ausgeschlossen, dass eine Preiserhöhung $dp > 0$ für das Produkt A zu einer Verringerung der Produktionsmenge führt. Durch Umformung von (24.10) erhält man für die Veränderung der Faktormengen

$$\frac{d\mathbf{x}^*(p)}{dp} = -\frac{1}{p}\,\mathbf{H}_f(\mathbf{x}^*)^{-1}\operatorname{grad} f(\mathbf{x}^*),$$

wobei die Existenz der Inversen $\mathbf{H}_f(\mathbf{x}^*)^{-1}$ aufgrund der unterstellten negativen Definitheit der Hesse-Matrix $\mathbf{H}_f(\mathbf{x}^*)$ sichergestellt ist (vgl. Folgerung 10.35). Zusammen mit (24.9) folgt daraus weiter

$$\frac{d\mathbf{x}^*(p)}{dp} = -\frac{1}{p^2}\,\mathbf{H}_f(\mathbf{x}^*)^{-1}\,\mathbf{q}.$$

Auf ähnliche Weise lässt sich auch das Verhalten des gewinnmaximierenden Unternehmens bei Änderung einer der Beschaffungspreise q_i der n Produktionsfaktoren, zum Beispiel q_1, untersuchen. Dazu wird die optimale Faktormengenkombination $\mathbf{x}^*$ nun als Funktion des Beschaffungspreises q_1 aufgefasst, d.h. $x^* = x^*(q_1)$, und anschließend werden beide Seiten der Gleichung

$$p \frac{\partial f(\mathbf{x}^*)}{\partial x_i} = q_i$$

(vgl. (24.8)) mit Hilfe der verallgemeinerten Kettenregel (vgl. Satz 22.24) nach dem Beschaffungspreis q_1 abgeleitet. Man erhält dann

$$p \sum_{j=1}^{n}\left(\frac{\partial^2 f(\mathbf{x}^*)}{\partial x_j \partial x_i}\right)\frac{dx_j^*(q_1)}{dq_1} = \begin{cases} 1 & \text{für } i = 1 \\ 0 & \text{für } i = 2, \ldots, n \end{cases}$$

bzw. in Matrixschreibweise

$$p\,\mathbf{H}_f(\mathbf{x}^*) \frac{d\mathbf{x}^*(q_1)}{dq_1} = \mathbf{e}_1, \qquad (24.12)$$

wobei $\mathbf{e}_1 = (1, 0, \ldots, 0)^T$ der erste Einheitsvektor ist. Durch Transposition dieser Gleichung und anschließende Multiplikation von rechts mit dem Vektor der (infinitesimalen) Veränderungen der n Faktormengen bei (infinitesimaler) Änderung des Beschaffungspreises q_1, also mit

$$\frac{d\mathbf{x}^*(q_1)}{dq_1} := \left(\frac{dx_1^*(q_1)}{dq_1}, \ldots, \frac{dx_n^*(q_1)}{dq_1}\right)^T,$$

erhält man

$$p\left(\frac{d\mathbf{x}^*(q_1)}{dq_1}\right)^T \mathbf{H}_f(\mathbf{x}^*) \frac{d\mathbf{x}^*(q_1)}{dq_1} = \mathbf{e}_1^T \frac{d\mathbf{x}^*(q_1)}{dq_1}$$
$$= \frac{dx_1^*(q_1)}{dq_1} < 0. \qquad (24.13)$$

Dabei folgt die Ungleichung auf der rechten Seite von (24.13) wieder aus der negativen Definitheit der Hesse-Matrix $\mathbf{H}_f(\mathbf{x}^*)$. Eine Erhöhung des Beschaffungspreises q_1 führt folglich zu einer Verringerung der Faktormenge x_1^*. Man kann jedoch nicht schließen, dass auch die

Produktionsmenge $y = f(\mathbf{x})$ bei einer Erhöhung des Beschaffungspreises q_1 fällt. Aus (24.12) folgt nämlich

$$\frac{d\mathbf{x}^*(q_1)}{dq_1} = \frac{1}{p} \mathbf{H}_f(\mathbf{x}^*)^{-1} \mathbf{e}_1$$

und für das totale Differential von f an der Stelle $\mathbf{x}^*$ erhält man somit den Ausdruck

$$\begin{aligned} df &= \sum_{i=1}^{n} \frac{\partial f(\mathbf{x}^*)}{\partial x_i} dx_i^*(q_1) \\ &= \operatorname{grad} f(\mathbf{x}^*)^T d\mathbf{x}^*(q_1) \\ &= \frac{1}{p} \operatorname{grad} f(\mathbf{x}^*)^T \mathbf{H}_f(\mathbf{x}^*)^{-1} \mathbf{e}_1 \, dq_1, \end{aligned}$$

dessen Vorzeichen unbestimmt ist.

Die Folgerung 22.14 in Abschnitt 22.2 besagt, dass die Hesse-Matrix $\mathbf{H}_f(\mathbf{x})$ einer zweimal stetig partiell differenzierbaren Funktion $f: D \subseteq \mathbb{R}^n \longrightarrow \mathbb{R}$ symmetrisch ist für alle $\mathbf{x} \in D$. Bei einer zweimal stetig partiell differenzierbaren Funktion f kann somit die für die Anwendung des Satzes 24.3a) und b) sowie der Folgerung 24.4 benötigte Definitheitseigenschaft der Hesse-Matrix $\mathbf{H}_f(\mathbf{x})$ mit Hilfe ihrer **Hauptminoren** (**Hauptunterdeterminanten**) untersucht werden (zum Begriff des Hauptminors siehe Definition 10.37). Bezeichnen nämlich

$$\det(\mathbf{H}_1), \ldots, \det(\mathbf{H}_n)$$

die n Hauptminoren von $\mathbf{H}_f(\mathbf{x})$, dann besagt das **Sylvester-** bzw. **Hurwitz-Kriterium** (vgl. Satz 10.38 in Abschnitt 10.7), dass die beiden Äquivalenzen

a) $\mathbf{H}_f(\mathbf{x})$ positiv definit $\iff \det(\mathbf{H}_k) > 0$
   für alle $k = 1, \ldots, n$ und

b) $\mathbf{H}_f(\mathbf{x})$ negativ definit $\iff (-1)^k \det(\mathbf{H}_k) > 0$
   für alle $k = 1, \ldots, n$

sowie die Implikation

c) weder $\det(\mathbf{H}_k) \geq 0$, noch $(-1)^k \det(\mathbf{H}_k) \geq 0$ für alle $k = 1, \ldots, n \implies \mathbf{H}_f(\mathbf{x})$ indefinit

gelten. Die Anwendung des Sylvester-Kriteriums zur Untersuchung der Hesse-Matrix $\mathbf{H}_f(\mathbf{x})$ auf positive und negative Definitheit ist jedoch für große n oftmals nicht sehr praktikabel. Für kleine n, wie $n = 2, 3, 4$, ist das Sylvester-Kriterium aber oftmals gut handhabbar.

Im folgenden Beispiel wird noch einmal die reellwertige Funktion aus Beispiel 24.7c) betrachtet. Zur Untersuchung der Definitheitseigenschaften der Hesse-Matrizen wird nun jedoch das Sylvester-Kriterium herangezogen.

Beispiel 24.9 (Hinreichende Bedingung für Extrema)

Betrachtet wird wieder die zweimal stetig partiell differenzierbare Funktion

$$f: \mathbb{R}^3 \longrightarrow \mathbb{R},$$
$$(x, y, z) \mapsto f(x, y, z) = \frac{2}{3}x^3 - \frac{3}{2}y^2 - 2z^2 + yz$$
$$- 8x + y + 7z - 3$$

aus Beispiel 24.7c). Dort wurde gezeigt, dass f die stationären Stellen $\mathbf{x}_0 = (2, 1, 2)^T$ und $\mathbf{x}_1 = (-2, 1, 2)^T$ besitzt und die Hesse-Matrizen an diesen beiden Stellen durch

$$\mathbf{H}_f(\mathbf{x}_0) = \begin{pmatrix} 8 & 0 & 0 \\ 0 & -3 & 1 \\ 0 & 1 & -4 \end{pmatrix} \quad \text{und}$$

$$\mathbf{H}_f(\mathbf{x}_1) = \begin{pmatrix} -8 & 0 & 0 \\ 0 & -3 & 1 \\ 0 & 1 & -4 \end{pmatrix}$$

gegeben sind. Für die Hauptminoren der ersten Hesse-Matrix $\mathbf{H}_f(\mathbf{x}_0)$ gilt:

$$\det(\mathbf{H}_1) = 8$$
$$\det(\mathbf{H}_2) = 8 \cdot (-3) - 0 \cdot 0 = -24$$
$$\det(\mathbf{H}_3) = 8 \cdot (-3) \cdot (-4) - 1 \cdot 1 \cdot 8 = 88$$

Die Hesse-Matrix $\mathbf{H}_f(\mathbf{x}_0)$ ist also indefinit und an der stationären Stelle $\mathbf{x}_0$ liegt ein Sattelpunkt. Für die Hauptminoren der zweiten Hesse-Matrix $\mathbf{H}_f(\mathbf{x}_1)$ gilt dagegen:

$$\det(\mathbf{H}_1) = -8$$
$$\det(\mathbf{H}_2) = -8 \cdot (-3) - 0 \cdot 0 = 24$$
$$\det(\mathbf{H}_3) = -8 \cdot (-3) \cdot (-4) - 1 \cdot 1 \cdot (-8) = -88$$

Das heißt, die Hesse-Matrix $\mathbf{H}_f(\mathbf{x}_1)$ ist negativ definit und bei der stationären Stelle $\mathbf{x}_1$ handelt es sich um eine lokale Maximalstelle.

Hinreichende Bedingung für den Spezialfall $n = 2$

Speziell für den wichtigen Fall einer zweimal stetig partiell differenzierbaren Funktion in nur zwei Variablen (d. h. $n = 2$) liefert das Sylvester-Kriterium einfach zu überprüfende hinreichende Bedingungen für lokale und globale Extrema, da in diesem Fall lediglich die beiden Hauptminoren

$$\det(\mathbf{H}_1) = \frac{\partial^2 f(x, y)}{\partial x^2} \quad \text{und} \quad \det(\mathbf{H}_2) = \det(\mathbf{H}_f(x, y))$$

untersucht werden müssen. Das heißt, es müssen lediglich die Vorzeichen der partiellen Ableitung $\frac{\partial^2 f(x,y)}{\partial x^2}$ und der Determinante

$$\det(\mathbf{H}_f(x, y)) = \frac{\partial^2 f(x, y)}{\partial x^2} \cdot \frac{\partial^2 f(x, y)}{\partial y^2} - \left(\frac{\partial^2 f(x, y)}{\partial y \partial x}\right)^2$$

bestimmt werden und es kann das folgende einfache Resultat angewendet werden.

Folgerung 24.10 (Hinreichende Bedingung für Extrema im Fall $n = 2$)

Es sei $f: D \subseteq \mathbb{R}^2 \longrightarrow \mathbb{R}$ eine zweimal stetig partiell differenzierbare Funktion auf einer offenen Menge D mit $\operatorname{grad} f(x_0, y_0) = (0, 0)^T$ *und der Hesse-Matrix*

$$\mathbf{H}_f(x_0, y_0) = \begin{pmatrix} \frac{\partial^2 f(x_0, y_0)}{\partial x^2} & \frac{\partial^2 f(x_0, y_0)}{\partial y \partial x} \\ \frac{\partial^2 f(x_0, y_0)}{\partial x \partial y} & \frac{\partial^2 f(x_0, y_0)}{\partial y^2} \end{pmatrix}$$

für ein $(x_0, y_0) \in D$. Dann gilt:

a) $\frac{\partial^2 f(x_0, y_0)}{\partial x^2} > 0$ *und* $\det(\mathbf{H}_f(x_0, y_0)) > 0 \Longrightarrow (x_0, y_0)$ *ist eine lokale Minimalstelle von f*

b) $\frac{\partial^2 f(x_0, y_0)}{\partial x^2} < 0$ *und* $\det(\mathbf{H}_f(x_0, y_0)) > 0 \Longrightarrow (x_0, y_0)$ *ist eine lokale Maximalstelle von f*

c) $\frac{\partial^2 f(x, y)}{\partial x^2} > 0$ *und* $\det(\mathbf{H}_f(x, y)) > 0$ *für alle* $(x, y) \in D \Longrightarrow (x_0, y_0)$ *ist eine globale Minimalstelle von f*

d) $\frac{\partial^2 f(x, y)}{\partial x^2} < 0$ *und* $\det(\mathbf{H}_f(x, y)) > 0$ *für alle* $(x, y) \in D \Longrightarrow (x_0, y_0)$ *ist eine globale Maximalstelle von f*

e) $\det(\mathbf{H}_f(x_0, y_0)) < 0 \Longrightarrow (x_0, y_0)$ *ist die Stelle eines Sattelpunkts von f*

Beweis: Zu a): Gemäß Satz 10.38a) ist $\mathbf{H}_f(x_0, y_0)$ positiv definit. Mit Satz 24.3a) folgt daher, dass (x_0, y_0) eine lokale Minimalstelle von f ist.

Zu b): Folgt analog zur Aussage a) aus Satz 10.38b) und Satz 24.3b).

Zu c): Folgt analog zur Aussage a) aus Satz 10.38a) und Folgerung 24.4a).

Zu d): Folgt analog zur Aussage a) aus Satz 10.38b) und Folgerung 24.4b).

Zu e): Folgt analog zur Aussage a) aus Satz 10.38e) und Satz 24.3c). ∎

Die Folgerung 24.10 stellt für eine zweimal stetig partiell differenzierbare Funktion f in zwei Variablen leicht zu überprüfende hinreichende Bedingungen für lokale und globale Extrema an einer stationären Stelle $\mathbf{x}_0$ bereit. Für lokale Extrema und Sattelpunkte sind diese Aussagen mit Hilfe eines Baumdiagramms in Abbildung 24.4 übersichtlich dargestellt. Gilt jedoch

$$\det(\mathbf{H}_f(x_0, y_0)) = 0 \quad \text{oder} \quad \frac{\partial^2 f(x_0, y_0)}{\partial x^2} = 0,$$

dann liefert Folgerung 24.10 keine eindeutige Aussage. In einem solchen Fall müssen weitere Betrachtungen durchgeführt werden, wie z. B. die Untersuchung der Vorzeichen der Differenz $f(x, y) - f(x_0, y_0)$ in einer Umgebung der stationären Stelle (x_0, y_0) (vgl. hierzu Beispiel 24.11b)).

Beispiel 24.11 (Hinreichende Bedingung für Extrema)

a) Betrachtet wird wieder die zweimal stetig partiell differenzierbare Funktion

$$f: \mathbb{R}^2 \longrightarrow \mathbb{R},$$
$$(x, y) \mapsto f(x, y) = 2x^4 + y^4 - 2x^2 - 2y^2$$

aus Beispiel 24.2b). Dort wurde gezeigt, dass f die folgenden neun stationären Stellen besitzt:

(x_1, y_1)	(x_2, y_2)	(x_3, y_3)	(x_4, y_4)	(x_5, y_5)
$(0, 0)$	$(0, 1)$	$(0, -1)$	$\left(\frac{\sqrt{2}}{2}, 0\right)$	$\left(\frac{\sqrt{2}}{2}, 1\right)$

(x_6, y_6)	(x_7, y_7)	(x_8, y_8)	(x_9, y_9)
$\left(\frac{\sqrt{2}}{2}, -1\right)$	$\left(-\frac{\sqrt{2}}{2}, 0\right)$	$\left(-\frac{\sqrt{2}}{2}, 1\right)$	$\left(-\frac{\sqrt{2}}{2}, -1\right)$

Aus den beiden ersten partiellen Ableitungen (24.3) erhält man die vier partiellen Ableitungen zweiter

24.2 Optimierung ohne Nebenbedingungen

$$\det\left(\mathbf{H}_f(x_0,y_0)\right) = \frac{\partial^2 f(x_0,y_0)}{\partial x^2} \cdot \frac{\partial^2 f(x_0,y_0)}{\partial y^2} - \left(\frac{\partial^2 f(x_0,y_0)}{\partial x \partial y}\right)^2$$

- $\det\left(\mathbf{H}_f(x_0,y_0)\right) > 0$
  - $\frac{\partial^2 f(x_0,y_0)}{\partial x^2} > 0$ → **lokales Minimum**
  - $\frac{\partial^2 f(x_0,y_0)}{\partial x^2} < 0$ → **lokales Maximum**
- $\det\left(\mathbf{H}_f(x_0,y_0)\right) < 0$ → **Sattelpunkt**
- $\det\left(\mathbf{H}_f(x_0,y_0)\right) = 0$ → **Sattelpunkt oder lokales Extremum**

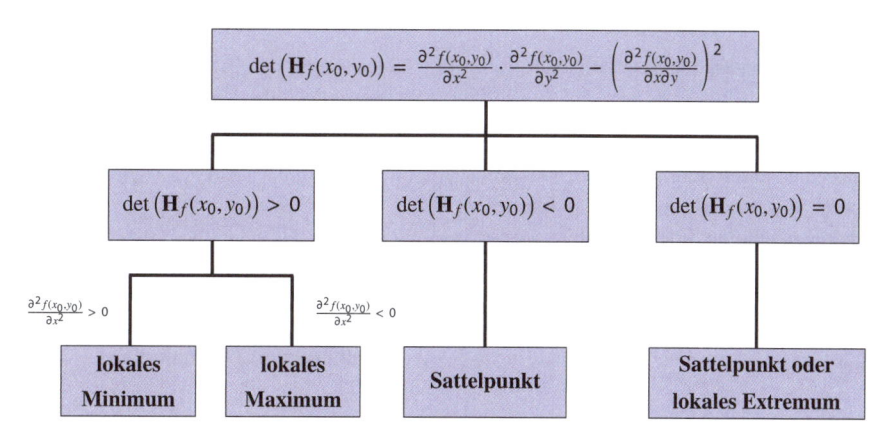

Abb. 24.4: Hinreichende Bedingung für die Extrema einer zweimal stetig partiell differenzierbaren Funktion $f: D \subseteq \mathbb{R}^2 \longrightarrow \mathbb{R}$ in zwei Variablen auf einer offenen Menge D an einer stationären Stelle $\mathbf{x}_0 \in D$

Ordnung:

$$\frac{\partial^2 f(x,y)}{\partial x^2} = 24x^2 - 4, \quad \frac{\partial^2 f(x,y)}{\partial y^2} = 12y^2 - 4 \quad \text{und}$$

$$\frac{\partial^2 f(x,y)}{\partial x \partial y} = \frac{\partial^2 f(x,y)}{\partial y \partial x} = 0.$$

Für die Hesse-Matrix von f an einer beliebigen Stelle $(x,y) \in \mathbb{R}^2$ gilt somit

$$\mathbf{H}_f(x,y) = \begin{pmatrix} 24x^2 - 4 & 0 \\ 0 & 12y^2 - 4 \end{pmatrix}.$$

Die Berechnung der Determinante der Hesse-Matrix $\mathbf{H}_f(x,y)$ und der zweiten partiellen Ableitung $\frac{\partial^2 f(x,y)}{\partial x^2}$ für die neun stationären Stellen führt zu der folgenden Tabelle:

	(x_1,y_1)	(x_2,y_2)	(x_3,y_3)	(x_4,y_4)	(x_5,y_5)
$\det(\mathbf{H}_f(x_i,y_i))$	16	-32	-32	-32	64
$\frac{\partial^2 f(x,y)}{\partial x^2}$	-4	-4	-4	8	8

	(x_6,y_6)	(x_7,y_7)	(x_8,y_8)	(x_9,y_9)
$\det(\mathbf{H}_f(x_i,y_i))$	64	-32	64	64
$\frac{\partial^2 f(x,y)}{\partial x^2}$	8	8	8	8

Bezeichnet $\mathbf{p}_i := (x_i, y_i, f(x_i, y_i))$ für $i = 1, 2, \ldots, 9$ wieder den zur stationären Stelle (x_i, y_i) gehörenden stationären Punkt auf dem Graphen von f, dann erhält man mit Folgerung 24.10, dass f an der Stelle $\mathbf{p}_1$ ein lokales Maximum, an den Stellen $\mathbf{p}_5, \mathbf{p}_6, \mathbf{p}_8, \mathbf{p}_9$ lokale Minima und an den Stellen $\mathbf{p}_2, \mathbf{p}_3, \mathbf{p}_4, \mathbf{p}_7$ Sattelpunkte besitzt. Das heißt, die in Beispiel 24.2b) mit Hilfe der Abbildung 24.1 gemachte Beobachtung bestätigt sich.

b) Die reellwertige Funktion

$$f: \mathbb{R}^2 \longrightarrow \mathbb{R}, \quad (x,y) \mapsto f(x,y) = 2x^4 - 3x^2y + y^2$$

ist zweimal stetig partiell differenzierbar und besitzt den Gradienten

$$\operatorname{grad}(x,y) = \left(8x^3 - 6xy, -3x^2 + 2y\right)^T.$$

Es gilt somit $\operatorname{grad}(0,0) = (0,0)^T$ und der Ursprung $(0,0)$ ist eine stationäre Stelle. Für die vier partiellen Ableitungen zweiter Ordnung von f gilt

$$\frac{\partial^2 f(x,y)}{\partial x^2} = 24x^2 - 6y, \quad \frac{\partial^2 f(x,y)}{\partial y^2} = 2 \quad \text{und}$$

$$\frac{\partial^2 f(x,y)}{\partial x \partial y} = \frac{\partial^2 f(x,y)}{\partial y \partial x} = -6x.$$

Die Hesse-Matrix an der stationären Stelle $(0,0)$ ist damit gegeben durch

$$\mathbf{H}_f(0,0) = \begin{pmatrix} 0 & 0 \\ 0 & 2 \end{pmatrix}.$$

Das heißt, es gilt $\det\left(\mathbf{H}_f(0,0)\right) = 0$ und Folgerung 24.10 ermöglicht keine Aussage bezüglich eines

Extremums an der stationären Stelle $(0,0)$. Aus

$$f(0,y) = y^2 \quad \text{und} \quad f(x,0) = 2x^4$$

ist ersichtlich, dass die beiden Schnittkurven, welche durch den Graphen von f und einer zur y-z-Ebene bzw. zur x-z-Ebene parallelen Ebene gebildet werden, im Ursprung $(0,0)$ jeweils ein lokales Minimum besitzen. Dennoch besitzt f in $(0,0)$ kein lokales Minimum, sondern einen Sattelpunkt. Aus der alternativen Darstellung

$$f(x,y) = (y - 2x^2)(y - x^2)$$

für die Funktionsvorschrift von f ist nämlich zu erkennen, dass

$$f(x,y) \begin{cases} < 0 & \text{für } (x,y) \text{ mit } x^2 < y < 2x^2 \\ > 0 & \text{für } (x,y) \text{ mit } y > 2x^2 \text{ oder } y < x^2 \end{cases}$$

gilt. Das heißt, in jeder Umgebung der stationären Stelle $(0,0)$ existieren Stellen (x,y) mit einem kleineren und Stellen (x,y) mit einem größeren Funktionswert als $f(0,0) = 0$. Folglich besitzt f in $(0,0)$ kein lokales Minimum oder Maximum, sondern einen Sattelpunkt (vgl. Abbildung 24.5, links).

c) Es werden zwei komplementäre, d. h. sich in ihrem Nutzen gegenseitig ergänzende, Güter G_1 und G_2 (z. B. Drucker und Druckerpatrone) mit den Preisen p_1 und p_2 betrachtet. Die Preisabsatzfunktionen $N_1: (0, 10) \longrightarrow \mathbb{R}$ und $N_2: (0, 10) \longrightarrow \mathbb{R}$ dieser beiden Güter seien gegeben durch

$$N_1(p_1, p_2) := 60 - 3p_1 - \frac{3}{2}p_2 \quad \text{und}$$

$$N_2(p_1, p_2) := 40 - \frac{3}{2}p_1 - 2p_2.$$

Der Umsatz mit diesen beiden Gütern beträgt somit

$$U(p_1, p_2) = p_1 N_1(p_1, p_2) + p_2 N_2(p_1, p_2)$$
$$= -3p_1^2 - 2p_2^2 - 3p_1 p_2 + 60p_1 + 40p_2$$

und für den Gradienten der Umsatzfunktion U erhält man

$$\operatorname{grad} U(p_1, p_2)$$
$$= (-6p_1 - 3p_2 + 60, -4p_2 - 3p_1 + 40)^T.$$

Das heißt, $(p_1, p_2) \in (0, 10)^2$ ist genau dann eine stationäre Stelle der Umsatzfunktion U, wenn sie eine Lösung des linearen Gleichungssystems

$$-6p_1 - 3p_2 + 60 = 0$$
$$-3p_1 - 4p_2 + 40 = 0$$

ist. Durch einfache Umformungen erhält man, dass durch $(8, 4)$ die einzige stationäre Stelle von U gegeben ist. Für die vier partiellen Ableitungen zweiter Ordnung von U erhält man

$$\frac{\partial^2 U(p_1, p_2)}{\partial p_1^2} = -6, \quad \frac{\partial^2 U(p_1, p_2)}{\partial p_2^2} = -4 \quad \text{und}$$

$$\frac{\partial^2 U(p_1, p_2)}{\partial p_1 \partial p_2} = \frac{\partial^2 U(p_1, p_2)}{\partial p_2 \partial p_1} = -3.$$

Folglich lautet die Hesse-Matrix von U

$$\mathbf{H}_U(p_1, p_2) = \begin{pmatrix} -6 & -3 \\ -3 & -4 \end{pmatrix}$$

für alle $(p_1, p_2) \in (0, 10)^2$. Das heißt, für die beiden Hauptminoren der Hesse-Matrix $\mathbf{H}_U(p_1, p_2)$ gilt

$$\det(\mathbf{H}_U(p_1, p_2)) = 15 > 0 \quad \text{und}$$

$$\frac{\partial^2 U(p_1, p_2)}{\partial p_1^2} = -6 < 0$$

für alle $(p_1, p_2) \in (0, 10)^2$. Gemäß Folgerung 24.10d) ist damit die Stelle $(8, 4)$ eine globale Maximalstelle von U, und der maximale Umsatz $U(8, 4) = 320$ resultiert bei den Absatzmengen $N_1(8, 4) = 30$ und $N_2(8, 4) = 20$ (vgl. Abbildung 24.5, rechts).

Das folgende Beispiel zeigt eine Anwendung der nichtlinearen Optimierung ohne Nebenbedingungen in der Statistik.

Beispiel 24.12 (Maximum-Likelihood-Methode)

Die nach dem deutschen Mathematiker *Carl Friedrich Gauß* (1777–1855) benannte **Gauß-Verteilung** mit der Dichtefunktion

$$f: \mathbb{R} \longrightarrow \mathbb{R},$$
$$x \mapsto f(x) = \frac{1}{\sigma\sqrt{2\pi}} e^{-\frac{(x-\mu)^2}{2\sigma^2}}$$

wurde bereits in Beispiel 18.19 betrachtet.

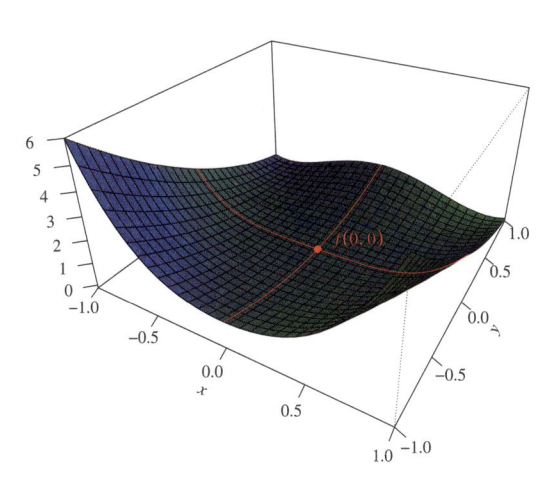

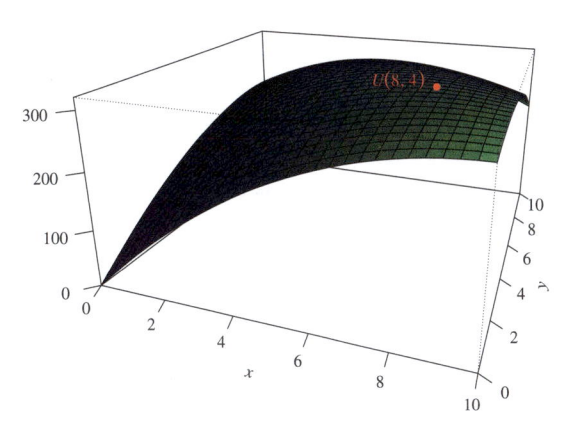

Abb. 24.5: Reellwertige Funktion $f: \mathbb{R}^2 \longrightarrow \mathbb{R}$, $(x, y) \mapsto f(x, y) = 2x^4 - 3x^2y + y^2$ (links) und die Umsatzfunktion $U: (0, 10)^2 \longrightarrow \mathbb{R}$, $(p_1, p_2) \mapsto U(p_1, p_2) = -3p_1^2 - 2p_2^2 - 3p_1p_2 + 60p_1 + 40p_2$ (rechts)

Die Gauß-Verteilung wird in vielen Bereichen, wie zum Beispiel im quantitativen Risikomanagement sowie in der Finanz- und Versicherungswirtschaft zur Modellierung von Zufallsereignissen eingesetzt, da die Eintrittswahrscheinlichkeiten vieler als zufällig anzusehender Ereignisse oftmals in guter Näherung mit Hilfe der Gauß-Verteilung beschrieben werden können. Hierzu ist es in der Regel erforderlich, die beiden Parameter der Gauß-Verteilung, d. h. den **Erwartungswert** $\mu \in \mathbb{R}$ und die **Standardabweichung** $\sigma \in (0, \infty)$, aus einer gegebenen Stichprobe (Daten) $x_1, \ldots, x_n$ zu schätzen. Die Standardabweichung σ ist dabei ein Maß für die Streuung der Beobachtungen um μ (vgl. Abbildung 24.6).

Eines der populärsten Verfahren zur Schätzung der Parameter einer Wahrscheinlichkeitsverteilung ist die **Maximum-Likelihood-Methode**. Sie geht auf den bedeutenden britischen Statistiker und Evolutionstheoretiker *Ronald Aylmer Fisher* (1890–1962) zurück. Bei der Schätzung der beiden Parameter μ und σ mittels Maximum-Likelihood-Methode wird die sogenannte **Likelihood-Funktion** der Stichprobe $x_1, \ldots, x_n$ bezüglich den beiden zu schätzenden Parametern μ und σ maximiert. Unter Likelihood-Funktion der Gauß-Verteilung versteht man dabei die reellwertige Funktion $l: \mathbb{R} \times (0, \infty) \longrightarrow \mathbb{R}$ mit

$$l(\mu, \sigma) := \prod_{i=1}^{n} f(x_i) \quad (24.14)$$

$$= \left(\frac{1}{\sigma\sqrt{2\pi}}\right)^n \exp\left[-\sum_{i=1}^{n} \frac{(x_i - \mu)^2}{2\sigma^2}\right]$$

$$= (2\pi\sigma^2)^{-\frac{n}{2}} \exp\left[-\frac{1}{2\sigma^2} \sum_{i=1}^{n} (x_i - \mu)^2\right].$$

Das heißt, bei der Maximierung von (24.14) werden die beiden Parameter μ und σ als Variablen und die Beobachtungen $x_1, \ldots, x_n$ als Konstanten, d. h. als gegeben, betrachtet. Da es jedoch häufig rechentechnisch praktikabler ist, wird anstelle von $l(\mu, \sigma)$ der natürliche Logarithmus von $l(\mu, \sigma)$, d. h. die sogenannte **Log-Likelihood-Funktion**

$$\ln(l(\mu, \sigma)) = -\frac{n}{2} \ln(2\pi) - n \ln(\sigma) - \frac{1}{2\sigma^2} \sum_{i=1}^{n} (x_i - \mu)^2, \quad (24.15)$$

bezüglich μ und σ maximiert. Aufgrund der strengen Monotonie der natürlichen Logarithmusfunktion ist sichergestellt, dass (24.14) und (24.15) dieselben Maximalstellen besitzen. Ferner gilt, dass $(\widehat{\mu}_{ML}, \widehat{\sigma}_{ML})$ genau dann eine

Maximalstelle von (24.15) ist, wenn $(\widehat{\mu}_{ML}, \widehat{\sigma}_{ML})$ eine Minimalstelle der zweimal stetig partiell differenzierbaren Funktion $h \colon \mathbb{R} \times (0, \infty) \longrightarrow \mathbb{R}$ mit

$$h(\mu, \sigma) := -\ln(l(\mu, \sigma))$$
$$= \frac{n}{2} \ln(2\pi) + n \ln(\sigma) + \frac{1}{2\sigma^2} \sum_{i=1}^{n} (x_i - \mu)^2$$

ist. Für den Gradienten von h erhält man

$$\operatorname{grad} h(\mu, \sigma)$$
$$= \left(-\frac{1}{\sigma^2} \sum_{i=1}^{n} (x_i - \mu), \; \frac{n}{\sigma} - \frac{1}{\sigma^3} \sum_{i=1}^{n} (x_i - \mu)^2 \right)^T,$$

und die stationären Stellen von h – und damit insbesondere auch von der Likelihood-Funktion l – sind als Lösungen des Gleichungssystems

$$\frac{1}{\sigma^2} \sum_{i=1}^{n} (x_i - \mu) = 0$$
$$\frac{n}{\sigma} - \frac{1}{\sigma^3} \sum_{i=1}^{n} (x_i - \mu)^2 = 0$$

gegeben. Daraus erhält man durch elementare Umformungen, dass $(\widehat{\mu}_{ML}, \widehat{\sigma}_{ML})$ mit

$$\widehat{\mu}_{ML} := \frac{1}{n} \sum_{i=1}^{n} x_i \quad \text{und} \quad \widehat{\sigma}_{ML} := \sqrt{\frac{1}{n} \sum_{i=1}^{n} (x_i - \widehat{\mu}_{ML})^2}$$

die einzige stationäre Stelle von h und l ist. Die vier partiellen Ableitungen zweiter Ordnung der Funktion h an einer beliebigen Stelle $(\mu, \sigma) \in \mathbb{R} \times (0, \infty)$ sind gegeben durch:

$$\frac{\partial^2 h(\mu, \sigma)}{\partial \mu^2} = \frac{n}{\sigma^2}$$
$$\frac{\partial^2 h(\mu, \sigma)}{\partial \mu \partial \sigma} = \frac{\partial^2 h(\mu, \sigma)}{\partial \sigma \partial \mu} = \frac{2}{\sigma^3} \sum_{i=1}^{n} (x_i - \mu)$$
$$\frac{\partial^2 h(\mu, \sigma)}{\partial \sigma^2} = -\frac{n}{\sigma^2} + \frac{3}{\sigma^4} \sum_{i=1}^{n} (x_i - \mu)^2$$

Folglich gilt:

$$\frac{\partial^2 h(\widehat{\mu}_{ML}, \widehat{\sigma}_{ML})}{\partial \mu^2} = \frac{n}{\widehat{\sigma}_{ML}^2}$$
$$\frac{\partial^2 h(\widehat{\mu}_{ML}, \widehat{\sigma}_{ML})}{\partial \mu \partial \sigma} = \frac{\partial^2 h(\widehat{\mu}_{ML}, \widehat{\sigma}_{ML})}{\partial \sigma \partial \mu} = 0$$
$$\frac{\partial^2 h(\widehat{\mu}_{ML}, \widehat{\sigma}_{ML})}{\partial \sigma^2} = \frac{2n}{\widehat{\sigma}_{ML}^2}$$

Für die Hesse-Matrix von h an der stationären Stelle $(\widehat{\mu}_{ML}, \widehat{\sigma}_{ML})$ impliziert dies

$$\mathbf{H}_h(\widehat{\mu}_{ML}, \widehat{\sigma}_{ML}) = \begin{pmatrix} \frac{n}{\widehat{\sigma}_{ML}^2} & 0 \\ 0 & \frac{2n}{\widehat{\sigma}_{ML}^2} \end{pmatrix}$$

und für ihre beiden Hauptminoren gilt

$$\det\left(\mathbf{H}_h(\widehat{\mu}_{ML}, \widehat{\sigma}_{ML})\right) > 0 \quad \text{und} \quad \frac{\partial^2 h(\widehat{\mu}_{ML}, \widehat{\sigma}_{ML})}{\partial \mu^2} > 0.$$

Damit ist $(\widehat{\mu}_{ML}, \widehat{\sigma}_{ML})$ gemäß Folgerung 24.10a) eine lokale Minimalstelle von h. Da es sich bei $(\widehat{\mu}_{ML}, \widehat{\sigma}_{ML})$ um die einzige stationäre Stelle von h handelt und der Definitionsbereich von h eine offene Menge ist, erhält man, dass $(\widehat{\mu}_{ML}, \widehat{\sigma}_{ML})$ sogar eine globale Minimalstelle von h ist. Folglich ist $(\widehat{\mu}_{ML}, \widehat{\sigma}_{ML})$ eine globale Maximalstelle der Likelihood-Funktion (24.14), und die gesuchte **Maximum-Likelihood-Schätzung** für die beiden Parameter μ und σ der Gauß-Verteilung ist gegeben durch

$$\widehat{\mu}_{ML} = \frac{1}{n} \sum_{i=1}^{n} x_i \quad \text{und} \quad \widehat{\sigma}_{ML} = \sqrt{\frac{1}{n} \sum_{i=1}^{n} (x_i - \widehat{\mu}_{ML})^2}.$$

Die in den Beispielen 24.7, 24.8, 24.11 und 24.12 betrachteten zweimal stetig partiell differenzierbaren Funktionen haben gemeinsam, dass sie jeweils auf einer **offenen** Menge definiert sind. Aus diesem Grund sind in diesen Beispielen durch die stationären Stellen auch bereits alle Kandidaten für lokale und globale Extremalstellen gegeben, was die Ermittlung aller Extrema beträchtlich erleichtert. Wenn jedoch der Definitionsbereich D der zu optimierenden Funktion $f \colon D \subseteq \mathbb{R}^n \longrightarrow \mathbb{R}$ **abgeschlossen** ist, müssen die Randpunkte des Definitionsbereichs gesondert darauf untersucht werden, ob sie Extremalstellen der Funktion f sind oder nicht. Ist der Definitionsbereich D zusätzlich **beschränkt**, also insgesamt **kompakt**, dann besagt der **Satz vom Minimum und Maximum** (vgl. Satz 21.53) zwar, dass f eine globale Minimal- und Maximalstelle besitzt, er macht jedoch keine Aussage darüber, wo diese Stellen liegen. Das folgende Beispiel demonstriert anhand einer einfachen Funktion in zwei Variablen, wie in einem solchen Fall häufig vorgegangen werden kann.

24.2 Optimierung ohne Nebenbedingungen

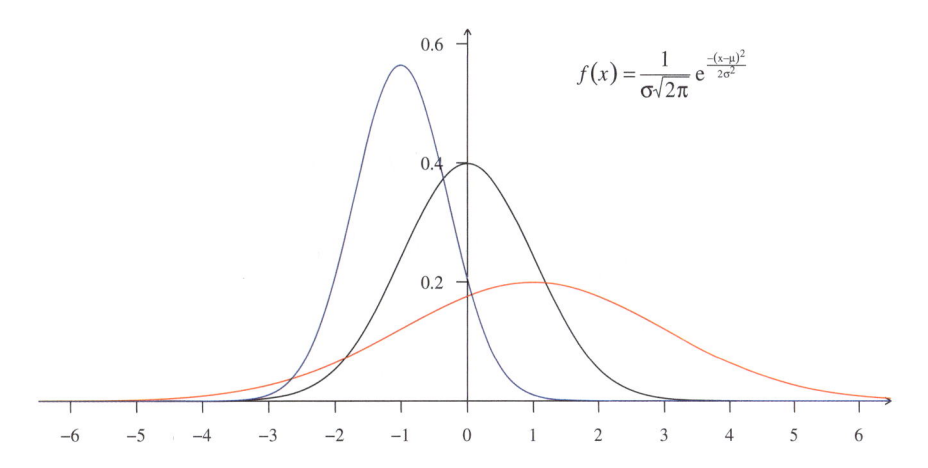

Abb. 24.6: Dichte $f: \mathbb{R} \longrightarrow \mathbb{R}$, $x \mapsto f(x) = \frac{1}{\sigma\sqrt{2\pi}} e^{-\frac{(x-\mu)^2}{2\sigma^2}}$ einer Gauß-Verteilung mit den Parametern $\mu = 0$ und $\sigma = 1$ (schwarz), $\mu = -1$ und $\sigma = \frac{\sqrt{2}}{2}$ (blau) und $\mu = 1$ und $\sigma = 2$ (rot).

Beispiel 24.13 (Extrema einer Funktion mit kompaktem Definitionsbereich)

Die reellwertige Funktion

$$f: [0,1]^2 \longrightarrow \mathbb{R}, \ (x,y) \mapsto f(x,y) = \frac{2x(1-x)}{\sqrt{y+1}}$$

mit dem abgeschlossenen und beschränkten (d. h. kompakten) Definitionsbereich $D = [0,1]^2$ besitzt die ersten partiellen Ableitungen

$$\frac{\partial f(x,y)}{\partial x} = \frac{2-4x}{\sqrt{y+1}} \quad \text{und}$$

$$\frac{\partial f(x,y)}{\partial y} = 2x(1-x)\left(-\frac{1}{2}\right)(y+1)^{-\frac{3}{2}}$$

$$= -(x-x^2)(y+1)^{-\frac{3}{2}}.$$

Offensichtlich ist $\frac{\partial f(x,y)}{\partial x} = 0$ genau dann erfüllt, wenn $x = \frac{1}{2}$ gilt. Da jedoch $\frac{\partial f(x,y)}{\partial y} \neq 0$ für alle $\left(\frac{1}{2}, y\right)$ mit $y \in (0,1)$ gilt, besitzt f im Inneren $D° = (0,1)^2$ von D keine stationären Stellen und damit in $D°$ auch keine Extremalstellen. Es muss daher nur noch der Rand $\partial D = \{(x,y): x \in \{0,1\} \text{ oder } y \in \{0,1\}\}$ des Definitionsbereichs $D = [0,1]^2$ auf Extremalstellen untersucht werden. Hierzu wird eine der Variablen x und y gleich 0 oder gleich 1 gesetzt. Man erhält dann die folgenden vier reellwertigen Funktionen in einer Variablen:

$x = 0$:	$f_1(0,y) = 0$	für alle $y \in [0,1]$
$x = 1$:	$f_2(1,y) = 0$	für alle $y \in [0,1]$
$y = 0$:	$f_3(x,0) = 2x(1-x)$	für alle $x \in [0,1]$
$y = 1$:	$f_4(x,1) = \sqrt{2}x(1-x)$	für alle $x \in [0,1]$

Für die beiden Funktionen $f_3(x,0)$ und $f_4(x,1)$ in der Variablen x erhält man die folgenden beiden ersten und zweiten Ableitungen:

$$f_3'(x,0) = 2 - 4x \quad \text{und} \quad f_3''(x,0) = -4 \quad \text{bzw.}$$
$$f_4'(x,1) = \sqrt{2}(1-2x) \quad \text{und} \quad f_4''(x,1) = -\sqrt{2}2.$$

Die beiden Funktionen $f_3(x,0)$ und $f_4(x,1)$ besitzen somit jeweils bei $x_1 = \frac{1}{2}$ eine stationäre Stelle, die wegen $f_3''(x,0) < 0$ und $f_4''(x,1) < 0$ auch jeweils eine globale Maximalstelle ist (vgl. Folgerung 18.8). Das zugehörige globale Maximum von f_3 und f_4 beträgt $f\left(\frac{1}{2}, 0\right) = \frac{1}{2}$ bzw. $f\left(\frac{1}{2}, 1\right) = \frac{1}{2\sqrt{2}}$. Da ferner

$$\frac{2x(1-x)}{\sqrt{y+1}} \geq 0$$

für alle $(x,y) \in [0,1]^2$ gilt, erhält man für f insgesamt das folgende Ergebnis: Die Funktion f besitzt globale Minimalstellen mit dem Funktionswert 0 bei $(0,y)$ und $(1,y)$ für alle $y \in [0,1]$ und eine globale Maximalstelle mit dem Funktionswert $\frac{1}{2}$ bei $\left(\frac{1}{2}, 0\right)$ (vgl. Abbildung 24.7).

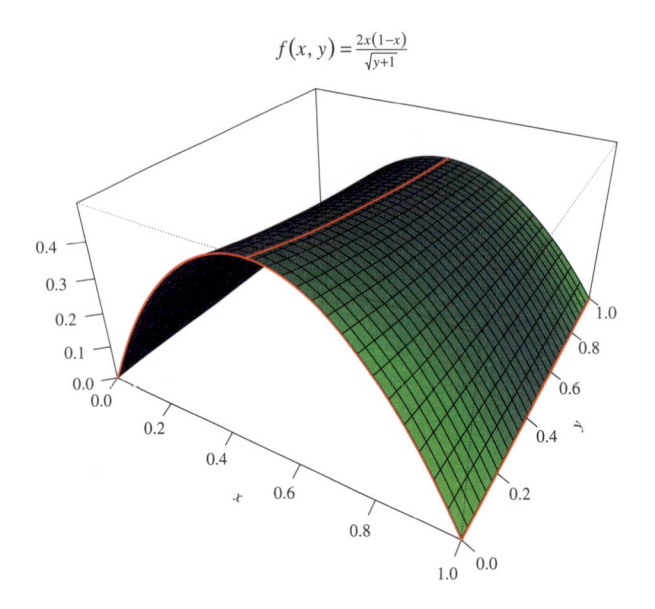

Abb. 24.7: Reellwertige Funktion $f:[0,1]^2 \longrightarrow \mathbb{R}$, $(x,y) \mapsto f(x,y) = \frac{2x(1-x)}{\sqrt{y+1}}$ mit den globalen Minimalstellen $(0,y)$ und $(1,y)$ für $y \in [0,1]$ und der globalen Maximalstelle $\left(\frac{1}{2}, 0\right)$.

24.3 Optimierung unter Gleichheitsnebenbedingungen

Minimum und Maximum unter Gleichheitsnebenbedingungen

Im letzten Abschnitt wurde gezeigt, wie mit Hilfe der Differentialrechnung die lokalen und globalen Extremalstellen einer stetig partiell differenzierbaren Funktion $f: D \subseteq \mathbb{R}^n \longrightarrow \mathbb{R}$ in n Variablen bestimmt werden können, wenn der Definitionsbereich D nicht durch zusätzliche Bedingungen, welche die Werte der n Variablen $\mathbf{x} = (x_1, \ldots, x_n)^T$ erfüllen müssen, eingeschränkt ist. Das heißt, bei der Bestimmung der Extremalstellen von f wurden keine sogenannten **Nebenbedingungen** berücksichtigt und es wurden somit Minimierungs- und Maximierungsprobleme der „einfachen" Form

$$\min_{\mathbf{x} \in D} f(\mathbf{x}) \quad \text{bzw.} \quad \max_{\mathbf{x} \in D} f(\mathbf{x})$$

betrachtet. Bei zahlreichen wirtschaftswissenschaftlichen Problemstellungen müssen aber bei der Optimierung auch Nebenbedingungen berücksichtigt werden. Zum Beispiel maximiert ein Haushalt seinen Nutzen unter Berücksichtigung seiner Budgetrestriktion, eine Unternehmung minimiert die Produktionskosten unter Vorgabe eines zu erzielenden Outputs und ein Betrieb maximiert seine Produktionsmenge unter Einhaltung einer Reihe von Kapazitätsbeschränkungen. Das heißt, bei vielen ökonomischen Optimierungsproblemen sind eine oder mehrere Nebenbedingungen der Form

$$h(x_1, \ldots, x_n) = c \tag{24.16}$$

mit einer reellwertigen Funktion $h: D \subseteq \mathbb{R}^n \longrightarrow \mathbb{R}$ und einer Konstanten $c \in \mathbb{R}$ zu berücksichtigen. Da die Nebenbedingung (24.16) jedoch durch Subtraktion der Konstanten c auf beiden Seiten der Gleichung stets auf die Form

$$h(x_1, \ldots, x_n) - c = 0$$

gebracht werden kann, beschränkt sich die folgende Darstellung ohne Beschränkung der Allgemeinheit auf **Gleichheitsnebenbedingungen** der speziellen Form

$$\begin{aligned} g_1(x_1, \ldots, x_n) &= 0 \\ g_2(x_1, \ldots, x_n) &= 0 \\ &\vdots \\ g_k(x_1, \ldots, x_n) &= 0, \end{aligned} \tag{24.17}$$

also mit dem Wert Null auf der rechten Seite. Um die Ergebnisse aus der Differentialrechnung für reellwertige Funktionen in n Variablen anwenden zu können, wird angenommen, dass die k Funktionen $g_1, g_2, \ldots, g_k: D \subseteq \mathbb{R}^n \longrightarrow \mathbb{R}$ wie auch die zu optimierende Funktion $f: D \subseteq \mathbb{R}^n \longrightarrow \mathbb{R}$ stetig

24.3 Optimierung unter Gleichheitsnebenbedingungen

partiell differenzierbar sind. Darüber hinaus wird vorausgesetzt, dass die Anzahl k der Nebenbedingungen (24.17) kleiner als die Anzahl n der Variablen $x_1, \ldots, x_n$ ist, also $k < n$ gilt. Auf diese Weise wird sichergestellt, dass zur Optimierung von f noch Freiheitsgrade, also Variablen die unabhängig voneinander variiert werden können, vorhanden sind. Der allgemeine Fall, bei dem auch Nebenbedingungen in Form von Ungleichungen $g_i(x_1, \ldots, x_n) \leq 0$ zugelassen sind, ist deutlich komplizierter zu behandeln und Gegenstand von Abschnitt 24.5 und Kapitel 25.

In diesem Abschnitt wird somit die Problemstellung untersucht, dass eine stetig partiell differenzierbare Funktion $f: D \subseteq \mathbb{R}^n \longrightarrow \mathbb{R}$ unter Beachtung von $k < n$ Gleichheitsnebenbedingungen (24.17) mit stetig partiell differenzierbaren Funktionen $g_1, g_2, \ldots, g_k: D \subseteq \mathbb{R}^n \longrightarrow \mathbb{R}$ zu optimieren ist. Bezeichnet

$$N := \{\mathbf{x} \in D : g_1(\mathbf{x}) = 0, \ldots, g_k(\mathbf{x}) = 0\} \subseteq D \quad (24.18)$$

die Menge aller $\mathbf{x} \in D$, welche die k Nebenbedingungen (24.17) erfüllen, dann sagt man, dass $\mathbf{x}_0 \in N$ eine **lokale Minimal-** bzw. **Maximalstelle von f unter den Nebenbedingungen** (24.17) ist, wenn es eine Umgebung $U \subseteq D$ von $\mathbf{x}_0$ gibt, so dass

$$f(\mathbf{x}_0) \leq f(\mathbf{x}) \quad \text{bzw.} \quad f(\mathbf{x}_0) \geq f(\mathbf{x})$$

für alle $\mathbf{x} \in U \cap N$ gilt. Es werden somit Minimierungs- und Maximierungsprobleme der „komplizierteren" Form

$$\min_{\substack{\mathbf{x} \in D \\ g_1(\mathbf{x})=0,\ldots,g_k(\mathbf{x})=0}} f(\mathbf{x}) = \min_{\mathbf{x} \in N} f(\mathbf{x}) \quad \text{bzw.}$$

$$\max_{\substack{\mathbf{x} \in D \\ g_1(\mathbf{x})=0,\ldots,g_k(\mathbf{x})=0}} f(\mathbf{x}) = \max_{\mathbf{x} \in N} f(\mathbf{x})$$

betrachtet, und gesucht sind alle lokalen und globalen Extremalstellen und Extremalwerte von f unter den k angegebenen Nebenbedingungen. Dies sind gerade die Extremalstellen und Extremalwerte der Restriktion

$$f_N : N \longrightarrow \mathbb{R}, \quad \mathbf{x} \mapsto f_N(\mathbf{x}) := f(\mathbf{x}) \quad (24.19)$$

der Funktion f auf die Menge (24.18). Im Allgemeinen ist das Minimum (Maximum) von f unter Einbeziehung von Nebenbedingungen nicht kleiner (größer) als dasjenige von f ohne Berücksichtigung von Nebenbedingungen. Es gelten also stets die Beziehungen

$$\min_{\substack{\mathbf{x} \in D \\ g_1(\mathbf{x})=0,\ldots,g_k(\mathbf{x})=0}} f(\mathbf{x}) \geq \min_{\mathbf{x} \in D} f(\mathbf{x}) \quad \text{und}$$

$$\max_{\substack{\mathbf{x} \in D \\ g_1(\mathbf{x})=0,\ldots,g_k(\mathbf{x})=0}} f(\mathbf{x}) \leq \max_{\mathbf{x} \in D} f(\mathbf{x}).$$

In Abbildung 24.8 ist der Unterschied bei der Maximierung einer reellwertigen Funktion $f: D \subseteq \mathbb{R}^2 \longrightarrow \mathbb{R}$, $(x, y) \mapsto f(x, y)$ in zwei Variablen ohne und mit Nebenbedingung $g(x, y) = 0$ dargestellt. Es ist zu erkennen, dass das Maximum von f ohne Berücksichtigung einer Nebenbedingung im Scheitelpunkt der Kuppel liegt, während das Maximum unter der Nebenbedingung $g(x, y) = 0$ der Scheitelpunkt der Schnittkurve ist, die durch den Graphen von f und die Nebenbedingung $g(x, y) = 0$ festgelegt wird.

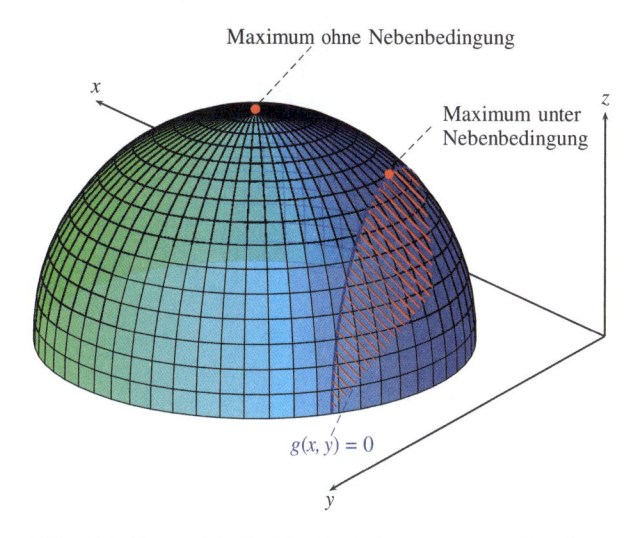

Abb. 24.8: Unterschied bei der Maximierung einer reellwertigen Funktion $f: D \subseteq \mathbb{R}^2 \longrightarrow \mathbb{R}$, $(x, y) \mapsto f(x, y)$ ohne Nebenbedingung und mit Nebenbedingung $g(x, y) = 0$

Verfahren der Variablensubstitution

Die Optimierung einer reellwertigen Funktion $f: D \subseteq \mathbb{R}^n \longrightarrow \mathbb{R}$ unter $k < n$ Gleichheitsnebenbedingungen der Form (24.17) ist relativ einfach möglich, wenn die Gleichungen explizit nach k verschiedenen Variablen, etwa nach $x_1, \ldots, x_k$, aufgelöst werden können. Man erhält dann für die k Variablen eine Darstellung der Form

$$\begin{aligned}
x_1 &= h_1(x_{k+1}, \ldots, x_n) \\
x_2 &= h_2(x_{k+1}, \ldots, x_n) \\
&\vdots \\
x_k &= h_k(x_{k+1}, \ldots, x_n)
\end{aligned} \quad (24.20)$$

mit bekannten reellwertigen Funktionen $h_1, h_2, \ldots, h_k$. Die auf diese Weise gewonnenen Ausdrücke (24.20) können an-

Kapitel 24 — Nichtlineare Optimierung im $\mathbb{R}^n$

$$K(x,y) = \tfrac{3}{4}x^2 + \tfrac{11}{4}y^2 + 10y + 700$$

$$\varphi(y) = \tfrac{7}{2}y^2 - 140y + 8200$$

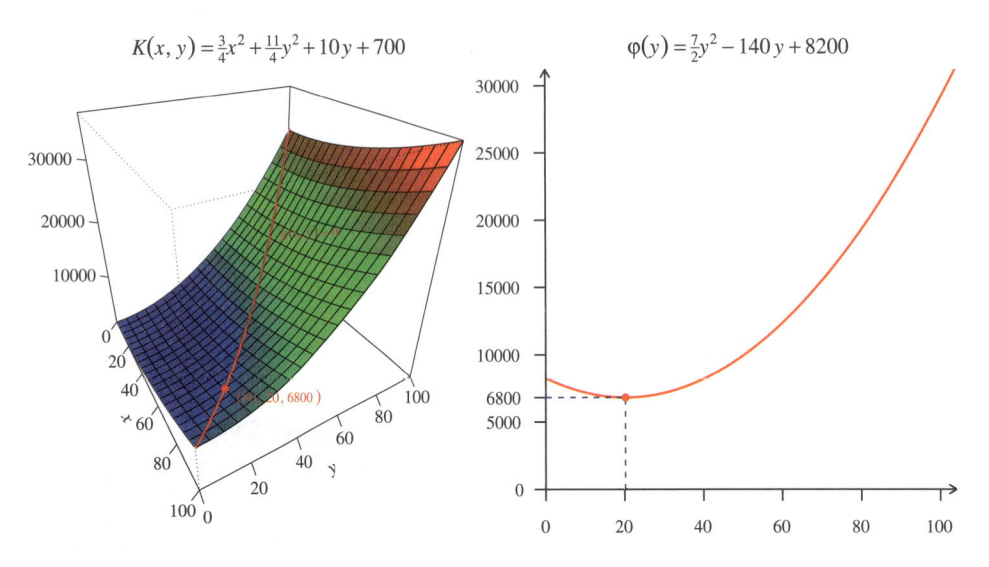

Abb. 24.9: Gesamtkostenfunktion $K : (0, \infty)^2 \longrightarrow \mathbb{R}$, $(x, y) \mapsto K(x, y) = \tfrac{3}{4}x^2 + \tfrac{11}{4}y^2 + 10y + 700$ (links) und Gesamtkostenfunktion $\varphi(y) = K(100 - y, y) = \tfrac{7}{2}y^2 - 140y + 8200$ nach Variablensubstitution mit globaler Minimalstelle bei $y_0 = 20$ (rechts)

schließend für die Variablen $x_1, \ldots, x_k$ in die zu optimierende Funktion f eingesetzt werden und es resultiert dann mit

$$\varphi(x_{k+1}, \ldots, x_n)$$
$$:= f(h_1(x_{k+1}, \ldots, x_n), \ldots, h_k(x_{k+1}, \ldots, x_n), x_{k+1}, \ldots, x_n)$$

eine neue reellwertige Funktion in den verbleibenden $n - k$ Variablen $x_{k+1}, \ldots, x_n$. Durch die Funktion φ werden also die k Nebenbedingungen (24.17) implizit berücksichtigt und es resultiert ein Optimierungsproblem ohne Nebenbedingungen mit einer reduzierten Variablenanzahl. Die Extremalstellen von φ können daher mit Hilfe der Differentialrechnung und den Ergebnissen aus Abschnitt 24.2 in herkömmlicher Weise bestimmt werden, wenn die Funktion φ die dazu erforderlichen Differenzierbarkeitsbedingungen erfüllt. Dieses Vorgehen heißt **Verfahren der Variablensubstitution** oder auch **Methode der direkten Elimination** und wird im nächsten Beispiel demonstriert.

Beispiel 24.14 (Verfahren der Variablensubstitution)

a) Ein Textilfabrikant bezieht für seine T-Shirt Produktion Baumwolle von zwei verschiedenen Herstellern H_1 und H_2.

Die Bezugskosten für Baumwolle von diesen beiden Herstellern in Abhängigkeit der Bezugsmengen x und y (in Tonnen) sind durch die beiden Kostenfunktionen $k_1, k_2 : (0, \infty) \longrightarrow \mathbb{R}$ mit

$$k_1(x) := \tfrac{3}{4}x^2 + 400 \quad \text{bzw.}$$
$$k_2(y) := \tfrac{11}{4}y^2 + 10y + 300$$

gegeben. Der Textilfabrikant verfolgt als Unternehmensziel die kostenminimale Produktion einer gewissen Anzahl von T-Shirts, für die er insgesamt 100 Tonnen Baumwolle benötigt. Das heißt, für die Gesamtbezugsmenge $x + y$ an Baumwolle von den beiden Herstellern muss die Bedingung $x + y = 100$ erfüllt sein und folglich ist die Gesamtkostenfunktion

$$K : (0, \infty)^2 \longrightarrow \mathbb{R},$$
$$(x, y) \mapsto K(x, y) := k_1(x) + k_2(y)$$
$$= \tfrac{3}{4}x^2 + \tfrac{11}{4}y^2 + 10y + 700$$

24.3 Optimierung unter Gleichheitsnebenbedingungen

unter Berücksichtigung der Nebenbedingung

$$g(x, y) = x + y - 100 = 0 \qquad (24.21)$$

zu minimieren. Da es jedoch möglich ist, die Nebenbedingung (24.21) explizit nach einer der beiden Variablen x oder y aufzulösen und anschließend den resultierenden Ausdruck in die zu minimierende Gesamtkostenfunktion K einzusetzen, kann die Problemstellung auf ein äquivalentes Optimierungsproblem in einer Variablen ohne Nebenbedingung zurückgeführt werden. Wird zum Beispiel (24.21) nach der Variablen x aufgelöst, dann resultiert die Gleichung $x = 100 - y$ und nach Einsetzen in K erhält man mit

$$\begin{aligned}\varphi(y) &:= K(100 - y, y) \\ &= \frac{3}{4}(100 - y)^2 + \frac{11}{4}y^2 + 10y + 700 \\ &= \frac{7}{2}y^2 - 140y + 8200\end{aligned}$$

eine reellwertige Funktion in einer Variablen. Für die ersten beiden Ableitungen von φ gilt

$$\varphi'(y) = 7y - 140 \qquad \text{bzw.} \qquad \varphi''(y) = 7 > 0$$

und es folgt $\varphi'(20) = 0$ bzw. $\varphi''(20) > 0$. Das heißt, gemäß Satz 18.8b) ist der Wert $y_0 = 20$ eine globale Minimalstelle von φ, und mit der Nebenbedingung (24.21) erhält man für die andere Variable den Wert $x_0 = 80$. Die kostenminimalen Bezugsmengen sind folglich $x_0 = 80$ und $y_0 = 20$ und führen zu den (minimalen) Gesamtkosten

$$K(80, 20) = \frac{3}{4}80^2 + \frac{11}{4}20^2 + 10 \cdot 20 + 700 = 6800$$

(vgl. Abbildung 24.9).

b) Betrachtet werden die durch die Gleichung $z = x+y$ festgelegte Ebene E im dreidimensionalen euklidischen Raum $\mathbb{R}^3$ und der Punkt $\mathbf{p} := (0, 0, 10)^T \in \mathbb{R}^3$. Zu bestimmen sei der Punkt $\mathbf{x}_0 := (x_0, y_0, z_0)^T$ in der Ebene E, der den euklidischen Abstand zum Punkt $\mathbf{p}$, also den Wert

$$\|\mathbf{x} - \mathbf{p}\| = \sqrt{x^2 + y^2 + (z - 10)^2},$$

minimiert (zum Begriff des euklidischen Abstands siehe Definition 7.10). Diese Problemstellung ist äquivalent zur Bestimmung der (globalen) Minimalstelle der Funktion

$$f: \mathbb{R}^3 \longrightarrow \mathbb{R},$$
$$(x, y, z) \mapsto f(x, y, z) := x^2 + y^2 + (z - 10)^2$$

unter der Nebenbedingung

$$g(x, y, z) = x + y - z = 0. \qquad (24.22)$$

Durch die Nebenbedingung (24.22) wird sichergestellt, dass die resultierende Lösung auch tatsächlich in der Ebene E liegt. Da die Nebenbedingung jedoch wieder explizit nach einer der drei Variablen x, y oder z aufgelöst werden kann, lässt sich die Problemstellung zu einem äquivalenten Optimierungsproblem in zwei Variablen ohne Nebenbedingung vereinfachen. Zum Beispiel erhält man durch Einsetzen des Ausdrucks $z = x + y$ in die zu minimierende Funktion f mit

$$\begin{aligned}\varphi(x, y) &:= f(x, y, x + y) \\ &= x^2 + y^2 + (x + y - 10)^2 \\ &= 2x^2 + 2y^2 + 2xy - 20x - 20y + 100\end{aligned}$$

eine reellwertige Funktion in zwei Variablen. Diese Funktion kann ohne Berücksichtigung von Nebenbedingungen minimiert werden. Die partiellen Ableitungen

$$\frac{\partial \varphi(x, y)}{\partial x} = 4x + 2y - 20 \qquad \text{und}$$
$$\frac{\partial \varphi(x, y)}{\partial y} = 4y + 2x - 20$$

führen zum linearen Gleichungssystem

$$4x + 2y - 20 = 0$$
$$4y + 2x - 20 = 0,$$

dessen eindeutige Lösung $\left(\frac{10}{3}, \frac{10}{3}\right)$ die einzige stationäre Stelle von φ ist. Durch Einsetzen dieser Werte in die Nebenbedingung (24.22) erhält man für die dritte Variable den Wert $z = \frac{20}{3}$ und aus dem Sachzusammenhang oder der Definitheitseigenschaft der Hesse-Matrix

$$\mathbf{H}_\varphi(x, y) = \begin{pmatrix} 4 & 2 \\ 2 & 4 \end{pmatrix}$$

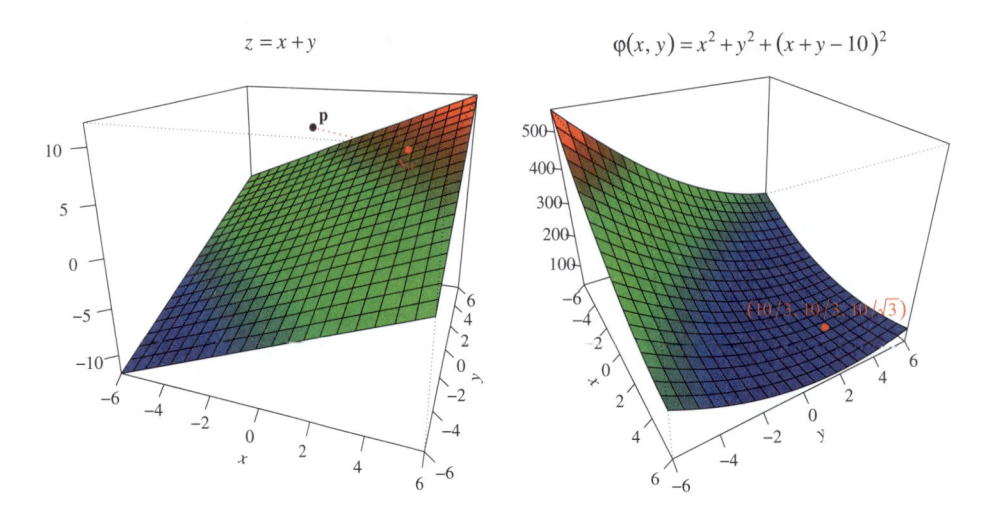

Abb. 24.10: Die durch die Gleichung $z = x + y$ im $\mathbb{R}^3$ festgelegte Ebene E mit dem Punkt $\mathbf{x}_0 = \left(\frac{10}{3}, \frac{10}{3}, \frac{20}{3}\right)^T \in E$, der den Abstand zu $\mathbf{p} = (0, 0, 10)^T$ minimiert (links) und die zu minimierende Funktion $\varphi(x, y) = f(x, y, x + y) = x^2 + y^2 + (x + y - 10)^2$ mit ihrem globalen Minimum $\left(\frac{10}{3}, \frac{10}{3}, \frac{100}{3}\right)$ (rechts)

folgt, dass es sich bei der stationären Stelle $\left(\frac{10}{3}, \frac{10}{3}\right)$ tatsächlich um eine globale Minimalstelle von φ handelt. Zum Beispiel gilt für die beiden Hauptminoren der Hesse-Matrix

$$\det(\mathbf{H}_1) = \frac{\partial^2 \varphi(x, y)}{\partial x^2} = 4 > 0 \quad \text{und}$$

$$\det(\mathbf{H}_2) = \det\left(\mathbf{H}_\varphi(x, y)\right) = 12 > 0.$$

Gemäß Folgerung 24.10c) ist somit $\left(\frac{10}{3}, \frac{10}{3}\right)$ die globale Minimalstelle von φ und $\left(\frac{10}{3}, \frac{10}{3}, \frac{20}{3}\right)$ die globale Minimalstelle von f unter der Nebenbedingung (24.22). Das heißt, der Punkt $\mathbf{x}_0 = \left(\frac{10}{3}, \frac{10}{3}, \frac{20}{3}\right)^T$ ist der gesuchte Punkt auf der Ebene E, der den Abstand zum Punkt $\mathbf{p}$ minimiert. Der minimale Abstand beträgt $\sqrt{f(\mathbf{x}_0)} = \sqrt{\frac{100}{3}} = \frac{10}{3}\sqrt{3}$ (vgl. Abbildung 24.10).

Lagrangesche Multiplikatorenregel

In vielen Fällen ist es nicht möglich, bei der Optimierung einer reellwertigen Funktion $f: D \subseteq \mathbb{R}^n \longrightarrow \mathbb{R}$ mit k Nebenbedingungen der Form (24.17) alle Nebenbedingungen explizit nach k verschiedenen Variablen aufzulösen. In solchen Fällen kann das Verfahren der Variablensubstitution nicht zur Berechnung der Extremalstellen von f unter den Nebenbedingungen (24.17) herangezogen werden. Das heißt, es wird eine andere Methode benötigt, mit welcher das Problem auf ein Optimierungsproblem ohne Nebenbedingungen zurückgeführt werden kann.

Eine solche Methode ist die **Lagrangesche Multiplikatorenregel**, die im Jahre 1797 von dem italienischen Mathematiker und Astronom *Joseph-Louis de Lagrange* (1736–1813) in seiner wissenschaftlichen Abhandlung **„Théorie des fonctions analytiques"** veröffentlicht wurde. Bei diesem Lösungsansatz wird ein gegebenes Optimierungsproblem in n Variablen mit $k < n$ Nebenbedingungen in ein höherdimensionales Optimierungsproblem mit $n + k$ Variablen ohne Nebenbedingungen überführt.

J.-L. de Lagrange

Im Folgenden wird die Lagrangesche Multiplikatorenregel anhand des einfachsten Falles, nämlich der Maximierung einer reellwertigen Funktion

$$f: D \subseteq \mathbb{R}^2 \longrightarrow \mathbb{R}, \quad (x, y) \mapsto f(x, y)$$

24.3 Optimierung unter Gleichheitsnebenbedingungen — Kapitel 24

auf einer offenen Menge D in nur zwei Variablen und lediglich einer Nebenbedingung

$$g(x, y) = 0 \qquad (24.23)$$

erläutert. Die hierbei gewonnenen Erkenntnisse sind hilfreich für das Verständnis der Lagrangeschen Multiplikatorenregel für den allgemeinen Fall, also für die Optimierung einer reellwertigen Funktion in n Variablen unter $k < n$ Nebenbedingungen. Dieser allgemeine Fall ist Gegenstand von Satz 24.15.

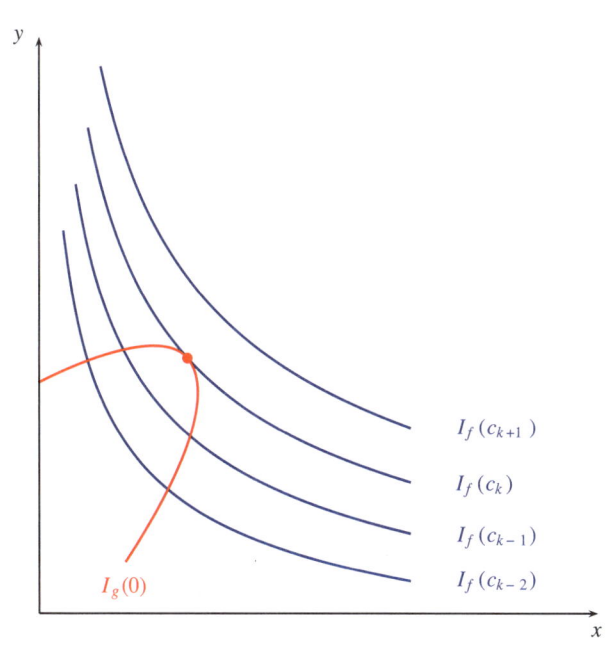

Abb. 24.11: Isohöhenlinie $I_g(0)$ der Funktion g und Isohöhenlinien $I_f(c_k)$ von f zu verschiedenen Niveaus

Für die Betrachtung wird weiter angenommen, dass die zu maximierende Funktion $f\colon D \subseteq \mathbb{R}^2 \longrightarrow \mathbb{R}$ und die zur Nebenbedingung (24.23) gehörende Funktion $g\colon D \subseteq \mathbb{R}^2 \longrightarrow \mathbb{R}$ stetig partiell differenzierbar sind. Die Funktionsweise der Lagrangeschen Multiplikatorenregel lässt sich dann leicht mit Hilfe der Abbildung 24.11 veranschaulichen. Diese Abbildung zeigt einige Isohöhenlinien

$$I_f(c_k) = \{(x, y) \in D \colon f(x, y) = c_k\}$$

der Funktion f zu verschiedenen Niveaus c_k mit $\ldots < c_{k-1} < c_k < c_{k+1} < \ldots$ sowie die Isohöhenlinie

$$I_g(0) = \{(x, y) \in D \colon g(x, y) = 0\}$$

der Funktion g zum Niveau $c = 0$. Das heißt, beim Übergang von der Isohöhenlinie $I_f(c_k)$ zur Isohöhenlinie $I_f(c_{k+1})$ erhöht sich der Funktionswert von f und durch die Isohöhenlinie $I_g(0)$ sind alle $(x, y) \in D$ gegeben, welche der Nebenbedingung (24.23) genügen. Bewegt man sich nun entlang der Isohöhenlinie $I_g(0)$, dann wird der Funktionswert von f immer dann zu- oder abnehmen, wenn eine Isohöhenlinie von f überquert wird. Folglich kann an einer Stelle $(x, y) \in I_g(0)$ der Funktionswert von f unter der Nebenbedingung (24.23) höchstens dann (lokal) maximal sein, wenn dort die Isohöhenlinie $I_g(0)$ eine Isohöhenlinie von f nicht schneidet, sondern sie lediglich berührt, wie es an der Stelle (x_0, y_0) der Fall ist. Das heißt, an dieser Stelle stimmen die Steigungen der beiden Isohöhenlinien $I_g(0)$ und $I_f(c_k)$ überein. Wird nun angenommen, dass $\frac{\partial g(x_0,y_0)}{\partial y} \neq 0$ gilt, dann folgt mit dem Satz von der impliziten Funktion (vgl. Satz 22.36), dass an der Stelle (x_0, y_0) die Steigung von $I_g(0)$ durch

$$\frac{dy}{dx} = -\frac{\frac{\partial g(x_0,y_0)}{\partial x}}{\frac{\partial g(x_0,y_0)}{\partial y}}$$

und die Steigung von $I_f(c_k)$ durch

$$\frac{dy}{dx} = -\frac{\frac{\partial f(x_0,y_0)}{\partial x}}{\frac{\partial f(x_0,y_0)}{\partial y}}$$

gegeben ist. Da jedoch an der Stelle (x_0, y_0) die Steigungen der beiden Isohöhenlinien $I_g(0)$ und $I_f(c_k)$ übereinstimmen müssen, impliziert dies

$$\frac{\frac{\partial g(x_0,y_0)}{\partial x}}{\frac{\partial g(x_0,y_0)}{\partial y}} = \frac{\frac{\partial f(x_0,y_0)}{\partial x}}{\frac{\partial f(x_0,y_0)}{\partial y}},$$

und zusammen mit dem **Lagrange-Multiplikator**

$$\lambda := -\frac{\frac{\partial f(x_0,y_0)}{\partial y}}{\frac{\partial g(x_0,y_0)}{\partial y}}$$

erhält man daraus die beiden Gleichungen

$$\frac{\partial f(x_0, y_0)}{\partial x} + \lambda \frac{\partial g(x_0, y_0)}{\partial x} = 0 \quad \text{und}$$
$$\frac{\partial f(x_0, y_0)}{\partial y} + \lambda \frac{\partial g(x_0, y_0)}{\partial y} = 0. \qquad (24.24)$$

Mit der reellwertigen Funktion

$$L\colon \mathbb{R} \times D \longrightarrow \mathbb{R},$$
$$(\lambda, x, y) \mapsto L(\lambda, x, y) := f(x, y) + \lambda g(x, y), \qquad (24.25)$$

die als **Lagrange-Funktion** von f bezüglich g bezeichnet wird, erhält man für die beiden Gleichungen (24.24) die äquivalente Darstellung

$$\frac{\partial L(\lambda, x_0, y_0)}{\partial x} = 0 \quad \text{und} \quad \frac{\partial L(\lambda, x_0, y_0)}{\partial y} = 0. \quad (24.26)$$

Mit anderen Worten: Eine notwendige Bedingung für lokale Extremalstellen (x_0, y_0) einer stetig partiell differenzierbaren Funktion $f: D \subseteq \mathbb{R}^2 \longrightarrow \mathbb{R}$ unter der Nebenbedingung $g(x, y) = 0$ ist, dass die beiden partiellen Ableitungen der Lagrange-Funktion L bezüglich den Variablen x und y dort gleich Null sind (vgl. (24.26)). Dieser Sachverhalt wird als **Lagrangesche Multiplikatorenregel** bezeichnet.

Für die Formulierung der Lagrangeschen Multiplikatorenregel im allgemeinen Fall einer reellwertigen Funktion $f: D \subseteq \mathbb{R}^n \longrightarrow \mathbb{R}$ in n Variablen unter $k < n$ Nebenbedingungen wird die Lagrange-Funktion von f bezüglich k Nebenbedingungsfunktionen $g_1, g_2, \ldots, g_k$ mit k Lagrange-Multiplikatoren $\lambda_1, \ldots, \lambda_k$ benötigt. Diese ist gegeben durch

$$L: \mathbb{R}^k \times D \longrightarrow \mathbb{R}, \quad (24.27)$$

$$(\lambda_1, \ldots, \lambda_k, \mathbf{x}) \mapsto L(\lambda_1, \ldots, \lambda_k, \mathbf{x}) := f(\mathbf{x}) + \sum_{p=1}^{k} \lambda_p g_p(\mathbf{x}).$$

Für den Fall einer reellwertigen Funktion f mit nur zwei Variablen, d. h. $n = 2$, und lediglich einer Nebenbedingung, d. h. $k = 1$, vereinfacht sich (24.27) zu (24.25).

Die Lagrangesche Multiplikatorenregel für den allgemeinen Fall ist Gegenstand des folgenden Satzes. Er liefert eine notwendige Bedingung für lokale Extremalstellen einer stetig partiell differenzierbaren Funktion f in n Variablen unter $k < n$ stetig partiell differenzierbaren Nebenbedingungsfunktionen $g_1, g_2, \ldots, g_k$.

Satz 24.15 (Lagrangesche Multiplikatorenregel)

Es seien $f, g_1, \ldots, g_k: D \subseteq \mathbb{R}^n \longrightarrow \mathbb{R}$ stetig partiell differenzierbare Funktionen auf einer offenen Menge D und $k < n$. Dann gilt: Ist $\mathbf{x}_0 \in D$ eine lokale Extremalstelle von f unter den k Nebenbedingungen

$$\begin{aligned} g_1(x_1, \ldots, x_n) &= 0 \\ g_2(x_1, \ldots, x_n) &= 0 \\ &\vdots \\ g_k(x_1, \ldots, x_n) &= 0 \end{aligned} \quad (24.28)$$

und besitzt die $k \times n$-Matrix

$$\mathbf{J}_g(\mathbf{x}_0) := \begin{pmatrix} \frac{\partial g_1(\mathbf{x}_0)}{\partial x_1} & \cdots & \frac{\partial g_1(\mathbf{x}_0)}{\partial x_n} \\ \frac{\partial g_2(\mathbf{x}_0)}{\partial x_1} & \cdots & \frac{\partial g_2(\mathbf{x}_0)}{\partial x_n} \\ \vdots & \ddots & \vdots \\ \frac{\partial g_k(\mathbf{x}_0)}{\partial x_1} & \cdots & \frac{\partial g_k(\mathbf{x}_0)}{\partial x_n} \end{pmatrix} \quad (24.29)$$

den vollen Rang k, dann existieren k reelle Zahlen $\lambda_1, \ldots, \lambda_k \in \mathbb{R}$ (Lagrangesche Multiplikatoren), so dass für die ersten partiellen Ableitungen der Lagrange-Funktion

$$\frac{\partial L(\lambda_1, \ldots, \lambda_k, \mathbf{x}_0)}{\partial x_j} = \frac{\partial f(\mathbf{x}_0)}{\partial x_j} + \sum_{p=1}^{k} \lambda_p \frac{\partial g_p(\mathbf{x}_0)}{\partial x_j} = 0 \quad (24.30)$$

für alle $j = 1, \ldots, n$ gilt.

Beweis: Für einen ausführlichen Beweis für den allgemeinen Fall mit n Variablen und $k < n$ Nebenbedingungen siehe z. B. Heuser [26], Seiten 320–323. ∎

Die $k \times n$-Matrix (24.29) wird als **Funktionalmatrix** oder – nach dem deutschen Mathematiker *Carl Gustav Jacob Jacobi* (1804–1851) – als **Jacobi-Matrix** an der Stelle $\mathbf{x}_0$ bezeichnet. Sie besteht aus den ersten partiellen Ableitungen der k Nebenbedingungsfunktionen $g_1, g_2, \ldots, g_k$ und kann deshalb auch in der Form

C. G. J. Jacobi

$$\mathbf{J}_g(\mathbf{x}_0) = \begin{pmatrix} \operatorname{grad} g_1(\mathbf{x}_0)^T \\ \vdots \\ \operatorname{grad} g_k(\mathbf{x}_0)^T \end{pmatrix}$$

geschrieben werden. Die Lagrangesche Multiplikatorenregel ist somit nur dann eine notwendige Bedingung für die Existenz lokaler Extremalstellen unter k Gleichheitsnebenbedingungen, wenn die Gradienten der Nebenbedingungsfunktionen $g_1, g_2, \ldots, g_k$ linear unabhängig sind.

Der Satz 24.15 besagt, dass eine lokale Extremalstelle $\mathbf{x}_0$ von f unter den k Nebenbedingungen (24.28), deren Jacobi-Matrix $\mathbf{J}_g(\mathbf{x}_0)$ den vollen Rang k besitzt, eine Lösung des –

24.3 Optimierung unter Gleichheitsnebenbedingungen

in der Regel nichtlinearen – Gleichungssystems

$$\frac{\partial L(\lambda_1, \ldots, \lambda_k, \mathbf{x})}{\partial x_1} = 0$$
$$\vdots$$
$$\frac{\partial L(\lambda_1, \ldots, \lambda_k, \mathbf{x})}{\partial x_n} = 0 \qquad (24.31)$$
$$g_1(\mathbf{x}) = 0$$
$$\vdots$$
$$g_k(\mathbf{x}) = 0$$

ist. Dieses aus $n+k$ Gleichungen und $n+k$ Unbekannten $x_1, \ldots, x_n, \lambda_1, \ldots, \lambda_k$ bestehende Gleichungssystem wird als **Lagrangesches Gleichungssystem** bezeichnet. Die ersten n Gleichungen geben die notwendige Bedingung (24.30) wieder und die letzten k Gleichungen repräsentieren die Nebenbedingungen (24.28). Durch Anwendung der Lagrangeschen Multiplikatorenregel erhöht sich somit zwar auf der einen Seite die Anzahl der Unbekannten von n zu $n+k$, aber auf der anderen Seite resultiert aus einem Optimierungsproblem unter Nebenbedingungen ein einfacher handhabbares Optimierungsproblem ohne Nebenbedingungen. Wegen

$$\frac{\partial L(\lambda_1, \ldots, \lambda_k, \mathbf{x})}{\partial \lambda_p} = g_p(\mathbf{x})$$

für $i = p, \ldots, k$ kann das Lagrangesche Gleichungssystem (24.31) auch kompakter in der Form

$$\operatorname{grad} L(\lambda_1, \ldots, \lambda_k, \mathbf{x}) = \mathbf{0} \qquad (24.32)$$

geschrieben werden, wobei der $(n+k)$-dimensionale Gradient $\operatorname{grad} L(\lambda_1, \ldots, \lambda_k, \mathbf{x})$ aus den $n+k$ partiellen Ableitungen von L bezüglich den n Variablen $x_1, \ldots, x_n$ und den k Lagrange-Multiplikatoren $\lambda_1, \ldots, \lambda_k$ besteht. Die Stellen $\mathbf{x} \in D$ mit der Eigenschaft (24.32), also stationäre Stellen der Lagrange-Funktion L, werden auch als **stationäre Stellen von f unter den k Nebenbedingungen** (24.28) bezeichnet.

Bei der praktischen Bestimmung der Extremalstellen einer reellwertigen Funktion f in n Variablen unter k Gleichheitsnebenbedingungen geht man daher so vor, dass die $n+k$ ersten partiellen Ableitungen der Lagrange-Funktion L bestimmt und gleich Null gesetzt werden. Anschließend erhält man durch Lösen des resultierenden Lagrangeschen Gleichungssystems (24.31) die stationären Stellen von L, welche die Kandidaten für lokale Extremalstellen von f unter den k Nebenbedingungen sind. Die einzigen Stellen $\mathbf{x}_0$, die darüber hinaus noch weitere lokale Extremalstellen von f sein könnten, sind diejenigen Stellen, welche zwar den Nebenbedingungen (24.28) genügen, deren zugehörige Jacobi-Matrix $\mathbf{J}_g(\mathbf{x}_0)$ jedoch nicht den vollen Rang k besitzt. Für solche Stellen muss individuell überprüft werden, ob es sich um eine Extremalstelle von f handelt oder nicht. Gilt jedoch $\operatorname{rang}(\mathbf{J}_g(\mathbf{x})) = k$ für alle Stellen $\mathbf{x} \in D$ mit $g_1(\mathbf{x}) = \ldots = g_k(\mathbf{x}) = 0$, dann ist sichergestellt, dass durch die Lösungen des Lagrangeschen Gleichungssystems (24.31), d. h. durch die stationären Stellen der Lagrange-Funktion L, bereits alle Kandidaten für lokale Extremalstellen von f unter den k Nebenbedingungen (24.28) gegeben sind.

Der Nutzen der Lagrangeschen Multiplikatorenregel wird im nachfolgenden Beispiel verdeutlicht.

Beispiel 24.16 (Lagrangesche Multiplikatorenregel)

a) Gegeben sei die reellwertige Funktion

$$f: (0, \infty)^2 \longrightarrow \mathbb{R},$$
$$(x, y) \mapsto f(x, y) = \frac{1}{2}x^2 + y^2 + 2y + 1000$$

und die Nebenbedingung

$$g(x, y) = x + y - 80 = 0. \qquad (24.33)$$

Obwohl die Bestimmung der Extremalstellen von f sehr einfach mit Hilfe des Verfahrens der Variablensubstitution erfolgen könnte, wird im Folgenden die Lagrangesche Multiplikatorenregel verwendet. Die Lagrange-Funktion lautet

$$L(\lambda, x, y) = \frac{1}{2}x^2 + y^2 + 2y + 1000 + \lambda(x + y - 80)$$

und besitzt die folgenden ersten partiellen Ableitungen:

$$\frac{\partial L(\lambda, x, y)}{\partial x} = x + \lambda$$
$$\frac{\partial L(\lambda, x, y)}{\partial y} = 2y + 2 + \lambda$$
$$\frac{\partial L(\lambda, x, y)}{\partial \lambda} = x + y - 80$$

Die Lösung des (linearen) Lagrangeschen Gleichungssystems

$$x + \lambda = 0$$
$$2y + 2 + \lambda = 0$$
$$x + y - 80 = 0$$

ergibt sich nach kurzer Umformung zu $x = 54$, $y = 26$ und $\lambda = -54$. Für die Jacobi-Matrix gilt ferner

$$\mathbf{J}_g(x, y) = \left(\frac{\partial g(x, y)}{\partial x}, \frac{\partial g(x, y)}{\partial y} \right) = (1, 1).$$

Das heißt, sie besitzt für alle $(x, y) \in \mathbb{R}^2$ den vollen Rang $k = 1$, und nach Satz 24.15 ist die stationäre Stelle $(54, 26)$ somit der einzige Kandidat für eine lokale Extremalstelle von f unter der Nebenbedingung (24.33). Der Satz 24.15 liefert jedoch keine Aussage darüber, ob es sich bei der stationären Stelle $(54, 26)$ tatsächlich um eine Extremalstelle handelt, und ob es gegebenenfalls eine (lokale oder globale) Minimal- oder Maximalstelle ist. Eine solche Aussage ist erst mit Hilfe einer hinreichenden Bedingung möglich (vgl. hierzu Beispiel 24.19a)).

b) Ein Wirtschaftsakteur sei an der Maximierung der reellwertigen Funktion

$$f : \mathbb{R}^3 \longrightarrow \mathbb{R}, \ (x, y, z) \mapsto f(x, y, z) = 5x + y - 3z$$

unter den beiden Budgetrestriktionen

$$g_1(x, y, z) = x + y + z = 0 \quad \text{und}$$
$$g_2(x, y, z) = x^2 + y^2 + z^2 - 1 = 0 \quad (24.34)$$

interessiert. Die zugehörige Lagrange-Funktion ist gegeben durch

$$\begin{aligned} L(\lambda_1, \lambda_2, x, y, z) &= f(x, y, z) + \lambda_1 g_1(x, y, z) \\ &\quad + \lambda_2 g_2(x, y, z) \\ &= 5x + y - 3z + \lambda_1 (x + y + z) \\ &\quad + \lambda_2 (x^2 + y^2 + z^2 - 1) \end{aligned}$$

und besitzt die ersten partiellen Ableitungen:

$$\frac{\partial L(\lambda_1, \lambda_2, x, y, z)}{\partial x} = 5 + \lambda_1 + 2\lambda_2 x$$
$$\frac{\partial L(\lambda_1, \lambda_2, x, y, z)}{\partial y} = 1 + \lambda_1 + 2\lambda_2 y$$
$$\frac{\partial L(\lambda_1, \lambda_2, x, y, z)}{\partial z} = -3 + \lambda_1 + 2\lambda_2 z$$
$$\frac{\partial L(\lambda_1, \lambda_2, x, y, z)}{\partial \lambda_1} = x + y + z$$
$$\frac{\partial L(\lambda_1, \lambda_2, x, y, z)}{\partial \lambda_2} = x^2 + y^2 + z^2 - 1$$

Für die Jacobi-Matrix gilt

$$\mathbf{J}_g(x, y, z) = \begin{pmatrix} \frac{\partial g_1(x,y,z)}{\partial x} & \frac{\partial g_1(x,y,z)}{\partial y} & \frac{\partial g_1(x,y,z)}{\partial z} \\ \frac{\partial g_2(x,y,z)}{\partial x} & \frac{\partial g_2(x,y,z)}{\partial y} & \frac{\partial g_2(x,y,z)}{\partial z} \end{pmatrix}$$
$$= \begin{pmatrix} 1 & 1 & 1 \\ 2x & 2y & 2z \end{pmatrix}.$$

Die beiden Zeilen von $\mathbf{J}_g(x, y, z)$ sind offensichtlich nur für $x = y = z$ linear abhängig. Da aber in diesem Fall die beiden Budgetrestriktionen (24.34) nicht erfüllt sind, besitzt die Jacobi-Matrix $\mathbf{J}_g(x, y, z)$ für alle $(x, y, z) \in \mathbb{R}^3$ mit $g_1(x, y, z) = 0$ und $g_2(x, y, z) = 0$ den vollen Rang $k = 2$. Folglich sind durch die Lösungen des Lagrangeschen Gleichungssystems

$$5 + \lambda_1 + 2\lambda_2 x = 0$$
$$1 + \lambda_1 + 2\lambda_2 y = 0$$
$$-3 + \lambda_1 + 2\lambda_2 z = 0$$
$$x + y + z = 0$$
$$x^2 + y^2 + z^2 - 1 = 0$$

bereits alle Kandidaten für lokale Extremalstellen von f unter den Budgetrestriktionen (24.34) gegeben. Die Addition der ersten drei Gleichungen liefert

$$3 + 3\lambda_1 + 2\lambda_2 (x + y + z) = 0$$

und mit der vierten Gleichung folgt daraus weiter

$$3 + 3\lambda_1 = 0.$$

Folglich gilt $\lambda_1 = -1$. Dies impliziert jedoch für die beiden ersten Gleichungen

$$4 + 2\lambda_2 x = 0 \quad \text{bzw.} \quad 2\lambda_2 y = 0$$

und zeigt, dass $\lambda_2 \neq 0$ und $y = 0$ gelten muss. Zusammen mit den beiden letzten Gleichungen erhält man daraus

$$z = -x \quad \text{und} \quad 2x^2 = 1,$$

also $x = \pm \frac{1}{\sqrt{2}}$ und $z = \mp \frac{1}{\sqrt{2}}$. Folglich sind

$$\left(\frac{1}{\sqrt{2}}, 0, -\frac{1}{\sqrt{2}} \right) \quad \text{und} \quad \left(-\frac{1}{\sqrt{2}}, 0, \frac{1}{\sqrt{2}} \right) \quad (24.35)$$

24.3 Optimierung unter Gleichheitsnebenbedingungen

die beiden einzigen Kandidaten für Extremalstellen von f unter den Budgetrestriktionen (24.34). Für die beiden zugehörigen Lagrange-Multiplikatoren erhält man $\lambda_1 = -1$ und $\lambda_2 = -2\sqrt{2}$ bzw. $\lambda_1 = -1$ und $\lambda_2 = 2\sqrt{2}$. Da es sich bei der Restriktion der Funktion f auf die Menge

$$N = \left\{ \mathbf{x} \in \mathbb{R}^3 : g_1(x, y, z) = 0, g_2(x, y, z) = 0 \right\}$$

(vgl. (24.19)) um eine stetige Funktion auf einer abgeschlossenen und beschränkten Menge handelt, folgt mit dem Satz vom Minimum und Maximum (vgl. Satz 21.53), dass die Funktion f unter den Budgetrestriktionen (24.34) eine globale Minimal- und Maximalstelle besitzt. Folglich sind die beiden in (24.35) angegebenen Stellen zwei globale Extremalstellen von f. Aus

$$f\left(\frac{1}{\sqrt{2}}, 0, -\frac{1}{\sqrt{2}}\right) = 4\sqrt{2} \quad \text{und}$$

$$f\left(-\frac{1}{\sqrt{2}}, 0, \frac{1}{\sqrt{2}}\right) = -4\sqrt{2}$$

folgt ferner, dass es sich bei der ersten Stelle um eine globale Maximalstelle und bei der zweiten Stelle um eine globale Minimalstelle von f unter den Budgetrestriktionen (24.34) handelt.

Analog zu Optimierungsproblemen ohne Nebenbedingungen macht auch die notwendige Bedingung (24.30) keine Aussage darüber, ob eine stationäre Stelle von f unter k Nebenbedingungen tatsächlich eine Extremalstelle ist oder nicht und ob sie gegebenenfalls eine lokale oder eine globale Extremalstelle bzw. ob sie eine Minimal- oder eine Maximalstelle ist (vgl. Beispiel 24.16a)). Eine solche Aussage ist ohne weitere hinreichende Bedingungen nur in Ausnahmefällen möglich. Zum Beispiel, wenn die Restriktion der zu optimierenden Funktion $f : D \subseteq \mathbb{R}^n \longrightarrow \mathbb{R}$ auf die Menge

$$N = \{\mathbf{x} \in D : g_1(\mathbf{x}) = 0, \ldots, g_k(\mathbf{x}) = 0\}$$

aller $\mathbf{x} \in D$, welche die k Nebenbedingungen erfüllen, eine stetige Funktion auf einer abgeschlossenen und beschränkten Menge ist. Der Satz vom Minimum und Maximum (vgl. Satz 21.53) besagt dann nämlich, dass f auf der Menge N, also unter den k Nebenbedingungen, eine globale Minimal- und

eine globale Maximalstelle besitzt (vgl. Beispiel 24.16b)). Ein anderer Ausnahmefall ist gegeben, wenn die Lagrange-Funktion L konvex oder konkav ist. Analog zu Optimierungsproblemen ohne Nebenbedingungen ist die notwendige Bedingung (24.30) dann sogar hinreichend.

Satz 24.17 (Globale Extremalstellen bei konvexen und konkaven Funktionen)

Es seien $f, g_1, \ldots, g_k : D \subseteq \mathbb{R}^n \longrightarrow \mathbb{R}$ stetig partiell differenzierbare Funktionen auf einer konvexen Menge D und $k < n$. Ferner sei $(\lambda_1^*, \ldots, \lambda_k^*, \mathbf{x}_0)$ eine stationäre Stelle der Lagrange-Funktion L. Dann gilt:

a) *$L(\lambda_1^*, \ldots, \lambda_k^*, \mathbf{x})$ ist als Funktion von $\mathbf{x} \in D$ konvex $\Longrightarrow \mathbf{x}_0$ ist eine globale Minimalstelle von f unter den k Nebenbedingungen $g_1(\mathbf{x}) = \ldots = g_k(\mathbf{x}) = 0$*

b) *$L(\lambda_1^*, \ldots, \lambda_k^*, \mathbf{x})$ ist als Funktion von $\mathbf{x} \in D$ konkav $\Longrightarrow \mathbf{x}_0$ ist eine globale Maximalstelle von f unter den k Nebenbedingungen $g_1(\mathbf{x}) = \ldots = g_k(\mathbf{x}) = 0$*

Beweis: Der Beweis kann weitgehend analog zum Beweis von Satz 24.5 geführt werden. ∎

Die obige hinreichende Bedingung für globale Extremalstellen ist das Gegenstück zu Satz 24.5 für Optimierungsprobleme ohne Nebenbedingungen. Obwohl sie eine relativ spezielle Situation voraussetzt, liefert sie dennoch in vielen wirtschaftswissenschaftlichen Anwendungen eine Aussage, da in ökonomischen Problemstellungen die zu untersuchende Zielfunktion oftmals konvex oder konkav gewählt wird. Zum Beispiel sind Nutzenfunktionen aufgrund von Risikoaversion und Mischungspräferenzen von Wirtschaftsakteuren und Produktionsfunktionen wegen sinkender Skalenerträge üblicherweise konkav usw.

Die in Satz 24.3 formulierten hinreichenden Bedingungen können ebenfalls auf Optimierungsprobleme mit Nebenbedingungen übertragen werden. Hierzu werden die $(n+k)^2$ partiellen Ableitungen zweiter Ordnung der Lagrange-Funktion

$$L(\lambda_1, \ldots, \lambda_k, \mathbf{x}) = f(\mathbf{x}) + \sum_{p=1}^{k} \lambda_p g_p(\mathbf{x})$$

benötigt. Sind die Funktionen $f, g_1, \ldots, g_k$ zweimal stetig partiell differenzierbar, dann sind diese partiellen Ableitungen gegeben durch:

$$\frac{\partial^2 L(\lambda_1,\ldots,\lambda_k,\mathbf{x})}{\partial \lambda_s \partial \lambda_r} = 0 \quad \text{für } r,s = 1,\ldots,k$$

$$\frac{\partial^2 L(\lambda_1,\ldots,\lambda_k,\mathbf{x})}{\partial \lambda_s \partial x_r} = \frac{\partial^2 L(\lambda_1,\ldots,\lambda_k,\mathbf{x})}{\partial x_r \partial \lambda_s} = \frac{\partial g_s(\mathbf{x})}{\partial x_r}$$
$$\text{für } r=1,\ldots,n, s=1,\ldots,k$$

$$\frac{\partial^2 L(\lambda_1,\ldots,\lambda_k,\mathbf{x})}{\partial x_s \partial x_r} = \frac{\partial^2 f(\mathbf{x})}{\partial x_s \partial x_r} + \sum_{i=1}^{k} \lambda_i \frac{\partial^2 g_i(\mathbf{x})}{\partial x_s \partial x_r}$$
$$\text{für } r,s = 1,\ldots,n$$

Werden diese partiellen Ableitungen zur Hesse-Matrix $\mathbf{H}_L(\lambda_1,\ldots,\lambda_k,\mathbf{x})$ der Lagrange-Funktion L zusammengefasst, dann erhält man eine $(n+k) \times (n+k)$-Matrix der folgenden Struktur:

$$\mathbf{H}_L(\lambda_1,\ldots,\lambda_k,\mathbf{x}) = \qquad (24.36)$$

$$\left(\begin{array}{ccc|ccc} 0 & \cdots & 0 & \frac{\partial g_1(\mathbf{x})}{\partial x_1} & \cdots & \frac{\partial g_1(\mathbf{x})}{\partial x_n} \\ \vdots & \ddots & \vdots & \vdots & \ddots & \vdots \\ 0 & \cdots & 0 & \frac{\partial g_k(\mathbf{x})}{\partial x_1} & \cdots & \frac{\partial g_k(\mathbf{x})}{\partial x_n} \\ \hline \frac{\partial g_1(\mathbf{x})}{\partial x_1} & \cdots & \frac{\partial g_k(\mathbf{x})}{\partial x_1} & \frac{\partial^2 L(\lambda_1,\ldots,\lambda_k,\mathbf{x})}{\partial x_1 \partial x_1} & \cdots & \frac{\partial^2 L(\lambda_1,\ldots,\lambda_k,\mathbf{x})}{\partial x_1 \partial x_n} \\ \vdots & \ddots & \vdots & \vdots & \ddots & \vdots \\ \frac{\partial g_1(\mathbf{x})}{\partial x_n} & \cdots & \frac{\partial g_k(\mathbf{x})}{\partial x_n} & \frac{\partial^2 L(\lambda_1,\ldots,\lambda_k,\mathbf{x})}{\partial x_n \partial x_1} & \cdots & \frac{\partial^2 L(\lambda_1,\ldots,\lambda_k,\mathbf{x})}{\partial x_n \partial x_n} \end{array}\right)$$

Diese Matrix wird **geränderte Hesse-Matrix** der Lagrange-Funktion L genannt. Im Folgenden bezeichnet

$$\det\left(\mathbf{H}_{k+j}(\lambda_1,\ldots,\lambda_k,\mathbf{x})\right)$$

für $j = k+1,\ldots,n$ die letzten $n-k$ **Hauptminoren** (**Hauptunterdeterminanten**) der geränderten Hesse-Matrix $\mathbf{H}_L(\lambda_1,\ldots,\lambda_k,\mathbf{x})$ von L an der Stelle $(\lambda_1,\ldots,\lambda_k,\mathbf{x})$. Das heißt, der letzte Hauptminor (für $j=n$) ist die Determinante der geränderten Hesse-Matrix (24.36), der vorletzte Hauptminor (für $j=n-1$) ist die Determinante der Matrix, die durch Streichen der letzten Spalte und der letzten Zeile von (24.36) entsteht, usw. Mit Hilfe der Hauptminoren der geränderten Hesse-Matrix von L lässt sich nun die folgende hinreichende Bedingung für lokale Extrema unter Nebenbedingungen formulieren.

Satz 24.18 (Hinreichende Bedingung für lokale und globale Extrema)

Es seien $f, g_1, \ldots, g_k : D \subseteq \mathbb{R}^n \longrightarrow \mathbb{R}$ *zweimal stetig partiell differenzierbare Funktionen auf einer offenen Menge* D, $k < n$ *und* $(\lambda_1^*, \ldots, \lambda_k^*, \mathbf{x}_0)$ *eine stationäre Stelle der Lagrange-Funktion* L. *Dann gilt:*

a) $\det\left(\mathbf{H}_{k+j}(\lambda_1^*, \ldots, \lambda_k^*, \mathbf{x}_0)\right) < 0$ *für alle* $j = k+1, \ldots, n \Longrightarrow \mathbf{x}_0$ *ist eine lokale Minimalstelle von* f *unter den* k *Nebenbedingungen* $g_1(\mathbf{x}) = \ldots = g_k(\mathbf{x}) = 0$

b) $(-1)^{k+j} \det\left(\mathbf{H}_{k+j}(\lambda_1^*, \ldots, \lambda_k^*, \mathbf{x}_0)\right) < 0$ *für alle* $j = k+1, \ldots, n \Longrightarrow \mathbf{x}_0$ *ist eine lokale Maximalstelle von* f *unter den* k *Nebenbedingungen* $g_1(\mathbf{x}) = \ldots = g_k(\mathbf{x}) = 0$

Beweis: In Kombination mit dem Sylvester-Kriterium (vgl. Satz 10.38) kann der Beweis weitgehend analog zum Beweis von Satz 24.3 geführt werden. ∎

Der Nutzen dieses Resultats wird im nächsten Beispiel deutlich.

Beispiel 24.19 (Hinreichende Bedingung für Extrema)

a) In Beispiel 24.16a) wurde gezeigt, dass die reellwertige Funktion

$$f: (0, \infty)^2 \longrightarrow \mathbb{R},$$
$$(x,y) \mapsto f(x,y) = \frac{1}{2}x^2 + y^2 + 2y + 1000$$

unter der Nebenbedingung

$$g(x,y) = x + y - 80 = 0 \qquad (24.37)$$

nur die stationäre Stelle $(54, 26)$ mit dem Lagrange-Multiplikator $\lambda = -54$ besitzt. Mit Satz 24.18 ist es nun möglich, zu überprüfen, ob es sich bei $(54, 26)$ tatsächlich um eine Extremalstelle von f unter der Nebenbedingung (24.37) handelt. Die geränderte Hesse-Matrix der Lagrange-Funktion

$$L(\lambda, x, y) = \frac{1}{2}x^2 + y^2 + 2y + 1000 + \lambda(x + y - 80)$$

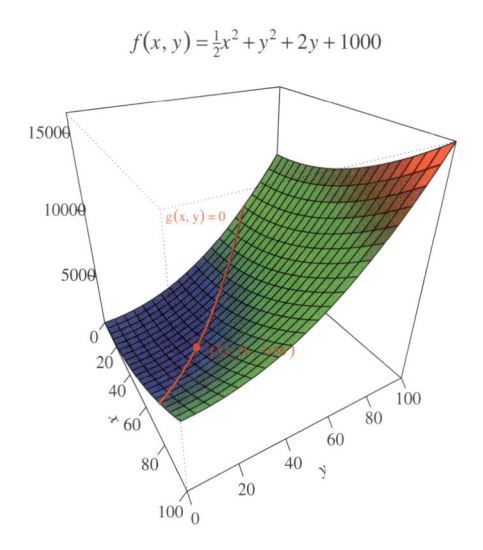

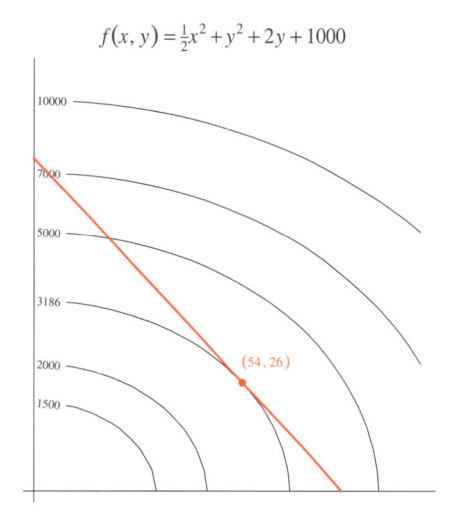

Abb. 24.12: Reellwertige Funktion $f : (0, 100)^2 \longrightarrow \mathbb{R}$, $(x, y) \mapsto f(x, y) = \frac{1}{2}x^2 + y^2 + 2y + 1000$ mit Nebenbedingung $g(x, y) = x + y - 80 = 0$ (links) und Isohöhenlinien $I_f(c)$ der Funktion f zu verschiedenen Niveaus mit Nebenbedingung $g(x, y) = 0$ (rechts)

an einer beliebigen Stelle $(x, y) \in \mathbb{R}^2$ lautet ($n = 2$, $k = 1$)

$$\mathbf{H}_L(-54, x, y) = \begin{pmatrix} 0 & 1 & 1 \\ 1 & 1 & 0 \\ 1 & 0 & 2 \end{pmatrix}.$$

Wegen $n - k = 2 - 1 = 1$ wird für die Anwendung von Satz 24.18 nur der letzte Hauptminor von $\mathbf{H}_L(-54, x, y)$, d. h. die Determinante von $\mathbf{H}_L(-54, x, y)$, benötigt. Mit der Regel von Sarrus (vgl. (8.44)) erhält man dafür

$$\det(\mathbf{H}_3(-54, x, y)) = \det(\mathbf{H}_L(-54, x, y))$$
$$= 0 + 0 + 0 - 1 - 0 - 2$$
$$= -3 < 0.$$

Nach Satz 24.18a) ist die stationäre Stelle $(54, 26)$ damit eine lokale Minimalstelle von f unter der Nebenbedingung (24.37). Da es sich bei $(54, 26)$ um die einzige stationäre Stelle von f unter der Nebenbedingung (24.37) handelt, ist $(54, 26)$ sogar eine globale Minimalstelle und das globale Minimum beträgt $f(54, 26) = 3186$ (vgl. Abbildung 24.12).

b) Es werden noch einmal die Gesamtkostenfunktion

$$K(x, y) = \frac{3}{4}x^2 + \frac{11}{4}y^2 + 10y + 700$$

und die Nebenbedingung

$$g(x, y) = x + y - 100 = 0 \tag{24.38}$$

aus Beispiel 24.14a) betrachtet. Anstelle des Verfahrens der Variablensubstitution wird nun jedoch die Lagrangesche Multiplikatorenregel zur Bestimmung der Extremalstellen von K unter der Nebenbedingung (24.38) verwendet. Die Berechnung der ersten partiellen Ableitungen der Lagrange-Funktion

$$L(\lambda, x, y) = \frac{3}{4}x^2 + \frac{11}{4}y^2 + 10y + 700 + \lambda(x + y - 100)$$

und anschließendes Nullsetzen führt zum Lagrangeschen Gleichungssystem:

$$\frac{\partial L(\lambda, x, y)}{\partial x} = \frac{3}{2}x + \lambda = 0$$

$$\frac{\partial L(\lambda, x, y)}{\partial y} = \frac{11}{2}y + 10 + \lambda = 0$$

$$\frac{\partial L(\lambda, x, y)}{\partial \lambda} = x + y - 100 = 0$$

Wird $x = 100 - y$ in die erste Gleichung eingesetzt, dann erhält man

$$150 - \frac{3}{2}y + \lambda = 0 \quad \text{und} \quad \frac{11}{2}y + 10 + \lambda = 0,$$

woraus nach einer kurzen Umformung $y = 20$ folgt. Durch Einsetzen dieses Wertes in $x = 100 - y$ und in die zweite Gleichung des Lagrangeschen Gleichungssystems erhält man für x und λ die Werte $x = 80$ bzw. $\lambda = -120$. Da die Jacobi-Matrix

$$\mathbf{J}_g(x, y) = \left(\frac{\partial g(x, y)}{\partial x}, \frac{\partial g(x, y)}{\partial y}\right) = (1, 1)$$

für alle $(x, y) \in (0, \infty)^2$ den vollen Rang $k = 1$ besitzt, folgt mit Satz 24.15, dass $(80, 20)$ der einzige Kandidat für eine lokale Extremalstelle der Gesamtkostenfunktion K unter der Nebenbedingung (24.38) ist. Die geränderte Hesse-Matrix der Lagrange-Funktion L an einer beliebigen Stelle $(x, y) \in (0, \infty)^2$ lautet

$$\mathbf{H}_L(-120, x, y) = \begin{pmatrix} 0 & 1 & 1 \\ 1 & \frac{3}{2} & 0 \\ 1 & 0 & \frac{11}{2} \end{pmatrix}$$

und wegen $n - k = 2 - 1 = 1$ wird für die Anwendung von Satz 24.18 wieder nur der letzte Hauptminor von $\mathbf{H}_L(-120, x, y)$, also die Determinante von $\mathbf{H}_L(-120, x, y)$, benötigt. Mit der Regel von Sarrus (vgl. (8.44)) erhält man dafür

$$\det(\mathbf{H}_L(-120, x, y)) = 0 + 0 + 0 - \frac{3}{2} - 0 - \frac{11}{2}$$
$$= -7 < 0.$$

Gemäß Satz 24.18a) ist $(80, 20)$ eine lokale Minimalstelle der Gesamtkostenfunktion K. Da es sich bei $(80, 20)$ wieder um die einzige stationäre Stelle von K unter der Nebenbedingung (24.38) handelt, ist $(80, 20)$ sogar eine globale Minimalstelle. Die minimalen Gesamtkosten unter der Nebenbedingung (24.38) betragen somit $K(80, 20) = 6800$.

c) Es seien die Extremalstellen der reellwertigen Funktion

$$f: \mathbb{R}^2 \longrightarrow \mathbb{R}, (x, y) \mapsto f(x, y) = x^2 + y^2 + 3$$

unter der Nebenbedingung

$$g(x, y) = x^2 + y - 2 = 0 \quad (24.39)$$

zu bestimmen. Für die Lagrange-Funktion gilt

$$L(\lambda, x, y) = x^2 + y^2 + 3 + \lambda(x^2 + y - 2),$$

und durch Berechnung und Nullsetzen ihrer ersten partiellen Ableitungen erhält man das Lagrangesche Gleichungssystem:

$$\frac{\partial L(\lambda, x, y)}{\partial x} = 2x + 2\lambda x = 0$$
$$\frac{\partial L(\lambda, x, y)}{\partial y} = 2y + \lambda = 0$$
$$\frac{\partial L(\lambda, x, y)}{\partial \lambda} = x^2 + y - 2 = 0$$

Durch elementare Umformungen erhält man für dieses Gleichungssystem die drei Lösungen

$$(x_1, y_1) = (0, 2), \quad (x_2, y_2) = \left(\frac{\sqrt{6}}{2}, \frac{1}{2}\right) \quad \text{und}$$

$$(x_3, y_3) = \left(\frac{-\sqrt{6}}{2}, \frac{1}{2}\right)$$

mit den zugehörigen Lagrange-Multiplikatoren $\lambda_1 = -4$, $\lambda_2 = -1$ bzw. $\lambda_3 = -1$. Die Jacobi-Matrix lautet

$$\mathbf{J}_g(x, y) = \left(\frac{\partial g(x, y)}{\partial x}, \frac{\partial g(x, y)}{\partial y}\right) = (2x, 1)$$

und besitzt damit für alle $(x, y) \in \mathbb{R}^2$ den vollen Rang $k = 1$. Mit Satz 24.15 folgt, dass (x_1, y_1), (x_2, y_2) und (x_3, y_3) die einzigen Kandidaten für lokale Extremalstellen von f unter der Nebenbedingung (24.39) sind. Die geränderte Hesse-Matrix der Lagrange-Funktion L an einer beliebigen Stelle $(x, y) \in \mathbb{R}^2$ lautet

$$\mathbf{H}_L(\lambda, x, y) = \begin{pmatrix} 0 & 2x & 1 \\ 2x & 2 + 2\lambda & 0 \\ 1 & 0 & 2 \end{pmatrix}.$$

Wegen $n - k = 2 - 1 = 1$ wird zur Anwendung von Satz 24.18 nur der letzte Hauptminor von $\mathbf{H}_L(\lambda, x, y)$, d.h. die Determinante $\det(\mathbf{H}_L(\lambda, x, y))$, benötigt. Mit der Regel von Sarrus erhält man für diesen Hauptminor den Wert

$$\det(\mathbf{H}_L(\lambda, x, y)) = 0 + 0 + 0 - (2 + 2\lambda) - 0 - 8x^2$$
$$= -2 - 2\lambda - 8x^2.$$

Für die drei Stellen (x_1, y_1), (x_2, y_2) und (x_3, y_3) gilt somit

24.3 Optimierung unter Gleichheitsnebenbedingungen — Kapitel 24

$\det(\mathbf{H}_L(-4, 0, 2)) = 6 > 0$ und

$\det\left(\mathbf{H}_L\left(-1, \frac{\sqrt{6}}{2}, \frac{1}{2}\right)\right) = \det\left(\mathbf{H}_L\left(-1, -\frac{\sqrt{6}}{2}, \frac{1}{2}\right)\right)$
$= -12 < 0.$

Mit Satz 24.18a) und b) folgt somit, dass es sich bei $(0, 2)$ um eine lokale Maximalstelle und bei $\left(\frac{\sqrt{6}}{2}, \frac{1}{2}\right)$ sowie $\left(-\frac{\sqrt{6}}{2}, \frac{1}{2}\right)$ um lokale Minimalstellen von f unter der Nebenbedingung (24.39) handelt. Die zugehörigen Optimalwerte sind gegeben durch $f(0, 2) = 7$ bzw. $f\left(\frac{\sqrt{6}}{2}, \frac{1}{2}\right) = f\left(-\frac{\sqrt{6}}{2}, \frac{1}{2}\right) = \frac{19}{4}$. Aus $L(-1, x, y) = y^2 - y + 5$ folgt ferner

$$\mathbf{H}_L(-1, x, y) = \begin{pmatrix} 0 & 0 \\ 0 & 2 \end{pmatrix}.$$

Das heißt, die Hesse-Matrix von $L(-1, x, y)$ ist für alle $(x, y) \in \mathbb{R}^2$ eine Diagonalmatrix mit nichtnegativen Hauptdiagonaleinträgen. Sie ist also positiv semidefinit (vgl. Satz 10.32) und mit Satz 22.45a) folgt daher, dass $L(-1, x, y)$ als Funktion von (x, y) konvex ist. Zusammen mit Satz 24.17a) impliziert dies, dass $\left(\frac{\sqrt{6}}{2}, \frac{1}{2}\right)$ und $\left(-\frac{\sqrt{6}}{2}, \frac{1}{2}\right)$ sogar globale Minimalstellen von f unter der Nebenbedingung (24.39) sind (vgl. Abbildung 24.13).

Gegenstand des folgenden Beispiels ist die Anwendung der Lagrangeschen Multiplikatorenregel bei der Bestimmung eines risikominimalen Portfolios von Wertpapieren.

Beispiel 24.20 (Bestimmung des risikominimalen Portfolios)

Betrachtet wird ein Anleger, der vor der Frage steht, wie groß er die Anteile x, y und z von drei zur Auswahl stehenden Wertpapieren bei der Bildung seines Portfolios wählen soll, so dass die erwartete Gesamtrendite r beträgt und das mit dem Portfolio verbundene Investitionsrisiko minimiert wird. Dabei sei angenommen, dass die erwarteten Renditen der drei Wertpapiere $\frac{1}{5}$, $\frac{1}{10}$ bzw. $\frac{3}{10}$ betragen und das Risiko des Portfolios durch die reellwertige Funktion

$f : (0, \infty)^3 \longrightarrow \mathbb{R},$
$(x, y, z) \mapsto f(x, y, z) = \frac{1}{20}x^2 + \frac{1}{20}y^2 + \frac{1}{20}z^2$

quantifiziert wird. Der Anleger ist folglich an der globalen Minimalstelle der Funktion f interessiert, wobei er jedoch die beiden Nebenbedingungen

$g_1(x, y, z) = \frac{1}{5}x + \frac{1}{10}y + \frac{3}{10}z - r = 0$ und
$g_2(x, y, z) = x + y + z - 1 = 0$ (24.40)

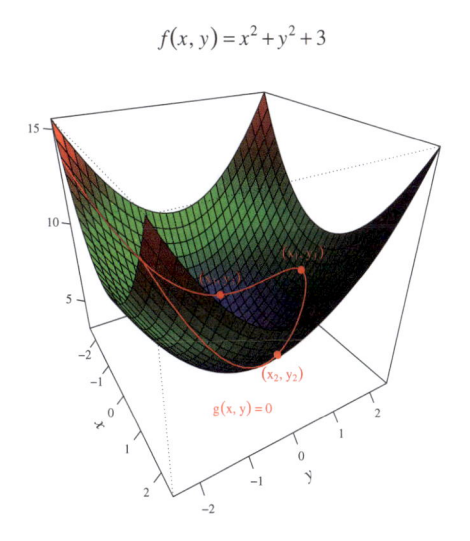

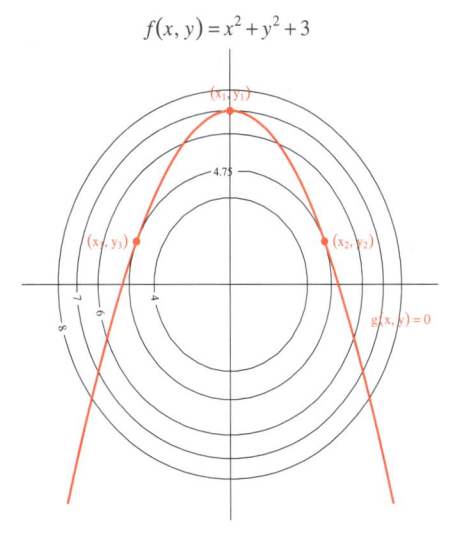

Abb. 24.13: Reellwertige Funktion $f : \mathbb{R}^2 \longrightarrow \mathbb{R}$, $(x, y) \mapsto f(x, y) = x^2 + y^2 + 3$ mit Nebenbedingung $g(x, y) = x^2 + y - 2 = 0$ (links) und Isohöhenlinien $I_f(c)$ der Funktion f zu verschiedenen Niveaus mit Nebenbedingung $g(x, y) = 0$ (rechts)

mit $r \in (0, 1)$ zu berücksichtigen hat. Die Lagrange-Funktion lautet somit:

$$L(\lambda_1, \lambda_2, x, y, z) = \frac{1}{20}x^2 + \frac{1}{20}y^2 + \frac{1}{20}z^2$$
$$+ \lambda_1 \left(\frac{1}{5}x + \frac{1}{10}y + \frac{3}{10}z - r\right)$$
$$+ \lambda_2(x + y + z - 1).$$

Durch Berechnung und Nullsetzen der ersten partiellen Ableitungen von L erhält man das folgende Lagrangesche Gleichungssystem:

$$\frac{\partial L(\lambda_1, \lambda_2, x, y, z)}{\partial x} = \frac{1}{10}x + \frac{1}{5}\lambda_1 + \lambda_2 = 0$$
$$\frac{\partial L(\lambda_1, \lambda_2, x, y, z)}{\partial y} = \frac{1}{10}y + \frac{1}{10}\lambda_1 + \lambda_2 = 0$$
$$\frac{\partial L(\lambda_1, \lambda_2, x, y, z)}{\partial z} = \frac{1}{10}z + \frac{3}{10}\lambda_1 + \lambda_2 = 0$$
$$\frac{\partial L(\lambda_1, \lambda_2, x, y, z)}{\partial \lambda_1} = \frac{1}{5}x + \frac{1}{10}y + \frac{3}{10}z - r = 0$$
$$\frac{\partial L(\lambda_1, \lambda_2, x, y, z)}{\partial \lambda_2} = x + y + z - 1 = 0 \quad (24.41)$$

Durch Einsetzen der ersten drei Gleichungen in die vierte und fünfte Gleichung folgt

$$-14\lambda_1 - 60\lambda_2 = 10r \quad \text{und}$$
$$-6\lambda_1 - 30\lambda_2 = 1,$$

woraus nach kurzer Umformung die Werte

$$\lambda_1 = 1 - 5r \quad \text{und} \quad \lambda_2 = r - \frac{7}{30}$$

resultieren. Einsetzen von λ_1 und λ_2 in die ersten drei Gleichungen von (24.41) liefert die Anteile

$$x = \frac{1}{3}, \quad y = \frac{4}{3} - 5r \quad \text{und} \quad z = 5r - \frac{2}{3}.$$

Für die Jacobi-Matrix gilt

$$\mathbf{J}_g(x, y, z) = \begin{pmatrix} \frac{\partial g_1(x,y,z)}{\partial x} & \frac{\partial g_1(x,y,z)}{\partial y} & \frac{\partial g_1(x,y,z)}{\partial z} \\ \frac{\partial g_2(x,y,z)}{\partial x} & \frac{\partial g_2(x,y,z)}{\partial y} & \frac{\partial g_2(x,y,z)}{\partial z} \end{pmatrix}$$
$$= \begin{pmatrix} \frac{1}{5} & \frac{1}{10} & \frac{3}{10} \\ 1 & 1 & 1 \end{pmatrix}.$$

Da die beiden Zeilen von $\mathbf{J}_g(x, y, z)$ offensichtlich linear unabhängig sind, besitzt die Jacobi-Matrix $\mathbf{J}_g(x, y, z)$ den vollen Rang $k = 2$. Folglich ist durch

$$\left(\frac{1}{3}, \frac{4}{3} - 5r, 5r - \frac{2}{3}\right) \quad (24.42)$$

der einzige Kandidat für das gesuchte risikominimale Portfolio unter den beiden Nebenbedingungen (24.40) in Abhängigkeit von der erwarteten Gesamtrendite r gegeben. Wird $L^*(x, y, z) := L\left(1 - 5r, r - \frac{7}{30}, x, y, z\right)$ als Funktion der drei Variablen x, y und z betrachtet, dann gilt für die Hesse-Matrix

$$\mathbf{H}_{L^*}(x, y, z) = \begin{pmatrix} \frac{1}{10} & 0 & 0 \\ 0 & \frac{1}{10} & 0 \\ 0 & 0 & \frac{1}{10} \end{pmatrix}.$$

Als Diagonalmatrix mit ausschließlich positiven Hauptdiagonaleinträgen ist $\mathbf{H}_{L^*}(x, y, z)$ für alle $(x, y, z) \in \mathbb{R}^3$ positiv definit (vgl. Satz 10.32) und damit die Funktion $L^*(x, y, z)$ gemäß Satz 22.45c) für alle $(x, y, z) \in \mathbb{R}^3$ streng konvex. Aus Satz 24.17 folgt somit, dass es sich bei (24.42) um die eindeutig bestimmte globale Minimalstelle von f unter den beiden Nebenbedingungen (24.40) handelt. Das heißt, (24.42) ist das gesuchte risikominimale Portfolio und der Wert

$$R(r) := f\left(\frac{1}{3}, \frac{4}{3} - 5r, 5r - \frac{2}{3}\right) = \frac{5}{2}r^2 - r + \frac{7}{60}$$

das zugehörige globale Minimum der Risikofunktion f in Abhängigkeit von der erwarteten Gesamtrendite r (vgl. Abbildung 24.14). Die Bestimmung eines risikominimalen Portfolios unter Vorgabe einer zu erreichenden (erwarteten) Gesamtrendite wird in der Portfoliotheorie nach dem US-amerikanischen Ökonomen und Wirtschaftsnobelpreisträger *Harry Markowitz* (*1927) als **Markowitz-Problem** bezeichnet.

Neben ihrem Nutzen bei der Optimierung einer partiell differenzierbaren Funktion $f : D \subseteq \mathbb{R}^n \longrightarrow \mathbb{R}$ unter $k < n$ Nebenbedingungen $g_p(\mathbf{x}) = 0$ für $p = 1, \ldots, k$ besitzen die Lagrange-Multiplikatoren $\lambda_1, \ldots, \lambda_k$ darüber hinaus auch noch eine interessante **ökonomische Interpretation**. Wie die folgende Ausführung zeigt, können sie als die wertmäßige Reaktion der Funktion f bei einer Änderung der Nebenbedingungen aufgefasst werden. Zur Erläuterung dieser Interpretationsmöglichkeit sei angenommen, dass die k Gleichheitsnebenbedingungen des Optimierungsproblems in der Form

$$\begin{aligned} g_1(\mathbf{x}) &= h_1(\mathbf{x}) - c_1 = 0 \\ g_2(\mathbf{x}) &= h_2(\mathbf{x}) - c_2 = 0 \\ &\vdots \\ g_k(\mathbf{x}) &= h_k(\mathbf{x}) - c_k = 0 \end{aligned} \quad (24.43)$$

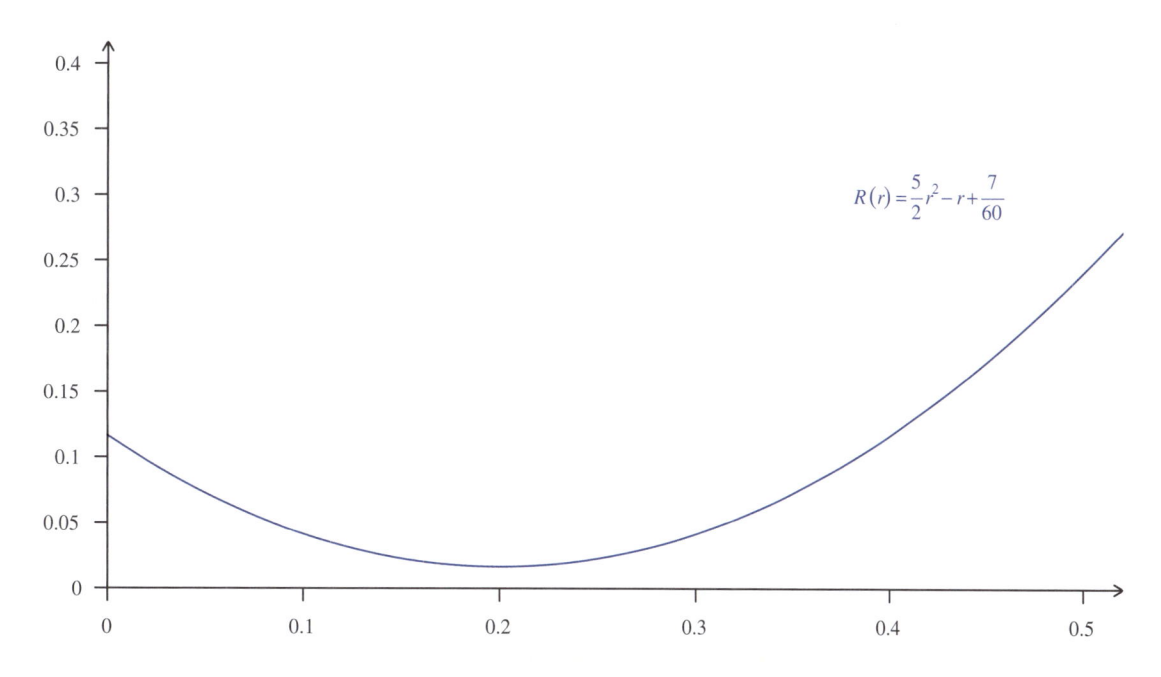

Abb. 24.14: Risiko $R(r) = \frac{5}{2}r^2 - r + \frac{7}{60}$ des risikominimalen Portfolios in Abhängigkeit von der erwarteten Gesamtrendite r

mit $c_1, \ldots, c_k \in \mathbb{R}$ und partiell differenzierbaren Funktionen $h_1, h_2, \ldots, h_k: D \subseteq \mathbb{R}^n \longrightarrow \mathbb{R}$ geschrieben werden können. Dies ist zum Beispiel der Fall, wenn durch die Nebenbedingungen $g_p(\mathbf{x}) = 0$, also durch die Gleichungen $h_p(\mathbf{x}) = c_p$, Produktionskapazitäten, Budgetrestriktionen oder erwartete Gesamtrenditen zum Ausdruck gebracht werden sollen. Der Parameter c_p gibt dann die Höhe der p-ten Produktionskapazität, Budgetrestriktion bzw. erwarteten Gesamtrendite an. Werden nun die Parameter $c_1, \ldots, c_k$ als variabel betrachtet, dann besitzt die Lagrange-Funktion die (erweiterte) Form

$$L(\lambda_1, \ldots, \lambda_k, \mathbf{x}, c_1, \ldots, c_k) = f(\mathbf{x}) + \sum_{p=1}^{k} \lambda_p \left(h_p(\mathbf{x}) - c_p \right), \quad (24.44)$$

und partielles Differenzieren von L nach $c_1, \ldots, c_k$ liefert die ersten partiellen Ableitungen

$$\frac{L(\lambda_1, \ldots, \lambda_k, \mathbf{x}, c_1, \ldots, c_k)}{\partial c_p} = -\lambda_p \quad (24.45)$$

für $p = 1, \ldots, k$. Ferner gilt für ein $\mathbf{x} \in D$, welches den Nebenbedingungen (24.43) genügt,

$$L(\lambda_1, \ldots, \lambda_k, \mathbf{x}, c_1, \ldots, c_k) = f(\mathbf{x}) \quad (24.46)$$

(vgl. (24.44)). Aus (24.45)-(24.46) folgt somit, dass der mit -1 multiplizierte Lagrange-Multiplikator λ_i die Änderung des Funktionswertes $f(\mathbf{x})$ an der Optimalstelle bei einer Veränderung von c_p angibt. Der Wert $-\lambda_p$ ist folglich ein Maß für die Sensitivität des Funktionswertes $f(\mathbf{x})$ bezüglich einer Veränderung der p-ten Beschränkung c_p und wird deshalb auch als **Schattenpreis** bezeichnet, der einer Einheit der p-ten Ressource zugeschrieben wird.

Beispiel 24.21 (Ökonomische Interpretation von Lagrange-Multiplikatoren)

In Beispiel 24.19b) resultierte als (globale) Minimalstelle der Gesamtkostenfunktion eines Textilfabrikanten

$$K(x, y) = \frac{3}{4}x^2 + \frac{11}{4}y^2 + 10y + 700$$

unter der Nebenbedingung

$$g(x, y) = x + y - 100 = 0 \quad \text{bzw.}$$
$$h(x, y) = x + y = 100$$

die Stelle $(80, 20)$ und für den zugehörigen Lagrange-Multiplikator der Wert $\lambda = -120$. Für die erste partielle

Ableitung der (erweiterten) Lagrange-Funktion bezüglich c gilt somit

$$\frac{L(\lambda, x, y, c)}{\partial c} = -\lambda = 120.$$

Dieser Wert ist der Schattenpreis einer Einheit der Ressource „Baumwolle" und gibt an, wie sich die minimalen Gesamtkosten $K(80, 20) = 6800$ bei einer Veränderung der Restriktion $c = 100$ verhalten. Zum Beispiel führt eine Erhöhung von $c = 100$ um eine Mengeneinheit auf $c = 101$ dazu, dass die minimalen Gesamtkosten ungefähr um $-\lambda = 120$ Geldeinheiten steigen.

24.4 Wertfunktionen und Einhüllendensatz

Maximalwert- und Minimalwertfunktion

In vielen ökonomischen Optimierungsproblemen ist die Funktion $f: D \subseteq \mathbb{R}^n \longrightarrow \mathbb{R}$ nicht nur von Variablen $x_1, \ldots, x_n$ abhängig, über die es zu minimieren oder zu maximieren gilt, sondern auch von einer oder mehreren **exogenen Variablen** (**Parametern**) $\alpha_1, \ldots, \alpha_m$, wie zum Beispiel Preise, Löhne, Absatzmengen oder Zinssatz. In solchen Situationen stellt sich dann oftmals die Frage, wie sich die Veränderung eines Parameters α_i auf den optimalen Wert der Funktion f auswirkt. Wichtige Beispiele für solche Situationen sind die folgenden ökonomischen Fragestellungen:

a) Wie ändert sich der maximale Nutzen eines Konsumenten, wenn sich der Preis eines Gutes oder das Einkommen verändert?

b) Welchen Einfluss haben Preisänderungen bei Rohstoffen auf die minimalen Produktionskosten eines Herstellers?

c) Wie verändert sich der maximale Unternehmensgewinn, wenn sich der Kapitalkostensatz oder der Lohnsatz verändern?

Zur Untersuchung solcher Problemstellungen wird im Folgenden mit

$$f: D_1 \times D_2 \subseteq \mathbb{R}^{n+m} \longrightarrow \mathbb{R}, \ (\mathbf{x}, \boldsymbol{\alpha}) \mapsto f(\mathbf{x}, \boldsymbol{\alpha})$$

eine in $\mathbf{x}$ zu optimierende Funktion betrachtet, die neben n Variablen $\mathbf{x} = (x_1, \ldots, x_n)^T$ auch noch von m Parametern $\boldsymbol{\alpha} = (\alpha_1, \ldots, \alpha_m)^T$ abhängt. Durch

$$\max_{\mathbf{x} \in D_1} f(\mathbf{x}, \boldsymbol{\alpha}) \quad \text{und} \quad \min_{\mathbf{x} \in D_1} f(\mathbf{x}, \boldsymbol{\alpha}) \quad (24.47)$$

ist dann der maximale bzw. der minimale Wert der Funktion f auf der Menge D_1 für feste Parameterwerte $\boldsymbol{\alpha} = (\alpha_1, \ldots, \alpha_m)^T$ gegeben. Für die Ermittlung, wie sich der optimale Wert von f bei Änderung der Parameter $\boldsymbol{\alpha}$ verhält, werden die Extremalwerte (24.47) als Funktion von $\boldsymbol{\alpha} \in D_2$ aufgefasst. Man erhält dann, je nach Betrachtung eines Maximierungs- oder Minimierungsproblems, die reellwertige Funktion

$$v: D_2 \subseteq \mathbb{R}^m \longrightarrow \mathbb{R}, \ \boldsymbol{\alpha} \mapsto v(\boldsymbol{\alpha}) := \max_{\mathbf{x} \in D_1} f(\mathbf{x}, \boldsymbol{\alpha}) \quad (24.48)$$

oder

$$v: D_2 \subseteq \mathbb{R}^m \longrightarrow \mathbb{R}, \ \boldsymbol{\alpha} \mapsto v(\boldsymbol{\alpha}) := \min_{\mathbf{x} \in D_1} f(\mathbf{x}, \boldsymbol{\alpha}), \quad (24.49)$$

die als **Maximalwert-** bzw. **Minimalwertfunktion** oder häufig einfach nur als **Wertfunktion** von f bezeichnet wird. Die Stelle $\mathbf{x} \in D_1$, welche die Funktion $f(\mathbf{x}, \boldsymbol{\alpha})$ optimiert, hängt von $\boldsymbol{\alpha} \in D_2$ ab und wird deshalb mit $\mathbf{x}^*(\boldsymbol{\alpha})$ bezeichnet. Dabei ist es durchaus möglich, dass es für einen gegebenen Parametervektor $\boldsymbol{\alpha}$ mehrere $\mathbf{x}$ gibt, die $f(\mathbf{x}, \boldsymbol{\alpha})$ optimieren. In einem solchen Fall bezeichnet $\mathbf{x}^*(\boldsymbol{\alpha})$ eine dieser Möglichkeiten. Es gilt folglich

$$v(\boldsymbol{\alpha}) = f(\mathbf{x}^*(\boldsymbol{\alpha}), \boldsymbol{\alpha}).$$

Bei der Wertfunktion handelt es sich somit um eine reellwertige Funktion, die aus f dadurch entsteht, dass die n Variablen $x_1, \ldots, x_n$ ihre optimalen Werte bereits angenommen haben und der Wert von f nur noch in Abhängigkeit von den m Parametern $\alpha_1, \ldots, \alpha_m$ analysiert wird. Das heißt, die Werte der Maximalwertfunktion $v(\boldsymbol{\alpha}) = \max_{\mathbf{x} \in D_1} f(\mathbf{x}, \boldsymbol{\alpha})$ und der Minimalwertfunktion $v(\boldsymbol{\alpha}) = \min_{\mathbf{x} \in D_1} f(\mathbf{x}, \boldsymbol{\alpha})$ stellen alle möglichen Maximal- bzw. Minimalwerte der Funktion f dar, die sich bei Änderung der m Parameter $\alpha_1, \ldots, \alpha_m$ ergeben können. Man sagt daher, dass die Maximalwert- und Minimalwertfunktion für unterschiedliche Parameterwerte die Menge der maximierten bzw. minimierten Zielfunktionswerte von oben bzw. von unten „einhüllt", und bezeichnet $v(\boldsymbol{\alpha})$ als **Einhüllende** der **Kurvenschar** $\{f(\mathbf{x}, \boldsymbol{\alpha}): \mathbf{x} \in D_1\}$. Die Abbildung 24.15 veranschaulicht diesen Sachverhalt anhand einer Maximalwertfunktion $v(\alpha) = \max_{\mathbf{x} \in D_1} f(\mathbf{x}, \alpha)$ für den Spezialfall $m = 1$ (d. h. für nur einen Parameter α). Für jedes $\mathbf{x} \in D_1$ existiert eine Funktion $\alpha \mapsto f(\mathbf{x}, \alpha)$ und die Abbildung 24.15 zeigt die Graphen von vier solchen Funktionen. Es ist zu erkennen, dass $f(\mathbf{x}, \alpha) \leq v(\alpha)$ für alle α

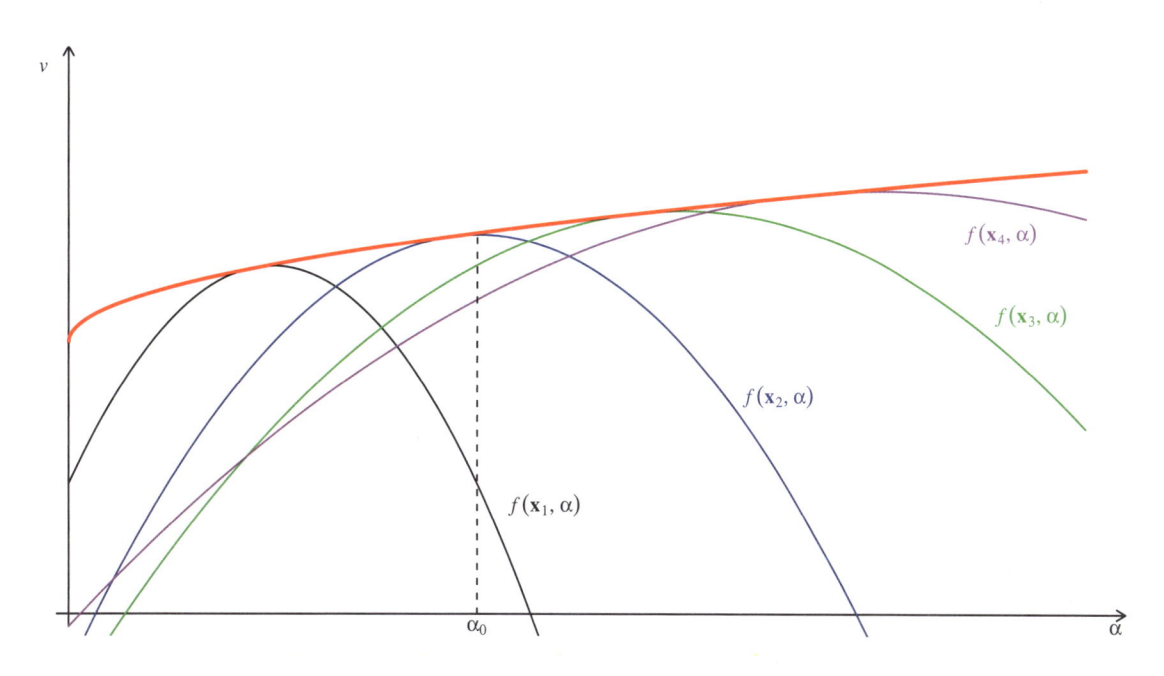

Abb. 24.15: Graph der Maximalwertfunktion (Einhüllenden) $v(\alpha) = \max_{\mathbf{x} \in D_1} f(\mathbf{x}, \alpha)$ und vier Kurven aus der Kurvenschar $\{f(\mathbf{x}, \alpha) \colon \mathbf{x} \in D_1\}$

und $\mathbf{x}$ gilt. Allerdings gibt es jedoch für jedes α_0 mindestens ein $\mathbf{x}^*(\alpha_0)$ mit $f(\mathbf{x}^*(\alpha_0), \alpha_0) = v(\alpha_0)$ und die Graphen von $f(\mathbf{x}^*(\alpha_0), \alpha)$ und $v(\alpha)$ berühren sich an der Stelle α_0.

Im Folgenden wird der sogenannte **Einhüllendensatz** – auch **Envelope-Theorem** genannt – vorgestellt, der in der Ökonomie zahlreiche Anwendungen besitzt. Er gibt an, wie sich der Optimalwert einer reellwertigen Funktion f mit m Parametern bei Veränderung der einzelnen Parameter verhält. Dabei unterscheidet man gewöhnlich zwischen dem Einhüllendensatz für Optimierungsprobleme ohne und dem Einhüllendensatz für Optimierungsprobleme mit Nebenbedingungen.

Einhüllendensatz ohne Nebenbedingungen

Der Einhüllendensatz für die Optimierung einer reellwertigen Funktion

$$f \colon D_1 \times D_2 \subseteq \mathbb{R}^{n+m} \longrightarrow \mathbb{R}, \quad (\mathbf{x}, \boldsymbol{\alpha}) \mapsto f(\mathbf{x}, \boldsymbol{\alpha})$$

mit n Variablen $\mathbf{x} = (x_1, \ldots, x_n)^T$ und m Parametern $\boldsymbol{\alpha} = (\alpha_1, \ldots, \alpha_m)^T$ macht eine Aussage über die partiellen Ableitungen der Wertfunktion v.

Satz 24.22 (Einhüllendensatz)

Es sei $f \colon D_1 \times D_2 \subseteq \mathbb{R}^{n+m} \longrightarrow \mathbb{R}$, $(\mathbf{x}, \boldsymbol{\alpha}) \mapsto f(\mathbf{x}, \boldsymbol{\alpha})$ *eine stetig partiell differenzierbare Funktion auf einer offenen Menge* $D_1 \times D_2$ *und zu* $\boldsymbol{\alpha}_0 \in D_2$ *gebe es ein* $\varepsilon > 0$, *so dass* $\mathbf{x}^*(\boldsymbol{\alpha})$ *für jedes* $\boldsymbol{\alpha} \in K_<(\boldsymbol{\alpha}_0, \varepsilon)$ *eine Maximalstelle (Minimalstelle) von f ist. Ferner sei angenommen, dass die Wertfunktion v stetig partiell differenzierbar ist. Dann gilt*

$$\frac{\partial v(\boldsymbol{\alpha}_0)}{\partial \alpha_i} = \frac{\partial f(\mathbf{x}^*(\boldsymbol{\alpha}_0), \boldsymbol{\alpha}_0)}{\partial \alpha_i} \quad (24.50)$$

für alle $i = 1, \ldots, m$.

Beweis: Es sei $\boldsymbol{\alpha} \mapsto \varphi(\boldsymbol{\alpha}) := f(\mathbf{x}^*(\boldsymbol{\alpha}_0), \boldsymbol{\alpha}) - v(\boldsymbol{\alpha})$ für alle $\boldsymbol{\alpha} \in K_<(\boldsymbol{\alpha}_0, \varepsilon)$. Bei $\mathbf{x}^*(\boldsymbol{\alpha}_0)$ handelt es sich um eine Maximalstelle (Minimalstelle) von $f(\mathbf{x}, \boldsymbol{\alpha})$, wenn $\boldsymbol{\alpha} = \boldsymbol{\alpha}_0$ gilt. Dies impliziert $\varphi(\boldsymbol{\alpha}_0) = 0$. Aus der Definition der Wertfunktion v folgt ferner, dass $\varphi(\boldsymbol{\alpha}) \leq 0$ im Falle eines Maximierungsproblems und $\varphi(\boldsymbol{\alpha}) \geq 0$ im Falle eines Minimierungsproblems für alle $\boldsymbol{\alpha} \in K_<(\boldsymbol{\alpha}_0, \varepsilon)$ gilt (vgl. (24.48)–(24.49)). Folglich besitzt φ an der Stelle $\boldsymbol{\alpha}_0$ ein Maximum (Minimum). Mit der notwendigen Bedingung für lokale Extrema (d. h. dem Kriterium von Fermat, vgl. Satz 24.1) folgt somit, dass die m ersten partiellen

Ableitungen von φ an der Stelle $\boldsymbol{\alpha}_0$ gleich Null sind. Man erhält somit

$$0 = \frac{\partial \varphi(\boldsymbol{\alpha}_0)}{\partial \alpha_i} = \frac{\partial f(\mathbf{x}^*(\boldsymbol{\alpha}_0), \boldsymbol{\alpha}_0)}{\partial \alpha_i} - \frac{\partial v(\boldsymbol{\alpha}_0)}{\partial \alpha_i}$$

für alle $i = 1, \ldots, m$ und damit die Behauptung (24.50). ∎

Die Aussage (24.50) des Einhüllendensatzes ist durchaus etwas unerwartet, da eine Veränderung eines Parameters α_i grundsätzlich zwei verschiedene Auswirkungen auf den optimalen Funktionswert $v(\boldsymbol{\alpha})$ hat:

a) Zum einen bewirkt eine Änderung von α_i eine Veränderung des Parametervektors $\boldsymbol{\alpha} = (\alpha_1, \ldots, \alpha_m)^T$ und hat somit einen **direkten** Einfluss auf $v(\boldsymbol{\alpha})$.

b) Zum anderen führt eine Änderung von α_i zu einer Veränderung in $\mathbf{x}^*(\boldsymbol{\alpha})$ und übt somit einen **indirekten** Einfluss auf $v(\boldsymbol{\alpha})$ aus.

Die Aussage (24.50) des Einhüllendensatzes besagt jedoch, dass der Gesamteffekt $\frac{\partial v(\boldsymbol{\alpha})}{\partial \alpha_i}$, den eine marginale Änderung des Parameters α_i auf den optimalen Funktionswert $v(\boldsymbol{\alpha})$ hat, bereits vollständig durch die partielle Ableitung von f bezüglich α_i, also den direkten Effekt, gegeben ist. Das heißt, der indirekte Effekt, der durch eine marginale Veränderung von α_i über $\mathbf{x}^*(\boldsymbol{\alpha})$ auf $v(\boldsymbol{\alpha})$ ausgeübt wird, kann komplett ignoriert werden. Die Ursache hierfür ist, dass Änderungen in Optimalstellen $\mathbf{x}^*$, die durch marginale Veränderungen in $\boldsymbol{\alpha}$ hervorgerufen werden, eine vernachlässigbare Auswirkung auf den Wert $f(\mathbf{x}^*(\boldsymbol{\alpha}), \boldsymbol{\alpha})$ haben.

> **Beispiel 24.23** (Einhüllendensatz)
>
> Betrachtet wird die stetig partiell differenzierbare Funktion
>
> $$f: (0,2)^2 \to \mathbb{R}, \quad (x, \alpha) \mapsto f(x, \alpha) = -(x-\alpha)^2 + \alpha + 1.$$
>
> Für einen festen, aber beliebigen Wert des Parameters $\alpha \in (0,2)$ erhält man für die erste und zweite Ableitung von f bezüglich der Variablen x
>
> $$f'(x, \alpha) = -2(x-\alpha) \quad \text{und} \quad f''(x, \alpha) = -2.$$
>
> Daraus folgt, dass $x = \alpha$ eine stationäre Stelle von $f(x, \alpha)$ ist, und mit Folgerung 18.8a) erhält man weiter, dass es sich bei $x^*(\alpha) = \alpha$ um die globale Maximalstelle von f in Abhängigkeit vom Parameter α handelt. Für die Maximalwertfunktion gilt somit
>
> $$v(\alpha) = f(x^*(\alpha), \alpha) = \alpha + 1$$
>
> und für ihre erste Ableitung erhält man
>
> $$v'(\alpha) = \frac{\partial f(x^*(\alpha), \alpha)}{\partial \alpha} = 1$$
>
> (vgl. Abbildung 24.16).

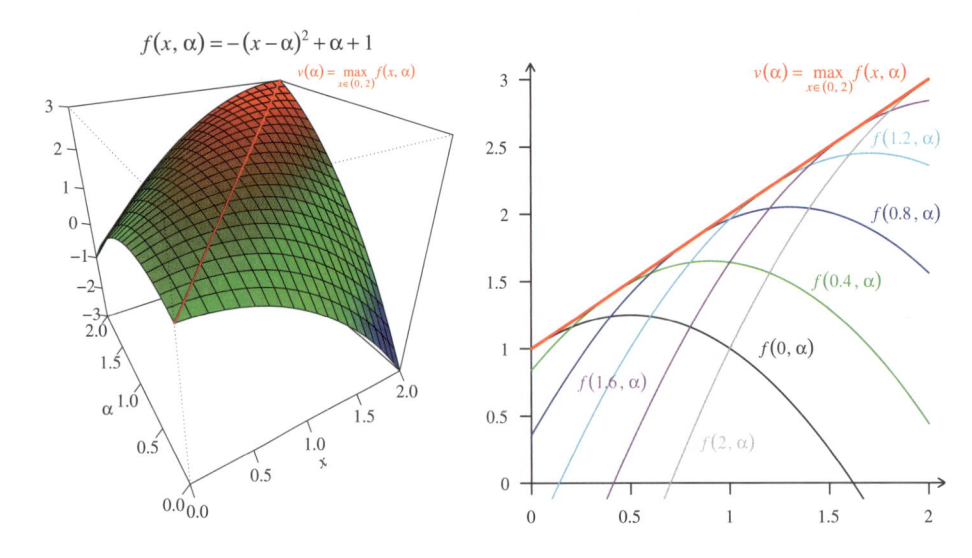

Abb. 24.16: Graph der Funktion $f: (0,2)^2 \longrightarrow \mathbb{R}$, $(x, \alpha) \mapsto f(x, \alpha) = -(x-\alpha)^2 + \alpha + 1$ und ihre Maximalwerte $v(\alpha) = \max_{x \in (0,2)} f(x, \alpha)$ (links) und Maximalwertfunktion $v(\alpha) = \max_{x \in (0,2)} f(x, \alpha)$ von f sowie sechs Kurven aus der Kurvenschar $\{f(x, \alpha): x \in (0,2)\}$ (rechts)

24.4 Wertfunktionen und Einhüllendensatz

Der Einhüllendensatz besitzt viele ökonomische Anwendungen, da er viele Problemstellungen erheblich vereinfacht. Interessiert man sich zum Beispiel für die Veränderung der Herstellungskosten eines Unternehmens aufgrund einer marginalen Änderung eines Rohstoffpreises, dann genügt es, die unmittelbare Auswirkung einer solchen Veränderung zu untersuchen. Es muss nicht berücksichtigt werden, dass diese Änderung auch die Rohstoffnachfrage verändert. Der Einhüllendensatz ermöglicht daher eine Reihe von wichtigen ökonomischen Schlussfolgerungen. Ein Beleg hierfür ist das folgende Beispiel, in dem mit **Hotellings Lemma** ein bedeutendes Resultat der Mikroökonomie hergeleitet wird.

Beispiel 24.24 (Hotellings Lemma)

Betrachtet wird ein Unternehmen, das die beiden Inputfaktoren Kapitaleinsatz K und Arbeitseinsatz L zur Produktion von $f(K,L)$ Mengeneinheiten eines Outputgutes einsetzt. Dabei ist $f: (0,\infty)^2 \longrightarrow \mathbb{R}$ eine partiell differenzierbare Produktionsfunktion, und das Unternehmen verfolgt das Ziel der Maximierung seiner Gewinnfunktion

$$\pi(K, L, p, r, w) = pf(K, L) - rK - wL \quad (24.51)$$

mit gegebenem Outputpreis p sowie gegebenen Faktorpreisen r (Kapitalkostensatz) und w (Lohnsatz). Die optimalen Faktoreinsatzmengen K und L sind von den drei exogenen Variablen (Parametern) p, r und w abhängig und werden deshalb im Folgenden als Funktionen

$$K^* := K^*(p, r, w) \quad \text{und} \quad L^* := L^*(p, r, w)$$

dieser drei Parameter aufgefasst. Einsetzen von K^* und L^* in (24.51) liefert dann die Gewinnfunktion

$$\pi(K^*, L^*, p, r, w) = pf(K^*, L^*) - rK^* - wL^*, \quad (24.52)$$

die den maximalen Gewinn als Funktion der drei exogenen Variablen p, r und w angibt. Bei $\pi(K^*, L^*, p, r, w)$ handelt es sich somit um die Maximalwertfunktion

$$v(p, r, w) = \max_{K, L \in (0, \infty)} \pi(K, L, p, r, w)$$

von π, mit deren Hilfe die Frage untersucht werden kann, wie sich der maximal erreichbare Gewinn verändert, wenn die Parameter p, r und w variiert werden. Das heißt, man studiert die Sensitivität des Gewinns π bezüglich der Parameter p, r und w. Für die partiellen Ableitungen von v erhält man mit dem Einhüllendensatz (vgl. (24.50)) die folgenden Ausdrücke:

$$\frac{\partial v(p, r, w)}{\partial p} = \frac{\partial \pi(K^*, L^*, p, r, w)}{\partial p} = f(K^*, L^*)$$

$$\frac{\partial v(p, r, w)}{\partial r} = \frac{\partial \pi(K^*, L^*, p, r, w)}{\partial r} = -K^*(p, r, w)$$

$$\frac{\partial v(p, r, w)}{\partial w} = \frac{\partial \pi(K^*, L^*, p, r, w)}{\partial w} = -L^*(p, r, w)$$

Diese drei Gleichungen werden nach dem US-amerikanischen Statistiker und Volkswirt *Harold Hotelling* (1895–1973) als **Hotellings Lemma** bezeichnet. Die erste Gleichung besagt, dass eine Erhöhung des Outputpreises p um eine Einheit den maximalen Gewinn um ungefähr $1 \cdot f(K^*, L^*)$ Geldeinheiten steigert. Bei einer marginalen Preiserhöhung muss somit nicht berücksichtigt werden, dass die Erhöhung von p auch zu einer Veränderung der Outputmenge $f(K^*, L^*)$ führt. Die zweite Gleichung besagt, dass eine Erhöhung des Kapitalkostensatzes r den maximalen Gewinn um $1 \cdot K^*(p, r, w)$ Geldeinheiten reduziert. Folglich muss bei einer marginalen Kapitalkostenerhöhung nicht berücksichtigt werden, dass ein Anwachsen von r zu einer Substitution von Kapital durch Arbeit führt. Eine analoge Interpretation gilt für die dritte Gleichung.

H. Hotelling

Einhüllendensatz mit Nebenbedingungen

Für die Optimierung einer reellwertigen Funktion

$$f: D_1 \times D_2 \subseteq \mathbb{R}^{n+m} \longrightarrow \mathbb{R}, \quad (\mathbf{x}, \boldsymbol{\alpha}) \mapsto f(\mathbf{x}, \boldsymbol{\alpha})$$

mit n Variablen $\mathbf{x} = (x_1, \ldots, x_n)^T$ und m Parametern $\boldsymbol{\alpha} = (\alpha_1, \ldots, \alpha_m)^T$ unter k Nebenbedingungen

$$\begin{aligned} g_1(\mathbf{x}, \boldsymbol{\alpha}) &= 0 \\ g_2(\mathbf{x}, \boldsymbol{\alpha}) &= 0 \\ &\vdots \\ g_k(\mathbf{x}, \boldsymbol{\alpha}) &= 0 \end{aligned} \quad (24.53)$$

lässt sich ebenfalls ein Einhüllendensatz formulieren, der häufig als **verallgemeinerter Einhüllendensatz** bezeichnet wird. Er gibt an, wie sich der maximale und der minimale Wert der Funktion f unter Berücksichtigung der k Nebenbedingungen (24.53) bei Variation der Parameter $\boldsymbol{\alpha}$ verändern. Das heißt, der verallgemeinerte Einhüllendensatz gibt Auskunft über das Verhalten der Maximalwert- und Minimalwertfunktion

$$\begin{aligned} v \colon D_2 &\subseteq \mathbb{R}^m \longrightarrow \mathbb{R}, \\ \boldsymbol{\alpha} &\mapsto v(\boldsymbol{\alpha}) := \max_{\substack{\mathbf{x} \in D_1 \\ g_p(\mathbf{x}, \boldsymbol{\alpha}) = 0 \text{ für } p=1,\ldots,k}} f(\mathbf{x}, \boldsymbol{\alpha}) \end{aligned} \quad (24.54)$$

bzw.

$$\begin{aligned} v \colon D_2 &\subseteq \mathbb{R}^m \longrightarrow \mathbb{R}, \\ \boldsymbol{\alpha} &\mapsto v(\boldsymbol{\alpha}) := \min_{\substack{\mathbf{x} \in D_1 \\ g_p(\mathbf{x}, \boldsymbol{\alpha}) = 0 \text{ für } p=1,\ldots,k}} f(\mathbf{x}, \boldsymbol{\alpha}). \end{aligned} \quad (24.55)$$

Im Gegensatz zu Optimierungsproblemen ohne Nebenbedingungen handelt es sich somit bei den Funktionswerten der Wertfunktion (24.54) bzw. (24.55) um die Maximal- bzw. Minimalwerte der Funktion f unter den k Gleichheitsnebenbedingungen (24.53).

Der verallgemeinerte Einhüllendensatz liefert nun eine zum (gewöhnlichen) Einhüllendensatz analoge Aussage bezüglich der partiellen Ableitungen der Wertfunktion v. An die Stelle der Funktion f tritt nun jedoch die korrespondierende Lagrange-Funktion

$$L(\lambda_1, \ldots, \lambda_k, \mathbf{x}, \boldsymbol{\alpha}) := f(\mathbf{x}, \boldsymbol{\alpha}) + \sum_{p=1}^{k} \lambda_p g_p(\mathbf{x}, \boldsymbol{\alpha}).$$

Der verallgemeinerte Einhüllendensatz lautet nun wie folgt:

Satz 24.25 (Verallgemeinerter Einhüllendensatz)

Es seien $f, g_1, \ldots, g_k \colon D_1 \times D_2 \subseteq \mathbb{R}^{n+m} \longrightarrow \mathbb{R}$ stetig partiell differenzierbare Funktionen auf einer offenen Menge $D_1 \times D_2$, $k < n$ und zu $\boldsymbol{\alpha}_0 \in D_2$ gebe es ein $\varepsilon > 0$, so dass $\mathbf{x}^*(\boldsymbol{\alpha})$ für jedes $\boldsymbol{\alpha} \in K_<(\boldsymbol{\alpha}_0, \varepsilon)$ eine Maximalstelle (Minimalstelle) von f unter den k Nebenbedingungen $g_1(\mathbf{x}, \boldsymbol{\alpha}) = 0, \ldots, g_k(\mathbf{x}, \boldsymbol{\alpha}) = 0$ ist. Ferner sei angenommen, dass die $(k \times n)$-dimensionale Jacobi-Matrix $\mathbf{J}_g(x^*(\boldsymbol{\alpha}), \boldsymbol{\alpha})$ für alle $\boldsymbol{\alpha} \in K_<(\boldsymbol{\alpha}_0, \varepsilon)$ den vollen Rang k besitzt und die Wertfunktion v stetig partiell differenzierbar ist. Dann gilt

$$\frac{\partial v(\boldsymbol{\alpha}_0)}{\partial \alpha_i} = \frac{\partial L(\lambda_1, \ldots, \lambda_k, \mathbf{x}^*(\boldsymbol{\alpha}_0), \boldsymbol{\alpha}_0)}{\partial \alpha_i} \quad (24.56)$$

für alle $i = 1, \ldots, m$.

Beweis: Für einen Beweis unter verschiedenen Annahmen siehe z. B. *Sydsaeter et al.* [66]. ∎

Die große Bedeutung des verallgemeinerten Einhüllendensatzes für die Mikroökonomie wird im nächsten Beispiel bei der Herleitung von **Shephards Lemma** deutlich.

Beispiel 24.26 (Shephards Lemma)

Ein Unternehmen benötige die beiden Inputfaktoren Kapitaleinsatz K und Arbeitseinsatz L zur Produktion von insgesamt $h(K, L) = x$ Mengeneinheiten eines Outputgutes. Es sei angenommen, dass die Produktionsfunktion $h\colon (0, \infty)^2 \longrightarrow \mathbb{R}$ partiell differenzierbar ist und dass das Unternehmensziel bei gegebenen Faktorpreisen r (Kapitalkostensatz) und w (Lohnsatz) in der Minimierung der Kostenfunktion

$$C(K, L, r, w) = rK + wL \quad (24.57)$$

unter der Nebenbedingung

$$h(K, L) - x = 0 \quad (24.58)$$

besteht. Die optimalen Werte von K und L sind Funktionen der beiden exogenen Variablen r und w. Sie seien im Folgenden mit $K^* := K^*(r, w)$ und $L^* := L^*(r, w)$

bezeichnet. Durch Einsetzen dieser beiden optimalen Werte in (24.57) für K und L resultiert dann

$$C(K^*, L^*, r, w) = rK^* + wL^*. \tag{24.59}$$

Die Kostenfunktion $C(K^*, L^*, r, w)$ gibt die minimalen Kosten unter Einhaltung der Nebenbedingung (24.58) als Funktion der beiden Parameter r und w an. Bei $C(K^*, L^*, r, w)$ handelt es sich folglich um die Minimalwertfunktion

$$v(r, w) = \min_{\substack{K, L \in (0, \infty) \\ f(K, L) = x}} C(K, L, r, w)$$

von C, und für die zugehörige Lagrange-Funktion gilt

$$L(\lambda, K^*, L^*, r, w) = rK^* + wL^* + \lambda(f(K^*, L^*) - x).$$

Daraus erhält man mit dem verallgemeinerten Einhüllendensatz (vgl. (24.56)) für die ersten partiellen Ableitungen der Minimalwertfunktion v die beiden Ausdrücke

$$\frac{\partial v(r, w)}{\partial r} = \frac{\partial L(\lambda, K^*, L^*, r, w)}{\partial r} = K^*(r, w) \quad \text{und}$$

$$\frac{\partial v(r, w)}{\partial w} = \frac{\partial L(\lambda, K^*, L^*, r, w)}{\partial w} = L^*(r, w).$$

Diese Gleichungen sind nach dem US-amerikanischen Ökonomen und Statistiker *Ronald Shephard* (1912–1982) als **Shephards Lemma** benannt. Es besagt, dass die Nachfrage nach einem Produktionsfaktor der ersten partiellen Ableitung der Minimalwertfunktion v bezüglich des Faktorpreises dieses Produktionsgutes entspricht.

24.5 Optimierung unter Ungleichheitsnebenbedingungen

Im letzten Abschnitt wurden mit dem Verfahren der Variablensubstitution und der Lagrangeschen Multiplikatorenregel zwei Methoden vorgestellt, mit denen Optimierungsprobleme unter Gleichheitsnebenbedingungen der Form $g_1(\mathbf{x}) = 0, \ldots, g_k(\mathbf{x}) = 0$ gelöst werden können. In ökonomischen Problemstellungen treten jedoch häufig auch **Ungleichheitsnebenbedingungen** der Gestalt

$$g_1(\mathbf{x}) \leq 0$$
$$g_2(\mathbf{x}) \leq 0$$
$$\vdots$$
$$g_k(\mathbf{x}) \leq 0$$

auf. So wird zum Beispiel oftmals verlangt, dass die Werte von Variablen, welche die Anzahl von Geld- oder Mengeneinheiten angeben, nichtnegativ sind, so dass die Lösung ökonomisch sinnvoll ist. Ferner geben Kapazitäts- oder Budgetrestriktionen gewöhnlich lediglich obere Verfügbarkeitsgrenzen an, die nicht notwendigerweise voll ausgeschöpft werden müssen. Die Berechnung der Optimalstellen einer reellwertigen Funktion in n Variablen unter Ungleichheitsnebenbedingungen ist jedoch im Allgemeinen eine sehr komplexe mathematische Problemstellung. Es existieren daher nur für einige ausgewählte Klassen von Optimierungsproblemen Lösungskonzepte und Algorithmen. Zum Beispiel bilden die sogenannten **linearen Optimierungsprobleme**, die in Kapitel 25 betrachtet werden, eine solche Klasse. Eine weitere Klasse ist durch die Gruppe der **konvexen Optimierungsprobleme** gegeben, die eine Verallgemeinerung von linearen Optimierungsproblemen darstellen und Gegenstand dieses Abschnitts sind.

Konvexes Optimierungsproblem

Von einem konvexen Optimierungsproblem spricht man, wenn eine konvexe Zielfunktion unter Einhaltung einer oder mehrerer konvexer Ungleichheitsnebenbedingungen minimiert werden soll.

Definition 24.27 (Konvexes Optimierungsproblem)

Ein Optimierungsproblem der Form

$$\min f(\mathbf{x}) \tag{24.60}$$

unter den k Nebenbedingungen

$$\begin{aligned} g_1(\mathbf{x}) &\leq 0 \\ g_2(\mathbf{x}) &\leq 0 \\ &\vdots \\ g_k(\mathbf{x}) &\leq 0 \end{aligned} \tag{24.61}$$

mit konvexen reellwertigen Funktionen $f, g_1, \ldots, g_k$ in n Variablen wird als konvexes Optimierungsproblem bezeichnet.

Erfüllt ein $\mathbf{x} \in \mathbb{R}^n$ alle k Nebenbedingungen (24.61), dann sagt man, dass $\mathbf{x}$ **zulässig** ist, und die Menge

$$\mathcal{Z} := \{\mathbf{x} \in \mathbb{R}^n : g_1(\mathbf{x}) \leq 0, \ldots, g_k(\mathbf{x}) \leq 0\}$$

aller zulässigen Vektoren wird als **zulässiger Bereich** des konvexen Optimierungsproblems bezeichnet. Die p-te Nebenbedingung $g_p(\mathbf{x}) \leq 0$ heißt **bindend** oder **aktiv** an der Stelle $\mathbf{x} \in \mathcal{Z}$, wenn $g_p(\mathbf{x}) = 0$ gilt. Ist dagegen $g_p(\mathbf{x}) < 0$ erfüllt, dann sagt man, dass die p-te Nebenbedingung **nicht bindend** oder **nicht aktiv** ist.

Ein konvexes Optimierungsproblem zeichnet sich gegenüber einem allgemeinen Extremwertproblem durch die folgenden beiden Eigenschaften aus:

a) Der zulässige Bereich $\mathcal{Z}$ ist eine konvexe Menge. Aus der Konvexität der Funktionen $g_1, g_2, \ldots, g_k$ folgt, dass für beliebige $\mathbf{x}_1, \mathbf{x}_2 \in \mathcal{Z}$ und $\alpha \in (0, 1)$

$$g_p(\alpha \mathbf{x}_1 + (1-\alpha)\mathbf{x}_2) \leq \alpha g_p(\mathbf{x}_1) + (1-\alpha) g_p(\mathbf{x}_2) \leq 0$$

für alle $p = 1, \ldots, k$ gilt (vgl. Definition 21.38). Das heißt, es gilt $\alpha \mathbf{x}_1 + (1-\alpha)\mathbf{x}_2 \in \mathcal{Z}$ für beliebige $\mathbf{x}_1, \mathbf{x}_2 \in \mathcal{Z}$ und $\alpha \in (0, 1)$. Somit ist $\mathcal{Z}$ eine konvexe Menge (vgl. Definition 7.25).

b) Eine lokale Minimalstelle ist stets auch eine globale Minimalstelle (vgl. Satz 21.43). Das heißt, man kann sich auf die Bestimmung lokaler Minimalstellen beschränken.

Die Klasse der konvexen Optimierungsprobleme umfasst auch Maximierungsprobleme, da die Minimierung einer Funktion f der Maximierung der Funktion $-f$ entspricht und eine Funktion f genau dann konvex ist, wenn die Funktion $-f$ konkav ist. Dies bedeutet, dass auch ein Extremwertproblem

$$\max f(\mathbf{x})$$

unter den Nebenbedingungen

$$g_1(\mathbf{x}) \leq 0$$
$$g_2(\mathbf{x}) \leq 0$$
$$\vdots$$
$$g_k(\mathbf{x}) \leq 0$$

mit einer **konkaven** reellwertigen Funktion f und konvexen reellwertigen Funktionen $g_1, g_2, \ldots, g_k$ in ein konvexes Optimierungsproblem überführt werden kann. Darüber hinaus können auch **Nichtnegativitätsbedingungen** der Form

$$x_i \geq 0$$

für eine oder mehrere Variablen x_i durch Nebenbedingungen der Gestalt

$$g(\mathbf{x}) = -x_i \leq 0$$

im Rahmen von konvexen Optimierungsproblemen berücksichtigt werden, da lineare Funktionen sowohl konvex als auch konkav sind. Weiter sei darauf hingewiesen, dass bei Optimierungsproblemen unter k Ungleichheitsnebenbedingungen (24.61) im Gegensatz zu den in Abschnitt 24.3 betrachteten Optimierungsproblemen unter k Gleichheitsnebenbedingungen nicht gefordert werden muss, dass $k < n$ gilt. Das heißt, bei Optimierungsproblemen unter Ungleichheitsnebenbedingungen können auch mehr Nebenbedingungen zugelassen werden als Variablen existieren, über die optimiert wird (vgl. Beispiel 24.32). Dies ist dadurch begründet, dass eine Ungleichung im Gegensatz zu einer Gleichung den Wert einer Variablen nicht festlegt, sondern stets einen ganzen Bereich abdeckt. Das heißt, der zulässige Bereich $\mathcal{Z}$ muss für $k > n$ nicht zwanslüufig leer sein.

Von besonderer Bedeutung sind konvexe Optimierungsprobleme, bei denen sowohl die Zielfunktion f als auch die k Nebenbedingungsfunktionen $g_1, g_2, \ldots, g_k$ **affin-linear** sind. Man spricht dann von **linearen Optimierungsproblemen**. Im nachfolgenden Kapitel 25 wird sich zeigen, dass mit dem sogenannten **Simplex-Algorithmus** ein sehr leistungsstarkes Verfahren zur Lösung solcher spezieller Optimierungsprobleme existiert.

Karush-Kuhn-Tucker-Bedingungen

Für die Lösung allgemeiner konvexer Optimierungsprobleme sind die als **Karush-Kuhn-Tucker-Bedingungen** bezeichneten Optimalitätsbedingungen von zentraler Bedeutung. Zu Beginn der fünfziger und sechziger Jahre (des letzten Jahrhunderts) waren diese Bedingungen jedoch noch ausschließlich unter den Namen der beiden einflussreichen US-amerikanischen Mathematiker *Harold William Kuhn* (*1925) und *Albert William Tucker* (1905–1995) als **Kuhn-Tucker-Bedingungen** bekannt. Sie waren 1950 die ersten, die diese Optimalitätsbedingungen in ihrem wegweisenden Konferenzbeitrag „**Nonlinear Programming**" veröffentlicht haben.

H. W. Kuhn

In den siebziger Jahren wurde jedoch entdeckt, dass der US-amerikanische Mathematiker *William Karush* (1917–1997) diese Bedingungen bereits im Jahre 1939 in seiner Master-Arbeit an der Uni-

A. W. Tucker

versität Chicago formuliert, jedoch nie veröffentlicht hatte. Aus diesem Grund hat sich in der Literatur in den letzten drei Jahrzehnten – auch auf einen Vorschlag von *Kuhn* und *Tucker* hin – mehr und mehr die Bezeichnung **Karush-Kuhn-Tucker-Bedingungen** (kurz **KKT-Bedingungen**) durchgesetzt.

Bei den KKT-Bedingungen handelt es sich um eine Erweiterung der Lagrangeschen Multiplikatorenregel. Sie basieren ebenfalls auf einer Untersuchung der Lagrange-Funktion von f bezüglich der Nebenbedingungsfunktionen $g_1, g_2, \ldots, g_k$, also auf einer Betrachtung der Funktion

$$L(\lambda_1, \ldots, \lambda_k, \mathbf{x}) = f(\mathbf{x}) + \sum_{p=1}^{k} \lambda_p g_p(\mathbf{x}). \quad (24.62)$$

Wie bereits erwähnt, ist die Lösung von Optimierungsproblemen unter Ungleichheitsnebenbedingungen mathematisch deutlich komplexer als die von Optimierungsproblemen unter ausschließlich Gleichheitsnebenbedingungen. Die Ursache hierfür ist, dass die Lösungen dazu tendieren, auf dem Rand des zulässigen Bereichs $\mathcal{Z}$ zu liegen, bei dem ein Teil der Restriktionen als Gleichungen und der andere Teil als echte Ungleichungen erfüllt sind. Dabei ist jedoch nicht von vornherein bekannt, welche der Nebenbedingungen bindend – also als Gleichungen erfüllt – sind und welche nicht. Es stellt sich damit die Frage, für welche Restriktionen man Lagrange-Multiplikatoren benötigt und für welche Nebenbedingungen man sich in der Situation eines unrestringierten Optimierungsproblems befindet. Die folgenden KKT-Bedingungen ermöglichen eine systematische Untersuchung dieser Frage.

Definition 24.28 (Karush-Kuhn-Tucker-Bedingungen)

Für ein konvexes Optimierungsproblem (24.60)–(24.61) *mit stetig partiell differenzierbaren Funktionen* $f, g_1, \ldots, g_k$ *erfüllt* $\mathbf{x}_0 \in \mathbb{R}^n$ *die KKT-Bedingungen, wenn k Lagrange-Multiplikatoren* $\lambda_1, \ldots, \lambda_k \in \mathbb{R}$ *mit den folgenden Eigenschaften existieren:*

$$\frac{\partial L(\lambda_1, \ldots, \lambda_k, \mathbf{x}_0)}{\partial x_j} = \frac{\partial f(\mathbf{x}_0)}{\partial x_j} + \sum_{p=1}^{k} \lambda_p \frac{\partial g_p(\mathbf{x}_0)}{\partial x_j} = 0$$

$$\text{für } j = 1, \ldots, n \quad (24.63)$$

$$g_p(\mathbf{x}_0) \leq 0 \quad \text{für } p = 1, \ldots, k \quad (24.64)$$

$$\lambda_p \geq 0 \quad \text{für } p = 1, \ldots, k \quad (24.65)$$

$$\lambda_p g_p(\mathbf{x}_0) = 0 \quad \text{für } p = 1, \ldots, k \quad (24.66)$$

Bei der KKT-Bedingung (24.63) handelt es sich um die Bedingung, die auch bei der Lagrangeschen Multiplikatorenregel verwendet wird (vgl. Satz 24.15), und durch die KKT-Bedingung (24.64) wird sichergestellt, dass $\mathbf{x}_0$ den k Nebenbedingungen genügt. Folglich stellen lediglich die beiden KKT-Bedingungen (24.65)–(24.66) eine Erweiterung dar. Durch (24.65) wird sichergestellt, dass die Lagrange-Funktion (24.62) eine konvexe Funktion in der n-dimensionalen Variablen $\mathbf{x}$ ist (vgl. Beweis von Satz 24.29), und bei (24.66) handelt es sich um die sogenannte **komplementäre Schlupfbedingung** (engl. **complementary slackness condition**). Die Ungleichungen $\lambda_p \geq 0$ und $g_p(\mathbf{x}_0) \leq 0$ sind in dem Sinne komplementär, dass höchstens eine von beiden „echt" sein darf. Das heißt, im Falle einer nicht bindenden p-ten Nebenbedingung (also $g_p(\mathbf{x}_0) < 0$) muss $\lambda_p = 0$ gelten, und die p-te Nebenbedingung spielt dann in der Lagrange-Funktion (24.62) keine Rolle. Gilt dagegen $\lambda_p > 0$, dann muss die p-te Nebenbedingung bindend sein (also $g_p(\mathbf{x}_0) = 0$), und die p-te Nebenbedingung wird demnach in der Lagrange-Funktion (24.62) berücksichtigt.

Die Abbildung 24.17 zeigt zwei konvexe Optimierungsprobleme $\min f(x, y)$ unter einer Ungleichheitsnebenbedingung $g(x, y) \leq 0$ mit stetig partiell differenzierbaren Funktionen f und g. Beim Optimierungsproblem links ist die Nebenbedingung an der Minimalstelle (x_0, y_0) bindend, d. h. es gilt $g(x_0, y_0) = 0$, weshalb (x_0, y_0) ein Randpunkt des zulässigen Bereichs $\mathcal{Z} = \{(x, y) \in \mathbb{R}^2 : g(x, y) \leq 0\}$ ist. Die Stelle (x_0, y_0) löst folglich das Optimierungsproblem $\min f(x, y)$ unter der Gleichheitsnebenbedingung $g(x, y) = 0$, und es existiert gemäß Satz 24.15 – unter der Voraussetzung $\operatorname{grad} g(x_0, y_0) \neq (0, 0)^T$ – ein Lagrange-Multiplikator λ, so dass die Lagrange-Funktion $L(\lambda, x, y) = f(x, y) + \lambda g(x, y)$ die Bedingung (24.63) erfüllt. Beim Optimierungsproblem rechts ist dagegen die Nebenbedingung an der Minimalstelle (x_0, y_0) nicht bindend, d. h. es gilt $g(x_0, y_0) < 0$, und (x_0, y_0) ist eine stationäre Stelle von f, so dass gemäß Satz 24.1 für die beiden ersten partiellen Ableitungen $\frac{\partial f(x_0, y_0)}{\partial x} = \frac{\partial f(x_0, y_0)}{\partial y} = 0$ gelten muss. Setzt man nun $\lambda = 0$, dann sind die KKT-Bedingungen (24.63)-(24.66) erfüllt.

KKT-Bedingungen als hinreichendes und notwendiges Kriterium

Der folgende Satz besagt, dass die KKT-Bedingungen bei konvexen Optimierungsproblemen tatsächlich ein **hinreichendes Kriterium** für die Existenz globaler Minimalstellen darstellen.

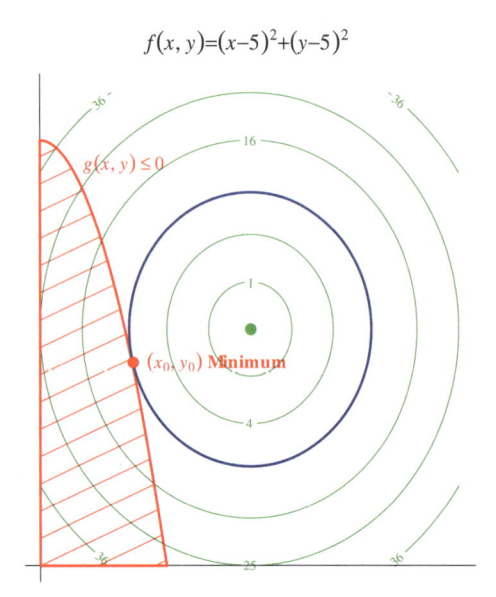

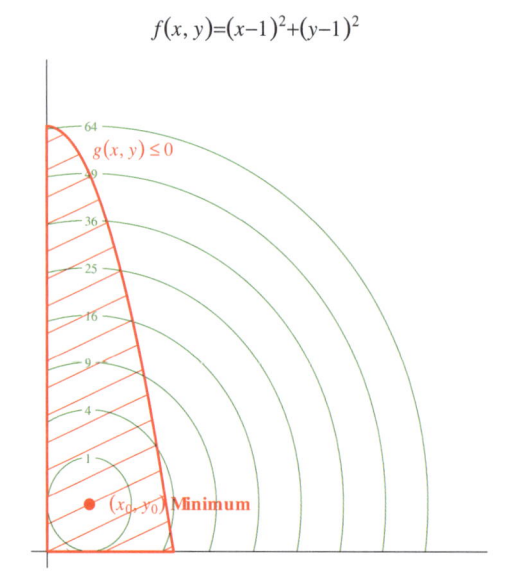

Abb. 24.17: Die Nebenbedingung $g(x,y) = x^2 + y - 9 \leq 0$ ist für die Minimalstelle (x_0, y_0) von $f(x,y) = (x-5)^2 + (y-5)^2$ bindend (links) und für die Minimalstelle (x_0, y_0) von $f(x,y) = (x-1)^2 + (y-1)^2$ nicht bindend (rechts)

> **Satz 24.29** (KKT-Bedingungen als hinreichendes Kriterium)
>
> *Für ein konvexes Optimierungsproblem (24.60)–(24.61) mit stetig partiell differenzierbaren Funktionen $f, g_1, \ldots, g_k$ erfülle $\mathbf{x}_0 \in \mathbb{R}^n$ die KKT-Bedingungen. Dann ist $\mathbf{x}_0$ eine globale Minimalstelle dieses Optimierungsproblems.*

Beweis: Es sei angenommen, dass $\mathbf{x}_0 \in \mathbb{R}^n$ die KKT-Bedingungen (24.63)–(24.66) erfüllt und $\mathbf{x} \in \mathbb{R}^n$ eine beliebige weitere Stelle ist, die den k Ungleichheitsnebenbedingungen (24.61) genügt. Das heißt, es gilt $\mathbf{x}_0, \mathbf{x} \in \mathcal{Z}$ und es ist zu zeigen, dass dann $f(\mathbf{x}_0) \leq f(\mathbf{x})$ erfüllt ist. Die Bedingung (24.65) impliziert zusammen mit der Konvexität der Funktionen $f, g_1, \ldots, g_k$, dass es sich bei der Lagrange-Funktion (24.62) um eine Summe konvexer Funktionen handelt und sie damit bezüglich $\mathbf{x}$ selbst eine konvexe Funktion auf $\mathcal{Z}$ ist (vgl. hierzu Satz 13.17a)). Folglich ist $\mathbf{x}_0$ für feste Lagrange-Multiplikatoren $\lambda_1, \ldots, \lambda_k$ eine globale Minimalstelle der Funktion $\mathbf{x} \mapsto L(\lambda_1, \ldots, \lambda_k, \mathbf{x})$ (vgl. Satz 24.5a)). Das heißt, es gilt

$$L(\lambda_1, \ldots, \lambda_k, \mathbf{x}_0) \leq L(\lambda_1, \ldots, \lambda_k, \mathbf{x})$$

und somit auch

$$f(\mathbf{x}_0) \leq f(\mathbf{x}) + \sum_{p=1}^{k} \lambda_p \left(g_p(\mathbf{x}) - g_p(\mathbf{x}_0) \right). \quad (24.67)$$

Es genügt daher zu zeigen, dass die Summe $\sum_{p=1}^{k} \lambda_p \left(g_p(\mathbf{x}) - g_p(\mathbf{x}_0) \right)$ auf der rechten Seite von (24.67) kleiner oder gleich Null ist. Hierzu sind zwei Fälle zu unterscheiden:

a) Es sei $g_p(\mathbf{x}_0) < 0$. Dann folgt mit der komplementären Schlupfbedingung (24.66), dass $\lambda_p = 0$ und damit insbesondere auch $\lambda_p \left(g_p(\mathbf{x}) - g_p(\mathbf{x}_0) \right) = 0$ gilt.

b) Es sei $g_p(\mathbf{x}_0) = 0$. Dann folgt mit der Bedingung (24.65), dass $\lambda_p \left(g_p(\mathbf{x}) - g_p(\mathbf{x}_0) \right) = \lambda_p g_p(\mathbf{x}) \leq 0$ gilt.

Das heißt, jeder Summand $\lambda_p \left(g_p(\mathbf{x}) - g_p(\mathbf{x}_0) \right)$ auf der rechten Seite von (24.67) ist kleiner oder gleich Null. Folglich gilt $\sum_{p=1}^{k} \lambda_p \left(g_p(\mathbf{x}) - g_p(\mathbf{x}_0) \right) \leq 0$, was die Behauptung beweist. ∎

Die Implikation „$\mathbf{x}_0 \in \mathbb{R}^n$ ist eine globale Minimalstelle eines konvexen Optimierungsproblems $\Rightarrow$ $\mathbf{x}_0$ erfüllt die KKT-Bedingungen" gilt leider nur unter einer zusätzlichen **Qualifikationsbedingung** an die Nebenbedingungsfunktionen $g_1, g_2, \ldots, g_k$. Die Situation ist damit vergleichbar zur Lagrangeschen Multiplikatorenregel. Diese ist gemäß Satz 24.15 nur dann eine notwendige Bedingung für ein Extremum unter Gleichheitsnebenbedingungen an der Stelle $\mathbf{x}_0$, wenn die Gradienten der k Nebenbedingungsfunktionen $g_1, g_2, \ldots, g_k$ an der Stelle $\mathbf{x}_0$ linear unabhängig sind. Für konvexe Optimierungsprobleme existieren eine Reihe verschiedener Qualifikationsbedingungen, die sicherstellen, dass die KKT-Bedingungen nicht nur ein hinreichendes, sondern auch ein notwendiges Kriterium für die Existenz einer Minimalstelle sind. Die drei bekanntesten Qualifikationsbedingungen für eine Stelle $\mathbf{x}_0 \in \mathbb{R}^n$ lauten wie folgt:

Q1) Die Nebenbedingungsfunktionen $g_1, g_2, \ldots, g_k$ sind affin-linear.

Q2) Es gibt ein $\mathbf{x} \in \mathbb{R}^n$ mit $g_p(\mathbf{x}) < 0$ für alle Nebenbedingungsfunktionen g_p, die an der Stelle $\mathbf{x}_0$ bindend sind (**Slater-Bedingung**).

Q3) Die Gradienten der an der Stelle $\mathbf{x}_0$ bindenden Nebenbedingungsfunktionen g_p sind an der Stelle $\mathbf{x}_0$ linear unabhängig.

Unter Annahme der Gültigkeit einer dieser drei Qualifikationsbedingungen lässt sich der folgende Satz nachweisen.

Satz 24.30 (KKT-Bedingungen als notwendiges und hinreichendes Kriterium)

Für ein konvexes Optimierungsproblem (24.60)–(24.61) mit stetig partiell differenzierbaren Funktionen $f, g_1, \ldots, g_k$ erfülle $\mathbf{x}_0 \in \mathbb{R}^n$ eine der Qualifikationsbedingungen Q1), Q2) oder Q3). Dann ist $\mathbf{x}_0$ genau dann eine globale Minimalstelle dieses Optimierungsproblems, wenn $\mathbf{x}_0$ die KKT-Bedingungen erfüllt.

Beweis: Es sei angenommen, dass $\mathbf{x}_0 \in \mathbb{R}^n$ die KKT-Bedingungen erfüllt. Dann ist $\mathbf{x}_0$ gemäß Satz 24.29 eine globale Minimalstelle.

Für den Nachweis, dass unter der Annahme der Gültigkeit einer der drei Qualifikationsbedingungen Q1), Q2) oder Q3) eine globale Minimalstelle $\mathbf{x}_0 \in \mathbb{R}^n$ die KKT-Bedingungen erfüllt, siehe z. B. *Collatz-Wetterling* [11], Abschnitt 8.1. ∎

Die beiden Sätze 24.29 und 24.30 legen es nahe, die Minimalstelle eines konvexen Optimierungsproblems durch Lösen der KKT-Bedingungen (24.63)–(24.66) zu bestimmen. Die KKT-Bedingungen führen jedoch auf ein nichtlineares System von Gleichungen und Ungleichungen, das in den meisten Fällen nur schwer lösbar ist. Es bietet sich daher an, die KKT-Bedingungen in mehrere einfachere gleichungsrestringierte Probleme zu zerlegen, die nur aus den n Lagrangeschen Gleichungen (24.63) und den k komplementären Schlupfbedingungen (24.66) bestehen. Diese Zerlegung erfolgt mit Hilfe der KKT-Bedingung (24.66) und je nachdem, welche der k Lagrange-Multiplikatoren $\lambda_1, \ldots, \lambda_k$ gleich und welche größer als Null vorausgesetzt werden, resultiert ein anderes gleichungsrestringiertes Problem. Auf diese Weise erhält man insgesamt 2^k Fälle, die auf die Existenz einer Minimalstelle zu untersuchen sind. Das Lösen von konvexen Optimierungsproblemen mittels KKT-Bedingungen wird deshalb oft auch mit den Worten

„teile und herrsche mit Lagrange"

umschrieben.

Das genaue Vorgehen wird im folgenden Beispiel demonstriert.

Beispiel 24.31 (Anwendung der KKT-Bedingungen)

a) Betrachtet wird das Optimierungsproblem

$$\min 4e^{-x-y} - x - 3y \qquad (24.68)$$

unter den beiden affin-linearen Nebenbedingungen

$$x + 2y - 2 \leq 0 \qquad (24.69)$$
$$x + y - 1 \leq 0 \qquad (24.70)$$

(vgl. Abbildung 24.18). Die Funktion $f(x, y) = 4e^{-x-y} - x - 3y$ ist die Summe konvexer Funktionen und somit ebenfalls konvex (vgl. Satz 13.17a)). Folglich handelt es sich bei diesem Optimierungsproblem um ein konvexes Optimierungsproblem, und die Lagrange-Funktion ist gegeben durch

$$L(\lambda_1, \lambda_2, x, y) = 4e^{-x-y} - x - 3y + \lambda_1(x+2y-2) + \lambda_2(x+y-1).$$

Die Berechnung der beiden ersten partiellen Ableitungen von L bezüglich der Variablen x und y und anschließendes Nullsetzen dieser Ableitungen liefert zusammen mit der komplementären Schlupfbedingung (24.66) das Gleichungssystem:

$$\frac{\partial L(\lambda_1, \lambda_2, x, y)}{\partial x} = -4e^{-x-y} - 1 + \lambda_1 + \lambda_2$$
$$= 0 \qquad (24.71)$$
$$\frac{\partial L(\lambda_1, \lambda_2, x, y)}{\partial y} = -4e^{-x-y} - 3 + 2\lambda_1 + \lambda_2$$
$$= 0 \qquad (24.72)$$
$$\lambda_1(x + 2y - 2) = 0 \qquad (24.73)$$
$$\lambda_2(x + y - 1) = 0 \qquad (24.74)$$

Bei der Lösung dieses Gleichungssystems sind $2^2 = 4$ Fälle zu unterscheiden.

Kapitel 24   **Nichtlineare Optimierung im $\mathbb{R}^n$**

$f(x,y)=4e^{-x-y}-x-3y$

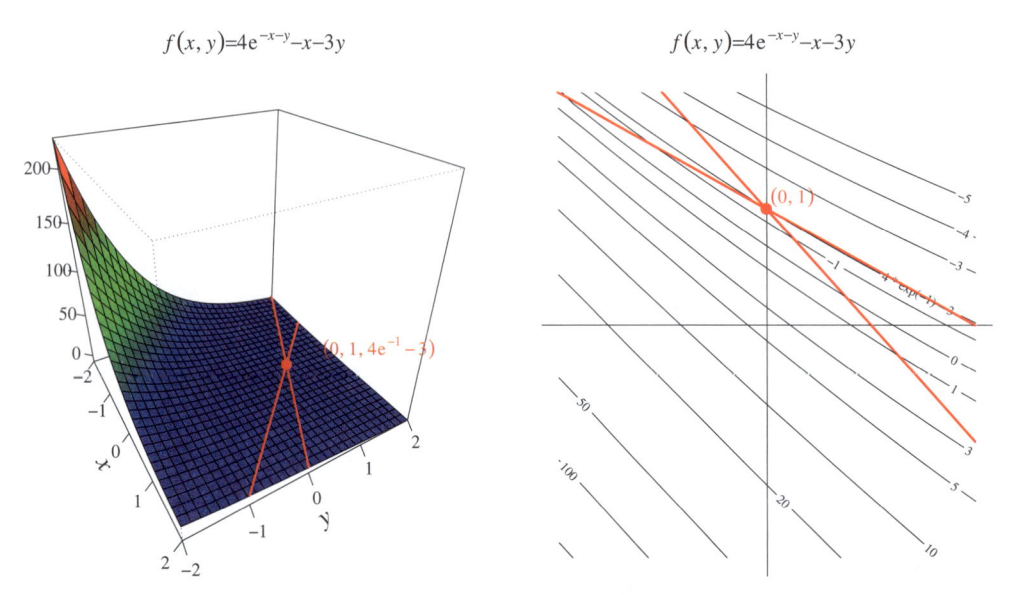

Abb. 24.18: Veranschaulichung der Minimierung der Funktion $f(x, y) = 4e^{-x-y} - x - 3y$ unter den beiden Nebenbedingungen $x + 2y - 2 \leq 0$ und $x + y - 1 \leq 0$ mit Hilfe des Graphen von f (links) und Niveaulinien von f (rechts)

Fall 1: Es gelte $\lambda_1 = \lambda_2 = 0$. Aus (24.71) folgt dann $-4e^{-x-y} = 1$, was ein Widerspruch zu $e^{-x-y} > 0$ ist.

Fall 2: Es gelte $\lambda_1 > 0$ und $\lambda_2 = 0$. Mit $\lambda_2 = 0$ erhält man für (24.71)–(24.72)

$$-4e^{-x-y} - 1 + \lambda_1 = 0 \quad (24.75)$$
$$-4e^{-x-y} - 3 + 2\lambda_1 = 0, \quad (24.76)$$

und die Subtraktion der ersten Gleichung von der zweiten Gleichung liefert $\lambda_1 = 2$. Durch Einsetzen dieses Wertes in (24.75) und eine kurze Umformung resultiert $-x - y = \ln\left(\frac{1}{4}\right)$, also $x + y = \ln(4) > 1$. Dies ist jedoch ein Widerspruch zu (24.70).

Fall 3: Es gelte $\lambda_1 = 0$ und $\lambda_2 > 0$. Subtraktion der Gleichung (24.71) von der Gleichung (24.72) und anschließendes Einsetzen von $\lambda_1 = 0$ liefern den Widerspruch $-2 = 0$.

Fall 4: Es gelte $\lambda_1, \lambda_2 > 0$. Dann erhält man aus (24.73)–(24.74) das lineare Gleichungssystem

$$x + 2y = 2$$
$$x + y = 1,$$

welches nach kurzer Rechnung zur Lösung $x = 0$ und $y = 1$ führt.

Die KKT-Bedingungen liefern somit die globale Minimalstelle $(0, 1)$ und das globale Minimum $f(0, 1) = 4e^{-1} - 3$. Wegen $\lambda_1 > 0, \lambda_2 > 0$ sind an dieser Minimalstelle beide Nebenbedingungen (24.69)–(24.70) bindend, d. h. als Gleichungen erfüllt. Da das konvexe Optimierungsproblem (24.68)–(24.70) offensichtlich die Qualifikationsbedingung Q1) erfüllt, sind die KKT-Bedingungen nicht nur ein hinreichendes Kriterium, sondern auch ein notwendiges Kriterium für die Existenz einer globalen Minimalstelle. Folglich handelt es sich bei $(0, 1)$ um die einzige globale Minimalstelle des Optimierungsproblems (vgl. Abbildung 24.18).

b) Betrachtet wird das Optimierungsproblem

$$\min x^2 + y^2 \quad (24.77)$$

unter einer affin-linearen Nebenbedingung und zwei Nichtnegativitätsbedingungen

$$-x - 2y + 2 \leq 0 \quad \text{und} \quad x \geq 0, y \geq 0 \quad (24.78)$$

(vgl. Abbildung 24.19). Die Funktion $f(x, y) = x^2 + y^2$ ist als Summe streng konvexer Funktionen selbst wieder streng konvex. Bei dem Optimierungsproblem (24.77)–(24.78) handelt es sich also um ein konvexes Optimierungsproblem unter den drei affin-linearen Nebenbedingungen

$$-x - 2y + 2 \leq 0 \quad (24.79)$$
$$-x \leq 0 \quad (24.80)$$
$$-y \leq 0 \quad (24.81)$$

und die zugehörige Lagrange-Funktion lautet

$$L(\lambda_1, \lambda_2, \lambda_3, x, y) = x^2 + y^2 - \lambda_1(x + 2y - 2) - \lambda_2 x - \lambda_3 y.$$

Das Berechnen der beiden ersten partiellen Ableitungen von L und anschließendes Nullsetzen dieser Ableitungen führen zusammen mit der komplementären Schlupfbedingung (24.66) zum Gleichungssystem:

$$\frac{\partial L(\lambda_1, \lambda_2, \lambda_3, x, y)}{\partial x} = 2x - \lambda_1 - \lambda_2 = 0 \quad (24.82)$$
$$\frac{\partial L(\lambda_1, \lambda_2, \lambda_3, x, y)}{\partial y} = 2y - 2\lambda_1 - \lambda_3 = 0 \quad (24.83)$$
$$\lambda_1(-x - 2y + 2) = 0 \quad (24.84)$$
$$-\lambda_2 x = 0 \quad (24.85)$$
$$-\lambda_3 y = 0 \quad (24.86)$$

Bei der Lösung dieses Gleichungssystems sind insgesamt $2^3 = 8$ Fälle zu unterscheiden.

Fall 1: Es gelte $\lambda_1 = \lambda_2 = \lambda_3 = 0$. Aus (24.82)–(24.83) folgt dann $x = y = 0$. Die Lösung $(0, 0)$ verletzt jedoch die Nebenbedingung (24.79) und ist damit keine globale Minimalstelle.

Fall 2: Es gelte $\lambda_1 > 0$ und $\lambda_2 = \lambda_3 = 0$. Für $\lambda_1 > 0$ folgt aus (24.84)

$$-x - 2y + 2 = 0 \quad \text{bzw.} \quad x + 2y = 2. \quad (24.87)$$

Ferner erhält man mit $\lambda_2 = \lambda_3 = 0$ und (24.82)–(24.83) das lineare Gleichungssystem

$$\begin{aligned} 2x - \lambda_1 &= 0 \\ 2y - 2\lambda_1 &= 0. \end{aligned} \quad (24.88)$$

Werden diese beiden Gleichungen in (24.87) eingesetzt, resultiert nach kurzer Umformung $\frac{1}{2}\lambda_1 + 2\lambda_1 = 2$, also $\lambda_1 = \frac{4}{5}$. Durch Einsetzen dieses Wertes in das lineare Gleichungssystem (24.88) erhält man für die beiden Variablen x und y die Werte $x = \frac{2}{5}$ und $y = \frac{4}{5}$.

Bei $\left(\frac{2}{5}, \frac{4}{5}\right)$ handelt es sich somit um eine globale Minimalstelle mit dem Zielfunktionswert $f\left(\frac{2}{5}, \frac{4}{5}\right) = \frac{4}{5}$, an der die erste Nebenbedingung (24.79) bindend ist.

Fall 3: Es gelte $\lambda_2 > 0$ und $\lambda_1 = \lambda_3 = 0$. Aus $\lambda_1 = \lambda_3 = 0$ und (24.83) folgt $y = 0$, und $\lambda_2 > 0$ impliziert zusammen mit (24.85) $x = 0$. Bei $(0, 0)$ handelt es sich jedoch um keine globale Minimalstelle (vgl. Fall 1).

Fall 4: Es gelte $\lambda_3 > 0$ und $\lambda_1 = \lambda_2 = 0$. Aus $\lambda_1 = \lambda_2 = 0$ und (24.82) folgt $x = 0$, und $\lambda_3 > 0$ impliziert zusammen mit (24.86) $y = 0$. Bei $(0, 0)$ handelt es sich jedoch um keine globale Minimalstelle (vgl. Fall 1).

Fall 5: Es gelte $\lambda_1, \lambda_2 > 0$ und $\lambda_3 = 0$. Aus $\lambda_2 > 0$ und (24.85) folgt $x = 0$. Wird $x = 0$ in (24.82) eingesetzt, erhält man $-\lambda_1 = \lambda_2$, was im Widerspruch zu $\lambda_1, \lambda_2 > 0$ steht.

Fall 6: Es gelte $\lambda_1, \lambda_3 > 0$ und $\lambda_2 = 0$. Aus $\lambda_3 > 0$ und (24.86) folgt $y = 0$. Wird $y = 0$ in (24.83) eingesetzt, erhält man $-2\lambda_1 = \lambda_3$, was im Widerspruch zu $\lambda_1, \lambda_3 > 0$ steht.

Fall 7 und Fall 8: Es gelte $\lambda_2, \lambda_3 > 0$ und $\lambda_1 = 0$ oder $\lambda_1, \lambda_2, \lambda_3 > 0$. In beiden Fällen folgt aus $\lambda_2, \lambda_3 > 0$ und (24.85)–(24.86) $x = y = 0$. Bei $(0, 0)$ handelt es sich jedoch um keine globale Minimalstelle (vgl. Fall 1).

Die KKT-Bedingungen liefern folglich die globale Minimalstelle $\left(\frac{2}{5}, \frac{4}{5}\right)$ und das globale Minimum beträgt $f\left(\frac{2}{5}, \frac{4}{5}\right) = \frac{4}{5}$. Wegen $\lambda_1 > 0$ und $\lambda_2 = \lambda_3 = 0$ ist an der Minimalstelle nur die erste Nebenbedingung (24.79) bindend, während die beiden anderen Nebenbedingungen (24.80)–(24.81) nicht bindend, also als echte Ungleichungen erfüllt sind. Da das konvexe Optimierungsproblem (24.77)–(24.78) die Qualifikationsbedingung Q1) erfüllt, ist $\left(\frac{2}{5}, \frac{4}{5}\right)$ die einzige globale Minimalstelle des Optimierungsproblems (vgl. Abbildung 24.19).

Das folgende Beispiel zeigt, dass im Allgemeinen auf die Qualifikationsbedingungen nicht verzichtet werden kann, wenn sichergestellt sein soll, dass die KKT-Bedingungen ein notwendiges Kriterium für Minimalstellen sind.

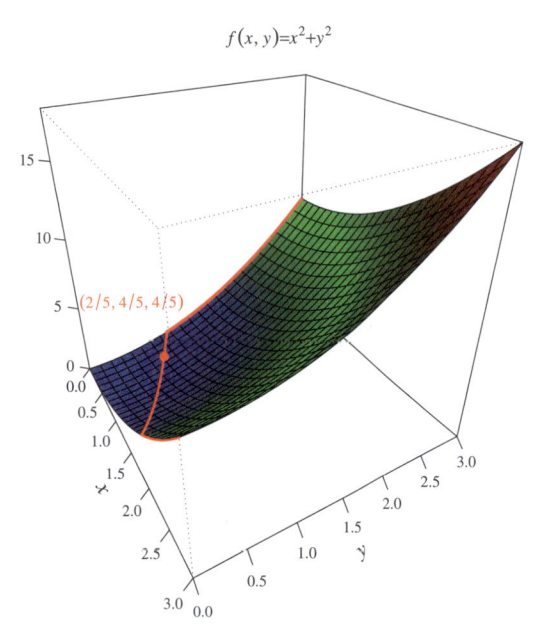

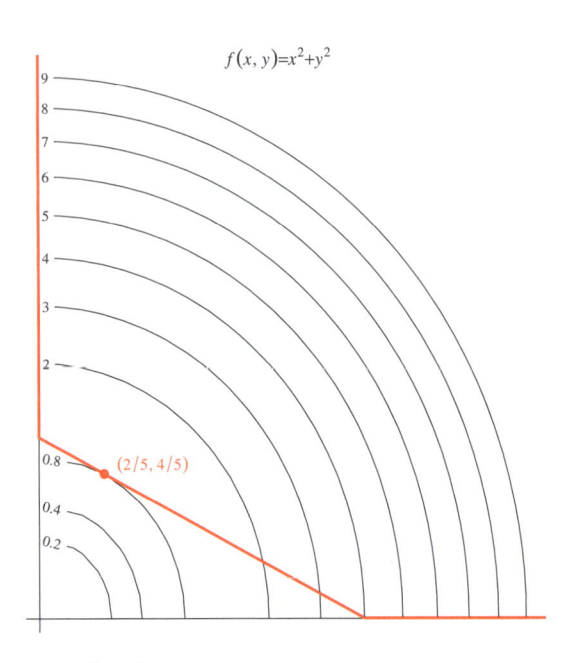

Abb. 24.19: Veranschaulichung der Minimierung der Funktion $f(x, y) = x^2 + y^2$ unter der Nebenbedingung $-x - 2y + 2 \leq 0$ und den beiden Nichtnegativitätsbedingungen $x \geq 0$ und $y \geq 0$ mit Hilfe des Graphen von f (links) und Niveaulinien von f (rechts)

Beispiel 24.32 (Qualifikationsbedingungen)

Betrachtet wird das sehr einfache Optimierungsproblem

$$\min f(x) = x \qquad (24.89)$$

unter der Nebenbedingung und der Nichtnegativitätsbedingung

$$(x - 1)^2 \leq 0 \quad \text{bzw.} \quad x \geq 0. \qquad (24.90)$$

Bei (24.89)–(24.90) handelt es sich um ein konvexes Optimierungsproblem unter den beiden Nebenbedingungen

$$(x - 1)^2 \leq 0 \qquad (24.91)$$
$$-x \leq 0. \qquad (24.92)$$

Das heißt, es besitzt den zulässigen Bereich $\mathcal{Z} = \{1\}$ und $x_0 = 1$ ist daher die Minimalstelle. Die Lagrange-Funktion lautet

$$L(\lambda_1, \lambda_2, x) = x + \lambda_1 (x - 1)^2 - \lambda_2 x$$

und die KKT-Bedingungen (24.63)–(24.66) sind gegeben durch:

$$\begin{aligned} 1 + 2\lambda_1 (x - 1) - \lambda_2 &= 0 \\ (x - 1)^2 &\leq 0 \\ -x &\leq 0 \\ \lambda_1, \lambda_2 &\geq 0 \\ \lambda_1 (x - 1)^2 &= 0 \\ -\lambda_2 x &= 0 \end{aligned} \qquad (24.93)$$

Die Minimalstelle $x_0 = 1$ erfüllt die KKT-Bedingungen offensichtlich nicht, denn aus der ersten Bedingung in (24.93) folgt $\lambda_2 = 1$, was gegen die letzte Bedingung in (24.93) verstößt. Dies ist allerdings kein Widerspruch zu Satz 24.30, denn das konvexe Optimierungsproblem (24.89)–(24.90) erfüllt keine der drei Qualifikationsbedingungen Q1), Q2) und Q3): Die erste Nebenbedingung ist nicht affin-linear, die Slater-Bedingung $g_1(x) = (x - 1)^2 < 0$ ist für kein $x \in \mathbb{R}$ erfüllbar und für den Gradienten von g_1 an der Stelle x_0 gilt $\operatorname{grad} g_1(x_0) = g_1'(x_0) = 0$.

24.6 Optimierung unter Gleichheits- und Ungleichheitsnebenbedingungen

Verallgemeinertes konvexes Optimierungsproblem

Wirtschaftswissenschaftliche Fragestellungen führen häufig zu Optimierungsproblemen mit sowohl Gleichheits- als auch Ungleichheitsnebenbedingungen. Solche Problemstellungen lassen sich oftmals im Rahmen von **verallgemeinerten konvexen Optimierungsproblemen** lösen.

> **Definition 24.33** (Verallgemeinertes konvexes Optimierungsproblem)
>
> *Ein Optimierungsproblem der Form*
> $$\min f(\mathbf{x}) \qquad (24.94)$$
> *unter den $k + l$ Nebenbedingungen*
> $$g_p(\mathbf{x}) \leq 0 \quad \text{für } p = 1, \ldots, k \qquad (24.95)$$
> $$h_q(\mathbf{x}) = 0 \quad \text{für } q = 1, \ldots, l \qquad (24.96)$$
> *mit $l < n$ und konvexen reellwertigen Funktionen $f, g_1, \ldots, g_k$ sowie affin-linearen reellwertigen Funktionen $h_1, h_2, \ldots, h_l$ in n Variablen wird als verallgemeinertes konvexes Optimierungsproblem bezeichnet.*

Bei einem verallgemeinerten konvexen Optimierungsproblem sind also zusätzlich auch affin-lineare Gleichheitsnebenbedingungen der Form

$$\sum_{i=1}^{n} a_i x_i - b = 0$$

mit $a_1, a_2, \ldots, a_n, b \in \mathbb{R}$ zugelassen. Die Menge der **zulässigen** $\mathbf{x} \in \mathbb{R}^n$, also der **zulässige Bereich** des Optimierungsproblems, ist gegeben durch

$$\mathcal{Z} := \big\{ \mathbf{x} \in \mathbb{R}^n : g_p(\mathbf{x}) \leq 0 \text{ und } h_q(\mathbf{x}) = 0$$
$$\text{für } p = 1, \ldots, k \text{ und } q = 1, \ldots, l \big\}.$$

Die p-te Ungleichheitsnebenbedingung $g_p(\mathbf{x}) \leq 0$ heißt wieder **bindend** oder **aktiv** an der Stelle $\mathbf{x} \in \mathcal{Z}$, wenn $g_p(\mathbf{x}) = 0$ gilt, und **nicht bindend** oder **nicht aktiv**, falls $g_p(\mathbf{x}) < 0$ erfüllt ist.

Verallgemeinerte Karush-Kuhn-Tucker-Bedingungen

Völlig analog zu (gewöhnlichen) konvexen Optimierungsproblemen lassen sich auch für verallgemeinerte konvexe Optimierungsprobleme KKT-Bedingungen formulieren. Diese basieren nun auf der Untersuchung der Lagrange-Funktion von f bezüglich der $k + l$ Nebenbedingungsfunktionen $g_1, g_2, \ldots, g_k, h_1, h_2, \ldots, h_l$, d. h. auf der Betrachtung der Funktion

$$L(\boldsymbol{\lambda}, \boldsymbol{\mu}, \mathbf{x}) = f(\mathbf{x}) + \sum_{p=1}^{k} \lambda_p g_p(\mathbf{x}) + \sum_{q=1}^{l} \mu_q h_q(\mathbf{x}). \quad (24.97)$$

Die verallgemeinerten KKT-Bedingungen sind in der folgenden Definition zusammengefasst:

> **Definition 24.34** (Verallgemeinerte Karush-Kuhn-Tucker-Bedingungen)
>
> *Für ein verallgemeinertes konvexes Optimierungsproblem (24.94)–(24.96) mit stetig partiell differenzierbaren Funktionen $f, g_1, \ldots, g_k, h_1, h_2, \ldots, h_l$ und $l < n$ erfüllt $\mathbf{x}_0 \in \mathbb{R}^n$ die verallgemeinerten KKT-Bedingungen, wenn insgesamt $k + l$ Lagrange-Multiplikatoren $\lambda_1, \ldots, \lambda_k, \mu_1, \ldots, \mu_l \in \mathbb{R}$ mit den folgenden Eigenschaften existieren:*
>
> $$\frac{\partial L(\boldsymbol{\lambda}, \boldsymbol{\mu}, \mathbf{x}_0)}{\partial x_j} = \frac{\partial f(\mathbf{x}_0)}{\partial x_j} + \sum_{p=1}^{k} \lambda_p \frac{\partial g_p(\mathbf{x}_0)}{\partial x_j}$$
> $$+ \sum_{q=1}^{l} \mu_q \frac{\partial h_q(\mathbf{x}_0)}{\partial x_j} = 0$$
> $$\text{für } j = 1, \ldots, n \qquad (24.98)$$
> $$g_p(\mathbf{x}_0) \leq 0 \text{ für } p = 1, \ldots, k \qquad (24.99)$$
> $$h_q(\mathbf{x}_0) = 0 \text{ für } q = 1, \ldots, l \qquad (24.100)$$
> $$\lambda_p \geq 0 \text{ für } p = 1, \ldots, k \qquad (24.101)$$
> $$\lambda_p g_p(\mathbf{x}_0) = 0 \text{ für } p = 1, \ldots, k \qquad (24.102)$$

Die (verallgemeinerten) KKT-Bedingungen sind also wieder gegeben durch die einzuhaltenden Nebenbedingungen (24.95)–(24.96), den gleich Null gesetzten ersten partiellen Ableitungen der Lagrange-Funktion (24.97) nach den n Variablen $x_1, \ldots, x_n$ sowie den Nichtnegativitätsbedingungen und komplementären Schlupfbedingungen für die zu den k Ungleichheitsnebenbedingungen (24.95) gehörenden Lagrange-Multiplikatoren $\lambda_1, \ldots, \lambda_k$. Die zu den l Gleichheitsnebenbedingungen (24.96) gehörenden Lagrange-Multiplikatoren $\mu_1, \ldots, \mu_l$ müssen dagegen keinen Nichtnegativitätsbedingungen oder komplementären Schlupfbedingungen genügen.

Verallgemeinerte KKT-Bedingungen als hinreichendes und notwendiges Kriterium

Völlig analog zu Satz 24.29 lässt sich zeigen, dass die verallgemeinerten KKT-Bedingungen bei verallgemeinerten konvexen Optimierungsproblemen ein hinreichendes Kriterium für die Existenz globaler Minimalstellen darstellen. Darüber hinaus lässt sich nachweisen, dass bei Gültigkeit einer (entsprechend angepassten) **Qualifikationsbedingung** die verallgemeinerten KKT-Bedingungen auch ein notwendiges Kriterium sind. Diese auf verallgemeinerte konvexe Optimierungsprobleme angepassten Qualifikationsbedingungen für eine Stelle $\mathbf{x}_0 \in \mathbb{R}^n$ lauten wie folgt:

Q1') Die Nebenbedingungsfunktionen $g_1, g_2, \ldots, g_k, h_1, h_2, \ldots, h_l$ sind affin-linear.

Q2') Es gibt ein $\mathbf{x} \in \mathbb{R}^n$ mit $h_q(\mathbf{x}) = 0$ für alle $q = 1, \ldots, l$ und $g_p(\mathbf{x}) < 0$ für alle Nebenbedingungsfunktionen g_p, die an der Stelle $\mathbf{x}_0$ bindend sind (**Slater-Bedingung**).

Q3') Die Gradienten der Nebenbedingungsfunktionen $h_1, h_2, \ldots, h_l$ und die Gradienten der an der Stelle $\mathbf{x}_0$ bindenden Nebenbedingungsfunktionen g_p sind an der Stelle $\mathbf{x}_0$ linear unabhängig.

Unter Annahme der Gültigkeit einer dieser drei Qualifikationsbedingungen lässt sich der folgende Satz nachweisen.

Satz 24.35 (Verallg. KKT-Bed. als notwendiges und hinreichendes Kriterium)

Für ein verallgemeinertes konvexes Optimierungsproblem (24.94)–(24.96) mit stetig partiell differenzierbaren Funktionen $f, g_1, \ldots, g_k, h_1, h_2, \ldots, h_l$ erfülle $\mathbf{x}_0 \in \mathbb{R}^n$ eine der Qualifikationsbedingungen Q1'), Q2') oder Q3'). Dann ist $\mathbf{x}_0$ genau dann eine globale Minimalstelle dieses Optimierungsproblems, wenn $\mathbf{x}_0$ die verallgemeinerten KKT-Bedingungen erfüllt.

Beweis: Siehe die Beweise der beiden Sätze 24.29 und 24.30. ∎

Die Anwendung der verallgemeinerten KKT-Bedingungen wird im folgenden Beispiel verdeutlicht.

Beispiel 24.36 (Anwendung der verallgemeinerten KKT-Bedingungen)

Betrachtet wird das Optimierungsproblem

$$\min f(x, y) = (x - 3)^2 + (y - 2)^2 \tag{24.103}$$

unter den Nebenbedingungen

$$x^2 + y^2 - 5 \leq 0 \tag{24.104}$$
$$-x \leq 0 \tag{24.105}$$
$$-y \leq 0 \tag{24.106}$$
$$x + 2y - 4 = 0 \tag{24.107}$$

(vgl. Abbildung 24.20). Es handelt sich um ein verallgemeinertes konvexes Optimierungsproblem mit den Nebenbedingungsfunktionen $g_1(x, y) = x^2 + y^2 - 5$, $g_2(x, y) = -x$, $g_3(x, y) = -y$ und $h(x, y) = x + 2y - 4$. Die Lagrange-Funktion ist gegeben durch

$$\begin{aligned} L(\lambda_1, \lambda_2, \lambda_3, \mu, x, y) &= (x - 3)^2 + (y - 2)^2 \\ &\quad + \lambda_1(x^2 + y^2 - 5) - \lambda_2 x \\ &\quad - \lambda_3 y + \mu(x + 2y - 4). \end{aligned}$$

Die Berechnung der beiden ersten partiellen Ableitungen von L bezüglich x und y und anschließendes Nullsetzen dieser Ableitungen liefert zusammen mit der Gleichheitsnebenbedingung und der komplementären Schlupfbedingung (24.102) das Gleichungssystem:

$$\frac{\partial L(\lambda_1, \lambda_2, \lambda_3, \mu, x, y)}{\partial x} = 2(x - 3) + 2\lambda_1 x - \lambda_2 + \mu$$
$$= 0 \tag{24.108}$$
$$\frac{\partial L(\lambda_1, \lambda_2, \lambda_3, \mu, x, y)}{\partial y} = 2(y - 2) + 2\lambda_1 y - \lambda_3 + 2\mu$$
$$= 0 \tag{24.109}$$
$$x + 2y - 4 = 0 \tag{24.110}$$
$$\lambda_1(x^2 + y^2 - 5) = 0 \tag{24.111}$$
$$-\lambda_2 x = 0 \tag{24.112}$$
$$-\lambda_3 y = 0 \tag{24.113}$$

Für eine zulässige Stelle
$(x, y) \in \mathcal{Z} = \{(x, y) \in \mathbb{R}^2 : g_1(x, y) \leq 0, g_2(x, y) \leq 0,$
$g_3(x, y) \leq 0, h(x, y) = 0\}$

24.6 Optimierung unter Gleichheits- und Ungleichheitsnebenbd. Kapitel 24

kann immer nur eine der drei Ungleichheitsnebenbedingungen (24.104)–(24.106) bindend sein. Folglich müssen von den insgesamt $2^3 = 8$ Fällen nur drei untersucht werden. Ferner gilt

$$\text{rang} \begin{pmatrix} \text{grad } h(x,y)^T \\ \text{grad } g_1(x,y)^T \end{pmatrix} = \text{rang} \begin{pmatrix} 1 & 2 \\ 2x & 2y \end{pmatrix} = 2$$

$$\text{rang} \begin{pmatrix} \text{grad } h(x,y)^T \\ \text{grad } g_2(x,y)^T \end{pmatrix} = \text{rang} \begin{pmatrix} 1 & 2 \\ -1 & 0 \end{pmatrix} = 2$$

$$\text{rang} \begin{pmatrix} \text{grad } h(x,y)^T \\ \text{grad } g_3(x,y)^T \end{pmatrix} = \text{rang} \begin{pmatrix} 1 & 2 \\ 0 & -1 \end{pmatrix} = 2$$

für alle $(x, y) \in \mathcal{Z}$. Das heißt, die Qualifikationsbedingung Q3') ist für alle zulässigen Stellen erfüllt und jede Minimalstelle muss daher die verallgemeinerten KKT-Bedingungen erfüllen.

Fall 1: Es sei die Ungleichung (24.104) bindend. Dann sind die beiden anderen Ungleichungen (24.105)–(24.106) nicht bindend, und mit (24.112)–(24.113) folgt $\lambda_2 = \lambda_3 = 0$. Damit ergibt sich aus (24.108)–(24.111) das folgende Gleichungssystem:

$$2(x-3) + 2\lambda_1 x + \mu = 0$$
$$2(y-2) + 2\lambda_1 y + 2\mu = 0$$
$$x + 2y - 4 = 0$$
$$x^2 + y^2 - 5 = 0$$

Daraus erhält man nach kurzer Umformung die eindeutig bestimmte Lösung $x = 2$, $y = 1$, $\mu = \frac{2}{3}$ und $\lambda_1 = \frac{1}{3}$.

Fall 2 und 3: Ist entweder die Ungleichung (24.105) oder die Ungleichung (24.106) bindend, dann erhält man jeweils einen Widerspruch zu den verallgemeinerten KKT-Bedingungen.

Durch $(2, 1)$ ist folglich die eindeutig bestimmte globale Minimalstelle gegeben und das globale Minimum beträgt $f(2,1) = 2$ (vgl. Abbildung 24.20).

Zum Abschluss dieses Abschnitts wird ein komplexeres Anwendungsbeispiel aus der (betriebswirtschaftlichen) Produktionstheorie betrachtet.

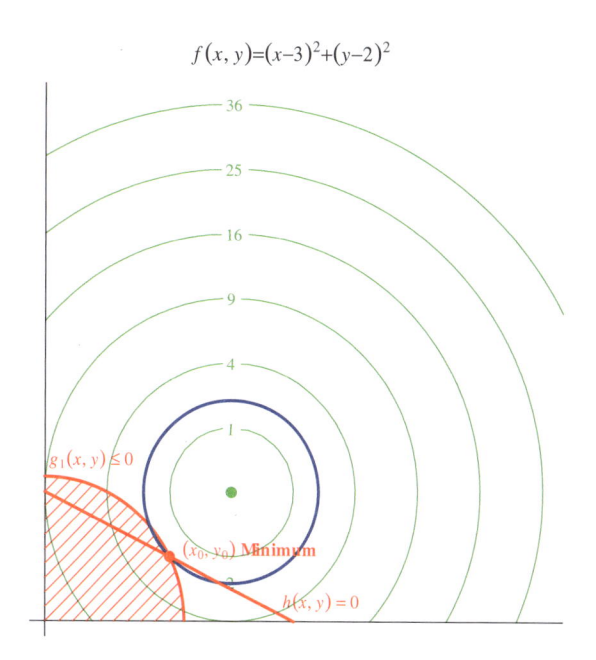

Abb. 24.20: Minimierung der Funktion $f(x, y) = (x-3)^2 + (y-2)^2$ unter den Ungleichheitsnebenbedingungen $g_1(x, y) = x^2 + y^2 - 5 \leq 0$, $g_2(x, y) = -x \leq 0$ und $g_3(x, y) = -y \leq 0$ sowie der Gleichheitsnebenbedingung $h(x, y) = x + 2y - 4 = 0$

Beispiel 24.37 (Minimierung der Lager- und Produktionskosten)

Betrachtet wird ein Betrieb, der innerhalb von n Zeitperioden ein Produkt A produziert. Von diesem Erzeugnis können bis zu D Mengeneinheiten gelagert werden, und der Bedarf b_j an Produkt A in der j-ten Periode ($j = 1, \ldots, n$) ist jeweils bis zum Ende der Periode zu decken. Dazu kann das Produkt aus dem Lager oder aus der laufenden Produktion verwendet werden. Die Lagerkosten von K Geldeinheiten (in €) pro Mengeneinheit richten sich nach dem zu Beginn jeder Periode vorhandenen Lagerbestand. Zu Beginn der ersten Periode seien s_0 Mengeneinheiten von Produkt A vorhanden und zum Ende der n-ten Periode sollen noch s_1 Mengeneinheiten für Reklamationen oder Nachbestellungen verfügbar sein. Ferner sei vorausgesetzt, dass die Produktionskosten in jeder Periode mindestens proportional mit der produzierten Stückzahl anwachsen, so dass die Produktionskosten in jeder Periode eine konvexe Funktion der produzierten Menge sind. Als Ziel verfolgt der Betrieb die Minimierung der Summe der Lager- und Produktionskosten für die n Perioden.

Im Folgenden sei für $j = 1, \ldots, n$

x_j die in der j-ten Periode produzierte Menge von Produkt A,

b_j der in der j-ten Periode zu erfüllende Bedarf an Produkt A,

y_j der zu Beginn der j-ten Periode vorhandene Lagerbestand und

$f_j(x_j)$ die Produktionskosten (in €) in der j-ten Periode.

Damit erhält man das verallgemeinerte konvexe Optimierungsproblem

$$\min \sum_{j=1}^{n} f_j(x_j) + K \sum_{j=1}^{n} y_j$$

unter den Nebenbedingungen:

$$\begin{aligned}
y_j + x_j &\geq b_j & \text{für } j &= 1, \ldots, n \\
y_j &\leq D & \text{für } j &= 1, \ldots, n \\
x_j &\geq 0 & \text{für } j &= 1, \ldots, n \\
y_j &\geq 0 & \text{für } j &= 1, \ldots, n \\
y_1 &= s_0 & & \quad (24.114) \\
y_{j+1} &= y_j + x_j - b_j & \text{für } j &= 1, \ldots, n-1 \quad (24.115) \\
y_n + x_n - b_n &= s_1 & & \quad (24.116)
\end{aligned}$$

Mit Hilfe der Nebenbedingungen (24.114)–(24.116) können die Variablen $y_1, \ldots, y_n$ aus dem Modell eliminiert werden. Es resultiert dann das äquivalente Optimierungsproblem

$$\min \sum_{j=1}^{n} f_j(x_j) + K \left(ns_0 + \sum_{i=1}^{n} (n-i)(x_i - b_i) \right)$$

unter den Nebenbedingungen:

$$\begin{aligned}
s_0 + \sum_{i=1}^{j} (x_i - b_i) &\leq D & \text{für } j &= 1, \ldots, n-1 \\
s_0 + \sum_{i=1}^{j} (x_i - b_i) &\geq 0 & \text{für } j &= 1, \ldots, n-1 \\
s_0 + \sum_{i=1}^{n} (x_i - b_i) &= s_1 & & \\
x_j &\geq 0 & \text{für } j &= 1, \ldots, n
\end{aligned}$$

Die zugehörige Lagrange-Funktion lautet

$$\begin{aligned}
L(\boldsymbol{\lambda}, \boldsymbol{\mu}, \mathbf{x}) = &\sum_{j=1}^{n} f_j(x_j) + K \left(ns_0 + \sum_{i=1}^{n} (n-i)(x_i - b_i) \right) \\
&+ \lambda_{1,1} \left(s_0 + \sum_{i=1}^{1} (x_i - b_i) - D \right) + \ldots \\
&+ \lambda_{1,n-1} \left(s_0 + \sum_{i=1}^{n-1} (x_i - b_i) - D \right) \\
&- \lambda_{2,1} \left(s_0 + \sum_{i=1}^{1} (x_i - b_i) \right) - \ldots \\
&- \lambda_{2,n-1} \left(s_0 + \sum_{i=1}^{n-1} (x_i - b_i) \right) \\
&+ \mu \left(s_0 - s_1 + \sum_{i=1}^{n} (x_i - b_i) \right) \\
&- \lambda_{3,1} x_1 - \ldots - \lambda_{3,n} x_n
\end{aligned}$$

und die verallgemeinerten KKT-Bedingungen sind gegeben durch:

$$\frac{\partial L(\boldsymbol{\lambda}, \boldsymbol{\mu}, \mathbf{x})}{\partial x_1} = \frac{\partial f_1(x_1)}{\partial x_1} + (n-1)K$$
$$+ \sum_{i=1}^{n-1} (\lambda_{1,i} - \lambda_{2,i}) + \mu - \lambda_{3,1} = 0$$

$$\frac{\partial L(\boldsymbol{\lambda}, \boldsymbol{\mu}, \mathbf{x})}{\partial x_2} = \frac{\partial f_2(x_2)}{\partial x_2} + (n-2)K$$
$$+ \sum_{i=2}^{n-1} (\lambda_{1,i} - \lambda_{2,i}) + \mu - \lambda_{3,2} = 0$$

$$\vdots$$

$$\frac{\partial L(\boldsymbol{\lambda}, \boldsymbol{\mu}, \mathbf{x})}{\partial x_{n-1}} = \frac{\partial f_{n-1}(x_{n-1})}{\partial x_{n-1}} + K + \lambda_{1,n-1}$$
$$- \lambda_{2,n-1} + \mu - \lambda_{3,n-1} = 0$$

$$\frac{\partial L(\boldsymbol{\lambda}, \boldsymbol{\mu}, \mathbf{x})}{\partial x_n} = \frac{\partial f_n(x_n)}{\partial x_n} + \mu - \lambda_{3,n} = 0$$

$$s_0 + \sum_{i=1}^{1} (x_i - b_i) - D \leq 0$$

$$\vdots$$

24.6 Optimierung unter Gleichheits- und Ungleichheitsnebenbd.

$$s_0 + \sum_{i=1}^{n-1}(x_i - b_i) - D \leq 0$$

$$-s_0 - \sum_{i=1}^{1}(x_i - b_i) \leq 0$$

$$\vdots$$

$$-s_0 - \sum_{i=1}^{n-1}(x_i - b_i) \leq 0$$

$$-x_1, -x_2, \ldots, -x_n \leq 0$$

$$s_0 - s_1 + \sum_{i=1}^{n}(x_i - b_i) = 0$$

$$\lambda_{1,1}, \ldots, \lambda_{1,n-1}, \lambda_{2,1}, \ldots, \lambda_{2,n-1}, \lambda_{3,1}, \ldots, \lambda_{3,n} \geq 0$$

$$\lambda_{1,1}\left(s_0 + \sum_{i=1}^{1}(x_i - b_i) - D\right) = 0$$

$$\vdots$$

$$\lambda_{1,n-1}\left(s_0 + \sum_{i=1}^{n-1}(x_i - b_i) - D\right) = 0$$

$$\lambda_{2,1}\left(s_0 + \sum_{i=1}^{1}(x_i - b_i)\right) = 0$$

$$\vdots$$

$$\lambda_{2,n-1}\left(s_0 + \sum_{i=1}^{n-1}(x_i - b_i)\right) = 0$$

$$-\lambda_{3,1}x_1 = 0$$

$$\vdots$$

$$-\lambda_{3,n}x_n = 0$$

Da dieses verallgemeinerte konvexe Optimierungsproblem die Qualifikationsbedingung Q1') erfüllt, sind alle seine globalen Minimalstellen durch die Lösung der verallgemeinerten KKT-Bedingungen gegeben.

Gilt zum Beispiel konkret: $n = 4$, $D = 2000$, $s_0 = s_1 = K = 500$ und $f(x_j) = 3000x_j + a_j x_j^2$ für $j = 1, 2, 3, 4$ sowie

j	1	2	3	4
b_j	2000	4000	3000	1000
a_j	2	1,75	0,75	0

und werden diese Werte in die verallgemeinerten KKT-Bedingungen eingesetzt, dann erhält man nach einigen Rechnungen die Lösung

$$\mathbf{x} = \begin{pmatrix} 2500 \\ 3000 \\ 3000 \\ 1500 \end{pmatrix}$$

und $\lambda_{1,1} = \lambda_{1,2} = \lambda_{1,3} = 0$, $\lambda_{2,1} = 0$, $\lambda_{2,2} = 6500$, $\lambda_{2,3} = 5000$, $\mu = -3000$ sowie $\lambda_{3,1} = \lambda_{3,2} = \lambda_{3,3} = \lambda_{3,4} = 0$.

Kapitel 25

Lineare Optimierung

Kapitel 25 Lineare Optimierung

25.1 Grundlagen

Die **lineare Optimierung** wird häufig auch als **lineare Programmierung** bezeichnet und ist eine der bedeutendsten Theorien des Operations Research, also dem Wissenschaftsgebiet, das sich speziell mit der Entwicklung und Anwendung quantitativer Modelle und Methoden zur Entscheidungsunterstützung beschäftigt. Zu den Begründern der linearen Optimierung zählen der sowjetische Mathematiker und Ökonom *Leonid Witaljewitsch Kantorowitsch* (1912–1986) und der US-amerikanische Ökonom und Physiker *Tjalling Koopmans* (1910–1985). Für ihre Theorie zur optimalen Verwendung knapper Ressourcen erhielten sie im Jahre 1975 den Wirtschaftsnobelpreis.

L. W. Kantorowitsch

Zielsetzung der linearen Optimierung ist die Minimierung oder Maximierung einer **linearen Zielfunktion** mit n Variablen der Form

$$z(x_1, \ldots, x_n) := c_1 x_1 + \ldots + c_n x_n$$

unter Einhaltung einer Reihe von Nebenbedingungen. Diese können gegeben sein durch **lineare Gleichungen** der Gestalt

T. Koopmans

$$a_{i1} x_1 + \ldots + a_{in} x_n = b_i$$

für $i = 1, \ldots, p$ und **lineare Ungleichungen** der Form

$$a_{j1} x_1 + \ldots + a_{jn} x_n \leq b_j \quad \text{oder} \quad a_{k1} x_1 + \ldots + a_{kn} x_n \geq b_k$$

für $j = 1, \ldots, q$ und $k = 1, \ldots, r$. Solche Problemstellungen werden unter der Bezeichnung **lineare Optimierungsprobleme** zusammengefasst, wobei man je nach Minimierung oder Maximierung der Zielfunktion auch genauer von **linearem Minimierungsproblem** bzw. **linearem Maximierungsproblem** spricht. Die lineare Optimierung zeichnet sich vor allem dadurch aus, dass sie eine einfache Modellbildung und effiziente Verfahren zur Lösung von linearen Optimierungsproblemen mit bis zu mehreren hunderttausend Variablen und Nebenbedingungen bereitstellt. Aus diesem Grund besitzt die lineare Optimierung für die verschiedensten wirtschaftswissenschaftlichen Bereiche eine große praktische Bedeutung. Sie kommt zum Beispiel in der Spieltheorie, der Produktionsplanung, der Portfoliooptimierung und bei der Lösung von Tourenplanungs-, Mischungs- und Verschnittproblemen zum Einsatz. Darüber hinaus wird die lineare Optimierung häufig auch bei der Lösung mehrdimensionaler nichtlinearer Optimierungsprobleme herangezogen.

In den folgenden drei Beispielen werden verschiedene, aber typische lineare Optimierungsprobleme aus den Wirtschaftswissenschaften vorgestellt, um die große Bandbreite der Anwendungsmöglichkeiten der linearen Optimierung zu demonstrieren. Beim ersten Beispiel handelt es sich um ein lineares Minimierungsproblem, das als **Transportproblem** bezeichnet wird. Es besteht darin, den Transport eines Produktes von mehreren Angebots- zu mehreren Nachfrageorten in optimaler, d. h. kostenminimaler, Weise durchzuführen.

Beispiel 25.1 (Lineares Minimierungsproblem: Transportproblem)

Betrachtet wird ein Unternehmen mit zwei Filialen F_1 und F_2, von denen aus drei Großhändler G_1, G_2 und G_3 beliefert werden sollen. Die Transportkosten je Mengeneinheit von den Filialen zu den Großhändlern, der Bedarf der Großhändler und der Lagerbestand der Filialen sind bekannt und in der folgenden Tabelle zusammengefasst:

	Transportkosten je Mengeneinheit			
	G_1	G_2	G_3	Bestand
F_1	0,8	1,0	1,2	600
F_2	0,4	0,5	0,6	400
Bedarf	200	500	300	1000

Das Unternehmen ist daran interessiert, den Transport von den Filialen zu den Großhändlern so zu organisieren, dass die Gesamttransportkosten minimal sind. Dieses Transportproblem lässt sich als lineares Minimierungsproblem formulieren. Hierzu bezeichnen die Variablen

x_1, x_2, x_3 die Transportmengen von F_1 zu G_1, G_2, G_3

und

x_4, x_5, x_6 die Transportmengen von F_2 zu G_1, G_2, G_3.

Da Transportmengen nicht negativ sein können, müssen für diese Variablen die Nichtnegativitätsbedingungen $x_1, \ldots, x_6 \geq 0$ erfüllt sein. Aufgrund der Annahme von mengenproportionalen Transportkosten von den Filialen zu den Großhändlern sind die Gesamttransportkosten durch den Wert der linearen Zielfunktion

$$z(x_1, \ldots, x_6) = 0{,}8x_1 + x_2 + 1{,}2x_3 + 0{,}4x_4 + 0{,}5x_5 + 0{,}6x_6$$

gegeben. Bei der Minimierung dieser Zielfunktion muss jedoch sichergestellt sein, dass der Bedarf der drei Großhändler gedeckt wird und gleichzeitig die Nachfrage der Kapazität der beiden Filialen entspricht. Aus diesen Anforderungen ergibt sich insgesamt das folgende lineare Optimierungsproblem:

Minimiere $z(x_1, \ldots, x_6) = 0{,}8x_1 + x_2 + 1{,}2x_3 + 0{,}4x_4 + 0{,}5x_5 + 0{,}6x_6$ (25.1)

unter den Nebenbedingungen

$$\begin{aligned} x_1 + x_2 + x_3 &= 600 \\ x_4 + x_5 + x_6 &= 400 \\ x_1 + x_4 &= 200 \\ x_2 + x_5 &= 500 \\ x_3 + x_6 &= 300 \end{aligned} \quad (25.2)$$

und den Nichtnegativitätsbedingungen

$$x_1, \ldots, x_6 \geq 0. \quad (25.3)$$

Durch die ersten beiden Gleichungen in (25.2) wird sichergestellt, dass die in den beiden Filialen F_1 und F_2 verfügbaren Bestände vollständig an die drei Großhändler G_1, G_2 und G_3 ausgeliefert werden und die letzten drei Gleichungen in (25.2) sorgen dafür, dass der Bedarf der drei Großhändler gedeckt wird.

Gesucht ist also eine Lösung des linearen Gleichungssystems (25.2) der Nebenbedingungen, welche die Nichtnegativitätsbedingungen (25.3) erfüllt und die lineare Zielfunktion (25.1) minimiert.

Beim zweiten Beispiel handelt es sich um ein lineares Maximierungsproblem aus der **Portfoliooptimierung**:

Beispiel 25.2 (Lineares Maximierungsproblem: Portfoliooptimierung)

Es wird ein Unternehmen betrachtet, das aus vier verschiedenen Anlagen A_1, A_2, A_3 und A_4 ein Portfolio bilden möchte. Diese Anlagen unterscheiden sich in den erwarteten jährlichen Renditen und in ihrem Risiko, das durch eine **Risikokennzahl** ausgedrückt wird.

	Anlage			
	A_1	A_2	A_3	A_4
Erwartete Rendite in %	3	5	10	20
Risikokennzahl	1	2	4	8

Für das konstruierte Portfolio soll dabei gelten, dass

a) es eine möglichst hohe erwartete Rendite aufweist,

b) mindestens 40% in die Anlage A_1 investiert wird und

c) die Risikokennzahl des gesamten Portfolios nicht größer als 4 ist.

Hierzu bezeichnen die Variablen

x_1, x_2, x_3, x_4 die Anteile der Anleihen A_1, A_2, A_3 bzw. A_4 im Portfolio.

Da Anteile nicht negativ sein können, müssen für diese Variablen die Nichtnegativitätsbedingungen $x_1, x_2, x_3, x_4 \geq 0$ erfüllt sein. Die Rendite des Portfolios ist durch den Wert der linearen Zielfunktion

$$z(x_1, x_2, x_3, x_4) = 0{,}03x_1 + 0{,}05x_2 + 0{,}1x_3 + 0{,}2x_4$$

gegeben. Bei der Maximierung dieser Zielfunktion ist zu berücksichtigen, dass nur Portfolios erlaubt sind, die den beiden Voraussetzungen b) und c) genügen. Dies führt zu dem folgenden linearen Optimierungsproblem:

Maximiere $z(x_1, x_2, x_3, x_4) = 0{,}03x_1 + 0{,}05x_2 + 0{,}1x_3 + 0{,}2x_4$ (25.4)

unter den Nebenbedingungen

$$\begin{aligned} x_1 + x_2 + x_3 + x_4 &= 1 \\ x_1 &\geq 0{,}4 \\ x_1 + 2x_2 + 4x_3 + 8x_4 &\leq 4 \end{aligned} \quad (25.5)$$

und den Nichtnegativitätsbedingungen

$$x_1, x_2, x_3, x_4 \geq 0. \quad (25.6)$$

Durch die Gleichung in (25.5) wird sichergestellt, dass die Summe der Anteile der vier Anleihen gleich Eins ist, und die zwei Ungleichungen in (25.5) stellen sicher, dass die beiden Voraussetzungen b) und c) erfüllt werden.

Gesucht ist also eine Lösung des Systems (25.5) bestehend aus einer Gleichung und zwei Ungleichungen, welche die Nichtnegativitätsbedingungen (25.6) erfüllt und die lineare Zielfunktion (25.4) maximiert.

Beim dritten und letzten Beispiel handelt es sich um ein sogenanntes **Verschnittproblem**, bei dem der Verschnitt beim Zuschneiden von Stahlblech minimiert werden soll:

Beispiel 25.3 (Lineares Minimierungsproblem: Verschnittproblem)

Betrachtet wird ein Betrieb der stahlverarbeitenden Industrie, der Stahlblech von 1,90 m Breite bezieht und es für verschiedene Auftraggeber auf andere Breiten zuschneidet. Aufgrund der gegebenen Auftragslage möchte der Betrieb im kommenden Jahr mindestens 30.000 m zu 0,90 m Breite, mindestens 60.000 m zu 0,70 m Breite und genau 70.000 m zu 0,60 m Breite zuschneiden. Dies soll dabei so geschehen, dass möglichst wenig Verschnitt anfällt. Die folgende Tabelle gibt alle sechs möglichen Schnittkombinationen und den zugehörigen Verschnitt an:

	Schnittkombinationen					
	1	2	3	4	5	6
0,90 m Breite	2	1	1	0	0	0
0,70 m Breite	0	1	0	2	1	0
0,60 m Breite	0	0	1	0	2	3
Verschnitt in m	0,10	0,30	0,40	0,50	0	0,10

Die Entscheidungsvariablen $x_1, x_2, x_3, x_4, x_5, x_6$ sind die Längen der nach den einzelnen Schnittkombinationen aufgeschnittenen Blechbahnen von ursprünglich 1,90 m Breite. Da Längen nicht negativ sein können, müssen für diese Variablen die Nichtnegativitätsbedingungen $x_1, \ldots, x_6 \geq 0$ erfüllt sein. Für den Verschnitt erhält man die lineare Zielfunktion

$$z(x_1, \ldots, x_6) = 0{,}1x_1 + 0{,}3x_2 + 0{,}4x_3 + 0{,}5x_4 + 0{,}1x_6.$$

Bei der Minimierung dieser Zielfunktion muss jedoch sichergestellt sein, dass der Betrieb im kommenden Jahr mindestens 30.000 m zu 0,90 m Breite, mindestens 60.000 m zu 0,70 m Breite und genau 70.000 m zu 0,60 m Breite zuschneiden möchte. Dies führt zu dem folgenden linearen Optimierungsproblem:

Minimiere $\quad z(x_1, \ldots, x_6) = 0{,}1x_1 + 0{,}3x_2 + 0{,}4x_3$
$\qquad\qquad\qquad\qquad + 0{,}5x_4 + 0{,}1x_6$

unter den Nebenbedingungen

$$\begin{aligned} 2x_1 + x_2 + x_3 &\geq 30.000 \\ x_2 + 2x_4 + x_5 &\geq 60.000 \\ x_3 + 2x_5 + 3x_6 &= 70.000 \end{aligned}$$

und den Nichtnegativitätsbedingungen

$$x_1, \ldots, x_6 \geq 0.$$

25.2 Graphische Lösung linearer Optimierungsprobleme

Lineare Optimierungsprobleme mit nur zwei Entscheidungsvariablen lassen sich relativ einfach graphisch lösen. Da jedoch in den meisten praxisrelevanten Problemstellungen mehr als zwei Entscheidungsvariablen auftreten, besteht die Bedeutung der graphischen Lösung vor allem in der geometrischen Veranschaulichung der Rechenschritte des **Simplex-Algorithmus**. Der Simplex-Algorithmus ist Gegenstand von Abschnitt 25.4 und stellt das Standardverfahren zur Lösung von linearen Optimierungsproblemen dar.

Im folgenden Beispiel wird anhand einer Problemstellung aus der **Produktionsplanung** gezeigt, wie ein lineares Optimierungsproblem mit nur zwei Entscheidungsvariablen graphisch gelöst werden kann:

Beispiel 25.4 (Graphische Lösung eines linearen Optimierungsproblems)

Ein Betrieb produziert zwei Produkte P_1 und P_2 mit Hilfe von drei Produktionsfaktoren F_1, F_2 und F_3. Die folgende Tabelle gibt die Produktionskoeffizienten, den Bestand an Produktionsfaktoren sowie den Gewinn je produzierter Einheit an:

Produktions-	Produkte		
faktoren	P_1	P_2	Bestand
F_1	4	3	600
F_2	2	2	320
F_3	3	7	840
Gewinn	2	3	

Bezeichnen die Variablen x_1 und x_2 die Produktionsmengen der beiden Produkte P_1 und P_2 und hat der Betrieb die Zielsetzung, dass der Gewinn maximiert werden soll, dann führt dies zu dem linearen Optimierungsproblem:

$$\text{Maximiere} \quad z(x_1, x_2) = 2x_1 + 3x_2 \quad (25.7)$$

unter den Nebenbedingungen

$$\begin{aligned} 4x_1 + 3x_2 &\leq 600 \\ 2x_1 + 2x_2 &\leq 320 \\ 3x_1 + 7x_2 &\leq 840 \end{aligned} \quad (25.8)$$

und den Nichtnegativitätsbedingungen

$$x_1, x_2 \geq 0. \quad (25.9)$$

Die beiden Nichtnegativitätsbedingungen (25.9) und die drei Nebenbedingungen (25.8) legen jeweils eine Halbebene im $\mathbb{R}^2$ fest. Der Durchschnitt dieser fünf Halbebenen ist eine konvexe Menge (vgl. Beispiel 7.26c) und Satz 7.27) und besteht aus allen $\mathbf{x} \in \mathbb{R}^2$, welche die Bedingungen (25.8) und (25.9) erfüllen. Diese $\mathbf{x} \in \mathbb{R}^2$ werden zulässige Lösungen des linearen Optimierungsproblems genannt und die Menge aller zulässigen Lösungen heißt **zulässiger Bereich** und ist gegeben durch

$$\mathcal{Z} := \{\mathbf{x} \in \mathbb{R}^2 : 4x_1 + 3x_2 \leq 600, 2x_1 + 2x_2 \leq 320, \\ 3x_1 + 7x_2 \leq 840, x_1, x_2 \geq 0\}.$$

Aufgrund der Nichtnegativitätsbedingungen $x_1, x_2 \geq 0$ liegt $\mathcal{Z}$ im 1. Quadranten und wird durch die x_1-Achse und die x_2-Achse begrenzt. Die anderen Begrenzungen von $\mathcal{Z}$ sind durch die Geraden $4x_1 + 3x_2 = 600$, $2x_1 + 2x_2 = 320$ und $3x_1 + 7x_2 = 840$ festgelegt. Diese ergeben sich aus den drei Nebenbedingungen (25.8), wenn sie jeweils voll ausgeschöpft werden.

Für einen festen Wert $z_0 \in \mathbb{R}_+$ der Zielfunktion $z(x_1, x_2) = 2x_1 + 3x_2$ liegen alle $\mathbf{x} = (x_1, x_2)^T \in \mathbb{R}^2$ mit $z_0 = 2x_1 + 3x_2$ auf einer Geraden, der sogenannten **Iso-Gewinn-Geraden** zum Gewinn z_0. Die Iso-Gewinn-Geraden zu verschiedenen Gewinnen $z_0 \in \mathbb{R}_+$ sind parallel. Zur Ermittlung der optimalen Lösung $\mathbf{x}^* \in \mathcal{Z}$ wird zunächst die Iso-Gewinn-Gerade $z_0 = 2x_1 + 3x_2$ zu einem Gewinn $z_0 \in \mathbb{R}_+$ eingezeichnet, so dass die Gerade durch den zulässigen Bereich $\mathcal{Z}$ verläuft. Der Wert der Zielfunktion $z(x_1, x_2) = 2x_1 + 3x_2$ wächst offensichtlich, wenn man x_1 oder x_2 erhöht. Daher wird zur Ermittlung des maximalen Gewinns die Iso-Gewinn-Gerade parallel nach rechts oben bis zum Rand des zulässigen Bereichs $\mathcal{Z}$ verschoben. Da der zulässige Bereich beschränkt ist, erreicht man auf diese Weise den Eckpunkt $\mathbf{x}^*$, für den die Zielfunktion $z(x_1, x_2) = 2x_1 + 3x_2$ unter allen zulässigen Lösungen $\mathbf{x} \in \mathcal{Z}$ ihr Maximum annimmt. Diese optimale Lösung ist gegeben durch $\mathbf{x}^* = (70, 90)^T$ und führt zu dem Gewinnmaximum $z(70, 90) = 410$. Damit besteht das optimale Produktionsprogramm aus 70 Mengeneinheiten des Produkts P_1 und 90 Mengeneinheiten des Produkts P_2 (vgl. Abbildung 25.1).

Die graphische Lösung eines linearen Optimierungsproblems ist nicht mehr möglich, wenn die Zielfunktion und die Nebenbedingungen von mehr als zwei Variablen abhängen. Das Beispiel 25.4 zeigt jedoch zwei wichtige Charakteristika, die alle linearen Optimierungsprobleme aufweisen. Nämlich, dass der zulässige Bereich $\mathcal{Z}$ eine konvexe Menge ist (siehe hierzu den folgenden Satz 25.8) und dass die Zielfunktion z im Falle eines beschränkten zulässigen Bereichs $\mathcal{Z}$ ihr globales Maximum (im Falle eines linearen Maximierungsproblems) bzw. ihr globales Minimum (im Falle eines linearen Minimierungsproblems) in einem Eckpunkt $\mathbf{x}^*$ von $\mathcal{Z}$ annimmt. Folglich kann man sich bei der Suche nach einer optimalen Lösung darauf beschränken, alle Eckpunkte des zulässigen Bereichs $\mathcal{Z}$ zu untersuchen. Der Eckpunkt, welcher eingesetzt in die Zielfunktion z den größten bzw. den kleinsten Wert ergibt, ist dann eine optimale Lösung des linearen

Kapitel 25 Lineare Optimierung

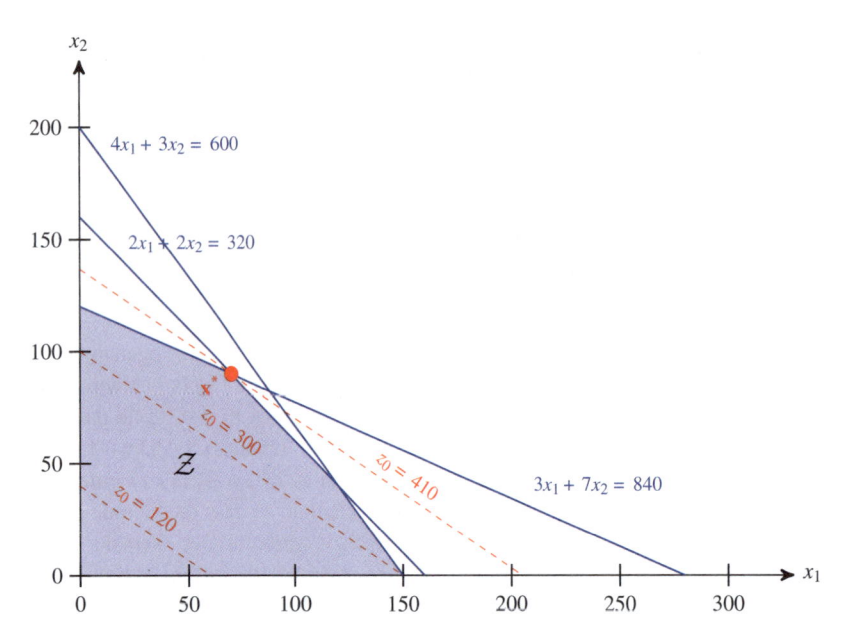

Abb. 25.1: Graphische Lösung eines linearen Maximierungsproblems mit zwei Variablen x_1 und x_2

Maximierungs- bzw. Minimierungsproblems. Da jedoch bei linearen Optimierungsproblemen mit vielen Nebenbedingungen und Entscheidungsvariablen die Anzahl an Ecken sehr groß sein kann, wird ein effizientes Verfahren benötigt, welches es erlaubt, nicht alle möglichen Eckpunkte untersuchen zu müssen, um eine optimale Lösung zu erhalten. Das bekannteste Verfahren dieser Art ist der Simplex-Algorithmus, der in Abschnitt 25.4 vorgestellt wird. Mit ihm kann ein lineares Optimierungsproblem mit beliebig vielen Nebenbedingungen und Variablen auf die Existenz einer optimalen Lösung untersucht und – im Falle der Existenz – eine optimale Lösung bestimmt werden.

25.3 Standardform eines linearen Optimierungsproblems

Wie in Abschnitt 25.1 erläutert wurde, treten lineare Optimierungsprobleme als Minimierungs- oder Maximierungsprobleme auf. Ferner können auch die Nebenbedingungen in unterschiedlicher Form gegeben sein, nämlich durch lineare Gleichungen

$$a_{i1}x_1 + \ldots + a_{in}x_n = b_i$$

und lineare Ungleichungen

$$a_{j1}x_1 + \ldots + a_{jn}x_n \leq b_j \quad \text{oder} \quad a_{k1}x_1 + \ldots + a_{kn}x_n \geq b_k.$$

Zur Vereinfachung der weiteren Untersuchungen ist es daher zweckmäßig, die vielfältigen Erscheinungsformen von linearen Optimierungsproblemen dadurch einzugrenzen, dass sie vorab in eine einheitliche Form, die sogenannte **Standardform**, überführt werden:

Definition 25.5 (Lineares Optimierungsproblem in Standardform)

Ein lineares Optimierungsproblem ist in Standardform, wenn es von folgender Form ist:

$$\text{Maximiere} \quad z(x_1, \ldots, x_n) = c_1 x_1 + \ldots + c_n x_n$$

unter den Nebenbedingungen

$$\begin{aligned}
a_{11}x_1 + a_{12}x_2 + \ldots + a_{1n}x_n &\leq b_1 \\
a_{21}x_1 + a_{22}x_2 + \ldots + a_{2n}x_n &\leq b_2 \\
\vdots \quad \vdots \quad \vdots \quad \vdots& \\
a_{m1}x_1 + a_{m2}x_2 + \ldots + a_{mn}x_n &\leq b_m
\end{aligned} \quad (25.10)$$

und den Nichtnegativitätsbedingungen

$$x_1, \ldots, x_n \geq 0.$$

Alternativ kann ein lineares Optimierungsproblem in Standardform auch in Matrixschreibweise angegeben werden:

$$\text{Maximiere} \quad z(\mathbf{x}) = \mathbf{c}^T \mathbf{x}$$

25.3 Standardform eines linearen Optimierungsproblems

unter den Neben- und Nichtnegativitätsbedingungen

$$\mathbf{A}\mathbf{x} \leq \mathbf{b}$$
$$\mathbf{x} \geq \mathbf{0}.$$

Dabei bezeichnet z die Zielfunktion, $\mathbf{c} := (c_1, \ldots, c_n)^T \in \mathbb{R}^n$ den Vektor der n Zielfunktionskoeffizienten und $\mathbf{x} := (x_1, \ldots, x_n)^T \in \mathbb{R}^n$ den Vektor der n Entscheidungsvariablen (Strukturvariablen). Ferner ist $\mathbf{b} := (b_1, \ldots, b_m)^T \in \mathbb{R}^m$ der Vektor mit den m Werten der rechten Seite und $\mathbf{A} = (a_{ij})_{m,n}$ die $m \times n$-Koeffizientenmatrix des linearen Ungleichungssystems (25.10).

In den folgenden theoretischen Betrachtungen wird stets davon ausgegangen, dass ein gegebenes lineares Optimierungsproblem in Standardform vorliegt. Das heißt, dass es sich um ein lineares Maximierungsproblem handelt, dessen Nebenbedingungen ausschließlich von der Form

$$a_{j1}x_1 + \ldots + a_{jn}x_n \leq b_j$$

sind. Diese Annahme stellt keine Einschränkung der Allgemeinheit dar. Denn zum einen ist die Minimierung einer Zielfunktion z äquivalent zur Maximierung der Funktion $-z$. Zum anderen erhält man aus einer Ungleichung der Form

$$a_{k1}x_1 + \ldots + a_{kn}x_n \geq b_k$$

durch Multiplikation mit -1 die äquivalente Ungleichung

$$-a_{k1}x_1 - \ldots - a_{kn}x_n \leq -b_k,$$

und eine Gleichung $a_{i1}x_1 + \ldots + a_{in}x_n = b_i$ kann durch die beiden Ungleichungen

$$a_{i1}x_1 + \ldots + a_{in}x_n \leq b_i \quad \text{und} \quad -a_{i1}x_1 - \ldots - a_{in}x_n \leq -b_i$$

ersetzt werden. Folglich können alle linearen Optimierungsprobleme in die Standardform überführt werden, wobei sich dadurch die Menge aller $\mathbf{x} \in \mathbb{R}^n$, welche die Nebenbedingungen erfüllen, nicht verändert.

Beispiel 25.6 (Lineare Optimierungsprobleme in Standardform)

a) Das lineare Optimierungsproblem in Beispiel 25.2 lautet in Standardform:

Maximiere $z(x_1, x_2, x_3, x_4) = 0{,}03x_1 + 0{,}05x_2 + 0{,}1x_3 + 0{,}2x_4$

unter den Nebenbedingungen

$$\begin{aligned} x_1 + x_2 + x_3 + x_4 &\leq 1 \\ -x_1 - x_2 - x_3 - x_4 &\leq -1 \\ -x_1 &\leq -0{,}4 \\ x_1 + 2x_2 + 4x_3 + 8x_4 &\leq 4 \end{aligned}$$

und den Nichtnegativitätsbedingungen

$$x_1, x_2, x_3, x_4 \geq 0.$$

b) Das lineare Optimierungsproblem in Beispiel 25.3 lautet in Standardform:

Maximiere $z(x_1, \ldots, x_6) = -0{,}1x_1 - 0{,}3x_2 - 0{,}4x_3 - 0{,}5x_4 - 0{,}1x_6$

unter den Nebenbedingungen

$$\begin{aligned} -2x_1 - x_2 - x_3 &\leq -30.000 \\ -x_2 - 2x_4 - x_5 &\leq -60.000 \\ x_3 + 2x_5 + 3x_6 &\leq 70.000 \\ -x_3 - 2x_5 - 3x_6 &\leq -70.000 \end{aligned}$$

und den Nichtnegativitätsbedingungen

$$x_1, \ldots, x_6 \geq 0.$$

c) Das lineare Optimierungsproblem in Beispiel 25.4 ist bereits in Standardform.

Zulässiger Bereich und optimale Lösung

Die Begriffe **zulässiger Bereich** und **optimale Lösung** sind für ein lineares Optimierungsproblem in Standardform wie folgt definiert:

Definition 25.7 (Zulässiger Bereich und optimale Lösung)

Die Menge

$$\mathcal{Z} := \{\mathbf{x} \in \mathbb{R}^n : \mathbf{A}\mathbf{x} \leq \mathbf{b}, \mathbf{x} \geq \mathbf{0}\}$$

heißt zulässiger Bereich eines linearen Optimierungsproblems in Standardform mit rechter Seite $\mathbf{b} \in \mathbb{R}^m$ und $m \times n$-Koeffizientenmatrix $\mathbf{A}$. Die Elemente $\mathbf{x} \in \mathcal{Z}$ werden als zulässige Lösungen bezeichnet und ein $\mathbf{x}^* \in \mathcal{Z}$ mit $z(\mathbf{x}^*) \geq z(\mathbf{x})$ für alle $\mathbf{x} \in \mathcal{Z}$ wird optimale Lösung des linearen Optimierungsproblems genannt.

Kapitel 25 — Lineare Optimierung

Der zulässige Bereich $\mathcal{Z}$ enthält somit alle $\mathbf{x} \in \mathbb{R}^n$, welche die Nebenbedingungen $\mathbf{A}\mathbf{x} \leq \mathbf{b}$ und die Nichtnegativitätsbedingungen $\mathbf{x} \geq \mathbf{0}$ erfüllen, und die optimale Lösung $\mathbf{x}^*$ maximiert die Zielfunktion z innerhalb der Menge $\mathcal{Z}$ aller zulässigen Lösungen.

Der nächste Satz besagt, dass ein zulässiger Bereich $\mathcal{Z}$ die angenehme Eigenschaft besitzt, dass für zwei beliebige $\mathbf{x}_1, \mathbf{x}_2 \in \mathcal{Z}$ stets auch deren Konvexkombinationen in $\mathcal{Z}$ liegen. Diese Eigenschaft zulässiger Bereiche ist für die folgenden Betrachtungen von großer Bedeutung:

Satz 25.8 (Konvexität von $\mathcal{Z}$)

Der zulässige Bereich $\mathcal{Z}$ eines linearen Optimierungsproblems ist eine konvexe Menge.

Beweis: Es sei $\mathbf{x} := \lambda \mathbf{x}_1 + (1-\lambda)\mathbf{x}_2$ mit $\lambda \in [0,1]$ eine Konvexkombination zweier zulässiger Lösungen $\mathbf{x}_1, \mathbf{x}_2 \in \mathcal{Z}$. Dann folgt

$$\mathbf{A}\mathbf{x} = \mathbf{A}(\lambda \mathbf{x}_1 + (1-\lambda)\mathbf{x}_2)$$
$$= \lambda \mathbf{A}\mathbf{x}_1 + (1-\lambda)\mathbf{A}\mathbf{x}_2 \leq \lambda \mathbf{b} + (1-\lambda)\mathbf{b} = \mathbf{b}.$$

Das heißt, es gilt $\mathbf{A}\mathbf{x} \leq \mathbf{b}$ und aus $\mathbf{x}_1, \mathbf{x}_2 \geq \mathbf{0}$ folgt ferner $\mathbf{x} \geq \mathbf{0}$. Dies impliziert $\mathbf{x} \in \mathcal{Z}$ und damit auch die Konvexität von $\mathcal{Z}$. ∎

Aufgrund dieser Eigenschaft und ihrer speziellen Struktur werden zulässige Bereiche $\mathcal{Z}$ auch als **konvexe Polyeder** bezeichnet (vgl. Abbildungen 25.1 und 25.2 für den Spezialfall $\mathcal{Z} \subseteq \mathbb{R}^2$).

Eckpunkte

Von besonderer Bedeutung für die Lösung linearer Optimierungsprobleme sind die **Eckpunkte** eines zulässigen Bereichs $\mathcal{Z}$. Diese sind wie folgt definiert:

Definition 25.9 (Eckpunkt von $\mathcal{Z}$)

Ein $\mathbf{x} \in \mathcal{Z}$ heißt Eckpunkt des zulässigen Bereichs $\mathcal{Z}$, wenn es sich nicht als echte Konvexkombination $\lambda \mathbf{x}_1 + (1-\lambda)\mathbf{x}_2$ mit $\lambda \in (0,1)$ zweier verschiedener zulässiger Lösungen $\mathbf{x}_1, \mathbf{x}_2 \in \mathcal{Z}$ darstellen lässt. Das heißt, aus $\mathbf{x} = \lambda \mathbf{x}_1 + (1-\lambda)\mathbf{x}_2$ mit $\mathbf{x}_1 \neq \mathbf{x}_2$ und $\lambda \in [0,1]$ folgt $\lambda = 0$ oder $\lambda = 1$.

Die Abbildung 25.2 zeigt für den Spezialfall $\mathcal{Z} \subseteq \mathbb{R}^2$ (d. h. für den Fall mit nur zwei Entscheidungsvariablen) zwei beschränkte zulässige Bereiche $\mathcal{Z}$ (links und in der Mitte) und einen unbeschränkten zulässigen Bereich $\mathcal{Z}$ (rechts). Es ist zu erkennen, dass sich in allen drei Fällen die Eckpunkte der zulässigen Bereiche zwar als Konvexkombinationen, aber nicht als echte Konvexkombinationen zweier zulässiger Lösungen darstellen lassen.

Das in Beispiel 25.4 betrachtete lineare Optimierungsproblem mit nur zwei Entscheidungsvariablen besitzt eine optimale Lösung $\mathbf{x}^*$, die in einem Eckpunkt des zulässigen Bereichs $\mathcal{Z}$ liegt. Das folgende Resultat besagt, dass dies kein Zufall ist und für jedes lineare Optimierungsproblem gilt, das eine optimale Lösung besitzt. Aufgrund seiner Bedeutung wird diese Erkenntnis häufig als **Hauptsatz der linearen Optimierung** bezeichnet.

Satz 25.10 (Hauptsatz der linearen Optimierung)

Für ein lineares Optimierungsproblem in Standardform
$$\text{Maximiere} \quad z(\mathbf{x}) = \mathbf{c}^T \mathbf{x} \quad \text{auf} \quad \mathcal{Z} = \{\mathbf{x} \in \mathbb{R}^n : \mathbf{A}\mathbf{x} \leq \mathbf{b}, \mathbf{x} \geq \mathbf{0}\}$$
mit $\mathcal{Z} \neq \emptyset$ gilt:

a) Entweder ist mindestens einer der Eckpunkte des zulässigen Bereichs $\mathcal{Z}$ eine optimale Lösung $\mathbf{x}^*$ oder

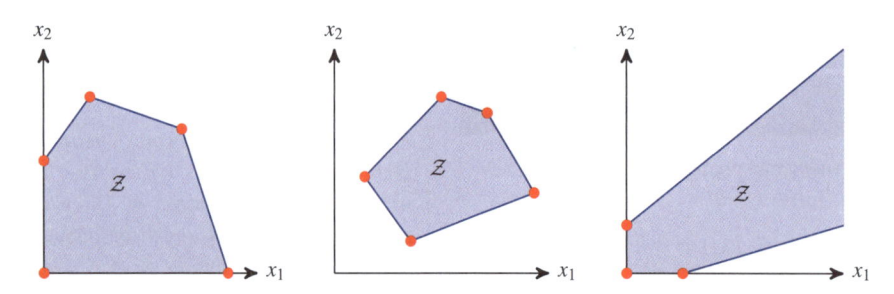

Abb. 25.2: Zulässige Bereiche $\mathcal{Z}$ im $\mathbb{R}^2$ und ihre Eckpunkte (rot gekennzeichnet)

die Zielfunktion z ist auf $\mathcal{Z}$ nach oben unbeschränkt und es existiert damit keine optimale Lösung.

b) Ist der zulässige Bereich $\mathcal{Z}$ beschränkt, dann ist mindestens einer der Eckpunkte von $\mathcal{Z}$ eine optimale Lösung $\mathbf{x}^*$, und eine zulässige Lösung $\mathbf{x} \in \mathcal{Z}$ ist genau dann optimal, wenn sie sich als Konvexkombination aus Eckpunkten von $\mathcal{Z}$ darstellen lässt, die ebenfalls optimal sind.

Beweis: Zu a): Angenommen, es existiert ein $\mathbf{d} \in \mathbb{R}^n$ mit $\mathbf{d} \geq \mathbf{0}$, $\mathbf{A}\mathbf{d} = \mathbf{0}$ und $\mathbf{c}^T\mathbf{d} > 0$. Für eine beliebige zulässige Lösung $\mathbf{x} \in \mathcal{Z}$ und alle $t \geq 0$ gilt dann $\mathbf{x} + t\mathbf{d} \geq \mathbf{0}$ und

$$\mathbf{A}(\mathbf{x} + t\mathbf{d}) = \mathbf{A}\mathbf{x} + t\mathbf{A}\mathbf{d} = \mathbf{A}\mathbf{x} \leq \mathbf{b},$$

also $\mathbf{x} + t\mathbf{d} \in \mathcal{Z}$ für alle $t \geq 0$. Wegen

$$z(\mathbf{x} + t\mathbf{d}) = \mathbf{c}^T(\mathbf{x} + t\mathbf{d}) = \mathbf{c}^T\mathbf{x} + t\mathbf{c}^T\mathbf{d} \longrightarrow \infty \quad \text{für } t \longrightarrow \infty$$

ist in diesem Fall die Zielfunktion z auf $\mathcal{Z}$ nach oben unbeschränkt und es existiert somit keine optimale Lösung.

Es sei nun angenommen, dass $\mathbf{c}^T\mathbf{d} \leq 0$ für alle $\mathbf{d} \in \mathbb{R}^n$ mit $\mathbf{d} \geq \mathbf{0}$ und $\mathbf{A}\mathbf{d} = \mathbf{0}$ gilt. Ferner seien durch $\{\mathbf{x}_1, \ldots, \mathbf{x}_k\}$ die endlich vielen Eckpunkte von $\mathcal{Z}$ gegeben. Dann lässt sich jede zulässige Lösung $\mathbf{x} \in \mathcal{Z}$ darstellen als $\mathbf{x} = \sum_{i=1}^{k} \lambda_i \mathbf{x}_i + \mathbf{d}$ mit $\lambda_1, \ldots, \lambda_k \geq 0$, $\sum_{i=1}^{k} \lambda_i = 1$, $\mathbf{d} \geq \mathbf{0}$ und $\mathbf{A}\mathbf{d} = \mathbf{0}$ (siehe z. B. Werner [72], Seiten 89–91). Daraus folgt

$$z(\mathbf{x}) = \mathbf{c}^T\mathbf{x} = \mathbf{c}^T \left(\sum_{i=1}^{k} \lambda_i \mathbf{x}_i + \mathbf{d} \right)$$
$$= \sum_{i=1}^{k} \lambda_i \mathbf{c}^T \mathbf{x}_i + \mathbf{c}^T \mathbf{d} \leq \sum_{i=1}^{k} \lambda_i \mathbf{c}^T \mathbf{x}_i \leq \max\left\{ \mathbf{c}^T\mathbf{x}_1, \ldots, \mathbf{c}^T\mathbf{x}_k \right\}$$
$$= \max\{z(\mathbf{x}_1), \ldots, z(\mathbf{x}_k)\}.$$

Das heißt, unter den optimalen Lösungen ist mindestens ein Eckpunkt.

Zu b): Die Zielfunktion z ist als stetige Funktion auf einer beschränkten Menge $\mathcal{Z}$ beschränkt. Gemäß Aussage a) ist somit mindestens einer der Eckpunkte von $\mathcal{Z}$ eine optimale Lösung.

Es sei nun $\mathbf{x} \in \mathcal{Z}$ eine optimale Lösung. Dann ist zu zeigen, dass $\mathbf{x}$ eine Konvexkombination von Eckpunkten ist, die ebenfalls optimal sind. Da der zulässige Bereich $\mathcal{Z}$ nach Voraussetzung beschränkt ist, lässt sich $\mathbf{x}$ als Konvexkombination der endlich vielen Eckpunkte $\mathbf{x}_1, \ldots, \mathbf{x}_k$ von $\mathcal{Z}$ darstellen (siehe z. B. Werner [72], Seiten 89–91). Das heißt, es gilt $\mathbf{x} = \sum_{i=1}^{k} \lambda_i \mathbf{x}_i$ für $\lambda_1, \ldots, \lambda_k \geq 0$ mit $\sum_{i=1}^{k} \lambda_i = 1$. Es ist daher nur zu zeigen, dass $\lambda_i = 0$ für alle nicht optimalen Eckpunkte $\mathbf{x}_i$ gilt. Dazu sei angenommen, dass der Eckpunkt $\mathbf{x}_j$ nicht optimal ist. Dann gilt $z(\mathbf{x}_j) < z(\mathbf{x})$ und es gibt somit ein $r > 0$ mit $z(\mathbf{x}_j) = z(\mathbf{x}) - r$. Daraus folgt

$$z(\mathbf{x}) = \mathbf{c}^T\mathbf{x} = \sum_{i=1}^{k} \lambda_i \mathbf{c}^T \mathbf{x}_i = \sum_{i=1}^{k} \lambda_i z(\mathbf{x}_i) \leq \sum_{i=1}^{k} \lambda_i z(\mathbf{x}) - \lambda_j r$$
$$= z(\mathbf{x}) \sum_{i=1}^{k} \lambda_i - \lambda_j r = z(\mathbf{x}) - \lambda_j r,$$

also $\lambda_j = 0$. Das heißt, in der Konvexkombination $\mathbf{x} = \sum_{i=1}^{k} \lambda_i \mathbf{x}_i$ sind Gewichte λ_i zu nicht optimalen Eckpunkten $\mathbf{x}_i$ gleich Null. Folglich ist eine optimale Lösung $\mathbf{x}$ stets eine Konvexkombination optimaler Eckpunkte.

Umgekehrt ist die Konvexkombination optimaler Eckpunkte $\mathbf{x}_1^*, \ldots, \mathbf{x}_k^* \in \mathcal{Z}$ mit $z(\mathbf{x}_i^*) = \mathbf{c}^T\mathbf{x}_i^* = c$ für $i = 1, \ldots, k$ wieder eine optimale Lösung. Denn für die Konvexkombination $\widetilde{\mathbf{x}} := \sum_{i=1}^{k} \lambda_i \mathbf{x}_i^*$ mit $\lambda_1, \ldots, \lambda_k \geq 0$ und $\sum_{i=1}^{k} \lambda_i = 1$ folgt

$$z(\widetilde{\mathbf{x}}) = \mathbf{c}^T \left(\sum_{i=1}^{k} \lambda_i \mathbf{x}_i^* \right) = \sum_{i=1}^{k} \lambda_i \mathbf{c}^T \mathbf{x}_i^* = \sum_{i=1}^{k} \lambda_i c = c \sum_{i=1}^{k} \lambda_i = c.$$

Das heißt, die Konvexkombination $\widetilde{\mathbf{x}}$ ist ebenfalls optimal. ∎

Bezüglich der Lösbarkeit von linearen Optimierungsproblemen lassen sich somit die in der Abbildung 25.3 aufgeführten Fälle unterscheiden.

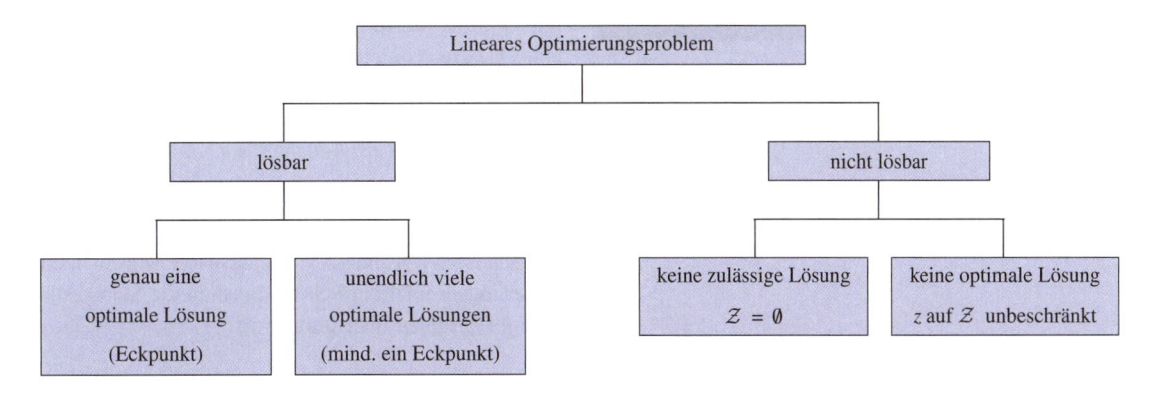

Abb. 25.3: Die verschiedenen möglichen Fälle bei der Lösung eines linearen Optimierungsproblems

Bei der Suche nach der optimalen Lösung $\mathbf{x}^*$ eines linearen Optimierungsproblems kann man sich also auf die endlich vielen Eckpunkte des zulässigen Bereichs $\mathcal{Z}$ beschränken. Diese Konzentration auf Eckpunkte führt zu einer wesentlichen Reduktion des Rechenaufwands. Im Prinzip könnte man alle Eckpunkte und zugehörige Zielfunktionswerte berechnen und durch einen anschließenden Vergleich der Zielfunktionswerte eine optimale Lösung $\mathbf{x}^*$ bestimmen (vgl. Beispiel 25.14). Diese Vorgehensweise bietet sich jedoch in den meisten praktischen Problemstellungen nicht an, da die Anzahl von Eckpunkten schnell mit der Anzahl von Nebenbedingungen und Entscheidungsvariablen ansteigt. Ein deutlich effizienterer Ansatz besteht daher in der Anwendung des Simplex-Algorithmus (siehe Abschnitt 25.4). Bei diesem Verfahren wird die zulässige Menge $\mathcal{Z}$ so von einem Eckpunkt zu einem benachbarten Eckpunkt durchlaufen, dass sich dabei der Zielfunktionswert nicht verschlechtert. Im Falle der Existenz einer optimalen Lösung erhält man auf diese Weise deutlich schneller eine optimale Lösung, da nicht alle Eckpunkte berechnet werden müssen.

Standardform mit Schlupfvariablen

Zur Durchführung des Simplex-Algorithmus wird eine algebraische Charakterisierung der Eckpunkte von $\mathcal{Z}$ benötigt. Hierzu ist es erforderlich, die Ungleichungen in der Standardform eines linearen Optimierungsproblems in Gleichungen zu überführen. Dies geschieht durch die Einführung von sogenannten **Schlupfvariablen** und es resultiert dann die sogenannte **Standardform mit Schlupfvariablen**:

> **Definition 25.11** (Standardform mit Schlupfvariablen)
>
> *Ein lineares Optimierungsproblem ist in Standardform mit Schlupfvariablen, wenn es von der folgenden Form ist:*
>
> $$\text{Maximiere} \quad z(x_1, \ldots, x_n) = c_1 x_1 + \ldots + c_n x_n$$
>
> *unter den Nebenbedingungen* (25.11)
>
> $$\begin{aligned} a_{11}x_1 + a_{12}x_2 + \ldots + a_{1n}x_n + x_{n+1} &= b_1 \\ a_{21}x_1 + a_{22}x_2 + \ldots + a_{2n}x_n \phantom{{}+x_{n+1}} + x_{n+2} &= b_2 \\ \vdots & \vdots \\ a_{m1}x_1 + a_{m2}x_2 + \ldots + a_{mn}x_n + x_{n+m} &= b_m \end{aligned}$$
>
> *und den Nichtnegativitätsbedingungen*
>
> $$x_1, \ldots, x_n, x_{n+1}, \ldots, x_{n+m} \geq 0.$$
>
> *Alternativ kann ein lineares Optimierungsproblem in Standardform mit Schlupfvariablen auch in Matrixschreibweise angegeben werden:*
>
> $$\text{Maximiere} \quad z(\mathbf{x}) = \mathbf{c}^T \mathbf{x} \quad (25.12)$$
>
> *unter den Bedingungen*
>
> $$\widetilde{\mathbf{A}} \mathbf{x} = \mathbf{b} \quad (25.13)$$
> $$\mathbf{x} \geq \mathbf{0}. \quad (25.14)$$
>
> *Dabei bezeichnet $\mathbf{c} := (c_1, \ldots, c_n, 0, \ldots, 0)^T \in \mathbb{R}^{n+m}$ den erweiterten Vektor der Zielfunktionskoeffizienten sowie $\mathbf{x} := (x_1, \ldots, x_n, x_{n+1}, \ldots, x_{n+m})^T \in \mathbb{R}^{n+m}$ den Vektor mit den n Entscheidungsvariablen und den m Schlupfvariablen. Ferner ist $\mathbf{b} := (b_1, \ldots, b_m)^T \in \mathbb{R}^m$ der Vektor mit den m Werten der rechten Seite und $\widetilde{\mathbf{A}} = (\mathbf{A}, \mathbf{E}_m)$ die erweiterte $m \times (n+m)$-Koeffizientenmatrix des linearen Gleichungssystems (25.11). Die ersten n Variablen $x_1, \ldots, x_n$ werden als Entscheidungsvariablen und die letzten m Variablen $x_{n+1}, \ldots, x_{n+m}$ als Schlupfvariablen bezeichnet.*

Durch die Einführung von m Schlupfvariablen resultiert ein zum linearen Optimierungsproblem in Standardform äquivalentes lineares Optimierungsproblem. Das heißt, aus der Lösung des einen linearen Optimierungsproblems erhält man unmittelbar eine Lösung des anderen und umgekehrt. Die m Nebenbedingungen sind nun jedoch nicht mehr in Form von $\leq$–Ungleichungen, sondern in Form von Gleichungen gegeben. Dies besitzt den Vorteil, dass bei der Lösung eines linearen Optimierungsproblems weitgehend analog zur Lösung eines linearen Gleichungssystems vorgegangen werden kann. Die Schlupfvariablen sind jedoch nicht nur ein „Trick" zur Überführung von Ungleichungen in äquivalente Gleichungen, sondern sie ermöglichen auch interessante ökonomische Interpretationen (siehe hierzu die Beispiele 25.15 und 25.19).

Im folgenden Beispiel wird demonstriert, wie ein lineares Optimierungsproblem in Standardform in die Standardform mit Schlupfvariablen überführt wird:

25.3 Standardform eines linearen Optimierungsproblems

> **Beispiel 25.12** (Standardform mit Schlupfvariablen)
>
> Das lineare Optimierungsproblem in Beispiel 25.2 lautet in Standardform mit Schlupfvariablen:
>
> Maximiere $\quad z(x_1, x_2, x_3, x_4) = 0{,}03x_1 + 0{,}05x_2$
> $\qquad\qquad\qquad\qquad\quad + 0{,}1x_3 + 0{,}2x_4$
>
> unter den Nebenbedingungen
>
> $$\begin{aligned} x_1 + x_2 + x_3 + x_4 + x_5 &= 1 \\ -x_1 - x_2 - x_3 - x_4 \quad\; + x_6 &= -1 \\ -x_1 \qquad\qquad\qquad\qquad\; + x_7 &= -0{,}4 \\ x_1 + 2x_2 + 4x_3 + 8x_4 \qquad\quad + x_8 &= 4 \end{aligned}$$
>
> und den Nichtnegativitätsbedingungen
>
> $$x_1, x_2, x_3, x_4, x_5, x_6, x_7, x_8 \geq 0.$$
>
> Das heißt, zu den vier Entscheidungsvariablen x_1, x_2, x_3, x_4 sind die vier Schlupfvariablen x_5, x_6, x_7, x_8 hinzugekommen.

Die erweiterte Koeffizientenmatrix $\widetilde{\mathbf{A}}$ besitzt den Rang m. Denn es gilt $\mathrm{rang}(\widetilde{\mathbf{A}}) \geq \min\{m, n+m\} = m$ (vgl. Satz 8.34a)), und aus der linearen Unabhängigkeit der letzten m Spalten von $\widetilde{\mathbf{A}}$ folgt $\mathrm{rang}(\widetilde{\mathbf{A}}) \geq m$. Also ist

$$\mathrm{rang}(\widetilde{\mathbf{A}}) = m. \qquad (25.15)$$

Es können daher m linear unabhängige Spalten $\mathbf{a}_{i_1}, \ldots, \mathbf{a}_{i_m} \in \mathbb{R}^m$ von $\widetilde{\mathbf{A}}$ ausgewählt und als Basis des $\mathbb{R}^m$ aufgefasst werden. Diese m linear unabhängigen Vektoren werden zu einer regulären $m \times m$-Matrix

$$\mathbf{B} := (\mathbf{a}_{i_1}, \ldots, \mathbf{a}_{i_m})$$

und die verbleibenden n Spalten $\mathbf{a}_{i_{m+1}}, \ldots, \mathbf{a}_{i_{m+n}} \in \mathbb{R}^m$ von $\widetilde{\mathbf{A}}$ zu einer $m \times n$-Matrix

$$\mathbf{N} := (\mathbf{a}_{i_{m+1}}, \ldots, \mathbf{a}_{i_{m+n}})$$

zusammengefasst. Entsprechend werden auch die beiden Vektoren $\mathbf{c}$ und $\mathbf{x}$ in zwei Bestandteile

$$\mathbf{c_B} := (c_{i_1}, \ldots, c_{i_m})^T \quad \text{und} \quad \mathbf{c_N} := (c_{i_{m+1}}, \ldots, c_{i_{m+n}})^T$$

bzw.

$$\mathbf{x_B} := (x_{i_1}, \ldots, x_{i_m})^T \quad \text{und} \quad \mathbf{x_N} := (x_{i_{m+1}}, \ldots, x_{i_{m+n}})^T$$

zerlegt, wobei dieselbe Sortierung wie bei $\mathbf{B}$ und $\mathbf{N}$ verwendet wird. Mit dieser Aufteilung von $\widetilde{\mathbf{A}}$, $\mathbf{c}$ und $\mathbf{x}$ erhält man für das lineare Optimierungsproblem (25.12)–(25.14) die Darstellung:

$$\text{Maximiere} \quad z(\mathbf{x}) = \mathbf{c_B}^T \mathbf{x_B} + \mathbf{c_N}^T \mathbf{x_N} \qquad (25.16)$$

unter den Bedingungen

$$\mathbf{B}\,\mathbf{x_B} + \mathbf{N}\,\mathbf{x_N} = \mathbf{b} \qquad (25.17)$$

$$\mathbf{x_B}, \mathbf{x_N} \geq \mathbf{0}. \qquad (25.18)$$

Da die Matrix $\mathbf{B}$ regulär ist, kann das lineare Gleichungssystem (25.17) nach $\mathbf{x_B}$ aufgelöst werden. Man erhält dann

$$\mathbf{x_B} = \mathbf{B}^{-1}\,\mathbf{b} - \mathbf{B}^{-1}\,\mathbf{N}\,\mathbf{x_N}. \qquad (25.19)$$

Setzt man $\mathbf{x_N} = \mathbf{0}$, dann liefert dies für (25.17) die Lösung $(\mathbf{x_B}, \mathbf{x_N}) = (\mathbf{B}^{-1}\,\mathbf{b}, \mathbf{0})$ mit höchstens m von Null verschiedenen Einträgen. Ist diese Lösung zulässig, d. h. gilt $\mathbf{x_B} \geq \mathbf{0}$, dann ist der zugehörige n-dimensionale Teilvektor von $(\mathbf{x_B}, \mathbf{x_N})$, der nur aus den Werten für die n Entscheidungsvariablen $x_1, \ldots, x_n$ besteht, ein Eckpunkt des zulässigen Bereichs $\mathcal{Z}$.

Dieser Sachverhalt wird durch den folgenden Satz präzisiert:

> **Satz 25.13** (Charakterisierungssatz für Eckpunkte)
>
> *Es sei* $\mathbf{x} = (x_1, \ldots, x_{n+m})^T \in \mathbb{R}^{n+m}$ *eine zulässige Lösung des linearen Optimierungsproblems* (25.12)–(25.14). *Dann ist der n-dimensionale Teilvektor* $(x_1, \ldots, x_n)^T$ *mit den Werten für die n Entscheidungsvariablen genau dann ein Eckpunkt des zulässigen Bereichs $\mathcal{Z}$, wenn die Spaltenvektoren $\mathbf{a}_j$ der erweiterten Koeffizientenmatrix $\widetilde{\mathbf{A}}$, die mit einem positiven Gewicht x_j in die Darstellung $\widetilde{\mathbf{A}}\mathbf{x} = x_1\mathbf{a}_1 + \ldots + x_{n+m}\mathbf{a}_{n+m} = \mathbf{b}$ eingehen, linear unabhängig sind.*

Beweis: Siehe z. B. *Werner* [72], Seite 89. ∎

Der Nutzen dieses Satzes besteht darin, dass er eine Charakterisierung der Eckpunkte des zulässigen Bereichs $\mathcal{Z}$ mit Hilfe der Spaltenvektoren der erweiterten Koeffizientenmatrix $\widetilde{\mathbf{A}}$ liefert. Zusammen mit dem Wissen, dass genau m Spaltenvektoren von $\widetilde{\mathbf{A}}$ linear unabhängig sind (vgl. (25.15)), führt dieses Ergebnis zum folgenden simplen Lösungsansatz: Setze n der $n+m$ Variablen $x_1, \ldots, x_{n+m}$ gleich Null und löse das zugehörige lineare Gleichungssystem. Ist die resultierende Lösung zulässig und sind die Spaltenvektoren von $\widetilde{\mathbf{A}}$, die zu einem positiven Eintrag x_j im Lösungsvektor gehören, linear unabhängig, dann ist der Teilvektor $(x_1, \ldots, x_n)^T$ mit den Werten für die n Entscheidungsvariablen ein Eckpunkt des zulässigen Bereichs $\mathcal{Z}$. Gemäß dem Hauptsatz der linearen Optimierung (vgl. Satz 25.10) ist er damit auch ein Kandidat für die optimale Lösung des linearen Optimierungsproblems. Da es jedoch insgesamt

$$\binom{n+m}{n} = \frac{(n+m)!}{m!\,n!}$$

Möglichkeiten gibt, aus einer Menge mit $n+m$ Elementen n Elemente auszuwählen, sind bei diesem Ansatz schnell eine große Anzahl linearer Gleichungssysteme zu lösen. Das Lösen eines linearen Optimierungsproblems durch Berechnung aller Eckpunkte wird als **Vollenumeration** bezeichnet und im folgenden Beispiel demonstriert:

Beispiel 25.14 (Vollenumeration bei einem linearen Optimierungsproblem)

Das lineare Optimierungsproblem in Beispiel 25.4 lautet nach Einführung von Schlupfvariablen:

$$\text{Maximiere} \quad z(x_1, x_2) = 2x_1 + 3x_2$$

unter den Nebenbedingungen

$$\begin{aligned} 4x_1 + 3x_2 + x_3 &= 600 \\ 2x_1 + 2x_2 \phantom{{}+x_3} + x_4 &= 320 \\ 3x_1 + 7x_2 \phantom{{}+x_3+x_4} + x_5 &= 840 \end{aligned} \quad (25.20)$$

und den Nichtnegativitätsbedingungen

$$x_1, x_2, x_3, x_4, x_5 \geq 0.$$

Es gibt $\binom{5}{2} = 10$ Möglichkeiten $n = 2$ der $n+m = 5$ Variablen x_1, x_2, x_3, x_4, x_5 in (25.20) gleich Null zu setzen. Die dadurch resultierenden zehn linearen Gleichungssysteme besitzen die Lösungen:

$x_1 = x_2 = 0$: $x_3 = 600$, $x_4 = 320$, $x_5 = 840$
$\Rightarrow$ Lösung zulässig

$x_1 = x_3 = 0$: $x_2 = 200$, $x_4 = -80$, $x_5 = -560$
$\Rightarrow$ Lösung nicht zulässig

$x_1 = x_4 = 0$: $x_2 = 160$, $x_3 = 120$, $x_5 = -280$
$\Rightarrow$ Lösung nicht zulässig

$x_1 = x_5 = 0$: $x_2 = 120$, $x_3 = 240$, $x_4 = 80$
$\Rightarrow$ Lösung zulässig

$x_2 = x_3 = 0$: $x_1 = 150$, $x_4 = 20$, $x_5 = 390$
$\Rightarrow$ Lösung zulässig

$x_2 = x_4 = 0$: $x_1 = 160$, $x_3 = -40$, $x_5 = 360$
$\Rightarrow$ Lösung nicht zulässig

$x_2 = x_5 = 0$: $x_1 = 280$, $x_3 = -520$, $x_4 = -240$
$\Rightarrow$ Lösung nicht zulässig

$x_3 = x_4 = 0$: $x_1 = 120$, $x_2 = 40$, $x_5 = 200$
$\Rightarrow$ Lösung zulässig

$x_3 = x_5 = 0$: $x_1 = \frac{1680}{19}$, $x_2 = \frac{1560}{19}$, $x_4 = -\frac{400}{19}$
$\Rightarrow$ Lösung nicht zulässig

$x_4 = x_5 = 0$: $x_1 = 70$, $x_2 = 90$, $x_3 = 50$
$\rightarrow$ Lösung zulässig

Fünf der zehn ermittelten Lösungen $(x_1, x_2, x_3, x_4, x_5)^T$ besitzen ausschließlich nichtnegative Einträge und sind somit zulässig. Die Spaltenvektoren der zugehörigen erweiterten Koeffizientenmatrix $\widetilde{\mathbf{A}}$ zu einem positiven Eintrag x_j im Lösungsvektor $(x_1, x_2, x_3, x_4, x_5)^T$ sind bei diesen fünf zulässigen Lösungen jeweils linear unabhängig. Mit Satz 25.13 folgt daher, dass es sich bei den zugehörigen Teilvektoren

$$(0, 0)^T, (0, 120)^T, (150, 0)^T, (120, 40)^T, (70, 90)^T$$

mit den Werten für die beiden Entscheidungsvariablen x_1 und x_2 um die Eckpunkte des zulässigen Bereichs $\mathcal{Z}$ handelt. Durch Vergleich der zugehörigen Zielfunktionswerte erhält man, dass $(70, 90)^T$ die optimale Lösung $\mathbf{x}^*$ ist und zu einem Zielfunktionswert von $z(70, 90) = 410$ führt (vgl. Abbildung 25.4).

Ökonomische Interpretation von Schlupfvariablen

Im folgenden Beispiel wird gezeigt, wie Schlupfvariablen ökonomisch interpretiert werden können:

Beispiel 25.15 (Interpretation von Schlupfvariablen)

Die optimale Lösung für das lineare Optimierungsproblem in Beispiel 25.4 zur Produktionsplanung ist

$$(x_1, x_2, x_3, x_4, x_5)^T = (70, 90, 50, 0, 0)^T \quad (25.21)$$

(vgl. Beispiel 25.14).

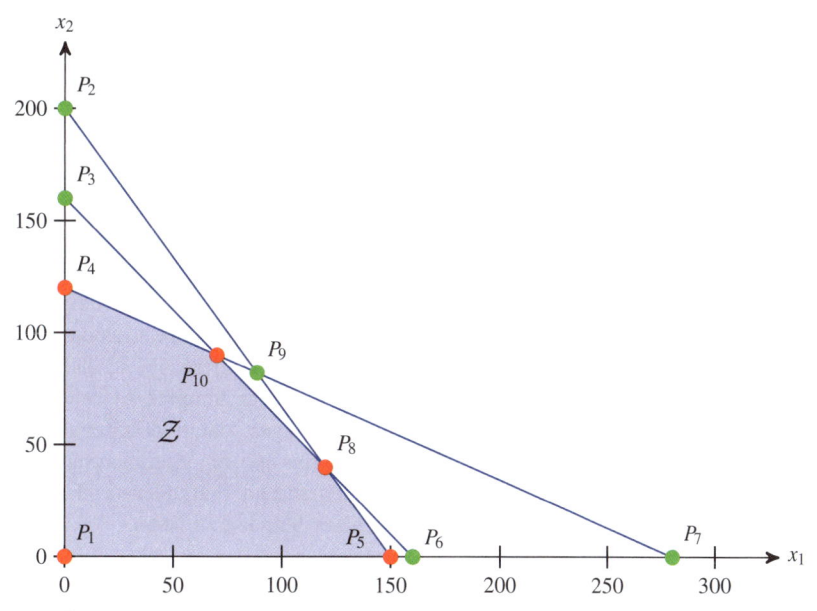

Abb. 25.4: Lösungen der $\binom{5}{2} = 10$ linearen Gleichungssysteme. Davon sind fünf zulässig (rot) und fünf unzulässig (grün)

Die beiden ersten Einträge in (25.21) geben die optimalen Werte für die Entscheidungsvariablen x_1 und x_2 an, d. h. sie sind die optimalen Produktionsmengen für die beiden Produkte P_1 und P_2. Sie führen zu einem maximalen Zielfunktionswert von $z(70, 90) = 410$. Die letzten drei Einträge sind die Werte der Schlupfvariablen x_3, x_4 und x_5. Sie lassen sich wie folgt interpretieren:

Der Wert $x_3 = 50$ besagt, dass vom Produktionsfaktor F_1 eine Restkapazität von 50 Mengeneinheiten vorhanden ist. Dies kann man auch an der ursprünglichen Nebenbedingung

$$4x_1 + 3x_2 \leq 600$$

erkennen, wenn man $x_1 = 70$ und $x_2 = 90$ einsetzt. Analog drückt der Wert einer Schlupfvariablen bei einer $\geq$– Nebenbedingung aus, um wieviel der Mindestwert überschritten wird. Wäre zum Beispiel als zweite Nebenbedingung

$$x_1 + x_2 \geq 80$$

zu beachten, d.h eine Mindestproduktion von insgesamt 80 Mengeneinheiten, dann würde die zugehörige Schlupfvariable x_4 den Wert 80 annehmen. Denn aus der Ungleichung $x_1 + x_2 \geq 80$ erhält man nach Umformung $-x_1 - x_2 \leq -80$ und die anschließende Einführung der Schlupfvariablen x_4 liefert die Gleichung

$$-x_1 - x_2 + x_4 = -80,$$

die für $x_1 = 70$, $x_2 = 90$ und $x_4 = 80$ erfüllt ist.

Ist der Wert einer Schlupfvariablen gleich Null, dann drückt sie einen Engpass aus. Für das Beispiel gilt $x_4 = x_5 = 0$. Das heißt, die beiden Produktionsfaktoren F_2 und F_3 sind voll ausgeschöpft und bilden damit **Engpasskapazitäten**. In Beispiel 25.19 wird erläutert, wie diese Engpasskapazitäten bewertet werden können.

25.4 Simplex-Algorithmus

In Beispiel 25.14 wurde gezeigt, dass die optimale Lösung eines linearen Optimierungsproblems theoretisch durch Bestimmung aller Eckpunkte des zulässigen Bereichs $\mathcal{Z}$ und einen anschließenden Vergleich der zugehörigen Zielfunktionswerte $z(\mathbf{x})$ bestimmt werden kann. Diese Vollenumeration bedeutet für ein lineares Optimierungsproblem mit n Entscheidungsvariablen und m Nebenbedingungen, dass $\binom{n+m}{n}$ lineare Gleichungssysteme gelöst werden müssen. Das heißt zum Beispiel, dass bei einem vergleichsweise kleinen Optimierungsproblem mit $n = 10$ Entscheidungsvariablen und

Kapitel 25   Lineare Optimierung

$m = 20$ Nebenbedingungen bereits mehr als 30 Millionen lineare Gleichungssysteme zu lösen sind.

Aus diesem Grund wird ein Verfahren benötigt, bei dem zur Lösung eines linearen Optimierungsproblems nicht alle Eckpunkte berechnet werden müssen. Das bekannteste Verfahren dieser Art ist der von dem US-amerikanischen Mathematiker *George Dantzig* (1914–2005) entwickelte **Simplex-Algorithmus**. Ausgehend von einem Eckpunkt des zulässigen Bereichs $\mathcal{Z}$ wird bei diesem Algorithmus der benachbarte Eckpunkt bestimmt, bei dem der Zielfunktionswert verbessert wird. Diese Vorgehensweise wird solange fortgeführt, bis keine Verbesserung mehr möglich ist. Das heißt, bei diesem „intelligenten Ansatz" muss nur ein Bruchteil aller Eckpunkte von $\mathcal{Z}$ berechnet werden, was im Vergleich zu einer Vollenumeration zu einem enormen Effizienzgewinn führt.

G. Dantzig

Dantzig veröffentlichte den Simplex-Algorithmus 1947 während seiner Zeit als mathematischer Berater des US-Verteidigungsministeriums. Es ist daher nicht verwunderlich, dass eine der ersten dokumentierten Anwendungen des Simplex-Algorithmus das sogenannte **Diätenproblem** des US-amerikanischen Ökonomen *George Stigler* (1911–1991) war. Es bestand darin, eine möglichst günstige Nahrungszusammenstellung für Soldaten zu bestimmen, die gewisse Vorgaben bezüglich Mindest- und Höchstmengen an Vitaminen und anderen Inhaltsstoffen erfüllt. An der Lösung dieses – nach heutigen Maßstäben kleinen – linearen Optimierungsproblems mit neun Ungleichungen und 77 Variablen waren damals neun Personen beschäftigt, die zusammen ungefähr 120 Manntage Rechenarbeit benötigten (siehe *Bixby* [4]).

J. v. Neumann

In den Folgejahren wurde die lineare Optimierung und insbesondere der Simplex-Algorithmus von verschiedenen Wissenschaftlern beträchtlich weiterentwickelt. Hierzu zählen zum Beispiel der einflussreiche US-amerikanische Mathematiker ungarischer Herkunft *John von Neumann* (1903–1957), einer der genialsten und vielseitigsten Mathematiker des 20. Jahrhunderts, und der österreichische Wirtschaftswissenschaftler *Oskar Morgenstern* (1902–1977). Sie lieferten im Rahmen ihrer Untersuchungen zur **Spieltheorie** grundlegende und wichtige Beiträge zur linearen Optimierung. So ist man mittlerweile in der Lage, mit dem Simplex-Algorithmus bzw. seinen Weiterentwicklungen unter Zuhilfenahme von leistungsfähigen Rechnern lineare Optimierungsprobleme mit mehreren hunderttausend Variablen und Ungleichungen innerhalb weniger Stunden zu lösen.

O. Morgenstern

Im Folgenden werden die bei einem Iterationsschritt des Simplex-Algorithmus durchzuführenden Rechenschritte erläutert. Zum besseren Verständnis der einzelnen Rechenschritte wird hierzu ein konkretes Beispiel, nämlich das Beispiel 25.4 zur Produktionsplanung, betrachtet. Es lautet in Standardform mit Schlupfvariablen:

$$\text{Maximiere} \quad z(x_1, x_2) = 2x_1 + 3x_2 \quad (25.22)$$

unter den Nebenbedingungen

$$\begin{aligned}
(1) \quad & 4x_1 + 3x_2 + x_3 &&&= 600 \\
(2) \quad & 2x_1 + 2x_2 &+ x_4 &&= 320 \\
(3) \quad & 3x_1 + 7x_2 &&+ x_5 &= 840
\end{aligned} \quad (25.23)$$

mit den Schlupfvariablen x_3, x_4, x_5 (blau) und den Nichtnegativitätsbedingungen

$$x_1, x_2, x_3, x_4, x_5 \geq 0$$

(vgl. Beispiel 25.14). Aus dieser Darstellung kann unmittelbar eine zulässige Lösung

$$(x_1, x_2, x_3, x_4, x_5)^T = (0, 0, 600, 320, 840)^T$$

mit zugehörigem Zielfunktionswert $z(x_1, x_2) = 0$ abgelesen werden. Bei dem Teilvektor $(x_1, x_2)^T = (0, 0)^T$ handelt es sich um einen Eckpunkt des zulässigen Bereichs $\mathcal{Z}$ (vgl. P_1 in Abbildung 25.4). Diese zulässige Lösung und ihr Zielfunktionswert können deshalb so einfach abgelesen werden, weil die von Null verschiedenen Variablen x_3, x_4 und x_5 zum einen jeweils nur in einer Nebenbedingung, und zwar mit dem Koeffizienten 1, vorkommen und zum anderen in der Zielfunktion z nicht enthalten sind. Diese hilfreiche Struktur kann mittels elementarer Umformungen auf benachbarte Eckpunkte von $\mathcal{Z}$ übertragen werden und stellt den Kern des sogenannten **Austauschschritts** des Simplex-Algorithmus dar. Tauscht man zum Beispiel $x_2 = 0$ gegen $x_5 = 0$ aus, dann erhält man das äquivalente lineare Optimierungsproblem:

Maximiere $\quad z(x_1, x_2) = \dfrac{5}{7}x_1 - \dfrac{3}{7}x_5 + 360 \quad$ (25.24)

unter den Nebenbedingungen

$$
\begin{aligned}
(1') \quad & \tfrac{19}{7}x_1 \quad +x_3 \quad -\tfrac{3}{7}x_5 = 240 \\
(2') \quad & \tfrac{8}{7}x_1 \quad\quad\quad +x_4 -\tfrac{2}{7}x_5 = 80 \\
(3') \quad & \tfrac{3}{7}x_1 + x_2 \quad\quad +\tfrac{1}{7}x_5 = 120
\end{aligned} \quad (25.25)
$$

und den Nichtnegativitätsbedingungen

$$x_1, x_2, x_3, x_4, x_5 \geq 0.$$

Aus dieser Darstellung kann wieder unmittelbar eine weitere zulässige Lösung

$$(x_1, x_2, x_3, x_4, x_5)^T = (0, 120, 240, 80, 0)^T$$

mit Zielfunktionswert $z(x_1, x_2) = 360$ abgelesen werden. Bei dem Teilvektor $(x_1, x_2)^T = (0, 120)^T$ handelt es sich um einen zu $(x_1, x_2)^T = (0, 0)^T$ benachbarten Eckpunkt des zulässigen Bereichs mit höherem Zielfunktionswert (vgl. P_4 in Abbildung 25.4).

Die neue Darstellung (25.24)–(25.25) resultiert wie folgt:

a) Unter Ausnutzung von $3x_1 + 7x_2 + x_5 = 840$ bzw. $x_2 = 120 - \tfrac{3}{7}x_1 - \tfrac{1}{7}x_5$ (vgl. Nebenbedingung (3) in (25.23)) wird die Variable x_2 in der Zielfunktion (25.22) eliminiert und dafür die Variable x_5 neu aufgenommen. Man erhält dann die neue Zielfunktion

$$
\begin{aligned}
z(x_1, x_5) &= 2x_1 + 3\left(120 - \tfrac{3}{7}x_1 - \tfrac{1}{7}x_5\right) \\
&= \tfrac{5}{7}x_1 - \tfrac{3}{7}x_5 + 360,
\end{aligned}
$$

in der die von Null verschiedenen Variablen x_2, x_3 und x_4 nicht enthalten sind.

b) Durch elementare Zeilenumformungen werden die Nebenbedingungen (1)–(3) in (25.23) so umgeformt, dass die von Null verschiedenen Variablen x_2, x_3 und x_4 jeweils in nur einer Nebenbedingung vorkommen und zwar mit dem Koeffizienten 1. Dies wird dadurch erreicht, dass die Nebenbedingung (3) mit $\tfrac{1}{7}$ multipliziert wird sowie das $\tfrac{3}{7}$-fache bzw. das $\tfrac{2}{7}$-fache der Nebenbedingung (3) von der Nebenbedingung (1) bzw. (2) abgezogen wird.

Die Formalisierung dieser Rechenschritte bildet zusammen mit geeigneten Auswahlkriterien, die angeben, welche Variablen ausgetauscht werden sollen, und einem Abbruchkriterium, das angibt, ob die optimale Lösung erreicht ist, den Kern des Simplex-Algorithmus.

Basislösungen

Das wesentliche Merkmal bei der obigen Berechnung der beiden zulässigen Lösungen bzw. Eckpunkte ist, dass jeweils n Variablen gleich Null gesetzt und die Gleichungen (d. h. Nebenbedingungen) im Austauschschritt so umgeformt werden, dass die von Null verschiedenen Variablen jeweils in nur einer Gleichung auftreten und den Koeffizienten 1 haben. Diese Beobachtung führt zu den Begriffen **Basislösung**, **Nichtbasisvariable** und **Basisvariable**:

> **Definition 25.16** (Basislösung, Nichtbasisvariable und Basisvariable)
>
> *Es sei* $\mathbf{x} = (x_1, \ldots, x_{n+m})^T$ *eine Lösung eines linearen Gleichungssystems der Ordnung* $m \times (n+m)$. *Dann heißt* $\mathbf{x}$ *Basislösung des linearen Gleichungssystems, wenn die folgenden beiden Bedingungen erfüllt sind:*
>
> *a) Die Werte von n Variablen sind Null. Diese Variablen heißen Nichtbasisvariablen (kurz NBV) der Basislösung* $\mathbf{x}$.
>
> *b) Die verbleibenden m Variablen treten nicht gemeinsam in einer Gleichung auf und sind jeweils in nur einer Gleichung enthalten, und zwar mit dem Koeffizienten 1. Diese Variablen werden als Basisvariablen (kurz BV) der Basislösung* $\mathbf{x}$ *bezeichnet.*
>
> *Gilt zusätzlich* $\mathbf{x} \geq \mathbf{0}$, *dann heißt die Basislösung zulässig.*

Setzt man zum Beispiel im linearen Gleichungssystem (25.11) bzw. (25.13) für die n Entscheidungsvariablen $x_1, \ldots, x_n$ jeweils den Wert Null ein, dann erhält man die zulässige Basislösung $(0, \ldots, 0, b_1, \ldots, b_m) \in \mathbb{R}^{n+m}$.

Zwischen Eckpunkten und zulässigen Basislösungen besteht der folgende enge Zusammenhang:

Satz 25.17 (Zusammenhang Eckpunkte und zulässige Basislösungen)

Es sei $\mathbf{x} = (x_1, \ldots, x_{n+m})^T$ eine zulässige Lösung des linearen Optimierungsproblems (25.12)–(25.14). Dann ist der n-dimensionale Teilvektor $(x_1, \ldots, x_n)^T$ mit den Werten für die n Entscheidungsvariablen genau dann ein Eckpunkt des zulässigen Bereichs $\mathcal{Z}$, wenn $\mathbf{x}$ eine zulässige Basislösung des zum linearen Optimierungsproblem gehörenden linearen Gleichungssystems (25.13) ist.

Beweis: Da $\mathbf{x} = (x_1, \ldots, x_{n+m})^T$ eine zulässige Lösung des linearen Optimierungsproblems (25.12)–(25.14) ist, gilt

$$\widetilde{\mathbf{A}}\mathbf{x} = x_1\mathbf{a}_1 + \ldots + x_{n+m}\mathbf{a}_{n+m} = \mathbf{b}. \quad (25.26)$$

Es sei nun angenommen, dass $\mathbf{x}$ eine zulässige Basislösung ist. Dann erhält man mit der Eigenschaft a) einer Basislösung, dass die Spaltenvektoren $\mathbf{a}_j$, die mit einem positiven Gewicht x_j in die Darstellung (25.26) eingehen, zu den Basisvariablen gehören müssen. Aus der Eigenschaft b) einer Basislösung folgt weiter, dass es sich bei diesen Spaltenvektoren um linear unabhängige Einheitsvektoren des $\mathbb{R}^m$ handelt. Mit Satz 25.13 folgt somit, dass der n-dimensionale Teilvektor $(x_1, \ldots, x_n)$ ein Eckpunkt von $\mathcal{Z}$ ist.

Umgekehrt sei nun angenommen, dass der n-dimensionale Teilvektor $\mathbf{x} = (x_1, \ldots, x_n)^T$ ein Eckpunkt von $\mathcal{Z}$ ist. Dann folgt mit Satz 25.13, dass die Spaltenvektoren $\mathbf{a}_j$, die mit einem positiven Gewicht x_j in die Darstellung (25.26) eingehen, linear unabhängig sind. Da jedoch die erweiterte Koeffizientenmatrix $\widetilde{\mathbf{A}}$ den Rang m besitzt (vgl. (25.15)), impliziert dies, dass mindestens n Einträge von $\mathbf{x} = (x_1, \ldots, x_{n+m})^T$ gleich Null sind. ∎

Das heißt, durch Berechnung der zulässigen Basislösungen des zum linearen Optimierungsproblems gehörenden linearen Gleichungssystems $\widetilde{\mathbf{A}}\mathbf{x} = \mathbf{b}$ erhält man alle Vektoren $\mathbf{x} \in \mathbb{R}^n$, die als Kandidaten für eine optimale Lösung des linearen Optimierungsproblems in Frage kommen. In Abbildung 25.5 sind noch einmal die mathematischen Resultate zusammengestellt, die dieser Schlussfolgerung zugrunde liegen.

Zum Beispiel sind in den beiden Darstellungen (25.22)–(25.23) und (25.24)–(25.25) die $m = 3$ Variablen x_3, x_4, x_5 bzw. x_2, x_3, x_4 die Basisvariablen und die $n = 2$ Variablen x_1, x_2 bzw. x_1, x_5 die Nichtbasisvariablen. Die Überführung von (25.22)–(25.23) in (25.24)–(25.25) erfolgt durch einen Austauschschritt, bei dem die Basisvariable x_5 durch die Nichtbasisvariable x_2 ausgetauscht wird. Das heißt, nach Durchführung des Austauschschritts ist x_2 eine Basisvariable und x_5 eine Nichtbasisvariable. Die Basislösungen der beiden Darstellungen lauten

$$(0, 0, 600, 320, 840)^T \quad \text{bzw.} \quad (0, 120, 240, 80, 0)^T.$$

Da sie nur nichtnegative Einträge besitzen, sind beide Basislösungen zulässig.

Simplex-Tableau

Für die folgende Darstellung des Simplex-Algorithmus wird angenommen, dass für die rechte Seite des linearen Gleichungssystems (25.11) bzw. (25.13)

$$b_1, \ldots, b_m \geq 0 \quad \text{bzw.} \quad \mathbf{b} \geq \mathbf{0} \quad (25.27)$$

gilt. Diese Annahme stellt sicher, dass der Ursprung $(0, \ldots, 0)^T \in \mathbb{R}^n$ ein Eckpunkt des zulässigen Bereichs $\mathcal{Z}$ und

$$(0, \ldots, 0, b_1, \ldots, b_m)^T \in \mathbb{R}^{n+m} \quad (25.28)$$

eine erste zulässige Basislösung ist. Damit kann insbesondere der Fall, dass keine zulässige Lösung existiert, also $\mathcal{Z} = \emptyset$ gilt, nicht auftreten. Durch Austauschschritte kann die Basislösung (25.28) sukzessive verbessert werden. Gilt dagegen $\mathbf{b} \not\geq \mathbf{0}$, dann ist der Ursprung $(0, \ldots, 0)^T \in \mathbb{R}^n$ durch die Nebenbedingungen vom zulässigen Bereich $\mathcal{Z}$ abgeschnitten

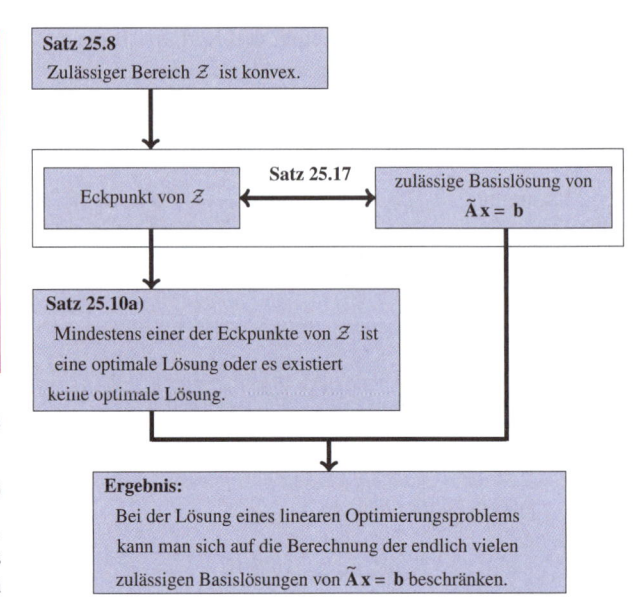

Abb. 25.5: Mathematische Grundlagen des Simplex-Algorithmus

- Satz 25.8: Zulässiger Bereich $\mathcal{Z}$ ist konvex.
- Satz 25.17: Eckpunkt von $\mathcal{Z}$ ⟷ zulässige Basislösung von $\widetilde{\mathbf{A}}\mathbf{x} = \mathbf{b}$
- Satz 25.10a): Mindestens einer der Eckpunkte von $\mathcal{Z}$ ist eine optimale Lösung oder es existiert keine optimale Lösung.
- Ergebnis: Bei der Lösung eines linearen Optimierungsproblems kann man sich auf die Berechnung der endlich vielen zulässigen Basislösungen von $\widetilde{\mathbf{A}}\mathbf{x} = \mathbf{b}$ beschränken.

und (25.28) ist damit keine zulässige Basislösung. In einem solchen Fall muss zuerst einmal eine erste zulässige Basislösung ermittelt werden, die dann anschließend durch Austauschschritte wieder verbessert werden kann. Wie bei der Bestimmung einer ersten zulässigen Basislösung zu verfahren ist, wird in Abschnitt 25.6 erläutert.

Die verschiedenen Austauschschritte bei der Durchführung des Simplex-Algorithmus werden gewöhnlich in einem Tableau dargestellt, welches als **Simplex-Tableau** bezeichnet wird. Wie die Überführung der Darstellung (25.22)–(25.23) in die Darstellung (25.24)–(25.25) zeigt, kann die Durchführung eines Austauschschritts zu einer Konstanten in der Zielfunktion z führen. Aus diesem Grund wird die Zielfunktion um eine Konstante z_0 ergänzt. Man erhält dann die Gleichung

$$z(\mathbf{x}) = c_1 x_1 + c_2 x_2 + \ldots + c_n x_n + z_0$$

bzw. nach Umformung

$$-z(\mathbf{x}) + c_1 x_1 + c_2 x_2 + \ldots + c_n x_n = -z_0.$$

Die Koeffizienten dieser Gleichung werden mit den Koeffizienten des linearen Gleichungssystems (25.11) übersichtlich in einem Simplex-Tableau zusammengefasst (vgl. Tabelle 25.1).

Pivotzeile, Pivotspalte und Pivotelement

Für die Durchführung eines Austauschschritts in einem Simplex-Tableau ist das sogenannte **Pivotelement** von besonderer Bedeutung. Es legt fest, welche Basisvariable gegen welche Nichtbasisvariable ausgetauscht wird. Das Pivotelement ist durch die **Pivotzeile** (PZ) und die **Pivotspalte** (PS) festgelegt und wie folgt definiert:

> **Definition 25.18** (Pivotelement)
>
> *Die Zeile im Simplex-Tableau, deren Eintrag in der Spalte der auszutauschenden Basisvariablen gleich 1 ist, wird Pivotzeile genannt, und die Spalte der aufzunehmenden Nichtbasisvariablen heißt Pivotspalte. Die Schnittstelle von Pivotzeile und Pivotspalte wird als Pivotelement bezeichnet.*

Im Folgenden wird das zu einem Austauschschritt gehörende Pivotelement im Simplex-Tableau in blauer Schrift dargestellt (vgl. Simplex-Tableau 25.1). Das Pivotelement wird dadurch festgelegt, dass man sich entscheidet, welche der n Nichtbasisvariablen neu in die Basis aufgenommen werden soll (d. h. Auswahl der Pivotspalte k) und welche der m Basisvariablen dafür aus der Basis entfernt werden soll (d. h. Auswahl der Pivotzeile l). Diese Entscheidung wird mit Hilfe von Auswahlkriterien getroffen.

Auswahl- und Stoppkriterien

Zur Auswahl der Pivotspalte und der Pivotzeile gibt es mehrere Möglichkeiten. Im Folgenden wird die ursprünglich von *Dantzig* vorgeschlagene Methode verwendet. Diese basiert auf den beiden folgenden **Auswahl-** und **Stoppkriterien**:

a) Auswahl der Pivotspalte (d. h. der aufzunehmenden Nichtbasisvariablen):

   Wähle die Spalte k mit dem größten positiven Zielfunktionskoeffizienten c_k als Pivotspalte. Denn durch Aufnahme der Nichtbasisvariablen x_k in die Basis geht der aktuelle

		NBV	NBV	$\cdots$	NBV	$\cdots$	NBV	BV	BV	$\cdots$	BV	$\cdots$	BV	
	$-z$	x_1	x_2	$\cdots$	x_k	$\cdots$	x_n	x_{n+1}	x_{n+2}	$\cdots$	x_{n+l}	$\cdots$	x_{n+m}	
	1	c_1	c_2	$\cdots$	c_k	$\cdots$	c_n	0	0	$\cdots$	0	$\cdots$	0	$-z_0$
	0	a_{11}	a_{12}	$\cdots$	a_{1k}	$\cdots$	a_{1n}	1	0	$\cdots$	0	$\cdots$	0	b_1
	0	a_{21}	a_{22}	$\cdots$	a_{2k}	$\cdots$	a_{2n}	0	1	$\cdots$	0	$\cdots$	0	b_2
	$\vdots$	$\vdots$	$\vdots$	$\ddots$	$\vdots$	$\ddots$	$\vdots$	$\vdots$	$\vdots$	$\ddots$	$\vdots$	$\ddots$	$\vdots$	$\vdots$
PZ $\rightarrow$	0	a_{l1}	a_{l2}	$\cdots$	a_{lk}	$\cdots$	a_{ln}	0	0	$\cdots$	1	$\cdots$	0	b_l
	$\vdots$	$\vdots$	$\vdots$	$\ddots$	$\vdots$	$\ddots$	$\vdots$	$\vdots$	$\vdots$	$\ddots$	$\vdots$	$\ddots$	$\vdots$	$\vdots$
	0	a_{m1}	a_{m2}	$\cdots$	a_{mk}	$\cdots$	a_{mn}	0	0	$\cdots$	0	$\cdots$	1	b_m
					$\uparrow$ PS									

Tabelle 25.1: Simplex-Tableau mit Pivotelement a_{lk}, das den Austausch der Basisvariablen x_{n+l} gegen die Nichtbasisvariable x_k anzeigt

Zielfunktionswert $z = z_0$ über in

$$z = z_0 + c_k x_k \qquad (25.29)$$

und es ist somit sichergestellt, dass der Wert der Zielfunktion z anwächst und der Zuwachs je Mengeneinheit am größten ist.

1. Stoppkriterium: Gilt $c_j \leq 0$ für alle $j = 1, \ldots, n+m$, dann kann durch Aufnahme einer Nichtbasisvariablen in die Basis der Wert von (25.29) nicht erhöht werden. Es sind dann nur nicht positive Zuwächse beim Zielfunktionswert möglich. Das heißt, der Vektor $\mathbf{x}^* = (x_1, \ldots, x_n)^T$ mit den Werten für die n Entscheidungsvariablen im Simplex-Tableau ist eine optimale Lösung des linearen Optimierungsproblems und z_0 ist der zugehörige maximale Zielfunktionswert. Gilt dabei für die Zielfunktionskoeffizienten aller n Nichtbasisvariablen $c_j < 0$, dann ist die optimale Lösung eindeutig. Andernfalls können die Nichtbasisvariablen x_j, deren Zielfunktionskoeffizient c_j gleich Null ist, durch weitere Austauschschritte nacheinander in die Basis aufgenommen werden, ohne dass sich dadurch der Wert der Zielfunktion z verändert. Da jedoch gemäß Satz 25.10) jede Konvexkombination optimaler Eckpunkte von $\mathcal{Z}$ wieder eine optimale Lösung ist, bedeutet dies, dass unendlich viele optimale Lösungen existieren (vgl. Beispiel 25.21).

b) Auswahl der Pivotzeile (d. h. der zu entfernenden Basisvariablen):

Wähle die Zeile l, die in der Pivotspalte k einen Eintrag $a_{lk} > 0$ besitzt und der Quotient $\frac{b_l}{a_{lk}}$ am kleinsten ist. Das heißt, wähle die Pivotzeile l so, dass

$$\frac{b_l}{a_{lk}} = \min\left\{\frac{b_i}{a_{ik}} : a_{ik} > 0\right\}$$

gilt. Wird das Minimum in mehreren Zeilen angenommen, dann kann eine dieser Zeilen beliebig ausgewählt werden. Durch dieses Vorgehen wird sichergestellt, dass auch die neue Basislösung zulässig ist.

2. Stoppkriterium: Gilt $c_k > 0$ und $a_{ik} \leq 0$ für alle $i = 1, \ldots, m$, dann ist die Zielfunktion z auf dem zulässigen Bereich $\mathcal{Z}$ nach oben unbeschränkt und es existiert somit keine optimale Lösung. Denn setzt man für die zu c_k gehörende Nichtbasisvariable x_k, die neu in die Basis aufgenommen wird, einen beliebigen Wert $q > 0$ ein und lässt die übrigen Nichtbasisvariablen unverändert, dann gilt $x_{n+i} = b_i - a_{ik} q \geq 0$ für alle $i = 1, \ldots, m$. Man erhält somit eine neue zulässige Basislösung mit dem Zielfunktionswert $z = z_0 + c_k q$. Da q beliebig groß gewählt werden kann und $c_k > 0$ gilt, bedeutet dies, dass die Zielfunktion z nach oben unbeschränkt ist und damit keine optimale Lösung existiert (vgl. Beispiel 25.22).

Austauschschritt

Nachdem mit der Festlegung des Pivotelements a_{lk} bestimmt worden ist, welche Nichtbasisvariable x_k neu in die Basis aufgenommen und welche Basisvariable x_{n+l} dafür aus der Basis entfernt werden soll, kann der Austauschschritt vollzogen werden. Dieser Austausch von x_{n+l} gegen x_k entspricht im Simplex-Tableau der Anwendung von elementaren Zeilenumformungen, so dass in der Pivotspalte k ein Einheitsvektor mit der 1 in der Schnittstelle (Pivotelement) von Pivotspalte und Pivotzeile erzeugt wird.

Man erhält dann das transformierte Simplex-Tableau 25.2. Dabei gilt für die neuen Einträge in diesem Tableau:

$$a'_{ij} := a_{ij} - \frac{a_{ik} a_{lj}}{a_{lk}} \quad \text{für } i \neq l,\, j \neq k$$

$$c'_j := c_j - c_k \frac{a_{lj}}{a_{lk}} \quad \text{für } j \neq k$$

$$b'_i := b_i - b_l \frac{a_{ik}}{a_{lk}} \quad \text{für } i \neq l$$

$$-z'_0 := -z_0 - b_l \frac{c_k}{a_{lk}}$$

Mit der Transformation des Simplex-Tableaus 25.1 in das Simplex-Tableau 25.2 ist der Basistausch $x_k \leftrightarrow x_{n+l}$ abgeschlossen und das neue Tableau bildet anschließend den Ausgangspunkt für eventuell weitere Austauschschritte. Das Verfahren wird solange fortgeführt, bis es mit einem der beiden oben angegebenen Stoppkriterien abbricht.

In Abbildung 25.8 wird der Ablauf des Simplex-Algorithmus übersichtlich in Form eines Flussdiagramms dargestellt. Diese Darstellung berücksichtigt auch die beiden im folgenden Abschnitt 25.5 betrachteten Sonderfälle:

a) Existenz unendlich vieler optimaler Lösungen

b) Eine nach oben unbeschränkte Zielfunktion z auf dem zulässigen Bereich $\mathcal{Z}$

Im folgenden Beispiel wird gezeigt, wie das lineare Optimierungsproblem aus Beispiel 25.4 mit Hilfe des Simplex-Algorithmus gelöst werden kann. Dabei werden analog zur Lösung eines linearen Gleichungssystems mit Hilfe des Gauß-Algorithmus die Zeilen (d. h. die Zielfunktion und die Nebenbedingungen) durchnummeriert und die durchgeführten

25.4 Simplex-Algorithmus

		NBV	NBV	...	BV	...	NBV	BV	BV	...	NBV	...	BV	
	$-z$	x_1	x_2	...	x_k	...	x_n	x_{n+1}	x_{n+2}	...	x_{n+l}	...	x_{n+m}	
	1	c_1'	c_2'	...	0	...	c_n'	0	0	...	c_{n+l}'	...	0	$-z_0'$
	0	a_{11}'	a_{12}'	...	0	...	a_{1n}'	1	0	...	a_{1n+l}'	...	0	b_1'
	0	a_{21}'	a_{22}'	...	0	...	a_{2n}'	0	1	...	a_{2n+l}'	...	0	b_2'
	$\vdots$	$\vdots$	$\vdots$	$\ddots$	$\vdots$	$\ddots$	$\vdots$	$\vdots$	$\vdots$	$\ddots$	$\vdots$	$\ddots$	$\vdots$	$\vdots$
	0	$\dfrac{a_{l1}}{a_{lk}}$	$\dfrac{a_{l2}}{a_{lk}}$	...	1	...	$\dfrac{a_{ln}}{a_{lk}}$	0	0	...	$\dfrac{1}{a_{lk}}$	...	0	$\dfrac{b_l}{a_{lk}}$
	$\vdots$	$\vdots$	$\vdots$	$\ddots$	$\vdots$	$\ddots$	$\vdots$	$\vdots$	$\vdots$	$\ddots$	$\vdots$	$\ddots$	$\vdots$	$\vdots$
	0	a_{m1}'	a_{m2}'	...	0	...	a_{mn}'	0	0	...	a_{mn+l}'	...	1	b_m'

Tabelle 25.2: Transformiertes Simplex-Tableau nach durchgeführtem Austauschschritt mit der neuen Basisvariablen x_k und der neuen Nichtbasisvariablen x_{n+l}

elementaren Zeilenumformungen rechts in blauer Schrift angegeben.

Beispiel 25.19 (Anwendung des Simplex-Algorithmus)

Für das lineare Optimierungsproblem aus Beispiel 25.4 erhält man das untenstehende Simplex-Tableau (vgl. (25.22)–(25.23)):

		NBV	NBV	BV	BV	BV	
	$-z$	x_1	x_2	x_3	x_4	x_5	
(0)	1	2	3	0	0	0	0
(1)	0	4	3	1	0	0	600
(2)	0	2	2	0	1	0	320
(3)	0	3	7	0	0	1	840

Daraus lassen sich unmittelbar die erste zulässige Basislösung und der zugehörige Zielfunktionswert ablesen. Sie lauten

$$(0, 0, 600, 320, 840)^T \quad \text{bzw.} \quad z = 0.$$

Der größte Zielfunktionskoeffizient liegt bei drei, ist also positiv. Damit ist die Voraussetzung des Auswahlkriteriums a) erfüllt. Die zugehörige Variable x_2 wird zur neuen Basisvariablen und die zugehörige Spalte zur Pivotspalte. Die Quotienten $\frac{b_i}{a_{i2}}$ sind gegeben durch $\frac{600}{3}$, $\frac{320}{2}$ und $\frac{840}{7}$, wobei der kleinste dieser Quotienten $\frac{840}{7} = 120$ ist. Die zugehörige Zeile, also die dritte Nebenbedingungszeile, wird somit zur Pivotzeile und das Pivotelement ist folglich 7 (Schnittstelle von Pivotzeile und Pivotspalte). Im Austauschschritt wird x_2 in die Basis aufgenommen und x_5 dafür aus der Basis entfernt. Hierbei wird in der Pivotspalte durch elementare Zeilenumformungen ein Einheitsvektor erzeugt, wobei die 1 an der Stelle steht, wo zuvor das Pivotelement stand. Man erhält dann das folgende Tableau:

		NBV	BV	BV	BV	NBV		
	$-z$	x_1	x_2	x_3	x_4	x_5		
(0')	1	$\frac{5}{7}$	0	0	0	$-\frac{3}{7}$	-360	$(0) - 3 \cdot (3')$
(1')	0	$\frac{19}{7}$	0	1	0	$-\frac{3}{7}$	240	$(1) - 3 \cdot (3')$
(2')	0	$\frac{8}{7}$	0	0	1	$-\frac{2}{7}$	80	$(2) - 2 \cdot (3')$
(3')	0	$\frac{3}{7}$	1	0	0	$\frac{1}{7}$	120	$1/7 \cdot (3)$

Aus diesem Simplex-Tableau lassen sich die zweite zulässige Basislösung und der zugehörige Zielfunktionswert ablesen. Sie lauten

$$(0, 120, 240, 80, 0)^T \quad \text{bzw.} \quad z = 360.$$

Da $c_j \leq 0$ nicht für alle $j = 1, \ldots, 5$ gilt, ist das erste Stoppkriterium nicht erfüllt und somit ein weiterer Austauschschritt erforderlich. Die zum größten Zielfunktionskoeffizienten $\frac{5}{7}$ gehörende Variable x_1 wird zur neuen Basisvariablen und die zugehörige Spalte zur Pivotspalte. Die Quotienten $\frac{b_i}{a_{i1}}$ sind gegeben durch $\frac{240}{19/7}$, $\frac{80}{8/7}$ und $\frac{120}{3/7}$, wobei der kleinste dieser Quotienten $\frac{80}{8/7} = 70$ ist. Die zugehörige Zeile, also die zweite Nebenbedingungszeile, wird somit zur Pivotzeile und das Pivotelement ist folglich $\frac{8}{7}$. Im Austauschschritt wird x_1 in die Basis aufgenommen und x_4 dafür aus der Basis entfernt. Man erhält dann das folgende Tableau:

	BV	BV	BV	NBV	NBV		
	$-z$	x_1	x_2	x_3	x_4	x_5		
$(0'')$	1	0	0	0	$-\frac{5}{8}$	$-\frac{1}{4}$	-410	$(0') - 5/7 \cdot (2'')$
$(1'')$	0	0	0	1	$-\frac{19}{8}$	$\frac{1}{4}$	50	$(1') - 19/7 \cdot (2'')$
$(2'')$	0	1	0	0	$\frac{7}{8}$	$-\frac{1}{4}$	70	$7/8 \cdot (2')$
$(3'')$	0	0	1	0	$-\frac{3}{8}$	$\frac{1}{4}$	90	$(3') - 3/7 \cdot (2'')$

$$(25.30)$$

Daraus lassen sich die dritte zulässige Basislösung und der zugehörige Zielfunktionswert ablesen. Sie lauten

$$(70, 90, 50, 0, 0)^T \quad \text{bzw.} \quad z = 410.$$

Da nun alle Zielfunktionskoeffizienten c_j kleiner oder gleich Null sind, ist das erste Stoppkriterum erfüllt. Das heißt, $(70, 90)^T$ ist die gesuchte optimale Lösung $\mathbf{x}^*$ des linearen Optimierungsproblems. Da die Zielfunktionskoeffizienten von Nichtbasisvariablen alle echt kleiner als Null sind, ist die optimale Lösung eindeutig.

In Beispiel 25.15 wurde bereits erläutert, dass der Wert Null der beiden Schlupfvariablen x_4 und x_5 Engpasskapazitäten bei den Produktionsfaktoren F_2 und F_3 ausdrückt. Mit den zugehörigen Zielfunktionskoeffizienten $-\frac{5}{8}$ und $-\frac{1}{4}$ im letzten Simplex-Tableau können diese Engpasskapazitäten bewertet werden. Gemäß dem letzten Simplex-Tableau hat die Zielfunktion die Form

$$z(x_1, x_2, x_3, x_4, x_5) = -\frac{5}{8}x_4 - \frac{1}{4}x_5 + 410.$$

Daraus ist ersichtlich, dass sich der Gewinn z um $\frac{5}{8}$ bzw. $\frac{1}{4}$ Geldeinheiten verringert, wenn vom Produktionsfaktor F_2 bzw. Produktionsfaktor F_3 eine Mengeneinheit weniger eingesetzt wird, also für die zugehörigen Schlupfvariablen $x_4 = x_5 = 1$ gilt. Die Zielfunktionskoeffizienten im letzten Simplex-Tableau geben somit den entgangenen Gewinn je nicht eingesetzter Mengeneinheit an Produktionsfaktoren an. In der betriebswirtschaftlichen Literatur spricht man in diesem Zusammenhang von **Opportunitätskosten** oder **Schattenpreisen** (vgl. *Michel-Torspecken* [46], Seite 93). Der Betrieb würde bei einer Kapazitätserweiterung um jeweils eine Mengeneinheit (d. h. $x_4 = -1$ bzw. $x_5 = -1$) einen zusätzlichen Gewinn von $\frac{5}{8}$ bzw. $\frac{1}{4}$ Geldeinheiten erzielen. Der Schattenpreis des Produktionsfaktors F_1 ist dagegen gleich Null. Eine zusätzliche Mengeneinheit würde zu keinem höheren Gewinn führen, da bereits eine Restkapazität von 50 Mengeneinheiten vorhanden ist.

Im nächsten Beispiel wird mit Hilfe des Simplex-Algorithmus ein lineares Optimierungsproblem mit vier Entscheidungsvariablen und drei Nebenbedingungen gelöst:

Beispiel 25.20 (Anwendung des Simplex-Algorithmus)

Betrachtet wird das folgende lineare Optimierungsproblem in Standardform mit den vier Entscheidungsvariablen x_1, x_2, x_3, x_4:

Maximiere $\quad z(x_1, x_2, x_3, x_4) = 2x_1 + x_2 + 3x_3 + x_4$

unter den Nebenbedingungen

$$\begin{aligned} 2x_1 + 4x_2 + x_4 &\leq 20 \\ x_1 + x_2 + 5x_3 + x_4 &\leq 30 \\ x_2 + x_3 + x_4 &\leq 10 \end{aligned} \quad (25.31)$$

und den Nichtnegativitätsbedingungen

$$x_1, x_2, x_3, x_4 \geq 0.$$

Für die Nebenbedingungen (25.31) erhält man nach Einführung von Schlupfvariablen:

$$\begin{aligned} 2x_1 + 4x_2 + x_4 + x_5 &= 20 \\ x_1 + x_2 + 5x_3 + x_4 + x_6 &= 30 \\ x_2 + x_3 + x_4 + x_7 &= 10 \end{aligned}$$

Die Durchführung des Simplex-Algorithmus führt zu den Simplex-Tableaus in Tabelle 25.3.

Im ersten Austauschschritt wurde die Nichtbasisvariable x_3 gegen die Basisvariable x_6 und im zweiten Austauschschritt die Nichtbasisvariable x_1 gegen die Basisvariable x_5 ausgetauscht. Im dritten Simplex-Tableau sind bereits alle Zielfunktionskoeffizienten c_j kleiner oder gleich Null. Die dritte Basislösung und der zugehörige Zielfunktionswert

$$(10, 0, 4, 0, 0, 0, 6)^T \quad \text{bzw.} \quad z = 32$$

sind somit optimal. Das heißt, $(10, 0, 4, 0)^T$ ist die gesuchte optimale Lösung $\mathbf{x}^*$ des linearen Optimierungsproblems. Da ferner die Zielfunktionskoeffizienten von allen Nichtbasisvariablen im dritten Simplex-Tableau echt kleiner als Null sind, ist die optimale Lösung eindeutig.

		NBV	NBV	NBV	NBV	BV	BV	BV		
	$-z$	x_1	x_2	x_3	x_4	x_5	x_6	x_7		
(0)	1	2	1	3	1	0	0	0	0	
(1)	0	2	4	0	1	1	0	0	20	
(2)	0	1	1	5	1	0	1	0	30	
(3)	0	0	1	1	1	0	0	1	10	
		NBV	NBV	BV	NBV	BV	NBV	BV		
	$-z$	x_1	x_2	x_3	x_4	x_5	x_6	x_7		
(0')	1	$\frac{7}{5}$	$\frac{2}{5}$	0	$\frac{2}{5}$	0	$-\frac{3}{5}$	0	-18	$(0) - 3 \cdot (2')$
(1)	0	2	4	0	1	1	0	0	20	
(2')	0	$\frac{1}{5}$	$\frac{1}{5}$	1	$\frac{1}{5}$	0	$\frac{1}{5}$	0	6	$1/5 \cdot (2)$
(3')	0	$-\frac{1}{5}$	$\frac{4}{5}$	0	$\frac{4}{5}$	0	$-\frac{1}{5}$	1	4	$(3) - (2')$
		BV	NBV	BV	NBV	NBV	NBV	BV		
	$-z$	x_1	x_2	x_3	x_4	x_5	x_6	x_7		
(0'')	1	0	$-\frac{12}{5}$	0	$-\frac{3}{10}$	$-\frac{7}{10}$	$-\frac{3}{5}$	0	-32	$(0') - 7/5 \cdot (1')$
(1')	0	1	2	0	$\frac{1}{2}$	$\frac{1}{2}$	0	0	10	$1/2 \cdot (1)$
(2'')	0	0	$-\frac{1}{5}$	1	$\frac{1}{10}$	$-\frac{1}{10}$	$\frac{1}{5}$	0	4	$(2') - 1/5 \cdot (1')$
(3'')	0	0	$\frac{6}{5}$	0	$\frac{9}{10}$	$\frac{1}{10}$	$-\frac{1}{5}$	1	6	$(3') + 1/5 \cdot (1')$

Tabelle 25.3: Simplex-Tableaus zu Beispiel 25.20

25.5 Sonderfälle bei der Anwendung des Simplex-Algorithmus

Bei der Anwendung des Simplex-Algorithmus können drei Sonderfälle auftreten, deren Kenntnis für die richtige Interpretation der Basislösungen des Simplex-Algorithmus von Bedeutung ist. Daher wird in den folgenden drei Abschnitten anhand von Beispielen gezeigt, wie diese Sonderfälle bei der Anwendung des Simplex-Algorithmus zu identifizieren und interpretieren sind.

Mehrdeutigkeit

Die optimale Lösung eines linearen Optimierungsproblems muss nicht eindeutig sein. Gemäß dem Hauptsatz der linearen Optimierung (siehe Satz 25.10) ist jede Konvexkombination optimaler Eckpunkte des zulässigen Bereichs $\mathcal{Z}$ wieder eine optimale Lösung. Dies bedeutet, dass es für ein lineares Optimierungsproblem möglich ist, dass es keine, genau eine oder unendlich viele optimale Lösungen gibt (vgl.

hierzu auch Abbildung 25.3). Wie auf Seite 776 erläutert, kann die Existenz unendlich vieler optimaler Lösungen bei der Anwendung des Simplex-Algorithmus sehr leicht daran erkannt werden, dass im Simplex-Endtableau die Zielfunktionskoeffizienten c_j von Nichtbasisvariablen x_j gleich Null sind.

Zur Verdeutlichung des Falles der Existenz unendlich vieler optimaler Lösungen dient das nächste Beispiel:

> **Beispiel 25.21** (Existenz unendlich vieler optimaler Lösungen)
>
> Im Folgenden wird das lineare Optimierungsproblem aus den Beispielen 25.4 und 25.19 mit der leicht veränderten Zielfunktion
>
> $$\text{Maximiere} \quad z(x_1, x_2) = 3x_1 + 3x_2$$
>
> betrachtet. Die Anwendung des Simplex-Algorithmus führt zu den folgenden Simplex-Tableaus:

Kapitel 25 Lineare Optimierung

	$-z$	NBV x_1	NBV x_2	BV x_3	BV x_4	BV x_5		
(0)	1	3	3	0	0	0	0	
(1)	0	4	3	1	0	0	600	
(2)	0	2	2	0	1	0	320	
(3)	0	3	7	0	0	1	840	

	$-z$	NBV x_1	BV x_2	BV x_3	BV x_4	NBV x_5		
(0′)	1	$\frac{12}{7}$	0	0	0	$-\frac{3}{7}$	-360	$(0) - 3 \cdot (3')$
(1′)	0	$\frac{19}{7}$	0	1	0	$-\frac{3}{7}$	240	$(1) - 3 \cdot (3')$
(2′)	0	$\frac{8}{7}$	0	0	1	$-\frac{2}{7}$	80	$(2) - 2 \cdot (3')$
(3′)	0	$\frac{3}{7}$	1	0	0	$\frac{1}{7}$	120	$1/7 \cdot (3)$

	$-z$	BV x_1	BV x_2	BV x_3	NBV x_4	NBV x_5		
(0″)	1	0	0	0	$-\frac{3}{2}$	0	-480	$(0') - 12/7 \cdot (2'')$
(1″)	0	0	0	1	$-\frac{19}{8}$	$\frac{1}{4}$	50	$(1') - 19/7 \cdot (2'')$
(2″)	0	1	0	0	$\frac{7}{8}$	$-\frac{1}{4}$	70	$7/8 \cdot (2')$
(3″)	0	0	1	0	$-\frac{3}{8}$	$\frac{1}{4}$	90	$(1'') - 3/7 \cdot (2'')$

Aus dem dritten Simplex-Tableau erhält man eine erste optimale Basislösung und den zugehörigen Zielfunktionswert:

$$(70, 90, 50, 0, 0)^T \quad \text{bzw.} \quad z = 480$$

Da jedoch der Zielfunktionskoeffizient c_5 der Nichtbasisvariablen x_5 gleich Null ist, kann diese in die Basis aufgenommen werden, ohne dass sich der Zielfunktionswert verändert. Man erhält dann das folgende Simplex-Tableau:

	$-z$	BV x_1	BV x_2	NBV x_3	NBV x_4	BV x_5		
(0‴)	1	0	0	0	$-\frac{3}{2}$	0	-480	
(1‴)	0	0	0	4	$-\frac{19}{2}$	1	200	$4 \cdot (1'')$
(2‴)	0	1	0	1	$-\frac{3}{2}$	0	120	$(2'') + 1/4 \cdot (1''')$
(3‴)	0	0	1	-1	2	0	40	$(3'') - 1/4 \cdot (1''')$

Durch

$$(120, 40, 0, 0, 200)^T$$

ist somit eine zweite optimale Basislösung gegeben, die ebenfalls den Zielfunktionswert $z = 480$ liefert. Nach

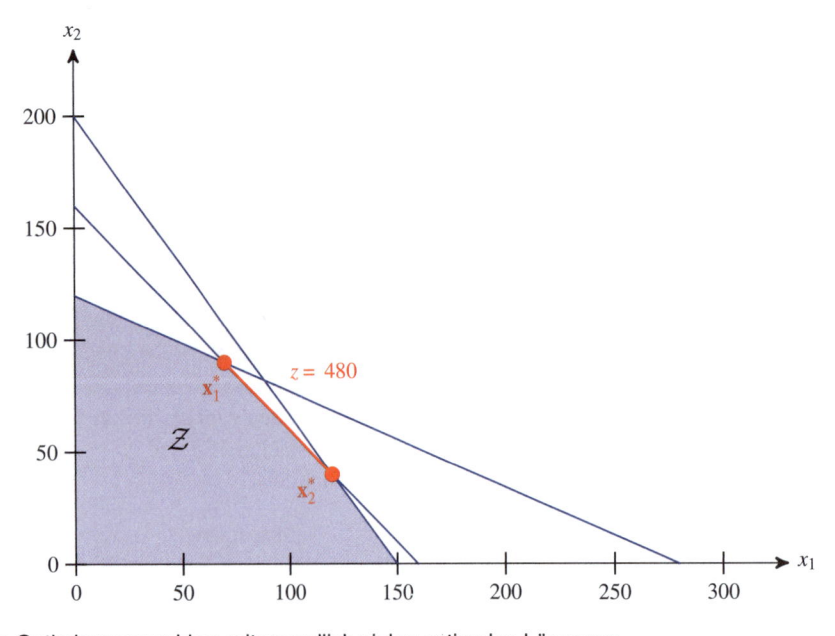

Abb. 25.6: Lineares Optimierungsproblem mit unendlich vielen optimalen Lösungen

25.5 Sonderfälle bei der Anwendung des Simplex-Algorithmus

Satz 25.10 ist damit auch jede Konvexkombination dieser beiden Basislösungen optimal. Zum Beispiel ist auch

$$\frac{1}{2}(70, 90, 50, 0, 0)^T + \frac{1}{2}(120, 40, 0, 0, 200)^T$$
$$= (95, 65, 25, 0, 100)^T$$

eine optimale Basislösung. In Abbildung 25.6 ist die Menge aller Konvexkombinationen von $\mathbf{x}_1^* := (70, 90, 50, 0, 0)^T$ und $\mathbf{x}_2^* := (120, 40, 0, 0, 200)^T$ rot eingezeichnet.

Unbeschränkte Zielfunktion

Bei der Lösung eines linearen Optimierungsproblems in Standardform ist es auch möglich, dass die zu maximierende Zielfunktion z auf dem zulässigen Bereich $\mathcal{Z}$ nach oben unbeschränkt ist und damit keine optimale Lösung existiert. Wie auf Seite 776 bereits erläutert wurde, ist dies genau dann der Fall, wenn es einen Zielfunktionskoeffizienten $c_k > 0$ mit $a_{ik} \leq 0$ für alle $i = 1, \ldots, m$ gibt.

Das nächste Beispiel verdeutlicht diesen Fall:

Beispiel 25.22 (Simplex-Algorithmus bei unbeschränkter Zielfunktion)

Betrachtet wird das folgende lineare Optimierungsproblem in Standardform mit den beiden Schlupfvariablen x_3 und x_4:

Maximiere $\quad z(x_1, x_2) = x_1 + 2x_2$

unter den Nebenbedingungen

$$-x_1 + 3x_2 + x_3 \quad\quad = 15$$
$$-3x_1 + 2x_2 \quad\quad + x_4 = 3$$

und den Nichtnegativitätsbedingungen

$$x_1, x_2, x_3, x_4 \geq 0.$$

Aus der Abbildung 25.7 ist unmittelbar ersichtlich, dass die Zielfunktion z auf dem zulässigen Bereich $\mathcal{Z}$ nach oben unbeschränkt ist. Das heißt, dass dieses lineare Maximierungsproblem keine optimale Lösung besitzt.
Dieses Ergebnis erhält man auch durch Anwendung des Simplex-Algorithmus:

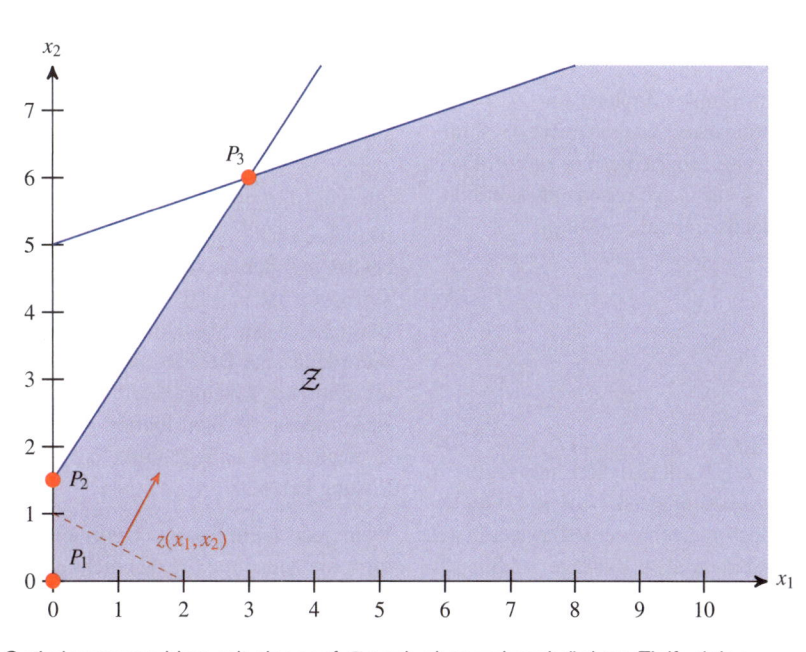

Abb. 25.7: Lineares Optimierungsproblem mit einer auf $\mathcal{Z}$ nach oben unbeschränkten Zielfunktion z

		NBV	NBV	BV	BV	
	$-z$	x_1	x_2	x_3	x_4	
(0)	1	1	2	0	0	0
(1)	0	-1	3	1	0	15
(2)	0	-3	2	0	1	3

		NBV	BV	BV	NBV		
	$-z$	x_1	x_2	x_3	x_4		
(0')	1	4	0	0	-1	-3	$(0) - 2 \cdot (2')$
(1')	0	$\frac{7}{2}$	0	1	$-\frac{3}{2}$	$\frac{21}{2}$	$(1) - 3 \cdot (2')$
(2')	0	$-\frac{3}{2}$	1	0	$\frac{1}{2}$	$\frac{3}{2}$	$1/2 \cdot (2)$

		BV	BV	NBV	NBV		
	$-z$	x_1	x_2	x_3	x_4		
(0'')	1	0	0	$-\frac{8}{7}$	$\frac{5}{7}$	-15	$(0') - 4 \cdot (1'')$
(1'')	0	1	0	$\frac{2}{7}$	$-\frac{3}{7}$	3	$2/7 \cdot (1')$
(2'')	0	0	1	$\frac{3}{7}$	$-\frac{1}{7}$	6	$(2') + 3/2 \cdot (1'')$

Aus diesen drei Simplex-Tableaus sind die ersten drei zulässigen Basislösungen und der jeweils zugehörige Zielfunktionswert abzulesen. Man erhält:

1) $(0, 0, 15, 3)^T$ mit $z = 0$
2) $\left(0, \frac{3}{2}, \frac{21}{2}, 0\right)^T$ mit $z = 3$
3) $(3, 6, 0, 0)^T$ mit $z = 15$

Da es jedoch im dritten Simplex-Tableau mit $c_4 = \frac{5}{7}$ einen positiven Zielfunktionskoeffizienten mit $a_{i4} \leq 0$ für $i = 1, 2$ gibt, ist das zweite Stoppkriterium erfüllt. Das heißt, die Zielfunktion z ist auf $\mathcal{Z}$ nach oben unbeschränkt und es existiert somit keine optimale Lösung.

Degeneration

Eine zulässige Basislösung $\mathbf{x} = (x_1, \ldots, x_{n+m})^T \in \mathbb{R}^{n+m}$ besitzt die Eigenschaft, dass $\mathbf{x} \geq \mathbf{0}$ gilt und die Einträge, die zu den n Nichtbasisvariablen gehören, gleich Null sind (vgl. Definition 25.16). Nimmt jedoch auch eine der m Basisvariablen den Wert Null an, d. h. sind mehr als n Einträge der Basislösung $\mathbf{x}$ gleich Null, dann wird die zulässige Basislösung als **degeneriert** oder **entartet** bezeichnet. Andernfalls heißt sie **nicht degeneriert** oder **nicht entartet**.

Das Auftreten von Degeneration wird in der Literatur zur linearen Optimierung ausführlich behandelt (siehe z. B. *Hadley* [22] und *Werner* [72]). Denn ihr Vorkommen stellt die einzige Möglichkeit dar, dass der Simplex-Algorithmus nicht nach endlich vielen Schritten mit einer optimalen Lösung oder der Information, dass die Zielfunktion z auf dem zulässigen Bereich $\mathcal{Z}$ nach oben unbeschränkt ist, abbricht. Stattdessen ist es im Falle einer degenerierten Basislösung theoretisch möglich, dass der Simplex-Algorithmus in einen sogenannten **Zyklus** gerät, bei dem die Austauschschritte immer wieder zu demselben Eckpunkt führen. Dieses Phänomen verhindert somit, dass der Simplex-Algorithmus ohne Zusatzregel ein endliches Verfahren ist. Durch eine „Anti-Zyklen-Regel", die präzisiert, wie in jedem Austauschschritt die aufzunehmende Nichtbasisvariable und die zu entfernende Basisvariable zu wählen sind, kann jedoch auch im Falle einer degenerierten Basislösung die Endlichkeit des Simplex-Algorithmus gesichert werden. Da jedoch das Phänomen von Zyklen bislang nur in eigens hierzu konstruierten Beispielen beobachtet wurde (siehe z. B. *Papadimitriou-Steiglitz* [52], Seite 53), spielen Zusatzregeln zur Vermeidung von Zyklen in der Praxis keine Rolle und werden bei der Implementierung des Simplex-Algorithmus nicht berücksichtigt.

25.6 Phase I und Phase II des Simplex-Algorithmus

Bei der bisherigen Betrachtung wurde stets angenommen, dass für die rechte Seite des linearen Gleichungssystems (25.13)

$$\mathbf{b} \geq \mathbf{0} \qquad (25.32)$$

gilt (vgl. (25.27)). Diese Annahme stellte sicher, dass $(0, \ldots, 0, b_1, \ldots, b_m)^T \in \mathbb{R}^{n+m}$ nur nichtnegative Einträge besitzt und daher eine erste zulässige Basislösung bzw. der Teilvektor $(0, \ldots, 0)^T \in \mathbb{R}^n$ ein Eckpunkt des zulässigen Bereichs $\mathcal{Z}$ ist. Mit Hilfe des Simplex-Algorithmus wurde diese zulässige Basislösung dann sukzessive verbessert bis die optimale Lösung resultierte oder man die Information erhielt, dass die Zielfunktion z auf dem zulässigen Bereich $\mathcal{Z}$ nach oben unbeschränkt ist und damit keine optimale Lösung existiert.

Wenn jedoch ein lineares Optimierungsproblem in Standardform die Annahme (25.32) nicht erfüllt, dann muss zuerst in einer Vorphase, der sogenannten **Phase I**, eine erste zulässige Basislösung ermittelt werden. Diese zulässige Basislösung dient dann in der Hauptphase, der sogenannten **Phase II**,

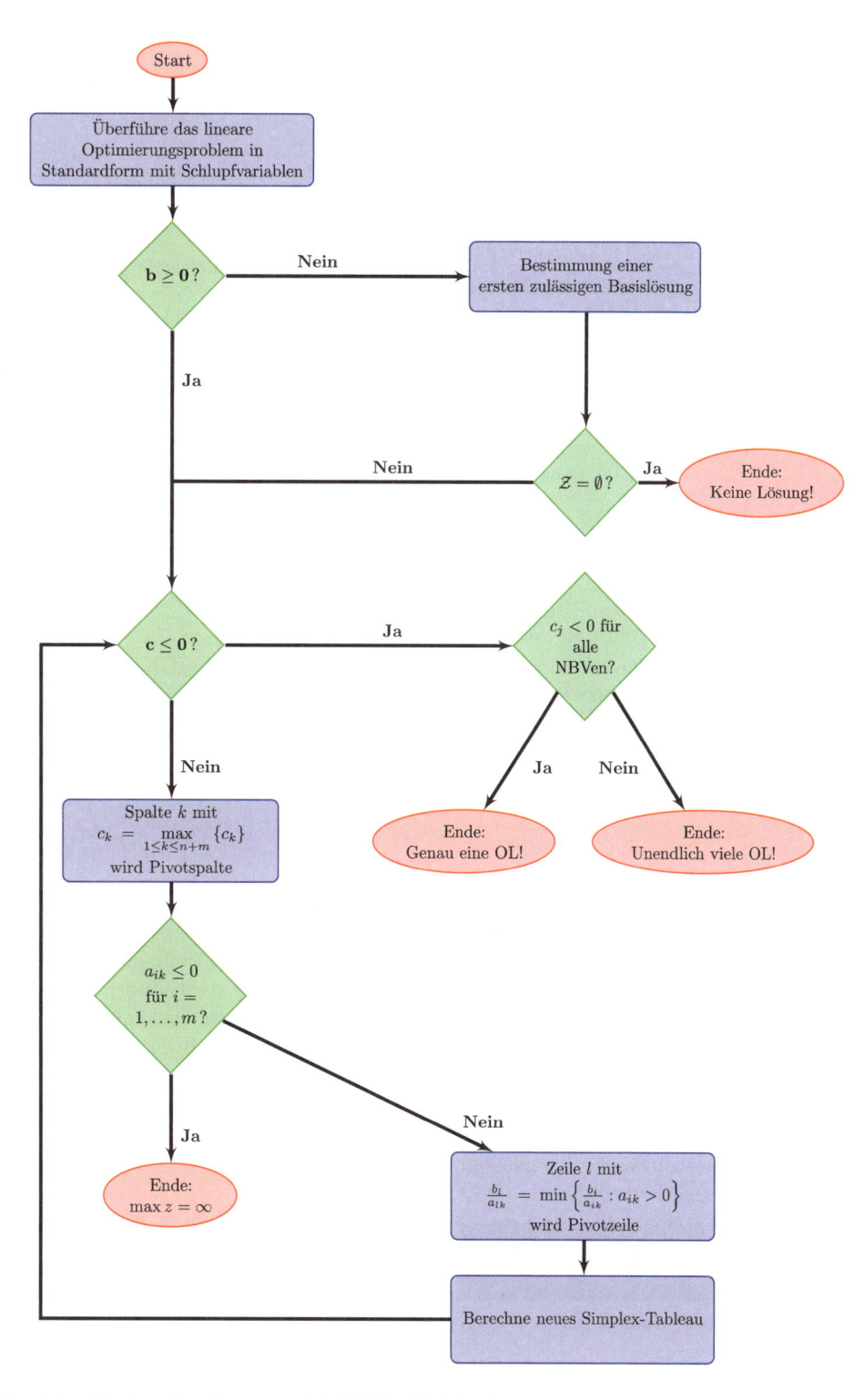

25.6 Phase I und Phase II des Simplex-Algorithmus

Abb. 25.8: Ablauf des Simplex-Algorithmus, wobei NBV für Nichtbasisvariable und OL für Optimallösung steht

als Ausgangspunkt des Simplex-Algorithmus und wird dann wieder wie oben beschrieben durch Austauschschritte sukzessive verbessert.

Die Phase I basiert auf den beiden folgenden **Auswahl-** und **Stoppkriterien**:

a') Auswahl der Pivotspalte (d. h. der aufzunehmenden Nichtbasisvariablen):

Gilt $b_r < 0$ für ein $r \in \{1, \ldots, m\}$ und ist der kleinste Eintrag a_{rk} auf der linken Seite negativ, dann wähle die zugehörige Spalte k als Pivotspalte.

1. Stoppkriterium: Gilt $b_i \geq 0$ für alle $i = 1, \ldots, m$, dann liegt bereits eine zulässige Basislösung vor.

2. Stoppkriterium: Gibt es ein $i \in \{1, \ldots, m\}$ mit $b_i < 0$ und $a_{ij} \geq 0$ für alle $j = 1, \ldots, n + m$, dann existiert keine zulässige Basislösung.

b') Auswahl der Pivotzeile (d. h. der zu entfernenden Basisvariablen):

Gilt $b_i < 0$ für alle $i = 1, \ldots, m$ oder $a_{ik} \leq 0$ für alle $i \in \{1, \ldots, m\}$ mit $b_i > 0$, dann wähle Zeile r als Pivotzeile. Andernfalls wähle unter allen Zeilen $i \in \{1, \ldots, m\}$, für die $b_i \geq 0$ und $a_{ik} > 0$ gilt, die Pivotzeile l so, dass der Quotient $\frac{b_i}{a_{ik}}$ am kleinsten ist. Das heißt, wähle die Pivotzeile l so, dass

$$\frac{b_l}{a_{lk}} = \min\left\{\frac{b_i}{a_{ik}} : b_i \geq 0, \, a_{ik} > 0\right\}$$

gilt. Wird das Minimum in mehreren Zeilen angenommen, dann kann eine dieser Zeilen beliebig ausgewählt werden.

Die Rechenschritte von Phase I werden so oft durchlaufen, bis $b_i \geq 0$ für alle $i = 1, \ldots, m$ gilt und damit eine erste zulässige Basislösung vorliegt, oder die Phase I und somit auch der Simplex-Algorithmus ohne zulässige Basislösung abbrechen.

Im folgenden Beispiel wird ein lineares Optimierungsproblem in Standardform betrachtet, dass die Annahme (25.32) nicht erfüllt, und für das daher zuerst in Phase I eine zulässige Basislösung bestimmt werden muss.

Beispiel 25.23 (Lineares Optimierungsproblem in Standardform mit $\mathbf{b} \not\geq \mathbf{0}$)

Gegeben sei das folgende lineare Optimierungsproblem in Standardform:

Maximiere $\quad z(x_1, x_2) = x_1 + x_2 + 1$

unter den Nebenbedingungen

$$\begin{aligned} -x_2 &\leq -2 \\ x_1 - x_2 &\leq 0 \\ -x_1 - x_2 &\leq -2 \\ x_2 &\leq 4 \end{aligned} \quad (25.33)$$

und den Nichtnegativitätsbedingungen

$$x_1, x_2 \geq 0.$$

Für die Nebenbedingungen (25.33) erhält man durch Einführung von Schlupfvariablen:

$$\begin{aligned} -x_2 + x_3 &= -2 \\ x_1 - x_2 \phantom{{}+x_3} + x_4 &= 0 \\ -x_1 - x_2 \phantom{{}+x_3+x_4} + x_5 &= -2 \\ x_2 \phantom{{}+x_3+x_4+x_5} + x_6 &= 4 \end{aligned}$$

Das erste Simplex-Tableau lautet somit:

		NBV	NBV	BV	BV	BV	BV	
	$-z$	x_1	x_2	x_3	x_4	x_5	x_6	
(0)	1	1	1	0	0	0	0	-1
(1)	0	0	-1	1	0	0	0	-2
(2)	0	1	-1	0	1	0	0	0
(3)	0	-1	-1	0	0	1	0	-2
(4)	0	0	1	0	0	0	1	4

Daraus lässt sich unmittelbar die erste Basislösung $(0, 0, -2, 0, -2, 4)^T$ ablesen. Da sie negative Einträge besitzt, ist sie nicht zulässig und der Teilvektor $(0, 0)^T$ mit den Werten für die beiden Entscheidungsvariablen x_1 und x_2 gehört somit nicht zum zulässigen Bereich $\mathcal{Z}$ (vgl. Abbildung 25.9). Bevor der Simplex-Algorithmus angewendet werden kann, muss daher zuerst eine erste zulässige Basislösung bestimmt werden (Phase I).

Die erste Nebenbedingungszeile im obigen Tableau enthält mit -2 einen negativen Eintrag auf der rechten und mit -1 einen negativen Eintrag auf der linken Seite. Damit ist die Voraussetzung für das Auswahlkriterium a') erfüllt. Die zu -1 gehörende Spalte wird somit zur Pivotspalte und die Variable x_2 zur neuen Basisvariablen. Gemäß dem Auswahlkriterium b') kommt dann nur noch die vierte Nebenbedingungszeile als Pivotzeile in Frage. Das heißt, die Variable x_6 wird aus der Basis entfernt und

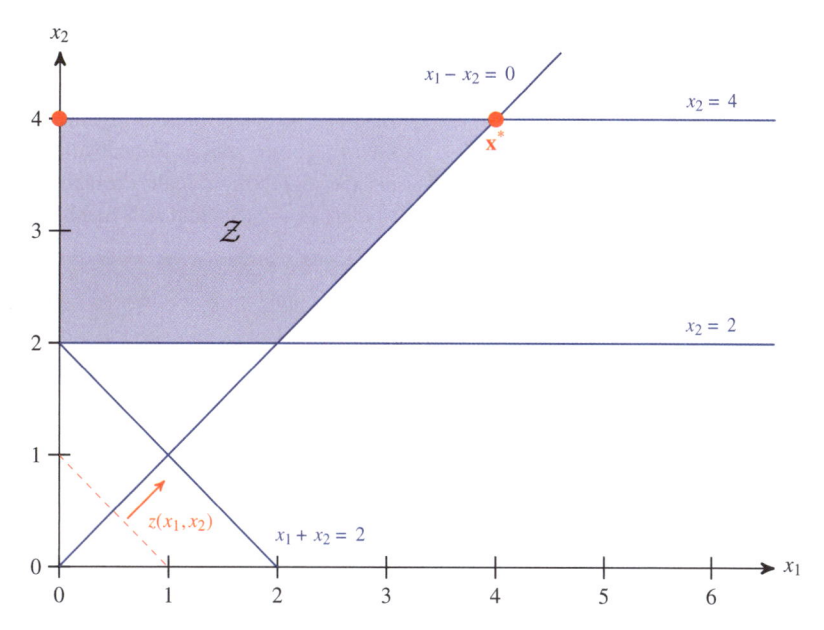

Abb. 25.9: Lineares Optimierungsproblem mit $(0,0)^T \notin \mathcal{Z}$

das Pivotelement (Schnittstelle von Pivotspalte und Pivotzeile) ist durch 1 gegeben. Bei der Durchführung des Austauschschritts $x_2 \leftrightarrow x_6$ wird wie gewohnt durch elementare Zeilenumformungen in der Pivotspalte ein Einheitsvektor erzeugt. Man erhält dann das folgende Simplex-Tableau:

	NBV	BV	BV	BV	BV	NBV		
	$-z$	x_1	x_2	x_3	x_4	x_5	x_6	
(0′)	1	1	0	0	0	0	-1	-5	(0) − (4)
(1′)	0	0	0	1	0	0	1	2	(1) + (4)
(2′)	0	1	0	0	1	0	1	4	(2) + (4)
(3′)	0	-1	0	0	0	1	1	2	(3) + (4)
(4)	0	0	1	0	0	0	1	4	

Es gilt nun $b_i \geq 0$ für $i = 1, 2, 3, 4$. Das heißt, das erste Stoppkriterium ist erfüllt und durch $(0, 4, 2, 4, 2, 0)^T$ und $(0, 4)^T$ ist eine erste zulässige Basislösung bzw. ein Eckpunkt von $\mathcal{Z}$ gegeben. Auf die erste zulässige Basislösung kann nun in gewohnter Weise der Simplex-Algorithmus angewendet werden. Man erhält dann für die optimale Basislösung und den zugehörigen Zielfunktionswert

$$(4, 4, 2, 0, 6, 0)^T \quad \text{bzw.} \quad z = 9.$$

25.7 Dualität

Jedem linearen Optimierungsproblem ist in eindeutiger Weise ein sogenanntes **duales** lineares Optimierungsproblem zugeordnet, weshalb man auch von dem **primalen Problem** und dem zugehörigen **dualen Problem** spricht. Die Bedeutung der Dualität für die lineare Optimierung wurde vor allem von dem US-amerikanischen Mathematiker *John von Neumann* (1903–1957) früh erkannt. Mittlerweile hat sich aus diesen Anfängen eine ganze **Dualitätstheorie** entwickelt, deren Ergebnisse bei Weiterentwicklungen des Simplex-Algorithmus (siehe hierzu auch Abschnitt 25.8) sowie in vielen anderen Bereichen Anwendung finden. Hierzu zählen zum Beispiel die Spieltheorie, die ganzzahlige lineare Optimierung, die Netzplantechnik oder die Lösung strukturierter linearer Optimierungsprobleme wie Transport- und Zuordnungsprobleme. Darüber hinaus besitzt das duale Problem die interessante ökonomische Interpretation als das lineare Optimierungsproblem des wirtschaftlichen Gegenspielers (siehe Seite 791).

J. v. Neumann auf einer US-amerikanischen Briefmarke

Primales und duales lineares Problem

Das **primale** und das zugehörige **duale Problem** sind wie folgt definiert:

> **Definition 25.24** (Primales und duales Problem)
>
> Ein lineares Optimierungsproblem in Standardform
>
> $$\text{Maximiere} \quad z_P(\mathbf{x}) = \mathbf{c}^T \mathbf{x} \quad (25.34)$$
>
> unter den Bedingungen
>
> $$\mathbf{A}\mathbf{x} \leq \mathbf{b} \quad \text{und} \quad \mathbf{x} \geq \mathbf{0} \quad (25.35)$$
>
> wird auch als primales Problem (P) bezeichnet. Das lineare Minimierungsproblem
>
> $$\text{Minimiere} \quad z_D(\mathbf{y}) = \mathbf{b}^T \mathbf{y} \quad (25.36)$$
>
> unter den Bedingungen
>
> $$\mathbf{A}^T \mathbf{y} \geq \mathbf{c} \quad \text{und} \quad \mathbf{y} \geq \mathbf{0} \quad (25.37)$$
>
> heißt dann das zu (P) gehörige duale Problem (D).

Durch diese Definition wird einem primalen Problem in Standardform (P) ein duales Problem (D) zugeordnet. Da jedoch jedes lineare Optimierungsproblem in ein lineares Optimierungsproblem in Standardform überführt werden kann, ist damit für jedes lineare Optimierungsproblem ein duales Problem erklärt. Insbesondere kann auch das zu (D) duale Problem bestimmt werden. Aus Definition 25.24 ist ersichtlich, dass dann wieder das primale Ausgangsproblem (P) resultiert. Das heißt, dass die Beziehung zwischen primalem und dualem Problem in dem Sinne symmetrisch ist, dass das duale Problem des dualen Problems wieder mit dem primalen Problem übereinstimmt. Es ist daher unerheblich, welches der beiden linearen Optimierungsprobleme als das primale und welches als das duale Problem betrachtet wird.

Die Bildung des dualen Problems (D) zu einem primalen Problem in Standardform (P) besteht aus den folgenden fünf einfachen Schritten:

a) Aus dem Maximierungsproblem (P) wird ein Minimierungsproblem (D).

b) Aus den $\leq$–Nebenbedingungen werden $\geq$–Nebenbedingungen.

c) Die Koeffizientenmatrix $\mathbf{A}$ wird transponiert.

d) Die rechte Seite der Nebenbedingungen von (P) wird zum Vektor mit den Zielfunktionskoeffizienten von (D).

e) Der Vektor $\mathbf{c}$ mit den Zielfunktionskoeffizienten von (P) wird zur rechten Seite der Nebenbedingungen von (D).

Besitzt also das primale Problem (P) n Entscheidungsvariablen $x_1, \ldots, x_n$ und m Nebenbedingungen vom Typ $\leq$, dann hat das zugehörige duale Problem (D) m Entscheidungsvariablen $y_1, \ldots, y_m$ und n Nebenbedingungen vom Typ $\geq$.

> **Beispiel 25.25** (Primales und zugehöriges duales Problem)
>
> a) In Beispiel 25.4 wurde das folgende primale Problem (P) betrachtet:
>
> $$\text{Maximiere} \quad z_P(x_1, x_2) = 2x_1 + 3x_2$$
>
> unter den Nebenbedingungen
>
> $$4x_1 + 3x_2 \leq 600$$
> $$2x_1 + 2x_2 \leq 320$$
> $$3x_1 + 7x_2 \leq 840$$
>
> und den Nichtnegativitätsbedingungen
>
> $$x_1, x_2 \geq 0.$$
>
> Das zugehörige duale Problem (D) lautet somit:
>
> $$\text{Minimiere} \quad z_D(y_1, y_2, y_3) = 600y_1 + 320y_2 + 840y_3$$
>
> unter den Nebenbedingungen
>
> $$4y_1 + 2y_2 + 3y_3 \geq 2$$
> $$3y_1 + 2y_2 + 7y_3 \geq 3$$
>
> und den Nichtnegativitätsbedingungen
>
> $$y_1, y_2, y_3 \geq 0.$$
>
> Ferner stimmt das duale Problem von (D) mit dem ursprünglich gegebenen primalen Problem (P) überein.
>
> b) In Beispiel 25.20 wurde das folgende primale Problem (P) betrachtet:
>
> $$\text{Maximiere} \quad z_P(x_1, x_2, x_3, x_4) = 2x_1 + x_2 + 3x_3 + x_4$$
>
> unter den Nebenbedingungen
>
> $$2x_1 + 4x_2 + x_4 \leq 20$$
> $$x_1 + x_2 + 5x_3 + x_4 \leq 30$$
> $$ x_2 + x_3 + x_4 \leq 10$$

und den Nichtnegativitätsbedingungen

$$x_1, x_2, x_3, x_4 \geq 0.$$

Das zugehörige duale Problem (D) lautet somit:

Minimiere $\quad z_D(y_1, y_2, y_3) = 20y_1 + 30y_2 + 10y_3$
$$\tag{25.38}$$

unter den Nebenbedingungen

$$\begin{aligned} 2y_1 + y_2 &\geq 2 \\ 4y_1 + y_2 + y_3 &\geq 1 \\ 5y_2 + y_3 &\geq 3 \\ y_1 + y_2 + y_3 &\geq 1 \end{aligned} \tag{25.39}$$

und den Nichtnegativitätsbedingungen

$$y_1, y_2, y_3 \geq 0. \tag{25.40}$$

Ferner stimmt das duale Problem von (D) mit dem ursprünglich gegebenen primalen Problem (P) überein.

Dualitätssätze

Im Folgenden bezeichnen die Mengen

$$\mathcal{Z}_P = \{\mathbf{x} \in \mathbb{R}^n : \mathbf{A}\mathbf{x} \leq \mathbf{b}, \mathbf{x} \geq \mathbf{0}\} \quad \text{und}$$
$$\mathcal{Z}_D = \{\mathbf{y} \in \mathbb{R}^m : \mathbf{A}^T\mathbf{y} \geq \mathbf{c}, \mathbf{y} \geq \mathbf{0}\}$$

den zulässigen Bereich des primalen bzw. des zugehörigen dualen Problems. Die Tatsache, dass die Strukturen des primalen und des zugehörigen dualen Problems so eng zusammenhängen, legt die Vermutung nahe, dass auch ihre Zielfunktionswerte und optimalen Lösungen in einer engen Beziehung zueinander stehen. Diese Zusammenhänge werden durch sogenannte **Dualitätssätze** beschrieben. Das folgende als **schwacher Dualitätssatz** bekannte Resultat besagt, dass der Zielfunktionswert jeder zulässigen Lösung des dualen Problems eine obere Schranke für die Zielfunktionswerte des primalen Problems und umgekehrt der Zielfunktionswert jeder zulässigen Lösung des primalen Problems eine untere Schranke für die Zielfunktionswerte des dualen Problems darstellt:

Satz 25.26 (Schwacher Dualitätssatz)

Es sei (P) ein primales Problem und (D) das zugehörige duale Problem. Dann gilt:

$$\mathbf{x} \in \mathcal{Z}_P \text{ und } \mathbf{y} \in \mathcal{Z}_D \implies z_P(\mathbf{x}) \leq z_D(\mathbf{y}) \quad (25.41)$$

Beweis: Für $\mathbf{x} \in \mathcal{Z}_P$ und $\mathbf{y} \in \mathcal{Z}_D$ gilt $\mathbf{A}\mathbf{x} \leq \mathbf{b}$ und $\mathbf{A}^T\mathbf{y} \geq \mathbf{c}$. Daraus folgt unter Berücksichtigung der Rechenregeln für das Transponieren von Matrizen (vgl. Abschnitt 8.5)

$$\begin{aligned} z_P(\mathbf{x}) &= \mathbf{c}^T\mathbf{x} \\ &\leq \left(\mathbf{A}^T\mathbf{y}\right)^T\mathbf{x} \\ &= \mathbf{y}^T\mathbf{A}\mathbf{x} \\ &= \left(\mathbf{y}^T\mathbf{A}\mathbf{x}\right)^T = (\mathbf{A}\mathbf{x})^T\mathbf{y} \leq \mathbf{b}^T\mathbf{y} = z_D(\mathbf{y}) \end{aligned}$$

und damit die Behauptung. ■

Das folgende Resultat wird häufig als **starker Dualitätssatz** bezeichnet. Es sagt aus, dass in (25.41) genau dann $z_P(\mathbf{x}) = z_D(\mathbf{y})$ gilt, wenn $\mathbf{x}$ und $\mathbf{y}$ optimale Lösungen des primalen bzw. dualen Problems sind. Darüber hinaus besagt es, dass das primale Problem genau dann eine optimale Lösung besitzt, wenn auch für das duale Problem eine optimale Lösung existiert, und dass aus der Existenz von zulässigen Lösungen sowohl für das primale als auch das duale Problem die Existenz von optimalen Lösungen für beide Probleme folgt:

Satz 25.27 (Starker Dualitätssatz)

Für ein primales Problem (P) und sein zugehöriges duales Problem (D) gelten die folgenden Aussagen:

a) *Es gilt $\mathbf{x}^* \in \mathcal{Z}_P, \mathbf{y}^* \in \mathcal{Z}_D$ und $z_P(\mathbf{x}^*) = z_D(\mathbf{y}^*)$ genau dann, wenn $\mathbf{x}^*$ eine optimale Lösung von (P) und $\mathbf{y}^*$ eine optimale Lösung von (D) ist.*

b) *(P) besitzt eine optimale Lösung $\mathbf{x}^*$ genau dann, wenn (D) eine optimale Lösung $\mathbf{y}^*$ besitzt.*

c) *Aus $\mathcal{Z}_P \neq \emptyset$ und $\mathcal{Z}_D \neq \emptyset$ folgt, dass (P) und (D) jeweils eine optimale Lösung $\mathbf{x}^*$ bzw. $\mathbf{y}^*$ besitzen.*

d) *Ist $\mathbf{x}^*$ eine optimale Lösung von (P) und $\mathbf{y}^*$ eine optimale Lösung von (D), dann gilt $(\mathbf{b} - \mathbf{A}\mathbf{x}^*)^T\mathbf{y}^* = 0$ und $(\mathbf{A}^T\mathbf{y}^* - \mathbf{c})^T\mathbf{x}^* = 0$.*

Beweis: Zu a): Siehe z. B. *Naeve et al.* [10], Seiten 360–361.

Zu b) und c): Für den umfangreicheren Beweis siehe z. B. *Bol* [5], Seiten 151–155.

Zu d): Gemäß Aussage a) gilt $\mathbf{c}^T\mathbf{x}^* = z_P(\mathbf{x}^*) = z_D(\mathbf{y}^*) = \mathbf{b}^T\mathbf{y}^*$. Zusammen mit $(\mathbf{y}^*)^T\mathbf{A}\mathbf{x}^* = (\mathbf{x}^*)^T\mathbf{A}^T\mathbf{y}^*$ folgt daraus

$$0 = \mathbf{b}^T\mathbf{y}^* - \mathbf{c}^T\mathbf{x}^* = \mathbf{b}^T\mathbf{y}^* - (\mathbf{x}^*)^T\mathbf{A}^T\mathbf{y}^* + (\mathbf{y}^*)^T\mathbf{A}\mathbf{x}^* - \mathbf{c}^T\mathbf{x}^*$$
$$= \underbrace{(\mathbf{b} - \mathbf{A}\mathbf{x}^*)^T}_{\geq 0} \underbrace{\mathbf{y}^*}_{\geq 0} + \underbrace{(\mathbf{A}^T\mathbf{y}^* - \mathbf{c})^T}_{\geq 0} \underbrace{\mathbf{x}^*}_{\geq 0}.$$

Das heißt, es gilt $(\mathbf{b} - \mathbf{A}\mathbf{x}^*)^T\mathbf{y}^* = 0$ und $(\mathbf{A}^T\mathbf{y}^* - \mathbf{c})^T\mathbf{x}^* = 0$. ∎

Der starke Dualitätssatz führt zu den folgenden interessanten Schlussfolgerungen:

a) Besitzen das primale Problem (P) und das duale Problem (D) jeweils zulässige Lösungen, dann besitzen sie auch jeweils optimale Lösungen $\mathbf{x}^*$ und $\mathbf{y}^*$ mit $z_P(\mathbf{x}^*) = z_D(\mathbf{y}^*)$ (vgl. Satz 25.27a) und c)).

b) Ist die Zielfunktion z_P des primalen Problems (P) nach oben unbeschränkt, dann besitzt das duale Problem (D) keine zulässige Lösung, und ist umgekehrt die Zielfunktion z_D des dualen Problems (D) nach unten unbeschränkt, dann besitzt das primale Problem (P) keine zulässige Lösung. Denn sonst müssten nach Satz 25.27c) sowohl für (P) als auch für (D) optimale Lösungen existieren.

c) Besitzt das duale Problem (D) keine zulässige Lösung, dann besitzt das primale Problem (P) entweder eine nach oben unbeschränkte Zielfunktion z_P (vgl. Satz 25.27 b)) oder es existiert auch für (P) keine zulässige Lösung. Denn bei Existenz einer optimalen Lösung von (P) müsste gemäß Satz 25.27b) auch (D) eine optimale und damit insbesondere eine zulässige Lösung besitzen.

Beispiel 25.28 (Primales und duales Problem)

Die Zielfunktion des primalen Problems (P)

$$\text{Maximiere} \quad z_P(x_1, x_2) = x_1 + 2x_2$$

unter den Neben- und Nichtnegativitätsbedingungen

$$x_1 - x_2 \leq 1 \quad \text{bzw.} \quad x_1, x_2 \geq 0$$

ist auf dem zulässigen Bereich $\mathcal{Z}_P$ nach oben unbeschränkt (vgl. Abbildung 25.10). Das zugehörige duale Problem (D)

$$\text{Minimiere} \quad z_D(y_1) = y_1$$

unter den Bedingungen

$$y_1 \geq 1, -y_1 \geq 2 \quad \text{bzw.} \quad y_1 \geq 0$$

besitzt daher keine zulässige Lösung. Das heißt, es gilt $\mathcal{Z}_D = \emptyset$. Dies ist auch daraus unmittelbar ersichtlich, dass nicht gleichzeitig die beiden Bedingungen $y_1 \geq 0$ und $y_1 \leq -2$ erfüllt sein können.

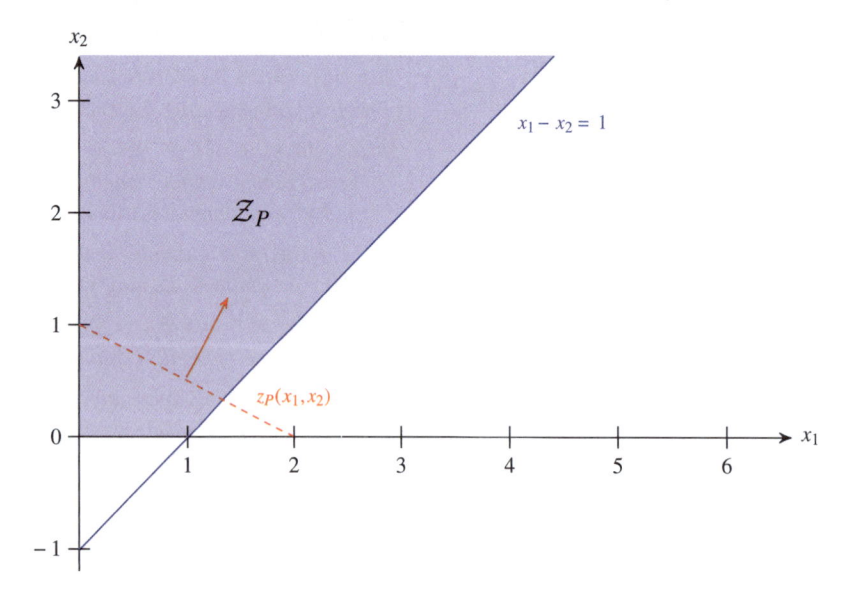

Abb. 25.10: Lineares Optimierungsproblem mit einer auf $\mathcal{Z}_P$ unbeschränkten Zielfunktion

Simultane Lösung des primalen und dualen Problems

Mit Hilfe des Simplex-Algorithmus können ein primales Problem in Standardform (P) und das dazugehörige duale Problem (D) simultan gelöst werden. Das heißt, wenn eine optimale Lösung existiert, dann kann nach Anwendung des Simplex-Algorithmus aus dem dabei resultierenden Simplex-Endtableau

$-z$	x_1	$\ldots$	x_n	x_{n+1}	$\ldots$	x_{n+m}	
1	$-c'_1$	$\ldots$	$-c'_n$	$-c'_{n+1}$	$\ldots$	$-c'_{n+m}$	$-z'_0$
0	a'_{11}	$\ldots$	a'_{1n}	a'_{1n+1}	$\ldots$	a'_{1n+m}	b'_1
$\vdots$	$\vdots$	$\ddots$	$\vdots$	$\vdots$	$\ddots$	$\vdots$	$\vdots$
0	a'_{m1}	$\ldots$	a'_{mn}	a'_{mn+1}	$\ldots$	a'_{mn+m}	b'_m

nicht nur die optimale Lösung $\mathbf{x}^*$ des primalen Problems (P), sondern auch die optimale Lösung $\mathbf{y}^*$ des dualen Problems (D) abgelesen werden. Diese ist gegeben durch die mit -1 multiplizierten Einträge für die m Schlupfvariablen $x_{n+1}, \ldots, x_{n+m}$ von (P) in der Zielfunktionszeile des Simplex-Endtableaus. Das heißt, es gilt

$$\mathbf{y}^* = \left(c'_{n+1}, \ldots, c'_{n+m}\right)^T \quad \text{mit} \quad z_D(\mathbf{y}^*) = \mathbf{b}^T \mathbf{y}^* = z'_0.$$

Folglich kann ein lineares Minimierungsproblem der Form (25.36)–(25.37) dadurch gelöst werden, dass zum zugehörigen dualen Problem (25.34)–(25.35) übergegangen wird. Denn dieses duale Problem ist ein lineares Maximierungsproblem in Standardform, das mit Hilfe des Simplex-Algorithmus gelöst werden kann. Die gesuchte optimale Lösung des linearen Minimierungsproblems kann anschließend wie oben beschrieben aus der Zielfunktionszeile des resultierenden Simplex-Endtableaus abgelesen werden.

Beispiel 25.29 (Simultane Lösung des primalen und dualen Problems)

a) Die optimale Lösung des in Beispiel 25.25a) betrachteten dualen Problems

Minimiere $z_D(y_1, y_2, y_3) = 600 y_1 + 320 y_2 + 840 y_3$

unter den Nebenbedingungen

$$4y_1 + 2y_2 + 3y_3 \geq 2$$
$$3y_1 + 2y_2 + 7y_3 \geq 3$$

und den Nichtnegativitätsbedingungen

$$y_1, y_2, y_3 \geq 0$$

kann aus dem Simplex-Endtableau (25.30) des in Beispiel 25.19 betrachteten zugehörigen primalen Problems leicht abgelesen werden. Sie ist gegeben durch

$$\mathbf{y}^* = \left(0, \frac{5}{8}, \frac{1}{4}\right)^T \quad \text{mit} \quad z_D(\mathbf{y}^*) = 410.$$

b) Die optimale Lösung des in Beispiel 25.25b) betrachteten dualen Problems (25.38)–(25.40) kann aus dem Simplex-Endtableau des zugehörigen primalen Problems in Beispiel 25.20 leicht abgelesen werden. Sie ist gegeben durch

$$\mathbf{y}^* = \left(\frac{7}{10}, \frac{3}{5}, 0\right)^T \quad \text{mit} \quad z_D(\mathbf{y}^*) = 32.$$

Im folgenden Beispiel wird die Vorgehensweise anhand eines konkreten **Mischungsproblems** aus der Nahrungsmittelindustrie demonstriert:

Beispiel 25.30 (Simultane Lösung des primalen und dualen Problems)

Ein Lebensmittelkonzern produziert die Nahrungsmittelmischung Brainfood, die aus den vier Nahrungsmitteln N_1, N_2, N_3, N_4 besteht. Die Nahrungsmittel enthalten die vier Vitamine A, B, C, D in bestimmten Masseneinheiten (ME) m_A, m_B, m_C, m_D. Diese Masseneinheiten an Vitaminen je Kilogramm, die Kosten je Kilogramm der Nahrungsmittel und der Mindestbedarf der vier Vitamine sind in der folgenden Tabelle zusammengestellt:

ME	ME an Vitaminen je kg				Mindestbedarf an Vitaminen
	N_1	N_2	N_3	N_4	
m_A	2	3	2	5	10
m_B	1	2	0	2	12
m_C	2	1	1	1	20
m_D	1	1	0	1	15
Kosten je kg	10	8	12	6	

		NBV	NBV	NBV	NBV	BV	BV	BV	BV		
	$-z_D$	y_1	y_2	y_3	y_4	y_5	y_6	y_7	y_8		
(0)	1	10	12	20	15	0	0	0	0	0	
(1)	0	2	1	2	1	1	0	0	0	10	
(2)	0	3	2	1	1	0	1	0	0	8	
(3)	0	2	0	1	0	0	0	1	0	12	
(4)	0	5	2	1	1	0	0	0	1	6	
		NBV	NBV	BV	NBV	NBV	BV	BV	BV		
	$-z_D$	y_1	y_2	y_3	y_4	y_5	y_6	y_7	y_8		
(0′)	1	-10	2	0	5	-10	0	0	0	-100	$(0) - 20 \cdot (1')$
(1′)	0	1	$\frac{1}{2}$	1	$\frac{1}{2}$	$\frac{1}{2}$	0	0	0	5	$1/2 \cdot (1)$
(2′)	0	2	$\frac{3}{2}$	0	$\frac{1}{2}$	$-\frac{1}{2}$	1	0	0	3	$(2) - (1')$
(3′)	0	1	$-\frac{1}{2}$	0	$-\frac{1}{2}$	$-\frac{1}{2}$	0	1	0	7	$(3) - (1')$
(4′)	0	4	$\frac{3}{2}$	0	$\frac{1}{2}$	$-\frac{1}{2}$	0	0	1	1	$(4) - (1')$
		NBV	NBV	BV	BV	NBV	BV	BV	NBV		
	$-z_D$	y_1	y_2	y_3	y_4	y_5	y_6	y_7	y_8		
(0″)	1	-50	-13	0	0	-5	0	0	-10	-110	$(0') - 5 \cdot (4'')$
(1″)	0	-3	-1	1	0	1	0	0	-1	4	$(1') - 1/2 \cdot (4'')$
(2″)	0	-2	0	0	0	0	1	0	-1	2	$(2') - 1/2 \cdot (4'')$
(3″)	0	5	1	0	0	-1	0	1	1	8	$(3') + 1/2 \cdot (4'')$
(4″)	0	8	3	0	1	-1	0	0	2	2	$2 \cdot (4')$

Tabelle 25.4: Simplex-Tableaus zu Beispiel 25.30

Bezeichnen die Variablen x_1, x_2, x_3, x_4 die benötigten Mengen der vier Nahrungsmittel N_1, N_2, N_3, N_4 in Kilogramm und hat der Betrieb die Zielsetzung, dass die Kosten unter Beachtung des Mindestbedarfs für die vier Vitamine minimiert werden sollen, dann führt dies zu dem linearen Minimierungsproblem:

Minimiere $\quad z_P(x_1, x_2, x_3, x_4) = 10x_1 + 8x_2 + 12x_3 + 6x_4$
$$\tag{25.42}$$

unter den Nebenbedingungen

$$\begin{aligned} 2x_1 + 3x_2 + 2x_3 + 5x_4 &\geq 10 \\ x_1 + 2x_2 + 2x_4 &\geq 12 \\ 2x_1 + x_2 + x_3 + x_4 &\geq 20 \\ x_1 + x_2 + x_4 &\geq 15 \end{aligned} \tag{25.43}$$

und den Nichtnegativitätsbedingungen

$$x_1, x_2, x_3, x_4 \geq 0. \tag{25.44}$$

Das dazu duale Problem lautet:

Maximiere $z_D(y_1, y_2, y_3, y_4) = 10y_1 + 12y_2 + 20y_3 + 15y_4$
$$\tag{25.45}$$

unter den Nebenbedingungen

$$\begin{aligned} 2y_1 + y_2 + 2y_3 + y_4 &\leq 10 \\ 3y_1 + 2y_2 + y_3 + y_4 &\leq 8 \\ 2y_1 + y_3 + &\leq 12 \\ 5y_1 + 2y_2 + y_3 + y_4 &\leq 6 \end{aligned} \tag{25.46}$$

und den Nichtnegativitätsbedingungen

$$y_1, y_2, y_3, y_4 \geq 0. \tag{25.47}$$

Bei dem linearen Maximierungsproblem (25.45)–(25.47) handelt es sich um ein lineares Optimierungsproblem in Standardform. Die Anwendung des Simplex-Algorithmus auf dieses lineare Maximierungsproblem liefert die Simplex-Tableaus in Tabelle 25.4.

Im ersten Austauschschritt wurde die Nichtbasisvariable y_3 gegen die Basisvariable y_5 und im zweiten Austauschschritt die Nichtbasisvariable y_4 gegen die Basisvariable y_8 ausgetauscht. Im dritten Simplex-Tableau sind bereits alle Zielfunktionskoeffizienten c_j kleiner oder gleich Null und für die optimale Lösung und den zugehörigen Zielfunktionswert des linearen Maximierungsproblems (25.45)–(25.47) erhält man somit

$$\mathbf{y}^* = (0, 0, 4, 2)^T \quad \text{bzw.} \quad z_D(\mathbf{y}^*) = 110.$$

Die optimale Lösung des zum linearen Maximierungsproblem gehörigen dualen Problems, also des linearen Minimierungsproblems (25.42)–(25.44), kann ebenfalls aus dem Simplex-Endtableau abgelesen werden und lautet

$$\mathbf{x}^* = (5, 0, 0, 10)^T \quad \text{bzw.} \quad z_P(\mathbf{x}^*) = 110.$$

Ökonomische Interpretation der Dualität

Das zu einem gegebenen linearen Optimierungsproblem gehörige duale Problem besitzt oftmals eine interessante ökonomische Interpretation, nämlich als das lineare Optimierungsproblem des wirtschaftlichen Gegenspielers. Eine solche Interpretation erlaubt häufig einen tieferen Einblick in die ökonomische Problemstellung. Dies soll im Folgenden anhand einer allgemeinen Fragestellung aus der Produktionsplanung verdeutlicht werden.

Betrachtet wird dazu ein Betrieb, der einen Produktionsplan für n Produkte erstellen möchte, welcher unter Beachtung gegebener Kapazitätsbeschränkungen für die m benötigten Produktionsfaktoren zum maximalen Gesamtgewinn führt. Als lineares Problem formuliert lautet diese Problemstellung

Maximiere $z_P(\mathbf{x}) = \mathbf{c}^T \mathbf{x}$ unter den Bedingungen

$$\mathbf{A}\mathbf{x} \leq \mathbf{b} \text{ und } \mathbf{x} \geq \mathbf{0},$$

wobei die Einträge des Vektors $\mathbf{x} = (x_1, \ldots, x_n)^T$ die Produktionsmengen für die n zu produzierenden Produkte bezeichnen. Das hierzu duale Problem lautet:

Minimiere $z_D(\mathbf{y}) = \mathbf{b}^T \mathbf{y}$ unter den Bedingungen

$$\mathbf{A}^T \mathbf{y} \geq \mathbf{c} \text{ und } \mathbf{y} \geq \mathbf{0}$$

Dieses duale Problem kann wie folgt interpretiert werden: Ein Mitbewerber macht dem Betrieb das Angebot, alle m Produktionsfaktoren zu kaufen bzw. zu mieten und bietet hierzu für den i-ten Produktionsfaktor $y_i \geq 0$ Geldeinheiten je Mengeneinheit. Seine Gesamtkosten belaufen sich somit auf

$$\sum_{i=1}^{m} b_i y_i = \mathbf{b}^T \mathbf{y} = z_D(\mathbf{y}),$$

und er wird versuchen, diese zu minimieren. Der Betrieb wird jedoch auf dieses Angebot nur eingehen, wenn die Nebenbedingungen

$$\sum_{i=1}^{m} a_{ji} y_i \geq c_j \quad \text{für } j = 1, \ldots, n \quad (25.48)$$

erfüllt sind. Das heißt, wenn der vom Mitbewerber gezahlte Preis für sämtliche m Produktionsfaktoren zur Produktion einer Mengeneinheit des j-ten Produkts nicht kleiner ist als der Gewinn c_j, den der Betrieb erhalten würde, wenn er die Produktion selbst durchführt. In Matrixschreibweise lauten die Nebenbedingungen (25.48)

$$\mathbf{A}^T \mathbf{y} \geq \mathbf{c}.$$

Dies zeigt, dass der Mitbewerber das duale lineare Optimierungsproblem zu lösen hat.

Der schwache Dualitätssatz (vgl. Satz 25.26) kann nun wie folgt interpretiert werden: Ist $\mathbf{x} \in \mathbb{R}^n$ ein zulässiger Produktionsplan für den Betrieb und $\mathbf{y} \in \mathbb{R}^m$ ein akzeptables Angebot des Mitbewerbers (d. h. die Nebenbedingungen (25.48) sind erfüllt), dann gilt $z_P(\mathbf{x}) \leq z_D(\mathbf{y})$. Das heißt, der Betrieb kann keinen größeren Gewinn erzielen als den Betrag, den er bei einem akzeptablen Angebot des Mitbewerbers erhalten würde.

Der starke Dualitätssatz besagt, dass der maximale Gewinn des Betriebs gleich den minimalen Kosten des Mitbewerbers ist, unter der Voraussetzung, dass zulässige Produktionspläne und akzeptable Angebote existieren (vgl. Satz 25.27a)). Ferner sagt er aus, dass es zu einem optimalen Produktionsplan $\mathbf{x}^*$ stets ein für den Mitbewerber optimales Angebot $\mathbf{y}^*$ mit $z_P(\mathbf{x}^*) = z_D(\mathbf{y}^*)$ gibt (vgl. Satz 25.27a) und b)). Darüber hinaus folgen aus Satz 25.27d) die Gleichgewichtsbedingungen

$$(\mathbf{b} - \mathbf{A}\mathbf{x}^*)^T \mathbf{y}^* = 0 \quad \text{und} \quad (\mathbf{A}^T \mathbf{y}^* - \mathbf{c})^T \mathbf{x}^* = 0. \quad (25.49)$$

Wird in einem optimalen Produktionsplan $\mathbf{x}^*$ das j-te Produkt hergestellt, ist also $x_j > 0$, dann folgt aus der zweiten Gleichgewichtsbedingung in (25.49)

$$\sum_{i=1}^{m} a_{ji} y_i^* = (\mathbf{A}^T \mathbf{y}^*)_j = c_j.$$

Das heißt, der vom Mitbewerber gezahlte Preis für sämtliche m Produktionsfaktoren zur Produktion einer Mengeneinheit des j-ten Produkts ist dann gleich dem Gewinn c_j, den der Betrieb erhält, wenn er die Produktion selbst durchführt. Wird die Kapazitätsbeschränkung für den i-ten Produktionsfaktor in einem optimalen Produktionsplan nicht voll ausgeschöpft, gilt also $(\mathbf{A}\mathbf{x}^*)_i < b_i$, dann folgt aus der ersten Gleichgewichtsbedingung in (25.49) $y_i^* = 0$. Der Mitbewerber wird somit in einem für ihn optimalen Angebot $\mathbf{y}^*$ für den i-ten Produktionsfaktor nichts bezahlen.

Für viele wirtschaftswissenschaftliche Problemstellungen, die zu linearen Optimierungsproblemen führen, ist eine ähnliche Interpretation des dualen Problems und der Ergebnisse der Dualitätstheorie möglich.

25.8 Dualer Simplex-Algorithmus

Der bisher betrachtete Simplex-Algorithmus geht von einem linearen Optimierungsproblem in Standardform aus, das auf der rechten Seite der Nebenbedingungen nur nichtnegative Werte $b_1, \ldots, b_m$ besitzt (vgl. (25.27)). Diese Nichtnegativität der rechten Seite wird dann bei den einzelnen Austauschschritten des Simplex-Algorithmus beibehalten (Erfüllung der Zulässigkeitsbedingung), wobei gleichzeitig versucht wird, in der Zielfunktionszeile nur nicht positive Werte zu erzeugen (Erfüllung der Optimalitätsbedingung), so dass eine optimale Lösung vorliegt.

Idee des dualen Simplex-Algorithmus

Der **duale Simplex-Algorithmus** basiert dagegen auf der naheliegenden Idee, diesen Lösungsansatz umzukehren. Das heißt, der duale Simplex-Algorithmus geht von einem Simplex-Tableau aus, dessen Zielfunktionszeile nur nicht positive Werte aufweist, aber die Nichtnegativität der rechten Seite nicht erfüllt ist. Bei den Austauschschritten des dualen Simplex-Algorithmus wird dann sichergestellt, dass die Zielfunktionszeile weiterhin nur nicht positive Werte aufweist (Erfüllung der Optimalitätsbedingung), wobei gleichzeitig versucht wird, auf der rechten Seite nur nichtnegative Werte zu erzeugen (Erfüllung der Zulässigkeitsbedingung). Die erste zulässige Lösung ist dann auch die optimale Lösung, da die Optimalitätsbedingung bei jedem Austauschschritt erhalten wurde.

Die Bezeichnung als dualer Simplex-Algorithmus ist dabei dadurch motiviert, dass diese Vorgehensweise der Lösung des dualen Problems mittels des gewöhnlichen Simplex-Algorithmus gleichkommt. Der duale Simplex-Algorithmus bietet sich für lineare Optimierungsprobleme in Standardform an, deren Zielfunktionskoeffizienten c_j alle nicht positiv sind und die rechte Seite der Nebenbedingungen negative Werte aufweist. Solche linearen Optimierungsprobleme entstehen häufig auf natürliche Weise, wenn ein Minimierungsproblem mit ausschließlich Nebenbedingungen vom Typ $\geq$ und Zielfunktionskoeffizienten $c_j \geq 0$ durch Multiplikation der Zielfunktion und der Nebenbedingungen mit -1 in ein lineares Maximierungsproblem überführt wird (vgl. Beispiel 25.31). In einem solchen Fall ist der duale Simplex-Algorithmus eine interessante Alternative zum gewöhnlichen Simplex-Algorithmus, bei dessen Anwendung zuerst in einer Phase I eine zulässige Lösung ermittelt werden muss.

Auswahl- und Stoppkriterien

Der duale Simplex-Algorithmus läuft im Wesentlichen wie der gewöhnliche Simplex-Algorithmus ab. Es ist lediglich die Reihenfolge bei der Auswahl der Pivotspalte und der Pivotzeile zu vertauschen. Im Folgenden wird angenommen, dass für die Einträge in der Zielfunktionszeile des Simplex-Ausgangstableaus $c_j \leq 0$ für alle $j = 1, \ldots, n+m$ gilt. Der duale Simplex-Algorithmus basiert dann auf den folgenden **Auswahl-** und **Stoppkriterien**:

a) Auswahl der Pivotzeile (d. h. der zu entfernenden Basisvariablen):

Wähle die Zeile l mit dem kleinsten Wert $b_l < 0$ auf der rechten Seite als Pivotzeile. Diese Wahl der Pivotzeile stellt sicher, dass die rechte Seite der Pivotzeile positiv ist und dabei kein positiver Wert der rechten Seite negativ wird. Wird das Minimum in mehreren Zeilen angenommen, dann kann eine dieser Zeilen beliebig ausgewählt werden.

1. Stoppkriterium: Gilt $b_i \geq 0$ für $i = 1, \ldots, m$, dann ist die Basislösung zulässig und damit insgesamt optimal. Das heißt, der Vektor $\mathbf{x}^* = (x_1, \ldots, x_n)^T$ mit den Werten für die n Entscheidungsvariablen im Simplex-Tableau ist eine optimale Lösung des linearen Optimierungsproblems und z_0 ist der zugehörige maximale Zielfunktionswert. Gilt dabei für die Zielfunktionskoeffizienten aller n Nichtbasisvariablen $c_j < 0$, dann ist die optimale Lösung eindeutig.

b) Auswahl der Pivotspalte (d. h. der aufzunehmenden Nichtbasisvariablen):

Wähle die Spalte k, die in der Pivotzeile l einen Eintrag $a_{lk} < 0$ besitzt und der Quotient $\frac{c_k}{a_{lk}}$ am kleinsten ist. Das

25.8 Dualer Simplex-Algorithmus

heißt, wähle die Pivotspalte k so, dass

$$\frac{c_k}{a_{lk}} = \min\left\{\frac{c_j}{a_{lj}} : a_{lj} < 0\right\}$$

gilt. Diese Wahl der Pivotspalte verhindert, dass die Einträge in der Zielfunktionszeile positiv werden.

2. Stoppkriterium: Gilt $a_{lj} \geq 0$ für alle $j = 1, \ldots, n+m$, dann existiert keine zulässige Lösung.

Im folgenden Beispiel wird die Anwendung des dualen Simplex-Algorithmus demonstriert:

Beispiel 25.31 (Dualer Simplex-Algorithmus)

In Beispiel 25.29a) wurde bereits die optimale Lösung des linearen Minimierungsproblems

Minimiere $\quad z(x_1, x_2, x_3) = 600x_1 + 320x_2 + 840x_3$ (25.50)

unter den Nebenbedingungen

$$4x_1 + 2x_2 + 3x_3 \geq 2 \quad (25.51)$$
$$3x_1 + 2x_2 + 7x_3 \geq 3$$

und den Nichtnegativitätsbedingungen

$$x_1, x_2, x_3 \geq 0 \quad (25.52)$$

ermittelt. Dies geschah dadurch, dass die Lösung aus dem Simplex-Endtableau des zugehörigen primalen Problems, einem linearen Optimierungsproblem in Standardform, abgelesen wurde. Die optimale Lösung kann jedoch auch mit Hilfe des dualen Simplex-Algorithmus ermittelt werden. Dazu werden die Zielfunktion und die beiden Nebenbedingungen durch Multiplikation mit -1 in ein lineares Maximierungsproblem überführt. Nach Einführung von Schlupfvariablen erhält man das lineare Optimierungsproblem:

Maximiere $\quad \tilde{z}(x_1, x_2, x_3) = -600x_1 - 320x_2 - 840x_3$ (25.53)

unter den Nebenbedingungen

$$-4x_1 - 2x_2 - 3x_3 + x_4 \quad\quad = -2 \quad (25.54)$$
$$-3x_1 - 2x_2 - 7x_3 \quad\quad + x_5 = -3$$

und den Nichtnegativitätsbedingungen

$$x_1, x_2, x_3 \geq 0. \quad (25.55)$$

Aufgrund der negativen Werte auf der rechten Seite der Nebenbedingungen (25.54) würde bei der Anwendung des gewöhnlichen Simplex-Algorithmus das Simplex-Ausgangstableau keine erste zulässige Basislösung liefern. Das heißt, man müsste in einer Phase I (vgl. Abschnitt 25.6) eine erste zulässige Basislösung ermitteln. Diese Phase I erübrigt sich jedoch bei Anwendung des dualen Simplex-Algorithmus, der aufgrund der ausschließlich negativen Koeffizienten der Zielfunktion (25.53) angewendet werden kann. Der duale Simplex-Algorithmus führt dann zu den Simplex-Tableaus in Tabelle 25.5.

		NBV	NBV	NBV	BV	BV		
	$-\tilde{z}$	x_1	x_2	x_3	x_4	x_5		
(0)	1	-600	-320	-840	0	0	0	
(1)	0	-4	-2	-3	1	0	-2	
(2)	0	-3	-2	-7	0	1	-3	
		NBV	NBV	BV	BV	NBV		
	$-\tilde{z}$	x_1	x_2	x_3	x_4	x_5		
(0')	1	-240	-80	0	0	-120	360	$(0) + 840 \cdot (2')$
(1')	0	$-\frac{19}{7}$	$-\frac{8}{7}$	0	1	$-\frac{3}{7}$	$-\frac{5}{7}$	$(1) + 3 \cdot (2')$
(2')	0	$\frac{3}{7}$	$\frac{2}{7}$	1	0	$-\frac{1}{7}$	$\frac{3}{7}$	$-1/7 \cdot (2)$
		NBV	BV	BV	NBV	NBV		
	$-\tilde{z}$	x_1	x_2	x_3	x_4	x_5		
(0'')	1	-50	0	0	-70	-90	410	$(0') + 80 \cdot (1'')$
(1'')	0	$\frac{19}{8}$	1	0	$-\frac{7}{8}$	$\frac{3}{8}$	$\frac{5}{8}$	$-7/8 \cdot (1')$
(2'')	0	$-\frac{1}{4}$	0	1	$\frac{1}{4}$	$-\frac{1}{4}$	$\frac{1}{4}$	$(2') - 2/7 \cdot (1'')$

Tabelle 25.5: Simplex-Tableaus zu Beispiel 25.31

Im ersten Austauschschritt wurde die Nichtbasisvariable x_3 gegen die Basisvariable x_5 und im zweiten Austauschschritt die Nichtbasisvariable x_2 gegen die Basisvariable x_4 ausgetauscht. Mit dem dritten Simplex-Tableau ist die optimale Lösung bereits bestimmt, da alle Zielfunktionskoeffizienten c_j weiterhin kleiner oder gleich Null und die Werte auf der rechten Seite nun positiv sind. Für die optimale Lösung und den zugehörigen Zielfunktionswert des linearen Maximierungsproblems (25.53)–(25.55) erhält man somit

$$\mathbf{x}^* = \left(0, \frac{5}{8}, \frac{1}{4}\right)^T \quad \text{bzw.} \quad \tilde{z}(\mathbf{x}^*) = -410.$$

Das heißt, das lineare Minimierungsproblem (25.50)–(25.52) besitzt ebenfalls die optimale Lösung $\mathbf{x}^* = \left(0, \frac{5}{8}, \frac{1}{4}\right)^T$ und wegen $z = -\tilde{z}$ ist der zugehörige Zielfunktionswert gegeben durch $z(\mathbf{x}^*) = 410$. Diese Lösung stimmt (natürlich) mit der in Beispiel 25.29a) ermittelten Lösung überein. Vergleicht man die obigen Simplex-Tableaus des dualen Simplex-Algorithmus mit den in Beispiel 25.19 mittels des gewöhnlichen Simplex-Algorithmus ermittelten Simplex-Tableaus, dann stellt man fest, dass die beiden Algorithmen tatsächlich bis auf Unterschiede im Vorzeichen und in der Anordnung von Zeilen und Spalten übereinstimmen.

Teil IX

Numerische Verfahren

Kapitel 26

Intervallhalbierungs-, Regula-falsi- und Newton-Verfahren

Kapitel 26 — Intervallhalbierungs-, Regula-falsi- und Newton-Verfahren

26.1 Numerische Lösung von Gleichungen

Der berühmte indische Mathematiker *Srinivasa Ramanujan* (1887–1920) hat sich sein gesamtes mathematisches Wissen autodidaktisch angeeignet. Dennoch gelang es ihm eine Vielzahl von bisher unbekannten Gleichungen zu entdecken. Eine der schönsten und bekanntesten dieser Gleichungen lautet:

S. Ramanujan

$$\cfrac{1}{1+\cfrac{e^{-2\pi}}{1+\cfrac{e^{-4\pi}}{1+\cfrac{e^{-6\pi}}{1+\cfrac{e^{-8\pi}}{\ddots}}}}} = \left(\sqrt{\frac{5+\sqrt{5}}{2}} - \frac{\sqrt{5}+1}{2}\right) e^{\frac{2\pi}{5}}$$

Auf *Ramanujan* geht auch das folgende Zitat zurück:

„Eine Gleichung hat für mich keinen Sinn, es sei denn, sie drückt einen Gedanken Gottes aus."

Natürlich führen jedoch auch viele wirtschafts- und naturwissenschaftliche Fragestellungen zu Gleichungen der Form

$$f(x) = c \qquad (26.1)$$

mit einer reellen Funktion f und einer Konstanten c. Gleichungen besitzen daher auch eine ganz irdische Bedeutung und das Lösen von Gleichungen ist eine in der Praxis immer wieder auftretende Problemstellung. Da jedoch die Gleichung (26.1) zu $f(x) - c = 0$ äquivalent ist, kann man sich bei der Betrachtung von Lösungsverfahren auf Gleichungen der Form

$$f(x) = 0, \qquad (26.2)$$

also auf die Berechnung von **Nullstellen** einer reellen Funktion, beschränken.

Zum Beispiel wird man bei der Ermittlung der Extremalstellen einer reellen Funktion (vgl. Abschnitt 18.1) oder bei der Partialbruchzerlegung einer gebrochen-rationalen Funktion (siehe Abschnitt 14.2) mit der Problemstellung konfrontiert, die Nullstellen einer reellen Funktion bestimmen zu müssen. Aber auch vielen anderen mathematischen oder ökonomischen Fragestellungen liegt im Wesentlichen die Aufgabe zu Grunde, die Nullstellen einer oder mehrerer reeller Funktionen zu ermitteln.

Bedauerlicherweise ist jedoch die Auflösung einer Gleichung (26.2) nach der Variablen x nur in wenigen Fällen explizit möglich. Wie in Abschnitt 4.4 bereits erläutert wurde, sind quadratische Gleichungen der Form

$$a_2 x^2 + a_1 x + a_0 = 0$$

ein solcher Ausnahmefall. Ebenso lassen sich prinzipell auch noch Gleichungen dritten und vierten Grades

$$a_3 x^3 + a_2 x^2 + a_1 x + a_0 = 0 \qquad \text{bzw.}$$
$$a_4 x^4 + a_3 x^3 + a_2 x^2 + a_1 x + a_0 = 0$$

explizit nach x auflösen, wenn auch die dazu benötigten Lösungsformeln deutlich komplizierter sind (siehe z. B. *König et al.* [34], Seiten 323–324 und *Bronstein et al.* [8], Seiten 29–31). Dagegen ist bei Gleichungen

$$a_n x^n + a_{n-1} x^{n-1} + \ldots + a_1 x + a_0 = 0$$

vom Grade $n > 4$ und auch in den meisten anderen Fällen eine explizite Auflösung nach der Variablen x nicht mehr möglich.

Aus diesem Grunde besitzen **numerische Verfahren** zur Berechnung von Nullstellen eine sehr große Bedeutung. Diese Verfahren bestehen darin, dass ausgehend von einem oder mehreren Näherungswerten, den sogenannten **Startwerten**, iterativ (d. h. schrittweise) nach einer gewissen Vorschrift immer genauere Näherungswerte x_n für die gesuchte Lösung $\bar{x}$ von (26.2) numerisch berechnet werden. Unter gewissen Voraussetzungen **konvergiert** dann die so ermittelte Folge von Näherungswerten $(x_n)_{n \in \mathbb{N}_0}$ gegen die Lösung $\bar{x}$. Dies bedeutet, dass sich für ein hinreichend großes n (also nach hinreichend vielen Iterationen) die Näherungswerte x_n um weniger als eine zuvor festgelegte maximale Fehlertoleranz von der Lösung $\bar{x}$ unterscheiden.

In der Praxis wird ein numerisches Verfahren zur Berechnung von Nullstellen abgebrochen, sobald man einen Näherungswert x_n erhalten hat, der eine gewisse Genauigkeitsanforderung erfüllt. Ein solches **Abbruchkriterium** ist z. B. die Forderung, dass $|f(x_n)|$ hinreichend klein ist. Ein anderes häufig verwendetes Kriterium verlangt, dass sich zwei aufeinanderfolgende Näherungswerte x_{n-1} und x_n hinreichend wenig unterscheiden.

In den folgenden vier Abschnitten werden mit dem **Intervallhalbierungsverfahren**, dem **Regula-falsi-Verfahren**, dem

Newton-Verfahren, dem **Sekantenverfahren** und dem **vereinfachten Newton-Verfahren** fünf bekannte numerische Verfahren vorgestellt.

Prinzipiell können zur numerischen Berechnung von Nullstellen aber auch Fixpunktsätze, wie z. B. der in Abschnitt 15.9 betrachtete **Fixpunktsatz von Banach**, eingesetzt werden. Denn definiert man die reelle Funktion g durch
$$g(x) := f(x) + x,$$
dann gilt
$$f(\overline{x}) = 0 \iff g(\overline{x}) = \overline{x}.$$
Das heißt, der Wert $\overline{x}$ ist genau dann eine Nullstelle von f, wenn $\overline{x}$ ein Fixpunkt der Funktion g ist. Es hängt somit lediglich von der Betrachtungsweise ab, ob man Fixpunkte oder Nullstellen von reellen Funktionen sucht.

26.2 Intervallhalbierungsverfahren

Das **Intervallhalbierungsverfahren** oder auch **Bisektion** genannt, ist ein einfaches numerisches Verfahren zur Berechnung von Nullstellen einer **stetigen** reellen Funktion $f : [a, b] \longrightarrow \mathbb{R}$ mit der Eigenschaft
$$f(a) f(b) < 0. \tag{26.3}$$

Dabei kann in (26.3) ohne Beschränkung der Allgemeinheit
$$f(a) < 0 \quad \text{und} \quad f(b) > 0 \tag{26.4}$$
angenommen werden, da man andernfalls einfach f durch $-f$ zu ersetzen braucht. Der Nullstellensatz (vgl. Satz 15.27) besagt dann, dass die Funktion f mindestens eine Nullstelle im offenen Intervall (a, b) besitzt. Das heißt, es gibt mindestens einen Wert $\overline{x} \in (a, b)$ mit der Eigenschaft
$$f(\overline{x}) = 0.$$

Das Intervallhalbierungsverfahren besitzt den Vorteil, dass es lediglich die Stetigkeit der Funktion f voraussetzt und damit unter sehr allgemeinen Voraussetzungen zur Berechnung von Nullstellen eingesetzt werden kann.

Zur näherungsweisen Berechnung einer Nullstelle $\overline{x}$ von f wird beim Intervallhalbierungsverfahren durch fortgesetzte Halbierung des Ausgangsintervalls $[a, b]$ bzw. der dadurch resultierenden Teilintervalle eine **Intervallschachtelung** konstruiert, welche eine Nullstelle $\overline{x}$ immer besser annähert. Dazu setzt man $[a_0, b_0] := [a, b]$ und definiert die Teilintervalle
$$[a_{n+1}, b_{n+1}] := \begin{cases} [a_n, m_n] & \text{falls } f(m_n) \geq 0 \\ [m_n, b_n] & \text{falls } f(m_n) < 0 \end{cases} \tag{26.5}$$

für alle $n \in \mathbb{N}_0$, wobei
$$m_n := \frac{a_n + b_n}{2} \tag{26.6}$$
die Mitte des Intervalls $[a_n, b_n]$ ist. Für die so definierte Folge von Intervallen
$$[a_0, b_0], [a_1, b_1], [a_2, b_2], [a_3, b_3], \ldots$$
erhält man wegen (26.4) und dem Nullstellensatz (vgl. Satz 15.27), dass es eine Nullstelle mit $\overline{x} \in [a_n, b_n]$ für alle $n \in \mathbb{N}_0$ gibt und ein beliebiger Wert x_n aus dem n-ten Teilintervall $[a_n, b_n]$ von dieser Nullstelle $\overline{x}$ höchstens den Abstand
$$b_n - a_n = 2^{-n}(b - a) \tag{26.7}$$
besitzt. Wegen
$$\lim_{n \to \infty}(b_n - a_n) = 0$$
bedeutet dies jedoch, dass auf diese Weise die Nullstelle $\overline{x}$ durch eine Folge $(x_n)_{n \in \mathbb{N}_0}$ von Näherungswerten mit $x_n \in [a_n, b_n]$ für alle $n \in \mathbb{N}_0$ beliebig genau angenähert wird (vgl. Abbildung 26.1). Das heißt, es gilt der folgende Satz:

> **Satz 26.1** (Konvergenz Intervallhalbierungsverfahren)
>
> Es sei $f : [a, b] \longrightarrow \mathbb{R}$ eine stetige reelle Funktion mit der Eigenschaft $f(a) f(b) < 0$. Dann konvergiert eine mittels des Intervallhalbierungsverfahrens ermittelte Folge von Näherungswerten $(x_n)_{n \in \mathbb{N}_0}$ gegen eine Nullstelle $\overline{x} \in (a, b)$ von f.

Beweis: Siehe Ausführungen vor diesem Satz. ∎

Ist $\varepsilon > 0$ eine gewünschte Approximationsgenauigkeit und gilt für die Anzahl n der Iterationen im Intervallhalbierungsverfahren
$$\frac{b-a}{2^n} \leq \varepsilon, \quad \text{d.h.} \quad n \geq \frac{1}{\ln(2)} \ln\left(\frac{b-a}{\varepsilon}\right),$$
dann erhält man mit (26.7), dass sich ein beliebiger Wert x_n aus dem Teilintervall $[a_n, b_n]$ maximal um $\varepsilon > 0$ von einer Nullstelle $\overline{x}$ unterscheidet. Das heißt, die Anzahl der benötigten Iterationen n für eine gewünschte Approximationsgenauigkeit von ε ist durch das Verhältnis der Intervalllänge $b - a$ zu ε festgelegt.

Kapitel 26   Intervallhalbierungs-, Regula-falsi- und Newton-Verfahren

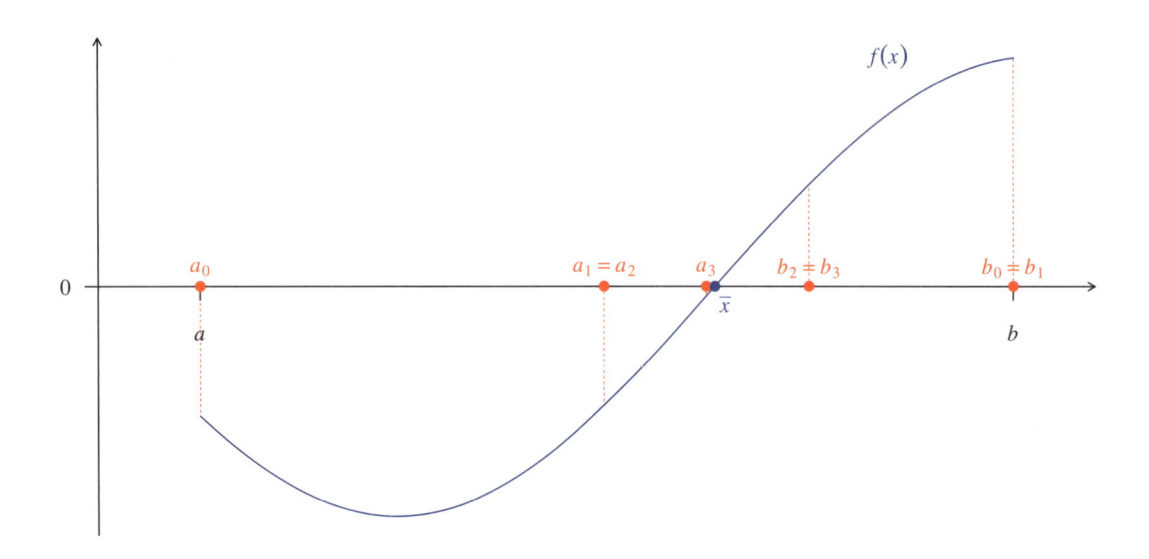

Abb. 26.1: Konstruktion einer Intervallschachtelung $[a_0, b_0], [a_1, b_1], [a_2, b_2], \ldots$ zur näherungsweisen Berechnung einer Nullstelle $\overline{x}$ für eine stetige reelle Funktion $f : [a, b] \longrightarrow \mathbb{R}$ mit $f(a)f(b) < 0$ mittels Intervallhalbierungsverfahren

Wie bereits erwähnt, besitzt das Intervallhalbierungsverfahren im Vergleich zu den meisten anderen Näherungsverfahren den Vorteil, dass es unter sehr allgemeinen Voraussetzungen einsetzbar ist. Es weist jedoch nur ein sehr langsames Konvergenzverhalten gegen eine Nullstelle $\overline{x}$ auf, da durch die Intervallhalbierung mit jedem Iterationsschritt der Fehler lediglich (ungefähr) halbiert wird. Das Intervallhalbierungsverfahren besitzt somit nur eine **lineare Konvergenzgeschwindigkeit** und wird daher häufig ausschließlich zur Berechnung von Startwerten für schnellere Näherungsverfahren, wie z. B. das **Regula-falsi-Verfahren** (vgl. Abschnitt 26.3) und das **Newton-Verfahren** (vgl. Abschnitt 26.4) verwendet.

n	a_n	b_n	$f\left(\frac{a_n+b_n}{2}\right)$
0	0	1	$-0{,}147000000$
1	0,5	1	0,673156200
2	0,5	0,75	0,170947300
3	0,5	0,625	$-0{,}008541382$
4	0,5625	0,625	0,075773780
5	0,5625	0,59375	0,032297350
6	0,5625	0,578125	0,011553000
7	0,5625	0,5703125	0,001425150
8	0,5625	0,5664062	$-0{,}0035782720$
$\vdots$	$\vdots$	$\vdots$	$\vdots$

Beispiel 26.2 (Intervallhalbierungsverfahren)

a) Es soll eine Nullstelle der stetigen reellen Funktion

$$f : \mathbb{R} \longrightarrow \mathbb{R},$$
$$x \mapsto f(x) = x^4 + x^3 + 1{,}662x^2 - x - 0{,}250$$

im Intervall $[0, 1]$ berechnet werden. Es gilt $f(0) = -0{,}250$ und $f(1) = 2{,}412$. Mit dem Intervallhalbierungsverfahren erhält man die Werte in der folgenden Tabelle:

Das heißt, die Näherungswerte konvergieren relativ langsam gegen eine Nullstelle. Nach acht Iterationen erhält man, dass im Intervall $(0{,}5625; 0{,}5664062)$ eine Nullstelle $\overline{x}$ liegen muss. Wählt man nach der achten Iteration als Näherungswert mit $x_8 := \frac{0{,}5625+0{,}5664062}{2} = 0{,}5644531$ die Mitte des Intervalls $(0{,}5625; 0{,}5664062)$, dann beträgt der Fehler maximal $\frac{0{,}5664062-0{,}5625}{2} \approx 0{,}002$. Weitere Iterationen zeigen, dass – bis auf acht Nachkommastellen genau – durch $\overline{x} = 0{,}56585152$ eine Nullstelle von f gegeben ist.

b) Es soll eine Nullstelle der stetigen reellen Funktion

$$f: [1, 2] \longrightarrow \mathbb{R}, \ x \mapsto f(x) = \frac{1}{x} e^{x^2-1} - 5$$

bestimmt werden, wobei der maximale Fehler 0,01 betragen darf. Es gilt $f(1) = -4$ und $f(2) = 5{,}042768$. Mit dem Intervallhalbierungsverfahren erhält man die Werte in der folgenden Tabelle:

n	a_n	b_n	$f\left(\frac{a_n+b_n}{2}\right)$
0	1	2	$-2{,}67310500$
1	1,5	2	$-0{,}50536610$
2	1,75	2	$1{,}59964800$
3	1,75	1,875	$0{,}42191540$
4	1,75	1,8125	$-0{,}06902766$
5	1,78125	1,8125	$0{,}16916270$
6	1,78125	1,796875	$0{,}04830675$
⋮	⋮	⋮	⋮

Das heißt, die Näherungswerte konvergieren wieder relativ langsam gegen eine Nullstelle und nach sechs Iterationen erhält man, dass im Intervall $(1{,}78125; 1{,}796875)$ eine Nullstelle $\overline{x}$ liegen muss. Wählt man nach der sechsten Iteration als Näherungswert die Mitte $x_6 := \frac{1{,}796875+1{,}78125}{2} = 1{,}789062$ des Intervalls $(1{,}78125; 1{,}796875)$, dann beträgt der Fehler maximal $\frac{1{,}796875-1{,}78125}{2} \approx 0{,}008$. Weitere Iterationen zeigen, dass – bis auf sechs Nachkommastellen genau – durch $\overline{x} = 1{,}785874$ eine Nullstelle von f gegeben ist.

26.3 Regula-falsi-Verfahren

Das **Regula-falsi-Verfahren** ist ein weiteres einfaches numerisches Verfahren zur Berechnung von Nullstellen einer stetigen reellen Funktion $f: [a, b] \longrightarrow \mathbb{R}$ mit der Eigenschaft (26.3), wobei ohne Beschränkung der Allgemeinheit wieder (26.4) angenommen werden kann. Bei diesem Verfahren handelt es sich um eine bereits sehr alte Methode zur Berechnung von Nullstellen. Es wurde erstmals in der indischen Schrift „**Vaishali Ganit**" (ca. 3. Jh. v. Chr.) erwähnt und ist darüber hinaus zum Beispiel auch in dem 1202 veröffentlichten Buch „**Liber Abaci**" des bedeutenden italienischen Mathematikers *Leonardo von Pisa* (1180–1241), der vor allem unter dem Namen *Fibonacci* bekannt wurde, zu finden. Die Bezeichnung „Regula falsi" kommt dabei aus dem Lateinischen und bedeutet soviel wie „Regel vom Falschen ausgehend" und trägt der Tatsache Rechnung, dass bei diesem Verfahren der Graph der Funktion f durch eine „falsche Kurve", nämlich durch eine **Sekante**, ersetzt wird.

Zwei Seiten der „Liber Abaci"

Analog zum **Intervallhalbierungsverfahren** in Abschnitt 26.2 kann auch das Regula-falsi-Verfahren unter sehr allgemeinen Voraussetzungen angewendet werden. Im Gegensatz zum Intervallhalbierungsverfahren berücksichtigt es jedoch die Sekantensteigungen der betrachteten Funktion f, weshalb die Näherungswerte oftmals deutlich schneller gegen eine Nullstelle $\overline{x} \in (a, b)$ konvergieren (vgl. Beispiel 26.4b)).

Bei der numerischen Berechnung einer Nullstelle $\overline{x}$ von f im Intervall $[a, b]$ mittels des Regula-falsi-Verfahrens werden die beiden Intervallgrenzen a und b als **Startwerte** verwendet. Anschließend wird diejenige Stelle $x_0 \in (a, b)$ ermittelt, an der die Sekante durch die beiden Punkte $(a, f(a))$ und $(b, f(b))$ des Graphen von f, d. h. die Gerade

$$f(a) + \frac{f(b) - f(a)}{b - a}(x - a),$$

die x-Achse schneidet. Das heißt, der Wert x_0 ist definiert durch

$$x_0 := a - \frac{b - a}{f(b) - f(a)} f(a),$$

wobei $f(a) \neq f(b)$ gilt (vgl. (26.3)). Entsprechend verfährt man anschließend mit demjenigen der beiden Teilintervalle $[a, x_0]$ oder $[x_0, b]$, an dessen Intervallgrenzen die Werte von f verschiedene Vorzeichen aufweisen. Dieses Teilintervall wird mit $[a_1, b_1]$ bezeichnet und man berechnet für die Sekante durch die beiden Punkte $(a_1, f(a_1))$ und $(b_1, f(b_1))$, also für die Gerade

$$f(a_1) + \frac{f(b_1) - f(a_1)}{b_1 - a_1}(x - a_1),$$

die Schnittstelle $x_1 \in (a_1, b_1)$ mit der x-Achse. Der Näherungswert x_1 ist somit definiert durch

$$x_1 := a_1 - \frac{b_1 - a_1}{f(b_1) - f(a_1)} f(a_1).$$

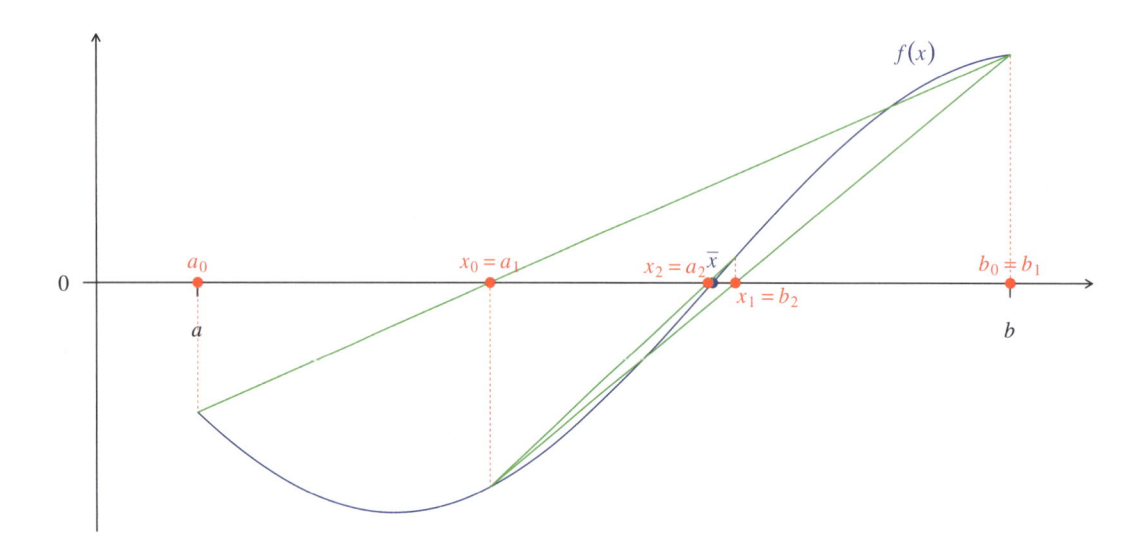

Abb. 26.2: Näherungsweise Berechnung der Nullstelle $\bar{x}$ einer stetigen reellen Funktion $f : [a, b] \longrightarrow \mathbb{R}$ mit $f(a)f(b) < 0$ mittels Regula-falsi-Verfahren

Dieses Vorgehen wird fortgesetzt, wobei man wieder $[a_0, b_0] := [a, b]$ setzt. Man erhält dann für die Intervallenden der resultierenden Teilintervalle $[a_n, b_n]$ sowie die Nullstellen x_n der zugehörigen Sekanten das Rekursionsschema

$$x_n := a_n - \frac{b_n - a_n}{f(b_n) - f(a_n)} f(a_n) \qquad (26.8)$$

mit

$$a_{n+1} := \begin{cases} x_n & \text{falls } f(x_n) \leq 0 \\ a_n & \text{falls } f(x_n) > 0 \end{cases} \quad \text{und}$$

$$b_{n+1} := \begin{cases} b_n & \text{falls } f(x_n) \leq 0 \\ x_n & \text{falls } f(x_n) > 0 \end{cases} \qquad (26.9)$$

für alle $n \in \mathbb{N}_0$ (vgl. Abbildung 26.2).

Wie der folgende Satz zeigt, konvergieren die so ermittelten Näherungswerte $(x_n)_{n \in \mathbb{N}_0}$ gegen eine Nullstelle $\bar{x}$ von f:

Satz 26.3 (Konvergenz Regula-falsi-Verfahren)

Es sei $f : [a, b] \longrightarrow \mathbb{R}$ eine stetige reelle Funktion mit der Eigenschaft $f(a)f(b) < 0$. Dann konvergiert eine mittels des Regula-falsi-Verfahrens ermittelte Folge von Näherungswerten $(x_n)_{n \in \mathbb{N}_0}$ gegen eine Nullstelle $\bar{x} \in (a, b)$ von f.

Beweis: Es sei ohne Beschränkung der Allgemeinheit wieder (26.4) angenommen. Für die Folgen $(a_n)_{n \in \mathbb{N}_0}$ und $(b_n)_{n \in \mathbb{N}_0}$ gilt per Konstruktion

$$f(a_n) \leq 0 < f(b_n) \qquad (26.10)$$

für alle $n \in \mathbb{N}_0$. Ferner sind die Folgen $(a_n)_{n \in \mathbb{N}_0}$ und $(b_n)_{n \in \mathbb{N}_0}$ monoton wachsend bzw. fallend sowie durch b und a nach oben bzw. nach unten beschränkt. Mit Satz 11.23 folgt daher, dass die Folgen $(a_n)_{n \in \mathbb{N}_0}$ und $(b_n)_{n \in \mathbb{N}_0}$ gegen Grenzwerte α bzw. β konvergieren. Ferner erhält man mit Satz 11.41 und (15.2), dass für diese Grenzwerte

$$a \leq \alpha \leq \beta \leq b \qquad \text{und} \qquad f(\alpha) \leq 0 \leq f(\beta)$$

gilt. Die Folge $(s_n)_{n \in \mathbb{N}_0}$ der Sekantensteigungen

$$s_n := \frac{f(b_n) - f(a_n)}{b_n - a_n} \qquad (26.11)$$

ist monoton wachsend mit $s_n > 0$ für alle $n \in \mathbb{N}_0$ (vgl. Abbildung 26.3). Daher ist die Folge $\left(\frac{1}{s_n}\right)_{n \in \mathbb{N}_0}$ monoton fallend mit $\frac{1}{s_n} > 0$ für alle $n \in \mathbb{N}_0$. Erneute Anwendung des Satzes 11.23 liefert somit, dass die Folge $\left(\frac{1}{s_n}\right)_{n \in \mathbb{N}_0}$ konvergiert. Wegen

$$x_n = a_n - \frac{b_n - a_n}{f(b_n) - f(a_n)} f(a_n) = a_n - \frac{f(a_n)}{s_n} \qquad (26.12)$$

impliziert dies jedoch auch die Konvergenz der Näherungswerte $(x_n)_{n \in \mathbb{N}_0}$ gegen einen Grenzwert $\bar{x}$. Aus den Definitionen (26.9) folgt, dass für diesen Grenzwert

$$\bar{x} = \alpha \qquad \text{oder} \qquad \bar{x} = \beta$$

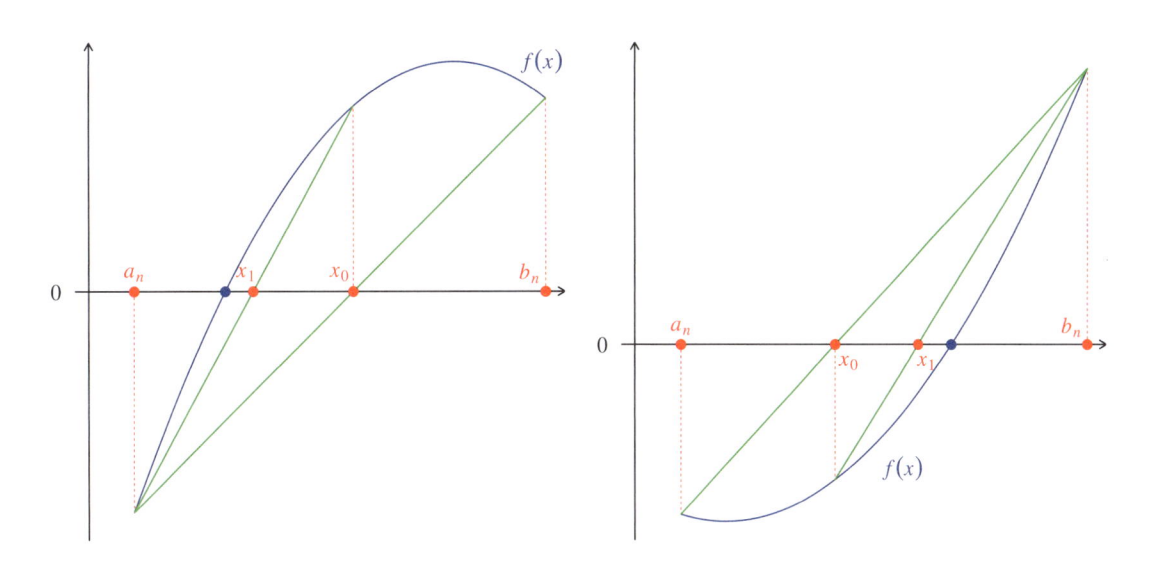

Abb. 26.3: Monoton wachsende Sekantensteigungen s_n beim Regula-falsi-Verfahren

gilt. Ohne Beschränkung der Allgemeinheit sei $\overline{x} = \alpha$ angenommen (den Fall $\overline{x} = \beta$ zeigt man analog). Falls $\alpha = \beta$ gilt, impliziert dies $f(\alpha) = f(\beta) = 0$ (vgl. (26.10)) und damit auch $f(\overline{x}) = 0$. Im Falle von $\alpha \neq \beta$ existiert $\lim_{n \to \infty} \frac{1}{s_n} =: t \neq 0$ (vgl. (26.11)) und zusammen mit (26.12) und den Rechenregeln für Grenzwerte folgt daher

$$\alpha = \lim_{n \to \infty} x_n = \alpha - f(\alpha)t.$$

Dies impliziert jedoch $f(\alpha)t = 0$ bzw. $f(\alpha) = 0$ und damit insbesondere $f(\overline{x}) = 0$. Damit ist insgesamt gezeigt, dass die Folge $(x_n)_{n \in \mathbb{N}_0}$ gegen ein $\overline{x} \in (a, b)$ mit $f(\overline{x}) = 0$ konvergiert. ∎

Das Regula-falsi-Verfahren ist ein beliebtes numerisches Verfahren zur Berechnung von Nullstellen. Denn es kann unter sehr allgemeinen Voraussetzungen angewendet werden und im Vergleich zum Intervallhalbierungsverfahren weist es oftmals bessere Konvergenzeigenschaften auf, obwohl es nur einen relativ geringen Rechenaufwand je Iteration erfordert. Trotzdem kann es vorkommen, dass die Näherungswerte x_n beim Intervallhalbierungsverfahren schneller gegen eine Nullstelle $\overline{x}$ von f konvergieren als beim Regula-falsi-Verfahren (vgl. Beispiel 26.2a) und Beispiel 26.4a)).

Beispiel 26.4 (Regula-falsi-Verfahren)

a) Betrachtet wird die stetige Funktion f in Beispiel 26.2a). Mit dem Regula-falsi-Verfahren erhält man für eine Nullstelle $\overline{x}$ von f im Intervall $[0, 1]$ die folgenden Näherungswerte x_n:

n	a_n	b_n	$f(a_n)$	$f(b_n)$	x_n
0	0	1	$-0{,}25$	$2{,}412$	$0{,}09391435$
1	$0{,}09391435$	1	$-0{,}32834956$	$2{,}412$	$0{,}20248182$
2	$0{,}20248182$	1	$-0{,}37435923$	$2{,}412$	$0{,}30963179$
3	$0{,}30963179$	1	$-0{,}36141640$	$2{,}412$	$0{,}39959678$
4	$0{,}39959678$	1	$-0{,}29490905$	$2{,}412$	$0{,}46500879$
5	$0{,}46500879$	1	$-0{,}20832215$	$2{,}412$	$0{,}50754192$
6	$0{,}50754192$	1	$-0{,}13231338$	$2{,}412$	$0{,}53315150$
7	$0{,}53315150$	1	$-0{,}07838018$	$2{,}412$	$0{,}54784471$
8	$0{,}54784471$	1	$-0{,}04451526$	$2{,}412$	$0{,}55603835$
⋮	⋮	⋮	⋮	⋮	⋮

Das heißt, die Näherungswerte x_n konvergieren noch langsamer gegen die Nullstelle $\overline{x} = 0{,}56585152$ als beim Intervallhalbierungsverfahren in Beispiel 26.2a). Nach acht Iterationen erhält man als Näherungswert $x_8 = 0{,}55603835$ und der Fehler beträgt dann $0{,}56585152 - 0{,}55603835 \approx 0{,}01$.

b) Betrachtet wird die stetige Funktion f in Beispiel 26.2b) und es soll wieder eine Nullstelle $\bar{x}$ von f im Intervall $[1, 2]$ berechnet werden. Mit dem Regula-falsi-Verfahren erhält man die folgenden Näherungswerte x_n:

n	a_n	b_n	$f(a_n)$	$f(b_n)$	x_n
0	1	2	-4	5,04276846	1,44234241
1	1,44234241	2	$-2,95768664$	5,04276846	1,64850273
2	1,64850273	2	$-1,62061473$	5,04276846	1,73399109
3	1,73399109	2	$-0,70994589$	5,04276846	1,76681940
4	1,76681940	2	$-0,27687895$	5,04276846	1,77895607
5	1,77895607	2	$-0,10282754$	5,04276846	1,78337333
6	1,78337333	2	$-0,10282754$	5,04276846	1,78497150
⋮	⋮	⋮	⋮	⋮	⋮

Das heißt, die Näherungswerte x_n konvergieren deutlich schneller gegen die Nullstelle $\bar{x} = 1{,}785874$ als beim Intervallhalbierungsverfahren in Beispiel 26.2b). Nach sechs Iterationen erhält man als Näherungswert $x_6 = 1{,}7849715$ und der Fehler beträgt dann $1{,}785874 - 1{,}7849715 \approx 0{,}001$.

26.4 Newton-Verfahren

Ein schnelles und bekanntes numerisches Verfahren zur Bestimmung von Nullstellen ist das nach dem bedeutenden englischen Physiker und Mathematiker *Isaac Newton* (1643–1727) benannte **Newton-Verfahren**. Es hat sich als ein mathematisches Standardverfahren zur numerischen Lösung von nichtlinearen Gleichungen der Form $f(x) = 0$ etabliert. Wegen seiner außergewöhnlichen wissenschaftlichen Leistungen auf den Gebieten der Physik und der Mathematik gilt *Newton* unumstritten als einer der bedeutendsten Wissenschaftler aller Zeiten. In seinem 1687 veröffentlichten Hauptwerk, den „**Principia Mathematica**", vereint er die Forschungsergebnisse von *Galileo Galilei* (1564–1642) zur Beschleunigung von Körpern und die Resultate von *Johannes Kepler* (1571–1630) zur Planetenbewegung zu einer einheitlichen Theorie der Gravitation. Mit seiner Arbeit legte *Newton* den Grundstein für die klassische Mechanik, und die „**Principia Mathematica**" sind damit eines der wichtigsten wissenschaftlichen Werke überhaupt.

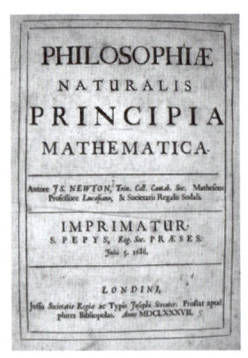

Titelseite der „Principia Mathematica"

Im Vergleich zum **Intervallhalbierungsverfahren** in Abschnitt 26.2 und dem **Regula-falsi-Verfahren** in Abschnitt 26.3 macht das Newton-Verfahren von den Möglichkeiten der Differentialrechnung Gebrauch. Denn die grundlegende Idee des Newton-Verfahrens ist es, die Funktion f in einem Ausgangspunkt $(x_0, f(x_0))$ des Graphen von f zu „linearisieren". Für die Anwendung des Newton-Verfahrens müssen daher aber auch stärkere Voraussetzungen als bei dem Intervallhalbierungsverfahren und dem Regula-falsi-Verfahren erfüllt sein. Falls jedoch diese Voraussetzungen gegeben sind, ist eine deutlich schnellere Konvergenz der Näherungswerte x_n gegen eine Nullstelle von f zu beobachten.

Im Folgenden sei $f: [a, b] \longrightarrow \mathbb{R}$ eine stetig differenzierbare reelle Funktion mit $f'(x) \neq 0$ für alle $x \in [a, b]$ (d. h. f ist insbesondere streng monoton wachsend oder streng monoton fallend, vgl. Satz 16.31c) und d)) und der Eigenschaft (26.3), wobei ohne Beschränkung der Allgemeinheit wieder (26.4) angenommen werden kann. Das Newton-Verfahren basiert dann auf der folgenden einfachen geometrischen Überlegung:

Ausgehend von einem **Startwert** x_0, d. h. einem ersten Näherungswert, für eine Nullstelle von f – z. B. ermittelt durch Sachüberlegungen, Probieren, Skizzieren des Graphen von f, Intervallhalbierungsverfahren usw. – wird an den Graphen von f im Punkt $(x_0, f(x_0))$ die **Tangente**

$$f(x_0) + f'(x_0)(x - x_0)$$

angelegt und deren Schnittstelle x_1 mit der x-Achse berechnet. Das heißt, der Wert x_1 ist durch die lineare Gleichung

$$f(x_0) + f'(x_0)(x - x_0) = 0$$

eindeutig festgelegt und das Auflösen dieser Gleichung nach x liefert für x_1 den Ausdruck

$$x_1 = x_0 - \frac{f(x_0)}{f'(x_0)}.$$

Entsprechend verfährt man mit dem neuen Näherungswert x_1. Das heißt, an den Graphen von f wird im Punkt $(x_1, f(x_1))$ die Tangente

$$f(x_1) + f'(x_1)(x - x_1)$$

26.4 Newton-Verfahren

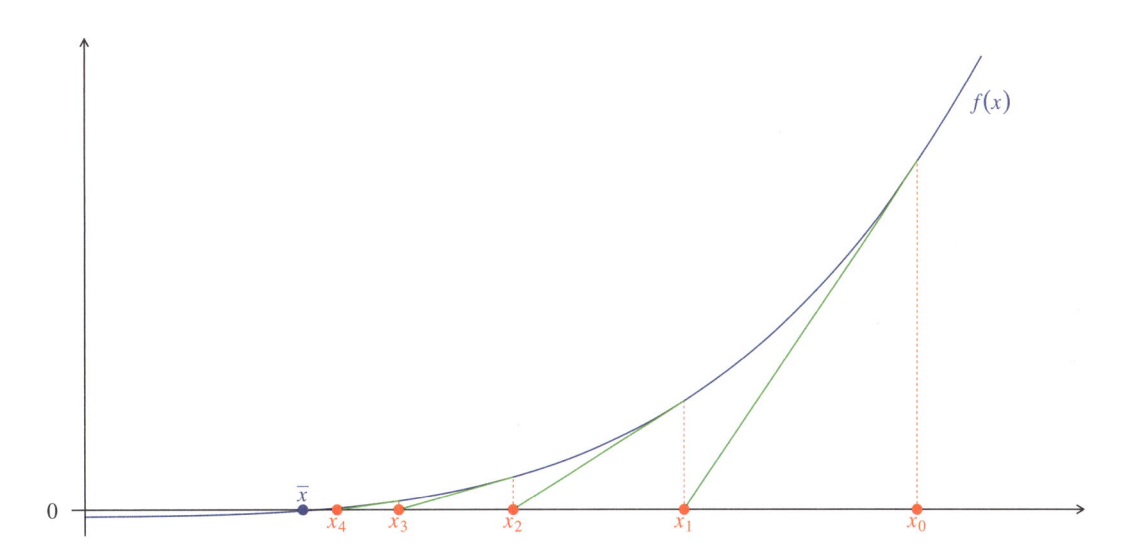

Abb. 26.4: Näherungsweise Berechnung der Nullstelle $\bar{x}$ einer stetig differenzierbaren reellen Funktion $f : [a, b] \longrightarrow \mathbb{R}$ mit $f(a)f(b) < 0$ mittels Newton-Verfahren

angelegt und durch Nullsetzen sowie anschließendes Auflösen der Gleichung nach x resultiert für x_2 der Ausdruck

$$x_2 = x_1 - \frac{f(x_1)}{f'(x_1)}.$$

Wird dieses Vorgehen fortgesetzt, dann erhält man zur Berechnung von Näherungswerten x_{n+1} für eine Nullstelle von f die Rekursionsformel

$$x_{n+1} = x_n - \frac{f(x_n)}{f'(x_n)} \qquad (26.13)$$

für alle $n \in \mathbb{N}_0$ (vgl. Abbildung 26.4).

Die Formel (26.13) und die mit ihr ermittelte Folge $(x_n)_{n\in\mathbb{N}_0}$ von Näherungswerten wird häufig als **Newton-Iteration** bzw. **Newton-Folge** bezeichnet. Ist die Folge $(x_n)_{n\in\mathbb{N}_0}$ konvergent, d. h. gilt

$$\lim_{n\to\infty} x_n = \bar{x} \qquad (26.14)$$

für ein $\bar{x} \in \mathbb{R}$, dann ist der Grenzwert $\bar{x}$ eine Nullstelle von f. Denn aus (26.13)–(26.14) sowie der Stetigkeit von f und f' folgt für $n \to \infty$

$$\bar{x} = \bar{x} - \frac{f(\bar{x})}{f'(\bar{x})} \qquad (26.15)$$

(vgl. Definition 15.2). Das heißt, es gilt

$$f(\bar{x}) = 0 \qquad (26.16)$$

und die Folge $(x_n)_{n\in\mathbb{N}_0}$ konvergiert somit gegen eine Nullstelle $\bar{x}$ von f.

Globale Konvergenz des Newton-Verfahrens

Der folgende Satz formuliert Voraussetzungen, die hinreichend dafür sind, dass eine reelle Funktion f genau eine Nullstelle $\bar{x}$ besitzt und die mittels der Newton-Iteration (26.13) berechneten Näherungswerte $(x_n)_{n\in\mathbb{N}_0}$ monoton gegen diese Nullstelle konvergieren:

Satz 26.5 (Konvergenz Newton-Verfahren – global)

Es sei $f : [a, b] \longrightarrow \mathbb{R}$ eine zweimal stetig differenzierbare reelle Funktion mit den Eigenschaften $f(a)f(b) < 0$ und $f'(x) \neq 0$ für alle $x \in [a, b]$. Dann besitzt f genau eine Nullstelle $\bar{x} \in (a, b)$ und die mittels der Newton-Iteration (26.13) und dem Startwert x_0 ermittelte Folge von Näherungswerten $(x_n)_{n\in\mathbb{N}_0}$ konvergiert monoton

a) *wachsend gegen $\bar{x}$ für $x_0 \in [a, \bar{x}]$, falls $f(a) < 0$ und $f''(x) \leq 0$ für alle $x \in [a, b]$,*

b) *wachsend gegen $\bar{x}$ für $x_0 \in [a, \bar{x}]$, falls $f(a) > 0$ und $f''(x) \geq 0$ für alle $x \in [a, b]$,*

c) *fallend gegen $\bar{x}$ für $x_0 \in [\bar{x}, b]$, falls $f(a) < 0$ und $f''(x) \geq 0$ für alle $x \in [a, b]$ und*

d) *fallend gegen $\bar{x}$ für $x_0 \in [\bar{x}, b]$, falls $f(a) > 0$ und $f''(x) \leq 0$ für alle $x \in [a, b]$.*

Dabei gilt für alle $n \in \mathbb{N}_0$ die Fehlerabschätzung

$$|x_n - \overline{x}| \leq \frac{|f(x_n)|}{\min\limits_{x \in [a,b]} |f'(x)|}$$

$$= \begin{cases} \frac{|f(x_n)|}{|f'(a)|} & \text{in den Fällen c) und d)} \\ \frac{|f(x_n)|}{|f'(b)|} & \text{in den Fällen a) und b)} \end{cases} \quad (26.17)$$

und es gibt ein $K > 0$, so dass

$$|x_n - \overline{x}| \leq K(x_{n-1} - \overline{x})^2 \quad (26.18)$$

für alle $n \in \mathbb{N}$ gilt. Das heißt, die Folge $(x_n)_{n \in \mathbb{N}_0}$ konvergiert quadratisch gegen $\overline{x}$.

Beweis: Siehe z. B. *Heuser* [25], Seiten 407–409. ∎

Die Annahmen, unter denen der Satz 26.5 gültig ist, sind restriktiver als die Annahmen des Satzes 26.1 (Intervallhalbierungsverfahren) und des Satzes 26.3 (Regula-falsi-Verfahren), da sie voraussetzen, dass die Funktion f sowohl streng monoton als auch konvex oder konkav ist. Dafür stellen diese Annahmen aber auch sicher, dass die Funktion f genau eine Nullstelle $\overline{x}$ im Intervall (a, b) besitzt und die Folge der Näherungswerte $(x_n)_{n \in \mathbb{N}_0}$ monoton gegen diese Nullstelle konvergiert.

Dieser Sachverhalt bedeutet jedoch nicht, dass bei Verletzung der Annahmen von Satz 26.5 das Newton-Verfahren nicht angewendet werden kann. Das Newton-Verfahren kann zur Berechnung von Nullstellen prinzipiell bei jeder stetig differenzierbaren reellen Funktion $f : [a, b] \longrightarrow \mathbb{R}$ herangezogen werden, die mindestens eine Nullstelle $\overline{x}$ besitzt. Denn dann können mittels der Newton-Iteration (26.13) Näherungswerte x_n berechnet werden und im Falle der Konvergenz der Folge $(x_n)_{n \in \mathbb{N}_0}$ ist sichergestellt, dass dieser Grenzwert von $(x_n)_{n \in \mathbb{N}_0}$ eine Nullstelle von f ist (vgl. (26.15)–(26.16)). Allerdings ist in einer solchen Situation Vorsicht geboten. Denn es ist dann auch möglich, dass bei „unglücklicher Wahl" des Startwerts x_0, d. h. bei einem Startwert, der zu weit von der gesuchten Nullstelle $\overline{x}$ entfernt ist, eines der folgenden drei Szenarien eintritt:

a) Die Folge $(x_n)_{n \in \mathbb{N}_0}$ ist unbeschränkt und der Abstand der Näherungswerte x_n zur Nullstelle $\overline{x}$ wächst damit über alle Grenzen.

b) Die Folge $(x_n)_{n \in \mathbb{N}_0}$ ist beschränkt, aber nicht konvergent. Dies ist z. B. der Fall, wenn $(x_n)_{n \in \mathbb{N}_0}$ zwischen zwei Werten oszilliert (vgl. Beispiel 26.8).

c) Die Folge $(x_n)_{n \in \mathbb{N}_0}$ ist konvergent und liefert damit eine Nullstelle von f. Allerdings kann dies bei der Existenz von mehreren Nullstellen auch eine andere als die gesuchte Nullstelle $\overline{x}$ sein.

Lokale Konvergenz des Newton-Verfahrens

In der Praxis geht man daher häufig so vor, dass für eine stetig differenzierbare reelle Funktion $f : [a, b] \longrightarrow \mathbb{R}$ auf die explizite Überprüfung der Voraussetzungen von Satz 26.5 verzichtet wird und ausgehend von einem Startwert x_0 mittels der Newton-Iteration (26.13) sukzessive Näherungswerte $x_1, x_2, \ldots$ berechnet werden. Es ist dann allerdings von entscheidender Bedeutung, dass der Startwert x_0 der Newton-Iteration (26.13) bereits hinreichend nahe bei der gesuchten Nullstelle $\overline{x}$ liegt (vgl. auch Beispiel 26.8). Es gilt z. B. der folgende Satz, der ganz ohne Konvexitäts- oder Konkavitätsbedingungen auskommt und besagt, dass das Newton-Verfahren „funktioniert", wenn nur der Startwert x_0 „gut genug" ist:

Satz 26.6 (Konvergenz Newton-Verfahren – lokal)

Es sei $f : [a, b] \longrightarrow \mathbb{R}$ eine zweimal stetig differenzierbare reelle Funktion mit $f'(x) \neq 0$ für alle $x \in [a, b]$ und einer Nullstelle bei $\overline{x} \in (a, b)$. Dann gibt es ein $\delta > 0$, so dass die mittels der Newton-Iteration (26.13) ermittelte Folge von Näherungswerten $(x_n)_{n \in \mathbb{N}_0}$ für jeden beliebigen Startwert $x_0 \in [\overline{x} - \delta, \overline{x} + \delta]$ gegen die Nullstelle $\overline{x}$ konvergiert.

Beweis: Die reelle Funktion f ist gemäß Annahme zweimal stetig differenzierbar und besitzt die Nullstelle $\overline{x}$. Für die Funktion

$$g : [a, b] \longrightarrow \mathbb{R}, \quad x \mapsto g(x) := x - \frac{f(x)}{f'(x)}$$

folgt somit, dass sie stetig differenzierbar ist und $g(\overline{x}) = \overline{x}$ gilt. Das heißt, dass $\overline{x}$ ein Fixpunkt von g ist, und für die erste Ableitung von g erhält man

$$g'(x) = 1 - \frac{(f'(x))^2 - f(x) f''(x)}{(f'(x))^2} = \frac{f(x) f''(x)}{(f'(x))^2}$$

und damit insbesondere $g'(\overline{x}) = 0$. Daraus folgt zusammen mit der Stetigkeit von g', dass es ein $q < 1$ und ein $\delta > 0$ gibt, so dass $|g'(x)| \leq q$ für alle $x \in [\overline{x} - \delta, \overline{x} + \delta]$ gilt. Zusammen mit dem Mittelwertsatz der Differentialrechnung (vgl. Satz 16.28) impliziert dies die Abschätzung

$$|g(x) - \overline{x}| = |g(x) - g(\overline{x})|$$
$$\leq \max_{x \in [\overline{x}-\delta, \overline{x}+\delta]} |g'(x)| \cdot |x - \overline{x}| \leq q |x - \overline{x}|$$

für alle $x \in [\overline{x} - \delta, \overline{x}+\delta]$. Es gilt somit $g(x) \in [\overline{x}-\delta, \overline{x}+\delta]$ für alle $x \in [\overline{x} - \delta, \overline{x} + \delta]$ und die Funktion $g_{|[\overline{x}-\delta,\overline{x}+\delta]}$, d. h. die Restriktion von g auf das Intervall $[\overline{x} - \delta, \overline{x} + \delta]$ ist damit eine Kontraktion mit der Kontraktionskonstanten q. Mit dem Fixpunktsatz von Banach (vgl. Satz 15.32) folgt daher, dass die Folge $(x_n)_{n \in \mathbb{N}_0}$ mit $x_{n+1} = g(x_n) = x_n - \frac{f(x_n)}{f'(x_n)}$ für jeden beliebigen Startwert $x_0 \in [\overline{x} - \delta, \overline{x} + \delta]$ gegen den Fixpunkt $\overline{x}$ von $g_{|[\overline{x}-\delta,\overline{x}+\delta]}$, also die Nullstelle von f, konvergiert. ∎

Wie der Satz 26.6 zeigt, ist das Newton-Verfahren ohne zusätzliche Konvexitäts- oder Konkavitätsannahmen wenigstens noch ein **lokal konvergentes** Verfahren. Das heißt, die Konvergenz der Folge $(x_n)_{n \in \mathbb{N}_0}$ gegen eine Nullstelle der Funktion f ist garantiert, wenn der Startwert x_0 nur hinreichend nahe bei der Nullstelle liegt. Die eigentliche „Kunst" der Anwendung des Newton-Verfahrens besteht somit darin, einen Startwert x_0 zu finden, der bereits nahe genug bei der gesuchten Nullstelle liegt. Wie bereits erwähnt, kann ein solcher erster Näherungswert x_0 z. B. durch Sachüberlegungen, Probieren, Skizzieren des Graphen von f oder das Intervallhalbierungsverfahren bestimmt werden. Falls dann die aus dem Startwert x_0 mittels der Newton-Iteration (26.13) resultierende Folge $(x_n)_{n \in \mathbb{N}_0}$ konvergiert, ist ihr Grenzwert die gesuchte Nullstelle $\overline{x}$ von f.

Bei praktischen Anwendungen wird man das Newton-Verfahren abbrechen, wenn ein vorgegebenes **Abbruchkriterium** – wie z. B.

$$|f(x_n)| < \varepsilon \qquad \text{oder} \qquad |x_{n+1} - x_n| < \varepsilon$$

für ein hinreichend kleines $\varepsilon > 0$ – erfüllt ist. Zum Beispiel würde das Abbruchkriterium $|x_{n+1} - x_n| < 5 \cdot 10^{-9}$ bedeuten, dass die beiden hintereinanderfolgenden Näherungswerte x_{n+1} und x_n – und damit näherungsweise auch x_n und die gesuchte Nullstelle $\overline{x}$ – auf acht Dezimalstellen übereinstimmen.

Falls die Folge $(x_n)_{n \in \mathbb{N}_0}$ konvergiert, liegt **quadratische Konvergenz** vor (vgl. (26.18)). Das heißt, mit jedem Iterationsschritt verdoppelt sich die Anzahl der korrekten Nachkommastellen der Näherungswerte x_n. Daher liefert das Newton-Verfahren im Konvergenzfall deutlich schneller gute Näherungswerte als das Intervallhalbierungsverfahren (vgl. Abschnitt 26.2) oder das Regula-falsi-Verfahren (vgl. Abschnitt

26.3). In der Praxis wird man daher das Newton-Verfahren vorziehen, wenn die Funktion $f: [a, b] \longrightarrow \mathbb{R}$ zweifach stetig differenzierbar und die Berechnung der Ableitungswerte $f'(x_n)$ nicht zu aufwendig ist. Eine weitere Stärke des Newton-Verfahrens ist, dass kleine Rundungsfehler bei der Berechnung der Näherungswerte x_n keinen entscheidenden Einfluss auf die Konvergenz des Verfahrens haben. Denn jeder Wert in der Nähe eines Näherungswertes x_n kann als neuer Startwert aufgefasst werden. Man sagt daher, das Newton-Verfahren ist **selbstkorrigierend**.

Beispiel 26.7 (Berechnung interner Zinsfuß bei diskreten Auszahlungen)

Betrachtet wird eine Investition I mit den vier Auszahlungen 3 €, 3 €, 3 €, 103 € zu den Zeitpunkten $t = 1, 2, 3, 4$ und den Aufwendungen 98 € zum Zeitpunkt $t = 0$. Der **interne Zinsfuß** dieser Investition ist durch den Zinssatz $\rho > 0$ gegeben, für den der Barwert der Auszahlungen gleich den Aufwendungen zum Zeitpunkt $t = 0$ ist. Das heißt, bei diskreter Verzinsung berechnet sich der interne Zinsfuß $\rho > 0$ der Investition I als Lösung der Gleichung

$$3€ \cdot (1+\rho)^{-1} + 3€ \cdot (1+\rho)^{-2}$$
$$+ 3€ \cdot (1+\rho)^{-3} + 103€ \cdot (1+\rho)^{-4} = 98€$$

und bei stetiger Verzinsung als Lösung der Gleichung

$$3€ \cdot e^{-\rho} + 3€ \cdot e^{-2\rho} + 3€ \cdot e^{-3\rho} + 103€ \cdot e^{-4\rho} = 98€$$

(vgl. Beispiel 11.46 und Beispiel 14.33). Die Newton-Iterationen zur numerischen Lösung dieser beiden Gleichungen lauten

$$\rho_{n+1} = \rho_n - \frac{f(\rho_n)}{f'(\rho_n)} = \rho_n -$$
$$\frac{3(1+\rho_n)^{-1} + 3(1+\rho_n)^{-2} + 3(1+\rho_n)^{-3} + 103(1+\rho_n)^{-4} - 98}{-3(1+\rho_n)^{-2} - 6(1+\rho_n)^{-3} - 9(1+\rho_n)^{-4} - 412(1+\rho_n)^{-5}}$$

bzw.

$$\rho_{n+1} = \rho_n - \frac{f(\rho_n)}{f'(\rho_n)}$$
$$= \rho_n - \frac{3e^{-\rho_n} + 3e^{-2\rho_n} + 3e^{-3\rho_n} + 103e^{-4\rho_n} - 98}{-3e^{-\rho_n} - 6e^{-2\rho_n} - 9e^{-3\rho_n} - 412e^{-4\rho_n}}.$$

	diskrete Verzinsung			stetige Verzinsung		
n	$f(\rho_n)$	$f'(\rho_n)$	ρ_n	$f(\rho_n)$	$f'(\rho_n)$	ρ_n
0	−1,629895	−354,434852	0,04	−1,916711	−367,486591	0,04
1	0,017903	−362,255564	0,035401	0,019753	−375,087189	0,034784
2	0,000002	−362,170412	0,035451	0,000002	−375,009659	0,034837
3	0,000000	−362,170402	0,035451	0,000000	−375,009651	0,034837

Tabelle 26.1: Näherungswerte für das Beispiel 26.7.

Mit dem Startwert $\rho_0 = 4\%$ erhält man für den internen Zinsfuß ρ die Näherungswerte in Tabelle 26.1.

Bei dieser Investition beträgt bei diskreter Verzinsung der interne Zinsfuß $\overline{\rho} = 3,545\%$ und bei stetiger Verzinsung $\overline{\rho} = 3,484\%$. Der interne Zinsfuß ist ein Hilfsmittel bei der Entscheidung, ob eine Investition vorteilhaft ist oder nicht. In der Investitionsrechnung wird eine Investition in der Regel als vorteilhaft beurteilt, wenn der interne Zinsfuß höher ist als der **Kalkulationszinssatz** (d. h. die subjektive Mindestverzinsungsforderung eines Anlegers an seine Investition). Für die Berechnung des internen Zinsfußes bei einem kontinuierlichen Auszahlungsstrom und einer stetigen Verzinsung mittels Newton-Verfahren siehe Beispiel 19.8b).

Das folgende Beispiel zeigt, dass die Konvergenz des Newton-Verfahrens bei Verletzung der Konvexitäts- oder Konkavitätsvoraussetzungen von Satz 26.5 entscheidend von der Qualität des Startwerts x_0 abhängt:

Beispiel 26.8 (Wahl des Startwertes beim Newton-Verfahren)

Die Gleichung
$$x^3 - 2x + 2 = 0$$
besitzt als Gleichung dritten Grades mindestens eine reelle Lösung (vgl. Folgerung 4.5). Mit $f(x) := x^3 - 2x + 2$ und $f'(x) = 3x^2 - 2$ erhält man die Newton-Iteration
$$x_{n+1} = x_n - \frac{x_n^3 - 2x_n + 2}{3x_n^2 - 2}$$
für alle $n \in \mathbb{N}_0$ und bei Wahl des Startwerts $x_0 = 0$ resultieren die Näherungswerte
$$x_1 = 1, \ x_2 = 0, \ x_3 = 1, \ x_4 = 0, \ x_5 = 1, \ldots \text{ usw.}$$
Das heißt, bei dem Startwert $x_0 = 0$ erhält man bei Verwendung des Newton-Verfahrens eine divergente, zwischen den Werten 0 und 1 oszillierende Folge von Näherungswerten $x_0, x_1, x_2, \ldots$. Eine analoge Aussage gilt für den Startwert $x_0 = 1$. Wählt man hingegen mit $x_0 = -1,2$ einen näher bei der Nullstelle liegenden Startwert, dann konvergiert die Folge $(x_n)_{n \in \mathbb{N}_0}$ gegen die Nullstelle. Man erhält die folgenden Näherungswerte:

	Newton-Verfahren		
n	$f(x_n)$	$f'(x_n)$	x_n
0	2,672	2,32	−1,2
1	−6,30301234	14,5918193	−2,35172414
2	−1,23579499	9,05653822	−1,91976893
3	−0,10469481	7,54064335	−1,78331558
4	−0,00102862	7,39266359	−1,76943151
5	−0,00000010	7,39118645	−1,76929237
6	0,00000000	7,39118630	−1,76929235
7	0,00000000	7,39118630	−1,76929235

Bei Wahl des Startwerts $x_0 = -1,2$ konvergieren die Näherungswerte x_n schnell gegen die Nullstelle. Nach sechs Iterationen resultiert mit $\overline{x} = -1,76929235$ ein bis auf acht Nachkommastellen genauer Näherungswert (vgl. Abbildung 26.5).

26.5 Sekantenverfahren und vereinfachtes Newton-Verfahren

Das „größte Problem" bei der Anwendung des Newton-Verfahrens besteht oftmals in der Berechnung der ersten Ableitungswerte der Funktion f. In der Praxis wird deshalb häufig die Ableitung $f'(x_n)$ durch den Differenzenquotienten

$$\frac{f(x_n) - f(x_{n-1})}{x_n - x_{n-1}} \quad (26.19)$$

approximiert. Geometrisch bedeutet dies, dass die Tangente im Punkt $(x_n, f(x_n))$ durch die Sekante durch die Punkte $(x_{n-1}, f(x_{n-1}))$ und $(x_n, f(x_n))$ ersetzt und anstelle der

26.5 Sekantenverfahren und vereinfachtes Newton-Verfahren | Kapitel 26

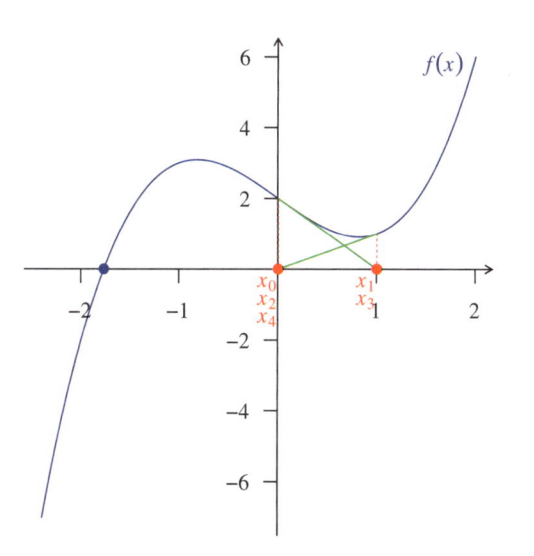

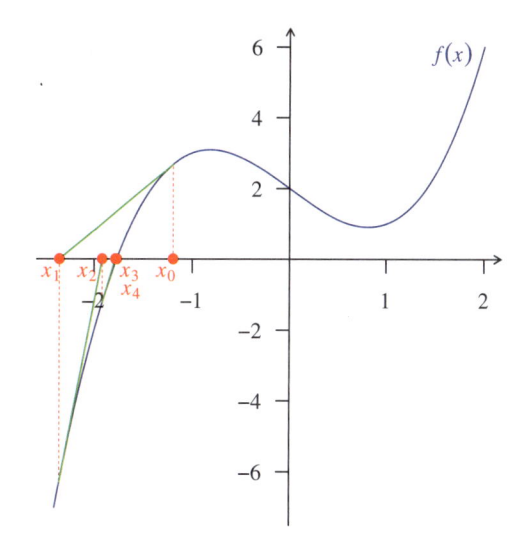

Abb. 26.5: Divergenz des Newton-Verfahrens bei der Lösung der Gleichung $x^3 - 2x + 2 = 0$ mit dem Startwert $x_0 = 0$ (links) und Konvergenz des Newton-Verfahrens bei Verwendung des Startwerts $x_0 = -1{,}2$ (rechts)

Newton-Iteration (26.13) die Rekursionsformel

$$x_{n+1} = x_n - \frac{f(x_n)}{\frac{f(x_n) - f(x_{n-1})}{x_n - x_{n-1}}}$$

$$= x_n - \frac{x_n - x_{n-1}}{f(x_n) - f(x_{n-1})} f(x_n)$$

$$= \frac{f(x_n) x_{n-1} - f(x_{n-1}) x_n}{f(x_n) - f(x_{n-1})}$$

für alle $n \in \mathbb{N}$ mit den beiden Startwerten x_0 und x_1 verwendet wird. Diese Methode weist große Ähnlichkeit zum Regula-falsi-Verfahren auf (vgl. (26.8)) und anstelle von Newton-Verfahren spricht man von **Sekantenverfahren** (vgl. Beispiel 26.9)).

Eine andere Möglichkeit zur Verminderung des Rechenaufwands beim Newton-Verfahren besteht darin, dass die erste Ableitung nur an der Stelle x_0 berechnet und in jedem Iterationsschritt $f'(x_0)$ anstelle von $f'(x_n)$ verwendet wird. Geometrisch bedeutet dies, dass die Tangente im Punkt $(x_n, f(x_n))$ durch die Gerade durch den Punkt $(x_n, f(x_n))$ mit der Steigung $f'(x_0)$ ersetzt und anstelle der Newton-Iteration (26.13) die Rekursionsformel

$$x_{n+1} = x_n - \frac{f(x_n)}{f'(x_0)}$$

für alle $n \in \mathbb{N}$ verwendet wird. Dieses Vorgehen wird als **vereinfachtes Newton-Verfahren** bezeichnet.

Bei der Verwendung des Sekantenverfahrens und des vereinfachten Newton-Verfahrens ist zu beachten, dass sich bei einer Approximation der Ableitung $f'(x_n)$ durch den Differenzenquotienten (26.19) bzw. die Ableitung $f'(x_0)$ die Konvergenzgeschwindigkeit im Vergleich zum Newton-Verfahren oftmals deutlich verringert (vgl. Beispiel 26.9 und Beispiel 26.10).

Beispiel 26.9 (Newton- und Sekantenverfahren)

Gegeben sei die stetig differenzierbare reelle Funktion

$$f : [0, 2] \longrightarrow \mathbb{R}, \ x \mapsto e^x - 2$$

mit $f(0) < 0$ und $f(2) > 0$. Das heißt, die Funktion f besitzt im Intervall $[0, 2]$ eine Nullstelle. Wegen $f'(x) = e^x$ ist die Newton-Iteration gegeben durch

$$x_{n+1} = x_n - \frac{e^{x_n} - 2}{e^{x_n}}$$

für alle $n \in \mathbb{N}_0$ und für das Sekantenverfahren erhält man die Rekursionsformel

$$x_{n+1} = x_n - \frac{x_n - x_{n-1}}{e^{x_n} - e^{x_{n-1}}} e^{x_n}$$

für alle $n \in \mathbb{N}$. Mit dem Startwert $x_0 = 2$ für das Newton-Verfahren und den beiden Startwerten $x_0 = 2$ und $x_1 = 1$

	Newton-Verfahren			Sekantenverfahren	
n	$f(x_n)$	$f'(x_n)$	x_n	$f(x_n)$	x_n
0	5,38905610	7,38905610	2	5,38905610	2
1	1,56324115	3,56324115	1,27067057	0,71828183	1
2	0,29781186	2,29781186	0,83195730	0,33081461	0,84621782
3	0,01849177	2,01849177	0,70235058	0,04402427	0,71492055
4	0,00008445	2,00008445	0,69318940	0,00323930	0,69476552
5	0,00000000	2,00000000	0,69314718	0,00003510	0,69316473
6	0,00000000	2,00000000	0,69314718	0,00000003	0,69314719
7	0,00000000	2,00000000	0,69314718	0,00000000	0,69314718

Tabelle 26.2: Näherungswerte für das Beispiel 26.9.

für das Sekantenverfahren erhält man die Näherungswerte in der Tabelle 26.2.

Man erkennt, dass die Näherungswerte x_n bei beiden Verfahren relativ schnell konvergieren und man beim Newton-Verfahren bereits nach fünf Iterationen und beim Sekantenverfahren nach sechs Iterationen mit $\bar{x} = 0{,}69314718$ einen bis auf acht Nachkommastellen genauen Näherungswert für die gesuchte Nullstelle erhält (vgl. auch Abbildung 26.6).

Beispiel 26.10 (Newton- und vereinfachtes Newton-Verfahren)

Zu berechnen seien die Schnittstellen der beiden stetig differenzierbaren Funktionen $g(x) = \frac{x}{2}$ und $h(x) = \sin(x)$ im Intervall $[0, 3]$. Das heißt, es sind die Lösungen der Gleichung

$$g(x) - h(x) = \frac{x}{2} - \sin(x) = 0$$

bzw. die Nullstelle der Funktion $f(x) := \frac{x}{2} - \sin(x)$ im Intervall $[0, 3]$ zu berechnen. Offensichtlich ist der Wert 0 bereits eine Nullstelle von f. Wegen $f'(x) = \frac{1}{2} - \cos(x)$

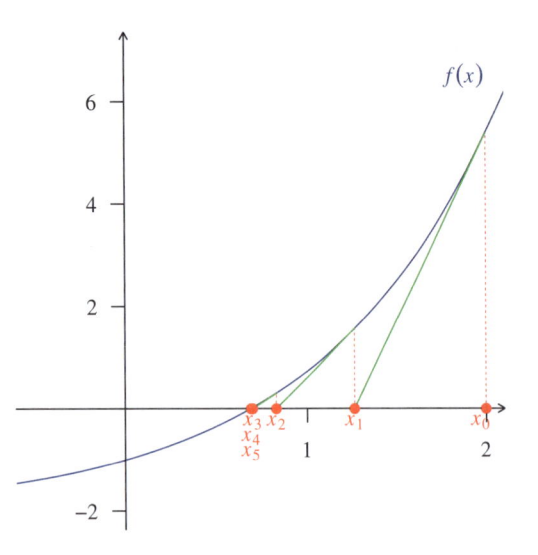

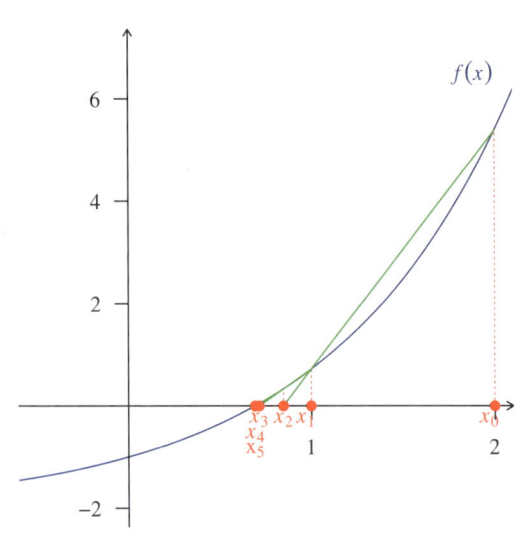

Abb. 26.6: Berechnung der Nullstelle der reellen Funktion $f : [0, 2] \longrightarrow \mathbb{R}$, $x \mapsto e^x - 2$ mittels Newton-Verfahren mit Startwert $x_0 = 2$ (links) und dem Sekantenverfahren mit den Startwerten $x_0 = 2$ und $x_1 = 1$ (rechts)

26.5 Sekantenverfahren und vereinfachtes Newton-Verfahren

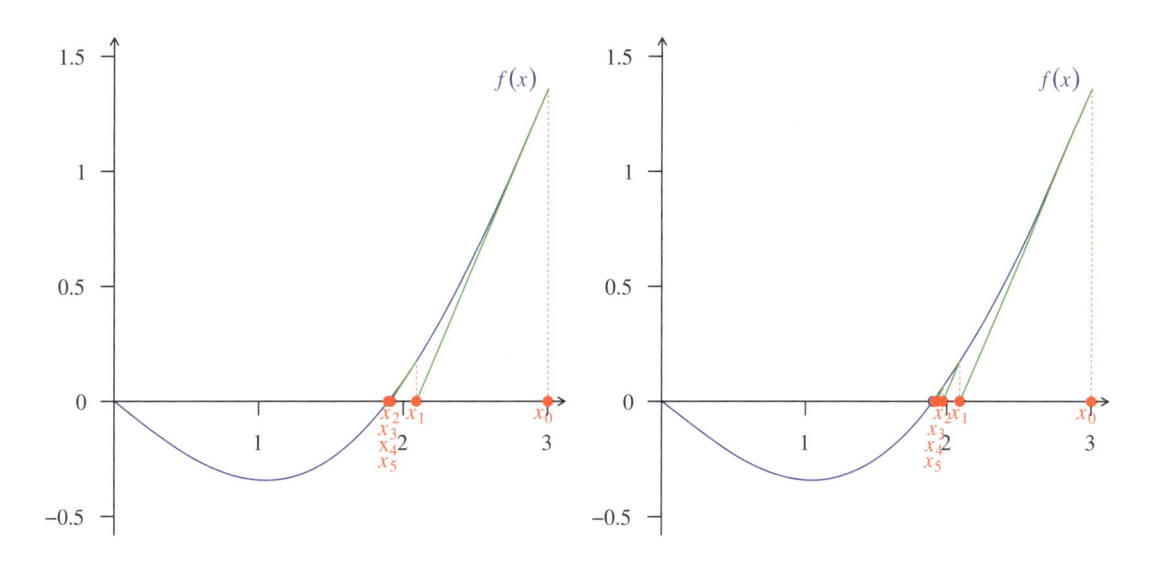

Abb. 26.7: Berechnung der Schnittstelle der beiden reellen Funktionen $g(x) = \frac{x}{2}$ und $h(x) = \sin(x)$ im Intervall $[0, 3]$ mittels Newton-Verfahren mit Startwert $x_0 = 3$ (links) und vereinfachtem Newton-Verfahren mit Startwert $x_0 = 3$ (rechts)

	Newton-Verfahren			Vereinfachtes Newton-Verfahren	
n	$f(x_n)$	$f'(x_n)$	x_n	$f(x_n)$	x_n
0	1,35887999	1,48999250	3	1,35887999	3
1	0,17479021	0,99444751	2,08799541	0,17479021	2,08799541
2	0,01383880	0,83483765	1,91222926	0,06423901	1,97068595
3	0,00012971	0,81917261	1,89565263	0,02675846	1,92757231
4	0,00000001	0,81902254	1,89549428	0,01165830	1,90961352
5	0,00000000	0,81902252	1,89549427	0,00517439	1,90178912
6	0,00000000	0,81902252	1,89549427	0,00231513	1,89831636
7	0,00000000	0,81902252	1,89549427	0,00103953	1,89676257

Tabelle 26.3: Näherungswerte für das Beispiel 26.10.

ist die Newton-Iteration gegeben durch

$$x_{n+1} = x_n - \frac{\frac{x_n}{2} - \sin(x_n)}{\frac{1}{2} - \cos(x_n)}$$

für alle $n \in \mathbb{N}_0$, und für das vereinfachte Newton-Verfahren erhält man die Rekursionsformel

$$x_{n+1} = x_n - \frac{\frac{x_n}{2} - \sin(x_n)}{\frac{1}{2} - \cos(x_0)}$$

für alle $n \in \mathbb{N}_0$. Mit dem Startwert $x_0 = 3$ erhält man für das Newton-Verfahren und das vereinfachte Newton-Verfahren die Näherungswerte in der Tabelle 26.3. Die Näherungswerte x_n beim Newton-Verfahren konvergieren schnell und bereits nach fünf Iterationen erhält man mit $\overline{x} = 1,89549427$ einen bis auf acht Nachkommastellen genauen Näherungswert für die gesuchte Nullstelle. Dagegen konvergiert das vereinfachte Newton-Verfahren viel langsamer. Nach sieben Iterationen stimmen erst zwei Nachkommastellen mit der richtigen Lösung überein und ein bis auf acht Nachkommastellen genauer Näherungswert resultiert erst nach 23 Iterationen (vgl. auch Abbildung 26.7).

Kapitel 27

Polynominterpolation

Kapitel 27 — Polynominterpolation

27.1 Grundlagen

In vielen betriebs- und volkswirtschaftlichen Anwendungen und Fragestellungen untersucht man den funktionalen Zusammenhang zwischen zwei (ökonomischen) Variablen x und y. Oft ist jedoch die funktionale Beziehung zwischen der unabhängigen Variablen x und der abhängigen Variablen y zunächst nicht vollständig bekannt, sondern es sind lediglich eine endliche Anzahl von sogenannten **Stützpunkten**

$$(x_0, y_0), \ldots, (x_n, y_n)$$

für (x, y) verfügbar. In solchen Situationen stellt sich dann häufig die Frage, wie eine möglichst leicht handhabbare Funktion f bestimmt werden kann, deren Graph durch diese $n+1$ Stützpunkte geht. Das heißt, es ist eine Funktion f mit der Eigenschaft

$$f(x_i) = y_i \quad \text{für alle } i = 0, 1, \ldots, n$$

gesucht, die dann zu weitergehenden Untersuchungen des funktionalen Zusammenhanges zwischen x und y herangezogen werden kann und deren Eigenschaften mit den Methoden der Differential- und Integralrechnung analysiert werden können.

Polynome sind aufgrund ihrer sehr einfachen Struktur und guten mathematischen Eigenschaften, wie z. B. ihrer leichten Differenzier- und Integrierbarkeit, für diese Problemstellung oftmals die natürlichen Kandidaten. Man spricht dann von **Polynominterpolation**, und ein Polynom p mit der Eigenschaft $p(x_i) = y_i$ für alle $i = 0, 1, \ldots, n$ heißt **Interpolationspolynom**. Man sagt in diesem Fall, dass das Polynom p die gegebenen $n+1$ Stützpunkte (x_i, y_i) interpoliert oder auch, dass das Polynom p den $n+1$ Interpolationsbedingungen $p(x_i) = y_i$ genügt.

Existenz und Eindeutigkeit

Bei einer allgemeinen Betrachtung der Polynominterpolation stellt sich unmittelbar die Frage, ob ein Interpolationspolynom überhaupt existiert, und falls es existiert, ob es eindeutig ist. Der folgende Satz besagt, dass beide Fragen positiv beantwortet werden können:

> **Satz 27.1** (Existenz und Eindeutigkeit des Interpolationspolynoms)
>
> Zu $n+1$ Stützpunkten $(x_0, y_0), \ldots, (x_n, y_n)$ mit $x_i \neq x_j$ für alle $i \neq j$ gibt es genau ein Polynom p vom Grad kleiner gleich n mit $p(x_i) = y_i$ für alle $i = 0, \ldots, n$.

Beweis: Eindeutigkeit: Seien p und q zwei Polynome vom Grad kleiner gleich n mit $p(x_i) = q(x_i) = y_i$ für alle $i = 0, \ldots, n$. Dann ist $p - q$ ein Polynom vom Grad kleiner gleich n mit mehr als n Nullstellen. Mit Satz 14.7 folgt somit, dass $p - q$ das Nullpolynom ist und somit $p - q = 0$ bzw. $p = q$ gilt.

Existenz: Der Ansatz $p(x) = a_n x^n + a_{n-1} x^{n-1} + \ldots + a_1 x + a_0$ mit noch unbekannten Koeffizienten $a_0, a_1, \ldots, a_n \in \mathbb{R}$ und $p(x_i) = y_i$ für $i = 0, \ldots, n$ führt zu einem System von $n+1$ linearen Gleichungen

$$a_n x_i^n + a_{n-1} x_i^{n-1} + \ldots + a_1 x_i + a_0 = y_i$$

für $i = 0, \ldots, n$, das nach $a_0, a_1, \ldots, a_n$ aufgelöst werden kann und somit ein Polynom p vom Grad kleiner gleich n festlegt (siehe hierzu auch (27.2)–(27.3) und die nachfolgende Erläuterung). ∎

Interpolationspolynom bzgl. monomialer Basis

Im Beweis des Satzes 27.1 wurde für das Interpolationspolynom p die Darstellung

$$p(x) = \sum_{k=0}^{n} a_k x^k \qquad (27.1)$$

als Linearkombination der Monome $1, x, x^2, x^3, \ldots, x^n$ gewählt. Diese Darstellung wird als Polynomdarstellung bzgl. der **monomialen Basis** $\{1, x, x^2, \ldots, x^n\}$ bezeichnet. Bei diesem Ansatz wird das (eindeutig festgelegte) Interpolationspolynom p durch die $n+1$ Stützstellen (x_i, y_i) durch Auflösen des linearen Gleichungssystems

$$\begin{aligned}
a_n x_0^n + a_{n-1} x_0^{n-1} + \ldots + a_1 x_0 + a_0 &= y_0 \\
a_n x_1^n + a_{n-1} x_1^{n-1} + \ldots + a_1 x_1 + a_0 &= y_1 \\
&\vdots \\
a_n x_n^n + a_{n-1} x_n^{n-1} + \ldots + a_1 x_n + a_0 &= y_n
\end{aligned} \qquad (27.2)$$

nach den $n+1$ unbekannten Koeffizienten $a_0, \ldots, a_n$ bestimmt. In Matrixschreibweise lautet dieses lineare Gleichungssystem

$$\underbrace{\begin{pmatrix} 1 & x_0 & x_0^2 & \ldots & x_0^n \\ 1 & x_1 & x_1^2 & \ldots & x_1^n \\ \vdots & \vdots & \vdots & \ddots & \vdots \\ 1 & x_n & x_n^2 & \ldots & x_n^n \end{pmatrix}}_{=: V} \begin{pmatrix} a_0 \\ a_1 \\ \vdots \\ a_n \end{pmatrix} = \begin{pmatrix} y_0 \\ y_1 \\ \vdots \\ y_n \end{pmatrix}. \qquad (27.3)$$

27.1 Grundlagen

Die Matrix $\mathbf{V}$ auf der linken Seite von (27.3) ist die nach dem französischen Mathematiker *Alexandre-Théophile Vandermonde* (1735–1796) benannte **Vandermonde-Matrix**. In Beispiel 8.66 wurde bereits gezeigt, dass ihre Determinante, die sogenannte **Vandermonde-Determinante**, durch

$$\det(\mathbf{V}) = \prod_{1 \leq i < j \leq n} (x_i - x_j)$$

gegeben ist. Aus dieser Darstellung ist ersichtlich, dass der Wert der Vandermonde-Determinante genau dann ungleich 0 und damit die Vandermonde-Matrix $\mathbf{V}$ invertierbar ist, wenn die Werte x_i paarweise verschieden sind (vgl. Satz 8.67). Die Invertierbarkeit von $\mathbf{V}$ ist jedoch äquivalent dazu, dass das lineare Gleichungssystem (27.3) genau eine Lösung besitzt (vgl. Satz 9.3) und somit das Interpolationspolynom p existent und eindeutig bestimmt ist. Diese Beobachtung steht im Einklang mit der Aussage von Satz 27.1.

Trotz der theoretischen Handhabbarkeit wird die durch (27.1)–(27.3) beschriebene Interpolationsmethode mit Polynomen in der Darstellungsform $p(x) = \sum_{k=0}^{n} a_k x^k$ in der Praxis kaum eingesetzt. Denn das Lösen des zugehörigen linearen Gleichungssystems (27.2) mittels des Gauß-Algorithmus oder die Berechnung der zugehörigen Inversen $\mathbf{V}^{-1}$ der Vandermonde-Matrix $\mathbf{V}$ ist vergleichsweise aufwendig. Ferner besitzen Vandermonde-Matrizen für große n eine schlechte **Kondition**. Das heißt, kleine Rundungsfehler oder Veränderungen bei der Wahl der Stützstellen x_i können einen starken Einfluss auf die Inverse $\mathbf{V}^{-1}$ und damit insbesondere auch auf das resultierende Interpolationspolynom p haben.

Beispiel 27.2 (Polynominterpolation mit monomialer Basis)

Von einer reellen Funktion $f: D \subseteq \mathbb{R} \longrightarrow \mathbb{R}$ ist bekannt, dass sie durch die folgenden 5 Punkte geht:

x_i	0	1	2	3	4
y_i	1	1	2	6	24

Zu bestimmen sei das Interpolationspolynom $p(x) = \sum_{k=0}^{4} a_k x^k$ vom Grad kleiner gleich 4, welches diese 5 Stützpunkte interpoliert. Dann ist zur Bestimmung der Koeffizienten a_k das lineare Gleichungssystem

$$\mathbf{V}\mathbf{a} = \begin{pmatrix} 1 & 0 & 0 & 0 & 0 \\ 1 & 1 & 1 & 1 & 1 \\ 1 & 2 & 4 & 8 & 16 \\ 1 & 3 & 9 & 27 & 81 \\ 1 & 4 & 16 & 64 & 256 \end{pmatrix} \begin{pmatrix} a_0 \\ a_1 \\ a_2 \\ a_3 \\ a_4 \end{pmatrix} = \begin{pmatrix} 1 \\ 1 \\ 2 \\ 6 \\ 24 \end{pmatrix} = \mathbf{y}$$

zu lösen. Mit dem Gauß-Algorithmus oder durch Berechnung der Inversen $\mathbf{V}^{-1}$ der Vandermonde-Matrix $\mathbf{V}$ kann der Lösungsvektor $\mathbf{a} := (a_0, \ldots, a_4)^T$ mit den Werten für die unbekannten Koeffizienten a_k berechnet werden. Zum Beispiel erhält man mit dem Gauß-Algorithmus (zur Erläuterung des Gauß-Algorithmus siehe Abschnitt 9.3)

	a_0	a_1	a_2	a_3	a_4	y	
(1)	1	0	0	0	0	1	
(2)	1	1	1	1	1	1	
(3)	1	2	4	8	16	2	
(4)	1	3	9	27	81	6	
(5)	1	4	16	64	256	24	
(1)	1	0	0	0	0	1	
(2′)	0	1	1	1	1	0	(2) − 1 · (1)
(3′)	0	2	4	8	16	1	(3) − 1 · (1)
(4′)	0	3	9	27	81	5	(4) − 1 · (1)
(5′)	0	4	16	64	256	23	(5) − 1 · (1)
(1)	1	0	0	0	0	1	
(2′)	0	1	1	1	1	0	
(3″)	0	0	2	6	14	1	(3′) − 2 · (2′)
(4″)	0	0	6	24	78	5	(4′) − 3 · (2′)
(5″)	0	0	12	60	252	23	(5′) − 4 · (2′)
(1)	1	0	0	0	0	1	
(2′)	0	1	1	1	1	0	
(3″)	0	0	2	6	14	1	
(4‴)	0	0	0	6	36	2	(4″) − 3 · (3″)
(5‴)	0	0	0	24	168	17	(5″) − 6 · (3″)
(1)	1	0	0	0	0	1	
(2′)	0	1	1	1	1	0	
(3″)	0	0	2	6	14	1	
(4‴)	0	0	0	6	36	2	
(5⁗)	0	0	0	0	24	9	(5‴) − 4 · (4‴)

Daraus erhält man für die Koeffizienten a_k durch sukzessives Rückwärtseinsetzen die Werte $a_4 = \frac{9}{24} = \frac{3}{8}$, $a_3 = \frac{1}{6}(2 - 36 a_4) = -\frac{23}{12}$, $a_2 = \frac{1}{2}(1 - 14 a_3 - 6 a_3) = \frac{29}{8}$, $a_1 = 0 - a_4 - a_3 - a_2 = -\frac{25}{12}$ und $a_0 = 1$. Das heißt, in der Darstellung $p(x) = \sum_{k=0}^{4} a_k x^k$ ist das Interpolationspolynom p durch

$$p(x) = \frac{3}{8} x^4 - \frac{23}{12} x^3 + \frac{29}{8} x^2 - \frac{25}{12} x + 1$$

gegeben. Wie aus Abbildung 27.1 zu erkennen ist, liefert die Interpolation der Funktion f, von der die fünf Stützpunkte $(x_0, y_0), \ldots, (x_4, y_4)$ stammen, mit dem Polynom p im Intervall $[-\frac{1}{2}, 4]$ sehr gute Näherungswerte.

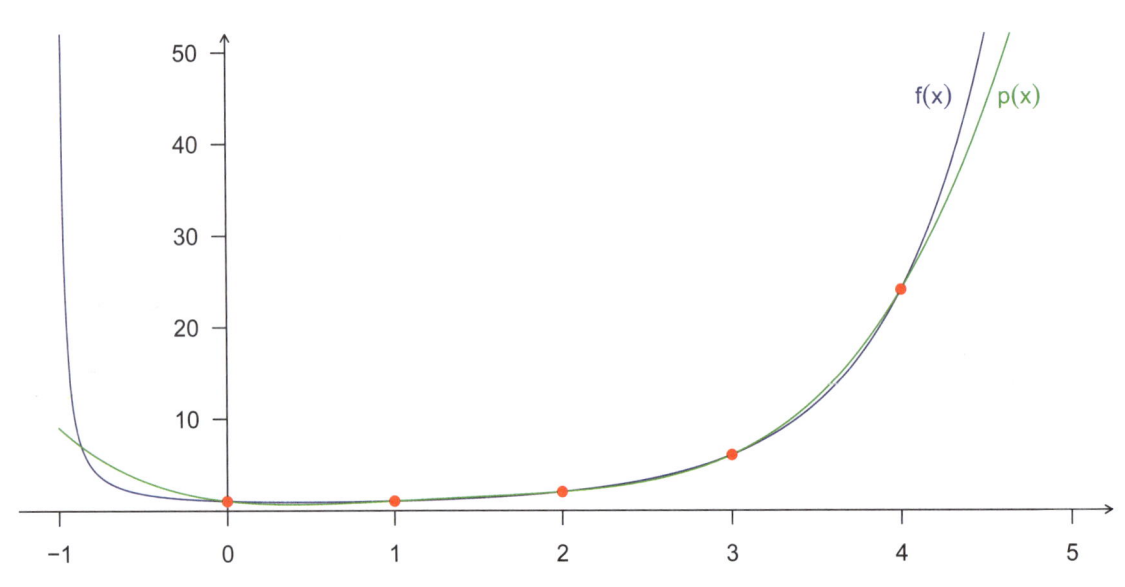

Abb. 27.1: Interpolation der Funktion f durch die Stützpunkte $(0, 1)$, $(1, 1)$, $(2, 2)$, $(3, 6)$, $(4, 24)$ durch ein Polynom p des Grades 4

27.2 Lagrangesches Interpolationspolynom

Eine andere Darstellung des Interpolationspolynoms p ist das nach dem italienischen Mathematiker *Joseph-Louis Lagrange* (1736–1813) benannte **Lagrangesche Interpolationspolynom**. Neben dem bekannten schweizerischen Uhrmachermeister und Erfinder *Abraham Louis Breguet* (1747–1823) ist *Lagrange* die einzige nicht französische Persönlichkeit, deren Name in Anerkennung für ihre großen wissenschaftlichen Beiträge in goldenen Lettern über der Peripherie der ersten Etage des Eifelturmes eingraviert ist.

J.-L. Lagrange

Darüber hinaus spiegelt sich die enorme wissenschaftliche Bedeutung *Lagrange*s auch in der besonders großen Ehrbezeugung wieder, dass sein Leichnam im Panthéon, der nationalen Ruhmeshalle Frankreichs und Grabstätte berühmter – fast ausschließlich französischer – Persönlichkeiten, aufgebahrt ist.

Panthéon Paris

Das Lagrangesche Interpolationspolynom ist gegeben durch

$$p(x) = \sum_{k=0}^{n} y_k L_k(x), \qquad (27.4)$$

wobei

$$L_k(x) := \prod_{\substack{i=0 \\ i \neq k}}^{n} \frac{x - x_i}{x_k - x_i}$$

mit $x_k \neq x_i$ für $k \neq i$ das sogenannte **k-te Lagrangesche Polynom n-ten Grades** ist. Da für diese Polynome offensichtlich

$$L_k(x_j) = \begin{cases} 1 & \text{für } j = k \\ 0 & \text{für } j \neq k \end{cases}$$

gilt, löst das Lagrangesche Interpolationspolynom (27.4) das Interpolationsproblem. Das heißt, es gilt $p(x_i) = y_i$ für alle $i = 0, 1, \ldots, n$. Ausführlich geschrieben lautet das Lagrangesche Interpolationspolynom

$$p(x) = \sum_{k=0}^{n} y_k \prod_{\substack{i=0 \\ i \neq k}}^{n} \frac{x - x_i}{x_k - x_i}, \qquad (27.5)$$

wobei diese Darstellung häufig als Polynomdarstellung bzgl. der **Lagrangeschen Basis** $\{L_0(x), L_1(x), \ldots, L_n(x)\}$ bezeichnet wird.

Bei den beiden Darstellungen (27.1) und (27.5) handelt es sich um dasselbe Interpolationspolynom p vom Grad kleiner gleich n. Dies folgt unmittelbar aus der Eindeutigkeitsaussage des Satzes 27.1, da die beiden Polynome in den $n+1$ Stützpunkten $(x_0, y_0), \ldots, (x_n, y_n)$ übereinstimmen. Allgemein ist es wichtig, bei der Betrachtung verschiedener Interpolationsverfahren zwischen der Funktion p und ihren verschiedenen Darstellungen als Polynom zu unterscheiden. Als Funktion, d. h. als Zuordnungsvorschrift $p\colon \mathbb{R} \longrightarrow \mathbb{R}$, $x \mapsto p(x)$, ist p nach Satz 27.1 eindeutig bestimmt. Es gibt jedoch unterschiedliche Darstellungen von p durch eine explizite Formel. Zwei Beispiele für solche verschiedenen Darstellungen sind (27.1) und (27.5).

Ein gutes Interpolationsverfahren zeichnet sich vor allem dadurch aus, dass mit ihm das Polynom p effizient berechnet werden kann. Ein großer Vorteil des Lagrangeschen Interpolationspolynoms ist es, dass die Lagrangeschen Polynome L_k von den Stützwerten y_i unabhängig sind. Dadurch lassen sich für gegebene Stützstellen x_i verschiedene Sätze von Stützwerten y_i schnell interpolieren, wenn die Lagrangeschen Polynome L_k bereits bestimmt worden sind.

Beispiel 27.3 (Lagrangesches Interpolationspolynom)

Es wird wieder die reelle Funktion $f\colon D \subseteq \mathbb{R} \longrightarrow \mathbb{R}$ aus Beispiel 27.2 betrachtet. Zu bestimmen sei das Lagrangesche Interpolationspolynom $p(x) = \sum_{k=0}^{4} y_k L_k(x)$ vom Grad kleiner gleich 4, welches die dort angegebenen 5 Stützpunkte interpoliert. Dazu sind die fünf Lagrangeschen Polynome $L_0, \ldots, L_4$ zu berechnen. Man erhält dann das Langrangesche Interpolationspolynom

$$p(x) = 1 \cdot L_0(x) + 1 \cdot L_1(x) + 2 \cdot L_2(x) + 6 \cdot L_3(x) + 24 \cdot L_4(x)$$

mit

$$L_0(x) = \frac{(x-1)(x-2)(x-3)(x-4)}{(0-1)(0-2)(0-3)(0-4)}$$
$$= \frac{1}{24}(x-1)(x-2)(x-3)(x-4),$$
$$L_1(x) = \frac{x(x-2)(x-3)(x-4)}{(1-0)(1-2)(1-3)(1-4)}$$
$$= -\frac{1}{6}x(x-2)(x-3)(x-4),$$
$$L_2(x) = \frac{x(x-1)(x-3)(x-4)}{(2-0)(2-1)(2-3)(2-4)}$$
$$= \frac{1}{4}x(x-1)(x-3)(x-4),$$
$$L_3(x) = \frac{x(x-1)(x-2)(x-4)}{(3-0)(3-1)(3-2)(3-4)}$$
$$= -\frac{1}{6}x(x-1)(x-2)(x-4),$$
$$L_4(x) = \frac{x(x-1)(x-2)(x-3)}{(4-0)(4-1)(4-2)(4-3)}$$
$$= \frac{1}{24}x(x-1)(x-2)(x-3)$$

(vgl. auch Abbildung 27.1).

27.3 Newtonsches Interpolationspolynom

Die beiden Darstellungen (27.1) und (27.4) besitzen für die praktische Anwendung den Nachteil, dass bei Hinzukommen eines weiteren Stützpunktes (x_{n+1}, y_{n+1}) die bisherige Arbeit umsonst war und die Berechnungen für das Interpolationspolynom p von Grund auf neu erfolgen müssen. Daher werden in der Praxis zur Bestimmung von p oftmals nicht die beiden Polynomdarstellungen (27.1) und (27.4) verwendet, sondern in der Regel das nach dem herausragenden englischen Physiker und Mathematiker *Isaac Newton* (1643–1727) benannte **Newtonsche Interpolationspolynom**.

I. Newton

Das Newtonsche Interpolationspolynom ist gegeben durch

$$p(x) = \sum_{k=0}^{n} \alpha_k N_k(x), \qquad (27.6)$$

wobei

$$N_k(x) := \begin{cases} 1 & \text{für } k = 0 \\ \prod_{i=0}^{k-1}(x - x_i) & \text{für } k \geq 1 \end{cases} \qquad (27.7)$$

das **k-te Newton-Polynom n-ten Grades** genannt wird. Ausführlich geschrieben lautet das Newton-Interpolationspolynom

$$p(x) = \sum_{k=0}^{n} \alpha_k \prod_{i=0}^{k-1} (x - x_i).$$

Diese Darstellung wird oftmals auch als Polynomdarstellung bzgl. der **Newtonschen Basis** $\{N_0(x), N_1(x), \ldots, N_n(x)\}$ bezeichnet.

Das Newtonsche Interpolationspolynom p besitzt den großen Vorteil, dass die Hinzunahme eines weiteren Stützpunktes (x_{n+1}, y_{n+1}) in dem Sinne problemlos ist, dass die Berechnung des neuen Interpolationspolynoms direkt auf dem Ergebnis für die bisher vorhandenen $n+1$ Stützpunkte $(x_0, y_0), \ldots, (x_n, y_n)$ aufbauen kann.

Die Forderung $p(x_i) = y_i$ für alle $i = 0, 1, \ldots, n$ liefert bei Verwendung der Darstellung (27.6) für die Koeffizienten α_k das lineare Gleichungssystem

$$y_0 = \alpha_0$$
$$y_1 = \alpha_0 + \alpha_1(x_1 - x_0)$$
$$y_2 = \alpha_0 + \alpha_1(x_2 - x_0) + \alpha_2(x_2 - x_0)(x_2 - x_1)$$
$$\vdots$$
$$y_n = \alpha_0 + \alpha_1(x_n - x_0) + \alpha_2(x_n - x_0)(x_n - x_1)$$
$$\quad + \ldots + \alpha_n(x_n - x_0)(x_n - x_1) \cdots (x_n - x_{n-1})$$

bzw. in Matrixschreibweise

$$\begin{pmatrix} 1 & 0 & 0 & \ldots & 0 \\ 1 & (x_1-x_0) & 0 & \ldots & 0 \\ 1 & (x_2-x_0) & (x_2-x_0)(x_2-x_1) & \ldots & 0 \\ \vdots & \vdots & \vdots & \ddots & \vdots \\ 1 & (x_n-x_0) & (x_n-x_0)(x_n-x_1) & \ldots & \prod_{i=0}^{n-1}(x_n - x_i) \end{pmatrix} \begin{pmatrix} \alpha_0 \\ \alpha_1 \\ \vdots \\ \alpha_n \end{pmatrix}$$
$$= \begin{pmatrix} y_0 \\ y_1 \\ \vdots \\ y_n \end{pmatrix}. \quad (27.8)$$

Aus diesem linearen Gleichungssystem ist wieder ersichtlich, dass das Interpolationspolynom p genau dann eindeutig bestimmt ist, wenn die Stützstellen $x_0, \ldots, x_n$ paarweise verschieden sind. Denn dann ist die Determinante der Matrix auf der linken Seite von (27.8) ungleich Null und das lineare Gleichungssystem damit eindeutig lösbar.

Im Gegensatz zum linearen Gleichungssystem (27.3) mit der relativ komplizierten Vandermonde-Matrix $\mathbf{V}$, das bei Wahl der monomialen Basis $\{1, x, x^2, \ldots, x^n\}$ resultiert, erhält man bei Wahl der Newtonschen Basis $\{N_0(x), N_1(x), \ldots, N_n(x)\}$ ein deutlich einfacher strukturiertes lineares Gleichungssystem mit einer unteren Dreiecksmatrix. Dieses Gleichungssystem kann sehr einfach rekursiv von oben nach unten gelöst werden. Man erhält dann für die zu bestimmenden Koeffizienten α_k die Terme

$$\alpha_0 = y_0, \quad \alpha_1 = \frac{y_1 - \alpha_0}{x_1 - x_0},$$
$$\alpha_2 = \frac{y_2 - \alpha_0}{(x_2 - x_0)(x_2 - x_1)} - \frac{\alpha_1}{x_2 - x_1} \quad \text{usw.}$$

Dividierte Differenzen

Die Koeffizienten α_k für das Newtonsche Interpolationspolynom können noch effizienter mit Hilfe des Schemas der sogenannten **dividierten Differenzen** berechnet werden:

> **Definition 27.4** (Dividierte Differenzen)
>
> *Es seien* $(x_0, y_0), \ldots, (x_n, y_n)$ $n + 1$ *Stützpunkte mit* $x_i \neq x_j$ *für alle* $i \neq j$. *Dann heißt* $f[x_i, \ldots, x_{i+k}]$ *mit*
> 1) $f[x_i] := y_i$ *für* $i = 0, 1, \ldots, n$ *und*
> 2) $f[x_i, \ldots, x_{i+k}] := \frac{f[x_{i+1}, \ldots, x_{i+k}] - f[x_i, \ldots, x_{i+k-1}]}{x_{i+k} - x_i}$
>
> *k-te dividierte Differenz.*

Die systematische rekursive Berechnung der Koeffizienten $\alpha_0, \ldots, \alpha_n$ mittels dividierter Differenzen geht bereits auf *Newton* zurück. Es lässt sich, wie in Tabelle 27.1 angegeben, veranschaulichen.

Dieses Schema wird spaltenweise von links nach rechts entwickelt. Rechts neben den Stützwerten y_i stehen die ersten dividierten Differenzen

$$f[x_0, x_1], f[x_1, x_2], \ldots, f[x_{n-1}, x_n].$$

In der nächsten Spalte stehen die zweiten dividierten Differenzen

$$f[x_0, x_1, x_2], f[x_1, x_2, x_3], \ldots, f[x_{n-2}, x_{n-1}, x_n].$$

Im Anschluss werden die dritten dividierten Differenzen

$$f[x_0, x_1, x_2, x_3], f[x_1, x_2, x_3, x_4], \ldots, f[x_{n-3}, x_{n-2}, x_{n-1}, x_n]$$

abgetragen usw. Wie der folgende Satz zeigt, erhält man durch dieses Vorgehen die Koeffizienten α_k des Newton-

27.3 Newtonsches Interpolationspolynom

$x_i \setminus k$	0	1	2	3	...	n
x_0	$y_0 = f[x_0]$					
		$f[x_0, x_1]$				
x_1	$y_1 = f[x_1]$		$f[x_0, x_1, x_2]$			
		$f[x_1, x_2]$		$f[x_0, x_1, x_2, x_3]$		
x_2	$y_2 = f[x_2]$		$f[x_1, x_2, x_3]$		$\ddots$	
					...	$f[x_0, \ldots, x_n]$
$\vdots$			$f[x_{n-2}, x_{n-1}, x_n]$	...		
$\vdots$		$f[x_{n-1}, x_n]$				
x_n	$y_n = f[x_n]$					

Tabelle 27.1: Schema zur Berechnung der dividierten Differenzen $f[x_i, \ldots, x_{i+k}]$

Interpolationspolynoms (27.6) als die Werte $f[x_0, \ldots, x_k]$ in der oberen Schrägzeile von Tabelle 27.1.

Satz 27.5 (Zusammenhang dividierter Differenzen und Koeffizienten α_k)

Es seien $(x_0, y_0), \ldots, (x_n, y_n)$ $n+1$ *Stützpunkte mit* $x_i \neq x_j$ *für alle* $i \neq j$ *und* $p_{i \ldots i+k}$ *sei das eindeutig bestimmte Interpolationspolynom vom Grad kleiner oder gleich* k *mit* $p_{i \ldots i+k}(x_j) = y_j$ *für* $j = i, \ldots, i+k$. *Dann gilt*

$$p_{i \ldots i+k}(x) = f[x_i] + f[x_i, x_{i+1}](x - x_i) + \ldots$$
$$+ f[x_i, \ldots, x_{i+k}] \prod_{j=i}^{i+k-1}(x - x_j)$$

für alle $x \in \mathbb{R}$ *und damit insbesondere* $\alpha_k = f[x_0, \ldots, x_k]$ *für alle* $k = 0, \ldots, n$ *sowie*

$$p_{0 \ldots n}(x) = p_{0 \ldots n-1}(x) + f[x_0, \ldots, x_n] \prod_{i=0}^{n-1}(x - x_i)$$
$$= \sum_{k=0}^{n} f[x_0, \ldots, x_k] \prod_{i=0}^{k-1}(x - x_i) \qquad (27.9)$$

für alle $x \in \mathbb{R}$.

Beweis: Der Beweis erfolgt mit vollständiger Induktion nach k.

Induktionsanfang: Für $k = 0$ ist die Aussage richtig, denn es gilt $p_i(x) = f[x_i] = y_i$.

Induktionsschritt: Es wird angenommen, dass die Behauptung für $k - 1 \in \{0, \ldots, n-i\}$ richtig ist. Das Polynom $p_{i \ldots i+k}$ lässt

sich in der Form

$$p_{i \ldots i+k}(x) = p_{i \ldots i+k-1}(x) + \alpha(x - x_i) \cdots (x - x_{i+k-1}) \quad (27.10)$$

darstellen. Dabei ist zu beachten, dass der zweite Term auf der rechten Seite von (27.10) offensichtlich für $x = x_i, \ldots, x_{i+k-1}$ verschwindet.

Aufgrund der Induktionsannahme bleibt zu zeigen, dass $\alpha = f[x_i, \ldots, x_{i+k}]$ gilt. Dazu ist festzuhalten, dass das Polynom $p_{i \ldots i+k}$ die Darstellung

$$p_{i \ldots i+k}(x) = \frac{(x - x_i) p_{i+1 \ldots i+k}(x) - (x - x_{i+k}) p_{i \ldots i+k-1}(x)}{x_{i+k} - x_i}$$
(27.11)

besitzt. Denn auf beiden Seiten der Gleichung (27.11) stehen Polynome vom Grad kleiner gleich k, die an den $k+1$ Stützstellen $x_i, \ldots, x_{i+k}$ die gleichen Werte $y_i, \ldots, y_{i+k}$ annehmen. Mit Satz 27.1 folgt somit, dass die beiden Polynome auf der linken und rechten Seite von (27.11) identisch sind. Ferner ist α der Leitkoeffizient von $p_{i \ldots i+k}$, während nach Induktionsannahme $f[x_{i+1}, \ldots, x_{i+k}]$ bzw. $f[x_i, \ldots, x_{i+k-1}]$ die Leitkoeffizienten der Polynome $p_{i+1 \ldots i+k}$ bzw. $p_{i \ldots i+k-1}$ sind. Durch Koeffizientenvergleich erhält man somit aus (27.11)

$$\alpha = \frac{f[x_{i+1}, \ldots, x_{i+k}] - f[x_i, \ldots, x_{i+k-1}]}{x_{i+k} - x_i}$$
$$= f[x_i, \ldots, x_{i+k}],$$

was zu zeigen war. ∎

Ist $p_{0 \ldots n}$ das Newton-Interpolationspolynom durch die $n+1$ Stützpunkte (x_i, y_i) mit $i = 0, 1, \ldots, n$ und (x_{n+1}, y_{n+1}) ein neu hinzugekommener Stützpunkt, dann muss gemäß Satz 27.5 zur Berechnung des aktualisierten Newton-Interpolationspolynoms $p_{0 \ldots n+1}$ durch die $n+2$ Stützpunkte (x_i, y_i) mit $i = 0, 1, \ldots, n+1$ lediglich das Schema in Tabelle 27.1 um eine weitere untere Schrägzeile ergänzt werden.

Das heißt, man erhält aus dem zuvor berechneten Newton-Interpolationspolynom $p_{0\cdots n}$ das aktualisierte Newton-Interpolationspolynom $p_{0\cdots n+1}$ durch die Formel

$$p_{0\cdots n+1}(x) = p_{0\cdots n}(x) + f[x_0, \ldots, x_{n+1}] \prod_{i=0}^{n}(x - x_i).$$

Auf diese Weise kann durch Hinzunehmen weiterer Stützpunkte eine gewünschte Genauigkeit der Interpolation in einem bestimmten Intervall effizient erreicht werden. Bei äquidistanten Stützstellen $x_i = x_0 + ih$ mit $i = 0, 1, \ldots, n$ und $h := \frac{x_n - x_0}{n}$ ist das Schema in Tabelle 27.1 und damit insbesondere die Berechnung der Koeffizienten α_k des Newton-Interpolationspolynoms besonders einfach.

Beispiel 27.6 (Newtonsches Interpolationspolynom)

Es wird wieder die reelle Funktion $f: D \subseteq \mathbb{R} \longrightarrow \mathbb{R}$ aus Beispiel 27.2 betrachtet. Zu bestimmen sei das Newtonsche Interpolationspolynom $p(x) = \sum_{k=0}^{4} \alpha_k N_k(x)$ vom Grad kleiner gleich 4, welches die dort angegebenen 5 Stützpunkte interpoliert. Dazu sind die Koeffizienten a_k zu berechnen. Mit dem Schema der dividierten Differenzen erhält man (beachte, dass es sich bei $x_0, \ldots, x_4$ um äquidistante Stützstellen mit dem Abstand 1 handelt):

$x_i \setminus k$	0	1	2	3	4
0	1				
		0			
1	1		$\frac{1}{2}$		
		1		$\frac{1}{3}$	
2	2		$\frac{3}{2}$		$\frac{3}{8}$
		4		$\frac{11}{6}$	
3	6		7		
		18			
4	24				

Das heißt, die Werte für die Koeffizienten a_k sind gegeben durch $\alpha_0 = 1, \alpha_1 = 0, \alpha_2 = \frac{1}{2}, \alpha_3 = \frac{1}{3}$ und $\alpha_4 = \frac{3}{8}$. Das Polynom p in der Newton-Darstellung lautet somit

$$p(x) = \frac{3}{8}x(x-1)(x-2)(x-3) + \frac{1}{3}x(x-1)(x-2) + \frac{1}{2}x(x-1) + 1$$

(vgl. auch Abbildung 27.1).

Neville-Aitken-Algorithmus

Die Rekursionsformel

$$p_{i\cdots i+k}(x) = \frac{(x - x_i)p_{i+1\cdots i+k}(x) - (x - x_{i+k})p_{i\cdots i+k-1}(x)}{x_{i+k} - x_i}$$

mit $p_i(x) = y_i$ für $i = 0, \ldots, n$ (siehe (27.11) im Beweis von Satz 27.5) wird nach dem englischen Mathematiker *Eric Harold Neville* (1889–1961) und dem neuseeländischen Mathematiker und Statistiker *Alexander Craig Aitken* (1895–1967) als **Neville-Aitken-Algorithmus** bezeichnet.

Der Neville-Aitken-Algorithmus erlaubt ebenfalls eine effiziente Berechnung bei neu hinzukommenden Stützpunkten. Im direkten Vergleich zum Newton-Algorithmus lässt sich festhalten: Soll das Interpolationspolynom p nur an wenigen Stellen berechnet werden, dann ist der Neville-Aitken-Algorithmus effizienter. Der Newton-Algorithmus ist dagegen vorteilhafter, wenn das Polynom p für viele Werte ausgewertet werden soll oder wenn alle Koeffizienten α_k des Interpolationspolynoms p benötigt werden.

A. C. Aitken

Analog zum Schema der dividierten Differenzen kann auch für die Berechnung der Werte des Polynoms $p_{i\cdots i+k}(x)$ mittels des Neville-Aitken-Algorithmus ein effizientes Berechnungsschema, das sogenannte **Neville-Schema**, angegeben werden (siehe Tabelle 27.2).

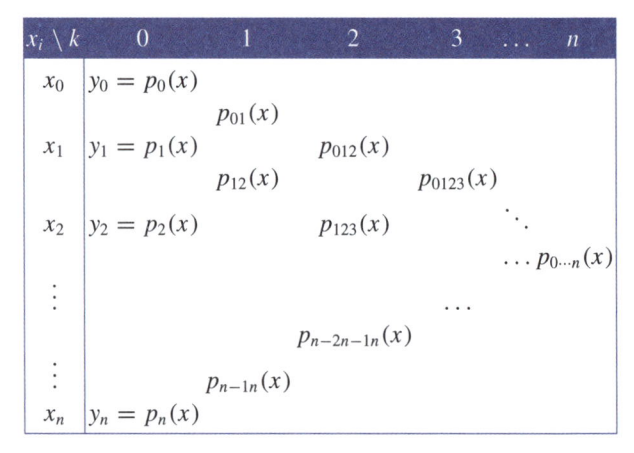

$x_i \setminus k$	0	1	2	3	$\ldots$	n
x_0	$y_0 = p_0(x)$					
		$p_{01}(x)$				
x_1	$y_1 = p_1(x)$		$p_{012}(x)$			
		$p_{12}(x)$		$p_{0123}(x)$		
x_2	$y_2 = p_2(x)$		$p_{123}(x)$		$\ddots$	
						$p_{0\cdots n}(x)$
$\vdots$					$\cdots$	
			$p_{n-2\,n-1\,n}(x)$			
$\vdots$		$p_{n-1\,n}(x)$				
x_n	$y_n = p_n(x)$					

Tabelle 27.2: Neville-Schema für die Berechnung der Polynomwerte $p_{i\cdots i+k}(x)$ mittels Neville-Aitken-Algorithmus

Beispiel 27.7 (Anwendung des Neville-Aitken-Algorithmus)

Es werden wieder die reelle Funktion $f : D \subseteq \mathbb{R} \longrightarrow \mathbb{R}$ und die 5 Stützpunkte aus Beispiel 27.2 betrachtet. Zu berechnen sei der Wert des Interpolationspolynoms p vom Grad kleiner gleich 4 an der Stelle $x = \frac{3}{2}$ mittels des Neville-Aitken-Algorithmus. Mit dem Berechnungsschema für den Neville-Aitken-Algorithmus erhält man:

$x_i \backslash k$	0	1	2	3	4
0	1				
		1			
1	1		$\frac{11}{8}$		
		$\frac{3}{2}$		$\frac{5}{4}$	
2	2		$\frac{9}{8}$		$\frac{187}{128}$
		0		$\frac{87}{48}$	
3	6		$\frac{21}{4}$		
		-21			
4	24				

Das heißt, für den Wert des Interpolationspolynoms p an der Stelle $x = \frac{3}{2}$ gilt $p(\frac{3}{2}) = \frac{187}{128}$ (vgl. auch Abbildung 27.1).

27.4 Interpolationsfehler

Es sei $f : I \longrightarrow \mathbb{R}$ eine beliebige reelle Funktion auf dem Intervall $I \subseteq \mathbb{R}$ und $x_0, \ldots, x_n \in I$ seien paarweise verschiedene Stützstellen. Gemäß Satz 27.1 gibt es dann genau ein Polynom p_n vom Grad kleiner gleich n, welches den $n + 1$ Interpolationsbedingungen $p_n(x_i) = f(x_i)$ mit $i = 0, \ldots, n$ genügt. Es ist daher eine naheliegende Frage, was über den entstehenden **Interpolationsfehler**

$$f(x) - p_n(x)$$

bei der Polynominterpolation ausgesagt werden kann. Eine erste Antwort auf diese Frage liefert der folgende Satz, der ohne weitere Annahmen an die zu interpolierende Funktion f auskommt:

Satz 27.8 (Interpolationsfehler ohne Annahmen an f)

Es sei $f : I \longrightarrow \mathbb{R}$ eine beliebige reelle Funktion auf dem Intervall $I \subseteq \mathbb{R}$ und $x_0, \ldots, x_n \in I$ seien paarweise verschiedene Stützstellen. Dann gilt für den Interpolationsfehler an einer Stelle $\overline{x} \in I \setminus \{x_0, \ldots, x_n\}$

$$f(\overline{x}) - p_n(\overline{x}) = f[x_0, \ldots, x_n, \overline{x}] \prod_{k=0}^{n} (\overline{x} - x_k). \quad (27.12)$$

Beweis: Mit Satz 27.5 und $x_{n+1} := \overline{x}$ erhält man die Darstellung

$$p_{0\cdots n+1}(x) = p_{0\cdots n}(x) + f[x_0, \ldots, x_n, \overline{x}] \prod_{k=0}^{n} (x - x_k) \quad (27.13)$$

für alle $x \in I$. Wegen $f(\overline{x}) = p_{0\cdots n+1}(\overline{x})$ und $p_{0\cdots n}(x) = p_n(x)$ folgt daraus die Behauptung. ∎

Ist die zu interpolierende Funktion f zusätzlich $(n+1)$-fach stetig differenzierbar, dann lässt sich eine deutlich weitergehende Antwort auf die Frage nach dem Interpolationsfehler geben:

Satz 27.9 (Interpolationsfehler bei Differenzierbarkeitsannahme an f)

Es sei $f : I \to \mathbb{R}$ eine $(n+1)$-fach stetig differenzierbare Funktion auf dem Intervall $I \subseteq \mathbb{R}$ und $x_0, \ldots, x_n \in I$ seien paarweise verschiedene Stützstellen. Dann existiert zu jedem $x \in I$ ein ξ aus dem Intervall $\left(\min\{x_0, \ldots, x_n, x\}, \max\{x_0, \ldots, x_n, x\}\right)$ mit der Eigenschaft

$$f(x) - p_n(x) = \frac{f^{(n+1)}(\xi)}{(n+1)!} \prod_{k=0}^{n} (x - x_k), \quad (27.14)$$

wobei $f^{(n+1)}(\xi)$ die $(n+1)$-te Ableitung von f an der Stelle ξ ist. Damit gilt insbesondere die Fehlerabschätzung

$$|f(x) - p_n(x)| \leq \frac{\max_{t \in I} \left| f^{(n+1)}(t) \right|}{(n+1)!} \prod_{k=0}^{n} |x - x_k| \quad (27.15)$$

für alle $x \in I$.

Beweis: Für $x \in \{x_0, \ldots, x_n\}$ ist die Behauptung (27.14) offensichtlich erfüllt. Es kann daher ohne Beschränkung der Allgemeinheit $x \neq x_i$ für alle $i = 0, \ldots, n$ angenommen werden. Ferner sei

$$g : I \longrightarrow \mathbb{R}, \quad t \mapsto g(t) := f(t) - p_n(t) - \frac{f(x) - p_n(x)}{\omega_n(x)} \omega_n(t)$$

mit $\omega_n(t) := \prod_{k=0}^{n} (t - x_k)$. Mit f ist auch die Funktion g $(n+1)$-fach stetig differenzierbar. Ferner besitzt die Funktion g die $n+2$ Nullstellen $x_0, \ldots, x_n, x$. Es gibt daher $n+1$ aneinandergrenzende Teilintervalle von I, in deren Endpunkten die Funktion g Nullstellen besitzt. Mit dem Satz von Rolle (siehe Satz 16.27 in Abschnitt 16.7) folgt daher, dass die 1. Ableitung g' im Inneren dieser Teilintervalle jeweils mindestens eine Nullstelle besitzt. Das heißt, g' besitzt im Intervall I mindestens $n+1$ paarweise verschiedene Nullstellen. Eine erneute Anwendung dieser Argumentation und des Satzes von Rolle liefert, dass g'' im Intervall I mindestens n paarweise verschiedene Nullstellen besitzt usw. Auf diese Weise folgt induktiv, dass $g^{(n+1)}$ im Intervall I mindestens eine Nullstelle $\xi \in (\min\{x_0, \ldots, x_n, x\}, \max\{x_0, \ldots, x_n, x\})$ besitzt. Das heißt, es gilt

$$g^{(n+1)}(\xi) = f^{(n+1)}(\xi) - (n+1)!\frac{f(x) - p_n(x)}{\omega_n(x)} = 0.$$

Daraus folgt mit einer einfachen Umformung die Behauptung (27.14).

Die Abschätzung (27.15) erhält man unmittelbar aus (27.14), wenn auf beiden Seiten die Beträge betrachtet werden und $|f^{(n+1)}(\xi)|$ durch den Wert $\max_{t \in I} |f^{(n+1)}(t)|$ nach oben abgeschätzt wird. ∎

Ist $f: I \longrightarrow \mathbb{R}$ eine $(n+1)$-fach stetig differenzierbare Funktion, dann erhält man aus (27.12) und (27.14) mit $\overline{x} = x = x_{n+1}$ für die dividierten Differenzen und die $(n+1)$-te Ableitung von f den folgenden Zusammenhang

$$f[x_0, \ldots, x_n, x_{n+1}] = \frac{f^{(n+1)}(\xi)}{(n+1)!}$$

für ein $\xi \in (\min\{x_0, \ldots, x_{n+1}\}, \max\{x_0, \ldots, x_{n+1}\})$. Die Interpolationsformel von Newton (27.9) kann daher zusammen mit dem Interpolationsfehler (27.15) als Verallgemeinerung der Taylor-Formel (siehe Satz 17.5 in Abschnitt 17.2) angesehen werden, die sich als Grenzfall für $x_1, \ldots, x_n \to x_0$ ergibt.

27.5 Tschebyscheff-Stützstellen

Bei der Polynominterpolation ist zu beachten, dass sich die Interpolationsgüte mit zunehmender Anzahl von Stützpunkten (x_i, y_i) nicht notwendigerweise verbessern muss. Bei ungünstiger Wahl der Stützstellen x_i kann es sogar vorkommen, dass sich das Interpolationspolynom p in bestimmten Bereichen sehr stark von der zu interpolierenden Funktion f unterscheidet.

C. Runge

Diese Beobachtung wird nach dem deutschen Mathematiker und Physiker *Carl Runge* (1856–1927) als **Runges Phänomen** bezeichnet, der zur Illustration dieses Phänomens die nach ihm benannte **Runge-Funktion**

$$f: [-5, 5] \longrightarrow \mathbb{R}, \quad x \mapsto \frac{1}{1 + x^2}$$

verwendete. Wie aus Abbildung 27.2 deutlich zu erkennen ist, liefert die Polynominterpolation der Runge-Funktion bei Verwendung von 6 äquidistanten Stützstellen eine bessere Näherung als bei 11 äquidistanten Stützstellen. Vor allem am Rand des Intervalls $[-5, 5]$ weist das Interpolationspolynom p bei Verwendung von 11 äquidistanten Stützstellen ein stark oszillierendes Verhalten auf. Ein solcher Effekt ist oft bei Interpolationspolynomen höheren Grades und der Verwendung von äquidistanten Stützstellen zu beobachten. Polynome sind daher in der Regel nicht dazu geeignet, eine Funktion über ihrem gesamten Definitionsbereich mit einem geringen Fehler zu interpolieren. In der Tat kann man sogar zeigen, dass der maximale Fehler

$$\max_{x \in [-5, 5]} |f(x) - p_n(x)|,$$

bei der Interpolation der Runge-Funktion f durch ein Polynom p_n basierend auf $n+1$ Stützpunkten (x_i, y_i) für größer werdendes n über alle Grenzen wächst (siehe hierzu z. B. Werner [71]).

Durch die Verwendung nicht äquidistanter Stützstellen, die an den problematischen Intervallgrenzen dichter liegen, kann jedoch das Oszillationsverhalten eines Interpolationspolynoms p und damit insbesondere auch der Gesamtfehler bei der Interpolation einer reellen Funktion $f: [a, b] \longrightarrow \mathbb{R}$ deutlich verringert werden.

Ist man in der komfortablen Situation, die $n+1$ verschiedenen Stützstellen $x_0, \ldots, x_n \in [a, b]$ frei wählen zu können, dann folgt mit Satz 27.9, dass der betragsmäßig maximale Interpolationsfehler $f(x) - p(x)$ minimiert wird, wenn die Stützstellen $x_0, \ldots, x_n \in [a, b]$ so gewählt werden, dass

$$\max_{x \in [a, b]} \prod_{k=0}^{n} (x - x_k)$$

P. L. Tschebyscheff

minimiert wird. In der Approximationstheorie wird gezeigt, dass diese Forderung zu den nach dem bekannten russi-

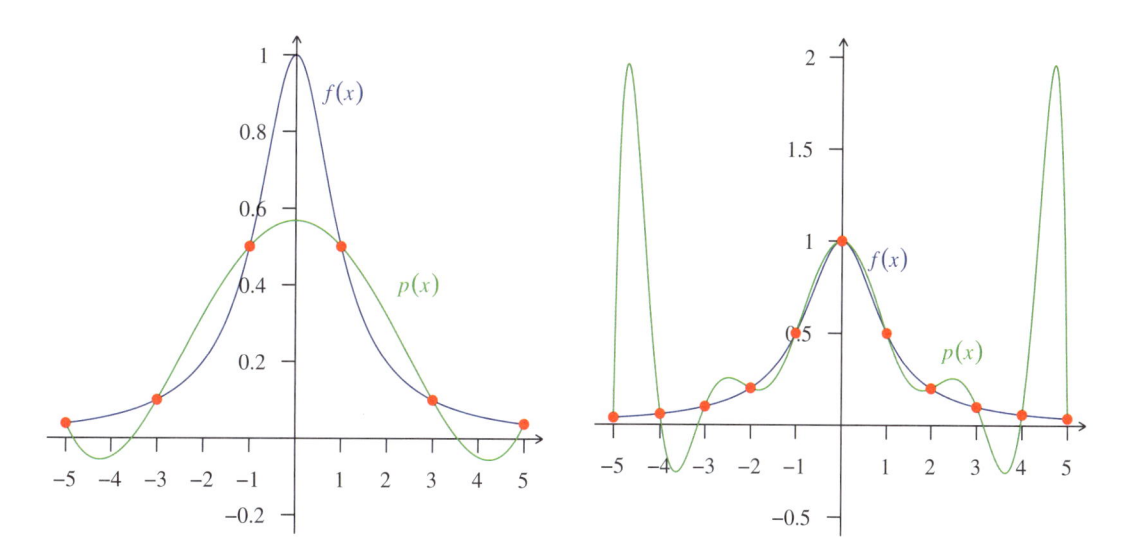

Abb. 27.2: Interpolation der Runge-Funktion $f: [-5, 5] \longrightarrow \mathbb{R}$, $x \mapsto \frac{1}{1+x^2}$ durch ein Polynom p bei Verwendung von 6 äquidistanten Stützstellen (links) bzw. 11 äquidistanten Stützstellen (rechts)

schen Mathematiker *Pafnuti Lwowitsch Tschebyscheff* (1821–1894) benannten **Tschebyscheff-Stützstellen**

$$x_i^* := \frac{a+b}{2} + \frac{b-a}{2} \cos\left(\frac{2(n-i)+1}{2(n+1)}\pi\right) \quad (27.16)$$

für $i = 0, 1, \ldots, n$ führt (vgl. hierzu z. B. *Maess* [43]). Diese Stützstellen liegen symmetrisch zur Mitte $\frac{a+b}{2}$ des Definitionsbereiches $[a, b]$, wobei sich jedoch der Abstand zwischen zwei benachbarten Stützstellen x_i und x_{i+1} in Richtung der Intervallenden verringert. Dies bewirkt eine deutliche Verringerung des Oszillationsverhaltens des Interpolationspolynoms p in der Nähe der Intervallgrenzen. Dennoch kann es in vielen Situationen vorteilhafter sein, zur Interpolation nicht Polynome mit optimal gewählten Stützstellen zu verwenden, sondern sogenannte **Splinefunktionen** einzusetzen (siehe hierzu Kapitel 28).

Kapitel 28

Spline-Interpolation

28.1 Grundlagen

Im Abschnitt 27.1 zur Polynominterpolation wurde bereits gezeigt, wie zu $n+1$ vorgegebenen verschiedenen Stützpunkten

$$(x_0, y_0), \ldots, (x_n, y_n) \qquad (28.1)$$

ein Polynom p vom Grad kleiner gleich n bestimmt werden kann, für das

$$p(x_i) = y_i$$

für alle $i = 0, \ldots, n$ gilt und dessen Graph somit durch die Stützpunkte (28.1) geht. Dabei wurde insbesondere gezeigt, dass das Polynom p durch die $n+1$ Stützpunkte (28.1) eindeutig bestimmt ist (vgl. Satz 27.1).

Aufgrund der guten analytischen Eigenschaften von Polynomen, wie z.B. deren Differenzier- und Integrierbarkeit, wird die Polynominterpolation in den verschiedensten wirtschaftswissenschaftlichen Anwendungsbereichen zur Interpolation von Stützpunkten eingesetzt. Wie sich aber in Abschnitt 27.5 gezeigt hat, besitzt die Polynominterpolation auch den erheblichen Nachteil, dass sich die Interpolationsgüte mit zunehmender Anzahl von Stützpunkten (x_i, y_i) mit äquidistanten Stützstellen x_i deutlich verschlechtern kann. Dieses als Runges Phänomen bekannte Verhalten von Interpolationspolynomen stellt sich typischerweise mit einer wachsenden Anzahl von äquidistanten Stützstellen ein und drückt sich vor allem durch ein stark oszillierendes Verhalten des Interpolationspolynoms p am Rande des Interpolationsbereiches aus (vgl. Abbildung 27.2).

Jedoch ist im Allgemeinen nicht sichergestellt, dass die Interpolation von $n+1$ Stützpunkten (28.1) durch Polynome mit vernünftigen (d.h. nicht zu großen) Polynomgraden auch zu einer akzeptablen Approximationsgüte an eine vorgegebene Funktion f mit $f(x_i) = y_i$ für $i = 0, \ldots, n$ führt. Dies gilt selbst dann, wenn die Stützstellen $x_0, \ldots, x_n$ optimal gewählt werden, so wie es bei Verwendung von Tschebyscheff-Stützstellen der Fall ist (vgl. (27.16)).

Einen Ausweg aus diesem Dilemma liefert jedoch die naheliegende Idee, für die interpolierende Funktion anstelle eines einzelnen Polynoms hohen Grades für den gesamten Interpolationsbereich eine Funktion zu wählen, die **abschnittsweise** aus Polynomen geringen Grades zusammengesetzt ist. Solche Funktionen werden **Splinefunktionen** oder auch **Splines** genannt. Splinefunktionen sind durch ihre abschnittsweise Definition flexibler als Polynome und dennoch relativ einfach und glatt. Durch ihre Verwendung können die Probleme, die durch die starke Oszillation von Polynomen höheren Grades und die Unbeschränktheit von Polynomen bei der Polynominterpolation entstehen, vermieden werden.

Die Bezeichnung „Spline" wurde in der Mathematik zum ersten Mal 1946 in einer Veröffentlichung des rumänischen Mathematikers *Isaac Jacob Schoenberg* (1903–1990) für glatte, aus Polynomen dritten Grades zusammengesetzte, mathematische Kurven verwendet und entstammt dem Schiffsbau. Dort wurden in früheren Zeiten lange biegsame Holzlatten, die an einzelnen Punkten durch Nägel fixiert waren und sich optimal an die Schiffsform anpassen sollten, als „Straklatte" (englisch: spline) bezeichnet.

Splines im Schiffsbau

I. J. Schoenberg

Splinefunktion

In der Mathematik sind **Splinefunktionen** (**Splines**) wie folgt definiert:

Definition 28.1 (Splinefunktion)

Eine reelle Funktion $S\colon [a, b] \longrightarrow \mathbb{R}$ *heißt Splinefunktion oder Spline der Ordnung* $k \in \mathbb{N}$ *zu der Zerlegung*

$$a =: x_0 < x_1 < \ldots < x_{n-1} < x_n := b,$$

falls sie

a) $(k-1)$-*mal stetig differenzierbar ist und*

b) *die* n *Restriktionen* $S_{|[x_i, x_{i+1}]}$ *von* S *auf die* n *Teilintervalle* $[x_i, x_{i+1}]$ *für* $i = 0, \ldots, n-1$ *Polynome vom Grad kleiner gleich* k *sind.*

Eine Splinefunktion $S\colon [a, b] \longrightarrow \mathbb{R}$ vom Grad k ist somit im Allgemeinen kein Polynom. Lediglich ihre Restriktionen $S_{|[x_i, x_{i+1}]}$ auf die n Teilintervalle $[x_i, x_{i+1}]$ für $i = 0, \ldots, n-1$ stellen Polynome vom Grad kleiner gleich k dar. Eine Splinefunktion der Ordnung k besitzt jedoch zusätzlich die „Glattheitseigenschaft", dass sie – auch an den Stützstellen x_i – $(k-1)$-mal differenzierbar und die $(k-1)$-te Ableitung noch stetig ist. Die erreichbare Glattheit bei einer Splinefunktion hängt somit vom Polynomgrad $k \in \mathbb{N}$ ab, der auf den n Teilintervallen zugelassen wird (vgl. Abbildung 28.1). Aus historischen Gründen werden die Stützstellen $x_0, \ldots, x_n$ oftmals auch als **Knoten** bezeichnet.

Freiheitsgrade und Randbedingungen

Setzt man etwa für eine Splinefunktion S der Ordnung k auf jedem der n Teilintervalle $[x_i, x_{i+1}]$ für $i = 0, \ldots, n-1$ die allgemeine Darstellung

$$S(x) = a_0^{[i]} + a_1^{[i]} x + \ldots + a_{k-1}^{[i]} x^{k-1} + a_k^{[i]} x^k \quad (28.2)$$

eines Polynoms k-ten Grades an, dann führt dieser Ansatz zunächst einmal zu insgesamt $(k+1) \cdot n$ frei wählbaren Parametern

$$a_0^{[0]}, \ldots, a_k^{[0]}, a_0^{[1]}, \ldots, a_k^{[1]}, \ldots, a_0^{[n-1]}, \ldots, a_k^{[n-1]}. \quad (28.3)$$

Denn die jeweils $(k+1)$ Polynomkoeffizienten der Polynome auf den n verschiedenen Teilintervallen $[x_i, x_{i+1}]$ können unterschiedlich ausfallen. Zur Lösung des Interpolationsproblems

$$S(x_i) = y_i \quad (28.4)$$

für $n+1$ vorgegebene Stützpunkte (x_i, y_i) mit $i = 0, \ldots, n$ werden aber lediglich $n+1$ dieser $(k+1) \cdot n$ **Freiheitsgrade** (d.h. $n+1$ der frei wählbaren Parameter) verbraucht. Die Forderung in Definition 28.1, dass neben der Splinefunktion S auch ihre ersten $k-1$ Ableitungen $S', S'', \ldots, S^{(k-1)}$ an den $n-1$ inneren Stützstellen $x_1, \ldots, x_{n-1}$ stetig sein müssen, führt zusammen mit (28.4) und (28.2) zu den $k \cdot (n-1)$ linearen Gleichungen für die $(k+1) \cdot n$ freien Parameter (28.3)

$$\sum_{m=j}^{k} m(m-1) \cdots (m-j+1)\, a_m^{[i-1]}\, x_i^{m-j}$$

$$= \sum_{m=j}^{k} m(m-1) \cdots (m-j+1)\, a_m^{[i]}\, x_i^{m-j} \quad (28.5)$$

für $i = 1, \ldots, n-1$ und $j = 0, \ldots, k-1$. Zur Bestimmung der $(k+1) \cdot n$ freien Parameter (28.3) verbleiben somit noch

$$(k+1) \cdot n - k \cdot (n-1) = n + k \quad (28.6)$$

Freiheitsgrade, mit denen das Interpolationsproblem (28.4) gelöst werden kann. Mit anderen Worten: Nach Berücksichtigung der $n+1$ Interpolationsbedingungen (28.4) und der $k \cdot (n+1)$ linearen Gleichungen (28.5) verbleiben noch

$$n + k - (n+1) = k - 1 \quad (28.7)$$

Freiheitsgrade, welche im Falle von $k > 1$ in der Regel dazu benutzt werden, an den äußeren Stützstellen x_0 und x_n

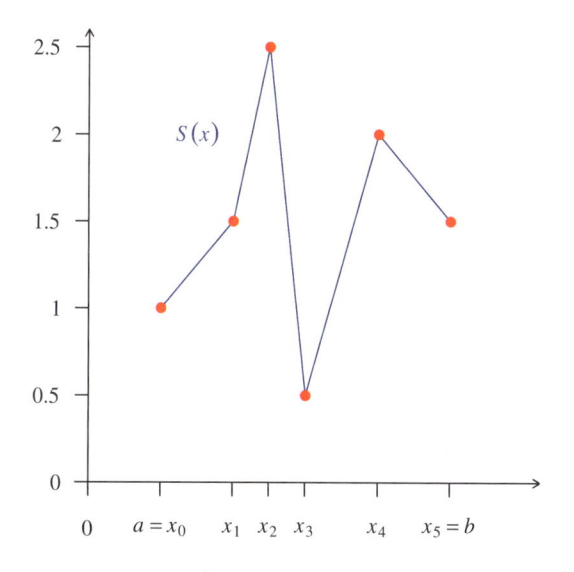

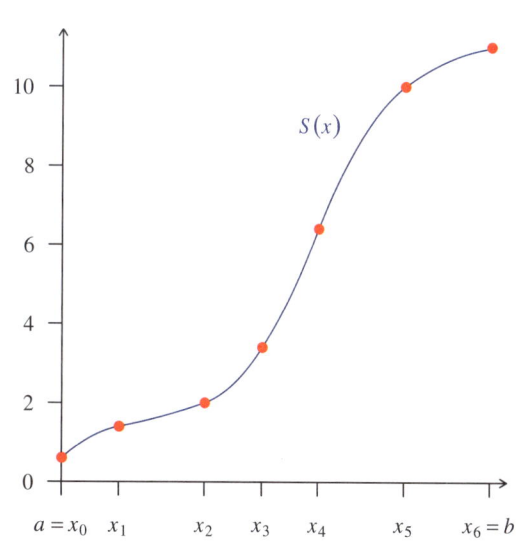

Abb. 28.1: Lineare Splinefunktion S mit sechs nicht äquidistanten Stützstellen $x_0, \ldots, x_5$ (links) und quadratische Splinefunktion S mit sieben nicht äquidistanten Stützstellen $x_0, \ldots, x_6$ (rechts)

gewisse zusätzliche Forderungen zu stellen. Solche zusätzlichen Bedingungen werden als **Randbedingungen** bezeichnet. Die Anzahl der Stützstellen wird dabei typischerweise so gewählt, dass n deutlich größer als k ist.

Trotz der allgemeinen Definition von Splinefunktionen für beliebige $k \in \mathbb{N}$ kommen in den meisten praktischen Anwendungen nur Splinefunktionen der Ordnung $k = 1$ (sog. **lineare Splines**), $k = 2$ (sog. **quadratische Splines**) und $k = 3$ (sog. **kubische Splines**) zum Einsatz. In den folgenden drei Abschnitten werden daher ausschließlich lineare, quadratische und kubische Splinefunktionen betrachtet.

28.2 Lineare Splinefunktion

Die Lösung des Interpolationsproblems $S(x_i) = y_i$ für $n+1$ vorgegebene Stützpunkte (x_i, y_i) mit $i = 0, \ldots, n$ ist für Splinefunktionen S der Ordnung $k = 1$, d.h. für **lineare Splines** S, sehr einfach. Denn lineare Splines bestehen aus stückweise affin-linearen Funktionen, d.h. aus sogenannten **Polygonzügen**.

Eine lineare Splinefunktion S besitzt auf dem Teilintervall $[x_i, x_{i+1}]$ die Darstellung

$$S(x) = a_i + b_i(x - x_i)$$

für alle $x \in [x_i, x_{i+1}]$ und $i \in \{0, \ldots, n-1\}$. Mit den Interpolationsbedingungen $S(x_i) = y_i$ und $S(x_{i+1}) = y_{i+1}$ sowie der Stetigkeitsforderung an S folgt somit

$$a_i = y_i \quad \text{und} \quad a_i + b_i(x_{i+1} - x_i) = y_{i+1}$$

bzw.

$$a_i = y_i \quad \text{und} \quad b_i = \frac{y_{i+1} - y_i}{x_{i+1} - x_i}.$$

Da im Falle linearer Splines $k = 1$ gilt, beträgt die Anzahl verbleibender Freiheitsgrade 0 (vgl. (28.7)) und die $2n$ Koeffizienten $a_0, b_0, \ldots, a_{n-1}, b_{n-1}$ für die insgesamt n Teilintervalle $[x_i, x_{i+1}]$ sind somit eindeutig festgelegt.

Durch diese Überlegungen ist bereits die **Existenz** und **Eindeutigkeit** einer linearen Splinefunktion und damit der erste Teil des folgenden Satzes nachgewiesen:

Satz 28.2 (Existenz und Eindeutigkeit linearer Splinefunktionen)

Es sei $a =: x_0 < x_1 < \ldots < x_{n-1} < x_n := b$ eine Zerlegung des Intervalls $[a, b]$ und (x_i, y_i) für $i = 0, \ldots, n$ seien $n + 1$ Stützstellen.

a) Dann gibt es genau eine lineare Splinefunktion $S: [a, b] \longrightarrow \mathbb{R}$, die den Interpolationsbedingungen $S(x_i) = y_i$ für alle $i = 0, \ldots, n$ genügt, und für diese Splinefunktion gilt

$$S(x) = a_i + b_i(x - x_i)$$

für alle $x \in [x_i, x_{i+1}]$ mit

$$a_i = y_i \quad \text{und} \quad b_i = \frac{y_{i+1} - y_i}{x_{i+1} - x_i} \qquad (28.8)$$

für alle $i = 0, \ldots, n - 1$.

b) Ist $f: [a, b] \longrightarrow \mathbb{R}$ eine zweifach stetig differenzierbare Funktion mit $f(x_i) = y_i$ für alle $i = 0, \ldots, n$, dann gilt die Fehlerabschätzung

$$\max_{x \in [a,b]} |f(x) - S(x)| \leq \frac{h^2}{8} \max_{x \in [a,b]} |f''(x)| \qquad (28.9)$$

mit $h := \max_{i \in \{0, \ldots, n-1\}} (x_{i+1} - x_i)$.

Beweis: Zu a): Die Aussage folgt aus den Ausführungen unmittelbar vor Satz 28.2.

Zu b): Für jedes $i \in \{0, \ldots, n-1\}$ stimmt die lineare Splinefunktion S auf dem Intervall $[x_i, x_{i+1}]$ mit dem zu interpolierenden Polynom vom Grad kleiner gleich eins durch die beiden Punkte (x_i, y_i) und (x_{i+1}, y_{i+1}) überein. Mit Satz 27.9 folgt somit

$$f(x) - S(x) = \frac{f''(\xi)}{2!}(x - x_i)(x - x_{i+1})$$

für alle $x \in [x_i, x_{i+1}]$ und einen Zwischenwert $\xi \in [x_i, x_{i+1}]$. Zusammen mit der Abschätzung

$$|x - x_i||x - x_{i+1}| \leq \frac{(x_{i+1} - x_i)^2}{4}$$

folgt daraus

$$|f(x) - S(x)| \leq \frac{(x_{i+1} - x_i)^2}{8} \max_{x \in [x_i, x_{i+1}]} |f''(x)|$$

für alle $x \in [x_i, x_{i+1}]$ und $i = 0, \ldots, n - 1$. Folglich gilt

$$\max_{x \in [a,b]} |f(x) - S(x)| \leq \frac{h^2}{8} \max_{x \in [a,b]} |f''(x)|$$

mit $h := \max_{i \in \{0, \ldots, n-1\}} (x_{i+1} - x_i)$ und damit die Behauptung b). ∎

Die Fehlerabschätzung (28.9) besagt, dass bei einer Erhöhung der Anzahl von Stützstellen, bei der die maximale Schrittweite h gegen 0 konvergiert, die lineare Splinefunktion S (gleichmäßig) gegen die zu interpolierende Funktion

f konvergiert. Dieser Sachverhalt demonstriert das deutlich bessere Konvergenzverhalten von linearen Splinefunktionen im Vergleich zur Polynominterpolation.

Für $n+1$ vorgegebene Stützpunkte (x_i, y_i) mit $i = 0, \ldots, n$ ist die lineare Splinefunktion einfach durch den Polygonzug gegeben, der durch geradlinige Verbindung der Stützpunkte entsteht (vgl. Abbildung 28.1, links).

> **Beispiel 28.3** (Lineare Splinefunktion)
>
> Gegeben sind die Koordinaten von sechs Stützpunkten:
>
> | i | 0 | 1 | 2 | 3 | 4 | 5 |
> |-------|---|-----|-------------|-------------|---|-------------|
> | x_i | 1 | 2 | $\frac{5}{2}$ | 3 | 4 | 5 |
> | y_i | 1 | $\frac{3}{2}$ | $\frac{5}{2}$ | $\frac{1}{2}$ | 2 | $\frac{3}{2}$ |
>
> Dann erhält man mit (28.8) für die Parameter $a_0, b_0, \ldots, a_4, b_4$ der linearen Splinefunktion S die folgenden Werte:
>
> | i | x_i | y_i | a_i | b_i |
> |-----|-------|-------|-------|-------|
> | 0 | 1 | 1 | 1 | $\frac{1}{2}$ |
> | 1 | 2 | $\frac{3}{2}$ | $\frac{3}{2}$ | 2 |
> | 2 | $\frac{5}{2}$ | $\frac{5}{2}$ | $\frac{5}{2}$ | -4 |
> | 3 | 3 | $\frac{1}{2}$ | $\frac{1}{2}$ | $\frac{3}{2}$ |
> | 4 | 4 | 2 | 2 | $-\frac{1}{2}$ |
> | 5 | 5 | $\frac{3}{2}$ | | |
>
> Das heißt, die lineare Splinefunktion auf dem Intervall $[1, 5]$ ist gegeben durch
>
> $S: [1, 5] \longrightarrow \mathbb{R},$
>
> $$x \mapsto S(x) = \begin{cases} 1 + \frac{1}{2}(x - 1) & \text{für } 1 \leq x < 2 \\ \frac{3}{2} + 2(x - 2) & \text{für } 2 \leq x < \frac{5}{2} \\ \frac{5}{2} - 4\left(x - \frac{5}{2}\right) & \text{für } \frac{5}{2} \leq x < 3 \\ \frac{1}{2} + \frac{3}{2}(x - 3) & \text{für } 3 \leq x < 4 \\ 2 - \frac{1}{2}(x - 4) & \text{für } 4 \leq x \leq 5 \end{cases}$$
>
> (vgl. Abbildung 28.1, links).

28.3 Quadratische Splinefunktion

Eine Splinefunktion S der Ordnung $k = 2$, also eine **quadratische Splinefunktion**, besitzt auf dem Teilintervall $[x_i, x_{i+1}]$ die Darstellung

$$S(x) = a_i + b_i(x - x_i) + c_i(x - x_i)^2 \quad (28.10)$$

für $i \in \{0, \ldots, n-1\}$. Das heißt, die ersten beiden Ableitungen von S sind gegeben durch

$$S'(x) = b_i + 2c_i(x - x_i) \quad \text{bzw.} \quad S''(x) = 2c_i \quad (28.11)$$

für alle $x \in [x_i, x_{i+1}]$ und $i \in \{0, \ldots, n-1\}$. Bezeichnen im Folgenden y_i' und y_i'' die unbekannten ersten beiden Ableitungswerte von S an der Stelle x_i für $i = 0, \ldots, n$, d.h. gilt $y_i' = S'(x_i)$ und $y_i'' = S''(x_i)$ für $i = 0, \ldots, n$, dann erhält man zusammen mit der Interpolationsbedingung $S(x_i) = y_i$ und (28.10)–(28.11) für die Parameter von S

$$a_i = y_i, \quad b_i = y_i' \quad \text{und} \quad c_i = \frac{y_i''}{2} \quad (28.12)$$

für alle $i = 0, \ldots, n-1$. Das heißt, die Splinefunktion S und ihre erste Ableitung S' besitzen auf $[x_i, x_{i+1}]$ die Darstellung

$$S(x) = y_i + y_i'(x - x_i) + \frac{y_i''}{2}(x - x_i)^2 \quad \text{bzw.}$$
$$S'(x) = y_i' + y_i''(x - x_i).$$

Daraus folgt nach Einsetzen von x_{i+1} für die Variable x aufgrund der Stetigkeitsforderung an S und S'

$$\begin{aligned} y_i + y_i'(x_{i+1} - x_i) + \frac{y_i''}{2}(x_{i+1} - x_i)^2 &= y_{i+1} \quad \text{bzw.} \\ y_i' + y_i''(x_{i+1} - x_i) &= y_{i+1}' \end{aligned} \quad (28.13)$$

für $i = 0, \ldots, n-1$. Nach einigen elementaren Umformungen erhält man schließlich aus (28.13) das lineare Gleichungssystem

$$y_i' + y_{i+1}' = 2\frac{y_{i+1} - y_i}{x_{i+1} - x_i} \quad (28.14)$$

$$y_i'' = \frac{y_{i+1}' - y_i'}{x_{i+1} - x_i} \quad (28.15)$$

für $i = 0, \ldots, n-1$.

Die Lösung des Interpolationsproblems $S(x_i) = y_i$ für $i = 0, \ldots, n$ – und damit insbesondere auch die Lösung des linearen Gleichungssystems (28.14)–(28.15) – ist für Splinefunktionen S der Ordnung $k = 2$ jedoch nicht mehr eindeutig. Denn im Falle von $k = 2$ beträgt die Anzahl der verbleibenden Freiheitsgrade eins (vgl. (28.7)). Das heißt, um eine eindeutige Lösung zu erzwingen, muss nun eine zusätzliche Randbedingung aufgestellt werden.

In der Praxis wird häufig die erste Ableitung $y_0' = S'(x_0)$ oder $y_n' = S'(x_n)$ vorgegeben oder ein Näherungswert $\tilde{y}_0'$ oder $\tilde{y}_n'$, falls y_0' und y_n' nicht bekannt sind. Zusammen mit den

Stützpunkten (x_i, y_i) für $i = 0, \ldots, n$ können dann mit Hilfe von (28.14) leicht die anderen Ableitungswerte $y'_1, \ldots, y'_n$ (bei Vorgabe von y'_0) bzw. $y'_0, \ldots, y'_{n-1}$ (bei Vorgabe von y'_n) berechnet werden. Eingesetzt in (28.15) liefert dies dann schließlich auch die Werte $y''_0, \ldots, y''_{n-1}$. Wegen (28.12) sind damit aber auch die Parameter der quadratischen Splinefunktion S bestimmt.

Durch diese Überlegungen ist bereits der folgende Satz bzgl. der **Existenz** und **Eindeutigkeit** einer quadratischen Splinefunktion bewiesen:

Satz 28.4 (Existenz und Eindeutigkeit quadratischer Splinefunktionen)

Es sei $a =: x_0 < x_1 < \ldots < x_{n-1} < x_n := b$ *eine Zerlegung des Intervalls* $[a, b]$ *und* (x_i, y_i) *für* $i = 0, \ldots, n$ *seien* $n+1$ *Stützstellen. Dann gibt es genau eine quadratische Splinefunktion* $S: [a, b] \longrightarrow \mathbb{R}$, *die den Interpolationsbedingungen* $S(x_i) = y_i$ *für* $i = 0, \ldots, n$ *genügt und deren erste Ableitung* S *an der Stelle* x_0 *einen vorgegebenen Wert* y'_0 *oder an der Stelle* x_n *einen vorgegebenen Wert* y'_n *annimmt. Diese Splinefunktion ist gegeben durch*

$$S(x) = a_i + b_i(x - x_i) + c_i(x - x_i)^2$$

für alle $x \in [x_i, x_{i+1}]$ *mit*

$$a_i = y_i, \quad b_i = y'_i \quad \text{und} \quad c_i = \frac{y''_i}{2} \qquad (28.16)$$

für $i = 0, \ldots, n - 1$. *Dabei erfüllen die Werte* y'_i *und* y''_i *die Gleichungen*

$$y'_i + y'_{i+1} = 2\frac{y_{i+1} - y_i}{x_{i+1} - x_i} \quad \text{und} \quad y''_i = \frac{y'_{i+1} - y'_i}{x_{i+1} - x_i} \qquad (28.17)$$

für $i = 0, \ldots, n - 1$.

Beweis: Die Aussage folgt aus den Ausführungen unmittelbar vor Satz 28.4. ∎

Im Gegensatz zur Verwendung linearer Splinefunktionen (vgl. Abschnitt 28.2) muss bei der Interpolation mittels quadratischer Splines ein zusätzlicher Wert angegeben werden, um die Eindeutigkeit der Splinefunktion sicherzustellen. Hierzu existieren viele verschiedene Möglichkeiten. In der Praxis wird dazu am häufigsten ein Näherungswert $\tilde{y}'_0$ oder $\tilde{y}'_n$ für die erste Ableitung y'_0 bzw. y'_n angegeben.

Wenn bei einem praktischen Problem keine ausreichenden Informationen über die Ableitungswerte y'_0 oder y'_n vorhanden sind, kann man z.B. die Sekantensteigungen $\tilde{y}'_0 := \frac{y_1 - y_0}{x_1 - x_0}$ und $\tilde{y}'_n := \frac{y_n - y_{n-1}}{x_n - x_{n-1}}$ als Näherungswerte für y'_0 bzw. y'_n verwenden. Eine andere Möglichkeit besteht z.B. darin, durch die ersten drei Stützpunkte x_0, x_1, x_2 oder die letzten drei Stützpunkte x_{n-2}, x_{n-1}, x_n ein quadratisches Polynom p zu legen und $\tilde{y}'_0 := p'(x_0)$ als Näherungswert für y'_0 bzw. $\tilde{y}'_n := p'(x_n)$ als Näherungswert für y'_n heranzuziehen.

Das konkrete Vorgehen bei der Berechnung einer quadratischen Splinefunktion wird im folgenden Beispiel verdeutlicht:

Beispiel 28.5 (Quadratische Splinefunktion)

Gegeben sind die Koordinaten von sieben Stützpunkten:

i	0	1	2	3	4	5	6
x_i	0	2	5	7	9	12	15
y_i	0,6	1,4	2	3,4	6,4	10	11

Für die erste Ableitung von S an der Stelle x_0 gelte $y'_0 = 0{,}6555$. Dann erhält man mit (28.16)–(28.17) für die Parameter $a_0, b_0, c_0, \ldots, a_5, b_5, c_5$ der quadratischen Splinefunktion S die Werte:

i	x_i	y_i	a_i	y'_i	b_i	y''_i	c_i
0	0	0,6	0,6	0,6555	0,6555	−0,2555	−0,1278
1	2	1,4	1,4	0,1445	0,1445	0,0370	0,0185
2	5	2	2	0,2555	0,2555	0,4445	0,2223
3	7	3,4	3,4	1,1445	1,1445	0,3555	0,1778
4	9	6,4	6,4	1,8555	1,8555	−0,4370	−0,2185
5	12	10	10	0,5445	0,5445	−0,1408	−0,0704
6	15	11		0,1222			

Das heißt, die quadratische Splinefunktion auf dem Intervall $[0, 15]$ ist gegeben durch

$S: [0, 15] \longrightarrow \mathbb{R}, \ x \mapsto S(x) =$

$$\begin{cases} 0{,}6 + 0{,}6555x - 0{,}1278x^2 & \text{für } 0 \leq x < 2 \\ 1{,}4 + 0{,}1445(x - 2) + 0{,}0185(x - 2)^2 & \text{für } 2 \leq x < 5 \\ 2 + 0{,}2555(x - 5) + 0{,}2223(x - 5)^2 & \text{für } 5 \leq x < 7 \\ 3{,}4 + 1{,}1445(x - 7) + 0{,}1778(x - 7)^2 & \text{für } 7 \leq x < 9 \\ 6{,}4 + 1{,}8555(x - 9) - 0{,}2185(x - 9)^2 & \text{für } 9 \leq x < 12 \\ 10 + 0{,}5445(x - 12) - 0{,}0704(x - 12)^2 & \text{für } 12 \leq x \leq 15 \end{cases}$$

(vgl. Abbildung 28.1, rechts).

28.4 Kubische Splinefunktion

In der Praxis werden Splinefunktionen der Ordnung $k = 3$, also **kubische Splinefunktionen**, am häufigsten eingesetzt. Kubische Splinefunktionen verbinden in hervorragender Weise die besonderen Vorzüge der einfachen Darstellung von Polynomen niedrigen Grades mit dem glatten Gesamtverlauf von Splinefunktionen, ohne dass sie die Nachteile von Polynomen höheren Grades besitzen. Kubische Splines entsprechen auch den eingangs erwähnten Straklatten, die Splines ursprünglich ihren Namen gegeben haben.

Eine kubische Splinefunktion besitzt auf dem Teilintervall $[x_i, x_{i+1}]$ die Darstellung

$$S(x) = a_i + b_i(x-x_i) + c_i(x-x_i)^2 + d_i(x-x_i)^3 \quad (28.18)$$

für $i \in \{0, \ldots, n-1\}$. Das heißt, die ersten drei Ableitungen von S sind gegeben durch

$$\begin{aligned} S'(x) &= b_i + 2c_i(x-x_i) + 3d_i(x-x_i)^2, \\ S''(x) &= 2c_i + 6d_i(x-x_i) \quad \text{und} \\ S'''(x) &= 6d_i \end{aligned} \quad (28.19)$$

für alle $x \in [x_i, x_{i+1}]$ und $i \in \{0, \ldots, n-1\}$. Bezeichnen y_i', y_i'' und y_i''' wieder die unbekannten ersten drei Ableitungswerte von S an der Stelle x_i für $i = 0, \ldots, n$, d.h. gilt $y_i' = S'(x_i)$, $y_i'' = S''(x_i)$ und $y_i''' = S'''(x_i)$ für $i = 0, \ldots, n$, dann erhält man mit der Interpolationsbedingung $S(x_i) = y_i$ und (28.18)–(28.19) für die Parameter von S

$$a_i = y_i, \quad b_i = y_i', \quad c_i = \frac{y_i''}{2} \quad \text{und} \quad d_i = \frac{y_i'''}{6} \quad (28.20)$$

für alle $i = 0, \ldots, n-1$. Das heißt, die Splinefunktion S und ihre ersten beiden Ableitungen S' und S'' besitzen auf dem Teilintervall $[x_i, x_{i+1}]$ die Darstellung

$$\begin{aligned} S(x) &= y_i + y_i'(x-x_i) + \frac{y_i''}{2}(x-x_i)^2 + \frac{y_i'''}{6}(x-x_i)^3, \\ S'(x) &= y_i' + y_i''(x-x_i) + \frac{y_i'''}{2}(x-x_i)^2 \quad \text{und} \\ S''(x) &= y_i'' + y_i'''(x-x_i). \end{aligned}$$

Aufgrund der Stetigkeitsforderung an S und S'' folgt nach Einsetzen von x_{i+1} für die Variable x in S und S''

$$\begin{aligned} y_i + y_i'(x_{i+1}-x_i) + \frac{y_i''}{2}(x_{i+1}-x_i)^2 + \frac{y_i'''}{6}(x_{i+1}-x_i)^3 &= y_{i+1} \\ \text{und} \quad y_i'' + y_i'''(x_{i+1}-x_i) &= y_{i+1}'' \end{aligned}$$

(28.21)

für $i = 0, \ldots, n-1$. Nach einigen elementaren Umformungen erhält man schließlich aus (28.21) das lineare Gleichungssystem

$$y_i''' = \frac{y_{i+1}'' - y_i''}{x_{i+1} - x_i} \quad (28.22)$$

$$y_i' = \frac{y_{i+1} - y_i}{x_{i+1} - x_i} - \frac{x_{i+1} - x_i}{6}(y_{i+1}'' + 2y_i'') \quad (28.23)$$

für $i = 0, \ldots, n-1$. Die auf diese Weise konstruierte Splinefunktion S ist an den Stützstellen $x_0, \ldots, x_n$ stetig, ebenso ihre zweite Ableitung S''. Die Stetigkeitsforderung an S' liefert nach Einsetzen von x_i für x in die erste Ableitung S'

$$y_{i-1}' + y_{i-1}''(x_i - x_{i-1}) + \frac{y_{i-1}'''}{2}(x_i - x_{i-1})^2 = y_i'$$

für $i = 1, \ldots, n$. Daraus erhält man zusammen mit (28.22)–(28.23)

$$\begin{aligned} &\frac{y_i - y_{i-1}}{x_i - x_{i-1}} - \frac{x_i - x_{i-1}}{6}(y_i'' + 2y_{i-1}'') + y_{i-1}''(x_i - x_{i-1}) \\ &\quad + \frac{1}{2}(y_i'' - y_{i-1}'')(x_i - x_{i-1}) \\ &= \frac{y_{i+1} - y_i}{x_{i+1} - x_i} - \frac{x_{i+1} - x_i}{6}(y_{i+1}'' + 2y_i'') \end{aligned}$$

für $i = 1, \ldots, n-1$. Nach einer kurzen Umformung resultiert daraus das lineare Gleichungssystem

$$\begin{aligned} &(x_i - x_{i-1})y_{i-1}'' + 2(x_{i+1} - x_{i-1})y_i'' + (x_{i+1} - x_i)y_{i+1}'' \\ &= 6\frac{y_{i+1} - y_i}{x_{i+1} - x_i} - 6\frac{y_i - y_{i-1}}{x_i - x_{i-1}} \end{aligned} \quad (28.24)$$

für $i = 1, \ldots, n-1$.

In den $n-1$ Gleichungen (28.24) tauchen die $n+1$ Unbekannten $y_0'', \ldots, y_n''$ auf, welche oftmals als **Momente** der kubischen Splinefunktion S bezeichnet werden. Das heißt, es liegen $n + 1 - (n - 1) = 2$ Freiheitsgrade vor und die Lösung des Interpolationsproblems $S(x_i) = y_i$ für $i = 0, \ldots, n$ – und insbesondere auch die Lösung des linearen Gleichungssystems (28.22)–(28.23) – ist damit für Splinefunktionen S der Ordnung $k = 3$ nicht mehr eindeutig (vgl. auch (28.7)). Um eine eindeutige Lösung zu erzwingen, müssen zusätzlich zwei Randbedingungen vorgegeben werden. Sehr häufig wird hierzu eine der folgenden drei Alternativen verwendet:

a) **Natürliche Randbedingung**: $y_0'' = y_n'' = 0$

b) **Vollständige Randbedingung**: Vorgabe von Werten für y_0' und y_n'

c) **Periodische Randbedingung**: $y_0' = y_n'$ und $y_0'' = y_n''$

Ausgehend von den Stützpunkten (x_i, y_i) für $i = 0, \ldots, n$ können mit (28.24) und einer der Randbedingungen a), b) oder c) die noch fehlenden zweiten Ableitungen y_i'' berechnet werden. Eingesetzt in (28.22)–(28.23) erhält man dann auch die Werte $y_0''', \ldots, y_{n-1}'''$ und $y_0', \ldots, y_{n-1}'$. Wegen (28.20) sind damit auch die Parameter der kubischen Splinefunktion S bestimmt.

Mit den Bezeichnungen
$$h_i := x_{i+1} - x_i$$
für $i = 0, \ldots, n-1$ und
$$g_i := 6\frac{y_{i+1} - y_i}{x_{i+1} - x_i} - 6\frac{y_i - y_{i-1}}{x_i - x_{i-1}}$$
für $i = 1, \ldots, n-1$ kann das Gleichungssystem (28.24) zusammen mit einer der Randbedingungen a), b) oder c) übersichtlicher in Matrixschreibweise geschrieben werden. Je nach verwendeter Randbedingung resultiert dann eines der folgenden drei linearen Gleichungssysteme in Matrixschreibweise:

a) Natürliche Randbedingung

Die natürlichen Randbedingungen $y_0'' = y_n'' = 0$ und die $n-1$ linearen Gleichungen (28.24) führen zu dem $(n-1) \times (n-1)$-dimensionalen linearen Gleichungssystem

$$\begin{pmatrix} 2(h_0+h_1) & h_1 & 0 & \ldots & & 0 \\ h_1 & 2(h_1+h_2) & h_2 & \ddots & \ddots & \vdots \\ 0 & h_2 & \ddots & \ddots & \ddots & \vdots \\ \vdots & & \ddots & \ddots & \ddots & 0 \\ \vdots & & & \ddots & \ddots & h_{n-2} \\ 0 & \ldots & \ldots & 0 & h_{n-2} & 2(h_{n-2}+h_{n-1}) \end{pmatrix}$$

$$\times \begin{pmatrix} y_1'' \\ y_2'' \\ \vdots \\ y_{n-1}'' \end{pmatrix} = \begin{pmatrix} g_1 \\ g_2 \\ \vdots \\ g_{n-1} \end{pmatrix}.$$

b) Vollständige Randbedingung

Die vollständige Randbedingung liefert
$$y_0' = S'(x_0) \quad \text{und}$$
$$y_n' = S'(x_n) = y_{n-1}' + y_{n-1}'' h_{n-1} + \frac{y_{n-1}'''}{2} h_{n-1}^2.$$

Unter Berücksichtigung von (28.22)–(28.23) führt dies zu den beiden zusätzlichen Gleichungen

$$2h_0 y_0'' + h_0 y_1'' = -6y_0' + 6\frac{y_1 - y_0}{h_0} =: g_0 \quad \text{und}$$
$$h_{n-1} y_{n-1}'' + 2h_{n-1} y_n'' = 6y_n' - 6\frac{y_n - y_{n-1}}{h_{n-1}} =: g_n.$$

Zusammen mit den $n-1$ linearen Gleichungen (28.24) ergibt dies das $(n+1) \times (n+1)$-dimensionale lineare Gleichungssystem

$$\begin{pmatrix} 2h_0 & h_0 & 0 & \ldots & \ldots & 0 \\ h_0 & 2(h_0+h_1) & h_1 & \ddots & \ddots & \vdots \\ 0 & h_1 & 2(h_1+h_2) & \ddots & \ddots & \vdots \\ \vdots & \ddots & \ddots & \ddots & \ddots & 0 \\ \vdots & & \ddots & \ddots & 2(h_{n-2}+h_{n-1}) & h_{n-1} \\ 0 & \ldots & \ldots & 0 & h_{n-1} & 2h_{n-1} \end{pmatrix}$$

$$\times \begin{pmatrix} y_0'' \\ y_1'' \\ \vdots \\ y_n'' \end{pmatrix} = \begin{pmatrix} g_0 \\ g_1 \\ \vdots \\ g_n \end{pmatrix}.$$

c) Periodische Randbedingung

Die periodische Randbedingung liefert

$$y_0' = y_n' = S'(x_n) = y_{n-1}' + y_{n-1}'' h_{n-1} + \frac{y_{n-1}'''}{2} h_{n-1}^2 \quad \text{und}$$
$$y_0'' = y_n''.$$

Unter Berücksichtigung von (28.22)–(28.23) führt dies zur zusätzlichen Gleichung

$$\frac{y_1 - y_0}{h_0} - \frac{h_0}{6}(y_1'' + 2y_0'') = \frac{y_n - y_{n-1}}{h_{n-1}} - \frac{h_{n-1}}{6}(y_0'' + 2y_{n-1}'')$$
$$+ y_{n-1}'' h_{n-1} + 3(y_0'' - y_{n-1}'')h_{n-1}$$

bzw. nach einer kurzen Umformung zu

$$2(h_{n-1}+h_0)y_0'' + h_0 y_1'' + h_{n-1} y_{n-1}'' = 6\frac{y_1 - y_0}{h_0} - 6\frac{y_n - y_{n-1}}{h_{n-1}}$$
$$=: g_0.$$

Zusammen mit den $n-1$ linearen Gleichungen (28.24) ergibt dies das $n \times n$-dimensionale lineare Gleichungssystem

$$\begin{pmatrix} 2(h_{n-1}+h_0) & h_0 & 0 & \ldots & 0 & h_{n-1} \\ h_0 & 2(h_0+h_1) & h_1 & \ddots & & 0 \\ 0 & h_1 & \ddots & \ddots & \ddots & \vdots \\ \vdots & \ddots & \ddots & \ddots & \ddots & 0 \\ 0 & \ddots & \ddots & \ddots & \ddots & h_{n-2} \\ h_{n-1} & 0 & \ldots & 0 & h_{n-2} & 2(h_{n-2}+h_{n-1}) \end{pmatrix}$$

$$\times \begin{pmatrix} y_0'' \\ y_1'' \\ \vdots \\ y_{n-1}'' \end{pmatrix} = \begin{pmatrix} g_0 \\ g_1 \\ \vdots \\ g_{n-1} \end{pmatrix}.$$

Damit ist gezeigt, dass in allen drei Fällen, d.h. bei Verwendung einer der drei Randbedingungen a), b) oder c), jeweils ein lineares Gleichungssystem der Form

$$\mathbf{H}\mathbf{y}'' = \mathbf{g}$$

mit einer **strikt diagonaldominanten** Koeffizientenmatrix $\mathbf{H}$ resultiert. Das heißt, für die Koeffizienten a_{ij} in der i-ten Zeile der Matrix $\mathbf{H} = (a_{ij})_{i,j}$ gilt

$$\sum_{\substack{j=1 \\ j \neq i}} |a_{ij}| < |a_{ii}| \quad (28.25)$$

für alle $i = 1, \ldots, n$.

Existenz und Eindeutigkeit

Diese Beobachtungen führen zu dem folgenden Satz bezüglich der **Existenz** und **Eindeutigkeit** einer kubischen Splinefunktion:

Satz 28.6 (Existenz und Eindeutigkeit kubischer Splinefunktionen)

Es sei $a =: x_0 < x_1 < \ldots < x_{n-1} < x_n := b$ eine Zerlegung des Intervalls $[a,b]$ und (x_i, y_i) für $i = 0, \ldots, n$ seien $n+1$ Stützstellen. Dann gibt es jeweils genau eine kubische Splinefunktion $S: [a,b] \longrightarrow \mathbb{R}$, die den Interpolationsbedingungen $S(x_i) = y_i$ für $i = 0, \ldots, n$ und a) der natürlichen Randbedingung oder b) der vollständigen Randbedingung zu vorgegebenen ersten Ableitungen y_0' und y_n' oder c) der periodischen Randbedingung genügt. Diese Splinefunktion ist gegeben durch

$$S(x) = a_i + b_i(x - x_i) + c_i(x - x_i)^2 + d_i(x - x_i)^3$$

für alle $x \in [x_i, x_{i+1}]$ mit

$$a_i = y_i, \; b_i = y_i', \; c_i = \frac{y_i''}{2} \; \text{und} \; d_i = \frac{y_i'''}{6} \quad (28.26)$$

für $i = 0, \ldots, n-1$. Dabei erfüllen die Werte y_i', y_i'' und y_i''' die Gleichungen

$$y_i' = \frac{y_{i+1} - y_i}{h_i} - \frac{h_i}{6}(y_{i+1}'' + 2y_i'') \quad \text{und}$$
$$y_i''' = \frac{y_{i+1}'' - y_i''}{h_i} \quad (28.27)$$

mit $h_i := x_{i+1} - x_i$ für $i = 0, \ldots, n-1$ sowie

$$h_{i-1} y_{i-1}'' + 2(h_{i-1} + h_i) y_i'' + h_i y_{i+1}''$$
$$= 6 \frac{y_{i+1} - y_i}{h_i} - 6 \frac{y_i - y_{i-1}}{h_{i-1}} \quad (28.28)$$

für $i = 1, \ldots, n-1$.

Beweis: In den Ausführungen vor Satz 28.6 wurde gezeigt, dass zu $n+1$ Stützpunkten (x_i, y_i) für $i = 0, \ldots, n$ stets eine kubische Splinefunktion S existiert. Ferner wurde gezeigt, dass die Splineparameter a_i, b_i, c_i, d_i für $i = 0, \ldots, n-1$ durch die Werte y_i'' festgelegt sind und die Berechnung der Werte y_i'' bei Verwendung der natürlichen, vollständigen oder periodischen Randbedingung jeweils auf ein lineares Gleichungssystem der Form $\mathbf{H}\mathbf{y}'' = \mathbf{g}$ mit einer strikt diagonaldominanten Koeffizientenmatrix $\mathbf{H}$ führt (vgl. (28.25)). Da jedoch aus der strikten Diagonaldominanz einer Matrix folgt, dass die Matrix auch invertierbar ist (siehe z.B. *Oevel* [51], Seiten 176-178), impliziert dies, dass das lineare Gleichungssystem $\mathbf{H}\mathbf{y}'' = \mathbf{g}$ bei Verwendung einer der drei Randbedingungen jeweils genau eine Lösung $\mathbf{y}'' = \mathbf{H}^{-1}\mathbf{g}$ besitzt. Das heißt, die Parameter a_i, b_i, c_i, d_i für $i = 0, \ldots, n-1$ sind eindeutig festgelegt und damit ist insbesondere auch die kubische Splinefunktion S eindeutig bestimmt. ∎

In der Praxis werden Splinefunktionen der Ordnung $k \geq 4$ nicht sehr häufig eingesetzt, da Polynome höheren Grades dazu tendieren, zwischen den Stützstellen zu stark zu oszillieren. Man begnügt sich daher oft mit kubischen Splinefunktionen und wählt die Stützstellen im Rahmen der gewünschten Interpolationsgenauigkeit hinreichend dicht.

Ist $f: [a,b] \longrightarrow \mathbb{R}$ eine vierfach stetig differenzierbare Funktion mit $f(x_i) = y_i$ für $i = 0, \ldots, n$ und $S: [a,b] \longrightarrow \mathbb{R}$ eine kubische Splinefunktion, die den Interpolationsbedingungen $S(x_i) = y_i$ für $i = 0, \ldots, n-1$ sowie der vollständigen Randbedingung $S'(x_0) = f'(x_0)$ und $S'(x_n) = f'(x_n)$ genügt, dann gilt die Fehlerabschätzung

$$|f(x) - S(x)| \leq h_{\max}^4 \cdot \frac{h_{\max}}{h_{\min}} \cdot \max_{x \in [a,b]} \left| f^{(4)}(x) \right|$$

für alle $x \in [a, b]$ mit

$$h_{\max} := \max_{i=0,\ldots,n-1} h_i \quad \text{und} \quad h_{\min} := \min_{i=0,\ldots,n-1} h_i$$

(vgl. *Oevel* [51], Seite 355). Das heißt, im Gegensatz zur Polynominterpolation (siehe Kapitel 27) ergibt sich bei der Spline-Interpolation mittels einer kubischen Splinefunktion S eine (gleichmäßige) Konvergenz gegen die zu interpolierende Funktion f, falls die Anzahl der $n + 1$ Stützstellen x_i so erhöht wird, dass die maximale Schrittweite $h_{\max}$ gegen 0 konvergiert. Die Approximationsgüte hängt dabei von der vierten Potenz des maximalen Stützstellenabstandes $h_{\max}$ ab. Ein analoges Ergebnis gilt auch für den Fall, dass für die Splinefunktion S die natürliche oder die periodische Randbedingung vorgegeben wird, falls auch die zu interpolierende Funktion f die natürliche Randbedingung $f''(x_0) = f''(x_n) = 0$ bzw. die periodische Randbedingung $f'(x_0) = f'(x_n)$ und $f''(x_0) = f''(x_n)$ erfüllt. Ist dies nicht der Fall, dann ist die Approximationsgüte lediglich quadratisch vom maximalen Stützstellenabstand $h_{\max}$ abhängig. In praktischen Anwendungen ist es daher sinnvoll, nur reelle Funktionen f, die der natürlichen (bzw. der periodischen) Randbedingung genügen, durch eine kubische Splinefunktion mit natürlicher (bzw. periodischer) Randbedingung zu interpolieren. In anderen Fällen ist es vorteilhafter, die vollständige Randbedingung bei der Berechnung der kubischen Splinefunktion S zu verwenden.

Betrachtet man die durch Aufbringung äußerer Kräfte erzwungene Deformation einer biegsamen Holzlatte, die durch Nägel an einzelnen Klemmpunkten (x_i, y_i) für $i = 0, \ldots, n$ fixiert ist, so nimmt diese nach fundamentalen physikalischen Prinzipien diejenige Form an, welche die Deformationsenergie minimiert. Biegsame Holzlatten verhalten sich somit wie kubische Splines. Denn man kann zeigen, dass eine kubische Splinefunktion die **Minimaleigenschaft** besitzt, also unter allen zweifach stetig differenzierbaren Funktionen f, die die Interpolationsbedingungen $f(x_0) = y_0, \ldots, f(x_n) = y_n$ sowie die natürliche

Deformation einer biegsamen Holzlatte

(bzw. die vollständige oder die periodische) Randbedingung erfüllen, die durch

$$\int_{x_0}^{x_n} (f''(x))^2 \, dx$$

definierte „mittlere Krümmung" minimiert (vgl. *Oevel* [51], Seite 353).

Die Bezeichnung „natürliche Randbedingung" für $y_0'' = y_n'' = 0$ rührt daher, dass auf eine an einzelnen Klemmpunkten (x_i, y_i) für $i = 0, \ldots, n$ fixierte biegsame Holzlatte außerhalb des Bereiches $[x_0, x_n]$ keine Kräfte einwirken. Das heißt, außerhalb dieses Bereiches weist die Holzlatte keinerlei Krümmung auf, so dass speziell in den Randpunkten x_0 und x_n mit der Krümmung auch die zweite Ableitung der Kurve verschwindet.

Das konkrete Vorgehen bei der Berechnung einer kubischen Splinefunktion wird anhand der folgenden beiden Beispiele verdeutlicht:

Beispiel 28.7 (Kubische Splinefunktion)

Es seien wieder die sieben Stützpunkte aus Beispiel 28.5 gegeben und für die zweite Ableitung von S an den Stellen x_0 und x_6 gelte $y_0'' = y_6'' = 0$ (natürliche Randbedingung). Zur Berechnung der verbleibenden zweiten Ableitungen von S, d.h. der Werte $y_1'', \ldots, y_5''$, ist das 5×5-dimensionale lineare Gleichungssystem

$$\begin{pmatrix} 10 & 3 & 0 & 0 & 0 \\ 3 & 10 & 2 & 0 & 0 \\ 0 & 2 & 8 & 2 & 0 \\ 0 & 0 & 2 & 10 & 3 \\ 0 & 0 & 0 & 3 & 12 \end{pmatrix} \begin{pmatrix} y_1'' \\ y_2'' \\ y_3'' \\ y_4'' \\ y_5'' \end{pmatrix} = \begin{pmatrix} -1{,}2 \\ 3 \\ 4{,}8 \\ -1{,}8 \\ -5{,}2 \end{pmatrix}$$

zu lösen. Es resultiert dann der Lösungsvektor

$(y_1'', y_2'', y_3'', y_4'', y_5'')^T$
$= (-0{,}1922;\ 0{,}2407;\ 0{,}5850;\ -0{,}1805;\ -0{,}3882)^T.$

Zusammen mit (28.26)–(28.27) lassen sich daraus für die kubische Splinefunktion S die Parameter a_i, b_i, c_i, d_i für $i = 0, \ldots, 5$ berechnen. Man erhält dann die Werte in der Tabelle 28.1.

Das heißt, bei Verwendung der natürlichen Randbedingung ist die kubische Splinefunktion auf dem Intervall $[0, 15]$ gegeben durch

28.4 Kubische Splinefunktion — Kapitel 28

i	x_i	y_i	a_i	y_i'	b_i	y_i''	c_i	y_i'''	d_i
0	0	0,6	0,6	0,4641	0,4641	0	0	$-0,0961$	$-0,01602$
1	2	1,4	1,4	0,2719	0,2719	$-0,1922$	$-0,0961$	0,1443	0,02405
2	5	2	2	0,3446	0,3446	0,2407	0,1203	0,1722	0,02869
3	7	3,4	3,4	1,1702	1,1702	0,5850	0,2925	$-0,3828$	$-0,06379$
4	9	6,4	6,4	1,5746	1,5746	$-0,1805$	$-0,0903$	$-0,0692$	$-0,01154$
5	12	10	10	0,7215	0,7215	$-0,3882$	$-0,1941$	0,1294	0,02157
6	15	11				0			

Tabelle 28.1: Parameter a_i, b_i, c_i und d_i für das Beispiel 28.7.

$S:[0,15] \longrightarrow \mathbb{R}$, $x \mapsto S(x) =$

$$\begin{cases} 0{,}6 + 0{,}4641x - 0{,}01602x^3 & \text{für } 0 \leq x < 2 \\ 1{,}4 + 0{,}2719(x-2) - 0{,}0961(x-2)^2 + 0{,}02405(x-2)^3 \\ \qquad\qquad\qquad\qquad\qquad\qquad\qquad\qquad \text{für } 2 \leq x < 5 \\ 2 + 0{,}3446(x-5) + 0{,}1203(x-5)^2 + 0{,}02869(x-5)^3 \\ \qquad\qquad\qquad\qquad\qquad\qquad\qquad\qquad \text{für } 5 \leq x < 7 \\ 3{,}4 + 1{,}1702(x-7) + 0{,}2925(x-7)^2 - 0{,}06379(x-7)^3 \\ \qquad\qquad\qquad\qquad\qquad\qquad\qquad\qquad \text{für } 7 \leq x < 9 \\ 6{,}4 + 1{,}5746(x-9) - 0{,}0903(x-9)^2 - 0{,}01154(x-9)^3 \\ \qquad\qquad\qquad\qquad\qquad\qquad\qquad\qquad \text{für } 9 \leq x < 12 \\ 10 + 0{,}7215(x-12) - 0{,}1941(x-12)^2 + 0{,}02157(x-12)^3 \\ \qquad\qquad\qquad\qquad\qquad\qquad\qquad\qquad \text{für } 12 \leq x \leq 15 \end{cases}$$

(vgl. Abbildung 28.2, links). Ein Vergleich dieser kubischen Splinefunktion mit der quadratischen Splinefunktion aus Beispiel 28.5 zeigt, dass die Abweichungen relativ gering sind (vgl. Abbildung 28.2, rechts).

Das folgende Beispiel zeigt, wie die Spline-Interpolation bei betriebswirtschaftlichen Entscheidungsproblemen eingesetzt werden kann:

Beispiel 28.8 (Kubische Spline-Interpolation der Tariffunktion)

Betrachtet wird die abschnittsweise definierte Tariffunktion $s:\mathbb{R}_+ \longrightarrow \mathbb{R}$ aus Beispiel 15.24. Die Tariffunktion s dient zur Berechnung der Einkommensteuer in Abhängigkeit vom zu versteuernden Einkommen x (in €) und ist an den Verbindungsstellen $x_1 = 8.500$, $x_2 = 13.469$, $x_3 = 52.881$ und $x_4 = 250.730$ nicht stetig und damit insbesondere auch nicht differenzierbar.

Im Rahmen von verschiedenen betriebswirtschaftlichen Optimierungsprozessen wie z.B. der Wahl einer optimalen Investitionsalternative, der bestmöglichen Rechtsform oder der vorteilhaftesten Gewinnermittlungsmethode ist es jedoch oftmals auch erforderlich, die steuerrechtlichen Regelungen zu berücksichtigen. In solchen Fällen ist es vorteilhaft, die nicht differenzierbare Tariffunktion s durch eine zweifach stetig differenzierbare kubische Splinefunktion S zu interpolieren, so dass anschließend Methoden der Differentialrechnung zur analytischen Bestimmung des Optimums herangezogen werden können (siehe *Schanz* [59]).

Im Folgenden wird daher die Tariffunktion s auf dem Intervall $[0, 300.000]$ durch eine kubische Splinefunktion S interpoliert. Dabei werden die folgenden sieben Stützpunkte verwendet

i	0	1	2	3	4	5	6
x_i	0	5.000	10.000	20.000	100.000	200.000	300.000
$y_i = s(x_i)$	0	0	315,6045	2.701,047	33.828	75.828	119.306

und für die zweite Ableitung der Splinefunktion S an den Stellen x_0 und x_6 gelte $y_0'' = y_6'' = 0$ (natürliche Randbedingung). Zur Berechnung der verbleibenden zweiten Ableitungen von S, d.h. der Werte $y_1'', \ldots, y_5''$, ist das 5×5-dimensionale lineare Gleichungssystem

$$\begin{pmatrix} 20.000 & 5.000 & 0 & 0 & 0 \\ 5.000 & 30.000 & 10.000 & 0 & 0 \\ 0 & 10.000 & 180.000 & 80.000 & 0 \\ 0 & 0 & 80.000 & 360.000 & 100.000 \\ 0 & 0 & 0 & 100.000 & 400.000 \end{pmatrix} \begin{pmatrix} y_1'' \\ y_2'' \\ y_3'' \\ y_4'' \\ y_5'' \end{pmatrix} = \begin{pmatrix} 0{,}3787 \\ 1{,}0525 \\ 0{,}9033 \\ 0{,}1855 \\ 0{,}0887 \end{pmatrix}$$

Kapitel 28 — Spline-Interpolation

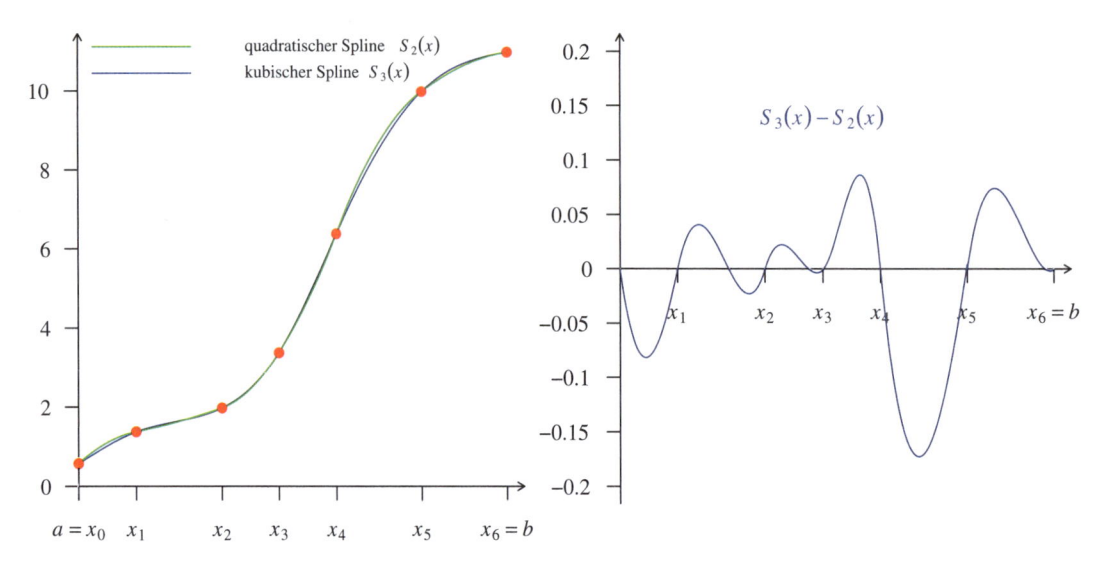

Abb. 28.2: Quadratische Splinefunktion $S_2(x)$ und kubische Splinefunktion $S_3(x)$ (mit natürlicher Randbedingung) durch die sieben Stützpunkte aus Beispiel 28.5 (links) und Abweichung $S_3(x) - S_2(x)$ (rechts)

zu lösen. Es resultiert dann der Lösungsvektor

$$\begin{pmatrix} y_1'' \\ y_2'' \\ y_3'' \\ y_4'' \\ y_5'' \end{pmatrix}^T = \begin{pmatrix} 1{,}0900 \cdot 10^{-5} \\ 3{,}2143 \cdot 10^{-5} \\ 3{,}3738 \cdot 10^{-6} \\ -3{,}1819 \cdot 10^{-7} \\ 3{,}0125 \cdot 10^{-7} \end{pmatrix}^T .$$

Zusammen mit (28.26)–(28.27) lassen sich daraus für die kubische Splinefunktion S die Parameter a_i, b_i, c_i, d_i für $i = 0, \ldots, 5$ berechnen. Man erhält die Werte in der Tabelle 28.2.

Ein Vergleich der kubischen Splinefunktion S mit der zu interpolierenden Tariffunktion s zeigt, dass die Approximation bereits relativ gut ist (vgl. Abbildung 28.3). Durch Erhöhung der Anzahl der Stützstellen kann die Approximation jedoch noch beliebig weit verbessert werden.

Eine weitere wichtige Anwendung von Splinefunktionen in den Wirtschaftswissenschaften ist die Interpolation von **Zinskurven** aus den Werten einer vorhandenen Zinskurve zur Bestimmung von Zinssätzen für eine Zinslaufzeit und Währung, für die kein Zinssatz vorhanden ist.

i	a_i	b_i	y_i''	c_i	d_i
0	0	$-9{,}0837 \cdot 10^{-3}$	0	0	$3{,}6335 \cdot 10^{-10}$
1	0	$1{,}8167 \cdot 10^{-2}$	$1{,}0900 \cdot 10^{-5}$	$5{,}4502 \cdot 10^{-6}$	$7{,}0810 \cdot 10^{-10}$
2	$3{,}1560 \cdot 10^{2}$	$1{,}2578 \cdot 10^{-1}$	$3{,}2143 \cdot 10^{-5}$	$1{,}6072 \cdot 10^{-5}$	$-4{,}7949 \cdot 10^{-10}$
3	$2{,}7010 \cdot 10^{3}$	$3{,}0336 \cdot 10^{-1}$	$3{,}3738 \cdot 10^{-6}$	$1{,}6869 \cdot 10^{-6}$	$-7{,}6916 \cdot 10^{-12}$
4	$3{,}3828 \cdot 10^{4}$	$4{,}2559 \cdot 10^{-1}$	$-3{,}1819 \cdot 10^{-7}$	$-1{,}5909 \cdot 10^{-7}$	$1{,}0324 \cdot 10^{-12}$
5	$7{,}5828 \cdot 10^{4}$	$4{,}2474 \cdot 10^{-1}$	$3{,}0125 \cdot 10^{-7}$	$1{,}5062 \cdot 10^{-7}$	$-5{,}0208 \cdot 10^{-13}$
6			0		

Tabelle 28.2: Parameter a_i, b_i, c_i und d_i für das Beispiel 28.8.

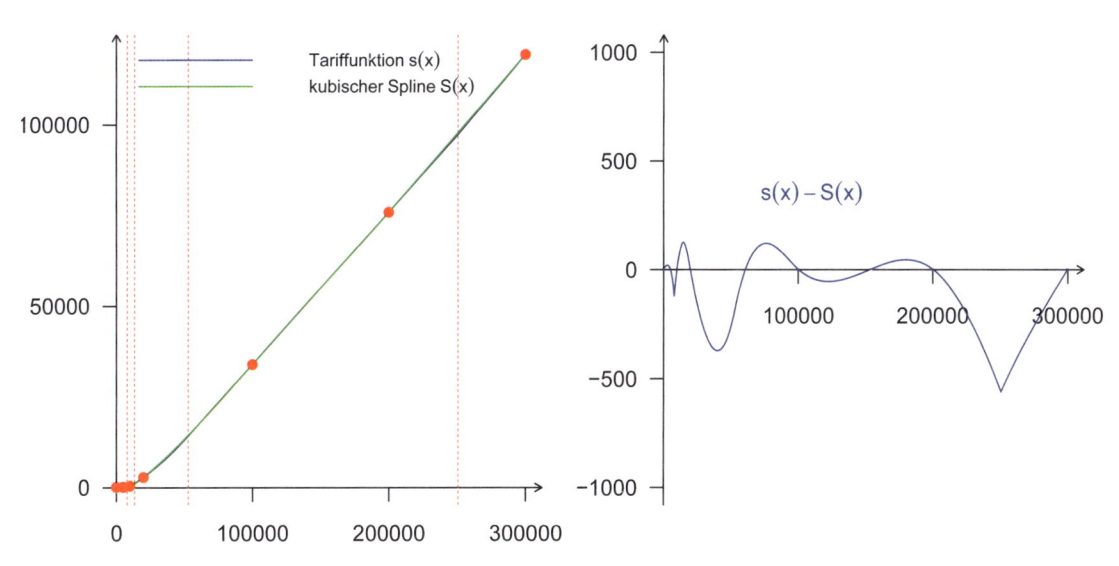

Abb. 28.3: Tariffunktion s und kubische Splinefunktion S (mit natürlicher Randbedingung) durch sieben Stützpunkte (links) und Abweichung $s(x) - S(x)$ (rechts)

Kapitel 29

Numerische Integration

Kapitel 29 Numerische Integration

29.1 Grundlagen

In Kapitel 19 wurde anhand vieler Beispiele deutlich, dass die Berechnung eines bestimmten Riemann-Integrals $\int_a^b f(x)\,dx$ einer Riemann-integrierbaren reellen Funktion $f:[a,b]\longrightarrow \mathbb{R}$ sofort möglich ist, wenn eine Stammfunktion F des Integranden f bekannt ist. Denn gemäß dem zweiten Hauptsatz der Differential- und Integralrechnung (vgl. Satz 19.22 in Abschnitt 19.6) gilt dann die Newton-Leibniz-Formel

$$\int_a^b f(x)\,dx = F(b) - F(a)$$

und die Auswertung des bestimmten Riemann-Integrals bereitet somit keine Schwierigkeiten. Die zahlreichen Beispiele erfolgreicher Integrationen in Kapitel 19 sollten aber nicht darüber hinwegtäuschen, dass die Berechnung eines bestimmten Riemann-Integrals in geschlossener Form mit Hilfe einer bekannten Stammfunktion F eher die Ausnahme als die Regel darstellt.

Integrationsformel

Die Berechnung eines bestimmten Riemann-Integrals muss daher sehr oft näherungsweise mittels numerischer Methoden erfolgen. In solchen Fällen spricht man dann von **numerischer Integration** oder auch von **numerischer Quadratur**. Die numerische Integration eines bestimmten Riemann-Integrals $\int_a^b f(x)\,dx$ kommt in den folgenden Fällen zur Anwendung:

a) Es sind nur endlich viele Punkte $(x, f(x))$ des Graphen der Funktion f bekannt.

b) Der Integrand f ist zwar bekannt, aber das bestimmte Riemann-Integral $\int_a^b f(x)\,dx$ kann nicht in geschlossener Form angegeben werden, da eine Stammfunktion F nicht elementar darstellbar ist, wie z. B. bei den in (19.38) und (19.39) angegebenen reellen Funktionen.

c) Das bestimmte Riemann-Integral $\int_a^b f(x)\,dx$ kann zwar prinzipiell in geschlossener Form dargestellt werden, die analytische Auswertung erfordert jedoch unverhältnismäßig viel Rechenaufwand.

Es existieren eine Reihe verschiedener Methoden zur numerischen Integration, die sich bezüglich Genauigkeit und Berechnungsaufwand deutlich unterscheiden. Alle diese numerischen Methoden haben jedoch gemeinsam, dass für ihre Anwendung nicht die komplette Funktionsvorschrift f bzw. ihr vollständiger Graph, sondern nur die Kenntnis von endlich vielen Punkten

$$(\xi_1, f(\xi_1)), (\xi_2, f(\xi_2)), \ldots, (\xi_n, f(\xi_n))$$

des Graphen von f mit $a \leq \xi_1 < \xi_2 < \ldots < \xi_n \leq b$ erforderlich ist. Das Ergebnis dieser numerischen Integrationsmethoden ist dann jeweils eine **Integrationsformel (Quadraturformel)** der Form

$$\int_a^b f(x)\,dx \approx \sum_{i=1}^n g_i f(\xi_i)$$

mit sogenannten **Gewichten** $g_1, \ldots, g_n$ und **Stützstellen (Knoten)** $\xi_1, \ldots, \xi_n \in [a,b]$.

Quadraturfehler

Je nach Anzahl und Position der Stützstellen ξ_i und Wahl der Gewichte g_i ist der resultierende Wert $\sum_{i=1}^n g_i f(\xi_i)$ eine bessere oder schlechtere Näherung für das bestimmte Riemann-Integral $\int_a^b f(x)\,dx$. Eine Auskunft über die Güte der Approximation erhält man dabei durch Abschätzung des **Quadraturfehlers (Restgliedes)**

$$R(f) := \int_a^b f(x)\,dx - \sum_{i=1}^n g_i f(\xi_i).$$

Die numerische Integration einer Riemann-integrierbaren Funktion $f:[a,b]\longrightarrow \mathbb{R}$ ist grundsätzlich immer mit Hilfe von Riemann-Summen möglich. Denn für eine äquidistante Zerlegung $a = x_0 < x_1 < x_2 < \ldots < x_n = b$ des Intervalles $[a,b]$, d. h. eine Zerlegung von $[a,b]$ mit der Eigenschaft

$$x_i - x_{i-1} = \frac{b-a}{n}$$

für alle $i = 1, \ldots, n$ und jeweils einer beliebigen Stützstelle $\xi_i \in [x_{i-1}, x_i]$ aus den n Teilintervallen $[x_{i-1}, x_i]$ mit $i = 1, \ldots, n$ wird die zugehörige Riemann-Summe

$$\sum_{i=1}^n f(\xi_i)(x_i - x_{i-1}) = \frac{b-a}{n} \sum_{i=1}^n f(\xi_i) \qquad (29.1)$$

beliebig nahe bei dem Wert des bestimmten Riemann-Integrals $\int_a^b f(x)\,dx$ liegen, wenn n nur hinreichend groß ist (siehe Satz 19.6). Mit anderen Worten: Für große n kann die Riemann-Summe (29.1) als Näherungswert für das bestimmte Riemann-Integral verwendet werden.

Einfache Spezialfälle von (29.1) ergeben sich, wenn als Stützstellen ξ_i jeweils die linken oder rechten Randstellen der Teilintervalle $[x_{i-1}, x_i]$ oder die Intervallmittelpunkte der Teilintervalle $[x_{i-1}, x_i]$ gewählt werden. Im ersten Fall erhält man die sogenannten **Rechteckformeln** (siehe Abschnitt 29.2) und im zweiten Fall die sogenannte **Tangentenformel** (siehe Abschnitt 29.3).

29.2 Rechteckformeln

Als Stützstellen ξ_i werden die **linken Randstellen** x_{i-1} oder die **rechten Randstellen** x_i der n Teilintervalle $[x_{i-1}, x_i]$ gewählt. Für das bestimmte Riemann-Integral $\int_a^b f(x)\,dx$ erhält man dann aus (29.1) die beiden Integrationsformeln

$$\int_a^b f(x)\,dx \approx \frac{b-a}{n} \sum_{i=1}^n f(x_{i-1}) \quad \text{bzw.}$$

$$\int_a^b f(x)\,dx \approx \frac{b-a}{n} \sum_{i=1}^n f(x_i). \tag{29.2}$$

Diese Integrationsformeln werden als **Rechteckformeln** bezeichnet, da sich die Summen (29.2) für eine nichtnegative Funktion f als Summen von Rechtecken der Breite $\frac{b-a}{n}$ und der Höhe $f(x_{i-1})$ bzw. $f(x_i)$ deuten lassen (siehe Abbildung 29.1, links).

Ist der Integrand f monoton wachsend, dann gilt $f(x_{i-1}) \leq f(x) \leq f(x_i)$ für alle $x \in [x_{i-1}, x_i]$ mit $i = 1, \ldots, n$ und somit insbesondere auch

$$\frac{b-a}{n} \sum_{i=1}^n f(x_{i-1}) \leq \int_a^b f(x)\,dx \leq \frac{b-a}{n} \sum_{i=1}^n f(x_i).$$

Für den Quadraturfehler erhält man daher die gleiche (grobe) Abschätzung:

$$|R(f)| \leq \frac{b-a}{n} |f(x_n) - f(x_0)| \tag{29.3}$$

Das heißt, für $n \to \infty$ nimmt der Quadraturfehler $R(f)$ mit der gleichen Geschwindigkeit wie $\frac{1}{n}$ ab. Für monoton fallende Integranden f erhält man für den Quadraturfehler $R(f)$ völlig analog die gleiche Abschätzung.

Beispiel 29.1 (Anwendung der Rechteckformeln)

a) Das bestimmte Riemann-Integral $\int_0^4 x^3\,dx$ soll näherungsweise mit Hilfe der beiden Rechteckformeln (29.2) berechnet werden. Dazu wird das Intervall $[0, 4]$ einmal in $n = 4$ und einmal in $n = 10$ gleichgroße Teilintervalle $[x_{i-1}, x_i]$ zerlegt. Für $n = 4$ erhält man für den Quadraturfehler mit (29.3) die sehr grobe Abschätzung

$$|R(f)| \leq \frac{4-0}{4} |4^3 - 0^3| = 64.$$

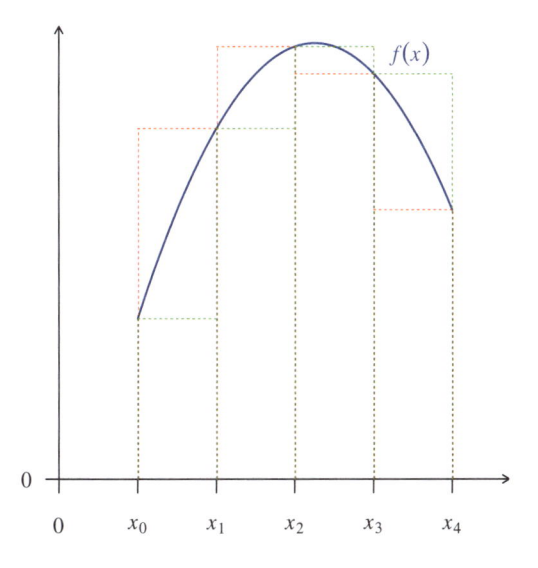

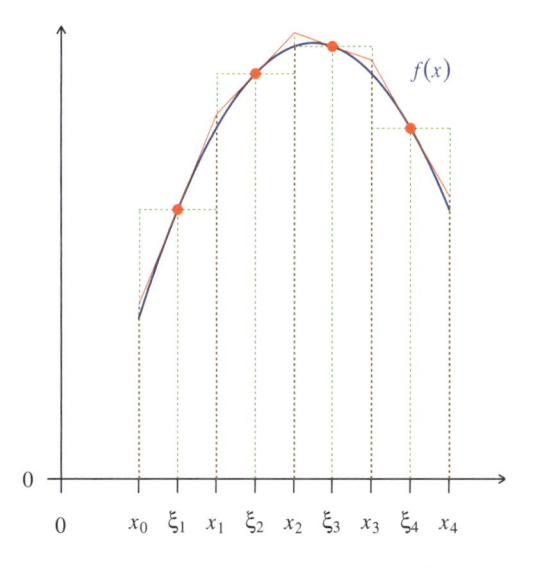

Abb. 29.1: Rechteckformeln $\frac{b-a}{n} \sum_{i=1}^n f(x_{i-1})$ und $\frac{b-a}{n} \sum_{i=1}^n f(x_i)$ (links) und Tangentenformel $\frac{b-a}{n} \sum_{i=1}^n f\left(\frac{x_i + x_{i-1}}{2}\right)$ (rechts)

Mit den beiden Rechteckformeln (29.2) erhält man die beiden Näherungswerte

$$\int_0^4 x^3\,dx \approx \frac{4-0}{4} \sum_{i=1}^{4} (i-1)^3 = 36 \quad \text{bzw.}$$

$$\int_0^4 x^3\,dx \approx \frac{4-0}{4} \sum_{i=1}^{4} i^3 = 100.$$

Da der exakte Wert des bestimmten Riemann-Integrals durch $\int_0^4 x^3\,dx = \frac{1}{4}x^4 \big|_0^4 = 64$ gegeben ist, betragen die Quadraturfehler

$$R(f) = 64 - 36 = 28 \quad \text{bzw.}$$
$$R(f) = 64 - 100 = -36.$$

Das heißt, die Näherungswerte sind außerordentlich schlecht. Diese schlechte Übereinstimmung der beiden Näherungswerte 36 und 100 mit dem tatsächlichen Wert 64 liegt darin begründet, dass der Integrand $f(x) = x^3$ sehr schnell ansteigt.

Für $n = 10$ erhält man für den Quadraturfehler die verbesserte Abschätzung

$$|R(f)| \leq \frac{4-0}{10} |4^3 - 0^3| = \frac{128}{5} = 25{,}6.$$

Die Intervallbreite beträgt nun $h = \frac{2}{5}$ und man erhält mit (29.2) die beiden Näherungswerte

$$\int_0^4 x^3\,dx \approx \frac{2}{5} \sum_{i=1}^{10} \left(\frac{2}{5}(i-1)\right)^3 = 51{,}84 \quad \text{bzw.}$$

$$\int_0^4 x^3\,dx \approx \frac{2}{5} \sum_{i=1}^{10} \left(\frac{2}{5}i\right)^3 = 77{,}44.$$

Diese Näherungswerte sind nun zwar besser, aber immer noch sehr weit vom tatsächlichen Wert 64 entfernt (vgl. Abbildung 29.2, links).

b) Nun soll das bestimmte Riemann-Integral $\int_0^1 \sqrt{1-x^2}\,dx$ näherungsweise mit Hilfe der ersten Rechteckformel in (29.2) berechnet werden und der Betrag des Quadraturfehlers $R(f)$ soll dabei maximal 10^{-3} betragen. Mit der Abschätzung

$$|R(f)| \leq \frac{1-0}{n} |0-1|$$

erhält man, dass dies erfüllt ist, wenn $\frac{1-0}{n}|0-1| \leq 10^{-3}$ bzw. $n \geq 10^3$ gilt. Mit $n = 1000$ erhält man

dann den Näherungswert

$$\int_0^1 \sqrt{1-x^2}\,dx \approx \frac{1-0}{1000} \sum_{i=1}^{1000} \sqrt{1-\left(\frac{1}{1000}(i-1)\right)^2}$$
$$= 0{,}785889. \quad (29.4)$$

Der Wert (29.4) ist eine obere Schranke für den exakten Wert

$$\int_0^1 \sqrt{1-x^2}\,dx = \frac{1}{2}\left(x\sqrt{1-x^2} - \arccos(x)\right)\bigg|_0^1 = \frac{\pi}{4},$$

da die Funktion $f(x) = \sqrt{1-x^2}$ auf dem Intervall $[0, 1]$ (streng) monoton fallend ist (vgl. Abbildung 29.2, rechts). Der Quadraturfehler beträgt

$$R(f) = \frac{\pi}{4} - 0{,}785889 \approx -5 \cdot 10^{-4}$$

und ist somit unterhalb der Größenordnung der vorgegebenen Genauigkeitsschranke 10^{-3}.

29.3 Tangentenformel

Werden als Stützstellen ξ_i die **Mittelstellen** $\frac{x_i + x_{i-1}}{2}$ der n Teilintervalle $[x_{i-1}, x_i]$ gewählt, dann resultiert die Integrationsformel

$$\int_a^b f(x)\,dx \approx \frac{b-a}{n} \sum_{i=1}^{n} f\left(\frac{x_i + x_{i-1}}{2}\right), \quad (29.5)$$

die als **Tangentenformel** oder auch **Mittelpunktsformel** bekannt ist. Die Bezeichnung Tangentenformel ist dadurch motiviert, dass man bei einem differenzierbaren Integranden f einen einzelnen Summanden $\frac{b-a}{n} f\left(\frac{x_i + x_{i-1}}{2}\right)$ auch als Flächeninhalt des Trapezes auffassen kann, das von den Geraden $x = x_{i-1}$ und $x = x_i$, der x-Achse sowie der Tangente an den Graphen von f im Punkt $(\xi_i, f(\xi_i))$ begrenzt wird (siehe Abbildung 29.1, rechts).

Für einen monoton wachsenden Integranden f gilt offensichtlich

$$\frac{b-a}{n} \sum_{i=1}^{n} f(x_{i-1}) \leq \frac{b-a}{n} \sum_{i=1}^{n} f\left(\frac{x_i + x_{i-1}}{2}\right)$$
$$\leq \frac{b-a}{n} \sum_{i=1}^{n} f(x_i).$$

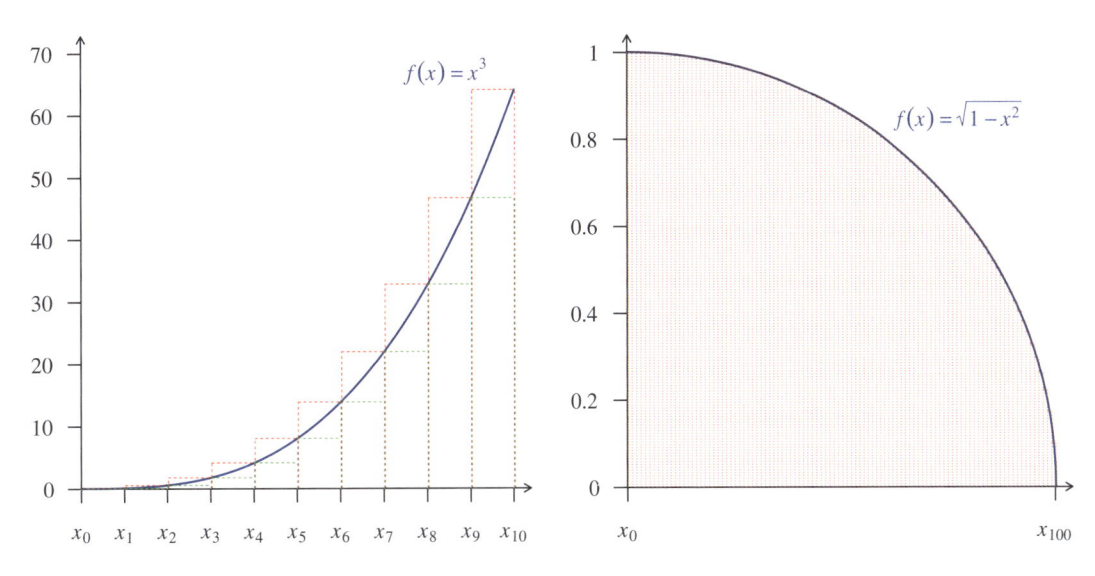

Abb. 29.2: Approximation von $\int_0^4 x^3\,dx$ mittels den Rechteckformeln für $n = 10$ (links) und Approximation von $\int_0^1 \sqrt{1-x^2}\,dx$ mittels der Tangentenformel für $n = 100$ (rechts)

Man erhält somit für den Quadraturfehler die gleiche Abschätzung wie für die Rechteckformeln (29.2). Das heißt, es gilt wieder

$$|R(f)| \leq \frac{b-a}{n}|f(x_n) - f(x_0)|. \qquad (29.6)$$

Für monoton fallende Integranden f erhält man für den Quadraturfehler $R(f)$ völlig analog die gleiche Abschätzung.

Die Abschätzung (29.6) ist relativ grob. Genauere Abschätzungen für den Quadraturfehler $R(f)$ erhält man jedoch nur unter stärkeren Annahmen an den Integranden f. Der folgende Satz enthält zwei solche verbesserte Abschätzungen:

Satz 29.2 (Quadraturfehler bei der Tangentenformel)

Es seien $f: [a,b] \longrightarrow \mathbb{R}$ eine reelle Funktion, $a = x_0 < x_1 < x_2 < \ldots < x_n = b$ eine äquidistante Zerlegung des Intervalles $[a,b]$ und $R(f)$ der bei Verwendung der Tangentenformel resultierende Quadraturfehler. Dann gilt:

a) Ist f stetig differenzierbar und $|f'(x)| \leq M$ für alle $x \in [a,b]$, dann gilt

$$|R(f)| \leq \frac{M(b-a)^2}{4n}. \qquad (29.7)$$

b) Ist f zweimal stetig differenzierbar und $|f''(x)| \leq M$ für alle $x \in [a,b]$, dann gilt

$$|R(f)| \leq \frac{M(b-a)^3}{24n^2}. \qquad (29.8)$$

Beweis: Für den nicht schwierigen Beweis siehe z. B. *Maess* [43], Seiten 187–188. ∎

Der obige Satz besagt, dass bei Verwendung der Tangentenformel der Quadraturfehler $R(f)$ für $n \to \infty$ bei einem stetig differenzierbaren Integranden wie $\frac{1}{n}$ und bei einem zweimal stetig differenzierbaren Integranden wie $\frac{1}{n^2}$ abnimmt.

Die drei Integrationsformeln (29.2) und (29.5) haben gemeinsam, dass es bei ihnen jeweils um eine Riemann-Summe handelt und der Integrand f durch eine Treppenfunktion approximiert wird (siehe Abbildung 29.1).

In der Praxis werden anstelle der Rechteckformeln (29.2) sowie der Tangentenformel (29.5) häufig andere Integrationsformeln verwendet. Denn bei diesen Näherungsformeln erfolgt für $n \to \infty$ die Konvergenz gegen den Wert des bestimmten Riemann-Integrals $\int_a^b f(x)\,dx$ im Allgemeinen nur sehr langsam. Für effizientere Integrationsformeln siehe die Abschnitte 29.4 und 29.5.

Beispiel 29.3 (Anwendung der Tangentenformel)

a) Das bestimmte Riemann-Integral $\int_2^3 x^2 \, dx$ soll näherungsweise mit Hilfe der Tangentenformel (29.5) berechnet werden. Dazu wird das Intervall $[2, 3]$ in $n = 10$ gleichgroße Teilintervalle $[x_{i-1}, x_i]$ der Länge $h = \frac{1}{10}$ zerlegt. Da $f(x) = x^2$ die zweite Ableitung $f''(x) = 2$ besitzt, kann in der Abschätzung (29.8) von Satz 29.2 für die Konstante M der Wert 2 eingesetzt werden. Es resultiert dann für den Quadraturfehler die Abschätzung

$$|R(f)| \le \frac{2(3-2)^3}{24 \cdot 10^2} \approx 0{,}000833.$$

Mit (29.5) erhält man den Näherungswert

$$\int_2^3 x^2 \, dx \approx \frac{3-2}{10} \sum_{i=1}^{10} \left(\frac{2 + \frac{1}{10}i + 2 + \frac{1}{10}(i-1)}{2} \right)^2$$
$$= 6{,}33250.$$

Da der exakte Wert des bestimmten Riemann-Integrals durch $\int_2^3 x^2 \, dx = \frac{1}{3} x^3 \big|_2^3 = \frac{19}{3}$ gegeben ist, beträgt der Quadraturfehler lediglich

$$R(f) = \frac{19}{3} - 6{,}33250 \approx 0{,}000833.$$

b) Das bestimmte Riemann-Integral $\int_0^1 \sqrt{1-x^2} \, dx$ aus Beispiel 29.1b) soll nun näherungsweise mit Hilfe der Tangentenformel (29.5) berechnet werden und der Quadraturfehler $R(f)$ soll dabei wieder maximal 10^{-3} betragen. Da die beiden ersten Ableitungen der Funktion $f(x) = \sqrt{1-x^2}$ auf $[0, 1]$ nicht beschränkt sind, können die beiden Abschätzungen (29.7) und (29.8) von Satz 29.2 nicht zur Bestimmung der benötigten Anzahl n von Stützstellen verwendet werden. Es muss somit wieder auf die grobe Abschätzung

$$|R(f)| \le \frac{1-0}{n} |0-1|$$

zurückgegriffen werden, welche $n \ge 10^3$ liefert (vgl. Beispiel 29.1b)). Mit (29.5) erhält man dann den Näherungswert

$$\int_0^1 \sqrt{1-x^2} \, dx \approx \frac{1-0}{1000} \sum_{i=1}^{1000} \sqrt{1 - \left(\frac{\frac{1}{1000}i + \frac{1}{1000}(i-1)}{2} \right)^2}$$
$$= 0{,}785401. \tag{29.9}$$

Der Quadraturfehler beträgt nur

$$R(f) = \frac{\pi}{4} - 0{,}785401 \approx -3 \cdot 10^{-6}$$

und die Tangentenformel liefert somit ein wesentlich genaueres Ergebnis als die Rechteckformel in Beispiel 29.1b) (vgl. auch Abbildung 29.2, rechts für $n = 100$).

29.4 Newton-Cotes-Formeln

In Abschnitt 27.1 wurde gezeigt, dass eine reelle Funktion $f : [a, b] \longrightarrow \mathbb{R}$ durch gegebene Stützpunkte (x_0, y_0), ..., (x_n, y_n) stets durch ein Interpolationspolynom p vom Grad kleiner gleich n approximiert werden kann. Ist die reelle Funktion f sogar $(n + 1)$-fach stetig differenzierbar, dann kann der dabei resultierende Interpolationsfehler nach oben abgeschätzt werden (vgl. Satz 27.9). Darüber hinaus sind Polynome besonders einfach zu integrieren.

Es ist daher naheliegend, bei der Berechnung eines gegebenen Riemann-Integrals $\int_a^b f(x) \, dx$ den Integranden f durch ein Polynom p zu ersetzen, das an vorgegebenen Stellen mit f übereinstimmt. Das bestimmte Riemann-Integral $\int_a^b p(x) \, dx$ des Interpolationspolynoms p ist dann oftmals ein guter Näherungswert für das Riemann-Integral $\int_a^b f(x) \, dx$.

I. Newton

Denn falls die Differenz $f(x) - p(x)$ innerhalb des Integrationsintervalles $[a, b]$ mehrmals das Vorzeichen wechselt, kann der Quadraturfehler $\int_a^b f(x) \, dx - \int_a^b p(x) \, dx$ selbst dann klein sein, wenn das Polynom p den Integranden f nicht optimal approximiert. Das heißt, die numerische Integration hat in solch einem Fall eine **glättende Wirkung**.

Der Ansatz, den Integranden f durch ein interpolierendes Polynom p zu ersetzen, geht auf den großen englischen Physiker und Mathematiker *Isaac Newton* (1643–1727) und seinen Schüler *Roger Cotes* (1682–1716) zurück. Die resultierenden Integrationsformeln werden deshalb als **Newton-Cotes-Formeln** bezeichnet.

R. Cotes

29.4 Newton-Cotes-Formeln

Zur Herleitung dieser Newton-Cotes-Formeln seien im Folgenden $f\colon [a,b] \longrightarrow \mathbb{R}$ eine Riemann-integrierbare reelle Funktion und $a = x_0 < x_1 < \ldots < x_n = b$ eine **äquidistante Partition (Zerlegung)** des Intervalles $[a, b]$. Das heißt, es gelte $x_i - x_{i-1} = \frac{b-a}{n}$ für alle $i = 1, \ldots, n$ und damit

$$x_i = a + ih$$

für alle $i = 0, \ldots, n$ mit der Schrittweite $h := \frac{b-a}{n}$. Weiter sei p_n ein Polynom mit den beiden Eigenschaften

a) $\mathrm{Grad}(p_n) \leq n$ und

b) $p_n(x_i) = y_i$, wobei $y_i := f(x_i)$ für alle $i = 0, 1, \ldots, n$.

Das heißt, p_n ist ein Interpolationspolynom von f vom Grad kleiner gleich n, und mit Satz 27.1 folgt unmittelbar, dass p_n durch die Eigenschaften a) und b) eindeutig bestimmt ist. In der Darstellung als Lagrangesches Interpolationspolynom gilt für dieses Polynom

$$p_n(x) = \sum_{i=0}^{n} y_i L_i(x) \quad \text{mit} \quad L_i(x) = \prod_{\substack{k=0 \\ k \neq i}}^{n} \frac{x - x_k}{x_i - x_k} \quad (29.10)$$

für $i = 0, 1, \ldots, n$ (vgl. Abschnitt 27.2). Mit der Substitution $x = a + th$ und t als neue Variable, erhält man für die Lagrangeschen Polynome L_i die alternative Darstellung

$$L_i(x) = \prod_{\substack{k=0 \\ k \neq i}}^{n} \frac{(a+th) - (a+kh)}{(a+ih) - (a+kh)} = \prod_{\substack{k=0 \\ k \neq i}}^{n} \frac{t-k}{i-k} =: \widetilde{L}_i(t) \quad (29.11)$$

für alle $i = 0, 1, \ldots, n$. Zusammen mit (29.10) folgt daraus durch Integration

$$\begin{aligned}
\int_a^b p_n(x)\, dx &= \sum_{i=0}^{n} y_i \int_a^b L_i(x)\, dx \\
&= h \sum_{i=0}^{n} y_i \underbrace{\int_0^n \widetilde{L}_i(t)\, dt}_{=:\alpha_i} \\
&= h \sum_{i=0}^{n} \alpha_i y_i, \quad (29.12)
\end{aligned}$$

wobei in der zweiten Gleichung von (29.12) der Zusammenhang $dx = h\, dt$ und die neuen Integrationsgrenzen $t = 0$ und $t = n$ berücksichtigt wurden, die sich durch Einsetzen der alten Integrationsgrenzen $x = a$ und $x = b$ in $t = \frac{1}{h}(x - a)$ ergeben.

Die Gewichte α_i in (29.12) sind rationale Zahlen, die offensichtlich nur vom Grad n des interpolierenden Polynoms p_n abhängen und nicht vom Integranden f oder den Integrationsgrenzen a und b. Mit den Gewichten α_i erhält man

zur näherungsweisen Berechnung des bestimmten Riemann-Integrals $\int_a^b f(x)\, dx$ die Integrationsformeln

$$\int_a^b f(x)\, dx \approx \int_a^b p_n(x)\, dx = h \sum_{i=0}^{n} \alpha_i y_i, \quad (29.13)$$

wobei

$$\alpha_i = \int_0^n \prod_{\substack{k=0 \\ k \neq i}}^{n} \frac{t-k}{i-k}\, dt \quad (29.14)$$

mit $y_i = f(a + ih)$ für $i = 0, 1, \ldots, n$ und $h = \frac{b-a}{n}$ gilt. Diese Integrationsformeln werden als **Newton-Cotes-Formeln** bezeichnet. In der Praxis sind Newton-Cotes-Formeln mit interpolierenden Polynomen p_n vom Grad $n = 1, 2$ und 3 am gebräuchlichsten.

Da die Newton-Cotes-Formeln insbesondere für den speziellen Integranden $y = f(x) = 1$ für alle $x \in [a, b]$ gelten und die Eindeutigkeit der Polynominterpolation in diesem Fall $p_n(x) = 1$ für alle $x \in [a, b]$ impliziert, folgt aus (29.13) für die Gewichte

$$\sum_{i=0}^{n} \alpha_i = \frac{1}{h} \int_a^b p_n(x)\, dx = \frac{1}{h}(b - a) = n. \quad (29.15)$$

Aufgrund der Tatsache, dass die Gewichte α_i rationale Zahlen sind, kann t so gewählt werden, dass die neuen Gewichte

$$\beta_i := t \alpha_i \quad (29.16)$$

für $i = 0, 1, \ldots, n$ ganze Zahlen sind. Diese neuen Gewichte β_i hängen offensichtlich ebenfalls nicht vom Integranden f und den Integrationsgrenzen a und b ab. Die Gewichte β_i können deshalb bequem in Tabellen nachgeschlagen werden (siehe Tabelle 29.2). Für die Newton-Cotes-Formeln (29.13) erhält man mit den Gewichten β_i die Darstellung

$$\int_a^b f(x)\, dx \approx \frac{b-a}{nt} \sum_{i=0}^{n} \beta_i y_i. \quad (29.17)$$

Das folgende Beispiel zeigt anhand der beiden wichtigen Spezialfälle $n = 1$ und $n = 2$, wie die Gewichte α_i und β_i mittels der Formeln (29.14) und (29.16) berechnet werden können:

> **Beispiel 29.4** (Berechnung der Gewichte für die Newton-Cotes-Formeln)
>
> a) Im Spezialfall $n = 1$ erhält man mit (29.14)
>
> $$\alpha_0 = \int_0^1 \frac{t-1}{0-1}\, dt = \left(-\frac{1}{2}t^2 + t\right)\Big|_0^1 = \frac{1}{2} \quad \text{und}$$
>
> $$\alpha_1 = \int_0^1 \frac{t-0}{1-0}\, dt = \frac{1}{2}t^2 \Big|_0^1 = \frac{1}{2}.$$

Daraus erhält man mit (29.16) und $t = 2$ die Gewichte $\beta_0 = 2\alpha_0 = 1$ und $\beta_1 = 2\alpha_1 = 1$.

b) Im Spezialfall $n = 2$ erhält man mit (29.14)

$$\alpha_0 = \int_0^2 \frac{t-1}{0-1} \frac{t-2}{0-2} \, dt = \frac{1}{2} \int_0^2 (t^2 - 3t + 2) \, dt$$

$$= \left(\frac{1}{6} t^3 - \frac{3}{4} t^2 + t \right) \bigg|_0^2 = \frac{4}{3} - 3 + 2 - 0 = \frac{1}{3},$$

$$\alpha_1 = \int_0^2 \frac{t-0}{1-0} \frac{t-2}{1-2} \, dt = \int_0^2 (-t^2 + 2t) \, dt$$

$$= \left(-\frac{1}{3} t^3 + t^2 \right) \bigg|_0^2 = -\frac{8}{3} + 4 - 0 = \frac{4}{3}.$$

Zusammen mit (29.15) liefert dies $\alpha_2 = 2 - \alpha_0 - \alpha_1 = \frac{1}{3}$. Daraus erhält man mit (29.16) und $t = 3$ schließlich die Gewichte $\beta_0 = 3\alpha_0 = 1$, $\beta_1 = 3\alpha_1 = 4$ und $\beta_2 = 3\alpha_2 = 1$.

Für Newton-Cotes-Formeln mit Interpolationspolynomen vom Grad $n \geq 3$ erfolgt die Berechnung der Gewichte α_i und β_i völlig analog. Die Tabelle 29.2 zeigt die resultierenden Gewichte β_i bei Verwendung von Interpolationspolynomen p_n bis einschließlich zum Grad $n = 6$.

Die drei wichtigsten Spezialfälle von Newton-Cotes-Formeln (29.13) erhält man für die Polynomgrade $n = 1, 2$ und 3:

Trapezregel

Im Falle $n = 1$ ist das Interpolationspolynom p_1 vom Grad eins und somit durch die interpolierende Gerade durch die beiden Punkte

$$(a, f(a)) \quad \text{und} \quad (b, f(b))$$

gegeben. Für die zugehörigen Gewichte gilt $\alpha_0 = \alpha_1 = \frac{1}{2}$ bzw. $\beta_0 = \beta_1 = 1$ (siehe Beispiel 29.4a)). Mit diesen Gewichten erhält man aus (29.13) oder (29.17) die Integrationsformel

$$\int_a^b f(x) \, dx \approx (b-a) \left(\frac{1}{2} f(a) + \frac{1}{2} f(b) \right), \quad (29.18)$$

welche als **Trapezregel** bezeichnet wird. Denn der Ausdruck auf der rechten Seite von (29.18) gibt für einen nicht negativen Integranden f gerade den Flächeninhalt an, der von den senkrechten Geraden $x = a$ und $x = b$, der x-Achse sowie der interpolierenden Geraden p_1 begrenzt wird (vgl. Abbildung 29.3, links).

Keplersche Fassregel

Im Falle $n = 2$ ist das Interpolationspolynom p_2 vom Grad zwei und somit durch das interpolierende quadratische Polynom durch die drei Punkte

$$(a, f(a)), \quad \left(\frac{a+b}{2}, f\left(\frac{a+b}{2} \right) \right) \quad \text{und} \quad (b, f(b))$$

gegeben (vgl. Abbildung 29.3, Mitte). Für die zugehörigen Gewichte gilt $\alpha_0 = \alpha_2 = \frac{1}{3}$ und $\alpha_1 = \frac{4}{3}$ bzw. $\beta_0 = \beta_2 = 1$ und $\beta_1 = 4$ (siehe Beispiel 29.4b)). Mit diesen Gewichten erhält man aus (29.13) oder (29.17) die Integrationsformel

$$\int_a^b f(x) \, dx \approx (b-a) \left(\frac{1}{6} f(a) + \frac{2}{3} f\left(\frac{a+b}{2} \right) + \frac{1}{6} f(b) \right). \quad (29.19)$$

Diese Integrationsformel wird im deutschen Sprachraum oftmals nach dem deutschen Mathematiker und Astronom *Johannes Kepler* (1571–1630) als **Keplersche Fassregel** oder **Kepler-Regel** bezeichnet. *Kepler* stellte die Formel 1615 auf und benutzte sie zur näherungsweisen Berechnung des Volumens eines Weinfasses durch Messung des Durchmessers am Boden, am Deckel und an der dicksten Stelle des Fasses. Der Wert

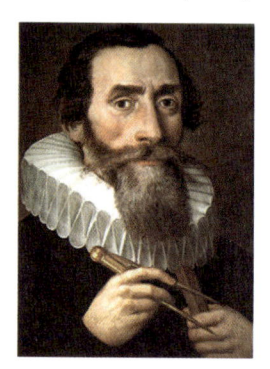

$$(b-a) \left(\frac{1}{6} f(a) + \frac{2}{3} f\left(\frac{a+b}{2} \right) + \frac{1}{6} f(b) \right)$$

kann jedoch auch als der Inhalt eines Rechteckes der Breite $b-a$ aufgefasst werden, dessen Höhe gleich dem gewichteten Mittel $\frac{1}{6} f(a) + \frac{2}{3} f\left(\frac{a+b}{2} \right) + \frac{1}{6} f(b)$ aus den Funktionswerten von f an den drei Stützstellen a, $\frac{a+b}{2}$ und b ist.

J. Kepler

Es ist zu beachten, dass im englischen Sprachraum die Integrationsformel (29.19) in der Regel nach dem englischen Mathematiker *Thomas Simpson* (1710–1761) als **Simpsonregel** bezeichnet wird. Im deutschen Sprachraum wird dagegen die Benennung Simpsonregel oftmals nur für die zusammengesetzte Version von (29.19) verwendet (siehe Abschitt 29.5).

T. Simpson

Newtonsche 3/8-Regel

Im Falle $n = 3$ ist das Interpolationspolynom p_3 vom Grad drei und somit durch das interpolierende kubische Polynom durch die vier Punkte

$(a, f(a))$, $(a+h, f(a+h))$, $(a+2h, f(a+2h))$ und $(b, f(b))$

mit $h = \frac{b-a}{3}$ gegeben (vgl. Abbildung 29.3, rechts). Für die zugehörigen Gewichte gilt $\alpha_0 = \alpha_3 = \frac{3}{8}$ und $\alpha_1 = \alpha_2 = \frac{9}{8}$ bzw. $\beta_0 = \beta_3 = 1$ und $\beta_1 = \beta_2 = 3$ (siehe Tabelle 29.2). Mit diesen Gewichten erhält man aus (29.13) oder (29.17) die als **Newtonsche 3/8-Regel** oder auch einfach als **3/8-Regel** bezeichnete Integrationsformel

$$\int_a^b f(x)\, dx \qquad (29.20)$$
$$\approx (b-a)\left(\frac{1}{8} f(a) + \frac{3}{8} f(a+h) + \frac{3}{8} f(a+2h) + \frac{1}{8} f(b)\right).$$

Ihr Entdecker *Isaac Newton* (1643–1727) nannte diese Formel begeistert **pulcherrima** (lat. für „die Schönste").

Im folgenden Beispiel wird die Genauigkeit der Integrationsformeln (29.18), (29.19) und (29.20) anhand einfacher bestimmter Riemann-Integrale, deren Werte jeweils exakt berechnet werden können, miteinander verglichen:

Beispiel 29.5 (Vergleich von Trapez-, Kepler- und 3/8-Regel)

Die Tabelle 29.1 enthält die mit den Integrationsformeln (29.18), (29.19) und (29.20) jeweils resultierenden Näherungswerte für die bestimmten Riemann-Integrale

1) $\int_1^2 \frac{1}{x}\, dx$, 2) $\int_0^{\frac{\pi}{2}} \sin(x)\, dx$, 3) $\int_0^1 \sqrt{1-x^2}\, dx$

und

4) $\int_0^1 x\, dx$, 5) $\int_0^1 x^2\, dx$, 6) $\int_0^1 x^3\, dx$, 7) $\int_0^1 x^4\, dx$.

Zum Beispiel erhält man mit den drei Integrationsformeln (29.18), (29.19) und (29.20) der Reihe nach für das bestimmte Riemann-Integral $\int_1^2 \frac{1}{x}\, dx$ die folgenden Näherungswerte

$$\int_1^2 \frac{1}{x}\, dx \approx \frac{1}{2} \cdot 1 + \frac{1}{2} \cdot \frac{1}{2} = \frac{3}{4},$$

$$\int_1^2 \frac{1}{x}\, dx \approx \frac{1}{6} \cdot 1 + \frac{2}{3} \cdot \frac{2}{3} + \frac{1}{6} \cdot \frac{1}{2} = \frac{25}{36} \approx 0{,}69444,$$

$$\int_1^2 \frac{1}{x}\, dx \approx \frac{1}{8} \cdot 1 + \frac{3}{8} \cdot \frac{3}{4} + \frac{3}{8} \cdot \frac{3}{5} + \frac{1}{8} \cdot \frac{1}{2} = \frac{111}{160} = 0{,}69375.$$

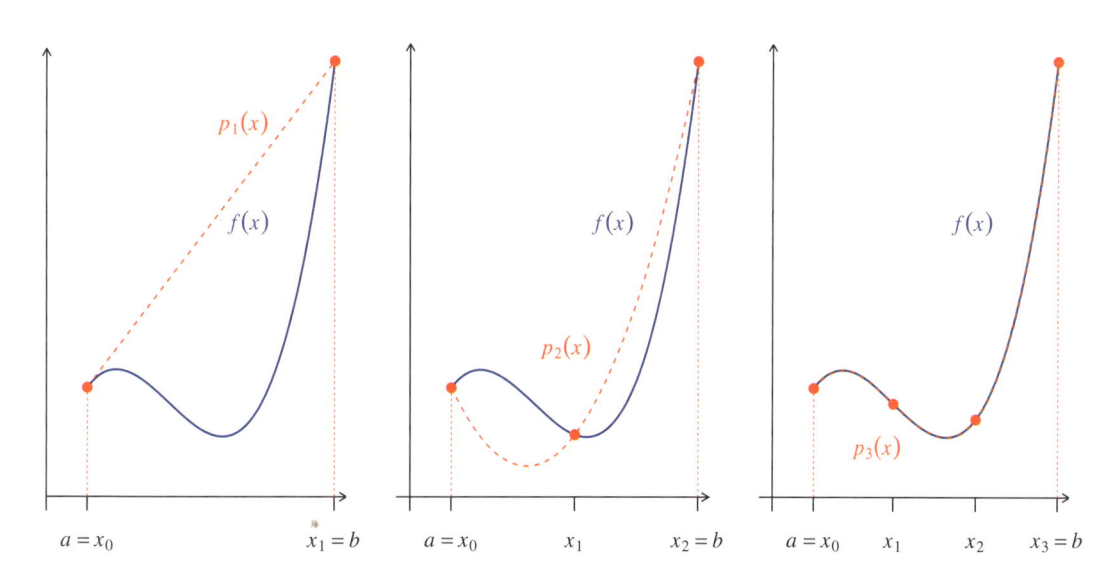

Abb. 29.3: Approximation eines bestimmten Riemann-Integrals $\int_a^b f(x)\, dx$ mittels Trapezregel (links), Kepler-Regel (Mitte) und 3/8-Regel (rechts)

Das heißt, die Kepler-Regel und die 3/8-Regel liefern gute Näherungswerte für den exakten Wert $\int_1^2 \frac{1}{x}\,dx = \ln(2) \approx 0{,}69315$.

Ein Blick auf Tabelle 29.1 zeigt, dass die Kepler-Regel und die 3/8-Regel auch für die anderen bestimmten Riemann-Integrale brauchbare Näherungswerte liefern. Dies gilt jedoch nicht für die Trapezregel, die bis auf das vierte bestimmte Riemann-Integral $\int_0^1 x\,dx$ einen großen (relativen) Quadraturfehler aufweist.

Darüber hinaus erkennt man, dass die Trapezregel für $\int_0^1 x\,dx$ und die Kepler- sowie 3/8-Regel sogar für $\int_0^1 x\,dx$, $\int_0^1 x^2\,dx$ und $\int_0^1 x^3\,dx$ jeweils den **exakten Wert** liefern. Dies ist kein Zufall, denn es gilt allgemein, dass die Trapezregel Polynome ersten Grades und die Kepler- und 3/8-Regel Polynome bis einschließlich zum dritten Grad exakt integrieren. Diese Beobachtung lässt sich auf Newton-Cotes-Formeln beliebigen Grades $n \in \mathbb{N}$ verallgemeinern.

Integral	Exakter Wert	Trapezregel	Kepler-Regel	3/8-Regel
1)	0,69315	0,75000	0,69444	0,69375
2)	1	0,78540	1,00228	1,00101
3)	0,78540	0,50000	0,74402	0,75806
4)	0,50000	0,50000	0,50000	0,50000
5)	0,33333	0,50000	0,33333	0,33333
6)	0,25000	0,50000	0,25000	0,25000
7)	0,20000	0,50000	0,20833	0,20370

Tabelle 29.1: Die mit der Trapezregel, der Kepler-Regel und der 3/8-Regel resultierenden Näherungswerte (gerundet auf fünf Nachkommastellen) für die bestimmten Riemann-Integrale 1) bis 7)

In Abschnitt 29.5 wird gezeigt, wie durch die Verwendung sogenannter **zusammengesetzter Newton-Cotes-Formeln** der Quadraturfehler $R(f)$ beliebig verringert werden kann.

Quadraturfehler

Der Quadraturfehler $R(f)$ der Newton-Cotes-Formel mit Interpolationspolynomen p_n vom Grad n ergibt sich als bestimmtes Riemann-Integral des Interpolationsfehlers

$$f(x) - p_n(x)$$

über dem Intervall $[a, b]$ (vgl. (29.13)). Mit dem Ergebnis (27.14) für den Interpolationsfehler bei Verwendung eines Interpolationspolynoms vom Grad kleiner gleich n liefert dies dann bei einem $(n+1)$-fach stetig differenzierbaren Integranden f für den Quadraturfehler die Darstellung

$$R(f) = \int_a^b f(x)\,dx - \int_a^b p_n(x)\,dx$$
$$= \frac{1}{(n+1)!}\int_a^b f^{(n+1)}(\xi(x))\prod_{k=0}^n (x-x_k)\,dx \quad (29.21)$$

mit $\xi(x) \in (\min\{x_0,\ldots,x_n,x\},\max\{x_0,\ldots,x_n,x\})$. Diese Darstellung des Quadraturfehlers $R(f)$ lässt sich weiter vereinfachen. Die Tabelle 29.2 gibt die Gewichte β_i der Newton-Cotes-Formeln für Interpolationspolynome p_n vom Grad $n \leq 6$ und den Betrag des jeweils zugehörigen Quadraturfehlers $R(f)$ für hinreichend oft stetig differenzierbare Integranden f und einen geeigneten Wert $\eta \in [a, b]$ an.

Aus dieser Tabelle ist z. B. zu erkennen, dass der Quadraturfehler bei der Trapezregel und einem zweifach stetig differenzierbaren Integranden f mit der dritten Potenz und bei der Kepler-Regel und einem vierfach stetig differenzierbaren Integranden f mit der fünften Potenz der Schrittweite $h = \frac{b-a}{n}$ gegen Null geht.

Ein Blick auf Tabelle 29.2 zeigt auch, dass die Quadraturformeln zu geradem Grad n jeweils dieselbe **Konvergenzordnung** (d. h. h-Potenz) besitzen wie die Integrationsformeln zu dem nächsthöheren ungeraden Grad $n+1$. Da ferner für ein Polynom n-ten Grades alle Ableitungen der Ordnung $(n+1)$ und höher gleich Null sind, kann man aus den Abschätzungen für den Quadraturfehler $R(f)$ in Tabelle 29.2 ablesen, dass Newton-Cotes-Formeln zu geradem Grad n Polynome bis zum Grad $n+1$ exakt integrieren, während dies bei Newton-Cotes-Formeln zu ungeradem Grad n nur für Polynome bis zum Grad n gilt. Der Höchstgrad von Polynomen, die von einer Quadraturformel noch exakt integriert werden, wird oftmals als **algebraischer Genauigkeitsgrad** oder **Exaktheitsgrad** bezeichnet. Zum Beispiel besitzt die Keplersche Fassregel den algebraischen Genauigkeitsgrad drei. Das heißt, bei Verwendung dieser Integrationsformel werden Polynome bis einschließlich zum Grad $n = 3$ exakt integriert.

n	nt	β_0	β_1	β_2	β_3	β_4	β_5	β_6	Fehler $R(f)$	Name
1	2	1	1						$\frac{h^3}{12}\|f^{(2)}(\eta)\|$	Trapezregel
2	6	1	4	1					$\frac{h^5}{90}\|f^{(4)}(\eta)\|$	Kepler-Regel
3	8	1	3	3	1				$\frac{3h^5}{80}\|f^{(4)}(\eta)\|$	3/8-Regel
4	90	7	32	12	32	7			$\frac{8h^7}{945}\|f^{(6)}(\eta)\|$	Milne-Regel
5	288	19	75	50	50	75	19		$\frac{275h^7}{12096}\|f^{(6)}(\eta)\|$	
6	840	41	216	27	272	27	216	41	$\frac{9h^9}{1400}\|f^{(8)}(\eta)\|$	Weddle-Regel

Tabelle 29.2: Gewichte β_i der Newton-Cotes-Formeln mit Interpolationspolynomen p_n vom Grad $n = 1, 2, \ldots, 6$ und der jeweils zugehörige Quadraturfehler $|R(f)|$ in Abhängigkeit von $h = \frac{b-a}{n}$ und einem geeigneten $\eta \in [a, b]$

29.5 Zusammengesetzte Newton-Cotes-Formeln

In der Praxis werden Newton-Cotes-Formeln zu Interpolationspolynomen p_n höheren Grades als $n = 6$ aus zwei Gründen so gut wie nie verwendet:

1) Eine Erhöhung des Polynomgrades n führt nicht notwendigerweise zu einer Verringerung des Interpolationsfehlers (siehe Abschnitt 27.5). Folglich ergibt sich dadurch auch nicht zwangsläufig eine verbesserte Quadraturformel.

2) Bei größeren Werten von n (für $n = 8$ und $n \geq 10$) treten negative Gewichte β_i auf. Dies ist zum einen numerisch ungünstig, da dies zu sogenannten Auslöschungen, d. h. zu einem Genauigkeitsverlust bei der Subtraktion fast gleichgroßer Zahlen, führen kann. Zum anderen steht dies im Widerspruch zu der anschaulich begründeten Absicht, das als Grenzwert von Riemann-Summen entstandene Riemann-Integral $\int_a^b f(x)\, dx$ durch eine Summe (und nicht eine Differenz) von Funktionswerten anzunähern.

Um dennoch bei großen Integrationsintervallen $[a, b]$ und stark variierenden Integranden $f: [a, b] \longrightarrow \mathbb{R}$ eine hohe Approximationsgenauigkeit zu erreichen, werden die Newton-Cotes-Formeln häufig nicht auf das gesamte Integrationsintervall $[a, b]$ angewendet. Stattdessen wird das Intervall $[a, b]$ in N gleichgroße Teilintervalle zerlegt, die ihrerseits jeweils aus n gleichgroßen Teilintervallen bestehen. Das heißt, es wird eine äquidistante Zerlegung $a = x_0 < x_1 < x_2 < \ldots < x_{Nn} = b$ des Intervalles $[a, b]$ in N Gruppen zu je n gleichgroßen Teilintervallen $[x_{k-1}, x_k]$ betrachtet, so dass $x_k - x_{k-1} = \frac{b-a}{Nn}$ für alle $k = 1, \ldots, Nn$ gilt und damit

$$x_k = a + kh \quad \text{mit} \quad h := \frac{b-a}{Nn}$$

für alle $k = 0, \ldots, Nn$ gilt. Auf den resultierenden N Teilintervallen

$$[x_0, x_n], [x_n, x_{2n}], \ldots, [x_{(N-1)n}, x_{Nn}]$$

wird dann der Integrand f mit Hilfe der Newton-Cotes-Formeln jeweils separat interpoliert. Das heißt, das bestimmte Riemann-Integral

$$\int_a^b f(x)\, dx = \sum_{l=1}^{N} \int_{x_{(l-1)n}}^{x_{ln}} f(x)\, dx$$

wird mit Hilfe der Summe der Integrationsformeln

$$\int_{x_{(l-1)n}}^{x_{ln}} f(x)\, dx \approx h \sum_{i=0}^{n} \alpha_i\, y_{(l-1)n+i}$$

für die bestimmten Riemann-Integrale $\int_{x_{(l-1)n}}^{x_{ln}} f(x)\, dx$ mit $y_{(l-1)n+i} := f(x_{(l-1)n+i})$ für $i = 0, 1, \ldots, n$ und $l = 1, \ldots, N$ approximiert.

Auf diese Weise erhält man die sogenannten **zusammengesetzten** oder **aufsummierten Newton-Cotes-Formeln**

$$\int_a^b f(x)\, dx \approx h \sum_{l=1}^{N} \sum_{i=0}^{n} \alpha_i\, y_{(l-1)n+i},$$

wobei die Gewichte α_i durch (29.14) gegeben sind (vgl. Abbildung 29.4).

Der Quadraturfehler der zusammengesetzten Newton-Cotes-Formeln ergibt sich entsprechend durch Aufsummieren der Quadraturfehler der Newton-Cotes-Formeln für die N einzelnen Teilintervalle $[x_{(k-1)n}, x_{kn}]$. Das heißt, der Quadraturfehler der zusammengesetzten Newton-Cotes-Formeln mit interpolierenden Polynomen vom Grad n ist bei einem $(n+1)$-fach stetig differenzierbaren Integranden f gegeben durch

$$R(f) = \frac{1}{(n+1)!} \sum_{l=1}^{N} \int_{x_{(l-1)n}}^{x_{ln}} f^{(n+1)}(\xi_l(x)) \prod_{i=0}^{n}(x - x_{(l-1)n+i})\, dx$$

(vgl. (29.21)). Im Folgenden werden die zusammengesetzten Newton-Cotes-Formeln mit interpolierenden Polynomen vom Grad $n = 1$ und $n = 2$ aufgrund ihrer großen Bedeutung für die Praxis genauer betrachtet:

Zusammengesetzte Trapezregel

Im Falle $n = 1$ erhält man mit (29.18) die **zusammengesetzte (aufsummierte) Trapezregel**

$$\int_a^b f(x)\,dx$$
$$\approx \sum_{k=1}^N \frac{b-a}{N}\left(\frac{1}{2}f(x_{k-1}) + \frac{1}{2}f(x_k)\right)$$
$$= \frac{b-a}{N}\left(\frac{1}{2}f(x_0) + f(x_1) + \ldots + f(x_{N-1}) + \frac{1}{2}f(x_N)\right),$$

wobei $x_k = a + kh$ für alle $k = 0,\ldots,N$ und $h = \frac{b-a}{N}$ gilt (vgl. Abbildung 29.4, links). Bei einem zweifach stetig differenzierbaren Integranden f erhält man für den Quadraturfehler

$$|R(f)| \leq \frac{h^3}{12}\sum_{l=1}^N |f^{(2)}(\eta_l)|$$

(vgl. erste Zeile in Tabelle 29.2). Da jedoch die zweite Ableitung $f^{(2)}$ nach Voraussetzung stetig ist, folgt mit dem Zwischenwertsatz 15.28, dass es ein $\eta \in [a,b]$ mit der Eigenschaft $f^{(2)}(\eta) = \frac{1}{N}\sum_{l=1}^N f^{(2)}(\eta_l)$ gibt. Es gilt somit

$$|R(f)| \leq \frac{(b-a)}{12}h^2|f^{(2)}(\eta)|. \qquad (29.22)$$

Das heißt, der Quadraturfehler $R(f)$ geht mit der zweiten Potenz der Schrittweite h gegen Null bzw. konvergiert für $N \to \infty$ wie $\frac{1}{N^2}$ gegen Null. Der Quadraturfehler $R(f)$ kann somit prinzipiell durch Verfeinerung der Einteilung des Intervalles $[a,b]$ beliebig klein gestaltet werden. Ferner folgt aus (29.22), dass der Quadraturfehler für Polynome ersten Grades stets gleich Null ist.

Simpsonregel

Im Falle $n = 2$ erhält man mit (29.19) die **Simpsonregel**

$$\int_a^b f(x)\,dx$$
$$\approx \sum_{k=1}^N \frac{b-a}{N}\left(\frac{1}{6}f(x_{2k-2}) + \frac{2}{3}f(x_{2k-1}) + \frac{1}{6}f(x_{2k})\right)$$
$$= \frac{b-a}{N}\left(\frac{1}{6}f(x_0) + \frac{1}{3}\sum_{k=1}^{N-1}f(x_{2k}) + \frac{2}{3}\sum_{k=0}^{N-1}f(x_{2k+1}) + \frac{1}{6}f(x_{2N})\right),$$

wobei $x_k = a + kh$ für alle $k = 0,\ldots,N$ und $h = \frac{b-a}{2N}$ gilt (vgl. Abbildung 29.4, Mitte). Bei einem vierfach stetig differenzierbaren Integranden f erhält man für den Quadraturfehler

$$|R(f)| \leq \frac{h^5}{90}\sum_{l=1}^N |f^{(4)}(\eta_l)|$$

(vgl. zweite Zeile in Tabelle 29.2). Da $f^{(4)}$ stetig ist, folgt wieder mit dem Zwischenwertsatz 15.28, dass es ein $\eta \in [a,b]$ mit der Eigenschaft $f^{(4)}(\eta) = \frac{1}{N}\sum_{l=1}^N f^{(4)}(\eta_l)$ gibt. Es gilt somit

$$|R(f)| \leq \frac{(b-a)}{180}h^4|f^{(4)}(\eta)|. \qquad (29.23)$$

Das heißt, der Quadraturfehler $R(f)$ geht mit der vierten Potenz der Schrittweite h gegen Null bzw. konvergiert für $N \to \infty$ wie $\frac{1}{N^4}$ gegen Null. Der Quadraturfehler $R(f)$ kann somit analog zur zusammengesetzten Trapezregel durch Verfeinerung der Einteilung des Intervalles $[a,b]$ prinzipiell beliebig klein werden. Ferner folgt aus (29.23), dass der Quadraturfehler für Polynome vom Grad $n \leq 3$ gleich Null ist.

Die Trapezregel ist als Baustein für einige höhere Quadraturformeln, wie z. B. für das nach dem deutschen Mathematiker *Werner Romberg* (1909–2003) bezeichnete **Romberg-Verfahren**, von großer Bedeutung. Das Romberg-Verfahren beruht auf der zusammengesetzten Trapezregel, bei der die Schrittweite immer weiter verkleinert und die resultierenden Werte geschickt extrapoliert werden (siehe z. B. *Weller* [69] und *Stoer* [64]).

Analog zu den Überlegungen in Abschnitt 27.5 zur Polynominterpolation mit nicht äquidistanten Stützstellen kann man daran denken, auch für die numerische Integration die Stützstellen möglichst geschickt (und damit im Allgemeinen nicht äquidistant) zu wählen. Zum Beispiel könnte man versuchen, die Stützstellen ξ_i und die Gewichte g_i einer Integrationsformel

$$\int_a^b f(x)\,dx \approx \sum_{i=1}^n g_i f(\xi_i)$$

so zu bestimmen, dass diese Formel Polynome bis zu einem möglichst hohen Grad exakt integriert. Dieser Ansatz führt

29.5 Zusammengesetzte Newton-Cotes-Formeln

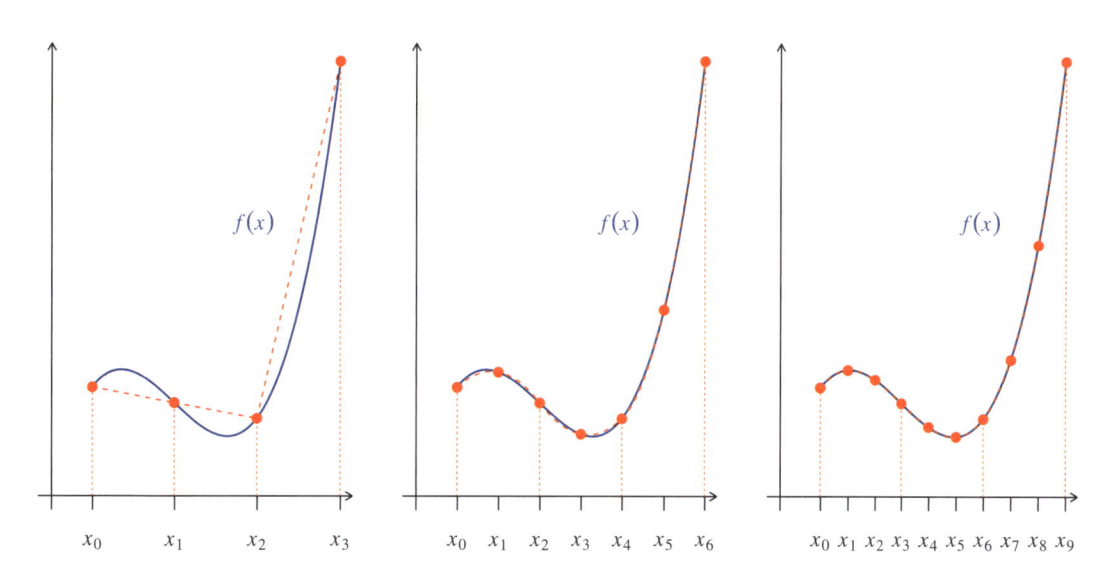

Abb. 29.4: Approximation eines Riemann-Integrals $\int_a^b f(x)\,dx$ mittels zusammengesetzter Trapezregel (links), Simpsonregel (Mitte) und zusammengesetzter 3/8-Regel (rechts) für $N=3$

dann zur sogenannten **Gauß-Quadratur**, bei der neben den n Gewichten $g_1,\ldots,g_n$ auch die n Stützstellen $\xi_1,\ldots,\xi_n$ als frei wählbare Parameter zur Verfügung stehen. Mittels Gauß-Quadratur können daher bei n Stützstellen Polynome bis zum Grad $2n-1$ exakt integriert werden (siehe z. B. *Hämmerlin* [23] und *Stoer* [64]).

Beispiel 29.6 (Zusammengesetzte Trapezregel und Simpsonregel)

a) Bei der numerischen Berechnung des bestimmten Riemann-Integrals
$$\int_0^1 \frac{1}{1+x^2}\,dx = \frac{\pi}{4} \approx 0{,}78539816339745$$
mittels zusammengesetzter Trapezregel und Simpsonregel resultieren die in Tabelle 29.3 angegebenen Näherungswerte. Das Ergebnis zeigt deutlich die Überlegenheit der Simpsonregel gegenüber der zusammengesetzten Trapezregel (vgl. auch Abbildung 29.5).

b) Das bestimmte Riemann-Integral $\int_0^1 e^{-x^2/2}\,dx$ kann nicht geschlossen integriert werden (vgl. Abschnitt 19.7). Der Wert des Riemann-Integrals wird daher im Folgenden numerisch mit der Simpsonregel mit $N=3$ berechnet. Das heißt, die Berechnung basiert auf

N	Zusammengesetzte Trapezregel	Simpsonregel
4	0,78279412	0,78539216
10	0,78498150	0,78539815
100	0,78539400	0,78539816
1000	0,78539812	0,78539816
1500	0,78539815	0,78539816
2000	0,78539815	0,78539816

Tabelle 29.3: Mit zusammengesetzter Trapezregel und Simpsonregel berechnete Näherungswerte für $\int_0^1 \frac{1}{1+x^2}\,dx$ mit $N=4, 10, 100, 1000, 1500, 2000$

den sieben Funktionswerten $f(x_0),\ldots,f(x_6)$ des Integranden $f(x) = e^{-x^2/2}$, wobei $x_k = kh$ mit $h := \frac{1}{6}$ und $k = 0, 1, \ldots, 6$ gilt. Die Integrationsformel lautet somit
$$\int_0^1 e^{-x^2/2}\,dx \approx \frac{1}{3}\Big(\frac{1}{6}f(x_0) + \frac{2}{3}f(x_1) + \frac{1}{3}f(x_2)$$
$$+ \frac{2}{3}f(x_3) + \frac{1}{3}f(x_4) + \frac{2}{3}f(x_5) + \frac{1}{6}f(x_6)\Big)$$
und man erhält damit den Näherungswert
$$\int_0^1 e^{-x^2/2}\,dx \approx 0{,}85563.$$

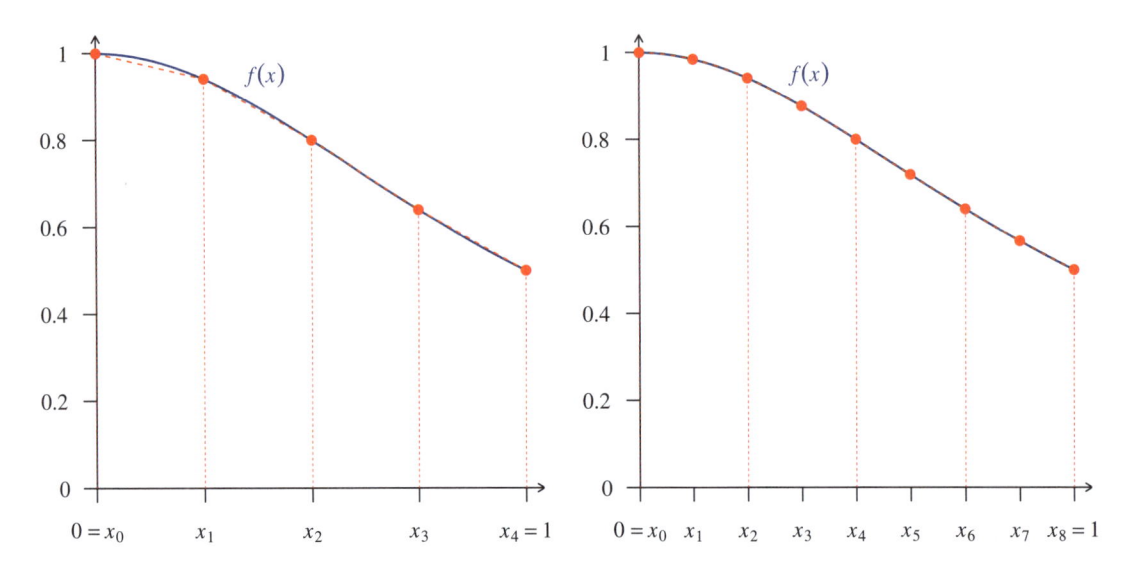

Abb. 29.5: Approximation des Riemann-Integrals $\int_0^1 \frac{1}{1+x^2}\,dx$ mittels zusammengesetzter Trapezregel (links) und Simpsonregel (rechts) für $N=4$

Zur Abschätzung des Quadraturfehlers $|R(f)|$ werden die vierte und fünfte Ableitung des Integranden f berechnet. Man erhält

$$f^{(4)}(x) = (x^4 - 6x^2 + 3)e^{-x^2/2} \quad \text{und}$$
$$f^{(5)}(x) = -(x^4 - 10x^2 + 15)e^{-x^2/2}x.$$

Da $f^{(5)}(x) \leq 0$ für alle $x \in [0,1]$ gilt, ist $f^{(4)}$ auf dem Intervall $[0,1]$ monoton fallend. Das heißt, $f^{(4)}$ besitzt im Intervall $[0,1]$ an der Stelle $x = 0$ das Maximum und an der Stelle $x = 1$ das Minimum. Wegen $f^{(4)}(0) = 3$ und $f^{(4)}(1) = -1{,}3$ bedeutet dies, dass $\left|f^{(4)}(x)\right| \leq 3$ für alle $x \in [0,1]$ gilt. Mit (29.23) folgt somit

$$|R(f)| \leq \frac{1}{180} \cdot \left(\frac{1}{6}\right)^4 \cdot 3 < 1{,}3 \cdot 10^{-5}. \quad (29.24)$$

Der Näherungswert $0{,}85563$ für das bestimmte Riemann-Integral $\int_0^1 e^{-x^2/2}\,dx$ ist somit auf mindestens 4 Nachkommastellen genau.

Teil X

Anhang

Anhang A

Mathematische Symbole

Mathematische Symbole

„Das Buch der Natur ist mit mathematischen Symbolen geschrieben."

Galileo Galilei (1564–1642)

∞	Symbol für unendlich oder unbeschränkt	$[a, b)$ oder $[a, b[$	Rechtsseitig offenes Intervall von a nach b
$\mathbb{N}$	Menge der natürlichen Zahlen		
$\mathbb{N}_0$	Menge der natürlichen Zahlen inklusive Null	$[a, b]$	Abgeschlossenes Intervall von a nach b
		(c, ∞) oder $]c, \infty)$	Linksseitig offenes unbeschränktes Intervall
$\mathbb{P}$	Menge der Primzahlen		
$\mathbb{Z}$	Menge der ganzen Zahlen	$(-\infty, c)$ oder $(-\infty, c[$	Rechtsseitig offenes unbeschränktes Intervall
$\mathbb{Q}$	Menge der rationalen Zahlen		
$\mathbb{I}$	Menge der irrationalen Zahlen	$[c, \infty)$	Linksseitig abgeschlossenes unbeschränktes Intervall
$\mathbb{R}$	Menge der reellen Zahlen		
$\mathbb{R}_+$	Menge der nichtnegativen reellen Zahlen	$(-\infty, c]$	Rechtsseitig abgeschlossenes unbeschränktes Intervall
$\overline{\mathbb{R}}$	Menge der erweiterten reellen Zahlen	R	Relation oder Konvergenzradius einer Potenzreihe
$\mathbb{C}$	Menge der komplexen Zahlen		
$M \times N$	Kartesisches Produkt der Mengen M und N	R^{-1}	Umkehrrelation
$\times_{i=1}^{n} M_i$	Kartesisches Produkt der Mengen $M_1, M_2, \ldots, M_n$	$a = b$	a ist gleich b
		$a \neq b$	a ist ungleich b
M^n	n-faches kartesisches Produkt der Menge M	$a < b$	a ist kleiner als b
$(x_1, \ldots, x_n)$	n-Tupel oder n-dimensionaler Vektor	$a > b$	a ist größer als b
$\mathbb{N}^n$	Menge der n-Tupel natürlicher Zahlen	$a \leq b$	a ist kleiner oder gleich b
$\mathbb{Z}^n$	Menge der n-Tupel ganzer Zahlen	$a \geq b$	a ist größer oder gleich b
$\mathbb{R}^n$	Menge der n-Tupel reeller Zahlen	$:=$ oder $:\Leftrightarrow$	Definition des Terms links durch den Term rechts
$\mathbb{R}_+^n$	Menge der n-Tupel nichtnegativer reeller Zahlen		
		w	Wahrheitswert „wahr"
$\mathbb{C}^n$	Menge der n-Tupel komplexer Zahlen	f	Wahrheitswert „falsch"
x^r	r-te Potenz von x	$\neg A$	Negation der Aussage A
$\sqrt[n]{x}$	n-te Wurzel von x	$A \wedge B$	Konjunktion der Aussagen A und B
e	Eulersche Zahl $e = 2{,}7182818284\ldots$	$\bigwedge_{k=1}^{n} A_k$	Konjunktion der Aussagen $A_1, \ldots, A_n$
π	Kreiszahl Pi $\pi = 3{,}1415926535\ldots$	$A \vee B$	Disjunktion der Aussagen A und B
i	Imaginäre Zahl mit $i^2 = -1$	$\bigvee_{k=1}^{n} A_k$	Disjunktion der Aussagen $A_1, \ldots, A_n$
$z = a + ib$	Komplexe Zahl	$A \Rightarrow B$	Implikation der Aussage B durch die Aussage A
$\overline{z}$	Konjugierte komplexe Zahl		
$\operatorname{Re}(z)$	Realteil der komplexen Zahl z	$A \not\Rightarrow B$	Negation der Implikation $A \Rightarrow B$
$\operatorname{Im}(z)$	Imaginärteil der komplexen Zahl z	$A \Leftrightarrow B$	Äquivalenz der Aussagen A und B
$\arg(z)$	Argument der komplexen Zahl z	$A \not\Leftrightarrow B$	Negation der Äquivalenz $A \Leftrightarrow B$
$\operatorname{Arg}(z)$	Hauptargument der komplexen Zahl z	$A(x_1, \ldots, x_n)$	Aussageform mit den Variablen $x_1, \ldots, x_n$
(a, b)	Punkt mit den Koordinaten a und b oder offenes Intervall von a nach b		
		$\mathbb{D}$	Definitionsbereich einer Aussageform oder Gleichung
$]a, b[$	Offenes Intervall von a nach b		
$(a, b]$ oder $]a, b]$	Linksseitig offenes Intervall von a nach b	$\mathbb{L}$	Lösungsbereich einer Aussageform oder Gleichung

Mathematische Symbole

$\forall$ oder $\bigwedge$	Allquantor	$\sum_{i=m}^{n} a_i$	Summe reeller Zahlen
$\exists$ oder $\bigvee$	Existenzquantor	$\sum_{i=m}^{n} \sum_{j=k}^{l} a_{ij}$	Doppelsumme reeller Zahlen
$\exists!$ oder $\dot{\bigvee}$	Eindeutigkeitsquantor	$\prod_{i=m}^{n} a_i$	Produkt reeller Zahlen
$\nexists$ oder $\neg\exists$	Negation des Existenzquantors	$n!$	n Fakultät
■	Beweisende	$\sin(\varphi)$	Sinus des Winkels φ
$\{a, b, c\}$	Menge mit den Elementen a, b und c	$\cos(\varphi)$	Kosinus des Winkels φ
$\{a\ :\ a$ besitzt die Eigenschaft $E\}$	Menge von Elementen mit der Eigenschaft E	$\tan(\varphi)$	Tangens des Winkels φ
		$\cot(\varphi)$	Kotangens des Winkels φ
$\{\}$ und $\emptyset$	Leere Menge	$\binom{n}{k}$	Binomialkoeffizient für $k \leq n \in \mathbb{N}_0$
$m \in M$	m ist ein Element der Menge M	$\binom{\alpha}{k}$	Verallgemeinerter Binomialkoeffizient für $k \in \mathbb{Z}, a \in \mathbb{C}$
$m \notin M$	m ist kein Element der Menge M		
$|M|$	Anzahl der Elemente der Menge M	$P(n)$	Anzahl der Permutationen ohne Wiederholungen
$M \subseteq N$	M ist eine Teilmenge von N		
$M \nsubseteq N$	M ist keine Teilmenge von N	$P_{n_1,\ldots,n_k}^{W}(n)$	Anzahl der Permutationen mit Wiederholungen
$M \subset N$	M ist eine echte Teilmenge von N	$V^l(n)$	Anzahl der Variationen ohne Wiederholungen
$M \not\subset N$	M ist keine echte Teilmenge von N		
$M \cup N$	Vereinigungsmenge der Mengen M und N	$V_W^l(n)$	Anzahl der Variationen mit Wiederholungen
$\bigcup_{k=1}^{n} M_k$	Vereinigungsmenge der Mengen $M_1, \ldots, M_n$	$K^l(n)$	Anzahl der Kombinationen ohne Wiederholungen
$\bigcup_{i \in I} M_i$	Vereinigungsmenge der Mengen $(M_i)_{i \in I}$	$K_W^l(n)$	Anzahl der Kombinationen mit Wiederholungen
$M \cap N$	Durchschnittsmenge der Mengen M und N	$x \sim y$	x ist äquivalent zu y
$\bigcap_{k=1}^{n} M_k$	Durchschnittsmenge der Mengen $M_1, \ldots, M_n$	$x \nsim y$	x ist nicht äquivalent zu y
		$[x]$	Äquivalenzklasse zu x
$\bigcap_{i \in I} M_i$	Durchschnittsmenge der Mengen $(M_i)_{i \in I}$	$x \preceq y$	x ist höchstens so gut wie y
		$f : M \longrightarrow N$	Abbildung von M nach N
$M \setminus N$	Differenz der Mengen M und N	$f : D \subseteq \mathbb{R} \longrightarrow \mathbb{R}$	Reelle Funktion mit Definitionsbereich D
$\overline{M}_N$	Komplement der Menge M bzgl. N		
$\mathcal{P}(M)$	Potenzmenge der Menge M	$f : D \subseteq \mathbb{R}^n \longrightarrow \mathbb{R}$	Reellwertige Funktion mit Definitionsbereich D
Ω	Grundmenge		
$\mathfrak{P}(M)$	Partition der Menge M	$f^{-1} : N \longrightarrow M$	Umkehrabbildung von f
M°	Inneres der Menge M	$f(M)$	Bild der Abbildung $f : M \longrightarrow N$
∂M	Rand der Menge M	$f(x)$	Bild der Abbildung f für das Argument x
$\overline{M}$	Abgeschlossene Hülle der Menge M		
$\max M$	Maximum der Menge M	$\text{graph}(f)$	Graph der Abbildung f
$\sup M$	Supremum der Menge M	$I_f(c)$	Isohöhenlinie der Funktion f zum Niveau c
$\min M$	Minimum der Menge M		
$\inf M$	Infimum der Menge M	$f_{|L} : L \longrightarrow N$	Restriktion der Abbildung f auf die Menge L
$|x|$	Betrag der Zahl x		
$\lfloor x \rfloor$	Gaußsche Klammer	$f(A)$	Bild der Menge A unter der Abbildung f

Mathematische Symbole

$f^{-1}(B)$	Urbild der Menge B unter der Abbildung f	$K_{\leq}(\mathbf{a}, r)$	Abgeschlossene Kugel um $\mathbf{a}$ mit Radius r
$f \circ g$	Komposition der Abbildungen f und g	Lin $\{\mathbf{a}_1, \ldots, \mathbf{a}_m\}$	Lineare Hülle von $\{\mathbf{a}_1, \ldots, \mathbf{a}_m\}$
f^n	n-fache Komposition von f	Konv $\{\mathbf{a}_1, \ldots, \mathbf{a}_m\}$	Konvexe Hülle von $\{\mathbf{a}_1, \ldots, \mathbf{a}_m\}$
f^{-n}	n-fache Komposition von f^{-1}	$M \perp N$	Orthogonalität der Mengen M und N
$\mathrm{id}_M : M \longrightarrow M$	Identische Abbildung auf M	$M^{\perp}$	Orthogonales Komplement der Menge M
$\max_{x \in M} f(x)$	Maximum von f auf der Menge M	$\mathbf{x} \perp N$	Orthogonalität des Vektors $\mathbf{x}$ und der Menge M
$\sup_{x \in M} f(x)$	Supremum von f auf der Menge M		
$\min_{x \in M} f(x)$	Minimum von f auf der Menge M	$\dim(U)$	Dimension des Unterraums U
$\inf_{x \in M} f(x)$	Infimum von f auf der Menge M	$P_U : \mathbb{R}^n \longrightarrow U$	Orthogonale Projektion auf den Unterraum U
$\max \{f_1, \ldots, f_n\}$	Aus $f_1, \ldots, f_n$ gebildete Maximumsfunktion	Kern(f)	Kern der linearen Abbildung f
$\min \{f_1, \ldots, f_n\}$	Aus $f_1, \ldots, f_n$ gebildete Minimumsfunktion	Bild(f)	Bild der linearen Abbildung f
		$\mathbf{A}$ oder $(a_{ij})_{m,n}$	$m \times n$-Matrix
f^+	$\max \{f, 0\}$	$M(m, n)$	Menge aller $m \times n$-Matrizen
f^-	$\max \{-f, 0\}$	$\mathbf{A}^k$	k-te Potenz der Matrix $\mathbf{A}$
$\mathbf{x}$	Vektor (Spaltenvektor)	$\mathbf{A}^T$	Transponierte Matrix $\mathbf{A}$
$\mathbf{x}^T$	Transponierter Vektor $\mathbf{x}$ (Zeilenvektor)	$\mathbf{O}_{m \times n}$ oder $\mathbf{O}$	$m \times n$-Nullmatrix
$\mathbf{0}$	Nullvektor	$\mathbf{E}_n$ oder $\mathbf{E}$	$n \times n$-Einheitsmatrix
$\mathbf{e}_i$	i-ter Einheitsvektor	$\mathbf{D}$ oder $\mathrm{diag}(d_{11}, \ldots, d_{nn})$	$n \times n$-Diagonalmatrix
$(\mathbf{a}, \mathbf{b})$ oder $]\mathbf{a}, \mathbf{b}[$	Offenes n-dimensionales Intervall	$f_{\mathbf{A}} : \mathbb{R}^n \longrightarrow \mathbb{R}^m$	Lineare Abbildung zur $m \times n$-Matrix $\mathbf{A}$
$(\mathbf{a}, \mathbf{b}]$ oder $]\mathbf{a}, \mathbf{b}]$	Linksseitig offenes n-dimensionales Intervall	Kern$(\mathbf{A})$	Kern der Matrix $\mathbf{A}$
$[\mathbf{a}, \mathbf{b})$ oder $[\mathbf{a}, \mathbf{b}[$	Rechtsseitig offenes n-dimensionales Intervall	Bild$(\mathbf{A})$	Bild der Matrix $\mathbf{A}$
		rang$(\mathbf{A})$	Rang der Matrix $\mathbf{A}$
$[\mathbf{a}, \mathbf{b}]$	Abgeschlossenes n-dimensionales Intervall	$\mathbf{A}^{-1}$	Inverse der Matrix $\mathbf{A}$
		spur$(\mathbf{A})$	Spur der Matrix $\mathbf{A}$
$\langle \mathbf{x}, \mathbf{y} \rangle$	Skalarprodukt der Vektoren $\mathbf{x}$ und $\mathbf{y}$	$\mathbf{A}_{ij}$	Untermatrix der Matrix $\mathbf{A}$
$\|\mathbf{x}\|$	Norm des Vektors $\mathbf{x}$	$\det(\mathbf{A})$	Determinante der Matrix $\mathbf{A}$
$\|\mathbf{x} - \mathbf{y}\|$	Abstand der Vektoren $\mathbf{x}$ und $\mathbf{y}$	$\mathbf{A}^*_{ij}$	Kofaktor der Matrix $\mathbf{A}$
$\mathbf{x} \perp \mathbf{y}$	Orthogonalität der Vektoren $\mathbf{x}$ und $\mathbf{y}$	$(\mathbf{A}, \mathbf{b})$	Erweiterte Koeffizientenmatrix
δ_{ij}	Kroneckersymbol	$p_{\mathbf{A}}(\lambda)$	Charakteristisches Polynom der Matrix $\mathbf{A}$
$\angle(\mathbf{x}, \mathbf{y})$	Winkel zwischen den Vektoren $\mathbf{x}$ und $\mathbf{y}$		
		$\mathbf{J}$	Jordan-Matrix
$H(\mathbf{a}, c)$	Hyperebene bzgl. $\mathbf{a}$ und c	$\mathbf{J}_i$	i-tes Jordan-Kästchen
$H_{\leq}(\mathbf{a}, c)$ und $H_{\geq}(\mathbf{a}, c)$	Halbräume bzgl. $\mathbf{a}$ und c	$(a_n)_{n \in \mathbb{N}_0}$	Folge reeller Zahlen a_n mit Indexmenge $\mathbb{N}_0$
$K(\mathbf{a}, r)$	Kugelfläche (Sphäre) um $\mathbf{a}$ mit Radius r	$(a_{n_k})_{k \in \mathbb{N}_0}$	Teilfolge der Folge $(a_n)_{n \in \mathbb{N}_0}$
		$(a_{mn})_{m,n \in \mathbb{N}_0}$	Doppelfolge mit Indexmenge $\mathbb{N}_0 \times \mathbb{N}_0$
$K_<(\mathbf{a}, r)$	Kugelinneres um $\mathbf{a}$ mit Radius r	$\sup_{n \in \mathbb{N}_0} a_n$	Supremum von $(a_n)_{n \in \mathbb{N}_0}$
$K_>(\mathbf{a}, r)$	Kugeläußeres um $\mathbf{a}$ mit Radius r	$\inf_{n \in \mathbb{N}_0} a_n$	Infimum von $(a_n)_{n \in \mathbb{N}_0}$

Mathematische Symbole

$\lim_{n\to\infty} a_n = a$ oder $a_n \to a$ für $n \to \infty$	Konvergenz von $(a_n)_{n \in \mathbb{N}_0}$ gegen a
$\lim_{n\to\infty} a_n = \infty$ oder $a_n \to \infty$ für $n \to \infty$	Divergenz von $(a_n)_{n \in \mathbb{N}_0}$ gegen ∞
$\lim_{n\to\infty} a_n = -\infty$ oder $a_n \to -\infty$ für $n \to \infty$	Divergenz von $(a_n)_{n \in \mathbb{N}_0}$ gegen $-\infty$
$\liminf_{n\to\infty} a_n$	Limes inferior von $(a_n)_{n \in \mathbb{N}_0}$
$\limsup_{n\to\infty} a_n$	Limes superior von $(a_n)_{n \in \mathbb{N}_0}$
$\sum_{k=0}^{\infty} a_k$	Reihe von reellen Zahlen a_k
$\sum_{k=0}^{\infty} \sum_{l=0}^{\infty} a_{kl}$ oder $\sum_{k,l=0}^{\infty} a_{kl}$	Doppelreihe von reellen Zahlen a_{kl}
$\sum_{k,l=0}^{\infty} a_k b_l$	Produktreihe von reellen Zahlen a_k und b_l
$\lim_{x \to x_0} f(x) = c$ oder $f(x) \to c$ für $x \to x_0$	Konvergenz von f gegen c
$\lim_{x \uparrow x_0} f(x) = c$ oder $f(x) \to c$ für $x \uparrow x_0$	Linksseitige Konvergenz von f gegen c
$\lim_{x \downarrow x_0} f(x) = c$ oder $f(x) \to c$ für $x \downarrow x_0$	Rechtsseitige Konvergenz von f gegen c
o und $\mathcal{O}$	Landau-Symbole
$\mathrm{Grad}(p)$	Grad des Polynoms p
$\exp(x)$	Exponentialfunktion (e-Funktion)
$\ln(x)$	Natürliche Logarithmusfunktion
$\log_a(x)$	Allgemeine Logarithmusfunktion zur Basis a
$\lg(x)$	Dekadische Logarithmusfunktion
$\sin(x)$	Sinusfunktion
$\cos(x)$	Kosinusfunktion
$\tan(x)$	Tangensfunktion
$\cot(x)$	Kotangensfunktion
$\arcsin(x)$ oder $\sin^{-1}(x)$	Arcussinus-Funktion
$\arccos(x)$ oder $\cos^{-1}(x)$	Arcuskosinus-Funktion
$\arctan(x)$ oder $\tan^{-1}(x)$	Arcustangens-Funktion
$\mathrm{arccot}(x)$ oder $\cot^{-1}(x)$	Arcuskotangens-Funktion
$\arcsin_k(x)$	k-ter Zweig der Arcussinus-Funktion
$\arccos_k(x)$	k-ter Zweig der Arcuskosinus-Funktion
$\sinh(x)$	Sinus hyperbolicus
$\cosh(x)$	Kosinus hyperbolicus
Δx	Argumentendifferenz $x_1 - x_0$
Δy	Funktionswertdifferenz $y_1 - y_0$
$\frac{\Delta y}{\Delta x}$	Differenzenquotient
dx, dy oder df	Differentiale
$f'(x_0)$, $\frac{df}{dx}(x_0)$ oder $\left.\frac{df(x)}{dx}\right|_{x=x_0}$	Erste Ableitung von f an der Stelle x_0
$f''(x_0)$, $\frac{d^2 f}{dx^2}(x_0)$ oder $\left.\frac{d^2 f(x)}{dx^2}\right|_{x=x_0}$	Zweite Ableitung von f an der Stelle x_0
$f^{(n)}(x_0)$, $\frac{d^n f}{dx^n}(x_0)$ oder $\left.\frac{d^n f(x)}{dx^n}\right|_{x=x_0}$	n-te Ableitung von f an der Stelle x_0
$\rho_f(x_0)$	Änderungsrate von f an der Stelle x_0
$\varepsilon_f(x_0)$	Elastizität von f an der Stelle x_0
$T_{n;x_0}(x)$	Taylor-Polynom n-ten Grades um x_0
$R_{n;x_0}(x)$	n-tes Restglied um x_0
$T_{x_0}(x)$	Taylor-Reihe um x_0
B_n	n-te Bernoulli-Zahl
$\sum_{k=0}^{\infty} a_k x^k$	Potenzreihe
$I(f)$	Fläche zwischen Graphen von f und x-Achse
$|I(f)|$	Inhalt der Fläche $I(f)$
Z_n	Zerlegung des Intervalls $[a,b]$
$F(Z_n)$	Feinheit der Zerlegung Z_n
$U_f(Z_n)$	Darbouxsche Untersumme von f zu Z_n
$O_f(Z_n)$	Darbouxsche Obersumme von f zu Z_n
$U - \int_a^b f(x)\,dx$	Unteres Integral von f
$O - \int_a^b f(x)\,dx$	Oberes Integral von f
$\int_a^b f(x)\,dx$	Bestimmtes Riemann-Integral von f
ξ_i	Stützstelle
$R_f(Z_n; \xi_1, \ldots, \xi_n)$	Riemann-Summe von f zu Z_n
$\mu(f)$	Integral-Mittelwert von f
$\widetilde{\mu}(f)$	Gewichteter Integral-Mittelwert von f

Mathematische Symbole

F	Stammfunktion von f	$\frac{\partial f(\mathbf{x}_0)}{\partial \mathbf{r}}$	Richtungsableitung von f in Richtung $\mathbf{r}$
$F(x)\big|_a^b$	$F(b) - F(a)$	$\rho_{f,x_i}(\mathbf{x}_0)$	Partielle Änderungsrate von f bzgl. x_i
$F(\infty)$	Kurzschreibweise für $\lim_{b\to\infty} F(b)$	$\varepsilon_{f,x_i}(\mathbf{x}_0)$	Partielle Elastizität von f bzgl. x_i
$F(-\infty)$	Kurzschreibweise für $\lim_{a\to-\infty} F(a)$	$T_{m;\mathbf{x}_0}(\mathbf{x})$	Taylor-Polynom m-ten Grades von f um $\mathbf{x}_0$
$\int f(x)\,dx$	Unbestimmtes Riemann-Integral von f	$R_{m;\mathbf{x}_0}(\mathbf{x})$	m-tes Restglied um $\mathbf{x}_0$
$R(x,y)$	Rationale Funktion in den Variablen x und y	$Z_{k_1,\ldots,k_n}$	Zerlegung des n-dimensionalen Intervalls $[\mathbf{a},\mathbf{b}]$
$I(f_1,f_2)$	Fläche zwischen den Graphen von f_1 und f_2	$\delta(I)$	Durchmesser des n-dimensionalen Intervalls I
$|I(f_1,f_2)|$	Inhalt der Fläche $I(f_1,f_2)$	$F(Z_{k_1,\ldots,k_n})$	Feinheit der Zerlegung $Z_{k_1,\ldots,k_n}$
Φ	Standardnormalverteilung	$U_f(Z_{k_1,\ldots,k_n})$	Darbouxsche Untersumme von f zu $Z_{k_1,\ldots,k_n}$
$\Phi_{\mu,\sigma}$	Gaußverteilung mit den Parametern μ und σ	$O_f(Z_{k_1,\ldots,k_n})$	Darbouxsche Obersumme von f zu $Z_{k_1,\ldots,k_n}$
Γ	Gammafunktion	$U - \int_I f(\mathbf{x})\,d\mathbf{x}$	Unteres Integral
$RS_{f;g}(Z_n;\xi_1,\ldots,\xi_n)$	Riemann-Stieltjes-Summe von f bzgl. g zu Z_n	$O - \int_I f(\mathbf{x})\,d\mathbf{x}$	Oberes Integral
$\int_a^b f(x)\,dg(x)$	Riemann-Stieltjes-Integral von f bzgl. g	$\int_I f(\mathbf{x})\,d\mathbf{x}$	Bestimmtes Riemann-Integral (mehrfach)
$V(g, Z_n)$	Variation von g zu Z_n	$\boldsymbol{\xi} = (\xi_1,\ldots,\xi_K)^T$	Stützstellen
$V_a^b(g)$	Totale Variation von g auf $[a,b]$	$R_f(Z_{k_1,\ldots,k_n};\boldsymbol{\xi})$	Riemann-Summe (mehrfach)
$(\mathbf{a}_k)_{k\in\mathbb{N}_0}$	Folge von Vektoren $\mathbf{a}_k$ mit Indexmenge $\mathbb{N}_0$	$L(\lambda_1,\ldots,\lambda_k,\mathbf{x})$	Lagrange-Funktion
$\left(a_k^{(i)}\right)_{k\in\mathbb{N}_0}$	i-te Koordinatenfolge von $(\mathbf{a}_k)_{k\in\mathbb{N}_0}$	$\mathbf{J}_g(\mathbf{x}_0)$	Jacobi-Matrix
$\lim_{k\to\infty}\mathbf{a}_k = \mathbf{a}$ oder $\mathbf{a}_k \to \mathbf{a}$ für $k\to\infty$	Konvergenz von $(\mathbf{a}_k)_{k\in\mathbb{N}_0}$ gegen $\mathbf{a}$	$v(\boldsymbol{\alpha}) = \max_{\mathbf{x}\in D} f(\mathbf{x},\boldsymbol{\alpha})$	Maximalwertfunktion
$\sum_{i=m}^n \mathbf{a}_i$	Summe von Vektoren	$v(\boldsymbol{\alpha}) = \min_{\mathbf{x}\in D} f(\mathbf{x},\boldsymbol{\alpha})$	Minimalwertfunktion
$\sum_{i=0}^\infty \mathbf{a}_i$	Reihe von Vektoren	$\mathcal{Z}$	Zulässiger Bereich eines Optimierungsproblems
$\frac{\partial f(\mathbf{x}_0)}{\partial x_i}$ oder $f_{x_i}(\mathbf{x}_0)$	Partielle Ableitung 1. Ordnung von f bzgl. x_i	$z_P(\mathbf{x})$	Zielfunktion eines primalen Optimierungsproblems
$\frac{\partial^2 f(\mathbf{x}_0)}{\partial x_j \partial x_i}$ oder $f_{x_i x_j}(\mathbf{x}_0)$	Partielle Ableitung 2. Ordnung von f bzgl. x_i, x_j	$z_D(\mathbf{x})$	Zielfunktion eines dualen Optimierungsproblems
$\operatorname{grad} f(\mathbf{x}_0)$	Gradient von f	$L_k(x)$	k-tes Lagrangesches Polynom
$\mathbf{H}_f(\mathbf{x}_0)$	Hesse-Matrix von f	$N_k(x)$	k-tes Newtonsches Polynom
$f'(\mathbf{x}_0)$	Totale Ableitung von f	$f[x_i,\ldots,x_{i+k}]$	k-te dividierte Differenz
$f'(\mathbf{x}_0)^T \Delta\mathbf{x}$	Totales Differential von f	$p_{i\cdots i+k}(x)$	Interpolationspolynom
		$R(f)$	Quadraturfehler

Anhang B

Griechisches Alphabet

Griechisches Alphabet

„Die Mathematiker sind eine Art Franzosen: redet man zu ihnen, so übersetzen sie es in ihre Sprache, und dann ist es alsobald ganz etwas anderes."

Johann Wolfgang von Goethe (1749–1832)

A, α	Alpha
B, β	Beta
Γ, γ	Gamma
Δ, δ	Delta
E, ϵ, ε	Epsilon
Z, ζ	Zeta
H, η	Eta
$\Theta, \theta, \vartheta$	Theta
I, ι	Iota
K, κ	Kappa
Λ, λ	Lambda
M, μ	Mü
N, ν	Nü
Ξ, ξ	Xi
O, o	Omikron
Π, π, ϖ	Pi
P, ρ	Rho
$\Sigma, \sigma, \varsigma$	Sigma
T, τ	Tau
Υ, υ	Ypsilon
Φ, ϕ, φ	Phi
X, χ	Chi
Ψ, ψ	Psi
Ω, ω	Omega

Anhang C

Namensverzeichnis

Namensverzeichnis

„If I have been able to see further, it is because I have stood on the shoulders of giants."
Isaac Newton (1643–1727)

Niels Henrik Abel (1802–1829)	75, 300, 323, 510
Alexander Craig Aitken (1895–1967)	820
Jean-Baptiste le Rond d'Alembert (1717–1783)	73, 136, 315
Luigi Amoroso (1886–1965)	485
Aristoteles (384–322 v. Chr.)	5
Kenneth Arrow (*1921)	638
Aryabhata I. (ca. 476 – ca. 550 n. Chr.)	70
Stefan Banach (1892–1945)	6, 431
Felix Mendelssohn Bartholdy (1809–1847)	122
Jakob Bernoulli (1655–1705)	27, 440, 499
Johann Bernoulli (1667–1748)	440, 474
Jacques Philippe Marie Binet (1786–1856)	270
Fischer Black (1938–1995)	647
Bernard Bolzano (1781–1848)	283, 351, 408, 427, 446, 624
Abraham Louis Breguet (1747–1823)	816
Sergey Brin (*1973)	246
Robert Brown (1773–1858)	446
Francesco Faà di Bruno (1825–1888)	461
Georg Cantor (1845–1918)	32, 65, 293
Gerolamo Cardano (1501–1576)	52, 75, 205, 499
Augustin Louis Cauchy (1789–1857)	53, 144, 277, 286, 286, 305, 317, 322, 340, 351, 408, 440, 494, 496, 501, 536, 554, 579, 623
Bonaventura Cavalieri (1598–1647)	578
Arthur Cayley (1821–1895)	136
Hollis Burnley Chenery (1918–1994)	638
Charles Wiggins Cobb (1875–1949)	638
Paul Cohen (1934–2007)	67
Roger Cotes (1682–1716)	844
Antoine-Augustin Cournot (1801–1877)	375
Gabriel Cramer (1704–1752)	136, 216
George Dantzig (1914–2005)	772
Jean Gaston Darboux (1842–1917)	537, 543, 693
Charles Robert Darwin (1809–1882)	170
Richard Dedekind (1831–1916)	44
René Descartes (1596–1650)	53, 106, 119
Diophantos von Alexandria (ca. 100 n. Chr.)	52
Peter Gustav Dirichlet (1805–1859)	122, 412
Paul Howard Douglas (1892–1976)	638
Francis Ysidro Edgeworth (1845–1926)	141
Albert Einstein (1879–1955)	70, 620
Paul Erdös (1913–1996)	4
Euklid von Alexandria (ca. 360–280 v. Chr.)	24, 50, 137, 380
Leonhard Euler (1707–1783)	8, 50, 53, 59, 292, 447, 594, 672
Pierre de Fermat (ca. 1608–1665)	17, 462, 499, 708
Lodovico Ferrari (1522–1565)	75
Ronald Aylmer Fisher (1890–1962)	721
Georges Fontené (1848–1923)	222
Abraham Fraenkel (1891–1965)	34
Gottlob Frege (1848–1925)	17
Ferdinand Georg Frobenius (1849–1917)	222, 245
Guido Fubini (1879–1943)	697
Galileo Galilei (1564–1642)	804, 856
Évariste Galois (1811–1832)	76
Francis Galton (1822–1911)	169
Carl Friedrich Gauß (1777–1855)	26, 53, 73, 122, 136, 227, 364, 446, 526, 561, 635, 703, 720
Kurt Gödel (1906–1978)	67

Namensverzeichnis

Johann Wolfgang von Goethe (1749–1832)	862
Christian Goldbach (1690–1764)	8, 594
Guido Grandi (1671–1742)	300
Hermann Graßmann (1809–1877)	136
James Gregory (1638–1675)	554
Jacques Hadamard (1865–1963)	501
William Rowan Hamilton (1805–1865)	137
Hermann Hankel (1839–1873)	136
Oliver Heaviside (1850–1925)	600
Charles Hermite (1822–1901)	292, 328
Ludwig Otto Hesse (1811–1874)	149, 663
David Hilbert (1862–1943)	20, 21, 65, 67
Bernt Michael Holmboe (1795–1850)	75
Harold Hotelling (1895–1973)	743
Adolf Hurwitz (1859–1919)	262
Christiaan Huygens (1629–1695)	499
Kiyoshi Itō (1915–2008)	598, 686
Carl Gustav Jacob Jacobi (1804–1851)	136, 654, 730
Johan Ludwig Jensen (1859-1925)	333, 340, 551
Camille Jordan (1838–1922)	255, 606
Abraham Gotthelf Kästner (1719–1800)	94
Nicholas Kaldor (1908–1986)	270
Leonid Witaljewitsch Kantorowitsch (1912–1986)	760
William Karush (1917–1997)	746
Johannes Kepler (1571–1630)	804, 846
Felix Klein (1849–1925)	136
Donald Ervin Knuth (*1938)	102
Tjalling Koopmans (1910–1985)	760
Leopold Kronecker (1823–1891)	44, 147
Harold William Kuhn (*1925)	746
Joseph-Louis de Lagrange (1736–1813)	136, 227, 443, 493, 728 816
Johann Heinrich Lambert (1728–1777)	50
Edmund Landau (1877–1938)	365
Pierre-Simon Laplace (1749–1827)	102, 208
Adrien-Marie Legendre (1752–1833)	8, 594
Gottfried Wilhelm Leibniz (1646–1716)	117, 205, 440, 461, 536, 539, 554, 446, 526
Leonardo von Pisa (Fibonacci) (1180–1241)	270, 801
Wassily Leontief (1905–1999)	180, 639
Guillaume Antoine de L'Hôspital (1661–1704)	440, 474
Sophus Lie (1842–1899)	136
Ferdinand von Lindemann (1852–1939)	293
Joseph Liouville (1809–1882)	560
Rudolf Lipschitz (1832–1903)	550
Juan Caramuel y Lobkowitz (1606–1682)	51
Frederick Robertson Macaulay (1882–1970)	472
Colin Maclaurin (1698–1746)	490, 684
Benoît B. Mandelbrot (1924–2010)	447
Thomas Mann (1875–1955)	286
Abu Nasr Mansur (ca. 960–1036)	90
Harry Markowitz (*1927)	738
Alfred Marshall (1842–1924)	590
Franciscus Maurolicus (1494–1575)	25
Marin Mersenne (1588–1648)	18
Franz Mertens (1840–1927)	323
Robert Merton (*1944)	647
Bagicha Singh Minhas (1929–2005)	638
Hermann Minkowski (1864–1909)	152
Ludwig von Mises (1881–1973)	103
Richard von Mises (1883–1953)	102, 245
Abraham de Moivre (1667–1754)	60, 270
Augustus De Morgan (1806–1871)	15, 37
Oskar Morgenstern (1902–1977)	772
John von Neumann (1903–1957)	772, 785
Eric Harold Neville (1889–1961)	820
Isaac Newton (1643–1727)	440, 536, 554, 804, 817, 844, 847, 864
Alfred Nobel (1833–1896)	68
Larry Page (*1973)	246
Vilfredo Federico Pareto (1848–1923)	283
Blaise Pascal (1623–1662)	25, 93, 499
Moritz Pasch (1843–1930)	286
Giuseppe Peano (1858–1932)	6
Charles Sanders Peirce (1839–1914)	17
Oskar Perron (1880–1975)	245

Namensverzeichnis

George Pólya (1887–1985)	96
Alfred Pringsheim (1850–1941)	286
Pythagoras von Samos (ca. 570–510 v. Chr.)	90, 147
Srinivasa Ramanujan (1887–1920)	798
Alfréd Rényi (1921–1970)	4
Bernhard Riemann (1826–1866)	315, 536, 543, 598, 692
Joan Violet Robinson (1903–1983)	485
Michel Rolle (1652–1719)	462, 463
Werner Romberg (1909–2003)	850
Eugène Rouché (1832–1910)	222
Paolo Ruffini (1765–1822)	75
Carl Runge (1856–1927)	822
Bertrand Russell (1872–1970)	33
Pierre Frédéric Sarrus (1798–1861)	206
Oskar Schlömilch (1823–1901)	494
Erhard Schmidt (1876–1959)	165
Isaac Jacob Schoenberg (1903–1990)	826
Myron Scholes (*1941)	647
Hermann Amandus Schwarz (1843–1921)	144, 662
Ronald Shephard (1912–1982)	745
Thomas Simpson (1710–1761)	846
William Robertson Smith (1846–1894)	657
Robert Merton Solow (*1924)	638
Ernst Steinitz (1871–1928)	161
Thomas Jean Stieltjes (1856–1894)	598
George Stigler (1911–1991)	772
James Joseph Sylvester (1814–1897)	178, 262
Alfred Tarski (1901–1983)	6
Brook Taylor (1685–1731)	490, 492, 687
Pafnuti Lwowitsch Tschebyscheff (1821–1894)	823
Albert William Tucker (1905–1995)	746
Alexandre-Théophile Vandermonde (1735–1796)	212, 815
John Venn (1834–1923)	34
Franciscus Vieta (1540–1603)	78
John Wallis (1616–1703)	33
Karl Weierstraß (1815–1897)	45, 283, 290, 408, 426, 440, 445, 446, 536, 624
Hermann Weyl (1885–1955)	5
Norbert Wiener (1894–1964)	4
Andrew Wiles (*1953)	17
Friedrich Wille (1935–1992)	556
William Henry Young (1863–1942)	341
Zenon von Elea (ca. 490–430 v. Chr.)	304
Ernst Zermelo (1871–1953)	5, 34

Anhang D

Literaturverzeichnis

Literaturverzeichnis

[1] *Albrecht, P., Maurer, R.* (2008). *Investment- und Risikomanagement.* Schäffer-Poeschel.

[2] *Alt, W.* (2002). *Nichtlineare Optimierung.* Vieweg.

[3] *Bewley, T. F.* (2007). *General Equilibrium, Overlapping Generations Models, and Optimal Growth Theory.* Harvard University Press.

[4] *Bixby, R.* (2002). *Solving Real-World Linear Programs: A Decade and More of Progress.* Operations Research. 50/1, 3–15.

[5] *Bol, G.* (1980). *Lineare Optimierung.* Athenäum Verlag.

[6] *Breuer, W., Gürtler, M., Schuhmacher, F.* (1999). *Portfoliomanagement.* Gabler Verlag.

[7] *Bröcker, T.* (1992). *Analysis 1.* BI Wissenschaftsverlag.

[8] *Bronstein, I. N., Semendjajew, K. A., Musiol, G., Mühlig, H.* (1995). *Taschenbuch der Mathematik.* Harri Deutsch.

[9] *Buchanan, J. R.* (2008). *An Undergraduate Introduction to Financial Mathematics.* World Scientific.

[10] *Büning, H., Naeve, P., Trenkler, G., Waldmann, K.-H.* (2000). *Mathematik für Ökonomen im Hauptstudium.* Oldenbourg Verlag.

[11] *Collatz, L., Wetterling, W. W. E.* (1971). *Optimierungsaufgaben.* Springer.

[12] *Dickson, D. C. M.* (2005). *Insurance Risk and Ruin.* Cambridge University Press.

[13] *Erwe, F.* (1973). *Differential- und Integralrechnung, Band I.* Bibliographisches Institut.

[14] *Fahrmeir, L., Kneib, T., Lang, S.* (2009). *Regression.* Springer.

[15] *Falconer, K. J.* (1993). *Fraktale Geometrie.* Spektrum Akademischer Verlag.

[16] *Fischer, G.* (1995). *Lineare Algebra.* Vieweg.

[17] *Forster, O.* (1983). *Analysis 1.* Vieweg.

[18] *Forster, O.* (1984). *Analysis 2.* Vieweg.

[19] *Gantmacher, F. R.* (1986). *Matrizentheorie.* Springer.

[20] *Gradshteyn, I. S., Ryzhik, I. M.* (1980). *Table of Integrals, Series and Products.* Academic Press.

[21] *Gröbner, W., Hofreiter, N.* (1961). *Integraltafel, Teil I und II.* Springer.

[22] *Hadley, G.* (1974). *Linear Programming.* Addison-Wesley.

[23] *Hämmerlin, G., Hoffmann, K.-H.* (2009). *Numerische Mathematik.* Teubner.

[24] *Henze, N., Last, G.* (2005). *Mathematik für Wirtschaftsingenieure, Band 1.* Vieweg.

[25] *Heuser, H.* (1994). *Lehrbuch der Analysis, Teil 1.* Teubner.

[26] *Heuser, H.* (1995). *Lehrbuch der Analysis, Teil 2.* Teubner.

[27] *Holler, M. J., Illing, G.* (2008). *Einführung in die Spieltheorie.* Springer.

[28] *Hull, J. C.* (2009). *Optionen, Futures und andere Derivate.* Pearson Studium.

[29] *Hull, J. C.* (2011). *Risikomanagement.* Pearson Studium.

[30] *Ingersoll, J. E.* (1987). *Theory of Financial Decision Making.* Rowman & Littlefield Publishers.

[31] *Jungnickel, D.* (2008). *Optimierungsmethoden: Eine Einführung.* Springer.

[32] *Khuri, A. E.* (2003). *Advanced Calculus with Applications in Statistics.* John Wiley & Sons.

[33] *Knopp, K.* (1996). *Theorie und Anwendung der unendlichen Reihen.* Springer.

[34] *König, W., Rommelfanger, H., Ohse, D., Hofmann, M., Schäfer, K., Kuhnle, H., Pfeifer, A.* (1999). *Taschenbuch der Wirtschaftsinformatik und Wirtschaftsmathematik.* Harri Deutsch.

[35] *Königsberger, K.* (2009). *Analysis 1.* Springer.

[36] *Koller, M.* (2000). *Stochastische Modelle in der Lebensversicherung.* Springer.

[37] *Kowalsky, H.-J., Michler, G. O.* (1995). *Lineare Algebra.* De Gruyter.

[38] *Landau, E.* (1970). *Grundlagen der Analysis.* Akademische Verlagsgesellschaft.

[39] *Lange, K.* (2010). *Applied Probability.* Springer.

[40] *Langville, A. N., Meyer, C. D.* (2006). *Google's PageRank and Beyond: The Science of Search Engine Rankings.* Princeton University Press.

[41] *Laux, H.* (2007). *Entscheidungstheorie.* Springer.

[42] *Luderer, B.* (2008). *Die Kunst des Modellierens: Mathematisch-ökonomische Modelle.* Vieweg + Teubner.

[43] *Maess, G.* (1988). *Vorlesungen über numerische Mathematik II, Analysis.* Birkhäuser.

[44] *Mandelbrot, B. B.* (1991). *Die fraktale Geometrie der Natur.* Birkhäuser.

[45] *Mathematical Intelligencer* (1990). *Are These the Most Beautiful?* 12/3, 37–41.

[46] *Michel, R., Torspecken, H.-D.* (1989). *Grundlagen der Kostenrechnung.* Carl Hanser Verlag.

[47] *Mikosch, T.* (2000). *Elementary Stochastic Calculus with Finance in View.* World Scientific Publishing.

[48] *Muthsam, H. J.* (2006). *Lineare Algebra und ihre Anwendungen.* Spektrum Akademischer Verlag.

[49] *Neftci, S. N.* (2000). *An Introduction to the Mathematics of Financial Derivatives.* Academic Press.

[50] *Neumann, J., Morgenstern, O.* (1964). *Theory of Games and Economic Behavior.* John Wiley & Sons.

[51] *Oevel, W.* (1996). *Einführung in die numerische Mathematik.* Spektrum Akademischer Verlag.

[52] *Papadimitriou, C. H., Steiglitz, K.* (1982). *Combinatorial Optimization.* Prentice-Hall.

[53] *Papageorgiou, M.* (2000). *Optimierung.* Oldenbourg Verlag.

[54] *Reichel, G.* (1971). *Über die der Grundlegung der Versicherungsmathematik dienenden Integralbegriffe.* Blätter der DGVFM. Vol. 10/2, 217–227.

[55] *Reitz, S.* (2011). *Mathematik in der modernen Finanzwelt.* Vieweg + Teubner.

[56] *Rinne, H., Specht, K.* (2002). *Zeitreihen.* Vahlen.

[57] *Samuelson, P. N., Nordhaus, W. D.* (2002). *Volkswirtschaftslehre.* Moderne Industrie.

[58] *Schaich, E., Münnich, R.* (2001). *Mathematische Statistik für Ökonomen.* Vahlen.

[59] *Schanz, S.* (2006). *Interpolationsverfahren am Beispiel der Interpolation der deutschen Einkommensteuertariffunktion.* Arqus Diskussionsbeitrag Nr. 20.

[60] *Schlittgen, R.* (2008). *Einführung in die Statistik: Analyse und Modellierung von Daten.* Oldenbourg Verlag.

[61] *Schlittgen, R., Streitberg, B. H. J.* (2001). *Zeitreihenanalyse.* Oldenbourg Verlag.

[62] *Schwarz, H. R., Köckler, N.* (2011). *Numerische Mathematik.* Teubner.

[63] *Shiryaev, A. N.* (1995). *Probability.* Springer.

[64] *Stoer, J.* (1999). *Numerische Mathematik I.* Springer.

[65] *Storch, U., Wiebe, H.* (1996). *Lehrbuch der Mathematik: Band 1: Analysis einer Veränderlichen.* Spektrum Akademischer Verlag.

[66] *Sydsaeter, K., Hammond, P., Seierstad, A., Strom, A.* (2008). *Further Mathematics for Economic Analysis.* Pearson Education.

[67] *Walter, W.* (1992). *Analysis 1.* Springer.

[68] *Walter, W.* (1995). *Analysis 2.* Springer.

[69] *Weller, F.* (1996). *Numerische Mathematik für Ingenieure und Naturwissenschaftler.* Vieweg.

[70] *Werner, H.* (1982). *Praktische Mathematik I, Methoden der linearen Algebra.* Springer.

[71] *Werner, J.* (1992). *Numerische Mathematik 1.* Vieweg.

[72] *Werner, J.* (1992). *Numerische Mathematik 2.* Vieweg.

[73] *Wille, F.* (2005). *Humor in der Mathematik.* Vandenhoeck & Ruprecht.

[74] *Young, L. C.* (1936). *An Inequality of the Hölder Type, connected with Stieltjes Integration.* Acta Mathematica. 67, 251–282.

Sachverzeichnis

Sachverzeichnis

Abbildung, 119
    äußere, 127
    affin-linear, 176
    bijektiv, 125
    Bild, 178
    eineindeutig, 125
    Graph, 120
    injektiv, 125
    innere, 127
    Kern, 178
    linear, 176
    nichtlinear, 258
    Restriktion, 121
    surjektiv, 125
    umkehrbar, 130
Abbruchkriterium, 804, 813
a-b-c-Formel, 78
Abelpreis, 77
Abelscher Produktsatz, 325
Abgeschlossen, 628
Abgeschlossene
    Hülle, 628
    Menge, 628
Ableiten, 444
Ableitung
    Arcusfunktionen, 459
    erste, 444
    Exponentialfunktion, 455, 457
    höhere, 460
    Logarithmusfunktion, 455
    n-te, 461
    0-te, 461
    Polynom, 454
    Potenzfunktion, 455
    Rationale Funktion, 454
    Trigonometrische Funktionen, 457
    zweite, 460
Ableitungsfunktion
    0-te, 461
    erste, 444
    zweite, 460
    n-te, 461
Ableitungsregel, 449
    Kettenregel, 451
    Leibnizsche, 463
    Produktregel, 450
    Produktregel (totale Ableitung), 674
    Quotientenregel, 450
    Quotientenregel (totale Ableitung), 674
    Reziprokenregel, 451
    Umkehrfunktion, 453
    Verallgemeinerte Kettenregel, 675

Abschreibung, 398
Absolute Extremalstelle, *siehe* Globale Extremalstelle
Absolute Konvergenz, 316
Absolute Maximalstelle, *siehe* Globale Maximalstelle
Absolute Minimalstelle, *siehe* Globale Minimalstelle
Absolutes Extremum, *siehe* Globales Extremum
Absolutes Maximum, *siehe* Globales Maximum
Absolutes Minimum, *siehe* Globales Minimum
Abstand
    Vektoren, 146
Abszissenachse, 121
Abtrennungsregel, 22
Abzisse, *siehe* Abszissenachse
Achsensymmetrie, 344
Addition
    Folgen in $\mathbb{R}$, 289
    Matrizen, 188
    Natürliche Zahlen, 6
    Potenzreihen, 507
    Reelle Funktionen, 330
    Reellwertige Funktionen in n Variablen, 634
    Reihen, 313
    Vektoren, 139
Additionstheorem
    Kosinus, 91
    Kotangens, 94
    Sinus, 91
    Tangens, 94
Adjungierte, 221
Adjunkte, 211
Ähnlichkeit von Matrizen, 250
Änderung
    absolut, 481
    infinitesimal, 442, 670
    prozentual, 483, 682
    relativ, 482
Änderungsrate, 483
    mittlere, 483
    momentan, 443
    partiell, 682
Äquidistant, 539, 851
Äquivalenzklasse, 114
Äquivalenzrelation, 114
Äquivalenz, 12, 114
Äquivalenzumformung
    Gleichung, 74
    Ungleichung, 83

Äußere Abbildung, 127
Affin-lineare Funktion
    in einer Variablen, 372
    in n Variablen, 635
Aktive Nebenbedingung, *siehe* Bindende Nebenbedingung
Algebraische Vielfachheit, 241
Algebraische Funktion
    in einer Variablen, 389
    in n Variablen, 636
    irrational, 389
Algebraische Gleichung, 75, 389
    Grad, 75
    Koeffizient, 75
    kubisch, 75
    Leitkoeffizient, 75
    linear, 75
    Linearfaktor, 80
    nichtlinear, 75
    Normalform, 75, 79
    quadratisch, 75
    quartisch, 75
    Root, 75
    Wurzel, 75
Algebraischer Genauigkeitsgrad, 854
Allaussage, 19
Allgemeine
    Exponentialfunktion, 397
    Logarithmusfunktion, 399
Allgemeiner Fixpunktsatz, 432
Allmenge, *siehe* Grundmenge
Alternierende Folge, 270
    harmonisch, 270
Amoroso-Robinson-Gleichung, 487
Amplitude, 401
Analytische Geometrie, 138
Angebots-Preis-Funktion, 337, 431
Ankathete, 90
Anna und Bernd, 28
Anschauungsraum, *siehe* Euklidischer Raum
Antisymmetrie, 112
Applikate, *siehe* Applikatenachse
Applikatenachse, 122
Approximation
    linear, 445, 490
    quadratisch, 494
Approximationsfehler, 433, 494, 692
Arcus-Funktion, 405
    Arcuskosinus, 405
    Arcuskotangens, 405
    Arcussinus, 405
    Arcustangens, 405

Sachverzeichnis

Arcuskosinus-Funktion, 405
    k-ter Zweig, 405
    Hauptzweig, 405
Arcuskotangens-Funktion, 405
Arcussinus-Funktion, 405
    k-ter Zweig, 405
    Hauptzweig, 405
Arcustangens-Funktion, 405
Argument
    Abbildung, 119
Argumentendifferenz, 443
Arithmetisches Mittel, 274
Assoziativgesetz
    Abbildungen, 127
    Aussagen, 15
    Matrizen, 189, 192
    Mengen, 38
    Natürliche Zahlen, 7
    Vektoren, 142
Asymptote
    horizontal, 368, 387
    schief, 368
    vertikal, 368, 387
Aufsummierte Newton-Cotes-Formel, *siehe* Zusammengesetzte Newton-Cotes-Formel
Ausdruck, *siehe* Term
Aussage, 8
    erfüllbar, 14
Aussageform, 17
Aussagenlogik, 7
Austauschsatz von Steinitz, 164
Austauschschritt, 782
Auswahlaxiom, 5
Axiom, 5
    konsistent, 6
    unabhängig, 6
Axiomatische Theorie, 5
Axiomensystem von Peano, 6

Banach-Tarski-Paradoxon, 5
Barbier-Paradoxon, 34
Barwert, 297
Basis, 163
    Exponentialfunktion, 397
    kanonisch, 165
    Lagrange, 822
    Logarithmusfunktion, 399
    monomial, 820
    Newton, 824
    orthonormal, 164
Basislösung, 779
    degeneriert, 788

    nicht degeneriert, 788
    zulässig, 779
Basisvariable, 779
Basisvektor, 163
Bedingte Konvergenz, 316
Behauptung, 21
Berliner Verfahren, 403
Bernoulli-Zahl, 501
Berühmteste Gleichung der Welt, 72
Beschränkte
    Menge, 630
    Variation, 605
Beschränktheit
    Folge in $\mathbb{R}$, 275
    Folge im $\mathbb{R}^n$, 626
    Reelle Funktion, 332
    Reellwertige Funktion in n Variablen, 643
Beständig konvergent, *siehe* Überall konvergent
Bestimmte Divergenz
    Folge in $\mathbb{R}$, 281
    Reelle Funktion, 364
Bestimmungsgleichung, 73
Betafunktion, 708
Betragsfunktion, 412
Beweis, 5, 20
    direkt, 22
    indirekt, 24
    konstruktiv, 22
    nicht-konstruktiv, 22
Bewertungsfunktion, 691
Bijektivität, 125
Bild
    einer Abbildung, 178
    einer Matrix, 196
    einer Menge, 124
    eines Wertes, 119
Bildbereich, 119
Bildfolge, 354
Binäre Relation, 110
Bindende Nebenbedingung, 751, 759
Binomialkoeffizient, 94
    Additionsregel, 94
    Symmetrieregel, 94
    verallgemeinert, 95
Binomische Formeln, 97
Binomischer Lehrsatz, 97
Bisektion, *siehe* Intervallhalbierungsverfahren
Black-Scholes-
    Formel, 651
    Modell, 448, 651

Brownsche-Bewegung, 448
Bruttoinlandsprodukt, 671
Budgetmenge, 653
Bundeswettbewerb Mathematik, 27

Call-Option, 651
Cardano-Formel, 77
Cauchy-Folge
    Folge in $\mathbb{R}$, 288
    Folge im $\mathbb{R}^n$, 626
Cauchy-Produkt, 324
Cauchy-Schwarzsche Ungleichung, 83, 146
Cavalierisches Prinzip, 580
CES-Produktionsfunktion, 642
Chaostheorie, 449
Charakteristische Gleichung, 241
Cobb-Douglas-Produktionsfunktion, 642
Cobweb-Modell, 272, 280
Complementary slackness condition, *siehe* Komplementäre Schlupfbedingung
Cournotscher Punkt, 377
Cramersche Regel, 218
CreditMetrics, 253
c-Stelle
    Reelle Funktion, 352
    Reellwertige Funktion in n Variablen, 634

Darbouxsche Obersumme, *siehe* Obersumme
Darbouxsche Untersumme, *siehe* Untersumme
Darstellungssatz von Jordan, 608
Definitheitskriterien, 262
    Eigenwerte, 263
    Hauptdiagonaleinträge, 262
    Hauptminoren, 264
Definition, 5
Definitionsbereich
    Abbildung, 119
    Aussageform, 17
    Term, 72
    Variable, 72
Definitionsgleichung, 73
Definitionslücke, 418
Definitionsmenge, *siehe* Definitionsbereich
Degeneration, 788
Dekadische Logarithmusfunktion, 399
Dekadisches System, 47
Delta-Gamma-Methode, 691

Sachverzeichnis

Delta-Normal-Methode, 691
Determinante, 207
    Dreiecksmatrix, 211
    Einheitsmatrix, 211
    Transponierte, 212
Dezimalsystem, 47
Diätenproblem, 778
Diagonalisierbarkeit, 252
Diagonalisierbarkeitskriterien, 254
Diagonalmatrix, 185
Dichtefunktion
    eindimensional, 528, 588, 616
    gemeinsam, 707
    n-dimensional, 641
Differential, 445, 447
Differentialquotient, 448
Differentialrechnung, 442
Differenzenquotient, 443
    partiell, 656
Differenzierbarkeit
    einseitig, 446
    partiell, 657
    Reelle Funktion, 444
    Reellwertige Funktion in n Variablen, 669
    total, 669
    vollständig, 669
Differenzieren, *siehe* Ableiten
Differenzmenge, 37
Dimension, 165
Dimensionsformel
    Lineare Abbildung, 179
    Matrix, 197
Direktbedarfsmatrix, 181
Dirichlet-Funktion, 124, 414
Dirichletsche Sprungfunktion, *siehe* Dirichlet-Funktion
Disjunktion, 10
Diskriminante, 79
Distributivgesetz
    Aussagen, 15
    Matrizen, 189, 192
    Mengen, 38
    Natürliche Zahlen, 7
    Vektoren, 142
Divergenz
    bestimmt, 281, 364
    einseitig, 359
    Folge in $\mathbb{R}$, 279
    Folge im $\mathbb{R}^n$, 623
    Reelle Funktion, 354, 362
    Reellwertige Funktion in n Variablen, 647
    Reihe in $\mathbb{R}$, 301
    Reihe im $\mathbb{R}^n$, 627
    unbestimmt, 281, 364
Dividierte Differenz, 824
Doppelfolge, 322
Doppelindex, 85
Doppelreihe, 322
    Spaltensumme, 322
    Zeilensumme, 322
Doppelreihensatz, 322
Doppelsumme, 87
Doppelungleichung, 82
Drehung, 216, 245
Drei Freunde im Gefängnis, 16
Dreiecksmatrix
    obere, 185
    untere, 185
Dreiecksungleichung, 83
    Riemann-Integral (einfach), 553
    Riemann-Integral (mehrfach), 702
    Vektoren, 146
Dreifachindex, 85
Dualer Simplex-Algorithmus, 798
    Auswahlkriterium, 798
    Stoppkriterium, 798
Duales Problem, 792
Dualität, 791
Dualitätssatz
    schwach, 793
    stark, 793
Dualitätstheorie, 791
Duration, 474
    absolut, 473
    modifiziert, 474
Durationsfenster, 524
Durchmesser, 698
Dyadisches Produkt, 195

Eckpunkt, 772
Edgeworth-Box, 143
Effektiver Jahreszins, 396
Eigenvektor, 238, 239
Eigenwert, 238, 239
    Diagonalmatrix, 244
    Dreiecksmatrix, 244
    k-fach, 241
    orthogonal, 245
Eigenwertproblem, 238
Eigenwerttheorie, 238
Eindeutigkeitssatz
    Polynom, 373
    Potenzreihe, 511
Eineindeutigkeit, 125
Einhüllende, 746
Einhüllendensatz
    ohne Nebenbedingungen, 747
    mit Nebenbedingungen, 750
    verallgemeinert, 750
Einheitsmatrix, 184
Einheitsquadrat, 109
Einheitsvektor, 140, 147
Einkommensteuer, 426
Einseitige
    Divergenz, 359
    Differenzierbarkeit, 446
    Konvergenz, 359
    Stetigkeit, 414
Einseitiger Grenzwert, 359
Einsetzmethode, 384
Einsetzungsverfahren, 144
Eintrag, 180
Elastizität, 483
    mittlere, 483
    partielle, 682
    Transformationseigenschaft, 486
Element, 32
Elementaraussage, 7
Elementare
    Funktion, 423
    Zeilenumformung, 227
Elementare Integrationsregeln
    Riemann-Integral (einfach), 550
    Riemann-Integral (mehrfach), 702
    Riemann-Stieltjes-Integral, 603
Engel-Funktion, 337
Engpasskapazität, 777
Entfernungsmatrix, 182
Entier-Funktion, 366, 611
Entscheidungstheorie, 118
Entscheidungsvariable, 771
Entwicklungspunkt
    Potenzreihe, 502
    Taylor-Polynom in einer Variablen, 492
    Taylor-Polynom in n Variablen, 689
    Taylor-Reihe, 497
Entwicklungssatz von Laplace, 210
Envelope-Theorem, *siehe* Einhüllendensatz
Epigraph, 336
ε-δ-Kriterium
    Reelle Funktion, 410
    Reellwertige Funktion in n Variablen, 649
Epsilontik, 292
ε-Umgebung, 279
Erklärende Variable, 172

Erwartungswert, 616, 727
Erwartungswertvektor, 641
Erweiterte Koeffizientenmatrix
    Lineares Gleichungssystem, 224
    Lineares Optimierungsproblem, 774
Erzeugendensystem, 157
    nicht verkürzbar, 165
Euklidische
    Ebene, 108, 139
    Norm, 146
Euklidische Länge, *siehe* Euklidische Norm
Euklidischer
    Abstand, 146
    Algorithmus, 381
    Raum, 108, 139
Euklidisches Skalarprodukt, 145
Eulersche
    Homogenitätsrelation, 677
Eulersche Zahl, 294
    Folgendarstellung, 311
    Reihendarstellung, 311
Europäische
    Call-Option, 651
    Put-Option, 651
Exaktheitsgrad, *siehe* Algebraischer Genauigkeitsgrad
Existenzaussage, 19
Explizite Zuordnungsvorschrift, 684
Exponentialfunktion, 393
    allgemein, 397
    Folgendarstellung, 295
    Funktionalgleichung, 393
    natürlich, 393
Exponentialreihe, 310, 498
Extremalstelle
    global in $\mathbb{R}$, 349
    global im $\mathbb{R}^n$, 645
    Hinreichende Bedingung (global), 517, 520, 718, 724
    Hinreichende Bedingung (lokal), 517, 520, 717, 724
    Hinreichende Bedingung (unter Nebenbedingungen), 739, 740, 754, 755, 760
    lokal in $\mathbb{R}$, 351
    lokal im $\mathbb{R}^n$, 645
    Notwendige Bedingung, 514, 714, 755
    unter Nebenbedingungen, 731
Extremum
    global in $\mathbb{R}$, 349
    global im $\mathbb{R}^n$, 645

    lokal in $\mathbb{R}$, 351
    lokal im $\mathbb{R}^n$, 645

Faktorisierungssatz
    über $\mathbb{C}$, 376
    über $\mathbb{R}$, 376
Falksches-Schema, 190
Fallunterscheidung, 23, 84
Faltungsprodukt, *siehe* Cauchy-Produkt
Fast alle, 283
Fehlerabschätzung
    a posteriori, 433
    a priori, 433
    Kubische Splinefunktion, 840
    Lineare Splinefunktion, 834
Feinheit
    Zerlegung in $\mathbb{R}$, 539
    Zerlegung im $\mathbb{R}^n$, 698
Fermatsche Vermutung, 17
Fibonacci-Zahlen, 272
Fixgerade, 239
Fixkosten, 331, 559
Fixpunkt, 432
Fixpunktgleichung, 432
Fixpunktiteration, 432
Fixpunktsatz von Banach, 433
    a posteriori Fehlerabschätzung, 433
    a priori Fehlerabschätzung, 433
Fläche, 538
Flächeninhalt, 539
    orientiert, 543
Folge im $\mathbb{R}^n$, 622
    beschränkt, 626
    divergent, 623
    Folgenglied, 622
    konvergent, 623
    Koordinatenfolge, 622
    Nullfolge, 623
    Schranke, 626
    unbeschränkt, 626
Folge in $\mathbb{R}$, 270
    alternierend, 270
    alternierend harmonisch, 270
    arithmetisch, 274, 277
    beschränkt, 275
    bestimmt divergent, 281
    divergent, 279
    Explizite Definition, 271
    Fibonacci-Zahlen, 272
    Folgenglied, 270
    geometrisch, 274, 277, 280
    harmonisch, 270, 276, 280
    konstant, 280

    konvergent, 279
    Majorante, 282
    monoton, 276
    Nullfolge, 279
    Obere Schranke, 275
    Rekursive Definition, 271
    streng monoton, 276
    unbeschränkt, 275
    unbestimmt divergent, 281
    uneigentlich konvergent, 281
    Untere Schranke, 275
Folgenkriterium
    Reelle Funktion, 410
    Reellwertige Funktion in n Variablen, 648
Folgerung, 21
Formel
    von Cauchy-Hadamard, 503
    von Faà di Bruno, 463
    von Moivre-Binet, 272
Fraktal, 449
Freiheitsgrad, 731, 833
Fußballtoto, 101
Fundamental-Folge, *siehe* Cauchy-Folge
Fundamentallemma, 159
Fundamentalsatz, 21
    der Algebra, 76
    der Arithmetik, 24
Fundamentalsatz der Analysis, *siehe* Hauptsatz der Differential- und Integralrechnung
Fundamentalungleichung, 606
Fundamentalwert, 305
Funktion
    reelle, *siehe* Reelle Funktion
    reellwertig in n Variablen, *siehe* Reellwertige Funktion in n Variablen
    reellwertig in einer Variablen, *siehe* Reelle Funktion
Funktionalgleichung
    Exponentialfunktion, 393
    Logarithmusfunktion, 395
Funktionalmatrix, *siehe* Jacobi-Matrix
Funktionsgleichung, 121, 330
Funktionswert, *siehe* Bild
Funktionswertdifferenz, 443
Fuzzy-Logik, 8

Galois-Theorie, 78
Gamma-Verteilung, 596
Gammafunktion, 596, 708
    erweitert, 597

Sachverzeichnis

Ganz-rationale Funktion, *siehe* Polynom
Gauß-Algorithmus, 229, 230
    Ausgangstableau, 229
    Endableau, 230
    Parametrisierung, 231
    Zeilenstufenform, 230
Gauß-Quadratur, 856
Gauß-Verteilung
    eindimensional, 528, 586, 726
    zweidimensional, 641
    n-dimensional, 641
Gaußsche
    Fehlerfunktion, 563
    Klammer, 366
    Summenformel, 26
Gaußsches Eliminationsverfahren, *siehe* Gauß-Algorithmus
Geburtstagsparadoxon, 104
Geburtstagsproblem, *siehe* Geburtstagsparadoxon
Gegenkathete, 90
Geometrisches Mittel, 274
Geränderte Hesse-Matrix, 740
Gerade Funktion, 344
Gesetz
    der doppelten Verneinung, 15
    vom ausgeschlossenen Dritten, 15
Gewicht, 846
Gewinnfunktion, 331
Gewinnmaximierungsziel, 721
Gleichgewichtsmenge, 274
Gleichgewichtspreis, 273, 431
Gleichheitsnebenbedingung, 730
Gleichheitsrelation, 111
Gleichmäßige Stetigkeit
    Reelle Funktion, 436
    Reellwertige Funktion in n Variablen, 649
Gleichung, 72
    algebraisch, 75, 389
    Analytische Lösung, 73
    charakteristisch, 241
    linear, 143, 258
    Lösung, 73
    Lösungsmenge, 73
    Numerische Lösung, 74
    quadratisch, 78
    reinquadratisch, 78
    unerfüllbar, 73
    unlösbar, 73
Gleichungssystem, 73
    linear, 143
    nichtlinear, 715

Globale Extremalstelle
    Reelle Funktion, 349
    Reellwertige Funktion in n Variablen, 645
Globale Maximalstelle
    Reelle Funktion, 349
    Reellwertige Funktion in n Variablen, 645
Globale Minimalstelle
    Reelle Funktion, 349
    Reellwertige Funktion in n Variablen, 645
Globales Extremum
    Reelle Funktion, 349
    Reellwertige Funktion in n Variablen, 645
Globales Maximum
    Reelle Funktion, 349
    Reellwertige Funktion in n Variablen, 645
Globales Minimum
    Reelle Funktion, 349
    Reellwertige Funktion in n Variablen, 645
Goldbachsche Vermutung, 8
Größte untere Schranke, *siehe* Infimum
Größter Häufungspunkt, *siehe* Limes superior
Grad
    Polynom in einer Variablen, 372
    Polynom in n Variablen, 635
Gradient, 661
    normiert, 680
Gradientenverfahren, 681
Graph, 120
Grenzkosten, 559
Grenzkostenfunktion, 559
Grenznachfrage, 481
Grenzproduktivitätsprinzip, 721
Grenzrate der Substitution, 688
Grenzwert
    einseitig, 359
    Folge in $\mathbb{R}$, 279
    Folge im $\mathbb{R}^n$, 623
    Reelle Funktion, 354, 362
    Reellwertige Funktion in n Variablen, 647
    Reihe in $\mathbb{R}$, 301
    Reihe im $\mathbb{R}^n$, 627
Grenzwertkriterium, 588
Grenzwertsatz von Abel, 512
Grundaufgaben der Kombinatorik, 98
    erste, 98

    zweite, 99
    dritte, 100
    vierte, 101
    fünfte, 102
    sechste, 103
Grundintegral, 561
Grundmenge, 39
Güterbündel, 118

Häufigkeitsfunktion, 416
    kumuliert, 416
Häufungspunkt
    Folge in $\mathbb{R}$, 283
    Folge im $\mathbb{R}^n$, 647
    größter, 287
    kleinster, 287
    Menge, 354
Halbachse, 48
Halbebene, 151
Halbraum, 151
Harmonische Folge, 270
Hauptachse, 260
Hauptachsentransformation, 255, 260
Hauptdiagonale, 181
Hauptminor, 264
Hauptsatz, 21
    Differential- und Integralrechnung (erster Hauptsatz), 557
    Differential- und Integralrechnung (zweiter Hauptsatz), 558
    lineare Optimierung, 772
Hauptsatzkantate, 558
Hauptunterdeterminante, 264
Haushaltstheorie, 653
Heaviside-Funktion, 602
Hebel, *siehe* Optionselastizität
Hebeleffekt, 683
Hedging, 163, 651
Hesse-Matrix, 667
    gerändert, 740
Hessesche-Normalform, 151
Hilfssatz, 20
Hintereinanderausführung, *siehe* Komposition
Homo oeconomicus, 514
Homogene Funktion, 642
    linear, 642
    oberlinear, 642
    unterlinear, 642
Homogenität, 146
Hotellings Lemma, 749
Hülle
    konvexe, 153
    lineare, 153

Sachverzeichnis

Hurwitz-Kriterium, *siehe* Sylvester-Kriterium
Hyperbel, 379
Hyperebene, 150
Hyperlink-Matrix, 249
Hypograph, 336
Hypotenuse, 90

Identität
    Abbildung, 129
    Aussage, 14
    Gleichung, 73
Identitätsgleichung, 73
Identitätsrelation, 114
Implikation, 11
Implizite
    Differentiation, 686
    Funktion, 684
    Zuordnungsvorschrift, 684
Indefinitheit, 261
Index, 85, 270
Indexmenge, 85, 270
Indifferenzkurve, 634
Indizierung, 85
Induktionsanfang, 26
Induktionsannahme, 26
Induktionsaxiom, 6
Induktionsschritt, 26
Infimum
    Folge in $\mathbb{R}$, 276
    Menge, 278
    Reelle Funktion, 348
Infinitesimalrechnung, 353, 442
Inhalt, 698
Injektivität, 125
Inklusion, 35
    echte, 35
Innere Abbildung, 127
Innerer Punkt, 628
Inneres einer Menge, 628
Input-Output-Koeffizient, 181
Integrabilitätskriterium von Riemann
    Reelle Funktion, 544
    Reellwertige Funktion in n Variablen, 700
Integral-Mittelwert, 554
    gewichtet, 555
Integralrechnung
    Reelle Funktionen, 538, 600
    Reellwertige Funktionen in n Variablen, 698
Integralzeichen, 541
Integrand
    Reelle Funktion, 541, 601

    Reellwertige Funktion in n Variablen, 700
Integration
    einfach, 538
    mehrfach, 698
    numerisch, 846
Integrationsformel, 846
Integrationsgrenze, 541, 601
Integrationsintervall
    eindimensional, 541, 601
    mehrdimensional, 700
Integrationskonstante, 561
Integrationsregel
    Methode der partiellen Integration, 564, 612
    Rationale Funktionen, 574
    Substitutionsmethode, 568, 613
    Transformationssatz I, 614
    Transformationssatz II, 615
Integrationsvariable
    eindimensional, 541, 601
    n-dimensional, 700
Integrator, 601
Interner Zinsfuß, 548, 813
Interpolationsfehler, 827
Interpolationspolynom, 820
    Lagrange, 822
    Newton, 823
Intervall
    abgeschlossen, 48
    endlich, 48
    linksseitig offen, 48
    offen, 48
    rechtsseitig offen, 48
Intervall, n-dimensional
    abgeschlossen, 142
    linksseitig offen, 142
    offen, 142
    rechtsseitig offen, 142
Intervallhalbierung, 285
Intervallhalbierungsverfahren, 805
Intervallschachtelung, 285, 429, 805
Intervallschachtelungsprinzip, 429
Inverse
    2×2-Matrix, 201
    Abbildung, 130
    Diagonalmatrix, 201
    Matrix, 199
    Relation, 112
    Winkelfunktion, 405
Inversenformel, 221
Inverses Element, 199
    Matrizen, 189
    Vektoren, 142

Investitionswert, 567
Irrationale Funktion, 389
Iso-Gewinn-Gerade, 769
Isohöhenlinie, 634
Isohöhenlinienbild, 634
Isolierter Punkt
    in $\mathbb{R}$, 354
    im $\mathbb{R}^n$, 647
Isoquante, 634, 642
Iterationsfolge, 433
Itô-
    Integral, 600
    Lemma, 691

Jacobi-Matrix, 736
Jägerzaun-Regel, *siehe* Regel von Sarrus
Jahrhundertproblem, *siehe* Fermatsche Vermutung
Jensensche Ungleichung, 342, 553
Jordan-
    Kästchen, 257
    Matrix, 257
    Normalform, 258
Junktoren, 9
    Äquivalenz, 12
    Disjunktion, 10
    Implikation, 11
    Konjunktion, 10
    Negation, 9

Kalkulationszinssatz, 814
Kanonische
    Basis, 165
    Matrix, 186
    Zerlegung, 165
Kartesische Koordinaten, 165
Kartesisches
    Koordinatensystem, 121
    Produkt, 108
Karush-Kuhn-Tucker-Bedingungen, 752
    verallgemeinert, 759
Kepler-Regel, *siehe* Keplersche Fassregel
Keplersche Fassregel, 852
Kern
    Abbildung, 178
    Matrix, 196
Kettenregel, 451
    verallgemeinert, 675
Kettenschluss, 22
Klassen, 43
Klasseneinteilung, *siehe* Partition

Sachverzeichnis

Kleiner Gauß, *siehe* Gaußsche Summenformel
Kleinste obere Schranke, *siehe* Supremum
Kleinste-Quadrate-Schätzung, 172
Kleinster Häufungspunkt, *siehe* Limes inferior
Knick, 446
Knoten, 832, 846
Koeffizient
    Polynom in einer Variablen, 372
    Polynom in n Variablen, 635
Koeffizientenmatrix
    Lineares Gleichungssystem, 188
    Lineares Optimierungsproblem, 771
    strikt diagonaldominant, 839
Koeffizientenvergleich, 384
Kofaktor, *siehe* Adjunkte
Kombination, 100, 102
Kombinatorik, 97
Kommutativgesetz
    Aussagen, 15
    Matrizen, 189
    Mengen, 38
    Natürliche Zahlen, 7
    Vektoren, 142
Kompakte Menge, 630
Komparativ-statische Analyse, 220, 686, 720
Komparative Statik, 721
Komplementäre Schlupfbedingung, 753
Komplementärgut, 683
Komplementärmenge, 37
Komponentenintervall, 698
Komponententeilintervall, 698
Komposition, 127
    n-fach, 129
Kondition, 821
Konformität, 190
Kongruenzabbildung, 206
Kongruenzzeichen, 73
Konjunktion, 10
Konkavität
    Reelle Funktion, 336
    Reellwertige Funktion in n Variablen, 644
Konklusion, *siehe* Schlussfolgerung
Konstante, 18, 72
    Funktion, 372
    Skalenerträge, 642
Konsumentenrente, 592
Kontingenz, 14

Kontradiktion, 14
Kontraktion, 434
Kontraktionskonstante, 434
Kontraposition, 15, 24
Konvergenz
    absolut, 316
    bedingt, 316
    einseitig, 359
    Folge in $\mathbb{R}$, 279
    Folge im $\mathbb{R}^n$, 623
    koordinatenweise, 623
    Reelle Funktion, 354, 362
    Reellwertige Funktion in n Variablen, 647
    Reihe in $\mathbb{R}$, 301
    Reihe im $\mathbb{R}^n$, 627
    unbedingt, 316
    uneigentlich, 281, 364
Konvergenzgeschwindigkeit
    linear, 806
    quadratisch, 812
Konvergenzintervall, 504
Konvergenzkreis, 504
Konvergenzkriterium von Cauchy
    Folge in $\mathbb{R}$, 288
    Folge im $\mathbb{R}^n$, 626
    Reihe, 308
Konvergenzradius, 503
Konvergenzsatz für Potenzreihen, 503
Konvexe Menge, 155
Konvexes Optimierungsproblem, 751
    verallgemeinert, 759
    Zulässige Lösung, 751, 759
    Zulässiger Bereich, 751, 759
Konvexes Polyeder, 772
Konvexität, 494
    absolute, 493
    Reelle Funktion, 336
    Reellwertige Funktion in n Variablen, 644
Konvexkombination, 153, 336
    echte, 153
Koordinate
    n-Tupel, 108
    Vektor, 163
Koordinatenfolge, 622
Koordinatenfunktion, *siehe* Projektion, 675
Koordinatensystem
    doppeltlogarithmisch, 483
    kartesisch, 121
    rechtwinklig, 166
    schiefwinklig, 166
Koordinatenursprung, 140

Korollar, *siehe* Folgerung
Kosinus, 90
Kosinus hyperbolicus, 507
Kosinusfunktion, 400
    Amplitude, 401
    Phasenverschiebung, 401
Kosinusreihe, 501
Kosinussatz, 93, 150
Kostenfunktion, 331, 487, 559
Kotangens, 90
Kotangensfunktion, 404
Kovarianzmatrix, 641
Krümmungsverhalten, 335
Krankenhausregel, *siehe* Regel von L'Hôspital
Kreditrisiko, 253
Kreisbogen, 90
Kreisfunktion, *siehe* Trigonometrische Funktion
Kreisscheibe, 623
Kreuzelastizität, 683
Kreuzpreiselastizität, *siehe* Kreuzelastizität
Kriterium von Fermat
    Reelle Funktion, 464
    Reellwertige Funktion in n Variablen, 714
Kroneckersymbol, 149
Kubische Funktion, 372
Kugel
    abgeschlossen, 152, 623
    offen, 152, 623
Kugeläußeres, 152
Kugelfläche, 151
Kugelinneres, 152
Kugelkörper, 152
Kugelumgebung, 623
Kuhn-Tucker-Bedingungen, *siehe* Karush-Kuhn-Tucker-Bedingungen
Kurvenschar, 746

Lagrange-
    Funktion, 736
    Multiplikator, 735
Lagrangesche
    Basis, 822
    Multiplikatorenregel, 734, 736
Lagrangesches
    Gleichungssystem, 737
    Interpolationspolynom, 822
    Polynom, 822
Landau-Symbol, 367
Leere Menge, 33

Sachverzeichnis

Legendresche Vermutung, 8
Leibnizsche
    Formel, 710
    Regel, 463
Leitkoeffizient, 372
Lemma, *siehe* Hilfssatz
Leontief-Produktionsfunktion, 643
Leverage, *siehe* Optionselastizität
Lexikographische Ordnung, 117
Likelihood-Funktion, 727
Limes, *siehe* Grenzwert
    inferior, 287
    superior, 287
Lineare
    Abbildung, 176
    Abhängigkeit, 157
    Algebra, 138
    Gleichung, 143
    Optimierung, 766
    Unabhängigkeit, 157
Lineare Programmierung,
    siehe Lineare Optimierung
Linearer Teilraum, *siehe* Linearer
    Unterraum
Linearer Unterraum, 156
Lineares
    Maximierungsproblem, 766
    Minimierungsproblem, 766
Lineares Gleichungssystem, 143
    Basislösung, 779
    homogen, 144, 224
    inhomogen, 144, 224
    inkonsistent, 144
    Koeffizientenmatrix, 188
    konsistent, 144
    Lösung, 144
    Lösungsraum, 144
    Matrixform, 188
    quadratisch, 144
    Rechte Seite, 144
    Spezielle Lösung, 225
    Triviale Lösung, 144
Lineares Optimierungsproblem, 766
    Diätenproblem, 778
    Eckpunkt, 772
    Entscheidungsvariable, 771
    Erweiterte Koeffizientenmatrix, 774
    Hauptsatz, 772
    Koeffizientenmatrix, 771
    Maximierungsproblem, 766
    Minimierungsproblem, 766
    Nebenbedingung, 770
    Nichtnegativitätsbedingung, 770

Optimale Lösung, 771
Portfoliooptimierung, 767
Produktionsplanung, 768
Rechte Seite, 771
Schlupfvariable, 774
Standardform, 770
Standardform mit
    Schlupfvariablen, 774
Transportproblem, 766
Verschnittproblem, 768
Zielfunktion, 771
Zielfunktionskoeffizient, 771
Zulässige Lösung, 771
Zulässiger Bereich, 771
Lineares Regressionsmodell, 171
Linearfaktor, 375
Linearform, 258, 635
Linearkombination, 153
    positiv, 153
Lipschitz-
    Konstante, 552
    stetig, 434
Lösung
    analytisch, 73, 83
    einer Gleichung, 73
    einer Ungleichung, 82
    numerisch, 74, 83
    Vielfachheit, 76
    zulässig, 751, 759, 771
Lösungsbereich
    Aussageform, 17
    einer Gleichung, 73
    einer Ungleichung, 82
    Lineares Gleichungssystem, 224
Lösungsmenge, *siehe* Lösungsbereich
Log-Likelihood-Funktion, 727
Logarithmierte
    Ableitung, 456
    Funktion, 456
Logarithmusfunktion, 395
    allgemein, 399
    dekadisch, 399
    Funktionalgleichung, 395
    natürlich, 395
Logarithmusreihe, 499
Logik
    formal, 5
    Fuzzy, 8
    mehrwertig, 8
    zweiwertig, 8
Logisch äquivalent, 12
Logische Folgerung, 11
Logistische Funktion, 394
Lokale Extremalstelle

Reelle Funktion, 351
Reellwertige Funktion in
    n Variablen, 645
    unter Nebenbedingungen, 731
Lokale Maximalstelle
    Reelle Funktion, 350
    Reellwertige Funktion in
        n Variablen, 645
    unter Nebenbedingungen, 731
Lokale Minimalstelle
    Reelle Funktion, 351
    Reellwertige Funktion in
        n Variablen, 645
    unter Nebenbedingungen, 731
Lokales Extremum
    Reelle Funktion, 351
    Reellwertige Funktion in
        n Variablen, 645
Lokales Maximum
    Reelle Funktion, 350
    Reellwertige Funktion in
        n Variablen, 645
Lokales Minimum
    Reelle Funktion, 351
    Reellwertige Funktion in
        n Variablen, 645

Macaulay-Duration, *siehe* Duration
Maclaurinsche Reihe, 498
Maclaurinsches Polynom
    in einer Variablen, 492
    in n Variablen, 689
Majorante
    Folge, 282
    konvergent, 586
    Reelle Funktion, 586
    Reihe, 312
Majorantenkriterium
    Folge, 282
    Reihe, 312
    Riemann-Integral, 585
Makroökonomisches Modell, 219, 238
Markowitz-Problem, 744
Mathematischer Satz, 5, 20
Matrix, 180
    ähnlich, 250
    Determinante, 207
    diagonalisierbar, 252
    Eintrag, 180
    Hauptdiagonale, 181
    indefinit, 261
    invertierbar, 199
    kanonisch, 186
    Konformität, 190

Sachverzeichnis

negativ definit, 261
negativ semidefinit, 261
orthogonal, 205
positiv definit, 261
positiv semidefinit, 261
Potenz, 192
quadratisch, 180
regulär, 198
schiefsymmetrisch, 203
singulär, 198
Spaltenvektor, 181
Spur, 206
stationär, 196
stochastisch, 195, 249
strikt diagonaldominant, 839
symmetrisch, 203
transponiert, 182
trigonalisierbar, 257
Vergleichsrelation, 183
Wurzel, 253
Zeilenstufenform, 228
Zeilenvektor, 180
Matrixpotenz, 252
Matrizengleichung, 232
Maximalprinzip, 514
Maximalstelle
  global, 349
  global im $\mathbb{R}^n$, 645
  lokal, 350, 645
Maximalwertfunktion, 746
Maximierungsproblem, 514
  linear, 766
Maximum
  global, 349
  global im $\mathbb{R}^n$, 645
  lokal, 350, 645
Maximum-Likelihood-
  Methode, 726
  Schätzung, 728
Mehrfachsumme, 87
Menge, 32
  beschränkt, 630
  Differenzmenge, 37
  disjunkt, 37, 42
  Echte Inklusion, 35
  Echte Obermenge, 35
  Echte Teilmenge, 35
  Element, 32
  elementfremd, 37, 42
  endlich, 33
  Inklusion, 35
  Inneres, 628
  kompakt, 630
  Komplement, 37

konvex, 155
leer, 33
linear abhängig, 157
linear unabhängig, 157
Obermenge, 35
offen, 628
orthogonal, 168
Potenzmenge, 36
Rand, 628
Schnittmenge, 37, 42
Teilmenge, 35
unbeschränkt, 630
unendlich, 33
Vereinigungsmenge, 37, 42
Mengenalgebra, 38
Mengenlehre, 32
  axiomatisch, 34
  naiv, 32
  von Zermelo-Fraenkel, 34
Mersenne-
  Primzahl, 18
  Zahl, 18
Methode der direkten Elimination, *siehe* Verfahren der Variablensubstitution
Methode der partiellen Integration
  Riemann-Integral, 564
  Riemann-Stieltjes-Integral, 612
Migrationsmatrix, 253
Minimaleigenschaft, 840
Minimalprinzip, 514
Minimalstelle
  global, 349
  global im $\mathbb{R}^n$, 645
  lokal, 351, 645
Minimalwertfunktion, 746
Minimierungsproblem, 514
  linear, 766
Minimum
  global, 349
  global im $\mathbb{R}^n$, 645
  lokal, 351, 645
Minor, 207
Minorante
  Reelle Funktion, 586
  Reihe, 312
Minorantenkriterium
  Reihe, 312
  Riemann-Integral, 585
Mischungsproblem, 795
Mittelpunktsformel, *siehe* Tangentenformel
Mittelstelle, 848

Mittelwertsatz
  Differentialrechnung in $\mathbb{R}$, 466
  Differentialrechnung (verallgemeinert), 467
  Differentialrechnung im $\mathbb{R}^n$, 693
  Integralrechnung, 555
  Integralrechnung (verallgemeinert), 555
Mitternachtsformel, *siehe* a-b-c-Formel
Moment, 837
Monom, 372
Monomiale Basis, 820
Monopol, 377
Monotonie
  Folge in $\mathbb{R}$, 276
  Reelle Funktion, 332
Monotoniekriterium
  Folge, 282
  Reihe, 310
  Riemann-Integral, 585
Multiplikation
  Folgen in $\mathbb{R}$, 289
  Matrizen, 190
  Natürliche Zahlen, 7
  Potenzreihen, 508
  Reelle Funktionen, 330
  Reellwertige Funktionen in n Variablen, 634
Multiplikationssatz für Determinanten, 216
Multiplikatoreffekt, 305

Nabla, 661
Nachdifferenzieren, 452
Nachfrageelastizität, 482
  mittlere, 482
Nachfragefunktion, 431, 482, 683
Näherungsformel, 502
Näherungskurve, 368
Natürliche Exponentialfunktion, *siehe* Exponentialfunktion
Natürliche Logarithmusfunktion, *siehe* Logarithmusfunktion
Natürliche Zahlen, 6
Nebenbedingung, 730, 766
  bindend, 751, 759
  Lineare Gleichung, 766
  Lineare Ungleichung, 766
  nicht bindend, 752, 759
Negation, 9
Negative
  Definitheit, 261
  Semidefinitheit, 261

Sachverzeichnis

Neutrales Element
    Matrizen, 189, 192
    Vektoren, 142
    Zahlen, 7
Neutralität, *siehe* Kontingenz
Neville-Aitken-Algorithmus, 826
Neville-Schema, 826
Newton-
    Folge, 811
    Iteration, 811
Newton-Cotes-Formel, 851
    Keplersche Fassregel, 852
    Newtonsche 3/8-Regel, 853
    Quadraturfehler, 854
    Trapezregel, 852
    zusammengesetzt, 855
Newton-Leibniz-Formel, 558
Newton-Verfahren, 810
    Konvergenz (global), 811
    Konvergenz (lokal), 812
    Rekursionsformel, 811
    vereinfacht, 815
Newtonsche
    3/8-Regel, 853
    Basis, 824
Newtonsches Interpolationspolynom, 823
n Fakultät, 88
Nicht aktive Nebenbedingung, *siehe* Nicht bindende Nebenbedingung
Nicht bindende Nebenbedingung, 752, 759
Nichtbasisvariable, 779
Nichtnegativer Kegel, 142
Nichtnegativitätsbedingung, 752, 770
Nirgends konvergent, 503
Niveaulinie, *siehe* Isohöhenlinie
Normal-Verteilung, *siehe* Gauß-Verteilung
Normalbereich, 707
Normalparabel, 81
Normierter Normalenvektor, 151
Normierter Vektor, *siehe* Einheitsvektor
Nullfolge
    Folge in $\mathbb{R}$, 279
    Folge im $\mathbb{R}^n$, 623
Nullfolgenkriterium, 309
Nullmatrix, 184
Nullmenge, *siehe* leere Menge
Nullpolynom, 372
Nullpunkt, *siehe* Ursprung

Nullraum, 156
    Matrix, 196
Nullstelle
    einfach, 352
    mehrfach, 352
    Reelle Funktion, 352
    Reellwertige Funktion in n Variablen, 634
Nullstellensatz, 429
Nullvektor, 140
    triviale Darstellung, 158
Numerische Integration, 846
Numerische Quadratur, *siehe* Numerische Integration
Nutzenfunktion, 118, 519, 653
Nutzentheorie, 118

Obere Schranke
    Folge in $\mathbb{R}$, 275
    Reelle Funktion, 332
    Reellwertige Funktion in n Variablen, 644
Oberes Integral
    Reelle Funktion, 540
    Reellwertige Funktion in n Variablen, 700
Obermenge, 35
    echte, 35
Obersumme
    Reelle Funktion, 539
    Reellwertige Funktion in n Variablen, 699
Ökonomisches Prinzip, 514
Offene Menge, 628
O-Notation, 367
Operations Research, 766
Opportunitätskosten, 784
Optimale Lösung, 771
Optimaler Konsumplan, 519
Optimierung
    in $\mathbb{R}$, 514
    linear, 766
    nichtlinear, 714
    ohne Nebenbedingungen, 714
    unter Gleichheitsnebenbedingungen, 730
    unter Ungleichheitsnebenbedingungen, 751
    unter Ungleichheits- und Gleichheitsnebenbedingungen, 759
Optimierungsproblem
    konvex, 751
    linear, 766
    nichtlinear, 714

Optionsdelta, 659
Optionselastizität, 683, *siehe* Optionsomega
Optionsgamma, 666
Optionsgriechen, 659
    Optionsdelta, 659
    Optionsgamma, 666
    Optionsomega, 683
    Optionsrho, 660
    Optionstheta, 660
    Optionsvega, 660
Optionsomega, 683
Optionsrho, 660
Optionssensitivitäten, *siehe* Optionsgriechen
Optionstheta, 660
Optionsvega, 660
Ordinate, *siehe* Ordinatenachse
Ordinatenachse, 121
Ordnungsrelation, 116
Orthogonale
    Matrix, 205
    Projektion, 170, 177
Orthogonales Komplement, 168
Orthogonalität
    Menge, 168
    Vektor, 148
Orthogonalsystem, 149
Orthonormalbasis, 164
Orthonormalisierungsverfahren von Schmidt, 167
Orthonormalsystem, 149
Oszillationssumme, *siehe* Schwankungssumme

Paar, 108
PageRank, 248
    Algorithmus, 248
    Anteil, 249
Parabel, 78
Parabelfalte, 649
Paraboloid, 632
Paradoxon von Achilles und der Schildkröte, 306
Parallelepiped, *siehe* Parallelotop
Parallelogramm, 209
Parallelogrammgleichung, 149
Parallelotop, 209
Parameter, 18, 72
Parameterintegral, 708
Pareto-Optimierung, 285
Partialbruch
    1. Art, 383
    2. Art, 383

Sachverzeichnis

Partialbruchzerlegung, 383
    Einsetzmethode, 384
    Koeffizientenvergleich, 384
Partialsumme
    in $\mathbb{R}$, 300
    im $\mathbb{R}^n$, 627
Partielle
    Differenzierbarkeit, 657
    Funktion, 657
    Grenzproduktivität, 678
Partielle Ableitung
    erster Ordnung, 657
    höherer Ordnung, 664
Partielle Ableitungsfunktion
    erste, 657
    zweite, 664
    k-te, 664
Partition, 43
    äquidistant, 539, 851
    Feinheit, 539, 698
    Intervall, 539
    n-dimensional, 698
Pascalsches Dreieck, 95
Periode, 347
Periodizität, 347
Permutation, 98
Pfad, 448
Phase
    erste des Simplex-Algorithmus, 788
    zweite des Simplex-Algorithmus, 788
Phasenverschiebung, 401
Pivotelement, 781
Pivotspalte, 781
Pivotzeile, 781
Polstelle, 364, 417
Polyeder
    abgeschlossen konvex, 153
    konvex, 772
Polygonzug, 834
Polynom
    Eindeutigkeitssatz, 373
    Faktorisierungssatz über $\mathbb{C}$, 376
    Faktorisierungssatz über $\mathbb{R}$, 376
    in einer Variablen, 372
    in n Variablen, 635
    Lagrange, 822
    Nullstelle, 375
    Teiler, 382
Polynomdivision, 374
    Linearfaktor, 375
    Restpolynom, 374
Polynominterpolation, 820

Portfolio, 163
    risikominimales, 743
Portfoliooptimierung, 767
Positive
    Definitheit, 261
    Semidefinitheit, 261
Positiver Drehsinn, 90, 121
Potenz
    Abbildung, 130
    Folge in $\mathbb{R}$, 289
    Matrix, 192, 252
Potenzfunktion, 391
Potenzreihe, 502
    Eindeutigkeitssatz, 511
    komplex, 504
    Konvergenzintervall, 504
    Konvergenzkreis, 504
    Konvergenzradius, 503
    nirgends konvergent, 503
    Summe, 504
    Summenfunktion, 504
    Transformationssatz, 509
    überall konvergent, 503
Power-Methode, 247
    Startvektor, 247
p-q-Formel, 79
Prädikat, 17
Prädikatenlogik, 17
Prämisse, *siehe* Voraussetzung
Präferenzrelation, 118
Präordnungsrelation, 116
Preis-Absatz-Funktion, 331, 337
Preisfunktion, 487
Primales Problem, 792
Primfaktoren, 24
Primzahl, 18
Prinzip
    der Extensionalität, 9
    der vollständigen Induktion, 25
    der Zweiwertigkeit, 8
    des ausgeschlossenen Dritten, 9
    vom ausgeschlossenen Widerspruch, 8
Produkt, 88
Produktintegration, *siehe* Methode der partiellen Integration
Produktionsfunktion, 642
    CES, 642
    Cobb-Douglas, 642
    Leontief, 643
Produktionsniveau, 642

Produktionsplanung, 768
Produktregel, 450
    Totale Ableitung, 674
Produktreihe, 323
Produzentenrente, 592
Projektion, 650
Proportionales Wachstum, 337
Proportionalitätsfaktor, 238
Proportionalitätskonstante, 337
Proposition, 21, *siehe* Satz
Punkt-Steigungs-Formel, 443
Punktsymmetrie, 344
Put-Option, 651

Quadrant, 121
Quadratische Form, 259
    homogen, 259
    indefinit, 261
    negativ definit, 261
    negativ semidefinit, 261
    Normalform, 260
    positiv definit, 261
    positiv semidefinit, 261
Quadratische Funktion
    in einer Variablen, 372
    in n Variablen, 635
Quadratur des Kreises, 295
Quadraturfehler, 846
    Newton-Cotes-Formel, 854
    Rechteckformel, 847
    Tangentenformel, 849
Quadraturformel, *siehe* Integrationsformel
Quadraturproblem, 538
Quadratwurzelfunktion, 338
Quadrupel, 108
Qualifikationsbedingung, 754, 760
Quantifizierung, 19
Quantoren, 19
    Allquantor, 19
    Eindeutigkeitsquantor, 19
    Existenzquantor, 19
Quantorenlogik, *siehe* Prädikatenlogik
Quartische Funktion, 372
Quintupel, 108
Quotientenkriterium, 318
    Potenzreihe, 505
Quotientenregel, 450
    Totale Ableitung, 674

Rand, 628
Randbedingung, 834
    natürlich, 838
    periodisch, 838
    vollständig, 838

Sachverzeichnis

Randpunkt, 628
Rang, 196
    voll, 197
Rangkriterium, 224
Rangsatz, 198
Rationale Funktion
    Asymptote, 387
    echt-gebrochen-rational, 379
    ganz-rational, 379
    gebrochen-rational, 379
    in einer Variablen, 378
    in zwei Variablen, 576
    in n Variablen, 636
    Näherungskurve, 387
    Partialbruchzerlegung, 383
    Polstelle, 386
    unecht gebrochen-rational, 379
Rationalprinzip, *siehe* Ökonomisches Prinzip
Rechte Seite
    Lineares Gleichungssystem, 144
    Lineares Optimierungsproblem, 771
Rechteckformel, 847
    Quadraturfehler, 847
Reelle Funktion, 330
    abschnittsweise definiert, 426
    achsensymmetrisch, 344
    affin-linear, 372
    algebraisch, 389
    analytisch, 504
    beschränkt, 332
    beschränkte Variation, 605
    bestimmt divergent, 364
    differenzierbar, 444
    divergent, 354, 362
    echt-gebrochen-rational, 379
    einseitig differenzierbar, 446
    einseitig divergent, 359
    einseitig konvergent, 359
    einseitig stetig, 414
    einseitig unstetig, 414
    elastisch, 484
    elementar, 423
    ganz-rational, 372, 379
    gebrochen-rational, 379
    gerade, 344
    gleichmäßig stetig, 436
    Hierarchischer Aufbau, 391
    irrational, 389
    isoelastisch, 484
    konkav, 336
    konstant, 372
    konvergent, 354, 362
    konvex, 336
    kubisch, 372
    linksgekrümmt, 336
    Lipschitz-stetig, 434, 552
    logistisch, 394
    monoton fallend, 332
    monoton wachsend, 332
    n-fach differenzierbar, 461
    n-fach stetig differenzierbar, 461
    Obere Schranke, 332
    periodisch, 347
    proportional elastisch, 484
    punktsymmetrisch, 344
    quadratisch, 372
    quartisch, 372
    rational, 378
    rechtsgekrümmt, 336
    Riemann-integrierbar, 541
    Riemann-Stieltjes-integrierbar, 601
    Steigung, 443
    stetig, 410
    stetig differenzierbar, 445
    stetig ergänzbar, 418
    stetig fortsetzbar, 418
    stetig hebbar, 418
    streng konkav, 336
    streng konvex, 336
    streng monoton fallend, 332
    streng monoton wachsend, 332
    stückweise stetig, 426
    transzendent, 389
    überproportional elastisch, 484
    unbeschränkt, 332
    unbestimmt divergent, 364
    unecht gebrochen-rational, 379
    uneigentlich konvergent, 364
    uneigentlich Riemann-integrierbar 1. Art, 581
    uneigentlich Riemann-integrierbar 2. Art, 589
    unelastisch, 484
    unendlich oft differenzierbar, 461
    ungerade, 344
    unstetig, 410
    Untere Schranke, 332
    unterproportional elastisch, 484
    vollkommen elastisch, 484
    vollkommen unelastisch, 484
    zweifach differenzierbar, 460
Reellwertige Funktion in n Variablen, 632
    affin-linear, 635
    algebraisch, 636
    beschränkt, 643
    divergent, 647
    ganz-rational, 635
    gleichmäßig stetig, 649
    homogen, 642
    implizit, 684
    in Richtung **r** differenzierbar, 679
    k-fach partiell differenzierbar, 664
    k-fach stetig partiell differenzierbar, 664
    konkav, 644
    konvergent, 647
    konvex, 644
    linear-homogen, 642
    Linearform, 635
    Obere Schranke, 644
    oberlinear-homogen, 642
    partiell differenzierbar, 657
    Produktionsfunktion, 642
    quadratisch, 635
    rational, 636
    Riemann-integrierbar, 700
    stetig, 648
    stetig partiell differenzierbar, 657
    stetig total differenzierbar, 671
    streng konkav, 644
    streng konvex, 644
    total differenzierbar, 669
    transzendent, 636
    unbeschränkt, 643
    unstetig, 648
    Untere Schranke, 644
    unterlinear-homogen, 642
    vollständig differenzierbar, 669
    zweifach partiell differenzierbar, 664
Reflexivität, 112
Regel
    37%, 297
    von L'Hôspital (erste), 476
    von L'Hôspital (zweite), 476
    von Sarrus, 208
Regeln von De Morgan
    beliebig viele Aussagen, 19
    beliebig viele Mengen, 42
    endlich viele Aussagen, 15
    endlich viele Mengen, 38
Regressionsanalyse, 171
Regressionsgerade, 172
Reguläre Matrix, 198
Regula-falsi-Verfahren, 807
    Konvergenzgeschwindigkeit, 808
    Rekursionsschema, 808
Reihe im $\mathbb{R}^n$, 627
    divergent, 627

Sachverzeichnis

konvergent, 627
Reihenglied, 627
Reihe in $\mathbb{R}$, 300
    absolut konvergent, 316
    alternierend harmonisch, 308, 315, 499
    arithmetisch, 303
    bedingt konvergent, 316
    divergent, 301
    geometrisch, 303
    harmonisch, 308
    konvergent, 301
    Majorante, 312
    Minorante, 312
    Quotientenkriterium, 318
    Reihenglied, 300
    Umordnung, 316
    unbedingt konvergent, 316
    verallgemeinert harmonisch, 312
    Wurzelkriterium, 320
Rekursionsformel, 567
Rekursionsvorschrift, 272
Relation, 110
    antisymmetrisch, 112
    binär, 110
    dreistellig, 110
    Hierarchischer Aufbau, 118
    n-stellig, 110
    reflexiv, 112
    symmetrisch, 112
    transitiv, 112
    vollständig, 112
Relationsgraph, 111
Relative Extremalstelle, *siehe* Lokale Extremalstelle
Relative Maximalstelle, *siehe* Lokale Maximalstelle
Relative Minimalstelle, *siehe* Lokale Minimalstelle
Relatives Extremum, *siehe* Lokales Extremum
Relatives Maximum, *siehe* Lokales Maximum
Relatives Minimum, *siehe* Lokales Minimum
Repräsentant, *siehe* Vertreter
Restglied
    Taylor-Polynom in einer Variablen, 494
    Taylor-Polynom in n Variablen, 692
Restgliedformel
    Cauchysche, 495
    Lagrangesche in $\mathbb{R}$, 495
    Lagrangesche im $\mathbb{R}^n$, 692
    Schlömilchs, 495
Restpolynom, 374
Restriktion, 121
Resubstitution, 569, 571
Reziprokenregel, 451
Richtungsableitung, 679
Richtungsvektor, 678
Riemann-Integral
    bestimmt (einfach), 541
    bestimmt (mehrfach), 700
    iteriert, 703
    unbestimmt, 561
    uneigentlich 1. Art, 581
    uneigentlich 2. Art, 589
Riemann-Integrierbarkeit
    Reelle Funktion, 538
    Reellwertige Funktion in n Variablen, 698
Riemann-Stieltjes-Integral, 601
    Fundamentalungleichung, 606
Riemann-Stieltjes-Integrierbarkeit, 600
Riemann-Stieltjes-Summe, 600
Riemann-Summe
    Reelle Funktion, 545
    Reellwertige Funktion in n Variablen, 701
Riemannscher Umordnungssatz, 317
Risikofaktor, 691
Risikominimales Portfolio, 743
Romberg-Verfahren, 856
Root, *siehe* Wurzel
Runge-Funktion, 828
Runges Phänomen, 828
Russellsche Antinomie, 33

Sättigungsgrenze, 331, 394
Saisonbereinigungsverfahren, 402
Sattelfläche, 632
Sattelpunkt
    in $\mathbb{R}$, 524
    im $\mathbb{R}^n$, 715
Satz, 21
    des Pythagoras, 92, 149
    vom Fußball, 246
    vom Minimum und Maximum in $\mathbb{R}$, 428
    vom Minimum und Maximum im $\mathbb{R}^n$, 652
    von Abel-Ruffini, 77
    von Bolzano-Weierstraß in $\mathbb{R}$, 285
    von Bolzano-Weierstraß im $\mathbb{R}^n$, 627
    von der impliziten Funktion, 685
    von Euklid, 18, 24
    von Fubini, 703
    von Mertens, 325
    von Perron-Frobenius, 247
    von Rolle, 465
    von Schwarz, 666
    von Taylor in $\mathbb{R}$, 495
    von Taylor im $\mathbb{R}^n$, 692
    von Vieta, 80
    von Weierstraß in $\mathbb{R}$, 428
    von Weierstraß im $\mathbb{R}^n$, 652
Schattenpreis, 745, 784
Schaubild, 121
Scheitel, 81
Scheitelpunkt, *siehe* Scheitel
Scheitelpunktsform, 81
Schiefsymmetrische Matrix, 203
Schlupfvariable, 774
Schlussfolgerung, 11, 21
Schnittmenge, 37, 42
Schranke, 626
Schrumpfungsprozess, 274
Schwankungssumme, 544
Schweinezyklus, 272
Sehne, *siehe* Verbindungsgerade
Sekante, 443
    Funktionsgleichung, 443
    Steigung, 443
Sekantenverfahren, 815
    Rekursionsformel, 815
Selbstabbildung, 432
Sensitivitätsanalyse, 219
S-Funktion, 395
Shephards Lemma, 750
Simplex-Algorithmus, 777
    Austauschschritt, 782
    Auswahlkriterium, 781, 790
    Degeneration, 788
    dual, 798
    Duales Problem, 792
    Mehrdeutigkeit, 785
    Mischungsproblem, 795
    Phase I, 788
    Phase II, 788
    Pivotelement, 781
    Pivotspalte, 781
    Pivotzeile, 781
    Primales Problem, 792
    Stoppkriterium, 781, 790
    Unbeschränkte Zielfunktion, 787
    Zyklus, 788
Simplex-Tableau, 781
Simpsonregel, 852, 856
Singuläre Matrix, 198

Sachverzeichnis

Sinus, 90
Sinus hyperbolicus, 507
Sinusfunktion, 400
    Amplitude, 401
    Phasenverschiebung, 401
Sinusreihe, 500
Sinussatz, 93
Skalar, 139
Skalare Multiplikation
    Folgen in $\mathbb{R}$, 289
    Matrizen, 188
    Reelle Funktionen, 330
    Reihen, 313
    Vektoren, 139
Skalarmatrix, 195
Skat, 100, 103
Slater-Bedingung, 755, 760
Spaltenumformung, 227
Spaltenvektor, 140
Spat, 209
Spezielle Lösung, 225
Sphäre, *siehe* Kugelfläche
Spiegelung, 245
Spieltheorie, 778, 791
Spinnennetz-Modell, *siehe* Cobweb-Modell
Spline, *siehe* Splinefunktion
Splinefunktion, 832
    kubisch, 836
    linear, 834
    quadratisch, 835
Sprungstelle, 124, 417
Sprungweite, 417
Spur, 206
Störvariable, 172
Stammfunktion, 556
Standardabweichung, 727
Standardform, 770
    mit Schlupfvariablen, 774
Standardnormalverteilung
    eindimensional, 528, 587
    zweidimensional, 641
Startwert, 432, 804
Stationäre
    Marktanteile, 239
    Matrix, 196
Stationäre Stelle
    Reelle Funktion, 464
    Reellwertige Funktion in n Variablen, 715
    unter Nebenbedingungen, 737
Stationärer Punkt
    Reelle Funktion, 464

Reellwertige Funktion in n Variablen, 715
Stationärer Vektor, 240, 249
Steigung
    Reelle Funktion, 443
    Sekante, 443
    Tangente, 443
Stetig differenzierbar, 445
Stetige Fortsetzung, 418
Stetigkeit
    einseitig, 414
    ε-δ-Kriterium, 410, 649
    Folgenkriterium, 410, 648
    gleichmäßig, 436, 649
    stückweise, 426
Stichprobe, 105
Stochastische Matrix, 195, 249
Strukturvariable, *siehe* Entscheidungsvariable
Stützpunkt, 820
Stützstelle, 545, 701, 846
Subgraph, *siehe* Hypograph
Substitutionsgut, 683
Substitutionsmethode
    Riemann-Integral, 568
    Riemann-Stieltjes-Integral, 613
Summe, 85
    der quadrierten Abweichungen, 172
Summenformel für 3er-Potenzen, 26
Summenfunktion, 504
Supremum
    Folge in $\mathbb{R}$, 276
    Menge, 278
    Reelle Funktion, 348
Surjektivität, 125
Sylvester-Kriterium, 264
Symmetrie
    Reelle Funktion, 344
    Relation, 112
Symmetrische Matrix, 203

Tangens, 90
Tangensfunktion, 404
Tangente, 443
    Funktionsgleichung, 444
    Steigung, 443
Tangentenformel, 848
    Quadraturfehler, 849
Tangentenproblem, 442
Tangentialebene, 662
Tangentialhyperebene, 661

Tariffunktion, 426, 841
Tauschbox, *siehe* Edgeworth-Box
Tauschwirtschaft, 142
Tautologie, 14
Taylor-Polynom
    in einer Variablen, 492
    in n Variablen, 689
Taylor-Reihe, 497
    Exponentialfunktion, 498
    Kosinusfunktion, 501
    Logarithmusfunktion, 499
    Sinusfunktion, 500
Teilfolge, 284
Teilintervall
    eindimensional, 539
    n-dimensional, 698
Teilmenge, 35
    echte, 35
Tensorielles Produkt, *siehe* Dyadisches Produkt
Term, 72
Terrassenpunkt, *siehe* Sattelpunkt
Test, 834
Theorem, 21
    von Euler, 677
Topologische Grundbegriffe, 627
Totale Ableitung, 669
Totale Ableitungsfunktion, 669
Totale Differenzierbarkeit, 669
Totale Variation, 606
Totales Differential, 669
Totalordnung, 116
Transformationssatz
    erster, 614
    für Potenzreihen, 509
    zweiter, 615
Transitivität, 112
Transponierte Matrix, 182
Transportproblem, 766
Transposition
    Matrix, 182
    Vektor, 140
Transzendente Funktion
    in einer Variablen, 389
    in n Variablen, 636
Transzendenz, 294
Trapezregel, 852, 856
Trigonalisierbarkeit, 257
Trigonometrie, 90
Trigonometrische Funktion, 400
    Kosinusfunktion, 400
    Kotangensfunktion, 404
    Sinusfunktion, 400
    Tangensfunktion, 404

Sachverzeichnis

Trigonometrische Identität
    Sinus und Kosinus, 91
    Tangens und Kotangens, 94
Tripel, 108
Triviale Darstellung, 158
Trivialkriterium, *siehe* Nullfolgenkriterium
Tschebyscheff-Stützstelle, 829
Tupel, 108

Überall konvergent, 503
Übergangsmatrix, 195
Überproportionales Wachstum, 337
Umgebung, 627
Umkehrabbildung, 130
Umkehrfunktion, *siehe* Umkehrabbildung
Umkehrrelation, 112
Umordnung einer Reihe, 316
Umordnungssatz, 317
Umsatzfunktion, 331, 487
Unbedingte Konvergenz, 316
Unbekannte, 143
Unbeschränkte Menge, 630
Unbestimmte Divergenz
    Folge in $\mathbb{R}$, 281
    Reelle Funktion, 364
Unbestimmter Ausdruck, 293, 475
Uneigentliche Konvergenz
    Folge in $\mathbb{R}$, 281
    Reelle Funktion, 364
Uneigentliches Infimum
    Folge in $\mathbb{R}$, 276
    Reelle Funktion, 348
Uneigentliches Supremum
    Folge in $\mathbb{R}$, 276
    Reelle Funktion, 348
Ungerade Funktion, 344
Ungleichheitsnebenbedingung, 751
Ungleichung, 82
    Cauchy-Schwarzsche, 83, 146
    Jensensche, 342, 553
    schwach, 82
    strikt, 82
    unerfüllbar, 82
    unlösbar, 82
    vom arithmetischen und geometrischen Mittel, 343
    vom gewichteten arithmetischen und geometrischen Mittel, 343
    vom gewichteten harmonischen und geometrischen Mittel, 343
    von Bernoulli, 27, 83
    Youngsche, 343

Ungleichungssystem, 82
Unstetigkeitsstelle, 410
    1. Art, 417
    2. Art, 418
    einseitig, 414
    hebbar, 416
    oszillatorisch, 418
    Reelle Funktion, 410
    Reellwertige Funktion in n Variablen, 648
Untere Schranke
    Folge in $\mathbb{R}$, 275
    Reelle Funktion, 332
    Reellwertige Funktion in n Variablen, 644
Unteres Integral
    Reelle Funktion, 540
    Reellwertige Funktion in n Variablen, 700
Untermatrix, 207
Unterproportionales Wachstum, 337
Untersumme
    Reelle Funktion, 539
    Reellwertige Funktion in n Variablen, 699
Urbild
    einer Menge, 124
    eines Wertes, 119
Urnenmodell, 105
Ursprung, 121

Value-at-Risk, 691
Vandermonde-Determinante, 215, 820
Vandermonde-Matrix, 214, 820
Variable, 17, 72
    abhängig, 72, 119
    endogen, 120
    erklärend, 172
    exogen, 120
    frei, 72
    unabhängig, 119
Variable Kosten, 559
Variable Stückkosten, 331
Varianz, 617
Variation, 100, 606
    total, 606
Vektor, 139
    Kanonische Zerlegung, 165
    Kartesische Koordinate, 165
    Koordinate, 163
    linear abhängig, 157
    linear unabhängig, 157
    nichtnegativ, 142
    normiert, 147

    orthogonal, 148
    orthonormal, 148
    Spalte, 140
    stationär, 240, 249
    transponiert, 140
    Zeile, 140
Vektorraum, 139
Venn-Diagramm, 34
Veränderliche, *siehe* Variable
Verbindungsgerade, 336
Verbindungsstrecke, 155
Vereinfachtes Newton-Verfahren, 815
Vereinigungsmenge, 37, 42
Verfahren der Variablensubstitution, 732
Verflechtungsmatrix, 182
Vergleichssatz, 292
Vermutung, 20
Verschnittproblem, 768
Verteilungsfunktion
    absolut stetig, 616
    diskret, 616
    empirisch, 416
    gemeinsam, 707
    gemischt, 615
Vertreter, 114
Vollenumeration, 776
Voller Rang, 197
Vollständige
    Induktion, 25
    Relation, 112
Vollständiges
    Differential, 669
    Repräsentantensystem, 114
Von-Mises-Iteration, *siehe* Power-Methode
Voraussetzung, 11, 21

Wachstumsprozess, 274
Wachstumstheorie, 671
Wahrheitstafel, 9
Wahrscheinlichkeit, 104, 113, 297
Wahrscheinlichkeitstheorie, 104
Warenbündel, 653
Weierstraßsche Zerlegungsformel, 447
Wendepunkt, 524
    Hinreichende Bedingung, 527
    Notwendige Bedingung, 525
Werbung-Absatz-Funktion, 337
Wertebereich
    Abbildung, 119
    Variable, 72
Wertetabelle, 120
Wertfunktion, 746

Sachverzeichnis

Widerspruch, *siehe* Kontradiktion
Widerspruchsbeweis, 24
Winkel, 150
    Bogenmaß, 90
    Gradmaß, 90
Winkelfunktion, *siehe* Trigonometrische Funktion
Wirtschaftlichkeitsprinzip, *siehe* Ökonomisches Prinzip
Wurzel
    Algebraische Gleichung, 75
    Matrix, 253
    Polynom, 375
    Zahl, 392
Wurzelfunktion, 389, 392
Wurzelkriterium, 320
    Potenzreihe, 505

x-Achse, *siehe* Abszissenachse

y-Achse, *siehe* Ordinatenachse
Youngsche-Ungleichung, 343

z-Achse, *siehe* Applikatenachse
Zahl
    algebraisch, 294
    transzendent, 294
Zahlen
    erweiterte natürliche, 47
    nichtnegative reelle, 48
    reelle, 47
Zahlenbereich, 46
Zahlenlotto, 101, 103
Zahlenstrahl, 46
    einseitig, 48
Zahlensystem, 46
Zehnersystem, 47
Zeilenstufenform, 228, 230
Zeilenvektor, 140
Zerlegung, *siehe* Partition
Zielfunktion, 771
    linear, 766
Zielfunktionskoeffizient, 771
Zielvariable, 172
Zinsänderungsrisiko, 473, 493, 523
Zinseszinsrechnung
    diskret, 275
    stetig, 296
Zinskurve, 842
Zufallsvariable
    eindimensional, 616, 641, 707
    zweidimensional, 707
Zufallsvektor, 707
Zulässige Lösung, 751, 759, 771
Zulässiger Bereich, 751, 759, 771
Zuordnungsvorschrift, 120
    explizit, 684
    implizit, 684
Zusammengesetzte Newton-Cotes-Formel, 855
    Simpsonregel, 856
    Trapezregel, 856
Zwischenstelle, 539
    n-dimensional, 698
Zwischenwertsatz, 430
Zyklometrische Funktion, *siehe* Arcus-Funktion
Zyklus, 788

Bildnachweise

Leider war es nicht in allen Fällen möglich, die Inhaber der Bildrechte zu ermitteln. Wir bitten deshalb gegebenenfalls um Mitteilung. Der Verlag ist bereit, berechtigte Ansprüche abzugelten.

S. 16: Joergens.mi/Wikipedia; S. 143: WikiCommons Deutsche Post AG; S. 143: Volkswagen AG; S. 179: BOSCH AG; S. 193: IBM; S. 273: Deutsche Bank AG; S. 429: OBI; S. 673: Airbus; S. 678: WikiCommons, ArcCan; S. 726: WikiCommons, Scott Bauer, USDA-ARS; S. 739: WikiCommons, Apfel3748; S. 743: CLAAS; S. 744: Siemens AG; S. 760: Lufthansa AG; S. 762: Alcoa Inc.; S. 789: Wincor-Nixdorf; S. 807: WikiCommons, ArcCan